电气工程师学习手册

蔡杏山／主编

化学工业出版社

·北京·

本书全面系统地介绍了电气工程师所需要掌握的电气工程基础知识、电气自动化技术及应用等内容，全书分为上下两册。

上册为电气工程基础，分电气基础和电气识图2篇，内容包括电气基础与安全用电、电气基本操作技能、电气常用仪表、低压电器、电子元器件、变压器、电动机、电动机控制线路分析与安装、室内配电与插座照明线路的安装、电气识图等，通过学习上册的内容，可以系统地了解和掌握电气基础知识，轻松迈入电气工程师的大门，为学习电气自动化技术打下牢固的专业基础。

下册为高级应用电气自动化技术，共分为6篇，分别为三菱PLC篇、西门子PLC篇、欧姆龙PLC篇、变频器技术篇、PLC和变频器与触摸屏综合应用篇、伺服与步进驱动和定位控制应用技术篇，通过学习下册的内容，可以系统地了解和掌握电气自动化技术，并能在工作中进行应用实践，成为一名合格的电气工程师。

为了进一步方便读者学习，本书采用视频讲解辅助教学的方式（56个视频），帮助读者进一步加深理解书中所讲内容，读者通过手机扫描书中所附带的二维码即可观看视频，边看边学，非常方便，学习效率大大提高。

本书适合从事电气技术工作的电工、自动化技术人员以及电气工程师学习使用，也可作为大专院校及培训学校相关专业的教学参考书。

图书在版编目（CIP）数据

电气工程师学习手册：全2册／蔡杏山主编．—北京：化学工业出版社，2019.3（2025.1重印）

ISBN 978-7-122-33579-1

Ⅰ．①电…　Ⅱ．①蔡…　Ⅲ．①电工技术－手册　Ⅳ．①TM-62

中国版本图书馆CIP数据核字（2019）第000146号

责任编辑：李军亮　徐卿华　　装帧设计：刘丽华

责任校对：边　涛

出版发行：化学工业出版社（北京市东城区青年湖南街13号　邮政编码100011）

印　　装：北京天宇星印刷厂

787mm×1092mm　1/16　印张65¼　字数1572千字　2025年1月北京第1版第8次印刷

购书咨询：010-64518888　售后服务：010-64518899

网　　址：http://www.cip.com.cn

凡购买本书，如有缺损质量问题，本社销售中心负责调换。

定　　价：258.00元

前言

FOREWORD

电气工程是现代科技领域中的核心学科之一，更是当今高新技术领域中不可或缺的关键学科。随着电气智能化技术的迅速发展，电气工程的地位和作用越来越重要，直接关系到整个工程的质量、工期以及生产效益。电气工程师必须要有全面的电气专业知识和比较高的电气专业水平，才能深入、细致地做好电气工程的电气设计、设备安装调试、电气施工、电气质量安全管理等工作。随着电气技术应用的不断深化和发展，社会对电气工程及自动化技术人员的需求呈上升态势。由于电气工程所覆盖的专业面非常宽泛，专业人员所需要掌握的知识非常多，要想走向工作岗位，成为一名熟练的电气工程技术人员，必须要全面学习电气专业知识。

为了满足读者学习电气工程的需求，我们编写了本书。本书是一本基础起步低、电气专业知识全面系统、内容讲解循序渐进的电气技术学习图书。初学者只需要认真学习完本书，就能很快掌握电气专业知识，达到电气工程师的技术水平。

本书分为上下两册：上册为电气工程基础，包括电气基础和电气识图2篇；下册分为6篇，分别为三菱PLC篇、西门子PLC篇、欧姆龙PLC篇、变频器技术篇、PLC和变频器与触摸屏综合应用篇、伺服与步进驱动和定位控制应用技术篇。具体内容如下：

上册内容为电气工程基础，分为电气基础和电气识图2篇：

主要包括电气基础与安全用电、电气基本操作技能、电气常用仪表、低压电器、电子元器件、变压器、电动机、电动机控制线路分析与安装、室内配电与插座照明线路的安装、电气识图基础、电气测量电路识图、照明与动力配电线路识图、供配电系统电气线路识图、电子电路识图、电力电子电路识图。

下册内容为高级应用电气自动化技术，分为6篇：

三菱PLC篇主要包括PLC概述、三菱FX系列PLC硬件接线和软元件说明、三菱PLC编程与仿真软件的使用、三菱PLC基本指令的使用及实例、三菱PLC步进指令的使用及实例、三菱PLC应用指令的使用举例、三菱PLC模拟量模块的使用PLC通信；

西门子PLC篇主要包括西门子S7-200SMARTPLC介绍、西门子S7-200SMARTPLC编程软件的使用、西门子S7-200SMARTPLC指令的使用及应用实例；

欧姆龙PLC篇主要包括欧姆龙CP1系列PLC快速入门相关内容；

变频器技术篇主要包括变频器的使用、变频器的典型控制功能及应用电路、变频器的选用、安装与维护；

PLC和变频器与触摸屏综合应用篇主要包括PLC与变频器的综合应用、触摸屏与PLC的综合应用；

伺服、步进驱动和定位控制应用技术篇主要包括交流伺服系统的组成与原理、三菱通用伺服驱动器的硬件系统、三菱伺服驱动器的显示操作与参数设置、伺服驱动器三种工作模式的应用举例与标准接线、步进驱动器的使用及应用实例和三菱定位模块的使用。

为了进一步方便读者学习本书的内容，我们特采用视频讲解辅助教学的方式，帮助读者进一步加深理解书中所讲内容，读者通过手机扫描书中所附带的二维码即可观看视频，边看边学，非常方便，学习效率大大提高。

本书由蔡杏山主编，蔡玉山、詹春华、黄勇、何慧、黄晓玲、蔡春霞、刘凌云、刘海峰、刘元能、邵永亮、朱球辉、蔡华山、蔡理峰、万四香、蔡理刚、何丽、梁云、唐颖、王娟、邓艳姣、何彬、何宗昌、蔡理忠、黄芳、谢佳宏、李清荣、蔡任英和邵永明等参与了资料的收集和整理编写工作。

由于水平有限，书中疏漏在所难免，望广大读者和同仁予以批评指正。

编者

第1篇　电气基础

第1章　电气基础与安全用电　/　002

第2章 电气基本操作技能 / 026

第3章 电气常用仪表 / 050

第4章 低压电器 / 084

第6章 变压器 / 173

第7章 电动机 / 187

第8章 电动机的控制线路分析与安装 / 231

第9章 室内配电与插座照明线路的安装 / 264

第2篇 电气识图

第10章 电气识图基础 / 288

第11章 电气测量电路的识读 / 310

第12章 照明与动力配电线路的识读 / 324

第13章 供配电系统电气线路的识读 / 343

第1篇

电气基础

第1章 电气基础与安全用电

1.1 电路基础

1.1.1 电路与电路图

如图1-1（a）所示是一个简单的实物电路，该电路由电源（电池）、开关、导线和灯泡组成。电源的作用是提供电能；开关、导线的作用是控制和传递电能，称为中间环节；灯泡是消耗电能的用电器，它能将电能转变为光能，称为负载。因此，**电路是由电源、中间环节和负载组成的。**

如图1-1（a）所示为实物电路图，使用实物图来绘制电路很不方便，为此人们就**采用一些简单的图形符号代替实物的方法来画电路，这样画出的图形就称为电路图。**图1-1（b）所示的图形就是图1-1（a）所示实物电路的电路图，不难看出，用电路图来表示实际的电路非常方便。

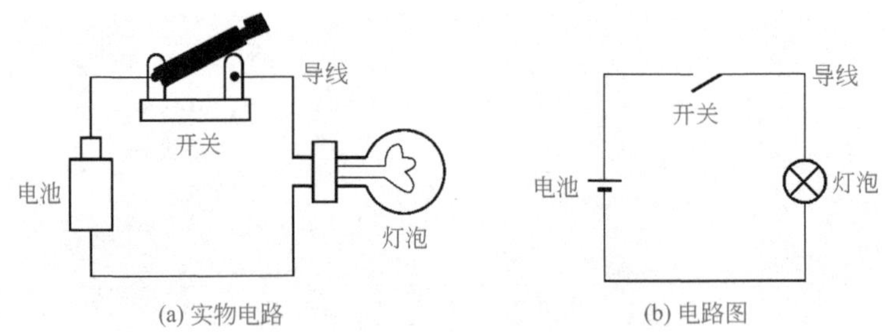

图1-1 一个简单的电路

1.1.2 电流与电阻

（1）电流

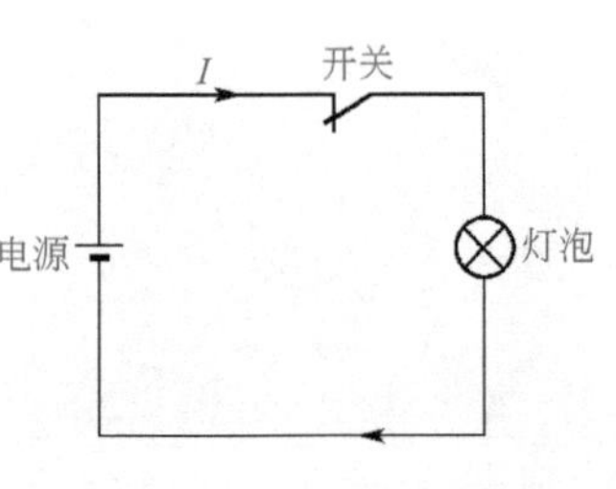

图1-2 电流说明图

在图1-2所示电路中，将开关闭合，灯泡会发光，为什么会这样呢？原来当开关闭合时，带负电荷的电子源源不断地从电源负极经导线、灯泡、开关流向电源正极。这些电子在流经灯泡内的钨丝时，钨丝会发热，温度急剧上升而发光。

大量的电荷朝一个方向移动（也称定向移动）就形成了电流，这就像公路上有大量的汽车朝一个方向移动就形成“车流”一样。实际上，我们把电子运动的反方向作为电流方向，即把**正电荷在电路中的移动方向规定为电流的方向**。图1-2所示电路的电流方向是：电源正极→开关→灯泡→电源的负极。

电流用字母“*I*”表示，单位为安培（简称安），用“A”表示，比安培小的单位有毫安（mA）、微安（μA），它们之间的关系为

$$1A=10^3mA=10^6\mu A$$

（2）电阻

在图1-3（a）所示电路中，给电路增加一个元器件——电阻器，发现灯光会变暗，该电路的电路图如图1-3（b）所示。为什么在电路中增加了电阻器后灯泡会变暗呢？原来电阻器对电流有一定的阻碍作用，从而使流过灯泡的电流减小，灯泡变暗。

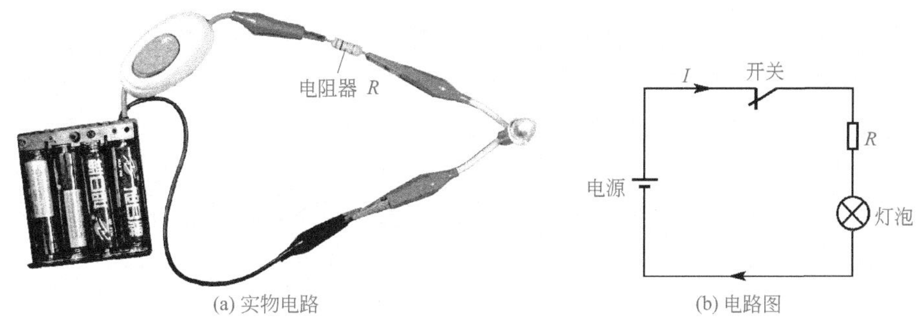

(a) 实物电路　　(b) 电路图

图1-3　电阻说明图

导体对电流的阻碍称为该导体的电阻，电阻用字母“R”表示，电阻的单位为欧姆（简称欧），用“Ω”表示，比欧姆大的单位有千欧（kΩ）、兆欧（MΩ），它们之间关系为

$$1M\Omega=10^3k\Omega=10^6\Omega$$

导体的电阻计算公式为

$$R=\rho\frac{L}{S}$$

式中，L为导体的长度（单位：m）；S为导体的横截面积（单位：m^2）；ρ为导体的电阻率（单位：Ω•m），不同的导体，ρ值一般不同，表1-1列出了一些常见导体的电阻率（20℃时）。

在长度*L*和横截面积*S*相同的情况下，电阻率越大的导体其电阻越大，例如，L、S相同的铁导线和铜导线，铁导线的电阻约是铜导线的5.9倍。由于铁导线的电阻率较铜导线大很多，为了减小电能在导线上的损耗，让负载得到较大电流，供电线路通常采用铜导线。

导体的电阻除了与材料有关外，还受温度影响。一般情况下，导体温度越高电阻越大，例如常温下灯泡（白炽灯）内部钨丝的电阻很小，通电后钨丝的温度上升到千度以上，其电阻急剧增大；导体温度下降电阻减小，**某些导电材料在温度下降到某一值时（如−109℃），电阻会突然变为零，这种现象称为超导现象，具有这种性质的材料称为超导材料。**

表1-1 一些常见导体的电阻率（20℃时）

导体	电阻率/Ω·m	导体	电阻率/Ω·m
银	1.62×10^{-8}	锡	11.4×10^{-8}
铜	1.69×10^{-8}	铁	10.0×10^{-8}
铝	2.83×10^{-8}	铅	21.9×10^{-8}
金	2.4×10^{-8}	汞	95.8×10^{-8}
钨	5.51×10^{-8}	碳	$3\,500\times10^{-8}$

1.1.3 电位、电压和电动势

电位、电压和电动势对初学者较难理解，下面通过图1-4所示的水流示意图来说明这些术语，首先来分析图1-4中的水流过程。

水泵将河中的水抽到山顶的A处，水到达A处后再流到B处，水到B处后流往C处（河中），同时水泵又将河中的水抽到A处，这样使得水不断循环流动。水为什么能从A处流到B处，又从B处流到C处呢？这是因为A处水位较B处水位高，B处水位较C处水位高。

要测量A处和B处水位的高度，必须先要找一个基准点（零点），就像测量人身高要选择脚底为基准点一样，这里以河的水面为基准（C处）。AC之间的垂直高度为A处水位的高度，用H_A表示；BC之间的垂直高度为B处水位的高度，用H_B表示，由于A处和B处水位高度不一样，它们存在着水位差，该水位差用H_{AB}表示，它等于A处水位高度H_A与B处水位高度H_B之差，即$H_{AB}=H_A-H_B$。为了让A处源源不断有水往B、C处流，需要水泵将低水位的河水抽到高处的A点，这样做水泵是需要消耗能量的（如耗油）。

（1）电位

电路中的电位、电压和电动势与上述水流情况很相似。如图1-5所示，电源的正极输出电流，流到A点，再经R_1流到B点，然后通过R_2流到C点，最后流到电源的负极。

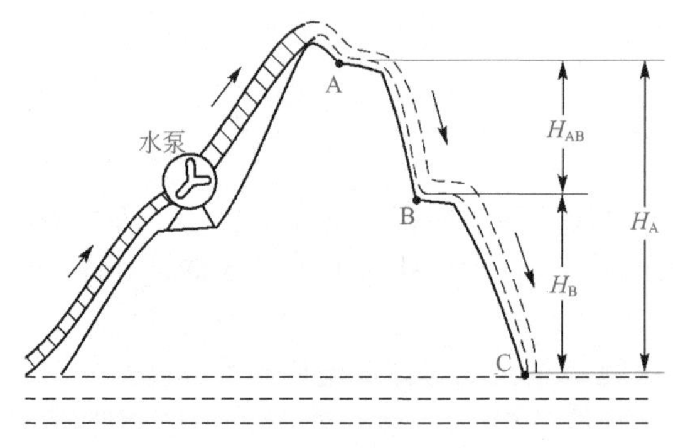

图1-4 水流示意图

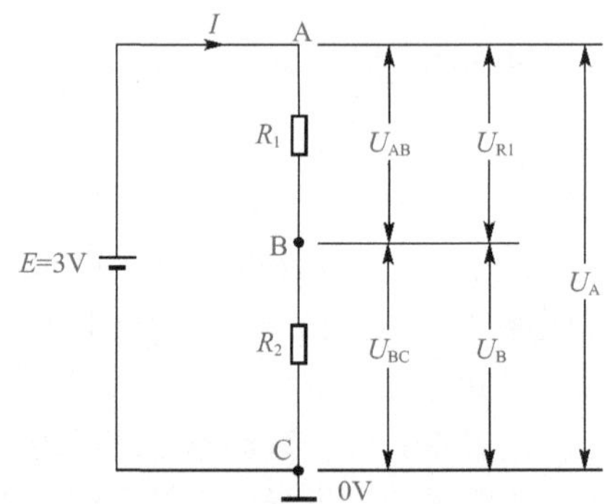

图1-5 电位、电压和电动势说明图

与图1-4所示水流示意图相似，图1-5所示电路中的A、B点也有高低之分，只不过不是水位，而称为电位，A点电位较B点电位高。为了计算电位的高低，也需要找一个基准点作为零点，为了表明某点为零基准点，通常在该点处画一个“⊥”符号，该符号称为接地符号，接地符号处的电位规定为0V，电位单位不是米，而是伏特（简称伏），用“V”表示。在图1-5所示电路中，以C点为0V（该点标有接地符号），A点的电位为3V，表示为U_A=3V，B点电位为1V，表示为U_B=1V。

（2）电压

图1-5电路中的A点和B点的电位是不同的，有一定的差距，这种**电位之间的差距称为电位差，又称电压。**A点和B点之间的电位差用U_{AB}表示，它等于A点电位U_A与B点电位U_B的差，即$U_{AB}=U_A-U_B=3V-1V=2V$。因为A点和B点电位差实际上就是电阻器R_1两端的电位差（即电压），R_1两端的电压用U_{R1}表示，所以$U_{AB}=U_{R1}$。

（3）电动势

为了让电路中始终有电流流过，电源需要在内部将流到负极的电流源源不断地“抽”到正极，使电源正极具有较高的电位，这样正极才会输出电流。当然，电源内部将负极的电流“抽”到正极需要消耗能量（如干电池会消耗掉化学能）。**电源消耗能量在两极建立的电位差称为电动势，电动势的单位也为伏特**，图1-5所示电路中电源的电动势为3V。

由于电源内部的电流方向是由负极流向正极，故电源的电动势方向规定为从电源负极指向正极。

1.1.4 电路的三种状态

电路有三种状态：通路、开路和短路，这三种状态的电路如图1-6所示。

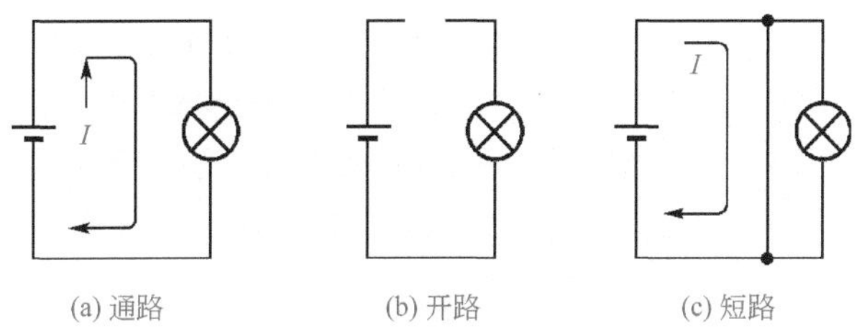

图1-6 电路的三种状态

电路的三种状态说明

（1）通路

如图1-6（a）所示电路处于通路状态。**电路处于通路状态的特点有：电路畅通，有正常的电流流过负载，负载正常工作。**

（2）开路

如图1-6（b）所示电路处于开路状态。**电路处于开路状态的特点有：电路断开，无电流流过负载，负载不工作。**

（3）短路

如图1-6（c）中的电路处于短路状态。**电路处于短路状态的特点有：电路中有很大电流流过，但电流不流过负载，负载不工作。由于电流很大，很容易烧坏电源和导线。**

1.1.5 接地与屏蔽

（1）接地

接地在电工电子技术中应用广泛，接地常用图1-7所示的符号表示。**接地主要有以下的含义。**

① **在电路图中，接地符号处的电位规定为0V。**在图1-8（a）所示电路中，A点标有接

地符号，规定A点的电位为0V。

② **在电路图中，标有接地符号处的地方都是相通的**。图1-8（b）所示的两个电路图虽然从形式上看不一样，但实际的电路连接是一样的，故两个电路中的灯泡都会亮。

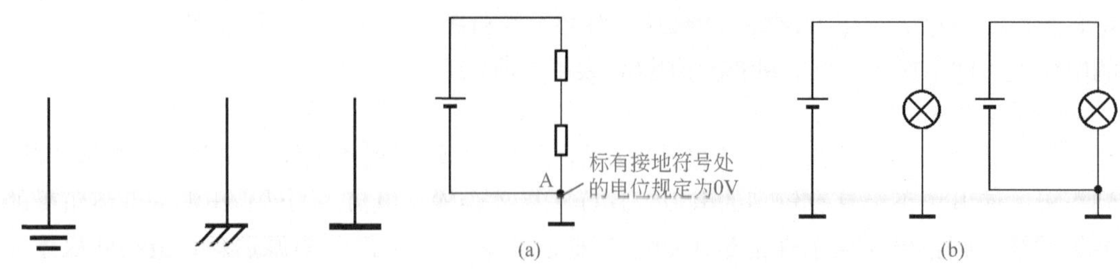

图1-7　接地符号

图1-8 接地符号含义说明图

③ **在强电设备中，常常将设备的外壳与大地连接，当设备绝缘性能变差而使外壳带电时，可迅速通过接地线泄放到大地，从而避免人体触电**，如图1-9所示。

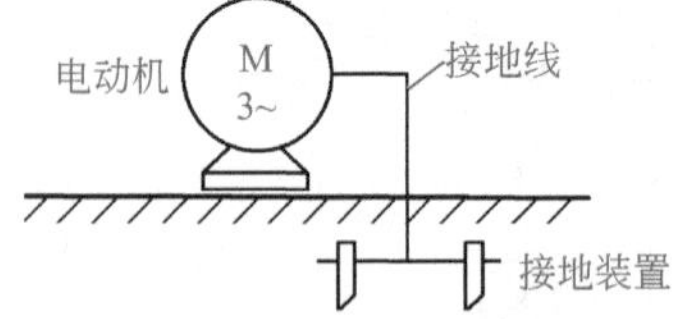

图1-9　强电设备的接地

（2）屏蔽

在电气设备中，为了防止某些元器件和电路工作时受到干扰，或者为了防止某些元器件和电路在工作时产生干扰信号影响其他电路正常工作，通常对这些元器件和电路采取隔离措施，这种隔离称为屏蔽。屏蔽常用图1-10所示的符号表示。

屏蔽的具体做法是用金属材料（称为屏蔽罩）将元器件或电路封闭起来，再将屏蔽罩接地（通常为电源的负极）。图1-11所示为带有屏蔽罩的元器件和导线，外界干扰信号较难穿过金属屏蔽罩干扰内部元器件和电路。

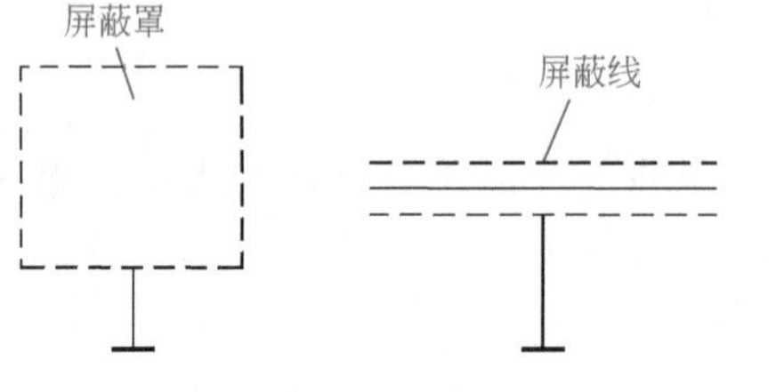

图1-10　屏蔽符号

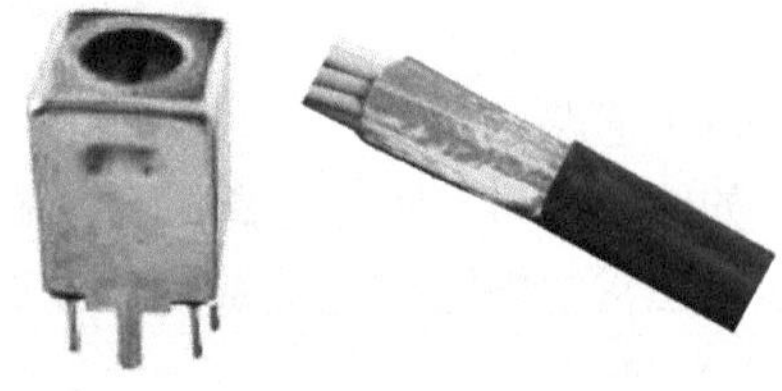

图1-11　带有屏蔽罩的元器件和导线

1.2 欧姆定律

欧姆定律是电工电子技术中的一个最基本的定律，它反映了电路中电阻、电流和电压之间的关系。欧姆定律分为部分电路欧姆定律和全电路欧姆定律。

1.2.1　部分电路欧姆定律

部分电路欧姆定律内容是：在电路中，流过导体的电流I的大小与导体两端的电压U成正比，与导体的电阻R成反比，即

$$I=\frac{U}{R}$$

也可以表示为 $U=IR$ 或 $R=\frac{U}{I}$。

为了更好地理解欧姆定律，下面以图1-12为例来说明。

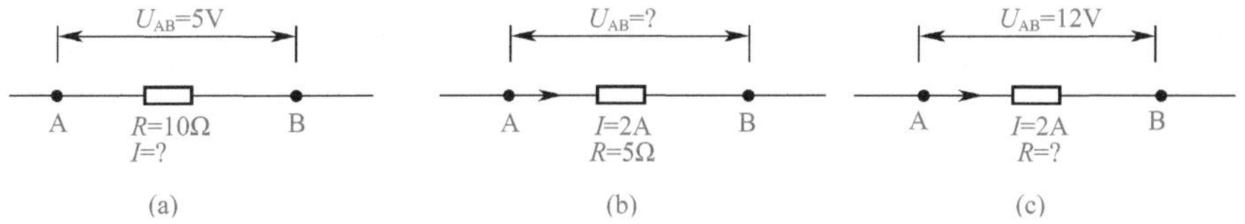

图1-12 欧姆定律的几种形式

如图1-12（a）所示，已知电阻 R=10Ω，电阻两端电压 U_{AB}=5V，那么流过电阻的电流 $I=\frac{U_{AB}}{R}=\frac{5}{10}$ A=0.5A。

如图1-12（b）所示，已知电阻 R=5Ω，流过电阻的电流 I=2A，那么电阻两端的电压 $U_{AB}=IR$=（2×5）V=10V。

如图1-12（c）所示电路中，流过电阻的电流 I=2A，电阻两端的电压 U_{AB}=12V，那么电阻的大小 $R=\frac{U}{I}=\frac{12}{2}$ Ω=6Ω。

下面再来说明欧姆定律在实际电路中的应用，如图1-13所示。

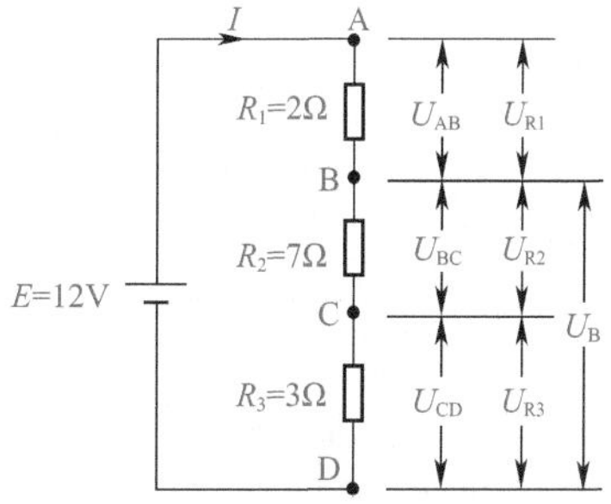

在图1-13所示电路中，电源的电动势 E=12V，A、D之间的电压 U_{AD} 与电动势 E 相等，三个电阻器 R_1、R_2、R_3 串接起来，可以相当于一个电阻器 R，$R=R_1+R_2+R_3$=（2+7+3）Ω=12Ω。知道了电阻的大小和电阻器两端的电压，就可以求出流过电阻器的电流 I：

$$I=\frac{U}{R}=\frac{U_{AD}}{R_1+R_2+R_3}=\frac{12}{12}\ \text{A}=1\text{A}$$

图1-13 部分电路欧姆定律应用说明图

求出了流过 R_1、R_2、R_3 的电流 I，并且它们的电阻大小已知，就可以求 R_1、R_2、R_3 两端的电压 U_{R1}（U_{R1} 实际就是A、B两点之间的电压 U_{AB}）、U_{R2}（实际就是 U_{BC}）和 U_{R3}（实际就是 U_{CD}），即

$$U_{R1}=U_{AB}=IR_1=(1\times 2)\text{V}=2\text{V}$$

$$U_{R2}=U_{BC}=IR_2=(1\times 7)\text{V}=7\text{V}$$

$$U_{R3}=U_{CD}=IR_3=(1\times 3)\text{V}=3\text{V}$$

从上面可以看出：$U_{R1}+U_{R2}+U_{R3}=U_{AB}+U_{BC}+U_{CD}=U_{AD}$=12V

在图1-13所示电路中如何求B点电压呢？首先要明白，**求某点电压指的就是求该点与地之间的电压**，所以B点电压 U_B 实际就是电压 U_{BD}。求 U_B 有以下两种方法：

方法一：$U_B=U_{BD}=U_{BC}+U_{CD}=U_{R2}+U_{R3}$=（7+3）V=10V

方法二：$U_B=U_{BD}=U_{AD}-U_{AB}=U_{AD}-U_{R1}$=（12−2）V=10V

1.2.2 全电路欧姆定律

全电路是指含有电源和负载的闭合回路。**全电路欧姆定律又称闭合电路欧姆定律，其内容是：闭合电路中的电流与电源的电动势成正比，与电路的内、外电阻之和成反比**，即

$$I=\frac{E}{R+R_0}$$

全电路欧姆定律应用如图1-14所示。

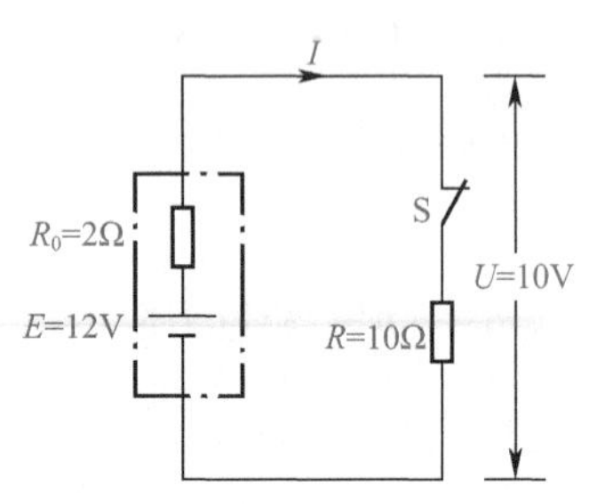

图1-14 全电路欧姆定律应用说明图

图1-14中点画线框内为电源，R_0表示电源的内阻，E表示电源的电动势。当开关S闭合后，电路中有电流I流过，根据全电路欧姆定律可求得$I=\frac{E}{R+R_0}=\frac{12}{10+2}$A=1A。电源输出电压（也即电阻$R$两端的电压）$U=IR=1\times10$V=10V，内阻$R_0$两端的电压$U_0=IR_0=1\times2$V=2V。如果将开关S断开，电路中的电流$I$=0A，那么内阻$R_0$上消耗的电压$U_0$=0V，电源输出电压$U$与电源电动势相等，即$U=E$=12V。

根据全电路欧姆定律不难看出以下几点。

① 在电源未接负载时，不管电源内阻多大，内阻消耗的电压始终为0V，电源两端电压与电动势相等。

② 当电源与负载构成闭合电路后，由于有电流流过内阻，内阻会消耗电压，从而使电源输出电压降低。内阻越大，内阻消耗的电压越大，电源输出电压越低。

③ 在电源内阻不变的情况下，如果外阻越小，电路中的电流越大，内阻消耗的电压也越大，电源输出电压也会降低。

由于正常电源的内阻很小，内阻消耗的电压很低，故一般情况下可认为电源的输出电压与电源电动势相等。

利用全电路欧姆定律可以解释很多现象。比如用仪表测得旧电池两端电压与正常电压相同，但将旧电池与电路连接后除了输出电流很小外，电池的输出电压也会急剧下降，这是因为旧电池内阻变大的缘故；又如将电源正、负极直接短路时，电源会发热甚至烧坏，这是因为短路时流过电源内阻的电流很大，内阻消耗的电压与电源电动势相等，大量的电能在电源内阻上消耗并转换成热能，故电源会发热。

1.3 电功、电功率和焦耳定律

1.3.1 电功

电流流过灯泡，灯泡会发光；电流流过电炉丝，电炉丝会发热；电流流过电动机，电动机会运转。由此可以看出，**电流流过一些用电设备时是会做功的，电流做的功称为电功。用电设备做功的大小不但与加到用电设备两端的电压及流过的电流有关，还与通电时**

间长短有关。电功可用下面的公式计算：

$$W=UIt$$

式中，W表示电功，单位是焦（J）；U表示电压，单位是伏（V）；I表示电流，单位是安（A）；t表示时间，单位是秒（s）。

电功的单位是焦耳（J），在电学中还常用到另一个单位：千瓦时（kW·h），也称度。 1kW·h=1度。千瓦时与焦耳的换算关系是：

$$1\text{kW}\cdot\text{h}=1\times10^3\text{W}\times(60\times60)\text{s}=3.6\times10^6\text{W}\cdot\text{s}=3.6\times10^6\text{J}$$

1kW·h可以这样理解：一个电功率为100W的灯泡连续使用10h，消耗的电功为1kW·h（即消耗1度电）。

1.3.2 电功率

电流需要通过一些用电设备才能做功。为了衡量这些设备做功能力的大小，引入一个电功率的概念。**电流单位时间做的功称为电功率，电功率用P表示，单位是瓦（W）**，此外还有千瓦（kW）和毫瓦（mW），它们之间的换算关系是

$$1\text{kW}=10^3\text{W}=10^6\text{ mW}$$

电功率的计算公式是

$$P=UI$$

根据欧姆定律可知$U=IR$，$I=U/R$，所以电功率还可以用公式$P=I^2R$和$P=U^2/R$来求。

下面以图1-15所示电路来说明电功率的计算方法。

在图1-15所示电路中，白炽灯两端的电压为220V（它与电源的电动势相等），流过白炽灯的电流为0.5A，求白炽灯的功率、电阻和白炽灯在10s所做的功。

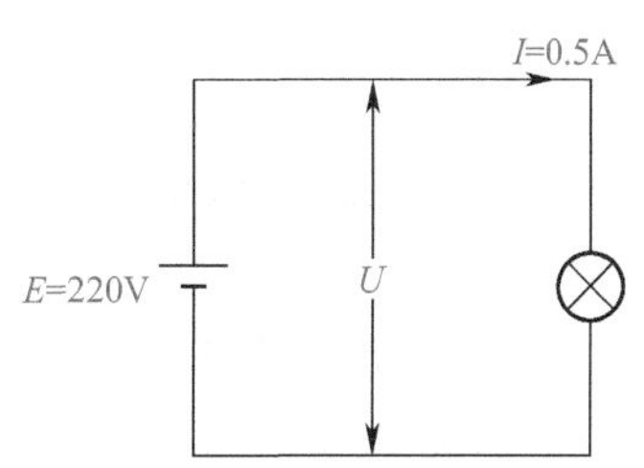

图1-15 电功率的计算说明图

白炽灯的功率 $P=UI=220\text{V}\times0.5\text{A}=110\text{W}$

白炽灯的电阻 $R=U/I=220\text{V}/0.5\text{A}=440\text{V/A}=440\Omega$

白炽灯在10s做的功 $W=UIt=220\text{V}\times0.5\text{A}\times10\text{s}=1100\text{J}$

1.3.3 焦耳定律

电流流过导体时导体会发热，这种现象称为电流的热效应。电热锅、电饭煲和电热水器等都是利用电流的热效应来工作的。

英国物理学家焦耳通过实验发现：**电流流过导体，导体发出的热量与导体流过的电流、导体的电阻和通电的时间有关。焦耳定律具体内容是：电流流过导体产生的热量，与电流的平方及导体的电阻成正比，与通电时间也成正比。** 由于这个定律除了由焦耳发现外，俄国科学家楞次也通过实验独立发现，故该定律又称焦耳-楞次定律。

焦耳定律可用下面的公式表示：

$$Q=I^2Rt$$

式中，Q表示热量，单位是焦耳（J）；R表示电阻，单位是欧姆（Ω）；t表示时间，单位是秒（s）。

举例：某台电动机额定电压是220V，线圈的电阻为0.4Ω，当电动机接220V的电压时，流过的电流是3A，求电动机的功率和线圈每秒发出的热量。

电动机的功率 $P=UI=220\text{V}\times3\text{A}=660\text{W}$

电动机线圈每秒发出的热量 $Q=I^2Rt=（3A）^2\times0.4\Omega\times1s=3.6J$

1.4 电阻的连接方式

电阻是电路中应用最多的一种元器件，电阻在电路中的连接形式主要有串联、并联和混联三种。

1.4.1 电阻的串联

两个或两个以上的电阻头尾相连串接在电路中，称为电阻的串联，如图1-16所示。

电阻串联的特点

电阻串联有以下特点。

① 流过各串联电阻的电流相等，都为 I。

② 电阻串联后的总电阻 R 增大，总电阻等于各串联电阻之和，即

$$R=R_1+R_2$$

③ 总电压 U 等于各串联电阻上电压之和，即

$$U=U_{R1}+U_{R2}$$

④ 串联电阻越大，两端电压越高，因为 $R_1<R_2$，所以 $U_{R1}<U_{R2}$。

在图1-16所示电路中，两个串联电阻上的总电压U等于电源电动势，即$U=E=6V$；电阻串联后总电阻$R=R_1+R_2=12\Omega$；流过各电阻的电流$I=\dfrac{U}{R_1+R_2}=\dfrac{6}{12}A=0.5A$；电阻$R_1$上的电压$U_{R1}=IR_1=(0.5\times5)V=2.5V$，电阻$R_2$上的电压$U_{R2}=IR_2=(0.5\times7)V=3.5V$。

1.4.2 电阻的并联

两个或两个以上的电阻头头相接、尾尾相连并接在电路中，称为电阻的并联，如图1-17所示。

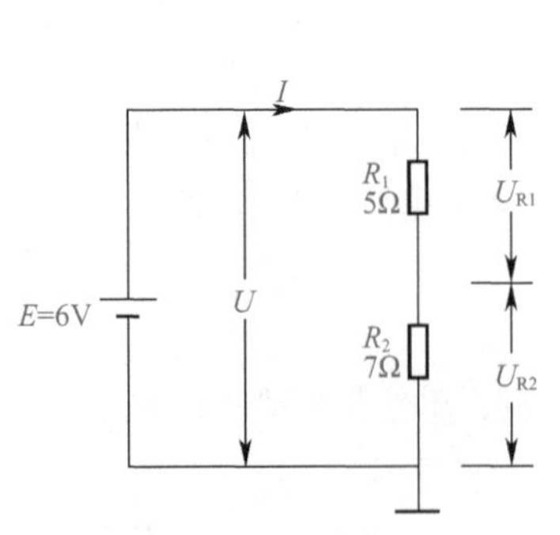

图1-16 电阻的串联

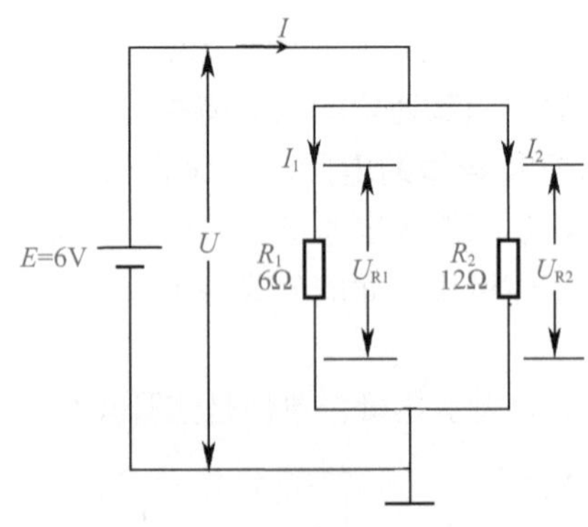

图1-17 电阻的并联

电阻并联的特点

电阻并联有以下特点。

① 并联的电阻两端的电压相等，即

$$U_{R1}=U_{R2}$$

② 总电流等于流过各个并联电阻的电流之和，即

$$I=I_1+I_2$$

③ 电阻并联总电阻减小，总电阻的倒数等于各并联电阻的倒数之和，即

$$\frac{1}{R}=\frac{1}{R_1}+\frac{1}{R_2}$$

该式可变形为

$$R=\frac{R_1R_2}{R_1+R_2}$$

④ 在并联电路中，电阻越小，流过的电流越大，因为 $R_1<R_2$，所以流过 R_1 的电流 I_1 大于流过 R_2 的电流 I_2。

在图1-17所示电路中，并联的电阻 R_1、R_2 两端的电压相等，$U_{R1}=U_{R2}=U=6V$；流过 R_1 的电流 $I_1=\frac{U_{R1}}{R_1}=\frac{6}{6}A=1A$；流过 R_2 的电流 $I_2=\frac{U_{R2}}{R_2}=\frac{6}{12}A=0.5A$；总电流 $I=I_1+I_2=(1+0.5)A=1.5A$；R_1、R_2 并联总电阻为

$$R=\frac{R_1R_2}{R_1+R_2}=\frac{R_1R_2}{R_1+R_2}\ \Omega=4\Omega$$

1.4.3 电阻的混联

一个电路中的电阻既有串联又有并联时，称为电阻的混联，如图1-18所示。

对于电阻混联电路，总电阻可以这样求：先求并联电阻的总电阻，然后再求串联电阻与并联电阻的总电阻之和。在图1-18所示电路中，并联电阻 R_3、R_4 的总电阻为

$$R_0=\frac{R_3R_4}{R_3+R_4}=\frac{6\times12}{6+12}\ \Omega=4\Omega$$

电路的总电阻为

$$R=R_1+R_2+R_0=(5+7+4)\ \Omega=16\Omega$$

读者如果有兴趣，可求图1-18所示电路中总电流 I、R_1 两端电压 U_{R1}、R_2 两端电压 U_{R2}、R_3 两端电压 U_{R3} 和流过 R_3、R_4 的电流 I_3、I_4 的大小。

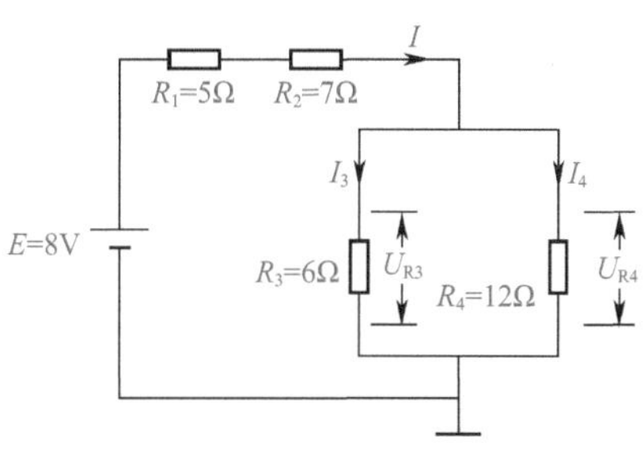

图1-18 电阻的混联

1.5 直流电与交流电

1.5.1 直流电

直流电是指方向始终固定不变的电压或电流。能产生直流电的电源称为直流电源，常

见的干电池、蓄电池和直流发电机等都是直流电源，直流电源常用图1-19（a）所示的图形符号表示。直流电的电流方向总是由电源正极流出，再通过电路流到负极。在图1-19（b）所示的直流电路中，电流从直流电源正极流出，经电阻R和灯泡流到负极结束。

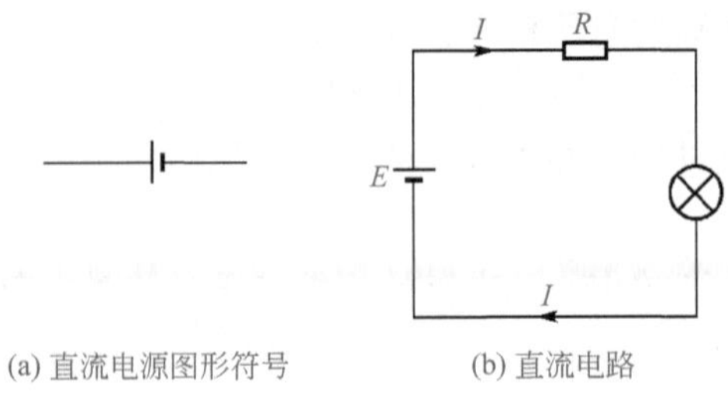

(a) 直流电源图形符号　(b) 直流电路

图1-19　直流电源图形符号与直流电路

直流电又分为稳定直流电和脉动直流电。

（1）稳定直流电

稳定直流电是指方向固定不变并且大小也不变的直流电。稳定直流电可用图1-20（a）所示波形表示，稳定直流电的电流I的大小始终保持恒定（始终为6mA），在图中用直线表示；直流电的电流方向保持不变，始终是从电源正极流向负极，图中的直线始终在t轴上方，表示电流的方向始终不变。

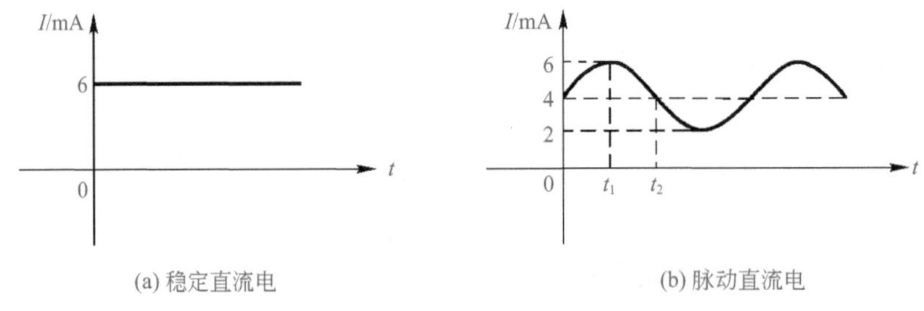

(a) 稳定直流电　(b) 脉动直流电

图1-20　直流电

（2）脉动直流电

脉动直流电是指方向固定不变，但大小随时间变化的直流电。如图1-20（b）所示的波形表示一种脉动直流电，从图中可以看出，这种脉动直流电的电流I的大小随时间作波动变化（如在t_1时刻电流为6mA，在t_2时刻电流变为4mA），电流大小波动变化在图中用曲线表示；脉动直流电的方向始终不变（电流始终从电源正极流向负极），图中的曲线始终在t轴上方，表示电流的方向始终不变。

1.5.2　单相交流电

交流电是指方向和大小都随时间作周期性变化的电压或电流。交流电类型很多，其中最常见的是正弦交流电，因此这里就以正弦交流电为例来介绍交流电。

（1）正弦交流电

正弦交流电的符号、电路和波形如图1-21所示。

下面以图1-21（b）所示的交流电路来说明图1-21（c）所示正弦交流电波形。

① 在0～t_1期间　交流电源e的电压极性是上正下负，电流I的方向是：交流电源上正→电阻R→交流电源下负，并且电流I逐渐增大，电流逐渐增大在图1-21（c）中用波形

逐渐上升表示，t_1时刻电流达到最大值。

② 在t_1～t_2期间　交流电源e的电压极性仍是上正下负，电流I的方向仍是：交流电源上正→电阻R→交流电源下负，但电流I逐渐减小，电流逐渐减小在图1-21（c）中用波形逐渐下降表示，t_2时刻电流为0。

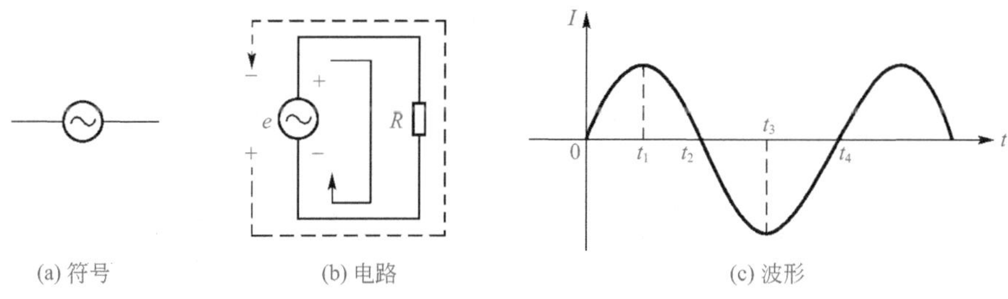

图1-21　正弦交流电

③ 在t_2～t_3期间　交流电源e的电压极性变为上负下正，电流I的方向也发生改变，图1-21（c）中的交流电波形由t轴上方转到下方表示电流方向发生改变，电流I的方向是：交流电源下正→电阻R→交流电源上负，电流反方向逐渐增大，t_3时刻反方向的电流达到最大值。

④ 在t_3～t_4期间　交流电源e的电压极性仍为上负下正，电流仍是反方向，电流的方向是：交流电源下正→电阻R→交流电源上负，电流反方向逐渐减小，t_4时刻电流减小到0。

t_4时刻以后，交流电源的电流大小和方向变化与0～t_4期间变化相同。实际上，交流电源不但电流大小和方向按正弦波变化，其电压大小和方向变化也像电流一样按正弦波变化。

（2）周期和频率

周期和频率是交流电最常用的两个概念，下面以图1-22所示的正弦交流电波形图来说明。

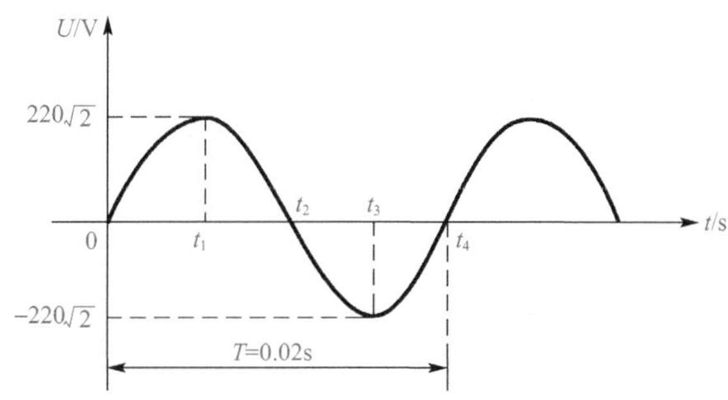

图1-22　正弦交流电的周期、频率和瞬时值说明

① 周期　从图1-22可以看出，交流电变化过程是不断重复的，**交流电重复变化一次所需的时间称为周期，周期用*T*表示，单位是秒（s）**。图1-22所示交流电的周期为T=0.02s，说明该交流电每隔0.02s就会重复变化一次。

② 频率　**交流电在每秒钟内重复变化的次数称为频率，频率用*f*表示，它是周期的倒数**，即

$$f=\frac{1}{T}$$

频率的单位是赫兹（Hz）。图1-22所示交流电的周期T=0.02s，那么它的频率f=1/T=1/0.02=50Hz，该交流电的频率f=50Hz，说明在1s内交流电能重复0～t_4这个过程50次。交流电变化越快，变化一次所需要时间越短，周期就越短，频率就越高。

（3）瞬时值和有效值

① 瞬时值 **交流电的大小和方向是不断变化的，交流电在某一时刻的值称为交流电在该时刻的瞬时值**。以图1-22所示的交流电压为例，它在t_1时刻的瞬时值为$220\sqrt{2}$ V（约为311V），该值为最大瞬时值；在t_2时刻瞬时值为0V，该值为最小瞬时值。

② 有效值 交流电的大小和方向是不断变化的，这给电路计算和测量带来不便，为此引入有效值的概念。下面以图1-23所示电路来说明有效值的含义。

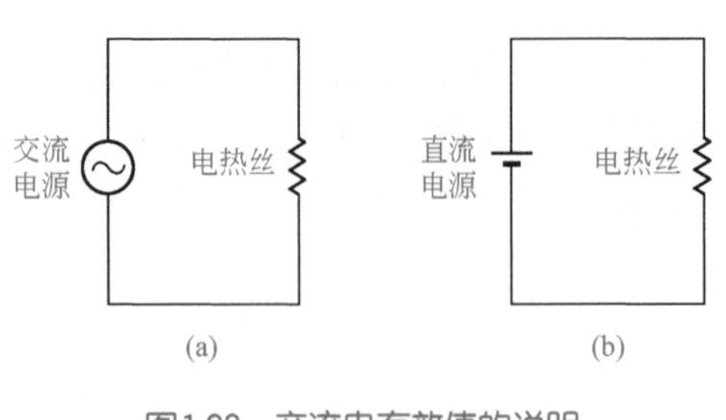

图1-23 交流电有效值的说明

图1-23所示两个电路中的电热丝完全一样，现分别给电热丝通交流电和直流电，如果两电路通电时间相同，并且电热丝发出热量也相同，对电热丝来说，这里的交流电和直流电是等效的，那么就将图1-23（b）中直流电的电压值或电流值称为图1-23（a）中交流电的有效电压值或有效电流值。

交流市电电压为220V指的就是有效值，其含义是虽然交流电压时刻变化，但它的效果与220V直流电是一样的。没特别说明，交流电的大小通常是指有效值，测量仪表的测量值一般也是指有效值。**正弦交流电的有效值与瞬时最大值的关系是**

$$最大瞬时值=\sqrt{2}\times 有效值$$

例如交流市电的有效电压值为220V，它的最大瞬时电压值=$220\sqrt{2}\approx 311$（V）。

（4）交流电的相位与相位差

① 相位 正弦交流电的电压或电流值变化规律与正弦波一样，为了分析方便，将正弦交流电波形放在图1-24所示的坐标中。

图中画出了交流电的一个周期，一个周期的角度为2π，一个周期的时间为T=0.02s。从图可以看出，在不同的时刻，交流电压所处的角度不同，如在t=0时刻的角度为0°，在t=0.005s时刻的角度为π/2（或90°），在t=0.01s时刻的角度为π（180°）。

交流电在某时刻的角度称为交流电在该时刻的相位。图1-24所示的交流电在t=0.005s时刻的相位为π/2，在t=0.01s时刻的相位为π。交流电在t=0时刻的角度称为交流电的初相位，图1-24中的交流电初相位为0°。

对于初相位为0°的交流电，可用下面的式子表示：

$$U=U_m\sin\omega t$$

U为交流电压的瞬时值，U_m为交流电压的最大值，ωt为交流电压的相位，其中ω称作交流电的角频率，$\omega=2\pi/T=2\pi f$。利用上面的式子可以求出交流电压在任一时刻的相位及该时刻的电压值。

例如：已知某交流电压的周期T=0.02s，最大电压值U_m=10V，初相位为0°，求该交流电压在t=0.015s时刻的相位及电压。

先求出交流电压在t=0.015s时刻的相位ωt：

$$\omega t=\frac{2\pi}{T}\cdot t=\frac{2\pi}{0.02}\times 0.015=1.5\pi=\frac{3}{2}\pi$$

再求交流电压在t=0.015s时刻的电压值U：

$$U=U_m\sin\omega t=10\sin(\frac{3}{2}\pi)=10\times(-1)=-10\text{V}$$

有些交流电在t=0时刻的相位并不为0°（即初相位不为0°），如图1-25所示。在t=0时刻，U_2的初相位为0°，它可以用$U_2=U_m\sin\omega t$表示；U_1的初相位不为0°，而为φ。**对于初相位不为0°的交流电压可用下面的式子表示：**

$$U_1=U_m\sin(\omega t+\varphi)$$

式中，U_m为交流电的最大值；$\omega t+\varphi$为交流电的相位；φ为交流电的初相位（即t=0时的相位）。

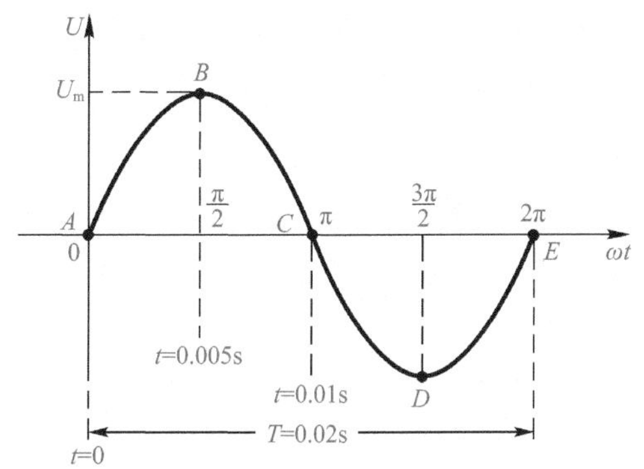

图1-24　正弦交流电波形

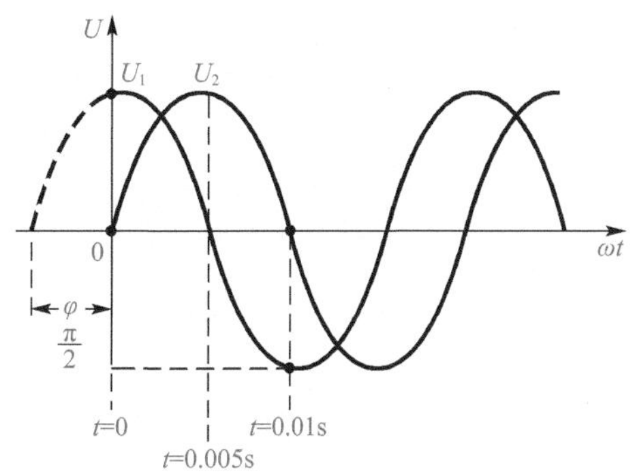

图1-25　初相位不同的两个交流电示意图

图1-25中U_1的初相位$\varphi=\pi/2$，它的表达式为$U_1=U_m\sin(\omega t+\pi/2)$，根据这个表达式可以求出$U_1$在任何时刻的相位和电压值。

② 相位差　**相位差是指两个同频率交流电的相位之差。**如图1-26（a）、（b）所示，两个同频率的交流电流i_1、i_2分别从两条线路流向A点，在同一时刻，到达A点的i_1、i_2交流电的相位并不相同，在t=0时刻，i_1的相位为π/2，而i_2相位为0°，在t=0.01s时刻，i_1的相位为3π/2，而i_2相位为π，两个电流的相位差为π/2−0°=π/2或3π/2−π=π/2，即i_1、i_2的相位差始终是π/2。在图1-26（b）中，若将i_1的前一段补充出来（虚线所示），也可以看出i_1、i_2的相位差是π/2，并且i_1超前i_2π/2（90°）。

两个交流电存在相位差实际上就是两个交流电变化存在着时间差。例如图1-26（b）中的两个交流电，在t=0时刻，i_1电流的值为5mA，i_2电流的值为0；而到t=0.005s时，i_1电流的值变为0，i_2电流的值变为5mA；也就是说，i_2电流变化总是滞后i_1电流的变化。

要在坐标图中求出两个同频率交流电的相位差，可采用下面两种方法。

a. 若将两个交流电建立在x轴表示时间（t）的坐标图中，要求出它们的相位差，就需先确定在某一时刻各交流电的相位，然后对它们进行求差，即可得出相位差。在图1-26（b）中，两个交流电流i_1、i_2在t=0时刻的相位分别是π/2和0°，那么它们的相位差是π/2−0°=π/2，至于哪个交流电相位超前或落后，可根据相位差结果的正负来判断，结果为正说明相位作被减数的交流电相位超前，为负说明相位作被减数的交流电相位落后，i_1、i_2相位差为π/2−0°，i_1相位作被减数，相位差为正，所以i_1相位超前。

b. 若将两个交流电建立在x轴表示角度（ωt）的坐标图中，要求出它们的相位差，可以在两个交流电上取性质相同的相邻两个点，求得两点之间相差的角度就能得出两者的相位差。在图1-26（c）中，i_1的E点与i_2的F点性质相同（两点变化趋势相同）且相邻，两点相差的角度π−π/2=π/2，那么它们之间的相位差就为π/2，点位置在前的交流电相位超前，E点在F点前面，故i_1相位超前i_2。需要说明的是，i_1的E点与i_2的H点性质相同但不相邻，故不能将它们之间的角度差看成相位差。

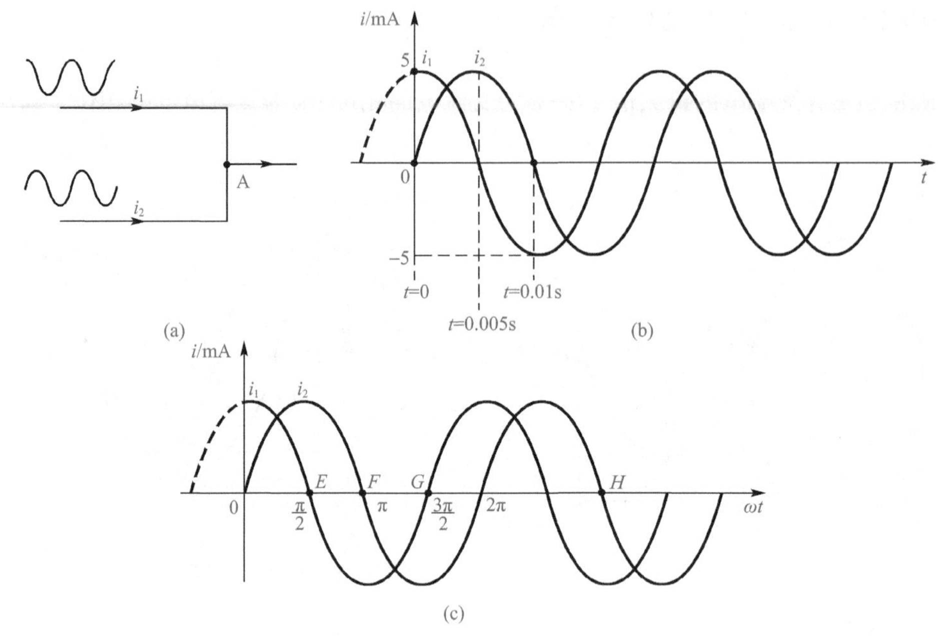

图1-26　交流电相位差示意图

1.5.3　三相交流电

（1）三相交流电的产生

目前应用的电能绝大多数是由三相发电机产生的，**三相发电机与单相发电机的区别在于：三相发电机可以同时产生并输出三组交流电，而单相发电机只能输出一组交流电。**因此三相发电机效率较单相发电机更高。三相交流发电机的结构示意图如图1-27所示。

从图中可以看出，三相发电机主要是由互成120°且固定不动的U、V、W三组线圈和一块旋转磁铁组成。当磁铁旋转时，磁铁产生的磁场切割这三组线圈，这样就会在U、V、W三组线圈中分别产生交流电动势，各线圈两端就分别输出交流电压U_U、U_V、U_W，这三组线圈输出的三组交流电压就称作三相交流电压。一些常见的三相交流发电机每相交流电压大小为220V。

不管磁铁旋转到哪个位置，三组线圈穿过的磁感线都会不同，所以三组线圈产生的交流电压也就不同。三相交流发电机产生的三相交流电波形如图1-28所示。

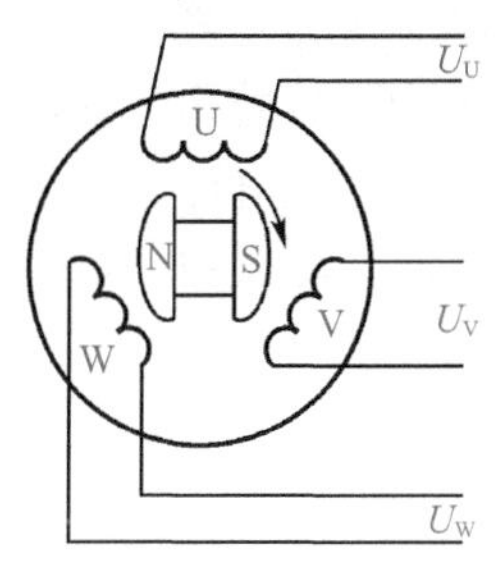

图1-27　三相交流发电机的结构示意图

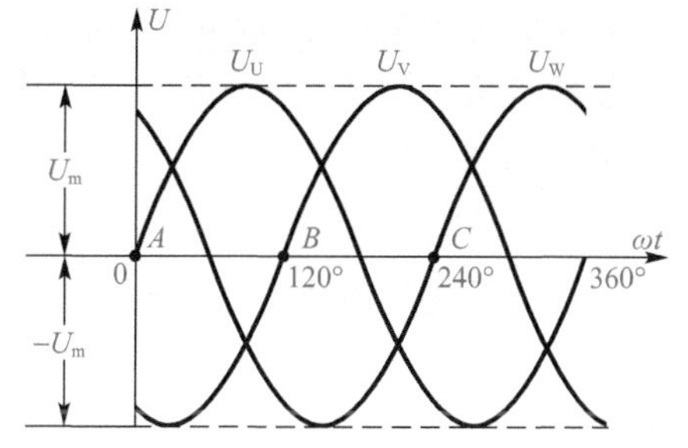

图1-28　三相交流电的波形

从图中可以看出，U_U、U_V、U_W三相交流电压的相位都不相同，在三个电压上取性质相同且相近的A、B、C三个点，三个点之间相差的角度都是120°，即这三个交流电压相位差都是120°，它们在任意时刻的电压值可分别用下面的表达式来求

$$U_U=U_m\sin\omega t$$

$$U_V=U_m\sin(\omega t-120°)$$

$$U_W=U_m\sin(\omega t-240°)$$

（2）三相交流电的供电方式

三相交流发电机能产生三相交流电压，将这三相交流电压供给用户可采用三种方式：直接连接供电、星形连接供电和三角形连接供电。

① 直接连接供电方式　直接连接供电方式如图1-29所示。

直接连接供电方式是将发电机三组线圈输出的每相交流电压分别用两根导线向用户供电，这种方式共需用到六根供电导线，如果在长距离供电时采用这种供电方式会使成本很高。

② 星形连接供电方式　星形连接供电方式如图1-30所示。

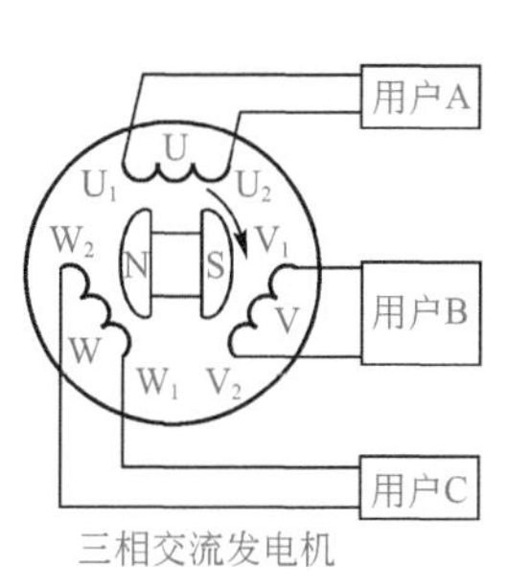

图1-29　直接连接供电方式

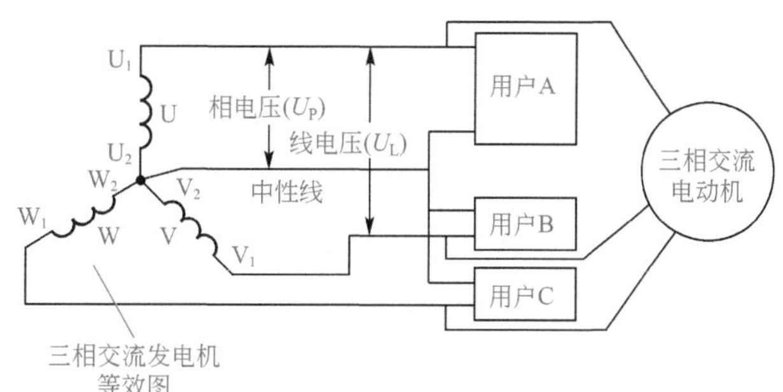

图1-30　星形连接供电方式

星形连接是将发电机的三组线圈末端都连接在一起，并接出一根线，称为中性线N，三组线圈的首端各引出一根线，称为相线，这三根相线分别称作U相线、V相线和W相线。三根相线分别连接到单独的用户，而中性线则在用户端一分为三，同时连接三个用户，这样发电机三组线圈上的电压就分别提供给各自的用户。在这种供电方式中，发电机三组线圈连接成星形，并且采用四根线来传送三相电压，故称作三相四线制星形连接供电方式。

任意一根相线与中性线之间的电压都称为相电压 U_P，该电压实际上是任意一组线圈两端的电压。**任意两根相线之间的电压称为线电压 U_L**。从图1-30中可以看出，线电压实际上是两组线圈上的相电压叠加得到的，但线电压 U_L 的值并不是相电压 U_P 的2倍，因为任意两组线圈上的相电压的相位都不相同，不能进行简单地乘2来求得。根据理论推导可知，**在星形连接时，线电压是相电压的 $\sqrt{3}$ 倍**，即

$$U_L=\sqrt{3}U_P$$

如果相电压 U_P=220V，根据上式可计算出线电压约为380V。在图1-30中，三相交流电动机的三根线分别与发电机的三根相线连接，若发电机的相电压为220V，那么电动机三根线中的任意两根之间的电压就为380V。

③ 三角形连接供电方式　三角形连接供电方式如图1-31所示。

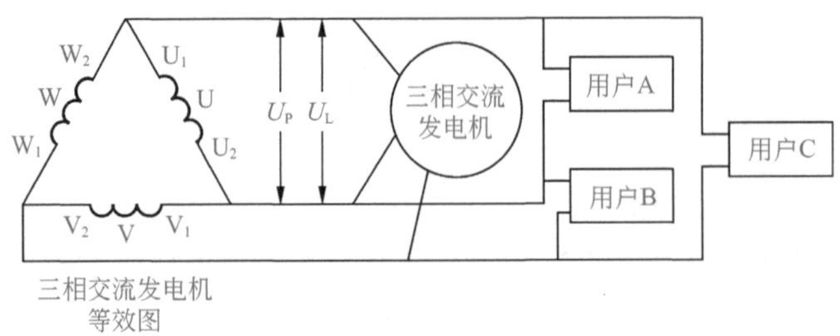

图1-31　三角形连接供电方式

三角形连接是将发电机的三组线圈首末端依次连接在一起，连接方式呈三角形，在三个连接点各接出一根线，分别称作U相线、V相线和W相线。将三根相线按图1-31所示的方式与用户连接，三组线圈上的电压就分别提供给各自的用户。在这种供电方式中，发电机三组线圈连接成三角形，并且采用三根线来传送三相电压，故称作三相三线制三角形连接供电方式。

三角形连接方式中，相电压 U_P（每组线圈上的电压）和线电压 U_L（两根相线之间的电压）是相等的，即

$$U_L=U_P$$

在图1-31中，如果相电压为220V，那么电动机三根线中的任意两根之间的电压也为220V。

1.6 安全用电与急救

1.6.1　电流对人体的伤害

（1）人体对不同电流呈现的症状

当人体不小心接触带电体时，就会有电流流过人体，这就是触电。人体在触电时表现出来的症状与流过人体的电流有关，表1-2是人体通过大小不同的交、直流电流时所表现出来的症状。

表 1-2　人体通过大小不同的交、直流电流时的症状

电流/mA	人体表现出来的症状	
	交流（50～60Hz）	直　流
0.6～1.5	开始有感觉——手轻微颤抖	没有感觉
2～3	手指强烈颤抖	没有感觉
5～7	手部痉挛	感觉痒和热
8～10	手已难以摆脱带电体，但还能摆脱；手指尖部到手腕　剧痛	热感觉增加
20～25	手迅速麻痹，不能摆脱带电体；剧痛，呼吸困难	热感觉大大加强，手部肌肉收缩
50～80	呼吸麻痹，心室开始颤动	强烈的热感受，手部肌肉收缩，痉挛，呼吸困难
90～100	呼吸麻痹，延续3s或更长时间，心脏麻痹，心室颤动	呼吸麻痹

从表中可以看出，流过人体的电流越大，人体表现出来的症状越强烈，电流对人体的伤害越大；另外，对于相同大小的交流和直流来说，交流对人体伤害更大一些。

一般规定，10mA以下的工频（50Hz或60Hz）交流电流或50mA以下的直流电流对人体是安全的，故将该范围内的电流称为安全电流。

（2）与触电伤害程度有关的因素

有电流通过人体是触电对人体伤害的最根本原因，流过人体的电流越大，人体受到的伤害越严重。**触电对人体伤害程度的具体相关因素如下。**

① **人体电阻的大小**　人体是一种有一定阻值的导电体，其电阻大小不是固定的，当人体皮肤干燥时阻值较大（10 ～ 100kΩ）；当皮肤出汗或破损时阻值较小（800 ～ 1000Ω）；另外，当接触带电体的面积大、接触紧密时，人体电阻也会减小。在接触大小相同的电压时，人体电阻越小，流过人体的电流就越大，触电对人体的伤害就越严重。

② **触电电压的大小**　当人体触电时，接触的电压越高，流过人体的电流就越大，对人体伤害就更严重。一般规定，在正常的环境下安全电压为36V，在潮湿场所的安全电压为24V和12V。

③ **触电的时间**　如果触电后长时间未能脱离带电体，电流长时间流过人体会造成严重的伤害。

此外，即使相同大小的电流，流过人体的部位不同，对人体造成的伤害也不同。电流流过心脏和大脑时，对人体危害最大，所以双手之间、头足之间和手脚之间的触电更为危险。

1.6.2　人体触电的几种方式

人体触电的方式主要有单相触电、两相触电和跨步触电。

（1）单相触电

单相触电是指人体只接触一根相线时发生的触电。单相触电又分为电源中性点接地触电和电源中性点不接地触电。

① 电源中性点接地触电　电源中性点接地触电方式如图1-32所示。**电源中性点接地触电是在电力变压器低压侧中性点接地的情况下发生的。**

电力变压器的低压侧有三个绕组，它们的一端接在一起并且与大地相连，这个连接点称为中性点。每个绕组上有220V电压，每个绕组在中性点另一端接出一根相线，每根相

线与地面之间有220V的电压。当站在地面上的人体接触某一根相线时，就有电流流过人体，电流的途径是：变压器低压侧L_3相绕组的一端→相线→人体→大地→接地体→变压器中性点→L_3绕组的另一端，如图1-32中虚线所示。

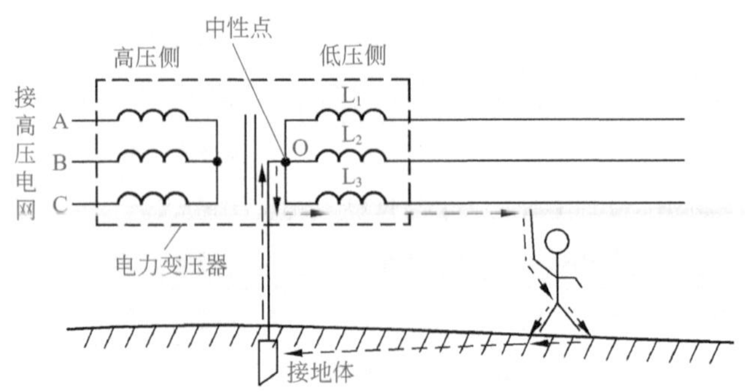

图1-32 电源中性点接地触电方式

该触电方式对人体的伤害程度与人体与地面的接触电阻有关。若赤脚站在地面上，人与地面的接触电阻小，流过人体的电流大，触电伤害大；若穿着胶底鞋，则伤害轻。

② 电源中性点不接地触电 电源中性点不接地触电方式如图1-33所示。**电源中性点不接地触电是在电力变压器低压侧中性点不接地的情况下发生的。**

电力变压器低压侧的三个绕组中性点未接地，任意两根相线之间有380V的电压（该电压是由两个绕组上的电压串联叠加而得到的）。当站在地面上的人体接触某一根相线时，就有电流流过人体，电流的途径是：L_3相线→人体→大地，再分作两路，一路经电气设备与地之间的绝缘电阻R_2流到L_2相线，另一路经R_3流到L_1相线。

该触电方式对人体的伤害程度除了与人体和地面的接触电阻有关外，还与电气设备电源线和地之间的绝缘电阻有关。若电气设备绝缘性能良好，一般不会发生短路；若电气设备严重漏电或某相线与地短路，则加在人体上的电压将达到380V，从而导致严重的触电事故。

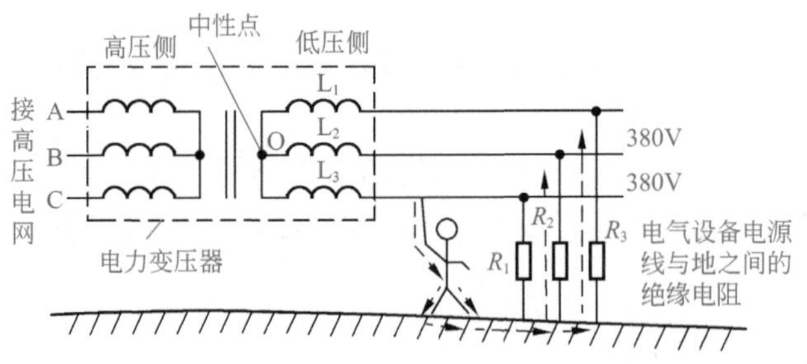

图1-33 电源中性点不接地触电方式

（2）两相触电

两相触电是指人体同时接触两根相线时发生的触电。两相触电如图1-34所示。

当人体同时接触两根相线时，由于两根相线之间有380V的电压，有电流流过人体，电流途径是：一根相线→人体→另一根相线。由于加到人体的电压有380V，故流过人体的电流很大，在这种情况下，即使触电者穿着绝缘鞋或站在绝缘台上，也起不了保护作用，因此两相触电对人体是很危险的。

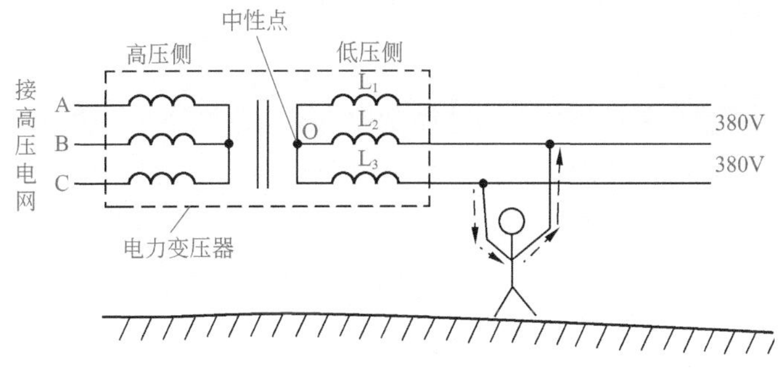

图1-34 两相触电

（3）跨步触电

当电线或电气设备与地发生漏电或短路时，有电流向大地泄漏扩散，在电流泄漏点周围会产生电压降，当人体在该区域行走时会发生触电，这种触电称为跨步触电。跨步触电如图1-35所示。

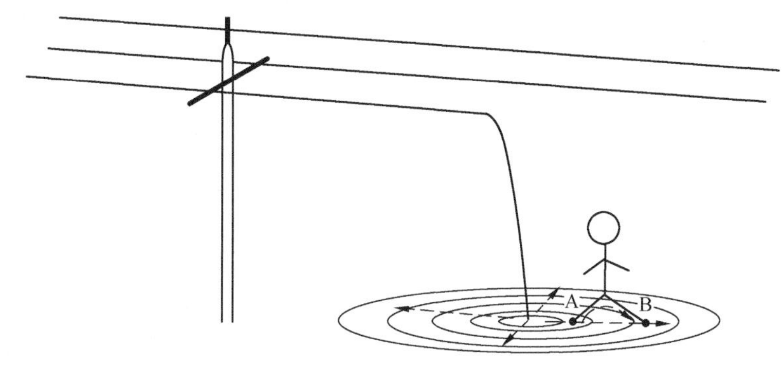

图1-35 跨步触电

图1-35中的一根相线掉到地面上，导线上的电压直接加到地面，以导线落地点为中心，导线上的电流向大地四周扩散，同时随着远离导线落地点，地面的电压也逐渐下降，距离落地点越远，电压越低。当人在导线落地点周围行走时，由于两只脚的着地点与导线落地点的距离不同，这两点电压也不同，图1-35中A点与B点的电压不同，它们存在着电压差，比如A点电压为110V，B点电压为60V，那么两只脚之间的电压差为50V，该电压使电流流过两只脚，从而导致人体触电。

一般来说，在低压电路中，在距离电流泄漏点1m范围内，电压约降低60%；在2～10m范围内，约降低24%；在11～20m范围内，约降低8%；在20m以外电压就很低，通常不会发生跨步触电。

根据跨步触电原理可知，只有两只脚的距离小才能让两只脚之间的电压小，才能减轻跨步触电的危害，所以当不小心进入跨步触电区域时，不要急于迈大步跑出来，而是迈小步或单足跳出。

1.6.3 接地与接零

电气设备在使用过程中，可能会出现绝缘层损坏、老化或导线短路等现象，这样会使电气设备的外壳带电，如果人不小心接触外壳，就会发生触电事故。解决这个问题的方法就是将电气设备的外壳接地或接零。

（1）接地

接地是指将电气设备的金属外壳或金属支架直接与大地连接。接地如图1-36所示。

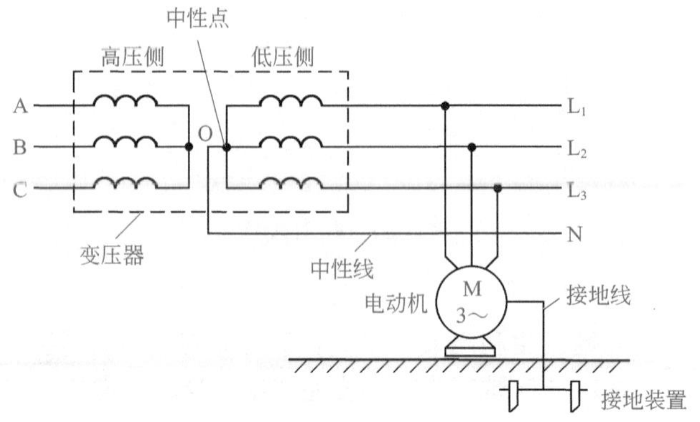

图1-36　接地

在图1-36中，为了防止电动机外壳带电而引起触电事故，对电动机进行接地，即用一根接地线将电动机的外壳与埋入地下的接地装置连接起来。当电动机内部绕组与外壳漏电或短路时，外壳会带电，将电动机外壳进行接地后，外壳上的电会沿接地线、接地装置向大地泄放掉，在这种情况下，即使人体接触电动机外壳，也会由于人体电阻远大于接地线与接地装置的接地电阻（接地电阻通常小于4Ω），外壳上电流绝大多数从接地装置泄入大地，而沿人体进入大地的电流很小，不会对人体造成伤害。

（2）接零

接零是指将电气设备的金属外壳或金属支架等与零线连接起来。接零如图1-37所示。

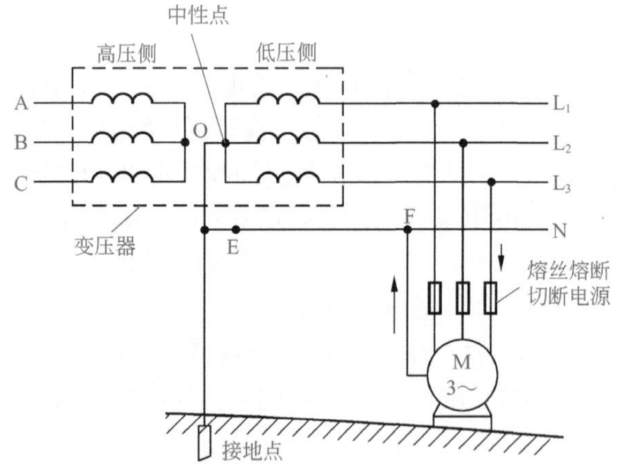

图1-37　接零

在图1-37中，变压器低压侧的中性点引出线称为零线，零线一方面与接地装置连接，另一方面和三根相线一起向用户供电。由于这种供电方式采用一根零线和三根相线，因此称为三相四线制供电。为了防止电动机外壳带电，除了可以将外壳直接与大地连接外，也可以将外壳与零线连接，当电动机某绕组与外壳短路或漏电时，外壳与绕组间的绝缘电阻下降，会有电流从变压器某相绕组→相线→漏电或短路的电动机绕组→外壳→零线→中性点，最后到相线的另一端。该电流使电动机串接的熔断器熔断，从而保护电动机内部绕组，防止故障范围扩大。在这种情况下，即使熔断器未能及时熔断，也会由于电动机外壳通过零线接地，外壳上的电压很低，因此人体接触外壳不会产生触电伤害。

对电气设备进行接零，在电气设备出现短路或漏电时，会让电气设备呈现单相短路，可以让保护装置迅速动作而切断电源。另外，通过将零线接地，可以拉低电气设备外壳的电压，从而避免人体接触外壳时造成触电伤害。

（3）重复接地

重复接地是指在零线上多处进行接地。重复接地如图1-38所示，从图中可以看出，零线除了将中性点接地外，还在H点进行了接地。

在零线上重复接地有以下的优点。

① **有利于减小零线与地之间的电阻。**零线与地之间的电阻主要由零线自身的电阻决定，零线越长，电阻越大，这样距离接地点越远的位置，零线上的电压越高。如图1-37中的F点距离接地点较远，F点与接地点之间的电阻就较大，若电动机的绕组与外壳短路或漏电，则虽然外壳通过零线与地连接，但因为外壳与接地点之间的电阻大，所以电动机外壳上仍有较高的电压，人体接触外壳就有触电的危险。如果采用如图1-38所示的重复接地，在零线两处接地，可以减小零线与地之间的电阻，在电气设备漏电时，可以使电气设备外壳和零线的电压很低，不至于发生触电事故。

② **当零线开路时，可以降低零线电压和避免烧坏单相电气设备。**在图1-39的电气线路中，如果零线在E点开路，H点又未接地，此时若电动机A的某绕组与外壳短路，这里假设与L_3相线连接的绕组与外壳短路，那么L_3相线上的电压通过电动机A上的绕组、外壳加到零线上，零线上的电压大小就与L_3相线上的电压一样。由于每根相线与地之间的电压为220V，因而零线上也有220V的电压，而零线又与电动机B外壳相连，所以电动机A和电动机B的外壳都有220V的电压，人体接触电动机外壳时就会发生触电。另外，并接在相线L_2与零线之间的灯泡两端有380V的电压（灯泡相当于接在相线L_2、L_3之间），由于正常工作时灯泡两端电压为220V，而现在由于L_3相线与零线短路，灯泡两端电压变成380V，灯泡就会烧坏。如果采用重复接地，在零线H点位置也接地，则即使E点开路，依靠H点的接地也可以将零线电压拉低，从而避免上述情况的发生。

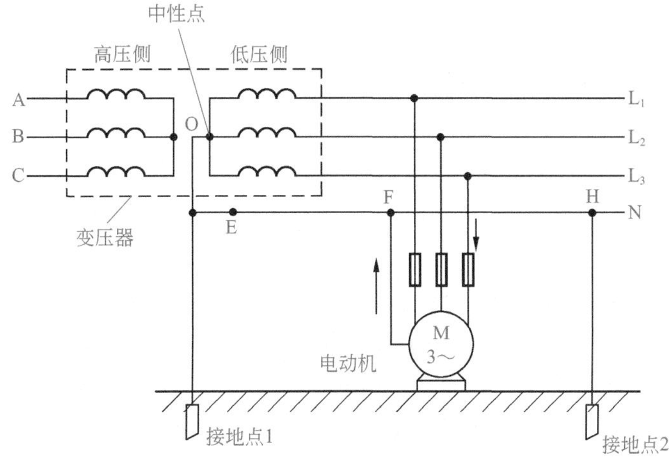

图1-38　重复接地

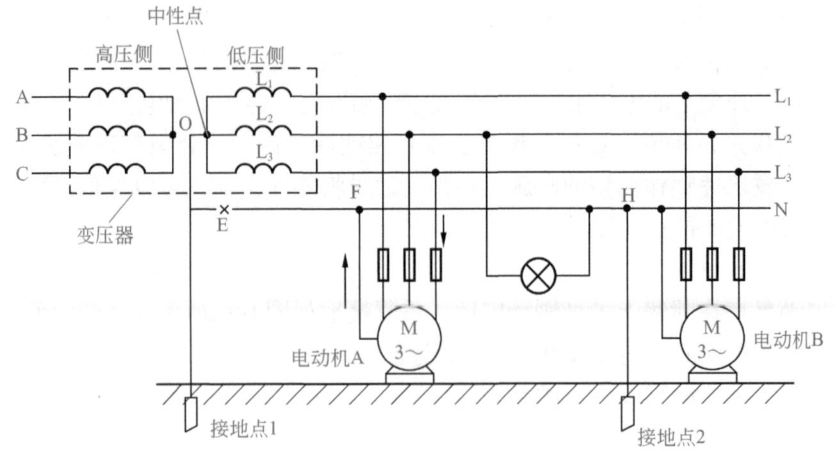

图1-39　重复接地可以降低零线电压和避免烧坏单相电气设备

1.6.4　触电的急救方法

当发现人体触电后，第一步是让触电者迅速脱离电源，第二步是对触电者进行现场救护。

（1）让触电者迅速脱离电源

让触电者迅速脱离电源可采用以下方法：

① 切断电源　如断开电源开关、拔下电源插头或瓷插保险等，对于单极电源开关，断开一根导线不能确保一定切断了电源，故尽量切断双极开关（如闸刀开关、双极空气开关）。

② 用带有绝缘柄的利器切断电源线　如果触电现场无法直接切断电源，可用带有绝缘手柄的钢丝钳或带干燥木柄的斧头、铁锹等利器将电源线切断，切断时应防止带电导线断落触及周围的人体，不要同时切断两根线，以免两根线通过利器直接短路。

③ 用绝缘物使导线与触电者脱离　常见的绝缘物有干燥的木棒、竹竿、塑料硬管和绝缘绳等，用绝缘物挑开或拉开触电者接触的导线。

④ 拉拽触电者衣服，使之与导线脱离　拉拽时，可戴上手套或在手上包缠干燥的衣服、围巾、帽子等绝缘物拖拽触电者，使之脱离电源。若触电者的衣裤是干燥的，又没有紧缠在身上，可直接用一只手抓住触电者不贴身的衣裤，将触电者拉脱电源。拖拽时切勿触及触电者的皮肤。还可以站在干燥的木板、木桌椅或橡胶垫等绝缘物品上，用一只手把触电者拉脱电源。

（2）现场救护

触电者脱离电源后，应先就地进行救护，同时通知医院并做好将触电者送往医院的准备工作。

在现场救护时，根据触电者受伤害的轻重程度，可采取以下救护措施：

① 对于未失去知觉的触电者　如果触电者所受的伤害不太严重，神志尚清醒，只是心悸、头晕、出冷汗、恶心、呕吐、四肢发麻、全身乏力，甚至一度昏迷，但未失去知觉，则应让触电者在通风暖和的地方静卧休息，并派人严密观察，同时请医生前来或送往医院诊治。

② 对于已失去知觉的触电者　如果触电者已失去知觉，但呼吸和心跳尚正常，则应将

其舒适地平卧着，解开衣服以利呼吸，四周不要围人，保持空气流通，冷天应注意保暖，同时立即请医生前来或送往医院诊察。若发现触电者呼吸困难或心跳失常，应立即施行人工呼吸或胸外心脏按压。

③ 对于“假死”的触电者　触电者“假死”可能有三种临床症状：一是心跳停止，但尚能呼吸；二是呼吸停止，但心跳尚存(脉搏很弱)；三是呼吸和心跳均已停止。

当判定触电者呼吸和心跳停止时，应立即按心肺复苏法就地抢救，并立即请医生前来。心肺复苏法就是支持生命的三项基本措施：通畅气道；口对口（鼻）人工呼吸；胸外心脏按压（人工循环）。

第2章 电气基本操作技能

2.1 常用电气操作工具及使用

2.1.1 螺丝刀

螺丝刀又称起子、改锥、螺丝批、螺丝旋具等，它是一种用来旋动螺钉的工具。

（1）分类和规格

根据头部形状不同，螺丝刀可分为一字形（又称平口形）和十字形（又称梅花形），如图2-1所示；根据手柄的材料和结构不同，可分为木柄和塑料柄；根据手柄以外的刀体长度不同，螺丝刀可分为100mm、150mm、200mm、300mm和400mm等多种规格。在转动螺丝时，应选用合适规格的螺丝刀，如果用小规格的螺丝刀旋转大号螺钉，容易旋坏螺丝刀。

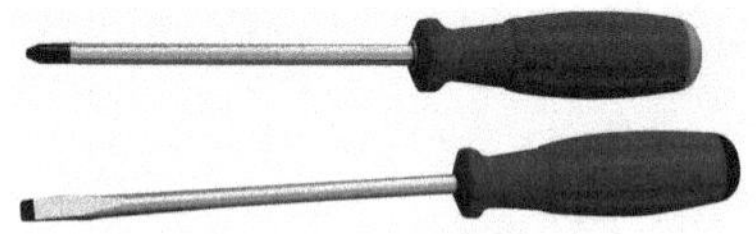

图2-1 十字形和一字形螺丝刀

（2）多用途螺丝刀

多用途螺丝刀由手柄和多种规格刀头组成，可以旋转多种规格的螺钉，多用途螺丝刀有手动和电动之分，如图2-2所示，电动螺丝刀适用于有大量的螺钉需要紧固或松动的场合。

（3）螺丝刀的使用方法与技巧

螺丝刀的使用方法与技巧如下。

① 在旋转大螺钉时使用大螺丝刀，用大拇指、食指和中指握住手柄，手掌要顶住手柄的末端，以防螺丝刀转动时滑脱，如图2-3（a）所示。

② 在旋转小螺钉时，用拇指和中指握住手柄，而用食指顶住手柄的末端，如图2-3（b）所示。

③ 使用较长的螺丝刀时，可用右手顶住并转动手柄，左手握住螺丝刀中间部分，用来稳定螺丝刀以防滑落。

④ 在旋转螺钉时，一般顺时针旋转螺丝刀可紧固螺钉，逆时针为旋松螺钉，少数螺钉恰好相反。

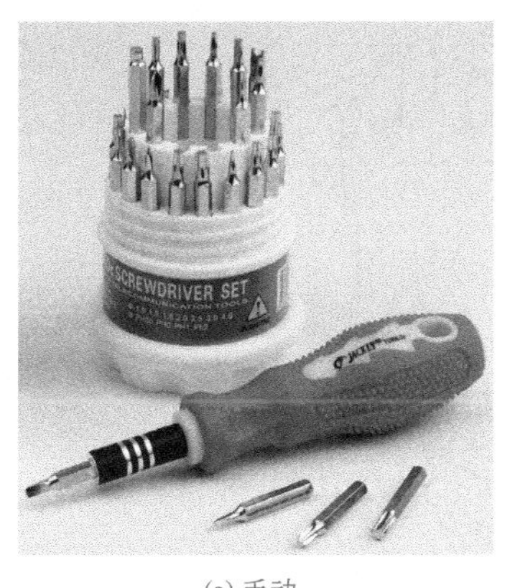

(a) 手动

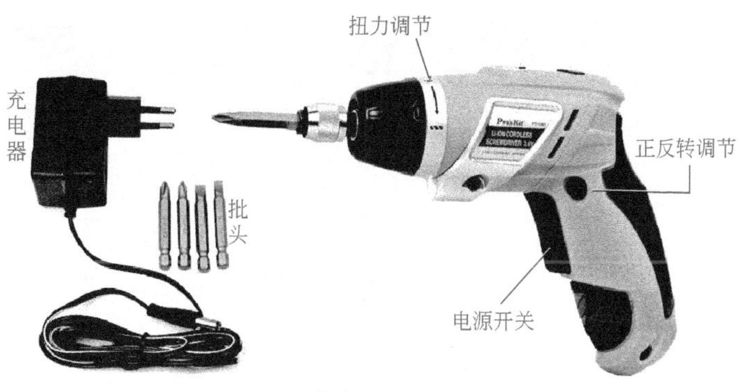

(b) 电动

图2-2　多用途螺丝刀

⑤ 在带电操作时，应让手与螺丝刀的金属部位保持绝缘，避免发生触电事故。

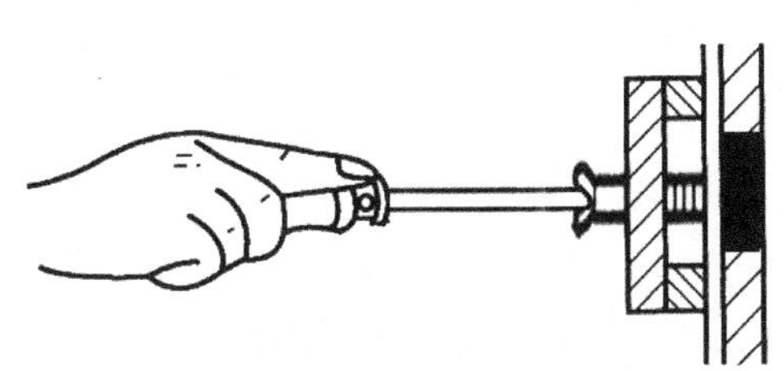

(a) 旋拧大螺钉

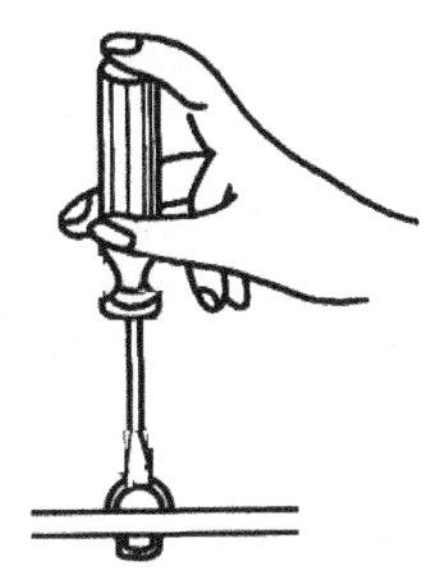

(b) 旋拧小螺钉

图2-3　螺丝刀的使用

2.1.2　钢丝钳

（1）外形与结构

钢丝钳又称老虎钳，它由钳头和钳柄两部分组成，钳头有钳口、齿口、刀口和铡口四部分组成，电工使用的钢丝钳的钳柄带塑料套，耐压为500V。钢丝钳的外形与结构如图2-4所示。

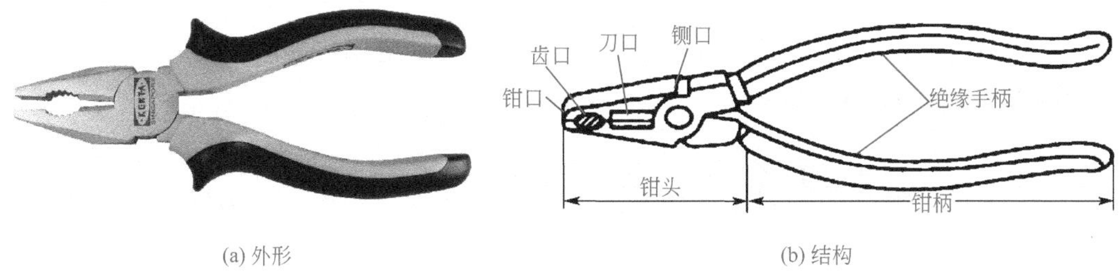

(a) 外形　　(b) 结构

图2-4　钢丝钳

（2）使用

钢丝钳的功能很多，钳口可弯绞或钳夹导线线头，齿口可旋拧螺母，刀口可剪切导线或剖削软导线绝缘层，铡口用来铡切导线线芯、钢丝或铅丝等较硬金属。钢丝钳的使用如图2-5 所示。

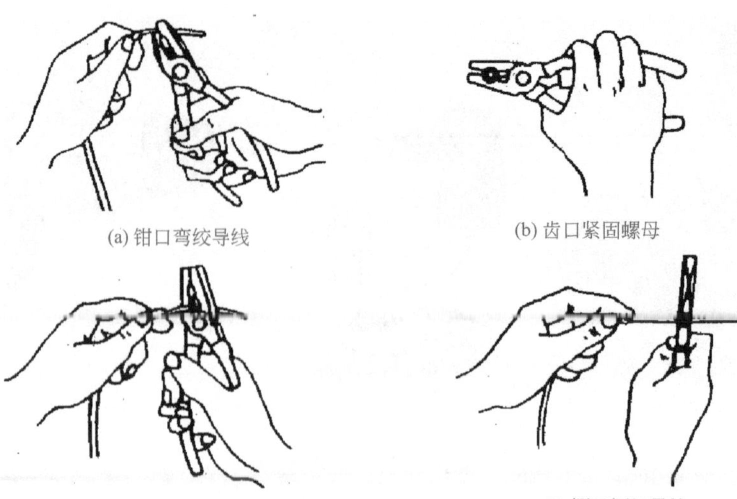

(a) 钳口弯绞导线　(b) 齿口紧固螺母

(c) 刀口剪切导线　(d) 铡口铡切导线

图 2-5　钢丝钳的使用

2.1.3　尖嘴钳

尖嘴钳的头部呈细长圆锥形，在接近端部的钳口上有一段齿纹，尖嘴钳的外形如图2-6所示。

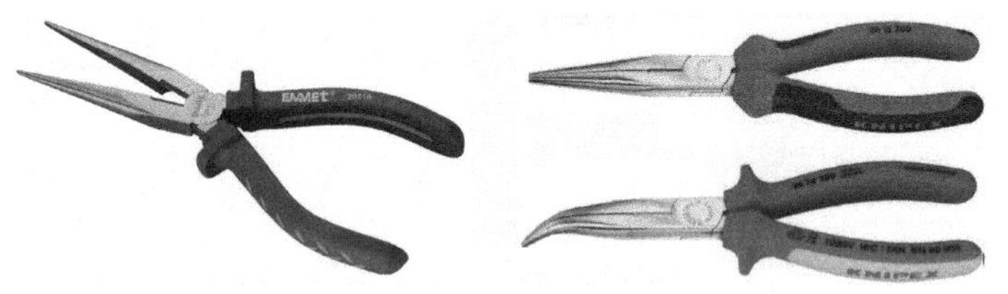

图 2-6　尖嘴钳

由于尖嘴钳的头部尖而长，适合在狭小的环境中夹持轻巧的工件或线材，也可以给单股导线接头弯圈，带刀口的尖嘴钳不但可以剪切较细线径的单股与多股线，还可以剥塑料绝缘层。电工使用的尖嘴钳的柄部应套塑料管绝缘层。

2.1.4　斜口钳

斜口钳又称断线钳，其外形如图2-7所示。**斜嘴钳主要用于剪切金属薄片和线径较细的金属线，非常适合清除接线后多余的线头和飞刺。**

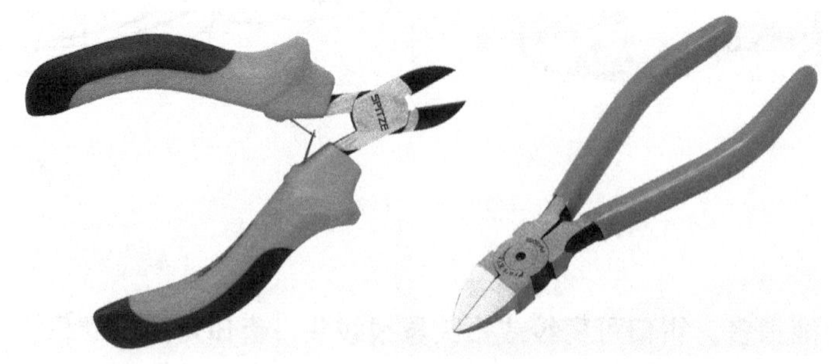

图2-7　斜口钳

2.1.5 剥线钳

剥线钳用来剥削导线头部表面的绝缘层，其外形如图2-8所示，它由刀口、压线口和钳柄组成，剥线钳的钳柄上套有额定工作电压为500V的绝缘套。

剥线钳的使用方法如下：

① 根据导线的粗细型号，选择相应的剥线刀口；

② 将导线放在剥线工具的刀刃中间，选择好要剥线的长度；

③ 握住剥线工具手柄，将导线夹住，缓缓用力使导线外表皮慢慢剥落；

④ 松开钳柄，取出导线，导线的金属芯会整齐露出来，其余绝缘塑料完好无损。

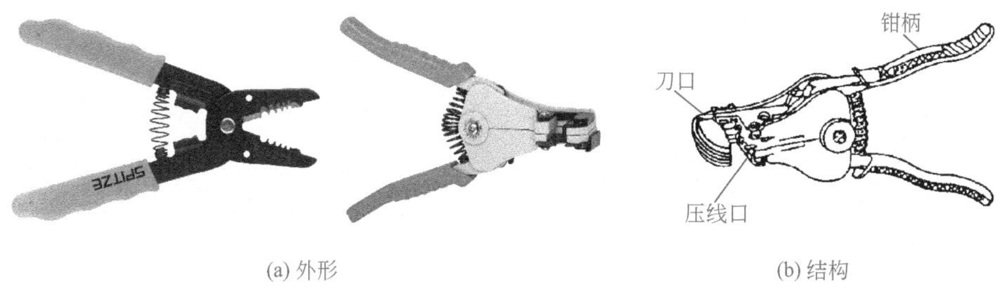

(a) 外形 (b) 结构

图2-8 剥线钳

2.1.6 电工刀

电工刀用来剖削导线线头、切削木台缺口和削制木枕等，其外形如图2-9所示。

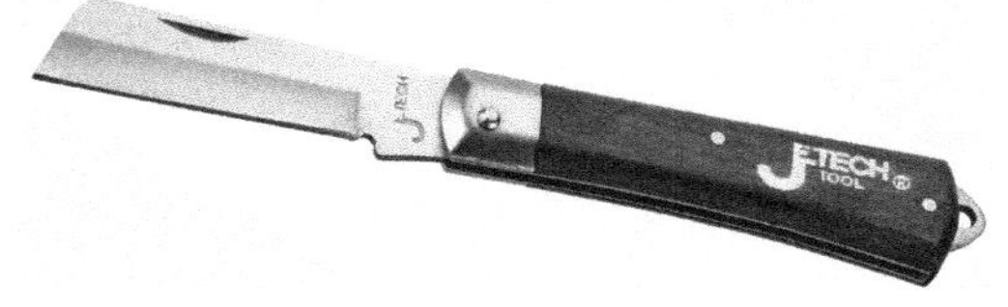

图2-9 电工刀

在使用电工刀时，要注意以下几点：

① 电工刀的刀柄是无绝缘保护的，故不得带电操作，以免触电；

② 应将刀口朝外剖削，并注意避免伤及手指；

③ 剖削导线绝缘层时，应使刀面与导线成较小的锐角，以免割伤导线；

④ 电工刀用完后，应将刀身折进刀柄中。

2.1.7 活络扳手

活络扳手又称活络扳头、活扳手，用来旋转六角或方头螺栓、螺钉、螺母。活络扳手由头部和柄部组成，头部由活络扳唇、呆扳唇、扳口、蜗轮和轴销等构成，活络扳手的外形与结构如图2-10所示。

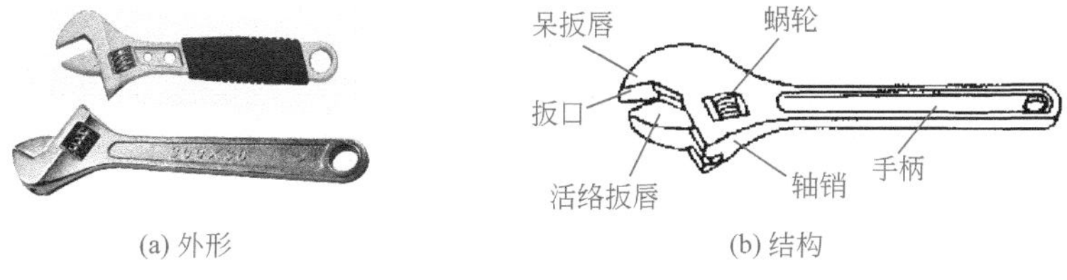

(a) 外形 (b) 结构

图2-10 活络扳手

由于旋动蜗轮可调节扳口的大小，故活络扳手特别适用于螺栓规格多的场合。活扳手的规格是以长度×最大开口宽度（mm）来表示的。

在使用活络扳手扳拧大螺母时，需用较大力矩，手应握在近柄尾处，如图2-11（a）所示；在扳拧较小螺母时，需用力矩不大，但螺母过小易打滑，故手应握近头部的地方，如图2-11（b）所示，可随时调节蜗轮，收紧活络扳唇，防止打滑。

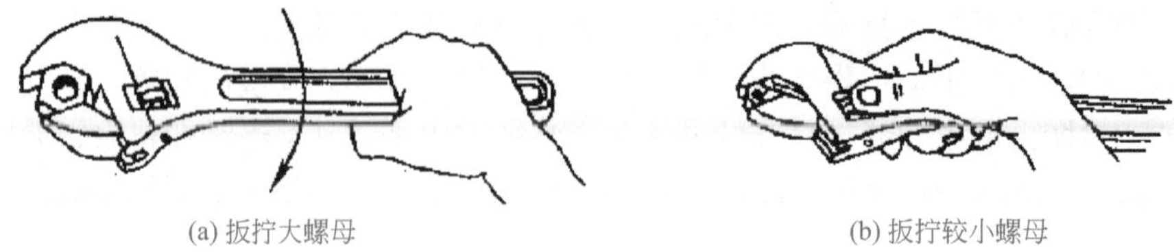

(a) 扳拧大螺母　　(b) 扳拧较小螺母

图2-11　活络扳手的使用

2.2 常用测试工具及使用

2.2.1 氖管式测电笔

测电笔又称试电笔、验电笔和低压验电器等，用来检验导线、电器和电气设备的金属外壳是否带电。氖管式测电笔是一种最常用的测电笔，测试时根据内部的氖管是否发光来确定测试对象是否带电。

（1）外形、结构与工作原理

① 外形与结构　测电笔主要有笔式和螺丝刀式两种形式，其外形与结构如图2-12所示。

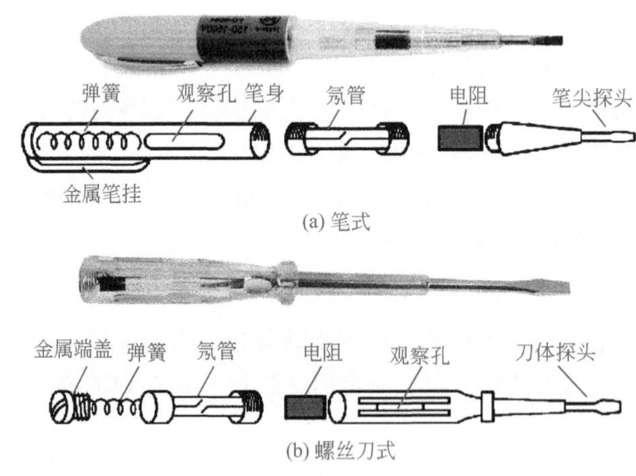

(a) 笔式

(b) 螺丝刀式

图2-12　测电笔的外形与结构

② 工作原理　在检验带电体是否带电时，将测电笔探头接触带电体，手接触测电笔的金属笔挂（或金属端盖），如果带电体的电压达到一定值（交流或直流60V以上），带电体的电压通过测电笔的探头、电阻到达氖管，氖管发出红光，通过氖管的微弱电流再经弹

簧、金属笔挂（或金属端盖）、人体到达大地。

在握持测电笔验电时，手一定要接触测电笔尾端的金属笔挂（或金属端盖），测电笔的正确握持方法如图2-13所示，以让测电笔通过人体到大地形成电流回路，否则测电笔氖管不亮。普通测电笔可以检验60～500V范围内的电压，在该范围内，电压越高，测电笔氖管越亮，低于60V，氖管不亮，为了安全起见，不要用普通测电笔检测高于500V的电压。

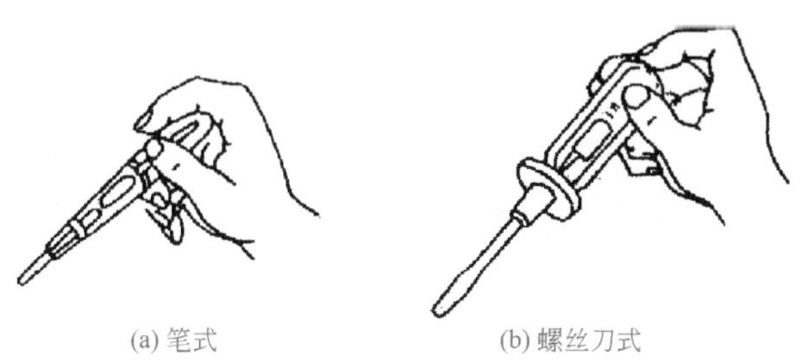

图2-13 测电笔的正确握持方法

（2）用途

在使用测电笔前，应先检查一下测电笔是否正常，即用测电笔测量带电线路，如果氖管能正常发光，表明测电笔正常。

测电笔的主要用途如下。

① **判断电压的有无**。在测试被测物时，如果测电笔氖管亮，表示被测物有电压存在，且电压不低于60V。用测电笔测试电动机、变压器、电动工具、洗衣机和电冰箱等电气设备的金属外壳，如果氖管发光，说明该设备的外壳已带电（电源相线与外壳短路）。

② **判断电压的高低**。在测试时，被测电压越高，氖管发出的发线越亮，有经验的人可以根据光线强弱判断出大致的电压范围。

③ **判断相线（火线）和零线（地线）**。测电笔测相线时氖管会亮，而测零线时氖管不亮。

④ **判断交流电和直流电**。在用测电笔测试带电体时，如果氖管的两个电极同时发光，说明所测为交流电，如果氖管的两个电极中只有一个电极发光，则所测为直流电。

⑤ **判断直流电的正、负极**。将测电笔连接在直流电的正负极之间，如图2-14所示，即测电笔的探头接直流电的一个极，金属笔挂接一个极，氖管发光的一端则为直流电的负极。

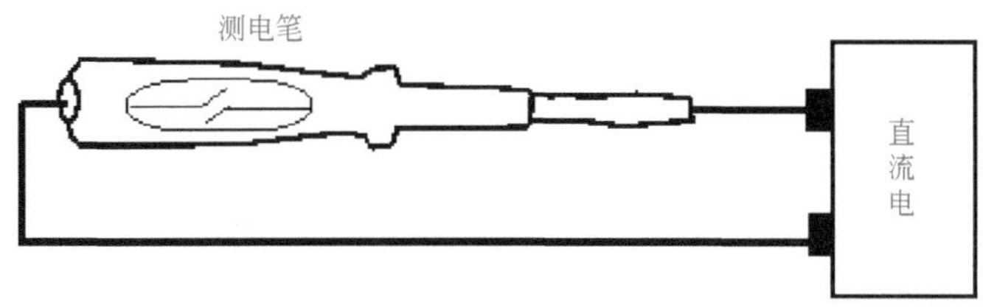

图2-14 用测电笔判断直流电的正、负极

2.2.2 数显式测电笔

数显式测电笔又称感应式测电笔，它不但可以测试物体是否带电，还能显示出大致的

电压范围，另外有些数显测电笔可以检验出绝缘导线断线位置。

（1）外形

数显式测电笔的外形与各部分名称如图2-15所示，图2-15（b）的测电笔上标有“12-240V AC.DC”，表示该测电笔可以测量12～240V范围内的交流或直流电压，测电笔上的两个按键均为金属材料，测量时手应按住按键不放，以形成电流回路，通常直接测量按键距离显示屏较远，而感应测量按键距离显示屏更近。

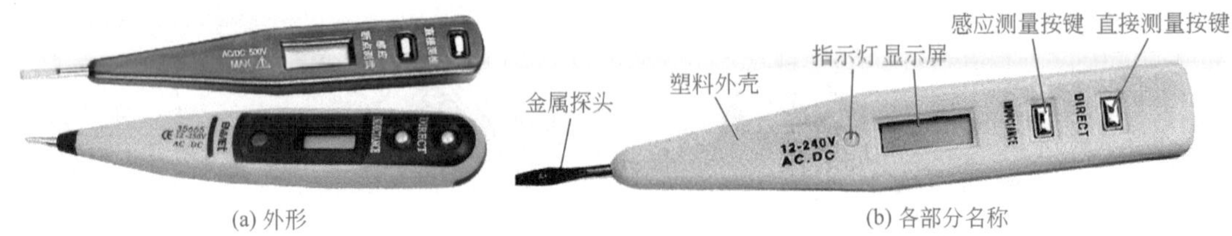

(a) 外形　　(b) 各部分名称

图2-15　数显式测电笔

（2）使用

① 直接测量法　**直接测量法是指将测电笔的探头直接接触被测物来判断是否带电的测量方法。**

在使用直接测量法时，将测电笔的金属探头接触被测物，同时手按住直接测量按键（DIRECT）不放，如果被测物带电，测电笔上的指示灯会变亮，同时显示屏显示所测电压的大致值，一些测电笔可显示12V、36V、55V、110V和220V五段电压值，显示屏最后的显示数值为所测电压值（未至高端显示值的70%时，显示低端值），比如测电笔的最后显示值为110V，实际电压可能在77～154V之间。

② 感应测量法　**感应测量法是指将测电笔的探头接近但不接触被测物，利用电压感应来判断被测物是否带电的测量方法。**在使用感应测量法时，将测电笔的金属探头靠近但不接触被测物，同时手按住感应测量按键（INDUCTANCE），如果被测物带电，测电笔上的指示灯会变亮，同时显示屏有高压符号显示。

感应测量法非常适合判断绝缘导线内部断线位置。在测试时，手按住测电笔的感应测量按键，将测电笔的探头接触导线绝缘层，如果指示灯亮，表示当前位置的内部芯线带电，如图2-16（a）所示；然后保持探头接触导线的绝缘层，并往远离供电端的方向移动，当指示灯突然熄灭、高压符号消失，表明当前位置存在断线，如图2-16（b）所示。

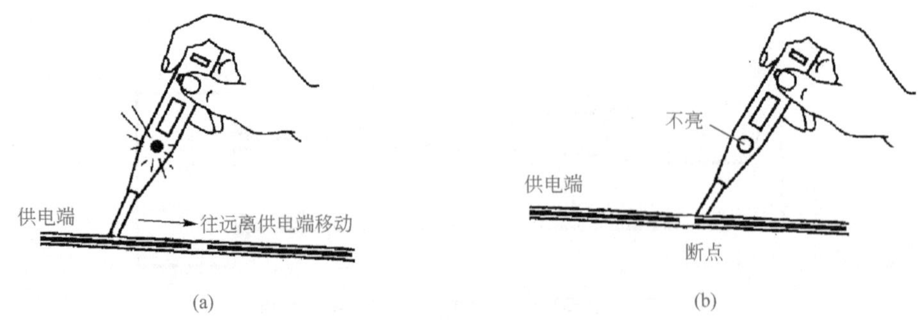

(a)　　(b)

图2-16　利用感应测量法找出绝缘导线的断线位置

感应测量法可以找出绝缘导线的断线位置，也可以对绝缘导线进行相、零线判断，还可以检查微波辐射及泄漏情况。

2.2.3 校验灯

（1）制作

校验灯是用灯泡连接两根导线制作而成的，校验灯的制作如图2-17所示，校验灯使用额定电压为220V、功率在15～200W之间的灯泡，导线用单芯线，并将芯线的头部弯折成钩状，既可以碰触线路，也可以钩住线路。

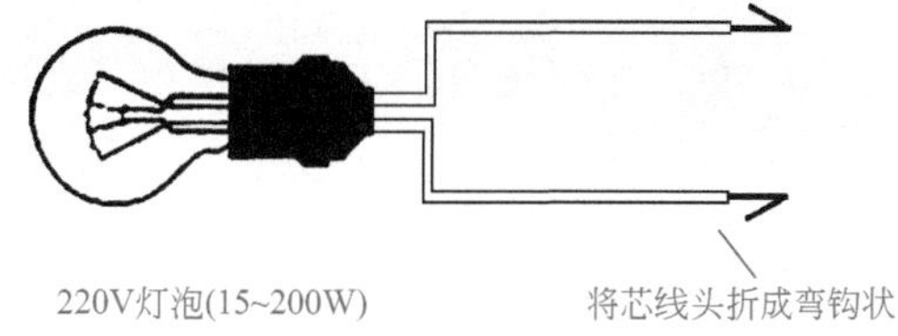

图2-17 校验灯

（2）使用举例

① 举例一 校验灯的使用如图2-18所示。在使用校验灯时，断开相线上的熔断器，将校验灯串在熔断器位置，并将支路的S_1、S_2、S_3开关都断开，可能会出现以下情况。

a. 校验灯不亮，说明校验灯之后的线路无短路故障。

b. 校验灯很亮（亮度与直接接在220V电压一样），说明校验灯之后的线路出现相线与零线短路，校验灯两端有220V电压。

c. 将某支路的开关闭合（如闭合S_1），如果校验灯会亮，但亮度较暗，说明该支路正常，校验灯亮度暗是因为校验灯与该支路的灯泡串联起来接在220V之间，校验灯两端的电压低于220V。

d. 将某支路的开关闭合（如闭合S_1），如果校验灯很亮，说明该支路出现短路（灯泡L_1短路），校验灯两端有220V电压。

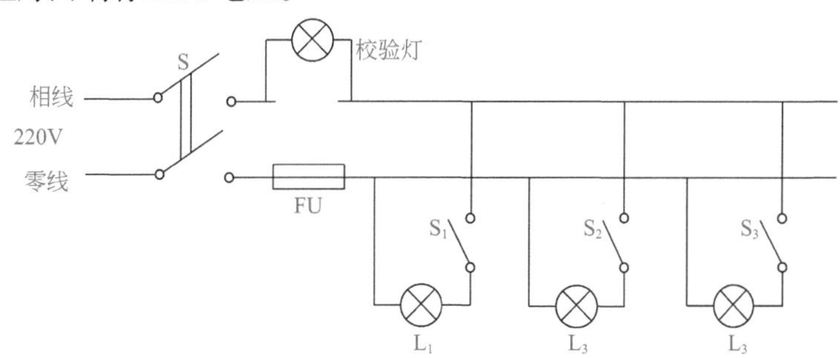

图2-18 校验灯使用举例一

当校验灯与其他电路串联时，其他电路功率越大，该电路的等效电阻会越小，校验灯两端的电压越高，灯泡会亮一些。

② 举例二 校验灯还可以按如图2-19所示方法使用，如果开关S_3置于接通位置时灯泡L_3不亮，可能是开关S_3或灯泡L_3开路，为了判断到底是哪一个损坏，可将S_3置于接通位置，然后将校验灯并接在S_3两端，如果校验灯和灯泡L_3都亮，则说明开关S_3已开路，如果校验灯不亮，则为灯泡L_3开路损坏。

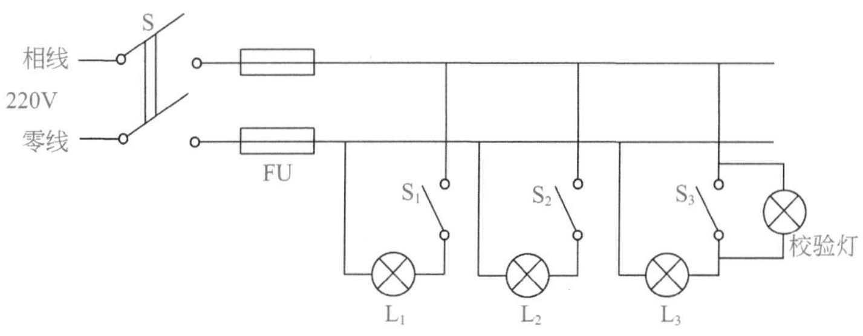

图2-19 校验灯使用举例二

2.3 电烙铁与焊接技能

2.3.1 电烙铁

现在大量的电气设备内部具有电子电路，高水平的电工技术人员应具备电子电路检修能力。**电烙铁是一种焊接工具**，它是电路装配和检修不可缺少的工具，元器件的安装和拆卸都要用到，学会正确使用电烙铁是提高实践能力的重要内容。

（1）结构

电烙铁主要由烙铁头、套管、烙铁芯（发热体）、手柄和导线等组成，电烙铁的结构如图2-20所示。当烙铁芯通过导线获得供电后会发热，发热的烙铁芯通过金属套管加热烙铁头，烙铁头的温度达到一定值时就可以进行焊接操作。

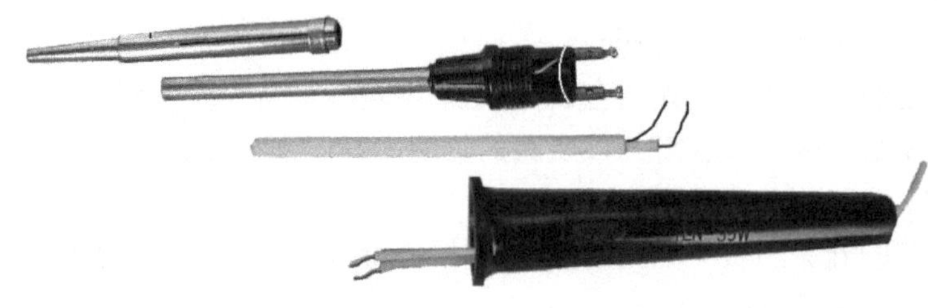

图2-20 电烙铁的结构

（2）种类

电烙铁的种类很多，常见的有内热式电烙铁、外热式电烙铁、恒温电烙铁和吸锡电烙铁等。

① 内热式电烙铁 **内热式电烙铁是指烙铁头套在发热体外部的电烙铁**。内热式电烙铁如图2-21所示。内热式电烙铁具有体积小、重量轻、预热时间短，一般用于小元件的焊接，功率一般较小，但发热元件易损坏。

内热式电烙铁的烙铁芯采用镍铬电阻丝绕在瓷管上制成，一般20W电烙铁其电阻为2.4kΩ左右，35W电烙铁其电阻为1.6kΩ左右。常用的内热式电烙铁的功率与对应温度见下表：

电烙铁功率/W	20	25	45	75	100
烙铁头温度/℃	350	400	420	440	450

② 外热式电烙铁 **外热式电烙铁是指烙铁头安装在发热体内部的电烙铁**。外热式电烙铁如图2-22所示。

外热式电烙铁的烙铁头长短可以调整，烙铁头越短，烙铁头的温度就越高，烙铁头有凿式、尖锥形、圆面形、圆尖锥形和半圆沟形等不同的形状，可以适应不同焊接面的需要。

③ 恒温电烙铁 **恒温电烙铁是一种利用温度控制装置来控制通电时间使烙铁头保持恒温的电烙铁**。恒温电烙铁如图2-23所示。

恒温电烙铁一般用来焊接温度不宜过高、焊接时间不宜过长的元器件。有些恒温电烙铁还可以调节温度，温度调节范围一般在200 ～ 450℃。

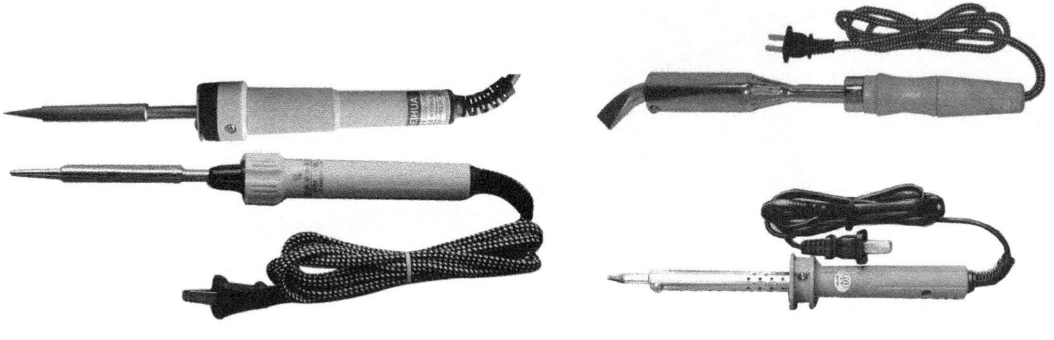

图2-21　内热式电烙铁　　　　图2-22　外热式电烙铁

④ 吸锡电烙铁　**吸锡电烙铁是将活塞式吸锡器与电烙铁融于一体的拆焊工具**。吸锡电烙铁如图2-24所示。在使用吸锡电烙铁时，先用带孔的烙铁头将元件引脚上的焊锡熔化，然后让活塞运动产生吸引力，将元件引脚上的焊锡吸入带孔的烙铁头内部，这样引脚无焊锡的元件就很容易拆下。

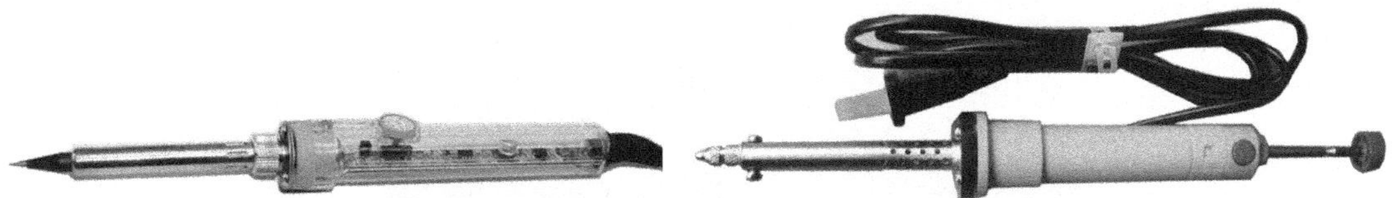

图2-23　恒温电烙铁　　　　图2-24　吸锡电烙铁

（3）选用

电烙铁选用原则

在选用电烙铁时，可按下面原则进行选择。

① 在选用电烙铁时，烙铁头的形状要适应被焊接件物面要求和产品装配密度。对于焊接面小的元件，可选用尖嘴电烙铁，对于焊接面大的元件，可选用扁嘴电烙铁。

② 在焊接集成电路、晶体管及其他受热易损坏的元器件时，一般选用 20W 内热式或 25W 外热式电烙铁。

③ 在焊接较粗的导线和同轴电缆时，一般选用 50W 内热式或者 45 ～ 75W 外热式电烙铁。

④ 在焊接很大元器件时，如金属底盘接地焊片，可选用 100W 以上的电烙铁。

2.3.2　焊料与助焊剂

（1）焊料

焊料是用于焊接的原料，焊锡是电子产品焊接采用的主要焊料。焊锡如图2-25所示。焊锡是在易熔金属锡中加入一定比例的铅和少量其他金属制成，其熔点低、流动性好、对元件和导线的附着力强、机械强度高、导电性好、不易氧化、抗腐蚀性好，并且焊点光亮美观。

图2-25　焊锡

（2）助焊剂

助焊剂可分为无机助焊剂、有机助焊剂和树脂助焊剂，它能溶解去除金属表面的氧化物，并在焊接加热时包围金属的表面，使之和空气隔绝，防止金属在加热时氧化，另外还能降低焊锡的表面张力，有利于焊锡的浸润。**松香是焊接时采用的主要助焊剂**，松香如图2-26所示。

图2-26　松香

2.3.3　印制电路板

各种电子设备都是由一个个元器件连接起来组成的。用规定的符号表示各种元器件，并且将这些元器件连接起来就构成了这种电子设备的电路原理图，通过电路原理图可以了解电子设备的工作原理和各元器件之间的连接关系。

在实际装配电子设备时，如果将一个个元器件用导线连接起来，除了需要大量的连接导线外还很容易出现连接错误，出现故障时检修也极为不便。为了解决这个问题，人们就将大多数连接导线做在一块塑料板上，在装配时只要将一个个元器件安装在塑料板相应的位置，再将它们与导线连接起来就能组装成一台电子设备，这里的塑料板称为印制电路板。之所以叫它印制电路板，是因为塑料板上的导线是印刷上去的，印刷到塑料板上的不是油墨而是薄薄的铜层，铜层常称作铜箔。印制电路板示意图如图2-27所示。

如图2-27（a）所示为印制电路板背面，该面上黑色的粗线为铜箔，圆孔用来插入元器件引脚，在此处还可以用焊锡将元器件引脚与铜箔焊接在一起；如图2-27（b）所示为印制电路板正面，它上面有很多圆孔，可以在该面将元器件引脚插入圆孔，在背面将元器件引脚与铜箔焊接起来。

图2-28是一个电子产品的印刷电路板背面和正面图。

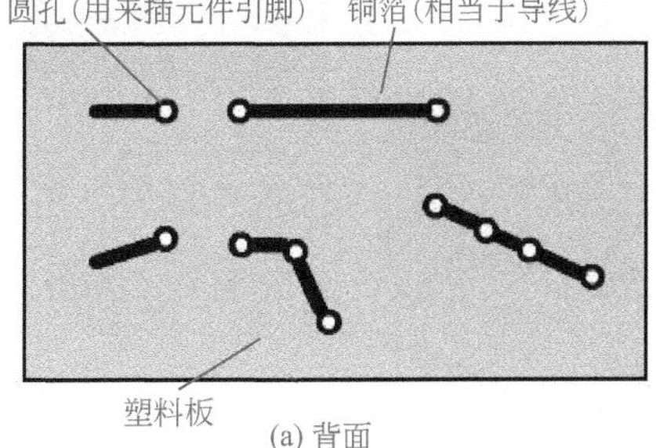

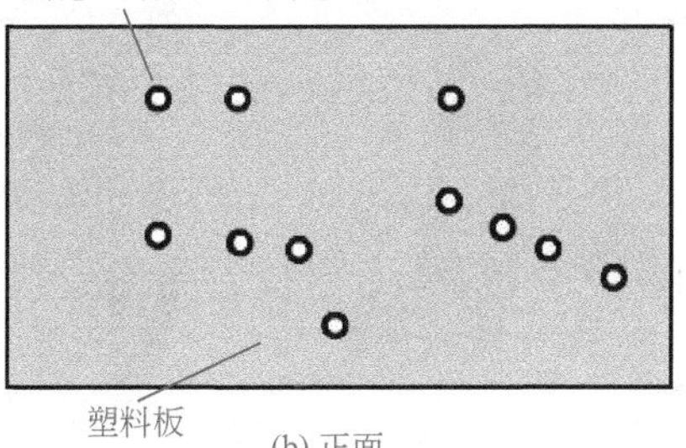

(a) 背面　　(b) 正面

图2-27　印制电路板示意图

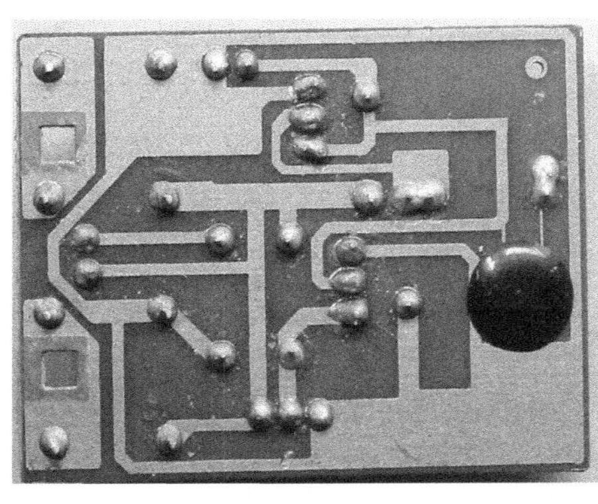

(a) 背面　　(b) 正面

图2-28　一个电子产品的印制电路板

印刷板上的电路不像原理电路那么有规律，下面以图2-29为例来说明印刷板电路和原理图的关系。

图2-29（a）为检波电路的电路原理图，图2-29（b）为检波电路的印制板电路，表面看好像两电路不一样，但实际上两电路完全一样。原理电路更注重直观性，故元器件排列更有规律，而印制板电路更注重实际应用，在设计制作印制板电路时除了要求电气连接上与原理电路完全一致外，还要考虑各元器件之间的干扰和引线长短等等问题，故印制板电路排列好像杂乱无章，但如果将印制板电路还原成原理电路时，就会发现它与原理图是完全一样的。

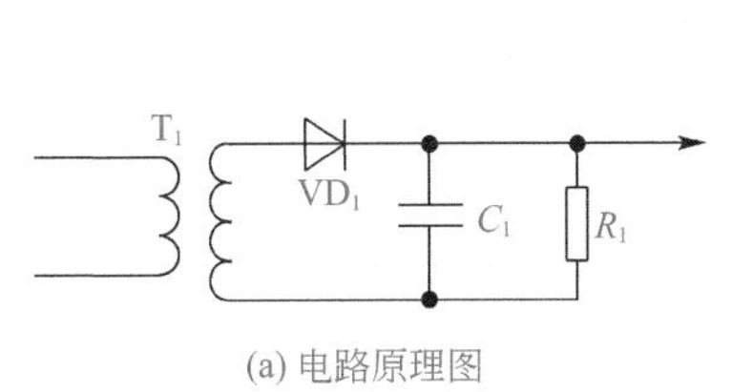

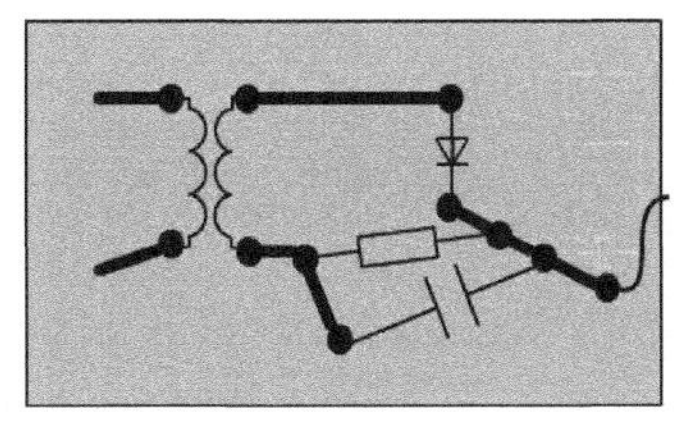

(a) 电路原理图　　(b) 印制板电路图

图2-29　检波电路

2.3.4　元件的焊接与拆卸

（1）焊拆前的准备工作

元件的焊接与拆卸需要用电烙铁。电烙铁在使用前要做一些准备工作，如图2-30所示。

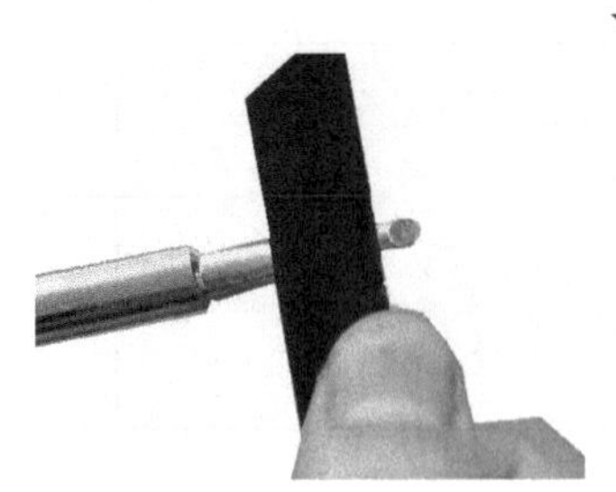

(a) 除氧化层

(b) 沾助焊剂

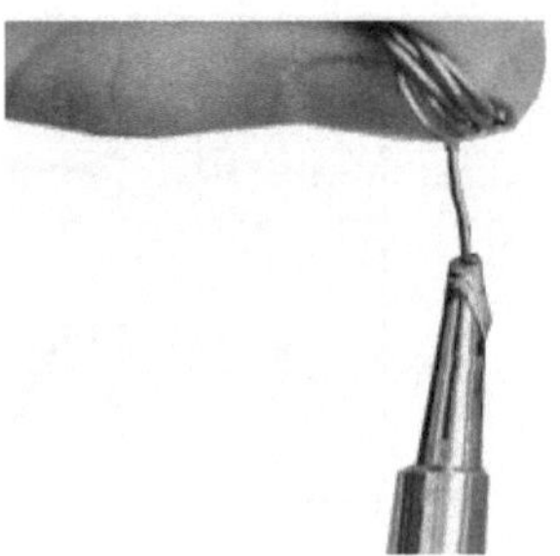

(c) 挂锡

图2-30 电烙铁使用前的准备工作

电烙铁使用前的准备工作

在使用电烙铁焊接时，要做好以下准备工作。

第一步：除氧化层。为了焊接时烙铁头能很容易沾上焊锡，在使用电烙铁前，可用小刀或锉刀轻轻除去烙铁头上的氧化层，氧化层刮掉后会露出金属光泽，该过程如图 2-30（a）所示。

第二步：沾助焊剂。烙铁头氧化层去除后，给电烙铁通电使烙铁头发热，再将烙铁头沾上松香（电子市场有售），会看见烙铁头上有松香蒸气，该过程如图 2-30（b）所示。松香的作用是防止烙铁头在高温时氧化，并且增强焊锡的流动性，使焊接更容易进行。

第三步：挂锡。当烙铁头沾上松香达到足够温度，烙铁头上有松香蒸气冒出，用焊锡在烙铁头的头部涂抹，在烙铁头的头部涂了一层焊锡，该过程如图 2-30（c）所示。给烙铁头挂锡的好处是保护烙铁头不被氧化，并使烙铁头更容易焊接元器件，一旦烙铁头“烧死”，即烙铁头温度过高上使烙铁头上的焊锡蒸发掉，烙铁头被烧黑氧化，焊接元器件就很难进行，这时又需要刮掉氧化层再挂锡才能使用。所以当电烙铁较长时间不使用时，应拔掉电源防止电烙铁“烧死”。

（2）元件的焊接

焊接元器件时，首先要将待焊接的元器件引脚上的氧化层轻轻刮掉，然后给电烙铁通电，发热后沾上松香，当烙铁头温度足够时，将烙铁头以45° 角度压在印刷板待焊元件引脚旁的焊铜箔上，然后再将焊锡丝接触烙铁头，焊锡丝熔化后成液态状，会流到元器件引脚四周，这时将烙铁头移开，焊锡冷却就将元器件引脚与印制板铜箔焊接在一起了。元件的焊接如图2-31所示。

图 2-31 元件的焊接

焊接元器件时烙铁头接触印制板和元器件时间不要太长，以免损坏印制板和元器件，焊接过程要在1.5 ～ 4s时间内完成，焊接时要求焊点光滑且焊锡分布均匀。

（3）元器件的拆卸

在拆卸印刷电路板上的元器件时，将电烙铁的烙铁头接触元器件引脚处的焊点，待焊点处的焊锡熔化后，在电路板另一面将该元件引脚拔出，然后再用同样的方法焊下另一引脚。这种方法拆卸三个以下引脚的元器件很方便，但拆卸四个以上引脚的元器件（如集成电路）就比较困难了。

拆卸四个以上引脚的元器件可使用吸锡电烙铁，也可用普通电烙铁借助不锈钢空心套管或注射器针头（电子市场有售）来拆卸。不锈钢空心套管和注射器针头如图2-32所示。多引脚元器件的拆卸方法如图2-33所示，用烙铁头接触该元器件某一引脚焊点，当该脚焊点的焊锡熔化后，将大小合适的注射器针头套在该引脚上并旋转，让元器件引脚与电路板焊锡铜箔脱离，然后将烙铁头移开，稍后拔出注射器针头，这样元器件引脚就与印刷电路板铜箔脱离开来，再用同样的方法使元器件其他引脚与电路板铜箔脱离，最后就能将该元器件从电路板上拔下来。

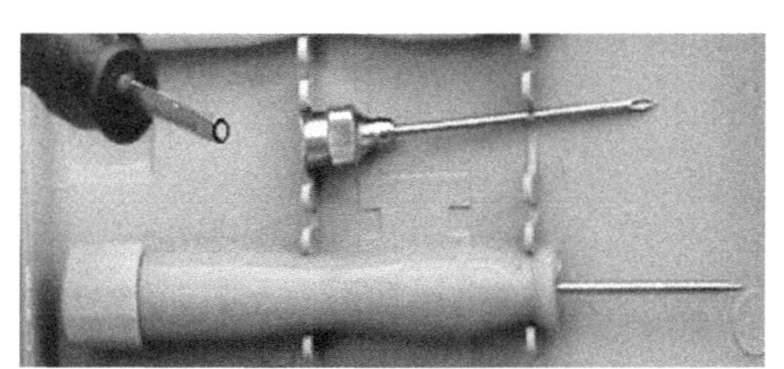

图2-32　不锈钢空心套管和注射器针头

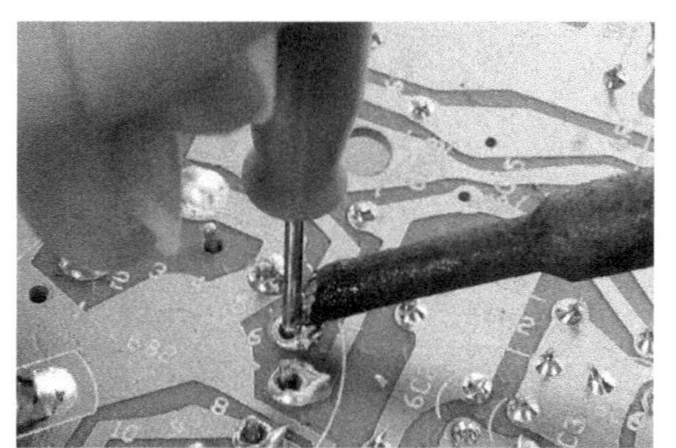

图2-33　用不锈钢空心套管拆卸多引脚元器件

2.4 导线的选择

导线的种类很多，通常可分为两大类：裸导线和绝缘导线。裸导线是不带绝缘层的导线，一般用作电能的传输，由于无绝缘层，故需要架设在位置高的地方，出于安全考虑，室内配电线路主要采用绝缘导线，很少采用裸导线。

2.4.1　绝缘导线的种类

绝缘导线是在金属导线（如铜、铝）外面加上绝缘层构成。绝缘导线主要有漆包线、普通绝缘导线和护套绝缘导线。

（1）漆包线

漆包线是在铜线的外面涂上绝缘漆构成的，绝缘漆就是它的绝缘层，由于很多绝缘漆颜色与铜相似，因此很容易将漆包线当成裸铜线。漆包线如图2-34所示。

电动机、变压器、继电器、接触器和电工仪表等设备中的线圈通常是由漆包线绕制而成的。漆包线的线径和横截面积是由铜导线来决定的，表2-1列出了一些不同规格漆包线的有关参数。

图2-34　漆包线

表2-1　一些不同规格漆包线的有关参数

线径/mm	线截面积/mm²	相当英制号	每千米电阻/Ω	最大安全电流/A	线径/mm	线截面积/mm²	相当英制号	每千米电阻/Ω	最大安全电流/A
4.00	12.50	8	1.32	36.6	0.40	0.125	27	135.9	0.39
3.55	10.00	9	1.68	29.6	0.36	0.10	28	172.1	0.31
3.15	8.00	10	2.11	23.3	0.32	0.08	30	217.4	0.22
2.80	6.30	11	2.63	19.3	0.28	0.063	32	273.9	0.17
2.50	5.00	12	3.32	15.4	0.25	0.05	33	357.0	0.14
2.24	4.00	13	4.22	12.1	0.22	0.04	34	431.5	0.12
2.00	3.15	14	5.31	9.2	0.20	0.032	36	558.0	0.083
1.80	2.50	15	6.71	7.4	0.18	0.025	37	691.5	0.066
1.60	2.00	16	8.44	5.9	0.16	0.020	38	873	0.051
1.40	1.60	17	10.65	4.5	0.14	0.016	39	1140	0.039
1.12	1.00	18	16.96	3.1	0.125	0.012	40	1389	0.033
1.00	0.80	19	21.39	2.3	0.112	0.010	41	1751	0.028
0.90	0.63	20	26.95	1.9	0.10	0.008	42	2240	0.023
0.80	0.50	21	35.00	1.5	0.09	0.0063	43	2860	0.019
0.71	0.40	22	42.75	1.1	0.08	0.0052	44	3508	0.015
0.63	0.31	23	53.95	0.9	0.07	0.004	45	4308	0.011
0.56	0.25	24	67.95	0.7	0.06	0.003	46	5470	0.0083
0.50	0.20	25	85.10	0.6	0.05	0.002	47	6900	0.0057
0.45	0.16	26	103.3	0.46	0.04	0.0014	48	8700	0.0037

（2）普通绝缘导线

普通绝缘导线由金属芯线和绝缘层组成。根据绝缘层不同，可分为塑料绝缘导线和橡胶绝缘导线；根据芯线材料不同，可分为铜芯绝缘导线和铝芯绝缘导线；根据芯线的数量不同，可分为单股和多股绝缘导线；根据导线的形式不同，可分为绝缘双绞线和绝缘平行线。常见种类的绝缘导线如图2-35所示。

（3）护套绝缘导线

护套绝缘导线是在普通绝缘导线的基础上再外套一个绝缘护套构成的。护套绝缘线如图2-36所示。

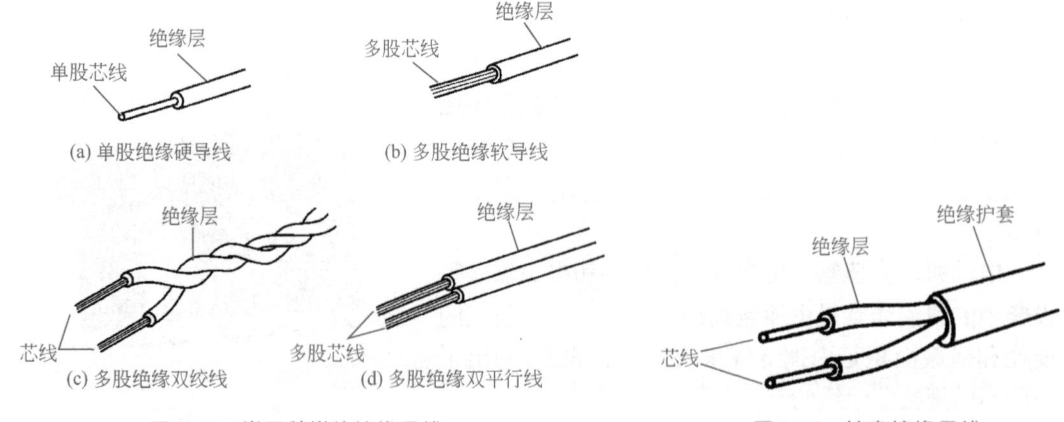

图2-35　常见种类的绝缘导线

图2-36　护套绝缘导线

2.4.2 绝缘导线的型号

绝缘导线通常会在线体或标签上标有型号，用来说明导线的种类等参数。**绝缘导线型号含义说明如下：**

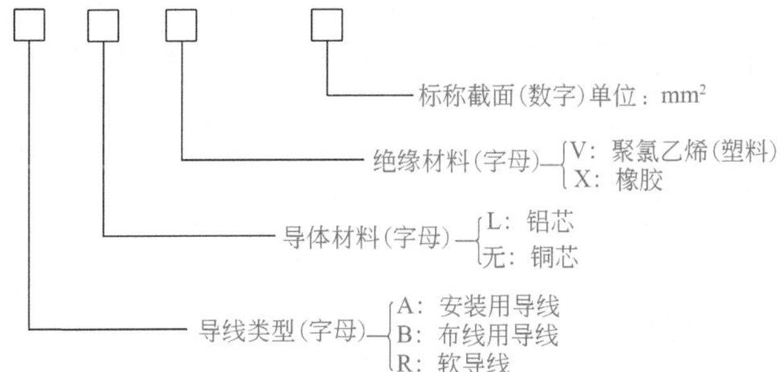

例如某绝缘导线的型号为BLV，该型号说明该导线是布线用的铝芯塑料绝缘导线。

2.4.3 绝缘导线的选择

在选用绝缘导线时，主要考虑导线的安全电流、机械强度和额定电压。

（1）安全电流

导线流过电流时会发热，电流越大，发出热量越多，热量通过绝缘层散发出去，如果散发的热量等于导线发出的热量，导线的温度不再上升，若流过导线的电流过大而产生大量的热量，这些热量又不能被绝缘层都散发，导线的温度就会上升，绝缘层就容易老化，甚至损坏引出触电或火灾事故。

安全电流是指导线温度达到绝缘层最高允许值（规定为65℃）不再上升时的导线通过电流。当流过绝缘导线的电流超过安全电流时，绝缘层温度也会超过最高允许值而易损坏。安全电流大小除了与导线横截面积有关（如截面积越大，导线电阻越小，产生的热量越少，安全电流越大），还与绝缘层有很大的关系，绝缘层散热性能越好，导线安全电流越大。因此芯线截面积相同的普通单绝缘层导线较护套绝缘导线安全电流大，单股绝缘导线较多股绝缘导线安全电流大。

在选择绝缘导线时，导线的安全电流应大于所接负载的总电流，一般约为1.5～2倍左右。

表2-2和表2-3分别列出了不同截面积芯线的塑料绝缘导线和橡胶绝缘导线在不同的情况下的安全电流大小。从任意一个表中都可以看出，同截面积芯线的绝缘导线，采用明线敷设、穿管敷设（安装时将导线放在套管中）和护套线形式敷设时的安全电流不同，散热好的明线敷设时的安全电流最大，多芯护套线敷设时的安全电流最小。另外将两个表进行比较，还可以发现同截面积芯线的塑料绝缘导线较橡胶绝缘导线安全电流要大。

表2-2 不同截面积芯线的塑料绝缘导线在不同情况下的安全电流大小　　单位：A

截面积/mm²	明线敷设		穿管敷线						护套线			
			二根		三根		四根		二芯		三芯及四芯	
	铜	铝	铜	铝	铜	铝	铜	铝	铜	铝	铜	铝
0.2	3								3		2	
0.3	5								4.5		3	
0.4	7								6		4	
0.5	8								7.5		5	

续表

截面积/mm²	明线敷设		穿管敷线						护套线			
			二根		三根		四根		二芯		三芯及四芯	
	铜	铝	铜	铝	铜	铝	铜	铝	铜	铝	铜	铝
0.6	10								8.5		6	
0.7	12								10		8	
0.8	15								11.5		10	
1	18		15		14		13		14		11	
1.5	22	17	18	13	16	12	15	11	18	14	12	10
2	26	30	20	15	17	13	16	12	20	16	14	12
2.5	30	23	26	20	25	19	23	17	22	19	19	15
3	32	24	29	22	27	20	25	19	25	21	22	17
4	40	30	38	29	33	25	30	23	33	25	25	20
5	45	34	42	31	37	28	34	25	37	28	28	22
6	50	39	44	34	41	31	37	28	41	31	31	24
8	63	48	56	43	49	39	43	34	51	39	40	30
10	75	55	68	51	56	42	49	37	63	48	48	37
16	100	75	80	61	72	55	64	49				
20	110	85	90	70	80	65	74	56				
25	130	100	100	80	90	75	85	65				
35	160	125	125	96	110	84	105	75				
50	200	155	163	125	142	109	120	89				
70	255	200	202	156	182	141	161	125				
95	310	240	243	187	227	175	197	152				

表2-3　不同截面积芯线的橡胶绝缘导线在不同情况下的安全电流大小　　单位：A

截面积/mm²	明线敷设		穿管敷线						护套线			
			二根		三根		四根		二芯		三芯及四芯	
	铜	铝	铜	铝	铜	铝	铜	铝	铜	铝	铜	铝
0.2									3		2	
0.3									4		3	
0.4									5.5		3.5	
0.5									7		4.5	
0.6									8		5.5	
0.7									9		7.5	
0.8									10.5		9	
1.0	17		14		13		12		12		10	
1.5	20	15	16	12	15	11	14	10	15	12	11	8
2	24	18	18	14	16	12	15	11	17	15	12	10
2.5	28	21	24	18	23	17	21	16	19	16	16	13
3	30	22	27	20	25	18	23	17	21	18	19	14
4	37	28	35	26	30	23	27	21	28	21	21	17
5	41	31	39	28	34	26	30	23	33	24	24	19
6	46	36	40	31	38	29	34	26	35	26	26	21
8	58	44	50	40	45	36	40	31	44	33	34	26

续表

截面积/mm²	明线敷设		穿管敷线						护套线			
			二根		三根		四根		二芯		三芯及四芯	
	铜	铝	铜	铝	铜	铝	铜	铝	铜	铝	铜	铝
10	69	51	63	47	50	39	45	34	54	41	41	32
16	92	69	74	56	66	50	59	45				
20	100	78	83	65	74	60	68	52				
25	120	92	92	74	83	69	78	60				
35	148	115	115	88	100	78	97	70				
50	185	143	150	115	130	100	110	82				
70	230	185	186	144	168	130	149	115				
95	290	225	220	170	210	160	180	140				
120	355	270	260	200	220	173	210	165				
150	400	310	290	230	260	207	240	188				

（2）机械强度

安装绝缘导线时，除了要考虑导线的安全电流外，在某些情况下还要考虑其机械强度。机械强度是指导线承受拉力、扭力和重力等的能力。例如遇到如图2-37所示的线路安装时就需要考虑导线的机械强度。

在图2-37（a）中，选择的绝缘导线要能承受灯具的重力；在图2-37（b）中，选择的绝缘导线除了要能承受自身重力形成的拉力外，由于安装在室外，所以还要考虑到一些外界因素形成的力（如风力等）。

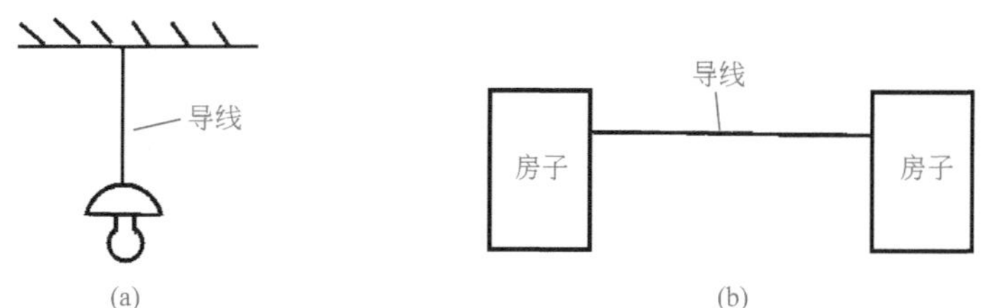

图2-37　线路安装时需要考虑导线的机械强度的情况

（3）额定电压

导线的绝缘层一般都有一定的耐压范围，超出这个范围绝缘性能下降。选择导线时要根据线路的电压来选择相应额定电压的绝缘导线。常用的绝缘导线的额定电压有250V、500V和1000V等，如线路实际电压为220V，可选择额定电压为250V的绝缘导线。

2.5 导线的剥削、连接和绝缘恢复

2.5.1 导线绝缘层的剥削

在连接绝缘导线前，需要先去掉导线连接处的绝缘层而露出金属芯线，再进行连接，剥离的绝缘层的长度约50～100mm，通常线径小的导线剥离短些，线径粗的剥离长些。

绝缘导线种类较多，绝缘层的剥离方法也有所不同。

（1）硬导线绝缘层的剥离

对于截面积在0.4mm^{2}以下的硬绝缘导线，可以使用钢丝钳（俗称老虎钳）剥离绝缘层，具体如图2-38所示，其过程如下。

① 左手捏住导线，右手拿钢丝钳，将钳口钳住剥离处的导线，切不可用力过大，以免切伤内部芯线。

② 左、右手分别朝相反方向用力，绝缘层就会沿钢丝钳运动方向脱离。

如果剥离绝缘层时不小心伤及内部芯线，较严重时需要剪掉切伤部分导线，重新按上述方法剥离绝缘层。

对于截面积在0.4mm^{2}以上的硬绝缘导线，可以使用电工刀来剥离绝缘层，具体如图2-39所示，其过程如下。

① 左手捏住导线，右手拿电工刀，将刀口以45°切入绝缘层，不可用力过大，以免切伤内部芯线，如图2-39（a）所示。

② 刀口切入绝缘层后，让刀口和芯线保持25°，推动电工刀，将部分绝缘层削去，如图2-39（b）所示。

③ 将剩余的绝缘层反向扳过来，如图2-39（c）所示，然后用电工刀将剩余的绝缘齐根削去。

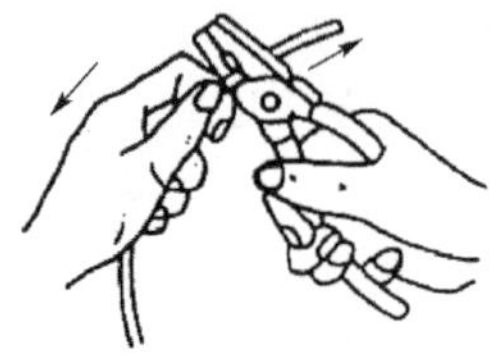

图2-38 截面积在0.4mm^{2}以下的硬绝缘导线绝缘层的剥离

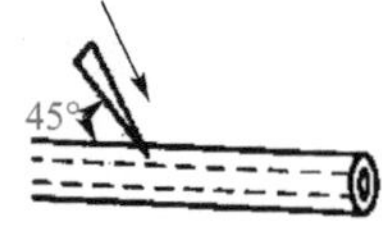

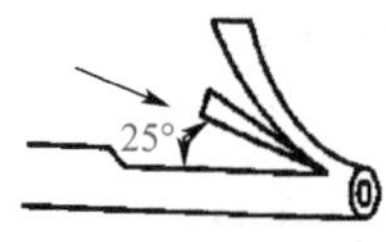

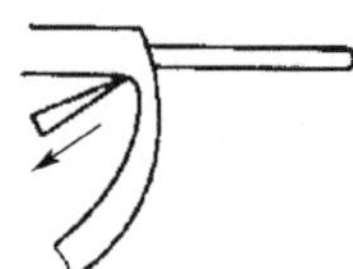

图2-39 截面积在0.4mm^{2}以上的硬绝缘导线绝缘层的剥离

（2）软导线绝缘层的剥离

剥离软导线的绝缘层可使用钢丝钳或剥线钳，但不可使用电工刀，因为软导线芯线有多股细线组成，用电工刀剥离很易切断部分芯线。用钢丝钳剥离软导线绝缘层的方法与剥离硬导线的绝缘层操作方法一样，这里只介绍如何用剥线钳剥离绝缘层，如图2-40所示，具体操作过程如下。

① 将剥线钳钳入需剥离的软导线。

② 握住剥线钳手柄作圆周运行，让钳口在导线的绝缘层上切成一个圆周，注意不要切伤内部芯线。

③ 往外推动剥线钳，绝缘层就会随钳口移动方向脱离。

（3）护套线绝缘层的剥离

护套线除了内部有绝缘层外，在外面还有护套，**在剥离护套线绝缘层时，先要剥离护套，再剥离内部的绝缘层。剥离护套常用电工刀，剥离内部的绝缘层根据情况可使用钢丝钳、剥线钳或电工刀。**护套线绝缘层的剥离如图2-41所示，具体过程如下。

① 将护套线平放在木板上，然后用电工刀尖从中间划开护套，如图2-41（a）所示。

② 将护套折弯，再用电工刀齐根削去，如图2-41（b）所示。

③ 根据护套线内部芯线的类型，用钢丝钳、剥线钳或电工刀剥离内部绝缘层。若芯线是较粗的硬导线，可使用电工刀；若是细硬导线，可使用钢丝钳；若是软导线，则使用剥线钳。

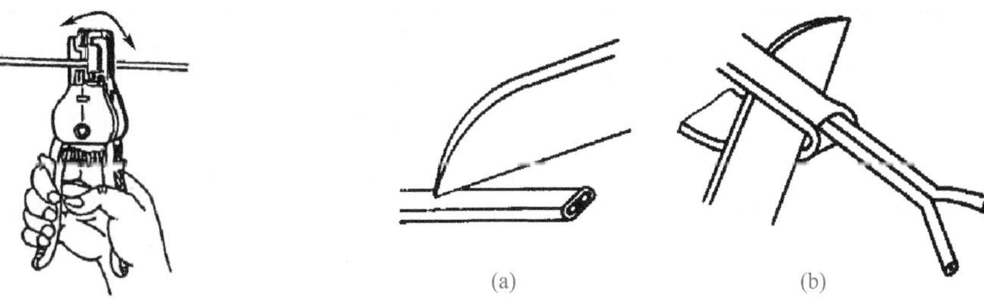

图2-40 用剥线钳剥离绝缘层

图2-41 护套线绝缘层的剥离

2.5.2 导线与导线的连接

当导线长度不够时，需要导线与导线连接起来。**导线连接部位是线路的薄弱环节，正确进行导线连接可以增强线路的安全性、可靠性，使用电设备能稳定可靠地运行。在连接导线前，要求先去除芯线上污物和氧化层。**

（1）铜芯导线之间的连接

① 单股铜芯导线的直线连接　单股铜芯导线的直线连接如图2-42所示，具体过程如下。

a. 将去除绝缘层和氧化层的两根单股导线作X形相交，如图2-42（a）所示。

b. 将两根导线向两边紧密斜着缠绕2～3圈，如图2-42（b）所示。

c. 将两根导线扳直，再各向两边绕6圈，多余的线头用钢丝钳剪掉，连接好的导线如图2-42（c）所示。

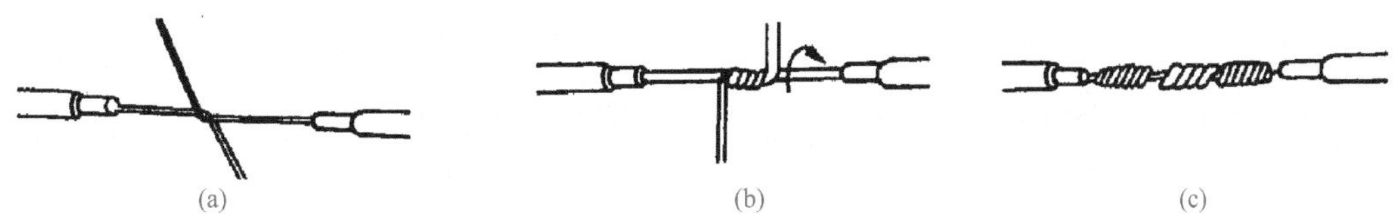

图2-42 单股铜芯导线的直线连接

② 单股铜芯导线的T字形分支连接　单股铜芯导线的T字形分支连接如图2-43所示，具体过程如下。

a. 将除去绝缘层和氧化层的支路芯线与主干芯线十字相交，然后将支路芯线在主干芯线上绕一圈并跨过支路芯线（即打结），再在主干线上缠绕8圈，如图2-43（a）所示，多余的支路芯线剪掉。

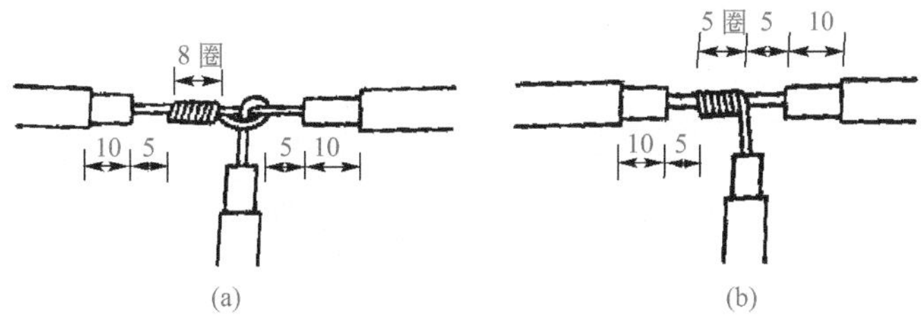

图2-43 单股铜芯导线的T字形分支连接

b. 对于截面积小的导线，也可以不打结，直接将支路芯线在主干芯线缠绕几圈，如图2-43（b）所示。

③ 7股铜芯导线的直线连接　7股铜芯导线的直线连接如图2-44所示，具体过程如下。

a. 将去除绝缘层和氧化层的两根导线7股芯线散开，并将绝缘层旁约2/5的芯线段绞紧，如图2-44（a）所示。

b. 将两根导线分散成开的芯线隔根对叉，如图2-44（b）所示，然后压平两端对叉的线头，并将中间部分钳紧，如图2-44（c）所示。

c. 将一端的7股芯线按2、2、3分成三组，再把第一组的2根芯线扳直（即与主芯线垂直），如图2-44（d）所示，然后按顺时针方向在主芯线上紧绕2圈，再将余下的扳到主芯线上，如图2-44（e）所示。

d. 将第二组的2根芯线扳直，然后按顺时针方向在第一组芯线及主芯线上紧绕2圈，如图2-44（f）所示。

e. 将第三组的3根芯线扳直，然后按顺时针方向在第一、二组芯线及主芯线上紧绕2圈，如图2-44（g）所示，三组芯线绕好后把多余的部分剪掉，已绕好一端的导线如图2-44（h）所示。

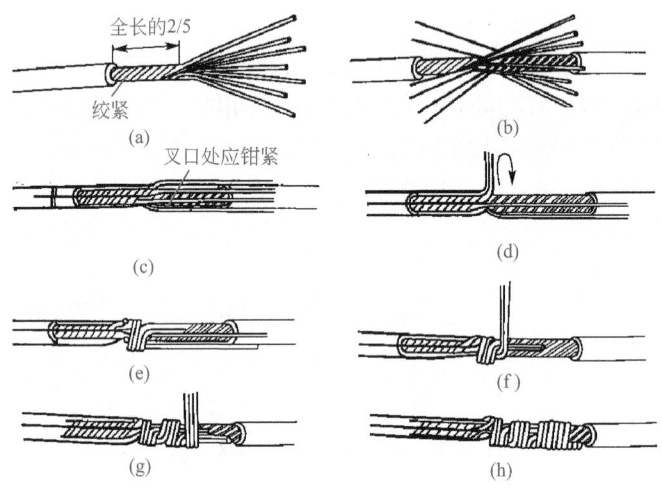

图2-44　7股铜芯导线的直线连接

f. 按同样的方法缠绕另一端的芯线。

④ 7股铜芯导线的T字形分支连接　7股铜芯导线的T字形分支连接如图2-45所示，具体过程如下：

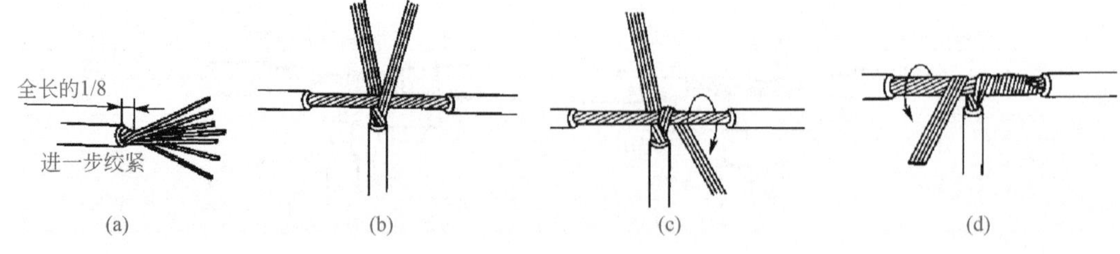

图2-45　7股铜芯导线的T字形分支连接

a. 将去除绝缘层和氧化层的分支线7股芯线散开，并将绝缘层旁约1/8的芯线段绞紧，如图2-45（a）所示。

b. 将分支线7股芯线按3、4分成两组，并叉入主干线，如图2-45（b）所示。

c. 将3股的一组芯线在主芯线上按顺时针方向紧绕3圈，再将余下的剪掉，如图2-45（c）所示。

d. 将4股的一组芯线在主芯线上按顺时针方向紧绕4圈，再将余下的剪掉，如图2-45（d）所示。

⑤ 不同直径铜导线的连接　不同直径的铜导线连接如图2-46所示，具体过程是：将细导线的芯线在粗导线的芯线上绕5～6圈，然后将粗芯线弯折压在缠绕细芯线上，再把细芯线在弯折的粗芯线上绕3～4圈，多余的细芯线剪去。

⑥ 多股软导线与单股硬导线的连接　多股软导线与单股硬导线的连接如图2-47所示，具体过程是：先将多股软导线拧紧成一股芯线，然后将拧紧的芯线在硬导线上缠绕7～8圈，再将硬导线折弯压紧缠绕的软芯线。

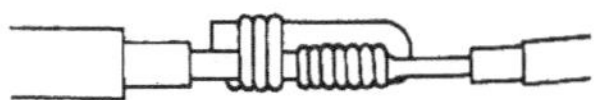

图2-46　不同直径的铜导线连接

图2-47　多股软导线与单股硬导线的连接

⑦ 多芯导线的连接　多芯导线的连接如图2-48所示，从图中可以看出，多芯导线之间的连接关键在于各芯线连接点应相互错开，这样可以防止芯线连接点之间短路。

（2）铝芯导线之间的连接

铝芯导线由于采用铝材料作芯线，而铝材料易氧化而在表面形成氧化铝，氧化铝的电阻率又比较高，如果线路安装要求比较高，**铝芯导线之间一般不采用铜芯导线之间的连接方法，而常用铝压接管（如图2-49所示）进行连接。**

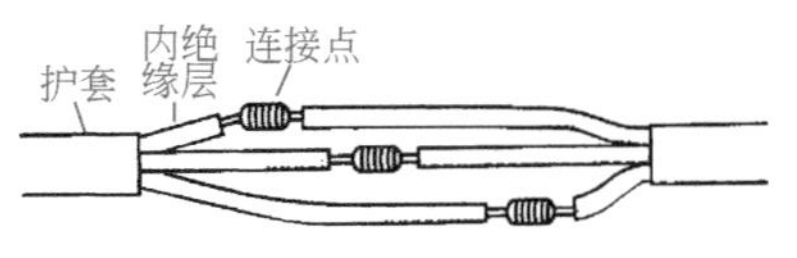

图2-48　多芯导线的连接

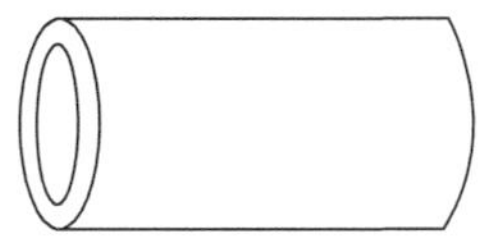

图2-49　铝压接管

用压接管连接铝芯导线方法如图2-50所示，具体操作过程如下。

① 将待连接的两根铝芯线穿入压接管，并穿出一定的长度，如图2-50（a）所示，芯线截面积截越大，穿出越长。

② 用压接钳对压接管进行压接，如图2-50（b）所示，铝芯线的截面积越大，要求压坑越多。

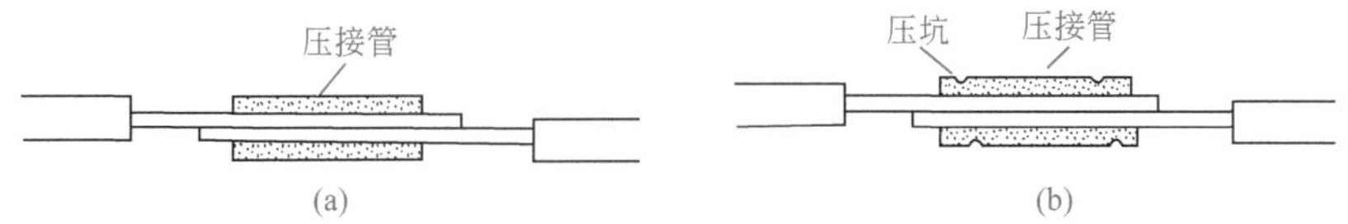

图2-50　用压接管连接铝芯导线

如果需要将三根或四根铝芯线压接在一起，可按图2-51方法进行。

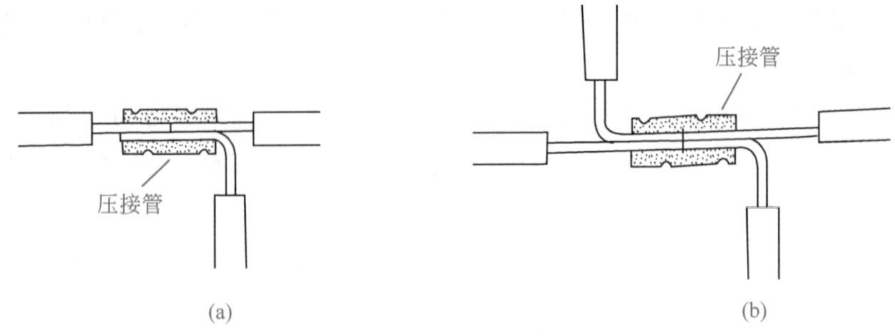

图2-51 用压接管连接三根或四根铝芯线

（3）铝芯导线与铜芯导线的连接

当铝和铜接触时容易发生电化学腐蚀，所以**铝芯导线和铜芯导线不能直接连接，连接时需要用到铜铝压接管**，这种套管是由铜和铝制作而成的，如图2-52所示。

图2-52 铜铝压接管

铝芯导线与铜芯导线的连接方法如图2-53所示，具体操作过程如下。

① 将铝芯线从压接管的铝端穿入，芯线不要超过压接管的铜材料端，铜芯线从压接管的铜端穿入，芯线不要超过压接管的铝材料端。

② 用压接钳压挤压接管，将铜芯线与压接管的铜材料端压紧，铝芯线与压接管的铝材料端压紧。

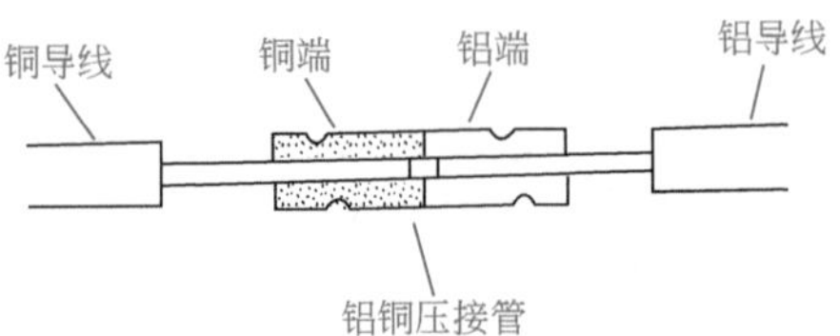

图2-53 铝芯导线与铜芯导线的连接

2.5.3 导线与接线柱之间的连接

（1）导线与针孔式接线柱的连接

导线与针孔式接线柱的连接方法如图2-54所示，具体操作过程是：旋松接线柱上的螺钉，再将芯线插入针孔式接线柱内，然后旋紧螺钉，如果芯线较细，可把它折成两股再插入接线柱。

（2）导线与螺钉平压式接线柱的连接

导线与螺钉平压式接线柱的连接如图2-55所示，具体操作过程是：将导线的芯线弯成圆环状，保证芯线处于平分圆环位置，然后将圆环套在螺钉上，再往螺母上旋紧螺钉，芯线就被紧压在螺钉和螺母之间。

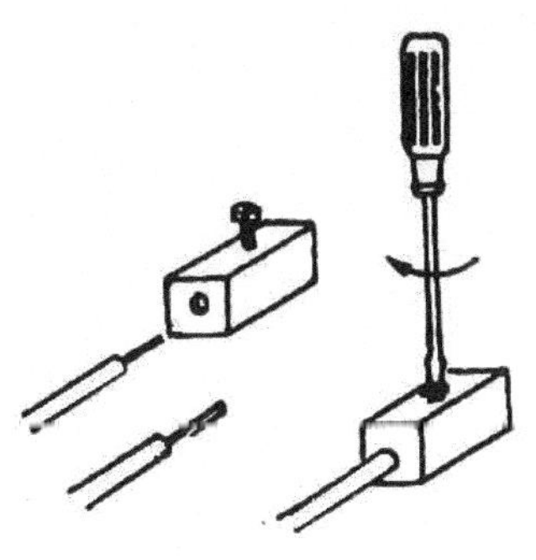

图2-54 导线与针孔式接线柱的连接

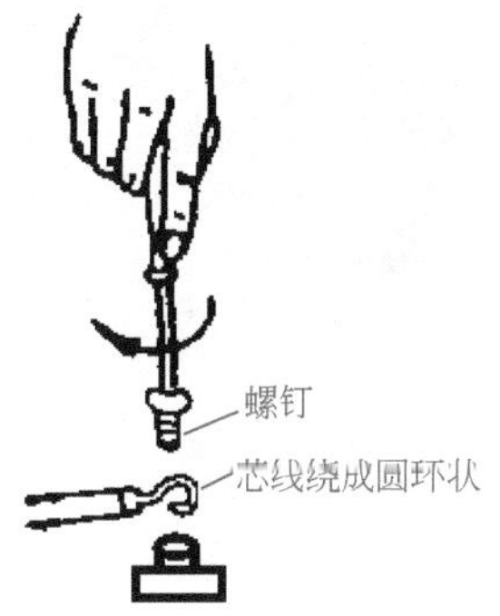

图2-55 导线与螺钉平压式接线柱的连接

2.5.4 导线绝缘层的恢复

导线芯线连接好后，为了安全起见，需要在芯线上缠绕绝缘材料，即恢复导线的绝缘层。**缠绕的绝缘材料主要有黄蜡带、黑胶带和涤纶薄膜胶带。**

在导线上缠绕绝缘带的方法如图2-56所示，具体过程如下。

① 从导线的左端绝缘层约两倍胶带宽处开始缠绕黄蜡胶带，如图2-56（a）所示，缠绕时，胶带保持与导线成55°的角度，并且缠绕时胶带要压住上圈胶带的1/2，如图2-56（b）所示，缠绕到导线右端绝缘层约两倍胶带宽处停止。

② 在导线右端将黑胶带与黄蜡胶带粘贴连接好，如图2-56（c）所示，然后从右往左斜向缠绕黑胶带，缠绕方法与黄胶带相同，如图2-56（d）所示，缠绕至导线左端黄腊带的起始端结束。

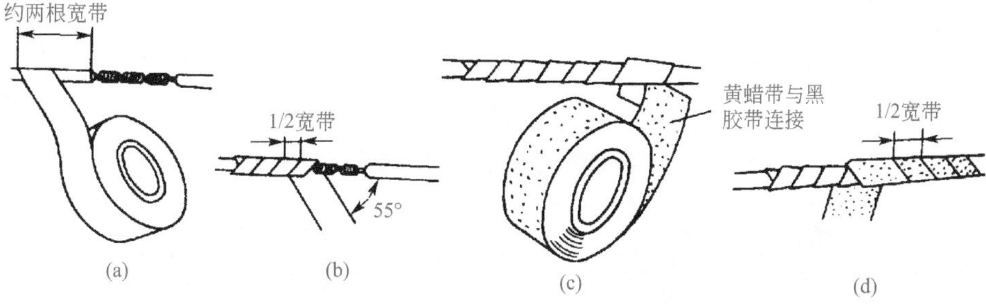

图2-56 在导线上缠绕绝缘带

第3章 电气常用仪表

3.1 指针万用表的使用

指针万用表是一种广泛使用的电子测量仪表，它由一只灵敏度很高的直流电流表（微安表）作表头，再加上挡位开关和相关电路组成。指针万用表可以测量电压、电流、电阻，还可以测量电子元器件的好坏。指针万用表种类很多，使用方法大同小异，本节以MF-47型万用表为例进行介绍。

3.1.1 面板介绍

MF-47型万用表的面板如图3-1所示。从面板上可以看出，**指针万用表面板主要由刻度盘、挡位开关、旋钮和插孔构成。**

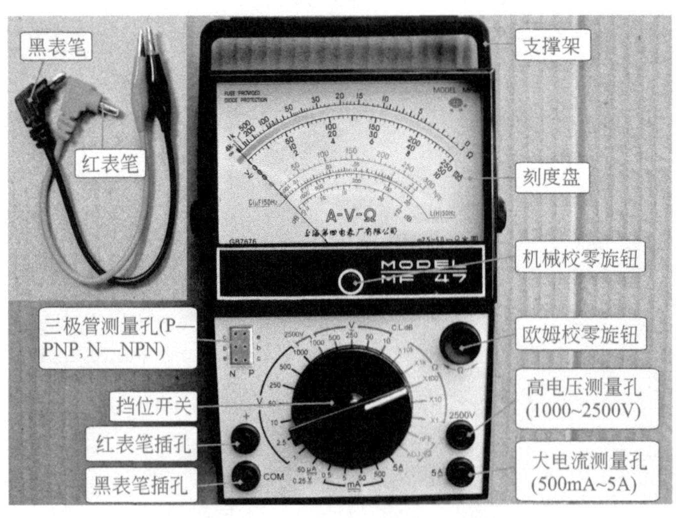

图3-1 MF-47型万用表的面板

（1）刻度盘

刻度盘用来指示被测量值的大小，它由1根表针和6条刻度线组成。刻度盘如图3-2所示。

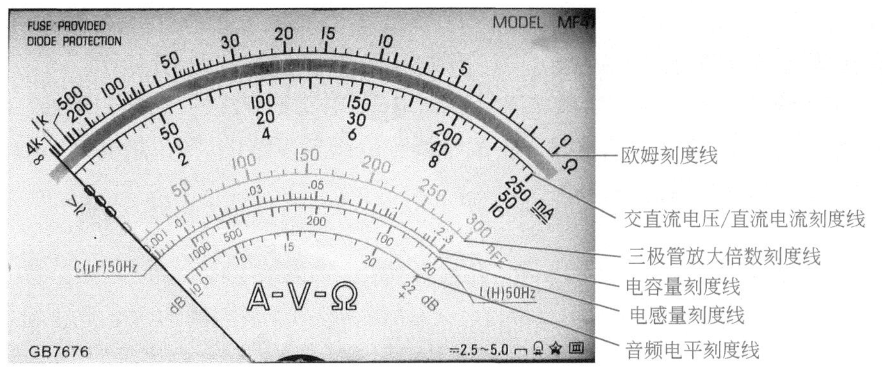

图3-2　刻度盘

第1条标有"Ω"字样的为欧姆刻度线。在测量电阻阻值时查看该刻度线。这条刻度线最右端刻度表示的阻值最小，为0，最左端刻度表示阻值最大，为∞（无穷大）。在未测量时表针指在左端无穷处。

第2条标有"V"（左方）和"mA"（右方）字样的为交直流电压/直流电流刻度线。在测量交、直流电压和直流电流时都查看这条刻度线。该刻度线最左端刻度表示最小值，最右端刻度表示最大值，在该刻度线下方标有三组数，它们的最大值分别是250、50和10，当选择不同挡位时，要将刻度线的最大刻度看作该挡位最大量程数值（其他刻度也要相应变化）。如挡位开关置于"50V"挡测量时，表针若指在第2刻度线最大刻度处，表示此时测量的电压值为50V（而不是10V或250V）。

第3条标有"hFE"字样的为三极管放大倍数刻度线。在测量三极管放大倍数时查看这条刻度线。

第4条标有"C（μF）"字样的为电容量刻度线。在测量电容容量时查看这条刻度线。

第5条标有"L（H）"字样的为电感量刻度线。在测量电感量时查看该刻度线。

第6条标有"dB"字样的为音频电平刻度线。在测量音频信号电平时查看这条刻度线。

（2）挡位开关

挡位开关的功能是选择不同的测量挡位。挡位开关如图3-3所示。

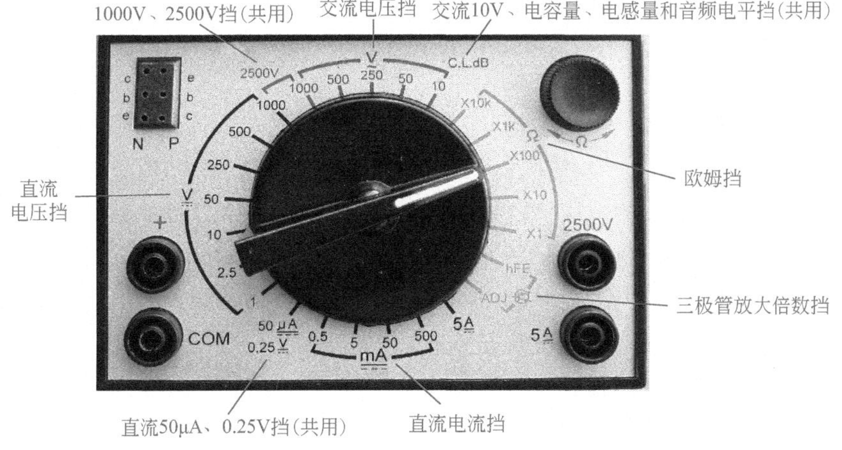

图3-3　挡位开关

（3）旋钮

万用表面板上有2个旋钮：机械校零旋钮和欧姆校零旋钮，如图3-1所示。

机械校零旋钮的功能是在测量前将表针调到电压/电流刻度线的“0”刻度处。欧姆校零旋钮的功能是在使用电阻挡测量时，将表针调到欧姆刻度线的“0”刻度处。两个旋钮的详细调节方法在后面将会介绍。

（4）插孔

万用表面板上有4个独立插孔和一个6孔组合插孔，如图3-1所示。

标有“+”字样的为红表笔插孔；标有“COM（或-）”字样的为黑表笔插孔；标有“5A”字样的为大电流插孔，当测量500mA～5A范围内的电流时，红表笔应插入该插孔；标有“2500V”字样的为高电压插孔，当测量1000～2500V范围内的电压时，红表笔应插入此插孔。6孔组合插孔为三极管测量插孔，标有“N”字样的3个孔为NPN三极管的测量插孔，标有“P”字样的3个孔为PNP三极管的测量插孔。

3.1.2 使用前的准备工作

指针万用表在使用前，需要安装电池、机械校零和安插表笔。

（1）安装电池

在使用万用表前，需要给万用表安装电池，若不安装电池，电阻挡和三极管放大倍数挡将无法使用，但电压、电流挡仍可使用。MF-47型万用表需要9V和1.5V两个电池，如图3-4所示，其中9V电池供给$R\times10k$使用，1.5V电池供给$R\times10k$挡以外的电阻挡和三极管放大倍数测量挡使用。安装电池时，一定要注意电池的极性不能装错。

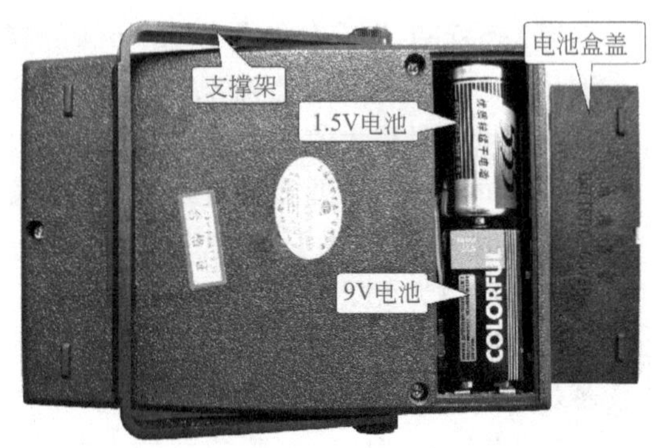

图3-4 万用表的电池安装

（2）机械校零

在出厂时，大多数厂家已对万用表进行了机械校零，对于某些原因造成表针未校零时，可自己进行机械校零。机械校零过程如图3-5所示。

（3）安插表笔

万用表有红、黑两根表笔，在测量时，红表笔要插入标有“+”字样的插孔，黑表笔要插入标有“-”字样的插孔。

3.1.3 测量直流电压

MF-47型万用表的直流电压挡具体又分为0.25V、1V、2.5V、10V、50V、250V、500V、1000V和2500V挡。

下面通过测量一节干电池的电压值来说明直流电压的测量操作，测量如图3-6所示，具体过程如下所述。

第一步：选择挡位。测量前先大致估计被测电压可能有的最大值，再根据挡位应高于且最接近被测电压的原则选择挡位，若无法估计，可先选最高挡测量，再根据大致测量值重新选取合适低挡位测量。一节干电池的电压一般在1.5V左右，根据挡位应高于且最接近被测电压的原则，选择2.5V挡最为合适。

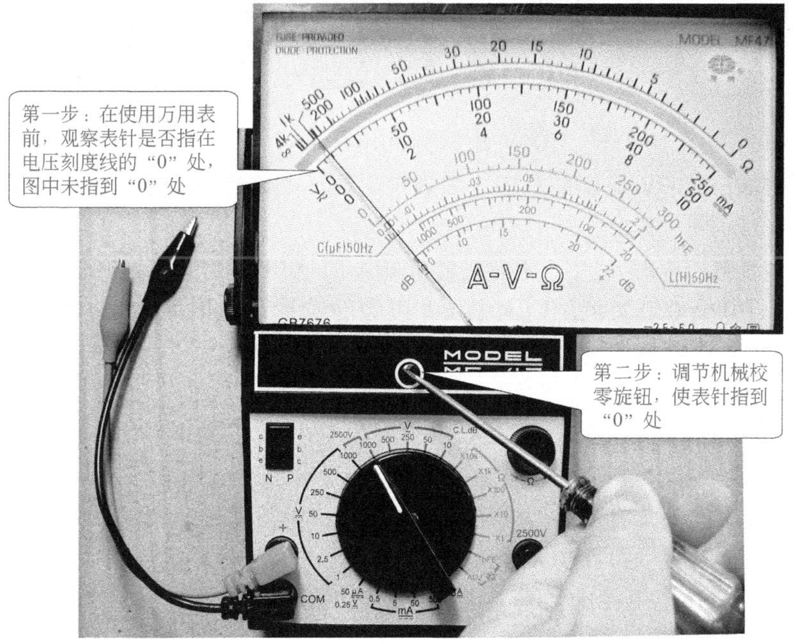

图3-5　机械校零

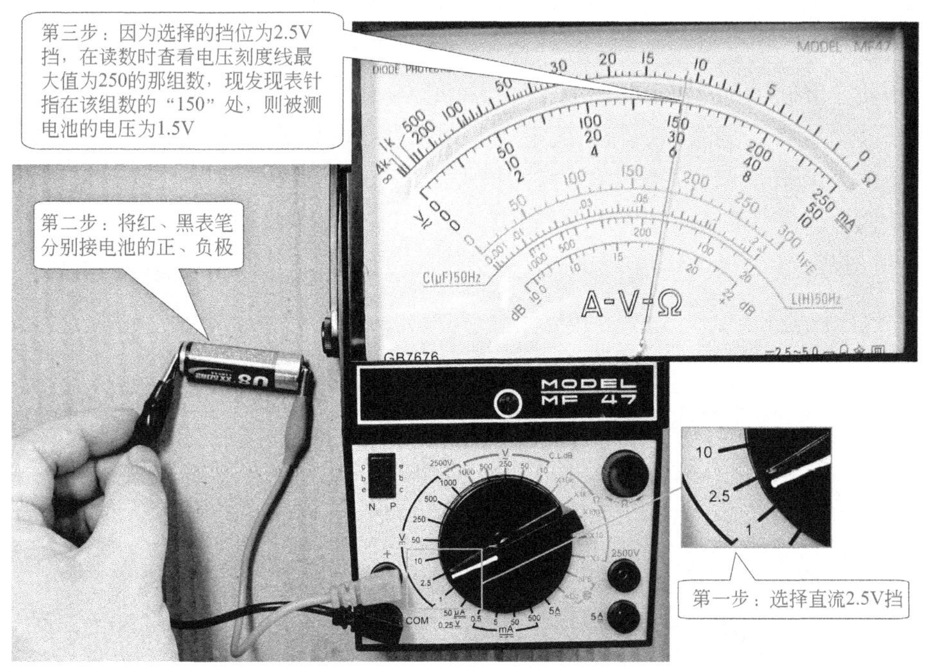

第三步：因为选择的挡位为2.5V挡，在读数时查看电压刻度线最大值为250的那组数，现发现表针指在该组数的“150”处，则被测电池的电压为1.5V
第二步：将红、黑表笔分别接电池的正、负极
第一步：选择直流2.5V挡
第一步：在使用万用表前，观察表针是否指在电压刻度线的“0”处，图中未指到“0”处
第二步：调节机械校零旋钮，使表针指到“0”处
MODEL MF 47
A-V-Ω
COM

图3-6　直流电压的测量（测量电池的电压）

第二步：红、黑表笔接被测电压。红表笔接被测电压的高电位处（即电池的正极），黑表笔接被测电压的低电位处（即电池的负极）。

第三步：读数。在刻度盘上找到旁边标有“V”字样的刻度线（即第2条刻度线），该刻度线有最大值分别是250、50、10的三组数对应，因为测量时选择的挡位为2.5V，所以选择最大值为250的那一组数进行读数，但需将250看成2.5，该组其他数值作相应的变化。

现观察表针指在“150”处，则被测电池的直流电压大小为1.5V。

补充说明

① 如果测量 1000 ～ 2500V 范围内的电压时，挡位开关应置于 1000V 挡位，红表笔要插在 2500V 专用插孔中，黑表笔仍插在“COM”插孔中，读数时选择最大值为 250 的那一组数。

② 直流电压 0.25V 挡与直流电流 50μA 挡是共用的，在测直流电压时选择该挡可以测量 0 ～ 0.25V 范围内的电压，读数时选择最大值为 250 的那一组数，在测直流电流时选择该挡可以测量 0 ～ 50μA 范围内的电流，读数时选择最大值为 50 的那一组数。

3.1.4 测量交流电压

MF-47型万用表的交流电压挡具体又分为10V、50V、250V、500V、1000V和2500V挡。

下面通过测量市电电压的大小来说明交流电压的测量操作，测量如图3-7所示，具体过程如下所述。

第一步：选择挡位。市电电压一般在220V左右，根据挡位应高于且最接近被测电压的原则，选择250V挡最为合适。

第二步：红、黑表笔接被测电压。由于交流电压无正、负极性之分，故红、黑表笔可随意分别插在市电插座的两个插孔中。

第三步：读数。交流电压与直流电压共用刻度线，读数方法也相同。因为测量时选择的挡位为250V，所以选择最大值为250的那一组数进行读数。现观察表针指在刻度线的“240”处，则被测市电电压的大小为240V。

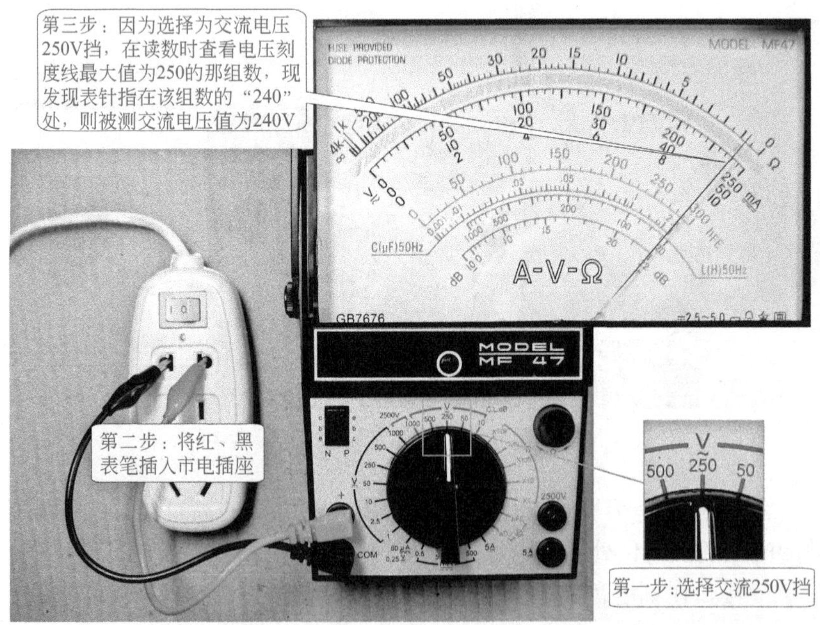

图3-7 交流电压的测量（测量市电电压）

3.1.5 测量直流电流

MF-47型万用表的直流电流挡具体又分为50μA、0.5mA、5mA、50mA、500mA和5A挡。

下面以测量流过灯泡的电流大小为例来说明直流电流的测量操作，直流电流的测量操作如图3-8（a）所示，图（b）为图（a）等效电路测量图，具体过程如下所述。

第一步：选择挡位。灯泡工作电流较大，这里选择直流500mA挡。

第二步：断开电路，将万用表红、黑表笔串接在电路的断开处，红表笔接断开处的高电位端，黑表笔接断口处的另一端。

第三步：读数。直流电流与直流电压共用刻度线，读数方法也相同。因为测量时选择的挡位为500mA挡，所以选择最大值为50的那一组数进行读数。现观察表针指在刻度线27的位置，那么流过灯泡的电流为270mA。

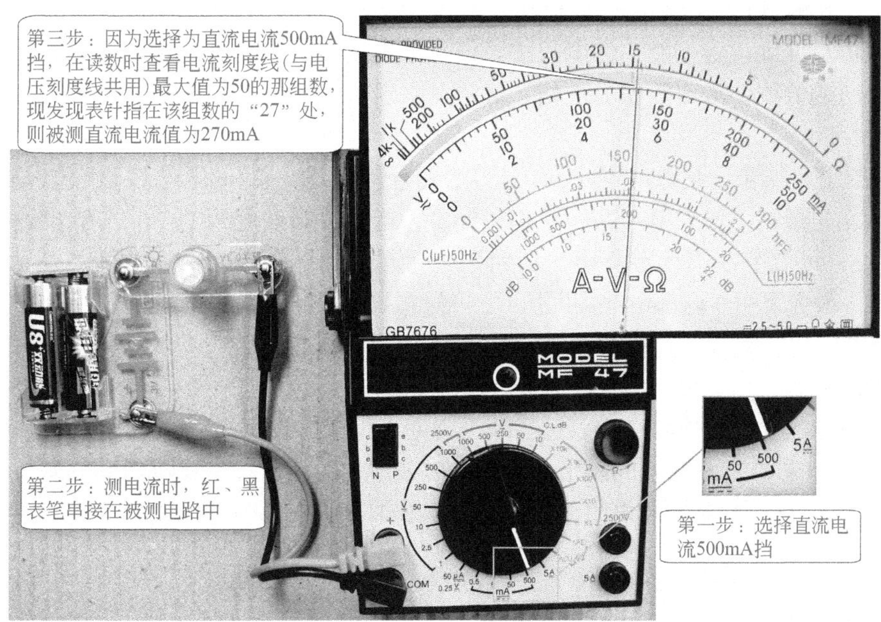

(a) 实际测量图

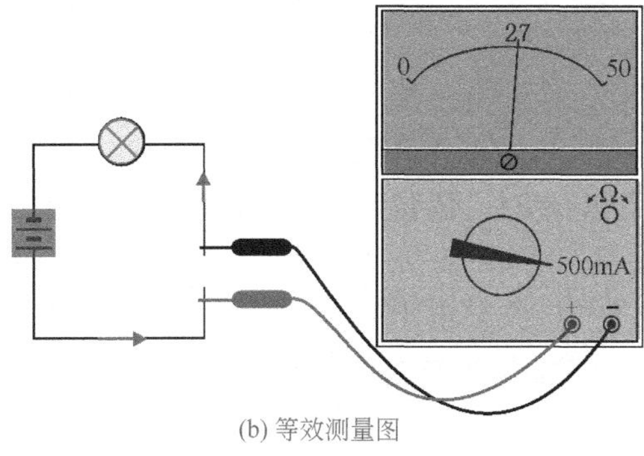

(b) 等效测量图

图3-8 直流电流的测量

如果流过灯泡的电流大于500mA，可将红表笔插入5A插孔，挡位仍置于500mA挡。

注意

测量电路的电流时，一定要断开电路，并将万用表串接在电路断开处，这样电路中的电流才能流过万用表，万用表才能指示被测电流的大小。

3.1.6 测量电阻

测量电阻的阻值时需要选择电阻挡。MF-47型万用表的电阻挡具体又分为×1Ω、×10Ω、×100Ω、×1kΩ和×10kΩ挡。

下面通过测量一只电阻的阻值来说明电阻挡的使用，测量如图3-9所示，具体过程说明如下所述。

第一步：选择挡位。测量前先估计被测电阻的阻值大小，选择合适的挡位。挡位选择的原则是：在测量时尽可能让表针指在欧姆刻度线的中央位置，因为表针指在刻度线中央时的测量值最准确，若不能估计电阻的阻值，可先选高挡位测量，如果发现阻值偏小时，再换成合适的低挡位重新测量。现估计被测电阻阻值为几百至几千欧，选择挡位×100Ω较为合适。

第二、三、四步：欧姆校零。挡位选好后要进行欧姆校零，欧姆校零过程如图3-9（a）、（b）所示，先将红、黑表笔短路，观察表针是否指到欧姆刻度线的“0”处，若表针未指在“0”处，可调节欧姆校零旋钮，直到将表针调到“0”处为止，如果无法将表针调到“0”处，一般为万用表内部电池用旧所致，需要更换新电池。

第五步：红、黑表笔接被测电阻。电阻没有正、负之分，红、黑表笔可随意接在被测电阻两端。

第六步：读数。读数时查看表针在欧姆刻度线所指的数值，然后将该数值与挡位数相乘，得到的结果即为该电阻的阻值。在图3-9（c）中，表针指在欧姆刻度线的“15”处，选择挡位为×100Ω，则被测电阻的阻值为15×100Ω=1500Ω=1.5kΩ。

3.1.7 万用表使用注意事项

万用表使用时要按正确的方法进行操作，否则会使测量值不准确，重则会烧坏万用表，甚至会触电危害人身安全。

万用表使用时要注意以下事项。

① 测量时不要选错挡位，特别是不能用电流或电阻挡来测电压，这样极易烧坏万用表。万用表不用时，可将挡位置于交流电压最高挡（如1000V挡）。

② 测量直流电压或直流电流时，要将红表笔接电源或电路的高电位，黑表笔接低电位，若表笔接错会使表针反偏，这时应马上互换红、黑表笔位置。

③ 若不能估计被测电压、电流或电阻的大小，应先用最高挡，如果高挡位测量值偏小，可根据测量值大小选择相应的低挡位重新测量。

④ 测量时，手不要接触表笔金属部位，以免触电或影响测量精确度。

⑤ 测量电阻阻值和三极管放大倍数时要进行欧姆校零，如果旋钮无法将表针调到欧姆刻度线的“0”处，一般为万用表内部电池用旧，可更换新电池。

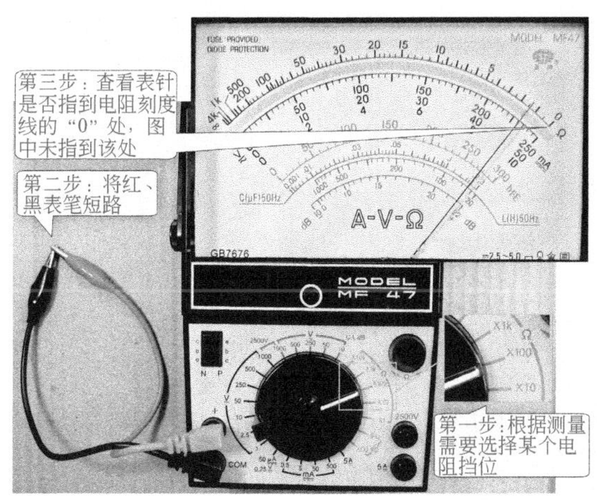

第三步：查看表针是否指到电阻刻度线的“0”处，图中未指到该处
第二步：将红、黑表笔短路
第一步：根据测量需要选择某个电阻挡位
MODEL MF 47
A-V-Ω

(a) 欧姆校零一

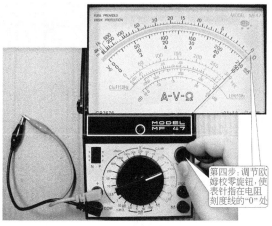

第四步：调节欧姆校零旋钮，使表针指在电阻刻度线的“0”处

(b) 欧姆校零二

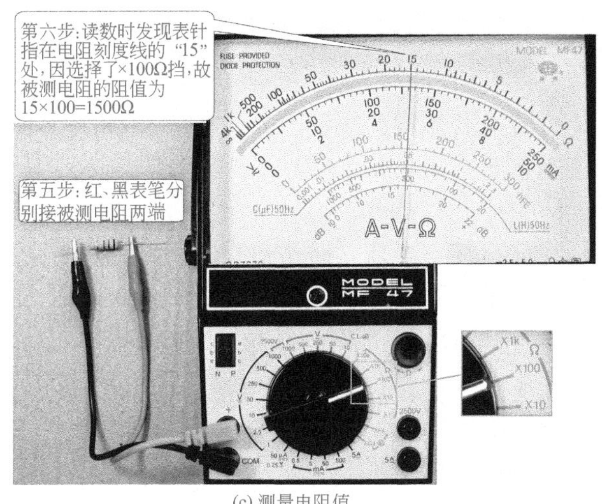

第六步：读数时发现表针指在电阻刻度线的“15”处，因选择了×100Ω挡，故被测电阻的阻值为15×100=1500Ω
第五步：红、黑表笔分别接被测电阻两端
MODEL MF 47
A-V-Ω

(c) 测量电阻值

图3-9 电阻的测量

3.2 数字万用表

数字万用表与指针万用表相比，具有测量准确度高、测量速度快、输入阻抗大、过载能力强和功能多等优点，所以它与指针万用表一样，在电工电子技术测量方面得到广泛的应用。数字万用表的种类很多，但使用基本相同，下面以广泛使用且价格便宜的DT-830型数字万用表为例来说明数字万用表的使用。

3.2.1 面板介绍

数字万用表的面板上主要有显示屏、挡位开关和各种插孔。DT-830型数字万用表面板如图3-10所示。

（1）显示屏

显示屏用来显示被测量的数值，它可以显示4位数字，但最高位只能显示到1，其他位可显示0 ～ 9。

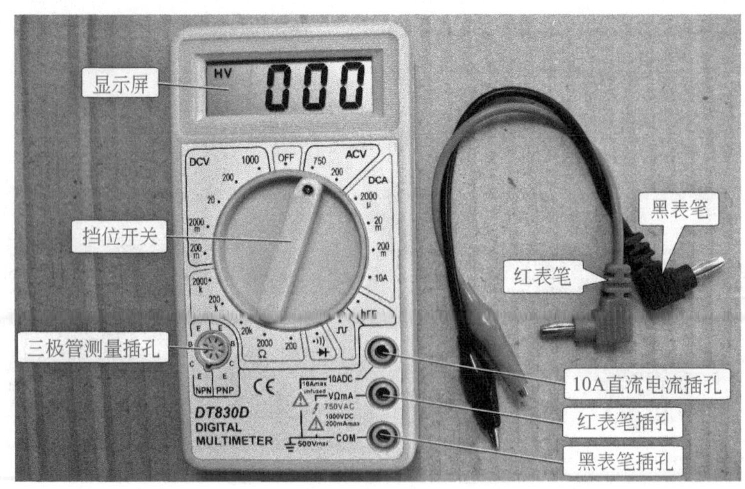

图3-10 DT-830型数字万用表的面板

（2）挡位开关

挡位开关的功能是选择不同的测量挡位，它包括直流电压挡、交流电压挡、直流电流挡、电阻挡、二极管测量挡和三极管放大倍数测量挡。

（3）插孔

数字万用表的面板上有3个独立插孔和1个6孔组合插孔。标有“COM”字样的为黑表笔插孔，标有“VΩmA”的为红表笔插孔，标有“10ADC”的为直流大电流插孔，在测量200mA～10A范围内的直流电流时，红表笔要插入该插孔。6孔组合插孔为三极管测量插孔。

3.2.2 测量直流电压

DT-830型数字万用表的直流电压挡具体又分为200mV挡、2000mV挡、20V挡、200V挡、1000V挡。

下面通过测量一节电池的电压值来说明直流电压的测量，测量如图3-11所示，具体过程说明如下所述。

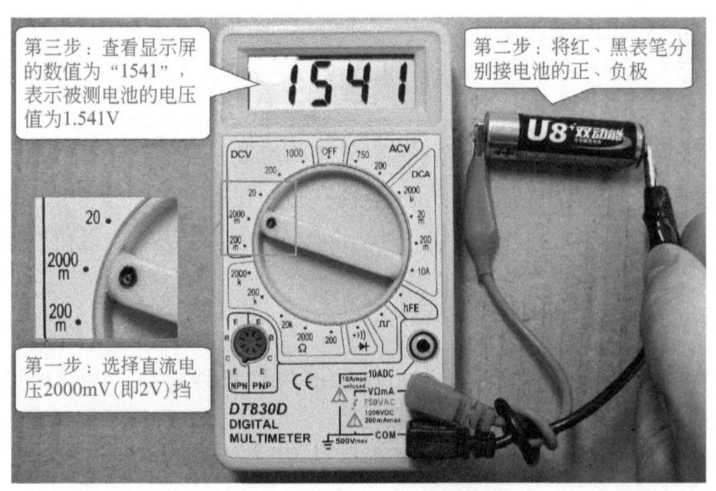

图3-11 直流电压的测量

第一步：选择挡位。一节电池的电压在1.5V左右，根据挡位应高于且最接近被测电压原则，选择2000mV（2V）挡较为合适。

第二步：红、黑表笔接被测电压。红表笔接被测电压的高电位处（即电池的正极），黑表笔接被测电压的低电位处（即电池的负极）。

第三步：在显示屏上读数。现观察显示屏显示的数值为“1541”，则被测电池的直流电压为1.541V。若显示屏显示的数字不断变化，可选择其中较稳定的数字作为测量值。

3.2.3 测量交流电压

DT-830型数字万用表的交流电压挡具体又分为200V挡和750V挡。

下面通过测量市电的电压值来说明交流电压的测量，测量如图3-12所示，具体过程如下所述。

第一步：选择挡位。市电电压通常在220V左右，根据挡位应高于且最接近被测电压原则，选择750V挡最为合适。

第二步：红、黑表笔接被测电压。由于交流电压无正、负极之分，故红、黑表笔可随意分别插入市电插座的两个插孔内。

第三步：在显示屏上读数。现观察显示屏显示的数值为“237”，则市电的电压值为237V。

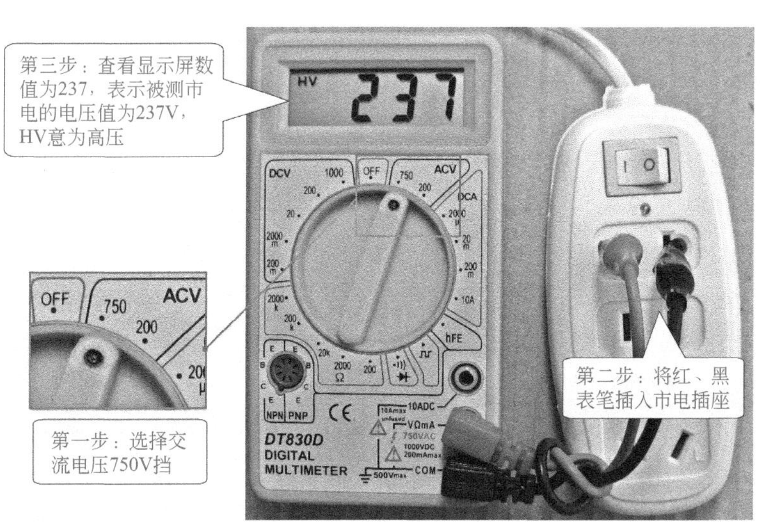

图3-12 交流电压的测量

3.2.4 测量直流电流

DT-830型数字万用表的直流电流挡具体又分为2000μA挡、20mA挡、200mA挡、10A挡。

下面以测量流过灯泡的电流大小为例来说明直流电流的测量，测量操作如图3-13所示，具体过程如下所述。

第一步：选择挡位。灯泡工作电流较大，这里选择直流10A挡。

第二步：将红、黑表笔串接在被测电路中。先将红表笔插入10A电流专用插孔，断开被测电路，再将红、黑表笔串接在电路的断开处，红表笔接断开处的高电位端，黑表笔接断口处的另一端。

第三步：在显示屏上读数。现观察显示屏显示的数值为“0.28”，则流过灯泡的电流为0.28A。

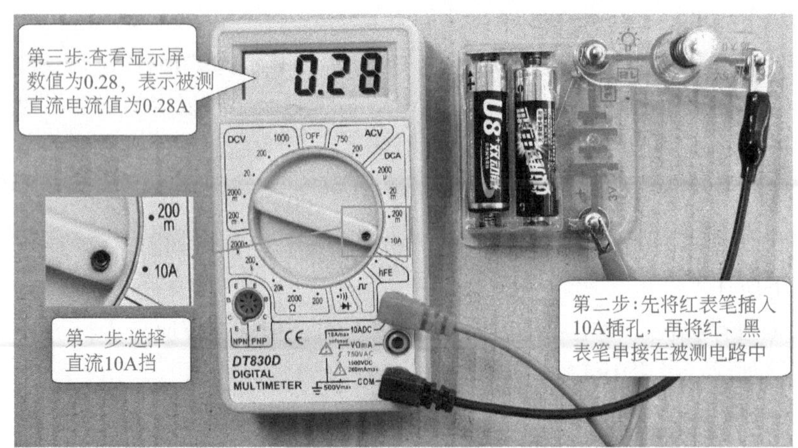
第三步:查看显示屏数值为0.28，表示被测直流电流值为0.28A
0.28
第一步:选择直流10A挡
第二步:先将红表笔插入10A插孔，再将红、黑表笔串接在被测电路中
DT830D
DIGITAL
MULTIMETER

图3-13 直流电流的测量

3.2.5 测量电阻

万用表测电阻时采用电阻挡，DT-830型万用表的电阻挡具体又分为200Ω挡、2000Ω挡、20kΩ挡、200kΩ挡和2000kΩ挡。

（1）测量一只电阻的阻值

下面通过测量一个电阻的阻值来说明电阻挡的使用，测量如图3-14所示，具体过程说明如下所述。

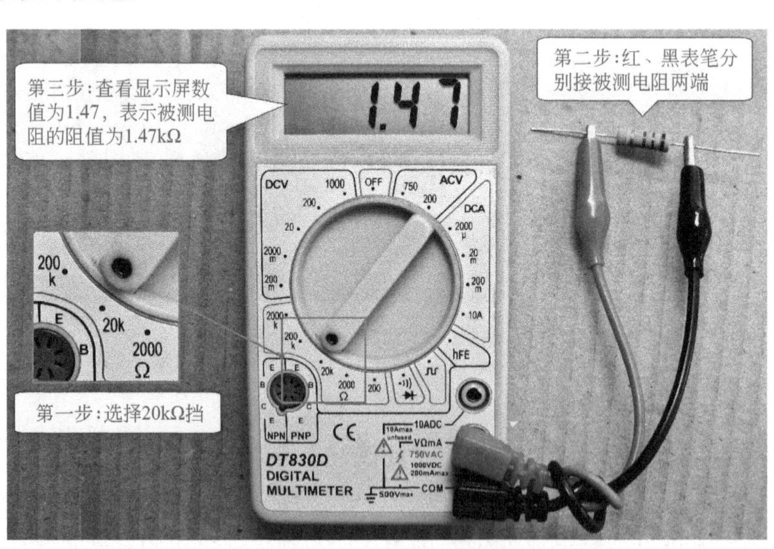
第三步:查看显示屏数值为1.47，表示被测电阻的阻值为1.47kΩ
1.47
第二步:红、黑表笔分别接被测电阻两端
第一步:选择20kΩ挡
DT830D
DIGITAL
MULTIMETER

图3-14 电阻的测量

第一步：选择挡位。估计被测电阻的阻值不会大于20kΩ，根据挡位应高于且最接近被测电阻的阻值原则，选择20kΩ挡最为合适。若无法估计电阻的大致阻值，可先用最高挡测量，若发现偏小，再根据显示的阻值更换合适低挡位重新测量。

第二步：红、黑表笔接被测电阻两个引脚。

第三步：在显示屏上读数。现观察显示屏显示的数值为“1.47”，则被测电阻的阻值为1.47kΩ。

（2）测量导线的电阻

导线的电阻大小与导体材料、截面积和长度有关，对于采用相同导体材料（如铜）的导线，芯线越粗其电阻越小，芯线越长其电阻越大。导线的电阻较小，数字万用表一般使用200Ω挡测量，测量操作如图3-15所示，如果被测导线的电阻无穷大，则导线开路。

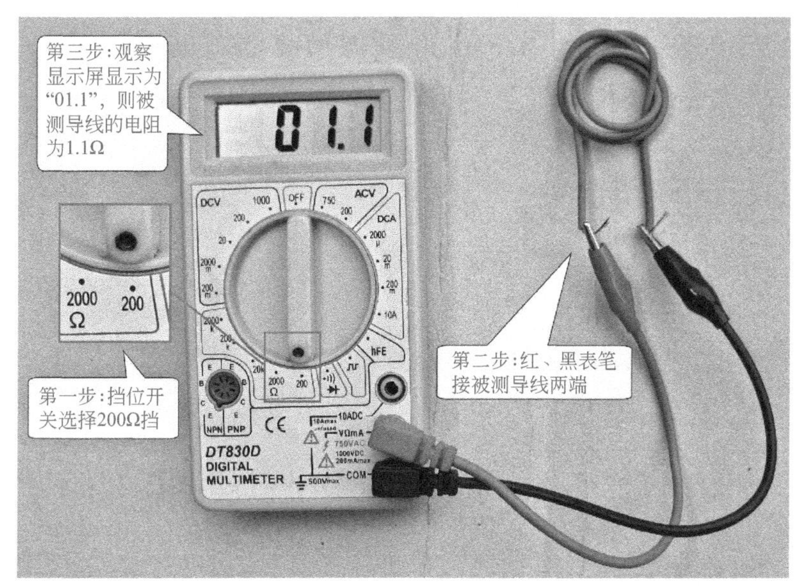
第三步：观察显示屏显示为“01.1”，则被测导线的电阻为1.1Ω
01.1
第一步：挡位开关选择200Ω挡
第二步：红、黑表笔接被测导线两端
DT830D
DIGITAL
MULTIMETER

图3-15　导线电阻的测量

注意

数字万用表在使用低电阻挡（200Ω挡）测量时，将两根表笔短接，通常会发现显示屏显示的阻值不为零，一般在零点几欧至几欧之间，该阻值主要是表笔及误差阻值，性能好的数字万用表该值很小。由于数字万用表无法进行欧姆校零，如果对测量准确度要求很高，可在测量前记下表笔短接时的阻值，再将测量值减去该值即为被测元件或线路的实际阻值。

3.2.6　测量线路通断

线路通断可以用万用表的电阻挡测量，但每次测量时都要查看显示屏的电阻值来判断，这样有些麻烦。为此**有的数字万用表专门设置了“通断测量”挡，在测量时，当被测线路的电阻小于一定值（一般为50Ω左右），万用表会发出蜂鸣声，提示被测线路处于导通状态**。图3-16是用数字万用表的“通断测量”挡检测导线的通断。

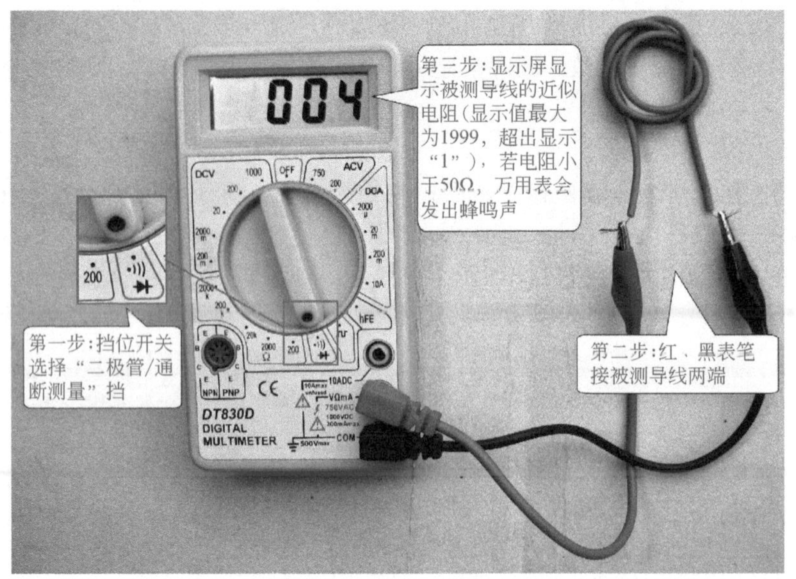

图3-16 用"通断测量"挡检测导线的通断

3.3 电能表

电能表又称电度表，它是一种用来计算用电量（电能）的测量仪表。电能表可分为单相电能表和三相电能表，分别用在单相和三相交流电路中。

3.3.1 电能表的结构与原理

根据工作方式不同，电能表可分为感应式和电子式两种。电子式电能表是利用电子电路驱动计数机构来对电能进行计数的，而感应式电能表是利用电磁感应产生力矩来驱动计数机构对电能进行计数的。感应式电能表由于成本低、结构简单而被广泛应用。

单相电能表（感应式）的外形及内部结构如图3-17所示。

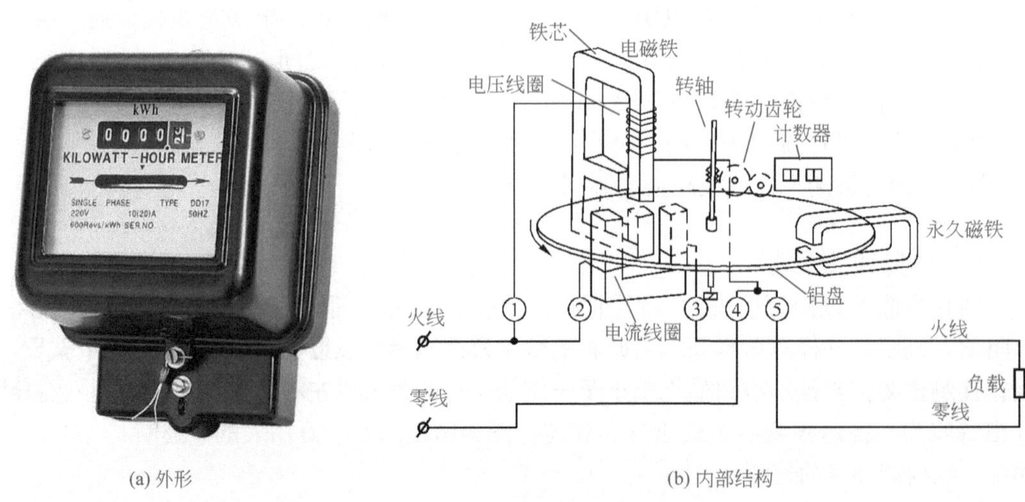

(a) 外形 (b) 内部结构

图3-17 单相电能表（感应式）的外形及内部结构

从图3-17（b）中可以看出，单相电能表内部垂直方向有一个铁芯，铁芯中间夹有一个铝盘，铁芯上绕着线径小、匝数多的电压线圈，在铝盘的下方水平放置着一个铁芯，铁芯上绕有线径粗、匝数少的电流线圈。当电能表按图示的方法与电源及负载连接好后，电压线圈和电流线圈均有电流通过而都产生磁场，它们的磁场分别通过垂直和水平方向的铁芯作用于铝盘，铝盘受力转动，铝盘中央的转轴也随之转动，它通过传动齿轮驱动计数器计数。如果电源电压高、流向负载的电流大，两个线圈产生的磁场强，铝盘转速快，通过转轴、齿轮驱动计数器的计数速度快，计数出来的电量更多。永久磁铁的作用是让铝盘运转保持平衡。

三相三线式电能表内部结构如图3-18所示。从图中可以看出，三相三线式电能表有两组与单相电能表一样的元件，这两组元件共用一根转轴、减速齿轮和计数器，在工作时，两组元件的铝盘共同带动转轴运转，通过齿轮驱动计数器进行计数。

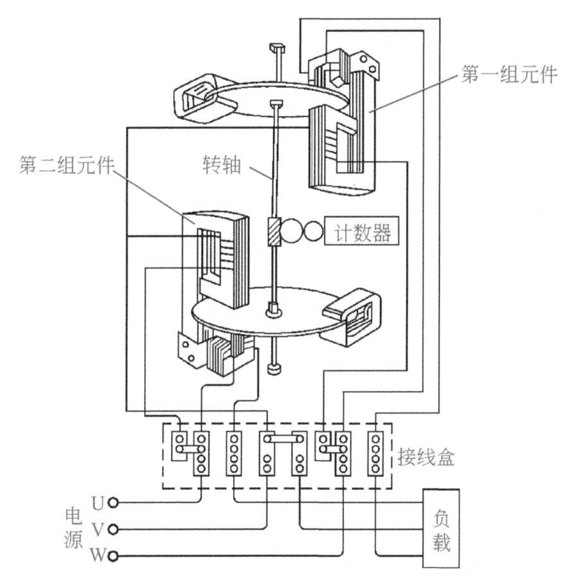

图3-18　三相三线式电能表内部结构

三相四线式电能表的结构与三相三线式电能表类似，但它内部有三组元件共同来驱动计数机构。

3.3.2　电能表的普通接线方式

电能表在使用时，要与线路正确连接才能正常工作，如果连接错误，轻则会出现电量计数错误，重则会烧坏电能表。在接线时，除了要注意一般的规律外，还要认真查看电能表接线说明图，按照说明图来接线。

（1）单相电能表的接线

单相电能表的接线如图3-19所示。

图3-19（b）中圆圈上的粗水平线表示电流线圈，其线径粗、匝数小、阻值小（接近零欧），在接线时，要串接在电源相线和负载之间；圆圈上的细垂直线表示电压线圈，其线径细、匝数多、阻值大（用万用表欧姆挡测量时几百至几千欧），在接线时，要接在电源相线和零线之间。另外，电能表电压线圈、电流线圈的电源端（该端一般标有圆点）应共同接电源进线。

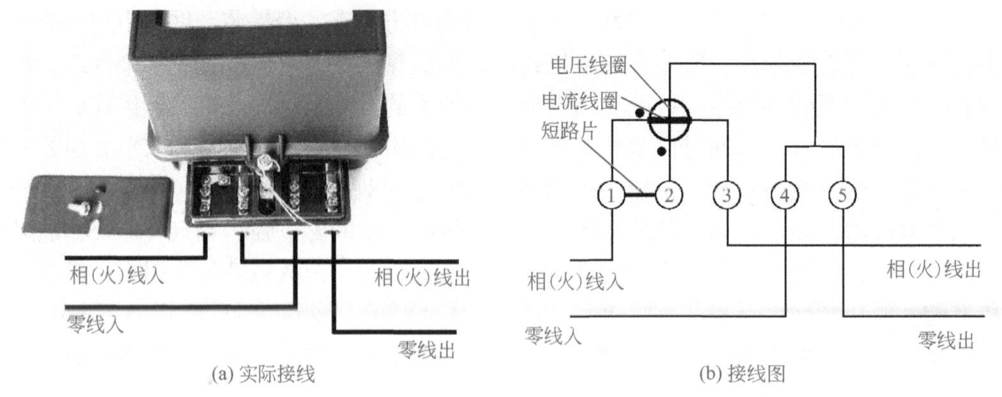

(a) 实际接线　　(b) 接线图

图3-19　单相电能表的接线

（2）三相电能表的接线方式

三相电能表可分为三相三线式电能表和三相四线式电能表，它们的接线方式如图3-20所示。

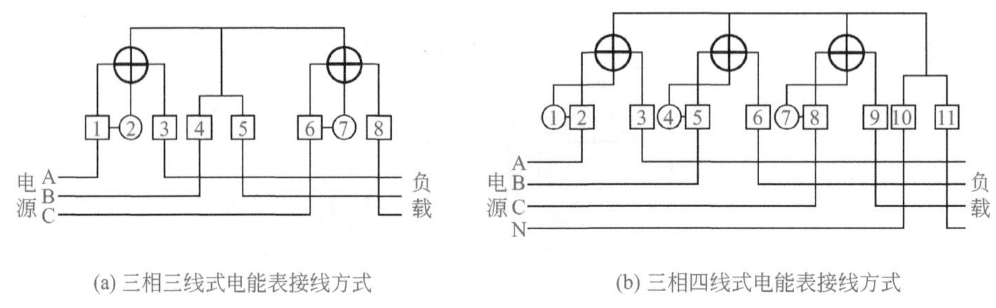

(a) 三相三线式电能表接线方式　　(b) 三相四线式电能表接线方式

图3-20　三相电能表常见的接线方式

3.3.3　电能表配合互感器测量高电压大电流的接线方式

在使用电能表时，要求所接电路的电压和电流不能超过电能表的额定电压和额定电流。**如果希望容量小的电能表也能测量大电流和高电压电路的电能，可在电路与电能表之间加接电压互感器和电流互感器。**

（1）电压互感器

电压互感器是一种能将交流电压升高或降低的器件，其外形与结构如图3-21（a）、（b）所示，其工作原理说明如图3-21（c）所示。

从图中可以看出，电压互感器由两组线圈绕在铁芯上构成，一组线圈（可称作初级线圈，其匝数为N_1）并接在电源线上，另一组线圈（可称作次级线圈，其匝数为N_2）接有一个电压表。当电源电压加到初级线圈时，该线圈产生磁场，磁场通过铁芯穿过次级线圈，次级线圈两端即产生电压。电压互感器的初级线圈电压U_1与次级线圈电压U_2有下面的关系：

$$\frac{U_1}{U_2}=\frac{N_1}{N_2}$$

从上面的式子可以看出，**电压互感器线圈两端的电压与匝数成正比，即匝数多的线圈两端的电压高，匝数少的线圈两端电压低，N_1/N_2称为变压比。**

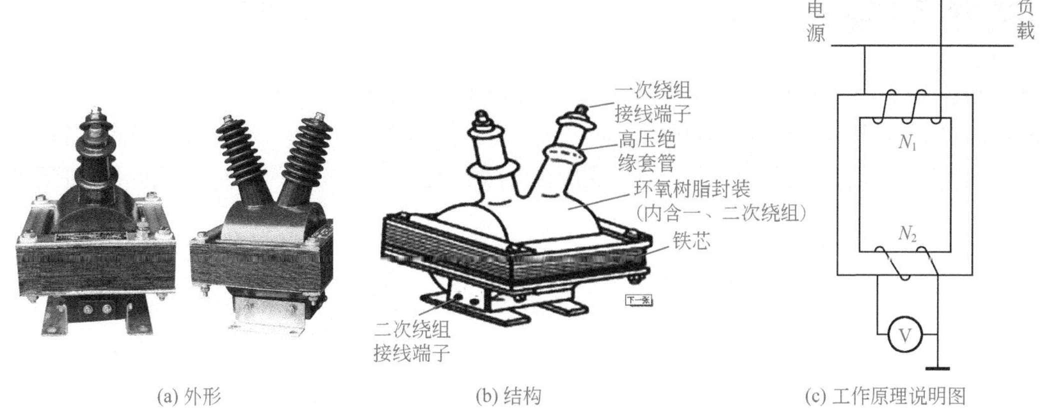

(a) 外形　　(b) 结构　　(c) 工作原理说明图

图 3-21　电压互感器

因此，当电能表接在高电压电路中时，应在电能表与电路之间接电压互感器，匝数多的线圈并接在电源线上，匝数少的线圈与电能表内部的电压线圈并接。

（2）电流互感器

电流互感器是一种能增大或减小交流电流的器件，其外形与工作原理说明如图3-22所示。

(a) 外形　　(b) 工作原理说明图

图 3-22　电流互感器

从图3-22（b）中可以看出，电流互感器与电压互感器结构基本相同，不同主要在于电压互感器的一组线圈并接在电源线上，而电流互感器的一组线圈串接在一根电源线上。当有电流流过初级线圈时，线圈产生磁场，磁场通过铁芯穿过次级线圈，次级线圈两端有电压产生，与线圈连接的电流表有电流流过。对于穿心式电流互感器，直接将穿心（孔）而过的电源线作为一次绕组，二次绕组接电流表。

电流互感器的初级线圈电流I_1与次级线圈电流I_2有下面的关系：

$$\frac{I_1}{I_2}=\frac{N_2}{N_1}$$

从上面的式子可以看出，**线圈流过的电流大小与匝数成反比，即匝数多的线圈流过的电流小，匝数少的线圈流过的电流大，N_2/N_1称为变流比。**

因此，**当电能表接在大电流电路中时，应在电能表与电路之间接电流互感器，匝数少**

的线圈串接在电源线上，匝数多的线圈与电能表内部的电流线圈串接。

（3）电能表在大电流电路中的接线方式

当电能表需用在大电流电路时，可在电源线与电能表之间加接电流互感器。图3-23所示是几种在大电流电路中的电能表接线方式，其中图3-23（a）为单相电能表的接线方式，图3-23（b）为三相三线式电能表的接线方式，图3-23（c）为三相四线式电能表的接线方式。

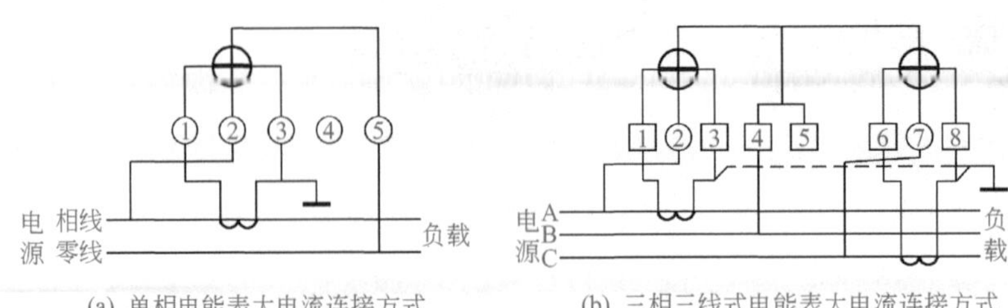

(a) 单相电能表大电流连接方式　　(b) 三相三线式电能表大电流连接方式

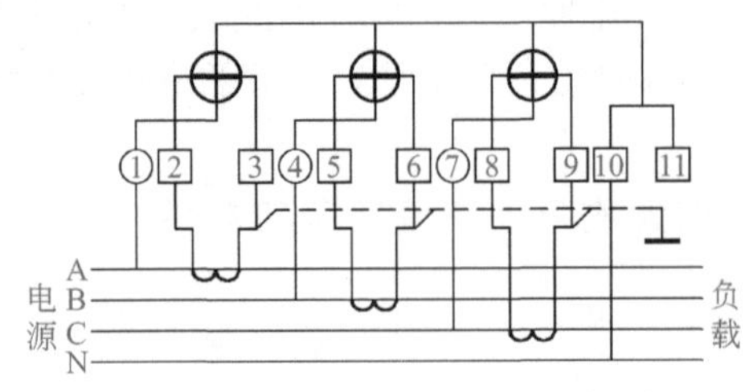

(c) 三相四线式电能表大电流连接方式

图3-23 电能表大电流连接方式

在电能表与电流互感器配合来测量电路电量时，电能表测得的值并不是电路的实际用电量，实际用电量应等于电能表的值与电流互感器的变流比（N_2/N_1）。

以图3-23（a）为例，若电流互感器的变流比为400/5，电能表一天变化值为10kW·h，那么该天负载实际消耗电能为10×400/5=800kW·h。

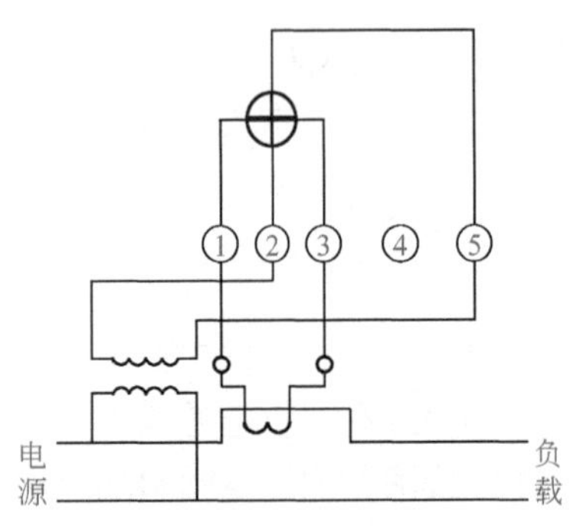

图3-24 单相电能表在大电流、高电压电路中的接线方式

（4）电能表在大电流、高电压电路中的接线方式

当电能表需用在大电流、高电压电路时，可在电源线与电能表之间加接电流互感器和电压互感器。图3-24所示是单相电能表在大电流、高电压电路中的接线方式。

在电能表与电流互感器、电压互感器配合使用时，电能表测得的值并不是电路的实际用电量，实际用电量应等于电能表的值、电流互感器的变流比和电压互感器的变压比三者的乘积。

3.3.4 电子式电能表

电子式电能表内部采用电子电路构成测量电路来对电能进行测量，与机械式电能表比较，电子式电能表具有精度高、可靠性好、功耗低、过载能力强、体积小和重量轻等优点。有的电子式电能表采用一些先进的电子测量电路，故可以实现很多智能化的电能测量功能。常见的电子式电能表有普通的电子式电能表、电子式预付费电能表和电子式多费率电能表等。

（1）普通的电子式电能表

普通的电子式电能表采用了电子测量电路来对电能进行测量。根据显示方式来分，它可以分为滚轮显示电能表和液晶显示电能表。图3-25列出了两种类型的电子式电能表和滚轮显示电子电能表的内部结构。

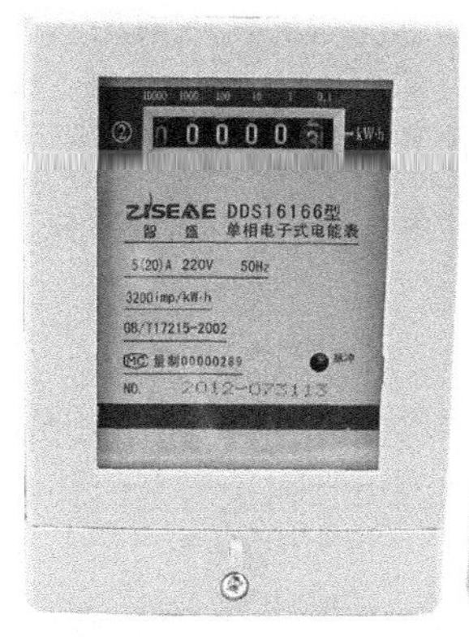

图3-25　两种类型的普通电子式电能表

滚轮显示电子式电能表内部没有铝盘，不能带动滚轮计数器，在其内部采用了一个小型步进电机，在测量时，电能表每通过一定的电量，测量电路会产生一个脉冲，该脉冲去驱动电机旋转一定的角度，带动滚轮计数器转动来进行计数。图3-25左方的电子式电能表的电表常数为3200imp/kW・h（脉冲数/千瓦・时），表示电能表的测量电路需要产生3200个脉冲才能让滚轮计数器计量一度电，即当电能表通过的电量为1/3200度时，测量电路才会产生一个脉冲去滚轮计数器。

液晶显示电子式电能表则是由测量电路输出显示信号，直接驱动液晶显示器显示电量数值。

电子式电能表的接线与机械式电能表基本相同，这里不再叙述，为确保接线准确无误，可查看电能表附带的说明书。

（2）电子式预付费电能表

电子式预付费电能表是一种先缴电费再用电的电能表。图3-26所示就是一种电子式预付费电能表。

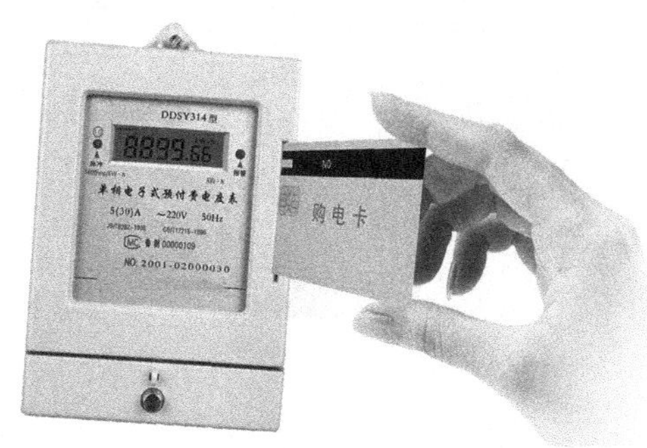

图3-26　电子式预付费电能表

这种电能表内部采用了微处理器（CPU）、存储器、通信接口电路和继电器等。在使用前，需先将已充值的购电卡插入电能表的插槽，在内部CPU的控制下，购电卡中的数据被读入电能表的存储器，并在显示器上显示可使用的电量值。在用电过程中，显示器上的电量值根据电能的使用量而减少，当电量值减小到0时，CPU会通过电路控制内部继电器开路，输入电能表的电能因继电器开路而无法输出，从而切断了用户的供电。

根据充值方式不同，电子式预付费电能表可以分为IC卡充值式、射频卡充值式和远程充值式等，图3-26所示为IC卡充值式。射频卡充值式电能表只需将卡靠近电能表，卡内数据即会被电能表内的接收器读入存储器。远程充值式电能表有一根通信电缆与远处缴费中心的计算机连接，在充值时，只要在计算机中输入充电值，计算机会通过电缆将有关数据送入电能表，从而实现远程充值。

（3）电子式多费率电能表

电子式多费率电能表又称分时计费电能表，它可以在不同时段执行不同的计费标准。图3-27所示是一种电子式多费率电能表，这种电能表依靠内部的单片机进行分时段计费控制，此外还可以显示出峰、平、谷电量和总电量等数据。

图3-27　电子式多费率电能表

（4）电子式电能表与机械式电能表的区别

电子式电能表与机械式电能表如图3-28所示。**两种电能表可以从以下几个方面进行区别。**

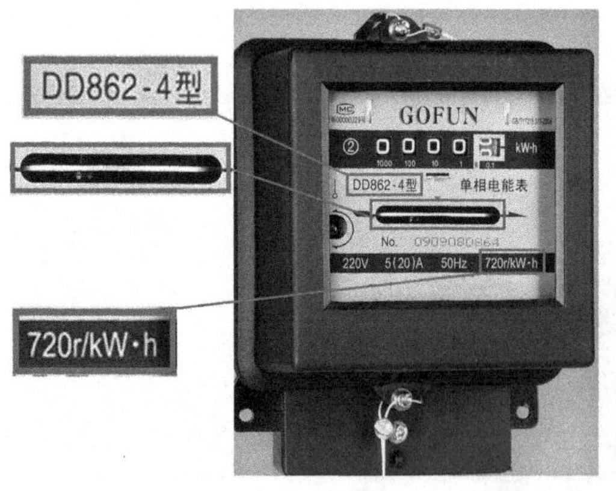

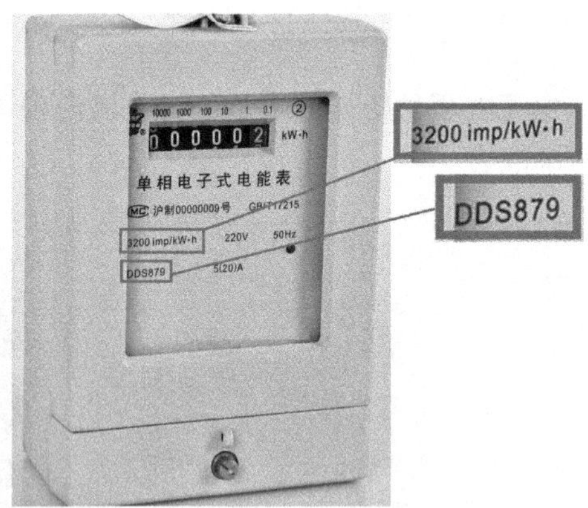

图3-28　机械式电能表和电子式电能表的区别

① 查看面板上有无铝盘。电子式电能表没有铝盘，而机械式电能表面板上可以看到铝盘。

② 查看面板型号。电子式电能表型号的第3位含有S字母，而机械式电能表没有，如DDS633为电子式电能表。

③ **查看电表常数单位**。电子式电能表的电表常数单位为imp/kW·h（脉冲数/千瓦·时），机械式电能表的电表常数单位为r/kW·h（转数/千瓦·时）。

3.3.5 电能表型号与铭牌含义

（1）型号含义

电能表的型号一般由六部分组成，各部分意义如下。

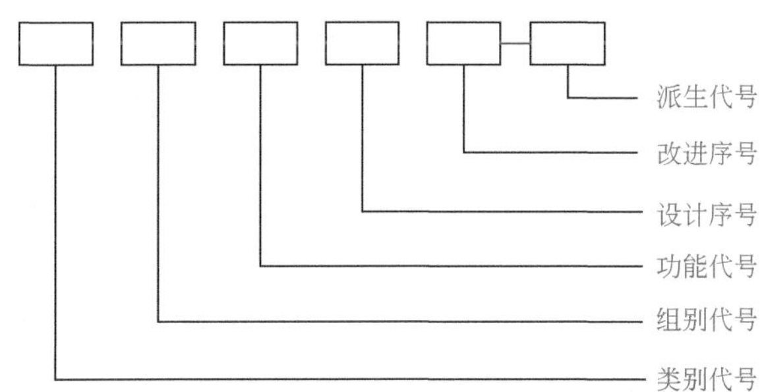

①类别代号：D—电能表。

② 组别代号：A—安培小时计；B—标准；D—单相电能表；F—伏特小时计；J—直流；S—三相三线；T—三相四线；X—无功。

③ 功能代号：F—分时计费；S—电子式；Y—预付费式；D—多功能；M—脉冲式；Z—最大需量。

④设计序号：一般用数字表示。

⑤改进序号：一般用汉语拼音字母表示。

⑥ 派生代号：T—湿热、干热两用；TH—湿热专用；TA—干热专用；G—高原用；H—船用；F—化工防腐。

电能表的形式和功能很多，各厂家在型号命名上也不尽完全相同，大多数电能表只用两个字母表示其功能和用途。一些特殊功能或电子式的电能表多用三个字母表示其功能和用途。

举例如下：

①DD28表示单相电能表。D—电能表，D—单相，28—设计序号。

② DS862表示三相三线有功电能表。D—电能表，S—三相三线，86—设计序号，2—改进序号。

③DX8表示无功电能表。D—电能表，X—无功，8—设计序号。

④ DTD18表示三相四线有功多功能电能表。D—电能表，T—三相四线，D—多功能，18—设计序号。

（2）铭牌含义

电能表铭牌通常含有以下内容：

① **计量单位名称或符号**。有功电表为“kW·h（千瓦·时）”，无功电表为“kvar·h（千乏·时）”。

② **电量计数器窗口**。整数位和小数位用不同颜色区分，窗口各字轮均有倍乘系数，如×1000、×100、×10、×1、×0.1。

③ **标定电流和额定最大电流**。标定电流（又称基本电流）用于确定电能表有关特性的电流值，该值越小，电能表越容易启动；额定最大电流是指仪表能满足规定计量准确度的

最大电流值。当电能表通过的电流在标定电流和额定最大电流之间时，电能计量准确，当电流小于标定电流值或大于额定最大电流值时，电能计量准确度会下降。一般情况下，不允许流过电能表的电流长时间大于额定最大电流。

④ **工作电压**。电能表所接电源的电压。单相电能表以电压线路接线端的电压表示，如220V；三相三线电能表以相数乘以线电压表示，如3×380V；三相四线电能表以相数乘以相电压/线电压表示，如3×220/380V。

⑤ **工作频率**。电能表所接电源的工作频率。

⑥ **电表常数**。它是指电能表记录的电能和相应的转数或脉冲数之间关系的常数。机械式电能表以r/kW·h（转数/千瓦·时）为单位，表示计量1千瓦·时（1度电）电量时的铝盘的转数，电子式电能表以imp/kW·h（脉冲数/千瓦·时）为单位。

⑦ **型号**。

⑧ **制造厂名**。

图3-29是一个单相机械电能表，其铭牌含义见标注所示。

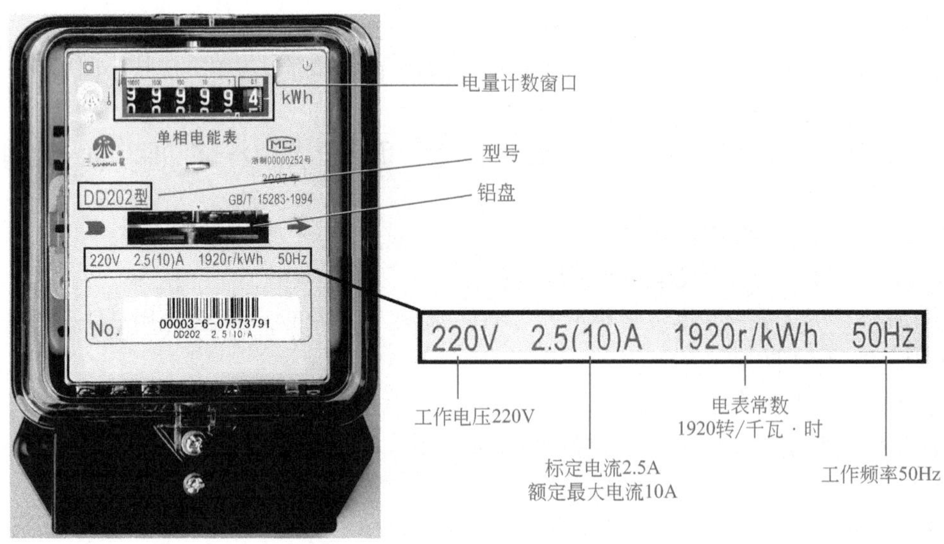

图3-29　电能表铭牌含义说明

3.4 钳形表

钳形表又称钳形电流表，它是一种测量电气线路电流大小的仪表。与电流表和万用表相比，**钳形表的优点是在测电流时不需要断开电路**。钳形表可分为指针式钳形表和数字式钳形表两类，指针式钳形表是利用内部电流表的指针摆动来指示被测电流的大小；数字式钳形表是利用数字测量电路将被测电流处理后，再通过显示器以数字的形式将电流大小显示出来。

3.4.1 钳形表的结构与测量原理

钳形表有指针式和数字式之分，这里以指针式为例来说明钳形表的结构与工作原理。

指针式钳形表的外形与结构如图3-30所示。从图中可以看出，指针式钳形表主要由铁芯、线圈、电流表、量程旋钮和扳手等组成。

在使用钳形表时，按下扳手，铁芯开口张开，从开口处将导线放入铁芯中央，再松开扳手，铁芯开口闭合。当有电流流过导线时，导线周围会产生磁场，磁场的磁力线沿铁芯穿过线圈，线圈立即产生电流，该电流经内部一些元器件后流进电流表，电流表表针摆动，指示电流的大小。流过导线的电流越大，导线产生的磁场越大，穿过线圈的磁力线越多，线圈产生的电流就越大，流进电流表的电流就越大，表针摆动幅度越大，则指示的电流值越大。

3.4.2 指针式钳形表的使用

（1）实物外形

早期的钳形表仅能测电流，而现在常用的钳形表大多数已将钳形表和万用表结合起来，不但可以测电流，还能测电压和电阻，图3-31中所示的钳形表都具有这些功能。

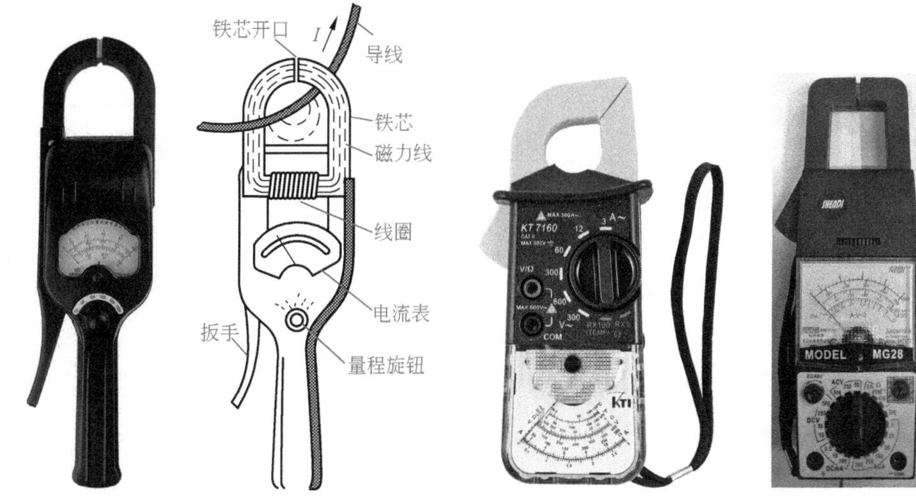

图3-30 指针式钳形表的外形与结构　　图3-31 指针式钳形表

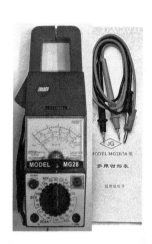

（2）使用方法

① 准备工作　在使用钳形表测量前，要做好以下准备工作。

a.安装电池。早期的钳形表仅能测电流，不需安装电池，而现在的钳形表不但能测电流、电压，还能测电阻，因此要求表内安装电池。安装电池时，打开电池盖，将大小和电压值符合要求的电池装入钳形表的电池盒，安装时要注意电池的极性与电池盒标注相同。

b.机械校零。将钳形表平放在桌面上，观察表针是否指在电流刻度线的“0”刻度处，若没有，可用螺丝刀调节刻度盘下方的机械校零旋钮，将表针调到“0”刻度处。

c.安装表笔。如果仅用钳形表测电流，可不安装表笔；如果要测量电压和电阻，则需要给钳形表安装表笔。安装表笔时，红表笔插入标“+”的插孔，黑表笔插入标“-”或标“COM”的插孔。

② 用钳形表测电流　**使用钳形表测电流，一般按以下操作进行**。

a.估计被测电流大小的范围，选取合适的电流挡位。选择的电流挡应大于被测电流，若无法估计电流范围，可先选择大电流挡测量，测得偏小时再选择小电流挡。

b.钳入被测导线。在测量时，按下钳形表上的扳手，张开铁芯，钳入一根导线，如

图3-32（a）所示，表针摆动，指示导线流过的电流大小。

测量时要注意，不能将两根导线同时钳入，图3-32（b）所示的测量方法是错误的。这是因为两根导线流过的电流大小相等，但方向相反，两根导线产生的磁场方向是相反的，相互抵消，钳形表测出的电流值将为0，如果不为0，则说明两根导线流过的电流不相等，负载存在漏电（一根导线的部分电流经绝缘性能差的物体直接到地，没有全部流到另一根线上），此时钳形表测出值为漏电电流值。

c.读数。在读数时，观察并记下表针指在"ACA（交流电流）"刻度线的数值，再配合挡位数进行综合读数。例如图3-32（a）所示的测量中，表针指在ACA刻度线的3.5处，此时挡位为电流50A挡，读数时要将ACA刻度线最大值5看成50，3.5则为35，即被测导线流过的电流值为35A。

如果被测导线的电流较小，可以将导线在钳形表的铁芯上绕几圈再测量。如图3-33所示，将导线在铁芯绕了2圈，这样测出的电流值是导线实际电流的2倍，图中表针指在3.5处，挡位开关置于"5A"挡，导线的实际电流应为3.5/2=1.75A。

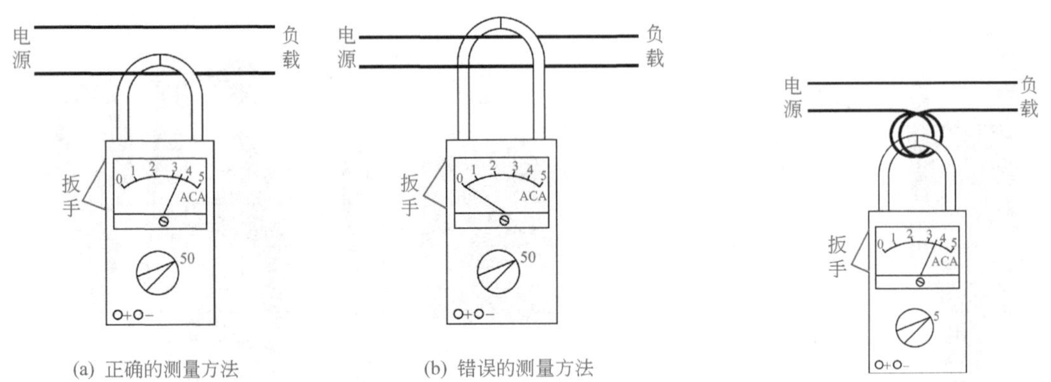

(a) 正确的测量方法　(b) 错误的测量方法

图3-32　钳形表的测量方法　图3-33　钳形表测量小电流的方法

现在的大多数钳形表可以在不断开电路的情况下测量电流，还能像万用表一样测电压和电阻。钳形表在测电压和电阻时，需要安装表笔，用表笔接触电路或元器件来进行测量，具体测量方法与万用表一样，这里不再叙述。

（3）使用注意事项

在使用钳形表时，为了安全和测量准确，需要注意以下事项。

① **在测量时要估计被测电流大小，选择合适的挡位，不要用低挡位测大电流**。若无法估计电流大小，可先选高挡位，如果指针偏转偏小，应选合适的低挡位重新测量。

② **在测量导线电流时，每次只能钳入一根导线，若钳入导线后发现有振动和碰撞声，应重新打开钳口，并开合几次，直至噪声消失为止。**

③ **在测大电流后再测小电流时，也需要开合钳口数次**，以消除铁芯上的剩磁，以免产生测量误差。

④ **在测量时不要切换量程**，以免切换时表内线圈瞬间开路，线圈感应出很高的电压而损坏表内的元器件。

⑤ **在测量一根导线的电流时，应尽量让其他的导线远离钳形表**，以免受这些导线产生的磁场影响，而使测量误差增大。

⑥ **在测量裸露线时，需要用绝缘物将其他的导线隔开，以免测量时钳形表开合钳口引**

起短路。

3.4.3 数字式钳形表的使用

3.4.3.1 实物外形及面板介绍

图3-34是一种常用的数字式钳形表，**它除了有钳形表的无需断开电路就能测量交流电流的功能外，还具有部分数字万用表的功能，在使用数字万用表的功能时，需要用到测量表笔。**

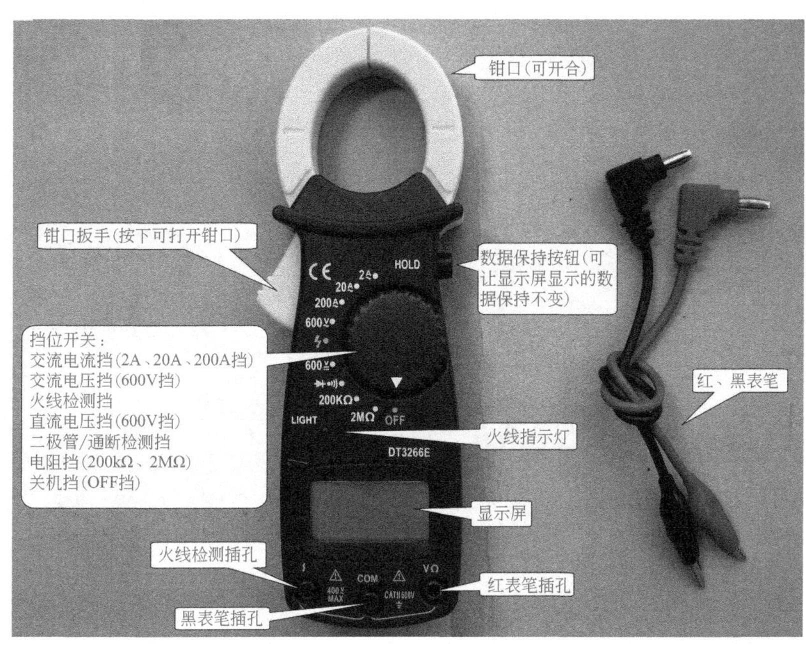

图3-34 一种常用的数字式钳形表

3.4.3.2 使用方法

（1）测量交流电流

为了便于用钳形表测量用电设备的交流电流，可按图3-35所示制作一个电源插座，利用该插座测量电烙铁的工作电流的操作如图3-36所示。

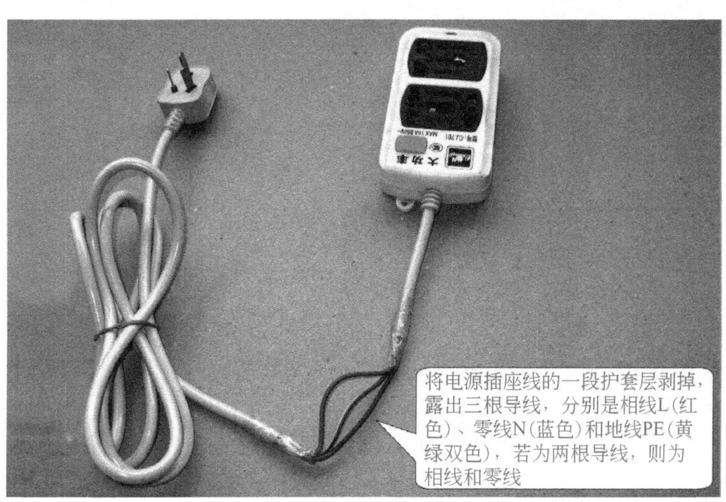

图3-35 制作一个便于用钳形表测量用电设备的交流电流的电源插座

（2）测量交流电压

用钳形表测量交流电压需要用到测量表笔，测量操作如图3-37所示。

（3）判别火线（相线）

有的钳形表具有火线检测挡，利用该挡可以判别出火线。用钳形表的“火线检测”挡判别火线的测量操作如图3-38所示。

如果数字钳形表没有火线检测挡，也可以用交流电压挡来判别火线。在

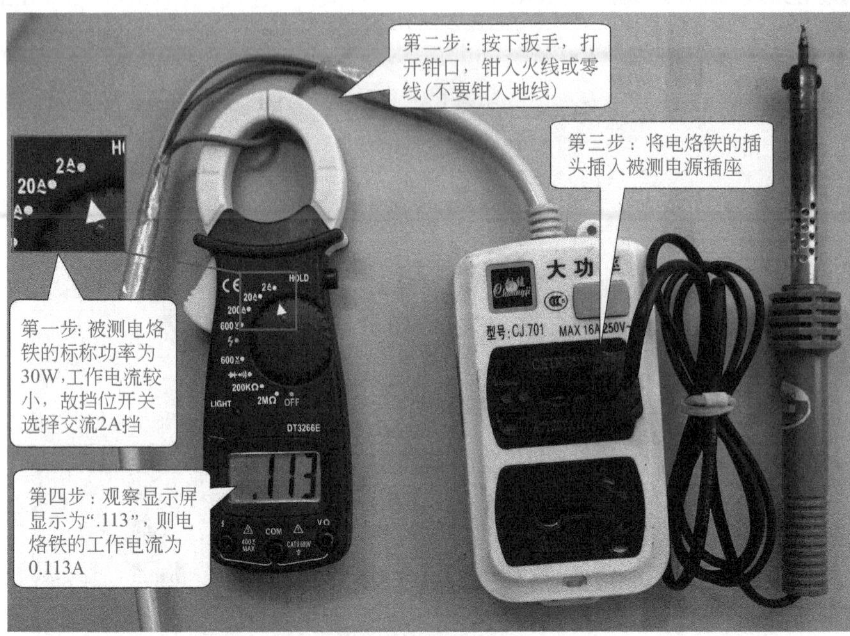

第一步：被测电烙铁的标称功率为30W，工作电流较小，故挡位开关选择交流2A挡
第二步：按下扳手，打开钳口，钳入火线或零线（不要钳入地线）
第三步：将电烙铁的插头插入被测电源插座
第四步：观察显示屏显示为“.113”，则电烙铁的工作电流为0.113A
第二步：将黑、红表笔插头分别插入钳形表的“COM”和“VΩ”插孔
第三步：将红、黑表笔另一端插入市电电源插座
DT3266E
HOLD
LIGHT
型号：CJ.701 MAX 16A 250V~

图3-36 用钳形表测量电烙铁的工作电流

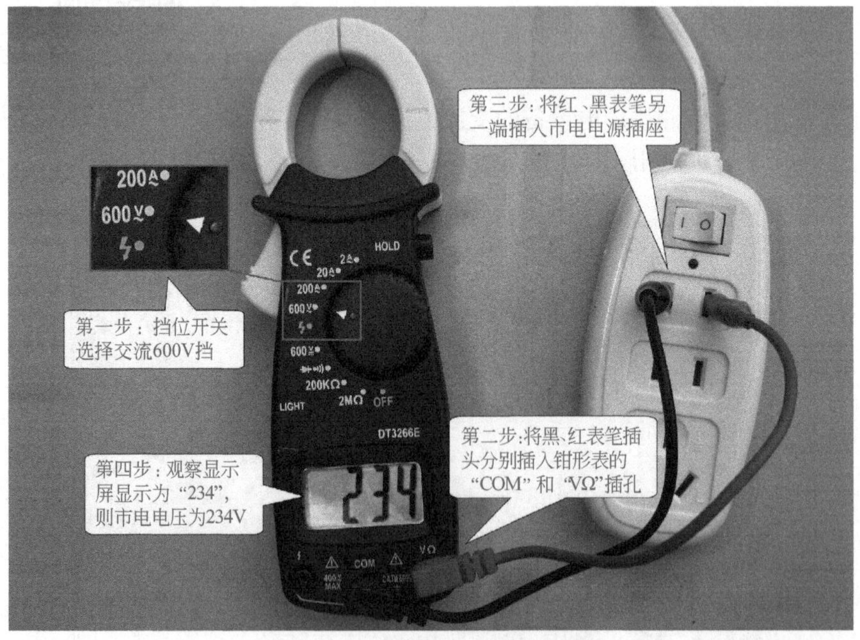

图3-37 用钳形表测量交流电压

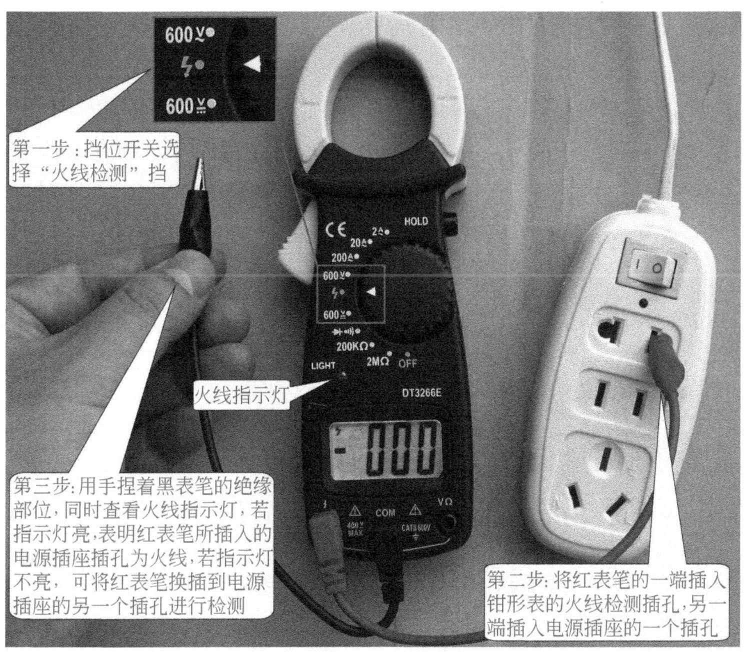

图3-38 用钳形表的“火线检测”挡判别火线

检测时，钳形表选择交流电压20V以上的挡位，一只手捏着黑表笔的绝缘部位，另一只手将红表笔先后插入电源插座的两个插孔，同时观察显示屏显示的感应电压大小，以显示感应电压值大的一次为准，红表笔插入的为火线插孔。

3.5 兆欧表

兆欧表是一种测量绝缘电阻的仪表，由于这种仪表的阻值单位通常为兆欧（MW），所以常称作兆欧表。**兆欧表主要用来测量电气设备和电气线路的绝缘电阻**。兆欧表可以测量绝缘导线的绝缘电阻，判断电气设备是否漏电等。有些万用表也可以测量兆欧级的电阻，但万用表本身提供的电压低，无法测量高压下电气设备的绝缘电阻，如有些设备在低压下绝缘电阻很大，但电压升高，绝缘电阻很小，漏电很严重，容易造成触电事故。

根据工作和显示方式不同，兆欧表通常可分作三类：摇表、指针式兆欧表和数字式兆欧表。

3.5.1 摇表工作原理与使用

3.5.1.1 实物外形

图3-39所示为两种摇表的实物外形。

3.5.1.2 工作原理

摇表主要由磁电式比率计、手摇发电机和测量电路组成，其工作原理示意图如图3-40所示。

在使用摇表测量时，将被测电阻按图示的方法接好，然后摇动手摇发电机，发电机产生几百至几千伏的高压，并从“+”端输出电流，电流分作I_1、I_2两路，I_1经线圈1、R_1回到发电机的“−”端，I_2经线圈2、被测电阻R_x回到发电机的“−”端。

线圈1、线圈2、表针和磁铁组成磁电式比率计。当线圈1流过电流时，会产生磁场，线圈产生的磁场与磁铁的磁场相互作用，线圈1逆时针旋转，带动表针往左摆动指向∞处；当线圈2流过电流时，表针会往右摆动指向0。当线圈1、2都有电流流过时（两线圈参数相同），若I_1=I_2，即R_1=R_x时，表针指在中间；若$I_1 > I_2$，即$R_1 < R_x$时，表针偏左，指示R_x的阻值大；若$I_1 < I_2$，即$R_1 > R_x$时，表针偏右，指示R_x的阻值小。

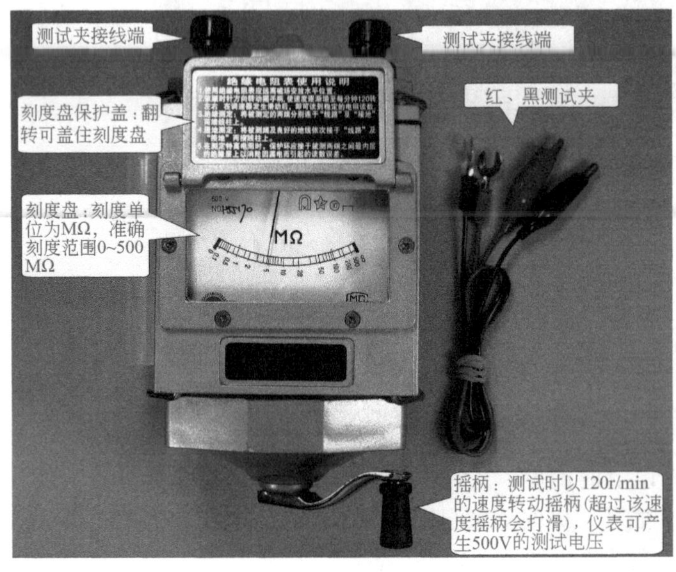

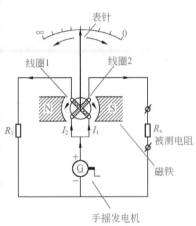

图3-39 两种常见的摇表

图3-40 摇表工作原理示意图

在摇动发电机时，由于摇动时很难保证发电机匀速转动，所以发电机输出的电压和流出的电流是不稳定的，但因为流过两线圈的电流同时变化，如发电机输出电流小时，流过两线圈的电流都会变小，它们受力的比例仍保持不变，故不会影响测量结果。另外，由于发电机会发出几百至几千伏的高压，它经线圈加到被测物两端，这样测量能真实反映被测物在高压下的绝缘电阻大小。

3.5.1.3 使用方法

（1）使用前的准备工作

摇表在使用前，要做好以下准备工作。

① **接测量线**。摇表有三个接线端：L端（LINE，线路测试端），E端（EARTH，接地端）和G端（GUARD，防护屏蔽端）。如图3-41所示，在使用前将两根测试线分别接在摇表的这两个接线端上。一般情况下，只需给L端和E端接测试线，G端一般情况下不用。

② **进行开路试验**。让L端、E端之间开路，然后转动摇表的摇柄，使转速达到额定转速（120r/min左右），这时表针应指在“∞”处，如图3-42（a）所示。若不能指到该位置，则说明摇表有故障。

③ **进行短路试验**。将L端、E端测量线短接，再转动摇表的摇柄，使转速达到额定转速，这时表针应指在“0”处，如图3-42（b）所示。

若开路和短路试验都正常，就可以开始用摇表进行测量了。

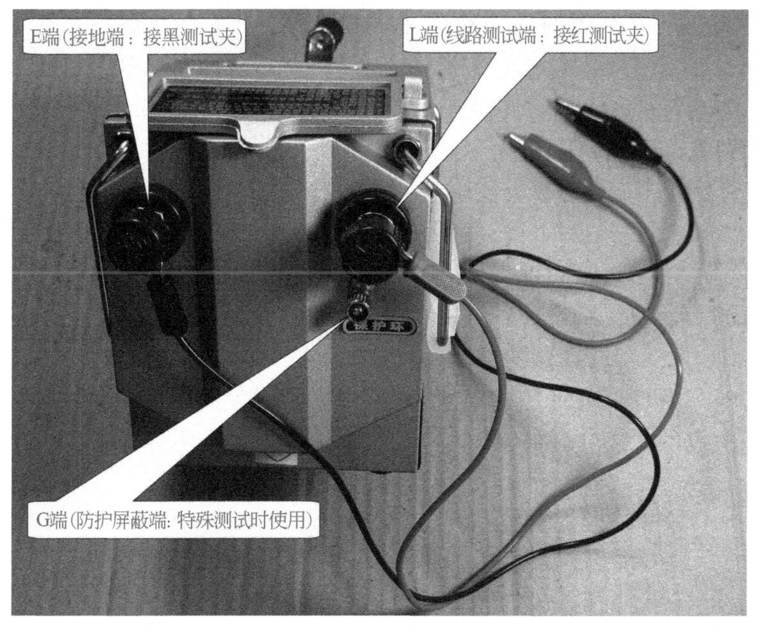

图3-41　摇表的接线端

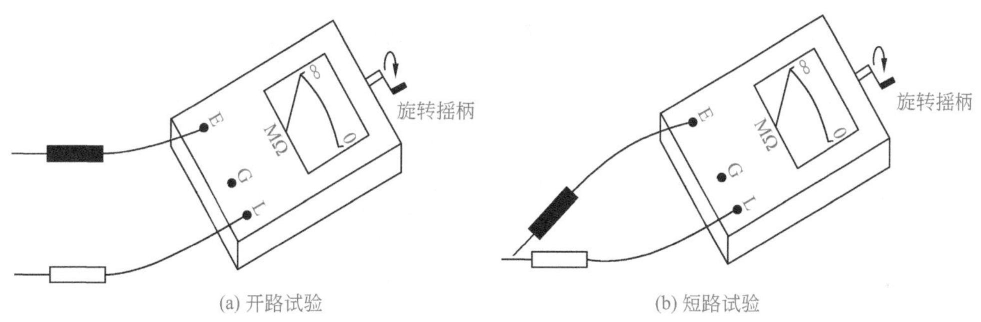

(a) 开路试验　　(b) 短路试验

图3-42　摇表测量前的试验

（2）使用方法

使用摇表测量电气设备绝缘电阻，一般按以下步骤进行。

① 根据被测物额定电压大小来选择相应额定电压的摇表。摇表在测量时，内部发电机会产生电压，但并不是所有的摇表产生的电压都相同，如ZC25-3型摇表产生500V电压，而ZC25-4型摇表能产生1000V电压。选择摇表时，要注意其额定电压要较待测电气设备的额定电压高，例如额定电压为380V及以下的被测物，可选用额定电压为500V的摇表来测量。有关摇表的额定电压大小，可查看摇表上的标注或说明书。一些不同额定电压下的被测物及选用的摇表见表3-1。

表3-1　不同额定电压下的被测物及选用的摇表

被测物	被测物的额定电压/V	所选兆欧表的额定电压/V
线圈	＜500	500
	≥500	1000
电力变压器和电动机绕组	≥500	1000～2500
发电机绕组	≤380	1000
电气设备	＜500	500～1000
	≥500	2500

② **测量并读数**。在测量时，切断被测物的电源，将L端与被测物的导体部分连接，E端与被测物的外壳或其他与之绝缘的导体连接，然后转动摇表的摇柄，让转速保持在120r/min左右（允许有20%的转速误差），待表针稳定后进行读数。

（3）使用举例

下面举几个例子来说明摇表的使用。

① **测量电网线间的绝缘电阻**。测量示意图如图3-43所示。测量时，先切断220V市电，并断开所有的用电设备的开关，再将摇表的L端和E端测量线分别插入插座的两个插孔，然后摇动摇柄查看表针所指数值。图中表针指在400处，说明电源插座两插孔之间的绝缘电阻为400MΩ。

如果测得电源插座两插孔之间的绝缘电阻很小，如零点几兆欧，则有可能是插座两个插孔之间绝缘性能不好，也可能是两根电网线间绝缘变差，还有可能是用电设备的开关或插座绝缘不好。

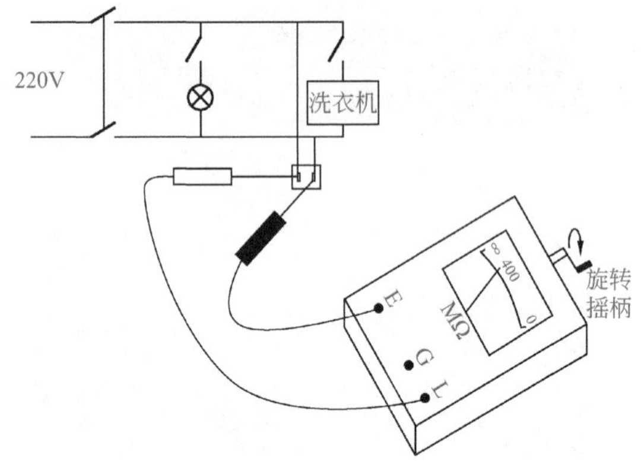

图3-43　用摇表测量电网线间的绝缘电阻

② **测量用电设备外壳与线路间的绝缘电阻**。这里以测洗衣机外壳与线路间的绝缘电阻为例来说明（冰箱、空调等设备的测量方法与之相同）。测量洗衣机外壳与线路间的绝缘电阻示意图如图3-44所示。

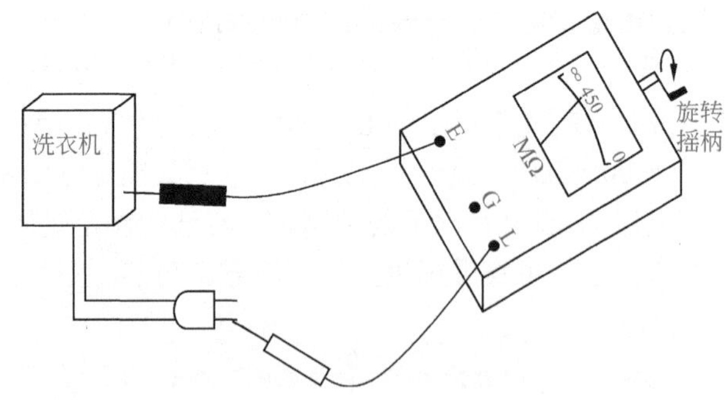

图3-44　用摇表测量用电设备外壳与线路间的绝缘电阻

测量时，拔出洗衣机的电源插头，将摇表的L端测量线接电源插头，E端测量线接洗衣机外壳，这样测量的是洗衣机的电气线路与外壳之间的绝缘电阻。正常情况下这个阻值应很大，如果测得该阻值小，说明内部电气线路与外壳之间存在着较大的漏电电流，人接触外壳时会造成触电，因此要重点检查电气线路与外壳漏电的原因。

③ **测量电缆的绝缘电阻**。用摇表测量电缆的绝缘电阻示意图如图3-45所示。

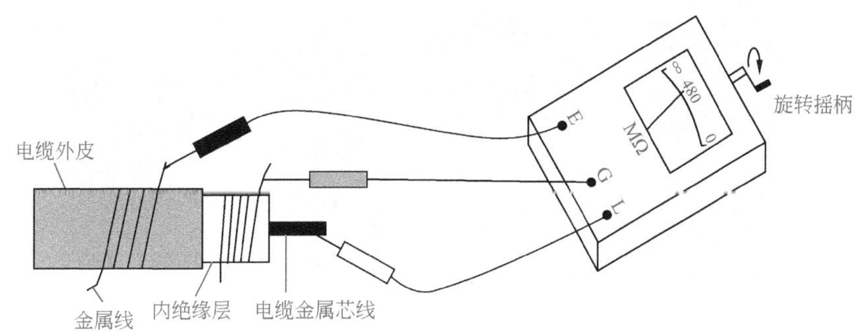

图3-45　用摇表测量电缆的绝缘电阻

图中的电缆有三部分：电缆金属芯线、内绝缘层和电缆外皮。测这种多层电缆时一般要用到摇表的G端。在测量时，分别各用一根金属线在电缆外皮和内绝缘层上绕几圈（这样测量时可使摇表的测量线与外皮、内绝缘层接触更充分），再将E端测量线接电缆外皮缠绕的金属线，将G端测量线接内绝缘层缠绕的金属线，L端则接电缆金属芯线。这样连接好后，摇动摇柄即可测量电缆的绝缘电阻。将内绝缘层与G端相连，目的是让内绝缘层上的漏电电流直接流入G端，而不会流入E端，避免了漏电电流影响测量值。

3.5.1.4　使用注意事项

在使用摇表测量时，要注意以下事项。

① **正确选用适当额定电压的摇表**。选用额定电压过高的摇表测量易击穿被测物，选用额定电压低的摇表测量则不能反映被测物的真实绝缘电阻。

② **测量电气设备时，一定要切断设备的电源**。切断电源后要等待一定的时间再测量，目的是让电气设备放完残存的电。

③ **测量时，摇表的测量线不能绕在一起**。这样做的目的是避免测量线之间的绝缘电阻影响被测物。

④ **测量时，顺时针由慢到快摇动手柄，直至转速达120r/min，一般在1min后读数（读数时仍要摇动摇柄）**。

⑤ **在摇动摇柄时，手不可接触测量线裸露部位和被测物，以免触电。**

⑥ **被测物表面应擦拭干净，不得有污物，以免造成测量数据不准确。**

3.5.2　数字式兆欧表的使用

数字式兆欧表是以数字的形式直观显示被测绝缘电阻的大小，它与指针式兆欧表一样，测试高压都是由内部升压电路产生的。

（1）实物外形

图3-46所示为几种数字式兆欧表的实物外形。

（2）使用方法

数字式兆欧表种类很多，使用方法基本相同，下面以VC60B型数字式兆欧表为例来说明。

VC60B型数字式兆欧表是一种使用轻便、量程广、性能稳定，并且能自动关机的测量仪器。这种仪表内部采用电压变换器，可以将9V的直流电压变换成250V/500V/1000V的直流电压，因此可以测量多种不同额定电压下的电气设备的绝缘电阻。

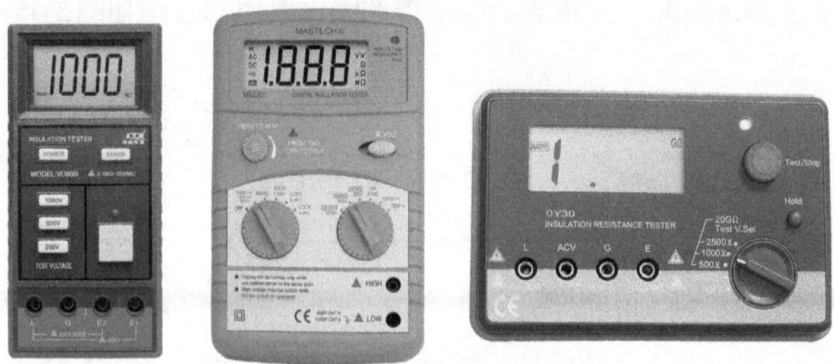

图3-46　几种常见的数字式兆欧表

VC60B型数字式兆欧表的面板如图3-47所示。

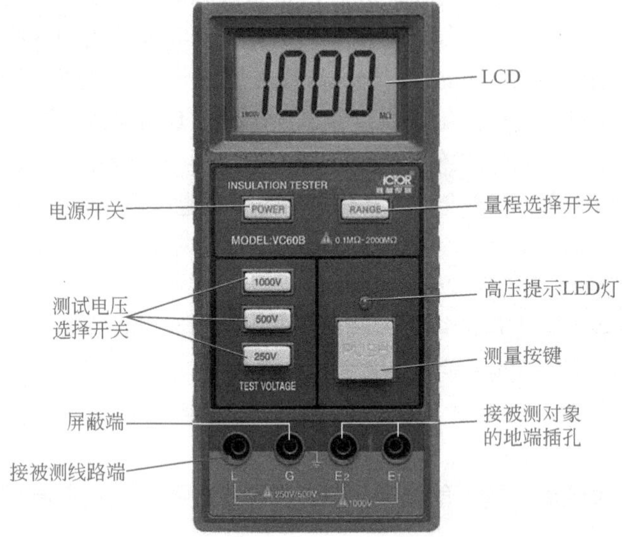

图3-47　VC60B型数字式兆欧表的面板

① 测量前的准备工作　在测量前，需要先做好以下准备工作。

a.安装9V电池。

b.安插测量线。VC60B型数字式兆欧表有四个测量线插孔：L端（线路测试端）、G端（防护或屏蔽端）、E2端（第2接地端）和E1端（第1接地端）。先在L端和G端各安插一条测量线（一般情况下G端可不安插测量线），另一条测量线可根据仪表的测量电压来选择安插在E2端或E1端，当测量电压为250V或500V时，测量线应安插在E2端，当测量电压为1000V时，则应插在E1端。

② 测量过程　VC60B型数字式兆欧表的一般测量步骤如下。

a.按下“POWER”（电源）开关。

b.选择测试电压。根据被测物的额定电压，按下1000V、500V或250V中的某一开关来选择测试电压，如被测物用在380V电压中，可按下500V开关，显示器左下角将会显示“500V”字样，这时仪表会输出500V的测试电压。

c.选择量程范围。操作“RANGE”（量程选择）开关，可以选择不同的阻值测量范围，在不同的测试电压下，操作“RANGE”开关选择的测量范围会不同，具体见表3-2。如测试电压为500V，按下“RANGE”开关时，仪表可测量50～1000MΩ范围内的绝缘电阻；“RANGE”开关处于弹起状态时，可测量0.1～50MΩ范围内的绝缘电阻。

表3-2 不同测试电压下“RANGE”开关选择的测量范围

测试电压		250×(1±10%)V	500×(1±10%)V	1000×(1±10%)V
量程		0.1～20MΩ	0.1～50MΩ	0.1～100MΩ
		20～500MΩ	50～1000MΩ	100～2000MΩ

d.将仪表的L端、E2端或E1端测量线的探针与被测物连接。

e.按下“PUSH”键进行测量。测量过程中，不要松开“PUSH”键，此时显示器的数值会有变化，待稳定后开始读数。

f.读数。读数时要注意，显示器左下角为当前的测试电压，中间为测量的阻值，右下角为阻值的单位。读数完毕，松开“PUSH”键。

在测量时，如显示器显示“1”，表示测量值超出量程，可换高量程挡（即按下“RANGE”开关）重新测量。

3.6 交流电压表

交流电压表是一种用来测量交流电压有效值的仪表。在强电领域，交流电压表常用来测量监视线路的电压大小。

3.6.1 外形

交流电压表有指针式和数字式两种，其外形如图3-48所示。

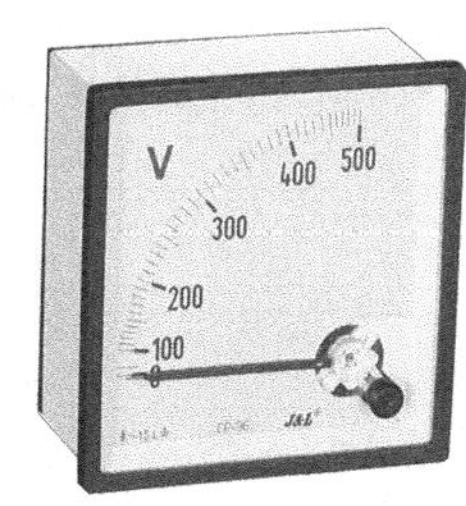

图3-48 交流电压表

3.6.2 测量线电压和相电压的接线

（1）测量线电压和相电压

利用交流电压表测线电压和相电压分别如图3-49（a）、（b）所示。

（2）一台交流电压表测量三相线电压

利用一台交流电压表测量三相线电压如图3-50所示。该测量采用了两个开关SA1、SA2，当SA1置于“1”、SA2置于“1”时，电压表测得为L2、L3之间的线电压，当SA1

置于“1”、SA2置于“2”时，电压表测得为L1、L2之间的线电压，当SA1置于“2”、SA2置于“2”时，电压表测得为L1、L3之间的线电压。

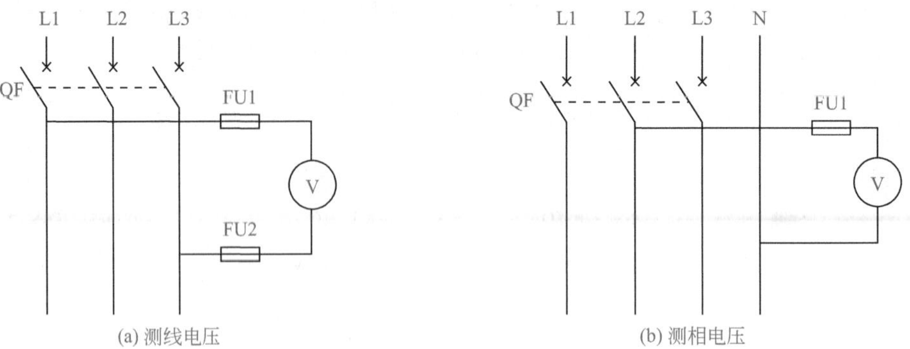

图3-49 利用交流电压表测线电压和相电压

（3）交流电压表配合电压互感测量高电压

如果要用低量程交流电压表来测量高电压，可以使用电压互感器。交流电压表配合电压互感器测量高电压的测量线路如图3-51所示，使用电压互感器后，被测高压的实际值应为电压表的指示值 × 电压互感器的变压比。

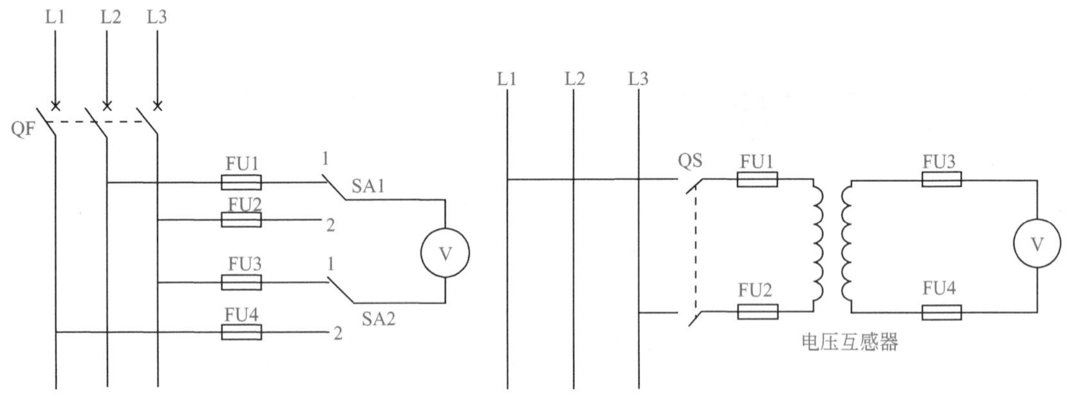

图3-50 利用一台交流电压表测量三相线电压

图3-51 交流电压表配合电压互感器测量高电压

3.7 交流电流表

交流电流表是一种用来测量交流电流有效值的仪表。在强电领域，交流电流表常用来测量线路的电流大小。

3.7.1 外形

交流电流表有指针式和数字式两种，其外形如图3-52所示。

3.7.2 测量单相和三相电流的接线

（1）利用交流电流表直接测量交流电流［如图3-53（a）、（b）所示］

图3-52 交流电流表

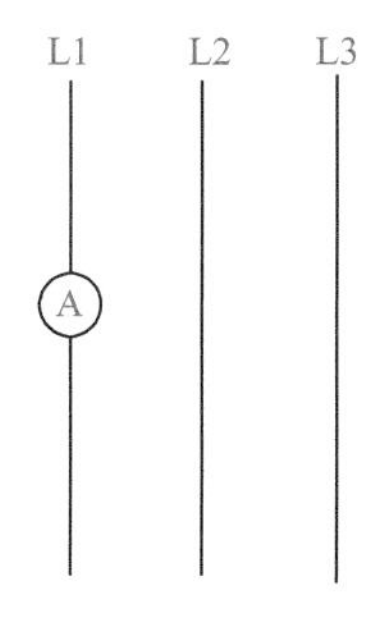

(a) 测量一相电流

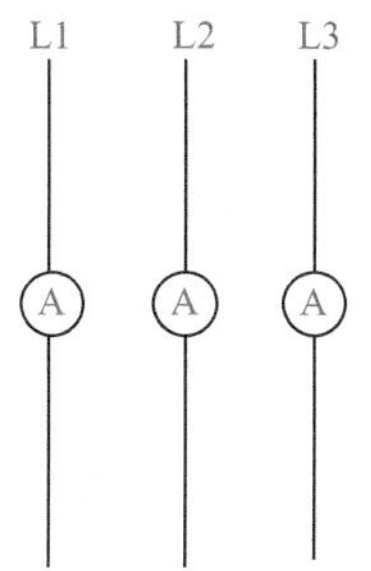

(b) 测量三相电流

图3-53 利用交流电流表直接测量交流电流

（2）利用电流互感器测量一相交流电流（如图3-54所示）

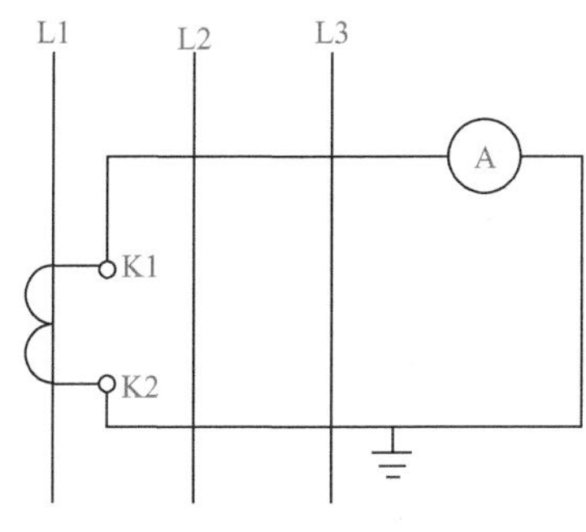

(a) 原理图

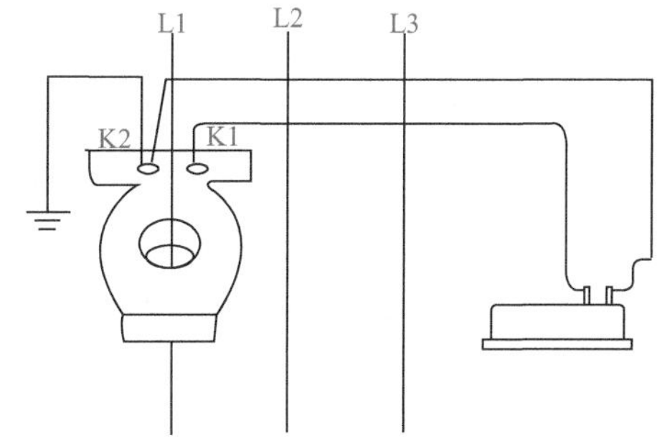

(b) 接线图

图3-54 利用电流互感器测量一相交流电流

（3）利用电流互感器测量三相交流电流（如图3-55所示）

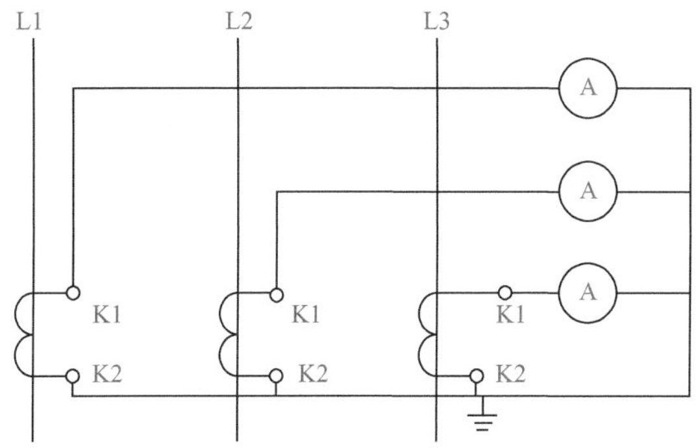

图3-55 利用电流互感器测量三相交流电流

第4章 低压电器

低压电器通常是指在交流电压1200V或直流电压1500V以下工作的电器。常见的低压电器有开关、熔断器、接触器、漏电保护开关和继电器等。进行电气线路安装时，电源和负载（如电动机）之间用低压电器通过导线连接起来，可以实现负载的接通、切断、保护等控制功能。

4.1 开关

开关是电气线路中使用最广泛的一种低压电器，其作用是接通和切断电气线路。常见的开关有照明开关、按钮开关、闸刀开关、铁壳开关和组合开关等。

4.1.1 照明开关

照明开关用来接通和切断照明线路，允许流过的电流不能太大。常见的照明开关如图4-1所示。

   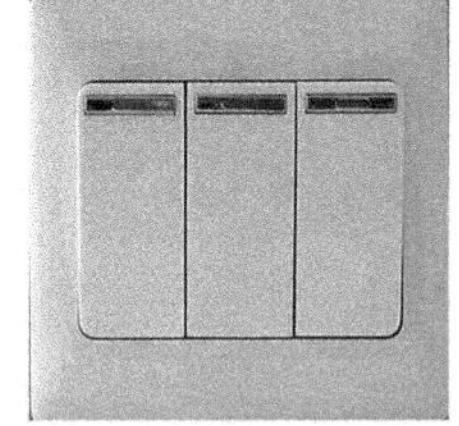

图4-1 常见的照明开关

4.1.2 按钮开关

按钮开关用来在短时间内接通或切断小电流电路，主要用在电气控制电路中。按钮开关允许流过的电流较小，一般不能超过5A。

（1）种类、结构与外形

按钮开关用符号“SB”表示，它可分为三种类型：常闭按钮开关、常开

按钮开关和复合按钮开关。这三种开关的内部结构示意图和电路图形符号如图4-2所示。

图4-2（a）所示为常闭按钮开关。在未按下按钮时，依靠复位弹簧的作用力使内部的金属动触点将常闭静触点a、b接通；当按下按钮时，动触点与常闭静触点脱离，a、b断开；当松开按钮后，触点自动复位（闭合状态）。

图4-2（b）所示为常开按钮开关。在未按下按钮时，金属动触点与常开静触点a、b断开；当按下按钮时，动触点与常闭静触点接通；当松开按钮后，触点自动复位（断开状态）。

图4-2（c）所示为复合按钮开关。在未按下按钮时，金属动触点与常闭静触点a、b接通，而与常开静触点断开；当按下按钮时，动触点与常闭静触点断开，而与常开静触点接通；当松开按钮后，触点自动复位（常开断开，常闭闭合）。

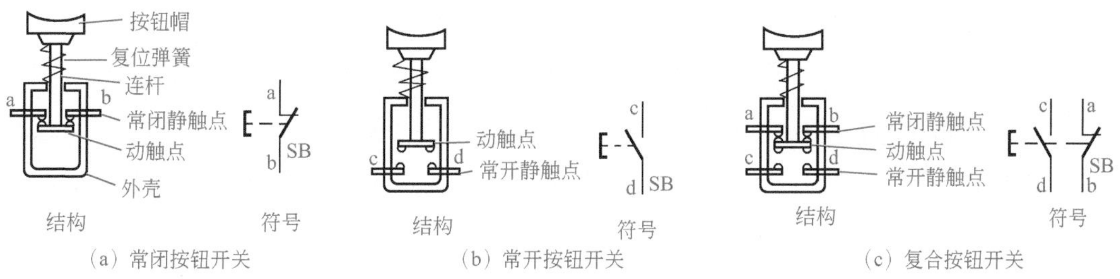

图4-2 三种开关的结构与符号

有些按钮开关内部有多对常开、常闭触点，它可以在接通多个电路的同时切断多个电路。常开触点也称为A触点，常闭触点又称B触点。

常见的按钮开关实物外形如图4-3所示。

图4-3 常见的按钮开关

（2）型号与参数

为了表示按钮开关的结构和类型等内容，一般会在按钮开关上标上型号。按钮开关的型号含义说明如下：

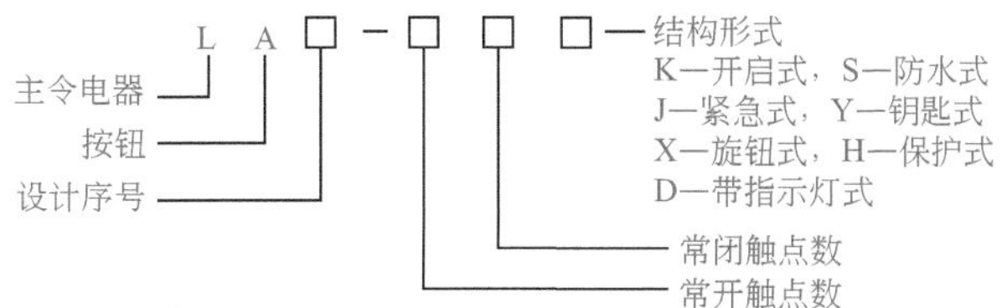

4.1.3 闸刀开关

闸刀开关又称为开启式负荷开关、瓷底胶盖闸刀开关，简称刀开关。它可分为单相闸刀开关和三相闸刀开关，它的外形、结构与符号如图4-4所示。闸刀开关除了能接通、断开电源外，其内部一般会安装熔丝，因此还能起过流保护作用。

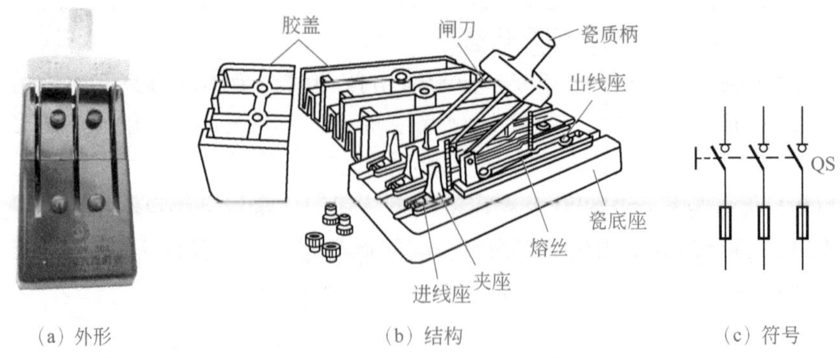

（a）外形　（b）结构　（c）符号

图4-4 常见的闸刀开关的外形、结构与符号

闸刀开关需要垂直安装，进线装在上方，出线装在下方，进出线不能接反，以免触电。由于闸刀开关没有灭电弧装置（闸刀接通或断开时产生的电火花称为电弧），因此不能用作大容量负载的通断控制。**闸刀开关一般用在照明电路中，也可以用作非频繁启动/停止的小容量电动机控制。**

闸刀开关的型号含义说明如下：

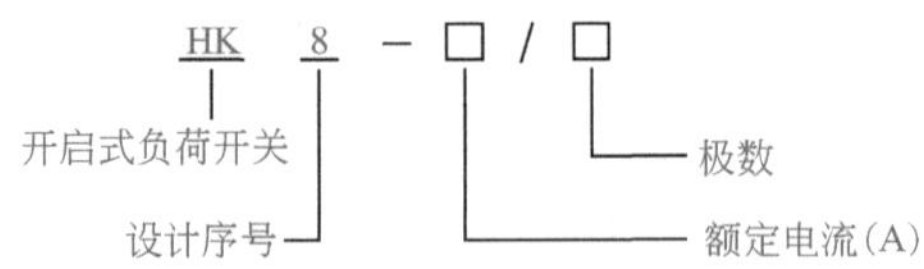

4.1.4 铁壳开关

铁壳开关又称为封闭式负荷开关，它的外形、结构与符号如图4-5所示。

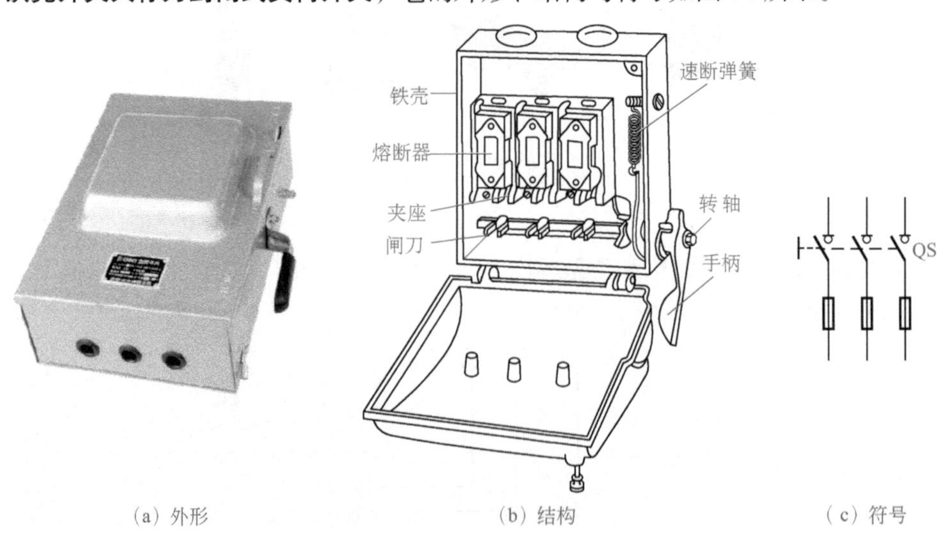

（a）外形　（b）结构　（c）符号

图4-5 铁壳开关的外形、结构与符号

铁壳开关是在闸刀开关的基础上进行改进而设计出来的，它的主要优点如下。

① 在铁壳开关内部有一个速断弹簧，在操作手柄打开或关闭开关外盖时，依靠速断弹簧的作用力，可以使开关内部的闸刀迅速断开或合上，这样能有效地减少电弧。

② 铁壳开关内部具有联锁机构，当开关外盖打开时，手柄无法合闸，当手柄合闸后，外盖无法打开，这就使得操作更加安全。

铁壳开关常用在农村和工矿的电力照明、电力排灌等配电设备中，与闸刀开关一样，铁壳开关也不能用作频繁的通断控制。

铁壳开关的型号含义说明如下：

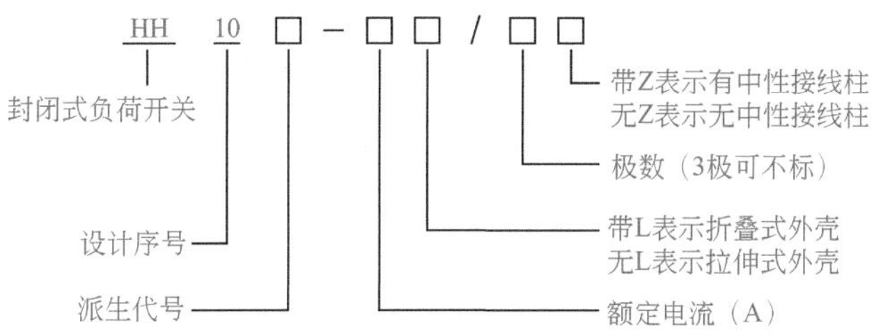

4.1.5 组合开关

组合开关又称为转换开关，它是一种由多层触点组成的开关。

（1）外形、结构与符号

组合开关外形、结构和符号如图4-6所示。图中的组合开关由三层动、静触点组成，当旋转手柄时，可以同时调节三组动触点与三组静触点之间的通断。为了有效地灭弧，在转轴上装有弹簧，在操作手柄时，依靠弹簧的作用可以迅速接通或断开触点。

组合开关不宜进行频繁的转换操作，常用于控制4kW以下的小容量电动机。

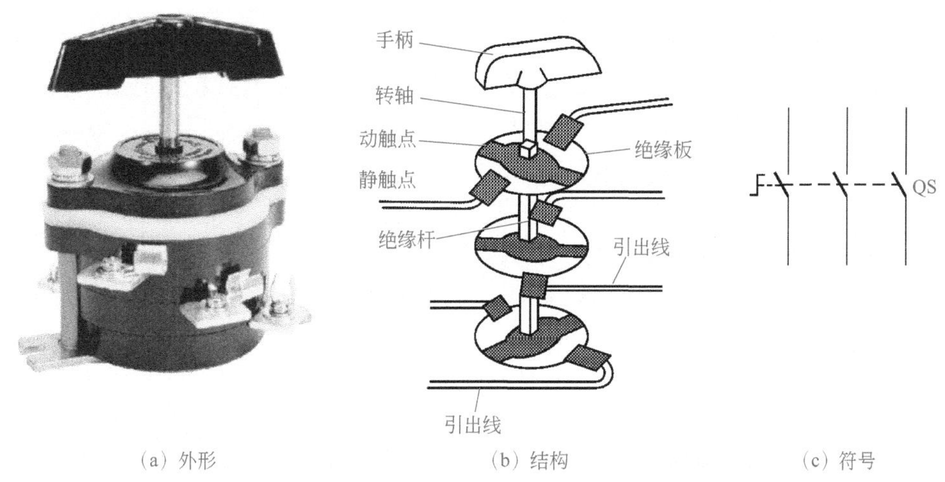

（a）外形　（b）结构　（c）符号

图4-6　组合开关的外形、结构和符号

（2）型号与参数

组合开关的型号含义说明如下：

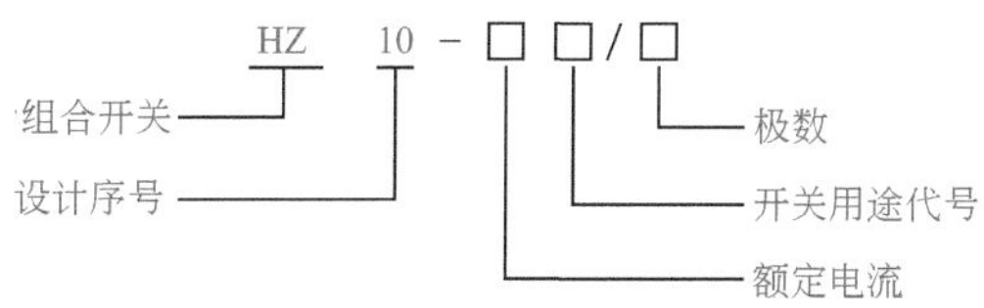

4.1.6 倒顺开关

倒顺开关又称可逆转开关，属于较特殊的组合开关，专门用来控制小容量三相异步电动机的正转和反转。倒顺开关的外形与符号如图4-7所示。

倒顺开关有“倒”“停”“顺”3个位置。当开关处于“停”位置时，动触点与静触点均处于断开状态，如图4-7（b）所示；当开关由“停”旋转至“顺”位置时，动触点U、V、W分别与静触点L1、L2、L3接触；当开关由“停”旋转至“倒”位置时，动触点U、V、W分别与静触点L3、L2、L1接触。

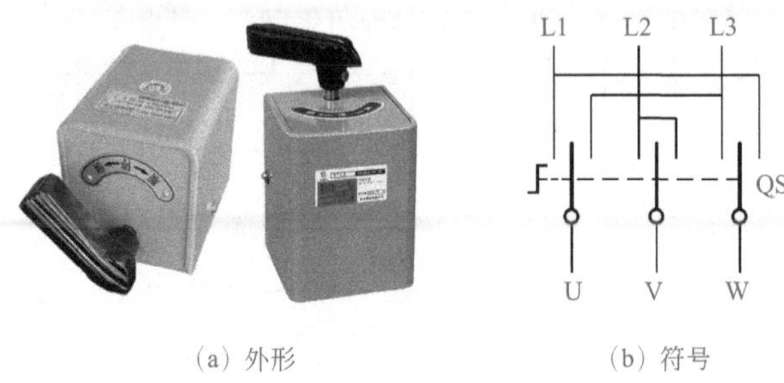

（a）外形　　（b）符号

图4-7　倒顺开关

4.1.7 万能转换开关

万能转换开关由多层触点中间叠装绝缘层而构成，它主要用来转换控制线路，也可用作小容量电动机的启动、换向和变速等。

（1）外形、结构与符号

万能转换开关的外形、符号和触点分合表如图4-8所示。

图4-8中的万能转换开关有6路触点，它们的通断受手柄的控制。手柄有Ⅰ、0、Ⅱ 3个挡位，手柄处于不同挡位时，6路触点通断情况不同，从图4-8（b）所示的万能转换开关符号可以看出不同挡位触点的通断情况。在万能转换开关符号中，“—o o—”表示一路触点，竖虚线表示手柄位置，触点下方虚线上的“•”表示手柄处于虚线所示的挡位时该路触点接通。例如手柄处于“0”挡位时，6路触点在该挡位虚线上都标有“•”，表示在“0”挡位时6路触点都是接通的；手柄处于“Ⅰ”挡时，第1、3路触点相通；手柄处于“Ⅱ”挡时，第2、4、5、6路触点是相通的。万能转换开关触点在不同挡位的通断情况也可以用图4-8（c）所示的触点分合表说明，“×”表示相通。

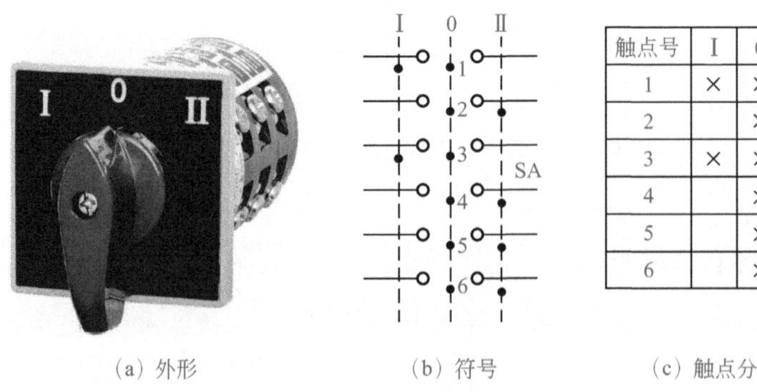

触点号	Ⅰ	0	Ⅱ
1	×	×	
2		×	×
3	×	×	
4		×	×
5		×	×
6		×	×

（a）外形　　（b）符号　　（c）触点分合表

图4-8　万能转换开关

（2）型号含义

万能转换开关的型号含义说明如下：

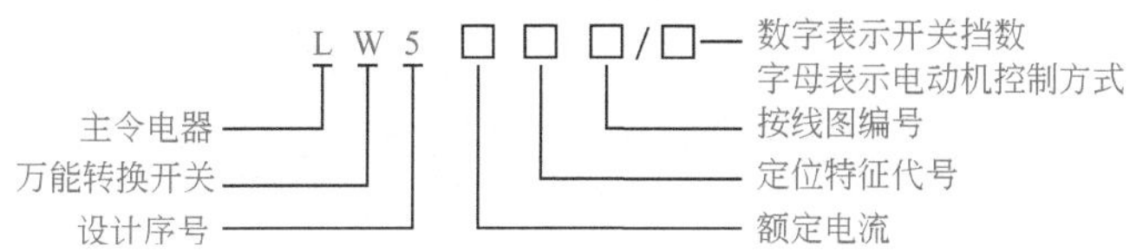

4.1.8 行程开关

行程开关是一种利用机械运动部件的碰压使触点接通或断开的开关。

（1）外形、结构与符号

行程开关的外形与符号如图4-9所示。

行程开关的种类很多，根据结构可分为直动式（或称按钮式）、旋转式、微动式和组合式等。图4-10是直动式行程开关的结构示意图。从图中可以看出，行程开关的结构与按钮开关的基本相同，但将按钮改成推杆。在使用时将行程开关安装在机械部件运动路径上，当机械部件运动到行程开关位置时，会撞击推杆而让常闭触点断开、常开触点接通。

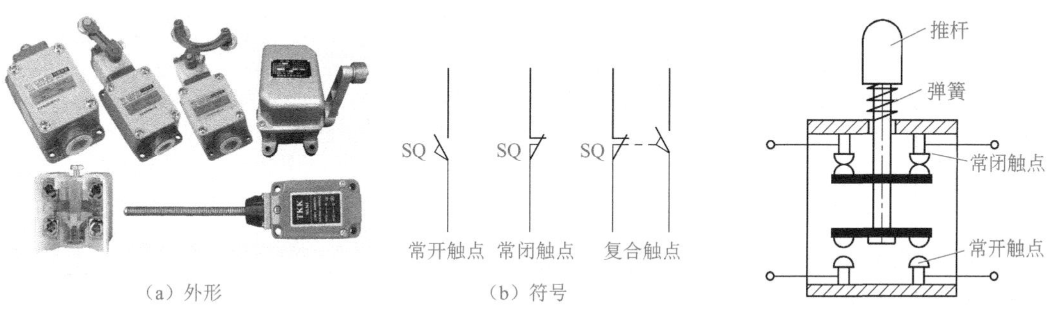

图4-9 行程开关的外形与符号

图4-10 直动式行程开关的结构示意图

（2）型号含义

行程开关的型号含义说明如下：

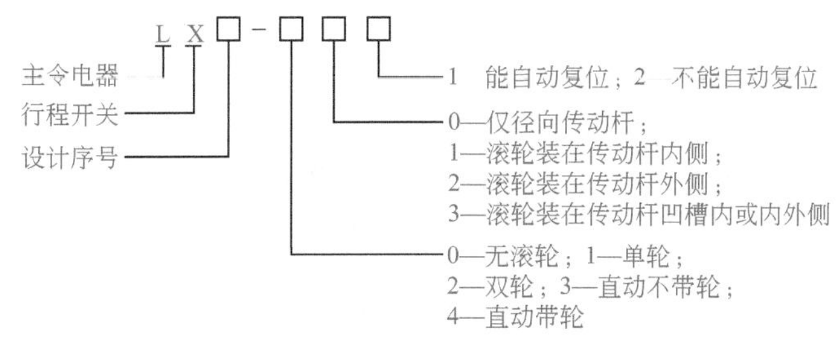

4.1.9 接近开关

接近开关又称无触点位置开关，当运动的物体靠近接近开关时，接近开关能感知物体的存在而输出信号。接近开关既可以用在运动机械设备中进行行程控制和限位保护，又可以用作高速计数、测速、检测物体大小等。

（1）外形与符号

接近开关的外形和符号如图4-11所示。

（2）种类与工作原理

接近开关种类很多，常见的有高频振荡型、电容型、光电型、霍尔型、电磁感应型和超声波型等，其中高频振荡型接近开关最为常见。高频振荡型接近开关的组成如图4-12所示。

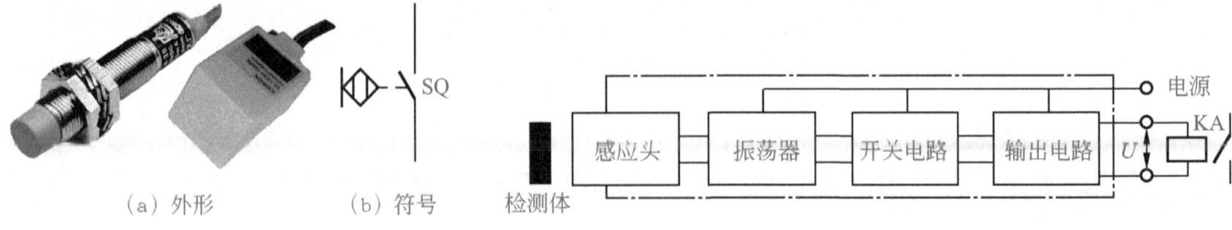

图4-11　接近开关　　　　图4-12　高频振荡型接近开关的组成

当金属检测体接近感应头时，作为振荡器一部分的感应头损耗增大，迫使振荡器停止工作，随后开关电路因振荡器停振而产生一个控制信号送给输出电路，让输出电路输出控制电压，若该电压送给继电器，继电器就会产生吸合动作来接通或断开电路。

（3）型号含义

接近开关的型号含义说明如下：

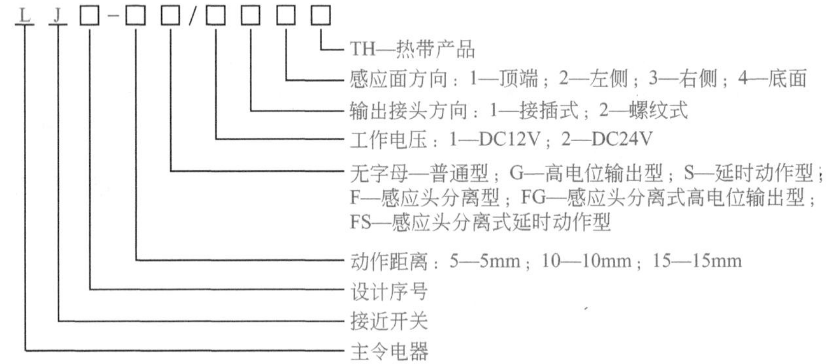

4.1.10　开关的检测

开关种类很多，但检测方法大同小异，一般采用万用表的电阻挡检测触点的通断情况。下面以图4-13所示的复合型按钮开关为例来说明开关的检测，该按钮开关有一个常开触点和一个常闭触点，共有4个接线端子。

图4-13　复合型按钮开关的接线端子

复合按钮开关的检测可分为以下两个步骤。

① **在未按下按钮时进行检测。**复合型按钮开关有一个常闭触点和一个常开触点。在检测时，先测量常闭触点的两个接线端子之间的电阻，如图4-14（a）所示，正常电阻近0Ω，然后测量常开触点的两个接线端子之间的电阻，若常开触点正常，数字万用表会显示超出量程符号“1”或“OL”，用指针万用表测量时电阻为无穷大。

② **在按下按钮时进行检测。**在检测时，将按钮按下不放，分别测量常闭触点和常开触点两个接线端子之间的电阻。如果按钮开关正常，则常闭触点的电阻应为无穷大，如图4-14（b）所示，而常开触点的电阻应接近0Ω；若与之不符，则表明按钮开关损坏。

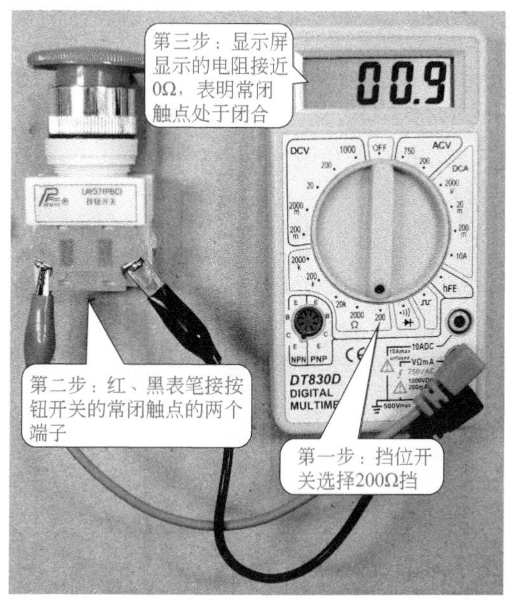

（a）未按下按钮时检测常闭触点

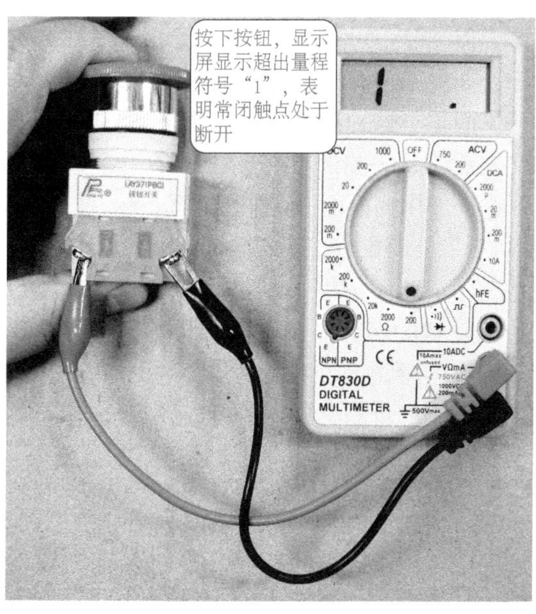

（b）按下按钮时检测常闭触点

图4-14　按钮开关的检测

在测量常闭或常开触点时，如果出现阻值不稳定，则通常是由于相应的触点接触不良。因为开关的内部结构比较简单，如果检测时发现开关不正常，可将开关拆开进行检查，找出具体的故障原因，并进行排除，无法排除的就需要更换新的开关。

4.2 熔断器

熔断器是对电路、用电设备短路和过载进行保护的电器。熔断器一般串接在电路中，当电路正常工作时，熔断器就相当于一根导线；当电路出现短路或过载时，流过熔断器的电流很大，熔断器就会开路，从而保护电路和用电设备。

熔断器的种类很多，常见的有RC插入式熔断器、RL螺旋式熔断器、RM无填料封闭式熔断器、RS快速熔断器、RT有填料管式熔断器和RZ自复式熔断器等。熔断器的型号含义说明如下：

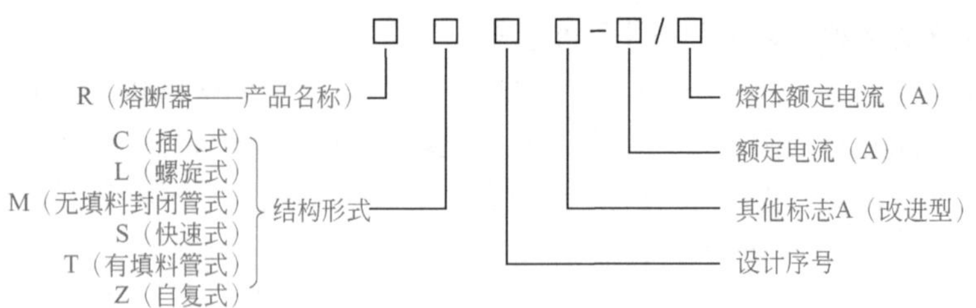

4.2.1 六种类型的熔断器介绍

（1）RC插入式熔断器

RC插入式熔断器主要用于电压在380V及以下、电流在5～200A的电路中，如照明电路和小容量的电动机电路中。图4-15所示是一种常见的RC插入式熔断器。这种熔断器用在额定电流在30A以下的电路中时，熔丝一般采用铅锡丝；当用在电流为30～100A的电路中时，熔丝一般采用铜丝；当用在电流达100A以上的电路中时，一般用变截面的铜片作熔丝。

（2）RL螺旋式熔断器

图4-16所示是一种常见的RL螺旋式熔断器，这种熔断器在使用时，要在内部安装一个螺旋状的熔管，在安装熔管时，先将熔断器的瓷帽旋下，再将熔管放入内部，然后旋好瓷帽。熔管上、下方为金属盖，熔管内部装有石英砂和熔丝，有的熔管上方的金属盖中央有一个红色的熔断指示器，当熔丝熔断时，指示器颜色会发生变化，以指示内部熔丝已断。指示器的颜色变化可以通过熔断器瓷帽上的玻璃窗口观察到。

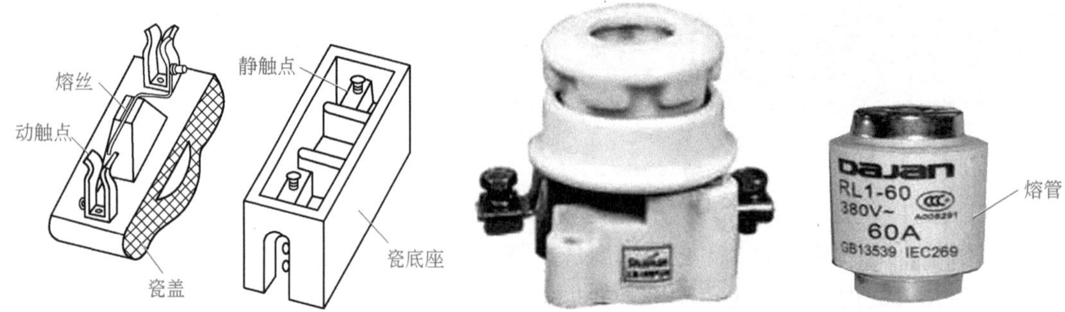

图4-15 一种常见的RC插入式熔断器

图4-16 一种常见的RL螺旋式熔断器

RL螺旋式熔断器具有体积小、分断能力较强、工作安全可靠、安装方便等优点，通常用在工厂200A以下的配电箱、控制箱和机床电动机的控制电路中。

（3）RM无填料封闭式熔断器

图4-17所示是一种典型的RM无填料封闭式熔断器，它可以拆卸。这种熔断器的熔体是一种变截面的锌片，它被安装在纤维管中，锌片两端的刀形接触片穿过黄铜帽，再通过垫圈安插在刀座中。这种熔断器通过大电流时，锌片上窄的部分首先熔断，使中间大段的锌片脱断，形成很大的间隔，从而有利于灭弧。

RM无填料封闭式熔断器具有保护性好、分断能力强、熔体更换方便和安全可靠等优点，主要用在交流380V以下、直流440V以下，电流600A以下的电力电路中。

（4）RS有填料快速熔断器

RS有填料快速熔断器主要用于硅整流器件、晶闸管器件等半导体器件及其配套设备的短路和过载保护，它的熔体一般采用银制成，具有熔断迅速、能灭弧等优点。图4-18所示是两种常见的RS有填料快速熔断器。

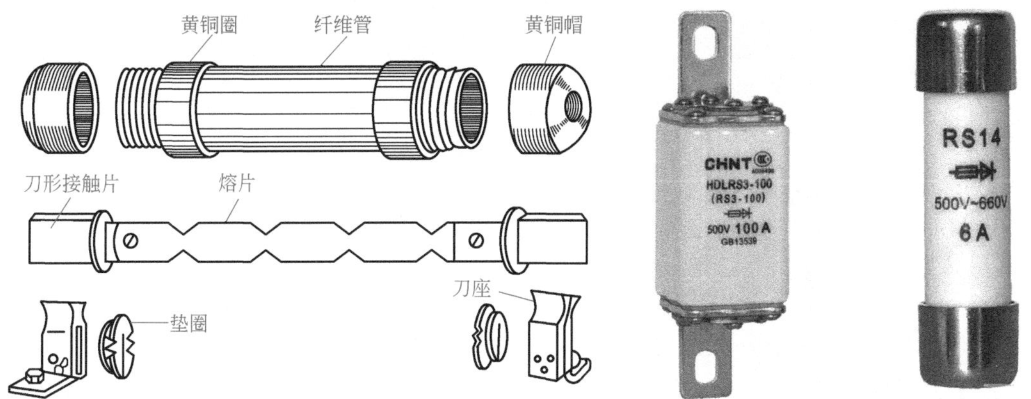

图4-17 一种典型的RM无填料封闭式熔断器　　图4-18 两种常见的RS有填料快速熔断器

（5）RT有填料封闭管式熔断器

RT有填料封闭管式熔断器又称为石英熔断器，它常用作变压器和电动机等电气设备的过载和短路保护。图4-19（a）所示是几种常见的RT有填料封闭管式熔断器，这种熔断器可以用螺钉、卡座等与电路连接起来；图4-19（b）所示是将一种熔断器插在卡座内的情形。

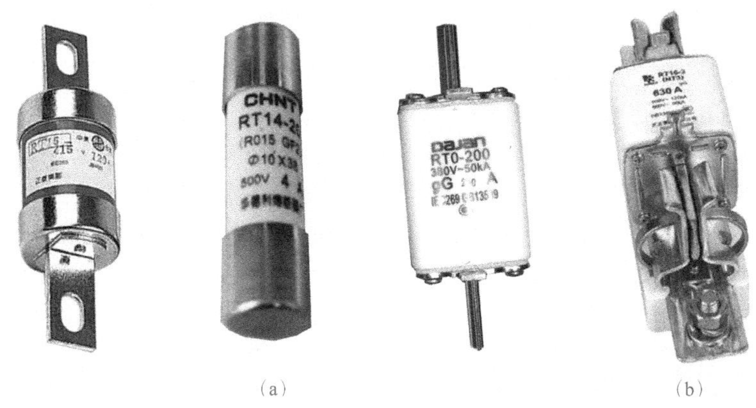

（a）　（b）

图4-19 几种常见的RT有填料封闭管式熔断器

RT有填料封闭管式熔断器具有保护性好、分断能力强、灭弧性能好和使用安全等优点，主要用在短路电流大的电力电网和配电设备中。

4.2.2 熔断器的检测

熔断器常见故障是开路和接触不良。熔断器的种类很多，但检测方法基本相同。下面以检测图4-20所示的熔断器为例来说明熔断器的检测方法。

检测时，万用表的挡位开关选择200Ω挡，然后将红、黑表笔分别接熔断器的两端，测量熔断器的电阻。若熔断器正常，则电阻接近0Ω；若显示屏显示超出量程符号“1”或“OL”（指针万用表显示电阻无穷大），则表明熔断器开路；若阻值不稳定（时大时小），则表明熔断器内部接触不良。

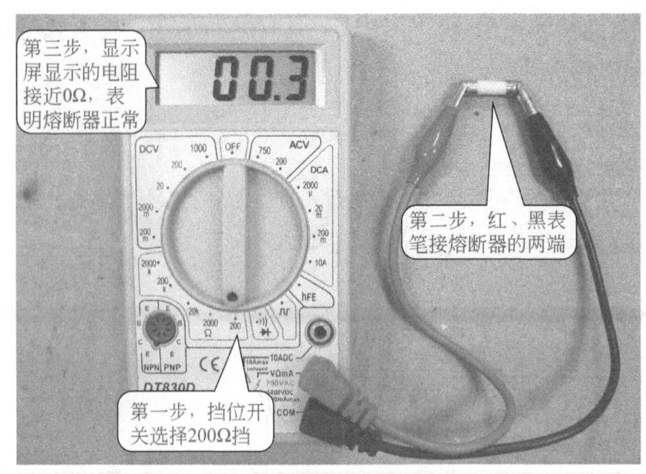

图4-20 熔断器的检测方法

4.3 断路器

断路器又称为自动空气开关，它既能对电路进行不频繁的通断控制，又能在电路出现过载、短路和欠电压（电压过低）时自动掉闸（即自动切断电路），因此它既是一个开关电器，又是一个保护电器。

4.3.1 外形与符号

断路器种类较多，图4-21(a)是一些常用的塑料外壳式断路器，断路器的电路符号如图4-21(b)所示，从左至右依次为单极（1P）、两极（2P）和三极（3P）断路器。在断路器上标有额定电压、额定电流和工作频率等内容。

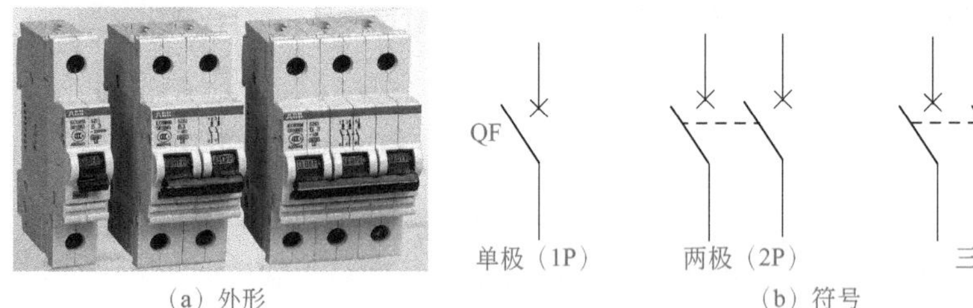

图4-21 断路器的外形与符号

4.3.2 结构与工作原理

断路器的典型结构如图4-22所示。该断路器是一个三相断路器，内部主要由主触点、反力弹簧、搭钩、杠杆、电磁脱扣器、热脱扣器和欠电压脱扣器等组成。该断路器可以实现过电流、过热和欠电压保护功能。

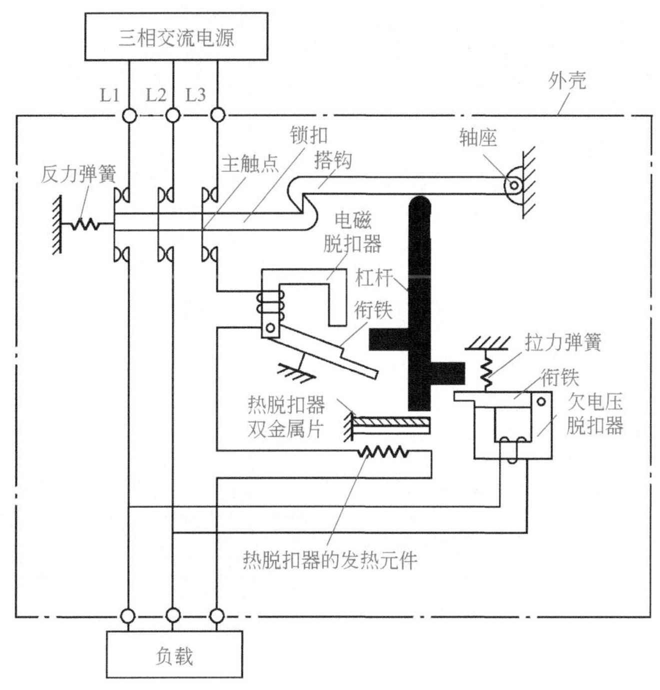

图4-22 断路器的典型结构

（1）过电流保护

三相交流电源经断路器的三个主触点和三条线路为负载提供三相交流电，其中一条线路中串接了电磁脱扣器线圈和发热元件。当负载有严重短路时，流过线路的电流很大，流过电磁脱扣器线圈的电流也很大，线圈产生很强的磁场并通过铁芯吸引衔铁，衔铁动作，带动杠杆上移，两个搭钩脱离，依靠反力弹簧的作用，三个主触点的动、静触点断开，从而切断电源以保护短路的负载。

（2）过热保护

如果负载没有短路，但若长时间超负荷运行，负载比较容易损坏。虽然在这种情况下电流也较正常时大，但还不足以使电磁脱扣器动作，断路器的热保护装置可以解决这个问题。若负载长时间超负荷运行，则流过发热元件的电流长时间偏大，发热元件温度升高，它加热附近的双金属片（热脱扣器），其中上面的金属片热膨胀小，双金属片受热后向上弯曲，推动杠杆上移，使两个搭钩脱离，三个主触点的动、静触点断开，从而切断电源。

（3）欠电压保护

如果电源电压过低，则断路器也能切断电源与负载的连接，进行保护。断路器的欠电压脱扣器线圈与两条电源线连接，当三相交流电源的电压很低时，两条电源线之间的电压也很低，流过欠电压脱扣器线圈的电流小，线圈产生的磁场弱，不足以吸引住衔铁，在拉力弹簧的拉力作用下，衔铁上移，并推动杠杆上移，两个搭钩脱离，三个主触点的动、静触点断开，从而断开电源与负载的连接。

4.3.3 型号含义与种类

（1）型号含义

断路器种类很多，其型号含义说明如下：

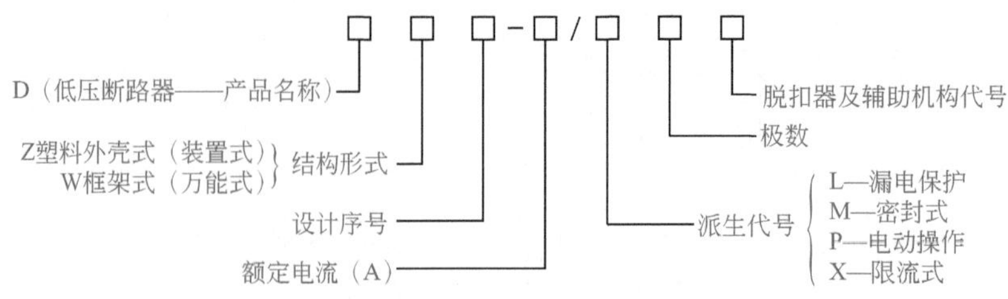

（2）种类及特点

根据结构形式来分，断路器主要有塑料外壳式和框架式（万能式）。图4-23所示是几种常见的断路器。

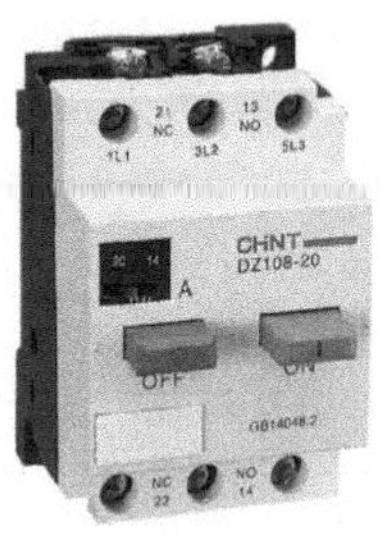

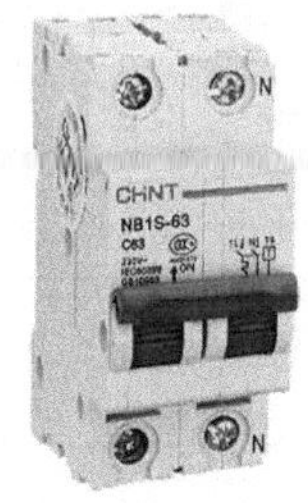

（a）塑料外壳式

（b）框架式（万能式）

图4-23 几种常见的断路器

① 塑料外壳式断路器　塑料外壳式断路器又称为装置式断路器，它采用封闭式结构，除按钮或手柄外，其余的部件均安装在塑料外壳内。这种断路器的电流容量较小，分断能力弱，但分断速度快。它主要用在照明配电和电动机控制电路中，起保护作用。

常见的塑料外壳式断路器型号有DZ5系列和DZ10系列。其中DZ5系列为小电流断路器，额定电流范围一般为10～50A；DZ10系列为大电流断路器，额定电流等级有100A、250A、600A三种。

② 框架式断路器　框架式断路器又称为万能式熔断器，它一般都有一个钢制的框架，所有的部件都安装在这个框架内。这种断路器电流容量大，分断能力强，热稳定性好。它主要用在380V的低压配电系统中作过电流、欠电压和过热保护。常见的框架式断路器有DW10系列和DW15系列，其额定电流等级有200A、400A、600A、1000A、1500A、2500A和4000A七种。

此外，还有一种限流式断路器，当电路出现短路故障时，能在短路电流还未达到预期的电流峰值前，迅速将电路断开。这种断路器由于具有分断速度快的特点，因此常用在分断能力要求高的场合，常见的限流式断路器有DWX系列和DZX系列等。

4.3.4 面板标注参数的识读

（1）主要参数

断路器的主要参数如下。

① 额定工作电压U_e：指在规定条件下断路器长期使用能承受的最高电压，一般指线电压。

② 额定绝缘电压U_i：指在规定条件下断路器绝缘材料能承受最高电压，该电压一般较额定工作电压高。

③ 额定频率：指断路器适用的交流电源频率。

④ 额定电流 I_n：指在规定条件下断路器长期使用而不会脱扣跳闸的最大电流。流过断路器的电流超过额定电流，断路器会脱扣跳闸，电流越大，跳闸时间越短，比如有的断路器电流为 $1.13I_n$ 时一小时内不会跳闸，当电流达到 $1.45I_n$ 时一小时内会跳闸，当电流达到 $10I_n$ 时会瞬间（小于0.1s）跳闸。

⑤ 瞬间脱扣整定电流：指会引起断路器瞬间（<0.1s）脱扣跳闸的动作电流。

⑥ 额定温度：指断路器长时间使用允许的最高环境温度。

⑦ 短路分断能力：它可分为极限短路分断能力（I_{cu}）和运行短路分断能力（I_{cs}），分别是指在极限条件下和运行时断路器触点能断开（触点不会产生熔焊、粘连等）所允许通过的最大电流。

（2）面板标注参数的识读

断路器面板上一般会标注重要的参数，在选用时要会识读这些参数含义。断路器面板标注参数的识读如图4-24所示。

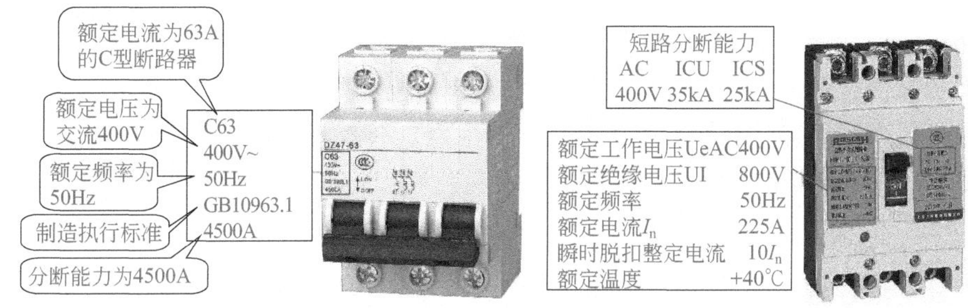

图4-24 断路器面板的参数识读

4.3.5 断路器的检测

断路器检测通常使用万用表的电阻挡，检测过程如图4-25所示，具体分以下两步。

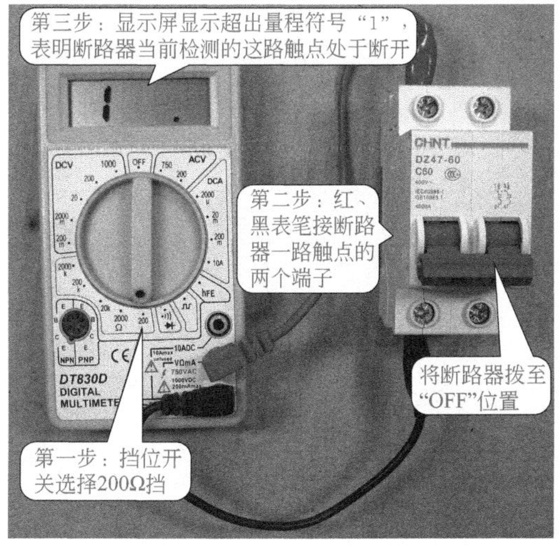

（a）断路器开关处于“OFF”时

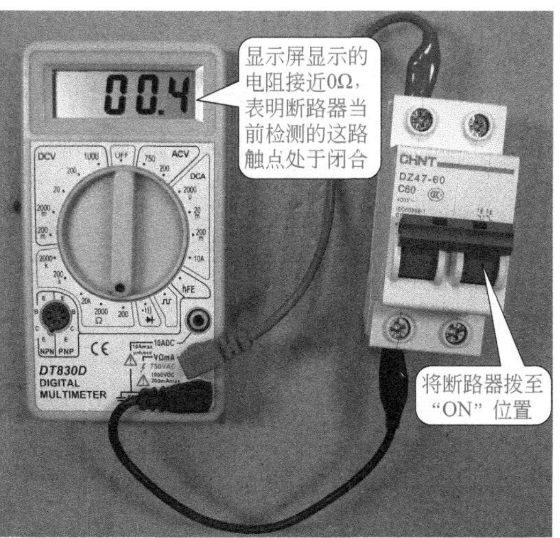

（b）断路器开关处于“ON”时

图4-25 断路器的检测

① 将断路器上的开关拨至“OFF（断开）”位置，然后将红、黑表笔分别接断路器一路触点的两个接线端子，正常电阻应为无穷大（数字万用表显示超出量程符号“1”或“OL”），如图4-25（a）所示，接着再用同样的方法测量其他路触点的接线端子间的电阻，正常电阻均应为无穷大，若某路触点的电阻为0或时大时小，则表明断路器的该路触点短路或接触不良。

② 将断路器上的开关拨至“ON（闭合）”位置，然后将红、黑表笔分别接断路器一路触点的两个接线端子，正常电阻应接近0Ω，如图4-25（b）所示，接着再用同样的方法测量其他路触点的接线端子间的电阻，正常电阻均应接近0Ω，若某路触点的电阻为无穷大或时大时小，则表明断路器的该路触点开路或接触不良。

4.4 漏电保护器

断路器具有过流、过热和欠压保护功能，但当用电设备绝缘性能下降而出现漏电时却无保护功能，这是因为漏电电流一般较短路电流小得多，不足以使断路器跳闸。**漏电保护器是一种具有断路器功能和漏电保护功能的电器，在线路出现过流、过热、欠压和漏电时，均会脱扣跳闸保护。**

4.4.1 外形与符号

漏电保护器又称为漏电保护开关，英文缩写为RCD，其外形和符号如图4-26所示。在图4-26（a）中，左边的为单极漏电保护器，当后级电路出现漏电时，只切断一条L线路（N线路始终是接通的），中间的为两极漏电保护器，漏电时切断两条线路，右边的为三相漏电保护器，漏电时切断三条线路。对于图4-26（a）后面两种漏电保护器，其下方有两组接线端子，如果接左边的端子（需要拆下保护盖），则只能用到断路器功能，无漏电保护功能。

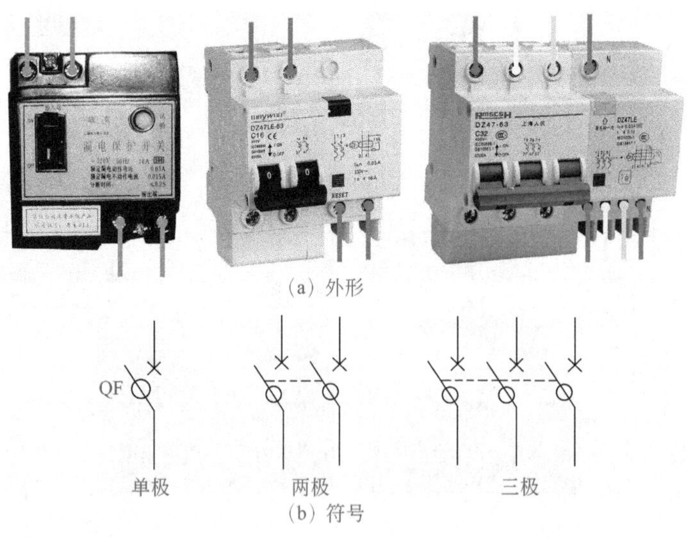

（a）外形

（b）符号

图4-26 漏电保护器的外形与符号

4.4.2 结构与工作原理

图4-27是漏电保护器的结构示意图。

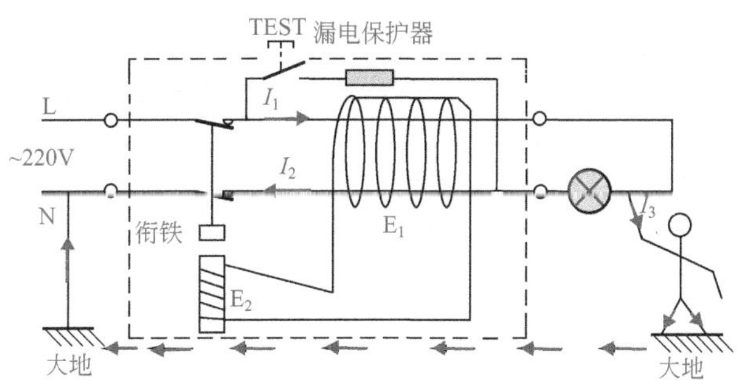

图4-27 漏电保护器的结构示意图

工作原理说明如下。

220V的交流电压经漏电保护器内部的触点在输出端接负载（灯泡），在漏电保护器内部两根导线上缠有线圈E_1，该线圈与铁芯上的线圈E_2连接，当人体没有接触导线时，流过两根导线的电流I_1、I_2大小相等，方向相反，它们产生大小相等、方向相反的磁场，这两个磁场相互抵消，穿过E1线圈的磁场为0，E_1线圈不会产生电动势，衔铁不动作。一旦人体接触导线，如图所示，一部分电流I_3（漏电电流）会经人体直接到地，再通过大地回到电源的另一端，这样流过漏电保护器内部两根导线的电流I_1、I_2就不相等，它们产生的磁场也就不相等，不能完全抵消，即两根导线上的E_1线圈有磁场通过，线圈会产生电流，电流流入铁芯上的E_2线圈，E_2线圈产生磁场吸引衔铁而脱扣跳闸，将触点断开，切断供电，触电的人就得到了保护。

为了在不漏电的情况下检验漏电保护器的漏电保护功能是否正常，漏电保护器一般设有“TEST（测试）”按钮，当按下该按钮时，L线上的一部分电流通过按钮、电阻流到N线上，这样流过E_1线圈内部的两根导线的电流不相等（$I_2>I_1$），E_1线圈产生电动势，有电流过E_2线圈，衔铁动作而脱扣跳闸，将内部触点断开。如果测试按钮无法闭合或电阻开路，测试时漏电保护器不会动作，但使用时发生漏电会动作。

4.4.3 在不同供电系统中的接线

漏电保护器在不同供电系统中的接线方法如图4-28所示。

图4-28（a）为漏电保护器在TT供电系统中的接线方法。**TT系统是指电源侧中性线直接接地，而电气设备的金属外壳直接接地。**

图4-28（b）为漏电保护器在TN-C供电系统中的接线方法。**TN-C系统是指电源侧中性线直接接地，而电气设备的金属外壳通过接中性线而接地。**

图4-28（c）为漏电保护器在TN-S供电系统中的接线方法。**TN-S系统是指电源侧中性线和保护线都直接接地，整个系统的中性线和保护线是分开的。**

图4-28（d）为漏电保护器在TN-C-S供电系统中的接线方法。**TN-C-S系统是指电源侧中性线直接接地，整个系统中有一部分中性线和保护线是合一的，而在末端是分开的。**

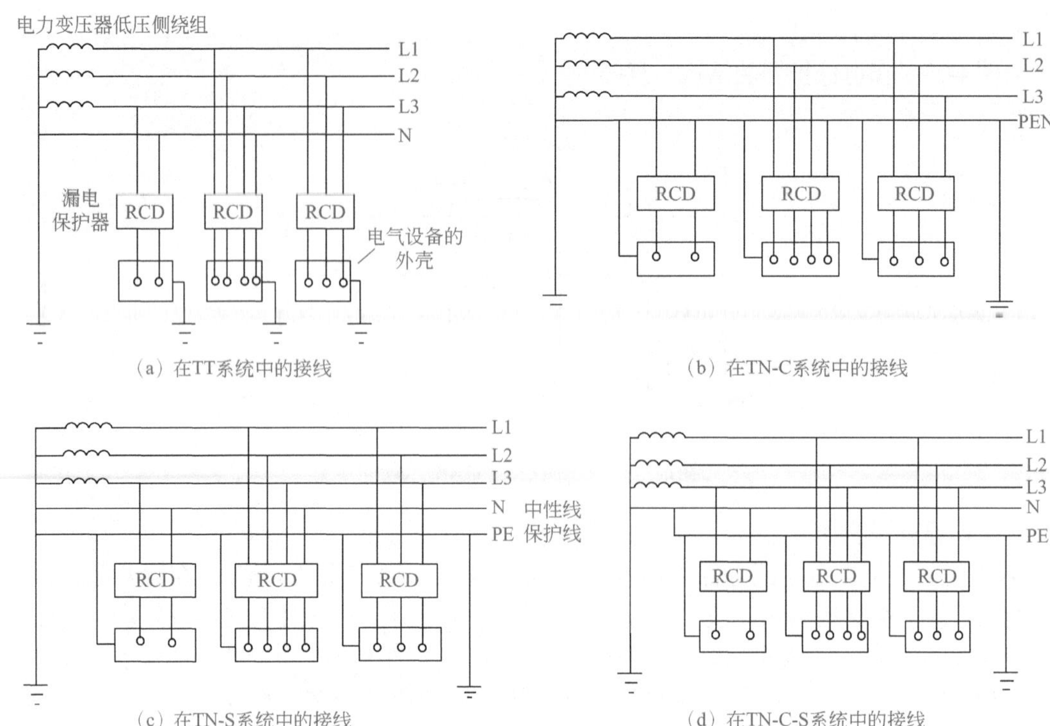

图4-28 漏电保护器在不同供电系统中的接线方法

4.4.4 面板介绍及漏电模拟测试

(1) 面板介绍

漏电保护器的面板介绍如图4-29所示，左边为断路器部分，右边为漏电保护部分，漏电保护部分的主要参数有漏电保护的动作电流和动作时间，对于人体来说，30mA以下是安全电流，动作电流一般不要大于30mA。

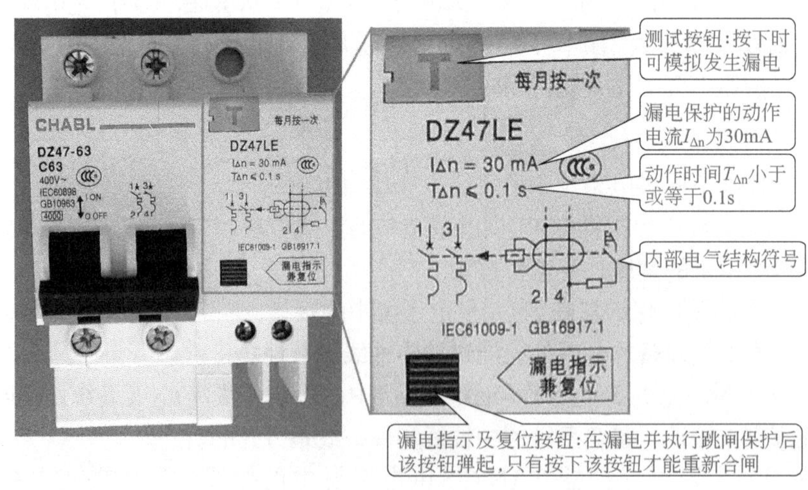

图4-29 漏电保护器的面板介绍

(2) 漏电模拟测试

在使用漏电保护器时，先要对其进行漏电测试。漏电保护器的漏电测试操作如图4-30所示，具体操作如下。

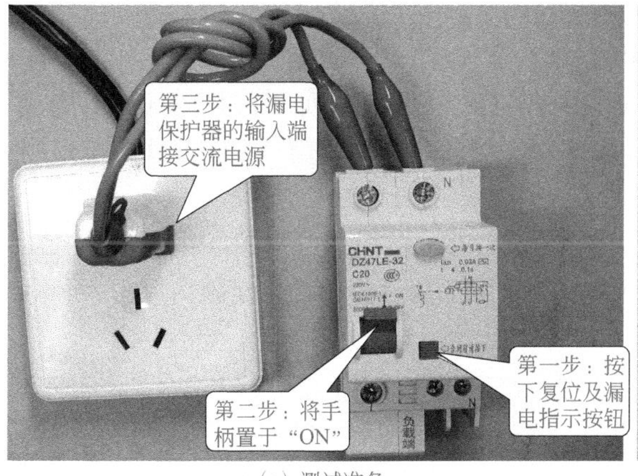

（a）测试准备

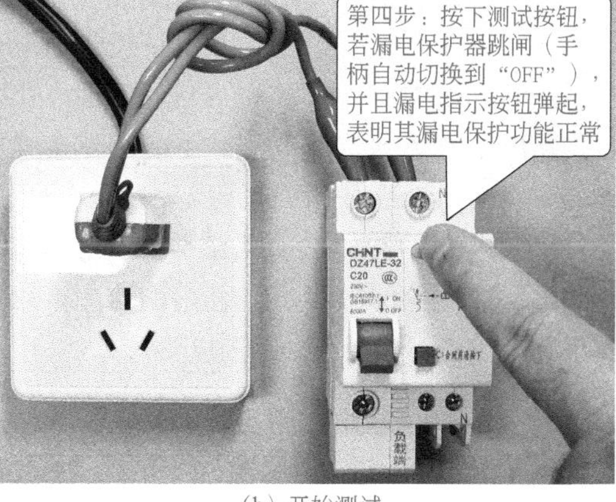

（b）开始测试

图4-30　漏电保护器的漏电测试

① 按下漏电指示及复位按钮（如果该按钮处于弹起状态），再将漏电保护器合闸（即开关拨至“ON”），复位按钮处于弹起状态时无法合闸，然后将漏电保护器的输入端接交流电源，如图4-30（a）所示。

② 按下测试按钮，模拟线路出现漏电，如果漏电保护器正常，则会跳闸，同时漏电指示及复位按钮弹起，如图4-30（b）所示。

当漏电保护器的漏电测试通过后才能投入使用，如果继续使用，可能在线路出现漏电时无法执行漏电保护。

4.4.5　检测

（1）输入输出端的通断检测

漏电保护器的输入输出端的通断检测与断路器基本相同，即将开关分别置于“ON”和“OFF”位置，分别测量输入端与对应输出端之间的电阻。

在检测时，先将漏电保护器的开关置于“ON”位置，用万用表测量输入与对应输出端之间的电阻，正常应接近0Ω，如图4-31所示；再将开关置于“OFF”位置，测量输入与对应输出端之间的电阻，正常应为无穷大（数字万用表显示超出量程符号“1”或

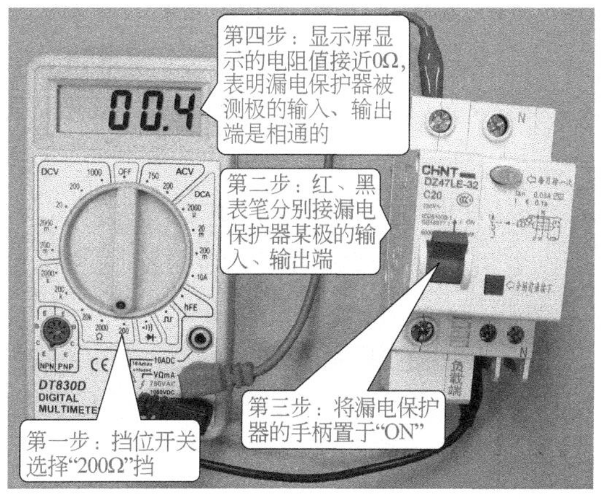

图4-31　漏电保护器输入输出端的通断检测

"OL"）。若检测与上述不符，则漏电保护器损坏。

（2）漏电测试线路的检测

在按压漏电保护器的测试按钮进行漏电测试时，若漏电保护器无跳闸保护动作，可能是漏电测试线路故障，也可能是其他故障（如内部机械类故障），如果仅是内部漏电测试线路出现故障导致漏电测试不跳闸，这样的漏电保护器还可继续使用，在实际线路出现漏电时仍会执行跳闸保护。

漏电保护器的漏电测试线路比较简单，它主要由一个测试按钮开关和一个电阻构成。漏电保护器的漏电测试线路检测如图4-32所示，如果按下测试按钮测得电阻为无穷大，则可能是按钮开关开路或电阻开路。

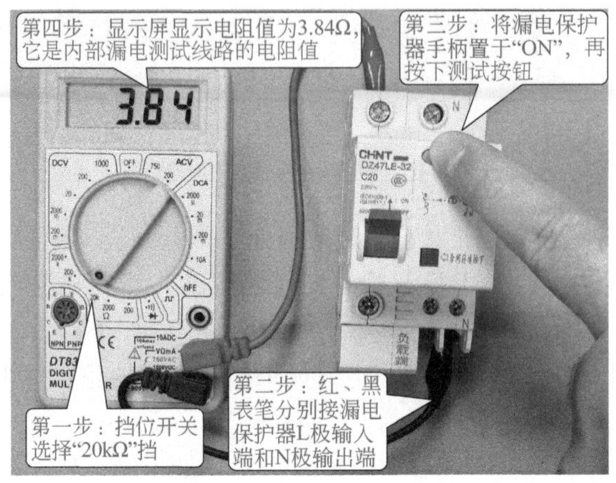

图4-32 漏电保护器的漏电测试线路检测

4.5 交流接触器

接触器是一种利用电磁、气动或液压操作原理，来控制内部触点频繁通断的电器，它主要用于频繁接通和切断交、直流电路。

接触器的种类很多，按通过的电流来分，接触器可分为交流接触器和直流接触器；按操作方式来分，接触器可分为电磁式接触器、气动式接触器和液压式接触器，这里主要介绍最为常用的电磁式交流接触器。

4.5.1 结构、符号与工作原理

交流接触器的结构与符号如图4-33所示，它主要由三组主触点、一组常闭辅助触点、一组常开辅助触点和控制线圈组成，当给控制线圈通电时，线圈产生磁场，磁场通过铁芯吸引衔铁，而衔铁则通过连杆带动所有的动触点动作，与各自的静触点接触或断开。交流接触器的主触点允许流过的电流较辅助触点大，故主触点通常接在大电流的主电路中，辅助触点接在小电流的控制电路中。

有些交流接触器带有联动架，按下联动架可以使内部触点动作，使常开触点闭合、常闭触点断开，在线圈通电时衔铁会动作，联动架也会随之运动，因此如果接触器内部的触点不够用时，可以在联动架上安装辅助触点组，接触器线圈通电时联动架会带动辅助触点组内部的触点同时动作。

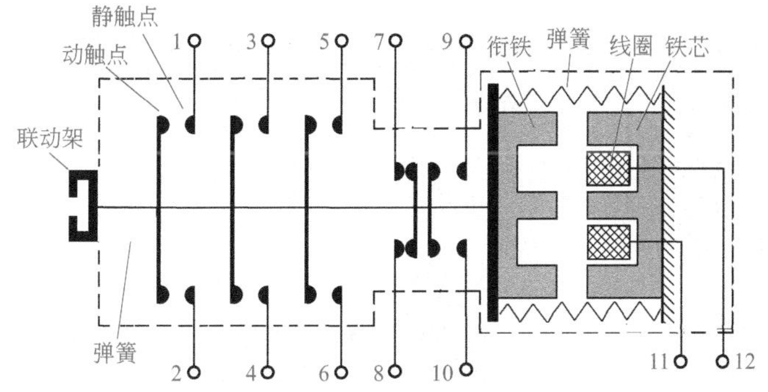

1-2、3-4、5-6端子内部为三组常开主触点；7-8端子内部为常闭辅助触点；
9-10端子内部为常开辅助触点；11-12端子内部为控制线圈

（a）结构

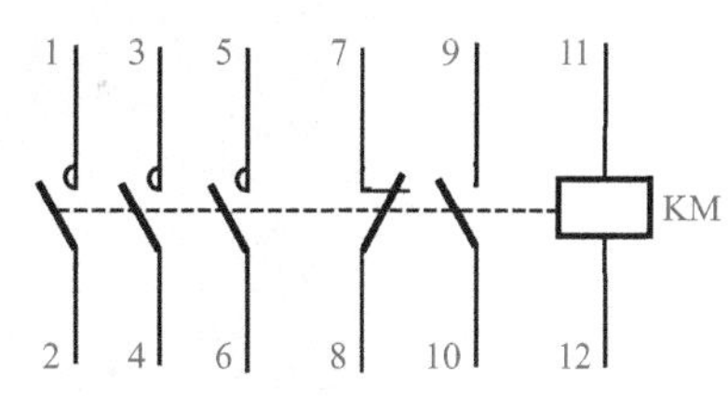

（b）符号

图4-33　交流接触器的结构与符号

4.5.2　外形与接线端

图4-34是一种常用的交流接触器，它内部有三个主触点和一个常开触点，没有常闭触点，控制线圈的接线端位于接触器的顶部，从标注可知，该接触器的线圈电压为220～230V（电压频率为50Hz时）或220～240V（电压频率为60Hz时）。

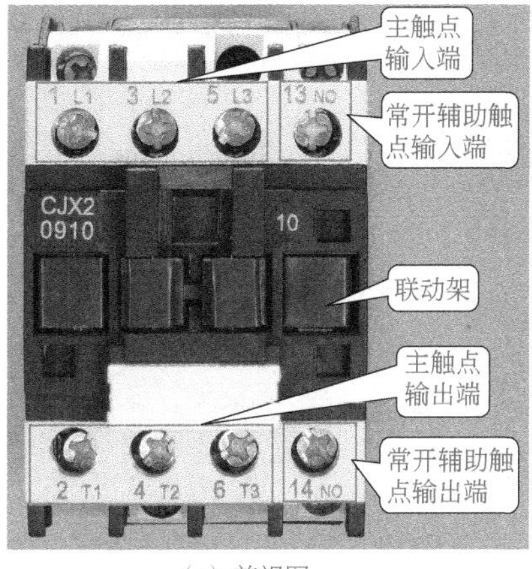

（a）前视图

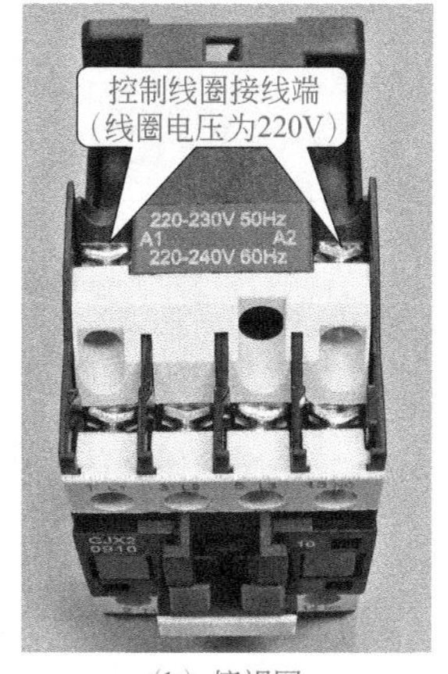

（b）俯视图

图4-34　一种常用交流接触器

4.5.3　辅助触点组的安装

图4-35左边的交流接触器只有一个常开辅助触点，如果希望给它再增加一个常开触点和一个常闭触点，可以在该接触器上安装一个辅助触点组（在图4-35的右边），安装时只要将辅助触点组底部的卡扣套到交流接触器的联动架上即可，安装了辅助触点的交流接触器如图4-36所示。当交流接触器的控制线圈通电时，除了自身各个触点会动作外，还通过

联动架带动辅助触点组内部的触点动作。

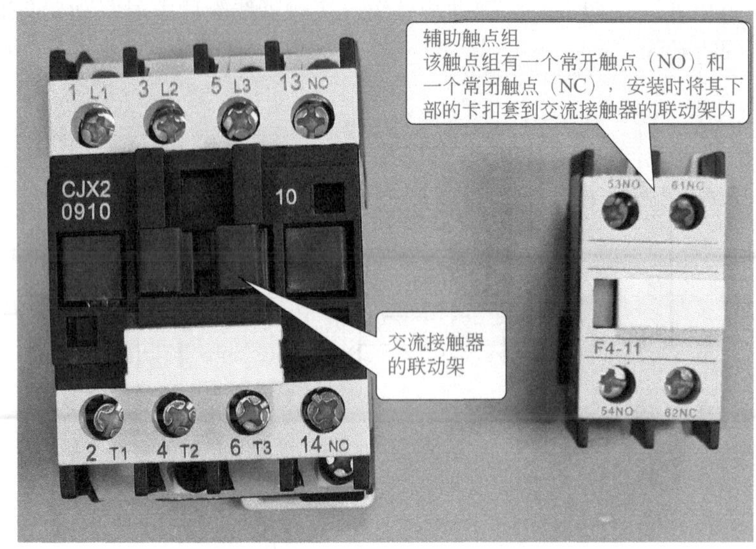

图4-35　交流接触器及配套的辅助触点组

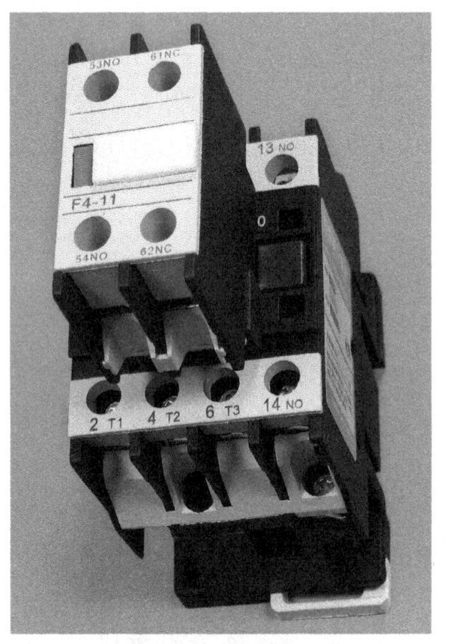

（a）侧视图

（b）俯视图

图4-36　安装了辅助触点的交流接触器

4.5.4　铭牌参数的识读

交流接触器的参数很多，在外壳上会标注一些重要的参数，其识读如图4-37所示。

不同的电气设备，其负载性质及通断过程的电流差别很大，选用的交流接触器要能适合相应类型负载的要求。表4-1为接触器和电动机启动器（主电路）的使用类别代号与典型用途举例。

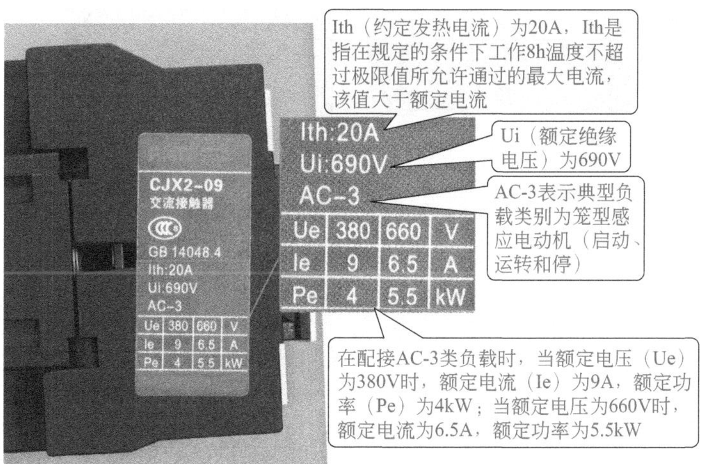

图4-37　交流接触器外壳标注参数的识读

表4-1　接触器和电动机启动器（主电路）的使用类别代号与典型用途举例

类别代号	典型用途举例
AC-1	无感或微感负载、电阻炉
AC-2	绕线式感应电动机的启动、分断
AC-3	笼型感应电动机的启动、运转中分断
AC-4	笼型感应电动的启动、反接制动或反向运转、点动
AC-5a	放电灯的通断
AC-5b	白炽灯的通断
AC-6a	变压器的通断
AC-6b	电容器组的通断
AC-7a	家用电器和类似用途的低感负载
AC-7b	家用的电动机负载
AC-8a	具有手动复位过载脱扣器的密封制冷压缩机中的电动机控制
AC-8b	具有自动复位过载脱扣器的密封制冷压缩机中的电动机控制
DC-1	无感或微感负载、电阻炉
DC-3	并激电动机的启动、反接制动或反向运转、点动、电动机在动态中分断
DC-5	串激电动机的启动、反接制动或反向运转、点动、电动机在动态中分断
DC-6	白炽灯的通断

4.5.5　型号含义

图4-38是一种常用的交流接触器，其型号各部分的含义见图标注说明。

4.5.6　接触器的检测

交流接触器的检测过程如下。

① 常态下检测常开触点和常闭触点的电阻。图4-39为在常态下检测交流接触器常开触点的电阻，因为常开触点在常态下处于开路，故正常电阻应为无穷大，数字万用表检测时会显示超出量程符号“1”或“OL”，在常态下检测常闭触点的电阻时，正常测得的电阻值应接近0Ω。对于带有联动架的交流接触器，按下联动架，内部的常开触点会闭合，常闭触点会断开，可以用万用表检测这一点是否正常。

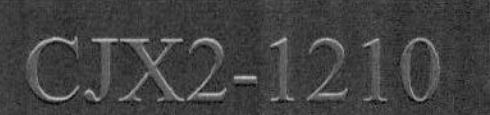

接触器型号含义：
C-接触器
J-交流
X-小型
2-设计序号
12-额定电流为12A
1-常开辅助触点数量为1个
0-常闭辅助触点数量为0个

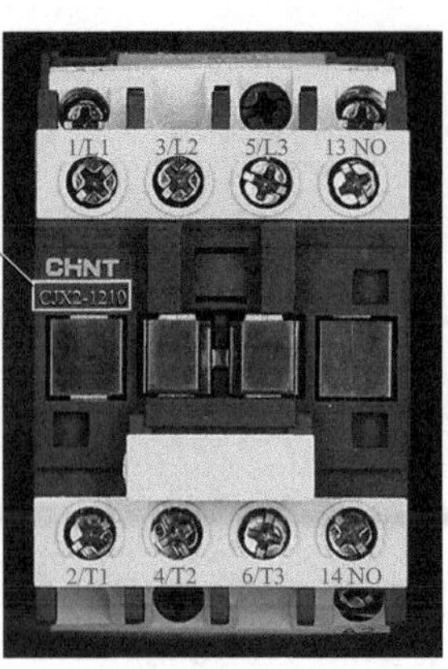

图4-38 交流接触器型号含义

② 检测控制线圈的电阻。检测控制线圈的电阻如图4-40所示，控制线圈的电阻值正常应在几百欧，一般来说，交流接触器功率越大，要求线圈对触点的吸合力越大（即要求线圈流过的电流大），线圈电阻更小。若线圈的电阻为无穷大则线圈开路，线圈的电阻为0则为线圈短路。

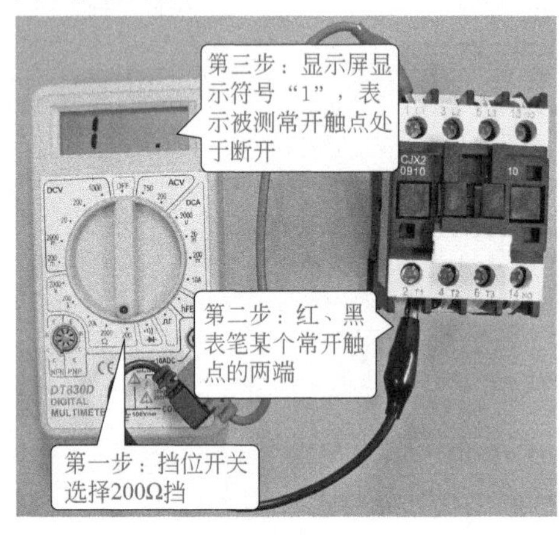

图4-39 在常态下检测交流接触器常开触点的电阻

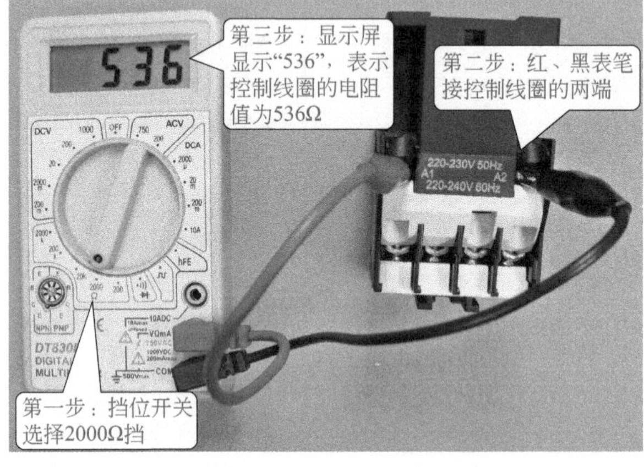

图4-40 检测控制线圈的电阻

③ 给控制线圈通电来检测常开、常闭触点的电阻。图4-41为给交流接触器的控制线圈通电来检测常开触点的电阻，在控制线圈通电时，若交流接触器正常，会发出“咔哒”声，同时常开触点闭合、常闭触点断开，故测得常开触点电阻应接近0Ω、常闭触点应为无穷大（数字万用表检测时会显示超出量程符号“1”或“OL”）。如果控制线圈通电前后被测触点电阻无变化，则可能是控制线圈损坏或传动机构卡住等。

4.5.7 接触器的选用

在选用接触器时，要注意以下事项。

① 根据负载的类型选择不同的接触器。直流负载选用直流接触器，不同的交流负载选用相应类别的交流接触器。

② 选择的接触器额定电压应大于或等于所接电路的电压，绕组电压应与所接电路电压相同。接触器的额定电压是指主触点的额定电压。

③ 选择的接触器额定电流应大于或等于负载的额定电流。接触器的额定电流是指主触

点的额定电流。对于额定电压为380V的中、小容量电动机，其额定电流可按$I_{额}=2P_{额}$来估算，如额定电压为380V、额定功率为3kW的电动机，其额定电流$I_{额}=2\times3=6$A。

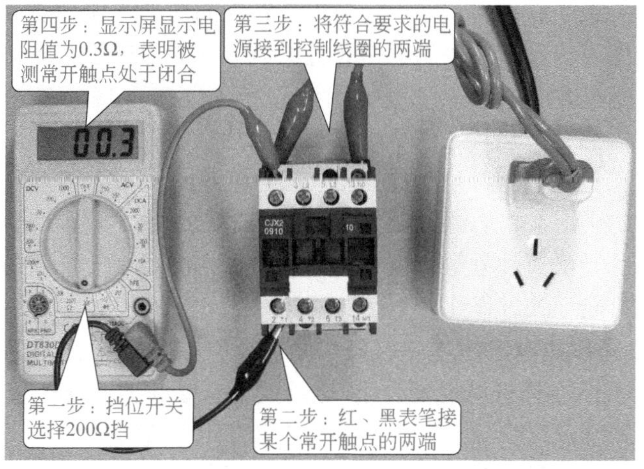

图4-41　给交流接触器的控制线圈通电来检测常开触点的电阻

④ 选择接触器时，要注意主触点和辅助触点数应符合电路的需要。

4.6 热继电器

热继电器是利用电流通过发热元件时产生热量而使内部触点动作。热继电器主要用于电气设备发热保护，如电动机过载保护。

4.6.1 结构与工作原理

热继电器的典型结构及符号如图4-42所示，从图中可以看出，热继电器由电热丝、双金属片、导板、测试杆、推杆、动触片、静触片、弹簧、螺钉、复位按钮和整定旋钮等组成。

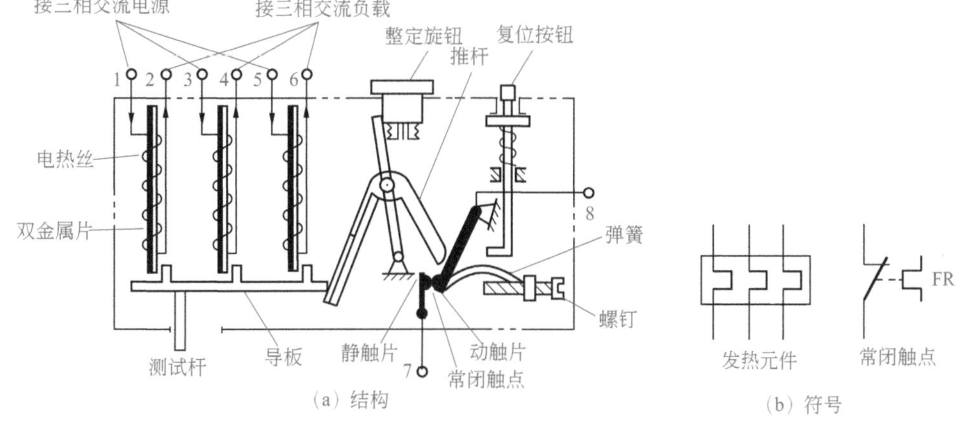

图4-42　热继电器的典型结构与符号

该热继电器有1-2、3-4、5-6、7-8四组接线端，1-2、3-4、5-6三组串接在主电路的三相交流电源和负载之间，7-8一组串接在控制电路中，1-2、3-4、5-6三组接线端内接电热丝，电热丝绕在双金属片上，当负载过载时，流过电热丝的电流大，电热丝加热双金属片，使之往右弯曲，推动导板往右移动，导板推动推杆转动而使动触片运动，动触点与静触点断开，从而向控制电路发出信号，控制电路通过电器（一般为接触器）切断主电路的交流电源，防止负载长时间过载而损坏。

在切断交流电源后，电热丝温度下降，双金属片恢复到原状，导板左移，动触点和静触点又重新接触，该过程称为自动复位，出厂时热继电器一般被调至自动复位状态。如需手动复位，可将螺钉［图4-42（a）中右下角］往外旋出数圈，这样即使切断交流电源让双金属片恢复到原状，动触点和静触点也不会自动接触，需要用手动方式按下复位按钮才可使动触点和静触点接触，该过程称为手动复位。

只有流过发热元件的电流超过一定值（发热元件额定电流值）时，内部机构才会动作，使常闭触点断开（或常开触点闭合），电流越大，动作时间越短，例如流过某热继电器的电流为1.2倍额定电流时，2h内动作，为1.5倍额定电流时2min内动作。**热继电器的发热元件额定电流可以通过整定旋钮来调整，**例如对于图4-43所示的热继电器，将整定旋钮往内旋时，推杆位置下移，导板需要移动较长的距离才能让推杆运动而使触点动作，而只有流过电热丝电流大，才能使双金属片弯曲程度更大，即将整定旋钮往内旋可将发热元件额定电流调大一些。

4.6.2 外形与接线端

图4-43是一种常用的热继电器，它内部有三组发热元件和一个常开触点、一个常闭触点，发热元件的一端接交流电源，另一端接负载，当流过发热元件的电流长时间超过整定电流时，发热元件弯曲最终使常开触点闭合、常闭触点断开。在热继电器上还有整定电流旋钮、复位按钮、测试杆和手动/自动复位切换螺钉，其功能说明见图中标注所示。

4.6.3 铭牌参数的识读

热继电器铭牌参数的识读如图4-44所示。

热、电磁和固态继电器的脱扣分四个等级，它是根据在7.2倍额定电流时的脱扣时间来确定的，具体见表4-2，例如，对于10A等级的热继电器，如果施加7.2倍额定电流，在2～10s内会产生脱扣动作。

热继电器是一种保护电器，其触点开关接在控制电路，图4-44中的热继电器使用类别为AC-15，即控制电磁铁类负载，更多控制电路的电器开关元件的使用类型见表4-3。

表4-2 热、电磁和固态继电器的脱扣级别与时间

级别	在7.2倍额定电流下的脱扣时间
10A	$2 < T_p \leq 10$
10A	$4 < T_p \leq 10$
20A	$6 < T_p \leq 20$
30A	$9 < T_p \leq 30$

表4-3　控制电路的电器开关元件的使用类型

电流种类	使用类别	典型用途
交流	AC-12	控制电阻性负载和光电耦合隔离的固态负载
	AC-13	控制具有变压器隔离的固态负载
	AC-14	控制小型电磁铁负载（≤72V・A）
	AC-15	控制电磁铁负载（＞72V・A）
直流	DC-12	控制电阻性负载和光电耦合隔离的固态负载
	DC-13	控制电磁铁负载
	DC-14	控制电路中具有经济电阻的电磁铁负载

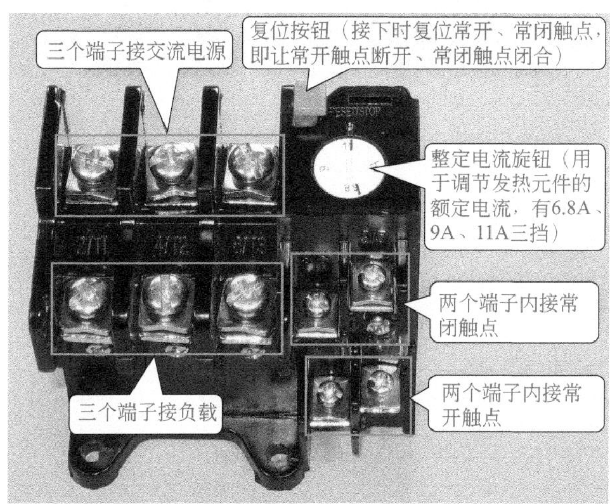
三个端子接交流电源
复位按钮（接下时复位常开、常闭触点，即让常开触点断开、常闭触点闭合）
整定电流旋钮（用于调节发热元件的额定电流，有6.8A、9A、11A三挡）
两个端子内接常闭触点
两个端子内接常开触点
三个端子接负载

（a）前视图

TEST
测试杆（左推时模拟发热元件过热而推动导杆，测试常开触点能否闭合，常闭触点能否断开）

（b）后视图

手动/自动复位螺钉（螺钉旋出时选择手动复位，过载动作后，即使发热元件恢复常温，常开、常闭触点也不会复位，需要按压复位按钮才能使之复位）

（c）侧视图

图4-43　一种常用热继电器的接线端及外部操作部件

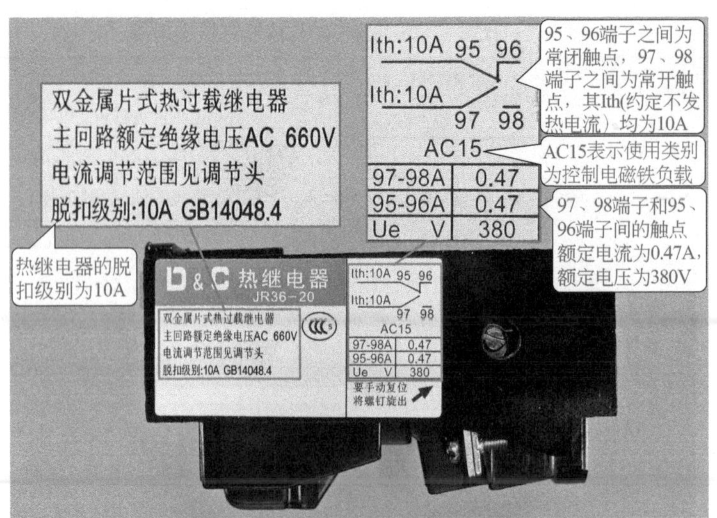

图4-44 热继电器铭牌参数的识读

4.6.4 型号与参数

热继电器的型号含义说明如下：

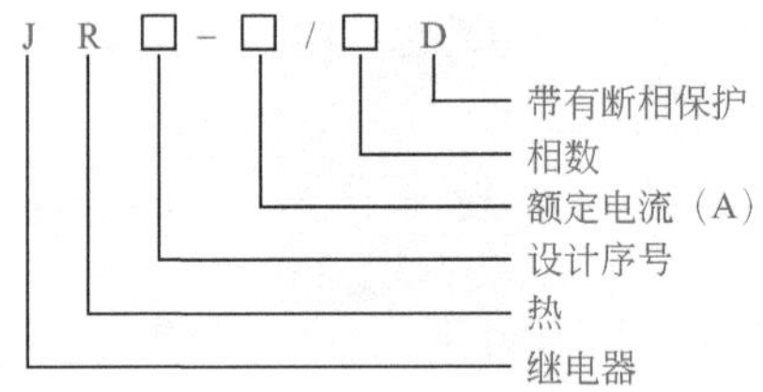

4.6.5 选用

热继电器在选用时，可遵循以下原则。

① 在大多数情况下，可选用两相热继电器（对于三相电压，热继电器可只接其中两相）。对于三相电压均衡性较差、无人看管的三相电动机，或与大容量电动机共用一组熔断器的三相电动机，应该选用三相热继电器。

② 热继电器的额定电流应大于负载（一般为电动机）的额定电流。

③ 热继电器的整定电流一般与电动机的额定电流相等。对于过载容易损坏的电动机，整定电流可调小一些，为电动机额定电流的60%～80%；对于启动时间较长或带冲击性负载的电动机，所接热继电器的整定电流可稍大于电动机的额定电流，为其1.1～1.15倍。

选用举例：选择一个热继电器用来对一台电动机进行过热保护，该电动机的额定电流为30A，启动时间短，不带冲击性负载。根据热继电器选择原则可知，应选择额定电流大于30A的热继电器，并将整定电流调到30A（或略大于30A）。

4.6.6 检测

热继电器检测分为发热元件检测和触点检测，两者检测都使用万用表电阻挡。

（1）检测发热元件

发热元件由电热丝或电热片组成，其电阻很小（接近0Ω）。热继电器的发热元件检测如图4-45所示，三组发热元件的正常电阻均应接近0Ω，如果电阻无穷大（数字万用表显示超出量程符号“1”或“OL”），则为发热元件开路。

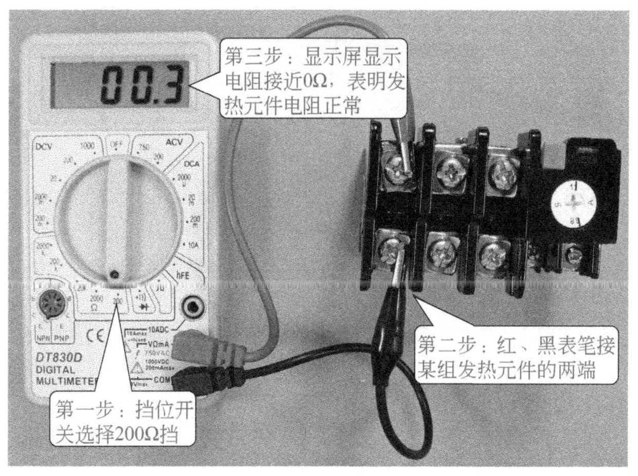

图4-45　检测热继电器的发热元件

（2）检测触点

热继电器一般有一个常闭触点和一个常开触点，触点检测包括未动作时检测和动作时检测。检测热继电器常闭触点的电阻如图4-46所示，图（a）为检测未动作时的常闭触点电阻，正常应接近0Ω，然后检测动作时的常闭触点电阻，检测时拨动测试杆，如图（b）所示，模拟发热元件过流发热弯曲使触点动作，常闭触点应变为开路，电阻为无穷大。

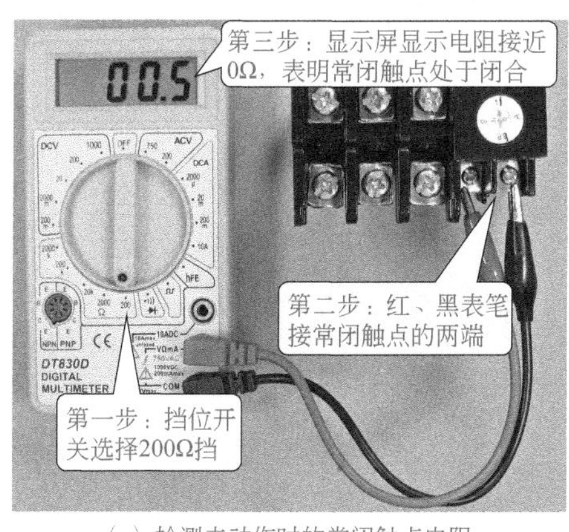

（a）检测未动作时的常闭触点电阻

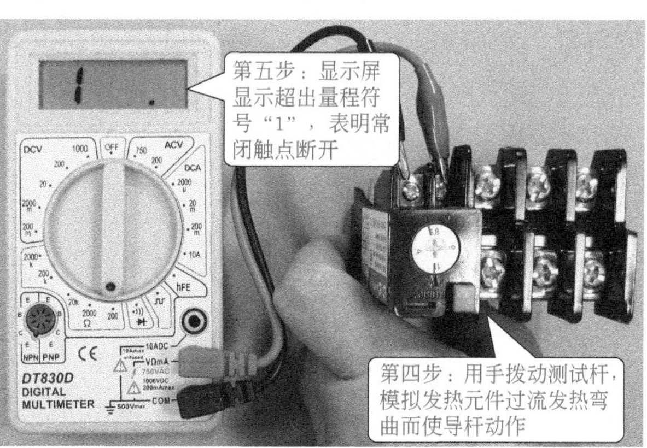

（b）检测动作时的常闭触点电阻

图4-46　检测热继电器常闭触点的电阻

4.7　电磁继电器

电磁继电器是利用线圈通过电流产生磁场，来吸合衔铁而使触点断开或接通的。电磁继电器在电路中可以用作保护和控制。

4.7.1　电磁继电器的基本结构与原理

电磁继电器的结构与符号如图4-47所示，它主要由常开触点、常闭触点、控制线圈、铁芯和衔铁等组成。在控制线圈未通电时，依靠弹簧的拉力使常闭

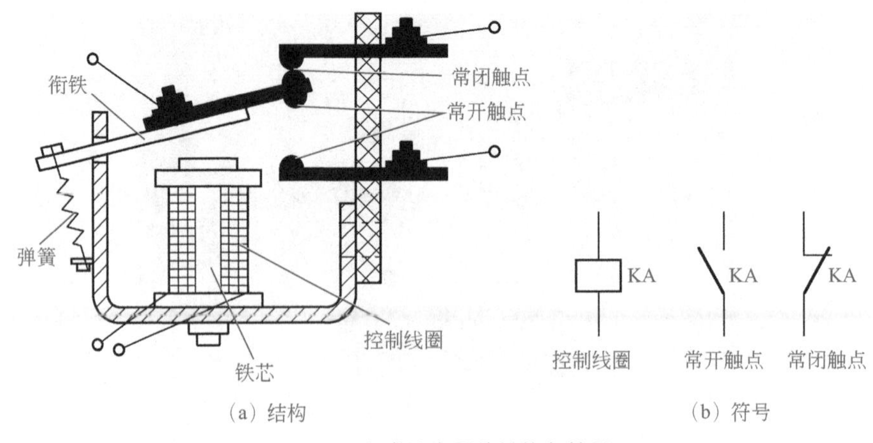

（a）结构　　（b）符号

图4-47　电磁继电器的结构与符号

触点接通、常开触点断开，当给控制线圈通电时，线圈产生磁场并克服弹簧的拉力而吸引衔铁，从而使常闭触点断开、常开触点接通。

电流继电器、电压继电器和中间继电器都属于电磁继电器。

4.7.2　电流继电器

电流继电器在使用时，应与电路串联，以监测电路电流的变化。电流继电器线圈的匝数少、导线粗、阻抗小。电流继电器分为过电流继电器和欠电流继电器，分别在电流过大和电流过小时产生动作。

（1）符号

电流继电器符号如图4-48所示。

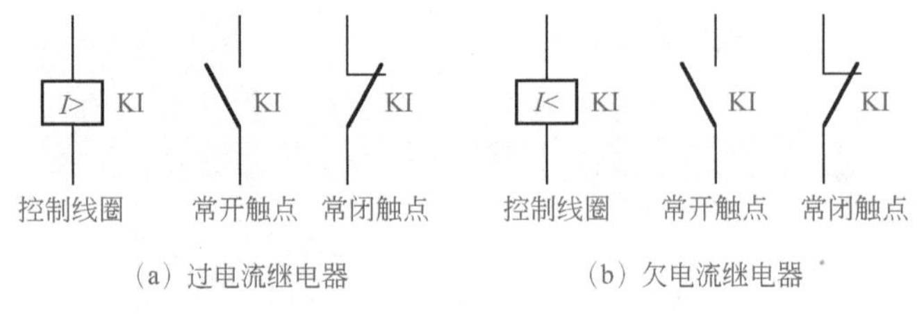

（a）过电流继电器　　（b）欠电流继电器

图4-48　电流继电器符号

（2）型号含义

电流继电器的型号很多，较常见的有JL14系列、JL15系列和JL18系列。以JL14系列为例，电流继电器的型号含义说明下：

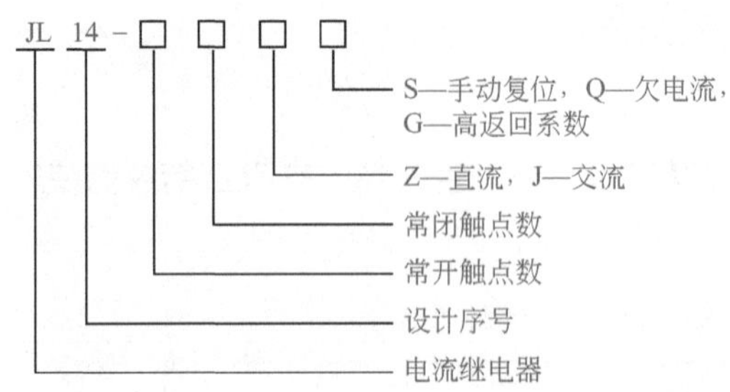

（3）选用

在选用过电流继电器时，继电器的额定电流应大于或等于被保护电动机的额定电流，继电器动作电流一般为电动机额定电流的1.7～2倍，对于频繁启动的电动机，继电器动作电流要稍大些，为2.25～2.5倍。

在选用欠电流继电器时，欠电流继电器的额定电流不能小于被保护电动机的额定电流，其动作电流应小于被保护电动机正常时可能出现的最小电流。

4.7.3 电压继电器

电压继电器在使用时，应与电路并联，以监测电路电压的变化。电压继电器线圈的匝数多、导线细、阻抗大。电压继电器也分为过电压继电器和欠电压继电器，分别在电压过高和电压过低时产生动作。

（1）符号

电压继电器符号如图4-49所示。

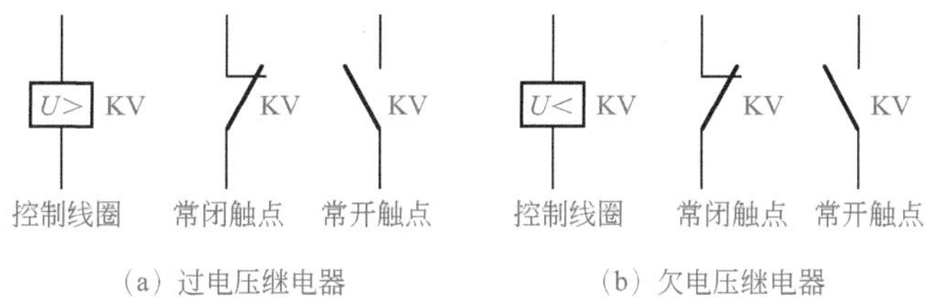

图4-49 电压继电器符号

（2）型号含义

电压继电器的型号很多，其中JT4系列较为常用，它常用在交流50Hz、380V及以下控制电路中，用作零电压、过电压和过电流保护。JT4系列电压继电器的型号含义说明如下：

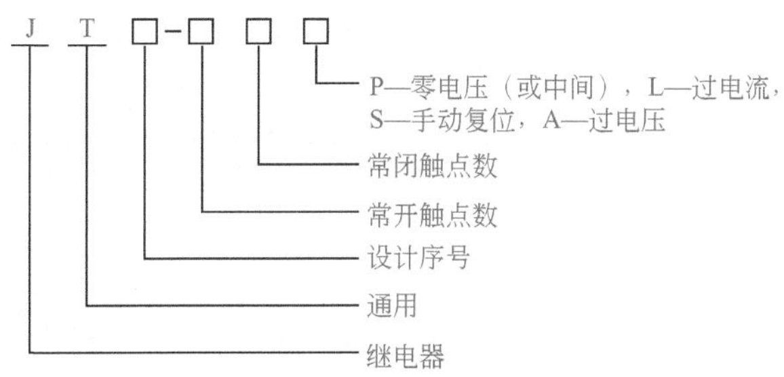

4.7.4 中间继电器

中间继电器实际上也是电压继电器，与普通电压继电器的不同之处在于，中间继电器有很多触点，并且触点允许流过的电流较大，可以断开和接通较大电流的电路。

（1）符号及实物外形

中间继电器的外形与符号如图4-50所示。

（2）引脚触点图及重要参数的识读

采用直插式引脚的中间继电器，为了便于接线安装，需要配合相应的底座使用。中间继电器的引脚触点图及重要参数的识读如图4-51所示。

（a）外形　　（b）符号

图4-50　中间继电器的外形及符号

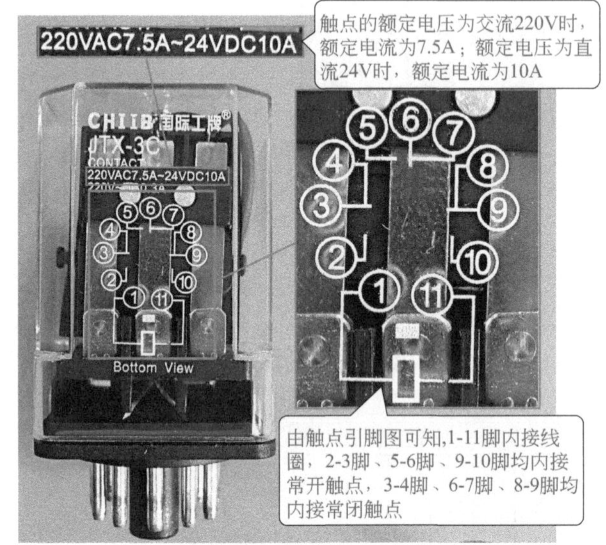

（a）触点引脚图与触点参数

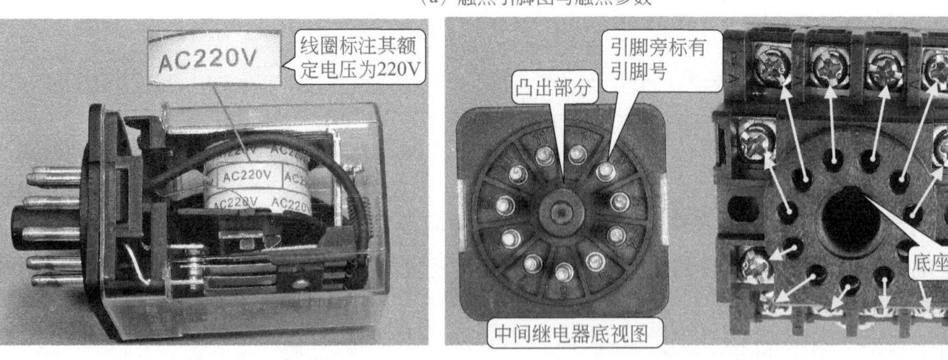

（b）在控制线圈上标有其额定电压　　（c）引脚与底座

图4-51　中间继电器的引脚触点图及重要参数的识读

（3）型号

中间继电器的型号含义说明如图下：

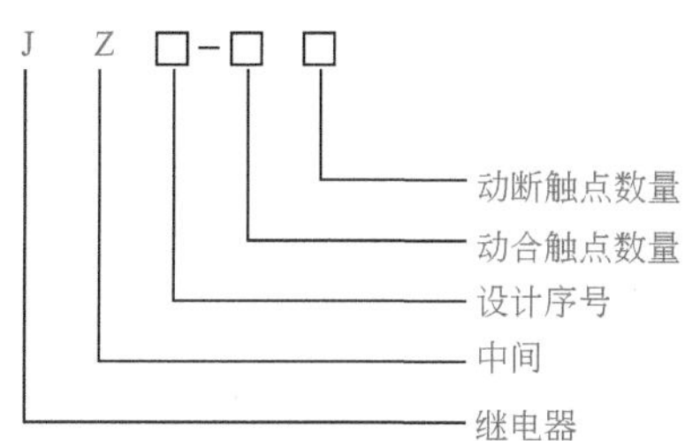

（4）选用

在选用中间继电器时，主要考虑触点的额定电压和电流应等于或大于所接电路的电压和电流，触点类型及数量应满足电路的要求，绕组电压应与所接电路电压相同。

（5）检测

中间继电器电气部分由线圈和触点组成，两者检测均使用万用表的电阻挡。

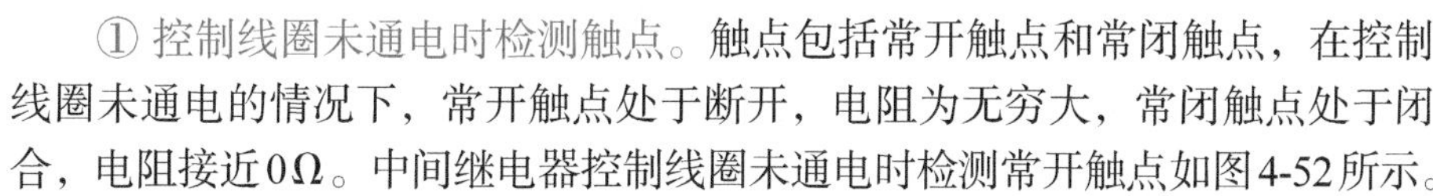

① 控制线圈未通电时检测触点。触点包括常开触点和常闭触点，在控制线圈未通电的情况下，常开触点处于断开，电阻为无穷大，常闭触点处于闭合，电阻接近0Ω。中间继电器控制线圈未通电时检测常开触点如图4-52所示。

② 检测控制线圈。中间继电器控制线圈的检测如图4-53所示，一般触点的额定电流越大，控制线圈的电阻越小，这是因为触点的额定电流越大，触点体积越大，只有控制线圈电阻小（线径更粗）才能流过更大的电流，才能产生更强的磁场吸合触点。

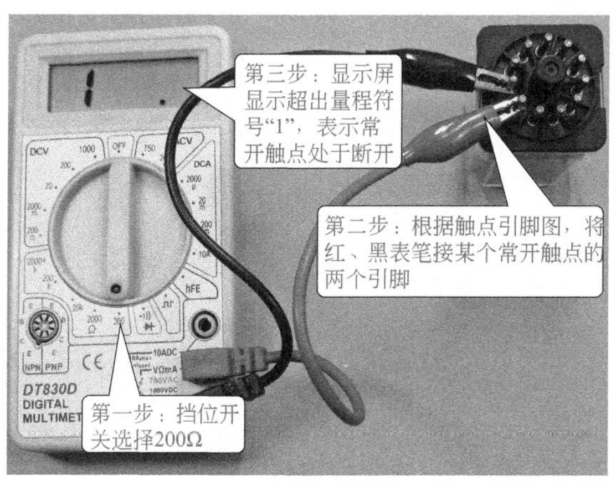

图4-52 中间继电器控制线圈未通电时检测常开触点

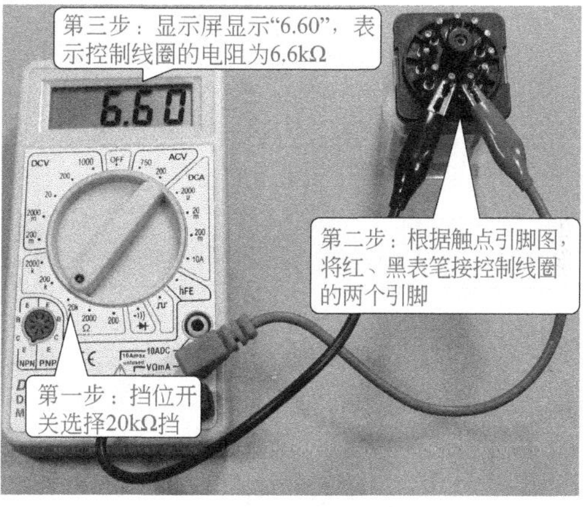

图4-53 中间继电器控制线圈的检测

③ 给控制线圈通电来检测触点。给中间继电器的控制线圈施加额定电压，再用万用表检测常开、常闭触点的电阻，正常常开触点应处于闭合，电阻接近0Ω，常闭触点处于断开，电阻为无穷大。

4.8 时间继电器

时间继电器是一种延时控制继电器，它在得到动作信号后并不是立即让触点动作，而

是延迟一段时间才让触点动作。**时间继电器主要用在各种自动控制系统和电动机的启动控制线路中。**

4.8.1 外形与符号

图4-54列出了一些常见的时间继电器。

图4-54 一些常见的时间继电器

时间继电器分为通电延时型和断电延时型两种，其符号如图4-55所示。**对于通电延时型时间继电器，当线圈通电时，通电延时型触点经延时时间后动作（常闭触点断开、常开触点闭合），线圈断电后，该触点马上恢复常态；对于断电延时型时间继电器，当线圈通电时，断电延时型触点马上动作（常闭触点断开、常开触点闭合），线圈断电后，该触点需要经延时时间后才会恢复到常态。**

图4-55 时间继电器的符号

4.8.2 种类及特点

时间继电器的种类很多，主要有空气阻尼式、电磁式、电动式和电子式。这些时间继电器有各自的特点，具体说明如下。

① 空气阻尼式时间继电器又称为气囊式时间继电器，它是根据空气压缩产生的阻力来进行延时的，其结构简单，价格便宜，延时范围大（0.4 ～ 180s），但延时精确度低。

② 电磁式时间继电器延时时间短（0.3 ～ 1.6s），但它结构比较简单，通常用在断电延时场合和直流电路中。

③ 电动式时间继电器的原理与钟表类似，它是由内部电动机带动减速齿轮转动而获得延时的。这种继电器延时精度高，延时范围宽（0.4 ～ 72h），但结构比较复杂，价格很贵。

④ 电子式时间继电器又称为电子式时间继电器，它是利用延时电路来进行延时的。这种继电器精度高，体积小。

4.8.3 电子式时间继电器

电子式时间继电器具有体积小、延时时间长和延时精度高等优点，使用越来越广泛。图4-56是一种常用的通电延时型电子式时间继电器。

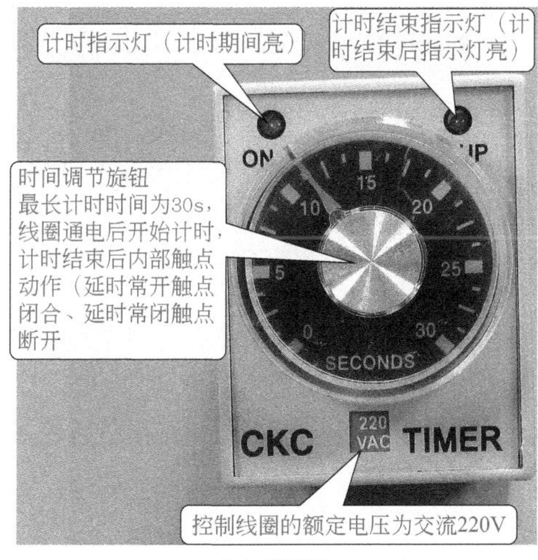
计时指示灯（计时期间亮）
计时结束指示灯（计时结束后指示灯亮）
ON
UP
时间调节旋钮
最长计时时间为30s，线圈通电后开始计时，计时结束后内部触点动作（延时常开触点闭合、延时常闭触点断开
SECONDS
CKC
220 VAC
TIMER
控制线圈的额定电压为交流220V

（a）前视图

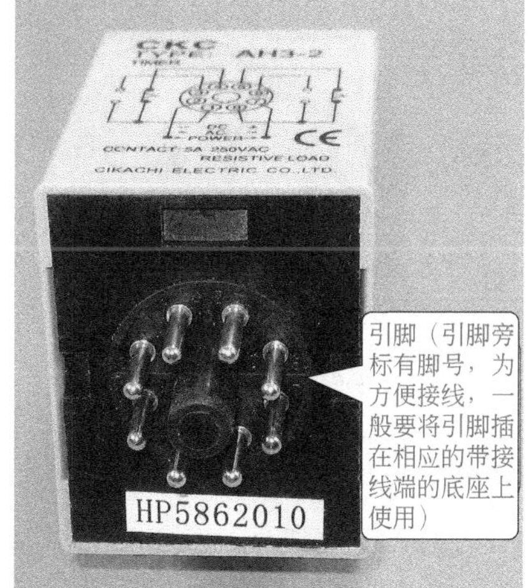
CKC
CE
CONTACT: 5A 250VAC
RESISTIVE LOAD
CIKACHI ELECTRIC CO.,LTD.
引脚（引脚旁标有脚号，为方便接线，一般要将引脚插在相应的带接线端的底座上使用）
HP5862010

（b）后视图

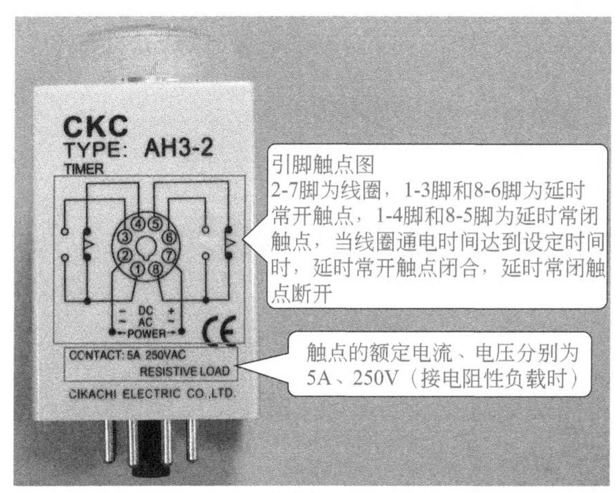
CKC
TYPE: AH3-2
TIMER
DC
AC
POWER
CE
CONTACT: 5A 250VAC
RESISTIVE LOAD
CIKACHI ELECTRIC CO.,LTD.
引脚触点图
2-7脚为线圈，1-3脚和8-6脚为延时常开触点，1-4脚和8-5脚为延时常闭触点，当线圈通电时间达到设定时间时，延时常开触点闭合，延时常闭触点断开
触点的额定电流、电压分别为5A、250V（接电阻性负载时）

（c）俯视图

图4-56 一种常用的通电延时型电子式时间继电器

4.8.4 选用

在选用时间继电器时，一般可遵循下面的规则。

① 根据受控电路的需要来选择时间继电器是通电延时型还是断电延时型。

② 根据受控电路的电压来选择时间继电器吸引绕组的电压。

③ 若对延时要求高，则可选择晶体管式时间继电器或电动式时间继电器；若对延时要求不高，则可选择空气阻尼式时间继电器。

4.8.5 检测

时间继电器的检测主要包括触点常态检测、线圈的检测和线圈通电检测。

① 触点的常态检测。触点常态检测是指在控制线圈未通电的情况下检测触点的电阻，常开触点处于断开，电阻为无穷大，常闭触点处于闭合，电阻接近0Ω。时间继电器常闭触点的常态检测如图4-57所示。

② 控制线圈的检测。时间继电器控制线圈的检测如图4-58所示。

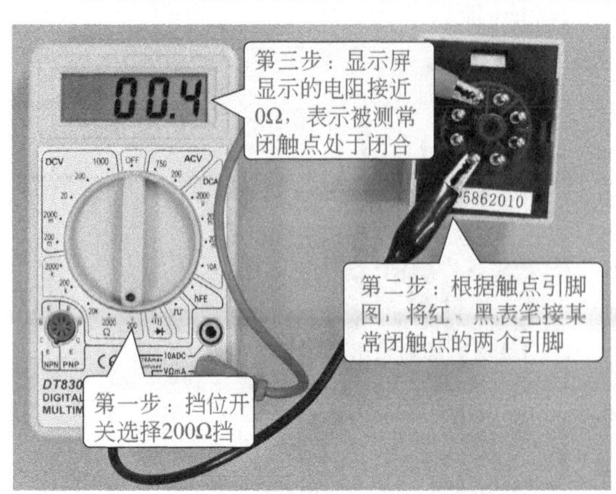

图4-57　时间继电器常闭触点的常态检测

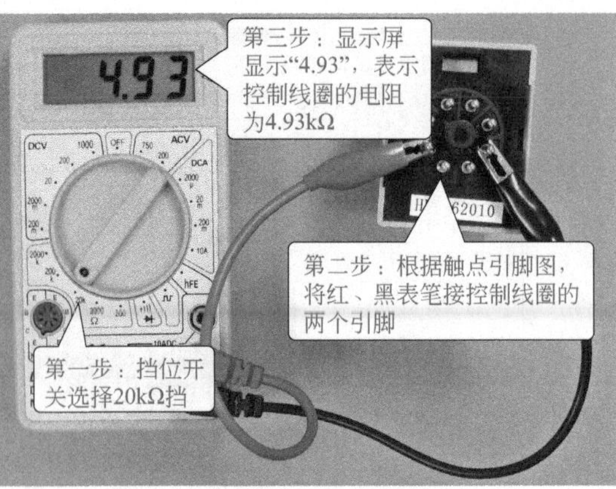

第三步：显示屏显示"4.93"，表示控制线圈的电阻为4.93kΩ
第二步：根据触点引脚图，将红、黑表笔接控制线圈的两个引脚
第一步：挡位开关选择20kΩ挡

图4-58　时间继电器控制线圈的检测

③ 给控制线圈通电来检测触点。给时间继电器的控制线圈施加额定电压，然后根据时间继电器的类型检测触点状态有无变化，例如对于通电延时型时间继电器，通电经延时时间后，其延时常开触点是否闭合（电阻接近0Ω）、延时常闭触点是否断开（电阻为无穷大）。

4.9 速度继电器与压力继电器

4.9.1 速度继电器

速度继电器是一种当转速达到规定值时而产生动作的继电器。速度继电器在使用时通常与电动机的转轴连接在一起。

（1）外形与符号

速度继电器的外形与符号如图4-59所示。

（2）结构与工作原理

速度继电器的结构如图4-60所示。

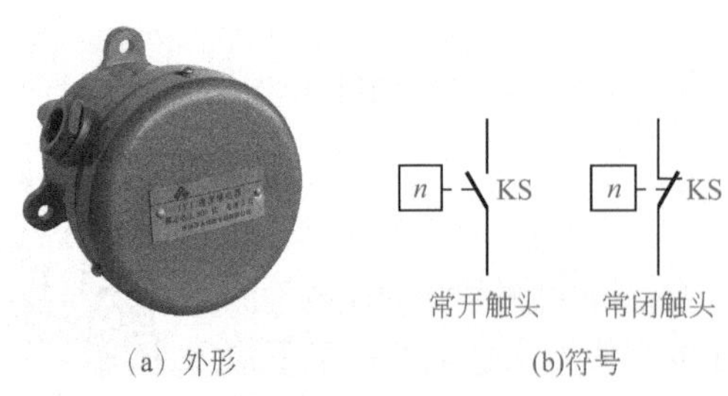

图4-59　速度继电器的外形与符号

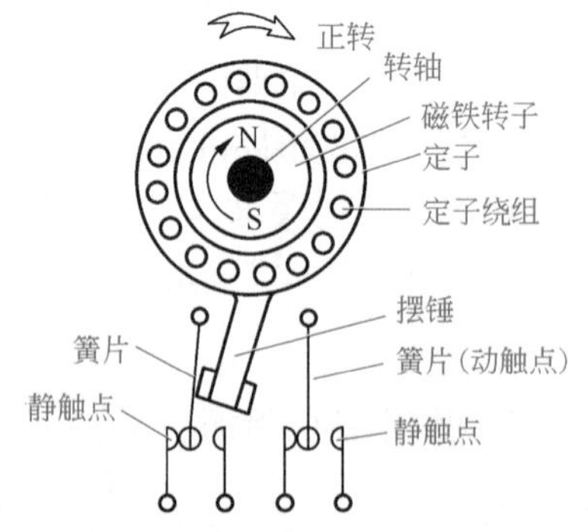

图4-60　速度继电器的结构

速度继电器主要由转子、定子、摆锤和触点组成。转子由永久磁铁制成，定子内圆表面嵌有线圈（定子绕组）。在使用时，将速度继电器转轴与电动机的转轴连接在一起，电动机运转时带动继电器的磁铁转子旋转，继电器的定子绕组上会感应出电动势，从而产生感应电流。此电流产生的磁场与磁铁的磁场相互作用，使定子转动一个角度，定子转向与转度分别由磁铁转子的转向与转速决定。当转子转速达到一定值时，定子会偏转到一定角度，与定子联动的摆锤也偏转到一定的角度，会碰压动触点使常闭触点断开、常开触点闭合。当电动机速度很慢或为零时，摆锤偏转角很小或为零，动触点自动复位，常闭触点闭合、常开触点断开。

（3）型号含义

JFZ0系列速度继电器较为常用，其型号含义说明如下：

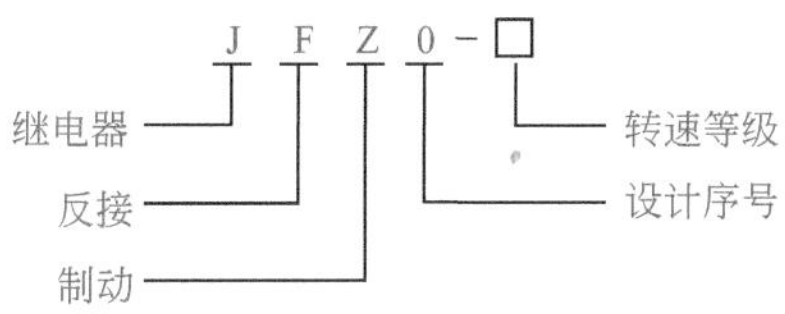

4.9.2 压力继电器

压力继电器能根据压力的大小来决定触点的接通和断开。压力继电器常用于机械设备的液压或气压控制系统中，对设备提供保护或控制。

（1）外形与符号

压力继电器的外形与符号如图4-61所示。

（2）结构与工作原理

压力继电器的结构如图4-62所示。

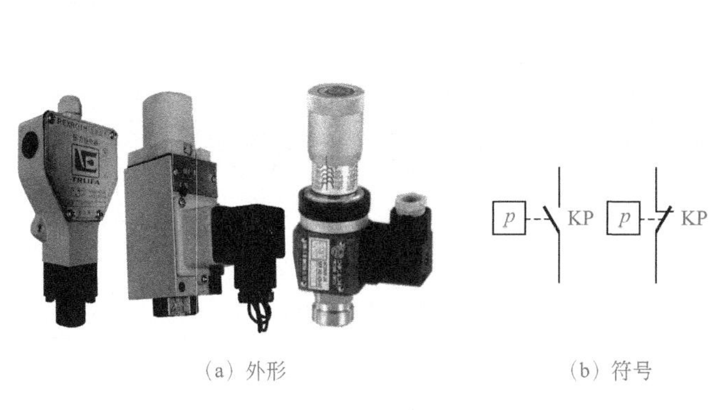

（a）外形　（b）符号

图4-61　压力继电器的外形与符号

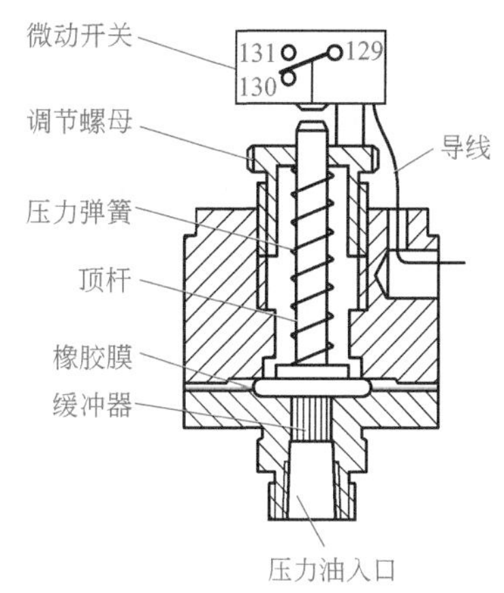

图4-62　压力继电器的结构

从图4-62中可以看出。压力继电器主要由缓冲器、橡胶膜、顶杆、压力弹簧、调节螺母和微动开关组成。在使用时，压力继电器装在油路（或气路、水路）的分支管路中，当管路中的油压超过规定值时，压力油通过缓冲器、橡胶膜推动顶杆，顶杆克服弹簧的压力碰压微动开关，使微动开关的常闭触点断开、常开触点闭合。当油路压力减小到一定值时，依靠压力弹簧的作用，顶杆复位，微动开关的常闭触点接通、常开触点断开。调节螺母可以调节压力继电器的动作压力。

第5章 电子元器件

5.1 电阻器

电阻器是电子电路中最常用的元器件之一，电阻器简称电阻。**电阻器种类很多，通常可以分为三类：固定电阻器、电位器和敏感电阻器。**

5.1.1 固定电阻器

（1）外形与图形符号

固定电阻器是一种阻值固定不变的电阻器。常见固定电阻器的实物外形如图5-1（a）所示，固定电阻器的图形符号如图5-1（b）所示，在图5-1（b）中，上方为国家标准的电阻器符号，下方为国外常用的电阻器符号（在一些国外技术资料常见）。

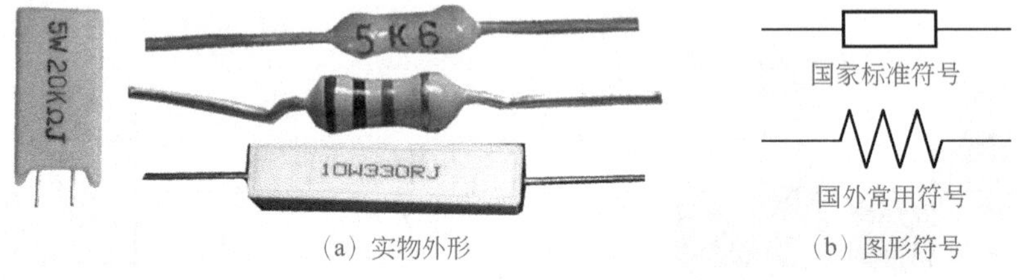

（a）实物外形　（b）图形符号

图5-1 固定电阻器

（2）功能

固定电阻器的主要功能有降压、限流、分流和分压。固定电阻器功能说明如图5-2所示。

① 降压、限流　在图5-2（a）电路中，电阻器R_1与灯泡串联，如果用导线直接代替R_1，加到灯泡两端的电压有6V，流过灯泡的电流很大，灯泡将会很亮，串联电阻R_1后，由于R_1上有2V电压，灯泡两端的电压就被降低到4V，同时由于R_1对电流有阻碍作用，流过灯泡的电流也就减小。电阻器R_1在这里就起着降压、限流功能。

② 分流　在图5-2（b）电路中，电阻器R_2与灯泡并联在一起，流过R_1的电流I除了一

部分流过灯泡外，还有一路经R_2流回到电源，这样流过灯泡的电流减小，灯泡变暗。R_2的这种功能称为分流。

③ 分压　在图5-2（c）电路中，电阻器R_1、R_2和R_3串联在一起，从电源正极出发，每经过一个电阻器，电压会降低一次，电压降低多少取决于电阻器阻值的大小，阻值越大，电压降低越多，图中的6V电压经R_1、R_2和R_3分压可从A、B两点分别得到5V和2V的电压。

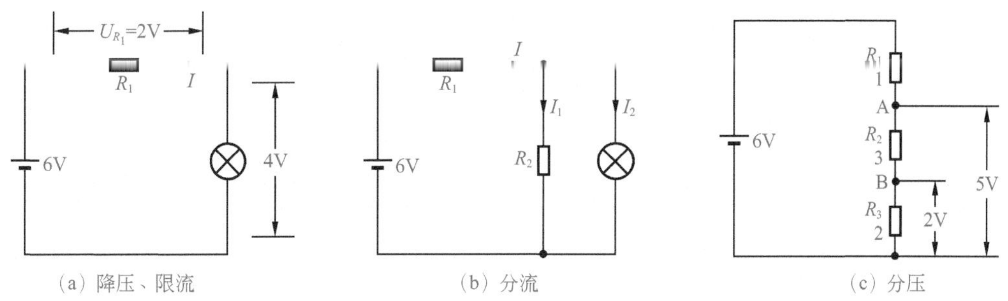

图5-2　固定电阻器的功能说明

（3）标称阻值

为了表示阻值的大小，电阻器在出厂时会在表面标注阻值。**标注在电阻器上的阻值称为标称阻值。电阻器的实际阻值与标称阻值往往有一定的差距，这个差距称为误差。电阻器标称阻值和误差的标注方法主要有直标法和色环法。**

① 直标法　**直标法是指用文字符号（数字和字母）在电阻器上直接标注出阻值和误差的方法。**直标法的阻值单位有欧（Ω）、千欧（kΩ）和兆欧（MΩ）。

误差大小表示一般有两种方式：一是用罗马数字Ⅰ、Ⅱ、Ⅲ分别表示误差为±5%、±10%、±20%，如果不标注误差，则误差为±20%；二是用字母来表示，各字母对应的误差见表5-1，如J、K分别表示误差为±5%、±10%。

表5-1　字母与阻值误差对照表

字母	对应误差
W	±0.05%
B	±0.1%
C	±0.25%
D	±0.5%
F	±1%
G	±2%
J	±5%
K	±10%
M	±20%
N	±30%

直标法常见形式主要有以下几种。

a. 用“数值+单位+误差”表示。图5-3（a）中的四个电阻器都采用这种方式，它们分别标注12kΩ±10%、12kΩⅡ、12kΩ10%、12kΩK，虽然误差标注形式不同，但都表示电阻器的阻值为12kΩ，误差为±10%。

b. 用单位代表小数点表示。图5-3（b）中的四个电阻器采用这种表示方式，1k2表示

1.2kΩ，3M3表示3.3MΩ，3R3（或3Ω3）表示3.3Ω，R33（或Ω33）表示0.33Ω。

c. 用“数值+单位”表示。这种标注法没标出误差，表示误差为±20%，图5-3（c）中的两个电阻器均采用这种方式，它们分别标注12kΩ、12k，表示的阻值都为12 kΩ，误差为±20%。

d. 用数字直接表示。一般1kΩ以下的电阻器采用这种形式，图5-3（d）中的两个电阻器采用这种表示方式，12表示12Ω，120表示120Ω。

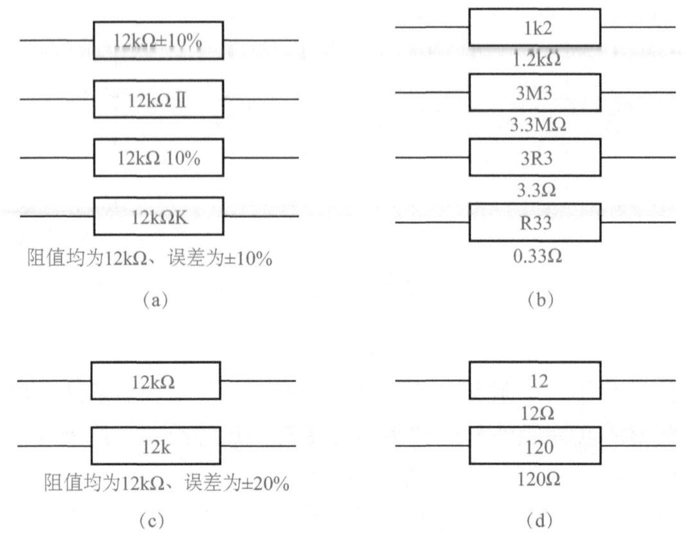

图5-3　直标法表示阻值的常见形式

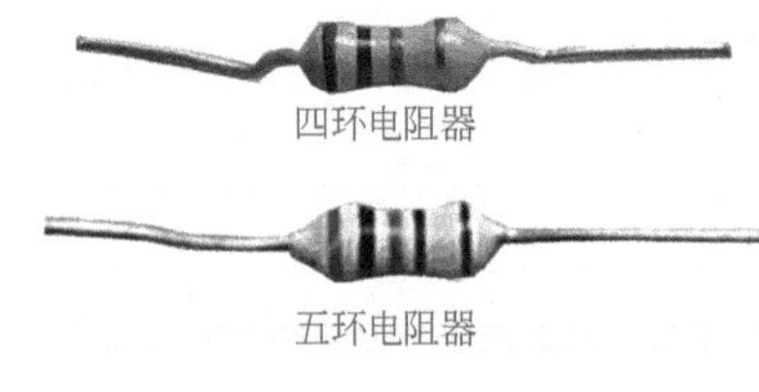

图5-4　色环电阻器

② 色环法　**色环法是指在电阻器上标注不同颜色圆环来表示阻值和误差的方法。**图5-4中的两个电阻器就采用了色环法来标注阻值和误差，其中一只电阻器上有四条色环，称为四环电阻器，另一只电阻器上有五条色环，称为五环电阻器，五环电阻器的阻值精度较四环电阻器更高。

a. 色环含义。要正确识读色环电阻器的阻值和误差，需先了解各种色环代表的意义。色环电阻器各色环代表的意义见表5-2。

表5-2　色环电阻器各色环代表的意义

颜色	第1色环 有效数	第2色环 有效数	第3色环倍乘数	第4色环允许误差数
棕	1	1	10^1	±1%
红	2	2	10^2	±2%
橙	3	3	10^3	—
黄	4	4	10^4	—
绿	5	5	10^5	±0.5%
蓝	6	6	10^6	±0.25%
紫	7	7	10^7	±0.1%
灰	8	8	10^8	—
白	9	9	10^9	—
黑	0	0	$10^0=1$	—

续表

颜色	第1色环 有效数	第2色环 有效数	第3色环倍乘数	第4色环允许误差数
金	—	—	10^{-1}	± 5%
银	—	—	10^{-2}	± 10%
无色	—	—	—	± 20%

b. 四环电阻器的识读。四环电阻器阻值与误差的识读如图5-5所示。四环电阻器的识读具体过程如下。

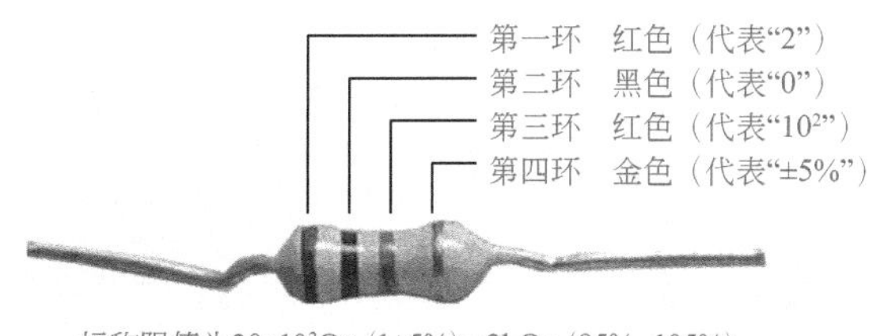

图5-5　四环电阻器阻值与误差的识读

第一步：判别色环排列顺序。

四环电阻器色环顺序判别规律如下。

四环电阻器的第四条色环为误差环，一般为金色或银色，因此如果靠近电阻器一个引脚的色环颜色为金、银色，该色环必为第四环，从该环向另一引脚方向排列的三条色环顺序依次为三、二、一。

对于色环标注标准的电阻器，一般第四环与第三环间隔较远。

第二步：识读色环。

按照第一、二环为有效数环，第三环为倍乘数环，第四环为误差数环，再对照表5-2各色环代表的数字识读出色环电阻器的阻值和误差。

五环电阻器的识读：五环电阻器阻值与误差的识读方法与四环电阻器基本相同，不同在于**五环电阻器的第一、二、三环为有效数环，第四环为倍乘数环，第五环为误差数环。**另外，五环电阻器的误差数环颜色除了有金、银色外，还可能是棕、红、绿、蓝和紫色。五环电阻器的识读如图5-6所示。

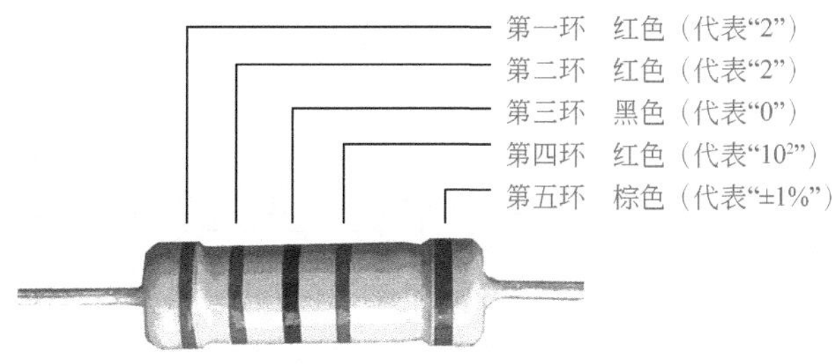

图5-6　五环电阻器阻值和误差的识读

（4）额定功率

额定功率是指在一定的条件下电阻器长期使用允许承受的最大功率。电阻器额定功率越大，允许流过的电流越大。

固定电阻器的额定功率要按国家标准进行标注，其标称系列有1/8W、1/4W、1/2W、1W、2W、5W和10W等。小电流电路一般采用功率为1/8～1/2W的电阻器，而大电流电路常采用1W以上的电阻器。

电阻器额定功率的识别方法主要有以下几点。

① **对于标注了功率的电阻器，可根据标注的功率值来识别功率大小。**图5-7（a）中的电阻器标注的额定功率值为10W，阻值为330Ω，误差为±5%。

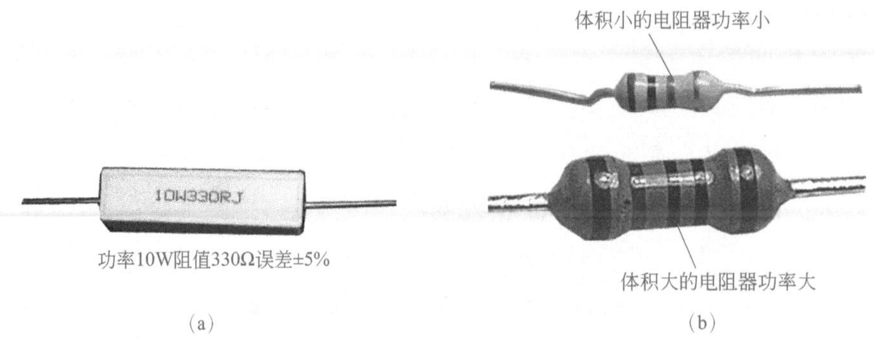

图5-7 根据标注和体积识别功率

② **对于没有标注功率的电阻器，可根据长度和直径来判别其功率大小。**长度和直径值越大，功率越大，图5-7（b）中体积一大一小两个色环电阻器，体积大的电阻的功率更大。

③ 在电路图中，为了表示电阻器的功率大小，一般会在电阻器符号上标注一些标志。电阻器上标注的标志与对应功率值如图5-8所示，1W以下用线条表示，1W以上的直接用数字表示功率大小（旧标准用罗马数字表示）。

（5）常见故障及检测

固定电阻器常见故障有开路、短路和变值。检测固定电阻器使用万用表的欧姆挡。

在检测时，先识读出电阻器上的标称阻值，然后选用合适的挡位并进行欧姆校零，测量时为了减小测量误差，应尽量让万用表表针指在欧姆刻度线中央，若表针在刻度线上过于偏左或偏右时，应切换更大或更小的挡位重新测量。

固定电阻器的检测如图5-9所示（以测量一只标称阻值为2kΩ的色环电阻器为例），具体步骤如下所述。

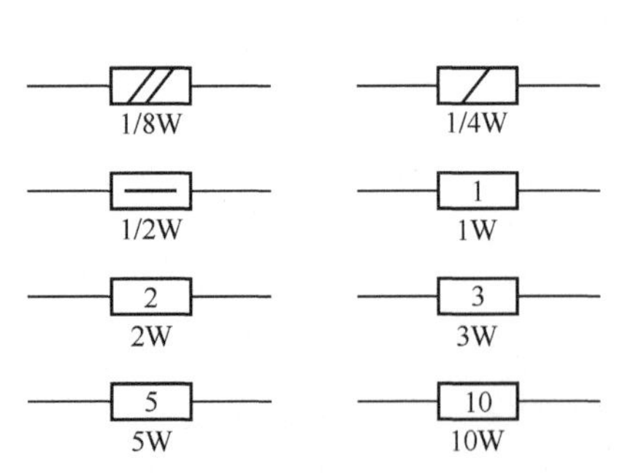

图5-8 电路图中电阻器的功率标注方法

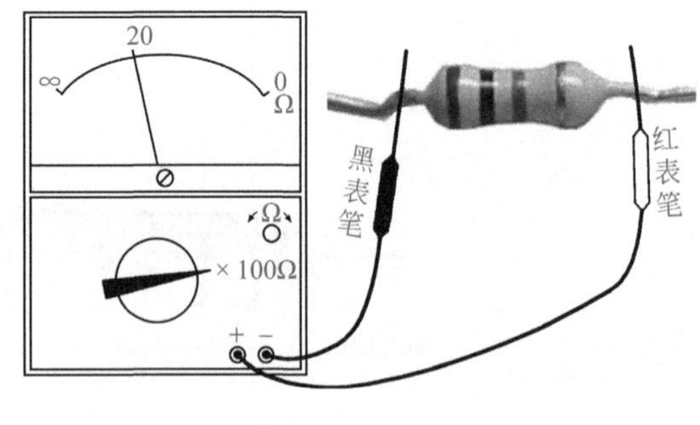

图5-9 固定电阻器的检测

第一步：将万用表的挡位开关拨至×100Ω挡。

第二步：进行欧姆校零。将红、黑表笔短路，观察表针是否指在“Ω”刻度线的“0”刻度处，若未指在该处，应调节欧姆校零旋钮，让表针准确指在“0”刻度处。

第三步：将红、黑表笔分别接电阻器的两个引脚，再观察表针指在“Ω”刻度线的位置，图中表针指在刻度“20”，那么被测电阻器的阻值为20×100=2000Ω=2kΩ。

若万用表测量出来的阻值与电阻器的标称阻值相同，说明该电阻器正常（若测量出来的阻值与电阻器的标称阻值有些偏差，但在误差允许范围内，电阻器也算正常）。

若测量出来的阻值∞，说明电阻器开路。

若测量出来的阻值为0，说明电阻器短路。

若测量出来的阻值大于或小于电阻器的标称阻值，并超出误差允许范围，说明电阻器变值。

5.1.2 电位器

（1）外形与图形符号

电位器是一种阻值可以通过调节而变化的电阻器，又称可变电阻器。常见电位器的实物外形及其图形符号如图5-10所示。

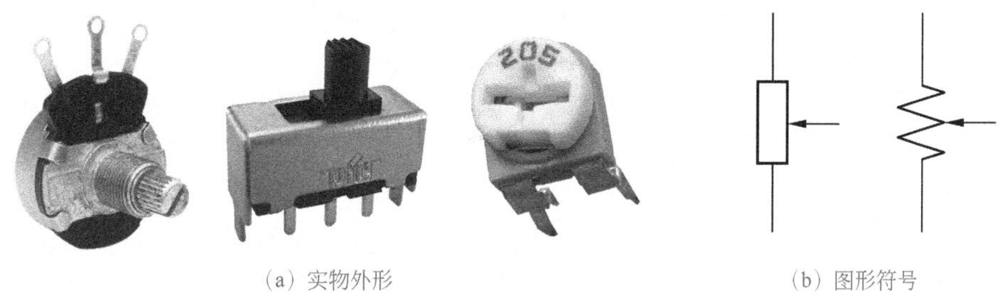

图5-10 电位器

（2）结构与原理

电位器种类很多，但结构基本相同，电位器的结构示意图如图5-11所示。

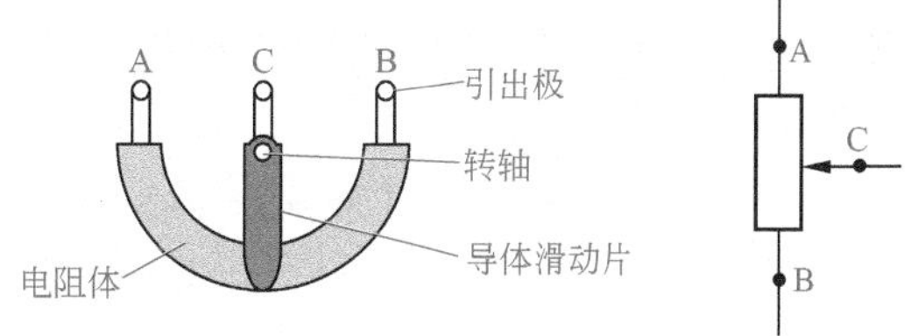

图5-11 电位器的结构示意图

从图5-11中可看出，电位器有A、C、B三个引出极，在A、B极之间连接着一段电阻体，该电阻体的阻值用R_{AB}表示，对于一个电位器，R_{AB}值是固定不变的，该值为电位器的标称阻值，C极连接一个导体滑动片，该滑动片与电阻体接触，A极与C极之间电阻体的阻值用R_{AC}表示，B极与C极之间电阻体的阻值用R_{BC}表示，$R_{AC}+R_{BC}=R_{AB}$。

当转轴逆时针旋转时，滑动片往B极滑动，R_{BC}减小，R_{AC}增大；当转轴顺时针旋转时，滑动片往A极滑动，R_{BC}增大，R_{AC}减小，当滑动片移到A极时，R_{AC}=0，而$R_{BC}=R_{AB}$。

（3）应用

电位器与固定电阻器一样，都具有降压、限流和分流的功能，不过由于电位器具有阻值可调性，故它可随时调节阻值来改变降压、限流和分流的程度。电位器的应用说明如图5-12所示。

① 应用一　在图5-12（a）电路中，电位器RP的滑动端与灯泡连接，当滑动端向下移

动时，灯泡会变暗。灯泡变暗的原因有以下几点。

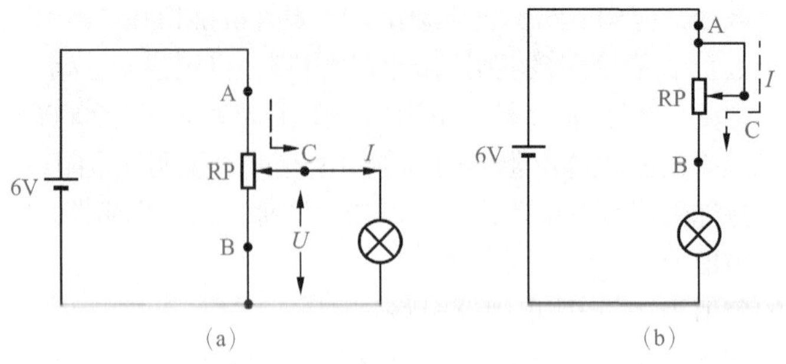

图5-12 电位器的应用说明图

a. 当滑动端下移时，AC段的阻体变长，R_{AC}增大，对电流阻碍大，流经AC段阻体的电流减小，从C端流向灯泡的电流也随之减少，同时由于R_{AC}增大使AC段阻体降压增大，加到灯泡电压U降低。

b. 当滑动端下移时，在AC段阻体变长的同时，BC段阻体变短，R_{BC}减小，流经AC段的电流除了一路从C端流向灯泡时，还有一路经BC段阻体直接流回电源负极，由于BC段电阻变短，分流增大，使C端输出流向灯泡的电流减小。

图5-12（a）电路中的电位器AC段的电阻起限流、降压作用，而CB段的电阻起分流作用。

② 应用二　在图5-12（b）电路中，电位器RP的滑动端C与固定端A连接在一起，由于AC段阻体被A、C端直接连接的导线短路，电流不会流过AC段，而是直接由A端到C端，再经CB段阻体流向灯泡。当滑动端下移时，CB段的阻体变短，R_{BC}阻值变小，对电流阻碍小，流过的电流增大，灯泡变亮。

图5-12（b）电路中的电位器RP在该电路中起着降压、限流作用。

（4）检测

电位器检测使用万用表的欧姆挡。在检测时，先测量电位器两个固定端之间的阻值，正常测量值应与标称阻值一致，然后再测量一个固定端与滑动端之间的阻值，同时旋转转轴，正常测量值应在0至标称阻值范围内变化。

电位器检测分两步，只有每步测量均正常才能说明电位器正常。电位器的检测如图5-13所示。**电位器的检测过程如下所述。**

第一步：测量电位器两个固定端之间的阻值。将万用表拨至$R\times1\text{k}\Omega$挡（该电位器标称阻值为20kΩ），红、黑表笔分别接电位器两个固定端，如图5-13（a）所示，然后在刻度盘上读出阻值大小。

若电位器正常，测得的阻值应与电位器的标称阻值相同或相近（在误差允许范围内）。

若测得的阻值为∞，说明电位器两个固定端之间开路。

若测得的阻值为0，说明电位器两个固定端之间短路。

若测得的阻值大于或小于标称阻值，说明电位器两个固定端之间的阻体变值。

第二步：测量电位器一个固定端与滑动端之间的阻值。万用表仍置于$R\times1\text{k}\Omega$挡，红、黑表笔分别接电位器任意一个固定端和滑动端，如图5-13（b）所示，然后旋转电位器转轴，同时观察刻度盘表针。

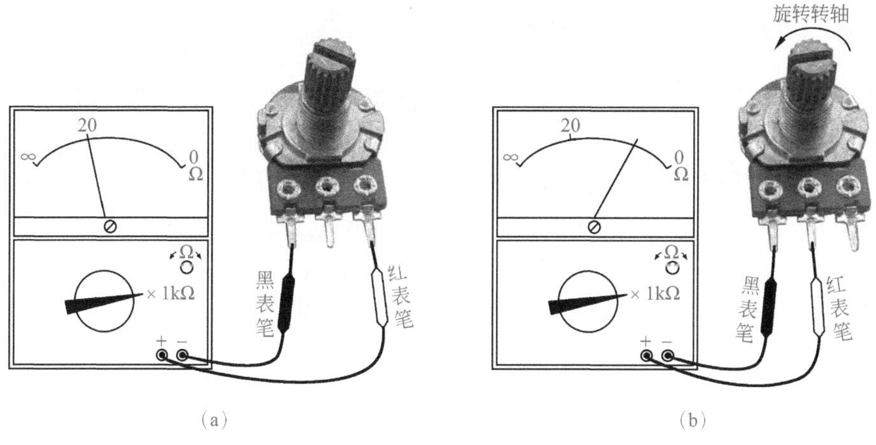

图5-13　电位器的检测

若电位器正常，表针会发生摆动，指示的阻值应在0～20kΩ范围内连续变化。

若测得的阻值始终为∞，说明电位器固定端与滑动端之间开路。

若测得的阻值为0，说明电位器固定端与滑动端之间短路。

若测得的阻值变化不连续、有跳变，说明电位器滑动端与阻体之间接触不良。

5.1.3　敏感电阻器

敏感电阻器是指阻值随某些条件改变而变化的电阻器。敏感电阻器种类很多，常见的有热敏电阻器、光敏电阻器、压敏电阻器、湿敏电阻器、气敏电阻器、力敏电阻器和磁敏电阻器等。

（1）热敏电阻器

① 外形与图形符号　**热敏电阻器是一种对温度敏感的电阻器，当温度变化时其阻值也会随之变化。**热敏电阻器实物外形和图形符号如图5-14所示。

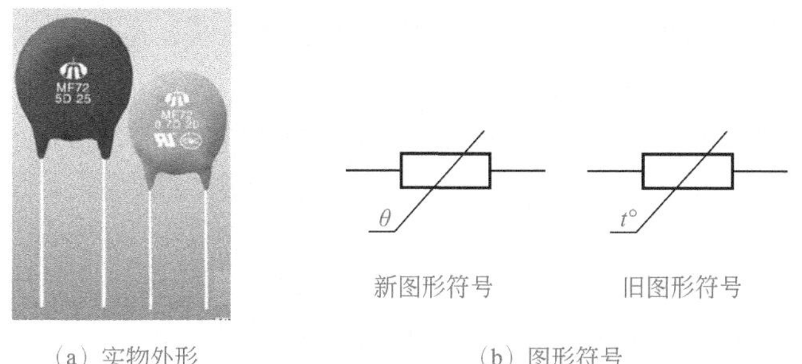

（a）实物外形　　（b）图形符号

图5-14　热敏电阻器

② 种类　热敏电阻器种类很多，但通常可分为负温度系数热敏电阻器（NTC）和正温度系数热敏电阻器（PTC）两大类。

a. 负温度系数热敏电阻器。**负温度系数热敏电阻器简称NTC，其阻值随温度升高而减小。**NTC是由氧化锰、氧化钴、氧化镍、氧化铜和氧化铝等金属氧化物为主要原料制作而成的。根据使用温度条件不同，负温度系数热敏电阻器可分为低温（–60～300℃）、中温（300～600℃）、高温（>600℃）三种。

NTC的温度每升高1℃，阻值会减小1%～6%，阻值减小程度视不同型号而定。NTC

广泛用于温度补偿和温度自动控制电路，如冰箱、空调、温室等温控系统常采用NTC作为测温元件。

b. 正温度系数热敏电阻器。**正温度系数热敏电阻器简称PTC，其阻值随温度升高而增大。**PTC是在钛酸钡中掺入适量的稀土元素制作而成。

PTC可分为缓慢型和开关型。缓慢型PTC的温度每升高1℃，其阻值会增大0.5%～8%。开关型PTC有一个转折温度（又称居里点温度，钛酸钡材料PTC的居里点温度一般为120℃左右），当温度低于居里点温度时，阻值较小，并且温度变化时阻值基本不变（相当于一个闭合的开关），一旦温度超过居里点温度，其阻值会急剧增大（相当于开关断开）。缓慢型PTC常用在温度补偿电路中，开关型PTC由于具有开关性质，常用在开机瞬间接通而后又马上断开的电路中，如彩电的消磁电路和冰箱的压缩机启动电路就用到开关型PTC。

③ 应用　热敏电阻器具有温度变化而阻值变化的特点，一般用在与温度有关的电路中。

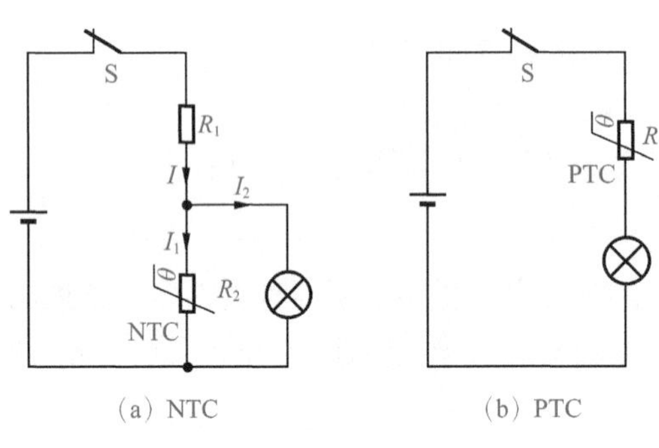

图5-15　热敏电阻器的应用说明图

a. NTC的应用。在图5-15（a）电路中，R_2（NTC）与灯泡相距很近，当开关S闭合后，流过R_1的电流分作两路，一路流过灯泡，另一路流过R_2。由于开始R_2温度低，阻值大，经R_2分掉的电流小；灯泡流过的电流大而很亮。因为R_2与灯泡距离近，受灯泡的烘烤而温度上升，阻值变小，分掉的电流增大，流过灯泡的电流减小，灯泡变暗，回到正常亮度。

b. PTC的应用。在图5-15（b）电路中，当合上开关S时，有电流流过R_1（开关型PTC）和灯泡，由于开始R_1温度低，阻值小（相当于开关闭合），流过电流大，灯泡很亮，随着电流流过R_1，R_1温度升高，当R_1温度达到居里点温度时，R_1的阻值急剧增大（相当于开关断开），流过的电流很小，灯泡无法被继续点亮而熄灭，在此之后，流过的小电流维持R_1为高温高阻值，灯泡一直处于熄灭状态。如果要灯泡重新亮，可先断开S，然后等待几分钟，让R_1冷却下来，然后闭合S，灯泡会亮一下又熄灭。

④ 检测　热敏电阻器检测分两步，只有两步测量均正常才能说明热敏电阻器正常，在这两步测量时还可以判断出电阻器的类型（NTC或PTC）。

热敏电阻器的检测过程如图5-16所示。**热敏电阻器的检测步骤如下所述。**

第一步：测量常温下（25℃左右）的标称阻值。根据标称阻值选择合适的欧姆挡，图5-16中的热敏电阻器的标称阻值为25Ω，故选择$R\times1\Omega$挡，将红、黑表笔分别接热敏电阻器两个电极，然后在刻度盘上查看测得阻值的大小。

若阻值与标称阻值一致或接近，说明热敏电阻器正常。

若阻值为0，说明热敏电阻器短路。

若阻值为无穷大，说明热敏电阻器开路。

若阻值与标称阻值偏差过大，说明热敏电阻器性能变差或损坏。

第二步：改变温度测量阻值。用火焰靠近热敏电阻器（不要让火焰接触电阻器，以免烧坏电阻器)，如图5-16(b)所示，让火焰的热量对热敏电阻器进行加热，然后将红、黑表笔分别接触热敏电阻器两个电极，再在刻度盘上查看测得阻值的大小。

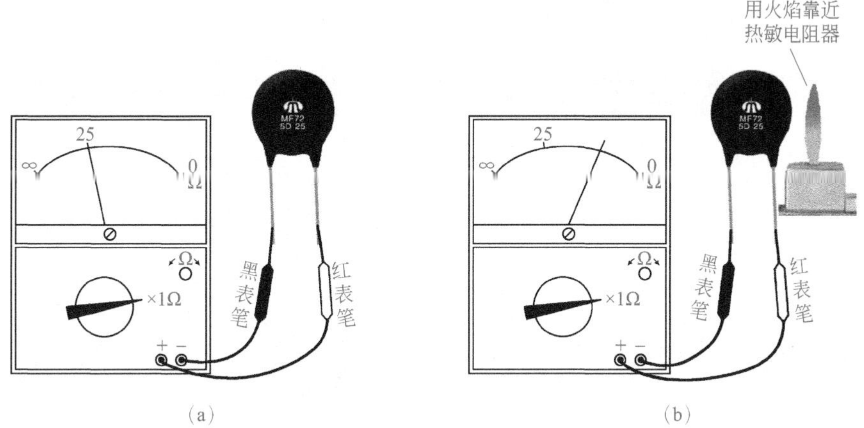

图5-16　热敏电阻器的检测

若阻值与标称阻值比较有变化，说明热敏电阻器正常。

若阻值往大于标称阻值方向变化，说明热敏电阻器为PTC。

若阻值往小于标称阻值方向变化，说明热敏电阻器为NTC。

若阻值不变化，说明热敏电阻器损坏。

(2)光敏电阻器

光敏电阻器是一种对光线敏感的电阻器，当照射的光线强弱变化时，阻值也会随之变化，通常光线越强阻值越小。光敏电阻器外形与图形符号如图5-17所示。

根据光的敏感性不同，光敏电阻器可分为可见光光敏电阻器(硫化镉材料)、红外光光敏电阻器(砷化镓材料)和紫外光光敏电阻器(硫化锌材料)。其中硫化镉材料制成的可见光光敏电阻器应用最广泛。

(3)压敏电阻器

压敏电阻器是一种对电压敏感的特殊电阻器，当两端电压低于标称电压时，其阻值接近无穷大，当两端电压超过标称电压值时，阻值急剧变小，如果两端电压回落至标称电压值以下时，其阻值又恢复到接近无穷大。压敏电阻器外形与图形符号如图5-18所示。

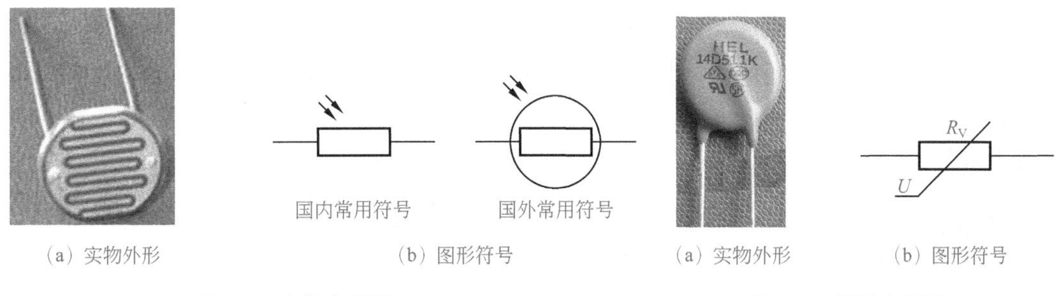

图5-17　光敏电阻器

图5-18　压敏电阻器

(4)湿敏电阻器

湿敏电阻器是一种对湿度敏感的电阻器，当湿度变化时其阻值也会随之变化。湿敏电阻器外形与图形符号如图5-19所示。湿敏电阻器可为正温度系数湿敏电阻器(阻值随湿度增大而增大）和负温度系数湿敏电阻器（阻值随湿度增大而减小）。

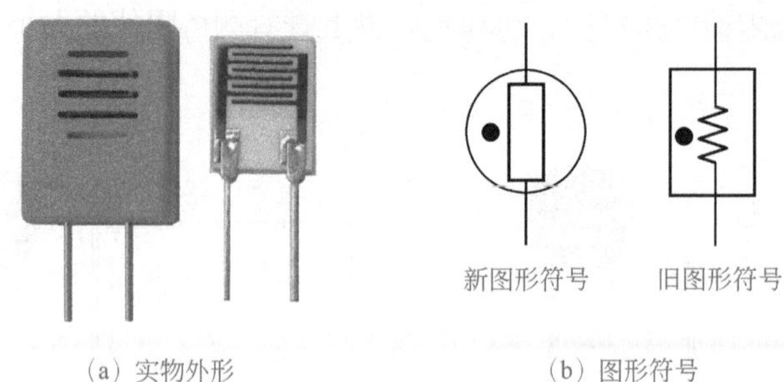

（a）实物外形 （b）图形符号

图5-19 湿敏电阻器

（5）气敏电阻器

气敏电阻器是一种对某种或某些气体敏感的电阻器，当空气中某种或某些气体含量发生变化时，置于其中的气敏电阻器阻值就会发生变化。气敏电阻器的外形与图形符号如图5-20所示。

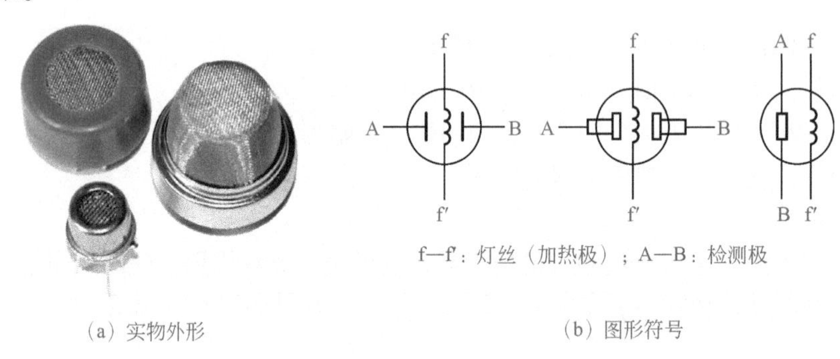

（a）实物外形 （b）图形符号

图5-20 气敏电阻器

（6）力敏电阻器

力敏电阻器是一种对压力敏感的电阻器，当施加给它的压力变化时，其阻值也会随之变化。力敏电阻器外形与图形符号如图5-21所示。

（7）磁敏电阻器

磁敏电阻器是一种对磁场敏感的电阻器，当施加给它的磁场强弱发生变化时，其阻值也会随之变化。磁敏电阻器外形与图形符号如图5-22所示。**磁敏电阻器有正磁性和负磁性之分，正磁性磁敏电阻器的阻值随磁场增强而增大，负磁性磁敏电阻器的阻值随磁场增强而减小。**

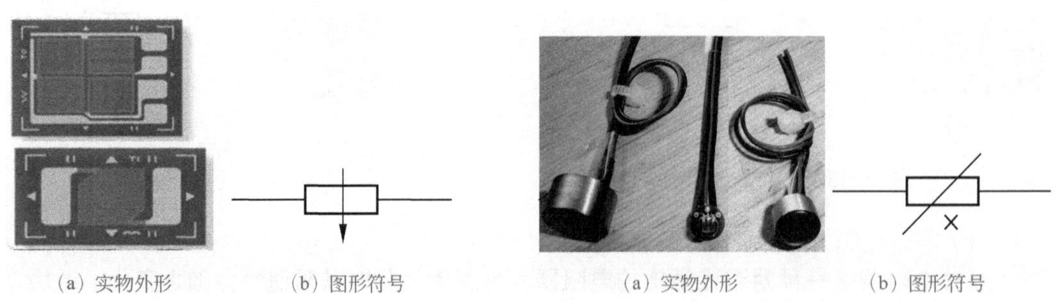

（a）实物外形 （b）图形符号

图5-21 力敏电阻器

（a）实物外形 （b）图形符号

图5-22 磁敏电阻器

5.2 电感器

5.2.1 外形与图形符号

将导线在绝缘支架上绕制一定的匝数（圈数）就构成了电感器。常见的电感器的实物外形如图5-23（a）所示，根据绕制的支架不同，电感器可分为空心电感器（无支架）、磁芯电感器（磁性材料支架）和铁芯电感器（硅钢片支架），它们的图形符号如图5-23（b）所示。

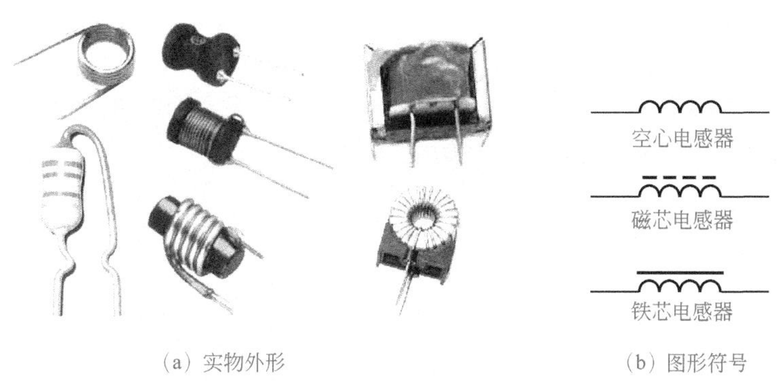

（a）实物外形　　（b）图形符号

图5-23　电感器

5.2.2 主要参数与标注方法

（1）主要参数

电感器的主要参数有电感量、误差和品质因数等。

① 电感量　电感器由线圈组成，当电感器通过电流时就会产生磁场，电流越大，产生的磁场越强，穿过电感器的磁场（又称为磁通量Φ）就越大。实验证明，穿过电感器的磁通量Φ和电感器通入的电流I成正比关系。**磁通量Φ与电流的比值称为自感系数，又称电感量L，**用公式表示为

$$L=\frac{\Phi}{I}$$

电感量的基本单位为亨利（简称亨），用字母H表示，此外还有毫亨（mH）和微亨（μH），它们之间的关系是：

$$1\text{H}=10^3\text{mH}=10^6\mu\text{H}$$

电感器的电感量大小主要与线圈的匝数（圈数）、绕制方式和磁芯材料等有关。线圈匝数越多、绕制的线圈越密集，电感量就越大；有磁芯的电感器比无磁芯的电感量大；电感器的磁芯磁导率越高，电感量也就越大。

② 误差　**误差是指电感器上标称电感量与实际电感量的差距。**对于精度要求高的电路，电感器的允许误差范围通常为±0.2%～±0.5%，一般的电路可采用误差为±10%～±15%的电感器。

③ 品质因数　品质因数也称Q值，是衡量电感器质量的主要参数。**品质因数是指当电感器两端加某一频率的交流电压时，其感抗X_L与直流电阻R的比值。**用公式表示

$$Q=\frac{X_L}{R}$$

从上式可以看出，感抗越大或直流电阻越小，品质因数就越大。电感器对交流信号的阻碍称为感抗，其单位为欧姆（Ω）。电感器的感抗大小与电感量有关，电感量越大，感抗越大。

提高品质因数既可通过提高电感器的电感量来实现，也可通过减小电感器线圈的直流电阻来实现。例如粗线圈绕制而成的电感器，直流电阻较小，其Q值高；有磁芯的电感器较空心电感器的电感量大，其Q值也高。

（2）参数标注方法

电感器的参数标注方法主要有直标法和色标法。

① 直标法　**电感器采用直标法标注时，一般会在外壳上标注电感量、误差和额定电流值。**图5-24列出了几个采用直标法标注的电感器。

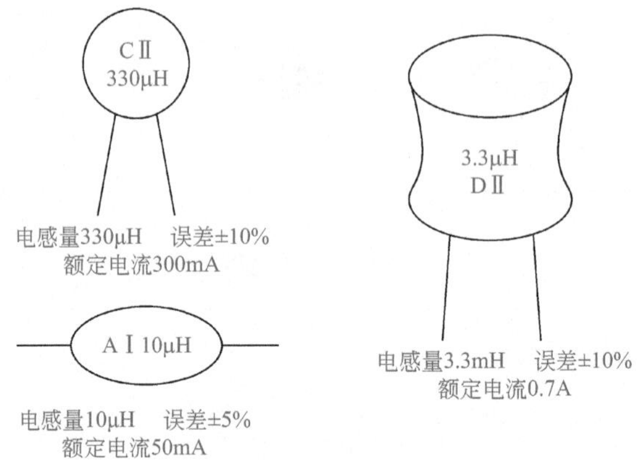

图5-24　电感器的直标法例图

在标注电感量时，通常会将电感量值及单位直接标出。在标注误差时，分别用Ⅰ、Ⅱ、Ⅲ表示±5%、±10%、±20%。在标注额定电流时，用A、B、C、D、E分别表示50mA、150mA、300mA、0.7A和1.6A。

② 色标法　**色标法是采用色点或色环标在电感器上来表示电感量和误差的方法。色码电感器采用色标法标注，其电感量和误差标注方法同色环电阻器，单位为μH。**色码电感器参数的识别如图5-25所示。

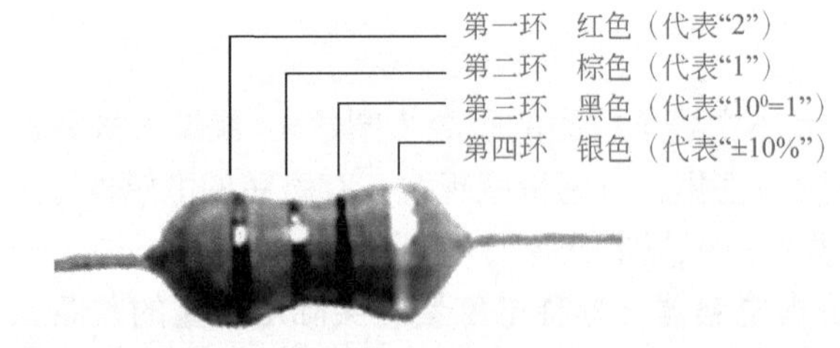

图5-25　色码电感器参数的识别

色码电感器的各种颜色含义及代表的数值与色环电阻器相同，具体见表5-2。色码电感器颜色的排列顺序方法也与色环电阻器相同。色码电感器与色环电阻器识读不同仅在于单位不同，色码电感器单位为μH。图5-25中的色码电感器上标注“红棕黑银”表示电感量为21μH，误差为 ± 10%。

5.2.3 性质

电感器的主要性质有“通直阻交”和“阻碍变化的电流”。

（1）“通直阻交”特性

电感器的“通直阻交”是指电感器对通过的直流信号阻碍很小，直流信号可以很容易通过电感器，而交流信号通过时会受到很大的阻碍。

电感器对通过的交流信号有较大的阻碍，这种阻碍称为感抗，感抗用X_L表示，感抗的单位是欧姆（Ω）。电感器的感抗大小与自身的电感量和交流信号的频率有关，感抗大小可以用以下公式计算

$$X_L=2\pi fL$$

式中，X_L表示感抗，单位为Ω；f表示交流信号的频率，单位为Hz；L表示电感器的电感量，单位为H。

由上式可以看出：交流信号的频率越高，电感器对交流信号的感抗越大；电感器的电感量越大，对交流信号感抗也越大。

举例：在如图5-26所示的电路中，交流信号的频率为50Hz，电感器的电感量为200mH，那么电感器对交流信号的感抗就为：

$$X_L=2\pi fL=2\times3.14\times50\times200\times10^{-3}=62.8\ (\Omega)$$

（2）“阻碍变化的电流”特性

当变化的电流流过电感器时，电感器会产生自感电动势来阻碍变化的电流。下面以图5-27的两个电路来说明电感器这个性质。

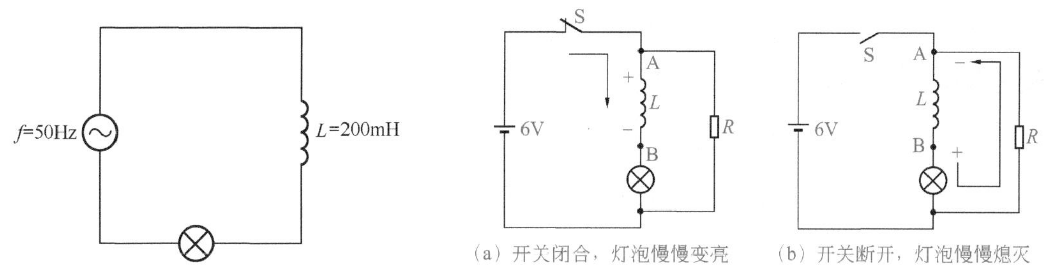

图5-26 感抗计算例图

图5-27 电感器“阻碍变化的电流”说明图

在图5-27（a）电路中，当开关S闭合时，会发现灯泡不是马上亮起来，而是慢慢亮起来。这是因为当开关闭合后，有电流流过电感器，这是一个增大的电流（从无到有），电感器马上产生自感电动势来阻碍电流增大，其极性是A正B负，该电动势使A点电位上升，电流从A点流入较困难，也就是说电感器产生的这种电动势就对电流有阻碍作用。由于电感器产生A正B负自感电动势的阻碍，流过电感器的电流不能一下子增大，而是慢慢增大，所以灯泡慢慢变亮，当电流不再增大（即电流大小恒定）时，电感器上的电动势消失，灯泡亮度也就不变了。

如果将开关S断开，如图5-27（b）所示，会发现灯泡不是马上熄灭，而是慢慢暗下来。这是因为当开关断开后，流过电感器的电流突然变为0，也就是说流过电感器的电流突然

变小（从有到无），电感器马上产生A负B正的自感电动势，由于电感器、灯泡和电阻器R连接成闭合回路，电感器的自感电动势会产生电流流过灯泡，电流方向是：电感器B正→灯泡→电阻器R→电感器A负，开关断开后，该电流维持灯泡继续发光，随着电感器上的电动势逐渐降低，流过灯泡的电流慢慢减小，灯泡也就慢慢变暗。

从上面的电路分析可知，**只要流过电感器的电流发生变化（不管是增大还是减小），电感器都会产生自感电动势，电动势的方向总是阻碍电流的变化**。电感器这个性质非常重要，在以后的电路分析中经常要用到该性质。为了让大家能更透彻理解电感器这个性质，再来看图5-28中两个例子。

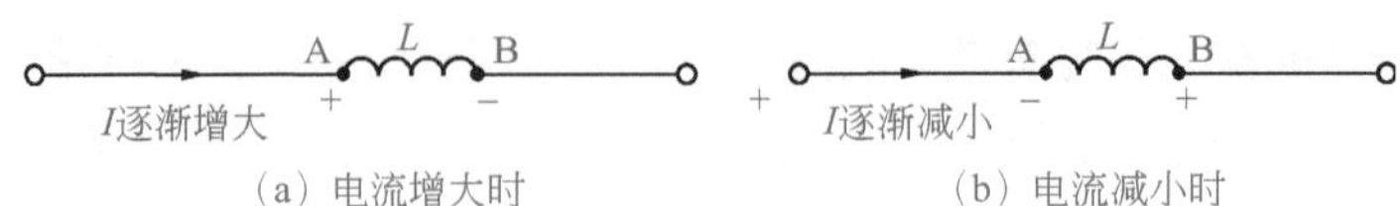

图5-28 电感器性质解释图

在图5-28（a）电路中，流过电感器的电流是逐渐增大的，电感器会产生A正B负的电动势阻碍电流增大（可理解为A点为正，A点电位升高，电流通过较困难）；在图5-28（b）电路中，流过电感器的电流是逐渐减小的，电感器会产生A负B正的电动势阻碍电流减小（可理解为A点为负时，A点电位低，吸引电流流过来，阻碍它减小）。

5.2.4 种类

电感器种类较多，下面主要介绍几种典型的电感器。

（1）可调电感器

可调电感器是指电感量可以调节的电感器。可调电感器图形符号如图5-29（a）所示，常见的可调电感器实物外形如图5-29（b）所示。

可调电感器是通过调节磁芯在线圈中的位置来改变电感量，磁芯进入线圈内部越多，电感器的电感量越大。如果电感器没有磁芯，可以通过减少或增多线圈的匝数来降低或提高电感器的电感量，另外，改变线圈之间的疏密程度也能调节电感量。

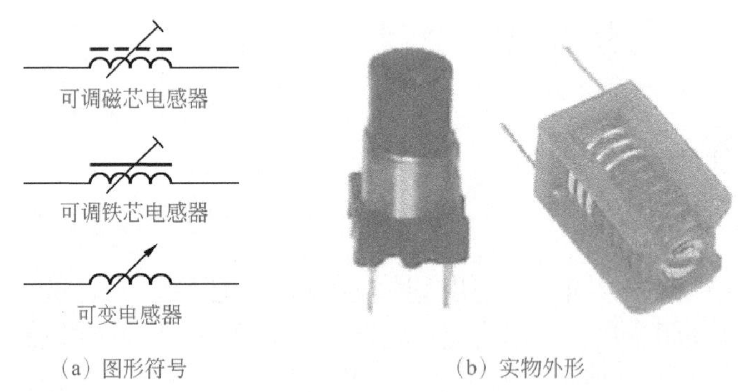

图5-29 可调电感器

（2）高频扼流圈

高频扼流圈又称高频阻流圈，它是一种电感量很小的电感器，常用在高频电路中，其图形符号如图5-30（a）所示。

高频扼流圈又分为空心和磁芯，空心高频扼流圈多用较粗铜线或镀银铜线绕制而成，可以通过改变匝数或匝距来改变电感量；磁芯高频扼流圈用铜线在磁芯材料上绕制一定的匝数构成，其电感量可以通过调节磁芯在线圈中的位置来改变。

高频扼流圈在电路中的作用是“阻高频，通低频”。如图5-30（b）所示，当高频扼流圈输入高、低频信号和直流信号时，高频信号不能通过，只有低频信号和直流信号能通过。

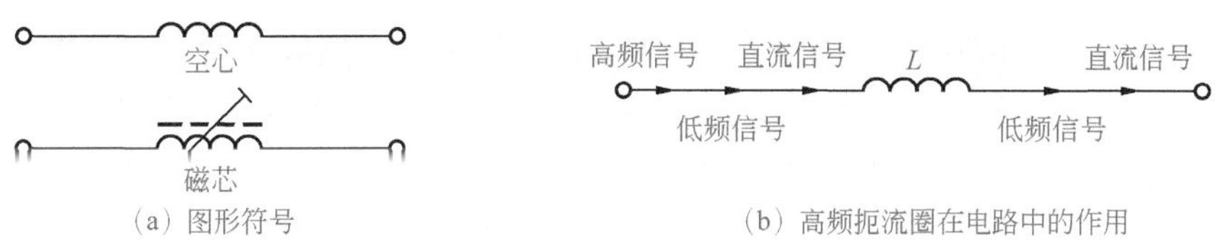

图5-30 高频扼流圈

（3）低频扼流圈

低频扼流圈又称低频阻流圈，是一种电感量很大的电感器，常用在低频电路中，其图形符号如图5-31（a）所示。

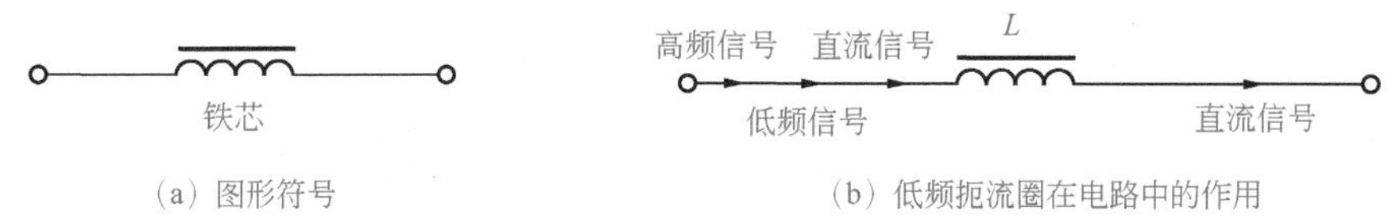

图5-31 低频扼流圈

低频扼流圈是用较细的漆包线在铁芯（硅钢片）或铜芯上绕制很多匝数制成的。低频扼流圈在电路中的作用是“通直流，阻低频”。如图5-31（b）所示，当低频扼流圈输入高、低频和直流信号时，高、低频信号均不能通过，只有直流信号才能通过。

（4）色码电感器

色码电感器是一种高频电感线圈，它是在磁芯上绕上一定匝数的漆包线，再用环氧树脂或塑料封装而制成的。色码电感器的工作频率范围一般在10kHz～200MHz，电感量在0.1～3300μH。色码电感器是具有固定电感量的电感器，其电感量标注与识读方法与色环电阻器相同，但色码电感器的电感量单位为μH。

5.2.5 检测

电感器的电感量和Q值一般用专门的电感测量仪和Q表来测量，一些功能齐全的万用表也具有电感量测量功能。电感器常见的故障有开路和线圈匝间短路。电感器实际上就是线圈，由于线圈的电阻一般比较小，测量时一般用万用表的$R\times1\Omega$挡，电感器的检测如图5-32所示。

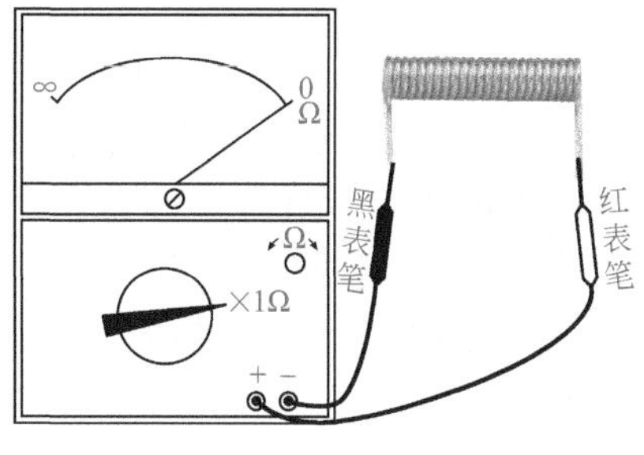

图5-32 电感器的检测

线径粗、匝数少的电感器电阻小，接近于0Ω，线径细、匝数多的电感器阻值较大。在测量电感器时，万用表可以很容易检测出是否开路（开路时测出的电阻为无穷大），但很难判断它是否匝间短路，因为电感器匝间短路时电阻减小很少，解决方法是：当怀疑电感器匝数有短路，万用表又无法检测出来时，可更换新的同型号电感器，若电路的故障排除则说明原电感器已损坏。

5.3 电容器

5.3.1 结构、外形与图形符号

电容器是一种可以存储电荷的元件。**相距很近且中间有绝缘介质（如空气、纸和陶瓷等）的两块导电极板就构成了电容器。**电容的结构，外形与图形符号如图5-33所示。

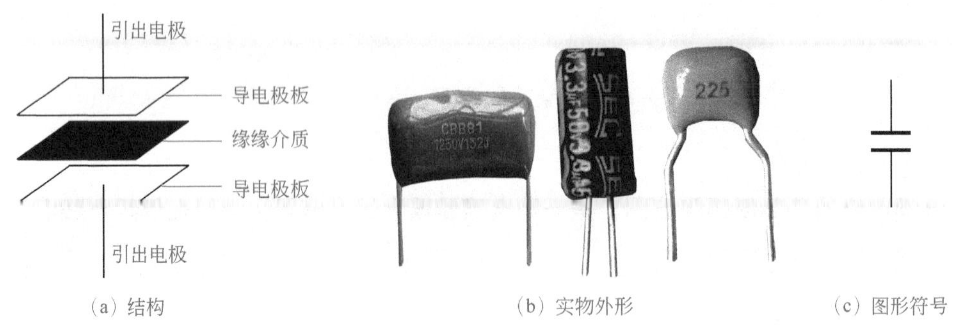

（a）结构　（b）实物外形　（c）图形符号

图5-33　电容器

5.3.2 主要参数

电容器主要参数有容量、允许误差、额定电压和绝缘电阻等。

（1）容量与允许误差

电容器能存储电荷，其存储电荷的多少称为容量。这一点与蓄电池类似，不过蓄电池存储电荷的能力比电容器大得多。电容器的容量越大，存储的电荷越多。**电容器的容量大小与下面的因素有关。**

① 两导电极板相对面积。相对面积越大，容量越大。

② 两极板之间的距离。极板相距越近，容量越大。

③ 两极板中间的绝缘介质。在极板相对面积和距离相同的情况下，绝缘介质不同的电容器，其容量不同。

电容器容量的单位有法拉（F）、毫法（mF）、微法（μF）、纳法（nF）和皮法（pF），它们的关系是

$$1F=10^3mF=10^6\mu F=10^9nF=10^{12}pF$$

标注在电容器上的容量称为标称容量。允许误差是指电容器标称容量与实际容量之间允许的最大误差范围。

（2）额定电压

额定电压又称电容器的耐压值，它是指在正常条件下电容器长时间使用两端允许承受的最高电压。一旦加到电容器两端的电压超过额定电压，两极板之间的绝缘介质容易被击穿而失去绝缘能力，造成两极板直接短路。

（3）绝缘电阻

电容器两极板之间隔着绝缘介质，绝缘电阻用来表示绝缘介质的绝缘程度。绝缘电阻越大，表明绝缘介质绝缘性能越好，如果绝缘电阻比较小，绝缘介质绝缘性能下降，就会出现一个极板上的电流会通过绝缘介质流到另一个极板上，这种现象称为漏电。由于绝缘电阻小的电容器存在着漏电，故不能继续使用。

一般情况下，无极性电容器的绝缘电阻为无穷大，而有极性电容器（电解电容器）绝缘电阻很大，但一般达不到无穷大。

5.3.3 性质

电容器的性质主要有“充电”“放电”和“隔直”“通交”。

（1）“充电”和“放电”性质

“充电”和“放电”是电容器非常重要的性质，下面以图5-34的电路来说明该性质。

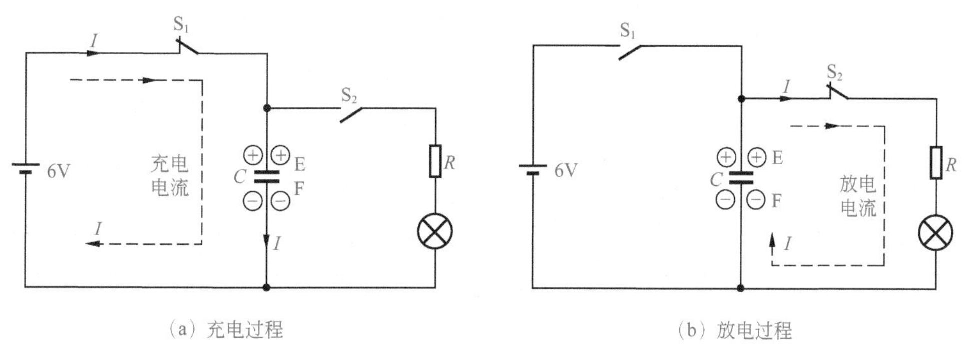

图5-34 电容充、放电性质说明图

① 充电 在图5-34（a）电路中，当开关S_1闭合后，从电源正极输出电流经开关S_1流到电容器的金属极板E上，在极板E上聚集了大量的正电荷，由于金属极板F与极板E相距很近，又因为同性相斥，所以极板F上的正电荷受到很近的极板E上正电荷产生的电场排斥而流走，这些正电荷汇合形成电流到达电源的负极，极板F上就剩下很多负电荷，结果在电容器的上、下极板就存储了大量的上正下负的电荷。（注：金属极板E、F常态时不呈电性，但极板上都有大量的正、负电荷，只是正、负电荷数相等呈中性）

电源输出电流流经电容器，在电容器上获得大量电荷的过程称为电容器的“充电”。

② 放电 在图5-34（b）电路中，先闭合开关S_1，让电源对电容器C充得上正下负的电荷，然后断开S_1，再闭合开关S_2，电容器上的电荷开始释放，电荷流经的途径是：电容器极板E上的正电荷流出→开关S_2→电阻R→灯泡→极板F，中和极板F上的负电荷。大量的电荷移动形成电流，该电流经灯泡，灯泡发光。随着极板E上的正电荷不断流走，正电荷的数量慢慢减少，流经灯泡的电流减小，灯泡慢慢变暗，当极板E上先前充得的正电荷全放完后，无电流流过灯泡，灯泡熄灭，此时极板F上的负电荷也完全被中和，电容器两极板上先前充得的电荷消失。

电容器一个极板上的正电荷经一定的途径流到另一个极板，中和该极板上负电荷的过程称为电容器的“放电”。

电容器充电后两极板上存储了电荷，两极板之间也就有了电压，这就像杯子装水后有水位一样。电容器极板上的电荷数与两极板之间的电压有一定的关系，具体可这样概括：**在容量不变情况下，电容器存储的电荷数与两端电压成正比，即**

$$Q=CU$$

式中，Q表示电荷数，单位为库仑（C）；C表示容量，单位为法拉（F）；U表示电容器两端的电压，单位为伏特（V）。这个公式可以从以下几个方面来理解。

① 在容量不变的情况下（C不变），电容器充得电荷越多（Q增大），两端电压越高

（U增大）。这就像杯子大小不变时，杯子中装得水越多，杯子的水位越高一样。

② 若向容量一大一小的两只电容器充相同数量的电荷（Q不变），那么容量小的电容器两端的电压更高（C小U大）。这就像往容量一大一小的两只杯子装入同样多的水时，小杯子中的水位更高一样。

（2）"隔直"和"通交"性质

电容器的"隔直"和"通交"是指直流不能通过电容器，而交流能通过电容器。下面以图5-35的电路来说明电容器的"隔直"和"通交"性质。

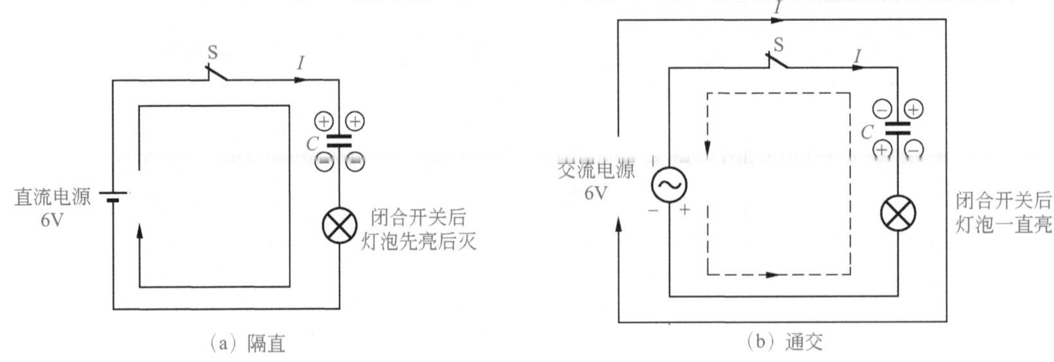

图5-35 电容器的"隔直"和"通交"性质说明图

① 隔直 在图5-35（a）电路中，电容器与直流电源连接，当开关S闭合后，直流电源开始对电容器充电，充电途径是：电源正极→开关S→电容器上极板获得大量正电荷→通过电荷的排斥作用（电场作用），下极板上的大量正电荷被排斥流出形成电流→灯泡→电源的负极，有电流流过灯泡，灯泡亮。随着电源对电容器不断充电，电容器两端电荷越来越多，两端电压越来越高，当电容器两端电压与电源电压相等时，电源不能再对电容器充电，无电流流到电容器上极板，下极板也就无电流流出，无电流流过灯泡，灯泡熄灭。

以上过程说明：**在刚开始时直流可以对电容器充电而通过电容器，该过程持续时间很短，充电结束后，直流就无法通过电容器，这就是电容器的"隔直"性质。**

② 通交 在图5-35（b）电路中，电容器与交流电源连接，通过第1章知识可知，交流电的极性是经常变化的，故图5-35（b）中的交流电源的极性也是经常变化的，一段时间极性是上正下负，下一段时间极性变为下正上负。开关S闭合后，当交流电源的极性是上正下负时，交流电源从上端输出电流，该电流对电容器充电，充电途径是：交流电源上端→开关S→电容器→灯泡→交流电源下端，有电流流过灯泡，灯泡发光，同时交流电源对电容器充得上正下负的电荷；当交流电源的极性变为上负下正时，交流电源从下端输出电流，它经过灯泡对电容反充电，电流途径是：交流电源下端→灯泡→电容器→开关S→交流电源上端，有电流流过灯泡，灯泡发光，同时电流对电容器反充得上负下正的电荷，这次充得的电荷极性与先前充得电荷极性相反，它们相互中和抵消，电容器上的电荷消失。当交流电源极性重新变为上正下负时，又可以对电容器进行充电，以后不断重复上述过程。

从上面的分析可以看出：**由于交流电源的极性不断变化，使得电容器充电和反充电（中和抵消）交替进行，从而始终有电流流过电容器，这就是电容器"通交"性质。**

③ 电容器对交流有阻碍作用 **电容器虽然能通过交流，但对交流也有一定的阻碍，这**

种阻碍称之为容抗，用X_C表示，容抗的单位是欧姆（Ω）。在图5-36电路中，两个电路中的交流电源电压相等，灯泡也一样，但由于电容器的容抗对交流阻碍作用，故图5-36（b）中的灯泡要暗一些。

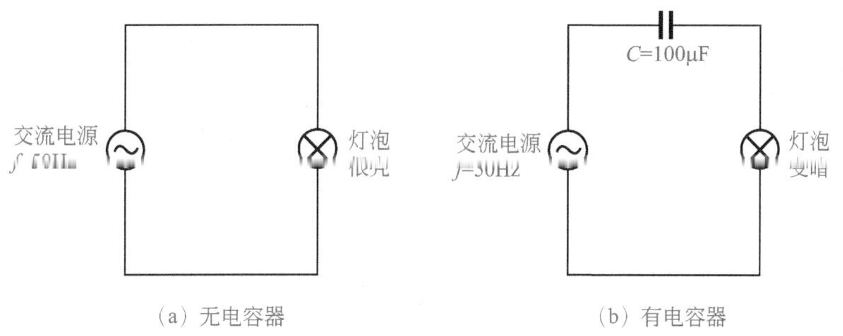

（a）无电容器　　（b）有电容器

图5-36　容抗说明图

电容器的容抗与交流信号频率、电容器的容量有关，交流信号频率越高，电容器对交流信号的容抗越小，电容器容量越大，它对交流信号的容抗越小。在图5-36（b）电路中，若交流电频率不变，当电容器容量越大，灯泡越亮；或者电容器容量不变，交流电频率越高灯泡越亮。容抗可用以下式子来计算：

$$X_C=\frac{1}{2\pi fC}$$

式中，X_C表示容抗；f表示交流信号频率；π为常数3.14。

在图5-36（b）电路中，若交流电源的频率f=50Hz，电容器的容量C=100μF，那么该电容器对交流电的容抗为

$$X_C=\frac{1}{2\pi fC}=\frac{1}{2\times3.14\times50\times100\times10^{-6}}\approx31.8\Omega$$

5.3.4　种类

电容器种类很多，主要可分为两大类：固定电容器和可变电容器。

（1）固定电容器

固定电容器是指容量固定不变的电容器。固定电容器可分为无极性电容器和有极性电容器。

① 无极性电容器　**无极性电容器的引极无正、负极之分。**无极性电容器的图形符号如图5-37（a）所示，常见无极性电容器外形如图5-37（b）所示。**无极性电容器的容量小，但耐压高。**

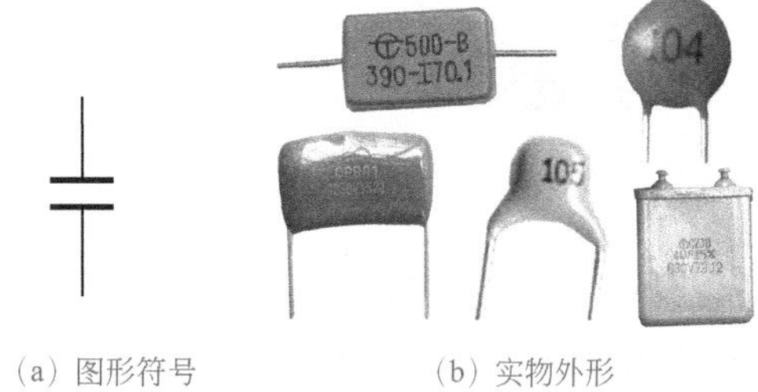

（a）图形符号　　（b）实物外形

图5-37　无极性电容器

② 有极性电容器　**有极性电容器又称电解电容器，引脚有正、负之分。**有极性电容器的图形符号如图5-38（a）所示，常见有极性电容器外形如图5-38（b）所示。**有极性电容器的容量大，但耐压较低。**

有极性电容器引脚有正、负之分，在电路中不能乱接，若正、负位置接错，轻则电

容器不能正常工作，重则电容器炸裂。**有极性电容器正确的连接方法是：电容器正极接电路中的高电位，负极接电路中的低电位。**有极性电容器正确和错误的接法分别如图5-39所示。

（a）图形符号 （b）实物外形

图5-38 有极性电容器

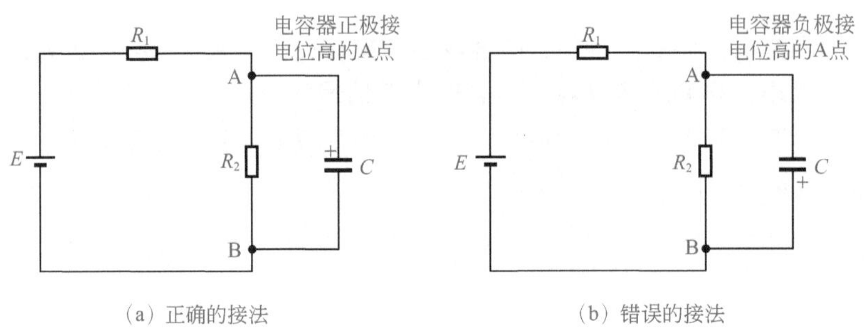

（a）正确的接法 （b）错误的接法

图5-39 有极性电容器的连接方法

③ 有极性电容器的极性判别 由于有极性电容器有正、负之分，在电路中又不能乱接，所以在使用有极性电容器前需要判别出正、负极。**有极性电容器的正、负极判别方法如下所述。**

方法一：对于未使用过的新电容，可以根据引脚长短来判别。引脚长的为正极，引脚短的为负极，如图5-40所示。

方法二：根据电容器上标注的极性判别。电容器上标“+”为正极，标“–”为负极，如图5-41所示。

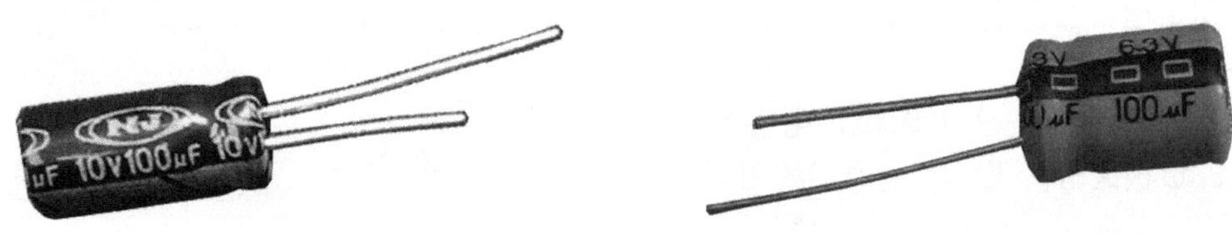

图5-40 引脚长的引脚为正极　　图5-41 标“–”的引脚为负极

方法三：用万用表判别。万用表拨至$R\times10k\Omega$挡，测量电容器两极之间阻值，正、反各测一次，如图5-42（a）所示，每次测量时表针都会先向右摆动，然后慢慢往左返回，待表针稳定不移动后再观察阻值大小，两次测量会出现阻值一大一小，以阻值大的那次为准，如图5-42（b）所示，黑表笔接的为正极，红表笔接的为负极。

（2）可变电容器

可变电容器又称可调电容器，是指容量可以调节的电容器。可变电容器可分为微调电容器、单联电容器和多联电容器等。

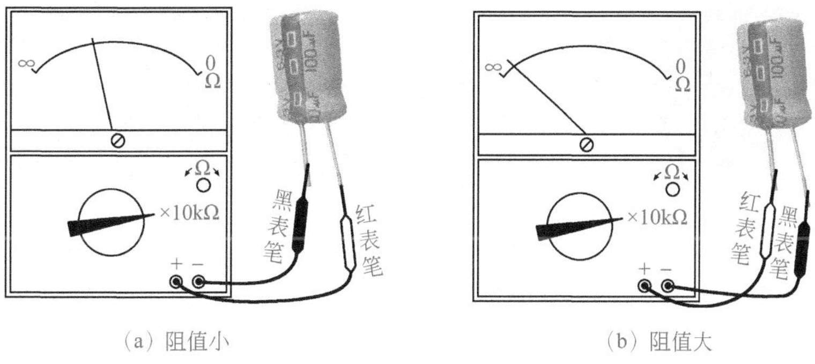

（a）阻值小　　（b）阻值大

图5-42　用万用表检测电容器的极性

① 微调电容器

a. 外形与图形符号　**微调电容器又称半可变电容器，通常是指不带调节手柄的可变电容器**。微调电容器的外形和图形符号如图5-43所示。

b. 结构原理　微调电容器是由一片动片和一片定片构成。微调电容器的结构示意图如图5-44所示，动片与转轴连接在一起，当转动转轴时，动片也随之转动，动、定片的相对面积就会发生变化，电容器的容量就会变化。

（a）外形　　（b）图形符号

图5-43　微调电容器

图5-44　微调电容器的结构示意图

② 单联电容器

a. 外形与图形符号　单联电容器是由多个连接在一起的金属片作定片，以多个与金属转轴连接的金属片作动片构成。单联电容器的外形和图形符号如图5-45所示。

b. 结构原理　单联电容器的结构示意图如图5-46所示，它是以多个连接在一起的金属片作定片，而将多个与金属转轴连接的金属片作动片，再将定片与动片的金属片交叉且相互绝缘叠在一起，当转动转轴时，各个定片与动片之间的相对面积就会发生变化，整个电容器的容量就会变化。

③ 多联电容器

a. 外形与图形符号　**多联电容器是指将两个或两个以上的可变电容器结合在一起并且可同时调节的电容器**。常见的多联电容器有双联电容器和四联电容器，多联电容器的外形和图形符号如图5-47所示。

b. 结构原理　多联电容器虽然种类较多，但结构大同小异，下面以双联电容器为例进行说明。双联电容器的结构示意图如图5-48所示，双联电容器由两组动片和两组

（a）外形　（b）图形符号

图5-45　单联电容器

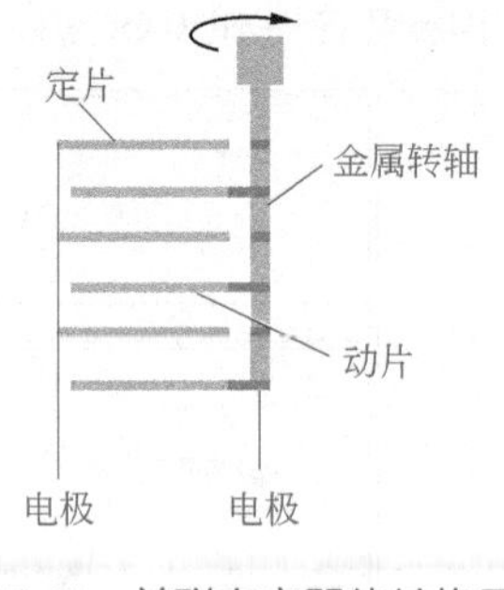

图5-46　单联电容器的结构示意图

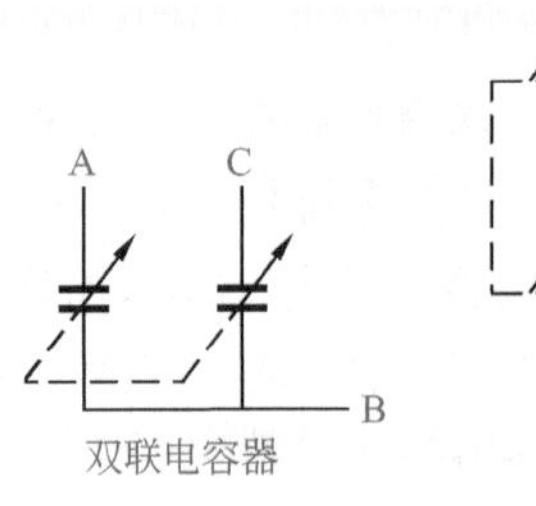

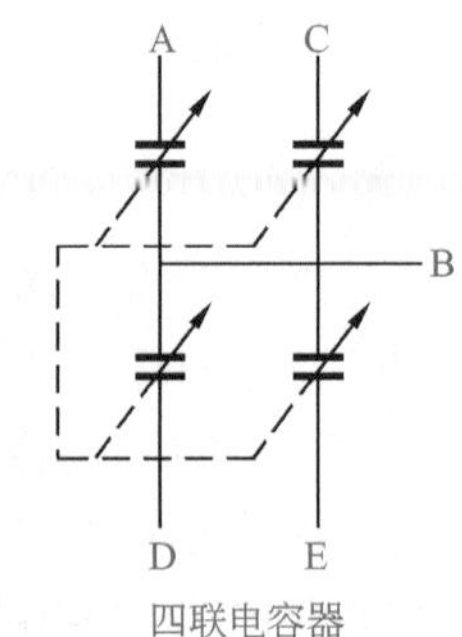

（a）外形　（b）图形符号

图5-47　多联电容器

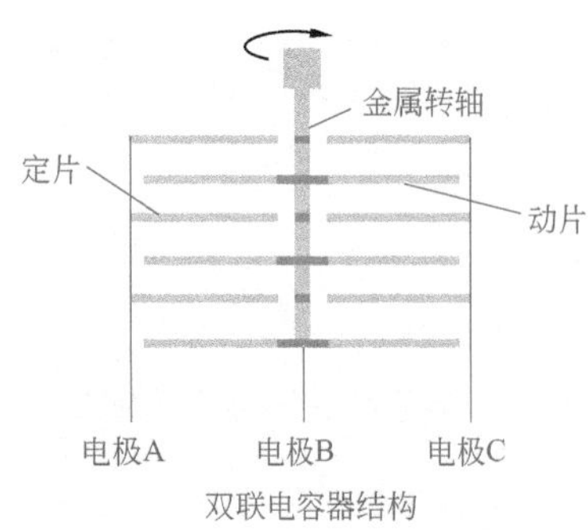

图5-48　双联电容器的结构示意图

定片构成，两组动片都与金属转轴相连，而两组定片都是独立的，当转动转轴时，与转轴连动的两组动片都会移动，它们与各自对应定片的相对面积会同时变化，两个电容器的容量被同时调节。

5.3.5　电容器的串联与并联

在使用电容器时，如果无法找到合适容量或耐压的电容器，可将多个电容器进行并联或串联来得到需要的电容器。

（1）电容器的并联

电容器并联是指两个或两个以上电容器头头相接，尾尾相接。电容器的并联如图5-49所示。

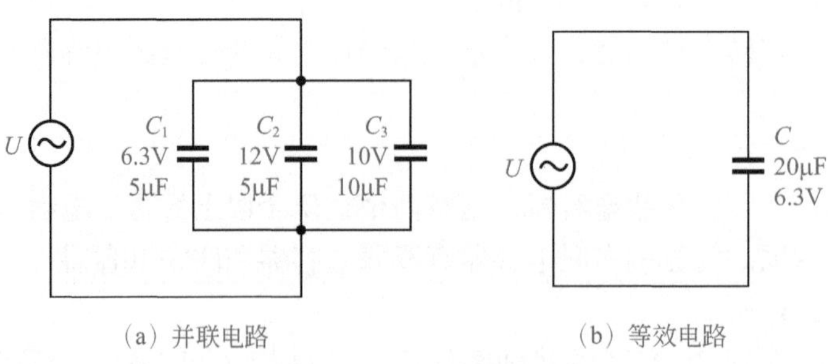

（a）并联电路　（b）等效电路

图5-49　电容器的并联

电容器并联后的总容量增大，总容量等于所有并联电容器的容量之和，以图5-49（a）电路为例，并联后总容量

$$C=C_1+C_2+C_3=5+5+10=20\mu F$$

电容器并联后的总耐压以耐压最小的电容器的耐压为准，仍以图5-49（a）电路为例，C_1、C_2、C_3耐压不同，其中C_1的耐压最小，故并联后电容器的总耐压以C_1耐压6.3V为准，加在并联电容器两端的电压不能超过6.3V。

根据上述原则，图5-49（a）电路可等效为图5-49（b）电路。

（2）电容器的串联

两个或两个以上的电容器在电路中头尾相连就是电容器的串联。电容器的串联如图5-50所示。

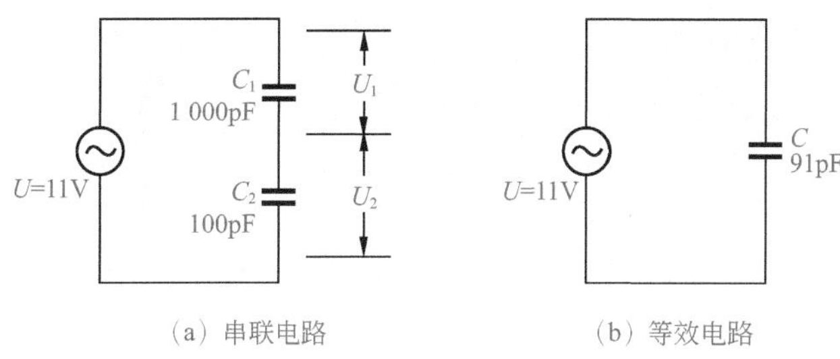

图5-50　电容器的串联

电容器串联后总容量减小，总容量比容量最小电容器的容量还小。电容器串联后总容量的计算规律是：总容量的倒数等于各电容器容量倒数之和，这与电阻器的并联计算相同，以图5-50（a）电路为例，电容器串联后的总容量计算公式是

$$\frac{1}{C}=\frac{1}{C_1}+\frac{1}{C_2} \Rightarrow C=\frac{C_1C_2}{C_1+C_2}=\frac{1000\times100}{1000+100}\approx91\text{pF}$$

所以图5-50（a）电路与图5-50（b）电路是等效的。

电容器串联后总耐压增大，总耐压较耐压最低的电容器的耐压要高。在电路中，串联的各电容器两端承受的电压与容量成反比，即容量越大，在电路中承受电压越低，这个关系可用公式表示：

$$\frac{C_1}{C_2}=\frac{U_2}{U_1}$$

以图5-50（a）电路为例，C_1的容量是C_2容量的10倍，用上述公式计算可知，C_2两端承受的电压U_2应是C_1两端承受电压U_1的10倍，如果交流电压为11V，则U_1=1V，U_2=10V，若C_1、C_2都是耐压为6.3V的电容器，就会出现C_2首先被击穿短路（因为它两端承受了10V电压），11V电压马上全部加到C_1两端，接着C_1被击穿损坏。

当电容器串联时，容量小的电容器应选用耐压接近或等于电源电压为佳，这是因为当电容器串联在电路中时，容量小的电容器在电路中承担的电压较容量大的电容器承担电压大得多。

5.3.6　容量与误差的标注方法

（1）容量的标注方法

电容器容量标注方法很多，下面介绍一些常用的容量标注方法。

① 直标法　**直标法是指在电容器上直接标出容量值和容量单位。电解电容器常采用直标法，**如图5-51所示左方的电容器的容量为2200μF，耐压为63V，误差为±20%，右方电容器的容量为68nF，J表示误差为±5%。

② 小数点标注法　**容量较大的无极性电容器常采用小数点标注法。小数点标注法的容量单位是μF。**图5-52中的两个实物电容器的容量分别是0.01μF和0.033μF。

有的电容器用μ、n、p来表示小数点，同时指明容量单位，如图5-52中的p1、4n7、3μ3分别表示容量0.1pF、4.7nF、3.3μF，如果用R表示小数点，单位则为μF，如R33表示容量是0.33μF。

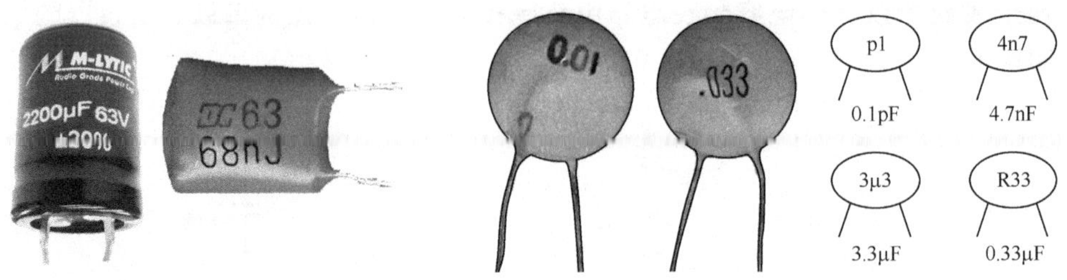

图5-51　直标法例图　　图5-52　小数点标注法例图

③ 整数标注法　**容量较小的无极性电容器常采用整数标注法，单位为pF。**若整数末位是0，如标“330”则表示该电容器容量为330pF；若整数末位不是0，如标“103”，则表示容量为10×10^3pF。图5-53中的几个电容器的容量分别是180pF、330pF和22000pF。如果整数末尾是9，不是表示10^9，而是表示10^{-1}，如339表示3.3pF。

④ 色码标注法　**色码标注法是指用不同颜色的色环、色带或色点表示容量大小的方法，色码标注法的单位为pF。**电容器的色码标注法与色环电阻器相同，第1、2色码分别表示第1、2位有效数，第3色码表示倍乘数，第4色码表示误差数。

在图5-54中左方的电容器往引脚方向，色码依次为“棕红橙”，表示容量为12×10^3=12000pF=0.012μF，右方电容器只有两条色码“红橙”，较宽的色码要当成两条相同的色码，该电容器的容量为22×10^3=22000pF=0.022μF。

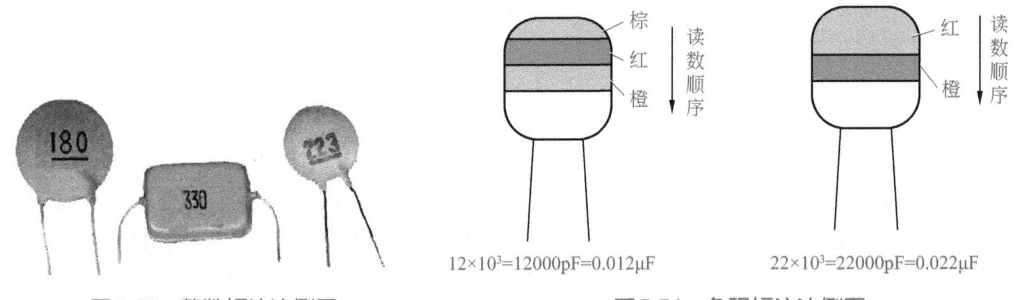

图5-53　整数标注法例图　　图5-54　色码标注法例图

（2）误差表示法

电容器误差表示法主要有罗马数字表示法、字母表示法和直接表示法。

① 罗马数字表示法　**罗马数字表示法是在电容器上标注罗马数字来表示误差大小。**这种方法用0、Ⅰ、Ⅱ、Ⅲ分别表示误差±2%、±5%、±10%和±20%。

② 字母表示法　**字母表示法是在电容器上标注字母来表示误差的大小。**字母及其代表

的误差数见表5-3。例如某电容器上标注“K”，表示误差为±10%，标注“S”表示正误差为50%，负误差为20%。

③ 直接表示法 **直接表示法是指在电容器上直接标出误差数值。**如标注“68pF±5pF”表示误差为±5pF，标注“±20%”表示误差为±20%，标注“0.033/5”表示误差为±5%（%号被省掉）。

表5-3 字母及其代表的误差数

字母	B	C	D	F	G	J	K	M	N	Q	S	Z	P
误差	±0.1%	±0.25%	±0.5%	±1%	±2%	±5%	±10%	±20%	±30%	+30%～−10%	+50%～−20%	+80%～−20%	±100%

5.3.7 常见故障及检测

电容器常见的故障有开路、短路和漏电。

（1）无极性电容器的检测

检测时，万用表拨至$R\times10\text{k}\Omega$或$R\times1\text{k}\Omega$挡（对于容量小的电容器选$R\times10\text{k}\Omega$挡位），测量电容器两引脚之间的阻值。如果电容器正常，表针先往右摆动，然后慢慢返回到无穷大处，容量越小向右摆动的幅度越小，该过程如图5-55所示。表针摆动过程实际上就是万用表内部电池通过表笔对被测电容器充电过程，被测电容器容量越小充电越快，表针摆动幅度越小，充电完成后表针就停在无穷大处。

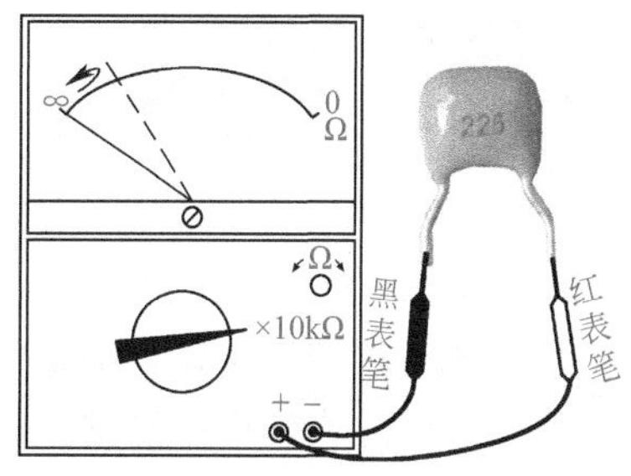

图5-55 无极性电容器的检测

若检测时表针始终停在无穷大处不动，说明电容器不能充电，该电容器开路。

若表针能往右摆动，也能返回，但回不到无穷大，说明电容器能充电，但绝缘电阻小，该电容器漏电。

若表针始终指在阻值小或0处不动，这说明电容器不能充电，并且绝缘电阻很小，该电容器短路。

注：对于容量小于0.01μF的正常电容器，在测量时表针可能不会摆动，故无法用万用表判断是否开路，但可以判别是否短路和漏电。如果怀疑容量小的电容器开路，万用表又无法检测时，可找相同容量的电容器代换，如果故障消失，就说明原电容器开路。

（2）有极性电容器的检测

万用表拨至$R\times1\text{k}\Omega$或$R\times10\text{k}\Omega$挡（对于容量很大的电容器，可选择$R\times100\Omega$挡），测量电容器正、反向电阻。如果电容器正常，在测正向电阻（黑表笔接电容器正极引脚，红表笔接负极引脚）时，表针先向右作大幅度摆动，然后慢慢返回到无穷大处（用$R\times10\text{k}\Omega$挡测量可能到不了无穷大处，但非常接近也是正常的），如图5-56（a）所示；在测反向电阻时，表针也是先向右摆动，也能返回，但一般回不到无穷大处，如图5-56（b）所示。即正常有极性电容器的正向电阻大，反向电阻小，它的检测过程与判别正、负极是一样的。

若正、反向电阻均为无穷大，表明电容器开路。

若正、反向电阻都很小，说明电容器漏电。

若正、反向电阻均为0，说明电容器短路。

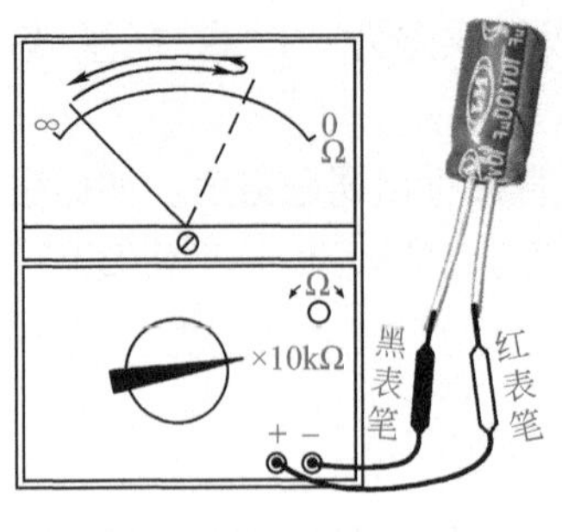

（a）测正向电阻

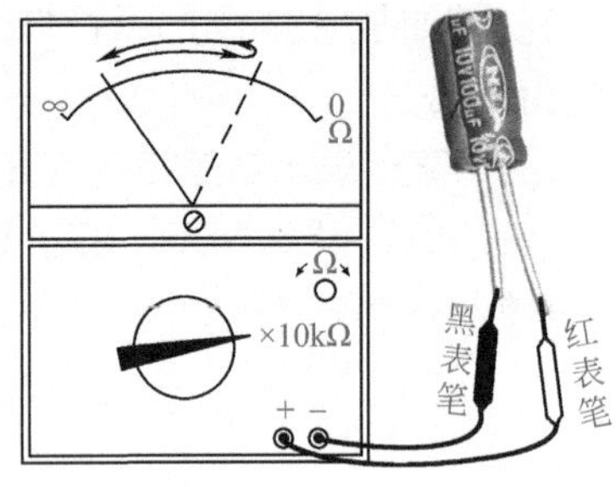

（b）测反向电阻

图5-56　有极性电容器的检测

5.4 二极管

5.4.1　半导体

导电性能介于导体与绝缘体之间的材料称为半导体，常见的半导体材料有硅、锗和硒等。利用半导体材料可以制作各种各样的半导体元器件，如二极管、三极管、场效应管和晶闸管等都是由半导体材料制作而成的。

（1）半导体的特性

半导体的主要特性有以下几种。

① **掺杂性**。当往纯净的半导体中掺入少量某些物质时，半导体的导电性就会大大增强。二极管、三极管就是用掺入杂质的半导体制成的。

② **热敏性**。当温度上升时，半导体的导电能力会增强，利用该特性可以将某些半导体制成热敏器件。

③ **光敏性**。当有光线照射半导体时，半导体的导电能力也会显著增强，利用该特性可以将某些半导体制成光敏器件。

（2）半导体的类型

半导体主要有三种类型：本征半导体、N型半导体和P型半导体。

① 本征半导体。纯净的半导体称为本征半导体，它的导电能力是很弱的，在纯净的半导体中掺入杂质后，导电能力会大大增强。

② N型半导体。在纯净半导体中掺入五价杂质（原子核最外层有五个电子的物质，如磷、砷和锑等）后，半导体中会有大量带负电荷的电子（因为半导体原子核最外层一般只有四个电子，所以可理解为当掺入五价元素后，半导体中的电子数偏多），这种电子偏多的半导体称为“N型半导体”。

③ P型半导体。在纯净半导体中掺入三价杂质（如硼、铝和镓）后，半导体中电子偏少，有大量的空穴（可以看作正电荷）产生，这种空穴偏多的半导体称为“P型半导体”。

5.4.2　二极管

（1）PN结的形成

当P型半导体（含有大量的正电荷）和N型半导体（含有大量的电子）结合在一起时，

P型半导体中的正电荷向N型半导体中扩散，N型半导体中的电子向P型半导体中扩散，于是在P型半导体和N型半导体中间就形成一个特殊的薄层，这个薄层称之为PN结，该过程如图5-57所示。

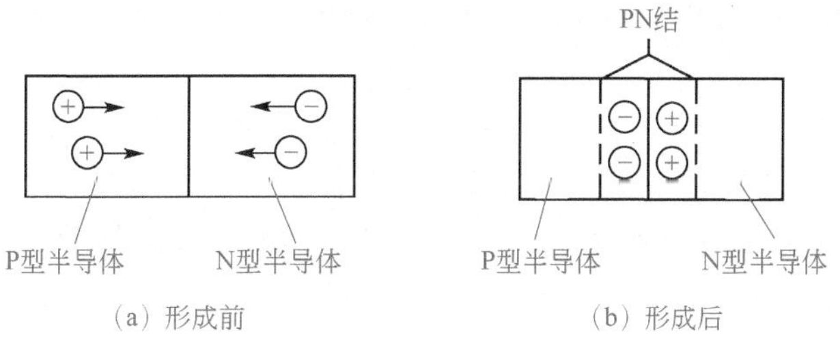

(a) 形成前　　(b) 形成后

图5-57　PN结的形成

从含有PN结的P型半导体和N型半导体两端各引出一个电极并封装起来就构成了二极管，与P型半导体连接的电极称为正极（或阳极），用"+"或"A"表示，与N型半导体连接的电极称为负极（或阴极），用"-"或"K"表示。

（2）二极管结构、图形符号和外形

二极管内部结构、图形符号和实物外形如图5-58所示。

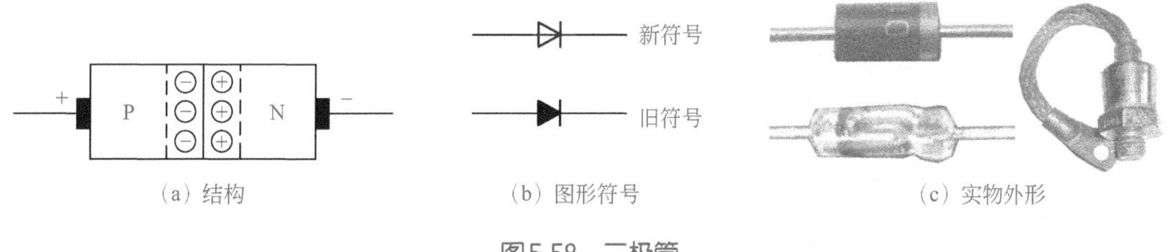

(a) 结构　　(b) 图形符号　　(c) 实物外形

图5-58　二极管

（3）二极管的性质

① 性质说明　下面通过分析图5-59中的两个电路来详细介绍二极管的性质。

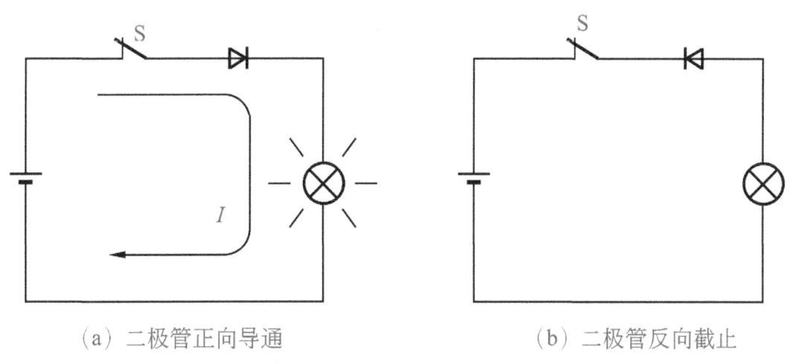

(a) 二极管正向导通　　(b) 二极管反向截止

图5-59　二极管的性质说明图

在图5-59（a）电路中，当闭合开关S后，发现灯泡会发光，表明有电流流过二极管，二极管导通；而在图5-59（b）电路中，当开关S闭合后灯泡不亮，说明无电流流过二极管，二极管不导通。通过观察这两个电路中二极管的接法可以发现：在图5-59（a）电路中，二极管的正极通过开关S与电源的正极连接，二极管的负极通过灯泡与电源负极相连；在图

5-59（b）电路中，二极管的负极通过开关S与电源的正极连接，二极管的正极通过灯泡与电源负极相连。

由此可以得出这样的结论：**当二极管正极与电源正极连接，负极与电源负极相连时，二极管能导通，反之二极管不能导通。二极管这种单方向导通的性质称为二极管的单向导电性。**

② 伏安特性曲线　在电子工程技术中，常采用伏安特性曲线来说明元器件的性质。**伏安特性曲线又称电压电流特性曲线，它用来说明元器件两端电压与通过电流的变化规律。**

二极管的伏安特性曲线用来说明加到二极管两端的电压*U*与通过电流*I*之间的关系。二极管的伏安特性曲线如图5-60（a）所示，图5-60（b）、（c）则是为解释伏安特性曲线而画的电路。

在图5-60（a）的坐标图中，第一象限内的曲线表示二极管的正向特性，第三象限内的曲线则是表示二极管的反向特性。下面从两方面来分析伏安特性曲线。

a. 正向特性。正向特性是指给二极管加正向电压（二极管正极接高电位，负极接低电位）时的特性。在图5-60（b）电路中，电源直接接到二极管两端，此电源电压对二极管来说是正向电压。将电源电压U从0V开始慢慢调高，在刚开始时，由于电压U很低，流过二极管的电流极小，可认为二极管没有导通，只有当正向电压达到如图5-60（a）所示的U_A电压时，流过二极管的电流急剧增大，二极管导通。这里的U_A电压称为正向导通电压，又称门电压（或阈值电压），不同材料的二极管，其门电压是不同的，硅材料二极管的门电压为0.5～0.7V，锗材料二极管的门电压为0.2～0.3V。

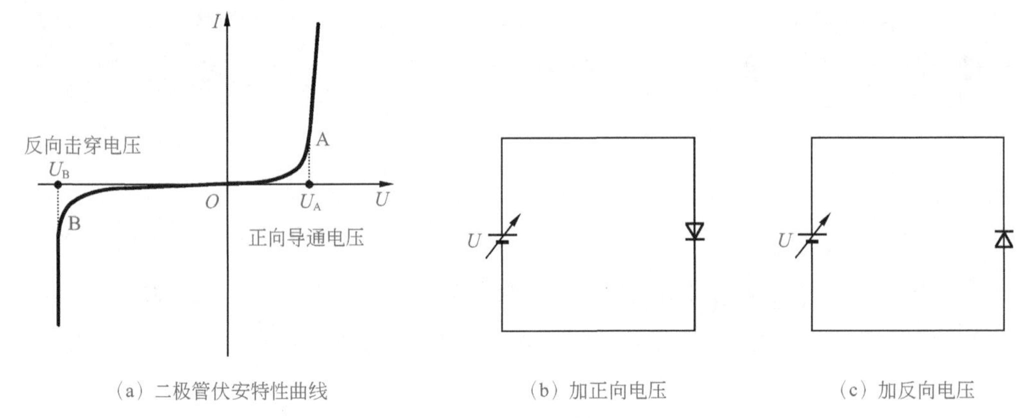

图5-60　二极管的伏安特性曲线

从上面的分析可以看出，**二极管的正向特性是：当二极管加正向电压时不一定能导通，只有正向电压达到门电压时，二极管才能导通。**

b. 反向特性。反向特性是指给二极管加反向电压（二极管正极接低电位，负极接高电位）时的特性。在图5-60（c）电路中，电源直接接到二极管两端，此电源电压对二极管来说是反向电压。将电源电压U从0V开始慢慢调高，在反向电压不高时，没有电流流过二极管，二极管不能导通。当反向电压达到如图5-60（a）所示U_B电压时，流过二极管的电流急剧增大，二极管反向导通了，这里的U_B电压称为反向击穿电压，反向击穿电压一般很高，远大于正向导通电压，不同型号的二极管反向击穿电压不同，低的十几伏，高的有几千伏。普通二极管反向击穿导通后通常是损坏性的，所以反向击穿导通的普通二极管一般不能再使用。

从上面的分析可以看出，**二极管的反向特性是：当二极管加较低的反向电压时不能导通，但反向电压达到反向击穿电压时，二极管会反向击穿导通。**

二极管的正、反向特性与生活中的开门类似：当你从室外推门（门是朝室内开的）时，如果力很小，门是推不开的，只有力气较大时门才能被推开，这与二极管加正向电压，只有达到门电压才能导通相似；当你从室内往外推门时，是很难推开的，但如果推门的力气非常大，门也会被推开，不过门被开的同时一般也就损坏了，这与二极管加反向电压时不能导通，但反向电压达到反向击穿电压（电压很高）时，二极管会击穿导通相似。

（4）二极管的主要参数

二极管的主要参数有以下几个。

① 最大整流电流I_F **二极管长时间使用时允许流过的最大正向平均电流称为最大整流电流，或称为二极管的额定工作电流。**当流过二极管的电流大于最大整流电流时，容易被烧坏。二极管的最大整流电流与PN结面积、散热条件有关。PN结面积大的面接触型二极管的I_F大，点接触型二极管的I_F小；金属封装二极管的I_F大，而塑封二极管的I_F小。

② 最高反向工作电压U_R **最高反向工作电压是指二极管正常工作时两端能承受的最高反向电压。**最高反向工作电压一般为反向击穿电压的一半。在高压电路中需要采用U_R大的二极管，否则二极管易被击穿损坏。

③ 最大反向电流I_R **最大反向电流是指二极管两端加最高反向工作电压时流过的反向电流。**该值越小，二极管的单向导电性越佳。

④ 最高工作频率f_M **最高工作频率是指二极管在正常工作条件下的最高频率。**如果加给二极管的信号频率高于该频率，二极管将不能正常工作，f_M的大小通常与二极管的PN结面积有关，PN结面积越大，f_M越低，故点接触型二极管的f_M较高，而面接触型二极管的f_M较低。

（5）二极管的极性判别

二极管引脚有正、负之分，在电路中乱接轻则不能正常工作，重则损坏二极管。二极管极性判别可采用下面一些方法。

① 根据标注或外形判断极性 为了让人们更好区分出二极管正、负极，有些二极管会在表面标注一定的标志来指示正、负极，有些特殊的二极管，从外形也可看出正、负极。如图5-61所示左上方的二极管表面标有二极管符号，其中三角形端对应的电极为正极，另一端为负极；左下方的二极管标有白色圆环的一端为负极；右方的二极管金属螺栓为负极，另一端为正极。

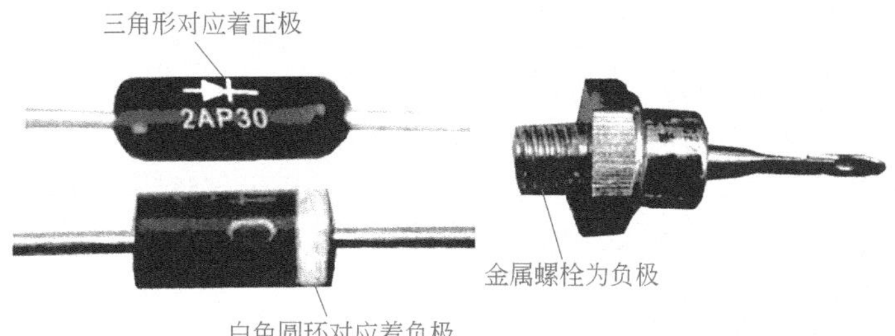

图5-61 根据标注或外形判断二极管的极性

② 用指针万用表判断极性　对于没有标注极性或无明显外形特征的二极管，可用指针万用表的欧姆挡来判断极性。万用表拨至$R\times100\Omega$或$R\times1k\Omega$挡，测量二极管两个引脚之间的阻值，正、反各测一次，会出现阻值一大一小，如图5-62所示，以阻值小的一次为准，黑表笔接的为二极管的正极，红表笔接的为二极管的负极。

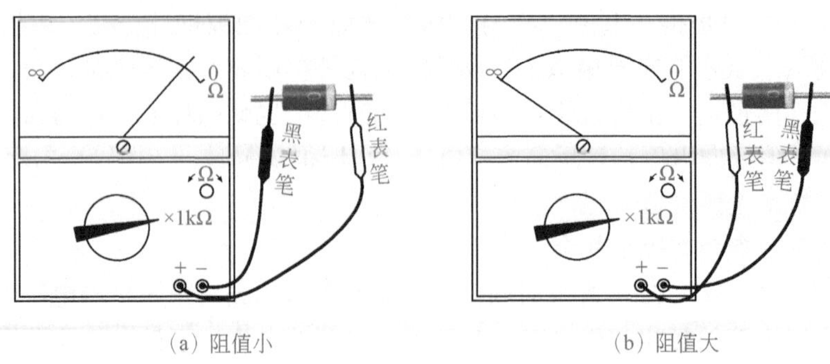

（a）阻值小　　（b）阻值大

图5-62　用指针万用表判断二极管的极性

③ 用数字万用表判断极性　数字万用表与指针万用表一样，也有欧姆挡，但由于两者测量原理不同，数字万用表欧姆挡无法判断二极管的正、负极（因为测量正、反向电阻时阻值都显示无穷大符号“1”），不过数字万用表有一个二极管专用测量挡，可以用该挡来判断二极管的极性。用数字万用表判断二极管极性如图5-63所示。

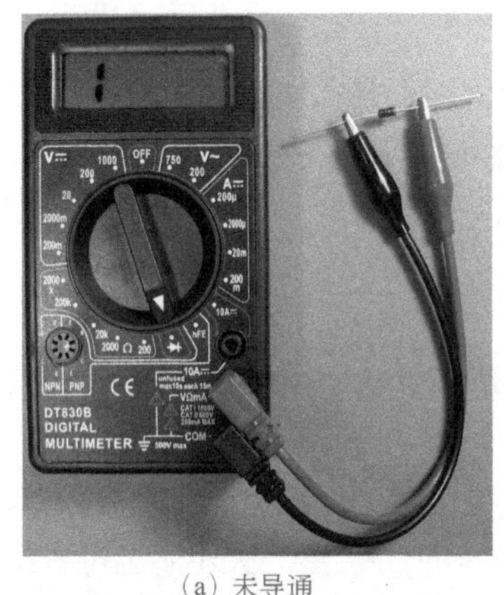

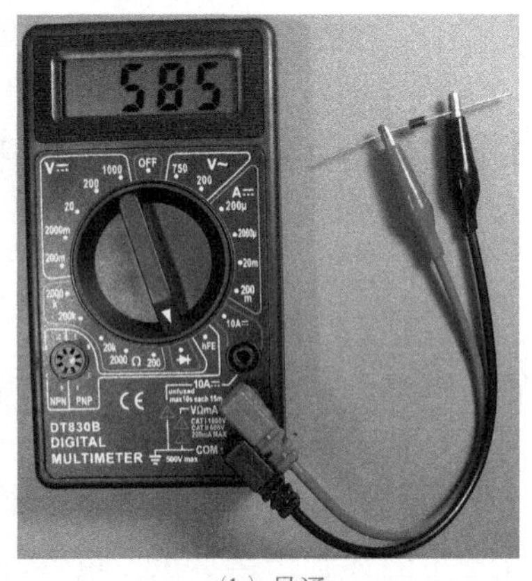

（a）未导通　　（b）导通

图5-63　用数字万用表判断二极管的极性

在检测判断时，数字万用表拨至“→|—”挡（二极管测量专用挡），然后红、黑表笔分别接被测二极管的两极，正、反各测一次，测量会出现一次显示“1”，如图5-63（a）所示，另一次显示100～800的数字，如图5-63（b）所示，以显示100～800数字的那次测量为准，红表笔接的为二极管的正极，黑表笔接的为二极管的负极。

在图5-63测量中，显示“1”表示二极管未导通，显示“585”表示二极管已导通，并且二极管当前的导通电压为585mV（即0.585V）。

（6）二极管常见的故障及检测

二极管常见故障有开路、短路和性能不良。

在检测二极管时，万用表拨至$R\times1k\Omega$挡，测量二极管正、反向电阻，测量方法与极性判断相同，可参见图5-62。正常锗材料二极管正向阻值在1kΩ左右，反向阻值在500kΩ以上；正常硅材料二极管正向电阻在1～10kΩ，反向电阻为无穷大（注：不同型号万用表测量值略有差距）。也就是说，正常二极管的正向电阻小、反向电阻很大。

若测得二极管正、反电阻均为0，说明二极管短路。

若测得二极管正、反向电阻均为无穷大，说明二极管开路。

若测得正、反向电阻差距小（即正向电阻偏大，反向电阻偏小），说明二极管性能不良。

5.4.3 发光二极管

（1）外形与图形符号

发光二极管是一种电-光转换器件，能将电信号转换成光。如图5-64（a）所示是一些常见的发光二极管的实物外形，如图5-64（b）所示为发光二极管的图形符号。

（2）性质

发光二极管在电路中需要正接才能工作。下面以图5-65的电路来说明发光二极管的性质。

在图5-65中，可调电源E通过电阻R将电压加到发光二极管VD两端，电源正极对应VD的正极，负极对应VD的负极。将电源E的电压由0开始慢慢调高，发光二极管两端电压U_{VD}也随之升高，在电压较低时发光二极管并不导通，只有U_{VD}达到一定值时，发光二极管才导通，此时的U_{VD}电压称为发光二极管的导通电压。发光二极管导通后有电流流过就开始发光，流过的电流越大，发出光越强。

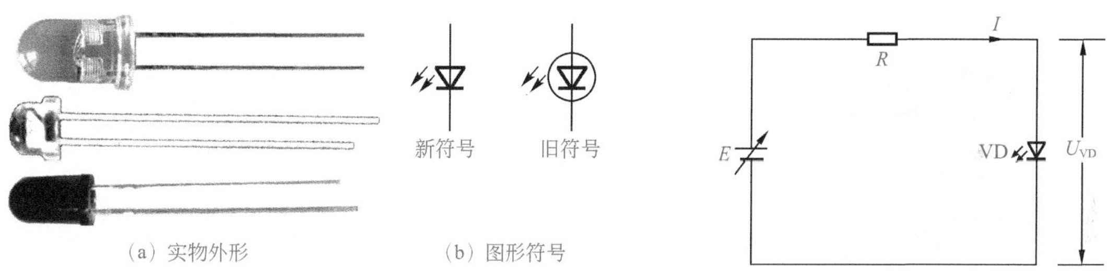

（a）实物外形　（b）图形符号

图5-64　发光二极管

图5-65　发光二极管的性质说明图

不同颜色的发光二极管，其导通电压一般不同，红外线发光二极管最低，略高于1V，红光二极管为1.5～2V，黄光二极管为2V左右，绿光二极管为2.5～2.9V，高亮度蓝光、白光二极管导通电压一般达到3V以上。**发光二极管正常工作时的电流较小，小功率的发光二极管工作电流一般在5～30mA，若流过发光二极管的电流过大，容易被烧坏。发光二极管的反向耐压也较低，一般在10V以下。**

（3）检测

发光二极管的检测包括极性检测和好坏检测。

① 极性检测　**对于未使用过的发光二极管，引脚长的为正极，引脚短的为负极。**发光二极管与普通二极管一样具有单向导电性，即正向电阻小，反向电阻大。根据这一点可以用万用表来判别发光二极管的极性。

由于发光二极管的导通电压在1.5V以上，而万用表选择$R×1Ω$～$R×1kΩ$挡时，内部使用1.5V电池，它所提供的电压无法使发光二极管正向导通，故检测发光二极管极性时，万用表应选择$R\times10k\Omega$挡，红、黑表笔分别接发光二极管两个引脚，正、反各测一次，两次测量阻值会出现一大一小，以阻值小的那次为准，黑表笔接的引脚为正极，红表笔接的引脚为负极。

② 好坏检测　在检测发光二极管好坏时，万用表选择$R\times10k\Omega$挡，测量两引脚之间的正、反向电阻。若发光二极管正常，正向电阻小，反向电阻大（接近无穷大）。

若正、反向电阻均为无穷大，则发光二极管开路。

若正、反向电阻均为0，则发光二极管短路。

若反向电阻偏小，则发光二极管反向漏电。

5.4.4　光电二极管

（1）外形与图形符号

光电二极管是一种光-电转换器件，能将光转换成电信号。如图5-66（a）所示是一些常见光电二极管的实物外形，如图5-66（b）所示为光电二极管的图形符号。

（2）性质

光电二极管在电路中需要反向连接才能正常工作。下面以图5-67的电路来说明光电二极管的性质。在图5-67电路中，当无光线照射时，光电二极管VD_1不导通，无电流流过发光二极管VD_2，VD_2不亮。如果用光线照射VD_1，VD_1反向导通，电源输出的电流经VD_1流过发光二极管VD_2，VD_2亮，照射光电二极管的光越强，光电二极管导通程度越深，自身的电阻变得越小，经它流到发光二极管的电流越大，发光二极管发出的光越亮。

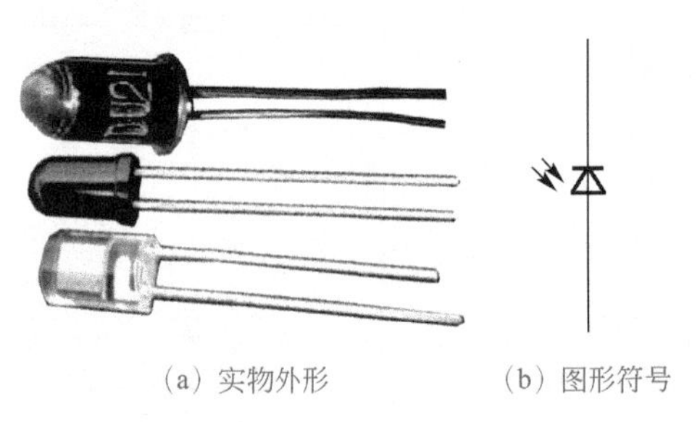
（a）实物外形　（b）图形符号

图5-66　光电二极管

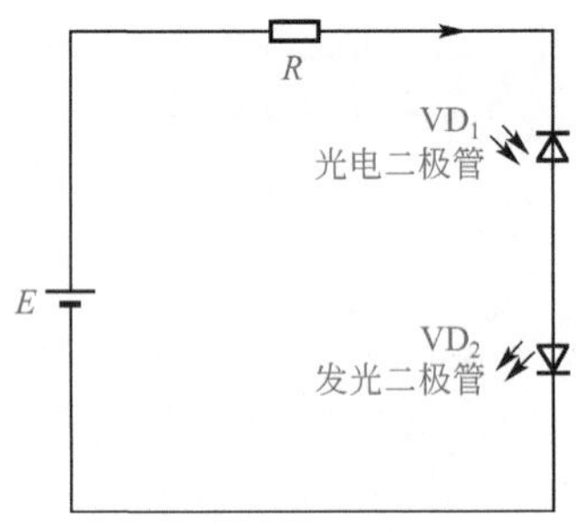

图5-67　光电二极管的性质说明

5.4.5　稳压二极管

（1）外形与图形符号

稳压二极管又称齐纳二极管或反向击穿二极管，它在电路中起稳压作用。稳压二极管的实物外形和图形符号如图5-68所示。

（2）工作原理

在电路中，稳压二极管可以稳定电压。**要让稳压二极管起稳压作用，须将它反接在电路中（即稳压二极管的负极接电路中的高电位处，正极接低电位处），**稳压二极管在电路中正接时的性质与普通二极管相同。下面以图5-69的电路来说明稳压二极管的稳压原理。

图5-69电路中的稳压二极管VZ的稳压值为5V，若电源电压低于5V，当闭合开关S时，VZ反向不能导通，无电流流过电阻器R，$U_R=IR=0$，电源电压在经电阻器R时，R上

没有电压降，故A点电压与电源电压相等，VZ两端的电压U_{VZ}与电源电压也相等，例如E=4V时，U_{VZ}也为4V，电源电压在0～5V变化时，U_{VZ}会在随之变化。也就是说，当加到稳压二极管两端电压低于它的稳压值时，稳压二极管处于截止状态，无稳压功能。

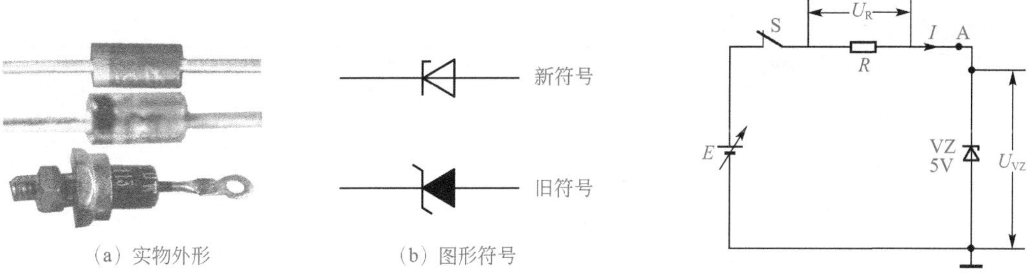

图5-68　稳压二极管

图5-69　稳压二极管的稳压原理说明图

若电源电压超过稳压二极管稳压值，如E=8V，当闭合开关S时，8V电压通过电阻器R送到A点，该电压超过稳压二极管的稳压值，VZ马上反向击穿导通，有电流流过电阻器R和稳压二极管VZ，电流在流过电阻器R时，R上会有3V的电压降（即U_R=3V），稳压二极管VZ两端的电压U_{VZ}=5V。若调节电源E使电压由8V上升到10V时，由于电压的升高，流过R和VZ的电流都会增大，因流过R的电流增大，R上的电压U_R也随之增大，由3V上升到5V，而稳压二极管VZ上的电压维持5V不变。

稳压二极管的稳压原理可概括为：当外加电压低于稳压二极管稳压值时，稳压二极管不能导通，无稳压功能；当外加电压高于稳压二极管稳压值时，稳压二极管反向击穿导通，两端电压保持不变，其大小等于稳压值。（注：为了保护稳压二极管并使它有良好的稳压效果，必须要给稳压二极管串接限流电阻）。

（3）应用

稳压二极管在电路通常有两种应用连接方式，如图5-70所示。

在图5-70（a）电路中，输出电压U_o取自稳压二极管VZ两端，故U_o=U_{VZ}，当电源电压上升时，由于稳压二极管的稳压作用，U_{VZ}稳定不变，输出电压U_o也不变。也就是说在电源电压变化的情况下，稳压二极管两端电压仍保持不变，该稳定不变的电压可供给其他电路，使电路能稳定正常工作。

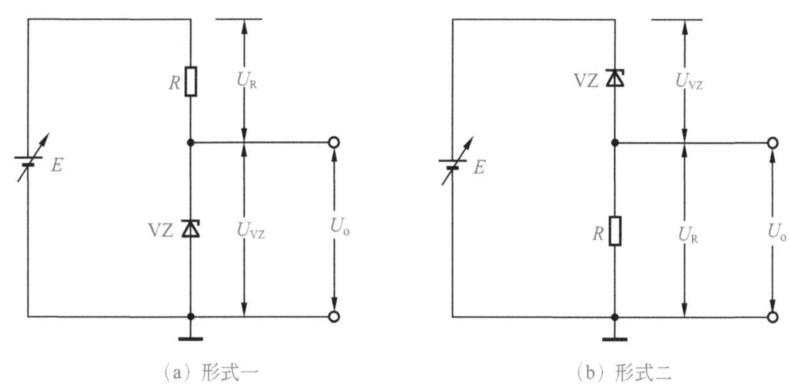

图5-70　稳压二极管在电路中的两种应用连接形式

在图5-70（b）电路中，输出电压取自限流电阻器R两端，当电源电压上升时，稳压二极管两端电压U_{VZ}不变，限流电阻R两端电压上升，故输出电压U_o也上升。稳压二极管按这种接法是不能为电路提供稳定电压的。

5.5 三极管

5.5.1 外形与图形符号

三极管又称晶体三极管，是一种具有放大功能的半导体器件。如图5-71（a）所示是一些常见的三极管实物外形，三极管的图形符号如图5-71（b）所示。

图5-71　三极管

5.5.2 结构

三极管有PNP型和NPN型两种。PNP型三极管的构成如图5-72所示。

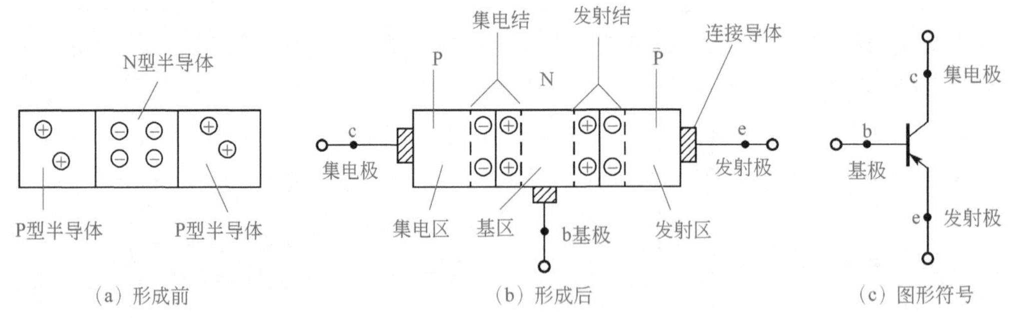

图5-72　PNP型三极管的构成

将两个P型半导体和一个N型半导体按如图5-72（a）所示的方式结合在一起，两个P型半导体中的正电荷会向中间的N型半导体中移动，N型半导体中的负电荷会向两个P型半导体移动，结果在P、N型半导体的交界处形成PN结，如图5-72（b）所示。

在两个P型半导体和一个N型半导体上通过连接导体各引出一个电极，然后封装起来就构成了三极管。**三极管三个电极分别称为集电极（用c或C表示）、基极（用b或B表示）**

和发射极（用e或E表示）。PNP型三极管的图形符号如图5-72（c）所示。

三极管内部有两个PN结，其中基极和发射极之间的PN结称为发射结，基极与集电极之间的PN结称为集电结。两个PN结将三极管内部分作三个区，与发射极相连的区称为发射区，与基极相连的区称为基区，与集电极相连的区称为集电区。发射区的半导体掺入杂质多，故有大量的电荷，便于发射电荷；集电区掺入的杂质少且面积大，便于收集发射区送来的电荷；基区处于两者之间，发射区流向集电区的电荷要经过基区，故基区可控制发射区流向集电区电荷的数量，基区就像设在发射区与集电区之间的关卡。

NPN型三极管的构成与PNP型三极管类似，它是由两个N型半导体和一个P型半导体构成的。具体如图5-73所示。

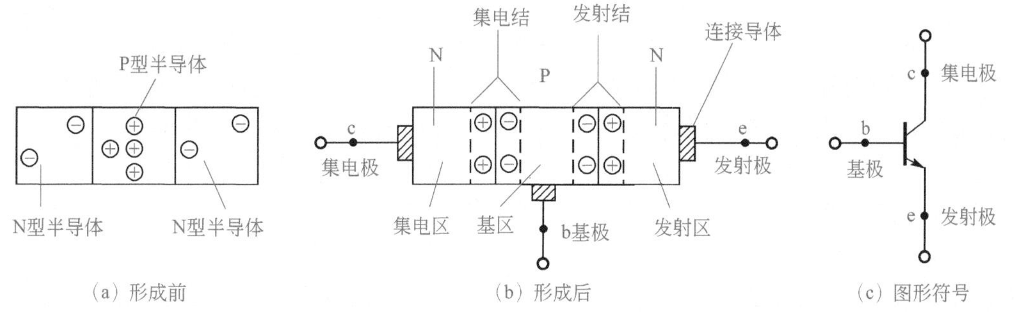

图5-73 NPN型三极管的构成

5.5.3 电流、电压规律

单独三极管是无法正常工作的，在电路中需要为三极管各极提供电压，让它内部有电流流过，这样的三极管才具有放大能力。**为三极管各极提供电压的电路称为偏置电路。**

（1）PNP型三极管的电流、电压规律

如图5-74（a）所示为PNP型三极管的偏置电路，从图5-74（b）电路中可以清楚地看出三极管内部电流情况。

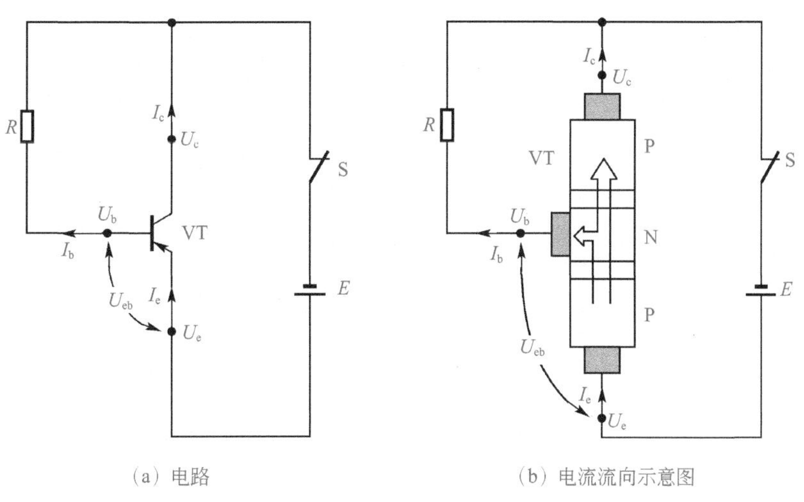

图5-74 PNP型三极管的偏置电路

① 电流关系　在图5-74电路中，当闭合电源开关S后，电源输出的电流马上流过三极

管，三极管导通。**流经发射极的电流称为I_e电流，流经基极的电流称I_b电流，流经集电极的电流称为I_c电流。**I_e、I_b、I_c电流的途径分别如下。

a. I_e电流的途径：从电源的正极输出电流→电流流入三极管VT的发射极→电流在三极管内部分作两路：一路从VT的基极流出，此为I_b电流；另一路从VT的集电极流出，此为I_c电流。

b. I_b电流的途径：VT基极流出电流→电流流经电阻R→开关S→流到电源的负极。

c. I_c电流的途径：VT集电极流出的电流→经开关S→流到电源的负极。

从图5-74（b）可以看出，流入三极管的I_e电流在内部分成I_b和I_c电流，即发射极流入的I_e电流在内部分成I_b和I_c电流分别从基极和发射极流出。

不难看出，**PNP型三极管的I_e、I_b、I_c电流的关系是$I_b+I_c=I_e$，并且I_c电流要远大于I_b电流。**

② 电压关系　在图5-74电路中，PNP型三极管VT的发射极直接接电源正极，集电极直接接电源的负极，基极通过电阻R接电源的负极。根据电路中电源正极电压最高、负极电压最低可判断出，三极管发射极电压U_e最高，集电极电压U_c最低，基极电压U_b处于两者之间。

PNP型三极管U_e、U_b、U_c电压之间的关系是

$$U_e>U_b>U_c$$

$U_e>U_b$使发射区的电压较基区的电压高，两区之间的发射结（PN结）导通，这样发射区大量的电荷才能穿过发射结到达基区。三极管发射极与基极之间的电压（电位差）U_{eb}（$U_{eb}=U_e-U_b$）称为发射结正向电压。

$U_b>U_c$可以使集电区电压较基区电压低，这样才能使集电区有足够的吸引力（电压越低，对正电荷吸引力越大），将基区内大量电荷吸引穿过集电结而到达集电区。

（2）NPN型三极管的电流、电压规律

如图5-75所示为NPN型三极管的偏置电路。从图中可以看出，NPN型三极管的集电极接电源的正极，发射极接电源的负极，基极通过电阻接电源的正极，这与PNP型三极管连接正好相反。

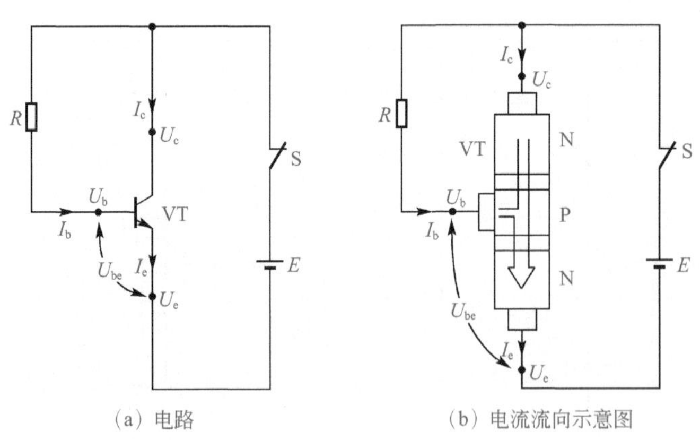

图5-75　NPN型三极管的偏置电路

① 电流关系　在图5-75电路中，当开关S闭合后，电源输出的电流马上流过三极管，三极管导通。流经发射极的电流称为I_e电流，流经基极的电流称I_b电流，流经集电极的电流称为I_c电流。

I_e、I_b、I_c电流的途径分别如下。

a. I_b电流的途径：从电源的正极输出电流→开关S→电阻R→电流流入三极管VT的基极→基区。

b. I_c电流的途径：从电源的正极输出电流→电流流入三极管VT的集电极→集电区→基区。

c. I_e电流的途径：三极管集电极和基极流入的I_b、I_c在基区汇合→发射区→电流从发射极输出→电源的负极。

不难看出，**NPN型三极管I_e、I_b、I_c电流的关系是：$I_b+I_c=I_e$，并且I_c电流要远大于I_b电流。**

② 电压关系　在图5-75电路中，NPN型三极管的集电极接电源的正极，发射极接电源的负极，基极通过电阻接电源的正极。故**NPN型三极管U_e、U_b、U_c电压之间的关系是**

$$U_e<U_b<U_c$$

$U_c>U_b$可以使基区电压较集电区电压低，这样基区才能将集电区的电荷吸引穿过集电结而到达基区。

$U_b>U_e$可以使发射区的电压较基极的电压低，两区之间的发射结（PN结）导通，基区的电荷才能穿过发射结到达发射区。

NPN型三极管基极与发射极之间的电压U_{be}（$U_{be}=U_b-U_e$）称为发射结正向电压。

5.5.4 放大原理

三极管在电路中主要起放大作用，下面以图5-76的电路来说明三极管的放大原理。

（1）放大原理

给三极管的三个极接上三个毫安表mA_1、mA_2和mA_3，分别用来测量I_e、I_b、I_c电流的大小。RP电位器用来调节I_b的大小，如RP滑动端下移时阻值变小，RP对三极管基极流出的I_b电流阻碍减小，I_b增大。当调节RP改变I_b大小时，I_c、I_e也会变化，表5-4列出了调节RP时毫安表测得的三组数据。

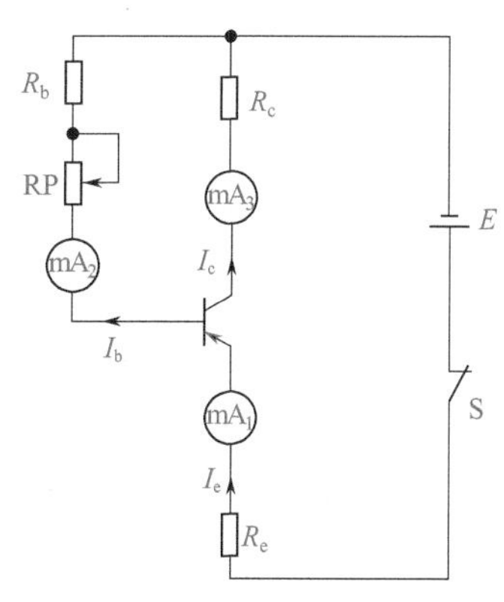

图5-76 三极管的放大原理说明图

表5-4 三组I_b、I_c、I_e电流数据

电流类型	第一组	第二组	第三组
基极电流I_b/mA	0.01	0.018	0.028
集电极电流I_c/mA	0.49	0.982	1.972
发射极电流I_e/mA	0.5	1	2

从表5-4可以看出以下几点。

① 不论哪组测量数据都遵循$I_b+I_c=I_e$。

② 当I_b电流变化时，I_c电流也会变化，并且I_b有微小的变化，I_c却有很大的变化。如I_b电流由0.01mA增大到0.018mA，变化量为0.008mA，I_c电流则由0.49mA变化到0.982mA，变化量为0.492mA，I_c电流变化量是I_b电流变化量的62倍（0.492/0.008≈62）。

也就是说，**当三极管的基极电流I_b有微小的变化时，集电极电流I_c会有很大的变化，**

I_c电流的变化量是I_b电流变化量的很多倍，这就是三极管的放大原理。

（2）放大倍数

不同的三极管，其放大能力是不同的，为了衡量三极管放大能力的大小，需要用到三极管一个重要参数——放大倍数。三极管的放大倍数可分为直流放大倍数和交流放大倍数。

三极管集电极电流I_c与基极电流I_b的比值称为三极管的直流放大倍数（用$\overline{\beta}$或hFE表示），即

$$\overline{\beta}=\frac{I_c}{I_b}$$

例如在表5-4中，当I_b=0.018mA时，I_c=0.982mA，三极管直流放大倍数为

$$\beta=\frac{0.982}{0.018}=55$$

万用表可测量三极管的放大倍数，它测得放大倍数hFE值实际上就是三极管直流放大倍数。

三极管集电极电流变化量ΔI_c与基极电流变化量ΔI_b的比值称为交流放大倍数（用β或h_{FE}表示），即

$$\beta=\frac{\Delta I_c}{\Delta I_b}$$

以表5-4的第一、二组数据为例

$$\beta=\frac{\Delta I_c}{\Delta I_b}=\frac{0.982-0.49}{0.018-0.01}=\frac{0.492}{0.008}=62$$

测量三极管交流放大倍数至少需要知道两组数据，这样比较麻烦，而测量直流放大倍数比较简单（只要测一组数据即可），又因为直流放大倍数与交流放大倍数相近，所以通常只用万用表测量直流放大倍数来判断三极管放大能力的大小。

5.5.5　三种状态说明

三极管的状态有三种：截止、放大和饱和。下面通过如图5-77所示的电路来说明三极管的三种状态。

（1）三种状态下的电流特点

当开关S处于断开状态时，三极管VT的基极供电切断，无I_b电流流入，三极管内部无法导通，I_c电流无法流入三极管，三极管发射极也就没有I_e电流流出。**三极管无I_b、I_c、I_e电流流过的状态（即I_b、I_c、I_e都为0）称为截止状态。**

当开关S闭合后，三极管VT的基极有I_b电流流入，三极管内部导通，I_c电流从集电极流入三极管，在内部I_b、I_c电流汇合后形成I_e电流从发射极流出。此时调节电位器RP，I_b电流变化，I_c电流也会随之变化，例如当RP滑动端下移时，其阻值减小，I_b电流增大，I_c也增大，两者满足$I_c=\beta I_b$的关系。**三极管有I_b、I_c、I_e电流流过且满足$I_c=\beta I_b$的状态称为放大状态。**

当开关S处于闭合状态时，如果将电位器RP的阻值不断调小，三极管VT的基极电流I_b就会不断增大，I_c电流也随之不断增大，当I_b、I_c电流增大到一定程度时，I_b再增大，I_c

不会随之再增大，而是保持不变，此时$I_c<\beta I_b$。**三极管有很大的I_b、I_c、I_e电流流过且满足$I_c<\beta I_b$的状态称为饱和状态。**

综上所述，当三极管处于截止状态时，无I_b、I_c、I_e电流通过；当三极管处于放大状态时，有I_b、I_c、I_e电流通过，并且I_b变化时I_c也会变化（即I_b电流可以控制I_c电流），三极管具有放大功能；当三极管处于饱和状态时，有很大的I_b、I_c、I_e电流通过，I_b变化时I_c不会变化（即I_b电流无法控制I_c电流）。

（2）三种状态下PN结的特点和各极电压关系

三极管内部有集电结和发射结，在不同状态下这两个PN结的特点是不同的。由于PN结的结构与二极管相同，在分析时为了方便，可将三极管的两个PN结画成二极管的符号。如图5-78所示为NPN型和PNP型三极管的PN结示意图。

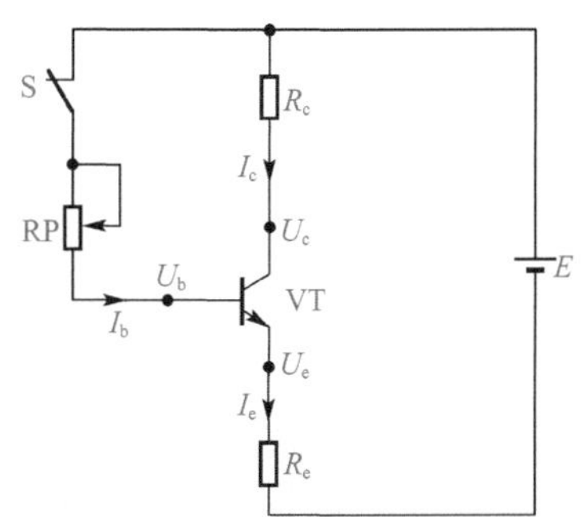

图5-77　三极管的三种状态说明图

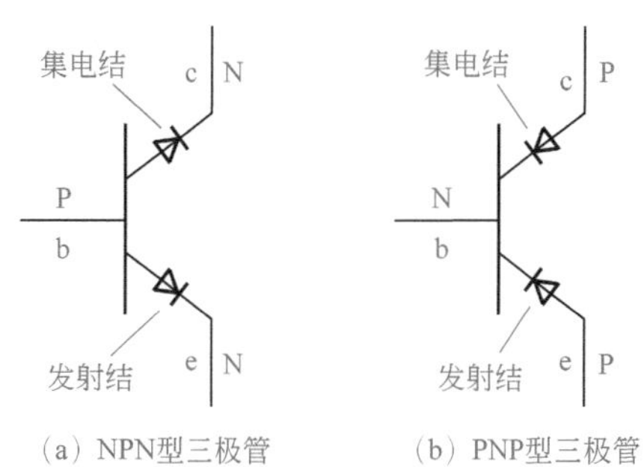

（a）NPN型三极管　　（b）PNP型三极管

图5-78　三极管的PN结示意图

当三极管处于不同的状态时，集电结和发射结也有相对应的特点。**不论NPN型或PNP型三极管，在三种状态下的发射结和集电结特点如下。**

① 处于放大状态时，发射结正偏导通，集电结反偏。

② 处于饱和状态时，发射结正偏导通，集电结也正偏。

③ 处于截止状态时，发射结反偏或正偏但不导通，集电结反偏。

正偏是指PN结的P端电压高于N端电压，正偏导通除了要满足PN结的P端电压大于N端电压外，还要求电压要大于门电压（0.2～0.3V或0.5～0.7V），这样才能让PN结导通。**反偏是指PN结的N端电压高于P端电压。**

不管哪种类型的三极管，只要记住三极管某种状态下两个PN结的特点，就可以很容易推断出三极管在该状态下的电压关系，反之，也可以根据三极管各极电压关系推断出该三极管处于什么状态。

例如在图5-79（a）电路中，NPN型三极管VT的U_c=4V、U_b=2.5V、U_e=1.8V，其中U_b-U_e=0.7V使发射结正偏导通，$U_c>U_b$使集电结反偏，该三极管处于放大状态。

又如在图5-79（b）电路中，NPN型三极管VT的U_c=4.7V、U_b=5V、U_e=4.3V，U_b-U_e=0.7V使发射结正偏导通，$U_b>U_c$使集电结正偏，三极管处于饱和状态。

再如在图5-79（c）电路中，PNP型三极管VT的U_c=0V、U_b=6V、U_e=6V，U_e-U_b=0V使发射结零偏不导通，$U_b>U_c$集电结反偏，三极管处于截止状态。从该电路的电流情况也可以判断出三极管是截止的，假设VT可以导通，从电源正极输出的I_e电流经R_e从发射极流入，在内部分成I_b、I_c电流，I_b电流从基极流出后就无法继续流动（不能通过RP返回到电源的正极，因为电流只能从高电位往低电位流动），所以VT的I_b电流实际上是不存在的，无I_b电流，也就无I_c电流，故VT处于截止状态。

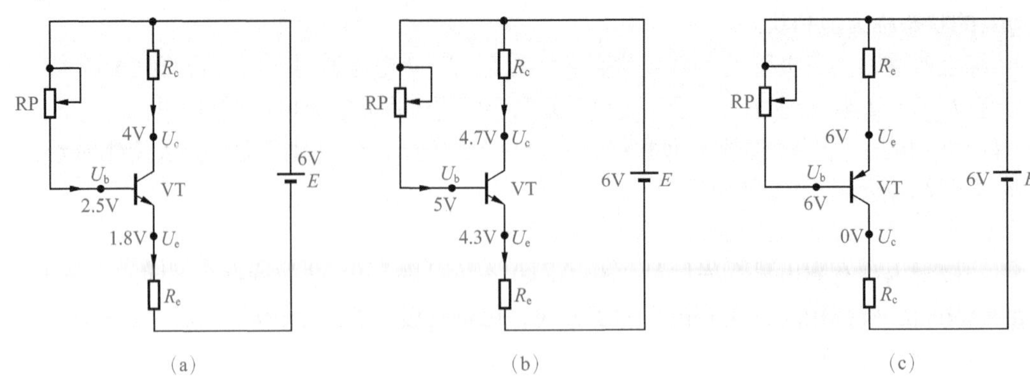

图5-79　根据PN结的情况推断三极管的状态

三极管三种状态的各种特点见表5-5。

表5-5　三极管三种状态的特点

状　态	放　大	饱　和	截　止
电流关系	I_b、I_c、I_e大小正常，且$I_c=\beta I_b$	I_b、I_c、I_e很大，且$I_c<\beta I_b$	I_b、I_c、I_e都为0
PN结特点	发射结正偏导通，集电结反偏	发射结正偏导通，集电结正偏	发射结反偏或正偏不导通，集电结反偏
电压关系	对于NPN型三极管，$U_c>U_b>U_e$，对于PNP型三极管，$U_e>U_b>U_c$	对于NPN型三极管，$U_b>U_c>U_e$，对于PNP型三极管，$U_e>U_c>U_b$	对于NPN型三极管，$U_c>U_b$，$U_b<U_e$或U_{be}小于门电压 对于PNP型三极管，$U_c<U_b$，$U_b>U_e$或U_{eb}小于门电压

（3）三种状态的应用说明

三极管有三种工作状态，处于不同状态时可以实现不同的功能。**当三极管处于放大状态时，可以对信号进行放大，当三极管处于饱和与截止状态时，可以当成电子开关使用。**

① 放大状态的应用　在图5-80（a）电路中，电阻R_1的阻值很大，流进三极管基极的电流I_b较小，从集电极流入的I_c电流也不是很大，I_b电流变化时I_c也会随之变化，故三极管处于放大状态。

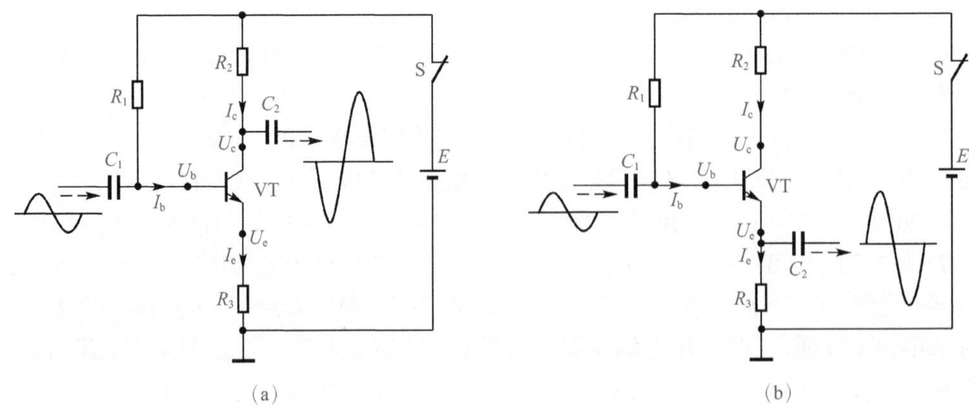

图5-80　三极管放大状态的应用

当闭合开关S后，有I_b电流通过R_1流入三极管VT的基极，马上有I_c电流流入VT的集电极，从VT的发射极流出I_e电流，三极管有正常大小的I_b、I_c、I_e流过，处于放大状态。这时如果将一个微弱的交流信号经C_1送到三极管的基极，三极管就会对它进行放大，然后从集电极输出幅度大的信号，该信号经C_2送往后级电路。要注意的是，当交流信号从基极输入，经三极管放大后从集电极输出时，三极管除了对信号放大外，还会对信号进行倒相再从集电极输出。若交流信号从基极输入、从发射极输出时，三极管对信号会进行放大但不会倒相，如图5-80（b）所示。

② 饱和与截止状态的应用　三极管饱和与截止状态的应用如图5-81所示。

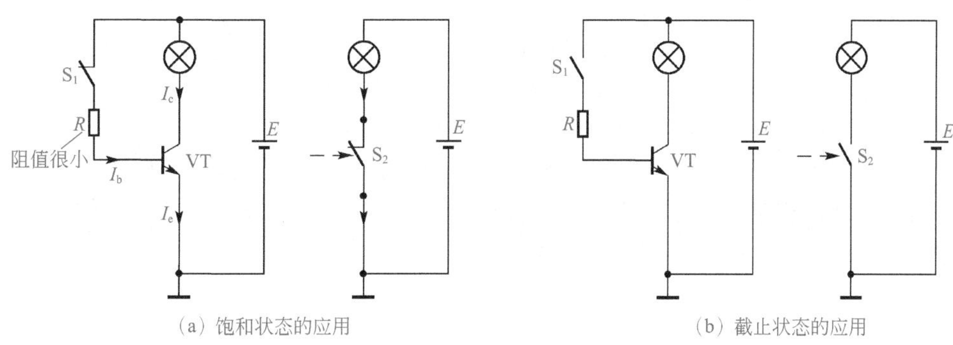

（a）饱和状态的应用　　（b）截止状态的应用

图5-81　三极管饱和与截止状态的应用

在图5-81（a）电路中，当闭合开关S_1后，有I_b电流经S_1、R流入三极管VT的基极，马上有I_c电流流入VT的集电极，从发射极输出I_e电流，由于R的阻值很小，故VT基极电压很高，I_b电流很大，I_c电流也很大，并且$I_c<\beta I_b$，三极管处于饱和状态。三极管进入饱和状态后，从集电极流入、发射极流出的电流很大，三极管集射极之间就相当于一个闭合的开关。

在图5-81（b）电路中，当开关S_1断开后，三极管基极无电压，基极无I_b电流流入，集电极无I_c电流流入，发射极也就没有I_e电流流出，三极管处于截止状态。三极管进入截止状态后，集电极电流无法流入、发射极无电流流出，三极管集射极之间就相当于一个断开的开关。

三极管处于饱和与截止状态时，集射极之间分别相当于开关闭合与断开，由于三极管具有这种性质，故在电路中可以当作电子开关（依靠电压来控制通、断），当三极管基极加较高的电压时，集射极之间通，当基极不加电压时，集射极之间断。

5.5.6　主要参数

三极管的主要参数有以下几个。

（1）电流放大倍数

三极管的电流放大倍数有直流电流放大倍数和交流电流放大倍数。

三极管集电极电流I_c与基极电流I_b的比值称为三极管的直流电流放大倍数（用$\overline{\beta}$或h_{FE}表示），即

$$\overline{\beta}=\frac{I_c}{I_b}$$

三极管集电极电流变化量ΔI_c与基极电流变化量ΔI_b的比值称为交流电流放大倍数

（用β或h_{FE}表示），即

$$\beta = \frac{\Delta I_c}{\Delta I_b}$$

上面两个电流放大系数的含义虽然不同，但两者近似相等，故在以后应用时一般不加于区分。三极管的β值过小，电流放大作用小；β值过大，三极管的稳定性差。在实际使用时，一般选用β在40～80的管子较为合适。

（2）穿透电流I_{CEO}

穿透电流又称集电极-发射极反向电流，它是指在基极开路时，给集电极与发射极之间加一定的电压，由集电极流往发射极的电流。穿透电流的大小受温度的影响较大，三极管的穿透电流越小，热稳定性越好，通常锗管的穿透电流较硅管要大些。

（3）集电极最大允许电流I_{CM}

当三极管的集电极电流I_c在一定的范围内变化时，其β值基本保持不变，但当I_c增大到某一值时，β值会下降。**使电流放大系数β明显减小（约减小到$2/3\beta$）的I_c电流称为集电极最大允许电流。**三极管用作放大时，I_c电流不能超过I_{CM}。

（4）击穿电压$U_{BR(CEO)}$

击穿电压$U_{BR(CEO)}$是指基极开路时，允许加在集-射极之间的最高电压。在使用时，若三极管集-射极之间的电压$U_{CE} > U_{BR(CEO)}$，集电极电流I_c将急剧增大，这种现象称为击穿。击穿的三极管属于永久损坏，故选用三极管时要注意其击穿电压不能低于电路的电源电压，一般三极管的击穿电压应是电源电压的两倍。

（5）集电极最大允许功耗P_{CM}

三极管在工作时，集电极电流流过集电结时会产生热量，使三极管温度升高。**在规定的散热条件下，集电极电流I_c在流过三极管集电极时允许消耗的最大功率称为集电极最大允许功耗P_{CM}。**当三极管的实际功耗超过P_{CM}时，温度会上升很高而烧坏。三极管散热良好时的P_{CM}较正常时要大。

集电极最大允许功耗P_{CM}可用下面式子计算

$$P_{CM}=I_c U_{CE}$$

三极管的I_c电流过大或U_{CE}电压过高，都会导致功耗过大而超出P_{CM}。三极管手册上列出的P_{CM}值是在常温下25℃时测得的。硅管的集电结上限温度为150℃左右，锗管为70℃左右，使用时应注意不要超过此值，否则管子将损坏。

（6）特征频率f_T

在工作时，三极管的放大倍数β会随着信号的频率升高而减小。**使三极管的放大倍数β下降到1的频率称为三极管的特征频率。**当信号频率f等于f_T时，三极管对该信号将失去电流放大功能，信号频率大于f_T时，三极管将不能正常工作。

5.5.7 检测

三极管的检测包括类型检测、电极检测和好坏检测。

（1）类型检测

三极管类型有NPN型和PNP型，三极管的类型可用万用表欧姆挡进行检测。

① 检测规律　NPN型和PNP型三极管的内部都有两个PN结，故三极管可视为两个二极管的组合，万用表在测量三极管任意两个引脚之间时有6种情况，如图5-82所示。

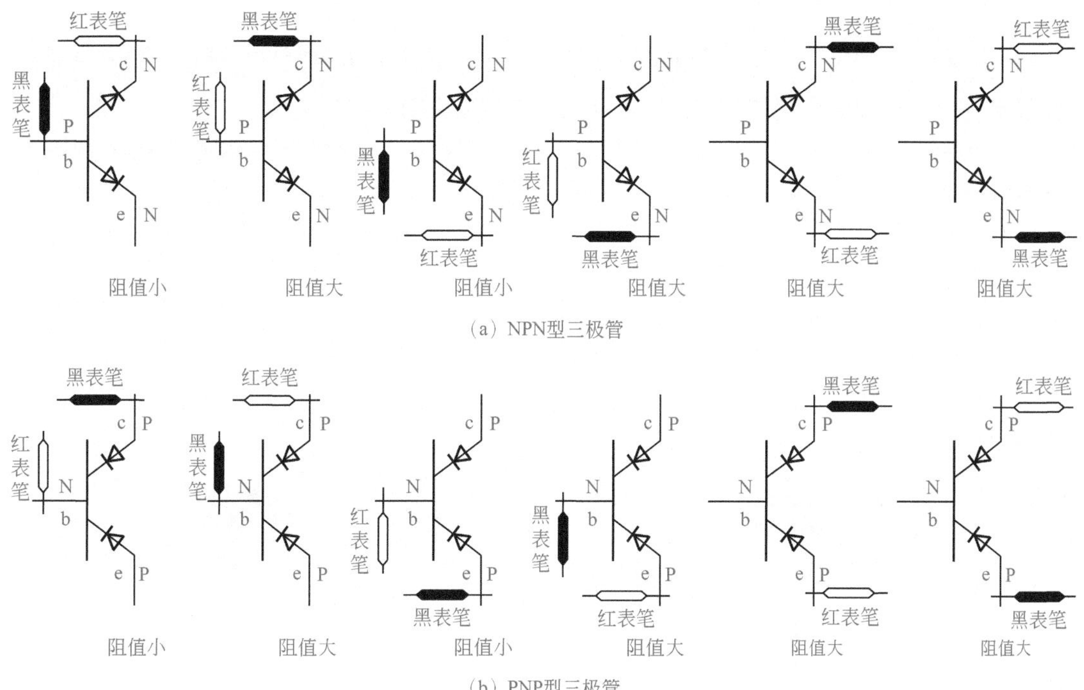

图5-82 万用表测量三极管任意两个引脚的6种情况

从图中不难得出这样的规律：**当万用表的黑表笔接P端、红表笔接N端时，测得是PN结的正向电阻，该阻值小；当黑表笔接N端，红表笔接P端时，测得是PN结的反向电阻，该阻值很大（接近无穷大）；当黑、红表笔接得两极都为P端（或两极都为N端）时，测得阻值大（两个PN结不会导通）。**

② 类型检测 在检测三极管类型时，万用表拨至$R\times100\Omega$或$R\times1\text{k}\Omega$挡，测量三极管任意两脚之间的电阻，当测量出现一次阻值小时，黑表笔接的为P极，红表笔接的为N极，如图5-83（a）所示；然后黑表笔不动（即让黑表笔仍接P极），将红表笔接到另外一个极，有两种可能：若测得阻值很大，红表笔接的极一定是P极，该三极管为PNP型，红表笔先前接的极为基极，如图5-83（b）所示；若测得阻值小，则红表笔接的为N极，则该三极管为NPN型，黑表笔所接为基极。

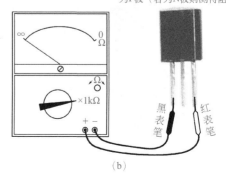

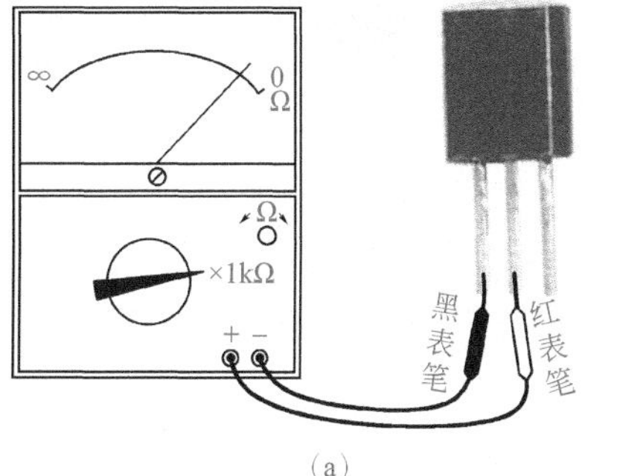

(a)

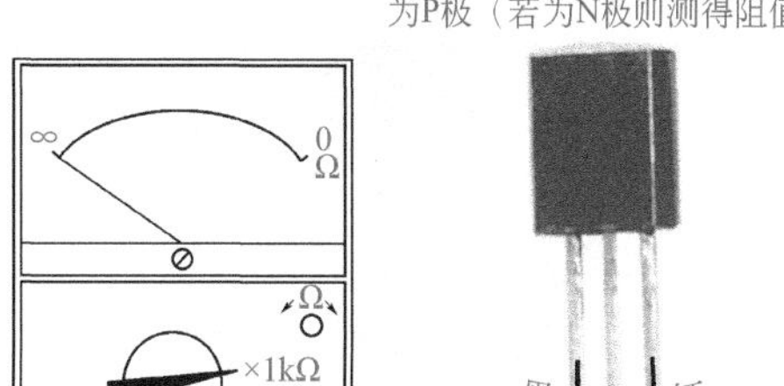

(b)

图5-83 三极管类型的检测

（2）电极检测

三极管有发射极、基极和集电极三个电极，在使用时不能混用，由于在检测类型时已经找出基极，故下面介绍如何用万用表欧姆挡检测出发射极和集电极。

① NPN型三极管发射极和集电极的判别　NPN型三极管发射极和集电极的判别如图5-84所示。

将万用表置于$R\times1\text{k}\Omega$或$R\times100\Omega$挡，黑表笔接基极以外任意一个极，再用手接触该极与基极（手相当于一个电阻，即在该极与基极之间接一个电阻），红表笔接另外一个极，测量并记下阻值的大小，该过程如图5-84（a）所示；然后红、黑表笔互换，手再捏住基极与对换后黑表笔所接的极，测量并记下阻值大小，该过程如图5-84（b）所示。两次测量会出现阻值一大一小，以阻值小的那次为准，如图5-84（a）所示，黑表笔接的为集电极，红表笔接的为发射极。

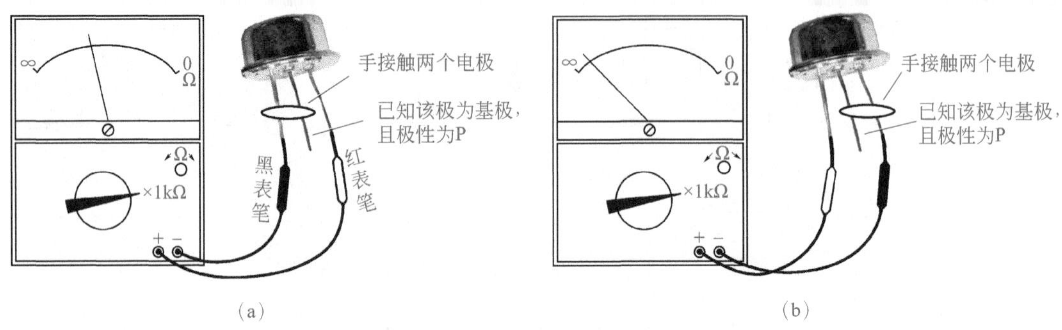

图5-84　NPN型三极管的发射极和集电极的判别

注意：如果两次测量出来的阻值大小区别不明显，可先将手沾点水，让手的电阻减小，再用手接触两个电极进行测量。

② PNP型三极管发射极和集电极的判别　PNP型三极管发射极和集电极的判别如图5-85所示。

将万用表置于$R\times1\text{k}\Omega$或$R\times100\Omega$挡，红表笔接基极以外任意一个极，再用手接触该极与基极，黑表笔接余下的一个极，测量并记下阻值的大小，该过程如图5-85（a）所示；然后红、黑表笔互换，手再接触基极与对换后红表笔所接的极，测量并记下阻值大小，该过程如图5-85（b）所示。两次测量会出现阻值一大一小，以阻值小的那次为准，如图5-85（a）所示，红表笔接的为集电极，黑表笔接的为发射极。

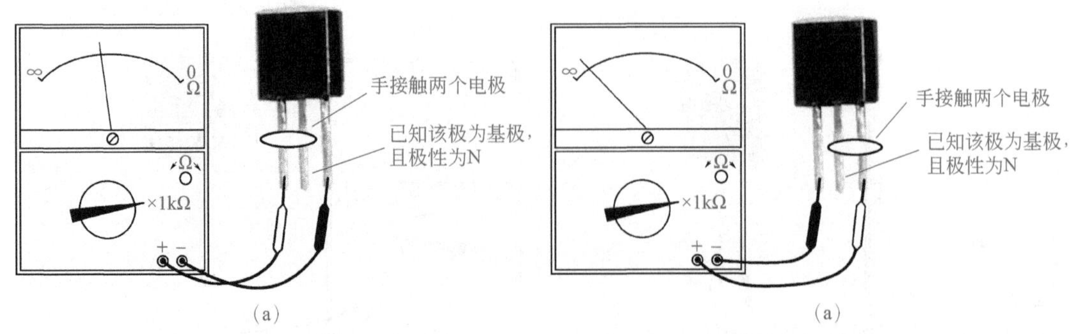

图5-85　PNP型三极管的发射极和集电极的判别

③ 利用万用表的三极管放大倍数挡来判别发射极和集电极　如果万用表有三极管放大倍数挡，可利用该挡判别三极管的电极，使用这种方法一般应在已检测出三极管的类型和基极时使用。利用万用表的三极管放大倍数挡来判别极性的测量过程如图5-86所示。

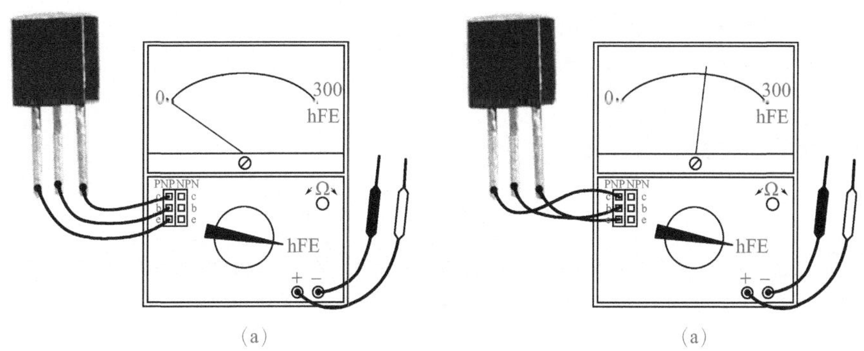

图5-86　利用万用表的三极管放大倍数挡来判别发射极和集电极

将万用表拨至“hFE”挡（三极管放大倍数测量挡），再根据三极管类型选择相应的插孔，并将基极插入基极插孔中，另外两个极分别插入另外两个插孔中，记下此时测得放大倍数值，如图5-86（a）所示；然后让三极管的基极不动，将另外两极互换插孔，观察这次测得放大倍数，如图5-86（b）所示，两次测得的放大倍数会出现一大一小，以放大倍数大的那次为准，如图5-86（b）所示，c极插孔对应的电极是集电极，e极插孔对应的电极为发射极。

（3）好坏检测

三极管好坏检测具体包括下面内容。

① 测量集电结和发射结的正、反向电阻　三极管内部有两个PN结，任意一个PN结损坏，三极管就不能使用，所以三极管检测先要测量两个PN结是否正常。检测时，万用表拨至$R\times100\Omega$或$R\times1k\Omega$挡，测量PNP型或NPN型三极管集电极和基极之间的正、反向电阻（即测量集电结的正、反向电阻），然后再测量发射极与基极之间的正、反向电阻（即测量发射结的正、反向电阻）。正常时，集电结和发射结正向电阻都比较小，约几百欧至几千欧，反向电阻都很大，约几百千欧至无穷大。

② 测量集电极与发射极之间的正、反向电阻　对于PNP型三极管，红表笔接集电极，黑表笔接发射极测得为正向电阻，正常约十几千欧至几百千欧（用$R\times1k\Omega$挡测得），互换表笔测得为反向电阻，与正向电阻阻值相近；对于NPN型三极管，黑表笔接集电极，红表笔接发射极，测得为正向电阻，互换表笔测得为反向电阻，正常时正、反向电阻阻值相近，约几百千欧至无穷大。如果三极管任意一个PN结的正、反向电阻不正常，或发射极与集电极之间正、反向电阻不正常，说明三极管损坏。如发射结正、反向电阻阻值均为无穷大，说明发射结开路；集、射之间阻值为0，说明集电极与发射极之间击穿短路。

综上所述，**一个三极管的好坏检测需要进行六次测量：其中测发射结正、反向电阻各一次（两次），集电结正、反向电阻各一次（两次）和集电极与发射极之间的正、反向电阻各一次（两次）。**只有这六次检测都正常才能说明三极管是正常的，只要有一次测量发现不正常，该三极管就不能使用。

5.5.8 三极管型号命名方法

国产三极管型号由五部分组成：

第一部分用数字“3”表示主称三极管。

第二部分用字母表示三极管的材料和极性。

第三部分用字母表示三极管的类别。

第四部分用数字表示同一类型产品的序号。

第五部分用字母表示规格号。

国产三极管型号命名及含义见表5-6。

表5-6 国产三极管型号命名及含义

第一部分主称		第二部分材料和特性		第三部分类别		第四部分序号	第五部分规格号
数字	含义	字母	含义	字母	含义		
3	三极管	A	锗材料、PNP型	G	高频小功率管	用数字表示同一类型产品的序号	用字母A或B、C、D…表示同一型号的器件的档次等
				X	低频小功率管		
		B	锗材料、NPN型	A	高频大功率管		
				D	低频大功率管		
		C	硅材料、PNP型	T	闸流管		
				K	开关管		
		D	硅材料、NPN型	V	微波管		
				B	雪崩管		
		E	化合物材料	J	阶跃恢复管		
				U	光电管		
				J	结型场效应晶体管		

5.6 其他常用元器件

电阻器、电容器、电感器、二极管和三极管是电路中应用最广泛的元器件，本节再简单介绍一些其他常用元器件。

5.6.1 光电耦合器

（1）外形与图形符号

光电耦合器是将发光二极管和光电二极管组合在一起并封装起来构成。如图5-87（a）所示是一些常见的光电耦合器的实物外形，如图5-87（b）所示为光电耦合器的图形符号。

（2）工作原理

光电耦合器内部集成了发光二极管和光电管。下面以图5-88的电路来说明光电耦合器的工作原理。

在图5-88电路中，当闭合开关S时，电源E_1经开关S和电位器RP为光电耦合器内部发光二极管提供电压，有电流流过发光二极管，发光二极管发出光线，光线照射到内部光电二极管，光电二极管导通，电源E_2输出的电流经电阻R、发光二极管VD流入光电耦合器的C极，然后从E极流出回到E_2的负极，有电流流过发光二极管VD，VD亮。

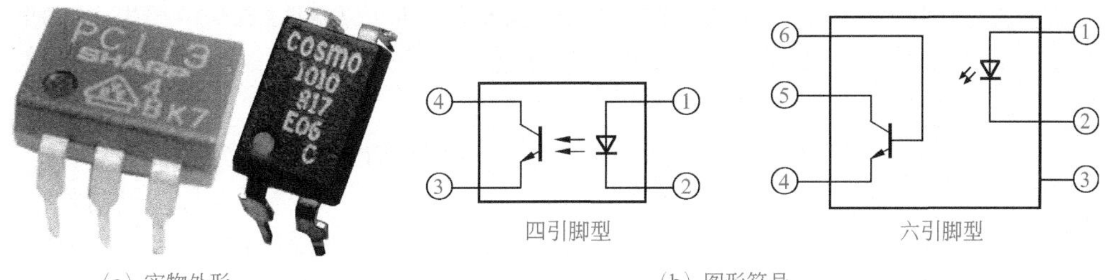

（a）实物外形　　（b）图形符号

图5-87　光电耦合器

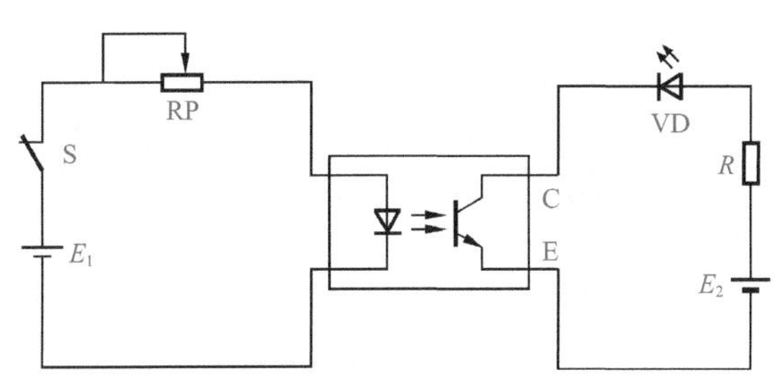

图5-88　光电耦合器工作原理说明

调节电位器RP可以改变发光二极管VD的光线亮度。当RP滑动端右移时，其阻值变小，流入光电耦合器内发光管的电流大，发光管光线强，内光电二极管导通程度深，光电二极管C、E极之间电阻变小，电源E_2的回路总电阻变小，流经发光二极管VD的电流大，VD变得更亮。

若断开开关S，无电流流过光电耦合器的内发光二极管，发光二极管不亮，光电二极管无光照射不能导通，电源E_2回路切断，发光二极管VD无电流通过而熄灭。

5.6.2　晶闸管

（1）外形与图形符号

晶闸管又称可控硅，它有三个电极，分别是阳极（A）、阴极（K）和门极（G）。如图5-89（a）所示是一些常见的晶闸管的实物外形，如图5-89（b）所示为晶闸管的图形符号。

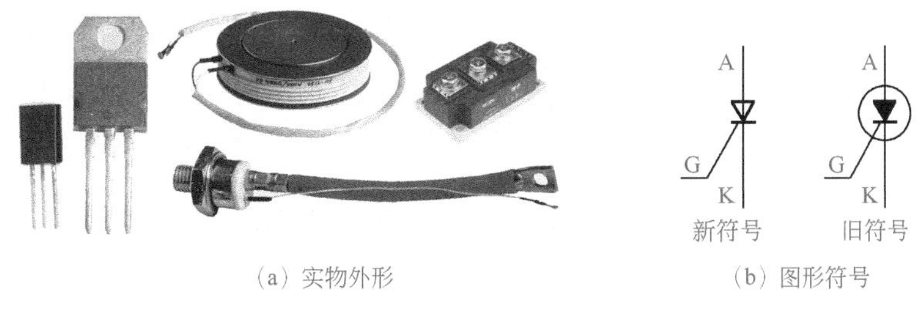

（a）实物外形　　（b）图形符号

图5-89　晶闸管

（2）性质

晶闸管在电路中主要当作电子开关使用，下面以图5-90的电路来说明晶闸管的性质。

在图5-90电路中，当闭合开关S_1时，电源正极电压通过开关S_1、电位器RP_1加到晶闸管VT的G极，有电流I_G流入VT的G极，VT的A、K极之间马上被触发导通，电源正极输

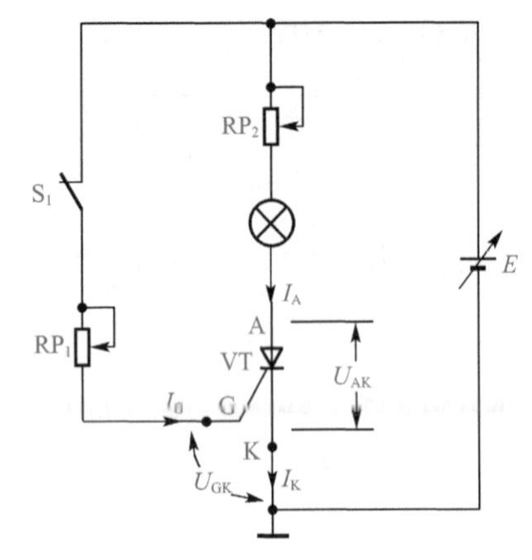

图5-90 晶闸管的性质

出的电流经RP_2、灯泡流入VT的A极，该I_A电流与G极流入的电流I_G汇合形成I_K电流从K极输出，回到电源的负极。I_A电流远大于I_G电流，很大的电流I_A流过灯泡，灯泡亮。

给晶闸管G极提供电压，让I_G电流流入G极，晶闸管A、K极之间马上导通，这种现象称为晶闸管的触发导通。晶闸管导通后，如果调节RP_1的大小，流入晶闸管G极的I_G电流会改变，但流入A极的电流I_A大小基本不变，灯泡亮度不会发生变化，如果断开S_1，切断晶闸管的I_G电流，晶闸管A、K极之间仍处于导通状态，I_A电流继续流过晶闸管，灯泡仍亮。

也就是说，当晶闸管导通后，撤去G极电压或改变G极电流均无法使晶闸管A、K极之间阻断。要使导通的晶闸管截止（A、K极之间关断），可在撤去G极电压的前提下采用两种方法：一是将RP_2的阻值调大，减小流I_A电流，当I_A电流减小到某一值（维持电流）时，晶闸管会截止；二是将晶闸管A、K极之间的电压减小到0或将A、K极之间的电压反向，晶闸管也会阻断，如将I_A电流调到0或调换电源正、负极均可使晶闸管截止。

综上所述，**晶闸管有以下性质。**

① 无论A、K极之间加什么电压，只要G、K极之间没有加正向电压，晶闸管就无法导通。

② 只有A、K极之间加正向电压，并且G、K极之间也加一定的正向电压，晶闸管才能导通。

③ 晶闸管导通后，撤掉G、K极之间的正向电压后晶闸管仍继续导通；要让导通的晶闸管截止，可采用两种方法：一是让流入晶闸管A极的电流减小到小于某一值I_H（维持电流）；二是让A、K极之间的正向电压U_{AK}减小到0或为反向电压。

5.6.3 场效应管

场效应管又称场效应晶体管，它与三极管一样，具有放大能力。场效应管有漏极（D）、栅极（G）和源极（S）。场效应管的种类较多，下面以增强型绝缘栅场效应管为例来介绍场应管。

（1）图形符号

增强型绝缘栅场效应管简称增强型MOS管，它可分为N沟道MOS管和P沟道MOS管，其图形符号如图5-91所示。

（2）结构与原理

增强型MOS管有N沟道和P沟道之分，分别称为增强型NMOS管和增强型PMOS管，其结构与工作原理基本相似，在实际中增强型NMOS管更为常用。下面以增强型NMOS管为例来说明增强型MOS管的结构与工作原理。

① 结构　增强型NMOS管的结构与等效图形符号如图5-92所示。

增强型NMOS管是以P型硅片作为基片（又称衬底），在基片上制作两个含很多杂质的N型材料，再在上面制作一层很薄的二氧化硅（SiO_2）绝缘层，在两个N型材料上引出两个铝电极，分别称为漏极（D）和源极（S），在两极中间的SiO_2绝缘层上制作一层铝制导电层，从该导电层上引出的电极称为G极。P型衬底与D极连接的N型半导体会形成二极管结构（称之为寄生二极管）。由于P型衬底通常与S极连接在一起，所以增强型NMOS管又可用如图5-92（b）所示的等效图形符号表示。

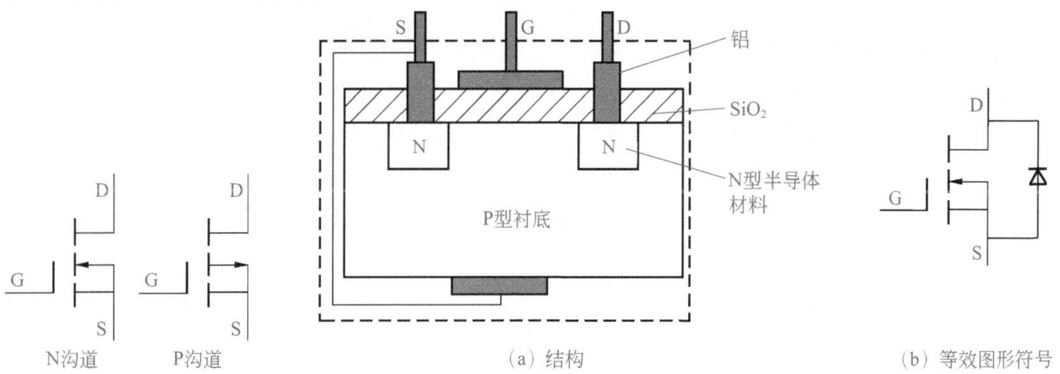

图5-91　MOS管的图形符号

图5-92　增强型NMOS管

② 工作原理　增强型NMOS管需要加合适的电压才能工作。加有电压的增强型NMOS管如图5-93所示，图5-93（a）为结构图形式，图5-93（b）为电路图形式。

如图5-93（a）所示，电源E_1通过R_1接NMOS管D、S极，电源E_2通过开关S接NMOS管的G、S极。在开关S断开时，NMOS管的G极无电压，D、S极所接的两个N区之间没有导电沟道，所以两个N区之间不能导通，I_D电流为0A；如果将开关S闭合，NMOS管的G极获得正电压，与G极连接的铝电极有正电荷，它产生的电场穿过SiO_2层，将P衬底的很多电子吸引靠近SiO_2层，从而在两个N区之间出现导电沟道，由于此时D、S极之间加上正向电压，就有I_D电流从D极流入，再经导电沟道从S极流出。

如果改变E_2电压的大小，也即改变G、S极之间的电压U_{GS}，与G极相通的铝层产生的电场大小就会变化，SiO_2层下面的电子数量就会变化，两个N区之间的沟道宽度就会变化，流过的I_D电流大小就会变化。U_{GS}电压越高，沟道就会越宽，I_D电流就会越大。

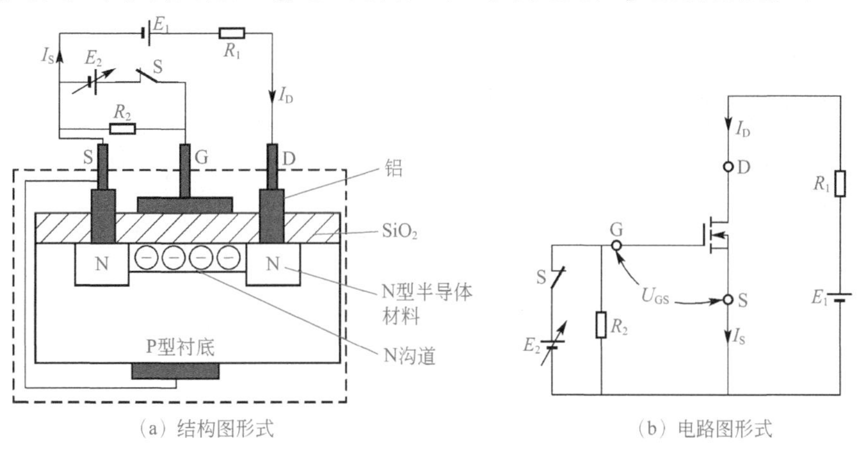

图5-93　加有电压的增强型NMOS管

由此可见，**改变G、S极之间的电压U_{GS}，D、S极之间的内部沟道宽窄就会发生变化，从D极流向S极的I_D电流大小也就发生变化，并且I_D电流变化较U_{GS}电压变化大得多，这就是场效应管的放大原理（即电压控制电流变化原理）**。为了表示场效应管的放大能力，引入一个参数——跨导g_m，g_m用下面的公式计算

$$g_m = \frac{\Delta I_D}{\Delta U_{GS}}$$

g_m反映了G、S极电压U_{GS}对D极电流I_D的控制能力，是表征场效应管放大能力的一个重要的参数（相当于三极管的β），g_m的单位是西门子（S），也可以用A/V表示。

增强型MOS管具有的特点是：在G、S极之间未加电压（即U_{GS}=0V）时，D、S极之间没有沟道，I_D=0A；当G、S极之间加上合适的电压（大于开启电压U_T）时，D、S极之间有沟道形成，U_{GS}电压变化时，沟道宽窄会发生变化，I_D电流也会变化。

对于增强型NMOS管，G、S极之间应加正电压（即$U_G > U_S$，$U_{GS}=U_G-U_S$为正压），D、S极之间才会形成沟道；对于增强型PMOS管，G、S极之间需加负电压（即$U_G<U_S$，$U_{GS}=U_G-U_S$为负压），D、S极之间才有沟道形成。

5.6.4 IGBT

IGBT是绝缘栅双极型晶体管的简称，是一种由场效应管和三极管组合成的复合器件，它综合了三极管和MOS管的优点，故有很好的特性，因此广泛应用在各种中小功率的电力电子设备中。

（1）外形、结构与图形符号

IGBT的外形、结构及等效图和图形符号如图5-94所示。从等效图可以看出，IGBT相当于一个PNP型三极管和增强型NMOS管以如图5-94（c）所示的方式组合而成。**IGBT有三个极：C极（集电极）、G极（栅极）和E极（发射极）。**

（2）工作原理

图5-95中的IGBT是由PNP型三极管和N沟道MOS管组合而成的，这种IGBT称为N-IGBT，用图5-94（d）图形符号表示；相应的还有P沟道IGBT，称为P-IGBT，将图5-94（d）图形符号中的箭头改为由E极指向G极即为P-IGBT的图形符号。

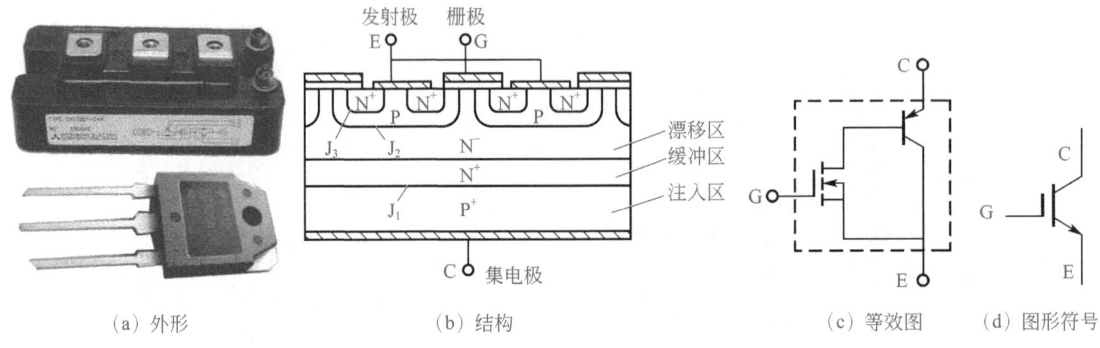

（a）外形　（b）结构　（c）等效图　（d）图形符号

图5-94　IGBT

由于电力电子设备中主要采用N-IGBT，下面以图5-95电路来说明N-IGBT的工作原理。

电源E_2通过开关S为IGBT提供U_{GE}电压，电源E_1经R_1为IGBT提供U_{CE}电压。当开关S闭合时，IGBT的G、E极之间获得电压U_{GE}，只要U_{GE}电压大于开启电压（2～6V），IGBT内部的NMOS管就有导电沟道形成，NMOS管D、S极之间导通，为三极管I_b电流提供通路，三极管导通，有电流I_C从IGBT的C极流入，经三极管E极后分成I_1和I_2两路电流，I_1电流流经NMOS管的D、S极，I_2电流从三极管的集电极流出，I_1、I_2电流汇合成I_E电流从IGBT的E极流出，即IGBT处于导通状态。当开关S断开后，U_{GE}电压为0V，NMOS管导电沟道夹断（消失），I_1、I_2都为0A，I_C、I_E电流也为0A，即IGBT处于截止状态。

调节电源E_2可以改变U_{GE}电压的大小，IGBT内部的NMOS管的导电沟道宽度会随之变化，I_1电流大小会发生变化。由于I_1电流实际上是三极管的I_b电流，I_1细小的变化会引起I_2电流（I_2为三极管的I_c电流）的急剧变化。例如当U_{GE}增大时，NMOS管的导通沟道变宽，I_1电流增大，I_2电流也增大，即IGBT的C极流入、E极流出的电流增大。

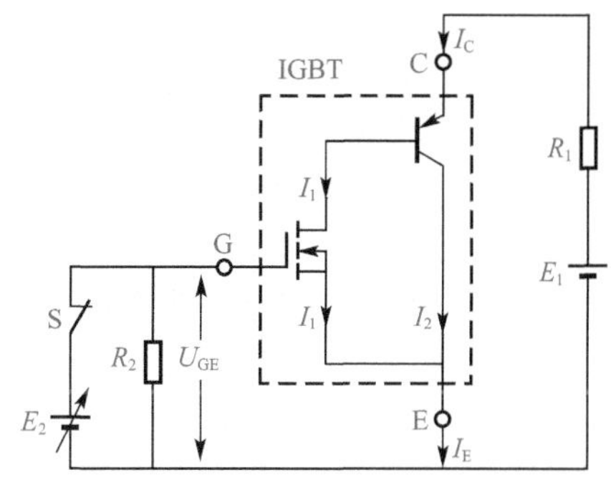

图5-95　N-IGBT工作原理说明图

5.6.5　集成电路

将电阻、二极管和三极管等元器件以电路的形式制作在半导体硅片上，然后接出引脚并封装起来，就构成了集成电路。集成电路简称为集成块，又称芯片IC。

（1）举例

如图5-96（a）中所示的LM380是一种常见的音频放大集成电路，其内部电路如图5-96（b）所示。

（a）实物外形

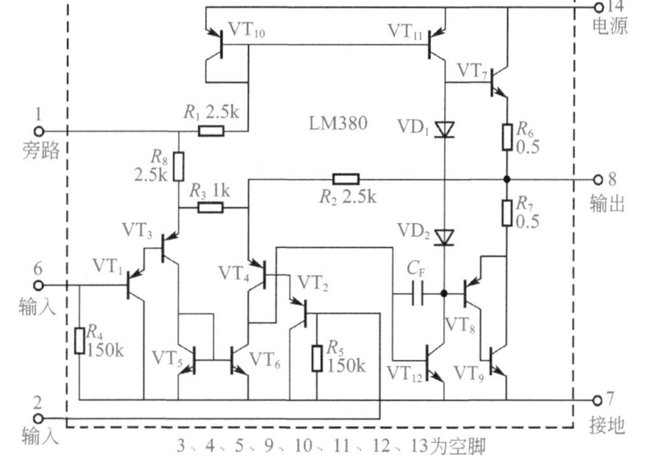

（b）内部电路

图5-96　一种常见的集成电路

单独集成电路是无法工作的，需要给它加接相应的外围元件并提供电源才能工作。图5-97中的集成电路LM380提供了电源并加接了外围元件，它就可以对6脚输入的音频信号进行放大，然后从8脚输出放大的音频信号，再送入扬声器使之发声。

（2）特点

有的集成电路内部只有十几个元器件，而有些集成电路内部则有上千万个元器件（如电脑中的微处理器CPU）。集成电路内部电路很复杂，对于大多数电子爱好者可不用理会内部电路原理，只要了解各引脚功能及内部大致组成即可，对于从事电路高端设计工作，通常要了解内部电路结构。

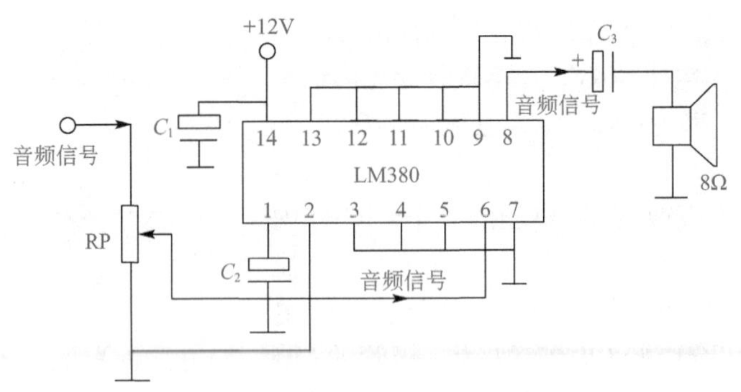

图5-97 LM380构成的实用电路

集成电路一般有以下特点。

① **集成电路中多用晶体管，少用电感、电容和电阻，特别是大容量的电容器，**因为制作这些元器件需要占用大面积硅片，导致成本提高。

② **集成电路内的各个电路之间多采用直接连接（即用导线直接将两个电路连接起来），少用电容连接，**这样可以减少集成电路的面积，又能使它适用各种频率的电路。

③ **集成电路内多采用对称电路（如差动电路），这样可以纠正制造工艺上的偏差。**

④ **大多数集成电路一旦生产出来，内部的电路无法更改，**不像分立元器件电路可以随时改动，所以当集成电路内的某个元器件损坏时只能更换整个集成电路。

⑤ **集成电路一般不能单独使用，需要与分立元器件组合才能构成实用的电路。**对于集成电路，大多数电子爱好者只要知道它内部具有什么样功能的电路，即了解内部结构方框图和各引脚功能就行了。

（3）引脚识别

集成电路的引脚很多，少则几个，多则几百个，各个引脚功能又不一样，所以在使用时一定要对号入座，否则集成电路不工作甚至烧坏。因此一定要知道集成电路引脚的识别方法。

不管什么集成电路，它们都有一个标记指出第一脚，常见的标记有小圆点、小突起、缺口，缺角，找到该脚后，逆时针依次数2、3、4…如图5-98所示。

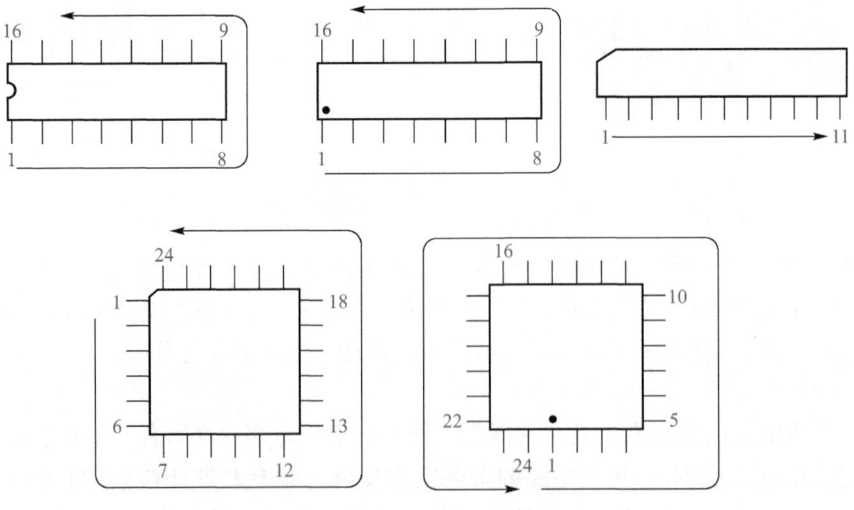

图5-98 集成电路引脚识别

第6章 变压器

6.1 变压器的基础知识

变压器是一种能提升或降低交流电压、电流的电气设备。无论是在电力系统中，还是在微电子技术领域，变压器都得到了广泛的应用。

6.1.1 结构与工作原理

变压器主要由绕组和铁芯组成，其结构与符号如图6-1所示。

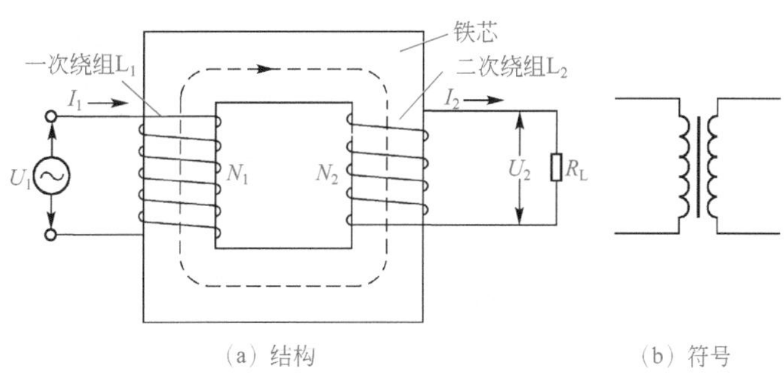

图6-1 变压器的结构与符号

从图6-1中可以看出，两组绕组L_1、L_2绕在同一铁芯上就构成了变压器。一个绕组与交流电源连接，该绕组称为一次绕组（或称原边绕组），匝数（即圈数）为N_1；另一个绕组与负载R_L连接，称为二次绕组（或称副边绕组），匝数为N_2。当交流电压U_1加到一次绕组L_1两端时，有交流电流I_1流过L_1，L_1产生变化的磁场，变化的磁场通过铁芯穿过二次绕组L_2，L_2两端会产生感应电压U_2，并输出电流I_2流经负载R_L。

实际的变压器铁芯并不是一块厚厚的环形铁，而是由很多薄薄的、涂有绝缘层的硅钢片叠在一起而构成的，常见的硅钢片主要有心式和壳式两种，其形状如图6-2所示。由于在闭合的硅钢片上绕制绕组比较困难，因此每片硅钢片都分成两部分，先在其中一部分上绕好绕组，然后再将另一部分与它拼接在一起。

变压器的绕组一般采用表面涂有绝缘漆的铜线绕制而成，对于大容量的变压器则常采用绝缘的扁铜线或铝线绕制而成。**变压器接高压的绕组称为高压绕组，其线径细、匝数多；接低压的绕组称为低压绕组，其线径粗、匝数少。**

变压器是由绕组绕制在铁芯上构成的，对于不同形状的铁芯，绕组的绕制方法有所不同，如图6-3所示是几种绕组在铁芯上的绕制方式。从图6-3中可以看出，不管是心式铁芯，还是壳式铁芯，高、低压绕组并不是各绕在铁芯的一侧，而是绕在一起，图6-3中线径粗的绕组绕在铁芯上构成低压绕组，线径细的绕组则绕在高压绕组上。

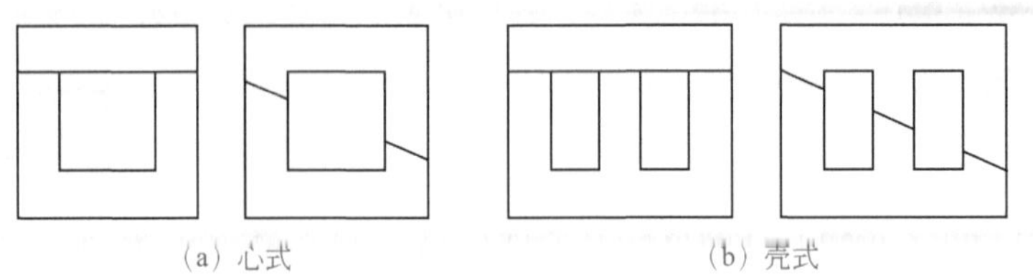

图6-2 硅钢片的形状

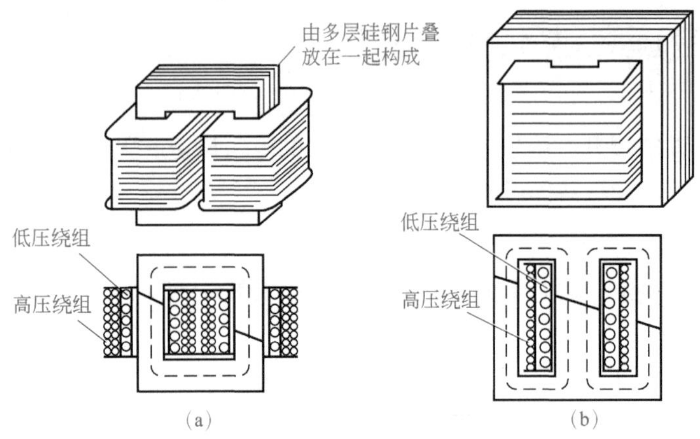

图6-3 变压器的绕组绕制方式

6.1.2 基本功能

变压器的基本功能是电压变换和电流变换。

（1）电压变换

变压器既可以升高交流电压，也可以降低交流电压。在忽略变压器对电能损耗的情况下，变压器一次、二次绕组的电压与一次、二次绕组的匝数的关系为

$$\frac{U_1}{U_2}=\frac{N_1}{N_2}=K$$

式子中的K称为匝数比或变压比，由上式可知。

① 当$N_1 < N_2$（即$K < 1$）时，变压器输出电压U_2较输入电压U_1高，故$K < 1$的变压器称为升压变压器。

② 当$N_1 > N_2$（即$K > 1$）时，变压器输出电压U_2较输入电压U_1低，故$K > 1$的变压器称为降压变压器。

③ 当N_1=N_2（即K=1）时，变压器输出电压U_2和输入电压U_1相等，这种变压器不能改

变交流电压的大小，但能将一次、二组绕组电路隔开，故K=1的变压器常称为隔离变压器。

（2）电流变换

变压器不但能改变交流电压的大小，还能改变交流电流的大小。在忽略变压器对电能损耗的情况下，变压器的一次绕组的功率$P_1(P_1=U_1I_1)$与二次绕组的功率$P_2(P_2=U_2I_2)$是相等的，即

$$U_1I_1=U_2I_2 \Rightarrow \frac{U_1}{U_2}=\frac{I_2}{I_1}$$

由上式可知，**变压器一次、二次绕组的电压与一次、二次绕组的电流成反比：若提升二次绕组的电压，则会使二次绕组的电流减小；若降低二次绕组的电压，则二次绕组的电流会增大。**

综上所述，对于变压器来说，不管是一次或是二次绕组，匝数越多，它两端的电压就越高，流过的电流就越小。例如，某变压器的二次绕组匝数少于一次绕组匝数，其二次绕组两端的电压就低于一次绕组两端的电压，而二次绕组的电流比一次绕组的大。

6.1.3 极性判别

变压器可以改变交流信号的电压或电流大小，但不能改变交流信号的频率，当一次绕组的交流电压极性变化时，二次绕组上的交流电压极性也会变化，它们的极性变化有一定的规律。下面以图6-4来说明这个问题。

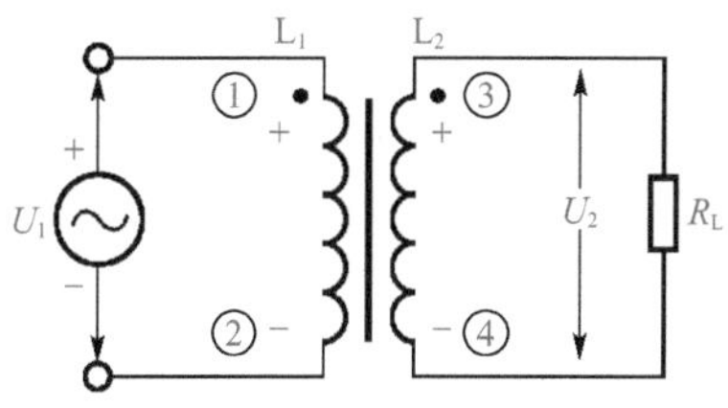

图6-4 变压器的极性说明

（1）同名端

交流电压U_1加到变压器的一次绕组L_1两端，在二次绕组L_2两端会感应出电压U_2，并送给负载R_L。假设U_1的极性是上正下负，L_1两端的电压也为①正②负（即上正下负），L_2两端感应出来的电压有两种可能：一是③正④负，二是③负④正。

如果L_2两端的感应电压极性是③正④负，那么L_2的③端与L_1的①端的极性是相同的，也就说L_2的③端与L_1的①端是同名端，为了表示两者是同名端，常在该端标注“•”。当然，因为②端与④端极性也是相同的，故它们也是同名端。

如果L_2两端的感应电压极性是③负④正，那么L_2的④端与L_1的①端的极性是相同的，L_2的④端与L_1的①端就是同名端。

（2）同名端的判别

根据不同情况，可采用下面两种方法来判别变压器的同名端。

① 对于已知绕向的变压器，可分别给两个绕组通电流，然后用右手螺旋定则来判断两个绕组产生磁场的方向，以此来确定同名端。

如果电流流过两个绕组，两个绕组产生的磁场方向一致，则两个绕组的电流输入端为同名端。如图6-5（a）所示，电流I_1从①端流入一次绕组L_1，它产生的磁场方向为顺时针，电流I_2从③端流入二次绕组L_2，L_2产生的磁场也为顺时针，即两绕组产生的磁场方向一致，两个绕组的电流输入端①、③为同名端。

如果电流流过两个绕组，两个绕组产生的磁场方向相反，则一个绕组的电流输入端与另一个绕组的电流输出端为同名端。如图6-5（b）所示，绕组L_1产生的磁场方向为顺时针，L_2产生的磁场为逆时针，即两绕组产生的磁场方向相反，绕组L_1的电流输入端①与L_2的电流输出端④为同名端。

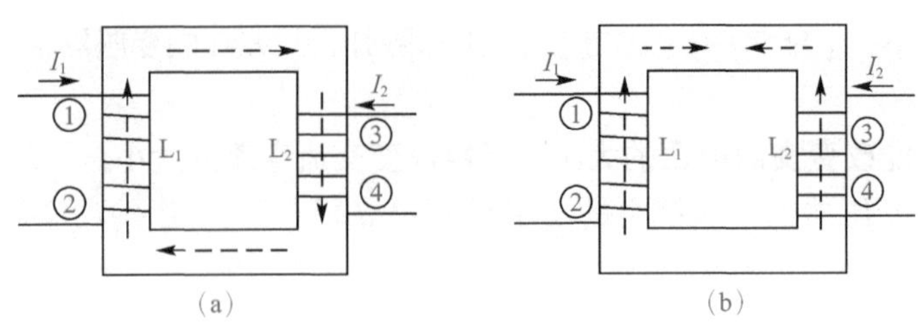

图6-5 已知绕向的变压器极性判别

② 对于已封装好、无法知道绕向的变压器。在平时接触更多的是已封装好的变压器，对于这种变压器是很难知道其绕组绕向的，用前面的方法无法判别出同名端，此时可使用实验的方法。该方法说明如下：

如图6-6（a）所示，将变压器的一个绕组的一端与另一个绕组的一端连接起来（图中是将②、④端连接起来），再在两个绕组另一端之间连接一个电压表（图中是在①、③端之间连接电压表），然后给一个绕组加一个较低的交流电压（图中是在①、②端加U_1电压）。观察电压表V测得的电压值U，如果电压值是两个绕组电压的和，即$U=U_1+U_2$，则①、④端为同名端，其等效原理如图6-6（b）所示；如果$U=U_1-U_2$，则①、③端为同名端，其等效原理如图6-6（c）所示。

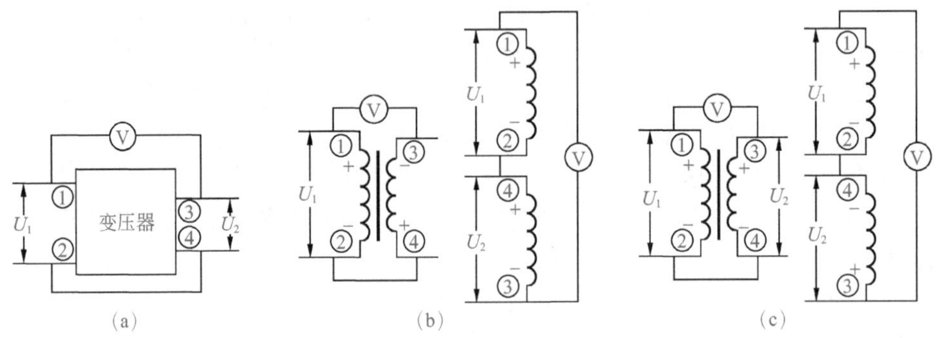

图6-6 绕向未知的变压器极性判别

6.2 三相变压器

6.2.1 电能的传送

发电部门的发电机将其他形式的能（如水能和化学能）转换成电能，电能再通过导线传送给用户。由于用户与发电部门的距离往往很远，电能传送需要很长的导线，电能在导线传送的过程中有损耗。根据焦耳定律$Q=I^2Rt$可知，损耗的大小主要与流过导线的电流和导线的电阻有关，电流、电阻越大，导线的损耗越大。

为了降低电能在导线上传送产生的损耗，可减小导线电阻和降低流过导线的电流。具体做法有：通过采用电阻率小的铝或铜材料制作成粗导线来减小导线的电阻；通过提高传送电压来减小电流，这是根据$P=UI$，在传送功率一定的情况下，导线电压越高，流过导线的电流越小。

电能从发电站传送到用户的过程如图6-7所示。发电机输出的电压先送到升压变电站进行升压，升压后得到110～330kV的高压，高压经导线进行远距离传送，到达目的地后，再由降压变电站的降压变压器将高压降低到220V或380V的低压，提供给用户。实际上，在提升电压时，往往不是依靠一个变压器将低压提升到很高的电压，而是经过多个升压变压器一级级进行升压的，在降压时，也需要经多个降压变压器进行逐级降压。

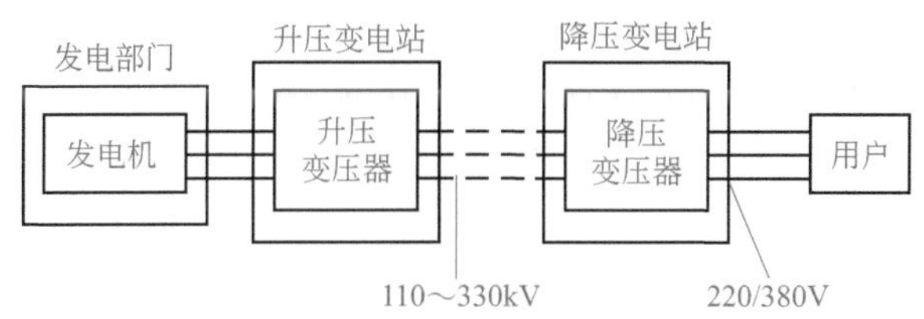

图6-7 电能传送示意图

6.2.2 三相变压器

（1）三相交流电的产生

目前电力系统广泛采用三相交流电，三相交流电是由三相交流发电机产生的。三相交流发电机原理示意图如图6-8所示。从图6-8中可以看出，三相发电机主要是由U、V、W三个绕组和磁铁组成的，当磁铁旋转时，在U、V、W绕组中分别产生电动势，各绕组两端的电压分别为U_U、U_V、U_W，这三个绕组输出的三组交流电压就称为三相交流电压。

（2）利用单相变压器改变三相交流电压

要将三相交流发电机产生的三相电压传送出去，为了降低线路损耗，需对每相电压都进行提升，简单的做法是采用三个单相变压器，如图6-9所示。单相变压器是指一次绕组和二次绕组分别只有一组的变压器。

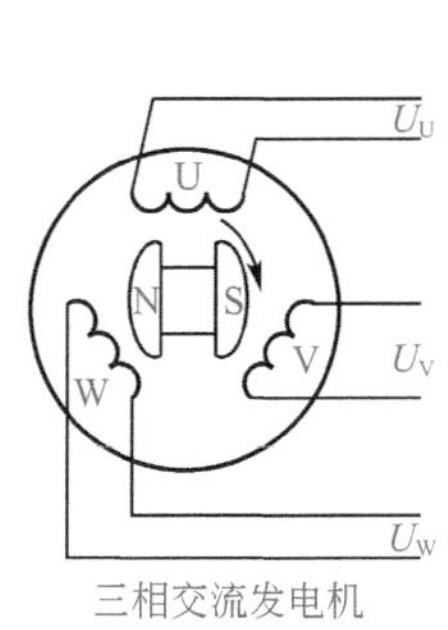

图6-8 三相交流发电机原理示意图

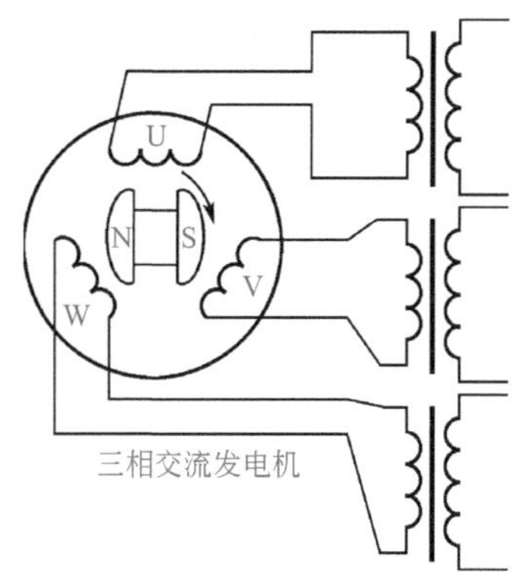

图6-9 利用三个单相变压器改变三相交流电压

（3）利用三相变压器改变三相交流电压

将三对绕组绕在同一铁芯上可以构成三相变压器。三相交流变压器的结构如图6-10所示。利用三相变压器也可以改变三相交流电压，具体接法如图6-11所示。

6.2.3 三相变压器的工作接线方法

（1）星形接法

用如图6-11所示的方法连接三相发电机与三相变压器，缺点是连接所需的导线太多，在进行远距离电能传送时必然会使线路成本上升，而采用星形接法可以减少导线数量，从

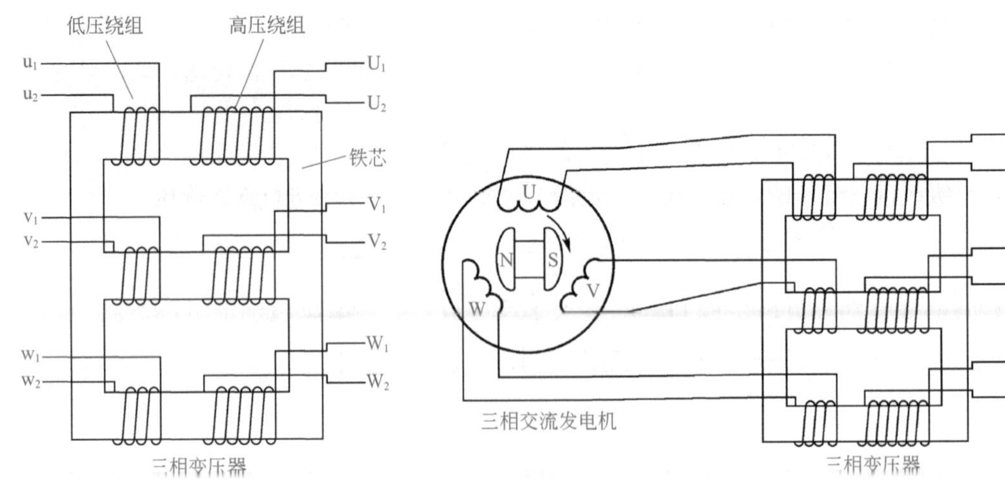

图6-10 三相交流变压器的结构　　图6-11 利用三相变压器改变三相交流电压

而降低成本。发电机绕组与变压器绕组的星形连接方式如图6-12所示。

变压器的星形接线方式如图6-12（a）所示，将发电机的三相绕组的末端连起来构成一个连接点，该连接点称为中性点，将变压器三个低压绕组（匝数少的绕组）的末端连接起来构成中性点，将变压器三个高压绕组的末端连接起来构成中性点，然后将发电机三相绕组的首端分别与变压器三个低压绕组的首端连接起来。

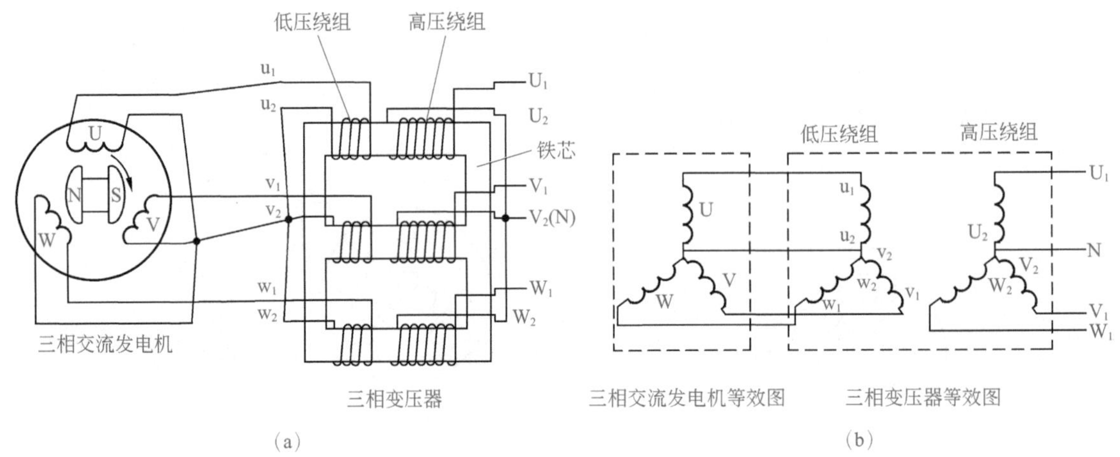

图6-12 发电机绕组与变压器绕组的星形连接方式

发电机绕组与变压器绕组的星形连接方式可以画成如图6-12（b）所示的形式，从图6-12（b）中可以看出，发电机绕组和变压器绕组连接成星形，故这种接法称为星形接法，又因为这种接法需用四根导线，故又称为三相四线制星形接法。发电机和变压器之间按星形连接好后，变压器就可以升高发电机送来的三相电压。如发电机的U相电压送到变压器的绕组u_1u_2两端，在高压绕组U_1U_2两端就会输出升高的U相电压。

（2）三角形接法

三相变压器与三相发电机之间的连线接法除了星形接法外，还有三角形接法。三相发电机与三相变压器之间的三角形连接方式如图6-13所示。

变压器的三角形接线方式如图6-13（a）所示，将发电机的三相绕组的首尾依次连接起来，再在每相绕组首端连出引线，将变压器的低压绕组的首尾依次连接起来，并在每相绕组首端连出引线，将变压器的高压绕组的首尾依次连接起来，并在每相绕组首端连出引线，然后将发电机的三根引线与变压器低压绕组相对应的三根引线连接起来。

发电机绕组与变压器绕组的三角形连接方式可以画成如图6-13（b）所示的形式，从图6-13（b）中可以看出，发电机绕组和变压器绕组连接成三角形，故这种接法称为三角形接法，又因为这种接法需用三根导线，故又称为三相三线制三角形接法。发电机和变压器之间按三角形连接好后，变压器就可以升高发电机送来的三相电压。如发电机的W相电压送到变压器的绕组w_1w_2两端，在高压绕组W_1U_1两端（也即W、U两引线之间）就会输出升高的W相电压。

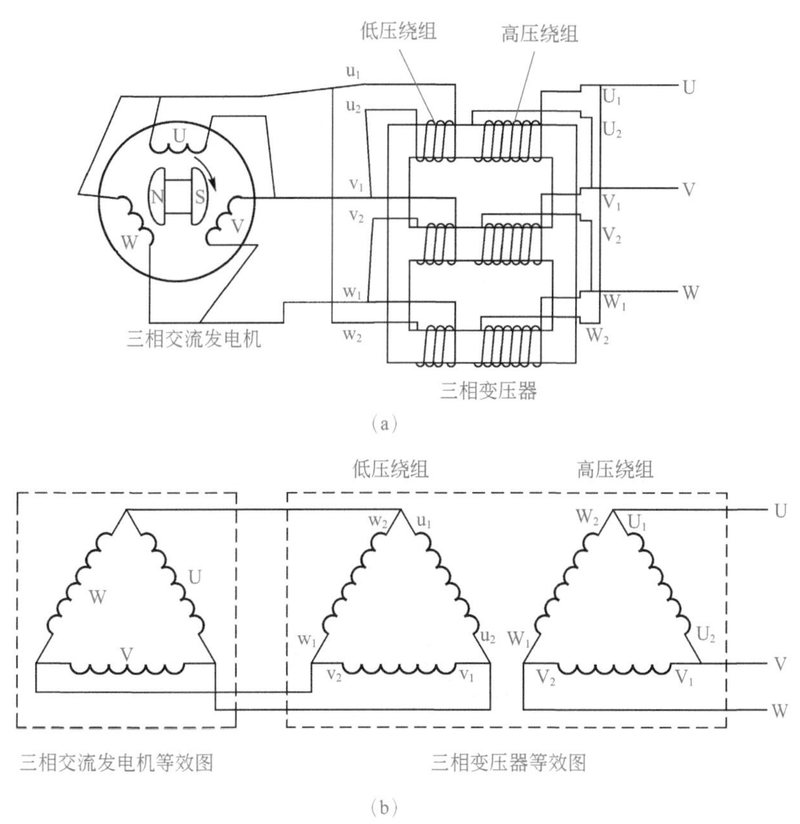

图6-13　发电机绕组与变压器绕组的三角形连接方式

6.3 电力变压器

电力变压器的功能是对传送的电能进行电压或电流的变换。大多数电力变压器属于三相变压器。电力变压器有升压变压器和降压变压器之分：升压变压器用于将发电机输出的低压升高，再通过电网线输送到各地；降压变压器用于将电网高压降低成低压，送给用户使用。平时见到的电力变压器大多数是降压变压器。

6.3.1 外形与结构

电力变压器的实物外形如图6-14所示。

图6-14 电力变压器的实物外形

由于电力变压器所接的电压高，传输的电能大，为了使铁芯和绕组的散热和绝缘良好，一般将它们放置在装有变压器油的绝缘油箱内（变压器油具有良好的绝缘性），高、低压绕组引出线均通过绝缘性能好的瓷套管引出，另外，电力变压器还有各种散热保护装置。

电力变压器的结构如图6-15所示。

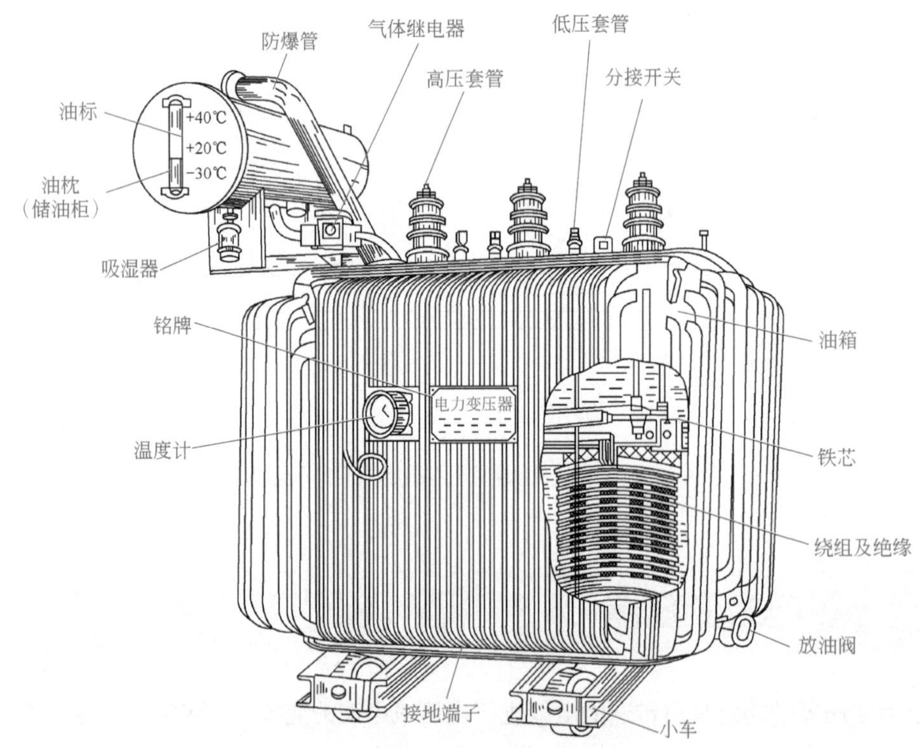

图6-15 电力变压器的结构

6.3.2 型号说明

电力变压器的型号表示方式说明如下：

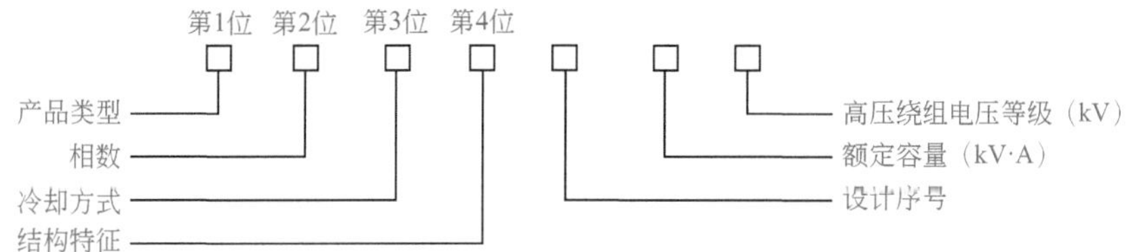

电力变压器型号中的字母含义见表6-1。

表6-1 电力变压器型号中的字母含义

位次	内容	代号	含义	位次	内容	代号	含义
第1位	类型	O	自耦变压器（O在前为降压，O在后为升压）	第3位	冷却方式	G	干式
		（略）	电力变压器			（略）	油浸自冷
		H	电弧炉变压器			F	油浸风冷
		ZU	电阻炉变压器			S	水冷
		R	加热炉变压器			FP	强迫油循环风冷
		Z	整流变压器			SP	强迫油循环水冷
		K	矿用变压器			P	强迫油循环
		D	低压大电流用变压器	第4位和第5位	结构特征	（略）	双绕组
		J	电机车用变压器（机床、局部照明用）			S	三绕组
		Y	试验用变压器			（略）	铜线
		T	调压器			L	铝线
		TN	电压调整器			C	接触调压
		TX	移相器			A	感应调压
		BX	焊接变压器			Y	移圈式调压
		ZH	电解电化学变压器			Z	有载调压
		G	感应电炉变压器			（略）	无激磁调压
		BH	封闭电弧炉变压器			K	带电抗器
第2位	相数	D	单相			T	成套变电站用
		S	三相			Q	加强型

例如：一台电力变压器的型号为S9-500/10，该型号说明该变压器是一台三相油浸自冷式铜线双绕组电力变压器，其额定容量为500kV·A，高压侧额定电压为10kV，设计序号为9。此型号中的第1、3、4位均省略。

6.3.3 连接方式

在使用电力变压器时，其高压侧绕组要与高压电网连接，低压侧绕组则与低压电网连接，这样才能将高压降低成低压供给用户。电力变压器与高、低压电网的连接方式有多种，如图6-16所示是两种较常见的连接方式。

在图6-16中，电力变压器的高压绕组首端和末端分别用U_1、V_1、W_1和U_2、V_2、W_2表示，低压绕组的首端和末端分别用u_1、v_1、w_1和u_2、v_2、w_2表示。图6-16（a）中的变压器采用了Y/Y0接法，即高压绕组采用中性点不接地的星形接法（Y），低压绕组采用中性点接地的星形接法（Y0），这种接法又称为Yyn0接法。图6-16（b）中的变压器采用了△/Y0接法，即高压绕组采用三角形接法，低压绕组采用中性点接地的星形接法，这种接法又称为Dyn11接法。

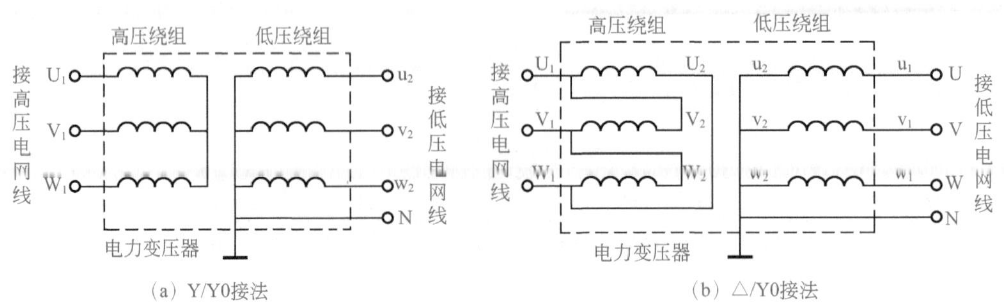

（a）Y/Y0接法　　（b）△/Y0接法

图6-16　电力变压器与高、低压电网的两种连接方式

在工作时，电力变压器每个绕组上都有电压，每个绕组上的电压称为相电压，高压绕组中的每个绕组上的相电压都相等，低压绕组中的每个绕组上的相电压也都相等。如果图6-16中的电力变压器低压绕组是接照明用户，低压绕组的相电压通常为220V，由于三个低压绕组的三端连接在一个公共点上并接出导线（称为中性线），因此每根相线（即每个绕组的引出线）与中性线之间的电压（称为相电压）为220V，而两根相线之间有两个绕组，故两根相线之间的电压（称为线电压）应大于相电压，线电压为$220\times\sqrt{3}\approx 380$V。

这里要说明一点，线电压虽然是两个绕组上的相电压叠加得到的，但由于两个绕组上的电压相位不同，故线电压与相电压的关系不是乘以2，而是乘以$\sqrt{3}$。

6.3.4　常见故障及检修

（1）运行检查

在电力变压器运行时，可进行以下检查。

① 检查声音是否正常。在变压器正常运行时，会发出均匀的“嗡嗡”声，若发出异常的声音，则可能发生了故障。

② 检查绝缘油的高度、油色和油温是否正常。油位正常应在油面计的1/4～3/4之间，新油呈浅黄色，运行后呈浅红色。油位过高或过低都是不正常现象，油位过高可能是变压器过载时油受热引起，油位过低可能是变压器漏油引起。油温（以上层油温为准）一般不超过85℃，最高不得超过95℃。在检查时，要特别注意油标管、呼吸器、防爆通气孔有无堵塞，以免造成油面正常的假象。

③ 检查引线、套管的连接是否正常，引线、导杆和连接端有无变色，套管有无裂纹、损坏和放电痕迹。如果套管不清洁或破裂，在雾天或阴雨天会使泄漏电流增大，甚至发生对地放电。

④ 检查高、低压熔丝是否正常，若不正常，要查明原因。

⑤ 检查变压器的接地装置是否完好。在正常时，变压器外壳的接地线、中性点接地线和防雷装置接地线都紧密连接一起，并完好接地，如有锈、断等现象出现，应及时处理。

在运行时，若变压器出现以下情况应立即停止运行。

① 响声大且不均匀，有爆裂声。

② 在正常冷却条件下，油温不断上升。

③ 油枕喷油或防爆管喷油。

④ 油面降落低于油位计上的限度。

⑤ 油色变化过大，油内出现炭质等。

⑥ 套管有严重的破损和放电现象。

（2）常见故障及排除方法

电力变压器的常见故障及排除方法见表6-2。

表6-2　电力变压器的常见故障及排除方法

常见故障	可能原因	排除方法
变压器发出异常声响	① 变压器过负载，发出的声响比平常沉重 ② 电源电压过高，发出的声响比平常尖锐 ③ 变压器内部振动加剧或零部件松动，发出的声响大而嘈杂 ④ 绕组或铁芯绝缘有击穿现象，发出的声响大且不均匀或有爆裂声 ⑤ 套管太脏或有裂纹，发出“嗞磁”声，且套管表面有闪络现象	① 减少负载 ② 按操作规程降低电源电压 ③ 减小负载或停电修理 ④ 停电修理 ⑤ 停电清洁套管或更换套管
油温过度	① 变压器过负载 ② 三相负载不平衡 ③ 变压器散热不良	① 减小负载 ② 调整三相负载的分配，使其平衡；对于Yy0连接的变压器，其中性线电流不得超过低压绕组额定电流的25% ③ 检查并改善冷却系统的散热情况
油面高度不正常	① 油温过高，油面上升 ② 变压器漏油、渗油，油面下降（注意与天气变冷油面下降的区别）	① 见以上“油温过高”的处理方法 ② 停电修理
变压器油变黑	变压器绕组绝缘击穿	修理变压器绕组
低压熔丝熔断	① 变压器过负载 ② 低压线路短路 ③ 用电设备绝缘损坏，造成短路 ④ 熔丝的容量选择不当，熔丝本身质量不好或熔丝安装不当	① 减小负载，更换熔丝 ② 排除短路故障，更换熔丝 ③ 修理用电设备，更换熔丝 ④ 更换熔丝，并按规定安装
高压熔丝熔断	① 变压器绝缘击穿 ② 低压设备绝缘损坏造成短路，但低压熔丝未熔断 ③ 熔丝的容量选择不当、熔丝本身质量不好或熔丝安装不当 ④ 遭受雷击	① 修理变压器，更换熔丝 ② 修理低压设备，换上适合的熔丝 ③ 更换熔丝，并按规定安装 ④ 更换熔线
防爆管薄膜破裂	① 变压器内部发生故障（如绕组相间短路等），产生大量气体，压力增加，致使防爆管薄膜破裂 ② 由于外力作用造成防爆管薄膜破裂	① 停电修理变压器，更换防爆管薄膜 ② 更换防爆管薄膜
气体继电器动作	① 变压器绕组匝间短路、相间短路，绕组断线、对地绝缘击穿等 ② 分接开关触头表面熔化或灼伤，分接开关触头放电或各分接头放电	① 停电修理变压器绕组 ② 停电修理分接开关

6.4 自耦变压器

普通的变压器有一次绕组和二次绕组，如果将两个绕组融合成一个绕组就能构成一种特殊的变压器——自耦变压器。**自耦变压器是一种只有一个绕组的变压器。**

6.4.1 外形

自耦变压器的种类很多，如图6-17所示是一些常见的自耦变压器。

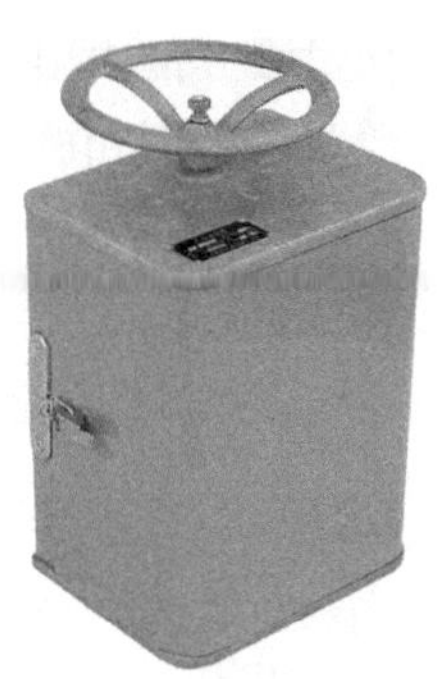

图6-17 一些常见的自耦变压器

6.4.2 工作原理

自耦变压器的结构和符号如图6-18所示。

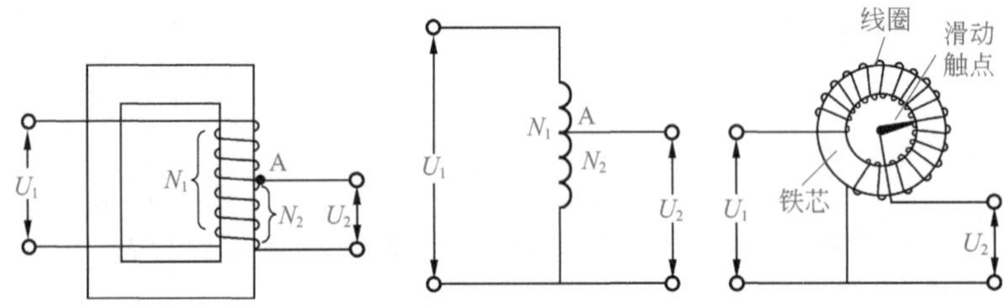

图6-18 自耦变压器的结构和符号

从图6-18中可以看出，自耦变压器只有一个绕组（匝数为N_1），在绕组的中间部分（图中为A点）引出一个接线端，这样就将绕组的一部分当作二次绕组（匝数为N_2）。自耦变压器的工作原理与普通的变压器相同，也可以改变电压的大小，其规律同样可以用下式表示，即

$$\frac{U_1}{U_2}=\frac{N_1}{N_2}=K$$

从上式可以看出，改变N_2就可以调节输出电压U_2的大小。为了方便地改变输出电压，自耦变压器将绕组的中心抽头换成一个可滑动的触点，如图6-18所示。当旋转触点时，绕组匝数N_2就会变化，输出电压也就变化，从而实现手动调节输出电压的目的。这种自耦变压器又称为自耦调压器。

6.5 交流弧焊变压器

交流弧焊变压器又称交流弧焊机，是一种具有陡降外特性的特殊变压器。

6.5.1 外形

交流弧焊变压器的外形如图6-19所示。

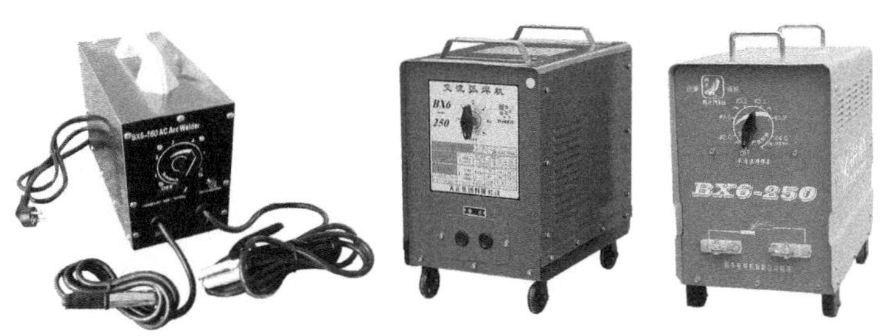

图6-19 交流弧焊变压器的外形

6.5.2 结构与工作原理

交流弧焊机的基本结构如图6-20所示，它是由变压器在二次侧回路串入电抗器（电感量较大的电感器）构成的，电抗器起限流作用。在空载时，变压器的二次侧开路电压约为60～80V，便于起弧。在焊接时，焊条接触工件的瞬间，二次侧短路，由于电抗器的阻碍，输出电流虽然很大，但还不至于烧坏变压器，电流在流过焊条和工件时，高温熔化焊条和工件金属，对工件实现焊接。在焊接过程中，焊条与工件高温接触，存在一定接触电阻（类似灯泡发光后高温灯丝电阻会增大），此时焊钳与工件间电压为20～40V，满足维持电弧的需要。要停止焊接，只需把焊条与工件间的距离拉长，电弧随即熄灭。

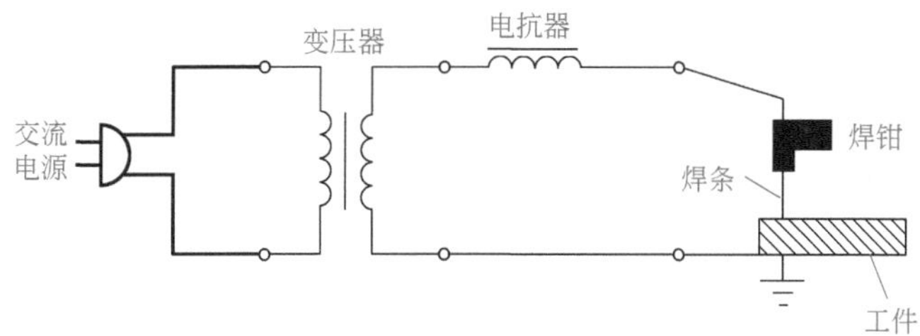

图6-20 交流弧焊机的基本结构与原理说明图

有的交流弧焊机只是一个变压器，工作时需要外接电抗器，也有的交流弧焊机将电抗器和变压器绕在同一铁芯上，交流弧焊机可以通过切换绕组的不同抽头来改变匝数比，从而改变输出电流来满足不同的焊接要求。

6.5.3 使用注意事项

在使用交流弧焊变压器时，要注意以下事项。

① 对于第一次使用、长期停用后使用或置于潮湿场地的焊机，在使用前应用兆欧表检查绕组对机壳（对地）的绝缘电阻，应不低于1MΩ。

② 检查配电系统的开关、熔断器是否合格（熔丝应在额定电流的2倍之内），导线绝缘是否完好。

③ 在接线时应严格按使用说明书的要求进行，特别是380V/220V两用的焊机，绝不允许接错，以免烧毁绕组。

④ 焊机的外壳应可靠接地，接地线的截面积应不小于输入线的截面积。

⑤ 焊机接线板上的螺母、接线柱和导线必须压紧，以免接触不良导致局部过热而烧毁部件。

⑥ 在焊接时，严禁转动调节器挡位来改变电流，以防烧坏焊机。

⑦ 尽量不要超负荷使用焊机。如果超负荷使用焊机，要随时注意焊机的温度，温度过高时应马上停机，否则易缩短焊机使用寿命，甚至会烧毁绕组，焊钳与工件的接触时间也不要过长，以免烧坏绕组。

⑧ 焊机使用完毕后，应切断焊机电源，以确保安全。焊机不用时，应放在通风良好、干燥的地方。

第7章 电动机

电动机是一种将电能转换成机械能的设备。从家庭的电风扇、洗衣机、电冰箱，到企业生产用到的各种电动加工设备（如机床等），到处可以见到电动机的身影。据统计，一个国家各种电动机消耗的电能占整个国家电能消耗的60%～70%。随着社会工业化程度的不断提高，电动机的应用也越来越广泛，消耗的电能也会越来越大。

电动机的种类很多，常见的有直流电动机、单相异步电动机、三相异步电动机、同步电动机、永磁电动机、开关磁阻电动机、步进电动机和直线电动机等，不同的电动机适用于不同的设备。

7.1 三相异步电动机

7.1.1 工作原理

（1）磁铁旋转对导体的作用

下面通过一个实验来说明异步电动机的工作原理。实验如图7-1（a）所示，在一个马蹄形的磁铁中间放置一个带转轴的闭合线圈，当摇动手柄来旋转磁铁时发现，线圈会跟随着磁铁一起转动。为什么会出现这种现象呢？

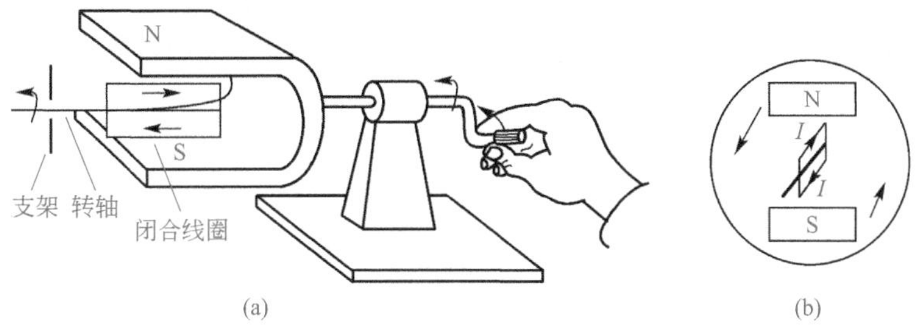

图7-1 单匝闭合线圈旋转原理

图7-1（b）是与图7-1（a）对应的原理简化图。当磁铁旋转时，闭合线圈的上下两段导

线会切割磁铁产生的磁场，两段导线都会产生感应电流。由于磁铁沿逆时针方向旋转，假设磁铁不动，那么线圈就被认为沿顺时针方向运动。

线圈产生的电流方向判断：从图7-1（b）中可以看出，磁场方向由上往下穿过导线，上段导线的运动方向可以看成向右，下段导线则可以看成向左，根据右手定则（具体内容详见第1章）可以判断出线圈的上段导线的电流方向由外往内，下段导线的电流方向则是由内往外。

线圈运动方向的判断：当磁铁逆时针旋转时，线圈的上、下段导线都会产生电流，载流导体在磁场中会受到力，受力方向可根据左手定则来判断，判断结果可知线圈的上段导线受力方向是往左，下段导线受力方向往右，这样线圈就会沿逆时针方向旋转。

如果将图7-1中的单匝闭合导体转子换成图7-2（a）所示的笼型转子，然后旋转磁铁，结果发现笼型转子也会随磁铁一起转动。图7-2（a）中笼型转子的两端是金属环，金属环中间安插多根金属条，每两根相对应的金属条通过两端的金属环构成一组闭合的线圈，所以笼型转子可以看成是多组闭合线圈的组合。当旋转磁铁时，笼型转子上的金属条会切割磁感线而产生感应电流，有电流通过的金属条受磁场的作用力而运动。根据如图7-2（b）的示意图可分析出，各金属条的受力方向都是逆时针方向，所以笼型转子沿逆时针方向旋转起来。

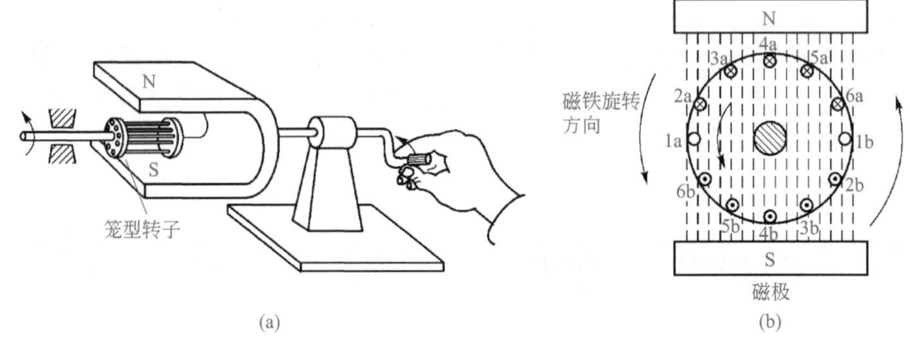

图7-2　笼型转子旋转原理

综上所述，**当旋转磁铁时，磁铁产生的磁场也随之旋转，处于磁场中的闭合导体会因此切割磁感线而产生感应电流，而有感应电流通过的导体在磁场中又会受到磁场力，在磁场力的作用下导体就旋转起来。**

（2）异步电动机的工作原理

采用旋转磁铁产生旋转磁场让转子运动，并没有实现电能转换成机械能。实践和理论都证明，如果在转子的圆周空间放置互差120°的3组绕组，如图7-3所示，然后将这3组绕组按星形或三角形接法接好（图7-4是按星形接法接好的3组绕组），将3组绕组与三相交流电压接好，有三相交流电流流进3组绕组，这3组绕组会产生类似如图7-2所示的磁铁产生的旋转磁场，处于此旋转磁场中的转子上的各闭合导体有感应电流产生，磁场对有电流流过的导体产生作用力，推动各导体按一定的方向运动，转子也就运转起来。

图7-3实际上是三相异步电动机的结构示意图。绕组绕在铁芯支架上，由于绕组和铁芯都固定不动，因此称为定子，定子中间是笼型的转子。转子的运转可以看成是由绕组产生的旋转磁场推动的，旋转磁场有一定的转速。旋转磁场的转速n（又称同步转速）、三相交流电的频率f和磁极对数p（一对磁极有两个相异的磁极）有以下关系：

$$n=60f/p$$

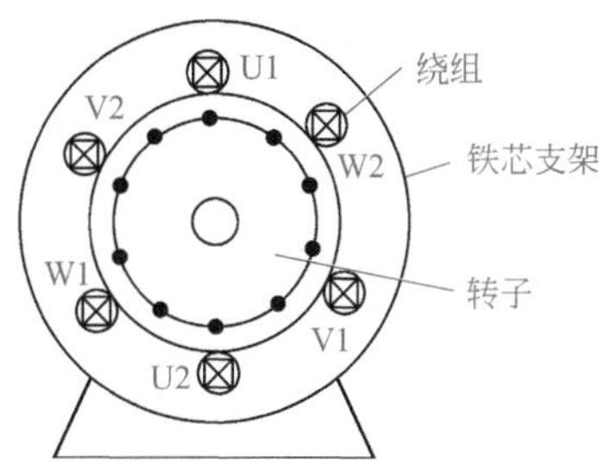

图7-3　三相电动机互差120°的3组绕组

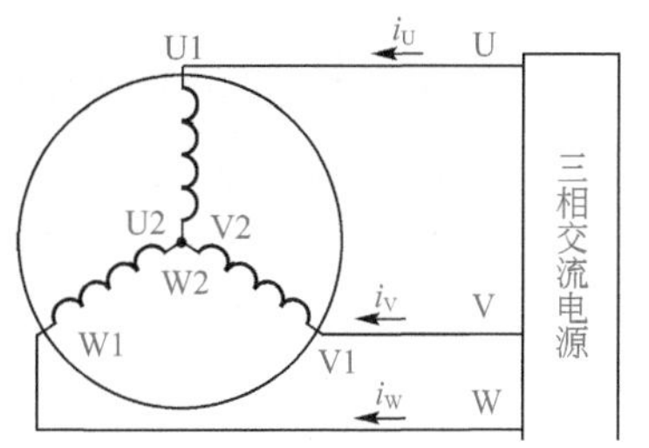

图7-4　3组绕组与三相电源进行星形连接

例如，一台三相异步电动机定子绕组的交流电压频率f=50Hz，定子绕组的磁极对数p=3，那么旋转磁场的转数n=60×50/3=1000(r/min)。

电动机在运转时，其转子的转向与旋转磁场方向是相同的，转子是由旋转磁场作用而转动的，转子的转速要小于旋转磁场的转速，并且要滞后于旋转磁场的转速，也就是说转子与旋转磁场的转速是不同步的。**这种转子转速与旋转磁场转速不同步的电动机称为异步电动机。**

7.1.2　外形与结构

图7-5列出了两种三相异步电动机的实物外形。三相异步电动机的结构如图7-6所示，从图中可以看出，它主要由外壳、定子、转子等部分组成。

图7-5　两种三相异步电动机的实物外形

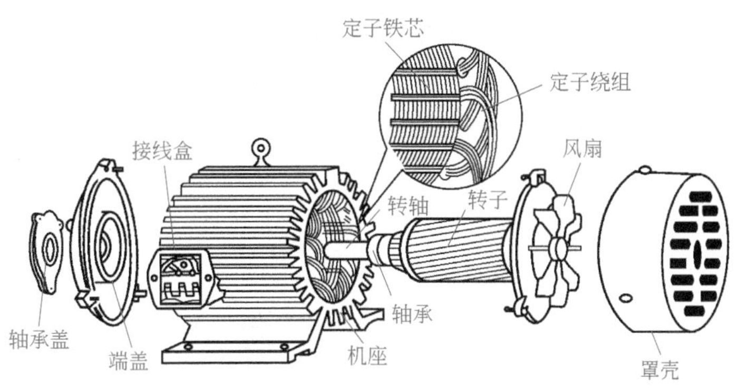

图7-6　三相异步电动机的结构

三相异步电动机各部分说明如下。

（1）外壳

三相异步电动机的外壳主要由机座、轴承盖、端盖、接线盒、风扇和罩壳等组成。

（2）定子

定子由定子铁芯和定子绕组组成。

① 定子铁芯。定子铁芯通常由很多圆环状的硅钢片叠合在一起组成，这些硅钢片中间开有很多小槽用于嵌入定子绕组（也称定子线圈），硅钢片上涂有绝缘层，使叠片之间绝缘。

② 定子绕组。它通常由涂有绝缘漆的铜线绕制而成，再将绕制好的铜线按一定的规律嵌入定子铁芯的小槽内，具体见图7-6放大部分。绕组嵌入小槽后，按一定的方法将槽内的绕组连接起来，使整个铁芯内的绕组构成U、V、W三相绕组，再将三相绕组的首、末端引出来，接到接线盒的U1、U2、V1、V2、W1、W2接线柱上。接线盒如图7-7所示，接线盒各接线柱与电动机内部绕组的连接关系如图7-8所示。

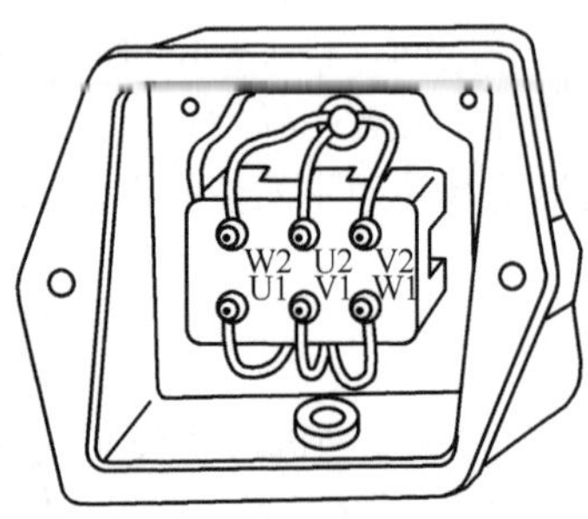

图7-7 电动机的接线盒

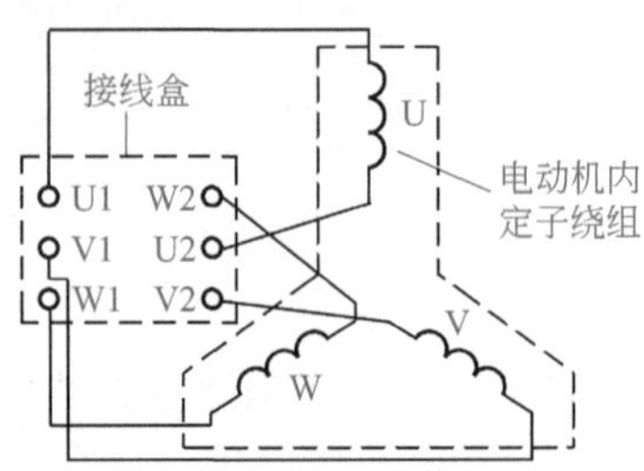

图7-8 接线盒各接线柱与电动机内部绕组的连接

（3）转子

转子是电动机的运转部分，它由转子铁芯、转子线组和转轴组成。

① 转子铁芯。如图7-9所示，转子铁芯是由很多外圆开有小槽的硅钢片叠在一起构成的，小槽用来放置转子绕组。

② 转子绕组。转子绕组嵌在转子铁芯的小槽中，转子绕组可分为笼式转子绕组和线绕式转子绕组。

笼式转子绕组是在转子铁芯的小槽中放入金属导条，再在铁芯两端用导环将各导条连接起来，这样任意一根导条与它对应的导条通过两端的导环就构成一个闭合的绕组，由于这种绕组形似笼子，因此称为笼式转子绕组。笼式转子绕组有铜条转子绕组和铸铝转子绕组两种，如图7-10所示。铜条转子绕组是在转子铁芯的小槽中放入铜导条，然后在两端用金属端环将它们焊接起来；而铸铝转子绕组则是用浇铸的方法在铁芯上浇铸出铝导条、端环和风叶。

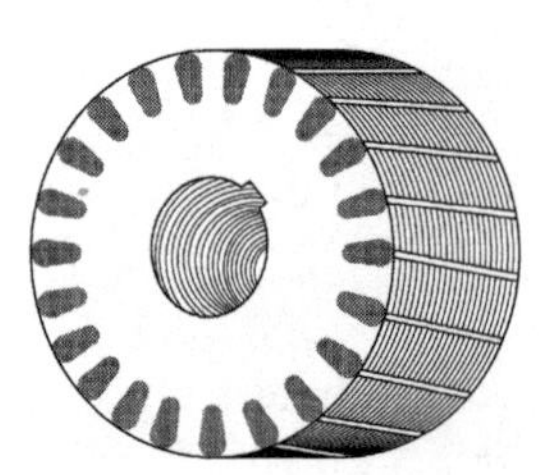

图7-9 由硅钢片叠成的转子铁芯

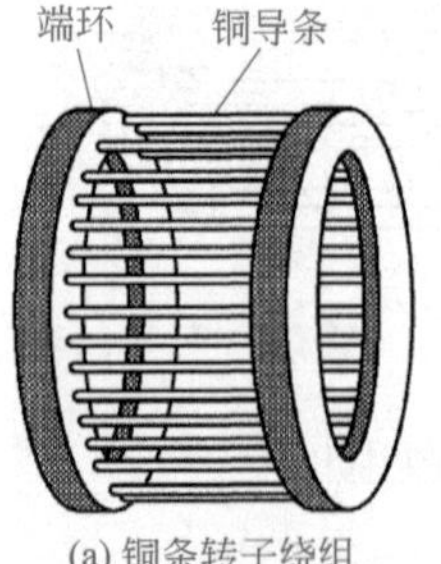

(a) 铜条转子绕组

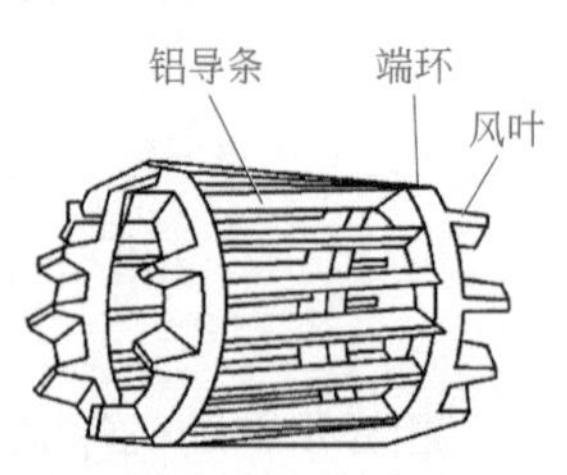

(b) 铸铝转子绕组

图7-10 两种笼式转子绕组

线绕式转子绕组的结构如图7-11所示。它是在转子铁芯中按一定的规律嵌入用绝缘导线绕制好的绕组，然后将绕组按三角形或星形接法接好，大多数按星形方式接线（如图7-12所示）。绕组接好后引出3根相线，通过转轴内孔接到转轴的3个铜制集电环（又称滑环）上，集电环随转轴一起运转，集电环与固定不动的电刷摩擦接触，而电刷通过导线与变阻器连接，这样转子绕组产生的电流通过集电环、电刷、变阻器构成回路。调节变阻器可以改变转子绕组回路的电阻，以此来改变绕组的电流，从而调节转子的转速。

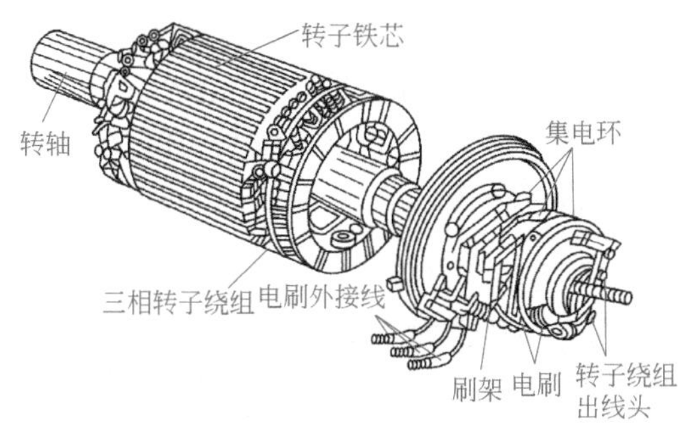

图7-11 线绕式转子绕组

图7-12 按星形连接的线绕式转子绕组

③ 转轴。转轴嵌套在转子铁芯的中心。当定子绕组通三相交流电后会产生旋转磁场，转子绕组受旋转磁场作用而旋转，它通过转子铁芯带动转轴转动，将动力从转轴传递出来。

7.2 三相异步电动机的接线与铭牌的识读

三相异步电动机的定子绕组由U、V、W三相绕组组成，这三相绕组有6个接线端，它们与接线盒的6个接线柱连接。接线盒如图7-7所示。在接线盒上，可以通过将不同的接线柱短接，来将定子绕组接成星形或三角形。

7.2.1 星形接线

要将定子绕组接成星形，可按图7-13（a）所示的方法接线。接线时，用短路线把接线盒中的W2、U2、V2接线柱短接起来，这样就将电动机内部的绕组接成了星形，如图7-13（b）所示。

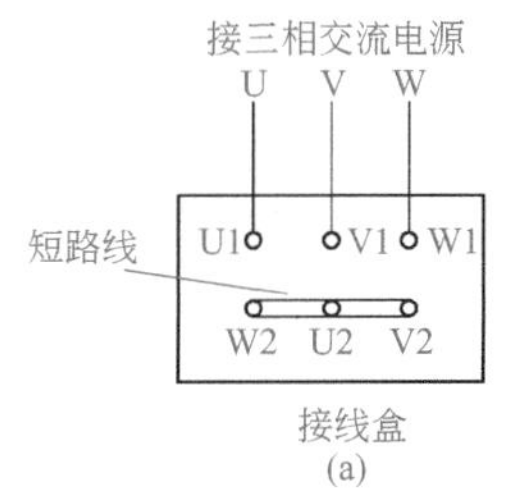

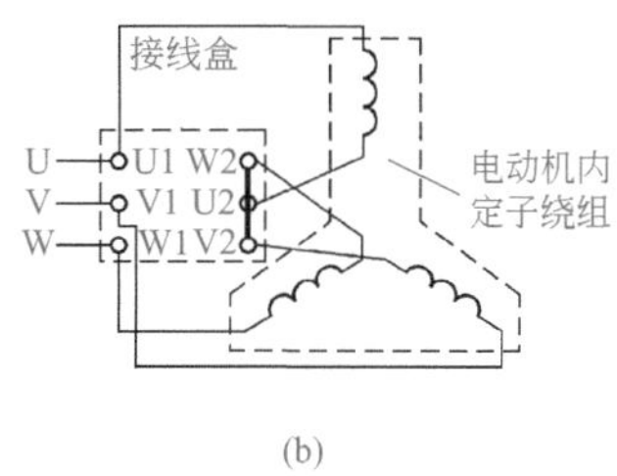

图7-13 定子绕组按星形接法接线

7.2.2 三角形接线

要将电动机内部的三相绕组接成三角形，可用短路线将接线盒中的U1和W2、V1和U2、W1和V2接线柱按图7-14接起来，然后从U1、V1、W1接线柱分别引出导线，与三相交流电源的3根相线连接。如果三相交流电源的相线之间的电压是380V，那么对于定子绕组按星形连接的电动机，其每相绕组承受的电压为220V；对于定子绕组按三角形连接的电动机，其每相绕组承受的电压为380V。所以三角形接法的电动机在工作时，其定子绕组将承受更高的电压。

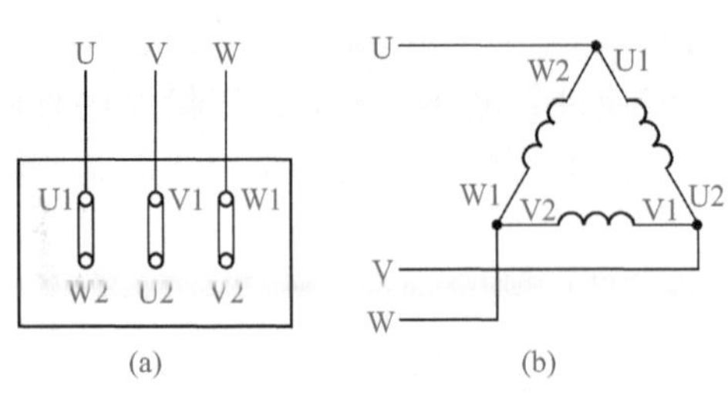

图7-14 定子绕组按三角形接法接线

7.2.3 铭牌的识读

三相异步电动机一般会在外壳上安装一个铭牌，铭牌就相当于简单的说明书，它标注了电动机的型号、主要技术参数等信息。下面以图7-15的铭牌为例来说明铭牌上各项内容的含义。

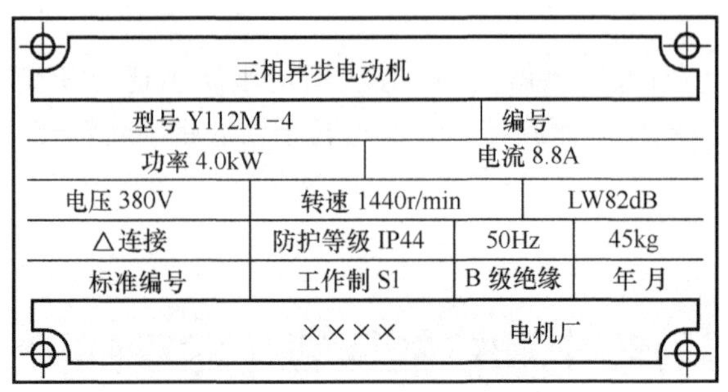

三相异步电动机

型号 Y112M-4			编号	
功率 4.0kW		电流 8.8A		
电压 380V	转速 1440r/min		LW82dB	
△连接	防护等级 IP44		50Hz	45kg
标准编号	工作制 S1		B 级绝缘	年 月

×××× 电机厂

图7-15 三相异步电动机的铭牌

① 型号（Y112M-4）。型号通常由字母和数字组成，其含义说明如下：

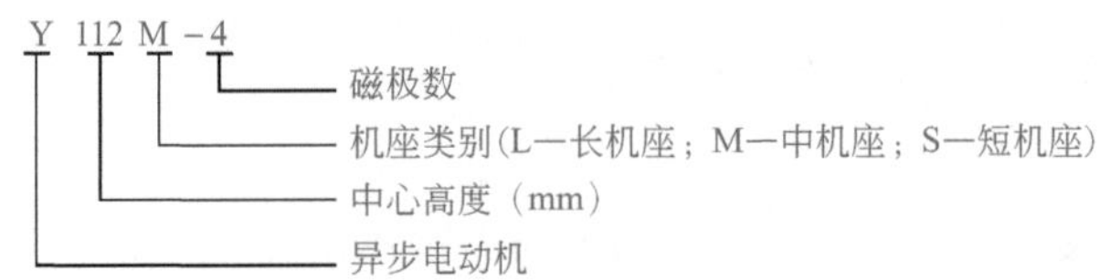

② 额定功率（功率4.0kW）。该功率是在额定状态工作时电动机所输出的机械功率。

③ 额定电流（电流8.8A）。该电流是在额定状态工作时流入电动机定子绕组的电流。

④ 额定电压（电压380V）。该电压是在额定状态工作时加到定子绕组的线电压。

⑤ 额定转速（转速1440r/min）。该转速是在额定工作状态时电动机转轴的转速。

⑥ 噪声等级（LW82dB）。噪声等级通常用LW值表示，LW值的单位是dB（分贝），LW值越小表示电动机运转时噪声越小。

⑦ 连接方式（△连接）。该连接方式是指在额定电压下定子绕组采用的连接方式，连接方式有三角形（△）连接方式和星形（Y）连接方式两种。在电动机工作前，要在接线盒中将定子绕组接成铭牌要求的接法。

如果接法错误，轻则电动机工作效率降低，重则损坏电动机。例如：若将要求按星形连接的绕组接成三角形，那么绕组承受的电压会很高，流过的电流会增大而易使绕组烧坏；若将要求按三角形连接的绕组接成星形，那么绕组上的电压会降低，流过绕组的电流减小而使电动机功率下降。一般功率小于或等于3kW的电动机，其定子绕组应按星形连接；功率为4kW及以上的电动机，定子绕组应采用三角形接法。

⑧ 防护等级（IP44）。表示电动机外壳采用的防护方式。IP11是开启式，IP22、IP33是防护式，而IP44是封闭式。

⑨ 工作频率（50Hz）。表示电动机所接交流电源的频率。

⑩ 工作制（S1）。它是指电动机的运行方式，一般有3种：S1（连续运行）、S2（短时运行）和S3（断续运行）。连续运行是指电动机在额定条件下（即铭牌要求的条件下）可长时间连续运行；短时运行是指在额定条件下只能在规定的短时间内运行，运行时间通常有10min、30min、60min和90min 4种；断续运行是指在额定条件下运行一段时间再停止一段时间，按一定的周期反复进行，一般一个周期为10min，负载持续率有15%、25%、40%和60% 4种，如对于负载持续率为60%的电动机，要求运行6min、停止4min。

⑪ 绝缘等级（B级）。它是指电动机在正常情况下工作时，绕组绝缘允许的最高温度值，通常分为7个等级，具体如下：

绝缘等级	Y	A	E	B	F	H	C
极限工作温度/℃	90	105	120	130	155	180	180以上

7.3 三相异步电动机的检测与常见故障处理

7.3.1 三相绕组的通断和对称情况的检测

三相异步电动机内部有三相绕组，在使用时按星形接线或三角形接线，可用万用表电阻挡检测绕组的通断和对称情况。

（1）通过外部电源线检测绕组

通过外部电源线检测绕组是指不用打开接线盒，直接通过三根电源线来检测绕组的通断和对称情况。通过外部电源线检测绕组如图7-16所示，正常U、V、W三根电源线两两间的电阻是相同或相近的。如果内部三相绕组为三角形接法，那么U、V电源线之间的电阻实际为V、W两相绕组串联再与U相绕组并联的总电阻，如图7-14所示，只有U、V两相绕组，U、W两相绕组，或者U、V、W三相绕组同时开路，U、V电源线之间的电阻才为无穷大；如果内部三相绕组为星形接法，那么U、V电源线之间的电阻实际为U、V两相绕组串联的总电阻，如图7-13所示，只要U、V任一相绕组开路，U、V电源线之间的电阻就为无穷大。

（2）通过接线端直接检测绕组

利用测量外部电源线来检测内部绕组的方法操作简单，但结果分析比较麻烦，而使用测量接线端来直接检测绕组的方法则简单直观。

① 拆卸接线盒　在使用测量接线端来直接检测绕组的方法时，先要拆下电动机的接

线盒保护盖，如图7-17所示，再将电源线和各接线端之间的短路片及紧固螺钉拆下，如图7-18所示。

② 测量接线端来直接检测绕组　用万用表测量接线端来直接检测绕组的操作如图7-19所示，图中红、黑表笔接的为U2、U1接线端，故测得为电动机内部U相绕组的电阻，若红、黑表笔接的为V2、V1接线端，测得为V相绕组的电阻，红、黑表笔接的为W2、W1接线端时测得为W相绕组的电阻，正常三相绕组的电阻均应相等（略有差距也算正常）。

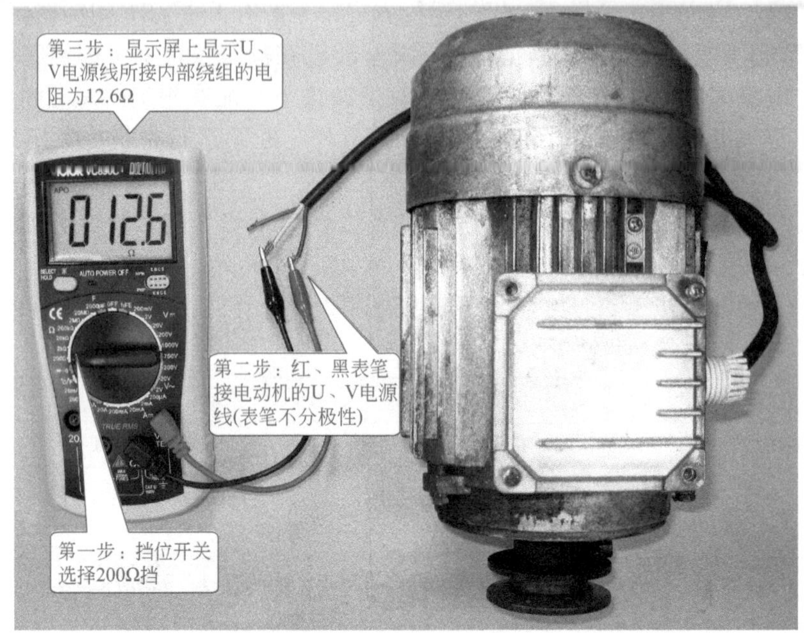
第三步：显示屏上显示U、V电源线所接内部绕组的电阻为12.6Ω
012.6
第二步：红、黑表笔接电动机的U、V电源线(表笔不分极性)
第一步：挡位开关选择200Ω挡

(a) 测量U、V电源线间的电阻

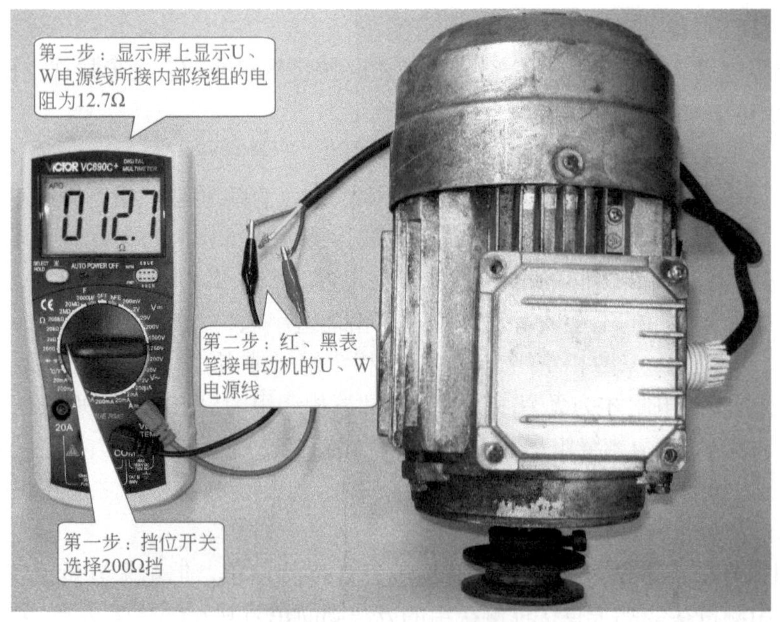
第三步：显示屏上显示U、W电源线所接内部绕组的电阻为12.7Ω
VICTOR VC890C+
012.7
第二步：红、黑表笔接电动机的U、W电源线
第一步：挡位开关选择200Ω挡

(b) 测量U、W电源线间的电阻

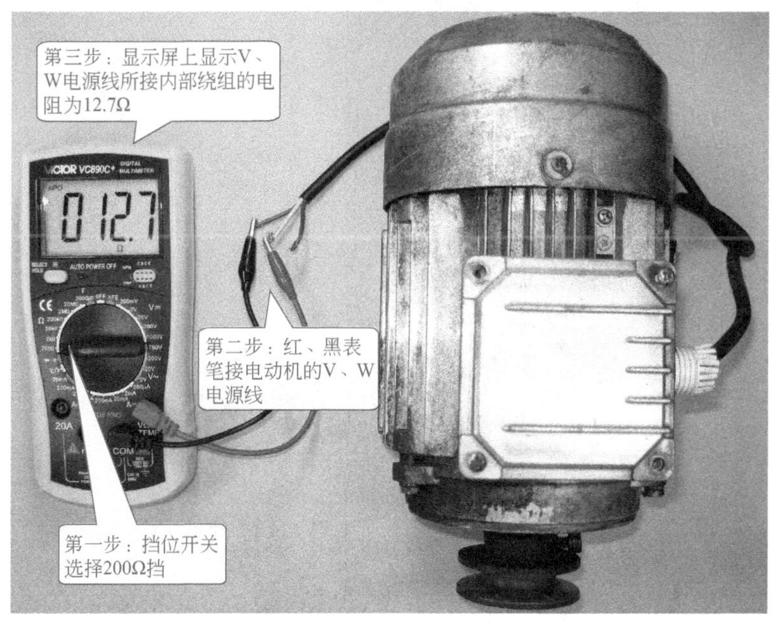

第三步：显示屏上显示V、W电源线所接内部绕组的电阻为12.7Ω

第二步：红、黑表笔接电动机的V、W电源线

(c) 测量V、W电源线间的电阻

图7-16　通过外部电源线检测三相异步电动机的内部绕组

将接线盒的保护盖拆下，接线盒内有U1、V1、W1和W2、U2、V2六个接线端，用短路片将这些接线端按U1-W2、V1-U2、W1-V2短接，即按三角形接法将内部三相绕组连接起来，外部U、V、W三根电源线分别接到U1、V1、W1接线端

图7-17　拆下电动机接线盒上的保护盖

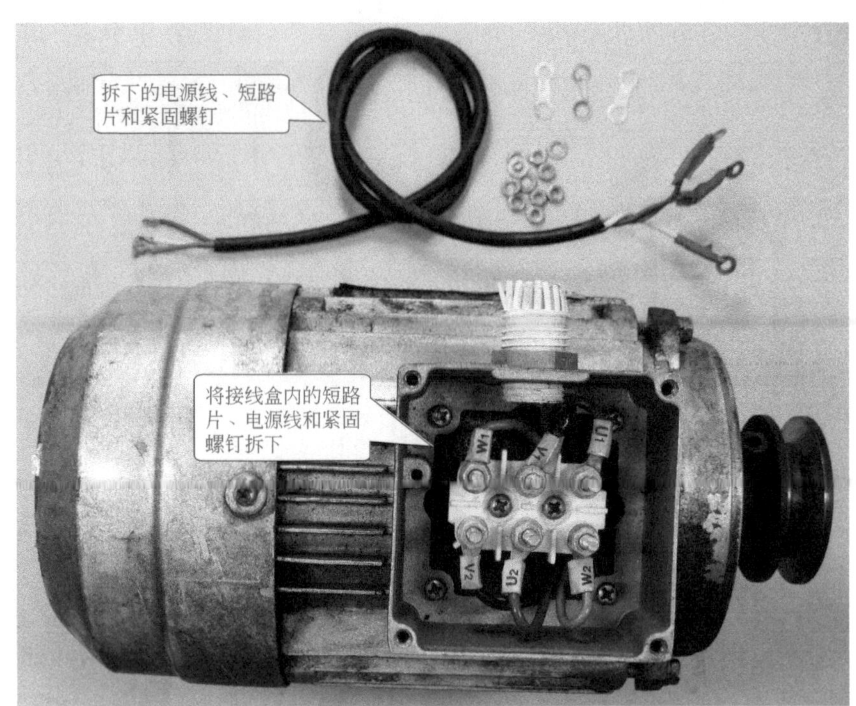
拆下的电源线、短路片和紧固螺钉
将接线盒内的短路片、电源线和紧固螺钉拆下

图7-18　拆下接线盒内的电源线、短路片和紧固螺钉

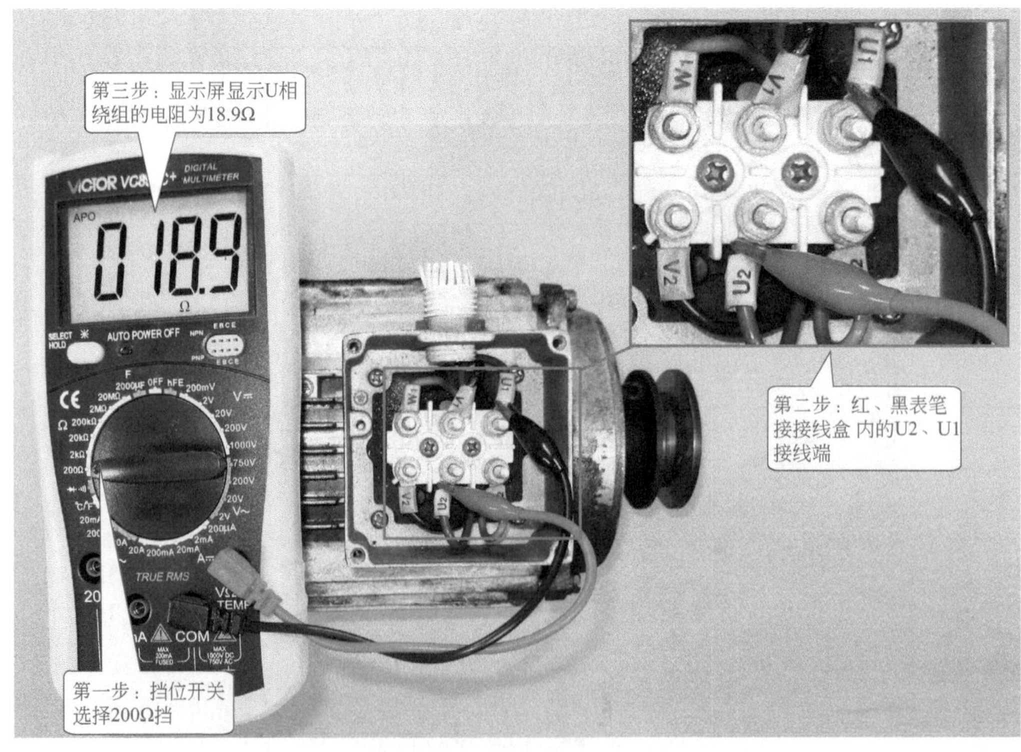
第三步：显示屏显示U相绕组的电阻为18.9Ω
第二步：红、黑表笔接接线盒 内的U2、U1接线端
第一步：挡位开关选择200Ω挡

图7-19　用万用表测量接线端来直接检测绕组

7.3.2 绕组间绝缘电阻的检测

（1）用万用表检测绕组间的绝缘电阻

电动机三相绕组之间是相互绝缘的，如果绕组间绝缘性能下降导致漏电，轻则电动机运转异常，重则绕组烧坏。电动机绕组间的绝缘电阻可使用万用表电阻挡检测，如图7-20所示，图中为检测W、V相绕组间的绝缘电阻，正常两绕组间的绝缘电阻应大于0.5MΩ，万用表显示“OL（超出量程）”表示两绕组间的电阻大于20MΩ，绝缘良好。

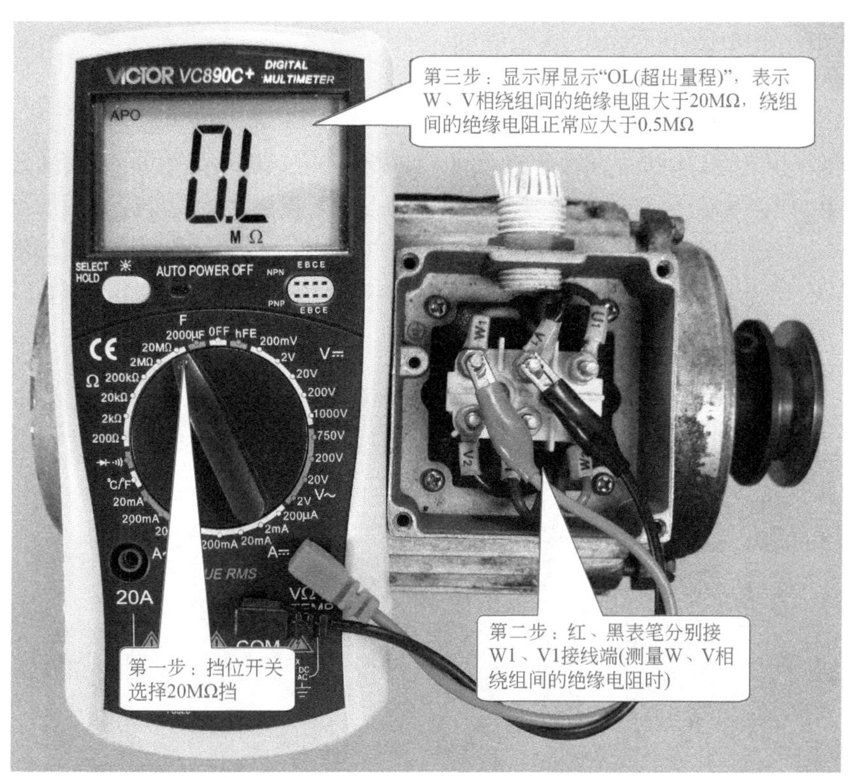
第三步：显示屏显示“OL(超出量程)”，表示W、V相绕组间的绝缘电阻大于20MΩ，绕组间的绝缘电阻正常应大于0.5MΩ
第二步：红、黑表笔分别接W1、V1接线端(测量W、V相绕组间的绝缘电阻时)
第一步：挡位开关选择20MΩ挡

图7-20 用万用表检测绕组间的绝缘电阻

（2）用兆欧表检测绕组间的绝缘电阻

在用万用表检测电动机绕组间的绝缘电阻时，由于测量时提供的测量电压很低（只有几伏），只能反映低压时的绝缘情况，无法反映绕组加高电压时的绝缘情况，要检测绕组加高压时的绝缘情况可使用兆欧表。

测量电动机绕组间的绝缘电阻使用兆欧表（500V），使用兆欧表检测电动机绕组间的绝缘电阻如图7-21所示。在测量时，拆掉接线端的电源线和接线端之间的短路片，将兆欧表的L测量线接某相绕组的接线端，E测量线接另一相绕组的一个接线端，然后摇动兆欧表的手柄进行测量，L、E测量线之间输出500V的高压加至两绕组上，绕组间的绝缘电阻越大，流回兆欧表的电流越小，兆欧表指示电阻值越大，正常绝缘电阻大于1MΩ为合格，最低限度不能低于0.5MΩ。再用同样方法测量其他绕组间的绝缘电阻，若绕组对地绝缘电阻不合格，应烘干后重新测量，达到合格才能使用。

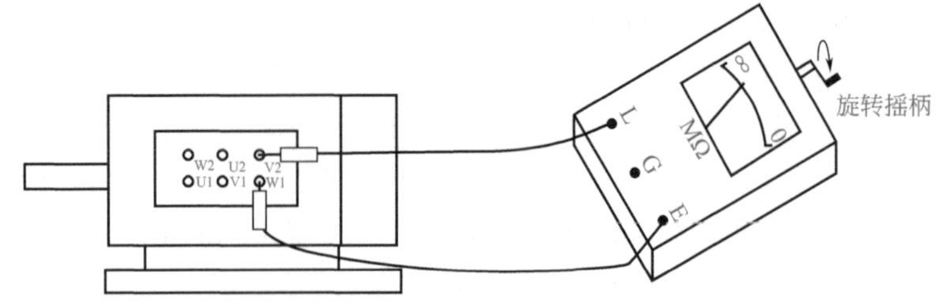

图7-21 用兆欧表检测电动机绕组间的绝缘电阻

7.3.3 绕组与外壳之间绝缘电阻的检测

（1）用万用表检测绕组与外壳之间的绝缘电阻

电动机三相绕组与外壳之间都是绝缘的，如果任一绕组与外壳之间的绝缘电阻下降，会使外壳带电，人接触外壳时易发生触电事故。用万用表检测绕组与外壳之间的绝缘电阻如图7-22所示，图中为检测W相绕组与外壳间的绝缘电阻，正常绕组与外壳间的绝缘电阻应大于0.5MΩ，万用表显示“OL（超出量程）”表示两绕组间的电阻大于20MΩ，绝缘良好。

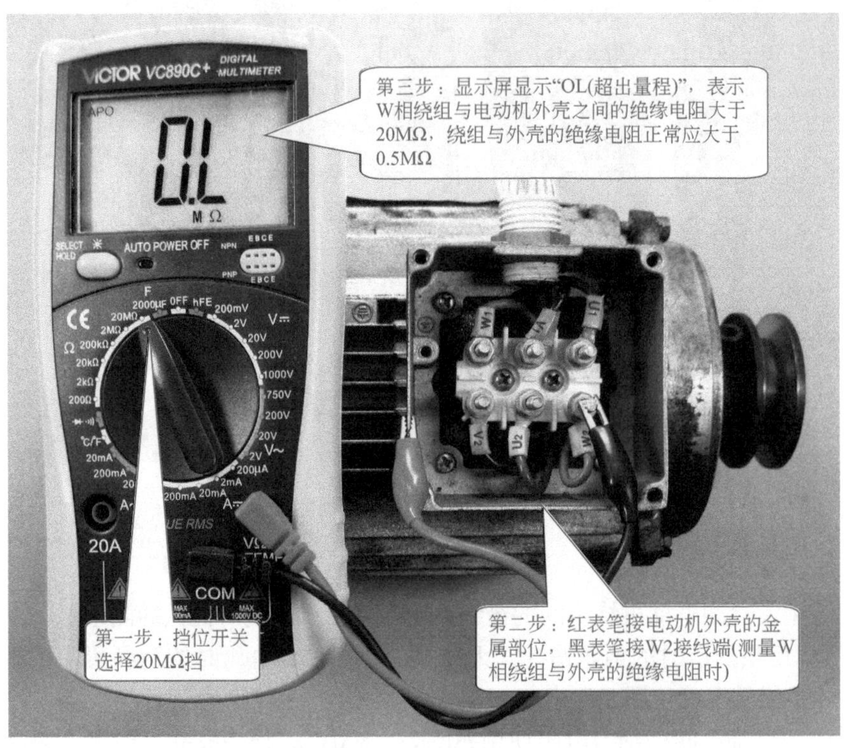

第三步：显示屏显示“OL(超出量程)”，表示W相绕组与电动机外壳之间的绝缘电阻大于20MΩ，绕组与外壳的绝缘电阻正常应大于0.5MΩ
VICTOR VC890C+ DIGITAL MULTIMETER
0.L
MΩ
第一步：挡位开关选择20MΩ挡
第二步：红表笔接电动机外壳的金属部位，黑表笔接W2接线端(测量W相绕组与外壳的绝缘电阻时)

图7-22 用万用表检测绕组与外壳之间的绝缘电阻

（2）用兆欧表检测绕组与外壳间的绝缘电阻

用兆欧表检测电动机绕组与外壳间的绝缘电阻使用兆欧表（500V），测量如图7-23所示。在测量时，先拆掉接线端的电源线，接线端间的短路片保持连接，将兆欧表的L测量线接任一接线端，E测量线接电动机的外壳金属部位，然后摇动兆欧表的手柄进行测量，对于新电动机，绝缘电阻大于1MΩ为合格，对于运行过的电动机，绝缘电阻大于0.5MΩ为合格。若绕组与外壳间绝缘电阻不合格，应烘干后重新测量，达到合格才能使用。

图7-23中三个绕组用短路片连接起来，当测得绝缘电阻不合格时，可能仅是某相绕组与外壳绝缘电阻不合格，要准确找出该相绕组则需要拆下短路片，进行逐相检测。

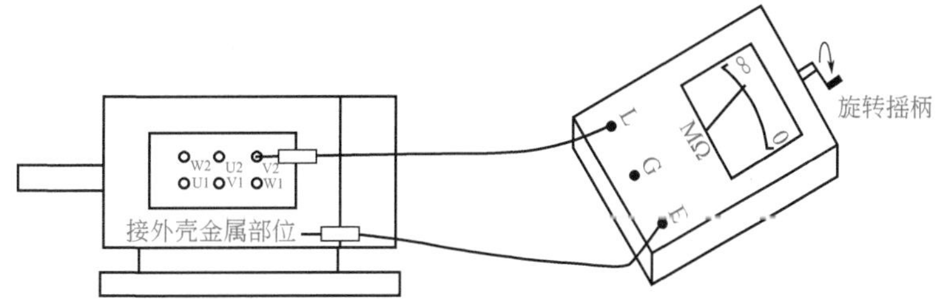

图7-23 用兆欧表检测绕组与外壳间的绝缘电阻

7.3.4 判别三相绕组的首尾端

电动机在使用过程中，可能会出现接线盒的接线板损坏，从而导致无法区分6个接线端子与内部绕组的连接关系，采用一些方法可以解决这个问题。

（1）判别各相绕组的两个端子

电动机内部有三相绕组，每相绕组有两个接线端子，判别各相绕组的接线端子可使用万用表欧姆挡。将万用表置于$R\times10\Omega$挡，测量电动机接线盒中的任意两个端子的电阻，如果阻值很小，如图7-24所示，表明当前所测的两个端子为某相绕组的端子，再用同样的方法找出其他两相绕组的端子，由于各相绕组结构相同，故可将其中某一组端子标记为U相，其他两组端子则分别标记为V、W相。

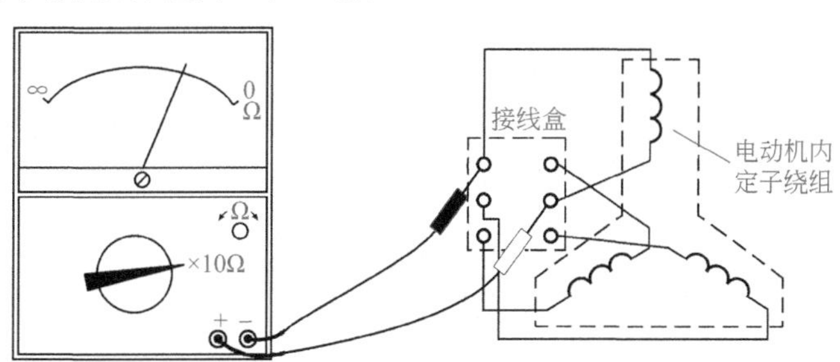

图7-24 判别各相绕组的两个端子

（2）判别各绕组的首尾端

电动机可不用区分U、V、W相，但各相绕组的首尾端必须区分出来。判别绕组首尾端常用方法有直流法和交流法。

① 直流法　在使用直流法区分各绕组首尾端时，必须已判明各绕组的两个端子。

直流法判别绕组首尾端如图7-25所示，将万用表置于最小的直流电流挡（图示为0.05mA挡），红、黑表笔分别接一相绕组的两个端子，然后给其他一相绕组的两端子接电池和开关，合上开关，在开关闭合的瞬间，如果表针往右方摆动，表明电池正极所接端子与红表笔所接端子为同名端（电池负极所接端子与黑表笔所接端子也为同名端），如果表针往左方摆动，表明电池负极所接端子与红表笔所接端子为同名端，图中表针往右摆动，表明Wa端与Ua端为同名端，再断开关，将两表笔接剩下的一相绕组的两个端子，用同样的方法判别该相绕组端子。找出各相绕组的同名端后，将性质相同的三个同名端作为各绕组的首端，余下的三个端子则为各绕组的尾端。由于电动机绕组的阻值较小，开关闭合时间不要过长，以免电池很快耗尽或烧坏。

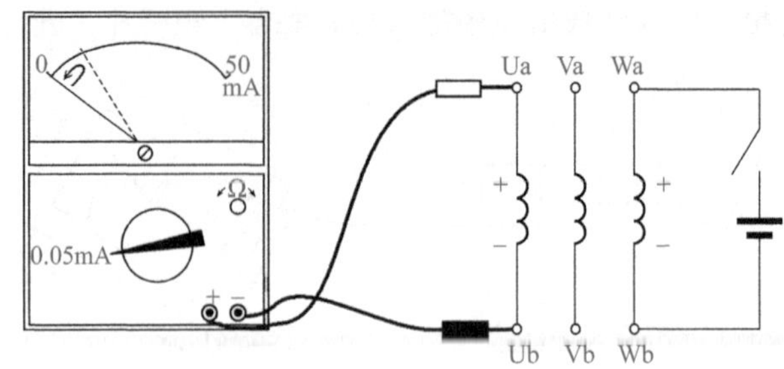

图7-25 直流法判别绕组首尾端

直流法判断同名端的原理是：当闭合开关的瞬间，W绕组因突然有电流通过而产生电动势，电动势极性为Wa正、Wb负，由于其他两相绕组与W相绕组相距很近，W相绕组上的电动势会感应到这两相绕组上，如果Ua端与Wa端为同名端，则Ua端的极性也为正，U相绕组与万用表接成回路，U相绕组的感应电动势产生的电流从红表笔流入万用表，表针会往右摆动，开关闭合一段时间后，流入W相绕组的电流基本稳定，W相绕组无电动势产生，其他两相绕组也无感应电动势，万用表表针会停在0刻度处不动。

② 交流法　在使用交流法区分各绕组首尾端时，也要求已判明各绕组的两个端子。

交流法判别绕组首尾端如图7-26所示，先将两相绕组的两个端子连接起来，万用表置于交流电压挡（图示为交流50V挡），红、黑表笔分别接此两相绕组的另两个端子，然后给余下的一相绕组接灯泡和220V交流电源，如果表针有电压指示，表明红、黑表笔接的两个端子为异名端（两个连接起来的端子也为异名端），如果表针提示的电压值为0，表明红、黑表笔接的两个端子为同名端（两个连接起来的端子也为同名端），再更换绕组做上

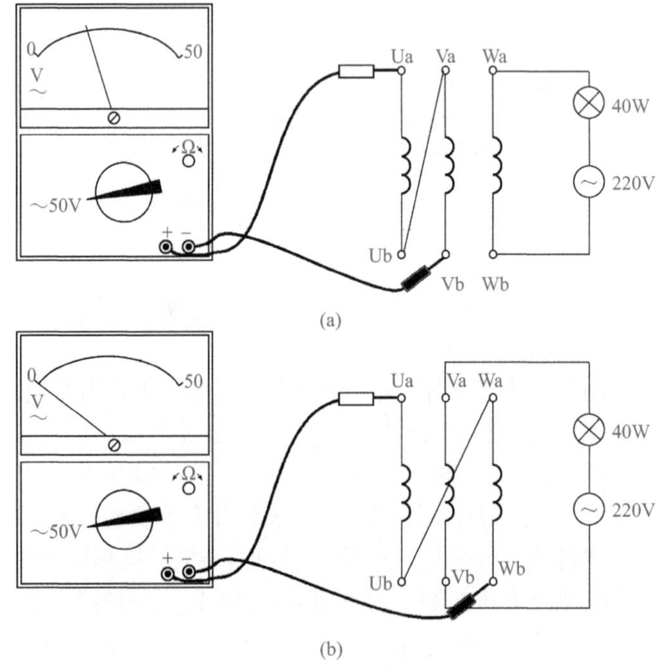

图7-26 交流法判别绕组首尾端

述测试，如图7-26（b）所示，图中万用表指示电压值为0，表明Ub、Wa为同名端（Ua、Wb为同名端）。找出各相绕组的同名端后，将性质相同的三个同名端作为各绕组的首端，余下的三个端子则为各绕组的尾端。

交流法判断同名端的原理是：当220V交流电压经灯泡降压加到一相绕组时，另外两相绕组会感应出电压，如果这两相绕组是同名端与异名端连接起来，则两相绕组上的电压叠加而增大一倍，万用表会有电压指示，如果这两相绕组是同名端与同名端连接，两相绕组上的电压叠加会相互抵消，万用表测得的电压为0。

7.3.5 判断电动机的磁极对数和转速

对于三相异步电动机，其转速n、磁极对数p和电源频率f之间的关系近似为$n=60f/p$（也可用$p=60f/n$或$f=pn/60$表示）。电动机铭牌一般不标注磁极对数p，但会标注转速n和电源频率f，根据$p=60f/n$可求出磁极对数，例如电动机的转速为1440r/min，电源频率为50Hz，那么该电动机的磁极对数$p=60f/n=60\times50/1440\approx2$。

如果电动机的铭牌脱落或磨损，无法了解电动机的转速，也可使用万用表来判断。在判断时，万用表选择直流50mA以下的挡位，红、黑表笔接一个绕组的两个接线端，如图7-27所示，然后匀速旋转电动机转轴一周，同时观察表针摆动的次数，表针摆动一次表示电动机有一对磁极，即表针摆动的次数与磁极对数是相同的，再根据$n=60f/p$即可求出电动机的转速。

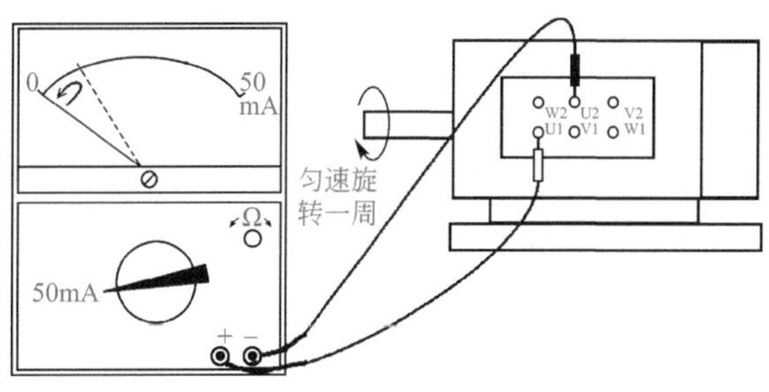

图7-27 判断电动机的磁极对数

7.3.6 三相异步电动机的常见故障及处理

三相异步电动机的常见故障及处理方法见表7-1。

表7-1 三相异步电动机的常见故障及处理方法

故障现象	故障原因	处理方法
不能启动	① 电源未接通 ② 被带动的机械（负载）卡住 ③ 定子绕组断路 ④ 轴承损坏，被卡 ⑤ 控制设备接线错误	① 检查断线点或接头松动点，重新安装 ② 检查机器，排除障碍物 ③ 用万用表检查断路点，修复后再使用 ④ 检查轴承，更换新件 ⑤ 详细核对控制设备接线图，加以纠正
运转声音不正常	① 电动机缺相运行 ② 电动机地脚螺栓松动 ③ 电动机转子、定子摩擦，气隙不均匀 ④ 风扇、风罩或端盖间有杂物 ⑤ 电动机上部分紧固件松脱 ⑥ 皮带松弛或损坏	① 检查断线处或接头松脱点，重新安装 ② 检查电动机地脚螺栓，重新调整、填平后再拧紧螺栓 ③ 更换新轴承或校正转子与定子间的中心线 ④ 拆开电动机，清除杂物 ⑤ 检查紧固件，拧紧松动的紧固件 ⑥ 调节皮带松弛度，更换损坏的皮带

续表

故障现象	故障原因	处理方法
温升超过允许值	①过载 ②被带动的机械（负载）卡住或皮带太紧 ③定子绕组短路	①减轻负载 ②停电检查，排除障碍物，调整皮带松紧度 ③检修定子绕组或更换新电动机
运行中轴承发烫	①皮带太紧 ②轴承腔内缺润滑油 ③轴承中有杂物 ④轴承装配过紧（轴承腔小，转轴大）	①调整皮带松紧度 ②拆下轴承盖，加润滑油至2/3轴承腔 ③清洗轴承，更换新润滑油 ④更换新件或重新加工轴承腔
运行中有噪音	①保险丝一相熔断 ②转子与定子摩擦 ③定子绕组短路、断线	①找出保险丝熔断的原因，换上新的同等容量的保险栓 ②矫正转子中心，必要时调整轴承 ③检修绕组
运行中震动过大	①基础不牢，地脚螺栓松动 ②所带的机具中心不一致 ③电动机的线圈短路或转子断条	①重新加固基础，拧紧松动的地脚螺栓 ②重新调整电动机的位置 ③拆下电动机，进行修理
在运行中冒烟	①定子线圈短路 ②传动带太紧	①检修定子线圈 ②减轻传动带的过度张力

7.4 单相异步电动机

单相异步电动机是一种采用单相交流电源供电的小容量电动机。它具有供电方便、成本低廉、运行可靠、结构简单和振动噪声小等优点，广泛应用在家用电器、工业和农业等领域的中小功率设备中。单相异步电动机可分为分相式单相异步电动机和罩极式单相异步电动机。

7.4.1 分相式单相异步电动机的基本结构与原理

分相式单相异步电动机是指将单相交流电转变为两相交流电来启动运行的单相异步电动机。

（1）结构

分相式单相异步电动机种类很多，但结构基本相同，分相式单相异步电动机的典型结构如图7-28所示。从图7-28中可以看出，其结构与三相异步电动机基本相同，都是由机座、定子绕组、转子、轴承、端盖和接线等组成。定子绕组与转子实物外形如图7-29所示。

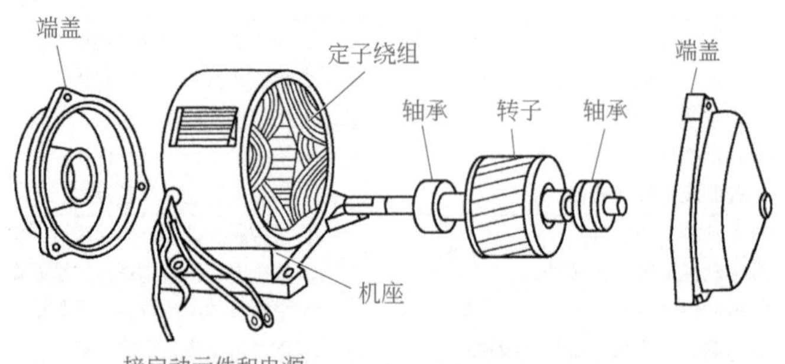

图7-28 分相式单相异步电动机典型结构

图 7-29 定子绕组与转子实物外形

（2）工作原理

三相异步电动机的定子绕组有U、V、W三相，当三相绕组接三相交流电时会产生旋转磁场推动转子旋转。单相异步电动机在工作时接单相交流电源，所以定子应只有一相绕组，如图7-30（a）所示，而单相绕组产生的磁场不会旋转，因此转子不会产生转动。

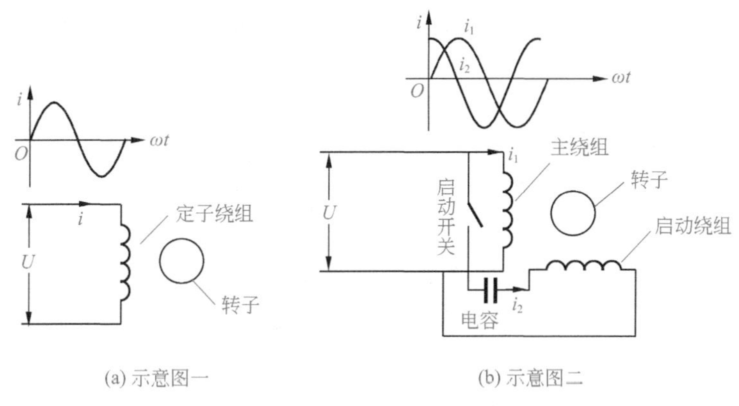

图 7-30 单相异步电动机工作原理

为了解决这个问题，**分相式单相异步电动机定子绕组通常采用两相绕组，一相绕组称为工作绕组（或主绕组），另一相称为启动绕组（或副绕组），**如图7-30（b）所示。两相绕组在定子铁芯上的位置相差90°，并且给启动绕组串接电容，将交流电源相位改变90°（超前移相90°）。当单相交流电源加到定子绕组时，有i_1电流直接流入主绕组，i_2电流经电容超前移相90°后流入启动绕组，两个相位不同的电流分别流入空间位置相差90°的两个绕组，两绕组就会产生旋转磁场，处于旋转磁场内的转子就会随之旋转起来。转子运转后，如果断开启动开关切断启动绕组，转子仍会继续运转，这是因为单个主绕组产生的磁场不会旋转，但由于转子已转动起来，若将已转动的转子看成不动，那么主绕组的磁场就相当于发生了旋转，因此转子会继续运转。

由此可见，**启动绕组的作用就是启动转子旋转，转子继续旋转依靠主绕组就可单独实现，所以有些分相式单相异步电动机在启动后就将启动绕组断开，只让主绕组工作。**对于主绕组正常、启动绕组损坏的单相异步电动机，通电后不会运转，但若用人工的方法使转子运转，电动机可仅在主绕组的作用下一直运转下去。

（3）启动元器件

分相式单相异步电动机启动后是通过启动元器件来断开启动绕组的。分相式单相异步电动机常用的启动元器件主要有离心开关、启动继电器和PTC元件等。

① 离心开关 **离心开关是一种利用物体运动时产生的离心力来控制触点通断的开关。**图7-31是一种常见的离心开关结构图，它分为静止部分和旋转部分。静止部分一般与电动机端盖安装在一起，它主要由两个相互绝缘的半圆铜环组成，这两个铜环就相当于开关的两个触片，它们通过引线与启动绕组连接；旋转部分与电动机转子安装在一起，它主要由弹簧和3个铜触片组成，这3个铜触片通过导体连接在一起。

电动机转子未旋转时，依靠弹簧的拉力，旋转部分的3个铜触片与静止部分的两个半圆形铜环接触，两个半圆形铜环通过铜触片短接，相当于开关闭合；当电动机转子运转后，离心开关的旋转部分也随之旋转，当转速达到一定值时，离心力使3个铜触片与铜环脱离，两个半圆铜环之间又相互绝缘，相当于开关断开。

② 启动继电器 启动继电器种类较多，其中电流启动继电器最为常见。图7-32是采用了电流启动继电器的单相异步电动机接线图，继电器的线圈与主绕组串接在一起，常开触点与启动绕组串接。在启动时，流过主绕组和继电器线圈的电流很大，继电器常开触点闭合，有电流流过启动绕组，电动机被启动运转。随着电动机转速的提高，流过主绕组的电流减小，当减小到某一值时，继电器线圈电流不足以吸合常开触点，触点断开切断启动绕组。

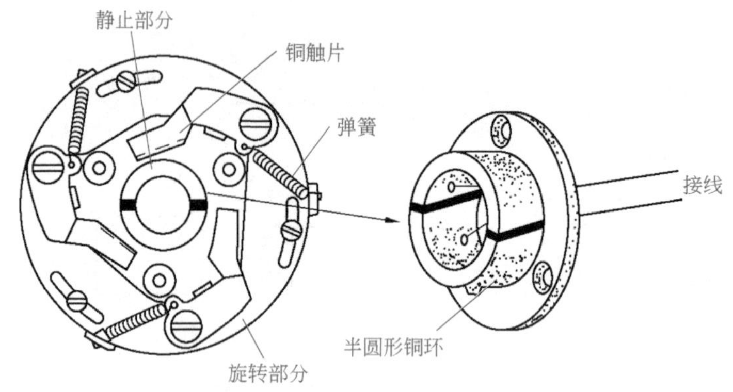

图7-31 一种常见离心开关的结构

③ PTC元件 **PTC元件是指具有正温度系数的热敏元件，最为常见的PTC元件为正温度系数热敏电阻器。**PTC元件的特点是在低温时阻值很小，当温度升高到一定值时阻值急剧增大。PTC元件的这种特点与开关相似，其阻值小时相当于开关闭合，阻值很大时相当于开关断开。

图7-33是采用PTC热敏电阻器作为启动开关的单相异步电动机接线图。

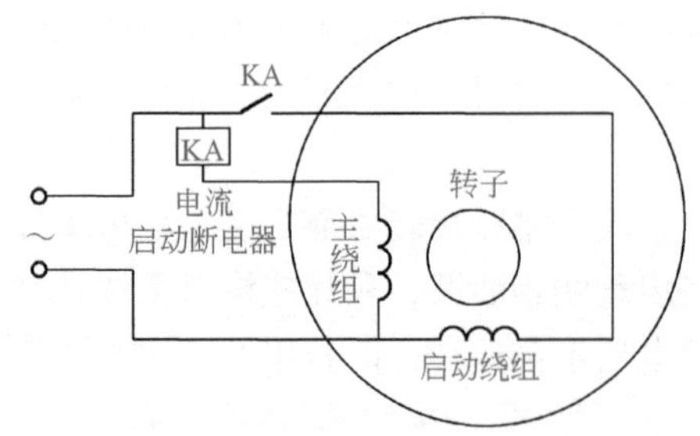

图7-32 采用电流启动继电器的单相异步电动机接线图

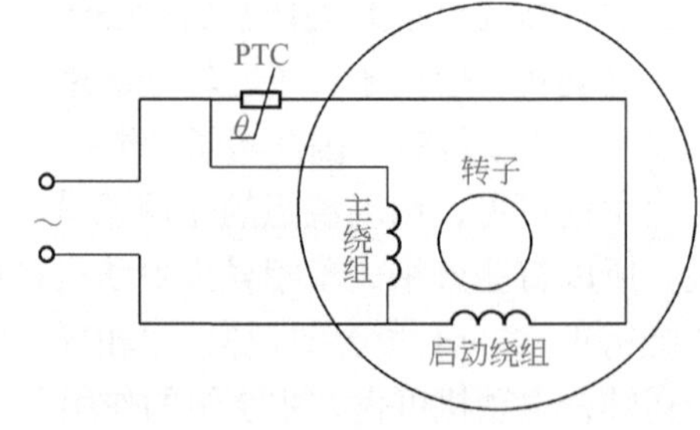

图7-33 采用PTC热敏电阻器作为启动开关的单相异步电动机接线图

7.4.2　四种类型的分相式单相异步电动机的接线与特点

分相式单相异步电动机通常可分为电阻分相单相异步电动机、电容分相启动单相异步电动机、电容分相运行单相异步电动机和电容分相启动运行单相异步电动机。

（1）电阻分相单相异步电动机

电阻分相单相异步电动机是指在启动绕组回路串接启动开关，并且转子运转后断开启动绕组的单相异步电动机。电阻分相单相异步电动机的外形与接线图如图7-34所示。

从图7-34（b）可以看出，电阻分相单相异步电动机的启动绕组与一个启动开关串接在一起，在刚通电时启动开关闭合，有电流通过启动绕组，当转子启动转速达到额定转速的75%～80%时，启动开关断开，转子在主绕组的磁场作用下继续运转。为了让启动绕组和主绕组流过的电流相位不同（只有两绕组电流相位不同，才能产生旋转磁场），在设计时让启动绕组的感抗（电抗）较主绕组的小，直流电阻较主绕组的大，如让启动绕组采用线径细的线圈绕制，这样在通相同的交流电时，启动绕组的电流较主绕组的电流超前，两绕组旋转产生的磁场驱动转子运转。

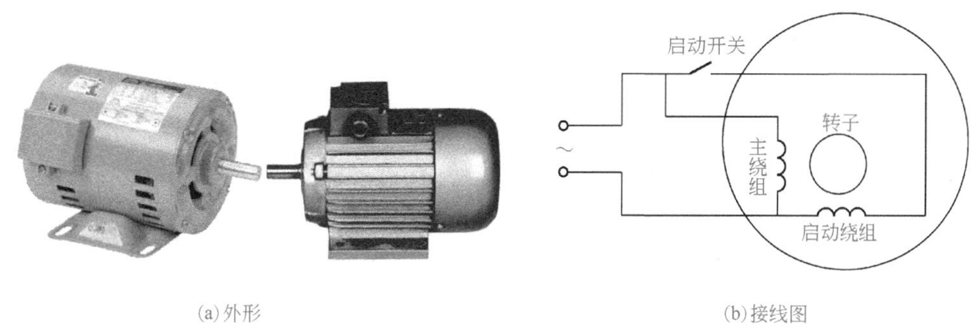

(a) 外形　　(b) 接线图

图7-34　电阻分相单相异步电动机外形与接线图

电阻分相单相异步电动机的启动转矩较小，一般为额定转矩的1.2～2倍，但启动电流较大，电冰箱的压缩机常采用这种类型的电动机。

（2）电容分相启动单相异步电动机

电容分相启动单相异步电动机是指在启动绕组回路串接电容器和启动开关，并且转子运转后断开启动绕组的单相异步电动机。电容分相启动单相异步电动机的外形与接线图如图7-35所示。

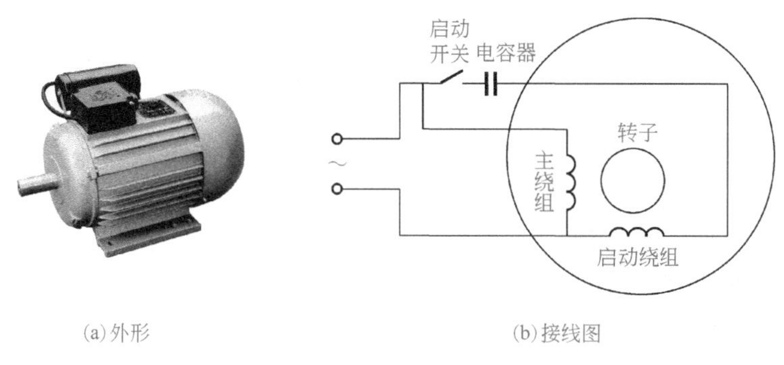

(a) 外形　　(b) 接线图

图7-35　电容分相启动单相异步电动机外形与接线图

从图7-35（b）可以看出，电容分相启动单相异步电动机的启动绕组串接有电容器和启动开关。在启动时启动开关闭合，启动绕组有电流通过，因为电容对电流具有超前移相作用，启动绕组的电流相位超前主绕组电流的相位，不同相位的电流通过空间位置相差90°的两绕组，两绕组产生的旋转磁场驱动转子运转。电动机运转后，启动开关自动断开，断开启动绕组与电源的连接，转子由主绕组单独驱动运转。

电容分相启动单相异步电动机的启动转矩大，启动电流小，适用于各种满载启动的机械设备，如木工机械、空气压缩机等。

（3）电容分相运行单相异步电动机

电容分相运行单相异步电动机是指在启动绕组回路串接电容器，转子运转后启动绕组仍参与运行驱动的单相异步电动机。电容分相运行单相异步电动机的外形与接线图如图7-36所示。

从接线图可以看出，电容分相运行单相异步电动机的启动绕组串接有电容器。在启动时启动绕组有电流通过，电动机运转后，启动绕组仍与电源连接，转子由主绕组和启动绕组共同驱动运转。由于电动机运行时启动绕组始终工作，因此启动绕组需要与主绕组一样采用较粗的导线绕制。

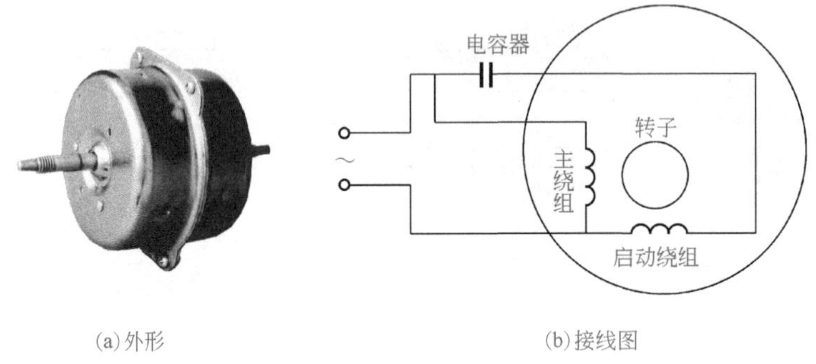

图7-36 电容分相运行单相异步电动机外形与接线图

电容分相运行单相异步电动机具有结构简单、工作可靠、价格低、运行性能好等优点，但其启动性能较差，广泛用在洗衣机、电风扇等设备中。

（4）电容分相启动运行单相异步电动机

电容分相启动运行单相异步电动机是指启动绕组回路串接电容器，转子运转后启动绕组仍参与运行驱动的单相异步电动机。电容分相启动运行单相异步电动机的外形与接线图如图7-37所示。

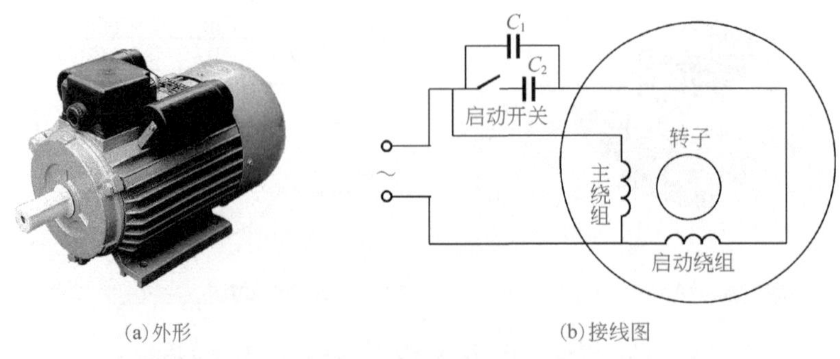

图7-37 电容分相启动运行单相异步电动机外形与接线图

从接线图可以看出，电容分相启动运行单相异步电动机的启动绕组接有两个电容器，在启动时启动开关闭合，C_1、C_2均接入电路，当电动机转速达到一定值时，启动开关断开，容量大的C_2被切断，容量小的C_1仍与启动绕组连接，保证电动机有良好的运行性能。

电容分相启动运行单相异步电动机结构较复杂，但其启动、运行性能都比较好，主要用在启动转矩大的设备中，如水泵、空调、电冰箱和小型机床中。

7.4.3 判别分相式单相异步电动机的启动绕组与主绕组

分相式单相异步电动机的内部有启动绕组和主绕组（运行绕组），两个绕组在内部将一端接在一起引出一个端子，即分相式单相异步电动机对外接线有公共端、主绕组端和启动绕组端共三个接线端子，如图7-38所示。在使用时，主绕组端要直接接电源，而启动绕组端要串接开关或电容后再接电源。由于启动绕组的匝数多、线径小，其阻值较主绕组更大一些，因此可使用万用表欧姆挡来判别两个绕组。

启动绕组和主绕组的判别如图7-39所示。2、3之间的为主绕组，其阻值最小；1、3之间为启动绕组，其阻值稍大一些；而1、2之间为主绕组和启动绕组的串联，其阻值最大。在测量时，万用表拨至$R\times1\Omega$挡，测量某两个接线端子之间的电阻，然后保持一根表笔不动，另一根表笔转接第3个接线端子，如果两次测得的阻值接近，以阻值稍大的一次测量为准，不动的表笔所接为公共端子，另一根表笔接的为启动绕组端子，剩下的则为主绕组端子。

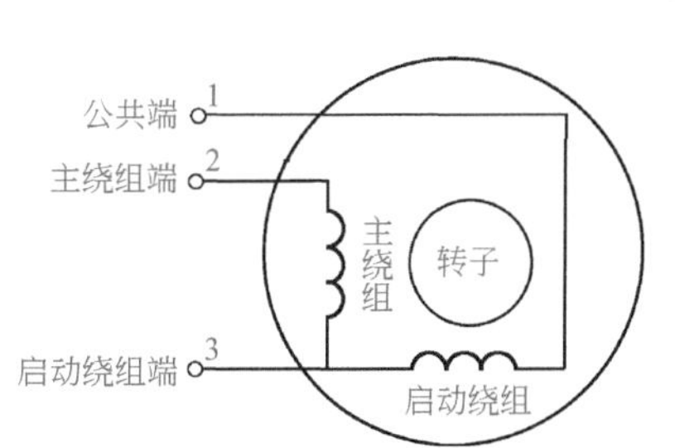

图7-38　分相式单相异步电动机的三个接线端子

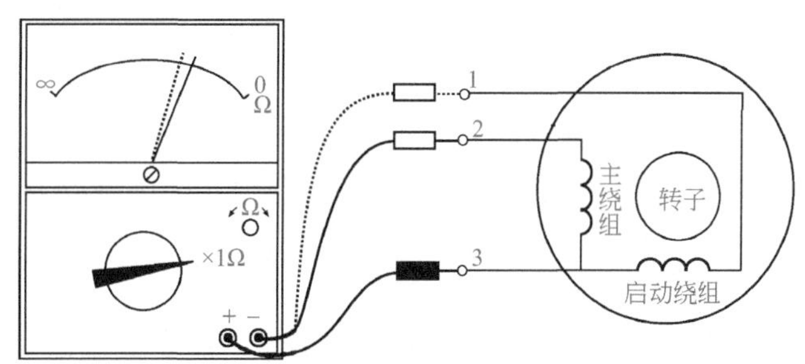

图7-39　分相式单相异步电动机的三个接线端子的判别

7.4.4 罩极式单相异步电动机的结构与原理

罩极式单相异步电动机是一种结构简单、无启动绕组的电动机，它分为隐极式和凸极式两种，两者的工作原理基本相同，罩极式单相异步电动机的外形如图7-40所示。

图7-40　罩极式单相异步电动机外形

罩极式单相异步电动机以凸极式最为常用，凸极式又可分为单独励磁式和集中励磁式两种，其结构如图7-41所示。

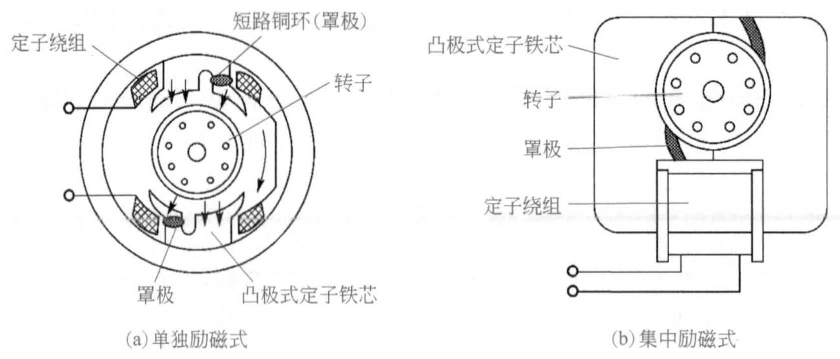

(a)单独励磁式　　(b)集中励磁式

图7-41　凸极式罩极单相异步电动机结构

图7-41（a）为单独励磁式罩极单相异步电动机。该形式电动机的定子绕组绕在凸极式定子铁芯上，在定子铁芯每个磁极的1/4～1/3处开有小槽，将每个磁极分成两部分，并在较小部分套有铜制的短路环（又称为罩极）。当定子绕组通电时，绕组产生的磁场经铁芯磁极分成两部分，由于短路环的作用，套有短路环铁芯通过的磁场与无短路环的铁芯通过的磁场不同，两磁场类似于分相式异步电动机主绕组和启动绕组产生的磁场，两磁场形成旋转磁场并作用于转子，转子就运转起来。

图7-41（b）为集中励磁式罩极单相异步电动机。该形式电动机的定子绕组集中绕在一起，定子铁芯分成两大部分，在每大部分又成一大一小两部分，在小部分铁芯上套有短路环（罩极）。当定子绕组得电时，绕组产生的磁场通过铁芯，由于短路环的作用，套有短路环铁芯通过的磁场与无短路环的铁芯通过的磁场不同，这种磁场形成旋转磁场会驱动转子运转。

罩极式单相异步电动机结构简单，成本低廉，运行噪声小，但启动和运行性能差，主要用在小功率空载或轻载启动的设备中，如小型风扇。

7.4.5　转向控制线路

单相异步电动机是在旋转磁场的作用下运转的，其运行方向与旋转磁场方向相同，所以只要改变旋转磁场的方向就可以改变电动机的转向。**对于分相式单相异步电动机，只要将主绕组或启动绕组的接线反接就可以改变转向，注意不能将主绕组和启动绕组同时反接。**图7-42是正转接线方式和两种反转接线方式线路。

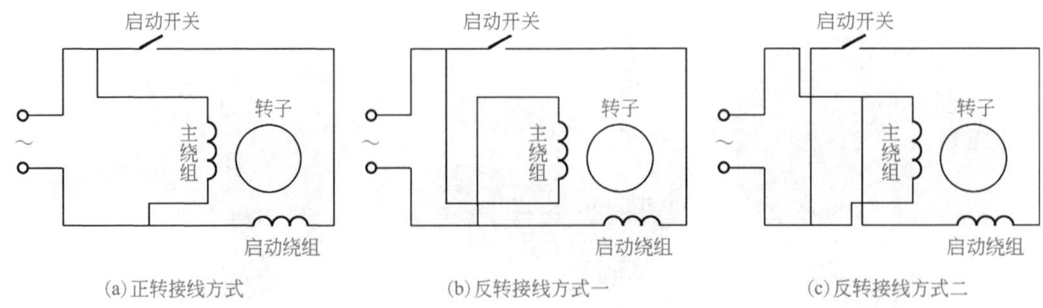

(a)正转接线方式　　(b)反转接线方式一　　(c)反转接线方式二

图7-42　单相异步电动机的正转接线方式和两种反转接线方式

图7-42（a）为正转接线方式；图7-42（b）为反转接线方式一，该方式是将主绕组与电源的接线对调，启动绕组与电源的接线不变；图7-42（c）为反转接线方式二，该方式主绕组与电源的接线不变，启动绕组与电源的接线对调。

对于罩极式单相异步电动机，其转向只能是由未罩部分往被罩部分旋转，无法通过改变绕组与电源的接线来改变转向。

7.4.6 调速控制线路

单相异步电动机调速主要有变极调速和变压调速两类方法。变极调速是指通过改变电动机定子绕组的极对数来调节转速，变压调速是指改变定子绕组的两端电压来调节转速。在这两类方法中，变压调速最为常见，变压调速具体可分为串联电抗器调速、串联电容器调速、自耦变压器调速、抽头调速和晶闸管调速。

（1）串联电抗器调速线路

电抗器又称电感器，它对交流电有一定的阻碍。电抗器对交流电的阻碍称为电抗（也称为感抗），电抗器电感量越大，电抗越大，对交流阻碍越大，交流电通过时在电抗器上产生的压降就越大。

图7-43是两种较常见的串联电抗器调速线路，图中的*L*为电抗器，它有“高”“中”“低”3个接线端，A为启动绕组，M为主绕组，*C*为电容器。

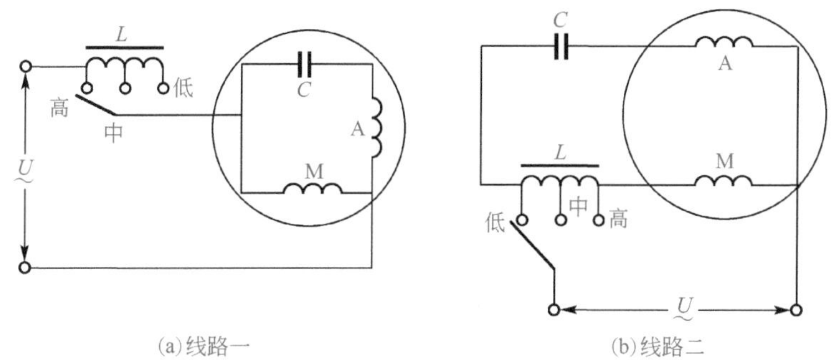

图7-43 两种较常见的串联电抗器调速线路

图7-43（a）为一种形式的串联电抗器调速线路。当挡位开关置于“高”时，交流电压全部加到电动机定子绕组上，定子绕组两端电压最大，产生的磁场很强，电动机转速最快；当挡位开关置于“中”时，交流电压需经过电抗器部分线圈再送给电动机定子绕组，电抗器线圈会产生压降，使送到定子绕组两端的电压降低，产生的磁场变弱，电动机转速变慢。

图7-43（b）为另一种形式的串联电抗器调速线路。当挡位开关置于“高”时，交流电压全部加到电动机主绕组上，电动机转速最快；当挡位开关置于“低”时，交流电压需经过整个电抗器再送给电动机主绕组，主绕组两端电压很低，电动机转速很低。

上面两种串联电抗器调速线路除了可以调节单相异步电动机转速外，还可以调节启动转矩大小。图7-43（a）调速线路在低挡时，提供给主绕组和启动绕组的电压都会降低，因此转速就变慢，启动转矩也会减小；而图7-43（b）调速线路在低挡时，主绕组两端电压较低，而启动绕组两端电压很高，因此转速低，启动转矩却很大。

（2）串联电容器调速线路

电容器与电阻器一样，对交流电有一定的阻碍。电容器对交流电的阻碍称为容抗，电

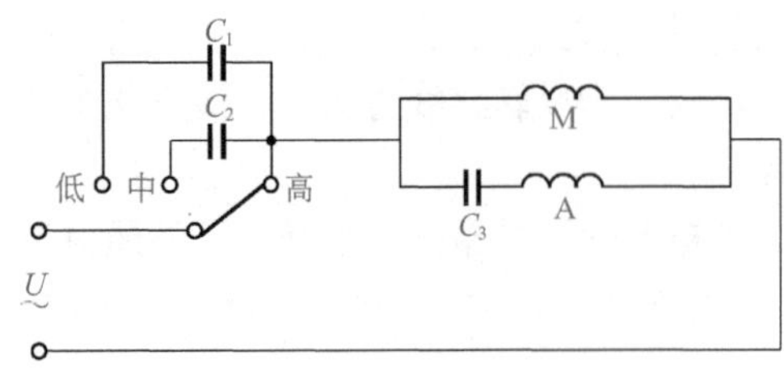

图7-44　串联电容器调速线路

容器容量越小，容抗越大，对交流阻碍越大，交流电通过时在电容器上产生的压降就越大。串联电容器调速线路如图7-44所示。

在图7-44线路中，当开关置于“低”时，由于C_1容量很小，它对交流电源容抗大，交流电源在C_1上会产生较大的压降，加到电动机定子绕组两端的电压就会很低，电动机转速很慢。当开关置于“中”时，由于电容器C_2的容量大于C_1的容量，C_2对交流电源容抗较C_1小，加到电动机定子绕组两端的电压较低挡时高，电动机转速变快。

（3）自耦变压器调速线路

自耦变压器可以通过调节来改变电压的大小。图7-45为3种常见的自耦变压器调速线路。

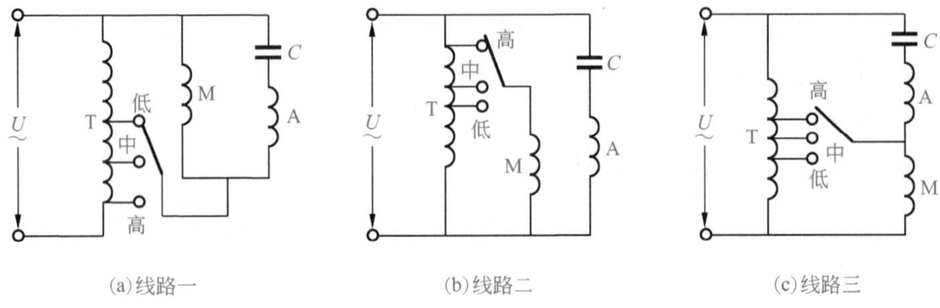

图7-45　3种常见的自耦变压器调速线路

图7-45（a）自耦变压器调速线路在调节电动机转速的同时，会改变启动转矩。如自耦变压器挡位置于“低”时，主绕组和启动绕组两端的电压都很低，转速和启动转矩都会减小。

图7-45（b）自耦变压器调速线路只能改变电动机的转速，不会改变启动转矩，因为调节挡位时只能改变主绕组两端的电压。

图7-45（c）自耦变压器调速线路在调节电动机转速的同时，也会改变启动转矩。当自耦变压器挡位置于“低”时，主绕组两端电压降低，而启动绕组两端的电压升高，因此转速变慢，启动转矩增大。

（4）抽头调速线路

采用抽头调速的单相异步电动机与普通电动机不同，它的定子绕组除了有主绕组和启动绕组外，还增加了一个调速绕组。根据调速绕组与主绕组和启动绕组连接方式不同，抽头调速有L_1形接法、L_2形接法和T形接法3种形式，这3种形式的抽头调速线路如图7-46所示。

图7-46（a）为L_1形接法抽头调速线路。这种接法是将调速绕组与主绕组串联，并嵌在定子铁芯同一槽内，与启动绕组有90°相位差。调速绕组的线径较主绕组细，匝数可与主绕组匝数相等或是主绕组的1倍，调速绕组可根据调速挡位数从中间引出多个抽头。当挡位开关置于“低”时，全部调速绕组与主绕组串联，主绕组两端电压减小，另外调速绕组产生的磁场还会削弱主绕组磁场，电动机转速变慢。

图7-46（b）为L_2形接法抽头调速线路。这种接法是将调速绕组与启动绕组串联，并嵌

在同一槽内，与主绕组有90° 相位差。调速绕组的线径和匝数与L_1形接法相同。

图7-46（c）为T形接法抽头调速线路。这种接法在电动机高速运转时，调速绕组不工作，而在低速工作时，主绕组和启动绕组的电流都会流过调速绕组，电动机有发热现象发生。

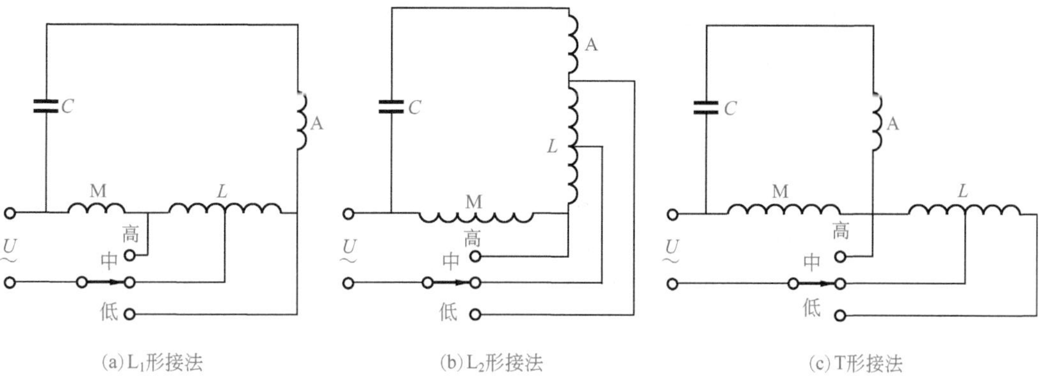

图7-46　3种形式的抽头调速线路

7.4.7　常见故障及处理方法

单相异步电动机的常见故障及处理方法见表7-2。

表7-2　单相异步电动机的常见故障及处理方法

故障现象	故障原因	处理方法
电源正常，电动机不能启动	①引线或绕组断路 ②离心开关接触不良 ③电容器击穿 ④轴承卡住——轴承质量不好，润滑脂干固，轴承中有杂物，轴承装配不良 ⑤定、转子铁芯相擦 ⑥过载	①用万用表找到断路处，并修理好。修理处应抹上绝缘漆并衬垫绝缘物，或者改换绕组 ②修整离心开关 ③更换新的电容器 ④更换轴承，或将轴承卸下，用汽油洗净，抹上新的润滑脂，再装配好 ⑤取出转子，校正转轴，或锉去定、转子铁芯上的凸出部分 ⑥减载或选择功率较大的电动机
空载或在外力帮助下能启动，但起动迟缓且转向不定	①启动绕组断路 ②离心开关触头合不上 ③电容器击穿	①找到断路处，并修理好 ②修理或更换离心开关 ③更换电容器
转速低于额定值	①电源电压过低 ②轴承损坏 ③运行绕组接线错误 ④过载 ⑤运行绕组接地或短路 ⑥转子断条 ⑦启动后离心开关触头断不开，启动绕组未脱离电源	①调整电源电压至额定值 ②更换轴承 ③改正绕组端部连接 ④选功率大的电动机 ⑤拆开电机，观察是否有烧焦绝缘的地方或嗅到气味。若局部短路应用绝缘物隔开，若短路多处应换绕组 ⑥查出断处，接通断条，或更换新转子 ⑦修理或更换离心开关
启动后电动机很快发热，甚至烧毁绕组	①运行绕组接地或短路 ②运行、启动绕组短路 ③启动后离心开关触头断不开。使启动。绕组长期运行而发热，甚至烧毁 ④运行、启动绕组相互接错	①拆开电机检查 ②找到故障处用绝缘物隔开 ③修理或更换离心开关 ④测量其电阻或复查接头符号，改正运行、启动绕组接线

7.5 直流电动机

直流电动机是一种采用直流电源供电的电动机。直流电动机具有启动力矩大、调速性能好和磁干扰少等优点，它不但可用在小功率设备中，还可用在大功率设备中，如大型可逆轧钢机、卷扬机、电力机车、电车等设备常用直流电动机作为动力源。

7.5.1 工作原理

直流电动机是根据通电导体在磁场中受力旋转来工作的。直流电动机的结构与工作原理如图7-47所示。从图7-47中可看出，直流电动机主要由磁铁、转子绕组（又称电枢绕组）、电刷和换向器组成。电动机的换向器与转子绕组连接，换向器再与电刷接触，电动机在工作时，换向器与转子绕组同步旋转，而电刷静止不动。当直流电源通过导线、电刷、换向器为转子绕组供电时，通电的转子绕组在磁铁产生的磁场作用下会旋转起来。

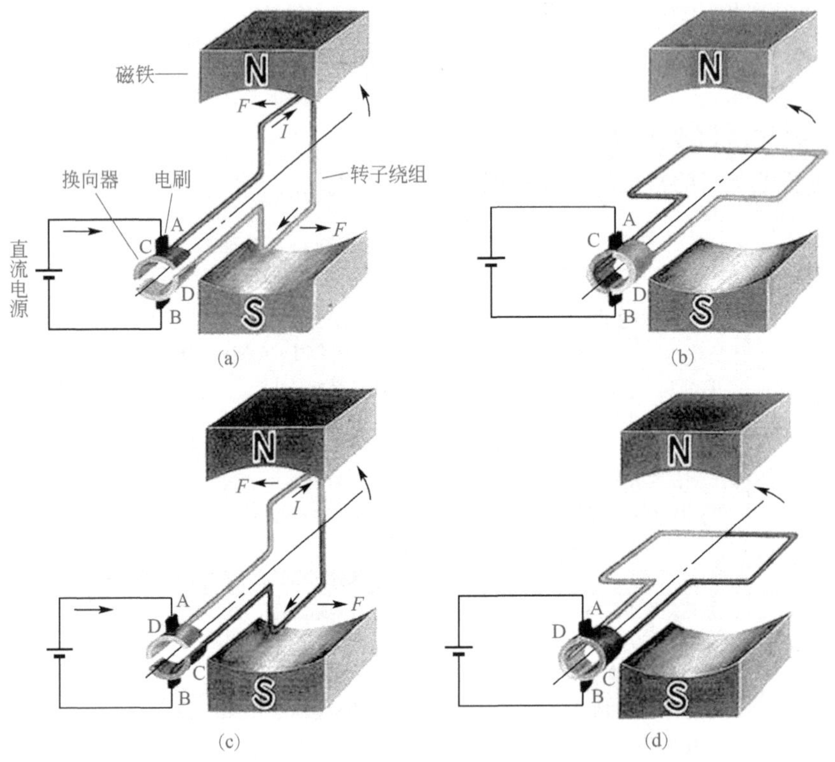

图7-47 直流电动机结构与工作原理

直流电动机工作过程分析如下：

① 当转子绕组处于图7-47（a）的位置时，流过转子绕组的电流方向是电源正极→电刷A→换向器C→转子绕组→换向器D→电刷B→电源负极，根据左手定则可知，转子绕组上导线受到的作用力方向为左，下导线受力方向为右，于是转子绕组按逆时针方向旋转。

② 当转子绕组转至图7-47（b）的位置时，电刷A与换向器C脱离断开，电刷B与换向器D也脱离断开，转子绕组无电流通过，不受磁场作用力，但由于惯性作用，转子绕组会继续逆时针旋转。

③ 在转子绕组由图7-47（b）位置旋转到图7-47（c）位置期间，电刷A与换向器D接触，电刷B与换向器C接触，流过转子绕组的电流方向是电源正极→电刷A→换向器D→转子绕组→换向器C→电刷B→电源负极，转子绕组上导线（即原下导线）受到的作用力方向为左，下导线（即原上导线）受力方向为右，转子绕组按逆时针方向继续旋转。

④ 当转子绕组转至图7-47（d）的位置时，电刷A与换向器D脱离断开，电刷B与换向器C也脱离断开，转子绕组无电流通过，不受磁场作用力，由于惯性作用，转子绕组会继续逆时针旋转。

以后会不断重复上述过程，转子绕组也连续地不断旋转。**直流电动机中的换向器和电刷的作用是当转子绕组转到一定位置时能及时改变转子绕组中电流的方向，这样才能让转子绕组连续不断地运转。**

7.5.2 外形与结构

（1）外形

图7-48是一些常见直流电动机的实物外形。

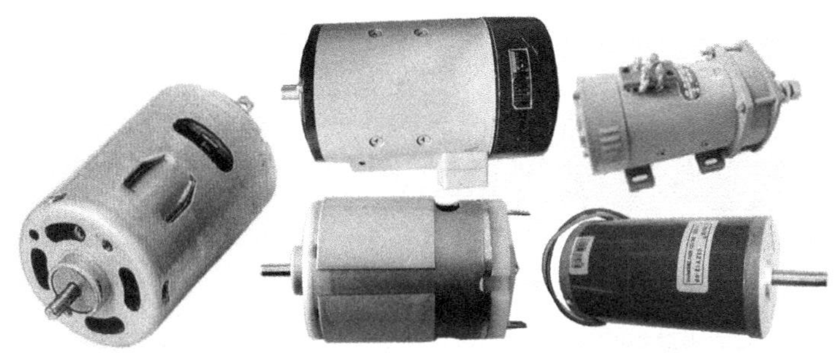

图7-48 常见直流电动机的实物外形

（2）结构

直流电动机的典型结构如图7-49所示。从图7-49中可以看出，直流电动机主要由前端盖、风扇、机座（含磁铁或励磁绕组等）、转子（含换向器）、电刷装置和后端盖组成。在机座中，有的电动机安装有磁铁，如永磁直流电动机；有的电动机则安装有励磁绕组（用来产生磁场的绕组），如并励直流电动机、串励直流电动机等。直流电动机的转子中嵌有转子绕组，转子绕组通过换向器与电刷接触，直流电源通过电刷、换向器为转子绕组供电。

7.5.3 五种类型直流电动机的接线及特点

直流电动机种类很多，根据励磁方式不同，可分为永磁直流电动机、他励直流电动机、并励直流电动机、串励直流电动机和复励直流电动机。在这些类型的直流电动机中，除了永磁直流电动机的励磁磁场由永久磁铁产生外，其他几种励磁磁场都由励磁绕组来产生，这些励磁磁场由励磁绕组产生的电动机又称电磁电动机。

（1）永磁直流电动机

永磁直流电动机是指采用永久磁铁作为定子来产生励磁磁场的电动机。永磁直流电动机的结构如图7-50所示。由图7-50中可以看出，这种直流电动机定子为永久磁铁，当给转子绕组通直流电时，在磁铁产生的磁场作用下，转子会运转起来。

永磁直流电动机具有结构简单、价格低廉、体积小、效率高和使用寿命长等优点，永磁直流电动机开始主要用在一些小功率设备中，如电动玩具、小电器和家用音像设备等。

近年来由于强磁性的钕铁硼永磁材料的应用，一些大功率的永磁直流电动机开始出现，使永磁直流电动机的应用更为广泛。

（2）他励直流电动机

他励直流电动机是指励磁绕组和转子绕组分别由不同直流电源供电的直流电动机。他励直流电动机的结构与接线图如图7-51所示。从图7-51中可以看出，他励直流电动机的励磁绕组和转子绕组分别由两个单独的直流电源供电，两者互不影响。

他励直流电动机的励磁绕组由独立的励磁电源供电，因此其励磁电流不受转子绕组电流影响，在励磁电流不变的情况下，电动机的启动转矩与转子电流成正比。他励直流电动机可以通过改变励磁绕组或转子绕组的电流大小来提高或降低电动机的转速。

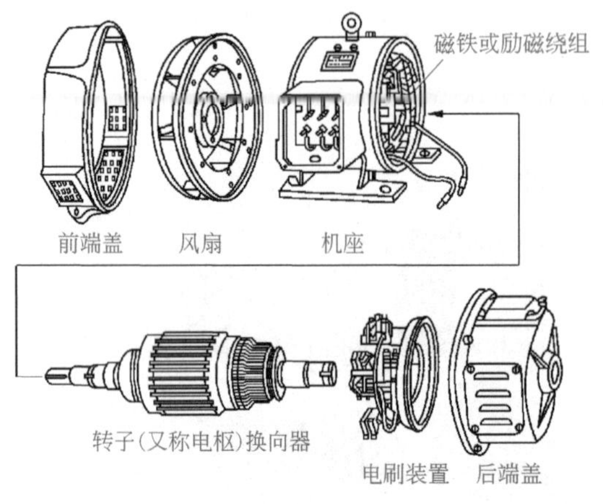

图7-49　直流电动机的典型结构

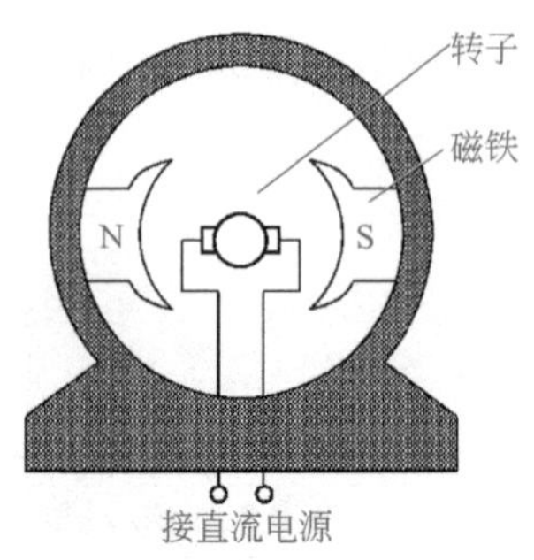

图7-50　永磁直流电动机的结构

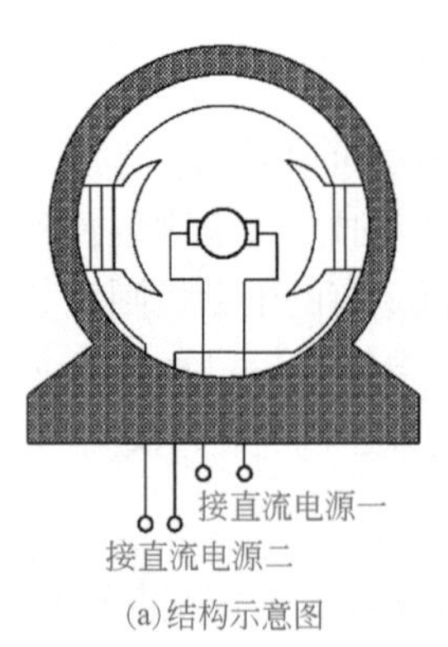

(a)结构示意图

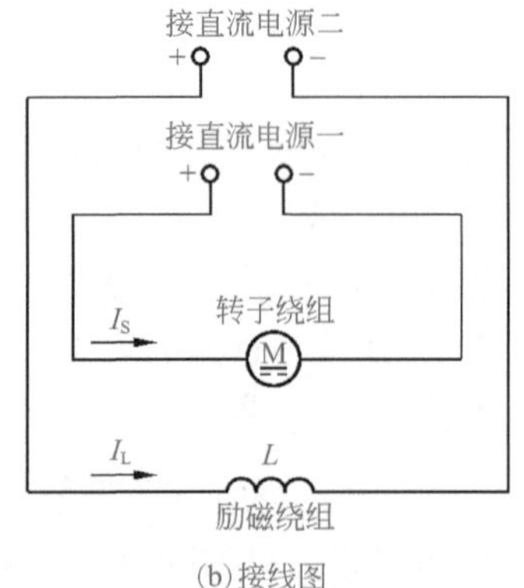

(b)接线图

图7-51　他励直流电动机的结构与接线图

（3）并励直流电动机

并励直流电动机是指励磁绕组和转子绕组并联，并且由同一直流电源供电的直流电动机。并励直流电动机的结构与接线图如图7-52所示。从图7-52中可以看出，并励直流电动机的励磁绕组和转子绕组并接在一起，并且接同一直流电源。

并励直流电动机的励磁绕组采用较细的导线绕制而成，其匝数多、电阻大且励磁电流较恒定。电动机启动转矩与转子绕组电流成正比，启动电流约为额定电流的2.5倍，转速随电流及转矩的增大而略有下降，短时间过载转矩约为额定转矩的1.5倍。

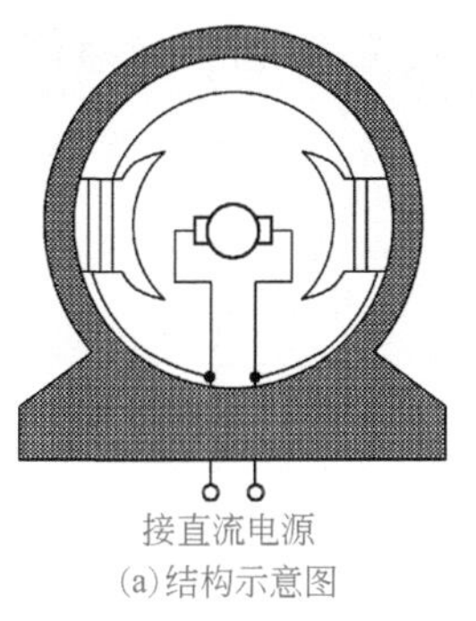

(a)结构示意图

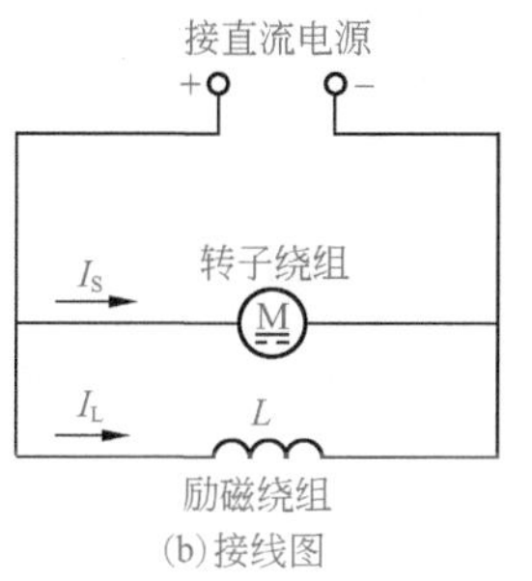

(b)接线图

图7-52 并励直流电动机的结构与接线图

(4)串励直流电动机

串励直流电动机是指励磁绕组和转子绕组串联，再接同一直流电源的直流电动机。串励直流电动机的结构与接线图如图7-53所示。从图7-53中可以看出，串励直流电动机的励磁绕组和转子绕组串接在一起，并且由同一直流电源供电。

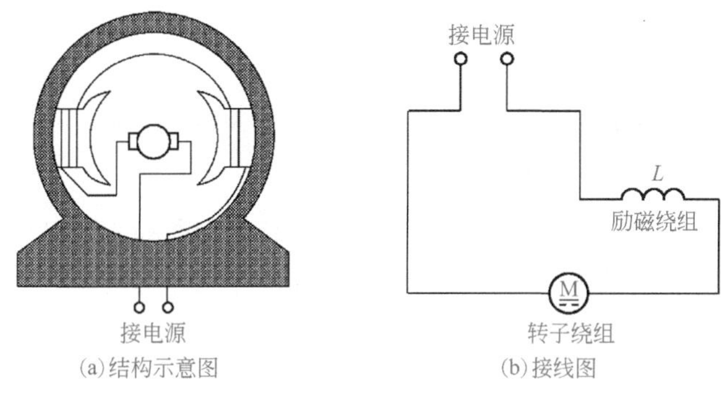

(a)结构示意图 (b)接线图

图7-53 串励直流电动机的结构与接线图

串励直流电动机的励磁绕组和转子绕组串联，因此励磁磁场随着转子电流的改变有显著的变化。为了减小励磁绕组的损耗和电压降，要求励磁绕组的电阻应尽量小，所以励磁绕组通常用较粗的导线绕制而成，并且匝数较少。串励直流电动机的转矩近似与转子电流的平方成正比，转速随转矩或电流的增加而迅速下降，其启动转矩可达额定转矩的5倍以上，短时间过载转矩可达额定转矩的4倍以上。串励直流电动机轻载或空载时转速很高，为了安全起见，一般不允许空载启动，不允许用传送带或链条传动。

串励直流电动机还是一种交直流两用电动机，既可用直流供电，也可用单相交流供电，因为交流供电更为方便，所以串励直流电动机又称为单相串励电动机。由于串励直流电动机具有交直流供电的优点，因此其应用较广泛，如电钻、电吹风、电动缝纫机和吸尘器中常采用串励直流电动机作为动力源。

(5)复励直流电动机

复励直流电动机有两个励磁绕组，一个与转子绕组串联，另一个与转子绕组并联。复励直流电动机的结构与接线图如图7-54所示。从图7-54中可以看出，复励直流电动机的一个励磁绕组L_1和转子绕组串接在一起，另一个励磁绕组L_2与转子绕组为并联关系。

复励直流电动机的串联励磁绕组匝数少，并联励磁绕组匝数多。两个励磁绕组产生的磁场方向相同的电动机称为积复励电动机，反之称为差复励电动机。由于积复励电动机工作稳定，所以更为常用。复励直流电动机启动转矩约为额定转矩的4倍，短时间过载转矩约为额定转矩的3.5倍。

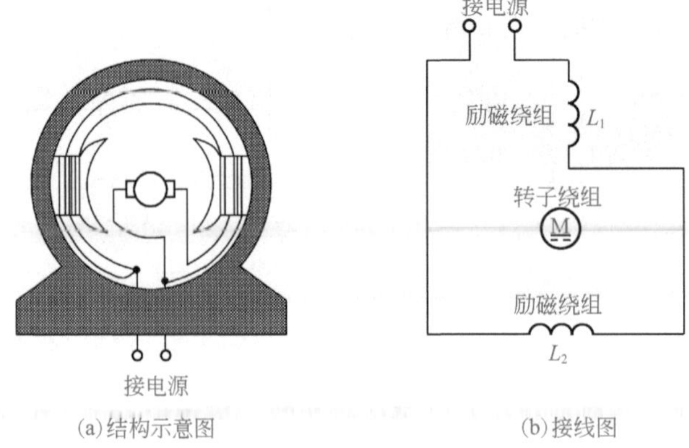

图7-54　复励直流电动机的结构与接线图

7.6 同步电动机

同步电动机是一种转子转速与定子旋转磁场的转速相同的交流电动机。对于一台同步电动机，在电源频率不变的情况下，其转速始终保持恒定，不会随电源电压和负载变化而变化。

7.6.1　外形

图7-55是一些常见的同步电动机实物外形。

图7-55　一些常见的同步电动机实物外形

7.6.2　结构与工作原理

同步电动机主要由定子和转子构成，其定子结构与一般的异步电动机相同，并且嵌有定子绕组。同步电动机的转子与异步电动机的不同。异步电动机的转子一般为笼型，转子本身不带磁性。而同步电动机的转子主要有两种形式：一种是直流励磁转子，这种转子上嵌有转子绕组，工作时需要用直流电源为它提供励磁电流；另一种是永久磁铁励磁转子，转子上安装有永久磁铁。同步电动机的结构与工作原理图如图7-56所示。

图7-56（a）为同步电动机结构示意图。同步电动机的定子铁芯上嵌有定子绕组，转子上安装一个两极磁铁（在转子嵌入绕组并通直流电后，也可以获得同样的磁极）。当定子绕组通三相交流电时，定子绕组会产生旋转磁场，此时的定子就像是旋转的磁铁，如图7-56（b）所示。根据异性磁极相吸引可知，装有磁铁的转子会随着旋转磁场方向转动，并且转速与磁场的旋转速度相同。

在电源频率不变的情况下，同步电动机在运行时转速是恒定的，其转速*n*与电动机的磁极对数*p*、交流电源的频率*f*有关。同步电动机的转速可用下面的公式计算：

$$n=60f/p$$

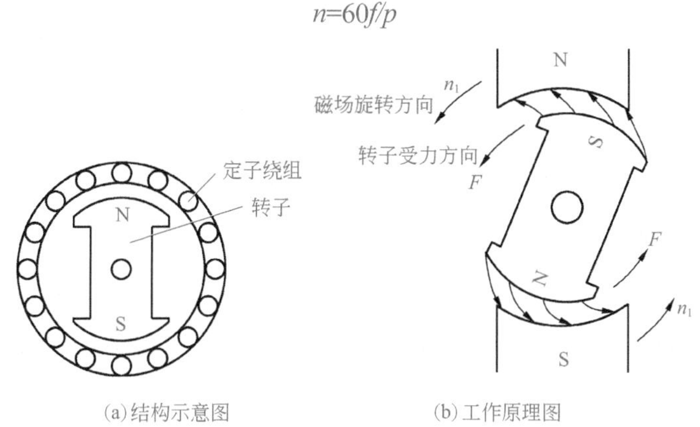

(a)结构示意图　(b)工作原理图

图7-56　同步电动机的结构与工作原理图

我国电力系统交流电的频率为50Hz，电动机的极对数又是整数，若采用电网交流电作为电源，同步电动机的转速与磁极对数有严格的对应关系，具体如下：

p	1	2	3	4
n/（r/min）	3000	1500	1000	750

7.6.3　同步电动机的启动

（1）同步电动机无法启动的原因

异步电动机接通三相交流电后会马上运转起来，而同步电动机接通电源后一般无法运转，下面通过图7-57来分析原因。

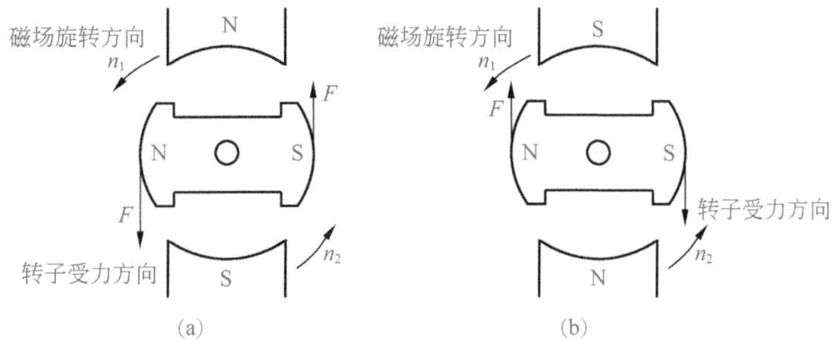

(a)　(b)

图7-57　同步电动机无法启动分析图

当同步电动机定子绕组通入三相交流电后，产生逆时针方向的旋转磁场，如图7-57（a）所示，转子受到逆时针方向的磁场力，由于转子具有惯性，不可能立即以同步转速旋转。当转子刚开始转动时，由于旋转磁场转速很快，此刻已旋转到图7-57（b）的位置，这时转子受到顺时针方向的磁场力，与先前受力方向相反，刚要运转的转子又受到相反的作用力而无法旋转。也就是说，旋转磁场旋转时，转子受到的平均转矩为0，无法运转。

（2）同步电动机启动解决方法

同步电动机通电后无法自动启动的主要原因有：转子存在着惯性，定、转子磁场转速相差过大。因此为了让同步电动机自行启动，一方面可以减小转子的惯性（如转子可做成长而细的形状），另一方面可以给同步电动机增设启动装置。

给同步电动机增设启动装置的方法一般是在转子上附加异步电动机一样的笼型绕组，如图7-58所示，这样同步电动机的转子上同时具有磁铁和笼型启动绕组。在启动时，同步电动机定子绕组通电产生旋转磁场，该磁场对启动绕组产生作用力，使启动绕组运转起来，与启动绕组一起的转子也跟着旋转，启动时的同步电动机就相当于一台异步电动机。当转子转速接近定子绕组的旋转磁场转速时，旋转磁场就与转子上的磁铁相互吸引而将转子引入同步，同步后的旋转磁场就像手一样，紧紧拉住相异的转子磁极不放，转子就在旋转磁场的拉力下，始终保持与旋转磁场一样的转速。

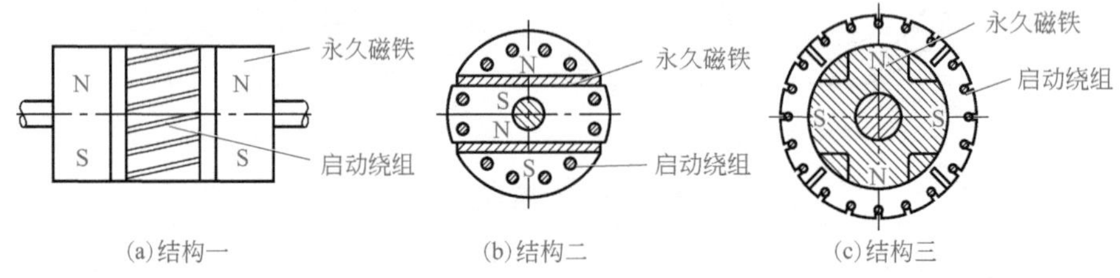

图7-58 几种同步电动机转子结构

给同步电动机附加笼型绕组进行启动的方法称为异步启动法，异步启动接线示意图如图7-59所示。在启动时，先合上开关S1，给同步电动机的定子绕组提供三相交流电源，让定子绕组产生旋转磁场，与此同时将开关S2与左边触点闭合，让转子启动绕组与启动电阻（其阻值一般为启动绕组阻值的10倍）串接，这样同步电动机就相当于一台绕线式异步电动机。转子开始旋转，当转子转速接近旋转磁场转速时，将开关S2与右边的触点闭合，直流电源通过S2加到转子启动绕组，启动绕组产生一个固定的磁场来增强磁铁磁场，定子绕组的旋转磁场牵引已运转且带磁性的转子同步运转。图7-59中的开关S2实际上是由控制电路来完成，另外转子启动绕组要通过电刷与外界的启动电阻或直流电源连接。

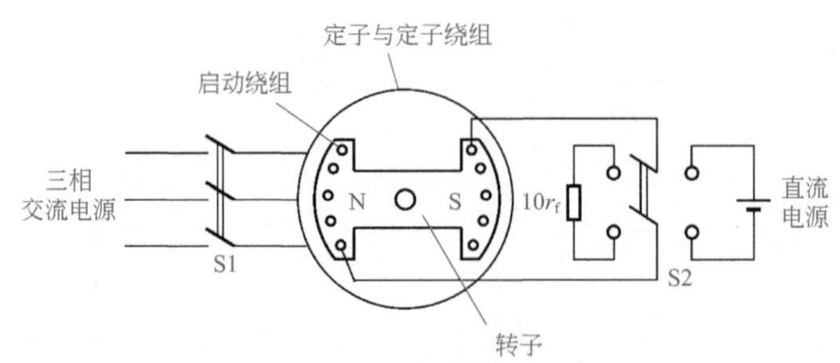

图7-59 异步启动接线示意图

7.7 步进电动机

步进电动机是一种用电脉冲控制运转的电动机，每输入一个电脉冲，电动机就会旋转一定的角度。因此步进电动机又称为脉冲电动机。它的转速与脉冲的频率成正比，脉冲频率越高，单位时间内输入电动机的脉冲个数越多，旋转角度越大，即转速越快。

7.7.1 外形

步进电动机的外形如图7-60所示。

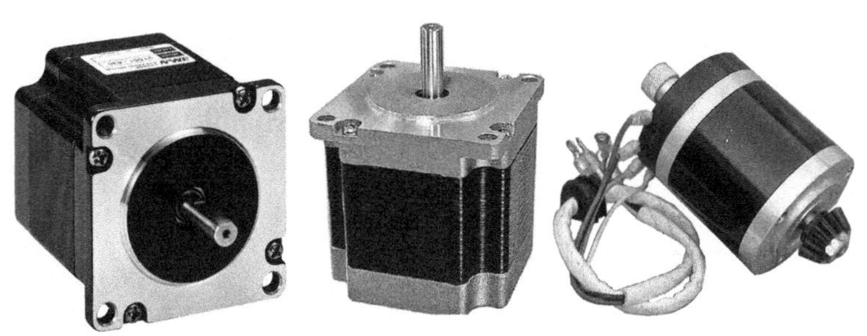

图7-60 步进电动机的外形

7.7.2 结构与工作原理

（1）与步进电动机有关的实验

在说明步进电动机工作原理前，先来分析如图7-61所示的实验现象。

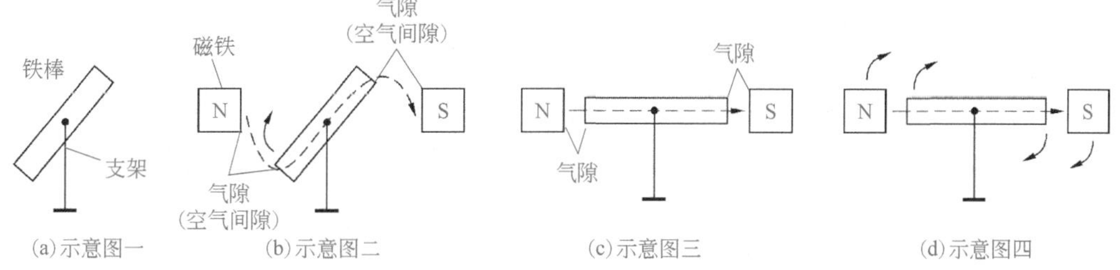

图7-61 与步进电动机有关的实验现象

在图7-61实验中，一根铁棒斜放在支架上，若将一对磁铁靠近铁棒，N极磁铁产生的磁力线会通过气隙、铁棒和气隙到达S极磁铁，如图7-61（b）所示。由于磁力线总是力图通过磁阻最小的途径，它对铁棒产生作用力，使铁棒旋转到水平位置，如图7-61（c）所示，此时磁力线所经磁路的磁阻最小（磁阻主要由N极与铁棒的气隙和S极与铁棒间的气隙大小决定，气隙越大，磁阻越大，铁棒处于图示位置时的气隙最小，因此磁阻也最小）。这时若顺时针旋转磁场，为了保持磁路的磁阻最小，磁力线对铁棒产生作用力使之也顺时针旋转，如图7-61（d）所示。

（2）工作原理

步进电动机种类很多，根据运转方式可分为旋转式、直线式和平面式，其中旋转式应用最为广泛。旋转式步进电动机又分为永磁式和反应式，永磁式步进电动机的转子采用永久磁铁制成，反应式步进电动机的转子采用软磁性材料制成。由于反应式步进电动机具有反应快、惯性小和速度高等优点，因此应用很广泛。

① 反应式步进电动机　图7-62是一个三相六极反应式步进电动机，它主要由凸极式定子、定子绕组和带有4个齿的转子组成。

反应式步进电动机工作原理分析如下。

a. 当A相定子绕组通电时，如图7-62（a）所示，绕组产生磁场，由于磁场磁力线力图通过磁阻最小的路径，在磁场的作用下，转子旋转使齿1、3分别正对A、A′极。

b. 当B相定子绕组通电时，如图7-62（b）所示，绕组产生磁场，在绕组磁场的作用下，转子旋转使齿2、4分别正对B、B′极。

c. 当C相定子绕组通电时，如图7-62（c）所示，绕组产生磁场，在绕组磁场的作用下，转子旋转使3、1齿分别正对C、C′极。

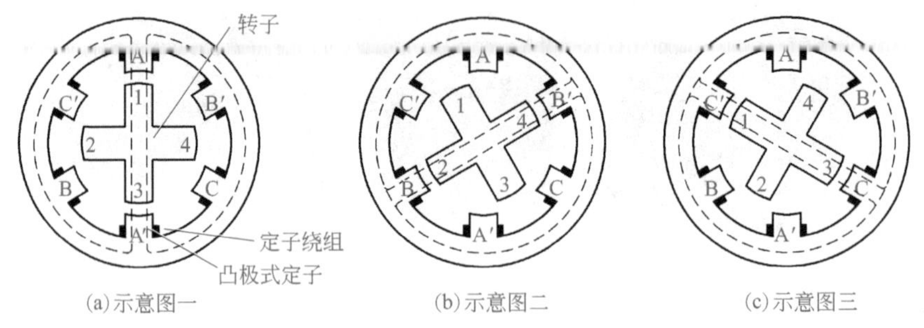

图7-62　三相六极反应式步进电动机结构示意图

从图7-62中可以看出，当A、B、C相按A→B→C顺序依次通电时，转子逆时针旋转，并且转子齿1由正对A极运动到正对C′；若按A→C→B顺序通电，转子则会顺时针旋转。给A、B、C相绕组依次通电时，步进电动机会旋转一个步距角；若按A→C→B→A→B→C→…顺序依次不断给定子绕组通电，转子就会连续不断的运转。图7-62中的步进电动机为三相单三拍反应式步进电动机，其中“三相”是指定子绕组为三相，“单”是指每次只有一相绕组通电，“三拍”是指在一个通电循环周期内绕组有3次供电切换。

步进电动机的定子绕组每切换一相电源，转子就会旋转一定的角度，该角度称为步距角。在图7-62中，步进电动机定子圆周上平均分布着6个凸极，任意两个凸极之间的角度为60°，转子每个齿由一个凸极移到相邻的凸极需要前进两步，因此该转子的步距角为30°。步进电动机的步距角可用下面的公式计算：

$$\theta=360° /(ZN)$$

式中，Z为转子的齿数；N为一个通电循环周期的拍数。

图7-62中的步进电动机的转子齿数Z=4，一个通电循环周期的拍数N=3，则步距角θ=30°。

② 三相单双六拍反应式步进电动机　三相单三拍反应式步进电动机的步距角较大，稳定性较差；而三相单双六拍反应式步进电动机的步距角较小，稳定性较好。三相单双六拍反应式步进电动机结构示意如图7-63所示。

三相单双六拍反应式步进电动机工作原理分析如下。

a. 当A相定子绕组通电时，如图7-63（a）所示，绕组产生磁场，由于磁场磁力线力图通过磁阻最小的路径，在磁场的作用下，转子旋转使齿1、3分别正对A、A′极。

b. 当A、B相定子绕组同时通电时，绕组产生图7-63（b）所示的磁场，在绕组磁场的作用下，转子旋转使齿2、4分别向B、B′极靠近。

c. 当B相定子绕组通电时，如图7-63（c）所示，绕组产生磁场，在绕组磁场的作用下，转子旋转使2、4齿分别正对B、B′极。

d. 当B、C相定子绕组同时通电时，如图7-63（d）所示，绕组产生磁场，在绕组磁场的作用下，转子旋转使齿3、1分别向C、C′极靠近。

e. 当C相定子绕组通电时，如图7-63（e）所示，绕组产生磁场，在绕组磁场的作用下，转子旋转使3、1齿分别正对C、C′极。

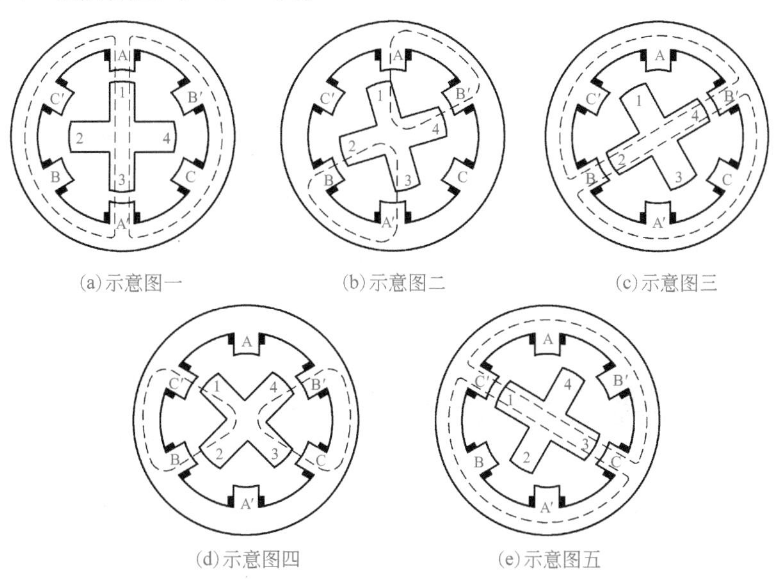

图7-63 三相单双六拍反应式步进电动机结构示意图

从图7-63中可以看出，当A、B、C相按A→AB→B→BC→C→CA→A…顺序依次通电时，转子逆时针旋转，每一个通电循环分6拍，其中3个单拍通电，3个双拍通电，因此这种反应式步进电动机称为三相单双六拍反应式步进电动机。三相单双六拍反应式步进电动机的步距角为15°。

③ 结构 不管是三相单三拍步进电动机还是三相单双六拍步进电动机，它们的步距角都比较大，若用它们作为传动设备动力源时往往不能满足精度要求。为了减小步距角，实际的步进电动机通常在定子凸极和转子上开很多小齿，这样可以大大减小步距角。三相步进电动机的实际结构如图7-64所示。

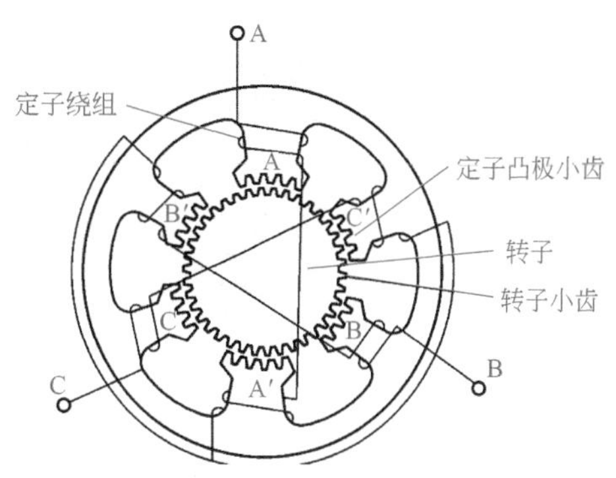

图7-64 三相步进电动机的实际结构

7.7.3 驱动电路

步进电动机是一种用电脉冲控制运转的电动机，在工作时需要有相应的驱动电路为它提供驱动脉冲。图7-65是典型三相步进电动机驱动电路框图。脉冲发生器产生几赫至几十千赫的脉冲信号，经脉冲分配器后输出符合一定逻辑关系的多组脉冲信号，这些脉冲信号进行功率放大后输入步进电动机，驱动电动机运转。

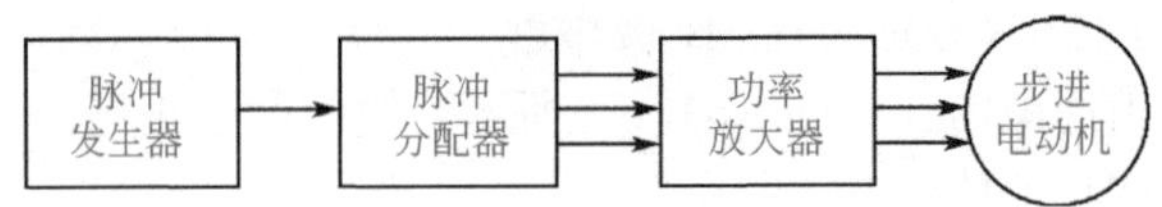

图7-65 典型三相步进电动机驱动电路框图

随着单片机的广泛应用，很多步进电动机采用单片机电路进行控制驱动。图7-66是一种五相步进电动机的单片机驱动电路框图。在工作时，从单片机的P1.0～P1.4引脚输出5组脉冲信号，经五相功率驱动电路放大后送入步进电动机，驱动步进电动机运转。

图7-66 五相步进电动机的单片机驱动电路框图

7.8 无刷直流电动机

直流电动机具有运行效率高和调速性能好的优点，但**普通的直流电动机工作时需要用换向器和电刷来切换电压极性，在切换过程中容易出现电火花和接触不良，会形成干扰并导致直流电动机的寿命缩短**。无刷直流电动机的出现有效解决了电火花和接触不良问题。

7.8.1 外形

图7-67是一些常见的无刷直流电动机的实物外形。

图7-67 常见无刷直流电动机的实物外形

7.8.2 结构与工作原理

普通永磁直流电动机是以永久磁铁作定子，以转子绕组作转子，在工作时除了要为旋转的转子绕组供电，还要及时改变电压极性，这些需用到电刷和换向器。电刷和换向器长期摩擦，很容易出现接触不良、电火花和电磁干扰等问题。为了解决这些问题，无刷直流电动机采用永久磁铁作为转子，通电绕组作为定子，这样就不需要电刷和换向器，不过无刷直流电动机工作时需要配套的驱动线路。

(1) 工作原理

图7-68是一种无刷直流电动机的结构和驱动线路简图。无刷直流电动机的定子绕组固定不动，而磁环转子运转。

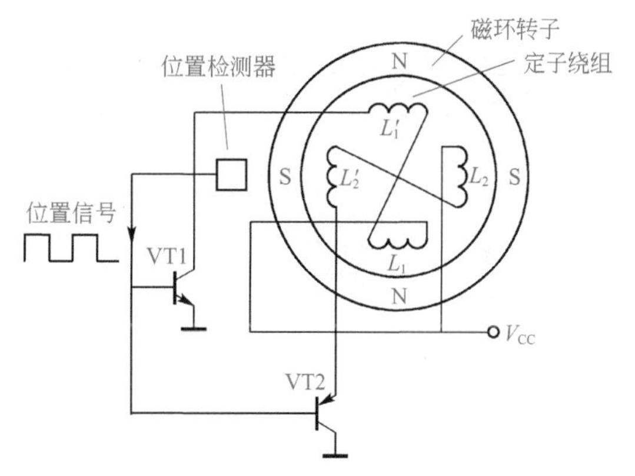

图7-68　一种无刷直流电动机结构和驱动线路简图

无刷直流电动机工作原理说明如下。

无刷直流电动机位置检测器距离磁环转子很近，磁环转子的不同磁极靠近检测器时，检测器输出不同的位置信号（电信号）。这里假设S极接近位置检测器时，检测器输出高电平信号，N极接近检测器时输出低电平信号。在启动电动机时，若磁环转子的S极恰好接近位置检测器，检测器输出高电平信号，该信号送到三极管VT1、VT2的基极，VT1导通，VT2截止，定子绕组L_1、L_1'有电流流过，电流途径是：电源V_{CC}→L_1→L_1'→VT1→地。L_1、L_1'绕组有电流通过产生磁场，该磁场与磁环转子磁场产生排斥和吸引，它们的相互作用如图7-69（a）所示。

在图7-69（a）中，电流流过L_1、L_1'时，L_1产生左N右S的磁场，L_1'产生左S右N的磁场，这样就会出现L_1的左N与磁环转子的左S吸引（同时L_1的左N会与磁环转子的下N排斥），L_1的右S与磁环转子的下N吸引，L_1'的右N与磁环转子的右S吸引，L_1'的左S与磁环转子的上N吸引，由于绕组L_1、L_1'固定在定子铁芯上不能运转，而磁环转子受磁场作用就逆时针转起来。

电动机运转后时，磁环转子的N极马上接近位置检测器，检测器输出低电平信号，该信号送到三极管VT1、VT2的基极，VT1截止，VT2导通，有电流流过L_2、L_2'，电流途径是：电源V_{CC}→L_2→L_2'→VT2→地。L_2、L_2'绕组有电 流通过产生磁场，该磁场与磁环转子磁场产生排斥和吸引，它们的相互作用如图7-69（b）所示，两磁场的相互作用力推动磁环转子继续旋转。

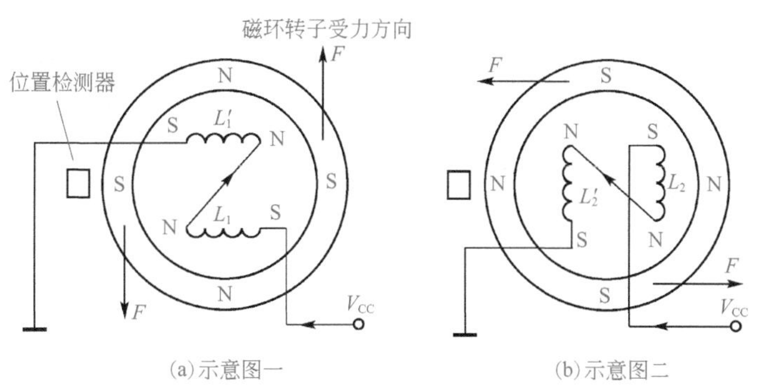

图7-69　无刷直流电动机定子绕组与磁环转子受力分析

(2) 结构

无刷直流电动机的结构如图7-70所示。

从图7-70中可看出，无刷直流电动机主要由定子铁芯、定子绕组、位置检测器、磁铁转子和驱动电路等组成。

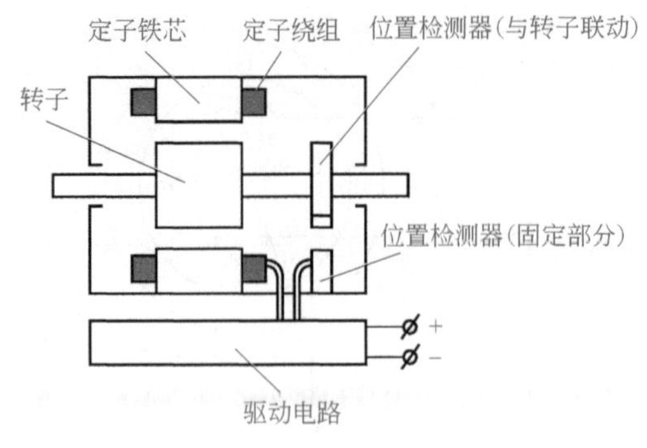

图7-70 无刷直流电动机的结构

位置检测器包括固定和运动两部分，运动部分安装在转子轴上，与转子联动，它可以反映转子的磁极位置，固定部分通过它就可以检测出转子的位置信息。有些无刷直流电动机位置检测器无运转部分，它直接检测转子位置信息。驱动电路的功能是根据位置检测器送来的位置信号，用电子开关（如三极管）来切换定子绕组的电源。无刷直流电动机的转子结构分为表面式磁极、嵌入式磁极和环形磁极3种，如图7-71所示。表面式磁极转子是将磁铁粘贴在转子铁芯表面，嵌入式磁极转子是将磁铁嵌入铁芯中，环形磁极转子是在转子铁芯上套一个环形磁铁。

无刷直流电动机一般采用内转子结构，即转子处在定子的内侧。有些无刷直流电动机采用外转子形式，如电动车、摄录像机的无刷直流电动机常采用外转子结构，如图7-72所示。

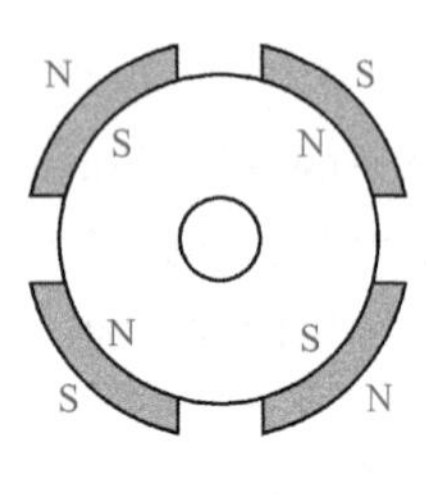

(a)表面式磁极转子

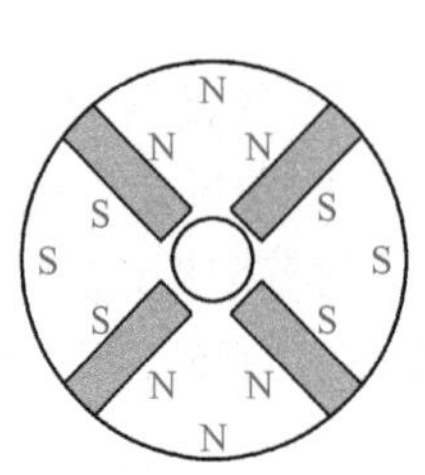

(b)嵌入式磁极转子

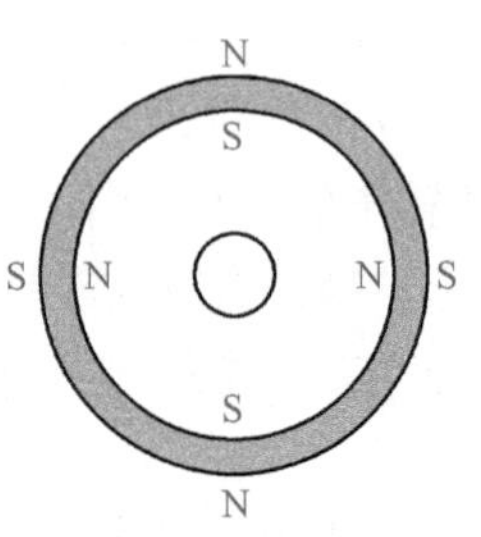

(c)环形磁极转子

图7-71 无刷直流电动机常见转子的结构

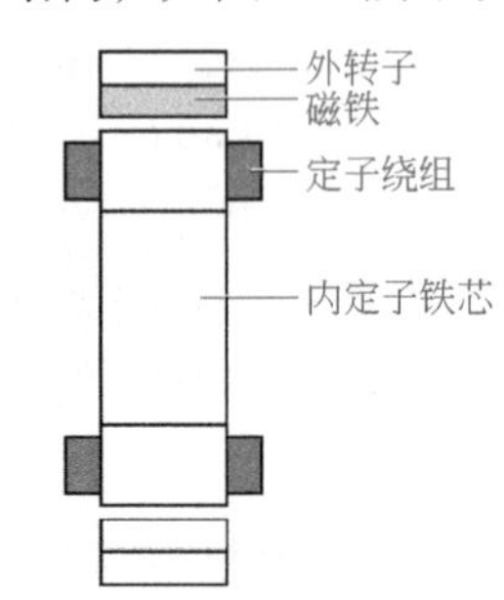

图7-72 外转子无刷直流电动机的结构

7.8.3 驱动电路

无刷直流电动机需要有相应的驱动电路才能工作。下面介绍几种常见的三相无刷直流电动机驱动电路。

（1）星形连接三相半桥驱动电路

星形连接三相半桥驱动电路如图7-73（a）所示。A、B、C三相定子绕组有一端共同连接，构成星形连接方式。

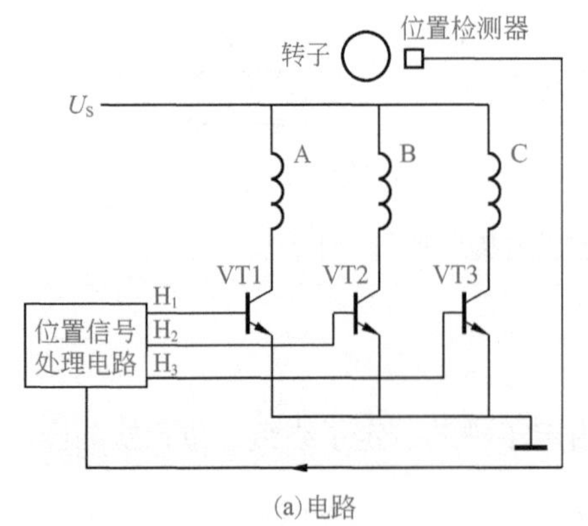

(a)电路

(b)控制信号波形

图7-73 星形连接三相半桥驱动电路

电路工作过程说明如下。

位置检测器靠近磁环转子产生位置信号，经位置信号处理电路处理后输出图7-73（b）所示H_1、H_2、H_3三个控制信号。

在t_1期间，H_1信号为高电平，H_2、H_3信号为低电平，三极管VT1导通，有电流流过A相绕组，绕组产生磁场推动转子运转。

在t_2期间，H_2信号为高电平，H_1、H_3信号为低电平，三极管VT2导通，有电流流过B相绕组，绕组产生磁场推动转子运转。

在t_3期间，H_3信号为高电平，H_1、H_2信号为低电平，三极管VT3导通，有电流流过C相绕组，绕组产生磁场推动转子运转。

t_4期间以后，电路重复上述过程，电动机连续运转起来。三相半桥驱动电路结构简单，但由于同一时刻只有一相绕组工作，电动机的效率较低，并且转子运转脉动比较大，即运转时容易时快时慢。

（2）星形连接三相桥式驱动电路

星形连接三相桥式驱动电路如图7-74所示。

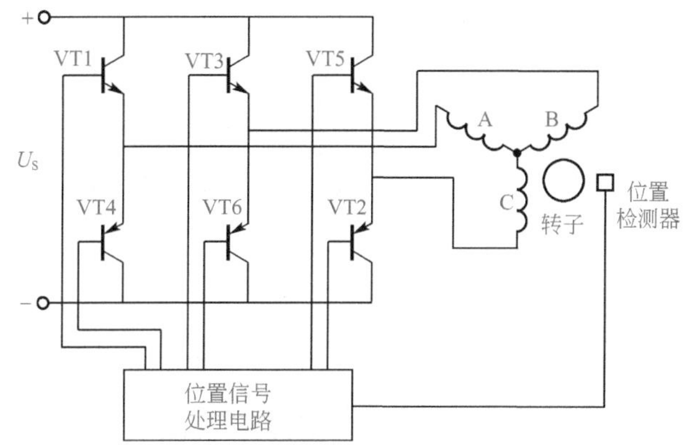

图7-74　星形连接三相桥式驱动电路

星形连接三相桥式驱动电路可以工作在两种方式：二二导通方式和三三导通方式。工作在何种方式由位置信号处理电路输出的控制信号决定。

① 二二导通方式　二二导通方式是指在某一时刻有2个三极管同时导通。电路中6个三极管的导通顺序是：VT1、VT2→VT2、VT3→VT3、VT4→VT4、VT5→VT5、VT6→VT6、VT1。这6个三极管的导通受位置信号处理电路送来的脉冲控制。下面以VT1、VT2导通为例来说明电路工作过程。

位置检测器送来的位置信号经处理电路后形成控制脉冲输出，其中高电平信号送到VT1的基极，低电平信号送到VT2基极，其他三极管基极无信号，VT1、VT2导通，有电流流过A、C相绕组，电流途径为：U_S+→VT1→A相绕组→C相绕组→VT2→U_S−，两绕组产生磁场推动转子旋转60°。

② 三三导通方式　三三导通方式是指在某一时刻有3个三极管同时导通。电路中6个三极管的导通顺序是：VT1、VT2、VT3→VT2、VT3、VT4→VT3、VT4、VT5→VT4、VT5、VT6→VT5、VT6、VT1→VT6、VT1、VT2。这6个三极管的导通受位置信号处理电路送来的脉冲控制。下面以VT1、VT2、VT3导通为例来说明电路工作过程。

位置检测器送来的位置信号经处理电路后形成控制脉冲输出，其中高电平信号送到VT1、VT3的基极，低电平送到VT2基极，其他三极管基极无信号，VT1、VT3、VT2导通，有电流流过A、B、C相绕组，其中VT1导通流过的电流通过A相绕组，VT3导通流过的电流通过B相绕组，两电流汇合后流过C相绕组，再通过VT2流到电源的负极，在任意时刻三相绕组都有电流流过，其中一相绕组电流很大（是其他绕组电流的2倍），三绕组产生的磁场推动转子旋转60°。

三三导通方式的转矩较二二导通方式的要小，另外，如果三极管切换时发生延迟，就可能出现直通短路，如VT4开始导通时VT1还未完全截止，电源通过VT1、VT4直接短路，因此星形连接三相桥式驱动电路更多采用二二导通方式。

三相无刷直流电动机除了可采用星形连接驱动电路外，还可采用如图7-75所示的三角形连接三相桥式驱动电路。该电路与星形连接三相桥式驱动电路一样，也有二二导通方式和三三导通方式，其工作原理与星形连接三相桥式驱动电路工作原理基本相同，这里不再叙述。

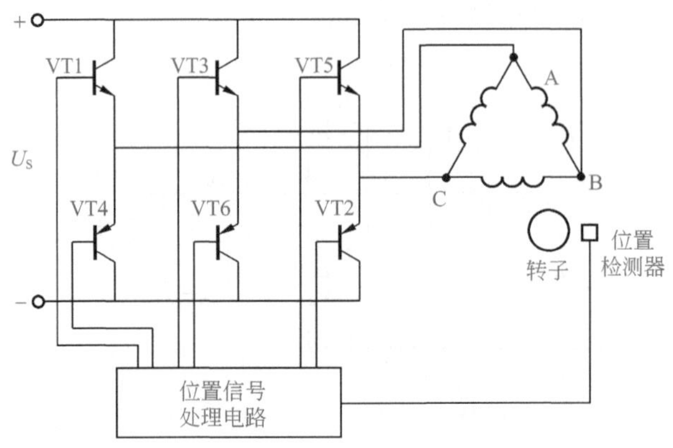

图7-75　三角形连接三相桥式驱动电路

7.9 开关磁阻电动机

开关磁阻电动机是一种定子有绕组、转子无绕组，且定、转子均采用凸极结构的电动机。由于这种电动机在工作时需要用开关不断切换绕组供电，并且是利用磁阻最小原理工作，所以称之为开关磁阻电动机。

7.9.1 外形

图7-76是一些常见的开关磁阻电动机的实物外形。

7.9.2 结构与工作原理

开关磁阻电动机的结构与工作原理与步进电动机的相似，都是遵循“磁阻最小原理”——磁感线总是力图通过磁阻最小的路径。开关磁阻电动机的典型结构如图7-77所示，它是一个三相6/4型开关磁阻电动机，即定子有三相绕组和6个凸极，转子有4个凸极。

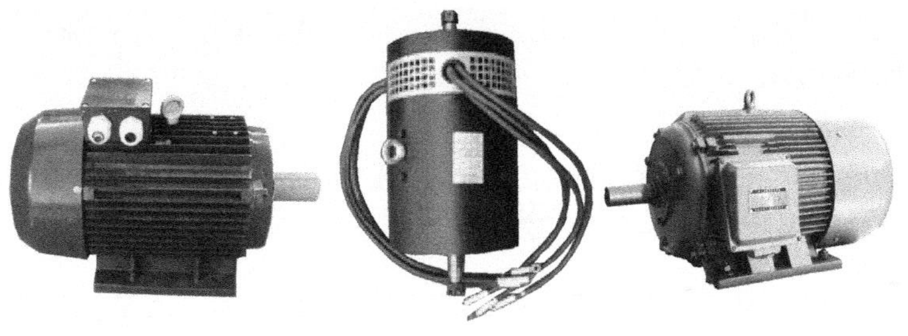

图7-76 一些常见的开关磁阻电动机的实物外形

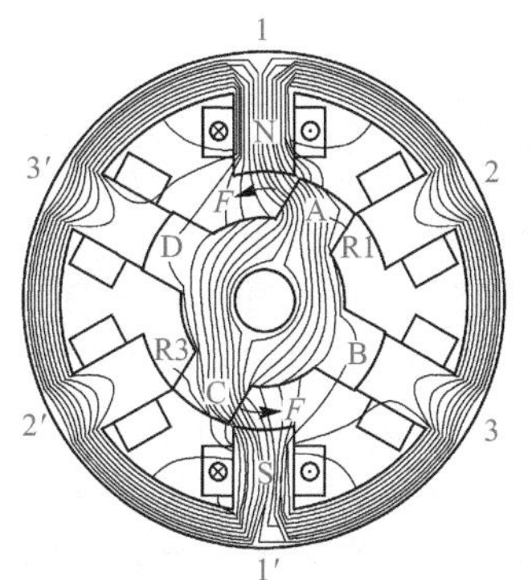

（a）定子绕组11′得电时，转子凸极AC受力情况

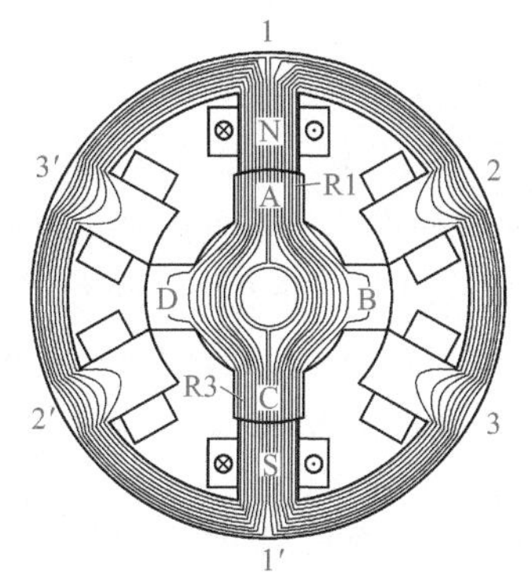

（b）定子绕组11′得电时，转子凸极AC转到稳定位置

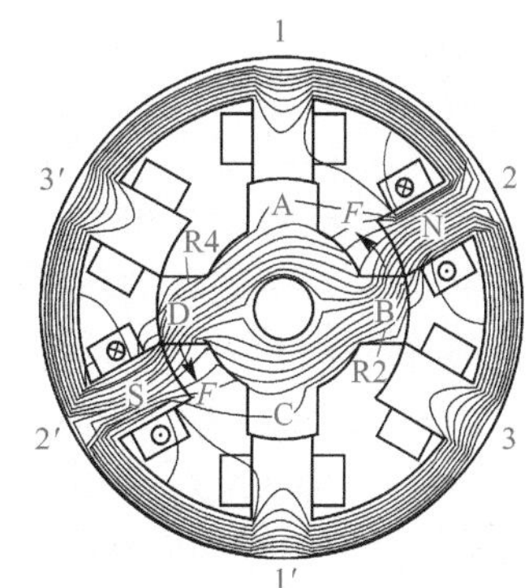

（c）定子绕组22′得电时，转子凸极BD受力情况

图7-77 开关磁阻电动机的典型结构与工作原理

开关磁阻电动机工作原理说明如下。

当定子绕组11′得电时，1凸极产生的磁场为N，1′凸极产生的磁场为S，如图7-77（a）所示。根据磁阻最小原理可知，转子凸极AC受到逆时针方向的磁转矩作用力，于是转子开始转动，当转到图7-77（b）所示位置时，定子凸极11′与转子凸极AC对齐，此时磁阻最小，磁转矩为0，转子不再转动。这时若切断11′绕组供电，而接通22′绕组供电，定子凸极2产生的磁场为N，凸极2′产生的磁场为S，如图7-77（c）所示，转子凸极BD受到逆时针方向的磁转矩作用力，于是转子继续转动。

如果按11′→22′→33′的顺序切换定子绕组电源，转子将逆时针方向旋转。如果按11′→33′→22′的顺序切换定子绕组电源，转子将顺时针方向旋转。

开关磁阻电动机主要有以下的特点。

① 效率高，节能效果好。

② 启动转矩大。

③ 调速范围广。

④ 可频繁正、反转，频繁启动、停止，因此非常适合于龙门刨床、可逆轧机、油田抽油机等应用场合。

⑤ 启动电流小，避免了对电网的冲击。

⑥ 功率因数高，不需要加装无功补偿装置。普通交流电动机空载时的功率因数在0.2～0.4之间，满载在0.8～0.9之间；而开关磁阻电动机调速系统在空载和满载下的功率因数均大于0.98。

⑦ 电动机结构简单、坚固、制造工艺简单，成本低且工作可靠，能适用于各种恶劣、高温甚至强振动环境。

⑧ 缺相与过载时仍可工作。

⑨ 由于控制器中功率变换器与电动机绕组串联，不会出现变频调速系统功率变换器可能出现的直通故障，因此可靠性大为提高。

7.9.3 开关磁阻电动机与步进电动机的区别

开关磁阻电动机与步进电动机的工作原理基本相同，都是依靠脉冲信号切换绕组的电源来驱动转子运转。

两者的区别在于：步进电动机主要是将脉冲信号转换成旋转角度，带动相应机构移动一定的位移，在转子运转时无须转速平稳，即使时停时转也无关紧要，只要输入脉冲个数与移动位移的对应关系准确；而开关磁阻电动机与大多数电动机一样，要求工作在连续运行状态，在运行过程中需要转速平稳连续，不允许时转时停情况的出现。

如果开关磁阻电动机在工作过程中，定子绕组电源切换不及时，就会出现转子时停时转或转速时快时慢的情况。如在图7-77（b）中，若转子AC凸极已运动到对齐位置，如果11′绕组未及时切断电源，这时即使22′绕组得电，也无法使转子继续运转，从而导致转子停顿。这种情况对要求连续运行且转速平稳的开关磁阻电动机是不允许的。为了解决这个问题，需要给电动机转子增设位置检测器，检测转子凸极位置情况，然后及时切换相应绕组的电源，让转子能连续平稳运行。

7.9.4 驱动电路

为了让开关磁阻电动机能正常工作，需要为它配备相应的驱动电路。开关磁阻电动机的驱动电路如图7-78所示。

开关磁阻电动机内部的位置检测器送位置信号给控制电路，让控制电路产生符合要求的控制脉冲信号，控制脉冲加到功率变换器，控制变换器中相应的电子开关（一般为半导体管）导通和截止，接通和切断电动机相应定子绕组的电源，在定子绕组磁场作用下，电动机连续运转起来。

很多开关磁阻电动机的驱动电路已被制作成工业成品，可直接与开关磁阻电动机配套使用，图7-79列出了两种开关磁阻电动机的控制器（驱动电路）。有些控制器内部采用一些先进的保护检测电路并可直接在面板设定电动机的控制参数。

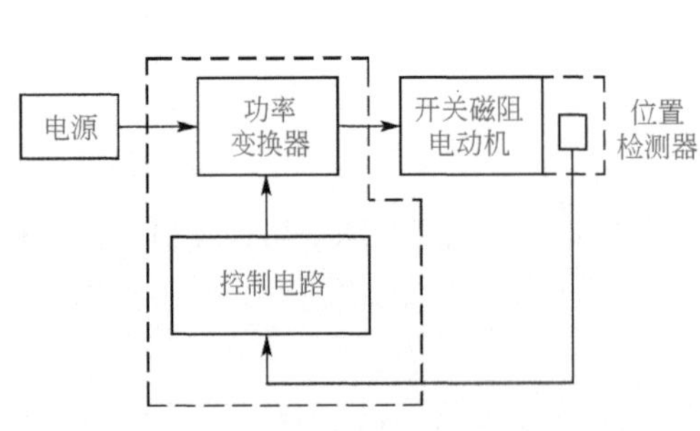

图7-78 开关磁阻电动机的驱动电路结构

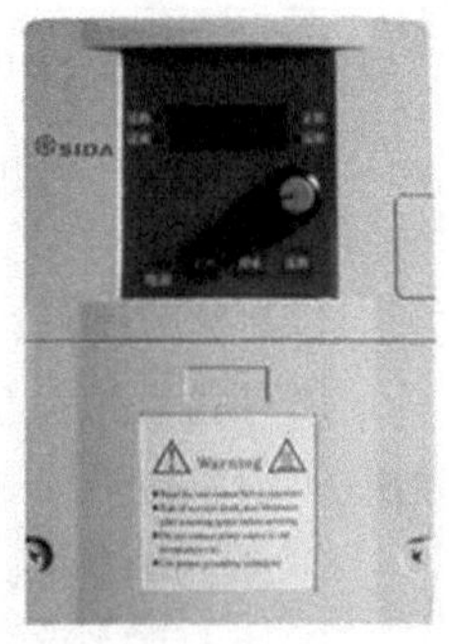

图7-79 两种开关磁阻电动机的控制器

7.10 直线电动机

直线电动机是一种将电能转换成直线运动的电动机。直线电动机是将旋转电动机的结构进行变化制成的。直线电动机种类很多，从理论上讲，每种旋转电动机都有与之对应的直线电动机，实际常用的直线电动机主要有直线异步电动机、直线同步电动机、直线直流电动机和其他直线电动机（如直线无刷电动机、直线步进电动机等），在这些直线电动机中，直线异步电动机应用最为广泛。

7.10.1 外形

图7-80是一些常见的直线电动机的实物外形。

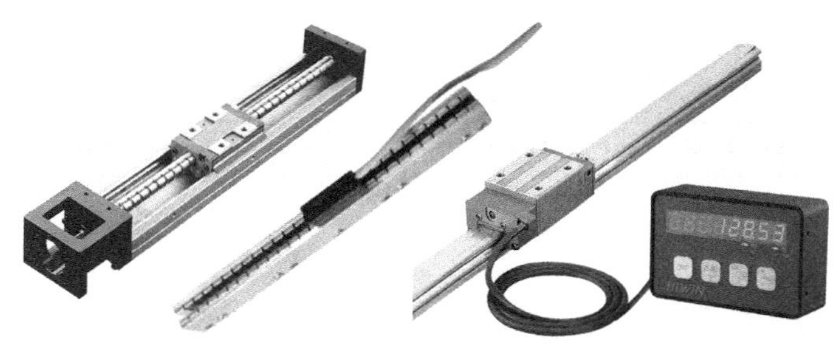

图7-80 一些常见的直线电动机的实物外形

7.10.2 结构与工作原理

直线电动机可以看成是将旋转电动机径向剖开并拉直而得到的，如图7-81所示。**其中由定子转变而来的部分称为初级，转子转变而来的部分称为次级**。

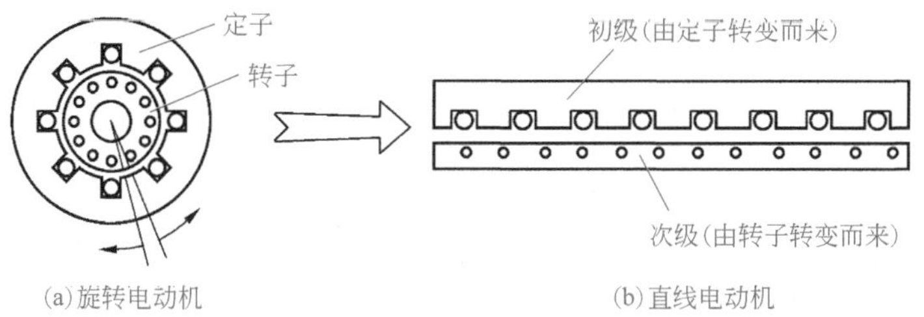

图7-81 直线电动机的结构

当给直线电动机初级绕组供电时，绕组产生磁场使初、次级产生相对径向运动，若将初级固定，则次级会直线运动，这种电动机称为动次级直线电动机，反之为动初级直线电动机。改变初级绕组的电源相序可以转换电动机的运行方向，改变电源的频率可以改变电动机的运行速度。另外，为了保证在运动过程中直线电动机的初、次级能始终耦合，初级或次级必须有一个要做得比另一个更长。

直线电动机初、次级结构形式主要有单边型、双边型和圆筒型等几种。

（1）单边型

单边型直线电动机的结构如图7-82所示，它又可以分为短初级和短次级两种形式。由于短初级的制造运行成本较短次级的低很多，所以一般情况下直线电动机均采用短初级形式。单边型直线电动机的优点是结构简单，但初、次级存在着很大吸引力，这对初、次级相对运动是不利的。

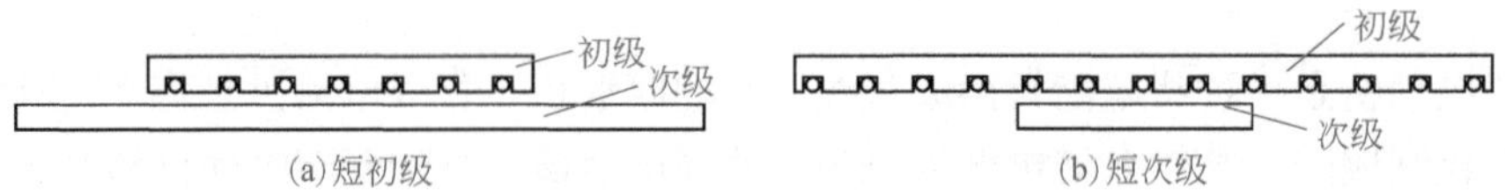

图7-82 单边型直线电动机的结构

（2）双边型

双边型直线电动机的结构如图7-83所示。这种直线电动机在次级的两边都安装了初级，两初级对次级的吸引力相互抵消，有效克服了单边型电动机的单边吸引力。

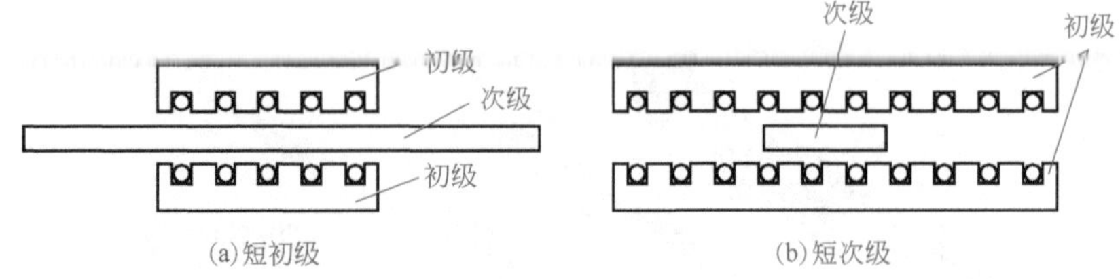

图7-83 双边型直线电动机的结构

（3）圆筒型

圆筒型（或称管型）直线电动机的结构如图7-84所示。这种直线电动机可以看成是平板式直线电动机的初、次级卷起来构成的，当初级绕组得电时，圆形次级就会径向运动。

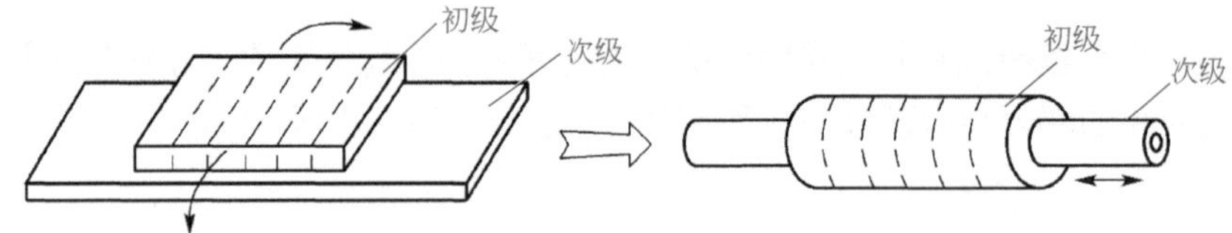

图7-84 圆筒型直线电动机的结构

直线电动机主要应用在要求直线运动的机电设备中，由于牵引力或推动力可直接产生，不需要中间联动部分，没有摩擦、噪声、转子发热、离心力影响等问题，因此应用将越来越广泛。其中直线异步电动机主要用在较大功率的直线运动机构，如自动门开闭装置，起吊、传递和升降的机械设备。直线同步电动机的应用场合与直线异步电动机的应用场合基本相同，由于其性能优越，因此有取代直线异步电动机的趋势。直线步进电动机主要用于数控制图机、数控绘图仪、磁盘存储器、记录仪、数控裁剪机、精密定位机构等设备中。

第8章 电动机的控制线路分析与安装

8.1 正转控制线路

8.1.1 简单的正转控制线路

正转控制线路是电动机最基本的控制线路，控制线路除了要为电动机提供电源外，还要对电动机进行启动/停止控制，另外在电动机过载时还能进行保护。对于一些要求不高的小容量电动机，可采用如图8-1所示的简单的电动机正转控制线路，其中如图8-1（a）为线路图，图8-1（b）为实物连接图。

电动机的3根相线通过闸刀开关内部的熔断器FU和触点连接到三相交流电。当合上闸刀开关QS时，三相交流电通过触点、熔断器送给三相电动机，电动机运转；当断开QS时，切断电动机供电，电动机停转；如果流过电动机的电流过大，熔断器FU会因大电流流过而熔断，切断电动机供电，电动机得到了保护。为了安全起见，图中的闸刀开关可安装在配电箱内或绝缘板上。

这种控制线路简单、元器件少，适合作容量小且启动不频繁的电动机正转控制线路，图中的闸刀开关还可以用铁壳开关（封闭式负荷开关）、组合开关或低压断路器来代替。

8.1.2 自锁正转控制线路

点动正转控制线路适用于电动机短时间运行控制，如果用作长时间运行控制极为不便（需一直按住按钮不放）。电动机长时间连续运行常采用如图8-2所示的自锁正转控制线路。从图8-2中可以看出，该线路是在点动正转控制线路的控制电路中多串接一个停止按钮SB2，并在启动按钮SB1两端并联一个接触器KM的常开辅助触点（又称自锁触点）而成的。

自锁正转控制线路除了有长时间运行锁定功能外，还能实现欠电压和失电压保护功能。

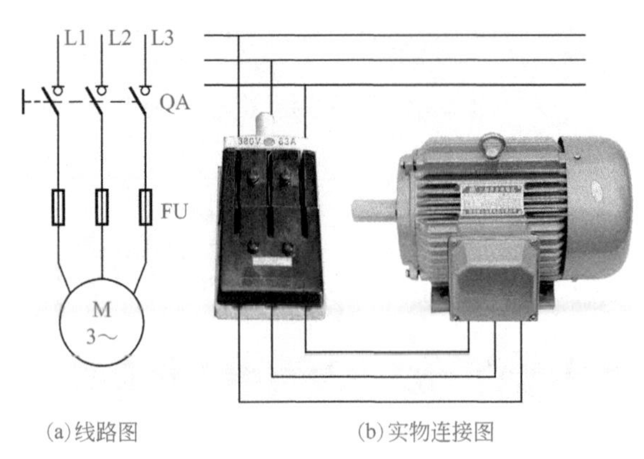

(a)线路图　　(b)实物连接图

图8-1　简单正转控制线路

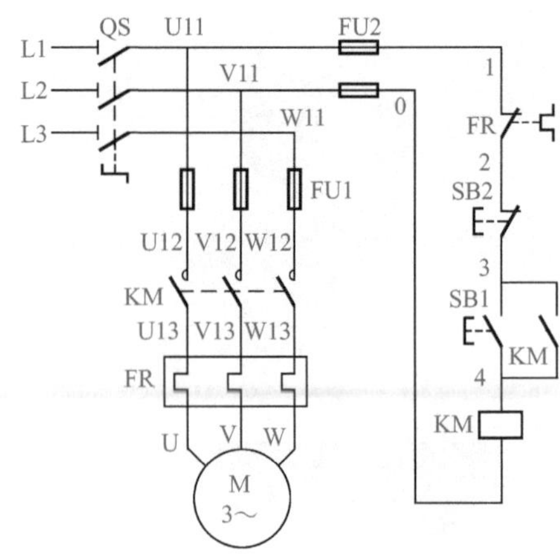

图8-2　自锁正转控制线路

（1）工作原理

电路工作原理如下。

①合上电源开关QS。

②启动过程。按下启动按钮SB1→L1、L2两相电压通过QS、FU2、SB2、SB1加到接触器KM线圈两端→KM线圈得电吸合，KM主触点和常开辅助触点闭合→L1、L2、L3三相电压通过QS、FU1和闭合的KM主触点提供给电动机→电动机M通电运转。

③运行自锁过程。松开启动按钮SB1→KM线圈依靠启动时已闭合的KM常开辅助触点供电→KM主触点仍保持闭合→电动机继续运转。

④停转控制。按下停止按钮SB2→KM线圈失电→KM主触点和常开辅助触点均断开→电动机M断电停转。

⑤断开电源开关QS。

（2）欠电压保护

欠电压保护是指当电源电压偏低（一般低于额定电压的85%）时切断电动机的供电，让电动机停止运转。欠电压保护过程分析如下：

电源电压偏低→L1、L2两相间的电压偏低→接触器KM线圈两端电压偏低，产生的吸合力小，不足以继续吸合KM主触点和常开辅助触点→主、辅触点断开→电动机供电被切断而停转。

（3）失电压保护

失电压保护是指当电源电压消失时切断电动机的供电途径，并保证在重新供电时无法自行启动。失电压保护过程分析如下：

电源电压消失→L1、L2两相间的电压消失→KM线圈失电→KM主、辅触点断开→电动机供电被切断。在重新供电后，由于主、辅触点已断开，并且启动按钮SB1也处于断开状态，因此线路不会自动为电动机供电。

8.1.3　带过载保护的自锁正转控制线路

普通的自锁控制线路可以实现启动自锁和欠压、失压保护，但在电动机长时间过载运行时无法执行保护控制。当电动机过载运行时流过的电流偏大，长时间运行会使绕组温度升高，轻则绕组绝缘性能下降，重则烧坏。虽然在主电路中串有熔断器，但由于电动机启动时电流很大，为避免启动时熔断器被烧坏，熔断器的额定电流值选择较大，为电动机的1.5～2.5倍，熔断器只能在电动机短路时熔断保护，在电动机过载时无法熔断保护，因为过载电流一般小于熔断器额定电流。

带过载保护的自锁正转控制线路在普通的自锁控制线路基础上增加了过载保护元件，其电路如图8-3所示。

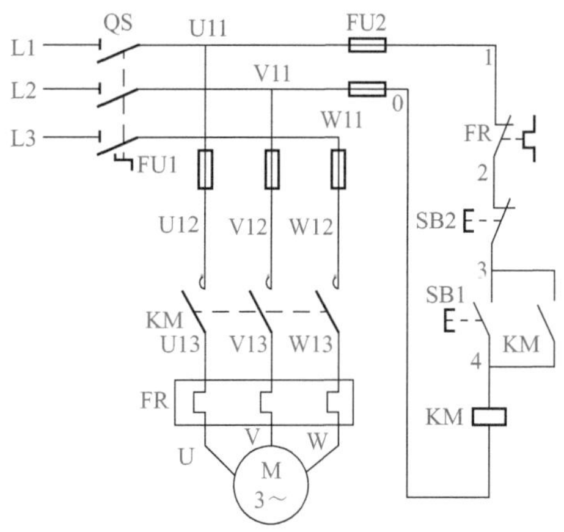

图8-3　带过载保护的自锁正转控制线路

从图8-3可以看出，电路中增加了一个热继电器FR，其发热元件串接在主电路中，常闭触点串接在控制电路中。当电动机过载运行时，流过热继电器的发热元件的电流偏大，发热元件（通常为双金属片）因发热而弯曲，通过传动机构将常闭触点断开，控制电路被切断，接触器线圈KM失电，主电路中的接触器主触点KM断开，电动机供电被切断而停转。

热继电器只能执行过载保护，不能执行短路保护，这是因为短路时电流虽然很大，但热继电器发热元件弯曲需要一定的时间，等到它动作时电动机和供电线路可能已被过大的短路电流烧坏。另外，当电路过载保护后，如果排除过载因素后，需要等待一定的时间让发热元件冷却复位，再重新启动电动机工作。

8.1.4　连续与点动混合控制线路

连续与点动混合控制线路是一种既能进行点动控制，又可以实现连续运行控制的电动机控制线路。实现连续与点动混合控制方式很多，这里介绍两种常用的连续与点动混合控制线路。

（1）连续与点动混合控制线路一

图8-4是一种连续与点动混合控制线路。

从图8-4可以看出，该电路是在带过载保护的自锁正转控制电路的自锁电路中串接一个手动开关SA。电路工作是点动方式还是连续方式，由手动开关SA来决定。

当手动开关SA断开时，电路工作在点动控制方式。工作过程分析如下：

按下启动按钮SB1→接触器线圈KM得电→主触点KM闭合→电动机得电运转；松开按钮SB1→线圈KM失电→主触点KM断开→电动机失电停止运转。

当手动开关SA闭合时，电路工作在连续控制方式。工作过程分析如下：

按下启动按钮SB1→接触器线圈KM得电→主触点、常开辅助触点KM均闭合→电动机得电运转；松开按钮SB1→线圈KM依靠SA和常开辅助触点KM供电→主触点KM仍保持闭合→电动机继续运转；按下常闭停止按钮SB2→线圈KM失电→主触点、常开辅助触点KM均断开→电动机失电停止运转。

（2）连续与点动混合控制线路二

图8-5是另一种形式的连续与点动混合控制线路。

从图8-5可以看出，该电路是在带过载保护的自锁正转控制电路的自锁电路中增加了一个复合按钮开关SB3。电路工作是点动方式还是连续方式，由复合按钮SB3来决定。

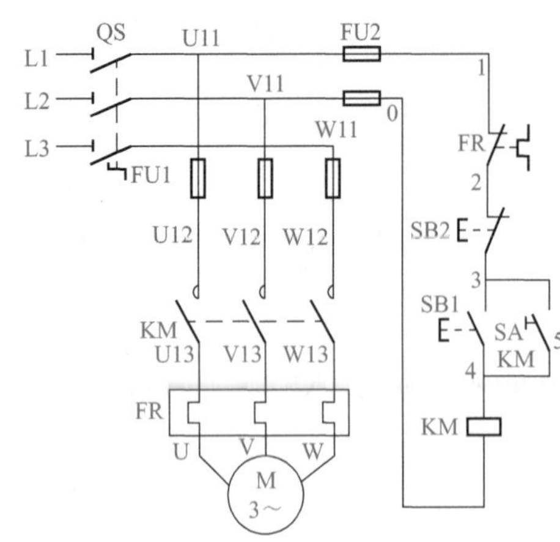

图8-4 连续与点动混合控制线路一

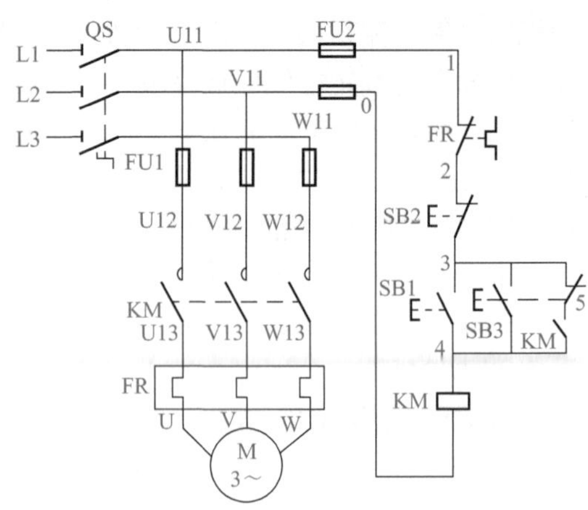

图8-5 连续与点动混合控制线路二

① 未操作SB3时，电路工作在连续控制方式。工作过程分析如下：

按下启动按钮SB1→接触器线圈KM得电→主触点、常开辅助触点KM均闭合→电动机得电运转；松开按钮SB1→线圈KM依靠SB3常闭触点和已闭合的常开辅助触点KM供电→主触点KM仍保持闭合→电动机继续运转。

② 操作SB3时，电路工作在点动控制方式。工作过程分析如下：

按下按钮SB3→SB3的常开触点闭合、常闭触点断开→接触器线圈KM得电→主触点、常开辅助触点KM均闭合→电动机得电运转；松开按钮SB3→SB3的常开触点断开、常闭触点闭合→接触器线圈KM因SB3的常开触点断开而失电→主触点、常开辅助触点KM均断电→电动机停止运转。

8.2 正、反转控制线路

正转控制线路只能控制电动机往一个方向运转，而正、反转控制电路可以实现电动机正、反向运转控制。实现正、反转控制的方式很多，这里介绍四种常见的正、反转控制线路。

8.2.1 倒顺开关正、反转控制线路

倒顺开关正、反转控制线路采用倒顺开关对电动机进行正、反转控制。

（1）倒顺开关

倒顺开关如图8-6所示，

图8-6 倒顺开关

从图8-6可以看出，倒顺开关有“顺、停、倒”三个挡位，开关旋至“顺”挡时控制电动机正转，开关旋至“停”挡时控制电动机停转，开关旋至“倒”挡时控制电动机反转。当倒顺开关处于“顺”位置时电动机正转，如果要控制电动机反转，应先将开关旋至“停”挡并停留一定的时间，让电动机停转，

再将开关旋至“倒”挡，让电动机反转，如果旋至“停”挡不停留，直接旋至“倒”挡，未停转的电动机会因电流方向突然变反而容易损坏。

（2）倒顺开关正、反转控制线路

倒顺开关正、反转控制线路如图8-7所示。

在图8-7中，倒顺开关QS处于“停”挡，电动机无供电而停转。当QS旋至“顺”挡时，三个动触头与对应的左静触头接触，L1、L2、L3三相电压分别送到电动机的U、V、W相线，电动机正转。当QS旋至“倒”挡时，三个动触头与对应的右静触头接触，L1、L2、L3三相电压分别送到电动机的W、V、U相线，电动机U、W两相电压切换，电动机反转。

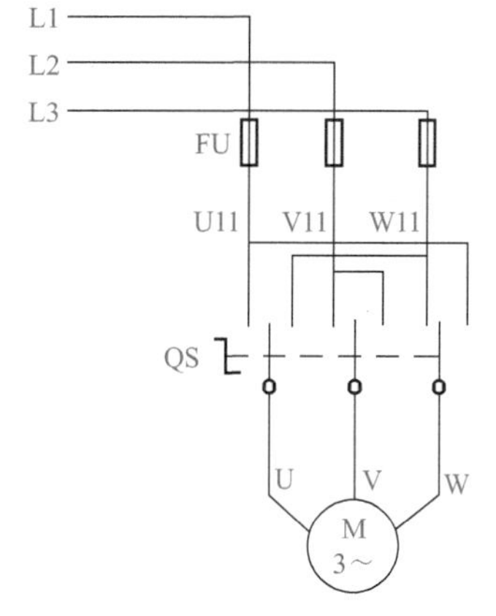

图8-7　倒顺开关正、反转控制线路

利用倒顺开关组成的正、反向控制电路采用的元件少、线路简单，但由于倒顺开关直接接在主电路中，操作不安全，也不适合用作大容量的电动机控制，一般用在额定电流10A、功率3kW以下的小容量电动机控制线路中。

8.2.2　接触器联锁正、反转控制线路

接触器联锁正、反转控制线路的主电路中连接了两个接触器，正、反转操作元件放置在控制电路中，故工作安全可靠。接触器联锁正、反转控制线路如图8-8所示。

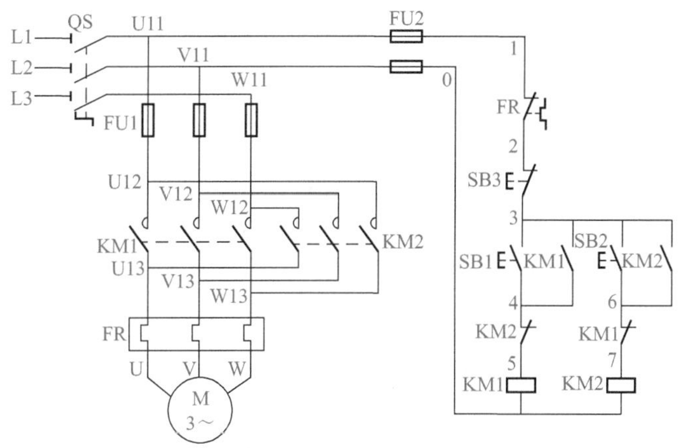

图8-8　接触器联锁正、反转控制线路

在图8-8中，主电路中连接了接触器KM1和接触器KM2，两个接触器主触头连接方式不同，KM1按L1-U、L2-V、L3-W方式连接，KM2按L1-W、L2-V、L3-U方式连接。

在工作时，接触器KM1、KM2的主触点严禁同时闭合，否则会造成L1、L3两相电源直接短路，为了避免KM1、KM2主触点同时得电闭合，分别给各自的线圈串接了对方的常闭辅助触点，如给KM1线圈串接了KM2常闭辅助触点，给KM2线圈串接了KM1常闭辅助触点，当一个接触器的线圈得电时会使自己主触点闭合，还会使自己的常闭触点断开，这样另一个接触器线圈就无法得电。接触器这种相互制约称为接触器的联锁（也称互锁），实现联锁的常闭辅助触点称为联锁触点。

电路工作原理分析如下。

（1）闭合电源开关QS

（2）正转控制过程

① 正转联锁控制。按下正转按钮SB1→KM1线圈得电→KM1主触点闭合、KM1常开辅助触点闭合、KM1常闭辅助触点断开→ KM1主触点闭合将L1、L2、L3三相电源分别供给电动机U、V、W端，电动机正转；KM1常开辅助触点闭合使得SB1松开后KM1线圈继续得电（接触器自锁）；KM1常闭辅助触点断开切断KM2线圈的供电，使KM2主触点无法闭合，实现KM1、KM2之间的联锁。

② 停止控制。按下停转按钮SB3→KM1线圈失电→KM1主触点断开、KM1常开辅助触点断开、KM1常闭辅助触点闭合→KM1主触点断开使电动机失电而停转。

（3）反转控制过程

① 反转联锁控制。按下反转按钮SB2→KM2线圈得电→KM2主触点闭合、KM2常开辅助触点闭合、KM2常闭辅助触点断开→ KM2主触点闭合将L1、L2、L3三相电源分别供给电动机W、V、U端，电动机反转；KM2常开辅助触点闭合使得SB2松开后KM2线圈继续得电；KM2常闭辅助触点断开切断KM1线圈的供电，使KM1主触点无法闭合，实现KM1、KM2之间的联锁。

③ 停止控制。按下停转按钮SB3→KM2线圈失电→KM2主触点断开、KM2常开辅助触点断开、KM2常闭辅助触点闭合→KM2主触点断开使电动机失电而停转。

（4）断开电源开关QS

对于接触器联锁正、反转控制线路，若将电动机由正转变为反转，需要先按下停止按钮让电动机停转，也让接触器各触点复位，再按反转按钮让电动机反转，如果在正转时不按停止按钮，而直接按反转按钮，由于联锁的原因，反转接触器线圈无法得电而使控制无效。

8.2.3 按钮联锁正、反转控制线路

接触器联锁正、反转控制线路在控制电动机由正转转为反转时，需要先按停止按钮，再按反转按钮，这样操作较为不便，采用按钮联锁正、反转控制线路则可避免这种不便。按钮联锁正、反转控制线路如图8-9所示。

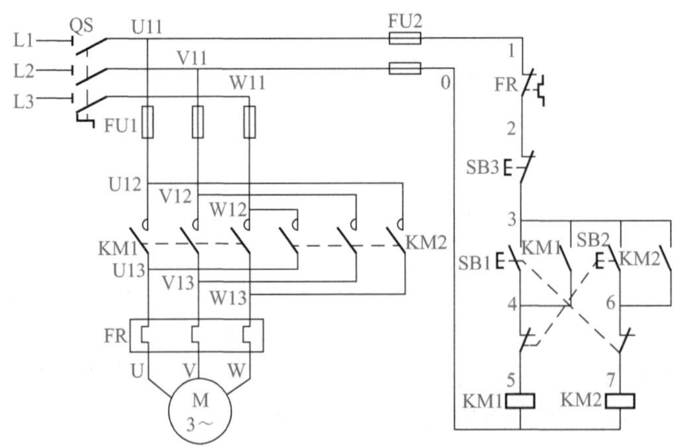

图8-9 按钮联锁正、反转控制线路

从图8-9可以看出，电路采用两个复合按钮SB1和SB2，其中复合按钮SB1代替接触器联锁正、反转控制线路中的正转按钮和反转接触器的常闭辅助触点，另一个复合按钮代替

反转按钮和正转接触器的常闭辅助触点。

电路工作原理分析如下。

① 闭合电源开关QS。

② 正转控制。按下正转复合按钮SB1→SB1常开触点闭合、常闭触点断开→SB1常开触点闭合使接触器线圈KM1得电，KM1主触点和常开辅助触点均闭合，KM1主触点闭合使电动机正转，KM1常开辅助触点闭合使KM1接触器自锁；而SB1常闭触点断开使接触器KM2线圈无法得电，从而保证KM1、KM2两接触器主触点不会同时闭合。

松开SB1后，SB1常开触点断开、常闭触点闭合，依靠KM1常开辅助触点的自锁让KM1线圈维持得电，KM1主触点仍处于闭合，电动机维持正转。

③ 反转控制。在电动机处于正转时按下反转复合按钮SB2→SB2常开触点闭合、常闭触点断开→SB2常闭触点断开使接触器KM1线圈失电，KM1主触点和常开辅助触点均断开，电动机失电；SB2常开触点闭合使接触器KM2线圈得电，KM2主触点和常开辅助触点均闭合，KM2主触点闭合使电动机反转，KM2常开辅助触点闭合实现自锁（在松开SB2后让KM2线圈能继续得电）。

松开SB2后，SB2常开触点断开、常闭触点闭合，依靠KM2常开辅助触头的自锁让KM2线圈维持得电，KM2主触头仍处于闭合，电动机维持正转。

④ 停转控制。按下停转按钮SB3→控制电路供电被切断→KM1、KM2线圈均失电→KM1、KM2主触点均断开→电动机停转。

⑤ 断开电源开关QS。

由于按钮联锁正、反转控制线路在正转转为反转时无需进行停止控制，故具有操作方便的优点，但这种电路容易因复合按钮故障造成两相电源短路。

复合按钮结构如图8-10所示，在按下复合按钮时，正常应是常闭触点先断开，然后才是常开触点闭合，在松开复合按钮，正常应是常开触点先断开，然后才是常闭触点闭合。如果复合按钮出现问题，按下按钮时常闭触点未能及时断开（如常闭触点与动触点产生粘连），而常开触点又闭合，这样两个触点都处于接通状态，会导致两个接触器的线圈都会得电，如图8-9中的反转按钮SB2出现故障，在电动机正转时按下SB2，SB2常闭触点未能及时断开，而常开触点已闭合，这样线圈KM1、KM2都会得电，KM1、KM2的主触点均闭合，就会出现两相电源直接短路。

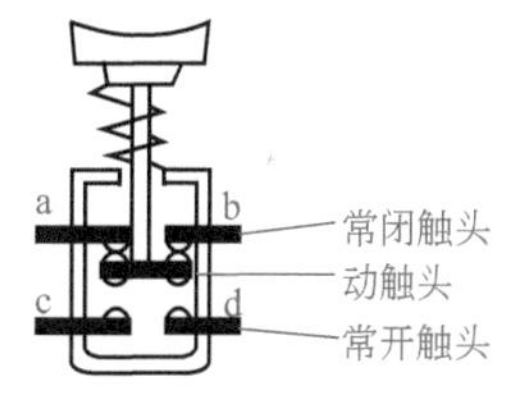

图8-10 复合按钮结构

8.2.4 按钮、接触器双重联锁正反转控制线路

按钮、接触器双重联锁正反转控制线路可以有效解决按钮联锁正反转控制线路容易出现两相电源短路的缺点。按钮、接触器双重联锁正反转控制线路如图8-11所示。

从图8-11可以看出，按钮、接触器双重联锁正反转控制线路是在按钮联锁正反转控制线路的基础上，将两个接触器各自的常闭辅助触点与对方的线圈串接在一起，这样就实现了按钮联锁和接触器联锁双重保护。

电路工作原理分析如下。

① 闭合电源开关QS。

② 正转控制。按下正转复合按钮SB1→SB1常开触点闭合、常闭触点断开→SB1常开

触点闭合使接触器线圈KM1得电→KM1主触点、常开辅助触点闭合，KM1常闭辅助触点断开→KM1主触点闭合使电动机正转，KM1常开辅助触点闭合使KM1接触器自锁，KM1常闭辅助触点断开与断开的SB1常闭触点双重切断KM2线圈供电，使KM2线圈无法得电。

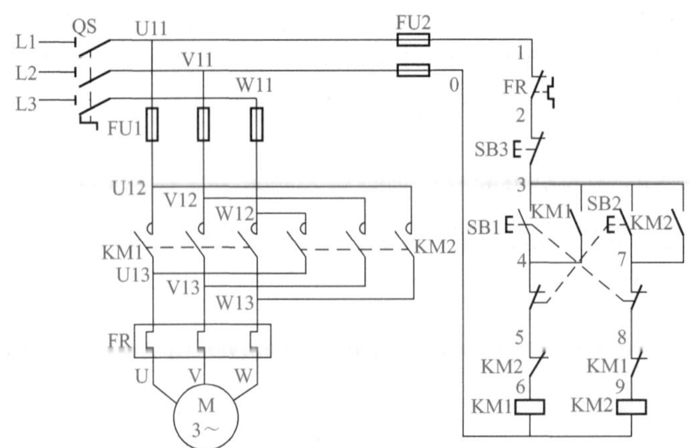

图8-11　按钮、接触器双重联锁正反转控制线路

松开SB1后，SB1常开触点断开、常闭触点闭合，依靠KM1常开辅助触点的自锁让KM1线圈维持得电，KM1主触点仍处于闭合，电动机维持正转。

③ 反转控制。在电动机处于正转时按下反转按钮SB2→SB2常开触点闭合、常闭触点断开→SB2常闭触点断开使接触器KM1线圈失电，KM1主触点、常开辅助触点均断开，电动机失电；SB2常开触点闭合使接触器KM2线圈得电，KM2主触点、常开辅助触点均闭合，KM2常闭触点断开，KM2主触点闭合使电动机反转，KM2常开辅助触点闭合实现自锁，KM2常闭触点断开与断开的SB2常闭触点双重切断KM1线圈供电。

松开SB2后，SB2常开触点断开、常闭触点闭合，依靠KM2常开辅助触点的自锁让KM2线圈维持得电，KM2主触头仍处于闭合，电动机维持正转。

④ 停转控制。按下停转按钮SB3→控制电路供电切断→KM1、KM2线圈均失电→KM1、KM2主触头均断开→电动机停转。

⑤ 断开电源开关QS。

按钮、接触器双重联锁正反转控制线路有与按钮联锁正反转控制线路一样的操作方便性，又因为采用了按钮和接触器双重联锁，故工作安全可靠。

8.3 限位控制线路

一些机械设备（如车床）的运动部件是由电动机来驱动的，它们在工作时并不都是一直往前运动，而是运动到一定的位置自动停止，然后再由操作人员操作按钮使之返回。为了实现这种控制效果，需要给电动机安装限位控制线路。

限位控制线路又称位置控制线路或行程控制线路，它是利用位置开关来检测运动部件的位置，当运动部件运动到指定位置时，位置开关给控制线路发出指令，让电动机停转或反转。常见的位置开关有行程开关和接近开关，其中行程开关使用更为广泛。

8.3.1 行程开关

行程开关如图8-12（a）所示，它可分为按钮式、单轮旋转式和双轮旋转式等，行程开关内部一般有一个常闭触点和一个常开触点，行程开关的符号如图8-12（b）所示。

在使用时，行程开关通常安装在运动部件需停止或改变方向的位置，如图8-13所示。当运动部件行进到行程开关处时，挡铁会碰压行程开关，行程开关内的常闭触点断开、常开触点闭合，由于行程开关的两个触点接在控制线路，它控制电动机停转，从而使运动部件也停止。如果需要运动部件反向运动，可操作控制线路中的反转按钮，当运动部件反向运动到另一个行程开关处时，会碰压该处的行程开关，行程开关通过控制线路让电动机停转，运动部件也就停止。

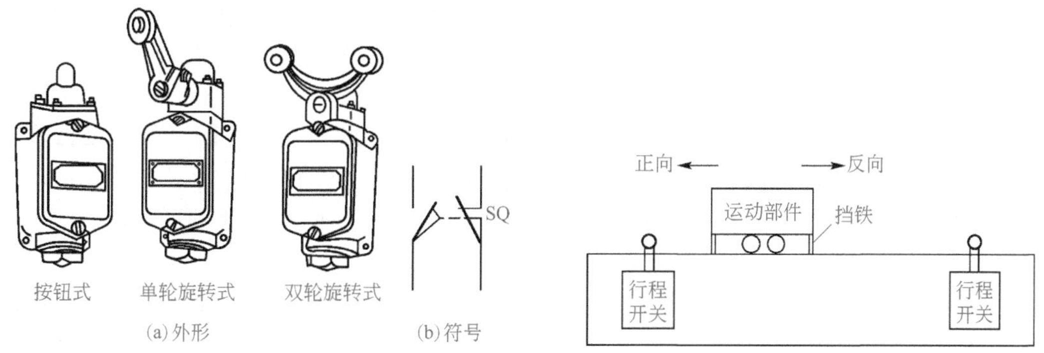

图8-12 行程开关的外形与符号　　图8-13 行程开关安装位置示意图

行程开关可分为自动复位和非自动复位两种。按钮式和单轮旋转式行程开关可以自动复位，当挡铁移开时，依靠内部的弹簧使触点自动复位；双轮旋转式行程开关不能自动复位，当挡铁从一个方向碰压其中一个滚轮时，内部触点动作，挡铁移开后内部触点不能复位，当挡铁反向运动（返回）时碰压另一个滚轮，触点才能复位。

8.3.2 限位控制线路

限位控制线路如图8-14所示。从图8-14可以看出，限位控制线路是在接触器连锁正反转控制线路的控制电路中串接两个行程开关SQ1、SQ2构成的。

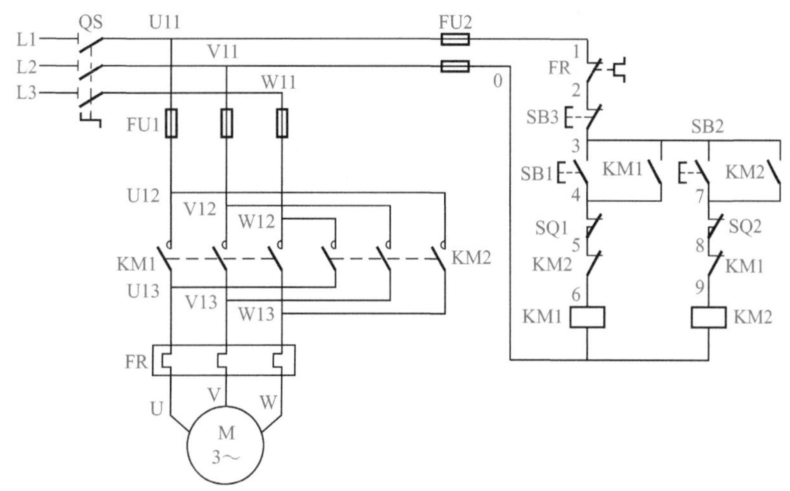

图8-14 限位控制线路

线路工作原理分析如下。

（1）闭合电源开关QS

（2）正转控制过程

① 正转控制。按下正转按钮SB1→KM1线圈得电→KM1主触点闭合、KM1常开辅助触点闭合、KM1常闭辅助触点断开→KM1主触点闭合，电动机通电正转，驱动运动部件正向运动；KM1常开辅助触点闭合，让KM1线圈在SB1 断开时能继续得电（自锁）；KM1常闭辅助触点断开，使KM2线圈无法得电，实现KM1、KM2之间的连锁。

② 正向限位控制。当电动机正转驱动运动部件运动到行程开关SQ1处→SQ1常闭触点断开（常开触点未用）→KM1线圈失电→KM1主触点断开、KM1常开辅助触点断开、KM1常闭辅助触点闭合→KM1主触点断开使电动机断电而停转→运动部件停止正向运动。

（3）反转控制过程

① 反转控制。按下反转按钮SB2→KM2线圈得电→KM2主触点闭合、KM2常开辅助触点闭合、KM2常闭辅助触点断开→KM2主触点闭合，电动机通电反转，驱动运动部件反向运动；KM2常开辅助触点闭合，锁定KM2线圈得电；KM2常闭辅助触点断开，使KM1线圈无法得电，实现KM1、KM2之间的连锁。

② 反向限位控制。当电动机反转驱动运动部件运动到行程开关SQ2处→SQ2常闭触点断开→KM2线圈失电→KM2主触点断开、KM2常开辅助触点断开、KM2常闭辅助触点闭合→KM2主触点断开使电动机断电而停转→运动部件停止反向运动。

（4）断开电源开关QS

8.4 自动往返控制线路

有些生产机械设备在加工零件时，要求在一定的范围内能自动往返运动，即当运动部件运行到一定位置时不用人工操作按钮就能自动返回，如果采用限位控制线路来控制会很麻烦，对于这种情况，可给电动机安装自动往返控制线路。

自动往返控制线路如图8-15所示。该线路采用了SQ1~SQ4四个行程开关，四个行程开关的安装位置如图8-16所示。SQ2、SQ1分别用来控制电动机正、反转，当运动部件运行到SQ2处时电动机由反转转为正转，运行到SQ1处时则由正转转为反转；SQ3、SQ4用作终端保护，它们只用到了常闭触点，当SQ1、SQ2失效时它们可以让电动机停转进行保护，防止运动部件行程超出范围而发生安全事故。

线路工作原理分析如下。

（1）闭合电源开关QS

（2）往返运行控制

① 运转控制。若启动时运动部件处于反向位置，按下正转按钮SB1→KM1线圈得电→KM1主触点闭合、KM1常开辅助触点闭合、KM1常闭辅助触点断开→KM1主触点闭合，电动机通电正转，驱动运动部件正向运动；KM1常开辅助触点闭合，让KM1线圈在SB1断开时继续得电（自锁）；KM1常闭辅助触点断开，使KM2线圈无法得电，实现

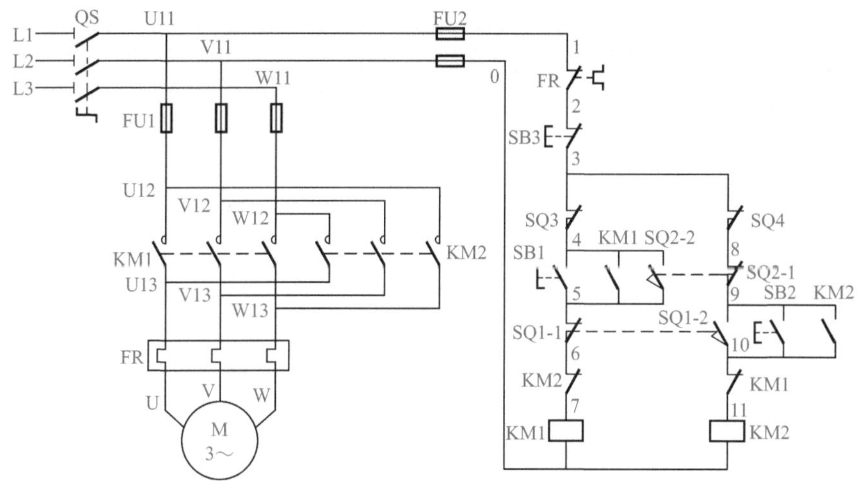

图8-15 自动往返控制线路

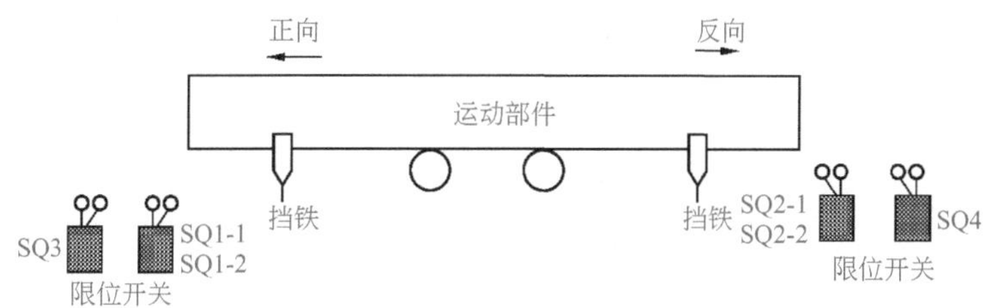

图8-16 自动往返控制线路四个行程开关的安装位置

KM1、KM2之间的联锁。

② 方向转换控制。电动机正转带动运动部件运动并碰触行程开关SQ1→SQ1常闭触点SQ1-1断开、常开触点SQ1-2闭合→KM1线圈失电→KM1主触点断开、KM1常开辅助触点断开、KM1常闭辅助触点闭合→KM1主触点断开使电动机断电，KM1常开辅助触点断开撤销自锁，闭合的KM1常闭辅助触点与闭合的SQ1-2为KM2线圈供电→KM2主触点闭合，电动机通电反转，驱动运动部件反向运动；KM2常开辅助触点闭合，让KM2线圈在SB2断开时继续得电（自锁）；KM2常闭辅助触点断开，使KM1线圈无法得电，实现KM2、KM1之间的联锁。

③ 终端保护控制。若行程开关SQ1失效→运动部件碰触SQ1时，常闭触点SQ1-1仍闭合、常开触点SQ1-2仍断开→电动机继续正转，带动运动部件碰触行程开关SQ3→SQ3常闭触点断开→KM1线圈供电切断→KM1主触点断开→电动机停转→运动部件停止运动。

若启动时运动部件处于正向位置，应按下反转按钮SB2，其工作原理与运动部件处于反向位置时按下正转按钮SB1相同，这里不再叙述。

8.5 顺序控制线路

有一些机械设备安装有两个或两个以上的电动机，为了保证设备的正常工作，常常要求这些电动机按顺序进行启动，如只有在电动机A启动后，电动机B才能启动，否则机械设备工作容易出现问题。顺序控制线路就是让多台电动机能按先后顺序工作的控制线路。实现顺序控制的线路很多，下面介绍两种常用的顺序控制线路。

8.5.1 顺序控制线路一

图8-17是一种常用的顺序控制线路。

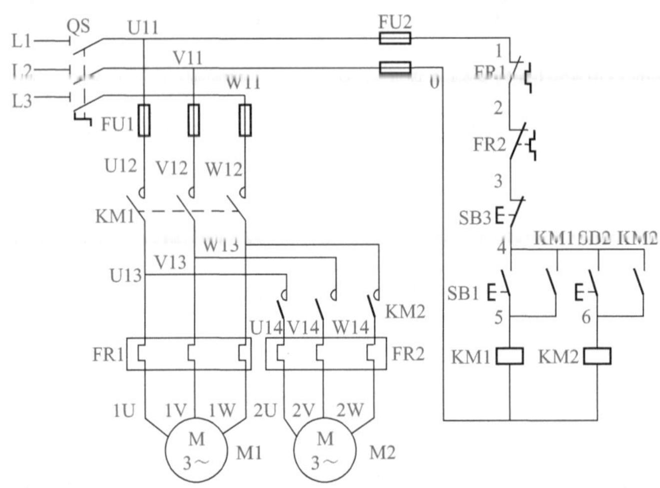

图8-17 常用的顺序控制线路一

从图8-17可以看出，该电路采用了KM1、KM2两个接触器，KM1、KM2的主触点属于串接关系，KM2主触点接在KM1主触点的下方，在KM1主触点断开时，KM2主触点闭合无效，也就是说只有KM1主触点先闭合让电动机M1启动，然后KM2闭合才能让电动机M2启动。

电路工作原理分析如下。

① 闭合电源开关QS。

② 电动机M1的启动控制。按下电动机M1启动按钮SB1→线圈KM1得电→KM1主触点闭合、KM1常开辅助触点闭合→KM1主触点闭合，电动机M1得电运转；KM1常开辅助触点闭合，让KM1线圈在SB1断开时继续得电（自锁）。

③ 电动机M2的启动控制。按下电动机M2启动按钮SB2→线圈KM2得电→KM2主触点闭合、KM2常开辅助触点闭合→KM2主触点闭合，电动机M2得电运转；KM2常开辅助触点闭合，让KM2线圈在SB2断开时继续得电。

④ 停转控制。按下停转按钮SB3→KM1、KM2线圈均失电→KM1、KM2主触点均断开→电动机M1、M2均失电停转。

⑤ 断开电源开关QS。

8.5.2 顺序控制线路二

图8-18是另一种常用的顺序控制线路。

从图8-18可以看出，该电路采用了KM1、KM2两个接触器，KM1、KM2的主触点属于并接关系，为了让电动机M1、M2能按先后顺序启动，要求KM2主触点只能在KM1主触点闭合后才能闭合。

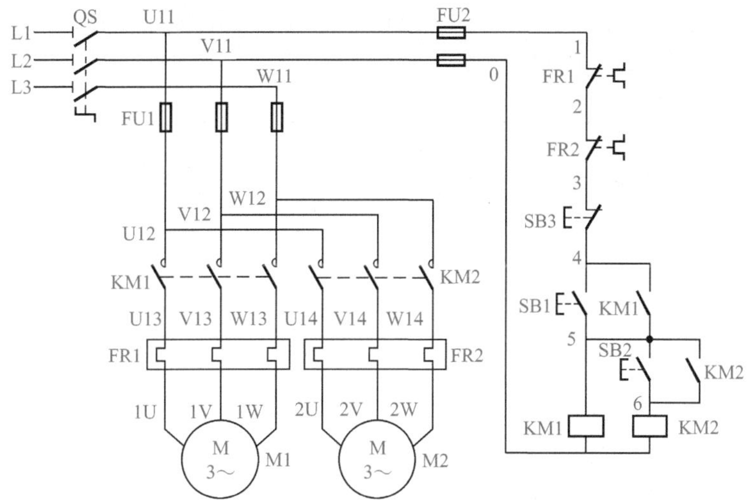

图8-18　常用的顺序控制线路二

线路工作原理分析如下。

① **闭合电源开关QS。**

② **电动机M1的启动控制。**按下电动机M1启动按钮SB1→KM1线圈得电→KM1主触点闭合、KM1常开辅助触点闭合→KM1主触点闭合，电动机M1通电运转；KM1常开辅助触点闭合，让KM1线圈在SB1断开时继续得电（自锁）。

③ **电动机M2的启动控制。**按下电动机M2启动按钮SB2→KM2线圈得电→KM2主触点闭合、KM2常开辅助触点闭合→KM2主触点闭合，电动机M2通电运转；KM2常开辅助触点闭合，让KM2线圈在SB2断开时继续得电。

④ **停转控制。**按下停转按钮SB3→KM1、KM2线圈均失电→KM1、KM2主触点均断开→电动机M1、M2均断电停转。

⑤ **断开电源开关QS。**

在图8-18电路中，若先按下电动机M2启动按钮，由于SB1和KM1常开辅助触点都是断开的，KM2线圈无法得电，KM2主触点无法闭合，因此电动机M2无法在电动机M1前启动。

8.6 多地控制线路

利用多地控制线路可以在多个地点控制同一台电动机的启动与停止。多地控制线路如图8-19所示。

在图8-19中，SB11、SB12分别为A地启动和停止按钮，安装在A地；SB21、SB22分别为B地启动和停止按钮，安装在B地。

线路工作原理分析如下。

① **闭合电源开关QS。**

② **A地启动控制。**按下A地启动按钮SB11→KM线圈得电→KM主触点闭合、KM常

开辅助触点闭合→KM主触点闭合，电动机通电运转；KM常开辅助触点闭合，让KM线圈在SB11断开时继续得电（自锁）。

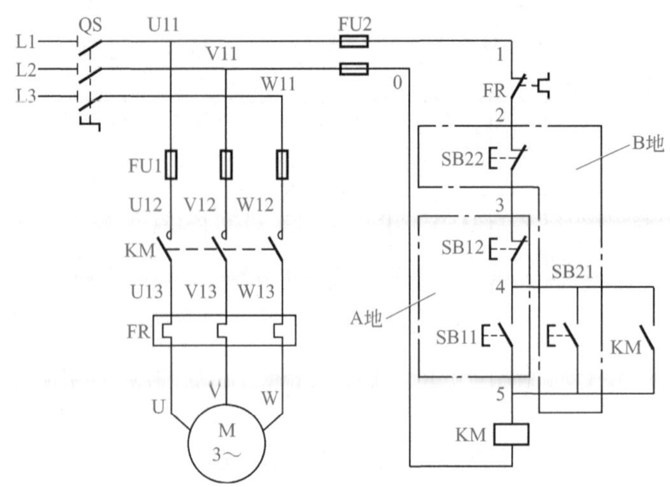

图8-19 多地控制线路

③ **A地停止控制**。按下A地停止按钮SB12→KM线圈失电→KM主触点断开、KM常开辅助触点断开→KM主触点断开，电动机断电停转；KM常开辅助触点断开，让KM线圈在SB12复位闭合时无法得电。

④ **B地控制**。B地与A地的启动与停止控制原理相同。

⑤ **断开电源开关QS**。

图8-19实际上是一个两地控制线路，如果要实现3个或3个以上地点的控制，只要将各地的启动按钮并接，将停止按钮串接即可。

8.7 降压启动控制线路

电动机在刚启动时，流过定子绕组的电流很大，为额定电流的4～7倍。对于容量大的电动机，若采用普通的全压启动方式，会出现启动时电流过大而使供电电源电压下降很多的情况，这样可能会影响同一供电的其他设备正常工作。

解决上述问题的方法就是对电动机进行降压启动，待电动机运转以后再提供全压。一般规定，供电电源容量在180kV·A以上，电动机容量在7kW以下的三相异步电动机可采用直接全压启动，超出这个范围需采用降压启动方式。另外，由于降压启动时流入电动机的电流较小，电动机产生的力矩小，故降压启动需要在轻载或空载时进行。

降压启动控制线路种类很多，常见的有定子绕组串接电阻降压启动、补偿器降压启动、星形-三角形降压启动和延边三角形降压启动。

8.7.1 定子绕组串接电阻降压启动控制线路

定子绕组串接电阻降压启动原理是启动时在电动机定子绕组和电源之间串接电阻进行降压，电动机运转后再将电阻短接，给定子绕组提供全压。定子绕组串接电阻降压实现方式很多，下面介绍几种常见的方式。

（1）手动切换电阻控制线路

手动切换电阻控制线路如图8-20所示，它是在电源与电动机之间串接三个电阻，并在电阻两端并联转换开关。

电路工作原理分析如下。

① 闭合电源开关QS1。

② 降压启动。电源经电阻R降压后为电动机供电，由于电阻的降压作用，送给电动机的电压较低，电动机降压启动。

③ 全压供电。电动机低压启动后，将转换开关QS2闭合，电源直接经QS2提供给电动机，电动机全压运行。

④ 断开电源开关QS1。

（2）按钮和接触器切换电阻控制线路

按钮和接触器切换电阻控制线路如图8-21所示。

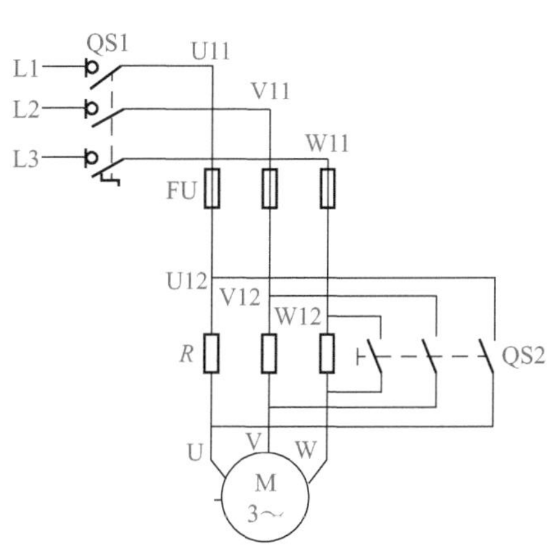

图8-20 手动切换电阻控制线路

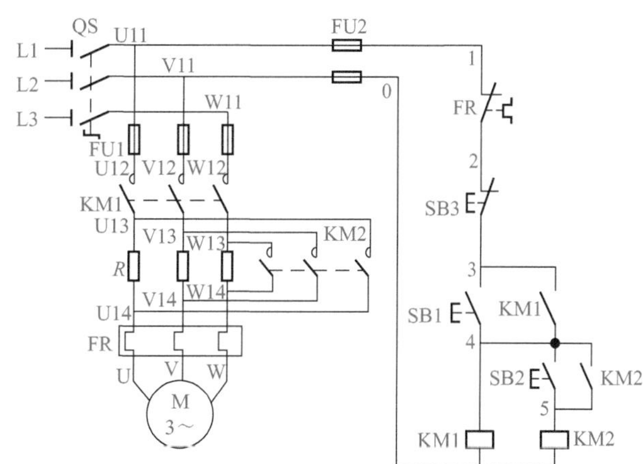

图8-21 按钮和接触器切换电阻控制线路

电路工作原理分析如下。

① 闭合电源开关QS。

② 降压启动。按下按钮SB1→线圈KM1得电→KM1主触点闭合、KM1常开辅助触点闭合→KM1主触点闭合，电源经电阻R降压为电动机供电，电动机被降压启动；KM1常开辅助触点闭合，让KM1线圈在SB1断开时继续得电（自锁）。

③ 全压供电。按下按钮SB2→线圈KM2得电→KM2主触点闭合、KM2常开辅助触点闭合→KM2主触点闭合，电源直接经KM2主触点为电动机提供全压，电动机全压运行；KM2常开辅助触点闭合，让KM2线圈在SB1断开时继续得电（自锁）。

④ 停止控制。按下按钮SB3→线圈KM1、KM2均失电→KM1、KM2主触点均断开→电动机供电被切断而停转。

⑤ 断开电源开关QS。

（3）时间继电器切换电阻控制线路

时间继电器切换电阻控制线路如图8-22所示。

电路工作原理分析如下。

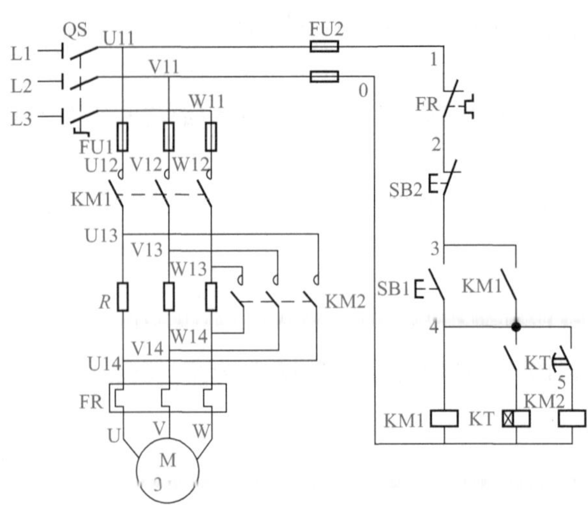

图8-22 时间继电器切换电阻控制线路

① 闭合电源开关QS。

② 降压启动。按下按钮SB1→接触器KM1线圈和时间继电器KT线圈均得电→KM1线圈得电使KM1主触点闭合、KM1常开辅助触点闭合→ KM1主触点闭合，电源经电阻R降压为电动机供电，电动机降压启动；KM1常开辅助触点闭合，让KM1线圈在SB1断开时继续得电（自锁）。

③ 全压供电。电动机降压启动一段时间后，时间继电器线圈KT也得电一段时间→KT延时闭合常开触点闭合→线圈KM2得电→KM2主触点闭合→电源直接经KM2主触点为电动机提供全压，电动机全压运行。

④ 停止控制。按下按钮SB2→线圈KM1、KM2、KT均失电→KM1、KM2主触点均断开，KT常开触点断开→电动机因供电被切断而停转。

⑤ 断开电源开关QS。

8.7.2 自耦变压器降压启动控制线路

自耦变压器降压启动是利用自耦变压器能改变电压大小的特点，在启动电动机时让自耦变压器将电压降低供给电动机，启动完成后再将电压升高提供给电动机。

（1）自耦变压器

自耦变压器结构与符号如图8-23所示。

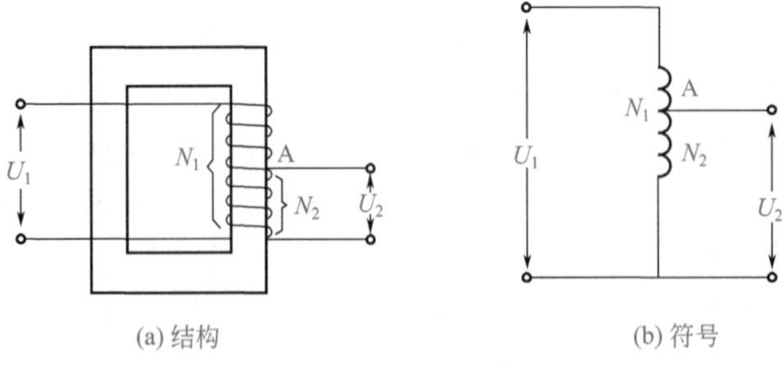

图8-23 自耦变压器

从图8-23可以看出，自耦变压器只有一个绕组（匝数为N_1），在绕组的中间部分（图中为A点）引出一个接线端，这样就将绕组的一部分当作二次绕组（匝数为N_2）。自耦变压器工作原理与普通的变压器相同，也可以改变电压的大小，其规律同样可以用下列公式表示：

$$U_1/U_2=N_1/N_2=K$$

从式中可以看出，改变匝数N_2就可以调节输出电压U_2的大小，N_2越少，U_2电压越低。

图8-23为单相自耦变压器，电动机降压启动时常采用三相自耦变压器。用作电动机启动的三相自耦变压器又称自耦减压启动器或补偿器，其结构原理如图8-24所示。

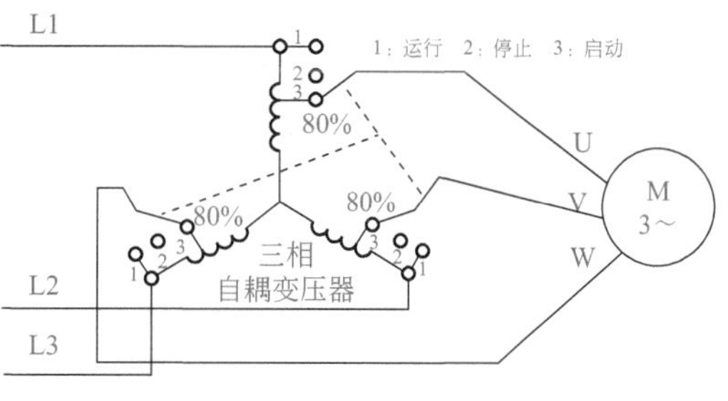

图8-24 自耦减压启动器或补偿器结构原理

从图8-24可以看出，自耦减压启动器有三相线圈，在使用时，三相线圈的末端连接在一起接成星形，首端分别与L1、L2、L3三相电源连接。自耦减压启动器还有三个联动开关，每个开关都有“运行”“停止”“启动”三个挡位，当开关处于“停止”挡位时，开关触头悬空，电动机无供电不工作，当开关处于“运行”挡位时，三相电源直接供给电动机，电动机全压运行，当开关处于“启动”挡位时，三相电源经变压器降压至80%供给电动机，电动机降压启动。

（2）手动控制启动器降压线路

手动控制启动器降压线路常用到QJ3油浸式启动器，其外形如图8-25所示，这种启动器内部除了有三相自耦变压器结构外，还包括一些保护装置。由QJ3启动器构成的手动控制启动器降压线路如图8-26所示。

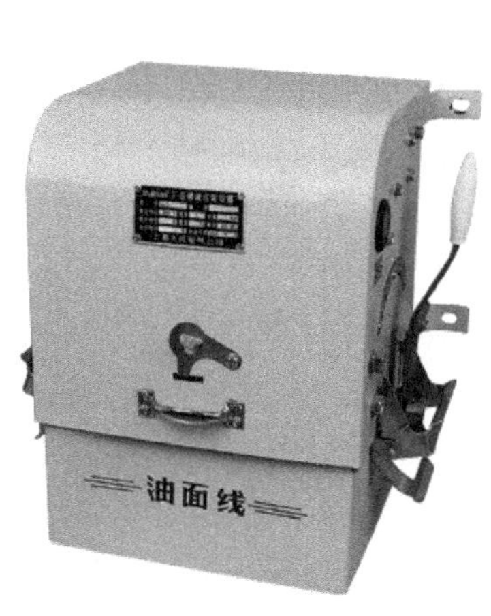

图8-25 QJ3油浸式启动器

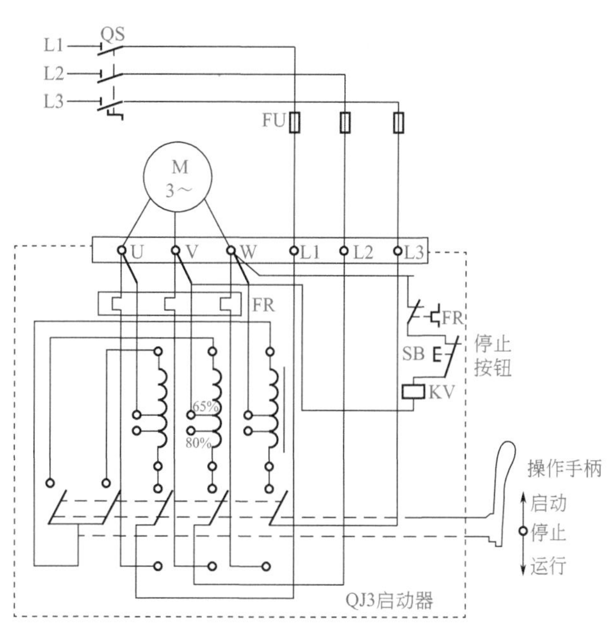

图8-26 由QJ3启动器构成的手动控制启动器降压线路

图8-26虚线框内部分为启动器，它有六个接线端，分别与三相电源和电动机连接，操作启动器的手柄可以对电动机进行启动/停止/运行控制。

电路工作原理分析如下。

① 闭合电源开关QS。

② 降压启动。将启动器手柄旋至“启动”挡→与手柄联动的五个动触头与上方各自的静触头接通→左方两个触头接通，将自耦变压器的三相线圈末端连接在一起（即接成星形）；右方三个触头接通，将三相电源送到三相线圈的首端→取三相线圈上65%的电压送给电动机→电动机被降压启动。

③ 全压供电。将启动器手柄旋至“运行”挡→与手柄联动的左方两个动触头悬空，右方三个动触与下方各自的静触头接通→三相电源直接通过热继电器发热元件FR送给电动机→电动机全压运行。

④ 停止控制。按下停止按钮SB1→启动器的欠压脱扣线圈KV失电→线圈KV无法吸引内部衔铁，通过传动机构让启动器自动掉闸，手柄自动旋至“停止”挡→与手柄联动的五个动触头均悬空→电动机失电停转。

⑤ 断开电源开关QS。

采用QJ3系列启动器来降压启动时，由于手柄切换挡位时都是带电操作，动触头与静触头之间容易出现电弧，为了消除电弧对触头的损伤，与手柄联动的几个触头都要浸在绝缘油内。

（3）时间继电器自动控制启动器降压线路

时间继电器自动控制启动器降压线路如图8-27所示，该线路由主电路、控制电路和指示电路构成，指示电路中有三个指示灯，HL1为电源指示灯，HL2为降压启动指示灯，HL3为全压运行指示灯。

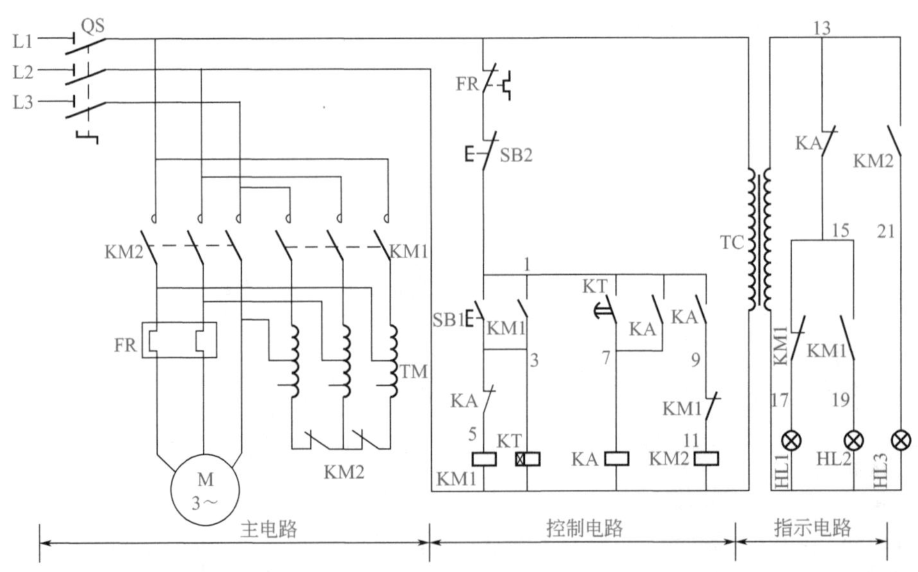

图8-27 时间继电器自动控制启动器降压线路

电路工作原理分析如下。

① 闭合电源开关QS。QS闭合后，L1、L2两相电压加到变压器TC一次绕组，经降压后在二次绕组得到较低的电压，该电压经中间继电器KA常闭触点和KM1常闭辅助触点送到HL1两端，HL1亮，显示电路处于通电状态。

② 降压启动。按下降压启动按钮SB1→接触器KM1线圈KM1和时间继电器KT线圈均得电→KM1线圈KM1通电使KM1主触点闭合、KM1两个常开辅助触点（1、3和15、19）闭合、KM1两个常闭辅助触点（9、11和15、17）断开→KM1主触点闭合，三相电源送给自耦变压器TM，经降压后送到电动机，电动机被降压启动；KM1常开辅助触点（1、3）闭合使KM1 线圈在SB1断开时能继续得电，KM1常开辅助触点（15、19）闭合使HL2得电显示电路为降压启动状态；KM1常闭辅助触点（9、11）断开使KM2线圈无法得电，KM1常闭辅助触点（15、17）断开使HL1失电熄灭。

③ 全压运行。电动机降压启动运转一段时间后，时间继电器KT线圈也通电一段时间→KT延时闭合常开触点闭合→中间继电器线圈KA得电→KA两个常开触点（1、7和1、9）闭合、KA两个常闭辅助触点（3、5和13、15）断开→KA常开触点（1、7）闭合使KA线圈在SB1断开时能继续得电（自锁）；KA常闭辅助触点（3、5）断开使KM1线圈失电；KA常闭辅助触点（13、15）断开使HL2供电切断→KM1线圈失电使主触点断开、两个常开辅助触点（1、3和15、19）断开、两个常闭辅助触点（9、11和15、17）闭合→KM1主触点断开使自耦变压器失电；常开辅助触点（1、3）断开使时间继电器KT线圈失电；常闭辅助触点（9、11）闭合使KM2线圈得电→KM2线圈得电使KM2主触点闭合、常开辅助触点（13、21）闭合、两个常闭触点断开→KM2主触点闭合使三相电源直接送给电动机，电动机全压运行；常开辅助触点（13、21）闭合使HL3得电指示状态为全压运行；两个常闭触点断开使自耦变压器三组线圈中性点连接切断。

④ 停止控制。按下停止按钮SB2→线圈KM1、KM2、KT、KA均失电→KM1、KM2主触点均断开，KA常闭触点（13、15）闭合、KM1常闭辅助触点（15、17）闭合→电动机供电被切断而停转，同时HL1得电指示电路为通电未工作状态（待机状态）。

⑤ 断开电源开关QS。

时间继电器自动控制启动器降压线路操作简单，降压大小可通过自耦变压器调节，降压启动时间可通过时间继电器调节，另外还有工作状态指示功能，适用于交流50Hz、电压为380V、功率在14～300kW的三相笼型异步电动机降压启动。由于这种降压控制线路优点突出，所以一些厂家将它制成降压启动自动控制设备，如XJ01系列自动控制启动器就采用这种电路制作而成。

8.7.3 星形-三角形（Y-△）降压启动控制线路

三相异步电动机接线盒有U1、U2、V1、V2、W1、W2共六个接线端，如图8-28所示，当U2、V2、W2三端连接在一起时，内部绕组就构成了星形连接，当U1W2、U2V1、V2W1两两连接在一起时，内部绕组就构成了三角形连接。若三相电源任意两相之间的电压是380V，当电动机绕组接成星形时，每个绕组上实际电压值为380V/$\sqrt{3}$=220V，当电动机绕组接成三角形时，每个绕组上电压值为380V，由于绕组接成星形时电压降低，相应流过绕组的电流也减小（约为三角形接法的1/3）。

星形-三角形（Y-△）降压启动控制线路就是在启动时将电动机的绕组接成星形，启动后再将绕组接成三角形，让电动机全压运行。当电动机绕组接成星形时，绕组上的电压低、流过的电流小，因而产生的力矩也小，所以星形-三角形降压启动只适用于轻载或空载启动。

实现星形-三角形（Y-△）降压启动控制的线路很多，下面介绍几种较常见的控制线路。

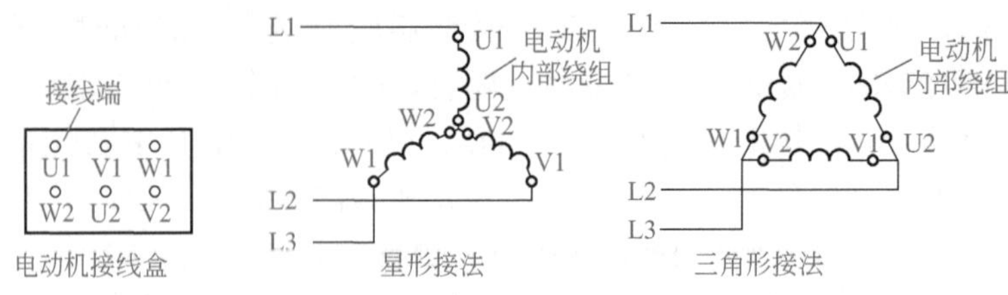

图8-28 三相异步电动机接线盒与两种接线方式

图8-29 QX1型手动Y-△启动器

（1）手动控制Y-△降压启动线路

在手动控制Y-△降压启动控制线路中，需要用到手动Y-△启动器。QX1型手动Y-△启动器是一种应用很广的启动器，其外形如图8-29所示，由QX1型手动Y-△启动器构成的降压启动控制线路如图8-30所示，手动控制启动器手柄有“启动”“停止”和“运行”三个位置，内部有8个触头，手柄处于不同位置时各触头的状态见图8-30中的表格。

电路工作原理分析如下。

① 闭合电源开关QS。

② 星形启动。将启动器手柄旋至“启动”位置→与手柄联动的8个触头中的1、2、5、6、8触头闭合→电动机绕组U2、V2、W2端通过闭合的6、5触头连接，三个绕组接成星形→三相电源L1、L2、L3通过闭合的1、8、2触头供给电动机U1、V1、W1端→电动机绕组接成星形启动。

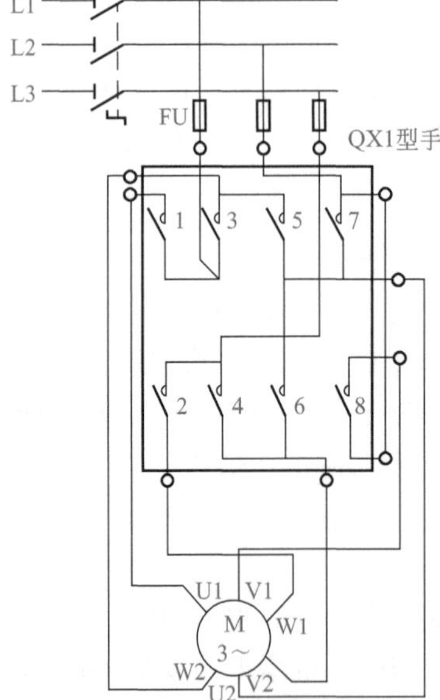

启动器手柄位置与各触头的状态

触头	手柄位置		
	启动Y	停止0	运行△
1	接通		接通
2	接通		接通
3			接通
4			接通
5	接通		
6	接通		
7			接通
8	接通		接通

图8-30 QX1型启动器降压启动控制线路

③ 三角形正常运行。电动机绕组接成星形启动后，将启动器手柄旋至“运行”位

置→与手柄联动的1、2、3、4、7、8触头闭合→电动机绕组U1、W2端通过1、3触头连接，U2、V1端通过8、7触头连接，V2、W1端通过6触头连接，三个绕组接成三角形→三相电源L1、L2、L3通过闭合的1、8、2触头供给电动机U1、V1、W1端→电动机绕组接成三角形正常运行。

④ 停止控制。将启动器手柄旋至“停止”位置→与手柄联动的八个触头均断开→电动机三个绕组六个接线端均悬空→电动机停止运行。

⑤ 断开电源开关QS。

（2）按钮、接触器控制Y-△降压启动线路

按钮、接触器控制Y-△降压启动线路如图8-31所示。

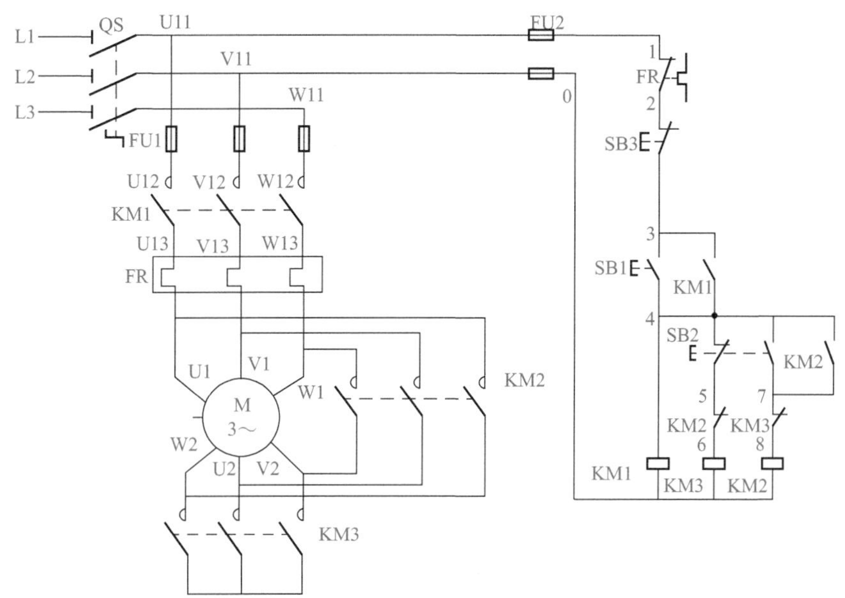

图8-31　按钮、接触器控制Y-△降压启动线路

电路工作原理分析如下。

① 闭合电源开关QS。

② 星形降压启动控制。按下星形启动按钮SB1→接触器KM1线圈和KM3线圈均得电→KM1线圈得电使KM1主触点闭合、KM1常开辅助触点闭合，其中KM1主触点闭合让三相电源送到电动机U1、V1、W1端，KM1常开辅助触点闭合让KM1线圈在SB1断开时续续得电；KM3线圈得电使KM3主触点闭合，电动机绕组U2、V2、W2端连接，绕组接成星形，KM3线圈得电还会让KM3常闭辅助触点断开，使KM2线圈无法得电→电动机接成星形启动。

③ 三角形正常运行控制。电动机绕组接成星形启动后，按下三角形运行复合按钮SB2→SB2常闭触点断开、常开触点闭合→SB2常闭触点断开使线圈KM3失电，KM3主触点断开，KM3常闭辅助触点闭合；常开触点闭合使线圈KM2得电→线圈KM2得电使KM2主触点和常开辅助触点均闭合→KM2常开辅助触点闭合使线圈KM2在SB2断开时继续得电，KM2主触点闭合使电动机绕组接成三角形正常运行。

④ 停止控制。按下停止按钮SB3→线圈KM1、KM2、KM3均失电→KM1、KM2、

KM3主触点均断开→电动机供电被切断而停转。

⑤ 断开电源开关QS。

（3）时间继电器自动控制Y-△降压启动线路

时间继电器自动控制Y-△降压启动线路如图8-32所示。

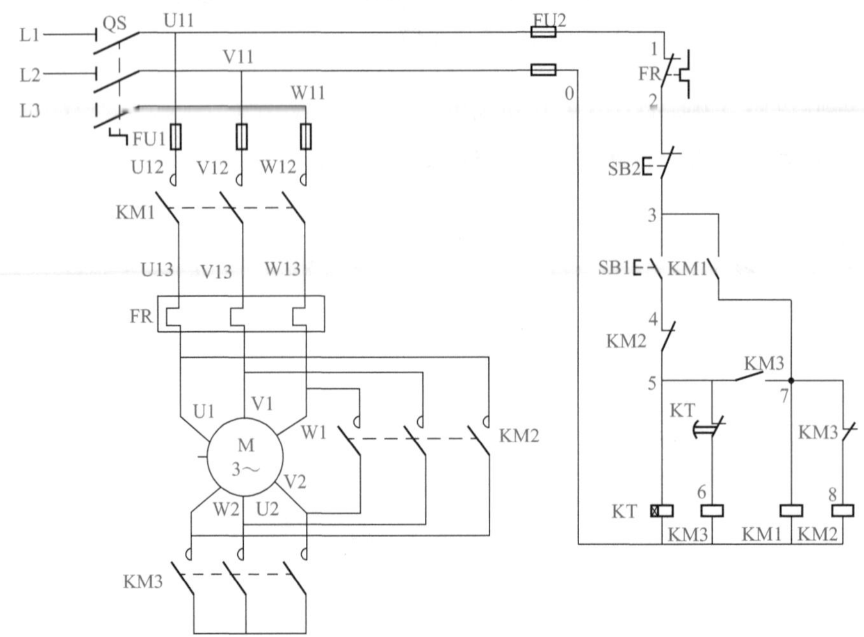

图8-32　时间继电器自动控制Y-△降压启动线路

电路工作原理分析如下。

① 闭合电源开关QS。

② 星形降压启动控制。按下启动按钮SB1→接触器KM3线圈和时间继电器KT线圈均得电→KM3主触点闭合、KM3常开辅助触点闭合、KM3常闭辅助触点断开→KM3主触点闭合，将电动机三个绕组接成星形；KM3常闭辅助触点断开使KM2线圈的供电切断；KM3常开辅助触点闭合使KM1线圈得电→KM1线圈得电使KM1常开辅助触点和主触点均闭合→KM1常开辅助触点闭合，使KM1线圈在SB1断开后续续得电；KM1主触点闭合，使电动机U1、V1、W1端得电，电动机星形启动。

③ 三角形正常运行控制。时间继电器KT线圈得电一段时间后，延时常闭触点KT断开→KM3线圈失电→KM3主触点断开、KM3常开辅助触点断开、KM3常闭辅助触点闭合→KM3主触点闭合，撤销电动机三个绕组的星形连接；KM3常闭辅助触点闭合，使KM2线圈得电→KM2线圈得电使KM2常闭辅助触点和KM2主触点均闭合→KM2常闭辅助触点断开，使KT线圈失电；KM2主触点闭合，将电动机三个绕组接成三角形方式，电动机以三角形方式正常运行。

④ 停止控制。按下停止按钮SB2→线圈KM1、KM2、KM3均失电→KM1、KM2、KM3主触点均断开→电动机因供电被切断而停转。

⑤ 断开电源开关QS。

8.8 制动控制线路

电动机切断供电后并不马上停转，而是依靠惯性继续运转一段时间，这种情况对于某些设备是不适合的，如起重机起吊重物到达一定的位置时切断电动机供电，要求电动机马上停转，否则易造成安全事故。对电动机进行制动就可以解决这个问题。

电动机制动主要有两种方式：机械制动和电力制动。机械制动是在切断电动机供电后，利用一些机械装置（如电磁抱闸制动器）使电动机迅速停转。电力制动是在切断电动机电源后，利用一些电气线路让电动机产生与旋转方向相反的制动力矩进行制动。

8.8.1 机械制动线路

机械制动是采用机械装置对电动机进行制动。电磁制动器是最常见的机械制动装置。

（1）电磁制动器

电磁制动器主要分电磁抱闸制动器和电磁离合制动器。

① 电磁抱闸制动器　电磁抱闸制动器主要由制动电磁铁和闸瓦制动器两部分组成，制动电磁铁外形如图8-33所示，由制动电磁铁和闸瓦制动器组合成的电磁抱闸制动器结构如图8-34所示。

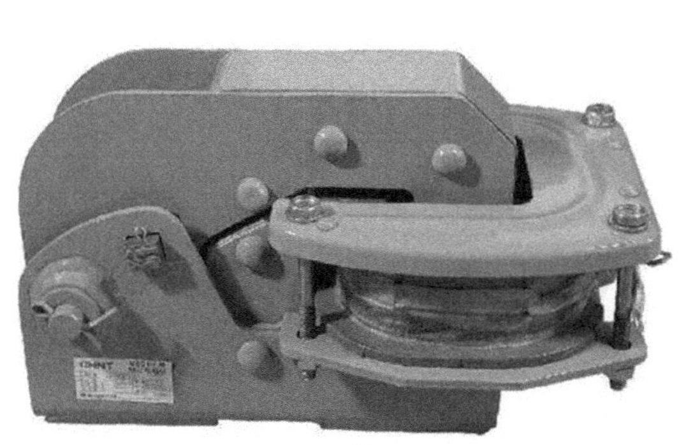

图8-33　制动电磁铁

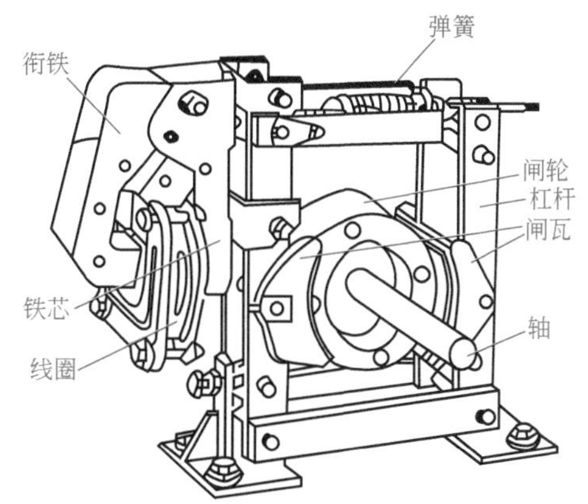

图8-34　由制动电磁铁和闸瓦制动器组成的电磁抱闸制动器

制动电磁铁由铁芯、衔铁和线圈三部分组成，当给线圈通电时，线圈产生磁场通过铁芯吸引衔铁，使衔铁产生动作，如果衔铁与有关设备连接，就可以使该设备也产生动作。

闸瓦制动器由闸轮、闸瓦、杠杆和弹簧等组成，闸轮的轴与电动机转轴连动。电磁抱闸制动器分为断电制动型和通电制动器。断电制动型的特点是当线圈得电时，闸瓦与闸轮分开，无制动作用，当线圈失电后，闸瓦紧紧抱住闸轮制动。通电制动型的特点是当线圈得电时，闸瓦紧紧抱住闸轮制动；当线圈失电时，闸瓦与闸轮分开，无制动作用。

电磁抱闸制动器的制动力强，它安全可靠，不会因突然断电而发生事故，广泛应用在起重设备上，但电磁抱闸制动器的体积较大，制动器磨损严重，快速制动时会产生振动。

② 电磁离合制动器　电磁离合制动器的外形如图8-35所示，图8-36为断电型电磁离合制动器结构示意图。

图8-35 电磁离合制动器

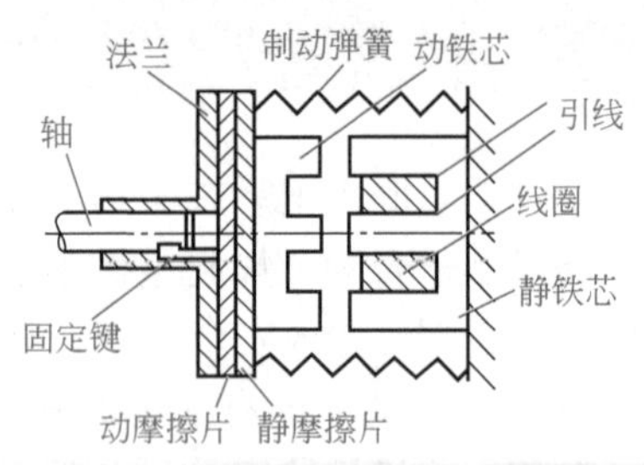

图8-36 断电型电磁离合制动器结构示意图

断电型电磁离合制动器工作原理：在电动机正常工作时，制动器线圈通电产生磁场，静铁芯吸引动铁芯，动铁芯克服制动弹簧的弹力并带动静摩擦片往静铁芯靠近，动摩擦片与静摩擦片脱离，动摩擦片通过固定键和电动机的轴一起运转。在电动机切断电源时，制动器线圈同时失电，在制动弹簧的弹力作用下，动铁芯带动静摩擦片往动摩擦片靠近，静摩擦片与动摩擦片接触后，依靠两摩擦片的摩擦力并通过固定键和电动机的轴对电动机进行制动。

（2）断电型电磁抱闸制动控制线路

断电型电磁抱闸制动控制线路如图8-37所示。

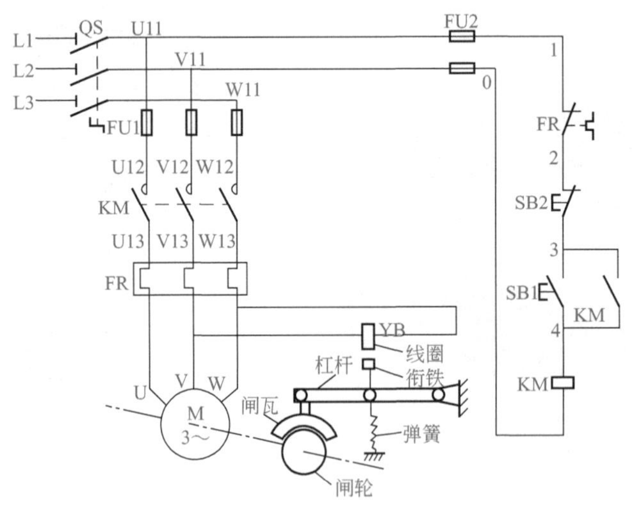

图8-37 断电型电磁抱闸制动控制线路

电路工作原理分析如下。

① 闭合电源开关QS。

② 启动控制。按下启动按钮SB1→接触器线圈KM得电→KM常开辅助触点和主触点均闭合→KM常开辅助触点闭合使SB1断开后KM线圈继续得电（自锁）；KM主触点闭合使电动机U、V、W端得电，在电动机得电的同时，电磁制动器的线圈YB也得电，YB产生磁场吸引衔铁，衔铁克服弹簧拉力带动杠杆上移，杠杆带动闸瓦上移，闸瓦与闸轮脱离，电动机正常运转。

③ 制动控制。按下停止按钮SB2→线圈KM失电→KM主触头断开→电动机失电，同时电磁制动器线圈YB也失电，弹簧将杠杆下拉，杠杆带动闸瓦下移，闸瓦与闸轮紧紧接

触，通过转轴对电动机进行制动。

④ 断开电源开关QS。

（3）通电型制动控制线路

通电型电磁抱闸制动控制线路如图8-38所示。

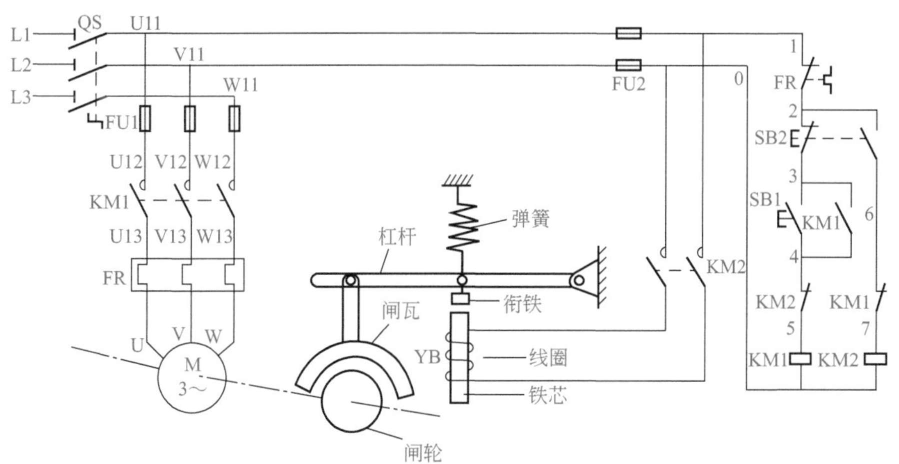

图8-38　通电型电磁抱闸制动控制线路

电路工作原理分析如下。

① 闭合电源开关QS。

② 启动控制。按下启动按钮SB1→接触器线圈KM1得电→KM1常开辅助触点闭合、常闭辅助触点断开、主触点闭合→KM1常开辅助触点闭合使SB1断开后KM线圈继续得电（自锁）；KM1常闭辅助触点断开使KM2线圈无法得电；KM2主触点断开，电磁铁线圈YB失电，依靠弹簧的拉力使闸瓦与闸轮脱离；KM1主触点闭合使电动机U、V、W端得电运转。

③ 制动控制。按下停止复合按钮SB2→接触器线圈KM1失电，接触器线圈KM2得电→KM1主触点断开使电动机失电；KM2主触点闭合使电磁铁线圈YB得电，吸引衔铁带动杠杆将闸瓦与闸轮抱紧，对电动机进行制动。电动机制动停转后，松开按钮SB2，KM2线圈失电，KM2主触点断开，电磁铁线圈YB失电，杠杆在弹簧的拉力下复位，闸瓦与闸轮脱离，解除电动机制动。

④ 断开电源开关QS。

8.8.2　电力制动线路

电力制动是在切断电动机电源后，利用电气线路让电动机产生与旋转方向相反的制动力矩进行制动。电力制动方式主要有反接制动、能耗制动和电容制动等。

（1）反接制动线路

反接制动是在切断电动机的正常电源后，马上改变电源相序并提供给电动机，让电动机定子绕组产生相反的旋转磁场对依靠惯性运转的转子进行制动。

图8-39是一种单向启动反接制动控制线路，图中的KS为速度继电器，安装在电动机转轴上，用来检测电动机旋转情况，当电动机转速接近零时，速度继电器触头KS会产生动作，停止制动。

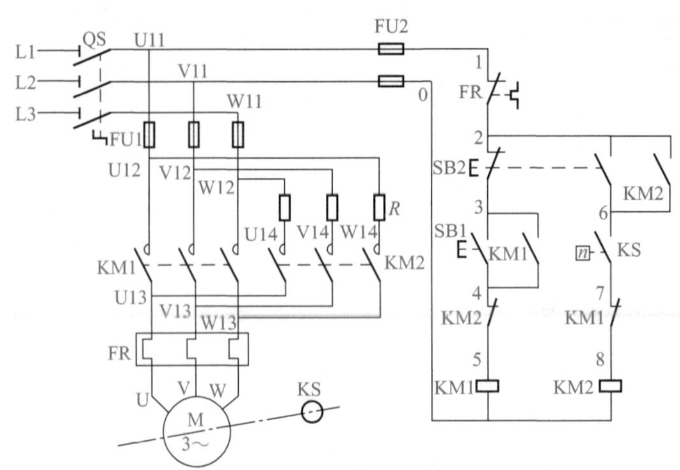

图8-39 单向启动反接制动控制线路

电路工作原理分析如下。

①闭合电源开关QS。

②启动控制。按下启动按钮SB1→接触器线圈KM1得电→KM1常开辅助触点闭合、常闭辅助触点断开、主触点闭合→KM1常开辅助触点闭合使SB1断开后KM1线圈继续得电（自锁）；KM1常闭辅助触点断开使KM2线圈无法得电；KM1主触点闭合使电动机得电运转。在电动机运转期间，速度继电器KS常开触点处于闭合状态。

③制动控制。按下停止复合按钮SB2→接触器线圈KM1失电，接触器线圈KM2得电→KM1主触点断开使电动机失电；KM2主触点闭合，为电动机提供反转电源，电动机转子在反转磁场作用下，转速迅速降低→当电动机转速很低（小于100r/min）时，速度继电器KS常开触点断开→接触器线圈KM2失电→KM2主触点断开，电动机反转制动电源切断。

④断开电源开关QS。

电动机在采用单向启动反接制动时，定子绕组旋转磁场与转子的相对速度（n_1+n）很高，定子绕组中的电流很大，可达额定电流的10倍，所以这种制动方式一般用作容量在10kW以下电动机的制动，并且对于4.5kW以下的电动机还需在反转供电线路中串接限流电阻R。限流电阻R的大小可根据下面两个经验公式来估算：

$R \approx 1.5 \times 220/I_{启动电流}$（在电源电压为380V，要求制动电流为启动电流一半时）

$R \approx 1.3 \times 220/I_{启动电流}$（在电源电压为380V，要求制动电流等于启动电流时）

若仅在两相反接制动线路中串接电阻，一般要求电阻值为上面估算值的1.5倍。

（2）能耗制动线路

能耗制动是在电动机切断交流电源后，给任意两相定子绕组通入直流电，让直流电产生与转子旋转方向相反的制动力矩来消耗转子的惯性来进行制动。

图8-40是一种单相半波整流能耗制动控制线路，该线路采用一个二极管构成半波整流电路，将交流电转换成直流电，由于采用的元件少，故线路简单且成本低，适合作10kW以下小容量电动机的制动控制。

电路工作原理分析如下。

①闭合电源开关QS。

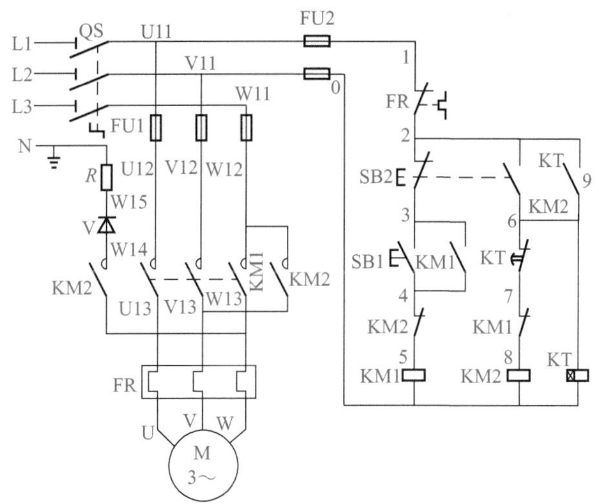

图8-40　单相半波整流能耗制动控制线路

② 启动控制。按下启动按钮SB1→接触器线圈KM1得电→KM1常开辅助触点闭合、常闭辅助触点断开、主触点闭合→KM1常开辅助触点闭合锁定KM1线圈得电；KM1常闭辅助触点断开使KM2线圈无法得电；KM1主触点闭合使电动机得电运转。

③ 制动控制。

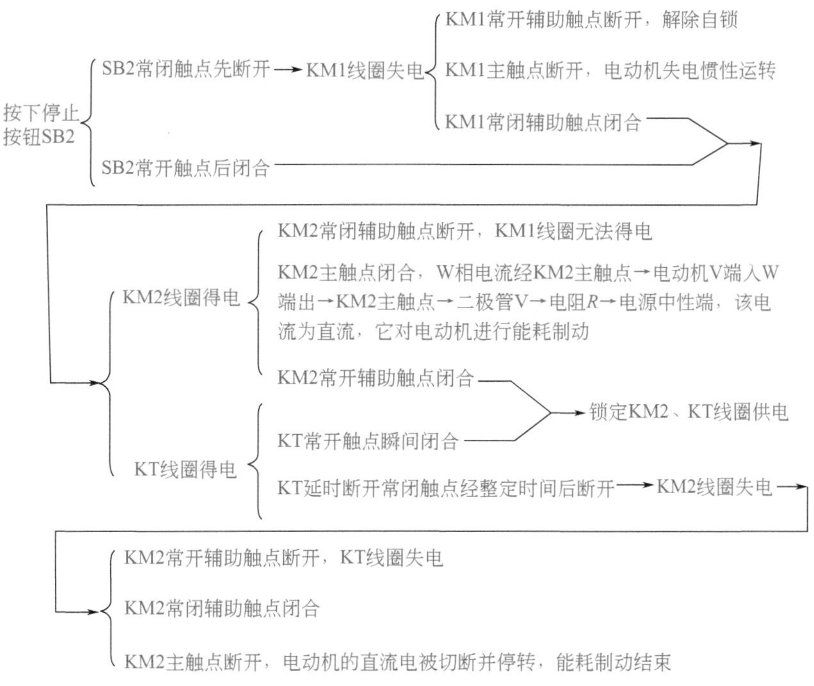

④ 断开电源开关QS。

（3）电容制动线路

运行的电动机在停止供电后依靠惯性继续运转，此时的转子仍有剩磁，带有磁性的转子运转时其磁场切割定子绕组，定子绕组会产生电动势，若用电容将三个定子绕组连接起来，定子绕组中就有电流产生，该电流会产生磁场，该磁场与旋转的转子磁场正好相反，通过排斥作用让转子停转进行制动。

电容制动控制线路如图8-41所示。

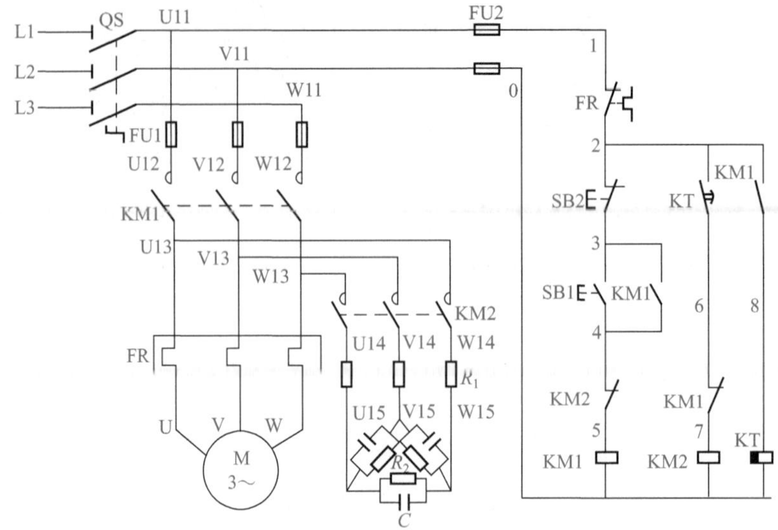

图8-41　电容制动控制线路

电路工作原理分析如下。

① 闭合电源开关QS。

② 启动控制。

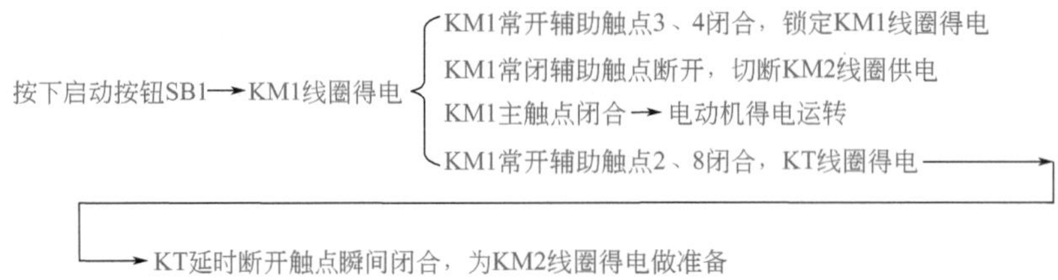

③ 制动控制。

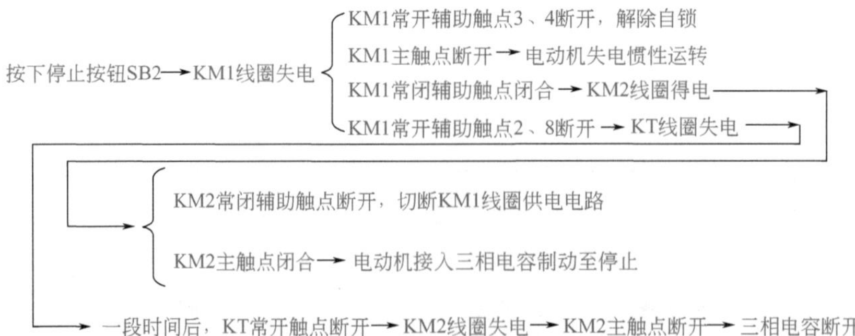

④ 断开电源开关QS。

电容制动具有制动迅速（制动停车时间1～3s）、能量损耗小和设备简单等优点，通常用于10kW以下的小容量电动机制动控制，特别适合用在有机械摩擦阻力的生产机械设备和需要同时制动的多台电动机。

8.9 三相异步电动机控制线路的安装与检测

三相异步电动机的控制线路很多，只要学会一种控制线路的安装过程和方法，安装其他的控制线路就很容易，下面以点动控制线路的安装为例说明。

8.9.1 画出待安装线路的电路原理图

在安装控制线路前，应画出控制线路的电路原理图，并了解其工作原理。

点动控制线路如图8-42所示。该线路由主电路和控制电路两部分构成，其中主电路由电源开关QS、熔断器FU1和交流接触器的3个KM主触点和电动机组成，控制电路由熔断器FU2、按钮开关SB和接触器KM线圈组成。

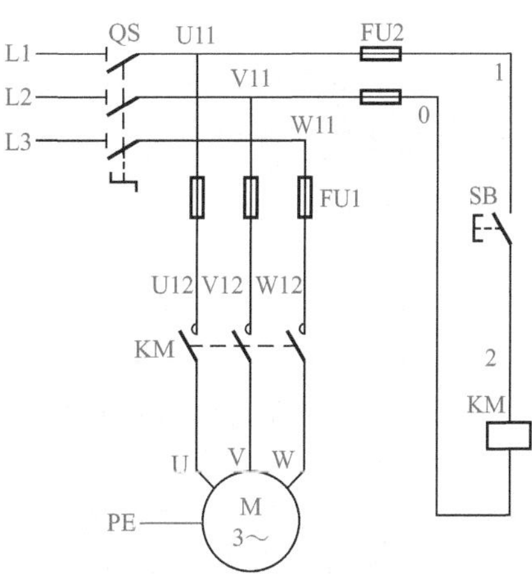

图8-42 点动控制线路原理图

当合上电源开关QS时，由于接触器KM的3个主触点处于断开状态，电源无法给电动机供电，电动机不工作。若按下按钮开关SB，L1、L2两相电压加到接触器KM线圈两端，有电流流过KM线圈，线圈产生磁场吸合接触器KM的3个主触点，使3个主触点闭合，三相交流电源L1、L2、L3通过QS、FU1和接触器KM的3个主触点给电动机供电，电动机运转。此时，若松开按钮开关SB，无电流通过接触器线圈，线圈无法吸合主触点，3个主触点断开，电动机停止运转。

电路的工作过程也可用下面的流程图来表示。

① 合上电源开关QS。

② 启动过程。按下按钮SB→接触器KM线圈得电→KM主触点闭合→电动机M通电运转。

③ 停止过程。松开按钮SB→接触器KM线圈失电→KM主触点断开→电动机断电停转。

④ 停止使用时，应断开电源开关QS。

在该线路中，按下按钮开关时，电动机运转；松开按钮时，电动机停止运转。所以称这种线路为点动式控制线路。

8.9.2 列出器材清单并选配器材

根据控制线路和电动机的规格列出器材清单，器材清单见表8-1，并根据清单选配好这些器材。

表8-1　点动控制线路的安装器材清单

符号	名称	型号	规格	数量
M	三相笼型异步电动机	Y112M-4	4kW、380 V、△接法、8.8A、1440r/min	1
QF	断路器	DZ5-20/330	三极复式脱扣器、380 V、20A	1
FU1	螺旋式熔断器	RL1-60/25	500V、60A、配熔体额定电流25A	3
FU2	螺旋式熔断器	RL1-15/2	500V、15A、配熔体额定电流2A	2
KM	交流接触器	CJT1-20	20A、线圈电压380V	1
SB	按钮	LA4-3H	保护式、按钮数3（代用）	1
XT	端子板	TD-1515	15A、15节、660V	1
	配电板		500mm × 400mm × 20mm	1
	主电路导线		BV 1.5mm^{2}和BVR 1.5mm^2（黑色）	若干
	控制电路导线		BV 1mm^2（红色）	若干
	按钮导线		BVR 0.75mm^2（红色）	若干
	接地导线		BVR 1.5mm^2（黄绿双色）	若干
	紧固体和编码套管			若干

8.9.3　在配电板上安装元件和导线

在配电板上先安装元件，然后按原理图所示的元件连接关系用导线将这些元件连接起来。

（1）安装元件

在安装元件前，先要在配电板（或配电箱）上规划好各元件的安装位置，再安装元件。元件在配电板上的安装位置如图8-43所示。

安装元件的工艺要求如下。

① 断路器、熔断器的入电端子应安装在控制板的外侧。

② 元件的安装位置应整齐，间距合理，这样有利于元件的更换。

③ 在紧固元件时，用力要均匀，紧固程度适当。在紧固熔断器、接触器等易碎裂元件时，应用手按住元件一边轻轻摇动，一边用螺丝刀轮换旋紧对角线上的螺钉，直到手摇不动后再适当旋紧些即可。

（2）布线

在配电板上安装好各元件后，再根据原理图所示的各元件连接关系用导线将这些元件连接起来。配电板上各元件的接线如图8-44所示。

安装导线的工艺要求如下。

① 布线通道应尽可能少，同路并行导线按主、控电路分类集中，单层密排，紧贴安装面布线。

② 同一平面的导线应高低一致或前后一致，不要交叉，一定要交叉时，交叉导线应在接线端子引出时就水平架空跨越，且必须走线合理。

③ 在布线时，导线应横平竖直，分布均匀，变换走向时应尽量垂直转向。

④ 在布线时，严禁损伤线芯和导线绝缘层。

⑤ 布线一般以接触器为中心，由里向外，由低至高，先控制电路，后主电路的顺序进行，以不妨碍后续布线为原则。

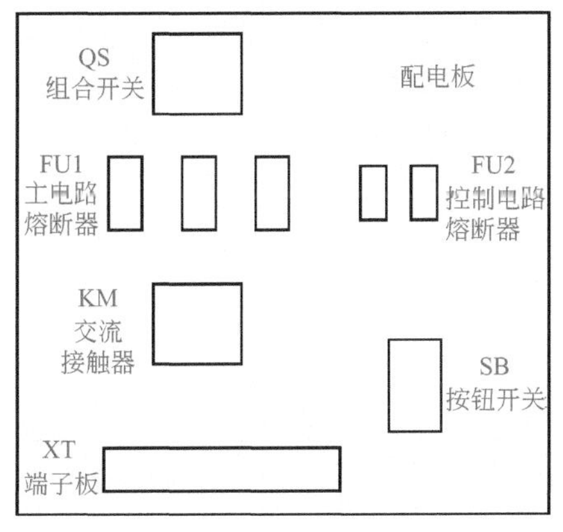

图8-43 元件在配电板上的安装位置

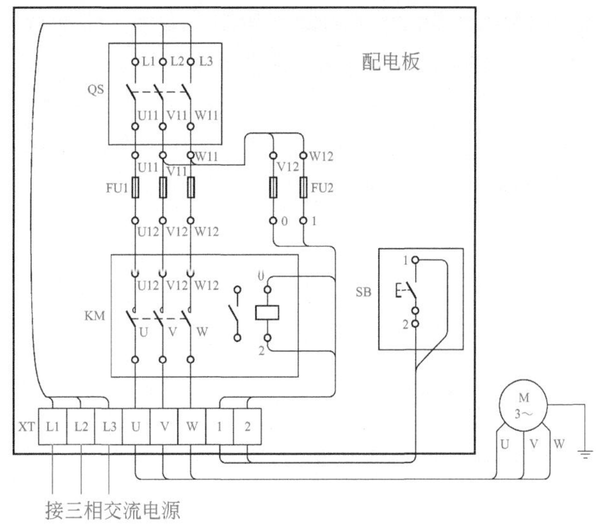

图8-44 元件在配电板上的接线

⑥ 为了区分导线的功能，可在每根剥去绝缘层的导线两端套上编码套管，两个接线端子之间的导线必须连续，中间无接头。

⑦ 导线与接线端子连接时，不得压绝缘层、不露铜过长。

⑧ 同一元件、同一回路的不同接点的导线间距离应保持一致。

⑨ 一个元件的接线端子上的连接导线尽量不要多于两根。

8.9.4 检查线路

为了避免接线错误造成不必要的损失，在通电试车前需要对安装的控制线路进行检查。

（1）直观检查

对照按电路原理图，从电源端开始逐段检查接线及接线端子处连接是否正确，有无漏接、错接，检查导线接点是否符合要求，压接是否牢固，以免接负载运行时因接触不良而产生闪弧。

（2）用万用表检查

① 主电路的检查　在检查主电路时，应断开断路器QS，并断开（取下）控制电路的熔断器FU2，然后万用表拨至$R\times10\Omega$挡，测量熔断器上端子U11-V11之间的电阻，正常阻值应为无穷大，如图8-45所示，再用同样的方法测量端子U11-W11、V11-W11的电阻，正常阻值也应为无穷大，如果某两相之间的阻值很小或为0，说明该两相之间的接线有短路点，应认真检查找出短路点。

按压接触器KM的触点架，人为让主触点闭合，用万用表测量熔断器上端子U11-V11之间的电阻，正常应有一定的阻值，该阻值为电动机U、V相绕组的串联值，如果阻值无穷大，应检查两相之间的各段接线，具体检查时万用表一根表笔接U11端子，另一根表笔依次接熔断器的下U12端子、接触器KM的上U12端子、下U端子、端子板的U端，正常测得阻值都应为0，若阻值为无穷大，则上方的元件或导线开路，再将表笔接端子板的V端，正常应用一定的阻值（U、V绕组的串联值），若阻值无穷大，可能是电动机接线盒错误或U、V相绕组开路，如果测到端子板的V端时均正常，继续将表笔依次接接触器KM的下V端子、上V12端子、熔断器FU1的下V12端子、上V11端子，找出开路的元件或导线。再用同样的方法测量熔断器上端子U11-W11、V11-W11的电阻，若阻值不正常，用前述方法检查两相之间的元件和导线。

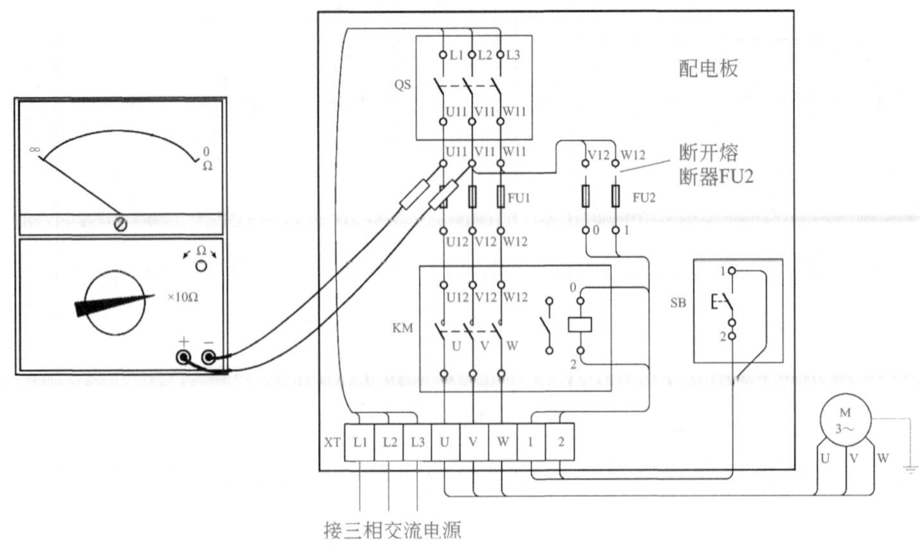

图8-45　检查主电路

② 控制电路（辅助电路）的检查　在取下熔断器FU2的情况下，用万用表测量FU2下端子0-1之间的电阻，正常阻值应为无穷大，按下按钮SB后测得的阻值应变小，此时的阻值为接触器KM线圈的直流电阻，如果测得的阻值始终都是无穷大，可将一根表笔接熔断器FU2的下0端子，另一根表笔依次接KM线圈上0端子、下2端子→端子板的端子2→按钮SB（保持按下）的端子2、端子1→端子板的端子1→熔断器FU2的下1端子，找出开路的元件或导线。

8.9.5　通电试车

如果直观检查和万用表检查均正常，可以进行通电试车。通电试车分为空载试车和带载试车。

（1）空载试车

空载试车是指不带电动机来测试控制线路。将端子板上的三根连接电动机的导线拆下，然后合上断路器QS，为主、辅电路接通电源，按下按钮SB，接触器应发出触点吸合的声音，松开SB，触点应释放，重复操作多次以确定电路的可靠性。

（2）带载试车

带载试车是指带电动机来测试控制线路。将电动机的三根连接导线接到端子板的U、V、W端子上，然后合上断路器QS，为主、辅电路接通电源，按下按钮SB，电动机应通电运行，松开SB，电动机断电停止运行。

8.9.6　注意事项

在安装电动机控制线路时，应注意以下事项。

① 不要触摸带电部件，正确的操作程序是：先接线后通电，先接电路部分后接电源部分；先接主电路，后接控制电路，再接其他电路；先断电源后拆线。

② 在接线时，必须先接负载端，后接电源端；先接接地端，后接三相电源相线。

③ 如果发现异常现象（如发响、发热、焦臭），应立即切断电源，保持现场，以便确定故障。

④ 电动机必须安放平稳，电动机金属外壳必须可靠接地，连接电动机的导线必须穿在导线管道内加以保护，或采取坚韧的四芯橡胶护套线进行临时通电校验。

⑤ 电源进线应接在螺旋式熔断器底座中心端上，出线应接在螺纹外壳上。

第9章 室内配电与插座照明线路的安装

室内配电线路安装主要包括照明光源的安装、导线的选择与安装、插座与开关的安装及配电箱的安装等。室内配电线路安装好后，在室内可以获得照明，可以通过插座为各种家用电器供电，在电器出现过载和人体触电时能实现自动保护，另外还能对室内的用电量进行记录等。

9.1 照明光源

在室内安装照明光源是配电线路安装最基本的操作。照明光源的种类很多，常见的有白炽灯、荧光灯、卤钨灯、高压汞灯和高压钠灯等。

9.1.1 白炽灯

（1）结构与原理

白炽灯是一种最常用的照明光源，它有卡口式和螺口式两种，如图9-1所示。

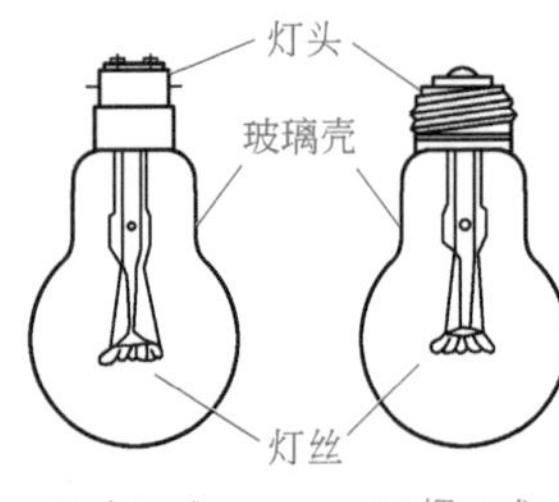

图9-1 白炽灯

白炽灯内的灯丝为钨丝，当通电后钨丝温度升高到2200～3300℃而发出强光，当灯丝温度太高时，会使钨丝蒸发过快而降低寿命，且蒸发后的钨沉积在玻璃壳内壁上，使壳内壁发黑而影响亮度，为此通常在60W以上的白炽灯玻璃壳内充有适量的惰性气体（氦、氩、氪等），这样可以减少钨丝的蒸发。

在选用白炽灯时，要注意其额定电压要与所接电源电压一致。若电源电压偏高，如电压偏高10%，其发光效率会提高17%，但寿命会缩短到原来的28%；若电源电压偏低，其发光效率会降低，但寿命会延长。

（2）安装注意事项

在安装白炽灯时，要注意以下事项。

① 白炽灯座安装高度通常应在2m以上，环境差的场所应达2.5m以上。

② 照明开关的安装高度不应低于1.3m。

③ 对于螺口灯座，应将灯座的螺旋铜圈极与市电的零线（或称中性线）相连，火线（即相线）与灯座中心铜极连接。

（3）开关控制线路

白炽灯的常用开关控制线路如图9-2所示，在实际接线时，导线的接头尽量安排在灯座和开关内部的接线端子上，这样做不但可减少线路连接的接头数，在线路出现故障时查找比较容易。

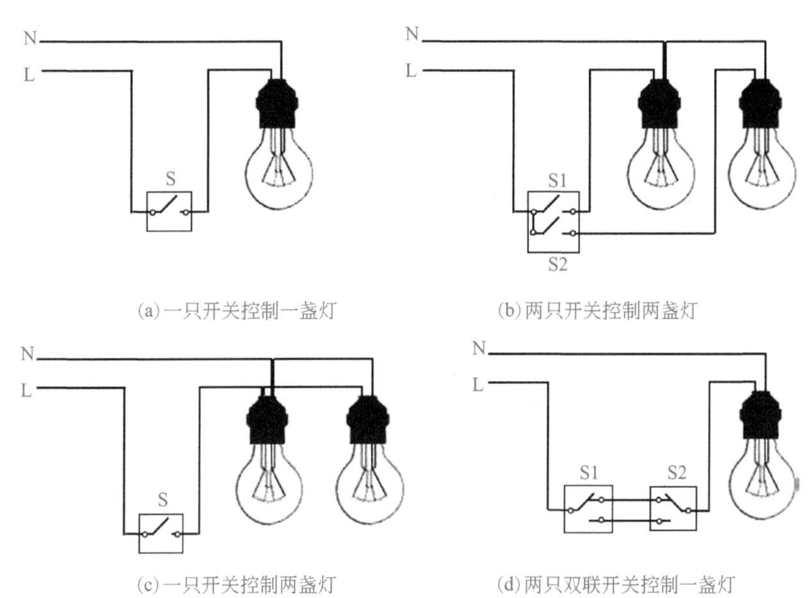

图9-2 白炽灯的常用的开关控制线路

（4）常见故障及处理方法

白炽灯常见故障及处理方法见表9-1。

表9-1 白炽灯常见故障及处理方法

故障现象	故障原因	处理方法
灯泡不亮	① 灯泡钨丝烧断 ② 电源熔断器的熔丝烧断 ③ 灯座或开关接线松动或接触不良 ④ 线路中有断路故障	① 更换灯泡 ② 检查熔丝烧断的原因并更换熔丝 ③ 检查灯座和开关的接线处并修复 ④ 用测电笔或校验灯检查电路的断路处并修复
开关合上后熔断器熔丝烧断	① 灯座内部两接线头短路 ② 螺口灯座内部的中心铜片与螺旋铜圈相碰短路 ③ 线路中发生短路 ④ 用电器发生短路 ⑤ 用电量超过熔丝容量	① 检查灯座内两接线头并修复 ② 检查灯座并扳准中心铜片 ③ 检查导线绝缘是否老化或损坏并修复 ④ 检查用电器并修复 ⑤ 减小负载或更换熔断器
灯泡忽亮忽暗或忽亮忽灭	① 灯丝烧断但受振后忽接忽离 ② 灯座或开关接线松动 ③ 熔断器的熔丝接头接触 ④ 电源电压不稳定	① 更换灯泡 ② 检查灯座和开关并修复 ③ 检查熔断器并修复 ④ 检查电源电压

续表

故障现象	故障原因	处理方法
灯泡发强烈白光并瞬时或短时烧坏	① 灯泡额定电压低于电源电压 ② 灯泡钨丝有搭丝，从而使电阻减小，电流增大	① 更换与电源电压相符的灯泡 ② 更换新灯泡
灯光暗淡	① 灯泡内钨丝挥发后积聚在玻壳内表面，透光度减低，同时由于钨丝挥发后变细，电阻增大，电流减小，光通量减小 ② 电源电压过低 ③ 线路因年久老化或绝缘损坏有漏电现象	① 正常现象，不必修理 ② 调高电源电压 ③ 检查电路，更换导线

9.1.2 荧光灯

荧光灯又称日光灯，它是一种利用气体放电而发光的光源。荧光灯具有光线柔和、发光效率高和寿命长等特点。

（1）工作原理

荧光灯主要由荧光灯管、启辉器和镇流器组成。荧光灯的结构及电路连接如图9-3所示。

荧光灯工作原理说明如下。

当闭合开关S时，220V电压通过熔断器、开关S、镇流器和灯管的灯丝加到启辉器两端。由于启辉器内部的动、静触片距离很近，两触片间的电压使中间的气体电离发出辉光，辉光的热量使动触片弯曲与静触片接通，于是电路中有电流通过，其途径是：相线→熔断器→开关→镇流器→右灯丝→启辉器→左灯丝→零线，该电流流过灯管两端灯丝，灯丝温度升高。当灯丝温度升高到850～900℃时，荧光管内的汞蒸发就变成气体。与此同时，由于启辉器动、静触片的接触而使辉光消失，动触片无辉光加热又恢复原样，从而使得动、静触片又断开，电路被突然切断，流过镇流器（实际是一个电感）的电流突然减小，镇流器两端马上产生很高的反峰电压，该电压与220V电压叠加送到灯管的两灯丝之间（即两灯丝间的电压为220V加上镇流器上的高压），使灯管两灯丝间的汞蒸气电离，同时发出紫外线，紫外线激发灯管壁上的荧光粉发光。

灯管内的汞蒸气电离后，汞蒸气变成导电的气体，它一方面发出紫外线激发荧光粉发光，另一方面将两灯丝电气连通。两灯丝通过电离的汞蒸气接通后，它们之间的电压下降（100V以下），启辉器两端的电压也下降，无法产生辉光，内部动、静触片处于断开状态，这时取下启辉器，灯管照样发光。

（2）荧光灯各部分说明

① 荧光灯管　荧光灯管的结构如图9-4所示。

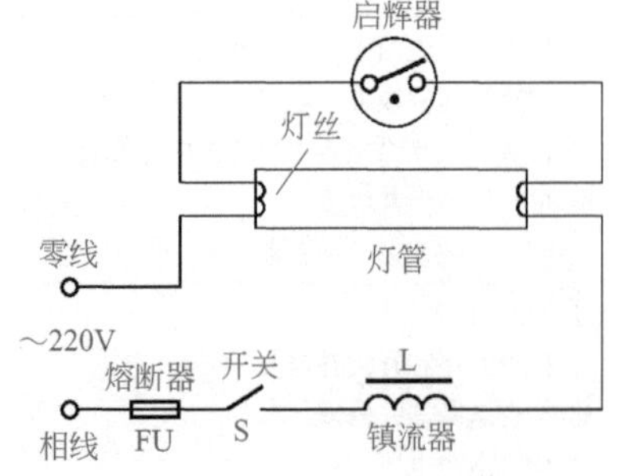

图9-3　荧光灯的结构及电路连接

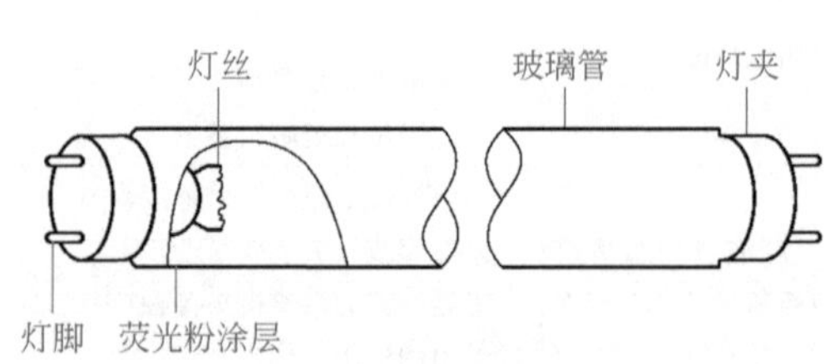

图9-4　荧光灯管的结构

荧光灯管的功率与灯管长度、管径大小有一定的关系，一般来说灯管越长，管径越粗，其功率越大。表9-2列出了一些荧光灯管的管径尺寸与对应的功率。

表9-2 荧光灯管的管径尺寸与对应的功率

管径代号	T5	T8	T10	T12
管径尺寸/mm	15	25	32	38
灯管功率/W	4、6、8、12、13	10、15、18、30、36	15、20、30、40	15、20、30、40、65、80、85、125

② 启辉器 **启辉器是由一只辉光放电管与一只小电容器并联而成的**。启辉器的外形和结构如图9-5所示。辉光放电管的外形与内部结构如图9-6所示。

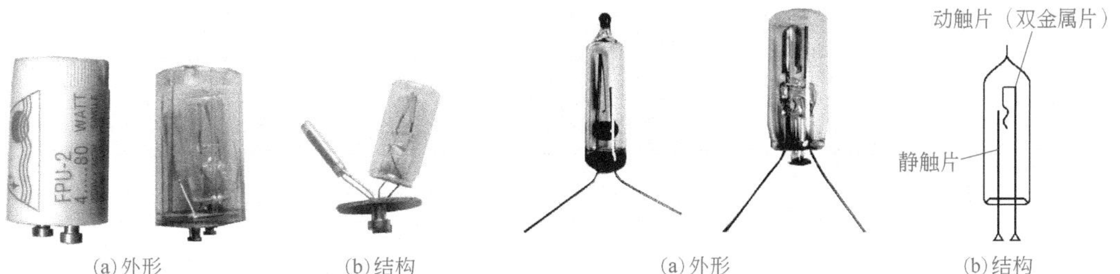

(a)外形　(b)结构

图9-5 启辉器的外形和结构

(a)外形　(b)结构

图9-6 辉光放电管的外形与内部结构

从图9-6可以看出，辉光放电管内部有一个动触片（U形双金属片）和一个静触片，在玻璃管内充有氖气或氩气，或氖氩混合惰性气体。当动、静触片之间加有一定的电压时，中间的惰性气体被击穿导电而出现辉光放电，动触片被辉光加热而弯曲与静触片接通。动、静触片接通后不再发生辉光放电，动触片开始冷却，经过1～8s的时间，动触片收缩回原来状态，动、静触片又断开。此时因灯管导通，辉光放电管动、静触片两端的电压很低，无法再击穿惰性气体产生辉光。另外，在辉光放电管两端一般并联一个电容，用来消除动、静触片通断时产生的干扰信号，防止干扰无线电接收设备（如电视机和收音机）。

③ 镇流器 **镇流器实际上是一个电感量较大的电感器，它是由线圈绕制在铁芯上构成的**。镇流器的外形及结构如图9-7所示。

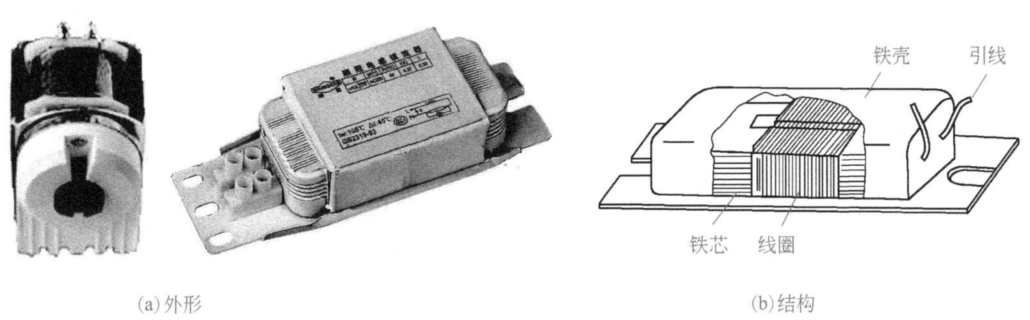

(a)外形　(b)结构

图9-7 镇流器的外形及结构

电感式镇流器体积大、笨重，并且成本高，故现在很多荧光灯采用电子式镇流器。电子式镇流器采用电子电路来对荧光灯进行启动，同时还可以省去启辉器。

（3）荧光灯的安装

荧光灯的安装形式主要有吸顶式、钢管式和链吊式三种，其中链吊式不但可以避免振动，还有利于镇流器散热，故应用广泛。荧光灯的链吊式安装如图9-8所示，安装时先将灯座、启辉器和镇流器按图示方法安装在木架上，然后按图前述的荧光灯接线原理图将各部件连接起来，最后有吊链进行整体吊装。

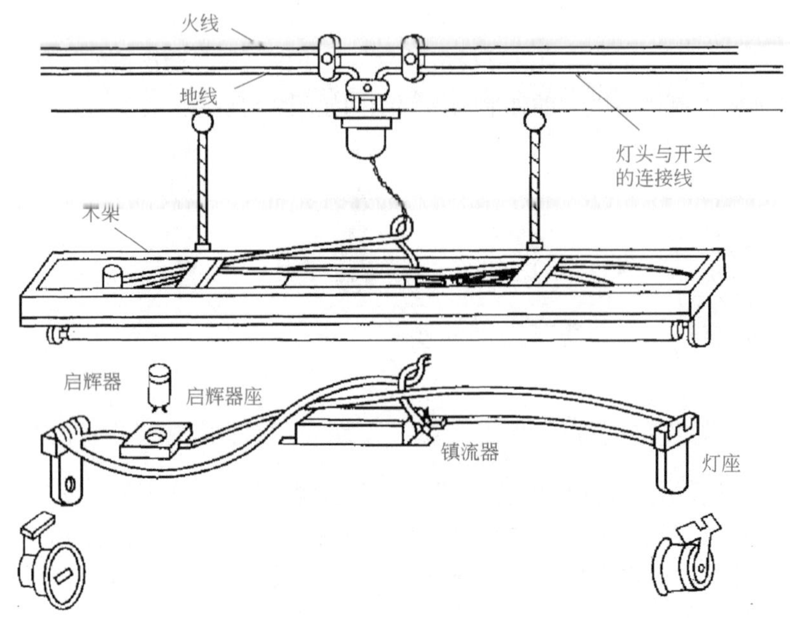

图9-8 荧光灯的链吊式安装图

（4）荧光灯常见故障及处理方法

荧光灯常见故障及处理方法见表9-3。

表9-3 荧光灯常见故障及处理方法

故障现象	故障原因	处理方法
荧光灯管不能发光	①灯座或启辉器底座接触不良 ②灯管漏气或灯丝断 ③镇流器线圈断路 ④电源电压过低 ⑤新装荧光灯接线错误	①转动灯管，让灯管四极和灯座夹座接触，或转动启辉器，使启辉器两极与底座两铜片接触，找出原因并修复 ②用万用表检查，或观察荧光粉是否变色，如果灯管已坏，可换新灯管 ③修理或更换镇流器 ④不用修理 ⑤检查线路
荧光灯管抖动或两头发光	①接线错误或灯座灯脚松动 ②启辉器氖泡内部的动、静触片不能分开或电容器击穿 ③镇流器配用规格不合适或接头松动 ④灯管陈旧，发光效率和放电作用降低 ⑤电源电压过低或线路电压降过大 ⑥气温过低	①检查线路或修理灯座 ②将启辉器取下，用导线瞬间短路启辉器底座的两块铜片，如果灯管能闪亮，则启辉器损坏，应更换启辉器 ③更换适当的镇流器或加固接头 ④调换灯管 ⑤如有条件升高电压或加粗导线 ⑥用热毛巾对灯管加热

续表

故障现象	故障原因	处理方法
灯光闪烁或管内光发生滚动	①新灯管暂时现象 ②灯管质量不好 ③镇流器规格不符或接线松动 ④启辉器损坏或接触不好	①多用几次或将灯管两端对调 ②更换灯管试试，若正常均为原灯管质量差 ③调换合适的镇流器或加固接线 ④调换启辉器或加固启辉器
灯管两端发黑或有黑斑	①灯管陈旧，寿命将终的表现 ②如果是新灯管，可能因启辉器损坏使灯丝的发射物质加速挥发 ③灯管内水银凝结，是细灯管常见的现象 ④电源电压太高或镇流器配用不当	①更换灯管 ②更换启辉器 ③灯管工作后即能蒸发，或将灯管旋转180° ④调整电源电压或更换适当的镇流器
灯管光度减低或色彩较差	①灯管陈旧的表现 ②灯管上积垢太多 ③电源电压太低或线路电压降太大 ④气温过低或冷风直吹灯管	①更换灯管 ②清除灯管积垢 ③调整电压或加粗导线 ④加防护罩或避开冷风
灯管寿命短或发光后立即熄灭	①配用镇流器的规格不合，或质量较差，或镇流器内部线圈短路，导使灯管电压过高 ②受到剧振，使灯丝振断 ③新装灯管因接线错误将灯管烧坏	①更换或修理镇流器 ②调换安装位置并更换灯管 ③检修线路
镇流器有杂音或电磁声	①镇流器质量较差或其铁心的硅钢片未夹紧 ②镇流器过载或其内部短路 ③镇流器过度受热 ④电源电压过高引起镇流器发出声音 ⑤启辉器不好引起开启时辉光杂音 ⑥镇流器有微弱声，但影响不大	①更换镇流器 ②更换镇流器 ③检查受热原因 ④若有可能，可设法降低电压 ⑤更换启辉器 ⑥是正常现象，可用橡胶垫衬，以减少振动
镇流器过热或冒烟	①电源电压过高或容量过低 ②镇流器内部线圈短路 ③灯管闪烁时间长或使用时间太长	①若有可能，可调低电压或换用容量较大的镇流器 ②更换镇流器 ③检查闪烁原因或减少连续使用的时间

9.1.3 卤钨灯

卤钨灯是在白炽灯的基础上改进而来的，在充有惰性气体的白炽灯内再加入卤族元素（如氟、碘、溴等）就制成了卤钨灯。第一支实用的卤钨灯是1959年由美国通用电气公司研制成功的管型碘钨灯。由于卤钨灯具有体积小、发光效率高、色温稳定、几乎无光衰、寿命长等优点，问世后发展十分迅速，有逐渐取代白炽灯的趋势。

（1）结构与原理

根据充入的卤族元素的不同，卤钨灯可分为碘钨灯、溴钨灯等，这里以碘钨灯为例来介绍卤钨灯。常见的碘钨灯外形与结构如图9-9所示。

卤钨灯的石英灯管两端为电极，电极之间连接着钨丝，石英灯管内部充有惰性气体和碘。当给卤钨灯两个电极接上电源时，有电流流过钨丝，钨丝发热，钨丝因高温使部分钨蒸发而成为钨蒸气，它与灯管壁附近的碘发生化学反应而生成气态的碘化钨，通过对流和扩散碘化钨又返回到灯丝的高温区，高温将碘化钨分解成钨和卤素，钨沉积在灯丝表面，而碘则扩散到温度较低的灯管内壁附近，再继续与蒸发的钨化合。这个过程会不断循环，从而使钨灯丝不会因蒸发而变细，灯管壁上也不会有钨沉积，灯管始终保持透亮。

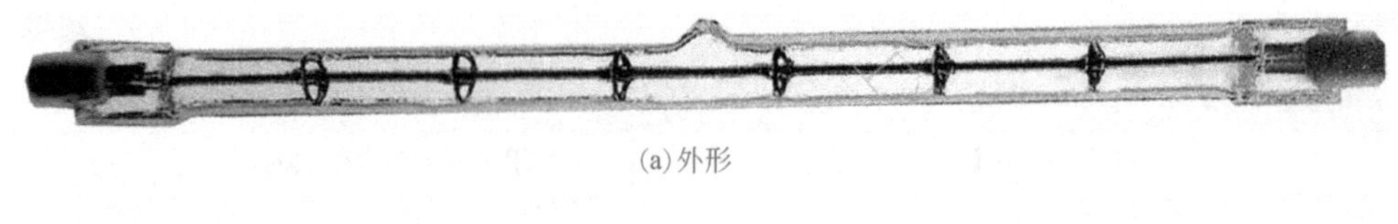

(a) 外形

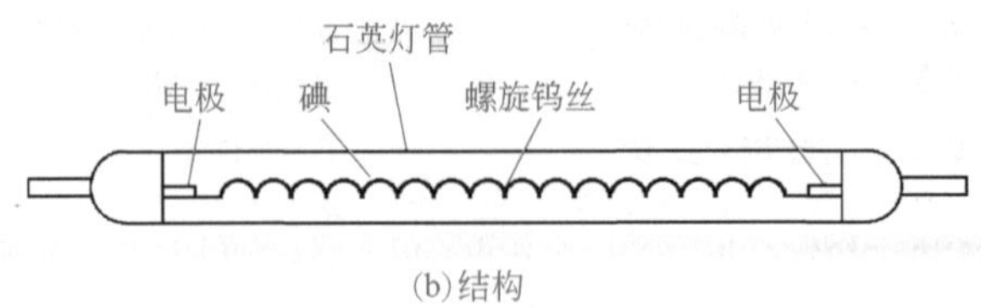

(b) 结构

图9-9 碘钨灯的外形与结构

（2）使用注意事项

在使用和安装卤钨灯时，要注意以下事项。

① 卤钨灯对电源电压稳定性要求较高，当电压超过灯额定电压的5%时，灯的寿命会缩短50%，因此要求电源电压变化在2.5%范围内。

② 卤钨灯要求水平安装，若倾斜超过±4°，则会严重影响使用寿命。

③ 卤钨灯工作时，管壁温度很高（近600℃），所以安装位置应远离易燃物，并且要加灯罩，接线最好采用耐高温导线。

9.1.4 高压汞灯

高压汞灯又称为高压水银灯，它是一种利用气体放电而发光的灯。

（1）结构与原理

高压汞灯的实物外形和结构如图9-10所示。

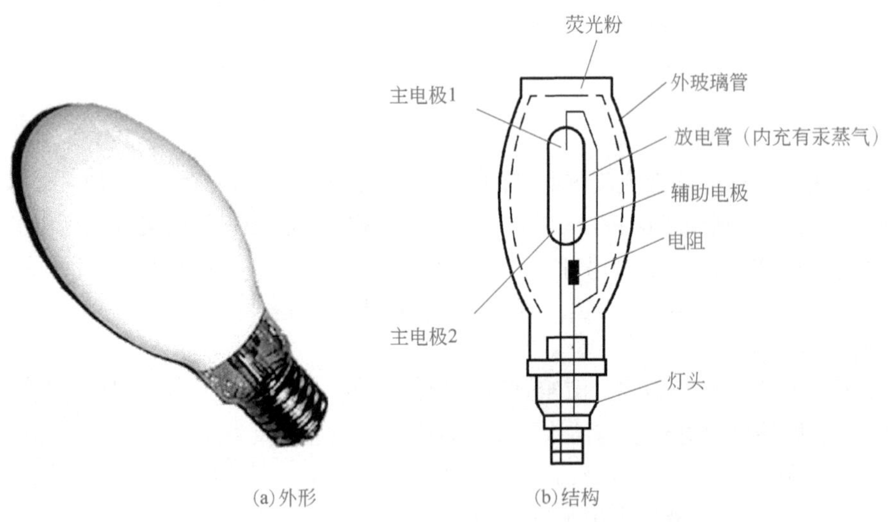

(a) 外形 (b) 结构

图9-10 高压汞灯的实物外形与结构

从图9-10中可以看出，高压汞灯由两个玻璃管组成，外玻璃管内部装着一个小玻璃管，外玻璃管内壁涂有荧光粉，内玻璃管又称为放电管，它接有两个主电极和一个辅助电极，辅助电极上串有一个电阻，在放电管内部充有汞和氩气。

在通电时，电压通过灯头加到主电极1和主电极2，送给主电极1的电压另经过一个电阻加到辅助电极上。由于辅助电极与主电极2距离近，它们之间首先放电产生辉光，放电管内的气体电离。由于气体的电离，主电极1和主电极2之间也产生放电而发出白光，两主电极导通使它们之间的电压降低，因电阻的降压，主电极2与辅助电极之间的电压更低，它们之间放电停止。随着两主电极间的放电，放电管内温度升高，汞蒸气气压增大，放电管发出更明亮的可见蓝绿色光和不可见的紫外线，紫外线照射外玻璃管内壁上的荧光粉，荧光粉也发出光线。由此可见，高压汞灯通电后，并不是马上就会发出强光，而是光线慢慢变亮，这个过程称为高压汞灯的启动过程，耗时4～8min。

（2）电路连接

高压汞灯具有负阻特性，即两主电极之间的电阻随着温度升高而变小，这是因为温度高，汞蒸气放电更彻底，通过的电流更大。这样就会出现温度升高→电阻更小→电流更大→温度更高的情况。随着温度不断升高，放电管内的气压不断增大，高压汞灯很容易损坏，所以需要给高压汞灯串接一个镇流器，对汞灯的电流进行限制，防止电流过大。高压汞灯与镇流器的连接如图9-11所示。

目前，市面上已有一种不用镇流器的高压汞灯，它是在高压汞灯内部的一个主电极上串接一根钨丝作为灯丝，如图9-12所示。高压汞灯在工作时，有电流流过灯丝，灯丝发光，另外灯丝因发热而阻值变大，并且温度越高阻值越大，这正好与放电管温度越高阻值越小相反，从而防止流过放电管的电流过大。这种高压汞灯具有光色种类多、启动快和使用方便等优点。

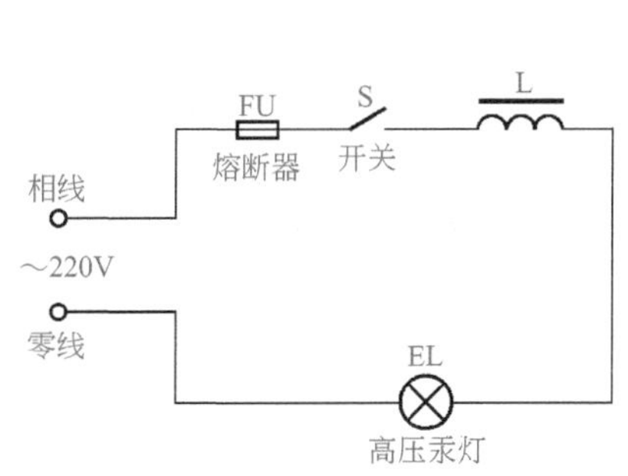

图9-11　高压汞灯与镇流器的连接

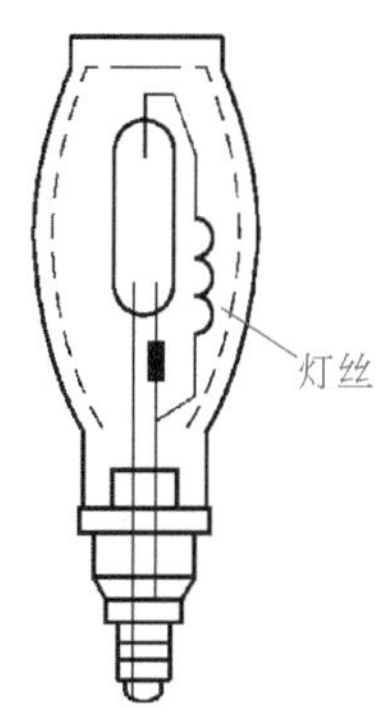

图9-12　不用镇流器的高压汞灯

（3）使用注意事项

在安装和使用高压汞灯时，要注意以下事项。

① 高压汞灯要求电源电压稳定，当电压降低5%时，所需的启动时间长，并且容易自灭。

② 高压汞灯要垂直安装，若水平安装，亮度会降低，并且容易自灭。

③ 如果选用普通的高压汞灯，需要串接镇流器，并且镇流器功率要与高压汞灯一致。

④ 高压汞灯外玻璃管破裂后仍可以发光，但会发出大量的紫外线，对人体有危害，应更换处理。

⑤ 若在使用高压汞灯时突然关断电源，再通电点燃时，应间隔10～15min。

9.2 室内配电布线

室内配电布线的一般过程是：先根据室内情况和用户需要设计出配电方案，然后在室内进行布线（即安装导线），再安装开关和插座，最后安装配电箱。

9.2.1 了解整幢楼房的配电系统结构

在设计用户室内配电方案前，有必要先了解一下用户所在楼房的整体配电结构，图9-13是一幢8层16用户的配电系统图。楼电能表用于计量整幢楼的用电量，断路器用于接通或切断整幢楼的用电，整幢楼的每户都安装有电能表，用于计量每户的用电量，为了便于管理，这些电能表一般集中安装在一起管理（如安装在楼梯间或地下车库），用户可到电能表集中区查看电量。电能表的输出端接至室内配电箱，用户可根据需要，在室内配电箱安装多个断路器、漏电保护器等配电电器。

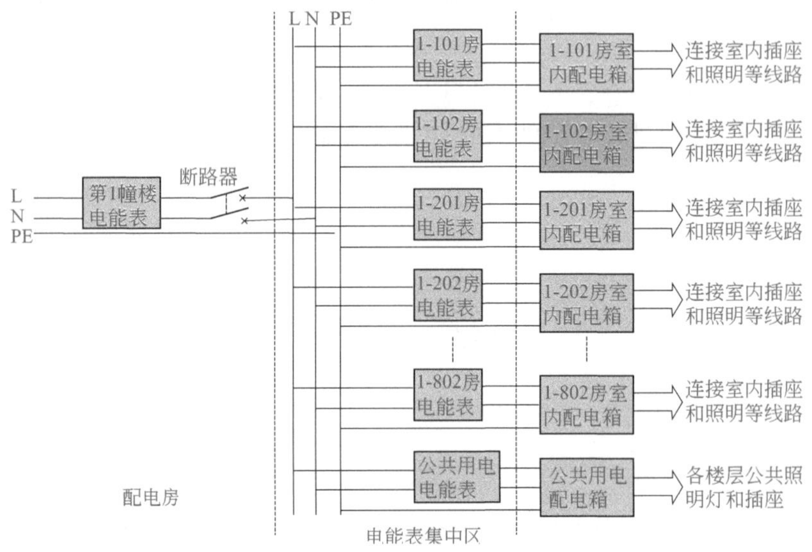

图9-13 一幢8层16用户的配电系统图

9.2.2 室内配电方式与配电原则

（1）配电方式

室内配电是指根据一定的方式将入户电源分配成多条电源支路，以提供给室内各处的插座和照明灯具。下面介绍三种住宅常用的配电方式。

① 按家用电器的类型分配电源支路 在采用该配电方式时，可根据家用电器类型，从室内配电箱分出照明、电热、厨房电器、空调等若干支路（或称回路）。由于该方式将不同类型的用电器分配在不同支路内，当某类型用电器发生故障需停电检修时，不会影响其他电器的正常供电。这种配电方式敷设线路长，施工工作量较大，造价相对较高。

图9-14采用了按家用电器的类型来分配电源支路。三根入户线中的L、N线进入配电箱后先接用户总开关，厨房的用电器较多且环境潮湿，故用漏电保护器单独分出一条支路；一般住宅都有多台空调，由于空调功率大，可分为两条支路（如一路接到客厅大功率

柜式空调插座，另一条接到几个房间的小功率壁挂式空调）；浴室的浴霸功率较大，也单独引出一条支路；卫生间比较潮湿，用漏电保护器单独分出一条支路；室内其他各处的插座分出两路来接，如一条支路接餐厅、客厅和过道的插座，另一条支路接三房的插座；照明灯具功率较小，故只分出一条支路接到室内各处的照明灯具。

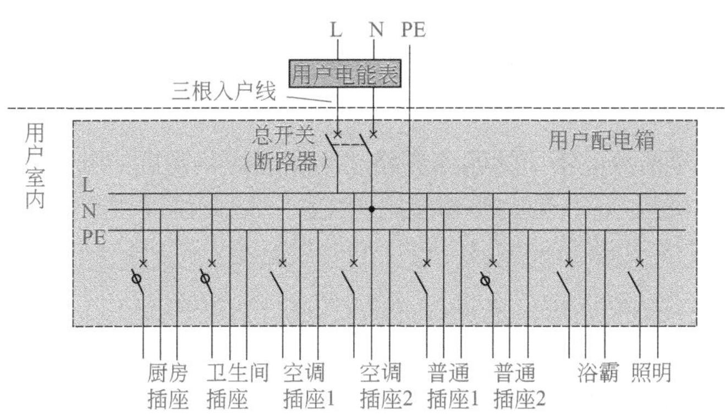

图9-14 按家用电器的类型分配电源支路

② 按区域分配电源支路 在采用该配电方式时，可从室内配电箱分出客餐厅、主卧室、客书房、厨房、卫生间等若干支路。该配电方式使各室供电相对独立，减少相互之间的干扰，一旦发生电气故障时仅影响一两处。这种配电方式敷设线路较短。图9-15采用了按室分配电源支路。

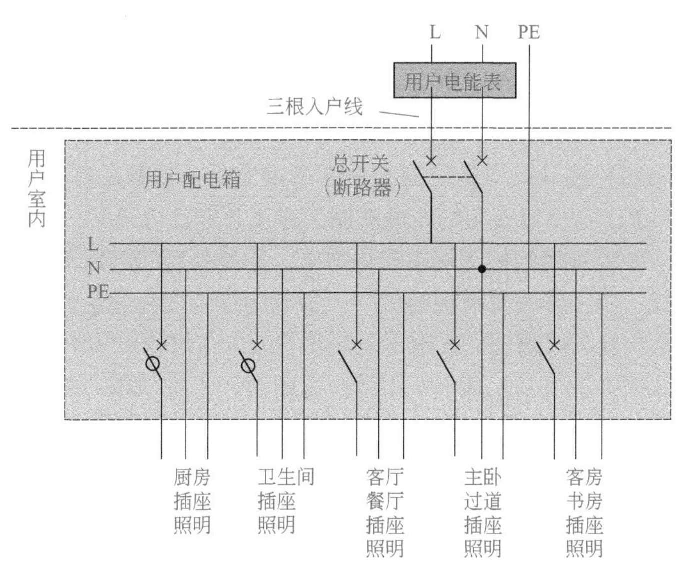

图9-15 按区域分配电源支路

③ 混合型分配电源支路 在采用该配电方式时，除了大功率的用电器（如空调、电热水器、电取暖器等）单独设置线路回路以外，其他各线路回路并不一定分割得十分明确，而是根据实际房型和导线走向等因素来决定各用电器所属的线路回路。这样配电对维修和处理故障有一定不便，但由于配电灵活，可有效地减少导线敷设长度，节省投资，方便施工，所以这种配电方式使用较广泛。

（2）配电原则

现在的住宅用电器越来越多，为了避免某一电器出现问题影响其他或整个电器的工作，需要在配电箱中将入户电源进行分配，以提供给不同的电器使用。不管采用哪种配电方式，在配电时应尽量遵循基本原则。

住宅配电的基本原则如下。

① 一个线路支路的容量应尽量在1.5kW以下，如果单个用电器的功率在1kW以上，建议单独设为一个支路。

② 照明、插座尽量分成不同的线路支路。当插座线路连接的电气设备出现故障时，只会使该支路的电源中断，不会影响照明线路的工作，因此可以在有照明的情况下对插座线路进行检修，如果照明线路出现故障，可在插座线路接上临时照明灯具，对插座线路进行检查。

③ 照明可分成几个线路支路。当一个照明线路出现故障时，不会影响其他的照明线路工作，在配电时，可按不同的房间搭配分成二三个照明线路。

④ 对于大功率用电器（如空调、电热水器、电磁灶等），尽量一个电器分配一个线路支路，并且线路应选用截面积大的导线。如果多台大功率电器合用一个线路，当它们同时使用时，导线会因流过的电流很大而易发热，即使导线不会马上烧坏，长期使用也会降低导线的绝缘性能。与截面积小的导线相比，截面积大的导线的电阻更小，截面积大的导线对电能损耗更小，不易发热，使用寿命更长。

⑤ 潮湿环境（如浴室）的插座和照明灯具的线路支路必须采取接地保护措施。一般的插座可采用两极、三极普通插座，而潮湿环境需要用防溅三极插座，其使用的灯具如有金属外壳，则要求外壳必须接地（与PE线连接）。

9.2.3 配电布线

配电布线是指将导线从配电箱引到室内各个用电处（主要是灯具或插座）。布线分为明装布线和暗装布线，这里以常用的线槽式明装布线为例进行说明。

线槽布线是一种较常用的住宅配电布线方式，它是将绝缘导线放在绝缘槽板（塑料或木质）内进行布线，由于导线有槽板的保护，因此绝缘性能和安全性较好。塑料槽板布线用于干燥场合作永久性明线敷设，或用于简易建筑或永久性建筑的附加线路。

布线使用的线槽类型很多，其中使用最广泛的为PVC电线槽布线，其外形如图9-16所示，方形电线槽截面积较大，可以容纳更多导线，半圆形电线槽虽然截面积要小一些，因其外形特点，用于地面布线时不易绊断。

图9-16 PVC电线槽

（1）布线定位

在线槽布线定位时，要注意以下几点。

① 先确定各处的开关、插座和灯具的位置，再确定线槽的走向。插座采用明装时距离

地面一般为1.3 ～ 1.8m，采用暗装时距离地面一般为0.3 ～ 0.5m，普通开关安装高度一般为1.3 ～ 1.5m，开关距离门框约20cm，拉线开关安装高度为2 ～ 3m。

② 线槽一般沿建筑物墙、柱、顶的边角处布置，要横平竖直，尽量避开不易打孔的混凝梁、柱。

③ 线槽一般不要紧靠墙角，应隔一定的距离，紧靠墙角不易施工。

④ 在弹（画）线定位时，如图9-17所示，横线弹在槽上沿，纵线弹在槽中央位置，这样安装好线槽后就可将定位线遮挡住，使墙面干净整洁。

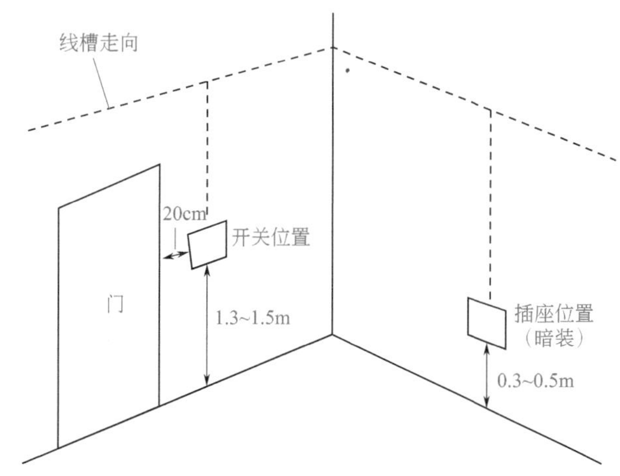

图9-17　在墙壁上画线定位

（2）线槽的安装

线槽安装如图9-18所示，先用钉子将电线槽的槽板固定在墙壁上，再在槽板内铺入导线，然后给槽板压上盖板即可。

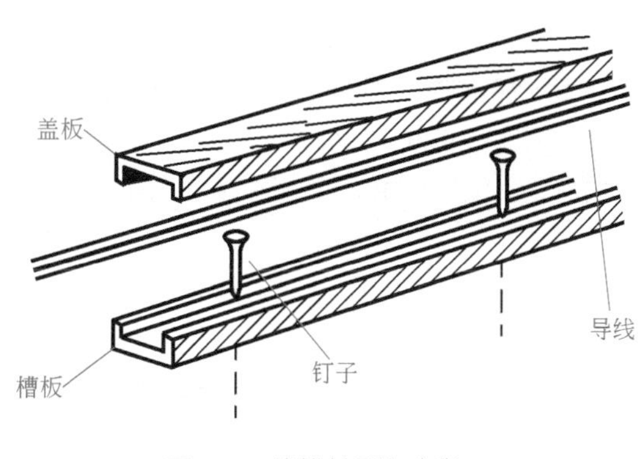

图9-18　线槽外形与安装

在安装线槽时，应注意以下几个要点。

① 在安装线槽时，内部钉子之间相隔距离不要大于50cm，如图9-19（a）所示。

② 在线槽连接安装时，线槽之间可以直角拼接安装，也可切割成45° 拼接安装，钉子与拼接中心点距离不大于5cm，如图9-19（b）所示。

③ 线槽在拐角处采用45° 拼接，钉子与拼接中心点距离不大于5cm，如图9-19（c）所示。

④ 线槽在T字形拼接时，可在主干线槽旁边切出一个凹三角形口，分支线槽切成凸三角形，再将分支线槽的三角形凸头插入主干线槽的凹三角形口，如图9-19（d）所示。

⑤ 线槽在十字形拼接时，可将四个线槽头部端切成凸三角形，再并接在一起，如图9-19（e）所示。

⑥ 线槽在与接线盒（如插座、开关底盒）连接时，应将二者紧密无缝隙地连接在一起，如图9-19（f）所示。

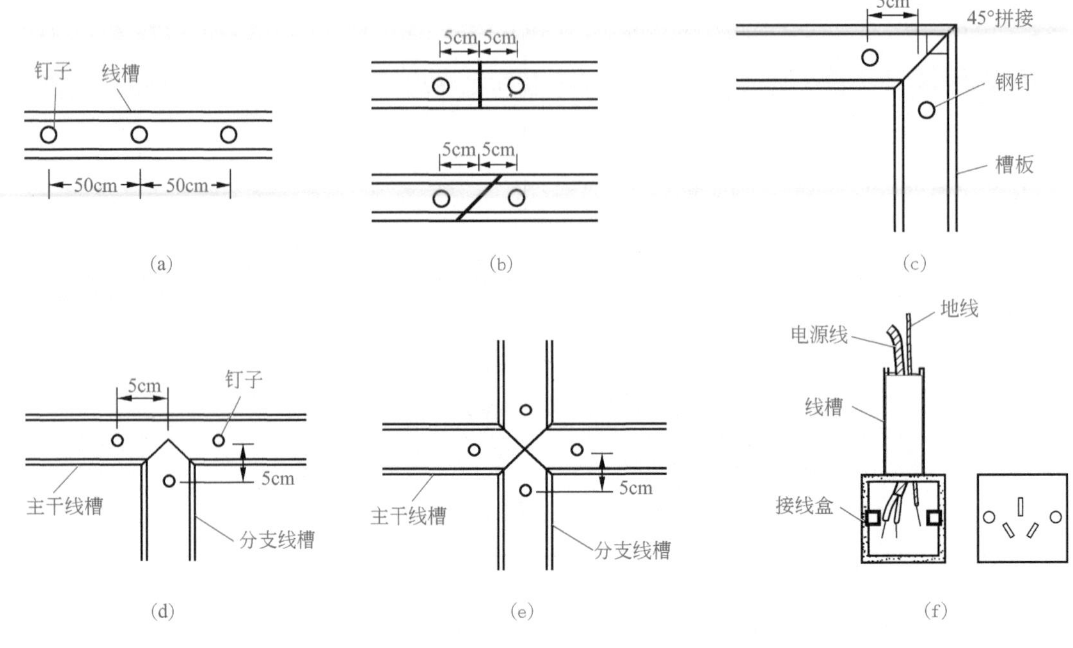

图9-19 线槽安装要点

（3）用配件安装线槽

为了让线槽布线更为美观和方便，可采用配件来连接线槽。PVC电线槽常用的配件如图9-20所示，这些配件在线槽布线时的安装位置如图9-21所示，要注意的是，该图仅用来说明各配件在线槽布线时的安装位置，并不代表实际的布线。

（4）线槽布线的配电方式

在线管暗装布线时，由于线管被隐藏起来，故将配电分成多个支路并不影响室内整洁美观，而采用线槽明装布线时，如果也将配电分成多个支路，在墙壁上明装敷设大量的线槽，不但不美观，而且比较碍事。**为适合明装布线的特点，线槽布线常采用区域配电方式。配电线路的连接方式主要有：单主干接多分支方式；双主干多分支方式；多分支方式。**

① 单主干接多分支配电方式 **单主干接多分支方式是一种低成本的配电方式，它是从配电箱引出一路主干线，该主干线依次走线到各厅室，每个厅室都用接线盒从主干线处接出一路分支线，由分支线路为本厅室配电。**

单主干接多分支的配电方式如图9-22所示，从配电箱引出一路主干线（采用与入户线相同截面积的导线），根据住宅的结构，并按走线最短原则，主干线从配电箱出来后，先后依次经过餐厅、厨房、过道、卫生间、主卧室、客房、书房、客厅和阳台，在餐厅、厨

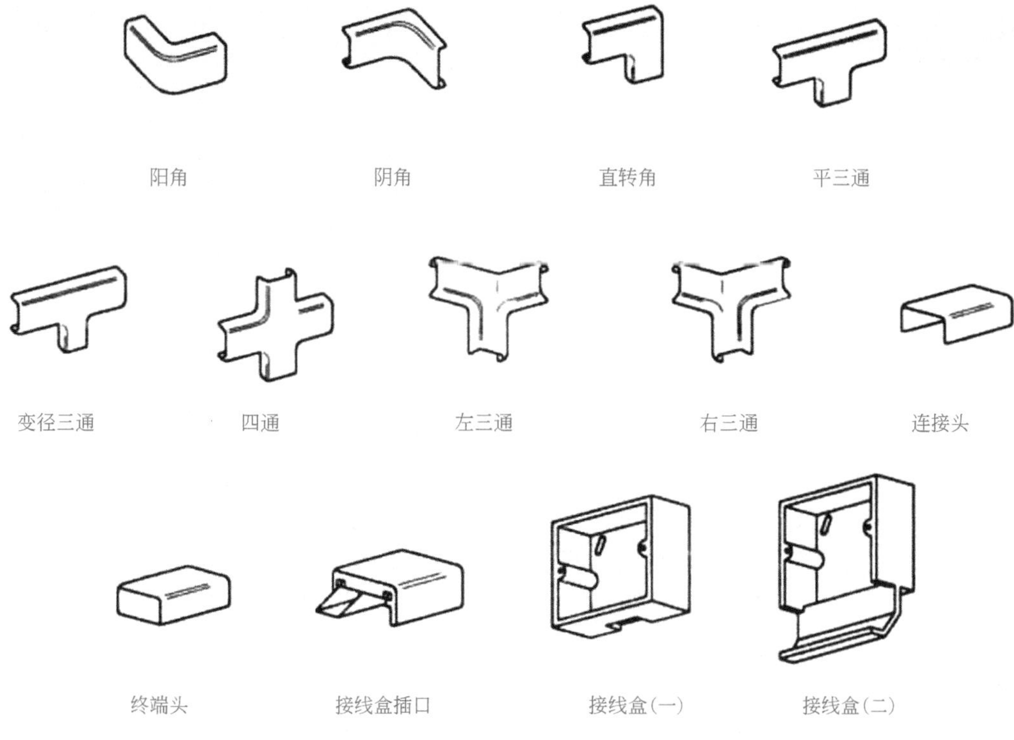

图9-20 PVC电线槽常用的配件

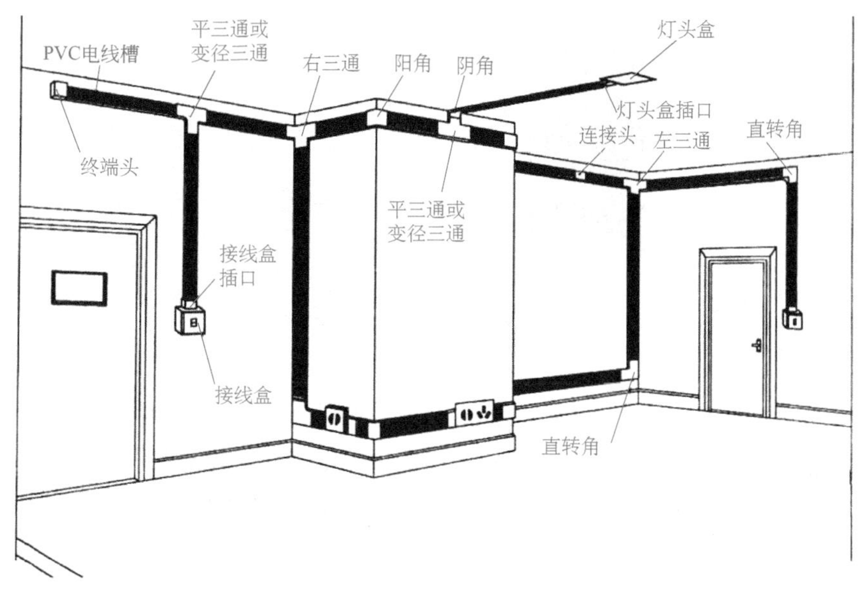

图9-21 线槽配件在线槽布线时的安装位置

房等合适的主干线经过的位置安装接线盒，从接线盒中接出分支线路，在分支线路上安装插座、开关和灯具。主干线在接线盒中穿盒而过，接线时不要截断主干线，只要剥掉主干线部分绝缘层，分支线与主干线采用T形接线。在给带门的房室内引入分支线路时，可在墙壁上钻孔，然后给导线加保护管进行穿墙。

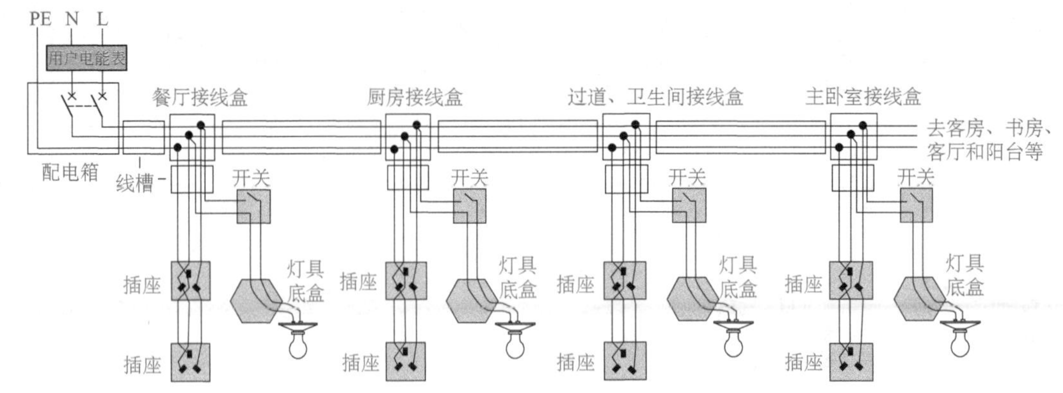

图9-22 单主干接多分支的配电方式

单主干接多分支方式的某房间走线与接线如图9-23所示。该房间的插座线和照明线通过穿墙孔接外部接线盒中的主干线，在房间内，照明线路的零线直接去照明灯具，相线先进入开关，经开关后去照明灯具，插座线先到一个插座，在该插座的底盒中，将线路分作两个分支，分别去接另两个插座，导线接头是线路容易出现问题的地方，不要放在线槽中。

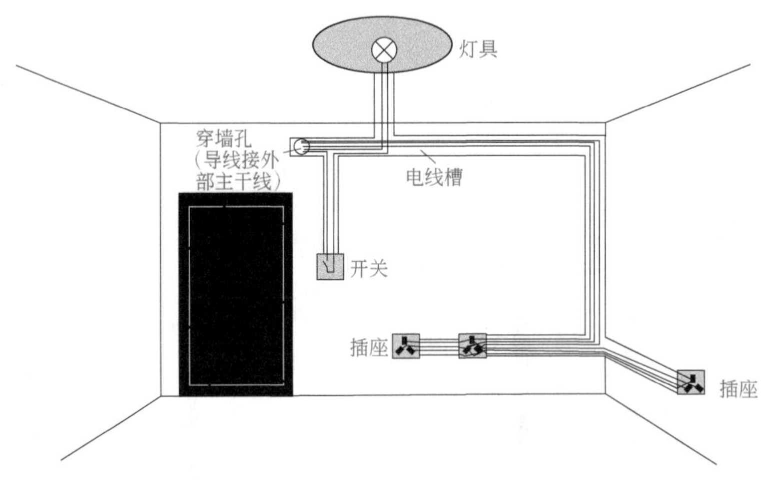

图9-23 某房间的走线与接线

② 双主干接多分支方式 **双主干接多分支方式是从配电箱引出照明和插座两路主干线，这两路主干线依次走线到各厅室，每个厅室都用接线盒从两路主干线分别接出照明和插座支路线，为本厅室照明和插座配电**。由于双主干接多分支配电方式要从配电箱引出两路主干线，同时配电箱内需要两个控制开关，故较单主干接多分支方式的成本要高，但由于照明和插座分别供电，当一路出现故障时可暂时使用另一路供电。

双主干接多分支的配电方式如图9-24所示，该方式的某房间走线与接线与图9-23是一样的。

③ 多分支配电方式 **多分支配电方式是根据各厅室的位置和用电功率，划分为多个区域，从配电箱引出多路分支线路，分别供给不同区域**。为了不影响房间美观，线槽明线布线通常使用单路线槽，而单路线槽不能容纳很多导线（在线槽明装布线时，导线总截面积不能超过线槽截面积的60%），故在确定分支线路的个数时，应考虑线槽与导线的截面积。

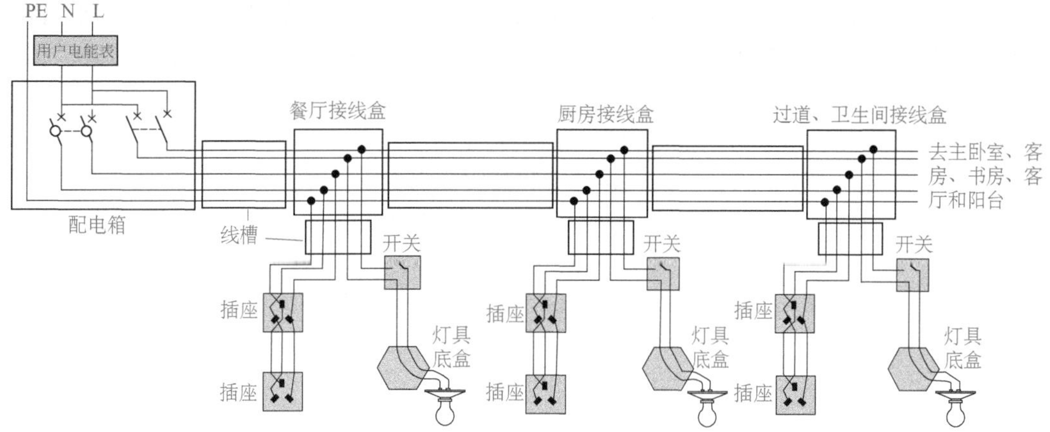

图 9-24　双主干接多分支的配电方式

多分支的配电方式如图9-25所示，它将一户住宅用电分为三个区域，在配电箱中将用电分作三条分支线路，分别用开关控制各支路供电的通断，三条支路共9根导线通过单路线槽引出，当分支线路1到达用电区域一的合适位置时，将分支线路1从线槽中引到该区域的接线盒，在接线盒再接成三路分支，分别供给餐厅、厨房和过道，当分支线路2到达用电区域二的合适位置时，将分支线路2从线槽中引到该区域的接线盒，在接线盒中接成三路分支，分别供给主卧室、书房和客房，当分支线路3到达用电区域三的合适位置时，将分支线路3从线槽中引到该区域的接线盒，在接线盒接成三路分支，分别供给卫生间、客厅和阳台。

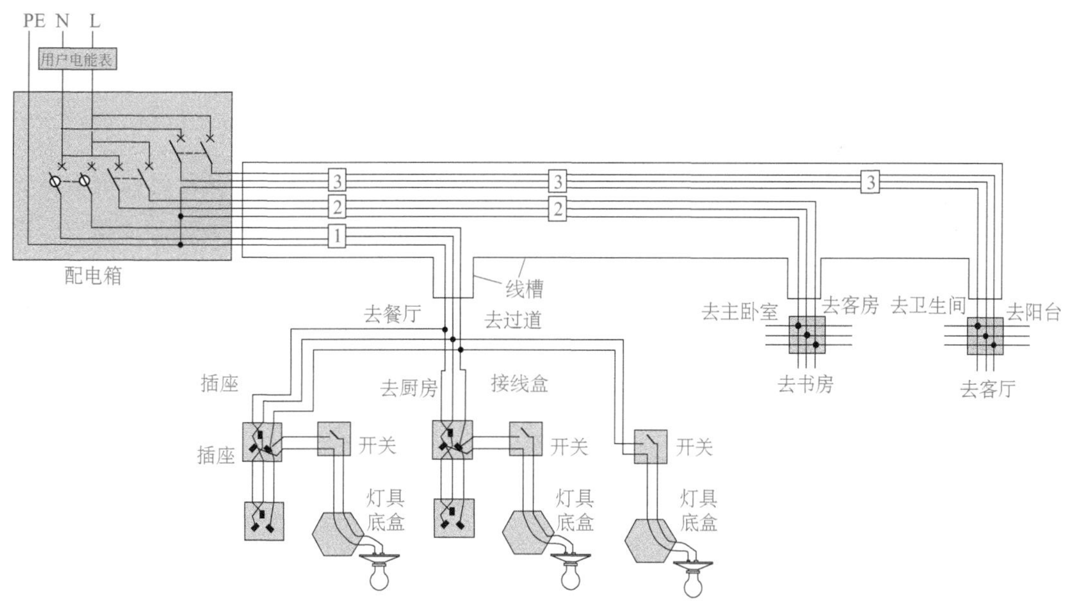

图 9-25　多分支的配电方式

由于线槽中导线的数量较多，为了方便区别分支线路，可每隔一段距离用标签对各分支线路作上标记。

（5）导线连接点的处理

在室内布线时，除了要安装主干线外，还要安装分支线，而分支线与主干线连接时就会产生连接点。**导线连接点是电气线路的薄弱环节，容易出现氧化、漏电和接触不良等故障，如果采用槽板、套管和暗敷布线时，由于无法看见导线，故连接点出现故障后很难查找。**

正确处理导线连接点可以提高电气线路的稳定性，并且在出现故障后易于检查。处理导线连接点常用的方法是将连接点放在插座和接线盒内。

① 将导线连接点放在插座内　要安装一个插座，如果按图9-26（a）所示的做法在主干线上接分支线，再将插座接在分支线上，就会产生两个接线点。正常的做法是按图9-26（b）所示的方法，将主干线引入插座，并将连接点放在插座的接线端上，主干线仍引出插座。

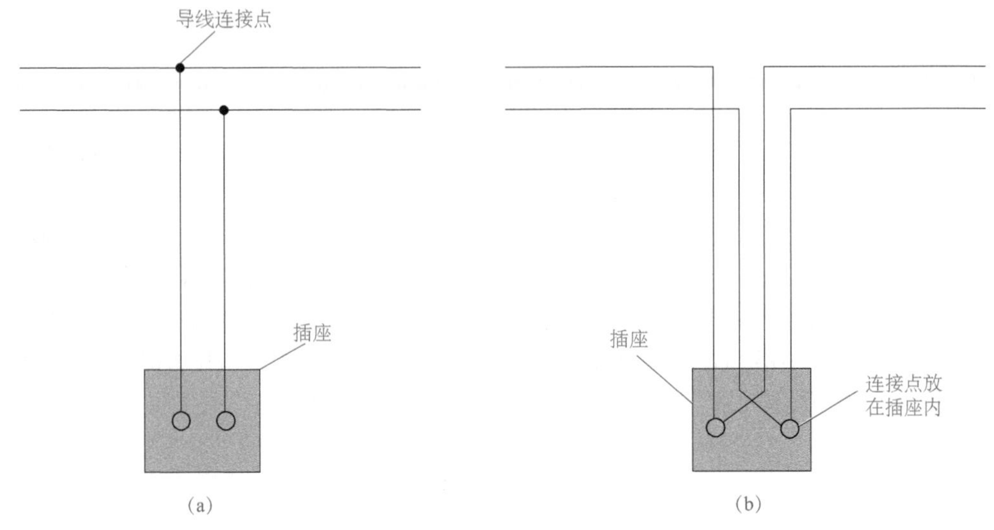

图9-26　将导线连接点放在插座内

② 将导线连接点放在接线盒中　如果导线分支处没有插座，那么也可以在分支处专门安装一个接线盒。图9-27（a）所示是没有使用接线盒的导线连接，它有两个连接点，采用接线盒后，可以将分支连接点安装在接线盒的两个接线端上，如图9-27（b）、（c）所示。导线连接点除了可以放在插座和接线盒中，还可以放在开关和灯具的灯座中。由于室内配电导线故障大多数发生在导线连接点，因此，当配电线路出现故障后，可先检查插座、接线盒内的导线连接点。

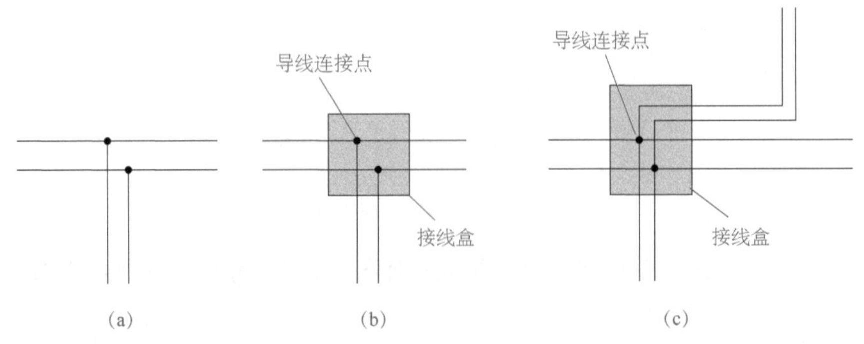

图9-27　将导线连接点放在接线盒中

9.3 开关、插座和配电箱的安装

9.3.1 开关的安装

（1）暗装开关的拆卸与安装

① 暗装开关的拆卸　拆卸是安装的逆过程，在安装暗装开关前，先了解一下如何拆卸已安装的暗装开关。单联暗装开关的拆卸如图9-28所示，先用一字螺丝刀插入开关面板的缺口，用力撬下开关面板，再撬下开关盖板，然后旋出固定螺钉，就可以拆下开关主体。多联暗装开关的拆卸与单联暗装开关大同小异，如图9-29所示。

（a）撬下面板

（b）撬下盖板

（c）旋出固定螺钉

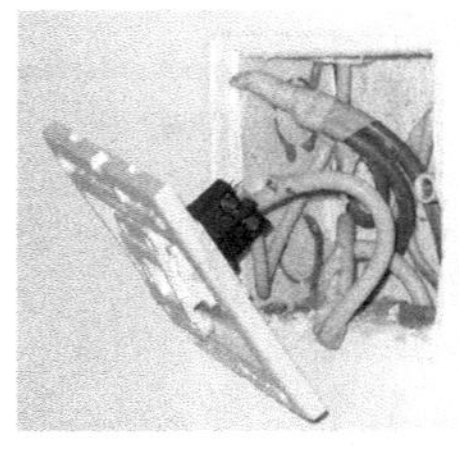
（d）拆下开关主体

图9-28　单联暗装开关的拆卸

（a）未撬下面板

（b）已撬下面板

（c）已撬下一个开关盖板

图9-29　多联暗装开关的拆卸

② 暗装开关的安装　**由于暗装开关是安装在暗盒上的，在安装暗装开关时，要求暗盒（又称安装盒或底盒）已嵌入墙内并已穿线，**如图9-30所示，暗装开关的安装如图9-31所示，先从暗盒中拉出导线，接在开关的接线端上，然后用螺钉将开关主体固定在暗盒上，再依次装好盖板和面板即可。

（2）明装开关的安装

明装开关直接安装在建筑物表面。明装开关有分体式和一体式两种类型。

分体式明装开关如图9-32所示，分体式明装开关采用明盒与开关组合。在安装分体式明装开关时，先用电钻在墙壁上钻孔，接着往孔内敲入膨胀管（胀塞），然后将螺钉穿过明盒的底孔并旋入膨胀管，将明盒固定在墙壁上，再从侧孔将导线穿入底盒并与开关的接线端连接，最后用螺钉将开关固定在明盒上。明装与暗装所用的开关是一样的，但底盒不同，由于暗装底盒嵌入墙壁，底部无需螺钉固定孔，如图9-33所示。

图9-30 已埋入墙壁并穿好线的暗盒

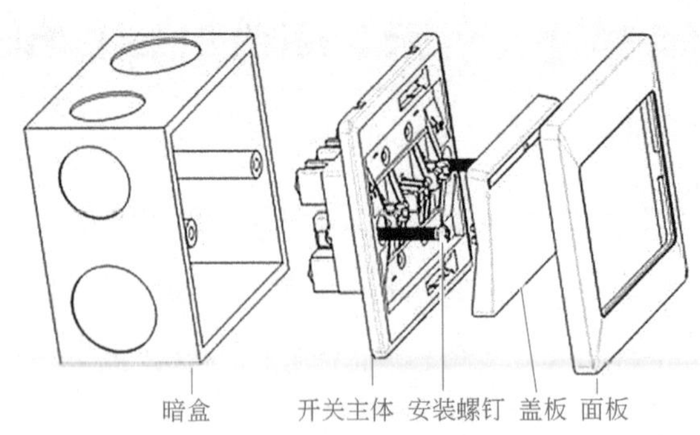

图9-31 暗装开关的安装

图9-32 分体式明装开关（明盒+开关）

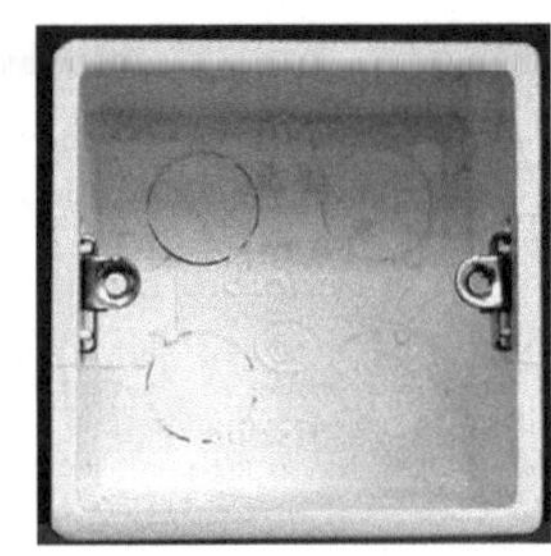

图9-33 暗盒（底部无螺钉孔）

一体式明装开关如图9-34所示，在安装时先要撬开面板盖，才能看见开关的固定孔，用螺钉将开关固定在墙壁上，再将导线引入开关并接好线，然后合上面板盖即可。

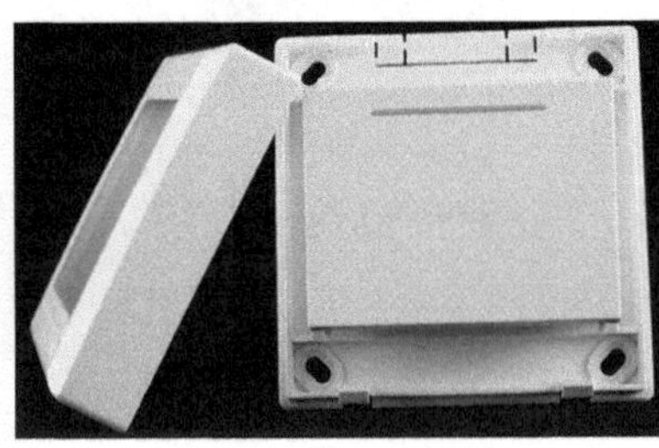

图9-34 一体式明装开关

（3）开关的安装要点

开关的安装要点如下。

① 开关的安装位置为距地约1.4m，距门口约0.2m处为宜。

② 为避免水汽进入开关而影响开关寿命或导致电气事故，卫生间的开关最好安装在卫生间门外，若必须安装在卫生间内，应给开关加装防水盒。

③ 开敞式阳台的开关最好安装在室内，若必须安装在阳台，应给开关加装防水盒。

④ 在接线时，必须要将相线接开关，相线经开关后再去接灯具，零线直接灯具。

9.3.2 插座的安装

插座种类很多，常用的基本类型有两孔、三孔、四孔、五孔插座和三相四线插座，还有带开关插座，如图9-35所示，从图中可以看出，三孔插座有三个接线端，四孔插座有两个接线端（对应的上下插孔内部相通），五孔插座有三个接线端，三相四线插座有四个接线端，一开三孔插座有五个接线端（两个为开关端，三个为插座端），一开五孔插座也有五个接线端。

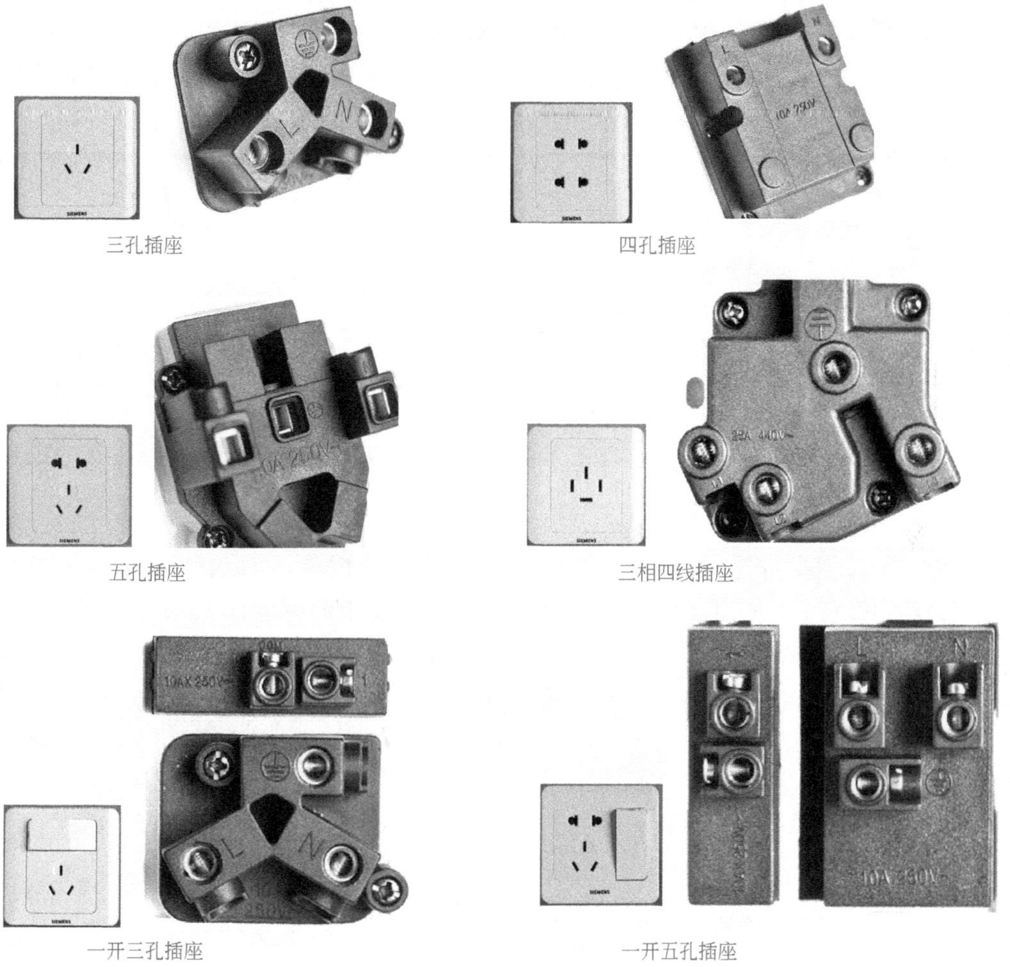

三孔插座

四孔插座

五孔插座

三相四线插座

一开三孔插座

一开五孔插座

图9-35 常用插座及接线端

（1）暗装插座的拆卸与安装

暗装插座的拆卸方法与暗装开关是一样的，暗装插座的拆卸如图9-36所示。

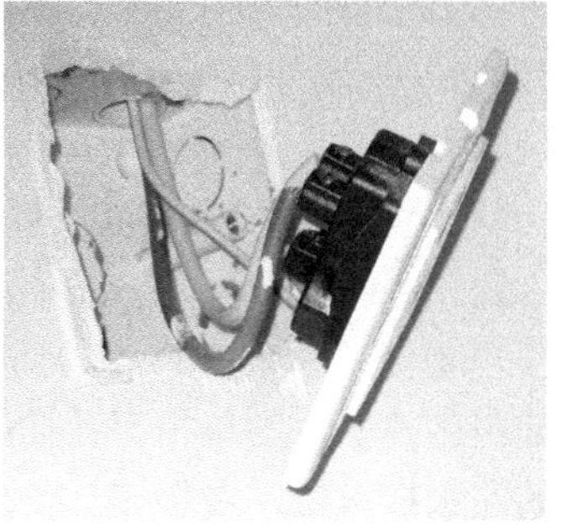

图9-36 暗装插座的拆卸

暗装插座的安装与暗装开关也是一样的，先从暗盒中拉出导线，按极性规定将导线与插座相应的接线端连接，然后用螺钉将插座主体固定在暗盒上，再盖好面板即可。

（2）明装插座的安装

与明装开关一样，明装插座也有分体式和一体式两种类型。

分体式明装插座如图9-37所示，分体式明装插座采用明盒与插座组合，明装与暗装所用的插座是一样的。安装分体式明装插座与安装分体式明装开关一样，将明盒固定在墙壁上，再从侧孔将导线穿入底盒并与插座的接线端连接，最后用螺钉将插座固定在明盒上。

图9-37 分体式明装插座（明盒+插座）

一体式明装插座如图9-38所示，在安装时先要撬开面板盖，可以看见插座的螺钉孔和接线端，用螺钉将插座固定在墙壁上，并接好线，然后合上面板盖即可。

图9-38 一体式明装插座

（3）插座安装接线的注意事项

在安装插座时，要注意以下事项。

① 在选择插座时，要注意插座的电压和电流规格，住宅用插座电压通常规格为220V，电流等级有10A、16A、25A等，插座所接的负载功率越大，要求插座电流等级越大。

② 如果需要在潮湿的环境（如卫生间和开敞式阳台）安装插座，应给插座安装防水盒。

③ 在接线时，插座的插孔一定要按规定与相应极性的导线连接。插座的接线极性规律如图9-39所示。**单相两孔插座的左极接N线（零线），右极接L线（相线）；单相三孔插座的左极接N线，右极接L线，中间极接E线（地线）；三相四线插座的左极接L3线（相线3），右极接L1线（相线1），上极接E线，下极接L2线（相线2）**。

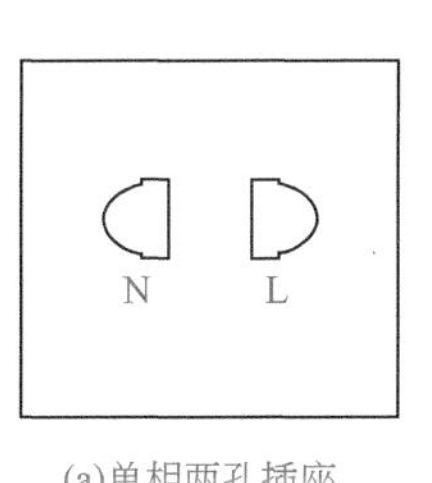

(a)单相两孔插座

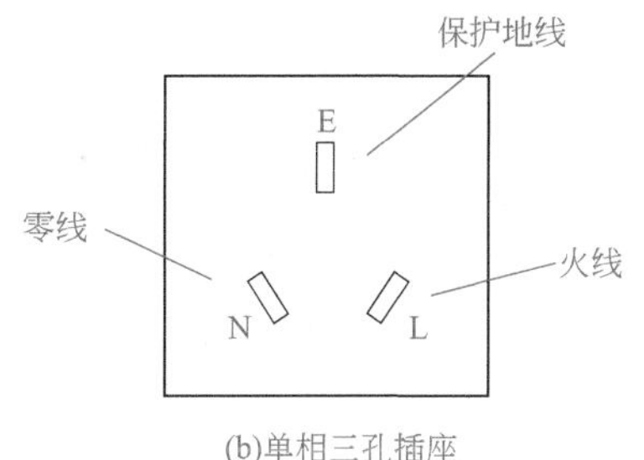

(b)单相三孔插座

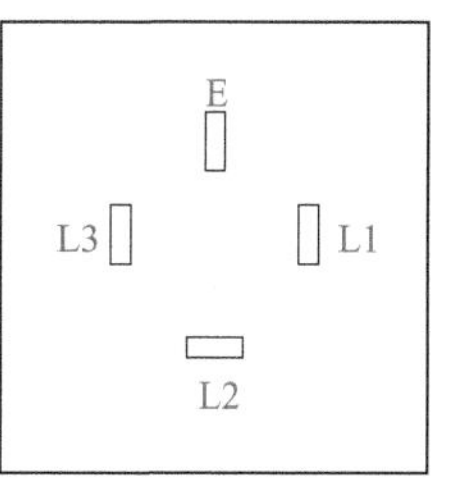

(c)三相四线插座

图 9-39 插座的接线极性规律

9.3.3 配电箱的安装

（1）配电箱的外形与结构

家用配电箱种类很多，图9-40是一个已经安装了配电电器并接线的配电箱（未安装前盖）。

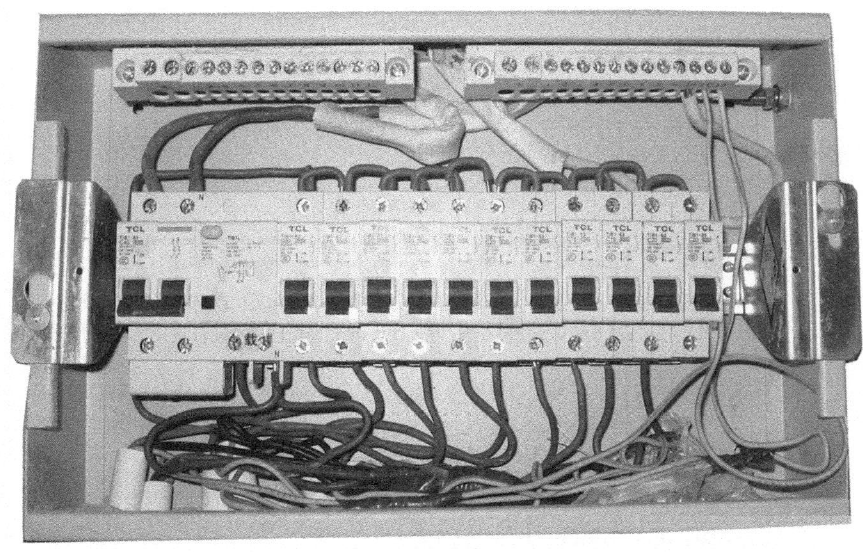

图9-40 一个已经安装配电电器并接线的配电箱

（2）配电电器的安装与接线

在配电箱中安装的配电电器主要有断路器和漏电保护器，在安装这些配电电器时，需要将它们固定在配电箱内部的导轨上，再给配电电器接线。

图9-41是配电箱线路原理图，图9-42是与之对应的配电箱的配电电器接线示意图。三根入户线（L、N、PE）进入配电箱，其中L、N线接到总断路器的输入端。而PE线直接接到地线公共接线柱（所有接线柱都是相通的），总断路器输出端的L线接到3个漏电保护器的L端和5个1P断路器的输入端，总断路器输出端的N线接到3个漏电保护器的N端和零线公共接线柱。在输出端，每个漏电保护器的2根输出线（L、N）和1根由地线公共接线柱引来的PE线组成一个分支线路，而单极断路器的1根输出线（L）和1根由零线公共接线柱引来的N线，再加上1根由地线公共接线柱引来的PE线组成一个分支线路，由于照明线路一般不需地线，故该分支线路未使用PE线。

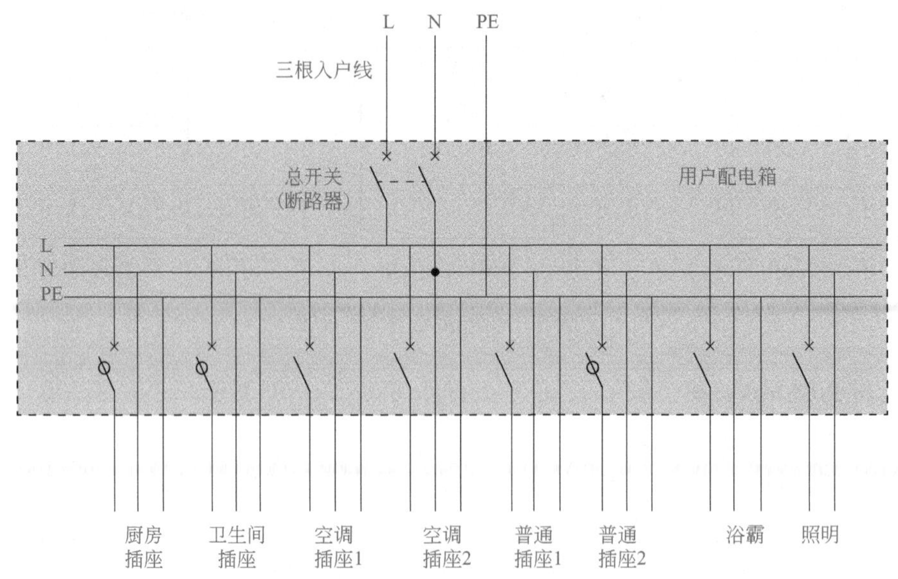

图9-41 配电箱线路原理图

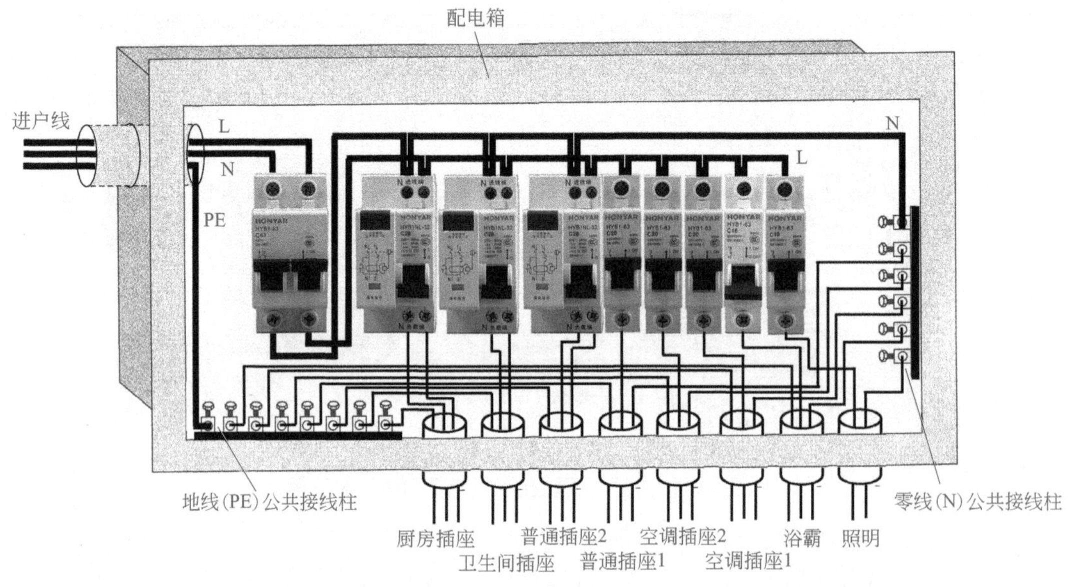

图9-42 配电箱的配电电器接线示意图

在安装住宅配电箱时，当箱体高度小于60cm时，箱体下端距离地面宜为1.5m，箱体高度大于60cm时，箱体上端距离地面不宜大于2.2m。

在配电箱接线时，对导线颜色也有规定：相线应为黄、绿或红色，单相线可选择其中一种颜色，零线（中性线）应为浅蓝色，保护地线应为绿、黄双色导线。

第 2 篇

电气识图

第10章 电气识图基础

电气图是一种用图形符号、线框或简化外形来表示电气系统或设备各组成部分相互关系及其连接关系的一种简图，主要用来阐述电气工作原理，描述电气产品的构造和功能，并提供产品安装和使用方法。

10.1 电气图的分类

电气图的分类方法很多，如根据应用场合不同，可分为电力系统电气图、船舶电气图、邮电通信电气图、工矿企业电气图等。按最新国家标准规定，电气信息文件可分为功能性文件（如系统图、电路图等）、位置文件（如电气平面图）、接线文件（如接线图）、项目表、说明文件和其他文件。

10.1.1 系统图

系统图又称概略图或框图，用符号和带注释的框来概略表示系统或分系统的基本组成、相互关系及其主要特征的一种简图。图10-1为某变电所的供电系统图，该图表示变电所用变压器将10kV电压变换成380V的电压，再分成三条供电支路，图（a）为用图形符号表示的系统图，图（b）为用带文字的框表示的系统图。

10.1.2 电路图

电路图是按工作顺序将图形符号从上到下、从左到右排列并连接起来，用来详细表示电路、设备或成套装置的全部组成和连接关系，而不考虑其实际位置的一种简图。通过识读电路图可以详细理解设备的工作原理、分析和计算电路特性及参数，所以这种图又称为电气原理图、电气线路图。

图10-2为三相异步电动机的点动控制电路，该电路由主电路和控制电路两部分构成，其中主电路由电源开关QS、熔断器FU1和交流接触器KM的3个主触点和电动机组成，控制电路由熔断器FU2、按钮开关SB和接触器KM线圈组成。

当合上电源开关QS时，由于接触器KM的3个主触点处于断开状态，电源无法给电动机供电，电动机不工作。若按下按钮开关SB，L1、L2两相电压加到接触器KM线圈两端，有电流流过KM线圈，线圈产生磁场吸合3个KM主触点，使3个主触点闭合，三相交流电源L1、L2、L3通过QS、FU1和接触器KM的3个主触点给电动机供电，电动机运转。此时，若松开按钮开关SB，无电流通过接触器线圈，线圈无法吸合主触点，3个主触点断开，电动机停止运转。

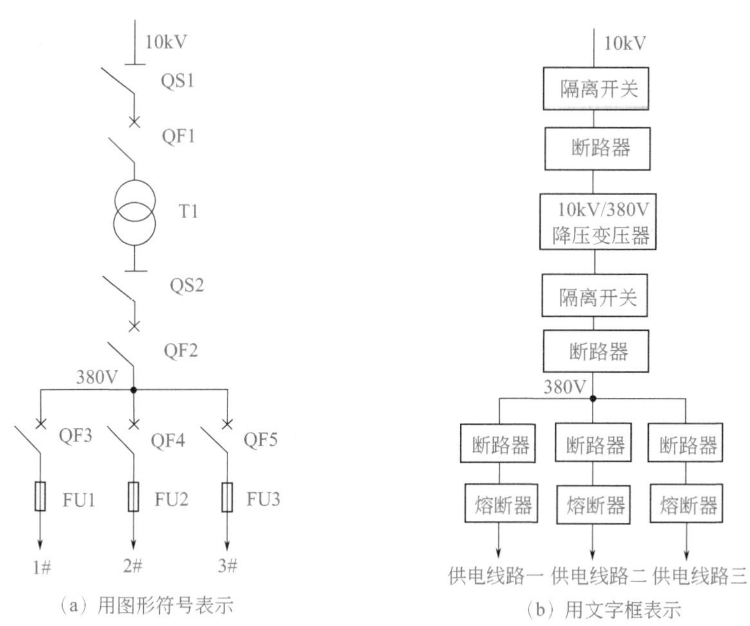

（a）用图形符号表示　（b）用文字框表示

图10-1　某变电所的供电系统图

10.1.3　接线图

接线图是用来表示成套装置、设备或装置的连接关系，用以进行安装、接线、检查、实验和维修等的一种简图。图10-3是三相异步电动机点动控制电路（见图10-2）的接线图，从图中可以看出，接线图中的各元件连接关系除了要与电路图一致外，还要考虑实际的元件，如KM接触器由线圈和触点组成，在画电路图时，接触器的线圈和触点可以画在不同位置，而在画接线图时，则要考虑到接触器是一个元件，其线圈和触点是在一起的。

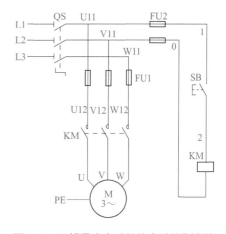

图10-2　三相异步电动机的点动控制电路

10.1.4　电气平面图

电气平面图是用来表示电气工程项目的电气设备、装置和线路的平面布置图，它一般是在建筑平面图的基础上制作出来的。常见的电气平面图有电力平面图、变配电所平面图、供电线路平面图、照明平面图、弱电系统平面图、防雷和接地平面图等。

图10-4是某工厂车间的动力电气平面图。图中的BLV-500（3×35-1×16）SC40-FC表示外部接到配电箱的主电源线规格及布线方式，共含义为：BLV——布线用的塑料铝导线；500——导线绝缘耐压为500V；3×35-1×16——3根截面积为35mm^{2}和1根截面积为16mm^{2}的导线；SC40——穿直径为40mm的钢管；FC——沿地暗敷（导线穿入电线管后埋

入地面）。图中的1、2/5.5+0.16意为1号、2号机床的电动机功率均为5.5kW，机床安装离地16cm。

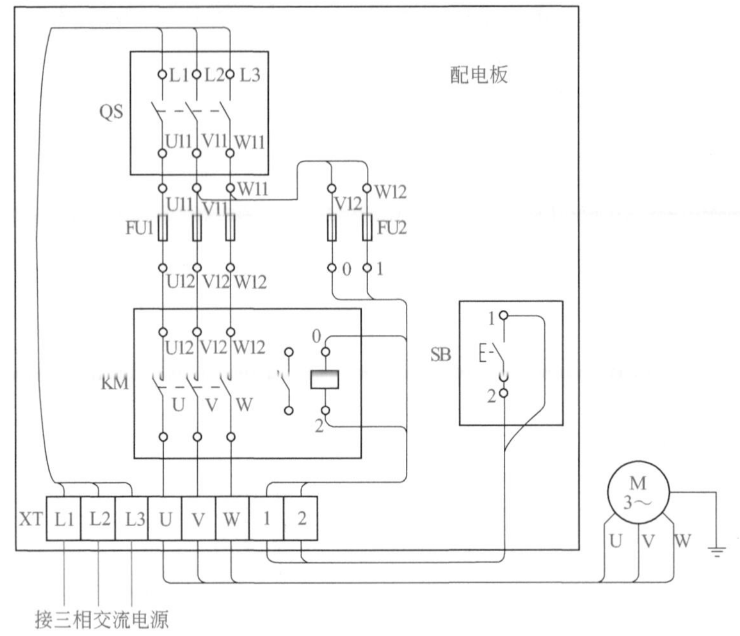

图10-3　三相异步电动机点动控制电路的接线图

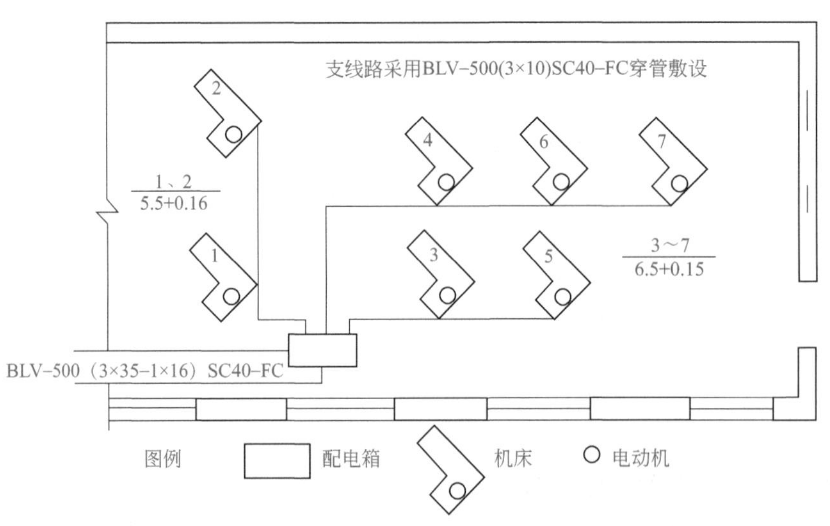

图10-4　某工厂车间的动力电气平面图

10.1.5　设备元件和材料表

设备元件和材料表是将设备、装置、成套装置的组成元件和材料列出，并注明各元件和材料的名称、型号、规格和数量等，便于设备的安装、维护和维修，也能让读图者更好了解各元器件和材料在装置中的作用和功能。设备元件和材料表是电气图的重要组成部分，可将它放置在图中的某一位置，如果数量较多也可单独放置在一页。表10-1是三相异步电动机的点动控制电路（见图10-3）的设备元件和材料表。

表10-1 三相异步电动机点动控制电路的设备元件和材料表

符号	名称	型号	规格	数量
M	三相笼型异步电动机	Y112M-4	4kW、380V、△接法、8.8A、1440r/min	1
QF	断路器	DZ5-20/330	三极复式脱扣器、380V、20A	1
FU1	螺旋式熔断器	RL1-60/25	500V、60A、配熔体额定电流25A	3
FU2	螺旋式熔断器	RL1-15/2	500V、15A、配熔体额定电流2A	2
KM	交流接触器	CJT1-20	20A、线圈电压380V	1
SB	按钮	LA4-3H	保护式、按钮数3（代用）	1
XT	端子板	TD-1515	15A、15节、660V	1
	配电板		500mm×400mm×20mm	1
	主电路导线		BV1.5mm^{2}和BVR1.5mm^2（黑色）	若干
	控制电路导线		BVR 1mm^2（红色）	若干
	按钮导线		BVR 0.75mm^2（红色）	若干
	接地导线		BVTR 1.5mm^2（黄绿双色）	若干
	紧固体和编码套管			若干

电气图种类很多，前面介绍了一些常见的电气图，对于一台电气设备，不同的人接触到的电气图可能不同，一般来说，生产厂家具有较齐全的设备电气图（如系统图、电路图、印制板图、设备元件和材料列表等），为了技术保密或其他一些原因，厂家提供给用户的往往只有设备的系统图、接线图等形式的电气图。

10.2 电气图的制图与识图规则

电气图是电气工程通用的技术语言和技术交流工具，它除了要遵守国家制定的与电气图有关的标准外，还要遵守机械制图、建筑制图等方面的有关规定，因此制图和识图人员有必要了解这些规定与标准，限于篇幅，这里主要介绍一些常用的规定与标准。

10.2.1 图纸格式、幅面尺寸和图幅分区

（1）图纸格式

电气图图纸的格式与建筑图纸、机械图纸的格式基本相同，一般由边界线、图框线、标题栏、会签栏组成。电气图图纸的格式如图10-5所示。

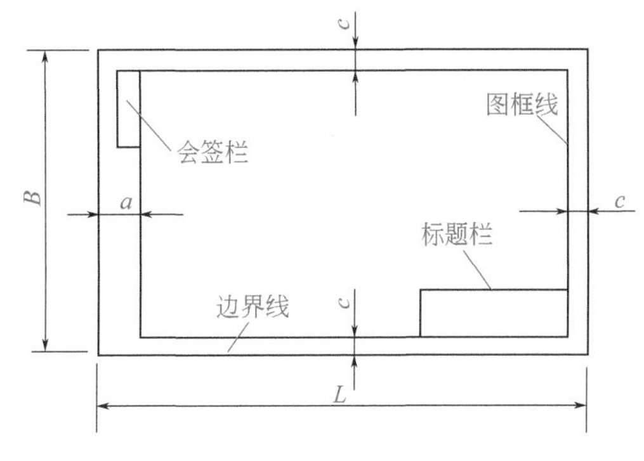

图10-5 电气图图纸格式

电气图应绘制在图框线内，图框线与图纸边界之间要有一定的留空。标题栏相当于图纸的铭牌，用来记录图样的名称、图号、张次、更改和有关人员签署等内容的栏目，位于图纸的下方或右下方，目前我国尚未规定统一的标题栏格式，图10-6是一种较典型

的标题栏格式。会签栏通常用作水、暖、建筑和工艺等相关专业设计人员会审图纸时签名，如无必要，也可取消会签栏。

设计单位名称				工程名称	设计号	页张次
总工程师		主要设计人		项目名称		
设计总工程师		技　核				
专业工程师		制　图				
组长		描　图		图　号		
日期		比　例				

图10-6　典型的标题栏格式

（2）图纸幅面尺寸

电气图图纸的幅面一般分为五种：0号图纸（A0）、1号图纸（A1）、2号图纸（A2）、3号图纸（A3）、4号图纸（A4）。电气图图纸的幅面尺寸规格见表10-2，从表中可以看出，如果图纸需要装订时，其装订边宽（*a*）留空要多一些。

表10-2　电气图图纸的幅面尺寸规格　　单位：mm

幅面代号	A0	A1	A2	A3	A4
宽×长（$B\times L$）	841×1189	594×841	420×594	297×420	210×297
边宽（c）	10			5	
装订侧边宽（a）	25				

（3）幅面分区

对于一些大幅面、内容复杂的电气图，为了便于确定图纸内容的位置，可对图纸进行分区。分区的方法是将图纸按长、宽方向各加以等分，分区数为偶数，每一分区的长度为25～75mm，每个分区内竖边方向用大写字母编号，横边方向用阿拉伯数字编号，编号顺序从图纸左上角（标题栏在右下角）开始。

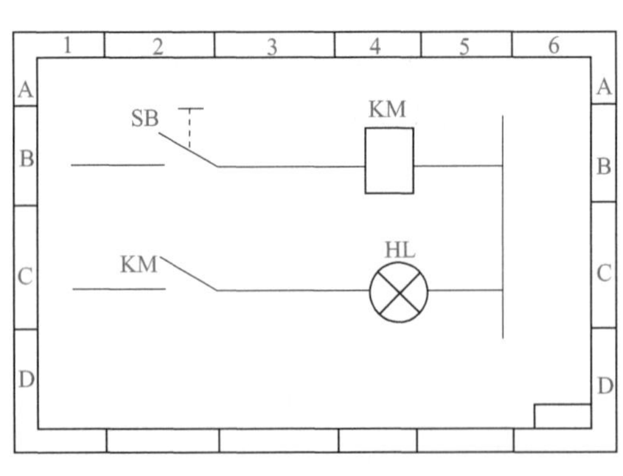

图10-7　图纸分区示例

图纸分区的作用相当于在图纸上建立了一个坐标，图纸中的任何元件位置都可以用分区号来确定，如图10-7所示，接触器KM线圈位置分区代号为B4，接触器KM触点的分区代号为C2。分区代号用该区域的字母和数字表示，字母在前，数字在后。给图纸分区后，不管图纸多复杂，只要给出某元件所在的分区代号，就能在图纸上很快找到该元件。

10.2.2　图线和字体等规定

（1）图线

图线是指图中用到的各种线条。国家标准规定了8种基本图线，分别是粗实线、细实线、中实线、双折线、虚线、粗点画线、细点画线和双点画线。8种基本图线形式及应用见表10-3。图线的宽度一般为0.25mm、0.35mm、0.5mm、0.7mm、1.0mm、1.4mm。在电气图中绘制图线时，以粗实线的宽度b为基准，其他图线宽度应按规定，以b为标准按比例（1/2、1/3）选用。

表10-3　8种基本图线形式及应用

序号	名称	形式	宽度	应用举例
1	粗实线		b	可见过渡线，可见轮廓线，电气图中简图主要内容用线，图框线，可见导线
2	中实线		约b/2	土建图上门，窗等的外轮廓线
3	细实线		约b/3	尺寸线，尺寸界线，引出线，剖面线，分界线，范围线，指引线，辅助线
4	虚　线		约b/3	不可见轮廓线，不可见过渡线，不可见导线，计划扩展内容用线，地下管道，屏蔽线
5	双折线		约b/3	被断开部分的边界线
6	双点画线		约b/3	运动零件在极限或中间位置时的轮廓线，辅助用零件的轮廓线及其剖面线，剖视图中被剖去的前面部分的假想投影轮廓线
7	粗点画线		b	有特殊要求的线或表面的表示线，平面图中大型构件的轴线位置线
8	细点画线		约b/3	物体或建筑物的中心线，对称线，分界线，结构围框线，功能围框线

（2）字体

文字包括汉字、字母和数字，是电气图的重要组成部分。根据国家标准规定，文字必须做到字体端正、笔画清楚、排列整齐、间隔均匀。其中汉字采用国家正式公布的长仿宋体，字母可采用大写、小写、正体和斜体，数字通常采用正体。

字号（字体高度，单位：mm）可分为20号、14号、10号、7号、5号、3.5号、2.5号和1.8号八种，字宽约为字高的2/3。

（3）箭头

电气图中主要使用开口箭头和实心箭头，如图10-8所示，**开口箭头常用于表示电气连接上电气能量或电气信号的流向，实心箭头表示力、运动方向、可变性方向或指引线方向。**

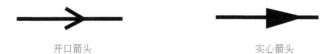

图10-8　两种常用箭头

（4）指引线

指引线用于指示注释的对象。指引线一端指向注释对象，另一端放置注释文字。电气图中使用的指引线主要有三种形式，如图10-9所示，若指引线末端需指在轮廓线内，可在指引线末端使用黑圆点，如图（a）所示，若指引线末端需指在轮廓线上，可在指引线末端使用箭头，如图（b）所示，若指引线末端需指在电气线路上，可在指引线末端使用斜线，如图（c）所示。

（5）围框

如果电气图中有一部分是功能单元、结构单元或项目组（如电器组、接触器装置），可用围框（点画线）将这一部分围起来，围框的形状可以是不规则的。在电气图中采用围框时，围框线不应与元件符号相交（插头、插座和端子符号除外）。

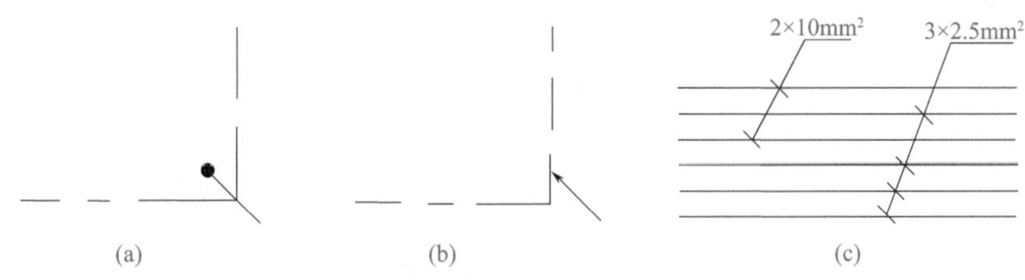

图10-9 指引线的三种形式

在图10-10（a）的细点画线围框中为两个接触器，每个接触器都有三个触点和一个线圈，用一个围框可以使两个接触器的作用关系看起来更加清楚。如果电气图很复杂，一页图纸无法放置时，可用围框来表示电气图中的某个单元，该单元的详图可画在其他页图纸上，并在图框内进行说明，如图10-10（b）所示，表示该含义的围框应用双点画线。

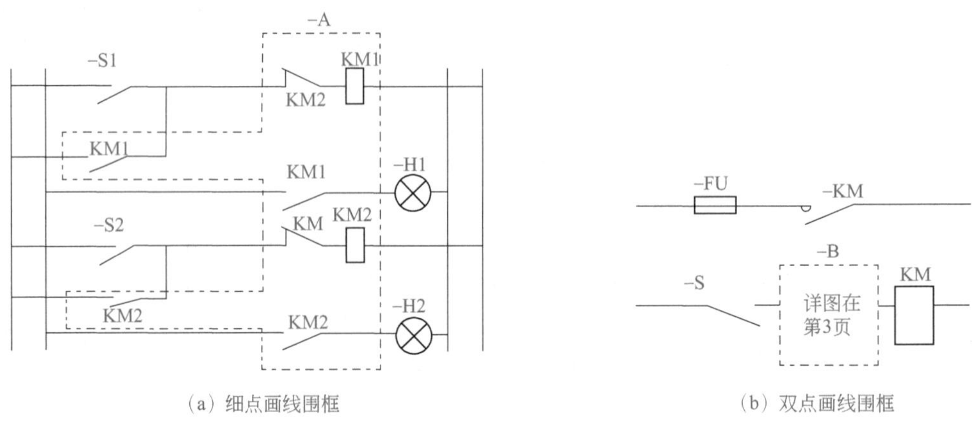

（a）细点画线围框　　（b）双点画线围框

图10-10 围框使用举例

（6）比例

电气图上画的图形大小与物体实际大小的比值称为比例。电气原理图一般不按比例绘制，而电气位置平面图等常按比例绘制或部分按比例绘制。对于采用比例绘制的电气平面图，只要在图上测出两点距离就可按比例值计算出现场两点间的实际距离。

电气图采用的比例一般为1∶10、1∶20、1∶50、1∶100、1∶200和1∶500。

（7）尺寸

尺寸是制造、施工、加工和装配的主要依据。尺寸由尺寸线、尺寸界线、尺寸起止点（实心箭头和45° 斜短划线）和尺寸数字四个要素组成。尺寸标注如图10-11所示。

电气图纸上的尺寸通常以mm（毫米）为单位，除特殊情况外，图纸上一般不标注单位。

（8）注释

注释的作用是对图纸上的对象进行说明。注释可采用两种方式：①将注释内容直接放在所要说明的对象附近，如有必要，可使用指引线；②给注释对象和内容加相同标记，再将注释内容放在图纸的别处或其他图纸上。

若图中有多个注释时，应将这些注释进行编号，并按顺序放在图纸边框附近。如果是多张图，一般性注释通常放在第一张图上，其他注释则放在与其内容相关的图上。在注释时，可采用文字、图形、表格等形式，以便更好将对象表达清楚。

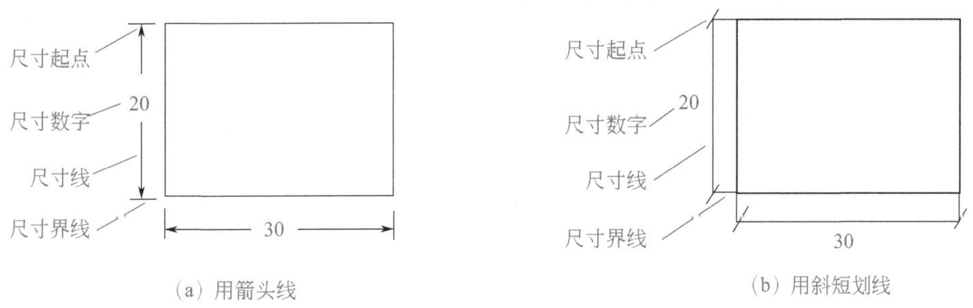

图10-11　尺寸标注的两种方式

10.2.3　电气图的布局

图纸上的电气图布局是否合理，对正确快速识图有很大影响。电气图布局的原则是：便于绘制、易于识读、突出重点、均匀对称、清晰美观。

在电气图布局时，可按以下步骤进行。

① **明确电气图的绘制内容**。在电气图布局时，要明确整个图纸的绘制内容（如需绘制的图形、图形的位置、图形之间的关系、图形的文字符号、图形的标注内容、设备元件明细表和技术说明等）。

② **确定电气图布局方向**。电气图布局方向有水平布局和垂直布局，如图10-12所示，在水平布局时，将元件和设备在水平方向布置，在垂直布局时，应将元件和设备在垂直方向布置。

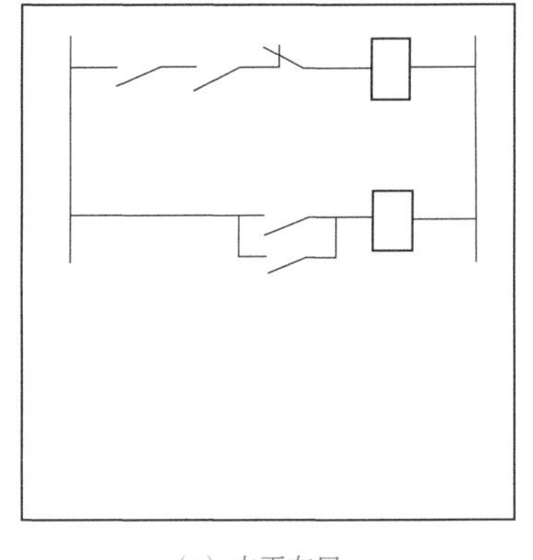

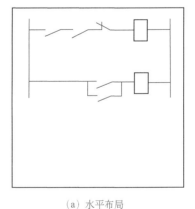

(a) 水平布局

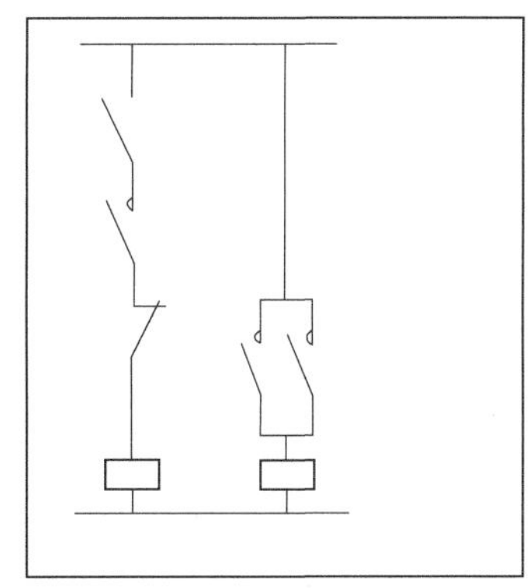

(b) 垂直布局

图10-12　电气图的两种布局方向

③ **确定各对象在图纸上的位置**。在确定各对象在图纸的位置时，需要了解各对象形状大小，以安排合理的空间范围，在安排元件的位置时，一般按因果关系和动作顺序从左到右、从上到下布置。如图10-13（a）所示，当SB1闭合时，时间继电器KT线圈得电，一段时间后，得电延时闭合KT触点闭合，接触器KM线圈得电，KM常开自锁触点闭合，锁定KM线圈得电，同时KM常闭联锁触点断开，KT线圈失电，KT触点断开，如图10-13（a）采用图10-13（b）一样的元件布局，虽然电气原理与图10-13（a）相同，但识图时不符合习惯。

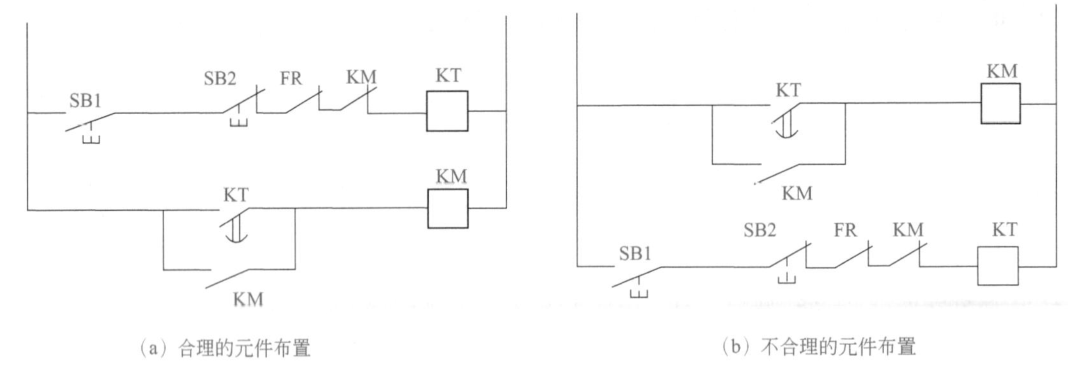

（a）合理的元件布置　　（b）不合理的元件布置

图10-13　元件的布局示例

10.3 电气图的表示方法

10.3.1 电气连接线的表示方法

电气连接线简称导线，用作连接电气元件和设备，其功能是传输电能或传递电信号。

（1）导线的一般表示方法

① 导线的符号　导线的符号如图10-14所示，一般符号可表示任何形式的导线，母线是指在供配电系统中使用的粗导线。

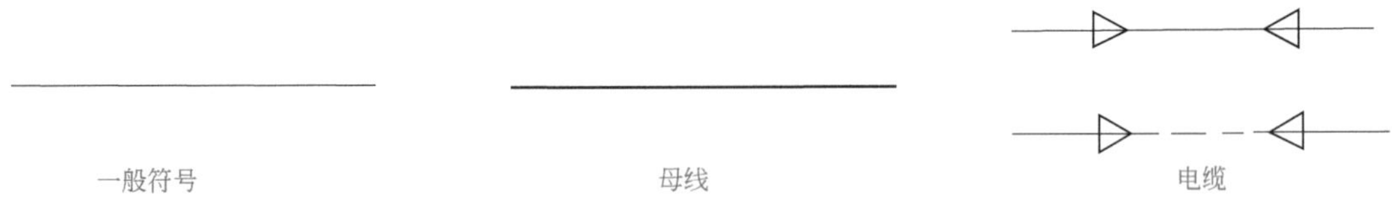

图10-14　导线的符号

② 多根导线的表示　在表示多根导线时，可用多根单导线符号组合在一起表示，也可用单线来表示多根导线，如图10-15 所示，如果导线数量少，可直接在单线上划多根45°短划线，若导线根数很多，通常在单线上划一根短划线，并在旁边标注导线根数。

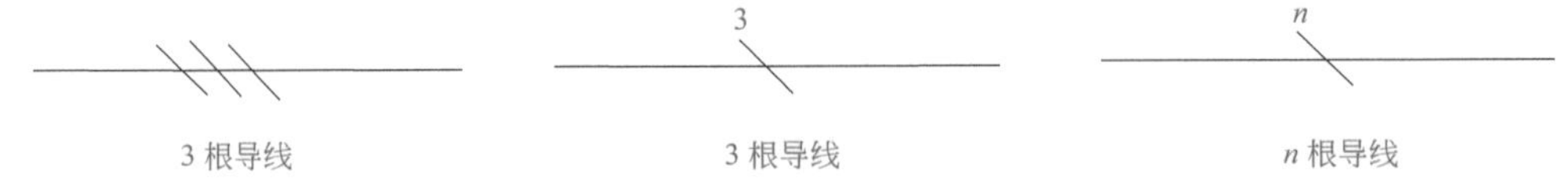

图10-15　多根导线的表示举例

③ 导线特征的表示　**导线的特征主要有导线材料、截面积、电压、频率等，导线的特征一般直接标在导线旁边，也可在导线上划45° 短划线来指定该导线特征，**如图10-16所示。在图10-16（a）中，3N-50Hz380V表示有3根相线、1根中性性、导线电源频率和电压分别为50Hz和380V，3×10+1×4表示3根相线的截面积为10mm²、中性线的截面积为4mm²。在图10-16（b）中，BLV-3×6-PC25-FC表示有3根铝芯塑料绝缘导线、导线的截面积为6mm²，用管径为25mm塑料电线管（PC）埋地暗敷（FC）。

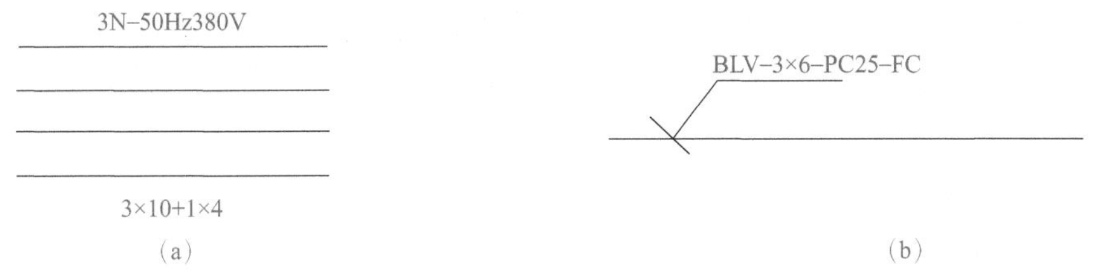

图10-16　导线特征表示举例

④ 导线换位的表示　在某些情况下需要导线相序变换、极性反向和导线的交换，可采用图10-17所示方法来表示，图中表示L1和L3相线互换。

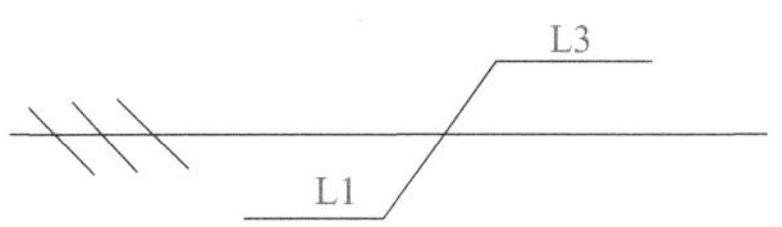

图10-17　导线换位表示举例

（2）导线连接点的表示方法

导线连接点有T形和十形，对于T形连接点，可加黑圆点，也可不加，如图10-18（a）所示，**对于十形连接点，如果交叉导线电气上不连接，交叉处不加黑圆点**，如图10-18（b）所示，如果交叉导线电气上有连接关系，交叉处应加黑圆点，如图10-18（c）所示，导线应避免在交叉点改变方向，应跨过交叉点再改变方向，如图10-18（d）所示。

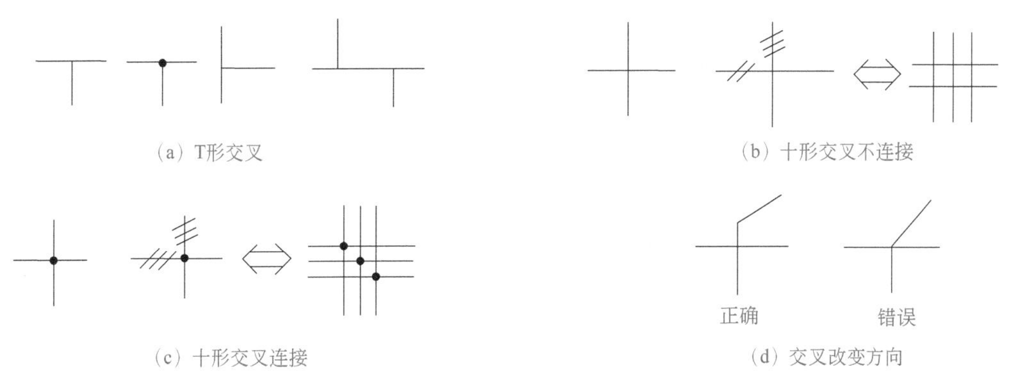

图10-18　导线连接点表示举例

（3）导线连接关系表示

导线的连接关系有连续表示法和中断表示法。

① 导线连接的连续表示　表示多根导线连接时，既可采用多线形式，也可以采用单线形式，如图10-19所示，采用单线形式表示导线连接可使电气图看起来简单清晰。常见的导线单线连接形式如图10-20所示。

图10-19　导线连接的多线与单线形式

② 导线连接的中断表示　如果导线需要穿越众多的图形符号，或者一张图纸上的导线要连接到另一张图纸上，这些情况下可采用中断方式来表示导线连接。导线连接的中断表

示如图10-21，图（a）采用在导线中断处加相同的标记来表示导线连接关系，图（b）采用在导线中断处加连接目标的标记来表示导线连接关系。

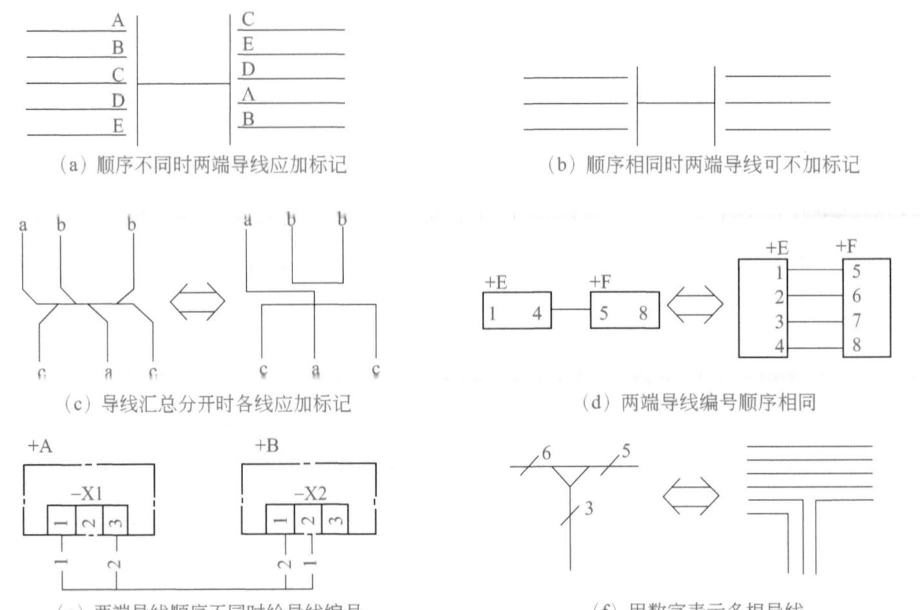

（a）顺序不同时两端导线应加标记　（b）顺序相同时两端导线可不加标记

（c）导线汇总分开时各线应加标记　（d）两端导线编号顺序相同

（e）两端导线顺序不同时给导线编号　（f）用数字表示多根导线

图10-20　常见的导线单线连接表示形式

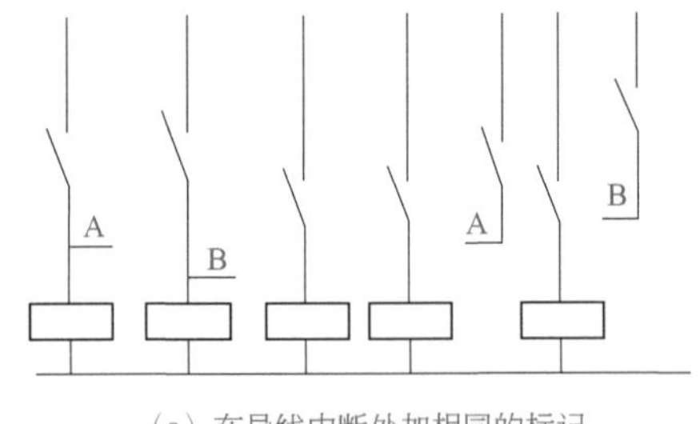

（a）在导线中断处加相同的标记

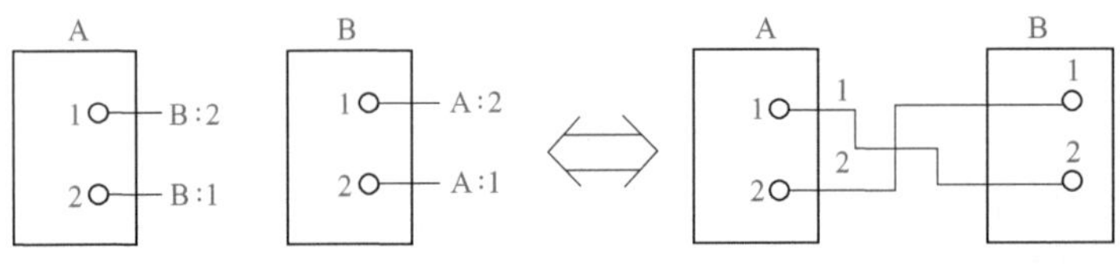

（b）在导线中断处加连接目标的标记

图10-21　导线连接的中断表示示例

10.3.2　电气元件的表示方法

（1）复合型电气元件的表示方法

有些电气元件只有一个完整的图形符号（如电阻器），有些电气元件由多个部分组成（如接触器由线圈和触点组成），这类电气元件称为复合型电气元件，其不同部分使用不同图形符号表示。**对于复合型电气元件，在电气图中可采用集中方式表示、半集中方式表示或分开方式表示。**

① 电气元件的集中方式表示　集中方式表示是指将电气元件的全部图形符号集中绘制在一起，用直虚线（机械连接符号）将全部图形符号连接起来。电气元件的集中方式表示如图10-22（a）所示，简单电路图中的电气元件适合用集中方式表示。

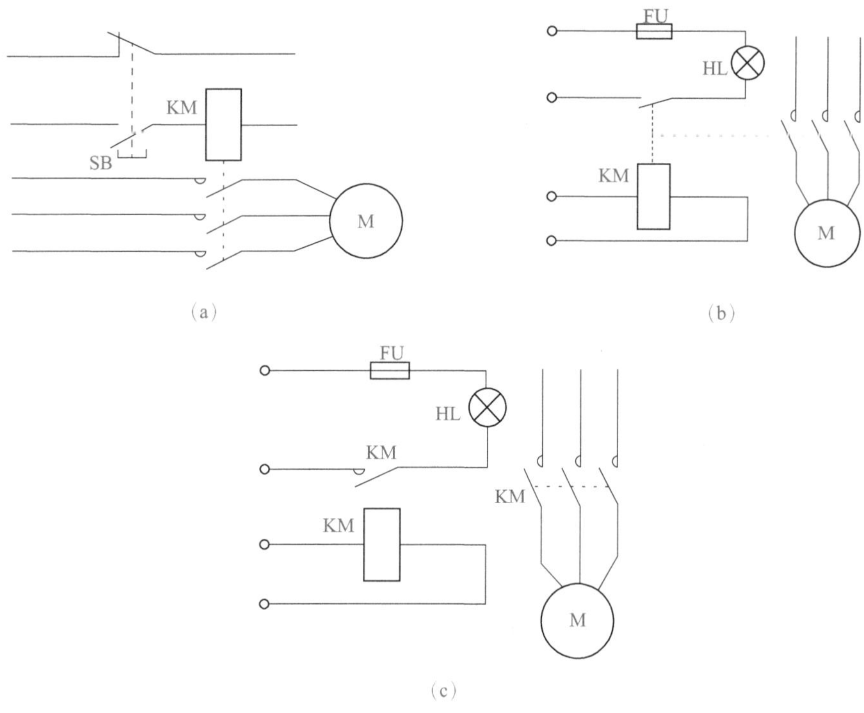

图10-22　复合型电气元件的表示方法

② 电气元件的半集中表示　半集中方式表示是指将电气元件的全部图形符号分散绘制，用虚线将全部图形符号连接起来。电气元件的半集中方式表示如图10-22（b）所示

③ 电气元件的分开表示　分开方式表示是指将电气元件的全部图形符号分散绘制，各图形符号都用相同的项目代号表示。与半集中表示相比，电气元件采用分开方式绘制可以减少电气图上的图线（虚线），且更灵活，但由于未用虚线连接，识图时容易遗漏电气元件的某个部分。电气元件的分开表示如图10-22（c）所示。

（2）电气元件状态的表示

在绘制电气元件图形符号时，其状态均按“正常状态”表示，即元件未受外力作用、未通电时的状态。例如：

① 继电器、接触器应处于非通电状态，其触点状态也应处于线圈未通电时对应的状态。

② 断路器、隔离开关和负荷开关应处于断开状态。

③ 带零位的手动控制开关应处于零位置，不带零位的手动控制开关应在图中规定位置。

④ 机械操作开关（如行程开关）的状态由机械部件的位置决定，可在开关附近或别处标注开关状态与机械部件位置之间的关系。

⑤ 压力继电器、温度继电器应处于常温和常压时的状态。

⑥ 事故、报警、备用等开关或继电器的触点应处于设备正常使用的位置，如有特定位置，应在图中加以说明。

⑦ 复合型开闭器件（如组合开关）的各组成部分必须表示在相互一致的位置上，而不管电路的工作状态。

（3）电气元件触点的绘制规律

对于电类继电器、接触器、开关、按钮等电气元件的触点，在同一电路中，在加电或受力后各触点符号的动作方向应绘成一致，其绘制规律为“左开右闭，下开上闭”。当触点符号垂直放置时，动触点在静触点左侧为常开触点（也称动合触点），动触点在右侧为常闭触点（又称动断触点），如图10-23（a）所示。当触点符号水平放置时，动触点在静触点下方为常开触点，动触点在静触点上方为常闭触点，如图10-23（b）所示。

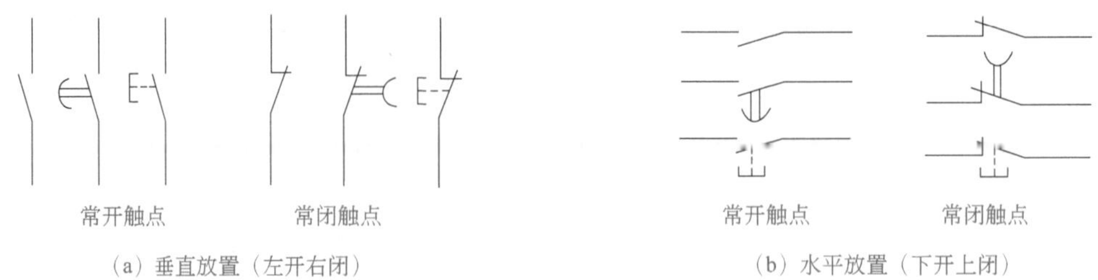

（a）垂直放置（左开右闭）　（b）水平放置（下开上闭）

图10-23　一般电气元件触点的绘制规律

（4）电气元件标注的表示

电气元件的标注包括项目代号、技术数据和注释说明等。

① 项目代号的表示　项目代号是区分不同项目的标记，如电阻项目代号用R表示，多个不同电阻分别用R1、R2等表示。项目代号一般表示规律如下。

a.项目代号的标注位置尽量靠近图形符号。

b.当元件水平布局时，项目代号一般应标在元件图形符号上方，如图10-24（a）中的VD、R，当元件垂直布局时、项目代号一般标在图形符号左方，如图10-24（a）中的C1、C2。

c.对围框的项目代号应标注在其上方或右方。

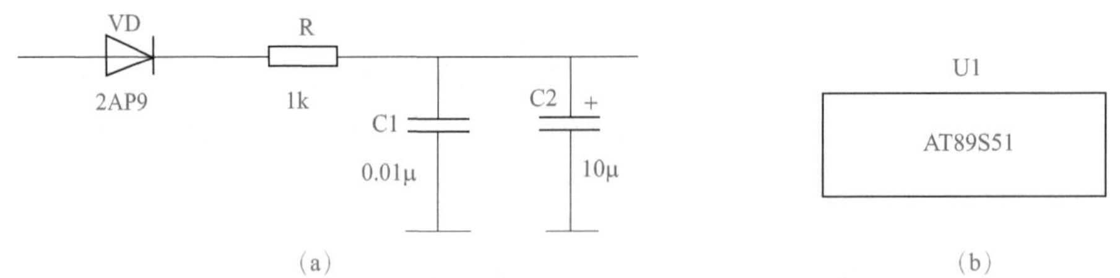

（a）　（b）

图10-24　电气元件的项目代号和技术数据表示例图

② 技术数据的表示　元件的技术数据主要包括元件型号、规格、工作条件、额定值等。技术数据一般表示规律如下。

a.技术数据的标注位置尽量靠近图形符号。

b.当元件水平布局时，技术数据一般应标在元件图形符号下方，如图10-24（a）中的2AP9、1k，当元件垂直布局时、技术数据一般标在项目代号的下方或右方，如图10-24（a）中的0.01μ、10μ。

c.对于像集成电路、仪表等方框符号或简化外形符号，技术数据可标在符号内，如图10-24（b）中的AT89S51。

③ 注释说明的表示　元件的注释说明可采用两种方式：a.将注释内容直接放在所要说

明的元件附近，如图10-25所示，如有必要，注释时可使用指引线；b.给注释对象和内容加相同标记，再将注释内容放在图纸的别处或其他图纸上。

若图中有多个注释时，应将这些注释进行编号，并按顺序放在图纸边框附近。如果是多张图，一般性注释通常放在第一张图上，其他注释则放在与其内容相关的图上。在注释时，可采用文字、图形、表格等形式，以便更好将对象表达清楚。

（5）电气元件接线端子的表示

元件的接线端子有固定端子和可拆换端子，端子的图形符号如图10-26所示。

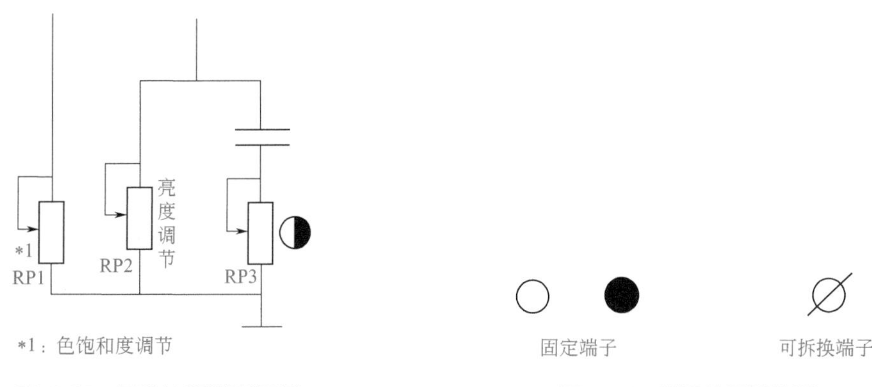

图10-25　元件注释说明示例

图10-26　端子的图形符号

为了区分不同的接线端子，需要对端子进行编号。**接线端子编号一般表示规律如下。**

① 单个元件的两个端子用连续数字表示，若有中间端子，则用逐增数字表示，如图10-27（a）所示。

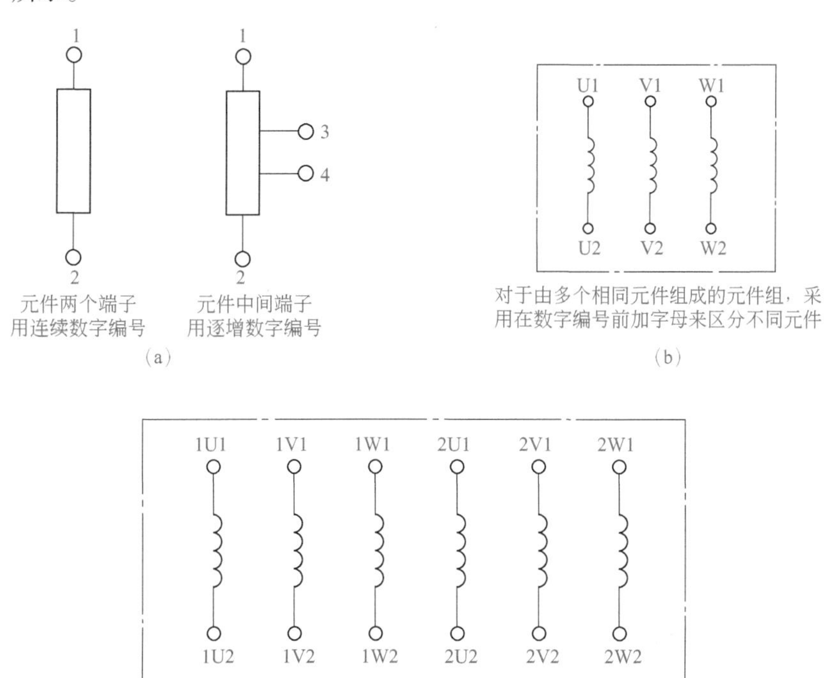

图10-27　元件接线端子的表示例图

② 对于由多个相同元件组成元件组，其端子采用在数字前加字母来区分组内不同元件，如图10-27（b）所示。

③ 对于由多个同类元件组，其端子采用在字母加数字来区分组内不同元件组，如图10-27（c）所示。

10.3.3 电气线路的表示方法

电气线路的表示通常有多线表示法、单线表示法和混合表示法。

（1）多线表示法

多线表示法是将电路的所有元件和连接线都绘制出来的表示方法。图10-28是用多线方法表示电动机正反转控制的主电路。

（2）单线表示法

单线表示法是将电路中的多根导线和多个相同图形符号用一根导线和一个图形符号来表示的方法。图10-29是用单线方法表示的电动机正反转控制的主电路。单线表示法适用于三相电路和多线基本对称电路，不对称部分应在图中说明，如图10-29中在KM2接触器触点前加了L1、L3导线互换标记。

（3）混合表示法

混合表示法是在电路中同时采用单线表示法和多线表示法。在使用混合表示法时，对于三相和基本对称的电路部分可采用单线表示，对于非对称和要求精确描述的电路应采用多线表示法。图10-30是用混合表示方法绘制的电动机星形-三角形切换主电路。

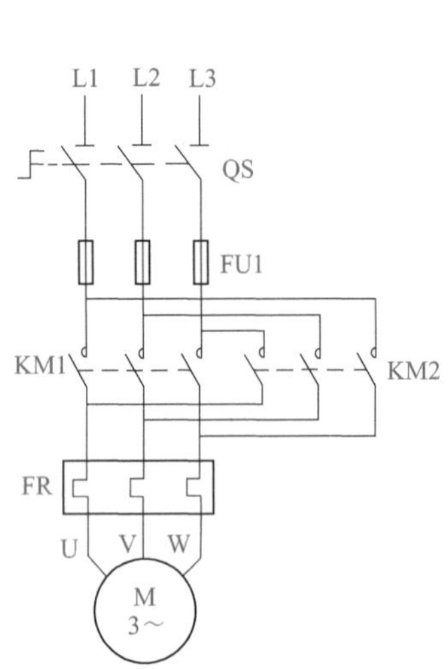

图10-28 多线表示法示例

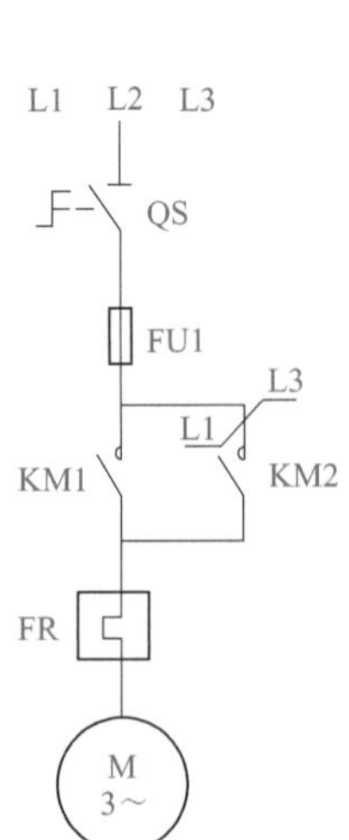

图10-29 单线表示法示例

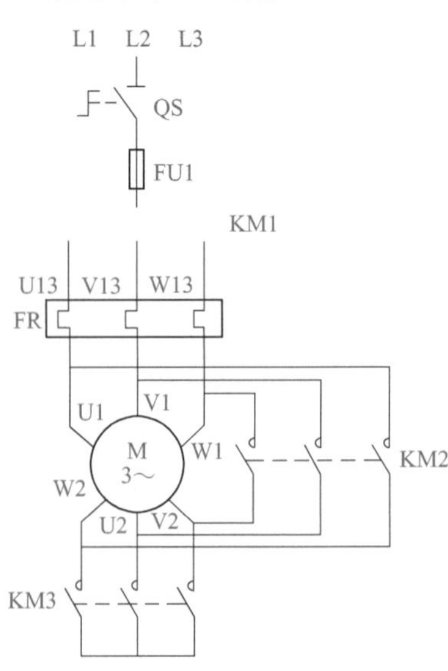

图10-30 混合表示法示例

10.4 电气符号

电气符号包括图形符号、文字符号、项目代号和回路标号等。电气符号由国家标准统一决定，只有了解电气符号含义、构成和表示方法，才能正确识读电气图。

10.4.1 图形符号

图形符号是表示设备或概念的图形、标记或字符等的总称。它通常用于图样或其他文件，是构成电气图的基本单元，是电工技术文件中的“象形文字”，是电气工程“语言”的“词汇”和“单词”，正确、熟练地掌握绘制和识别各种电气图形符号是识读电气图的基本功。

（1）图形符号的组成

图形符号通常由基本符号、一般符号、符号要素和限定符号四部分组成。

① 基本符号。**基本符号用来说明电路的某些特征，不表示单独的元件或设备。**例如“N”表中性线，“+”“−”分别代表正、负极。

② 符号要素。**符号要素是具有确定含义的简单图形，它必须和其他图形符号组合在一起才能构成完整的符号。**例如电子管类元件有管壳、阳极、阴极和栅极四个要素符号，如图10-31（a）所示，这四个要素可以组合成电子管类的二极管、三极管和四极管等，如图10-31（b）所示。

③ 一般符号。**一般符号用来表示一类产品或此类产品特征，其图形往往比较简单。**图10-32列出了一些常见的一般符号。

④ 限定符号。**限定符号是一种附加在其他图形符号上的符号，用来表示附加信息（如可变性、方向等）。限定符号一般不能单独使用，使用限定符号使得图形符号表示更多种类的产品。**一些限定符号的应用如图10-33所示。

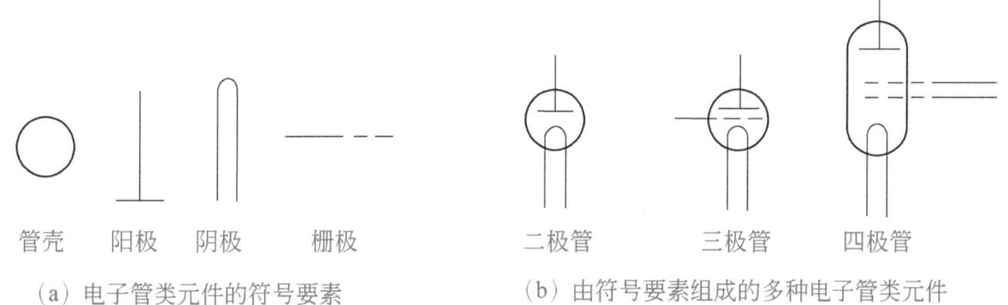

图10-31 符号要素及组合举例

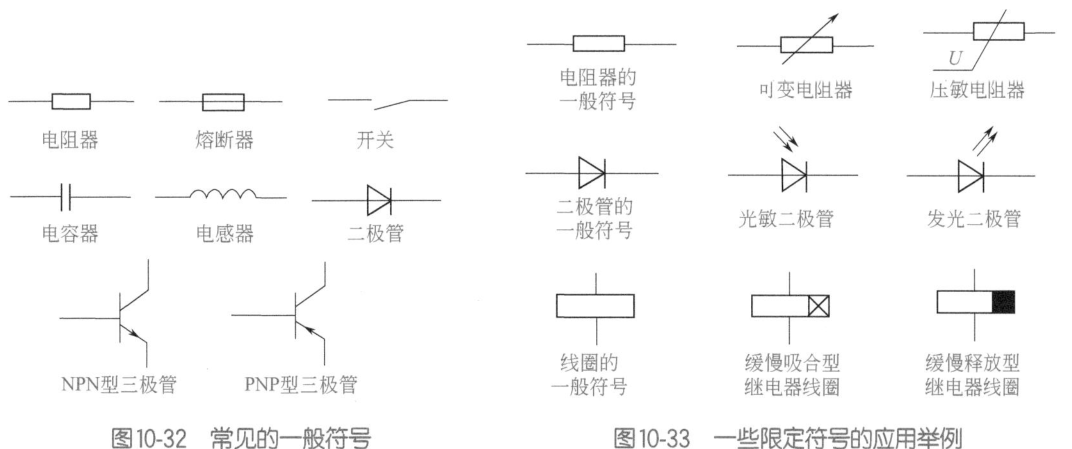

图10-32 常见的一般符号

图10-33 一些限定符号的应用举例

（2）图形符号的分类

根据表示的对象和用途不同，图形符号可分为两类：电气图用图形符号和电气设备用

图形符号。电气图用图形符号是指用在电气图纸上的符号，而电气设备用图形符号是指在实际电气设备或电气部件上使用的符号。

① 电气图用图形符号　**电气图用图形符号是指用在电气图纸上的符号**。电气图形符号种类很多，国家标准GB/T 4728—2005将《电气简图用图形符号》分为11类：a.导线和连接器件；b.无源元件；c.半导体管和电子管；d.电能的发生和转换；e.开关、控制和保护装置；f.测量仪表、灯和信号器件；g.电信-交换类和外围设备；h.电信-传输类；i.电力、照明和电信布置；j.二进制逻辑单元；k.模拟单元。

② 电气设备用图形符号　**电气设备用图形符号主要标注在实际电气设备或电气部件上，用于识别、限定、说明、命令、警告和指示等**。国家标准GB/T 5465—1996将《电气设备用图形符号》分为6部分：a.通用符号；b.广播电视及音响设备符号；c.通信、测量、定位符号；d.医用设备符号；e.电化教育符号；f.家用电器及其他符号。

10.4.2　文字符号

文字符号用于表示元件、装置和电气设备的类别名称、功能、状态及特征，一般标在元件、装置和电气设备符号之上或附近。电气系统中的文字符号分为基本文字符号和辅助文字符号。

（1）基本文字符号

基本文字符号主要表示元件、装置和电气设备的类别名称，它分为单字母符号和双字母符号。

① 单字母符号　**单字母符号用于将元件、装置和电气设备分成20多个大类，每个大类用一个大写字母表示（I、O、J字母未用）**，例如R表示电阻器类，M表示电动机类。

② 双字母符号　**双字母符号是由表示大类的单字母符号之后增加一个字母组成**。例如R表示电阻器类，RP表示电阻器类中的电位器，H表示信号器件类，HL表示信号器件类的指示灯，HA表示信号器件类的声响指示灯。

（2）辅助文字符号

辅助文字符号主要表示元件、装置和电气设备的功能、状态、特征及位置等。例如ON、OFF分别表示闭合、断开，PE表示保护接地，ST、STP分别表示启动、停止。

（3）文字符号使用注意事项

在使用文字符号时，要注意以下事项。

① 电气系统中的文字符号不适用于各类电气产品的命名和型号编制。

② 文字符号的字母应采用正体大写格式。

③ 一般情况下基本文字符号优先使用单字母符号，如果希望表示得更详细，可使用双字母符号。

10.4.3　项目代号

在电气图中，用一个图形符号表示的基本件、部件、功能单元、设备和系统等称为项目。由此可见，小到二极管、电阻器、连接片，大到配电装置、电力系统都可称之为项目。

项目代号是用于识别图形、图表、表格中和设备上的项目种类，提供项目的层次关系、种类和实际位置等信息的一种特定代码。项目代号由拉丁字母、阿拉伯数字和特定的前缀符号按一定规则组合而成的。例如某照明灯的项目代号为“=S3+301-E3：2”表示3号车间变电所301室3号照明灯的第2个端子。

一个完整的项目代号包括4个代号段，分别是：①高层代号（第一段，前缀为“=”）；②位置代号（第二段，前缀为“+”）；③种类代号（第三段，前缀为“-”）；④端子代号（第四段，前缀为“：”）。图10-34为某10kV线路过流保护项目的项目代号、前缀及其分解图。

（1）高层代号

对所给代号的项目而言，设备或系统中任何较高层次的代号都可称为高层代号。高层代号具有项目总代号的含义，其命名是相对的。例如，在某一电力系统中，该电力系统的代号是其所属变电所的高层代号，而变电所代号又是其所属变压器的高层代号。所以高层代号除了有项目总代号的含义，其命名也具有相对性，即某些项目对于其下级项目就是高层代号。

高层代号的前缀符号是“=”，其后面的代码由字母和数字组合而成。一个项目代号中可以只有一个高层代号，也可以有两个或多个高层代号，有多个高层代号时要将较高层次的高层代号标注在前。例如，第一套机床传动装置中第一种控制设备，可以用“=P1=T1”表示，表明P1、T1都属于高层代号，并且T1属于P1，“=P1=T1”也可以表示成“=P1T1”。

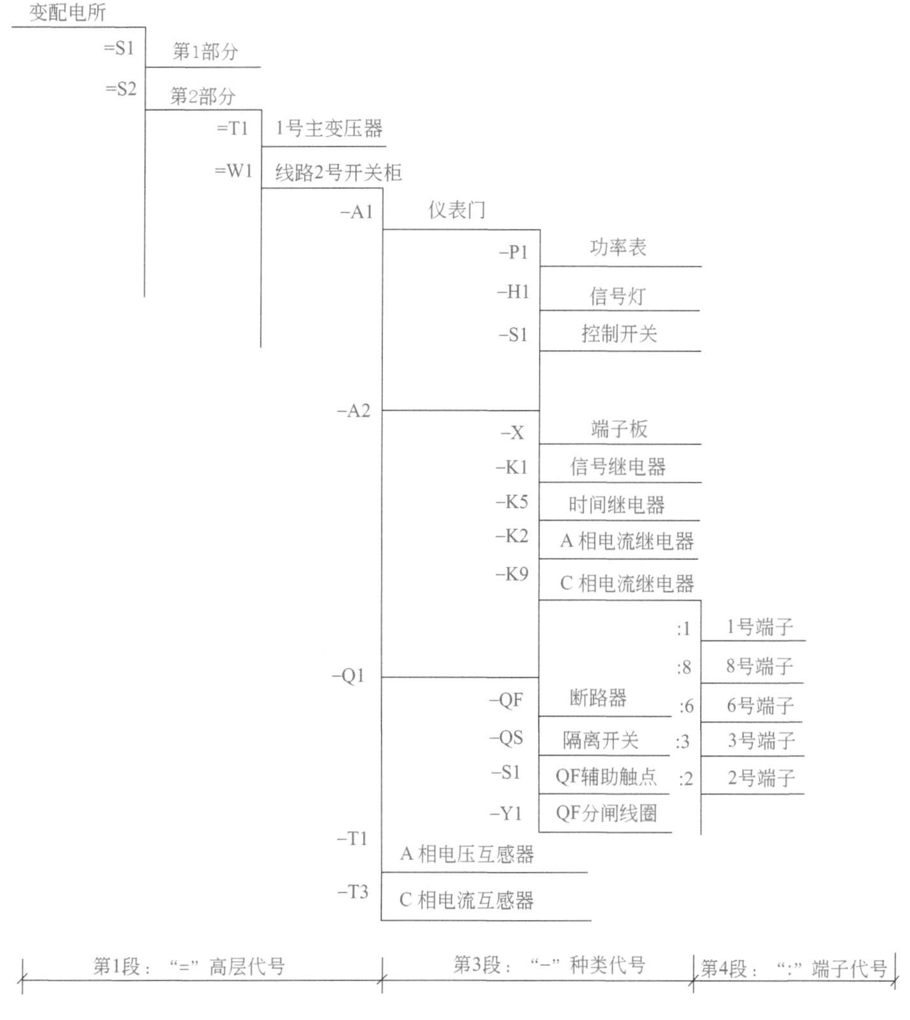

图10-34　项目代号、前缀符号及其分解图

（2）位置代号

位置代号是项目在组件、设备、系统或建筑物中的实际位置代号。位置代号的前缀是"+"，其后面的代码通常由自行规定的字母和数字组成。

图10-35为某企业中央变电所203室的中央控制室，内部有控制屏、操作电源屏和继电保护屏共3列，各列用拉丁字母表示，每列的各屏用数字表示，位置代号由字母和数字组合而成。例如B列6号屏的位置代号"+B+6"，全称表示为"+203+B+6"，可简单表示为"+203B6"。

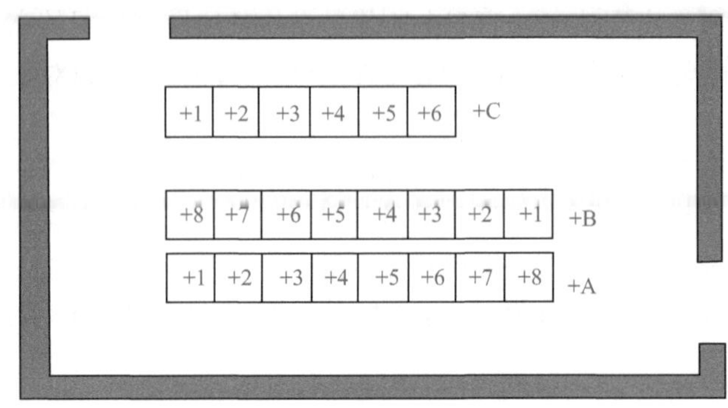

图10-35　位置代号说明示例图

（3）种类代号

种类代号是用来识别项目种类的代号。在项目分类时，将各种电气元件、器件、设备、装置等根据其结构和在电路中的作用来分类，相近的应归为同类。种类代号是整个项目代号的核心部分。

种类代号的前缀为"–"，其后面的代码有下面几种表示方式。

① **字母+数字表示**：这是最常用、最容易理解的一种表示方法，如–Al、–B3、–R1等，代码中的字母应为规定的单字母、双字母或辅助字母符号，通常采用单字母表示，如"–K3"，其中"–"为种类代号前缀，"K"表示继电器，"3"表示第3个。

② **用顺序数字（1、2、3…）表示**：在图中给每个项目规定一个统一数字序号，同时将这些顺序数字和它所表示的项目列表于图中或其他说明中，如–1、–2、–3等，在图中或其他说明中必须说明–1、–2、–3等代表的种类。

③ **按不同类分组编号表示**：将不同类的项目分组编号，并将编号所代表的项目列表于图中或其他说明中，如电阻器用–11、–12、–13…表示，继电器用–21、–22、–23…表示，信号灯用–31、–32、–33…表示，编号中第1个数字1、2、3分别表示电阻器类、继电器类、指示灯类，后一个数字表示序号。

对于由若干项目组成的复合项目，其种类代号可采用字母代号与数字表示。如某高压开关柜A3第1个继电器，可表示为"–A3–K1"，简化表示为"–A3K1"。

（4）端子代号

端子代号是指同外电路进行电气连接的接线端子的代号。端子代号是构成项目代号的一部分，如果项目端子有标记，端子代号必须与项目端子的标记一致，如果项目端子没有标记，应在图上自行标记端子代号。

端子代号的前缀为"："，其后面的代码可以是数字，如":1"":2"等，也可以是大写字母，如":A"":B"等，还可以是数字与大写字母的组合，如":2W1"":2W2"等。例如，QF1断路器上的3号端子，可以表示为“-QF1: 3”。

电气接线端子与特定导线（包括绝缘导线）连接时，规定有专门的标记方法。例如，三相交流电器的接线端子若与相位有关时，字母代号必须是U、V、W，并且应与交流电源的三相导线L1、L2、L3一一对应。

（5）项目代号的使用

一个完整的项目代号由四段代号组成，而实际标注时，项目代号可以是一段、二段或三段代号，具体视情况而定。标注项目代号时，应针对要表示的项目，按照分层说明、适当组合、符合规范、就近标注和有利看图的原则，有目的地进行标注。对于经常使用而又较为简单的图，可以只采用一个代号段。

① 单一代号段的项目代号标注　项目代号可以是单一的高层代号、单一的位置代号、单一的种类代号和单一的端子代号。

单一的高层项目代号多用于较高层次的电气图中，特别是概略图，单一高层代号可标注在该高层的围框或图形符号的附近，一般在轮廓线外的左上角。若全图都属于一个高层或一个高层的一部分，高层代号可标注在标题栏的上方，也可在标题栏内说明。

单一位置代号多用在接线图中，标注在单元的围框附近。在安装图和电缆连接图中，只需提供项目的位置信息，此时可只标注由位置代号段构成的项目代号。

单一的种类代号多用于电路图中。对于比较简单的电路图，若只需表示电路的工作原理，而不强调电路各组成部分之间的层次关系时，可以在图上各项目附近只标注由种类代号构成的项目代号，如图10-36所示。

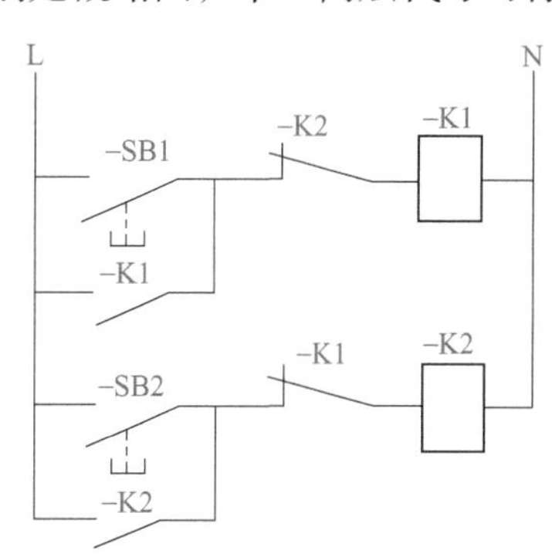

图10-36　单一种类代号标注示例

单一端子代号多用于接线图和电路图中。端子代号可标注在端子符号的附近，不带圆圈的端子则将端子代号标注在符号引线附近，如图10-37的开关端子11、12，标注方向以看图方向为准，在有围框的功能单元或结构单元中，端子代号必须标注在围框内，如图10-37的围框内的1、2、3等端子，端子板的各端子代号以数字为序直接标注在各小矩形框内，如图10-37的X1端子板。

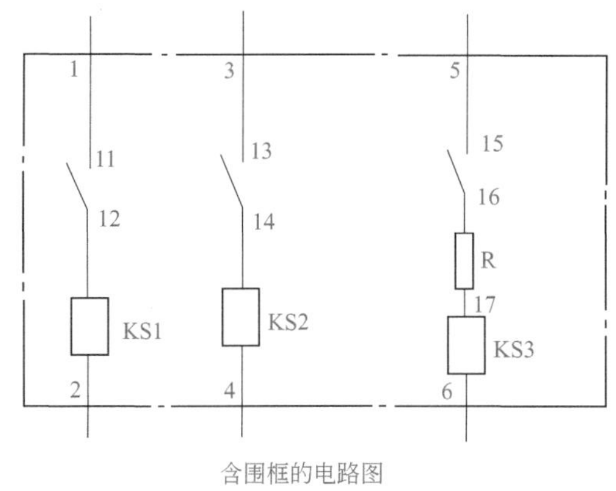

含围框的电路图

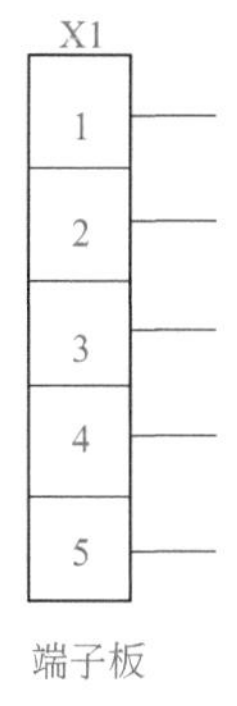

端子板

图10-37　单一端子代号标注示例

② 多代号段的项目代号标注　项目代号可以是单代号段，也可以是由多代号段组成。

当高层代号和种类代号组成项目代号时，主要表示项目之间功能上的层次关系，一般不反映项目的安装位置，因此多用于初期编定的项目代号。例如，第三套系统中的第二台电动机的项目代号为“= S3-M2”。

当位置代号和种类代号组成项目代号时，可以明确给出项目的位置，便于对项目的查找、检修和排除故障。例如，项目代号“+108B-M2”表示第二台电动机的位置在108室第B列开关柜上。

当种类代号和端子代号组成项目代号时，主要用于表示项目的端子代号。例如，图10-37中的各端子代号可表示为“−X1:l”“−X1:2”…

当高层代号、位置代号和种类代号组成项目代号时，主要用于表示大型复杂成套装置。例如，项目代号“= T1+C-K2”表示1号变压器C列柜的第2个继电器。

当高层代号、位置代号、种类代号和端子代号组成项目代号时，可以表示更多的项目信息。例如，“= TI+C-K2:3”表示1号变压器C列柜的第2个继电器的第3个端子。项目代号的代号段越多，所包含的信息越多，但可能会使电气图看上去比较混乱，因此在标注项目代号时，在能清楚表达的前提下，尽量少用多段代号。

10.4.4 回路标号

在电气图中，用于表示回路种类、特征的文字和数字标号称为回路标号。回路标号的使用为接线和查线提供了方便。

（1）回路标号的一般原则

回路标号的一般规则如下。

① 将导线按用途分组，每组给以一定的数字范围。

② 导线的标号一般由三位或三位以下的数字组成，当需要标明导线的相别或其他特征时，在数字的前面或后面（一般在数字的前面）添加文字符号。

③ 导线标号按等电位原则进行，即回路中连接在同一点上的导线具有相同的电位，应标注相同的回路标号。

④ 由线圈、触点、开关、电阻、电容等降压器件（开关断开时存在降压）间隔的线段，应标注不同的回路标号。

⑤ 标号应从交流电源或直流电源的正极开始，以奇数顺序号1、3、5…或101、103、105…开始，直至电路中的一个主要减压元件为止。之后按偶数顺序…6、4、2或…106、104、102至交流电源的中性线（或另一相线）或直流电源的负极。

⑥ 某些特殊用途的回路给以固定的数字标号。例如断路器的跳闸回路用33、133等。

（2）回路标号的分类

根据标识电路的内容不同，回路标号可分为直流回路标号、交流回路标号和电力拖动、自动控制回路标号。

① 直流回路的标号　**在直流一次回路中，用个位数字的奇偶性来区分回路的极性，用十位数字的顺序来区分回路的不同线段，**例如正极回路用1、11、21、31…顺序标号，负极回路用2、12、22…顺序标号。**用百位数字来区分不同供电电源的回路，**如A电源的正负极回路分别用101、111、121…和102、112、122…顺序标号，B电源的正负极回路分别用201、211、221…和202、212、222…顺序标号。

在直流二次回路中，正负极回路的线段分别用奇数1、3、5…和偶数2、4、6…顺序标号。

② 交流回路的标号　**在交流一次回路中，用个位数字的顺序来区分回路的相别，用十位数字的顺序来区分回路的不同线段**，例如第一相回路用1、11、21、31…顺序标号，第二相回路用2、12、22…顺序标号，第三相回路用3、13、23…顺序标号。

交流二次回路的标号原则与直流二次回路相似。回路的主要降压元件两端的不同线段分别按奇数和偶数的顺序标号，如一侧按1、3、5…顺序标号，另一侧按2、4、6…顺序标号。元件之间的连接导线，可任意选标奇数或偶数。

对于不同供电电源的回路，可用百位数字的顺序标号进行区分。

③ 电力拖动和自动控制回路的标号　**在电力拖动和自动控制回路中，一次回路的标号由文字符号和数字符号两部分组成。文字符号用于标明一次回路中电器元件和线路的技术特性**，如三相电动机绕组用U、V、W表示，三相交流电源端用L1、L2、L3表示。**数字标号由三位数字构成，用来区分同一文字标号回路中不同的线段**，如三相交流电源端用L1、L2、L3表示，经开关后用U11、V12、W13标号，熔断器以下用U21、V22、W23标号。

在二次回路中，除电器元件、设备、线路标注文字符号外，为简明起见，其他只标注回路标号。

图10-38是一个电动机控制线路的回路标号示例。三相电源端用L1、L2、L3表示，“1、2、3”分别表示三相电源的相别，由于QS1开关两端属于不同的线段，因此加一个十位数“1”，这样经电源经开关后的标号为“L11、L12、L13”。电动机一次回路的标号应从电动机绕组开始，自下而上标号，以电动机M1的回路为例，电动机定子绕组的标号为U1、V1、W1，在热继电器FR1发热元件另一组线段，标号为U11、V11、W11，再经接触器KM触点，标号变为U21、V21、W21，经过熔断器FU1与三相电源相连，并分别与L11、L12、L13同电位，因此不再标号，也可将L11、L12、L13改成标号U31、V31、W31。

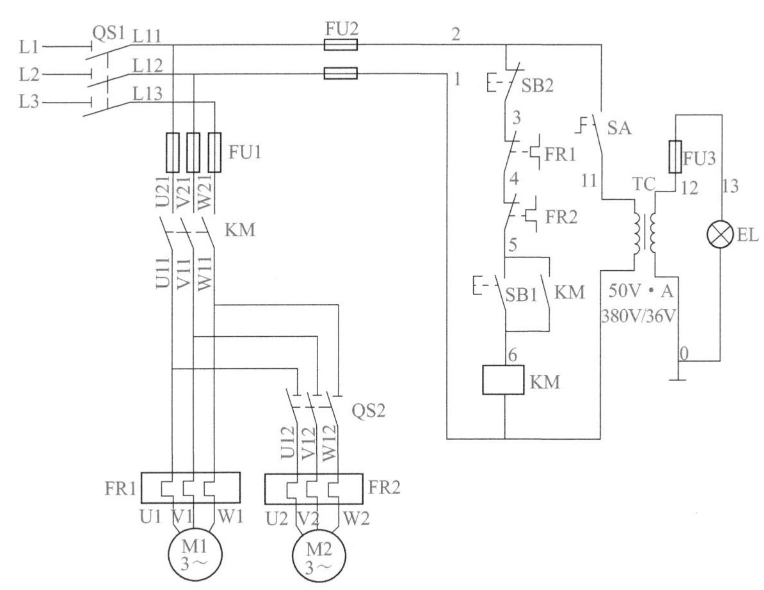

图10-38　回路标号示例

第11章 电气测量电路的识读

电气测量主要包括电流测量、电压测量、功率测量、功率因数测量和电能测量等。通过对电路各种电参数的测量，可以了解电路的工作情况，便于对电气设备、运行线路进行管理、维护及诊断。在测量时，根据需要测量的参数选用合适的电工仪表，并将仪表正确接入电路中来测量电路的各种电参数。

11.1 电流和电压测量电路的识读

11.1.1 电流测量电路

电流测量有两种方法：直接测量法和间接测量法。低电压、小电流电路适合用直接测量法测量电流，高电压、大电流电路适合用间接测量法测量电流。

（1）电流直接测量电路

在直接测量电流时，需要将电流表直接串接在电路中，测量直流电流要选择直流电流表，测量交流电流则要选择交流电流表。直流电流表和交流电流表如图11-1所示，直流电流和交流电流直接测量电路如图11-2所示，电流表要串接在电路中，测量直流电流时，要注意直流电流表的极性。

(a) 直流电流表

(b) 交流电流表

图11-1 电流表

如果不需要长时间随时监视电路的电流大小，也可以使用万用表的电流挡来直接测量电路中的电流值。

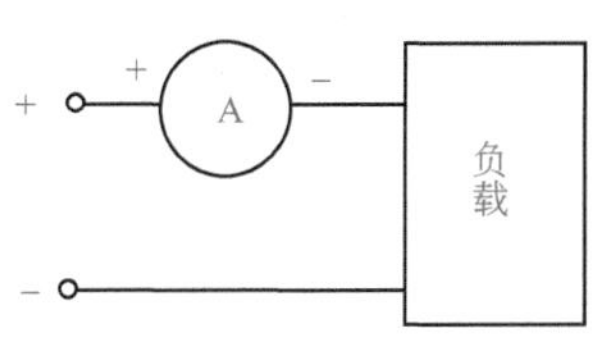

(a) 直接测量直流电流

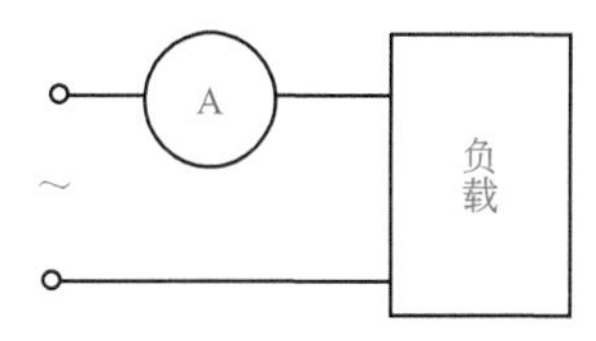

(b) 直接测量单相交流电流

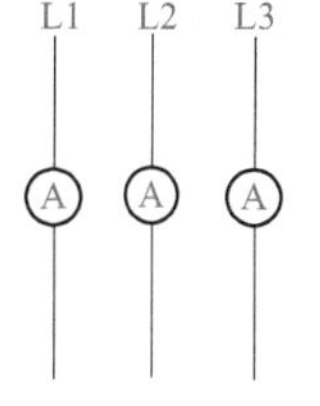

(c) 直接测量三相交流电流

图11-2　电流直接测量电路

（2）电流间接测量电路

间接测量电流法适合测量高电压、大电流交流电路中的电流，在间接测量电流时，要用到电流互感器。

① 电流互感器　电流互感器是一种能增大或减小交流电流的器件，其外形与工作原理说明如图11-3所示。

(a) 外形

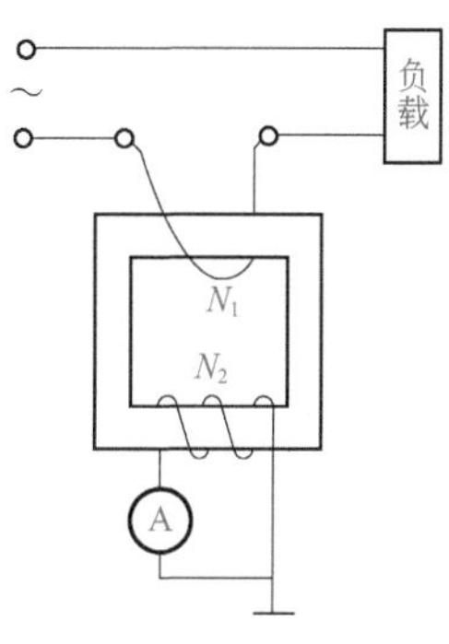

(b) 工作原理说明图

图11-3　电流互感器

从图11-3（b）中可以看出，电流互感器的一次绕组串接在一根电源线上。当有电流流过一次绕组（线圈）时，绕组产生磁场，磁场通过铁芯穿过二次绕组，二次绕组两端有电压产生，与绕组连接的电流表有电流流过。对于穿心式电流互感器，直接将穿心（孔）而过的电源线作为一次绕组，二次绕组接电流表。

电流互感器的一次绕组电流I_1与二次绕组电流I_2有下面的关系：

$$\frac{I_1}{I_2}=\frac{N_2}{N_1}$$

从上面的公式可以看出，绕组流过的电流大小与匝数成反比，即匝数多的绕组流过的电流小，匝数少的绕组流过的电流大，N_2/N_1称为变流比。

② 电流间接测量电路实例　利用电流互感器与电流表配合，可以间接测量交流电流的大小，由于电流互感器无法对直流进行变流，故不能用电流互感器来间接测量直流电流。

利用电流互感器间接测量一相交流电流的电路如图11-4所示，如果电流互感器的变流比N_2/N_1=6，电流表测得的电流值I_2为8A，那么线路实际电流值$I_1=I_2$（N_2/N_1）=48A。利用电流互感器测量三相交流电流的电路如图11-5所示。

使用钳形表也可以测量电路中的交流电流值。钳形表测量交流电流如图11-6（a）所示，测量时只能钳入一根线，仪表的指示值即为被测线路的电流值，如果被测线路的电流值较小，可以将导线绕成两匝，将两匝导线都置入钳口内，如图11-6（b）所示，再将仪表的指示值除以2，所得值即为被测线路的电流值。

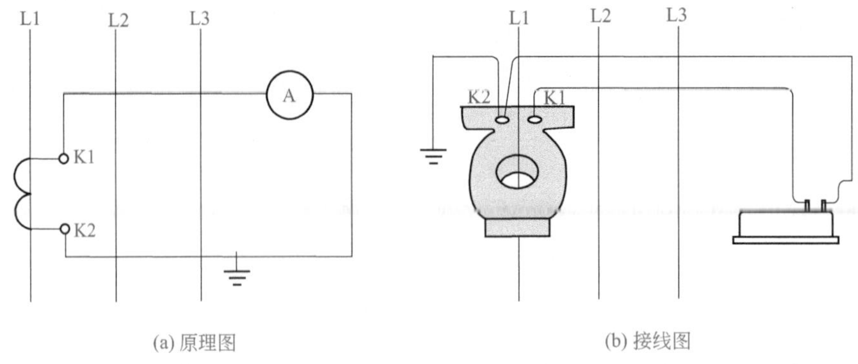

(a) 原理图　　(b) 接线图

图11-4　利用电流互感器间接测量一相交流电流的电路

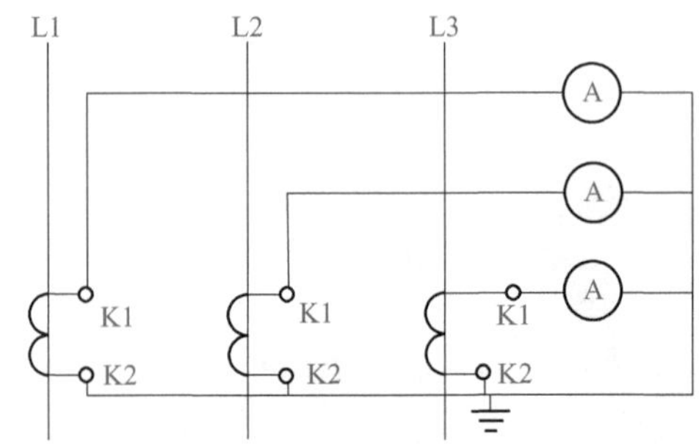

图11-5　利用电流互感器间接测量三相交流电流的电路

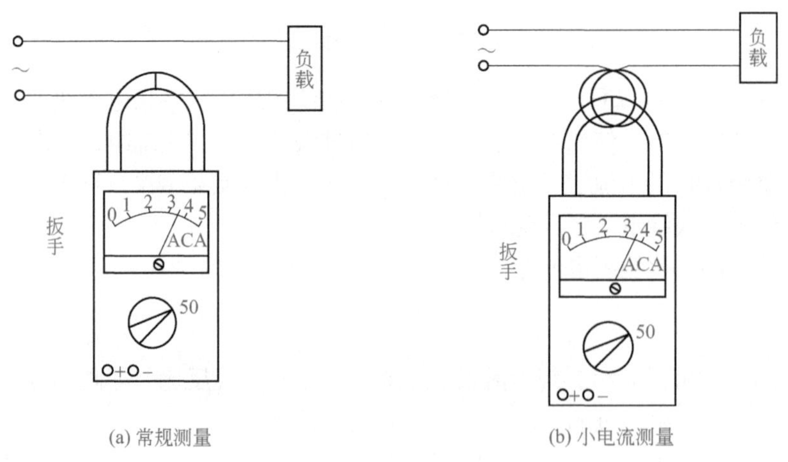

(a) 常规测量　　(b) 小电流测量

图11-6　用钳形表测量电路的交流电流值

11.1.2　电压测量电路

电压测量也有两种方法：直接测量法和间接测量法。低电压适合用直接测量法测量，高电压适合用间接测量法测量。

（1）电压直接测量电路

在直接测量电压时，需要将电压表直接并接在电路中，测量直流电压要选择直流电压表，测量交流电压则要选择交流电压表。直流电压表和交流电压表如图11-7所示，直流电压和交流电压直接测量电路如图11-8所示，电压表要并接在电路中。利用交流电压表测量三相交流电的线电压和相电压的电路如图11-9（a）、图11-9（b）所示。

(a) 直流电压表

(b) 交流电压表

图11-7　电压表

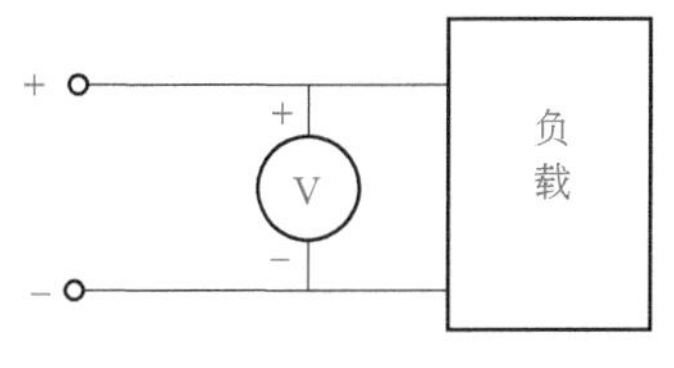

(a) 直流电压的直接测量

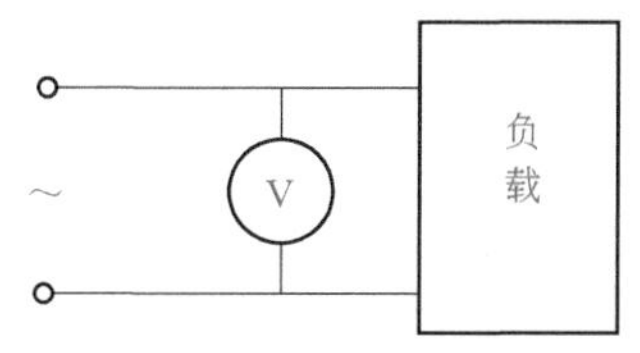

(b) 交流电压的直接测量

图11-8　电压直接测量电路

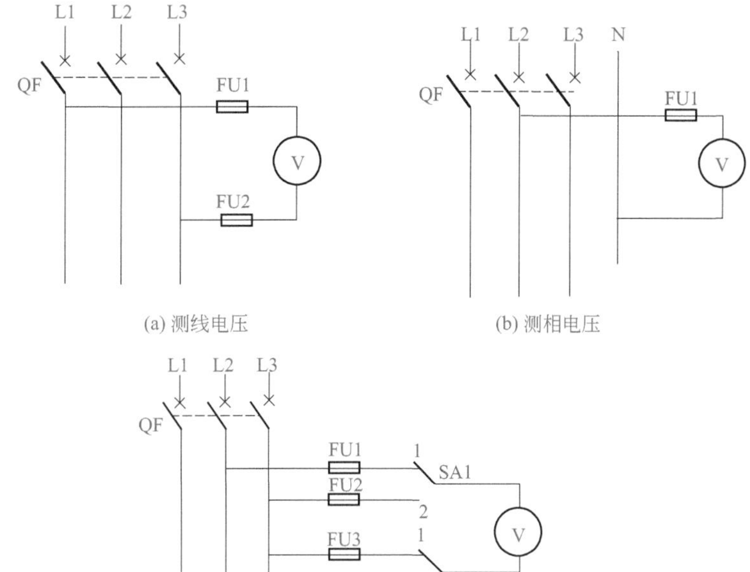

(a) 测线电压

(b) 测相电压

(c) 利用一台交流电压表测量三相电压

图11-9　利用交流电压表测量交流电压的电路

如果不需要长时间随时监视电路的电压大小，也可以使用万用表的电压挡来直接测量电路中的电压值。

（2）电压间接测量电路

间接测量电压法适合测量高电压交流电路中的电压，在间接测量电压时，要用到电压互感器。

① 电压互感器　电压互感器是一种能将交流电压升高或降低的器件，其外形与结构如图11-10（a）、图11-10（b）所示，其工作原理说明如图11-10（c）所示。

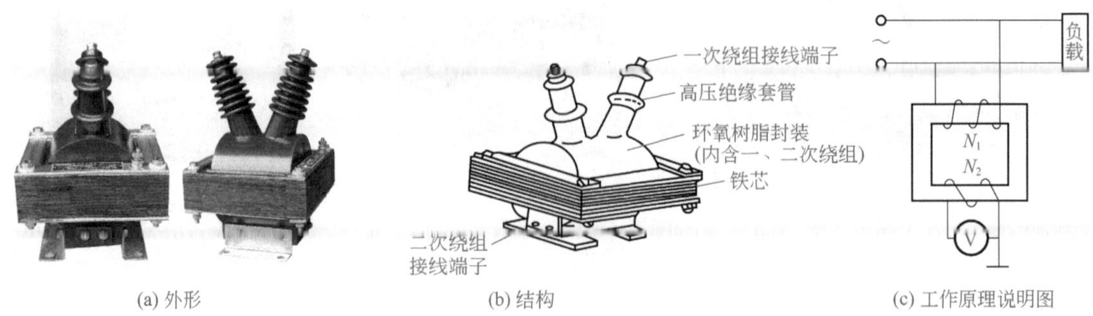

(a) 外形　(b) 结构　(c) 工作原理说明图

图11-10　电压互感器

从图中可以看出，电压互感器由两组线圈绕在铁芯上构成，一组线圈（称作一次绕组，其匝数为N_1）并接在电源线上，另一组线圈（称作二次绕组，其匝数为N_2）接有一个电压表。当电源电压加到一次绕组时，该绕组产生磁场，磁场通过铁芯穿过二次绕组，二次绕组两端即产生电压。电压互感器的一次绕组电压U_1与二次绕组电压U_2有下面的关系：

$$\frac{U_1}{U_2}=\frac{N_1}{N_2}$$

从上面的公式可以看出，电压互感器绕组两端的电压与匝数成正比，即匝数多的绕组两端的电压高，匝数少的绕组两端电压低，N_1/N_2称为变压比。

② 电压间接测量电路实例　利用电压互感器与电压表配合，可以间接测量交流电压的大小，由于电压互感器无法对直流进行变压，故不能用电压互感器来间接测量直流电压。使用电压互感器后，被测高压的实际值=电压表的指示值×电压互感器的变压比。

利用电压互感器间接测量三相交流电线电压的电路如图11-11所示，如果电压互感器的变压比N_1/N_2=50，电压表测得的电压值U_2为200V，那么线路的实际电压值$U_1=U_2$（N_2/N_1）=1000V。

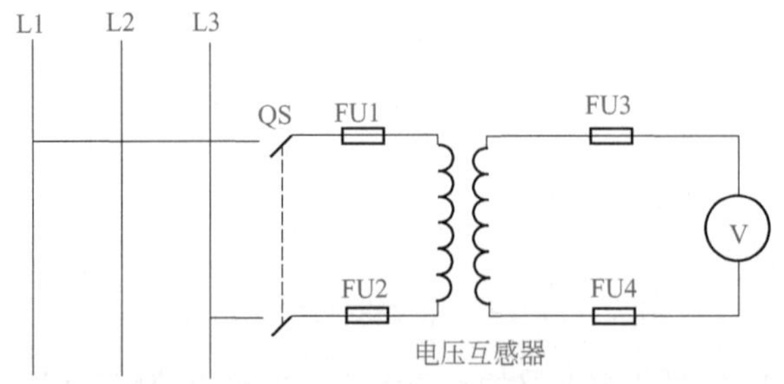

图11-11　利用电压互感器间接测量三相交流电线电压的电路

11.2 功率和功率因数测量电路的识读

11.2.1 功率的类型与基本测量方法

（1）有功功率、无功功率和功率因数

功率分为有功功率和无功功率。在直流电路中，直流电源提供的功率全部为有功功率。在交流电路中，若用电设备为纯电阻性的负载（如白炽灯、电热丝），交流电源提供给它的全部为有功功率P，可用$P=UI$计算；若用电设备为感性类负载，例如电动机，交流电源除了提供有功功率使之运转外，还会为它提供无功功率，无功功率是不做功的，被浪费掉。交流电源为感性类（或容性类）负载提供的总功率称为视在功率S，可用$S=UI$计算，视在功率S由有功功率P和无功功率Q组成，其中有功功率做功，无功功率不做功。

有功功率与视在功率的比值称为功率因数，用$\cos\varphi$表示，$\cos\varphi=P/S$。三相交流异步电动机在额定负载时的功率因数一般为0.7～0.9，在轻载时其功率因数就更低。设备的功率因数越低，就意味着设备对电能的实际利用率越低。为了减少电动机浪费的无功功率，应选用合适容量的电动机，避免用"大牛拉小车"或让电动机空载运行。另外，在设备两端并联电容可以减少感性类设备浪费的无功功率，提高设备的功率因数。

（2）功率的伏安测量法

功率等于电压和电流的乘积，要测量功率就必须测量电压值和电流值。用电压表和电流表来测量功率的测量电路如图11-12所示，若负载电阻R_L远小于电压表内阻R_V，电压表的分流可忽略不计，即大功率负载（R_L阻值小）采用图11-12（a）测量电路测得功率更准确，若负载电阻R_L远大于电流表内阻R_A，电流表的压降可忽略不计，即小功率负载（R_L阻值大）应采用图11-12（b）测量电路，电压值U和电流值I测得后，再计算$U\times I$即得功率值。

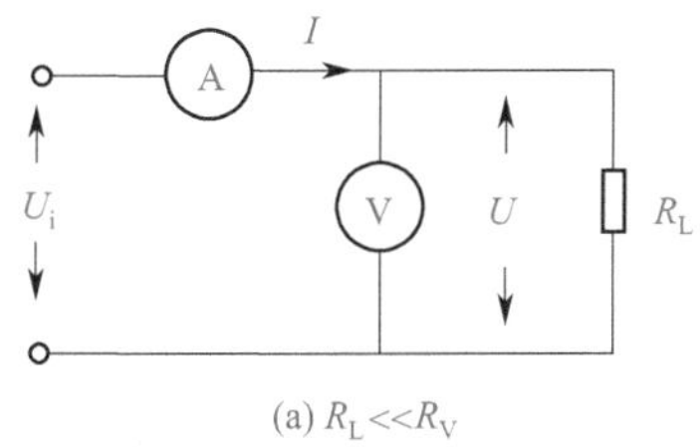

(a) $R_L << R_V$

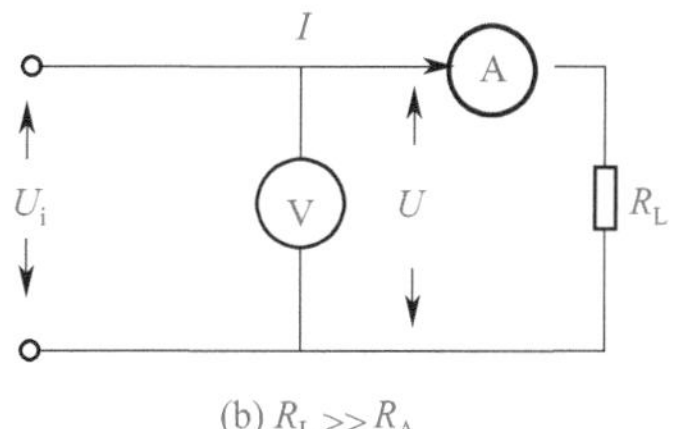

(b) $R_L >> R_A$

图11-12 用电压表和电流表测量功率的两种测量电路

11.2.2 单相和三相功率测量电路

功率分为有功功率和无功功率。测量有功功率使用有功功率表，如图11-13所示，有功功率的单位为W、kW、MW；测量无功功率使用无功功率表，如图11-14所示，无功功率的单位为var（乏）、kvar、Mvar。有功功率和无功功率的测量电路基本相同，区别在于所用仪表不同。下面以有功功率测量电路为例来介绍功率的测量。

（1）单相功率的测量电路

① 功率直接测量电路　单相功率的直接测量电路如图11-15所示。功率表内有电流线圈和电压线圈，对外有四个接线端，电流线圈匝数少且线径粗，其电阻很小，电压线圈匝数多且线径细，其电阻很大，在测量时，电流和电压线圈都有电流流过，它们产生偏转力

图11-13 有功功率表

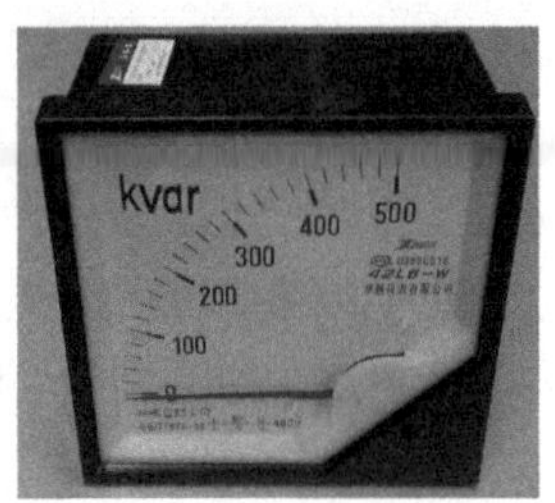

图11-14 无功功率表

共同驱动表针直接指示功率值。大功率负载（R_L阻值小）适合用图11-15（a）测量电路来测量功率，小功率负载（R_L阻值大）适合采用图11-15（b）测量电路来测量功率。

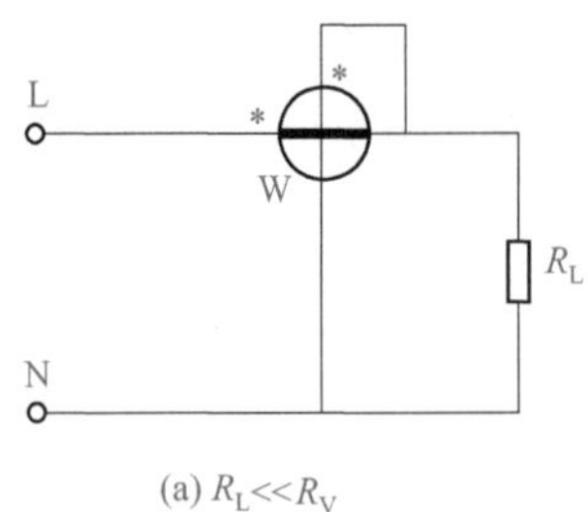

(a) $R_L << R_V$

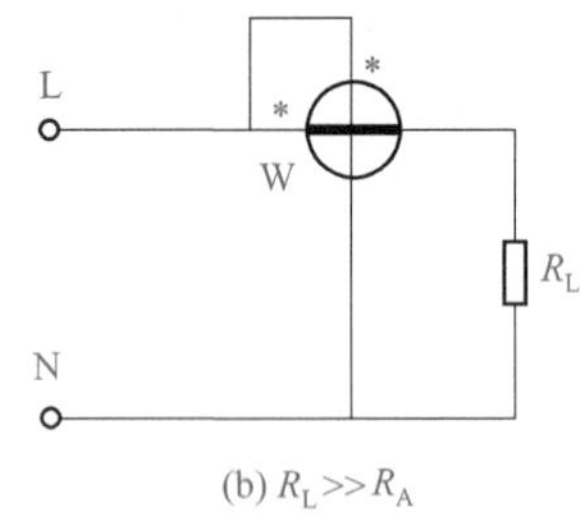

(b) $R_L >> R_A$

图11-15 用功率表直接测量功率的两种测量电路

② 功率间接测量电路 单相功率的间接测量电路如图11-16所示，图11-16（a）使用了电压互感器，其实际功率值为功率表指示值与电压互感器变压比的乘积，图11-16（b）使用了电流互感器，其实际功率值为功率表指示值与电流互感器变流比的乘积。

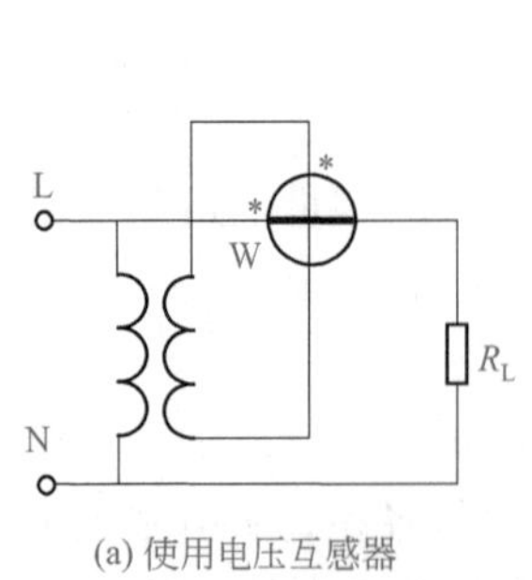

(a) 使用电压互感器

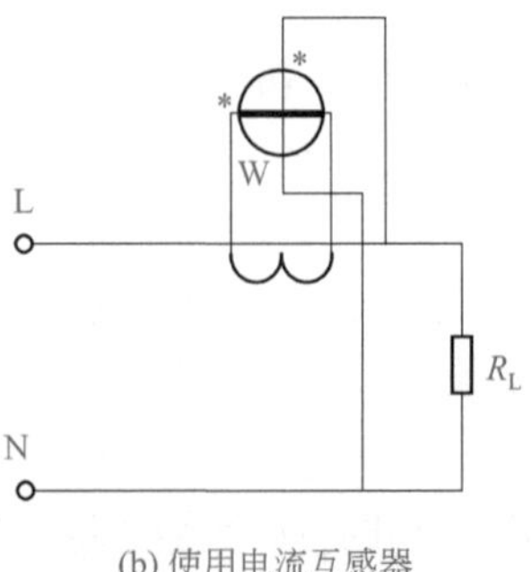

(b) 使用电流互感器

图11-16 用功率表间接测量功率的测量电路

（2）三相功率的测量电路

三相功率测量电路有三种类型：一表法、两表法和三表法。

① 一表法功率测量电路　一表法功率测量电路如图11-17所示，测量三相星形负载采用图11-17（a）测量电路，测量三相三角形负载采用图11-17（b）测量电路。一表法适合测量三相对称且平衡的负载电路，三相总功率为功率表测量值的3倍，即$P=3P_1$。

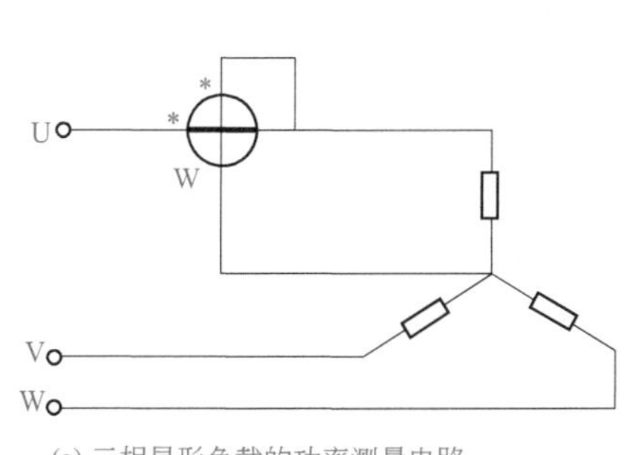

(a) 三相星形负载的功率测量电路

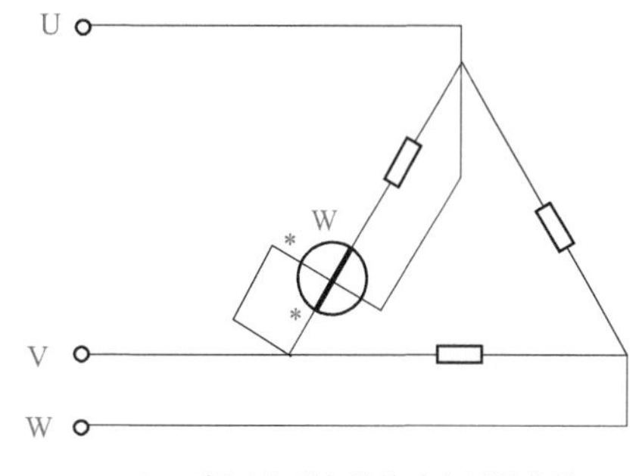

(b) 三相三角形负载的功率测量电路

图11-17　一表法功率测量电路

② 两表法功率测量电路　两表法功率测量电路如图11-18所示，图11-18（a）为两表直接测量电路，图11-18（b）为两表配合电流互感器的测量电路。两表法适合测量各种接法的三相电路，三相总功率为两个功率表测量值的代数和，若三相负载功率因数$\cos\varphi>0.5$，则总功率$P=P_1+P_2$，若三相负载功率因数$\cos\varphi<0.5$，有一个功率表的表针会反偏，指示为负值，总功率$P=P_1+(-P_2)$，如果功率表无法指示具体的负值，可将该表的电流线圈接线端互换位置。

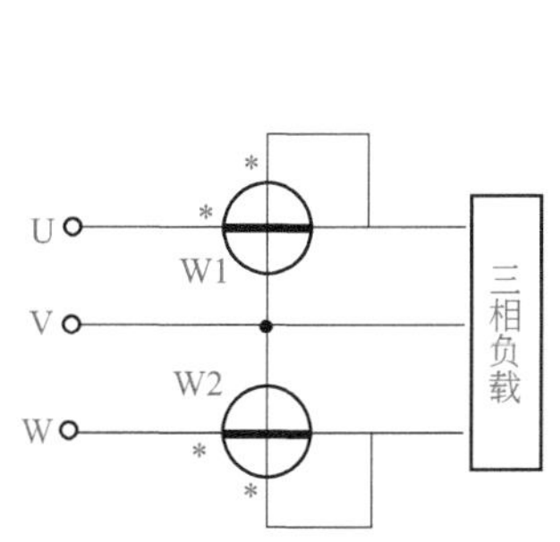

(a) 两表直接测量三相功率的电路

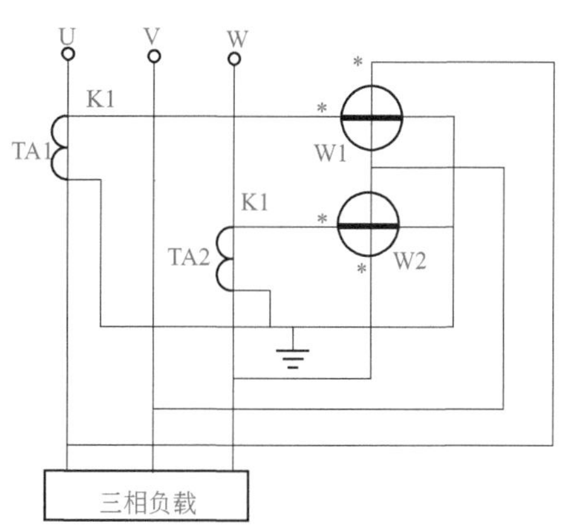

(b) 两表配合电流互感器测量三相功率的电路

图11-18　两表法功率测量电路

③ 三表法功率测量电路　三表法功率测量电路如图11-19所示。三表法适合测量三相四线制电路，三相总功率为三个功率表测量值之和，即$P=P_1+P_2+P_3$。

11.2.3　功率因数测量电路

电力系统的功率因数$\cos\varphi$与负载的类型和参数有关，对于纯阻性负载，$\cos\varphi=1$，对于感性类或容性类负载，$0<\cos\varphi<1$。功率因数值越小，就意味着电路中真正做功的有功功率

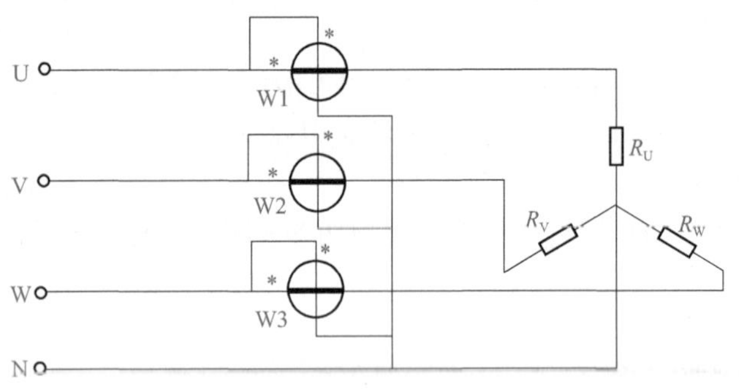

图11-19 三表法功率测量电路

越少，不做功的无功功率越多，造成电能的浪费。在电路中安装无功补偿设备（如并联电容器）可以提高功率因数，从而减少无功功率，利用功率因数表能测出电路的功率因数大小，然后以此值作为选择合适无功补偿设备的依据。

图11-20 功率因数表

功率因数表如图11-20所示。功率因数测量电路如图11-21所示，功率因数表有三个电压接线端和两个电流接线端，标*号的电压和电流接线端都应接同一相电源，并且标*号的电流接线端应接电流进线。若负载为纯阻性，功率因数表指示值为$\cos\varphi=1$；若负载为容性类负载，功率因数表指针会往逆时针方向偏转

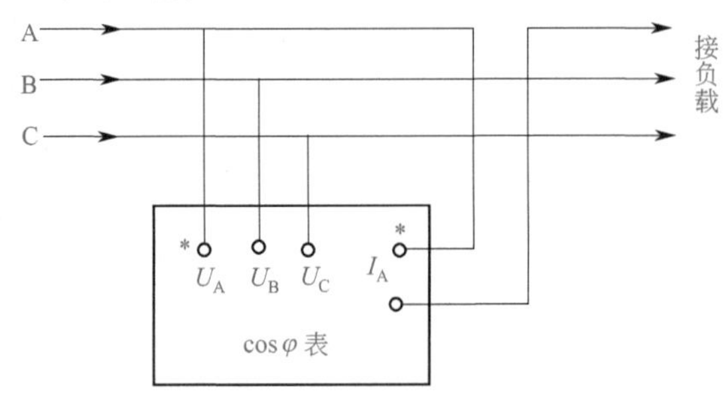

(a) 功率因数表的接线一

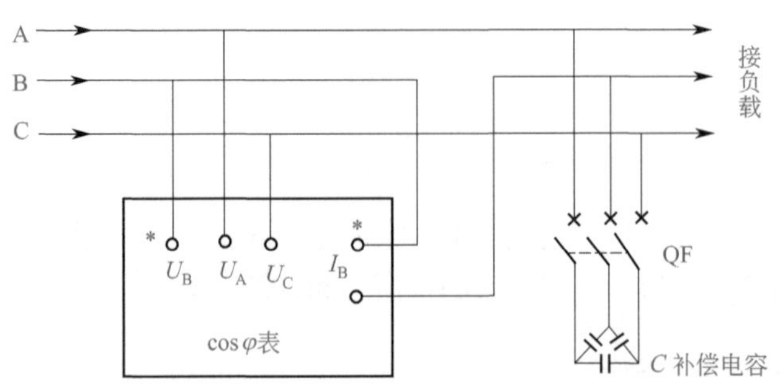

(b) 功率因数表的接线二

图11-21 功率因数测量电路

（超前），指示$\cos\varphi<1$；若负载为感性类负载，功率因数表指针会往顺时针偏转（滞后），指示$\cos\varphi<1$。电网中引起功率因数$\cos\varphi<1$绝大多数是感性类负载（如电动机），为了提高功率因数，可在电路中并联补偿电容，如图11-21(b）所示。

11.3 电能测量电路的识读

电能测量使用电能表，电能表又称电度表，它是一种用来计算用电量（电能）的测量仪表。电能表可分为单相电能表和三相电能表，分别用在单相和三相交流电路中。

11.3.1 电能表的结构与原理

根据工作方式不同，电能表可分为机械式（又称感应式）和电子式两种。电子式电能表是利用电子电路驱动计数机构来对电能进行计数的，而机械式电能表是利用电磁感应产生力矩来驱动计数机构对电能进行计数的。机械式电能表由于成本低、结构简单而被广泛应用。

单相电能表（机械式）的外形及内部结构如图11-22所示。

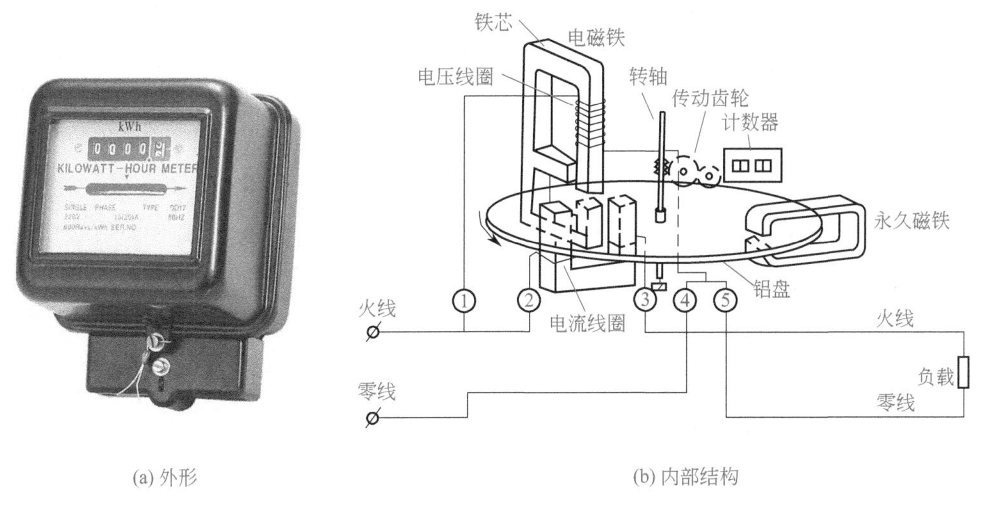

(a) 外形　　(b) 内部结构

图11-22 单相电能表（机械式）的外形及内部结构

从图11-22(b）中可以看出，单相电能表内部垂直方向有一个铁芯，铁芯中间夹有一个铝盘，铁芯上绕着线径小、匝数多的电压线圈，在铝盘的下方水平放置一个铁芯，铁芯上绕有线径粗、匝数少的电流线圈。当电能表按图示的方法与电源及负载连接好后，电压线圈和电流线圈均有电流通过而都产生磁场，它们的磁场分别通过垂直和水平方向的铁芯作用于铝盘，铝盘受力转动，铝盘中央的转轴也随之转动，它通过传动齿轮驱动计数器计数。如果电源电压高、流向负载的电流大，两个线圈产生的磁场强，铝盘转速快，通过转轴、齿轮驱动计数器的计数速度快，计数出来的电量更多。永久磁铁的作用是让铝盘运转保持平衡。

三相三线制电能表的外形与内部结构如图11-23所示。从图中可以看出，三相三线制电能表有两组与单相电能表一样的元件，这两组元件共用一根转轴、减速齿轮和计数器，在工作时，两组元件的铝盘共同带动转轴运转，通过齿轮驱动计数器进行计数。

三相四线制电能表的结构与三相三线制电能表类似，但它内部有三组元件共同来驱动计数机构。

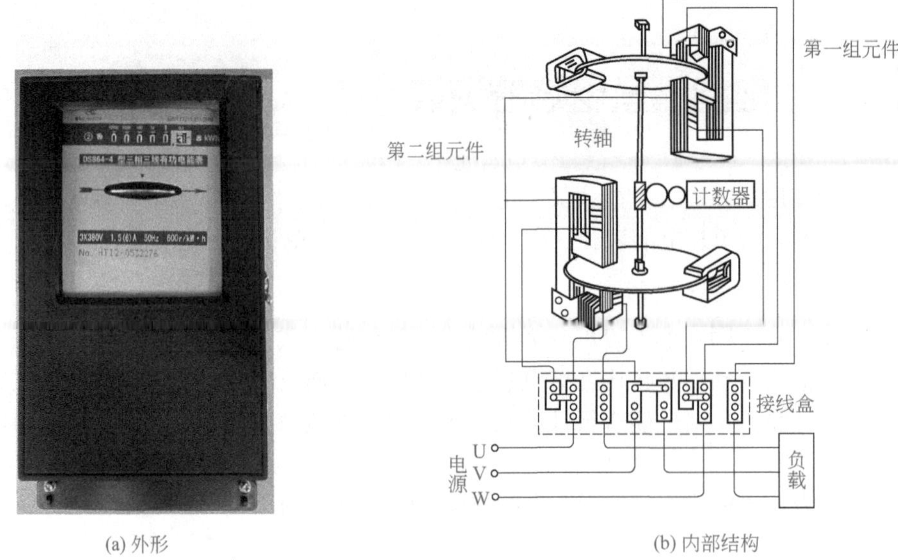

(a) 外形　(b) 内部结构

图11-23　三相三线制电能表（机械式）的外形与内部结构

11.3.2　单相有功电能的测量电路

（1）单相有功电能的直接测量电路

单相有功电能的直接测量电路如图11-24所示。

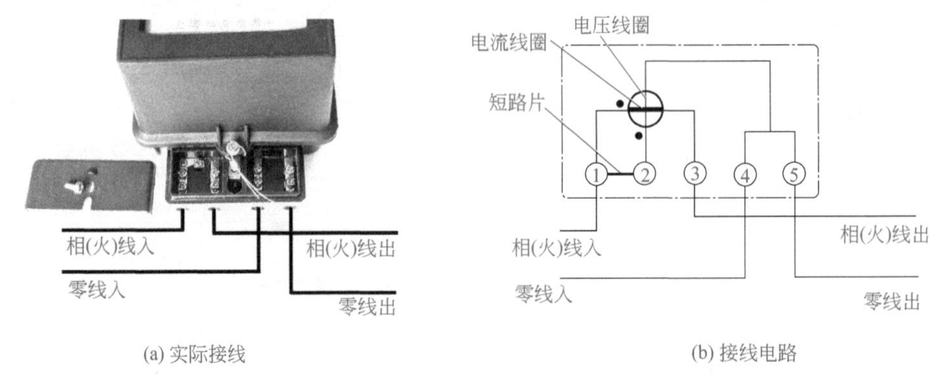

(a) 实际接线　(b) 接线电路

图11-24　单相有功电能的直接测量电路

图11-24（b）中圆圈上的粗水平线表示电流线圈，其线径粗、匝数少、阻值小（接近0），在接线时，要串接在电源相线和负载之间；圆圈上的细垂直线表示电压线圈，其线径细、匝数多、阻值大（用万用表欧姆挡测量时约几百到几千欧），在接线时，要接在电源相线和零线之间。另外，电能表电压线圈、电流线圈的电源端（该端一般标有“•”或“*”）应共同接电源进线。

（2）单相有功电能的间接测量电路

单相有功电能的间接测量电路如图11-25所示，图11-25（a）测量电路使用了电流互感器，适合测量单相大电流电路的电能，实际电能等于电能表测得电能值与电流互感器变流比的乘积，图11-25（b）测量电路同时使用了电压互感器和电流互感器，适合测量单相高电压大电流电路的电能，实际电能等于电能表测得电能值、电压互感器变压比和电流互感器变流比三者的乘积。

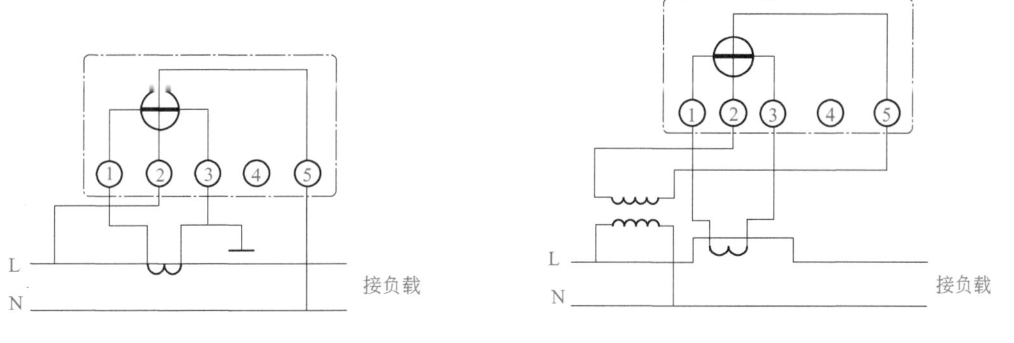

(a) 使用电流互感器　　(b) 使用电压互感器和电流互感器

图11-25　单相有功电能的间接测量电路

11.3.3　三相有功电能的测量电路

三相有功电能表可分为三相两元件有功电能表和三相三元件有功电能表。两元件有功电能表内部有两个测量元件，适合测量三相三线制电路的有功电能，常称为三相三线制有功电能表；三元件有功电能表内部有三个测量元件，适合测量三相四线制电路的有功电能，常称为三相四线制有功电能表。

三相有功电能表外形如图11-26所示，左图为电子式三相三线制有功电能表，其内部采用电子电路来测量电能，不需要铝盘，右图为机械式三相四线制有功电能表，其面板有铝盘窗口。

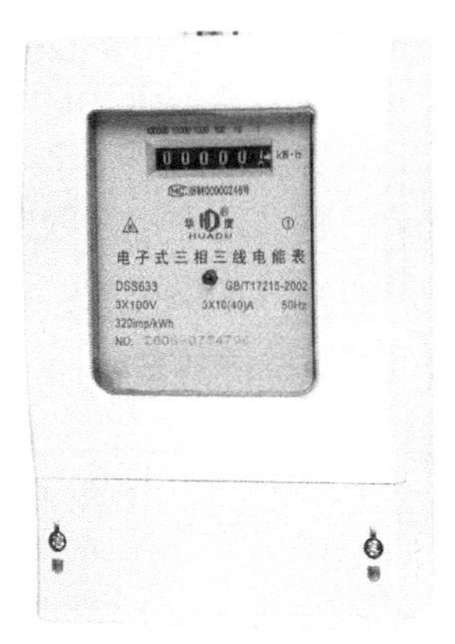

图11-26　三相有功电能表

（1）三相两元件有功电能测量电路

三相两元件有功电能测量电路如图11-27所示，图11-27（a）为直接测量电路，图11-27（b）为间接测量电路，其实际电能值为电能表的指示值与两个电流互感器变流比的乘积。

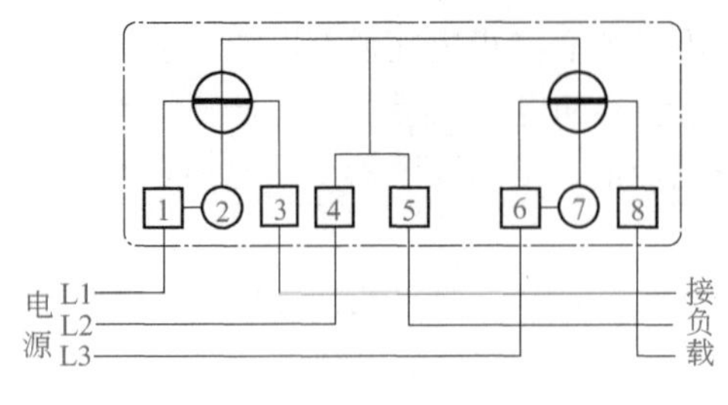

(a) 直接测量电路

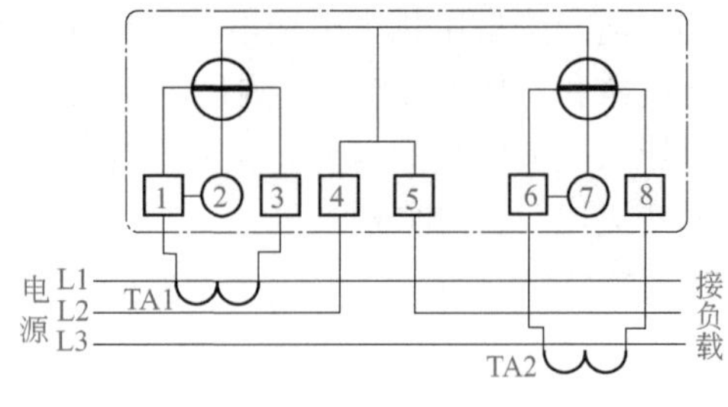

(b) 间接测量电路

图11-27　三相两元件有功电能的测量电路

（2）三相三元件有功电能测量电路

三相三元件有功电能测量电路如图11-28（a）为直接测量电路，图11-28（b）为间接测量电路，其实际电能值为电能表的指示值与三个电流互感器变流比的乘积。

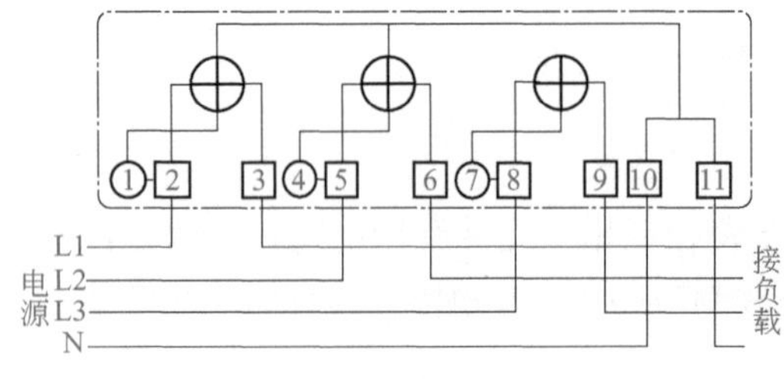

(a) 直接测量电路

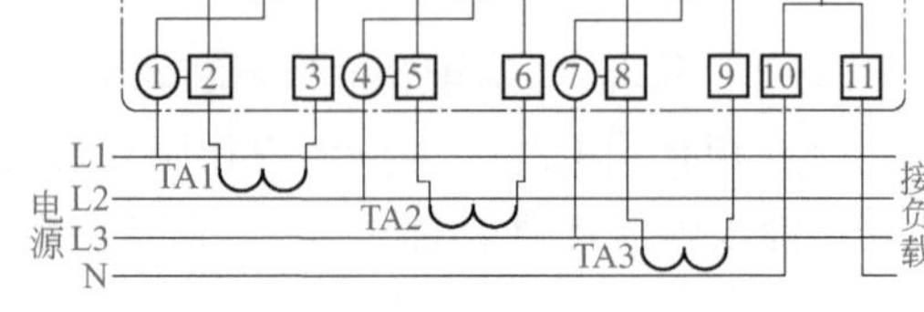

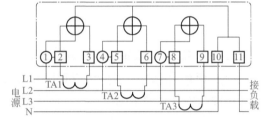

(b) 间接测量电路

图11-28　三相三元件有功电能的测量电路

11.3.4　三相无功电能的测量电路

无功电能表用于测量电路的无功电能，其测量原理较有功电能表略复杂一些。目前使用的无功电能表主要有移相60° 型无功电能表和附加电流线圈型无功电能表。

（1）移相60° 型无功电能表的测量电路

移相60° 型无功电能表的测量电路如图11-29所示，它采用在电压线圈上串接电阻R，使电压线圈的电压与流过其中的电流成60° 相位差，从而构成移相60° 型无功电能表。

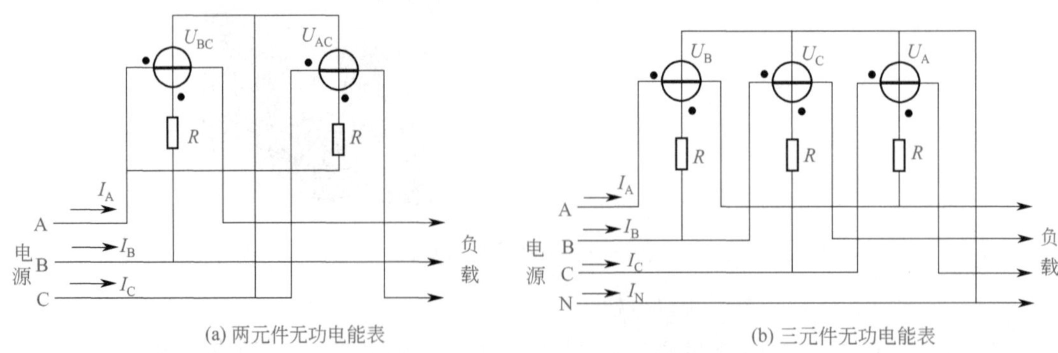

(a) 两元件无功电能表　　(b) 三元件无功电能表

图11-29　移相60° 型无功电能表的测量电路

图11-29（a）为移相60° 型两元件无功电能表的测量电路，它适合测量三相三线制对

称（电压电流均对称）或简单不对称（电压对称、电流不对称）电路的无功功率；图11-29（b）为移相60° 型三元件无功电能表的测量电路，它适合测量三相电压对称的三相四线电路的无功功率。

（2）附加电流线圈型无功电能表的测量电路

附加电流线圈型无功电能表的测量电路如图11-30所示，它适合测量三相三线制对称或不对称电路的无功功率。

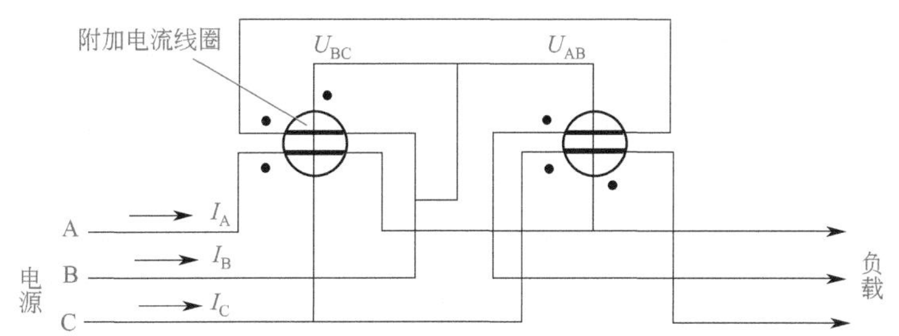

图11-30　附加电流线圈型无功电能表的测量电路

第12章 照明与动力配电线路的识读

12.1 基础知识

12.1.1 照明灯具的标注

在电气图中，照明灯具的一般标注格式为：

$$a\text{–}b\,\frac{c \times dl}{e}\,f$$

其中，a——同类灯具的数量；b——灯具的具体型号或类型代号，见表12-1；c——灯具内灯泡或灯管的数量；d——单只灯泡或灯管的功率；l——灯具光源类型代号，见表12-2；e——灯具的安装高度（灯具底部至地面高度，单位：m）；f——灯具的安装方式代号，见表12-3。

表12-1 灯具的类型代号

灯具名称	文字符号	灯具名称	文字符号
普通吊灯	P	工厂一般灯具	G
壁灯	B	荧光灯灯具	Y
花灯	H	隔爆灯	G或专用符号
吸顶灯	D	水晶底罩灯	J
柱灯	Z	防水防尘灯	F
卤钨探照灯	L	搪瓷伞罩灯	S
投光灯	T	无磨砂玻璃罩万能型灯	W_W

表12-2 灯具光源类型代号

电光源类型	文字符号	电光源类型	文字符号
氖灯	Ne	发光灯	EL
氙灯	Xe	弧光灯	ARC
钠灯	Na	荧光灯	FL

续表

电光源类型	文字符号	电光源类型	文字符号
汞灯	Hg	红外线灯	IR
碘钨灯	I	紫外线灯	UV
白炽灯	IN	发光二极管	LED

表 12-3 灯具的安装方式代号

表达内容	标注代号	
	新代号	旧代号
线吊式	CP	
自在器线吊式	CP	X
固定线吊式	CP1	X1
防水线吊式	CP2	X2
吊线器式	CP3	X3
链吊式	Ch	L
管吊式	P	G
吸顶式或直附式	S	D
嵌入式（嵌入不可进入的顶棚）	R	R
顶棚内安装（嵌入可进入的顶棚）	CR	DR
墙壁内安装	WR	BR
台上安装	T	T
支架上安装	SP	J
壁装式	W	B
柱上安装	CL	Z
座装	HM	ZH

例如：

$$5\text{-}Y\frac{2\times 40FL}{3}P$$

表示该场所安装5盏同类型的灯具（5），灯具类型为荧光灯（Y），每盏灯具中安装2根灯管（2），每根灯管功率为40W（40），灯具光源种类为荧光灯（FL），灯具安装高度为3m（3），采用管吊式安装（P）。

12.1.2 配电线路的标注

在电气图中，配电线路的一般标注格式为：

$$a\text{–}b\text{–}c\times d\text{–}e\text{–}f$$

其中，a——线路在系统中的编号（如支路号）；b——导线的型号，见表12-4；c——导线的根数；d——导线的截面积（单位：mm^2）；e——导线的敷设方式和穿管直径（单位：mm），导线敷设方式见表12-5；f——导线的敷设位置，见表12-6。

表 12-4 导线型号

名称	型号	名称	型号
铜芯橡胶绝缘线	BX	铝芯橡胶绝缘线	BLX
铜芯塑料绝缘线	BV	铝芯塑料绝缘线	BLV
铜芯塑料绝缘护套线	BVV	铝芯塑料绝缘护套线	BLVV
铜母线	TMY	裸铝线	LJ
铝母线	LMY	硬铜线	TJ

表 12-5 导线敷设方式

导线敷设方式	代号	
	新代号	旧代号
用塑料线槽敷设	PR	XC
用硬质塑料管敷设	PC	VG
用半硬塑料管槽敷设	PEC	ZVG
用电线管敷设	TC	DG
用焊接钢管敷设	SC	G
用金属线槽敷设	SR	GC
用电缆桥架敷设	CT	
用瓷夹敷设	PL	CJ
用塑制夹敷设	PCL	VT
用蛇皮管敷设	CP	
用瓷瓶式或瓷柱式绝缘子敷设	K	CP

表 12-6 导线的敷设位置

导线敷设位置	代号	
	新代号	旧代号
沿钢索敷设	SR	S
沿屋架或层架下弦敷设	BE	LM
沿柱敷设	CLE	ZM
沿墙敷设	WE	QM
沿天棚敷设	CE	PM
吊顶内敷设	ACE	PNM
暗敷在梁内	BC	LA
暗敷在柱内	CLC	ZA
暗敷在屋面内或顶板内	CC	PA
暗敷在地面内或地板内	FC	DA
暗敷在不能进入的吊顶内	ACC	PND
暗敷在墙内	WC	QA

例如：

WL1-BV-3×4-PR-WE

表示第一条照明支路（WL1），导线为塑料绝缘铜导线（BV），共有3根截面积均为4mm^{2}的导线（3×4），敷设方式为用塑料线槽敷设（PR），敷设位置为沿墙面明敷设（WE）。

再如：

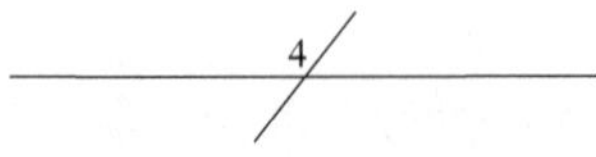

WP1-BV-3×10+1×6-PC20-WC

表示第一条动力支路（WP1），导线为塑料绝缘铜导线（BV），共有4根线，3根截面积均为10mm^2（3×10），1根截面积为6mm^2（1×6），敷设方式为穿直径为20mm的PVC管敷设（PC20），敷设位置为暗敷在墙内（WC）。

12.1.3 用电设备的标注

用电设备的标注格式一般为

$$\frac{a}{b}\text{或}\frac{a}{b}+\frac{c}{d}$$

例如：$\frac{10}{7.5}$表示该电动机在系统中的编号为10，其额定功率为7.5kW；$\frac{10}{7.5}+\frac{100}{0.3}$表示该电动机的编号为10，额定功率为7.5kW，低压断路器脱扣器的电流为100A，安装高度为0.3m。

12.1.4 电力和照明设备的标注

① 一般标注格式

$$a\frac{b}{c}\text{或}a\text{-}b\text{-}c$$

例如：$3\frac{\text{Y200L-4}}{15}$或3-（Y200L-4）-15表示该电动机编号为3，为Y系列笼型异步电动机，机座中心高度为200mm，机座为长机型（L），磁极为4极，额定功率为15kW。

② 含引入线的标注格式

$$a\frac{b\text{-}c}{d(e\times f)\text{-}g}$$

例如：$3\frac{\text{(Y200L-4)-15}}{\text{BV(4×6)SC25-FC}}$表示该电动机编号为3，为Y系列笼型异步电动机，机座中心高度为200mm，机座为长机型（L），磁极为4极，额定功率为15kW，4根6mm^{2}的塑料绝缘铜芯导线穿入直径为25mm的钢管埋入地面暗敷。

12.1.5 开关与熔断器的标注

① 一般标注格式 $a\frac{b}{c/i}$或a-b-c/i，a表示设备的编号；b表示设备的型号；c表示额定电流（单位：A）；i表示整定电流（单位：A）。

例如：$3\frac{\text{DZ20Y-200}}{200/200}$或3-（DZ20Y-200）-200/200表示断路器编号为3，型号为DZ20Y-200，其额定电流和整定电流均为200A。

② 含引入线的标注格式 $a\frac{b\text{-}c/i}{d(e\times f)\text{-}g}$，$a$表示设备的编号；$b$表示设备的型号；$c$表示额定电流（单位:A）；$i$表示整定电流（单位:A）；$d$表示导线型号；$e$表示导线的根数；$f$表示导线的截面积（单位：mm^2）；$g$表示导线敷设方式与位置。

例如：$3\frac{\text{DZ20Y-200-200/200}}{\text{BV（3×50）K-BE}}$表示设备编号为3，型号为DZ20Y-200，其额定电流和整定电流均为200A，3根50mm^{2}的塑料绝缘铜芯导线用瓷瓶式绝缘子沿屋架敷设。

12.1.6 电缆的标注

电缆的标注方式与配电线路基本相同，当电缆与其他设施交叉时，其标注格式为：

$$\frac{a\text{-}b\text{-}c\text{-}d}{e\text{-}f}$$

其中，a表示保护管的根数；b表示保护管的直径（单位：mm）；c表示管长（单位：m）；d表示地面标高（单位：m）；e表示保护管埋设的深度（单位：m）；f表示交叉点的坐标。

例如：$\frac{4\text{-}100\text{-}8\text{-}1.0}{0.8\text{-}f}$表示4根保护管，直径长100mm，管长8m，于标高1.0m处埋深0.8m，交叉坐标一般用文字标注，如与××管道交叉。

12.1.7 照明与动力配电电气图常用电气设备符号

照明与动力配电电气图常用电气设备符号见表12-7。

表12-7 照明与动力配电电气图常用电气设备符号

名称	图形符号	名称	图形符号
灯具一般符号		三分配器	
吸顶灯		单相两孔明装插座	
花灯		单相二孔暗装插座	
壁灯		单相五孔暗装插座	
荧光灯一般符号		三相四线暗装插座	
三管荧光灯		电风扇	∞
五管荧光灯	5	照明配电箱	
墙上灯座		隔离开关	
单联跷板暗装开关		断路器	
双联跷板暗装开关		漏电保护器	
三联跷板防水开关		电能表	kWh
单联拉线明装开关		熔断器	
单联双控开关		向上配线	
		向下配线	
延时开关	t	垂直通过配线	
风扇调速开关		二分支器	
门铃		串接一分支插座	
按钮		电视放大器	
电话插座	TP	数字信息插座	TO
电话分线箱		感烟探测器	
电视插座	TV	可燃气体探测器	

12.2 住宅照明配电电气图的识读

住宅电气图主要有电气系统图和电气平面图。电气系统图用于表示整个工程或工程某一项目的供电方式和电能配送关系。电气平面图是用来表示电气工程项目的电气设备、装置和线路的平面布置图，它一般是在建筑平面图的基础上制作出来的。

12.2.1 整幢楼总电气系统图的识读

图12-1是一幢楼的总电气系统图。

（1）总配电箱电源的引入

变电所或小区配电房的380V三相电源通过电缆接到整幢楼的总配电箱，电缆标注是YJV-1kV-4×70+1×35-SC70-FC，其含义为：YJV-交联聚乙烯绝缘聚氯乙烯护套电力电缆，额定电压1kV，电缆有5根芯线，4根截面积均为70mm^2，1根截面积为35mm^2，电缆穿直径为70mm的钢管（SC70），埋入地面暗敷（FC）。总配电箱AL4的规格为800mm（长）×700mm（宽）×200mm（厚）。

（2）总配电箱的电源分配

三相电源通过5芯电缆（L1、L2、L3、N、PE）进入总配电箱，接到总断路器（型号为TSM21-160W/30-125A），经总断路器后，三相电源进行分配，L1相电源接到一、二层配电箱，L2相电源接到三、四层配电箱，L3相电源接到五、六层配电箱，每相电源分配使用3根导线（L、N、PE），导线标注是BV-2×50+1×25-SC50-FC.WC，其含义为：BV-塑料绝缘铜导线，2根截面积均为50mm^{2}的导线（2×50），1根截面积为25mm^{2}的导线（1×25），导线穿直径为50mm的钢管（SC50），埋入地面和墙内暗敷（FC.WC）。

L3相电源除了供给五、六层外，还通过断路器、电能表分成两路。一路经隔离开关后接到各楼层的楼梯灯，另一路经断路器接到访客对讲系统作为电源。L1相电源除了供给一、二层外，还通过隔离开关、电能表和断路器接到综合布线设备作为电源。电能表对本路用电量进行计量用。

总配电箱将单相电源接到楼层配电箱后，楼层配电箱又将该电源一分为二（一层两户），接到每户的室内配电箱。

12.2.2 楼层配电箱电气系统图的识读

楼层配电箱的电气系统图如图12-2所示。

ALC2为楼层配电箱，由总配电箱送来的单相电源（L、N、PE）进入ALC2，分作两路，每路都先经过隔离开关后接到电能表，电能表之后再通过一个断路器接到户内配电箱AH3。电能表用于对户内用电量进行计量，将电能表安排在楼层配电箱而不是户内配电箱，可方便相关人员查看用电量而不用进入室内，也可减少窃电情况的发生。

12.2.3 户内配电箱电气系统图及接线图的识读

（1）户内配电箱电气系统图

户内配电箱的电气系统图如图12-3所示。

AH3为户内配电箱，由楼层配电箱送来的单相电源（L、N、PE）进入AH3，接到63A隔离开关（型号为TSM2-100/2P-63A），经隔离开关后分作8条支路，照明支路用10A断路器（型号为TSM1-32-10A）控制本线路的通断，浴霸支路用16A断路器（型号为TSM1-32-

16A）控制本线路的通断，其他6条支路均采用额定电流为20A、漏电保护电流为30mA的漏电保护器（型号为TSM1-32-20A-30mA）控制本线路的通断。

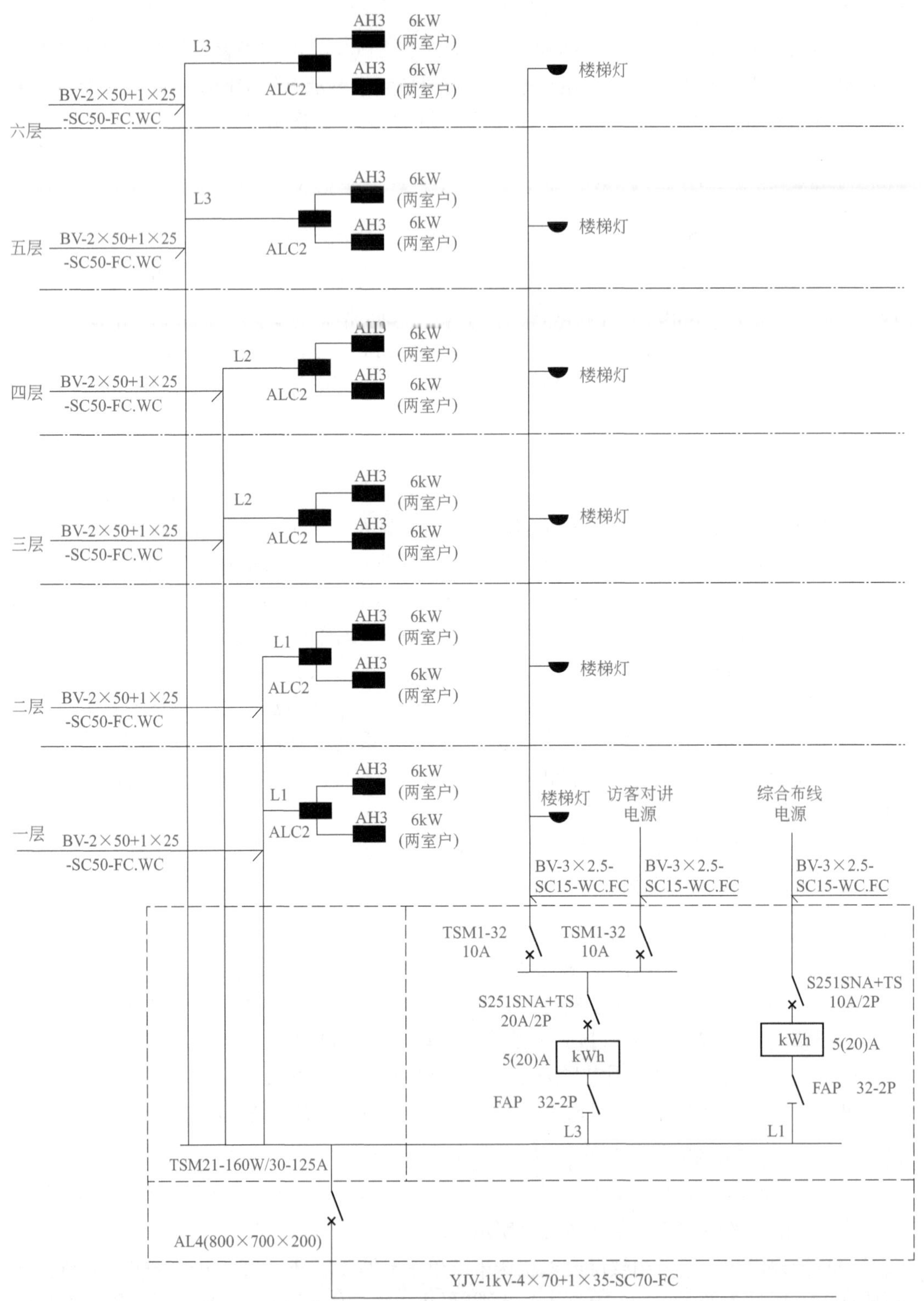

图12-1 一幢楼的总电气系统图

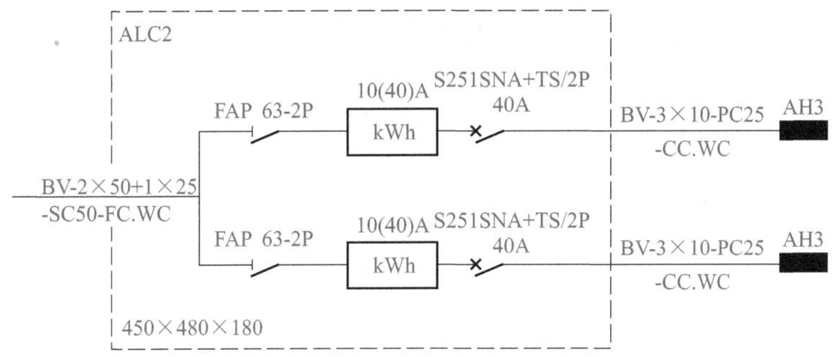

图12-2　楼层配电箱的电气系统图

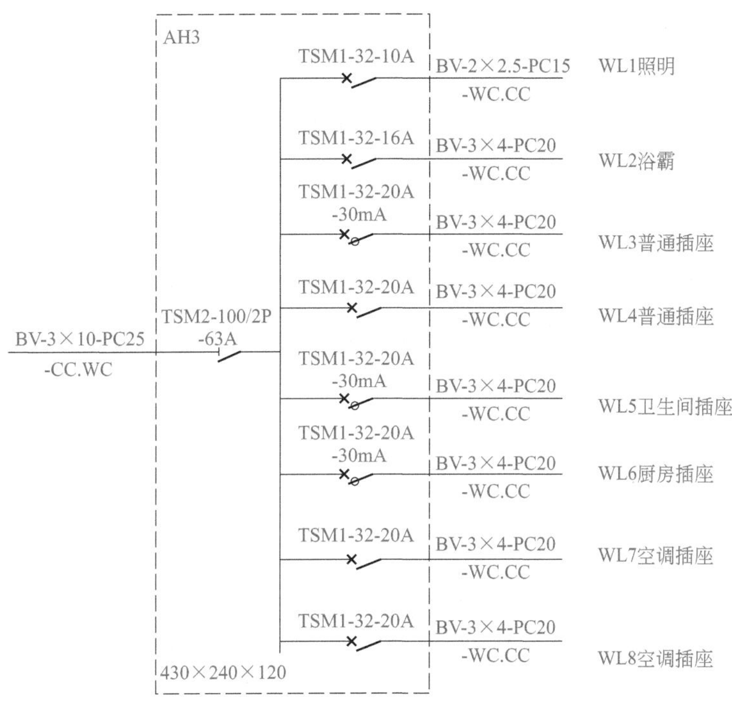

图12-3　户内配电箱的电气系统图

户内配电箱的进线采用BV-3×10-PC25-CC.WC，其含义是BV—塑料绝缘铜导线，3根截面积均为10mm^{2}的导线（3×10），导线穿直径为25mm的PVC管（PC25），埋入顶棚和墙内暗敷（CC.WC）。支路线有两种规格，功率小的照明支路使用2根2.5mm^{2}的塑料绝缘铜导线，并且穿直径为15mm的PVC管暗敷，其他7条支路均使用3根4mm^{2}的塑料绝缘铜导线，都穿直径为20mm的PVC管暗敷。

（2）户内配电箱线路图与接线图

在配电箱中安装的配电电器主要有断路器和漏电保护器，在安装这些配电电器时，需要将它们固定在配电箱内部的导轨上，再给配电电器接线。

图12-4是配电箱的线路图，图12-5是配电箱的接线图。三根入户线（L、N、PE）进入配电箱，其中L、N线接到总断路器的输入端。而PE线直接接到地线公共接线柱（所有接线柱都是相通的），总断路器输出端的L线接到3个漏电保护器的L端和5个1极断路器的输入端，总断路器输出端的N线接到3个漏电保护器的N端和零线公共接线柱。在输出

端，每个漏电保护器的2根输出线（L、N）和1根由地线公共接线柱引来的PE线组成一个分支线路，而单极断路器的1根输出线（L）和1根由零线公共接线柱引来的N线，再加上1根由地线公共接线柱引来的PE线组成一个分支线路，由于照明线路一般不需地线，故该分支线路未使用PE线。

在安装住宅配电箱时，当箱体高度小于60cm时，箱体下端距离地面宜为1.5m；箱体高度大于60cm时，箱体上端距离地面不宜大于2.2m。

在配电箱接线时，对导线颜色也有规定：相线应为黄、绿或红色，单相线可选择其中一种颜色，零线（中性线）应为浅蓝色，保护地线应为绿、黄双色导线。

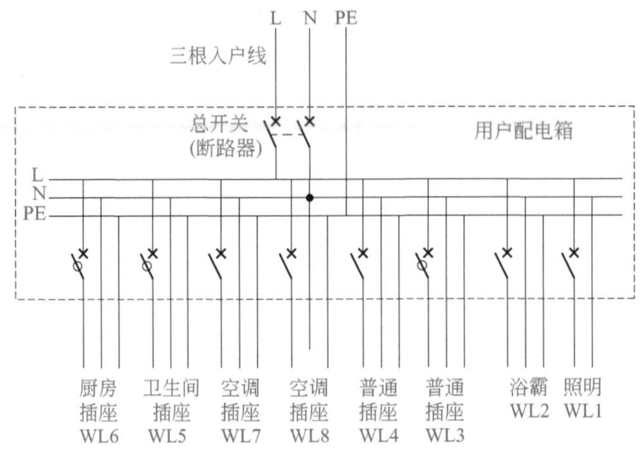

图12-4　配电箱的线路图

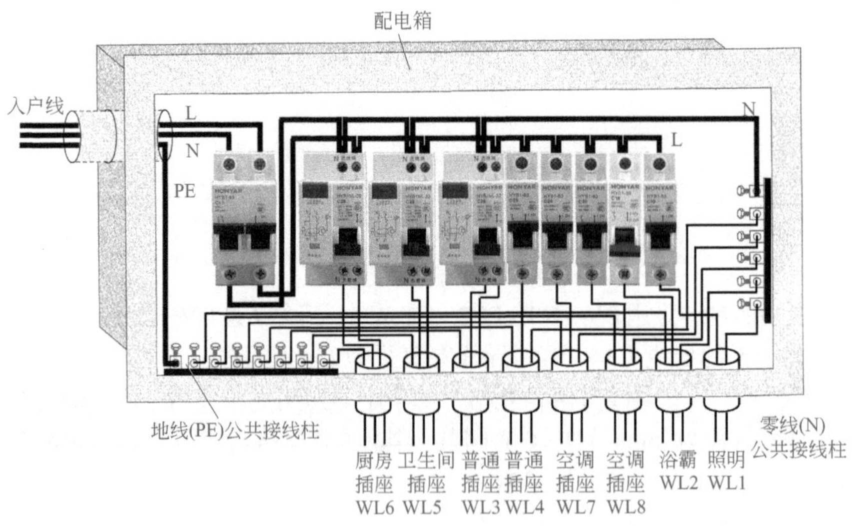

图12-5　配电箱的接线图

12.2.4　住宅照明与插座电气平面图的识读

图12-6是一套两室两厅住宅的照明与插座电气平面图。

楼层配电箱ALC2的电源线（L、N、PE）接到户内配电AH3，在AH3内将电源分成WL1～WL8共8条支路。

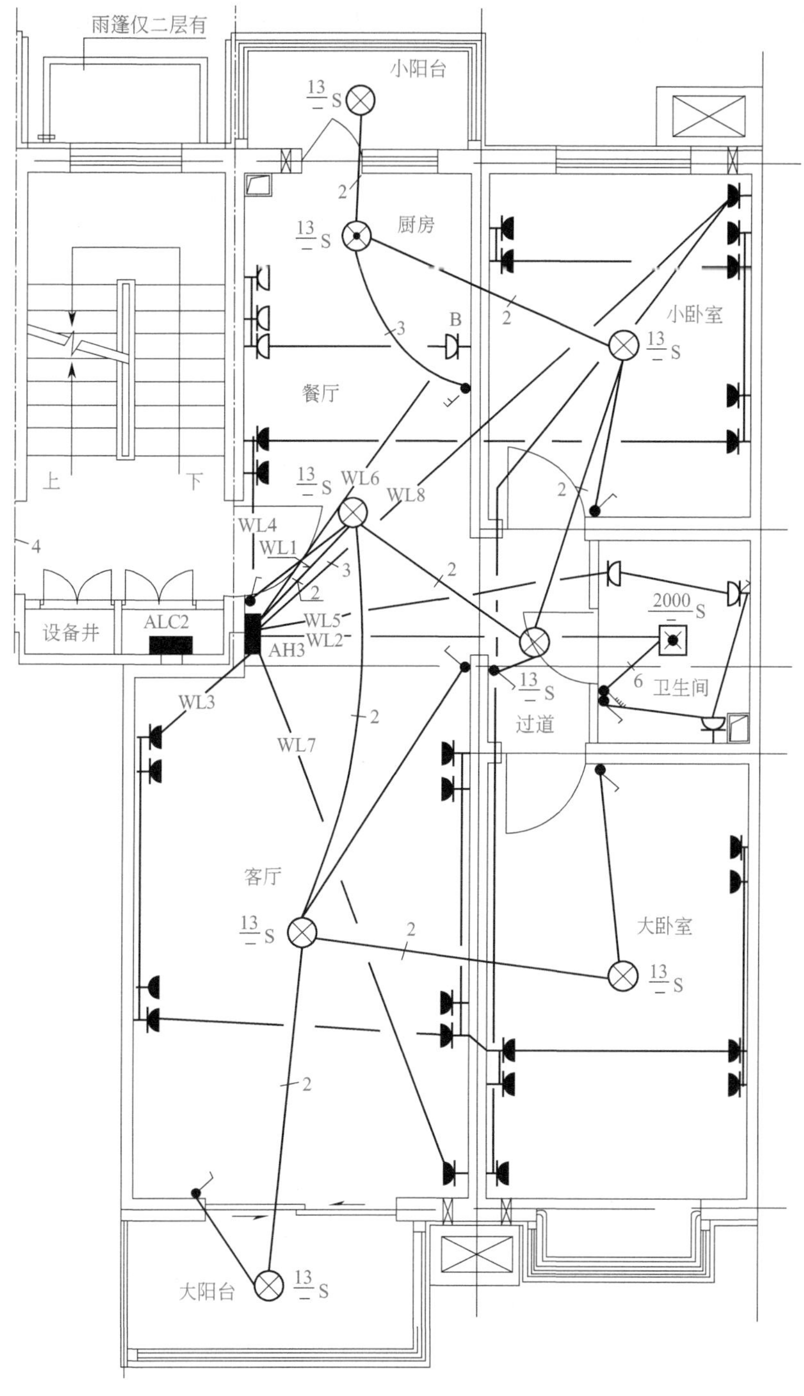

图12-6 一套两室两厅住宅的照明与插座电气平面图

（1）WL1支路

WL1支路为照明线路，其导线标注为BV-2×2.5-PC15-WC.CC（见图12-3），其含义是BV-塑料绝缘铜导线，2根截面积均为2.5mm²的导线（3×2.5），导线穿直径为15mm的PVC管（PC15），埋入墙内或顶棚暗敷（WC.CC）。

从户内配电箱AH3引出的WL1支路接到门厅灯（13—13W，S—吸顶安装），在门厅灯处分作两路，一路去客厅灯，在客厅灯处又分作两路，一路去大阳台灯，另一路去大卧室灯；门厅灯分出的另一路去过道灯→小卧室灯→厨房灯（符号为防潮灯）→小阳台灯。

照明支路中门厅灯、客厅灯、大阳台灯、大卧室灯、过道灯和小卧室灯分别由一个单联跷板开关控制，厨房灯和小阳台灯由一个双联跷板开关控制。

（2）WL2支路

WL2支路为浴霸支路，其导线标注为BV-3×4-PC20-WC.CC（见图12-3），其含义是BV-塑料绝缘铜导线，3根截面积均为4mm^{2}的导线（3×4），导线穿直径为20mm的PVC管（PC20），埋入墙内或顶棚暗敷（WC.CC）。

从户内配电箱AH3引出的WL2支路直接接到卫生间的浴霸，浴霸功率为2000W，采用吸顶安装。从浴霸引出6根线接到一个五联单控开关，分别控制浴霸上的4个取暖灯和1个照明灯。

（3）WL3支路

WL3支路为普通插座支路，其导线标注为BV-3×4-PC20-WC.CC，其含义与浴霸支路相同。

WL3支路的走向是：户内配电箱AH3→客厅左上角插座→客厅左下角插座→客厅右下角插座，分作两路，一路接客厅右上角插座，另一路接大卧室左下角插座→大卧室右下角插座→大卧室右上角插座。

（4）WL4支路

WL4支路也为普通插座支路，其导线标注为BV-3×4-PC20-WC.CC。

WL4支路的走向是：户内配电箱AH3→餐厅插座→小卧室右下角插座→小卧室右上角插座→小卧室左上角插座。

（5）WL5支路

WL5支路为卫生间插座支路，其导线标注为BV-3×4-PC20-WC.CC。

WL5支路的走向是：户内配电箱AH3→卫生间左方防水插座→卫生间右方防水插座（该插座带有一个单极开关）→卫生间下方防水插座，该插座受一个开关控制。

（6）WL6支路

WL6支路为厨房插座支路，其导线标注为BV-3×4-PC20-WC.CC。

WL6支路的走向是：户内配电箱AH3→厨房右方防水插座→厨房左方防水插座。

（7）WL7支路

WL7支路为客厅空调插座支路，其导线标注为BV-3×4-PC20-WC.CC。

WL7支路的走向是：户内配电箱AH3→客厅右下角空调插座。

（8）WL8支路

WL8支路为卧室空调插座支路，其导线标注为BV-3×4-PC20-WC.CC。

WL8支路的走向是：户内配电箱AH3→小卧室右上角空调插座→大卧室左下角空调插座。

12.2.5 住宅照明线路接线图的识读

图12-7是两室两厅住宅的照明线路的接线图，它包括普通照明线路WL1和浴霸线路WL2。

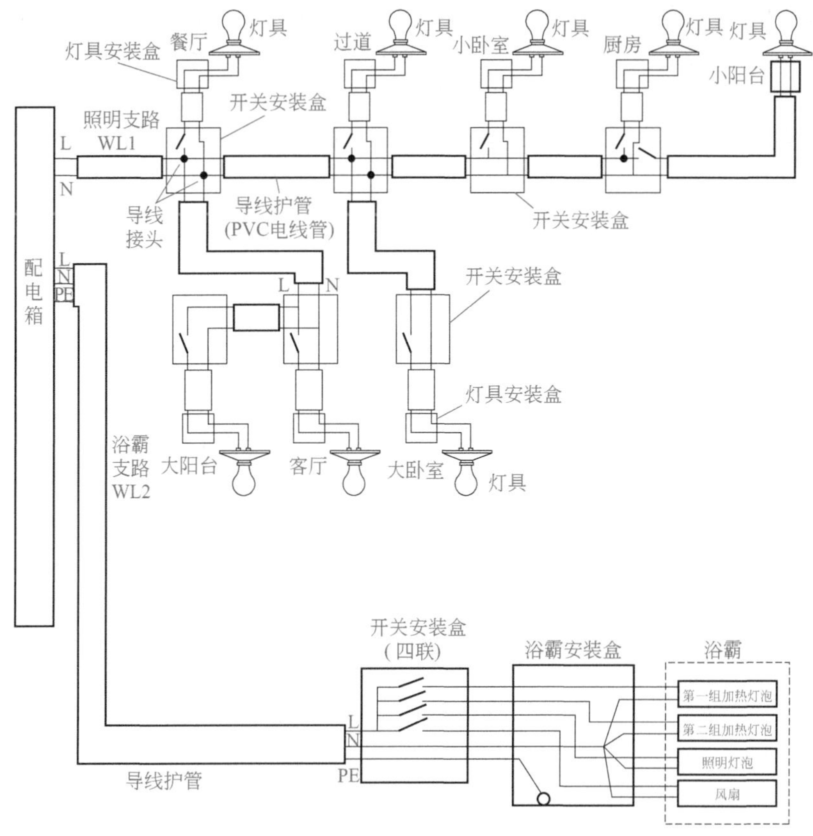

图12-7　两室两厅住宅的照明线路的接线图

（1）普通照明线路WL1

普通照明线路WL1采用走地方式的灯具和开关接线，如图12-7上方部分所示，导线的分支接点全部安排在开关盒内。

配电箱的照明支路引出L、N两根导线，连接到餐厅的开关安装盒，开关安装盒内的L、N导线再分作三路：一路连接到客厅的开关安装盒，另一路连接到过道的开关安装盒，还有一路连接到餐厅灯具安装盒。连到客厅开关安装盒的L、N导线又分作两路：一路连接到客厅大阳台的开关安装盒，另一路连接到客厅的灯具安装盒。连到过道开关安装盒的L、N导线分作三路：一路连接到大卧室的开关安装盒，一路连接到过道的灯具安装盒；还有一路连接到小卧室的开关安装盒。连接到小卧室开关安装盒的L、N线分作两路：一路连接到本卧室的灯具安装盒，另一路连接到厨房和小阳台的开关安装盒。

（2）浴霸线路WL2

浴霸线路采用走地方式的灯具和开关接线，如图12-7下方部分所示。配电箱的浴霸支路引出L、N和PE三根导线，连接到卫生间的浴霸开关安装盒，N、PE线直接穿过开关安装盒接到浴霸安装盒。而L线在开关安装盒中分成4根，分别接4个开关后，4根L线再接到浴霸安装盒。在浴霸安装盒中。N导线分成4根，它与4根L线组成4对线，分别接浴霸的两组加热灯泡、一个照明灯泡和一个排气扇。PE线接安装盒的接地点。

12.2.6 住宅插座线路接线图的识读

除灯具由照明线路直接供电外，其他家用电器供电均来自插座。图12-8所示为两室两厅住宅的插座线路的接线图，它包括普通插座线路WL3、普通插座线路WL4、卫生间插座线路WL5、厨房插座线路WL6、空调插座线路WL7、空调插座线路WL8。插座接线要遵循“左零（N）、右相（L）、中间地（PE）”规则，如果插座要受开关控制，相线应先进入开关安装盒，经开关后回到插座安装盒，再接插座的右极。

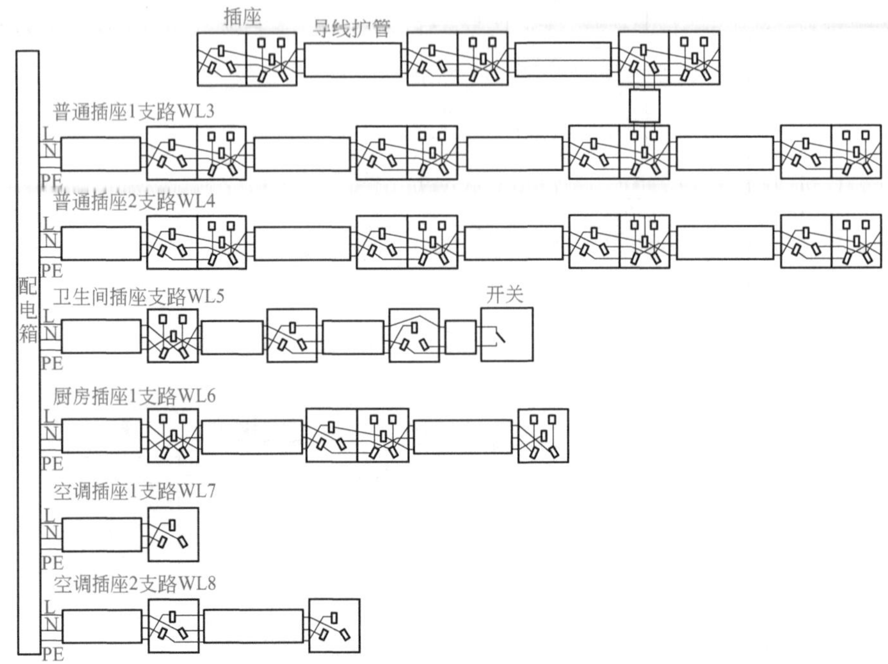

图12-8 两室两厅住宅插座线路的接线图

12.3 动力配电电气图的识读

住宅配电对象主要是照明灯具和插座，动力配电对象主要是电动机，故动力配电主要用于工厂企业。

12.3.1 动力配电系统的三种接线方式

根据接线方式不同，动力配电系统可分为三种：放射式动力配电系统、树干式动力配电系统和链式动力配电系统。

（1）放射式动力配电系统

放射式动力配电系统图如图12-9所示。这种配电方式的可靠性较高，适用于动力设备数量不多，容量大小差别较大、设备运行状态比较平稳的场合。这种系统在具体接线时，主配电箱宜安装在容量较大的设备附近，分配电箱和控制电路应与动力设备安装在一起。

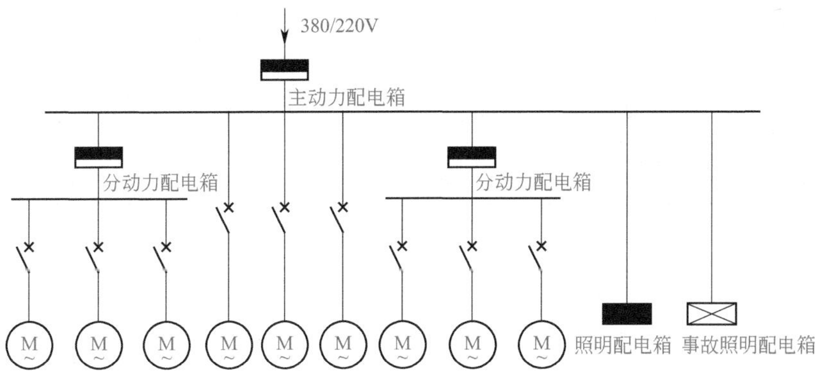

图12-9　放射式动力配电系统图

（2）树干式动力配电系统

树干式动力配电系统图如图12-10所示。这种配电方式的可靠性较放射式稍低一些，适用于动力设备分布均匀、设备容量差距不大且安装距离较近的场合。

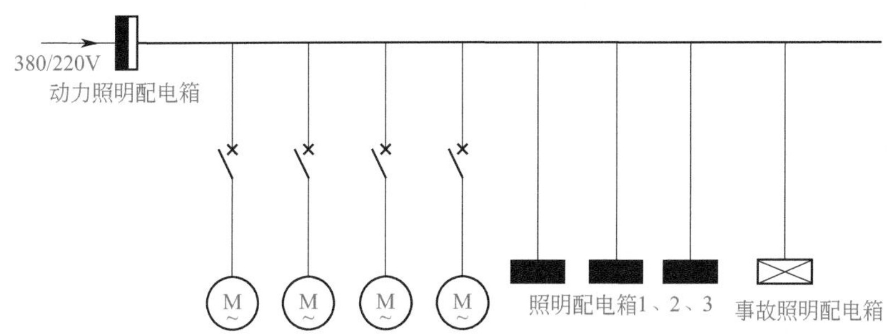

图12-10　树干式动力配电系统图

（3）链式动力配电系统

链式动力配电系统图如图12-11所示。该配电方式适用于动力设备距离配电箱较远、各动力设备容量小且设备间距离近的场合。链式动力配电的可靠性较差，当一条线路出现故障时，可能会影响多台设备正常运行，通常一条线路可接3～4台设备（最多不超过5台），总功率不要超过10kW。

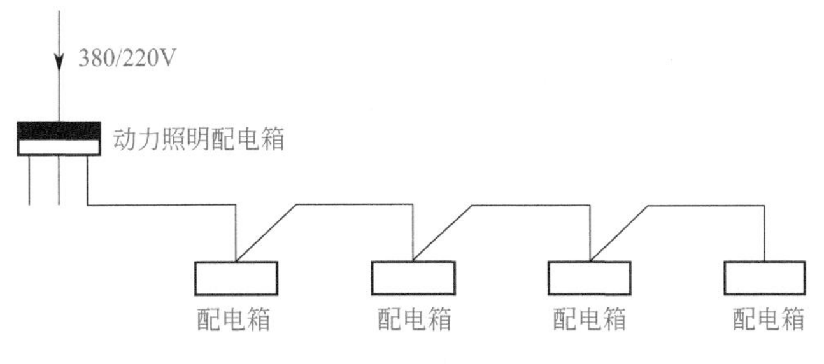

图12-11　链式动力配电系统图

12.3.2　动力配电系统图的识图实例

图12-12是某锅炉房动力配电系统图，下面以此为例来介绍动力配电系统图的识读。

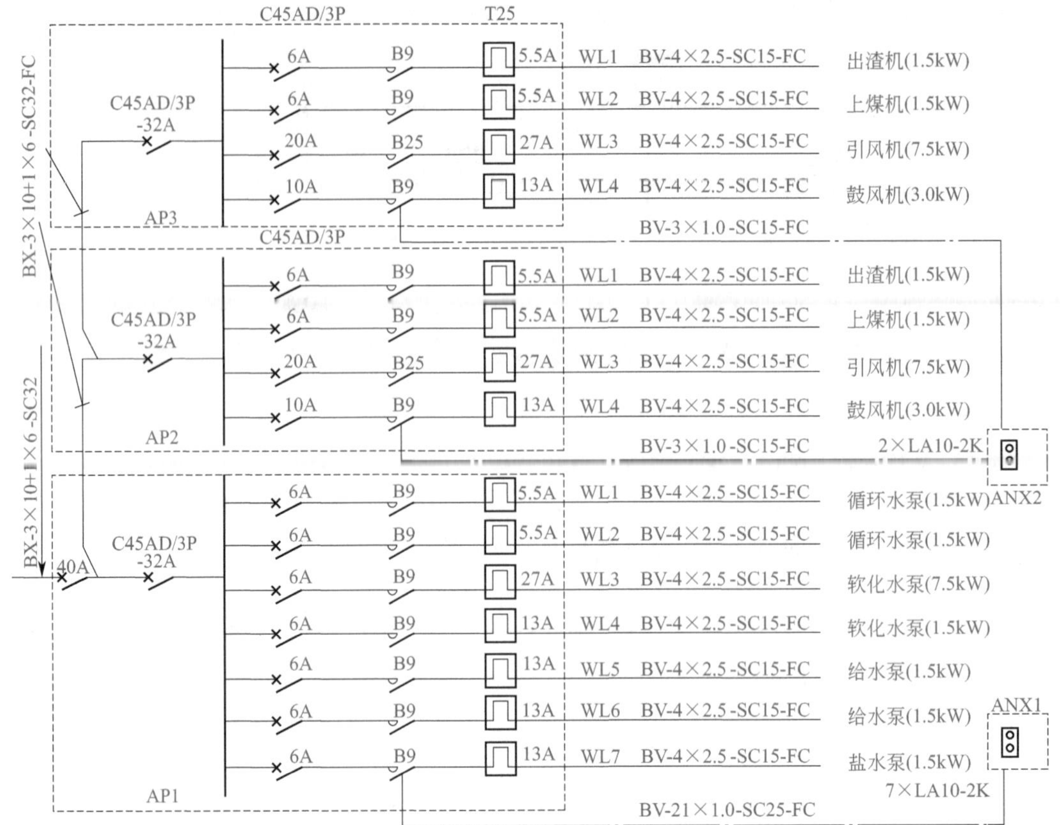

图12-12　某锅炉房动力配电系统图

图中有5个配电箱，AP1～AP3配电箱内安装有断路器（C45AD/3P）、B9型接触器和T25型热继电器，ANX1、ANX2配电箱安装有操作按钮，又称按钮箱。

电源首先通过配线进入AP1配电箱，配线标注为BX-3×10+1×6-SC32，其含义为：BX表示橡胶绝缘铜芯导线；3×10+1×6表示3根截面积为10mm^{2}和1根截面积为6mm^{2}的导线；SC32表示穿直径32mm的钢管。电源配线进入AP1配电箱后，接型号为C45AD/3P-40A主断路器，40A表示额定电流为40A，3P表示断路器为3极，D表示短路动作电流为10～14倍额定电流。

AP1配电箱主断路器之后的电源配线分作两路，一路到本配电箱的断路器（C45AD/3P-20A），另一路到AP2配电箱的断路器（C45AD/3P-32A），再接到AP3配电箱的断路器（C45AD/3P-32A），接到AP2、AP3配电箱的配线标注均为BX-3×10+1×6-SC32-FC，其含义为：BX表示橡胶绝缘铜芯导线；3×10+1×6表示3根截面积为10mm^{2}和1根截面积为6mm^{2}的导线；SC32表示穿直径32mm的钢管；FC表示埋入地面暗敷。

在AP1配电箱中，电源分成7条支路，每条支路都安装有1个型号为C45AD/3P的断路器（额定电流均为6A）、1个B9型交流接触器和1个用作电动机过载保护的T25型热继电器。AP1配电箱的7条支路通过WL1～WL7共7路配线连接7台水泵电动机，7路配线标注均为BV-4×2.5-SC15-FC，其含义为：BV表示塑料绝缘铜芯导线；4×2.5表示4根截面积为2.5mm^{2}的导线；SC15表示穿直径15mm的钢管；FC表示埋入地面暗敷。

ANX1按钮箱用于控制AP1配电箱内的接触器通断。ANX1内部安装有7个型号为

LA10-2K的双联按钮（启动/停止控制），通过配线接到AP1配电箱，配线标注为BV-21×1.0-SC25-FC，其含义为：BV表示塑料绝缘铜芯导线；21×1.0表示21根截面积为1.0mm²的导线；SC25表示穿直径25mm的钢管；FC表示埋入地面暗敷。

AP2、AP3为2个相同的配电箱，每个配电箱的电源都分为4条支路，有4个断路器、4个交流接触器和4个热继电器，4条支路通过WL1～WL4共4路配线连接4台电动机（出渣机、上煤机、引风机和鼓风机）。4路配线标注均为BV-4×2.5-SC15-FC。

ANX2按钮箱用于控制AP2、AP3配电箱内的接触器通断。ANX2内部安装有2个型号为LA10-2K的双联按钮（启动/停止控制），通过两路配线接到AP2、AP3配电箱，一个双联按钮控制一个配电箱所有接触器的通断，两路配线标注为BV-3×1.0-SC15-FC。

12.3.3 动力配电平面图的识图实例

图12-13是某锅炉房动力配电平面图，表12-8为该锅炉房的主要设备表。

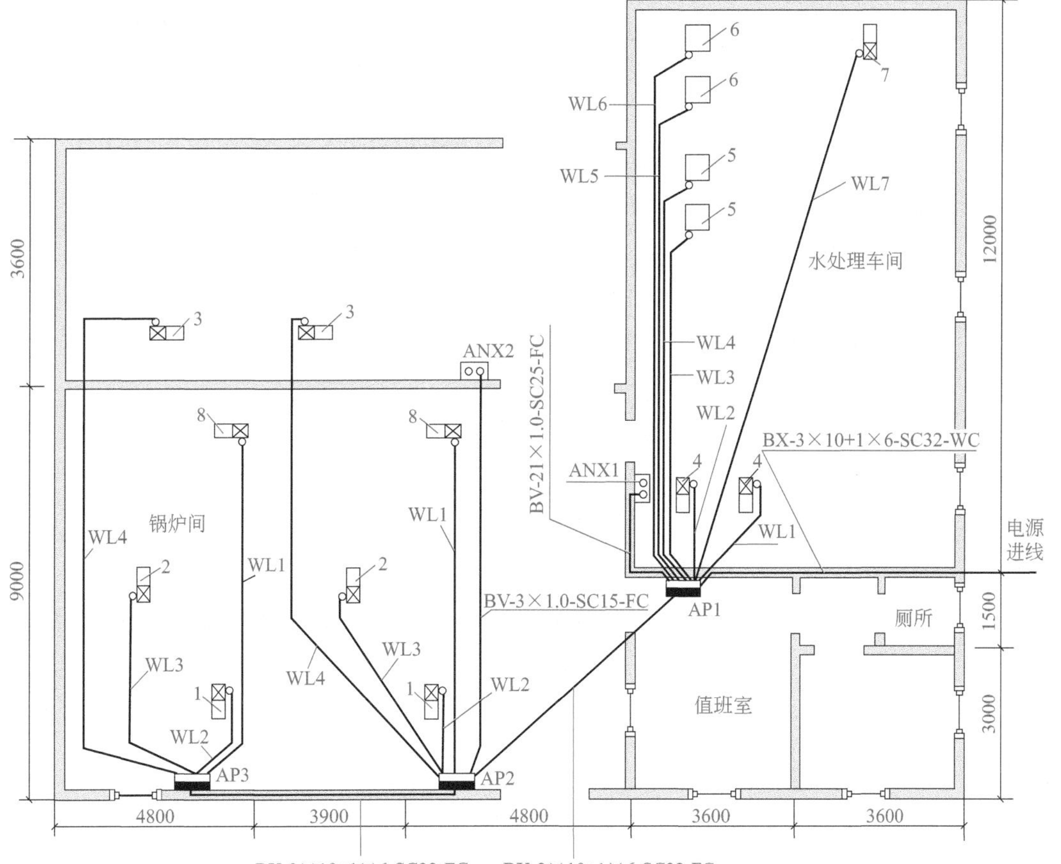

图12-13 某锅炉房动力配电平面图

表12-8 某锅炉房的主要设备表

序号	名称	容量/kW	序号	名称	容量/kW
1	上煤机	1.5	5	软化水泵	7.5
2	引风机	7.5	6	给水泵	1.5
3	鼓风机	3.0	7	盐水泵	1.5
4	循环水泵	1.5	8	出渣机	1.5

室外电源线从右端进入值班室的AP1配电箱，在AP1配电箱中除了分出一路电源线接到AP2配电箱外，在本配电箱内还分成WL1 ~ WL7共7条支路，WL1、WL2支路分别接到两台循环水泵（4），WL3、WL4支路分别接到两台软化水泵（5），WL5、WL6支路分别接到两台给水泵（6），WL7支路接到盐水泵（7）。ANX1按钮箱安装在水处理车间门口，通过配线接到AP1配电箱。

从AP1配电箱接来的电源线分出一路接到锅炉间的AP2配电箱，在AP2配电箱中除了分出一路电源线接到AP3配电箱外，在本配电箱内还分成WL1 ~ WL4共4条支路，WL1支路接到出渣机（8），WL2支路接到上煤机（1），WL3支路接到引风机（2），WL4支路接到鼓风机（3）。

由AP2配电箱分出的电源线接到AP3配电箱，在该配电箱中将电源分成WL1 ~ WL4共4条支路，WL1支路接到出渣机（8），WL2支路接到上煤机（1），WL3支路接到引风机（2），WL4支路接到鼓风机（3）。

ANX2按钮箱用来控制AP2、AP3配电箱，安装在锅炉房外，该按钮箱接出两路按钮线先到AP2配电箱，一路接在AP2配电箱内，另一路从AP2配电箱内与电源线一起接到AP3配电箱。

12.3.4 动力配电线路图和接线图的识图实例

（1）锅炉房水处理车间的动力配电线路图与接线图

锅炉房水处理车间的动力配电线路图如图12-14所示，其接线图如图12-15所示，从图中可以看出，接线图与线路图的工作原理是一样的，但画接线图必须要考虑实际元件、方便布线和操作方便等因素，例如在线路图中，一个接触器的线圈、主触点、辅助触点可以

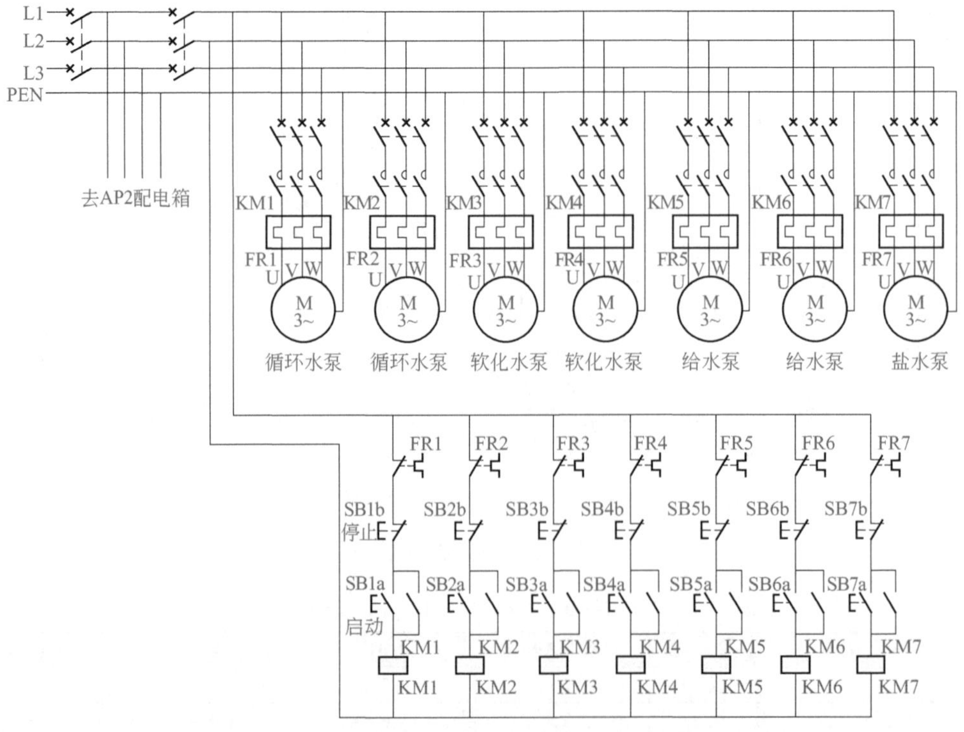

图12-14 锅炉房水处理车间的动力配电线路图

画在不同位置，而在接线图中，接触器是一个整体，线圈、主触点、辅助触点必须画在一起，另外在线路图中，操作按钮可以和其他电器画在一起，而在接线图中，操作按钮要与其他电器分开，单独安装在按钮箱中。

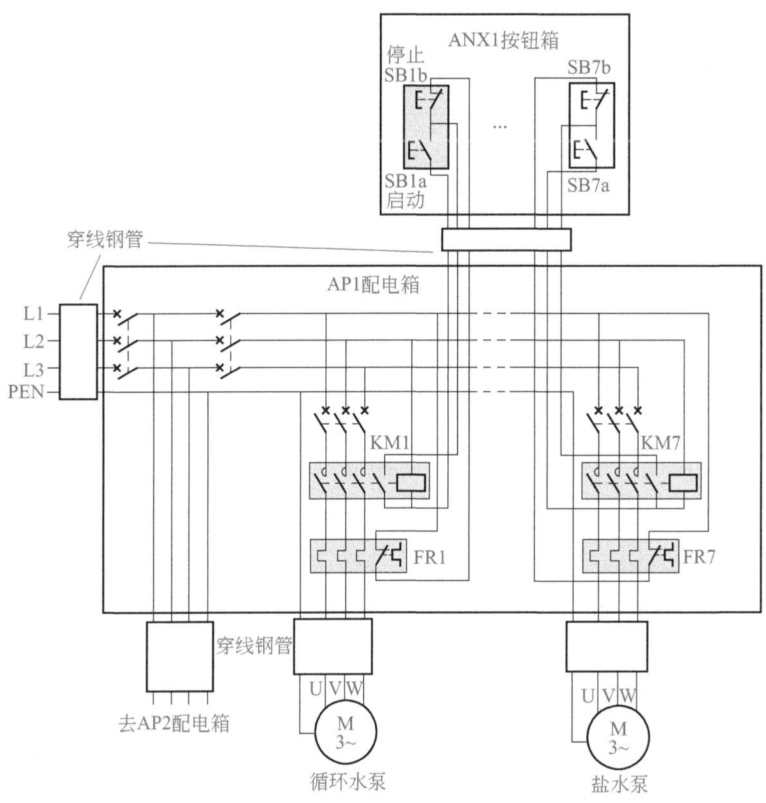

图12-15　锅炉房水处理车间的动力配电接线图

（2）锅炉房的动力配电线路图与接线图

锅炉房有两套相同的动力配电线路，其中一套配电线路图如图12-16所示，其接线图如图12-17所示，两套线路的操作按钮都安装在ANX2按钮箱内。

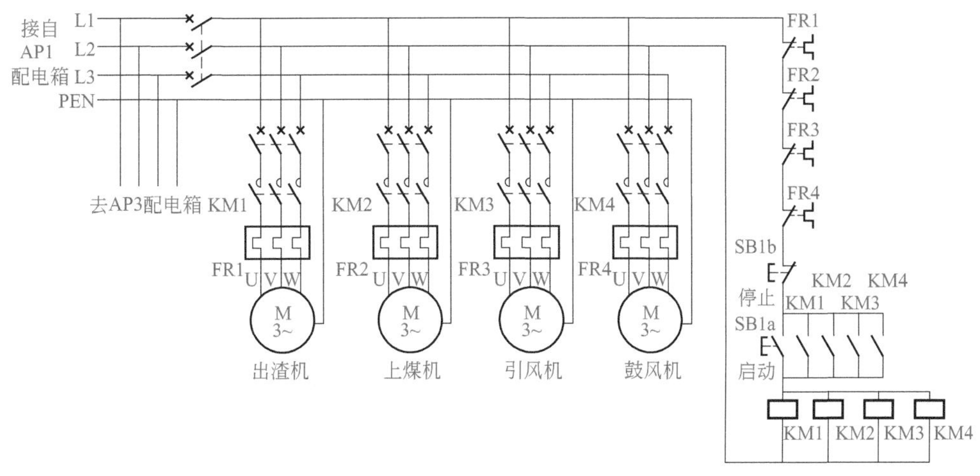

图12-16　锅炉房的动力配电线路图（其中一套）

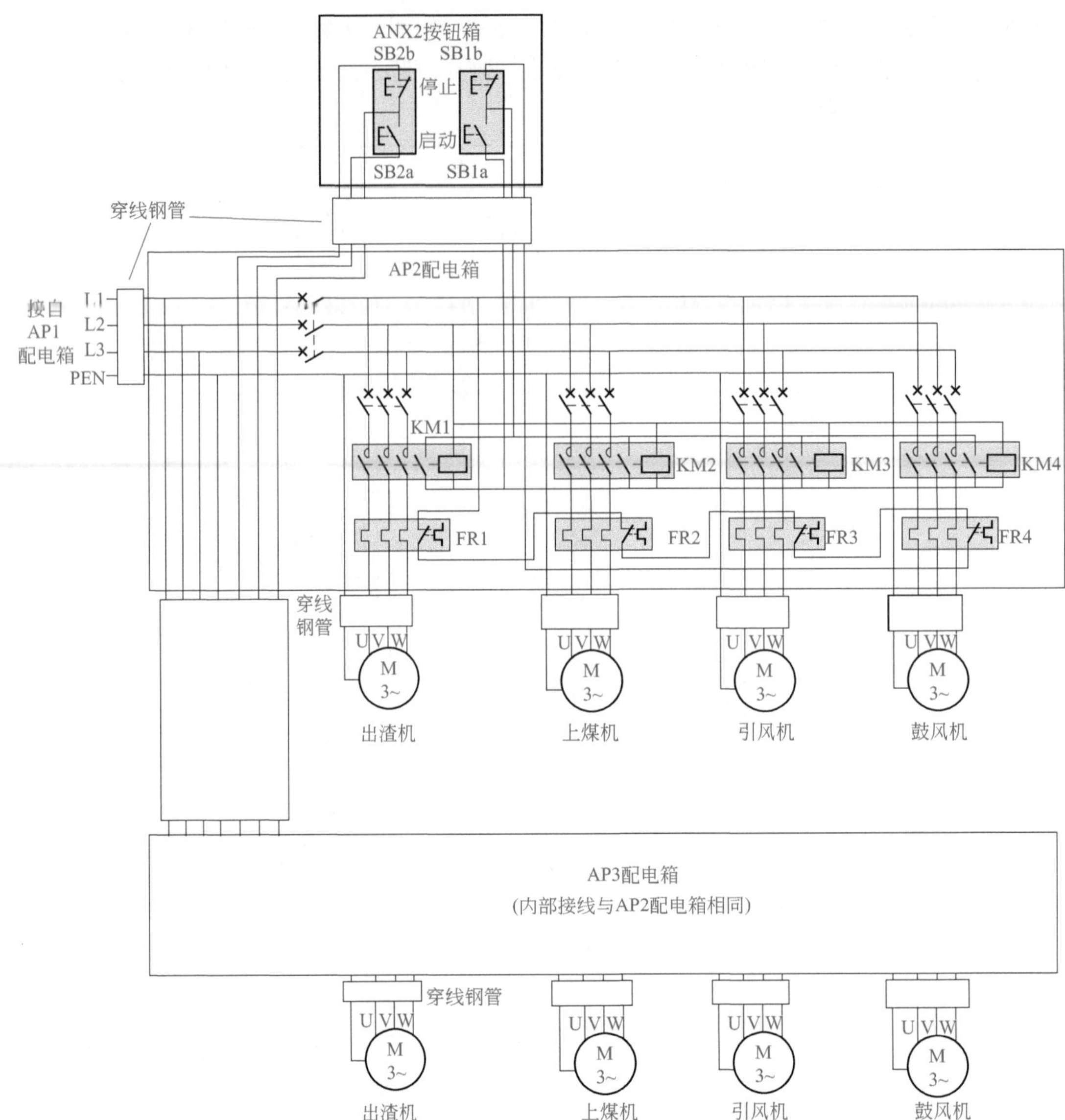

图12-17 锅炉房的动力配电接线图

第13章 供配电系统电气线路的识读

13.1 供配电系统简介

13.1.1 供配电系统的组成

电能是由发电部门（火力发电厂、水力发电站和核电站）的发电机产生的，这些电能需要通过供配电系统传输给用户。电能从发电部门到用户的传输环节如图13-1所示，从图中可以看出，发电部门的发电机产生3.15～20kV的电压（交流）先经升压变压器升至35～500kV，然后通过远距离传输线将电能传送到用电区域的变电所，变电所的降压变压器将35～500kV的电压降低到6～10kV，该电压一方面直接供给一些工厂用户，另一方面再经降压变压器降低成380/220V的低压，供给普通用户。

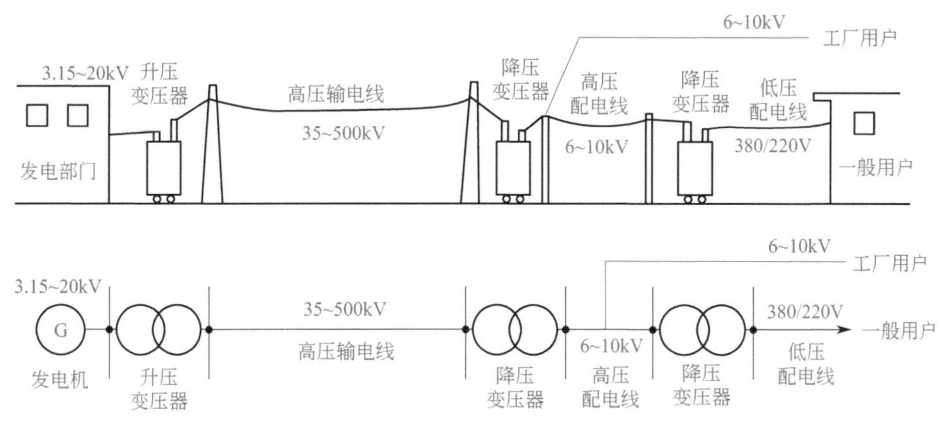

图13-1 电能从发电部门到用户的传输环节

电能在远距离传输时，先将电压升高，传输到目的地后再将电压降低，这样做的目的主要有两点：①可减少电能在传输线上的损耗，根据$P=UI$可知，在传输功率一定的情况下，电压U越高，电流I越小，又根据焦耳定律$Q=I^2Rt$可知，流过导线的电流越小，在导线上转变成热能而损耗的电能就越少；②可在导线截面积一定的情况下提高导线传输电能的功率，比如某导线允许通过的最大电流为I_M，在电压未升高时传输的功率$P=UI_M$，电压升高20倍后该导线传输的功率$P=20UI_M$。

从发电部门的发电机产生电能开始到电能供给最终用户，电能经过了电能的产生、变换、传输、分配和使用环节，这些环节组成的整体称为电力系统。电网是电力系统的一部分，它不包括发电部门和电能用户。

13.1.2 变电所与配电所

电能由发电部门传输到用户过程中，需要对电压进行变换，还要将电压分配给不同的地区和用户。变电所或变电站的任务是将送来的电能进行电压变换并对电能进行分配。配电所或配电站的任务是将送来的电能进行分配。

变电所与配电所的区别主要在于：变电所由于需要变换电压，所以必须要有电力变压器，而配电所不需要电压变换，故除了可能有自用变压器外，配电所是没有其他电力变压器的。变电所和配电所的相同之处在于：①两者都担负着接受电能和分配电能的任务；②两者都具有电能引入线（架空线或电缆线）、各种开关电器（如隔离开关、刀开关、高低压断路器）、母线、电压电流互感器、避雷器和电能引出线等。

变电所可分为升压变电所和降压变电所，升压变电所一般设在发电部门，将电压升高后进行远距离传输。降压变电所一般设在用电区域，它根据需要将高压适当降低到相应等级的电压后，供给本区域的电能用户。降压变电所又可分为区域降压变电所、终端降压变电所、工厂降压变电所和车间降压变电所等。

13.1.3 电力系统的电压规定

（1）电压等级划分

电力系统的电压可分为输电电压和配电电压，输电电压的电压范围在220kV或220kV以上，用作电能远距离传输，配电电压的电压范围在110kV或110kV以下，用作电能的分配，它又可分为高（35～110kV）、中（6～35kV）、低（1kV以下）三个等级，分别用在高压配电网、中压配电网和低压配电网。

（2）电网和电力设备额定电压的规定

为了规范电能的传送和电力设备的设计制造，我国对三相交流电网和电力设备的额定电压作出了规定，电网电压和电力设备的工作电压必须符合该规定。表13-1列出了我国三相交流电网和电力设备的额定电压标准。

表13-1 我国三相交流电网和电力设备的额定电压标准

分类	电网和用电设备额定电压/kV	发电机额定电压/kV	电力变压器额定电压/kV	
			一次绕组	二次绕组
低压	0.38	0.40	0.38/0.22	0.4/0.23
	0.66	0.69	0.66/0.38	0.69/0.4
高压	3	3.15	3/3.15	3.15/3.3
	6	6.3	6/6.3	6.3/6.6
	10	10.5	10/10.5	10.5/11
	—	13.8/15.75/18/20/22/24/26	13.8/15.75/18/20/22/24/26	—
	35	—	35	38.5
	66	—	66	72.6
	110	—	110	121
	220	—	220	242
	330	—	330	363
	500	—	500	550

从上表可以看出以下几点。

① 电网和用电设备的额定电压规定相同。表中未规定2kV额定电压，故电网中不允许以2kV电压来传输电能，生产厂家也不会设计制造2kV额定电压的用电设备。

② 相同电压等级的发电机的额定电压与电网和用电设备是不一样的，发电机的额定电压要略高（5%），这样规定是考虑到发电机产生的电能传送到电网或用电设备时线路会有一定的压降。

③ 电力变压器相同等级的额定电压规定是不一样的，相同等级的二次绕组的额定电压较一次绕组要略高（5% ～ 10%），这样规定也是考虑到线路存在压降。

下面以图13-2来说明电力变压器一、二次绕组额定电压的确定。如果发电机的额定电压是0.4kV（较相同等级的电网电压0.38kV高5%），发电机产生的0.4kV电压经线路传送到升压变压器T1的一次绕组，由于线路的压降损耗，送到T1的一次绕组电压为0.38kV，T1将该电压升高到242kV（较相同等级的电网电压220kV高10%），242kV电压经远距离线路传输，线路压降损耗约为10%，送到降压变压器T2的一次绕组的电压为220kV，T2将220kV降低到0.4kV（较相同等级的电网电压0.38kV高5%），经线路压降损耗5%后得到0.38kV供给电动机。

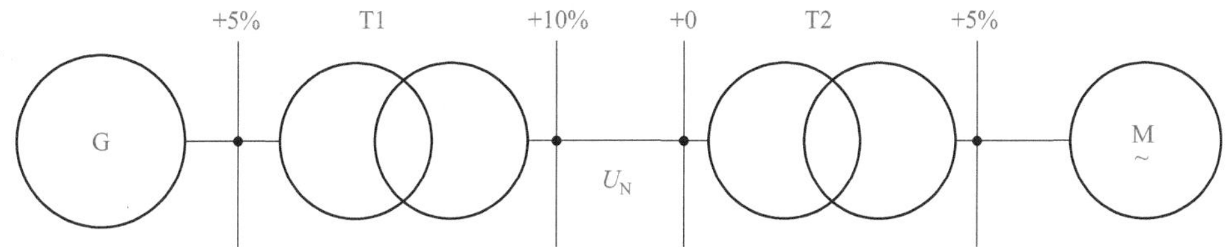

图13-2 电力变压器一、二次绕组额定电压

电力变压器一、二次绕组额定电压规定如下。

① 当一次绕组与发电机连接时，由于线路不是很长，其额定电压较相应等级的电网电压高5%；当一次绕组与输电线路末端连接时，其额定电压与相应等级的电网电压相同。

② 当二次绕组与高电电网连接时，由于线路很长，线路压降大，其额定电压较相应等级的电网电压高10%；当二次绕组与低压电网连接时，由于线路较短，线路压降小，其额定电压较相应等级的电网电压高5%。

13.2 变配电所主电路的接线形式

变配电所的电气接线包括一次电路接线和二次电路接线。一次电路又称主电路，是指电能流经的电路，主要设备有发电机、变压器、断路器、隔离开关、避雷器、熔断器和电压互感器、电流互感器等，将这些设备按要求用导线连接起来就是主电路的接线；二次电路的功能是控制、保护、测量和监视一次电路，主要设备有控制开关、按钮、继电器、测量仪表、信号灯和自动装置等。一次电路电压高、电流大，二次电路通过电压互感器和电流互感器来测量和监视一次电路的电压和电流，通过继电器和自动装置对一次电路进行控制和保护。

变配电所的任务是汇集电能和分配电能，变电所还需要对电能电压进行变换。变配电所常用的主电路接线方式见表13-2。

表13-2 变配电所常用的主电路接线方式

主接线形式	无母线主接线	线路-变压器组接线
		桥形接线
		多角形接线
	单母线主接线	单母线无分段接线
		单母线分段接线
		单母线分段带旁路母线接线
	双母线主接线	双母线无分段接线
		双母线分段接线
		三分之二断路器双母线接线
		双母线分段带旁路母线接线

13.2.1 无母线主接线

无母线主接线可分为线路-变压器组接线、桥形接线和多角形接线。

（1）线路-变压器组接线

当只有一路电源和一台变压器时，主电路可采用线路-变压器组接线方式，根据变压器高压侧采用的开关器件不同，该方式又有四种具体形式，如图13-3所示。

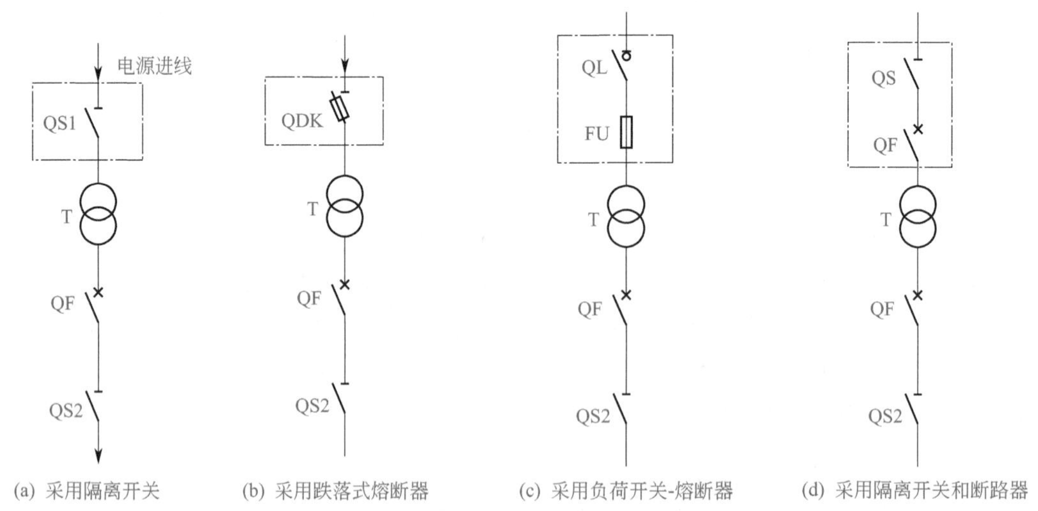

(a) 采用隔离开关 (b) 采用跌落式熔断器 (c) 采用负荷开关-熔断器 (d) 采用隔离开关和断路器

图13-3 线路-变压器组接线的四种形式

若电源侧继电保护装置能保护变压器且灵敏度满足要求时，变压器高压侧可使用隔离开关，如图13-3（a）所示；若变压器高压侧短路容量不超过高压熔断器断流容量，而又允许采用高压熔断器保护变压器时，变压器高压侧可使用跌落式熔断器或负荷开关-熔断器，如图13-3（b）、图13-3（c）所示；一般情况下可在变压器高压侧使用隔离开关和断路器，如图13-3（d）所示。如果在高压侧使用负荷开关，变压器容量不能大于1250kV·A；如果在高压侧使用隔离开关或跌落式熔断器，变压器容量一般不能大于630kV·A。

线路-变压器组接线方式接线简单、使用的电气设备少、配电装置也简单。但在任一设备发生故障或检修时，变电所需要全部停电，可靠性不高，故一般用于供电要求不高的小型企业或非生产用户。

（2）桥形接线

桥形接线是指在两路电源进线之间跨接一个断路器，如果断路器跨接在进线断路器的内侧（靠近变压器），称之为内桥形接线，如图13-4（a）所示；如果断路器跨接在进线断器的外侧（靠近电源进线侧），称之为外桥形接线，如图13-4（b）所示。

在供配电线路中，常常用到断路器QS和隔离开关QF，两者都可以接通和切断电路，但断路器带有灭弧装置，可以在带负荷的情况下接通和切断电路，隔离开关通常无灭弧装置，不能带负荷或只能带轻负荷接通和切断电路，另外，断路器具有过压和过流跳闸保护功能，隔离开关一般无此功能。在图13-4（a）中，如果要将WL1线路与变压器T1高压侧接通，先要将隔离开关QS1、QS2、QS3闭合，再将断路器QF1闭合，如果在QF1、QS2、QS3闭合后再闭合隔离开关QS1，相当于是带负荷接通隔离开关，而隔离开关通常无灭弧装置，接通时会产生强烈的电弧，会烧坏隔离开关，操作也非常危险。总之，若断路器和隔离开关串接使用，在接通电源时，需要先闭合断路器两侧的隔离开关，再闭合断路器，在断开电源时，需要先断开断路器，再断开两侧隔离开关。

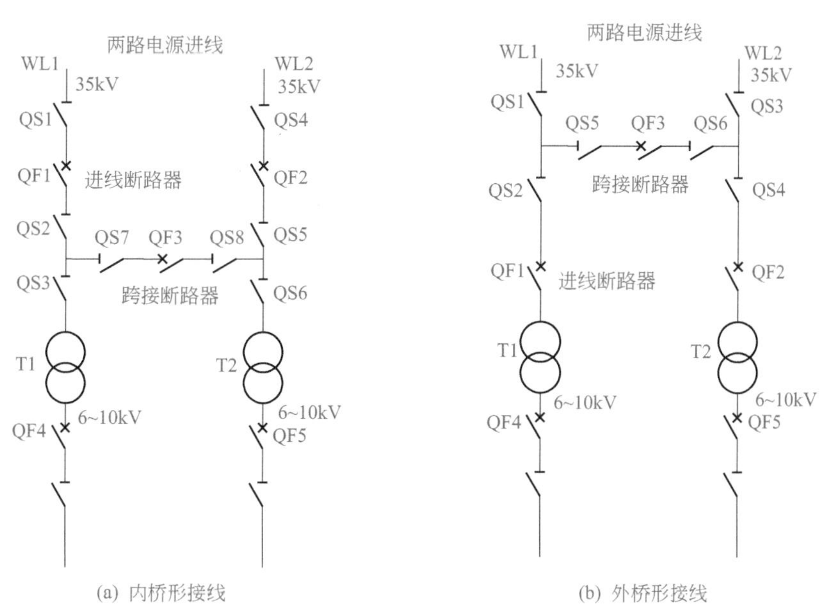

图13-4　桥形接线

① 内桥形接线　内桥形接线如图13-4（a）所示，跨接断路器接在进线断路器的内侧（靠近变压器）。WL1、WL2线路来自两个独立的电源，WL1线路经隔离开关QS1、断路器QF1、隔离开关QS2、QS3接到变压器T1的高压侧，WL2线路经隔离开关QS4、断路器QF2、隔离开关QS5、隔离开关QS6接到变压器T2的高压侧，WL1、WL2线路之间通过隔离开关QS7、断路器QF3、隔离开关QS8跨接起来，WL1线路的电能可以通过跨接电路供给变压器T2，同样的，WL2线路的电能也可以通过跨接电路供给变压器T1。

WL1、WL2线路可以并行运行（跨接的QS7、QF3、QS8均要闭合），也可以单独运行（跨接的断路器QF3需断开）。如果WL1线路出现故障或需要检修时，可以先断开断路器QF1，再断开隔离开关QS1、QS2，将WL1线路隔离开来，为了保证WL1线路断开后变压器T1仍有供电，应将跨接电路的隔离开关QS7、QS8闭合，再闭合断路器QF3，将WL2线路电源引到变压器T1高压侧。如果需要切断供电对变压器T1进行检修或操作时，不能直接断开隔离开关QS3，而应先断开断路器QF1和QF3，再断开QS3，然后又闭合断路器QF1和QF3，让WL1线路也为变压器T2供电，为了断开一个隔离开关QS3，需要对断路器QF1和QF3进行反复操作。

内桥形接线方式在接通断开供电线路的操作方面比较方便，而在接通断开变压器的操作方面比较麻烦，故内桥式接线一般用于供电线路长（故障概率高）、负荷较平稳和主变压器不需要频繁操作的场合。

② 外桥形接线　外桥形接线如图13-4（b）所示，跨接断路器接在进线断路器的外侧（靠近电源进线侧）。

如果需要切断供电对变压器T1进行检修或操作时，只要先断开断路器QF1，再断开隔离开关QS2即可。如果WL1线路出现故障或需要检修时，应先断开断路器QF1、QF3，切断隔离开关QS1的负荷，再断开QS1来切断WL1线路，然后又接通QF1、QF3，让WL2线路通过跨接电路为变压器T1供电，显然操作比较烦琐。

外桥形接线方式在接通断开变压器的操作方面比较方便，在接通断开供电线路的操作方面比较麻烦，故外桥式接线一般用于供电线路短（故障概率低）、用户负荷变化大和主变压器需要频繁操作的场合。

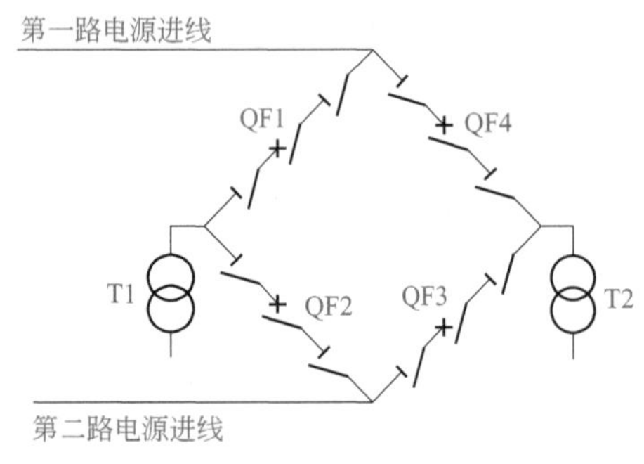

图13-5　四角形接线

（3）多角形接线

多角形接线可分为三角形接线、四角形接线等，图13-5是四角形接线，两路电源分别接到四角形的两个对角上，而两台变压器则接到另两个对角上，四边形每边都接有断路器和隔离开关，该接线方式将每路电源分成两路，每台变压器都采用两路供电。这种接线方式在断开供电线路和切断变压器供电时操作比较方便，例如需要断开第一路电源线路时，只要断开断路器QF1、QF4，又如需要切断变压器T1的供电时，只要断开断路器QF1、QF2即可。

13.2.2　单母线主接线

母线的功能是汇集和分配电能，又称汇流排，母线如图13-6所示。根据使用的材料不同，母线分为硬铜母线和硬铝母线、铝合金母线等，根据截面形状不同，母线可分为矩形、圆形和槽形、管形等。对于容量不大的工厂变电所多采用矩形截面的母线。在母线表面涂漆有利于散热和防腐，电力系统一般规定交流母线A、B、C三相用黄、绿、红色标示，接地的中性线用紫色标示，不接地的中性线用蓝色标示。

单母线主接线可分为单母线无分段接线、单母线分段接线和单母线分段带旁路母线接线。

（1）单母线无分段接线

单母线无分段接线如图13-7所示，电源进线通过隔离开关和断路器接到母线，再从母线分出多条线路，将电源提供给多个用户。

单母线无分段接线是一种最简单的接线方式，所有电源及出线均接在同一母线上，其优点是接线简单、清晰，采用设备少、造价低、操作方便、扩建容易，其缺点是供电可靠性低，隔离开关、断路器和母线等任一元件故障或检修时，需要使整个供电系统停电。

图13-6 母线

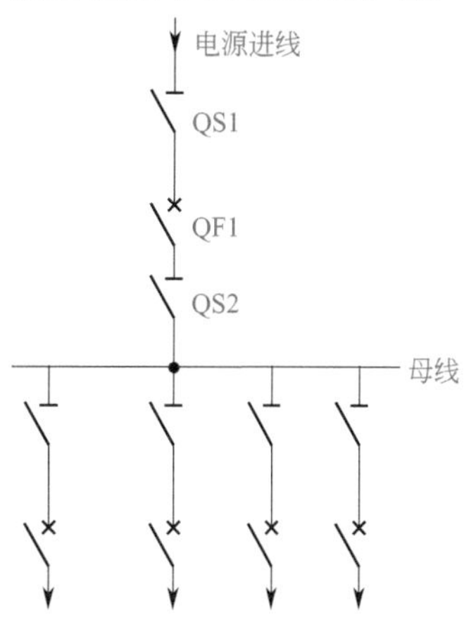

图13-7 单母线无分段接线

（2）单母线分段接线

单母线分段接线如图13-8所示，它是在单母线无分段接线的基础上，用断路器对单母线进行分段，通常分成两段，母线分段后可进行分段检修。对于重要用户，可将不同的电源（通常两路电源）提供给不同的母线段，分段断路器闭合时并行运行，断开时各段单独运行。

单母线分段接线的优点是接线简单、操作方便，除母线故障或检修外，可对用户进行连续供电，其缺点是当母线出现故障或检修时，仍有一半左右的用户停电，如母线段二出现故障会导致接到该母线的用户均停电。

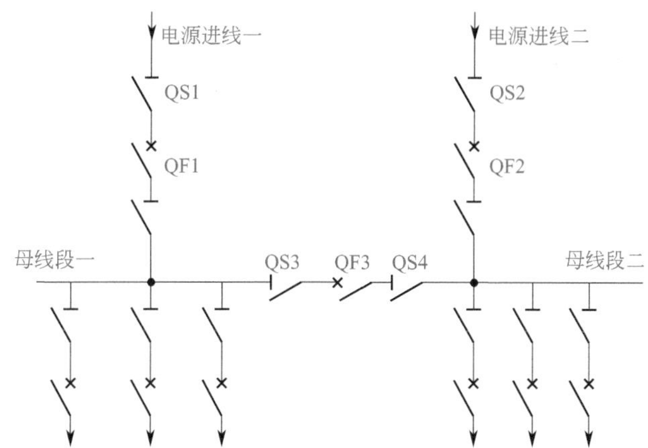

图13-8 单母线分段接线

（3）单母线分段带旁路母线接线

单母线分段带旁路母线接线如图13-9所示，它是在单母线分段接线基础上增加了一条旁路母线，母线段一、母线段二分别通过断路器QF4、QF9和隔离开关与旁路母线连接，用户A、用户B分别通过断路器QF5、QF6和隔离开关与母线段一连接，用户C、用户D分别通过断路器QF7、QF8和隔离开关与母线段二连接，用户A～D还通过隔离开关QS5～QS8与旁路母线连接。

这种接线方式可以在某母线段出现故障或检修时，可以不中断用户的供电，比如母线段二出现故障或检修时，为了不中断用户C、用户D的供电，可将隔离开关QS7、QS8闭合，旁路母线上的电源（由母线段一通过QS4和隔离开关提供）通过QS7、QS8提供给用户C和用户D。

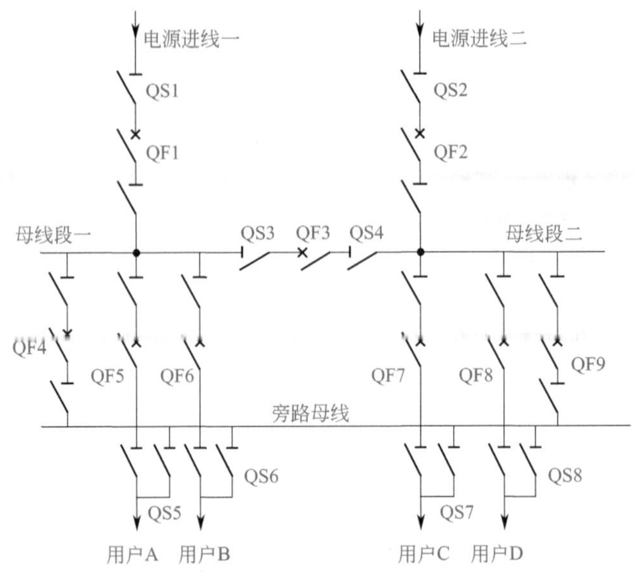

图13-9 单母线分段带旁路母线接线

13.2.3 双母线主接线

单母线和单母线带分段接线的主要缺点是当母线出现故障或检修时需要对用户停电，而双母线接线可以有效克服该缺点。双母线主接线可分为双母线无分段接线、双母线分段接线和三分之二断路器双母线接线。

（1）双母线无分段接线

双母线无分段接线如图13-10所示，两路中的每路电源进线都分作两路，各通过两个隔离开关接到两路母线，母线之间通过断路器QF3联络实现并行运行。当任何一路母线出

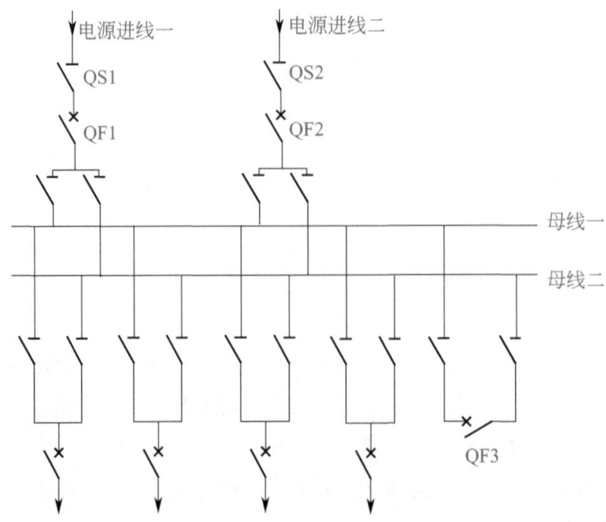

图13-10 双母线无分段接线

现故障或检修时，另一路母线都可以为所有用户继续供电。

（2）双母线分段接线

双母线分段（三分段）接线如图13-11所示，它用断路器QF3将其中一路母线分成母线1A、母线1B两段，母线1A与母线2用断路器QF4连接，母线1B与母线2用断路器QF5连接。

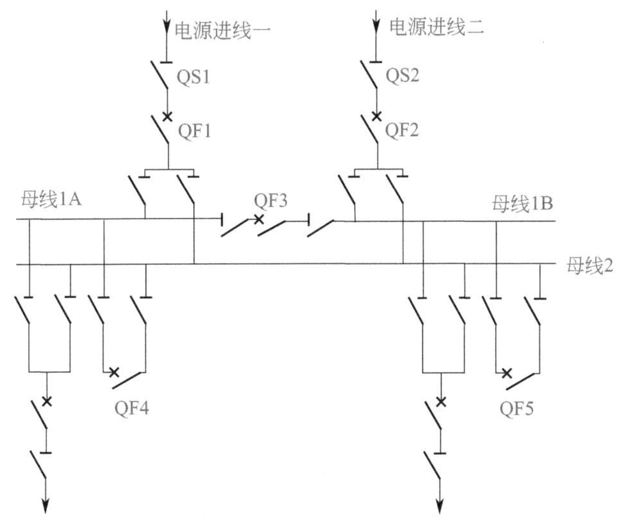

图13-11　双母线分段（三分段）接线

双母线分段接线具有单母线分段接线和双母线无分段接线的特点，当任何一路母线（或母线段）出现故障或检修时，所有用户均不间断供电，可靠性很高，广泛用在6～10kV供配电系统中。

（3）三分之二断路器双母线接线

三分之二断路器双母线接线如图13-12所示，它在两路母线之间装设三个断路器，并

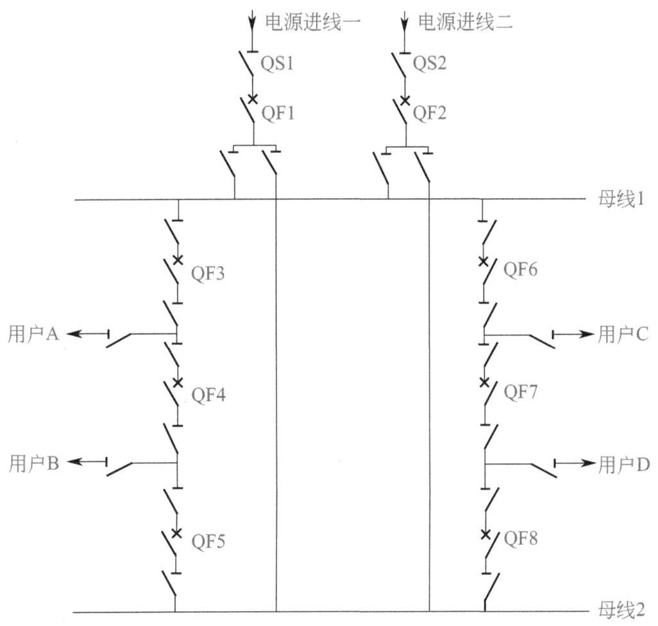

图13-12　三分之二断路器双母线接线

从中接出两个回路，在正常运行时所有断路器和隔离开关均闭合，双母线同时工作，当任一母线出现故障或检修时，都不会造成某一回路用户停电，另外在检修任一断路器时，也不会使某一回路停电，例如QF3断路器损坏时，可断开QF3两侧的隔离开关，对QF3进行更换或维修，在此期间，用户A通过断路器QF4从母线2获得供电。

13.3 供配电系统主接线图的识读

13.3.1 发电厂电气主接线图的识读

发电厂的功能是发电和变电，除了将大部分电能电压提升后传送给输电线路外，还会取一部分电能供发电厂自用。图13-13是一个小型发电厂的电气主接线图。

（1）主接线图的识读

该发电厂是一个小型的水力发电厂，水力发电机G1、G2的容量均为2000kW。两台发电机工作时产生6kV的电压，通过电缆、断路器和隔离开关送到单母线（无分段），6kV电压在单母线上分成三路：第一路经隔离开关、断路器送到升压变压器T1（容量为5000kV·A），T1将6kV电压升高至35kV，该电压经断路器、隔离开关和WL1线路送往电网；第二路经隔离开关、熔断器和电缆送到降压变压器T3（容量为200kV·A），将电压降低后作为发电厂自用电源；第三路经隔离开关、断路器送到升压变压器T2（容量为1250kV·A），T2将6kV电压升高至10kV，该电压经电缆、断路器、隔离开关送到另一单母线（不分段），在该母线将电源分成WL2、WL3两路，供给距离发电厂不远的地区。

在电气图的电气设备符号旁边（水平方向），标有该设备的型号和有关参数，通过查看这些标注可以更深入理解电气图。

（2）电力变压器的接线

变压器的功能是升高或降低交流电压，故电力变压器可分为升压变压器和降压变压器，图13-13中的T1、T2均为升压变压器，T3为降压变压器。

① 外形与结构　电力变压器是一种三相交流变压器，其外形与结构如图13-14所示，它主要由三对绕组组成，每对绕组可以升高或降低一相交流电压。升压变压器的一次绕组匝数较二次绕组匝数少，而降压变压器的一次绕组匝数较二次绕组匝数多。

② 接线方式　在使用电力变压器时，其高压侧绕组要与高压电网连接，低压侧绕组则与低压电网连接，这样才能将高压降低成低压供给用户。电力变压器与电网的接线方式有多种，图13-15所示是三种较常见的接线方式，图中电力变压器的高压绕组首端和末端分别用U1、V1、W1和U2、V2、W2表示，低压绕组的首端和末端分别用u1、v1、w1和u2、v2、w2表示。

图13-15（a）中的变压器采用了Y/Y0接法，即高压绕组采用中性点不接地的星形接法（Y），低压绕组采用中性点接地的星形接法（Y0），这种接法又称为Yyn0接法。图13-15（b）中的变压器采用了△/Y0接法，即高压绕组采用三角形接法，低压绕组采用中性点接地的星形接法，这种接法又称为Dyn11接法。在远距离传送电能时，为了降低线路成本，电网通常只用三根导线来传输三相电能，该情况下若变压器绕组以星形方式接线，其中性点不会引出中性线，如图13-15（c）所示。

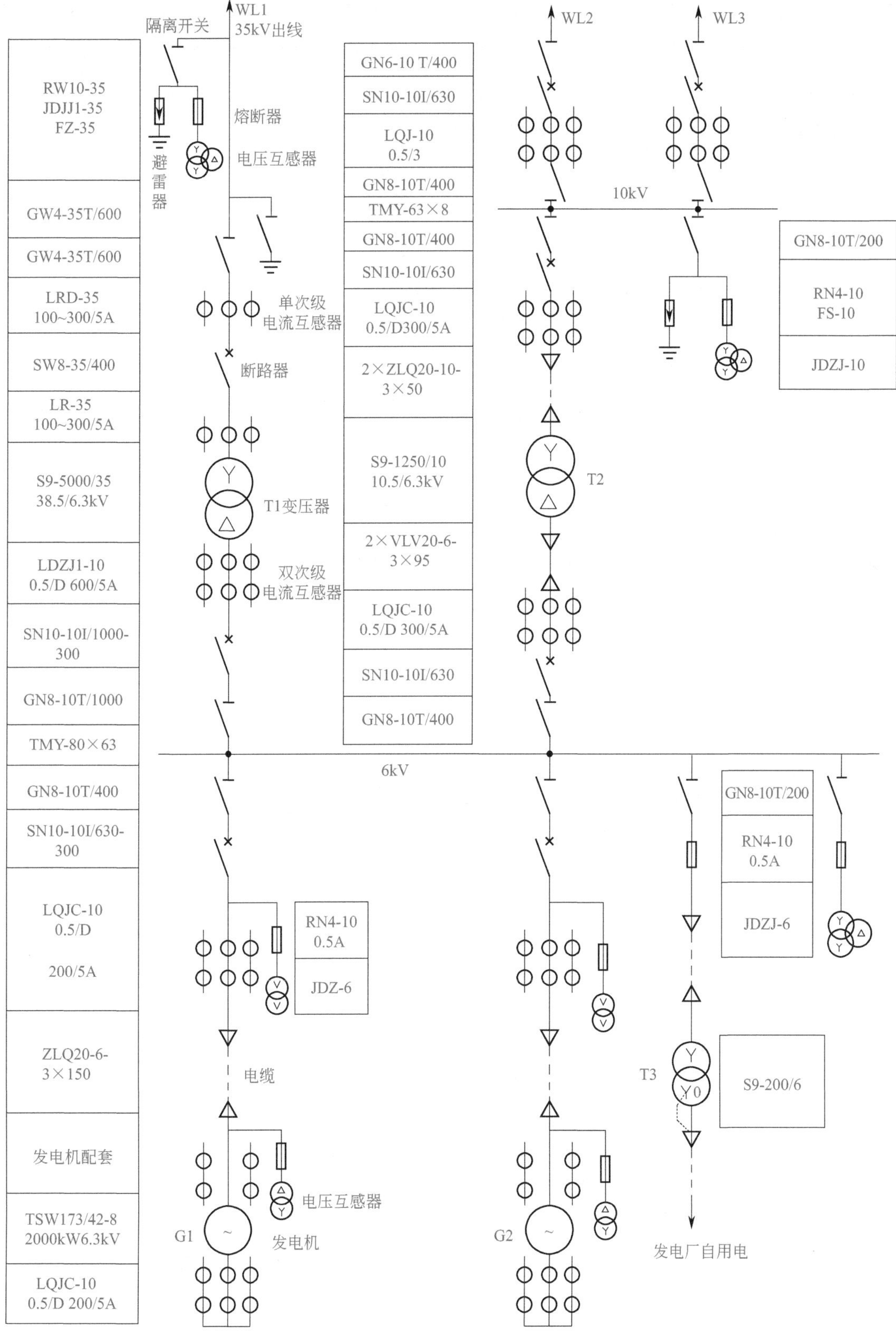

图13-13　一个小型发电厂的电气主接线图

(a) 外形

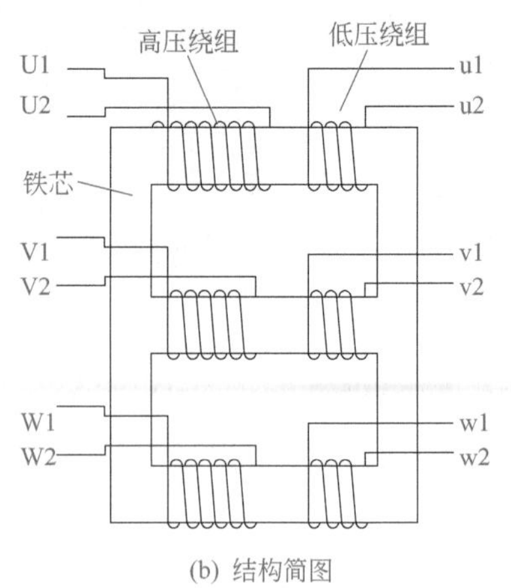

(b) 结构简图

图13-14 电力变压器外形与结构

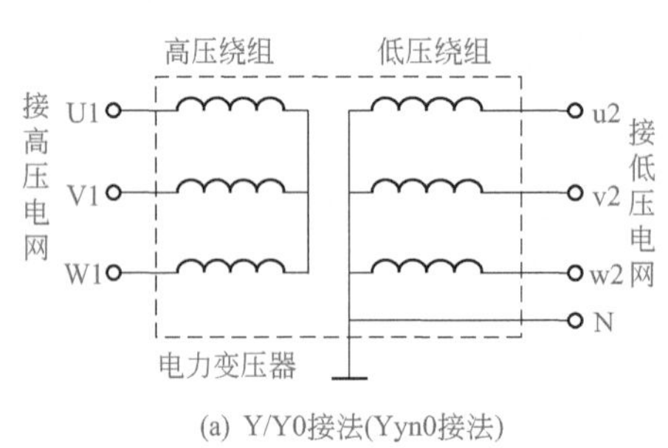

(a) Y/Y0接法(Yyn0接法)

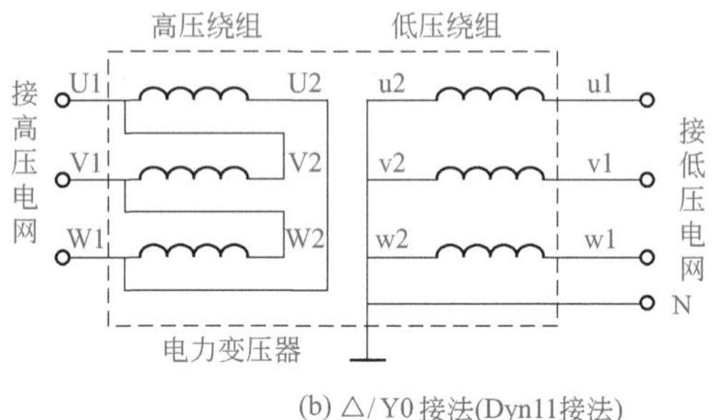

(b) △/Y0接法(Dyn11接法)

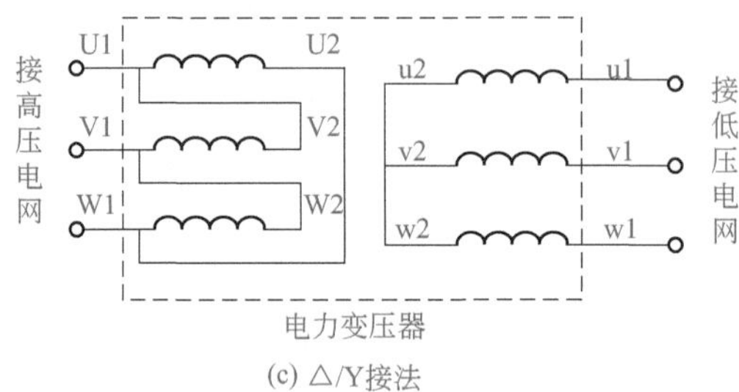

(c) △/Y接法

图13-15 电力变压器与电网的接线方式

（3）电流互感器的接线

变配电所主线路的电流非常大，直接测量和取样很不方便，使用电流互感器可以将大电流变换成小电流，提供给二次电路测量或控制用。

电流互感器有单次级和双次级之分，其图形符号如图13-16所示。

变配电所一般使用穿心式电流互感器，穿心而过的主线路导线为一次绕组，二次绕组接电流继电器或测量仪表。电流互感器在三相电路中有四种常见的接线方式。

① 一相式接线 一相式接线如图13-17所示，它以二次侧电流线圈中通过的电流来反映一次电路对应相的电流，该接线一般用于负荷平衡的三相电路，作测量电流和过负荷保护装置用。

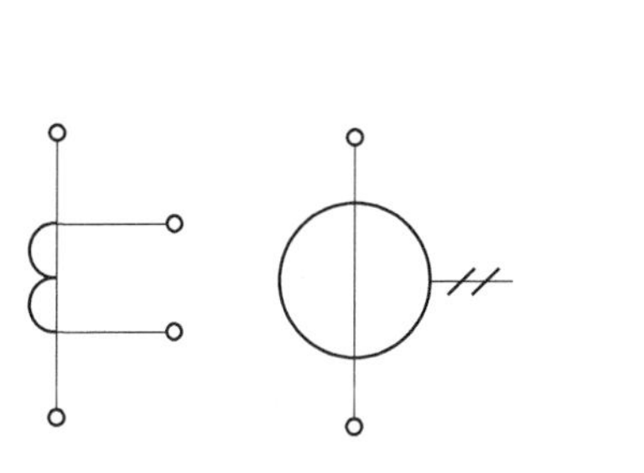

(a) 单次级绕组电流互感器

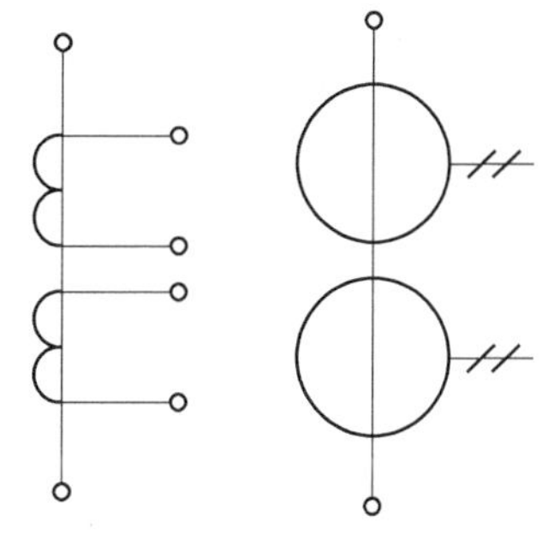
(b) 双次级绕组电流互感器

图13-16 电流互感器的图形符号

② 两相V形接线（两相电流和接线） 两相V形接线如图13-18所示，它又称两相不完全星形接线，电流互感器一般接在A、C相，流过二次侧电流线圈的电流反映一次电路对应相的电流，而流过公共电流线圈的电流反映一次电路B相的电流。这种接线广泛应用于6～10kV高压线路中，测量三相电能、电流和作过负荷保护用。

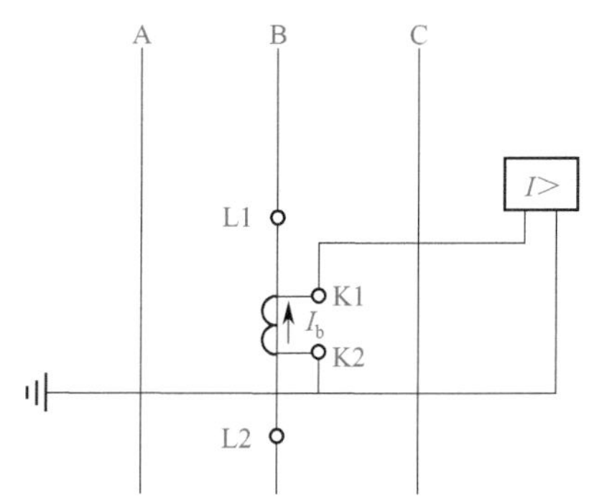

图13-17 一相式接线

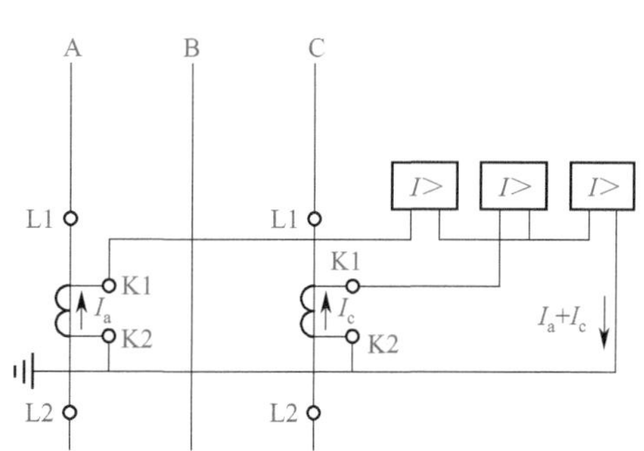

图13-18 两相V形接线

③ 两相交叉接线（两相电流差接线） 两相交叉接线如图13-19所示，它又称两相一继电器接法，电流互感器一般接在A、C相，在三相对称短路时流过二次侧电流线圈的电流$I=I_a-I_c$，其值为相电流的$\sqrt{3}$倍。这种接法在不同的短路故障时反映到二次侧电流线圈的电流会有不同，该接线主要用作6～10kV高压电路中的过电流保护。

④ 三相星形接线 三相星形接线如图13-20所示，该接线流过二次侧各电流线圈的电流分别反映一次电路对应相的电流，它广泛用于负荷不平衡的三相四线制系统和三相三线制系统中，用作电能、电流的测量及过电流保护。

电流互感器在使用时要注意：①在工作时二次侧不得开路；②二次侧必须接地；③在接线时，其端子的极性必须正确。

（4）电压互感器的接线

电压互感器可以将高电压变换成低电压，提供给二次电路测量或控制用。电压互感器在三相电路有四种常见接线方式。

① 一个单相电压互感器的接线 图13-21是一个单相电压互感器的接线，可将三相电路的一个线电压供给仪表和继电器。

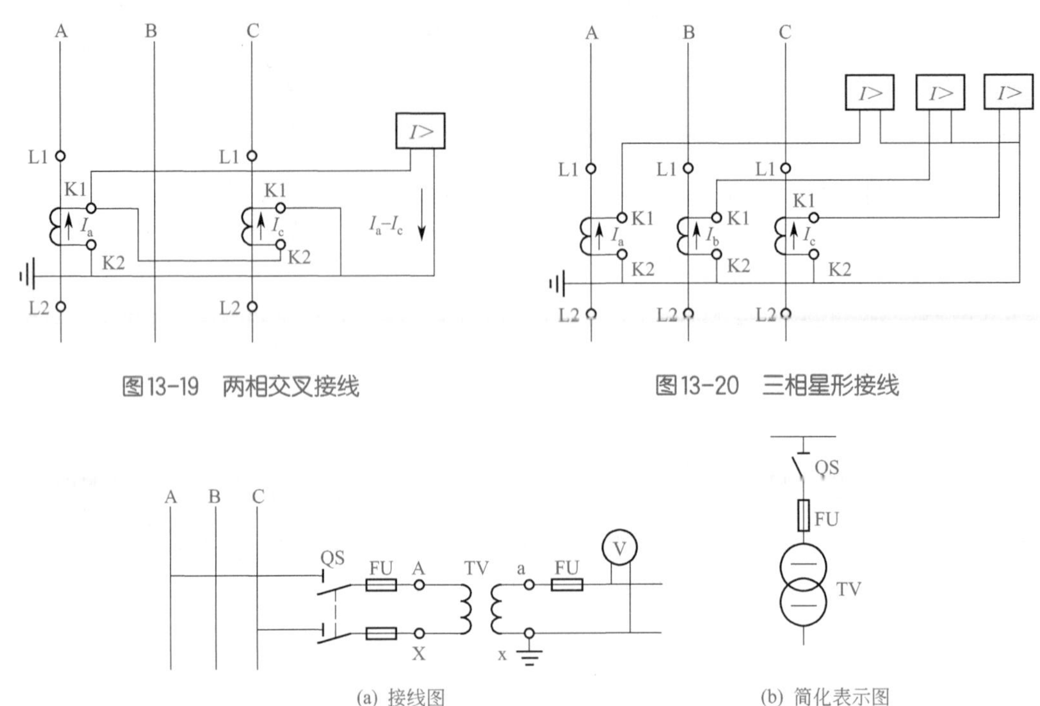

图13-19　两相交叉接线

图13-20　三相星形接线

(a) 接线图

(b) 简化表示图

图13-21　一个单相电压互感器的接线

② 两个单相电压互感器的接线（V/V接线） 图13-22为两个单相电压互感器的接线（V/V接线），可将三相三线制电路的各个线电压提供给仪表和继电器，该接法广泛用于工厂变配电所6～10kV高压装置中。

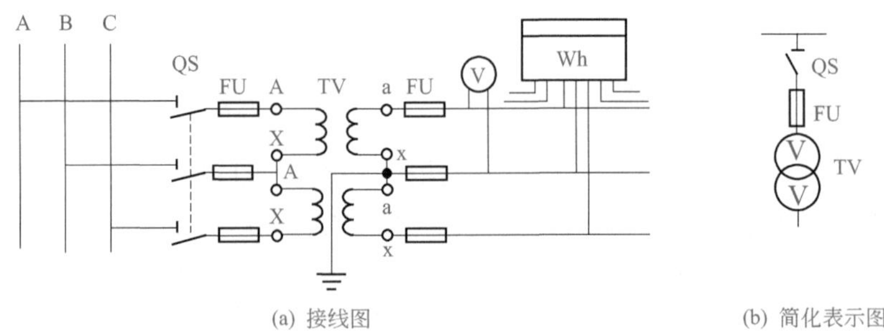

(a) 接线图

(b) 简化表示图

图13-22　两个单相电压互感器的接线（V/V接线）

③ 三个单相电压互感器的接线（Y0/Y0接线） 图13-23为三个单相电压互感器的接线（Y0/Y0接线），可将线电压提供给仪表、继电器，还能将相电压提供给绝缘监视用电压表，为了保证安全，绝缘监察电压表应按线电压选择。

④ 三个单相三绕组电压互感器或一个三相五芯柱三绕组电压互感器的接线（Y0/Y0/△接线） 图13-24为三个单相三绕组电压互感器或一个三相五芯柱三绕组电压互感器的接线（Y0/Y0/△接线），其接成Y0的二次绕组将线电压提供给仪表、继电器或绝缘监视用电压表，Y0接线与图13-23相同，辅助二次绕组接成开口三角形并与电压继电器连接。当一次侧电压正常时，由于三个相电压对称，因此开口三角形绕组两端的电压接近于零；当某一相接地时，开口三角形绕组两端将出现近100V的零序电压，使电压继电器KV动作，发出

单相接地信号。

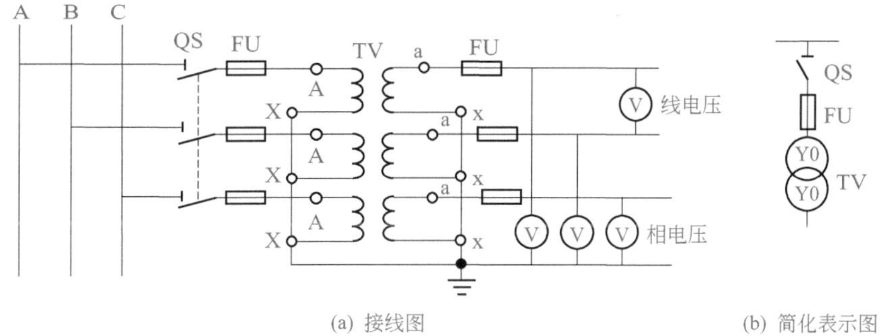

图13-23　三个单相电压互感器的接线（Y0/Y0接线）

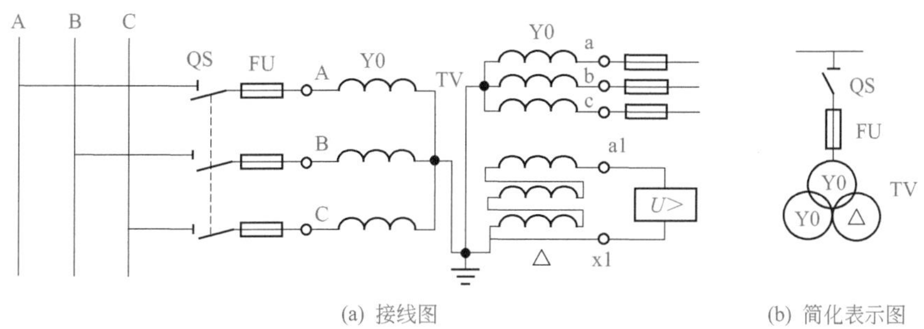

图13-24　三个单相三绕组电压互感器或一个三相五芯柱三绕组电压互感器的接线（Y0/Y0/△接线）

电压互感器在使用时要注意：①在工作时二次侧不得短路；②二次侧必须接地；③在接线时，其端子的极性必须正确。

13.3.2　35/6kV大型工厂降压变电所电气主接线图的识读

降压变电所的功能是将远距离传输过来的高压电能进行变换，降低到合适的电压分配给需要的用户。图13-25是一家大型工厂总降压变电所的电气主接线图。

供电部门将两路35kV电压送到降压变电所，由主变压器将35kV电压变换成6kV电压，再供给一些车间的高压电动机和各车间的降压变压器。两台主变压器的容量均为10000kV·A，各车间变压器的容量在图中也作了标注，如铸铁车间变压器的容量为630kV·A。

由于变电所的主变压器需要经常切换，为了方便切换主变压器，两台主变压器输入侧采用外桥形主接线，为了提高6kV供电的可靠性，在主变压器输出侧采用单母线分段接线。

13.3.3　10/0.4kV小型工厂变电所电气主接线图的识读

有些大型工厂在生产时需要消耗大量的电能，为了让电能满足需要，这样的工厂需要向供电部门接入35kV的电能（电压越高，相同线路可传输更多的电能），而小型工厂通常不需要太多的电能，故其变电所接入电源的电压一般为6～10kV，再用小容量变压器将6～10kV转换成220/380V电压。

图13-26是一家小型工厂变电所电气主接线图，图13-26（a）为变压器高压侧电气主接线图，图13-26（b）为变压器低压侧电气主接线图。

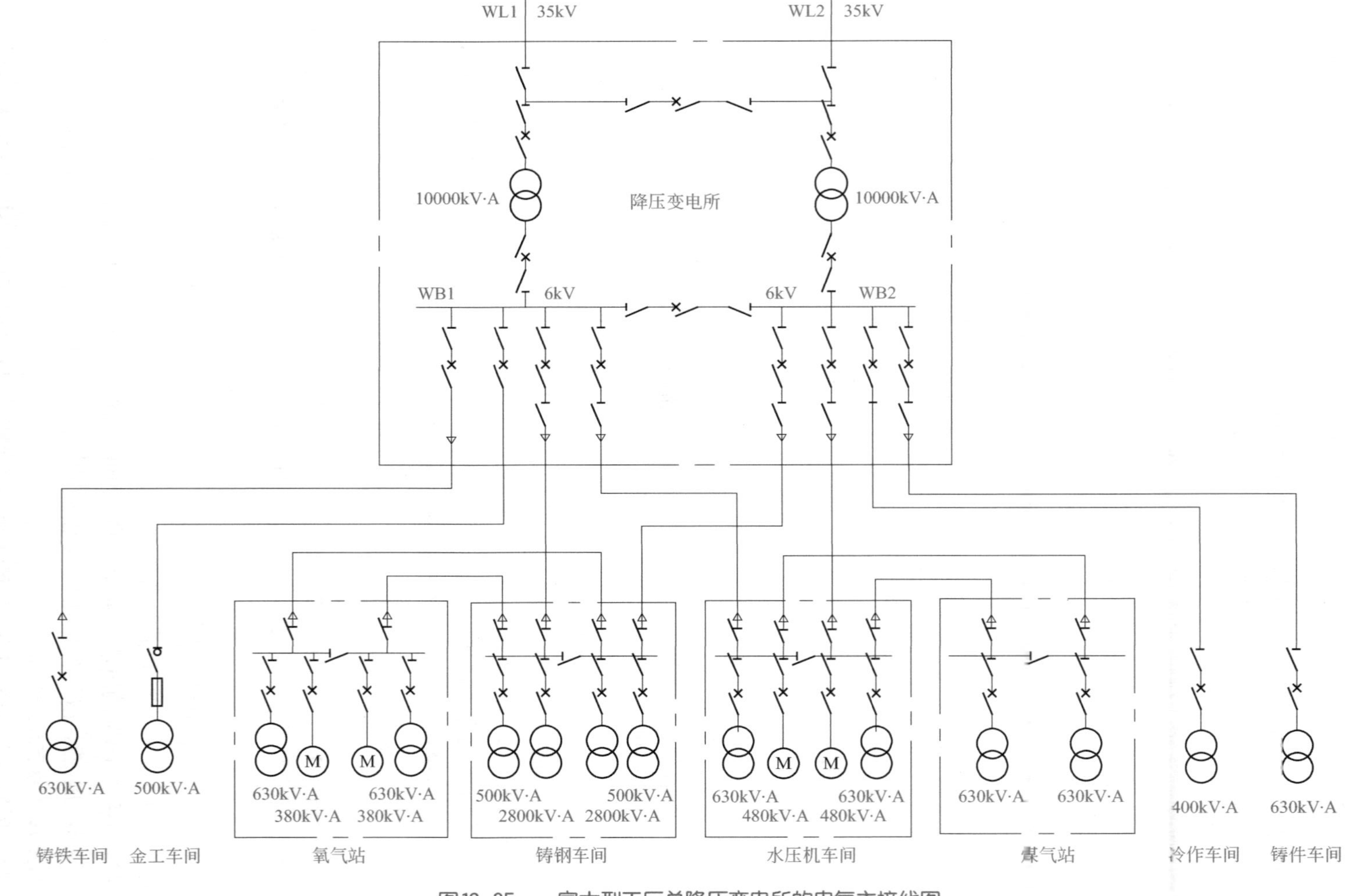

图13-25　一家大型工厂总降压变电所的电气主接线图

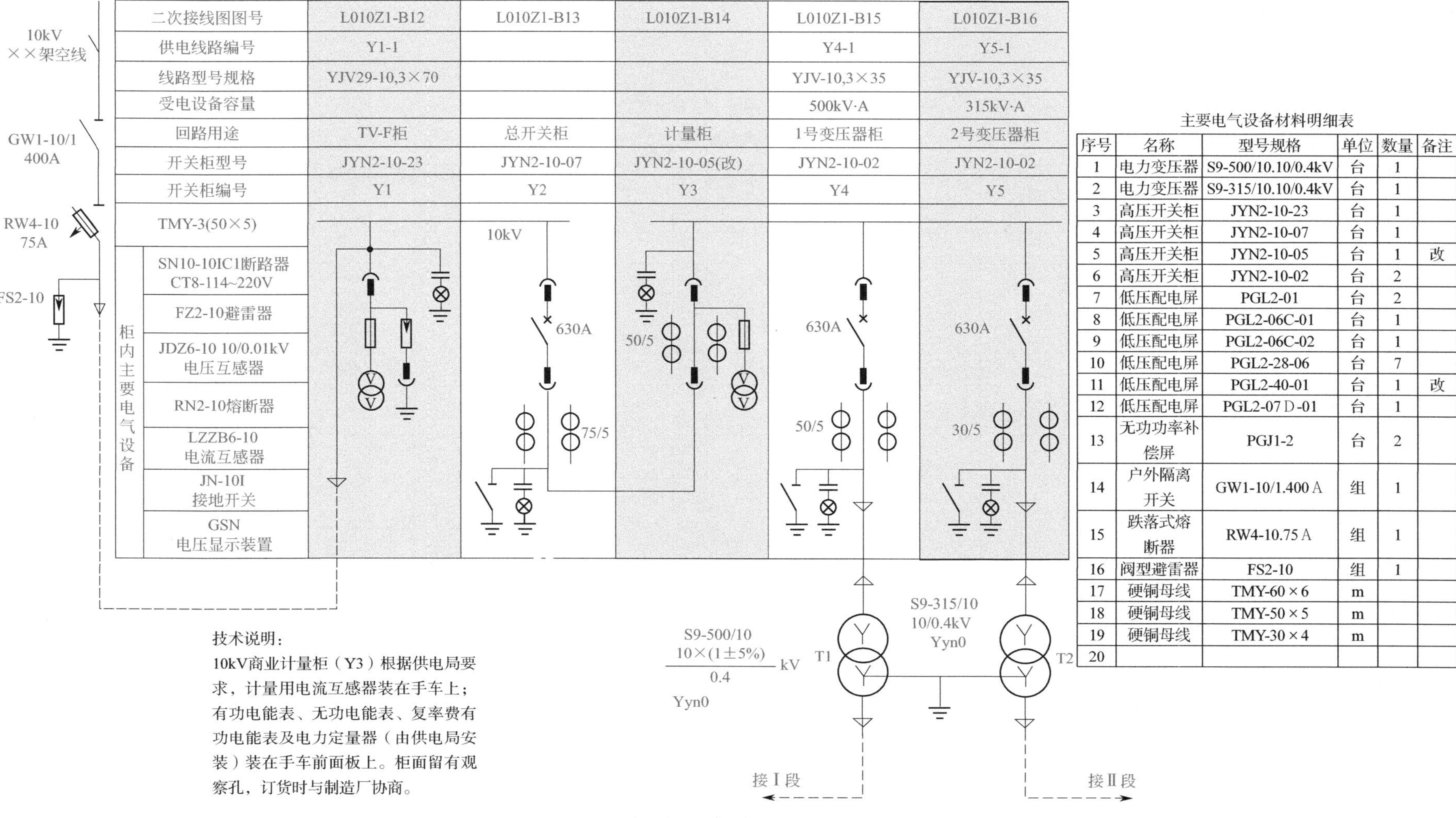

主要电气设备材料明细表

序号	名称	型号规格	单位	数量	备注
1	电力变压器	S9-500/10.10/0.4kV	台	1	
2	电力变压器	S9-315/10.10/0.4kV	台	1	
3	高压开关柜	JYN2-10-23	台	1	
4	高压开关柜	JYN2-10-07	台	1	
5	高压开关柜	JYN2-10-05	台	1	改
6	高压开关柜	JYN2-10-02	台	2	
7	低压配电屏	PGL2-01	台	2	
8	低压配电屏	PGL2-06C-01	台	1	
9	低压配电屏	PGL2-06C-02	台	1	
10	低压配电屏	PGL2-28-06	台	7	
11	低压配电屏	PGL2-40-01	台	1	改
12	低压配电屏	PGL2-07D-01	台	1	
13	无功功率补偿屏	PGJ1-2	台	2	
14	户外隔离开关	GW1-10/1.400A	组	1	
15	跌落式熔断器	RW4-10.75A	组	1	
16	阀型避雷器	FS2-10	组	1	
17	硬铜母线	TMY-60×6	m		
18	硬铜母线	TMY-50×5	m		
19	硬铜母线	TMY-30×4	m		
20					

技术说明：

10kV商业计量柜（Y3）根据供电局要求，计量用电流互感器装在手车上；有功电能表、无功电能表、复率费有功电能表及电力定量器（由供电局安装）装在手车前面板上。柜面留有观察孔，订货时与制造厂协商。

（a）变压器高压侧电气主接线图

图13-26

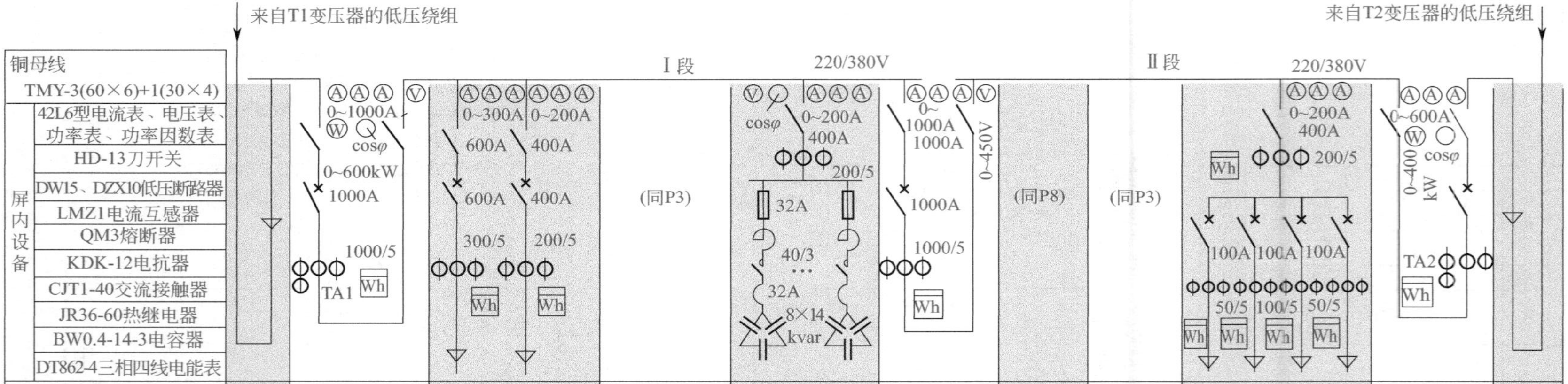

来自T1变压器的低压绕组
来自T2变压器的低压绕组
铜母线
TMY-3(60×6)+1(30×4)
屏内设备
42L6型电流表、电压表、功率表、功率因数表
HD-13刀开关
DW15、DZX10低压断路器
LMZ1电流互感器
QM3熔断器
KDK-12电抗器
CJT1-40交流接触器
JR36-60热继电器
BW0.4-14-3电容器
DT862-4三相四线电能表
Ⅰ段
220/380V
Ⅱ段
220/380V
0~1000A
cosφ
0~600kW
1000A
1000/5
TA1
Wh
0~300A
0~200A
600A
400A
300/5
200/5
(同P3)
0~200A
400A
200/5
32A
40/3
8×14
kvar
0~
1000A
0~450V
1000/5
(同P8)
100A
50/5
100/5
0~600A
0~400
kW
TA2

配电屏编号	P1	P2	P3		P4~P7	P8	P9	P10	P11、P12	P13				P14	P15
配电屏型号	PGL2-01	PGL2-06 C-01	PGL2-28-06		PGL2-28-06	PGJ1-2	PGL2-06C-02	PGJ1-2	PGL2-28-06	PGL2-40-01 改				PGL2-07D-01	PGL2-01
配电线路编号	PX1		PX3-1	PX3-2	PX4~PX7	·			PX11、PX12	PX 13-1	PX 13-2	PX 13-3	PX 13-4		PX15
用途	电缆受电	1号变低压总开关	工装、恒温车间动力	机修车间动力	锻工、金工、冲压、装配等车间动力	电容自动补偿(1)	低压联络	电容自动补偿(2)	热处理车间等及备用	办公楼照明	生活区照明	防空洞照明	备用	2号变低压总开关	电缆受电
回路计算电流/A		750	300	200	200~300		750		60~400	50	100	50		600	
低压断路器脱扣器额定电流/A		1000	400	300	300~400		1000		100~600	80	100	80	100	800	
低压断路器瞬时脱扣器额定电流/A		3000	1200	900	900~1200		3000		500~1800	800	1000	800	1000	2400	
配电线路型号规格	3(VV-1 1×500)		VV29-13×150+1×50	VV29-13×95+1×35						VV29-1 3×35+1×10	同左	同左	同左		3(VV-1 1×500)
二次接线图图号		OZA.354.223	OZA.354.240		同P3		OZA.354.224		OZA.354.240	OZA.354.140(改)				OZA.354.223	
备注	电缆无铠装	TA1为电容补偿屏(1)用	Wh为DT862型220/380V		同P3	112kvar		112kvar	Wh为DT862 220/380V	Wh为三相四线屏宽改为800mm				TA2为电容屏(2)用	电缆无铠装

（b）变压器低压侧电气主接线图

图13-26　一家小型工厂变电所的电气主接线图

（1）变压器高压侧电气主接线图的识读

区域变电所通过架空线将10kV电压送到工厂，经高压隔离开关、带熔断器的跌落式开关和埋地电缆接入工厂的Y1柜（TV-F柜），Y1柜内安装有避雷器、电压互感器和带电指示器，避雷器用于旁路可能窜入线路的雷电高压，电压互感器接电压表来监视线路的电压大小，带电指示器（电容与灯泡状符号）用于指示线路是否带电，线路带电时指示器会亮。

Y1柜的10kV线路再接到Y2柜（总开关柜），Y2柜内安装有总断路器、电流互感器和接地开关，断路器用来控制高压侧电源的通断，电流互感器接电流表来监视线路的电流值，接地开关用于泄放总断路器断开后线路上残存的电压。

Y2柜的10kV线路往下接到Y3柜（计量柜），Y3柜内安装有电流互感器和电压互感器，用于连接有功电能表和无功电能表、计量线路的有功电能和无功电能。

Y3柜的10kV线路之后分作两路，分别接到Y4柜（1号变压器柜）和Y5柜（2号变压器柜）。在Y4柜内安装有断路器、电流互感器和接地开关，断路器用于接通和切断1号变压器高压侧的电源，电流互感器接二次电路的电流表和继电器，对一次电路进行保护、测量和指示。Y4柜的10kV线路再接到1号变压器T1的高压侧，T1高低压绕组采用Yyn0接法，即高压侧三个绕组采用中性点不接地的星形接法（Y），低压绕组采用中性点接地的星形接法（Y0），变压器高压侧输入10kV，降压后从低压侧输出线电压为380V、相电压为220V的电源。Y5柜、2号变压器T2的情况与Y4柜和1号变压器T1基本相同。

（2）变压器低压侧电气主接线图的识读

两台变压器低压侧分成Ⅰ、Ⅱ两段供电，T1低压绕组的380V电压（相电压为220V）通过电缆送到P1配电屏，电缆穿屏而过后接到P2配电屏，P2屏内安装有一个断路器、刀开关、电流表、电压表、有功功率表、无功功率表和电能表，断路器和刀开关用于接通和切断Ⅰ段供电，其他各种仪表分别用来测量线路的电流、电压、有功功率、无功功率和电能。P2配电屏的输出线路接到Ⅰ段低压母线，P3～P8配电屏内部线路直接接到Ⅰ段母线。P3配电屏内安装有刀开关、断路器、电流表、电流互感器和电能表，刀开关和断路器用于接通和切断P3屏线路电源，电流表用于监视线路电流，电能表配合电流互感器来计量线路电能。P4～P7配电屏内部的线路和设备与P3配电屏基本相同。P8配电屏为提升线路功率因数的无功功率自动补偿电容屏，内部安装有刀开关、电流表、电压表、功率因数表、电流互感器、熔断器、电抗器、交流接触器、热继电器和电容器。P9配电屏为低压联络屏，用于联络Ⅰ、Ⅱ段母线，P9屏内部安装有刀开关、断路器、电流表、电压表、电流互感器和电能表，在Ⅰ、Ⅱ段母线均有电源时，刀开关和断路器闭合可使两母线并行运行，如果某母线发生电源中断，只要闭合刀开关和断路器，另一母线上的电源会送到该母线上。

Ⅱ段母线电源来自T2变压器的低压侧，由T2低压绕组接来的电缆穿P15配电屏而过，再送入P14配电屏，P14配电屏内的线路与设备与P2配电屏相似，P14屏输出线路接到Ⅱ段母线，P9～P13配电屏的线路直接与该母线连接。

13.4 供配电系统二次电路的识读

13.4.1 二次电路与一次电路的关系说明

发电厂、变配电所的电气线路包括一次电路和二次电路，一次电路是指高电压、大电流电能流经的电路，二次电路是控制、保护、测量和监视一次电路的电路，二次电路一般是通过电压互感器和电流互感器与一次电路建立电气联系的。图13-27是一次电路与二次电路的关系图。

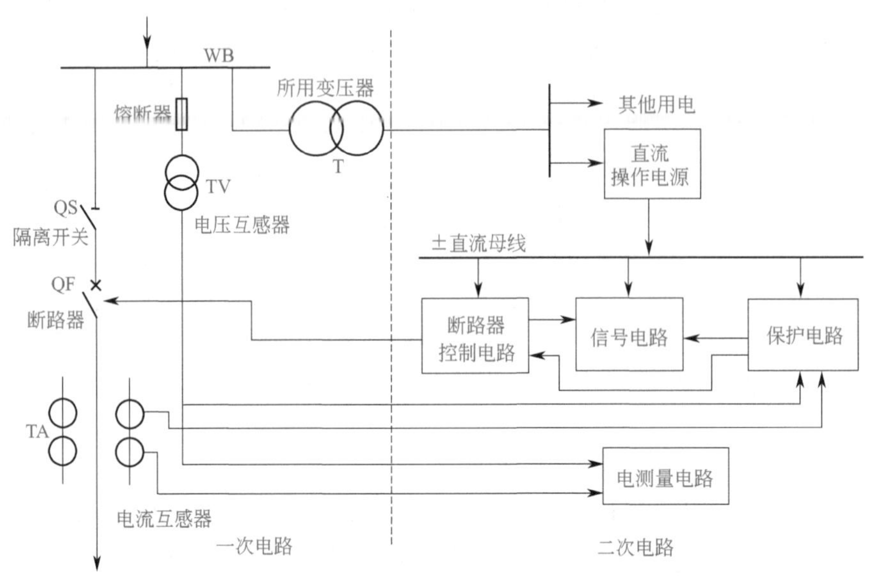

图13-27 一次电路与二次电路的关系图

图13-27虚线左边为一次电路。输入电源送到母线WB后，分作三路：一路接到所用变压器（变配电所自用的变压器），一路通过熔断器接电压互感器TV，还有一路经隔离开关QS、断路器QF送往下一级电路。

图13-27虚线右边为二次电路。一次电路母线上的电压经所用变压器降压后，提供给直流操作电源电路，该电路功能是将交流电压转换成直流电压并送到±直流母线，提供给断路器控制电路、信号电路和保护电路。电压互感器和电流互感器将一次电压和电流转换成较小的二次电压和电流送给电测量电路和保护电路，电测量电路通过测量二次电压和电流而间接获得一次电路的各项电参数（电压、电流、有功功率、无功功率、有功电能、无功电能等），保护电路根据二次电压和电流来判断一次电路的工作情况。例如一次电路出现短路，一次电流和二次电流均较正常值大，保护电路会将有关信号发送给信号电路，令其指示一次电路短路，另外保护电路还会发出跳闸信号去断路器控制电路，让它控制一次电路中的断路器QF跳闸来切断供电，在断路器跳闸后，断路器控制电路会发信号到信号电路，令其指示断路器跳闸。

13.4.2 二次电路的原理图、展开图和安装接线图

二次电路主要有原理图、展开图和安装接线图三种表现形式。

（1）二次电路的原理图

二次电路的原理图以整体的形式画出二次电路各设备及其连接关系，二次电路的交流回路、直流回路和一次电路有关部分都画在一起。

图13-28是一个35kV线路的过电流保护二次电路原理图。

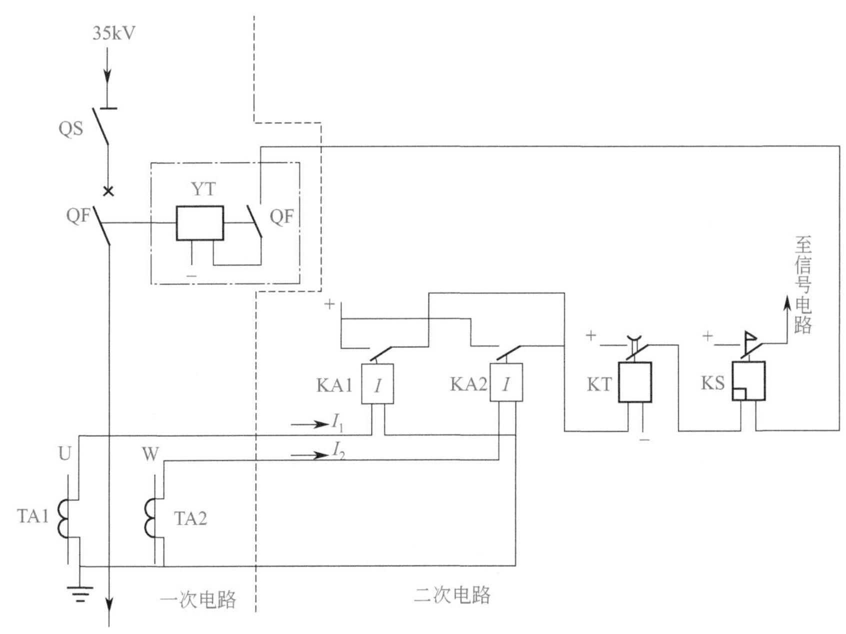

图13-28　35kV线路的过电流保护二次电路原理图

当35kV线路的一次电路出现过流时，以U相过流为例，它会使电流互感器TA1输出I_1电流增大，很大的I_1电流流经电流继电器KA1线圈（I_1电流途径是：TA1线圈上→KA1线圈→TA1线圈下），KA1常开触点闭合，马上有电流流经时间继电器KT的线圈（电流途径是：直流电源+端→已闭合的KA1常开触点→KT线圈→直流电源-端），经过设定时间后，KT延时闭合常开触点闭合，有电流流过信号继电器KS的线圈（电流途径是：直流电源+端→已闭合的KT延时闭合常开触点→KS线圈→已闭合的断路器QF辅助常开触点→断路器跳闸线圈YT→直流电源-端），KS线圈通电后马上掉牌并使KS常开触点闭合，直流电源输出电流经KS常开触点流往信号电路的光牌指示灯，光字牌点亮指示“掉牌未复归”，断路器跳闸YT线圈通电使一次电路中的断路器QF跳闸，切断一次电路。

（2）二次电路的展开图

二次电路的屏开图以分散的形式画出二次电路各设备及其连接关系，二次电路的交流回路、直流回路和一次电路有关部分都分开绘制。

图13-28是35kV线路的过电流保护二次电路原理图，与之对应的展开图如图13-29所示。

当图13-29（a）所示的一次电路U相出现过流时，它会使图13-29（b）所示的二次交流回路中的TA1输出电流I_1增大，I_1电流流经电流继电器KA1线圈（I_1电流途径是：TA1线圈右→KA1线圈→TA1线圈左），KA1线圈吸合二次直流回路中的KA1常开触点，如图13-29（c）所示，马上有电流流经时间继电器KT的线圈（电流途径是：直流电源+端→已闭合的KA1常开触点→KT线圈→直流电源-端），经过设定时间后，KT延时闭合常开触点闭合，有电流流过信号继电器KS的线圈（电流途径是：直流电源+端→已闭合的KT延时闭合常开触点→KS线圈→已闭合的断路器QF辅助常开触点→断路器跳闸线圈YT→直流电源-端），KS线圈通电后马上掉牌并使KS常开触点闭合，直流电源经KS触点提供给光牌指示灯，光字牌点亮指示“掉牌未复归”，同时断路器跳闸YT线圈通电使一次电路中的断路器QF跳闸，切断一次电路。

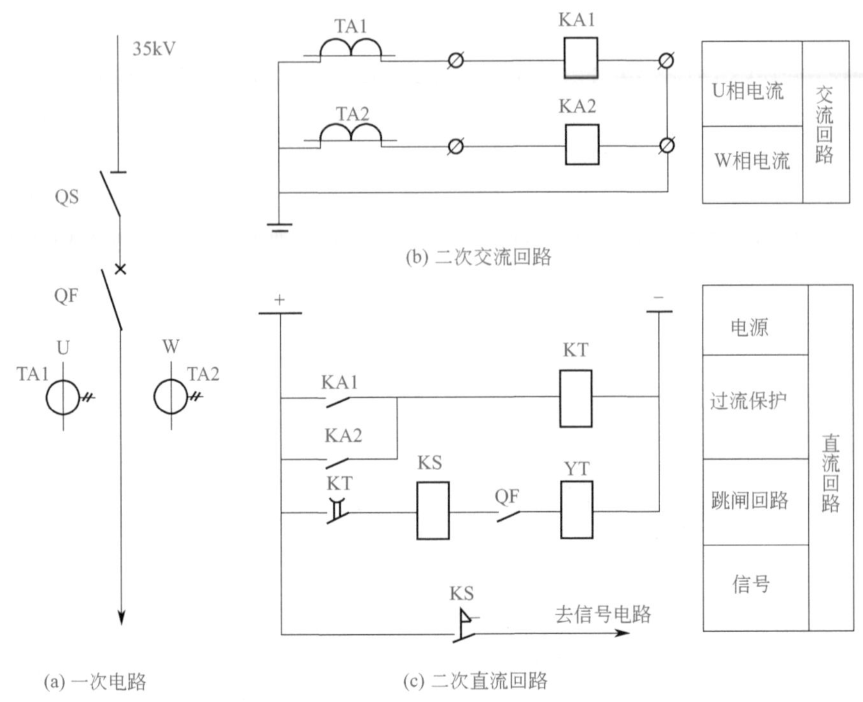

图13-29　35kV线路的过电流保护二次电路展开图

（3）二次电路的安装接线图

二次回路安装接线图是依据展开图并按实际接线而绘制的，是安装、试验、维护和检修的主要参考图。二次电路的安装接线图包括屏面布置图、端子排图和屏后接线图。

① 屏面布置图　屏面布置图用来表示设备和器具在屏上的安装位置，屏、设备和器具的尺寸与相互间的距离等均是按一定比例绘制。

图13-30是某一主变压器控制屏的屏面布置图，在该图上画出测量仪表、光字牌、信号灯和控制开关等设备在屏上的位置，这些设备在屏面图上都用代号表示，图上标注尺寸单位为mm（毫米）。为了方便识图时了解各个设备，在屏面图旁边会附有设备表，见表13-3。在识读屏面布置图时要配合查看设备表，通过查看设备表可知，布置图中的Ⅰ-1～Ⅰ-3均为电流表，Ⅰ-9～Ⅰ-32为显示电路各种信息的光字牌，Ⅱ-2、Ⅱ-3分别为红、绿指示灯。

表13-3　设备表

编号	符号	名称	型号及规范	单位	数量
安装单位Ⅰ　主变压器					
1	1A	电流表	16L1-A100（200）/5A	只	1

续表

编号	符号	名称	型号及规范	单位	数量
2	2A	电流表	16L1-A200（400，600）/5A	只	1
3	3A	电流表	16L1-A1500/5A	只	1
4	4T	温度表	XCT-102 0～100℃	只	1
5	2W	有功功率表	16L1-W200（400，600）/5A 100V	只	1
6	3W	有功功率表	16L1-W1500/5A 100V	只	1
7	2VAR	有功功率表	16L1-W200（400，600）/5A 100V	只	1
8	3VAR	有功功率表	16L1-W1500/5A 100V	只	1
9～32	H1～H24	光字牌	XD10 220V	只	24
33	CK	转换开关	LW2-1a、2、2、2、2、2/F4-8X	只	1
36，39，42	1SA～3SA	控制开关	LW2-1a、4、6a、40、20/F8	只	3
34，37，40	1GN～3GN	绿灯	XD5 220V	只	3
35，38，41	1RD～3RD	红灯	XD5 220V	只	3
安装单位Ⅱ　有载调压装置					
1	FWX	分接位置指示器		只	1
2～3	RD、GN	红、绿灯	XD5 220V	只	2
4～6	SA、JA、TA	按钮	LA19-11	只	3

② 端子排图　端子排用来连接屏内与屏外设备，很多端子组合在一起称为端子排。用来表示端子排各端子与屏内、屏外设备连接关系的图称为端子排接线图，简称端子排图。

端子排图如图13-31所示，在端子排图最上方标注安装项目名称与编号，安装项目编号一般用罗马数字Ⅰ、Ⅱ、Ⅲ表示，端子排下方则按顺序排列各种端子，在每个端子左方标示该端子左方连接的设备编号，在右方标示端子右方连接的设备编号。

在端子排上可以安装各类端子，端子类型主要有普通端子、连接型端子、试验端子、连接型试验端子、特殊端子和终端端子。各类端子说明如下。

a.普通端子：用来连接屏内和屏外设备的导线。

b.连接型端子：端子间是连通的端子，可实现一根导线接到一个端子，从其他端子分成多路接出。

c.试验端子：用于连接电流互感器二次绕组与负载，可以在系统不断电时，通过这种端子对屏上仪表和继电器进行测试。

d.连接型试验端子：用在端子上需要彼此连接的电流试验电路中。

e.特殊型端子：可以通过操作端子上的绝缘手柄来接通或切断该端子左、右侧导线的连接。

f.终端端子：安装在端子排的首、中、末端，用于固定端子排或分隔不同的安装项目。

③ 屏后接线图　屏面接线图用来表明各设备在屏上的安装位置，屏后接线图是用来表示屏内各设备接线的电气图，包括设备之间的接线和设备与端子排之间的接线。

a.屏后接线图的设备表示方法：在屏后接线图中，二次设备的表示方法如图13-32所示，设备编号、设备顺序号和文字符号等应与展开图和屏面布置图一致。

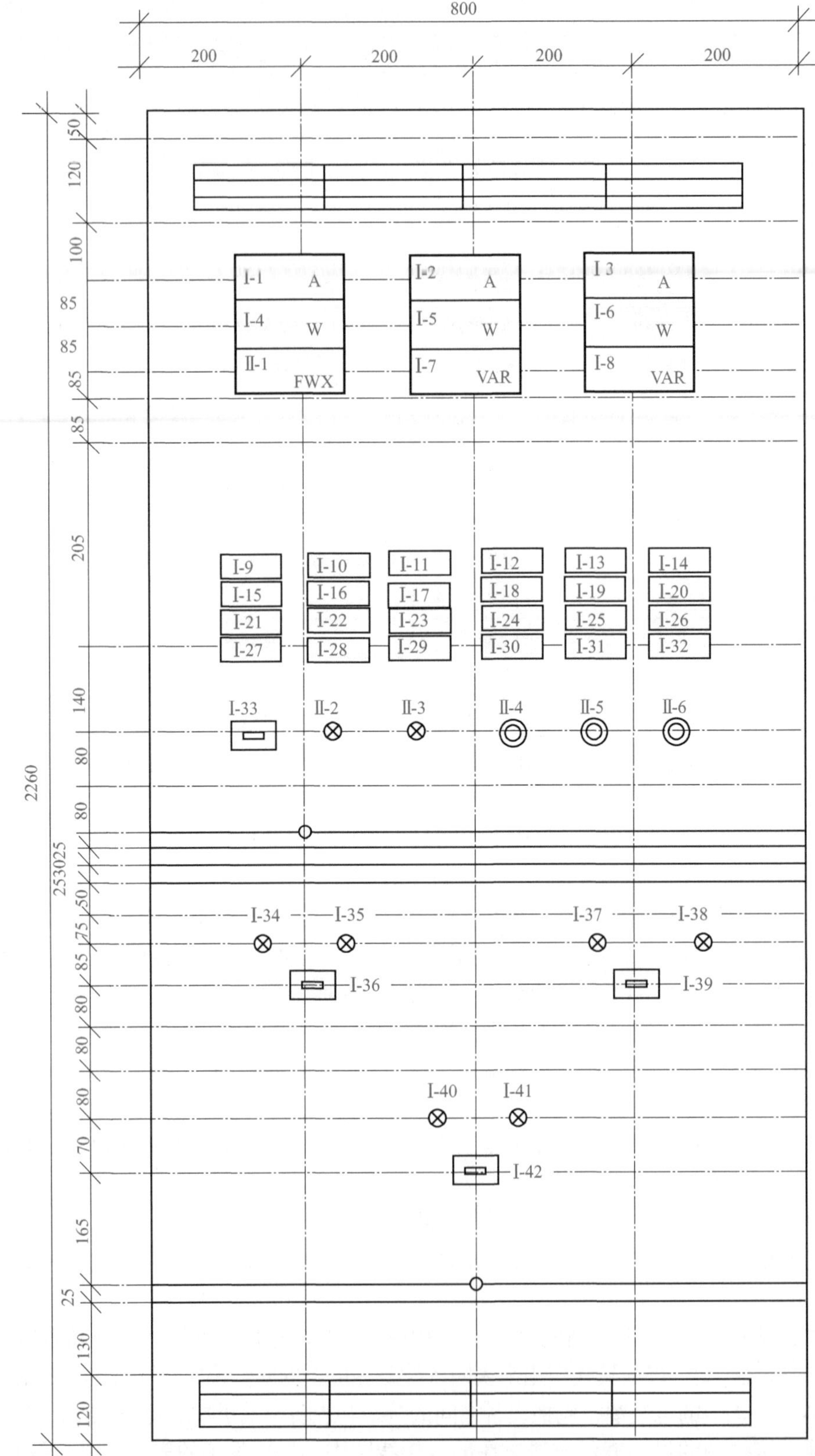

图13-30 某一主变压器控制屏的屏面布置图

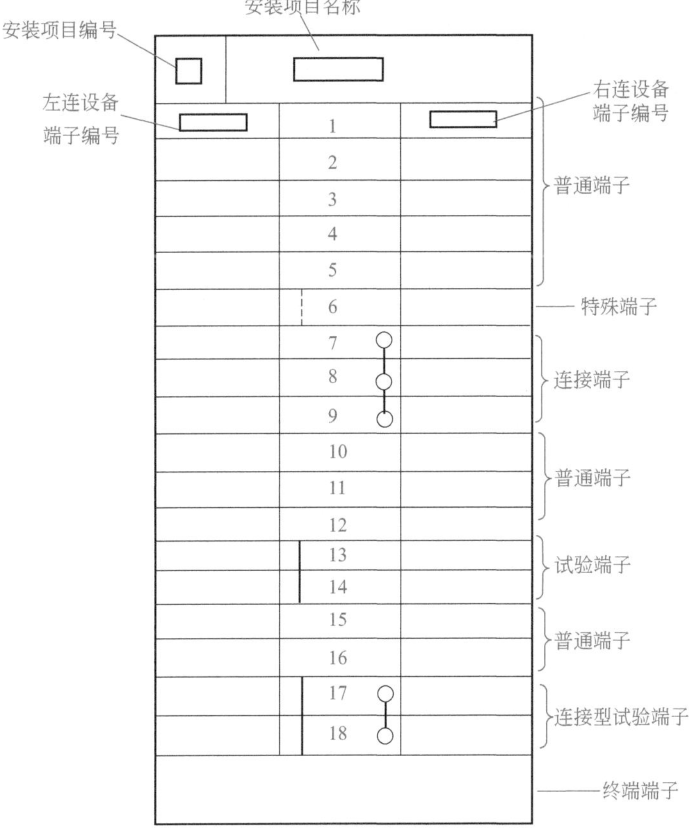

图13-31　端子排图

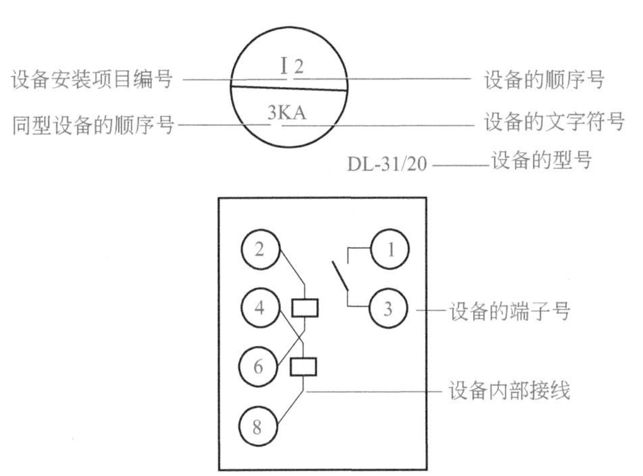

图13-32　屏后接线图的设备表示方法

b.屏后接线图的设备连接表示方法：在屏后接线图中，二次设备连接的表示方法主要有连续表示法和相对编号表示法，相对编号表示法使用更广泛。连接表示法是在设备间画连续的连接线表示连接，相对编号表示法不用在设备之间画连接线，只要在设备端子旁标注其他要连接的设备端子编号即可。屏后接线图的设备连接表示法如图13-33所示，图13-33（a）采用连续表示法，图13-33（b）采用相对编号表示法，两者表示的连接关系是一样的。

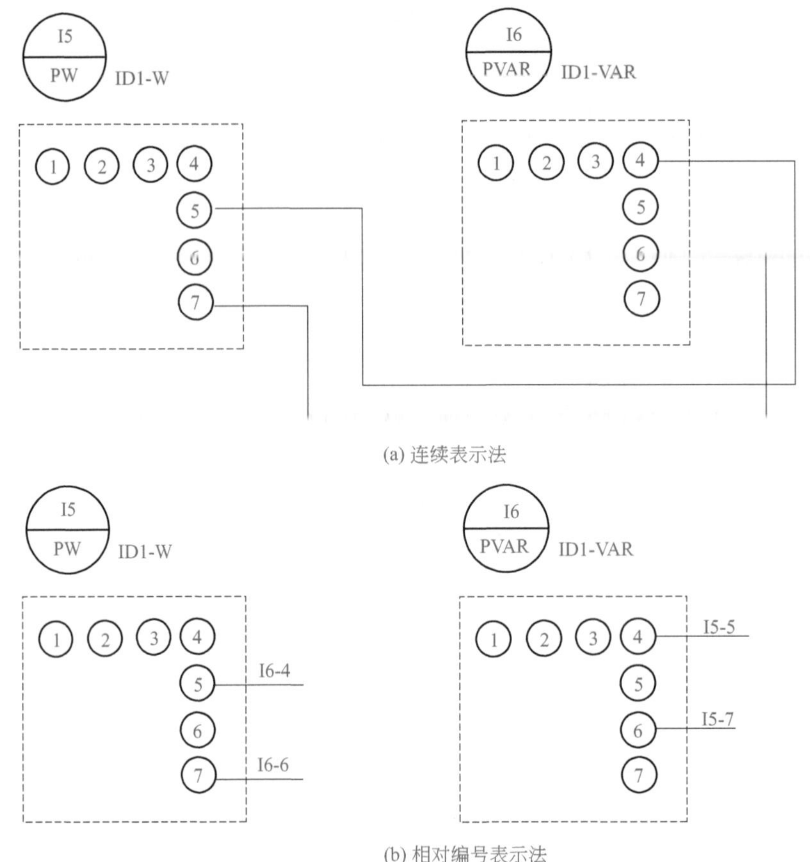

图13-33　屏后接线图的设备连接表示法

（4）二次电路的安装接线图识图实例

下面以图13-34所示的10kV线路的过电流保护二次电路为例来说明接线图的识图，图13-34（a）为二次电路的展开图，图13-34（b）端子排图，图13-34（c）为屏后接线图。

高压开关柜内的电流互感器1TAu、1TAw的K1端和接地端通过导线分别接到本配电屏端子排的1、2、3号端子（试验端子），1号端子右边标有I1-2，表示该端子往屏内接到电流继电器1KA（编号为I1）的2脚，在1KA的2脚旁标有I-1，表示该脚与端子排（编号为I）的1号端子连接，在2KA的8脚旁标有I-3和I1-8，表示2KA的8脚同时与端子排3号端子和1KA的8脚连接。

由屏顶单元送来的直流电源正、负电源线分别接到端子排的5、7号端子，5号端子右边标有I1-1，表示该端子往屏内接到1KA的1脚，端子排7号端子右边标有I3-8，表示该端子往屏内接到KT（编号I3）的8脚，端子排7、8号端子为连接型端子，即7、8号端子是连通的。断路器跳闸线圈的电流途径（反向）是：屏顶直流电源的负极→7号端子→8号端子→高压开关柜内的断路器跳闸YT线圈→断路器辅助触点1QF→端子排的10号端子→屏内连接片XB（编号I6）的2脚→XB的1脚→信号继电器KS（编号I5）的3脚→KS的1脚→控制继电器KC（编号I4）的8脚→KC的6脚→时间继电器KT（编号I3）的3脚→2KA（编号I2）的1脚→1KA（编号I1）的1脚→端子排的5号端子→屏顶直流电源的正极。

信号继电器KS的常开触点用于在过流时接通信号电路进行报警，其电流途径是：屏顶直流电源的正极→端子排的11号端子→屏内KS（编号Ⅰ5）的2脚→KS内部触点→KS的4脚→端子排的12脚→屏顶信号电路。

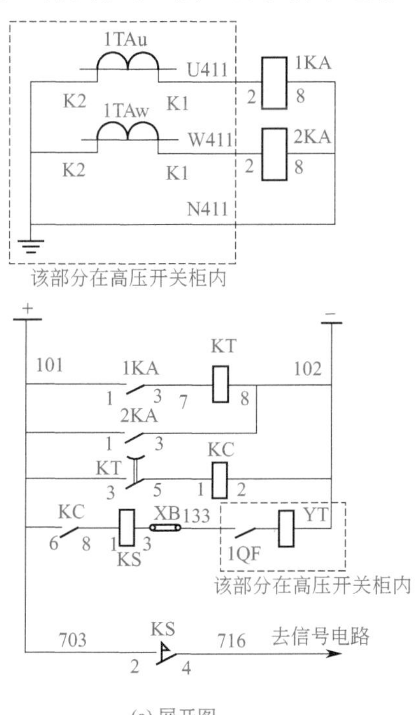

(a) 展开图

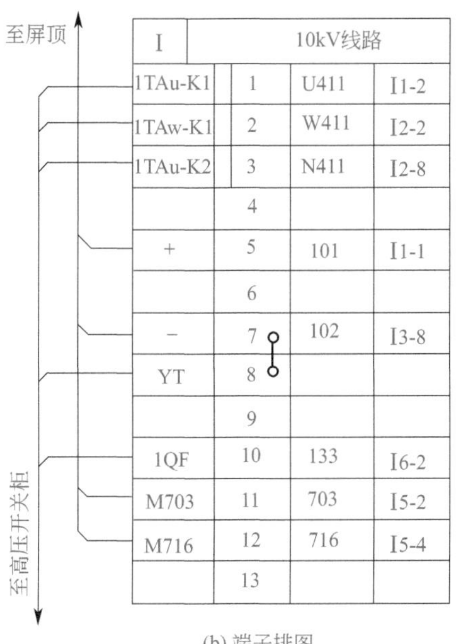

(b) 端子排图

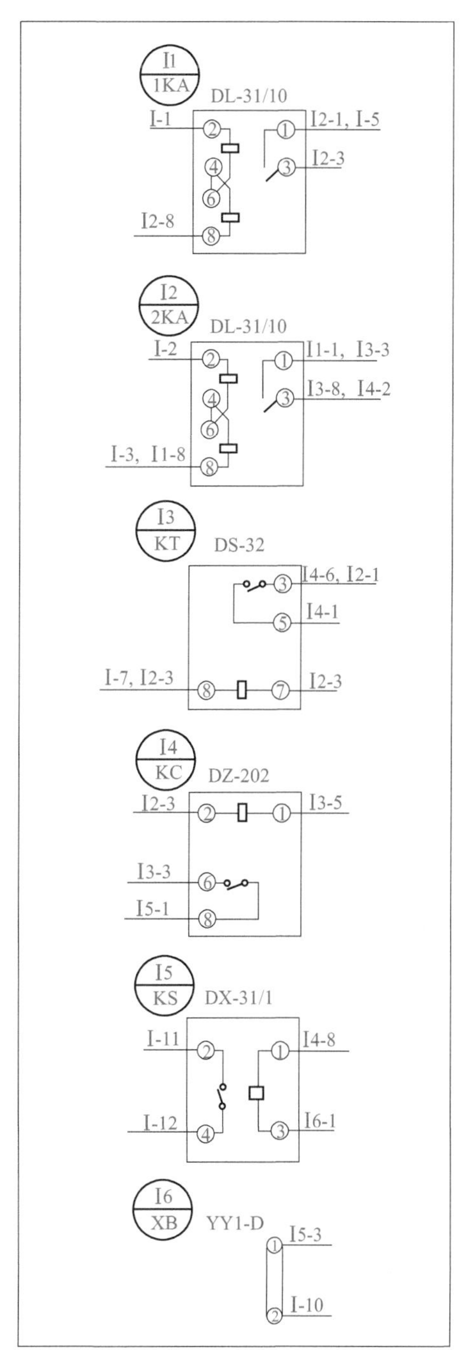

(c) 屏后接线图

图13-34 10kV线路的过电流保护二次电路的接线图

13.4.3 直流操作电源的识读

二次电路主要包括断路器控制电路、信号电路、保护电路和测量电路等，直流操作电源的任务就是为这些电路提供工作电源。硅整流电容储能式电源是一种应用广泛的直流操作电路，其电路结构如图13-35所示。

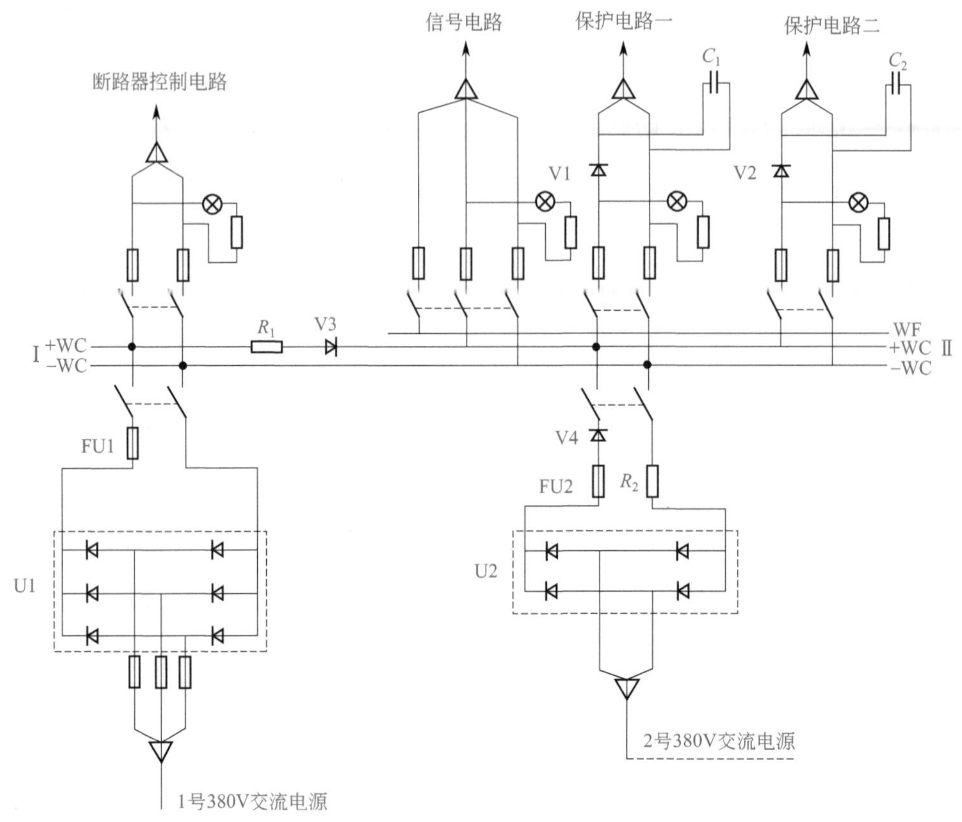

图13-35 硅整流电容储能式操作电源

一次电路的交流高压经所用变压器降压得到380V的三相交流电压，它经三相桥式硅整流桥堆U1整流后得到直流电压，送到Ⅰ段+WC、-WC直流小母线，另一路两相380V交流电源经桥式硅整流桥堆U2整流后得到直流电压，送到Ⅱ段+WC、-WC直流小母线。在Ⅰ、Ⅱ段母线之间有一个二极管V3，起止逆阀作用，即防止Ⅱ段母线上的电流通过V3逆流到Ⅰ段母线，而Ⅰ段母线上的电流可以通过V3流到Ⅱ段母线，电阻R_1起限流作用。Ⅰ段母线上的直流电源送给断路器控制电路，Ⅱ段母线上的直流电源分别送到信号电路、保护电路一和保护电路二。C_1、C_2为储能电容，在正常工作时C_1、C_2两端充有一定电压，当直流母线电压降低时，C_1、C_2会放电为保护电路供电，这样可为保护电路提供较稳定的直流电源，V1、V2为防逆流二极管，可防止C_1、C_2放电电流流往直流母线。在直流母线为各二次电路供电的+、-电源线之间，都接有一个指示灯和电阻，指示灯用于指示该路电源的有无，电阻起限流作用，降低流过指示灯的电流。

WF为闪光信号小母线，当出现某些非正常情况需要报警时，相应的信号电路接通，有直流电流流过闪光灯电路，其途径是：+WC母线→信号电路中的闪光信号电路→WF母线→信号电路中的报警动作电路→-WC母线。

13.4.4 断路器控制和信号电路的识读

一次电路中的断路器可采用手动方式直接合闸和跳闸，也可采用合闸和跳闸控制电路来控制断路器合闸和跳闸，采用电路控制可以在远距离操作，操作人员不用进入高压区域。在操作断路器时，一般会采用信号电路指示断路器的状态。

图13-36是某个10kV电源进线断路器控制和信号电路，SA为万能转换开关，KO为合闸线圈，YR为跳闸线圈，GN为跳闸信号指示灯（绿色），RD为合闸信号指示灯（红色）。

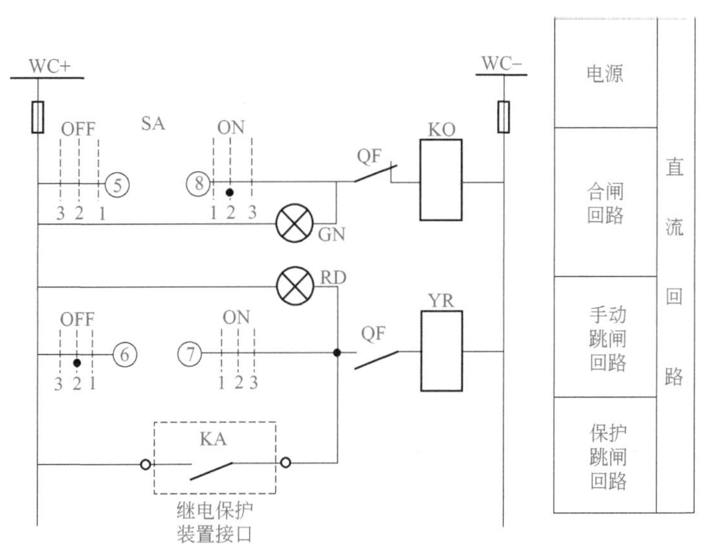

图13-36　某个10kV电源进线断路器控制和信号电路

（1）万能转换开关

在图13-36电路中用到了万能转换开关，这种开关在其他二次电路中也常常用到。万能转换开关由多层触点中间叠装绝缘层而构成，开关置于不同挡位时不同层的触点接通情况是不同的。

LW2-Z-1a、4、6a、40、20/F8型万能转换开关在二次电路中应用较为广泛，其图形符号如图13-37所示，从符号中可以看出，当开关置于“合闸”挡时，其5、8触点是接通的，当开关置于“跳闸”挡时，其6、7触点是接通的。

（2）电路分析

① 合闸控制及信号指示　图13-36中的万能转换开关SA分为ON、OFF两部分，每部分有三个挡位，ON部分用作合闸控制，1、2、3挡分别为预合闸、合闸和合闸后，OFF部分用作跳闸控制，1、2、3挡分别为预跳闸、跳闸和跳闸后。在对断路器合闸控制时，先将开关旋到预合闸挡（ON部分的挡位1），然后再旋到合闸挡，SA的5、8触点接通，合闸线圈KO得电，将断路器合闸，合闸后断路器的辅助常闭触点QF断开，合闸线圈断电，同时断路器的辅助常开触点QF闭合，RD指示灯亮，指示断路器处于合闸状态。SA的合闸挡是一个非稳定挡，当SA旋到该挡时会短时接通5、8触点，然后自动弹到合闸后挡停止，将5、8触点断开，与断开的QF辅助常闭触点一起双重保证合闸线圈断电。在RD指示灯点亮时，虽然有电流流过跳闸线圈YR，但由于RD指示灯的电阻很大，流过YR线圈电流很小，故不会引起断路器跳闸。

② 跳闸控制及信号指示　在对断路器跳闸控制时，先将开关旋到预跳闸挡（OFF部

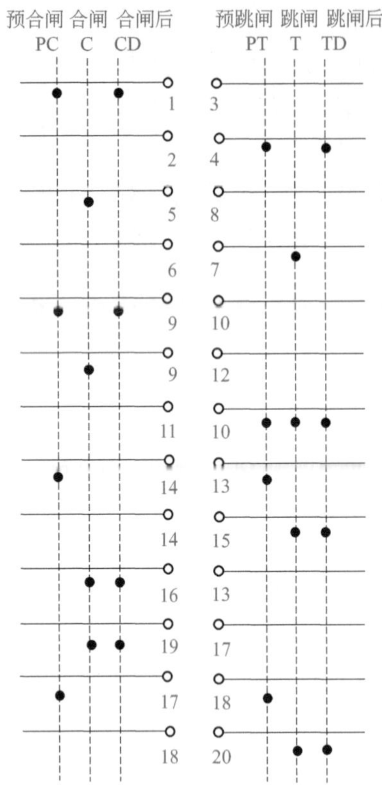

图13-37 LW2-Z-1a、4、6a、40、20/F8型万能转换开关的图形符号

分的挡位1），然后再旋到跳闸挡，SA的6、7触点接通，跳闸线圈YR得电，断路器马上跳闸，跳闸后断路器的辅助常开触点QF断开，跳闸线圈断电，同时断路器的辅助常闭触点QF闭合，GN指示灯亮，指示断路器处于跳闸状态。在SA旋到跳闸挡时短时接通6、7触点，然后自动弹到跳闸后挡停止，将6、7触点断开，与断开的QF辅助常开触点一起双重保证合闸线圈断电。

③ 保护跳闸及信号指示 如果希望该电路有过流跳闸保护功能，可以将过流保护电路中的有关继电器触点接到图13-36虚线框内的接线端，当一次电路出现过流而使过流保护电路的有关KA触点闭合时，图13-36中的YR跳闸线圈会因闭合的KA触点而得电，使一次电路中的断路器跳闸，实现过流跳闸保护控制。保护跳闸后，断路器QF辅助常闭触点闭合，GN指示灯亮，指示断路器处于跳闸状态。

13.4.5 中央信号电路的识读

中央信号电路装设在变配电所值班室或控制室中，它包括事故信号电路和预告知信号电路。

（1）事故信号电路

事故信号电路的作用是在断路器出现事故跳闸时产生声光信号告知值班人员。事故信号有音响信号和灯光信号。音响信号由电笛（蜂鸣器）发出，灯光信号通常为绿指示灯发出的闪光信号。音响信号是公用的，只要出现事故断路器跳闸，音响信号就会发出，提醒值班人员；灯光信号是独立的，用于指明具体的跳闸断路器。

在信号电路发出音响信号后，解除音响信号（即让音响信号停止）有两种方法，分别是就地复归和中央复归。就地复归就是将事故跳闸的断路器控制电路中的控制开关由“合闸后”切换到“跳闸”，来停止音响信号，这种方式的缺点是灯光信号会随音响信号一起复归，在较复杂的变配电所一般不采用这种复归电路。中央复归是先复归音响信号，而灯光信号则保持，便于让值班人员根据灯光信号了解具体故障位置，音响信号复归后，若有新的断路器事故发生，音响信号又会发出。

图13-38是一种采用了ZC-23型冲击继电器的中央复归式事故音响信号电路。冲击继电器是一种由电容、二极管、中间继电器和干簧继电器等组成的继电器，图13-38虚线框内为其电路结构。

当一次电路的某断路发生事故跳闸（如过流跳闸）时，其辅助常闭触点闭合，如发生QF1断路器跳闸时，图13-38中的QF1辅助常闭触点闭合，由于是断路器是事故跳闸，不是人为控制跳闸，故控制开关SA1仍处于“合闸后”位置，开关的1、3触点和19、17触点都是接通的，SA1、SA2采用LW2-Z型万能转换开关，其触点在各挡位的通断情况如图13-37所示，WAS小母线与WS-小母线通过SA1和QF1辅助常闭触点接通，马上有电流

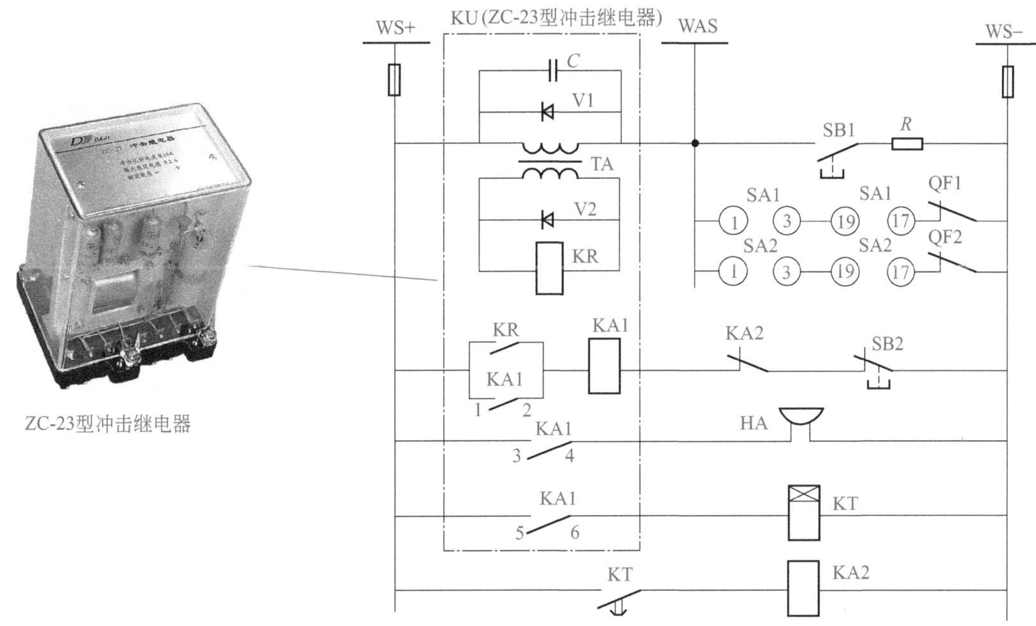

图13-38 一种采用ZC-23型冲击继电器的中央复归式事故音响信号电路

WS—信号小母线；WAS—事故信号音响小母线；SA—控制开关；
SB1—试验按钮；SB2—音响解除按钮；KU—冲击继电器；
KR—干簧继电器；KA—中间继电器；KT—时间继电器；TA—脉冲变流器

流过冲击继电器内部的脉冲变流器TA的一个绕组（电流途径是：WS+→TA绕组→WAS小母线→SA1的1、3触点和19、17触点→QF1辅助常闭触点→WS-），绕组马上产生左正右负的电动势，电动势再感应到二次绕组，为干簧继电器KR线圈供电，KR触点马上闭合，中间继电器KA1线圈得电，KA1的1、2触点闭合，自锁KA1线圈供电，KA1的3、4触点闭合，蜂鸣器HA获得电压，发出事故音响信号，KA1的5、6触点闭合，时间继电器KT线圈得电，经设定时间后，KT延时闭合触点闭合，中间继电器KA2线圈得电，KA2常闭触点断开，KA1线圈失电，KA1的3、4触点断开，切断蜂鸣器HA的供电，音响信号停止。

任何线圈只有在流过的电流发生变化时才会产生电动势，故QF1辅助常闭触点闭合后，待流过TA一次绕组电流大小稳定不变化时，该绕组上电动势消失，二次绕组上的感应电动势也会消失，也就是说TA绕组产生的电动势是短暂的，干簧继电器KR线圈失电，KR常开触点断开，KA1线圈依靠KA的1、2自锁触点供电。TA一次绕组两端并联的*C*、V1起抗干扰作用，如果一次绕组产生的左正右负电动势过高，该电动势会对*C*充电而有所降低，如果WAS、WS-小母线之间突然断开，TA一次绕组会产生左负右正的电动势，如果该电动势感应到二次绕组，会使干簧继电器线圈得电而动作，V1的存在可使TA一次绕组左负右正电动势瞬间降到1V以下，二极管V2作用与V1相同，这样可确保在WAS、WS-小母线之间突然断开（如SA1的1、3触点断开）时干簧继电器不会动作，电路不会发生音响信号。SB1为试验按钮，当按下SB1时，WAS、WS-小母线之间人为接通，用于测试断路器跳闸后音响电路是否正常。SB2为手动复归按钮，按下SB2可使KA1线圈失电，最终切断蜂鸣器的供电。

（2）预告知信号电路

预告知信号的作用是在供配电系统出现故障或不正常时告知值班人员，使之及时采取适当措施来消除这些不正常情况，防止事故发生和扩大。事故信号是在事故已发生而使断路器跳闸时发出的，而预告信号则是在事故未发生但出现不正常情况（如一次电路电流过大）时发出的。

预告知信号一般有单独的灯光信号和公用音响信号。灯光信号通常为光字牌中的灯光，可让值班人员了解具体的不正常情况，音响信号的作用是引起值班人员的注意，为了与事故音响信号的蜂鸣发声有所区别，预告知信号发声器件一般采用电铃。

音响预告知信号电路可分为可重复动作的中央预告知音响信号电路和不可重复动作的中央预告知音响信号电路，中央预告知音响信号电路工作原理与图13-38所示的中央复归式事故音响信号电路相似，这里介绍一种不可重复动作的中央预告知音响信号电路，如图13-39所示。

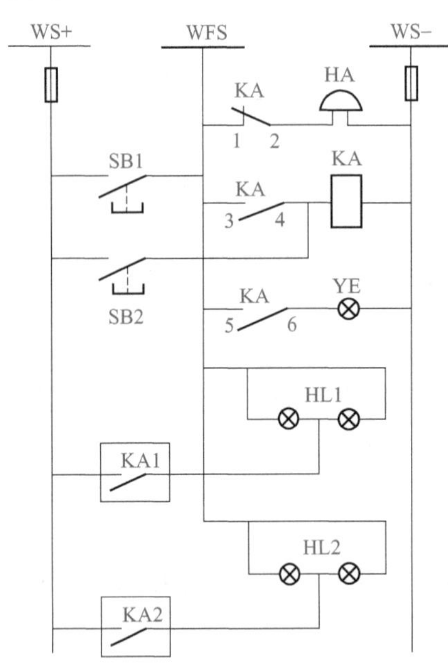

WS—信号小母线；
WFS—预告信号小母线；
SB1—试验按钮；
SB2—音响解除按钮；
KA—中间继电器；
KA1—第一路继电器保护触点；
KA2—第二路继电器保护触点；
YE—黄色信号灯；
HL—光字牌指示灯；
HA—电铃

图13-39 一种不可重复动作的中央预告知音响信号电路

当供配电系统出现某个不正常情况时，如一次电路的电流过大，引起继电器保护电路的KA1常开触点闭合，图13-39中的光字牌HL1和预告电铃HA同时有电流流过（电流途径是：WS+→KA1→HL1→KA触点→HA→WS-），电铃HA发声提醒值班人员注意，光字牌HL1发光指示具体不正常情况。值班人员按下SB2按钮，中间继电器KA线圈得电，KA的1、2常闭触点断开，切断电铃的电源使铃声停止，KA的3、4常开触点闭合，让KA线圈在SB2断开后继续得电，KA的5、6常开触点闭合，黄色指示灯YE发光，指示系统出现了不正常情况且未消除。当出现另一种不正常情况使继电器保护电路的KA2触点闭合时，光字牌HL2发光，但因KA的1、2常闭触点已断开，故电铃不会再发声。当所有不正常情况消除后，所有继电器保护电路的常开触点（图中为KA1、KA2）均断开，黄色指示灯和所有光字牌指示灯都会熄灭，如果仅消除了某个不正常情况（还有其他不正常情况未消除），则只有消除了不正常情况的光字牌指示灯会熄灭，黄色指示灯仍会亮。

13.4.6　继电器保护电路的识读

继电器保护电路的任务是在一次电路出现非正常情况或故障时，能迅速切断线路或故障元件，同时通过信号电路发出报警信号。继电器保护电路种类很多，常见的有过电流保护、变压器保护等，过电流保护在前面已有过介绍，下面介绍变压器的继电器保护电路。

变压器故障分为内部故障和外部故障。变压器内部故障主要有相间绕组短路、绕组匝间短路、单相接地短路等，发生内部故障时，短路电流产生的热量会破坏绕组的绝缘层，绝缘层和变压器油受热会产生大量气体，可能会使变压器发生爆炸。变压器外部故障主要有引出线绝缘套管损坏，导致引出线相间短路和引出线与变压器外壳短路（对地短路）。

（1）变压器气体保护电路

变压器可分为干式变压器和油浸式变压器，油浸式变压器的绕组浸在绝缘油中，以增强散热和绝缘效果，当变压器内部绕组匝间短路或绕组相间短路时，短路电流会加热绝缘油而产生气体，气体会使变压器气体保护电路动作，发出报警信号，严重时会让断路器跳闸。

图13-40是一种常见的变压器气体保护电路。

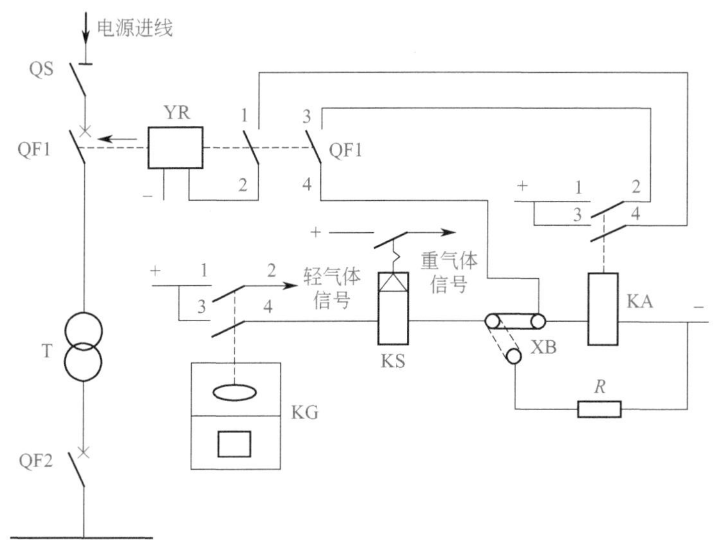

图13-40　一种常见的变压器气体保护电路

当变压器出现绕组匝间短路（轻微故障）时，由于短路电流不大，油箱内会产生少量的气体，随着气体的逐渐增加，气体继电器KG的1、2常开触点闭合，电源经该触点提供给预告信号电路，使之发出轻气体报警信号。当变压器出现绕组相间短路（严重故障）时，短路电流很大，油箱内会产生大量的气体，大量油气冲击气体继电器KG，KG的3、4常开触点闭合，有电流流过信号继电器KS线圈和中间继电器KA线圈，KS线圈得电，KS常开触点闭合，电源经该触点提供给事故信号电路，使之发出重气体报警信号，KA线圈得电使KA的3、4常开触点闭合，有电流流过跳闸线圈YR，该电流途径是：电源+→KA的3、4触点（处于闭合）→断路器QF1的1、2常开触点（合闸时处于闭合）→YR线圈，YR线圈产生磁场通过有关机构让断路器QF1跳闸，切断变压器的输入电源。

由于气体继电器KG的3、4触点在故障油气的冲击下可能振动或闭合时间很短，为了保证断路器可靠跳闸，利用KA的1、2触点闭合锁定KA的供电，KA电流途径：电源+→KA的1、2常开触点→QF1的3、4辅助常开触点→KA线圈→电源-。XB为试验切换片，如果在对气体继电器试验时希望断路器不跳闸，可将XB与电阻R接通，KG的3、4触点闭合时，KS触点闭合使信号电路发出重气体信号，由于KA继电器线圈不会得电，故断路器不会跳闸。

变压器气体保护电路的优点主要是电路简单、动作迅速、灵敏度高，能保护变压器油箱内各种短路故障，对绕组的匝间短路反应最灵敏，这种保护电路主要用作变压器内部故障保护，不适合作变压器外部故障保护，常用于保护容量在800kV・A及以上（车间变压器容量在400kV・A及以上）的油浸式变压器。

（2）变压器差动保护电路

变压器差动保护电路主要用作变压器内部绕组短路和变压器外部引出线短路保护。图13-41是一种常见的变压器差动保护电路。

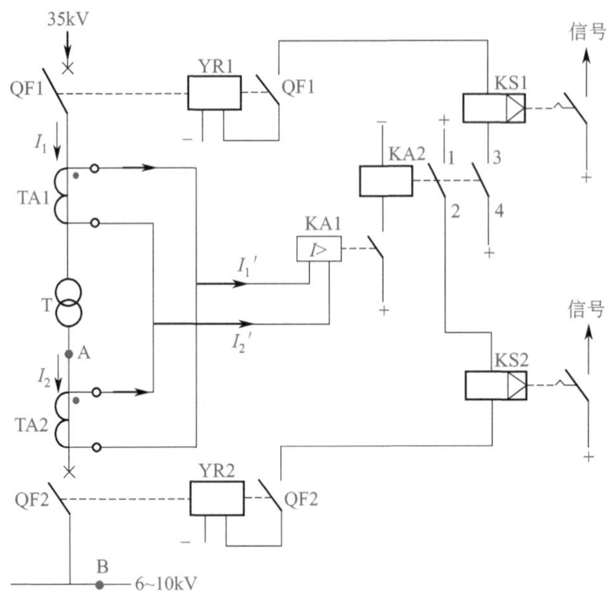

图13-41　一种常见的变压器差动保护电路

在变压器输入侧和输出侧各装设一个电流互感器，虽然输入侧线路电流I_1与输出侧线路电流I_2不同，但适当选用不同变流比的电流互感器，可使输入侧的电流互感器输出电流I_1'与输出侧电流互感器输出电流I_2'接近相等，这两个电流从不同端流入电流继电器KA1线圈，两者相互抵消，KA1线圈流入的电流I（$I=I_1'-I_2'$）近似为0，KA1继电器不动作。

当两个电流互感器之间的电路出现短路时，如A点出现相间短路，A点所在相线上的电流会直接流到另一根相线，电流互感器TA2一次绕组（穿孔导线）电流I_2为0，TA2的二次绕组输出电流I_2'也为0，这时流过电流继电器KA1线圈的电流为$I=I_1'$，KA1线圈得电使KA1常开触点闭合，中间继电器KA2线圈得电，KA2的1、2触点和3、4触点均闭合。KA2的1、2触点闭合使信号继电器KS2线圈和输出侧断路器跳闸线圈YR2均得电，YR2线圈得电使输出侧断路器QF2跳闸，KS2线圈得电使KS2触点闭合，让信号电路报输出侧断路器跳闸事故信号。KA2的3、4触点闭合使信号继电器KS1线圈和输入侧断路器跳闸线圈

YR1均得电，YR1线圈得电使输入侧断路器QF1跳闸，KS1线圈得电使KS1触点闭合，让信号电路报输入侧断路器跳闸事故信号。

如果在两个电流互感器之外发生了短路，如B点处出现相间短路，变压器输出侧电流I_2和输入侧电流均会增大，两个电流互感器输出电流I_1'、I_2'同时会增大，流入电流继电器KA1线圈的电流仍近似为0，电流继电器不会动作，变压器输入侧和输出侧的断路器不会跳闸。

变压器差动保护电路具有保护范围大（两个电流互感器之间的电路）、灵敏度高、动作迅速等特点，特别适合容量大的变压器（单独运行的容量在10000kV·A及以上的变压器；并联运行时容量在6300kV·A及以上的变压器；容量在2000kV·A以上装设电流保护灵敏度不合格的变压器）。

13.4.7　电测量仪表电路的识读

电测量电路的功能是测量一次电路的有关电参数（电流、有功电能和无功电能等），由于一次电路的电压高、电流大，故二次电路的电测量电路需要配接电压互感器和电流互感器。

图13-42是6～10kV线路的电测量仪表电路。该电路使用了电流表PA、有功电能表PJ1和无功电能表PJ2，这些仪表通过配接电流互感器TA1、TA2和电压互感器TV对一次电路的电流、有功电能和无功电能进行测量。三个仪表的电流线圈串联在一起接在电流互感器二次绕组两端，以A相为例，测量电路电流途径为：TA1二次绕组上端→有功电能表PJ1①脚入→电流线圈→PJ1③脚出→无功电能表PJ2①脚入→电流线圈→PJ2③脚出→电流表PA②脚入→电流线圈→PA①脚出→TA1二次绕组下端；有功电能表和无功电能表的电压线圈均并接在电压小母线上，在电压小母线上有电压互感器的二次绕组提供的电压。从图13-42（a）所示的电路原理图可清晰看出一次电路、互感器和各仪表的实际连接关系，而图13-42（b）所示的展开图则将仪表的电流回路和电压回路分开绘制，能直观说明仪表的电流线圈与电流互感器的连接关系和仪表的电压线圈与电压小母线的连接关系。

13.4.8　自动装置电路的识读

（1）自动重合闸装置

电力系统（特别是架空线路）的短路故障大多数是暂时性的，例如因雷击闪电、鸟兽跨接导线、大风引起偶尔碰线等引起的短路，在雷电过后，鸟兽烧死，大风过后，线路大多数能恢复正常。如果在供配电系统采用自动重合闸装置，能使断路器跳闸后自动重新合闸，可迅速恢复供电，提高供电的可靠性。

图13-43是自动重合闸装置的基本电路原理图。

在手动合闸时，按下SB1按钮，接触器KM线圈得电，KM常开触点闭合，合闸线圈YO得电，将断路器QF合闸。合闸后，QF的1、2辅助常开触点闭合，3、4辅助常闭触点断开。

在手动跳闸时，按下SB2按钮，跳闸线圈YR得电，将断路器QF跳闸。跳闸后，QF的1、2辅助常开触点断开，3、4辅助常闭触点闭合。

在合闸运行时，如果线路出现短路过流，继电器过流保护装置中的KA常开触点闭合，跳闸线圈YR得电，将断路器QF跳闸。跳闸后，QF的3、4辅助常闭触点处于闭合，同时重合闸继电器KAR启动，经设定时间后，其延时闭合触点闭合，接触器KM线圈得电，

KM常开触点闭合，合闸线圈YO得电，将断路器QF合闸。如果线路的短路故障未消除，继电器过流保护装置中的KA常开触点又闭合，跳闸线圈YR再次得电使断路器QF跳闸。由于电路采取了防止二次合闸措施，重合闸继电器KAR不会使其延时闭合触点再次闭合，断路器也就不会再次合闸。

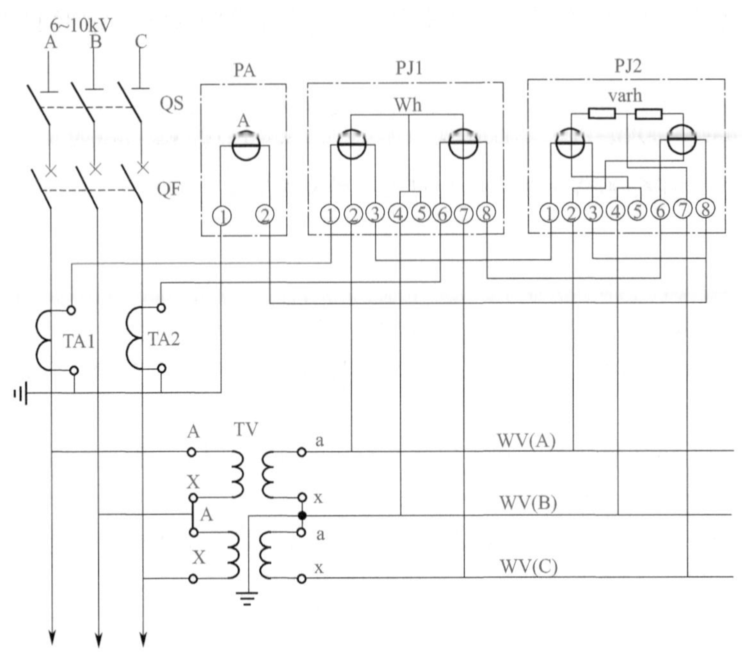

(a) 电路原理图

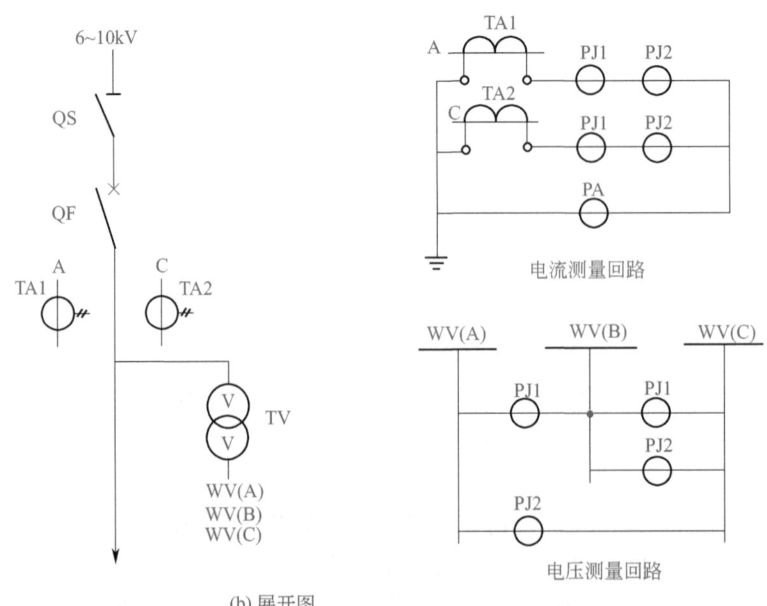

(b) 展开图

TA1、TA2—电流互感器；TV—电压互感器；PA—电流表；
PJ1—三相有功电能表；PJ2—三相无功电能表；WV—电压小母线

图13-42　6 ～ 10kV线路的电测量仪表电路

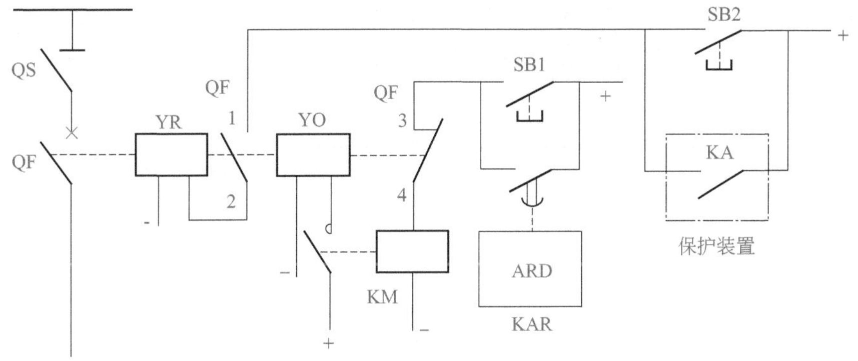

图13-43　自动重合闸装置的基本电路原理图

（2）备用电源自动投入装置

在对供电可靠性要较高的变配电所，通常采用两路电源进线，在正常时仅使用其中一路供电，当该路供电出现中断时，备用电源自动投入装置可自动将另一路电源切换为供电电源。

备用电源自动投入装置电路如图13-44所示。

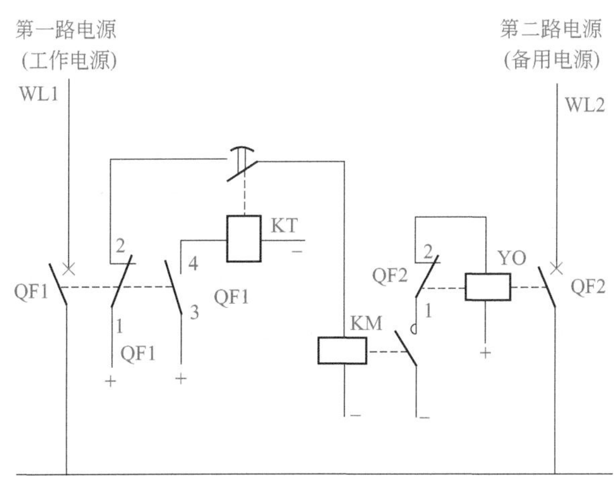

图13-44　备用电源自动投入装置电路

WL1为工作电源进线，WL2为备用电源进线，在正常时，断路器QF1闭合，QF2断开。如果WL1线路的电源突然中断，失压保护电路（图中未画出）使断路器QF1跳闸，切断WL1线路与母线的连接，同时QF1的1、2辅助常闭触点闭合，3、4辅助常开触点断开，QF1的3、4触点断开使时间继电器KT线圈失电，KT延时断开触点不会马上断开，接触器KM线圈得电，KM常开触点闭合，合闸线圈YO得电，将断路器QF2合闸，第二路备用电源经WL2线路送到母线，QF2合闸成功后，其1、2辅助常闭触点断开，切断YO线圈的电源，可防止YO线圈长时间通电而损坏，经设定时间后KT延时断开触点断开，切断接触器KM线圈的电源，KM常开触点断开。

13.4.9　发电厂与变配电所电路的数字标号与符号标注规定

在发电厂和变配电所的电路展开图中，为了表明回路的性质和用途，通常都会对回路进行标号。表13-4为发电厂和变配电所电路的直流回路数字标号序列，表13-5为发电厂和变配电所电路的交流回路数字标号序列，表13-6为发电厂和变配电所电路的控制电缆标号系列，表13-7为发电厂和变配电所电路的小母线文字符号。

表13-4　发电厂和变配电所电路的直流回路数字标号序列

回路名称	标号序列			
	Ⅰ	Ⅱ	Ⅲ	Ⅳ
+电源回路	1	101	201	301
−电源回路	2	102	202	302
合闸回路	3～31	103～131	203～231	303～331
绿灯或合闸回路监视继电器的回路	5	105	205	305
跳闸回路	33～49	133～149	233～249	333～349
红灯或跳闸回路监视继电器的回路	35	135	235	335
备用电源自动合闸回路	50～69	150～169	250～269	350～369
开关器具的信号回路	70～89	170～189	270～289	370～389
事故跳闸音响信号回路	90～99	190～199	290～299	390～399
保护及自动重合闸回路	01～099（或J1～J99、K1～K99）			
机组自动控制回路	401～599			
励磁控制回路	601～649			
发电机励磁回路	651～699			
信号及其他回路	701～999			

表13-5　发电厂和变配电所电路的交流回路数字标号序列

回路名称	标号序列			
	L1相	L2相	L3相	中性线N
电流回路	U401～U409 U411～U419 … U491～U499 U501～U509 … U591～U599	V401～V409 V411～V419 … V491～V499 V501～V509 … V591～V599	W401～W409 W411～W419 … W491～W499 W501～W509 … W591～W599	N401～N409 N411～N419 … N491～N499 N501～N509 … N591～N599
电压回路	U601～U609 … U791～U799	V601～V609 … V791～V799	W601～W609 … W791～W799	N601～N609 … N791～N799
控制、保护信号回路	U1～U399	V1～V399	W1～W399	N1～N399

表13-6　发电厂和变配电所电路的控制电缆标号系列

电缆起始点	电　缆　点	电缆起始点	电　缆　点
中央控制室到主机室	100～110	35kV配电装置内联系电缆	160～169
中央控制室到6～10kV配电装置	111～115	其他配电装置内联系电缆	170～179
中央控制室到33kV配电装置	116～120	变压器处联系电缆	190～199
中央控制室到变压器	126～129	主机室机组联系电缆	200～249
中央控制室屏间联系电缆	130～149	坝区及启闭机联系电缆	250～269

注：数字1～99一般表示动力电缆。

表 13-7 发电厂和变配电所电路的小母线文字符号

小母线名称		小母线标号	
		新	旧
直流控制和信号的电源及辅助小母线			
控制回路电源小母线		+WC，-WC	+KM，-KM
信号回路电源小母线		+WS，-WS	+XM，-XM
事故音响信号小母线	用于配电装置内	WAS	SYM
	用于不发遥远信号	1WAS	1SYM
	用于发遥远信号	2WAS	2SYM
	用于直流屏	3WAS	3SYM
预报信号小母线	瞬时动作的信号	1WFS	1YBM
		2WFS	2YBM
	延时动作的信号	3WFS	3YBM
		4WFS	4YBM
直流屏上的预报信号小母线（延时动作的信号）		5WFS	5YBM
		6WFS	6YBM
灯光信号小母线		WL	-DM
闪光信号小母线		WF	（+）SM
合闸小母线		WO	+HM，-HM
“掉牌未复归”光字牌小母线		WSR	PM
交流电压、同期和电源小母线			
同期小母线	待并系统	WOS_u	TQM_a
		WOS_w	TQM_c
	运行系统	WOS'_u	TQM'_a
		WOS'_w	TQM'_c
电压小母线		WV	YM

第14章 电子电路识图

14.1 放大电路

三极管是一种具有放大功能的电子元器件，但单独的三极管是无法放大信号的，只有给三极管提供电压，让它导通才具有放大能力。为三极管提供导通所需的电压，使三极管具有放大能力的简单放大电路通常称为基本放大电路，又称偏置放大电路。常见的基本放大电路有固定偏置放大电路、电压负反馈放大电路和分压式电流负反馈放大电路。

14.1.1 固定偏置放大电路

固定偏置放大电路是一种最简单的放大电路。固定偏置放大电路如图14-1所示，其中图14-1（a）为NPN型三极管构成的固定偏置放大电路，图14-1（b）由PNP型三极管构成的固定偏置放大电路。它们都由三极管VT和电阻R_b、R_c组成，R_b称为偏置电阻，R_c称为负载电阻。接通电源后，有电流流过三极管VT，VT就会导通而具有放大能力。下面以图14-1（a）为例来分析固定偏置放大电路。

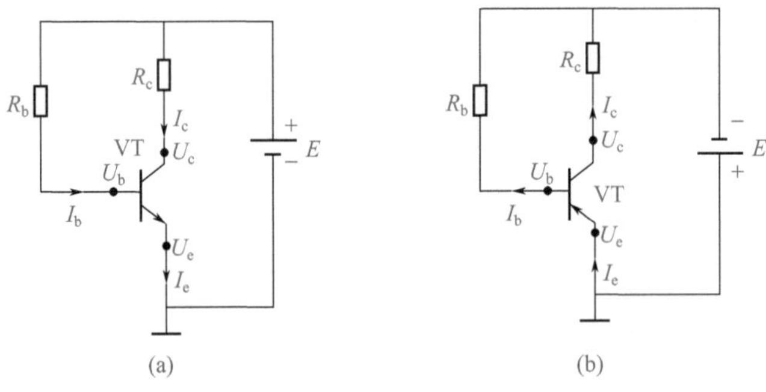

图14-1　固定偏置放大电路

（1）电流关系

接通电源后，从电源E正极流出电流，分作两路：一路电流经电阻R_b流入三极管VT基极，再通过VT内部的发射结从发射极流出；另一路电流经电阻R_c流入VT的集电极，再通过

VT内部从发射极流出；两路电流从VT的发射极流出后汇合成一路电流，再流到电源的负极。

三极管三个极分别有电流流过，其中流经基极的电流称为I_b电流，流经集电极的电流称为I_c电流，流经发射极的电流称为I_e电流。这些电流的关系有：

$$I_b+I_c=I_e$$

$$I_c=I_b\beta$$（β为三极管VT的放大倍数）

（2）电压关系

接通电源后，电源为三极管各个极提供电压，电源正极电压经R_c降压后为VT提供集电极电压U_c，电源经R_b降压后为VT提供基极电压U_b，电源负极电压直接加到VT的发射极，发射极电压为U_e。电路中R_b阻值较R_c的阻值大很多，所以三极管VT的三个极的电压关系有：

$$U_c > U_b > U_e$$

在放大电路中，三极管的I_b（基极电流）、I_c（集电极电流）和U_{ce}（集射极之间的电压，$U_{ce}=U_c-U_e$）称为静态工作点。

（3）三极管内部两个PN结的状态

图14-1中的三极管VT为NPN型三极管，它内部有两个PN结，集电极和基极之间有一个PN结，称为集电结，发射极和基极之间有一个PN结称为发射结。因为VT的三个极的电压关系是$U_c > U_b > U_e$，所以VT内部两个PN结的状态是：发射结正偏（PN结可相当于一个二极管，P极电压高于N极电压时称为PN结电压正偏），集电结反偏。

综上所述，三极管处于放大状态时具有的特点是：

① $I_b+I_c=I_e$，$I_c=I_{b\beta}$；

② $U_c > U_b > U_e$（NPN型三极管）；

③ 发射结正偏导通，集电结反偏。

以上分析的是NPN型三极管固定偏置放大电路，读者可根据上面的方法来分析图14-1（b）中的PNP型三极管固定偏置电路。

固定偏置放大电路结构简单，但当三极管温度上升引起静态工作点发生变化时（如环境温度上升，三极管内半导体导电能力增强，会使I_b、I_c电流增大），电路无法使静态工作点恢复正常，从而会导致三极管工作不稳定，所以固定偏置放大电路一般用在要求不高的电子设备中。

14.1.2 电压负反馈放大电路

（1）关于反馈

所谓反馈是指从电路的输出端取一部分电压（或电流）反送到输入端。如果反送的电压（或电流）使输入端电压（或电流）减弱，即起抵消作用，这种反馈称为“负反馈”；如果反送的电压（或电流）使输入端电压（或电流）增强，这种反馈称为“正反馈”。反馈放大电路的组成如图14-2所示。

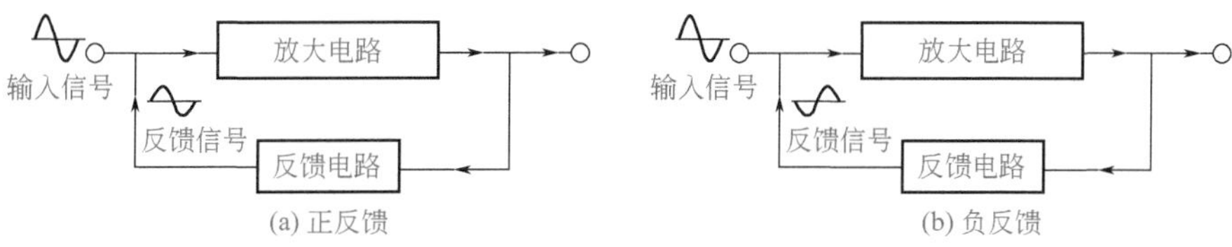

图14-2 反馈放大电路的组成

在图14-2（a）中，输入信号经放大电路放大后分作两路：一路去后级电路，另一路经反馈电路反送到输入端，从图中可以看出，反馈信号与输入信号相位相同，反馈信号会增强输入信号，所以该反馈电路为正反馈。在图14-2（b）中，反馈信号与输入信号相位相反，反馈信号会抵消削弱输入信号，所以该反馈电路为负反馈。负反馈电路常用来稳定放大电路的静态工作点，即稳定放大电路的电压和电流，正反馈常与放大电路组合构成振荡器。

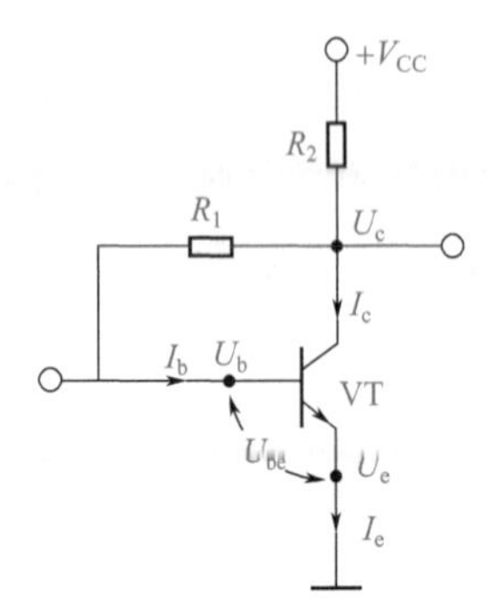

图14-3 电压负反馈放大电路

（2）电压负反馈放大电路

电压负反馈放大电路如图14-3所示。

电压负反馈放大电路的电阻R_1除了可以为三极管VT提供基极电流I_b外，还能将输出信号的一部分反馈到VT的基极（即输入端），由于基极与集电极是反相关系，故反馈为负反馈。

负反馈电路的一个非常重要的特点就是可以稳定放大电路的静态工作点，下面分析图14-3电压负反馈放大电路静态工作点的稳定过程。

由于三极管是半导体元件，它具有热敏性，当环境温度上升时，它的导电性增强，I_b、I_c电流会增大，从而导致三极管工作不稳定，整个放大电路工作也不稳定，而负反馈电阻R_1可以稳定I_b、I_c电流。R_1稳定电路工作点过程如下。

当环境温度上升时，三极管VT的I_b、I_c电流增大→流过R_2的电流I增大（$I=I_b+I_c$，I_b、I_c电流增大，I就增大）→R_2两端的电压U_{R2}增大（$U_{R2}=IR_2$，I增大，R_2不变，U_{R2}增大）→VT的c极电压U_c下降（$U_c=V_{CC}-U_{R2}$，U_{R2}增大，V_{CC}不变，U_c就减小）→VT的b极电压U_b下降（U_b由U_c经R_1降压获得，U_c下降，U_b也会跟着下降）→I_b减小（U_b下降，VT发射结两端的电压U_{be}减小，流过的I_b电流就减小）→I_c也减小（$I_c=I_b\beta$，I_b减小，β不变，故I_c减小）→I_b、I_c减小恢复到正常值。

由此可见，电压负反馈放大电路由于R_1的负反馈作用，使放大电路的静态工作点得到稳定。

14.1.3 分压式电流负反馈放大电路

分压式偏置放大电路是一种应用最为广泛的放大电路，这主要是它能有效克服固定偏置放大电路无法稳定静态工作点的缺点。分压式偏置放大电路如图14-4所示，R_1为上偏置电阻，R_2为下偏置电阻，R_c为负载电阻，R_e为发射极电阻。

（1）电流关系

接通电源后，电路中有I_1、I_2、I_b、I_c、I_e电流产生，各电流的流向如图14-4所示。不难看出，这些电流有以下关系：

$$I_2+I_b=I_1$$

$$I_b+I_c=I_e$$

$$I_c=I_b\beta$$

（2）电压关系

接通电源后，电源为三极管各个极提供电压，+V_{CC}电源经R_c降压后为VT提供集电极电压U_c，+V_{CC}经R_1、R_2分压为VT提供基极电压U_b，I_e电流在流经R_4时，在R_4上得到电压U_{R4}，

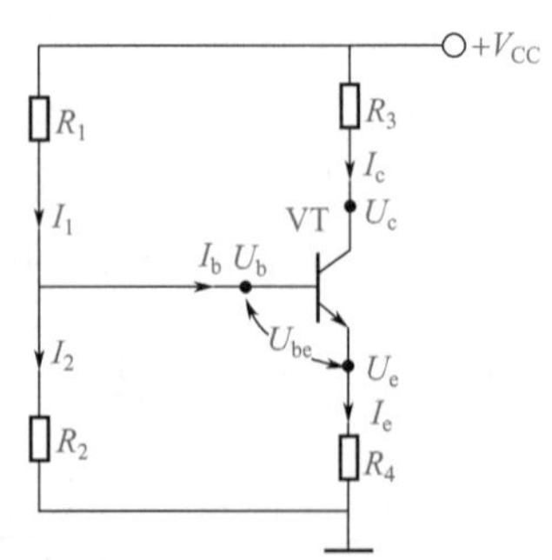

图14-4 分压式偏置放大电路

U_{R4}大小与VT的发射极电压U_e相等。图中的三极管VT处于放大状态，U_c、U_b、U_e三个电压满足以下关系：

$$U_c > U_b > U_e$$

（3）三极管内部两个PN结的状态

由于$U_c > U_b > U_e$，其中$U_c > U_b$使VT的集电结处于反偏状态，$U_b > U_e$使VT的发射结处于正偏状态。

（4）静态工作点的稳定

与固定偏置放大电路相比，分压式偏置电路最大的优点是具有稳定静态工作点的功能。分压式偏置放大电路静态工作点稳定过程分析如下：

当环境温度上升时，三极管内部的半导体材料导电性增强，VT的I_b、I_c电流增大→流过R_4的电流I_e增大（$I_e=I_b+I_c$，I_b、I_c电流增大，I_e就增大）→R_4两端的电压U_{R4}增大（$U_{R4}=I_eR_4$，R_4不变，I_e增大，U_{R4}也就增大）→VT的e极电压U_e上升（$U_e=U_{R4}$）→VT的发射结两端的电压U_{be}下降（$U_{be}=U_b-U_e$，U_b基本不变，U_e上升，U_{be}下降）→I_b减小→I_c也减小（$I_c=I_b\beta$，β不变，I_b减小，I_c也减小）→I_b、I_c减小恢复到正常值，从而稳定了三极管的I_b、I_c电流。

14.1.4 交流放大电路

放大电路具有放大能力，若给放大电路输入交流信号，它就可以对交流信号进行放大，然后输出幅度大的交流信号。为了使放大电路能以良好的效果放大交流信号，并能与其他电路很好连接，通常要给放大电路增加一些耦合、隔离和旁路元件，这样的电路常称为交流放大电路。图14-5是一种典型的交流放大电路。

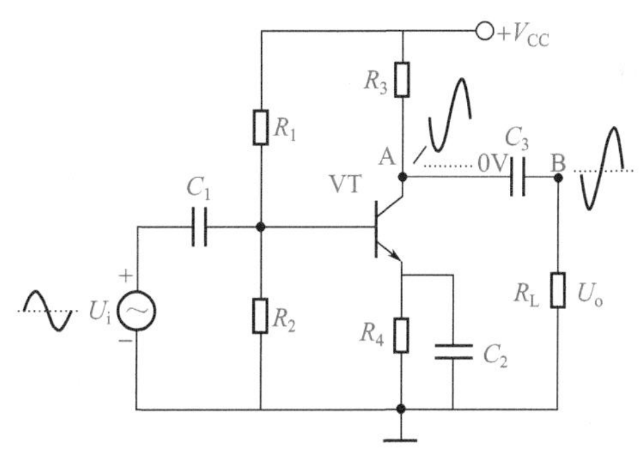

图14-5 交流放大电路

在图14-5中，电阻R_1、R_2、R_3、R_4与三极管VT构成分压式偏置放大电路；C_1、C_2称作耦合电容，C_1、C_2容量较大，对交流信号阻碍很小，交流信号很容易通过C_1、C_2，C_1用来将输入端的交流信号传送到VT的基极，C_2用来将VT集电极输出的交流信号传送给负载R_L，C_1、C_2除了起传送交流信号外，还起隔直作用，所以VT基极直流电压无法通过C_1到输入端，VT集电极直流电压无法通过C_3到负载R_L；C_2称作交流旁路电容，可以提高放大电路的放大能力。

（1）直流工作条件

因为三极管只有在满足了直流工作条件后才具有放大能力，所以分析一个放大电路首先要分析它能否为三极管提供直流工作条件。

三极管要工作在放大状态，需满足的直流工作条件主要有：

① 有完整的I_b、I_c、I_e电流途径；

② 能提供U_c、U_b、U_e电压；

③ 发射结正偏导通，集电结反偏。

这三个条件具备了三极管才具有放大能力。一般情况下，如果三极管I_b、I_c、I_e电流在电路中有完整的途径就可认为它具有放大能力，因此以后在分析三极管的直流工作条件时，一般分析三极管的I_b、I_c、I_e电流途径就可以了。

VT的I_b电流的途径是：电源V_{CC}正极→电阻R_1→VT的b极→VT的e极。

VT的I_c电流的途径是：电源V_{CC}正极→电阻R_3→VT的c极→e极。

VT的I_e电流的途径是：VT的e极→R_4→地（即电源V_{CC}的负极）。

下面的电流流程图可以更直观地表示各电流的关系：

$$+V_{CC} \begin{cases} \to R_3 \xrightarrow{I_c} \text{VT c极} \xrightarrow{I_c} \\ \to R_1 \xrightarrow{I_b} \text{VT b极} \xrightarrow{I_b} \end{cases} \to \text{VT e极} \xrightarrow{I_e} R_4 \to \text{地}$$

从上面分析可知，三极管VT的I_b、I_c、I_e电流在电路中有完整的途径，所以VT具有放大能力。试想一下，如果R_1或R_3开路，三极管VT有无放大能力，为什么？

（2）交流信号处理过程

满足了直流工作条件后，三极管具有了放大能力，就可以放大交流信号。图14-5中的U_i为小幅度的交流信号电压，它通过电容C_1加到三极管VT的b极。

当交流信号电压U_i为正半周时，U_i极性为上正下负，上正电压经C_1送到VT的b极，与b极的直流电压（V_{CC}经R_1提供）叠加，使b极电压上升，VT的I_b电流增大，I_c电流也增大，流过R_3的I_c电流增大，R_3上的电压U_{R3}也增大（$U_{R3}=I_cR_3$，因I_c增大，故U_{R3}增大），VT集电极电压U_c下降（$U_c=V_{CC}-U_{R3}$，U_{R3}增大，故U_c下降），即A点电压下降，该下降的电压即为放大输出的信号电压，但信号电压被倒相180°，变成负半周信号电压。

当交流信号电压U_i为负半周时，U_i极性为上负下正，上负电压经C_1送到VT的b极，与b极的直流电压（V_{CC}经R_1提供）叠加，使b极电压下降，VT的I_b电流减小，I_c电流也减小，流过R_3的I_c电流减小，R_3上的电压U_{R3}也减小（$U_{R3}=I_cR_3$，因I_c减小，故U_{R3}减小），VT集电极电压U_c上升（$U_c=V_{CC}-U_{R3}$，U_{R3}减小，故U_c上升），即A点电压上升，该上升的电压即为放大输出的信号电压，但信号电压也被倒相180°，变成正半周信号电压。

也就是说，当交流信号电压正、负半周送到三极管基极，经三极管放大后，从集电极输出放大的信号电压，但输出信号电压与输入信号电压相位相反。三极管集电极输出信号电压（即A点电压）始终大于0V，它经耦合电容C_3隔离掉直流成分后，在B点得到交流信号电压送给负载R_L。

14.2 谐振电路

谐振电路是一种由电感和电容构成的电路，故又称为LC谐振电路。谐振电路在工作时会表现出一些特殊的性质，这使它得到广泛应用。谐振电路分为串联谐振电路和并联谐振电路。

14.2.1 串联谐振电路

（1）电路分析

电容和电感头尾相连，并与交流信号连接在一起就构成了串联谐振电路。串联谐振电路如图14-6所示，其中U为交流信号，C为电容，L为电感，R为电感L的直流等效电阻。

为了分析串联谐振电路的性质，将一个电压不变、频率可调的交流信号电压U加到串联谐振电路两端，再在电路中串接一个交流电流表，如图14-7（a）所示。

让交流信号电压U始终保持不变，而将交流信号频率由0慢慢调高，在调节交流信号频率的同时观察电流表，结果发现电流表指示电流先慢慢增大，当增大到某一值再将交流信号频率继续调高时，会发现电流又逐渐开始下降，这个过程可用图14-7（b）所示特性曲线表示。

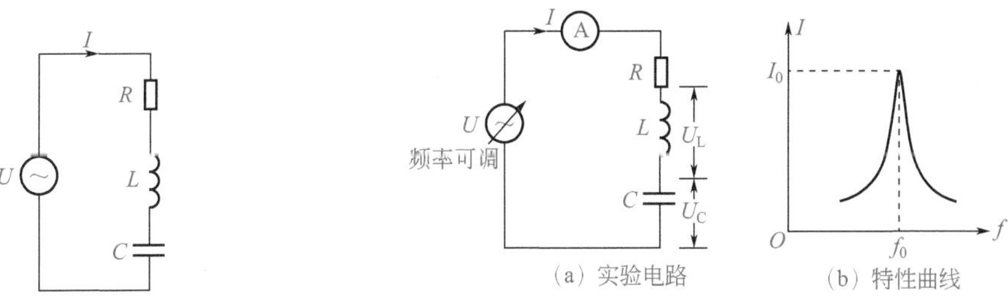

图14-6　串联谐振电路

图14-7　串联谐振电路分析图

在串联谐振电路中，当交流信号频率为某一频率值（f_0）时，电路出现最大电流的现象称作“串联谐振现象”，简称“串联谐振”，这个频率称为谐振频率，用f_0表示，谐振频率f_0的大小可用下面公式来计算：

$$f_0=\frac{1}{2\pi\sqrt{LC}}$$

（2）电路特点

串联谐振电路在谐振时的特点如下。

① 谐振时，电路中的电流最大，此时LC元件串在一起就像一只阻值很小的电阻，即串联谐振电路谐振时总阻抗最小（电阻、容抗和感抗统称为阻抗，用Z表示，阻抗单位为Ω）。

② 谐振时，电路中电感上的电压U_L和电容上的电压U_C都很高，往往比交流信号电压U大很多倍（$U_L=U_C=QU$，Q为品质因数，$Q=\frac{2\pi fL}{R}$），因此串联谐振又称为“电压谐振”，在谐振时U_L与U_C在数值上相等，但两电压的极性相反，故两电压之和（U_L+U_C）近似为零。

（3）应用举例

串联谐振电路的应用如图14-8所示。

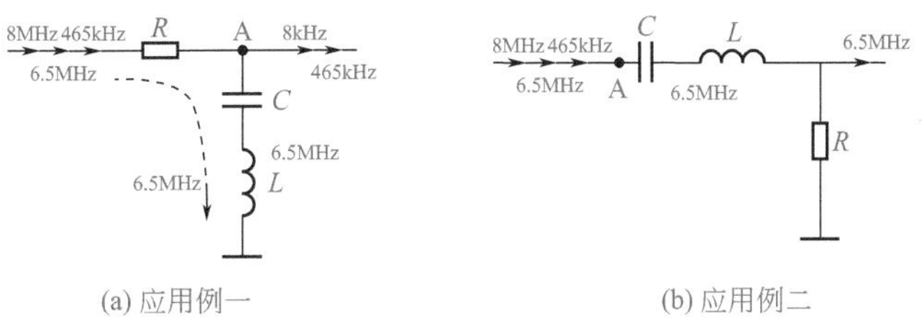

图14-8　串联谐振电路的应用举例

在图14-8（a）中，L、C元件构成串联谐振电路，其谐振频率为6.5MHz。当8MHz、6.5MHz和465kHz三个频率信号到达A点时，LC串联谐振电路对6.5MHz信号产生谐振，对该信号阻抗很小，6.5MHz信号经LC串联谐振电路旁路到地，而串联谐振电路对8MHz和465kHz的信号不会产生谐振，它对这两个频率信号阻抗很大，无法旁路，所以电路输出8MHz信号和465kHz信号。

在图14-8（b）中，LC串联谐振电路的谐振频率为6.5MHz。当8MHz、6.5MHz和

465kHz三个频率信号到达A点时，LC串联谐振电路对6.5MHz信号产生谐振，对该信号阻抗很小，6.5MHz信号经LC串联谐振电路送往输出端，而串联谐振电路对8MHz和465kHz的信号不会产生谐振，它对这两个频率信号阻抗很大，这两个信号无法通过LC电路。

14.2.2 并联谐振电路

（1）电路分析

电容和电感头头相连、尾尾相接与交流信号连接起来就构成了并联谐振电路。并联谐振电路如图14-9所示，其中U为交流信号，C为电容，L为电感，R为电感L的直流等效电阻。

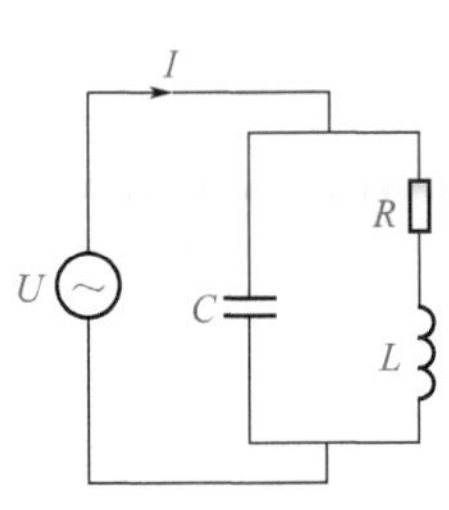

图14-9 并联谐振电路

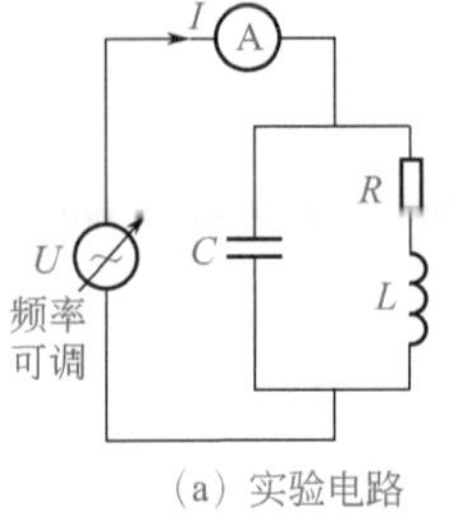

（a）实验电路

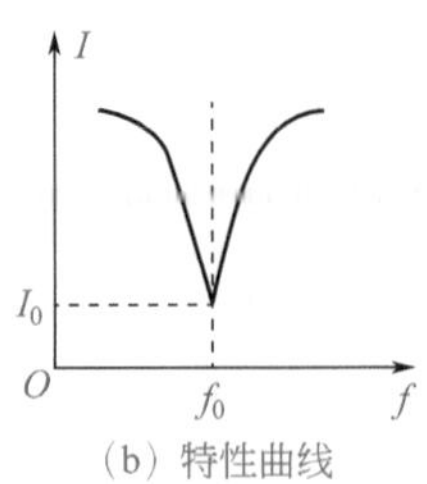

（b）特性曲线

图14-10 并联谐振电路分析图

为了分析并联谐振电路的性质，将一个电压不变、频率可调的交流信号电压加到并联谐振电路两端，再在电路中串接一个交流电流表，如图14-10（a）所示。

让交流信号电压U始终保持不变，将交流信号频率从0开始慢慢调高，在调节交流信号频率的同时观察电流表，结果发现电流表指示电流开始很大，随着交流信号的频率逐渐调高电流慢慢减小，当电流减小到某一值时再将交流信号频率继续调高时，发现电流又逐渐上升，该过程可用图14-10（b）所示特性曲线表示。

在并联谐振电路中，当交流信号频率为某一频率值（f_0）时，电路出现最小电流的现象称作“并联谐振现象”，简称“并联谐振”，这个频率称为谐振频率，用f_0表示，谐振频率f_0的大小可用下面公式来计算：

$$f_0=\frac{1}{2\pi\sqrt{LC}}$$

（2）电路特点

并联谐振电路谐振时的特点如下。

① 谐振时，电路中的总电流I最小，此时LC元件并在一起就相当于一个阻值很大的电阻，即并联谐振电路谐振时总阻抗最大。

② 谐振时，流过电容支路的电流I_C和流过电感支路电流I_L比总电流I大很多倍，故并联谐振又称为“电流谐振”。其中I_C与I_L数值相等，I_C与I_L在LC支路构成回路，不会流过主干路。

（3）应用举例

并联谐振电路的应用如图14-11所示。

在图14-11（a）中，L、C元件构成并联谐振电路，其谐振频率为6.5MHz。当8MHz、6.5MHz和465kHz三个频率信号到达A点时，LC并联谐振电路对6.5MHz信号产生谐振，对该信号阻抗很大，6.5MHz信号不会被LC电路旁路到地，而并联谐振电路对8MHz和465kHz的信号不会产生谐振，它对这两个频率信号阻抗很小，这两个信号经LC电路旁路到地，所以电路输出6.5MHz信号。

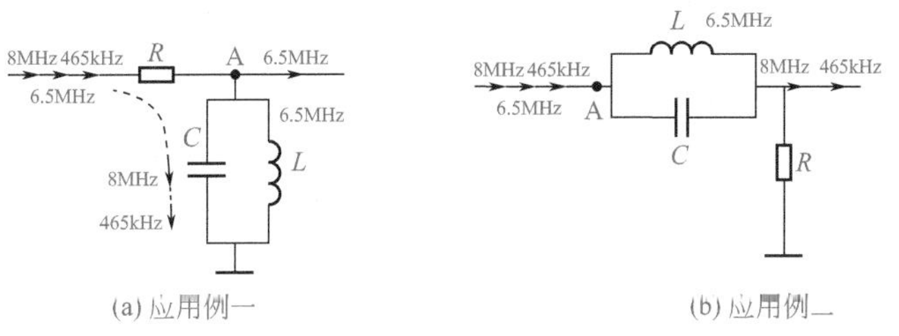

图14-11　并联谐振电路的应用举例

在图14-11（b）中，LC并联谐振电路的谐振频率为6.5MHz。当8MHz、6.5MHz和465kHz三个频率信号到达A点时，LC并联谐振电路对6.5MHz信号产生谐振，对该信号阻抗很大，6.5MHz信号无法通过LC并联谐振电路，而并联谐振电路对8MHz和465kHz信号不会产生谐振，它对这两个频率信号阻抗很小，这两个信号很容易通过LC电路去输出端。

14.3 振荡器

振荡器是一种产生交流信号的电路。只要提供直流电源，振荡器可以产生各种频率的信号，因此振荡器是一种直流-交流转换电路。

14.3.1　振荡器组成与原理

振荡器由放大电路、选频电路和正反馈电路三部分组成。振荡器组成如图14-12所示。

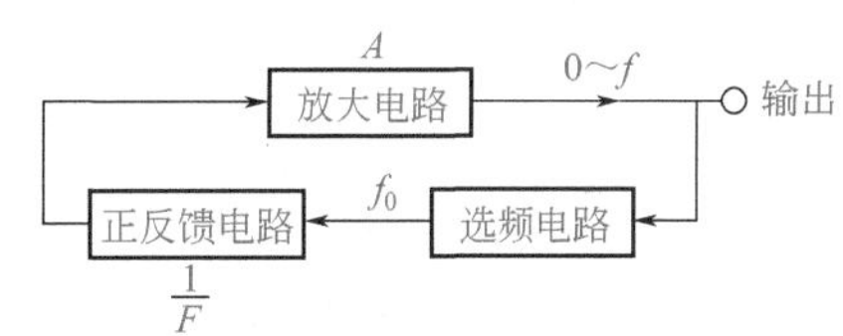

图14-12　振荡器组成

振荡器工作原理说明如下。

接通电源后，放大电路获得供电开始导通，导通时电流有一个从无到有变化过程，该变化的电流中包含有微弱的0～∞ Hz各种频率信号，这些信号输出并送到选频电路，选频电路从中选出频率为f_0的信号，f_0信号经正反馈电路反馈到放大电路的输入端，放大后输出幅度较大的f_0信号，f_0信号又经选频电路选出，再通过正反馈电路反馈到放大电路输入端进行放大，然后输出幅度更大的f_0信号，接着又选频、反馈和放大，如此反复，放大电路输出的f_0信号越来越大，随着f_0信号不断增大，由于三极管非线性原因（即三极管输入信号达到一定幅度时，放大能力会下降，幅度越大，放大能力下降越多），放大电路的放大倍数A自动不断减小。

因为放大电路输出的f_0信号不会全部都反馈到放大电路的输入端，而是经反馈电路衰减了再送到放大电路输入端，设反馈电路反馈衰减倍数为$1/F$。在振荡器工作后，放大电路的放大倍数A不断减小，当放大电路的放大倍数A与反馈电路的衰减倍数$1/F$相等时，输出的f_0信号幅度不会再增大。例如f_0信号被反馈电路衰减了10倍，再反馈到放大电路放大10倍，输出的f_0信号不会变化，电路输出幅度稳定的f_0信号。

从上述分析不难看出，一个振荡电路有放大电路、选频电路和正反馈电路组成，放大电路的功能是对微弱的信号进行反复放大，选频电路的功能是选取某一频率信号，正反馈电路的功能是不断将放大电路输出的某频率信号反送到放大电路输入端，使放大电路输出的信号不断增大。

14.3.2 变压器反馈式振荡器

振荡电路种类很多，下面介绍一种典型的振荡器-变压器反馈式振荡器。变压器反馈式振荡器采用变压器构成反馈和选频电路，其电路结构如图14-13所示，图中的三极管VT和电阻R_1、R_2、R_3等元件构成放大电路；L_1、C_1构成选频电路，其频率为$f_0=\frac{1}{2\pi\sqrt{L_1C_1}}$，变压器$T_1$的$L_2$线圈和电容$C_3$构成反馈电路。

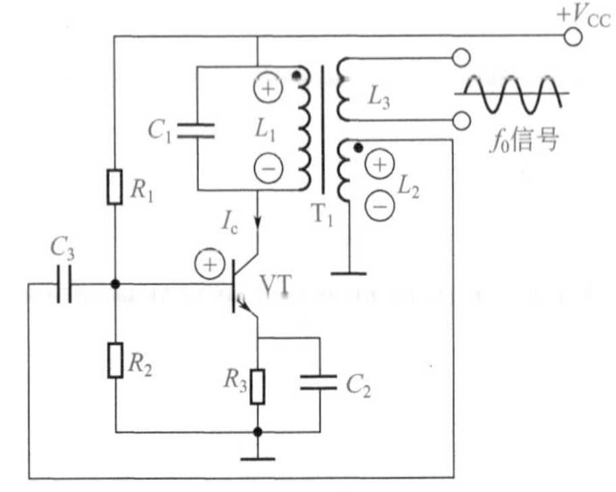

图14-13 变压器反馈式振荡器

（1）反馈类型的判别

假设三极管VT基极电压上升（图中用“+”表示），集电极电压会下降（图中用“–”表示），变压器T_1的线圈L_1下端电压下降，L_1的上端电压上升（电感两端电压极性相反），由于同名端的缘故，线圈L_2的上端电压上升，L_2上端上升的电压经C_3反馈到VT的基极，反馈电压与假设的输入电压变化相同，故该反馈为正反馈。

（2）电路振荡过程

接通电源后，三极管VT导通，有I_c电流经线圈L_1流过VT，I_c是一个变化的电流（由小到大），它包含着微弱的0～∞Hz各种频率信号，因为L_1、C_1构成的选频电路频率为f_0，它从0～∞Hz这些信号中选出f_0信号，选出后在L_1上有f_0信号电压（其他频率信号在L_1上没有电压或电压很低），L_1上的f_0信号感应到L_2上，L_2上的f_0信号再通过电容C_3耦合到三极管VT的基极，放大后从集电极输出，选频电路将放大的信号选出，在L_1上有更高的f_0信号电压，该信号又感应到L_2上再反馈到VT的基极，如此反复进行，VT输出的f_0信号幅度越来越大，反馈到VT基极的f_0信号也越来越大。随着反馈信号逐渐增大，三极管VT的放大倍数A不断减小，当放大电路的放大倍数A与反馈电路的衰减倍数$1/F$（主要由L_1与L_2的匝数比决定）相等时，三极管VT输出送到L_1上的f_0信号电压不能再增大，L_1上稳定的f_0信号电压感应到线圈L_3上，送给需要f_0信号的电路。

14.4 电源电路

电路工作时需要提供电源，电源是电路工作的动力。电源的种类很多，如干电池、蓄电池和太阳能电池等，但最常见的电源则是220V的交流市电。大多数电子设备供电都来自220V交流市电，不过这些电器内部电路真正需要的是直流电压，为了解决这个矛盾，电子设备内部通常都设有电源电路，其任务是将220V交流电压转换成很低的直流电压，再供给内部各个电路。

14.4.1 电源电路的组成

电源电路通常是由整流电路、滤波电路和稳压电路组成的。电源电路的组成方框图如

图14-14所示。

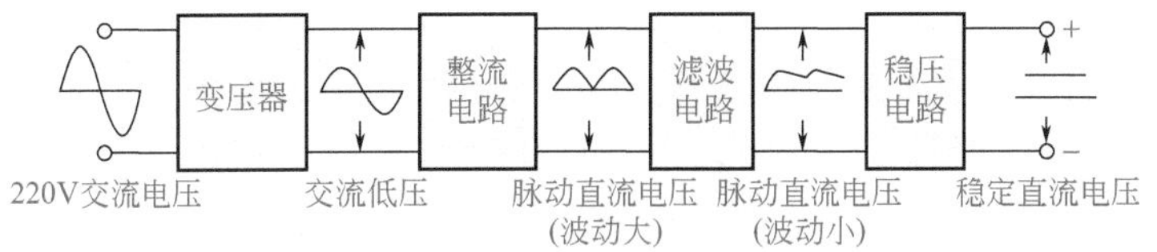

图14-14　电源电路的组成方框图

220V的交流电压先经变压器降压，得到较低的交流电压，交流低压再由整流电路转换成脉动直流电压，该脉冲直流电压的波动很大（即电压时大时小，变化幅度很大），它经滤波电路平滑后波动变小，然后经稳压电路进一步稳压，得到稳定的直流电压，供给其他电路作为直流电源。

14.4.2　整流电路

整流电路的功能是将交流电转换成直流电。整流电路主要有半波整流电路、全波整流电路和桥式整流电路等。

（1）半波整流电路

半波整流电路采有一个二极管将交流电转换成直流电，它只能利用到交流电的半个周期，故称为半波整流。半波整流电路及有关电压波形如图14-15所示。

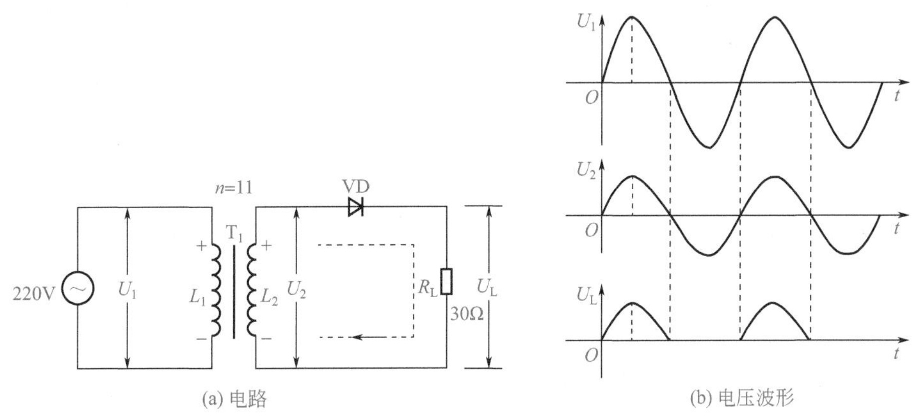

图14-15　半波整流电路及电压波形

图14-15（a）为半波整流电路，图14-15（b）为电路中有关电压的波形。220V交流电压送到变压器T_1初级线圈L_1两端，L_1两端的交流电压U_1的波形如图14-15（b）所示，该电压感应到次级线圈L_2上，在L_2上得到图14-15（b）所示的较低的交流电压U_2。当L_2上的交流电压U_2为正半周时，U_2的极性是上正下负，二极管VD导通，有电流流过二极管和电阻R_L，电流方向是：U_2上正→VD→R_L→U_2下负；当L_2上的交流电压U_2为负半周时，U_2电压的极性是上负下正，二极管截止，无电流流过二极管VD和电阻R_L。如此反复工作，在电阻R_L上会得到图14-15（b）所示脉动直流电压U_L。

从上面分析可以看出，半波整流电路只能在交流电压半个周期内导通，另半个周期内不能导通，即半波整流电路只能利用半个周期的交流电压。

半波整流电路结构简单，使用元件少，但整流输出的直流电压波动大，另外由于整流时只利用了交流电压的半个周期（半波），故效率很低，因此半波整流常用在对效率和电压稳定性要求不高的小功率电子设备中。

（2）全波整流电路

全波整流电路采用两个二极管将交流电转换成直流电，由于它可以利用交流电的正、负半周，所以称为全波整流。全波整流电路及有关电压波形如图14-16所示。

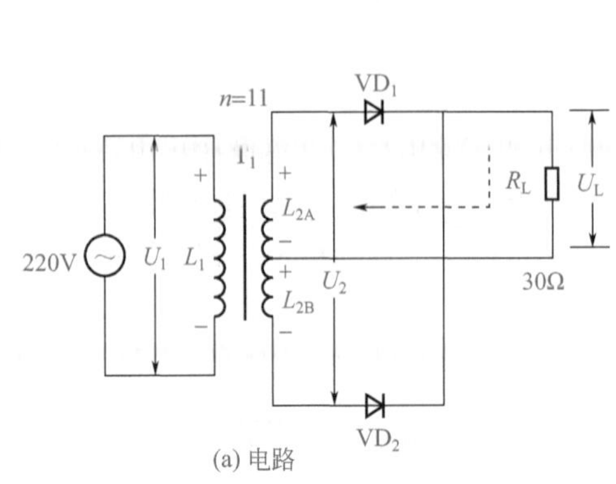

(a) 电路

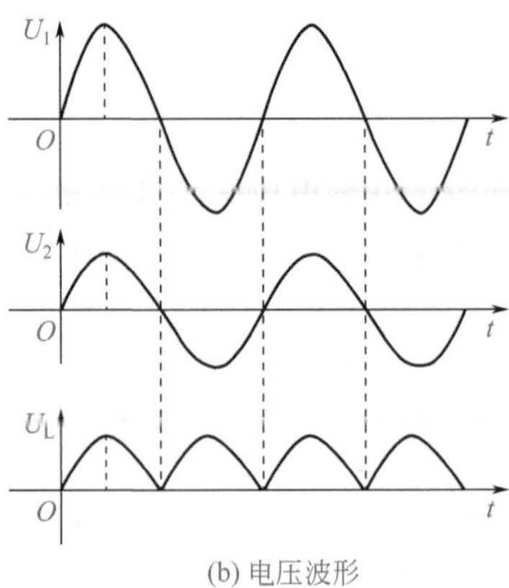

(b) 电压波形

图14-16　全波整流电路及电压波形

全波整流电路如图14-16（a）所示，电路中信号的波形如图14-16（b）所示。这种整流电路采用两只整流二极管，使用的变压器次级线圈L_2被对称分作L_{2A}和L_{2B}两部分。全波整流电路工作原理说明如下：

220V交流电压U_1送到变压器T_1的初级线圈L_1两端，U_1电压波形见图14-16（b）。当交流电压U_1正半周送到L_1时，L_1上的交流电压U_1极性为上正下负，该电压感应到L_{2A}、L_{2B}上，L_{2A}、L_{2B}上的电压极性也是上正下负，L_{2A}的上正下负电压使VD_1导通，有电流流过负载R_L，其途径是：L_{2A}上正→VD_1→R_L→L_{2A}下负，此时L_{2B}的上正下负电压对VD_2为反向电压（L_{2B}下负对应VD_2正极），故VD_2不能导通；当交流电压U_1负半周来时，L_1上的交流电压极性为上负下正，L_{2A}、L_{2B}感应到的电压极性也为上负下正，L_{2B}的上负下正电压使VD_2导通，有电流流过负载R_L，其途径是：L_{2B}下正→VD_2→R_L→L_{2B}上负，此时L_{2A}的上负下正电压对VD_1为反向电压，VD_1不能导通。如此反复工作，在R_L上会得到图14-16（b）所示的脉动直流电压U_L。

从上面分析可以看出，全波整流能利用到交流电压的正、负半周，效率大大提高，达到半波整流的两倍。

全波整流电路的输出直流电压脉动小，整流二极管通过的电流小，但由于两个整流二极管轮流导通，变压器始终只有半个次级线圈工作，使变压器利用率低，从而使输出电压低、输出电流小。

（3）桥式整流电路

桥式整流电路采用四个二极管将交流电转换成直流电，由于四个二极管在电路中连接与电桥相似，故称为桥式整流电路。桥式整流电路及有关电压波形如图14-17所示。

桥式整流电路如图14-17（a）所示，这种整流电路用到了四个整流二极管。桥式整流电路工作原理分析如下：

220V交流电压U_1送到变压器初级线圈L_1上，该电压经降压感应到L_2上，在L_2上得到U_2电压，U_1、U_2电压波形如图14-17（b）所示。当交流电压U_1为正半周时，L_1上的电压极性是上正下负，L_2上感应的电压U_2极性也是上正下负，L_2上正下负电压U_2使VD_1、VD_3导通，有电流流过R_L，电流途径是：L_2上正→VD_1→R_L→VD_3→L_2下负；当交流电压负半周来时，L_1上的电压极性是上负下正，L_2上感应的电压U_2极性也是上负下正，L_2上负下正电压U_2使VD_2、VD_4导通，电流途径是：L_2下正→VD_2→R_L→VD_4→L_2上负。如此反复工作，在R_L上得到图14-17（b）所示脉动直流电压U_L。

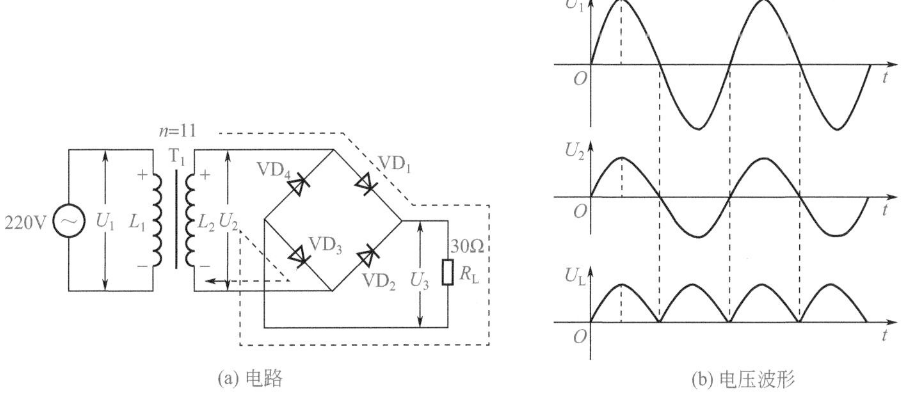

(a) 电路　　(b) 电压波形

图14-17　桥式整流电路及电压波形

从上面分析可以看出，桥式整流电路在交流电压整个周期内都能导通，即桥式整流电路能利用整个周期的交流电压。

桥式整流电路输出的直流电压脉动小，由于能利用到交流电压正、负半周，故整流效率高，正因为有这些优点，故大多数电子设备的电源电路都采用桥式整流电路。

14.4.3　滤波电路

整流电路能将交流电转变为直流电，但由于交流电压大小时刻在变化，故整流后流过负载的电流大小也时刻变化。例如当变压器线圈的正半周交流电压逐渐上升时，经二极管整流后流过负载的电流会逐渐增大；而当线圈的正半周交流电压逐渐下降时，经整流后流过负载的电流会逐渐减小，这样忽大忽小的电流流过负载，负载很难正常工作。为了让流过负载的电流大小稳定不变或变化尽量小，需要在整流电路后加上滤波电路。

常见滤波电路有电容滤波电路、电感滤波电路和复合滤波电路等。

（1）电容滤波电路

电容滤波是利用电容充、放电原理工作的。电容滤波电路及有关电压波形如图14-18所示。

电容滤波电路如图14-18（a）所示，电容C为滤波电容。220V交流电压经变压器T_1降压后，在L_2上得到图14-18（b）所示的U_2电压，在没有滤波电容C时，负载R_L得到电压为U_{L1}，U_{L1}电压随U_2电压波动而波动，波动变化很大，如t_1时刻U_{L1}电压最大，t_2时刻U_{L1}电压变为0，这样时大时小、时有时无的电压使负载无法正常工作，在整流电路之后增加滤波电容可以解决这个问题。

电容滤波原理说明如下。

在0～t_1期间，U_2电压极性为上正下负且逐渐上升，U_2波形如图14-18（b）所示，VD_1、VD_3导通，U_2电压通过VD_1、VD_3整流输出的电流一方面流过负载R_L，另一方面对电容C充电，在电容C上充得上正下负的电压，t_1时刻充得电压最高。

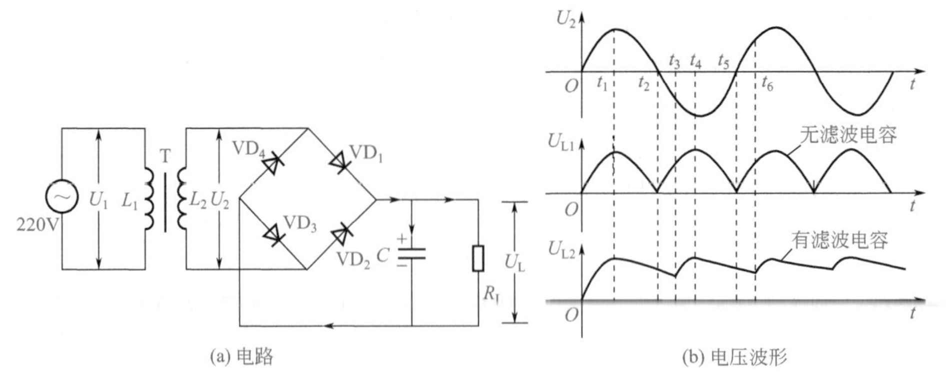

(a) 电路

(b) 电压波形

图14-18 电容滤波电路及电压波形

在t_1～t_2期间，U_2电压极性为上正下负但逐渐下降，电容C上的电压高于U_2电压，VD_1、VD_3截止，电容C开始对R_L放电，使整流二极管截止时R_L仍有电流流过。

在t_2～t_3期间，U_2电压极性变为上负下正且逐渐增大，但电容C上的电压仍高于U_2电压，VD_1、VD_3截止，电容C继续对R_L放电。

在t_3～t_4期间，U_2电压极性为上负下正且继续增大，U_2电压开始大于电容C上的电压，VD_2、VD_4导通，U_2电压通过VD_2、VD_4整流输出的电流又流过负载R_L，并对电容C充电，在电容C上充得上正下负的电压。

在t_4～t_5期间，U_2电压极性仍为上负下正但逐渐减小，电容C上的电压高于U_2电压，VD_2、VD_4截止，电容C又对R_L放电，使R_L仍有电流流过。

在t_5～t_6期间，U_2电压极性变为上正下负且逐渐增大，但电容C上的电压仍高于U_2电压，VD_2、VD_4截止，电容C继续对R_L放电。

t_6时刻以后，电路会重复0～t_6过程，从而在负载R_L两端（也是电容C两端）得到图14-18（b）所示的U_{L2}电压。比较图14-18（b）中的U_{L1}和U_{L2}电压波形不难发现，增加了滤波电容后在负载上得到的电压大小波动较无滤波电容时要小得多。

电容使整流电路输出电压波动变小的功能称为滤波。电容滤波的实质是在输入电压高时通过充电将电能存储起来，而在输入电压较低时通过放电将电能释放出来，从而保证负载得到波动较小的电压。电容滤波与水缸蓄水相似，如果自来水供应紧张，白天不供水或供水量很少而晚上供水量很多时，为了保证一整天能正常用水，可以在晚上水多时一边用水一边用水缸蓄水（相当于给电容充电），而在白天水少或无水时水缸可以供水（相当于电容放电），这里的水缸就相当于电容，只不过水缸储存水，而电容储存电能。

电容能使整流输出电压波动变小，电容的容量越大，其两端的电压波动越小，即电容容量越大，滤波效果越好。容量大和容量小的电容可相当于大水缸和小茶杯，大水缸蓄水多，在停水时可以供很长时间的用水，而小茶杯蓄水少，停水时供水时间短，还会造成用水时有时无。

（2）电感滤波电路

电感滤波是利用电感储能和放能原理工作的。电感滤波电路如图14-19所示。

在图14-19电路中，电感L为滤波电感。220V交流电压经变压器T_1降压后，在L_2上得到U_2电压。电容滤波原理说明如下。

当U_2电压极性为上正下负且逐渐上升时，VD_1、VD_3导通，有电流流过电感L和负载

R_L，电流途径是：L_2上正→VD_1→电感L→R_L→VD_3→L_2下负，电流在流过电感L时，电感会产生左正右负的自感电动势阻碍电流，同时电感存储能量，由于电感自感电动势的阻碍，流过负载的电流缓慢增大。

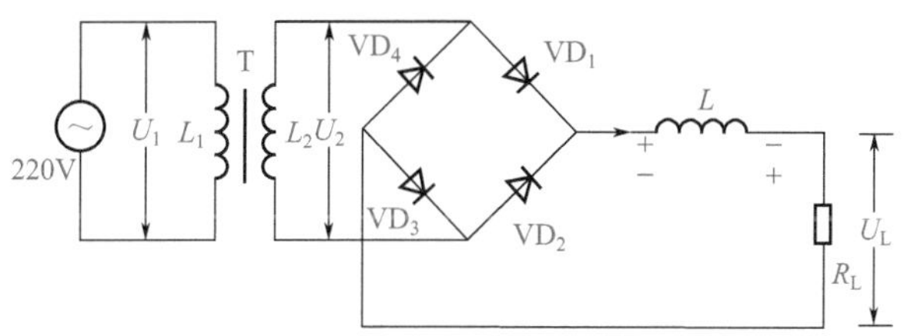

图14-19　电感滤波电路

当U_2电压极性为上正下负且逐渐下降时，经整流二极管VD_1、VD_3流过电感L和负载R_L的电流变小，电感L马上产生左负右正的自感电动势开始释放能量，电感L的左负右正电动势产生电流，电流的途径是：L右正→R_L→VD_3→L_2→VD_1→L左负，该电流与U_2电压产生的电流一起流过负载R_L，使流过R_L的电流不会因U_2下降而变小。

当U_2电压极性为上负下正时，VD_2、VD_4导通，电路工作原理与U_2电压极性为上正下负时基本相同，这里不再叙述。

从上面分析可知，当输入电压高使输入电流大时，电感产生电动势对电流进行阻碍，避免流过负载的电流过大，而当输入电压低使输入电流小时，电感又产生反电动势，反电动势产生的电流与变小的整流电流一起流过负载，避免流过负载的电流减小，这样就使得流过负载的电流大小波动较小。

电感滤波的效果与电感的电感量有关，电感量越大，流过负载的电流波动越小，滤波效果越好。

（3）复合滤波电路

单独的电容滤波或电感滤波效果往往不理想，因此可将电容、电感和电阻组合起来构成复合滤波电路，复合滤波电路滤波效果比较好。

① *LC*滤波电路　*LC*滤波电路由电感和电容构成，其电路结构如图14-20虚线框内部分所示。

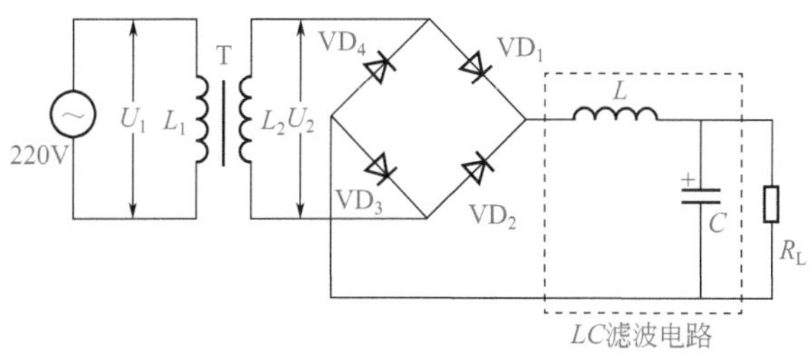

图14-20　*LC*滤波电路

整流电路输出的脉动直流电压先由电感L滤除大部分波动成分，少量的波动成分再由电容C进一步滤掉，供给负载的电压波动就很小。

*LC*滤波电路带负载能力很强，即使负载变化时，输出电压都比较稳定。另外，由于电容接在电感之后，在刚接通电源时，电感会对突然流过的浪涌电流产生阻碍，从而减小浪涌电流对整流二极管的冲击。

② *LC*-π 型滤波电路　*LC*-π 型滤波电路由一个电感和两个电容接成 π 形构成，其电路结构如图 14-21 虚线框内部分所示。

整流电路输出的脉动直流电压依次经电容 C_1、电感 L 和电容 C_2 滤波后，波动成分基本被滤掉，供给负载的电压波动很小。

LC-π 滤波电路滤波效果要好于 *LC* 滤波电路，但它带负载能力较差。由于电容 C_1 接成电感之前，在刚接通电源时，变压器次级线圈通过整流二极管对 C_1 充电的浪涌电流很大，为了缩短浪涌电流的持续时间，一般要求 C_1 容量小于 C_2 容量。

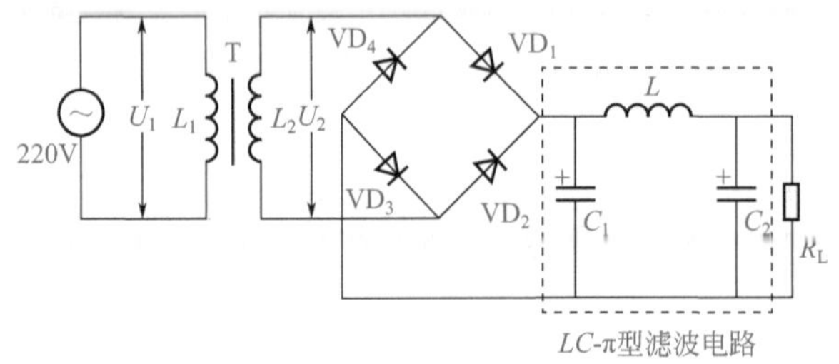

图 14-21　*LC*-π 型滤波电路

③ *RC*-π 型滤波电路　*RC*-π 型滤波电路用电阻替代电感，并与电容接成 π 形构成。*RC*-π 型滤波电路如图 14-22 虚线框内部分所示。

整流电路输出的脉动直流电压经电容 C_1 滤除部分波动成分后，在通过电阻 R 时，波动电压在 R 上会产生一定压降、从而使 C_2 上波动电压大大减小。R 阻值越大，滤波效果越好。

RC-π 滤波电路成本低、体积小，但电流在经过电阻时有电压降和损耗，会导致输出电压下降，所以这种滤波电路主要用在负载电流不大的电路中，另外要求 R 的阻值不能太大，一般为几十到几百欧，且满足 R 远远小于 R_L。

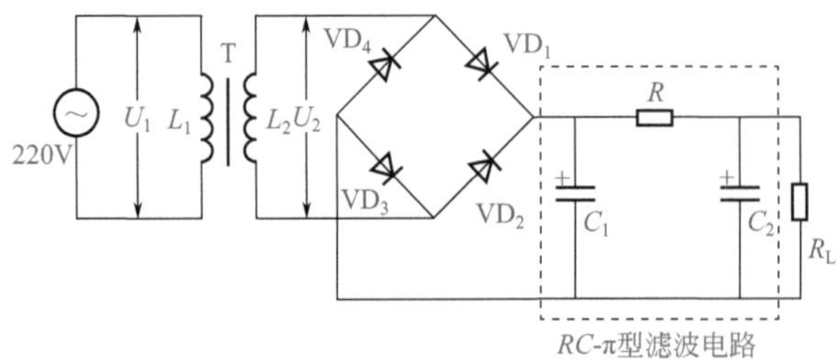

图 14-22　*RC*-π 型滤波电路

14.4.4　稳压电路

滤波电路可以将整流输出波动大的脉动直流电压平滑成波动小的直流电压，但如果因供电原因引起 220V 电压大小变化时（如 220V 上升至 240V），经整流得到的脉动直流电压平均值随之会变化（升高），滤波供给负载的直流电压也会变化（升高）。为了保证在市电电压大小发生变化时，提供给负载的直流电压始终保持稳定，还需要在整流滤波电路之后增加稳压电路。

（1）简单的稳压电路

稳压二极管是一种具有稳压功能的元件，采用稳压二极管和限流电阻可以组成简单的稳压电路。简单稳压电路如图 14-23 所示，它由稳压二极管 VD 和限流电阻 R 组成。

输入电压U_i经限流电阻R送以稳压二极管VD的负极，VD被反向击穿，有电流流过R和VD，R两端的电压为U_R，VD两端的电压为U_o，U_i、U_R和U_o三者满足：

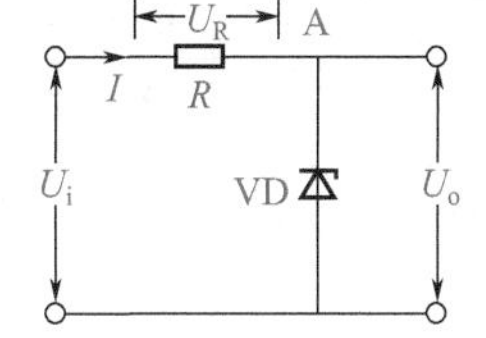

图14-23 简单稳压电路

$$U_i=U_R+U_o$$

如果输入电压U_i升高，流过R和VD的电流增大，R两端的电压U_R增大（$U_R=IR$，I增大，故U_R也增大），由于稳压二极管具有"击穿后两端电压保持不变"的特点，所以U_o电压保持不变，从而实现了输入电压U_i升高时输出电压U_o保持不变的稳压功能。

如果输入电压U_i下降，只要U_i电压大于稳压二极管的稳压值，稳压二极管就仍处于反向导通状态（击穿状态），由于U_i下降，流过R和VD的电流减小，R两端的电压U_R减小（$U_R=IR$，I减小，U_R也减小），因为稳压二极管具有"击穿后两端电压保持不变"的特点，所以U_o电压仍保持不变，从而实现了输入电压U_i下降时让输出电压U_o保持不变的稳压功能。

要让稳压二极管在电路中能够稳压，必须满足：

① 稳压二极管在电路中需要反接（即正极接低电位，负极接高电位）；

② 加到稳压二极管两端的电压不能小于它的击穿电压（也即稳压值）。

例如图14-23电路中的稳压二极管VD的稳压值为6V，当输入电压U_i=9V时，VD处于击穿状态，U_o=6V，U_R=3V；若U_i由9V上升到12V，U_o仍为6V，而U_R则由3V升高到6V（因输入电压升高使流过R的电流增大而导致U_R升高）；若U_i由9V下降到5V，稳压二极管无法击穿，限流电阻R无电流通过，U_R=0，U_o=5V，此时稳压二极管无稳压功能。

（2）串联型稳压电路

串联型稳压电路由三极管和稳压二极管等元件组成，由于电路中的三极管与负载是串联关系，所以称为串联型稳压电路。

① 简单的串联型稳压电路　图14-24是一种简单的串联型稳压电路。220V交流电压经变压器T_1降压后得到U_2电压，U_2电压经整流电路对C_1进行充电，在C_1上得到上正下负的电压U_3，该电压经限流电阻R_1加到稳压二极管VD_5两端，由于VD_5的稳压作用，在VD_5的负极，也即B点得到一个与VD_5稳压值相同的电压U_B，U_B电压送到三极管VT的基极，VT产生I_b电流，VT导通，有I_c电流从VT的c极流入、e极流出，它对滤波电容C_2充电，在C_2上得到上正下负的U_4电压供给负载R_L。

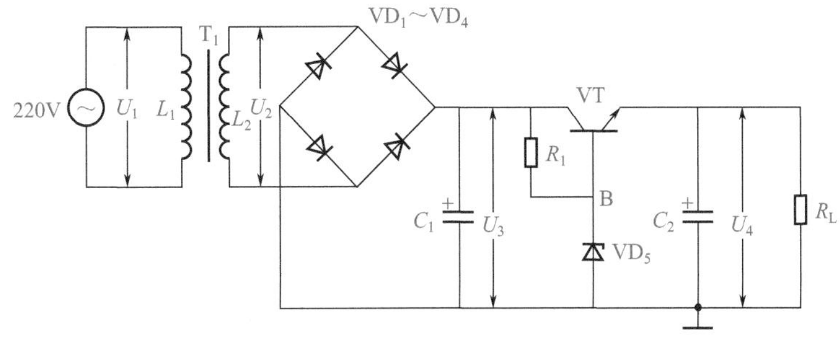

图14-24 一种简单的串联型稳压电路

稳压过程：若220V交流电压上升至240V，变压器T_1次级线圈L_2上的电压U_2也上升，经整流滤波后在C_1上充得电压U_3上升，因U_3电压上升，流过R_1、VD_5的电流增大，R_1上的电压U_{R1}电压增大，由于稳压二极管VD_5击穿后两端电压保持不变，故B点电压U_B也保持不变，VT基极电压不变，I_b不变，I_c也不变（$I_c=\beta I_b$，I_b、β都不变，故I_c也不变），因为I_c电流大小不变，故I_c对C_3充得电压U_4也保持不变，从而实现了输入电压上升时保持输出电压U_4不变的稳压功能。

对于220V交流电压下降时电路的稳压过程，读者可自行分析。

② 常用的串联型稳压电路　图14-25是一种常用的串联型稳压电路。

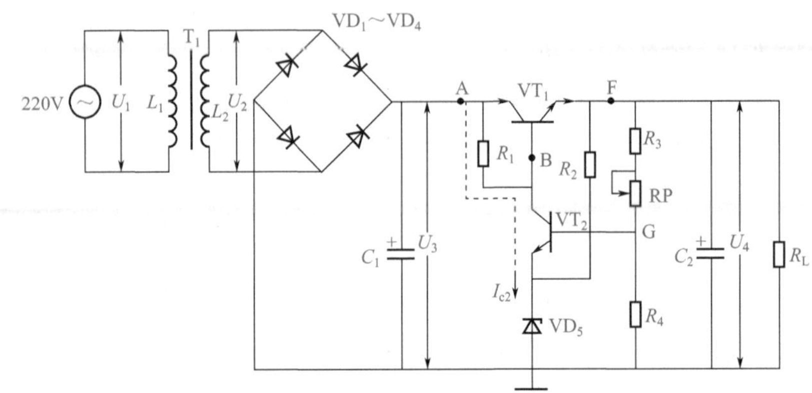

图14-25　一种常用的串联型稳压电路

220V交流电压经变压器T_1降压后得到U_2电压，U_2电压经整流电路对C_1进行充电，在C_1上得到上正下负的电压U_3，这里的C_1可相当于一个电源（类似充电电池），其负极接地，正极电压送到A点，A点电压U_A与U_3相等。U_A电压经R_1送到B点，也即调整管VT_1的基极，有I_{b1}电流由VT_1的基极流往发射极，VT_1导通，有I_c电流由VT_1的集电极流往发射极，该I_c电流对C_2充电，在C_2上充得上正下负的电压U_4，该电压供给负载R_L。

U_4电压在供给负载的同时，还经R_3、RP、R_4分压为比较管VT_2提供基极电压，VT_2有I_{b2}电流从基极流向发射极，VT_2导通，马上有I_{c2}流过VT_2，I_{c2}电流途径是：A点→R_1→VT_2的c、e极→VD_5→地。

稳压过程：若220V交流电压上升至240V，变压器T_1次级线圈L_2上的电压U_2也上升，经整流滤波后在C_1上充得电压U_3上升，A点电压上升，B点电压上升，VT_1的基极电压上升，I_{b1}增大，I_{c1}增大，C_2充电电流增大，C_2两端电压U_4升高，U_4电压经R_3、RP、R_4分压在G点得到的电压也升高，VT_2基极电压U_{b2}升高，由于VD_5的稳压作用，VT_2的发射极电压U_{e2}保持不变，VT_2的基—射极之间的电压差U_{be2}增大（$U_{be2}=U_{b2}-U_{e2}$，U_{b2}升高，U_{e2}不变，故U_{be2}增大），VT_2的I_{b2}电流增大，I_{c2}电流也增大，流过R_1的I_{c2}电流增大，R_1两端产生的压降U_{R1}增大，B点电压U_B下降，即VT_1的基极电压下降，VT_1的I_{b1}下降，I_{c1}下降，C_2的充电电流减小，C_2两端的电压U_4下降，回落到正常电压值。

在220V交流电压不变的情况下，若要提高输出电压U_4，可调节调压电位器RP。

输出电压调高过程：将电位器RP的滑动端上移→RP阻值变大→G点电压下降→VT_2基极电压U_{b2}下降→VT_2的U_{be2}下降（$U_{be2}=U_{b2}-U_{e2}$，U_{b2}下降，因VD_5稳压作用U_{e2}保持不变，故U_{be2}下降）→VT_2的I_{b2}电流减小→I_{c2}电流也减小→流过R_1的I_{c2}电流减小→R_1两端产生的压降U_{R1}减小→B点电压U_B上升→VT_1的基极电压上升→VT_1的I_{b1}增大→I_{c1}增大→C_2的充电电流增大→C_2两端的电压U_4上升。

14.5 开关电源

14.5.1 开关电源的特点与工作原理

（1）特点

开关电源是一种应用很广泛的电源，常用在彩色电视机、变频器、计算机和复印机等功率较大的电子设备中。与线性稳压电源比较，开关电源主要有以下特点。

① 效率高、功耗小　开关电源的效率可达80%以上，一般的线性电源效率只有50%左右。

② 稳压范围宽　例如彩色电视机的开关电源稳压范围在130～260V，性能优良的开关电源可达到90～280V，而一般的线性电源稳压范围只有190～240V。

③ 质量小，体积小　开关电源不用体积大且笨重的电源变压器，只用到体积小的开关变压器，又因为效率高，损耗小，所以开关电源不用大的散热片。

开关电源虽然有很多优点，但电路复杂，维修难度大，另外干扰性较强。

（2）开关电源的基本工作原理

开关电源电路较复杂，但其基本工作原理却不难理解，下面以图14-26来说明开关电源的基本工作原理。

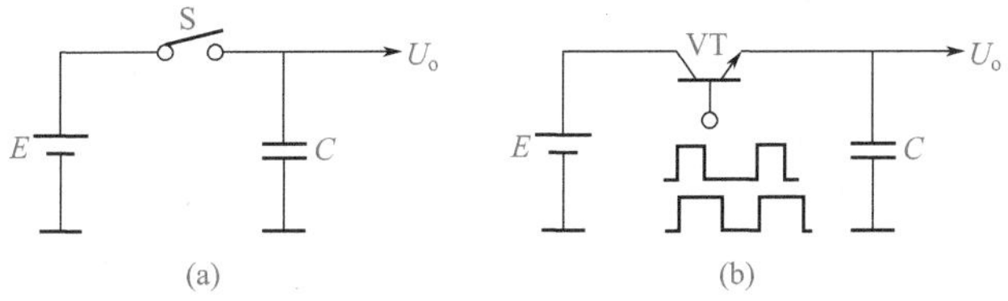

图14-26　开关电源的基本工作原理

在图14-26（a）中，当开关S合上时，电源E经S对C充电，在C上获得上正下负的电压，当开关S断开时，C往后级电路（未画出）放电。若开关S闭合时间长，则电源E对C充电时间长，C两端电压U_o会升高，反之，如果S闭合时间短，电源E对C充电时间短，C上充电少，C两端电压会下降。由此可见，改变开关的闭合时间长短就能改变输出电压的高低。

在实际的开关电源中，开关S常用三极管来代替它，如图14-26（b）所示，该三极管称为开关管，并且在开关管的基极加一个控制信号（激励脉冲）来控制开关管导通和截止。当控制信号高电平送到开关管的基极时，开关管基极电压会上升而导通，VT的c、e极相当于短路，电源E经VT的c、e极对C充电；当控制信号低电平到来时，VT基极电压下降而截止，VT的c、e极相当于开路，C往后级电路放电。如果开关管基极的控制信号高电平持续时间长，低电平持续时间短，电源E对C充电时间长，C放电时间短，C两端电压会上升。

如果某些原因使输入电源E下降，为了保证输出电压不变，可以让送到VT基极的脉冲更宽（即脉冲的高电平时间更长），VT导通时间长，E经VT对C充电时间长，即使电源E下降，但由于E对C的充电时间延长，仍可让C两端电压不会因E下降而下降。

由此可见，控制开关管导通、截止时间长短就能改变输出电压或稳定输出电压，开关电源就是利用这个原理来工作的。送到开关管基极的脉冲宽度可变化的信号称为PWM脉冲，PWM意为脉冲宽度调制。

（3）三种类型的开关电源工作原理分析

开关电源的种类很多，根据控制脉冲产生方式不同，可分为自激式和他激式，根据开关器件在电路中的连接方式不同，可分为串联型、并联型和变压器耦合型三种。

① 串联型开关电源　串联型开关电源如图14-27所示。

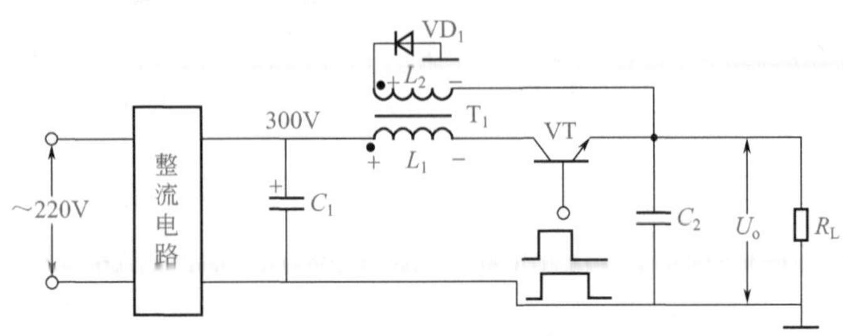

图14-27　串联型开关电源

220V交流市电经整流和C_1滤波后，在C_1上得到300V的直流电压（市电电压为220V，该值是指有效值，其最大值可达到$220\sqrt{2}$ V=311V，故220V市电直接整流后可得到300V左右的直流电压），该电压经线圈L_1送到开关管VT的集电极。

开关管VT的基极加有脉冲信号，当脉冲信号高电平送到VT的基极时，VT饱和导通，300V的电压经L_1、VT的c、e极对电容C_2充电，在C_2上充得上正下负的电压，充电电流在经过L_1时，L_1会产生左正右负的电动势阻碍电流，L_2上会感应出左正右负的电动势（同名端极性相同），续流二极管VD_1截止；当脉冲信号低电平送到VT的基极时，VT截止，无电流流过L_1，L_1马上产生左负右正的电动势，L_2上感应出左负右正的电动势，二极管VD_1导通，L_2上的电动势对C_2充电，充电途径是：L_2的右正→C_2→地→VD_1→L_2的左负，在C_2上充得上正下负的电压U_o，供给负载R_L。

稳压过程：若220V市电电压下降，C_1上的300V电压也会下降，如果VT基极的脉冲宽度不变，在VT导通时，充电电流会因300V电压下降而减小，C_2充电少，两端的电压U_o会下降。为了保证在市电电压下降时C_2两端的电压不会下降，可让送到VT基极的脉冲信号变宽（高电平持续时间长），VT导通时间长，C_2充电时间长，C_2两端的电压又回升到正常值。

② 并联型开关电源　并联型开关电源如图14-28所示。

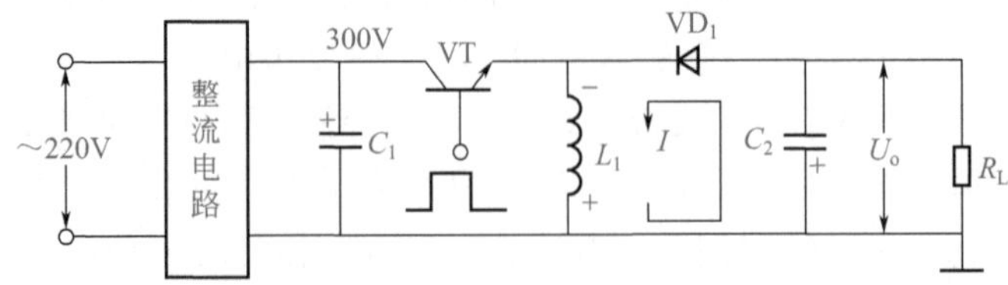

图14-28　并联型开关电源

220V交流电经整流和C_1滤波后，在C_1上得到300V的直流电压，该电压送到开关管VT的集电极。开关管VT的基极加有脉冲信号，当脉冲信号高电平送到VT的基极时，VT饱和导通，300V的电压产生电流经VT、L_1到地，电流在经过L_1时，L_1会产生上正下负的电动势阻碍电流，同时L_1中储存了能量；当脉冲信号低电平送到VT的基极时，VT截止，无电流流过L_1，L_1马上产生上负下正的电动势，该电动势使续流二极管VD_1导通，并对电容C_2充电，充电途径是：L_1的下正→C_2→VD_1→L_1的上负，在C_2上充得上负下正的电压U_o，该电压供给负载R_L。

稳压过程：若市电电压上升，C_1上的300V电压也会上升，流过L_1的电流大，L_1储存的能量多，在VT截止时L_1产生的上负下正电动势高，该电动势对C_2充电，使电压U_o升高。为了保证在市电电压上升时C_2两端的电压不会上升，可让送到VT基极的脉冲信号变窄，VT导通时间短，流过线圈L_2电流时间短，L_2储能减小，在VT截止时产生的电动势下降，对C_2充电电流减小，C_2两端的电压又回落到正常值。

③ 变压器耦合型开关电源　变压器耦合型开关电源如图14-29所示。

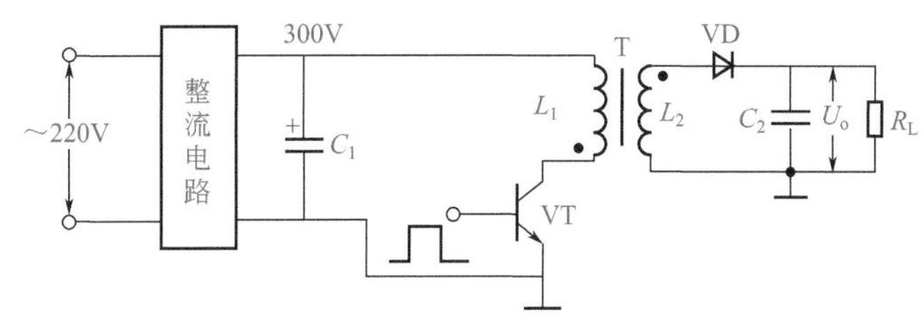

图14-29　变压器耦合型开关电源

220V的交流电压经整流电路整流和C_1滤波后，在C_1上得到+300V的直流电压，该电压经开关变压器T_1的初级线圈L_1送到开关管VT的集电极。

开关管VT的基极加有控制脉冲信号，当脉冲信号高电平送到VT的基极时，VT饱和导通，有电流流过VT，其途径是：+300V→L_1→VT的c、e极→地，电流在流经线圈L_1时，L_1会产生上正下负的电动势阻碍电流，L_1上的电动势感应到次级线圈L_2上，由于同名端的原因，L_2上感应的电动势极性为上负下正，二极管VD不能导通；当脉冲信号低电平送到VT的基极时，VT截止，无电流流过线圈L_1，L_1马上产生相反的电动势，其极性是上负下正，该电动势感应到次级线圈L_2上，L_2上得到上正下负的电动势，此电动势经二极管VD对C_2充电，在C_2上得到上正下负的电压U_o，该电压供给负载R_L。

稳压过程：若220V的电压上升，经电路整流滤波后在C_1上得到300V电压也上升，在VT饱和导通时，流经L_1的电流大，L_1中储存的能量多，当VT截止时，L_1产生的上负下正电动势高，L_2上感应得到的上正下负电动势高，L_2上的电动势经VD对C_2充电，在C_2上充得的电压U_o升高。为了保证在市电电压上升时，C_2两端的电压不会上升，可让送到VT基极的脉冲信号变窄，VT导通时间短，电流流过L_1的时间短，L_1储能减小，在VT截止时，L_1产生的电动势低，L_2上感应得到的电动势低，L_2上电动势经VD对C_2充电减少，C_2上的电压下降，回到正常值。

14.5.2　自激式开关电源电路

开关电源的基本工作原理比较简单，但实际电路较复杂且种类多，下面以图14-30所示的一种典型的自激式开关电源（彩色电视机采用）为例来介绍开关电源的检修。

电路分析如下。

① 输入电路　输入电路由抗干扰、消磁、整流滤波电路组成，各种类型开关电源的输入电路都由这些电路组成。S_1为电源开关；F_1为耐冲击保险丝，又称延时保险丝，其特点

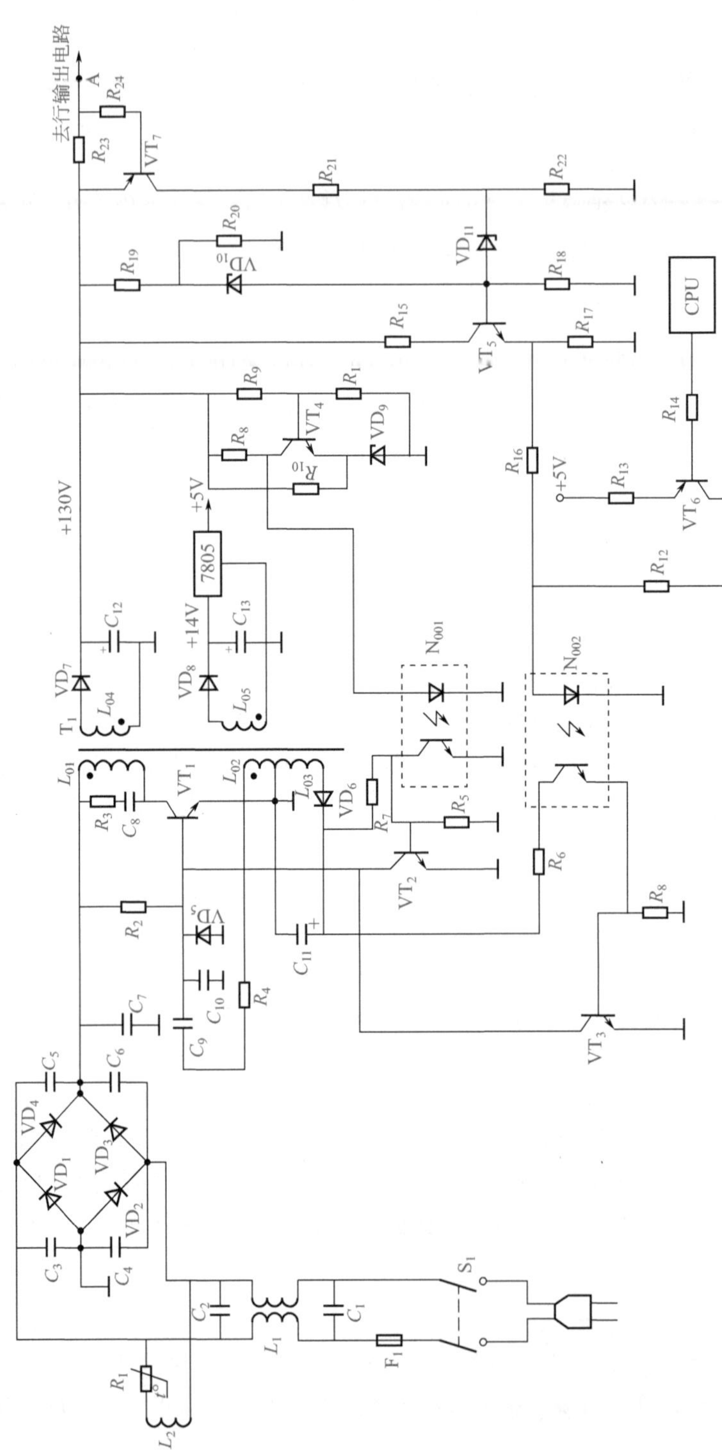

图14-30 一种典型的自激式开关电源电路。

是短时间内流过大电流不会熔断；C_1、L_1、C_2构成抗干扰电路，既可以防止电网中的高频干扰信号窜入电源电路，也能防止电源电路产生的高频干扰信号窜入电网，干扰与电网连接的其他用电器；R_1、L_1构成消磁电路，R_1为消磁电阻，它实际是一个正温度系数的热敏电阻（温度高时阻值大），L_2为消磁线圈，它绕在显像管上；VD_1～VD_4构成桥式整流电路，C_3～C_6为保护电容，用来保护整流二极管在开机时不被大电流烧坏，因为它们在充电时分流一部分电流，C_7为大滤波电容，整流后在C_7上会得到+300V左右的直流电压。

② 自激振荡电路　T_1为开关变压器，VT_1为开关管，R_2为启动电阻，L_{02}、C_9、R_4构成正反馈电路。VT_1、T_1、R_1、L_{02}、C_9、R_4、VD_5一起组成自激振荡电路，振荡的结果是开关管VT_1工作在开关状态（饱和与截止状态），L_{01}上有很高的电动势产生，它感应到L_{04}和L_{05}上，经整流滤波后得到+130V和+14V电压。R_3、C_8为阻尼吸收回路，用于吸收开关管VT_1截止时L_{01}产生的很高的上负下正尖峰电压（尖峰电压会对C_8、R_3充电而降低），防止过高的尖峰电压击穿开关管。

自激振荡电路工作过程如下。

a. 启动过程　大滤波电容C_7上的+300V电压一路经开关变压器T_1的L_{01}线圈加到开关管VT_1的集电极，另一路经启动电阻R_2加到VT_1的基极，VT_1马上导通，启动过程完成。

b. 振荡过程　VT_1导通后，有电流流经L_{01}线圈，L_{01}马上产生上正下负的电动势e_1，该电动势感应到L_{02}上，L_{02}上电动势e_2极性是上正下负，L_{02}的上正电压经R_4、C_9反馈到VT_1的基极，使VT_1的U_b电压上升，I_{b1}电流增大，I_{c1}电流增大，L_{01}产生的电动势e_1增大，L_{02}上感应的电动势e_2也增大，L_{02}上正电压更高，它又反馈到VT_1的基极，使VT_1基极电压又上升，从而形成强烈正反馈，正反馈过程是：

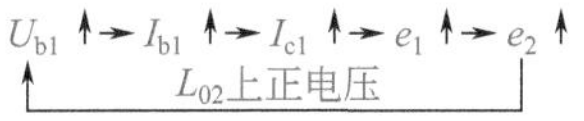

正反馈使VT_1迅速进入饱和状态。

VT_1饱和后，L_{02}的上正下负电动势e_1开始对电容C_9充电，途径是：L_{02}上正→R_4→C_9→VT_1 be结→地→L_{02}下负，在C_9上充得左正右负电压，C_9右负电压加到VT_1的基极，VT_1的U_{b1}电压下降，VT_1慢慢由饱和退出进入放大状态。

VT_1进入放大状态后，流过L_{01}的电流减小，L_{01}马上产生上负下正电动势e_1'，L_{02}上感应出上负下正电动势e_2'，L_{02}的上负电压经R_4、C_9反馈到VT_1的基极，VT_1的U_{b1}电压下降，I_{b1}减小，I_{c1}减小，L_{01}电动势e_1'增大（L_{01}上负电压更低，下正电压更高，电动势值增大），L_{02}的感应电动势e_2'增大，L_{02}上负电压更低，它经R_4、C_9反馈又到VT_1的基极，又形成强烈正反馈，正反馈过程是：

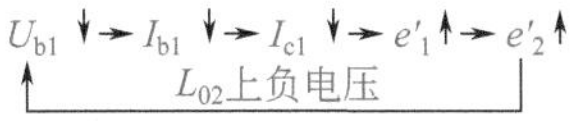

正反馈使VT_1迅速进入截止状态。

VT_1进入截止状态后，C_9开始放电，放电途径是：C_9左正→R_4→L_{02}→地→VD_5→C_9右负，放电使C_9右负电压慢慢被抵消，VT_1基极电压逐渐回升，当升到一定值时，VT_1导通，又有电流流过L_{01}，L_{01}又产生上正下负电动势，它又感应到L_{02}上，从而开始下一次相同的振荡。在VT_1工作在开关状态时，L_{01}上有电动势产生，它感应到L_{04}、L_{05}上，再经整流滤波会得到+130V和+14V的电压。

③ 稳压电路 VT_4、VD_9、R_9、N_{001}、VT_2等元件构成稳压电路。若电网电压上升或负载减轻（如光栅亮度调暗）均为引起+130电压上升，上升的电压加到VT_4的基极，VT_4导通程度深，其集电极电压U_{c4}下降，流过光电耦合器N_{001}中的发光二极管电流小，发出光线弱，N_{001}内部的光敏管导通浅，VT_2的基极电压上升（在开关电源工作时，L_{03}上感应的电动势经VD_6对C_{11}充电，在C_{11}上充得上负下正电压，C_{11}下正电压经R_7加到VT_2的基极，N_{001}内的光敏管导通浅，相当于VT_2基极与地之间的电阻变大，故VT_2基极电压上升），VT_2导通程度深，开关管VT_1基极电压下降，饱和导通时间缩短，L_{01}流过电流时间短，储能少，产生电动低，最后会使输出电压下降，仍回到+130V。

④ 保护电路 该电源电路中既有过压保护电路，又有过流保护电路。

a. 过压保护电路 VD_{10}、R_{19}、VT_5、N_{002}、VT_3构成过压保护电路。若+130V电压上升过高（如+130V负载有开路或稳压电路出现故障），该电压经R_{19}将稳压二极管VD_{10}击穿，电压加到VT_5的基极，VT_5导通，有电流流过光电耦合器N_{002}中的发光二极管，发光二极管发出光线，N_{002}内部的光敏管导通，C_{11}下正电压经R_6、光敏管加到VT_3的基极，VT_3饱和导通，将开关管VT_1基极电压旁路到地，VT_1截止，开关电源输出的+130V电压为0，保护了开关电源和负载电路。

b. 过流保护电路 R_{23}、VT_7、VD_{11}、VT_5、N_{002}、VT_3构成过流保护电路，它与过压保护电路共用了一部分电路。若行输出电路存在短路故障，流过R_{23}的电流很大，R_{23}两端电压增大，一旦超过0.2V，VT_7马上导通，VT_7发射极电压经VT_7、R_{21}将稳压二极管VD_{11}击穿，电压加到VT_5的基极，VT_5导通，通过光电耦合器N_{002}和VT_3等电路使开关管VT_1进入截止状态，开关电源无电压输出，从而避免行输出电路的过流损坏更多的电路。

⑤ 遥控关机电路 R_{14}、VT_6、R_{12}、R_{13}构成遥控关机电路。在电视机正常工作时，CPU关机控制脚输出高电平，VT_6处于截止状态，遥控关机电路不工作。在遥控关机时，CPU关机控制脚输出低电平，VT_6导通，+5V电压经R_{13}、VT_6、R_{12}加到发光二极管，有电流流过它而发光，光敏管导通，VT_3也饱和导通，将开关管VT_1基极电压旁路而使VT_1截止，开关电源不工作。

14.5.3 他激式开关电源电路

他激式开关电源与自激式开关电源的区别在于：他激式开关电源有单独的振荡器，自激式开关电源则没有独立的振荡器，开关管是振荡器的一部分。他激式开关电源中独立的振荡器产生控制脉冲信号，去控制开关管工作在开关状态，另外电路中无正反馈线圈构成的正反馈电路。他激式开关电源组成示意图如图14-31所示。

+300V电压经启动电路为振荡器（振荡器做在集成电路中）提供电源，振荡器开始工作，产生脉冲信号送到开关管的基极，当脉冲信号高电平到来时，开关管VT饱和导通，低电平到来时，VT截止，VT工作在开关状态，线圈L_1上有电动势产生，它感应到L_2上，L_2的感应电动势经VD_1对C_1充电，在C_1上得到+130V的电压。

稳压过程：若负载很重（负载阻值变小），+130V电压会下降，该下降的电压送到稳压电路，稳压电路检测出输出电压下降后，会输出一个控制信号送到振荡器，让振荡器产生的脉冲信号宽度变宽（高电平持续时间长），开关管VT的导通时间变长，L_1储能多，VT截止时L_1产生的电动势升高，L_2感应出的电动势升高，该电动势对C_1充电，使C_1两端的电压上升，仍回到+130V。

保护过程：若某些原因使输出电压+130V上升过高（如负载电路存在开路），该过高的电压送到保护电路，保护电路工作，它输出一个控制电压到振荡器，让振荡器停止工作，振荡器不能产生脉冲信号，无脉冲信号送到开关管VT的基极，VT处于截止状态，无电流流过L_1，L_1无能量储存而无法产生电动势，L_2上也无感应电动势，无法对C_1充电，C_1两端电压变为0V，这样可以避免过高的输出电压击穿负载电路中的元件，保护了负载电路。

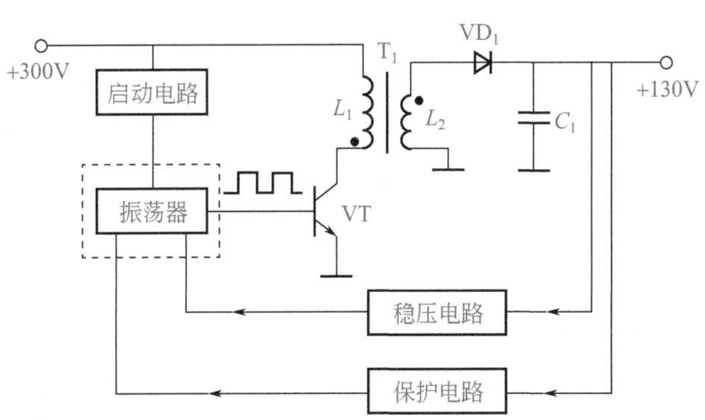

图14-31　他激式开关电源组成示意图

第15章 电力电子电路识图

电力电子电路是指利用电力电子器件对工业电能进行变换和控制的大功率电子电路。由于电力电子电路主要用来处理高电压大电流的电能，为了减少电路对电能的损耗，电力电子器件工作于开关状态，因此电力电子电路实质上是一种大功率开关电路。

电力电子电路主要可分为整流电路（将交流转换成直流，又称AC-DC变换电路）、斩波电路（将一种直流转换成另一种直流，又称DC-DC变换电路）、逆变电路（将直流转换成交流，又称DC-AC电路）、变-交变频电路（将一种频率的交流转换成另一种频率的交流，又称AC-AC变换电路）。

15.1 整流电路（AC-DC变换电路）

整流电路的功能是将交流电转换成直流电。整流采用的器件主要有二极管和晶闸管，二极管在工作时无法控制其通断，而晶闸管工作时可以用控制脉冲来控制其通断。根据工作时是否具有可控性，整流电路可分为不可控整流电路和可控整流电路。

15.1.1 不可控整流电路

不可控整流电路采用二极管作为整流元件。不可控整流电路种类很多，下面主要介绍一些典型的不可控整流电路。

（1）单相半波整流电路

单相半波整流电路采用一个二极管将交流电转换成直流电，它只能利用到交流电的半个周期，故称为半波整流。单相半波整流电路如图15-1所示，其工作原理见第14章14.4.2节内容。

由于交流电压时刻在发生变化，所以整流后输出的直流电压U_L也会变化（电压时高时低），这种大小变化的直流电压称为脉动直流电压。根据理论和实验都可得出，单相半波整流电路负载R_L两端的平均电压值为

$$U_L=0.45U_2$$

负载R_L流过的电流平均值为

$$I_L=\frac{U_L}{R_L}=0.45\frac{U_2}{R_L}$$

例如在图15-1（a）电路中，U_1=220V，变压器T_1的匝数比n=11，负载R_L=30Ω，那么电压U_2=220/11=20V，负载R_L两端的电压U_L=0.45×20=9V，R_L流过的平均电流I_L=0.45×20/30=0.3A。

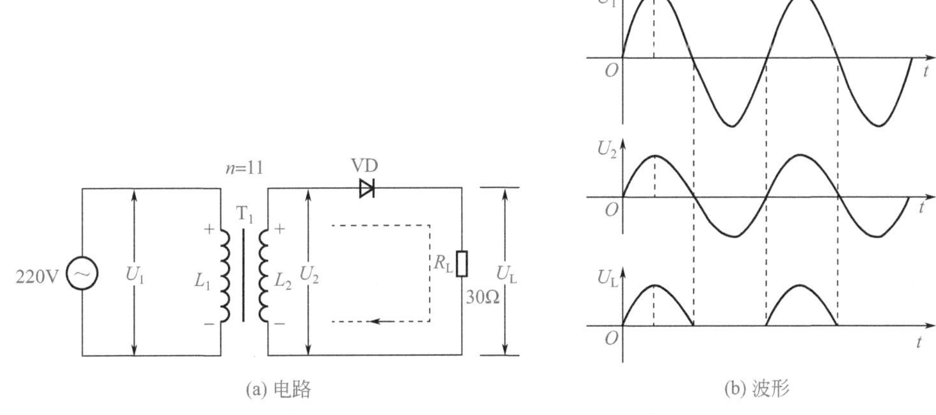

图15-1 单相半波整流电路

对于整流电路，整流二极管的选择非常重要。在选择整流二极管时，主要考虑最高反向工作电压U_{RM}和最大整流电流U_{RM}。

在单相半波整流电路中，整流二极管两端承受的最高反向电压为U_2的峰值，即

$$U=\sqrt{2}U_2$$

整流二极管流过的平均电流与负载电流相同，即

$$I=0.45\frac{U_2}{R_L}$$

例如：图15-1（a）单相半波整流电路中的U_2=20V、R_L=30Ω，那么整流二极管两端承受的最高反向电压$U=\sqrt{2}U_2$=1.41×20=28.2V，流过二极管的平均电流$I=0.45\frac{U_2}{R_L}$=0.45×20/30=0.3A。

在选择整流二极管时，所选择二极管的最高反向电压U_{RM}应大于在电路中承受的最高反向电压，最大整流电流I_{RM}应大于流过二极管的平均电流。因此，要让图15-1（a）中的二极管长时间正常工作，应选用U_{RM}大于28.2V、I_{RM}大于0.3A的整流二极管，若选用的整流二极管参数小于该值，则容易反向击穿或烧坏。

（2）单相桥式整流电路

单相桥式整流电路采用四个二极管将交流电转换成直流电，由于四个二极管在电路中连接与电桥相似，故称为单相桥式整流电路。单相桥式整流电路如图15-2所示，其工作原理见第14章14.4.2节内容。

由于单相桥式整流电路能利用到交流电压的正、负半周，故负载R_L两端的平均电压值是单相半波整流的两倍，即

$$U_L=0.9U_2$$

负载R_L流过的电流平均值为

$$I_L=\frac{U_L}{R_L}=0.9\frac{U_2}{R_L}$$

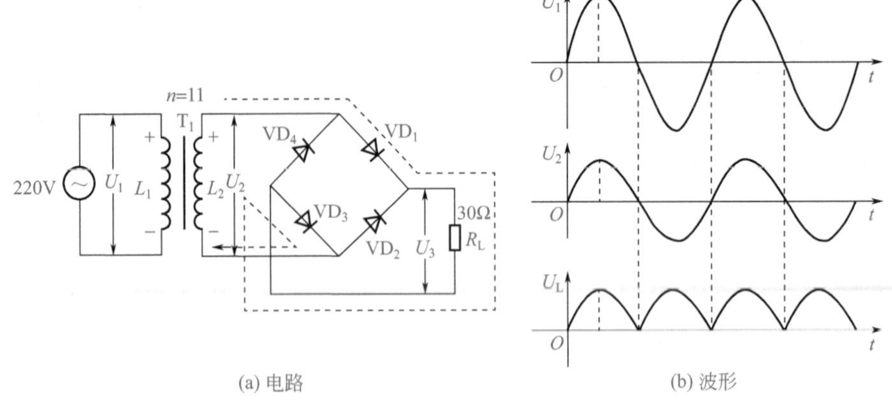

(a) 电路　　　　(b) 波形

图15-2　单相桥式整流电路

例如：图15-2（a）中的U_1=220V，变压器T_1的匝数比n=11，负载R_L=30Ω，那么电压U_2=220/11=20V，负载R_L两端的电压U_L=0.9×20=18V，R_L流过的平均电流I_L=0.9×20/30=0.6A。

在单相桥式整流电路中，每个整流二极管都有半个周期处于截止，在截止时，整流二极管两端承受的最高反向电压为

$$U=\sqrt{2}\,U_2$$

由于整流二极管只有半个周期导通，故流过的平均电流为负载电流的一半，即

$$I=0.45\frac{U_2}{R_L}$$

图15-2（a）单相桥式整流电路中的U_2=20V、R_L=30Ω，那么整流二极管两端承受的最高反向电压$U=\sqrt{2}\,U_2$=1.41×20=28.2V，流过二极管的平均电流$I=0.45\frac{U_2}{R_L}$=0.45×20/30=0.3A。因此，要让图15-2（a）中的二极管正常工作，应选用U_{RM}大于28.2V、I_{RM}大于0.3A的整流二极管，若选用的整流二极管参数小于该值，则容易反向击穿或烧坏。

（3）三相桥式整流电路

很多电力电子设备采用三相交流电源供电，三相整流电路可以将三相交流电转换成直流电压。三相桥式整流电路是一种应用很广泛的三相整流电路。三相桥式整流电路如图15-3所示。

① 工作原理　在图15-3（a）中，L_1、L_2、L_3三相交流电压经三相变压器T的一次侧绕组降压感应到二次侧绕组U、V、W上。6个二极管VD_1～VD_6构成三相桥式整流电路，VD_1～VD_3的3个阴极连接在一起，称为共阴极组二极管，VD_4～VD_6的3个阳极连接在一起，称为共阳极组二极管。

电路工作过程说明如下。

a. 在t_1～t_2期间，U相始终为正电压（左负右正）且a点正电压最高，V相始终为负电压（左正右负）且b点负电压最低，W相在前半段为正电压，后半段变为负电压。a点正电压使VD_1导通，E点电压与a点电压相等（忽略二极管导通压降），VD_2、VD_3正极电压均低于E点电压，故都无法导通；b点负压使VD_5导通，F点电压与b点电压相等，VD_4、VD_6负极电压均高于F点电压，故都无法导通。在t_1～t_2期间，只有VD_1、VD_5导通，有电流流过负载R_L，电流的途径是：U相线圈右端（电压极性为正）→a点→VD_1→R_L→VD_5→b

点→V相线圈右端（电压极性为负），因VD_1、VD_5的导通，a、b两点电压分别加到R_L两端，R_L上电压U_L的大小为U_{ab}（$U_{ab}=U_a-U_b$）。

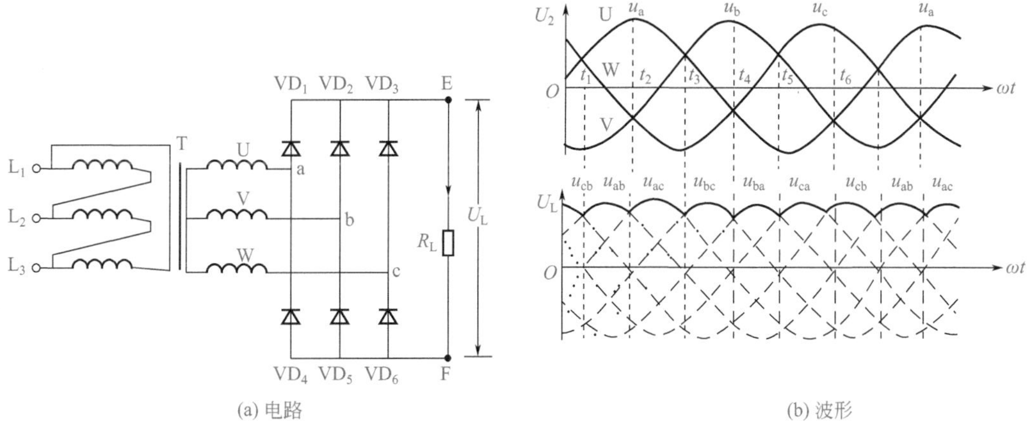

(a) 电路　　(b) 波形

图15-3　三相桥式整流电路

b. 在t_2～t_3期间，U相始终为正电压（左负右正）且a点电压最高，W相始终为负电压（左正右负）且c点电压最低，V相在前半段负电压，后半段变为正电压。a点正电压使VD_1导通，E点电压与a点电压相等，VD_2、VD_3正极电压均低于E点电压，故都无法导通；c点负电压使VD_6导通，F点电压与c点电压相等，VD_4、VD_5负极电压均高于F点电压，都无法导通。在t_2～t_3期间，VD_1、VD_6导通，有电流流过负载R_L，电流的途径是：U相线圈右端（电压极性为正）→a点→VD_1→R_L→VD_6→c点→W相线圈右端（电压极性为负），因VD_1、VD_6的导通，a、c两点电压分别加到R_L两端，R_L上电压U_L的大小为U_{ac}（$U_{ac}=U_a-U_c$）。

c. 在t_3～t_4期间，V相始终为正电压（左负右正）且b点正电压最高，W相始终为负电压（左正右负）且c点负电压最低，U相在前半段为正电压，后半段变为负电压。b点正电压使VD_2导通，E点电压与b点电压相等，VD_1、VD_3正极电压均低于E点电压，都无法导通；c点负电压使VD_6导通，F点电压与c点电压相等，VD_4、VD_5负极电压均高于F点电压，都无法导通。在t_3～t_4期间，VD_2、VD_6导通，有电流流过负载R_L，电流的途径是：V相线圈右端（电压极性为正）→b点→VD_2→R_L→VD_6→c点→W相线圈右端（电压极性为负），因VD_2、VD_6的导通，b、c两点电压分别加到R_L两端，R_L上电压U_L的大小为U_{bc}（U_b-U_c）。

电路后面的工作与上述过程基本相同，在t_1～t_7期间，负载R_L上可以得到图15-3（b）所示的脉动直流电压U_L（实线波形表示）。

在上面的分析中，将交流电压一个周期（t_1～t_7）分成6等份，每等份所占的相位角为60°，在任意一个60°相位角内，始终有两个二极管处于导通状态（一个共阴极组二极管，一个共阳极组二极管），并且任意一个二极管的导通角都是120°。

② 电路计算

a. 负载R_L的电压与电流计算　理论和实践证明：对于三相桥式整流电路，其负载R_L上的脉动直流电压U_L与变压器二次侧绕组上的电压U_2有以下关系：

$$U_L=2.34U_2$$

负载R_L流过的电流为

$$I_L=\frac{U_L}{R_L}=2.34\frac{U_2}{R_L}$$

b. 整流二极管承受的最大反向电压及通过的平均电流　对于三相桥式整流电路，每只整流二极管承受的最大反向电压U_{RM}就是变压器二次侧电压的最大值，即

$$U_{RM}=\sqrt{2}\times\sqrt{3}U_2\approx 2.45U_2$$

每只整流二极管在一个周期内导通1/3周期，故流过每只整流二极管平均电流为

$$I_F=\frac{1}{3}I_L\approx 0.78\frac{U_2}{R_L}$$

15.1.2　可控整流电路

可控整流电路是一种整流过程可以控制的电路。可控整流电路通常采用晶闸管作为整流元件，所有整流元件均为晶闸管的整流电路称为全控整流电路，由晶闸管与二极管混合构成的整流电路称为半控整流电路。

（1）单相可控半波整流电路

单相半波可控整流电路及有关信号波形如图15-4所示。

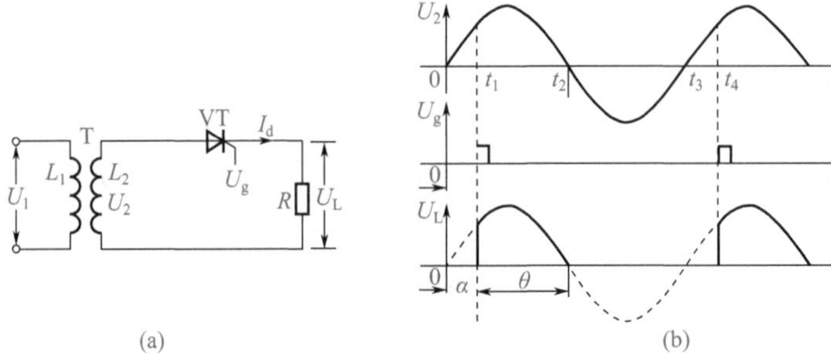

图15-4　单相半波可控整流电路

单相交流电压U_1经变压器T降压后，在二次侧线圈L_2上得到U_2电压，该电压送到晶闸管VT的A极，在晶闸管的G极加有U_g触发信号（由触发电路产生）。电路工作过程说明如下。

在0～t_1期间，U_2电压的极性是上正下负，上正电压送到晶闸管的A极，由于无触发信号到晶闸管的G极，晶闸管不导通。

在t_1～t_2期间，U_2电压的极性仍是上正下负，t_1时刻有一个正触发脉冲送到晶闸管的G极，晶闸管导通，有电流经晶闸管流过负载R。

在t_2时刻，U_2电压为0，晶闸管由导通转为截止（称作过零关断）。

在t_2～t_3期间，U_2电压的极性变为上负下正，晶闸管仍处于截止。

在t_3～t_4时刻，U_2电压的极性变为上正下负，因无触发信号送到晶闸管的G极，晶闸管不导通。

在t_4时刻，第二个正触发脉冲送到晶闸管的G极，晶闸管又导通。以后电路会重复0～t_4期间的工作过程，从而在负载R上得到图15-4（b）所示的直流电压U_L。

从晶闸管单相半波整流电路工作过程可知，触发信号能控制晶闸管的导通，在θ角度范围内晶闸管是导通的，故θ称为导通角（$0°\leqslant\theta\leqslant 180°$或$0\leqslant\theta\leqslant\pi$），如图15-4（b）所示，而在$\alpha$角度范围内晶闸管是不导通的，$\alpha=\pi-\theta$，$\alpha$称为控制角。控制角$\alpha$越大，导通角$\theta$越小，晶闸管导通时间越短，在负载上得到的直流电压越低。控制角α的大小与触发信号出现时间有关。

单相半波可控整流电路输出电压的平均值U_L可用下面公式计算：

$$U_L=0.45U_2\frac{1+\cos\alpha}{2}$$

（2）单相半控桥式整流电路

单相半控桥式整流电路如图15-5所示。

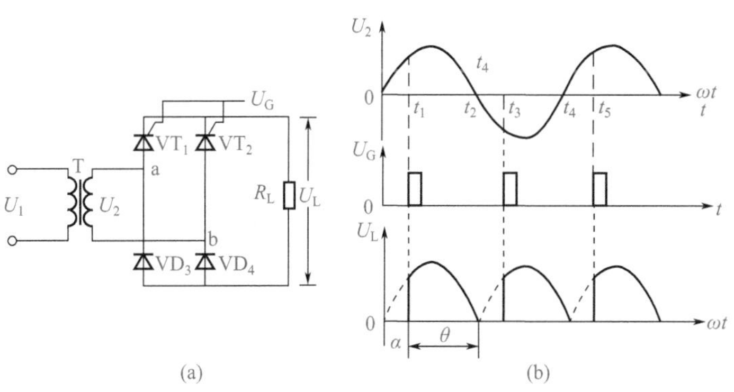

图15-5　单相半控桥式整流电路

图15-5中VT_1、VT_2为单向晶闸管，它们的G极连接在一起，触发信号U_G同时送到两管的G极。电路工作过程说明如下。

在0～t_1期间，U_2电压的极性是上正下负，即a点为正、b点为负，由于无触发信号到晶闸管VT_1的G极，VT_1不导通，VD_4也不导通。

在t_1～t_2期间，U_2电压的极性仍是上正下负，t_1时刻有一个触发脉冲送到晶闸管VT_1、VT_2的G极，VT_1导通，VT_2虽有触发信号，但因其A极为负电压，故不能导通，VT_1导通后，VD_4也会导通，有电流流过负载R_L，电流途径是：a点→VT_1→R_L→VD_4→b点。

在t_2时刻，U_2电压为0，晶闸管VT_1由导通转为截止。

在t_2～t_3期间，U_2电压的极性变为上负下正，由于无触发信号到晶闸管VT_2的G极，VT_2、VD_3均不能导通。

在t_3时刻，U_2电压的极性仍为上负下正，此时第二个触发脉冲送到晶闸管VT_1、VT_2的G极，VT_2导通，VT_1因A极为负电压而无法导通，VT_2导通后，VD_3也会导通，有电流流过负载R_L，电流途径是：b点→VT_2→R_L→VD_3→a点。

在t_3～t_4期间，VT_2、VD_3始终处于导通状态。

在t_4时刻，U_2电压为0，晶闸管VT_1由导通转为截止。以后电路会重复0～t_4期间的工作过程，结果会在负载R_L上会得到图15-5（b）所示的直流电压U_L。

改变触发脉冲的相位，电路整流输出的脉动直流电压U_L大小也会发生变化。U_L电压大小可用下面的公式计算：

$$U_L=0.9U_2\frac{1+\cos\alpha}{2}$$

（3）三相全控桥式整流电路

三相全控桥式整流电路如图15-6所示。

在图15-6中，6个晶闸管VT_1～VT_6构成三相全控桥式整流电路，VT_1～VT_3的3个阴极连接在一起，称为共阴极组晶闸管，VT_4～VT_6的3个阳极连接在一起，称为共阳极组晶闸管。VT_1～VT_6的G极与触发电路连接，接受触发电路送到的触发脉冲的控制。

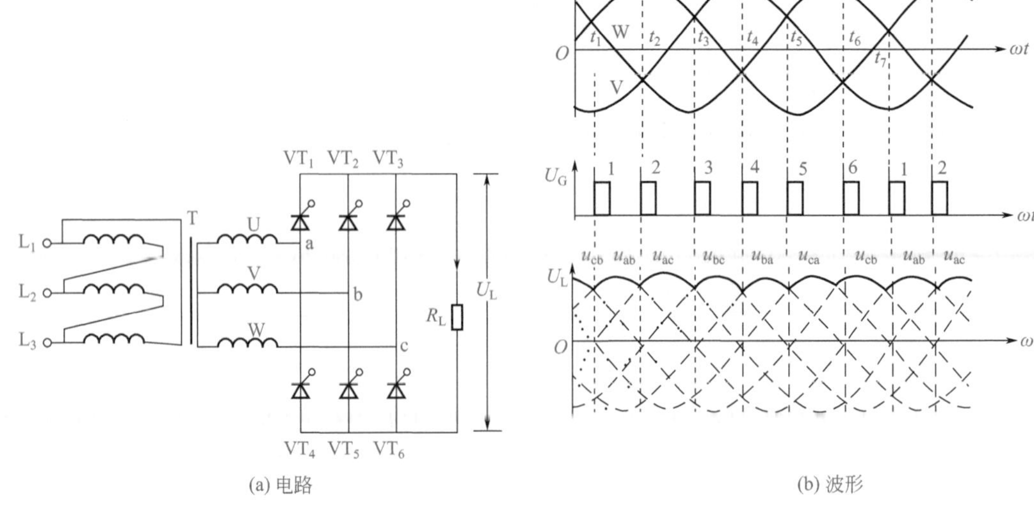

(a) 电路　　　　(b) 波形

图15-6　三相全控桥式整流电路

下面来分析电路在三相交流电一个周期（$t_1 \sim t_7$）内的工作过程。

$t_1 \sim t_2$期间，U相始终为正电压（左负右正），V相始终为负电压（左正右负），W相在前半段为正电压，后半段变为负电压。在t_1时刻，触发脉冲送到VT_1、VT_5的G极，VT_1、VT_5导通，有电流流过负载R_L，电流的途径是：U相线圈右端（电压极性为正）→a点→VT_1→R_L→VT_5→b点→V相线圈右端（电压极性为负），因VT_1、VT_5的导通，a、b两点电压分别加到R_L两端，R_L上电压的大小为U_{ab}。

$t_2 \sim t_3$期间，U相始终为正电压（左负右正），W相始终为负电压（左正右负），V相在前半段为负电压，后半段变为正电压。在t_2时刻，触发脉冲送到VT_1、VT_6的G极，VT_1、VT_6导通，有电流流过负载R_L，电流的途径是：U相线圈右端（电压极性为正）→a点→VT_1→R_L→VT_6→c点→W相线圈右端（电压极性为负），因VT_1、VT_6的导通，a、c两点电压分别加到R_L两端，R_L上电压的大小为U_{ac}。

$t_3 \sim t_4$期间，V相始终为正电压（左负右正），W相始终为负电压（左正右负），U相在前半段为正电压，后半段变为负电压。在t_3时刻，触发脉冲送到VT_2、VT_6的G极，VT_2、VT_6导通，有电流流过负载R_L，电流的途径是：V相线圈右端（电压极性为正）→b点→VT_2→R_L→VT_6→c点→W相线圈右端（电压极性为负），因VT_2、VT_6的导通，b、c两点电压分别加到R_L两端，R_L上电压的大小为U_{bc}。

$t_4 \sim t_5$期间，V相始终为正电压（左负右正），U相始终为负电压（左正右负），W相在前半段为负电压，后半段变为正电压。在t_4时刻，触发脉冲送到VT_2、VT_4的G极，VT_2、VT_4导通，有电流流过负载R_L，电流的途径是：V相线圈右端（电压极性为正）→b点→VT_2→R_L→VT_4→a点→U相线圈右端（电压极性为负），因VT_2、VT_4的导通，b、a两点电压分别加到R_L两端，R_L上电压的大小为U_{ba}。

$t_5 \sim t_6$期间，W相始终为正电压（左负右正），U相始终为负电压（左正右负），V相在前半段为正电压，后半段变为负电压。在t_5时刻，触发脉冲送到VT_3、VT_4的G极，VT_3、VT_4导通，有电流流过负载R_L，电流的途径是：W相线圈右端（电压极性为正）→c点→VT_3→R_L→VT_4→a点→U相线圈右端（电压极性为负），因VT_3、VT_4的导通，c、a

两点电压分别加到R_L两端，R_L上电压的大小为U_{ca}。

$t_6 \sim t_7$期间，W相始终为正电压（左负右正），V相始终为负电压（左正右负），U相在前半段为负电压，后半段变为正电压。在t_6时刻，触发脉冲送到VT_3、VT_5的G极，VT_3、VT_5导通，有电流流过负载R_L，电流的途径是：W相线圈右端（电压极性为正）→c点→VT_3→R_L→VT_5→c点→V相线圈右端（电压极性为负），因VT_3、VT_5的导通，c、b两点电压分别加到R_L两端，R_L上电压的大小为U_{cb}。

t_7时刻以后，电路会重复$t_1 \sim t_7$期间的过程，在负载R_L上可以得到图示的脉动直流电压U_L。

在上面的电路分析中，将交流电压一个周期（$t_1 \sim t_7$）分成6等份，每等份所占的相位角为60°，在任意一个60°相位角内，始终有两个晶闸管处于导通状态（一个共阴极组晶闸管，一个共阳极组晶闸管），并且任意一个晶闸管的导通角都是120°。另外，触发脉冲不是同时加到6个晶闸管的G极，而是在触发时刻将触发脉冲同时送到需触发的2个晶闸管G极。

改变触发脉冲的相位，电路整流输出的脉动直流电压U_L大小也会发生变化。当$\alpha \leqslant 60°$时，U_L电压大小可用下面的公式计算：

$$U_L=2.34U_2\cos\alpha$$

当$\alpha > 60°$时，U_L电压大小可用下面的公式计算：

$$U_L=2.34U_2[1+\cos(\frac{\pi}{3}+\alpha)]$$

15.2 斩波电路（DC-DC变换电路）

斩波电路又称直-直变换器，其功能是将直流电转换成另一种固定或可调的直流电。斩波电路种类很多，通常可分为基本斩波电路和复合斩波电路。

15.2.1 基本斩波电路

基本斩波电路类型很多，常见的有降压斩波电路、升压斩波电路、升降压斩波电路。

（1）降压斩波电路

降压斩波电路又称直流降压器，它可以将直流电压降低。降压斩波电路如图15-7所示。

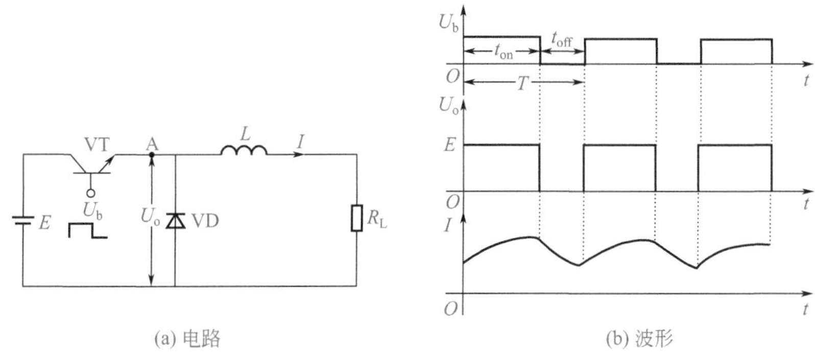

图15-7 降压斩波电路

① 工作原理　在图15-7（a）中，三极管VT的基极加有控制脉冲U_b，当U_b为高电平时，VT导通，相当于开关闭合，A点电压与直流电源E相等（忽略三极管集射极间的导通压降），当U_b为低电平时，VT关断，相当于开关断开，电源E无法通过，在A点得到图15-7（b）所示的U_o电压。在VT导通期间，电源E产生电流经三极管VT、电感L流过负载R_L，电流在流过电感L时，L会产生左正右负的电动势阻碍电流I（同时储存能量），故I慢慢增大；在VT关断时，流过电感L的电流突然减小，L马上产生左负右正的电动势，该电动势产生的电流经续流二极管VD继续流过负载R_L（电感释放能量），电流途径是：L右正→R_L→VD→L左负，该电流是一个逐渐减小的电流。

对于图15-7所示的斩波电路，在一个周期T内，如果控制脉冲U_b的高电平持续时间为t_{on}，低电平持续时间为t_{off}，那么U_o电压的平均值有下面的关系：

$$U_o=\frac{t_{on}}{t_{on}+t_{off}}E=\frac{t_{on}}{T}E$$

在上式中，$\frac{t_{on}}{T}$称为降压比，由于$\frac{t_{on}}{T}<1$，故输出电压U_o低于输入直流电压E，即该电路只能将输入的直流电压降低输出，当$\frac{t_{on}}{T}$值发生变化时，输出电压U_o就会发生改变，$\frac{t_{on}}{T}$值越大，三极管导通时间越长，输出电压U_o越高。

② 斩波电路的调压控制方式　斩波电路是通过控制三极管（或其他电力电子器件）导通关断来调节输出电压，斩波电路的调压控制方式主要有两种。

a. 脉冲调宽型　该方式是让控制脉冲的周期T保持不变，通过改变脉冲的宽度来调节输出电压，又称脉冲宽度调制型，如图15-8所示，当脉冲周期不变而宽度变窄时，三极管导通时间变短，输出的平均电压U_o会下降。

b. 脉冲调频型　该方式是让控制脉冲的导通时间不变，通过改变脉冲的频率来调节输出电压，又称频率调制型。如图15-8所示，当脉冲宽度不变而周期变长时，单位时间内三极管导通时间相对变短，输出的平均电压U_o会下降。

（2）升压斩波电路

升压斩波电路又称直流升压器，它可以将直流电压升高。升压斩波电路如图15-9所示。

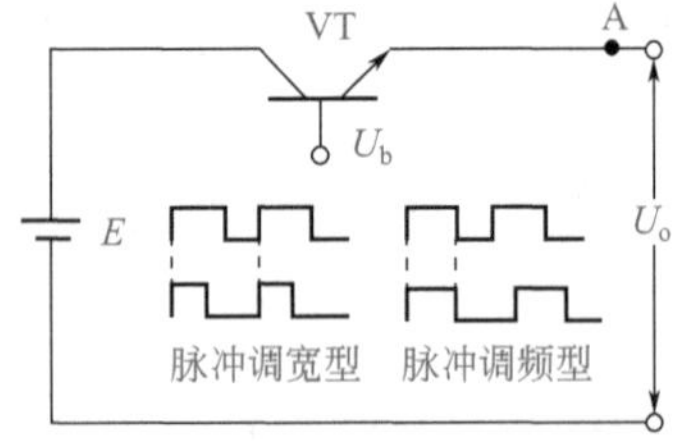

图15-8　斩波电路的两种调压控制方式

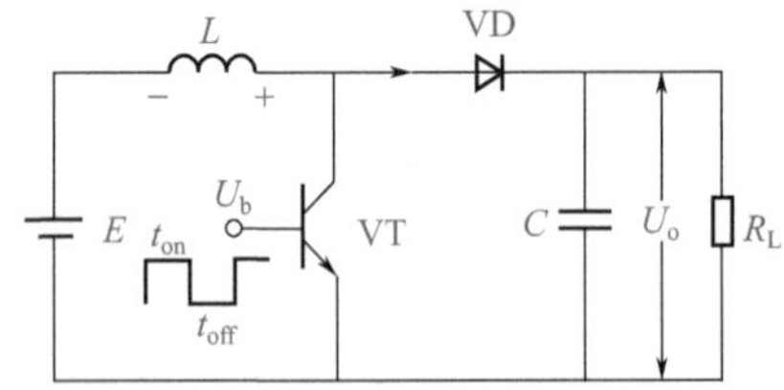

图15-9　升压斩波电路

电路工作原理如下。

在图15-9电路中，三极管VT基极加有控制脉冲U_b，当U_b为高电平时，VT导通，电源E产生电流流过电感L和三极管VT，L马上产生左正右负的电动势阻碍电流，同时L中储存能量；当U_b为低电平时，VT关断，流过L的电流突然变小，L马上产生左负右正的电动势，该电动势与电源E进行叠加，通过二极管对电容C充电，在C上充得上正下负的电压U_o。控制脉冲U_b高电平持续时间t_{on}越长，流过L电流时间越长，L储能越多，在VT关断时产生的左负右正电动势越高，对电容C充电越高，U_o越高。

从上面分析可知，输出电压U_o是由直流电源E和电感L产生的电动势叠加充得，输出电压U_o较电源E更高，故称该电路为升压斩波电路。

对于图15-9所示的升压斩波电路，在一个周期T内，如果控制脉冲U_b的高电平持续时间为t_{on}，低电平持续时间为t_{off}，那么U_o电压的平均值有下面的关系：

$$U_o=\frac{T}{t_{off}}E$$

在上式中，$\frac{T}{t_{off}}$称为升压比，由于$\frac{T}{t_{off}}>1$，故输出电压U_o始终高于输入直流电压E，当$\frac{T}{t_{off}}$值发生变化时，输出电压U_o就会发生改变，$\frac{T}{t_{off}}$值越大，输出电压U_o越高。

（3）升降压斩波电路

升降压斩波电路既可以提升电压，也可以降低电压。升降压斩波电路可分为正极性和负极性两类。

① 负极性升降压斩波电路　负极性升降压斩波电路主要有普通斩波电路和CuK斩波电路。

a. 普通升降压斩波电路　普通升降压斩波电路如图15-10所示。

电路工作原理如下。

在图15-10电路中，三极管VT基极加有控制脉冲U_b，当U_b为高电平时，VT导通，电源E产生电流流过三极管VT和电感L，L马上产生上正下负的电动势阻碍电流，同时L中储存能量；当U_b为低电平时，VT关断，流过L的电流突然变小，L马上产生上负下正的电动势，该电动势通过二极管VD对电容C充电（同时也有电流流过负载R_L），在C上充得上负下正的电压U_o。控制脉冲U_b高电平持续时间t_{on}越长，流过L电流时间越长，L储能越多，在VT关断时产生的上负下正电动势越高，对电容C充电越多，U_o越高。

从图15-10电路可以看出，该电路的负载R_L两端的电压U_o的极性是上负下正，它与电源E的极性相反，故称这种斩波电路为负极性升降压斩波电路。

对于图15-10所示的升降压斩波电路，在一个周期T内，如果控制脉冲U_b的高电平持续时间为t_{on}，低电平持续时间为t_{off}，那么U_o电压的平均值有下面的关系：

$$U_o=\frac{t_{on}}{t_{off}}E=\frac{t_{on}}{T-t_{on}}E$$

在上式中，若$\frac{t_{on}}{t_{off}}>1$，输出电压U_o会高于输入直流电压E，电路为升压斩波；若$\frac{t_{on}}{t_{off}}<1$，输出电压U_o会低于输入直流电压E，电路为降压斩波。

b. CuK升降压斩波电路　CuK升降压斩波电路如图15-11所示。

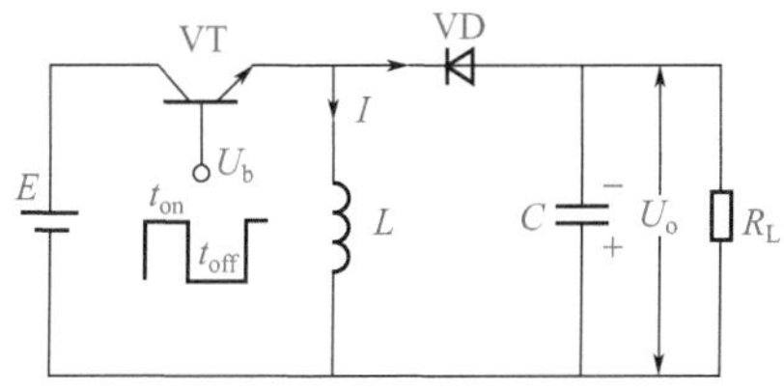

图15-10　普通升降压斩波电路

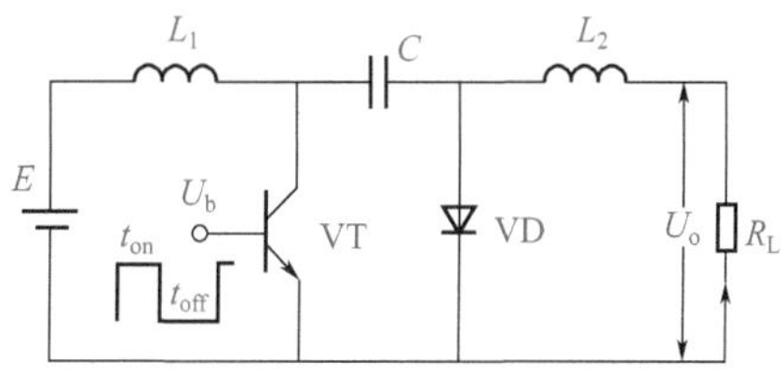

图15-11　CuK升降压斩波电路

电路工作原理如下。

在图15-11电路中，当三极管VT基极无控制脉冲时，VT关断，电源E通过L_1、VD对电容C充得左正右负的电压。当VT基极加有控制脉冲并且高电平来时，VT导通，电路会出现两路电流，一路电流途径是：电源E正极→L_1→VT集射极→E负极，有电流流过L_1，L_1储存能量；另一路电流途径是：C左正→VT→负载R_L→L_2→C右负，有电流流过L_2，L_2储存能量；当VT基极的控制脉冲为低电平时，VT关断，电感L_1产生左负右正电动势，它与电源E叠加经VD对C充电，在C上充得左正右负的电动势，另外由于VT关断使L_2流过的电流突然减小，马上产生左正右负的电动势，该电动势形成电流经VD流过负载R_L。

CuK升降压斩波电路与普通升降压电路一样，在负载上产生的都是负极性电压，前者的优点是流过负载的电流是连续的，即在VT导通关断期间负载都有电流通过。

对于图15-11所示的CuK升降压斩波电路，在一个周期T内，如果控制脉冲U_b的高电平持续时间为t_{on}，低电平持续时间为t_{off}，那么U_o电压的平均值有下面的关系：

$$U_o=\frac{t_{on}}{t_{off}}E=\frac{t_{on}}{T-t_{on}}E$$

在上式中，若$\frac{t_{on}}{t_{off}}>1, U_o>E$，电路为升压斩波；若$\frac{t_{on}}{t_{off}}<1, U_o<E$，电路为降压斩波。

② 正极性升降压电路　正极性升降压电路主要有Sepic斩波电路和Zeta斩波电路。

a. Sepic斩波电路　Sepic斩波电路如图15-12所示。

电路工作原理如下。

在图15-12电路中，当三极管VT基极无控制脉冲时，VT关断，电源E经过电感L_1、L_2对电容C_1充电，在C_1上充得左正右负的电压。当VT基极加有控制脉冲并且高电平来时，VT导通，电路会出现两路电流，一路电流途径是：电源E正极→L_1→VT集射极→E负极，有电流流过L_1，L_1储存能量；另一路电流途径是：C_1左正→VT→L_2→C_1右负，有电流流过L_2，L_2储存能量；当VT基极的控制脉冲为低电平时，VT关断，电感L_1产生左负右正电动势，它与电源E叠加经VD对C_1、C_2充电，C_1上充得左正右负的电压，C_2上充得上正下负的电压，另外在VT关断时L_2产生上正下负电动势，它也经VD对C_2充电，C_2上得到输出电压U_o。

从图15-12电路可以看出，该电路的负载R_L两端电压U_o的极性是上正下负，它与电源E的极性相同，故称这种斩波电路为正极性升降压斩波电路。

对于Sepic升降压斩波电路，在一个周期T内，如果控制脉冲U_b的高电平持续时间为t_{on}，低电平持续时间为t_{off}，那么U_o电压的平均值有下面的关系：

$$U_o=\frac{t_{on}}{t_{off}}E=\frac{t_{on}}{T-t_{on}}E$$

b. Zeta斩波电路　Zeta斩波电路如图15-13所示。

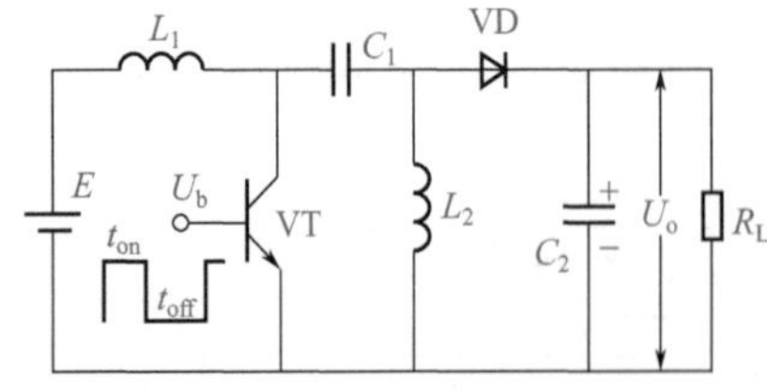

图15-12　Sepic斩波电路

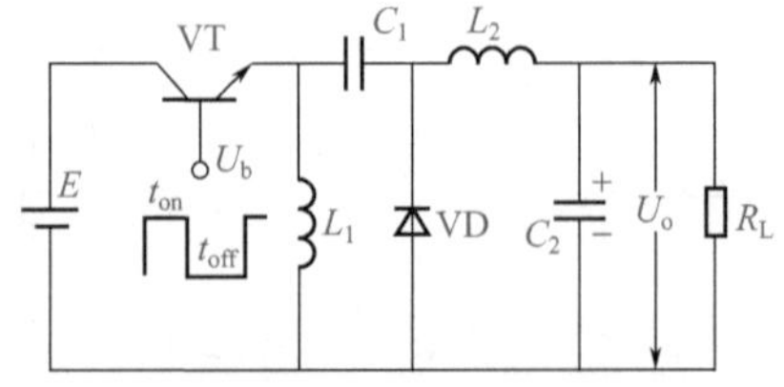

图15-13　Zeta斩波电路

电路工作原理如下。

在图15-13电路中，当三极管VT基极第一个控制脉冲高电平来时，VT导通，电源E产生电流流经VT、L_1，L_1储存能量；当控制脉冲低电平来时，VT关断，流过L_1的电流突然减小，L_1马上产生上负下正的电动势，它经VD对C_1充电，在C_1上充得左负右正电压；当第二个脉冲高电平来时，VT导通，电源E在产生电流流过L_1时，还会与C_1上的左负右正电压叠加，经L_2对C_2充电，在C_2上充得上正下负电压，同时L_2储存能量；当第二个脉冲低电平来时，VT关断，除了L_1产生上负下正电动势对C_1充电外，L_2会产生左负右正电动势经VD对C_2充得上正下负电压。以后电路会重复上述过程，结果在C_2上充得上正下负的正极性电压U_o。

对于Zeta升降压斩波电路，在一个周期T内，如果控制脉冲U_b的高电平持续时间为t_{on}，低电平持续时间为t_{off}，那么U_o电压的平均值有下面的关系：

$$U_o=\frac{t_{on}}{t_{off}}E=\frac{t_{on}}{T-t_{on}}E$$

15.2.2 复合斩波电路

复合斩波电路是由基本斩波电路组合而成，常见的复合斩波电路有电流可逆斩波电路、桥式可逆斩波电路和多相多重斩波电路。

（1）电流可逆斩波电路

电流可逆斩波电路常用于直流电动机的运行和制动控制，即当需要直流电动机主动运转时，让直流电源为电动机提供电压，当需要对运转的直流电动机制动时，让惯性运转的电动机（相当于直流发电机）产生的电压对直流电源充电，消耗电动机的能量进行制动（再生制动）。

电流可逆斩波电路如图15-14所示，其中VT_1、VD_2构成降压斩波电路，VT_2、VD_1构成升压斩波电路。

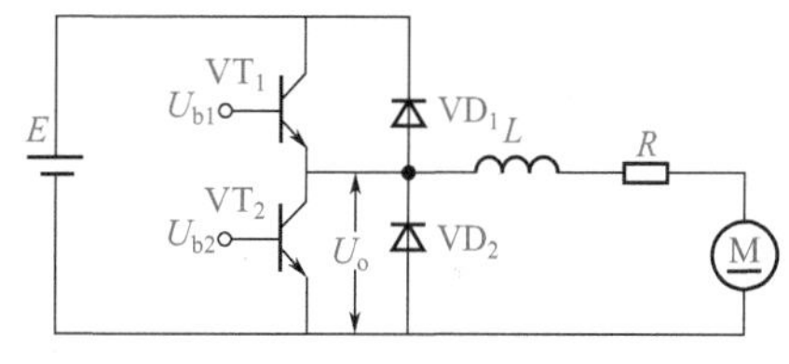

图15-14　电流可逆斩波电路

电流可逆斩波电路有三种工作方式：降压斩波方式、升压斩波方式和降升压斩波方式。

① 降压斩波方式　电流可逆斩波电路工作在降压斩波方式时，直流电源通过降压斩波电路为直流电动机供电使之运行。降压斩波方式的工作过程说明如下。

电路工作在降压斩波方式时，VT_2基极无控制脉冲，VT_2、VD_1均处于关断状态，而VT_1基极加有控制脉冲U_{b1}。当VT_1基极的控制脉冲为高电平时，VT_1导通，有电流经VT_1、L、R流过电动机M，电动机运转，同时电感L储存能量；当控制脉冲为低电平时，VT_1关断，流过L的电流突然减小，L马上产生左负右正电动势，它产生电流流过电动机（经R、VD_2），继续为电动机供电。控制脉冲高电平持续时间越长，输出电压U_o平均值越高，电动机运转速度越快。

② 升压斩波方式　电流可逆斩波电路工作在升压斩波方式时，直流电动机无供电，它在惯性运转时产生电动势对直流电源E进行充电。升压斩波方式的工作过程说明如下。

电路工作在升压斩波方式时，VT_1基极无控制脉冲，VT_1、VD_2均处于关断状态，VT_2基极加有控制脉冲U_{b2}。当VT_2基极的控制脉冲为高电平时，VT_2导通，电动机M惯性运转产生的电动势为上正下负，它形成的电流经R、L、VT_2构成回路，电动机的能量转移到L中；当VT_2基极的控制脉冲为低电平时，VT_2关断，流过L的电流突然减小，L马上产生左正右负的电动势，它与电动机两端的反电动势（上正下负）叠加使VD_1导通，对电源E充电，电动机惯性运转产生的电能就被转移给电源E。当电动机转速很低时，产生的电动势下降，同时L的能量也减小，产生的电动势低，叠加电动势低于电源E，VD_1关断，无法继续对电源E充电。

③ 降升压斩波方式　电流可逆斩波电路工作在降升压斩波方式时，VT_1、VT_2基极都加有控制脉冲，它们交替导通关断，具体工作过程说明如下。

当VT_1基极控制脉冲U_{b1}为高电平（此时U_{b2}为低电平）时，电源E经VT_1、L、R为直流电动机M供电，电动机运转；当U_{b1}变为低电平后，VT_1关断，流过L的电流突然减小，L产生左负右正的电动势，经R、VD_2为电动机继续提供电流；当L的能量释放完毕，电动势减小为0时，让VT_2基极的控制脉冲U_{b2}为高电平，VT_2导通，惯性运转的电动机两端的反电动势（上正下负）经R、L、VT_2回路产生电流，L因电流通过而储存能量；当VT_2的控制脉冲为低电平时，VT_2关断，流过L的电流突然减小，L产生左正右负电动势，它与电动机产生的上正下负的反电动势叠加，通过VD_1对电源E充电；当L与电动机叠加电动势低于电源E时，VD_1关断，这时如果又让VT_1基极脉冲变为高电平，电源E又经VT_1为电动机提供电压。以后重复上述过程。

电流可逆斩波电路工作在降升压斩波方式，实际就是让直流电动机工作在运行和制动状态，当降压斩波时间长、升压斩波时间短时，电动机平均供电电压高、再生制动时间短，电动机运转速度快，反之，电动机运转速度慢。

（2）桥式可逆斩波电路

电流可逆斩波电路只能让直流电动机工作在正转和正转再生制动状态，而桥式可逆转波电路可以让直流电动机工作在正转、正转再生制动和反转、反转再生制动状态。

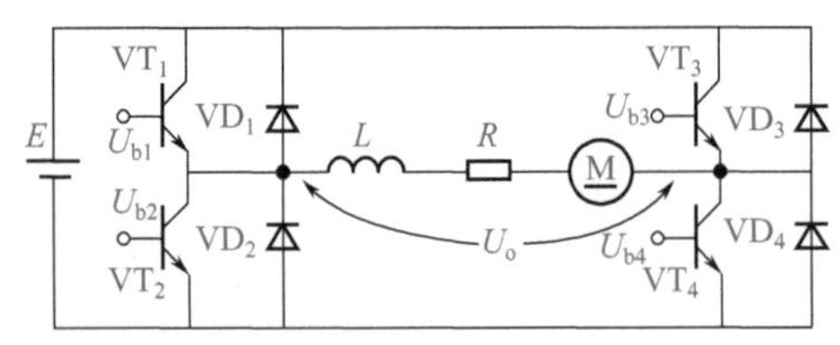

图15-15　桥式可逆斩波电路

桥式可逆斩波电路如图15-15所示。

桥式可逆斩波电路有四种工作状态：正转降压斩波、正转升压斩波再生制动和反转降压斩波、反转升压斩波再生制动。

① 正转降压斩波和正转升压斩波再生制动　当三极管VT_4始终处于导通时，VT_1、VD_2组成正转降压斩波电路，VT_2、VD_1组成正转升压斩波再生制动电路。

在VT_4始终处于导通状态时。当VT_1基极控制脉冲U_{b1}为高电平（此时U_{b2}为低电平）时，电源E经VT_1、L、R、VT_4为直流电动机M供电，电动机正向运转；当U_{b1}变为低电平后，VT_1关断，流过L的电流突然减小，L产生左负右正的电动势，经R、VT_4、VD_2为电动机继续提供电流，维持电动机正转；当L的能量释放完毕，电动势减小为0时，让VT_2基极的控制脉冲U_{b2}为高电平，VT_2导通，惯性运转的电动机两端的反电动势（左正右负）经R、L、VT_2、VD_4回路产生电流，L因电流通过而储存能量；当VT_2的控制脉冲为低电平时，VT_2关断，流过L的电流突然减小，L产生左正右负电动势，它与电动机产生的左正右负的反电动势叠加，通过VD_1对电源E充电，此时电动机进行正转再生制动；当L与电动机的叠加电动势低于电源E时，VD_1关断，这时如果又让VT_1基极脉冲变为高电平，电路又会重复上述工作过程。

② 反转降压斩波和反转升压斩波再生制动　当三极管VT_2始终处于导通时，VT_3、VD_4

组成反转降压斩波电路，VT_4、VD_2组成反转升压斩波再生制动电路。反转降压斩波、反转升压斩波再生制动与正转降压斩波、正转升压斩波再生制动工作过程相似，读者可自行分析，这里不再叙述。

（3）多相多重斩波电路

前面介绍的复合斩波电路是由几种不同的单一斩波电路组成，而多相多重斩波电路是由多个相同的斩波电路组成。图15-16是一种三相三重斩波电路，它在电源和负载之间接入三个结构相同的降压斩波电路。

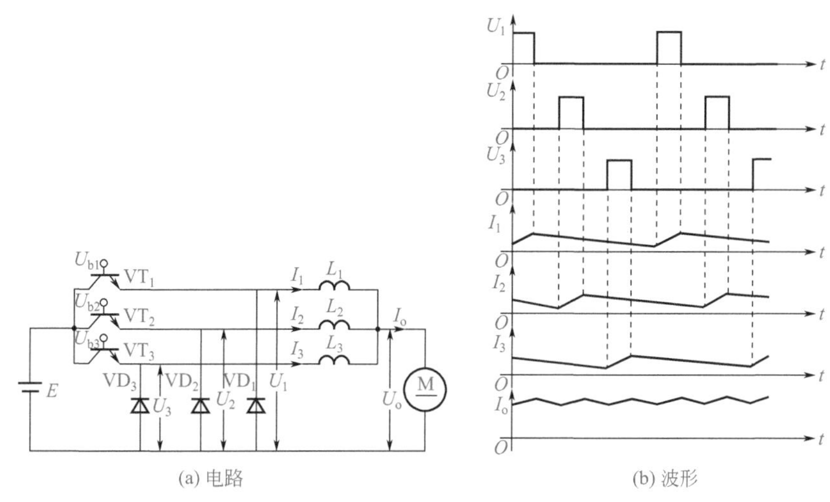

图15-16　一种三相三重斩波电路

三相三重斩波电路工作原理说明如下。

当三极管VT_1基极的控制脉冲U_{b1}为高电平时，VT_1导通，电源E通过VT_1加到L_1的一端，L_1左端的电压如图15-16（b）U_1波形所示，有电流I_1经L_1流过电动机；当控制脉冲U_{b1}为低电平时，VT_1关断，流过L_1的电流突然变小，L_1马上产生左负右正的电动势，该电动势产生电流I_1通过VD_1构成回路继续流过电动机，I_1电流变化如图15-16（b）I_1曲线所示，从波形可以看出，一个周期内I_1有上升和下降的脉动过程，起伏波动较大。

同样地，当三极管VT_2基极加有控制脉冲U_{b2}时，在L_2左端得到图15-16（b）所示的U_2电压，流过L_2的电流为I_2；当三极管VT_3基极加有控制脉冲U_{b3}时，在L_3左端得到图15-16（b）所示的U_3电压，流过L_3的电流为I_3。

当三个斩波电路都工作时，流过电动机的总电流$I_o=I_1+I_2+I_3$，从图15-16（b）还可以看出，总电流I_o的脉冲频率是单相电流脉动频率的3倍，但脉冲幅明显变小，即三相三重斩波电路提供给电动机的电流波动更小，使电动机工作更稳定。另外，多相多重斩波电路还具有备用功能，当某一个斩波电路出现故障，可以依靠其他的斩波电路继续工作。

15.3 逆变电路（DC-AC变换电路）

逆变电路的功能是将直流电转换成交流电，故又称直-交转换器。它与整流电路的功能恰好相反。逆变电路可分为有源逆变电路和无源逆变电路。有源逆变电路是将直流电转换成与电网频率相同的交流电，再将该交流电送至交流电网；无源逆变电路是将直流电转换成某一频率或频率可调的交流电，再将该交流电送给用电设备。变频器中主要采用无源逆变电路。

15.3.1 逆变原理

逆变电路的功能是将直流电转换成交流电。下面以图15-17所示电路来说明逆变电路的基本工作原理。

工作原理说明如下。

电路工作时，需要给三极管VT_1～VT_4基极提供控制脉冲信号。当VT_1、VT_4基极脉冲信号为高电平，而VT_2、VT_3基极脉冲信号为低电平时，VT_1、VT_4导通，VT_2、VT_3关断，有电流经VT_1、VT_4流过负载R_L，电流途径是：电源E正极→VT_1→R_L→VT_4→电源E负极，R_L两端的电压极性为左正右负；当VT_2、VT_3基极脉冲信号为高电平，而VT_1、VT_4基极脉冲信号为低电平时，VT_2、VT_3导通，VT_1、VT_4关断，有电流经VT_2、VT_3流过负载R_L，电流途径是：电源E正极→VT_3→R_L→VT_2→电源E负极，R_L两端电压的极性是左负右正。

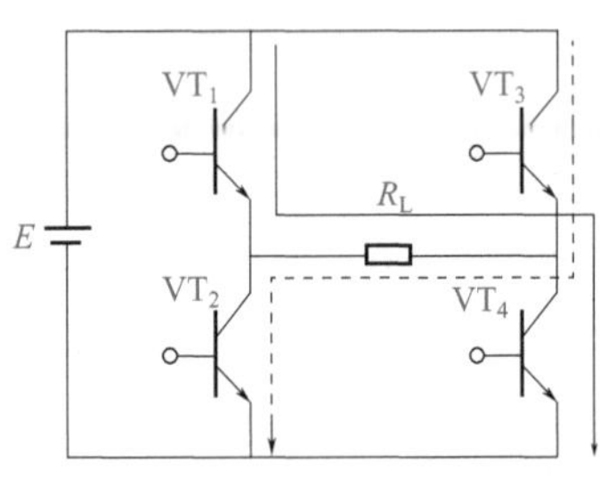

图15-17 逆变电路的工作原理说明

从上述过程可以看出，在直流电源供电的情况下，通过控制开关器件的导通关断可以改变流过负载的电流方向，这种方向发生改变的电流就是交流，从而实现直-交转换功能。

15.3.2 电压型逆变电路

逆变电路分为直流侧（电源端）和交流侧（负载端），电压型逆变电路是指直流侧采用电压源的逆变电路。电压源是指能提供稳定电压的电源，另外，电压波动小且两端并联有大电容的电源也可视为电压源。图15-18中就是两种典型的电压源（虚线框内部分）。

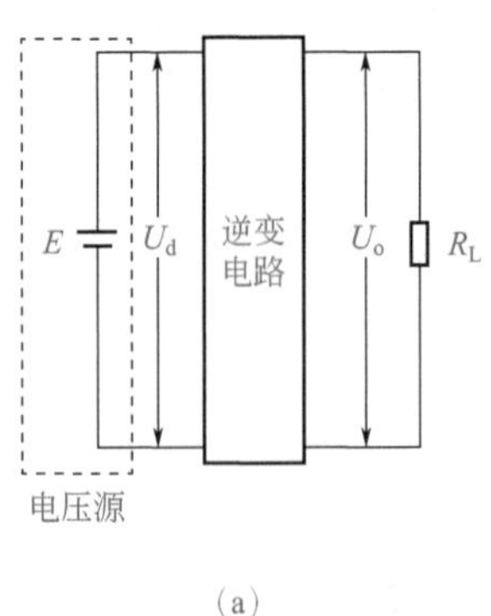

(a)

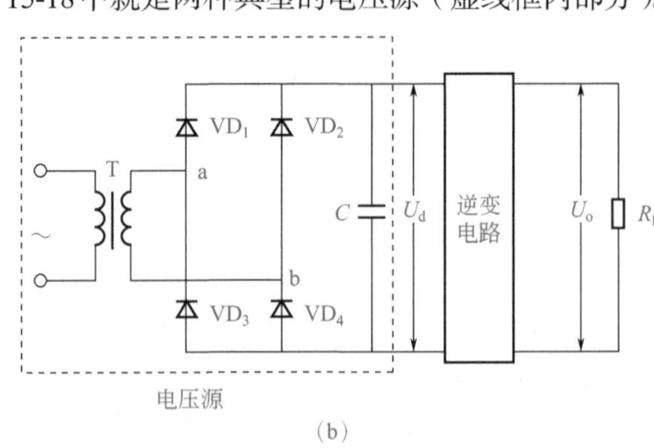

(b)

图15-18 两种典型的电压源

图15-18（a）中的直流电源E能提供稳定不变的电压U_d，所以它可以视为电压源。图15-18（b）中的桥式整流电路后面接有一个大滤波电容C，交流电压经变压器降压和二极管整流后，在C上会得到波动很小的电压U_d（电容往后级电路放电后，整流电路会及时充电，故U_d变化很小，电容容量越大，U_d波动越小，电压越稳定），故虚线框内的整个电路也可视为电压源。

电压型逆变电路种类很多，常用的有单相半桥逆变电路、单相全桥逆变电路、单相变压器逆变电路和三相电压逆变电路等。

（1）单相半桥逆变电路

单相半桥逆变电路及有关波形如图15-19所示，C_1、C_2是两个容量很大且相等的电容，它们将电压U_d分成相等的两部分，使B点电压为$U_d/2$，三极管VT_1、VT_2基极加有一对相反的脉冲信号，VD_1、VD_2为续流二极管，R、L代表感性负载（如电动机就为典型的感性负载，其绕组对交流电呈感性，相当于电感L，绕组本身的直流电阻用R表示）。

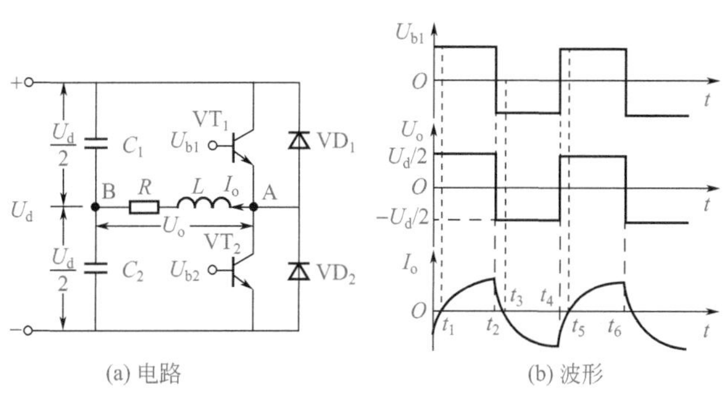

图15-19 单相半桥逆变电路

电路工作过程说明如下。

在t_1～t_2期间，VT_1基极脉冲信号U_{b1}为高电平，VT_2的U_{b2}为低电平，VT_1导通、VT_2关断，A点电压为U_d，由于B点电压为$U_d/2$，故R、L两端的电压U_o为$U_d/2$，VT_1导通后有电流流过R、L，电流途径是：U_d+→VT_1→L、R→B点→C_2→U_d−，因为L对变化电流的阻碍作用，流过R、L的电流I_o慢慢增大。

在t_2～t_3期间，VT_1的U_{b1}为低电平，VT_2的U_{b2}为高电平，VT_1关断，流过L的电流突然变小，L马上产生左正右负的电动势，该电动势通过VD_2形成电流回路，电流途径是：L左正→R→C_2→VD_2→L右负，该电流方向仍是由右往左，但电流随L上的电动势下降而减小，在t_3时刻电流I_o变为0。在t_2～t_3期间，由于L产生左正右负电动势，使A点电压较B点电压低，即R、L两端的电压U_o极性发生了改变，变为左正右负，由于A点电压很低，虽然VT_2的U_{b2}为高电平，VT_2仍无法导通。

在t_3～t_4期间，VT_1基极脉冲信号U_{b1}仍为低电平，VT_2的U_{b2}仍为高电平，由于此时L上的左正右负电动势已消失，VT_2开始导通，有电流流过R、L，电流途径是：C_2上正（C_2相当于一个大小为$U_d/2$的电源）→R→L→VT_2→C_2下负，该电流与t_1～t_3期间的电流相反，由于L的阻碍作用，该电流慢慢增大。因为B点电压为$U_d/2$，A点电压为0（忽略VT_2导通压降），故R、L两端的电压U_o大小为$U_d/2$，极性是左正右负。

在t_4～t_5期间，VT_1的U_{b1}为高电平，VT_2的U_{b2}为低电平，VT_2关断，流过L的电流突然变小，L马上产生左负右正的电动势，该电动势通过VD_1形成电流回路，电流途径是：L右正→VD_1→C_1→R→L左负，该电流方向由左往右，但电流随L上电动势下降而减小，在t_5时刻电流I_o变为0。在t_4～t_5期间，由于L产生左负右正电动势，使A点电压较B点电压高，即U_o极性仍是左负右正，另外因为A点电压很高，虽然VT_1的U_{b1}为高电平，VT_1仍无法导通。

t_5时刻以后，电路重复上述工作过程。

半桥式逆变电路结构简单，但负载两端得到的电压较低（为直流电源电压的一半），并且直流侧需采用两个电容器串联来均压。半桥式逆变电路常用在几千瓦以下的小功率逆变设备中。

（2）单相全桥逆变电路

单相全桥逆变电路如图15-20所示，VT_1、VT_4组成一对桥臂，VT_2、VT_3组成另一对桥臂，VD_1 ～ VD_4为续流二极管，VT_1、VT_2基极加有一对相反的控制脉冲，VT_3、VT_4基极的控制脉冲相位也相反，VT_3基极的控制脉冲相位落后VT_1，落后θ角，$0 < \theta < 180°$。

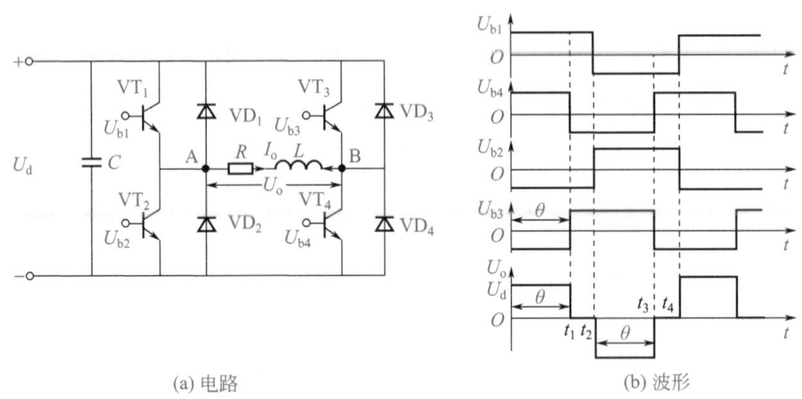

(a) 电路　　(b) 波形

图15-20　单相全桥逆变电路

电路工作过程说明如下。

在0 ～ t_1期间，VT_1、VT_4的基极控制脉冲都为高电平，VT_1、VT_4都导通，A点通过VT_1与U_d正端连接，B点通过VT_4与U_d负端连接，故R、L两端的电压U_o大小与U_d相等，极性为左正右负（为正压），流过R、L电流的方向是：U_d+→VT_1→R、L→VT_4→U_d−。

在t_1 ～ t_2期间，VT_1的U_{b1}为高电平，VT_4的U_{b4}为低电平，VT_1导通，VT_4关断，流过L的电流突然变小，L马上产生左负右正的电动势，该电动势通过VD_3形成电流回路，电流途径是：L右正→VD_3→VT_1→R→L左负，该电流方向仍是由左往右，由于VT_1、VD_3都导通，使A点和B点都与U_d正端连接，即U_A=U_B，R、L两端的电压U_o为0（U_o=U_A−U_B）。在此期间，VT_3的U_{b3}也为高电平，但因VD_3的导通使VT_3的c、e极电压相等，VT_3无法导通。

在t_2 ～ t_3期间，VT_2、VT_3的基极控制脉冲都为高电平，在此期间开始一段时间内，L储存的能量还未完全释放，还有左负右正电动势，但VT_1因基极变为低电平而截止，L的电动势转而经VD_3、VD_2对直流侧电容C充电，充电电流途径是：L右正→VD_3→C→VD_2→R→L左负，VD_3、VD_2的导通使VT_2、VT_3不能导通，A点通过VD_2与U_d负端连接，B点通过VD_3与U_d正端连接，故R、L两端的电压U_o大小与U_d相等，极性为左负右正（为负压），当L上的电动势下降到与U_d相等时，无法继续对C充电，VD_3、VD_2截止，VT_2、VT_3马上导通，有电流流过R、L，电流的方向是：U_d+→VT_3→L、R→VT_2→U_d−。

在t_3 ～ t_4期间，VT_2的U_{b2}为高电平，VT_3的U_{b3}为低电平，VT_2导通，VT_3关断，流过L的电流突然变小，L马上产生左正右负的电动势，该电动势通过VD_4形成电流回路，电流途径是：L左正→R→VT_2→VD_4→L右负，该电流方向是由右往左，由于VT_2、VD_4都导通，使A点和B点都与U_d负端连接，即U_A=U_B，R、L两端的电压U_o为0（U_o=U_A−U_B）。在此期间，VT_4的U_{b4}也为高电平，但因VD_4的导通使VT_3的c、e极电压相等，VT_4无法导通。

t_4时刻以后，电路重复上述工作过程。

全桥逆变电路的U_{b1}、U_{b3}脉冲和U_{b2}、U_{b4}脉冲之间的相位差为θ，改变θ值，就能调节负载R、L两端电压U_o脉冲宽度（正、负宽度同时变化）。另外，全桥逆变电路负载两端的电压幅度是半桥逆变电路的两倍，

（3）单相变压器逆变电路

单相变压器逆变电路如图15-21所示，变压器T有L_1、L_2、L_3三组线圈，它们的匝数比为1∶1∶1，R、L为感性负载。

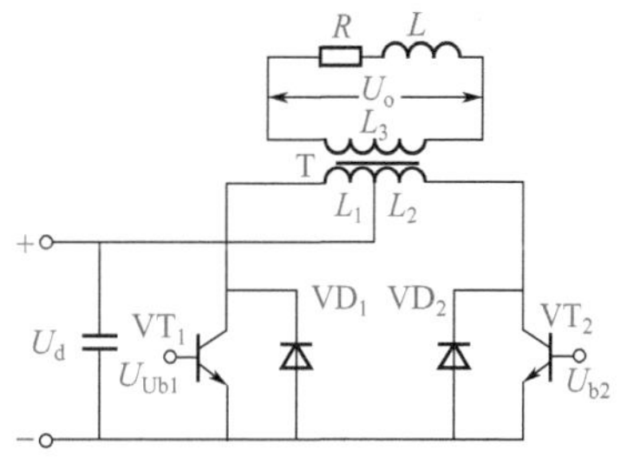

图15-21　单相变压器逆变电路

电路工作过程说明如下。

当三极管VT_1基极的控制脉冲U_{b1}为高电平时，VT_1导通，VT_2的U_{b2}为低电平，VT_2关断，有电流流过线圈L_1，电流途径是：U_d+→L_1→VT_1→U_d−，L_1产生左负右正的电动势，该电动势感应到L_3上，L_3上得到左负右正的电压U_o供给负载R、L。

当三极管VT_2的U_{b2}为高电平，VT_1的U_{b1}为低电平时，VT_1关断，VT_2并不能马上导通，因为VT_1关断后，流过负载R、L的电流突然减小，L马上产生左正右负的电动势，该电动势送给L_3，L_3再感应到L_2上，L_2上感应电动势极性为左正右负，该电动势对电容C充电将能量反馈给直流侧，充电途径是：L_2左正→C→VD_2→L_2右负，由于VD_2的导通，VT_2的e、c极电压相等，VT_2虽然U_{b2}为高电平但不能导通。一旦L_2上的电动势降到与U_d相等时，无法继续对C充电，VD_2截止，VT_2开始导通，有电流流过线圈L_2，电流途径是：U_d+→L_2→VT_2→U_d−，L_2产生左正右负的电动势，该电动势感应到L_3上，L_3上得到左正右负的电压U_o供给负载R、L。

当三极管VT_1的U_{b1}再变为高电平，VT_2的U_{b2}为低电平时，VT_2关断，负载电感L会产生左负右正电动势，通过L_3感应到L_1上，L_1上的电动势再通过VD_1对直流侧的电容C充电，待L_1上的电动势左负右正电动势降到与U_d相等后，VD_1截止，VT_1才能导通。以后电路会重复上述工作。

变压器逆变电路优点是采用的开关器件少，缺点是开关器件承受的电压高（$2U_d$），并且需用到变压器。

（4）三相电压逆变电路

单相电压逆变电路只能接一相负载，而三相电压逆变电路可以同时接三相负载。图15-22是一种应用广泛的三相电压逆变电路，R_1、L_1、R_2、L_2、R_3、L_3构成三相感性负载（如三相异步电动机）。

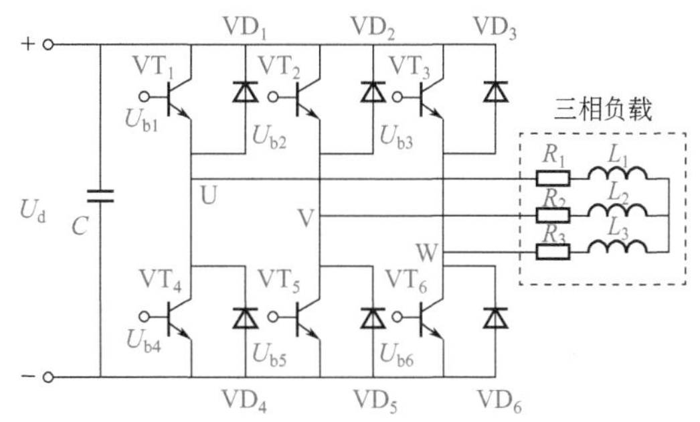

图15-22　一种应用广泛的三相电压逆变电路

电路工作过程说明如下。

当VT_1、VT_5、VT_6基极的控制脉冲均为高电平时，这3个三极管都导通，有电流流过三相负载，电流途径是：U_d+→VT_1→R_1、L_1，再分作两路，一路经L_2、R_2、VT_5流到U_d−，另一路经L_3、R_3、VT_6流到U_d−。

当VT_2、VT_4、VT_6基极的控制脉冲均为高电平时，这3个三极管不能马上导通，因为VT_1、VT_5、VT_6关断后流过三相负载的电流突然减小，L_1产生左负右正电动势，L_2、L_3均产生左正右负电动势，这些电动势叠加对直流侧电容C充电，充电途径是：L_2左

正→VD_2→C，L_3左正→VD_3→C，两路电流汇合对C充电后，再经VD_4、R_1→L_1左负。VD_2的导通使VT_2集射极电压相等，VT_2无法导通，VT_4、VT_6也无法导通。当L_1、L_2、L_3叠加电动势下降到U_d大小，VD_2、VD_3、VD_4截止，VT_2、VT_4、VT_6开始导通，有电流流过三相负载，电流途径是：U_d+→VT_2→R_2、L_2，再分作两路，一路经L_1、R_1、VT_4流到U_d−，另一路经L_3、R_3、VT_6流到U_d−。

当VT_3、VT_4、VT_5基极的控制脉冲均为高电平时，这3个三极管不能马上导通，因为VT_2、VT_4、VT_6关断后流过三相负载的电流突然减小，L_2产生左负右正电动势，L_1、L_3均产生左正右负电动势，这些电动势叠加对直流侧电容C充电，充电途径是：L_1左正→VD_1→C，L_3左正→VD_3→C，两路电流汇合对C充电后，再经VD_5、R_2→L_2左负。VD_3的导通使VT_3集射极电压相等，VT_3无法导通，VT_4、VT_5也无法导通。当L_1、L_2、L_3叠加电动势下降到U_d大小，VD_2、VD_3、VD_4截止，VT_3、VT_4、VT_5开始导通，有电流流过三相负载，电流途径是：U_d+→VT_3→R_3、L_3，再分作两路，一路经L_1、R_1、VT_4流到U_d−，另一路经L_2、R_2、VT_5流到U_d−。

以后的工作过程与上述相同，这里不再叙这。通过控制开关器件的导通关断，三相电压逆变电路实现了将直流电压转换成三相交流电压功能。

15.3.3 电流型逆变电路

电流型逆变电路是指直流侧采用电流源的逆变电路。电流源是指能提供稳定电流的电源。理想的直流电流源较为少见，一般在逆变电路的直流侧串联一个大电感可视为电流源。图15-23中就是两种典型的电流源（虚线框内部分）。

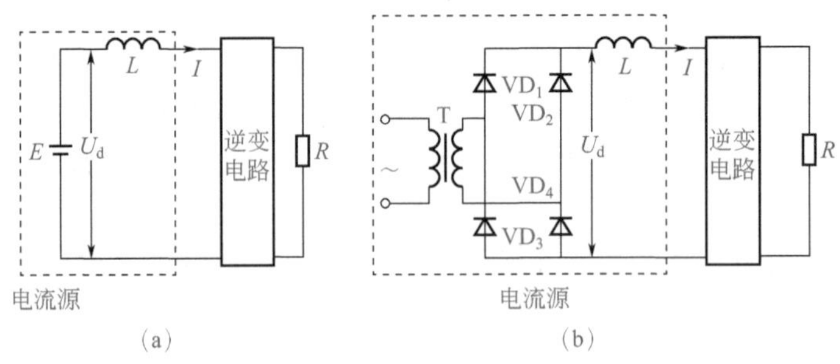

图15-23 两种典型的电流源

图15-23（a）中的直流电源E能向后级电路提供电流，当电源E大小突然变化时，电感L会产生电势形成电流来弥补电源的电流，如E突然变小，流过L的电流也会变小，L马上产生左负右正电动势而形成往右的电流，补充电源E减小的电流，电流I基本不变，故电源与电感串联可视为电流源。

图15-23（b）中的桥式整流电路后面串接有一个大电感，交流电压经变压器降压和二极管整流后得到电压U_d，当U_d大小变化时，电感L会产生相应电动势来弥补U_d形成的电流的不足，故虚线框内的整个电路也可视为电流源。

（1）单相桥式电流型逆变电路

单相桥式电流型逆变电路如图15-24所示，晶闸管VT_1～VT_4为4个桥臂，其中VT_1、VT_4为一对，VT_2、VT_3为另一对，R、L为感性负载，C为补偿电容，C、R、L还组成并联谐振电路，所以该电路又称为并联谐振式逆变电路。RLC电路的谐振频率为1000～2500Hz，它略低于晶闸管导通频率（也即控制脉冲的频率），对通过的信号呈容性。

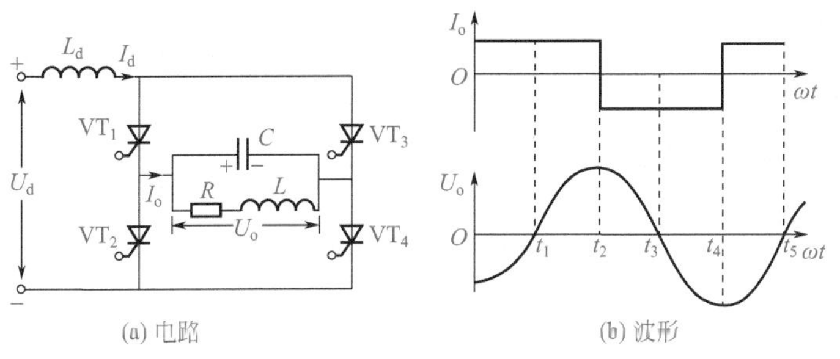

(a) 电路　　(b) 波形

图15-24　单相桥式电流型逆变电路

电路工作过程说明如下。

在t_1～t_2期间，VT_1、VT_4门极的控制脉冲为高电平，VT_1、VT_4导通，有电流I_o经VT_1、VT_4流过RLC电路，该电流分作两路，一路流经R、L元件，另一路对C充电，在C上充得左正右负电压，随着充电的进行，C上的电压逐渐上升，也即RL两端的电压U_o逐渐上升。由于t_1～t_2期间VT_3、VT_2处于关断状态，I_o与I_d相等，并且大小不变（I_d是稳定电流，I_o也是稳定电流）。

在t_2～t_4期间，VT_2、VT_3门极的控制脉冲为高电平，VT_2、VT_3导通，由于C上充有左正右负电压，该电压一方面通过VT_3加到VT_1两端（C左正加到VT_1的阴极，C右负经VT_3加到VT_1阳极），另一方面通过VT_2加到VT_4两端（C左正经VT_2加到VT_4阴极，C右负加到VT_4阳极），C上的电压经VT_1、VT_4加上反向电压，VT_1、VT_4马上关断，这种利用负载两端电压来关断开关器件的方式称为负载换流方式。VT_1、VT_4关断后，I_d电流开始经VT_3、VT_2对电容C反向充电（同时也会分一部分流过L、R），C上的电压慢慢被中和，两端电压U_o也慢慢下降，t_3时刻C上电压为0。t_3～t_4期间，I_d电流（也即I_o）对C充电，充得左负右正电压并且逐渐上升。

在t_4～t_5期间，VT_1、VT_4门极的控制脉冲为高电平，VT_1、VT_4导通，C上的左负右正电压对VT_3、VT_2为反向电压，使VT_3、VT_2关断。VT_3、VT_2关断后，I_d电流开始经VT_1、VT_4对电容C充电，将C上的左负右正电压慢慢中和，两端电压U_o也慢慢下降，t_5时刻C上电压为0。

以后电路重复上述工作过程，从而在RLC电路两端得到正弦波电压U_o，流过RLC电路的电流I_o为矩形电流。

（2）三相电流型逆变电路

三相电流型逆变电路如图15-25所示，VT_1～VT_6为可关断晶闸管（GTO），栅极加正脉冲时导通，加负脉冲时关断，C_1、C_2、C_3为补偿电容，用于吸收在换流时感性负载产生的电动势，减少对晶闸管的冲击。

电路工作过程说明如下。

在0～t_1期间，VT_1、VT_6导通，有电流I_d流过负载，电流途径是：U_d+→L→VT_1→R_1、L_1→L_2、R_2→VT_6→U_d−。

在t_1～t_2期间，VT_1、VT_2导通，有电流I_d流过负载，电流途径是：U_d+→L→VT_1→R_1、L_1→L_3、R_3→VT_2→U_d−。

在t_2～t_3期间，VT_3、VT_2导通，有电流I_d流过负载，电流途径是：U_d+→L→VT_3→R_2、L_2→L_3、R_3→VT_2→U_d−。

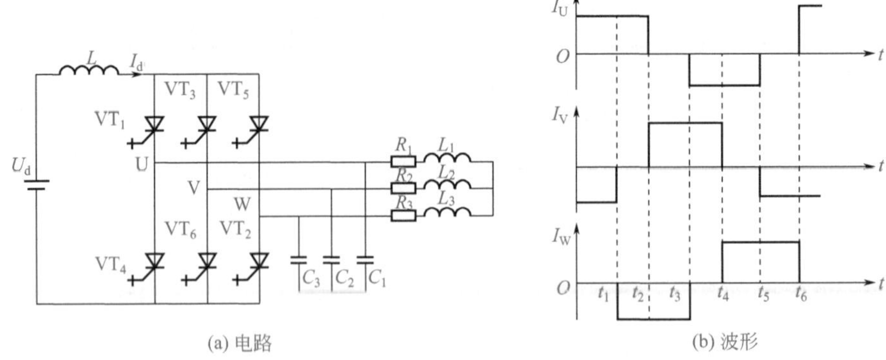

(a) 电路 (b) 波形

图15-25 三相电流型逆变电路

在t_3～t_4期间，VT_3、VT_4导通，有电流I_d流过负载，电流途径是：U_d+→L→VT_3→R_2、L_2→L_1、R_1→VT_4→U_d−。

在t_4～t_5期间，VT_5、VT_4导通，有电流I_d流过负载，电流途径是：U_d+→L→VT_5→R_3、L_3→L_1、R_1→VT_4→U_d−。

在t_5～t_6期间，VT_5、VT_6导通，有电流I_d流过负载，电流途径是：U_d+→L→VT_5→R_3、L_3→L_2、R_2→VT_6→U_d−。

以后电路重复上述工作过程。

15.4 PWM控制技术

PWM全称为Pulse Width Modulation，意为脉冲宽度调制。PWM控制就是对脉冲宽度进行调制，以得到一系列宽度变化的脉冲，再用这些脉冲来代替所需的信号（如正弦波）。

15.4.1 PWM控制的基本原理

（1）面积等效原理

面积等效原理内容是：冲量相等（即面积相等）而形状不同的窄脉冲加在惯性环节（如电感）时，其效果基本相同。图15-26是三个形状不同但面积相等的窄脉冲信号电压，当它加到图15-27所示的R、L电路两端时，流过R、L元件的电流变化基本相同，因此对于R、L电路来说，这三个脉冲是等效的。

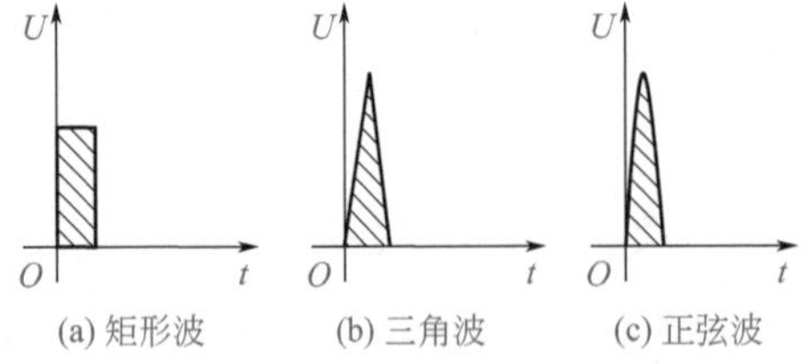

(a) 矩形波 (b) 三角波 (c) 正弦波

图15-26 三个形状不同但面积相等的窄脉冲信号电压

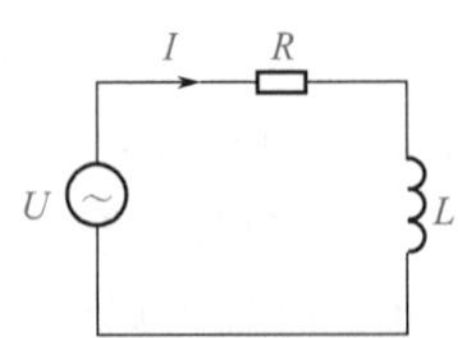

图15-27 R、L电路

（2）SPWM控制原理

SPWM意为正弦波（Sinusoidal）脉冲宽度调制。为了说明SPWM原理，可将图15-28

所示的正弦波正半周分成N等份，那么该正弦波可以看成是由宽度相同、幅度变化的一系列连续的脉冲组成，这些脉冲的幅度按正弦规律变化，根据面积等效原理，这些脉冲可以用一系列矩形脉冲来代替，这些矩形脉冲的面积要求与对应正弦波部分相等，且矩形脉冲的中点与对应正弦波部分的中点重合。同样道理，正弦波负半周也可用一系列负的矩形脉冲来代替。这种脉冲宽度按正弦规律变化且和正弦波等效的PWM波形称为SPWM波形。PWM波形还有其他一些类型，但在变频器中最常见的就是SPWM波形。

要得到SPWM脉冲，最简单的方法是采用图15-29所示的电路，通过控制开关S的通断，在B点可以得到图15-28所示的SPWM脉冲U_B，该脉冲加到R、L电路两端，流过的R、L电路的电流为I，该电流与正弦波U_A加到R、L电路时流过的电流是近似相同的。也就是说，对于R、L电路来说，虽然加到两端的U_A和U_B信号波形不同，但流过的电流是近似相同的。

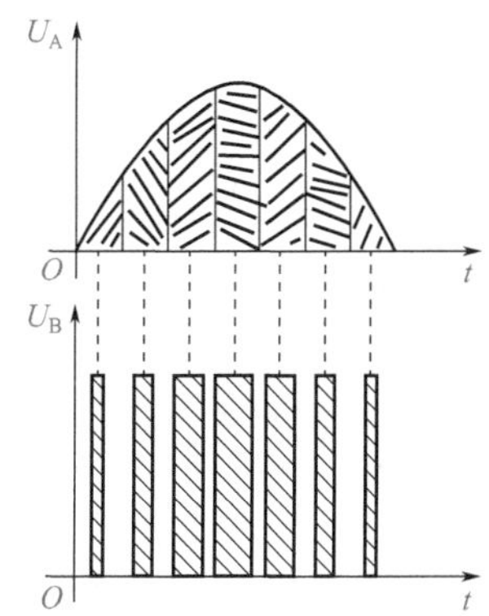

图15-28 正弦波按面积等效原理转换成SPWM脉冲

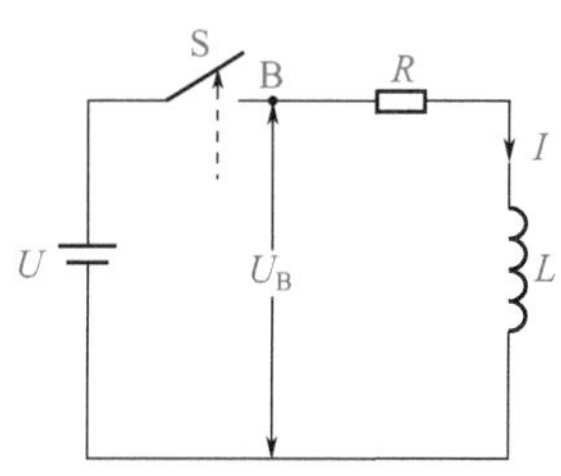

图15-29 产生SPWM波的简易电路

15.4.2 SPWM波的产生

SPWM波作用于感性负载与正弦波直接作用于感性负载的效果是一样的。SPWM波有两个形式：单极性SPWM波和双极性SPWM波。

（1）单极性SPWM波的产生

SPWM波产生的一般过程是：首先由PWM控制电路产生SPWM控制信号，再让SPWM控制信号去控制逆变电路中的开关器件的通断，逆变电路就输出SPWM波提供给负载。图15-30是单相桥式PWM逆变电路，在PWM控制信号控制下，负载两端会得到单极性SPWM波。

单极性PWM波的产生过程说明如下。

信号波（正弦波）和载波（三角波）送入PWM控制电路，该电路会产生PWM控制信号送到逆变电路的各个IGBT的栅极，控制它们的通断。

在信号波U_r为正半周时，载波U_c始终为正极性（即电压始终大于0）。在U_r为正半周时，PWM控制信号使VT_1始终导通、VT_2始终关断。

当$U_r > U_c$时，VT_4导通，VT_3关断，A点通过VT_1与U_d正端连接，B点通过VT_4与U_d负端连接，如图15-30（b）所示，R、L两端的电压$U_o=U_d$；当$U_r < U_c$时，VT_4关断，流过L的电流突然变小，L马上产生左负右正电动势，该电动势使VD_3导通，电动势通过VD_3、VT_1构成回路续流，由于VD_3导通，B点通过VD_3与U_d正端连接，$U_A=U_B$，R、L两端的电

压U_o=0。

在信号波U_r为负半周时，载波U_c始终为负极性（即电压始终小于0）。在U_r为负半周时，PWM控制信号使VT_1始终关断、VT_2始终导通。

当$U_r < U_c$时，VT_3导通，VT_4关断，A点通过VT_2与U_d负端连接，B点通过VT_3与U_d正端连接，R、L两端的电压极性为左负右正，即U_o=$-U_d$；当$U_r > U_c$时，VT_3关断，流过L的电流突然变小，L马上产生左正右负电动势，该电动势使VD_4导通，电动势通过VT_2、VD_4构成回路续流，由于VD_4导通，B点通过VD_4与U_d负端连接，U_A=U_B，R、L两端的电压U_o=0。

从图15-30（b）中可以看出，在信号波U_r半个周期内，载波U_c只有一种极性变化，并且得到的SPWM也只一种极性变化，这种控制方式称为单极性PWM控制方式，由这种方式得到的SPWM波称为单极性SPWM波。

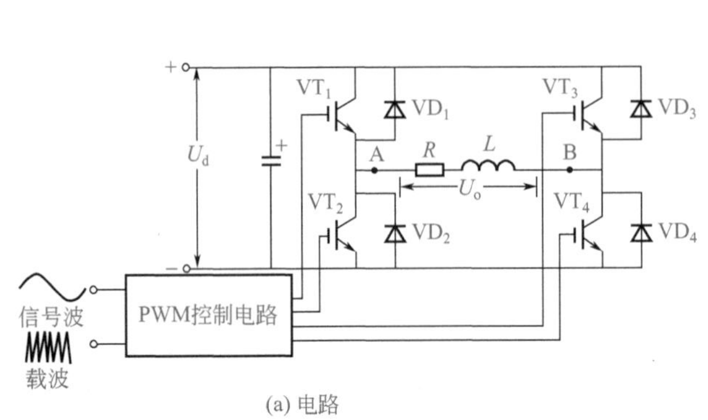

(a) 电路

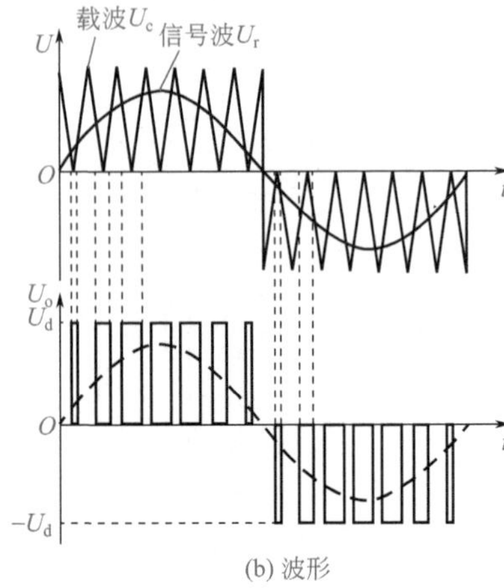

(b) 波形

图15-30 单相桥式PWM逆变电路产生单极性SPWM波

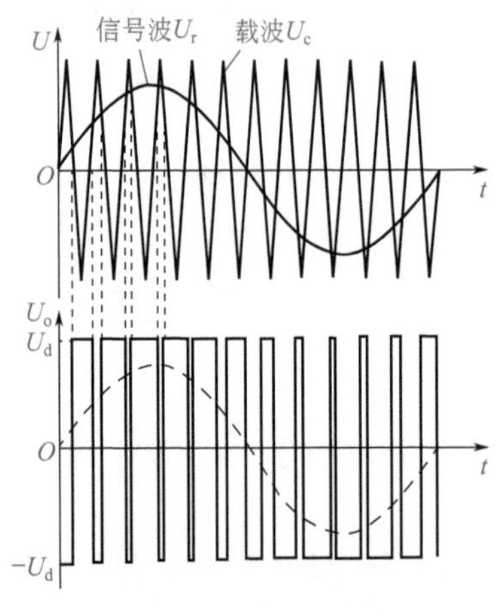

图15-31 双极性SPWM波

（2）双极性SPWM波的产生

双极性SPWM波也可以由单相桥式PWM逆变电路产生。双极性SPWM波如图15-31所示。下面以图15-30所示的单相桥式PWM逆变电路为例来说明双极性SPWM波的产生。

要让单相桥式PWM逆变电路产生双极性SPWM波，PWM控制电路必须产生相应的PWM控制信号去控制逆变电路的开关器件。

当$U_r < U_c$时，VT_3、VT_2导通，VT_1、VT_4关断，A点通过VT_2与U_d负端连接，B点通过VT_3与U_d负端连接，R、L两端的电压U_o=$-U_d$。

当$U_r > U_c$时，VT_1、VT_4导通，VT_2、VT_3关断，A点通过VT_1与U_d正端连接，B点通过VT_4与U_d负端连接，R、L两端的电压U_o=U_d。在此期间，由于流过L的电流突然改变，L会产生左正右负的电动势，该电动势使续流二极管VD_1、VD_4导通，对直流侧的电容充电，进行能量的回馈。

R、L上得到的SPWM波形如图15-31所示U_o电压，在信号波U_r半个周期内，载波U_c

的极性有正、负两种变化，并且得到的SPWM也有两个极性变化，这种控制方式称为双极性SPWM控制方式，由这种方式得到的SPWM波称为双极性SPWM波。

（3）三相SPWM波的产生

单极性SPWM波和双极性SPWM波用来驱动单相电动机，三相SPWM波则用来驱动三相异步电动机。图15-32是三相桥式PWM逆变电路，它可以产生三相SPWM波，图中的电容C_1、C_2容量相等，它将U_d电压分成相等两部分，N′为中点，C_1、C_2两端的电压均为$U_d/2$。

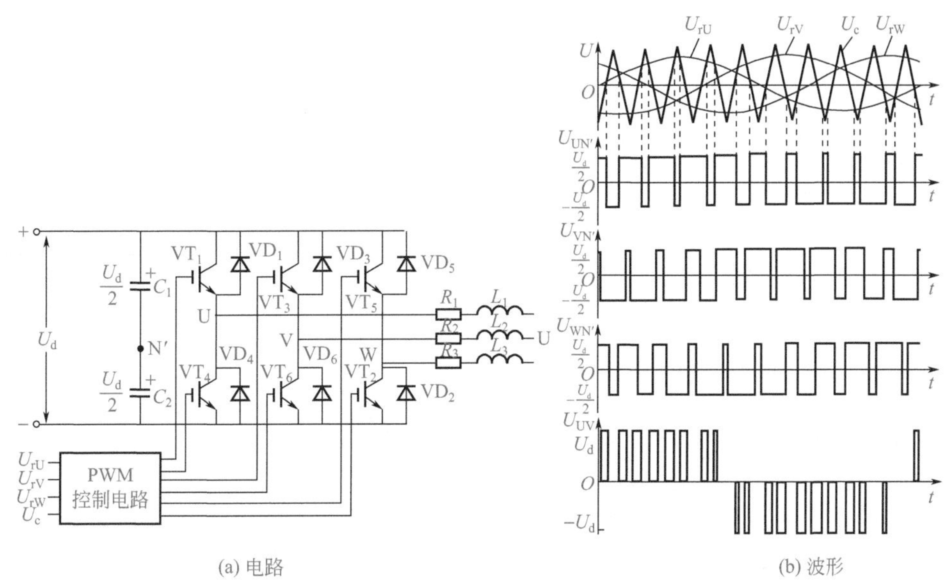

(a) 电路　　(b) 波形

图15-32　三相桥式PWM逆变电路产生三相SPWM波

三相SPWM波的产生说明如下（以U相为例）。

三相信号波电压U_{rU}、U_{rV}、U_{rW}和载波电压U_c送到PWM控制电路，该电路产生PWM控制信号加到逆变电路各IGBT的栅极，控制它们的通断。

当$U_{rU} > U_c$时，PWM控制信号使VT_1导通、VT_4关断，U点通过VT_1与U_d正端直接连接，U点与中点N′之间的电压$U_{UN'}=U_d/2$。

当$U_{rU} < U_c$时，PWM控制信号使VT_1关断、VT_4导通，U点通过VT_4与U_d负端直接连接，U点与中点N′之间的电压$U_{UN'}=-U_d/2$。

电路工作的结果使U、N′两点之间得到图15-32（b）所示的脉冲电压$U_{UN'}$，在V、N′两点之间得到脉冲电压$U_{VN'}$，在W、N′两点之间得到脉冲电压$U_{WN'}$，在U、V两点之间得到电压为U_{UV}（$U_{UV}=U_{UN'}-U_{VN'}$），U_{UV}实际上就是加到L_1、L_2两绕组之间电压，从波形图可以看出，它就是单极性SPWM波。同样地，在U、W两点之间得到电压为U_{UW}，在V、W两点之间得到电压为U_{VW}，它们都为单极性SPWM波。这里的U_{UW}、U_{UV}、U_{VW}就称为三相SPWM波。

15.4.3　PWM控制方式

PWM控制电路的功能是产生PWM控制信号去控制逆变电路，使之产生SPWM波提供给负载。为了使逆变电路产生的SPWM波合乎要求，通常的做法是将正弦波作为参考信号送给PWM控制电路，PWM控制电路对该信号处理后形成相应的PWM控制信号去控制逆变电路，让逆变电路产生与参考信号等效的SPWM波。

根据PWM控制电路对参考信号处理方法不同，可分为计算法、调制法和跟踪控制法等。

（1）计算法

计算法是指PWM控制电路的计算电路根据参考正弦波的频率、幅值和半个周期内的脉冲数，计算出SPWM脉冲的宽度和间隔，然后输出相应的PWM控制信号去控制逆变电路，让它产生与参考正弦波等效的SPWM波。采用计算法的PWM电路如图15-33所示。

计算法是一种较繁琐的方法，故PWM控制电路较少采用这种方法。

（2）调制法

调制法是指以参考正弦波作为调制信号，以等腰三角波作为载波信号，将正弦波调制三角波来得到相应的PWM控制信号，再控制逆变电路产生与参考正弦波一致的SPWM波供给负载。采用调制法的PWM电路如图15-34所示。

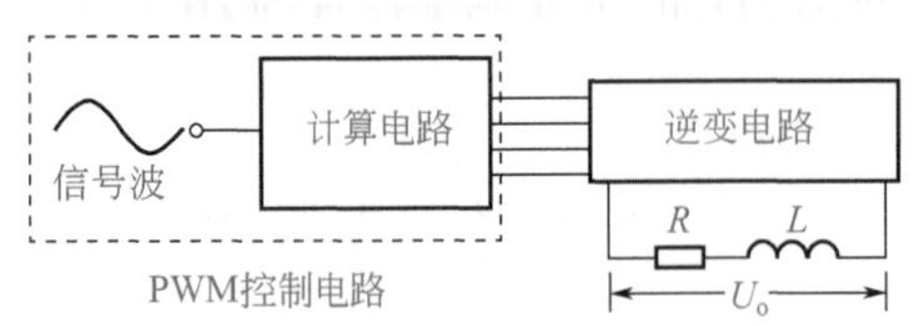

图15-33　采用计算法的PWM电路

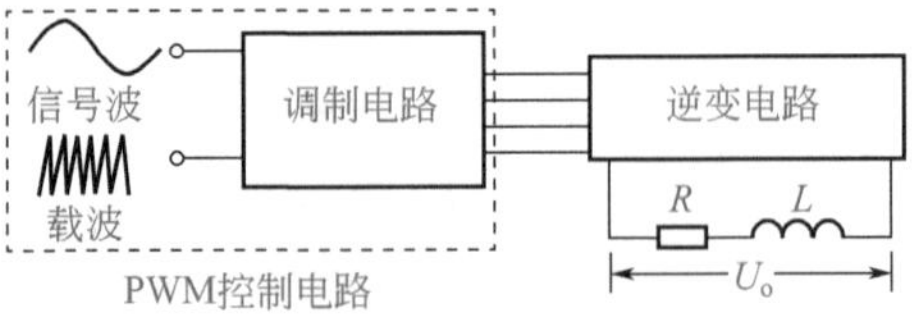

图15-34　采用调制法的PWM电路

调制法中的载波频率f_c与信号波频率f_r之比称为载波比，记作$N=f_c/f_r$。根据载波和信号波是否同步及载波比的变化情况，调制法又可分为异步调制和同步调制。

① 异步调制　异步调制是指载波频率和信号波不保持同步的调制方式。在异步调制时，通常保持载波频率f_c不变，当信号波频率f_r发生变化时，载波比N也会随之变化。

在信号波频率较低时，载波比N增大，在信号半个周期内形成的PWM脉冲个数很多，载波频率不变，信号频率变低（周期变长），半个周期内形成的SPWM脉冲个数增多，SPWM的效果越接近正弦波，反之，信号波频率较高时形成的SPWM脉冲个数少，如果信号波频率高且出现正、负不对称，那么形成的SPWM波与正弦波偏差较大。

异步调制适用于信号频率较低、载波频率较高（即载波比N较大）的PWM电路。

② 同步调制　同步调制是指载波频率和信号波保持同步的调制方式。在同步调制时，载波频率f_c和信号波频率f_r会同时发生变化，而载波比N保持不变。由于载波比不变，所以在一个周期内形成的SPWM脉冲的个数是固定的，等效正弦波对称性较好。在三相PWM逆变电路中，通常共用一个三角载波，并且让载波比N固定取3的整数倍，这样会使输出的三相SPWM波严格对称。

在进行异步调制或同步调制时，要求将信号波和载波进行比较，比较采用的方法主要有自然采样法和规则采样法。自然采样法和规则采样法如图15-35所示。

图15-35（a）为自然采样法示意图。自然采样法是将载波U_c与信号波U_r进行比较，当$U_c > U_r$时，调制电路控制逆变电路，使之输出低电平，当$U_c < U_r$时，调制电路控制逆变电路，使之输出高电平。自然采样法是一种最基本的方法，但使用这种方法要求电路进行复杂的运算，这样会花费较多的时间，实时控制较差，因此在实际中较少采用这种方法。

图15-35（b）为规则采样法示意图。规则采样法是以三角载波的两个正峰之间为一个采样周期，以负峰作为采样点对信号波进行采样而得到D点，再过D点作一条水平线和三角载波相交于A、B两点，在A、B点的$t_A \sim t_B$期间，调制电路会控制逆变电路，使之输出

高电平。规则采样法的效果与自然采样法接近，但计算量很少，在实际中这种方法采用较广泛。

（3）跟踪控制法

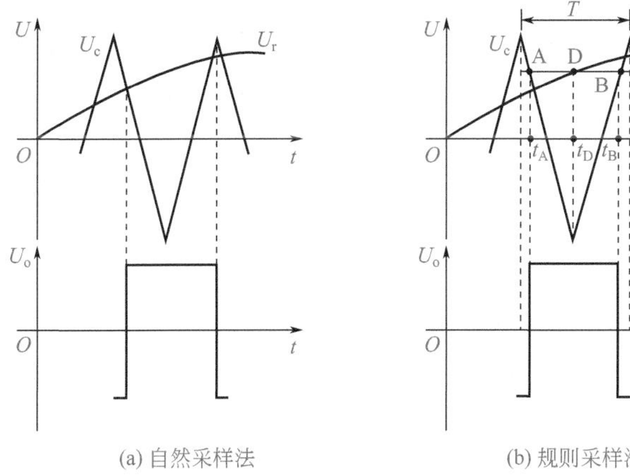

图15-35 信号波和载波进行比较方法

跟踪控制法是将参考信号与负载反馈过来的信号进行比较，再根据两者的偏差来形成PWM控制信号来控制逆变电路，使之产生与参考信号一致的SPWM波。跟踪控制法可分为滞环比较式和三角波比较式。

① 滞环比较式　采用滞环比较式跟踪法的PWM控制电路要用滞环比较器。根据反馈信号的类型不同，滞环比较式可分为电流型滞环比较式和电压型滞环比较式。

a. 电流型滞环比较式　图15-36是单相电流型滞环比较式跟踪控制PWM逆变电路。该方式是将参考信号电流I_r与逆变电路输出端反馈过来的反馈信号电流I_f进行相减，再将两者的偏差I_r–I_f输入滞环比较器，滞环比较器会输出相应的PWM控制信号，控制逆变电路开关器件的通断，使输出反馈电流I_f与I_r误差减小，I_f与I_r误差越小，表明逆变电路输出电流与参考电流越接近。

图15-37是三相电流型滞环比较式跟踪控制PWM逆变电路。该电路有I_{Ur}、I_{Vr}、I_{Wr}三个参考信号电流，它们分别与反馈信号电流I_{Uf}、I_{Vf}、I_{Wf}进行相减，再将两者的偏差输入各自滞环比较器，各滞环比较器会输出相应的PWM控制信号，控制逆变电路开关器件的通断，使各自输出的反馈电流朝着与参考电流误差减小的方向变化。

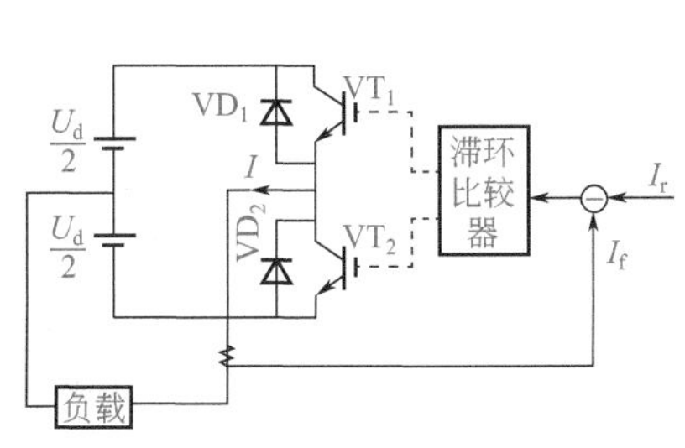

图15-36 单相电流型滞环比较式跟踪控制PWM逆变电路

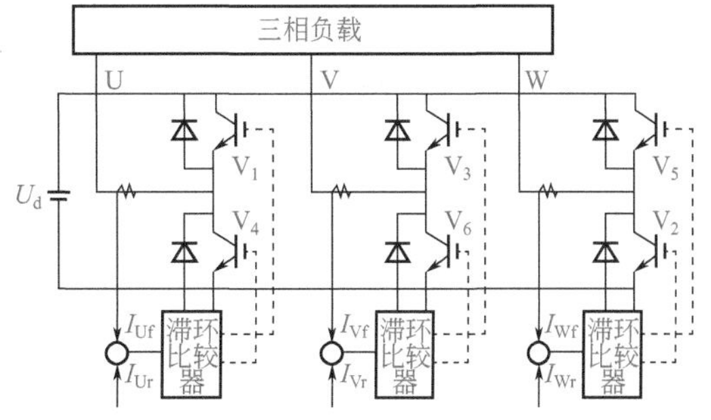

图15-37 三相电流型滞环比较式跟踪控制PWM逆变电路

采用电流型滞环比较式跟踪控制的PWM电路的主要特点有：电路简单；控制响应快，适合实时控制；由于未用到载波，故输出电压波形中固定频率的谐波成分少；与调制法和计算法比较，相同开关频率时输出电流中高次谐波成分较多。

b. 电压型滞环比较式　图15-38是单相电压型滞环比较式跟踪控制PWM逆变电路。从图中可以看出，电压型滞环比较式与电流型不同主要在于参考信号和反馈信号都由电流换成了电压，另外在滞环比较器前增加了滤波器，用来滤除减法器输出误差信号中的高次谐波成分。

② 三角波比较式　图15-39是三相三角波比较式电流跟踪型PWM逆变电路。在电路中，三个参考信号电流I_{Ur}、I_{Vr}、I_{Wr}与反馈信号电流I_{Uf}、I_{Vf}、I_{Wf}进行相减，得到的误差电流先由放大器A进行放大，然后再送到运算放大器C（比较器）的同相输入端，与此同时，三相三角波发生电路产生三相三角波送到三个运算放大器的反相输入端，各误差信号与各自的三角波进行比较后输出相应的PWM控制信号，去控制逆变电路相应的开关器件通断，使各相输出反馈电流朝着与该相参考电流误差减小的方向变化。

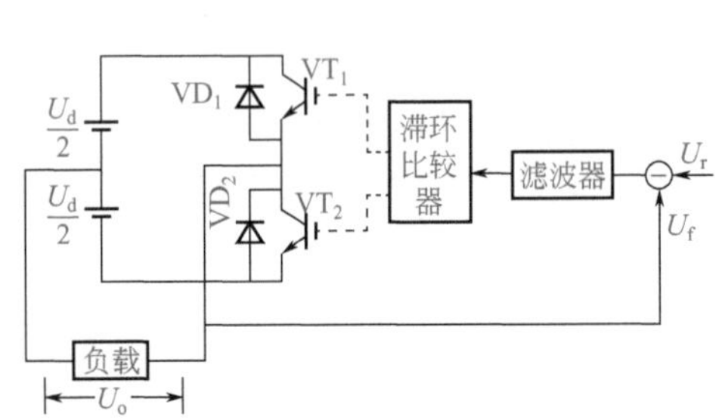

图15-38　单相电压型滞环比较式跟踪控制PWM逆变电路

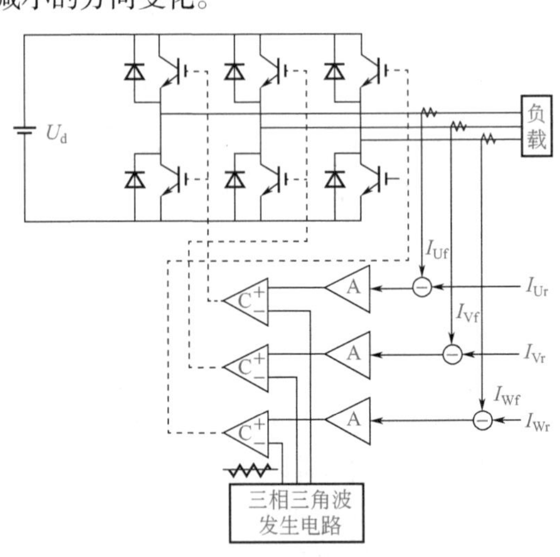

图15-39　三相三角波比较式电流跟踪型PWM逆变电路

15.4.4 PWM整流电路

目前广泛应用的整流电路主要有二极管整流和晶闸管可控整流，二极管整流电路简单，但无法对整流进行控制，晶闸管可控整流虽然可对整流进行控制，但功率因数低（即电能利用率低），且工作时易引起电网电源波形畸变，对电网其他用电设备会产生不良影响。PWM整流电路是一种可控整流电路，它的功率因数很高，且工作时不会对电网产生污染，因此PWM整流电路在电力电子设备中应用越来越广泛。

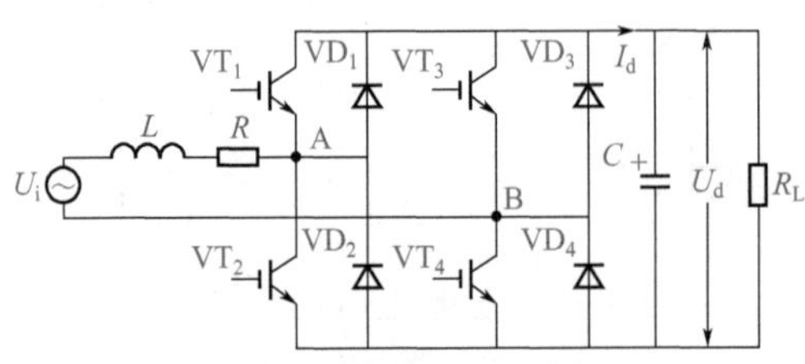

图15-40　单相电压型PWM整流电路

PWM整流电路可分为电压型和电流型，但广泛应用的主要是电压型。电压型PWM整流电路有单相和三相之分。

（1）单相电压型PWM整流电路

单相电压型PWM整流电路如图15-40所

示，图中的L为电感量较大的电感，R为电感和交流电压U_i的直流电阻，VT_1～VT_4为IGBT，其导通关断受PWM控制电路（图中未画出）送来的控制信号控制。

电路工作过程说明如下。

当交流电压U_i极性为上正下负时，PWM控制信号使VT_2、VT_3导通，电路中有电流产生，电流途径是：

U_i上正→L、R→A点→（VD_1→VT_3 或 VT_2→VD_4）→B点→U_i下负

电流在流经L时，L产生左正右负电动势阻碍电流，同时L储存能量。VT_2、VT_3关断后，流过L的电流突然变小，L马上产生左负右正电动势，该电动势与上正下负的交流电压U_i叠加对电容C充电，充电途径是：L右正→R→A点→VD_1→C→VD_4→B点→U_i下负，在C上充得上正下负电压。

当交流电压U_i极性为上负下正时，PWM控制信号使VT_1、VT_4导通，电路中有电流产生，电流途径是：

U_i下正→B点→（VD_3→VT_1 或 VT_4→VD_2）→A点→R、L→U_i上负

电流在流经L时，L产生左负右正电动势阻碍电流，同时L储存能量。VT_1、VT_4关断后，流过L的电流突然变小，L马上产生左正右负电动势，该电动势与上负下正的交流电压U_i叠加对电容C充电，充电途径是：U_i下正→B点→VD_3→C→VD_2→A点→L右负，在C上充得上正下负电压。

在交流电压正负半周期内，电容C上充得上正下负的电压U_d，该电压为直流电压，它供给负载R_L。从电路工作过程可知，在交流电压半个周期中的前一段时间内，有两个IGBT同时导通，电感L储存电能，在后一段时间内这两个IGBT关断，输入交流电压与电感释放电能量产生的电动势叠加对电容充电，因此电容上得到的电压U_d会高于输入端的交流电压U_i，故电压型PWM整流电路是升压型整流电路。

（2）三相电压型PWM整流电路

三相电压型PWM整流电路如图15-41所示。U_1、U_2、U_3为三相交流电压，L_1、L_2、L_3为储能电感（电感量较大的电感），R_1、R_2、R_3为储能电感和交流电压内阻的等效电阻。三相电压型PWM整流电路工作原理与单相电压型PWM整流电路基本相同，只是从单相扩展到三相，电路工作的结果在电容C上会得到上正下负的直流电压U_d。

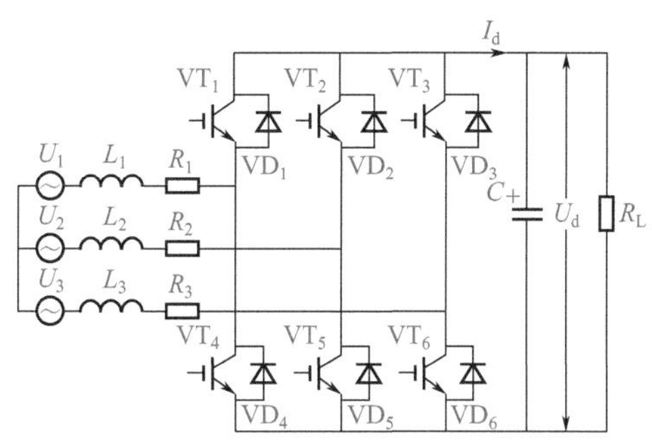

图15-41　三相电压型PWM整流电路

15.5 交流调压电路

交流调压电路是一种能调节交流电压有效值大小的电路。交流调压电路种类较多，常

见的有单向晶闸管交流调压电路、双向晶闸管交流调压电路、脉冲控制交流调压电路和三相交流调压电路等。

15.5.1 单向晶闸管交流调压电路

单向晶闸管交流调压电路主要由单向晶闸管和单结晶管构成。

（1）单结晶管

① 外形与结构　单结晶管又称双基极二极管，它除了有一个发射极E外，还有两个基极B_1、B_2。单结晶管的外形、符号、结构和等效图如图15-42所示。

单结晶管的制作方法是：在一块高阻率的N型半导体基片的两端各引出一个铝电极，如图15-42（b）所示，分别称作第一基极B_1和第二基极B_2，然后在N型半导体基片一侧埋入P型半导体，在两种半导体的结合部位就形成了一个PN结，再在P型半导体端引出一个电极，称为发射极E。

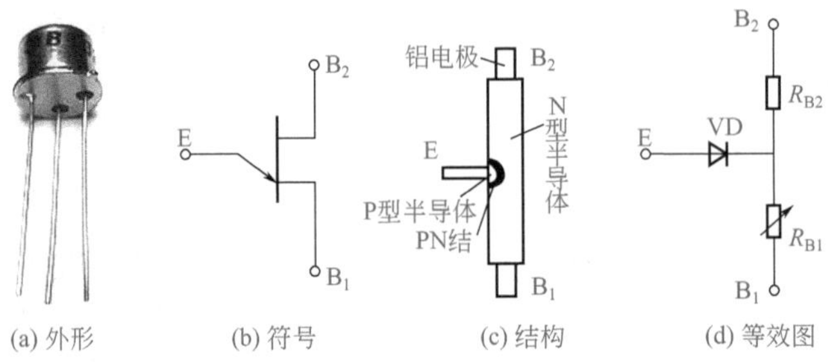

图15-42　单结晶管

单结晶管的等效图如图15-42（d）所示。单结晶管B_1、B_2极之间为高阻率的N型半导体，故两极之间的电阻R_{BB}值较大（4～12kΩ），以PN结为中心，将N型半导体分作两部分，PN结与B_1极之间的电阻用R_{B1}表示，PN结与B_2极之间的电阻用R_{B2}表示，$R_{BB}=R_{B1}+R_{B2}$，E极与N型半导体之间的PN结可等效为一个二极管，用VD表示。

② 工作原理　为了说明单结晶管的工作原理，在发射极E和第一基极B_1之间加U_E电压，在第二基极B_2和第一基极B_1之间加U_{BB}电压，具体如图15-43（a）所示。下面分几种情况来分析单结晶管的工作原理。

a. 当$U_E=0$时，单结晶管内部的PN结截止，由于B_2、B_1之间加有U_{BB}电压，有I_B电流流过R_{B2}和R_{B1}，这两个等效电阻上都有电压，分别是U_{RB2}和U_{RB1}，从图中不难看出，U_{RB1}与U_{BB}之比等于R_{B1}与$R_{B1}+R_{B2}$之比，即

$$\frac{U_{RB1}}{U_{BB}}=\frac{R_{B1}}{R_{B1}+R_{B2}}$$

$$U_{RB1}=U_{BB}\frac{R_{B1}}{R_{B1}+R_{B2}}$$

式中的$\frac{R_{B1}}{R_{B1}+R_{B2}}$称为单结晶管的分压系数（或称分压比），常用$\eta$表示，不同的单结晶管的$\eta$有所不同，$\eta$通常在0.3～0.9之间。

b. 当$0 < U_E < U_{VD}+U_{RB1}$时，由于U_E电压小于PN结的导通电压U_{VD}与R_{B1}上的电压U_{RB1}之和，所以仍无法使PN结导通。

c. 当$U_E=U_{VD}+U_{RB1}=U_P$时，PN结导通，有I_E电流流过R_{B1}，由于R_{B1}呈负阻性，流过R_{B1}

的电流增大，其阻值减小，R_{B1}的阻值减小，R_{B1}上的电压U_{RB1}也减小，根据$U_E=U_{VD}+U_{RB1}$可知，U_{RB1}减小会使U_E也减小（PN结导通后，其U_{VD}基本不变）。

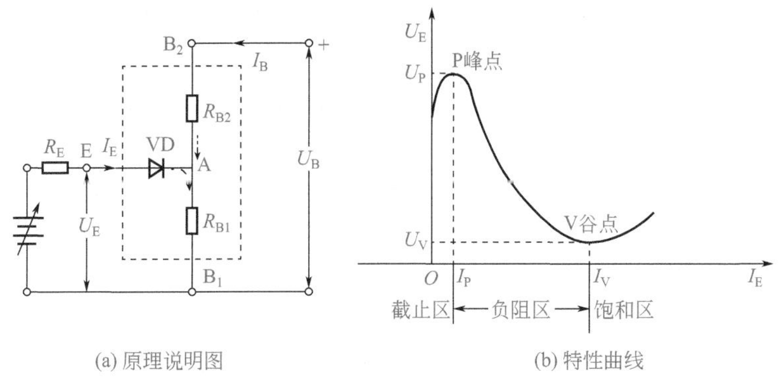

(a) 原理说明图　　(b) 特性曲线

图15-43　单结晶管工作原理

I_E的增大使R_{B1}阻值变小，而R_{B1}阻值变小又会使I_E进一步增大，这样就会形成正反馈，其过程如下：

$$I_E\uparrow \rightarrow R_{B1}\downarrow$$

正反馈使I_E越来越大，R_{B1}越来越小，U_E电压也越来越低，该过程如图15-43（b）中的P点至V点曲线所示。当I_E增大到一定值时，R_{B1}阻值开始增大，R_{B1}又呈正阻性，U_E电压开始缓慢回升，其变化如图15-43（b）曲线中的V点右方曲线所示。若此时$U_E < U_V$，单结晶管又会进入截止状态。

单结晶管具有以下特点：

• 当发射极U_E电压小于峰值电压U_P（也即小于$U_{VD}+U_{RB1}$）时，单结晶管E、B_1极之间不能导通；

• 当发射极U_E电压等于峰值电压U_P时，单结晶管E、B_1极之间导通，两极之间的电阻变得很小，U_E电压的大小马上由峰值电压U_P下降至谷值电压U_V；

• 单结晶管导通后，若$U_E < U_V$，单结晶管会由导通状态进入截止状态；

• 单结晶管内部等效电阻R_{B1}的阻值随I_E电流变化而变化的，而R_{B2}阻值则与I_E电流无关；

• 不同的单结晶管具有不同的U_P、U_V值，对于同一个单结晶管，其U_{BB}电压变化，其U_P、U_V值也会发生变化。

③ 检测　单结晶管检测包括极性检测和好坏检测。

a. 极性检测　单结晶管有E、B_1、B_2三个电极，从图15-42（c）所示的内部等效图可以看出，单结晶管的E、B_1极之间和E、B_2极之间都相当于一个二极管与电阻串联，B_2、B_1极之间相当于两个电阻串联。

单结晶管的极性检测过程如下。

第一步：检测出E极。万用表拨至$R\times1\text{k}\Omega$挡，红、黑表笔测量单结晶管任意两极之间的阻值，每两极之间都正反各测一次。若测得某两极之间的正反向电阻相等或接近时（阻值一般在$2\text{k}\Omega$以上），这两个电极就为B_1、B_2极，余下的电极为E极；若测得某两极之间的正反向电阻时，出现一次阻值小，另一次无穷大，以阻值小的那次测量为准，黑表笔接的为E极，余下的两个电极就为B_1、B_2极。

第二步：检测出B_1、B_2极。万用表仍置于$R\times1k\Omega$挡，黑表笔接已判断出的E极，红表笔依次接另外两极，两次测得阻值会出现一大一小，以阻值小的那次为准，红表笔接的电极通常为B_1极，余下的电极为B_2极。由于不同型号单结晶管的R_{B1}、R_{B2}阻值会有所不同，因此这种检测B_1、B_2极的方法并不适合所有的单结晶管，如果在使用时发现单结晶管工作不理想，可将B_1、B_2极对换。

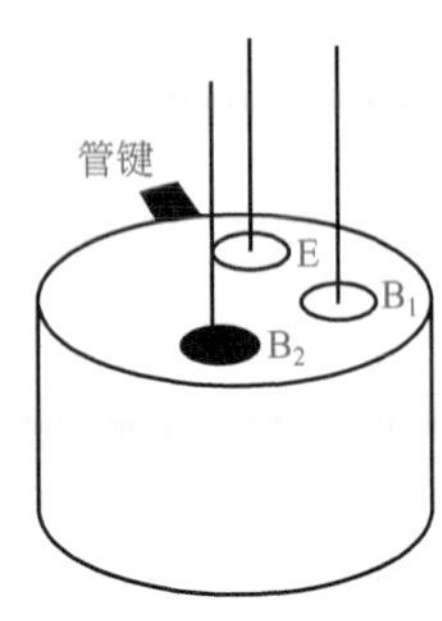

图15-44 根据外形判别单结晶管的电极

对于一些外形有规律的单结晶管，其电极也可以根据外形判断，具体如图15-44所示。单结晶管引脚朝上，最接近管子管键（突出部分）的引脚为E极，按顺时针方向旋转依次为B_1、B_2极。

b. 好坏检测　单结晶管的好坏检测过程如下。

第一步：检测E、B_1极和E、B_2极之间的正反向电阻。万用表拨至$R\times1k\Omega$挡，黑表笔接单结晶管的E极，红表笔依次接B_1、B_2极，测量E、B_1极和E、B_2极之间的正向电阻，正常时正向电阻较小，然后红表笔接E极，黑表笔依次接B_1、B_2极，测量E、B_1极和E、B_2极之间的反向电阻，正常反向电阻无穷大或接近无穷大。

第二步：检测B_1、B_2极之间的正反向电阻。万用表拨至$R\times1k\Omega$挡，红、黑表笔分别接单结晶管的B_1、B_2极，正反各测一次，正常时B_1、B_2极之间的正反向电阻通常在2～200kΩ之间。

若测量结果与上述不符，则为单结晶管损坏或性能不良。

（2）单向晶闸管交流调压电路

单向晶闸管通常与单结晶管配合组成调压电路。单向晶闸管交流调压电路如图15-45所示。

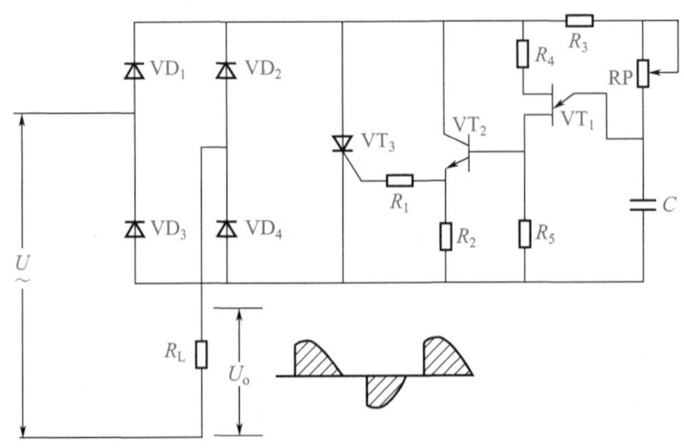

图15-45 单向晶闸管交流调压电路

电路工作过程说明如下。

交流电压U与负载R_L串联接到桥式整流电路输入端。当交流电压为正半周时，U电压的极性是上正下负，VD_1、VD_4导通，有较小的电流对电容C充电，电流途径是：U上正→VD_1→R_3→RP→C→VD_4→R_L→U下负，该电流对C充得上正下负电压，随着充电的进行，C上的电压逐渐上升，当电压达到单结晶管VT_1的峰值电压时，VT_1的发射极E与第一基极B_1之间马上导通，C通过VT_1的EB_1极、R_5和VT_2的发射结、R_2放电，放电电流使VT_2的发射结导通，VT_2的集-射极之间也导通，VT_2发射极电压升高，该电压经R_1加到晶闸管VT_3的G极，VT_3导通。VT_3导通后，有大电流经VD_1、VT_3、VD_4流过负载R_L，在交流电压U过零时，流过VT_3的电流为0，VT_3关断。

当交流电压为负半周时，U电压的极性是上负下正，VD_2、VD_3导通，有较小的电流对电容C充电，电流途径是：U下正→R_L→VD_2→R_3→RP→C→VD_3→U上负，该电流对C充得上正下负电压，随着充电的进行，C上的电压逐渐上升，当电压达到单结晶管VT_1的峰值电压时，VT_1的E、B_1极之间导通，C由充电转为放电，放电使VT_2导通，晶闸管VT_3由截止转为导通。VT_3导通后，有大电流经VD_2、VT_3、VD_3流过负载R_L，在交流电压U过零时，流过VT_3的电流为0，VT_3关断。

从上面的分析可知，只有晶闸管导通时才有大电流流过负载，负载上才有电压，晶闸管导通时间越长，负载上的有效电压值越大。也就是说，只要改变晶闸管的导通时间，就可以调节负载上交流电压有效值的大小。调节电位器RP可以改变晶闸管的导通时间，例如RP滑动端上移，RP阻值变大，对C充电电流减小，C上电压升高到VT_1的峰值电压所需时间延长，晶闸管VT_3会维持较长的截止时间，导通时间相对缩短，负载上交流电压有效值减小。

15.5.2 双向晶闸管交流调压电路

双向晶闸管通常与双向二极管配合组成交流调压电路。

（1）双向二极管

① 外形与符号　双向二极管又称双向触发二极管，它在电路中可以双向导通。双向二极管的实物外形和电路符号如图15-46所示。

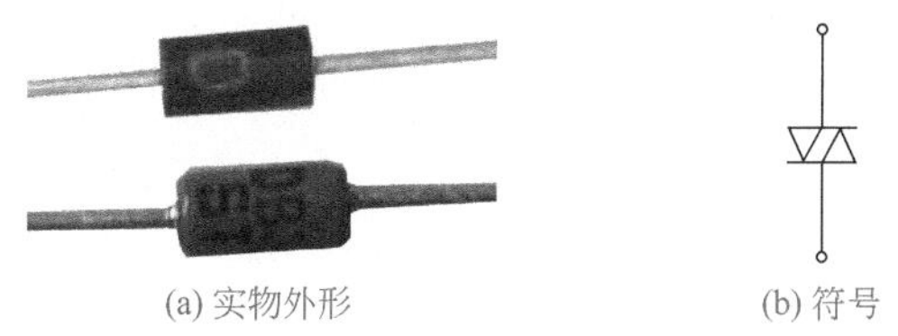

(a) 实物外形　　(b) 符号

图15-46　双向二极管

② 性质　普通二极管有单向导电性，而双向二极管具有双向导电性，但它的导通电压通常比较高。下面通过图15-47所示电路来说明双向二极管性质。

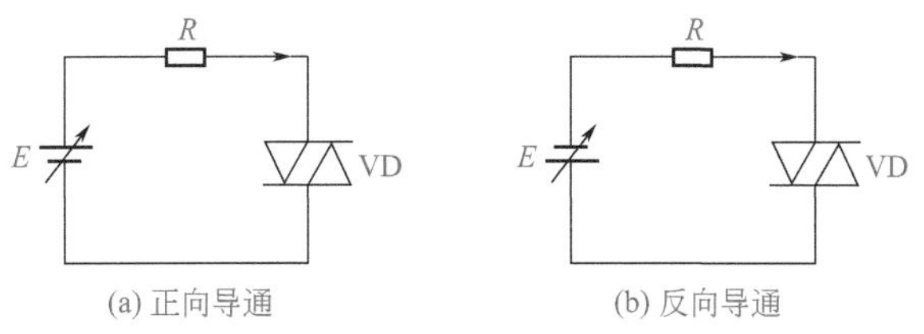

(a) 正向导通　　(b) 反向导通

图15-47　双向二极管的性质说明

a. 加正向电压　在图15-47（a）电路中，将双向二极管VD与可调电源E连接起来。当电源电压较低时，VD不能导通，随着电源电压的逐渐调高，当调到某一值时（如30V），VD马上导通，有从上往下的电流通过双向二极管。

b. 加反向电压　在图15-47（b）电路中，将电源的极性调换后再与双向二极管VD连接起来。当电源电压较低时，VD不能导通，随着电源电压的逐渐调高，当调到某一值时（如30V），VD马上导通，有从下向上的电流通过双向二极管。

综上所述，不管加正向电压还是反向电压，只要电压达到一定值，双向二极管就能导通。

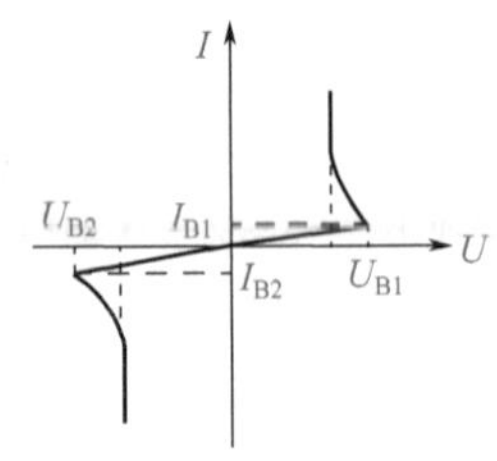

图15-48 双向二极管特性曲线

③ 特性曲线 双向二极管的性质可用图15-48所示的曲线来表示，坐标中的横轴表示双向二极管两端的电压，纵坐标表示流过双向二极管的电流。

从图15-48中可以看出，当触发二极管两端加正向电压时，如果两端电压低于U_{B1}电压，流过的电流很小，双向二极管不能导通，一旦两端的正向电压达到U_{B1}（称为触发电压），马上导通，流过的电流增大，同时双向二极管两端的电压会下降（低于U_{B1}）。

同样地，当触发二极管两端加反向电压时，在两端电压低于U_{B2}电压时不能导通，只有两端的正向电压达到U_{B2}时才能导通，导通后的双向二极管两端的电压会下降（低于U_{B2}）。

从图15-48中还可以看出，双向二极管正、反向特性相同，具有对称性，故双向二极管极性没有正、负之分。

双向二极管的触发电压较高，30V左右最为常见，双向二极管的触发电压一般有20～60V、100～150V和200～250V三个等级。

④ 检测 双向二极管的检测包括好坏检测和触发电压检测。

a. 好坏检测 万用表拨至$R\times1k\Omega$挡，测量双向二极管正、反向电阻，如图15-49所示。若双向二极管正常，正、反向电阻均为无穷大。若测得的正、反向电阻很小或为0，说明双向二极管漏电或短路，不能使用。

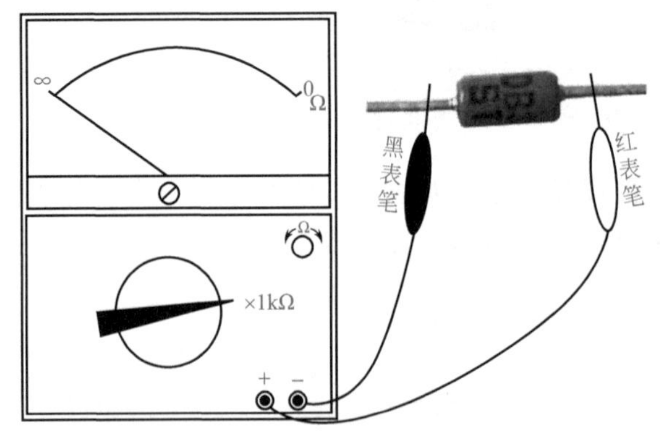

图15-49 双向二极管好坏检测

b. 触发电压检测 检测双向二极管的触发电压方法如下。

第一步：如图15-50所示，将双向二极管与电容、电阻和耐压大于300V的二极管接好，再与220V市电连接。

第二步：将万用表拨至直流50V挡，红、黑表笔分别接被测双向二极管的两极，然后观察表针位置，如果表针在表盘上摆动（时大时小），表针所指最大电压即为触发二极管的触发电压。图15-50中表针指的最大值为30V，则触发二极管的触发电压值约为30V。

第三步：将双向二极管两极对调，再测两端电压，正常该电压值应与第二步测得的电压值相等或相近。两者差值越小，表明触发二极管对称性越好，即性能越好。

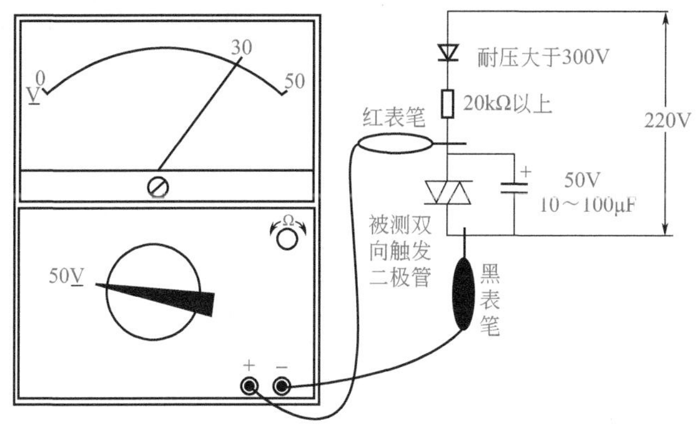

图15-50 双向二极管触发电压的检测

（2）双向晶闸管交流调压电路

图15-51是一种由双向二极管和双向晶闸管构成的交流调压电路。

电路工作过程说明如下。

当交流电压U正半周来时，U的极性是上正下负，该电压经负载R_L、电位器RP对电容C充得上正下负的电压，随着充电的进行，当C的上正下负电压达到一定值时，该电压使双向二极管VD导通，电容C的正电压经VD送到VT的G极，VT的G极电压较主极T_1的电压高，VT被正向触发，两主极T_2、T_1之间随之导通，有电流流过负载R_L。在220V电压过零时，流过晶闸管VT的电流为0，VT由导通转入截止。

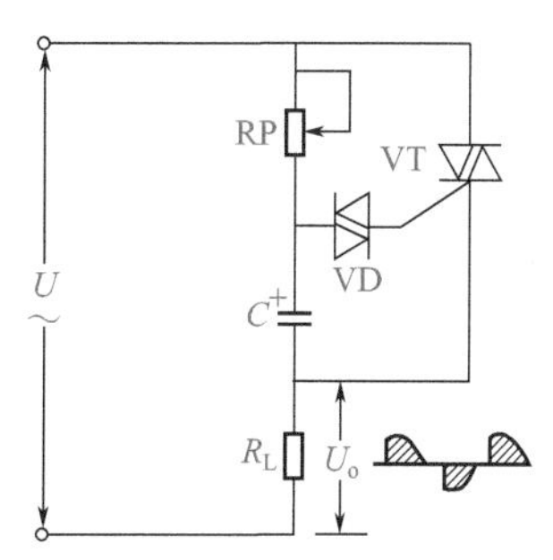

图15-51 由双向二极管和双向晶闸管构成的交流调压电路

当220V交流电压负半周来时，电压U的极性是上负下正，该电压对电容C反向充电，先将上正下负的电压中和，然后再充得上负下正电压，随着充电的进行，当C的上负下正电压达到一定值时，该电压使双向二极管VD导通，上负电压经VD送到VT的G极，VT的G极电压较主极T_1电压低，VT被反向触发，两主极T_1、T_2之间随之导通，有电流流过负载R_L。在220V电压过零时，VT由导通转入截止。

从上面的分析可知，只有在晶闸管导通期间，交流电压才能加到负载两端，晶闸管导通时间越短，负载两端得到的交流电压有效值越小，而调节电位器RP的值可以改变晶闸管导通时间，进而改变负载上的电压。例如RP滑动端下移，RP阻值变小，220V电压经RP对电容C充电电流大，C上的电压很快上升到使双向二极管导通的电压值，晶闸管导通提前，导通时间长，负载上得到的交流电压有效值高。

15.5.3 脉冲控制交流调压电路

脉冲控制交流调压电路是由控制电路产生脉冲信号去控制电力电子器件，通过改变它们的通断时间来实现交流调压。常见的脉冲控制交流调压电路有双晶闸管交流调压电路和斩波式交流调压电路。

（1）双晶闸管交流调压电路

双晶闸管交流调压电路如图15-52所示，晶闸管VT_1、VT_2反向并联在电路中，其G极与控制电路连接，在工作时控制电路送控制脉冲控制VT_1、VT_2的通断，来调节输出电压U_o。

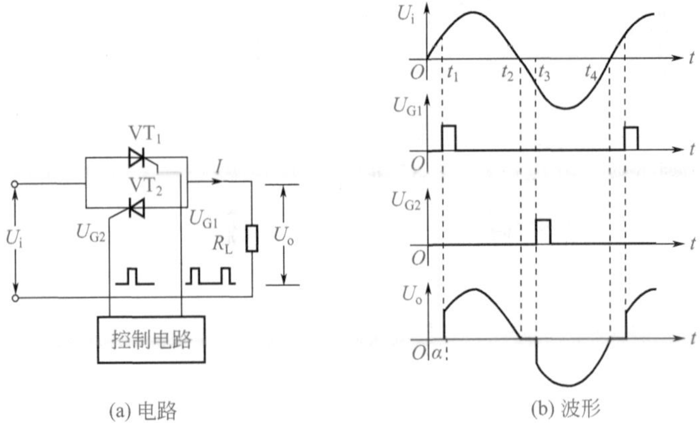

(a) 电路　　(b) 波形

图15-52　双晶闸管交流调压电路

电路工作过程说明如下。

在0～t_1期间，交流电压U_i的极性是上正下负，VT_1、VT_2的G极均无脉冲信号，VT_1、VT_2关断，输出电压U_o为0。

t_1时刻，高电平脉冲送到VT_1的G极，VT_1导通，输入电压U_i通过VT_1加到负载R_L两端，在t_1～t_2期间，VT_1始终导通，输出电压U_o与输入电压U_i变化相同，即波形一致。

t_2时刻，U_i电压为0，VT_1关断，U_o也为0，在t_2～t_3期间，U_i的极性是上负下正，VT_1、VT_2的G极均无脉冲信号，VT_1、VT_2关断，U_o仍为0。

t_3时刻，高电平脉冲送到VT_2的G极，VT_2导通，U_i通过VT_2加到负载R_L两端，在t_3～t_4期间，VT_2始终导通，U_o与U_i波形相同。

t_4时刻，U_i电压为0，VT_2关断，U_o为0。t_4时刻以后，电路会重复上述工作过程，结果在负载R_L两端得到图15-52（b）所示的U_o电压。图中交流调压电路中的控制脉冲U_G相位落后于U_i电压α角（$0\leqslant\alpha\leqslant\pi$），$\alpha$角越大，$VT_1$、$VT_2$导通时间越短，负载上得到的电压$U_o$有效值越低，也就是说，只要改变控制脉冲与输入电压的相位差α，就能调节输出电压。

（2）斩波式交流调压电路

斩波式交流调压电路如图15-53所示，该电路采用斩波的方式来调节输出电路，VT_1、VT_2的通断受控制电路送来的U_{G1}脉冲控制，VT_3、VT_4的通断受U_{G2}脉冲控制。

电路工作原理说明如下。

在交流输入电压U_i的极性为上正下负时。当U_{G1}为高电平时，VT_1因G极为高电平而导通，VT_2虽然G极也为高电平，但C、E极之间施加有反向电压，故VT_2无法导通，VT_1导通后，U_i电压通过VD_1、VT_1加到R、L两端，在VT_1导通期间，R、L两端的电压U_o大小、极性与U_i相同。当U_{G1}为低电平时，VT_1关断，流过L的电流突然变小，L马上产生上负下正电动势，与此同时U_{G2}脉冲为高电平，VT_3导通，L的电动势通过VD_3、VT_3进行续流，续流途径是：L下正→VD_3→VT_3→R→L上负，由于VD_3、VT_3处于导通状态，A、B点相当于短路，故R、L两端的电压U_o为0。

在交流输入电压U_i的极性为上负下正时。当U_{G1}为高电平时，VT_2因G极为高电平而导通，VT_1因C、E极之间施加有反向电压，故VT_1无法导通，VT_2导通后，U_i电压通过VT_2、VD_2加到R、L两端，在VT_2导通期间，R、L两端的电压U_o大小和极性与U_i相同。当U_{G1}为低电平时，VT_2关断，流过L的电流突然变小，L马上产生上正下负电动势，与此同时U_{G2}脉冲为高电平，VT_4导通，L的电动势通过VD_4、VT_4进行续流，续流途径是：L上正→R→VD_4→VT_4→L下负，由于VD_4、VT_4处于导通状态，A、B点相当于短路，故R、L两端的电压U_o为0。

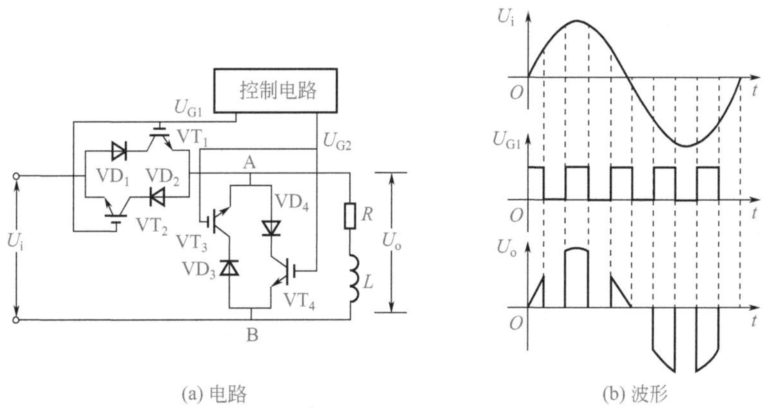

(a) 电路　　(b) 波形

图15-53　斩波式交流调压电路

通过控制脉冲来控制开关器件的通断，在负载上会得到图15-53（b）所示断续的交流电压U_o，控制脉冲U_{G1}高电平持续时间越长，输出电压U_o的有效值越大，即改变控制脉冲的宽度就能调节输出电压的大小。

15.5.4　三相交流调压电路

前面介绍的都是单相交流调压电路，单相交流调压电路通过适当的组合可以构成三相交流调压电路。图15-54是几种由晶闸管构成的三相交流调压电路，它们是由三相双晶闸管交流调压电路组成，改变某相晶闸管的导通关断时间，就能调节该相负载两端的电压，一般情况下，三相电压需要同时调节大小。

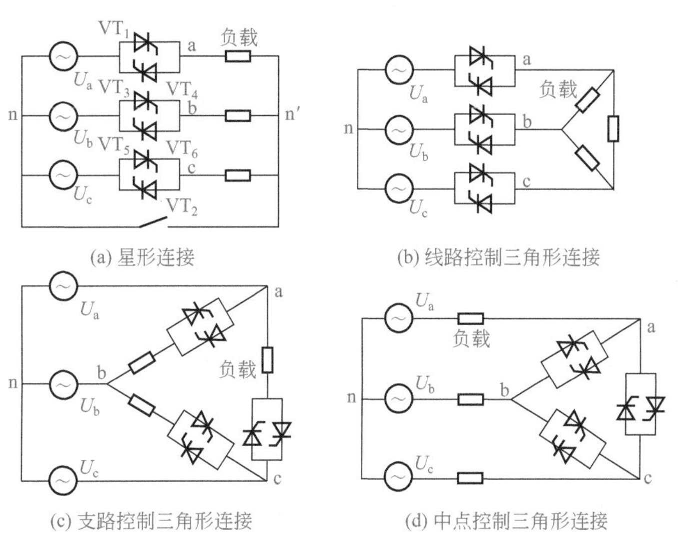

(a) 星形连接　　(b) 线路控制三角形连接

(c) 支路控制三角形连接　　(d) 中点控制三角形连接

图15-54　几种由晶闸管构成的三相交流调压电路

15.6 交-交变频电路（AC-AC变换电路）

交-交变频电路的功能是将一种频率的交流电转换成另一种频率固定或可调的交流电。交-交变频电路又称周波变流器或相控变频器。一般的变频电路是先将交流变成直流，再将直流逆变成交流，而交-交变频电路直接进行交流频率变换，因此效率很高。交-交变频电路主要用在大功率低转速的交流调速电路中，如轧钢机、球磨机、卷扬机、矿石破碎机和鼓风机等场合。

交-交变频电路可分为单相交-交变频电路和三相交-交变频电路。

15.6.1 单相交-交变频电路

（1）交-交变频基础电路

交-交变频电路通常采用共阴和共阳可控整流电路来实现交-交变频。

① 共阴极可控整流电路　图15-55是共阴极双半波（全波）可控整流电路，晶闸管VT_1、VT_3采用共阴极接法，VT_1、VT_3的G极加有触发脉冲U_G。

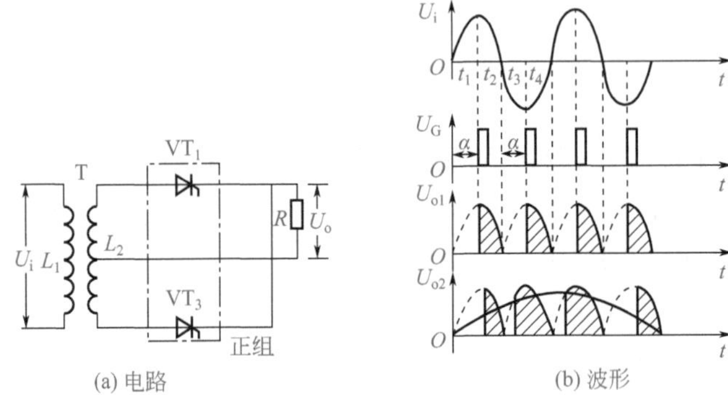

(a) 电路　(b) 波形

图15-55　共阴极双半波可控整流电路

电路工作过程说明如下。

在0～t_1期间，U_i电压极性为上正下负，L_2上下两部分线圈感应电压也有上正下负，由于VT_1、VT_3的G极无触发脉冲，故均关断，负载R两端的电压U_o为0。

在t_1时刻，触发脉冲送到VT_1、VT_3的G极，VT_1导通，因L_2下半部分线圈的上正下负电压对VT_3为反向电压，故VT_3不能导通。VT_1导通后，L_2上半部分线圈上的电压通过VT_1送到R的两端。在t_1～t_2期间，VT_1一直处于导通状态。

在t_2时刻，L_2上的电压为0，VT_1关断。在t_2～t_3期间，VT_1、VT_3的G极无触发脉冲，均关断，负载R两端的电压U_o为0。

在t_3时刻，触发脉冲又送到VT_1、VT_3的G极，VT_1关断，VT_3导通。VT_3导通后，L_2下半部分线圈上的电压通过VT_3送到R的两端。在t_3～t_4期间，VT_3一直处于导通状态。

t_4时刻以后，电路会重复上述工作过程，结果在负载R上得到图15-55（b）所示的U_{o1}电压。如果按一定的规律改变触发脉冲的α角，如让α角先大后小再变大，结果会在负载上得到图15-55（b）所示的U_{o2}电压，U_o电压是一种断续的正电压，其有效值相当于一个先慢慢增大，然后慢慢下降的电压，近似于正弦波正半周。

② 共阳极可控整流电路　图15-56是共阳极双半波可控整流电路，它除了两个晶闸管

采用共阳极接法外，其他方面与共阴极双半波可控整流电路相同。

该电路的工作原理与共阴极可控整流电路基本相同，如果让触发脉冲的α角按一定的规律改变，如让α角先大后小再变大，结果会在负载上得到图15-56（b）所示的U_{o2}电压，U_o电压是一种断续的负电压，其有效值相当于一个先慢慢增大，然后慢慢下降的电压，近似于正弦波负半周。

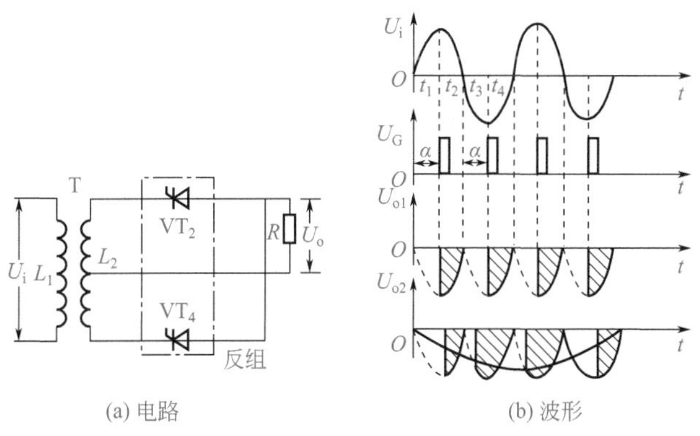

图15-56　共阳极双半波可控整流电路

（2）单相交-交变频电路

单相交-交变频电路可分为单相输入型单相交-交变频电路和三相输入型单相交-交变频电路。

① 单相输入型单相交-交变频电路　图15-57是一种由共阴和共阳双半波可控整流电路构成的单相输入型交-交变频电路。共阴晶闸管称为正组晶闸管，共阳晶闸管称为反组晶闸管。

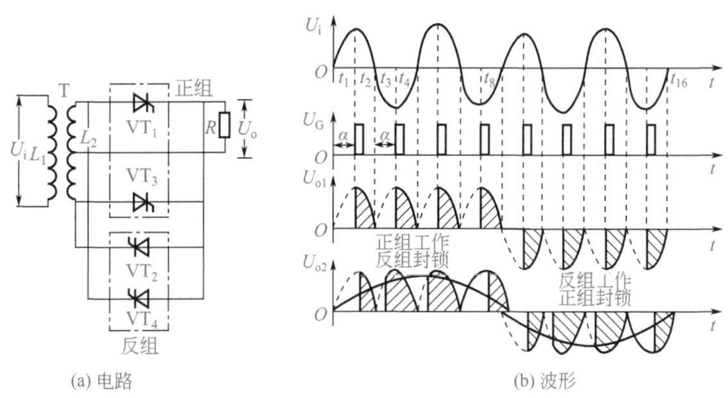

图15-57　由共阴和共阳双半波可控整流电路构成的单相输入型交-交变频电路

在0～t_8期间，正组晶闸管VT_1、VT_3加有触发脉冲，VT_1在交流电压正半周时触发导通，VT_3在交流电压负半周时触发导通，结果在负载上得到U_{o1}电压为正电压。

在t_8～t_{16}期间，反组晶闸管VT_2、VT_4加有触发脉冲，VT_2在交流电压正半周时触发导通，VT_4在交流电压负半周时触发导通，结果在负载上得到U_{o1}电压为负电压。

在0～t_{16}期间，负载上的电压U_{o1}极性出现变化，这种极性变化的电压即为交流电压。如果让触发脉冲的α角按一定的规律改变，会使负载上的电压有效值呈正弦波状变化，如图15-57（b）U_{o2}电压所示。如果图15-57电路的输入交流电压U_i的频率为50Hz，不难看出，负载上得到电压U_o的频率为50/4=12.5Hz。

② 三相输入型单相交-交变频电路 图15-58（a）是一种典型三相输入型单相交-交变频电路，它主要由正桥P和负桥N两部分组成，正桥工作时为负载R提供正半周电流，负桥工作时为负载提供负半周电流，图15-58（b）为图15-58（a）的简化图，三斜线表示三相输入。

当三相交流电压U_a、U_b、U_c输入电路时，采用合适的触发脉冲控制正桥和负桥晶闸管的导通，会在负载R上得到图15-58（c）所示的U_o电压（阴影面积部分），其有效值相当于一个虚线所示的频率很低的正弦波交流电压。

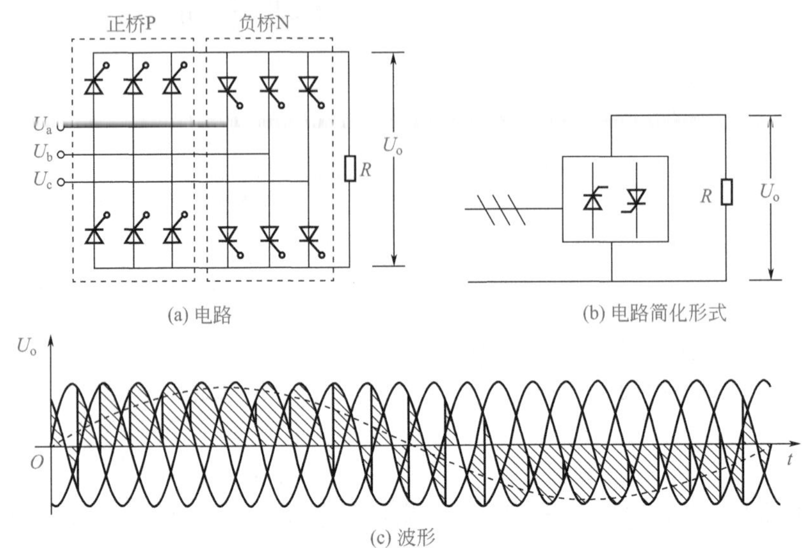

(a) 电路 (b) 电路简化形式

(c) 波形

图15-58 三相输入型单相交-交变频电路

15.6.2 三相交-交变频电路

三相交-交变频电路是由三组输出电压互差120° 的单相交-交变频电路组成。三相交-交变频电路种类很多，根据电路接线方式不同，三相交-交变频电路主要分为公共交流母线进线三相交-交变频电路和输出星形连接三相交-交变频电路。

（1）公共交流母线进线三相交-交变频电路

公共交流母线进线三相交-交变频电路简图如图15-59所示，它是由三组独立的单相交-交变频电路组成，由于三组单相交-交变频电路的输入端通过电抗器（电感）接到公共母线，为了实现各相间的隔离，输出端各自独立，未接公共端。

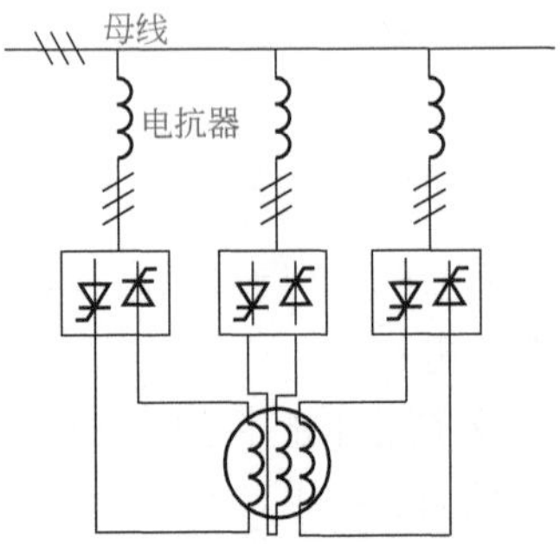

电路在工作时，采用合适的触发脉冲来控制各相变频电路的正桥和负桥晶闸管的导通，可使三个单相交-交变频电路输出频率较低的且相位互差120° 的交流电压，提供给三相电动机。

图15-59 公共交流母线进线三相交-交变频电路简图

（2）输出星形连接三相交-交变频电路。

输出星形连接三相交-交变频电路如图15-60所示，其中图15-60（a）为简图，图15-60（b）为详图。这种变频电路的输出端负载采用星形连接，有一个公共端，为了实现各相电路的隔离，各相变频电路的输入端都采用了三相变压器。

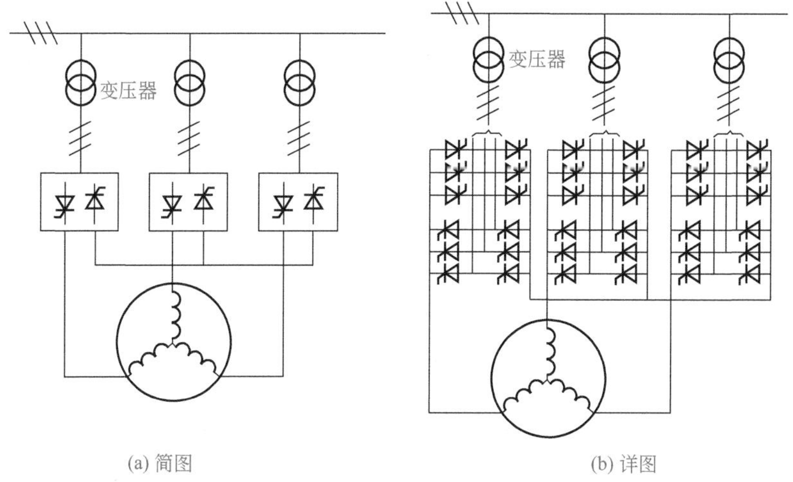

图15-60　输出星形连接三相交-交变频电路

电气工程师 学习手册

蔡杏山／主编

·北京·

第1篇　三菱PLC

第3章 三菱编程与仿真软件的使用 / 051

第4章 基本指令的使用及实例 / 084

第5章 步进指令的使用及实例 / 109

第10章 西门子S7-200 SMART PLC编程软件的使用 / 253

第11章 西门子S7-200 SMART PLC指令的使用及应用实例 / 291

第3篇 欧姆龙PLC

第12章 欧姆龙CP1系列PLC快速入门 / 326

第4篇 变频器技术

第16章 变频器的选用、安装与维护 / 406

第5篇 PLC、变频器及触摸屏综合应用

第17章 触摸屏与PLC的综合应用 / 422

第20章 三菱通用伺服驱动器的硬件系统 / 492

第21章 三菱伺服驱动器的显示操作与参数设置 / 508

第1篇

三菱PLC

第1章 PLC概述

1.1 认识PLC

1.1.1 什么是PLC

PLC是英文Programmable Logic Controller的缩写，意为可编程逻辑控制器，是一种专为工业应用而设计的控制器。世界上第一台PLC于1969年由美国数字设备公司（DEC）研制成功，随着技术的发展，PLC的功能越来越强大，不仅限于逻辑控制，因此美国电气制造协会NEMA于1980年对它进行重命名，称为可编程控制器（Programmable Controller），简称PC，但由于PC容易和个人计算机PC（Personal Computer）混淆，故人们仍习惯将PLC当作可编程控制器的缩写。

图1-1列出了几种常见的PLC。

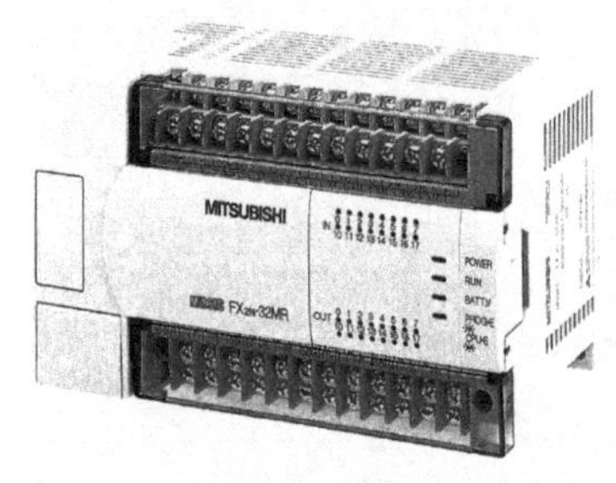

图1-1 几种常见的PLC

由于可编程控制器一直在发展中，因此至今尚未对其下最后的定义。国际电工学会（IEC）对PLC最新定义为：

可编程控制器是一种数字运算操作电子系统，专为在工业环境下应用而设计，它采用了可编程的存储器，用来在其内部存储执行逻辑运算、顺序控制、定时、计数和算术运算等操作的指令，并通过数字的、模拟的输入和输出，控制各种类型的机械或生产过程，可编程控制器及其有关的外围设备，都应按易于与工业控制系统形成一个整体、易于扩充其功能的原则设计。

1.1.2 PLC控制与继电器控制比较

PLC控制是在继电器控制基础上发展起来的，为了让读者能初步了解PLC控制方式，下面以电动机正转控制为例对两种控制系统进行比较。

（1）继电器正转控制

图1-2是一种常见的继电器正转控制线路，可以对电动机进行正转和停转控制，右图为主电路，左图为控制电路。

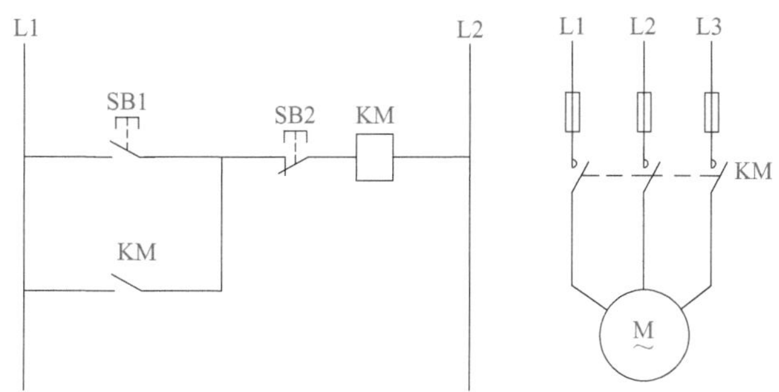

图1-2 继电器正转控制线路

电路工作原理说明如下。

按下启动按钮SB1，接触器KM线圈得电，主电路中的KM主触点闭合，电动机得电运转，与此同时，控制电路中的KM常开自锁触点也闭合，锁定KM线圈得电（即SB1断开后KM线圈仍可得电）。

按下停止按钮SB2，接触器KM线圈失电，KM主触点断开，电动机失电停转，同时KM常开自锁触点也断开，解除自锁（即SB2闭合后KM线圈无法得电）。

（2）PLC正转控制

图1-3是PLC正转控制线路，它可以实现图1-2所示的继电器正转控制线路相同的功能。PLC正转控制线路也可分作主电路和控制电路两部分，PLC与外接的输入、输出部件构成控制电路，主电路与继电器正转控制主线路相同。

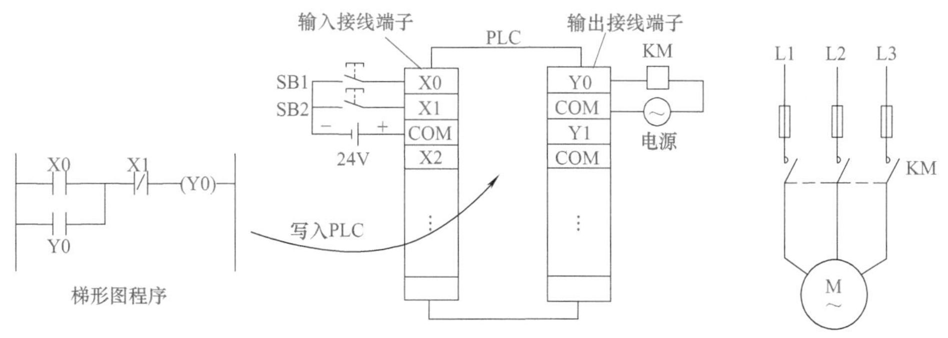

图1-3 PLC正转控制线路

在组建PLC控制系统时，先要进行硬件连接，再编写控制程序。PLC正转控制线路的硬件接线如图1-3所示，PLC输入端子连接SB1（启动）、SB2（停止）和电源，输出端子连接接触器线圈KM和电源。PLC硬件连接完成后，再在电脑中使用专门的PLC编程软件编写图示的梯形图程序，然后通过电脑与PLC之间的连接电缆将程序写入PLC。

PLC软、硬件准备好后就可以操作运行。操作运行过程说明如下。

按下启动按钮SB1，PLC端子X0、COM之间的内部电路与24V电源、SB1构成回路，有电流流过X0、COM端子间的电路，PLC内部程序运行，运行结果使PLC的Y0、COM端子之间的内部电路导通，接触器线圈KM得电，主电路中的KM主触点闭合，电动机运转，松开SB1后，内部程序维持Y0、COM端子之间的内部电路导通，让KM线圈继续得电（自锁）。

按下停止按钮SB2，PLC端子X1、COM之间的内部电路与24V电源、SB2构成回路，有电流流过X1、COM端子间的电路，PLC内部程序运行，运行结果使PLC的Y0、COM端子之间的内部电路断开，接触器线圈KM失电，主电路中的KM主触点断开，电动机停转，松开SB2后，内部程序让Y0、COM端子之间的内部电路维持断开状态。

（3）PLC控制、继电器和单片机控制的比较

PLC控制与继电器控制相比，具有改变程序就能变换控制功能的优点，但在简单控制时成本较高，另外，利用单片机也可以实现控制。PLC、继电器和单片机控制系统比较见表1-1。

表1-1　PLC、继电器和单片机控制系统的比较

比较内容	PLC控制系统	继电器控制系统	单片机控制系统
功能	用程序可以实现各种复杂控制	用大量继电器布线逻辑实现循序控制	用程序实现各种复杂控制，功能最强
改变控制内容	修改程序较简单容易	改变硬件接线、工作量大	修改程序，技术难度大
可靠性	平均无故障工作时间长	受机械触点寿命限制	一般比PLC差
工作方式	顺序扫描	顺序控制	中断处理，响应最快
接口	直接与生产设备相连	直接与生产设备相连	要设计专门的接口
环境适应性	可适应一般工业生产现场环境	环境差，会降低可靠性和寿命	要求有较好的环境，如机房、实验室、办公室
抗干扰	一般不用专门考虑抗干扰问题	能抗一般电磁干扰	要专门设计抗干扰措施；否则易受干扰影响
维护	现场检查，维修方便	定期更换继电器，维修费时	技术难度较高
系统开发	设计容易、安装简单、调试周期短	图样多，安装接线工作量大，调试周期长	系统设计复杂，调试技术难度大，需要有系统的计算机知识
通用性	较好，适应面广	一般是专用	要进行软、硬件技术改造才能作其他用
硬件成本	比单片机控制系统高	少于30个继电器时成本较低	一般比PLC低

1.2 PLC分类与特点

1.2.1 PLC的分类

PLC的种类很多，下面按结构形式、控制规模和实现功能对PLC进行分类。

（1）按结构形式分类

按硬件的结构形式不同，PLC可分为整体式和模块式。

整体式PLC又称箱式PLC，图1-1所示的3个PLC均为整体式PLC，其外形像一个方形的箱体，这种PLC的CPU、存储器、I/O接口等都安装在一个箱体内。整体式PLC的结构简单、体积小、价格低。小型PLC一般采用整体式结构。

模块式PLC又称组合式PLC，图1-4列出了两种常见的模块式PLC。模块式PLC有一个总线基板，基板上有很多总线插槽，其中由CPU、存储器和电源构成的一个模块通常固定安装在某个插槽中，其他功能模块可随意安装在其他不同的插槽内。模块式PLC配置灵活，可通过增减模块而组成不同规模的系统，安装维修方便，但价格较贵。大、中型PLC一般采用模块式结构。

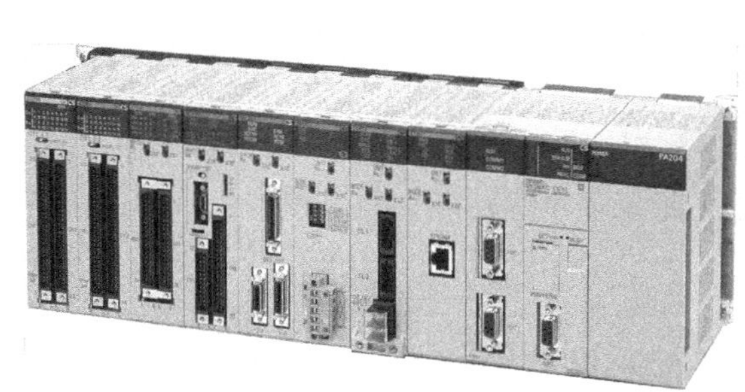

图1-4　模块式PLC

（2）按控制规模分类

I/O点数（输入/输出端子的个数）是衡量PLC控制规模的重要参数，根据I/O点数多少，可将PLC分为小型、中型和大型三类。

① 小型PLC。其I/O点数小于256点，采用8位或16位单CPU，用户存储器容量4KB以下。

② 中型PLC。其I/O点数在256点～2048点之间，采用双CPU，用户存储器容量2～8KB。

③ 大型PLC。其I/O点数大于2048点，采用16位、32位多CPU，用户存储器容量8～16KB。

（3）按功能分类

根据PLC具有的功能不同，可将PLC分为低档、中档、高档三类。

① 低档PLC。它具有逻辑运算、定时、计数、移位以及自诊断、监控等基本功能，有些还有少量模拟量输入/输出、算术运算、数据传送和比较、通信等功能。低档PLC主要用于逻辑控制、顺序控制或少量模拟量控制的单机控制系统。

② 中档PLC。它具有低档PLC的功能外，还具有较强的模拟量输入/输出、算术运算、数据传送和比较、数制转换、远程I/O、子程序、通信联网等功能，有些还增设有中断控制、PID控制等功能。中档PLC适用于比较复杂的控制系统。

③ 高档PLC。它除了具有中档机的功能外，还增加了带符号算术运算、矩阵运算、位逻辑运算、平方根运算及其他特殊功能函数的运算、制表及表格传送功能等。高档PLC机具有很强的通信联网功能，一般用于大规模过程控制或构成分布式网络控制系统，实现工厂控制自动化。

1.2.2 PLC的特点

PLC是一种专为工业应用而设计的控制器，它主要有以下特点。

（1）可靠性高，抗干扰能力强

为了适应工业应用要求，PLC从硬件和软件方面采用了大量的技术措施，以便能在恶劣环境下长时间可靠运行。现在大多数PLC的平均无故障运行时间已达到几十万小时，如三菱公司的F1、F2系列PLC平均无故障运行时间可达30万小时。

（2）通用性强，控制程序可变，使用方便

PLC可利用齐全的各种硬件装置来组成各种控制系统，用户不必自己再设计和制作硬件装置。用户在硬件确定以后，在生产工艺流程改变或生产设备更新的情况下，无需大量改变PLC的硬件设备，只需更改程序就可以满足要求。

（3）功能强，适用范围广

现代PLC不仅有逻辑运算、计时、计数、顺序控制等功能，还具有数字和模拟量的输入输出、功率驱动、通信、人机对话、自检、记录显示等功能，既可控制一台生产机械、一条生产线，又可控制一个生产过程。

（4）编程简单，易用易学

目前，大多数PLC采用梯形图编程方式，梯形图语言的编程元件符号和表达方式与继电器控制电路原理图相当接近，这样使大多数工厂企业电气技术人员非常容易接受和掌握。

（5）系统设计、调试和维修方便

PLC用软件来取代继电器控制系统中大量的中间继电器、时间继电器、计数器等器件，使控制柜的设计安装接线工作量大为减少。另外，PLC的用户程序可以通过电脑在实验室仿真调试，减少了现场的调试工作量。此外，由于PLC结构模块化及很强的自我诊断能力，维修也极为方便。

1.3 PLC的基本组成

1.3.1 PLC的组成方框图

PLC种类很多，但结构大同小异，典型的PLC控制系统组成方框图如图1-5所示。在组建PLC控制系统时，需要给PLC的输入端子接有关的输入设备（如按钮、触点和行程开关等），给输出端子接有关的输出设备（如指示灯、电磁线圈和电磁阀等），另外，还需要将编好的程序通过通信接口输入PLC内部存储器，如果希望增强PLC的功能，可以将扩展单元通过扩展接口与PLC连接。

1.3.2 PLC各部分说明

从图1-5可以看出，PLC内部主要由CPU、存储器、输入接口、输出接口、通信接口和扩展接口等组成。

（1）CPU

CPU又称中央处理器，它是PLC的控制中心，通过总线（包括数据总线、地址总线和控制总线）与存储器和各种接口连接，以控制它们有条不紊地工作。CPU的性能对PLC工作速度和效率有较大的影响，故大型PLC通常采用高性能的CPU。

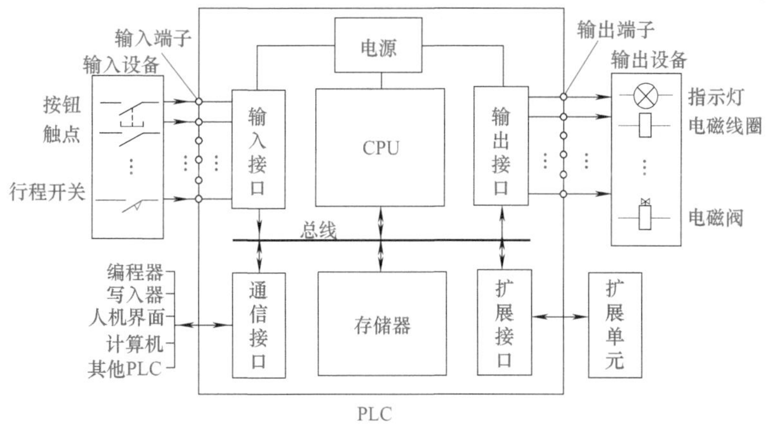

图1-5　典型的PLC控制系统组成方框图

CPU的主要功能有：

① 接收通信接口送来的程序和信息，并将它们存入存储器；

② 采用循环检测（即扫描检测）方式不断检测输入接口送来的状态信息，以判断输入设备的状态；

③ 逐条运行存储器中的程序，并进行各种运算，再将运算结果存储下来，然后经输出接口对输出设备进行有关的控制；

④ 监测和诊断内部各电路的工作状态。

（2）存储器

存储器的功能是存储程序和数据。PLC通常配有ROM（只读存储器）和RAM（随机存储器）两种存储器，ROM用来存储系统程序，RAM用来存储用户程序和程序运行时产生的数据。

系统程序由厂家编写并固化在ROM存储器中，用户无法访问和修改系统程序。系统程序主要包括系统管理程序和指令解释程序。系统管理程序的功能是管理整个PLC，让内部各个电路能有条不紊地工作。指令解释程序的功能是将用户编写的程序翻译成CPU可以识别和执行的程序。

用户程序是用户通过编程器输入存储器的程序，为了方便调试和修改，用户程序通常存放在RAM中，由于断电后RAM中的程序会丢失，因此RAM专门配有后备电池供电。有些PLC采用EEPROM（电可擦写只读存储器）来存储用户程序，由于EEPROM存储器中的内部可用电信号进行擦写，并且掉电后内容不会丢失，因此采用这种存储器后可不要备用电池。

（3）输入/输出接口

输入/输出接口又称I/O接口或I/O模块，是PLC与外围设备之间的连接部件。PLC通过输入接口检测输入设备的状态，以此作为对输出设备控制的依据，同时PLC又通过输出接口对输出设备进行控制。

PLC的I/O接口能接收的输入和输出信号个数称为PLC的I/O点数。I/O点数是选择PLC的重要依据之一。

PLC外围设备提供或需要的信号电平是多种多样的，而PLC内部CPU只能处理标准电平信号，所以I/O接口要能进行电平转换。另外，为了提高PLC的抗干扰能力，I/O接口一般采用光电隔离和滤波功能。此外，为了便于了解I/O接口的工作状态，I/O接口还带有状态指示灯。

① 输入接口　PLC的输入接口分为开关量输入接口和模拟量输入接口，开关量输入接口用于接收开关通断信号，模拟量输入接口用于接收模拟量信号。模拟量输入接口通常采用A/D转换电路，将模拟量信号转换成数字信号。开关量输入接口采用的电路形式较多，根据使用电源不同，可分为内部直流输入接口、外部交流输入接口和外部交/直流输入接口。三种类型开关量输入接口如图1-6所示。

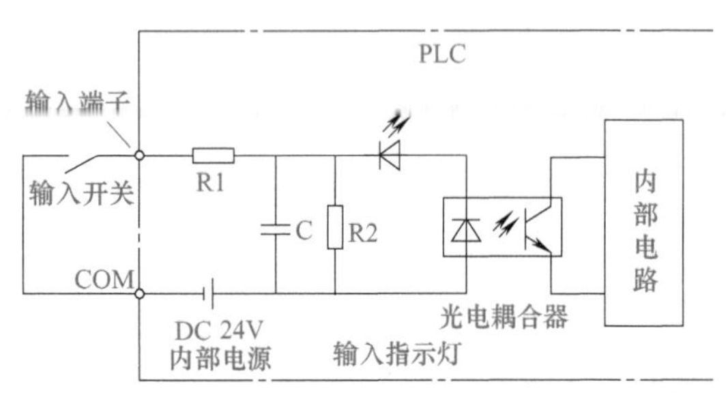

(a) 内部直流输入接口

(b) 外部交流输入接口

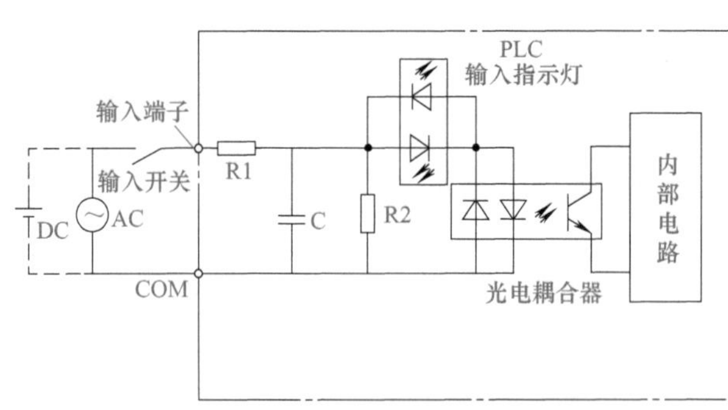

(c) 外部直/交流输入接口

图1-6　三种类型开关量输入接口

图1-6（a）为内部直流输入接口，输入接口的电源由PLC内部直流电源提供。当闭合输入开关后，有电流流过光电耦合器和指示灯，光电耦合器导通，将输入开关状态送给内部电路，由于光电耦合器内部是通过光线传递的，故可以将外部电路与内部电路有效隔离开来，输入指示灯点亮用于指示输入端子有输入。R2、C为滤波电路，用于滤除输入端子窜入的干扰信号，R1为限流电阻。

图1-6（b）为外部交流输入接口，输入接口的电源由外部的交流电源提供。为了适应交流电源的正负变化，接口电路采用了发光管正负极并联的光电耦合器和指示灯。

图1-6（c）为外部直/交流输入接口，输入接口的电源由外部的直流或交流电源提供。

② 输出接口　PLC的输出接口也分为开关量输出接口和模拟量输出接口。模拟量输出接口通常采用D/A转换电路。将数字量信号转换成模拟量信号。开关量输出接口采用的电路形式较多，根据使用的输出开关器件不同可分为：继电器输出接口、晶体管输出接口和双向晶闸管输出接口。三种类型开关量输出接口如图1-7所示。

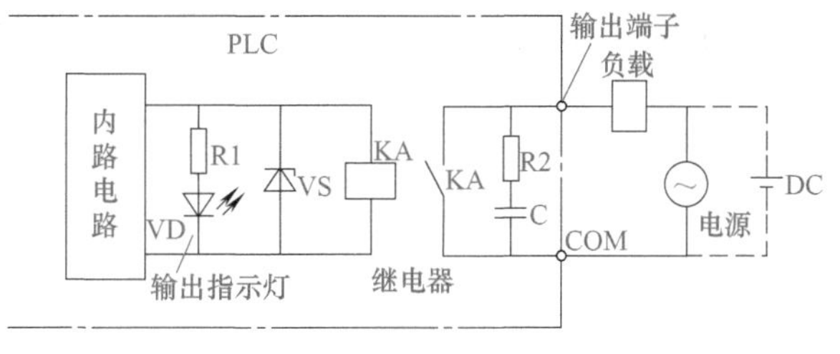

(a) 继电器输出接口

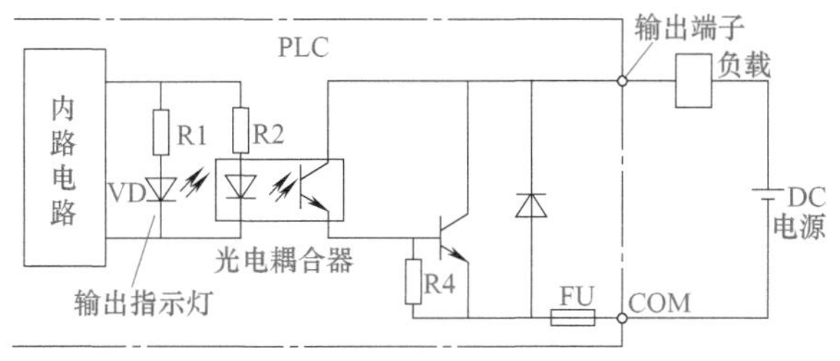

(b) 晶体管输出接口

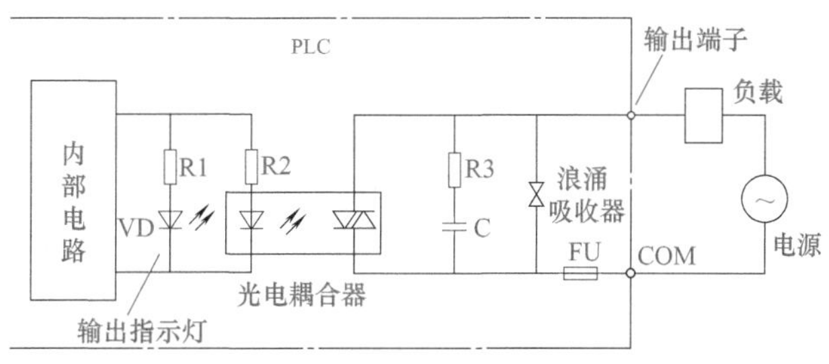

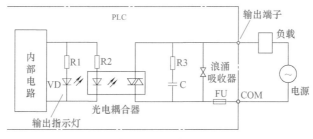

(c) 双向晶闸管输出接口

图1-7 三种类型开关量输出接口

图1-7（a）为继电器输出接口，当PLC内部电路产生电流流经继电器KA线圈时，继电器常开触点KA闭合，负载有电流通过。继电器输出接口可驱动交流或直流负载，但其响应时间长，动作频率低。

图1-7（b）为晶体管输出接口，它采用光电耦合器与晶体管配合使用。晶体管输出接口反应速度快，动作频率高，但只能用于驱动直流负载。

图1-7（c）为双向晶闸管输出接口，它采用双向晶闸管型光电耦合器，在受光照射时，光电耦合器内部的双向晶闸管可以双向导通。双向晶闸管输出接口的响应速度快，动作频率高，用于驱动交流负载。

（4）通信接口

PLC配有通信接口，PLC可通过通信接口与监视器、打印机、其他PLC、计算机等设备实现通信。PLC与编程器或写入器连接，可以接收编程器或写入器输入的程序；PLC与打印机连接，可将过程信息、系统参数等打印出来；PLC与人机界面（如触摸屏）连接，可以在人机界面直接操作PLC或监视PLC工作状态；PLC与其他PLC连接，可组成多机系统或连成网络，实现更大规模控制；与计算机连接，可组成多级分布式控制系统，实现控制与管理相结合。

（5）扩展接口

为了提升PLC的性能，增强PLC控制功能，可以通过扩展接口给PLC增接一些专用功能模块，如高速计数模块、闭环控制模块、运动控制模块、中断控制模块等。

（6）电源

PLC一般采用开关电源供电，与普通电源相比，PLC电源的稳定性好、抗干扰能力强。PLC的电源对电网提供的电源稳定度要求不高，一般允许电源电压在其额定值±15%的范围内波动。有些PLC还可以通过端子往外提供直流24V稳压电源。

1.4 PLC的工作原理

1.4.1 PLC的工作方式

PLC是一种由程序控制运行的设备，其工作方式与微型计算机不同，微型计算机运行到结束指令END时，程序运行结束。PLC运行程序时，会按顺序依次逐条执行存储器中的程序指令，当执行完最后的指令后，并不会马上停止，而是又重新开始再次执行存储器中的程序，如此周而复始，PLC的这种工作方式称为循环扫描方式。

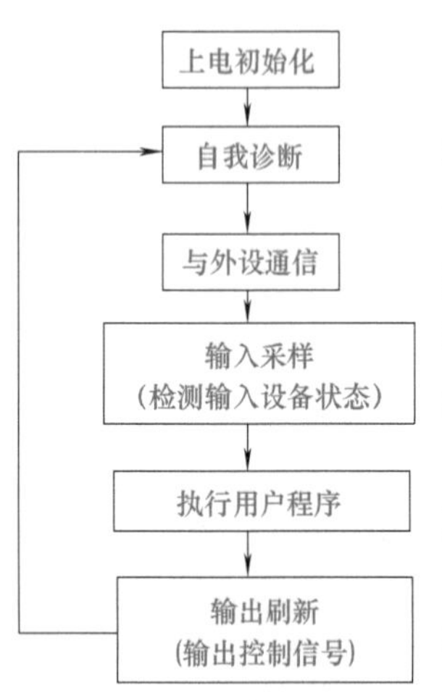

图1-8 PLC的工作过程

PLC的工作过程如图1-8所示。

PLC通电后，首先进行系统初始化，将内部电路恢复到起始状态，然后进行自我诊断，检测内部电路是否正常，以确保系统能正常运行，诊断结束后对通信接口进行扫描，若接有外设则与其通信。通信接口无外设或通信完成后，系统开始进行输入采样，检测输入设备（开关、按钮等）的状态，然后根据输入采样结果依次执行用户程序，程序运行结束后对输出进行刷新，即输出程序运行时产生的控制信号。以上过程完成后，系统又返回，重新开始自我诊断，以后不断重复上述过程。

PLC有两个工作状态：RUN（运行）状态和STOP（停止）状态。当PLC工作在RUN状态时，系统会完整执行图1-8过程，当PLC工作在STOP状态时，系统不执行用户程序。PLC正常工作时应处于RUN状态，而在编制和修改程序时，应让PLC处于STOP状态。PLC的两种工作状态可通过开关进行切换。

PLC工作在RUN状态时，完整执行图1-8过程所需的时间称为扫描周期，一般为1～100ms。扫描周期与用户程序的长短、指令的种类和CPU执行指令的速度有很大的关系。

1.4.2 PLC用户程序的执行过程

PLC的用户程序执行过程很复杂，下面以PLC正转控制线路为例进行说明。图1-9是PLC正转控制线路，为了便于说明，图中画出了PLC内部等效图。

图1-9中PLC内部等效图中的X0、X1、X2称为输入继电器，它由线圈和触点两部分组成，由于线圈与触点都是等效而来，故又称为软线圈和软触点，Y0称为输出继电器，它也包括线圈和触点。PLC内部中间部分为用户程序（梯形图程序），程序形式与继电器控制电路相似，两端相当于电源线，中间为触点和线圈。

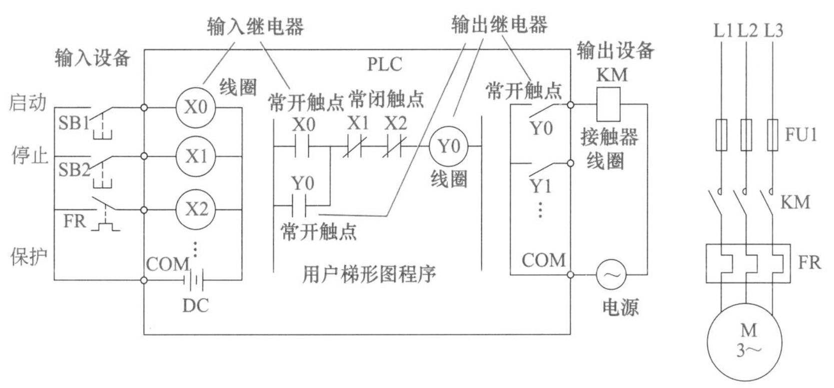

图1-9 PLC正转控制线路（用户程序执行过程说明图）

用户程序执行过程说明如下。

当按下启动按钮SB1时，输入继电器X0线圈得电，它使用户程序中的X0常开触点闭合，输出继电器Y0线圈得电，它一方面使用户程序中的Y0常开触点闭合，对Y0线圈供电锁定外，另一方面使输出端的Y0常开触点闭合，接触器KM线圈得电，主电路中的KM主触点闭合，电动机得电运转。

当按下停止按钮SB2时，输入继电器X1线圈得电，它使用户程序中的X1常闭触点断开，输出继电器Y0线圈失电，用户程序中的Y0常开触点断开，解除自锁，另外输出端的Y0常开触点断开，接触器KM线圈失电，KM主触点断开，电动机失电停转。

若电动机在运行过程中电流过大，热继电器FR动作，FR触点闭合，输入继电器X2线圈得电，它使用户程序中的X2常闭触点断开，输出继电器Y0线圈失电，输出端的Y0常开触点断开，接触器KM线圈失电，KM主触点断开，电动机失电停转，从而避免电动机长时间过流运行。

1.5 PLC编程软件的使用

要让PLC实现控制功能，需编写控制程序，并将程序写入PLC。不同厂家生产的PLC通常需要配套的软件进行编程。下面介绍三菱FXGP/WIN-C编程软件的使用，该软件可对三菱FX系列PLC进行编程。

1.5.1 软件的安装和启动

（1）软件的安装

在购买三菱FX系列PLC时会配带编程软件，读者也可以到专业网站上下载FXGP/WIN-C软件。

打开fxgpwinC文件夹，找到安装文件SETUP32.EXE，双击该文件即开始安装FXGP/WIN-C软件，如图1-10所示。

（2）软件的启动

FXGP/WIN-C软件安装完成后，从开始菜单的“程序”项中找到“FXGP_WIN-C”图标，如图1-11所示，单击该图标即开始启动FXGP/WIN-C软件。启动完成的软件界面如

图1-12所示。

图1-10 双击SETUP32.EXE文件开始安装FXGP/WIN-C软件

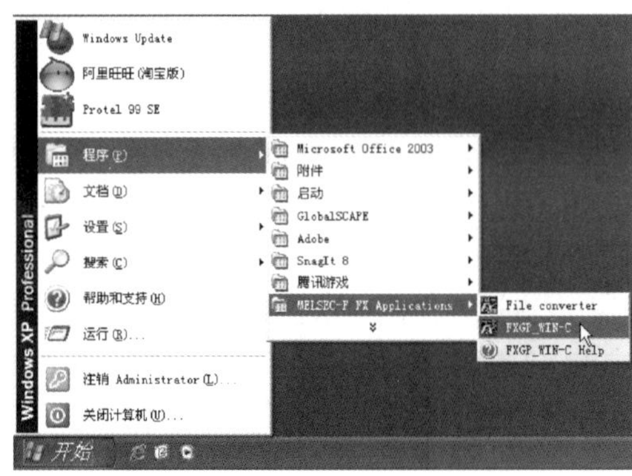

图1-11 启动FXGP/WIN-C软件

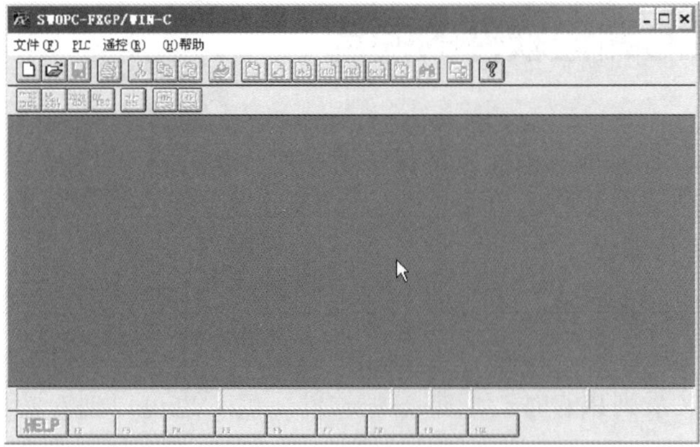

图1-12 FXGP/WIN-C软件界面

1.5.2 程序的编写

（1）新建程序文件

要编写程序，需先新建程序文件。新建程序文件过程如下：

执行菜单命令“文件→新文件”，也可单击“🗋”图标，弹出“PLC类型设置”对话框，如图1-13所示，选择“FX_{2N}/FX_{2NC}”类型，单击“确认”，即新建一个程序文件，如图1-14所示，它提供了“指令表”和“梯形图”两种编程方式，若要编写梯形图程序，可单击“梯形图”编辑窗口右上方的“最大化”按钮，可将该窗口最大化。

在窗口的右方有一个浮置的工具箱，如图1-15所示，它包含有各种编写梯形图程序的工具，各工具功能如图标注说明。

图1-13 “PLC类型设置”对话框

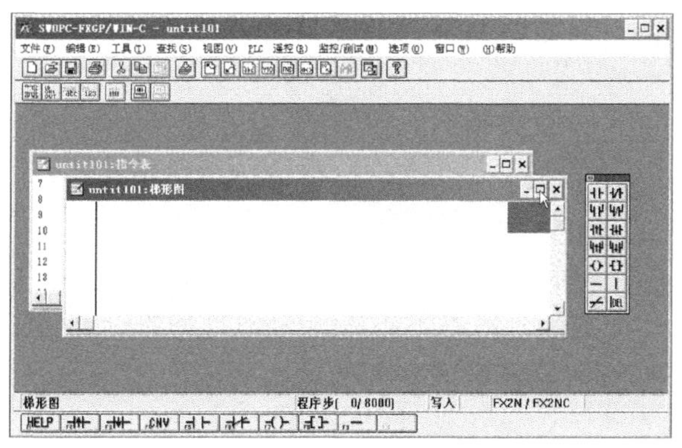

图1-14 新建了一个程序文件

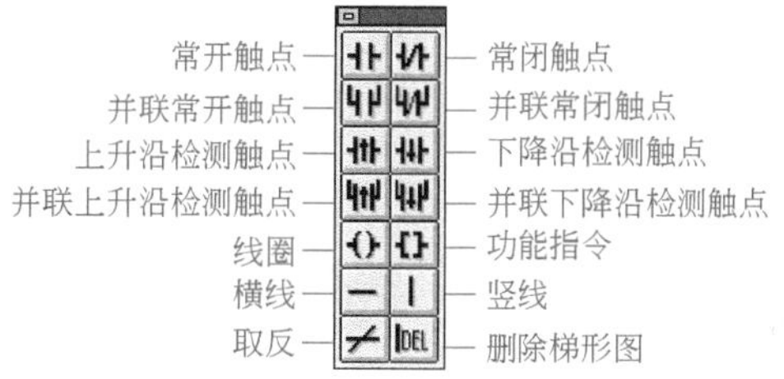

图1-15 工具箱各工具功能说明

（2）程序的编写

编写程序过程如下。

① 单击浮置的工具箱上的“⊣⊢”工具，弹出“输入元件”对话框，如图1-16所示，在该框中输入“X000”，确认后，在程序编写区出现常开触点符号X000，高亮光标自动后移。

② 单击工具箱上的“-()-”工具，弹出输入元件对话框，如图1-17所示，在该框中输入“T2 K200”，确认后，在程序编写区出现线圈符号，符号内的“T2 K200”表示T2线圈是一个延时动作线圈，延迟时间为0.1s×200=20s。

③ 再依次使用工具箱上的“⊣⊢”输入“X001”，用“-[]-”输入“RST T2”，用“⊣⊢”输入“T2”，用“-()-”输入“Y000”。

编写完成的梯形图程序如图1-18所示。

若需要对程序内容进行编辑，可用鼠标选中要操作的对象，再执行“编辑”菜单下的各种命令，就可以对程序进行复制、粘贴、删除、插入等操作。

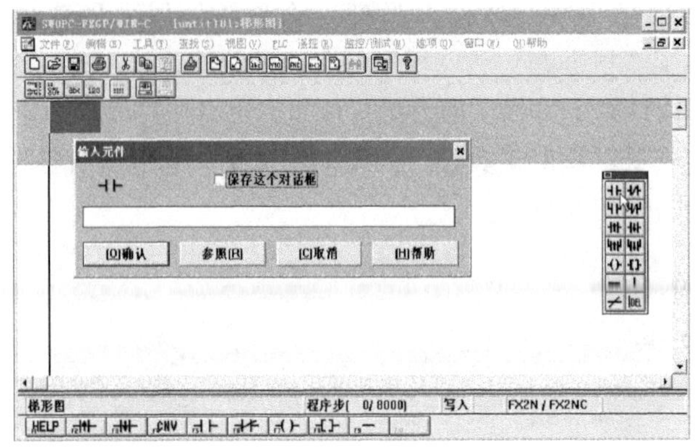

图1-16 “输入元件”对话框

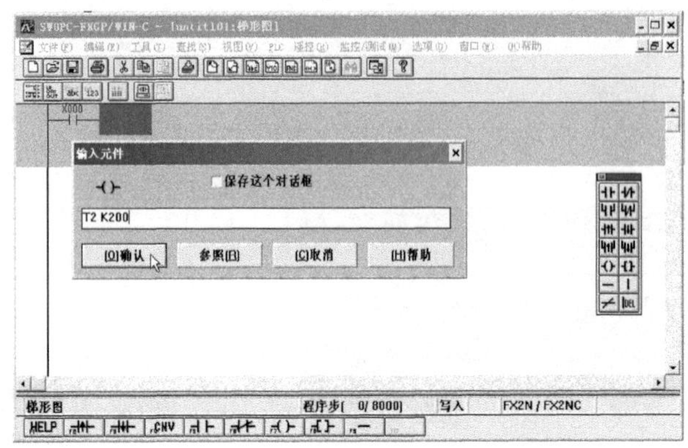

图1-17 在对话框内输入“T2 K200”

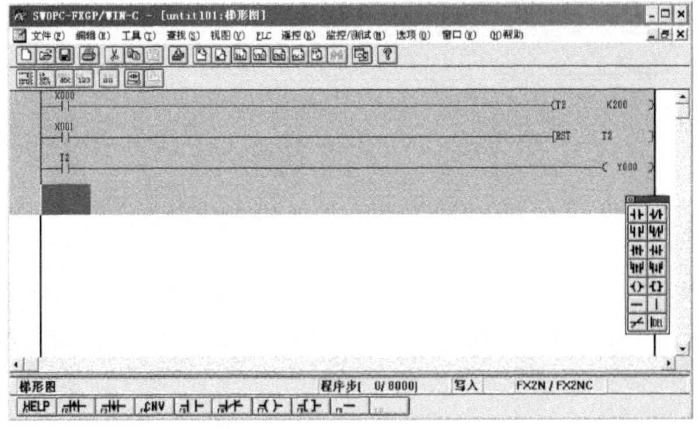

图1-18 编写完成的梯形图程序

1.5.3 程序的转换与传送

梯形图程序编写完成后，需要先转换成指令表程序，然后将计算机与PLC连接好，再将程序传送到PLC中。

（1）程序的转换

单击工具栏中的“ ”工具，也可执行菜单命令“工具→转换”，软件自动将梯形图程序转换成指令表程序。执行菜单命令“视图→指令表”，程序编程区就切换到指令表形式，如图1-19所示。

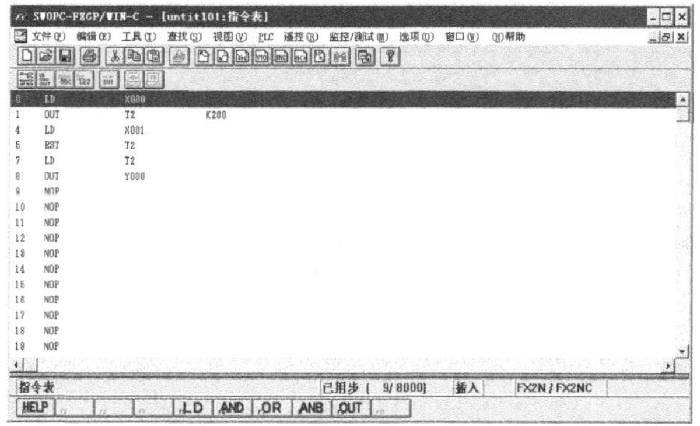

图1-19　编程区切换到指令表形式

（2）计算机与PLC的连接

要将编写好的程序传送给PLC，须先用指定的电缆线和转换器将计算机RS-232C端口（COM口）与PLC之间连接好。计算机与三菱FX系列PLC常见的连接方式如图1-20所示。

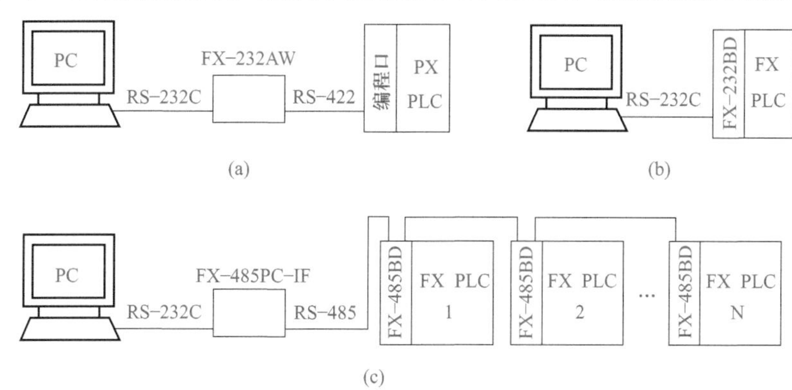

图1-20　计算机与三菱FX系列PLC常见的连接方式

图1-20（a）、（b）为点对点连接方式。图（a）采用FX-232AW转换器将RS-232C接口转换成RS-422接口，实现计算机与PLC编程接口的连接；图（b）采用PLC内置的通信功能扩展板FX-232BD与计算机连接。

图1-20（c）为多点连接方式，即一台计算机与多台PLC连接，它先通过FX-485PC-IF转换器将RS-232C转换成RS-485接口，然后与多个内置FX-485BD功能扩展板的PLC连接。

（3）程序的传送

要将编写好的程序传送到PLC中，可执行菜单命令“PLC→传送→写出”，出现“PC程序写入”对话框，如图1-21所示，选择“所有范围”，确认后，编写的程序就会全部送入PLC。

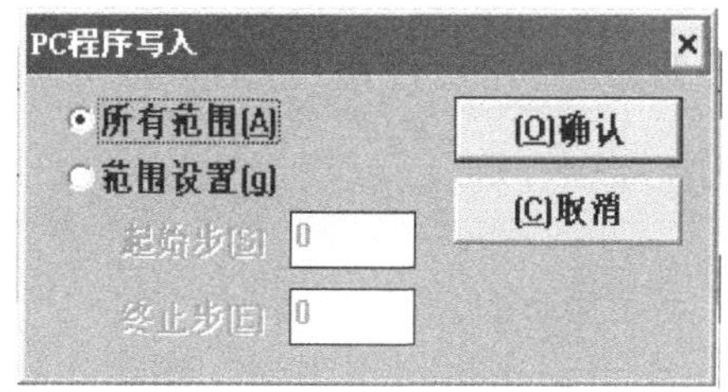

图1-21　“PC程序写入”对话框

如果要修改PLC中的程序，可执行菜单命令“PLC→传送→读入”，PLC中的程序就会读入计算机编程软件中，然后就可以对程序进行修改。

1.6 PLC控制系统开发举例

1.6.1 PLC控制系统开发的一般流程

PLC控制系统开发的一般流程如图1-22所示。

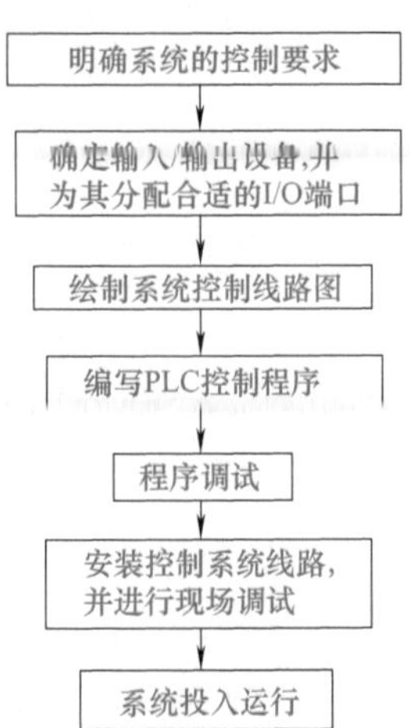

图1-22　PLC控制系统开发流程

1.6.2 电动机正反转的PLC应用系统开发举例

（1）明确系统的控制要求

系统要求通过3个按钮分别控制电动机连续正转、反转和停转，还要求采用热继电器对电动机进行过载保护，另外要求正反转控制联锁。

（2）确定输入/输出设备，并为其分配合适的I/O端子

表1-2列出了系统要用到的输入/输出设备及对应的PLC端子。

表1-2　系统用到的输入/输出设备和对应的PLC端子

输入			输出		
输入设备	对应PLC端子	功能说明	输出设备	对应PLC端子	功能说明
SB2	X000	正转控制	KM1线圈	Y000	驱动电动机正转
SB3	X001	反转控制	KM2线圈	Y001	驱动电动机反转
SB1	X002	停转控制			
FR常开触点	X003	过载保护			

（3）绘制系统控制线路图

图1-23为PLC控制电动机正、反转线路图。

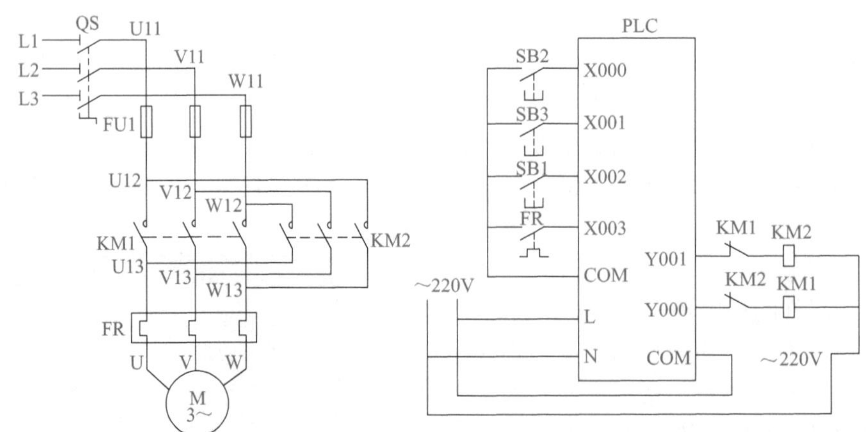

图1-23　PLC控制电动机正、反转线路图

(4)编写PLC控制程序

启动三菱PLC编程软件，编写图1-24所示的梯形图控制程序。

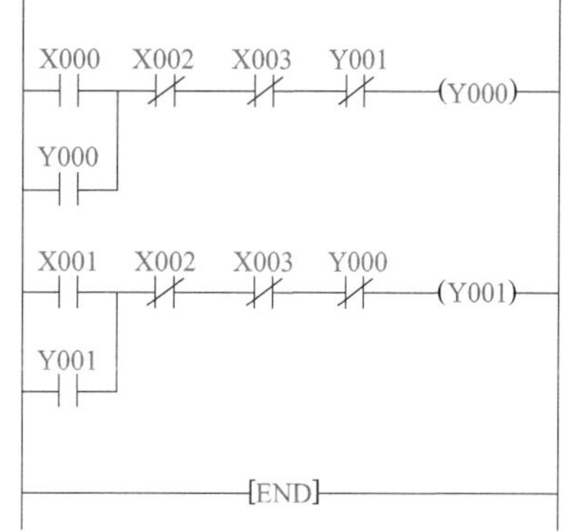

图1-24 控制电动机正反转的PLC梯形图程序

下面对照图1-23线路图来说明图1-24梯形图程序的工作原理。

① 正转控制 当按下PLC的X000端子外接按钮SB2时，该端子对应的内部输入继电器X000得电→程序中的X000常开触点闭合→输出继电器Y000线圈得电，一方面使程序中的Y000常开自锁触点闭合，锁定Y000线圈供电，另一方面使程序中的Y000常闭触点断开，Y001线圈无法得电，此外还使Y000端子内部的硬触点闭合→Y000端子外接的KM1线圈得电，它一方面使KM1常闭联锁触点断开，KM2线圈无法得电，另一方面使KM1主触点闭合→电动机得电正向运转。

② 反转控制 当按下X001端子外接按钮SB3时，该端子对应的内部输入继电器X001得电→程序中的X001常开触点闭合→输出继电器Y001线圈得电，一方面使程序中的Y001常开自锁触点闭合，锁定Y001线圈供电，另一方面使程序中的Y001常闭触点断开，Y000线圈无法得电，还使Y001端子内部的硬触点闭合→Y001端子外接的KM2线圈得电，它一方面使KM2常闭联锁触点断开，KM1线圈无法得电，另一方面使KM2主触点闭合→电动机两相供电切换，反向运转。

③ 停转控制 当按下X002端子外接按钮SB1时，该端子对应的内部输入继电器X002得电→程序中的两个X002常闭触点均断开→Y000、Y001线圈均无法得电，Y000、Y001端子内部的硬触点均断开→KM1、KM2线圈均无法得电→KM1、KM2主触点均断开→电动机失电停转。

④ 过载保护 当电动机过载运行时，热继电器FR发热元件使X003端子外接的FR常开触点闭合→该端子对应的内部输入继电器X003得电→程序中的两个X003常闭触点均断开→Y000、Y001线圈均无法得电，Y000、Y001端子内部的硬触点均断开→KM1、KM2线圈均无法得电→KM1、KM2主触点均断开→电动机失电停转。

(5)将程序写入PLC

在计算机中用编程软件编好程序后，如果要将程序写入PLC，需做以下工作。

① 用专用编程电缆将计算机与PLC连接起来，再给PLC接好工作电源，如图1-25所示。

② 将PLC的RUN/STOP开关置于“STOP”位置，再在计算机编程软件中执行PLC程序写入操作，将写好的程序由计算机通过电缆传送到PLC中。

(6)模拟运行

程序写入PLC后，将PLC的RUN/STOP开关置于“RUN”位置，然后用导线将PLC的X000端子和COM端子短接一下，相当于按下正转按钮，在短接时，PLC的X000端子的对应指示灯正常应该会亮，表示X000端子有输入信号，根据梯形图分析，在短接X000端子和COM端子时，Y000端子应该有输出，即Y000端子的对应指示灯应该会亮，如果X000端指示灯亮，而Y000端指示灯不亮，可能是程序有问题，也可能是PLC不正常。

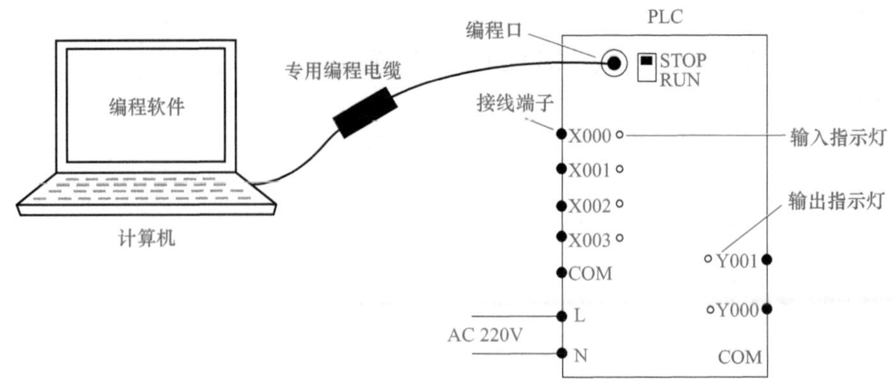

图1-25 PLC与计算机的连接

若X000端子模拟控制的运行结果正常，再对X001、X002、X003端子进行模拟控制，并查看运行结果是否与控制要求一致。

（7）安装系统控制线路，并进行现场调试

模拟运行正常后，就可以按照绘制的系统控制线路图，将PLC及外围设备安装在实际现场，线路安装完成后，还要进行现场调试，观察是否达到控制要求，若达不到要求，需检查是硬件问题还是软件问题，并解决这些问题。

（8）系统投入运行

系统现场调试通过后，可试运行一段时间，若无问题发生可正式投入运行。

第2章 三菱FX系列PLC介绍

2.1 概述

三菱FX系列PLC是三菱公司推出的小型整体式PLC，在我国应用量非常大，它可分为FX_{1S}、FX_{1N}、FX_{1NC}、FX_{2N}、FX_{2NC}、FX_{3U}、FX_{3UC}、FX_{3G}等多个子系列，FX_{1S}、FX_{1N}为一代机，FX_{2N}、FX_{2NC}为二代机，FX_{3U}、FX_{3UC}、FX_{3G}为三代机，目前社会上使用最多的为一、二代机，由于三代机性能强大且价格与二代机相差不大，故越来越多的用户开始选用三代机。

FX_{1NC}、FX_{2NC}、FX_{3UC}分别是三菱FX系列的一、二、三代机变形机种，变形机种与普通机种区别主要在于：变形机种较普通机种体积小，适合在狭小空间安装；变形机种的端子采用插入式连接，普通机种的端子采用接线端子连接；变形机种的输入电源只能是24V DC，普通机种的输入电源可以使用24V DC或AC电源。

2.1.1 三菱FX系列各类型PLC的特点

三菱FX系列各类型PLC的特点与控制规模说明见表2-1。

表2-1 三菱FX系列各类型PLC的特点与控制规模

类型	特点与控制规模	类型	特点与控制规模
FX_{1S}	追求低成本和节省安装空间 控制规模：10～30点，基本单元的点数有10/14/20/30	FX_{1NC}	追求省空间和扩展性 控制规模：16～128点，基本单元的点数有16/32

续表

类型	特点与控制规模	类型	特点与控制规模
FX_{2NC}	追求省空间和处理速度 控制规模：16～256点，基本单元的点数有16/32/64/96	FX_{2N}	追求扩展性和处理速度 控制规模：16～256点，基本单元的点数有16/32/48/64/80/128
FX_{3UC}	追求高速性、省配线和省空间 控制规模：16～384点（包含CC-Link I/O），基本单元的点数有16/32/64/96	FX_{3U}	追求高速性、高性能和扩展性 控制规模：16～384点（包含CC-Link I/O在内），基本单元的点数有16/32/48/64/80/128
FX_{1N}	追求扩展性和低成本 控制规模：14～128点，基本单元的点数有14/24/40/60	FX_{3G}	追求高速性、扩展性和低成本 控制规模：14～256点（含CC-Link I/O），基本单元的点数有14/24/40/64

2.1.2 三菱FX系列PLC型号的命名方法

三菱FX系列PLC型号的命名方法如下：

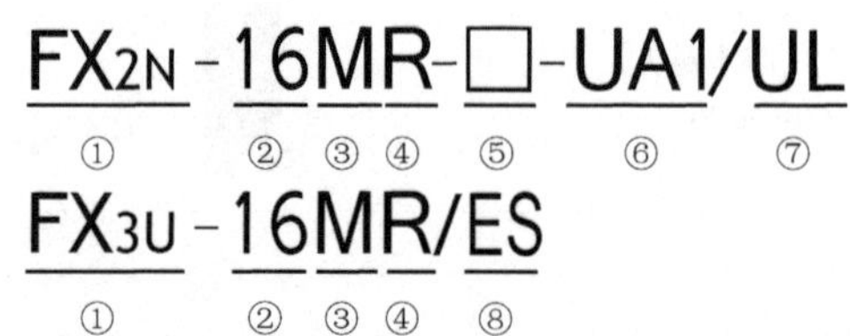

序号	区分	内容
①	系列名称	FX_{1S}，FX_{1N}，FX_{2N}，FX_{3G}，FX_{3U}，FX_{1NC}，FX_{2NC}，FX_{3UC}
②	输入输出合计点数	8，16，32，48，64等
③	单元区分	M：基本单元 E：输入输出混合扩展设备 EX：输入扩展模块 EY：输出扩展模块
④	输出形式	R：继电器 S：双向晶闸管 T：晶体管
⑤	连接形式等	T：FX_{2NC}的端子排方式 LT（-2）：内置FX_{3UC}的CC-Link/LT主站功能
⑥	电源、输出方式	无：AC电源，漏型输出 E：AC电源，漏型输入、漏型输出 ES：AC电源，漏型/源型输入，漏型/源型输出 ESS：AC电源，漏型/源型输入，源型输出（仅晶体管输出） UA1：AC电源，AC输入 D：DC电源，漏型输入、漏型输出 DS：DC电源，漏型/源型输入，漏型输出 DSS：DC电源，漏型/源型输入，源型输出（仅晶体管输出）
⑦	UL规格 （电气部件安全性标准）	无：不符合的产品　UL：符合UL规格的产品 即使是⑦未标注UL的产品，也有符合UL规格的机型
⑧	电源、输出方式	ES：AC电源，漏型/源型输入（晶体管输出型为漏型输出） ESS：AC电源，漏型/源型输入，源型输出（仅晶体管输出） D：DC电源，漏型输入、漏型输出 DS：DC电源，漏型/源型输入（晶体管输出型为漏型输出） DSS：DC电源，漏型/源型输入，源型输出（仅晶体管输出）

2.1.3　三菱FX_{2N} PLC基本单元面板说明

（1）两种PLC形式

PLC的基本单元又称CPU单元或主机单元，对于整体式PLC，PLC的基本单元自身带有一定数量的I/O端子（输入和输出端子），可以作为一个PLC独立使用。在组建PLC控制系统时，如果基本单元的I/O端子不够用，除了可以选用点数更多的基本单元外，也可以给点数少的基本单元连接其他的I/O单元，以增加I/O端子，如果希望基本单元具有一些特殊处理功能（如温度处理功能），而基本单元本身不具备该功能，给基本单元连接温度模块就可解决这个问题。

图2-1（a）是一种形式的PLC，它是一台能独立使用的基本单元，图2-1（b）是另一种形式的PLC，它由基本单元连接扩展单元组成。一个PLC既可以是一个能独立使用的基本单元，也可以是基本单元与扩展单元的组合体，由于扩展单元不能单独使用，故单独的扩展单元不能称作PLC。

（2）三菱FX_{2N} PLC基本单元面板说明

三菱FX系列PLC类型很多，其基本单元面板大同小异，这里以三菱FX_{2N}基本单元为例说明。三菱FX_{2N}基本单元（型号为FX_{2N}-32MR）外形如图2-2（a）所示，该面板各部分名称如图2-2（b）标注所示。

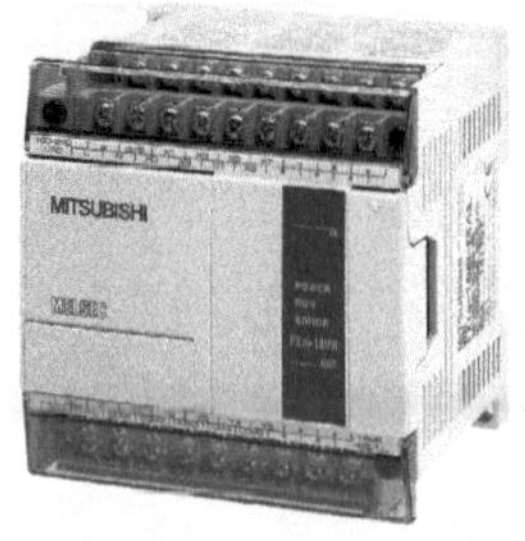

(a) PLC形式一(基本单元)

(b) PLC形式二(基本单元+扩展单元)

图2-1 两种形式的PLC

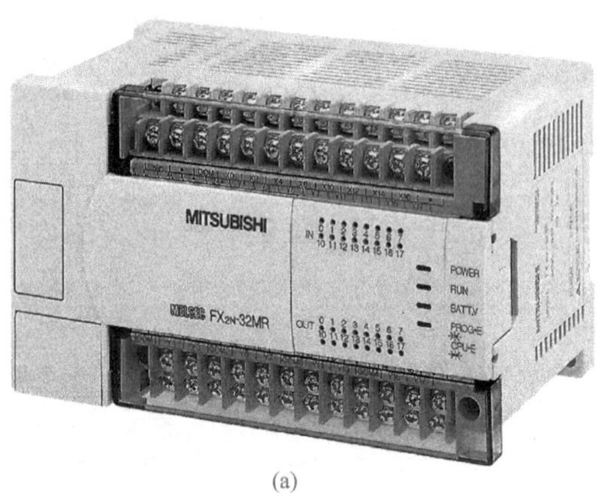

(a)

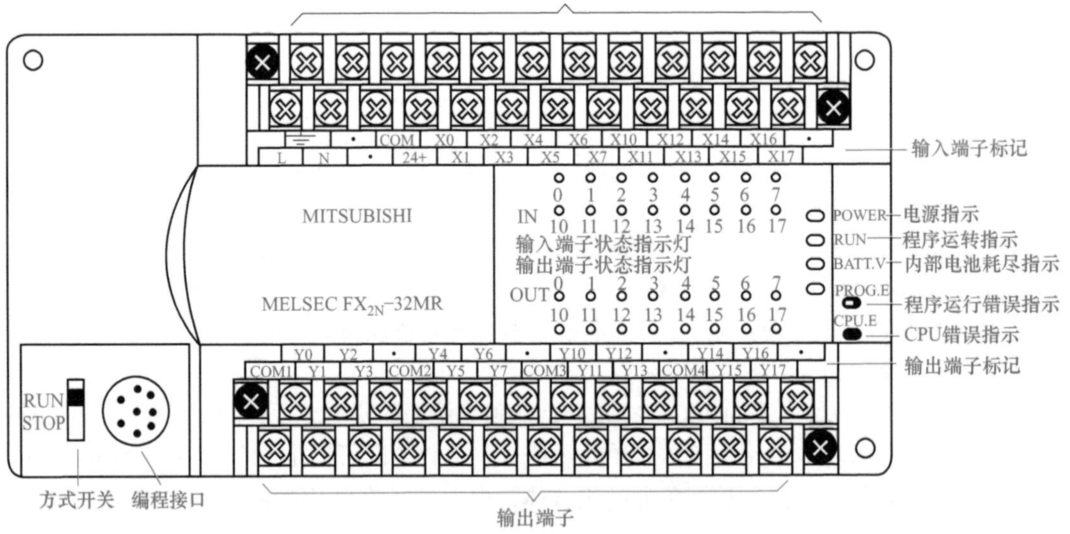

(b)

图2-2 三菱FX_{2N}基本单元面板及说明

2.2 三菱FX PLC的硬件接线

2.2.1 电源端子的接线

三菱FX系列PLC工作时需要提供电源，其供电电源类型有AC（交流）和DC（直流）两种。AC供电型PLC有L、N两个端子（旁边有一个接地端子），DC供电型PLC有+、-两个端子，在型号中还含有“D”字母，如图2-3所示。

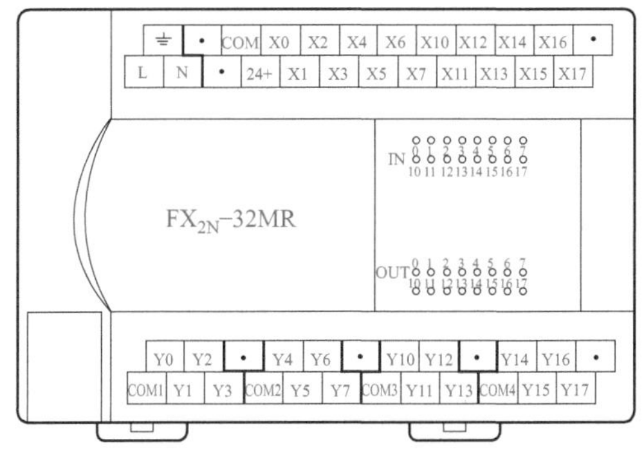

(a) AC供电型PLC有L、N端子

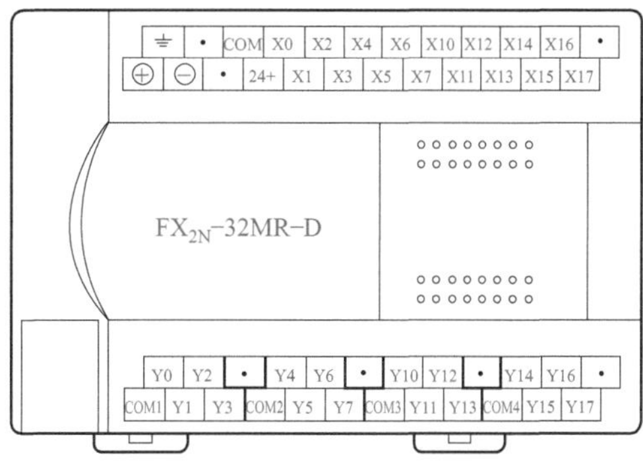

(b) DC供电型PLC有+、-端子

图2-3　两种供电类型的PLC

（1）AC供电型PLC的电源端子接线

AC供电型PLC的电源端子接线如图2-4所示。AC 100～240V交流电源接到PLC基本单元和扩展单元的L、N端子，交流电压在内部经AC/DC电源电路转换得到DC 24V和DC 5V直流电压，这两个电压一方面通过扩展电缆提供给扩展模块，另一方面DC 24V电压还会从24+、COM端子往外输出。

扩展单元和扩展模块的区别在于：扩展单元内部有电源电路，可以往外部输出电压，而扩展模块内部无电源电路，只能从外部输入电压。由于基本单元和扩展单元内部的电源电路功率有限，因此不要用一个单元的输出电压提供给所有扩展模块。

（2）DC供电型PLC的电源端子接线

DC供电型PLC的电源端子接线如图2-5所示。DC 24V电源接到PLC基本单元和扩展单元的+、-端子，该电压在内部经DC/DC电源电路转换得DC 5V和DC 24V，这两个电压一方面通过扩展电缆提供给扩展模块，另一方面DC 24V电压还会从24+、COM端子往外输出。为了减轻基本单元或扩展单元内部电源电路的负担，扩展模块所需的DC 24V可以直接由外部DC 24V电源提供。

2.2.2 三菱FX_{1S}、FX_{1N}、FX_{1NC}、FX_{2N}、FX_{2NC}、FX_{3UC} PLC的输入端子接线

PLC输入端子接线方式与PLC的供电类型有关，具体可分为AC电源DC输入、DC电源DC输入、AC电源AC输入三种方式，在这三种方式中，AC电源DC输入型PLC最为常用，AC电源AC输入型PLC使用较少。

三菱FX_{1NC}、FX_{2NC}、FX_{3UC} PLC主要用于空间狭小的场合，为了减小体积，其内部未设较占空间的AC/DC电源电路，只能从电源端子直接输入DC电源，即这些PLC只有DC电源DC输入型。

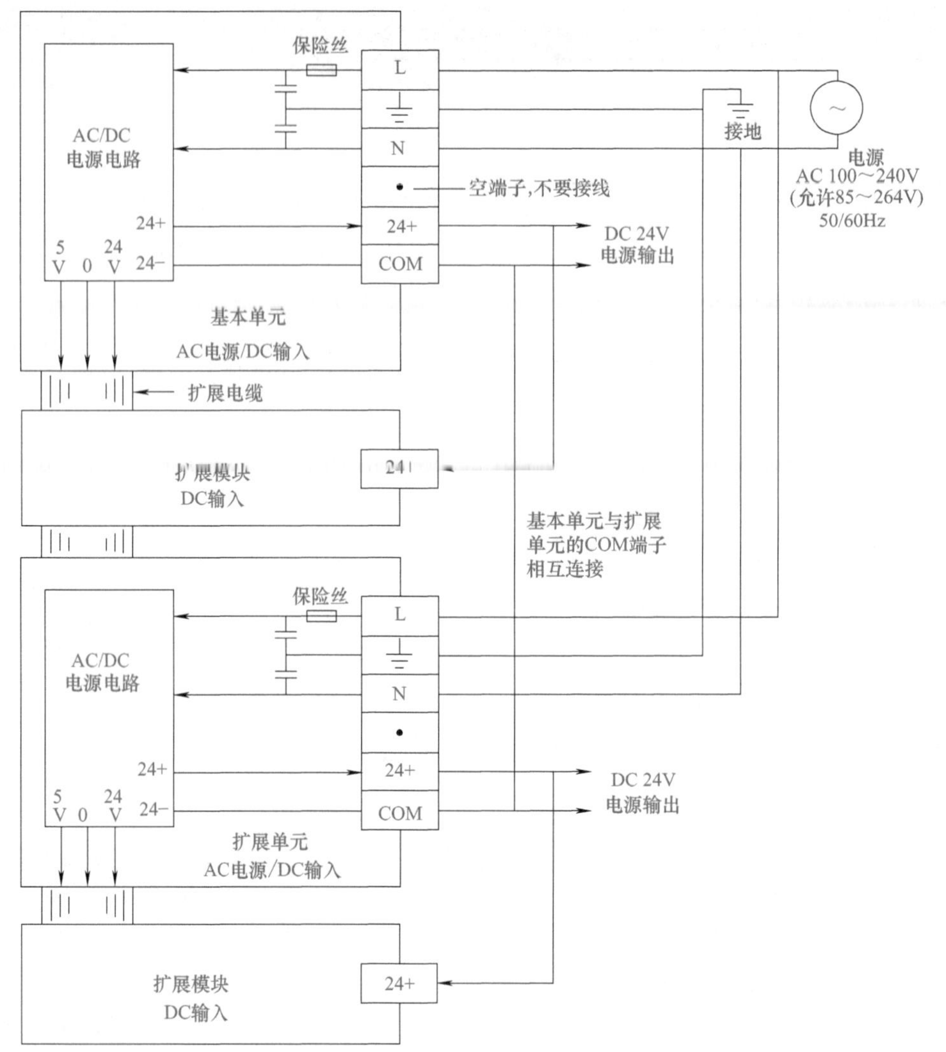

图2-4 AC供电型PLC的电源端子接线

（1）AC电源DC输入型PLC的输入接线

AC电源DC输入型PLC的输入接线如图2-6所示，由于这种类型的PLC（基本单元和扩展单元）内部有电源电路，它为输入电路提供DC 24V电压，因此在输入接线时只需在输入端子与COM端子之间接入开关，开关闭合时输入电路就会形成电源回路。

（2）DC电源DC输入型PLC的输入接线

DC电源DC输入型PLC的输入接线如图2-7所示，该类型PLC的输入电路所需的DC 24V由电源端子在内部提供，在输入接线时只需在输入端子与COM端子之间接入开关。

（3）AC电源AC输入型PLC的输入接线

AC电源AC输入型PLC的输入接线如图2-8所示，这种类型的PLC（基本单元和扩展单元）采用AC 100～120V供电，该电压除了供给PLC的电源端子外，还要在外部提供给输入电路，在输入接线时将AC 100～120V接在COM端子和开关之间，开关另一端接输入端子。

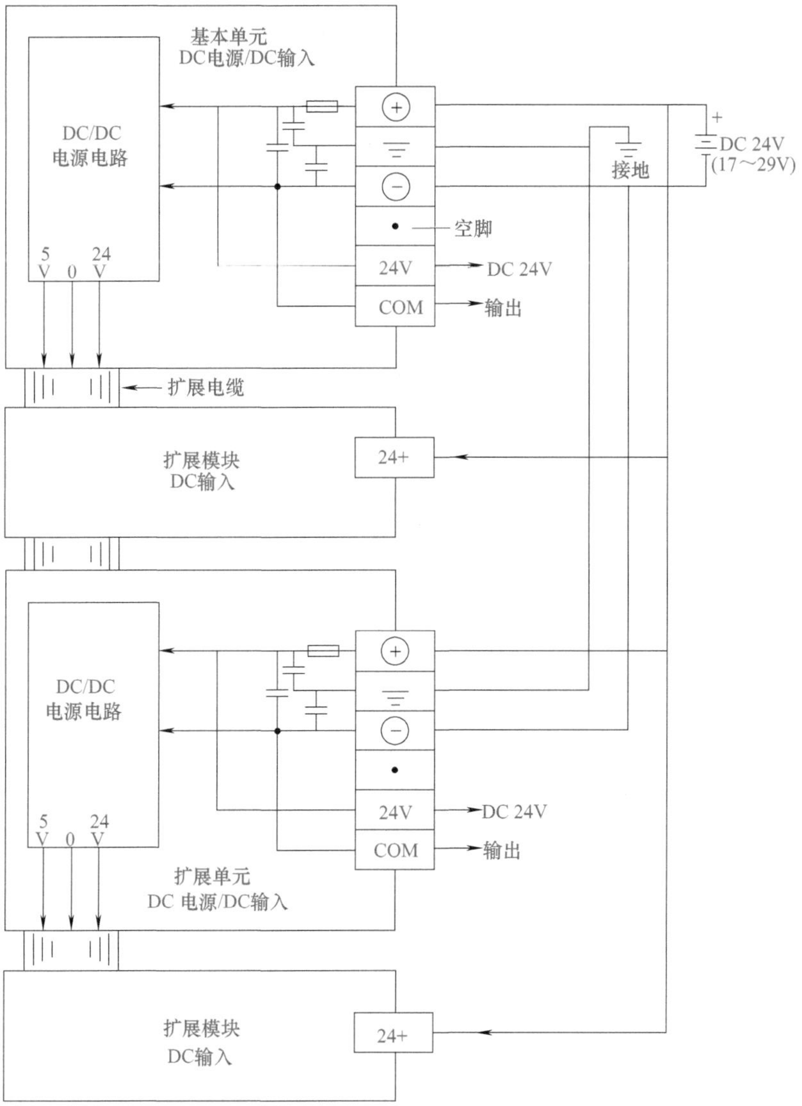

图2-5　DC供电型PLC的电源端子接线

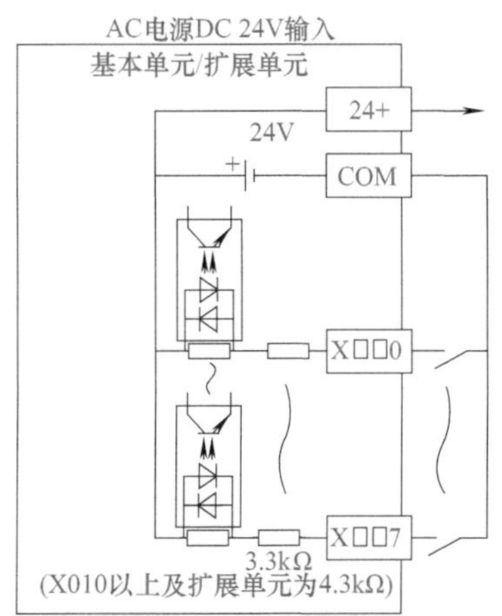

图2-6　AC电源DC输入型PLC的输入接线

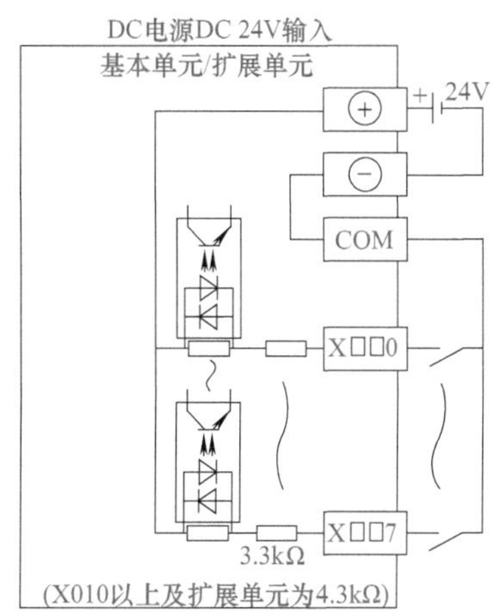

图2-7　DC电源DC输入型PLC的输入接线

（4）扩展模块的输入接线

扩展模块的输入接线如图2-9所示，由于扩展模块内部没有电源电路，它只能由外部为输入电路提供DC 24V电压，在输入接线时将DC 24V正极接扩展模块的24+端子，DC 24V负极接开关，开关另一端接输入端子。

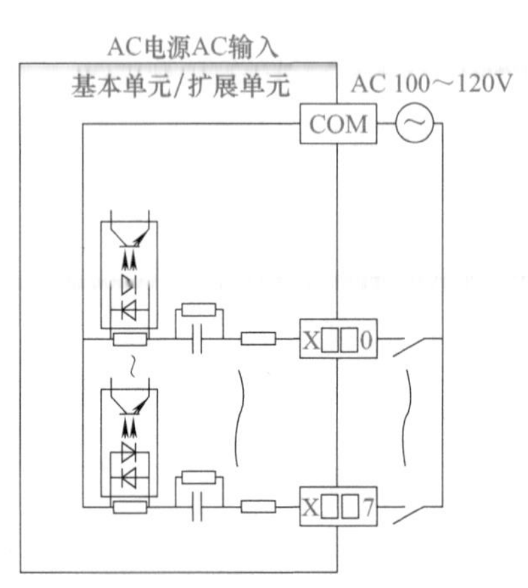

图2-8　AC电源AC输入型PLC的输入接线

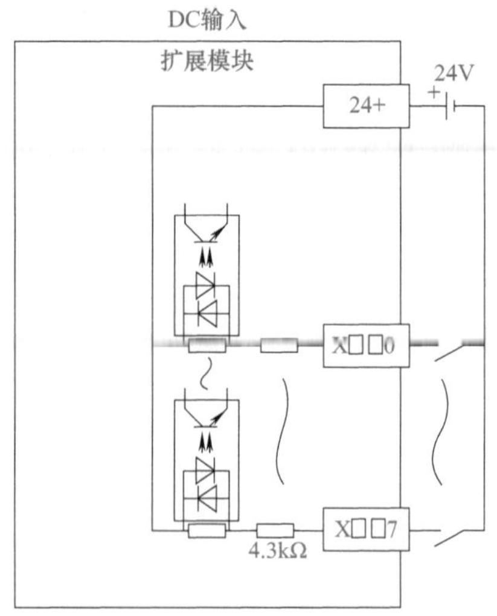

图2-9　扩展模块的输入接线

2.2.3　三菱FX_{3U}、FX_{3G} PLC的输入端子接线

在三菱FX_{1S}、FX_{1N}、FX_{1NC}、FX_{2N}、FX_{2NC}、FX_{3UC} PLC的输入端子中，COM端子既作公共端，又作0V端，而在三菱FX_{3U}、FX_{3G} PLC的输入端子取消了COM端子，增加了S/S端子和0V端子，其中S/S端子用作公共端。三菱FX_{3U}、FX_{3G} PLC只有AC电源DC输入、DC电源DC输入两种类型，在每种类型中又可分为漏型输入接线和源型输入接线。

（1）AC电源DC输入型PLC的输入接线

① 漏型输入接线　AC电源型PLC的漏型输入接线如图2-10所示。在漏型输入接线时，将24V端子与S/S端子连接，再将开关接在输入端子和0V端子之间，开关闭合时有电流流过输入电路，电流途径是：24V端子→S/S端子→PLC内部光电耦合器→输入端子→0V端子。电流由PLC输入端的公共端子（S/S端）输入，将这种输入方式称为漏型输入，为了方便记忆理解，可将公共端子理解为漏极，电流从公共端输入就是漏型输入。

② 源型输入接线　AC电源型PLC的源型输入接线如图2-11所示。在源型输入接线时，将0V端子与S/S端子连接，再将开关接在输入端子和24V端子之间，开关闭合时有电流流过输入电路，电流途径是：24V端子→开关→输入端子→PLC内部光电耦合器→S/S端子→0V端子。电流由PLC的输入端子输入，将这种输入方式称为源型输入，为了方便记忆理解，可将输入端子理解为源极，电流从输入端子输入就是源型输入。

（2）DC电源DC输入型PLC的输入接线

① 漏型输入接线　DC电源型PLC的漏型输入接线如图2-12所示。在漏型输入接线时，将外部24V电源正极与S/S端子连接，将开关接在输入端子和外部24V电源的负极，输入电流从公共端子输入（漏型输入）。也可以将24V端子与S/S端子连接起来，再将开关接在输入端子和0V端子之间，但这样做会使从电源端子进入PLC的电流增大，从而增加

PLC出现故障的概率。

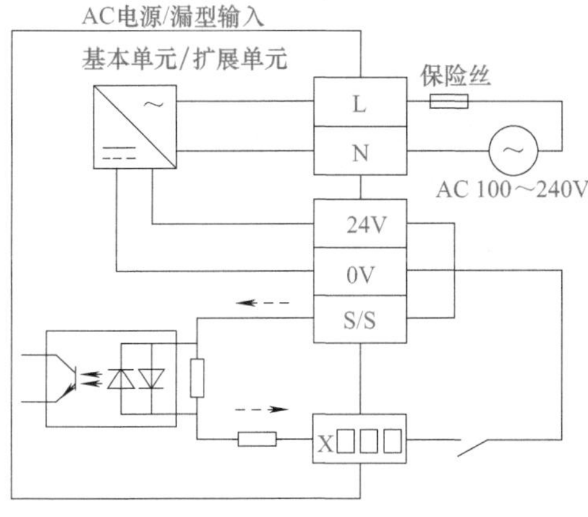

图2-10 AC电源型PLC的漏型输入接线

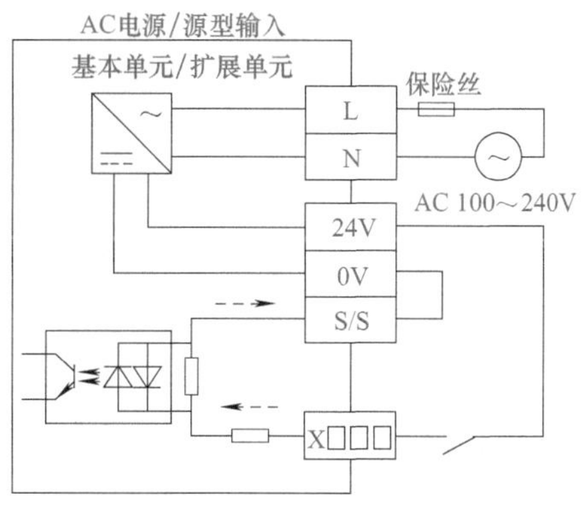

图2-11 AC电源型PLC的源型输入接线

② 源型输入接线 DC电源型PLC的源型输入接线如图2-13所示。在源型输入接线时，将外部24V电源负极与S/S端子连接，再将开关接在输入端子和外部24V电源正极之间，输入电流从输入端子输入（源型输入）。

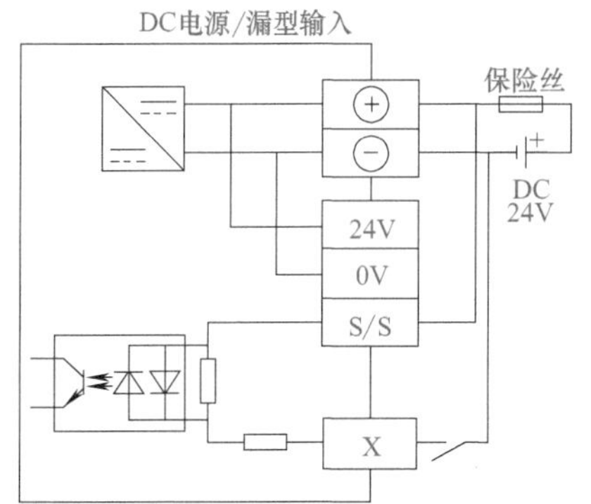

图2-12 DC电源型PLC的漏型输入接线

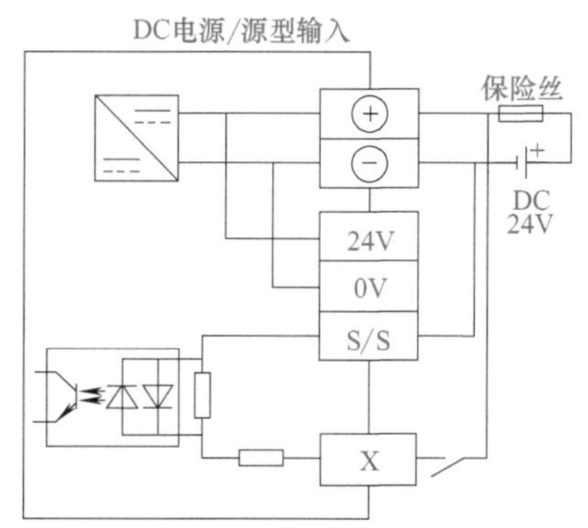

图2-13 DC电源型PLC的源型输入接线

2.2.4 无触点接近开关与PLC输入端子的接线

PLC的输入端子除了可以接普通有触点的开关外，还可以接一些无触点开关，如无触点接近开关，如图2-14（a）所示，当金属体靠近探测头时，内部的晶体管导通，相当于开关闭合。根据晶体管不同，无触点接近开关可分为NPN型和PNP型，根据引出线数量不同，可分为2线式和3线式，无触点接近开关常用图2-14（b）、（c）所示符号表示。

（1）3线式无触点接近开关的接线

3线式无触点接近开关的接线如图2-15所示。

图2-15（a）为3线NPN型无触点接近开关的接线，它采用漏型输入接线，在接线时将S/S端子与24V端子连接，当金属体靠近接近开关时，内部的NPN型晶体管导通，X000输入电路有电流流过，电流途径是：24V端子→S/S端子→PLC内部光电耦合器→X000端子→接近开关→0V端子，电流由公共端子（S/S端子）输入，此为漏型输入。

图2-15（b）为3线PNP型无触点接近开关的接线，它采用源型输入接线，在接线时将S/S端子与0V端子连接，当金属体靠近接近开关时，内部的PNP型晶体管导通，X000输入

电路有电流流过，电流途径是：24V端子→接近开关→X000端子→PLC内部光电耦合器→S/S端子→0V端子，电流由输入端子（X000端子）输入，此为源型输入。

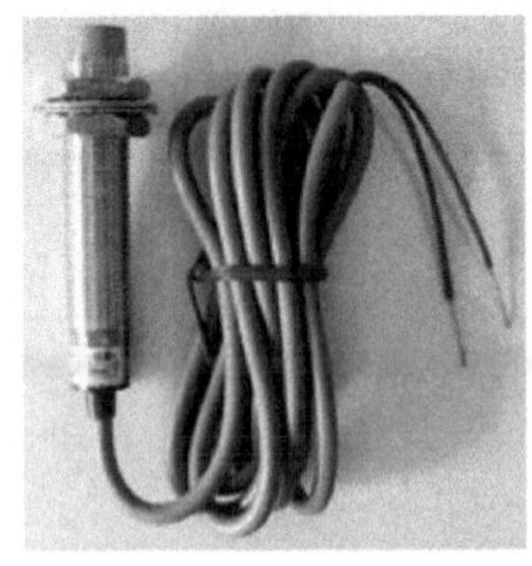

(a) 无触点接近开关

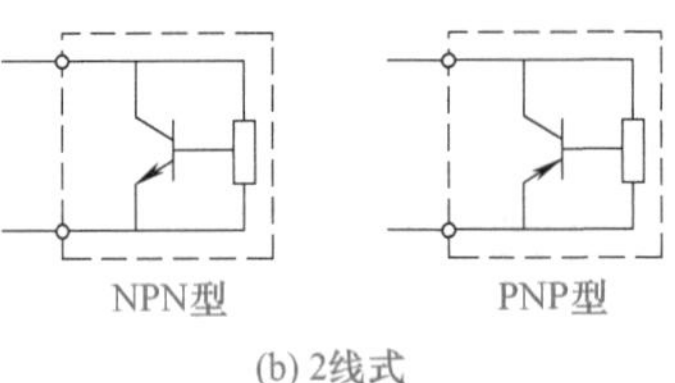

(b) 2线式

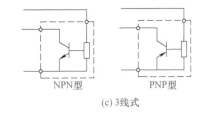

NPN型　PNP型

(c) 3线式

图2-14　无触点接近开关的实物及符号

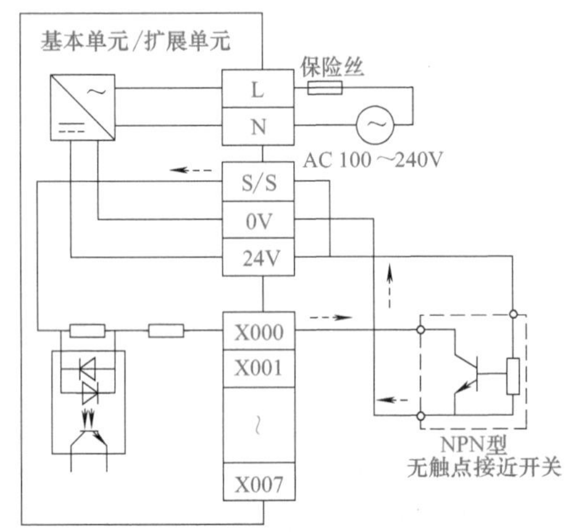

(a) 3线式NPN型接近开关的漏型输入接线

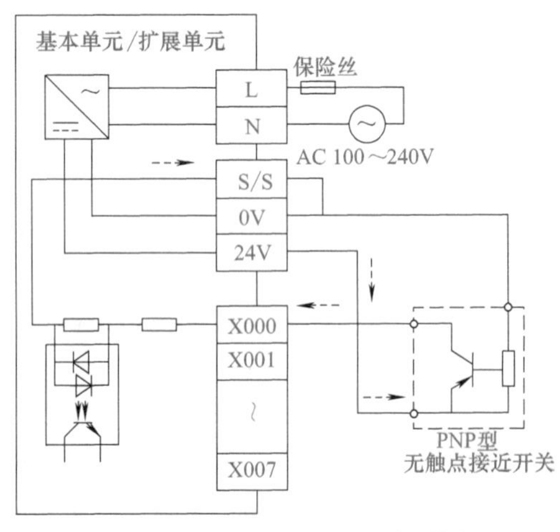

(b) 3线式PNP型接近开关的源型输入接线

图2-15　3线式无触点接近开关的接线

（2）2线式无触点接近开关的接线

2线式无触点接近开关的接线如图2-16所示。

图2-16（a）为2线式NPN型无触点接近开关的接线，它采用漏型输入接线，在接线时将S/S端子与24V端子连接，再在接近开关的一根线（内部接NPN型晶体管集电极）与24V端子间接入一个电阻R，R值的选取如图所示。当金属体靠近接近开关时，内部的NPN型晶体管导通，X000输入电路有电流流过，电流途径是：24V端子→S/S端子→PLC内部光电耦合器→X000端子→接近开关→0V端子，电流由公共端子（S/S端子）输入，此为

漏型输入。

图2-16（b）为2线式PNP型无触点接近开关的接线，它采用源型输入接线，在接线时将S/S端子与0V端子连接，再在接近开关的一根线（内部接PNP型晶体管集电极）与0V端子间接入一个电阻R，R值的选取如图所示。当金属体靠近接近开关时，内部的PNP型晶体管导通，X000输入电路有电流流过，电流途径是：24V端子→接近开关→X000端子→PLC内部光电耦合器→S/S端子→0V端子，电流由输入端子（X000端子）输入，此为源型输入。

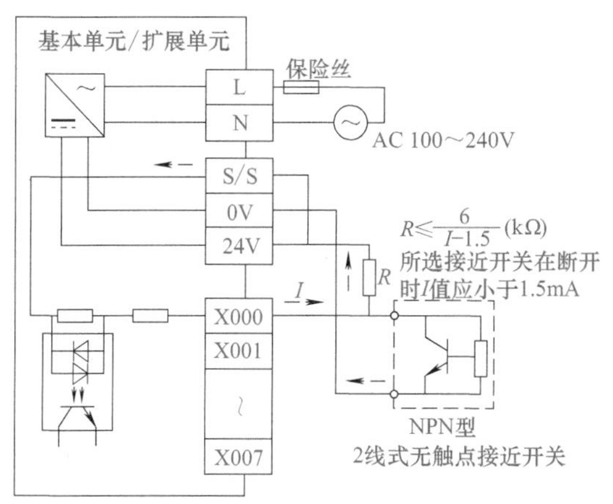

(a) 2线式NPN 型接近开关的漏型输入接线

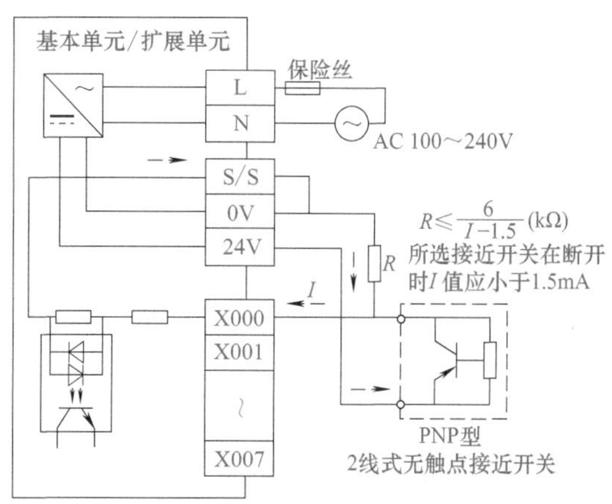

(b) 2线式PNP 型接近开关的源型输入接线

图2-16　2线式无触点接近开关的接线

2.2.5　三菱FX系列PLC的输出端子接线

PLC的输出类型有继电器输出、晶体管输出和晶闸管输出，对于不同输出类型的PLC，其输出端子接线应按照相应的接线方式。

（1）继电器输出型PLC的输出端子接线

继电器输出型是指PLC输出端子内部采用继电器触点开关，当触点闭合时表示输出为ON，触点断开时表示输出为OFF。继电器输出型PLC的输出端子接线如图2-17所示。

由于继电器的触点无极性，故输出端使用的负载电源既可使用交流电源（AC 100～240V），也可使用直流电源（DC 30V以下）。在接线时，将电源与负载串接起来，再接在输出端子和公共端子之间，当PLC输出端内部的继电器触点闭合时，输出电路形成回路，有电流流过负载（如线圈、灯泡等）。

（2）晶体管输出型PLC的输出端子接线

晶体管输出型是指PLC输出端子内部采用晶体管，当晶体管导通时表示输出为ON，晶体管截止时表示输出为OFF。由于晶体管是有极性的，故输出端使用的负载电源必须是直流电源（DC 5～30V），晶体管输出型具体又可分为漏型输出和源型输出。

漏型输出型PLC输出端子接线如图2-18（a）所示。在接线时，漏型输出型PLC的公共端接电源负极，电源正极串接负载后接输出端子，当输出为ON时，晶体管导通，有电流流过负载，电流途径是：电源正极→负载→输出端子→PLC内部晶体管→COM端→电源负极。电流从PLC输出端的公共端子输出，称之为漏型输出。

源型输出型PLC输出端子接线如图2-18（b）所示，三菱FX_{3U}/FX_{3UC}/FX_{3G}的晶体管输出

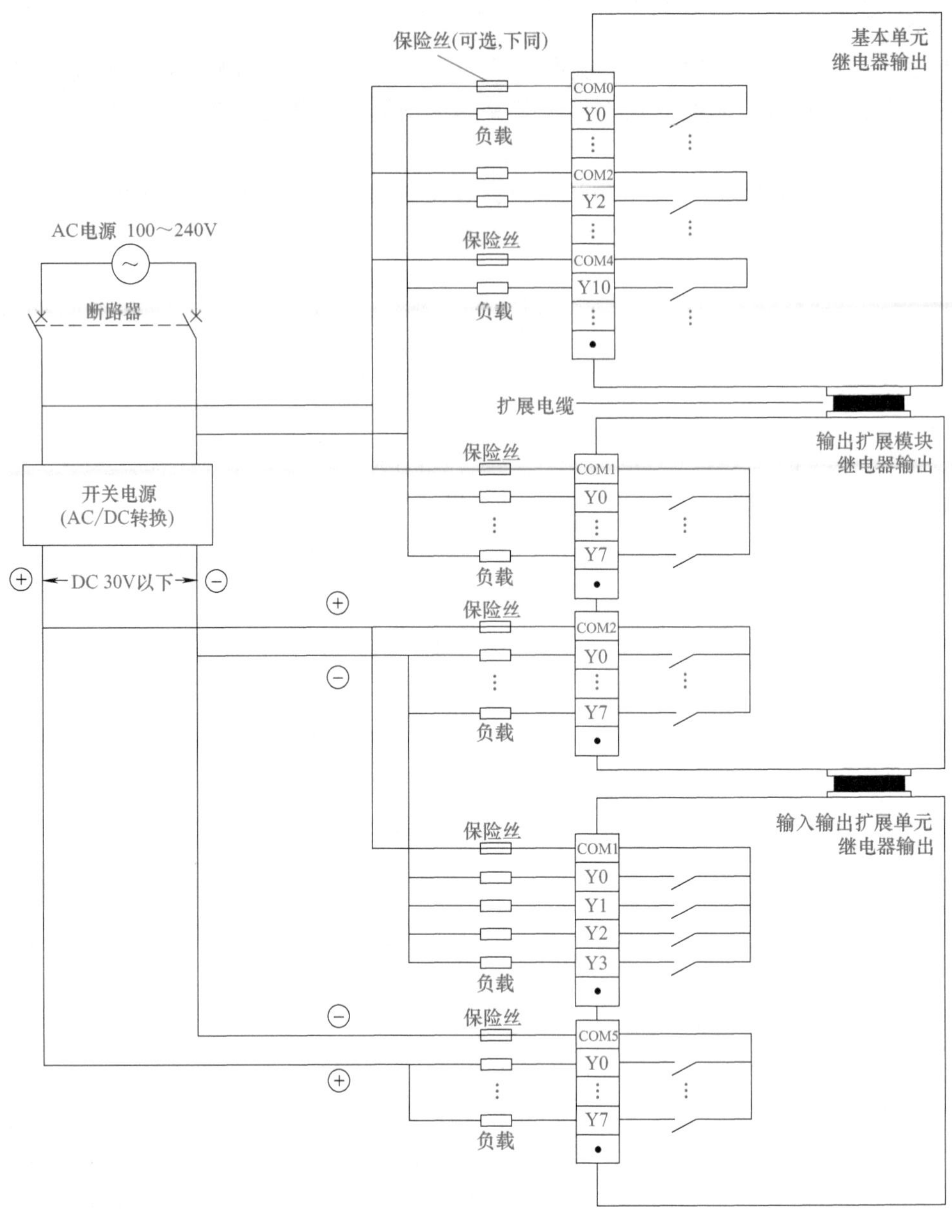

图2-17　继电器输出型PLC的输出端子接线

型PLC的输出公共端不用COM表示，而是用+V*表示。在接线时，源型输出型PLC的公共端（+V*）接电源正极，电源负极串接负载后接输出端子，当输出为ON时，晶体管导通，有电流流过负载，电流途径是：电源正极→+V*端子→PLC内部晶体管→输出端子→负载→电源负极。电流从PLC的输出端子输出，称之为源型输出。

（3）晶闸管输出型PLC的输出端子接线

晶闸管输出型是指PLC输出端子内部采用双向晶闸管（又称双向可控硅），当晶闸管导通时表示输出为ON，晶闸管截止时表示输出为OFF。晶闸管是无极性的，输出端使用的负载电源必须是交流电源（AC 100～240V）。晶闸管输出型PLC的输出端子接线如图2-19所示。

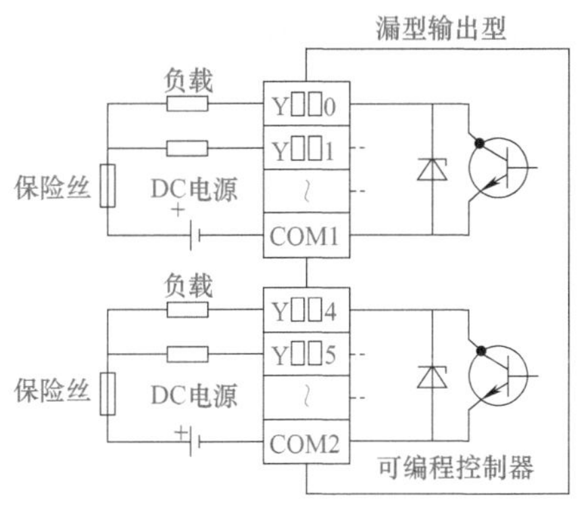

(a) 晶体管漏型输出接线

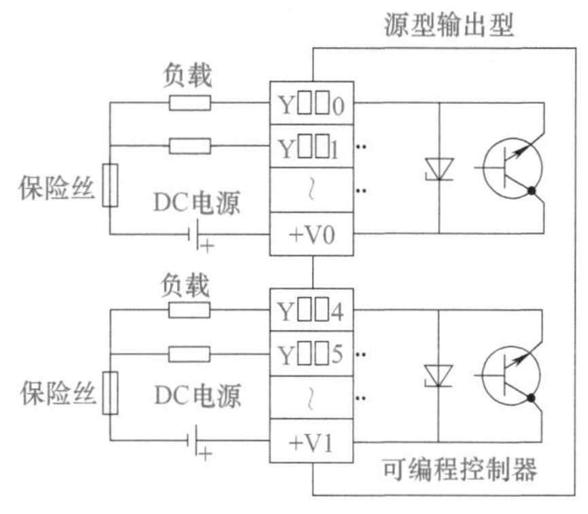

(b) 晶体管源型输出接线

图2-18 晶体管输出型PLC的输出端子接线

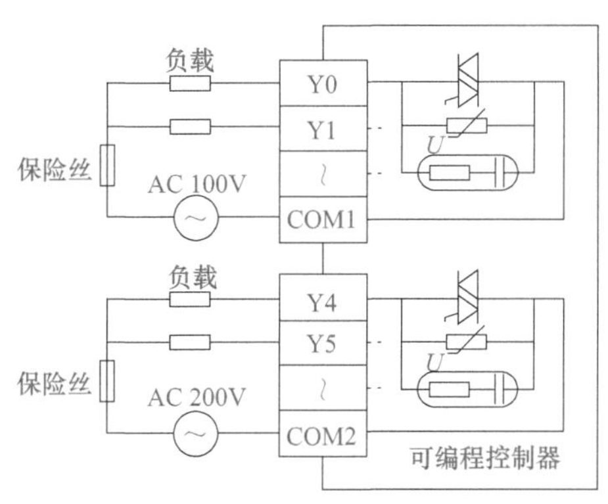

图2-19 晶闸管输出型PLC的输出端子接线

2.3 三菱FX系列PLC的软元件说明

PLC是在继电器控制线路基础上发展起来的，继电器控制线路有时间继电器、中间继电器等，而PLC内部也有类似的器件，由于这些器件以软件形式存在，故称为软元件。PLC程序由指令和软元件组成，指令的功能是发出命令，软元件是指令的执行对象，比如，SET为置1指令，Y000是PLC的一种软元件（输出继电器），“SET Y000”就是命令PLC的输出继电器Y000的状态变为1。由此可见，编写PLC程序必须要了解PLC的指令及软元件。

PLC的软元件很多，主要有输入继电器、输出继电器、辅助继电器、定时器、计数器、数据寄存器和常数等。三菱FX系列PLC分很多子系列，越高档的子系列，其支持指令和软元件数量越多。

2.3.1 输入继电器（X）和输出继电器（Y）

（1）输入继电器（X）

输入继电器用于接收PLC输入端子送入的外部开关信号，它与PLC的输入端子连接，其表示符号为X，按八进制方式编号，输入继电器与外部对应的输入端子编号是相同的。三菱FX_{2N}-48M型PLC外部有24个输入端子，其编号为X000～X007、X010～X017、X020～X027，相应地内部有24个相同编号的输入继电器来接收这样端子输入的开关信号。

一个输入继电器可以有无数个编号相同的常闭触点和常开触点，当某个输入端子（如X000）外接开关闭合时，PLC内部相同编号输入继电器（X000）状态变为ON，那么程序中相同编号的常开触点处于闭合，常闭触点处于断开。

（2）输出继电器（Y）

输出继电器（常称输出线圈）用于将PLC内部开关信号送出，它与PLC输出端子连接，其表示符号为Y，也按八进制方式编号，输出继电器与外部对应的输出端子编号是相同的。三菱FX_{2N}-48M型PLC外部有24个输出端子，其编号为Y000～Y007、Y010～Y017、Y020～Y027，相应地内部有24个相同编号的输出继电器，这些输出继电器的状态由相同编号的外部输出端子送出。

一个输出继电器只有一个与输出端子连接的常开触点（又称硬触点），但在编程时可使用无数个编号相同的常开触点和常闭触点。当某个输出继电器（如Y000）状态为ON时，它除了会使相同编号的输出端子内部的硬触点闭合外，还会使程序中的相同编号的常开触点闭合，常闭触点断开。

三菱FX系列PLC支持的输入继电器、输出继电器如表2-2所示。

表2-2　三菱FX系列PLC支持的输入继电器、输出继电器

型号	FX_{1S}	FX_{1N}、FX_{1NC}	FX_{2N}、FX_{2NC}	FX_{3G}	FX_{3U}、FX_{3UC}
输入继电器	X000～X017（16点）	X000～X177（128点）	X000～X267（184点）	X000～X177（128点）	X000～X367（248点）
输出继电器	Y000～Y015（14点）	Y000～Y177（128点）	Y000～Y267（184点）	Y000～Y177（128点）	Y000～Y367（248点）

2.3.2 辅助继电器（M）

辅助继电器是PLC内部继电器，它与输入、输出继电器不同，不能接收输入端子送来的信号，也不能驱动输出端子。辅助继电器表示符号为M，按十进制方式编号，如M0～M499、M500～M1023等。一个辅助继电器可以有无数个编号相同的常闭触点和常开触点。

辅助继电器分为四类：一般型、停电保持型、停电保持专用型和特殊用途型。三菱FX系列PLC支持的辅助继电器如表2-3所示。

表2-3　三菱FX系列PLC支持的辅助继电器

型号	FX_{1S}	FX_{1N}、FX_{1NC}	FX_{2N}、FX_{2NC}	FX_{3G}	FX_{3U}、FX_{3UC}
一般型	M0～M383（384点）	M0～M383（384点）	M0～M499（500点）	M0～M383（384点）	M0～M499（500点）
停电保持型（可设成一般型）	无	无	M500～M1023（524点）	无	M500～M1023（524点）
停电保持专用型	M384～M511（128点）	M384～M511（128点，EEPROM长久保持）M512～M1535（1024点，电容10天保持）	M1024～M3071（2048点）	M384～M1535（1152点）	M1024～M7679（6656点）
特殊用途型	M8000～M8255（256点）	M8000～M8255（256点）	M8000～M8255（256点）	M8000～M8511（512点）	M8000～M8511（512点）

(1)一般型辅助继电器

一般型(又称通用型)辅助继电器在PLC运行时,如果电源突然停电,则全部线圈状态均变为OFF。当电源再次接通时,除了因其他信号而变为ON的以外,其余的仍将保持OFF状态,它们没有停电保持功能。

三菱FX_{2N}系列PLC的一般型辅助继电器点数默认为M0～M499,也可以用编程软件将一般型设为停电保持型,设置方法如图2-20所示,在GX Developer软件(该编程软件的使用将在后续章节介绍)的工程列表区双击参数项中的“PLC参数”,弹出参数设置对话框,切换到“软元件”选项卡,从辅助继电器一栏可以看出,系统默认M500(起始)～M1023(结束)范围内的辅助继电器具有锁存(停电保持)功能,如果将起始值改为550,结束值仍为1023,那么M0～M550范围内的都是一般型辅助继电器。

从图2-20所示对话框不难看出,不但可以设置辅助继电器停电保持点数,还可以设置状态继电器、定时器、计数器和数据寄存器的停电保持点数,编程时选择的PLC类型不同,该对话框的内容有所不同。

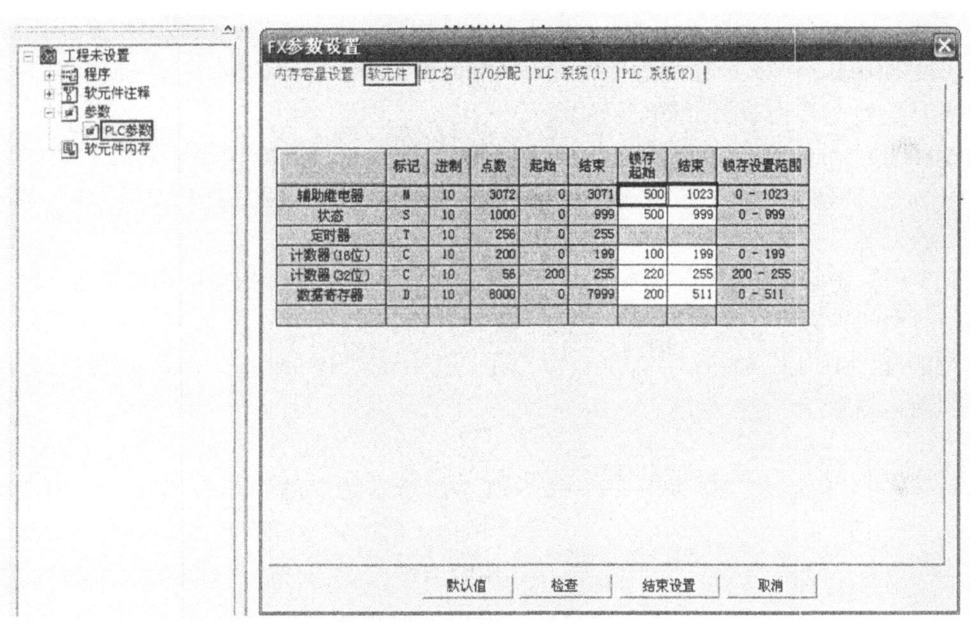

图2-20　软元件停电保持(锁存)点数设置

(2)停电保持型辅助继电器

停电保持型辅助继电器与一般型辅助继电器的区别主要在于:前者具有停电保持功能,即能记忆停电前的状态,并在重新通电后保持停电前的状态。FX_{2N}系列PLC的停电保持型辅助继电器可分为停电保持型(M500～M1023)和停电保持专用型(M1024～M3071),停电保持专用型辅助继电器无法设成一般型。

下面以图2-21来说明一般型和停电保持型辅助继电器的区别。

图2-21(a)程序采用了一般型辅助继电器,在通电时,如果X000常开触点闭合,辅助继电器M0状态变为ON(或称M0线圈得电),M0常开触点闭合,在X000触点断开后锁住M0继电器的状态值,如果PLC出现停电,M0继电器状态值变为OFF,在PLC重新恢复供电时,M0继电器状态仍为OFF,M0常开触点处于断开。

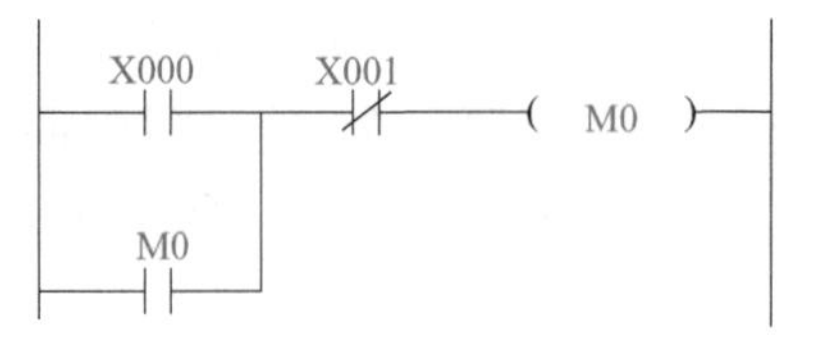

(a) 采用一般型辅助继电器

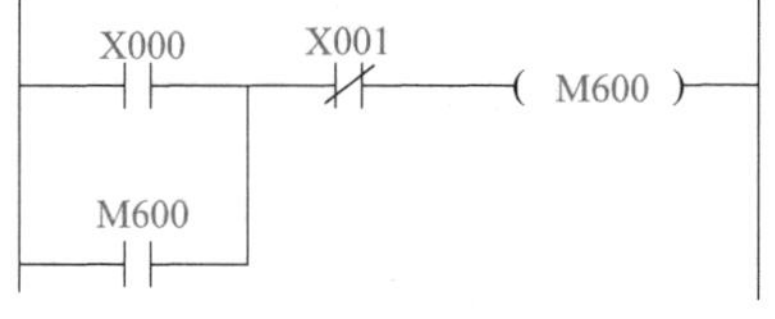

(b) 采用停电保持型辅助继电器

图2-21 一般型和停电保持型辅助继电器的区别说明

图2-21（b）程序采用了停电保持型辅助继电器，在通电时，如果X000常开触点闭合，辅助继电器M600状态变为ON，M600常开触点闭合，如果PLC出现停电，M600继电器状态值保持为ON，在PLC重新恢复供电时，M600继电器状态仍为ON，M600常开触点处于闭合。若重新供电时X001触点处于开路，则M600继电器状态为OFF。

（3）特殊用途型辅助继电器

FX_{2N}系列中有256个特殊辅助继电器，可分成触点型和线圈型两大类。

① 触点型特殊用途辅助继电器　触点型特殊用途辅助继电器的线圈由PLC自动驱动，用户只可使用其触点，即在编写程序时，只能使用这种继电器的触点，不能使用其线圈。常用的触点型特殊用途辅助继电器如下。

M8000：运行监视a触点（常开触点），在PLC运行中，M8000触点始终处于接通状态，M8001为运行监视b触点（常闭触点），它与M8000触点逻辑相反，在PLC运行时，M8001触点始终断开。

M8002：初始脉冲a触点，该触点仅在PLC运行开始的一个扫描周期内接通，以后周期断开，M8003为初始脉冲b触点，它与M8002逻辑相反。

M8011、M8012、M8013和M8014分别是产生10ms、100ms、1s和1min时钟脉冲的特殊辅助继电器触点。

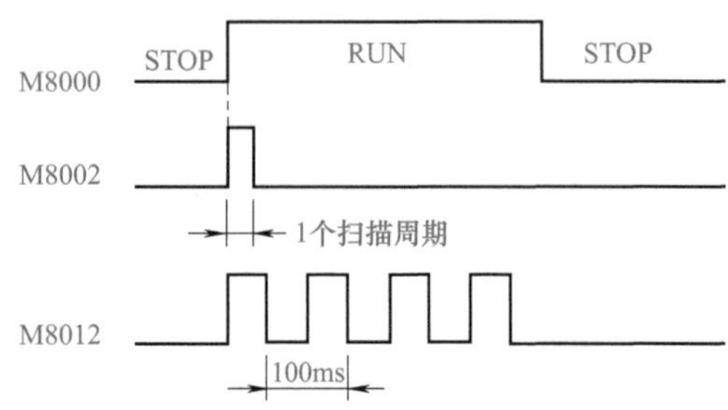

图2-22 M8000、M8002、M8012的时序关系图

M8000、M8002、M8012的时序关系如图2-22所示。从图中可以看出，在PLC运行（RUN）时，M8000触点始终是闭合的（图中用高电平表示），而M8002触点仅闭合一个扫描周期，M8012闭合50ms、接通50ms，并且不断重复。

② 线圈型特殊用途辅助继电器　线圈型特殊用途辅助继电器由用户程序驱动其线圈，使PLC执行特定的动作。常用的线圈型特殊用途辅助继电器如下。

M8030：电池LED熄灯。当M8030线圈得电（M8030继电器状态为ON）时，电池电压降低发光二极管熄灭。

M8033：存储器保持停止。若M8033线圈得电（M8033继电器状态值为ON），PLC停止时保持输出映象存储器和数据寄存器的内容。以图2-23所示的程序为例，当X000常开触点处于断开时，M8034辅助继电器状态为OFF，X001～X003常闭触点处于闭合使Y000～Y002线圈均得电，如果X000常开触点闭合，M8034辅助继电器状态变为ON，PLC马上让所有的输出线圈失电，故Y000～Y002线圈都失电，即使X001～X003常闭触点仍处于闭合。

M8034：所有输出禁止。若M8034线圈得电（即M8034继电器状态为ON），PLC的输出全部禁止。

M8039：恒定扫描模式。若M8039线圈得电（即M8039继电器状态为ON），PLC按数据寄存器D8039中指定的扫描时间工作。

更多特殊用途型辅助继电器的功能请参见附录A。

2.3.3 状态继电器（S）

状态继电器是编制步进程序的重要软元件，与辅助继电器一样，可以有无数个常开触点和常闭触点，其表示符号为S，按十进制方式编号，如S0～S9、S10～S19、S20～S499等。

状态继电器可分为初始状态型、一般型和报警用途型。对于未在步进程序中使用的状态继电器，可以当成辅助继电器一样使用，如图2-24所示，当X001触点闭合时，S10线圈得电（即S10继电器状态为ON），S10常开触点闭合。状态器继电器主要用在步进顺序程序中，其详细用法见后面的章节。

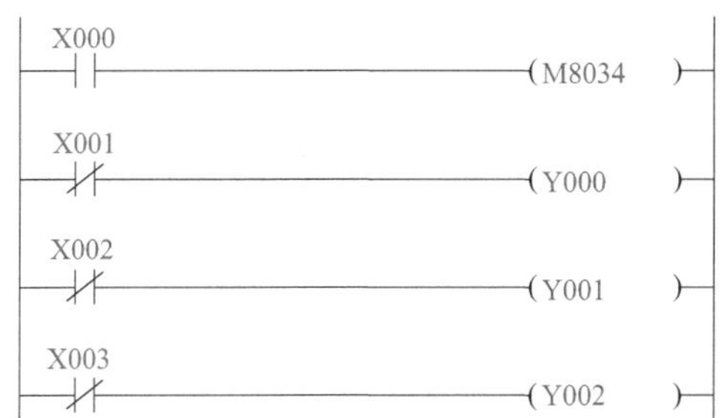

图2-23 线圈型特殊用途辅助继电器的使用举例

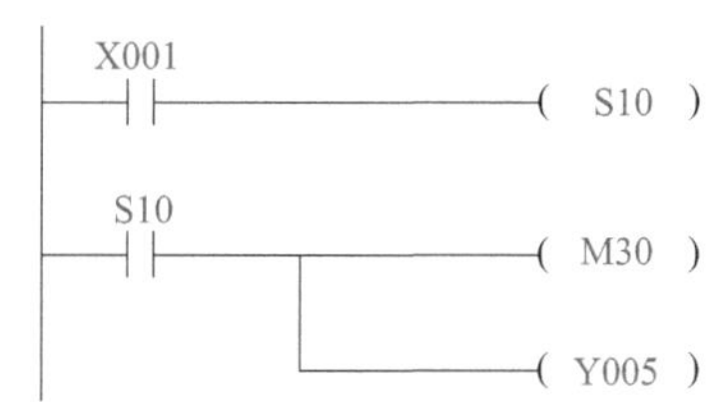

图2-24 未使用的状态继电器可以当成辅助继电器一样使用

三菱FX系列PLC支持的状态继电器如表2-4所示。

表2-4 三菱FX系列PLC支持的状态继电器

型号	FX_{1S}	FX_{1N}、FX_{1NC}	FX_{2N}、FX_{2NC}	FX_{3G}	FX_{3U}、FX_{3UC}
初始状态用	S0～S9（停电保持专用）	S0～S9（停电保持专用）	S0～S9	S0～S9（停电保持专用）	S0～S9
一般用	S10～S127（停电保持专用）	S10～S127（停电保持专用）S128～S999（停电保持专用，电容10天保持）	S10～S499 S500～S899（停电保持）	S10～S999（停电保持专用）S1000～S4095	S10～S499 S500～S899（停电保持）S1000～S4095（停电保持专用）
信号报警用	无		S900～S999（停电保持）	无	S900～S999（停电保持）
说明	停电保持型可以设成非停电保持型，非停电保持型也可设成停电保持型（FX_{3G}型需安装选配电池，才能将非停电保持型设成停电保持型）；停电保持专用型采用EEPROM或电容供电保存，不可设成非停电保持型				

2.3.4 定时器（T）

定时器是用于计算时间的继电器，它可以有无数个常开触点和常闭触点，其定时单位有1ms、10ms、100ms三种。定时器表示符号为T，编号也按十进制，定时器分为普通型定时器（又称一般型）和停电保持型定时器（又称累计型或积算型定时器）。

三菱FX系列PLC支持的定时器如表2-5所示。

表2-5　三菱FX系列PLC支持的定时器

PLC系列	FX_{1S}	FX_{1N}，FX_{1NC}，FX_{2N}，FX_{2NC}	FX_{3G}	FX_{3U}，FX_{3UC}
1ms普通型定时器（0.001～32.767s）	T31，1点	—	T256～T319，64点	T256～T511，256点
100ms普通型定时器（0.1～3276.7s）	T0～62，63点	T0～199，200点		
10ms普通型定时器（0.01～327.67s）	T32～C62，31点	T200～T245，46点		
1ms停电保持型定时器（0.001～32.767s）	—	T246～T249，4点		
100ms停电保持型定时器（0.1～3276.7s）	—	T250～T255，6点		

普通型定时器和停电保持型定时器的区别说明如图2-25所示。

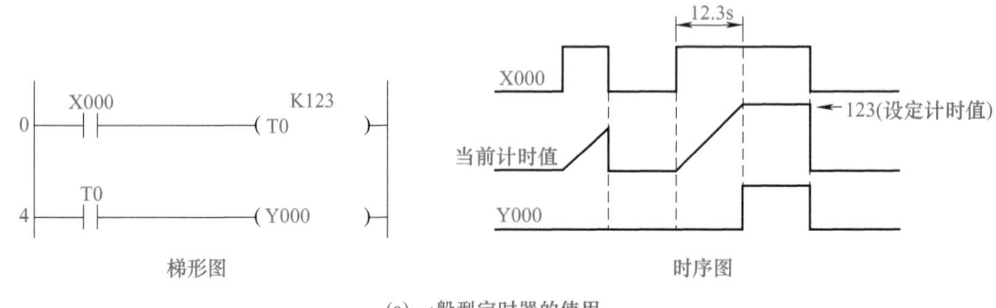

(a) 一般型定时器的使用

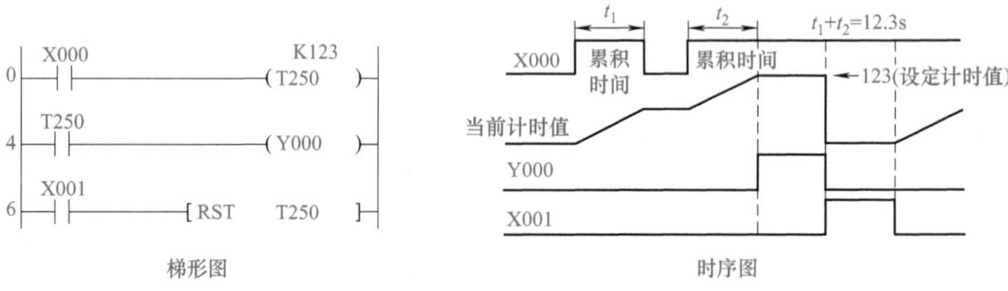

(b) 停电保持型定时器的使用

图2-25　普通型定时器和停电保持型定时器的区别说明

图2-25（a）梯形图中的定时器T0为100ms普通型定时器，其设定计时值为123（123×0.1s=12.3s）。当X000触点闭合时，T0定时器输入为ON，开始计时，如果当前计时值未到123时T0定时器输入变为OFF（X000触点断开），定时器T0马上停止计时，并且当前计时值复位为0，当X000触点再闭合时，T0定时器重新开始计时，当计时值达到123时，定时器T0的状态值变为ON，T0常开触点闭合，Y000线圈得电。普通型定时器的计时值达到设定值时，如果其输入仍为ON，定时器的计时值保持设定值不变，当输入变为OFF时，其状态值变为OFF，同时当前计时变为0。

图2-25（b）梯形图中的定时器T250为100ms停电保持型定时器，其设定计时值为123（123×0.1s=12.3s）。当X000触点闭合时，T250定时器开始计时，如果当前计时值未到123时出现X000触点断开或PLC断电，定时器T250停止计时，但当前计时值保持，当X000触点再闭合或PLC恢复供电时，定时器T250在先前保持的计时值基础上继续计时，直到累积计时值达到123时，定时器T250的状态值变为ON，T250常开触点闭合，Y000线圈得电。停电保持型定时器的计时值达到设定值时，不管其输入是否为ON，其状态值仍保持为ON，当前计时值也保持设定值不变，直到用RST指令对其进行复位，状态值才变为OFF，当前计时值才复位为0。

2.3.5　计数器（C）

计数器是一种具有计数功能的继电器，它可以有无数个常开触点和常闭触点。计数器可分为加计数器和加/减双向计数器。计数器表示符号为C，编号按十进制方式，计数器可分为普通型计数器和停电保持型计数器。

三菱FX系列PLC支持的计数器如表2-6所示。

表2-6　三菱FX系列PLC支持的计数器

PLC系列	FX_{1S}	FX_{1N}，FX_{1NC}，FX_{3G}	FX_{2N}，FX_{2NC}，FX_{3U}，FX_{3UC}
普通型16位加计数器（0～32767）	C0～C15，16点	C0～C15，16点	C0～C99，100点
停电保持型16位加计数器（0～32767）	C16～C31，16点	C16～C199，184点	C100～C199，100点
普通型32位加减计数器（-2147483648～+2147483647）	—	C200～C219，20点	
停电保持型32位加减计数器（-2147483648～+2147483647）	—	C220～C234，15点	

（1）加计数器的使用

加计数器的使用如图2-26所示，C0是一个普通型的16位加计数器。当X010触点闭合时，RST指令将C0计数器复位（状态值变为OFF，当前计数值变为0），X010触点断开后，X011触点每闭合断开一次（产生一个脉冲），计数器C0的当前计数值就递增1，X011触点第10次闭合时，C0计数器的当前计数值达到设定计数值10，其状态值马上变为ON，C0常开触点闭合，Y000线圈得电。当计数器的计数值达到设定值后，即使再输入脉冲，其状态值和当前计数值都保持不变，直到用RST指令将计数器复位。

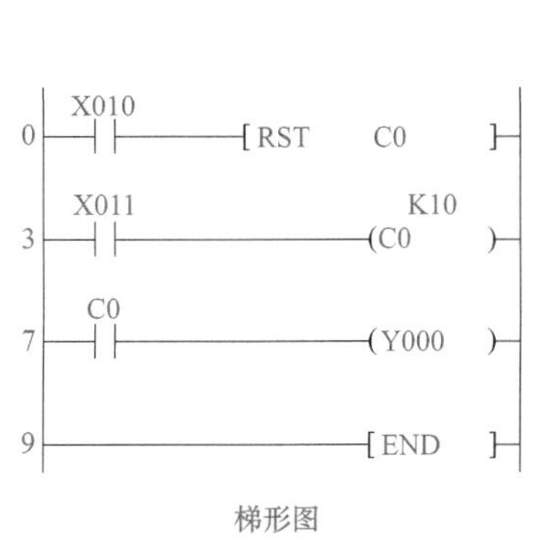

梯形图

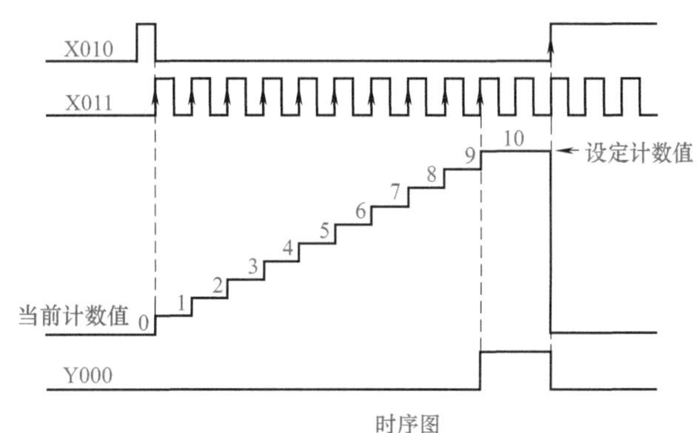

时序图

图2-26　加计数器的使用说明

停电保持型计数器的使用方法与普通型计数器基本相似，两者的区别主要在于：普通型计数器在PLC停电时状态值和当前计数值会被复位，上电后重新开始计数，而停电保持型计数器在PLC停电时会保持停电前的状态值和计数值，上电后会在先前保持的计数值基础上继续计数。

（2）加/减计数器的使用

三菱FX系列PLC的C200～C234为加/减计数器，这些计数器既可以加计数，也可以减计数，进行何种计数方式分别受特殊辅助继电器M8200～M8234控制，即C200计数器的计数方式受M8200辅助继电器控制，M8200=1（M8200状态为ON）时，C200计数器进行减计数，M8200=0时，C200计数器进行加计数。

加/减计数器在计数值达到设定值后，如果仍有脉冲输入，其计数值会继续增加或减少，在加计数达到最大值2147483647时，再来一个脉冲，计数值会变为最小值−2147483648，在减计数达到最小值−2147483648时，再来一个脉冲，计数值会变为最大值2147483647，所以加/减计数器是环形计数器。在计数时，不管加/减计数器进行的是加计数或是减计数，只要其当前计数值小于设定计数值，计数器的状态就为OFF，若当前计数值大于或等于设定计数值，计数器的状态为ON。

加/减计数器的使用如图2-27所示。

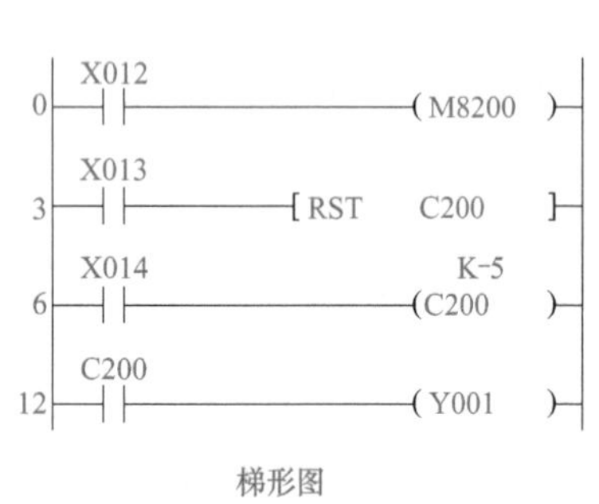

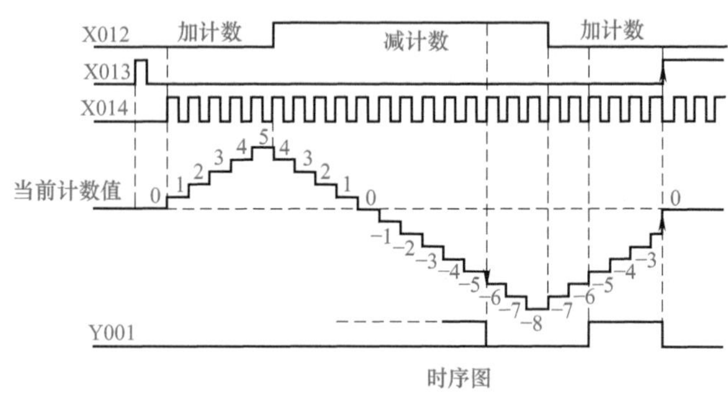

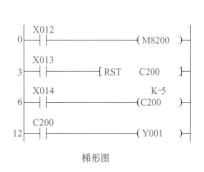

图2-27 加/减计数器的使用说明

当X012触点闭合时，M8200继电器状态为ON，C200计数器工作方式为减计数，X012触点断开时，M8200继电器状态为OFF，C200计数器工作方式为加计数。当X013触点闭合时，RST指令对C200计数器进行复位，其状态变为OFF，当前计数值也变为0。

C200计数器复位后，将X013触点断开，X014触点每闭合断开一次（产生一个脉冲），C200计数器的计数值就加1或减1。在进行加计数时，当C200计数器的当前计数值达到设定值（图中−6增到−5）时，其状态变为ON；在进行减计数时，当C200计数器的当前计数值减到小于设定值（图中−5减到−6）时，其状态变为OFF。

（3）计数值的设定方式

计数器的计数值可以直接用常数设定（直接设定），也可以将数据寄存器中的数值设为计数值（间接设定）。计数器的计数值设定如图2-28所示。

16位计数器的计数值设定如图2-28（a）所示，C0计数器的计数值采用直接设定方式，直接将常数6设为计数值，C1计数器的计数值采用间接设定方式，先用MOV指令将常数10传送到数据寄存器D5中，然后将D5中的值指定为计数值。

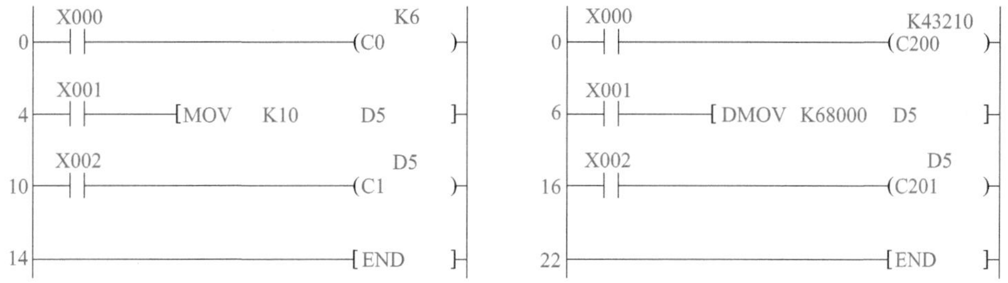

```
   X000                                    K6
0 ─┤ ├──────────────────────────────────(C0        )┤
   X001
4 ─┤ ├──────────[MOV    K10      D5              ]┤
   X002                                    D5
10─┤ ├──────────────────────────────────(C1        )┤

14─────────────────────────────────────[END       ]┤
```

(a) 16位计数器的计数值设定

```
   X000                                    K43210
0 ─┤ ├──────────────────────────────────(C200      )┤
   X001
6 ─┤ ├──────────[DMOV  K68000   D5              ]┤
   X002                                    D5
16─┤ ├──────────────────────────────────(C201      )┤

22─────────────────────────────────────[END       ]┤
```

(b) 32位计数器的计数值设定

图2-28 计数器的计数值设定

32位计数器的计数值设定如图2-28（b）所示，C200计数器的计数值采用直接设定方式，直接将常数43210设为计数值，C201计数器的计数值采用间接设定方式，由于计数值为32位，故需要先用DMOV指令（32位数据传送指令）将常数68000传送到2个16位数据寄存器D6、D5中，然后将D6、D5中的值指定为计数值，在编程时只需输入低编号数据寄存器，相邻高编号数据寄存器会自动占用。

2.3.6 高速计数器

前面介绍的普通计数器的计数速度较慢，它与PLC的扫描周期有关，一个扫描周期内最多只能增1或减1，如果一个扫描周期内有多个脉冲输入，也只能计1，这样会出现计数不准确，为此PLC内部专门设置了与扫描周期无关的高速计数器（HSC），用于对高速脉冲进行计数。三菱FX_{3U}/FX_{3UC}型PLC最高可对100kHz高速脉冲进行计数，其他型号PLC最高计数频率也可达60kHz。

三菱FX系列PLC有C235～C255共21个高速计数器（均为32位加/减环形计数器），这些计数器使用X000～X007共8个端子作为计数输入或控制端子，这些端子对不同的高速计数器有不同的功能定义，一个端子不能被多个计数器同时使用。三菱FX系列PLC的高速计数器及使用端子的功能定义见表2-7。

表2-7 三菱FX系列PLC的高速计数器及使用端子的功能定义

高速计数器及使用端子	单相单输入计数器											单相双输入计数器					双相双输入计数器				
	无启动/复位控制功能						有启动/复位控制功能														
	C235	C236	C237	C238	C239	C240	C241	C242	C243	C244	C245	C246	C247	C248	C249	C250	C251	C252	C253	C254	C255
X000	U/D						U/D			U/D		U	U		U		A	A		A	
X001		U/D					R			R		D	D		D		B	B		B	
X002			U/D					U/D			U/D		R		R			R		R	
X003				U/D				R			R			U		U			A		A
X004					U/D				U/D					D		D			B		B
X005						U/D			R					R		R			R		R
X006										S					S					S	
X007											S					S					S

注：U/D——加计数输入/减计数输入；R——复位输入；S——启动输入；A——A相输入；B——B相输入。

（1）单相单输入高速计数器（C235～C245）

单相单输入高速计数器可分为无启动/复位控制功能的计数器（C235～C240）和有启动/复位控制功能的计数器（C241～C245）。C235～C245计数器的加、减计数方式分别由M8235～M8245特殊辅助继电器的状态决定，状态为ON时计数器进行减计数，状态为OFF时计数器进行加计数。

单相单输入高速计数器的使用举例如图2-29所示。

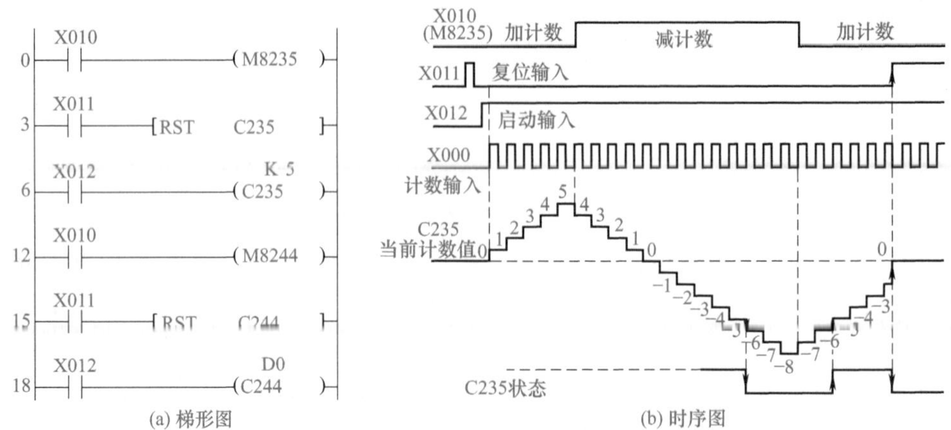

图2-29 单相单输入高速计数器的使用举例

在计数器C235输入为ON（X012触点处于闭合）期间，C235对X000端子（程序中不出现）输入的脉冲进行计数；如果辅助继电器M8235状态为OFF（X010触点处于断开），C235进行加计数，若M8235状态为ON（X010触点处于闭合），C235进行减计数；在计数时，不管C235进行加计数还是减计数，如果当前计数值小于设定计数值-5，C235的状态值就为OFF，如果当前计数值大于或等于-5，C235的状态值就为ON；如果X011触点闭合，RST指令会将C235复位，C235当前值变为0，状态值变为OFF。

从图2-29（a）程序可以看出，计数器C244采用与C235相同的触点控制，但C244属于有专门启动/复位控制的计数器，当X012触点闭合时，C235计数器输入为ON马上开始计数，而同时C244计数器输入也为ON但不会开始计数，只有X006端子（C244的启动控制端）输入为ON时，C244才开始计数，数据寄存器D1D0中的值被指定为C244的设定计数值，高速计数器是32位计数器，其设定值占用两个数据寄存器，编程时只要输入低位寄存器。对C244计数器复位有两种方法，一是执行RST指令（让X011触点闭合），二是让X001端子（C244的复位控制端）输入为ON。

（2）单相双输入高速计数器（C246～C250）

单相双输入高速计数器有两个计数输入端，一个为加计数输入端，一个为减计数输入端，当加计数端输入上升沿时进行加计数，当减计数端输入上升沿时进行减计数。C246～C250高速计数器当前的计数方式可通过分别查看M8246～M8250的状态来了解，状态为ON表示正在进行减计数，状态为OFF表示正在进行加计数。

X011 RST C246
X012 K20 C246
X011 RST C249
X012 K30 C246

图2-30 单相双输入高速计数器的使用举例

单相双输入高速计数器的使用举例如图2-30所示。当X012触点闭合时，C246计数器启动计数，若X000端子输入脉冲，C246进行加计数，若X001端子输入脉冲，C246进行减计数。只有在X012触点闭合并且X006端子（C249的启动控制端）输入为ON时，C249才开始计数，X000端子输入脉冲时C249进行加计数，X001端子输入脉冲时C249进行减计数。C246计数器可使用RST指令复位，C249既可使用RST指令复位，也可以让X002端子（C249的复位控制端）输入为ON来复位。

（3）双相双输入高速计数器（C251～C255）

双相双输入高速计数器有两个计数输入端，一个为A相输入端，一个为B相输入端，在A相输入为ON时，B相输入上升沿进行加计数，B相输入下降沿进行减计数。

双相双输入高速计数器的使用举例如图2-31所示。

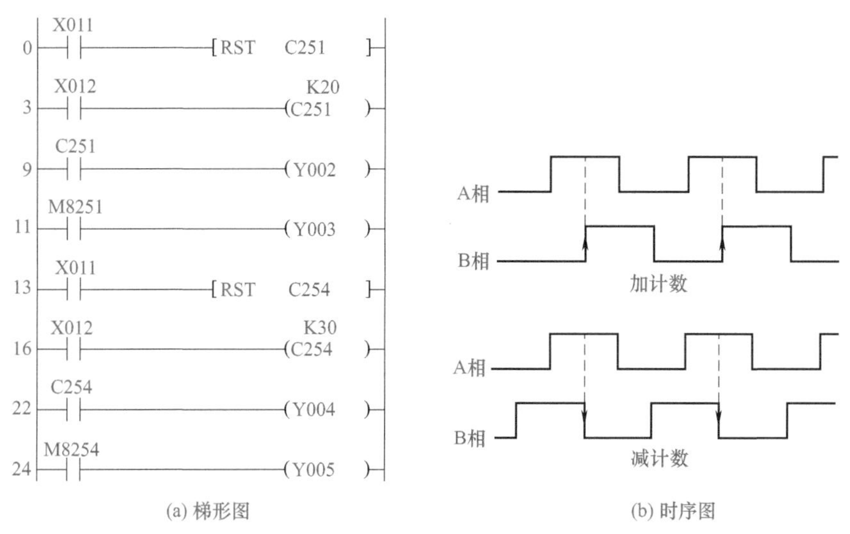

(a) 梯形图　　(b) 时序图

图2-31　双相双输入高速计数器的使用举例

当C251计数器输入为ON（X012触点闭合）时，启动计数，在A相脉冲（由X000端子输入）为ON时对B相脉冲（由X001端子输入）进行计数，B相脉冲上升沿来时进行加计数，B相脉冲下降沿来时进行减计数。如果A、B相脉冲由两相旋转编码器提供，编码器正转时产生的A相脉冲相位超前B相脉冲，在A相脉冲为ON时B相脉冲只会出现上升沿，如图2-31（b）所示，即编码器正转时进行加计数，在编码器反转时产生的A相脉冲相位落后B相脉冲，在A相脉冲为ON时B相脉冲只会出现下降沿，即编码器反转时进行减计数。

C251计数器进行减计数时，M8251继电器状态为ON，M8251常开触点闭合，Y003线圈得电。在计数时，若C251计数器的当前计数值大于或等于设定计数值，C251状态为ON，C251常开触点闭合，Y002线圈得电。C251计数器可用RST指令复位，让状态变为OFF，将当前计数值清0。

C254计数器的计数方式与C251基本类似，但启动C254计数除了要求X012触点闭合（让C254输入为ON）外，还需X006端子（C254的启动控制端）输入为ON。C254计数器既可使用RST指令复位，也可以让X002端子（C254的复位控制端）输入为ON来复位。

2.3.7　数据寄存器（D）

数据寄存器是用来存放数据的软元件，其表示符号为D，按十进制编号。一个数据寄存器可以存放16位二进制数，其最高位为符号位（符号位为0：正数；符号位为1：负数），一个数据寄存器可存放-32768～+32767范围的数据。16位数据寄存器的结构如下：

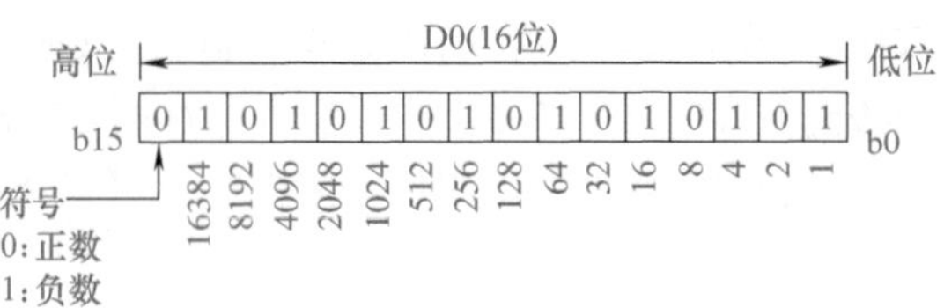

两个相邻的数据寄存器组合起来可以构成一个32位数据寄存器，能存放32位二进制数，其最高位为符号位（0——正数；1——负数），两个数据寄存器组合构成的32位数据寄存器可存放-2147483648 ～ +2147483647范围的数据。32位数据寄存器的结构如下：

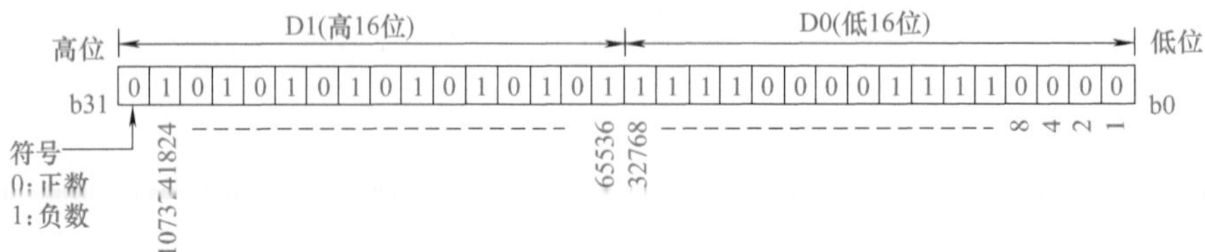

三菱FX系列PLC的数据寄存器可分为一般型、停电保持型、文件型和特殊型数据寄存器。三菱FX系列PLC支持的数据寄存器点数如表2-8所示。

表2-8　三菱FX系列PLC支持的数据寄存器点数

PLC系列	FX_{1S}	FX_{1N}，FX_{1NC}，FX_{3G}	FX_{2N}，FX_{2NC}，FX_{3U}，FX_{3UC}
一般型数据寄存器	D0～D127，128点	D0～D127，128点	D0～D199，200点
停电保持型数据寄存器	D128～D255，128点	D128～D7999，7872点	D200～D7999，7800点
文件型数据寄存器	D1000～D2499，1500点	D1000～D7999，7000点	
特殊型数据寄存器	D8000～D8255，256点（FX_{1S}/FX_{1N}/FX_{1NC}/FX_{2N}/FX_{2NC}） D8000～D8511，512点（FX_{3G}/FX_{3U}/FX_{3UC}）		

（1）一般型数据寄存器

当PLC从RUN模式进入STOP模式时，所有一般型数据寄存器的数据全部清0，如果特殊辅助继电器M8033为ON，则PLC从RUN模式进入STOP模式时，一般型数据寄存器的值保持不变。程序中未用的定时器和计数器可以作为数据寄存器使用。

（2）停电保持型数据寄存器

停电保持型数据寄存器具有停电保持功能，当PLC从RUN模式进入STOP模式时，停电保持型寄存器的值保持不变。在编程软件中可以设置停电保持型数据寄存器的范围。

（3）文件型数据寄存器

文件寄存器用来设置具有相同软元件编号的数据寄存器的初始值。PLC上电时和由STOP转换至RUN模式时，文件寄存器中的数据被传送到系统的RAM的数据寄存器区。在GX Developer软件的“FX参数设置”对话框，切换到“内存容量设置”选项卡，从中可以设置文件寄存器容量（以块为单位，每块500点）。

（4）特殊型数据寄存器

特殊型数据寄存器的作用是用来控制和监视PLC内部的各种工作方式和软元件，如扫描时间、电池电压等。在PLC上电和由STOP转换至RUN模式时，这些数据寄存器会被写入默认值。

2.3.8　变址寄存器（V、Z）

三菱FX系列PLC有V0 ～ V7和Z0 ～ Z7共16个变址寄存器，它们都是16位寄存器。

变址寄存器V、Z实际上是一种特殊用途的数据寄存器，其作用是改变元件的编号（变址），例如V0=5，若执行D20V0，则实际被执行的元件为D25（D20+5）。变址寄存器可以像其他数据寄存器一样进行读写，需要进行32位操作时，可将V、Z串联使用（Z为低位，V为高位）。变址寄存器（V、Z）的详细使用见本册第6章。

2.3.9 常数（K、H）

常数有两种表示方式，一种是用十进制数表示，其表示符号为K，如“K234”表示十进制数234，另一种是用十六进制数表示，其表示符号为H，如“H1B”表示十六进制数1B，相当于十进制数27。

在用十进制数表示常数时，数值范围为：−32768 ～ +32767（16位），−2147483648 ～ +2147483647（32位）。在用十六进制数表示常数时，数值范围为：0 ～ FFFF（16位），0 ～ FFFFFFFF（32位）。

2.4 三菱FX系列PLC规格概要

三菱FX系列PLC又可分为FX_{1S}、FX_{1N}、FX_{1NC}、FX_{2N}、FX_{2NC}、FX_{3U}、FX_{3UC}、FX_{3G}等多个子系列，其中$FX_{1□}$系列为一代机，$FX_{2□}$系列为二代机，$FX_{3□}$系列为三代机，一代机已停产，二代机在社会上有较广泛的使用，三代机在几年前推出，由于其具有比二代机更好的性能和更快的运行速度，而价格与二代机相差不大，故已慢慢被更多的用户接受。在目前的三代机中，FX_{3U}系列PLC功能最为强大，FX_{3G}系列PLC为FX最新系列，但其功能不如FX_{3U}，但价格略低于FX_{3U}。

PLC是靠程序指令驱动运行的，三菱FX一代机、二代机和三代机有很多相同的指令，高代机可使用的指令数量更多，这使得高代机功能更为强大，可以做一些低代机不能做的事情。对于已掌握一代机指令编程的用户，只需再学习二、三代机新增的指令，就可以使用二、三代机。

本节对三菱FX_{1S}、FX_{1N}、FX_{1NC}、FX_{2N}、FX_{2NC}、FX_{3U}、FX_{3UC}、FX_{3G}系列PLC的规格进行简单说明，以便读者能大致了解各系列的异同，初学者如果暂时看不懂这些规格，可跳过本节内容直接学习后续章节，待以后理解能力提高，在需要时再阅读这些内容。

2.4.1 三菱FX_{1S}、FX_{1N}、FX_{1NC} PLC规格概要

三菱FX_{1S} PLC规格概要见表2-9。三菱FX_{1N} PLC规格概要见表2-10。三菱FX_{1NC} PLC规格概要见表2-11。

表2-9　三菱FX_{1S} PLC规格概要

项目		规格概要
电源输入输出	电源规格	AC电源型：AC 100～240V　DC电源型：DC 24V
	耗电量[①]	AC电源型：19W（10M，14M），20W（20M），21W（30M）　DC电源型：6W（10M），6.5W（14M），7W（20M），8W（30M）
	冲击电流	AC电源型：最大15A　5ms以下/AC 100V，最大25A　5ms以下/AC 200V DC电源型：最大10A　100μs/DC 24V
	24V供电电源	AC电源型：DC 24V400mA

续表

项目		规格概要
电源输入输出	输入规格	DC 24V 7mA/5mA无电压触点、或者NPN开集电极晶体管输入
	输出规格	继电器输出型：2A/1点、8A/4点COM　AC 250V，DC 30V以下 晶体管输出型：0.5A/1点、0.8A/4点COM　DC 5～30V
	输入输出扩展、特殊扩展	通过安装功能扩展板，可以扩展少量点数的输入输出或者扩展模拟量输入输出
性能	程序内存	内置2000步（无需电池支持的EEPROM）、注释输入、可RUN中写入 可安装带程序传送功能的存储盒（最大2000步）
	时钟功能	内置实时时钟（有时间设定指令、时间比较指令）
	指令	基本指令27个、步进梯形图指令2个、应用指令85种
	运算处理速度	基本指令：0.55～0.7μs/指令，应用指令：3.7μs至数百微秒/指令
	高速处理	有输入输出刷新指令、输入滤波调整指令、输入中断功能、脉冲捕捉功能
	最大输入输出点数 辅助继电器、定时器	30点（可通过功能扩展板扩展少量点数） 辅助继电器：512点定时器：64点
	计数器	一般用16位增计数器：32点 高速用32位增计数，减计数器：［1相］60kHz/2点、10kHz/4点［2相］30kHz/1点、5kHz/1点
	数据寄存器	一般用256点、变址用16点、文件用最多可设定到1500点
其他	模拟电位器	内置2点、通过FX_{1N}-8AV-BD型的功能扩展板可以扩展8点
	功能扩展板	可以安装FX_{1N}-□□□-BD型功能扩展板
	特殊适配器	可以通过FX_{1N}-CNV-BD连接
	显示模块	可内置FX_{1N}-5DM。可外装FX-10DM（也可以直接连接GOT，ET系列人机界面）
	对应数据通信 对应数据连接	RS-232C、RS-485、RS-422、N：N网络、并联连接、计算机连接
	外围设备的机型选择	选择［FX_{1S}］或者［$FX_{2(C)}$］，但是选择［$FX_{2(C)}$］时使用有限制

① 包含输入电流量（1点7mA，或5mA）。

表2-10　三菱FX_{1N} PLC规格概要

项目		规格概要
电源输入输出	电源规格	AC电源型：AC 100～240V　DC电源型：DC 24V
	耗电量	AC电源型：30W（24M），32W（40M），35W（60M）　DC电源型：15W（24M），18W（40M），20W（60M）
	冲击电流	AC电源型：最大30A　5ms以下/AC 100V，最大50A　5ms以下/AC 200V DC电源型：最大25A　1ms以下/DC 24V，最大22A　0.3ms以下/DC 12V
	24V供电电源	AC电源型：DC 24V　400mA
	输入规格	DC 24V　7mA/5mA　无电压触点，或者NPN开集电极晶体管输入
	输出规格	继电器输出型：2A/1点、8A/4点COM　AC 250V～DC 30V以下 晶体管输出型：0.5A/1点、0.8A/4点COM　DC5～30V
	输入输出扩展	可连接FX_{0N}、FX_{2N}系列用的输入输出扩展设备。通过安装功能扩展板，可以扩展少量点数的输入输出或者扩展模拟量输入输出
性能	程序内存	内置8000步（无需电池支持的EEPROM）、注释输入 可RUN中写入可安装带程序传送功能的存储盒（最大8000步）
	时钟功能	内置实时时钟（有时间设定指令、时间比较指令、具有闰年校正功能）
	指令	基本指令27个、步进梯形图指令2个、应用指令89种
	运算处理速度	基本指令：0.55～0.7μs/指令，应用指令：3.7μs至数百微秒/指令
	高速处理	有输入输出刷新指令、输入滤波调整指令、输入中断功能、脉冲捕捉功能
	最大输入输出点数	128点
	辅助继电器、定时器	辅助继电器1536点、定时器：256点

续表

项目		规格概要
性能	计数器	一般用16位增计数器：200点，一般用32位增减计数器：35点 高速用32位增计数/减计数器：［1相］60kHz/2点，10kHz/4点［2相］30kHz/1点、5kHz/1点
	数据寄存器	一般用8000点、变址用16点、文件用在程序区域中最多可设定到7000点
其他	模拟电位器	内置2点、通过FX_{1N}-8AV-BD型的功能扩展板可以扩展8点
	功能扩展板	可以安装FX_{1N}-□□□-BD型功能扩展板
	特殊适配器	可以通过FX_{1N}-CNV-BD连接
	特殊扩展	6种（FX_{0N}-3A、FX_{2N}-16CCL-M、FX_{2N}-32CCL，FX_{2N}-64CL-M，FX_{2N}-16LNK-M，FX_{2N}-32ASI-M）
	显示模块	可内置FX_{1N}-5DM。可外装FX-10DM（也可以直接连接GOT，ET系列人机界面）
	对应数据通信 对应数据连接	RS-232C、RS-485、RS-422、N：N网络、并联连接、计算机连接CC-Link、CC-Link/LT、MELSEC-I/O连接
	外围设备的机型选择	选择［$FX_{1N(C)}$］或［$FX_{2N(C)}$］、［$FX_{2(C)}$］。但是选择［$FX_{2N(C)}$］、［$FX_{2(C)}$］时使用有限制

表2-11 三菱FN_{1NC} PLC规格概要

项目		规格概要
电源 输入输出	电源规格	DC 24V
	耗电量①	6W（16M），8W（32M）
	冲击电流	最大30A 0.5ms以下/DC 24V
	24V供电电源	无
	输入规格	DC 24V 7mA/5mA（无电压触点、或者NPN开集电极晶体管输入）
	输出规格	晶体管输出型：0.1A/1点、0.8A/8点COM DC 5～30V
	输入输出扩展	可连接FX_{2NC}、FX_{2N}②系列用扩展模块
性能	程序内存	内置8000步（无需电池支持的EEPROM）、注释输入、可RUN中写入
	时钟功能	内置实时时钟（有时间设定指令、时间比较指令，具有闰年修正功能）
	命令	基本指令27个、步进梯形图指令2个、应用指令89种
	运算处理速度	基本指令：0.55～0.7μs/指令，应用指令：3.7μs至数百微秒/指令
	高速处理	有输入输出刷新指令、输入滤波调整指令、输入中断功能、脉冲捕捉功能
	最大输入输出点数	128点
	辅助继电器、定时器	辅助继电器：1536点、定时器：256点
	计数器	一般用16位增计数器：200点，一般用32位增减计数器：35点 高速用32位增/减计数器：［1相］60kHz/2点、10kHz/4点［2相］30kHz/1点、5kHz/1点
	数据寄存器	一般用8000点、变址用16点、文件用在程序区域中最多可设定到7000点
其他	特殊适配器	可连接
	特殊扩展	可连接FX_{0N}、FX_{2N}②系列的特殊模块
	显示模块	可外装FX-10DM（也可以直接连接GOT，ET系列人机界面）
	对应数据通信 对应数据连接	RS-232C、RS-485、RS-422、N：N网络、并联连接、计算机连接CC-Link、CC-Link/LT、MELSEC-I/O连接
	外围设备的机型选择	选择［$FX_{1N(C)}$］或［$FX_{2N(C)}$］、［$FX_{2(C)}$］，但是选择［$FX_{2N(C)}$］、［$FX_{2(C)}$］时使用有限制

① 包含输入电流量（1点7mA，或者5mA）。

② 需要转换适配器。

2.4.2 三菱FX_{2N}、FX_{2NC} PLC规格概要

三菱FX_{2N} PLC规格概要见表2-12。三菱FX_{2NC} PLC规格概要见表2-13。

表2-12 三菱FX_{2N} PLC规格概要

项目		规格概要
电源 输入输出	电源规格	AC电源型：AC 100～240V DC电源型：DC 24V
	耗电量	AC电源型：30V・A（16M），40V・A（32M），50V・A（48M），60A・A（64M），70V・A（80M），100V・A（128M） DC电源型：25W（32M），30W（48M），35W（64M），40W（80M）
	冲击电流	AC电源型：最大40A 5ms以下/AC 100V，最大60A 5ms以下/AC 200V
	24V供电电源	AC电源型：250mA以下（16M，32M） 460mA以下（48M，64M，80M，128M）
	输入规格	DC输入型：DC 24V 7mA/5mA 无电压触点、或者NPN开集电极晶体管输入 AC输入型：AC 100～120V电压输入
	输出规格	继电器输出型：2A/1点、8A/4点COM 8A/8点COM AC 250V，DC 30V以下 晶体管输出型：0.5A/1点（Y000、Y001为0.3A/1点）、0.8A/4点COM DC 5～30V 晶闸管输出：0.3A/1点，0.8A/4点公共，AC 85～242V
	输入输出扩展	可连接FX_{2N}系列用的扩展模块以及FX_{2N}系列用的扩展单元
性能	程序内存	内置8000步RAM（电池支持）、注释输入、可RUN中写入；安装有存储盒时最大可扩展到16000步
	时钟功能	内置实时时钟（有时间设定指令、时间比较指令，具有闰年修正功能）
	指令	基本指令27个、步进梯形图指令2个、应用指令132种
	运算处理速度	基本指令：0.08μs/指令，应用指令：1.52μs至数百微秒/指令
	高速处理	有输入输出刷新指令、输入滤波调整指令、输入中断功能、定时中断功能、计数中断功能、脉冲捕捉功能
	最大输入输出点数	256点
	辅助继电器、定时器	辅助继电器：3072点、定时器：256点
	计数器	一般用16位增计数器：200点，一般用32位增减计数器：35点 高速用32位增计数/减计数器：［1相］60kHz/2点、10kHz/4点［2相］30kHz/1点、5kHz/1点
	数据寄存器	一般用8000点、变址用16点、文件用在程序区域中最多可设定到7000点
其他	模拟电位器	通过FX_{2N}-8AV-BD型的功能扩展板，可扩展8点
	功能扩展板	可以安装FX_{2N}-□□□-BD型功能扩展板
	特殊适配器	可以通过FX_{2N}-CNV-BD连接
	特殊扩展	可连接FX_{0N}、FX_{2N}系列的特殊单元以及特殊模块
	显示模块	可外装FX-10DM（也可以直接连接GOT，ET系列人机界面）
	对应数据通信 对应数据连接	RS-232C、RS-485、RS-422、N：N网络、并联连接、计算机连接、CC-Link、CC-Link/LT、MELSEC-I/O连接
	外围设备的机型选择	选择［$FX_{2N(C)}$］或［$FX_{2(C)}$］，但是选择［$FX_{2(C)}$］时使用有限制

表2-13 三菱FX_{2NC} PLC规格概要

项目		规格概要
电源 输入输出	电源规格	DC 24V
	耗电量①	6W（16M），8W（32M），11W（64M），14W（96M）
	冲击电流	最大30A 0.5ms以下/DC 24V
	24V供电电源	无
	输入规格	DC 24V 7mA/5mA（无电压触点、或者NPN开集电极晶体管输入）

续表

项目		规格概要
电源 输入输出	输出规格	继电器输出型：2A/1点、4A/1点COM AC 5V、DC 30V以下 晶体管输出型：0.1A/1点、0.8A/8点COM（Y000～Y003为0.3A/1点）DC 5～30V
	输入输出扩展	可连接FX$_{2NC}$、FX$_{2N}$②系列用扩展模块
性能	程序内存	内置8000步RAM（电池支持）、注释输入、可RUN中写入：安装有存储板时最大可扩展到16000步
	时钟功能	可安装具有实时时钟的选件卡（有时间设定指令、时间比较指令）
	指令	基本指令27个、步进梯形图指令2个、应用指令132种
	运算处理速度	基本指令：0.08μs/指令，应用指令：1.52μs至数百微秒/指令
	高速处理	有输入输出刷新指令、输入滤波调整指令、输入中断功能、计数中断功能、脉冲捕捉功能
	最大输入输出点数	256点
	辅助继电器、定时器	辅助继电器：3072点、定时器：256点
	计数器	一般用16位增计数器：200点，一般用32位增减计数器：35点 高速用32位增/减计数器：［1相］60kHz/2点、10kHz/4点［2相］30kHz/1点、5kHz/1点
	数据寄存器	一般用8000点、变址用16点、文件用在程序区域中最多可设定到7000点
其他	特殊适配器	可连接
	特殊扩展	可连接FX$_{2NC}$、FX$_{0N}$②、FX$_{2N}$②系列的特殊单元以及特殊模块
	显示模块	可外装FX-10DM（也可以直接连接GOT，ET系列人机界面）
	对应数据通信 对应数据连接	RS-232C、RS-485、RS-422、N：N网络、并联连接、计算机连接、CC-Link、CC-Link/LT、MELSEC-I/O连接
	外围设备的机型选择	选择［FX$_{2N(C)}$］或［FX$_{2(C)}$］，但是选择［FX$_{2(C)}$］时使用有限制

① 包含输入电流（1点7mA，或者5mA）。

② 需要转换适配器。

2.4.3 三菱FX$_{3U}$、FX$_{3UC}$、FX$_{3G}$ PLC规格概要

三菱FX$_{3U}$ PLC规格概要见表2-14。三菱FX$_{3UC}$ PLC规格概要见表2-15。三菱FX$_{3G}$ PLC规格概要见表2-16。

表2-14 三菱FX$_{3U}$ PLC规格概要

项目		规格概要
电源 输入输出	电源规格	AC电源型：AC 100～240V 50/60Hz DC电源型：DC 24V
	耗电量	AC电源型：30W（16M），35W（32M），40W（48M），45W（64M），50W（80M），65W（128M） DC电源型：25W（16M），30W（32M），35W（48M），40W（64M），45W（80M）
	冲击电流	AC电源型：最大30A 5ms以下/AC 100V，最大45A 5ms以下/AC 200V
	24V供电电源	DC电源型：400mA以下（16M，32M） 600mA以下（48M，64M，80M，128M）
	输入规格	DC 24V，5～7mA（无电压触点、或者漏型输入时：NPN开集电极晶体管输入，源型输入时：PNP开集电极输入）
	输出规格	继电器输出型：2A/1点、8A/4点COM、8A/8点COM AC 250V（对应CE、UL/cUL规格时为240V）DC 30V以下 晶体管输出型：0.5A/1点、0.8A/4点、1.6A/8点COM DC 5～30V
	输入输出扩展	可连接FX$_{2N}$系列用的扩展设备

续表

项目		规格概要
性能	程序存储器	内置64000步RAM（电池支持） 选件：64000步闪存存储盒（带程序传送功能/没有程序传送功能），16000步闪存存储盒
	时钟功能	内置实时时钟（有闰年修正功能），每月误差±45s/25℃
	指令	基本指令29个、步进梯形图指令2个、应用指令209种
	运算处理速度	基本指令：0.065s/指令，应用指令：0.642s至数百秒/指令
	高速处理	有输入输出刷新指令、输入滤波调整指令、输入中断功能、定时中断功能、高速计数中断功能、脉冲捕捉功能
	最大输入输出点数	384点（基本单元、扩展设备的I/O点数以及远程I/O点数的总和）
	辅助继电器/定时器	辅助继电器：7680点、定时器：512点
	计数器	16位计数器：200点，32位计数器：35点　高速用32位计数器：［1相］100kHz/6点、10kHz/2点［2相］50kHz/2点（可设定4倍） 使用高速输入适配器时为1相200kHz、2相100kHz
	数据寄存器	一般用8000点、扩展寄存器32768点、扩展文件寄存器（要安装存储盒）32768点、变址用16点
其他	功能扩展板	可以安装FX_{3U}-□□□-BD型功能扩展板
	特殊适配器	•模拟量用（最多4台）、通信用（包括通信用板最多2台）［都需要功能扩展板］ •高速输入输出用（输入用：最多2台；输出用：最多2台）［同时使用模拟量或者通信特殊适配器时，需要功能扩展板］
	特殊扩展	可连接FX_{0N}、FX_{2N}、FX_{3U}系列的特殊单元以及特殊模块
	显示模块	可内置FX_{3U}-7DM：STN单色液晶、带背光灯、全角8个字符/半角16个字符×4行、JIS第1/第2级字符
	支持数据通信 支持数据链路	RS-232C、RS-485、RS-422、N：N网络、并联连接、计算机连接、CC-Link、CC-Link/LT、MELSEC-I/O连接
	外围设备的机型选择	选择［$FX_{3U(C)}$］、［$FX_{2N(C)}$］、［$FX_{2(C)}$］，但是选择［$FX_{2N(C)}$］、［$FX_{2(C)}$］时使用有限制

表2-15　三菱FX_{3UC} PLC规格概要

项目		规格概要
电源 输入输出	电源规格	DC 24V
	耗电量	6W（16点机型），8W（32点机型），11W（64点机型），14W（96点机型）
	冲击电流	最大30A　0.5ms以下/DC 24V
	输入规格	DC 24V，5～7mA（无电压触点、或者NPN开集电极晶体管输入）
	输出规格[①]	晶体管输出型：0.1A/1点（Y000～Y003为0.3A/1点）DC 5～30V
	输入输出扩展	可连接FX_{2NC}、FX_{2N}系列用的扩展设备
性能	程序存储器	内置64000步RAM（电池支持） 选件：64000步闪存存储盒（带程序传送功能/没有程序传送功能） 16000步闪存存储盒（带程序传送功能）
	时钟功能	内置实时时钟（时钟设定命令，时钟比较命令，有闰年修正功能），每月误差±45s/25℃
	指令	基本指令29个、步进梯形图指令2个、应用指令209种
	运算处理速度	基本指令：0.065s/指令，应用指令：0.642s至数百秒指令
	高速处理	有输入输出刷新指令、输入滤波调整指令、输入中断功能、定时中断功能、高速计数中断功能、脉冲捕捉功能
	最大输入输出点数	384点，［基本单元，扩展设备的I/O点数：256点以下］和［CC-Link远程I/O点数：224点以下］的总和

续表

项目		规格概要
性能	辅助继电器/定时器	辅助继电器：7680点、定时器：512点
	计数器	16位计数器：200点，32位计数器：35点高速用32位计数器：［1相］100kHz/6点、10kHz/2点［2相］50kHz/2点（可设定4倍计数模式）
	数据寄存器	一般用8000点、扩展寄存器32768点、扩展文件寄存器（要安装存储盒）32768点、变址用16点
其他	特殊适配器	可连接模拟量用（最多4台）、通信用（包括通信用板最多2台）
	特殊扩展	可连接FX_{2NC}、FX_{3UC}、FX_{0N}②、FX_{2N}②、FX_{3U}②系列的特殊单元以及特殊模块
	支持数据通信 支持数据链路	RS-232C、RS-485、RS-422、N：N网络、并联连接、计算机连接、CC-Link、CC-Link/LT、MELSEC-I/O连接
	外围设备的机型选择	选择［$FX_{3U(C)}$］、［$FX_{2N(C)}$］、［$FX_{2(C)}$］，但是选择［$FX_{2N(C)}$］、［$FX_{2(C)}$］时使用有限制

① FX_{3UC}-□□-MT/D机型为NPN集电极开路晶体管输入，FX_{3UC}-□□-MT/DSS机型为PNP集电极开路晶体管输入。

② 需要转换适配器和扩展电源单元。

表2-16　三菱FX_{3G} PLC规格概要

项目		规格概要
电源 输入输出	电源规格	AC 100～240V　50/60Hz
	耗电量	31W（14点机型），32W（24点机型），37W（40点机型），40W（64点机型）
	冲击电流	最大30A 5ms以下/AC 100V　最大50A 5ms以下/AC 200V
	输入规格	DC 24V，5～7mA（无电压接点或漏型输入时：NPN开路集电极晶体管输入，源型输入时：PNP开路集电极晶体管输入）
	输出规格	晶体管输出：0.5A/1点，0.8A/4点公共端DC 5～30V
	输入输出扩展	可连接FX_{2N}系列用扩展设备
性能	程序存储器	内置32000步EEPROM 选配：32000步EEPROM存储器组件（带程序传送功能）
	时钟功能	内置实时时钟（有时钟设定命令、时钟比较命令、闰年补偿功能），每月误差±45s/25℃ 时钟数据由内置电容器保存10天（使用选配电池可保存超过10天）
	内置端口	USB：1ch（Mini-B，12Mbps光耦合器绝缘） RS-422：1ch（Mini-DN 8Pin最大115.2kbps）
	指令	基本指令29个，步进梯形图指令2个，应用指令112种
	运算处理速度	基本指令：0.21μs（标准模式），0.42μs（扩展模式），应用指令：0.5μs至数百微秒/指令
	高速处理	有输入输出刷新指令、输入滤波器调整、输入中断功能、定时中断功能、脉冲捕捉功能
	最大输入输出点数	256点（基本单元、扩展设备的I/O点数128点与CC-Link远程I/O点数128点合计）
	辅助继电器/定时器	辅助继电器：7680点/定时器：320点
	计数器	16位计数器：200点，32位计数器：35点 高速用32位计数器：［单相］60kHz/4点，10kHz/2点，［2相］30kHz/2点，5kHz/1点…最大6点
	数据寄存器	一般用8000点，扩展寄存器24000点，扩展文件寄存器24000点，索引用16点
其他	模拟电位器	内置2点，通过电位器操作用功能扩展板（即将上市）可增加8点
	功能扩展卡	14/24点基本单元：单插槽　40/60点基本单元：2插槽

续表

项目		规格概要
其他	特殊适配器	14/24点基本单元：模拟量用、通信用各可连接1台　40/60点基本单元：模拟量用、通信用各可连接2台 但是与功能扩展板组合使用时，有连接数量限制
	特殊扩展	4种
	支持数据通信 支持数据链路	RS-232C、RS-485、RS-422周边设备连接、简易PC间连接、并联连接、计算机连接、CC-Link、CC-Link/LT、无程序通信
	支持编程软件	GX Developer Ver.8.72A以后（内置USB驱动程序）
	外围设备的机型选择	选择FX_{3G}或［$FX_{1N(C)}$］、［$FX_{2N(C)}$］、［$FX_{2(C)}$］，但是选择［$FX_{1N(C)}$］、［$FX_{2N(C)}$］、［$FX_{2(C)}$］时使用有限制

第3章 三菱编程与仿真软件的使用

要让PLC完成预定的控制功能，就必须为它编写相应的程序。PLC编程语言主要有梯形图语言、语句表语言和SFC顺序功能图语言。

3.1 编程基础

3.1.1 编程语言

PLC是一种由软件驱动的控制设备，PLC软件由系统程序和用户程序组成。系统程序由PLC制造厂商设计编制，并写入PLC内部的ROM中，用户无法修改。用户程序是由用户根据控制需要编制的程序，再写入PLC存储器中。

写一篇相同内容的文章，既可以采用中文，也可以采用英文，还可以使用法文。同样地，编制PLC用户程序也可以使用多种语言。PLC常用的编程语言有梯形图语言和语句表编程语言，其中梯形图语言最为常用。

（1）梯形图语言

梯形图语言采用类似传统继电器控制电路的符号，用梯形图语言编制的梯形图程序具有形象、直观、实用的特点，因此这种编程语言成为电气工程人员应用最广泛的PLC的编程语言。

下面对相同功能的继电器控制电路与梯形图程序进行比较，具体如图3-1所示。

图3-1（a）为继电器控制电路，当SB1闭合时，继电器KA0线圈得电，KA0自锁触点闭合，锁定KA0线圈得电，当SB2断开时，KA0线圈失电，KA0自锁触点断开，解除锁定，当SB3闭合时，继电器KA1线圈得电。

图3-1（b）为梯形图程序，当常开触点X1闭合（其闭合受输入继电器线圈控制，图中未画出）时，输出继电器Y0线圈得电，Y0自锁触点闭合，锁定Y0线圈得电，当常闭触点X2断开时，Y0线圈失电，Y0自锁触点断开，解除锁定，当常开触点X3闭合时，继电器Y1线圈得电。

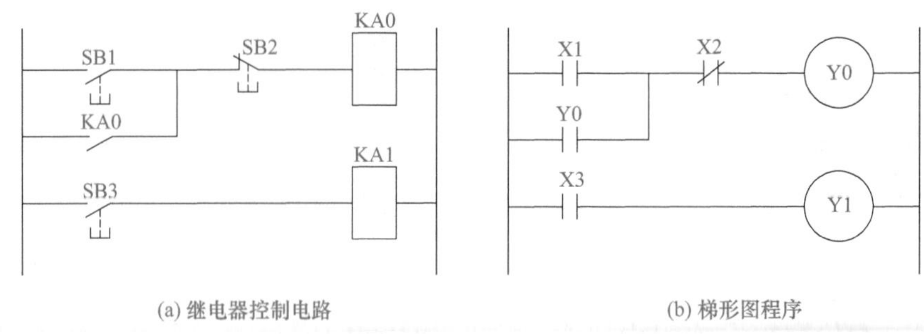

(a) 继电器控制电路　　(b) 梯形图程序

图3-1　继电器控制电路与梯形图程序比较

不难看出，两种图的表达方式很相似，不过梯形图使用的继电器是由软件来实现的，使用和修改灵活方便，而继电器控制线路硬接线修改比较麻烦。

（2）语句表语言

语句表语言与微型计算机采用的汇编语言类似，也采用助记符形式编程。在使用简易编程器对PLC进行编程时，一般采用语句表语言，这主要是因为简易编程器显示屏很小，难于采用梯形图语言编程。下面是采用语句表语言编写的程序（针对三菱FX系列PLC），其功能与图3-1（b）梯形图程序完全相同。

步号	指令	操作数	说明
0	LD	X1	逻辑段开始，将常开触点X1与左母线连接
1	OR	Y0	将Y0自锁触点与X1触点并联
2	ANI	X2	将X2常闭触点与X1触点串联
3	OUT	Y0	连接Y0线圈
4	LD	X3	逻辑段开始，将常开触点X3与左母线连接
5	OUT	Y1	连接Y1线圈

从上面的程序可以看出，语句表程序就像是描述绘制梯形图的文字。语句表程序由步号、指令、操作数和说明四部分组成，其中说明部分不是必需的，而是为了便于程序的阅读而增加的注释文字，程序运行时不执行说明部分。

3.1.2　梯形图的编程规则与技巧

（1）梯形图编程的规则

梯形图编程时主要有以下规则。

① 梯形图每一行都应从左母线开始，从右母线结束。

② 输出线圈右端要接右母线，左端不能直接与左母线连接。

③ 在同一程序中，一般应避免同一编号的线圈使用两次（即重复使用），若出现这种情况，则后面的输出线圈状态有输出，而前面的输出线圈状态无效。

④ 梯形图中的输入/输出继电器、内部继电器、定时器、计数器等元件触点可多次重复使用。

⑤ 梯形图中串联或并联的触点个数没有限制，可以是无数个。

⑥ 多个输出线圈可以并联输出，但不可以串联输出。

⑦ 在运行梯形图程序时，其执行顺序是从左到右，从上到下，编写程序时也应按照这

个顺序。

（2）梯形图编程技巧

在编写梯形图程序时，除了要遵循基本规则外，还要掌握一些技巧，以减少指令条数，节省内存和提高运行速度。梯形图编程技巧主要有以下几种。

① **串联触点多的电路应编在上方。**图3-2（a）所示是不合适的编制方式，应将它改为图3-2（b）形式。

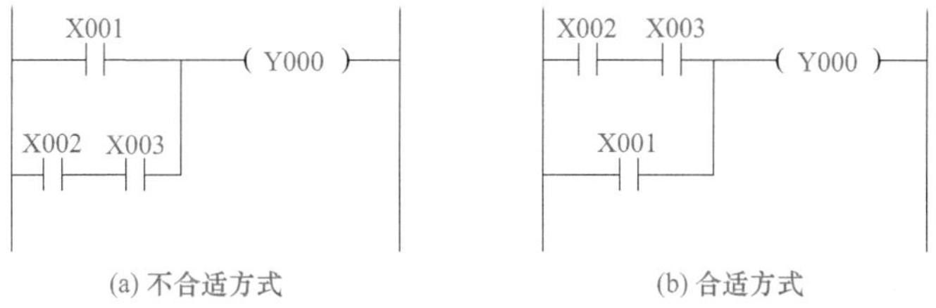

(a) 不合适方式　(b) 合适方式

图3-2　串联触点多的电路应编在上方

② **并联触点多的电路放在左边。**如图3-3（b）所示。

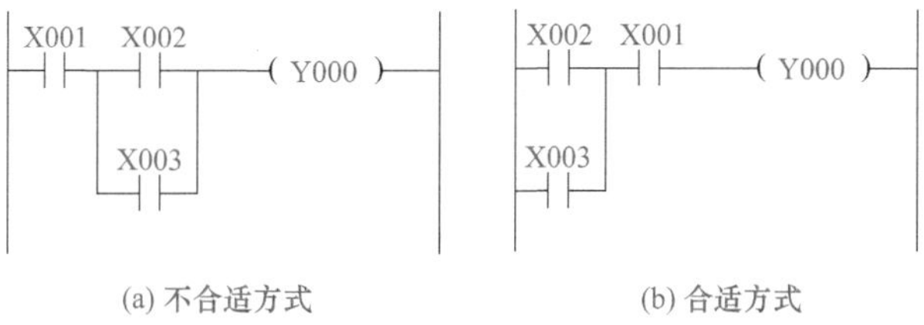

(a) 不合适方式　(b) 合适方式

图3-3　并联触点多的电路放在左边

③ **对于多重输出电路，应将串有触点或串联触点多的电路放在下边。**如图3-4（b）所示。

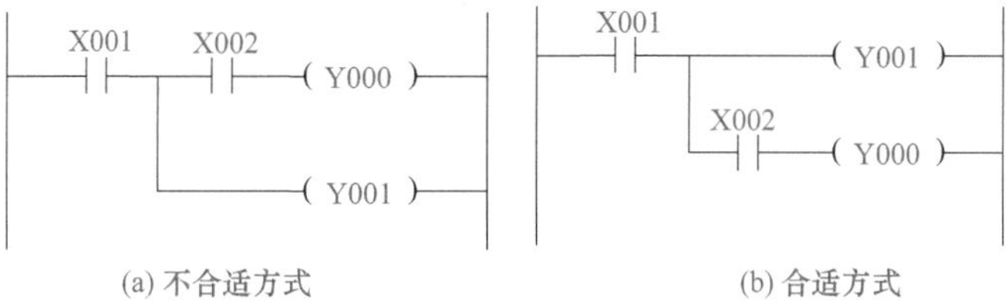

(a) 不合适方式　(b) 合适方式

图3-4　对于多重输出电路应将串有触点或串联触点多的电路放在下边

④ **如果电路复杂，可以重复使用一些触点改成等效电路，再进行编程。**如将图3-5（a）改成图3-5（b）形式。

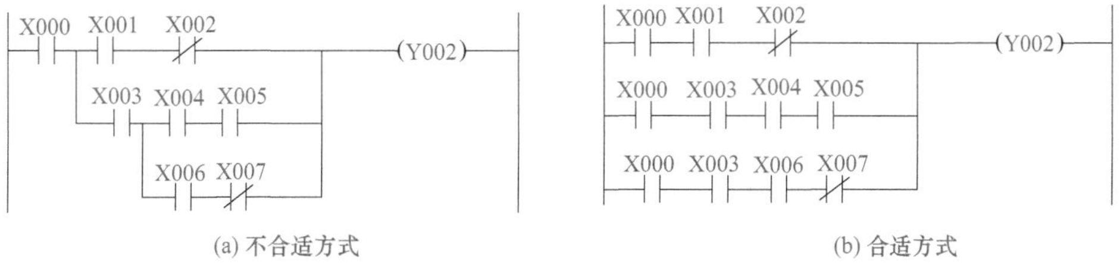

(a) 不合适方式　(b) 合适方式

图3-5　对于复杂电路可重复使用一些触点改成等效电路来进行编程

3.2 三菱GX Developer编程软件的使用

三菱FX系列PLC的编程软件有FXGP/WIN-C、GX Developer和GX Work2三种。FXGP/WIN-C软件体积小巧、操作简单，但只能对FX_{2N}及以下档次的PLC编程，无法对FX_{3U}/FX_{3UC}/FX_{3G} PLC编程，建议初级用户使用。GX Developer软件体积大、功能全，不但可对FX全系列PLC进行编程，还可对中大型PLC（早期的A系列和现在的Q系列）编程，建议初、中级用户使用。GX Work2软件可对FX系列、L系列和Q系列PLC进行编程，与GX Developer软件相比，除了外观和一些小细节上的区别外，最大的区别是GX Work2支持结构化编程（类似于西门子中大型S7-300/400 PLC的STEP7编程软件），建议中、高级用户使用。

本章先介绍三菱GX Developer编程软件的使用，在后面对FXGP/WIN-C编程软件的使用也进行简单说明。GX Developer软件的版本很多，这里选择较新的GX Developer Version 8.86版本。

3.2.1 软件的安装

为了使软件安装能顺利进行，在安装GX Developer软件前，建议先关掉计算机的安全防护软件（如360安全卫士等）。软件安装时先安装软件环境，再安装GX Developer编程软件。

（1）安装软件环境

在安装时，先将GX Developer安装文件夹（如果是一个GX Developer压缩文件，则先要解压）拷贝到某盘符的根目录下（如D盘的根目录下），再打开GX Developer文件夹，文件夹中包含有三个文件夹，如图3-6所示，打开其中的SW8D5C-GPPW-C文件夹，再打开该文件夹中的EnvMEL文件夹，找到“SETUP.EXE”文件，如图3-7所示，并双击它，就开始安装MELSOFT环境软件。

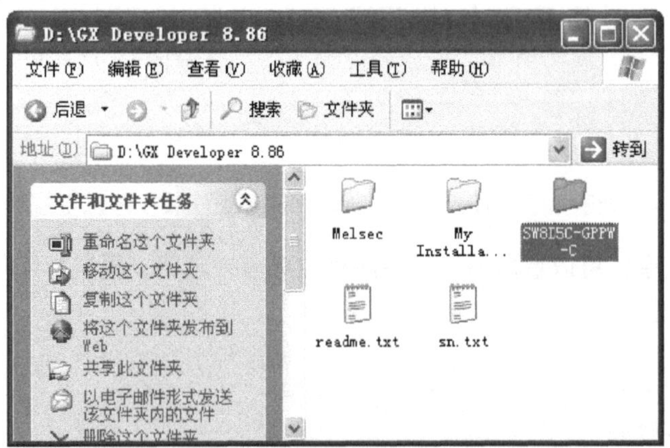

图3-6 GX Developer安装文件夹中包含有三个文件夹

（2）安装GX Developer编程软件

软件环境安装完成后，就可以开始安装GX Developer软件。GX Developer软件的安装过程见表3-1。

图3-7 在SW8D5C-GPPW-C文件夹的EnvMEL文件夹中找到并执行SETUP.EXE

表3-1 GX Developer软件的安装过程说明

序号	操作说明	操作图
1	打开SW8D5C-GPPW-C文件夹，在该文件夹中找到SETUP.EXE文件，如右图所示，双击该文件即开始GX Developer软件的安装	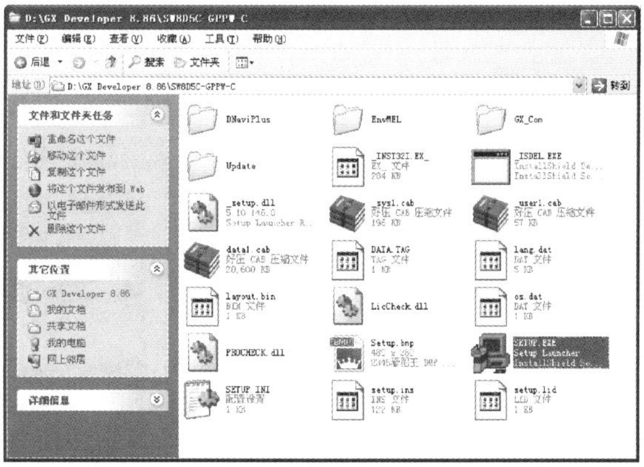
2	在出现右图所示的对话框中，输入姓名和公司名，单击“下一个”	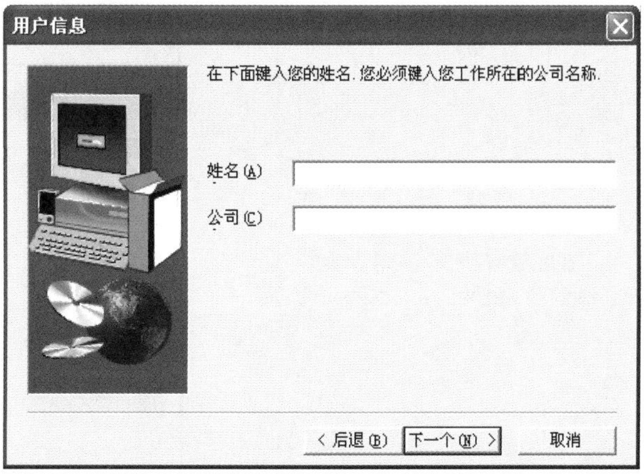

续表

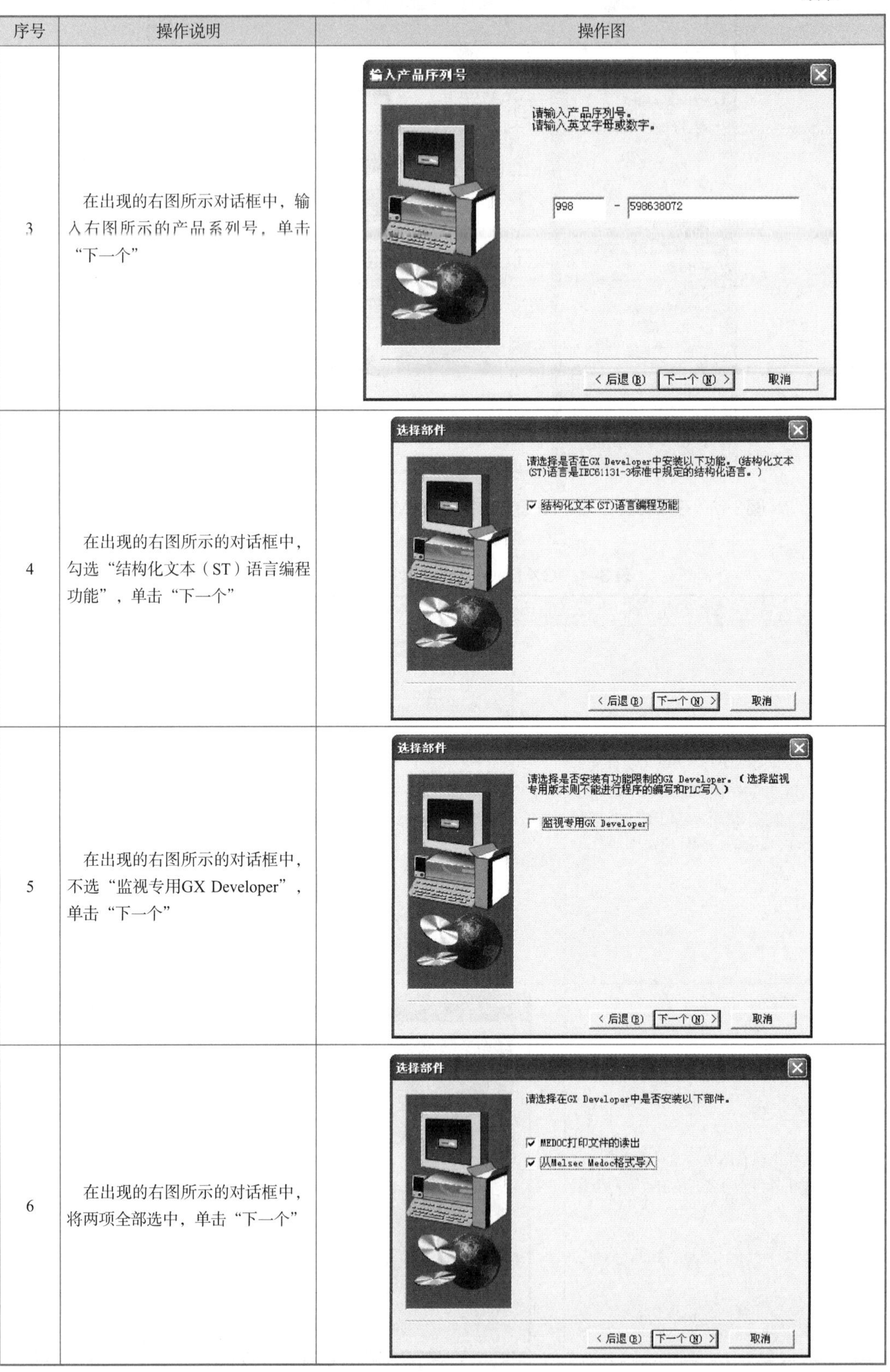

序号	操作说明	操作图
3	在出现的右图所示对话框中，输入右图所示的产品系列号，单击“下一个”	
4	在出现的右图所示的对话框中，勾选“结构化文本（ST）语言编程功能”，单击“下一个”	
5	在出现的右图所示的对话框中，不选“监视专用GX Developer”，单击“下一个”	
6	在出现的右图所示的对话框中，将两项全部选中，单击“下一个”	

续表

序号	操作说明	操作图
7	在出现的右图所示对话框中，选择软件的安装路径，这里保持默认路径，单击“下一个”，即开始正式安装GX Developer	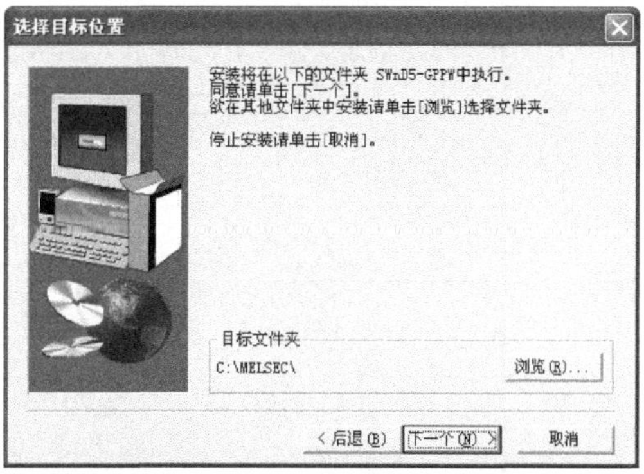
8	软件安装完成后，会出现右图所示的安装完成提示，单击“确定”即完成软件的安装	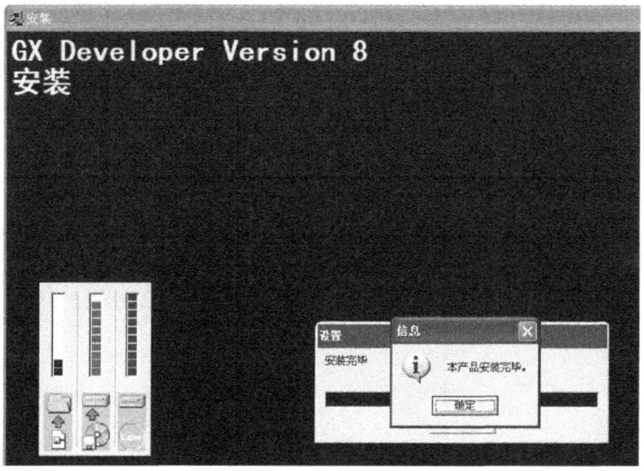

3.2.2 软件的启动与窗口及工具说明

（1）软件的启动

单击计算机桌面左下角“开始”按钮，在弹出的菜单中执行“程序→MELSOFT应用程序→GX Developer”，如图3-8所示，即可启动GX Developer软件，启动后的软件的窗口如图3-9所示。

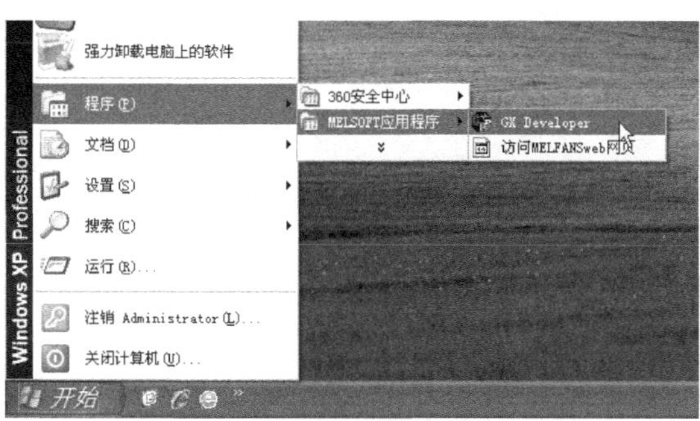

图3-8 执行启动GX Developer软件的操作

（2）软件窗口说明

GX Developer启动后不能马上编写程序，还需要新建一个工程，再在工程中编写程序。新建工程后（新建工程的操作方法在后面介绍），GX Developer窗口发生一些变化，如图3-10所示。

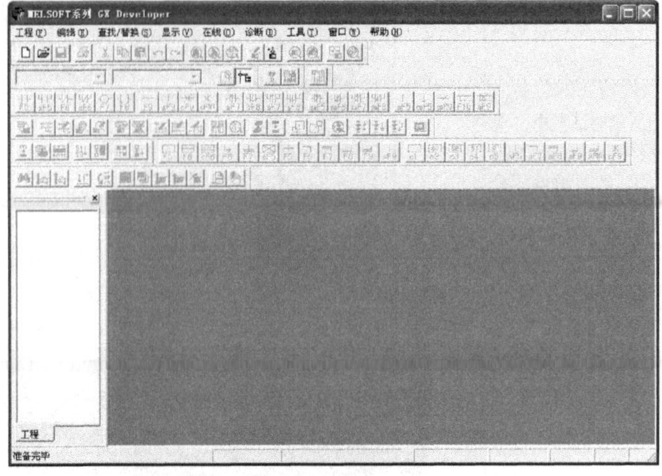

图3-9　启动后的GX Developer软件窗口

图3-10　新建工程后的GX Developer软件窗口

GX Developer软件窗口有以下内容。

① 标题栏：主要显示工程名称及保存位置。

② 菜单栏：有10个菜单项，通过执行这些菜单项下的菜单命令，可完成软件绝大部分功能。

③ 工具栏：提供了软件操作的快捷按钮，有些按钮处于灰色状态，表示它们在当前操作环境下不可使用。由于工具栏中的工具条较多，占用了软件窗口较大范围，可将一些不常用的工具条隐藏起来，操作方法是执行菜单命令“显示→工具条”，弹出工具条对话框，如图3-11所示，单击对话框中工具条名称前的圆圈，使之变成空心圆，则这些工具条将隐

藏起来，如果仅想隐藏某工具条中的某个工具按钮，可先选中对话框中的某工具条，如选中“标准”工具条，再单击“定制”，又弹出一个对话框，如图3-12所示，显示该工具条中所有的工具按钮，在该对话框中取消某工具按钮，如取消“打印”工具按钮，确定后，软件窗口的标准工具条中将不会显示打印按钮，如果软件窗口的工具条排列混乱，可在图3-11所示的工具条对话框中单击“初始化”，软件窗口所有的工具条将会重新排列，恢复到初始位置。

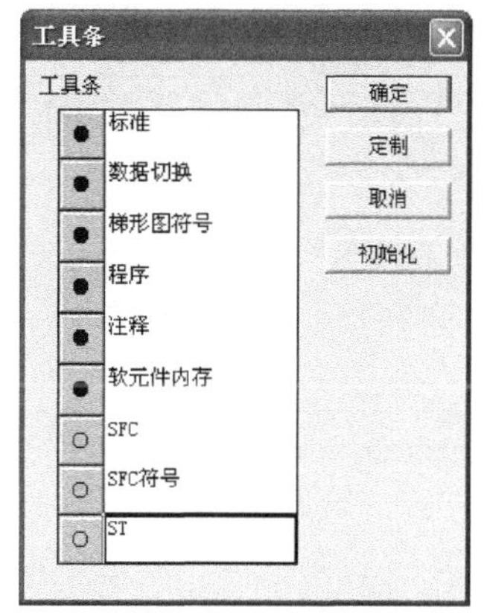

图3-11 取消某些工具条在软件窗口的显示

④ 工程数据列表区：以树状结构显示工程的各项内容（如程序、软元件注释、参数等）。当双击列表区的某项内容时，右方的编程区将切换到该内容编辑状态。如果要隐藏工程数据列表区，可单击该区域右上角的“×”，或者执行菜单命令“显示→工程数据列表”。

⑤ 编程区：用于编写程序，可以用梯形图或指令语句表编写程序，当前处于梯形图编程状态，如果要切换到指令语句表编程状态，可执行菜单命令“显示→列表显示”。如果编程区的梯形图符号和文字偏大或偏小，可执行菜单命令“显示→放大/缩小”，弹出图3-13所示的对话框，在其中选择显示倍率。

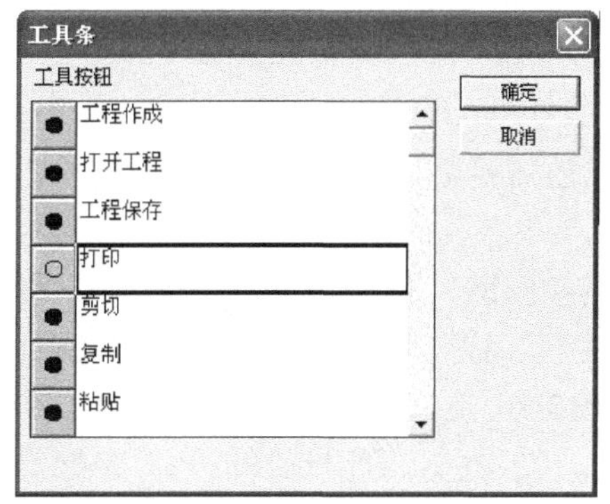

图3-12 取消某工具条中的某些工具按钮在软件窗口的显示

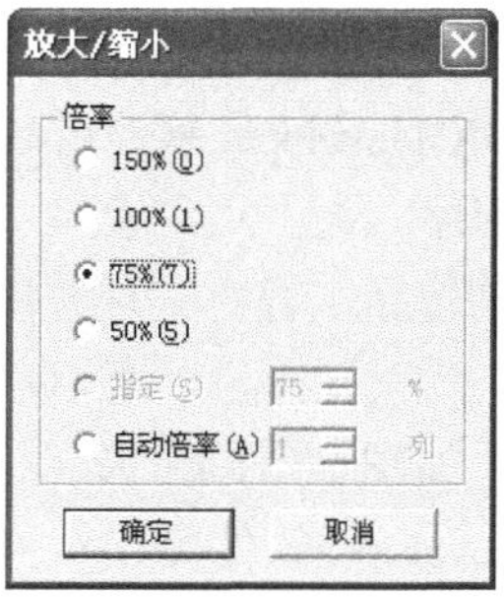

图3-13 编程区显示倍率设置

⑥ 状态栏：用于显示软件当前的一些状态，如鼠标所指工具的功能提示、PLC类型和读写状态等。如果要隐藏状态栏，可执行菜单命令“显示→状态条”。

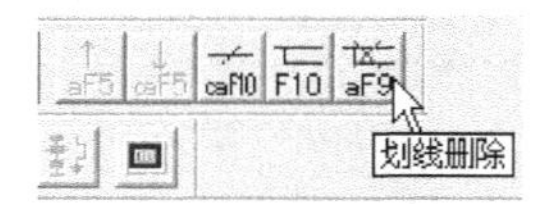

图3-14 鼠标停在工具按钮上时会显示该按钮功能说明

（3）梯形图工具说明

工具栏中的工具很多，将鼠标移到某工具按钮上，鼠标下方会出现该按钮功能说明，如图3-14所示。

下面介绍最常用的梯形图工具，其他工具在后面用到时再进行说明。梯形图工具条的各工具按钮说明如图3-15所示。

工具按钮下部的字符表示该工具的快捷操作方式，常开触点工具按钮下部标有“F5”，表示按下键盘上的“F5”键可以在编程区插入一个常开触点，“sF5”表示“Shift”键+“F5”键（即同时按下“Shift”键和“F5”键，也可先按下“Shift”键后再按“F5”键），“cF10”表示“Ctrl”键+“F10”键，“aF7”表示“Alt”键+“F7”键，“saF7”表示“Shift”

键+“Alt”键+“F7”键。

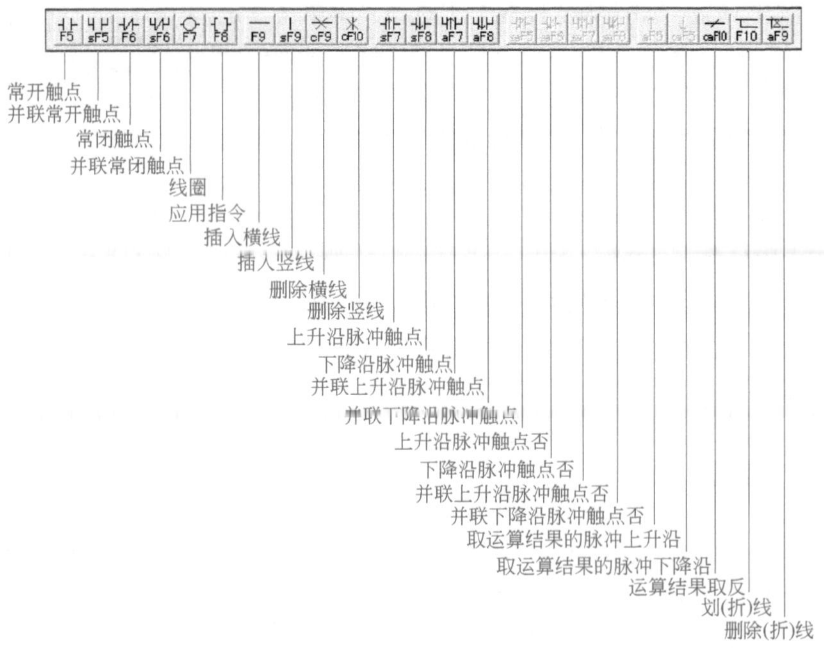

图3-15　梯形图工具条的各工具按钮说明

3.2.3　创建新工程

GX Developer软件启动后不能马上编写程序，还需要创建新工程，再在创建的工程中编写程序。

创建新工程有三种方法，一是单击工具栏中的□按钮，二是执行菜单命令“工程→创建新工程”，三是按“Ctrl+N”键，均会弹出“创建新工程”对话框，在对话框先选择PLC系列，如图3-16（a）所示，再选择PLC类型，如图3-16（b）所示，从对话框中可以看出，GX Developer软件可以对所有的FX PLC进行编程，创建新工程时选择的PLC类型要与实际的PLC一致，否则程序编写后无法写入PLC或写入出错。

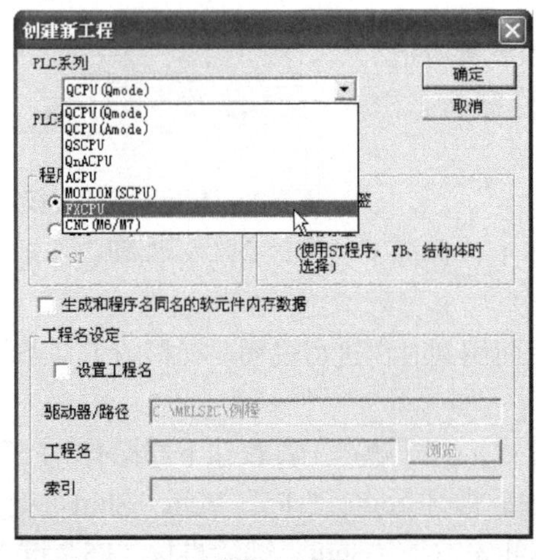

(a) 选择PLC系列

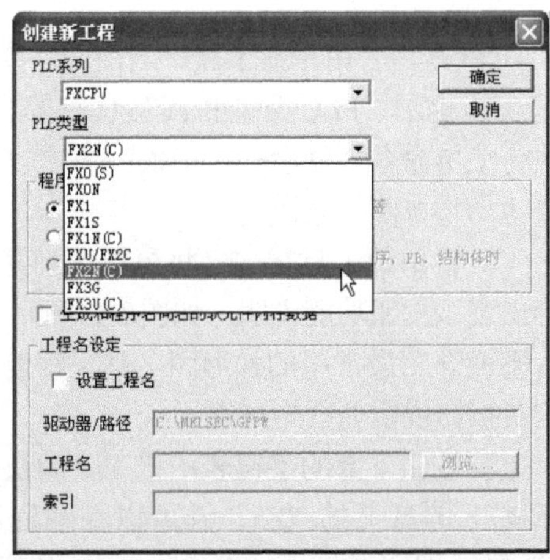

(b) 选择PLC类型

(c) 直接输入工程保存路径和工程名

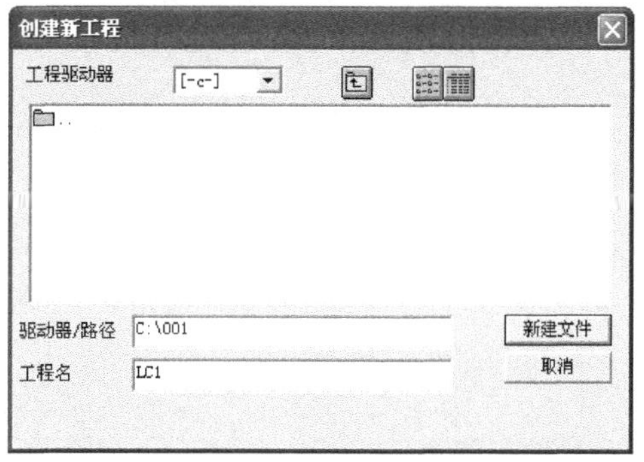

(d) 用浏览方式选择工程保存路径并输入工程名

图3-16 创建新工程

PLC系列和PLC类型选好后，单击“确定”即可创建一个未命名的新工程，工程名可在保存时再填写。如果希望在创建工程时就设定工程名，可在“创建新工程”对话框中选中“设置工程名”，如图3-16（c）所示，再在下方输入工程保存路径和工程名，也可以单击“浏览”，弹出图3-16（d）所示的对话框中，在该对话框中直接选择工程的保存路径并输入新工程名称，这样就可以创建一个新工程。新建工程后的软件窗口如图3-10所示。

3.2.4 编写梯形图程序

在编写程序时，在工程数据列表区展开“程序”项，并双击其中的“MAIN（主程序）”，将右方编程区切换到主程序编程（编程区默认处于主程序编程状态），再单击工具栏中的（写入模式）按钮，或执行菜单命令“编辑→写入模式”，也可按键盘上的“F2”键，让编程区处于写入状态，如图3-17所示，如果（监视模式）按钮或（读出模式）按钮被按下，在编程区将无法编写和修改程序，只能查看程序。

图3-17 在编程时需将软件设成写入模式

下面以编写图3-18所示的程序为例来说明如何在GX Developer软件中编写梯形图程序。梯形图程序的编写过程见表3-2。

```
0   X000                                              K90
    ─┤├──┬──────────────────────────────────────(T0      )─
         │
    Y000 │ X001
    ─┤├──┴──┤/├─────────────────────────────────(Y000    )─

7   T0
    ─┤├─────────────────────────────────────────(Y001    )─

9   X001
    ─┤├─────────────────────────────────────────[RST  T0 ]─

12  ────────────────────────────────────────────[END     ]─
```

图3-18　待编写的梯形图程序

表3-2　图3-18所示梯形图程序的编写过程说明

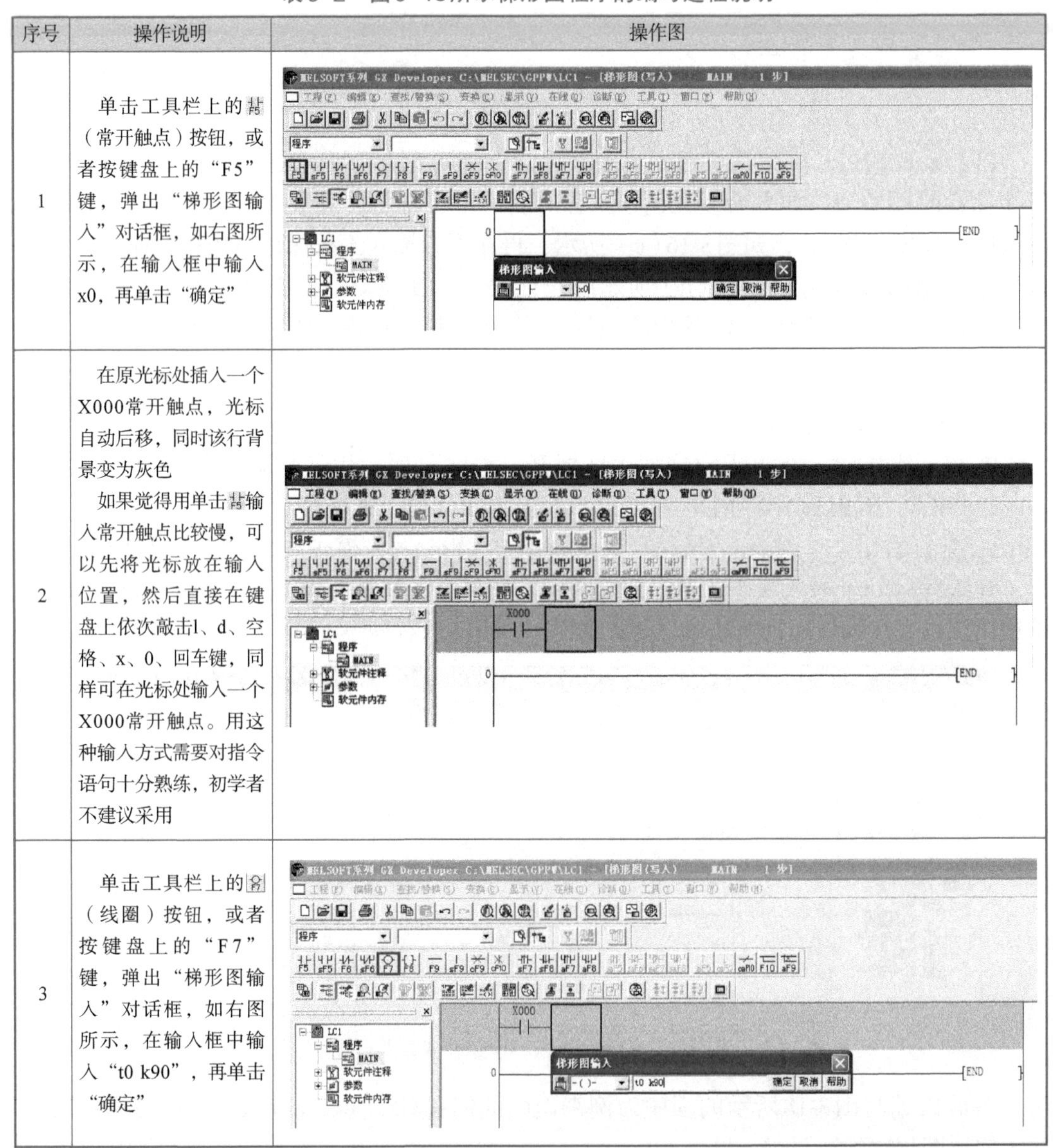

序号	操作说明	操作图
1	单击工具栏上的 ⊣⊢ (常开触点）按钮，或者按键盘上的“F5”键，弹出“梯形图输入”对话框，如右图所示，在输入框中输入x0，再单击“确定”	
2	在原光标处插入一个X000常开触点，光标自动后移，同时该行背景变为灰色 如果觉得用单击 ⊣⊢ 输入常开触点比较慢，可以先将光标放在输入位置，然后直接在键盘上依次敲击l、d、空格、x、0、回车键，同样可在光标处输入一个X000常开触点。用这种输入方式需要对指令语句十分熟练，初学者不建议采用	
3	单击工具栏上的 ⊸ (线圈）按钮，或者按键盘上的“F7”键，弹出“梯形图输入”对话框，如右图所示，在输入框中输入“t0 k90”，再单击“确定”	

续表

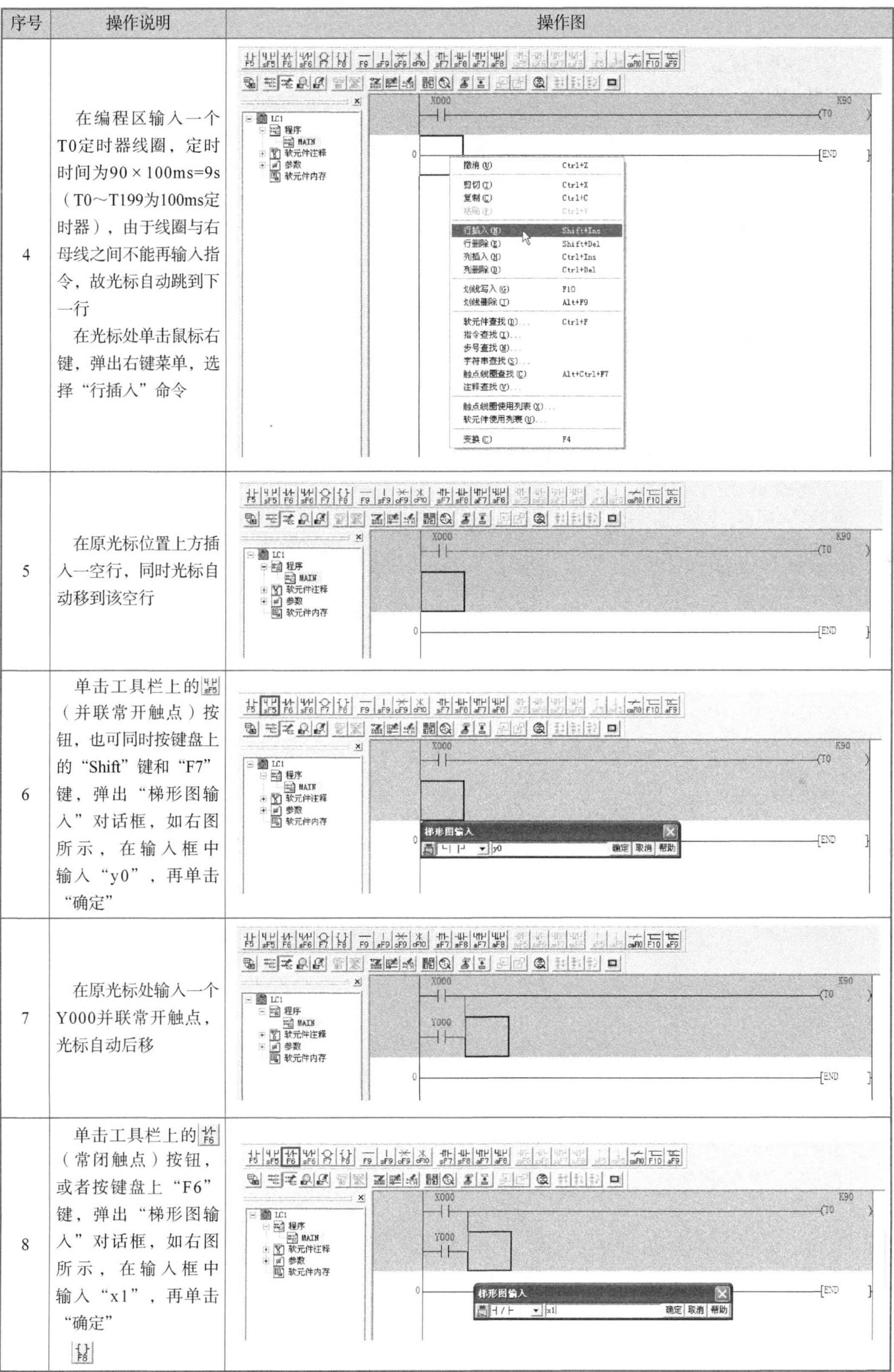

序号	操作说明	操作图
4	在编程区输入一个T0定时器线圈，定时时间为90×100ms=9s（T0～T199为100ms定时器），由于线圈与右母线之间不能再输入指令，故光标自动跳到下一行 在光标处单击鼠标右键，弹出右键菜单，选择“行插入”命令	
5	在原光标位置上方插入一空行，同时光标自动移到该空行	
6	单击工具栏上的（并联常开触点）按钮，也可同时按键盘上的“Shift”键和“F7”键，弹出“梯形图输入”对话框，如右图所示，在输入框中输入“y0”，再单击“确定”	
7	在原光标处输入一个Y000并联常开触点，光标自动后移	
8	单击工具栏上的（常闭触点）按钮，或者按键盘上“F6”键，弹出“梯形图输入”对话框，如右图所示，在输入框中输入“x1”，再单击“确定”	

续表

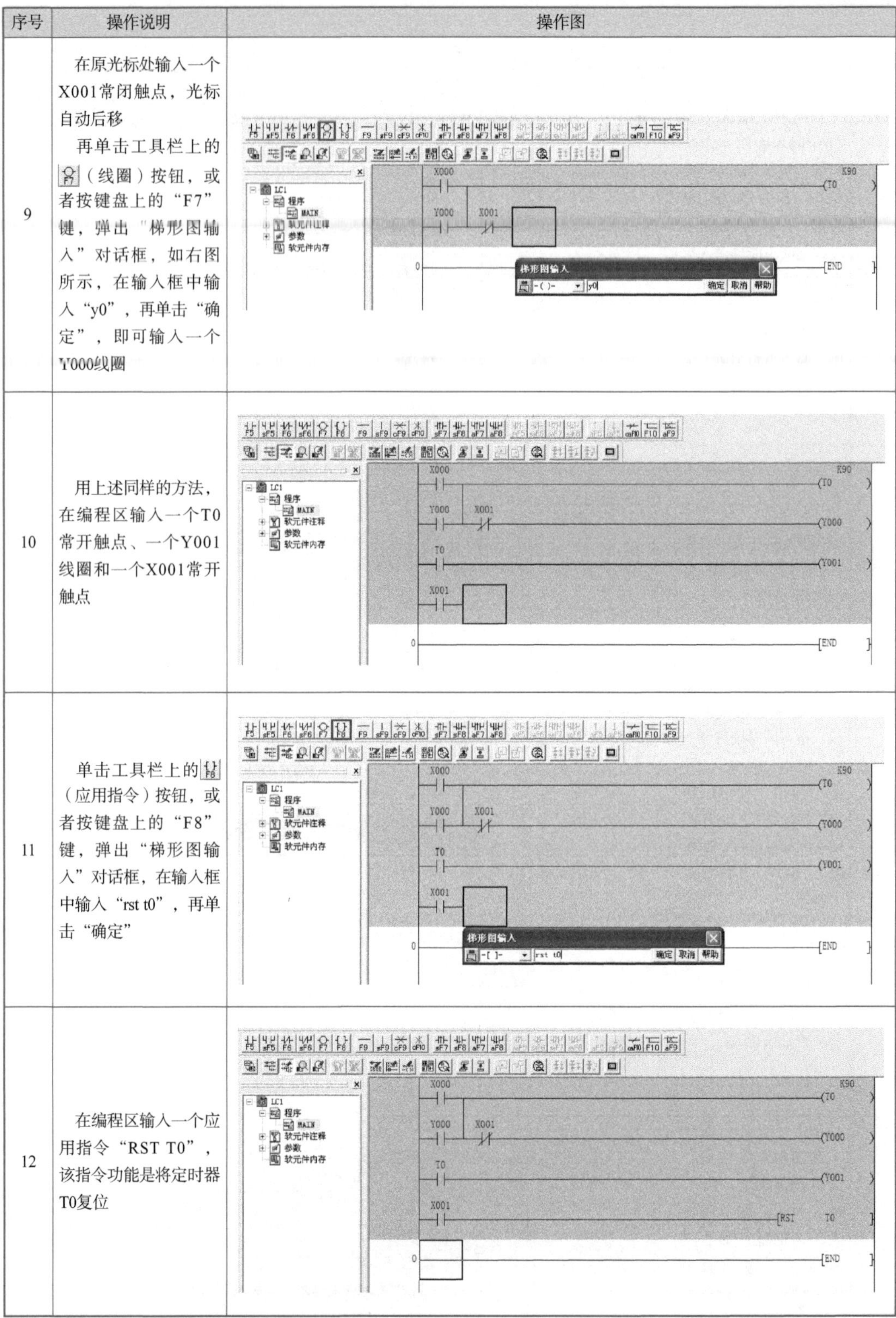

序号	操作说明	操作图
9	在原光标处输入一个X001常闭触点，光标自动后移 再单击工具栏上的[F7]（线圈）按钮，或者按键盘上的“F7”键，弹出“梯形图输入”对话框，如右图所示，在输入框中输入“y0”，再单击“确定”，即可输入一个Y000线圈	
10	用上述同样的方法，在编程区输入一个T0常开触点、一个Y001线圈和一个X001常开触点	
11	单击工具栏上的[F8]（应用指令）按钮，或者按键盘上的“F8”键，弹出“梯形图输入”对话框，在输入框中输入“rst t0”，再单击“确定”	
12	在编程区输入一个应用指令“RST T0”，该指令功能是将定时器T0复位	

续表

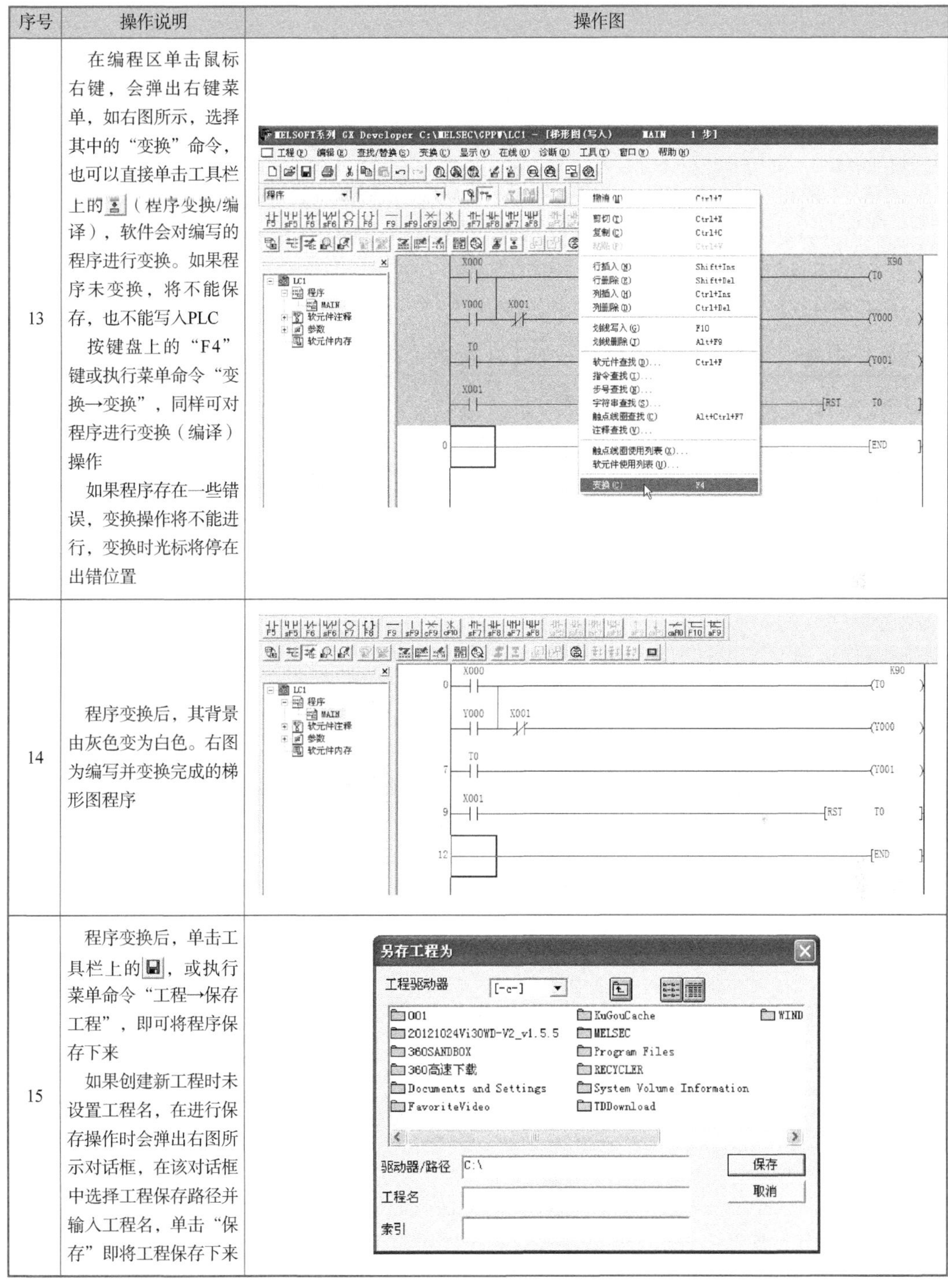

序号	操作说明	操作图
13	在编程区单击鼠标右键，会弹出右键菜单，如右图所示，选择其中的“变换”命令，也可以直接单击工具栏上的（程序变换/编译），软件会对编写的程序进行变换。如果程序未变换，将不能保存，也不能写入PLC 按键盘上的“F4”键或执行菜单命令“变换→变换”，同样可对程序进行变换（编译）操作 如果程序存在一些错误，变换操作将不能进行，变换时光标将停在出错位置	
14	程序变换后，其背景由灰色变为白色。右图为编写并变换完成的梯形图程序	
15	程序变换后，单击工具栏上的，或执行菜单命令“工程→保存工程”，即可将程序保存下来 如果创建新工程时未设置工程名，在进行保存操作时会弹出右图所示对话框，在该对话框中选择工程保存路径并输入工程名，单击“保存”即将工程保存下来	

3.2.5 梯形图的编辑

（1）画线和删除线的操作

在梯形图中可以画直线和折线，不能画斜线。画线和删除线的操作说明见表3-3。

表3-3　画线和删除线的操作说明

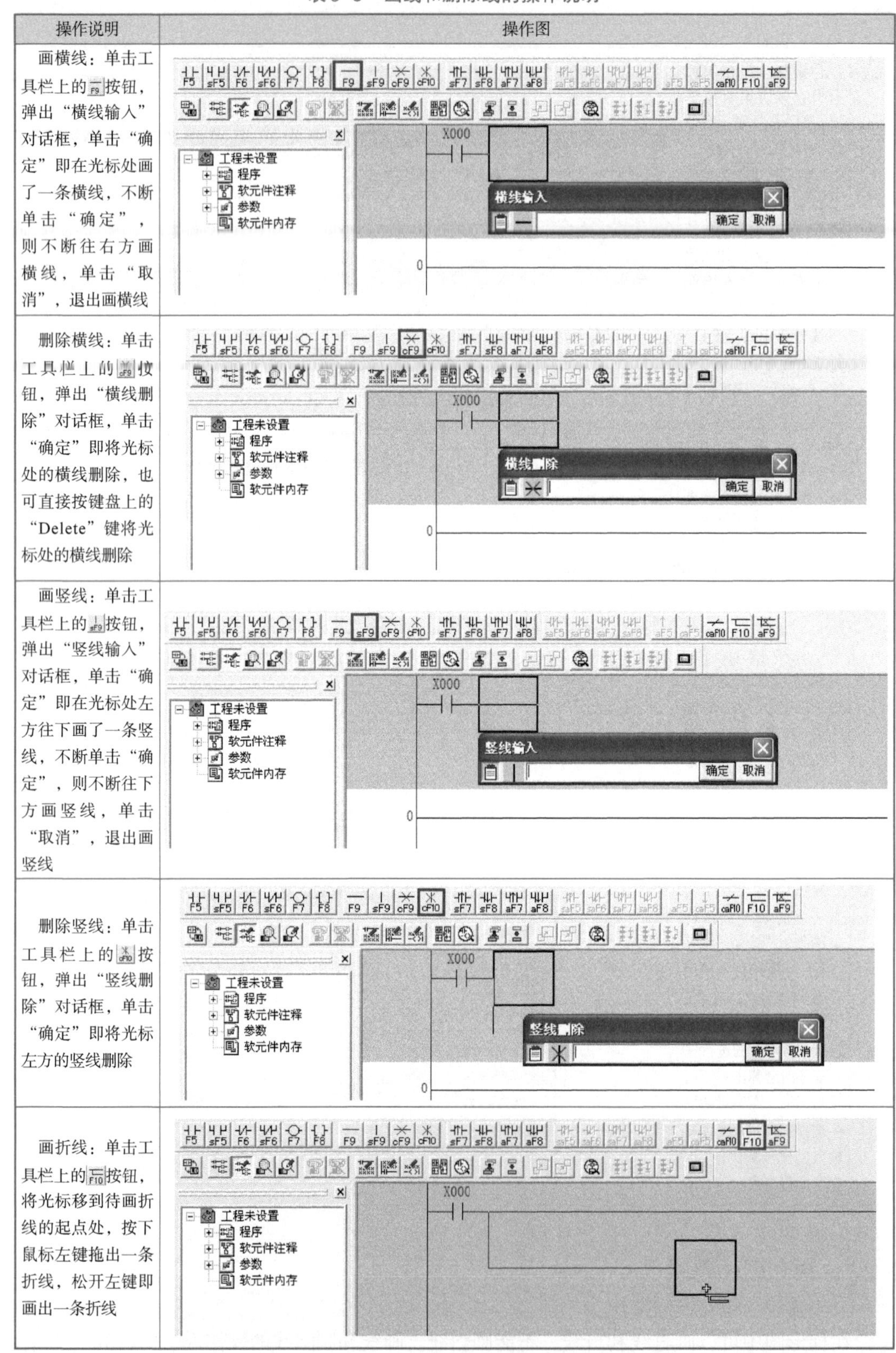

操作说明	操作图
画横线：单击工具栏上的按钮，弹出“横线输入”对话框，单击“确定”即在光标处画了一条横线，不断单击“确定”，则不断往右方画横线，单击“取消”，退出画横线	
删除横线：单击工具栏上的按钮，弹出“横线删除”对话框，单击“确定”即将光标处的横线删除，也可直接按键盘上的“Delete”键将光标处的横线删除	
画竖线：单击工具栏上的按钮，弹出“竖线输入”对话框，单击“确定”即在光标处左方往下画了一条竖线，不断单击“确定”，则不断往下方画竖线，单击“取消”，退出画竖线	
删除竖线：单击工具栏上的按钮，弹出“竖线删除”对话框，单击“确定”即将光标左方的竖线删除	
画折线：单击工具栏上的按钮，将光标移到待画折线的起点处，按下鼠标左键拖出一条折线，松开左键即画出一条折线	

续表

操作说明	操作图
删除折线：单击工具栏上的 按钮，将光标移到折线的起点处，按下鼠标左键拖出一条空白折线，松开左键即将一段折线删除	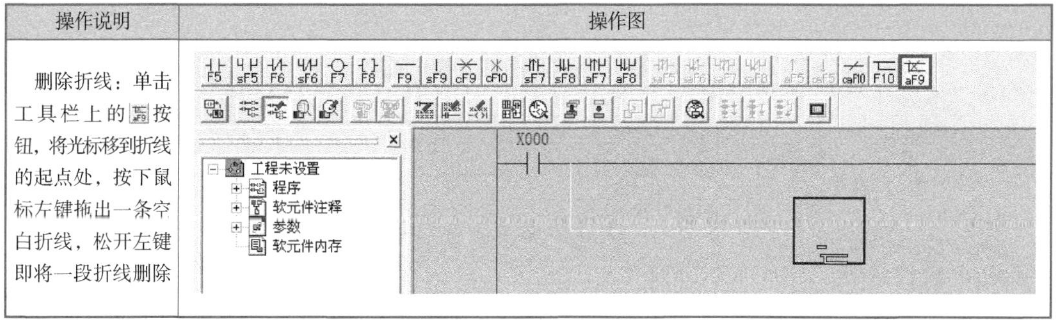

（2）删除操作

一些常用的删除操作说明见表3-4。

表3-4　一些常用的删除操作说明

操作说明	操作图
删除某个对象：用光标选中某个对象，按键盘上的“Delete”键即可删除该对象	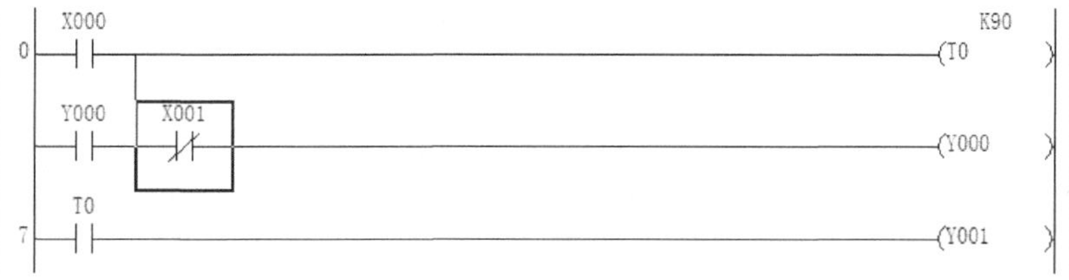
行删除：将光标定位在要删除的某行上，再单击鼠标右键，在弹出的右键菜单中选择“行删除”，光标所在的整个行内容会被删除，下一行内容会上移填补被删除的行	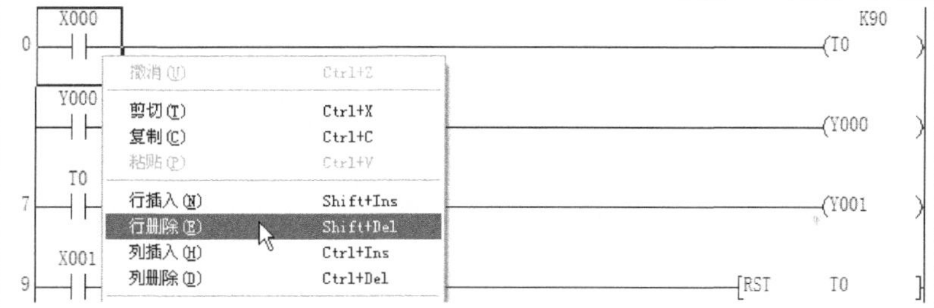
列删除：将光标定位在要删除的某列上，再单击鼠标右键，在弹出的右键菜单中选择“列删除”，光标所在0~7梯级的列内容会被删除，即右图中的X000和Y000触点会被删除，而T0触点不会删除	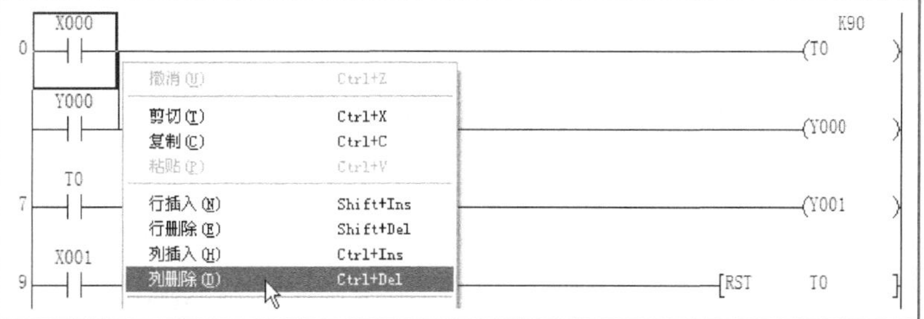
删除一个区域内的对象：将光标先移到要删除区域的左上角，然后按下键盘上的“Shift”键不放，再将光标移到该区域的右下角并单击，该区域内的所有对象会被选中，按键盘上的“Delete”键即可删除该区域内的所有对象 也可以采用按下鼠标左键，从左上角拖到右下角来选中某区域，再执行删除操作	

（3）插入操作

一些常用的插入操作说明见表3-5。

表3-5　一些常用的插入操作说明

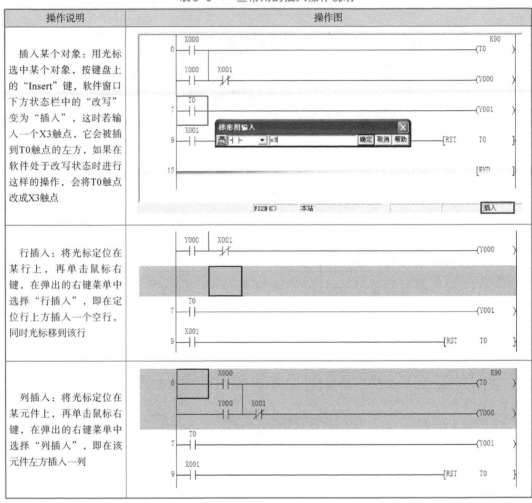

操作说明	操作图
插入某个对象：用光标选中某个对象，按键盘上的“Insert”键，软件窗口下方状态栏中的“改写”变为“插入”，这时若输入一个X3触点，它会被插到T0触点的左方，如果在软件处于改写状态时进行这样的操作，会将T0触点改成X3触点	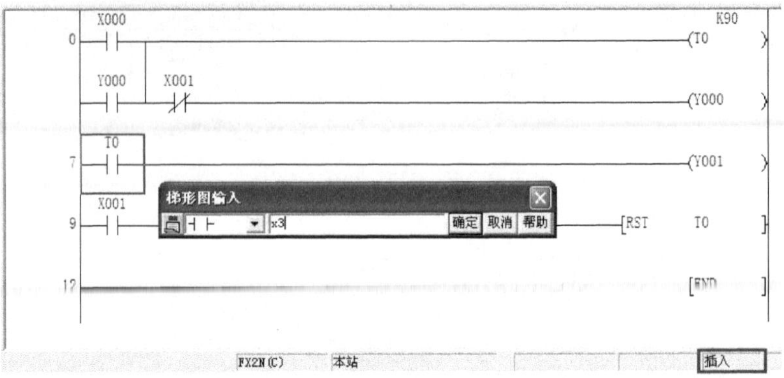
行插入：将光标定位在某行上，再单击鼠标右键，在弹出的右键菜单中选择“行插入”，即在定位行上方插入一个空行，同时光标移到该行	
列插入：将光标定位在某元件上，再单击鼠标右键，在弹出的右键菜单中选择“列插入”，即在该元件左方插入一列	

3.2.6　查找与替换功能的使用

GX Developer软件具有查找和替换功能，使用该功能的方法是单击软件窗口上方的“查找/替换”菜单项，弹出图3-19所示的菜单，选择其中的菜单命令即可执行相应的查

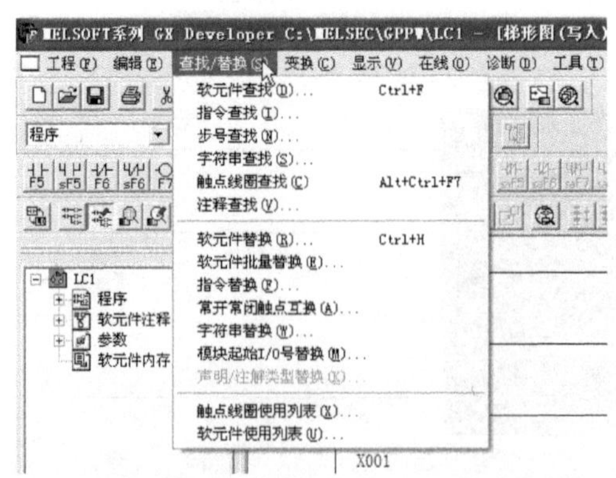

图3-19　“查找/替换”菜单的内容

找/替换操作。

（1）查找功能的使用

查找功能的使用说明见表3-6。

表3-6　查找功能的使用说明

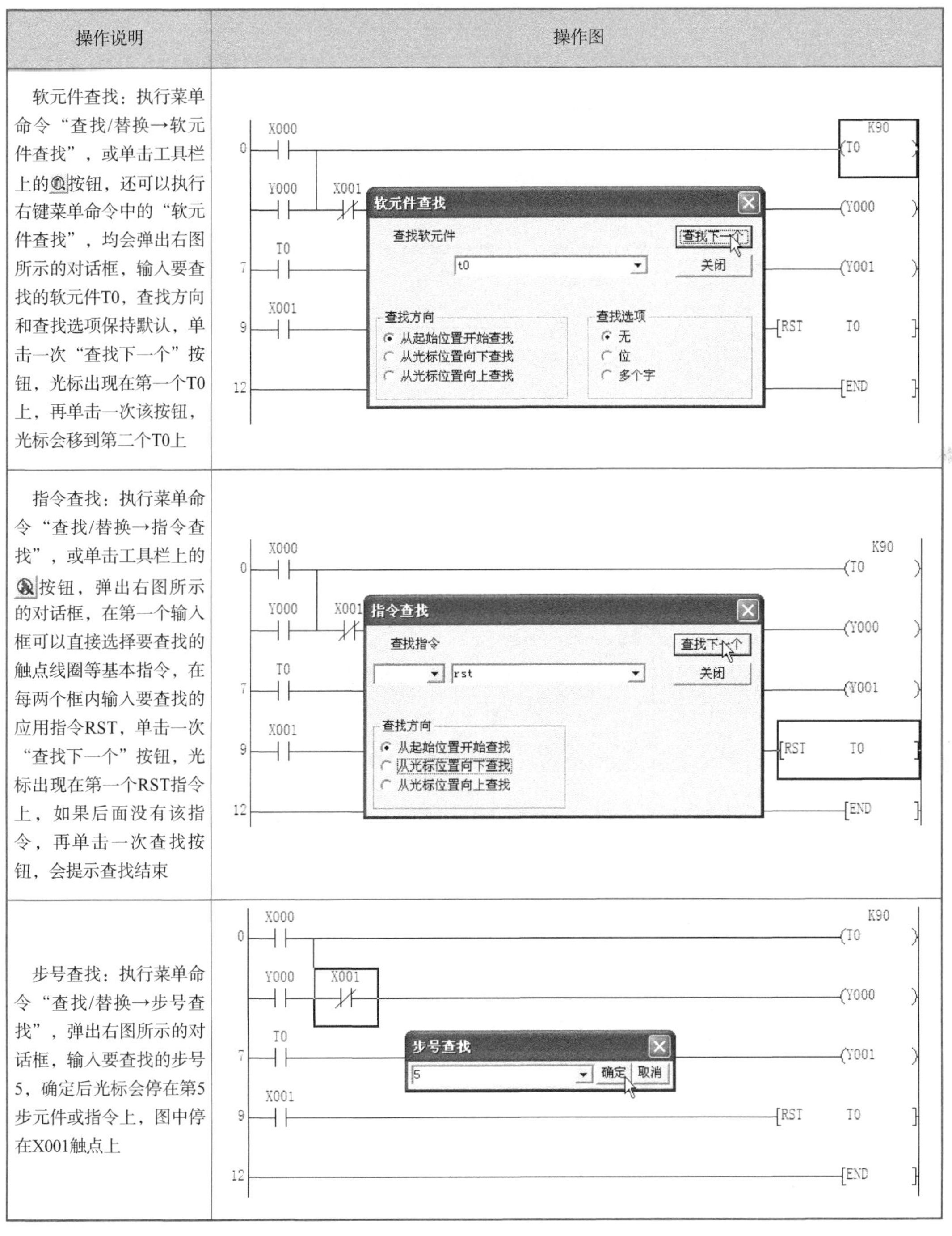

操作说明	操作图
软元件查找：执行菜单命令“查找/替换→软元件查找”，或单击工具栏上的按钮，还可以执行右键菜单命令中的“软元件查找”，均会弹出右图所示的对话框，输入要查找的软元件T0，查找方向和查找选项保持默认，单击一次“查找下一个”按钮，光标出现在第一个T0上，再单击一次该按钮，光标会移到第二个T0上	软元件查找 查找软元件 t0 查找下一个 关闭 查找方向：从起始位置开始查找 / 从光标位置向下查找 / 从光标位置向上查找 查找选项：无 / 位 / 多个字
指令查找：执行菜单命令“查找/替换→指令查找”，或单击工具栏上的按钮，弹出右图所示的对话框，在第一个输入框可以直接选择要查找的触点线圈等基本指令，在每两个框内输入要查找的应用指令RST，单击一次“查找下一个”按钮，光标出现在第一个RST指令上，如果后面没有该指令，再单击一次查找按钮，会提示查找结束	指令查找 查找指令 rst 查找下一个 关闭 查找方向：从起始位置开始查找 / 从光标位置向下查找 / 从光标位置向上查找
步号查找：执行菜单命令“查找/替换→步号查找”，弹出右图所示的对话框，输入要查找的步号5，确定后光标会停在第5步元件或指令上，图中停在X001触点上	步号查找 5 确定 取消

（2）替换功能的使用

替换功能的使用说明见表3-7。

表3-7 替换功能的使用说明

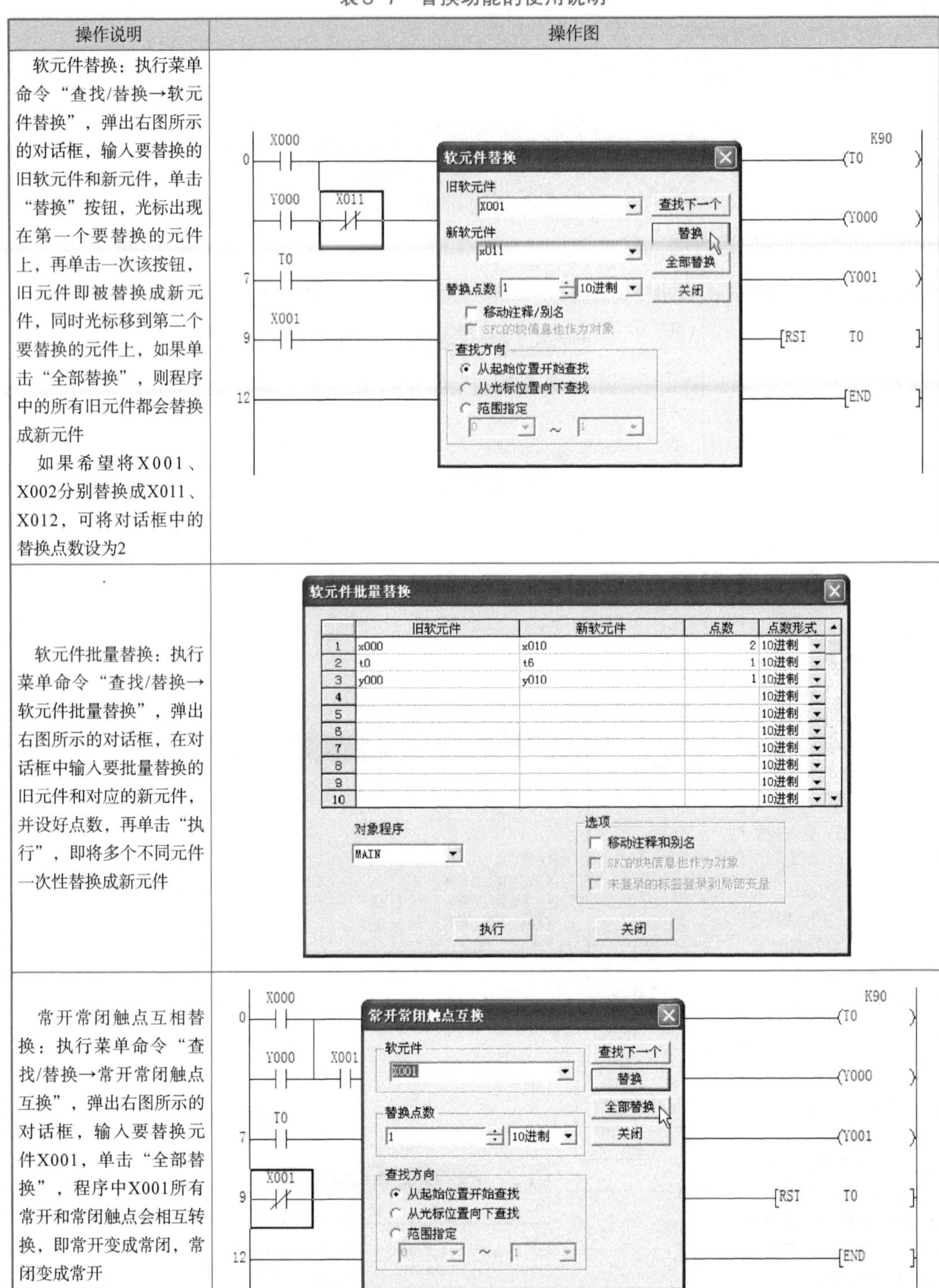

操作说明	操作图
软元件替换：执行菜单命令“查找/替换→软元件替换”，弹出右图所示的对话框，输入要替换的旧软元件和新元件，单击“替换”按钮，光标出现在第一个要替换的元件上，再单击一次该按钮，旧元件即被替换成新元件，同时光标移到第二个要替换的元件上，如果单击“全部替换”，则程序中的所有旧元件都会替换成新元件 如果希望将X001、X002分别替换成X011、X012，可将对话框中的替换点数设为2	
软元件批量替换：执行菜单命令“查找/替换→软元件批量替换”，弹出右图所示的对话框，在对话框中输入要批量替换的旧元件和对应的新元件，并设好点数，再单击“执行”，即将多个不同元件一次性替换成新元件	
常开常闭触点互相替换：执行菜单命令“查找/替换→常开常闭触点互换”，弹出右图所示的对话框，输入要替换元件X001，单击“全部替换”，程序中X001所有常开和常闭触点会相互转换，即常开变成常闭，常闭变成常开	

3.2.7 注释、声明和注解的添加与显示

在GX Developer软件中，可以对梯形图添加注释、声明和注解，图3-20是添加了注释、声明和注解的梯形图程序。声明用于一个程序段的说明，最多允许64字符 × n行；注

解用于对与右母线连接的线圈或指令的说明，最多允许64字符 ×1行；注释相当于一个元件的说明，最多允许8字符 ×4行，一个汉字占2个字符。

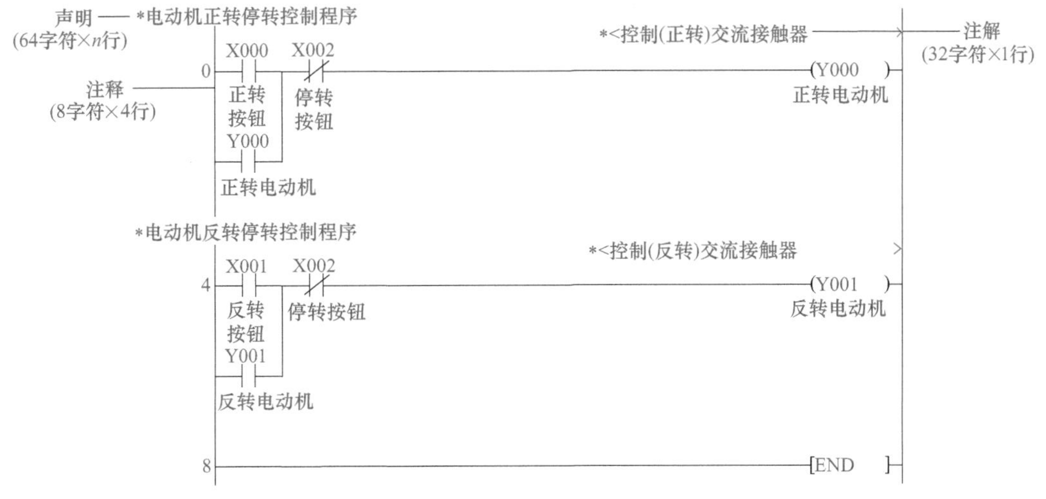

图3-20　添加了注释、声明和注解的梯形图程序

（1）注释的添加与显示

注释的添加与显示操作说明见表3-8。

表3-8　注释的添加与显示操作说明

操作说明	操作图
单个添加注释：按下工具栏上的（注释编辑）按钮，或执行菜单命令“编辑→文档生成→注释编辑”，梯形图程序处于注释编辑状态，双击X000触点，弹出右图所示对话框，在输入框中输入注释文字，单击“确定”即给X000触点添加了注释	
批量添加注释：在工程数据列表区展开“软元件注释”，双击“COMMENT”，编程区变成添加注释列表，在软元件名框内输入X000，单击“显示”，下方列表区出现X000为首的X元件，梯形图中使用了X000、X001、X002三个元件，给这三个元件都添加注释，如右图所示。再在软元件名框内输入Y000，在下方列表区给Y000、Y001进行注释	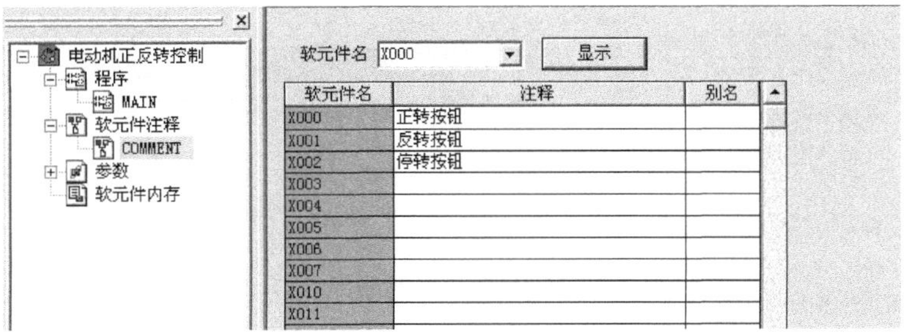

续表

操作说明	操作图
显示注释：在工程数据列表区双击程序下的“MAIN”，编程区出现梯形图，但未显示注释。执行菜单命令“显示→注释显示”，梯形图的元件下方显示出注释内容	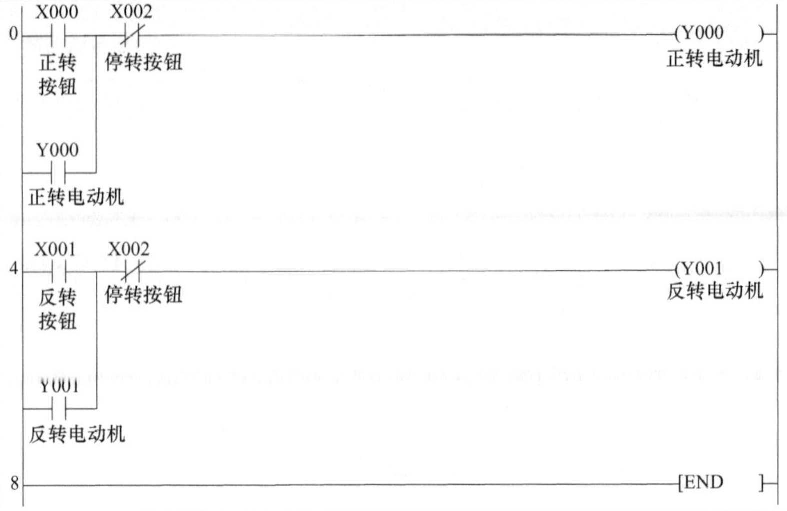 0 X000 正转按钮 X002 停转按钮 (Y000) 正转电动机 Y000 正转电动机 4 X001 反转按钮 X002 停转按钮 (Y001) 反转电动机 Y001 反转电动机 8 [END]
注释显示方式设置：梯形图注释默认以4行×8字符显示，如果希望同时改变显示的字符数和行数，可执行菜单命令“显示→注释显示形式→3×5字符”，如果仅希望改变显示的行数，可执行菜单命令“显示→软元件注释行数”，可选择1～4行显示，右图为2行显示	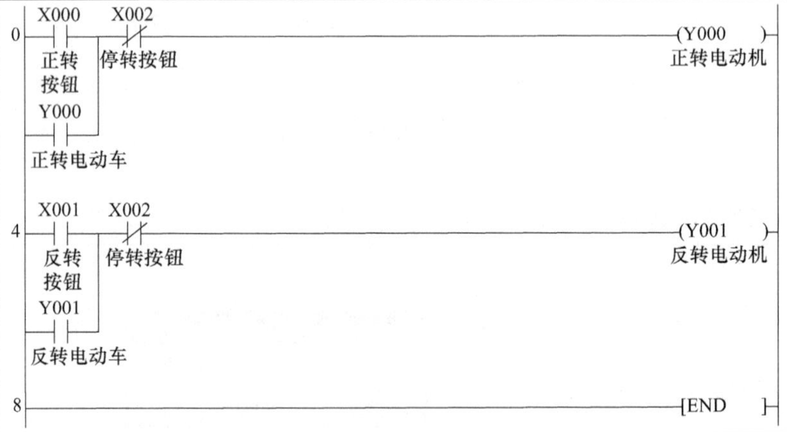 0 X000 正转按钮 X002 停转按钮 (Y000) 正转电动机 Y000 正转电动车 4 X001 反转按钮 X002 停转按钮 (Y001) 反转电动机 Y001 反转电动车 8 [END]

（2）声明的添加与显示

声明的添加与显示操作说明见表3-9。

表3-9　声明的添加与显示操作说明

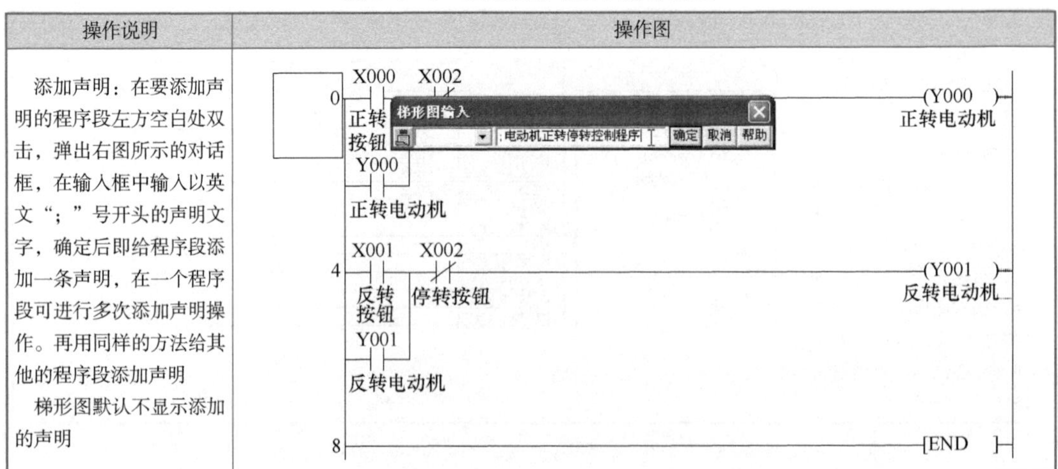

操作说明	操作图
添加声明：在要添加声明的程序段左方空白处双击，弹出右图所示的对话框，在输入框中输入以英文“;”号开头的声明文字，确定后即给程序段添加一条声明，在一个程序段可进行多次添加声明操作。再用同样的方法给其他的程序段添加声明 梯形图默认不显示添加的声明	梯形图输入 ;电动机正转停转控制程序 确定 取消 帮助 0 X000 正转按钮 X002 (Y000) 正转电动机 Y000 正转电动机 4 X001 反转按钮 X002 停转按钮 (Y001) 反转电动机 Y001 反转电动机 8 [END]

续表

操作说明	操作图
显示声明：要在梯形图中显示添加的声明，可执行菜单命令“显示→声明显示”，即可将添加的声明显示出来，如右图所示 将鼠标在声明上单击，可选中声明，按键盘上的“Delete”键可删除声明	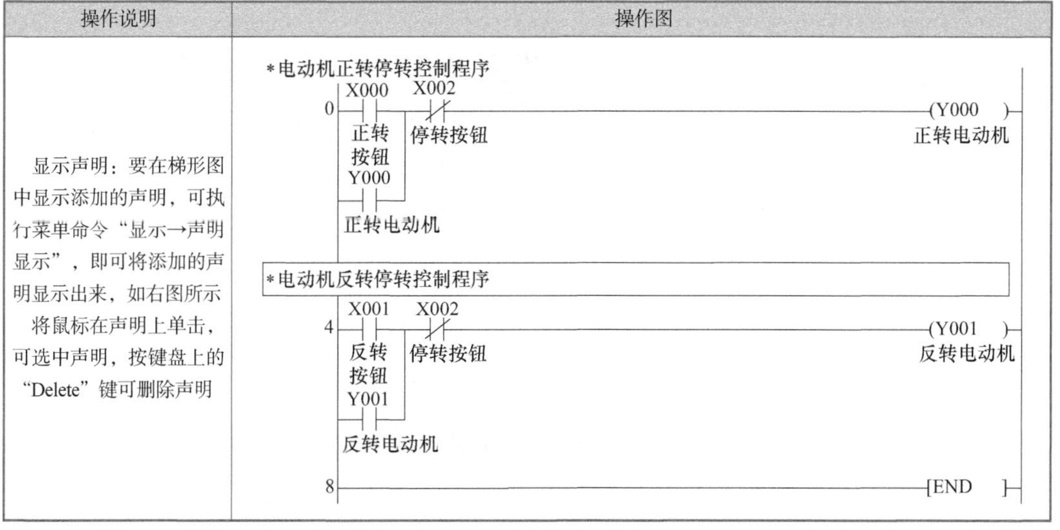

（3）注解的添加与显示

注解的添加与显示操作说明见表3-10。

表3-10　注解的添加与显示操作说明

操作说明	操作图
添加注解：在要添加注解的某行与右母线连接的线圈或指令上双击，弹出右图所示的对话框，在输入框的线圈或指令之后输入以英文“；”号开头的注解文字，确定后即给线圈或指令添加了一条注解 将输入框内的分号及之后内容删除，即可删除注解	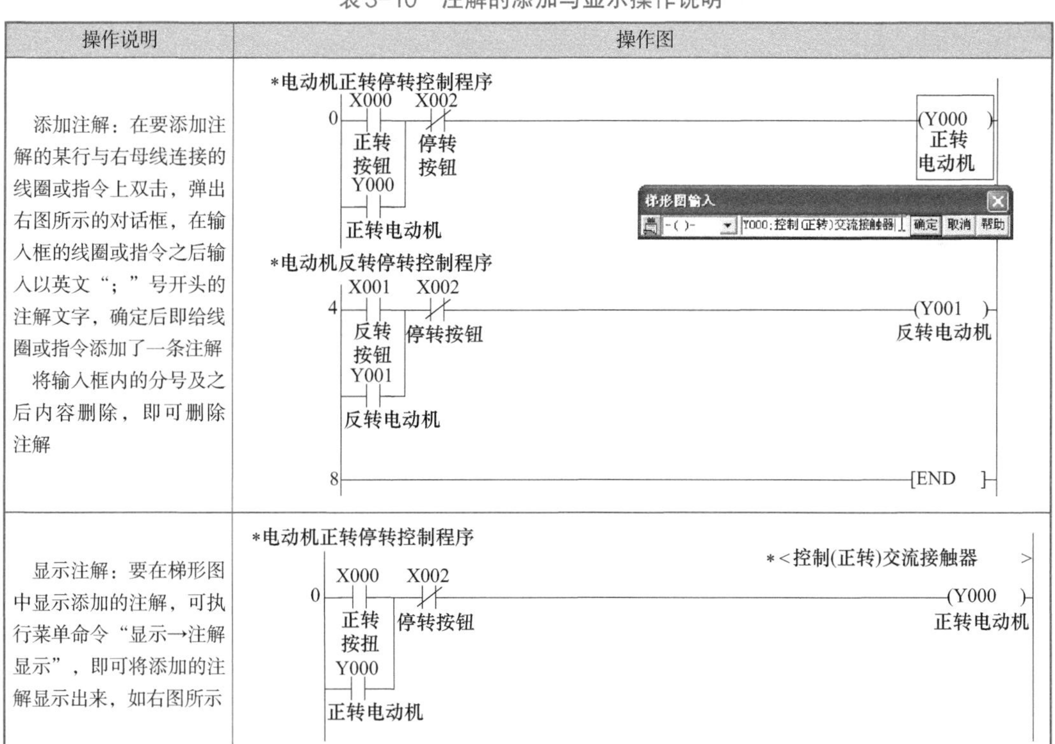
显示注解：要在梯形图中显示添加的注解，可执行菜单命令“显示→注解显示”，即可将添加的注解显示出来，如右图所示	*电动机正转停转控制程序 *<控制(正转)交流接触器 > X000 X002 0 (Y000) 正转按扭 停转按钮 正转电动机 Y000 正转电动机

3.2.8　读取并转换FXGP/WIN格式文件

在GX Developer软件出来之前，三菱FX PLC使用FXGP/WIN软件来编写程序，GX Developer软件具有读取并转换FXGP/WIN格式文件的功能。读取并转换FXGP/WIN格式文件的操作说明见表3-11。

表3-11 读取并转换FXGP/WIN格式文件的操作说明

序号	操作说明	操作图
1	启动GX Developer软件，然后执行菜单命令“工程→读取其他格式的文件→读取FXGP（WIN）格式文件”，会弹出右图所示的读取对话框	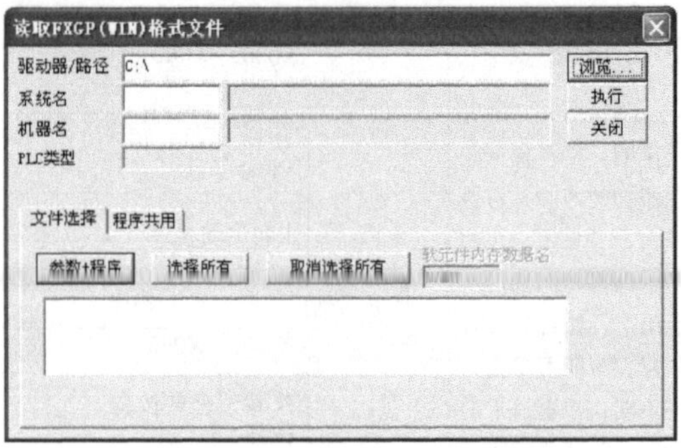
2	在读取对话框中单击“浏览”，会弹出右图所示的对话框，在该对话框中选择要读取的FXGP/WIN格式文件，如果某文件夹中含有这种格式的文件，该文件夹是深色图标 在该对话框中选择要读取的FXGP/WIN格式文件，单击“确认”返回到读取对话框	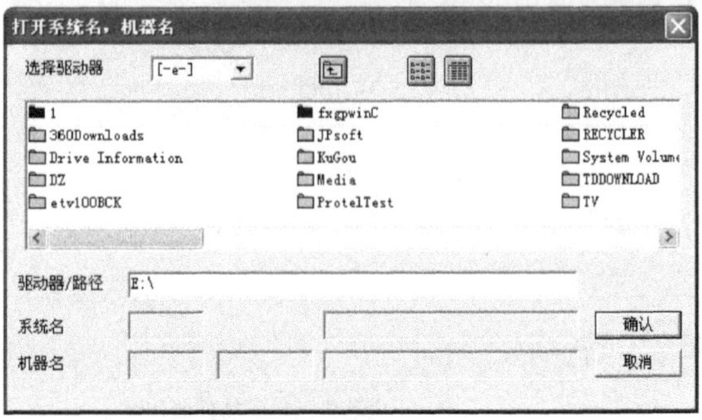
3	在右图所示的读取对话框中出现要读取的文件，将下方区域内的三项都选中，单击“执行”，即开始读取已选择的FXGP/WIN格式文件，单击“关闭”，将读取对话框关闭，同时读取的文件被转换，并出现在GX Developer软件的编程区，再执行保存操作，将转换来的文件保存下来	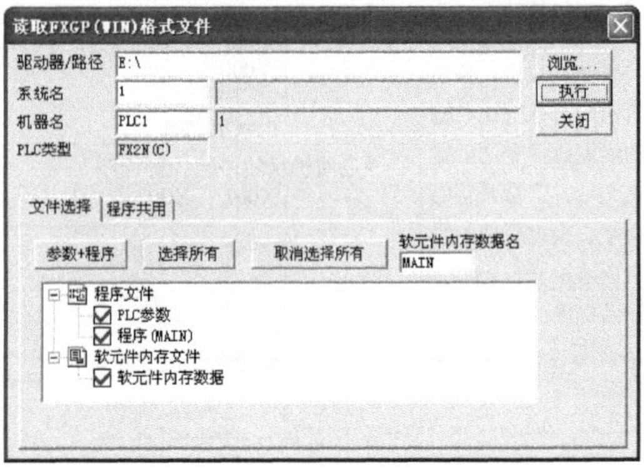

3.2.9 PLC与计算机的连接及程序的写入与读出

（1）PLC与计算机的硬件连接

PLC与计算机连接需要用到通信电缆，常用电缆有两种：一种是FX-232AWC-H（简称SC09）电缆，如图3-21（a）所示，该电缆含有RS-232C/RS-422转换器；另一种是FX-USB-AW（又称USB-SC09-FX）电缆，如图3-21（b）所示，该电缆含有USB/RS-422转换器。

在选用PLC编程电缆时，先查看计算机是否具有COM接口（又称RS-232C接口），因为现在很多计算机已经取消了这种接口，如果计算机有COM接口，可选用FX-232AWC-H电缆连接PLC和计算机。在连接时，将电缆的COM头插入计算机的COM接口，电缆另一端圆形插头插入PLC的编程口内。

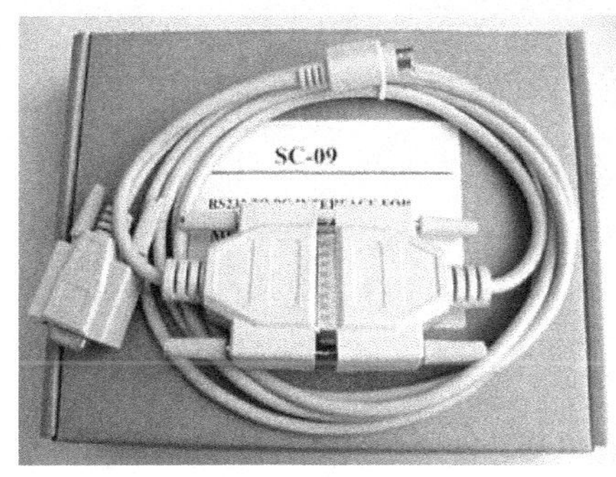

(a) FX-232AWC-H电缆

(b) FX-USB-AW电缆

图3-21　计算机与FX PLC连接的两种编程电缆

如果计算机没有COM接口，可选用FX-USB-AW电缆将计算机与PLC连接起来。在连接时，将电缆的USB头插入计算机的USB接口，电缆另一端圆形插头插入PLC的编程口内。当将FX-USB-AW电缆插到计算机USB接口时，还需要在计算机中安装这条电缆配带的驱动程序。驱动程序安装完成后，在计算机桌面上右击“我的计算机”，在弹出的菜单中选择“设备管理器”，弹出设备管理器窗口，如图3-22所示，展开其中的“端口（COM和LPT）”，从中可看到一个虚拟的COM端口，图中为COM3，记住该编号，在GX Developer软件进行通信参数设置时要用到。

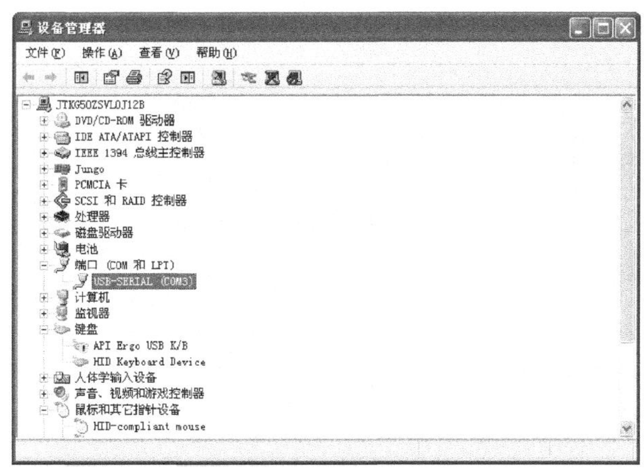

图3-22　安装USB编程电缆驱动程序后在设备管理器会出现一个虚拟的COM端口

（2）通信设置

用编程电缆将PLC与计算机连接好后，再启动GX Developer软件，打开或新建一个工程，再执行菜单命令“在线→传输设置”，弹出“传输设置”对话框，双击左上角的“串行 USB”图标，出现详细的设置对话框，如图3-23所示，在该对话框中选中“RS-232C”项，COM端口一项中选择与PLC连接的端口号，使用FX-USB-AW电缆连接时，端口号应与设备管理器中的虚拟COM端口号一致，在传输速度一项中选择某个速度（如选19.2kbps），单击“确认”返回“传输设置”对话框。如果想知道PLC与计算机是否连接成功，可在“传输设置”对话框中单击“通信设置”，若出现图3-24所示的连接成功提示，表明PLC与计算机已成功连接，单击“确认”即完成通信设置。

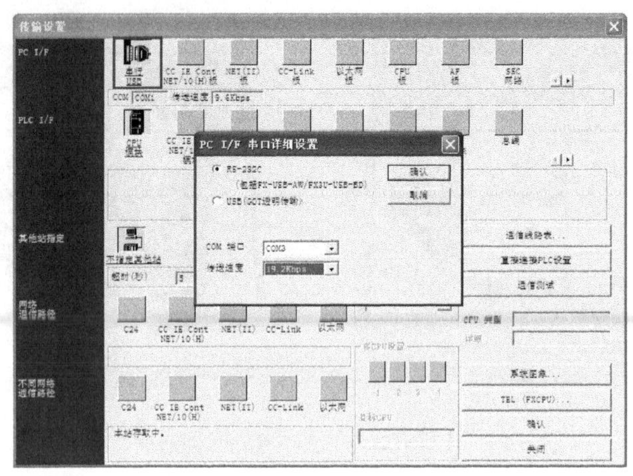

图3-23　通信设置

图3-24　PLC与计算机连接成功提示

（3）程序的写入与读出

程序的写入是指将程序由编程计算机送入PLC，读出则是将PLC内的程序传送到计算机中。程序写入的操作说明见表3-12，程序的读出操作过程与写入基本类似，可参照学习，这里不作介绍。在对PLC进行程序写入或读出时，除了要保证PLC与计算机通信连接正常外，PLC还需要接上工作电源。

表3-12　程序写入的操作说明

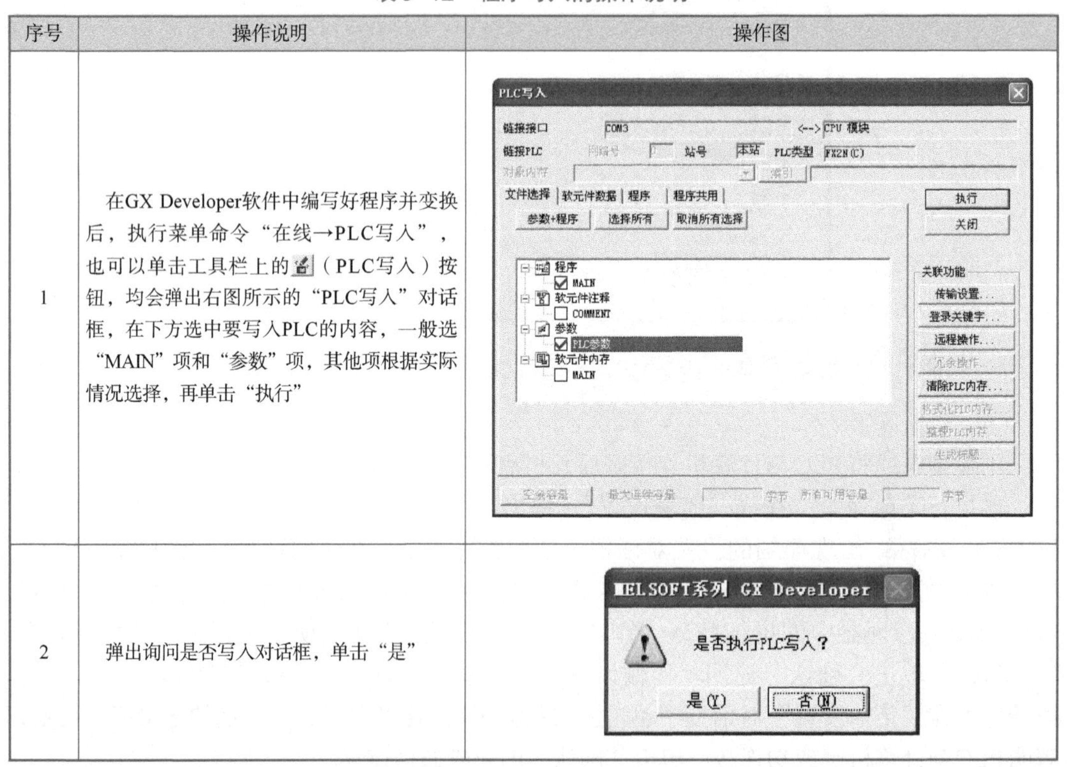

序号	操作说明	操作图
1	在GX Developer软件中编写好程序并变换后，执行菜单命令“在线→PLC写入”，也可以单击工具栏上的（PLC写入）按钮，均会弹出右图所示的“PLC写入”对话框，在下方选中要写入PLC的内容，一般选“MAIN”项和“参数”项，其他项根据实际情况选择，再单击“执行”	
2	弹出询问是否写入对话框，单击“是”	

续表

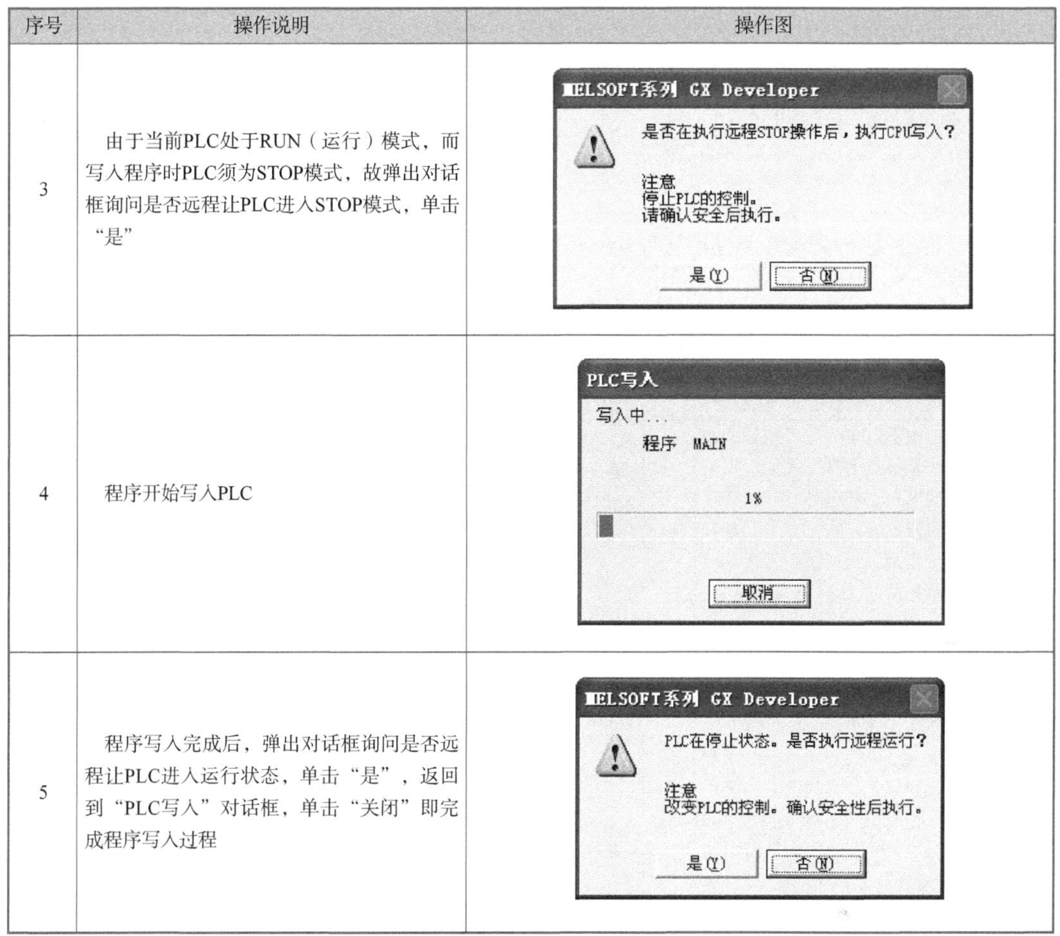

序号	操作说明	操作图
3	由于当前PLC处于RUN（运行）模式，而写入程序时PLC须为STOP模式，故弹出对话框询问是否远程让PLC进入STOP模式，单击“是”	MELSOFT系列 GX Developer 是否在执行远程STOP操作后，执行CPU写入？ 注意 停止PLC的控制。 请确认安全后执行。 是(Y) 否(N)
4	程序开始写入PLC	PLC写入 写入中... 程序 MAIN 1% 取消
5	程序写入完成后，弹出对话框询问是否远程让PLC进入运行状态，单击“是”，返回到“PLC写入”对话框，单击“关闭”即完成程序写入过程	MELSOFT系列 GX Developer PLC在停止状态。是否执行远程运行？ 注意 改变PLC的控制。确认安全性后执行。 是(Y) 否(N)

3.2.10 在线监视PLC程序的运行

在GX Developer软件中将程序写入PLC后，如果希望看见程序在实际PLC中的运行情况，可使用软件的在线监视功能，在使用该功能时，应确保PLC与计算机间通信电缆连接正常，PLC供电正常。在线监视PLC程序运行的操作说明见表3-13。

表3-13 在线监视PLC程序运行的操作说明

序号	操作说明	操作图
1	在GX Developer软件中先将编写好的程序写入PLC，然后执行菜单命令“在线→监视→监视模式”，或者单击工具栏上的 （监视模式）按钮，也可以直接按“F3”键，即进入在线监视模式，如右图所示，软件编程区内梯形图的X001常闭触点上有深色方块，表示PLC程序中的该触点处于闭合状态	0 X000 K90 (T0) 0 Y000 X001 (Y000) 7 T0 (Y001) 9 X001 [RST T0] 12 [END]

续表

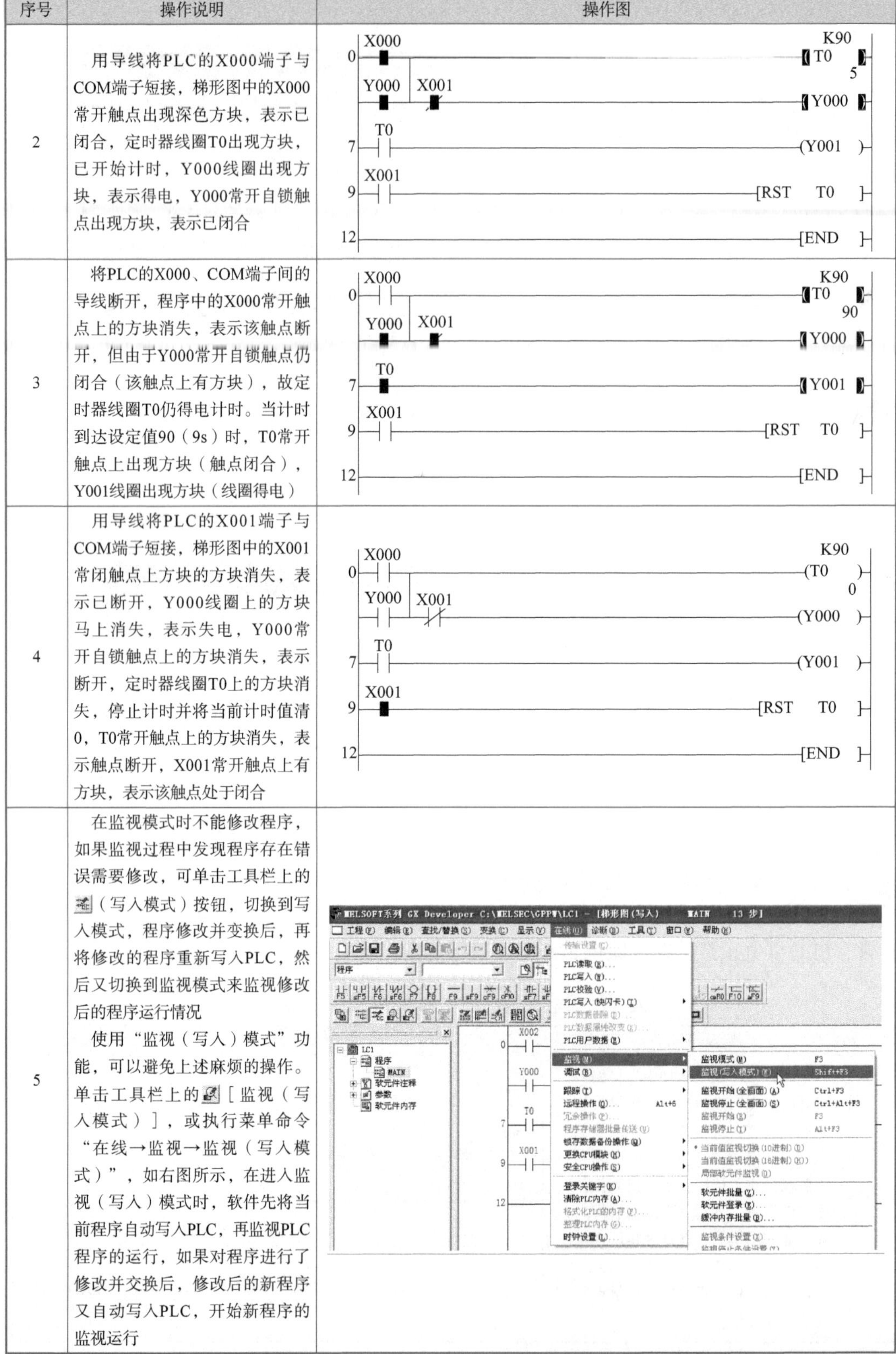

序号	操作说明	操作图
2	用导线将PLC的X000端子与COM端子短接，梯形图中的X000常开触点出现深色方块，表示已闭合，定时器线圈T0出现方块，已开始计时，Y000线圈出现方块，表示得电，Y000常开自锁触点出现方块，表示已闭合	
3	将PLC的X000、COM端子间的导线断开，程序中的X000常开触点上的方块消失，表示该触点断开，但由于Y000常开自锁触点仍闭合（该触点上有方块），故定时器线圈T0仍得电计时。当计时到达设定值90（9s）时，T0常开触点上出现方块（触点闭合），Y001线圈出现方块（线圈得电）	
4	用导线将PLC的X001端子与COM端子短接，梯形图中的X001常闭触点上方块的方块消失，表示已断开，Y000线圈上的方块马上消失，表示失电，Y000常开自锁触点上的方块消失，表示断开，定时器线圈T0上的方块消失，停止计时并将当前计时值清0，T0常开触点上的方块消失，表示触点断开，X001常开触点上有方块，表示该触点处于闭合	
5	在监视模式时不能修改程序，如果监视过程中发现程序存在错误需要修改，可单击工具栏上的（写入模式）按钮，切换到写入模式，程序修改并变换后，再将修改的程序重新写入PLC，然后又切换到监视模式来监视修改后的程序运行情况 使用“监视（写入）模式”功能，可以避免上述麻烦的操作。单击工具栏上的[监视（写入模式）]，或执行菜单命令“在线→监视→监视（写入模式）”，如右图所示，在进入监视（写入）模式时，软件先将当前程序自动写入PLC，再监视PLC程序的运行，如果对程序进行了修改并交换后，修改后的新程序又自动写入PLC，开始新程序的监视运行	

3.3 三菱GX Simulator仿真软件的使用

给编程计算机连接实际的PLC可以在线监视PLC程序运行情况，但由于受条件限制，很多学习者并没有PLC，对于这些人，可以安装三菱GX Simulator仿真软件，安装该软件后，就相当于给编程计算机连接了一台模拟的PLC，再将程序写入这台模拟PLC来进行在线监视PLC程序运行。

GX Simulator软件具有以下特点：

① 具有硬件PLC没有的单步执行、跳步执行和部分程序执行调试功能；

② 调试速度快；

③ 不支持输入/输出模块和网络，仅支持特殊功能模块的缓冲区；

④ 扫描周期被固定为100ms，可以设置为100ms的整数倍。

GX Simulator软件支持FX_{1S}、FX_{1N}、FX_{1NC}、FX_{2N}和FX_{2NC}绝大部分的指令，但不支持中断指令、PID指令、位置控制指令、与硬件和通信有关的指令。GX Simulator软件从RUN模式切换到STOP模式时，停电保持的软元件的值被保留，非停电保持软元件的值被清除，软件退出时，所有软元件的值被清除。

3.3.1 安装GX Simulator仿真软件

GX Simulator仿真软件是GX Developer软件的一个可选安装包，如果未安装该软件包，GX Developer可正常编程，但无法使用PLC仿真功能。

GX Simulator仿真软件的安装说明见表3-14。

表3-14 GX Simulator仿真软件的安装说明

序号	操作说明	操作图
1	在安装时，先将GX Simulator安装文件夹拷贝到计算机某盘符的根目录下，再打开GX Simulator文件夹，打开其中的EnvMEL文件夹，找到“SETUP.EXE”文件，如右图所示，并双击它，就开始安装MELSOFT环境软件	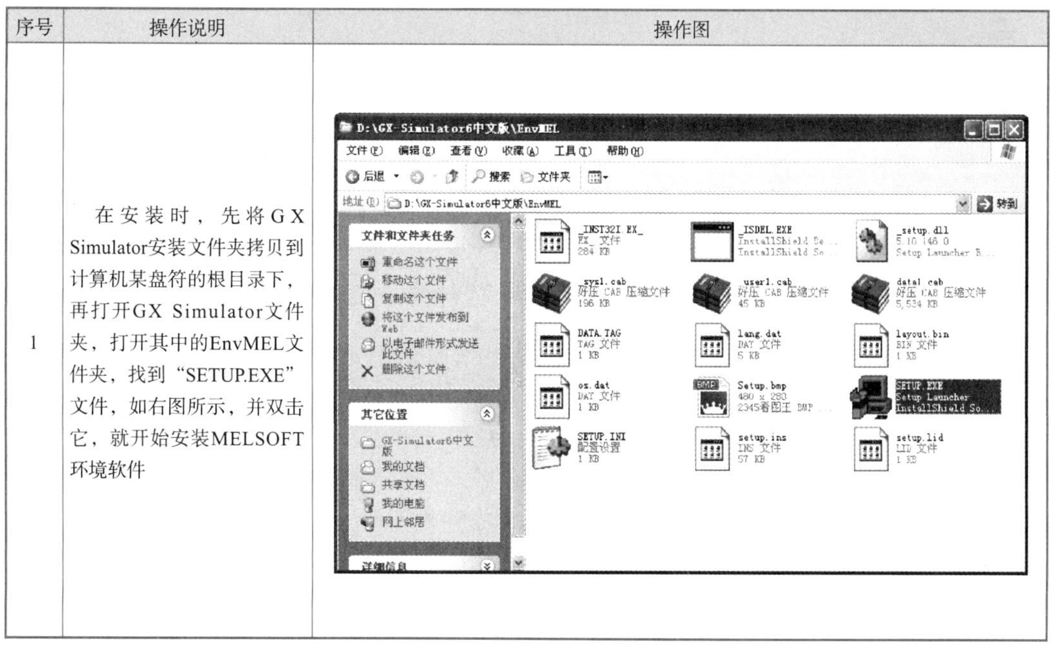

续表

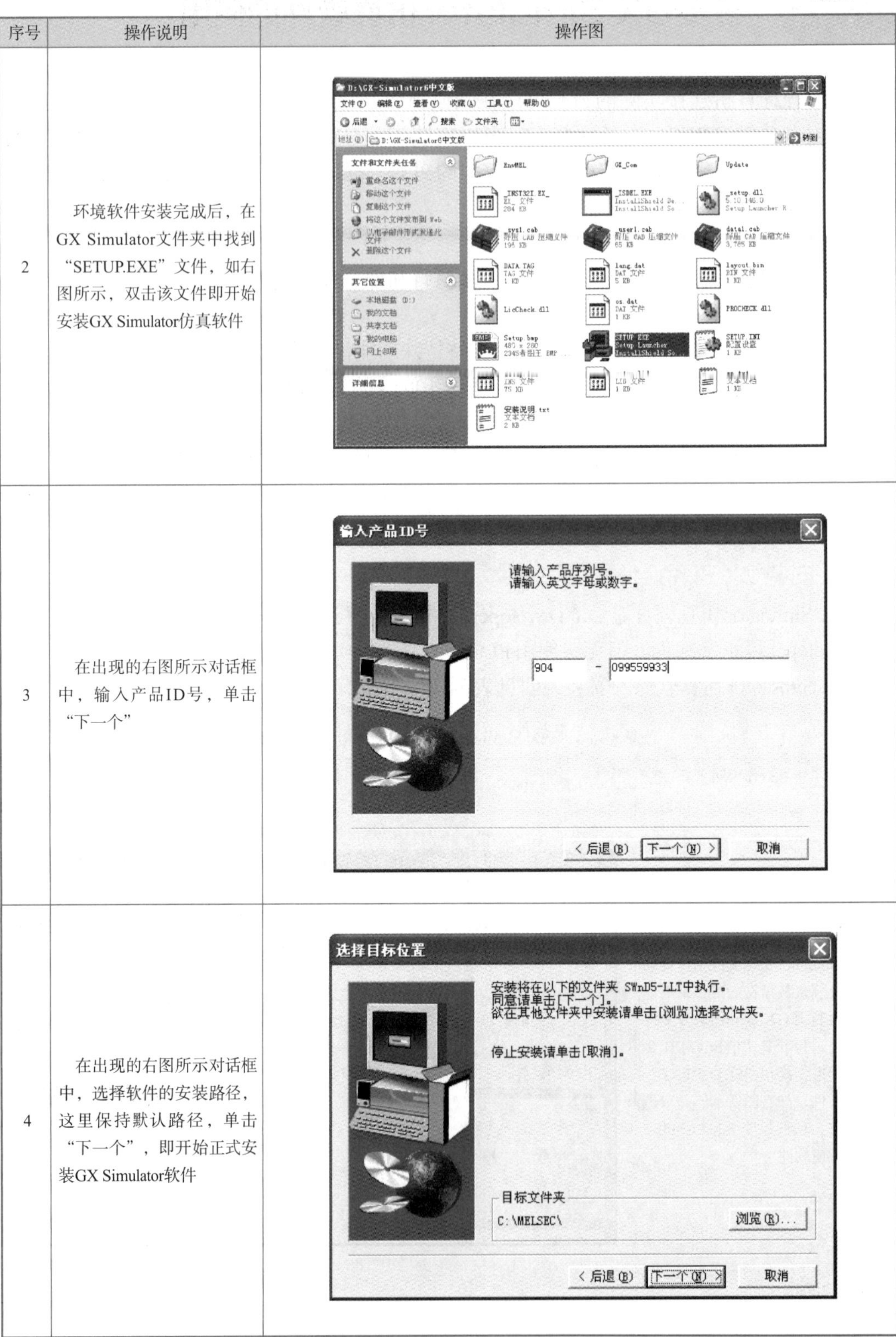

序号	操作说明	操作图
2	环境软件安装完成后，在GX Simulator文件夹中找到“SETUP.EXE”文件，如右图所示，双击该文件即开始安装GX Simulator仿真软件	
3	在出现的右图所示对话框中，输入产品ID号，单击“下一个”	
4	在出现的右图所示对话框中，选择软件的安装路径，这里保持默认路径，单击“下一个”，即开始正式安装GX Simulator软件	

续表

序号	操作说明	操作图
5	软件安装完成后，会出现右图所示的安装完成提示，单击“确定”即完成软件的安装	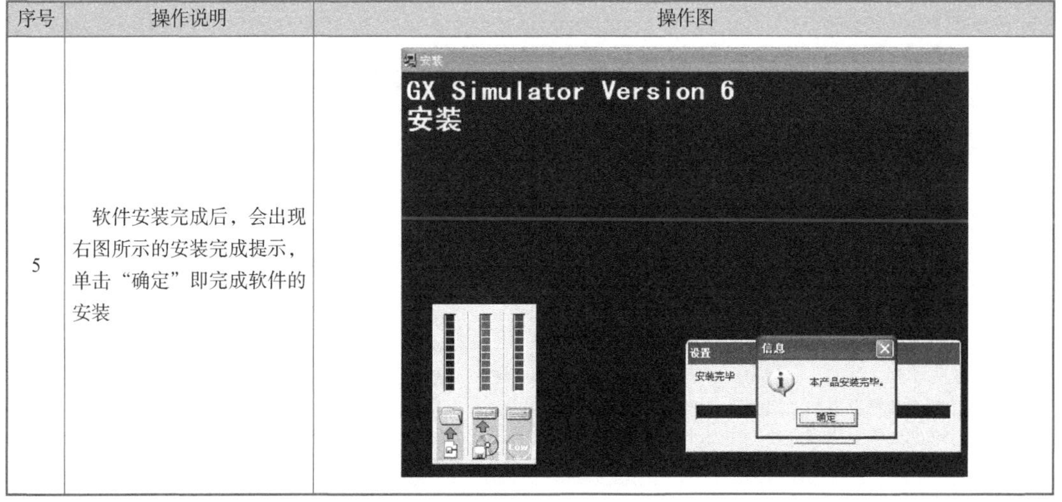

3.3.2 仿真操作

仿真操作内容包括将程序写入模拟PLC中，再对程序中的元件进行强制ON或OFF操作，然后在GX Developer软件中查看程序在模拟PLC中的运行情况。仿真操作说明见表3-15。

表3-15 仿真操作说明

序号	操作说明	操作图
1	右图是待仿真的程序，M8012是一个100ms时钟脉冲触点，在PLC运行时，该触点自动以50ms通、50ms断的频率不断重复	
2	单击工具栏上的▣（梯形图逻辑测试启动/停止）按钮，或执行菜单命令“工具→梯形图逻辑测试启动”，编程软件中马上出现右图左方的梯形图逻辑测试工具（可看作是模拟PLC）窗口，稍后出现右方的PLC写入窗口，提示正在将程序写入模拟PLC中	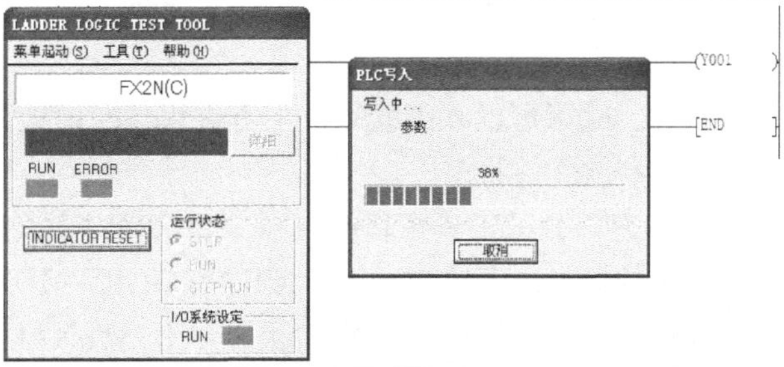
3	程序写入完成后，模拟PLC的RUN指示灯由灰色变成黄色，同时编程软件中的程序进入监视模式，X001常闭触点上出现方块，表示触点处于闭合，M8012触点和Y001线圈上的方块以100ms的频率闪动	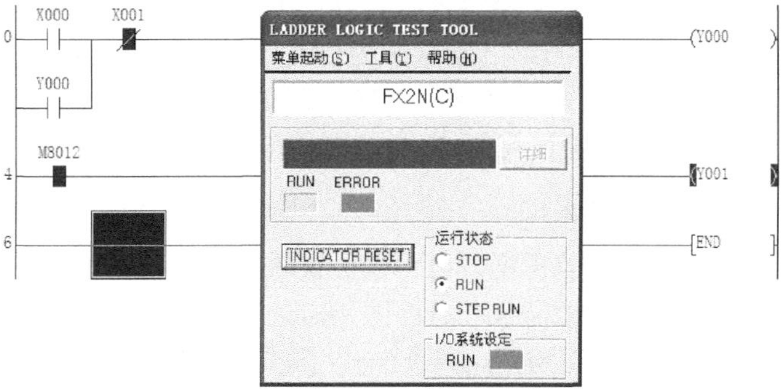

续表

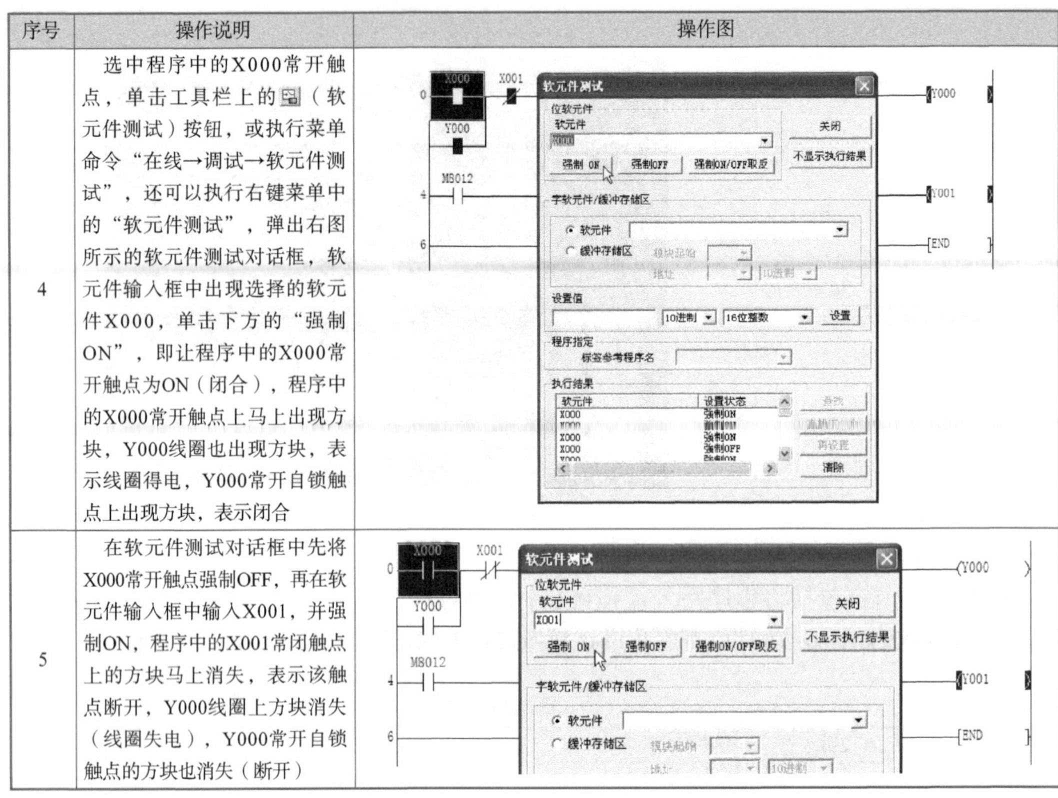

序号	操作说明	操作图
4	选中程序中的X000常开触点，单击工具栏上的▣（软元件测试）按钮，或执行菜单命令“在线→调试→软元件测试”，还可以执行右键菜单中的“软元件测试”，弹出右图所示的软元件测试对话框，软元件输入框中出现选择的软元件X000，单击下方的“强制ON”，即让程序中的X000常开触点为ON（闭合），程序中的X000常开触点上马上出现方块，Y000线圈也出现方块，表示线圈得电，Y000常开自锁触点上出现方块，表示闭合	
5	在软元件测试对话框中先将X000常开触点强制OFF，再在软元件输入框中输入X001，并强制ON，程序中的X001常闭触点上的方块马上消失，表示该触点断开，Y000线圈上方块消失（线圈失电），Y000常开自锁触点的方块也消失（断开）	

在仿真时，如果要退出仿真监视状态，可单击编程软件工具栏上的▣按钮，使该按钮处于弹起状态即可，梯形图逻辑测试工具窗口会自动消失。在仿真时，如果需要修改程序，可先退出仿真状态，再让编程软件进入写入模式（按下工具栏中的▣按钮），就可以对程序进行修改，修改并变换后再按下工具栏上的▣按钮，重新进行仿真。

3.3.3 软元件监视

在仿真时，除了可以在编程软件中查看程序在模拟PLC中的运行情况，也可以通过仿真工具了解一些软元件状态。

在梯形图逻辑测试工具窗口中执行菜单命令“菜单启动→继电器内存监视”，弹出图3-25（a）所示的设备内存监视（DEVICE MEMORY MONITOR）窗口，在该窗口执行菜单命令“软元件→位软元件窗口→X”，下方马上出现X继电器状态监视窗口，再用同样的方法调出Y线圈的状态监视窗口，如图3-25（b）所示，从图中可以看出，X000继电器有黄色背景，表示X000继电器状态为ON，即X000常开触点处于闭合状态、常闭触点处于断开状态，Y000、Y001线圈也有黄色背景，表示这两个线圈状态都为ON。单击窗口上部的黑三角，可以在窗口显示前、后编号的软元件。

3.3.4 时序图监视

在设备内存监视窗口也可以监视软元件的工作时序图（波形图）。在图3-25（a）所示的窗口中执行菜单命令“时序图→启动”，弹出图3-26（a）所示的时序图监视窗口，窗口中的“监控停止”按钮指示灯为红色，表示处于监视停止状态，单击该按钮，窗口中马上出现程序中软元件的时序图，如图3-26（b）所示，X000元件右边的时序图是一条蓝线，表示X000继电器一直处于ON，即X000常开触点处于闭合，M8012元件的时序图为一系列脉冲，表示M8012触点闭合和断开交替反复进行，脉冲高电平表示触点闭合，脉冲低电平表示触点断开。

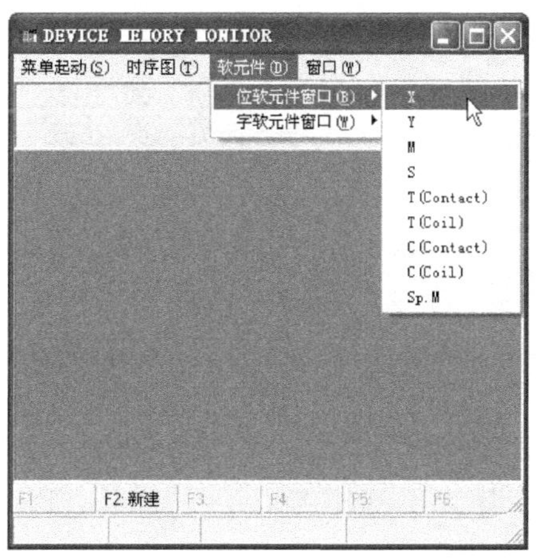

(a) 在设备内存监视窗口中执行菜单命令

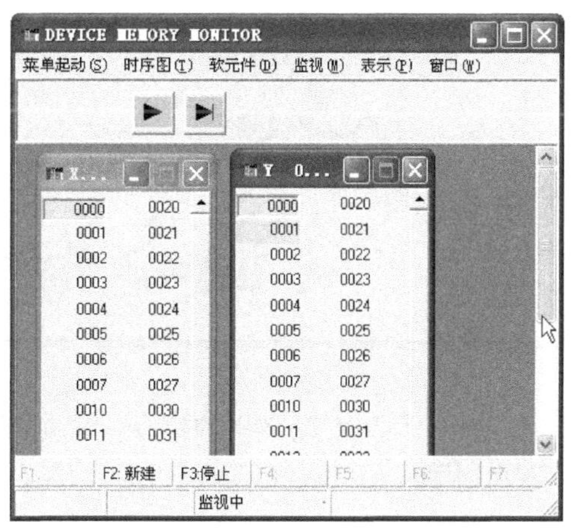

(b) 调出X继电器和Y线圈监视窗口

图3-25　在设备内存监视窗口中监视软元件状态

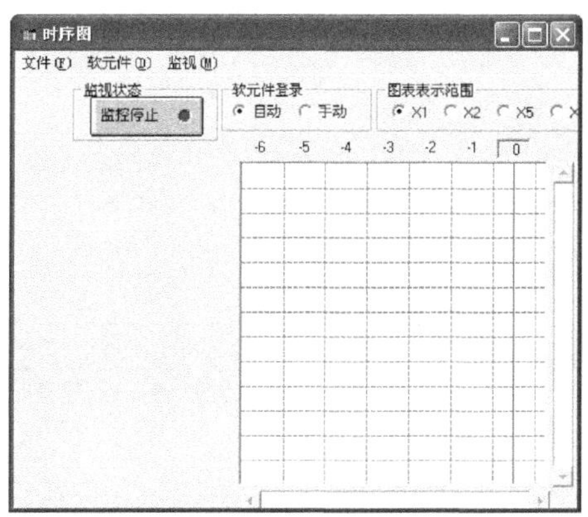

(a) 时序监视处于停止

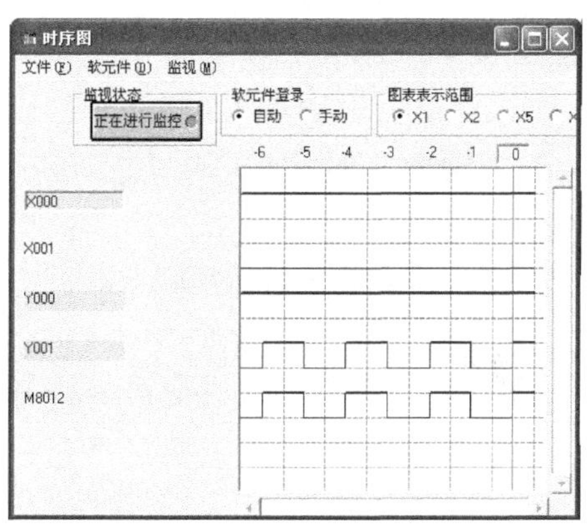

(b) 时序监视启动

图3-26　软元件的工作时序监视

第4章 基本指令的使用及实例

基本指令是PLC最常用的指令，也是PLC编程时必须掌握的指令。三菱FX系列PLC的一、二代机（FX_{1S}、FX_{1N}、FX_{1NC}、FX_{2N}、FX_{2NC}）有27条基本指令，三代机（FX_{3U}、FX_{3UC}、FX_{3G}）有29条基本指令（增加了MEP、MEF指令）。

4.1 基本指令说明

4.1.1 逻辑取及驱动指令

（1）指令名称及说明

逻辑取及驱动指令名称及功能如下：

指令名称（助记符）	功能	对象软元件
LD	取指令，其功能是将常开触点与左母线连接	X、Y、M、S、T、C、D□.b
LDI	取反指令，其功能是将常闭触点与左母线连接	X、Y、M、S、T、C、D□.b
OUT	线圈驱动指令，其功能是将输出继电器、辅助继电器、定时器或计数器线圈与右母线连接	Y、M、S、T、C、D□.b

（2）使用举例

LD、LDI、OUT使用如图4-1所示，其中图（a）梯形图，图（b）为对应的指令语句表。

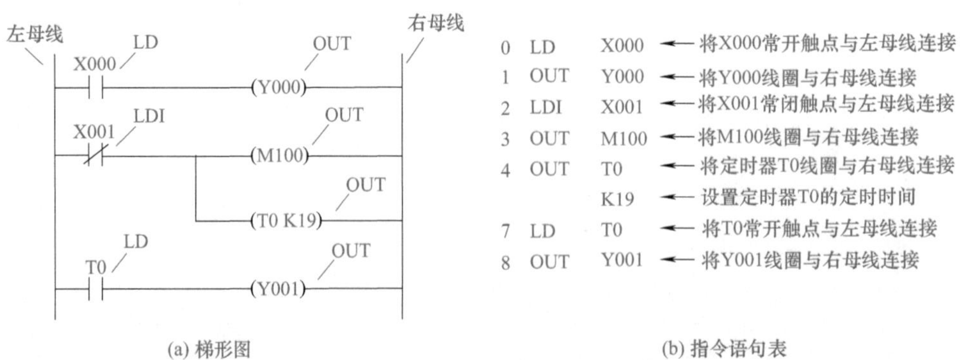

图4-1 LD、LDI、OUT指令使用举例

4.1.2 触点串联指令

(1) 指令名称及说明

触点串联指令名称及功能如下：

指令名称(助记符)	功能	对象软元件
AND	常开触点串联指令(又称与指令)，其功能是将常开触点与上一个触点串联(注：该指令不能让常开触点与左母线串接)	X、Y、M、S、T、C、D□.b
ANI	常闭触点串联指令(又称与非指令)，其功能是将常闭触点与上一个触点串联(注：该指令不能让常闭触点与左母线串接)	X、Y、M、S、T、C、D□.b

(2) 使用举例

AND、ANI说明见图4-2。

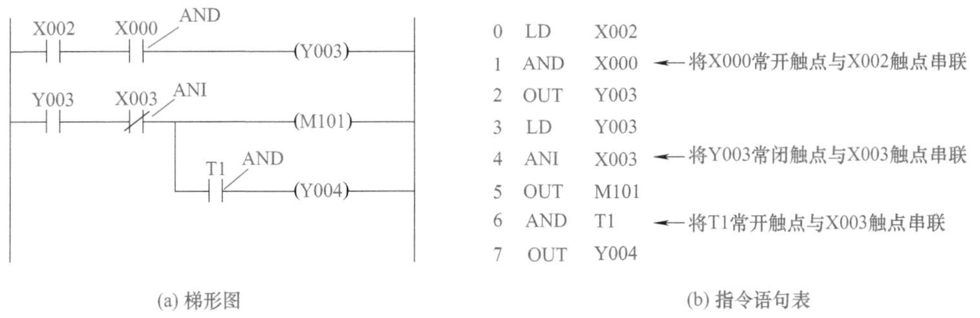

图4-2 AND、ANI指令使用举例

4.1.3 触点并联指令

(1) 指令名称及说明

触点并联指令名称及功能如下：

指令名称(助记符)	功能	对象软元件
OR	常开触点并联指令(又称或指令)，其功能是将常开触点与上一个触点并联	X、Y、M、S、T、C、D□.b
ORI	常闭触点并联指令(又称或非指令)，其功能是将常闭触点与上一个触点串联	X、Y、M、S、T、C、D□.b

(2) 使用举例

OR、ORI说明见图4-3。

4.1.4 串联电路块的并联指令

两个或两个以上触点串联组成的电路称为串联电路块。将多个串联电路块并联起来时要用到ORB指令。

(1) 指令名称及说明

电路块并联指令名称及功能如下：

指令名称(助记符)	功能	对象软元件
ORB	串联电路块的并联指令，其功能是将多个串联电路块并联起来	无

(2) 使用举例

ORB使用如图4-4所示。

0	LD	X004
1	OR	X006
2	ORI	M102
3	OUT	Y005
4	LDI	Y005
5	AND	X007
6	OR	M103
7	ANI	X010
8	OR	M110
9	OUT	M103

(a) 梯形图　　(b) 指令语句表

图4-3　OR、ORI指令使用举例

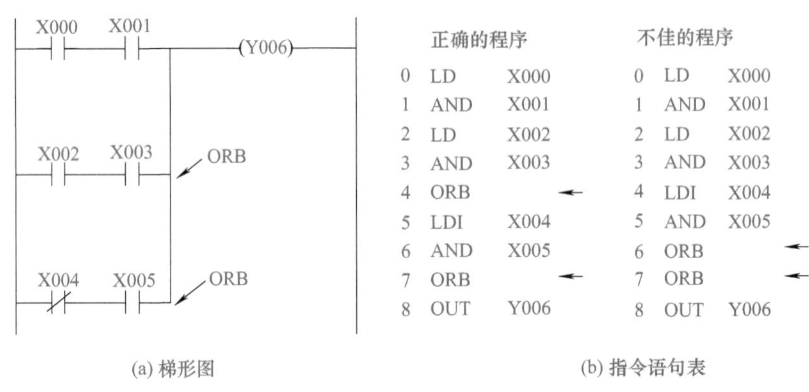

(a) 梯形图　　(b) 指令语句表

图4-4　ORB指令使用举例

ORB指令使用时要注意以下几个要点。

① 每个电路块开始要用LD或LDI指令，结束用ORB指令。

② ORB是不带操作数的指令。

③ 电路中有多少个电路块就可以使用多少次ORB指令，ORB指令使用次数不受限制。

④ ORB指令可以成批使用，但由于LD、LDI重复使用次数不能超过8次，因此编程时要注意这一点。

4.1.5　并联电路块的串联指令

两个或两个以上触点并联组成的电路称为并联电路块。将多个并联电路块串联起来时要用到ANB指令。

（1）指令名称及说明

电路块串联指令名称及功能如下：

指令名称（助记符）	功能	对象软元件
ANB	并联电路块的串联指令，其功能是将多个并联电路块串联起来	无

（2）使用举例

ANB使用如图4-5所示。

(a) 梯形图

```
0   LD   X000
1   OR   X001
2   LD   X002  ← 电路块开始用LD或LDI
3   AND  X003
4   LDI  X004
5   AND  X005
6   ORB        ← 并联电路块结束用ORB
7   OR   X006
8   ANB        ← 与前面的电路串联
9   OR   X003
10  OUT  Y007
```

(b) 指令语句表

图4-5　ANB指令使用举例

4.1.6　边沿检测指令

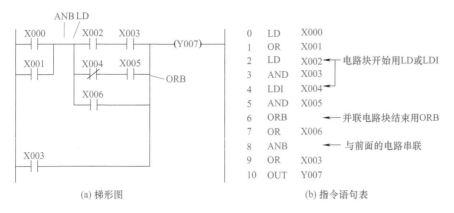

边沿检测指令的功能是在上升沿或下降沿时接通一个扫描周期。它分为上升沿检测指令（LDP、ANDP、ORP）和下降沿检测指令（LDF、ANDF、ORF）。

（1）上升沿检测指令

LDP、ANDP、ORP为上升沿检测指令，当有关元件进行OFF→ON变化时（上升沿），这些指令可以为目标元件接通一个扫描周期时间，目标元件可以是输入继电器X、输出继电器Y、辅助继电器M、状态继电器S、定时器T和计数器。

① 指令名称及说明　上升沿检测指令名称及功能如下：

指令名称（助记符）	功能	对象软元件
LDP	上升沿取指令，其功能是将上升沿检测触点与左母线连接	X、Y、M、S、T、C、D□.b
ANDP	上升沿触点串联指令，其功能是将上升沿触点与上一个元件串联	X、Y、M、S、T、C、D□.b
ORP	上升沿触点并联指令，其功能是将上升沿触点与上一个元件并联	X、Y、M、S、T、C、D□.b

② 使用举例　LDP、ANDP、ORP指令使用如图4-6所示。

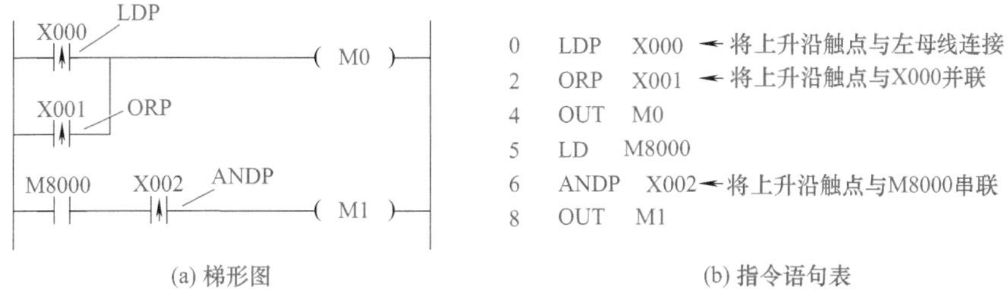

(a) 梯形图　　(b) 指令语句表

图4-6　LDP、ANDP、ORP指令使用举例

上升沿检测指令在上升沿来时可以为目标元件接通一个扫描周期时间，如图4-7所示，当触点X010的状态由OFF转为ON时，触点接通一个扫描周期，即继电器线圈M6会通电一个扫描周期时间，然后M6失电，直到下一次X010由OFF变为ON。

（2）下降沿检测指令

LDF、ANDF、ORF为下降沿检测指令，当有关元件进行ON→OFF变化时（下降沿），这些指令可以为目标元件接通一个扫描周期时间。

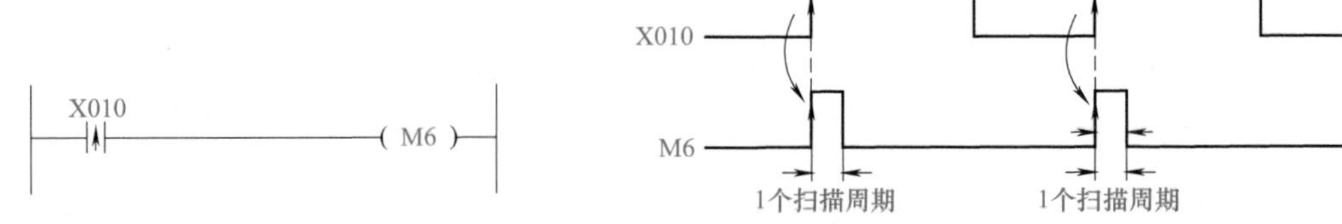

图4-7 上升沿检测触点使用说明

① 指令名称及说明 下降沿检测指令名称及功能如下：

指令名称（助记符）	功能	对象软元件
LDF	下降沿取指令，其功能是将下降沿检测触点与左母线连接	X、Y、M、S、T、C、D□.b
ANDF	下降沿触点串联指令，其功能是将下降沿触点与上一个元件串联	X、Y、M、S、T、C、D□.b
ORF	下降沿触点并联指令，其功能是将下降沿触点与上一个元件并联	X、Y、M、S、T、C、D□.b

② 使用举例 LDF、ANDF、ORF指令使用如图4-8所示。

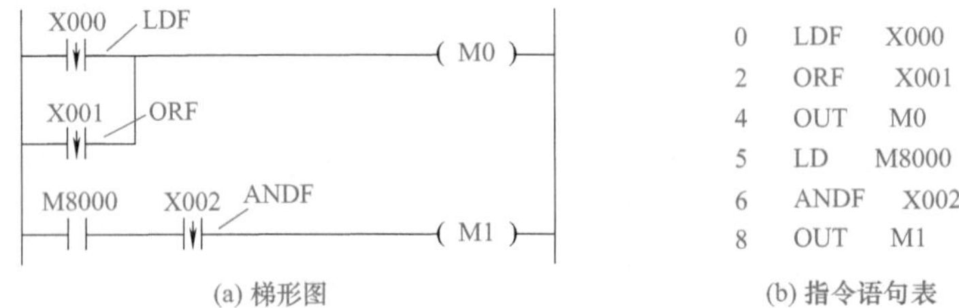

图4-8 LDF、ANDF、ORF指令使用举例

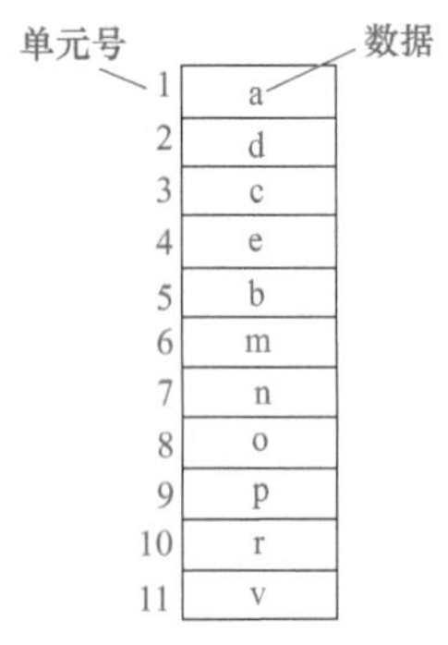

图4-9 栈存储器的结构示意图

4.1.7 多重输出指令

三菱FX2N系列PLC有11个存储单元用来存储运算中间结果，它们组成栈存储器，用来存储触点运算结果。栈存储器就像11个由下往上堆起来的箱子，自上往下依次为第1、2、…、11单元，栈存储器的结构如图4-9所示。多重输出指令的功能是对栈存储器中的数据进行操作。

（1）指令名称及说明

多重输出指令名称及功能如下：

指令名称（助记符）	功能	对象软元件
MPS	进栈指令，其功能是将触点运算结果（1或0）存入栈存储器第1单元，存储器每个单元的数据都依次下移，即原第1单元数据移入第2单元，原第10单元数据移入第11单元	无
MRD	读栈指令，其功能是将栈存储器第1单元数据读出，存储器中每个单元的数据都不会变化	无
MPP	出栈指令，其功能是将栈存储器第1单元数据取出，存储器中每个单元的数据都依次上推，即原第2单元数据移入第1单元 MPS指令用于将栈存储器的数据都下压，而MPP指令用于将栈存储器的数据均上推。MPP在多重输出最后一个分支使用，以便恢复栈存储器	无

（2）使用举例

MPS、MRD、MPP指令使用如图4-10～图4-12所示。

MPS

18 X004 X005 (Y002)

X006 (Y003)

MRD

(Y004)

MRD X007 (Y005)

MPP

(a) 梯形图

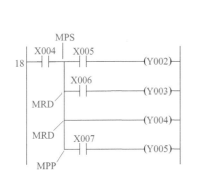

18	LD	X004	
19	MPS		将X004的运算结果(闭合为1，断开为0)压入栈存储器第1单元
20	AND	X005	将X004的运算结果和X005进行与运算(即将X004与X005串联)
21	OUT	Y002	X004和X005与运算结果驱动线圈Y002
22	MRD		从栈存储器第1单元取出数据
23	AND	X006	将栈存储器第1单元取出的数据和X006进行与运算
24	OUT	Y003	栈存储器第1单元数据和X006与运算结果驱动线圈Y003
25	MRD		从栈存储器第1单元取出数据
26	OUT	Y004	栈存储器第1单元数据驱动线圈
27	MPP		从栈存储器第1单元取出数据，并将存储器数据均上推
28	AND	X007	将栈存储器第1单元取出的数据和X007进行与运算
29	OUT	Y005	栈存储器第1单元数据和X007与运算结果驱动线圈Y005

(b) 指令语句表

图4-10 MPS、MRD、MPP指令使用举例一

MPS

X000 X001 (Y000)

X002

X003 X004 (Y001)

MRD

X005 X006

X007 (Y002)

MPP

X010 (Y003)

X011

0	LD	X000	13	OUT	Y001
1	MPS		14	MPP	
2	LD	X001	15	AND	X007
3	OR	X002	16	OUT	Y002
4	ANB		17	LD	X010
5	OUT	Y000	18	OR	X011
6	MRD		19	ANB	
7	LD	X003	20	OUT	Y003
8	AND	X004			
9	LD	X005			
10	AND	X006			
11	ORB				
12	ANB				

图4-11 MPS、MRD、MPP指令使用举例二

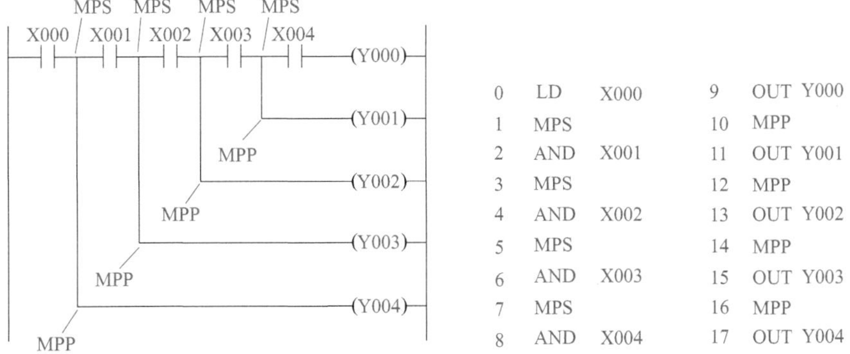

0	LD	X000	9	OUT	Y000
1	MPS		10	MPP	
2	AND	X001	11	OUT	Y001
3	MPS		12	MPP	
4	AND	X002	13	OUT	Y002
5	MPS		14	MPP	
6	AND	X003	15	OUT	Y003
7	MPS		16	MPP	
8	AND	X004	17	OUT	Y004

图4-12 MPS、MRD、MPP指令使用举例三

多重输出指令使用要点说明如下。

① MPS和MPP指令必须成对使用，缺一不可，MRD指令有时根据情况可不用。

②若MPS、MRD、MPP指令后有单个常开或常闭触点串联，要使用AND或ANI指令，如图4-10指令语句表中的第23、28步。

③若电路中有电路块串联或并联，要使用ANB或ORB指令，如图4-11指令语句表中的第4、11、12、19步。

④MPS、MPP连续使用次数最多不能超过11次，这是因为栈存储器只有11个存储单元，在图4-12中，MPS、MPP连续使用4次。

⑤若MPS、MRD、MPP指令后无触点串联，直接驱动线圈，要使用OUT指令，如图4-10指令语句表中的第26步。

4.1.8 主控和主控复位指令

（1）指令名称及说明

主控指令名称及功能如下：

指令名称（助记符）	功能	对象软元件
MC	主控指令，其功能是启动一个主控电路块工作	Y、M
MCR	主控复位指令，其功能是结束一个主控电路块的运行	无

（2）使用举例

MC、MCR指令使用如图4-13所示。如果X001常开触点处于断开，MC指令不执行，MC到MCR之间的程序不会执行，即0梯级程序执行后会执行12梯级程序，如果X001触点闭合，MC指令执行，MC到MCR之间的程序会从上往下执行。

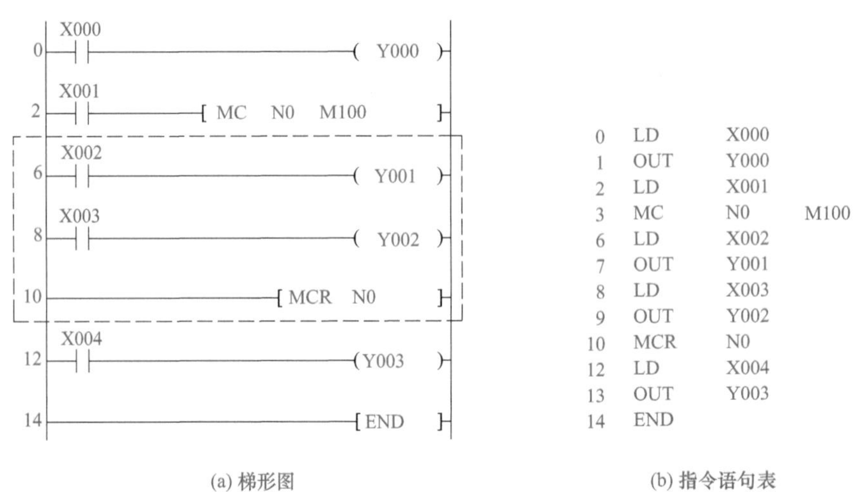

(a) 梯形图　　(b) 指令语句表

图4-13　MC、MCR指令使用举例

MC、MCR指令可以嵌套使用，如图4-14所示，当X001触点闭合、X003触点断开时，X001触点闭合使“MC N0 M100”指令执行，N0级电路块被启动，由于X003触点断开使嵌在N0级内的“MC N1 M101”指令无法执行，故N1级电路块不会执行。

如果MC主控指令嵌套使用，其嵌套层数允许最多8层（N0～N7），通常按顺序从小到大使用，MC指令的操作元件通常为输出继电器Y或辅助继电器M，但不能是特殊继电器。MCR主控复位指令的使用次数（N0～N7）必须与MC的次数相同，在按由小到大顺序多次使用MC指令时，必须按由大到小相反的次数使用MCR返回。

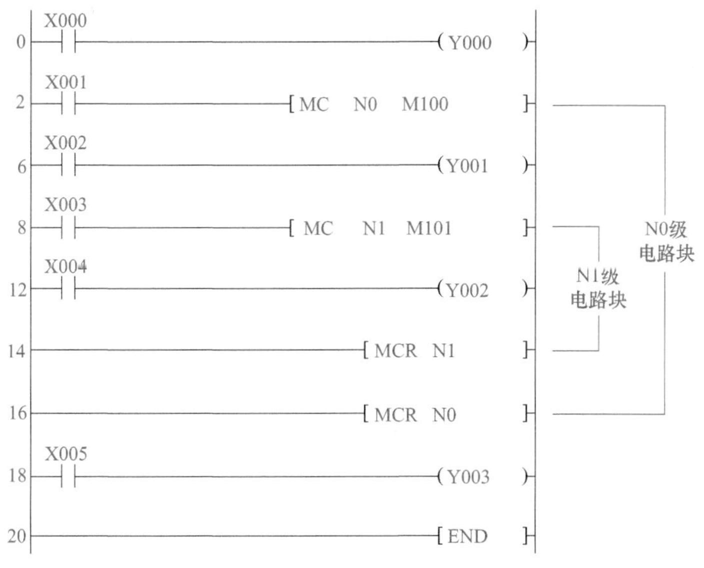

图4-14 MC、MCR指令的嵌套使用

4.1.9 取反指令

（1）指令名称及说明

取反指令名称及功能如下：

指令名称（助记符）	功能	对象软元件
INV	取反指令，其功能是将该指令前的运算结果取反	无

（2）使用举例

INV指令使用如图4-15所示。在绘制梯形图时，取反指令用斜线表示，如图4-15所示，当X000断开时，相当于X000=OFF，取反变为ON（相当于X000闭合），继电器线圈Y000得电。

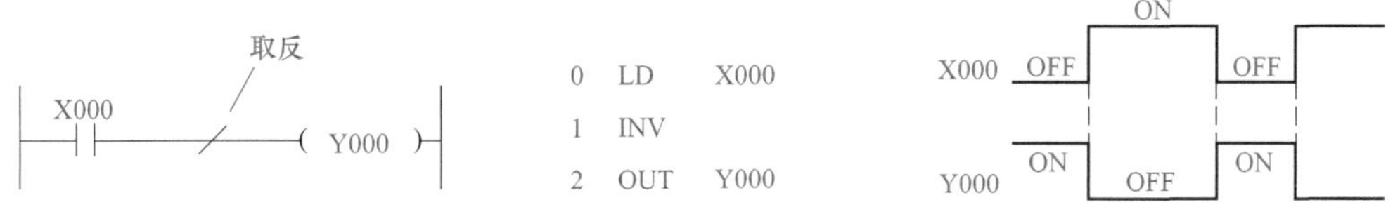

图4-15 INV指令使用举例

4.1.10 置位与复位指令

（1）指令名称及说明

置位与复位指令名称及功能如下：

指令名称（助记符）	功能	对象软元件
SET	置位指令，其功能是对操作元件进行置位，使其动作保持	Y、M、S、D□.b
RST	复位指令，其功能是对操作元件进行复位，取消动作保持	Y、M、S、T、C、D、R、V、Z、D□.b

（2）使用举例

SET、RST指令的使用如图4-16所示。

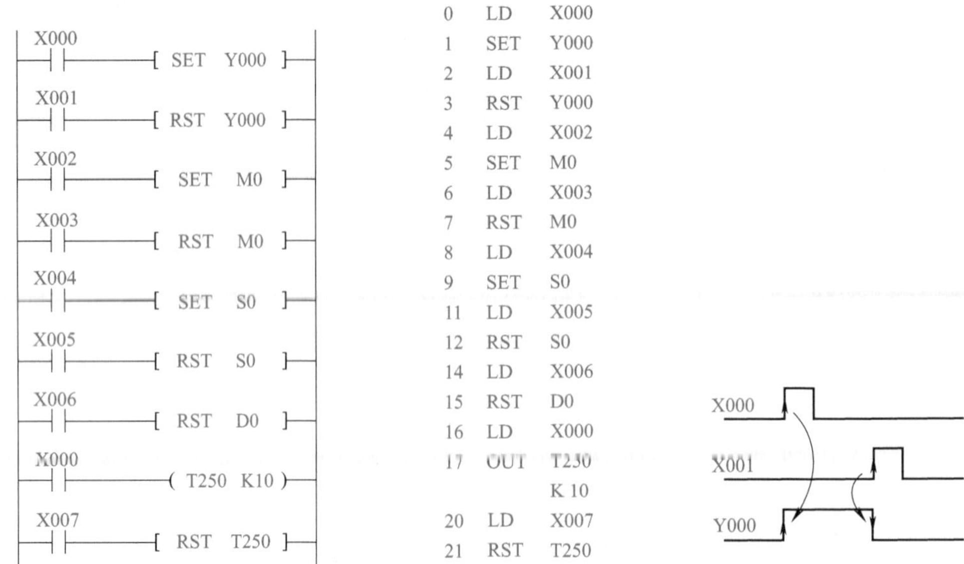

图4-16 SET、RST指令使用举例

在图4-16中，当常开触点X000闭合后，Y000线圈被置位，开始动作，X000断开后，Y000线圈仍维持动作（通电）状态，当常开触点X001闭合后，Y000线圈被复位，动作取消，X001断开后，Y000线圈维持动作取消（失电）状态。

对于同一元件，SET、RST指令可反复使用，顺序也可随意，但最后执行者有效。

4.1.11 结果边沿检测指令

MEP、MEF指令是三菱FX PLC三代机（FX_{3U}/FX_{3UC}/FX_{3G}）增加的指令。

（1）指令名称及说明

取反指令名称及功能如下：

指令名称（助记符）	功能	对象软元件
MEP	结果上升沿检测指令，当该指令之前的运算结果出现上升沿时，指令为ON（导通状态），前方运算结果无上升沿时，指令为OFF（非导通状态）	无
MEF	结果下降沿检测指令，当该指令之前的运算结果出现下降沿时，指令为ON（导通状态），前方运算结果无下降沿时，指令为OFF（非导通状态）	无

（2）使用举例

MEP指令使用如图4-17所示。当X000触点处于闭合、X001触点由断开转为闭合时，MEP指令前方送来一个上升沿，指令导通，“SET M0”执行，将辅助继电器M0置1。

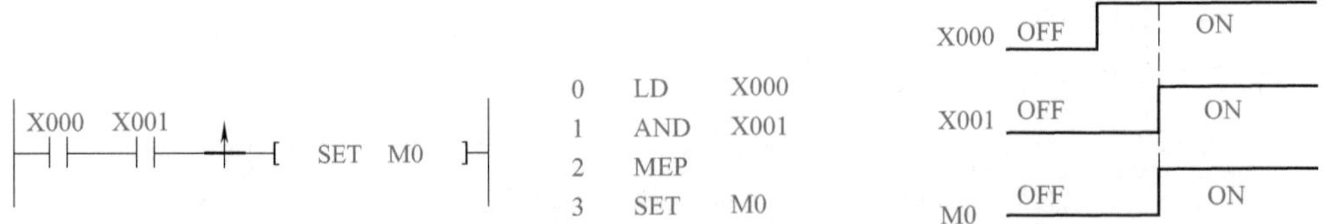

图4-17 MEP指令使用举例

MEF指令使用如图4-18所示。当X001触点处于闭合、X000触点由闭合转为断开时，MEF指令前方送来一个下降沿，指令导通，“SET M0”执行，将辅助继电器M0置1。

图4-18 MEF指令使用举例

4.1.12 脉冲微分输出指令

（1）指令名称及说明

脉冲微分输出指令名称及功能如下：

指令名称（助记符）	功能	对象软元件
PLS	上升沿脉冲微分输出指令，其功能是当检测到输入脉冲上升沿来时，使操作元件得电一个扫描周期	Y、M
PLF	下降沿脉冲微分输出指令，其功能是当检测到输入脉冲下降沿来时，使操作元件得电一个扫描周期	Y、M

（2）使用举例

PLS、PLF指令使用如图4-19所示。

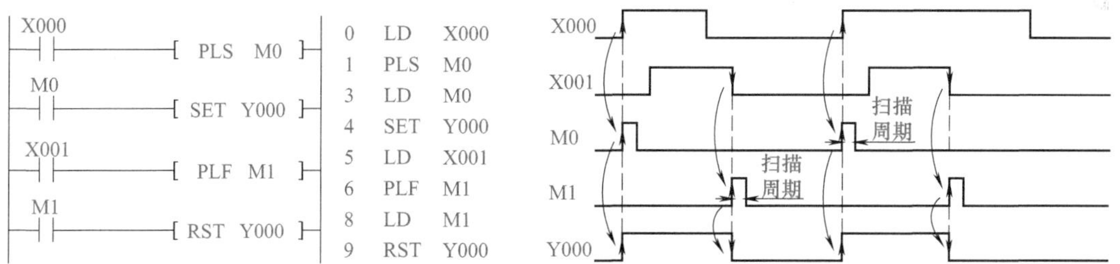

图4-19 PLS、PLF指令使用举例

在图4-19中，当常开触点X000闭合时，一个上升沿脉冲加到［PLS M0］，指令执行，M0线圈得电一个扫描周期，M0常开触点闭合，［SET Y000］指令执行，将Y000线圈置位（即让Y000线圈得电）；当常开触点X001由闭合转为断开时，一个脉冲下降沿加给［PLF M1］，指令执行，M1线圈得电一个扫描周期，M1常开触点闭合，［RST Y000］指令执行，将Y000线圈复位（即让Y000线圈失电）。

4.1.13 空操作指令

（1）指令名称及说明

空操作指令名称及功能如下：

指令名称（助记符）	功能	对象软元件
NOP	空操作指令，其功能是不执行任何操作	无

（2）使用举例

NOP指令使用如图4-20所示。当使用NOP指令取代其他指令时，其他指令会被删除，在图4-20中使用NOP指令取代AND和ANI指令，梯形图相应的触点会被删除。如果在普通指令之间插入NOP指令，对程序运行结果没有影响。

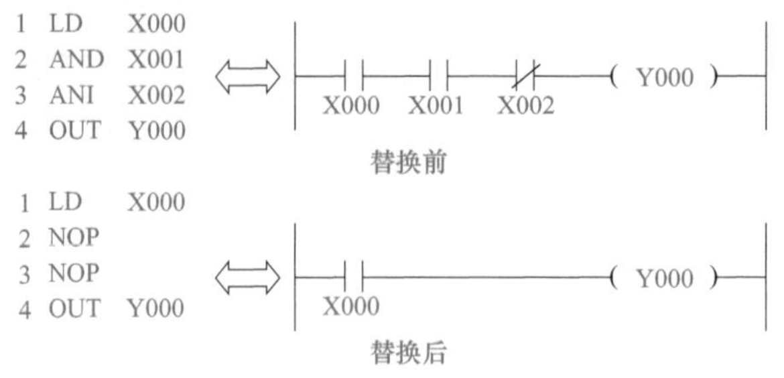

图4-20 NOP指令使用举例

4.1.14 程序结束指令

（1）指令名称及说明

程序结束指令名称及功能如下：

指令名称（助记符）	功能	对象软元件
END	程序结束指令，当一个程序结束后，需要在结束位置用END指令	无

```
0  LD    X000
1  |
2  |
   OUT   Y000
   END
   NOP
   NOP
   |
   |
   NOP
```

图4-21 END指令使用举例

（2）使用举例

END指令使用如图4-21所示。当系统运行到END指令处时，END后面的程序将不会执行，系统会由END处自动返回，开始下一个扫描周期，如果不在程序结束处使用END指令，系统会一直运行到最后的程序步，延长程序的执行周期。

另外，使用END指令也方便调试程序。当编写很长的程序时，如果调试时发现程序出错，为了发现程序出错位置，可以从前往后每隔一段程序插入一个END指令，再进行调试，系统执行到第一个END指令会返回，如果发现程序出错，表明出错位置应在第一个END指令之前，若第一段程序正常，可删除一个END指令，再用同样的方法调试后面的程序。

4.2 PLC基本控制线路与梯形图

4.2.1 启动、自锁和停止控制的PLC线路与梯形图

启动、自锁和停止控制是PLC最基本的控制功能。启动、自锁和停止控制可采用驱动指令（OUT），也可以采用置位复位指令（SET、RST）来实现。

（1）采用线圈驱动指令实现启动、自锁和停止控制

线圈驱动（OUT）指令的功能是将输出线圈与右母线连接，它是一种很常用的指令。用线圈驱动指令实现启动、自锁和停止控制的PLC线路与梯形图如图4-22所示。

（2）采用置位复位指令实现启动、自锁和停止控制

线路与梯形图说明如下。

当按下启动按钮SB1时，PLC内部梯形图程序中的启动触点X000闭合，输出线圈Y000得电，输出端子Y000内部硬触点闭合，Y000端子与COM端子之间内部接通，接触

器线圈KM得电，主电路中的KM主触点闭合，电动机得电启动。

输出线圈Y000得电后，除了会使Y000、COM端子之间的硬触点闭合外，还会使自锁触点Y000闭合，在启动触点X000断开后，依靠自锁触点闭合可使线圈Y000继续得电，电动机就会继续运转，从而实现自锁控制功能。

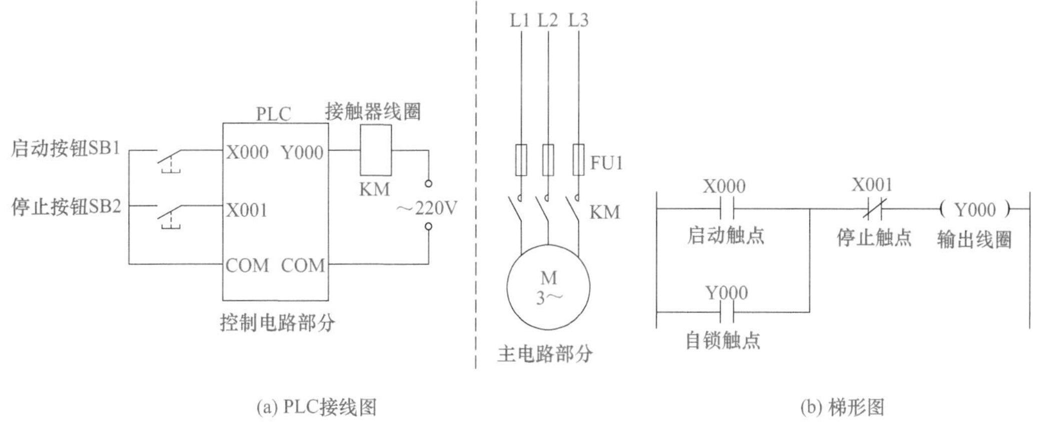

(a) PLC接线图　　(b) 梯形图

图4-22　采用线圈驱动指令实现启动、自锁和停止控制的PLC线路与梯形图

当按下停止按钮SB2时，PLC内部梯形图程序中的停止触点X001断开，输出线圈Y000失电，Y000、COM端子之间的内部硬触点断开，接触器线圈KM失电，主电路中的KM主触点断开，电动机失电停转。

采用置位复位指令SET、RST实现启动、自锁和停止控制的PLC线路与梯形图如图4-23所示。

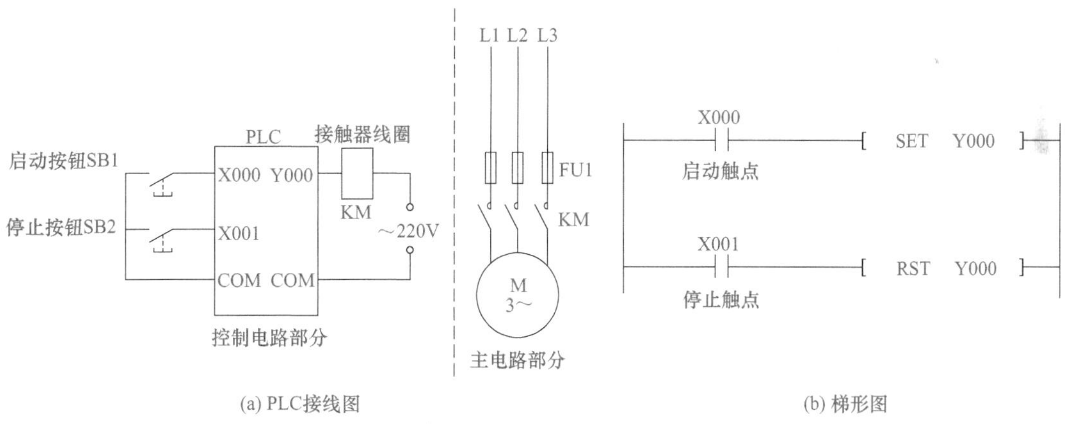

(a) PLC接线图　　(b) 梯形图

图4-23　采用置位复位指令SET、RST实现启动、自锁和停止控制的PLC线路与梯形图

线路与梯形图说明如下。

当按下启动按钮SB1时，梯形图中的启动触点X000闭合，[SET Y000]指令执行，指令执行结果将输出继电器线圈Y000置1，相当于线圈Y000得电，使Y000、COM端子之间的内部触点接通，接触器线圈KM得电，主电路中的KM主触点闭合，电动机得电启动。

线圈Y000置位后，松开启动按钮SB1，启动触点X000断开，但线圈Y000仍保持“1”态，即仍维持得电状态，电动机就会继续运转，从而实现自锁控制功能。

当按下停止按钮SB2时，梯形图程序中的停止触点X001闭合，［RST Y000］指令被执行，指令执行结果将输出线圈Y000复位，相当于线圈Y000失电，Y000、COM端子之间的内部触点断开，接触器线圈KM失电，主电路中的KM主触点断开，电动机失电停转。

将图4-23和图4-22比较可以发现，采用置位复位指令与线圈驱动都可以实现启动、自锁和停止控制，两者的PLC接线都相同，仅给PLC编写输入的梯形图程序不同。

4.2.2 正、反转联锁控制的PLC线路与梯形图

正、反转联锁控制的PLC线路与梯形图如图4-24所示。

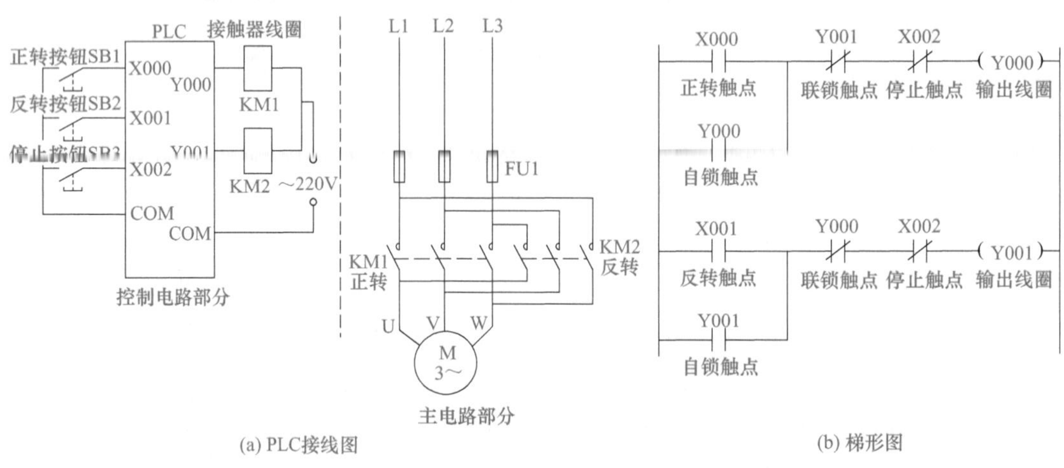

图4-24 正、反转联锁控制的PLC线路与梯形图

线路与梯形图说明如下。

① 正转联锁控制。按下正转按钮SB1→梯形图程序中的正转触点X000闭合→线圈Y000得电→Y000自锁触点闭合，Y000联锁触点断开，Y000端子与COM端子间的内硬触点闭合→Y000自锁触点闭合，使线圈Y000在X000触点断开后仍可得电；Y000联锁触点断开，使线圈Y001即使在X001触点闭合（误操作SB2引起）时也无法得电，实现联锁控制；Y000端子与COM端子间的内硬触点闭合，接触器KM1线圈得电，主电路中的KM1主触点闭合，电动机得电正转。

② 反转联锁控制。按下反转按钮SB2→梯形图程序中的反转触点X001闭合→线圈Y001得电→Y001自锁触点闭合，Y001联锁触点断开，Y001端子与COM端子间的内硬触点闭合→Y001自锁触点闭合，使线圈Y001在X001触点断开后继续得电；Y001联锁触点断开，使线圈Y000即使在X000触点闭合（误操作SB1引起）时也无法得电，实现联锁控制；Y001端子与COM端子间的内硬触点闭合，接触器KM2线圈得电，主电路中的KM2主触点闭合，电动机得电反转。

③ 停转控制。按下停止按钮SB3→梯形图程序中的两个停止触点X002均断开→线圈Y000、Y001均失电→接触器KM1、KM2线圈均失电→主电路中的KM1、KM2主触点均断开，电动机失电停转。

4.2.3 多地控制的PLC线路与梯形图

多地控制的PLC线路与梯形图如图4-25所示，其中图（b）为单人多地控制梯形图，图（c）为多人多地控制梯形图。

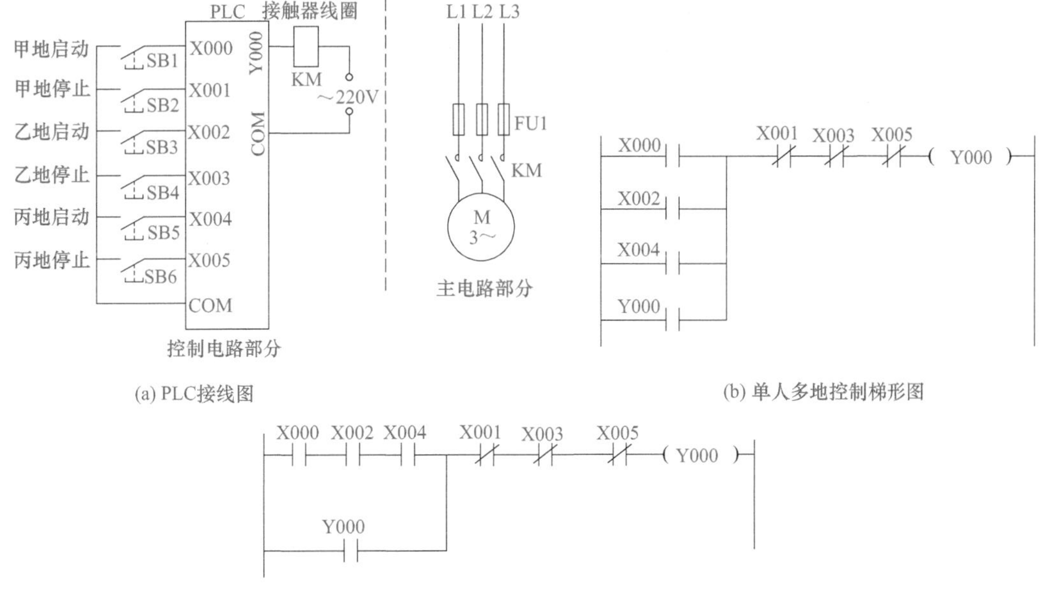

(a) PLC接线图

(b) 单人多地控制梯形图

(c) 多人多地控制梯形图

图4-25　多地控制的PLC线路与梯形图

（1）单人多地控制

单人多地控制的PLC线路和梯形图如图4-25（a）、（b）所示。

① 甲地启动控制。在甲地按下启动按钮SB1时，X000常开触点闭合→线圈Y000得电→Y000常开自锁触点闭合，Y000端子内硬触点闭合→Y000常开自锁触点闭合锁定Y000线圈供电，Y000端子内硬触点闭合使接触器线圈KM得电→主电路中的KM主触点闭合，电动机得电运转。

② 甲地停止控制。在甲地按下停止按钮SB2时，X001常闭触点断开→线圈Y000失电→Y000常开自锁触点断开，Y000端子内硬触点断开→接触器线圈KM失电→主电路中的KM主触点断开，电动机失电停转。

乙地和丙地的启/停控制与甲地控制相同，利用图4-25（b）梯形图可以实现在任何一地进行启/停控制，也可以在一地进行启动，在另一地控制停止。

（2）多人多地控制

多人多地的PLC控制线路和梯形图如图4-25（a）、（c）所示。

① 启动控制。在甲、乙、丙三地同时按下按钮SB1、SB3、SB5→线圈Y000得电→Y000常开自锁触点闭合，Y000端子的内硬触点闭合→Y000线圈供电锁定，接触器线圈KM得电→主电路中的KM主触点闭合，电动机得电运转。

② 停止控制。在甲、乙、丙三地按下SB2、SB4、SB6中的某个停止按钮，线圈Y000失电→Y000常开自锁触点断开，Y000端子内硬触点断开→Y000常开自锁触点断开使Y000线圈供电切断，Y000端子的内硬触点断开使接触器线圈KM失电→主电路中的KM主触点断开，电动机失电停转。

图4-25（c）梯形图可以实现多人在多地同时按下启动按钮才能启动功能，在任意一地都可以进行停止控制。

4.2.4 定时控制的PLC线路与梯形图

定时控制方式很多，下面介绍两种典型的定时控制的PLC线路与梯形图。

（1）延时启动定时运行控制的PLC线路与梯形图

延时启动定时运行控制的PLC线路与梯形图如图4-26所示，它可以实现的功能是：按下启动按钮3s后，电动机启动运行，运行5s后自动停止。

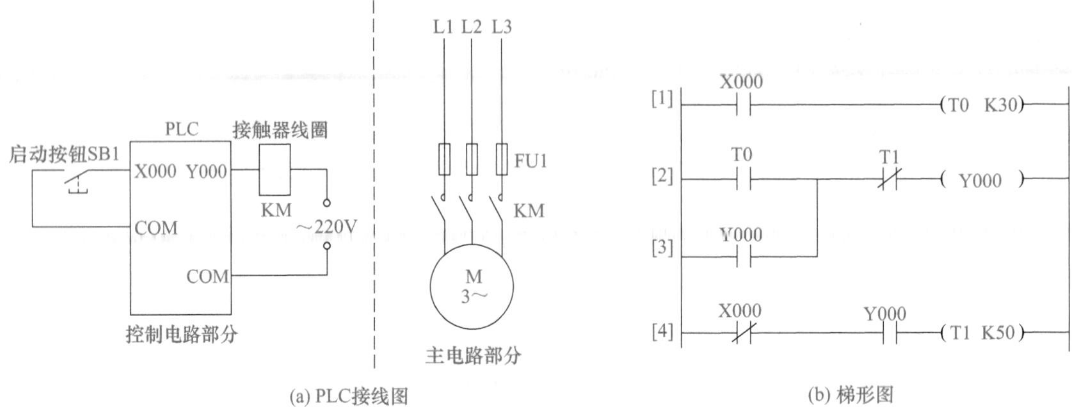

(a) PLC接线图　　(b) 梯形图

图4-26　延时启动定时运行控制的PLC线路与梯形图

PLC线路与梯形图说明如下。

按下启动按钮SB1 →
- [4]X000常闭触点断开
- [1]X000常开触点闭合 → 定时器T0开始3s计时 → 3s后，[2]T0常开触点闭合 →

→ [2]Y000线圈得电 →
- [3]Y000自锁触点闭合，锁定Y000线圈得电
- Y000端子内硬触点闭合 → 接触器KM线圈得电 → 电动机运转
- [4]Y000常开触点闭合 → 由于SB1已断开，故[4]X000触点闭合 → 定时器T1开始5s计时 →

→ 5s后，[2]T1常闭触点断开 → [2]Y000线圈失电 → Y000端子内硬触点断开 → KM线圈失电 → 电动机停转

（2）多定时器组合控制的PLC线路与梯形图

图4-27是一种典型的多定时器组合控制的PLC线路与梯形图，它可以实现的功能是：

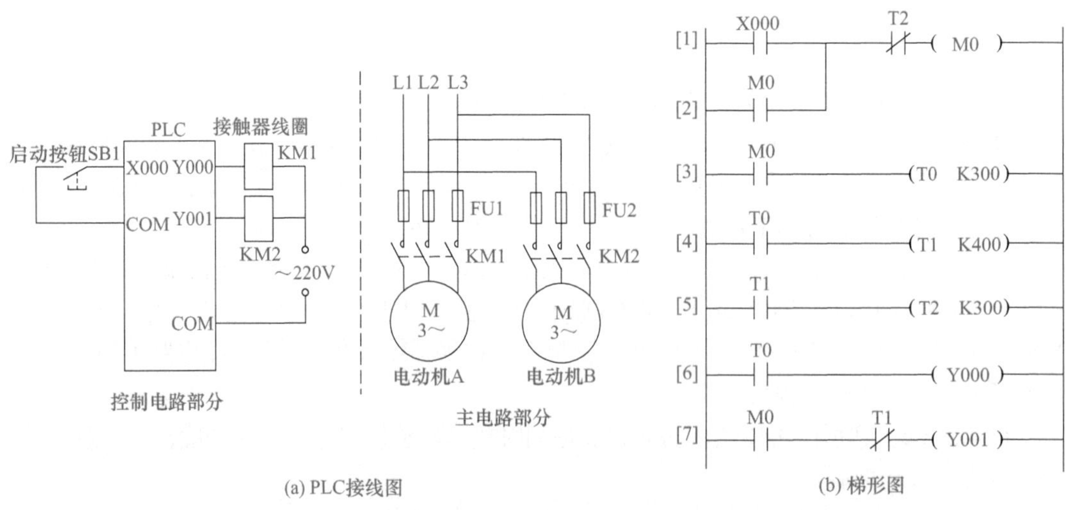

(a) PLC接线图　　(b) 梯形图

图4-27　一种典型的多定时器组合控制的PLC线路与梯形图

按下启动按钮后电动机B马上运行，30s后电动机A开始运行，70s后电动机B停转，100s后电动机A停转。

PLC线路与梯形图说明如下：

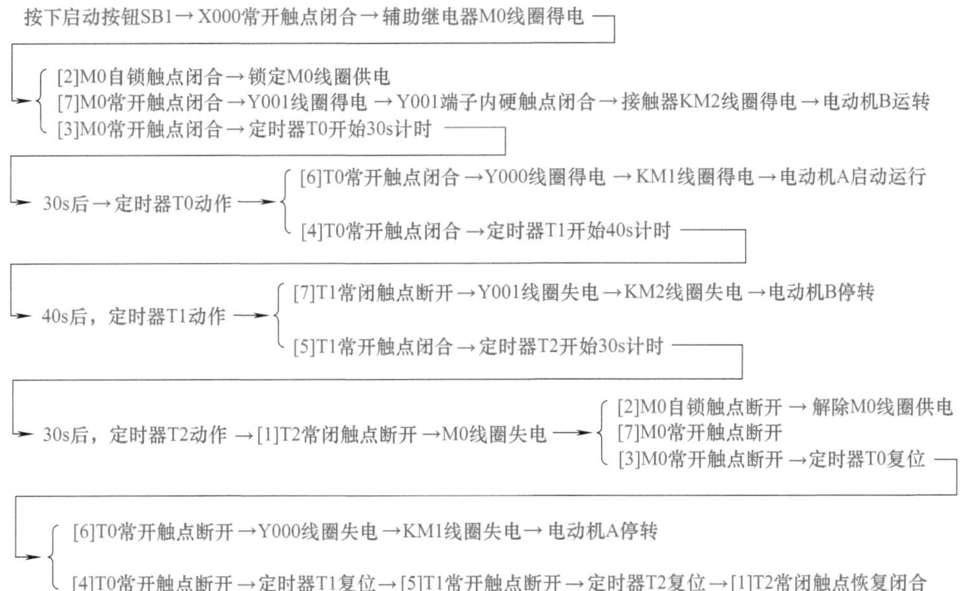

4.2.5 定时器与计数器组合延长定时控制的PLC线路与梯形图

三菱FX系列PLC的最大定时时间为3276.7s（约54min），采用定时器和计数器可以延长定时时间。定时器与计数器组合延长定时控制的PLC线路与梯形图如图4-28所示。

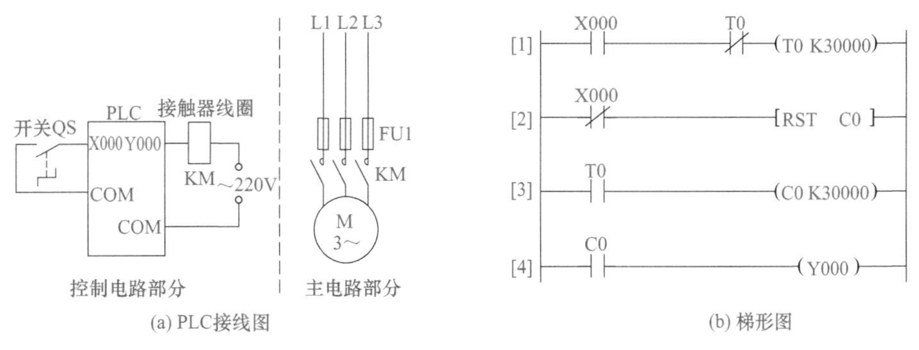

图4-28 定时器与计数器组合延长定时控制的PLC线路与梯形图

PLC线路与梯形图说明如下：

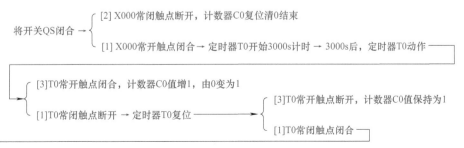

将开关QS闭合→
- [2] X000常闭触点断开，计数器C0复位清0结束
- [1] X000常开触点闭合→定时器T0开始3000s计时→3000s后，定时器T0动作

→
- [3]T0常开触点闭合，计数器C0值增1，由0变为1
- [1]T0常闭触点断开→定时器T0复位→
  - [3]T0常开触点断开，计数器C0值保持为1
  - [1]T0常闭触点闭合

└→因开关QS仍处于闭合，[1]X000常开触点也保持闭合 → 定时器T0又开始3000s计时 → 3000s后，定时器T0动作

→ [3]T0常开触点闭合，计数器C0值增1，由1变为2
→ [1]T0常闭触点断开 → 定时器T0复位 → [3]T0常开触点断开，计数器C0值保持为2；[1]T0常闭触点闭合 → 定时器T0又开始计时，以后重复上述过程

└→当计数器C0计数值达到30000 →计数器C0动作 →[4]常开触点C0闭合 → Y000线圈得电 →KM线圈得电 → 电动机运转

图4-28中的定时器T0定时单位为0.1s（100ms），它与计数器C0组合使用后，其定时时间T=30000×0.1s×30000=90000000s=25000h。若需重新定时，可将开关QS断开，让［2］X000常闭触点闭合，让“RST C0”指令执行，对计数器C0进行复位，然后闭合QS，则会重新开始25000h定时。

4.2.6 多重输出控制的PLC线路与梯形图

多重输出控制的PLC线路与梯形图如图4-29所示。

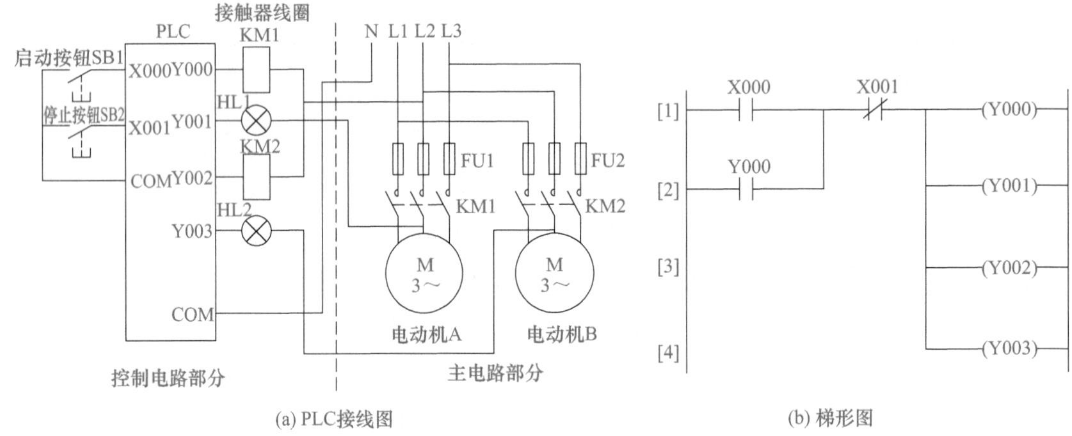

(a) PLC接线图 (b) 梯形图

图4-29 多重输出控制的PLC线路与梯形图

PLC线路与梯形图说明如下：

① 启动控制

按下启动按钮SB1 → X000常开触点闭合

→ Y000自锁触点闭合，锁定输出线圈Y000～Y003供电
Y000线圈得电 →Y000端子内硬触点闭合 →KM1线圈得电 →KM1主触点闭合 ┐
Y001线圈得电 →Y001端子内硬触点闭合 ┘→HL1灯得电点亮，指示电动机A得电
Y002线圈得电 →Y002端子内硬触点闭合 →KM2线圈得电 →KM2主触点闭合 ┐
Y003线圈得电 →Y003端子内硬触点闭合 ┘→HL2灯得电点亮，指示电动机B得电

② 停止控制

按下停止按钮SB2 → X001常闭触点断开

→ Y000自锁触点断开，解除输出线圈Y000～Y003供电
Y000线圈失电 → Y000端子内硬触点断开 →KM1线圈失电 → KM1主触点断开 ┐
Y001线圈失电 → Y001端子内硬触点断开 ┘→HL1灯失电熄灭，指示电动机A失电
Y002线圈失电 → Y002端子内硬触点断开 →KM2线圈失电 → KM2主触点断开 ┐
Y003线圈失电 → Y003端子内硬触点断开 ┘→HL2灯失电熄灭，指示电动机B失电

4.2.7 过载报警控制的PLC线路与梯形图

过载报警控制的PLC线路与梯形图如图4-30所示。

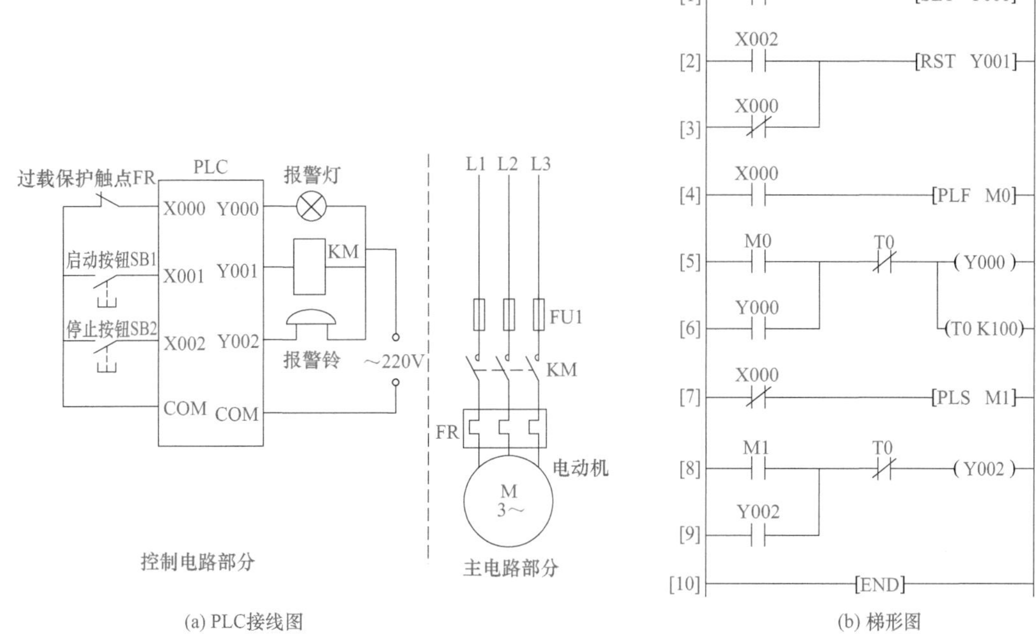

图4-30 过载报警控制的PLC线路与梯形图

PLC线路与梯形图说明如下。

① 启动控制。

按下启动按钮SB1→［1］X001常开触点闭合→［SET Y001］指令执行→Y001线圈被置位，即Y001线圈得电→Y001端子内硬触点闭合→接触器KM线圈得电→KM主触点闭合→电动机得电运转。

② 停止控制。

按下停止按钮SB2→［2］X002常开触点闭合→［RST Y001］指令执行→Y001线圈被复位，即Y001线圈失电→Y001端子内硬触点断开→接触器KM线圈失电→KM主触点断开→电动机失电停转。

③ 过载保护及报警控制。

在正常工作时，FR过载保护触点闭合 →
- [3]X000常闭触点断开，指令[RST Y001]无法执行
- [4]X000常开触点闭合，指令[PLF M0]无法执行
- [7]X000常闭触点断开，指令[PLS M1]无法执行

当电动机过载运行时，热继电器FR发热元件动作，过载保护触点断开 →
- [3]X000常闭触点闭合 → 执行指令[RST Y001] → Y001线圈失电 → Y001端子内硬触点断开 → KM线圈失电 → KM主触点断开 → 电动机失电停转
- [4]X000常开触点由闭合转为断开，产生一个脉冲下降沿 → 指令[PLF M0]执行，M0线圈得电一个扫描周期 → [5]M0常开触点闭合 → Y000线圈得电，定时器T0开始10s计时 → Y000线圈得电一方面使[6]Y000自锁触点闭合来锁定供电，另一方面使报警灯通电点亮
- [7]X000常闭触点由断开转为闭合，产生一个脉冲上升沿 → 指令[PLS M1]执行，M1线圈得电一个扫描周期 → [8]M1常开触点闭合 → Y002线圈得电 → Y002线圈得电一方面使[9]Y002自锁触点闭合来锁定供电，另一方面使报警铃通电发声

→10s后，定时器T0动作→
[8]T0常闭触点断开 → Y002线圈失电 → 报警铃失电，停止报警声
[5]T0常闭触点断开 → 定时器T0复位，同时Y000线圈失电 → 报警灯失电熄灭

4.2.8 闪烁控制的PLC线路与梯形图

闪烁控制的PLC线路与梯形图如图4-31所示。

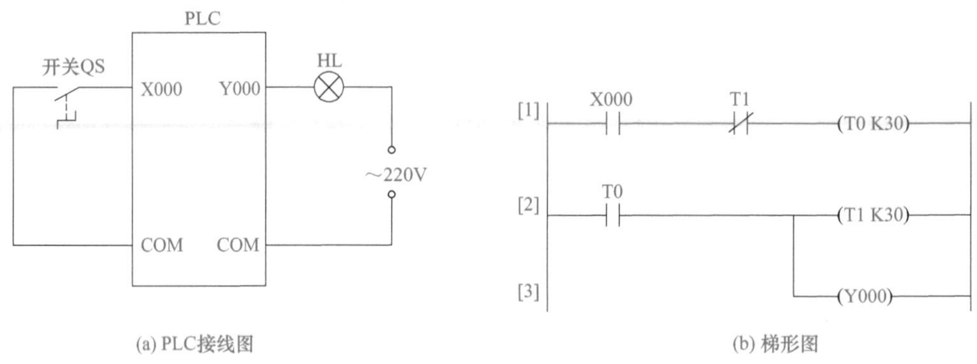

(a) PLC接线图　　(b) 梯形图

图4-31　闪烁控制的PLC线路与梯形图

线路与梯形图说明如下：

将开关QS闭合→X000常开触点闭合→定时器T0开始3s计时→3s后，定时器T0动作，T0常开触点闭合→定时器T1开始3s计时，同时Y000得电，Y000端子内硬触点闭合，灯HL点亮→3s后，定时器T1动作，T1常闭触点断开→定时器T0复位，T0常开触点断开→Y000线圈失电，同时定时器T1复位→Y000线圈失电使灯HL熄灭；定时器T1复位使T1闭合，由于开关QS仍处于闭合，X000常开触点也处于闭合，定时器T0又重新开始3s计时。

以后重复上述过程，灯HL保持3s亮、3s灭的频率闪烁发光。

4.3 喷泉的PLC控制系统开发实例

4.3.1 明确系统控制要求

系统要求用两个按钮来控制A、B、C三组喷头工作（通过控制三组喷头的电动机来实现），三组喷头排列如图4-32所示。系统控制要求具体如下。

当按下启动按钮后，A组喷头先喷5s后停止，然后B、C组喷头同时喷，5s后，B组喷头停止、C组喷头继续喷5s再停止，而后A、B组喷头喷7s，C组喷头在这7s的前2s内停止，后5s内喷水，接着A、B、C三组喷头同时停止3s，以后重复前述过程。按下停止按钮后，三组喷头同时停止喷水。图4-33为A、B、C三组喷头工作时序图。

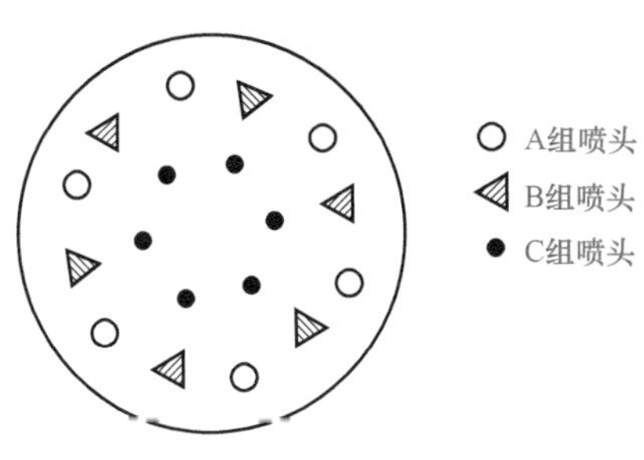

图4-32　A、B、C三组喷头排列

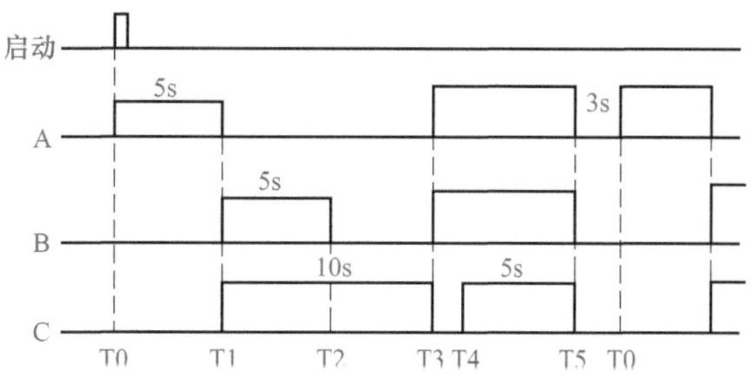

图4-33　A、B、C三组喷头工作时序图

4.3.2　确定输入/输出设备，并为其分配合适的I/O端子

喷泉控制需用到的输入/输出设备和对应的PLC端子见表4-1。

表4-1　喷泉控制采用的输入/输出设备和对应的PLC端子

输入			输出		
输入设备	对应PLC端子	功能说明	输出设备	对应PLC端子	功能说明
SB1	X000	启动控制	KM1线圈	Y000	驱动A组电动机工作
SB2	X001	停止控制	KM2线圈	Y001	驱动B组电动机工作
			KM3线圈	Y002	驱动C组电动机工作

4.3.3　绘制喷泉的PLC控制线路图

图4-34为喷泉的PLC控制线路图。

PLC　接触器线圈　启动按钮SB1　停止按钮SB2　X000　Y000　X001　Y001　COM　Y002　COM　KM1　KM2　KM3　FU4　N　L1　L2　L3　FU1　FU2　FU3　KM1　KM2　KM3　M 3～　电动机A　电动机B　电动机C

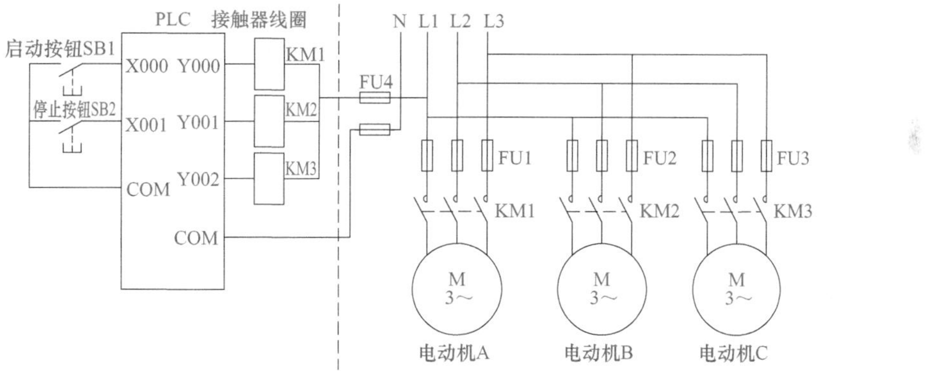

（a）控制电路部分　　（b）主电路部分

图4-34　喷泉的PLC控制线路

4.3.4　编写PLC控制程序

启动三菱GX Developer编程软件，编写满足控制要求的梯形图程序，编写完成的梯形图如图4-35（a）所示，可以将它转换成图4-35（b）所示的指令语句表。

4.3.5　详解硬件线路和梯形图的工作原理

下面结合图4-34所示控制线路和图4-35所示梯形图来说明喷泉控制系统的工作原理。

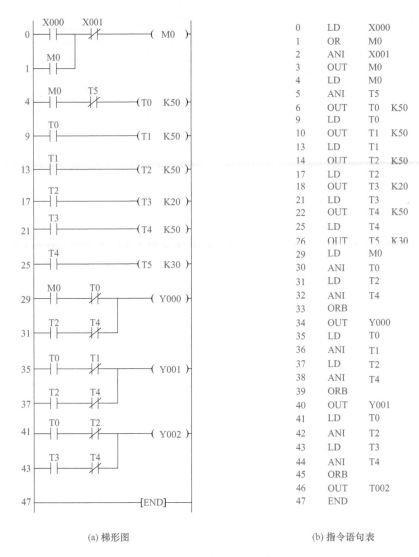

步	指令	元件	常数
0	LD	X000	
1	OR	M0	
2	ANI	X001	
3	OUT	M0	
4	LD	M0	
5	ANI	T5	
6	OUT	T0	K50
9	LD	T0	
10	OUT	T1	K50
13	LD	T1	
14	OUT	T2	K50
17	LD	T2	
18	OUT	T3	K20
21	LD	T3	
22	OUT	T4	K50
25	LD	T4	
26	OUT	T5	K30
29	LD	M0	
30	ANI	T0	
31	LD	T2	
32	ANI	T4	
33	ORB		
34	OUT	Y000	
35	LD	T0	
36	ANI	T1	
37	LD	T2	
38	ANI	T4	
39	ORB		
40	OUT	Y001	
41	LD	T0	
42	ANI	T2	
43	LD	T3	
44	ANI	T4	
45	ORB		
46	OUT	T002	
47	END		

(a) 梯形图　　　　(b) 指令语句表

图4-35　喷泉控制程序

（1）启动控制

按下启动按钮SB1→X000常开触点闭合→辅助继电器M0线圈得电

[1]M0自锁触点闭合，锁定M0线圈供电

[29]M0常开触点闭合，Y000线圈得电→KM1线圈得电→电动机A运转→A组喷头工作

[4]M0常开触点闭合，定时器T0开始5s计时

5s后，定时器T0动作→

[29]T0常闭触点断开→Y000线圈失电→电动机A停转→A组喷头停止工作

[35]T0常开触点闭合→Y001线圈得电→电动机B运转→B组喷头工作

[41]T0常开触点闭合→Y002线圈得电→电动机C运转→C组喷头工作

[9]T0常开触点闭合，定时器T1开始5s计时

5s后，定时器T1动作→

[35]T1常闭触点断开→Y001线圈失电→电动机B停转→B组喷头停止工作

[13]T1常开触点闭合，定时器T2开始5s计时

5s后，定时器T2动作 →
- [31]T2常开触点闭合 → Y000线圈得电 → 电动机A运转 → A组喷头开始工作
- [37]T2常开触点闭合 → Y001线圈得电 → 电动机B运转 → B组喷头开始工作
- [41]T2常闭触点断开 → Y002线圈失电 → 电动机C停转 → C组喷头停止工作
- [17]T2常开触点闭合，定时器T3开始2s计时

2s后，定时器T3动作 →
- [43]T3常开触点闭合 → Y002线圈得电 → 电动机C运转 → C组喷头开始工作
- [21]T3常开触点闭合，定时器T4开始5s计时

5s后，定时器T4动作 →
- [31]T4常闭触点断开 → Y000线圈失电 → 电动机A停转 → A组喷头停止工作
- [37]T4常闭触点断开 → Y001线圈失电 → 电动机B停转 → B组喷头停止工作
- [43]T4常闭触点断开 → Y002线圈失电 → 电动机C停转 → C组喷头停止工作
- [25]T4常开触点闭合，定时器T5开始3s计时

3s后，定时器T5动作 → [4]T5常闭触点断开 → 定时器T0复位

- [29]T0常闭触点闭合 → Y000线圈得电 → 电动机A运转
- [35]T0常开触点断开
- [41]T0常开触点断开
- [9]T0常开触点断开 → 定时器T1复位，T1所有触点复位，其中[13]T1常开触点断开使定时器T2复位 → T2所有触点复位，其中[17]T2常开触点断开使定时器T3复位 → T3所有触点复位，其中[21]T3常开触点断开使定时器T4复位 → T4所有触点复位，其中[25]T4常开触点断开使定时器T5复位 → [4]T5常闭触点闭合，定时器T0开始5s计时，以后会重复前面的工作过程

（2）停止控制

按下停止按钮SB2 → X001常闭触点断开 → M0线圈失电 →
- [1]M0自锁触点断开，解除自锁
- [4]M0常开触点断开 → 定时器T0复位

→ T0所有触点复位，其中[9]T0常开触点断开 → 定时器T1复位 → T1所有触点复位，其中[13]T1常开触点断开使定时器T2复位 → T2所有触点复位，其中[17]T2常开触点断开使定时器T3复位→T3所有触点复位，其中[21]T3常开触点断开使定时器T4复位 → T4所有触点复位，其中[25]T4常开触点断开使定时器T5复位 → T5所有触点复位[4]T5常闭触点闭合 → 由于定时器T0～T5所有触点复位，Y000～Y002线圈均无法得电 → KM1～KM3线圈失电 → 电动机A、B、C均停转

4.4 交通信号灯的PLC控制系统开发实例

4.4.1 明确系统控制要求

系统要求用两个按钮来控制交通信号灯工作，交通信号灯排列如图4-36所示。系统控制要求具体如下。

当按下启动按钮后，南北红灯亮25s，在南北红灯亮25s的时间里，东西绿灯先亮20s再以1次/s的频率闪烁3次，接着东西黄灯亮2s，25s后南北红灯熄灭，熄灭时间维持30s，在这30s时间里，东西红灯一直亮，南北绿灯先亮25s，然后以1次/s频率闪烁3次，接着南北黄灯亮2s。以后重复该过程。按下停止按钮后，所有的灯都熄灭。交通信号灯的工作时序如图4-37所示。

4.4.2 确定输入/输出设备并为其分配合适的PLC I/O端子

交通信号灯控制需用到的输入/输出设备和对应的PLC端子见表4-2。

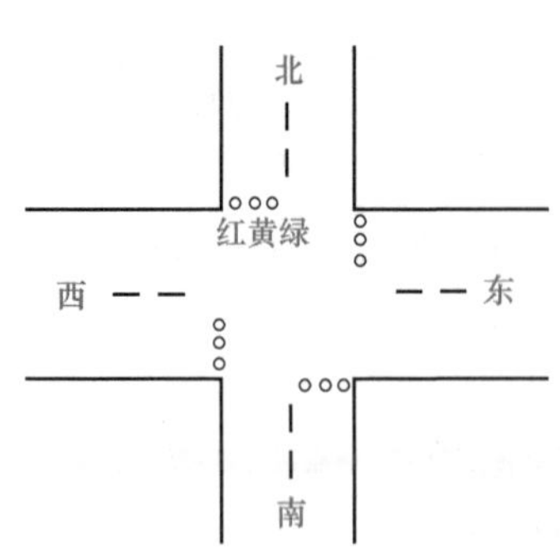

图4-36 交通信号灯排列

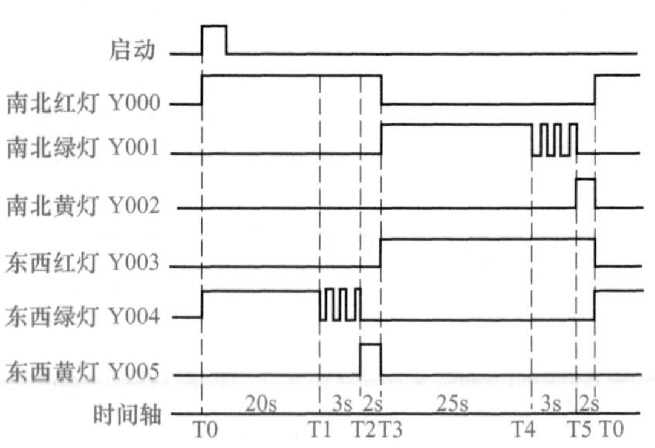

图4-37 交通信号灯的工作时序

表4-2 交通信号灯控制采用的输入/输出设备和对应的PLC端子

输入			输出		
输入设备	对应PLC端子	功能说明	输出设备	对应PLC端子	功能说明
SB1	X000	启动控制	南北红灯	Y000	驱动南北红灯亮
SB2	X001	停止控制	南北绿灯	Y001	驱动南北绿灯亮
			南北黄灯	Y002	驱动南北黄灯亮
			东西红灯	Y003	驱动东西红灯亮
			东西绿灯	Y004	驱动东西绿灯亮
			东西黄灯	Y005	驱动东西黄灯亮

4.4.3 绘制交通信号灯的PLC控制线路图

图4-38为交通信号灯的PLC控制线路。

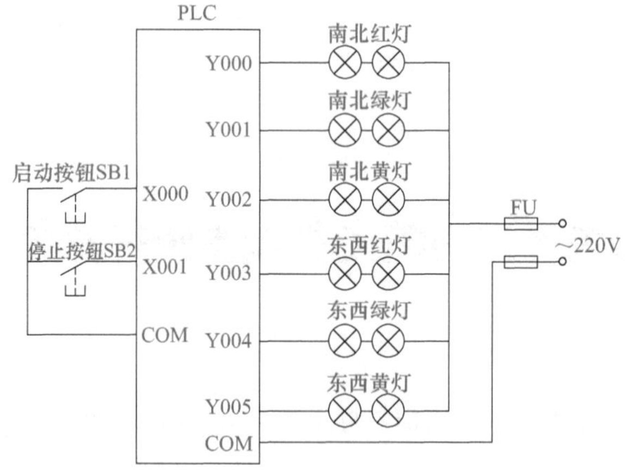

图4-38 交通信号灯的PLC控制线路

4.4.4 编写PLC控制程序

启动三菱GX Developer编程软件，编写满足控制要求的梯形图程序，编写完成的梯形图如图4-39所示。

4.4.5 详解硬件线路和梯形图的工作原理

下面对照图4-38控制线路、图4-37时序图和图4-39梯形图控制程序来说明交通信号灯的控制原理。

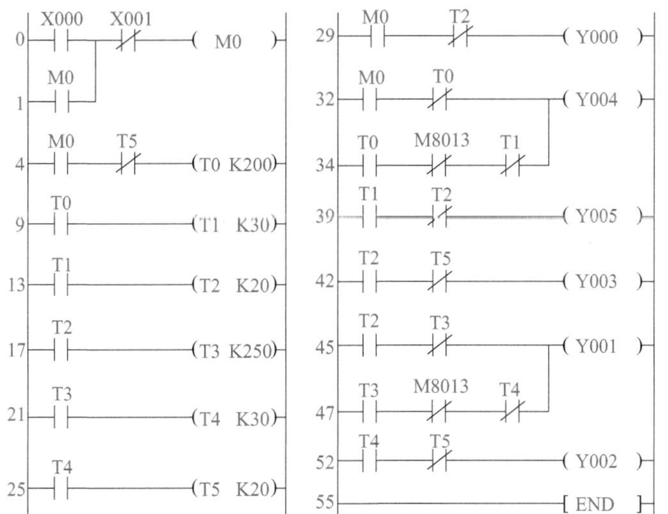

图4-39 交通信号灯的梯形图控制程序

在图4-39的梯形图中，采用了一个特殊的辅助继电器M8013，称作触点利用型特殊继电器，它利用PLC自动驱动线圈，用户只能利用它的触点，即画梯形图里只能画它的触点。M8013是一个产生1s时钟脉冲的辅助继电器，其高低电平持续时间各为0.5s，以图4-39梯形图［34］步为例，当T0常开触点闭合时，M8013常闭触点接通、断开时间分别为0.5s，Y004线圈得电、失电时间也都为0.5s。

（1）启动控制

按下启动按钮SB1→X000常开触点闭合→辅助继电器M0线圈得电

- [1]M0自锁触点闭合，锁定M0线圈供电
- [29]M0常开触点闭合，Y000线圈得电→Y000端子内硬触点闭合→南北红灯亮
- [32]M0常开触点闭合→Y004线圈得电→Y004端子内硬触点闭合→东西绿灯亮
- [4]M0常开触点闭合，定时器T0开始20s计时

20s后，定时器T0动作→
- [34]T0常开触点闭合→M8013继电器触点以0.5s通、0.5s断的频率工作→Y004线圈以同样的频率得电和失电→东西绿灯以1次/s的频率闪烁
- [9]T0常开触点闭合，定时器T1开始3s计时

3s后，定时器T1动作→
- [39]T1常开触点闭合→Y005线圈得电→东西黄灯亮
- [13]T1常开触点闭合，定时器T2开始2s计时

2s后，定时器T2动作→
- [29]T2常闭触点断开→Y000线圈失电→南北红灯灭
- [39]T2常闭触点断开→Y005线圈失电→东西黄灯灭
- [42]T2常开触点闭合→Y003线圈得电→东西红灯亮
- [45]T2常开触点闭合→Y001线圈得电→南北绿灯亮
- [17]T2常开触点闭合，定时器T3开始25s计时

25s后，定时器T3动作→
- [47]T3常开触点闭合→M8013继电器触点以0.5s通、0.5s断的频率工作→Y001线圈以同样的频率得电和失电→南北绿灯以1次/s的频率闪烁
- [21]T3常开触点闭合，定时器T4开始3s计时

3s后，定时器T4动作→
- [47]T4常开触点断开→Y001线圈失电→南北绿灯灭
- [52]T4常开触点闭合→Y002线圈得电→南北黄灯亮
- [25]T4常开触点闭合，定时器T5开始2s计时

→ 2s后，定时器T5动作 →
- [42]T5常闭触点断开 → Y003线圈失电 → 东西红灯灭
- [52]T5常闭触点断开 → Y002线圈失电 → 南北黄灯灭
- [4]T5常闭触点断开，定时器T0复位，T0所有触点复位 →

→ [9]T0常开触点复位断开使定时器T1复位 → [13]T1常开触点复位断开使定时器T2复位 → 同样地，定时器T3、T4、T5也依次复位 → 在定时器T0复位后，[32]T0常闭触点闭合，Y004线圈得电，东西绿灯亮；在定时器T2复位后，[29]T2常闭触点闭合，Y000线圈得电，南北红灯亮；在定时器T5复位后，[4]T5常闭触点闭合，定时器T0开始20s计时，以后又会重复前述过程

（2）停止控制

按下停止按钮SB2 → X001常闭触点断开 → 辅助继电器M0线圈失电 →
- [1]M0自锁触点断开，解除M0线圈供电
- [29]M0常开触点断开，Y000线圈无法得电
- [32]M0常开触点断开 → Y004线圈无法得电
- [4]M0常开触点断开，定时器T0复位，T0所有触点复位 →

→ [9]T0常开触点复位断开使定时器T1复位，T1所有触点均复位 → 其中[13]T1常开触点复位断开使定时器T2复位 → 同样地，定时器T3、T4、T5也依次复位 → 在定时器T1复位后，[39]T1常开触点断开，Y005线圈无法得电；在定时器T2复位后，[42]T2常开触点断开，Y003线圈无法得电；在定时器T3复位后，[47]T3常开触点断开，Y001线圈无法得电；在定时器T4复位后，[52]T4常开触点断开，Y002线圈无法得电 → Y000～Y005线圈均无法得电，所有交通信号灯都熄灭

第5章 步进指令的使用及实例

步进指令主要用于顺序控制编程，三菱FX系列PLC有2条步进指令：STL和RET。在顺序控制编程时，通常先绘制状态转移图（SFC图），然后按照SFC图编写相应梯形图程序。状态转移图有单分支、选择性分支和并行分支三种方式。

5.1 状态转移图与步进指令

5.1.1 顺序控制与状态转移图

一个复杂的任务往往可以分成若干个小任务，当按一定的顺序完成这些小任务后，整个大任务也就完成了。在生产实践中，顺序控制是指按照一定的顺序逐步控制来完成各个工序的控制方式。在采用顺序控制时，为了直观表示出控制过程，可以绘制顺序控制图。

图5-1是一种三台电动机顺序控制图，由于每一个步骤称作一个工艺，所以又称工序图。在PLC编程时，绘制的顺序控制图称为状态转移图，简称SFC图，图5-1（b）为图5-1（a）对应的状态转移图。

顺序控制有三个要素：转移条件、转移目标和工作任务。在图5-1（a）中，当上一个工序需要转到下一个工序时必须满足一定的转移条件，如工序1要转到下一个工序2时，须按下启动按钮SB2，若不按下SB2，即不满足转移条件，就无法进行下一个工序2。当转移条件满足后，需要确定转移目标，如工序1转移目标是工序2。每个工序都有具体的工作任务，如工序1的工作任务是“启动第一台电动机”。

PLC编程时绘制的状态转移图与顺序控制图相似，图5-1（b）中的状态元件（状态继电器）S20相当于工序1，“SETY1”相当于工作任务，S20的转移目标是S21，S25的转移目标是S0，M8002和S0用来完成准备工作，其中M8002为触点利用型辅助继电器，它只有触点，没有线圈，PLC运行时触点会自动接通一个扫描周期，S0为初始状态继电器，要在S0～S9中选择，其他的状态继电器通常在S20～S499中选择（三菱FX_{2N}系列）。

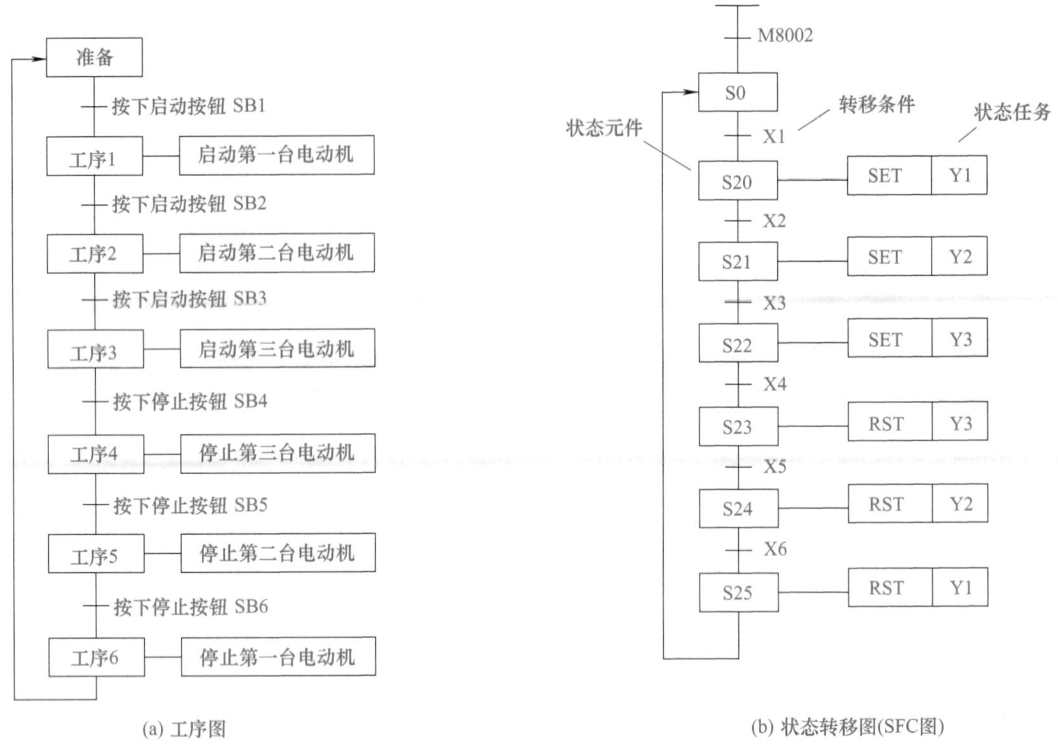

图5-1 一种三台电动机顺序控制图

5.1.2 步进指令说明

PLC顺序控制需要用到步进指令，三菱FX_{2N}系列PLC有2条步进指令：STL和RET。

（1）指令名称与功能

指令名称及功能如下：

指令名称（助记符）	功能
STL	步进开始指令，其功能是将步进接点接到左母线，该指令的操作元件为状态继电器S
RET	步进结束指令，其功能是将子母线返回到左母线位置，该指令无操作元件

（2）使用举例

① STL指令使用　STL指令使用如图5-2所示，其中图（a）为梯形图，图（b）为其对应的指令语句表。状态继电器S只有常开触点，没有常闭触点，在绘制梯形图时，输入指令“[STL S20]”即能生成S20常开触点，S常开触点闭合后，其右端相当于子母线，与子母线直接连接的线圈可以直接用OUT指令，相连的其他元件可用基本指令写出指令语句表，如触点用LD或LDI指令。

梯形图说明如下：

当X000常开触点闭合时，[SET S20] 指令执行→状态继电器S20被置1（置位）→S20常开触点闭合→Y000线圈得电；若X001常开触点闭合，Y001线圈也得电；若X002常开触点闭合，[SET S21] 指令执行，状态继电器S21被置1→S21常开触点闭合。

② RET指令使用　RET指令使用如图5-3所示，其中图（a）为梯形图，图（b）为对应的指令语句表。RET指令通常用在一系列步进指令的最后，表示状态流程的结束并返回主母线。

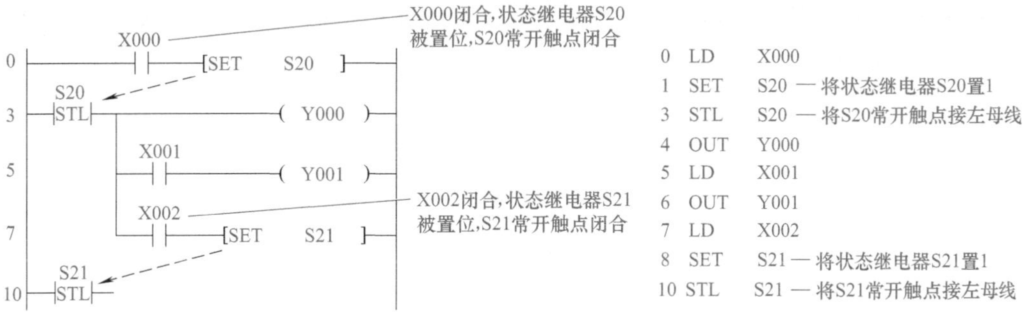

(a) 梯形图

X000闭合，状态继电器S20被置位，S20常开触点闭合

X002闭合，状态继电器S21被置位，S21常开触点闭合

```
0  LD   X000
1  SET  S20 — 将状态继电器S20置1
3  STL  S20 — 将S20常开触点接左母线
4  OUT  Y000
5  LD   X001
6  OUT  Y001
7  LD   X002
8  SET  S21 — 将状态继电器S21置1
10 STL  S21 — 将S21常开触点接左母线
```

(b) 指令语句表

图5-2　STL指令使用举例

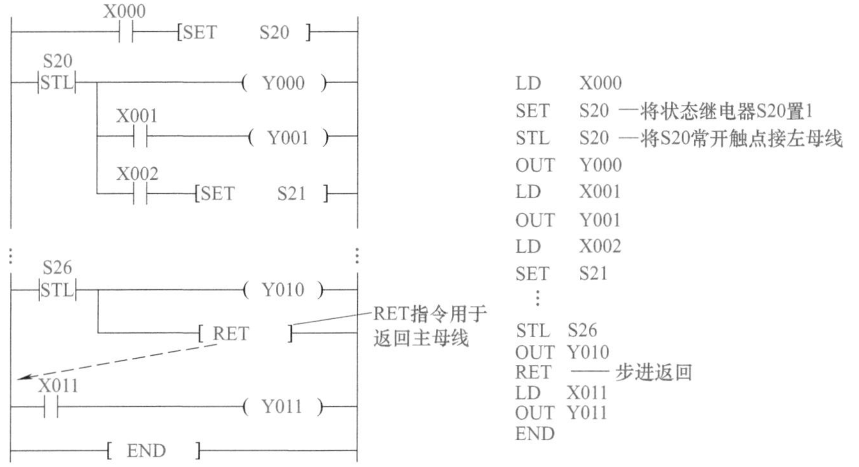

(a) 梯形图

RET指令用于返回主母线

```
LD   X000
SET  S20 —将状态继电器S20置1
STL  S20 —将S20常开触点接左母线
OUT  Y000
LD   X001
OUT  Y001
LD   X002
SET  S21
  ⋮
STL  S26
OUT  Y010
RET  —— 步进返回
LD   X011
OUT  Y011
END
```

(b) 指令语句表

图5-3　RET指令使用举例

5.1.3　步进指令在两种编程软件中的编写形式

在三菱FXGP/WIN-C和GX Developer编程软件中都可以使用步进指令编写顺序控制程序，但两者的编写方式有所不同。

图5-4为FXGP/WIN-C和GX Developer软件编写的功能完全相同梯形图，虽然两者的指令语句表程序完全相同，但梯形图却有区别，FXGP/WIN-C软件编写的步程序段开始有一个STL触点（编程时输入“[STL S0]”即能生成STL触点），而GX Developer软件编写的步程序段无STL触点，取而代之的程序段开始是一个独占一行的“[STL S0]”指令。

5.1.4　状态转移图分支方式

状态转移图的分支方式主要有单分支方式、选择性分支方式和并行分支方式。图5-1（b）的状态转移图为单分支，程序由前往后依次执行，中间没有分支，不复杂的顺序控制常采用这种单分支方式。较复杂的顺序控制可采用选择性分支方式或并行分支方式。

（1）选择性分支方式

选择性分支状态转移图如图5-5（a）所示，在状态器S21后有两个可选择的分支，当X1闭合时执行S22分支，当X4闭合时执行S24分支，如果X1较X4先闭合，则只执行X1

所在的分支，X4所在的分支不执行。图5-5（b）是依据图5-5（a）画出的梯形图，图5-5（c）则为对应的指令语句表。

三菱FX系列PLC最多允许有8个可选择的分支。

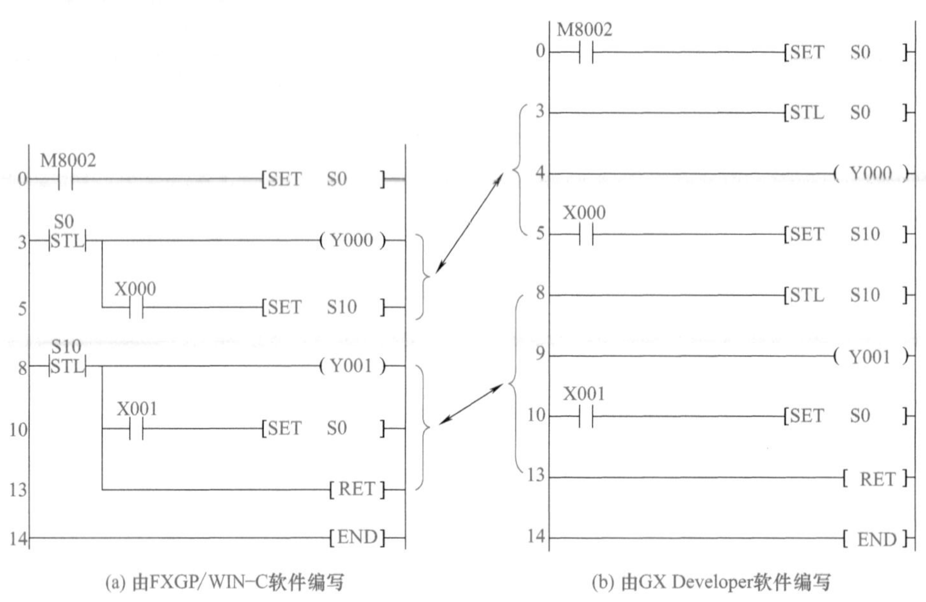

(a) 由FXGP/WIN-C软件编写 (b) 由GX Developer软件编写

图5-4 由两个不同编程软件编写的功能相同的程序

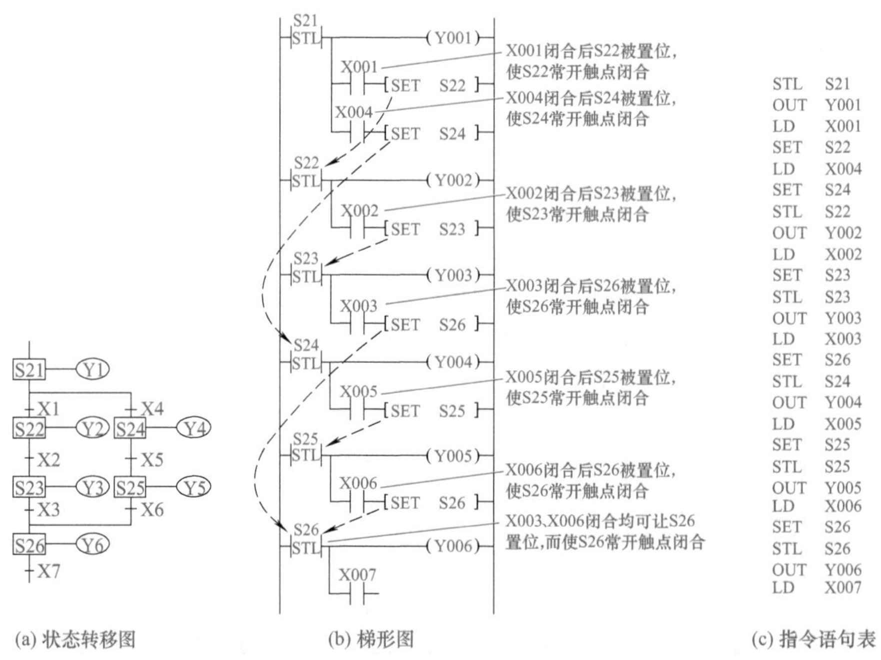

STL	S21
OUT	Y001
LD	X001
SET	S22
LD	X004
SET	S24
STL	S22
OUT	Y002
LD	X002
SET	S23
STL	S23
OUT	Y003
LD	X003
SET	S26
STL	S24
OUT	Y004
LD	X005
SET	S25
STL	S25
OUT	Y005
LD	X006
SET	S26
STL	S26
OUT	Y006
LD	X007

(a) 状态转移图 (b) 梯形图 (c) 指令语句表

图5-5 选择性分支方式

（2）并行分支方式

并行分支方式状态转移图如图5-6（a）所示，在状态器S21后有两个并行的分支，并行分支用双线表示，当X1闭合时S22和S24两个分支同时执行，当两个分支都执行完成并且X4闭合时才能往下执行，若S23或S25任一条分支未执行完，即使X4闭合，也不会执行到S26。图5-6（b）是依据图5-6（a）画出的梯形图，图5-6（c）则为对应的指令语句表。

三菱FX系列PLC最多允许有8个并行的分支。

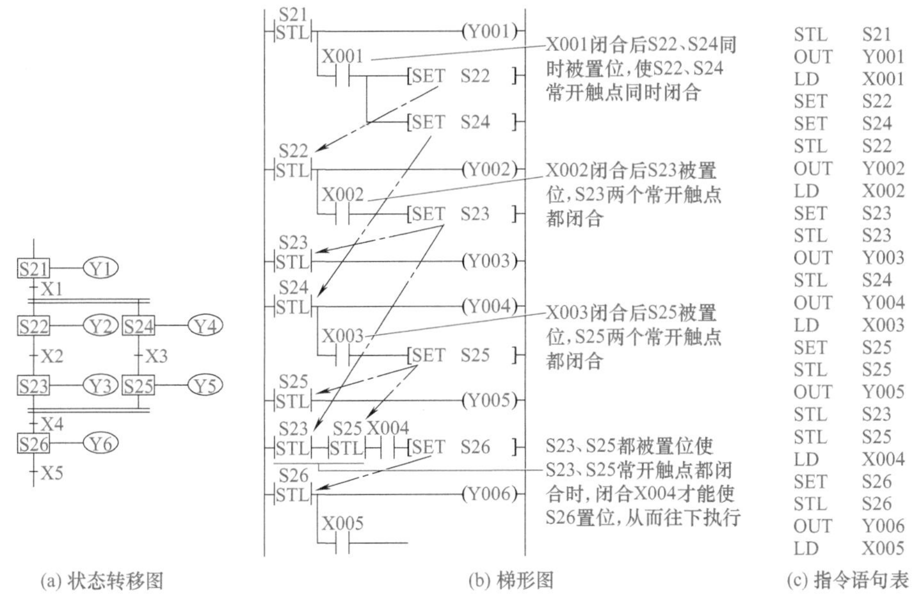

(a) 状态转移图　　(b) 梯形图　　(c) 指令语句表

图5-6　并行分支方式

5.1.5　用步进指令编程注意事项

在使用步进指令编写顺序控制程序时，要注意以下事项。

① 初始状态（S0）应预先驱动，否则程序不能向下执行，驱动初始状态通常用控制系统的初始条件，若无初始条件，可用M8002或M8000触点进行驱动。

② 不同步程序的状态继电器编号不要重复。

③ 当上一个步程序结束，转移到下一个步程序时，上一个步程序中的元件会自动复位（SET、RST指令作用的元件除外）。

④ 在步进顺序控制梯形图中可使用双线圈功能，即在不同步程序中可以使用同一个输出线圈，这是因为CPU只执行当前处于活动步的步程序。

⑤ 同一编号的定时器不要在相邻的步程序中使用，不是相邻的步程序中则可以使用。

⑥ 不能同时动作的输出线圈尽量不要设在相邻的步程序中，因为可能出现下一步程序开始执行时上一步程序未完全复位，这样会出现不能同时动作的两个输出线圈同时动作，如果必须要这样做，可以在相邻的步程序中采用软联锁保护，即给一个线圈串联另一个线圈的常闭触点。

⑦ 在步程序中可以使用跳转指令。在中断程序和子程序中也不能存在步程序。在步程序中最多可以有4级FOR\NEXT指令嵌套。

⑧ 在选择分支和并行分支程序中，分支数最多不能超过8条，总的支路数不能超过16条。

⑨ 如果希望在停电恢复后继续维持停电前的运行状态，可使用S500~S899停电保持型状态继电器。

5.2 液体混合装置的PLC控制系统开发实例

5.2.1 明确系统控制要求

两种液体混合装置如图5-7所示，YV1、YV2分别为A、B液体注入控制电磁阀，电磁阀线圈通电时打开，液体可以流入，YV3为C液体流出控制电磁阀，H、M、L分别为高、中、低液位传感器，M为搅拌电动机，通过驱动搅拌部件旋转使A、B液体充分混合均匀。

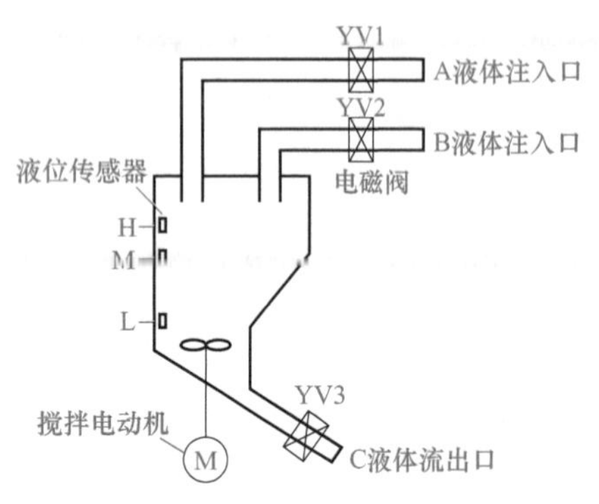

图5-7 两种液体混合装置

液体混合装置控制要求如下。

① 装置的容器初始状态应为空的，三个电磁阀都关闭，电动机M停转。按下启动按钮，YV1电磁阀打开，注入A液体，当A液体的液位达到M位置时，YV1关闭；然后YV2电磁阀打开，注入B液体，当B液体的液位达到H位置时，YV2关闭；接着电动机M开始运转搅拌20s，而后YV3电磁阀打开，C液体（A、B混合液）流出，当C液体的液位下降到L位置时，开始20s计时，在此期间C液体全部流出，20s后YV3关闭，一个完整的周期完成。以后自动重复上述过程。

② 当按下停止按钮后，装置要完成一个周期才停止。

③ 可以用手动方式控制A、B液体的注入和C液体的流出，也可以手动控制搅拌电动机的运转。

5.2.2 确定输入/输出设备并分配合适的I/O端子

液体混合装置控制需用到的输入/输出设备和对应的PLC端子见表5-1。

表5-1 液体混合装置控制采用的输入/输出设备和对应的PLC端子

输入			输出		
输入设备	对应端子	功能说明	输出设备	对应端子	功能说明
SB1	X000	启动控制	KM1线圈	Y001	控制A液体电磁阀
SB2	X001	停止控制	KM2线圈	Y002	控制B液体电磁阀
SQ1	X002	检测低液位L	KM3线圈	Y003	控制C液体电磁阀
SQ2	X003	检测中液位M	KM4线圈	Y004	驱动搅拌电动机工作
SQ3	X004	检测高液位H			
QS	X010	手动/自动控制切换（ON:自动；OFF：手动）			
SB3	X011	手动控制A液体流入			
SB4	X012	手动控制B液体流入			
SB5	X013	手动控制C液体流出			
SB6	X014	手动控制搅拌电动机			

5.2.3 绘制PLC控制线路图

图5-8为液体混合装置的PLC控制线路图。

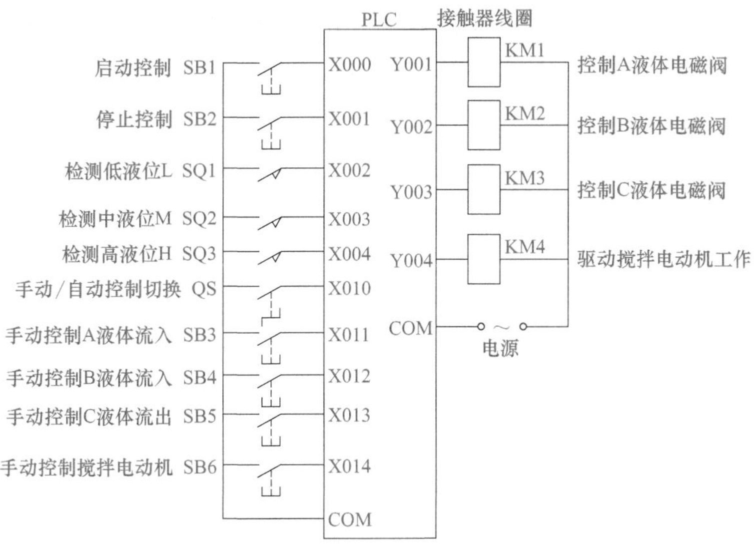

图5-8 液体混合装置的PLC控制线路图

5.2.4 编写PLC控制程序

（1）绘制状态转移图

在编写较复杂的步进程序时，建议先绘制状态转移图，再对照状态转移图的框架绘制梯形图。图5-9为液体混合装置控制的状态转移图。

（2）编写梯形图程序

启动三菱PLC编程软件，按状态转移图编写梯形图程序，编写完成的液体混合装置控制梯形图如图5-10所示，该程序使用三菱FXGP/WIN-C软件编写，也可以用三菱GX Developer软件编写，但要注意步进指令使用方法与FXGP/WIN-C软件有所不同，具体区别可见图5-4。

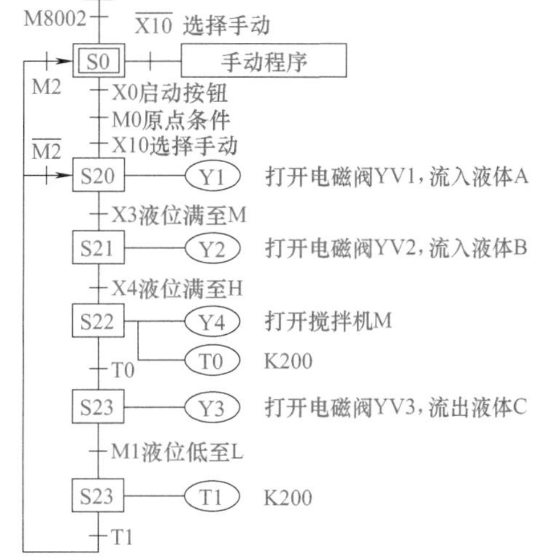

图5-9 液体混合装置控制的状态转移图

5.2.5 详解硬件线路和梯形图的工作原理

下面结合图5-8控制线路和图5-10梯形图来说明液体混合装置的工作原理。

液体混合装置有自动和手动两种控制方式，它由开关QS来决定（QS闭合：自动控制；QS断开：手动控制）。要让装置工作在自动控制方式，除了开关QS应闭合外，装置还须满足自动控制的初始条件（又称原点条件），否则系统将无法进入自动控制方式。装置的原点条件是L、M、H液位传感器的开关SQ1、SQ2、SQ3均断开，电磁阀YV1、YV2、YV3均关闭，电动机M停转。

（1）检测原点条件

图5-10梯形图中的第0梯级程序用来检测原点条件（或称初始条件）。在自动控制工作前，若装置中的C液体位置高于传感器L→SQ1闭合→X002常闭触点断开，或Y001～Y004常闭触点断开（由Y001～Y004线圈得电引起，电磁阀YV1、YV2、YV3和

电动机M会因此得电工作)，均会使辅助继电器M0线圈无法得电，第16梯级中的M0常开触点断开，无法对状态继电器S20置位，第35梯级S20常开触点断开，S21无法置位，这样会依次使S21、S22、S23、S24常开触点无法闭合，装置无法进入自动控制状态。

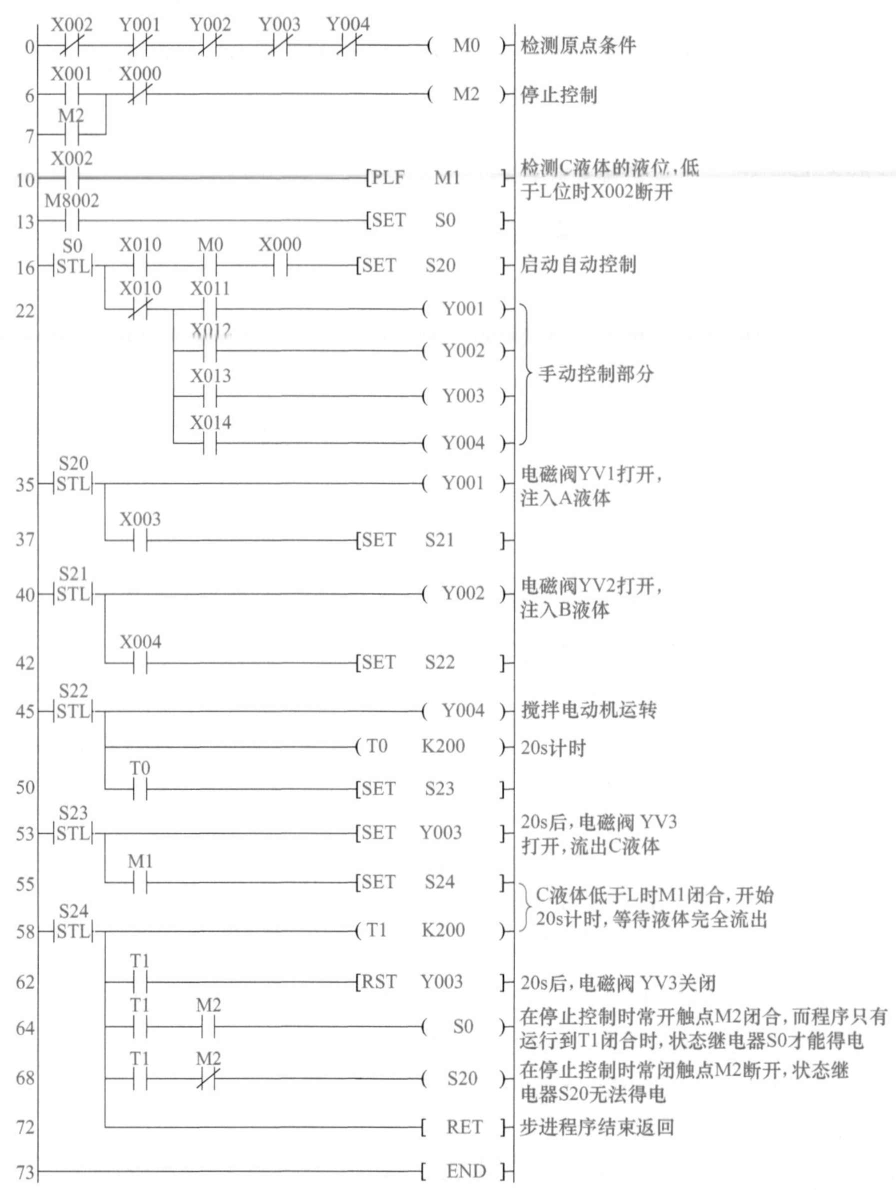

图5-10 液体混合装置控制梯形图

如果是因为C液体未排完而使装置不满足自动控制的原点条件，可手工操作SB5按钮，使X013常开触点闭合，Y003线圈得电，接触器KM3线圈得电，KM3触点闭合接通电磁阀YV3线圈电源，YV3打开，将C液体从装置容器中放完，液位传感器L的SQ1断开，X002常闭触点闭合，M0线圈得电，从而满足自动控制所需的原点条件。

(2)自动控制过程

在启动自动控制前，需要做一些准备工作，包括操作准备和程序准备。

① 操作准备　将手动/自动切换开关QS闭合，选择自动控制方式，图5-10中第16梯级中的X010常开触点闭合，为接通自动控制程序段做准备，第22梯级中的X010常闭触点断开，切断手动控制程序段。

② 程序准备　在启动自动控制前，第0梯级程序会检测原点条件，若满足原点条件，则辅助继电器线圈M0得电，第16梯级中的M0常开触点闭合，为接通自动控制程序段做准备。另外，当程序运行到M8002（触点利用型辅助继电器，只有触点没有线圈）时，M8002自动接通一个扫描周期，“SET S0”指令执行，将状态继电器S0置位，第16梯级中的S0常开触点闭合，也为接通自动控制程序段做准备。

③ 启动自动控制　按下启动按钮SB1→［16］X000常开触点闭合→状态继电器S20置位→［35］S20常开触点闭合→Y001线圈得电→Y001端子内硬触点闭合→KM1线圈得电→主电路中KM1主触点闭合（图5-8中未画出主电路部分）→电磁阀YV1线圈通电，阀门打开，注入A液体→当A液体高度到达液位传感器M位置时，传感器开关SQ2闭合→［37］X003常开触点闭合→状态继电器S21置位→［40］S21常开触点闭合，同时S20自动复位，［35］S20触点断开→Y002线圈得电，Y001线圈失电→电磁阀YV2阀门打开，注入B液体→当B液体高度到达液位传感器H位置时，传感器开关SQ3闭合→［42］X004常开触点闭合→状态继电器S22置位→［45］S22常开触点闭合，同时S21自动复位，［40］S21触点断开→Y004线圈得电，Y002线圈失电→搅拌电动机M运转，同时定时器T0开始20s计时→20s后，定时器T0动作→［50］T0常开触点闭合→状态继电器S23置位→［53］S23常开触点闭合→Y003线圈被置位→电磁阀YV3打开，C液体流出→当液体下降到液位传感器L位置时，传感器开关SQ1断开→［10］X002常开触点断开（在液体高于L位置时SQ1处于闭合状态）→下降沿脉冲会为继电器M1线圈接通一个扫描周期→［55］M1常开触点闭合→状态继电器S24置位→［58］S24常开触点闭合，同时［53］S23触点断开，由于Y003线圈是置位得电，故不会失电→［58］S24常开触点闭合后，定时器T1开始20s计时→20s后，［62］T1常开触点闭合，Y003线圈被复位→电磁阀YV3关闭，与此同时，S20线圈得电，［35］S20常开触点闭合，开始下一次自动控制。

④ 停止控制　在自动控制过程中，若按下停止按钮SB2→［6］X001常开触点闭合→［6］辅助继电器M2得电→［7］M2自锁触点闭合，锁定供电；［68］M2常闭触点断开，状态继电器S20无法得电，［16］S20常开触点断开；［64］M2常开触点闭合，当程序运行到［64］时，T1闭合，状态继电器S0得电，［16］S0常开触点闭合，但由于常开触点X000处于断开（SB1断开），状态继电器S20无法置位，［35］S20常开触点处于断开，自动控制程序段无法运行。

（3）手动控制过程

将手动/自动切换开关QS断开，选择手动控制方式→［16］X010常开触点断开，状态继电器S20无法置位，［35］S20常开触点断开，无法进入自动控制；［22］X010常闭触点闭合，接通手动控制程序→按下SB3，X011常开触点闭合，Y001线圈得电，电磁阀YV1打开，注入A液体→松开SB3，X011常闭触点断开，Y001线圈失电，电磁阀YV1关闭，停止注入A液体→按下SB4注入B液体，松开SB4停止注入B液体→按下SB5排出C液体，松开SB5停止排出C液体→按下SB6搅拌液体，松开SB5停止搅拌液体。

5.3 简易机械手的PLC控制系统开发实例

5.3.1 明确系统控制要求

简易机械手结构如图5-11所示。M1为控制机械手左右移动的电动机，M2为控制机械手上下升降的电动机，YV线圈用来控制机械手夹紧放松，SQ1为左到位检测开关，SQ2为右到位检测开关，SQ3为上到位检测开关，SQ4为下到位检测开关，SQ5为工件检测开关。

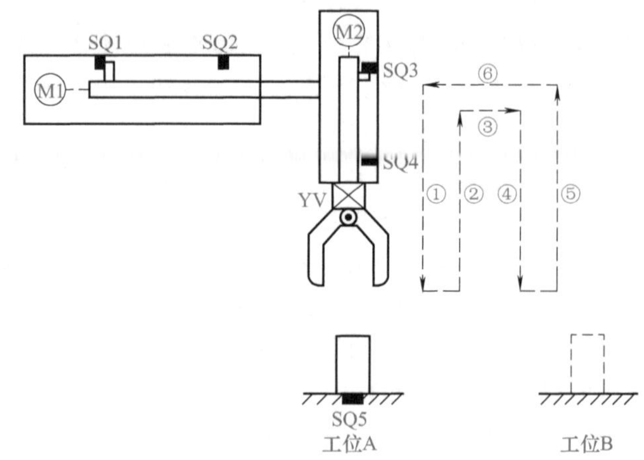

图5-11 简易机械手的结构

简易机械手控制要求如下。

① 机械手要将工件从工位A移到工位B处。

② 机械手的初始状态（原点条件）是机械手应停在工位A的上方，SQ1、SQ3均闭合。

③ 若原点条件满足且SQ5闭合（工件A处有工件），按下启动按钮，机械按“原点→下降→夹紧→上升→右移→下降→放松→上升→左移→原点停止”步骤工作。

5.3.2 确定输入/输出设备并分配合适的I/O端子

简易机械手控制需用到的输入/输出设备和对应的PLC端子见表5-2。

表5-2 简易机械手控制采用的输入/输出设备和对应的PLC端子

输入			输出		
输入设备	对应端子	功能说明	输出设备	对应端子	功能说明
SB1	X000	启动控制	KM1线圈	Y000	控制机械手右移
SB2	X001	停止控制	KM2线圈	Y001	控制机械手左移
SQ1	X002	左到位检测	KM3线圈	Y002	控制机械手下降
SQ2	X003	右到位检测	KM4线圈	Y003	控制机械手上升
SQ3	X004	上到位检测	KM5线圈	Y004	控制机械手夹紧
SQ4	X005	下到位检测			
SQ5	X006	工件检测			

5.3.3 绘制PLC控制线路图

图5-12为简易机械手的PLC控制线路图。

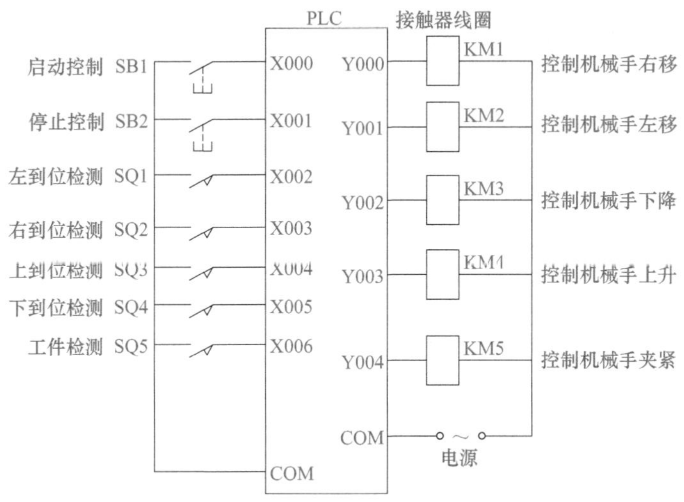

图5-12 简易机械手的PLC控制线路图

5.3.4 编写PLC控制程序

（1）绘制状态转移图

图5-13为简易机械手控制的状态转移图。

（2）编写梯形图程序

启动三菱编程软件，按照图5-13所示的状态转移图编写梯形图，编写完成的梯形图如图5-14所示。

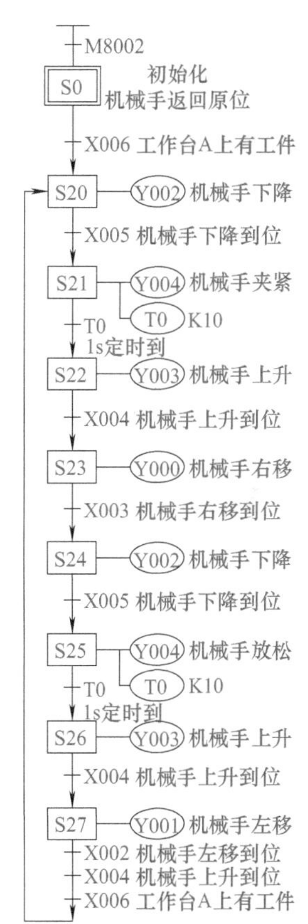

图5-13 简易机械手控制状态转移图

5.3.5 详解硬件线路和梯形图的工作原理

下面结合图5-12控制线路图和图5-14梯形图来说明简易机械手的工作原理。

武术运动员在表演武术时，通常会在表演场地某位置站立好，然后开始进行各种武术套路表演，表演结束后会收势成表演前的站立状态。同样地，大多数机电设备在工作前先要回到初始位置（相当于运动员的表演前的站立位置），然后在程序的控制下，机电设备开始各种操作，操作结束又会回到初始位置，机电设备的初始位置也称原点。

（1）初始化操作

当PLC通电并处于“RUN”状态时，程序会先进行初始化操作。程序运行时，M8002会接通一个扫描周期，线圈Y0～Y4先被ZRST指令（该指令的用法见第6章）批量复位，同时状态继电器S0被置位，[7] S0常开触点闭合，状态继电器S20～S30被ZRST指令批量复位。

（2）启动控制

① 原点条件检测。[13]～[28]之间为原点检测程序。按下启动按钮SB1，[3] X000常开触点闭合，辅助继电器M0线圈得电，M0自锁触点闭合，锁定供电，同时[19]

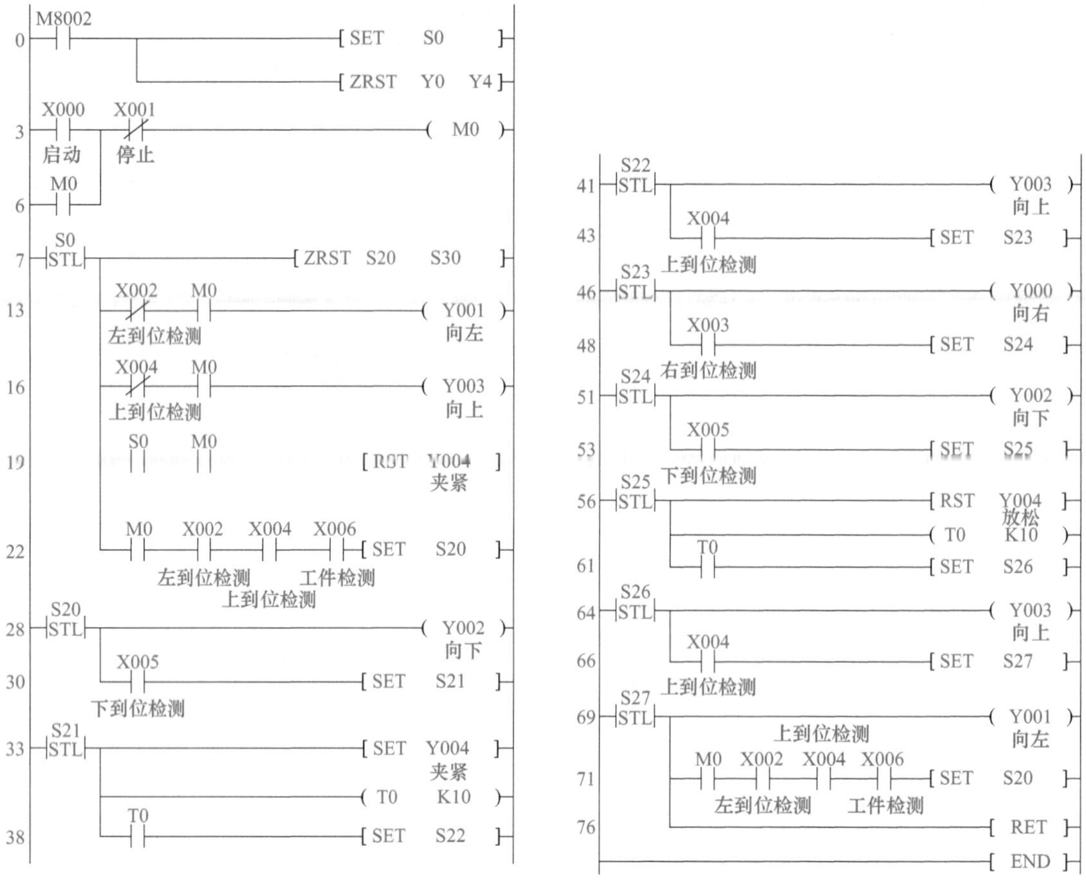

```
0   M8002 ─────────────────────────[SET S0]
          └────────────────────────[ZRST Y0 Y4]
3   X000 启动  X001 停止 ──────────( M0 )
6   M0
7   S0 STL ────────────────────────[ZRST S20 S30]
13      X002 左到位检测  M0 ───────( Y001 向左 )
16      X004 上到位检测  M0 ───────( Y003 向上 )
19      S0  M0 ────────────────────[RST Y004 夹紧]
22      M0  X002 左到位检测  X004 上到位检测  X006 工件检测 ──[SET S20]
28  S20 STL ───────────────────────( Y002 向下 )
30      X005 下到位检测 ───────────[SET S21]
33  S21 STL ───────────────────────[SET Y004 夹紧]
        ───────────────────────────( T0 K10 )
38      T0 ────────────────────────[SET S22]
41  S22 STL ───────────────────────( Y003 向上 )
43      X004 上到位检测 ───────────[SET S23]
46  S23 STL ───────────────────────( Y000 向右 )
48      X003 右到位检测 ───────────[SET S24]
51  S24 STL ───────────────────────( Y002 向下 )
53      X005 下到位检测 ───────────[SET S25]
56  S25 STL ───────────────────────[RST Y004 放松]
        ───────────────────────────( T0 K10 )
61      T0 ────────────────────────[SET S26]
64  S26 STL ───────────────────────( Y003 向上 )
66      X004 上到位检测 ───────────[SET S27]
69  S27 STL ───────────────────────( Y001 向左 )
71      M0  X002 左到位检测  X004 上到位检测  X006 工件检测 ──[SET S20]
76  ───────────────────────────────[RET]
    ───────────────────────────────[END]
```

图5-14 简易机械手控制梯形图

M0常开触点闭合，Y004线圈复位，接触器KM5线圈失电，机械手夹紧线圈失电而放松，另外［13］、［16］、［22］M0常开触点也均闭合。若机械手未左到位，开关SQ1闭合，［13］X002常闭触点闭合，Y001线圈得电，接触器KM1线圈得电，通过电动机M1驱动机械手右移，右移到位后SQ1断开，［13］X002常闭触点断开；若机械手未上到位，开关SQ3闭合，［16］X004常闭触点闭合，Y003线圈得电，接触器KM4线圈得电，通过电动机M2驱动机械手上升，上升到位后SQ3断开，［13］X004常闭触点断开。如果机械手左到位、上到位且工位A有工件（开关SQ5闭合），则［22］X002、X004、X006常开触点均闭合，状态继电器S20被置位，［28］S20常开触点闭合，开始控制机械手搬运工件。

② 机械手搬运工件控制。［28］S20常开触点闭合→Y002线圈得电，KM3线圈得电，通过电动机M2驱动机械手下移，当下移到位后，下到位开关SQ4闭合，［30］X005常开触点闭合，状态继电器S21被置位→［33］S21常开触点闭合→Y004线圈被置位，接触器KM5线圈得电，夹紧线圈得电将工件夹紧，与此同时，定时器T0开始1s计时→1s后，［38］T0常开触点闭合，状态继电器S22被置位→［41］S22常开触点闭合→Y003线圈得电，KM4线圈得电，通过电动机M2驱动机械手上移，当上移到位后，开关SQ3闭合，［43］X004常开触点闭合，状态继电器S23被置位→［46］S23常开触点闭合→Y000线圈得电，KM1线圈得电，通过电动机M1驱动机械手右移，当右移到位后，开关SQ2闭合，［48］X003常开触点闭合，状态继电器S24被置位→［51］S24常开触点闭合→Y002线圈得电，

KM3线圈得电，通过电动机M2驱动机械手下降，当下降到位后，开关SQ4闭合，[53] X005常开触点闭合，状态继电器S25被置位→ [56]S25常开触点闭合→Y004线圈被复位，接触器KM5线圈失电，夹紧线圈失电将工件放下，与此同时，定时器T0开始1s计时→1s后，[61] T0常开触点闭合，状态继电器S26被置位→ [64] S26常开触点闭合→Y003线圈得电，KM4线圈得电，通过电动机M2驱动机械手上升，当上升到位后，开关SQ3闭合，[66] X004常开触点闭合，状态继电器S27被置位→ [69] S27常开触点闭合→Y001线圈得电，KM2线圈得电，通过电动机M1驱动机械手左移，当左移到位后，开关SQ1闭合，[71] X002常开触点闭合，如果上到位开关SQ3和工件检测开关SQ5均闭合，则状态继电器S20被置位→ [28] S20常开触点闭合，开始下一次工件搬运。若工位A无工件，SQ5断开，机械手会停在原点位置。

（3）停止控制

按下停止按钮SB2→ [3]X001常闭触点断开→辅助继电器M0线圈失电→ [6]、[13]、[16]、[19]、[22]、[71] M0常开触点均断开，其中 [6] M0常开触点断开解除M0线圈供电，其他M0常开触点断开使状态继电器S20无法置位，[28] S20步进触点无法闭合，[28] ～ [76] 之间的程序无法运行，机械手不工作。

5.4 大小铁球分拣机的PLC控制系统开发实例

5.4.1 明确系统控制要求

大小铁球分拣机结构如图5-15所示。M1为传送带电动机，通过传送带驱动机械手臂左向或右向移动；M2为电磁铁升降电动机，用于驱动电磁铁YA上移或下移；SQ1、SQ4、SQ5分别为混装球箱、小球球箱、大球球箱的定位开关，当机械手臂移到某球箱上方时，相应的定位开关闭合；SQ6为接近开关，当铁球靠近时开关闭合，表示电磁铁下方有球存在。

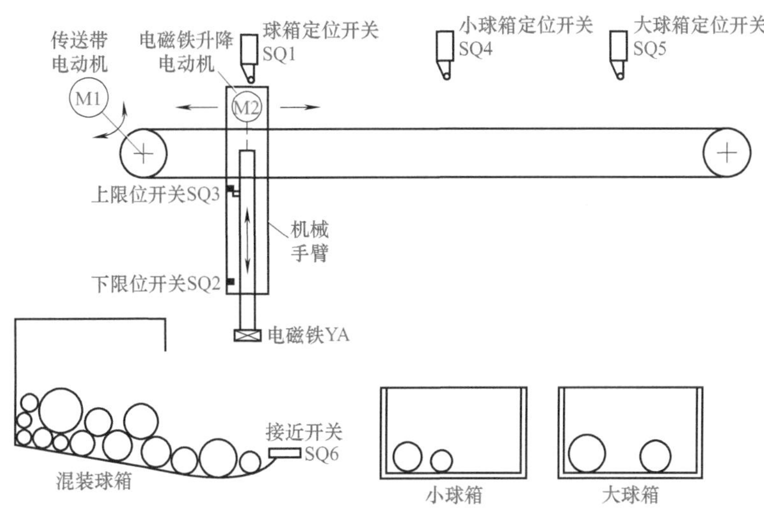

图5-15 大小铁球分拣机的结构

大小铁球分拣机控制要求及工作过程如下。

① 分拣机要从混装球箱中将大小球分拣出来，并将小球放入小球箱内，大球放入大球箱内。

② 分拣机的初始状态（原点条件）是机械手臂应停在混装球箱上方，SQ1、SQ3均闭合。

③ 在工作时，若SQ6闭合，则电动机M2驱动电磁铁下移，2s后，给电磁铁通电从混装球箱中吸引铁球，若此时SQ2处于断开，表示吸引的是大球，若SQ2处于闭合，则吸引的是小球，然后电磁铁上移，SQ3闭合后，电动机M1带动机械手臂右移，如果电磁铁吸引的为小球，机械手臂移至SQ4处停止，电磁铁下移，将小球放入小球箱（让电磁铁失电），而后电磁铁上移，机械手臂回归原位，如果电磁铁吸引的是大球，机械手臂移至SQ5处停止，电磁铁下移，将小球放入大球箱，而后电磁铁上移，机械手臂回归原位。

5.4.2 确定输入/输出设备并分配合适的I/O端子

大小铁球分拣机控制系统用到的输入/输出设备和对应的PLC端子见表5-3。

表5-3 大小铁球分拣机控制采用的输入/输出设备和对应的PLC端子

输入			输出		
输入设备	对应端子	功能说明	输出设备	对应端子	功能说明
SB1	X000	启动控制	HL	Y000	工作指示
SQ1	X001	混装球箱定位	KM1线圈	Y001	电磁铁上升控制
SQ2	X002	电磁铁下限位	KM2线圈	Y002	电磁铁下降控制
SQ3	X003	电磁铁上限位	KM3线圈	Y003	机械手臂左移控制
SQ4	X004	小球球箱定位	KM4线圈	Y004	机械手臂右移控制
SQ5	X005	大球球箱定位	KM5线圈	Y005	电磁铁吸合控制
SQ6	X006	铁球检测			

5.4.3 绘制PLC控制线路图

图5-16为大小铁球分拣机的PLC控制线路图。

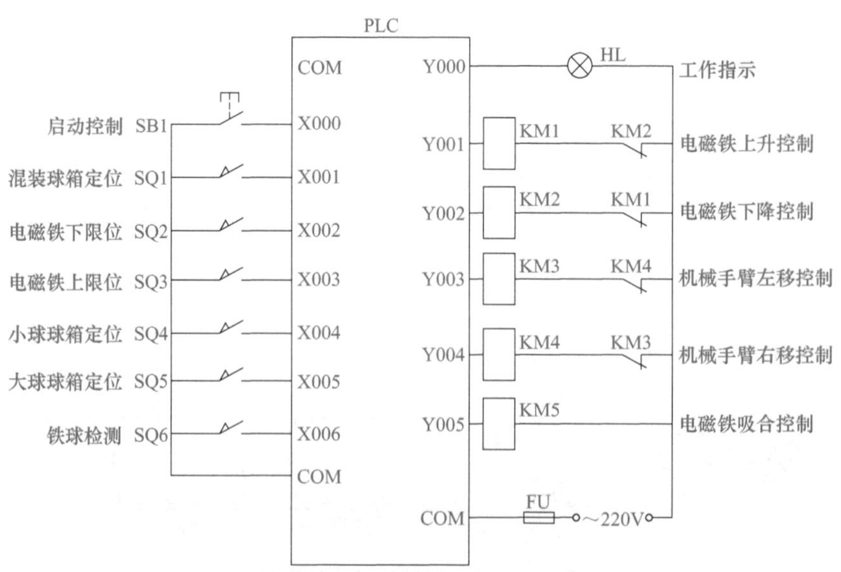

图5-16 大小铁球分拣机的PLC控制线路图

5.4.4 编写PLC控制程序

（1）绘制状态转移图

分拣机拣球时抓的可能为大球，也可能为小球，若抓的为大球则执行抓取大球控制，若抓的为小球则执行抓取小球控制，这是一种选择性控制，编程时应采用选择性分支方式。图5-17为大小铁球分拣机控制的状态转移图。

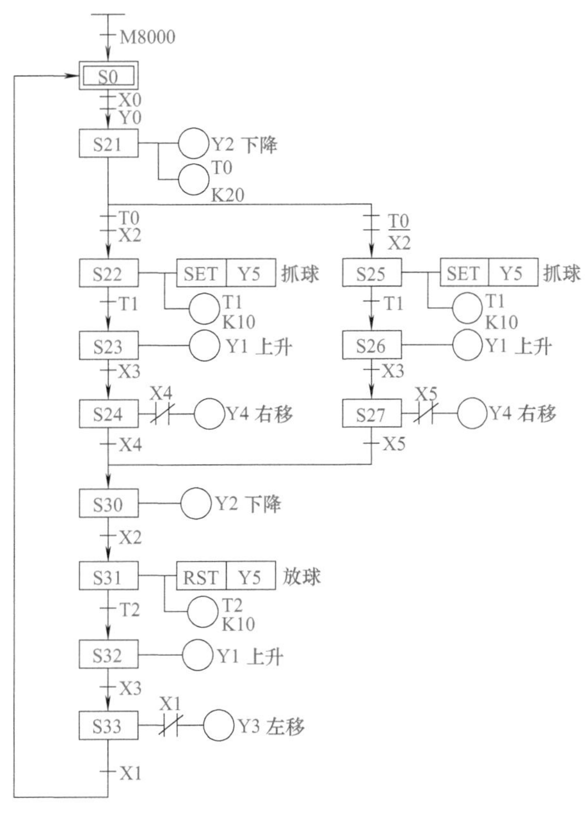

图5-17 大小铁球分拣机控制的状态转移图

（2）编写梯形图程序

启动三菱编程软件，根据图5-17所示的状态转移图编写梯形图，编写完成的梯形图如图5-18所示。

5.4.5 详解硬件线路和梯形图的工作原理

下面结合图5-15分拣机结构图、图5-16控制线路图和图5-18梯形图来说明分拣机的工作原理。

（1）检测原点条件

图5-18梯形图中的第0梯级程序用来检测分拣机是否满足原点条件。分拣机的原点条件有：一，机械手臂停止混装球箱上方（会使定位开关SQ1闭合，[0] X001常开触点闭合）；二，电磁铁处于上限位位置（会使上限位开关SQ3闭合，[0] X003常开触点闭合）；三，电磁铁未通电（Y005线圈无电，电磁铁也无供电，[0] Y005常闭触点闭合）；四，有铁球处于电磁铁正下方（会使铁球检测开关SQ6闭合，[0] X006常开触点闭合）。这四点都满足后，[0] Y000线圈得电，[8] Y000常开触点闭合，同时Y000端子的内硬触点接通，指示灯HL亮，HL不亮，说明原点条件不满足。

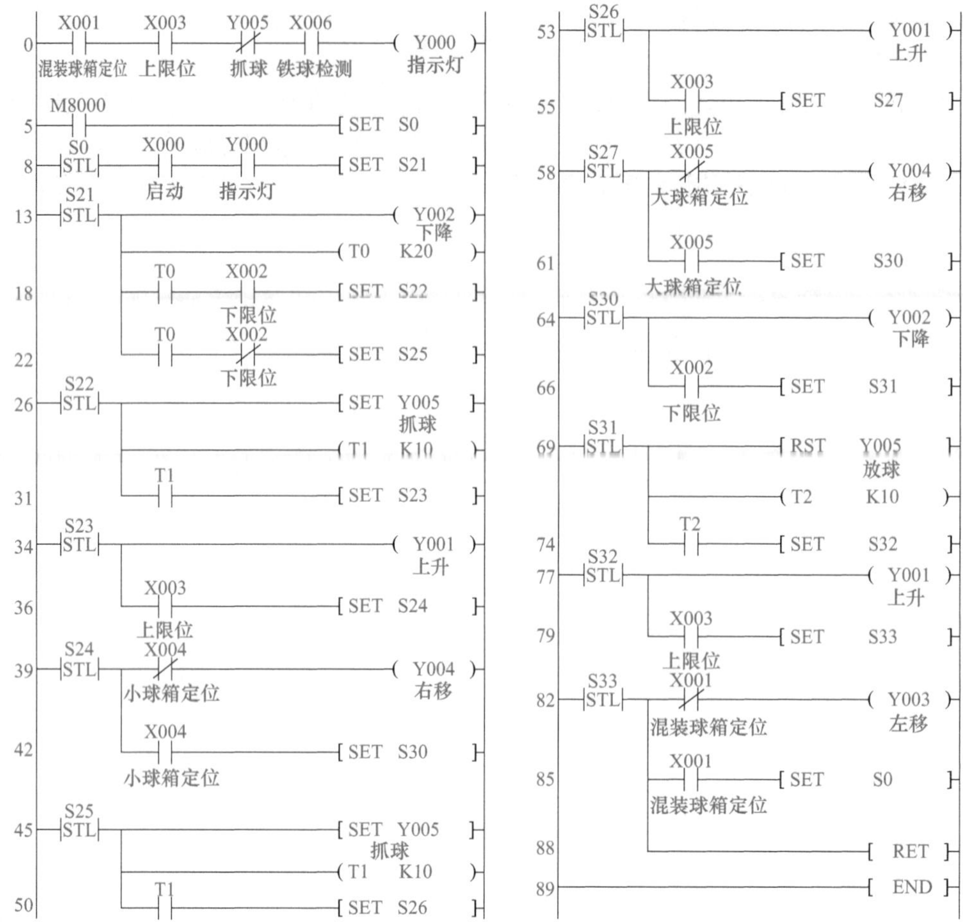

图5-18　大小铁球分拣机控制的梯形图

（2）工作过程

M8000为运行监控辅助继电器，只有触点无线圈，在程序运行时触点一直处于闭合状态，M8000闭合后，初始状态继电器S0被置位，[8] S0常开触点闭合。

按下启动按钮SB1→[8] X000常开触点闭合→状态继电器S21被置位→[13] S21常开触点闭合→[13] Y002线圈得电，通过接触器KM2使电动机M2驱动电磁铁下移，与此同时，定时器T0开始2s计时→2s后，[18]和[22] T0常开触点均闭合，若下限位开关SQ2处于闭合，表明电磁铁接触为小球，[18] X002常开触点闭合，[22] X002常闭触点断开，状态继电器S22被置位，[26] S22常开触点闭合，开始抓小球控制程序，若下限位开关SQ2处于断开，表明电磁铁接触为大球，[18] X002常开触点断开，[22] X002常闭触点闭合，状态继电器S25被置位，[45] S25常开触点闭合，开始抓大球控制程序。

① 小球抓取过程　[26] S22常开触点闭合后，Y005线圈被置位，通过KM5使电磁铁通电抓取小球，同时定时器T1开始1s计时→1s后，[31] T1常开触点闭合，状态继电器S23被置位→[34] S23常开触点闭合，Y001线圈得电，通过KM1使电动机M2驱动电磁铁上升→当电磁铁上升到位后，上限位开关SQ3闭合，[36] X003常开触点闭合，状态继电器S24被置位→[39] S24常开触点闭合，Y004线圈得电，通过KM4使电动机M1驱动机械手臂右移→当机械手臂移到小球箱上方时，小球箱定位开关SQ4闭合→[39] X004常

闭触点断开，Y004线圈失电，机械手臂停止移动，同时［42］X004常开触点闭合，状态继电器S30被置位，［64］S30常开触点闭合，开始放球过程。

② 放球并返回过程 ［64］S30常开触点闭合后，Y002线圈得电，通过KM2使电动机M2驱动电磁铁下降，当下降到位后，下限位开关SQ2闭合→［66］X002常开触点闭合，状态继电器S31被置位→［69］S31常开触点闭合→Y005线圈被复位，电磁铁失电，将球放入球箱，与此同时，定时器T2开始1s计时→1s后，［74］T2常开触点闭合，状态继电器S32被置位→［77］S32常开触点闭合→Y001线圈得电，通过KM1使电动机M2驱动电磁铁上升→当电磁铁上升到位后，上限位开关SQ3闭合，［79］X003常开触点闭合，状态继电器S33被置位→［82］S33常开触点闭合→Y003线圈得电，通过KM3使电动机M1驱动机械手臂左移→当机械手臂移到混装球箱上方时，混装球箱定位开关SQ1闭合→［82］X001常闭触点断开，Y003线圈失电，电动机M1停转，机械手臂停止移动，与此同时，［85］X001常开触点闭合，状态继电器S0被置位，［8］S0常开触点闭合，若按下启动按钮SB1，则开始下一次抓球过程。

③ 大球抓取过程 ［45］S25常开触点闭合后，Y005线圈被置位，通过KM5使电磁铁通电抓取大球，同时定时器T1开始1s计时→1s后，［50］T1常开触点闭合，状态继电器S26被置位→［53］S26常开触点闭合，Y001线圈得电，通过KM1使电动机M2驱动电磁铁上升→当电磁铁上升到位后，上限位开关SQ3闭合，［55］X003常开触点闭合，状态继电器S27被置位→［58］S27常开触点闭合，Y004线圈得电，通过KM4使电动机M1驱动机械手臂右移→当机械手臂移到大球箱上方时，大球箱定位开关SQ5闭合→［58］X005常闭触点断开，Y004线圈失电，机械手臂停止移动，同时［61］X005常开触点闭合，状态继电器S30被置位，［64］S30常开触点闭合，开始放球过程。大球的放球与返回过程与小球完全一样，不再叙述。

5.5 交通信号灯的PLC控制系统开发实例

在第4章介绍了用普通指令编程对交通信号灯进行简单控制，下面介绍一种较完善的采用步进指令的交通信号灯控制系统。

5.5.1 明确系统控制要求

系统要求对交通信号灯能进行自动和手动控制。

（1）自动控制要求

自动控制分白天（6：00—23：00）和晚上（23：00—6：00）。

白天控制时序如图5-19所示，南北红灯亮30s，在南北红灯亮30s的时间里，东西绿灯先亮25s再以1次/s频率闪烁3次，接着东西黄灯亮2s，30s后南北红灯熄灭，熄灭时间维持30s，在这30s时间里，东西红灯一直亮，南北绿灯先亮25s，然后以1次/s频率闪烁3次，接着南北黄灯亮2s。以后重复前述过程。

晚上的控制要求是所有红绿灯熄灭，只有黄灯闪烁。

（2）手动控制要求

在紧急情况下，可以采用手动方式强制东西或南北方向通行，即强行让东西或南北绿灯亮。

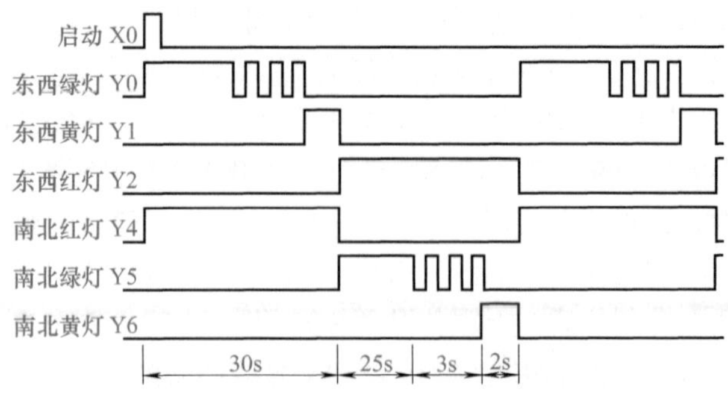

图5-19 交通信号灯的白天控制时序

5.5.2 确定输入/输出设备并分配合适的I/O端子

交通信号灯控制需用到的输入/输出设备和对应的PLC端子见表5-4。

表5-4 交通信号灯控制采用的输入/输出设备和对应的PLC端子

输入			输出		
输入设备	对应端子	功能说明	输出设备	对应端子	功能说明
SA1	X000	手动/自动选择（ON：手动；OFF：自动）	南北红灯	Y004	驱动南北红灯亮
SA2	X001	强制通行控制	南北绿灯	Y005	驱动南北绿灯亮
			南北黄灯	Y006	驱动南北黄灯亮
			东西红灯	Y002	驱动东西红灯亮
			东西绿灯	Y000	驱动东西绿灯亮
			东西黄灯	Y001	驱动东西黄灯亮

5.5.3 绘制PLC控制线路图

图5-20为交通信号灯的PLC控制线路图。

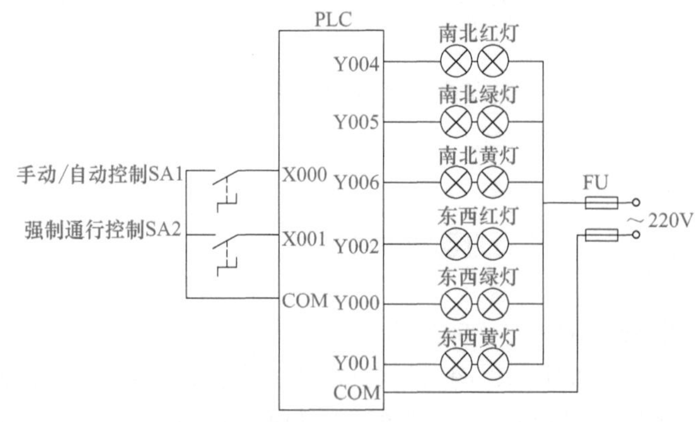

图5-20 交通信号灯的PLC控制线路图

5.5.4 编写PLC控制程序

（1）绘制状态转移图

在控制交通信号灯时，要求南北信号灯和东西信号灯同时工作，这是一种并行控制，编程时应采用并行分支方式。图5-21为交通信号灯控制的状态转移图。

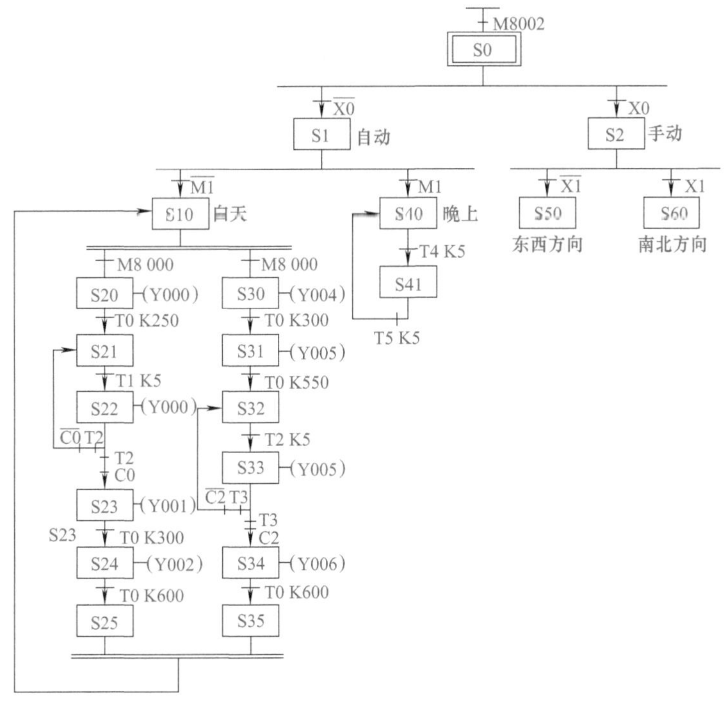

图5-21　交通信号灯控制的状态转移图

（2）编写梯形图程序

启动三菱编程软件，按照图5-21所示的状态转移图编写梯形图，编写完成的梯形图如图5-22所示。

5.5.5　详解硬件线路和梯形图的工作原理

下面对照图5-20控制线路图和图5-22梯形图来说明交通信号灯的控制原理。

交通信号灯控制分自动和手动两种方式，工作在哪种方式由开关SA1决定，SA1断开为自动控制方式，SA1闭合为手动控制方式。自动控制分白天控制和晚上控制，手动控制用于实现东西方向或南北方向强制通行。

（1）自动控制过程

① 检测白天和晚上　图5-22梯形图中的第0～11梯级之间的程序用来检测当前时间，以分辨当前为白天还是晚上。D8015为数据寄存器，存储当前时间的小时值，其值随PLC时间变化而变化。当D8015的值大于或等于23，或者小于6时，说明当前时间为晚上，否则为白天。若程序检测到当前时间为晚上，则为辅助继电器M1线圈接通电源，在白天M1无法得电。

② 白天控制过程　在程序运行时，[0]～[11]段程序检测当前时间为白天，M1线圈不得电，[11] S20常开触点断开，M0线圈不会置位，由于SA1处于断开状态，[14] X000常开触点断开，M0线圈不会复位，[19] M0常开触点处于断开，定时器T0无法进行60s计时。当程序运行到[24]时，M8002辅助继电器触点接通一个扫描周期，使状态继电器S0置位，同时状态继电器S10～S60和输出线圈Y000～Y015全部被复位（ZRST为成批复位指令）。[24]～[49]之间为初始化程序，在程序执行到M8002时，或者

SA1、SA2、M1断开或接通时，均会进行初始化操作，即将S0置位，将S10～S60和Y000～Y015全部复位。状态继电器S0置位后，[49] S0常开触点闭合，由于开关SA1处于断开，[53]X000常开触点断开，[49]X000常闭触点闭合，状态继电器S1被置位→[56] S1常开触点闭合，状态继电器S10被置位→[66] S10常开触点闭合，因M8000触点在程序运行时总是闭合的，故状态继电器S20和S30同时都被置位→[11] S20常开触点闭合，辅助继电器M0被置位，[19] M0常开触点闭合，定时器T0开始60s计时，与此同时，[73] S20常开触点闭合，[126] S30常开触点闭合，同时开始东西、南北交通灯控制。

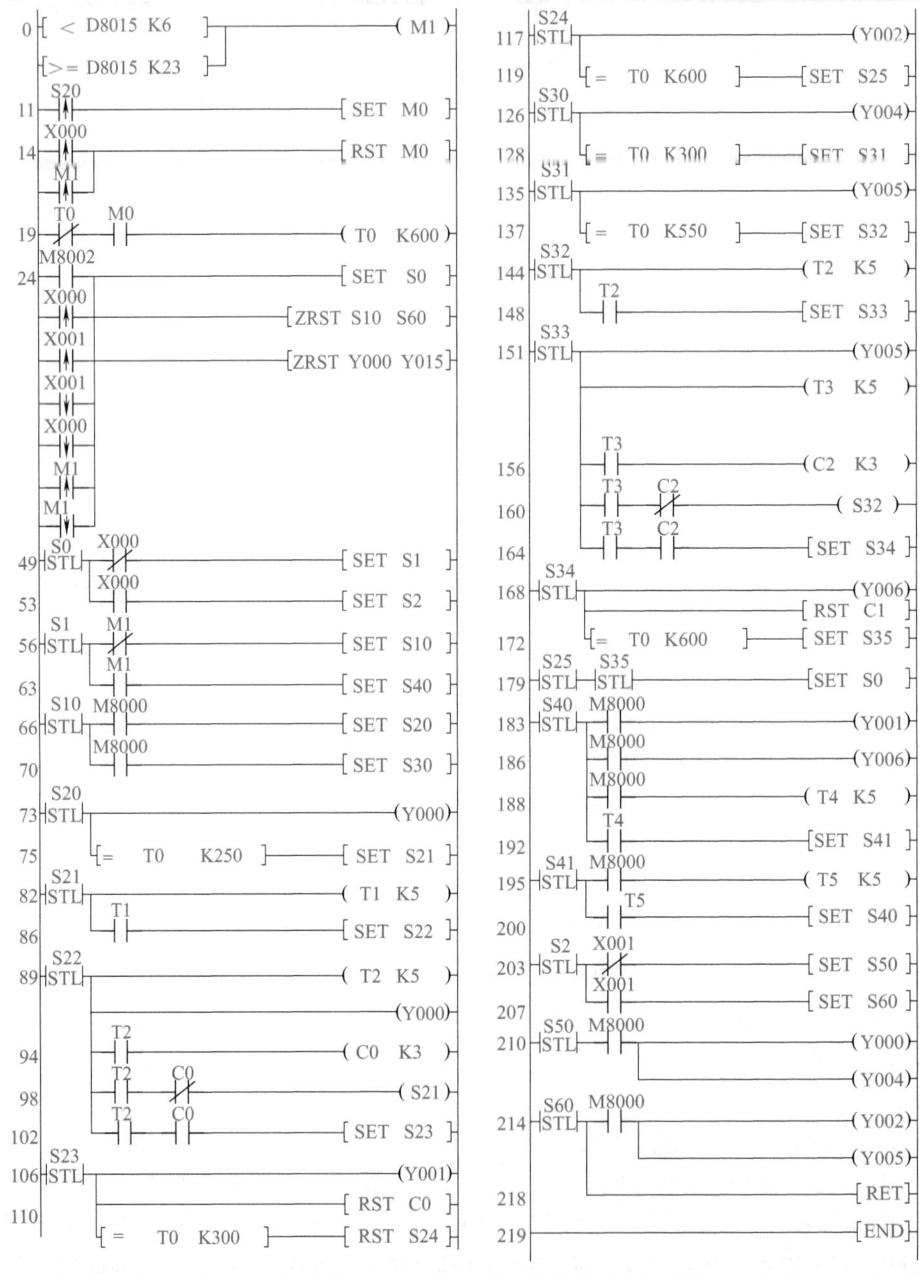

图5-22　交通信号灯控制的梯形图

a.东西交通灯控制。[73] S20常开触点闭合后→Y000线圈得电，Y000端子内硬触点闭合，东西绿灯亮→当定时器T0计时到25s时，状态继电器S21置位→[82] S21常开触点闭合，定时器T1开始0.5s计时（由于此时[73] S20已复位断开，Y000线圈失电，东西绿灯熄灭0.5s）→0.5s后，[86] T1常开触点闭合，状态继电器S22被置位→[89] S22常开触点闭合，Y000线圈又得电，东西绿灯亮，与此同时，定时器T2开始0.5s计时→0.5s后，[94]、[98]、[102] T2常开触点均闭合→[94] T2常开触点闭合使计数器C0的计数值为1，[98] T2常开触点闭合使状态继电器S21线圈得电→[82] S21常开触点闭合，定时器T1又开始0.5s计时，这样[82]～[98]段程序会执行3次，即东西绿灯会闪烁3次（3s），当第3次执行到[94]程序时，计数器C0的计数值为3，计数器C0动作→[98] C0常闭触点断开，状态继电器S21失电，[102]C0常开触点闭合，状态继电器S23被置位→[106] S23常开触点闭合，Y001线圈得电，东西黄灯亮，同时计数器C0被复位→当定时器T0计时到30s时，状态继电器S24被置位→[106] S23常开触点复位断开，Y001线圈失电，东西黄灯灭，同时[117] S24常开触点闭合，Y002线圈得电，东西红灯亮→当定时器T0计时到60s时（东西红灯亮30s），状态继电器S25被置位→[179] S25常开触点闭合，如果此时南北灯控制程序使[179] S35常开触点闭合（即[172]状态继电器S35被置位），则状态继电器S0被置位→[49] S0常开触点闭合，开始下一个周期交通信号灯控制。

b.南北信号灯控制。[126] S30常开触点闭合→Y004线圈得电，南北红灯亮→当定时器T0计时到30s时，状态继电器S31置位→[126] S30常开触点复位断开，Y004线圈失电，南北灯灭，同时Y005线圈得电，南北绿灯亮→当定时器T0计时到55s时，状态继电器S32被置位→[144] S32常开触点闭合，定时器T2开始0.5s计时→0.5s后，[148] T2常开触点闭合，状态继电器S33被置位→[151] S33常开触点闭合，Y005线圈又得电，南北绿灯又亮，与此同时，定时器T3开始0.5s计时→0.5s后，[156]、[160]、[164] T3常开触点均闭合→[156] T3常开触点闭合使计数器C2的计数值为1，[160] T3常开触点闭合将状态继电器S32置位→[144]S32常开触点闭合，定时器T2又开始0.5s计时，这样[144]～[160]段程序会执行3次，即南北绿灯会闪烁3次（3s），当第3次执行到[156]程序时，计数器C2的计数值为3，计数器C2动作→[160] C2常闭触点断开，状态继电器S32失电，[164] C2常开触点闭合，状态继电器S34被置位→[151] S33常开触点复位断开，Y005线圈失电，南北绿灯灭，同时[168] S34常开触点闭合，Y006线圈得电，南北黄灯亮，计数器C1复位→当定时器T0计时到60s时，状态继电器S35被置位→[179] S35常开触点闭合，如果此时东西灯控制程序使[179] S25常开触点闭合则状态继电器S0被置位→[49] S0常开触点闭合，开始下一个周期交通信号灯控制。

③ 晚上控制过程　当[0]～[11]段程序检测到当前时间为晚上（23：00～6：00）时，辅助继电器M1线圈得电→[15] M1常开触点瞬间闭合一个扫描周期，辅助继电器M0被复位，[19] M0常开触点断开，定时器T0停止60s计时，白天控制程因为60s参考时间而无法工作；与此同时，[56] M1常闭触点也断开，[63] M1常开触点闭合，状态继电器S40被置位→[183] S40常开触点闭合→Y001、Y006线圈得电，东西和南北黄灯均亮，同时定时器T4开始0.5s计时→0.5s后，状态继电器S41被置位，[195] S41常开触点闭合（同时[183]触点复位断开使东西和南北灯灭），定时器T5开始0.5s计时→0.5s后，状态继电器S40被置位→[183] S40常开触点闭合，又开始重复上述过程。即在晚上时间，东西和南北灯都以0.5s亮0.5s灭的频率闪烁。

（2）手动控制过程

将开关SA1闭合时，程序将工作在手动控制状态，而操作开关SA2可以实现东西或南北强制通行（即强行让东西或南北绿灯亮），SA2断开时，强制让东西绿灯亮，SA2闭合则强制南北绿灯亮。

当开关SA1闭合时，［14］X000常开触点瞬间闭合一个扫描周期，辅助继电器M0被置位，［19］M0常开触点断开，定时器T0停止60s计时，在［14］X000触点闭合的同时，［49］X000常闭触点断开，［53］X000常开触点闭合，状态继电器S2被置位→［203］S2常开触点闭合。如果开关SA2处于断开，［203］X001常闭触点闭合，［207］X001常开触点断开，状态继电器S50被置位，［210］S50常开触点闭合，Y000、Y004线圈得电，东西绿灯亮，强制东西方向通行。如果开关SA2处于闭合，［203］X001常闭触点断开，［207］X001常开触点闭合，状态继电器S60被置位，［214］S60常开触点闭合，Y002、Y005线圈得电，南北绿灯亮，强制南北方向通行。

第6章 应用指令使用详解

PLC的指令分为基本应用指令、步进指令和功能指令（又称应用指令）。基本应用指令和步进指令的操作对象主要是继电器、定时器和计数器类的软元件，用于替代继电器控制线路进行顺序逻辑控制。为了适应现代工业自动控制需要，现在的PLC都增加一些应用指令，应用指令使PLC具有很强大的数据运算和特殊处理功能，从而大大扩展了PLC的使用范围。

6.1 应用指令的格式与规则

6.1.1 应用指令的格式

应用指令由功能助记符、功能号和操作数等组成。应用指令的格式如下（以平均值指令为例）：

指令名称	助记符	功能号	操作数		
			源操作数（S）	目标操作数（D）	其他操作数（n）
平均值指令	MEAN	FNC45	KnX KnY KnS KnM T、C、D	KnX KnY KnS KnM T、C、D、V、Z	Kn、Hn n=1～64

应用指令格式说明如下。

① 助记符：用来规定指令的操作功能，一般由字母（英文单词或单词缩写）组成。上面的“MEAN”为助记符，其含义是对操作数取平均值。

② 功能号：它是应用指令的代码号，每个应用指令都有自己的功能号，如MEAN指令的功能号为FNC45，在编写梯形图程序，如果要使用某应用指令，须输入该指令的助记符，而采用手持编程器编写应用指令时，要输入该指令的功能号。

③ 操作数：又称操作元件，通常由源操作数［S］、目标操作数［D］和其他操作数［n］组成。

操作数中的K表示十进制数，H表示十六制数，n为常数，X为输入继电器，Y为输出继电器、S为状态继电器，M为辅助继电器，T为定时器，C为计数器，D为数据寄存器，V、

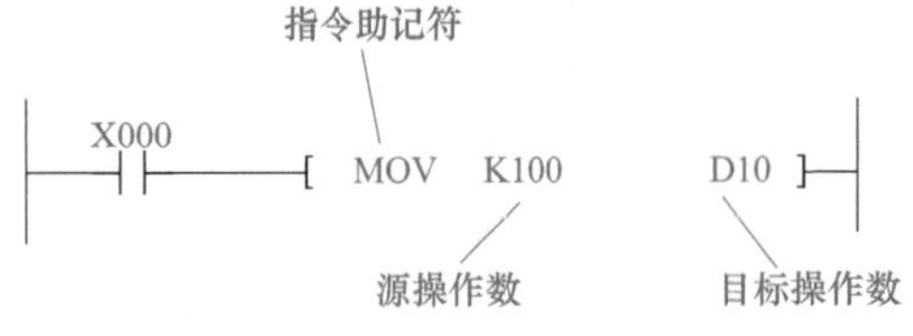

图6-1 应用指令格式说明

Z为变址寄存器。

如果源操作数和目标操作数不止一个，可分别用［S1］、［S2］、［S3］和［D1］、［D2］、［D3］表示。

举例：在图6-1中，指令的功能是在常开触点X000闭合时，将十进制数100送入数据寄存器D10中。

6.1.2 应用指令的规则

（1）指令执行形式

三菱FX系列PLC的应用指令有连续执行型和脉冲执行型两种形式。图6-2（a）中的MOV为连续执行型应用指令，当常开触点X000闭合后，［MOV D10 D12］指令在每个扫描周期都被重复执行。图6-2（b）中的MOVP为脉冲执行型应用指令（在MOV指令后加P表示脉冲执行），［MOVP D10 D12］指令仅在X000由断开转为闭合瞬间执行（闭合后不执行）。

X000 ［MOV D10 D12］

(a) 连续执行型

X000 ［MOVP D10 D12］

(b) 脉冲执行型

图6-2 两种执行形式的应用指令

（2）数据长度

应用指令可处理16位和32位数据。

① 16位数据　数据寄存器D和计数器C0～C199存储的为16位数据，16位数据结构如图6-3所示，其中最高位为符号位，其余为数据位，符号位的功能是指示数据位的正负，符号位为0表示数据位的数据为正数，符号位为1表示数据为负数。

图6-3 16位数据的结构

② 32位数据　一个数据寄存器可存储16位数据，相邻的两个数据寄存器组合起来可以存储32位数据。32位数据结构如图6-4所示。

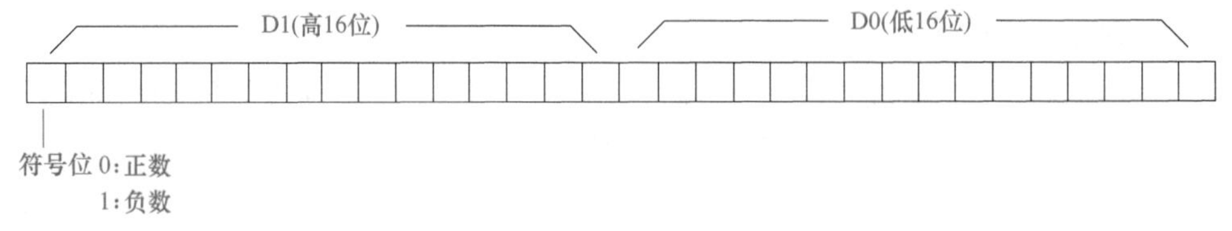

图6-4 32位数据的结构

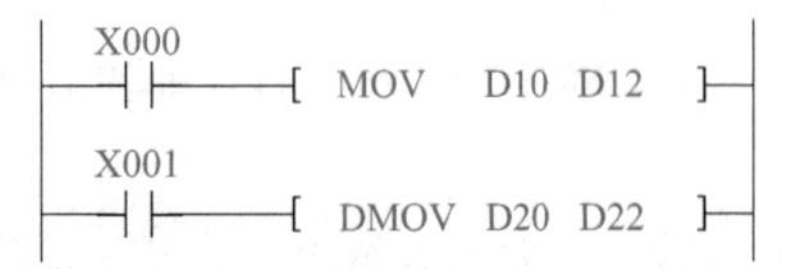

图6-5 16位和32位数据执行指令使用说明

在应用指令前加D表示其处理数据为32位，在图6-5中，当常开触点X000闭合时，MOV指令执行，将数据寄存器D10中的16位数据送入数据寄存器D12，当常开触点X001闭合时，

DMOV指令执行，将数据寄存器D20和D21中的16位数据拼成32位送入数据寄存器D22和D23，其中D20→D22，D21→D23。脉冲执行符号P和32位数据处理符号D可同时使用。

③ 字元件和位元件　字元件是指处理数据的元件，如数据寄存器和定时器、计数器都为字元件。位元件是指只有断开和闭合两种状态的元件，如输入继电器X、输出继电器Y、辅助继电器M和状态继电器S都为位元件。

多个位元件组合可以构成字元件，位元件在组合时通常4个元件组成一个单元，位元件组合可用Kn加首元件来表示，n为单元数，例如K1M0表示M0～M3四个位元件组合，K4M0表示位元件M0～M15组合成16位字元件（M15为最高位，M0为最低位），K8M0表示位元件M0～M31组合成32位字元件。其他的位元件组成字元件如K4X0、K2Y10、K1S10等。

在进行16位数据操作时，n在1～3之间，参与操作的位元件只有4～12位，不足的部分用0补足，因最高位只能为0，所以意味着只能处理正数。在进行32位数据操作时，n在1～7之间，参与操作的位元件有4～28位，不足的部分用0补足。在采用“Kn+首元件编号”方式组合成字元件时，首元件可以任选，但为了避免混乱，通常选尾数为0的元件作首元件，如M0、M10、M20等。

不同长度的字元件在进行数据传递时，一般按以下规则：

a.长字元件→短字元件传递数据，长字元件低位数据传送给短字元件。

b.短字元件→长字元件传递数据，短字元件数据传送给长字元件低位，长字元件高位全部变为0。

（3）变址寄存器

三菱FX系列PLC有V、Z两种16位变址寄存器，它可以像数据寄存器一样进行读写操作。变址寄存器V、Z编号分别为V0～V7、Z0～Z7，常用在传送、比较指令中，用来修改操作对象的元件号，例如在图6-6（a）梯形图中，如果V0=18（即变址寄存器V中存储的数据为18）、Z0=20，那么D2V0表示D（2+V0）=D20，D10Z0表示D（10+Z0）=D30，指令执行的操作是将数据寄存器D20中数据送入D30中，因此图6-6两个梯形图的功能是等效的。

变址寄存器可操作的元件有输入继电器X、输出继电器Y、辅助继电器M、状态继电器S、指针P和由位元件组成的字元件的首元件，如KnM0Z，但变址寄存器不能改变*n*的值，如K2ZM0是错误的。利用变址寄存器在某些方面可以使编程简化。图6-7中的程序采用了变址寄存器，在常开触点X000闭合时，先分别将数据6送入变址寄存器V0和Z0，然后将数据寄存器D6中的数据送入D16。

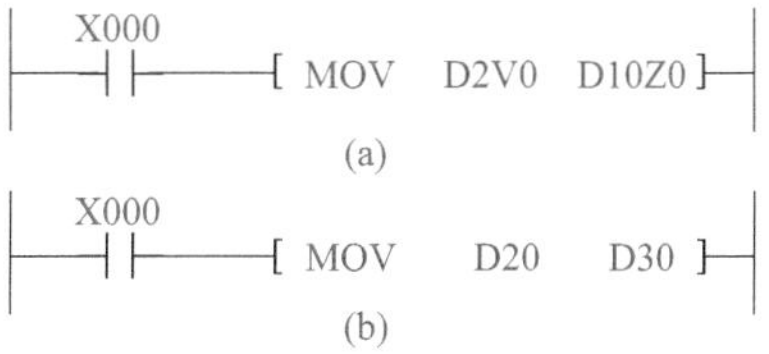

```
 X000
─┤ ├──────[ MOV   D2V0   D10Z0 ]─
              (a)
 X000
─┤ ├──────[ MOV   D20    D30   ]─
              (b)
```

图6-6　变址寄存器的使用说明一

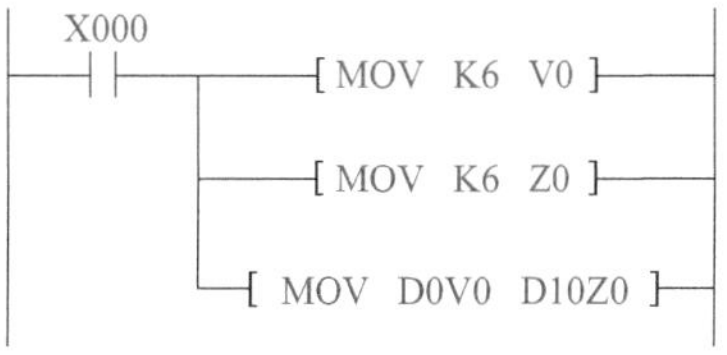

```
 X000
─┤ ├──┬──────[ MOV  K6  V0 ]───
      ├──────[ MOV  K6  Z0 ]───
      └───[ MOV  D0V0  D10Z0 ]─
```

图6-7　变址寄存器的使用说明二

6.2 应用指令使用详解

三菱FX PLC可分为一代机（FX_{1S}、FX_{1N}、FX_{1NC}）、二代机（FX_{2N}、FX_{2NC}）和三代机（FX_{3G}、FX_{3U}、FX_{3UC}），由于二、三代机是在一代机基础上发展起来的，故其指令也较一代机增加了很多。目前市面上使用最多的为二代机，一代机正慢慢淘汰，三代机数量还比较少，因此本书主要介绍三菱FX系列二代机的指令系统，学好了二代机指令不但可以对一、二代机进行编程，还可以对三代机编程，不过如果要充分利用三代机的全部功能，还需要学习三代机独有的指令。

本书附录B列出了三菱FX系列PLC的指令系统表，利用该表不但可以了解FX_{1S}、FX_{1N}、FX_{1NC}、FX_{2N}、FX_{2NC}、FX_{3G}、FX_{3U}和FX_{3UC} PLC支持的指令，还可以通过指令表中标注的页码范围在本节快速找到某指令的使用说明。

6.2.1 程序流程控制指令

程序流程控制指令的功能是改变程序执行的顺序，主要包括条件跳转、中断、子程序调用、子程序返回、主程序结束、警戒时钟和循环等指令。

（1）条件跳转指令（CJ）

① 指令格式　条件跳转指令格式如下：

指令名称	助记符	功能号	操作数	程序步
			D	
条件跳转指令	CJ	FNC00	P0～P63（FX_{1S}） P0～P127（FX_{1N}\\$FX_{1NC}$\\$FX_{2N}$\\$FX_{2NC}$） P0～P2047（$FX_{3G}$） P0～P4095（$FX_{3U}$\\$FX_{3UC}$）	CJ或CJP：3步 标号P：1步

② 使用说明　CJ指令的使用如图6-8所示。在图6-8（a）中，当常开触点X020闭合时，“CJ　P9”指令执行，程序会跳转到CJ指令指定的标号（指针）P9处，并从该处开始执行程序，跳转指令与标记之间的程序将不会执行，如果X020处于断开状态，程序则不会跳转，而是往下执行，当执行到常开触点X021所在行时，若X021处于闭合，CJ指令执行会使程序跳转到P9处。在图6-8（b）中，当常开触点X022闭合时，CJ指令执行会使程序跳转到P10处，并从P10处往下执行程序。

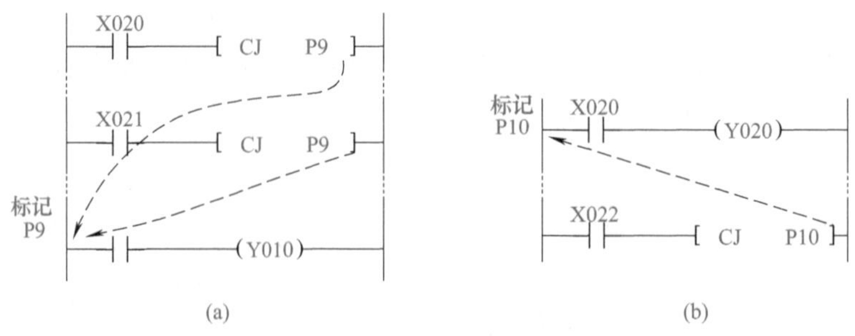

图6-8　CJ指令使用说明

在FXGP/WIN-C编程软件输入标记P*的操作如图6-9（a）所示，将光标移到某程序左母线步标号处，然后敲击键盘上的“P”键，在弹出的对话框中输入数字，单击“确定”

即输入标记。在GX Developer编程软件输入标记P*的操作如图6-9（b）所示，在程序左母线步标号处双击，弹出“梯形图输入”对话框，输入标记号，单击“确定”即可。

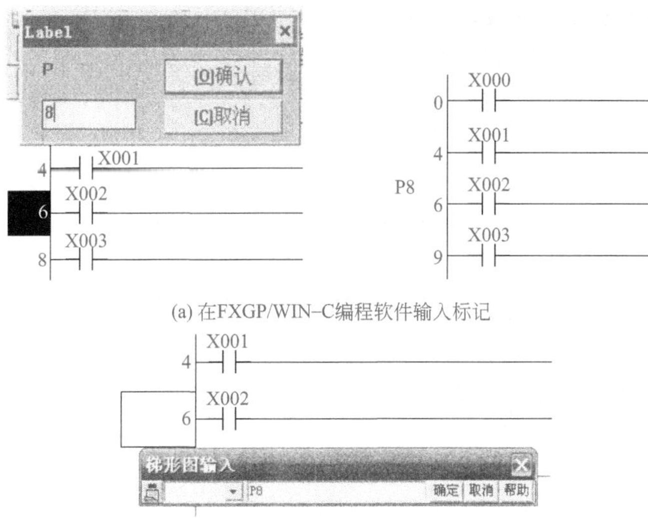

(a) 在FXGP/WIN-C编程软件输入标记

X001
4
X002
6
梯形图输入
P8
确定 取消 帮助

(b) 在GX Developer编程软件输入标记

图6-9　标记P*的输入说明

（2）子程序调用（CALL）和返回（SRET）指令

①指令格式　子程序调用和返回指令格式如下：

指令名称	助记符	功能号	操作数	程序步
			D	
子程序调用指令	CALL	FNC01	P0～P63（FX_{1S}） P0～P127（FX_{1N}、FX_{1NC}、FX_{2N}、FX_{2NC}） P0～P2047（FX_{3G}） P0～P4095（FX_{3U}、FX_{3UC}） （嵌套5级）	CALL：3步 标号P：1步
子程序返回指令	SRET	FNC02	无	1步

②使用说明　子程序调用和返回指令的使用如图6-10所示。当常开触点X001闭合时，“CALL　P11”指令执行，程序会跳转并执行标记P11处的子程序1，如果常开触点X002闭合，“CALL　P12”指令执行，程序会跳转并执行标记P12处的子程序2，子程序2执行到返回指令“SRET”时，会跳转到子程序1，而子程序1通过其“SRET”指令返回主程序。从图6-10中可以看出，子程序1中包含有跳转到子程序2的指令，这种方式称为嵌套。

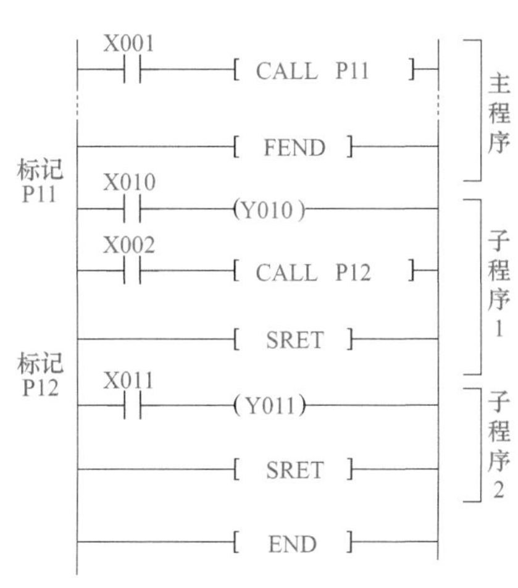

图6-10　子程序调用和返回指令的使用

子程序调用和返回指令使用注意事项

在使用子程序调用和返回指令时要注意以下几点。

①一些常用或多次使用的程序可以写成子程序，

然后进行调用。

② 子程序要求写在主程序结束指令"FEND"之后。

③ 子程序中可作嵌套，嵌套最多可作5级。

④ CALL指令和CJ的操作数不能为同一标记，但不同嵌套的CALL指令可调用同一标记处的子程序。

⑤ 在子程序中，要求使用定时器T192～T199和T246～T249。

（3）中断指令

在生活中，人们经常会遇到这样的情况：当你正在书房看书时，突然客厅的电话响了，你就会停止看书，转而去接电话，接完电话后又接着去看书。这种停止当前工作，转而去做其他工作，做完后又返回来做先前工作的现象称为中断。

PLC也有类似的中断现象，当PLC正在执行某程序时，如果突然出现意外事情（中断输入），它就需要停止当前正在执行的程序，转而去处理意外事情（即去执行中断程序），处理完后又接着执行原来的程序。

① 指令格式　中断指令有三条，其格式如下：

指令名称	助记符	功能号	操作数	程序步
			D	
中断返回指令	IRET	FNC03	无	1步
允许中断指令	EI	FNC04	无	1步
禁止中断指令	DI	FNC05	无	1步

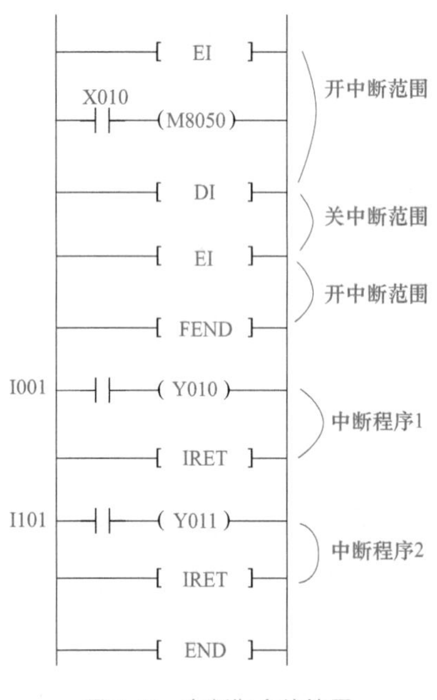

图6-11　中断指令的使用

② 指令说明及使用说明　中断指令的使用如图6-11所示，下面对照该图来说明中断指令的使用要点。

a.中断允许。EI至DI指令之间或EI至FEND指令之间为中断允许范围，即程序运行到它们之间时，如果有中断输入，程序马上跳转执行相应的中断程序。

b.中断禁止。DI至EI指令之间为中断禁止范围，当程序在此范围内运行时出现中断输入，不会马上跳转执行中断程序，而是将中断输入保存下来，等到程序运行完EI指令时才跳转执行中断程序。

c.输入中断指针。图中标号处的I001和I101为中断指针，其含义如下：

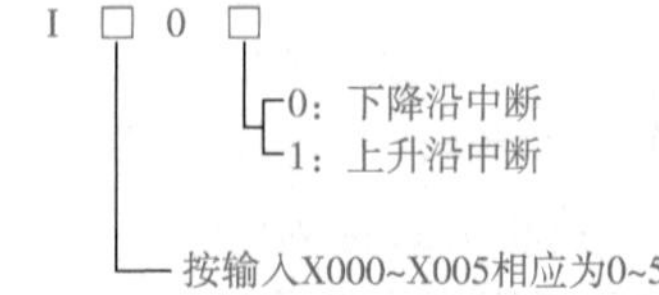

三菱FX系列PLC可使用6个输入中断指针，表6-1列出了这些输入中断指针编号和相关内容。

表6-1　三菱FX系列PLC的中断指针编号和相关内容

中断输入	指针编号		禁止中断
	上升中断	下降中断	
X000	I001	I000	M8050
X001	I101	I100	M8051
X002	I201	I200	M8052
X003	I301	I300	M8053
X004	I401	I400	M8054
X005	I501	I500	M8055

对照表6-1不难理解图6-11梯形图工作原理：当程序运行在中断允许范围内时，若X000触点由断开转为闭合OFF→ON（如X000端子外接按钮闭合），程序马上跳转执行中断指针I001处的中断程序，执行到"IRET"指令时，程序又返回主程序；当程序从EI指令往DI指令运行时，若X010触点闭合，特殊辅助继电器M8050得电，则将中断输入X000设为无效，这时如果X000触点由断开转为闭合，程序不会执行中断指针I100处的中断程序。

d.定时中断。当需要每隔一定时间就反复执行某段程序时，可采用定时中断。三菱FX_{1S}、FX_{1N}、FX_{1NC} PLC无定时中断功能，三菱FX_{2N}、FX_{2NC}、FX_{3G}、FX_{3U}、FX_{3UC} PLC可使用3个定时中断指针。定时中断指针含义如下：

I □□□
10~99（ms）
6，7，8

定时中断指针I6□□、I7□□、I8□□可分别用M8056、M8057、M8058禁止。

（4）主程序结束指令（FEND）

主程序结束指令格式如下：

指令名称	助记符	功能号	操作数	程序步
			D	
主程序结束指令	FEND	FNC06	无	1步

主程序结束指令使用要点

主程序结束指令使用要点如下。

① FEND表示一个主程序结束，执行该指令后，程序返回到第0步。

② 多次使用FEND指令时，子程序或中断程序要写在最后的FEND指令与END指令之间，且必须以RET指令（针对子程序）或IRET指令（针对中断程序）结束。

（5）刷新监视定时器指令（WDT）

① 指令格式　刷新监视定时器指令格式如下：

指令名称	助记符	功能号	操作数	程序步
			D	
刷新监视定时器指令	WDT	FNC07	无	1步

② 使用说明　PLC在运行时，若一个运行周期（从0步运行到END或FENT）超过200ms时，内部运行监视定时器会让PLC的CPU出错指示灯变亮，同时PLC停止工作。为了解决这个问题，可使用WDT指令对监视定时器进行刷新。WDT指令的使用如图6-12（a）所示，若一个程序运行需240ms，可在120ms程序处插入一个WDT指令，将监视定时器进

行刷新，使定时器重新计时。

为了使PLC扫描周期超过200ms，还可以使用MOV指令将希望运行的时间写入特殊数据寄存器D8000中，如图6-12（b）所示，该程序将PLC扫描周期设为300ms。

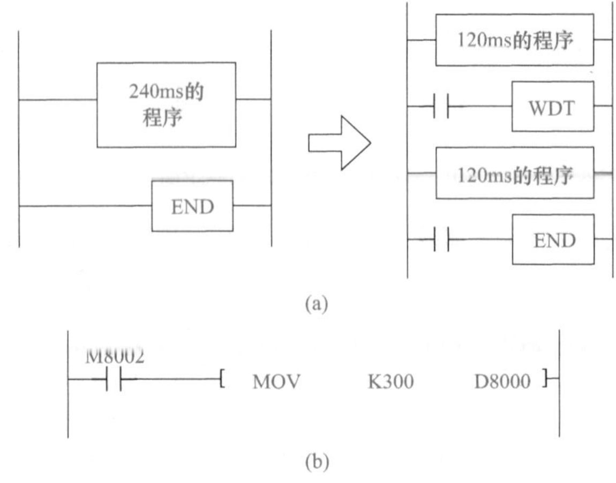

图6-12 WDT指令的使用

（6）循环开始与结束指令

① 指令格式 循环开始与结束指令格式如下：

指令名称	助记符	功能号	操作数 S	程序步
循环开始指令	FOR	FNC08	K、H、KnX KnY、KnS KnM、T、C、D、V、Z	3步（嵌套5层）
循环结束指令	NEXT	FNC09	无	1步

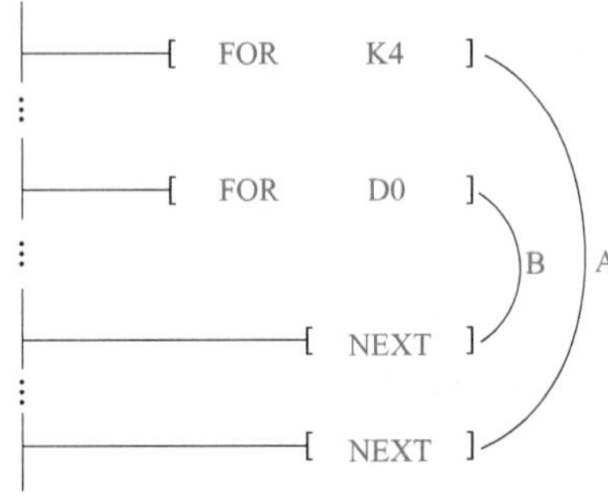

图6-13 循环开始与结束指令的使用

② 使用说明 循环开始与结束指令的使用如图6-13所示，“FOR K4”指令设定A段程序（FOR～NEXT之间的程序）循环执行4次，“FOR D0”指令设定B段程序循环执行D0（数据寄存器D0中的数值）次，若D0=2，则A段程序反复执行4次，而B段程序会执行4×2=8次，这是因为运行到B段程序时，B段程序需要反复运行2次，然后往下执行，当执行到A段程序NEXT指令时，又返回到A段程序头部重新开始运行，直至A段程序从头到尾执行4次。

FOR与NEXT指令使用要点

FOR与NEXT指令使用要点如下。

① FOR与NEXT之间的程序可重复执行n次，n由编程设定，n=1～32767。

② 循环程序执行完设定的次数后，紧接着执行NEXT指令后面的程序步。

③ 在FOR～NEXT程序之间最多可嵌套5层其他的FOR～NEXT程序，嵌套时应避免出现以下情况：

a. 缺少NEXT指令；

b. NEXT指令写在FOR指令前；

c. NEXT指令写在FEND或END之后；

d. NEXT指令个数与FOR不一致。

6.2.2 传送与比较指令

传送与比较指令包括数据比较、传送、交换和变换指令，共10条，这些指令属于基本的应用指令，使用较为广泛。

（1）比较指令

① 指令格式 比较指令格式如下：

指令名称	助记符	功能号	操作数			程序步
			S1	S2	D	
比较指令	CMP	FNC10	K、H KnX KnY、KnS KnM T、C、D、V、Z		Y、M、S	CMP、CMPP：7步 DCMP、DCMPP：13步

② 使用说明 比较指令的使用如图6-14所示。CMP指令有两个源操作数K100、C10和一个目标操作数M0（位元件），当常开触点X000闭合时，CMP指令执行，将源操作数K100和计数器C10当前值进行比较，根据比较结果来驱动目标操作数指定的三个连号位元件。若K100>C10，M0常开触点闭合；若K100=C10，M1常开触点闭合；若K100<C10，M2常开触点闭合。

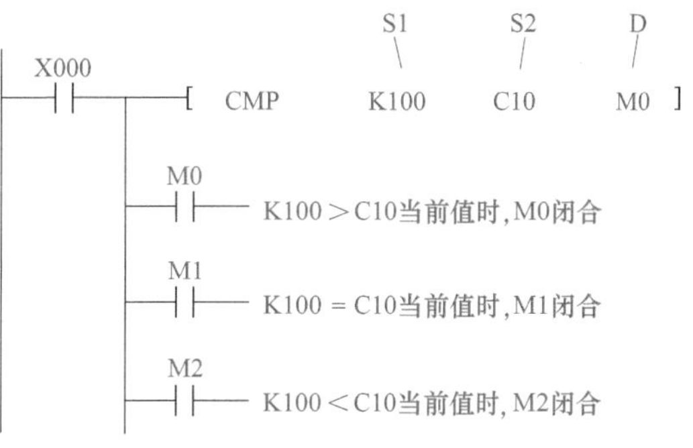

图6-14 比较指令的使用

在指定M0为CMP的目标操作数时，M0、M1、M2三个连号元件会被自动占用，在CMP指令执行后，这三个元件必定有一个处于ON，当常开触点X000断开后，这三个元件的状态仍会保存，要恢复它们的原状态，可采用复位指令。

（2）区间比较指令

① 指令格式 区间比较指令格式如下：

指令名称	助记符	功能号	操作数				程序步
			S1	S2	S3	D	
区间比较指令	ZCP	FNC11	K、H KnX KnY、KnS、KnM T、C、D、V、Z			Y、M、S	ZCP、ZCPP：9步 DZCP、DZCPP：17步

② 使用说明 区间比较指令的使用如图6-15所示。ZCP指令有三个源操作数和一个目标操作数，前两个源操作数用于将数据分为三个区间，再将第三个源操作数在这三个区间进行比较，根据比较结果来驱动目标操作数指定的三个连号位元件。若C30<K100；M3常开触点闭合；若K100≤C30≤K120，M4常开触点闭合；若C30>K120，M5常开触点闭合。

使用区间比较指令时，要求第一源操作数S1小于第二源操作数。

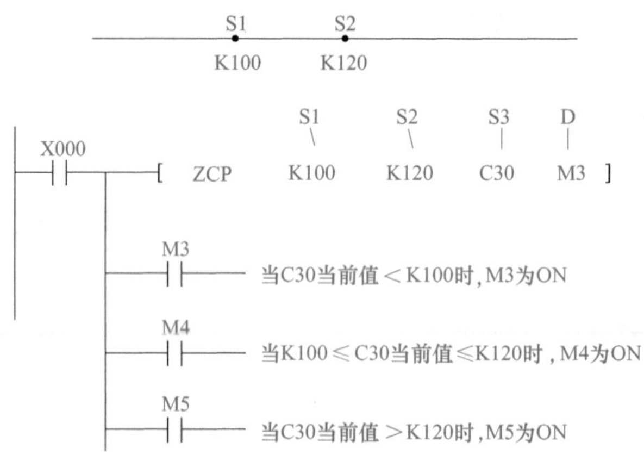

图6-15 区间比较指令的使用

（3）传送指令

①指令格式 传送指令格式如下：

指令名称	助记符	功能号	操作数		程序步
			S	D	
传送指令	MOV	FNC12	K、H KnX、KnY、KnS、KnM T、C、D、V、Z	KnY、KnS、KnM T、C、D、V、Z	MOV、MOVP：5步 DMOV、DMOVP：9步

图6-16 传送指令的使用

②使用说明 传送指令的使用如图6-16所示。当常开触点X000闭合时，MOV指令执行，将K100（十进制数100）送入数据寄存器D10中，由于PLC寄存器只能存储二进制数，因此将梯形图写入PLC前，编程软件会自动将十进制数转换成二进制数。

（4）移位传送指令

①指令格式 移位传送指令格式如下：

指令名称	助记符	功能号	操作数					程序步
			m1	m2	n	S	D	
移位传送指令	SMOV	FNC13	K、H			KnX、KnY、KnS、KnM T、C、D、V、Z	KnY、KnS、KnM T、C、D、V、Z	SMOV、SMOVP：11步

②使用说明 移位传送指令的使用如图6-17所示。当常开触点X000闭合时，SMOV指令执行，首先将源数据寄存器D1中的16位二进制数据转换成四组BCD码，然后将这四组BCD码中的第4组（m1=K4）起的低2组（m2=K2）移入目标寄存器D2第3组（n=K3）起的低2组中，D2中的第4、1组数据保持不变，再将形成的新四组BCD码还原成16位数据。例如初始D1中的数据为4567，D2中的数据为1234，执行SMOV指令后，D1中的数据不变，仍为4567，而D2中的数据将变成1454。

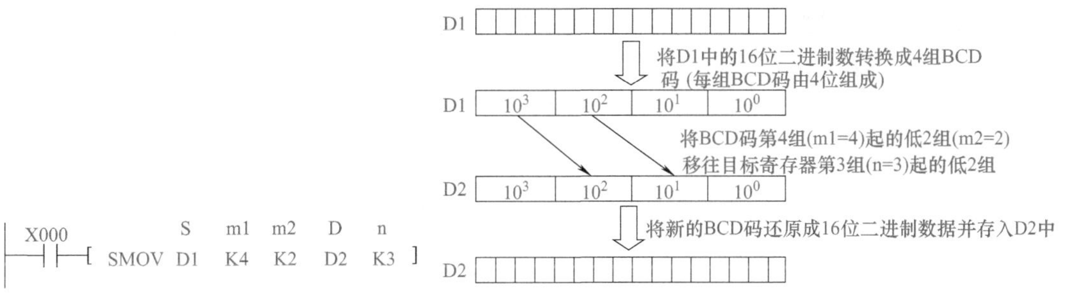

图6-17 移位传送指令的使用

（5）取反传送指令

① 指令格式 取反传送指令格式如下：

指令名称	助记符	功能号	操作数		程序步
			S	D	
取反传送指令	CML	FNC14	K、H KnX、KnY、KnS、KnM T、C、D、V、Z	KnY、KnS、KnM T、C、D、V、Z	CML、CMLP：5步 DCML、DCMLP：9步

② 使用说明 取反传送指令的使用如图6-18（a）所示，当常开触点X000闭合时，CML指令执行，将数据寄存器D0中的低4位数据取反，再将取反的数据按低位到高位分别送入四个输出继电器Y000～Y003中，数据传送如图6-18（b）所示。

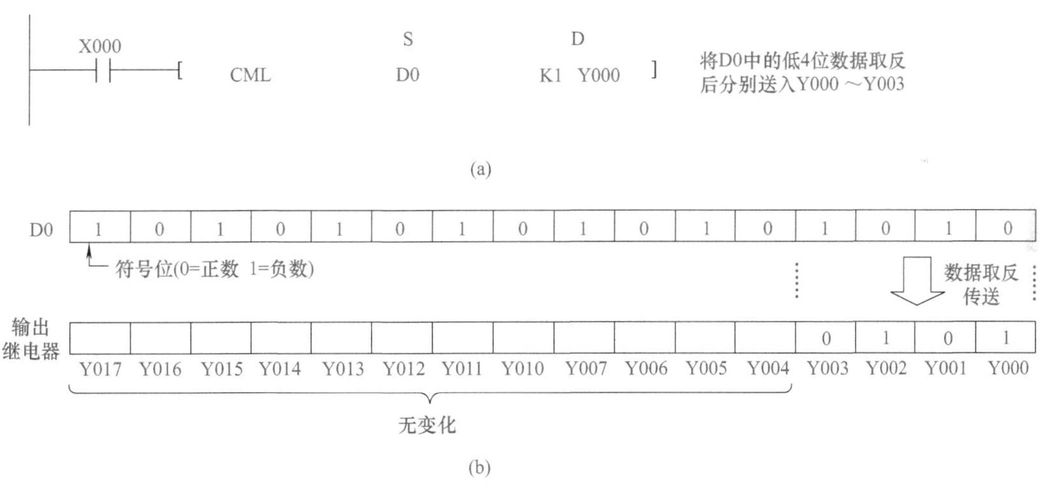

图6-18 取反传送指令的使用

（6）成批传送指令

① 指令格式 成批传送指令格式如下：

指令名称	助记符	功能号	操作数			程序步
			S	D	n	
成批传送指令	BMOV	FNC15	KnX、KnY、KnS、KnM T、C、D	KnY、KnS、KnM T、C、D	K、H	BMOV、 BMOVP：7步

② 使用说明　成批传送指令的使用如图6-19所示。当常开触点X000闭合时，BMOV指令执行，将源操作元件D5开头的n（n=3）个连号元件中的数据批量传送到目标操作元件D10开头的n个连号元件中，即将D5、D6、D7三个数据寄存器中的数据分别同时传送到D10、D11、D12中。

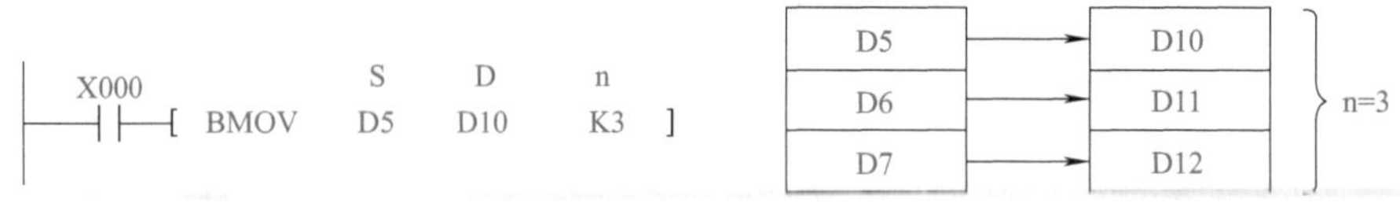

图6-19　成批传送指令的使用

（7）多点传送指令

① 指令格式　多点传送指令格式如下：

指令名称	助记符	功能号	操作数			程序步
			S	D	n	
多点传送指令	FMOV	FNC16	K、H KnX、KnY、KnS、KnM T、C、D、V、Z	KnY、KnS、KnM T、C、D	K、H	FMOV、FMOVP：7步 DFMOV、DFMOVP：13步

② 使用说明　多点传送指令的使用如图6-20所示。当常开触点X000闭合时，FMOV指令执行，将源操作数0（K0）同时送入以D0开头的10（n=K10）个连号数据寄存器中。

X000 ——[FMOV　S K0　D D0　n K10]　将源数0(K0)同时送入以D0开头的10(n=K10)个连号数据寄存器中

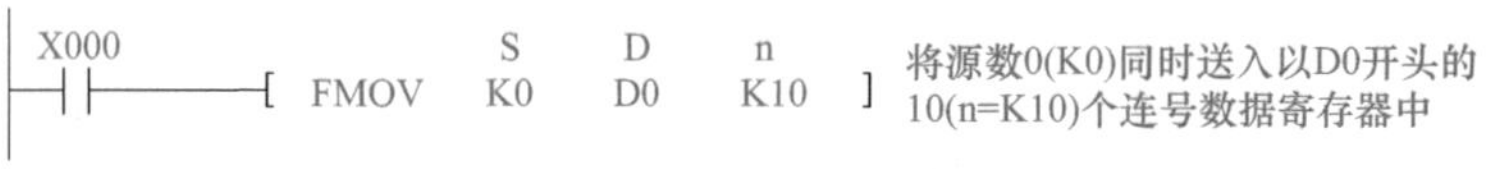

图6-20　多点传送指令的使用

（8）数据交换指令

① 指令格式　数据交换指令格式如下：

指令名称	助记符	功能号	操作数		程序步
			D1	D2	
数据交换指令	XCH	FNC17	KnY、KnS、KnM T、C、D、V、Z	KnY、KnS、KnM T、C、D、V、Z	XCH、XCHP：5步 DXCH、DXCHP：9步

② 使用说明　数据交换指令的使用如图6-21所示。当常开触点X000闭合时，XCHP指令执行，两目标操作数D10、D11中的数据相互交换，若指令执行前D10=100、D11=101，指令执行后，D10=101、D11=100，如果使用连续执行指令XCH，则每个扫描周期数据都要交换，很难预知执行结果，所以一般采用脉冲执行指令XCHP进行数据交换。

X000 ——[XCHP　D10　D11]　(D10)=100　(D11)=101　执行前 ⇨ (D10)=101　(D11)=100　执行后

图6-21　数据交换指令的使用

（9）BCD码转换指令

① 指令格式　BCD码转换指令格式如下：

指令名称	助记符	功能号	操作数		程序步
			S	D	
BCD码转换指令	BCD	FNC18	KnX、KnY、KnS、KnM T、C、D、V、Z	KnY、KnS、KnM T、C、D、V、Z	BCD、BCDP：5步 DBCD、DBCDP：9步

② 使用说明　BCD码转换指令的使用如图6-22所示。当常开触点X000闭合时，BCD指令执行，将源操作元件D10中的二进制数转换成BCD码，再存入目标操作元件D12中。

三菱FX系列PLC内部在四则运算和增量、减量运算时，都是以二进制方式进行的。

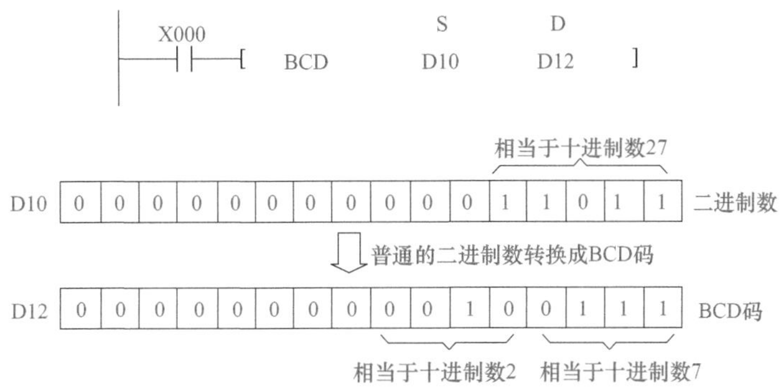

图6-22　BCD码转换指令的使用

（10）二进制码转换指令

① 指令格式　二进制码转换指令格式如下：

指令名称	助记符	功能号	操作数		程序步
			S	D	
BCD码转换指令	BIN	FNC19	KnX、KnY、KnS、KnM T、C、D、V、Z	KnY、KnS、KnM T、C、D、V、Z	BIN、BINP：5步 DBIN、DBINP：9步

② 使用说明　二进制码转换指令的使用如图6-23所示。当常开触点X000闭合时，BIN指令执行，将源操作元件X000～X007构成的两组BCD码转换成二进制数码（BIN码），再存入目标操作元件D13中。若BIN指令的源操作数不是BCD码，则会发生运算错误，如X007～X000的数据为10110100，该数据的前4位1011转换成十进制数为11，它不是BCD码，因为单组BCD码不能大于9，单组BCD码只能在0000～1001范围内。

图6-23　二进制码转换指令的使用

6.2.3　四则运算与逻辑运算指令

四则运算与逻辑运算指令属于比较常用的应用指令，共有10条。

（1）二进制加法运算指令

① 指令格式　二进制加法运算指令格式如下：

<table>
<tr><th rowspan="2">指令名称</th><th rowspan="2">助记符</th><th rowspan="2">功能号</th><th colspan="3">操作数</th><th rowspan="2">程序步</th></tr>
<tr><th>S1</th><th>S2</th><th>D</th></tr>
<tr><td>二进制加法运算指令</td><td>ADD</td><td>FNC20</td><td colspan="2">K、H
KnX、KnY、KnS、KnM
T、C、D、V、Z</td><td>KnY、KnS、KnM
T、C、D、V、Z</td><td>ADD、ADDP：7步
DADD、DADDP：13步</td></tr>
</table>

② 使用说明　二进制加指令的使用如图6-24所示。

a.在图6-24（a）中，当常开触点X000闭合时，ADD指令执行，将两个源操作元件D10和D12中的数据进行相加，结果存入目标操作元件D14中。源操作数可正可负，它们是以代数形式进行相加，如5+（−7）=−2。

b.在图6-24（b）中，当常开触点X000闭合时，DADD指令执行，将源操元件D11、D10和D13、D12分别组成32位数据再进行相加，结果存入目标操作元件D15、D14中。当进行32位数据运算时，要求每个操作数是两个连号的数据寄存器，为了确保不重复，指定的元件最好为偶数编号。

c.在图6-24（c）中，当常开触点X001闭合时，ADDP指令执行，将D0中的数据加1，结果仍存入D0中。当一个源操作数和一个目标操作数为同一元件时，最好采用脉冲执行型加指令ADDP，因为若是连续型加指令，每个扫描周期指令都要执行一次，所得结果很难确定。

d.在进行加法运算时，若运算结果为0，0标志继电器M8020会动作，若运算结果超出−32768 ～ +32767（16位数相加）或−2147483648 ～ +2147483647（32位数相加）范围，借位标志继电器M8022会动作。

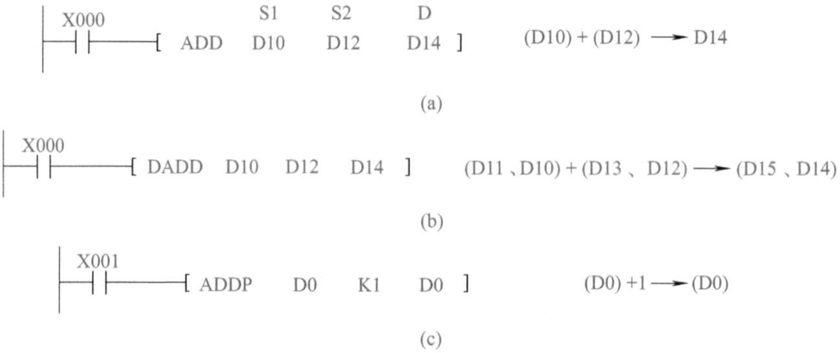

```
         S1    S2    D
X000
─┤├──[ ADD  D10   D12   D14 ]      (D10)+(D12) ──► D14
```

(a)

```
X000
─┤├──[ DADD  D10  D12  D14 ]     (D11、D10)+(D13、D12) ──► (D15、D14)
```

(b)

```
X001
─┤├──[ ADDP   D0   K1   D0 ]        (D0)+1 ──► (D0)
```

(c)

图6-24　二进制加指令的使用

（2）二进制减法运算指令

① 指令格式　二进制减法运算指令格式如下：

<table>
<tr><th rowspan="2">指令名称</th><th rowspan="2">助记符</th><th rowspan="2">功能号</th><th colspan="3">操作数</th><th rowspan="2">程序步</th></tr>
<tr><th>S1</th><th>S2</th><th>D</th></tr>
<tr><td>二进制减法运算指令</td><td>SUB</td><td>FNC21</td><td colspan="2">K、H
KnX、KnY、KnS、KnM
T、C、D、V、Z</td><td>KnY、KnS、KnM
T、C、D、V、Z</td><td>SUB、SUBP：7步
DSUB、DSUBP：13步</td></tr>
</table>

② 使用说明　二进制减指令的使用如图6-25所示。

a.在图6-25（a）中，当常开触点X000闭合时，SUB指令执行，将D10和D12中的数据进行相减，结果存入目标操作元件D14中。源操作数可正可负，它们是以代数形式进行相减，如5-（-7）=12。

b.在图6-25（b）中，当常开触点X000闭合时，DSUB指令执行，将源操作元件D11、D10和D13、D12分别组成32位数据再进行相减，结果存入目标操作元件D15、D14中。当进行32位数据运算时，要求每个操作数是两个连号的数据寄存器，为了确保不重复，指定的元件最好为偶数编号。

c.在图6-25（c）中，当常开触点X001闭合时，SUBP指令执行，将D0中的数据减1，结果仍存入D0中。当一个源操作数和一个目标操作数为同一元件时，最好采用脉冲执行型减指令SUBP，若是连续型减指令，每个扫描周期指令都要执行一次，所得结果很难确定。

d.在进行减法运算时，若运算结果为0，0标志继电器M8020会动作，若运算结果超出-32768～+32767（16位数相减）或-2147483648～+2147483647（32位数相减）范围，借位标志继电器M8022会动作。

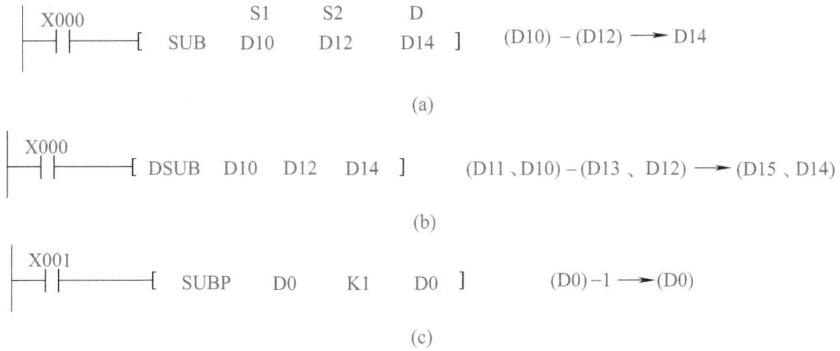

X000 —[SUB D10(S1) D12(S2) D14(D)]　(D10) - (D12) → D14

(a)

X000 —[DSUB D10 D12 D14]　(D11、D10) - (D13、D12) → (D15、D14)

(b)

X001 —[SUBP D0 K1 D0]　(D0) - 1 → (D0)

(c)

图6-25　二进制减指令的使用

（3）二进制乘法运算指令

① 指令格式　二进制乘法运算指令格式如下：

指令名称	助记符	功能号	操作数 S1	操作数 S2	操作数 D	程序步
二进制乘法运算指令	MUL	FNC22	K、H KnX、KnY、KnS、KnM T、C、D、V、Z		KnY、KnS、KnM T、C、D、V、Z （V、Z不能用于32位）	MUL、MULP：7步 DMUL、DMULP：13步

② 使用说明　二进制乘法指令的使用如图6-26所示。在进行16位数乘积运算时，结果为32位，如图6-26（a）所示；在进行32位数乘积运算时，乘积结果为64位，如图6-26（b）所示；运算结果的最高位为符号位（0：正；1：负）。

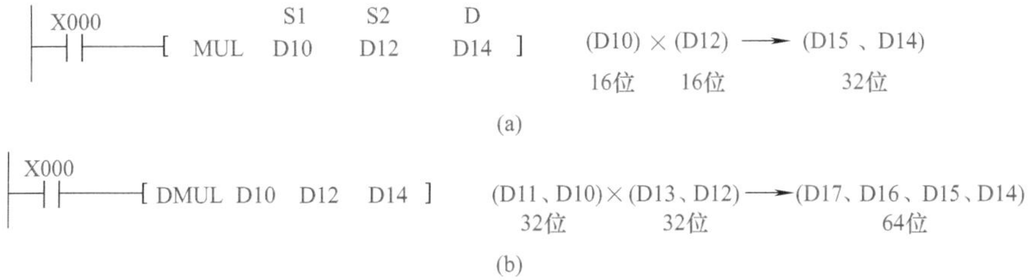

X000 —[MUL D10(S1) D12(S2) D14(D)]　(D10)(16位) × (D12)(16位) → (D15、D14)(32位)

(a)

X000 —[DMUL D10 D12 D14]　(D11、D10)(32位) × (D13、D12)(32位) → (D17、D16、D15、D14)(64位)

(b)

图6-26　二进制乘法指令的使用

（4）二进制除法运算指令

① 指令格式　二进制除法运算指令格式如下：

指令名称	助记符	功能号	操作数			程序步
			S1	S2	D	
二进制除法运算指令	DIV	FNC23	K、H KnX、KnY、KnS、KnM T、C、D、V、Z		KnY、KnS、KnM T、C、D、V、Z （V、Z不能用于32位）	DIV、DIVP：7步 DDIV、DDIVP：13步

② 使用说明　二进制除法指令的使用如图6-27所示。在进行16位数除法运算时，商为16位，余数也为16位，如图6-27（a）所示；在进行32位数除法运算时，商为32位，余数也为32位，如图6-27（b）所示；商和余数的最高位为用1、0表示正、负。

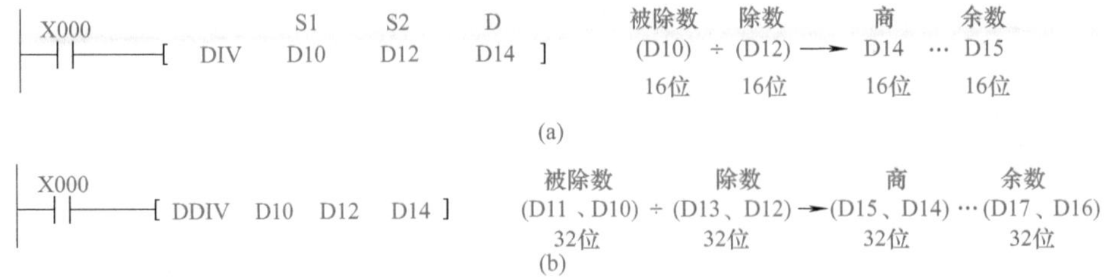

图6-27　二进制除法指令的使用

二进制除法指令使用要点

在使用二进制除法指令时要注意以下几点。

① 当除数为0时，运算会发生错误，不能执行指令。

② 若将位元件作为目标操作数，无法得到余数。

③ 当被除数或除数中有一方为负数时，商则为负，当被除数为负时，余数则为负。

（5）二进制加1运算指令

① 指令格式　二进制加1运算指令格式如下：

指令名称	助记符	功能号	操作数	程序步
			D	
二进制加1运算指令	INC	FNC24	KnY、KnS、KnM T、C、D、V、Z	INC、INCP：3步 DINC、DINCP：5步

② 使用说明　二进制加1指令的使用如图6-28所示。当常开触点X000闭合时，INCP指令执行，数据寄存器D12中的数据自动加1。若采用连续执行型指令INC，则每个扫描周期数据都要增加1，在X000闭合时可能会经过多个扫描周期，因此增加结果很难确定，故常采用脉冲执行型指令进行加1运算。

图6-28　二进制加1指令的使用

（6）二进制减1运算指令

① 指令格式　二进制减1运算指令格式如下：

指令名称	助记符	功能号	操作数	程序步
			D	
二进制减1运算指令	DEC	FNC25	KnY、KnS、KnM T、C、D、V、Z	DEC、DECP：3步 DDEC、DDECP：5步

② 使用说明　二进制减1指令的使用如图6-29所示。当常开触点X000闭合时，DECP指令执行，数据寄存器D12中的数据自动减1。为保证X000每闭合一次数据减1一次，常采用脉冲执行型指令进行减1运算。

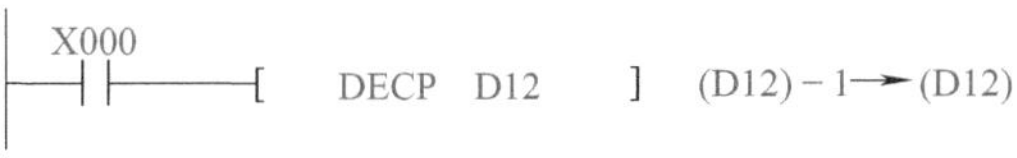

X000
DECP　D12
(D12)－1→(D12)

图6-29　二进制减1指令的使用

（7）逻辑与指令

① 指令格式　逻辑与指令格式如下：

指令名称	助记符	功能号	操作数			程序步
			S1	S2	D	
逻辑与指令	WAND	FNC26	K、H KnX、KnY、KnS、KnM T、C、D、V、Z		KnY、KnS、KnM T、C、D、V、Z	WAND、WANDP：7步 DWAND、DWANDP：13步

② 使用说明　逻辑与指令的使用如图6-30所示。当常开触点X000闭合时，WAND指令执行，将D10与D12中的数据“逐位进行与运算”，结果保存在D14中。

与运算规律是“有0得0，全1得1”，具体为：0•0=0，0•1=0，1•0=0，1•1=1。

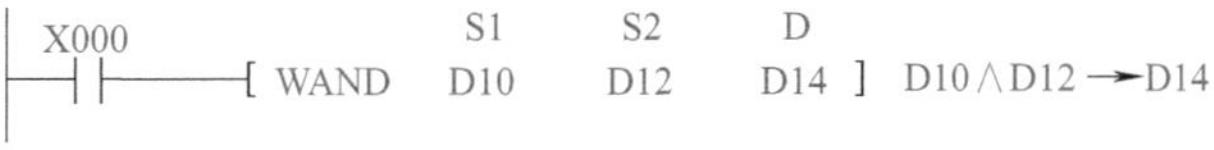

X000
WAND
S1 D10
S2 D12
D D14
D10∧D12→D14

图6-30　逻辑与指令的使用

（8）逻辑或指令

① 指令格式　逻辑或指令格式如下：

指令名称	助记符	功能号	操作数			程序步
			S1	S2	D	
逻辑或指令	WOR	FNC27	K、H KnX、KnY、KnS、KnM T、C、D、V、Z		KnY、KnS、KnM T、C、D、V、Z	WOR、WORP：7步 DWOR、DWORP：13步

② 使用说明　逻辑或指令的使用如图6-31所示。当常开触点X000闭合时，WOR指令执行，将D10与D12中的数据“逐位进行或运算”，结果保存在D14中。

或运算规律是“有1得1，全0得0”，具体为：0+0=0，0+1=1，1+0=1，1+1=1。

X000
WOR
S1 D10
S2 D12
D D14
D10∨D12→D14

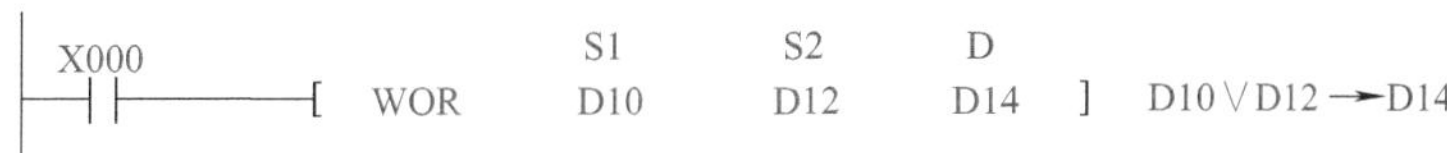

图6-31　逻辑或指令的使用

（9）异或指令

① 指令格式　逻辑异或指令格式如下：

指令名称	助记符	功能号	操作数			程序步
			S1	S2	D	
异或指令	WXOR	FNC28	K、H KnX、KnY、KnS、KnM T、C、D、V、Z		KnY、KnS、KnM T、C、D、V、Z	WXOR、WXORP：7步 DWXOR、DWXORP：13步

② 使用说明　异或指令的使用如图6-32所示。当常开触点X000闭合时，WXOR指令执行，将D10与D12中的数据“逐位进行异或运算”，结果保存在D14中。

异或运算规律是“相同得0，相异得1”，具体为：0⊕0=0，0⊕1=1，1⊕0=1，1⊕1=0。

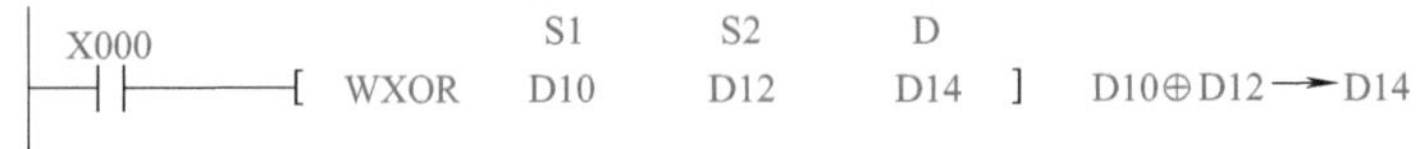

图6-32　异或指令的使用

（10）求补指令

① 指令格式　逻辑求补指令格式如下：

指令名称	助记符	功能号	操作数	程序步
			D	
求补指令	NEG	FNC29	KnY、KnS、KnM T、C、D、V、Z	NEG、NEGP：3步 DNEG、DNEGP：5步

② 使用说明　求补指令的使用如图6-33所示。当常开触点X000闭合时，NEGP指令执行，将D10中的数据“逐位取反再加1”。求补的功能是对数据进行变号（绝对值不变），如求补前D10=+8，求补后D10=-8。为了避免每个扫描周期都进行求补运算，通常采用脉冲执行型求补指令NEGP。

图6-33　求补指令的使用

6.2.4　循环与移位指令

循环与移位指令有10条，功能号是FNC30～FNC39。

（1）循环右移指令

① 指令格式　循环右移指令格式如下：

指令名称	助记符	功能号	操作数		程序步
			D	n（移位量）	
循环右移指令	ROR	FNC30	K、H KnY、KnS、KnM T、C、D、V、Z	K、H n≤16（16位） n≤32（32位）	ROR、RORP：5步 DROR、DRORP：9步

② 使用说明　循环右移指令的使用如图6-34所示。当常开触点X000闭合时，RORP指令执行，将D0中的数据右移（从高位往低位移）4位，其中低4位移至高4位，最后移出的一位（即图中标有*号的位）除了移到D0的最高位外，还会移入进位标记继电器M8022中。为了避免每个扫描周期都进行右移，通常采用脉冲执行型指令RORP。

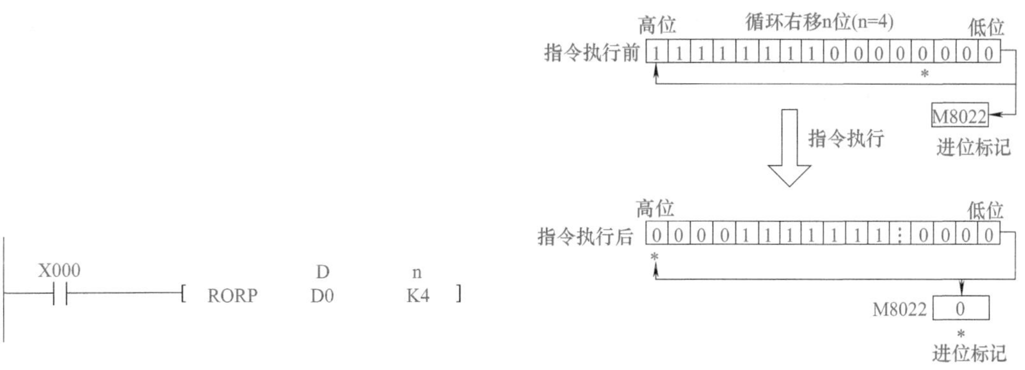

图6-34　循环右移指令的使用

（2）循环左移指令

①指令格式　循环左移指令格式如下：

指令名称	助记符	功能号	操作数		程序步
			D	n（移位量）	
循环左移指令	ROL	FNC31	K、H KnY、KnS、KnM T、C、D、V、Z	K、H n≤16（16位） n≤32（32位）	ROL、ROLP：5步 DROL、DROLP：9步

②使用说明　循环左移指令的使用如图6-35所示。当常开触点X000闭合时，ROLP指令执行，将D0中的数据左移（从低位往高位移）4位，其中高4位移至低4位，最后移出的一位（即图中标有*号的位）除了移到D0的最低位外，还会移入进位标记继电器M8022中。为了避免每个扫描周期都进行左移，通常采用脉冲执行型指令ROLP。

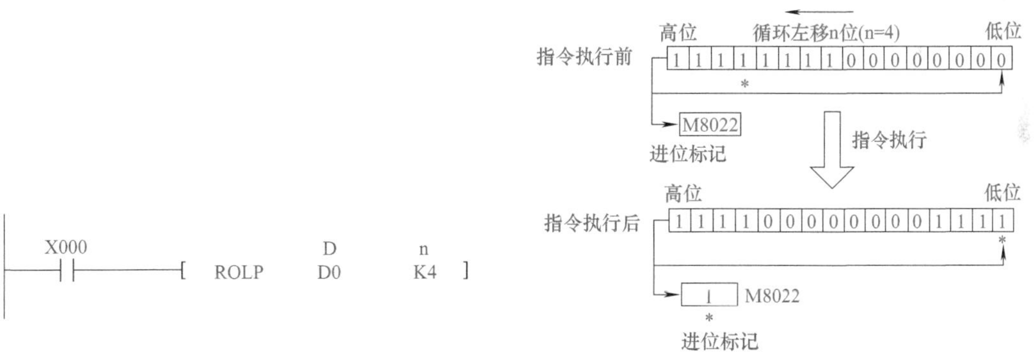

图6-35　循环左移指令的使用

（3）带进位循环右移指令

①指令格式　带进位循环右移指令格式如下：

指令名称	助记符	功能号	操作数		程序步
			D	n（移位量）	
带进位循环右移指令	RCR	FNC32	K、H KnY、KnS、KnM T、C、D、V、Z	K、H n≤16（16位） n≤32（32位）	RCR、RCRP：5步 DRCR、DRCRP：9步

②使用说明　带进位循环右移指令的使用如图6-36所示。当常开触点X000闭合时，

RCRP指令执行，将D0中的数据右移4位，D0中的低4位与继电器M8022的进位标记位（图中为1）一起往高4位移，D0最后移出的一位（即图中标有*号的位）移入M8022。为了避免每个扫描周期都进行右移，通常采用脉冲执行型指令RCRP。

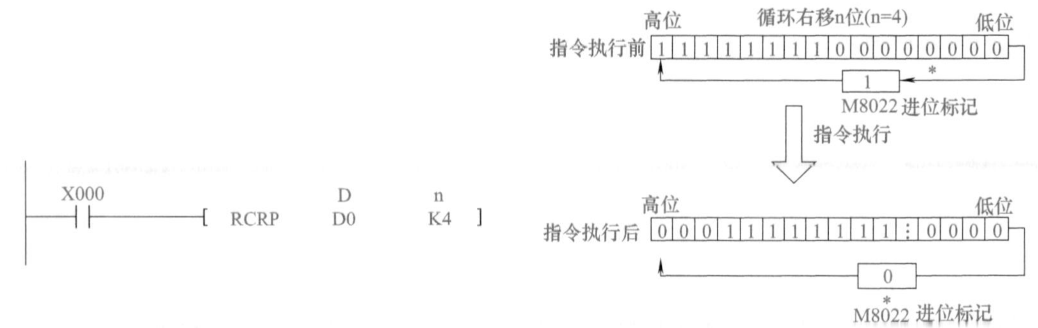

图6-36　带进位循环右移指令的使用

（4）带进位循环左移指令

① 指令格式　带进位循环左移指令格式如下：

指令名称	助记符	功能号	操作数		程序步
			D	n（移位量）	
带进位循环左移指令	RCL	FNC33	K、H KnY、KnS、KnM T、C、D、V、Z	K、H n≤16（16位） n≤32（32位）	RCL、RCLP：5步 DRCL、DRCLP：9步

② 使用说明　带进位循环左移指令的使用如图6-37所示。当常开触点X000闭合时，RCLP指令执行，将D0中的数据左移4位，D0中的高4位与继电器M8022的进位标记位（图中为0）一起往低4位移，D0最后移出的一位（即图中标有*号的位）移入M8022。为了避免每个扫描周期都进行左移，通常采用脉冲执行型指令RCLP。

图6-37　带进位循环左移指令的使用

（5）位右移指令

① 指令格式　位右移指令格式如下：

指令名称	助记符	功能号	操作数				程序步
			S	D	n1（目标位元件的个数）	n2（移位量）	
位右移指令	SFTR	FNC34	X、Y M、S	Y、M、S	K、H n2≤n1≤1024		SFTR、 SFTRP：9步

② 使用说明　位右移指令的使用如图6-38所示。在图6-38（a）中，当常开触点X010闭合时，SFTRP指令执行，将X003～X000四个元件的位状态（1或0）右移入M15～M0中，如图6-38（b）所示，X000为源起始位元件，M0为目标起始位元件，K16为目标位元件数量，K4为移位量。SFTRP指令执行后，M3～M0移出丢失，M15～M4移到原M11～M0，X003～X000则移入原M15～M12。

为了避免每个扫描周期都移动，通常采用脉冲执行型指令SFTRP。

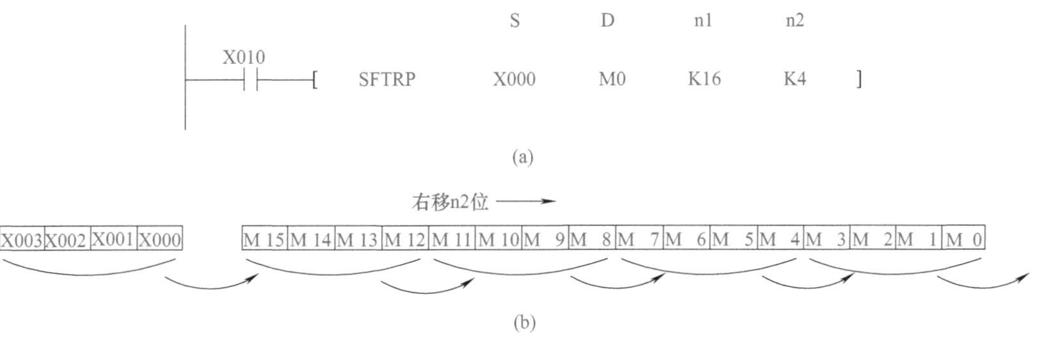

图6-38　位右移指令的使用

（6）位左移指令

① 指令格式　位左移指令格式如下：

指令名称	助记符	功能号	操作数				程序步
			S	D	n1（目标位元件的个数）	n2（移位量）	
位左移指令	SFTL	FNC35	X、Y M、S	Y、M、S	K、H n2≤n1≤1024		SFTL、SFTLP：9步

② 使用说明　位左移指令的使用如图6-39所示。在图6-39（a）中，当常开触点X010闭合时，SFTLP指令执行，将X003～X000四个元件的位状态（1或0）左移入M15～M0中，如图6-39（b）所示，X000为源起始位元件，M0为目标起始位元件，K16为目标位元件数量，K4为移位量。SFTLP指令执行后，M15～M12移出丢失，M11～M0移到原M15～M4，X003～X000则移入原M3～M0。

为了避免每个扫描周期都移动，通常采用脉冲执行型指令SFTLP。

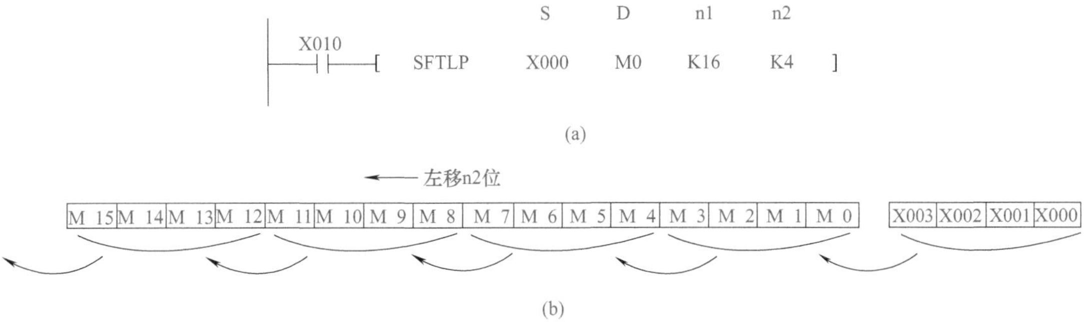

S D n1 n2
X010
SFTLP X000 M0 K16 K4

(a)

左移n2位
M 15 M 14 M 13 M 12 M 11 M 10 M 9 M 8 M 7 M 6 M 5 M 4 M 3 M 2 M 1 M 0　X003 X002 X001 X000

(b)

图6-39　位左移指令的使用

（7）字右移指令

① 指令格式　字右移指令格式如下：

指令名称	助记符	功能号	操作数				程序步
			S	D	n1（目标位元件的个数）	n2（移位量）	
字右移指令	WSFR	FNC36	KnX、KnY、KnS、KnM T、C、D、	KnY、KnS、KnM T、C、D、	K、H n2≤n1≤1024		WSFR、WSFRP：9步

② 使用说明　字右移指令的使用如图6-40所示。在图6-40（a）中，当常开触点X000闭合时，WSFRP指令执行，将D3～D0四个字元件的数据右移入D25～D10中，如图6-40（b）所示，D0为源起始字元件，D10为目标起始字元件，K16为目标字元件数量，K4为移位量。WSFRP指令执行后，D13～D10的数据移出丢失，D25～D14的数据移入原D21～D10，D3～D0则移入原D25～D22。

为了避免每个扫描周期都移动，通常采用脉冲执行型指令WSFRP。

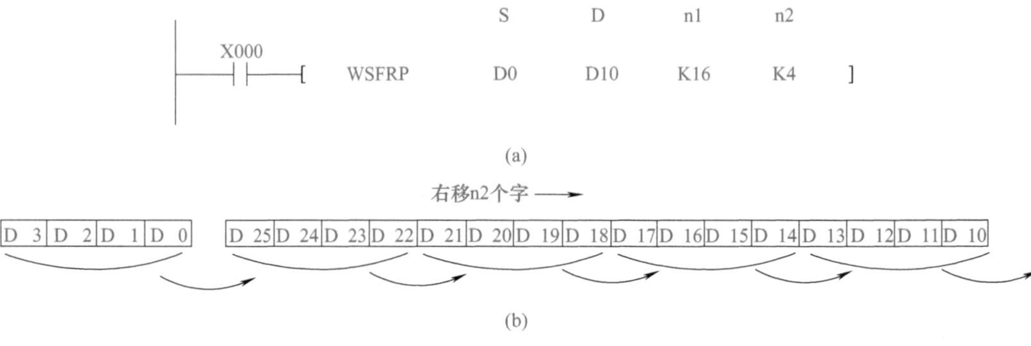

图6-40　字右移指令的使用

（8）字左移指令

① 指令格式　字左移指令格式如下：

指令名称	助记符	功能号	操作数				程序步
			S	D	n1（目标位元件的个数）	n2（移位量）	
字左移指令	WSFL	FNC37	KnX、KnY、KnS、KnM T、C、D、	KnY、KnS、KnM T、C、D、	K、H n2≤n1≤1024		WSFL、WSFLP：9步

② 使用说明　字左移指令的使用如图6-41所示。在图6-41（a）中，当常开触点X000闭合时，WSFLP指令执行，将D3～D0四个字元件的数据左移入D25～D10中，如图6-41（b）所示，D0为源起始字元件，D10为目标起始字元件，K16为目标字元件数量，K4为移位量。WSFLP指令执行后，D25～D22的数据移出丢失，D21～D10的数据移入原D25～D14，D3～D0则移入原D13～D10。

为了避免每个扫描周期都移动，通常采用脉冲执行型指令WSFLP。

（9）先进先出（FIFO）写指令

① 指令格式　先进先出（FIFO）写指令格式如下：

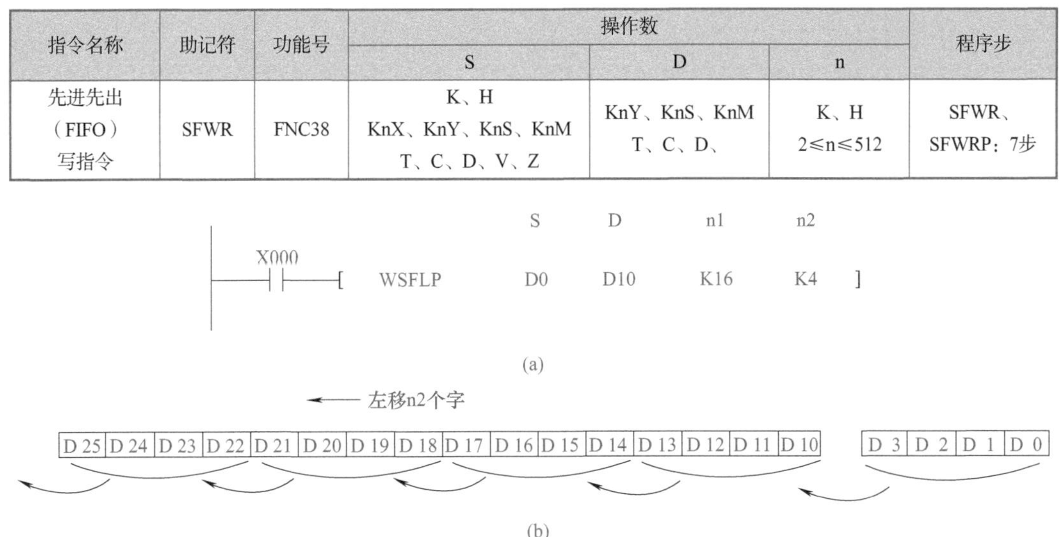

指令名称	助记符	功能号	操作数			程序步
			S	D	n	
先进先出（FIFO）写指令	SFWR	FNC38	K、H KnX、KnY、KnS、KnM T、C、D、V、Z	KnY、KnS、KnM T、C、D、	K、H 2≤n≤512	SFWR、 SFWRP：7步

图6-41 字左移指令的使用

② 使用说明 先进先出（FIFO）写指令的使用如图6-42所示。当常开触点X000闭合时，SFWRP指令执行，将D0中的数据写入D2中，同时作为指示器（或称指针）的D1的数据自动为1，当X000触点第二次闭合时，D0中的数据被写入D3中，D1中的数据自动变为2，连续闭合X000触点时，D0中的数据将依次写入D4、D5…中，D1中的数据也会自动递增1，当D1超过n-1时，所有寄存器被存满，进位标志继电器M8022会被置1。

D0为源操作元件，D1为目标起始元件，K10为目标存储元件数量。为了避免每个扫描周期都移动，通常采用脉冲执行型指令SFWRP。

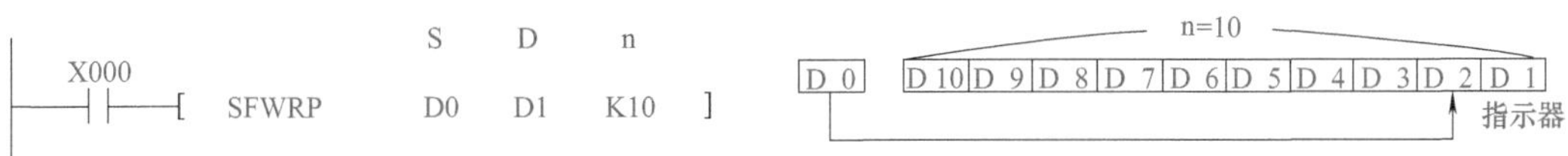

图6-42 先进先出（FIFO）写指令的使用

（10）先进先出（FIFO）读指令

① 指令格式 先进先出（FIFO）读指令格式如下：

指令名称	助记符	功能号	操作数			程序步
			S	D	n（源操作元件数量）	
先进先出（FIFO）读指令	SFRD	FNC39	K、H KnY、KnS、KnM T、C、D	KnY、KnS、KnM T、C、D、V、Z	K、H 2≤n≤512	SFRD、 SFRDP：7步

② 使用说明 先进先出（FIFO）读指令的使用如图6-43所示。当常开触点X000闭合时，SFRDP指令执行，将D2中的数据读入D20中，指示器D1的数据自动减1，同时D3数据移入D2（即D10～D3→D9～D2）。当连续闭合X000触点时，D2中的数据会不断读入D20，同时D10～D3中的数据也会由左往右不断逐字移入D2中，D1中的数据会随之递减1，同时当D1减到0时，所有寄存器的数据都被读出，0标志继电器M8020会被置1。

D1为源起始操作元件，D20为目标元件，K10为源操作元件数量。为了避免每个扫描周期都移动，通常采用脉冲执行型指令SFRDP。

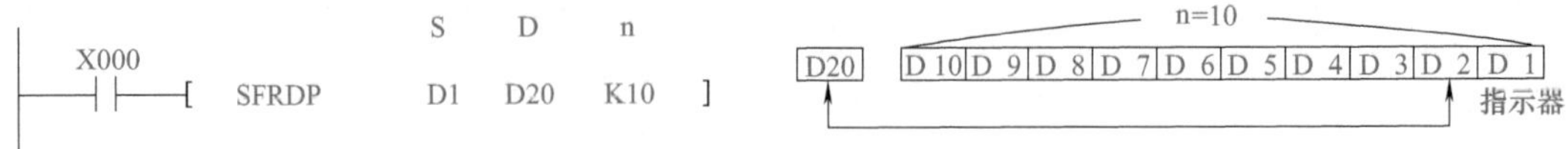

图6-43 先进先出（FIFO）读指令的使用

6.2.5 数据处理指令

数据处理指令有10条，功能号为FNC40 ～ FNC49。

（1）成批复位指令

① 指令格式 成批复位指令格式如下：

指令名称	助记符	功能号	操作数		程序步
			D1	D2	
成批复位指令	ZRST	FNC40	Y、M、T、C、S、D（D1≤D2，且为同一系列元件）		ZRST、ZRSTP：5步

② 使用说明 成批复位指令的使用如图6-44所示。在PLC开始运行的瞬间，M8002触点接通一个扫描周期，ZRST指令执行，将辅助继电器M500 ～ M599、计数器C235 ～ C255和状态继电器S0 ～ S127全部复位清0。

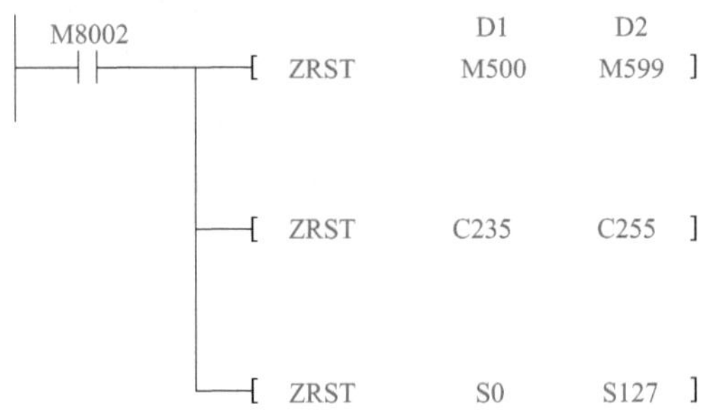

图6-44 成批复位指令的使用

在使用ZRST指令时要注意，目标操作数D2序号应大于D1，并且为同一系列元件。

（2）解码指令

① 指令格式 解码指令格式如下：

指令名称	助记符	功能号	操作数			程序步
			S	D	n	
解码指令	DECO	FNC41	K、H X、Y、M、S、 T、C、D、V、Z	Y、M、S、 T、C、D	K、H n=1～8	DECO、 DECOP：7步

② 使用说明 解码指令的使用如图6-45所示，该指令的操作数为位元件，在图6-45（a）中，当常开触点X004闭合时，DECO指令执行，将X000为起始编号的3个连号位元件（由n=K3指定）组合状态进行解码，3位数解码有8种结果，解码结果存入在M17 ～ M10（以M10为起始目标位元件）的M13中，因X002、X001、X000分别为0、1、1，而$(011)_2$=3，即指令执行结果使M17 ～ M10的第3位M13=1。

图6-45（b）的操作数为字元件，当常开触点X004闭合时，DECO指令执行，对D0的

低4位数进行解码，4位数解码有16种结果，而D0的低4位数为0111，$(0111)_2=7$，解码结果使目标字元件D1的第7位为1，D1的其他位均为0。

当n在K1～K8范围内变化时，解码则有2～255种结果，结果保存的目标元件不要在其他控制中重复使用。

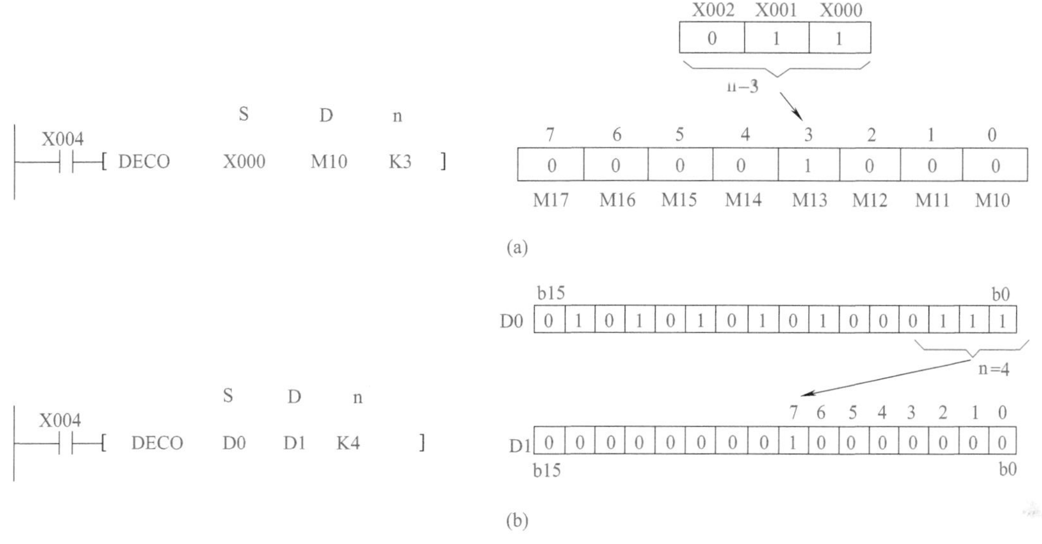

图6-45 解码指令的使用

（3）编码指令

① 指令格式 编码指令格式如下：

指令名称	助记符	功能号	操作数			程序步
			S	D	n	
编码指令	ENCO	FNC42	X、Y、M、S、T、C、D、V、Z	T、C、D、V、Z	K、H n=1~8	ENCO、ENCOP：7步

② 使用说明 编码指令的使用如图6-46所示。图6-46（a）的源操作数为位元件，当常开触点X004闭合时，ENCO指令执行，对M17～M10中的1进行编码（第5位M15=1），编码采用3位（由n=3确定），编码结果101（即5）存入D10低3位中。M10为源操作起始位元件，D10为目标操作元件，n为编码位数。

图6-46（b）的源操作数为字元件，当常开触点X004闭合时，ENCO指令执行，对D0低8位中的1（b6=1）进行编码，编码采用3位（由n=3确定），编码结果110（即6）存入D1低3位中。

当源操作元件中有多个1时，只对高位1进行编码，低位1忽略。

（4）1总数和指令

① 指令格式 1总数和指令格式如下：

指令名称	助记符	功能号	操作数		程序步
			S	D	
1总数和指令	SUM	FNC43	K、H KnX、KnY、KnM、KnS、T、C、D、V、Z	KnY、KnM、KnS、T、C、D、V、Z	SUM、SUMP：5步 DSUM、DSUMP：9步

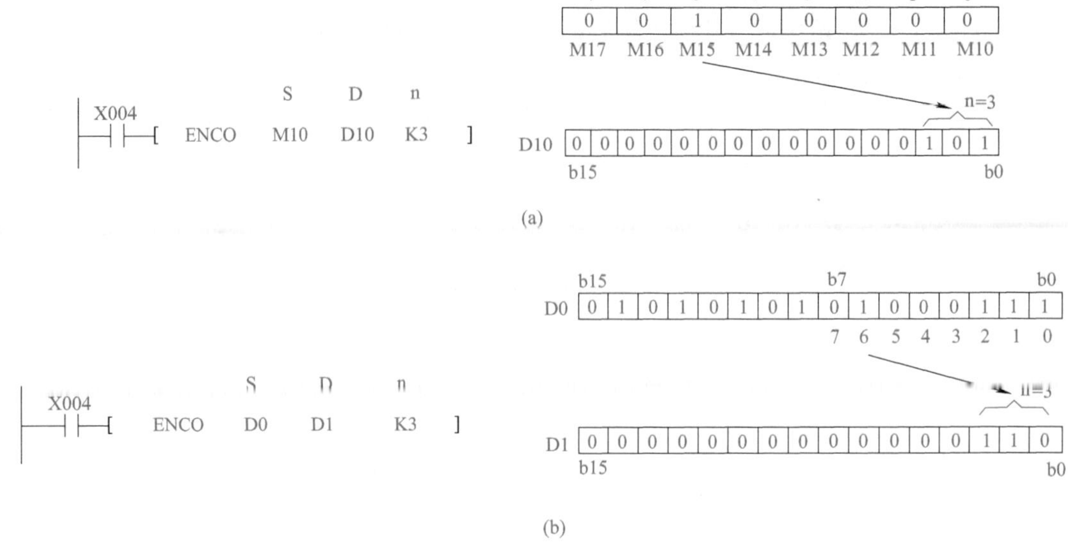

图6-46 编码指令的使用

② 使用说明 1总数和指令的使用如图6-47所示。当常开触点X000闭合时，SUM指令执行，计算源操作元件D0中1的总数，并将总数值存入目标操作元件D2中，图中D0中总共有9个1，那么存入D2的数值为9（即1001）。

若D0中无1，0标志继电器M8020会动作，M8020=1。

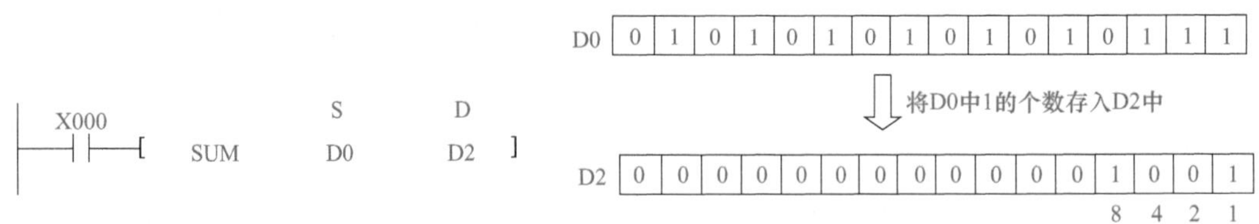

图6-47 1总数和指令的使用

（5）1位判别指令

① 指令格式 1位判别指令格式如下：

指令名称	助记符	功能号	操作数			程序步
			S	D	n	
1位判别指令	BON	FNC44	K、H KnX、KnY、KnM、KnS、 T、C、D、V、Z	Y、S、M	K、H n=0～15（16位操作） n=0～32（32位操作）	BON、BONP：5步 DBON、DBONP：9步

② 使用说明 1位判别指令的使用如图6-48所示。当常开触点X000闭合时，BON指令执行，判别源操作元件D10的第15位（n=15）是否为1，若为1，则让目标操作位元件M0=1，若为0，M0=0。

（6）平均值指令

① 指令格式 平均值指令格式如下：

指令名称	助记符	功能号	操作数			程序步
			S	D	n	
平均值指令	MEAN	FNC45	KnX、KnY、KnM、KnS、T、C、D	KnY、KnM、KnS、T、C、D	K、H n=1～64	MEAN、MEANP：7步 DMEAN、DMEANP：13步

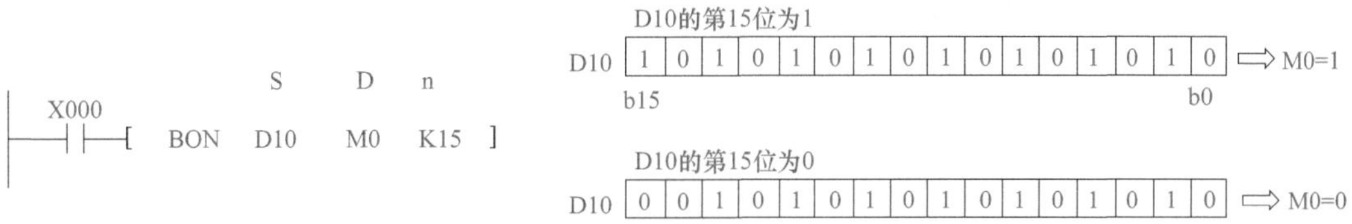

图6-48　1位判别指令的使用

② 使用说明　平均值指令的使用如图6-49所示。当常开触点X000闭合时，MEAN指令执行，计算D0～D2中数据的平均值，平均值存入目标元件D10中。D0为源起始元件，D10为目标元件，n=3为源元件的个数。

X000 —[MEAN D0 D10 K3]　$\frac{D0+D1+D2}{3}$ → D10

（S = D0，D = D10，n = K3）

图6-49　平均值指令的使用

（7）报警置位指令

① 指令格式　报警置位指令格式如下：

指令名称	助记符	功能号	操作数			程序步
			S	D	m	
报警置位指令	ANS	FNC46	T （T0～T199）	S （S900～S999）	K m=1～32767 （100ms单位）	ANS：7步

② 使用说明　报警置位指令的使用如图6-50所示。当常开触点X000、X001同时闭合时，定时器T0开始1s计时（m=10），若两触点同时闭合时间超过1s，ANS指令会将报警状态继电器S900置位，若两触点同时闭合时间不到1s，定时器T0未计完1s即复位，ANS指令不会对S900置位。

X000　X001 —[ANS T0 K10 S900]

（S = T0，m = K10，D = S900）

图6-50　报警置位指令的使用

（8）报警复位指令

① 指令格式　报警复位指令格式如下：

指令名称	助记符	功能号	操作数	程序步
报警复位指令	ANR	FNC47	无	ANR、ANRP：1步

② 使用说明　报警复位指令的使用如图6-51所示。当常开触点X003闭合时，ANRP指令执行，将信号报警继电器S900～S999中正在动作（即处于置位状态）的报警继电器

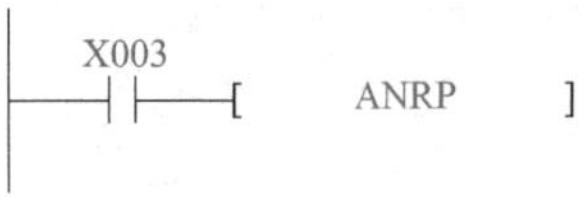

X003 [ANRP]

复位，若这些报警器有多个处于置位状态，在X003闭合时小编号的报警器复位，当X003再一次闭合时，则对下一个编号的报警器复位。

图6-51 报警复位指令的使用

如果采用连续执行型ANR指令，在X003闭合期间，每经过一个扫描周期，ANR指令就会依次对编号由小到大的报警器进行复位。

（9）求平方根指令

① 指令格式 求平方根指令格式如下：

指令名称	助记符	功能号	操作数		程序步
			S	D	
求平方根指令	SQR	FNC48	K、H、D	D	SQR、SQRP：5步 DSQR、DSQRP：9步

② 使用说明 求平方根指令的使用如图6-52所示。当常开触点X000闭合时，SQR指令执行，对源操作元件D10中的数进行求平方根运算，运算结果的整数部分存入目标操作元件D12中，若存在小数部分，小数部分舍去，同时进位标志继电器M8021置位，若运算结果为0，零标志继电器M8020置位。

X000 [SQR D10(S) D12(D)]　　$\sqrt{D10}$ → D12

图6-52 求平方根指令的使用

（10）二进制整数转换为浮点数指令

① 指令格式 二进制整数转换成浮点数指令格式如下：

指令名称	助记符	功能号	操作数		程序步
			S	D	
二进制整数转换为浮点数指令	FLT	FNC49	K、H、D	D	FLT、FLTP：5步 DFLT、DFLTP：9步

② 使用说明 二进制整数转换为浮点数指令的使用如图6-53所示。当常开触点X000闭合时，FLT指令执行，将源操作元件D10中的二进制整数转换成浮点数，再将浮点数存入目标操作元件D13、D12中。

由于PLC编程很少用到浮点数运算，读者若对浮点数及运算感兴趣，可查阅有关资料，这里不作介绍。

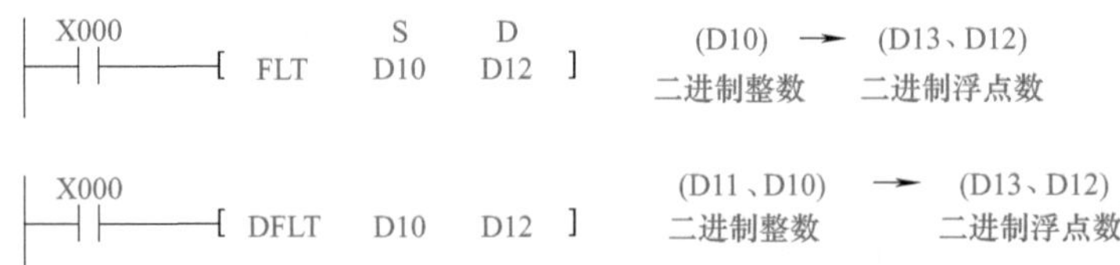

图6-53 二进制整数转换为浮点数指令的使用

6.2.6 高速处理指令

高速处理指令共有10条，功能号为FNC50～FNC59。

（1）输入/输出刷新指令

① 指令格式 输入/输出刷新指令格式如下：

指令名称	助记符	功能号	操作数		程序步
			D	n	
输入/输出刷新指令	REF	FNC50	X、Y	K、H	REF、REFP：5步

② 使用说明　在PLC运行程序时，若通过输入端子输入信号，PLC通常不会马上处理输入信号，要等到下一个扫描周期才处理输入信号，这样从输入到处理有一段时间差，另外，PLC在运行程序产生输出信号时，也不是马上从输出端子输出，而是等程序运行到END时，才将输出信号从输出端子输出，这样从产生输出信号到信号从输出端子输出也有一段时间差。如果希望PLC在运行时能即刻接收输入信号，或能即刻输出信号，可采用输入/输出刷新指令。

输入/输出刷新指令的使用如图6-54所示。图6-54（a）为输入刷新，当常开触点X000闭合时，REF指令执行，将以X010为起始元件的8个（n=8）输入继电器X010～X017刷新，即让X010～X017端子输入的信号能马上被这些端子对应的输入继电器接收。图6-54（b）为输出刷新，当常开触点X001闭合时，REF指令执行，将以Y000为起始元件的24个（n=24）输出继电器Y000～Y007、Y010～Y017、Y020～Y027刷新，让这些输出继电器能即刻往相应的输出端子输出信号。

REF指令指定的首元件编号应为X000、X010、X020…，Y000、Y010、Y020…，刷新的点数n就应是8的整数倍，如8、16、24等。

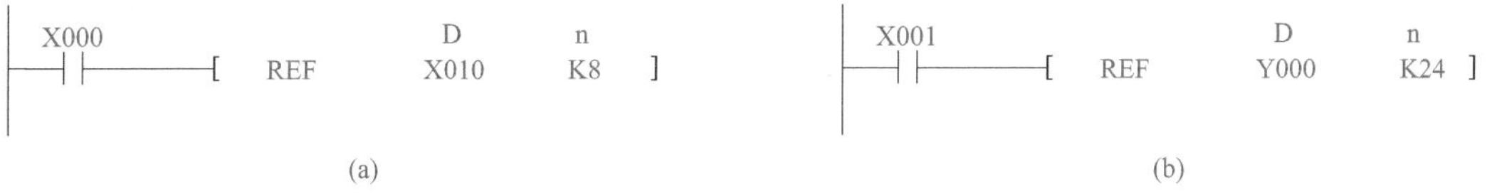

图6-54　输入/输出刷新指令的使用

（2）输入滤波常数调整指令

① 指令格式　输入滤波常数调整指令格式如下：

指令名称	助记符	功能号	操作数	程序步
			n	
输入滤波常数调整指令	REFF	FNC51	K、H	REFF、REFFP：3步

② 使用说明　为了提高PLC输入端子的抗干扰性，在输入端子内部都设有滤波器，滤波时间常数在10ms左右，可以有效吸收短暂的输入干扰信号，但对于正常的高速短暂输入信号也有抑制作用，为此PLC将一些输入端子的电子滤波器时间常数设为可调。三菱FX_{2N}系列PLC将X000～X017端子内的电子滤波器时间常数设为可调，调节采用REFF指令，时间常数调节范围为0～60ms。

输入滤波常数调整指令的使用如图6-55所示。当常开触点X010闭合时，REFF指令执行，将X000～X017端子的滤波常数设为1ms（n=1），该指令执行前这些端子的滤波常数为10ms，该

X010 ——[REFF K1]
X000
X001
X020 ——[REFF K20]
X000

图6-55　输入滤波常数调整指令的使用

指令执行后这些端子时间常数为1ms，当常开触点X020闭合时，REFF指令执行，将X000～X017端子的滤波常数设为20ms（n=20），此后至END或FEND处，这些端子的滤波常数为20ms。

当X000～X007端子用作高速计数输入、速度检测或中断输入时，它们的输入滤波常数自动设为50μs。

（3）矩阵输入指令

①指令格式 矩阵输入指令格式如下：

指令名称	助记符	功能号	操作数				程序步
			S	D1	D2	n	
矩阵输入指令	MTR	FNC52	X	Y	Y、M、S	K、H n=2～8	MTR：9步

②矩阵输入电路 PLC通过输入端子来接收外界输入信号，由于输入端子数量有限，若采用一个端子接受一路信号的普通输入方式，很难实现大量多路信号输入，给PLC加设矩阵输入电路可以有效解决这个问题。

图6-56（a）是一种PLC矩阵输入电路，它采用X020～X027端子接收外界输入信号，这些端子外接3组由二极管和按键组成的矩阵输入电路，这三组矩阵电路一端都接到X020～X027端子，另一端则分别接PLC的Y020、Y021、Y022端子。在工作时，Y020、Y021、Y022端子内硬触点轮流接通，如图6-56（b）所示，当Y020接通（ON）时，Y021、Y022断开，当Y021接通时，Y020、Y022断开，当Y022接通时，Y020、Y021断开，然后重复这个过程，一个周期内每个端子接通时间为20ms。

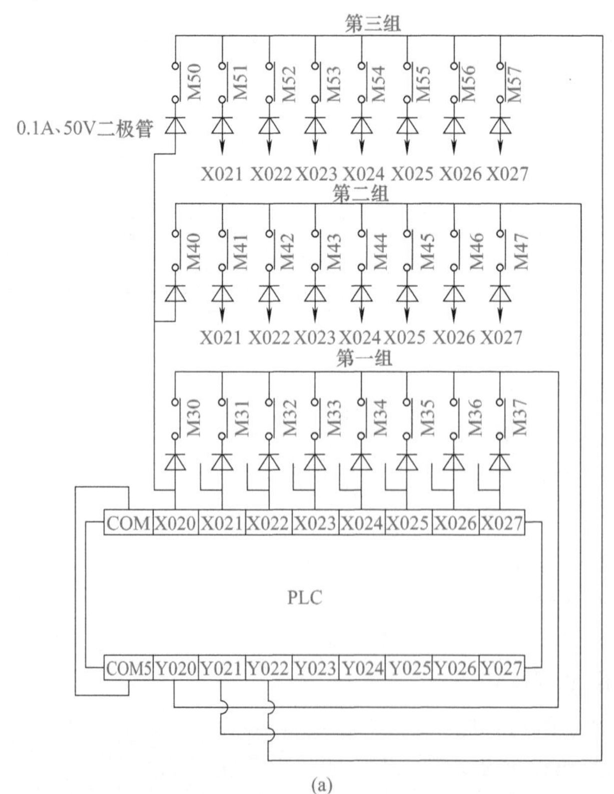

(a)

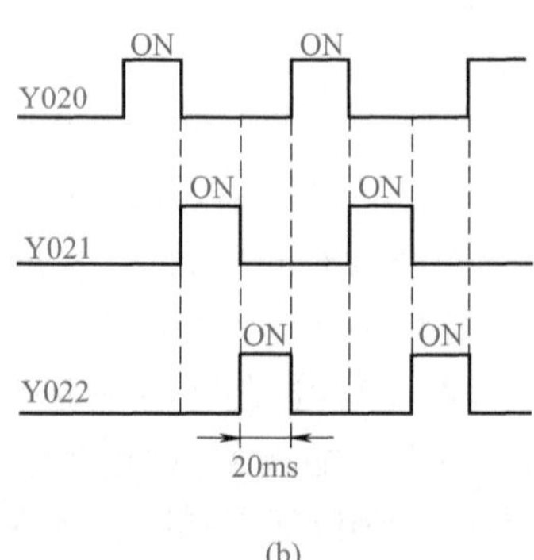

(b)

图6-56 一种PLC矩阵输入电路

在Y020端子接通期间，若第一组输入电路中的某个按键按下，如M37按键按下，X027端子输出的电流经二极管、按键流入Y020端子，并经Y020端子内部闭合的硬触点流到COM端，X027端子有电流输出，相当于该端子有输入信号，该输入信号在PLC内部被转存到辅助继电器M37中。在Y020端子接通期间，若按第二组或第三组中某个按键，由于此时Y021、Y022端子均断开，故操作这两组按键均无效。在Y021端子接通期间，X020 ～ X027端子接受第二组按键输入，在Y022端子接通期间，X020 ～ X027端子接受第三组按键输入。

在采用图6-56（a）形式的矩阵输入电路时，如果将输出端子Y020 ～ Y027和输入端子X020 ～ X027全部利用起来，则可以实现8×8=64个开关信号输入，由于Y020 ～ Y027每个端子接通时间为20ms，故矩阵电路的扫描周期为8×20ms=160ms。对于扫描周期长的矩阵输入电路，若输入信号时间小于扫描周期，可能会出现输入无效的情况，例如在图6-56（a）中，若在Y020端子刚开始接通时按下按键M52，按下时间为30ms再松开，由于此时Y022端子还未开始导通（从Y020到Y022导通时间间隔为40ms），故操作按键M52无效，因此矩阵输入电路不适用于要求快速输入的场合。

③ 矩阵输入指令的使用　若PLC采用矩阵输入方式，除了要加设矩阵输入电路外，还须用MTR指令进行矩阵输入设置。矩阵输入指令的使用如图6-57所示。当触点M0闭合时，MTR指令执行，将［S］X020为起始编号的8个连号元件作为矩阵输入，将［D1］Y020为起始编号的3个（n=3）连号元件作为矩阵输出，将矩阵输入信号保存在以M30为起始编号的三组8个连号元件（M30 ～ M37、M40 ～ M47、M50 ～ M57）中。

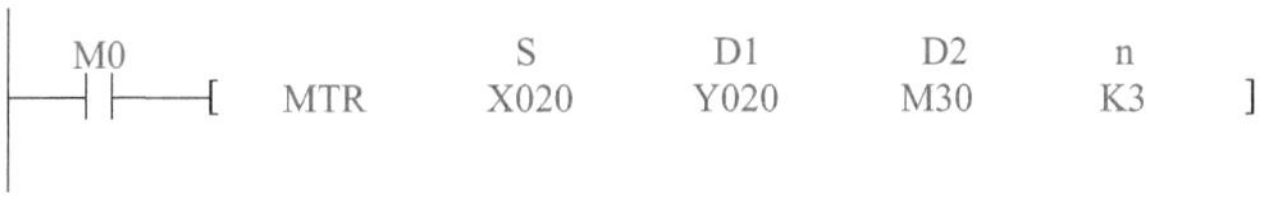

```
   M0                  S       D1      D2      n
──┤ ├──[  MTR        X020    Y020    M30     K3   ]
```

图6-57　矩阵输入指令的使用

（4）高速计数器置位指令

① 指令格式　高速计数器置位指令格式如下：

指令名称	助记符	功能号	操作数			程序步
			S1	S2	D	
高速计数器置位指令	HSCS	FNC53	K、H、KnX、KnY、KnM、KnS、T、C、D、V、Z	C（C235~C255）	Y、M、S	DHSCS：13步

② 使用说明　高速计数器置位指令的使用如图6-58所示。当常开触点X010闭合时，若高速计数器C255的当前值变为100（99→100或101→100），DHSCS指令执行，将Y010置位。

```
   X010                 S1       S2       D
──┤ ├──[  DHSCS        K100     C255     Y010   ]
```

图6-58　高速计数器置位指令的使用

（5）高速计数器复位指令

① 指令格式　高速计数器复位指令格式如下：

指令名称	助记符	功能号	操作数			程序步
			S1	S2	D	
高速计数器复位指令	HSCR	FNC54	K、H、 KnX、KnY、KnM、KnS、 T、C、D、V、Z	C （C235～C255）	Y、M、S	DHSCR：13步

② 使用说明　高速计数器复位指令的使用如图6-59所示。当常开触点X010闭合时，若高速计数器C255的当前值变为100（99→100或101→100），DHSCR指令执行，将Y010复位。

```
 X010                 S1      S2      D
─┤├──[ DHSCR      K100    C255    Y010 ]
```

图6-59　高速计数器复位指令的使用

（6）高速计数器区间比较指令

① 指令格式　高速计数器区间比较指令格式如下：

指令名称	助记符	功能号	操作数				程序步
			S1	S2	S3	D	
高速计数器区间比较指令	HSZ	FNC55	K、H、 KnX、KnY、KnM、KnS、 T、C、D、V、Z		C （C235～C255）	Y、M、S （3个连号元件）	DHSZ：13步

② 使用说明　高速计数器区间比较指令的使用如图6-60所示。在PLC运行期间，M8000触点始终闭合，高速计数器C251开始计数，同时DHSZ指令执行，当C251当前计数值<1000时，让输出继电器Y000为ON，当1000≤C251当前计数值≤2000时，让输出继电器Y001为ON，当C251当前计数值>2000时，让输出继电器Y003为ON。

图6-60　高速计数器区间比较指令的使用

（7）速度检测指令

① 指令格式　速度检测指令格式如下：

指令名称	助记符	功能号	操作数			程序步
			S1	S2	D	
速度检测指令	SPD	FNC56	X0～X5	K、H、 KnX、KnY、KnM、KnS、 T、C、D、V、Z	T、C、D、V、Z	SPD：7步

② 使用说明　速度检测指令的使用如图6-61所示。当常开触点X010闭合时，SPD指令执行，计算X000输入端子在100ms输入脉冲的个数，并将个数值存入D0中，指令还使用D1、D2，其中D1用来存放当前时刻的脉冲数值（会随时变化），到100ms时复位，D2用来存放计数的剩余时间，到100ms时复位。

采用旋转编码器配合SPD指令可以检测电动机的转速。旋转编码器结构如图6-62所示，旋转编码器盘片与电动机转轴连动，在盘片旁安装有接近开关，盘片凸起部分靠近接近开关时，开关会产生脉冲输出，n为编码器旋转一周输出的脉冲数。在测速时，先将测速用的旋转编码器与电动机转轴连接，编码器的输出线接PLC的X0输入端子，再根据电动机的转速计算公式$N=\left(\dfrac{60\times[D]}{n\times[S2]}\times 10^3\right)$r/min编写梯形图程序。

```
 X010                          S1         S2         D
──┤├────[ SPD                 X000       K100       D0   ]
```

图6-61　速度检测指令的使用

设旋转编码器的n=360，计时时间S2=100ms，则$N=\left(\dfrac{60\times[D]}{n\times[S2]}\times 10^3\right)r/min=\left(\dfrac{60\times[D]}{360\times 100}\times 10^3\right)r/min=\left(\dfrac{5\times[D]}{3}\right)$r/min。电动机转速检测程序如图6-63所示。

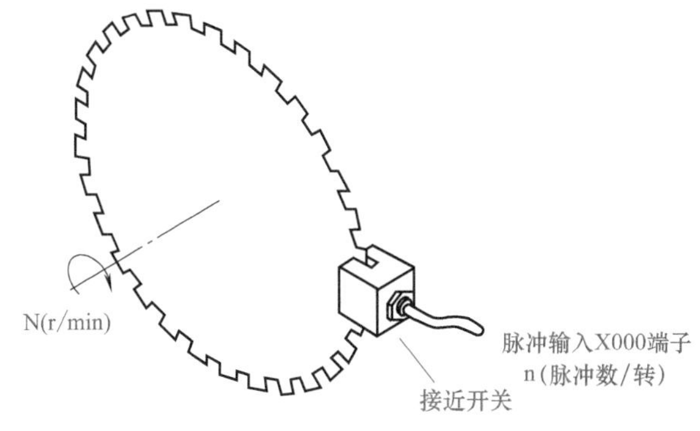

图6-62　旋转编码器结构

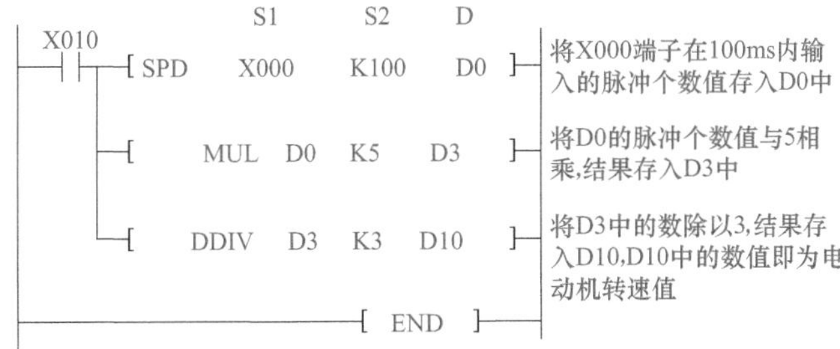

图6-63　电动机转速检测程序

（8）脉冲输出指令

① 指令格式　脉冲输出指令格式如下：

指令名称	助记符	功能号	操作数			程序步
			S1	S2	D	
脉冲输出指令	PLSY	FNC57	K、H、KnX、KnY、KnM、KnS、T、C、D、V、Z		Y0或Y1	PLSY：7步 DPLSY：13步

② 使用说明　脉冲输出指令的使用如图6-64所示。当常开触点X010闭合时，PLSY指令执行，让Y000端子输出占空比为50%的1000Hz脉冲信号，产生脉冲个数由D0指定。

```
  X010            S1      S2     D
──┤ ├──[ PLSY   K1000   D0    Y000 ]
```

图6-64 脉冲输出指令的使用

脉冲输出指令使用要点

脉冲输出指令使用要点如下。

①［S1］为输出脉冲的频率，对于FX_{2N}系列PLC，频率范围为10 ~ 20kHz；［S2］为要求输出脉冲的个数，对于16位操作元件，可指定的个数为1 ~ 32767，对于32位操作元件，可指定的个数为1 ~ 2147483647，如指定个数为0，则持续输出脉冲；［D］为脉冲输出端子，要求为输出端子为晶体管输出型，只能选择Y000或Y001。

② 脉冲输出结束后，完成标记继电器M8029置1，输出脉冲总数保存在D8037（高位）和D8036（低位）。

③ 若选择产生连续脉冲，在X010断开后Y000停止脉冲输出，X010再闭合时重新开始。

④［S1］中的内容在该指令执行过程中可以改变，［S2］在指令执行时不能改变。

（9）脉冲调制指令

① 指令格式 脉冲调制指令格式如下：

指令名称	助记符	功能号	操作数			程序步
			S1	S2	D	
脉冲调制指令	PWM	FNC58	K、H、KnX、KnY、KnM、KnS、T、C、D、V、Z		Y0或Y1	PWM：7步

② 使用说明 脉冲调制指令的使用如图6-65所示。当常开触点X010闭合时，PWM指令执行，让Y000端子输出脉冲宽度为［S1］D10、周期为［S2］50的脉冲信号。

```
  X010          S1     S2     D
──┤ ├──[PWM    D10    K50    Y000 ]
```


图6-65 脉冲调制指令的使用

脉冲调制指令使用要点

脉冲调制指令使用要点如下。

①［S1］为输出脉冲的宽度t，t=0 ~ 32767ms；［S2］为输出脉冲的周期T，T=1 ~ 32767ms，要求［S2］>［S1］，否则会出错；［D］为脉冲输出端子，只能选择Y000或Y001。

② 当X010断开后，Y000端子停止脉冲输出。

（10）可调速脉冲输出指令

① 指令格式 可调速脉冲输出指令格式如下：

指令名称	助记符	功能号	操作数				程序步
			S1	S2	S3	D	
可调速脉冲输出指令	PLSR	FNC59	K、H、KnX、KnY、KnM、KnS、T、C、D、V、Z			Y0或Y1	PLSR：9步 DPLSR：17步

② 使用说明　可调速脉冲输出指令的使用如图6-66所示。当常开触点X010闭合时，PLSR指令执行，让Y000端子输出脉冲信号，要求输出脉冲频率由0开始，在3600ms内升到最高频率500Hz，在最高频率时产生D0个脉冲，再在3600ms内从最高频率降到0。

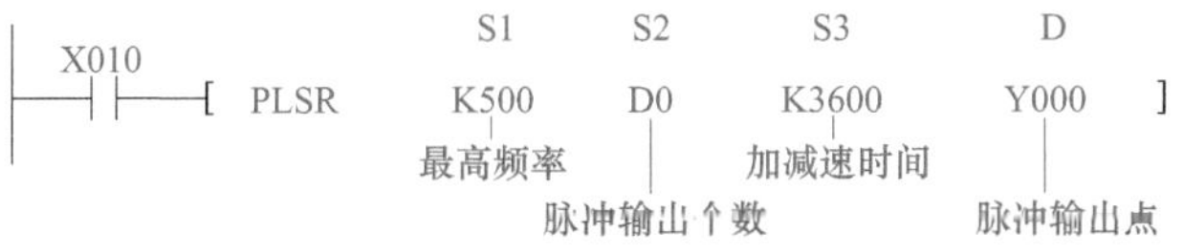

```
                        S1        S2        S3          D
   X010
 ──┤ ├──[ PLSR        K500      D0      K3600       Y000    ]
                     最高频率              加减速时间
                               脉冲输出个数              脉冲输出点
```

图6-66　可调速脉冲输出指令的使用

可调速脉冲输出指令使用要点

可调速脉冲输出指令使用要点如下。

①［S1］为输出脉冲的最高频率，最高频率要设成10的倍数，设置范围为10 ~ 20kHz。

②［S2］为最高频率时输出脉冲数，该数值不能小于110，否则不能正常输出，［S2］的范围是110 ~ 32767（16位操作数）或110 ~ 2147483647（32位操作数）。

③［S3］为加减速时间，它是指脉冲由0升到最高频率（或最高频率降到0）所需的时间。输出脉冲的一次变化为最高频率的1/10。加减速时间设置有一定的范围，具体可采用以下式子计算：

$$\frac{90000}{[S1]}\times 5\leqslant [S3]\leqslant \frac{[S2]}{[S1]}\times 818$$

④［D］为脉冲输出点，只能为Y000或Y001，且要求是晶体管输出型。

⑤ 若X010由ON变为OFF，停止输出脉冲，X010再ON时，从初始重新动作。

⑥ PLSR和PLSY两条指令在程序中只能使用一条，并且只能使用一次。这两条指令中的某一条与PWM指令同时使用时，脉冲输出点不能重复。

6.2.7　方便指令

方便指令共有10条，功能号是FNC60 ~ FNC69。

（1）状态初始化指令

① 指令格式　状态初始化指令格式如下：

指令名称	助记符	功能号	操作数			程序步
			S	D1	D2	
状态初始化指令	IST	FNC60	X、Y、M、S （8个连号元件）	S （S20~S899）		IST：7步

② 使用说明　状态初始化指令主要用于步进控制，且在需要进行多种控制时采用，使用这条指令可以使控制程序大大简化，如在机械手控制中，有5种控制方式：手动、回原点、单步运行、单周期运行（即运行一次）和自动控制。在程序中采用该指令后，只需编写手动、回原点和自动控制3种控制程序即可实现5种控制。

状态初始化指令的使用如图6-67所示。当M8000由OFF→ON时，IST指令执行，将X020为起始编号的8个连号元件进行功能定义（具体见后述），将S20、S40分别设为自动操作时的编号最小和最大状态继电器。

图6-67　状态初始化指令的使用

状态初始化指令的使用要点如下。

①［S］为功能定义起始元件，它包括8个连号元件，这8个元件的功能定义如下：

X020：手动控制	X024：全自动运行控制
X021：回原点控制	X025：回原点启动
X022：单步运行控制	X026：自动运行启动
X023：单周期运行控制	X027：停止控制

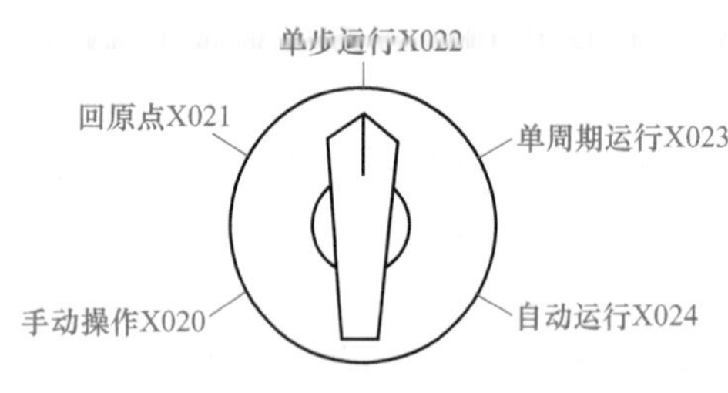

图6-68　旋转开关

其中X020～X024是工作方式选择，不能同时接通，通常选用图6-68所示的旋转开关。

②［D1］、［D2］分别为自动操作控制时，实际用到的最小编号和最大编号状态继电器。

③ IST指令在程序中只能用一次，并且要放在步进顺控指令STL之前。

（2）数据查找指令

① 指令格式　数据查找指令格式如下：

指令名称	助记符	功能号	操作数				程序步
			S1	S2	D	n	
数据查找指令	SER	FNC61	KnX、KnY、KnM、KnS、T、C、D	K、H、KnX、KnY、KnM、KnS、T、C、D、V、Z	KnY、KnM、KnS、T、C、D	K、H、D	SER、SERP：9步 DSER、DSERP：17步

② 使用说明　数据查找指令的使用如图6-69所示。当常开触点X010闭合时，SER指令执行，从［S1］D100为首编号的［n］10个连号元件（D100～D109）中查找与［S2］D0相等的数据，查找结果存放在［D］D10为首编号的5个连号元件D10～D14中。

图6-69　数据查找指令的使用

在D10～D14中，D10存放数据相同的元件个数，D11、D12分别存放数据相同的第一个和最后一个元件位置，D13存放最小数据的元件位置，D14存放最大数据的元件位置。例如在D100～D109中，D100、D102、D106中的数据都与D10相同，D105中的数据最小，D108中数据最大，那么D10=3、D11=0、D12=6、D13=5、D14=8。

（3）绝对值式凸轮顺控指令

① 指令格式　绝对值式凸轮顺控指令格式如下：

指令名称	助记符	功能号	操作数				程序步
			S1	S2	D	n	
绝对值式凸轮顺控指令	ABSD	FNC62	KnX、KnY、KnM、KnS、T、C、D	C	Y、M、S	K、H（1≤n≤64）	ABSD：9步 DABSD：17步

② 使用说明　ABSD指令用于产生与计数器当前值对应的多个波形，其使用如图6-70所示。在图6-70（a）中，当常开触点X000闭合时，ABSD指令执行，将［D］M0为首编号的［n］4个连号元件M0～M3作为波形输出元件，并将［S2］C0计数器当前计数值与［S1］D300为首编号的8个连号元件D300～D307中的数据进行比较，然后让M0～M3输出与D300～D307数据相关的波形。

M0～M3输出波形与D300～D307数据的关系如图6-70（b）所示。D300～D307中的数据可采用MOV指令来传送，D300～D307的偶数编号元件用来存储上升数据点（角度值），奇数编号元件存储下降数据点。下面对照图6-70（b）来说明图6-70（a）梯形图工作过程。

在常开触点X000闭合期间，X001端子外接平台每旋转1°，该端子就输入一个脉冲，X001常开触点就闭合一次（X001常闭触点则断开一次），计数器C0的计数值就增1。当平台旋转到40°时，C0的计数值为40，C0的计数值与D300中的数据相等，ABSD指令则让M0元件由OFF变为ON；当C0的计数值为60时，C0的计数值与D305中的数据相等，ABSD指令则让M2元件由ON变为OFF。C0计数值由60变化到360之间的工作过程请对照图6-70（b）自行分析。当C0的计数值达到360时，C0常开触点闭合，“RST C0”指令执行，将计数器C0复位，然后又重新上述工作过程。

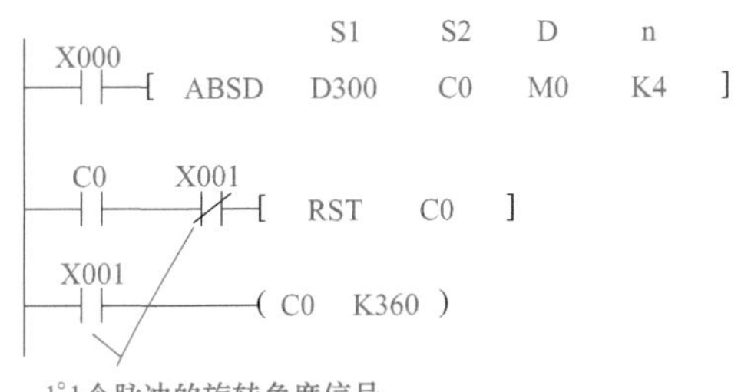

(a)

上升数据点	下降数据点	输出元件
D300=40	D301=140	M0
D302=100	D303=200	M1
D304=160	D305=60	M2
D306=240	D307=280	M3

(b)

图6-70　ABSD指令的使用

（4）增量式凸轮顺控指令

① 指令格式　增量式凸轮顺控指令格式如下：

指令名称	助记符	功能号	操作数				程序步
			S1	S2	D	n	
增量式凸轮顺控指令	INCD	FNC63	KnX、KnY、KnM、KnS、T、C、D	C（两个连号元件）	Y、M、S	K、H（1≤n≤64）	INCD：9步 DINCD：17步

② 使用说明　INCD指令的使用如图6-71所示。INCD指令的功能是将［D］M0为首编号的［n］4个连号元件M0～M3作为波形输出元件，并将［S2］C0当前计数值与［S1］D300为首编号的4个连号元件D300～D303中的数据进行比较，让M0～M3输出与D300～D304数据相关的波形。

首先用MOV指令往D300～D303中传送数据，让D300=20、D301=30、D302=10、D303=40。在常开触点X000闭合期间，1s时钟辅助继电器M8013触点每隔1s就通断一次（通断各0.5s），计数器C0的计数值就计1，随着M8013不断动作，C0计数值不断增大。在X000触点刚闭合时，M0由OFF变为ON，当C0计数值与D300中的数据20相等时，C0自动复位清0，同时M0元件也复位（由ON变为OFF），然后M1由OFF变为ON，当C0计数值与D301中的数据30相等时，C0又自动复位，M1元件随之复位，当C0计数值与最后寄存器D303中的数据40相等时，M3元件复位，完成标记辅助继电器M8029置ON，表示完成一个周期，接着开始下一个周期。

在C0计数的同时，C1也计数，C1用来计C0的复位次数，完成一个周期后，C1自动复位。当触点X000断开时，C1、C0均复位，M0～M3也由ON转为OFF。

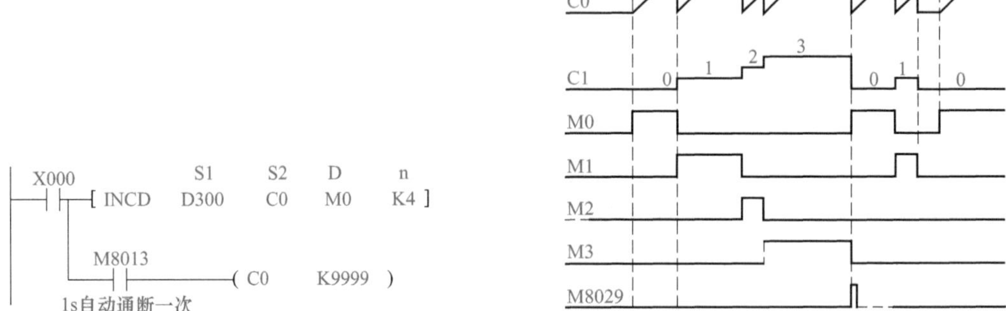

图6-71　INCD指令的使用

（5）示教定时器指令

① 指令格式　示教定时器指令格式如下：

指令名称	助记符	功能号	操作数		程序步
			D	n	
示教定时器指令	TTMR	FNC64	D	K、H、（n=0～2）	TTMR：5步

② 使用说明　TTMR指令的使用如图6-72所示。TTMR指令的功能是测定X010触点的接通时间。当常开触点X010闭合时，TTMR指令执行，用D301存储X010触点当前接通时间t0（D301中的数据随X010闭合时间变化），再将D301中的时间t0乘以10^n，乘积结果存入D300中。当触点X010断开时，D301复位，D300中的数据不变。

利用TTMR指令可以将按钮闭合时间延长10倍或100倍。

（6）特殊定时器指令

① 指令格式　特殊定时器指令格式如下：

指令名称	助记符	功能号	操作数			程序步
			S	n	D	
特殊定时器指令	STMR	FNC65	T （T0～T199）	K、H n=1～32767	Y、M、S （4个连号）	STMR：7步

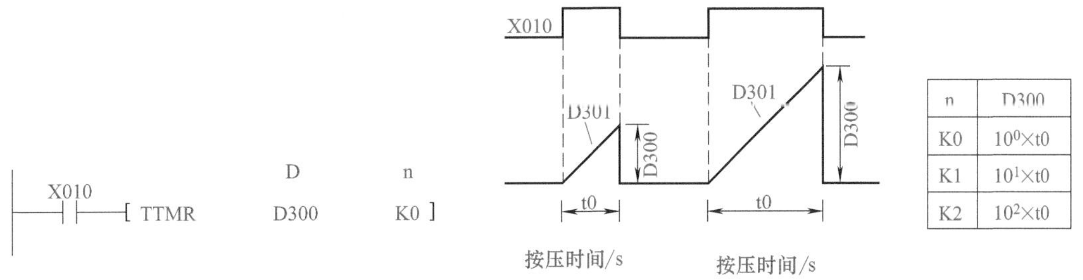

图6-72 TTMR指令的使用

② 使用说明 STMR指令的使用如图6-73所示。STMR指令的功能是产生延时断开定时、单脉冲定时和闪动定时。当常开触点X000闭合时，STMR指令执行，让［D］M0为首编号的4个连号元件M0～M3产生［n］10s的各种定时脉冲，其中M0产生10s延时断开定时脉冲，M1产生10s单定时脉冲，M2、M3产生闪动定时脉冲（即互补脉冲）。

当触点X010断开时，M0～M3经过设定的值后变为OFF，同时定时器T10复位。

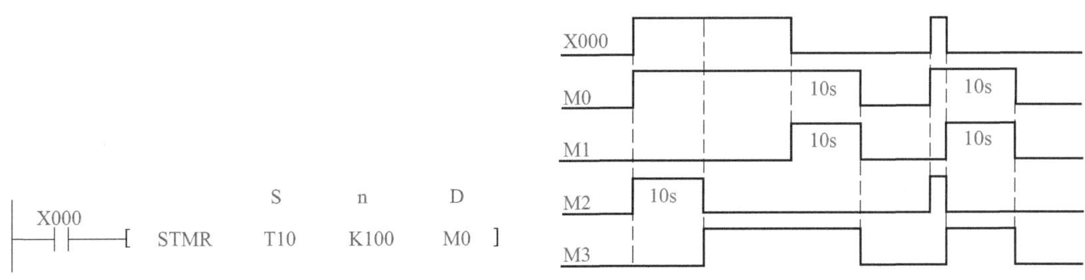

图6-73 STMR指令的使用

（7）交替输出指令

① 指令格式 交替输出指令格式如下：

指令名称	助记符	功能号	操作数	程序步
			D	
交替输出指令	ALT	FNC66	Y、M、S	ALT、ALTP：3步

② 使用说明 ALT指令的使用如图6-74所示。ALT指令的功能是产生交替输出脉冲。当常开触点X000由OFF→ON时，ALTP指令执行，让［D］M0由OFF→ON，在X000由ON→OFF时，M0状态不变，当X000再一次由OFF→ON时，M0由ON→OFF。若采用连续执行型指令ALT，在每个扫描周期M0状态就会改变一次，因此通常采用脉冲执行型ALTP指令。

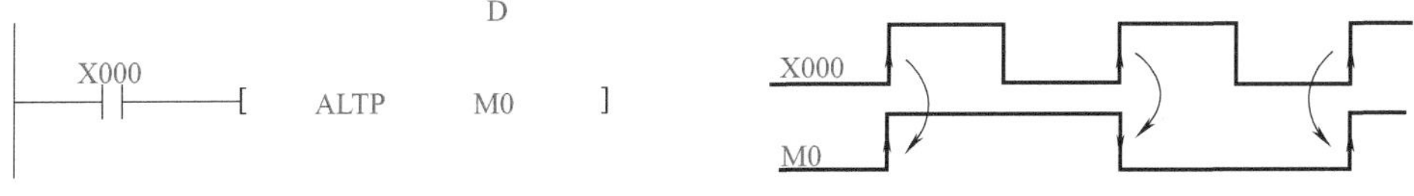

图6-74 ALT指令的使用

利用ALT指令可以实现分频输出，如图6-75所示，当X000按图示频率通断时，M0产生的脉冲频率降低一半，而M1产生的脉冲频率较M0再降低一半，每使用一次ALT指令可进行一次2分频。

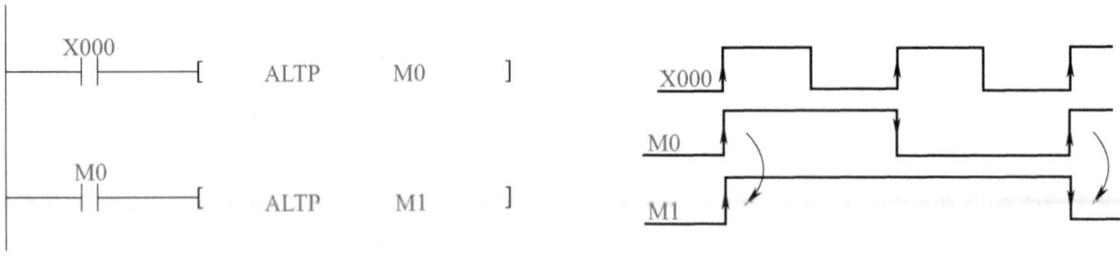

图6-75 利用ALT指令实现分频输出

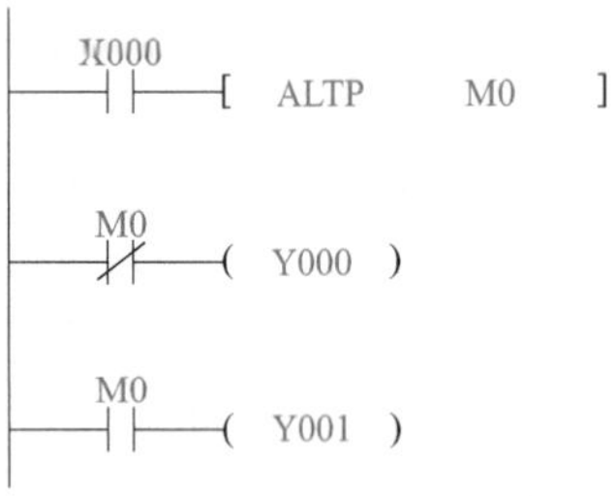

利用ALT指令还可以实现一个按钮控制多个负载启动/停止。如图6-76所示，当常开触点X000闭合时，辅助继电器M0由OFF→ON，M0常闭触点断开，Y000对应的负载停止，M0常开触点闭合，Y001对应的负载启动，X000断开后，辅助继电器M0状态不变；当X000第二次闭合时，M0由ON→OFF，M0常闭触点闭合，Y000对应的负载启动，M0常开触点断开，Y001对应的负载停止。

图6-76 利用ALT指令实现一个按钮控制多个负载启动/停止

（8）斜波信号输出指令

① 指令格式 斜波信号输出指令格式如下：

指令名称	助记符	功能号	操作数				程序步
			S1	S2	D	n	
斜波信号输出指令	RAMP	FNC67	D			K、H n=1～32767	RAMP：9步

② 使用说明 RAMP指令的使用如图6-77所示。RAMP指令的功能是产生斜波信号。当常开触点X000闭合时,RAMP指令执行，让［D］D3的内容从［S1］D1的值变化到［S2］D2的值，变化时间为［n］1000个扫描周期，扫描次数存放在D4中。

设置PLC的扫描周期可确定D3（值）从D1变化到D2的时间。先往D8039（恒定扫描时间寄存器）写入设定扫描周期时间（ms），设定的扫描周期应大于程序运行扫描时间，再将M8039（定时扫描继电器）置位，PLC就进入恒扫描周期运行方式。如果设定的扫描周期为20ms，那么图6-77的D3（值）从D1变化到D2所需的时间应为20ms×1000=20s。

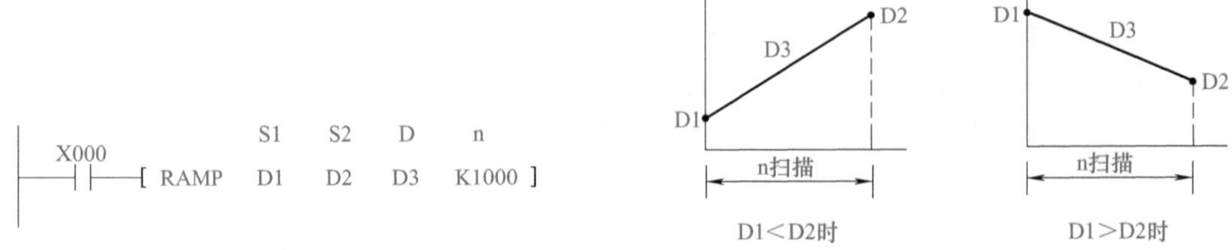

图6-77 RAMP指令的使用

（9）旋转工作台控制指令

① 指令格式 旋转工作台控制指令格式如下：

指令名称	助记符	功能号	操作数				程序步
			S	m1	m2	D	
旋转工作台控制指令	ROTC	FNC68	D（3个连号元件）	K、H m1=2～32767	K、H m2=0～32767	Y、M、S（8个连号元件）	ROTC：9步
				m1≥m2			

② 使用说明　ROTC指令的功能是对旋转工作台的方向和位置进行控制，使工作台上指定的工件能以最短的路径转到要求的位置。图6-78是一种旋转工作台的结构示意图，它由转台和工作手臂两大部分组成，转台被均分成10个区，每个区放置一个工件，转台旋转时会使检测开关X000、X001产生两相脉冲，利用这两相脉冲不但可以判断转台正转/反转外，还检测转台当前旋转位置，检测开关X002用来检测转台的0位置。

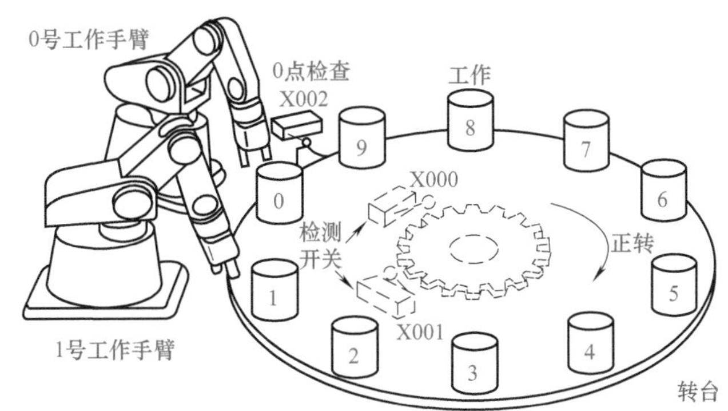
0号工作手臂
0点检查
X002
工作
9
8
7
0
X000
6
检测
开关
正转
1
5
X001
2
3
4
1号工作手臂
转台

图6-78　一种旋转工作台的结构示意图

ROTC指令的使用如图6-79所示。

```
                      S        m1      m2      D
  X010
|──┤├──[ ROTC        D200     K10     K2      M0 ]
|
```

图6-79　ROTC指令的使用

在图6-79中，当常开触点X010闭合时，ROTC指令执行，将操作数［S］、［m1］、［m2］、［D］的功能作如下定义：

[S] D200：作为计数寄存器使用
D201：调用工作手臂号
D202：调用工件号
（D201、D202）用传送指令MOV设定

[m1]：工作台每转一周旋转编码器产生的脉冲数

[m2]：低速运行区域，取值一般为1.5～2个工件间距

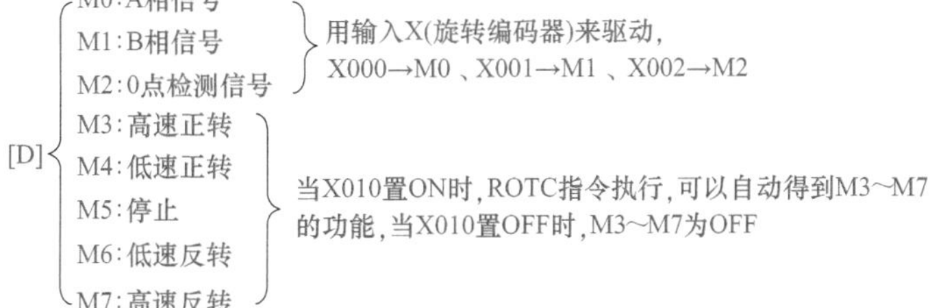
[D]
M0：A相信号
M1：B相信号
M2：0点检测信号
用输入X(旋转编码器)来驱动，
X000→M0、X001→M1、X002→M2
M3：高速正转
M4：低速正转
M5：停止
M6：低速反转
M7：高速反转
当X010置ON时，ROTC指令执行，可以自动得到M3～M7
的功能，当X010置OFF时，M3～M7为OFF

③ ROTC指令应用实例　有一个图6-78所示的旋转工作台，转台均分10个区，编号为0～9，每区可放1个工件，转台每转一周两相旋转编码器能产生360个脉冲，低速运行区为工件间距的1.5倍，采用数字开关输入要加工的工件号，加工采用默认1号工作手臂。要求使用ROTC指令并将有关硬件进行合适的连接，让工作台能以最高的效率调任意一个工件进行加工。

a.硬件连接　旋转工作台的硬件连接如图6-80所示。4位拨码开关用于输入待加工的工件号，旋转编码器用于检测工作台的位置信息，0点检测信号用于告知工作台是否到达0点位置，启动按钮用于启动工作台运行，Y000～Y003端子用于输出控制信号，通过控制变频器来控制工作台电动机的运行。

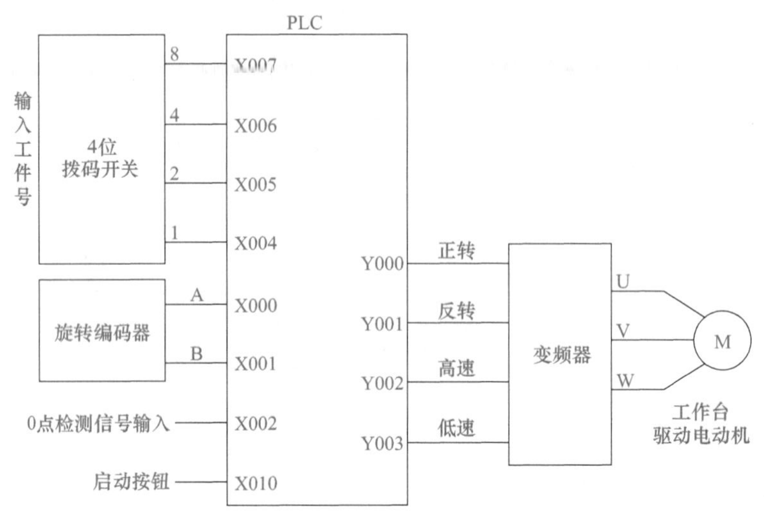

图6-80　旋转工作台的硬件连接

b.编写程序　旋转工作台控制梯形图程序如图6-81所示。在编写程序时要注意，工件号和工作手臂设置与旋转编码器产生的脉冲个数有关，如编码器旋转一个工件间距产生n个脉冲，如n=10，那么工件号0～9应设为0～90，工作手臂号0、1应分别设为0，10。在本例中，旋转编码器转一周产生360个脉冲，工作台又分为10个区，每个工件间距应产生36个脉冲，因此D201中的1号工作手臂应设为36，D202中的工件号就设为“实际工件号×36”。

PLC在进行旋转工作台控制时，在执行ROTC指令时，会根据有关程序和输入信号（输入工作号、编码器输入、0点检测输入和启动输入）产生控制信号（高速、低速、正转、反转），通过变频器来对旋转工作台电动机进行各种控制。

（10）数据排序指令

①指令格式　数据排序指令格式如下：

指令名称	助记符	功能号	操作数					程序步
			S	m1	m2	D	n	
数据排序指令	SORT	FNC69	D（连号元件）	K、H m1=2～32 m1≥m2	K、H m2=1～6	D（连号元件）	D	SORT：9步

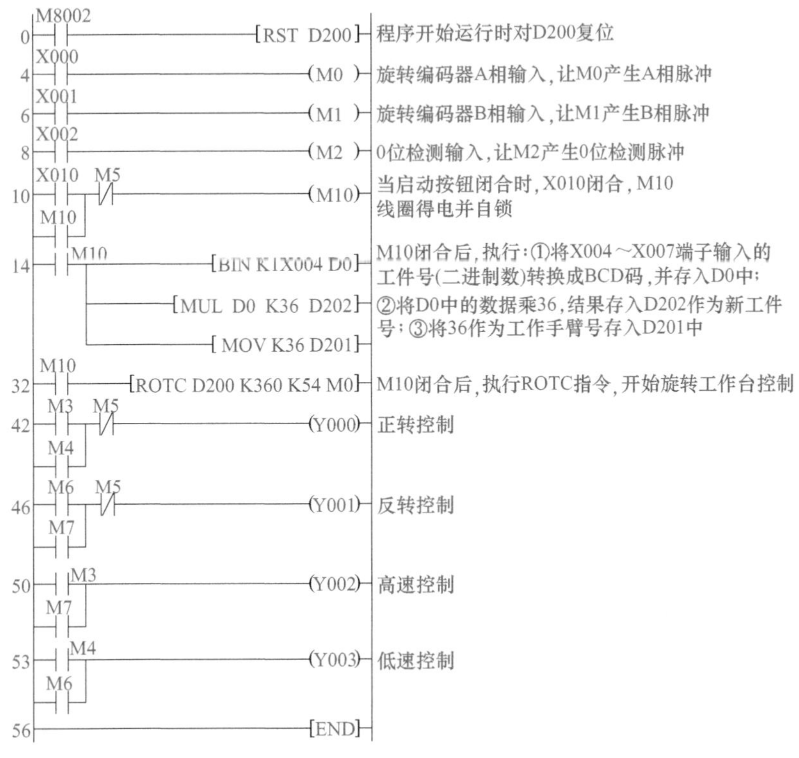

图6-81 旋转工作台控制梯形图程序

② 使用说明 SORT指令的使用如图6-82所示。SORT指令的功能是将［S］D100为首编号的［m1］5行［m2］4列共20个元件（即D100～D119）中的数据进行排序，排序以［n］D0指定的列作为参考，排序按由小到大进行，排序后的数据存入［D］D200为首编号的5×5=20个连号元件中。

```
                 S     m1 m2   D    n
X010
─┤├──[ SORT  D100  K5  K4  D200  D0 ]
```

图6-82 SORT指令的使用

表6-2为排序前D100～D119中的数据，若D0=2，当常开触点X010闭合时，SORT指令执行，将D100～D119中的数据以第2列作参考进行由小到大排列，排列后的数据存放在D200～D219中，D200～D219中数据排列见表6-3。

表6-2 排序前D100～D119中的数据

列号 / 行号	1	2	3	4
	人员号码	身长	体重	年龄
1	D 100 1	D 105 150	D 110 45	D 115 20
2	D 101 2	D 106 180	D 111 50	D 116 40
3	D 102 3	D 107 160	D 112 70	D 117 30
4	D 103 4	D 108 100	D 113 20	D 118 8
5	D 104 5	D 109 150	D 114 50	D 119 45

表6-3 排序后D200～D219中的数据

行号＼列号	1 人员号码	2 身长	3 体重	4 年龄
1	D 200 4	D 205 100	D 210 20	D 215 8
2	D 201 1	D 206 150	D 211 45	D 216 20
3	D 202 5	D 207 150	D 212 50	D 217 45
4	D 203 3	D 208 160	D 213 70	D 218 30
5	D 204 2	D 209 180	D 214 50	D 219 40

6.2.8 外部I/O设备指令

外部I/O设备指令共有10条，功能号为FNC70～FNC79。

（1）十键输入指令

① 指令格式　十键输入指令格式如下：

指令名称	助记符	功能号	操作数			程序步
			S	D1	D2	
十键输入指令	TKY	FNC70	X、Y、M、S（10个连号元件）	KnY、KnM、KnS、T、C、D、V、Z	X、Y、M、S（11个连号元件）	TKY：7步 DTKY：13步

② 使用说明　TKY指令的使用如图6-83所示。在图6-83（a）中，TKY指令的功能是将［S］为首编号的X000～X011十个端子输入的数据送入［D1］D0中，同时将［D2］为首地址的M10～M19中相应的位元件置位。

使用TKY指令时，可在PLC的X000～X011十个端子外接代表0～9的十个按键，如图6-83（b）所示，当常开触点X030闭合时，如果依次操作X002、X001、X003、X000，就往D0中输入数据2130，同时与按键对应的位元件M12、M11、M13、M10也依次被置ON，如图6-83（c）所示，当某一按键松开后，相应的位元件还会维持ON，直到下一个按键被按下才变为OFF。该指令还会自动用到M20，当依次操作按键时，M20会依次被置ON，ON的保持时间与按键的按下时间相同。

十键输入指令使用要点

十键输入指令的使用要点如下。

① 若多个按键都按下，先按下的键有效。

② 当常开触点X030断开时，M10～M20都变为OFF，但D0中的数据不变。

③ 在做16位操作时，输入数据范围是0～9999，当输入数据超过4位，最高位数（千位数）会溢出，低位补入；在做32位操作时，输入数据范围是0～99999999。

（2）十六键输入指令

① 指令格式　十六键输入指令格式如下：

指令名称	助记符	功能号	操作数				程序步
			S	D1	D2	D3	
十六键输入指令	HKY	FNC71	X（4个连号元件）	Y	T、C、D、V、Z	Y、M、S（8个连号元件）	HKY：9步 DHKY：17步

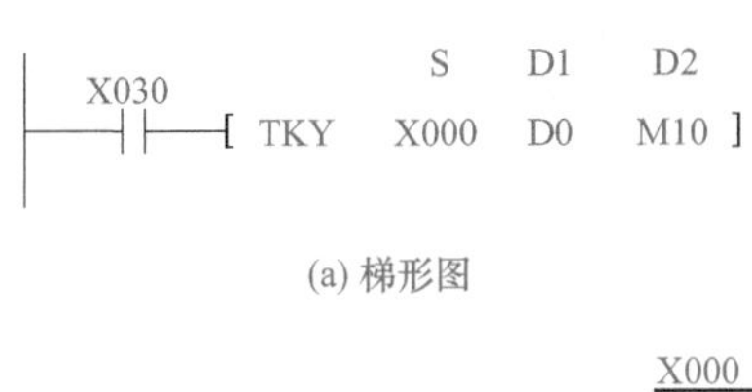

(a) 梯形图

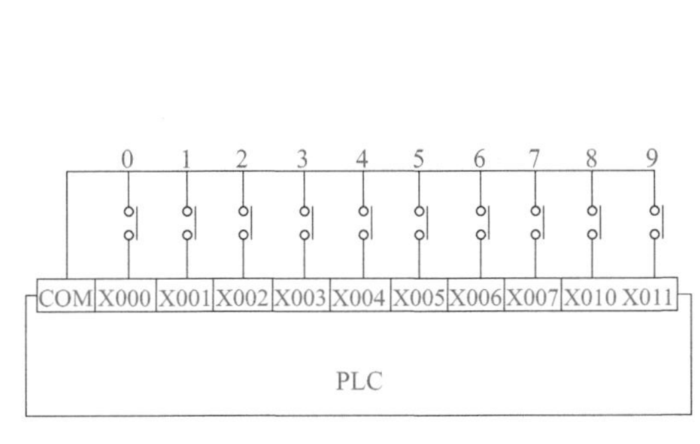

(b) 硬件连接

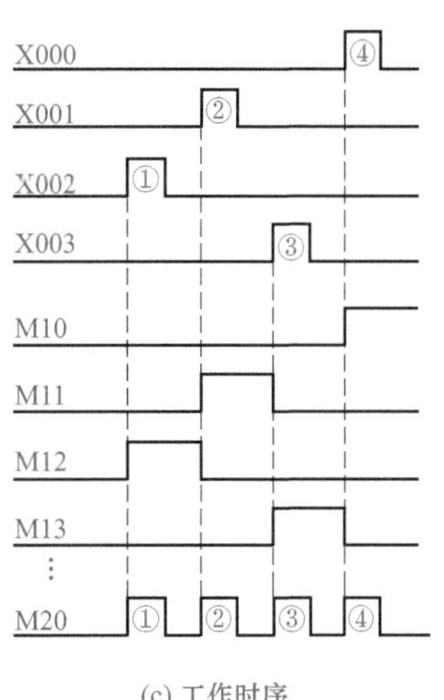

(c) 工作时序

图6-83 TKY指令使用

② 使用说明 HKY指令的使用如图6-84所示。在使用HKY指令时，一般要给PLC外围增加键盘输入电路，如图6-84（b）所示。HKY指令的功能是将［S］为首编号的X000～X003四个端子作为键盘输入端，将［D1］为首编号的Y000～Y003四个端子作为PLC扫描键盘输出端，［D2］指定的元件D0用来存储键盘输入信号，［D3］指定的以M0为首编号的8个元件M0～M7用来响应功能键A～F输入信号。

X004 [HKY X000 Y000 D0 M0]（S D1 D2 D3）

(a)

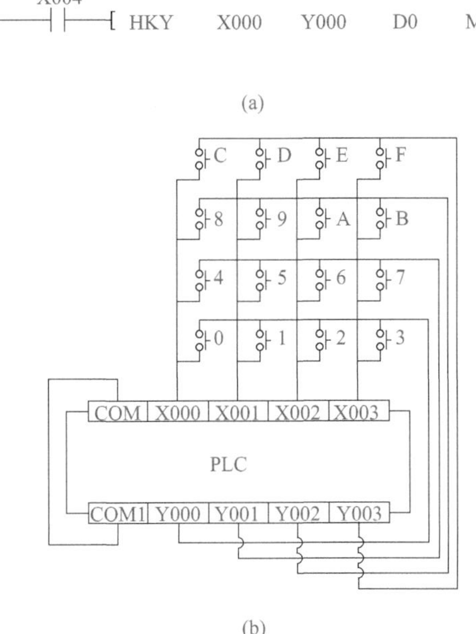

(b)

图6-84 HKY指令的使用

十六键输入指令使用要点

十六键输入指令的使用要点如下。

① 利用0～9数字键可以输入0～9999数据，输入的数据以BIN码（二进制数）形式保存在［D2］D0中，若输入数据大于9999，则数据的高位溢出，使用32位操作DHKY指令时，可输入0～9999999，数据保存在D1、D0中。按下多个按键时，先按下的键有效。

② Y000～Y003完成一次扫描工作后，完成标记继电器M8029会置位。

③ 当操作功能键A～F时，M0～M7会有相应的动作，A～F与M0～M5的对应关系如下：

F	E	D	C	B	A
↓	↓	↓	↓	↓	↓
M5	M4	M3	M2	M1	M0

如按下A键时，M0置ON并保持，当按下另一键时，如按下D键，M0变为OFF，同时D键对应的元件M3置ON并保持。

④ 在按下A～F某键时，M6置ON（不保持），松开按键M6由ON转为OFF；在按下0～9某键时，M7置ON（不保持）。当常开触点X004断开时，［D2］D0中的数据仍保存，但M0～M7全变为OFF。

⑤ 如果将M8167置ON，那么可以通过键盘输入十六进制数并保存在［D2］D0中。如操作键盘输入123BF，那么该数据会以二进制形式保持在［D2］中。

⑥ 键盘一个完整扫描过程需要8个PLC扫描周期，为防止键输入滤波延时造成存储错误，要求使用恒定扫描模式或定时中断处理。

（3）数字开关指令

① 指令格式　数字开关指令格式如下：

指令名称	助记符	功能号	操作数				程序步
			S	D1	D2	n	
数字开关指令	DSW	FNC72	X （4个连号元件）	Y	T、C、D、V、Z	K、H n=1、2	DSW：9步

② 使用说明　DSW指令的使用如图6-85所示。DSW指令的功能是读入一组或两组4位数字开关的输入值。［S］指定键盘输入端的首编号，将首编号为起点的四个连号端子X010～X013作为键盘输入端；［D1］指定PLC扫描键盘输出端的首编号，将首编号为起点的四个连号端子Y010～Y013作为扫描输出端；［D2］指定数据存储元件；［n］指定数字开关的组数，n=1表示一组，n=2表示两组。

在使用DSW指令时，需给PLC外接相应的数字开关输入电路。PLC与一组数字开关连接电路如图6-85（b）所示。在常开触点X000闭合时，DSW指令执行，PLC从Y010～Y013端子依次输出扫描脉冲，如果数字开关设置的输入值为1101 0110 1011 1001（数字开关某位闭合时，表示该位输入1），当Y010端子为ON时，数字开关的低4位往X013～X010输入1001，1001被存入D0低4位，当Y011端子为ON时，数字开关的次低4位往X013～X010输入1011，该数被存入D0的次低4位，一个扫描周期完成后，1101 0110 1011 1001全被存入D0中，同时完成标志继电器M8029置ON。

如果需要使用两组数字开关，可将第二组数字开关一端与X014～X017连接，另一端则和第一组一样与Y010～Y013连接，当将［n］设为2时，第二组数字开关输入值通过X014～X017存入D1中。

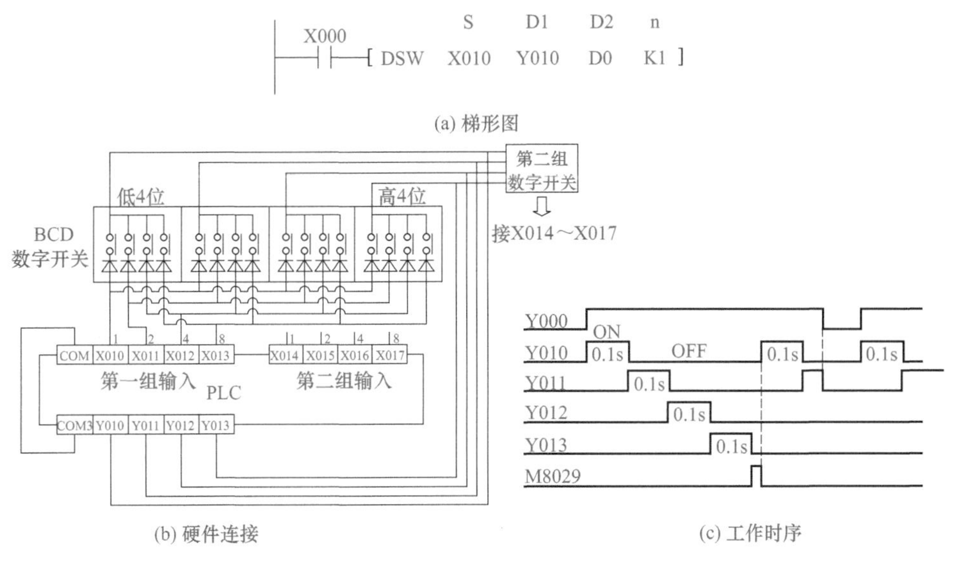

图6-85　DSW指令的使用

（4）七段译码指令

①指令格式　七段译码指令格式如下：

指令名称	助记符	功能号	操作数		程序步
			S	D	
七段译码指令	SEGD	FNC73	K、H、KnY、KnM、KnS、T、C、D、V、Z	KnY、KnM、KnS、T、C、D、V、Z	SEGD、SEDP：5步

②使用说明　SEGD指令的使用如图6-86所示。SEGD指令的功能是将源操作数［S］D0中的低4位二进制数（代表十六进制数0～F）转换成七段显示格式的数据，再保存在目标操作数［D］Y000～Y007中，源操作数中的高位数不变。4位二进制数与七段显示格式数对应关系见表6-4。

X000 —| |—[SEGD　D0　K2Y000]（S：D0，D：K2Y000）

图6-86　SEGD指令的使用

表6-4　4位二进制数与七段显示格式数对应关系

[S]		七段码构成	[D]								显示数据
十六进制	二进制		B7	B6	B5	B4	B3	B2	B1	B0	
0	0000	B0、B1、B2、B3、B4、B5、B6	0	0	1	1	1	1	1	1	0
1	0001		0	0	0	0	0	1	1	0	1
2	0010		0	1	0	1	1	0	1	1	2
3	0011		0	1	0	0	1	1	1	1	3
4	0100		0	1	1	0	0	1	1	0	4
5	0101		0	1	1	0	1	1	0	1	5
6	0110		0	1	1	1	1	1	0	1	6
7	0111		0	0	1	0	0	1	1	1	7
8	1000		0	1	1	1	1	1	1	1	8
9	1001		0	1	1	0	1	1	1	1	9

续表

[S]		七段码构成	[D]								显示数据
十六进制	二进制		B7	B6	B5	B4	B3	B2	B1	B0	
A	1010	B0 B5 B6 B1 B4 B2 B3	0	1	1	1	0	1	1	1	A
B	1011		0	1	1	1	1	1	0	0	b
C	1100		0	0	1	1	1	0	0	1	C
D	1101		0	1	0	1	1	1	1	0	d
E	1110		0	1	1	1	1	0	0	1	E
F	1111		0	1	1	1	0	0	0	1	F

③ 用SEGD指令驱动七段码显示器　利用SEGD指令可以驱动七段码显示器显示字符，七段码显示器外形与结构如图6-87所示，它是由7个发光二极管排列成“8”字形，根据发光二极管共用电极不同，可分为共阳极和共阴极两种。PLC与七段码显示器连接如图6-88所示。在图6-86所示的梯形图中，设D0的低4位二进制数为1001，当常开触点X000闭合时，SEGD指令执行，1001被转换成七段显示格式数据01101111，该数据存入Y007～Y000，Y007～Y000端子输出01101111，七段码显示管B6、B5、B3、B2、B1、B0段亮（B4段不亮），显示十进制数“9”。

(a) 外形

+V
B0 B1 B2 B3 B4 B5 B6
共阳极

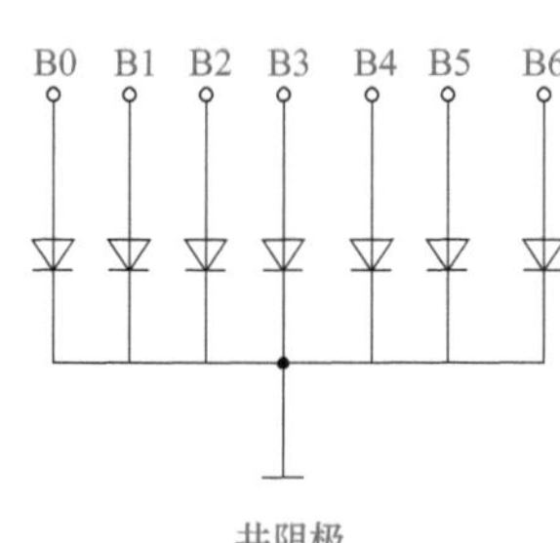

共阴极

(b) 结构

图6-87　七段码显示器外形与结构

（5）带锁存的七段码显示指令

① 关于带锁存的七段码显示器　普通的七段码显示器显示一位数字需用到8个端子来驱动，若显示多位数字时则要用到大量引线，很不方便。采用带锁存的七段码显示器可实现用少量几个端子来驱动显示多位数字。带锁存的七段码显示器与PLC的连接如图6-89所示。下面以显示4位十进制数“1836”为例来说明电路工作原理。

首先Y13、Y12、Y11、Y10端子输出“6”的BCD码“0110”到显示器，经显示器内部电路转换成“6”的七段码格式数据“01111101”，与此同时Y14端子输出选通脉冲，该选通脉冲使显示器的个位数显示有效（其他位不能显示），显示器个数显示“6”；然后Y13、Y12、Y11、Y10端子输出“3”的BCD码“0011”到显示器，给显示器内部电路转换成“3”的七段码格式数据“01001111”，同时Y15端子输出选通脉冲，该选通脉冲使显示器的十位数显示有效，显示器十位数显示“3”；在显示十位的数字时，个位数的七段码数据被锁存下来，故个位的数字仍显示，采用同样的方法依次让显示器百、千位分别显示8、1，结果就在显示器上显示出“1836”。

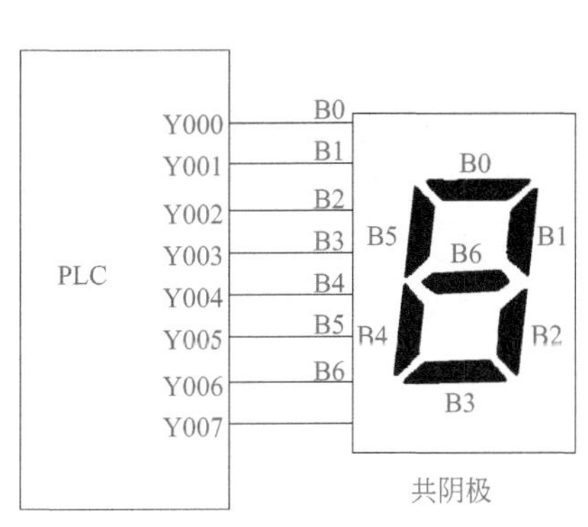

图6-88 PLC与七段码显示器连接

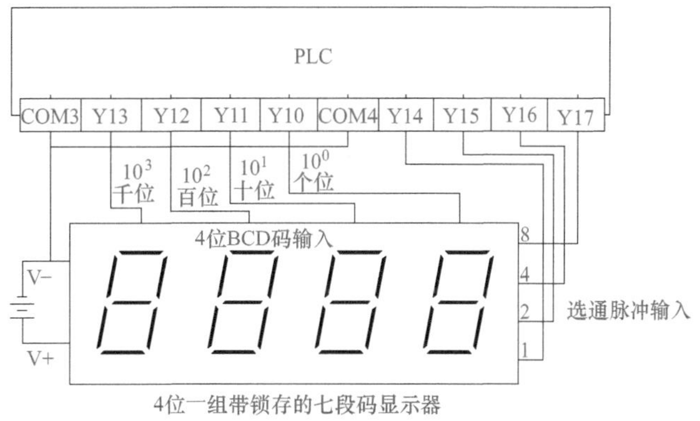

图6-89 带锁存的七段码显示器与PLC的连接

② 带锁存的七段码显示指令格式　带锁存的七段码显示指令格式如下：

指令名称	助记符	功能号	操作数			程序步
			S	D	n	
带锁存的七段码显示指令	SEGL	FNC74	K、H、KnY、KnM、KnS、T、C、D、V、Z	Y	K、H（一组时n=0～3，两组时n=4～7）	SEGL：7步

③ 使用说明　SEGL指令的使用如图6-90所示，当X000闭合时，SEGL指令执行，将源操作数［S］D0中数据（0～9999）转换成BCD码并形成选通信号，再从目标操作数［D］Y010～Y017端子输出，去驱动带锁存功能的七段码显示器，使之以十进制形式直观显示D0中的数据。

X000 ─┤├─［ SEGL　D0（S）　Y010（D）　K0（n） ］

图6-90 SEGL指令的使用

指令中［n］的设置与PLC输出类型、BCD码和选通信号有关，具体见表6-5。例如PLC的输出类型=负逻辑（即输出端子内接NPN型三极管），显示器输入数据类型=负逻辑（如6的负逻辑BCD码为1001，正逻辑为0110），显示器选通脉冲类型=正逻辑（即脉冲为高电平），若是接4位一组显示器，则n=1，若是接4位两组显示器，n=5。

表6-5 PLC输出类型、BCD码、选通信号与［n］的设置关系

PLC输出类型		显示器数据输入类型		显示器选通脉冲类型		n取值	
PNP	NPN	高电平有效	低电平有效	高电平有效	低电平有效	4位一组	4位两组
正逻辑	负逻辑	正逻辑	负逻辑	正逻辑	负逻辑		
	√	√		√		3	7
	√	√			√	2	6
	√		√	√		1	5
	√		√		√	0	4
√		√		√		0	4
√		√			√	1	5
√			√	√		2	6
√			√		√	3	7

④ 4位两组带锁存的七段码显示器与PLC的连接　4位两组带锁存的七段码显示器与PLC的连接如图6-91所示，在执行SEGL指令时，显示器可同时显示D10、D11中的数据，其中Y13～Y10端子所接显示器显示D10中的数据，Y23～Y20端子所接显示器

显示D11中的数据，Y14～Y17端子输出扫描脉冲（即依次输出选通脉冲），Y14～Y17完成一次扫描后，完成标志继电器M8029会置ON。Y14～Y17端子输出的选通脉冲是同时送到两组显示器的，如Y14端输出选通脉冲时，两显示器分别接收Y13～Y10和Y23～Y20端子送来的BCD码，并在内部转换成七段码格式数据，再驱动各自的个位显示数字。

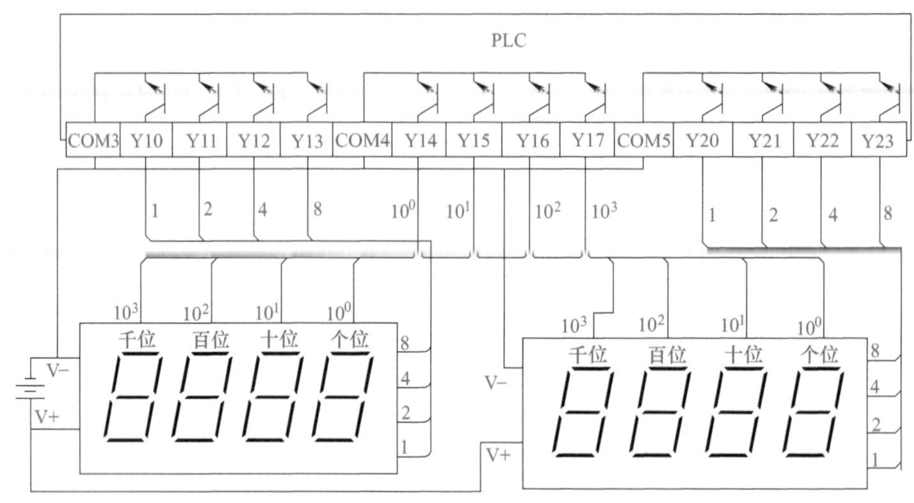

图6-91　4位两组带锁存的七段码显示器与PLC的连接

（6）方向开关指令

① 指令格式　方向开关指令格式如下：

指令名称	助记符	功能号	操作数				程序步
			S	D1	D2	n	
方向开关指令	ARWS	FNC75	X、Y、M、S	T、C、D、V、Z	Y	K、H（n=0～3）	ARWS：9步

② 使用说明　ARWS指令的使用如图6-92所示。ARWS指令不但可以像SEGL指令一样，能将［D1］D0中的数据通过［D2］Y000～Y007端子驱动带锁存的七段码显示器显示出来，还可以利用［S］指定的X010～X013端子输入来修改［D］D0中的数据。［n］的设置与SEGL指令相同，见表6-5。

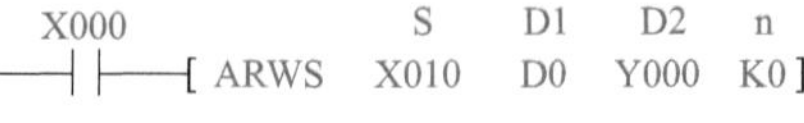

图6-92　ARWS指令的使用

利用ARWS指令驱动并修改带锁存的七段码显示器的PLC连接电路如图6-93所示。当常开触点X000闭合时，ARWS指令执行，将D0中的数据转换成BCD码并形成选通脉冲，从Y000～Y007端子输出，驱动带锁存的七段码显示器显示D0中的数据。

如果要修改显示器显示的数字（也即修改D0中的数据），可操作X010～X013端子外接的按键。显示器千位默认是可以修改的（即Y007端子默认处于OFF），按压增加键X011或减少键X010可以将数字调大或调小，按压右移键X012或左移键X013可以改变修改位，连续按压右移键时，修改位变化为10^3→10^2→10^1→10^0，当某位所在的指示灯OFF时，该位可以修改。

ARWS指令在程序中只能使用一次，且要求PLC为晶体管输出型。

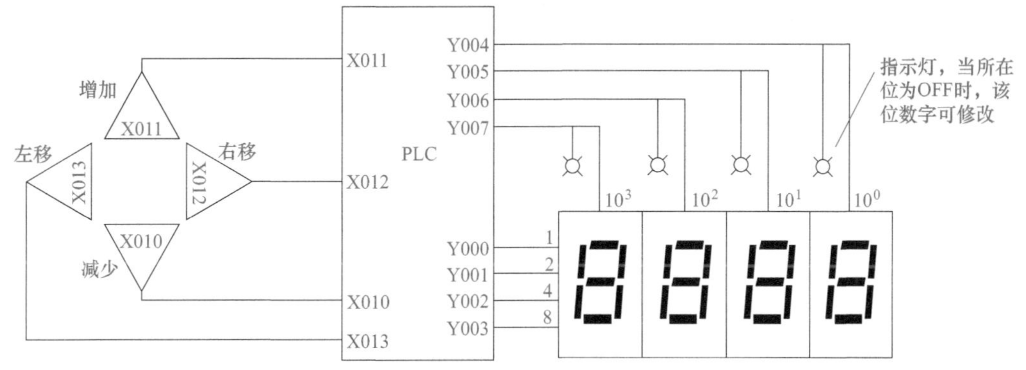

图6-93 利用ARWS指令驱动并修改带锁存的七段码显示器的PLC连接电路

（7）ASCII码转换指令

① 指令格式 ASCII码转换指令格式如下：

指令名称	助记符	功能号	操作数		程序步
			S	D	
ASCII码转换指令	ASC	FNC76	8个以下的字母或数字	T、C、D	ASC：11步

② 使用说明 ASC指令的使用如图6-94所示。当常开触点X000闭合时，ASC指令执行，将ABCDEFGH这8个字母转换成ASCII码并存入D300～D303中。如果将M8161置ON后再执行ASC指令，ASCII码只存入［D］低8位（要占用D300～D307）。M8161处于不同状态时ASCII码存储位置如图6-95所示。

图6-94 ASC指令的使用

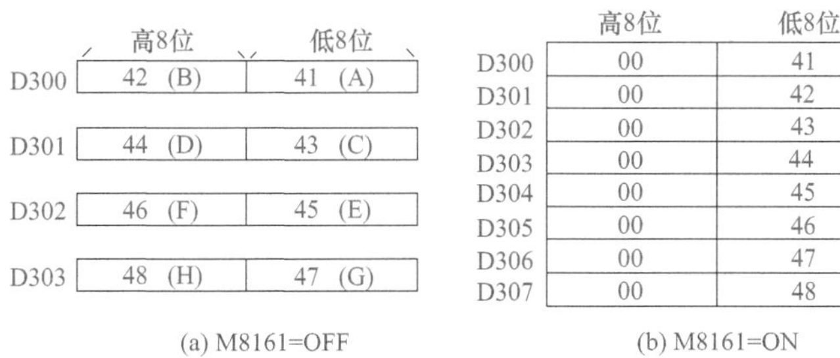

图6-95 M8161处于不同状态时ASCII码的存储位置

（8）ASCII码打印输出指令

① 指令格式 ASCII码打印输出指令格式如下：

指令名称	助记符	功能号	操作数		程序步
			S	D	
ASCII码打印输出指令	PR	FNC77	8个以下的字母或数字	T、C、D	PR：11步

② 使用说明 PR指令的使用如图6-96所示。当常开触点X000闭合时，PR指令执行，将D300为首编号的几个连号元件中的ASCII码从Y000为首编号的几个端子输出。在输出ASCII码时，先从Y000～Y007端输出A的ASCII码（由8位二进制数组成），然后输出B、C、…、H，在输出ASCII码的同时，Y010端会输出选通脉冲，Y011端输出正在执行标志，

如图6-96（b）所示，Y010、Y011端输出信号去ASCII码接收电路，使之能正常接收PLC发出的ASCII码。

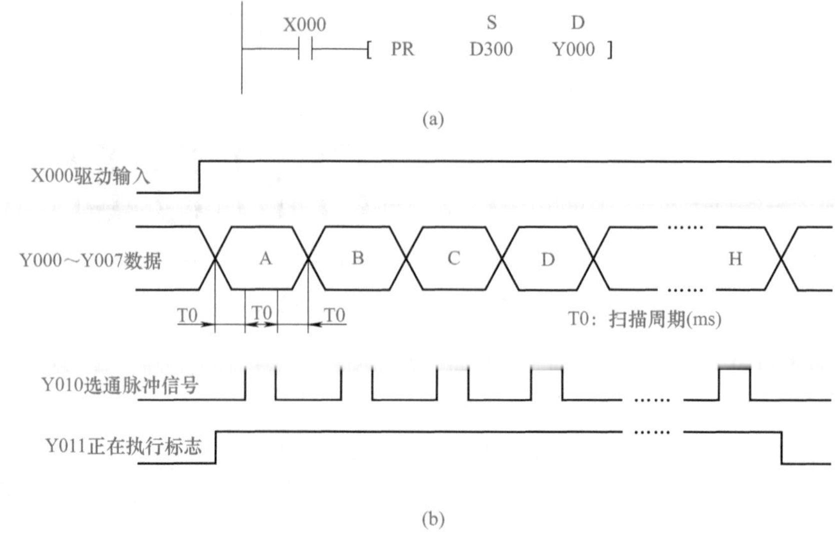

图6-96 PR指令的使用

（9）读特殊功能模块指令

① 指令格式　读特殊功能模块指令格式如下：

指令名称	助记符	功能号	操作数				程序步
			m1	m2	D	n	
读特殊功能模块指令	FROM	FNC78	K、H m1=0～7	K、H m2=0～32767	KnY、KnM、KnS、T、C、D、V、Z	K、H n=0～32767	FROM、FROMP：9步 DFROM、DFROMP：17步

```
 X000                m1    m2     D     n
──┤├──[ FROM         K1    K29   K4M0   K1 ]
                   单元号 BFM#   传送   传送
                         传送源  地点   点数
```

图6-97 FROM指令的使用

② 使用说明　FROM指令的使用如图6-97所示。当常开触点X000闭合时，FROM指令执行，将［m1］单元号为1的特殊功能模块中的［m2］29号缓冲存储器（BFM）中的［n］16位数据读入K4M0（M0～M16）。

在X000=ON时执行FROM指令，X000=OFF时，不传送数据，传送地点的数据不变。脉冲指令执行也一样。

（10）写特殊功能模块指令

① 指令格式　写特殊功能模块指令格式如下：

指令名称	助记符	功能号	操作数				程序步
			m1	m2	D	n	
写特殊功能模块指令	TO	FNC79	K、H m1=0～7	K、H m2=0～32767	KnY、KnM、KnS、T、C、D、V、Z	K、H n=0～32767	TO、TOP：9步 DTO、DTOP：17步

```
 X000             m1    m2    D    n
──┤├──[ TO        K1    K12   D0   K1 ]
```

图6-98 TO指令的使用

② 使用说明　TO指令的使用如图6-98所示。当常开触点X000闭合时，TO指令执行，将［D］D0中的［n］16位数据写入［m1］单元号为1的特殊功能模块中的

[m2] 12号缓冲存储器（BFM）中。

6.2.9 外部设备（SER）指令

外部设备指令共有8条，功能号是FNC80 ~ FNC86、FNC88。

（1）串行数据传送指令

① 指令格式　串行数据传送指令格式如下：

指令名称	助记符	功能号	操作数				程序步
			S	m	D	n	
串行数据传送指令	RS	FNC80	D	K、H、D	D	K、H、D	RS：5步

② 使用说明

a.指令的使用形式　利用RS指令可以让两台PLC之间进行数据交换，首先使用FX_{2N}-485-BD通信板将两台PLC连接好，如图6-99所示。RS指令的使用形式如图6-100所示，当常开触点X000闭合时，RS指令执行，将[S] D200为首编号的[m] D0个寄存器中的数据传送给[D] D500为首编号的[n] D1个寄存器中。

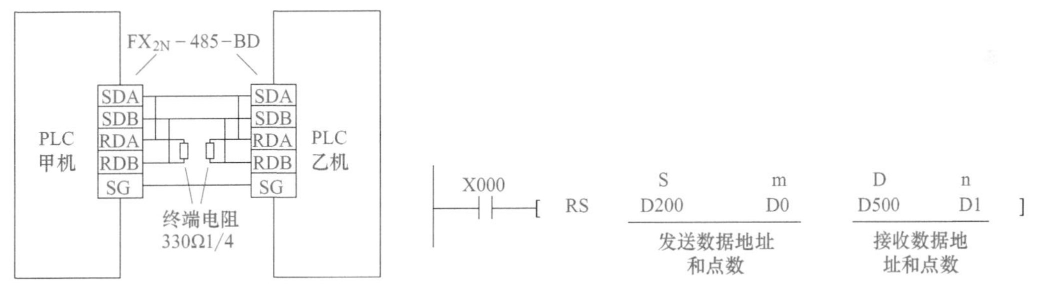

图6-99　利用RS指令通信时的两台PLC连接　　　图6-100　RS指令的使用形式

b.定义发送数据的格式　在使用RS指令发送数据时，先要定义发送数据的格式，设置特殊数据寄存器D8120各位数可以定义发送数据格式。D8120各位数与数据格式关系见表6-6。例如，要求发送的数据格式为：数据长=7位、奇偶校验=奇校验、停止位=1位、传输速度=19200、无起始和终止符。D8120各位应作如图6-101所示设置。

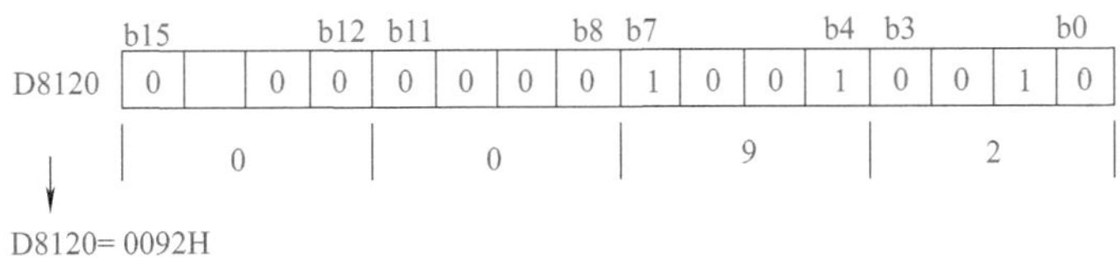

图6-101　D8120各位的设置

要将D8120设为0092H，可采用图6-102所示的程序，当常开触点X001闭合时，MOV指令执行，将十六进制数0092送入D8120（指令会自动将十六进制数0092转换成二进制数，再送入D8120）。

X001　[MOV　H0092　D8120]

图6-102　将D8120设为0092H的梯形图

表6-6 D8120各位数与数据格式的关系

位号	名称	内容	
		0	1
b0	数据长	7位	8位
b1 b2	奇偶校验	b2，b1 （0，0）：无校验 （0，0）：奇校验 （1，1）：偶校验	
b3	停止位	1位	2位
b4 b5 b6 b7	传送速率 （bps）	b7，b6，b5，b4 （0，0，1，1）：300　（0，0，1，1）：4800 （0，1，0，0）：600　（1，0，0，0）：9600 （0，1，0，1）：1200　（1，0，0，1）：19200 （0，1，1，0）：2400	
b8	起始符	无	有（D8124）
b9	终止符	无	有（D8125）
b10 b11	控制线	通常固定设为00	
b12	不可使用（固定为0）		
b13	和校验	通常固定设为000	
b14	协议		
b15	控制顺序		

c.指令的使用说明　图6-103是一个典型的RS指令使用程序。

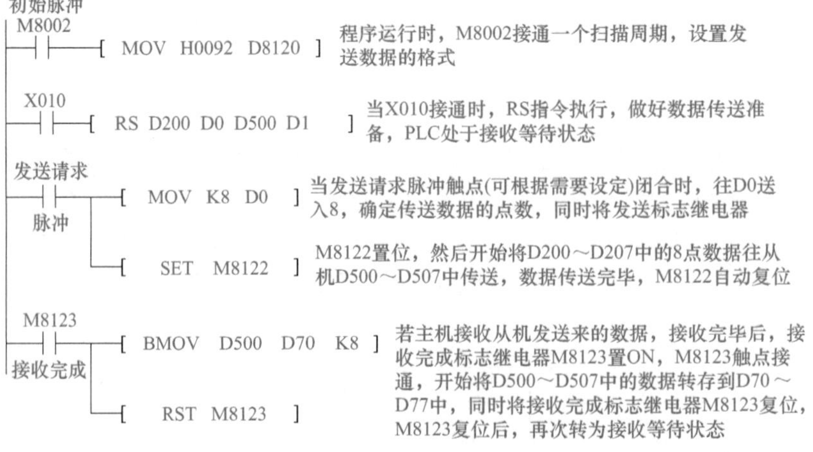

初始脉冲
M8002
[MOV H0092 D8120]
程序运行时，M8002接通一个扫描周期，设置发送数据的格式
X010
[RS D200 D0 D500 D1]
当X010接通时，RS指令执行，做好数据传送准备，PLC处于接收等待状态
发送请求
脉冲
[MOV K8 D0]
当发送请求脉冲触点(可根据需要设定)闭合时，往D0送入8，确定传送数据的点数，同时将发送标志继电器
[SET M8122]
M8122置位，然后开始将D200～D207中的8点数据往从机D500～D507中传送，数据传送完毕，M8122自动复位
M8123
接收完成
[BMOV D500 D70 K8]
[RST M8123]
若主机接收从机发送来的数据，接收完毕后，接收完成标志继电器M8123置ON，M8123触点接通，开始将D500～D507中的数据转存到D70～D77中，同时将接收完成标志继电器M8123复位，M8123复位后，再次转为接收等待状态

图6-103　一个典型的RS指令使用程序

（2）八进制位传送指令

① 指令格式　八进制位传送指令格式如下：

指令名称	助记符	功能号	操作数		程序步
			S	D	
八进制位传送指令	PRUN	FNC81	KnX、KnM （n=1～8，元件最低位要为0）	KnX、KnM （n=1～8，元件最低位要为0）	PRUN、PRUNP：5步 DPRUN、DPRUNP：9步

② 使用说明　PRUN指令的使用如图6-104所示，以图6-104（a）为例，当常开触点X030闭合时，PRUN指令执行，将［S］位元件X000～X007、X010～X017中的数据分别送入［D］位元件M0～M7、M10～M17中，由于X采用八进制编号，而M采用十进制编号，尾数为8、9的继电器M自动略过。

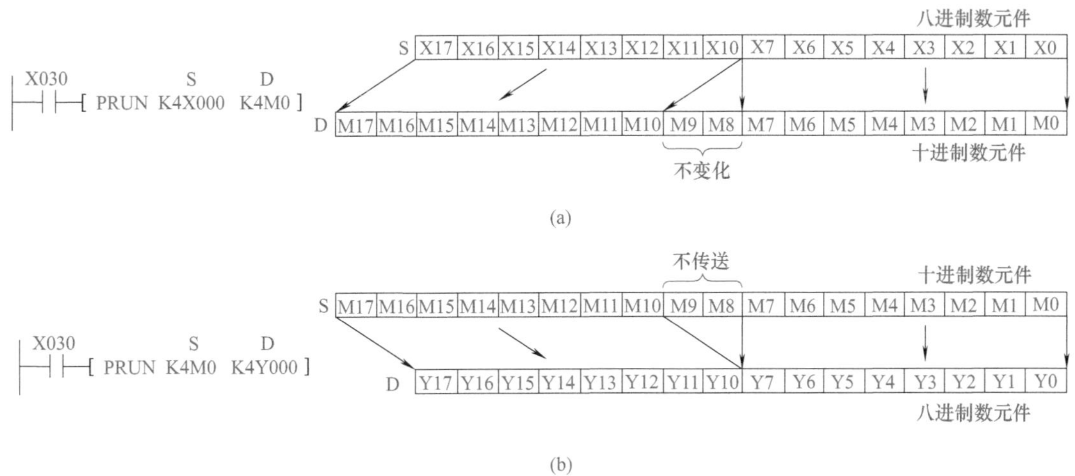

图6-104　PRUN指令的使用

（3）十六进制数转ASCII码指令

① 关于ASCII码知识　ASCII码又称美国标准信息交换码，它是一种使用7位或8位二进制数进行编码的方案，最多可以对256个字符（包括字母、数字、标点符号、控制字符及其他符号）进行编码。ASCII编码表见表6-7。计算机采用ASCII编码方式，当按下键盘上的“A”键时，键盘内的编码电路就将该键编码成1000001，再送入计算机处理。

表6-7　ASCII编码表

$b_7b_6b_5$ / $b_4b_3b_2b_1$	000	001	010	011	100	101	110	111
0000	nul	dle	sp	0	@	P	、	p
0001	soh	dc1	!	1	A	Q	a	q
0010	stx	dc2	″	2	B	R	b	r
0011	etx	dc3	#	3	C	S	c	s
0100	eot	dc4	$	4	D	T	d	t
0101	enq	nak	%	5	E	U	e	u
0110	ack	svn	&	6	F	V	f	v
0111	bel	etb	’	7	G	W	g	w
1000	bs	can	(	8	H	X	h	x
1001	ht	em	)	9	I	Y	i	y
1010	lf	sub	*	:	J	Z	j	z
1011	vt	esc	+	;	K	[	k	{
1100	ff	fs	,	<	L	\	l	|
1101	cr	gs	−	=	M	]	m	}
1110	so	rs	.	>	N	^	n	～
1111	si	us	/	?	0	-	o	del

② 十六进制数转ASCII码指令格式　十六进制数转ASCII码指令格式如下：

指令名称	助记符	功能号	操作数			程序步
			S	D	n	
十六进制数转ASCII码指令	ASCI	FNC82	K、H、KnX、KnY、KnM、KnS、T、C、D	KnX、KnY、KnM、KnS、T、C、D	K、H n=1～256	ASCI：7步

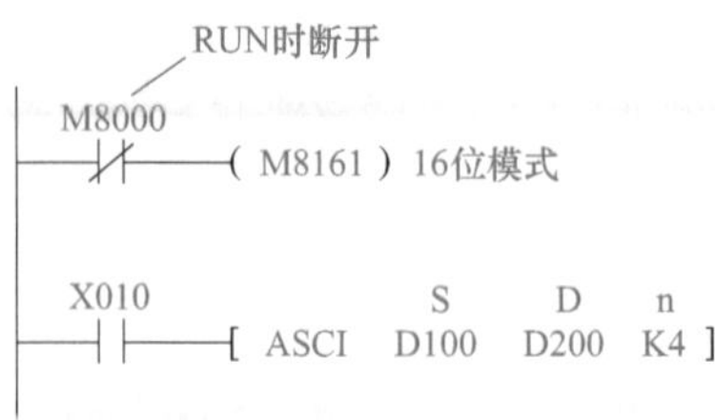

图6-105　ASCI指令的使用

③ 使用说明　ASCI指令的使用如图6-105所示。在PLC运行时，M8000常闭触点断开，M8161失电，将数据存储设为16位模式。当常开触点X010闭合时，ASCI指令执行，将［S］D100存储的［n］4个十六进制数转换成ASCII码，并保存在［D］D200为首编号的几个连号元件中。

当8位模式处理辅助继电器M8161=OFF时，数据存储形式是16位，此时［D］元件的高8位和低8位分别存放一个ASCII码，如图6-106所示，D100中存储十六进制数0ABC，执行ASCI指令后，0、A被分别转换成0、A的ASCII码30H、41H，并存入D200中；当M8161=ON时，数据存储形式是8位，此时［D］元件仅用低8位存放一个ASCII码。

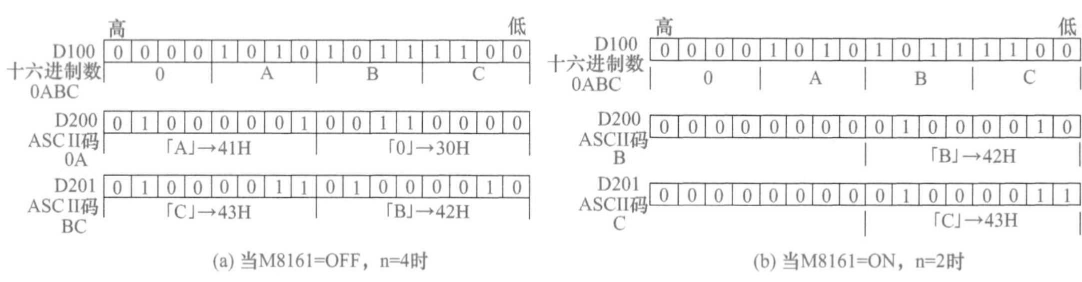

图6-106　M8161处于不同状态时ASCI指令的使用

（4）ASCII码转十六进制数指令

① 指令格式　ASCII码转十六进制数指令格式如下：

指令名称	助记符	功能号	操作数			程序步
			S	D	n	
ASCII码转十六进制数指令	HEX	FNC83	K、H、KnX、KnY、KnM、KnS、T、C、D	KnX、KnY、KnM、KnS、T、C、D	K、H n=1～256	HEX、HEXP：7步

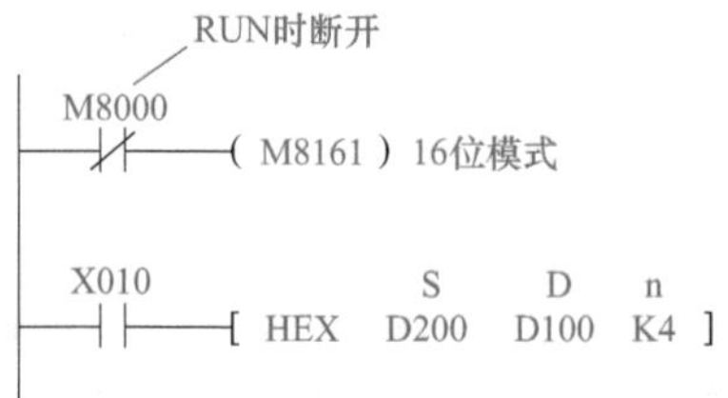

图6-107　HEX指令的使用

② 使用说明　HEX指令的使用如图6-107所示。在PLC运行时，M8000常闭触点断开，M8161失电，将数据存储设为16位模式。当常开触点X010闭合时，HEX指令执行，将［S］D200、D201存储的［n］4个ASCII码转换成十六进制数，并保存在［D］D100中。

当M8161=OFF时，数据存储形式是16位，［S］元件的高8位和低8位分别存放一个ASCII码；当

M8161=ON时，数据存储形式是8位，此时［S］元件仅低8位有效，即只用低8位存放一个ASCII码。如图6-108所示。

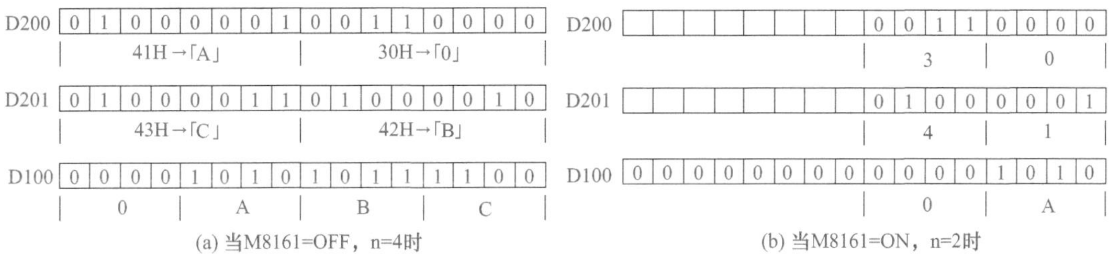

图6-108　M8161处于不同状态时HEX指令的使用

（5）校验码指令

① 指令格式　校验码指令格式如下：

指令名称	助记符	功能号	操作数			程序步
			S	D	n	
校验码指令	CCD	FNC84	KnX、KnY、KnM、KnS、T、C、D	KnY、KnM、KnS、T、C、D	K、H n=1～256	CCD、CCDP：7步

② 使用说明　CCD指令的使用如图6-109所示。在PLC运行时，M8000常闭触点断开，M8161失电，将数据存储设为16位模式。当常开触点X010闭合时，CCD指令执行，将［S］D100为首编号元件的［n］10点数据（8位为1点）进行求总和，并生成校验码，再将数据总和及校验码分别保存在［D］、［D］+1中（D0、D1）。

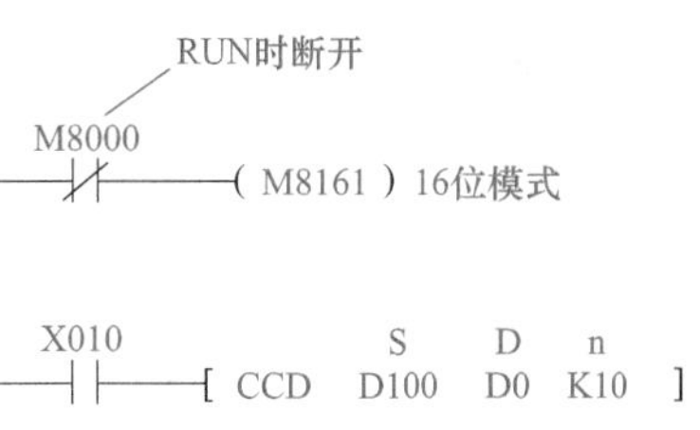

图6-109　CCD指令的使用

数据求总和及校验码生成如图6-110所示。在求总和时，将D100～D104中的10点数据相加，得到总和为1091（二进制数为10001000011）。

S	数据内容
D 100低	K100 ＝ 0 1 1 0 0 1 0 0
D 100高	K111 ＝ 0 1 1 0 1 1 1 1
D 101低	K100 ＝ 0 1 1 0 0 1 0 0
D 101高	K 98 ＝ 0 1 1 0 0 0 1 0
D 102低	K123 ＝ 0 1 1 1 1 0 1 1
D 102高	K 66 ＝ 0 1 0 0 0 0 1 0
D 103低	K100 ＝ 0 1 1 0 0 1 0 0
D 103高	K 95 ＝ 0 1 0 1 1 1 1 1
D 104低	K210 ＝ 1 1 0 1 0 0 1 0
D 104高	K 88 ＝ 0 1 0 1 1 0 0 0
合计	K1091
校检	1 0 0 0 0 1 0 1

1的个数是奇数，校验为1

1的个数是偶数，校验为0

D0 0 0 0 0 0 1 0 0 0 1 0 0 0 0 1 1 ⇐ 1091

D1 0 0 0 0 0 0 0 0 1 0 0 0 0 1 0 1 ⇐ 校验

图6-110　数据求总和及校验码生成

生成校验码的方法是：逐位计算10点数据中每位1的总数，每位1的总数为奇数时，生成的校验码对应位为1，总数为偶数时，生成的校验码对应位为0，图6-110表中D100～D104中的10点数据的最低位1的总数为3，是奇数，故生成校验码对应位为1，10点数据生成的校验码为1000101。数据总和存入D0中，校验码存入D1中。

校验码指令常用于检验通信中数据是否发生错误。

（6）模拟量读出指令

① 指令格式　模拟量读出指令格式如下：

指令名称	助记符	功能号	操作数		程序步
			S	D	
模拟量读出指令	VRRD	FNC85	K、H 变量号0～7	KnY、KnM、KnS、 T、C、D、V、Z	VRRD、VRRDP：7步

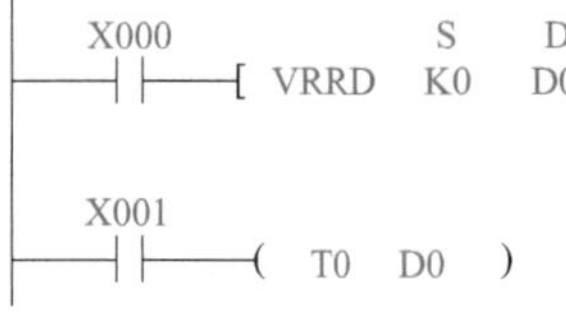

图6-111　VRRD指令的使用

② 使用说明　VRRD指令的功能是将模拟量调整器［S］号电位器的模拟值转换成二进制数0～255，并存入［D］元件中。模拟量调整器是一种功能扩展板，FX_{1N}-8AV-BD和FX_{2N}-8AV-BD是两种常见的调整器，安装在PLC的主单元上，调整器上有8个电位器，编号为0～7，当电位器阻值由0调到最大时，相应转换成的二进制数由0变到255。

VRRD指令的使用如图6-111所示。当常开触点X000闭合时，VRRD指令执行，将模拟量调整器的［S］0号电位器的模拟值转换成二进制数，再保存在［D］D0中，当常开触点X001闭合时，定时器T0开始以D0中的数作为计时值进行计时，这样就可以通过调节电位器来改变定时时间，如果定时时间大于255，可用乘法指令MUL将［D］与某常数相乘而得到更大的定时时间。

（7）模拟量开关设定指令

① 指令格式　模拟量开关设定指令格式如下：

指令名称	助记符	功能号	操作数		程序步
			S	D	
模拟量开关设定指令	VRSC	FNC86	K、H 变量号0～7	KnY、KnM、KnS、 T、C、D、V、Z	VRSC、VRSCP：7步

② 使用说明　VRSC指令的功能与VRRD指令类似，但VRSC指令是将模拟量调整器［S］号电位器均分成0～10部分（相当于0～10挡），并转换成二进制数0～10，再存入［D］元件中。电位器在旋转时是通过四舍五入化成整数值0～10。

X000　S　D　［ VRSC　K1　D1 ］

图6-112　VRSC指令的使用

VRSC指令的使用如图6-112所示。当常开触点X000闭合时，VRSC指令执行，将模拟量调整器的［S］1号电位器的模拟值转换成二进制数0～10，再保存在［D］D1中。

利用VRSC指令能将电位器分成0～10共11挡，可实现一个电位器进行11种控制切换，程序如图6-113所示。当常开触点X000闭合时，VRSC指令执行，将1号电位器的模拟量值转换成二进制数（0～10），并存入D1中；当常开触点X001闭合时，DECO（解码）指令执行，对D1的低4位数进行解码，4位数解码有16种结果，解码结果存入M0～M15

中，设电位器处于1挡，D1的低4位数则为0001，因（0001）$_2$=1，解码结果使M1为1（M0～M15其他的位均为0），M1常开触点闭合，执行设定的程序。

```
 X000
─┤├─[ VRSC  K1  D1 ]

 X001
─┤├─[ DEC0  D1  M0  K4 ]

 M 0
─┤├── 电位器旋至0挡时M0闭合

 M 1
─┤├── 电位器旋至1挡时M1闭合
 ⋮
 M 10
─┤├── 电位器旋至10挡时M10闭合
```

图6-113　利用VRSC指令将电位器分成11挡的程序

（8）PID运算指令

① 关于PID控制　PID控制又称比例微积分控制，是一种闭环控制。下面以图6-114所示的恒压供水系统来说明PID控制原理。

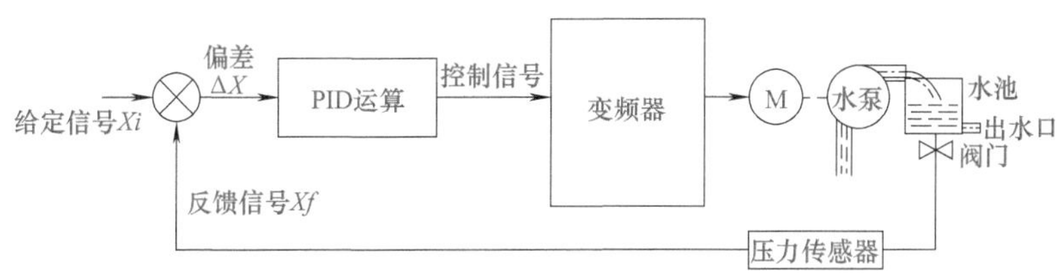

图6-114　恒压供水的PID控制

电动机驱动水泵将水抽入水池，水池中的水除了经出水口提供用水外，还经阀门送到压力传感器，传感器将水压大小转换成相应的电信号Xf，Xf反馈到比较器与给定信号Xi进行比较，得到偏差信号ΔX（$\Delta X=Xi-Xf$）。

若$\Delta X>0$，表明水压小于给定值，偏差信号经PID运算得到控制信号，控制变频器，使之输出频率上升，电动机转速加快，水泵抽水量增多，水压增大。

若$\Delta X<0$，表明水压大于给定值，偏差信号经PID运算得到控制信号，控制变频器，使之输出频率下降，电动机转速变慢，水泵抽水量减少，水压下降。

若$\Delta X=0$，表明水压等于给定值，偏差信号经PID运算得到控制信号，控制变频器，使之输出频率不变，电动机转速不变，水泵抽水量不变，水压不变。

由于控制回路存在滞后性，会使水压值总与给定值有偏差。例如当用水量增多水压下降时，电路需要对有关信号进行处理，再控制电动机转速变快，提高水泵抽水量，从压力传感器检测到水压下降到控制电动机转速加快，提高抽水量，恢复水压需要一定时间。通过提高电动机转速恢复水压后，系统又要将电动机转速调回正常值，这也要一定时间，在这段回调时间内水泵抽水量会偏多，导致水压又增大，又需进行反调。这样的结果是水池水压会在给定值上下波动（振荡），即水压不稳定。

采用了PID运算可以有效减小控制环路滞后和过调问题（无法彻底消除）。PID运算包括P处理、I处理和D处理。P（比例）处理是将偏差信号ΔX按比例放大，提高控制的灵敏度；I（积分）处理是对偏差信号进行积分处理，缓解P处理比例放大量过大引起的超调和振荡；D（微分）处理是对偏差信号进行微分处理，以提高控制的迅速性。

② PID运算指令格式　PID运算指令格式如下：

指令名称	助记符	功能号	操作数				程序步
			S1	S2	S3	D	
PID运算指令	PID	FNC88	D	D	D	D	PID：9步

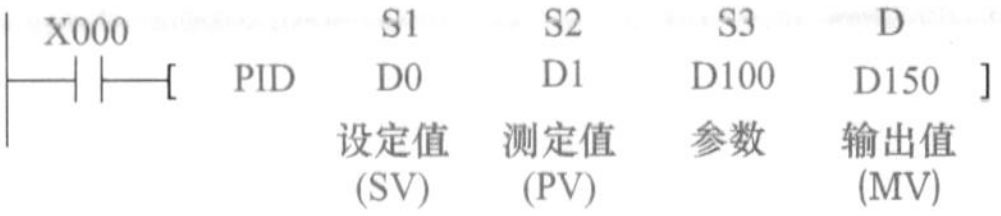

X000 ─┤├─[PID　S1 D0 设定值(SV)　S2 D1 测定值(PV)　S3 D100 参数　D D150 输出值(MV)]

图6-115　PID指令的使用形式

③ 使用说明

a.指令的使用形式　PID指令的使用形式如图6-115所示。当常开触点X000闭合时，PID指令执行，将［S1］D0设定值与［S2］D1测定值之差按［S3］D100～D124设定的参数表进行PID运算，运算结果存入［D］D150中。

b. PID参数设置　PID运算的依据是［S3］指定首地址的25个连号数据寄存器保存的参数表。参数表一部分内容必须在执行PID指令前由用户用指令写入（如用MOV指令），一部分留作内部运算使用，还有一部分用来存入运算结果。［S3］～［S3］+24保存的参数表内容见表6-8。

表6-8　［S3］～［S3］+24保存的参数表内容

元件	功能
［S3］	采样时间（*TS*）　1～32767（ms）（但比运算周期短的时间数值无法执行）
［S3］+1	动作方向（ACT） bit0 0：正动作（如空调控制）　1：逆动作（如加热炉控制） bit1 0输入变化量报警无　1：输入变化量报警有效 bit2 0输出变化量报警无　1：输出变化量报警有效 bit3 不可使用 bit4 自动调谐不动作　1：执行自动调谐 bit5 输出值上下限设定无　1：输出值上下限设定有效 bit6～bit15不可使用 另外，请不要使bit5和bit2同时处于ON
［S3］+2	输入滤波常数（*a*）　0～99［%］　0时没有输入滤波
［S3］+3	比例增益（KP）　1～32767［%］
［S3］+4	积分时间（TI）　0～32767（×100ms）　0时作为∞处理（无积分）
［S3］+5	微分增益（KD）　0～100［%］　0时无积分增益
［S3］+6	微分时间（TD）　0～32767（×10ms）　0时无微分处理
［S3］+7～［S3］+9	PID运算的内部处理占用
［S3］+20	输入变化量（增侧）报警设定值　0～32767（［S3］+1<ACT>的bit1=1时有效）
［S3］+21	输入变化量（减侧）报警设定值　0～32767（［S3］+1<ACT>的bit1=1时有效）
［S3］+22	输出变化量（增侧）报警设定值　0～32767（［S3］+1<ACT>的bit2=1，bit5=0时有效）
	另外，输出上限设定值　−32768～32767（［S3］+1<ACT>的bit2=0，bit5=1时有效）
［S3］+23	输出变化量（减侧）报警设定值　0～32767（［S3］+1<ACT>的bit2=1，bit5=0时有效） 另外，输出下限设定值　−32768～32767（［S3］+1<ACT>的bit2=0，bit5=1时有效）
［S3］+24	报警输出 bit0输入变化量（增侧）溢出 bit1输入变化量（减侧）溢出 bit2输出变化量（增侧）溢出 bit3输出变化量（减侧）溢出 （［S3］+1<ACT>的bit1=1或bit2=1时有效）

c. PID控制应用举例　在恒压供水PID控制系统中，压力传感器将水压大小转换成电信号，该信号是模拟量，PLC无法直接接收，需要用电路将模拟量转换成数字量，再将数字量作为测定值送入PLC，将它与设定值之差进行PID运算，运算得到控制值，控制值是数字量，变频器无法直接接收，需要用电路将数字量控制值转换成模拟量信号，去控制变频器，使变频器根据控制信号来调制泵电机的转速，以实现恒压供水。

三菱FX_{2N}型PLC有专门配套的模拟量输入/输出功能模块FX_{0N}-3A，在使用时将它用专用电缆与PLC连接好，如图6-116所示，再将模拟输入端接压力传感器，模拟量输出端接变频器。在工作时，压力传感器送来的反映压力大小的电信号进入FX_{0N}-3A模块转换成数字量，再送入PLC进行PID运算，运算得到的控制值送入FX_{0N}-3A转换成模拟量控制信号，该信号去调节变频器的频率，从而调节泵电机的转速。

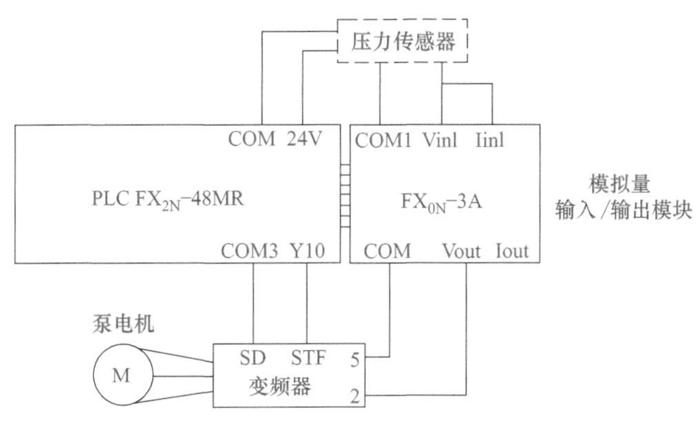

图6-116　PID控制恒压供水的硬件连接

6.2.10　浮点运算

浮点运算指令包括浮点数比较、变换、四则运算、开平方和三角函数等指令。这些指令的使用方法与二进制数运算指令类似，但浮点运算都是32位。在大多数情况下，很少用到浮点运算指令。浮点运算指令见表6-9。

表6-9　浮点运算指令

种类	功能号	助记符	功能
浮点运算指令	110	ECMP	二进制浮点数比较
	111	EZCP	二进制浮点数区间比较
	118	EBCD	二进制浮点数→十进制浮点数转换
	119	EBIN	十进制浮点数→二进制浮点数转换
	120	EADD	二进制浮点数加法
	121	ESUB	二进制浮点数减法
	122	EMUL	二进制浮点数乘法
	123	EDIV	二进制浮点数除法
	127	ESOR	二进制浮点数开方
	129	INT	二进制浮点数→BIN整数转换
	130	SIN	浮点数SIN运算
	131	COS	浮点数COS运算
	132	TAN	浮点数TAN运算

6.2.11 高低位变换指令

高低位变换指令只有一条，功能号为FNC147，指令助记符为SWAP。

（1）高低位变换指令格式

高低位变换指令格式如下：

指令名称	助记符	功能号	操作数	程序步
			S	
高低位变换指令格式	SWAP	FNC147	KnY、KnM、KnS、T、C、D、V、Z	SWAP、SWAPP：9步 DSWAP、DSWAPP：9步

（2）使用说明

高低位变换指令的使用如图6-117所示，图6-117（a）中的SWAPP为16位指令，当常开触点X000闭合时，SWAPP指令执行，D10中的高8位和低8位数据互换；图6-117（b）的DSWAPP为32位指令，当常开触点X001闭合时，DSWAPP指令执行，D10中的高8位和低8位数据互换，D11中的高8位和低8位数据互换。

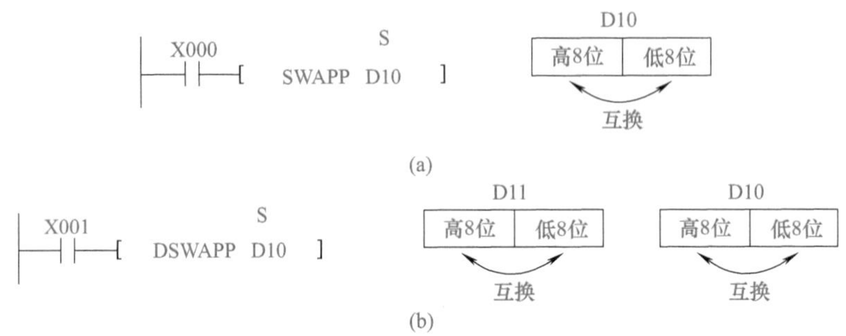

图6-117 高低位变换指令的使用

6.2.12 时钟运算指令

时钟运算指令有7条，功能号为160～163、166、167、169，其中169号指令仅适用于FX_{1S}、FX_{1N}机型，不适用于FX_{2N}、FX_{2NC}机型。

（1）时钟数据比较指令

① 指令格式　时钟数据比较指令格式如下：

指令名称	助记符	功能号	操作数					程序步
			S1	S2	S3	S	D	
时钟数据比较指令	TCMP	FNC160	K、H、KnX、KnY、KnM、KnS、T、C、D、V、Z			T、C、D（占3个连续元件）	Y、M、S（占3个连续元件）	TCMP、TCMPP：11步

② 使用说明　TCMP指令的使用如图6-118所示。[S1]为指定基准时间的小时值（0～23），[S2]为指定基准时间的分钟值（0～59），[S3]为指定基准时间的秒钟值（0～59），[S]指定待比较的时间值，其中[S]、[S]+1、[S]+2分别为待比较的小时、分、秒值，[D]为比较输出元件，其中[D]、[D]+1、[D]+2分别为>、=、<时的输出元件。

当常开触点X000闭合时，TCMP指令执行，将时间值“10时30分50秒”与D0、D1、D2中存储的小时、分、秒值进行比较，根据比较结果驱动M0～M2，具体如下。

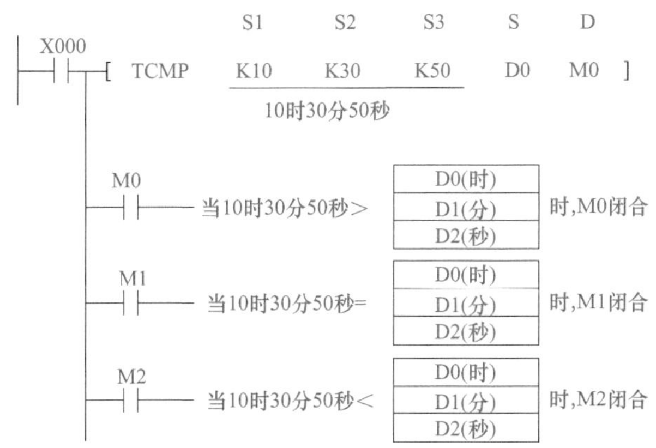

图6-118　TCMP指令的使用

a.若“10时30分50秒”大于“D0、D1、D2存储的小时、分、秒值”，M0被驱动，M0常开触点闭合。

b.若“10时30分50秒”等于“D0、D1、D2存储的小时、分、秒值”，M1驱动，M1开触点闭合。

c.若“10时30分50秒”小于“D0、D1、D2存储的小时、分、秒值”，M2驱动，M2开触点闭合。

当常开触点X000=OFF时，TCMP指令停止执行，但M0～M2仍保持X000为OFF前时的状态。

（2）时钟数据区间比较指令

① 指令格式　时钟数据区间比较指令格式如下：

指令名称	助记符	功能号	操作数				程序步
			S1	S2	S	D	
时钟数据区间比较指令	TZCP	FNC161	T、C、D ［S1］≤［S2］ （3个连续元件）		T、C、D	Y、M、S （占3个连续元件）	TZCP、TZCPP：11步

② 使用说明　TZCP指令的使用如图6-119所示。［S1］指定第一基准时间值（小时、分、秒值），［S2］指定第二基准时间值（小时、分、秒值），［S］指定待比较的时间值，［D］为比较输出元件，［S1］、［S2］、［S］、［D］都需占用3个连号元件。

当常开触点X000闭合时，TZCP指令执行，将“D20、D21、D22”、“D30、D31、D32”中的时间值与“D0、D1、D2”中的时间值进行比较，根据比较结果驱动M3～M5，具体如下：

a.若“D0、D1、D2”中的时间值小于“D20、D21、D22”中的时间值，M3被驱动，M3常开触点闭合。

b.若“D0、D1、D2”中的时间值处于“D20、D21、D22”和“D30、D31、D32”时间值之间，M4被驱动，M4开触点闭合。

c.若“D0、D1、D2”中的时间值大于“D30、D31、D32”中的时间值，M5被驱动，M5常开触点闭合。

当常开触点X000=OFF时，TZCP指令停止执行，但M3～M5仍保持X000为OFF前时的状态。

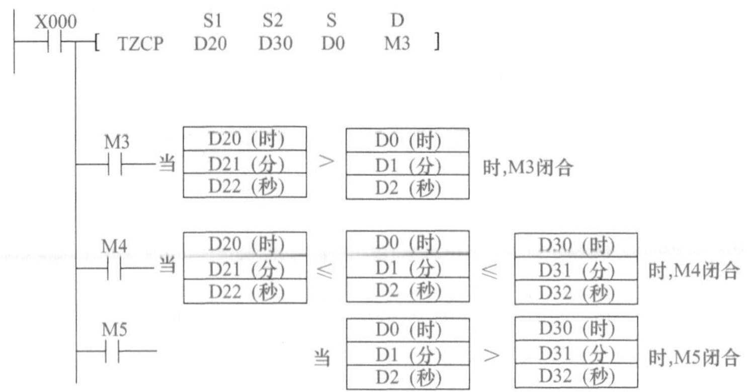

图6-119 TZCP指令的使用

（3）时钟数据加法指令

① 指令格式 时钟数据加法指令格式如下：

指令名称	助记符	功能号	操作数			程序步
			S1	S2	D	
时钟数据加法指令	TADD	FNC162	T、C、D		T、C、D	TADD、TADDP：7步

② 使用说明 TADD指令的使用如图6-120所示。[S1]指定第一时间值（小时、分、秒值），[S2]指定第二时间值（小时、分、秒值），[D]保存[S1]+[S2]的和值，[S1]、[S2]、[D]都需占用3个连号元件。

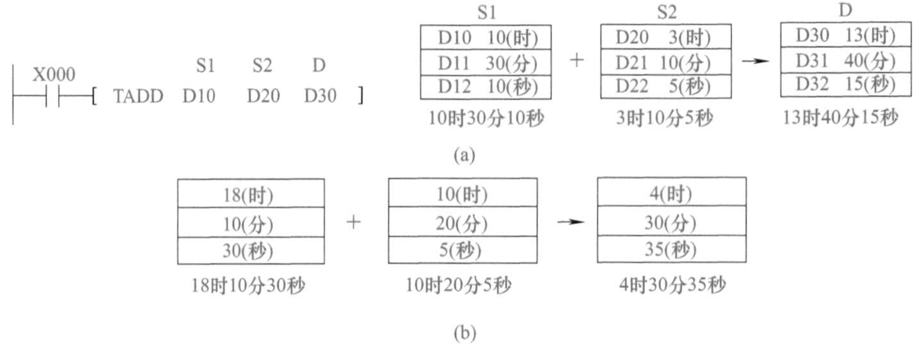

图6-120 TADD指令的使用

当常开触点X000闭合时，TADD指令执行，将“D10、D11、D12”中的时间值与“D20、D21、D22”中的时间值相加，结果保存在“D30、D31、D32”中。

如果运算结果超过24h，进位标志会置ON，将加法结果减去24h再保存在[D]中，如图6-120（b）所示。如果运算结果为0，零标志会置ON。

（4）时钟数据减法指令

① 指令格式 时钟数据减法指令格式如下：

指令名称	助记符	功能号	操作数			程序步
			S1	S2	D	
时钟数据减法指令	TSUB	FNC163	T、C、D		T、C、D	TSUB、TSUBP：7步

② 使用说明　TSUB指令的使用如图6-121所示。[S1] 指定第一时间值（小时、分、秒值），[S2]指定第二时间值（小时、分、秒值），[D] 保存 [S1] - [S2] 的差值，[S1]、[S2]、[D] 都需占用3个连号元件。

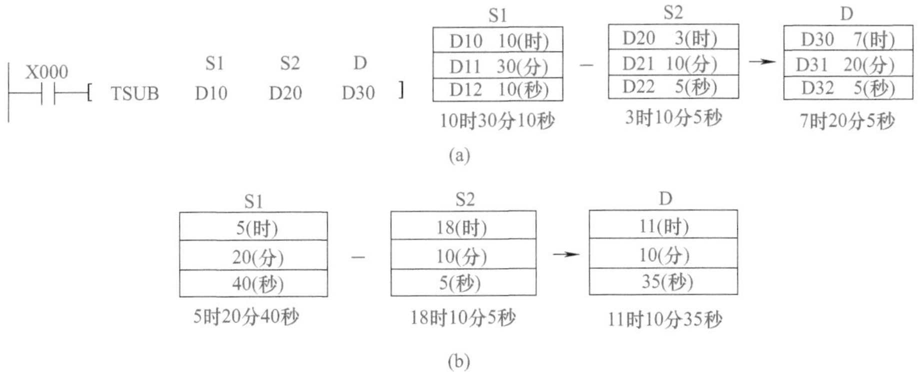

图6-121　TSUB指令的使用

当常开触点X000闭合时，TSUB指令执行，将“D10、D11、D12”中的时间值与“D20、D21、D22”中的时间值相减，结果保存在“D30、D31、D32”中。

如果运算结果小于0h，借位标志会置ON，将减法结果加24h再保存在 [D] 中，如图6-121所示。

（5）时钟数据读出指令

① 指令格式　时钟数据读出指令格式如下：

指令名称	助记符	功能号	操作数	程序步
			D	
时钟数据读出指令	TRD	FNC166	T、C、D（7个连号元件）	TRD、TRDP：5步

② 使用说明　TRD指令的使用如图6-122所示。TRD指令的功能是将PLC当前时间（年、月、日、时、分、秒、星期）读入 [D] D0为首编号的7个连号元件D0 ~ D6中。PLC当前时间保存在实时时钟用的特殊数据寄存器D8013 ~ D8019中，这些寄存器中的数据会随时间变化而变化。D0 ~ D6和D8013 ~ D8019的内容及对应关系如图6-122(b)所示。

当常开触点X000闭合时，TRD指令执行，将“D8018 ~ D8013、D8019”中的时间值保存到（读入）D0 ~ D7中，如将D8018中的数据作为年值存入D0中，将D8019中的数据作为星期值存入D6中。

X000　[TRD　D0]（D）

(a)

元件	项目	时钟数据		元件	项目
D8018	年(公历)	0～99(公历后两位)	→	D0	年(公历)
D8017	月	1～12	→	D1	月
D8016	日	1～31	→	D2	日
D8015	时	0～23	→	D3	时
D8014	分	0～59	→	D4	分
D8013	秒	0～59	→	D5	秒
D8019	星期	0(日)～6(六)	→	D6	星期

(b)

图6-122　TRD指令的使用

（6）时钟数据写入指令

① 指令格式　时钟数据写入指令格式如下：

指令名称	助记符	功能号	操作数	程序步
			S	
时钟数据写入指令	TWR	FNC167	T、C、D（7个连号元件）	TWR、TWRP：5步

② 使用说明　TWR指令的使用如图6-123所示。TWR指令的功能是将［S］D10为首编号的7个连号元件D10～D16中的时间值（年、月、日、时、分、秒、星期）写入特殊数据寄存器D8013～D8019中。D10～D16和D8013～D8019的内容及对应关系如图6-123（b）所示。

当常开触点X001闭合时，TWR指令执行，将“D10～D16”中的时间值写入D8018～D8013、D8019中，如将D10中的数据作为年值写入D8018中，将D16中的数据作为星期值写入D8019中。

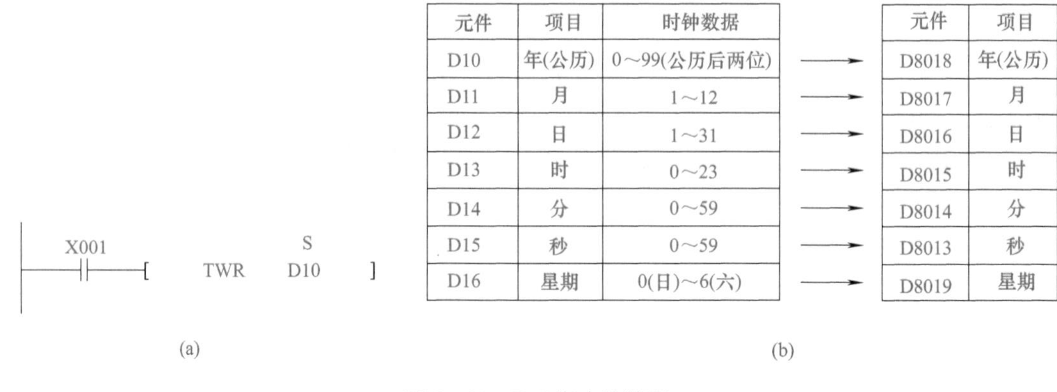

元件	项目	时钟数据		元件	项目
D10	年(公历)	0～99(公历后两位)	→	D8018	年(公历)
D11	月	1～12	→	D8017	月
D12	日	1～31	→	D8016	日
D13	时	0～23	→	D8015	时
D14	分	0～59	→	D8014	分
D15	秒	0～59	→	D8013	秒
D16	星期	0(日)～6(六)	→	D8019	星期

图6-123　TWR指令的使用

③ 修改PLC的实时时钟　PLC在出厂时已经设定了实时时钟，以后实时时钟会自动运行，如果实时时钟运行不准确，可以采用程序修改。图6-124为修改PLC实时时钟的梯形图程序，利用它可以将实时时钟设为05年4月25日3时20分30秒星期二。

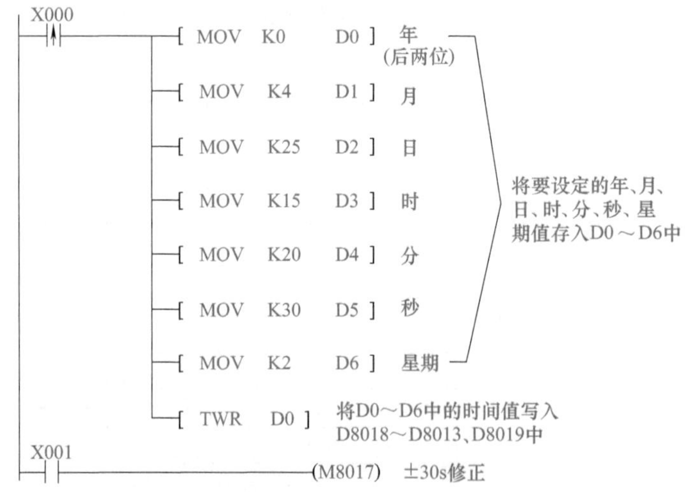

图6-124　修改PLC实时时钟的梯形图程序

在编程时，先用MOV指令将要设定的年、月、日、时、分、秒、星期值分别传送给D0～D6，然后用TWR指令将D0～D6中的时间值写入D8018～D8013、D8019。在进行时钟设置时，设置的时间应较实际时间晚几分钟，当实际时间到达设定时间后让X000触点闭合，程序就将设置的时间写入PLC的实时时钟数据寄存器中，闭合触点X001，M8017置ON，可对时钟进行±30s修正。

PLC实时时钟的年值默认为两位（如05年），如果要改成4位（2005年），可给图6-124程序追加图6-125所示的程序，在第二个扫描周期开始年值就为4位。

图6-125　将年值改为4位需增加的梯形图程序

6.2.13　格雷码变换指令

（1）有关格雷码的知识

两个相邻代码之间仅有一位数码不同的代码称为格雷码。十进制数、二进制数与格雷码的对应关系如表6-10所示。

表6-10　十进制数、二进制数与格雷码的对应关系

十进制数	二进制数	格雷码	十进制数	二进制数	格雷码
0	0000	0000	8	1000	1100
1	0001	0001	9	1001	1101
2	0010	0011	10	1010	1111
3	0011	0010	11	1011	1110
4	0100	0110	12	1100	1010
5	0101	0111	13	1101	1011
6	0110	0101	14	1110	1001
7	0111	0100	15	1111	1000

从表可以看出，相邻的两个格雷码之间仅有一位数码不同，如5的格雷码是0111，它与4的格雷码0110仅最后一位不同，与6的格雷码0101仅倒数第二位不同。二进制数在递增或递减时，往往多位发生变化，3的二进制数0011与4的二进制数0100同时有三位发生变化，这样在数字电路处理中很容易出错，而格雷码在递增或递减时，仅有一位发生变化，这样不容易出错，所以格雷码常用于高分辨率的系统中。

（2）二进制码（BIN码）转格雷码指令

① 指令格式　二进制码转格雷码指令格式如下：

指令名称	助记符	功能号	操作数		程序步
			S	D	
二进制码转格雷码指令	GRY	FNC170	K、H、 KnX、KnY、KnM、KnS、 T、C、D	KnY、KnM、KnS、 T、C、D	GRY、GRYP：5步 GRY、GRYP：9步

② 使用说明　GRY指令的使用如图6-126所示。GRY指令的功能是将［S］指定的二进制码转换成格雷码，并存入［D］指定的元件中。当常开触点X000闭合时，GRY指令执行，将“1234”的二进制码转换成格雷码，并存入Y23～Y20、Y17～Y10中。

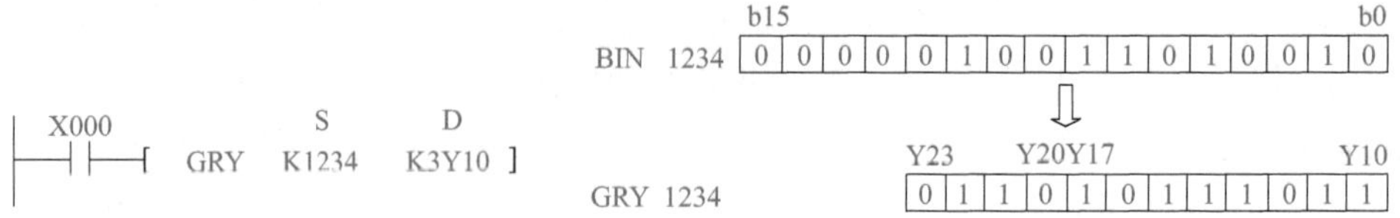

图6-126 GRY指令的使用

（3）格雷码转二进制码指令

①指令格式 格雷码转二进制码指令格式如下：

指令名称	助记符	功能号	操作数		程序步
			S	D	
格雷码转二进制码指令	GBIN	FNC171	K、H、 KnX、KnY、KnM、KnS、 T、C、D	KnY、KnM、KnS、 T、C、D	GBIN、GBINP：5步 GBIN、GBINP：9步

②使用说明 GBIN指令的使用如图6-127所示。GBIN指令的功能是将［S］指定的格雷码转换成二进制码，并存入［D］指定的元件中。当常开触点X020闭合时，GBIN指令执行，将X13～X10、X7～X0中的格雷码转换成二进制码，并存入D10中。

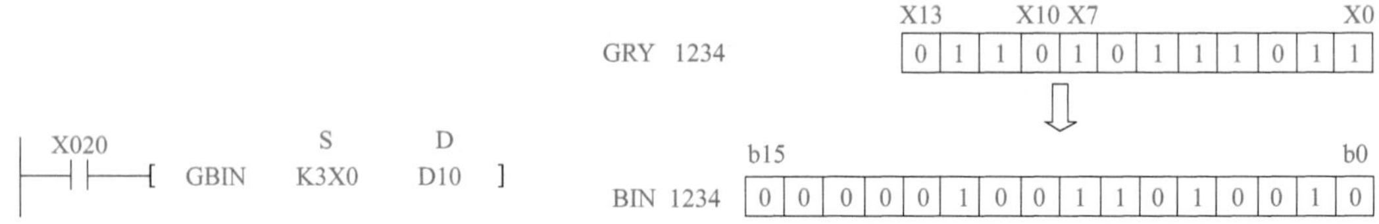

图6-127 GBIN指令的使用

6.2.14 触点比较指令

触点比较指令分为三类：LD*指令、AND*指令和OR*指令。

（1）触点比较LD*指令

触点比较LD*指令共有6条，具体见表6-11。

表6-11 触点比较LD*指令

功能号	16位指令	32位指令	导通条件	非导通条件
FNC224	LD=	LD.D=	S1=S2	S1≠S2
FNC225	LD＞	LD.D＞	S1＞S2	S1≤S2
FNC226	LD＜	LD.D＜	S1＜S2	S1≥S2
FNC228	LD＜＞	LD.D＜＞	S1≠S2	S1=S2
FNC229	LD≤	LD.D≤	S1≤S2	S1＞S2
FNC230	LD≥	LD.D≥	S1≥S2	S1＜S2

①指令格式 触点比较LD*指令格式如下：

指令名称	助记符	操作数		程序步
		S1	S2	
触点比较LD*指令	LD=、LD＞、 LD＜、LD＜＞、 LD≤、LD≥	K、H、 KnX、KnY、KnM、KnS、 T、C、D、V、Z	K、H、KnX、 KnY、KnM、KnS、 T、C、D、V、Z	16位运算：5步 32位运算：9步

② 使用说明　LD* 指令是连接左母线的触点比较指令，其功能是将［S1］、［S2］两个源操作数进行比较，若结果满足要求则执行驱动。LD* 指令的使用如图6-128所示。

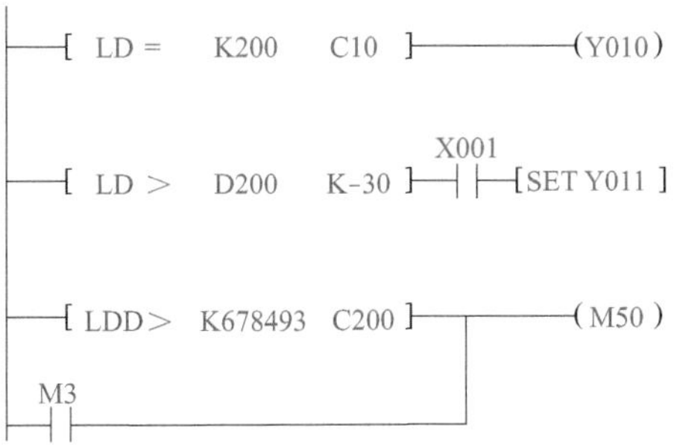

[LD =　K200　C10] —(Y010)
X001
[LD >　D200　K-30] —| |—[SET Y011]
[LDD>　K678493　C200] —(M50)
M3

图6-128　LD*指令的使用

当计数器C10的计数值等于200时，驱动Y010；当D200中的数据大于-30并且常开触点X001闭合时，将Y011置位；当计数器C200的计数值小于678493时，或者M3触点闭合时，驱动M50。

（2）触点比较AND*指令

触点比较AND*指令共有6条，具体见表6-12。

表6-12　触点比较AND*指令

功能号	16位指令	32位指令	导通条件	非导通条件
FNC232	AND=	AND.D=	S1=S2	S1≠S2
FNC233	AND＞	AND.D＞	S1＞S2	S1≤S2
FNC234	AND＜	AND.D＜	S1＜S2	S1≥S2
FNC236	AND＜＞	AND.D＜＞	S1≠S2	S1=S2
FNC237	AND≤	AND.D≤	S1≤S2	S1＞S2
FNC238	AND≥	AND.D≥	S1≥S2	S1＜S2

① 指令格式　触点比较AND*指令格式如下：

指令名称	助记符	操作数		程序步
		S1	S2	
触点比较AND*指令	AND=、AND＞、AND＜、AND＜＞、AND≤、AND≥	K、H、KnX、KnY、KnM、KnS、T、C、D、V、Z	K、H、KnX、KnY、KnM、KnS、T、C、D、V、Z	16位运算：5步 32位运算：9步

② 使用说明　AND* 指令是串联型触点比较指令，其功能是将［S1］、［S2］两个源操作数进行比较，若结果满足要求则执行驱动。AND* 指令的使用如图6-129所示。

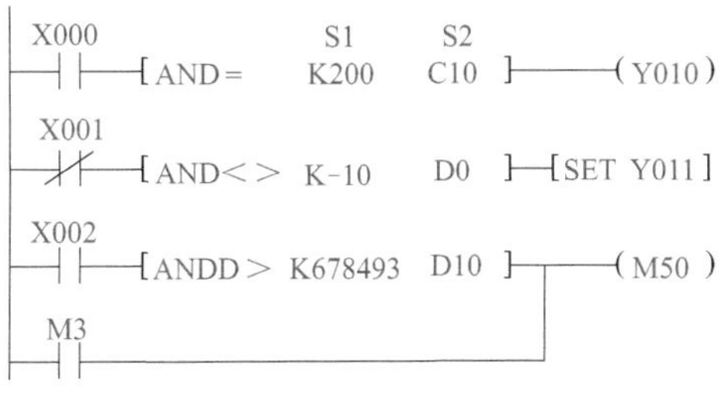

X000　　S1　S2
—| |—[AND=　K200　C10] —(Y010)
X001
—|/|—[AND<>　K-10　D0] —[SET Y011]
X002
—| |—[ANDD>　K678493　D10] —(M50)
M3

图6-129　AND*指令的使用

当常开触点X000闭合且计数器C10的计数值等于200时，驱动Y010；当常闭触点X001闭合且D0中的数据不等于-10时，将Y011置位；当常开触点X002闭合且D10、D11中的数据小于678493时，或者触点M3闭合时，驱动M50。

(3) 触点比较OR*指令

触点比较OR*指令共有6条，具体见表6-13。

表6-13　触点比较OR*指令

功能号	16位指令	32位指令	导通条件	非导通条件
FNC240	OR=	OR.D=	S1=S2	S1≠S2
FNC241	OR＞	OR.D＞	S1＞S2	S1≤S2
FNC242	OR＜	OR.D＜	S1＜S2	S1≥S2
FNC244	OR＜＞	OR.D＜＞	S1≠S2	S1=S2
FNC245	OR≤	OR.D≤	S1≤S2	S1＞S2
FNC246	OR≥	OR.D≥	S1≥S2	S1＜S2

① 指令格式　触点比较OR*指令格式如下：

指令名称	助记符	操作数		程序步
		S1	S2	
触点比较OR*指令	OR=、OR＞、OR＜、OR＜＞、OR≤、OR≥	K、H、KnX、KnY、KnM、KnS、T、C、D、V、Z	K、H、KnX、KnY、KnM、KnS、T、C、D、V、Z	16位运算：5步 32位运算：9步

② 使用说明　OR*指令是并联型触点比较指令，其功能是将［S1］、［S2］两个源操作数进行比较，若结果满足要求则执行驱动。OR*指令的使用如图6-130所示。

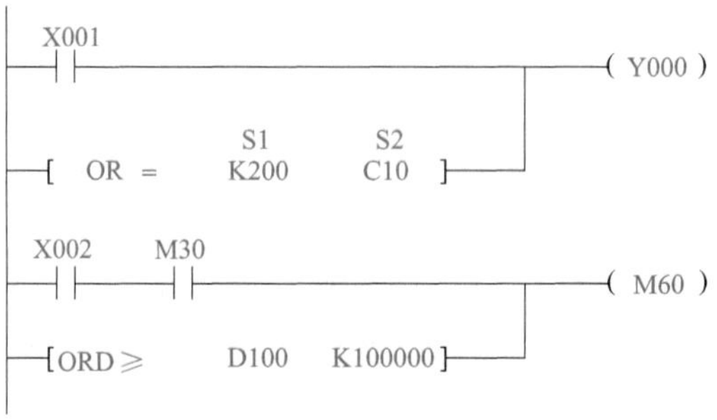

```
  X001
──┤├──────────────────────────┬──( Y000 )
                              │
        S1      S2            │
──[ OR =  K200    C10  ]──────┘

  X002    M30
──┤├──────┤├──────────────────┬──( M60 )
                              │
──[ORD≥    D100   K100000]────┘
```

图6-130　OR*指令的使用

当常开触点X001闭合时，或者计数器C10的计数值等于200时，驱动Y000；当常开触点X002、M30均闭合，或者D100中的数据大于或等于100000时，驱动M60。

第7章 模拟量模块的使用

三菱FX系列PLC基本单元（又称主单元）只能处理数字量，在遇到处理模拟量时就需要给基本单元连接模拟量处理模块。模拟量是指连续变化的电压或电流，例如压力传感器能将不断增大的压力转换成不断升高的电压，该电压就是模拟量。模拟量模块包括模拟量输入模块、模拟量输出模块和温控模块。

图7-1中的PLC基本单元（FX_{2N}-48MR）通过扩展电缆连接了I/O扩展模块和模拟量处理模块，FX_{2N}-4AD为模拟量输入模块，它属于特殊功能模块，并且最靠近PLC基本单元，其设备号为0，FX_{2N}-4DA为模拟量输出模块，它也是特殊功能模块，其设备号为1（扩展模块不占用设备号），FX_{2N}-4AD-PT为温度模拟量输入模块，它属于特殊功能模块，其设备号为2，FX_{2N}-16EX为输入扩展模块，给PLC扩展了16个输入端子（X030～X047），FX_{2N}-32ER为输入和输出扩展模块，给PLC扩展了16个输入端子（X050～X067）和16个输出端子（Y030～Y047）。

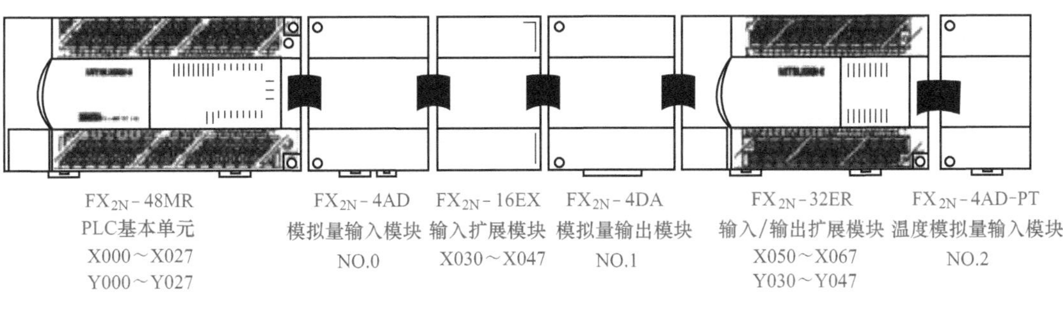

图7-1 PLC基本单元连接扩展和模拟量模块

7.1 模拟量输入模块FX_{2N}-4AD

模拟量输入模块简称AD模块，其功能是将外界输入的模拟量（电压或电流）转换成数字量并存在内部特定的BFM（缓冲存储器）中，PLC可使用FROM指令从AD模块中读取这些BFM中的数字量。三菱FX系列AD模块型号很多，常用的有FX_{0N}-3A、FX_{2N}-2AD、

FX_{2N}-4AD和FX_{2N}-8AD等，本节以FX_{2N}-4AD模块为例来介绍模拟量输入模块。

7.1.1 外形

模拟量输入模块FX_{2N}-4AD的外形如图7-2所示。

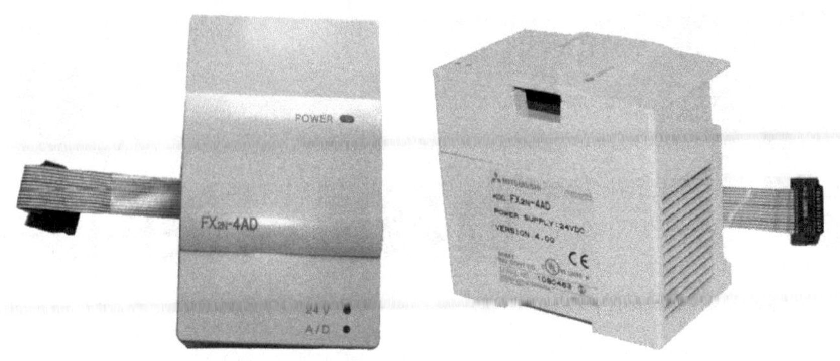

图7-2 模拟量输入模块FX_{2N}-4AD

7.1.2 接线

FX_{2N}-4AD模块有CH1～CH4四个模拟量输入通道，可以同时将4路模拟量信号转换成数字量，存入模块内部相应的缓冲存储器（BFM）中，PLC可使用FROM指令读取这些存储器中的数字量。FX_{2N}-4AD模块有一条扩展电缆和18个接线端子（需要打开面板才能看见），扩展电缆用于连接PLC基本单元或上一个模块，FX_{2N}-4AD模块的接线方式如图7-3所示，每个通道内部电路均相同，且都占用4个接线端子。

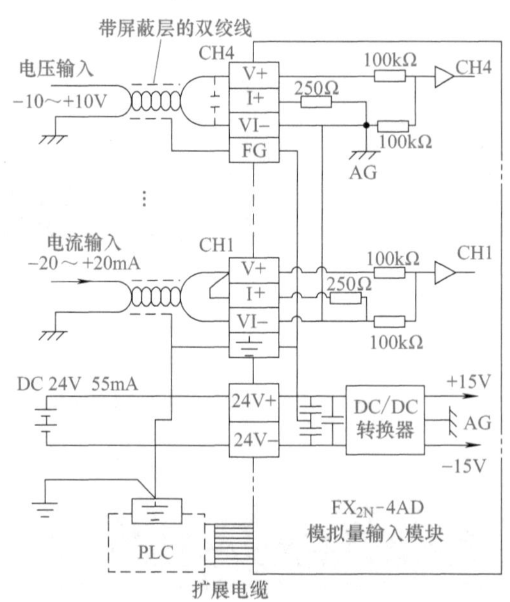

图7-3 FX_{2N}-4AD模块的接线方式

FX_{2N}-4AD模块的每个通道均可设为电压型模拟量输入或电流型模拟量输入。当某通道设为电压型模拟量输入时，电压输入线接该通道的V+、VI−端子，可接受的电压输入范围为-10～10V，为增强输入抗干扰性，可在V+、VI-端子间接一个0.1～0.47μF的电容；当某通道设为电流型模拟量输入时，电流输入线接该通道的I+、VI-端子，同时将I+、V+端子连接起来，可接受-20～20mA范围的电流输入。

7.1.3 性能指标

FX_{2N}-4AD模块的性能指标见表7-1。

表7-1 FX_{2N}-4AD模块的性能指标

项目	电压输入	电流输入
模拟输入范围	DC -10～10V（输入阻抗：200kΩ） 如果输入电压超过±15V，单元会被损坏	DC -20～20mA（输入阻抗：250Ω） 如果输入电流超过±32mA，单元会被损坏
数字输出	12位的转换结果以16位二进制补码方式存储 最大值：+2047，最小值：-2048	
分辨率	5mV（10V默认范围：1/2000）	20μA（20mA默认范围：1/1000）
总体精度	±1%（对于-10～10V的范围）	±1%（对于-20～20mA的范围）
转换速度	15ms/通道（常速），6ms/通道（高速）	
适用PLC	FX_{1N}/FX_{2N}/FX_{2NC}	

7.1.4 输入输出曲线

FX_{2N}-4AD模块可以将输入电压或输入电流转换成数字量，其转换关系如图7-4所示。当某通道设为电压输入时，如果输入-10～+10V范围内的电压，AD模块可将该电压转换成-2000～+2000范围的数字量（用12位二进制数表示），转换分辨率为5mV（1000mV/2000），例如10V电压会转换成数字量2000，9.995V转换成的数字量为1999；当某通道设为+4～+20mA电流输入时，如果输入+4～+20mA范围的电流，AD模块可将该电压转换成0～+1000范围的数字量；当某通道设为-20～+20mA电流输入时，如果输入-20～+20mA范围的电流，AD模块可将该电压转换成-1000～+1000范围的数字量。

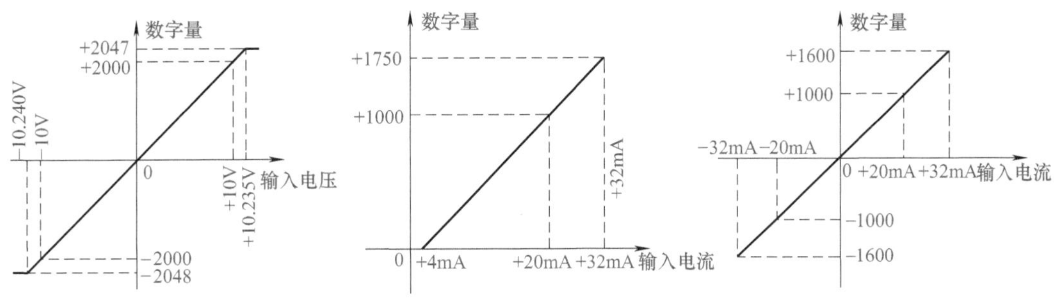

图7-4 FX_{2N}-4AD模块的输入/输出关系曲线

7.1.5 增益和偏移说明

（1）增益

FX_{2N}-4AD模块可以将-10～+10V范围内的输入电压转换成-2000～+2000范围的数字量，若输入电压范围只有-5～+5V，转换得到的数字量为-1000～+1000，这样大量的数字量未被利用。如果希望提高转换分辨率，将-5～+5V范围的电压也可以转换成−2000～+2000范围的数字量，可通过设置AD模块的增益值来实现。

增益是指输出数字量为1000时对应的模拟量输入值。增益说明如图7-5所示，以图7-5（a）为例，当AD模块某通道设为−10～+10V电压输入时，其默认增益值为5000（即+5V），当输入+5V时会转换得到数字量1000，输入+10V时会转换得到数字量2000，增益为5000时的输入输出关系如图中A线所示，如果将增益值设为2500，当输入+2.5V时会转换得到数字量1000，输入+5V时会转换得到数字量2000，增益为2500时的输入输出关系如图中B线所示。

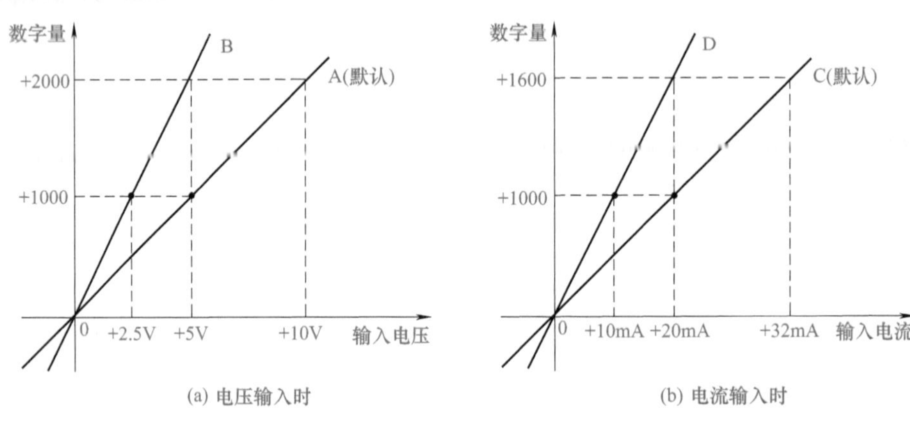

图7-5 增益说明

（2）偏移

FX_{2N}-4AD模块某通道设为−10～+10V电压输入时，若输入−5～+5V电压，转换可得到−1000～+1000范围的数字量。如果希望将−5～+5V范围内的电压转换成0～2000范围的数字量，可通过设置AD模块的偏移量来实现。

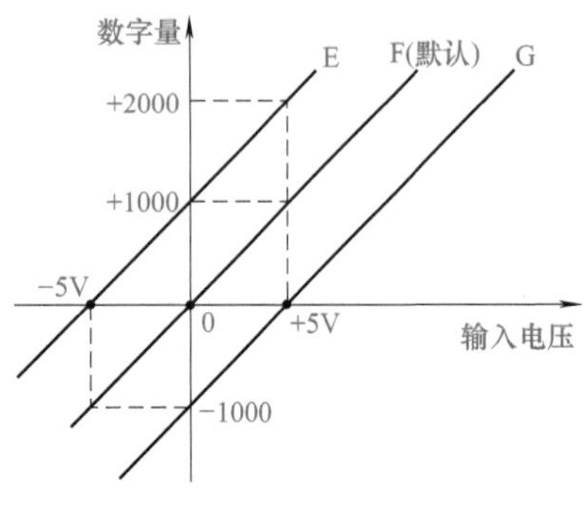

图7-6 偏移说明

偏移量是指输出数字量为0时对应的模拟量输入值。偏移说明如图7-6所示，当AD模块某通道设为−10～+10V电压输入时，其默认偏移量为0（即0V），当输入−5V时会转换得到数字量−1000，输入+5V时会转换得到数字量+1000，偏移量为0时的输入输出关系如图中F线所示，如果将偏移量设为−5000（即−5V），当输入−5V时会转换得到数字量0000，输入0V时会转换得到数字量+1000，输入+5V时会转换得到数字量+2000，偏移量为−5V时的输入输出关系如图中E线所示。

7.1.6 缓冲存储器（BFM）功能说明

FX_{2N}-4AD模块内部有32个16位BFM（缓冲存储器），这些BFM的编号为#0～#31，在这些BFM中，有的BFM用来存储由模拟量转换来的数字量，有的BFM用来设置通道的输入形式（电压或电流输入），还有的BFM具有其他功能。

FX_{2N}-4AD模块的各个BFM功能见表7-2 。

表7-2　FX_{2N}-4AD模块的各个BFM功能

<table>
<tr><th>BFM</th><th colspan="9">内容</th></tr>
<tr><td>*#0</td><td colspan="9">通道初始化，默认值=H0000</td></tr>
<tr><td>*#1</td><td>通道1</td><td colspan="8" rowspan="4">平均采样次数1～4096
默认设置为8</td></tr>
<tr><td>*#2</td><td>通道2</td></tr>
<tr><td>*#3</td><td>通道3</td></tr>
<tr><td>*#4</td><td>通道4</td></tr>
<tr><td>#5</td><td>通道1</td><td colspan="8" rowspan="4">平均值</td></tr>
<tr><td>#6</td><td>通道2</td></tr>
<tr><td>#7</td><td>通道3</td></tr>
<tr><td>#8</td><td>通道4</td></tr>
<tr><td>#9</td><td>通道1</td><td colspan="8" rowspan="4">当前值</td></tr>
<tr><td>#10</td><td>通道2</td></tr>
<tr><td>#11</td><td>通道3</td></tr>
<tr><td>#12</td><td>通道4</td></tr>
<tr><td>#13～#14</td><td colspan="9">保留</td></tr>
<tr><td>#15</td><td colspan="9">选择A/D转换速度：设置0，则选择正常转换速度，15ms/通道（默认）；设置1，则选择高速，6ms/通道</td></tr>
<tr><td>#16～#19</td><td colspan="9">保留</td></tr>
<tr><td>*#20</td><td colspan="9">复位到默认值，默认设定=0</td></tr>
<tr><td>*#21</td><td colspan="9">禁止调整偏移值、增益值。默认=（0，1），允许</td></tr>
<tr><td rowspan="2">*#22</td><td rowspan="2">偏移值、增益值调整</td><td>B7</td><td>B6</td><td>B5</td><td>B4</td><td>B3</td><td>B2</td><td>B1</td><td>B0</td></tr>
<tr><td>G4</td><td>O4</td><td>G3</td><td>O3</td><td>G2</td><td>O2</td><td>G1</td><td>O1</td></tr>
<tr><td>*#23</td><td colspan="9">偏移值　　默认值=0</td></tr>
<tr><td>*#24</td><td colspan="9">增益值　　默认值=5000</td></tr>
<tr><td>#25～#28</td><td colspan="9">保留</td></tr>
<tr><td>#29</td><td colspan="9">错误状态</td></tr>
<tr><td>#30</td><td colspan="9">识别码K2010</td></tr>
<tr><td>#31</td><td colspan="9">禁用</td></tr>
</table>

注：表中带*号的BFM中的值可以由PLC使用TO指令来写入，不带*号的BFM中的值可以由PLC使用FROM指令来读取，下同。

下面对表7-2中的BFM功能作进一步的说明。

（1）#0 BFM

#0 BFM用来初始化AD模块四个通道，即用来设置四个通道的模拟量输入形式，该BFM中的16位二进制数据可用4位十六进制数H□□□□表示，每个□用来设置一个通道，最高位□设置CH4通道，最低位□设置CH1通道。

当□=0时，通道设为−10～+10V电压输入；当□=1时，通道设为+4～+20mA电流输入；当□=2时，通道设为−20～+20mA电流输入；当□=3时，通道关闭，输入无效。

例如#0 BFM中的值为H3310时，CH1通道设为−10～+10V电压输入，CH2通道设为+4～+20mA电流输入，CH3、CH4通道关闭。

（2）#1～#4 BFM

#1～#4 BFM分别用来设置CH1～CH4通道的平均采样次数，例如#1 BFM中的次数设为3时，CH1通道需要对输入的模拟量转换3次，再将得到3个数字量取平均值，数字量平均值存入#5 BFM中。#1～#4 BFM中的平均采样次数越大，得到平均值的时间越长，如果输入的模拟量变化较快，平均采样次数值应设小一些。

（3）#5 ～ #8 BFM

#5 ～ #8 BFM分别用存储CH1 ～ CH4通道的数字量平均值。

（4）#9 ～ #12 BFM

#9 ～ #12 BFM分别用存储CH1 ～ CH4通道在当前扫描周期转换来的数字量。

（5）#15 BFM

#15 BFM用来设置所有通道的模/数转换速度，若#15 BFM=0，所有通道的模/数转换速度设为15ms（普速），若#15 BFM=1，所有通道的模/数转换速度为6ms（高速）。

（6）#20 BFM

当往#20 BFM中写入1时，所有参数恢复到出厂设置值。

（7）#21 BFM

#21 BFM用来禁止/允许偏移值和增益的调整。当#21 BFM的b1位=1、b0位=0时，禁止调整偏移值和增益，当b1位=0、b0位=1时，允许调整。

（8）#22 BFM

#22 BFM使用低8位来指定增益和偏移调整的通道，低8位标记为G_4O_4 G_3O_3 G_2O_2 G_1O_1，当$G_□$位为1时，则CH□通道增益值可调整，当$O_□$位为1时，则CH□通道偏移量可调整，例如#22 BFM=H0003，则#22 BFM的低8位G_4O4 G_3O_3 G_2O_2 G_1O_1=00000011，CH1通道的增益值和偏移量可调整，#24 BFM的值被设为CH1通道的增益值，#23 BFM的值被设为CH1通道的偏移量。

（9）#23 BFM

#23 BFM用来存放偏移量，该值可由PLC使用TO指令写入。

（10）#24 BFM

#24 BFM用来存放增益值，该值可由PLC使用TO指令写入。

（11）#29 BFM

#29 BFM以位的状态来反映模块的错误信息。#29 BFM各位错误定义见表7-3，例如##29 BFM的b1位为1（ON），表示存储器中的偏移值和增益数据不正常，为0表示数据正常，PLC使用FROM指令读取#29 BFM中的值可以了解AD模块的操作状态。

表7-3　#29 BFM各位错误定义

BFM#29的位	ON	OFF
b0：错误	b1～b4中任何一位为ON 如果b1～b4中任何一个为ON，所有通道的A/D转换停止	无错误
b1：偏移和增益错误	在EEPROM中的偏移和增益数据不正常或者调整错误	增益和偏移数据正常
b2：电源故障	DC 24V电源故障	电源正常
b3：硬件错误	A/D转换器或其他硬件故障	硬件正常
b10：数字范围错误	数字输出值小于-2048或大于+2047	数字输出值正常
b11：平均采样错误	平均采样数不小于4097或不大于0（使用默认值8）	平均采样设置正常（在1～4096之间）
b12：偏移和增益调整禁止	禁止：BFM#21的（b1，b0）设为（1，0）	允许BFM#21的（b1，b0）设置为（1，0）

注：b4～b7、b9和b13～b15没有定义

（12）#30 BFM

#30 BFM用来存放FX_{2N}-4AD模块的ID号（身份标识号码），FX_{2N}-4AD模块的ID号为2010，PLC通过读取#30 BFM中的值来判别该模块是否为FX_{2N}-4AD模块。

7.1.7 实例程序

在使用FX_{2N}-4AD模块时，除了要对模块进行硬件连接外，还需给PLC编写有关的程序，用来设置模块的工作参数和读取模块转换得到的数字量及模块的操作状态。

（1）基本使用程序

图7-7是设置和读取FX_{2N}-4AD模块的PLC程序。程序工作原理说明如下。

当PLC运行开始时，M8002触点接通一个扫描周期，首先FROM指令执行，将0号模块#30 BFM中的ID值读入PLC的数据存储器D4，然后CMP指令（比较指令）执行，将D4中的数值与数值2010进行比较，若两者相等，表明当前模块为FX_{2N}-4AD模块，则将辅助继电器M1置1。M1常开触点闭合，从上往下执行TO、FROM指令，第一个TO指令（TOP为脉冲型TO指令）执行，让PLC往0号模块的#0 BFM中写入H3300，将CH1、CH2通道设为−10～+10V电压输入，同时关闭CH3、CH4通道，然后第二个TO指令执行，让PLC往0号模块的#1、#2 BFM中写入4，将CH1、CH2通道的平均采样数设为4，接着FROM指令执行，将0号模块的#29 BFM中的操作状态值读入PLC的M10～M25，若模块工作无错误，并且转换得到的数字量范围正常，则M10继电器为0，M10常闭触点闭合，M20继电器也为0，M20常闭触点闭合，FROM指令执行，将#5、#6 BFM中的CH1、CH2通道转换来的数字量平均值读入PLC的D0、D1中。

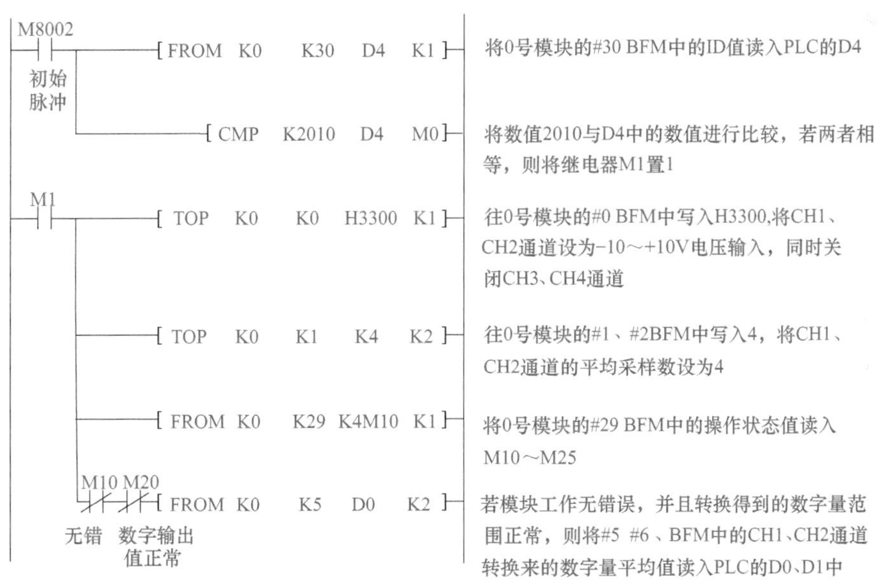

图7-7 设置和读取FX_{2N}-4AD模块的PLC程序

（2）增益和偏移量的调整程序

如果在使用FX_{2N}-4AD模块时需要调整增益和偏移量，可以在图7-7程序之后增加图7-8所示的程序，当PLC的X010端子外接开关闭合时，可启动该程序的运行。程序工作原理说明如下。

当按下PLC X010端子外接开关时，程序中的X010常开触点闭合，“SET M30”指令执行，继电器M30被置1，M30常开触点闭合，三个TO指令从上往下执行，第一个TO指令执行时，PLC往0号模块的#0 BFM中写入H0000，CH1～CH4通道均被设为−10～+10V电压输入，第二个TO指令执行时，PLC往0号模块的#21 BFM中写入1，#21 BFM的b1=0、 b0=1，允许增益/偏移量调整，第三个TO指令执行时，往0号模块的#22 BFM中写入0，将用作指定调整通道的所有位（b7～b0）复位，然后定时器T0开始0.4s计时。

0.4s后，T0常开触点闭合，又有三个TO指令从上往下执行，第一个TO指令执行时，PLC往0号模块的#23 BFM中写入0，将偏移量设为0，第二个TO指令执行时，PLC往0号模块的#24 BFM中写入2500，将增益值设为2500，第三个TO指令执行时，PLC往0号模块的#22 BFM中写入H0003，将偏移/增益调整的通道设为CH1，然后定时器T1开始0.4s计时。

0.4s后，T1常开触点闭合，首先RST指令执行，M30复位，结束偏移/增益调整，接着TO指令执行，往0号模块的#21 BFM中写入2，#21 BFM的b1=1、b0=0，禁止增益/偏移量调整。

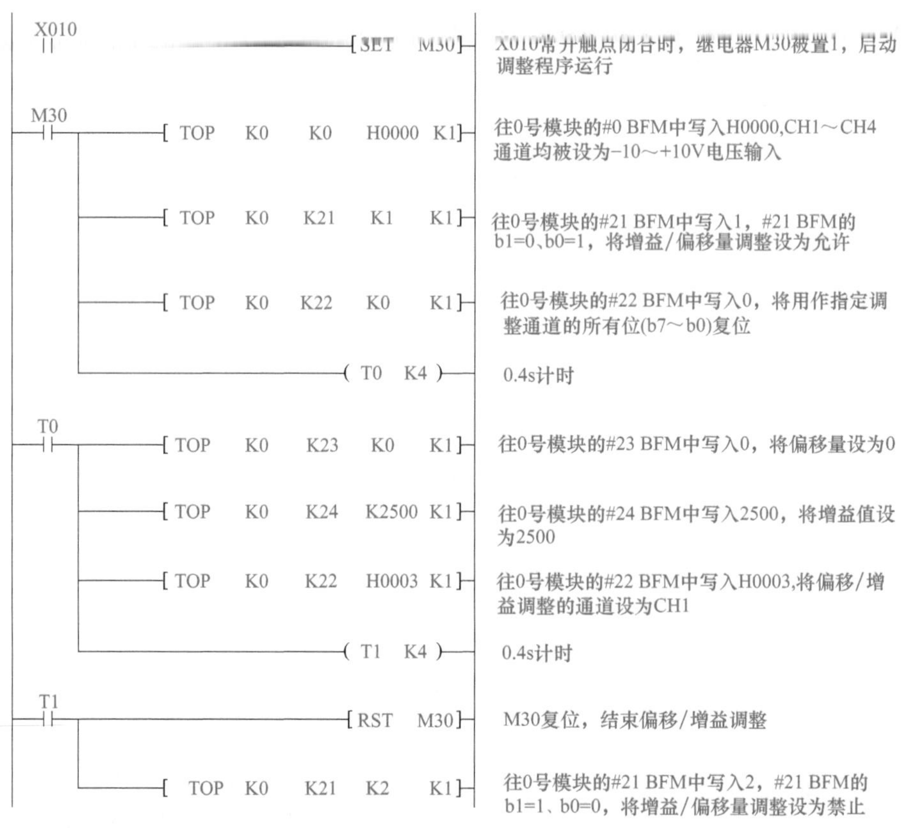

图7-8 调整增益和偏移量的PLC程序

7.2 模拟量输出模块FX_{2N}-4DA

模拟量输出模块简称DA模块，其功能是将模块内部特定BFM（缓冲存储器）中的数字量转换成模拟量输出。三菱FX系列常用DA模块有FX_{2N}-2DA和FX_{2N}-4DA，本节以FX_{2N}-4DA模块为例来介绍模拟量输出模块。

7.2.1 外形

模拟量输出模块FX_{2N}-4DA的实物外形如图7-9所示。

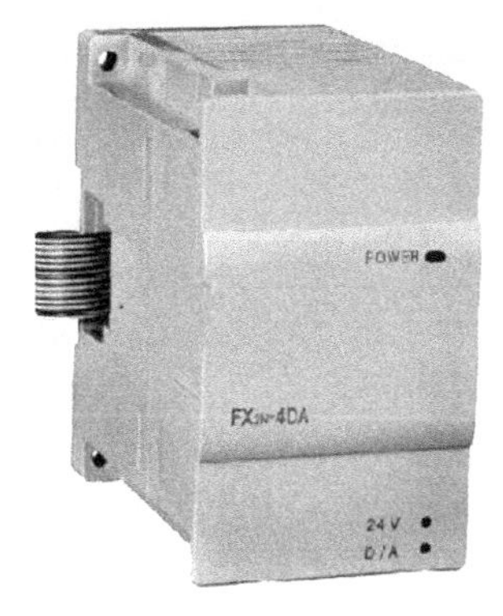

图7-9 模拟量输出模块FX_{2N}-4DA

7.2.2 接线

FX_{2N}-4DA模块有CH1～CH4四个模拟量输出通道，可以将模块内部特定的BFM中的数字量（由PLC使用TO指令写入）转换成模拟量输出。FX_{2N}-4DA模块的接线方式如图7-10所示，每个通道内部电路均相同。

FX_{2N}-4DA模块的每个通道均可设为电压型模拟量输出或电流型模拟量输出。当某通道设为电压型模拟量输出时，电压输出线接该通道的V+、V-/I-端子，可输出-10～10V范围的电压；当某通道设为电流型模拟量输出时，电流输出线接该通道的I+、V-/I-端子，可输出-20～20mA范围的电流。

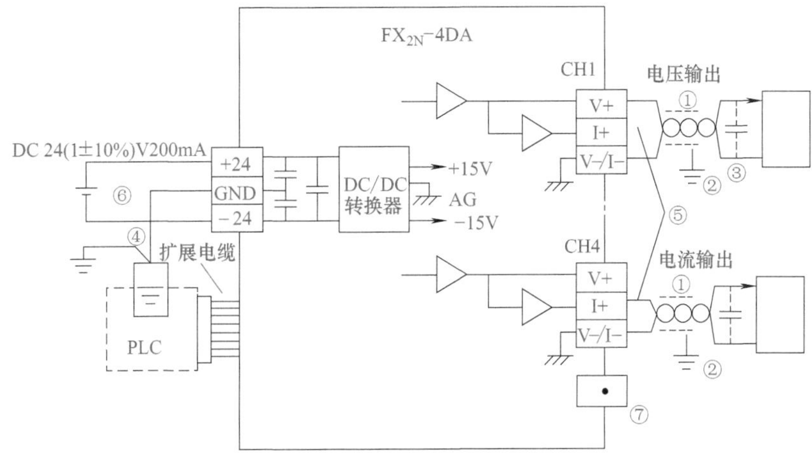

① 双绞屏蔽电缆，应远离干扰源。
② 输出电缆的负载端使用单点接地。
③ 若有噪声或干扰可以连接一个平滑电位器。
④ FX_{2N}-4DA与PLC基本单元的地应连接在一起。
⑤ 电压输出端或电流输出端，若短接，可能会损坏FX_{2N}-4DA。
⑥ 24V电源，电流200mA外接或用PLC的24V电源。
⑦ 不使用的端子，不要在这些端子上连接任何单元。

图7-10 FX_{2N}-4DA模块的接线

7.2.3 性能指标

FX_{2N}-4DA模块的性能指标见表7-4。

表7-4 FX_{2N}-4DA模块的性能指标

项目	输出电压	输出电流
模拟量输出范围	-10～+10V（外部负载阻抗2kΩ～1MΩ）	0～20mA（外部负载阻抗500Ω）
数字输出	12位	
分辨率	5mV	20μA
总体精度	±1%（满量程10V）	±1%（满量程20mA）

续表

项目	输出电压	输出电流
转换速度	4个通道：2.1ms	
隔离	模数电路之间采用光电隔离	
电源规格	主单元提供5V/30mA直流，外部提供24V/200mA直流	
适用PLC	FX_{2N}，FX_{1N}，FX_{2NC}	

7.2.4 输入输出曲线

FX_{2N}-4DA模块可以将内部BFM中的数字量转换成输出电压或输出电流，其转换关系如图7-11所示。当某通道设为电压输出时，DA模块可以将-2000～+2000范围的数字量转换成-10～+10V范围的电压输出。

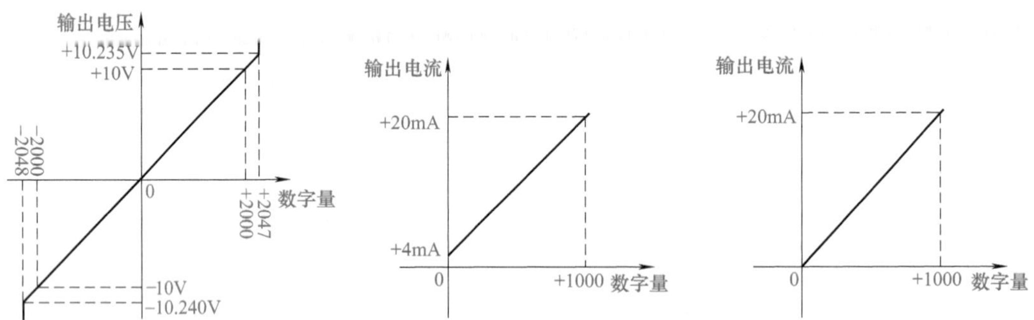

图7-11 FX_{2N}-4DA模块的输入/输出关系曲线

7.2.5 增益和偏移说明

与FX_{2N}-4AD模块一样，FX_{2N}-4DA模块也可以调整增益和偏移量。

（1）增益

增益指数字量为1000时对应的模拟量输出值。增益说明如图7-12所示，以图7-12（a）为例，当DA模块某通道设为-10～+10V电压输出时，其默认增益值为5000（即+5V），数字量1000对应的输出电压为+5V，增益值为5000时的输入输出关系如图中A线所示，如果将增益值设为2500，则数字量1000对应的输出电压为+2.5V，其输入输出关系如图中B线所示。

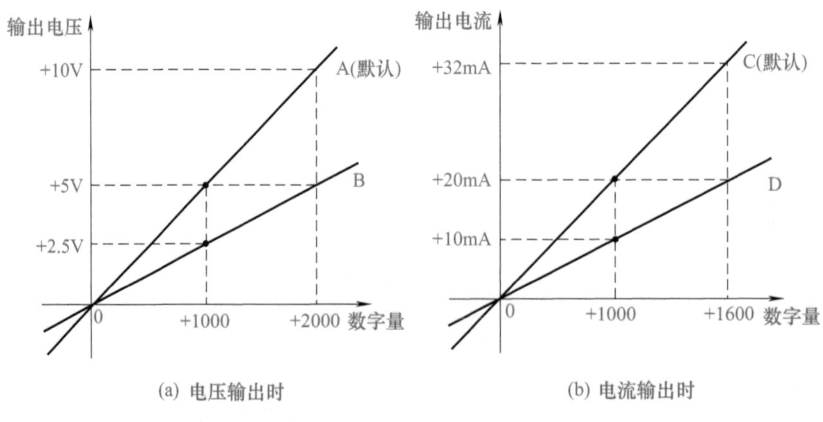

图7-12 增益说明

（2）偏移

偏移量指数字量为0时对应的模拟量输出值。偏移说明如图7-13所示，当DA模块某通道设为-10～+10V电压输出时，其默认偏移量为0（即0V），它能将数字量0000转换成0V输出，偏移量为0时的输入输出关系如图中F线所示，如果将偏移量设为-5000（即-5V），它能将数字量0000转换成-5V电压输出，偏移量为-5V时的输入输出关系如图中E线所示。

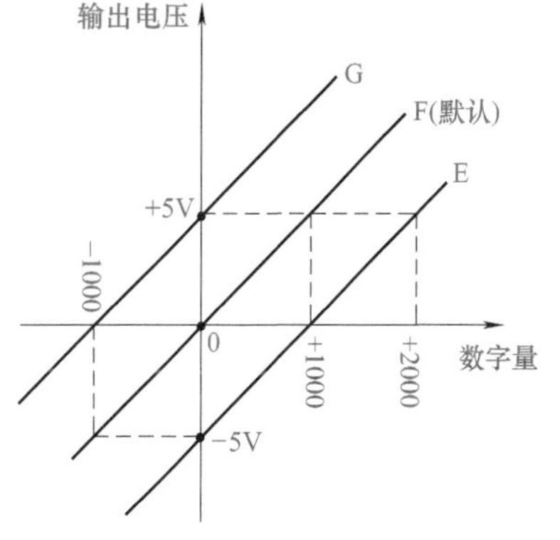

图7-13 偏移说明

7.2.6 缓冲存储器（BFM）功能说明

FX_{2N}-4DA模块内部也有32个16位BFM（缓冲存储器），这些BFM的编号为#0～#31，FX_{2N}-4DA模块的各个BFM功能见表7-5。

表7-5 FX_{2N}-4DA模块的BFM功能表

BFM	内容	BFM	内容
*#0	输出模式选择，出厂设置H0000	#12	CH2偏移数据
#1	CH1、CH2、CH3、CH4持转换的数字量	#13	CH2增益数据
#2		#14	CH3偏移数据
#3		#15	CH3增益数据
#4		#16	CH4偏移数据
#5	数据保持模式，出厂设置H0000	#17	CH4增益数据
#6～#7	保留	#18～#19	保留
*#8	CH1、CH2偏移/增益设定命令，出厂设置H0000	#20	初始化，初始值=0
		#21	禁止调整I/O特性（初始值=1）
*#9	CH3、CH4偏移/增益设定命令，出厂设置H0000	#22～#28	保留
		#29	错误状态
#10	CH1偏移数据	#30	K3020识别码
#11	CH1增益数据	#31	保留

下面对表7-5中BFM功能作进一步的说明。

（1）#0 BFM

#0 BFM用来设置CH1～CH4通道的模拟量输出形式。该BFM中的数据用H□□□□表示，每个□用来设置一个通道，最高位的□设置CH4通道，最低位的□设置CH1通道。

当□=0时，通道设为-10～+10V电压输出。

当□=1时，通道设为+4～+20mA电流输出。

当□=2时，通道设为0～+20mA电流输出。

当□=3时，通道关闭，无输出。

例如#0 BFM中的值为H3310时，CH1通道设为-10～+10V电压输出，CH2通道设为+4～+20mA电流输出，CH3、CH4通道关闭。

（2）#1～#4 BFM

#1～#4 BFM分别用来存储CH1～CH2通道的待转换的数字量。这些BFM中的数据由PLC用TO指令写入。

（3）#5 BFM

#5 BFM用来设置CH1～CH4通道在PLC由RUN→STOP时的输出数据保持模式。当某位为0时，RUN模式下对应通道最后输出值将被保持输出，当某位为1时，对应通道最后输出值为偏移值。

例如#5 BFM=H0011，CH1、CH2通道输出变为偏移值，CH3、CH4通道输出值保持为RUN模式下的最后输出值不变。

（4）#8、#9 BFM

#8 BFM用来允许/禁止调整CH1、CH2通道增益和偏移量。#8 BFM的数据格式为H G_2O_2 G_1O_1，当某位为0时，表示禁止调整，为1时允许调整，#10～#13 BFM中设定CH1、CH2通道的增益或偏移值才有效。

#9 BFM用来允许/禁止调整CH3、CH4通道增益和偏移量。#9 BFM的数据格式为H G_4O_4 G_3O_3，当某位为0时，表示禁止调整，为1时允许调整，#14～#17 BFM中设定CH3、CH4通道的增益或偏移值才有效。

（5）#10～#17 BFM

#10、#11 BFM用来保存CH1通道的偏移值和增益值，#12、#13 BFM用来保存CH2通道的偏移值和增益值，#14、#15 BFM用来保存CH3通道的偏移值和增益值，#16、#17 BFM用来保存CH4通道的偏移值和增益值。

（6）#20 BFM

#20 BFM用来初始化所有BFM。当#20 BFM=1时，所有BFM中的值都恢复到出厂设定值，当设置出现错误时，常将#20 BFM设为1来恢复到初始状态。

（7）#21 BFM

#21 BFM用来禁止/允许I/O特性（增益和偏移值）调整。当#21 BFM=1时，允许增益和偏移值调整，当#21 BFM=2时，禁止增益和偏移值调整。

（8）#29 BFM

#29 BFM以位的状态来反映模块的错误信息。#29 BFM各位错误定义见表7-6，例如#29 BFM的b2位为ON（即1）时，表示模块的DC 24V电源出现故障。

表7-6 #29 BFM各位错误定义

#29 BFM的位	名称	ON（1）	OFF（0）
b0	错误	b1～b4任何一位为ON	无错误
b1	O/G错误	EEPROM中的偏移/增益数据不正常或者发生设置错误	偏移/增益数据正常
b2	电源错误	24V DC电源故障	电源正常
b3	硬件错误	D/A转换器故障或者其他硬件故障	没有硬件缺陷
b10	范围错误	数字输入或模拟输出值超出指定范围	输入或输出值在规定范围内
b12	G/O调整禁止状态	BFM#21没有设为“1”	可调整状态（BFM#21=1）

注：位b4～b9，b11，b13～b15未定义。

（9）#30 BFM

#30 BFM存放FX_{2N}-4DA模块的ID号（身份标识号码），FX_{2N}-4DA模块的ID号为3020，PLC通过读取#30 BFM中的值来判别该模块是否为FX_{2N}-4DA模块。

7.2.7 实例程序

在使用FX_{2N}-4DA模块时，除了要对模块进行硬件连接外，还需给PLC编写有关的程序，用来设置模块的工作参数和写入需转换的数字量及读取模块的操作状态。

（1）基本使用程序

图7-14程序用来设置DA模块的基本工作参数，并将PLC中的数据送入DA模块，让它转换成模拟量输出。

程序工作原理说明如下。

当PLC运行开始时，M8002触点接通一个扫描周期，首先FROM指令执行，将1号模块#30 BFM中的ID值读入PLC的数据存储器D0，然后CMP指令（比较指令）执行，将D0中的数值与数值3020进行比较，若两者相等，表明当前模块为FX_{2N}-4DA模块，则将辅助继电器M1置1。M1常开触点闭合，从上往下执行TO、FROM指令，第一个TO指令（TOP为脉冲型TO指令）执行，让PLC往1号模块的#0 BFM中写入H2100，将CH1、CH2通道设为-10～+10V电压输出，将CH3通道设为4～20mA输出，将CH4通道设为0～20mA输出，然后第二个TO指令执行，将PLC的D1～D4中的数据分别写入1号模块的#1～#4 BFM中，让模块将这些数据转换成模拟量输出，接着FROM指令执行，将1号模块的#29 BFM中的操作状态值读入PLC的M10～M25，若模块工作无错误，并且输入数字量或输出模拟量范围正常，则M10继电器为0，M10常闭触点闭合，M20继电器也为0，M20常闭触点闭合，M3线圈得电为1。

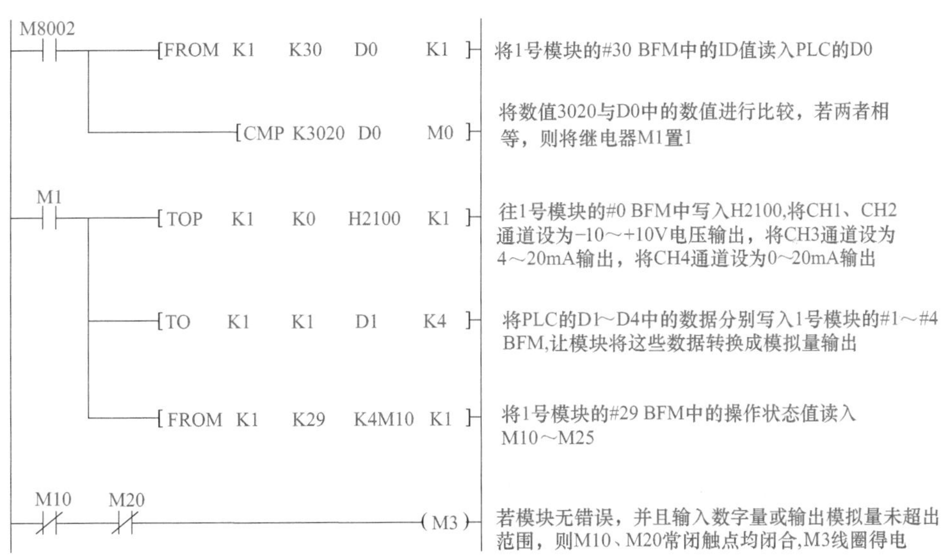

图7-14 设置FX_{2N}-4DA模块并使之输出模拟量的PLC程序

（2）增益和偏移量的调整程序

如果在使用FX_{2N}-4DA模块时需要调整增益和偏移量，可以在图7-14程序之后增加图7-15所示的程序，当PLC的X011端子外接开关闭合时，可启动该程序的运行。程序工作原理说明如下。

当按下PLC X010端子外接开关时，程序中的X010常开触点闭合，“SET M30”指令执行，继电器M30被置1，M30常开触点闭合，两个TO指令从上往下执行，第一个TO指令执行时，PLC往1号模块的#0 BFM中写入H0010，将CH2通道设为+4～+20mA电流输出，其他均设为-10～+10V电压输出，第二个TO指令执行时，PLC往1号模块的#21 BFM中写入1，允许增益/偏移量调整，然后定时器T0开始3s计时。

3s后，T0常开触点闭合，三个TO指令从上往下执行，第一个TO指令执行时，PLC往1号模块的#12 BFM中写入7000，将偏移量设为7mA，第二个TO指令执行时，PLC往1号模块的#13 BFM中写入20000，将增益值设为20mA，第三个TO指令执行时，PLC往1号模块的#8 BFM中写入H1100，允许CH2通道的偏移/增益调整，然后定时器T1开始3s计时。

3s后，T1常开触点闭合，首先RST指令执行，M30复位，结束偏移/增益调整，接着TO指令执行，往1号模块的#21 BFM中写入2，禁止增益/偏移量调整。

X010	SET M30	X010常开触点闭合时，继电器M30被置1，启动调整程序运行
M30	TOP K1 K0 H0010 K1	往1号模块#0 BFM中写入H0010，将CH2通道设为+4～+20mA电流输出，其他通道均设为−10～+10V电压输出
	TOP K1 K21 K1 K1	往1号模块#21 BFM中写入1，允许增益和偏移值调整
	T0 K30	3s计时
T0	TOP K1 K12 K7000 K1	往1号模块#12 BFM中写入7000，将CH2通道的偏移值设为7mA
	TOP K1 K13 K20000 K1	往1号模块#13 BFM中写入20000，将CH2通道的增益值设为20mA
	TOP K1 K8 H1100 K1	往1号模块#8 BFM中写入1100，允许CH2通道的增益和偏移量的调整
	T1 K30	3s计时
T1	RST M30	M30复位，结束偏移/增益调整
	TOP K0 K21 K2 K1	往1号模块#21 BFM中写入2，禁止增益和偏移量的调整

图7-15 调整增益和偏移量的PLC程序

7.3 温度模拟量输入模块FX_{2N}-4AD-PT

温度模拟量输入模块的功能是将温度传感器送来的反映温度高低的模拟量转换成数字量。三菱FX系列常用温度模拟量模块有FX_{2N}-4AD-PT型和FX_{2N}-4AD-TC型，两者最大区别在于前者连接PT100型温度传感器，而后者使用热电偶型温度传感器。本节以FX_{2N}-4AD-PT型模块为例来介绍温度模拟量输入模块。

7.3.1 外形

FX_{2N}-4AD-PT型温度模拟量输入模块的实物外形如图7-16所示。

7.3.2 PT100型温度传感器与模块的接线

（1）PT100型温度传感器

PT100型温度传感器的核心是铂热电阻，其电阻会随着温度的变化而改变。PT后面的

"100"表示其阻值在0℃时为100Ω，当温度升高时其阻值线性增大，在100℃时阻值约为138.5Ω。PT100型温度传感器的外形和温度-电阻曲线如图7-17所示。

（2）模块的接线

FX_{2N}-4AD-PT模块有CH1～CH4四个温度模拟量输入通道，可以同时将4路PT100型温度传感器送来的模拟量转换成数字量，存入模块内部相应的缓冲存储器（BFM）中，PLC可使用FROM指令读取这些存储器中的数字量。FX_{2N}-4AD-PT模块接线方式如图7-18所示，每个通道内部电路均相同。

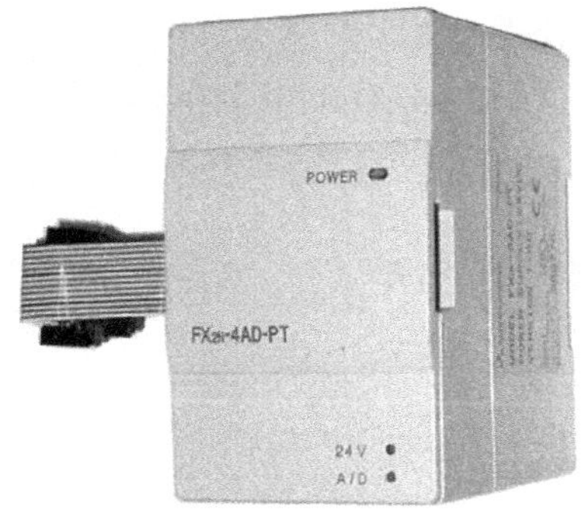

图7-16　FX_{2N}-4AD-PT型温度模拟量输入模块

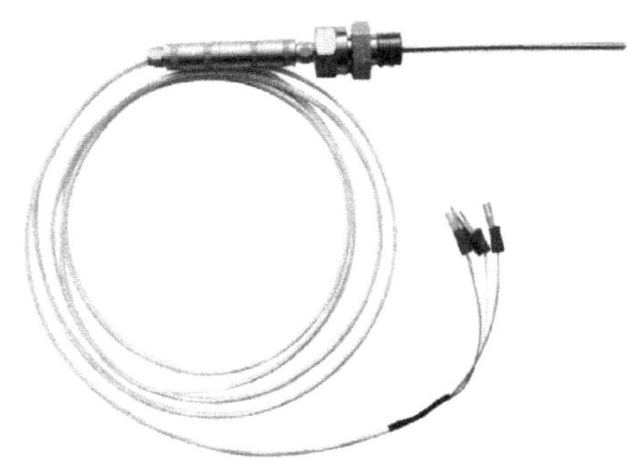

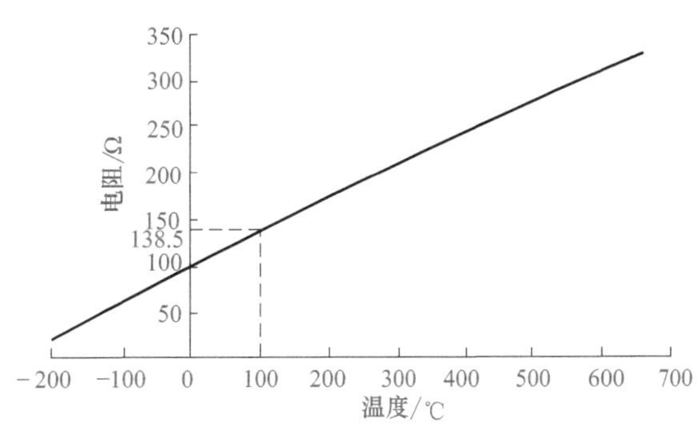

图7-17　PT100型温度传感器的外形和温度-电阻曲线

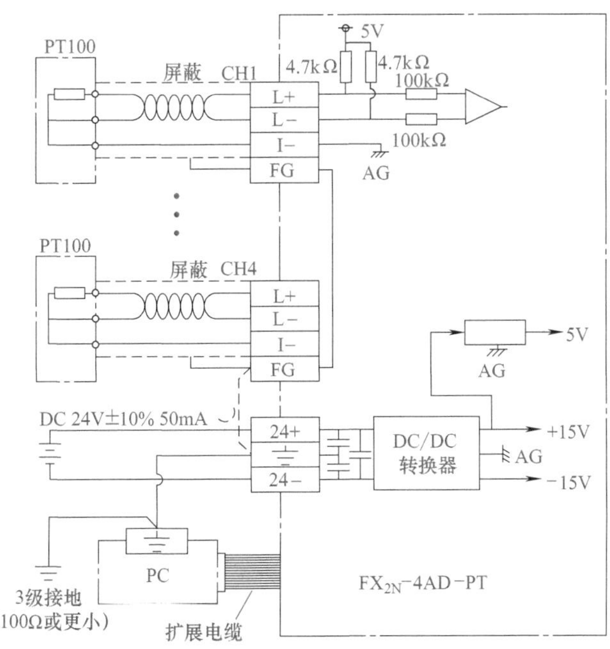

图7-18　FX_{2N}-4AD-PT模块接线方式

7.3.3 性能指标

FX_{2N}-4AD-PT模块的性能指标见表7-7。

表7-7 FX_{2N}-4AD-PT模块的性能指标

项目	摄氏温度/℃	华氏温度/℉
	通过读取适当的缓冲区，可以得到℃和℉两种可读数据	
模拟输入信号	箔温度PT100传感器（100Ω），3线，4通道（CH1，CH2，CH3，CH4），3850×10^{-6}/℃（DIN43760，JIS C1604-1989）	
传感器电流	1mA传感器：100Ω PT100	
补偿范围	−100～+600	−148～+1112
数字输出	−1000～+6000	−1480～+11120
	12位转换11数据位+1符号位	
最小可测温度	0.2～0.3	0.36～0.54
总精度	全范围的±1%（补偿范围）参考特殊EMC考虑	
转换速度	4通道15ms	
适用的PTC型号	FX_{1N}/FX_{2N}/FX_{2NC}	

7.3.4 输入输出曲线

FX_{2N}-4AD-PT模块可以将PT100型温度传感器送来的反映温度高低的模拟量转换成数字量，其温度/数字量转换关系如图7-19所示。

FX_{2N}-4AD-PT模块可接受摄氏温度（℃）和华氏温度（℉）。对于摄氏温度，水的冰点时温度定为0℃，沸点为100℃，对于华氏温度，水的冰点温度定为32°F，沸点为212°F，摄氏温度与华氏温度的换算关系式为：

$$t/℃=5/9\times(t/℉-32)$$

$$t/℉=9/5\times t/℃+32$$

图7-19（a）为摄氏温度与数字量转换关系，当温度为+600℃时，转换成的数字量为+6000；图7-19（b）为华氏温度与数字量转换关系，当温度为+1112°F时，转换成的数字量为+11120。

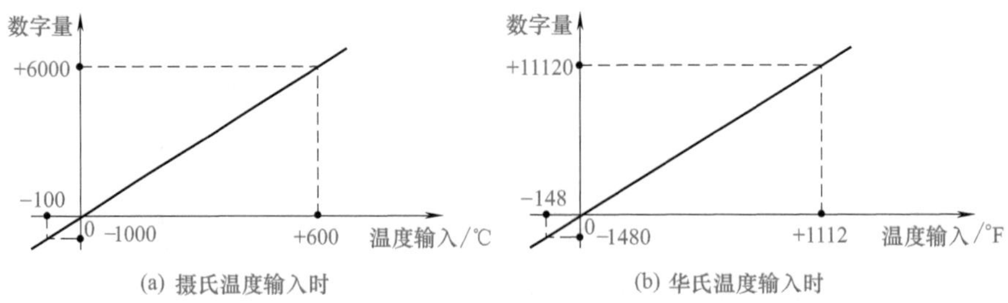

(a) 摄氏温度输入时　(b) 华氏温度输入时

图7-19 FX_{2N}-4AD-PT模块输入/输出曲线

7.3.5 缓冲存储器（BFM）功能说明

FX_{2N}-4AD-PT模块的各个BFM功能见表7-8。

表7-8 FX_{2N}-4AD-PT模块的BFM功能表

BFM编号	内容	BFM编号	内容
*#1～#4	CH1～CH4的平均采样次数（1～4096）默认值=8	*#21～#27	保留
*#5～#8	CH1～CH4在0.1℃单位下的平均温度	*#28	数字范围错误锁存
*#9～#12	CH1～CH4在0.1℃单位下的当前温度	*#29	错误状态
*#13～#16	CH1～CH4在0.1°F单位下的平均温度	#30	识别码K2040
*#17～#20	CH1～CH4在0.1°F单位下的当前温度	#31	保留

下面对表7-8中BFM功能作进一步的说明。

（1）#1 ～ #4 BFM

#1 ～ #4 BFM分别用来设置CH1 ～ CH4通道的平均采样次数，例如#1 BFM中的次数设为3时，CH1通道需要对输入的模拟量转换3次，再将得到的3个数字量取平均值，数字量平均值存入#5 BFM中。#1 ～ #4 BFM中的平均采样次数越大，得到平均值的时间越长，如果输入的模拟量变化较快，平均采样次数值应设小一些。

（2）#5 ～ #8 BFM

#5 ～ #8 BFM分别用存储CH1 ～ CH4通道的摄氏温度数字量平均值。

（3）#9 ～ #12 BFM

#9 ～ #12 BFM分别用存储CH1 ～ CH4通道在当前扫描周期转换来的摄氏温度数字量。

（4）#13 ～ #16 BFM

#13 ～ #16 BFM分别用存储CH1 ～ CH4通道的华氏温度数字量平均值。

（5）#17 ～ #20 BFM

#17～#20 BFM分别用存储CH1～CH4通道在当前扫描周期转换来的华氏温度数字量。

（6）#28 BFM

#28 BFM以位状态来反映CH1 ～ CH4通道的数字量范围是否在允许范围内。#28 BFM的位定义如下：

b15～b8	b7	b6	b5	b4	b3	b2	b1	b0
未用	高	低	高	低	高	低	高	低
	CH4		CH3		CH2		CH1	

当某通道对应的高位为1时，表明温度数字量高于最高极限值或温度传感器开路，低位为1时则说明温度数字量低于最低极限值，为0表明数字量范围正常。例如#28 BFM的b7、b6分别为1、0，则表明CH4通道的数字量高于最高极限值，也可能是该通道外接的温度传感器开路。

FX_{2N}-4AD-PT模块采用#29 BFM b10位的状态来反映数字量是否错误（超出允许范围），更具体的错误信息由#28 BFM的位来反映。#28 BFM的位指示出错后，即使数字量又恢复到正常范围，位状态也不会复位，需要用TO指令写入0或关闭电源进行错误复位。

（7）#29 BFM

#29 BFM以位的状态来反映模块的错误信息。#29 BFM各位错误定义见表7-9。

表7-9 #29 BFM各位错误定义

#29 BFM的位	ON（1）	OFF（0）
b0：错误	如果b1～b3中任何一个为ON，出错通道的A/D转换停止	无错误
b1：保留	保留	保留

续表

#29 BFM的位	ON（1）	OFF（0）
b2：电源故障	24VDC电源故障	电源正常
b3：硬件错误	A/D转换器或其他硬件故障	硬件正常
b4～b9：保留	保留	保留
b10：数字范围错误	数字输出/模拟输入值超出指定范围	数字输出值正常
b11：平均错误	所选平均结果的数值超出可用范围参考BFM#1～#4	平均正常（在1～4096之间）
b12～b15：保留	保留	保留

（8）#30 BFM

#30 BFM存放FX_{2N}-4AD-PT模块的ID号（身份标识号码），FX_{2N}-4AD-PT模块的ID号为2040，PLC通过读取#30 BFM中的值来判别该模块是否为FX_{2N}-4AD-PT模块。

7.3.6 实例程序

图7-20是设置和读取FX_{2N}-4AD-PT模块的PLC程序。

图7-20 设置和读取FX_{2N}-4AD-PT模块的PLC程序

程序工作原理说明如下。

当PLC运行开始时，M8000触点始终闭合，首先FROM指令执行，将2号模块#30 BFM中的ID值读入PLC的数据存储器D10，然后执行CMP（比较）指令，将D10中的数值与数值2040进行比较，若两者相等，表明当前模块为FX_{2N}-4AD-PT模块，则将辅助继电器M1置1，接着又执行FROM指令，将2号模块的#29 BFM中的操作状态值读入PLC的M10～M25。

如果2号模块为FX_{2N}-4AD-PT模块，并且模块工作无错误码，M1常开触点闭合，M10常闭触点闭合，TO、FROM指令先后执行，在执行TO指令时，往2号模块#1～#4 BFM均写入4，将CH1～CH4通道的平均采样次数都设为4，在执行FROM指令时，将2号模块#5～#8 BFM中的CH1～CH4通道的摄氏温度数字量平均值读入PLC的D0～D3。

第8章 通信

8.1 通信基础知识

通信是指一地与另一地之间的信息传递。PLC通信是指PLC与计算机、PLC与PLC、PLC与人机界面（触摸屏）和PLC与其他智能设备之间的数据传递。

8.1.1 通信方式

（1）有线通信和无线通信

有线通信是指以导线、电缆、光缆、纳米材料等看得见的材料为传输媒质的通信。无线通信是指以看不见的材料（如电磁波）为传输媒质的通信，常见的无线通信有微波通信、短波通信、移动通信和卫星通信等。

（2）并行通信与串行通信

① 并行通信　同时传输多位数据的通信方式称为并行通信。并行通信如图8-1（a）所示，计算机中的8位数据10011101通过8条数据线同时送到外部设备中。并行通信的特点是数据传输速率快，它由于需要的传输线多，故成本高，只适合近距离的数据通信。PLC主机与扩展模块之间通常采用并行通信。

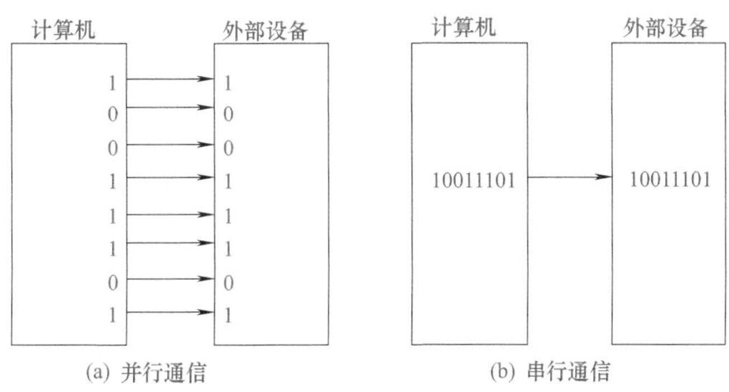

(a) 并行通信　　(b) 串行通信

图8-1　并行通信与串行通信

② 串行通信　逐位传输数据的通信方式称为串行通信。串行通信如图8-1（b）所示，计算机中的8位数据10011101通过一条数据逐位传送到外部设备中。串行通信的特点是数据传输速率慢，但由于只需要一条传输线，故成本低，适合远距离的数据通信。PLC与计算机、PLC与PLC、PLC与人机界面之间通常采用串行通信。

（3）异步通信和同步通信

串行通信又可分为异步通信和同步通信。PLC与其他设备通信主要采用串行异步通信方式。

① 异步通信　在异步通信中，数据是一帧一帧地传送的。异步通信如图8-2所示，这种通信是以帧为单位进行数据传输的，一帧数据传送完成后，可以接着传送下一帧数据，也可以等待，等待期间为空闲位（高电平）。

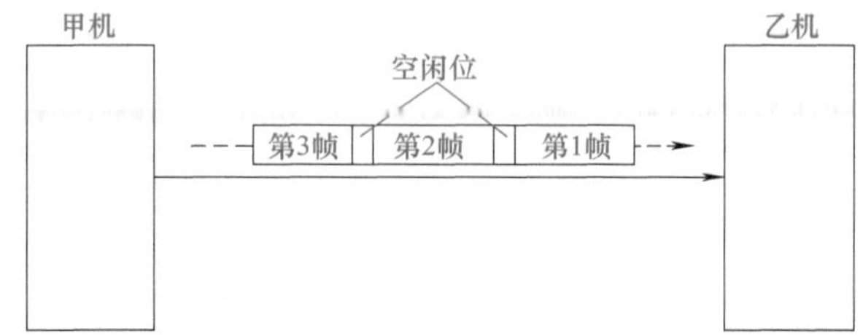

图8-2　异步通信

串行通信时，数据是以帧为单位传送的，帧数据有一定的格式。帧数据格式如图8-3所示，从图中可以看出，一帧数据由起始位、数据位、奇偶校验位和停止位组成。

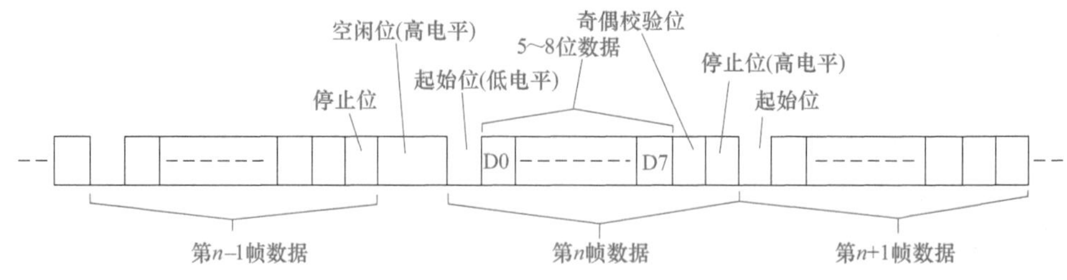

图8-3　异步通信帧数据格式

起始位：表示一帧数据的开始，起始位一定为低电平。当甲机要发送数据时，先送一个低电平（起始位）到乙机，乙机接收到起始信号后，马上开始接收数据。

数据位：它是要传送的数据，紧跟在起始位后面。数据位的数据为5～8位，传送数据时是从低位到高位逐位进行的。

奇偶校验位：该位用于检验传送的数据有无错误。奇偶校验是检查数据传送过程中有无发生错误的一种校验方式，它分为奇校验和偶校验。奇校验是指数据和校验位中1的总个数为奇数，偶校验是指数据和校验位中1的总个数为偶数。

以奇校验为例，如果发送设备传送的数据中有偶数个1，为保证数据和校验位中1的总个数为奇数，奇偶校验位应为1，如果在传送过程中数据产生错误，其中一个1变为0，那么传送到接收设备的数据和校验位中1的总个数为偶数，外部设备就知道传送过来的数据发生错误，会要求重新传送数据。

数据传送采用奇校验或偶校验均可，但要求发送端和接收端的校验方式一致。在帧数据中，奇偶校验位也可以不用。

停止位：它表示一帧数据的结束。停止位可以1位、1.5位或2位，但一定为高电平。

一帧数据传送结束后，可以接着传送第二帧数据，也可以等待，等待期间数据线为高电平（空闲位）。如果要传送下一帧，只要让数据线由高电平变为低电平（下一帧起始位开始），接收器就开始接收下一帧数据。

② 同步通信　在异步通信中，每一帧数据发送前要用起始位，在结束时要用停止位，这样会占用一定的时间，导致数据传输速率较慢。为了提高数据传输速率，在计算机与一些高速设备数据通信时，常采用同步通信。同步通信的数据格式如图8-4所示。

从图中可以看出，同步通信的数据后面取消了停止位，前面的起始位用同步信号代替，在同步信号后面可以跟很多数据，所以同步通信传输速率快，但由于同步通信要求发送端和接收端严格保持同步，这需要用复杂的电路来保证，所以PLC不采用这种通信方式。

图8-4　同步通信的数据格式

（4）单工通信和双工通信

在串行通信中，根据数据的传输方向不同，可分为三种通信方式：单工通信、半双工通信和全双工通信。这三种通信方式如图8-5所示。

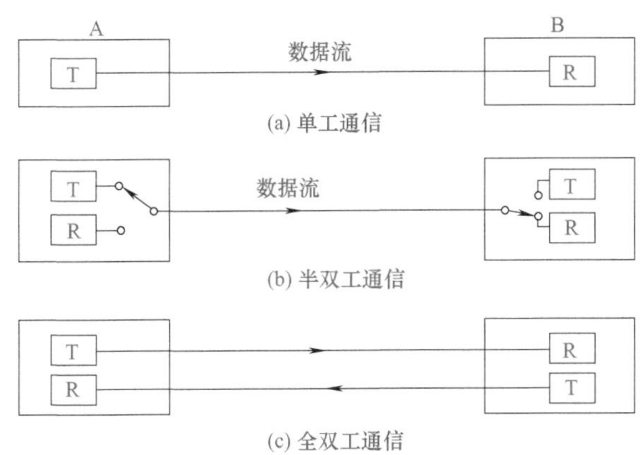

图8-5　三种通信方式

① 单工通信　在这种方式下，数据只能往一个方向传送。单工通信如图8-5（a）所示，数据只能由发送端（T）传输给接收端（R）。

② 半双工通信　在这种方式下，数据可以双向传送，但同一时间内，只能往一个方向传送，只有一个方向的数据传送完成后，才能往另一个方向传送数据。半双工通信如图8-5（b）所示，通信的双方都有发送器和接收器，一方发送时，另一方接收，由于只有一条数据线，所以双方不能在发送数据时同时进行接收数据。

③ 全双工通信　在这种方式下，数据可以双向传送，通信的双方都有发送器和接收器，由于有两条数据线，因此双方在发送数据的同时可以接收数据。全双工通信如图8-5（c）所示。

8.1.2　通信传输介质

有线通信采用传输介质主要有双绞线、同轴电缆和光缆。这三种通信传输介质如图8-6所示。

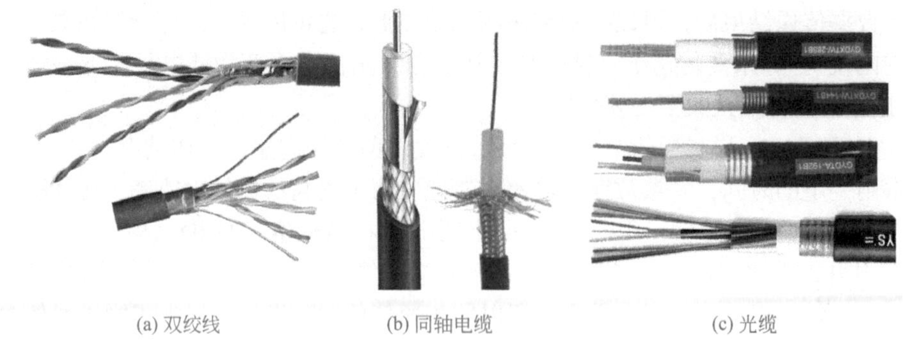

(a) 双绞线　(b) 同轴电缆　(c) 光缆

图8-6　三种通信传输介质

（1）双绞线

双绞线是将两根导线扭绞在一起，以减少电磁波的干扰，如果再加上屏蔽套层，则抗干扰能力更好。双绞线的成本低、安装简单，RS-232C、RS-422和RS-485等接口多用双绞线电缆进行通信连接。

（2）同轴电缆

同轴电缆的结构是从内到外依次为内导体（芯线）、绝缘线、屏蔽层及外保护层。由于从截面看这四层构成了4个同心圆，故称为同轴电缆。根据通频带不同，同轴电缆可分为基带（5052）和宽带（7552）两种，其中基带同轴电缆常用于Ethernet（以太网）中。同轴电缆的传送速率高、传输距离远，但价格较双绞线高。

（3）光缆

光缆是由石英玻璃经特殊工艺拉成细丝结构，这种细丝的直径比头发丝还要细，一般直径在8～9.5μm（单模光纤）及50/62.5μm（多模光纤，50μm为欧洲标准，62.5μm为美国标准），但它能传输的数据量却是巨大的。

光纤是以光的形式传输信号的，其优点是传输的为数字的光脉冲信号，不会受电磁干扰，不怕雷击，不易被窃听，数据传输安全性好，传输距离长，且带宽宽、传输速率快。但由于通信双方发送和接收的都是电信号，因此通信双方都需要价格昂贵的光纤设备进行光电转换，另外光纤连接头的制作与光纤连接需要专门工具和专门的技术人员。

双绞线、同轴电缆和光缆参数特性见表8-1。

表8-1　双绞线、同轴电缆和光缆参数特性

特性	双绞线	同轴电缆		光缆
		基带（50Ω）	宽带（75Ω）	
传输速率	1～4Mbit/s	1～10Mbit/s	1～450Mbit/s	10～500Mbit/s
网络段最大长度	1.5km	1～3km	10km	50km
抗电磁干扰能力	弱	中	中	强

8.2 通信接口设备

PLC通信接口主要有三种标准：RS-232C、RS-422和RS-485。在PLC和其他设备通信

时，应给PLC安装相应接口的通信板或通信模块。三菱FX系列常用的通信板型号有FX_{2N}-232-BD、FX_{2N}-485-BD和FX_{2N}-422-BD。

8.2.1 FX_{2N}-232-BD通信板

利用FX_{2N}-232-BD通信板，PLC可与具有RS-232C接口的设备（如个人电脑、条码阅读器和打印机等）进行通信。

（1）外形与安装

FX_{2N}-232-BD通信板如图8-7所示，在安装通信板时，拆下PLC上表面一侧的盖子，再将通信板上的连接器插入PLC电路板的连接器插槽内，如图8-8所示。

（2）RS-232C接口的电气特性

FX_{2N}-232-BD通信板上有一个RS-232C接口。RS-232C接口又称COM接口，是美国1969年公布的串行通信接口，至今在计算机和PLC等工业控制中还广泛使用。RS-232C标准有以下特点。

① 采用负逻辑，用+5～+15V表示逻辑“0”，用−5～−15V表示逻辑“1”。

② 只能进行一对一方式通信，最大通信距离为15m，最高数据传输速率为20Kbit/s。

③ 该标准有9针和25针两种类型的接口，9针接口使用更广泛，PLC采用9针接口。

④ 该标准的接口采用单端发送、单端接收电路，如图8-9所示，这种电路的抗干扰性较差。

图8-7 FX_{2N}-232-BD通信板的外形

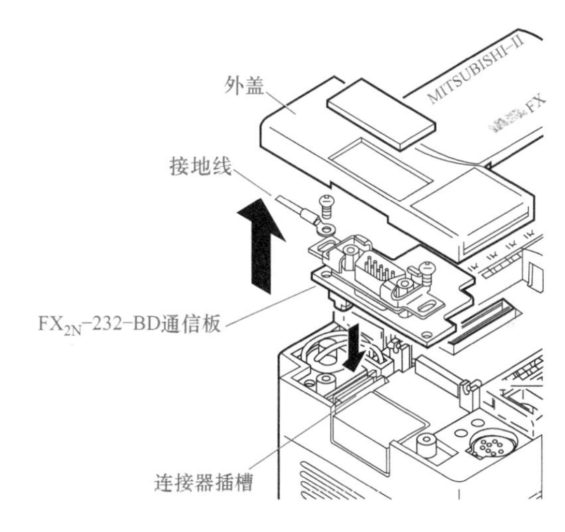

图8-8 FX_{2N}-232-BD通信板的安装

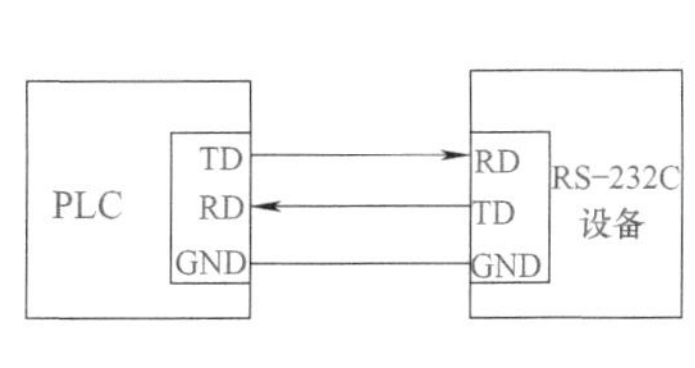

(a) 信号连接

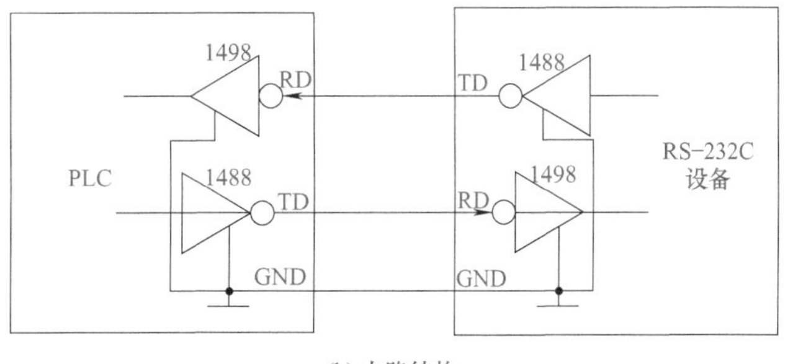

(b) 电路结构

图8-9 RS-232C接口的结构

（3）RS-232C接口的针脚功能定义

RS-232C接口有9针和25针两种类型，FX_{2N}-232-BD通信板上有一个9针的RS-232C接口，各针脚功能定义如图8-10所示。

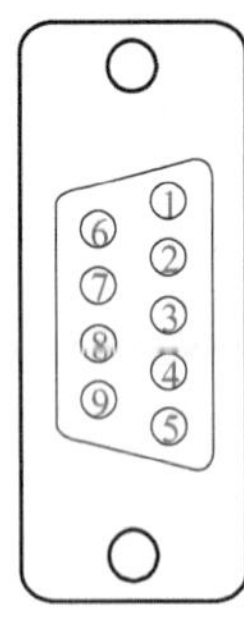

针脚号	信号	意义	功能
1	CD(DCD)	载波检测	当检测到数据接收载波时，为ON
2	RD(RXD)	接收数据	接收数据(RS-232C 设备到232BD)
3	SD(TXD)	发送数据	发送数据(232BD 到RS-232C设备)
4	ER(DTR)	发送请求	数据发送到RS-232C设备的信号请求设备
5	SG(GND)	信号地	信号地
6	DR(DSR)	发送使能	表示RS-232C 设备准备好接收
7、8、9	NC	不接	

图8-10 RS-232C接口的针脚功能定义

（4）通信接线

PLC要通过FX_{2N}-232-BD通信板与RS-232C设备通信，必须使用电缆将通信板的RS-232C接口与RS-232C设备的RS-232C接口连接起来，根据RS-232C设备特性不同，电缆接线主要有两种方式。

① 通信板与普通特性的RS-232C设备的接线 FX_{2N}-232-BD通信板与普通特性RS-232C设备的接线方式如图8-11所示，这种连接方式不是将同名端连接，而是将一台设备的发送端与另一台设备的接收端连接。

普通的RS-232C设备					
使用ER，DR*			使用RS，CS		
意义	25针 D-SUB	9针 D-SUB	意义	25针 D-SUB	9针 D-SUB
RD(RXD)	③	②	RD(RXD)	③	②
SD(TXD)	②	③	SD(TXD)	②	③
ER(DTR)	⑳	④	FR(RTS)	④	⑦
SG(GND)	⑦	⑤	SG(GND)	⑦	⑤
DR(DSR)	⑥	⑥	CS(CTS)	⑤	⑧

FX_{2N}-232-BD通信板	
9针D-SUB	PLC基本单元
② RD(RXD)	
③ SD(TXD)	
④ ER(DTR)	
⑤ SG(GND)	
⑥ DR(DSR)	

*使用ER和DR信号时，根据RS-232C设备的特性，检查是否需要RS和CS信号。

图8-11 FX_{2N}-232-BD通信板与普通特性RS-232C设备的接线方式

② 通信板与调制解调器特性的RS-232C设备的接线 RS-232C接口之间的信号传输距离最大不能超过15m，如果需要进行远距离通信，可以给通信板RS-232C接口接上调制解调器（MODEM），这样PLC可通过MODEM和电话线将与遥远的其他设备通信。FX_{2N}-232-BD通信板与调制解调器特性RS-232C设备的接线方式如图8-12所示。

8.2.2 FX_{2N}-422-BD通信板

利用FX_{2N}-422-BD通信板，PLC可与编程器（手持编程器或个人电脑）通信，也可以与DU单元（文本显示器）通信。三菱FX_{2N} PLC自身带有一个422接口，如果再使用FX_{2N}-422-BD通信板，可同时连接两个DU单元或连接一个DU单元与一个编程工具。另外，PLC上只能连接一个FX_{2N}-422-BD通信板，并且FX_{2N}-422-BD通信板不能同时与FX_{2N}-485-BD或FX_{2N}-232-BD通信板一起使用。

调制解调器特性的RS-232C设备					
使用ER，DR*			使用RS，CS		
意义	25针 D-SUB	9针 D-SUB	意义	25针 D-SUB	9针 D-SUB
CD(DCD)	⑧	①	CD(DCD)	⑧	①
RD(RXD)	③	②	RD(RXD)	③	②
SD(TXD)	②	③	SD(TXD)	②	③
ER(DTR)	⑳	④	RS(RTS)	④	⑦
SG(GND)	⑦	⑤	SG(GND)	⑦	⑤
DR(DSR)	⑥	⑥	CS(CTS)	⑤	⑧

FX_{2N}-232-BD通信板	
9针D-SUB	PLC基本单元
① CD(DCD)	
② RD(RXD)	
③ SD(TXD)	
④ ER(DTR)	
⑤ SG(GND)	
⑥ DR(DSR)	

*使用ER和DR信号时，根据RS-232C设备的特性，检查是否需要RS和CS信号。

图8-12 FX_{2N}-232-BD通信板与调制解调器特性RS-232C设备的接线方式

（1）外形与安装

FX_{2N}-422-BD通信板的正、反面外形如图8-13所示，在安装通信板时，拆下PLC上表面一侧的盖子，再将通信板上的连接器插入PLC电路板的连接器插槽内，其安装方法与FX_{2N}-232-BD通信板相同。

图8-13 FX_{2N}-422-BD通信板的外形

（2）RS-422接口的电气特性

FX_{2N}-422-BD通信板上有一个RS-422接口。RS-422接口采用平衡驱动差分接收电路，如图8-14所示，该电路采用极性相反的两根导线传送信号，这两根线都不接地，当B线电压较A线电压高时，规定传送的为“1”电平，当A线电压较B线电压高时，规定传送的为“0”电平，A、B线的电压差可从零点几伏到近十伏。采用平衡驱动差分接收电路作接口电路，可使RS-422接口有较强的抗干扰性。

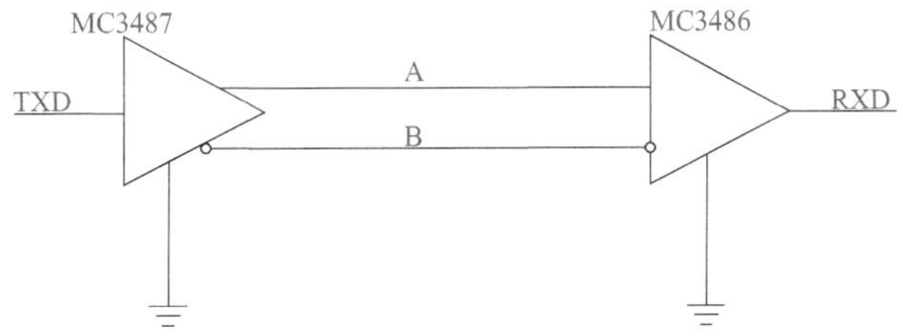

图8-14 平衡驱动差分接收电路

RS-422接口采用发送和接收分开处理，数据传送采用4根导线，如图8-15所示，由于发送和接收独立，两者可同时进行，故RS-422通信是全双工方式。与RS-232C接口相比，RS-422的通信速率和传输距离有了很大的提高，在最高通信速率10Mbit/s时最大通信距离为12m，在通信速率为100Kbit/s时最大通信距离可达1200m，一台发送端可接12个接收端。

（3）RS-422接口的针脚功能定义

RS-422接口没有特定的形状，FX_{2N}-422-BD通信板上有一个8针的RS-422接口，各针脚功能定义如图8-16所示。

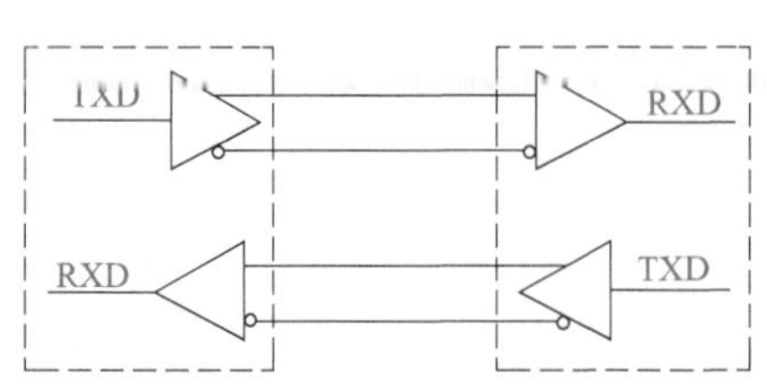

图8-15 RS-422接口的电路结构

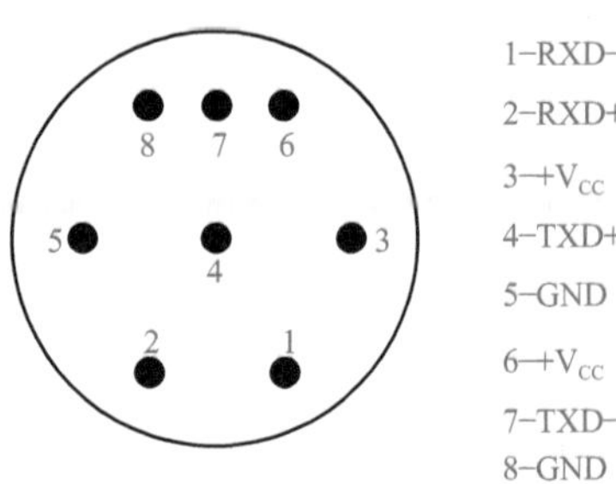

图8-16 RS-422接口针脚功能定义

8.2.3 FX_{2N}-485-BD通信板

利用FX_{2N}-485-BD通信板，可进行两台PLC并行连接通信，也可以进行多台PLC的N：N通信，如果使用RS-485/RS-232C转换器,PLC还可以与具有RS-232C接口的设备（如个人电脑、条码阅读器和打印机等）进行通信。

（1）外形与安装

FX_{2N}-485-BD通信板如图8-17所示，在使用时，将通信板上的连接器插入PLC电路板的连接器插槽内，其安装方法与FX_{2N}-232-BD通信板相同。

图8-17 FX_{2N}-485-BD通信板

（2）RS-485接口的电气特性

RS-485是RS-422A的变形，RS-485接口可使用一对平衡驱动差分信号线，如图8-18所示，发送和接收不能同时进行，属于半双工通信方式。使用RS-485接口与双绞线可以组成分布式串行通信网络，如图8-19所示，网络中最多可接32个站。

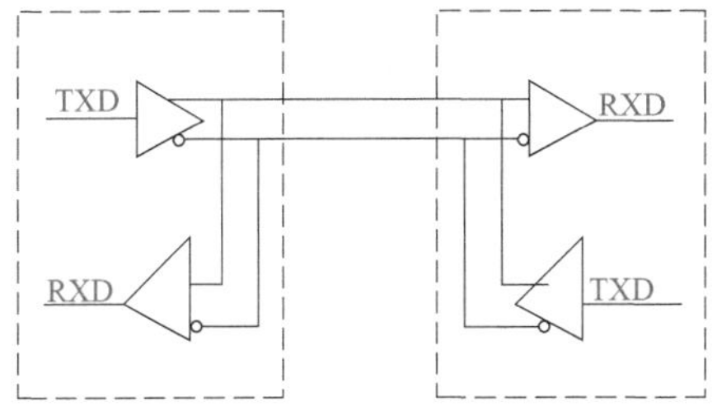

图8-18　RS-485接口的电路结构

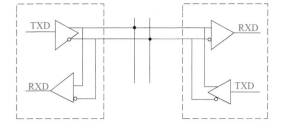

图8-19　RS-485与双绞线组成分布式串行通信网络

（3）RS-485接口的针脚功能定义

RS-485接口没有特定的形状，FX_{2N}-485-BD通信板上有一个5针的RS-485接口，各针脚功能定义如图8-20所示。

图8-20　RS-485接口的针脚功能定义

（4）RS-485通信接线

RS-485设备之间的通信接线有1对和2对两种方式，当使用1对接线方式时，设备之间只能进行半双工通信。当使用2对接线方式时，设备之间可进行全双工通信。

① 1对接线方式　RS-485设备的1对接线方式如图8-21所示。在使用1对接线方式时，需要将各设备的RS-485接口的发送端和接收端并接起来，设备之间使用1对线接各接口的同名端，另外要在始端和终端设备的RDA、RDB端上接上110Ω的终端电阻，提高数据传输质量，减少干扰。

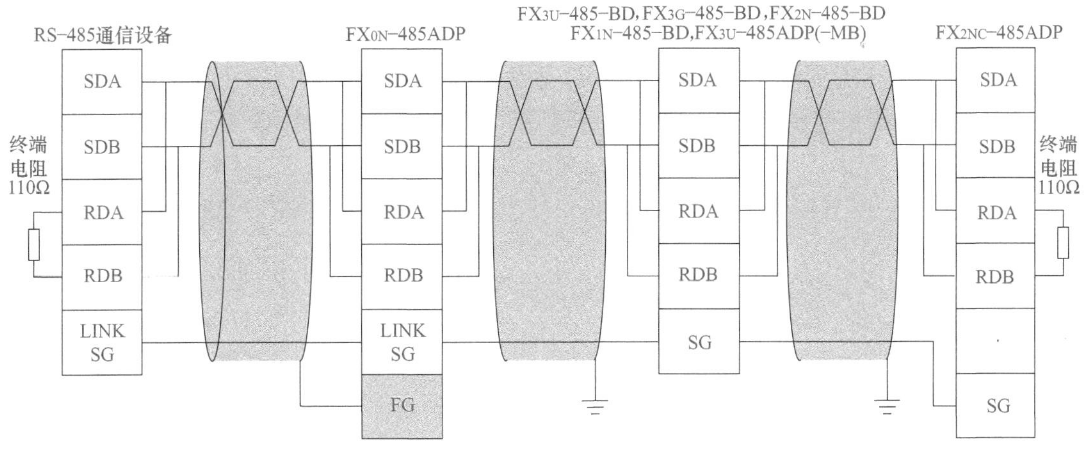

图8-21　RS-485设备的1对接线方式

② 2对接线方式　RS-485设备的2对接线方式如图8-22所示。在使用2对接线方式时，需要用2对线将主设备接口的发送端、接收端分别和从设备的接收端、发送端连接，从设备之间用2对线将同名端连接起来，另外要在始端和终端设备的RDA、RDB端上接上330Ω的终端电阻，提高数据传输质量，减少干扰。

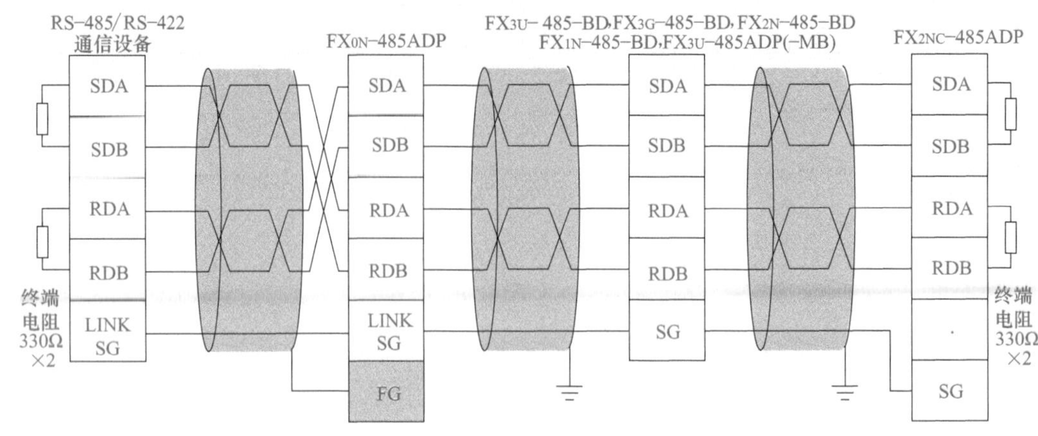

图8-22 RS-485设备的2对接线方式

8.3 PLC通信

8.3.1 PLC与打印机通信（无协议通信）

（1）通信要求

用一台三菱FX_{2N}型PLC与一台带有RS-232C接口的打印机通信，PLC往打印机发送字符“0ABCDE”，打印机将接收的字符打印出来。

（2）硬件接线

三菱FX_{2N} PLC自身带有RS-422接口，而打印机的接口类型为RS-232C，由于接口类型不一致，故两者无法直接，给PLC安装FX_{2N}-232-BD通信板则可解决这个问题。三菱FX_{2N} PLC与打印机的通信连接如图8-23所示，其中RS-232通信电缆需要用户自己制作，电缆的接线方法见图8-11。

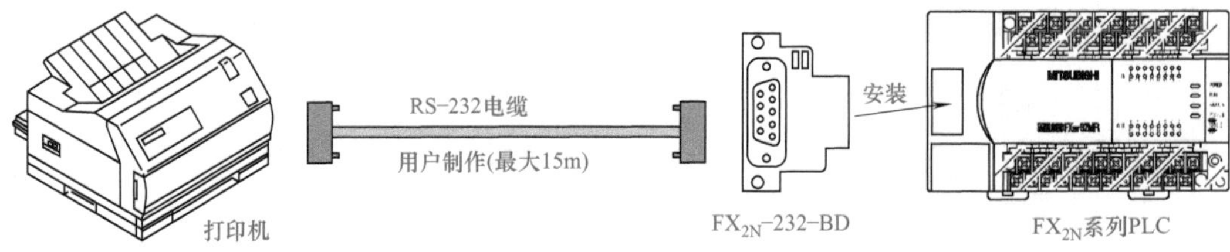

图8-23 三菱FX_{2N} PLC与打印机的通信连接

（3）通信程序

PLC的无协议通信一般使用RS（串行数据传送）指令来编写，关于RS指令的使用方法见本册第6章6.2.9。PLC与打印机的通信程序如图8-24所示。

程序工作原理说明如下。

PLC运行期间，M8000触点始终闭合，M8161继电器（数据传送模式继电器）为1，将数据传送设为8位模式。PLC运行时，M8002触点接通一个扫描周期，往D8120存储器

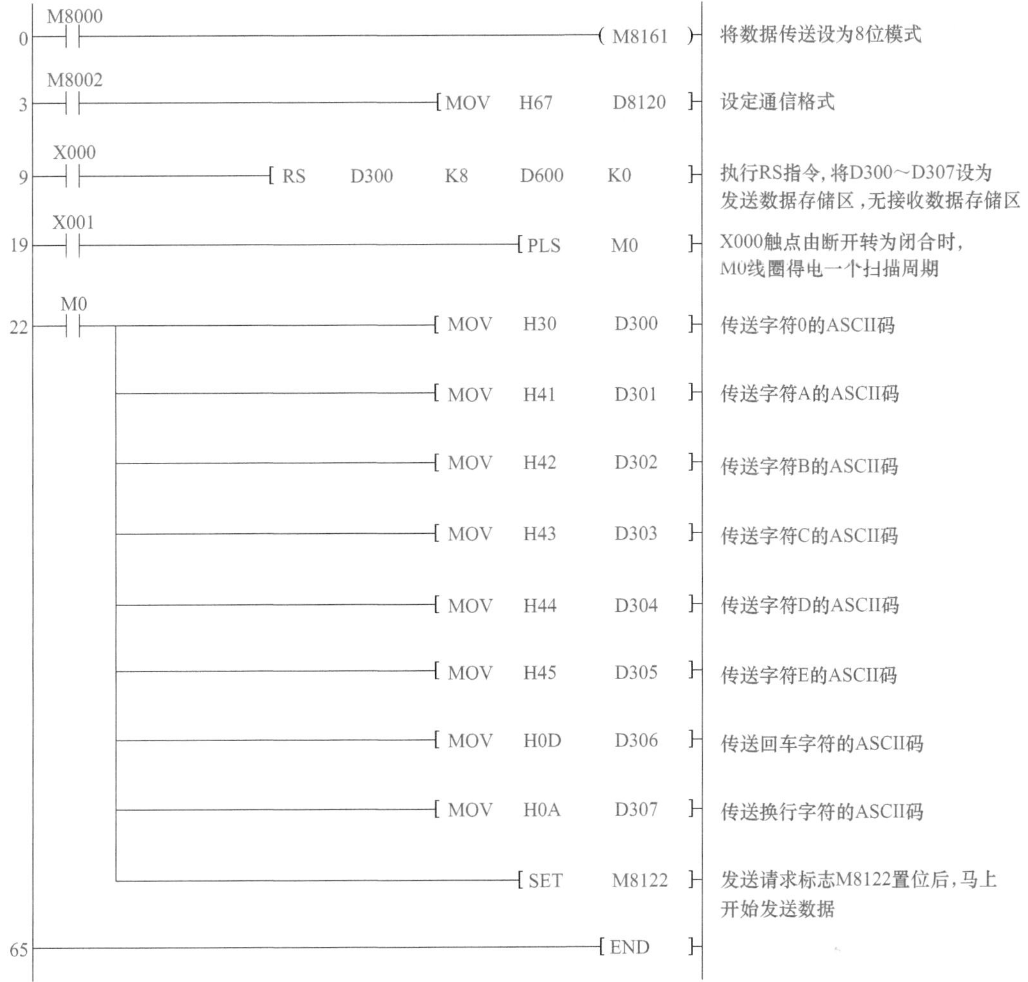

图8-24 PLC与打印机的通信程序

（通信格式存储器）写入H67，将通信格式设为：数据长=8位，奇偶校验=偶校验，停止位=1位，通信速率=2400bit/s。当PLC的X000端子外接开关闭合时，程序中的X000常开触点闭合，RS指令执行，将D300～D307设为发送数据存储区，无接收数据存储区。当PLC的X001端子外接开关闭合时，程序中的X001常开触点由断开转为闭合，产生一个上升沿脉冲，M0线圈得电一个扫描周期（即M0继电器在一个扫描周期内为1），M0常开触点接通一个扫描周期，8个MOV指令从上往下依次执行，分别将字符0、A、B、C、D、E、回车、换行的ASCII码送入D300～D307，再执行SET指令，将M8122继电器（发送请求继电器）置1，PLC马上将D300～D307中的数据通过通信板上的RS-232C接口发送给打印机，打印机则将这样字符打印出来。

（4）与无协议通信有关的特殊功能继电器和数据寄存器

在图8-24程序中用到了特殊功能继电器M8161、M8122和特殊功能数据存储器D8120，在使用RS指令进行无协议通信时，可以使用表8-2中的特殊功能继电器和表8-3中的特殊功能数据存储器。

表8-2 与无协议通信有关的特殊功能继电器

特殊功能继电器	名称	内容	R/W
M8063	串行通信错误（通道1）	发生通信错误时置ON 当串行通信错误（M8063）为ON时，在D8063中保存错误代码	R
M8120	保持通信设定用	保持通信设定状态（FX_{0N}可编程控制器用）	W
M8121	等待发送标志位	等待发送状态时置ON	R
M8122	发送请求	设置发送请求后，开始发送	R/W
M8123	接收结束标志位	接收结束时置ON。当接收结束标志位（M8123）为ON时，不能再接收数据	R/W
M8124	载波检测标志位	与CD信号同步置ON	R
M8129①	超时判定标志位	当接收数据中断，在超时时间设定（D8129）中设定的时间内，没有收到要接收的数据时置ON	R/W
M8161	8位处理模式	在16位数据和8位数据之间切换发送接收数据 ON：8位模式 OFF：16位模式	W

① FX_{0N}、FX_2（FX）、FX_{2C}、FX_{2N}（Ver.2.00以下）尚未对应。

表8-3 与无协议通信有关的特殊功能数据存储器

特殊功能存储器	名称	内容	R/W
D8063	显示错误代码	当串行通信错误（M8063）为ON时，在D8063中保存错误代码	R/W
D8120	通信格式设定	可以通信格式设定	R/W
D8122	发送数据的剩余点数	保存要发送的数据的剩余点数	R
D8123	接收点数的监控	保存已接收到的数据点数	R
D8124	报头	设定报头。初始值：STX（H02）	R/W
D8125	报尾	设定报尾。初始值：ETX（H03）	R/W
D8129①	超时时间设定	设定超时的时间	R/W
D8405②	显示通信参数	保存在可编程控制器中设定的通信参数	R
D8419②	动作方式显示	保存正在执行的通信功能	R

① FX_{0N}、FX_2（FX）、FX_{2C}、FX_{2N}（Ver.2.00以下）尚未对应。

② 仅FX_{3G}、FX_{3U}、FX_{3UC}可编程控制器对应。

8.3.2 两台PLC通信（并联连接通信）

并联连接通信是指两台同系列PLC之间的通信。不同系列的PLC不能采用这种通信方式。两台PLC并联连接通信如图8-25所示。

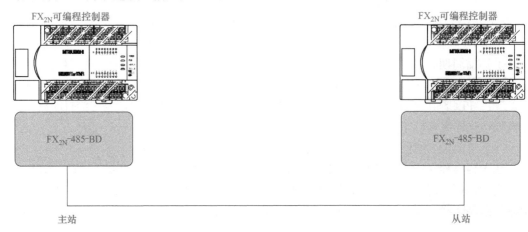

图8-25 两台PLC并联连接通信示意图

（1）并联连接的两种通信模式及功能

当两台PLC进行并联通信时，可以将一方特定区域的数据传送入对方特定区域。并联连接通信有普通连接和高速连接两种模式。

① 普通并联连接通信模式　普通并联连接通信模式如图8-26所示。当某PLC中的M8070继电器为ON时，该PLC规定为主站，当某PLC中的M8071继电器为ON时，该PLC则被设为从站，在该模式下，只要主、从站已设定，并且两者之间已接好通信电缆，主站的M800～M899继电器的状态会自动通过通信电缆传送给从站的M800～M899继电器，主站的D490～D499数据寄存器中的数据会自动送入从站的D490～D499，与此同时，从站的M900～M999继电器状态会自动传送给主站的M900～M990继电器，从站的D500～D509数据寄存器中的数据会自动传入主站的D500～D509。

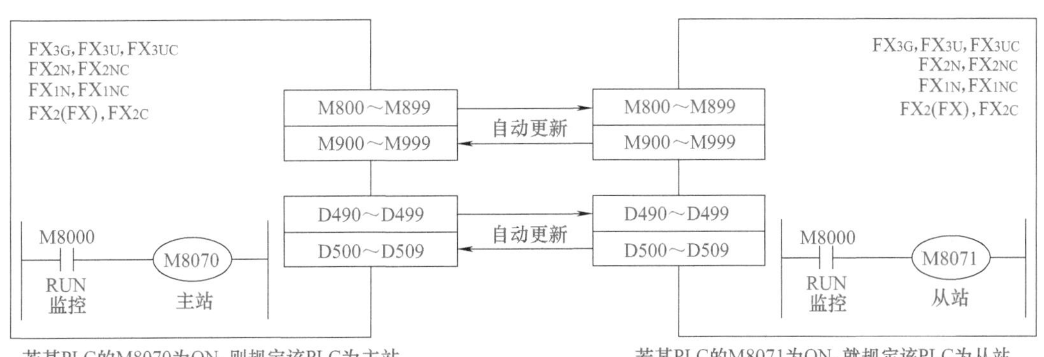

图8-26　普通并联连接通信模式

② 高速并联连接通信模式　高速并联连接通信模式如图8-27所示。PLC中的M8070、M8071继电器的状态分别用来设定主、从站，M8162继电器的状态用来设定通信模式为高速并联连接通信，在该模式下，主站的D490、D491中的数据自动高速送入从站的D490、D491中，而从站的D500、D501中的数据自动高速送入主站的D500、D501中。

（2）与并联连接通信有关的特殊功能继电器

在图8-27中用到了特殊功能继电器M8070、M8071和M8162，与并联连接通信模式有关的特殊继电器见表8-4。

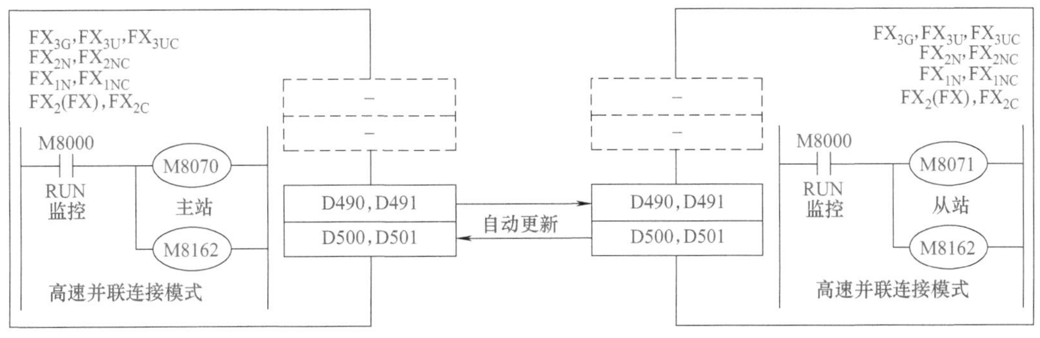

图8-27　高速并联连接通信模式

表8-4 与并联连接通信模式有关的特殊继电器

特殊功能继电器		名称	内容
通信设定	M8070	设定为并联连接的主站	置ON时，作为主站连接
	M8071	设定为并联连接的从站	置ON时，作为从站连接
	M8162	高速并联连接模式	使用高速并联连接模式时置ON
	M8178	通道的设定	设定要使用的通信口的通道（使用FX_{3G}、FX_{3U}、FX_{3UC}时）OFF：通道1 ON：通道2
	D8070	判断为错误的时间（ms）	设定判断并列连接数据通信错误的时间［初始值：500］
通信错误判断	M8072	并联连接运行中	并联连接运行中置ON
	M8073	主站/从站的设定异常	主站或是从站的设定内容中有误时置ON
	M8063	连接错误	通信错误时置ON

对于FX_{2N}系列PLC，高速并联连接通信模式的通信时间=20ms+主站运算周期（ms）+从站的运算周期（ms）；普通并联连接通信模式的通信时间=70ms+主站运算周期（ms）+从站的运算周期（ms）。

（3）通信接线

并联连接通信采用485端口通信，如果两台PLC都采用安装RS-485-BD通信卡的方式进行通信连接，通信距离不能超过50m，如果两台PLC都采用安装485ADP通信模块进行通信连接，通信最大距离可达500m。并联连接通信的485端口之间有1对接线和2对接线两种方式。

① 1对接线方式　并联连接通信485端口1对接线方式如图8-28所示，图8-28（a）为两台PLC都安装FX_{2N}-485-BD通信卡的接线方式，图8-28（b）为两台PLC都安装FX_{0N}-485ADP通信模块的接线方式。

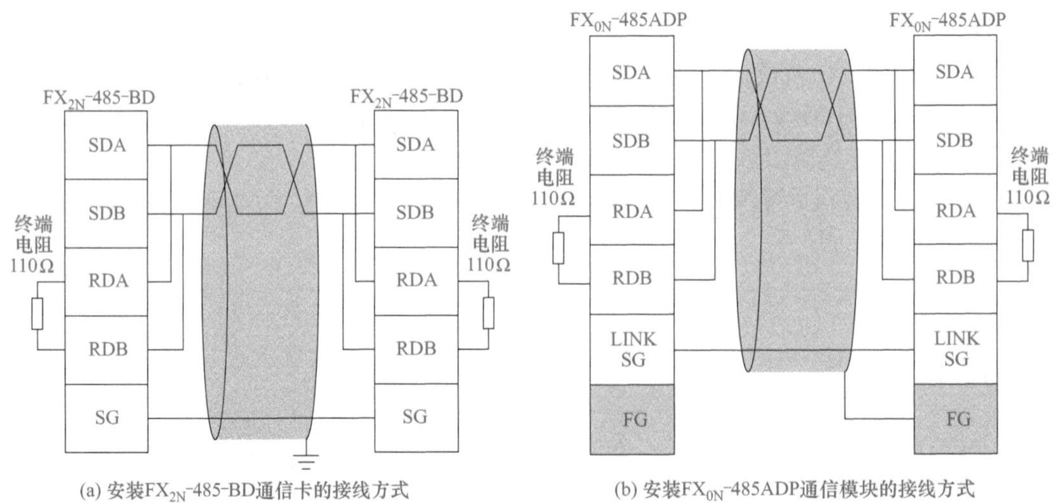

(a) 安装FX_{2N}-485-BD通信卡的接线方式　(b) 安装FX_{0N}-485ADP通信模块的接线方式

图8-28 并联连接通信485端口1对接线方式

② 2对接线方式　并联连接通信485端口2对接线方式如图8-29所示。

（4）两台PLC并联连接通信实例

① 通信要求　两台PLC并联连接通信要求如下。

a.将主站X000～X007端子的输入状态传送到从站的Y000～Y007端子输出，例如主站的X000端子输入为ON，通过通信使从站的Y000端子输出为ON。

b.将主站的D0、D2中的数值进行加法运算，如果结果大于100，则让从站的Y010端子输出OFF。

c.将从站的M0～M7继电器的状态传送到主站的Y000～Y007端子输出。

d.当从站的X010端子输入为ON时，将从站D10中的数值送入主站，当主站的X010端子输入为ON时，主站以从站D10送来的数值作为计时值开始计时。

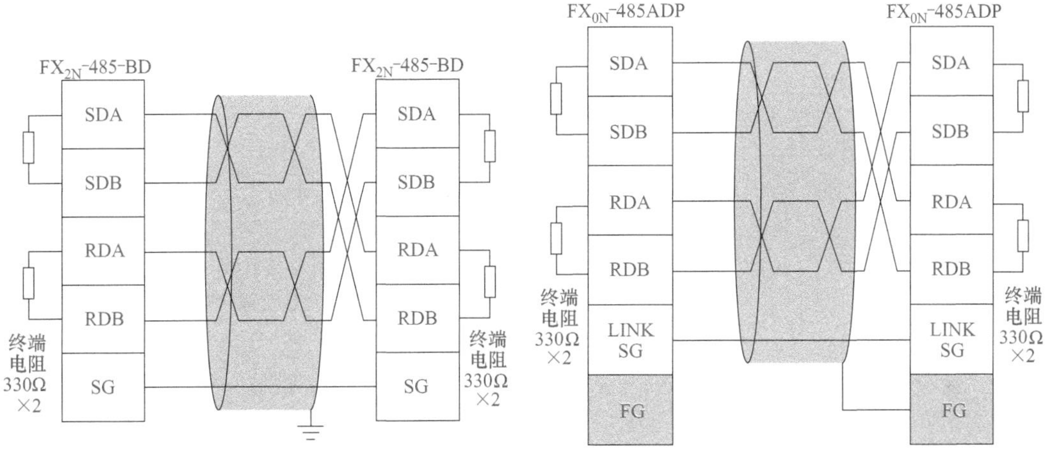

(a) 安装FX_{2N}-485-BD通信卡的接线方式　(b) 安装FX_{0N}-485ADP通信模块的接线方式

图8-29　并联连接通信485端口2对接线方式

② 通信程序　通信程序由主站程序和从站程序组成，主站程序写入作为主站的PLC，从站程序写入作为从站的PLC。两台PLC并联连接通信的主、从站程序如图8-30所示。

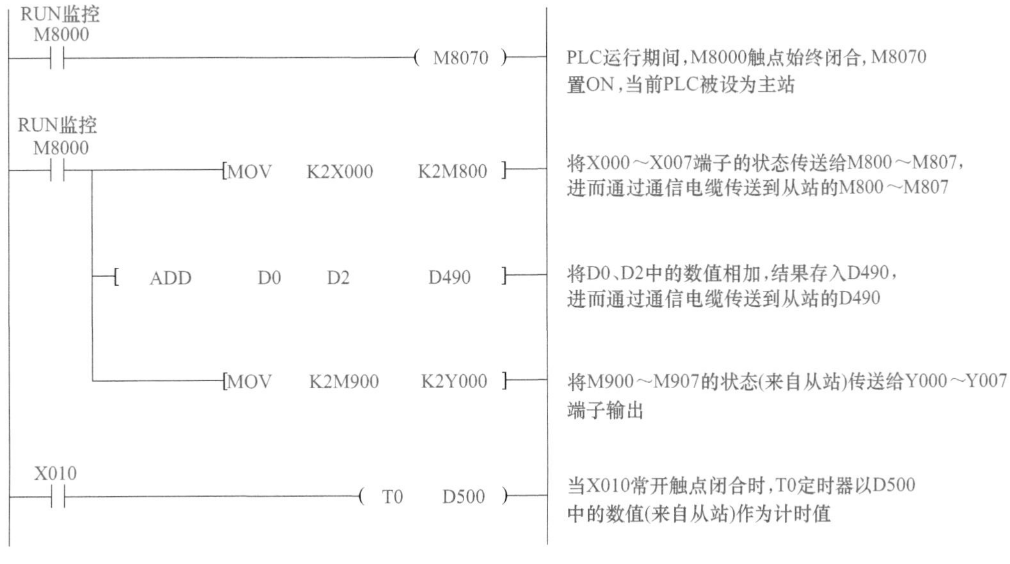

(a) 主站程序

图8-30

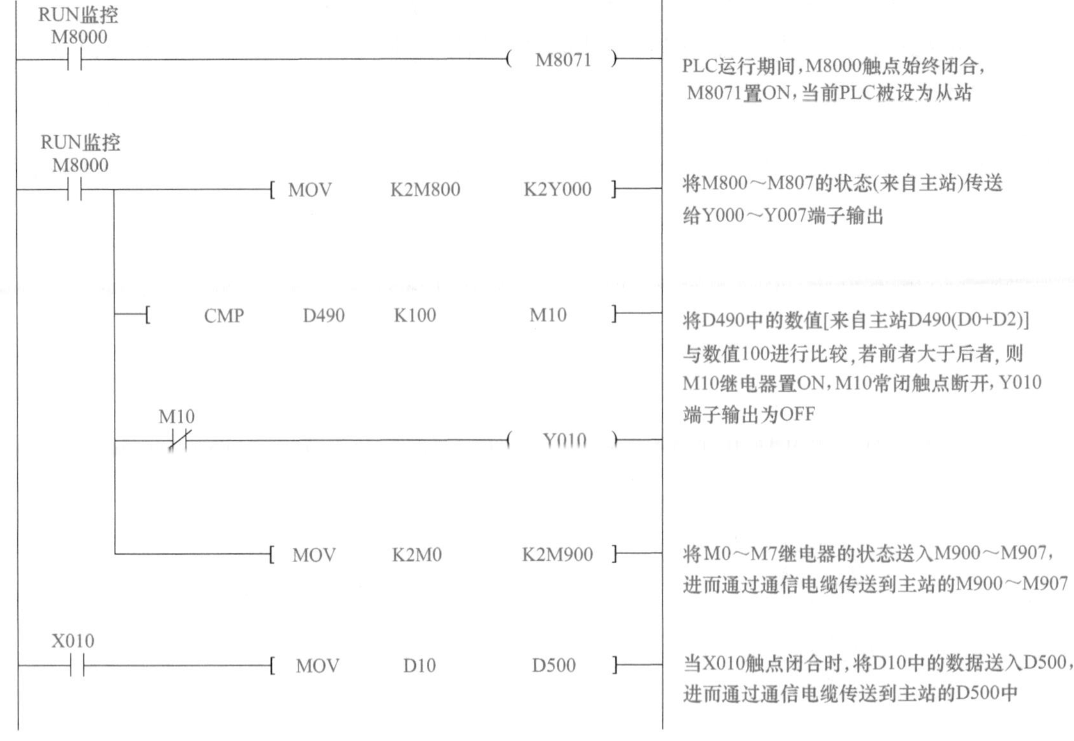

(b) 从站程序

图8-30 两台PLC并联连接通信的程序

a. 主站→从站方向的数据传送途径

• 主站的X000 ～ X007端子→主站的M800 ～ M807→从站的M800 ～ M807→从站的Y000 ～ Y007端子。

• 在主站中进行D0、D2加运算，其和值→主站的D490→从站的D490，在从站中将D490中的值与数值100比较，如果D490值>100，则让从站的Y010端子输出为OFF。

b. 从站→主站方向的数据传送途径

• 从站的M0 ～ M7→从站的M900 ～ M907→主站的M900 ～ M907→主站的Y000 ～ Y007端子。

• 从站的D10值→从站的D500→主站的D500，主站以D500值（即从站的D10值）作为定时器计时值计时。

8.3.3 多台PLC通信（N：N网络通信）

N：N网络通信是指最多8台FX系列PLC通过RS-485端口进行的通信。图8-31为N：N网络通信示意图，在通信时，如果有一方使用RS-485通信板，通信距离最大为50m，如果通信各方都使用485ADP模块，通信距离则可达500m。

（1）N：N网络通信的三种模式

N：N网络通信有三种模式，分别是模式0、模式1和模式2，这些模式的区别在于允许传送的点数不同。

① 模式2说明　当N：N网络使用模式2进行通信时，其传送点数如图8-32所示，在该模式下，主站的M1000 ～ M1063（64点）的状态值和D0 ～ D7（8点）的数据传送目标

为从站1～从站7的M1000～M1063和D0～D7，从站1的M1064～M1127（64点）的状态值和D10～D17（8点）的数据传送目标为主站、从站2～从站7的M1064～M1127和D10～D17，依次类推，从站7的M1448～M1511（64点）的状态值和D70～D77（8点）的数据传送目标为主站、从站2～从站8的M1448～M1511和D70～D77。

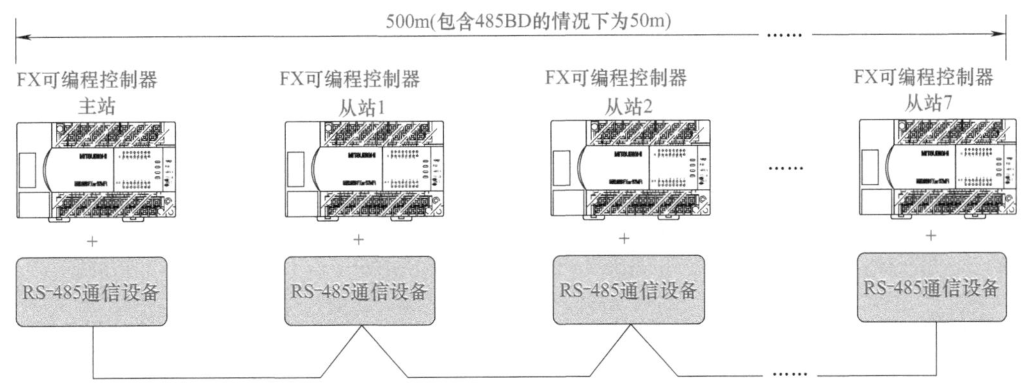

图8-31　N：N网络通信示意

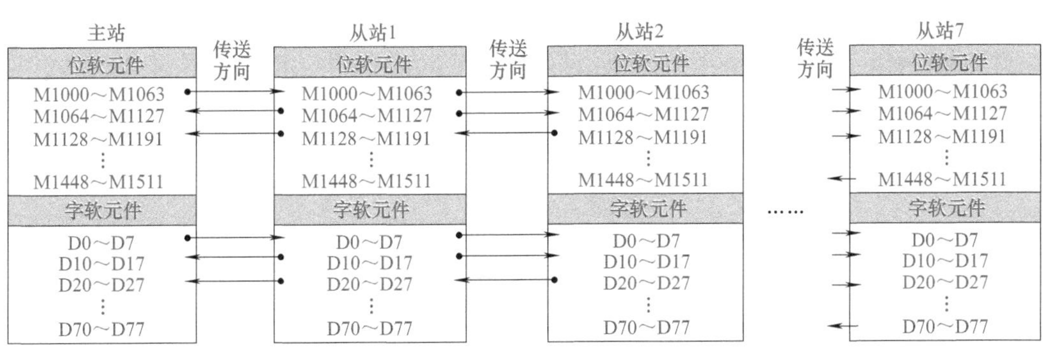

图8-32　N：N网络在模式2通信时的传送点数

② 三种模式传送的点数　在N：N网络通信时，不同的站点可以往其他站点传送自身特定软元件中的数据。在N：N网络通信时，三种模式下各站点分配用作发送数据的软元件见表8-5，在不同的通信模式下，各个站点都分配不同的软元件来发送数据，例如在模式1时主站只能将自己的M1000～M1031（32点）和D0～D3（4点）的数据发送给其他站点相同编号的软元件中，主站的M1064～M1095、D10～D13等软元件只能接收其他站点传送来的数据。在N：N网络中，如果将FX_{1S}、FX_{0N}系列的PLC用作工作站，则通信不能使用模式1和模式2。

表8-5　N：N网络通信三种模式下各站点分配用作发送数据的软元件

站号		模式0		模式1		模式2	
		位软元件（M）	字软元件（D）	位软元件（M）	字软元件（D）	位软元件（M）	字软元件（D）
		0点	各站4点	各站32点	各站4点	各站64点	各站8点
主站	站号0	—	D0～D3	M1000～M1031	D0～D3	M1000～M1063	D0～D7
从站	站号1	—	D10～D13	M1064～M1095	D10～D13	M1064～M1127	D10～D17
	站号2	—	D20～D23	M1128～N1159	D20～D23	M1128～M1191	D20～D27
	站号3	—	D30～D33	M1192～M1223	D30～D33	M1192～M1255	D30～D37

续表

站号		模式0		模式1		模式2	
		位软元件（M）	字软元件（D）	位软元件（M）	字软元件（D）	位软元件（M）	字软元件（D）
		0点	各站4点	各站32点	各站4点	各站64点	各站8点
从站	站号4	—	D40～D43	M1256～M1287	D40～D43	M1256～M1319	D40～D47
	站号5	—	D50～D53	M1320～M1351	D50～D53	M1320～M1383	D50～D57
	站号6	—	D60～D63	M1384～M1415	D60～D63	M1384～M1447	D60～D67
	站号7	—	D70～D73	M1448～M1479	D70～D73	M1448～D1511	D70～D77

（2）与N：N网络通信有关的特殊功能元件

在N：N网络通信时，需要使用一些特殊功能的元件来设置通信和反映通信状态信息，与N：N网络通信有关的特殊功能元件见表8-6。

表8-6　与N：N网络通信有关的特殊功能元件

软元件		名称	内容	设定值
通信设定	M8038	设定参数	设定通信参数用的标志位 也可以作为确认有无N：N网络程序用的标志位 在顺控程序中勿置ON	
	M8179	通信的设定	设定所使用的通信口的通道（使用FX_{3G}、FX_{3U}、FX_{3UC}时） 应在顺控程序中设定 无程序：通道1　　　　有OUT M8179的程序：通道2	
	D8176	相应站号的设定	N：N网络设定使用时的站号 主站设定为0，从站设定为1～7。［初始值：0］	0～7
	D8177	从站总数设定	设定从站的总站数 从站的可编程控制器中无需设定。［初始值：7］	1～7
	D8178	刷新范围的设定	选择要相互进行通信的软元件点数的模式 从站的可编程控制器中无需设定。［初始值：0］ 当混合有FX_{0N}、FX_{1S}系列时，仅可以设定模式0	0～2
	D8179	重试次数	即使重复指定次数的通信也没有响应的情况下，可以确认错误，以及其他站的错误 从站的可编程控制器中无需设定。［初始值：3］	0～10
	D8180	监视时间	设定用于判断通信异常的时间（50～2550ms） 以10ms为单位进行设定。从站的可编程控制器中无需设定。［初始值：5］	5～255
反映通信错误	M8183	主站的数据传送	当主站中发生数据传送序列错误时置ON	
	M8184～M8190	从站的数据传送序列错误	当各从站发生数据传送序列错误时置ON	
	M8191	正在执行数据传送序列	执行N：N网络时置ON	

（3）通信接线

N：N网络通信采用485端口通信，通信采用1对接线方式。N：N网络通信接线如图8-33所示。

（4）三台PLC的N：N网络通信实例

下面以三台FX_{2N}系列PLC通信来说明N：N网络通信，三台PLC进行N：N网络通信的连接如图8-34所示。

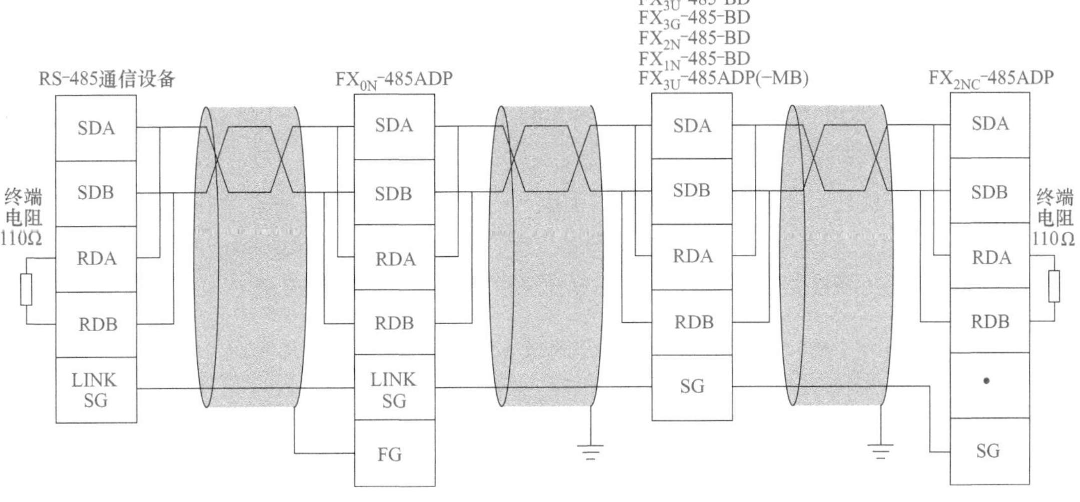

图8-33　N：N网络通信接线

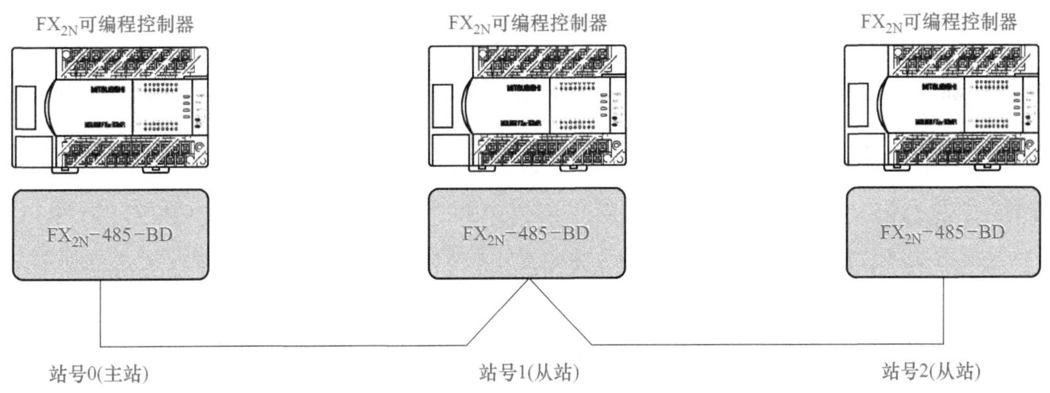

图8-34　三台PLC进行N：N网络通信的连接示意

① 通信要求　三台PLC并联连接通信要求实现的功能如下。

a.将主站X000～X003端子的输入状态分别传送到从站1、从站2的Y010～Y013端子输出，例如主站的X000端子输入为ON，通过通信使从站1、从站2的Y010端子输出均为ON。

b.在主站将从站1的X000端子输入ON的检测次数设为10，当从站1的X000端子输入ON的次数达到10次时，让主站、从站1和从站2的Y005端子输出均为ON。

c.在主站将从站2的X000端子输入ON的检测次数也设为10，当从站2的X000端子输入ON的次数达到10次时，让主站、从站1和从站2的Y006端子输出均为ON。

d.在主站将从站1的D10值与从站2的D20值相加，结果存入本站的D3。

e.将从站1的X000～X003端子的输入状态分别传送到主站、从站2的Y014～Y017端子输出。

f.在从站1将主站的D0值与从站2的D20值相加，结果存入本站的D11。

g.将从站2的X000～X003端子的输入状态分别传送到主站、从站1的Y020～Y023端子输出。

h.在从站2将主站的D0值与从站1的D10值相加，结果存入本站的D21。

② 通信程序　三台PLC并联连接通信的程序由主站程序、从站1程序和从站2程序组成，主站程序写入作为主站PLC，从站1程序写入作为从站1的PLC，从站2程序写入作为从站2的PLC。三台PLC通信的主站程序、从站1程序和从站2程序如图8-35所示。

主站程序中的［a1］～［a5］程序用于设N：N网络通信，包括将当前站点设为主站，设置通信网络站点总数为3，通信模式为模式1，通信失败重试次数为3，通信超时时间为60ms。在N：N网络通信时，三个站点在模式1时分配用作发送数据的软元件见表8-7。

表8-7　三个站点在模式1时分配用作发送数据的软元件

站号 / 软元件	0号站（主站）	1号站（从站1）	2号站（从站2）
位软元件（各32点）	M1000～M1031	M1064～M1095	M1128～M1159
字软元件（各4点）	D0～D3	D10～D13	D20～D23

下面逐条来说明通信程序实现8个功能的过程。

a.在主站程序中，［a6］MOV指令将主站X000～X0003端子的输入状态送到本站的M1000～M1003，再通过电缆发送到从站1、从站2的M1000～M1003中。在从站1程序中，［b3］MOV指令将从站1的M1000～M1003状态值送到本站Y010～Y013端子输出。在从站2程序中，［c3］MOV指令将从站2的M1000～M1003状态值送到本站Y010～Y013端子输出。

b.在从站1程序中，［b4］MOV指令将从站1的X000～X003端子的输入状态送到本站的M1064～M1067，再通过电缆发送到主站1、从站2的M1064～M1067中。在主站程序中，［a7］MOV指令将本站的M1064～M1067状态值送到本站Y014～Y017端子输出。在从站2程序中，［c4］MOV指令将从站2的M1064～M1067状态值送到本站Y014～Y017端子输出。

c.在从站2程序中，［c5］MOV指令将从站2的X000～X003端子的输入状态送到本站的M1128～M1131，再通过电缆发送到主站1、从站1的M1128～M1131中。在主站程序中，［a8］MOV指令将本站的M1128～M1131状态值送到本站Y020～Y023端子输出。在从站1程序中，［b5］MOV指令将从站1的M1128～M1131状态值送到本站Y020～Y023端子输出。

d.在主站程序中，［a9］MOV指令将10送入D1，再通过电缆送入从站1、从站2的D1中。在从站1程序中，［b6］计数器C1以D1值（10）计数，当从站1的X000端子闭合达到10次时，C1计数器动作，［b7］C1常开触点闭合，本站的Y005端子输出为ON，同时本站的M1070为ON，M1070的ON状态值通过电缆传送给主站、从站2的M1070。在主站程序中，主站的M1070为ON，［a10］M1070常开触点闭合，主站的Y005端子输出为ON。在从站2程序中，从站2的M1070为ON，［c6］M1070常开触点闭合，从站2的Y005端子输出为ON。

e.在主站程序中，［a11］MOV指令将10送入D2，再通过电缆送入从站1、从站2的D2中。在从站2程序中，［c7］计数器C2以D2值（10）计数，当从站2的X000端子闭合达到

10次时，C2计数器动作，［c8］C2常开触点闭合，本站的Y006端子输出为ON，同时本站的M1140为ON，M1140的ON状态值通过电缆传送给主站、从站1的M1140。在主站程序中，主站的M1140为ON，［a12］M1140常开触点闭合，主站的Y006端子输出为ON。在从站1程序中，从站1的M1140为ON，［b9］M1140常开触点闭合，从站1的Y006端子输出为ON。

f.在主站程序中，［a13］ADD指令将D10值（来自从站1的D10）与D20值（来自从站2的D20），结果存入本站的D3。

g.在从站1程序中，［b11］ADD指令将D0值（来自主站的D0，为10）与D20值（来自从站2的D20，为10），结果存入本站的D11。

h.在从站2程序中，［c11］ADD指令将D0值（来自主站的D0，为10）与D10值（来自从站1的D10，为10），结果存入本站的D21。

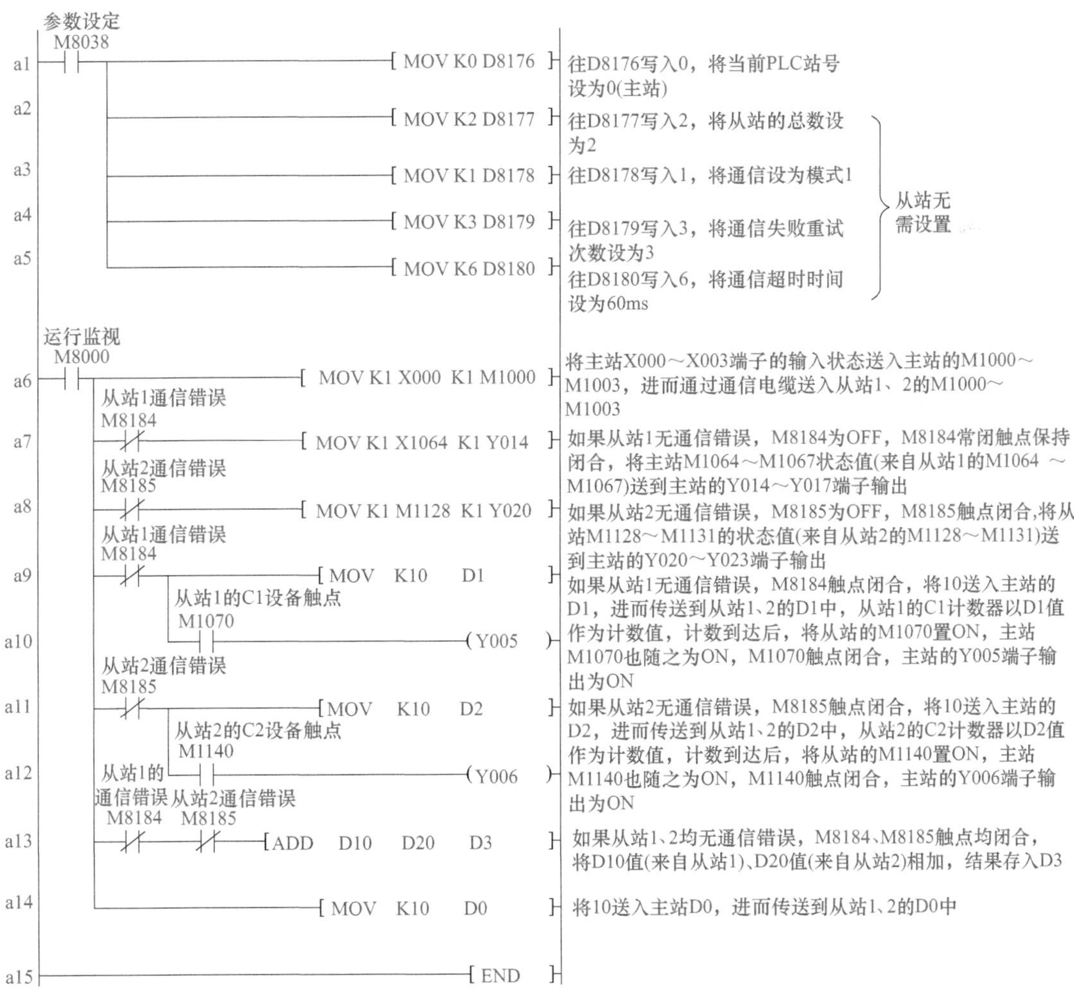

(a) 主站通信程序

图8-35

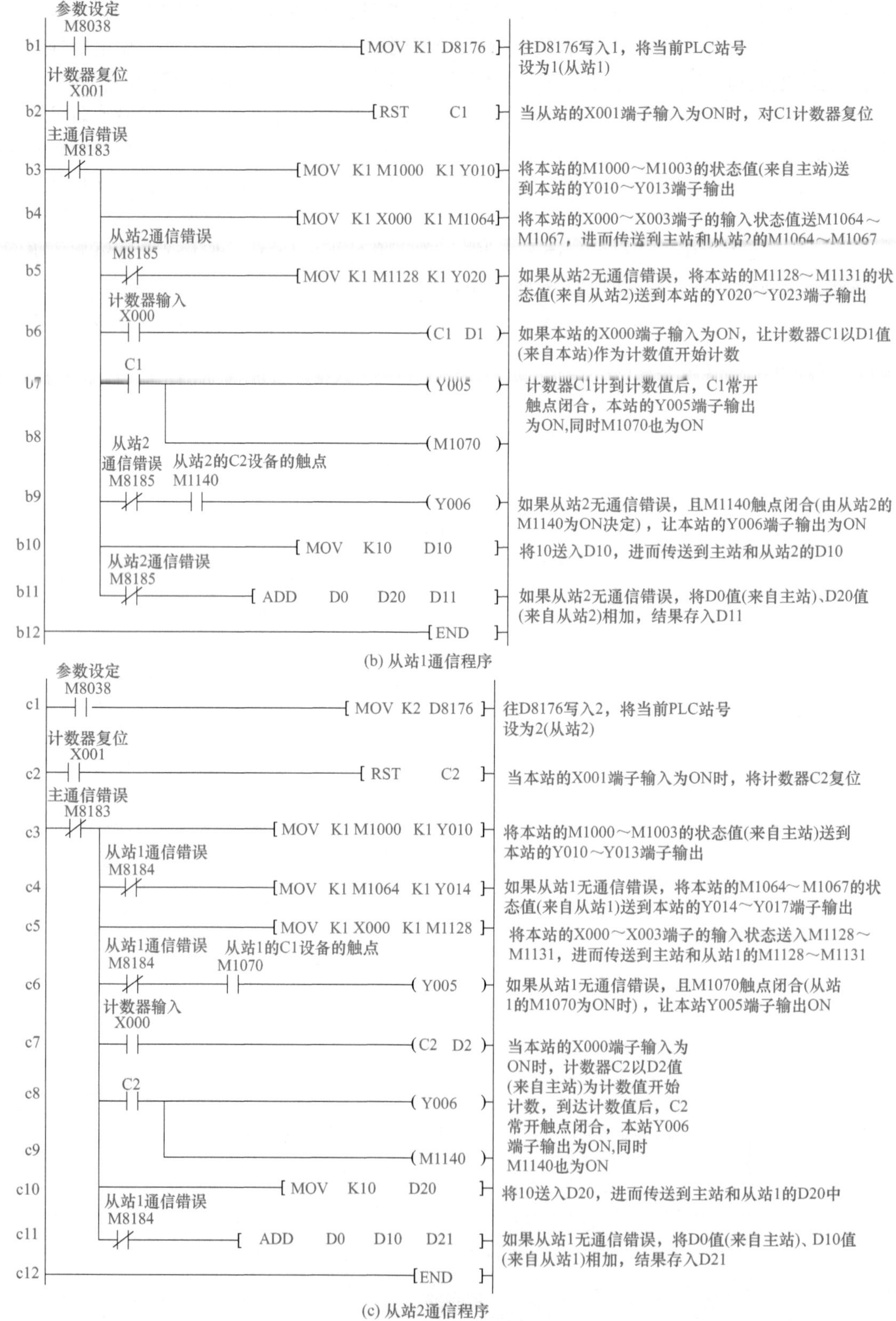

(b) 从站1通信程序

(c) 从站2通信程序

图8-35 三台PLC通信程序

第2篇

西门子PLC

第9章 西门子S7-200 SMART PLC介绍

西门子S7-200 SMART PLC是在S7-200 PLC之后推出的整体式PLC，其软、硬件都有所增强和改进，主要特点如下。

① 机型丰富。CPU模块的I/O点最多可达60点（S7-200 PLC的CPU模块I/O点最多为40点），另外CPU模块分为经济型（CR系列）和标准型（SR、ST系列），产品配置更灵活，可最大限度为用户节省成本。

② 编程指令与S7-200 PLC绝大多数相同，只有少数几条指令不同，已掌握S7-200 PLC指令的用户几乎不用怎么学习，就可以用S7-200 SMART PLC编写程序。

③ CPU模块除了可以连接扩展模块外，还可以直接安装信号板，来增加更多的通信端口或少量的IO点数。

④ CPU模块除了有RS-485端口外，还增加了以太网端口（俗称网线端口），可以用普通的网线连接计算机的网线端口来下载或上传程序。CPU模块也可以通过以太网端口与西门子触摸屏、其他带有以太网端口的西门子PLC等进行通信。

⑤ CPU模块集成了Micro SD卡槽，用户可以用市面上Micro SD卡（常用的手机存储卡），就可以更新内部程序和升级CPU固件。

⑥ 采用STEP7-Micro/WIN SMART编程软件，软件体积小（安装包不到200MB），可免费安装使用，无需序列号，软件界面友好，操作更人性化。

9.1 PLC硬件介绍

S7-200 SMART PLC是一种类型PLC的统称，可以是一台CPU模块（又称主机单元、基本单元等），也可以是由CPU模块、信号板和扩展模块组成的系统，如图9-1所示，CPU模块可以单独使用，而信号板和扩展模块不能独立使用，必须与CPU模块连接在一起才可使用。

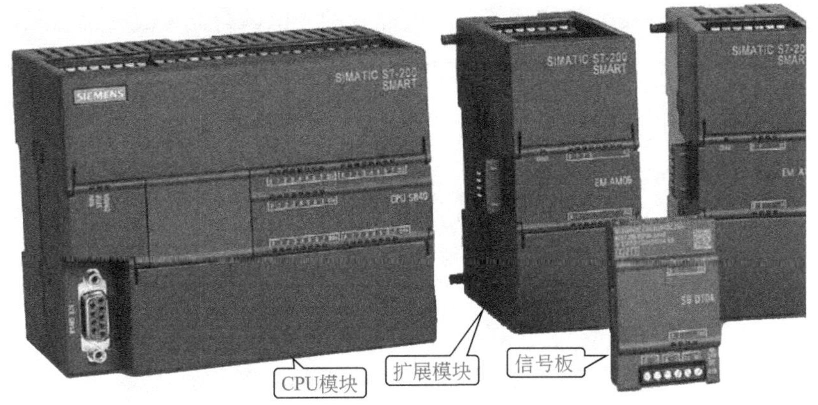

图9-1 S7-200 SMART PLC的CPU模块、信号板和扩展模块

9.1.1 两种类型的CPU模块

S7-200 SMART PLC的CPU模块分为标准型和经济型两类，标准型具体型号有SR20/SR30/SR40/SR60（继电器输出型）和ST20/ST30/ST40/ST60（晶体管输出型），经济型只有继电器输出型（CR40/CR60），没有晶体管输出型。S7-200 SMART 经济型CPU模块价格便宜，但只能单机使用，不能安装信号板，也不能连接扩展模块，由于只有继电器输出型，故无法实现高速脉冲输出。

S7-200 SMART两种类型CPU模块的主要功能比较见表9-1。

表9-1 S7-200 SMART两种类型CPU模块的主要功能比较

S7-200 SMART CPU模块	经济型		标准型							
	CR40	CR60	SR20	SR30	SR40	SR60	ST20	ST30	ST40	ST60
高速计数	4路 100kHz		4路 200kHz							
高速脉冲输出	不支持		不支持				2路 100kHz	3路 100kHz		
通信端口数量	2		2～4							
扩展模块数量	不支持扩展模块		6							
最大开关量I/O	40	60	216	226	236	256	216	226	236	256
最大模拟量I/O	无		49							

9.1.2 CPU模块面板各部件说明

S7-200 SMART CPU模块面板大同小异，图9-2是型号为ST20的标准型晶体管输出型CPU模块，该模块上有输入/输出端子、输入/输出指示灯、运行状态指示灯、通信状态指示灯、RS485和以太网通信端口、信号板安装插孔和扩展模块连接插口。

9.1.3 CPU模块的接线

（1）输入/输出端的接线方式

① 输入端的接线方式　S7-200 SMART PLC的数字量（或称开关量）输入采用24V直

流电压输入，由于内部输入电路使用了双向发光管的光电耦合器，故外部可采用两种接线方式，如图9-3所示，接线时可任意选择一种方式，实际接线时多采用图9-3（a）所示的漏型输入接线方式。

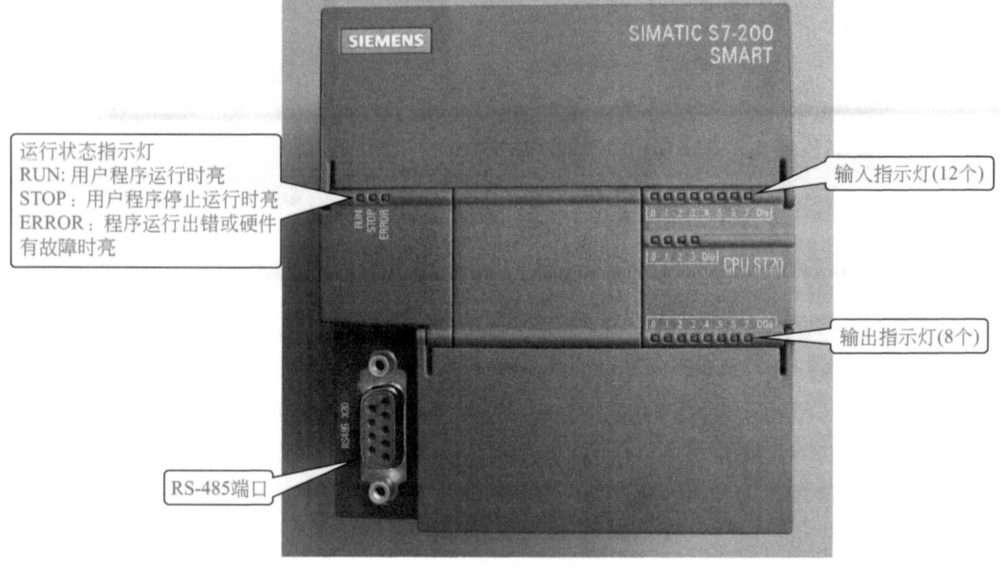

(a) 面板一(未拆保护盖)

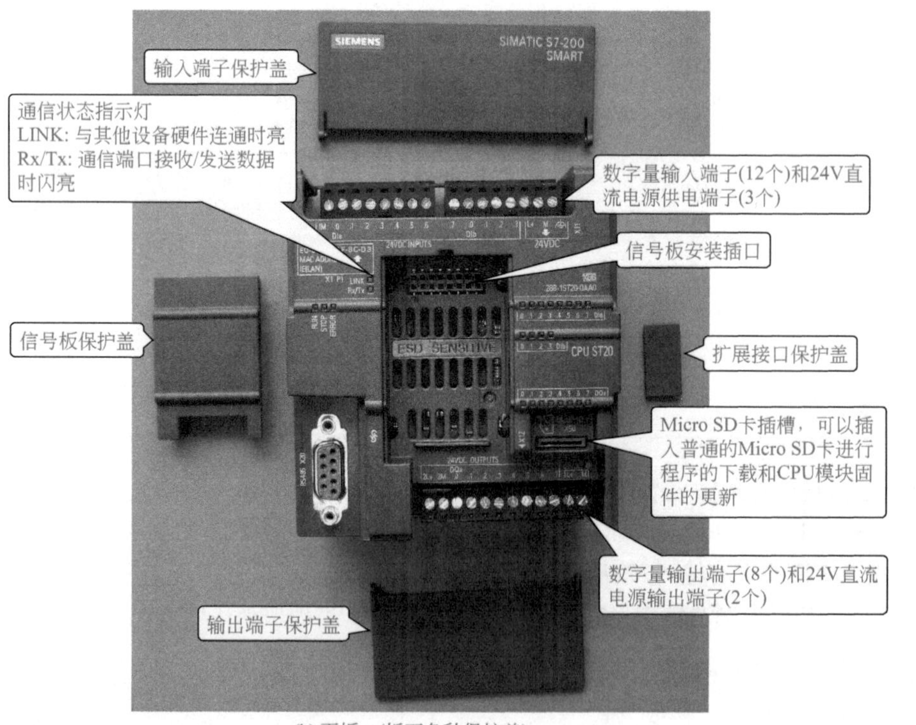

(b) 面板二(拆下各种保护盖)

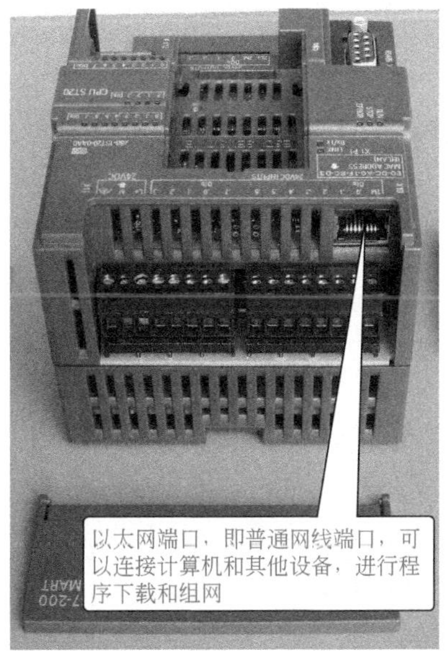

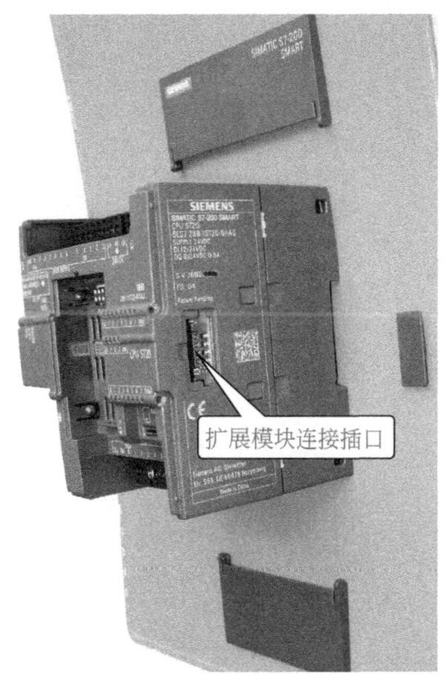

(c) 面板三(以太网端口和扩展模块连接插口)

图9-2 S7-200 SMART ST20型CPU模块面板各部件说明

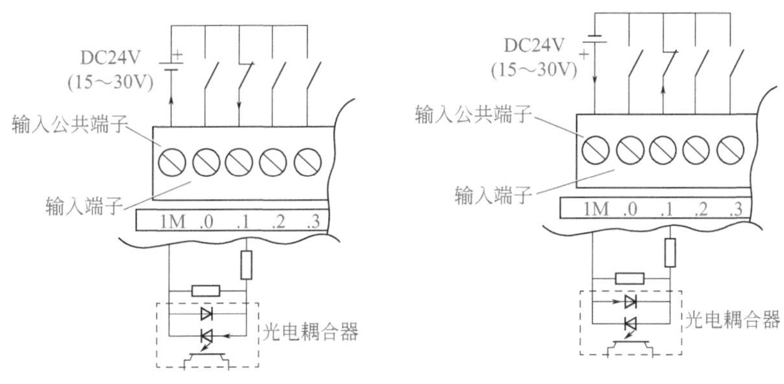

(a) 漏型输入(电流从输入端子输入) (b) 源型输入(电流从输入公共端子输入)

图9-3 PLC输入端的两种接线方式

② 输出端的接线方式 S7-200 SMART PLC的数字量（或称开关量）输出有两种类型：继电器输出型和晶体管输出型。对于继电器输出型PLC，外部负载电源可以是交流电源（5～250V），也可以是直流电源（5～30V）；对于晶体管输出型PLC，外部负载电源必须是直流电源（20.4～28.8V），由于晶体管有极性，故电源正极必须接到输出公共端（1L+端，内部接到晶体管的漏极）。S7-200 SMART PLC的两种类型数字量输出端的接线如图9-4所示。

（2）CPU模块的接线实例

S7-200 SMART PLC的CPU模块型号很多，这里以SR30 CPU模块（30点继电器输出型）和ST30 CPU模块（30点晶体管输出型）为例进行说明，两者接线如图9-5所示。

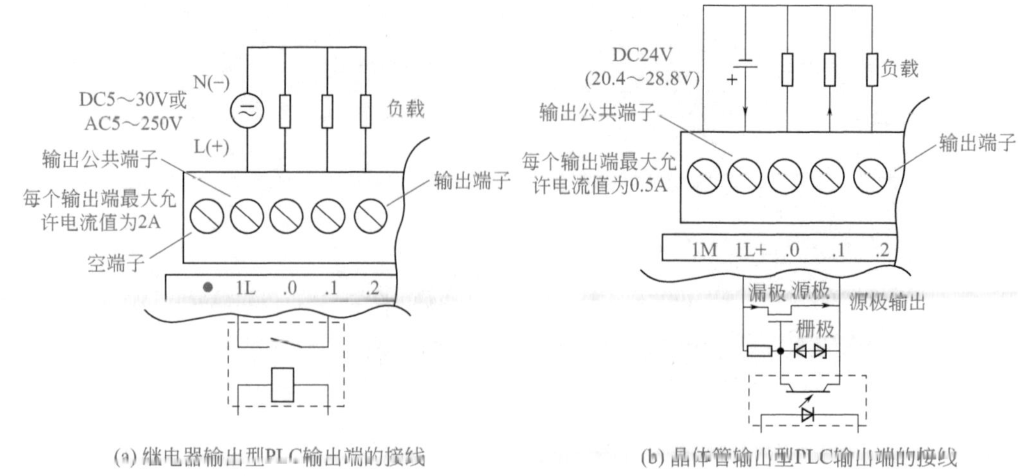

(a) 继电器输出型PLC输出端的接线 (b) 晶体管输出型PLC输出端的接线

图9-4 PLC输出端的接线

9.1.4 信号板的安装使用与地址分配

S7-200 SMART CPU模块上可以安装信号板，不会占用多余空间，安装、拆卸方便快捷。安装信号板可以给CPU模块扩展少量的I/O点数或扩展更多的通信端口。

（1）信号板的安装

S7-200 SMART CPU模块上有一个专门安装信号板的位置，在安装信号板时先将该位置的保护盖取下来，可以看见信号板安装插孔，将信号板的插针对好插孔插入即可将信号板安装在CPU模块上。信号板的安装如图9-6所示。

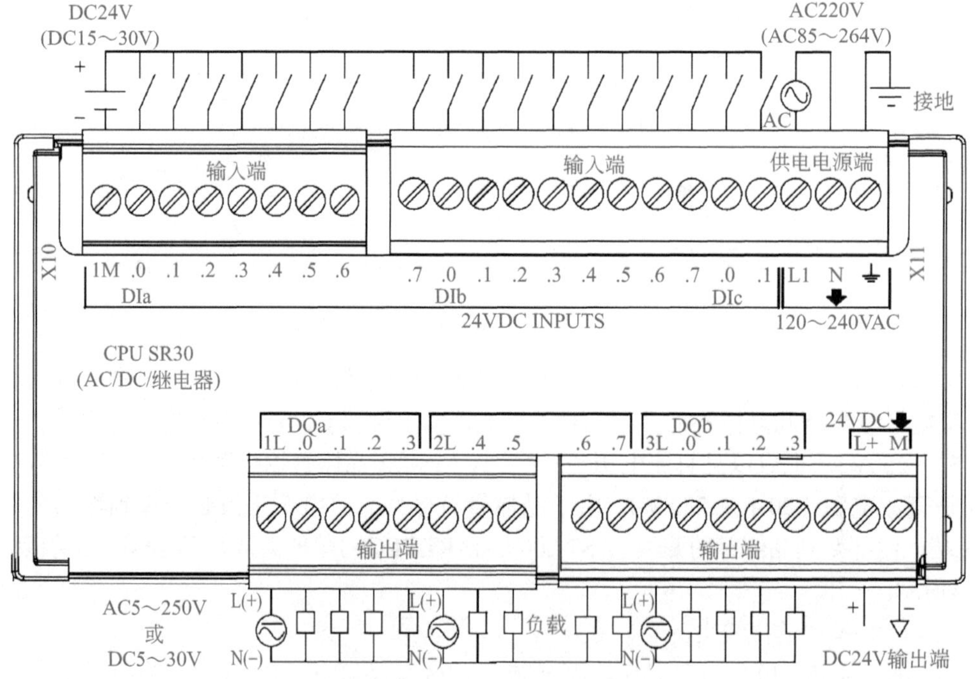

(a) 继电器输出型CPU模块接线(以SR30为例)

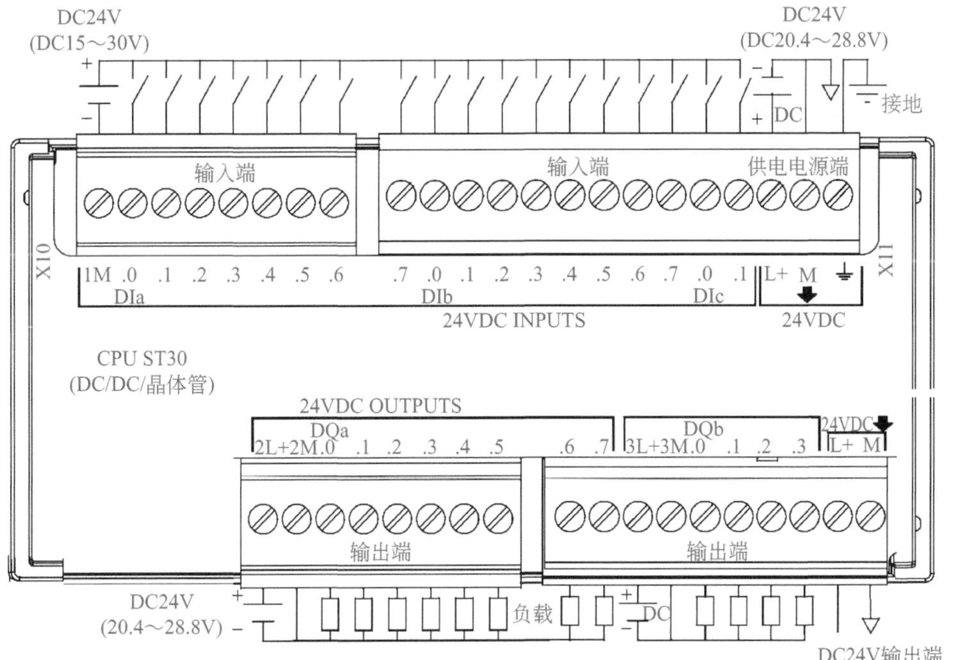

(b) 晶体管输出型CPU模块接线(以ST30为例)

图9-5 S7-200 SMART CPU模块的接线

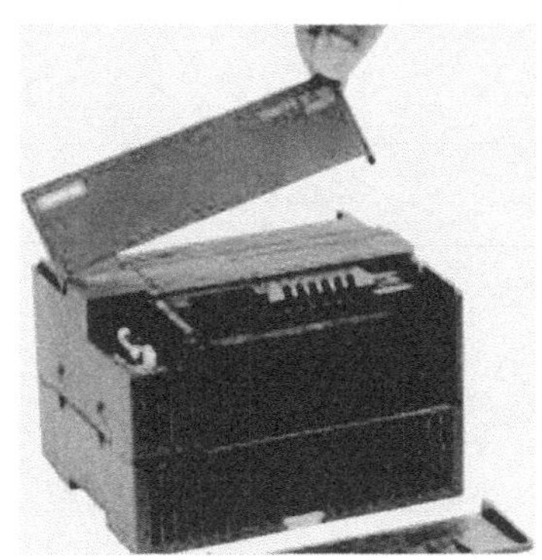

①拆下输入、输出端子的保护盖

②用一字螺丝刀插入信号板保护盖旁的缺口，撬出信号板保护盖

③将信号板的插针对好CPU模块上的信号板安装插孔并压入

④信号板安装完成

图9-6 信号板的安装

(2) 常用信号板的型号

S7-200 SMART PLC常用信号板型号及说明如下：

型号	规格	说明
SB DT04	2DI/2DO晶体管输出	提供额外的数字量I/O扩展，支持2路数字量输入和2路数字量晶体管输出
SB AE01	1AI	提供 额外的模拟量I/O扩展，支持1路模拟量输入，精度为12位
SB AQ01	1AO	提供额外的模拟量I/O扩展，支持1路模拟量输出，精度为12位
SB CM01	RS-232/RS-485	提供额外的RS-232或RS-485串行通信接口，在软件中简单设置即可实现转换
SB BA01	实时时钟保持	支持普通的CR1025纽扣电池，能保持时钟运行约1年

(3) 信号板的使用与地址分配

在CPU模块上安装信号板后，还需要在STEP7-Micro/WIN SMART编程软件中进行设置（又称组态），才能使用信号板。信号板的组态如图9-7所示，在编程软件左方的项目树区域双击“系统块”，弹出图示的系统块对话框，选择“SB”项，并点击其右边的下拉按钮，会出现5个信号板选项，这里选择“SB DT04（2DI/2DI Transis）”信号板，系统自动将I7.0、I7.1分配给信号板的2个输入端，将Q7.0、Q7.1分配给信号板的2个输出端，再点击“确定”即完成信号板组态，然后就可以在编程时使用I7.0、I7.1和Q7.0、Q7.1。

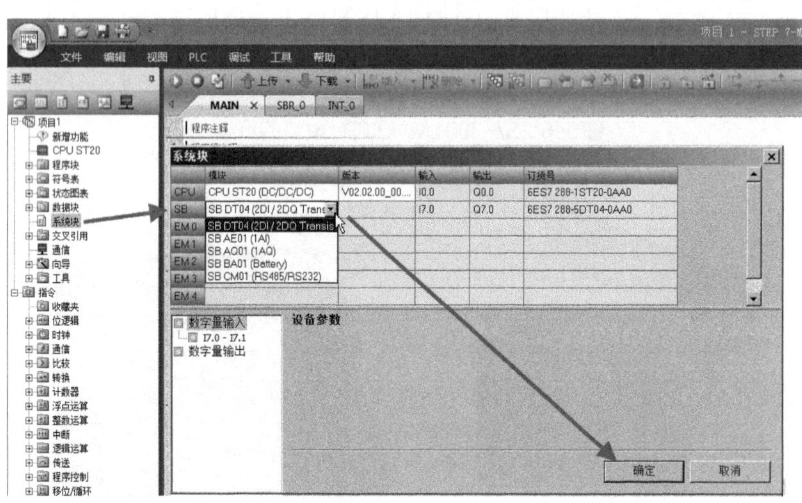

图9-7 信号板的使用设置（组态）与自动地址分配

9.1.5 S7-200 SMART常用模块与订货号含义

(1) 常用模块

S7-200 SMART常用模块包括CPU模块、扩展模块和信号板等，具体见表9-2。

表9-2 S7-200 SMART常用模块及附件

S7-200 SMART模块附件型号		规格	订货号
CPU模块	CPU SR20	标准型CPU模块，继电器输出，220V AC供电，12输入/8输出	6ES7 288-1SR20-0AA0
	CPU ST20	标准型CPU模块，晶体管输出，24V DC供电，12输入/8输出	6ES7 288-1ST20-0AA0
	CPU SR30	标准型CPU模块，继电器输出，220V AC供电，18输入/12输出	6ES7 288-1SR30-0AA0
	CPU ST30	标准型CPU模块，晶体管输出，24V DC供电，18输入/12输出	6ES7 288-1ST30-0AA0
	CPU SR40	标准型CPU模块，继电器输出，220V AC供电，24输入/16输出	6ES7 288-1SR40-0AA0
	CPU ST40	标准型CPU模块，晶体管输出，24V DC供电，24输入/16输出	6ES7 288-1ST40-0AA0
	CPU SR60	标准型CPU模块，继电器输出，220V AC供电，36输入/24输出	6ES7 288-1SR60-0AA0

续表

S7-200 SMART模块附件型号		规格	订货号
CPU模块	CPU ST60	标准型CPU模块，晶体管输出，24V DC供电，36输入/24输出	6ES7 288-1ST60-0AA0
	CPU CR40	经济型CPU模块，继电器输出，220V AC供电，24输入/16输出	6ES7 288-1CR40-0AA0
	CPU CR60	经济型CPU模块，继电器输出，220V AC供电，36输入/24输出	6ES7 288-1CR60-0AA0
扩展模块	EM DE08	数字量输入模块，8×24V DC输入	6ES7 288-2DE08-0AA0
	EM DE16	数字量输入模块，16×24V DC输入	6ES7 288-2DE16-0AA0
	EM DR08	数字量输出模块，8×继电器输出	6ES7 288-2DR08-0AA0
	EM DT08	数字量输出模块，8×24V DC输出	6ES7 288-2DT08-0AA0
	EM QT16	数字量输出模块，16×24V DC输出	6ES7 288-2QT16-0AA0
	EM QR16	数字量输出模块，16×继电器输出	6ES7 288-2QR16-0AA0
	EM DR16	数字量输入/输出模块，8×24V DC输入/8×继电器输出	6ES7 288-2DR16-0AA0
	EM DR32	数字量输入/输出模块，16×24V DC输入/16×继电器输出	6ES7 288-2DR32-0AA0
	EM DT16	数字量输入/输出模块，8×24V DC输入/8×24V DC输出	6ES7 288-2DT16-0AA0
	EM DT32	数字量输入/输出模块，16×24V DC输入/16×24V DC输出	6ES7 288-2DT32-0AA0
	EM AE04	模拟量输入模块，4输入	6ES7 288-3AE04-0AA0
	EM AE08	模拟量输入模块，8输入	6ES7 288-3AE08-0AA0
	EM AQ02	模拟量输出模块，2输出	6ES7 288-3AQ02-0AA0
	EM AQ04	模拟量输出模块，4输出	6ES7 288-3AQ04-0AA0
	EM AM03	模拟量输入/输出模块，2输入/1输出	6ES7 288-3AM03-0AA0
	EM AM06	模拟量输入/输出模块，4输入/2输出	6ES7 288-3AM06-0AA0
	EM AR02	热电阻输入模块，2通道	6ES7 288-3AR02-0AA0
	EM AR04	热电阻输入模块，4输入	6ES7 288-3AR04-0AA0
	EM AT04	热电偶输入模块，4通道	6ES7 288-3AT04-0AA0
	EM DP01	PROFIBUS-DP从站模块	6ES7 288-7DP01-0AA0
信号板	SB CM01	通信信号板，RS485/RS232	6ES7 288-5CM01-0AA0
	SB DT04	数字最扩展信号板，2×24V DC输入/2×24V DC输出	6ES7 288-5DT04-0AA0
	SB AE01	模拟量扩展信号板，1×12位模拟量输入	6ES7 288-5AE01-0AA0
	SB AQ01	模拟量扩展信号板，1×12位模拟量输出	6ES7 288-5AQ01-0AA0
	SB BA01	电池信号板，支持CR1025纽扣电池（电池单独购买）	6ES7 288-5BA01-0AA0
附件	I/O扩展电缆	S7-200 SMART I/O扩展电缆，长度1m	6ES7 288-6EC01-0AA0
	PM207	S7-200 SMART配套电源，24V DC/3A	6ES7 288-0CD10-0AA0
	PM207	S7-200 SMART配套电源，24V DC/5A	6ES7 288-0ED10-0AA0
	CSM1277	以太网交换机，4端口	6GK7 277-1AA00-0AA0
	SCALANCE XB005	以太网交换机，5端口	6GK5 005-OBA00-1AB2

（2）订货号含义

西门子PLC一般会在设备上标注型号和订货号等内容，如图9-8所示，从这些内容可以了解一些设备信息。

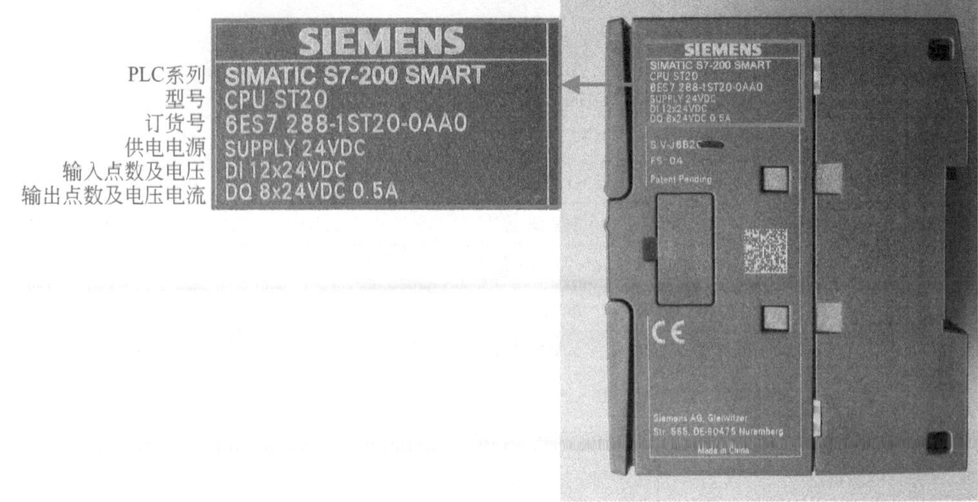

图9-8 西门子PLC上标注的型号和订货号等信息

西门子PLC型号标识比较简单，反映出来信息量少，更多的设备信息可以从PLC上标注的订货号来了解。西门子S7-200 SMART PLC的订货号含义如下：

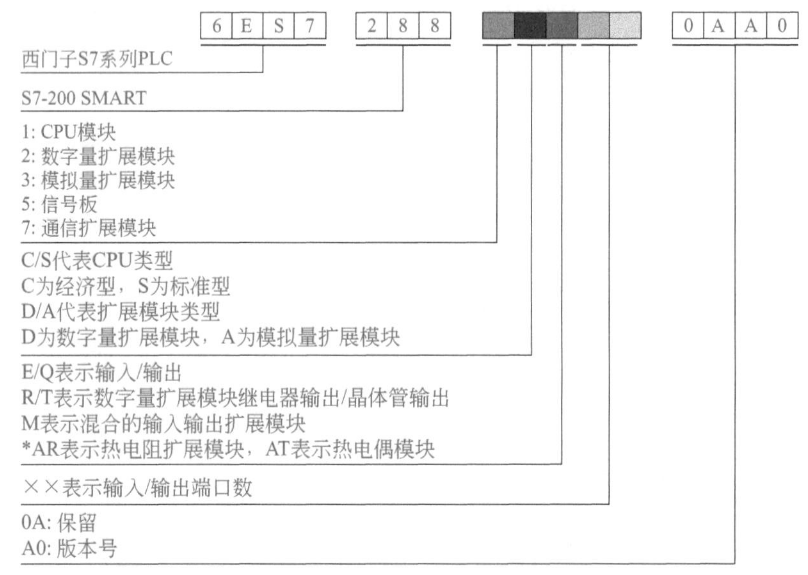

9.2 PLC的软元件

PLC是在继电器控制线路基础上发展起来的，继电器控制线路有时间继电器、中间继电器等，而PLC也有类似的器件，这些元件是以软件来实现的，故又称为软元件。PLC软元件主要有输入继电器、输出继电器、辅助继电器、定时器、计数器、模拟量输入寄存器和模拟量输出寄存器等。

9.2.1 输入继电器（I）和输出继电器（Q）

（1）输入继电器（I）

输入继电器又称输入过程映像寄存器，其状态与PLC输入端子的输入状态有关，当输入端子外接开关接通时，该端子内部对应的输入继电器状态为ON（或称1状态），反之为OFF（或称为0状态）。一个输入继电器可以有很多常闭触点和常开触点。输入继电器的表示符号为I，按八进制方式编址（或称编号），如I0.0～I0.7、I1.0～I1.7…S7-200 SMART PLC有256个输入继电器。

（2）输出继电器（Q）

输出继电器又称输出过程映像寄存器，它通过输出电路来驱动输出端子的外接负载，一个输出继电器只有一个硬件触点（与输出端子连接的物理常开触点），而内部软常开、常闭触点可以有很多个。当输出继电器为ON时，其硬件触点闭合，软常开触点闭合，软常闭触点则断开。输出继电器的表示符号为Q，按八进制方式编址（或称编号），如Q0.0～Q0.7、Q1.0～Q1.7…S7-200 SMART PLC有256个输出继电器。

9.2.2 辅助继电器（M）、特殊辅助继电器（SM）和状态继电器（S）

（1）辅助继电器（M）

辅助继电器又称标志存储器或位存储器，它类似于继电器控制线路中的中间继电器，与输入/输出继电器不同，辅助继电器不能接收输入端子送来的信号，也不能驱动输出端子。辅助继电器表示符号为M，按八进制方式编址（或称编号），如M0.0～M0.7、M1.0～M1.7…S7-200 SMART PLC有256个辅助继电器。

（2）特殊辅助继电器（SM）

特殊辅助继电器是一种具有特殊功能的继电器，用来显示某些状态、选择某些功能、进行某些控制或产生一些信号等。特殊辅助继电器表示符号为SM。一些常用特殊辅助继电器的功能见表9-3。

表9-3 一些常用特殊辅助继电器的功能

特殊辅助继电器	功能
SM0.0	PLC运行时这一位始终为1，是常ON继电器
SM0.1	PLC首次扫描循环时该位为“ON”，用途之一是初始化程序
SM0.2	如果保留性数据丢失，该位为一次扫描循环打开。该位可用作错误内存位或激活特殊启动顺序的机制
SM0.3	从电源开启进入RUN（运行）模式时，该位为一次扫描循环打开。该位可用于在启动操作之前提供机器预热时间
SM0.4	该位提供时钟脉冲，该脉冲在1min的周期时间内OFF（关闭）30s，ON（打开）30s。该位提供便于使用的延迟或1min时钟脉冲
SM0.5	该位提供时钟脉冲，该脉冲在1s的周期时间内OFF（关闭）0.5s，ON（打开）0.5s。该位提供便于使用的延迟或1s时钟脉冲
SM0.6	该位是扫描循环时钟，本次扫描打开，下一次扫描关闭。该位可用作扫描计数器输入
SM0.7	该位表示“模式”开关的当前位置（关闭=“终止”位置，打开=“运行”位置）。开关位于RUN（运行）位置时，可以使用该位启用自由端口模式，可使用转换至“终止”位置的方法重新启用带PC/编程设备的正常通信
SM1.0	某些指令执行时，使操作结果为零时，该位为“ON”
SM1.1	某些指令执行时，出现溢出结果或检测到非法数字数值时，该位为“ON”
SM1.2	某些指令执行时，数学操作产生负结果时，该位为“ON”

（3）状态继电器（S）

状态继电器又称顺序控制继电器，是编制顺序控制程序的重要器件，它通常与顺控指令（又称步进指令）一起使用以实现顺序控制功能。状态继电器的表示符号为S。

9.2.3 定时器（T）、计数器（C）和高速计数器（HC）

（1）定时器（T）

定时器是一种按时间动作的继电器，相当于继电器控制系统中的时间继电器。一个定时器可有很多常开触点和常闭触点，其定时单位有1ms、10ms、100ms三种。定时器表示符号为T。S7-200 SMART PLC有256个定时器，其中断电保持型定时器有64个。

（2）计数器（C）

计数器是一种用来计算输入脉冲个数并产生动作的继电器，一个计数器可以有很多常开触点和常闭触点。计数器可分为递加计数器、递减计数器和双向计数器（又称递加/递减计数器）。计数器表示符号为C。S7-200 SMART PLC有256个计数器，

（3）高速计数器（HC）

一般的计数器的计数速度受PLC扫描周期的影响，不能太快。而高速计数器可以对比PLC扫描速度更快的事件进行计数。高速计数器的当前值是一个双字（32位）的整数，且为只读值。高速计数器表示符号为HC。S7-200 SMART PLC有4个高速计数器，

9.2.4 累加器（AC）、变量存储器（V）和局部变量存储器（L）

（1）累加器（AC）

累加器是用来暂时存储数据的寄存器，可以存储运算数据、中间数据和结果。累加器表示符号为AC。S7-200 SMART PLC有4个32位累加器（AC0 ～ AC3）。

（2）变量存储器（V）

变量存储器主要用于存储变量。它可以存储程序执行过程中的中间运算结果或设置参数。变量存储器表示符号为V。

（3）局部变量存储器（L）

局部变量存储器主要用来存储局部变量。局部变量存储器与变量存储器很相似，主要区别在于后者存储的变量全局有效，即全局变量可以被任何程序（主程序、子程序和中断程序）访问，而局部变量只局部有效，局部变量存储器一般用在子程序中。局部变量存储器的表示符号为L。S7-200 SMART PLC有64个字节（1个字节由8位组成）的局部变量存储器。

9.2.5 模拟量输入寄存器（AI）和模拟量输出寄存器（AO）

模拟量输入端子送入的模拟信号经模/数转换电路转换成1个字（1个字由16位组成，可用W表示）的数字量，该数字量存入一个模拟量输入寄存器。模拟量输入寄存器的表示符号为AI，其编号以字（W）为单位，故必须采用偶数形式，如AIW0、AIW2、AIW4…

一个模拟量输出寄存器可以存储1个字的数字量，该数字量经数/模转换电路转换成模拟信号从模拟量输出端子输出。模拟量输出寄存器的表示符号为AQ，其编号以字为（W）单位，采用偶数形式，如AQW0、AQW2、AQW4…

S7-200 SMART PLC有56个字的AI和56个字的AQ。

西门子S7-200 SMART PLC编程软件的使用

STEP 7- Micro/WIN SMART是S7-200 SMART PLC的编程组态软件，可在Windows XP SP3、Windows 7操作系统上运行，支持梯形图（LAD）、语句表（STL）、功能块图（FBD）编程语言，部分语言程序之间可自由转换，该软件的安装文件不到200MB。在继承STEP 7-Micro/WIN软件（S7-200 PLC的编程软件）优点的同时，增加了更多的人性化设计，使编程容易上手、项目开发更加高效。本章介绍目前最新的STEP 7 Micro/WIN SMART V2.2版本。

10.1 软件的安装、卸载与软件窗口介绍

10.1.1 软件的安装与启动

（1）软件的安装

STEP 7- Micro/WIN SMART软件的安装文件体积不到200MB，安装时不需要序列号。为了使软件安装能顺利进行，建议在安装软件前关闭计算机的安全防护软件。

在安装时，打开STEP 7- Micro/WIN SMART软件的安装文件夹，如图10-1（a）所示，双击其中的“setup.exe”文件，弹出对话框，要求选择软件的安装语言，选择“中文（简体）”，点击“确定”按钮，开始安装软件，安装时会弹出图10-1（b）所示的对话框，选择“我接受许可证…”，点击“下一步”，出现图10-1（c）所示的对话框，要求选择软件的安装目的地文件夹（即软件的安装路径），点击“浏览”可以更改安装路径，这里保持默认路径，点击“下一步”，软件开始正式安装，如图10-1（d）所示，如果计算机安装过STEP 7- Micro/WIN SMART软件（或未卸载干净），可能会弹出图10-1（e）所示的对话框，提示无法继续安装，不用理会，点击“确定”按钮继续安装（如果不能继续安装，则要按对话框说明将先前安装的软件卸载干净），软件安装需要一定的时间，最后会出现图10-1（f）所示的安装完成对话框，有两个选项，可根据自己需要选择，这里两项都不选，点击“完

成”按钮，即完成STEP 7- Micro/WIN SMART软件的安装。

(a) 在软件安装文件中双击“setup.exe”文件并在弹出的对话框中选择“中文(简体)”

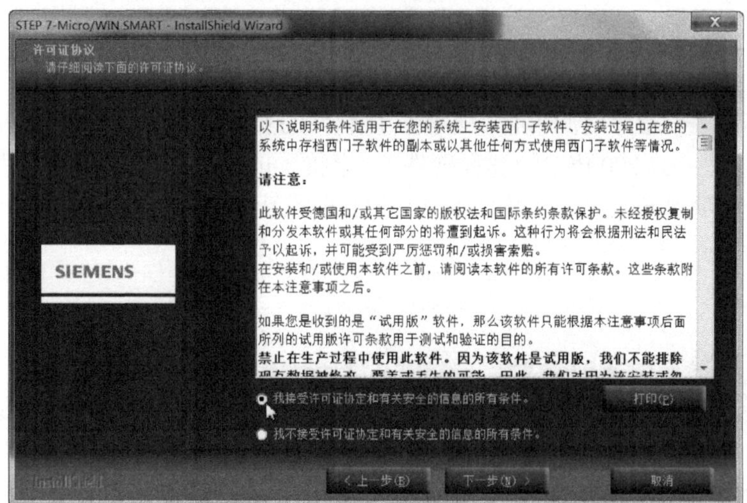

(b) 选择“我接受许可证…”后点击“下一步”

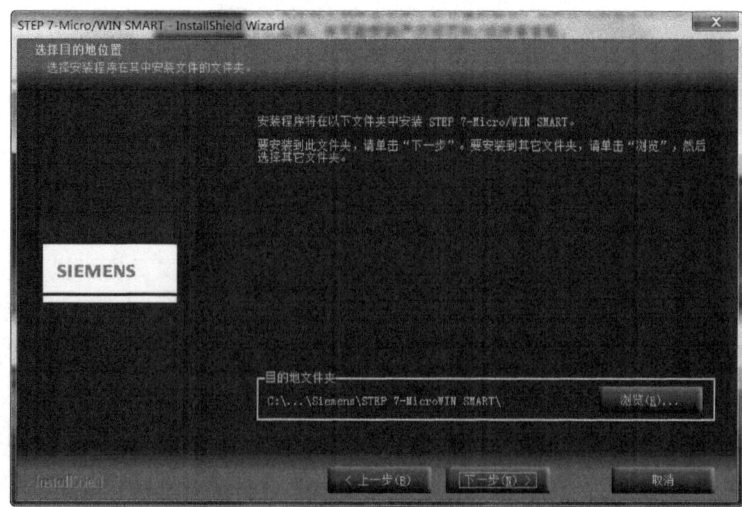

(c) 点击“浏览”可以更改安装路径，这里保持默认路径，点击“下一步”

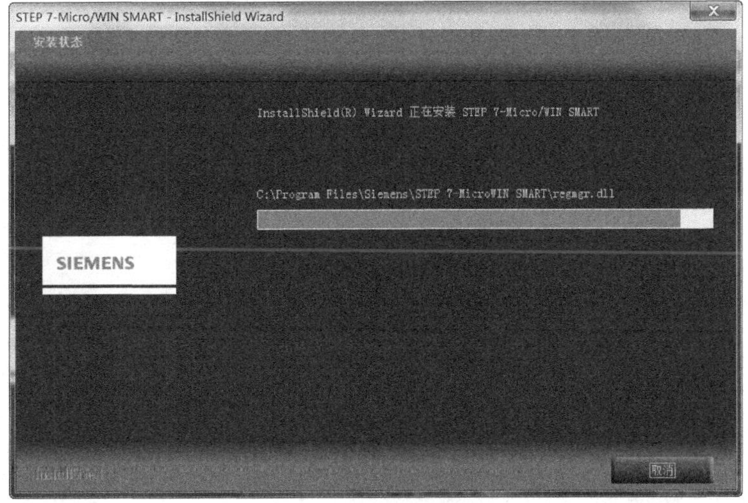

(d) 安装进度显示

(e) 如果先前安装过本软件但未卸载干净，会出现图示对话框，不用理会，点击"确定"按钮继续安装

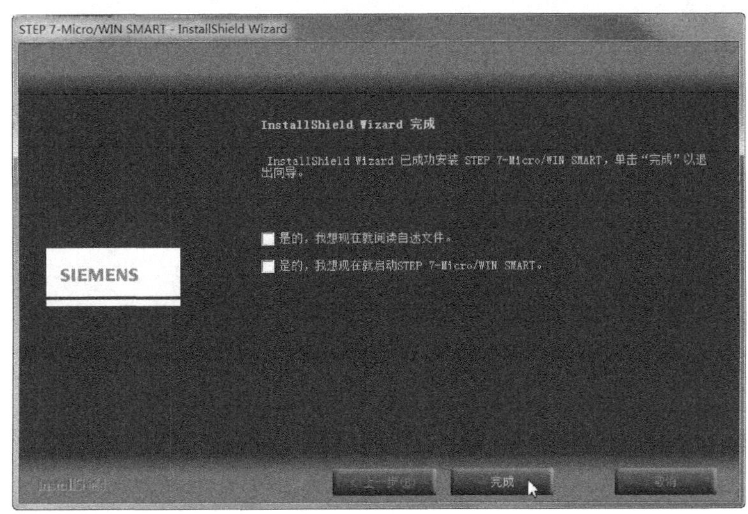

(f) 提示软件安装完成

图10-1 STEP 7- Micro/WIN SMART软件的安装

（2）软件的启动

STEP 7- Micro/WIN SMART软件启动可采用两种方法：一是直接双击计算机桌面上的“STEP 7- Micro/WIN SMART”图标，如图10-2（a）所示；二是从开始菜单启动，如图10-2（b）所示。STEP 7- Micro/WIN SMART软件启动后，其软件窗口如图10-3所示。

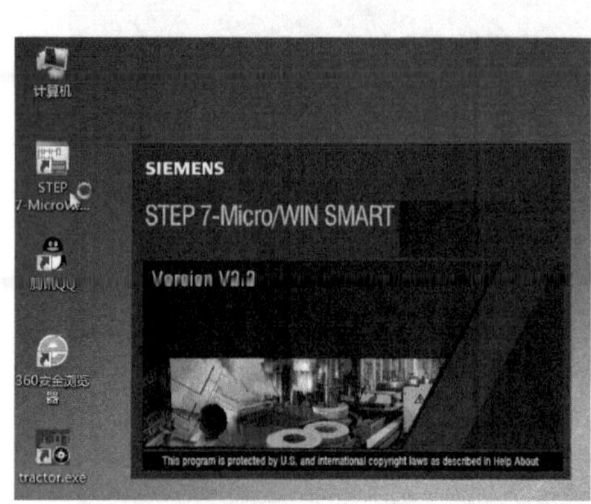

(a) 双击计算机桌面上的软件图标启动软件

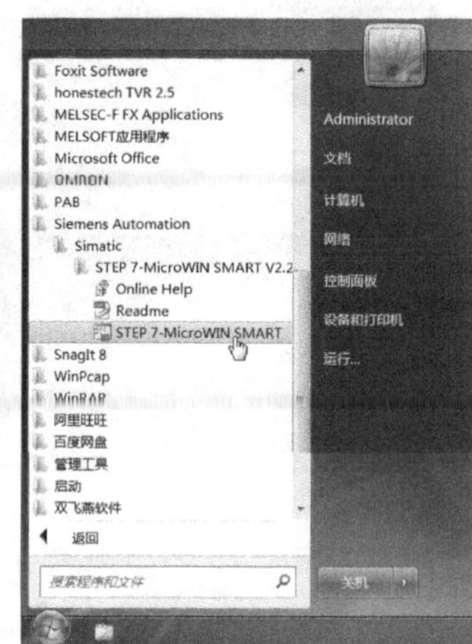

(b) 从开始菜单启动软件

图10-2　STEP 7- Micro/WIN SMART软件的启动

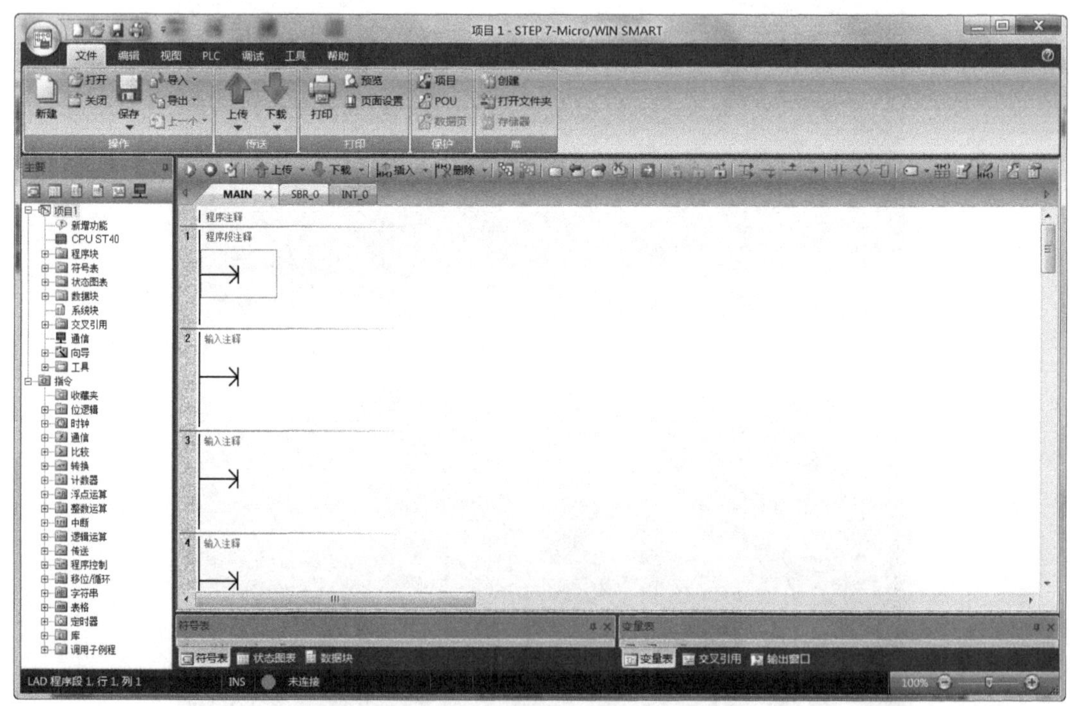

图10-3　STEP 7- Micro/WIN SMART软件的窗口

10.1.2　软件的卸载

STEP 7- Micro/WIN SMART软件的卸载可使用计算机的“控制面板”，以Win7操作系统为例，从开始菜单打开控制面板，在控制面板窗口中双击“程序和功能”，打开图10-4（a）所示的“程序和功能”窗口，在“卸载或更改程序”栏中双击“STEP 7- Micro/WIN SMART”项，会弹出询问是否卸载程序信息的对话框，点击“是”即开始卸载软件，最后会出现卸载完成对话框，如图10-4（b）所示，点击“完成”即结束软件的卸载。

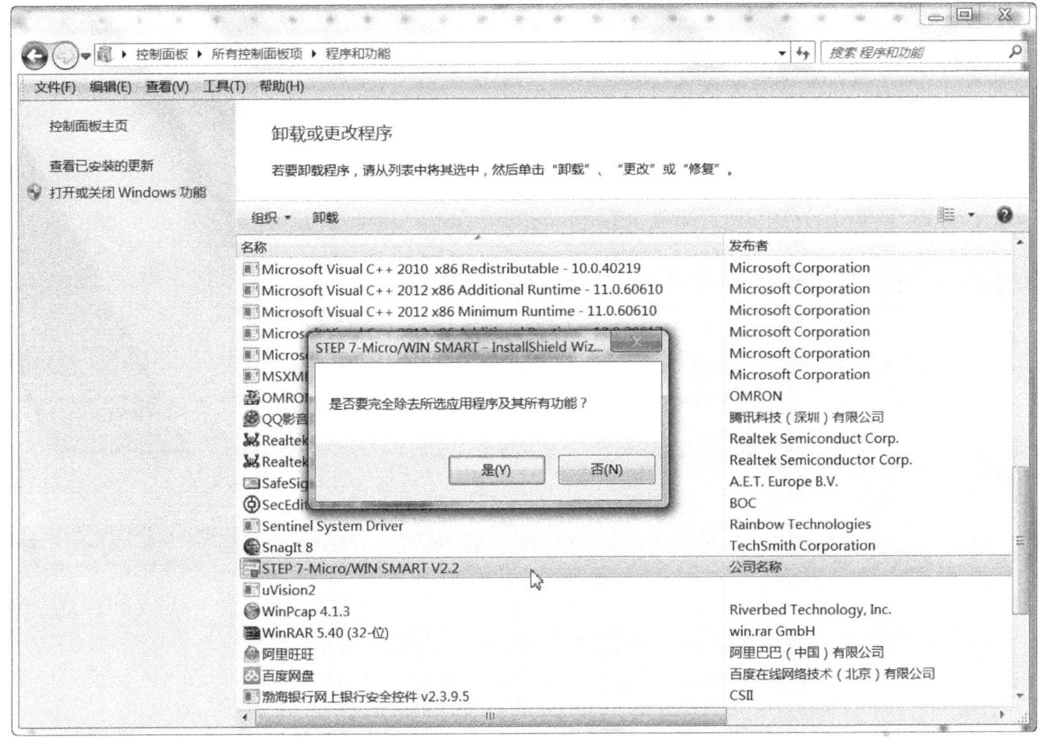

(a) 从控制面板的“程序和功能”窗口卸载软件

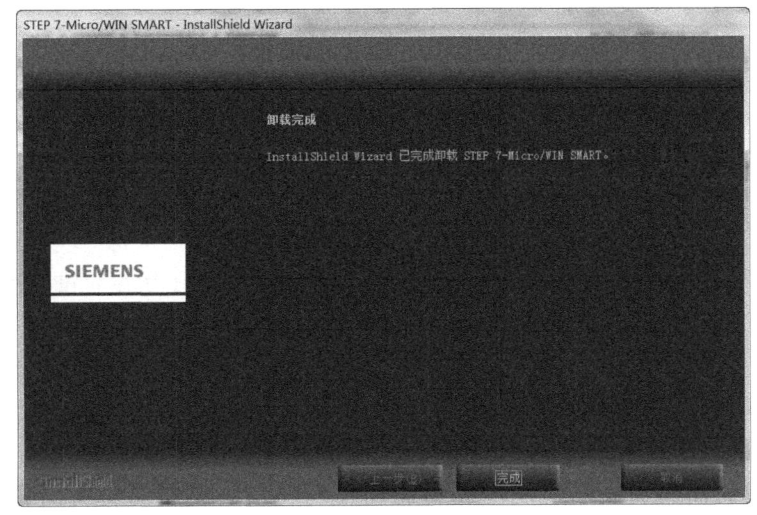

(b) 软件卸载完成对话框

图10-4　STEP 7- Micro/WIN SMART软件的卸载

10.1.3 软件窗口组件说明

图10-5是STEP 7- Micro/WIN SMART软件窗口，下面对软件窗口各组件进行说明。

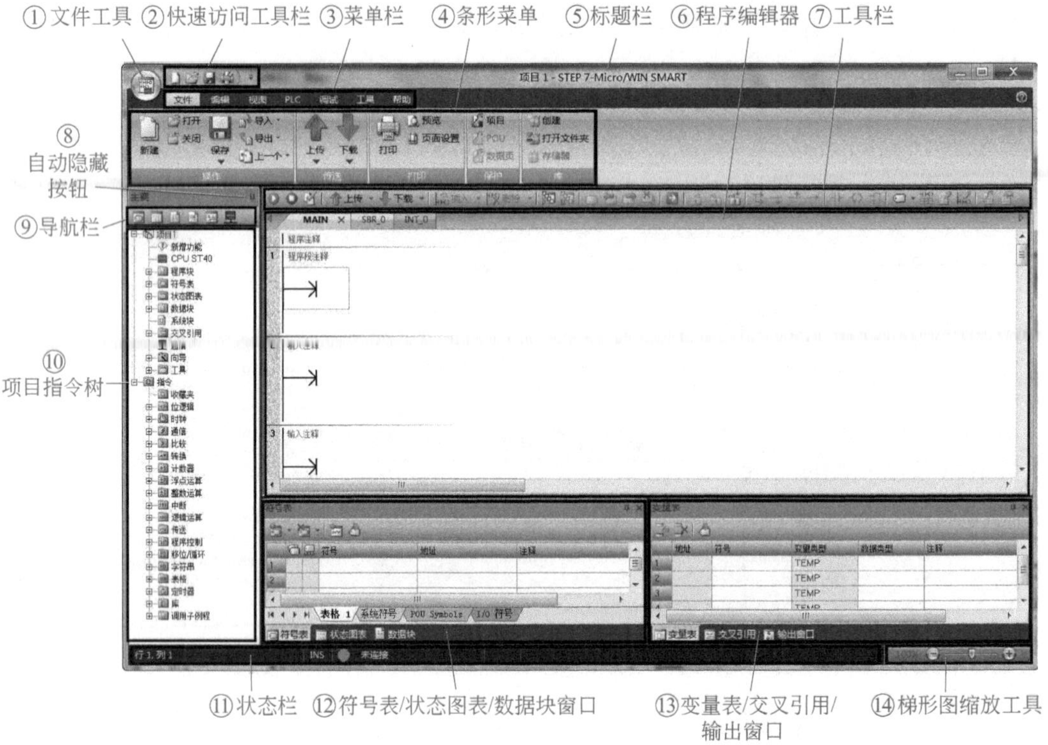
①文件工具
②快速访问工具栏
③菜单栏
④条形菜单
⑤标题栏
⑥程序编辑器
⑦工具栏
⑧自动隐藏按钮
⑨导航栏
⑩项目指令树
⑪状态栏
⑫符号表/状态图表/数据块窗口
⑬变量表/交叉引用/输出窗口
⑭梯形图缩放工具
项目 1 - STEP 7-Micro/WIN SMART

图10-5 STEP 7- Micro/WIN SMART软件窗口的组成部件

① 文件工具　是“文件”菜单的快捷按钮，点击后会出现纵向文件菜单，提供最常用的新建、打开、另存为、关闭等选项。

② 快速访问工具栏　有5个图标按钮，分别为新建、打开、保存和打印工具，点击右边的倒三角小按钮会弹出菜单，可以进行定义更多的工具、更改工具栏的显示位置、最小化功能区（即最小化下方的横条形菜单）等操作。

③ 菜单栏　由“文件”“编辑”“视图”“PLC”“调试”“工具”和“帮助”7个菜单组成，点击某个菜单，该菜单所有的选项会在下方的横向条形菜单区显示出来。

④ 条形菜单　以横向条形方式显示菜单选项，当前内容为“文件”菜单的选项，在菜单栏点击不同的菜单，条形菜单内容会发生变化。在条形菜单上单击右键会弹出菜单，选择“最小化功能区”即可隐藏条形菜单以节省显示空间，单击菜单栏的某个菜单，条形菜单会显示出来，然后又会自动隐藏。

⑤ 标题栏　用于显示当前项目的文件名称。

⑥ 程序编辑器　用于编写PLC程序，点击左上方的“MAIN”“SBR_0”“INT_0”可以切换到主程序编辑器、子程序编辑器和中断程序编辑器，默认打开主程序编辑器（MAIN），编程语言为梯形图（LAD），点击菜单栏的“视图”，再点击条形菜单区的“STL”，则将编程语言设为指令语句表（STL），点击条形菜单区的“FBD”，就将编程语

言设为功能块图（FBD）。

⑦ 工具栏　提供了一些常用的工具，使操作更快捷，程序编辑器处于不同编程语言时，工具栏上的工具会有一些不同，当鼠标移到某工具上时，会出现提示框，说明该工具的名称及功能，如图10-6所示（编程语言为梯形图LAD时）。

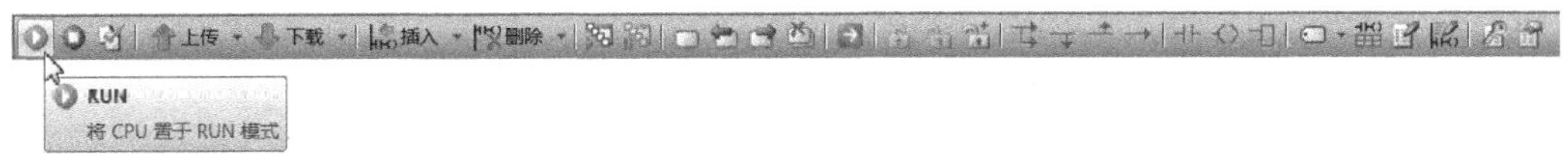

图10-6　工具栏的各个工具（编程语言为梯形图LAD时）

⑧ 自动隐藏按钮　用于隐藏/显示窗口，当按钮图标处于纵向纺锤形时，窗口显示，点击会使按钮图标变成横向纺锤型，同时该按钮控制的窗口会移到软件窗口的边缘隐藏起来，鼠标移到边缘隐藏部位时，窗口又会移出来。

⑨ 导航栏　位于项目树上方，有符号表、状态图表、数据块、系统块、交叉引用和通信6个按钮组成，点击图标时可以打开相应图表或对话框。利用导航栏可快速访问项目树中的对象，单击一个导航栏按钮相当于展开项目树的某项并双击该项中相应内容。

⑩ 项目指令树　用于显示所有项目对象和编程指令。在编程时，先单击某个指令包前的+号，可以看到该指令包内所有的指令，可以采用拖放的方式将指令移到程序编辑器中，也可以双击指令将其插入程序编辑器当前光标所在位置。执行操作项目对象采用双击方式，对项目对象进行更多的操作可采用右键菜单来实现。

⑪ 状态栏　用于显示光标在窗口的行列位置、当前编辑模式（INS为插入，OVER为覆盖）和计算机与PLC的连接状态等。在状态栏上点击右键，在弹出的右键菜单中可设置状态栏的显示内容。

⑫ 符号表/状态图表/数据块窗口　以重叠的方式显示符号表、状态图表和数据块窗口，单击窗口下方的选项卡可切换不同的显示内容，当前窗口显示的为符号表，单击符号表下方的选项卡，可以切换到其它表格（如系统符号表、I/O符号表）。单击该窗口右上角的纺锤型按钮，可以将窗口隐藏到左下角。

⑬ 变量表/交叉引用/输出窗口　以重叠的方式显示变量表、交叉引用和输出窗口，单击窗口下方的选项卡可切换不同的显示内容，当前窗口显示的为变量表。单击该窗口右上角的纺锤型按钮，可以将窗口隐藏到左下角。

⑭ 梯形图缩放工具　用于调节程序编辑器中的梯形图显示大小，可以点击“+”“–”按钮来调节大小，每点击一次，显示大小改变5%，调节范围为50%～150%，也可以拖动滑块来调节大小。

在使用STEP 7- Micro/WIN SMART软件过程中，可能会使窗口组件排列混乱，这时可进行视图复位操作，将各窗口组件恢复到安装时的状态。视图恢复操作如图10-7所示，单击菜单栏的“视图”，在下方的横向条形菜单中点击“组件”的下拉按钮，在弹出的菜单中选择“复位视图”，然后关闭软件并重新启动各窗口组件即可恢复到初始状态。符号表/状态图表/数据块窗口和变量表/交叉引用/输出窗口初始时只显示选项卡部分，需要用鼠标向上拖动程序编辑器下边框才能使之显示出来，如图10-8所示。

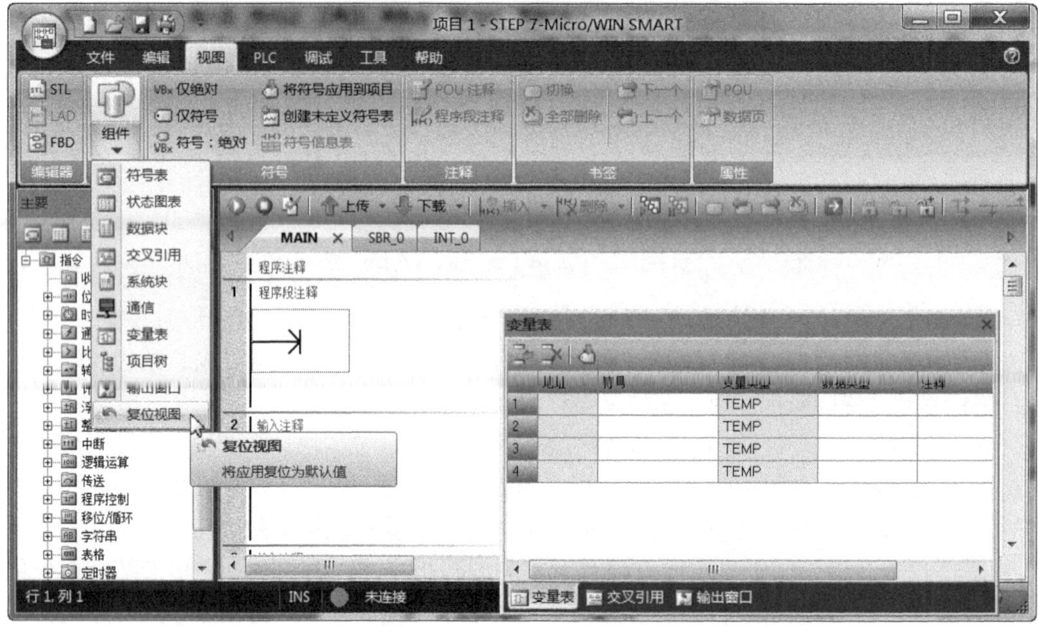

图10-7 执行视图复位操作使窗口各组件恢复到初始状态

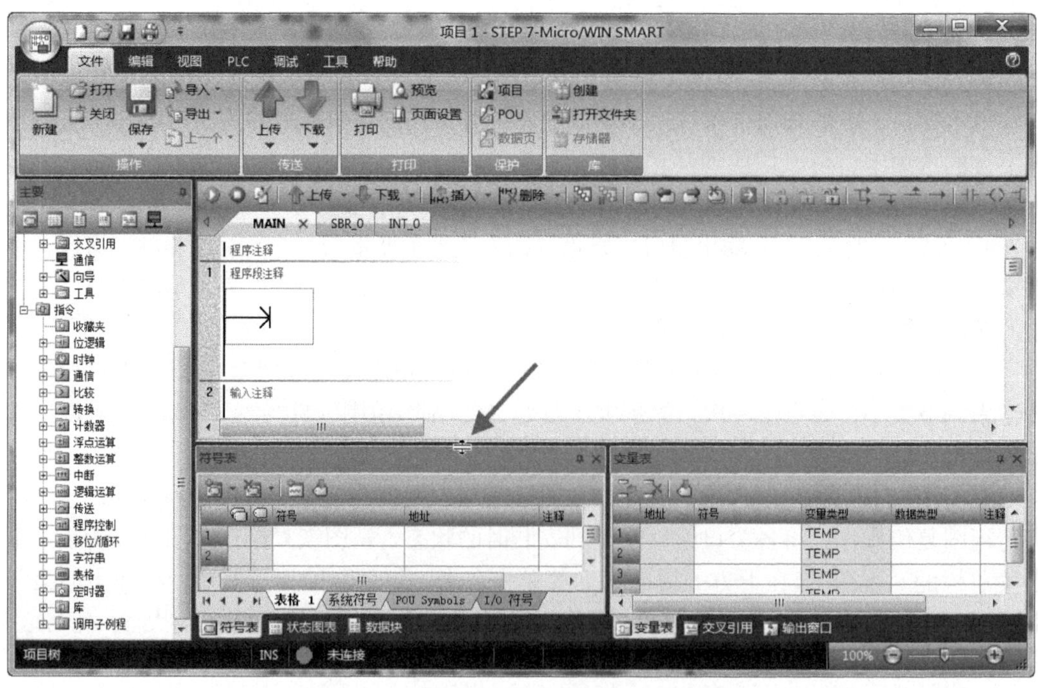

图10-8 用拖动窗口边框来调节显示区域

10.2 程序的编写与下载

10.2.1 项目创建与保存

STEP 7- Micro/WIN SMART软件启动后会自动建立一个名称为“项目1”的文件，如果需要更改文件名并保存下来，可点击“文件”菜单下的“保存”按钮，弹出“另存为”对话框，如图10-9所示，选择文件的保存路径再输入文件名“例1”，文件扩展名默认为“.smart”，然后点击保存按钮即将项目更名为“例1.smart”，并保存下来。

图10-9 项目的保存

10.2.2 PLC硬件组态（配置）

PLC可以是一台CPU模块，也可以是由CPU模块、信号板（SB）和扩展模块（EM）组成的系统。PLC硬件组态又称PLC配置，是指编程前先在编程软件中设置PLC的CPU模块、信号板和扩展模块的型号，使之与实际使用的PLC一致，以确保编写的程序能在实际硬件中运行。

在STEP 7- Micro/WIN SMART软件中组态PLC硬件使用系统块。PLC硬件组态操作如图10-10所示，双击项目指令树中的“系统块”，弹出系统块对话框，由于当前使用的PLC是一台ST20型的CPU模块，故在对话框的CPU行的模块列中点击下拉按钮，出现所有CPU模块型号，从中选择“CPU ST20（DC/DC/DC）”，在版本列中选择CPU模块的版本号（实际模块上有版本号标注），如果不知道版本号，可选择最低版本号，模块型号选定后，输入（起始地址）、输出（起始地址）和订货号列的内容会自动生成，点击“确定”按钮即完成了PLC硬件组态。

如果CPU模块上安装了信号板，还需要设置信号板的型号，在SB行的模块列空白处单击，会出现下拉按钮，单击下拉按钮，会出现所有信号板型号，从中选择正确的型号，再在SB行的版本列选择信号板的版本号，输入、输出和订货号列的内容也会自动生成。如果CPU模块还连接了多台扩展模块（EM），可根据连接的顺序用同样的方法在EM1、EM2…列设置各个扩展模块。选中某行的模块列，按键盘上的“Delete（删除）”键，可以将该行模块列的设置内容删掉。

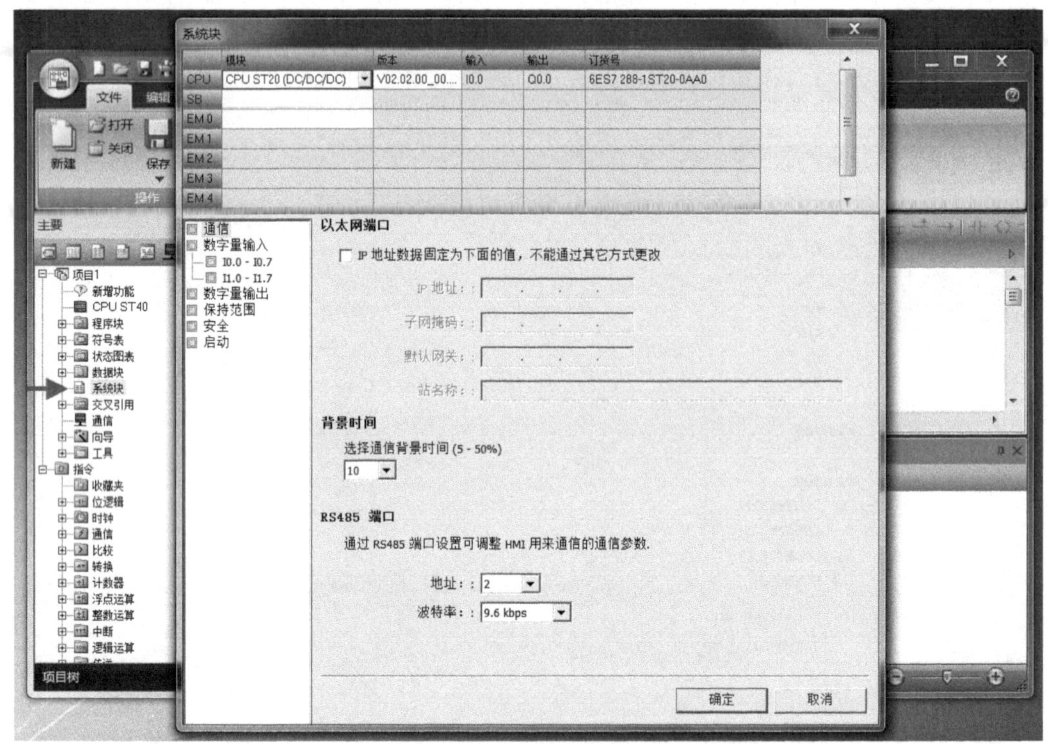

图10-10 PLC硬件组态（配置）

10.2.3 程序的编写

下面以编写图10-11所示的程序为例来说明如何在STEP 7- Micro/WIN SMART软件中编写梯形图程序。梯形图程序的编写过程见表10-1。

I0.0 I0.1 I0.2 Q0.0

Q0.0

T37 IN TON

50 PT 100ms

T37 Q0.1

图10-11 待编写的梯形图程序

表10-1　梯形图程序的编写

<table>
<tr><th>序号</th><th>操作说明</th></tr>
<tr><td>1</td><td>在STEP 7- Micro/WIN SMART软件的项目指令树中，展开位逻辑指令，双击其中的常开触点，如下图所示，程序编辑器的光标位置马上插入一个常开触点，并出现下拉菜单，可以从中选择触点的符号，其中符号“CPU输入0”对应着I0.0（绝对地址），也可以直接输入I0.0，回车后即插入一个I0.0常开触点。
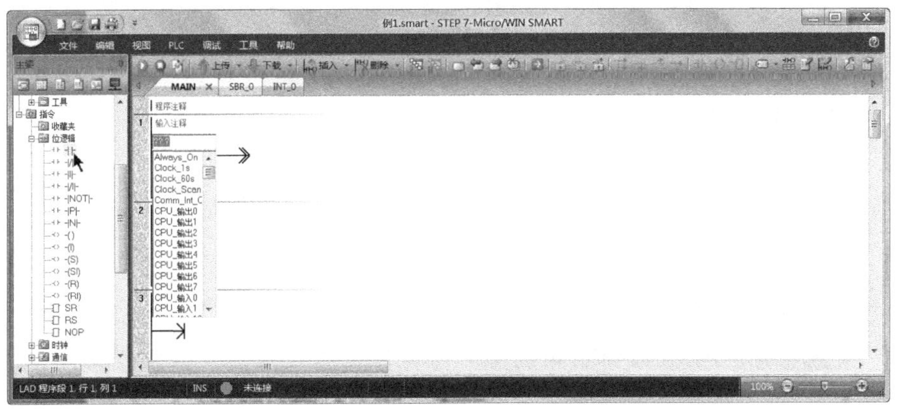
</td></tr>
<tr><td>2</td><td>在程序编辑器里插入一个常开触点后，同时会出现一个符号信息表，列出元件的符号与对应的绝对地址，如果不希望显示符号信息表，可单击工具栏上的“符号信息表”工具，如下图所示，即可将符号信息表隐藏起来。
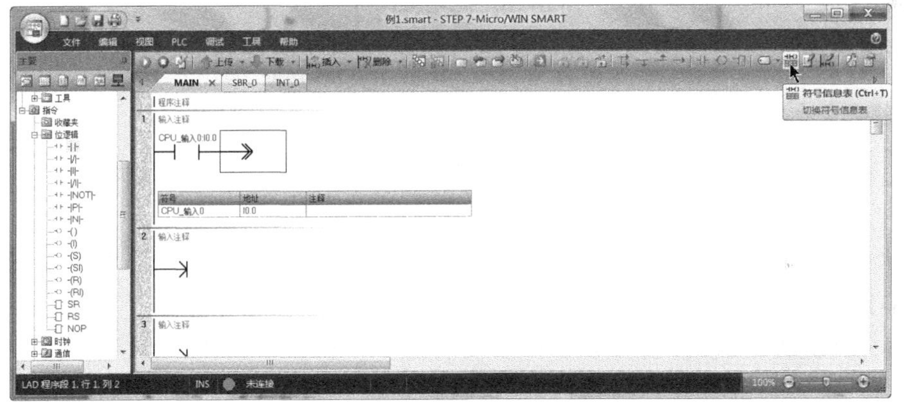
</td></tr>
<tr><td>3</td><td>梯形图程序的元件默认会同时显示符号和绝对地址，如果仅希望显示绝对地址，可单击工具栏上的“切换寻址”工具旁边的下拉按钮，在下拉菜单中选择“仅绝对”，如下图所示，这样常开触点旁只显示“I0.0”，“CPU输入0”不会显示。
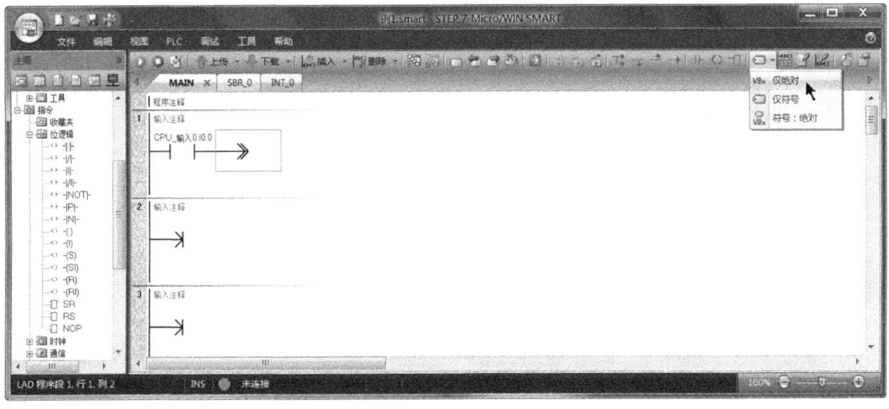
</td></tr>
</table>

续表

序号	操作说明
4	在项目指令树中双击位逻辑指令的常闭触点，在I0.0常开触点之后插入一个常闭触点，如下图所示，再输入触点的绝对地址I0.1，或在下拉菜单中选择触点的符号“CPU输入1”，回车后即生成一个I0.1常闭触点。 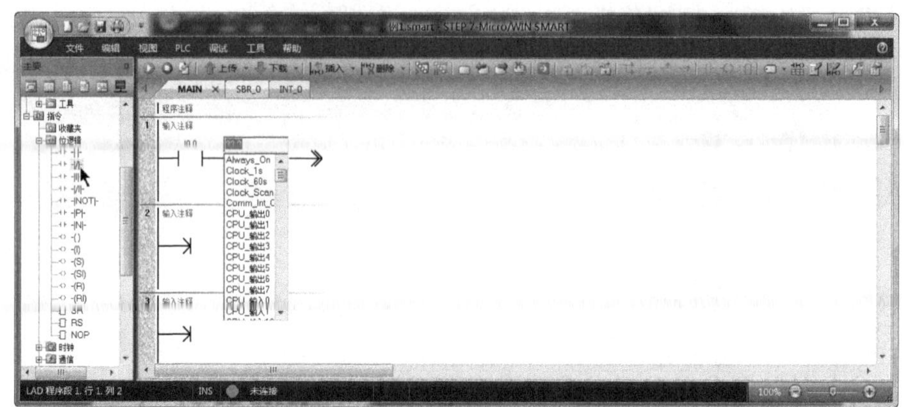
5	用同样的方法在I0.1常闭触点之后插入一个I0.2常闭触点，然后在项目指令树中双击位逻辑指令的输出线圈，在I0.2常闭触点之后插入一个线圈，如下图所示，再输入触点的绝对地址Q0.0，或在下拉菜单中选择线圈的符号“CPU输出0”，回车后即生成了一个Q0.0线圈。 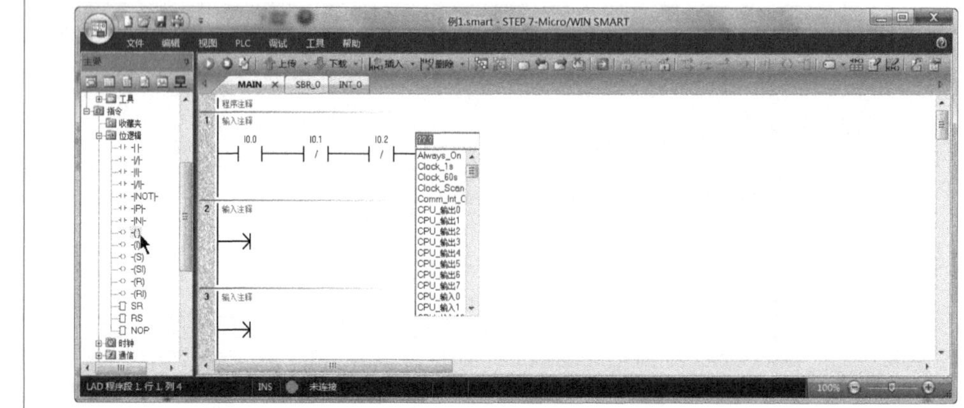
6	在I0.0常开触点下方插入一个Q0.0常开触点，然后单击工具栏上的“插入向上垂直线”，如下图所示，就会在Q0.0触点右边插入一根向上垂直线，与I0.0触点右边的线连接起来。 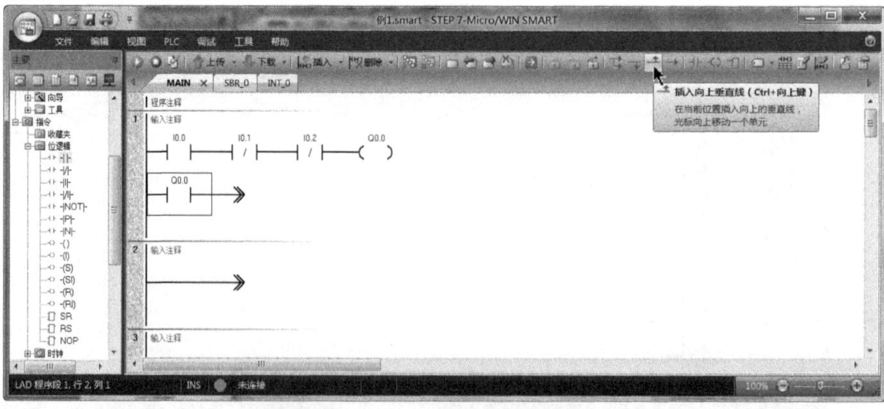

续表

序号	操作说明
7	将光标定位在I0.2常开触点上，然后单击工具栏上的“插入分支”工具，如下图所示，会在I0.2触点右边向下插入一根向下分支线。 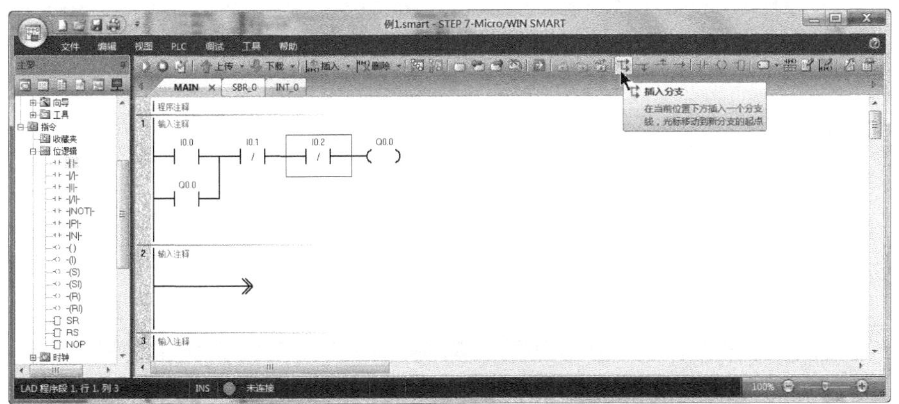
8	将光标定位在向下分支线箭头处，然后在项目指令树中展开定时器，双击其中的TON（接通延时定时器），在向下分支线右边插入一个定时器元件，如下图所示。 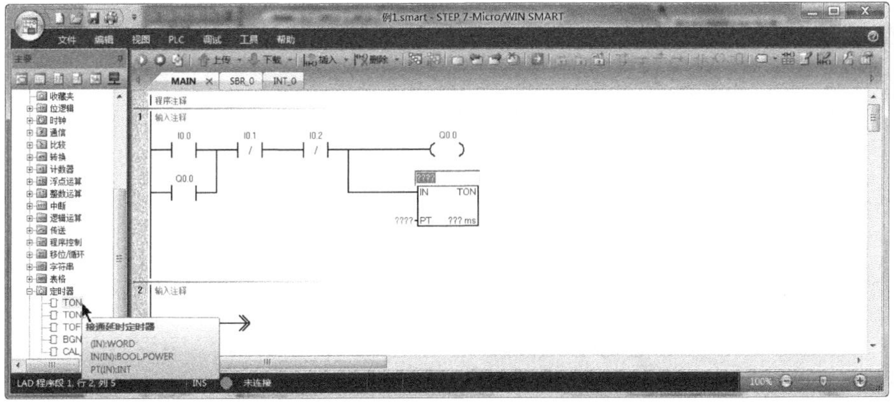
9	在定时器元件上方输入定时器地址T37，在定时器元件左下角输入定时值50，T37是一个100ms的定时器，其定时时间为50×100ms=5000ms=5s，如下图所示。 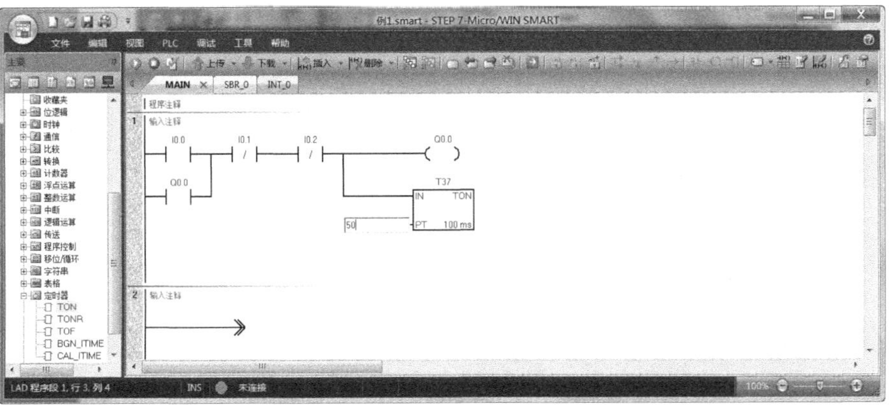

续表

序号	操作说明
10	在程序段2插入一个T37常开触点和一个Q0.1线圈，如下图所示。 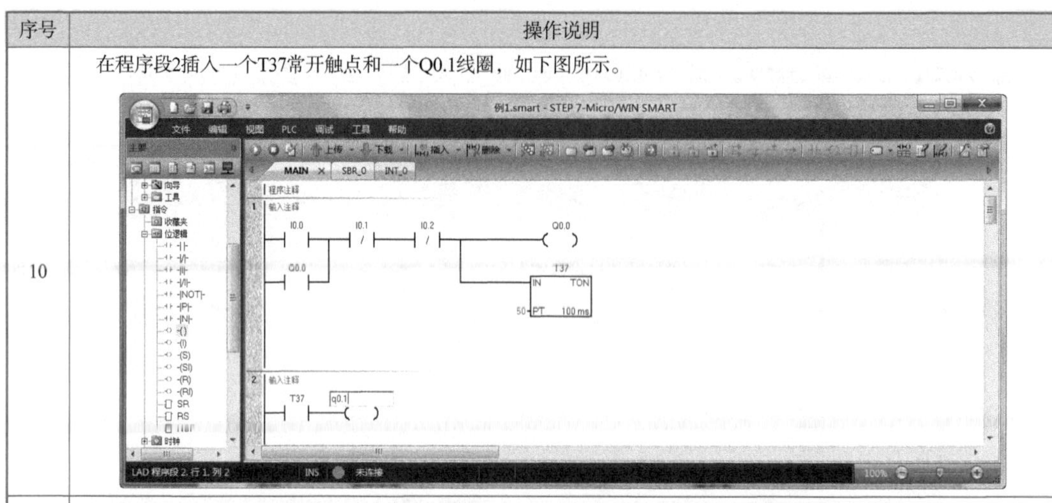
11	程序编写完成后，可以对其进行编译。梯形图程序是一种图形化的程序，PLC不能读懂这种程序，编译就是将梯形图程序翻译成PLC可以接受代码，编译还可以检查程序是否有错误。在编译时，单击工具栏上的“编译”工具，如下图所示，编程软件马上对梯形图程序进行编译。 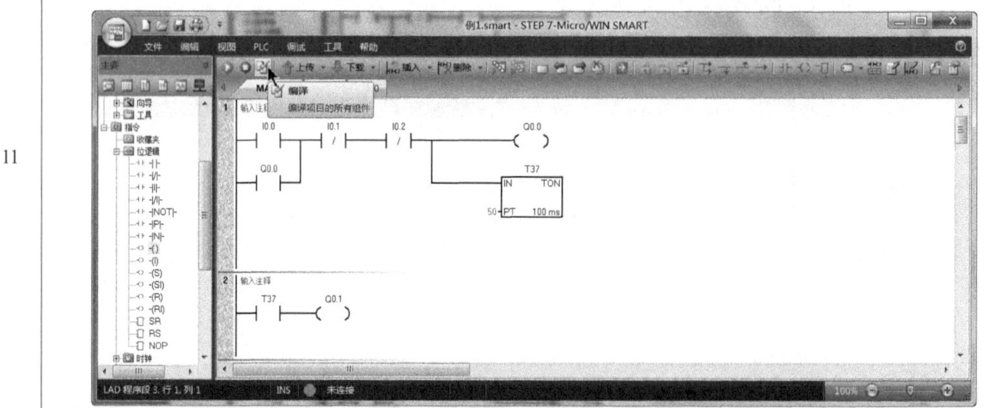
12	程序编译时，在编程软件窗口下方会出现一个输出窗口，窗口中会有一些编译信息，如下图所示，如果窗口有“0个错误，0个警告”，表明编写的程序语法上没有错误，如果提示有错误，通常会有出错位置信息显示，找到错误并改正后，再重新编译，直到无错误和警告为止。 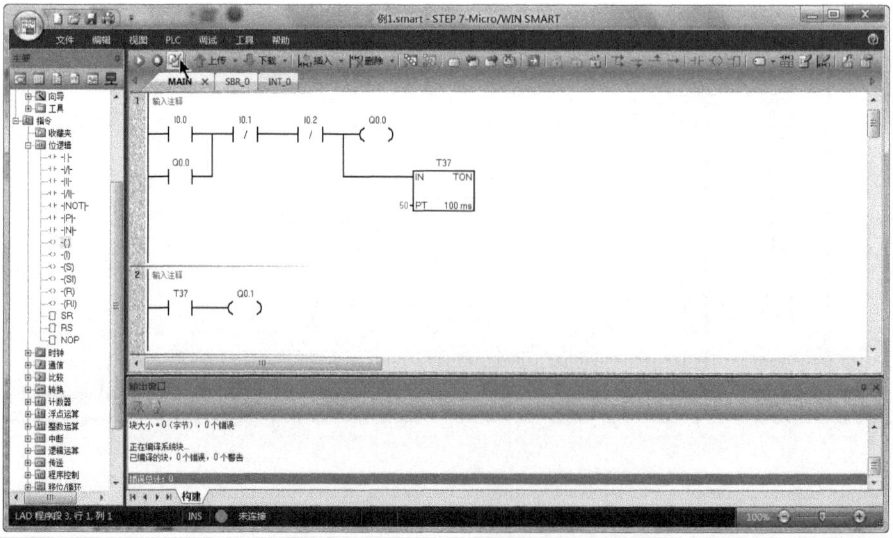

10.2.4 PLC与计算机的连接与通信设置

在计算机中用STEP 7- Micro/WIN SMART软件编写好PLC程序后，如果要将程序写入PLC（又称下载程序），需用通信电缆将PLC与计算机连接起来，并进行通信设置，让两者建立软件上的通信连接。

（1）PLC与计算机的硬件通信连接

西门子S7-200 SMART CPU模块上有以太网端口（俗称网线接口，RJ45接口），该端口与计算机上的网线端口相同，两者使用普通市售网线连接起来，另外PLC与计算机通信时PLC需要接通电源。西门子S7-200 SMART PLC与计算机的硬件通信连接如图10-12所示。

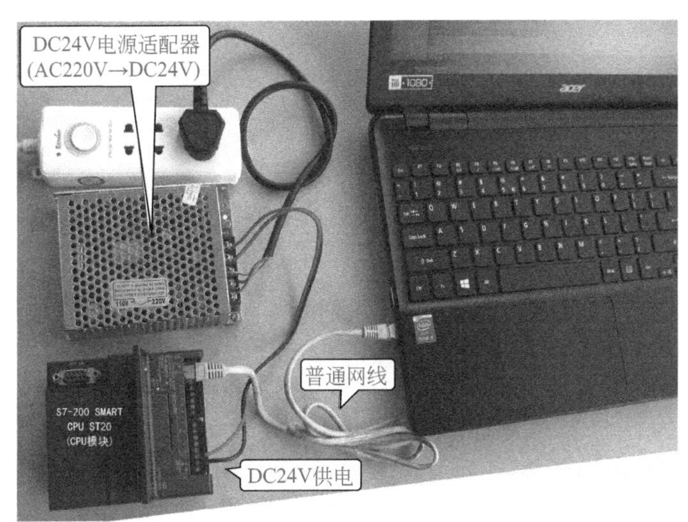

图10-12 西门子S7-200 SMART PLC与计算机的硬件通信连接

（2）通信设置

西门子S7-200 SMART PLC与计算机的硬件通信连接好后，还需要在计算机中进行通信设置才能让两者进行通信。

在STEP 7- Micro/WIN SMART软件的项目指令树中双击“通信”图标，弹出“通信”对话框，如图10-13（a）所示，在对话框的“网络接口卡”项中选择与PLC连接的计算机网络接口卡（网卡），如图10-13（b）所示，如果不知道与PLC连接的网卡名称，可打开计算机的控制面板内的“网络和共享中心”（以操作系统为WIN7为例），在“网络和共享中心”窗口的左方单击“更改适配器设置”，会出现图10-13（c）窗口，显示当前计算机的各种网络连接，PLC与计算机连接采用有线的本地连接，故选择其中的“本地连接”，采看并记下该图标显示的网卡名称。

在STEP 7- Micro/WIN SMART软件中重新打开“通信”对话框，在“网络接口卡”项中可看到有2个与本地连接名称相同的网卡，仍见图10-13（b）所示，一般选带Auto（自动）那个，选择后系统会自动搜索该网卡连接的PLC，搜到PLC后，在对话框左边的“找到CPU”中会显示与计算机连接的CPU模块的IP地址，如图10-13（d）所示，在对话框右边显示CPU模块的MAC地址（物理地址）、IP地址、子网掩码和网关信息，如果系统未自动搜索，可单击对话框下方的“查找”按钮进行搜索，搜到PLC后单击对话框右下方的

“确定”按钮即完成通信设置。

（3）下载与上传程序

将计算机中的程序传送到PLC的过程称为下载程序，将PLC中的程序传送到计算机的过程称为上传程序。

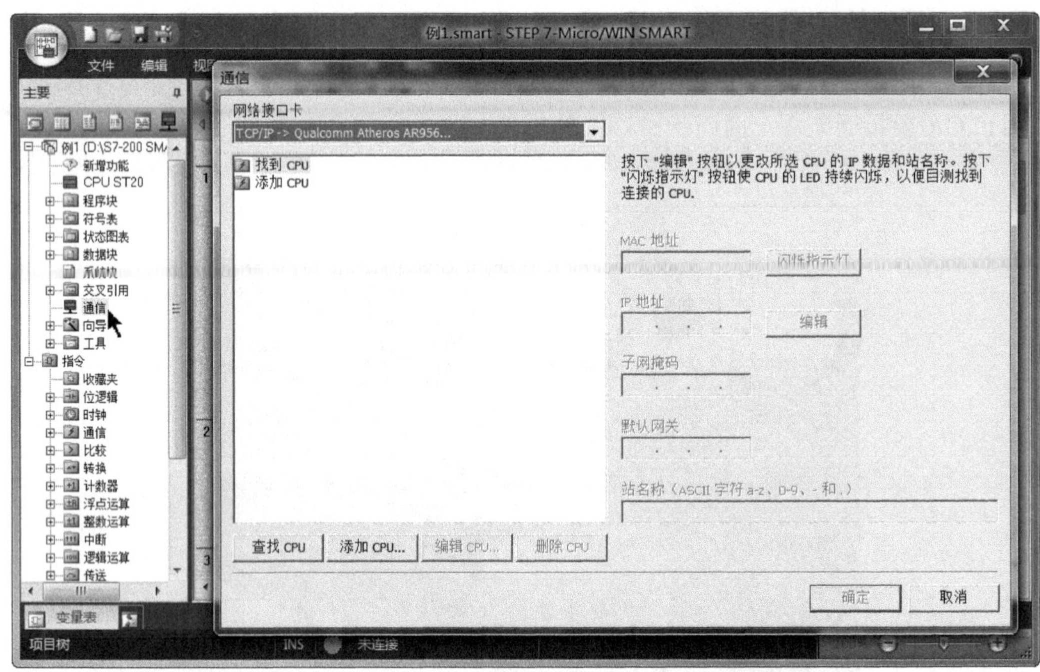

(a) 双击项目指令树中的“通信”图标会弹出“通信”对话框

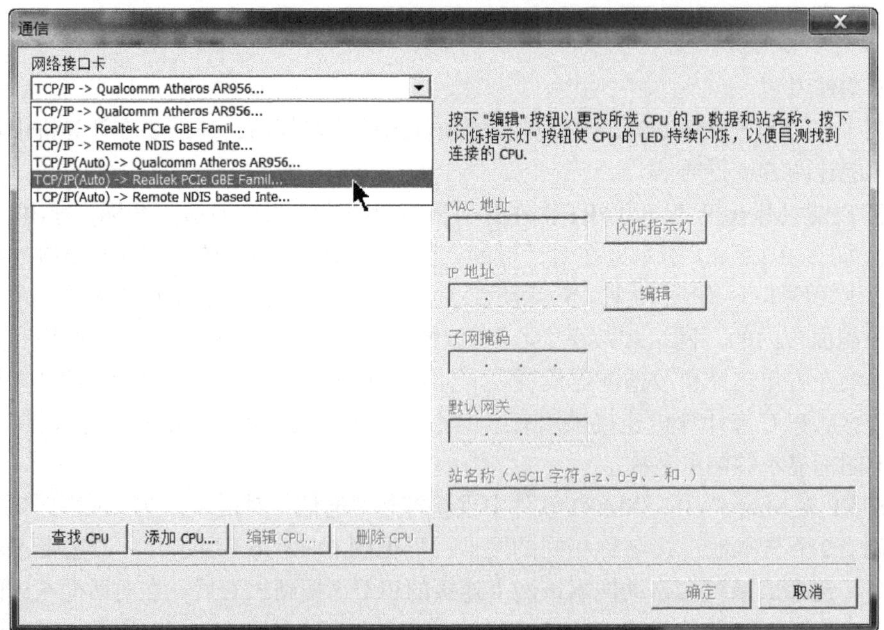

(b) 在“网络接口卡”项中选择与PLC连接的计算机网卡

(c) 在本地连接中查看与PLC连接的网卡名称

(d) 选择正确的网卡后系统会搜索网卡连接的PLC并显示该设备的有关信息

图10-13 在计算机中进行通信设置

下载程序的操作过程：在STEP 7- Micro/WIN SMART软件中编写好程序（或者打开先前编写的程序）后，单击工具栏上的“下载”工具，如图10-14（a）所示，弹出“通信”对话框，在“找到CPU”项中选择要下载程序的CPU（IP地址），再单击右下角的“确定”

按钮，软件窗口下方状态栏马上显示已连接PLC的IP地址（192.168.2.2）和PLC当前运行模式（RUN），同时弹出“下载”对话框，如图10-14（b）所示，在左侧“块”区域可选择要下载的内容，在右侧的“选项”区域可选择下载过程中出现的一些提示框，这里保存默认选择，单击对话框下方的“下载”按钮，如果下载时PLC处于RUN（运行）模式，会弹出图10-14（c）所示的对话框，询问是否将PLC置于STOP模式（只有在STOP模式下才能下载程序），单击“是”开始下载程序，程序下载完成后，弹出图10-14（d）所示的对话框，询问是否将PLC置于RUN模式，单击“是”即完成程序的下载。

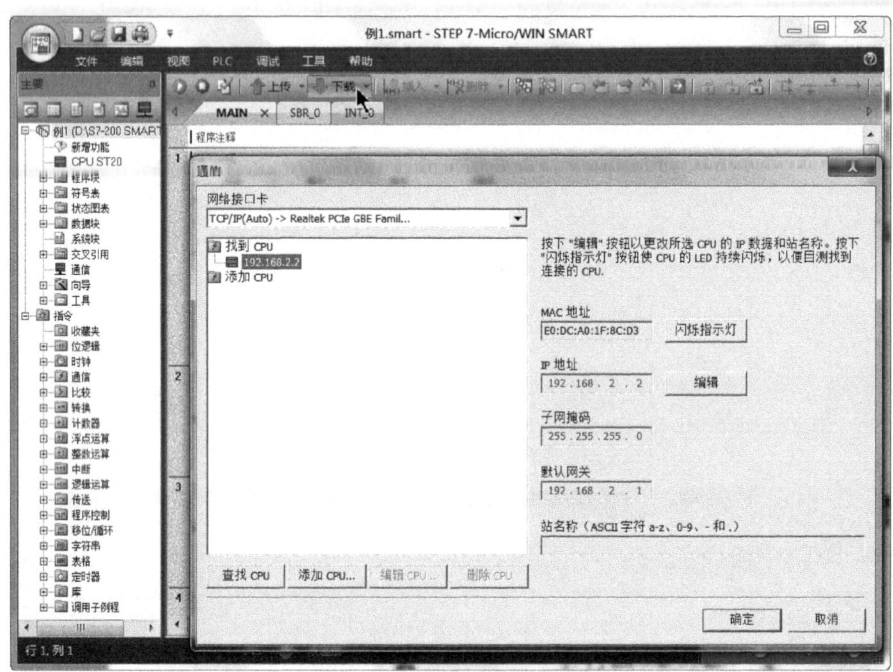

(a) 单击工具栏上的“下载”工具弹出“通信”对话框

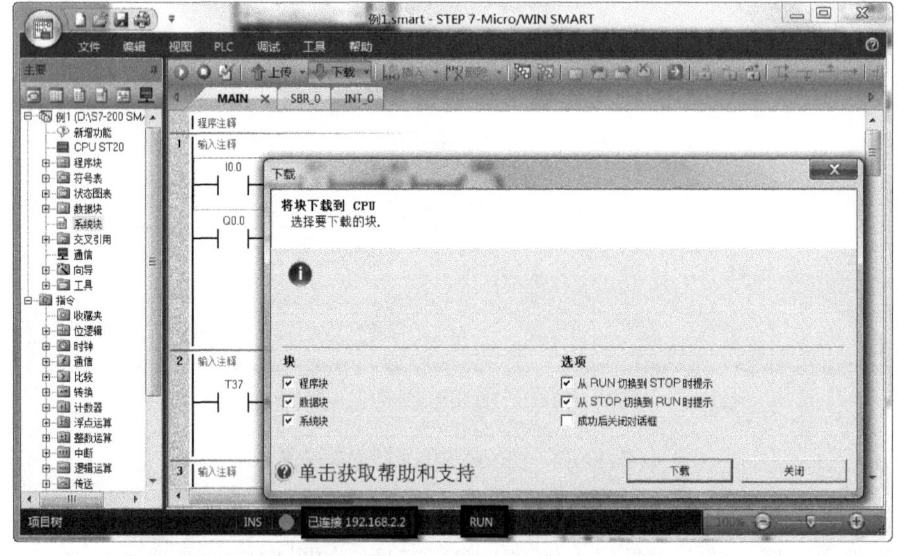

(b) 软件窗口状态栏显示已连接PLC的IP地址和运行模式并弹出下载对话框

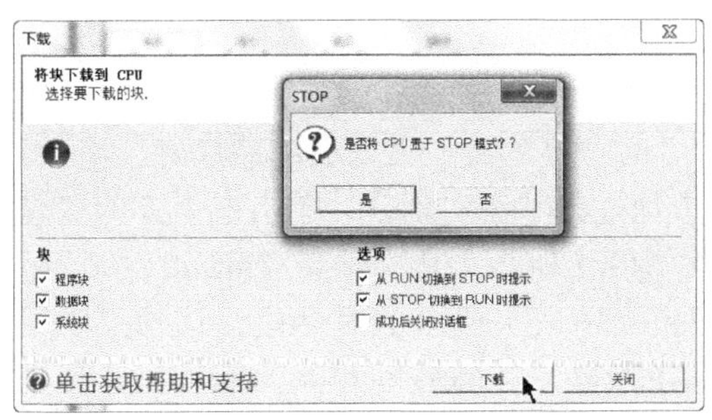

(c) 下载前弹出对话框询问是否将CPU置于STOP模式

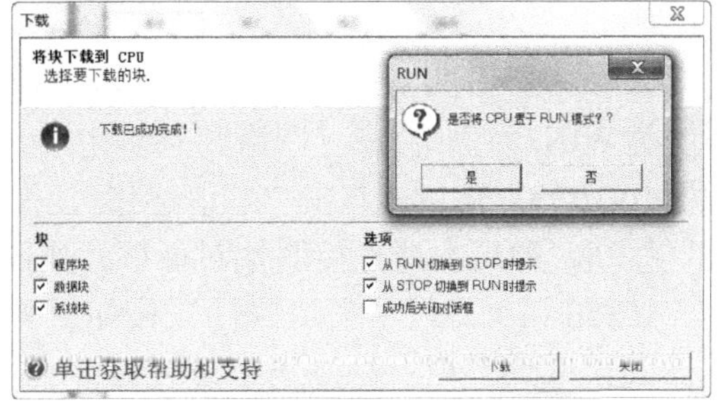

(d) 下载完成后会弹出对话框询问是否将CPU置于RUN模式

图10-14 下载程序

上传程序的操作过程：在上传程序前先新建一个空项目文件，用于存放从PLC上传来的程序，然后单击工具栏上的“上传”工具，后续的操作与下载程序类似，这里不再叙述。

（4）无法下载程序的解决方法

无法下载程序可能原因有：一是硬件连接不正常，如果PLC和计算机之间硬件连接正常，PLC上的LINK（连接）指示灯会亮；二是通信设置不正确。

若因通信设置不当造成无法下载程序，可采用手动设置IP地址的方法来解决，具体操作过程如下。

① 设置PLC的IP地址　在STEP 7- Micro/WIN SMART软件的项目指令树中双击“系统块”图标，弹出系统块对话框，如图10-15（a）所示，勾选“IP地址数据固定为…”，将IP地址、子网掩码和默认网关按图示设置，IP地址和网关前三组数要相同，子网掩码固定为255.255.255.0，单击“确定”按钮完成PLC的IP地址设置，然后将系统块下载到PLC即可

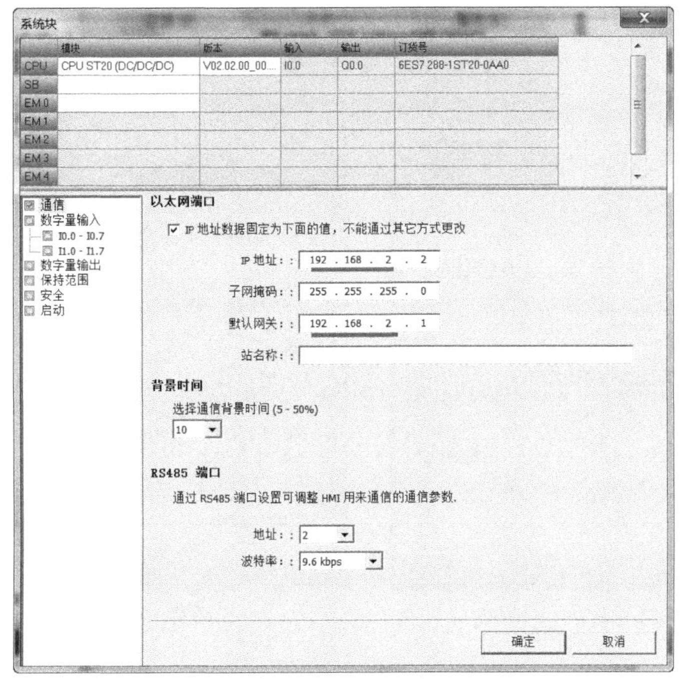

图10-15 在系统块对话框中设置上PLC的IP地址

使IP地址设置生效。

② 设置计算机的IP地址　打开计算机的控制面板内的“网络和共享中心”（以操作系统为WIN7为例），在“网络和共享中心”窗口的左方单击“更改适配器设置”，会出现图10-16（a）窗口，双击“本地连接”，弹出本地连接状态对话框，单击左下方的“属性”按钮，弹出本地连接属性对话框，如图10-16（b）所示，从中选择“Internet 协议版本（TCP/IPv4）”，再单击“属性”按钮，弹出图10-16（c）所示的对话框，选择“使用下面的IP地址”项，并按图示设置好计算机的IP地址、子网掩码和默认网关，计算机与PLC的网关应相同，两者的IP地址不能相同（两者的IP地址前三组数要相同，最后一组数不能相同），子网掩码固定为255.255.255.0，单击“确定”按钮完成计算机的IP地址设置。

(a) 双击“本地连接”弹出本地连接状态对话框

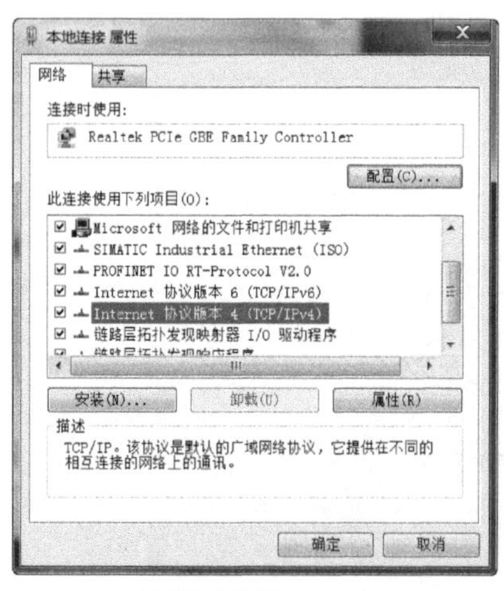

(b) 在对话框中选择“…(TCP/IPv4)”

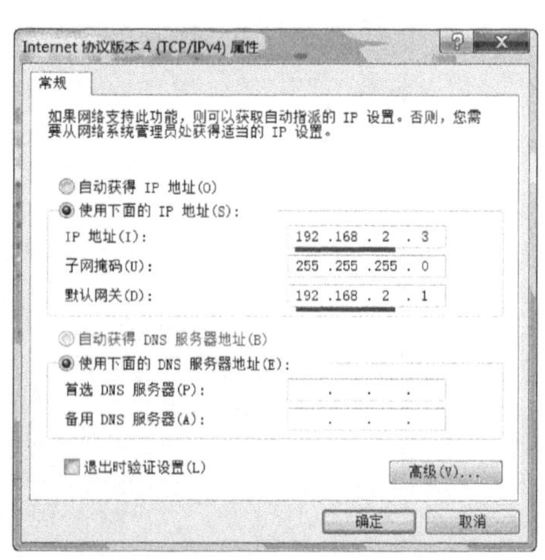

(c) 设置计算机的IP地址

图10-16　设置计算机的IP地址

10.3 程序的编辑与注释

10.3.1 程序的编辑

（1）选择操作

在对程序进行编辑时，需要选择编辑的对象，再进行复制、粘贴、删除和插入等操作。STEP 7- Micro/WIN SMART软件的一些常用选择操作见表10-2。

表10-2　一些常用的选择操作

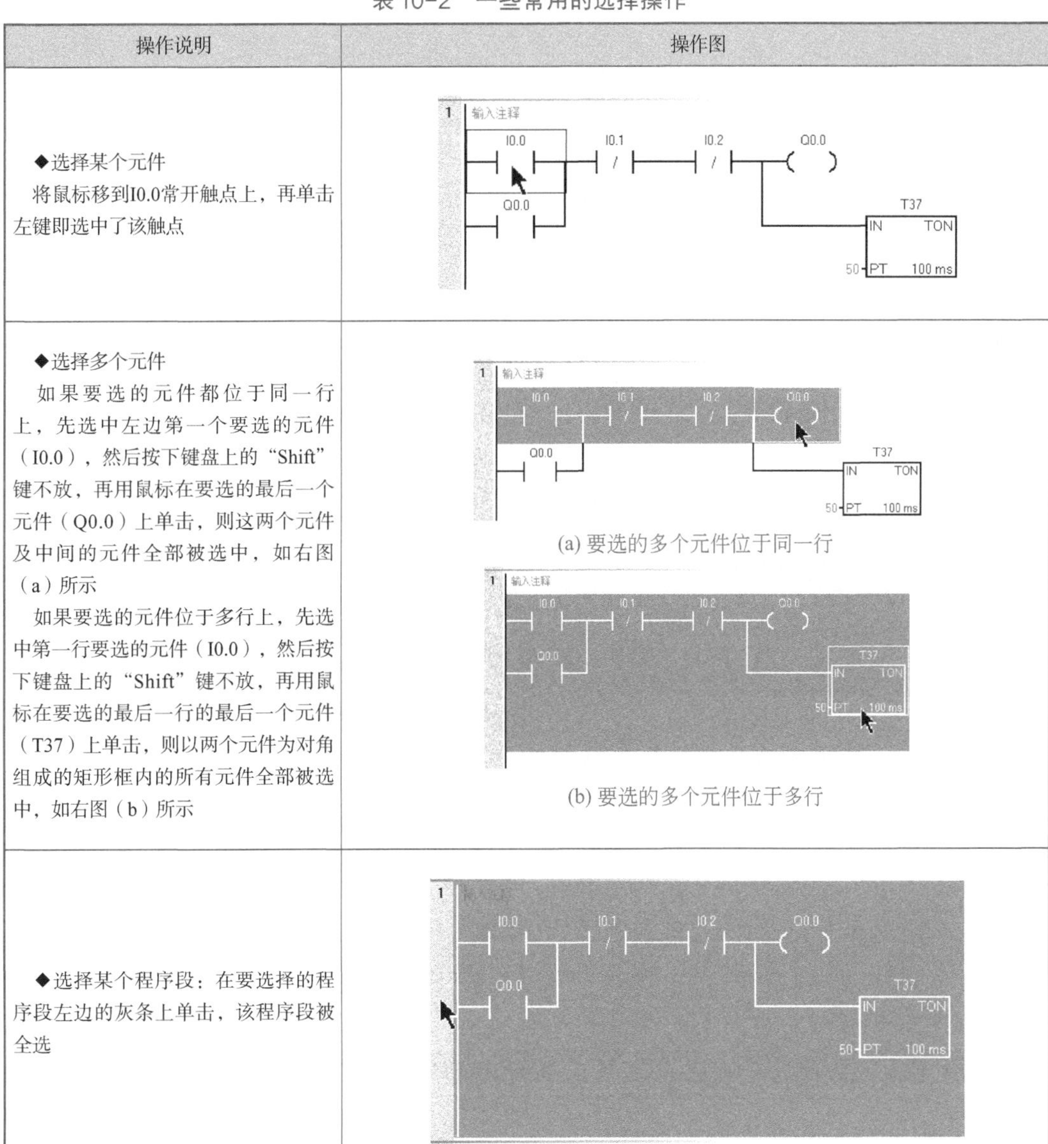

操作说明	操作图
◆选择某个元件 将鼠标移到I0.0常开触点上，再单击左键即选中了该触点	
◆选择多个元件 如果要选的元件都位于同一行上，先选中左边第一个要选的元件（I0.0），然后按下键盘上的“Shift”键不放，再用鼠标在要选的最后一个元件（Q0.0）上单击，则这两个元件及中间的元件全部被选中，如右图（a）所示 如果要选的元件位于多行上，先选中第一行要选的元件（I0.0），然后按下键盘上的“Shift”键不放，再用鼠标在要选的最后一行的最后一个元件（T37）上单击，则以两个元件为对角组成的矩形框内的所有元件全部被选中，如右图（b）所示	(a) 要选的多个元件位于同一行 (b) 要选的多个元件位于多行
◆选择某个程序段：在要选择的程序段左边的灰条上单击，该程序段被全选	

（2）删除操作

STEP 7- Micro/WIN SMART软件的一些常用删除操作见表10-3。

表 10-3 一些常用删除操作

操作说明	操作图
◆删除某个元件 选中某个元件，按下键盘上的“Delete”键即可将选中的对象删除	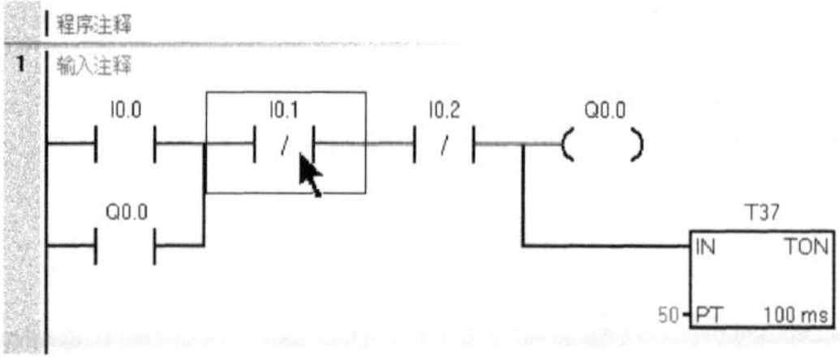
◆删除某行元件 在Q0.0触点上单击右键，在弹出的菜单中执行“删除”→“行”，如右图所示，则Q0.0触点所在行（水平方向）的所有元件均会被删除（即Q0.0触点和T37定时器都会被删除） ◆删除某列元件 在Q0.0触点上单击右键，在弹出的菜单中执行“删除”→“列”，则Q0.0触点所在列（垂直方向）的所有元件均会被删除（即I0.0、Q0.0和T37触点都会被删除） ◆删除垂直线 在Q0.0触点上单击右键，在弹出的菜单中执行“删除”→“垂直”，则Q0.0触点右边的垂直线会被删除	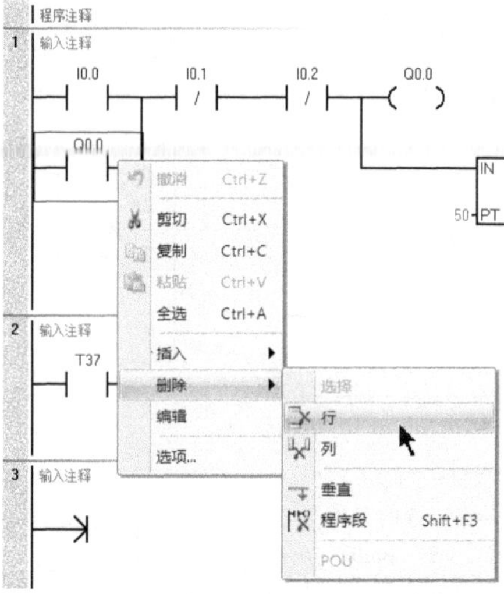
◆删除程序段 在要删除的程序段左边的灰条上单击，该程序段被全选，按下键盘上的“Delete”键即可将该程序段内容全部删除 另外，在要删除的程序段区域单击右键，在弹出的菜单中执行“删除”→“程序段”，也可以将该程序段所有内容删除	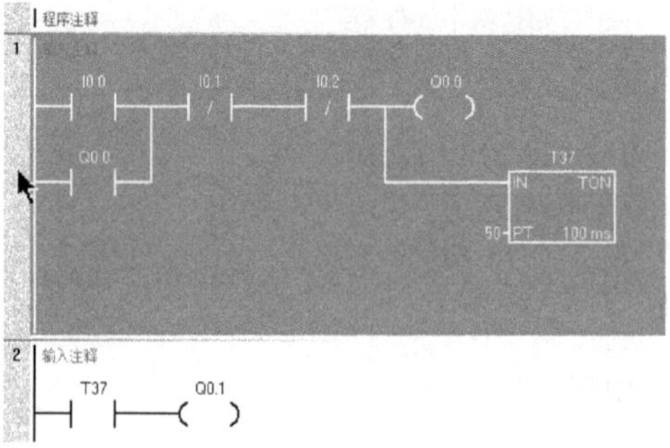

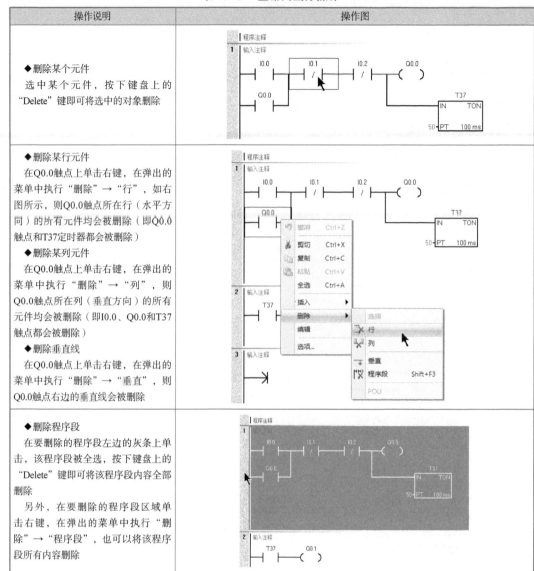

（3）插入与覆盖操作

STEP 7- Micro/WIN SMART软件有插入（INS）和覆盖（OVR）两种编辑模式，在软件窗口的状态栏可以查看到当前的编辑模式，如图10-17所示，按键盘上的“Insert”键可以切换当前的编辑模式，默认处于插入模式。

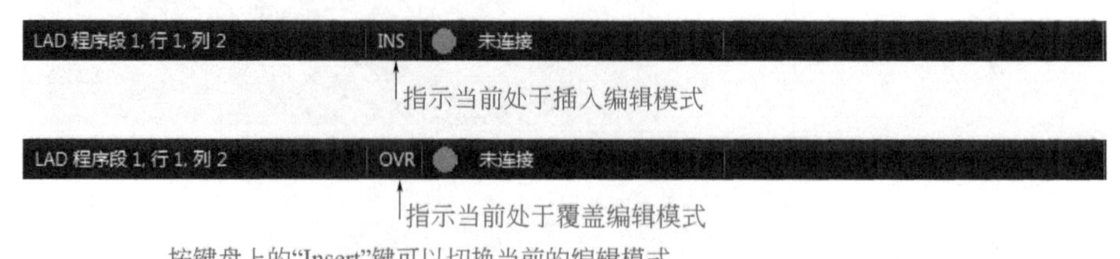

图10-17　状态栏在两种编辑模式下的显示

当软件处于插入模式（INS）时进行插入元件操作时，会在光标所在的元件之前插入一个新元件。如图10-18所示，软件窗口下方状态栏出现“INS”表示当前处于插入模式，用光标选中I0.0常开触点，再用右键菜单进行插入触点操作，会在I0.0常开触点之前插入一个新的常开触点。

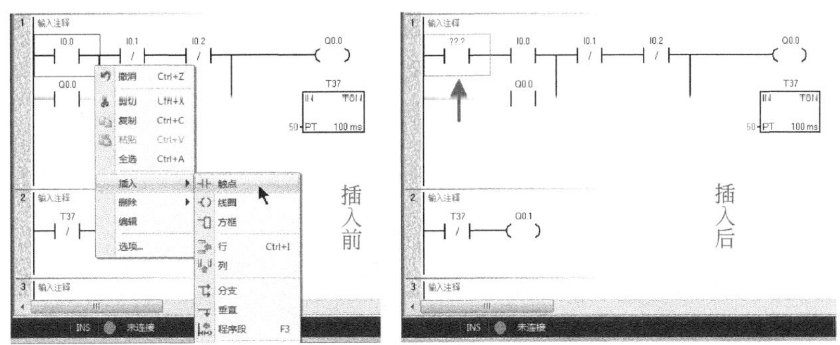

图10-18　在插入模式时进行插入元件操作

当软件处于覆盖模式（OVR）时进行插入元件操作时，插入的新元件要替换光标处的旧元件，如果新旧元件是同一类元件，则旧元件的地址和参数会自动赋给新元件。如图10-19所示，软件窗口下方状态栏出现“OVR”表示当前处于覆盖模式，先用光标选中I0.0常开触点，再用右键菜单插入一个常闭触点，光标处的I0.0常开触点替换成一个常闭触点，其默认地址仍为I0.0。

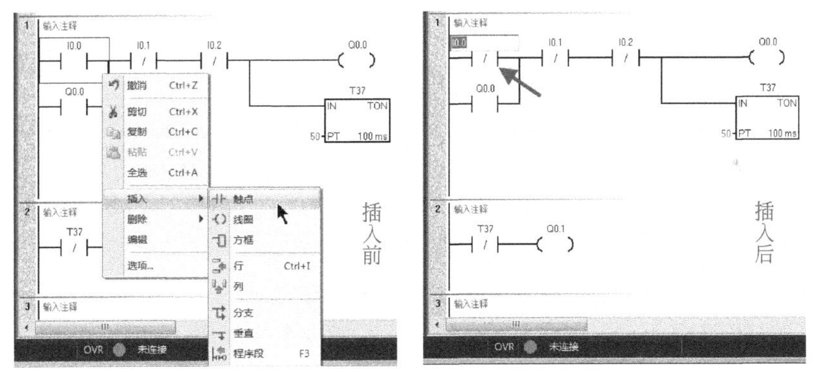

图10-19　在覆盖模式时进行插入元件操作

10.3.2　程序的注释

为了让程序阅读起来直观易懂，可以对程序进行注释。

（1）程序与程序段的注释

程序与程序段的注释位置如图10-20所示，在整个程序注释处输入整个程序的说明文字，在程序段注释处输入本程序段的说明文字。单击工具栏上的POU注释工具可以隐藏或显示程序注释，单击工具栏上的程序段注释工具可以隐藏或显示程序段注释，如图10-21所示。

（2）指令元件注释

梯形图程序是由一个个指令元件连接起来组成的，对指令元件注释有助于读懂程序段和整个程序，指令元件注释可使用符号表。

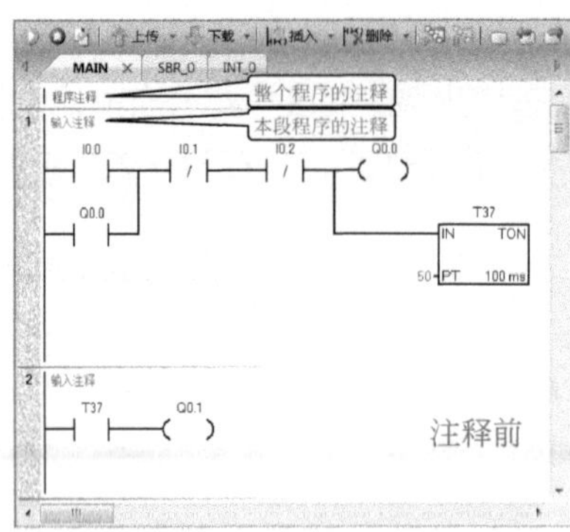

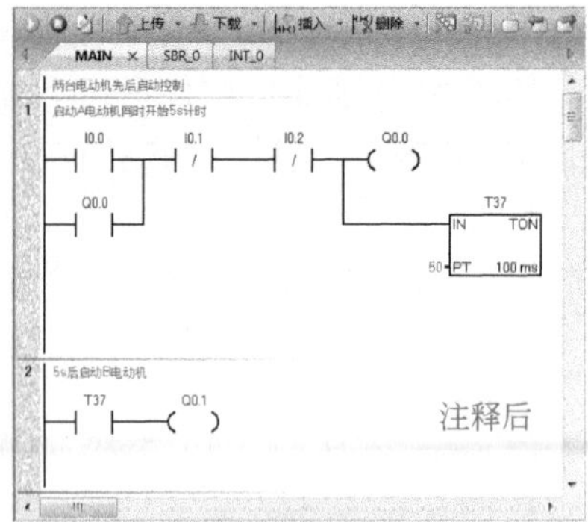

图10-20 程序与程序段的注释

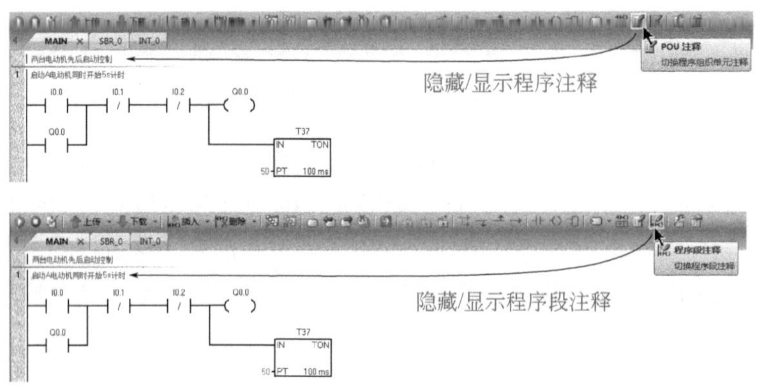

图10-21 程序与程序段注释的隐藏/显示

用符号表对指令元件注释如图10-22所示。在项目指令树区域展开“符号表”，再双击其中的“I/O符号”，打开符号表且显示I/O符号表，如图10-22（a）所示，在I/O符号表中将地址I0.0、I0.1、I0.2、Q0.0、Q0.1默认的符号按图10-22（b）进行更改，比如地址I0.0默认的符号是“CPU输入0”，现将其改成“启动A电动机”，然后单击符号表下方的“表格1”选项卡，切换到表格1，如图10-22（c）所示，在地址栏输入“T37”，在符号栏输入“定时5s”，注意不能输入“5s定时”，因为符号不能以数字开头，如果输入的符号为带下波浪线的红色文字，表示该符号语法错误。在符号表中给需要注释的元件输入符号后，单

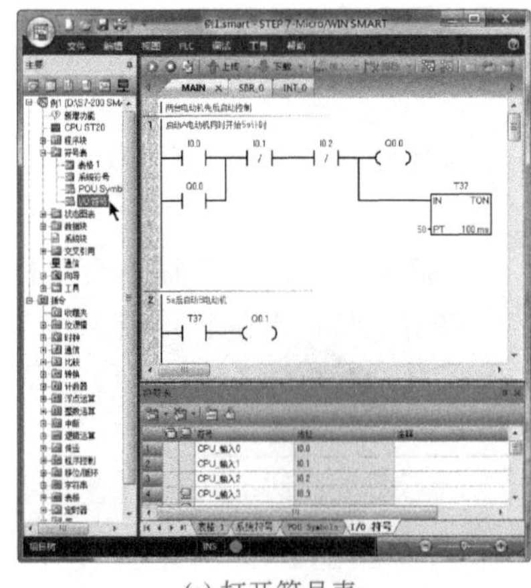

(a) 打开符号表

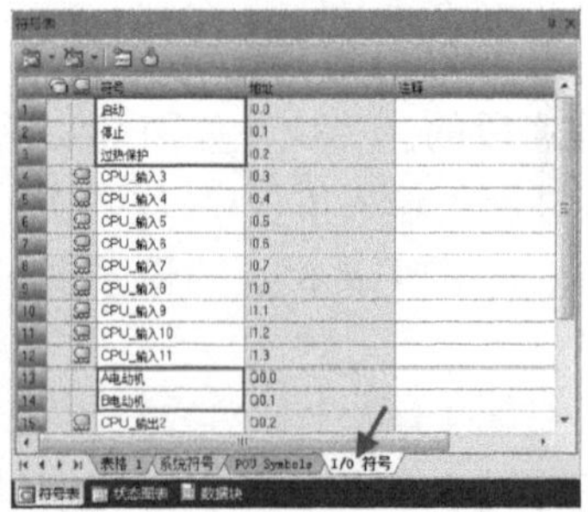

(b) 在I/O表中输入I/O元件的符号

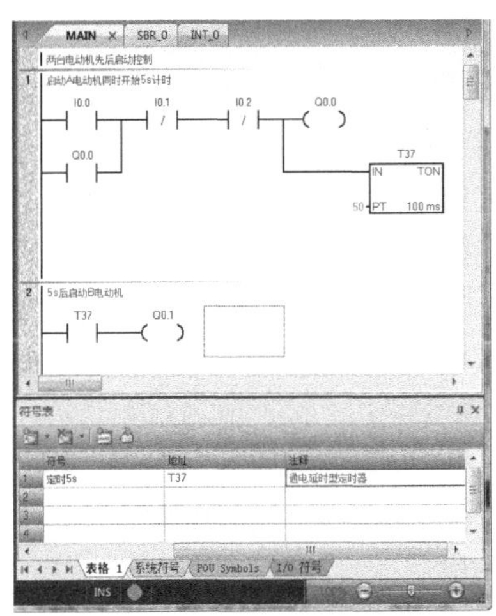

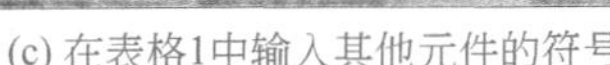
(c) 在表格1中输入其他元件的符号

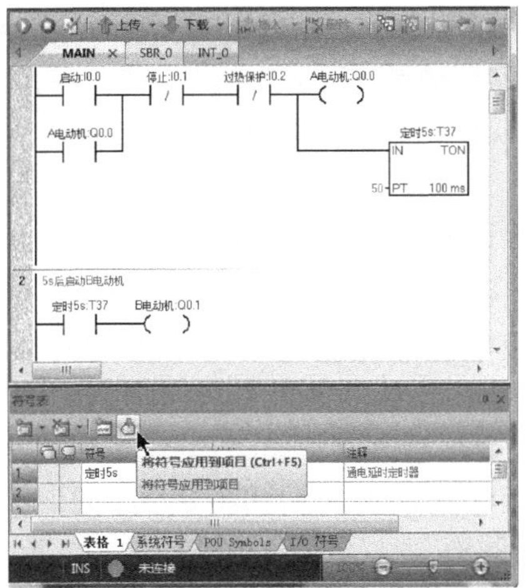
(d) 单击"将符号应用到项目"按钮使符号生效

图10-22　用符号表对指令元件进行注释

击符号表上方的"将符号应用到项目"按钮，如10-22（d）所示，程序中的元件旁马上出现符号，比如I0.0常开触点显示"启动A电动机：I0.0"，其中"启动A电动机"为符号（也即是元件注释），I0.0为触点的绝对地址（或称元件编号），如果元件旁未显示符号，可单击菜单栏的"视图"，在横向条形菜单中选择"符号：绝对地址"，即可让程序中元件旁同时显示绝对地址和符号，如果选择"符号"，则只显示符号，不会显示绝对地址。

10.4 程序的监控与调试

程序编写完成后，需要检查程序能否达到控制要求，检查方法主要有：一是从头到尾对程序进行分析来判断程序是否正确，这种方法最简单，但要求编程人员有较高的PLC理论水平和分析能力；二是将程序写入PLC，再给PLC接上电源和输入输出设备，通过实际操作来观察程序是否正确，这种方法最直观可靠，但需要用到很多硬件设备并对其接线，工作量大；三是用软件方式来模拟实际操作同时观察程序运行情况来判断程序是否正确，这种方法不用实际接线又能观察程序运行效果，所以适合大多数人使用，本节就介绍这种方法。

10.4.1 用梯形图监控调试程序

在监控调试程序前，需要先将程序下载到PLC，让编程软件中打开的程序与PLC中的程序保持一致，否则无法进入监控。进入监控调试模式后，PLC中的程序运行情况会在编程软件中以灵活多样方式同步显示出来。

用梯形图监控调试程序操作过程如下。

（1）进入程序监控调试模式

单击"调试"菜单下"程序状态"工具，如图10-23（a）所示，梯形图编辑器中的梯形图程序马上进入监控状态，编辑器中的梯形图运行情况与PLC内的程序运行保持一致，图10-23（a）梯形图中的元件都处于"OFF"状态，常闭触点I0.0、I0.1中有蓝色的方块，表示程序运行时这两个触点处于闭合状态。

（2）强制I0.0常开触点闭合（模拟I0.0端子外接启动开关闭合）查看程序运行情况

在I0.0常开触点的符号上单击右键，在弹出的菜单中选择“强制”，会弹出“强制”对话框，将I0.0的值强制为“ON”，如图10-23（b）所示；这样I0.0常开触点闭合，Q0.0线圈马上得电（线圈中出现蓝色方块，并且显示Q0.0=ON，同时可观察到PLC上的Q0.0指示灯也会亮），如图10-23（c）所示，定时器上方显示“+20=T37”表示定时器当前计时为20×100ms=2s，由于还未到设定的计时值（50×100ms=5s），故T37定时器状态仍为OFF，T37常开触点也为OFF，仍处于断开。5s计时时间到达后，定时器T37状态值马上变为ON，T37常开触点状态也变为ON而闭合，Q0.1线圈得电（状态值为ON），如图10-23（d）所示。定时器T37计到设定值50（设定时间为5s）时仍会继续增大，直至计到32767停止，在此期间状态值一直为ON。I0.0触点旁的出现锁形图表示I0.0处于强制状态。

（3）强制I0.0常开触点断开（模拟I0.0端子外接启动开关断开）查看程序运行情况

选中I0.0常开触点，再单击工具栏上的“取消强制”工具，如图10-23（e）所示，I0.0常开触点中间的蓝色方块消失，表示I0.0常开触点已断开，但由于Q0.0常开自锁触点的闭合，使Q0.0线圈、定时器T37、Q0.1线圈状态仍为ON。

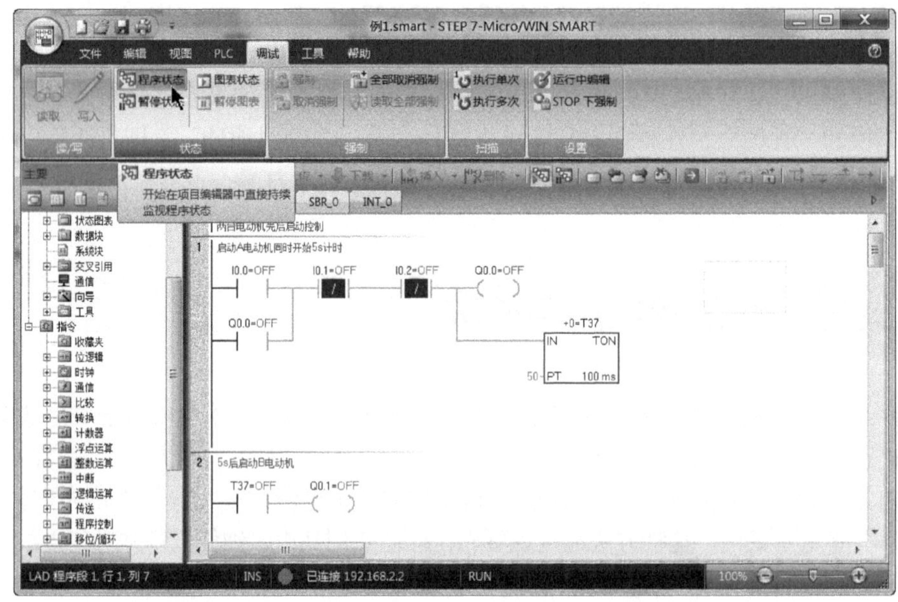

(a) 单击“调试”菜单下“程序状态”工具后梯形图程序会进入监控状态

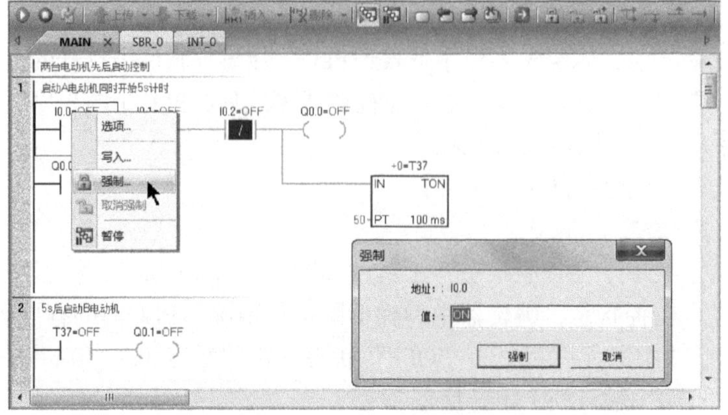

(b) 在I0.0常开触点的符号上单击右键并用右键菜单将I0.0的值强制为“ON”

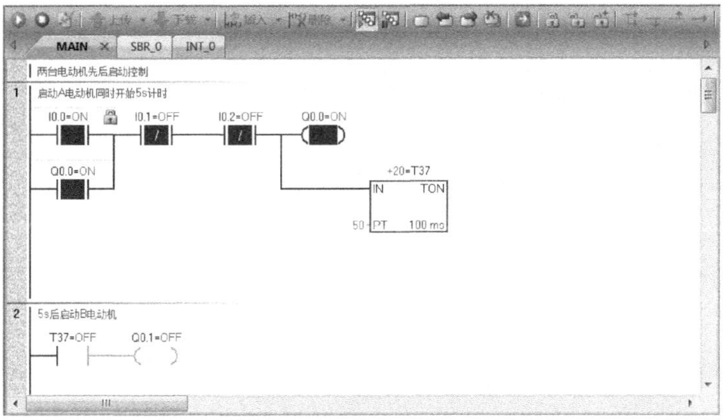

(c) 将I0.0的值强制为“ON”时的程序运行情况(定时时间未到5s)

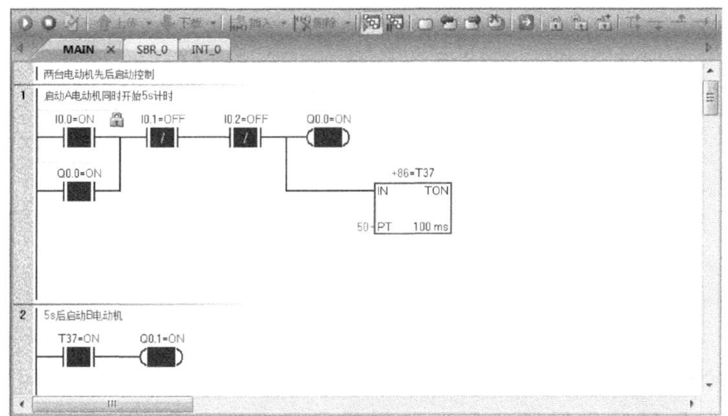

(d) 将I0.0的值强制为“ON”时的程序运行情况(定时时间已到5s)

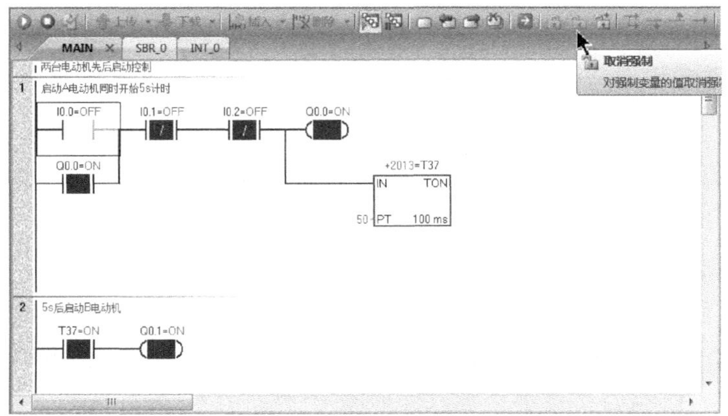

(e) 取消I0.0的值的强制(I0.0恢复到“OFF”)

图10-23

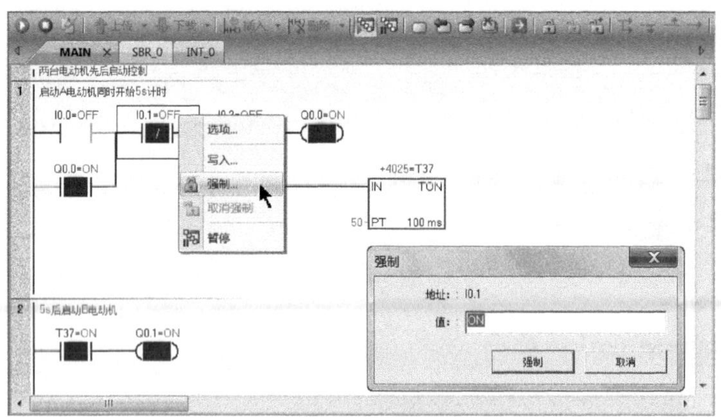

(f) 将I0.1常闭触点的值强制为“ON”

(g) I0.1常闭触点的值为“ON”时的程序运行情况

图10-23 梯形图的运行监控调试

（4）强制I0.1常闭触点断开（模拟I0.1端子外接停止开关闭合）查看程序运行情况

在I0.1常开触点的符号上单击右键，在弹出的菜单中选择“强制”，会弹出“强制”对话框，将I0.1的值强制为“ON”，如图10-23（f）所示，这样I0.1常闭触点断开，触点中间的蓝色方块消失，Q0.0线圈和定时器T37状态马上变为OFF，定时器计时值变为0，由于T37常开触点状态为OFF而断开，Q0.1线圈状态也变为OFF。

在监控程序运行时，若发现程序存在问题，可停止监控（再次单击“程序状态”工具），对程序时进行修改，然后将修改后的程序下载到PLC，再进行程序监控运行，如此反复进行，直到程序运行符合要求为止。

10.4.2 用状态图表的表格监控调试程序

除了可以用梯形图监控调试程序外，还可以使用状态图表的表格来监控调试程序。

在项目指令树区域展开“状态图表”，双击其中的“图表1”，打开状态图表，如图10-24（a）所示，在图表1的地址栏输入梯形图中要监控调试的元件地址（I0.0、I0.1…），在格式栏选择各元件数据类型，I、Q元件都是位元件只有1位状态位，定时器有状态位和计数值两种数据类型，状态位为1位，计数值为16位（1位符号位，15位数据位）。

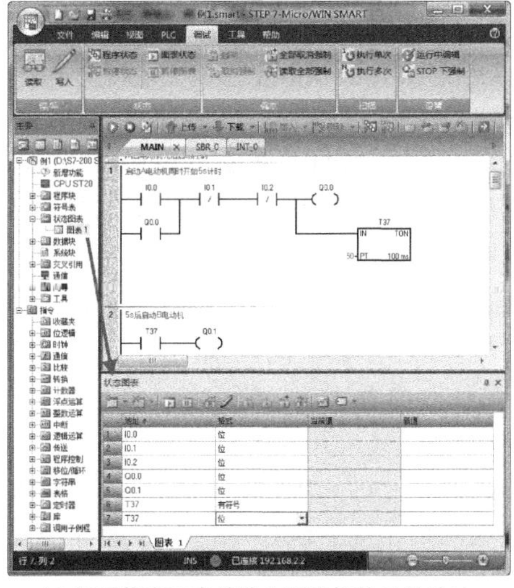
(a) 打开状态图表并输入要监控的元件地址

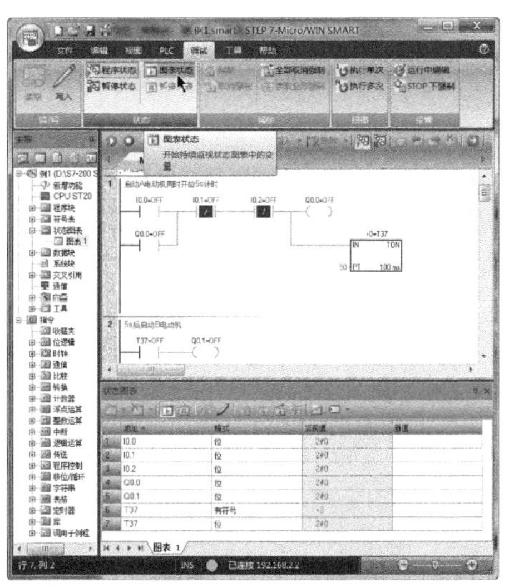
(b) 开启梯形图和状态图表监控

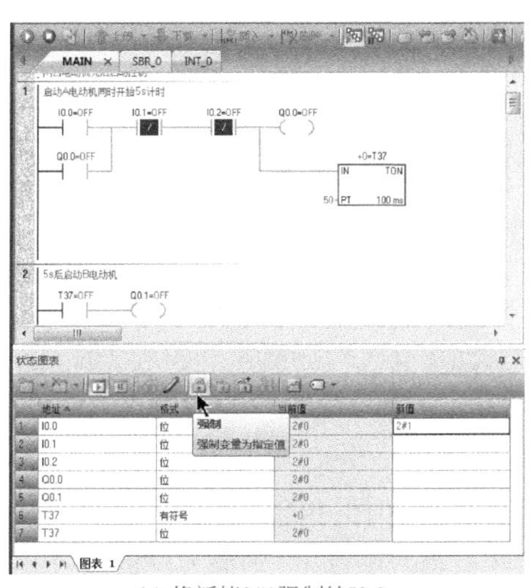
(c) 将新值2#1强制给I0.0

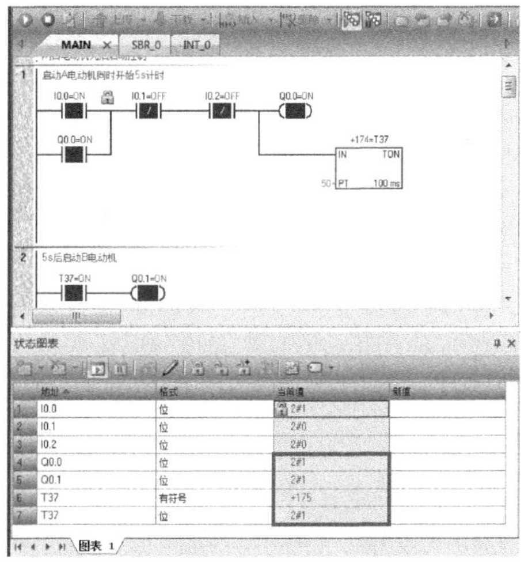
(d) I0.0强制新值后梯形图和状态图表的元件状态

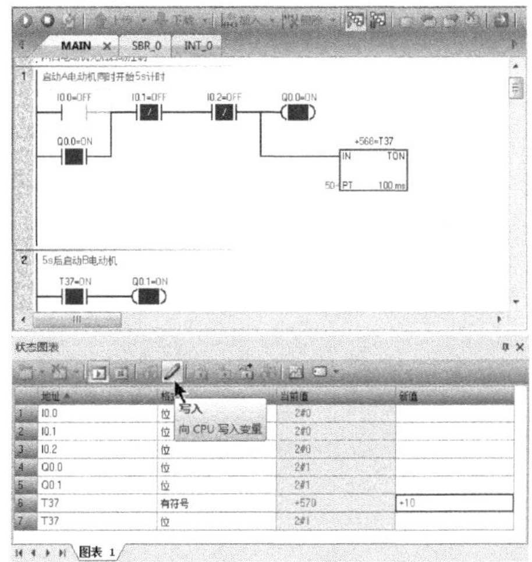
(e) 将新值+10写入覆盖T37的当前计数值

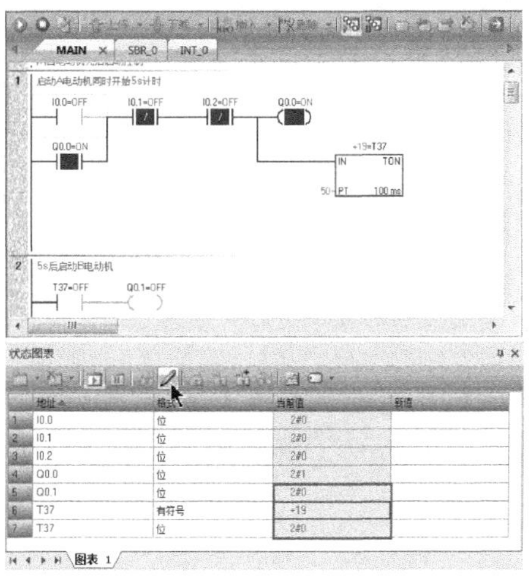
(f) T37写入新值后梯形图和状态图表的元件状态

图10-24　用状态图表的表格监控调试程序

为了更好地理解状态图表的监控调试，可以让梯形图和状态图表监控同时进行，先后单击“调试”菜单中的“程序状态”和“图表状态”，启动梯形图和状态图表监控，如图10-24（b）所示，梯形图中的I0.1和I0.2常闭触点中间出现蓝色方块，同时状态图表的当前值栏显示出梯形图元件的当前值，比如I0.0的当前值为2#0（表示二进制数0，即状态值为OFF），T37的状态位值为2#0，计数值为+0（表示十进制数0）。在状态图表I0.0的新值栏输入2#1，再单击状态图表工具栏上的“强制”，如图10-24（c）所示，将I0.0值强制为ON，梯形图中的I0.0常开触点强制闭合，Q0.0线圈得电（状态图表中的Q0.0当前值由2#0变为2#1）、T37定时器开始计时（状态图表中的T37计数值的当前值不断增大，计到50时，T37的状态位值由2#0变为2#1），Q0.1线圈马上得电（Q0.0当前值由2#0变为2#1），如图10-24（d）所示。在状态图表T37计数值的新值栏输入+10，再单击状态图表工具栏上的“写入”，如图10-24（e）所示，将新值+10写入覆盖T37的当前计数值，T37从10开始计时，由于10小于设定计数值50，故T37状态位当前值由2#1变为2#0，T37常开触点又断开，Q0.1线圈失电，如图10-24（f）所示。

注意：I、AI元件只能用硬件（如闭合I端子外接开关）方式或强制方式赋新值，而Q、T等元件既可用强制也可用写入方式赋新值。

10.4.3 用状态图表的趋势图监控调试程序

在状态图表中使用表格监控调试程序容易看出程序元件值的变化情况，而使用状态图表中的趋势图（也称时序图），则易看出元件值随时间变化的情况。

在使用状态图表的趋势图监控程序时，一般先用状态图表的表格输入要监控的元件，再开启梯形图监控（即程序状态监控），然后单击状态图表工具栏上的“趋势视图”工具，如图10-25（a）所示，切换到趋势图，而后单击“图表状态”工具，开启状态图表监控，如图10-25（b）所示，可以看到随着时间的推移，I0.2、Q0.0、Q0.1等元件的状态值一直为OFF（低电平）。在梯形图或趋势图中用右键菜单将I0.0强制为ON，I0.0常开触点闭合，Q0.0线圈马上得电，其状态为ON（高电平），5s后T37定时器和Q0.1线圈状态值同时变为ON，如图10-25（c）所示。在梯形图或趋势图中用右键菜单将I0.1强制为ON，I0.1常闭触点断开，Q0.0、T37、Q0.1同时失电，其状态均变为OFF（低电平），如图10-25（d）所示。

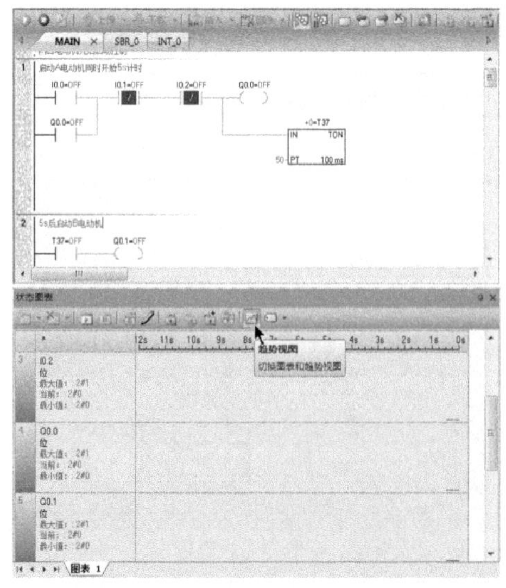

(a) 单击“趋势视图”工具切换到趋势图

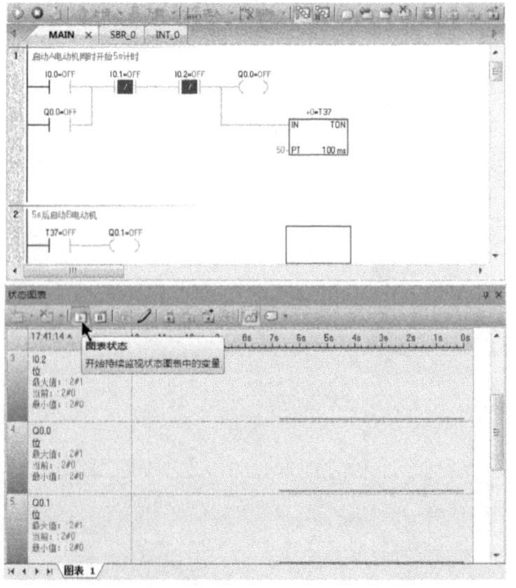

(b) 单击“图表状态”工具开始趋势图监控

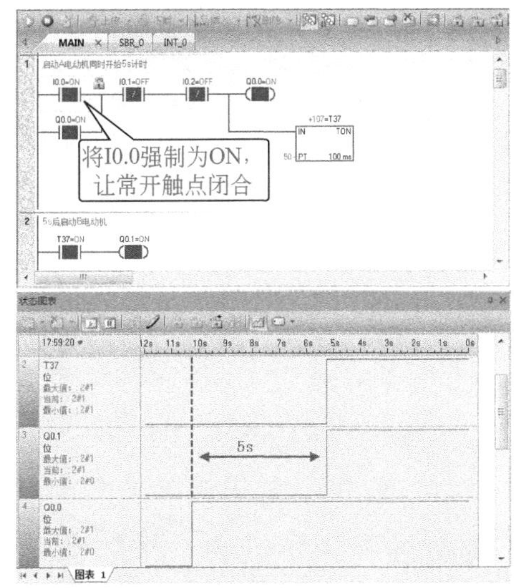

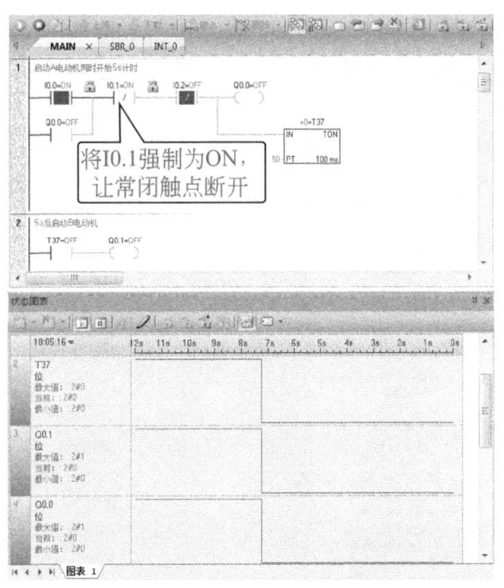

(c) 将I0.0强制为ON时趋势图中元件的状态变化

(d) 将I0.1强制为ON时趋势图中元件的状态变化

图10-25 用状态图表的趋势图监控调试程序

10.5 软件的一些常用设置及功能使用

10.5.1 软件的一些对象设置

在STEP 7- Micro/WIN SMART软件中，用户可以根据自己的习惯对很多对象进行设置。在设置时，单击菜单栏的“工具”，再单击下方横向条形菜单中的“选项”，弹出“Options（选项）”对话框，如图10-26所示，对话框左边为可设置的对象，右边为左边选中对象的设置内容，图中左边的“常规”被选中，右边为常规设置内容，在语言项默认为“简体中文”，如果将其设为“英语”，则关闭软件重启后，软件窗口会变成英文界面，如果设置混乱，可以单击右下角的“全部复位”，关闭软件重启后，所有的设置内容全部恢复到初始状态。

在“Options（选项）”对话框还可以对编程软件进行其他一些设置，图10-27为软件的项目设置，可以设置项目文件保存的位置等内容。

10.5.2 硬件组态（配置）

在STEP 7- Micro/WIN SMART软件的系统块中可对PLC硬件进行设置，然后将系统块下载到PLC，PLC内的有关硬件就会按系统块的设置工作。

在项目指令树区域双击“系统块”，弹出图10-28（a）所示的“系统块”对话框，上方为PLC各硬件（CPU模块、信号板、扩展模块）型号配置，下方可以对硬件的“通信”“数字量输入”“数量输出”“保持范围”“安全”和“启动”进行设置，默认处于“通信”设置状态，在右边可以对有关通信的以太网端口、背景时间和RS485端口进行设置。

一些PLC的CPU模块上有RUN/STOP开关，可以控制PLC内部程序的运行/停止，而S7-200 SMART CPU模块上没有RUN/STOP开关，CPU模块上电后处于何种模式可以通过

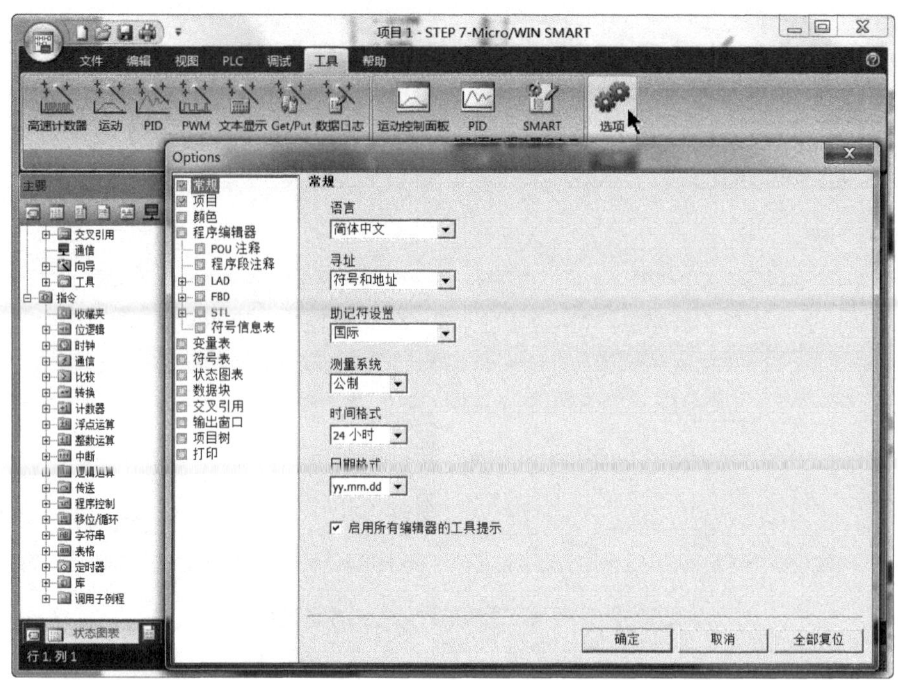

图10-26 单击“工具”菜单中的“选项”即弹出软件常用对象设置对话框

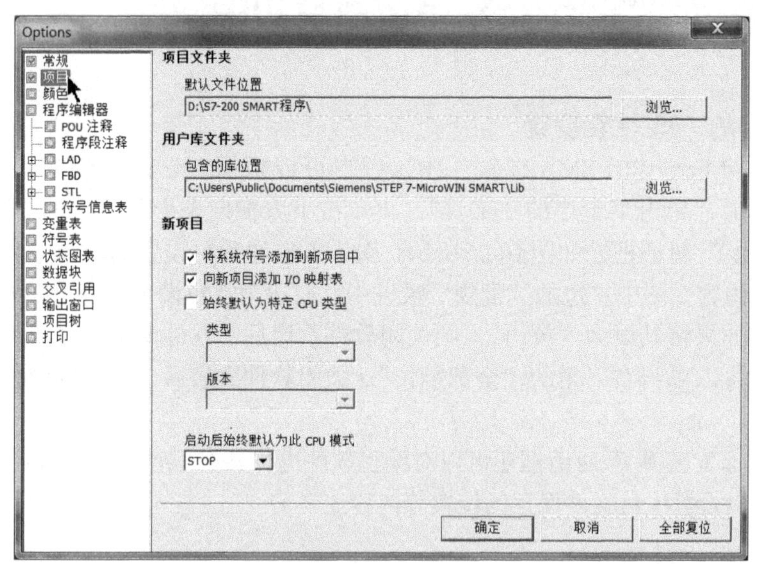

图10-27 在“Options”对话框切换到“项目”可进行有关项目方面的设置

系统块设置。在“系统块”对话框的左边单击“启动”项，如图10-28（b）所示，然后单击左边CPU模式项的下拉按钮，选择CPU模块上电后的工作模式，有STOP、RUN、LAST三种模式供选择，LAST模式表示CPU上次断电前的工作模式，当设为该模式时，若CPU模块上次断电前为RUN模式，一上电就工作在RUN模式。

在系统块中对硬件配置后，需要将系统块下载到CPU模块，其操作方法与下载程序相同，只不过下载对象要选择“系统块”，如图10-28（c）所示。

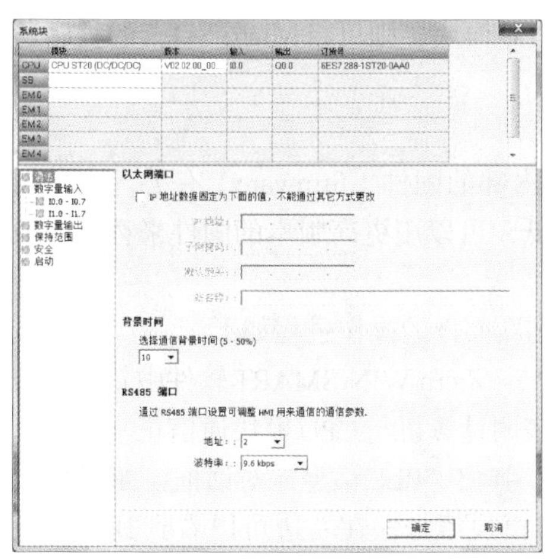

(a)“系统块”对话框

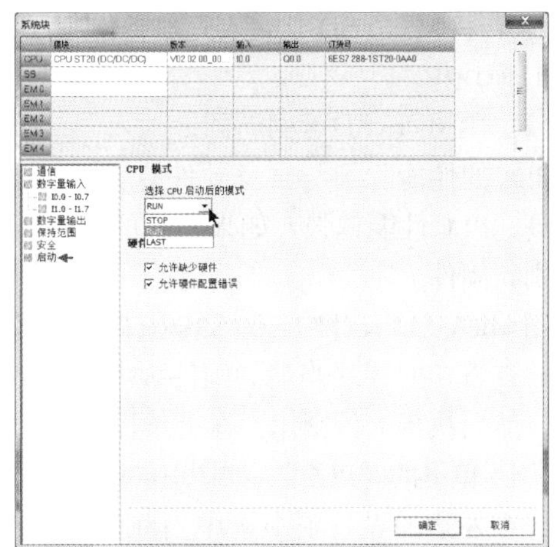

(b) 在启动项中设置CPU模块上电后的工作模式

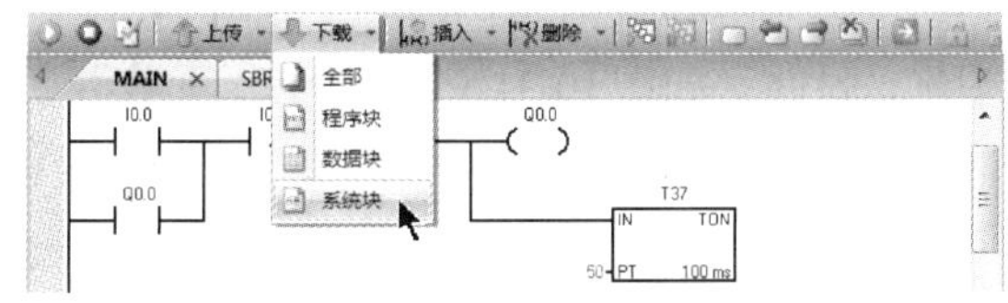

(c) 系块块设置后需将其下载到CPU模块才能生效

图10-28 使用系统块配置PLC硬件

10.5.3 用存储卡备份、拷贝程序和刷新固件

S7-200 SMART CPU模块上有一个Micro SD卡槽，可以安插Micro SD卡（大多数手机使用的TF卡），使用Micro SD卡主要可以：一是将一台CPU模块的程序拷贝到另一台CPU模块；二是给CPU模块刷新固件；三是将CPU模块恢复到出厂设置。

（1）用Micro SD卡备份和拷贝程序

① 备份程序 用Micro SD卡备份程序时操作过程如下。

a. 在STEP 7- Micro/WIN SMART软件中将程序下载到CPU模块。

b. 将一张空白的Micro SD卡插入CPU模块的卡槽，如图10-29（a）所示。

c. 单击“PLC”菜单下的“设定”，弹出“程序存储卡”对话框，如图10-29（b）所示，选择CPU模块要传送给Micro SD卡的块，单击“设定”按钮，系统会将CPU模块中相应的块传送给Micro SD卡，传送完成后，“程序存储卡”对话框中会出现“编程已成功完成”，如图10-29（c）所示，这样CPU模块中的程序就被备份到Micro SD卡，而后从卡槽中拔出Micro SD卡（不拔出Micro SD卡，CPU模块会始终处于STOP模式）。

CPU模块的程序备份到Micro SD卡后，用读卡器读取Micro SD卡，会发现原先空白的卡上出现一个-S7_JOB.S7S-文件和一个“SIMATIC.S7S”文件夹（文件夹中含有5个文件），如图10-29（d）所示。

② 拷贝程序 用Micro SD卡拷贝程序比较简单，在断电的情况下将已备份程序的Micro SD卡插入另一台S7-200 SMART CPU模块的卡槽，然后给CPU模块通电，CPU模块自动将Micro SD卡中的程序拷贝下来，在拷贝过程中，CPU模块上的RUN、STOP两个指示灯以2Hz的频率交替点亮，当只有STOP指示灯闪烁时表示拷贝结束，然后拔出Micro

SD卡。若将Micro SD卡插入先前备份程序的CPU模块，则可将Micro SD卡的程序还原到该CPU模块中。

（2）用Micro SD卡刷新固件

PLC的性能除了与自身硬件有关外，还与内部的固件（firmware）有关，通常固件版本越高，PLC性能越强。如果PLC的固件版本低，可以用更高版本的固件来替换旧版本固件（刷新固件）。

用Micro SD卡对S7-200 SMART CPU模块刷新固件的操作过程如下。

a. 查看CPU模块当前的固件版本。在STEP 7- Micro/WIN SMART软件中新建一个空白项目，然后执行上传操作，在上传操作成功（表明计算机与CPU模块通信正常）后，单击“PLC”菜单下的“PLC”，如图10-30（a）所示，弹出“PLC信息”对话框，如图10-30（b）所示，在左边的设备项中选中当前连接的CPU模块型号，在右边可以看到其固件版本为“V02.02…”。

b. 下载新版本固件并复制到Micro SD卡。登录西门子下载中心搜索“S7-200 SMART 固件”，找到新版本固件，如图10-31（a）所示，下载并解压后，可以看到一个“S7_JOB.S7S”文件和一个“FWUPDATE.S7S”文件夹，如图10-31（b）所示，打开该文件

(a) 将一张空白的Micro SD卡插入CPU模块的卡槽

(b) 单击“PLC”菜单下的“设定”后弹出“程序存储卡”对话框

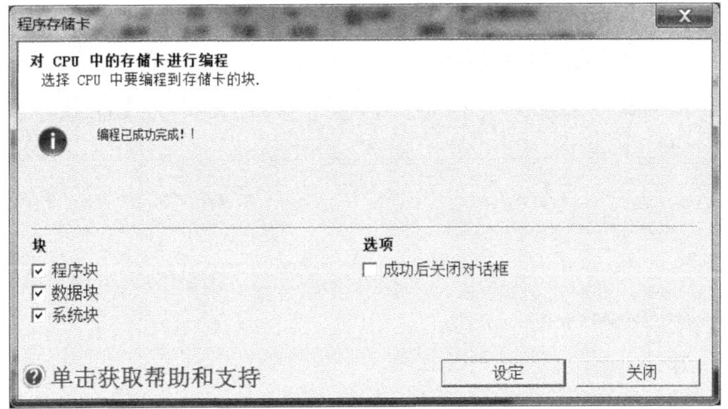

(c) 对话框提示程序成功从CPU模块传送到Micro SD卡

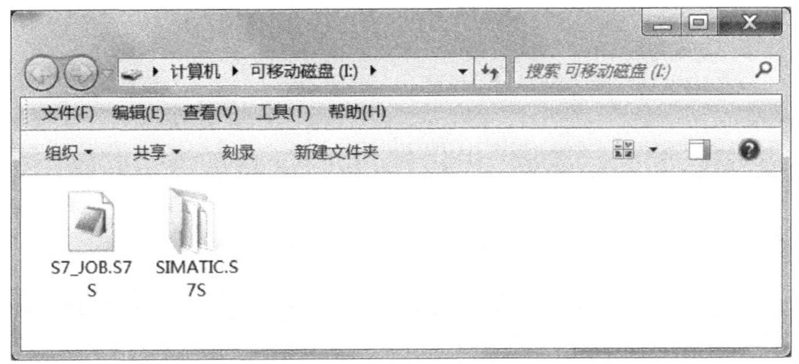

(d) 程序备份后在Micro SD卡中会出现1个文件和1个文件夹

图10-29　用Micro SD卡备份CPU模块中的程序

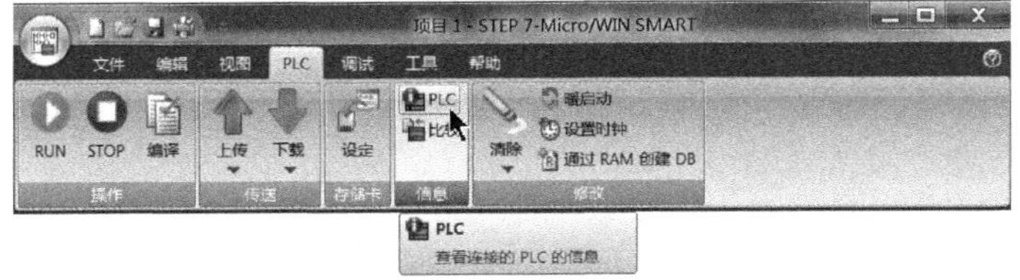

(a) 单击“PLC”菜单下的“PLC”

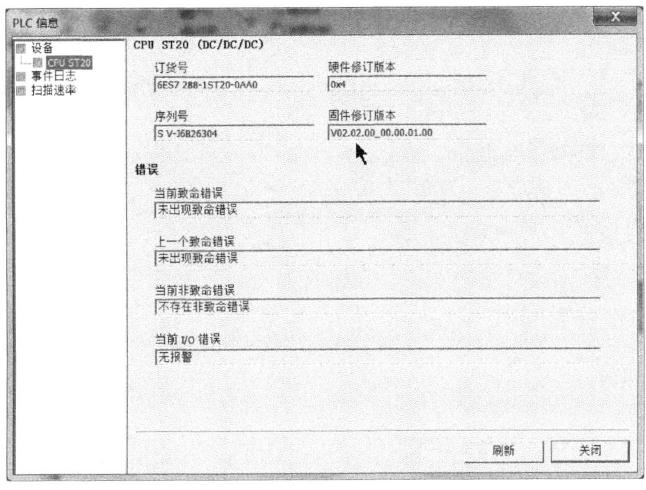

(b) “PLC信息”对话框显示CPU模块当前固件版本为“V02.02…”

图10-30　查看CPU模块当前的固件版本

件夹，如图10-31（b）所示，打开该文件夹，可以看到多种型号CPU模块的固件文件，其中就有当前需刷新固件的CPU模块型号，如图10-31（c）所示，将“S7_JOB.S7S”文件和“FWUPDATE.S7S”文件夹（包括文件夹中所有文件）复制到一张空白Micro SD卡上。

360安全浏览器 9.2
文件 查看 收藏 工具 帮助
http://www.ad.siemens.com.cn/service/search/Default.aspx?kw=S7
下载中心-工业支持中心-西门子
高级搜索-西门子（中国）有限公司
[S7-200 SMART CPU 固件更新 V2.0]
2013-12-05 08:41:06
S7-200 SMART CPU 固件更新 V2.0
S0162 | 软件 | 自动化系统>SIMATIC S7-200>CPU
6012
[S7-200 SMART CPU V2.3 固件更新]
2017-07-26 06:58:46
S7-200 SMART CPU V2.3 固件更新
S0170 | 软件 | 自动化系统>SIMATIC S7-200 SMART>CPU
932
[SMART DP01 固件更新V1.1]
2016-12-02 06:57:11
搜索推荐
女王的优雅织布机在
侠探杰克:永不回头hd
全民斗战神
大战神

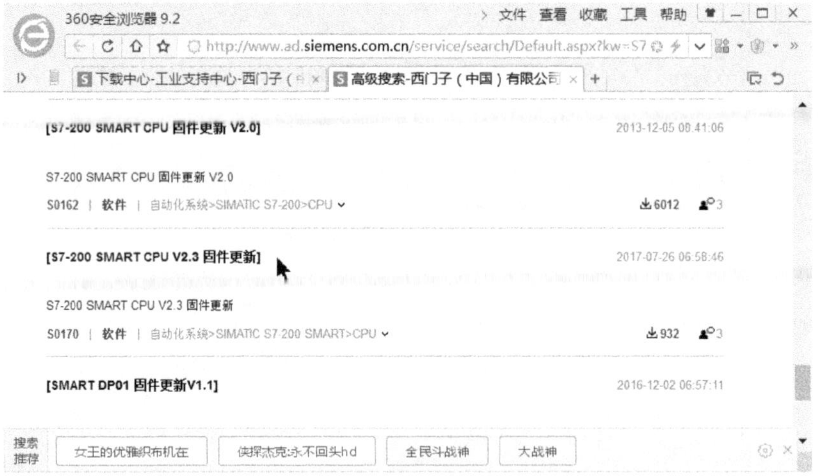

(a) 登录西门子下载中心下载新版本固件

计算机 ▸ 本地磁盘 (D:) ▸ SMART CPU Firmware_V2.3 ▸
搜索 SMART CPU Firmwar...
文件(F) 编辑(E) 查看(V) 工具(T) 帮助(H)
组织 ▾ 打开 包含到库中 ▾ 共享 ▾ 刻录 新建文件夹
名称 修改日期 类型 大小
FWUPDATE.S7S 2017/8/24 12:14 文件夹
S7_JOB.S7S 2012/3/23 20:47 S7S 文件 1 KB

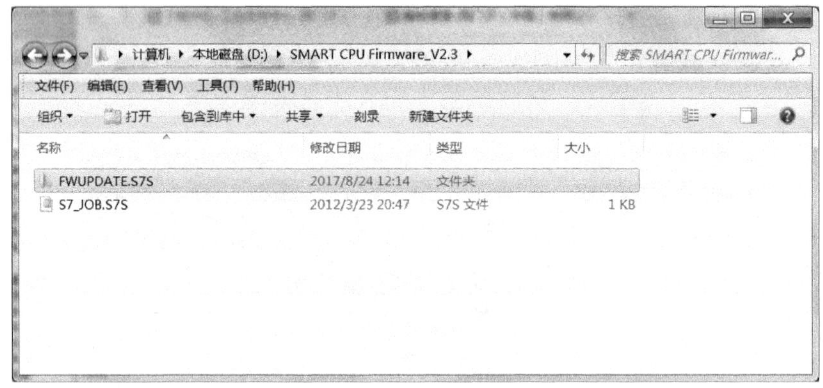

(b) 新固件由“S7_JOB.S7S”文件和“FWUPDATE.S7S”文件夹组成

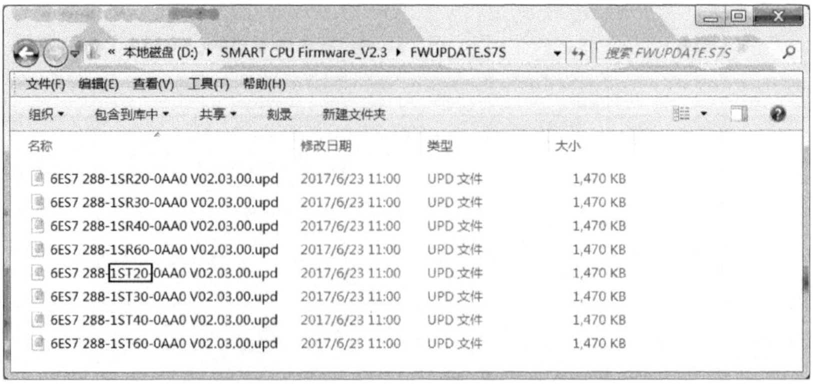

« 本地磁盘 (D:) ▸ SMART CPU Firmware_V2.3 ▸ FWUPDATE.S7S
搜索 FWUPDATE.S7S
文件(F) 编辑(E) 查看(V) 工具(T) 帮助(H)
组织 ▾ 包含到库中 ▾ 共享 ▾ 刻录 新建文件夹
名称 修改日期 类型 大小
6ES7 288-1SR20-0AA0 V02.03.00.upd 2017/6/23 11:00 UPD 文件 1,470 KB
6ES7 288-1SR30-0AA0 V02.03.00.upd 2017/6/23 11:00 UPD 文件 1,470 KB
6ES7 288-1SR40-0AA0 V02.03.00.upd 2017/6/23 11:00 UPD 文件 1,470 KB
6ES7 288-1SR60-0AA0 V02.03.00.upd 2017/6/23 11:00 UPD 文件 1,470 KB
6ES7 288-1ST20-0AA0 V02.03.00.upd 2017/6/23 11:00 UPD 文件 1,470 KB
6ES7 288-1ST30-0AA0 V02.03.00.upd 2017/6/23 11:00 UPD 文件 1,470 KB
6ES7 288-1ST40-0AA0 V02.03.00.upd 2017/6/23 11:00 UPD 文件 1,470 KB
6ES7 288-1ST60-0AA0 V02.03.00.upd 2017/6/23 11:00 UPD 文件 1,470 KB

(c) 打开“FWUPDATE.S7S”文件夹查看有无所需CPU型号的固件文件

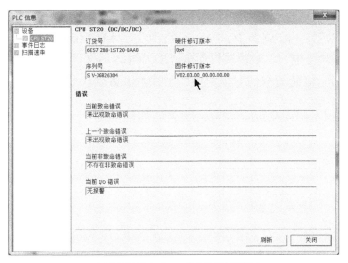

(d) 固件刷新后查看CPU模块的新固件版本

图10-31　下载并安装新版本固件

c. 刷新固件。在断电的情况下，将已复制新固件文件的Micro SD卡插入CPU模块的卡槽，然后给CPU模块上电，CPU模块会自动安装新固件，在安装过程中，CPU模块上的RUN、STOP两个指示灯以2Hz的频率交替点亮，当只有STOP指示灯闪烁时表示新固件安装结束，再拔出Micro SD卡。

固件刷新后，可以在STEP 7- Micro/WIN SMART软件中查看CPU模块的版本，如图10-31（d）所示，在“PLC信息”对话框显示其固件版本为“V02.03…”。

（3）用Micro SD卡将PLC恢复到出厂值

在PLC加密而又不知道密码情况下，如果仍想使用PLC，或者在PLC里面设置了固定的IP地址，利用这个IP地址无法与计算机通信，导致IP地址无法修改的时候，可以考虑将PLC恢复到出厂值。

用Micro SD卡将PLC恢复到出厂值操作过程如下。

① 编写一个S7_JOB.S7S文件并复制到Micro SD卡　打开计算机自带的记事本程序，输入一行文字“RESET_TO_FACTORY”，该行文字是让CPU模块恢复到出厂值的指令，不要输入双引号，然后将其保存成一个文件名为“S7_JOB.S7S”的文件，如图10-32所示，再将该文件复制到一张空白Micro SD卡中。

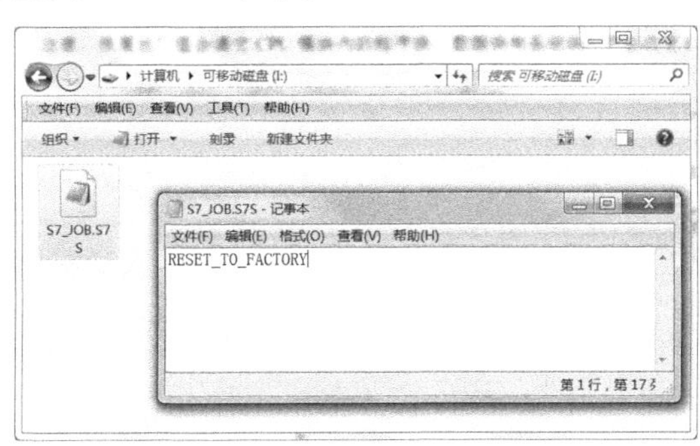

图10-32　用记事本编写一个含有让CPU模块恢复出厂值指令的S7_JOB.S7S文件并复制到Micro SD卡上

② 将Micro SD卡插入CPU模块恢复到出厂值　在断电的情况下，将含有S7_JOB.S7S文件（该文件写有一行“RESET_TO_FACTORY”文字）的Micro SD卡插入CPU模块的卡槽，然后给CPU模块上电，CPU模块自动执行S7_JOB.S7S文件中的指令，恢复到出厂值。

注意：恢复出厂值会清空CPU模块内的程序块、数据块和系统块，不会改变CPU模块的固件版本。

西门子S7-200 SMART PLC指令的使用及应用实例

11.1 位逻辑指令

在STEP 7-Micro/WIN SMART软件的项目指令树区域，展开“位逻辑”指令包，可以查看到所有的位逻辑指令，如图11-1所示。位逻辑指令有16条，可大致分为触点指令、线圈指令、立即指令、RS触发器指令和空操作指令。

位逻辑	
-| |-	常开触点
-|/|-	常闭触点
-|I|-	立即常开触点
-|/I|-	立即常闭触点
-|NOT|-	取反
-|P|-	上升沿检测触点
-|N|-	下降沿检测触点
-( )	输出线圈
-(I)	立即输出线圈
-(S)	置位线圈
-(SI)	立即置位线圈
-(R)	复位线圈
-(RI)	立即复位线圈
SR	置位优先触发器
RS	复位优先触发器
NOP	空操作

图11-1 位逻辑指令

11.1.1 触点指令

触点指令可分为普通触点指令和边沿检测指令。

（1）普通触点指令

普通触点指令说明如下：

指令标识	梯形图符号及名称	说明	可用软元件	举例
┤├	??.? ┤ ├ 常开触点	当??.?位为1（ON）时，??.?常开触点闭合，为0（OFF）时常开触点断开	I、Q、M、SM、T、C、L、S、V	I0.1 A 当I0.1位为1时，I0.1常开触点处于闭合，左母线的能流通过触点流到A点
┤/├	??.? ┤ / ├ 常闭触点	当??.?位为0时，??.?常闭触点闭合，为1时常闭触点断开	I、Q、M、SM、T、C、L、S、V	I0.1 A 当I0.1位为0时，I0.1常闭触点处于闭合，左母线的能流通过触点流到A点
┤NOT├	┤NOT├ 取反	当该触点左方有能流时，经能流取反后右方无能流，左方无能流时右方有能流		I0.1 A NOT B 当I0.1常开触点处于断开时，A点无能流，经能流取反后，B点有能流，这里的两个触点组合，功能与一个常闭触点相同

（2）边沿检测触点指令

边沿检测触点指令说明如下：

指令标识	梯形图符号及名称	说明	举例
┤P├	┤ P ├ 上升沿检测触点	当该指令前面的逻辑运算结果有一个上升沿（0→1）时，会产生一个宽度为一个扫描周期的脉冲，驱动后面的输出线圈	I0.4 P Q0.4 N Q0.5 I0.4 Q0.4 Q0.5 接通一个周期 接通一个周期 当I0.4触点由断开转为闭合时，会产生一个0→1的上升沿，P触点接通一个扫描周期时间，Q0.4线圈得电一个周期 当I0.4触点由闭合转为断开时，产生一个1→0的下降沿，N触点接通一个扫描周期时间，Q0.5线圈得电一个周期
┤N├	┤ N ├ 下降沿检测触点	当该指令前面的逻辑运算结果有一个下降沿（1→0）时，会产生一个宽度为一个扫描周期的脉冲，驱动后面的输出线圈	

11.1.2 线圈指令

（1）指令说明

线圈指令说明如下：

指令标识	梯形图符号及名称	说明	操作数
-[ ]	??.? —( ) 输出线圈	当有输入能流时，??.?线圈得电，能流消失后，??.?线圈马上失电	??.?（软元件）：I、Q、M、SM、T、C、V、S、L，数据类型为布尔型 ????（软元件的数量）：VB、IB、QB、MB、SMB、LB、SB、AC、*VD、*AC、*LD、常量，数据类型为字节型，范围1～255
-[S]	??.? —(S) ???? 置位线圈	当有输入能流时，将??.?开始的????个线圈置位（即让这些线圈都得电），能流消失后，这些线圈仍保持为1（即仍得电）	
-[R]	??.? —(R) ???? 复位线圈	当有输入能流时，将??.?开始的????个线圈复位（即让这些线圈都失电），能流消失后，这些线圈仍保持为0（即失电）	

（2）指令使用举例

线圈指令的使用如图11-2所示。当I0.4常开触点闭合时，将M0.0～M0.2线圈都置位，即让这3个线圈都得电，同时Q0.4线圈也得电，I0.4常开触点断开后，M0.0 ～ M0.2线圈仍保持得电状态，而Q0.4线圈则失电；当I0.5常开触点闭合时，将M0.0 ～ M0.2线圈都被复位，即这3个线圈都失电，同时Q0.5线圈得电，I0.5常开触点断开后，M0.0 ～ M0.2线圈仍保持失电状态，Q0.5线圈也失电。

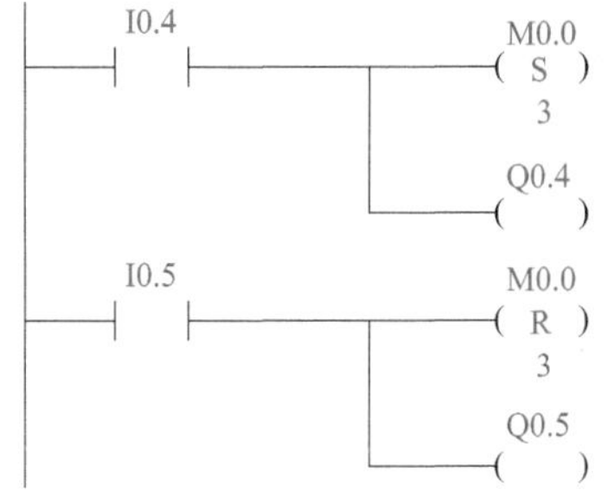

图11-2　线圈指令的使用举例

11.1.3　立即指令

PLC的一般工作过程是：当操作输入端设备时（如按下I0.0端子外接按钮），该端的状态数据“1”存入输入映像寄存器I0.0中，PLC运行时先扫描读出输入映像寄存器的数据，然后根据读取的数据运行用户编写的程序，程序运行结束后将结果送入输出映像寄存器（如Q0.0），通过输出电路驱动输出端子外接的输出设备（如接触器线圈），然后PLC又重复上述过程。PLC完整运行一个过程需要的时间称为一个扫描周期，在PLC执行用户程序阶段时，即使输入设备状态发生变化（如按钮由闭合输为断开），PLC不会理会此时的变化，仍按扫描输入映像寄存器阶段读的数据执行程序，直到下一个扫描周期才读取输入端新状态。

如果希望PLC工作时能即时响应输入或即时产生输出，可使用立即指令。立即指令可分为立即触点指令、立即线圈指令。

（1）立即触点指令

立即触点指令又称立即输入指令，它只适用于输入量I，执行立即触点指令时，PLC会立即读取输入端子的值，再根据该值判断程序中的触点通/断状态，但并不更新该端子对应的输入映像寄存器的值，其他普通触点的状态仍由扫描输入映像寄存器阶段读取的值决定。

立即触点指令说明如下：

指令标识	梯形图符号及名称	说明	举例
┤I├	??.? ┤ I ├ 立即常开触点	当PLC的??.?端子输入为ON时，??.?立即常开触点即刻闭合，PLC的??.?端子输入为OFF时，??.?立即常开触点即刻断开	I0.0　I0.2　I0.3　Q0.0　I0.1 当PLC的I0.0端子输入为ON（如该端子外接开关闭合）时，I0.0立即常开触点立即闭合，Q0.0线圈随之得电，如果PLC的I0.1端子输入为ON，I0.1常开触点并不马上闭合，而是要等到PLC运行完后续程序并再次执行程序时才闭合 同样地，PLC的I0.2端子输入为ON时，可以较PLC的I0.3端子输入为ON时更快使Q0.0线圈失电
┤/I├	??.? ┤ /I ├ 立即常闭触点	当PLC的??.?端子输入为ON时，??.?立即常闭触点即刻断开，PLC的??.?端子输入为OFF时，??.?立即常闭触点即刻闭合	

（2）立即线圈指令

立即线圈指令又称立即输出指令，该指令在执行时，将前面的运算结果立即送到输出映像寄存器而即时从输出端子产生输出，输出映像寄存器内容也被刷新。立即线圈指令只能用于输出量Q，线圈中的“I”表示立即输出。

立即线圈指令说明如下：

<table>
<tr><th>指令标识</th><th>梯形图符号及名称</th><th>说明</th><th>举例</th></tr>
<tr><td>-(I)</td><td>??.?
—(I)
立即线圈</td><td>当有输入能流时，??.?线圈得电，PLC的??.?端子立即产生输出，能流消失后，??.?线圈失电，PLC的??.?端子立即停止输出</td><td rowspan="3"> 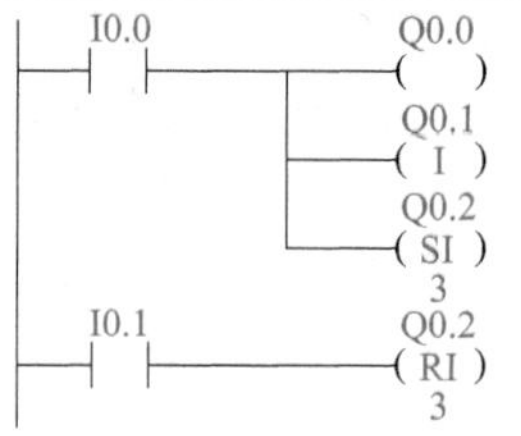I0.0 Q0.0 ( ) Q0.1 (I) Q0.2 (SI) 3 I0.1 Q0.2 (RI) 3

当I0.0常开触点闭合时，Q0.0、Q0.1和Q0.2～Q0.4线圈均得电，PLC的Q0.1～Q0.4端子立即产生输出，Q0.0端子需要在程序运行结束后才产生输出，I0.0常开触点断开后，Q0.1端子立即停止输出，Q0.0端子需要在程序运行结束后才停止输出，而Q0.2～Q0.4端子仍保持输出
当I0.1常开触点闭合时，Q0.2～Q0.4线圈均失电，PLC的Q0.2～Q0.4端子立即停止输出</td></tr>
<tr><td>-(SI)</td><td>??.?
—(SI)
????
立即置位线圈</td><td>当有输入能流时，将??.?开始的????个线圈置位，PLC从??.?开始的????个端子立即产生输出，能流消失后，这些线圈仍保持为1，其对应的PLC端子保持输出</td></tr>
<tr><td>-(RI)</td><td>??.?
—(RI)
????
立即复位线圈</td><td>当有输入能流时，将??.?开始的????个线圈复位，PLC从??.?开始的????个端子立即停止输出，能流消失后，这些线圈仍保持为0，其对应的PLC端子仍停止输出</td></tr>
</table>

11.1.4 RS触发器指令

RS触发器指令的功能是根据R、S端输入状态产生相应的输出，它分为置位优先SR触发器指令和复位优先RS触发器指令。

（1）指令说明

RS触发器指令说明如下：

<table>
<tr><th>指令标识</th><th>梯形图符号及名称</th><th>说明</th><th>操作数</th></tr>
<tr><td>SR</td><td>??.?
S1 OUT
SR
R
置位优先触发器</td><td>当S1、R端同时输入1时，OUT=1，??.?=1。
SR置位优先触发器的输入输出关系见下表：<table><tr><th>S1</th><th>R</th><th>OUT(??.?)</th></tr><tr><td>0</td><td>0</td><td>保持前一状态</td></tr><tr><td>0</td><td>1</td><td>0</td></tr><tr><td>1</td><td>0</td><td>1</td></tr><tr><td>1</td><td>1</td><td>1</td></tr></table></td><td rowspan="2"><table><tr><th>输入/输出</th><th>数据类型</th><th>可用软元件</th></tr><tr><td>S1、R</td><td>BOOL</td><td>I、Q、V、M、SM、S、T、C</td></tr><tr><td>S、R1、OUT</td><td>BOOL</td><td>I、Q、V、M、SM、S、T、C、L</td></tr><tr><td>??.?</td><td>BOOL</td><td>I、Q、V、M、S</td></tr></table></td></tr>
<tr><td>RS</td><td>??.?
S OUT
RS
R1
复位优先触发器</td><td>当S、R1端同时输入1时，OUT=0，??.?=0。
RS复位优先触发器的输入输出关系见下表：<table><tr><th>S</th><th>R1</th><th>OUT(??.?)</th></tr><tr><td>0</td><td>0</td><td>保持前一状态</td></tr><tr><td>0</td><td>1</td><td>0</td></tr><tr><td>1</td><td>0</td><td>1</td></tr><tr><td>1</td><td>1</td><td>0</td></tr></table></td></tr>
</table>

（2）指令使用举例

RS触发器指令使用如图11-3所示。

图11-3（a）使用了SR置位优先触发器指令，从右方的时序图可以看出：

① 当I0.0触点闭合（S1=1）、I0.1触点断开（R=0）时，Q0.0被置位为1；

② 当I0.0触点由闭合转为断开（S1=0）、I0.1触点仍处于断开（R=0）时，Q0.0仍保持为1；

③ 当I0.0触点断开（S1=0）、I0.1触点闭合（R=1）时，Q0.0被复位为0；

④ 当I0.0、I0.1触点均闭合（S1=0、R=1）时，Q0.0被置位为1。

图11-3（b）使用了RS复位优先触发器指令，其①～③种输入输出情况与SR置位优先

触发器指令相同，两者区别在于第④种情况，对于SR置位优先触发器指令，当S1、R端同时输入1时，Q0.0=1，对于RS复位优先触发器指令，当S、R1端同时输入1时，Q0.0=0。

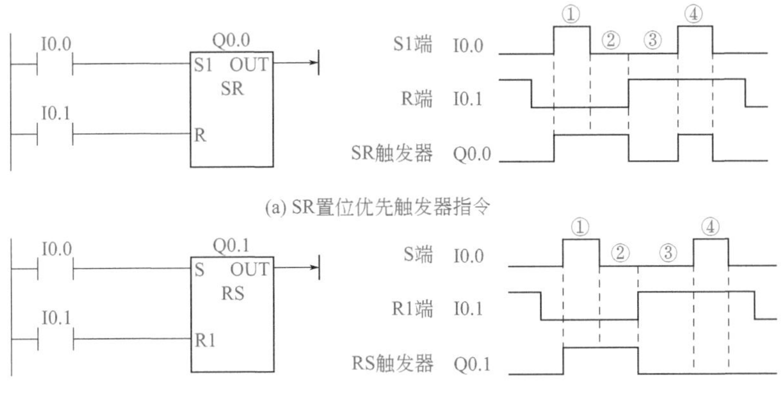

(a) SR置位优先触发器指令

I0.0 Q0.1 S OUT RS I0.1 R1 S端 I0.0 R1端 I0.1 RS触发器 Q0.1 ① ② ③ ④

(b) RS复位优先触发器指令

图11-3 RS触发器指令使用举例

11.1.5 空操作指令

空操作指令的功能是让程序不执行任何操作，由于该指令本身执行时需要一定时间，故可延缓程序执行周期。

空操作指令说明如下：

指令标识	梯形图符号及名称	说明	举例
NOP	???? NOP 空操作	空操作指令，其功能是将让程序不执行任何操作 N（????）=0～255，执行一次NOP指令需要的时间约为0.22μs，执行N次NOP的时间约为0.22μs×N	M0.0 / 100 NOP 当M0.0触点闭合时，NOP指令执行100次

11.2 定时器

定时器是一种按时间动作的继电器，相当于继电器控制系统中的时间继电器。一个定时器可有很多个常开触点和常闭触点，其定时单位有1ms、10ms、100ms三种。

根据工作方式不同，定时器可分为三种：通电延时型定时器（TON）、断电延时型定时器（TOF）和记忆型通电延时定时器（TONR）。三种定时器如图11-4所示，其有关规格见表11-1，TON、TOF是共享型定时器，当将某一编号的定时器用作TON时就不能再将它用作TOF，如将T32用作TON定时器后，就不能将T32用作TOF定时器。

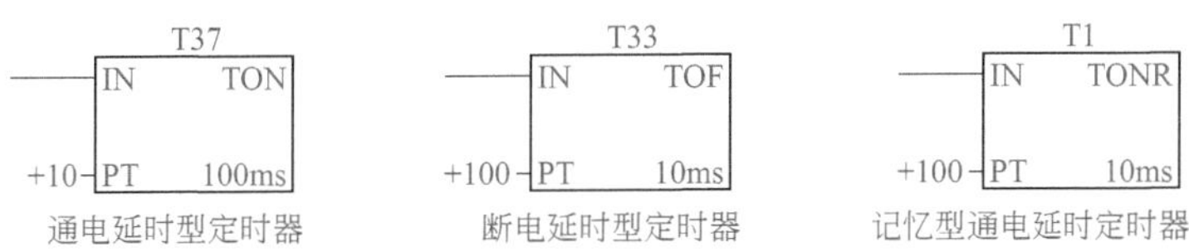

图11-4 三种定时器的梯形图符号

表 11-1 三种定时器的有关规格

类型	定时器号	定时单位	最大定时值
TONR	T0，T64	1ms	32.767s
	T1～T4，T65～T68	10ms	327.67s
	T5～T31，T69～T95	100ms	3276.7s
TON、TOF	T32，T96	1ms	32.767s
	T33～T36，T97～T100	10ms	327.67s
	T37～T63，T101～T255	100ms	3276.7s

11.2.1 通电延时型定时器（TON）

通电延时型定时器（TON）的特点是：当TON的IN端输入为ON时开始计时，计时达到设定时间值后状态变为1，驱动同编号的触点产生动作，TON达到设定时间值后会继续计时直到最大值，但后续的计时并不影响定时器的输出状态；在计时期间，若TON的IN端输入变为OFF，定时器马上复位，计时值和输出状态值都清0。

（1）指令说明

通电延时型定时器说明如下：

指令标识	梯形图符号及名称	说明	参数
TON	???? IN TON ???? PT ???ms 通电延时型定时器	当IN端输入为ON时，Txxx（上????）通电延时型定时器开始计时，计时时间为计时值（PT值）×???ms，到达计时值后，Txxx定时器的状态变为1且继续计时，直到最大值32767；当IN端输入为OFF时，Txxx定时器的当前计时值清0，同时状态也变为0 指令上方的????用于输入TON定时器编号，PT旁的????用于设置定时值，ms旁的???根据定时器编号自动生成，如定时器编号输入T37，???ms自动变成100ms	输入/输出 | 数据类型 | 操作数 Txxx | WORD | 常数(T0～T255) IN | BOOL | I、Q、V、M、SM、S、T、C、L PT | INT | IW、QW、VW、MW、SMW、SW、LW、T、C、AC、AIW、*VD、*LD、*AC、常数

（2）指令使用举例

通电延时型定时器指令使用如图11-5所示。当I0.0触点闭合时，TON定时器T37的IN端输入为ON，开始计时，计时达到设定值10（10×100ms=1s）时，T37状态变为1，T37常开触点闭合，线圈Q0.0得电，T37继续计时，直到最大值32767，然后保持最大值不变；当I0.0触点断开时，T37定时器的IN端输入为OFF，T37计时值和状态均清0，T37常开触点断开，线圈Q0.0失电。

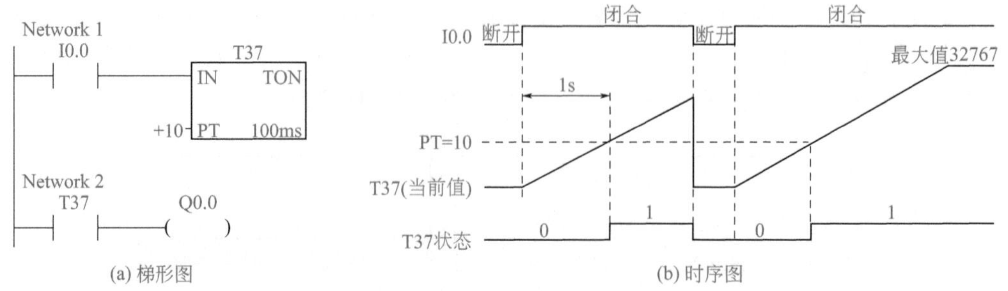

图11-5 通电延时型定时器指令使用举例

11.2.2 断电延时型定时器（TOF）

断电延时型定时器（TOF）的特点是：当TOF 的IN端输入为ON时，TOF的状态变为1，同时计时值被清0，当TOF的IN端输入变为OFF时，TOF的状态仍保持为1，同时TOF开始计时，当计时值达到设定值后TOF的状态变为0，当前计时值保持设定值不变。

也就是说，TOF定时器在IN端输入为ON时状态为1且计时值清0，IN端变为OFF（即输入断电）后状态仍为1但从0开始计时，计时值达到设定值时状态变为0，计时值保持设定值不变。

（1）指令说明

断电延时型定时器说明如下：

指令标识	梯形图符号及名称	说明	参数
TOF	???? IN TOF ????-PT ???ms 断电延时型定时器	当IN端输入为ON时，Txxx（上????）断电延时型定时器的状态变为1，同时计时值清0，当IN端输入变为OFF时，定时器的状态仍为1，定时器开始计时值，到达设定计时值后，定时器的状态变为0，当前计时值保持不变 指令上方的????用于输入TOF定时器编号，PT旁的????用于设置定时值，ms旁的???根据定时器编号自动生成	<table><tr><th>输入/输出</th><th>数据类型</th><th>操作数</th></tr><tr><td>Txxx</td><td>WORD</td><td>常数(T0～T255)</td></tr><tr><td>IN</td><td>BOOL</td><td>I、Q、V、M、SM、S、T、C、L</td></tr><tr><td>PT</td><td>INT</td><td>IW、QW、VW、MW、SMW、SW、LW、T、C、AC、AIW、*VD、*LD、*AC、常数</td></tr></table>

（2）指令使用举例

断电延时型定时器指令使用如图11-6所示。当I0.0触点闭合时，TOF定时器T33的IN端输入为ON，T33状态变为1，同时计时值清0；当I0.0触点闭合转为断开时，T33的IN端输入为OFF，T33开始计时，计时达到设定值100（100×10ms=1s）时，T33状态变为0，当前计时值不变；当I0.0重新闭合时，T33状态变为1，同时计时值清0。

在TOF定时器T33通电时状态为1，T33常开触点闭合，线圈Q0.0得电，在T33断电后开始计时，计时达到设定值时状态变为0，T33常开触点断开，线圈Q0.0失电。

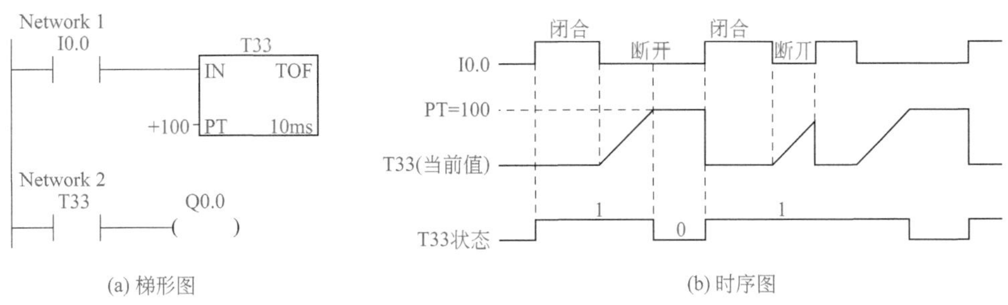

图11-6　断电延时型定时器指令使用举例

11.2.3 记忆型通电延时定时器（TONR）

记忆型通电延时定时器（TONR）的特点是：当TONR输入端（IN）通电即开始计时，计时达到设定时间值后状态置1，然后TONR会继续计时直到最大值，在后续的计时期间定时器的状态仍为1；在计时期间，如果TONR的输入端失电，其计时值不会复位，而是将失电前瞬间的计时值记忆下来，当输入端再次通电时，TONR会在记忆值上继续计时，直到最大值。

失电不会使TONR状态复位计时清0，要让TONR状态复位计时清0，必须用到复位指令（R）。

（1）指令说明

记忆型通电延时定时器说明如下：

<table>
<tr><th>指令标识</th><th>梯形图符号及名称</th><th>说明</th><th>参数</th></tr>
<tr><td>TONR</td><td>????
IN TONR
????-PT ???ms
记忆型通电延时定时器</td><td>当IN端输入为ON时，Txxx（上????）记忆型通电延时定时器开始计时，计时时间为计时值（PT值）×???ms，如果未达到计时值时IN输入变为OFF，定时器将当前计时值保存下来，当IN端输入再次变为ON时，定时器在记忆的计时值上继续计时，到达设置的计时值后，Txxx定时器的状态变为1且继续计时，直到最大值32767
指令上方的????用于输入TONR定时器编号，PT旁的????用于设置定时值，ms旁的???根据定时器编号自动生成</td><td><table>
<tr><th>输入/输出</th><th>数据类型</th><th>操作数</th></tr>
<tr><td>T_{XXX}</td><td>WORD</td><td>常数(T0～T255)</td></tr>
<tr><td>IN</td><td>BOOL</td><td>I、Q、V、M、SM、S、T、C、L</td></tr>
<tr><td>PT</td><td>INT</td><td>IW、QW、VW、MW、SMW、SW、LW、T、C、AC、AIW、*VD、*LD、*AC、常数</td></tr>
</table></td></tr>
</table>

（2）指令使用举例

记忆型通电延时定时器指令使用如图11-7所示。

当I0.0触点闭合时，TONR定时器T1的IN端输入为ON，开始计时，如果计时值未达到设定值时I0.0触点就断开，T1将当前计时值记忆下来；当I0.0触点再闭合时，T1在记忆的计时值上继续计时，当计时值达到设定值100（100×10ms=1s）时，T1状态变为1，T1常开触点闭合，线圈Q0.0得电，T1继续计时，直到最大计时值32767，在计时期间，如果I0.1触点闭合，复位指令（R）执行，T1被复位，T1状态变为0，计时值也被清0；当触点I0.1断开且I0.0闭合时，T1重新开始计时。

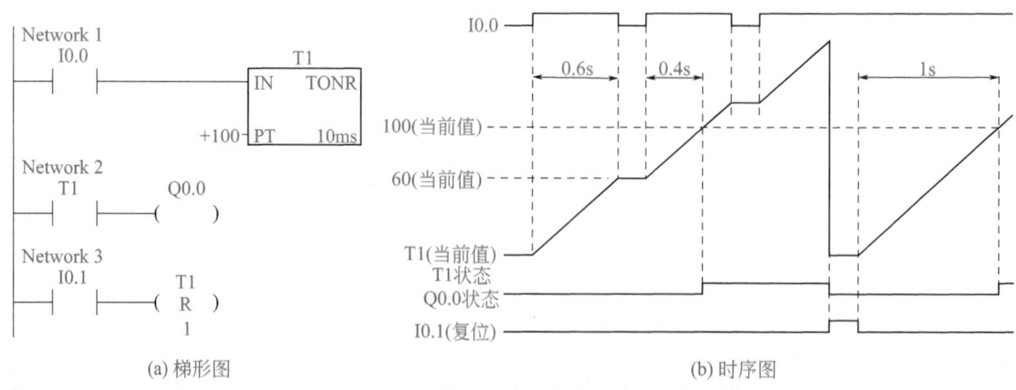

图11-7 记忆型通电延时定时器指令使用举例

11.3 计数器

计数器的功能是对输入脉冲的计数。S7-200 SMART PLC有三种类型的计数器：加计数器CTU(递增计数器)、减计数器CTD(递减计数器)和加减计数器CTUD(加减计数器)。计数器的编号为C0～C255。三种计数器如图11-8所示。

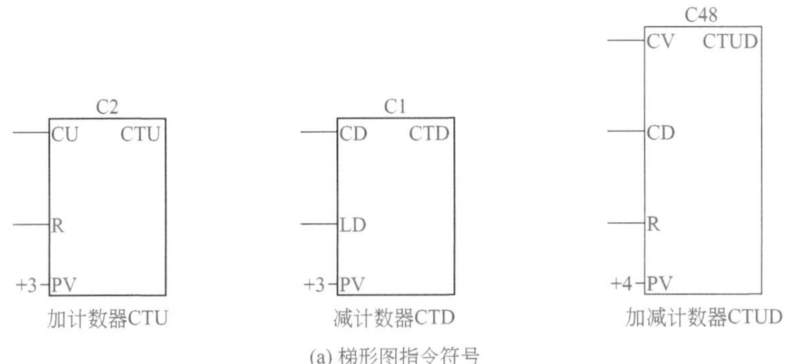

(a) 梯形图指令符号

输入/输出	数据类型	操作数
CXX	WORD	常数(C0～C255)
CU、CD、LD、R	BOOL	I、Q、V、M、SM、S、T、C、L
PV	INT	IW、QW、VW、MW、SMW、SW、LW、T、C、AC、AIW、*VD、*LD、*AC、常数

(b) 参数

图11-8 三种计数器

11.3.1 加计数器（CTU）

加计数器的特点是：当CTU输入端（CU）有脉冲输入时开始计数，每来一个脉冲上升沿计数值加1，当计数值达到设定值（PV）后状态变为1且继续计数，直到最大值32767，如果R端输入为ON或其他复位指令对计数器执行复位操作，计数器的状态变为0，计数值也清0。

（1）指令说明

加计数器说明如下：

指令标识	梯形图符号及名称	说明
CTU	???? CU CTU R ????-PV 加计数器	当R端输入为ON时，对Cxxx（上????）加计数器复位，计数器状态变为0，计数值也清0 CU端每输入一个脉冲上升沿，CTU计数器的计数值就增1，当计数值达到PV值（计数设定值），计数器状态变为1且继续计数，直到最大值32767 指令上方的????用于输入CTU计数器编号，PV旁的????用于输入计数设定值，R为计数器复位端

（2）指令使用举例

加计数器指令使用如图11-9所示。当I0.1触点闭合时，CTU计数器的R（复位）端输入为ON，CTU计数器的状态为0，计数值也清0。当I0.0触点第一次由断开转为闭合时，

CTU的CU端输入一个脉冲上升沿，CTU计数值增1，计数值为1，I0.0触点由闭合转为断开时，CTU计数值不变；当I0.0触点第二次由断开转为闭合时，CTU计数值又增1，计数值为2；当I0.0触点第三次由断开转为闭合时，CTU计数值再增1，计数值为3，达到设定值，CTU的状态变为1；当I0.0触点第四次由断开转为闭合时，CTU计数值变为4，其状态仍为1。如果这时I0.1触点闭合，CTU的R端输入为ON，CTU复位，状态变为0，计数值也清0。CTU复位后，若CU端输入脉冲，CTU又开始计数。

在CTU计数器C2的状态为1时，C2常开触点闭合，线圈Q0.0得电，计数器C2复位后，C2触点断开，线圈Q0.0失电。

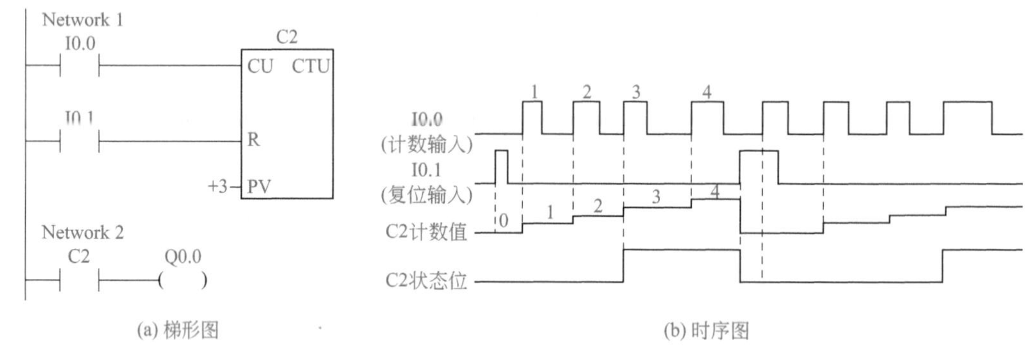

(a) 梯形图　　(b) 时序图

图11-9　加计数器指令使用举例

11.3.2　减计数器（CTD）

减计数器的特点是：当CTD的LD（装载）端输入为ON时，CTD状态位变为0、计数值变为设定值，装载后，计数器的CD端每输入一个脉冲上升沿，计数值就减1，当计数值减到0时，CTD的状态变为1并停止计数。

（1）指令说明

减计数器说明如下：

指令标识	梯形图符号及名称	说明
CTD	???? CD CTD LD ???? PV 减计数器	当LD端输入为ON时，Cxxx（上????）减计数器状态变为0，同时计数值变为PV值 CD端每输入一个脉冲上升沿，CTD计数器的计数值就减1，当计数值减到0时，计数器状态变为1并停止计数 指令上方的????用于输入CTD计数器编号，PV旁的????用于输入计数设定值，LD为计数值装载控制端

（2）指令使用举例

减计数器指令使用如图11-10所示。当I0.1触点闭合时，CTD计数器的LD端输入为ON，CTD的状态变为0，计数值变为设定值3。当I0.0触点第一次由断开转为闭合时，CTD的CD端输入一个脉冲上升沿，CTD计数值减1，计数值变为2，I0.0触点由闭合转为断开时，CTD计数值不变；当I0.0触点第二次由断开转为闭合时，CTD计数值又减1，计数值变为1；当I0.0触点第三次由断开转为闭合时，CTD计数值再减1，计数值为0，CTD的状态变为1；当I0.0第四次由断开转为闭合时，CTD状态（1）和计数值（0）保持不变。如果这时I0.1触点闭合，CTD的LD端输入为ON，CTD状态也变为0，同时计数值由0变为设定值，在LD端输入为ON期间，CD端输入无效。LD端输入变为OFF后，若CD端输入脉冲上升沿，CTD又开始减计数。

在CTD计数器C1的状态为1时，C1常开触点闭合，线圈Q0.0得电，在计数器C1装载后状态位为0，C1触点断开，线圈Q0.0失电。

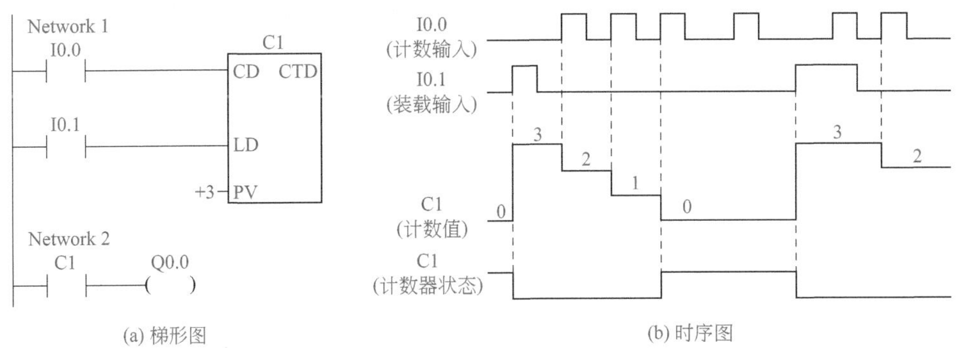

(a) 梯形图　　(b) 时序图

图11-10　减计数器指令使用举例

11.3.3 加减计数器（CTUD）

加减计数器的特点是：

① 当CTUD的R端（复位端）输入为ON时，CTUD状态变为0，同时计数值清0；

② 在加计数时，CU端（加计数端）每输入一个脉冲上升沿，计数值就增1，CTUD加计数的最大值为32767，在达到最大值时再来一个脉冲上升沿，计数值会变为-32768；

③ 在减计数时，CD端（减计数端）每输入一个脉冲上升沿，计数值就减1，CTUD减计数的最小值为-32768，在达到最小值时再来一个脉冲上升沿，计数值会变为32767；

④ 不管是加计数或减计数，只要计数值等于或大于设定值时，CTUD的状态就为1。

（1）指令说明

加减计数器说明如下：

指令标识	梯形图符号及名称	说明
CTUD	???? CU CTUD CD R ???? PV 加减计数器	当R端输入为ON时，Cxxx（上????）加减计数器状态变为0，同时计数值清0 CU端每输入一个脉冲上升沿，CTUD计数器的计数值就增1，当计数值增到最大值32767时，CU端再输入一个脉冲上升沿，计数值会变为-32768 CD端每输入一个脉冲上升沿，CTUD计数器的计数值就减1，当计数值减到最小值-32768时，CD端再输入一个脉冲上升沿，计数值会变为32767 不管是加计数或是减计数，只要当前计数值等于或大于PV值（设定值）时，CTUD的状态就为1 指令上方的????用于输入CTD计数器编号，PV旁的????用于输入计数设定值，CU为加计数输入端，CD为减计数输入端，R为计数器复位端

（2）指令使用举例

加减计数器指令使用如图11-11所示。

当I0.2触点闭合时，CTUD计数器C48的R端输入为ON，CTUD的状态变为0，同时计数值清0。

当I0.0触点第一次由断开转为闭合时，CTUD计数值增1，计数值为1；当I0.0触点第二次由断开转为闭合时，CTUD计数值又增1，计数值为2；当I0.0触点第三次由断开转为闭合时，CTUD计数值再增1，计数值为3，当I0.0触点第四次由断开转为闭合时，CTUD计数值再增1，计数值为4，达到计数设定值，CTUD的状态变为1；当CU端继续输入时，CTUD计数值继续增大。如果CU端停止输入，而在CD端使用I0.1触点输入脉冲，每输入一个脉冲上升沿，CTUD的计数值就减1，当计数值减到小于设定值4时，CTUD的状态变为0，如果CU端又有脉冲输入，又会开始加计数，计数值达到设定值时，CTUD的状态又变为1。在加计数或减计数时，一旦R端输入为ON，CTUD状态和计数值都变为0。

在CTUD计数器C48的状态为1时，C48常开触点闭合，线圈Q0.0得电，C48状态为0时，C48触点断开，线圈Q0.0失电。

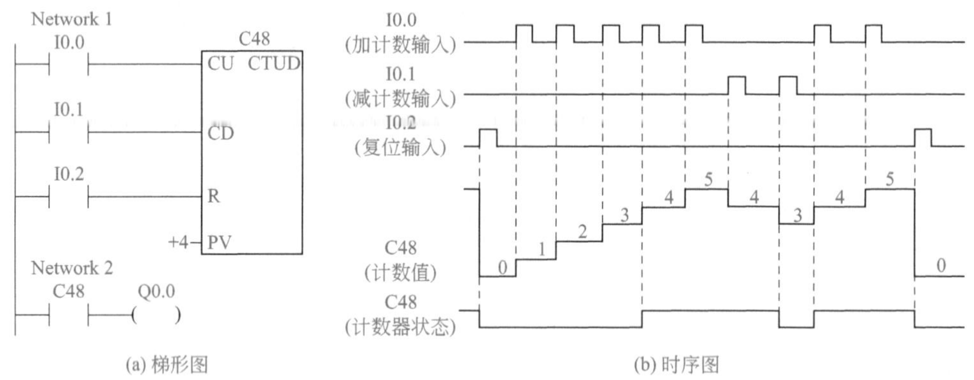

图11-11 加减计数器指令使用举例

11.4 常用的基本控制线及梯形图

11.4.1 启动、自锁和停止控制线路与梯形图

启动、自锁和停止控制是PLC最基本的控制功能。启动、自锁和停止控制可以采用输出线圈指令，也可以采用置位、复位指令来实现。

（1）采用输出线圈指令实现启动、自锁和停止控制

采用输出线圈指令实现启动、自锁和停止控制的PLC线路和梯形图如图11-12所示。

当按下启动按钮SB1时，PLC内部梯形图程序中的启动触点I0.0闭合，输出线圈Q0.0得电，PLC输出端子Q0.0内部的硬触点闭合，Q0.0端子与1L端子之间内部硬触点闭合，接触器线圈KM得电，主电路中的KM主触点闭合，电动机得电启动。

输出线圈Q0.0得电后，除了会使Q0.0、1L端子之间的硬触点闭合外，还会自锁触点Q0.0闭合，在启动触点I0.0断开后，依靠自锁触点闭合可使线圈Q0.0继续得电，电动机就会继续运转，从而实现自锁控制功能。

当按下停止按钮SB2时，PLC内部梯形图程序中的停止触点I0.1断开，输出线圈Q0.0失电，Q0.0、1L端子之间的内部硬触点断开，接触器线圈KM失电，主电路中的KM主触点断开，电动机失电停转。

（2）采用置位、复位指令实现启动、自锁和停止控制

采用置位、复位指令（R、S）实现启动、自锁和停止控制的线路与图11-12（a）相同，

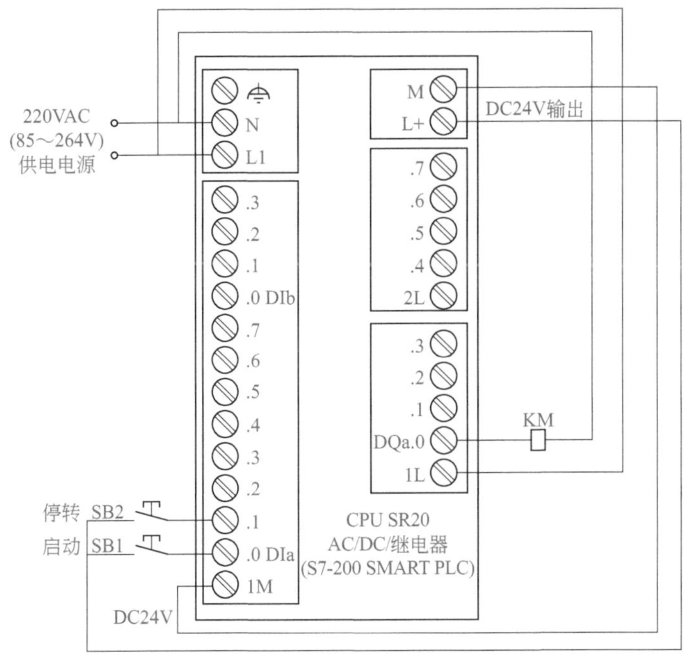

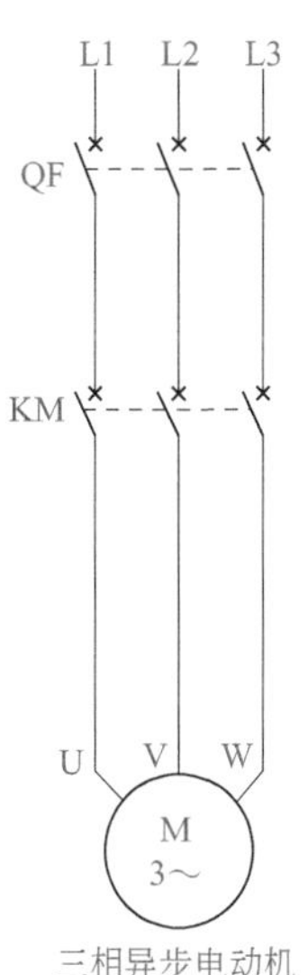

(a) PLC接线图

启动：I0.0 停止：I0.1 电动机：Q0.0

电动机:Q0.0

(b) 梯形图

图11-12 采用输出线圈指令实现启动、自锁和停止控制线路与梯形图

梯形图程序如图11-13所示。

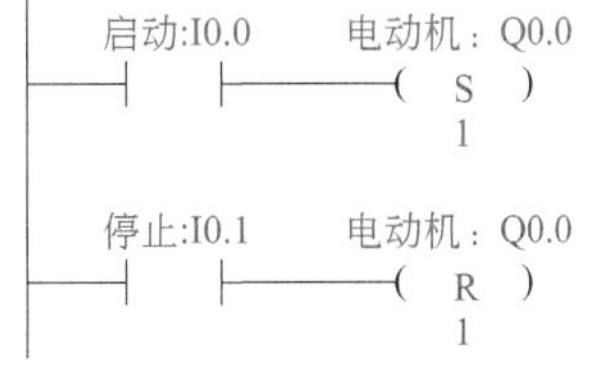

图11-13 采用置位、复位指令实现启动、自锁和停止的梯形图

当按下启动按钮SB1时，梯形图中的启动触点I0.0闭合，“S Q0.0，1”指令执行，指令执行结果将输出继电器线圈Q0.0置1，相当于线圈Q0.0得电，Q0.0、1L端子之间的内部硬触点接通，接触器线圈KM得电，主电路中的KM主触点闭合，电动机得电启动。

线圈Q0.0置位后，松开启动按钮SB1、启动触点I0.0断开，但线圈Q0.0仍保持“1”态，即仍维持得电状态，电动机就会继续运转，从而实现自锁控制功能。

当按下停止按钮SB2时，梯形图程序中的停止触点I0.1闭合，“R Q0.0，1”指令被执行，指令执行结果将输出线圈Q0.0复位（即置0），相当于线圈Q0.0失电，Q0.0、1L端子之间的内部硬触点断开，接触器线圈KM失电，主电路中的KM主触点断开，电动机失电停转。

采用置位复位指令和输出线圈指令都可以实现启动、自锁和停止控制，两者的PLC外部接线都相同，仅给PLC编写的梯形图程序不同。

11.4.2 正、反转联锁控制线路与梯形图

正、反转联锁控制线路与梯形图如图11-14所示。

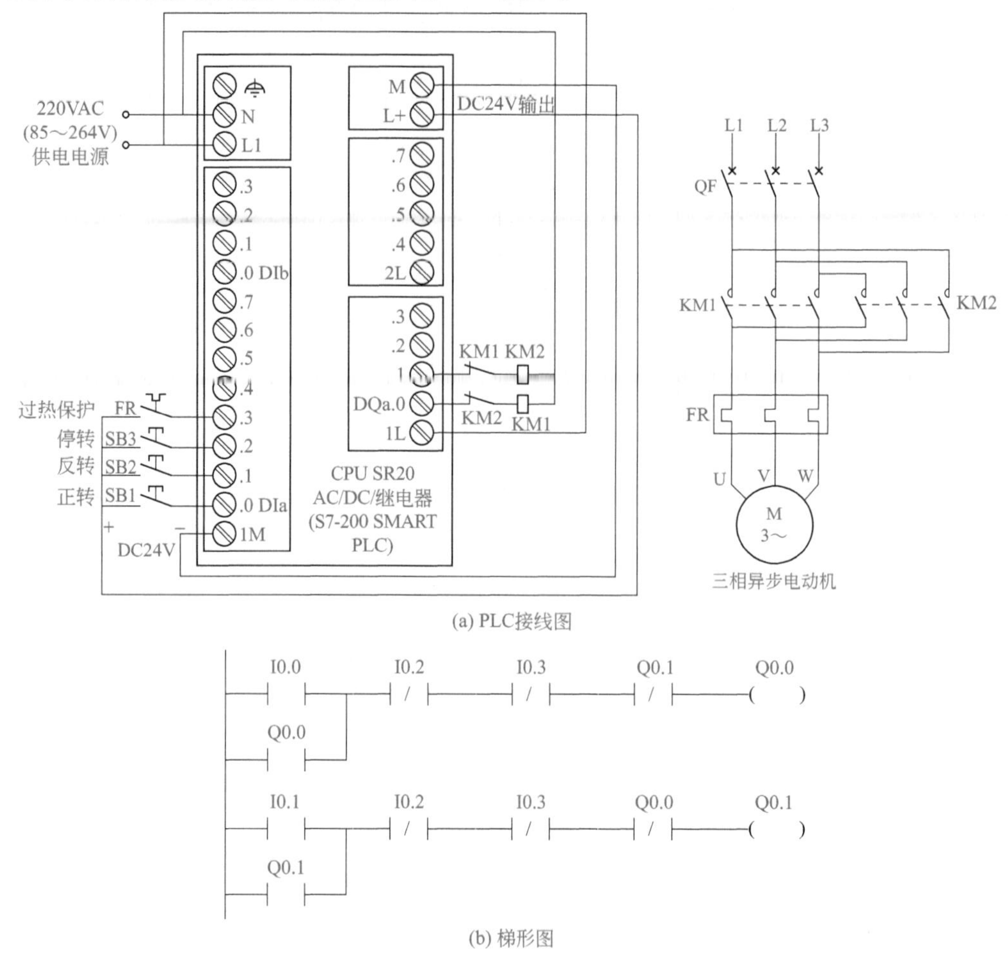

(a) PLC接线图

(b) 梯形图

图11-14 正、反转联锁控制线路与梯形图

（1）正转联锁控制

按下正转按钮SB1→梯形图程序中的正转触点I0.0闭合→线圈Q0.0得电→Q0.0自锁触点闭合，Q0.0联锁触点断开，Q0.0端子与1L端子间的内硬触点闭合→Q0.0自锁触点闭合，使线圈Q0.0在I0.0触点断开后仍可得电；Q0.0联锁触点断开，使线圈Q0.1即使在I0.1触点闭合（误操作SB2引起）时也无法得电，实现联锁控制；Q0.0端子与1L端子间的内硬触点闭合，接触器KM1线圈得电，主电路中的KM1主触点闭合，电动机得电正转。

（2）反转联锁控制

按下反转按钮SB2→梯形图程序中的反转触点I0.1闭合→线圈Q0.1得电→Q0.1自锁触点闭合，Q0.1联锁触点断开，Q0.1端子与1L端子间的内硬触点闭合→Q0.1自锁触点闭合，使线圈Q0.1在I0.1触点断开后继续得电；Q0.1联锁触点断开，使线圈Q0.0即使在I0.0触点闭合（误操作SB1引起）时也无法得电，实现联锁控制；Q0.1端子与1L端子间的内硬触点闭合，接触器KM2线圈得电，主电路中的KM2主触点闭合，电动机得电反转。

（3）停转控制

按下停止按钮SB3→梯形图程序中的两个停止触点I0.2均断开→线圈Q0.0、Q0.1均失电

→接触器KM1、KM2线圈均失电→主电路中的KM1、KM2主触点均断开，电动机失电停转。

（4）过热保护

如果电动机长时间过载运行，流过热继电器FR的电流会因长时间过流发热而动作，FR触点闭合，PLC的I0.3端子有输入→梯形图程序中的两个热保护常闭触点I0.3均断开→线圈Q0.0、Q0.1均失电→接触器KM1、KM2线圈均失电→主电路中的KM1、KM2主触点均断开，电动机失电停转，从而防止电动机长时间过流运行而烧坏。

11.4.3 多地控制线路与梯形图

多地控制线路与梯形图如图11-15所示，其中图11-15（b）为单人多地控制梯形图，图11-15（c）为多人多地控制梯形图。

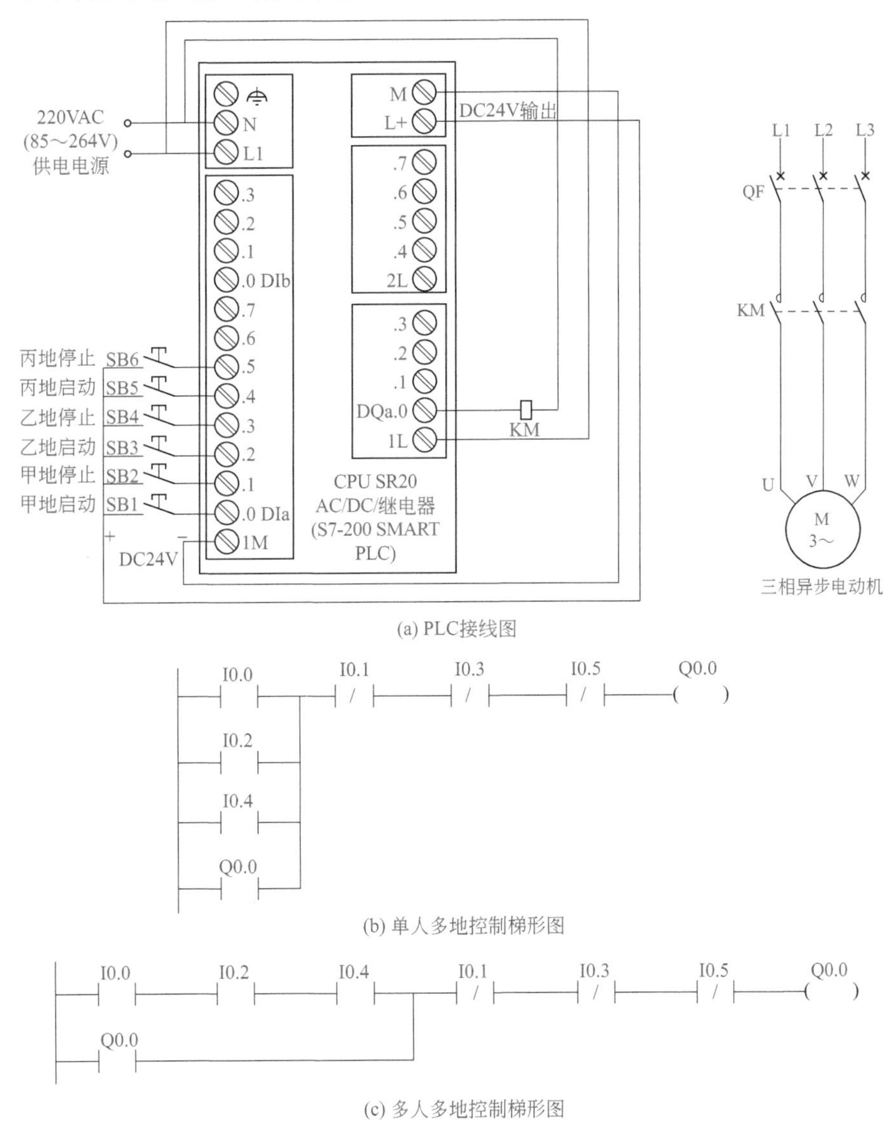

(a) PLC接线图

(b) 单人多地控制梯形图

(c) 多人多地控制梯形图

图11-15 多地控制线路与梯形图

（1）单人多地控制

单人多地控制线路和梯形图如图11-15（a）和（b）所示。

① 甲地启动控制　在甲地按下启动按钮SB1时→I0.0常开触点闭合→线圈Q0.0得电→Q0.0常开自锁触点闭合，Q0.0端子内硬触点闭合→Q0.0常开自锁触点闭合锁定Q0.0线圈供电，Q0.0端子内硬触点闭合使接触器线圈KM得电→主电路中的KM主触点闭合，电动机得电运转。

② 甲地停止控制　在甲地按下停止按钮SB2时→I0.1常闭触点断开→线圈Q0.0失电→Q0.0常开自锁触点断开，Q0.0端子内硬触点断开→接触器线圈KM失电→主电路中的KM主触点断开，电动机失电停转。

乙地和丙地的启/停控制与甲地控制相同，利用图11-15（b）梯形图可以实现在任何一地进行启/停控制，也可以在一地进行启动，在另一地控制停止。

（2）多人多地控制

多人多地控制线路和梯形图如图11-15（a）和（c）所示。

① 启动控制　在甲、乙、丙三地同时按下按钮SB1、SB3、SB5→I0.0、I0.2、I0.4三个常开触点均闭合→线圈Q0.0得电→Q0.0常开自锁触点闭合，Q0.0端子的内硬触点闭合→Q0.0线圈供电锁定，接触器线圈KM得电→主电路中的KM主触点闭合，电动机得电运转。

② 停止控制　在甲、乙、丙三地按下SB2、SB4、SB6中的某个停止按钮时→I0.1、I0.3、I0.5三个常闭触点中某个断开→线圈Q0.0失电→Q0.0常开自锁触点断开，Q0.0端子内硬触点断开→Q0.0常开自锁触点断开使Q0.0线圈供电切断，Q0.0端子的内硬触点断开使接触器线圈KM失电→主电路中的KM主触点断开，电动机失电停转。

图11-15（c）梯形图可以实现多人在多地同时按下启动按钮才能启动的功能，在任意一地都可以进行停止控制。

11.4.4　定时控制线路与梯形图

定时控制方式很多，下面介绍两种典型的定时控制线路与梯形图。

（1）延时启动定时运行控制线路与梯形图

延时启动定时运行控制线路与梯形图如图11-16所示，其实现的功能是：按下启动按钮3s后，电动机开始运行，松开启动按钮后，运行5s会自动停止。

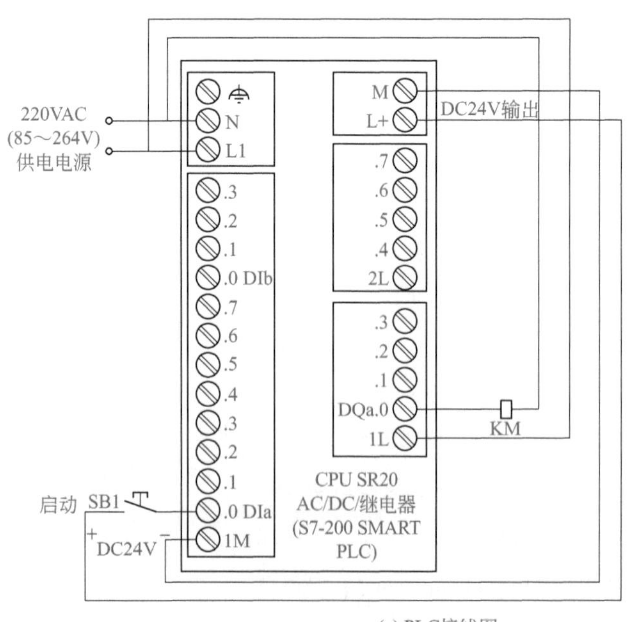

(a) PLC接线图

(b) 梯形图

图11-16　延时启动定时运行控制线路与梯形图

线路与梯形图说明如下：

按下启动按钮SB1→
- I0.0常闭触点断开
- I0.0常开触点闭合→定时器T35开始3s计时→3s后，T35常开触点闭合→Q0.0线圈得电→
  - Q0.0自锁触点闭合，锁定Q0.0线圈得电
  - Q0.0端子内硬触点闭合→接触器KM线圈得电→电动机运转
  - Q0.0常开触点闭合

松开启动按钮SB1→
- I0.0常开触点断开→定时器T35复位，T35常开触点断开
- I0.0常闭触点闭合→定时器T48 开始5s计时→5s后，T48常闭触点断开→ Q0.0线圈失电→Q0.0端子内硬触点断开→KM线圈失电→电动机停转

（2）多定时器组合控制线路与梯形图

图11-17是一种典型的多定时器组合控制线路与梯形图，其实现的功能是：按下启动按

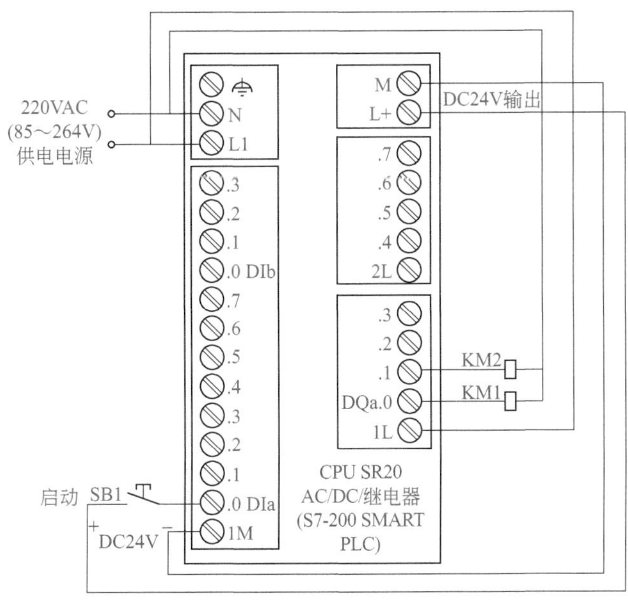

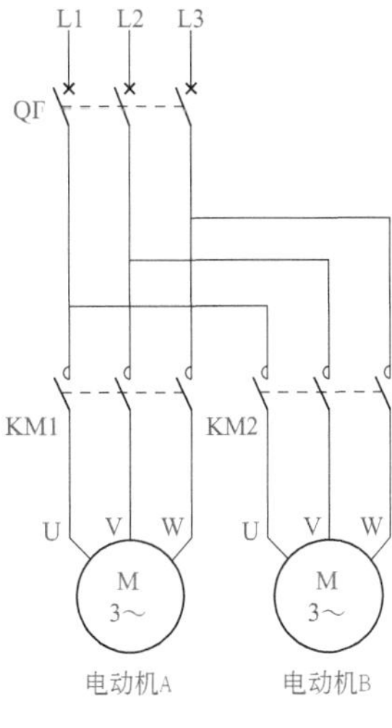

(a) PLC接线图

图11-17

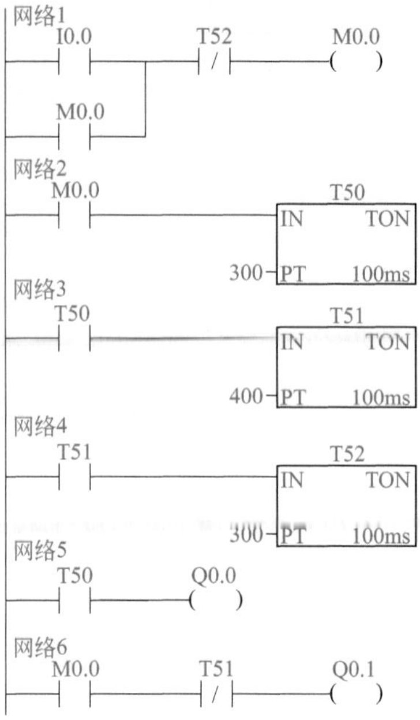

网络1
I0.0 T52 M0.0
M0.0
网络2
M0.0 T50 IN TON
300 PT 100ms
网络3
T50 T51 IN TON
400 PT 100ms
网络4
T51 T52 IN TON
300 PT 100ms
网络5
T50 Q0.0
网络6
M0.0 T51 Q0.1

(b) 梯形图

图11-17 一种典型的多定时器组合控制线路与梯形图

钮后电动机B马上运行，30s后电动机A开始运行，70s后电动机B停转，100s后电动机A停转。

线路与梯形图说明如下：

按下启动按钮SB1→I0.0常开触点闭合→辅助继电器M0.0线圈得电

→ [1]M0.0自锁触点闭合→锁定M0.0线圈供电
  [6]M0.0常开触点闭合→Q0.1线圈得电→Q0.1端子内硬触点闭合→接触器KM2线圈得电→电动机B运转
  [2]M0.0常开触点闭合→定时器T50开始30s计时

→ 30s后→定时器T50动作→ [5]T50常开触点闭合→Q0.0线圈得电→KM1线圈得电→电动机A启动运行
  [3]T50常开触点闭合→定时器T51开始40s计时

→ 40s后→定时器T51动作→ [6]T51常闭触点断开→Q0.1线圈失电→KM2线圈失电→电动机B停转
  [4]T51常开触点闭合→定时器T52开始30s计时

→ 30s后，定时器T52动作→[1]T52常闭触点断开→M0.0线圈失电→ [1]M0.0自锁触点断开→解除M0.0线圈供电
  [6]M0.0常开触点断开
  [2]M0.0常开触点断开→定时器T50复位

→ [5]T50常开触点断开→Q0.0线圈失电→KM1线圈失电→电动机A停转
  [3]T50常开触点断开→定时器T51复位→[4]T51常开触点断开→定时器T52复位→[1]T52常闭触点恢复闭合

11.4.5 长定时控制线路与梯形图

西门子S7-200 SMART PLC的最大定时时间为3276.7s（约54min），采用定时器和计数器组合可以延长定时时间。定时器与计数器组合延长定时控制线路与梯形图如图11-18所示。

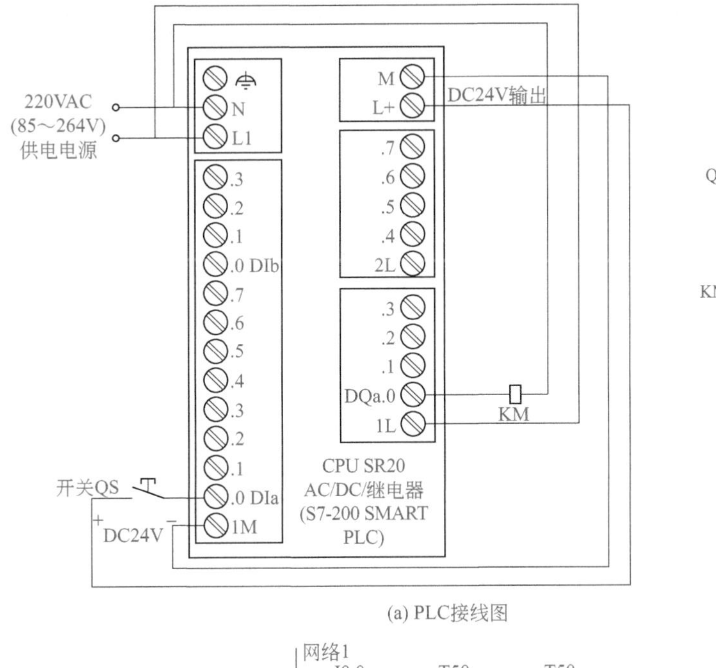

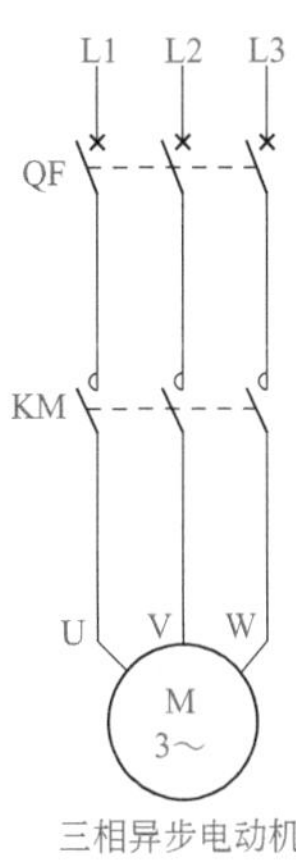

(a) PLC接线图

网络1
I0.0　T50　T50
IN　TON
30000 PT　100ms
网络2
T50　C10
CU　CTU
I0.0
R
30000 PV
网络3
C10　Q0.0

(b) 梯形图

图11-18　定时器与计数器组合延长定时控制线路与梯形图

线路与梯形图说明如下：

将开关QS闭合→
[2]I0.0常闭触点断开，计数器C10复位清0结束
[1]I0.0常开触点闭合→定时器T50开始3000s计时→3000s后，定时器T50动作→
[2]T50常开触点闭合，计数器C10值增1，由0变为1
[1]T50常闭触点断开→定时器T50复位→
[2]T50常开触点断开，计数器C10值保持为1
[1]T50常闭触点闭合→
因开关QS仍处于闭合，[1]I0.0常开触点也保持闭合→定时器T50又开始3000s计时→3000s后，定时器T50动作→
[2]T50常开触点闭合，计数器C10值增1，由1变为2
[1]T50常闭触点断开→定时器T50复位→
[2]T50常开触点断开，计数器C10值保持为2
[1]T50常闭触点闭合→定时器T50又开始计时，以后重复上述过程→
当计数器C10计数值达到30000→计数器C10动作→[3]常开触点C10闭合→Q0.0线圈得电→KM线圈得电→电动机运转

图11-18 中的定时器T50定时单位为0.1s（100ms），它与计数器C10组合使用后，其定时时间T=30000×0.1s×30000=90000000s=25000h。若需重新定时，可将开关QS断开，让[2]I0.0常闭触点闭合，对计数器C10执行复位，然后再闭合QS，则会重新开始25000h定时。

11.4.6 多重输出控制线路与梯形图

多重输出控制线路与梯形图如图11-19所示。

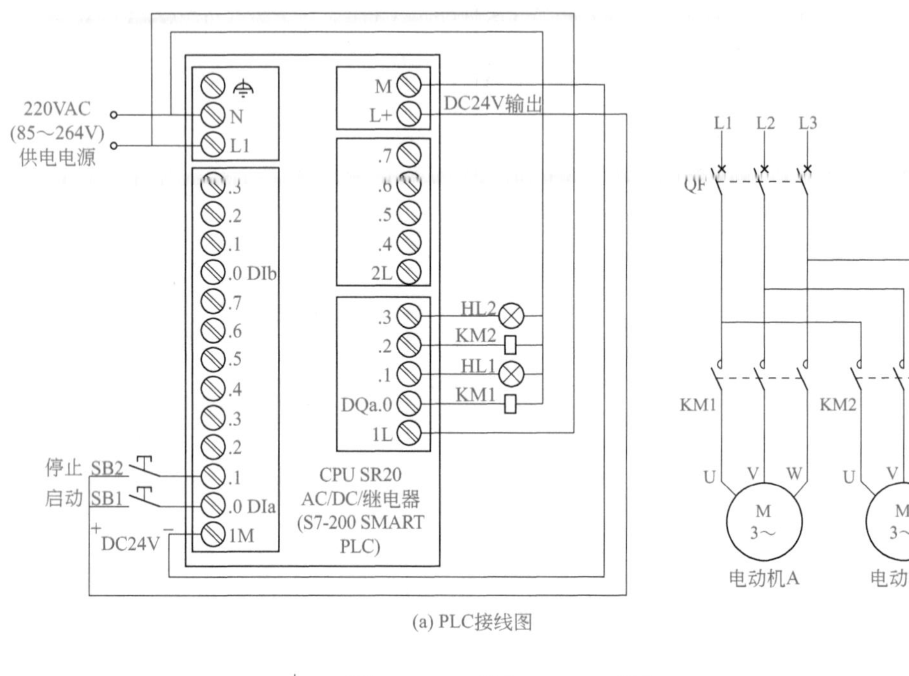

(a) PLC接线图

I0.0　I0.1　Q0.0
Q0.0　Q0.1
Q0.2
Q0.3

(b) 梯形图

图11-19　多重输出控制线路与梯形图

线路与梯形图说明如下：

① 启动控制

按下启动按钮SB1→I0.0常开触点闭合→

- Q0.0自锁触点闭合，锁定输出线圈Q0.0～Q0.3供电
- Q0.0线圈得电→Q0.0端子内硬触点闭合→KM1线圈得电→KM1主触点闭合→电动机A得电运转
- Q0.1线圈得电→Q0.1端子内硬触点闭合→HL1灯点亮
- Q0.2线圈得电→Q0.2端子内硬触点闭合→KM2线圈得电→KM2主触点闭合→电动机B得电运转
- Q0.3线圈得电→Q0.3端子内硬触点闭合→HL2灯点亮

② 停止控制

按下停止按钮SB2→I0.1常闭触点断开 →
Q0.0自锁触点断开，解除输出线圈Q0.0～Q0.3供电
Q0.0线圈失电→Q0.0端子内硬触点断开→KM1线圈失电→KM1主触点断开→电动机A失电停转
Q0.1线圈失电→Q0.1端子内硬触点断开→HL1熄灭
Q0.2线圈失电→Q0.2端子内硬触点断开→KM2线圈失电→KM2主触点断开→电动机B失电停转
Q0.3线圈失电→Q0.3端子内硬触点断开→HL2熄灭

11.4.7 过载报警控制线路与梯形图

过载报警控制线路与梯形图如图11-20所示。

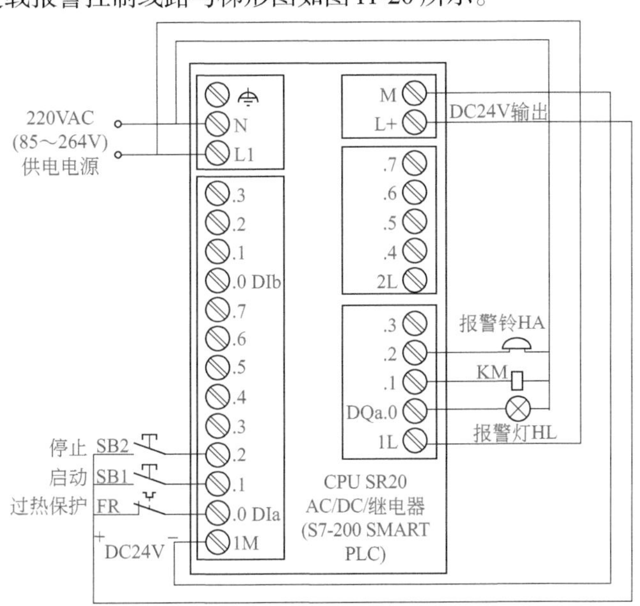

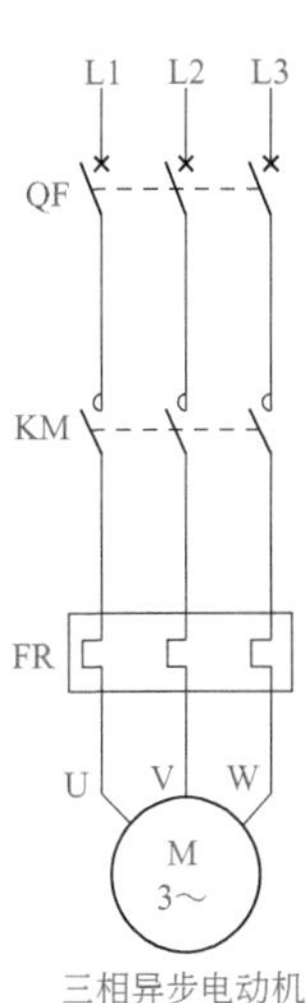

(a) PLC接线图

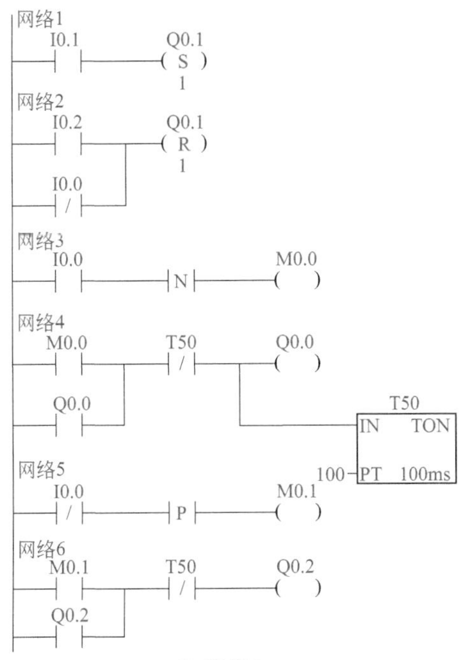

(b) 梯形图

图11-20 过载报警控制线路与梯形图

线路与梯形图说明如下。

① 启动控制　按下启动按钮SB1→[1]I0.1常开触点闭合→置位指令执行→Q0.1线圈被置位，即Q0.1线圈得电→Q0.1端子内硬触点闭合→接触器KM线圈得电→KM主触点闭合→电动机得电运转。

② 停止控制　按下停止按钮SB2→[2]I0.2常开触点闭合→复位指令执行→Q0.1线圈被复位（置0），即Q0.1线圈失电→Q0.1端子内硬触点断开→接触器KM线圈失电→KM主触点断开→电动机失电停转。

③ 过载保护及报警控制

在正常工作时，FR过载保护触点闭合→
- [2]I0.0常闭触点断开，Q0.1复位指令无法执行
- [3]I0.0常开触点闭合，下降沿检测(N触点)无效，M0.0状态为0
- [5]I0.0常闭触点断开，上升沿检测(P触点)无效，M0.1状态为0

当电动机过载运行时，热继电器FR发热元件动作，过载保护触点断开→
- [2]I0.0常闭触点闭合→执行Q0.1复位指令→Q0.1线圈失电→Q0.1端子内硬触点断开→KM线圈失电→KM主触点断开→电动机失电停转
- [3]I0.0常开触点由闭合转为断开，产生一个脉冲下降沿→N触点有效，M0.0线圈得电一个扫描周期→[4]M0.0常开触点闭合→定时器T50开始10s计时，同时Q0.0线圈得电→Q0.0线圈得电一方面使[4]Q0.0自锁触点闭合来锁定供电，另一方面使报警灯通电点亮
- [5]I0.0常闭触点由断开转为闭合，产生一个脉冲上升沿→P触点有效，M0.1线圈得电一个扫描周期→[6]M0.1常开触点闭合→Q0.2线圈得电→Q0.2线圈得电一方面使[6]Q0.2自锁触点闭合来锁定供电，另一方面使报警铃通电发声

→10s后，定时器T50置1→
- [6]T50常闭触点断开→Q0.2线圈失电→报警铃失电，停止报警声
- [4]T50常闭触点断开→定时器T50复位，同时Q0.0线圈失电→报警灯失电熄灭

11.4.8　闪烁控制线路与梯形图

闪烁控制线路与梯形图如图11-21所示。

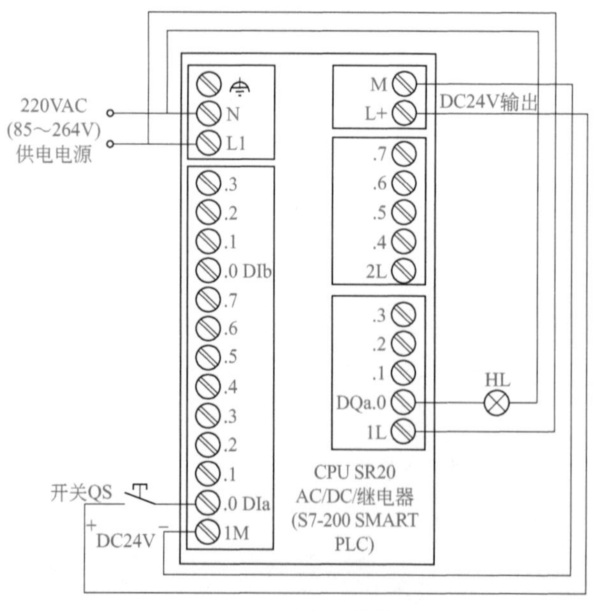

(a) PLC接线图　　(b) 梯形图

图11-21　闪烁控制线路与梯形图

线路与梯形图说明如下：

将开关QS闭合→I0.0常开触点闭合→定时器T50开始3s计时→3s后，定时器T50动作，T50常开触点闭合→定时器T51开始3s计时，同时Q0.0得电，Q0.0端子内硬触点闭合，灯HL点亮→3s后，定时器T51动作，T51常闭触点断开→定时器T50复位，T50常开触点断开→Q0.0线圈失电，同时定时器T51复位→Q0.0线圈失电使灯HL熄灭；定时器T51复位使T51闭合，由于开关QS仍处于闭合，I0.0常开触点也处于闭合，定时器T50又重新开始3s计时（此期间T50触点断开，灯处于熄灭状态）。

以后重复上述过程，灯HL保持3s亮、3s灭的频率闪烁发光。

11.5 基本指令应用实例

11.5.1 喷泉的PLC控制线路与程序详解

（1）明确系统控制要求

系统要求用两个按钮来控制A、B、C三组喷头工作（通过控制三组喷头的泵电动机来实现），三组喷头排列如图11-22所示。系统控制要求具体如下：

当按下启动按钮后，A组喷头先喷5s后停止，然后B、C组喷头同时喷，5s后，B组喷头停止、C组喷头继续喷5s再停止，而后A、B组喷头喷7s，C组喷头在这7s的前2s内停止，后5s内喷水，接着A、B、C三组喷头同时停止3s，以后重复前述过程。按下停止按钮后，三组喷头同时停止喷水。图11-23为A、B、C三组喷头工作时序图。

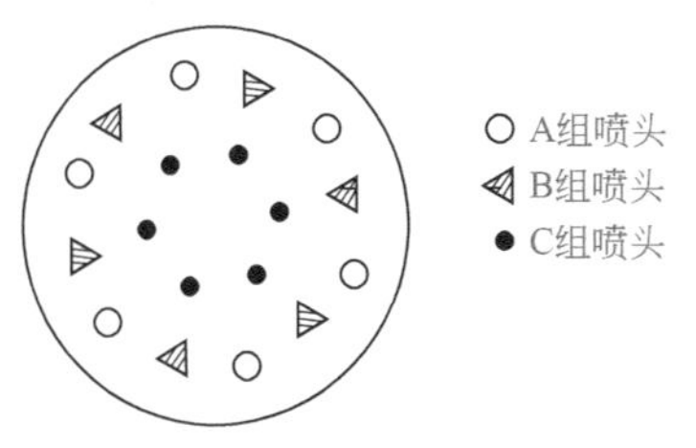

图11-22 A、B、C三组喷头排列图

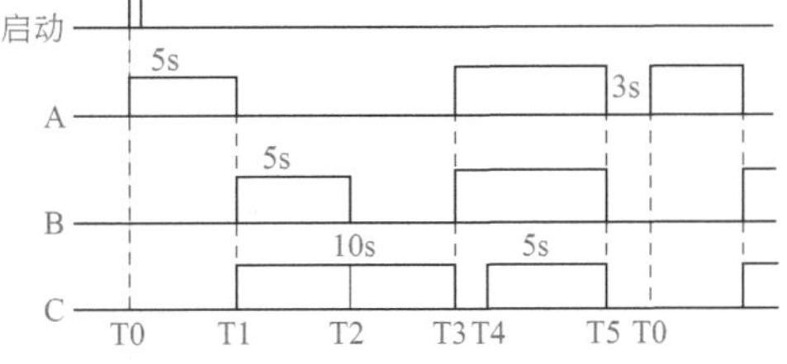

图11-23 A、B、C三组喷头工作时序图

（2）确定输入/输出设备，并为其分配合适的I/O端子

喷泉控制需用到的输入/输出设备和对应的PLC端子见表11-2。

表11-2 喷泉控制采用的输入/输出设备和对应的PLC端子

输入			输出		
输入设备	对应PLC端子	功能说明	输出设备	对应PLC端子	功能说明
SB1	I0.0	启动控制	KM1线圈	Q0.0	驱动A组电动机工作
SB2	I0.1	停止控制	KM2线圈	Q0.1	驱动B组电动机工作
			KM3线圈	Q0.2	驱动C组电动机工作

（3）绘制喷泉控制线路图

图11-24为喷泉控制线路图。

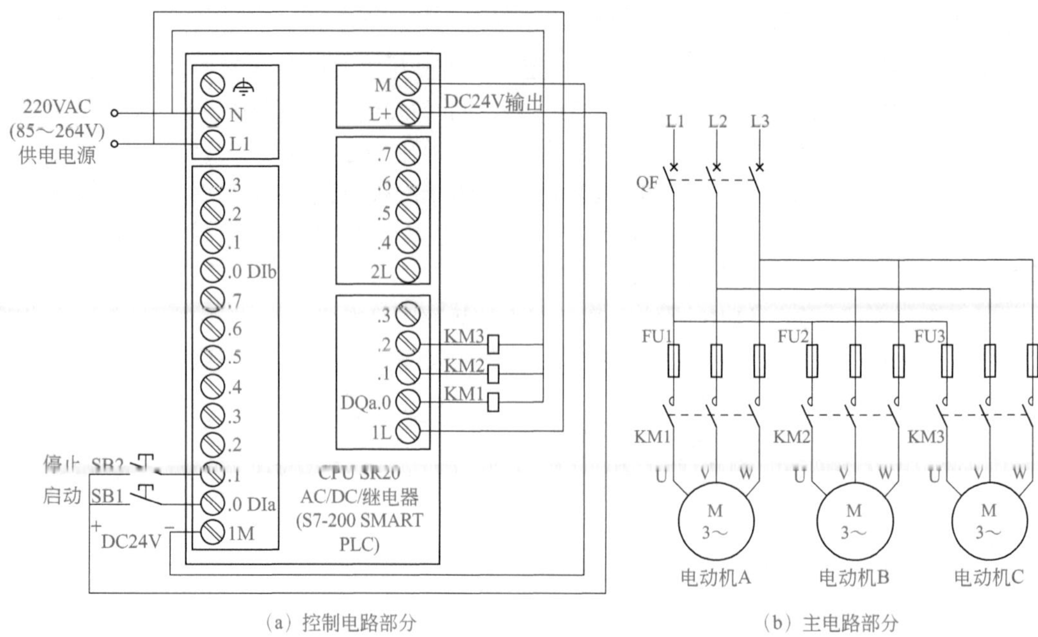

（a）控制电路部分 （b）主电路部分

图11-24 喷泉控制线路图

（4）编写PLC控制程序

启动编程软件，编写满足控制要求的梯形图程序，编写完成的梯形图如图11-25所示。

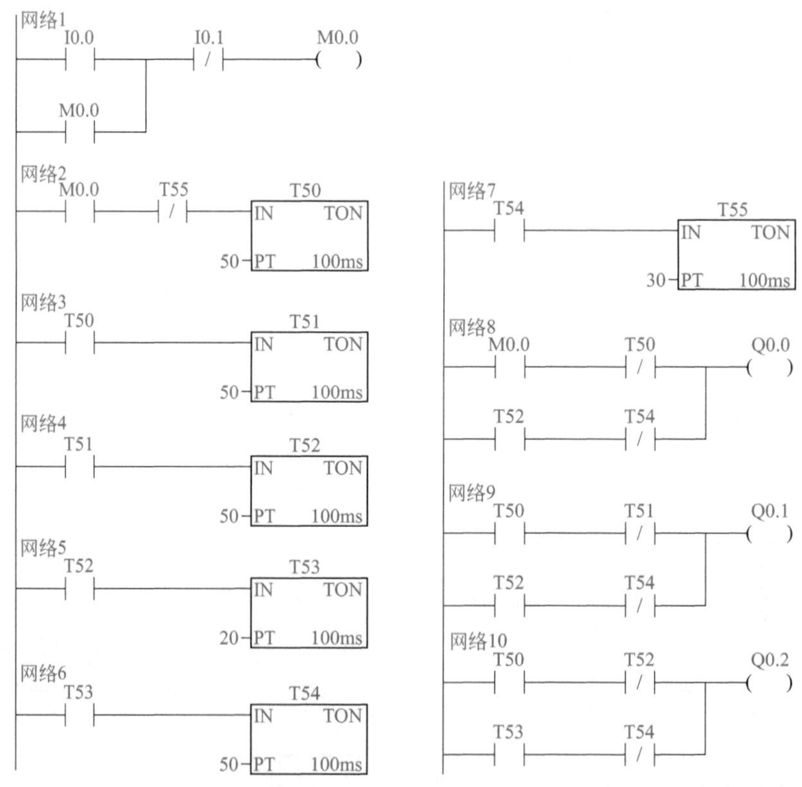

图11-25 喷泉控制程序

下面对照图11-24控制线路来说明梯形图工作原理：

① 启动控制

按下启动按钮SB1→I0.0常开触点闭合→辅助继电器M0.0线圈得电→
- [1]M0.0自锁触点闭合，锁定M0.0线圈供电
- [8]M0.0常开触点闭合，Q0.0线圈得电→KM1线圈得电→电动机A运转→A组喷头工作
- [2]M0.0常开触点闭合，定时器T50开始5s计时→

5s后，定时器T50动作→
- [8]T50常闭触点断开→Q0.0线圈失电→电动机A停转→A组喷头停止工作
- [9]T50常开触点闭合→Q0.1线圈得电→电动机B运转→B组喷头工作
- [10]T50常开触点闭合→Q0.2线圈得电→电动机C运转→C组喷头工作
- [3]T50常开触点闭合，定时器T51开始5s计时→

5s后，定时器T51动作→
- [9]T51常闭触点断开→Q0.1线圈失电→电动机B停转→B组喷头停止工作
- [4]T51常开触点闭合，定时器T52开始5s计时→

5s后，定时器T52动作→
- [8]T52常开触点闭合→Q0.0线圈得电→电动机A运转→A组喷头开始工作
- [9]T52常开触点闭合→Q0.1线圈得电→电动机B运转→B组喷头开始工作
- [10]T52常闭触点断开→Q0.2线圈失电→电动机C停转→C组喷头停止工作
- [5]T52常开触点闭合，定时器T53开始2s计时→

2s后，定时器T53动作→
- [10]T53常开触点闭合→Q0.2线圈得电→电动机C运转→C组喷头开始工作
- [6]T53常开触点闭合，定时器T54开始5s计时→

5s后，定时器T54动作→
- [8]T54常闭触点断开→Q0.0线圈失电→电动机A停转→A组喷头停止工作
- [9]T54常闭触点断开→Q0.1线圈失电→电动机B停转→B组喷头停止工作
- [10]T54常闭触点断开→Q0.2线圈失电→电动机C停转→C组喷头停止工作
- [7]T54常开触点闭合，定时器T55开始3s计时→

3s后，定时器T55动作→[2]T55常闭触点断开→定时器T50复位→
- [8]T50常闭触点闭合→Q0.0线圈得电→电动机A运转
- [3]T50常开触点断开
- [10]T50常开触点断开
- [3]T50常开触点断开→定时器T51复位，T51所有触点复位，其中[4]T51常开触点断开使定时器T52复位→T52所有触点复位，其中[5]T52常开触点断开使定时器T53复位→T53所有触点复位，其中[6]T53常开触点断开使定时器T54复位→T54所有触点复位，其中[7]T54常开触点断开使定时器T55复位→[2]T55常闭触点闭合，定时器T50开始5s计时，以后会重复前面的工作过程。

② 停止控制

按下停止按钮SB2→I0.1常闭触点断开→M0.0线圈失电→
- [1]M0.0自锁触点断开，解除自锁
- [2]M0.0常开触点断开→定时器T50复位→

T50所有触点复位，其中[3]T50常开触点断开→定时器T51复位→T51所有触点复位，其中[4]T51常开触点断开使定时器T52复位→T52所有触点复位，其中[5]T52常开触点断开使定时器T53复位→T53所有触点复位，其中[6]T53常开触点断开使定时器T54复位→T54所有触点复位，其中[7]T54常开触点断开使定时器T55复位→T55所有触点复位，[2]T55常闭触点闭合→由于定时器T50～T55所有触点复位，Q0.0～Q0.2线圈均无法得电→KM1～KM3线圈失电→电动机A、B、C均停转

11.5.2 交通信号灯的PLC控制线路与程序详解

（1）明确系统控制要求

系统要求用两个按钮来控制交通信号灯工作，交通信号灯排列如图11-26所示。系统控制要求具体如下：

当按下启动按钮后，南北红灯亮25s，在南北红灯亮25s的时间里，东西绿灯先亮20s再以1次/s的频率闪烁3次，接着东西黄灯亮2s，25s后南北红灯熄灭，熄灭时间维持30s，在这30s时间里，东西红灯一直高，南北绿灯先亮25s，然后以1次/s频率闪烁3次，接着

南北黄灯亮2s。以后重复该过程。按下停止按钮后，所有的灯都熄灭。交通信号灯的工作时序如图11-27所示。

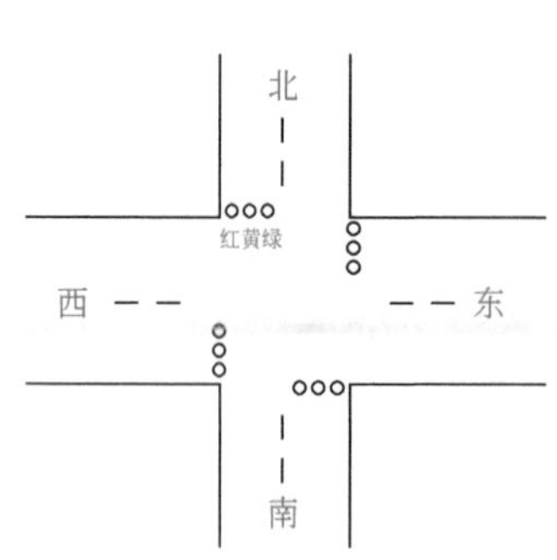

图11-26 交通信号灯排列

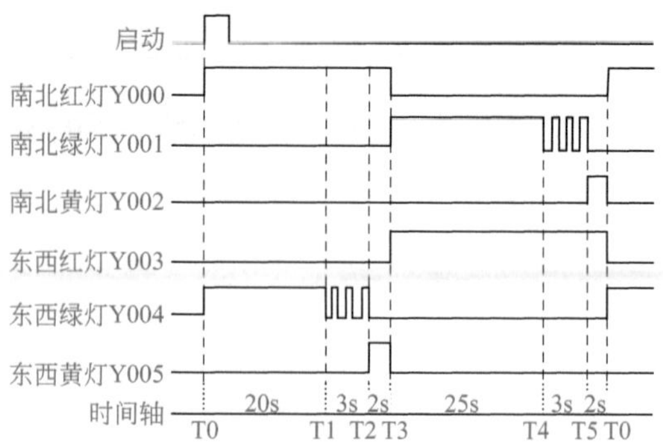

图11-27 交通信号灯的工作时序

（2）确定输入/输出设备，并为其分配合适的I/O端子

交通信号灯控制需用到的输入/输出设备和对应的PLC端子见表11-3。

表11-3 交通信号灯控制采用的输入/输出设备和对应的PLC端子

输入			输出		
输入设备	对应PLC端子	功能说明	输出设备	对应PLC端子	功能说明
SB1	I0.0	启动控制	南北红灯	Q0.0	驱动南北红灯亮
SB2	I0.1	停止控制	南北绿灯	Q0.1	驱动南北绿灯亮
			南北黄灯	Q0.2	驱动南北黄灯亮
			东西红灯	Q0.3	驱动东西红灯亮
			东西绿灯	Q0.4	驱动东西绿灯亮
			东西黄灯	Q0.5	驱动东西黄灯亮

（3）绘制交通信号灯控制线路图

图11-28为交通信号灯控制线路。

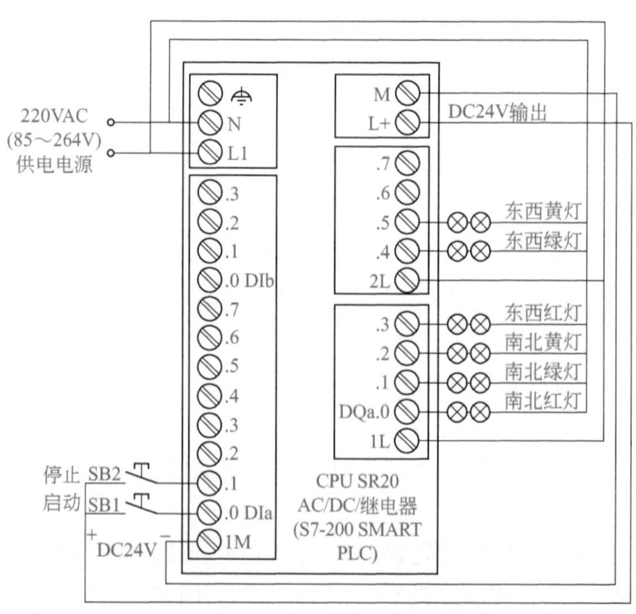

图11-28 交通信号灯控制线路

（4）编写PLC控制程序

启动编程软件，编写满足控制要求的梯形图程序，编写完成的梯形图如图11-29所示。

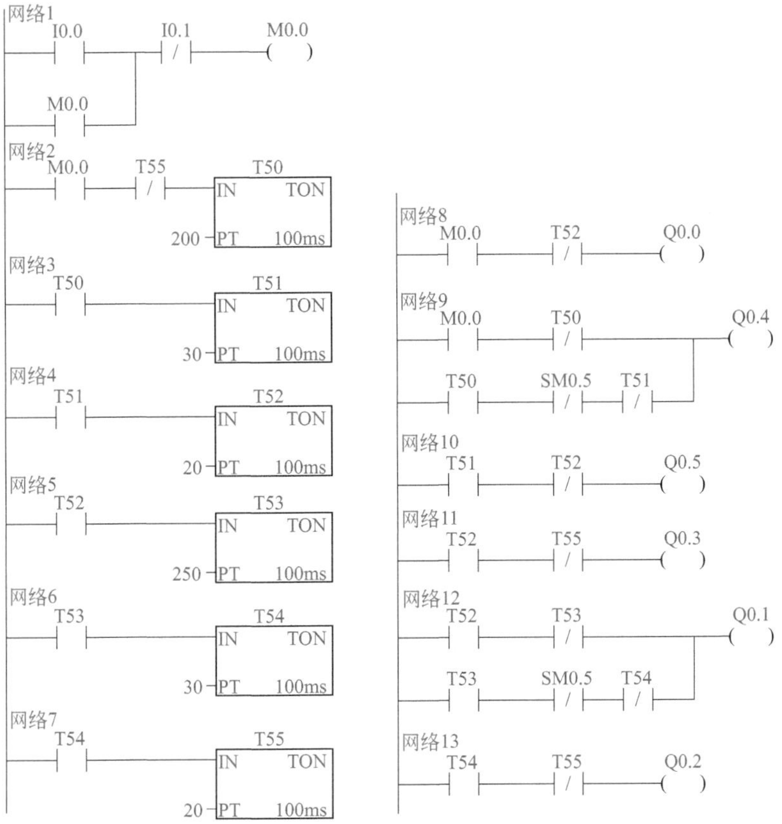

网络1
I0.0　I0.1　M0.0
M0.0

网络2
M0.0　T55　T50
IN　TON
200　PT　100ms

网络3
T50　T51
IN　TON
30　PT　100ms

网络4
T51　T52
IN　TON
20　PT　100ms

网络5
T52　T53
IN　TON
250　PT　100ms

网络6
T53　T54
IN　TON
30　PT　100ms

网络7
T54　T55
IN　TON
20　PT　100ms

网络8
M0.0　T52　Q0.0

网络9
M0.0　T50　Q0.4
T50　SM0.5　T51

网络10
T51　T52　Q0.5

网络11
T52　T55　Q0.3

网络12
T52　T53　Q0.1
T53　SM0.5　T54

网络13
T54　T55　Q0.2

图11-29　交通信号灯控制梯形图程序

在图11-29所示的梯形图中，采用了一个特殊的辅助继电器SM0.5，称为触点利用型特殊继电器，它利用PLC自动驱动线圈，用户只能利用它的触点，即画梯形图里只能画它的触点。SM0.5能产生周期为1s的时钟脉冲，其高低电平持续时间各为0.5s，以图11-29梯形图网络[9]为例，当T50常开触点闭合，在1s内，SM0.5常闭触点接通、断开时间分别为0.5s，Q0.4线圈得电、失电时间也都为0.5s。

下面对照图11-28控制线路和图11-27时序图来说明梯形图工作原理。

①启动控制

按下启动按钮SB1→I0.0常开触点闭合→辅助继电器M0.0线圈得电→
- [1]M0.0自锁触点闭合，锁定M0.0线圈供电
- [8]M0.0常开触点闭合，Q0.0线圈得电→Q0.0端子内硬触点闭合→南北红灯亮
- [9]M0.0常开触点闭合→Q0.4线圈得电→Q0.4端子内硬触点闭合→东西绿灯亮
- [2]M0.0常开触点闭合，定时器T50开始20s计时

→20s后，定时器T50动作→
- [9]T50常开触点闭合→SM0.5继电器触点以0.5s通、0.5s断的频率工作→Q0.4线圈以同样的频率得电和失电→东西绿灯以1次/s的频率闪烁
- [3]T50常开触点闭合，定时器T51开始3s计时

→30s后，定时器T51动作→
- [10]T51常开触点闭合→Q0.5线圈得电→东西黄灯亮
- [4]T51常开触点闭合，定时器T52开始2s计时

2s后，定时器T52动作→
[8]T52常闭触点断开→Q0.0线圈失电→南北红灯灭
[10]T52常闭触点断开→Q0.5线圈失电→东西黄灯灭
[11]T52常开触点闭合→Q0.3线圈得电→东西红灯亮
[12]T52常开触点闭合→Q0.1线圈得电→南北绿灯亮
[5]T52常开触点闭合→定时器T53开始25s计时
25s后，定时器T53动作→
[11]T53常开触点闭合→SM0.5继电器触点以0.5s通、0.5s断的频率工作→Q0.1线圈以同样的频率得电和失电→南北绿灯以1次/s的频率闪烁
[6]T53常开触点闭合，定时器T54开始3s计时
3s后，定时器T54动作→
[12]T54常开触点断开→Q0.1线圈失电→南北绿灯灭
[13]T54常开触点闭合→Q0.2线圈得电→南北黄灯亮
[7]T54常开触点闭合，定时器T55开始2s计时
2s后，定时器T55动作→
[11]T55常闭触点断开→Q0.3线圈失电→东西红灯灭
[13]T55常闭触点断开→Q0.2线圈失电→南北黄灯灭
[2]T55常闭触点断开，定时器T50复位，T50所有触点复位
[3]T50常开触点复位断开使定时器T51复位→[4]T51常开触点复位断开使定时器T52复位→同样地，定时器T53、T54、T55也依次复位→在定时器T50复位后，[9]T50常闭触点闭合，Q0.4线圈得电，东西绿灯亮；在定时器T52复位后，[8]T52常闭触点闭合，Q0.0线圈得电，南北红灯亮；在定时器T55复位后，[2]T55常闭触点闭合，定时器T50开始20s计时，以后又会重复前述过程。

② 停止控制

按下停止按钮SB2→I0.1常闭触点断开→辅助继电器M0.0线圈失电→

- [1]M0.0自锁触点断开，解除M0.0线圈供电
- [8]M0.0常开触点断开，Q0.0线圈无法得电
- [9]M0.0常开触点断开→Q0.4线圈无法得电
- [2]M0.0常开触点断开，定时器T0复位，T0所有触点复位

→[3]T50常开触点复位断开使定时器T51复位，T51所有触点均复位→其中[4]T51常开触点复位断开使定时器T52复位→同样地，定时器T53、T54、T55也依次复位→在定时器T51复位后，[10]T51常开触点断开,Q0.5线圈无法得电；在定时器T52复位后，[11]T52常开触点断开，Q0.3线圈无法得电；在定时器T53复位后，[12]T53常开触点断开，Q0.1线圈无法得电；在定时器T54复位后，[13]T54常开触点断开，Q0.2线圈无法得电→Q0.0～Q0.5线圈均无法得电，所有交通信号灯都熄灭。

11.5.3 多级传送带的PLC控制线路与程序详解

（1）明确系统控制要求

系统要求用两个按钮来控制传送带按一定方式工作，传送带结构如图11-30所示。系

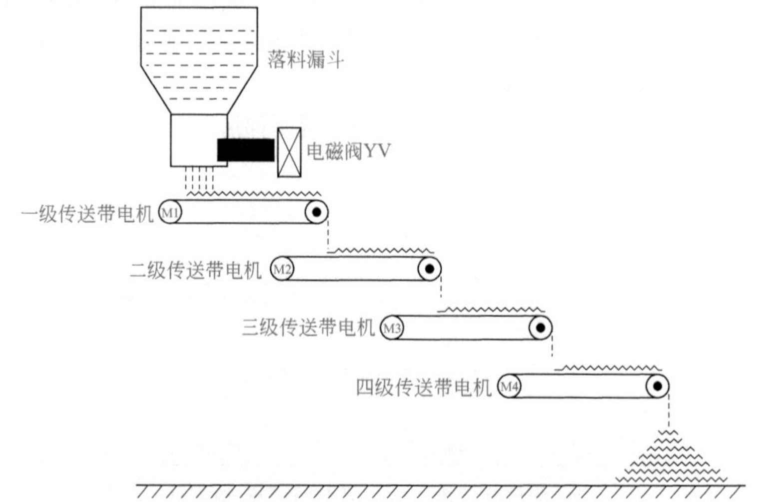

图11-30 多级传送带结构示意图

统控制要求具体如下。

当按下启动按钮后，电磁阀YV打开，开始落料，同时一级传送带电机M1启动，将物料往前传送，6s后二级传送带电机M2启动，M2启动5s后三级传送带电机M3启动，M3启动4s后四级传送带电机M4启动。

当按下停止按钮后，为了不让各传送带上有物料堆积，要求先关闭电磁阀YV，6s后让M1停转，M1停转5s后让M2停转，M2停转4s后让M3停转，M3停转5s后让M4停转。

（2）确定输入/输出设备，并为其分配合适的I/O端子

多级传送带控制需用到的输入/输出设备和对应的PLC端子见表11-4。

表11-4　多级传送带控制采用的输入/输出设备和对应的PLC端子

输入			输出		
输入设备	对应PLC端子	功能说明	输出设备	对应PLC端子	功能说明
SB1	I0.0	启动控制	KM1线圈	Q0.0	控制电磁阀YV
SB2	I0.1	停止控制	KM2线圈	Q0.1	控制一级皮带电机M1
			KM3线圈	Q0.2	控制二级皮带电机M2
			KM4线圈	Q0.3	控制三级皮带电机M3
			KM5线圈	Q0.4	控制四级皮带电机M4

（3）绘制多级传送带控制线路图

图11-31为多级传送带控制线路图。

（4）编写PLC控制程序

启动编程软件，编写满足控制要求的梯形图程序，编写完成的梯形图如图11-32所示。

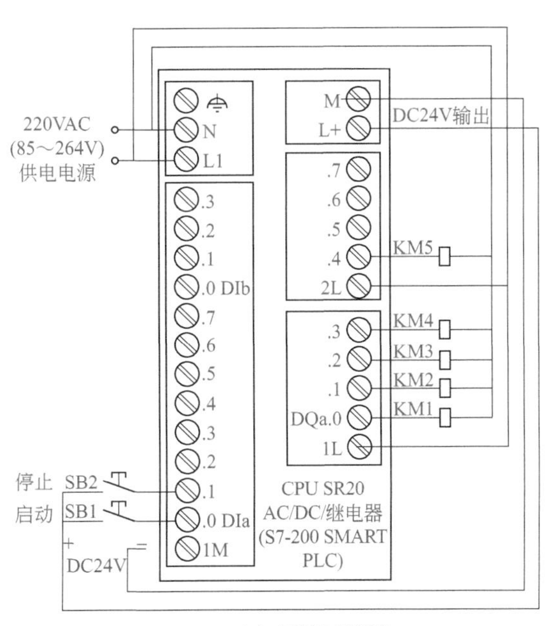

（a）控制电路部分

图11-31

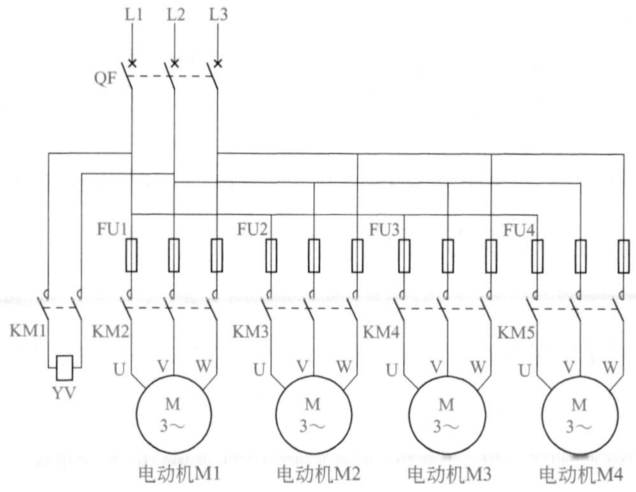

（b）主电路部分

图11-31 多级传送带控制线路

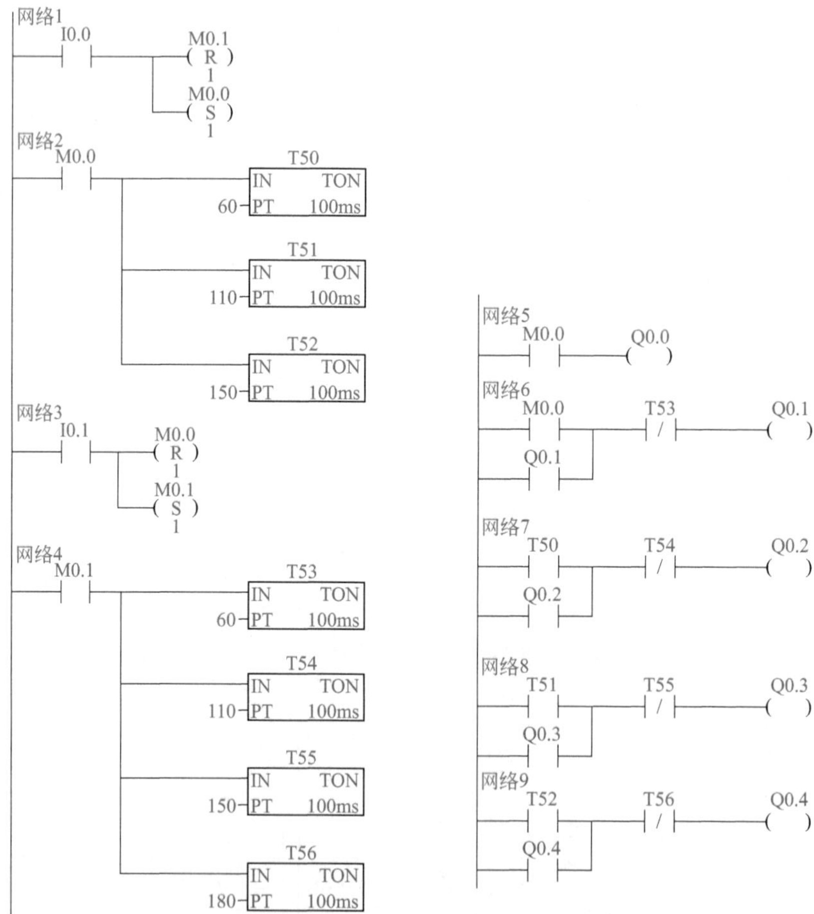

图11-32 传送带控制梯形图程序

下面对照图11-31控制线路来说明图11-32梯形图的工作原理。

① 启动控制

按下启动按钮SB1→[1]I0.0常开触点闭合→
- M0.1线圈被复位→[4]M0.1常开触点断开，停机控制定时器T53～T56不工作
- M0.0线圈被置位→
  - [5]M0.0常开触点闭合→线圈Q0.0得电→Q0.0硬触点闭合→KM1线圈得电→电磁阀YV打开，开始落料
  - [6]M0.0常开触点闭合→线圈Q0.1得电→Q0.1自锁触点闭合，同时Q0.1硬触点闭合→KM2线圈得电→电动机M1运转→一级传送带启动
  - [2]M0.0常开触点闭合→定时器T50～T52开始计时→
    - 6s后，T50定时器动作→[7] T50常开触点闭合→线圈Q0.2得电→Q0.2自锁触点闭合，同时Q0.2硬触点闭合，KM3线圈得电，电动机M2运转→二级传送带启动
    - 11s后，T51定时器动作→[8] T51常开触点闭合→线圈Q0.3得电→Q0.3自锁触点闭合，同时Q0.3硬触点闭合，KM4线圈得电，电动机M3运转→三级传送带启动
    - 15s后，T52定时器动作→[9]T52常开触点闭合→线圈Q0.4得电→Q0.4自锁触点闭合，同时Q0.4硬触点闭合，KM5线圈得电，电动机M4运转→四级传送带启动

② 停止控制

按下停止按钮SB2→[3]I0.1常开触点闭合→
- M0.1线圈被置位→[4] M0.1常开触点闭合，定时器T53～T56开始工作→
  - 6s后，T53定时器动作→[6]T53常闭触点断开→线圈Q0.1失电→Q0.1硬触点断开，KM2线圈失电，电动机M1停转→一级传送带停止
  - 11s后，T54定时器动作→[7]T54常闭触点断开→线圈Q0.2失电→Q0.2硬触点断开，KM3线圈失电，电动机M2停转→二级传送带停止
  - 15s后，T55定时器动作→[8]T55常闭触点断开→线圈Q0.3失电→Q0.3硬触点断开，KM4线圈失电，电动机M3停转→三级传送带停止
  - 18s后，T56定时器动作→[9] T56常闭触点断开→线圈Q0.4失电→Q0.4硬触点断开，KM5线圈失电，电动机M4停转→四级传送带停止
- M0.0线圈被复位→
  - [2] M0.0常开触点断开，定时器T50～T52不工作
  - [5] M0.0触点断开，线圈Q0.0失电，KM1失电，电磁阀YV关闭，停止落料
  - [6] M0.0触点断开

11.5.4 车库自动门的PLC控制线路与程序详解

（1）明确系统控制要求

系统要求车库门在车辆进出时能自动打开关闭，车库门控制结构如图11-33所示。系统控制具体要求如下。

在车辆入库经过入门传感器时，入门传感器开关闭合，车库门电机正转，车库门上升，当车库门上升到上限位开关处时，电机停转；车辆进库经过出门传感器时，出门传感器开关闭合，车库门电机反转，车库门下降，当车库门下降到下限位开关处时，电机停转。

在车辆出库经过出门传感器时，出门传感器开关闭合，车库门电机正转，车库门上升，当门上升到上限位开关处时，电机停转；车辆出库经过入门传感器时，入门传感器开关闭合，车库门电机反转，车库门下降，当门下降到下限位开关处时，电机停转。

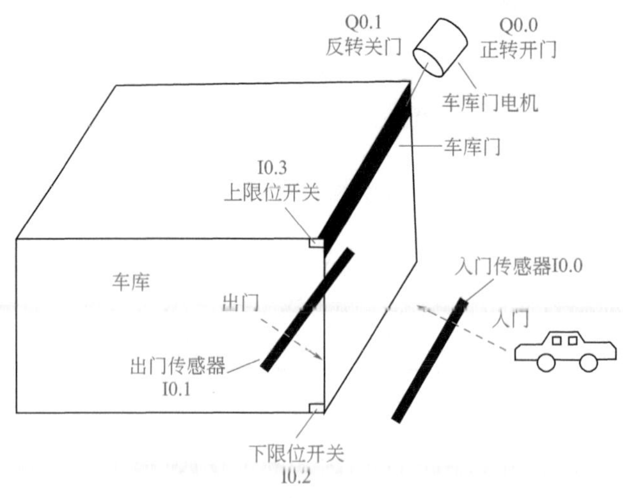

图11-33 车库门结构示意图

（2）确定输入/输出设备，并为其分配合适的I/O端子

车库自动门控制需用到的输入/输出设备和对应的PLC端子见表11-5。

表11-5 车库自动门控制采用的输入/输出设备和对应的PLC端子

输入			输出		
输入设备	对应PLC端子	功能说明	输出设备	对应PLC端子	功能说明
入门传感器开关	I0.0	检测车辆有无通过	KM1线圈	Q0.0	控制车库门上升（电机正转）
出门传感器开关	I0.1	检测车辆有无通过	KM2线圈	Q0.1	控制车库门下降（电机反转）
下限位开关	I0.2	限制车库门下降			
上限位开关	I0.3	限制车库门上升			

（3）绘制车库自动门控制线路图

图11-34为车库自动门控制线路图。

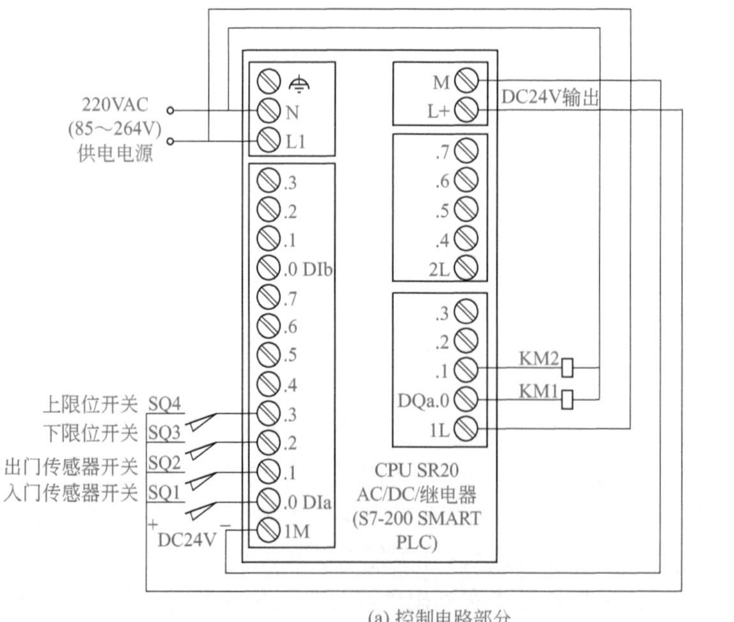

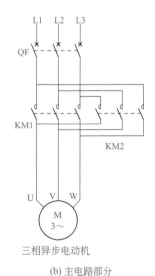

(a) 控制电路部分 (b) 主电路部分

图11-34 车库自动门控制线路

（4）编写PLC控制程序

启动编程软件，编写满足控制要求的梯形图程序，编写完成的梯形图如图11-35所示。

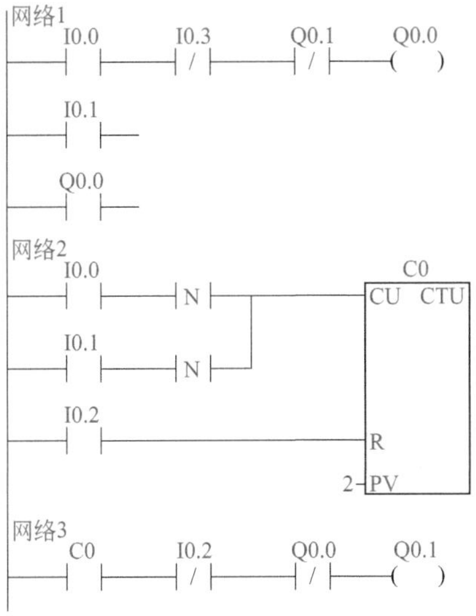

图11-35 车库自动门控制梯形图程序

下面对照图11-34控制线路来说明图11-35梯形图的工作原理。

① 入门控制过程

车辆入门经过入门传感器时→传感器开关SQ1闭合→
- [2]I0.0常开触点闭合→下降沿触点不动作
- [1]I0.0常开触点闭合→Q0.0线圈得电→
  - [3]Q0.0常闭触点断开，确保Q0.1线圈不会得电
  - [1]Q0.0自锁触点闭合→锁定Q0.0线圈得电
  - Q0.0硬触点闭合→KM1线圈得电→电动机正转，将车库门升起→

→当车库门上升到上限位开关SQ4处时，SQ4闭合，[1] I0.3常闭触点断开→Q0.0线圈失电→
- [3] Q0.0常闭触点闭合，为Q0.1线圈得电做准备
- [1] Q0.0自锁触点断开→解除Q0.0线圈得电锁定
- Q0.0硬触点断开→KM1线圈失电→电动机停转，车库门停止上升

车辆入门驶离入门传感器时→传感器开关SQ1断开→
- [1] I0.0常开触点断开
- [2]I0.0常开触点由闭合转为断开→下降沿触点动作→加计数器C0计数值由0增为1

车辆入门经过出门传感器时→传感器开关SQ2闭合→
- [1]I0.1常开触点闭合→由于SQ4闭合使I0.3常闭触点断开，故Q0.0无法得电
- [2]I0.1常开触点闭合→下降沿触点不动作

车辆入门驶离出门传感器时→传感器开关SQ2断开→
- [1]I0.1常开触点断开
- [2]I0.1常开触点由闭合转为断开→下降沿触点动作→加计数器C0计数值由1增为2→

→计数器C0状态变为1→[3]C0常开触点闭合→Q0.1线圈得电→KM2线圈得电→电动机反转，将车库门降下，当门下降到下限位开关SQ3时，[2]I0.2常开触点闭合，计数器C0复位，[3]C0常开触点断开，Q0.1线圈失电→KM2线圈失电→电动机停转，车辆入门控制过程结束。

② 出门控制过程

车辆出门经过出门传感器时→传感器开关SQ2闭合→
- [2]I0.1常开触点闭合→下降沿触点不动作
- [1]I0.1常开触点闭合→Q0.0线圈得电

→
- [3]Q0.0常闭触点断开，确保Q0.1线圈不会得电
- [1]Q0.0自锁触点闭合→锁定Q0.0线圈得电
- Q0.0硬触点闭合→KM1线圈得电→电动机正转，将车库门升起

→当车库门上升到上限位开关SQ4处时，SQ4闭合，[1]I0.3常闭触点断开→Q0.0线圈失电

→
- [3]Q0.0常闭触点闭合，为Q0.1线圈得电做准备
- [1]Q0.0自锁触点断开→解除Q0.0线圈得电锁定
- Q0.0硬触点断开→KM1线圈失电→电动机停转，车库门停止上升

车辆出门驶离出门传感器时→传感器开关SQ2断开→
- [1] I0.1常开触点断开
- [2]I0.1常开触点由闭合转为断开→下降沿触点动作一加计数器C0计数值由0增为1

车辆出门经过入门传感器时→传感器开关SQ1闭合→
- [1]I0.0常开触点闭合→由于SQ4闭合使I0.3常闭触点断开，故Q0.0无法得电
- [2]I0.0常开触点闭合→下降沿触点不动作

车辆出门驶离入门传感器时→传感器开关SQ1断开→
- [1]I0.0常开触点断开
- [2]I0.0常开触点由闭合转为断开→下降沿触点动作→加计数器C0计数值由1增为2

→计数器C0状态变为1→[3] C0常开触点闭合→Q0.1线圈得电→KM2线圈得电→电动机反转，将车库门降下，当门下降到下限位开关SQ3处时，[2]I0.2常开触点闭合，计数器C0复位，[3]C0常开触点断开，Q0.1线圈失电→KM2线圈失电→电动机停转，车辆出门控制过程结束。

第3篇

欧姆龙PLC

第12章 欧姆龙CP1系列PLC快速入门

CP1E、CP1L和CP1H型PLC是欧姆龙公司目前最新的小型整体式PLC，均属于CP1系列，CP1E相当于简易版、CP1L相当于标准版、CP1H相当于增强版，如图12-1所示。

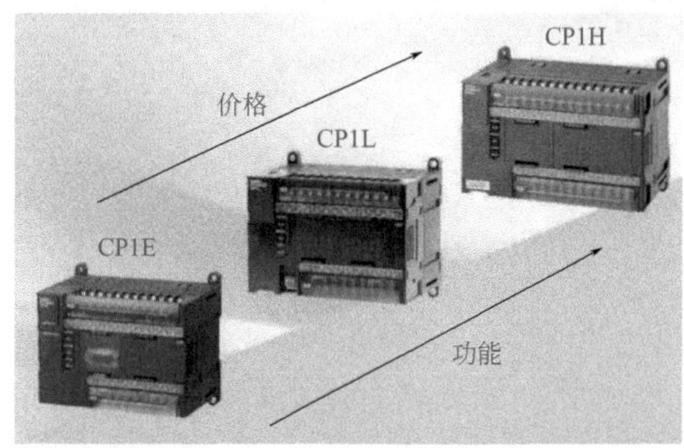

图12-1 欧姆龙CP1系列的三种类型PLC

CP1E、CP1L和CP1H型PLC的特点及主要区别如下：

项目 \ 类型	CP1E	CP1L	CP1H
价格	低	一般	高
存储容量 （程序存储器和数据存储器）	程序2K～8K步 数据2K～8K字	程序5K～20K步 数据10K～32K字	程序20K步 数据32K字
支持指令数	约200条	约500条	约500条
功能块和结构化文本	不支持	支持	支持
指令执行速度	一般	快	很快
脉冲输出	最多2轴	最多2轴	最多4轴
与编程计算机连接端口	USB端口	USB端口或Ethernet端口	USB端口或Ethernet端口

CP1E、CP1L和CP1H型PLC都采用CX-Programmer软件编程，CX-Programmer软件是CX-One工具包中的一个PLC编程工具，在安装CX-One工具包时会安装CX-Programmer软件。由于CP1E型PLC推出的时间较晚，早期版本CX-One工具包中的CX-Programmer无

法为CP1E型PLC编程。要为目前CP1E、CP1L和CP1H所有型号的PLC编程，要求CX-Programmer版本不低于V9.42（对应的CX-One版本不低于V4.0），若仅为CP1L、CP1H型带USB端口的PLC编程，可选择较低版本的CX-Programmer软件（如V7.0以上）。

12.1 欧姆龙CP1E型PLC介绍

欧姆龙CP1E型PLC是CP1系列中的简易型PLC，具有价格低、容易使用和高效的特点。CP1E型PLC又分为基本型和应用型，基本型扩展性差，适合用作单机控制，应用型扩展能力强，可以通过安装选项板、扩展模块进行复杂的控制。

12.1.1 外形及各部件说明

（1）CP1E基本型

CP1E基本型可分为标准型（E□□型）和改良型（E□□S型），图12-2是一种CP1E基本改良型（E□□S型）PLC的CPU单元。

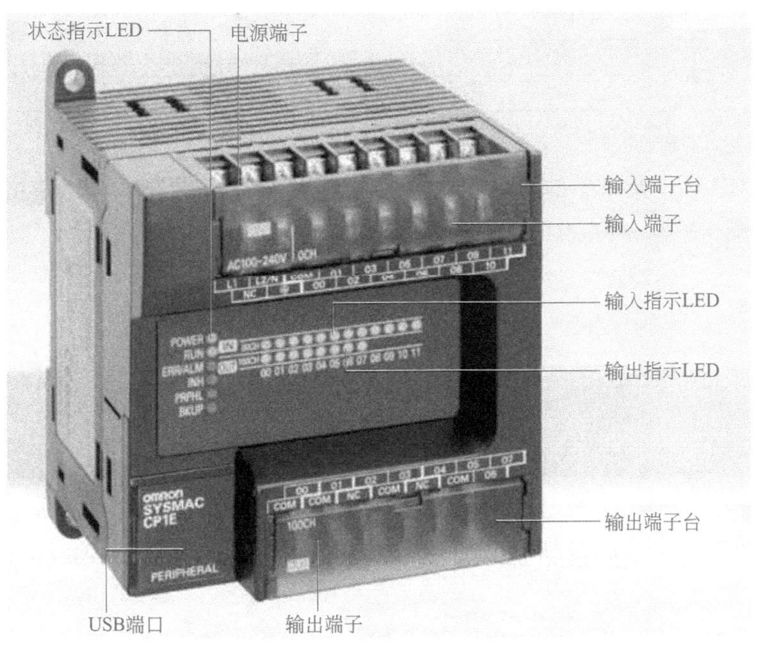

图12-2　一种CP1E基本改良型（E□□S型）PLC的CPU单元

在PLC的上方有一个端子台，该端子台由电源端子和很多输入端子组成，电源端子用于连接100～220V交流电源或24V直流电源（视机型而定，本机为交流供电型），输入端子用于连接输入设备（如按钮开关）；在PLC的下方为输出端子台，由很多输出端子组成，输出端子用于连接输出设备（如接触器线圈、灯泡等）；在PLC的中间有两排LED指示灯，上排为输入指示灯，当某输入端子输入信号时，该输入端子对应的指示灯会点亮，下排为输出指示灯，当某输出端子有信号输出时，该输出端子对应的指示灯会点亮。在PLC的左下角有一个USB端口（需打开盖子才能看到），用USB数据线将该端口与计算机的USB端口连接起来，就可以将计算机中编写好的程序传送到PLC内。

在PLC中间的左边有6个状态指示灯，其发光颜色及含义见表12-1。

表12-1 CP1E基本型PLC 6个状态指示灯的发光颜色及含义

PLC状态指示灯	颜色	状态	说明
□ POWER	绿	亮	电源接通
		不亮	电源关闭
□ RUN	绿	亮	CP1E可在RUN模式或MONITOR模式下执行程序
		不亮	在PROGRAM模式下或由于致命错误停止运行
□ ERR/ALM	红	亮	发生致命错误（包括FALS执行）或硬件错误（WDT错误） CP1E运行停止，且所有输出将置OFF
		闪烁	发生非致命错误（包括FAL执行） CP1E将继续运行
		不亮	正常
□ INH	黄	亮	输出禁止特殊辅助继电器（A500.15）为ON时灯亮 所有输出将置OFF
		不亮	正常
□ PRPHL	黄	闪烁	正在通过外设USB端口进行通信（发送或接收）
		不亮	除以上情况外
□ BKUP	黄	亮	用户程序、参数或指定的DM区字被写入到备份存储器（内置EEPROM）
		不亮	除以上情况外

（2）CP1E应用型

CP1E应用型可分为标准型（N□□型）、改良型（E□□S型）和带模拟量IO标准型（NA20型），图12-3是一种CP1E应用改良型（N□□S1型）PLC的CPU单元。

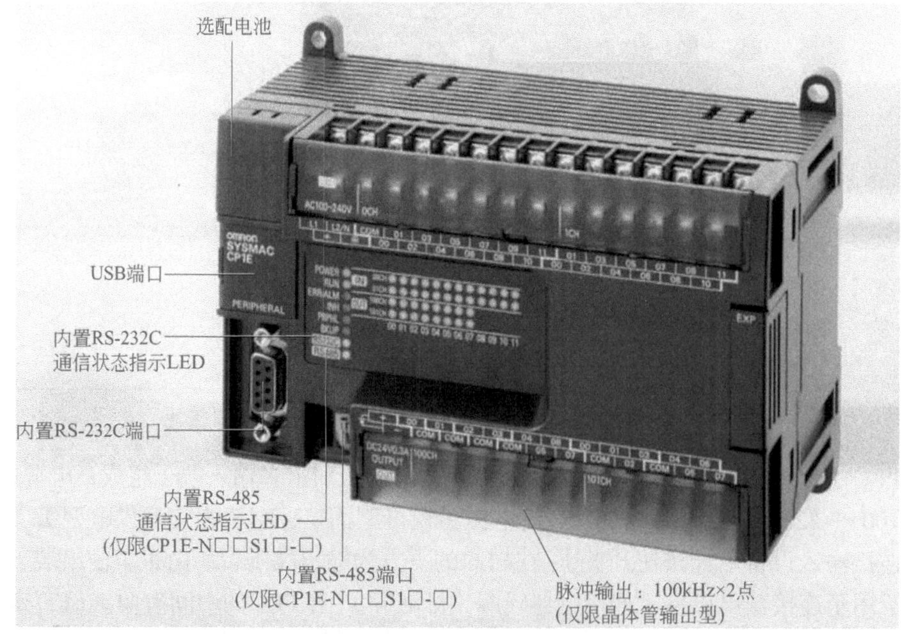

图12-3 一种CP1E应用改良型（N□□S型）PLC的CPU单元

在PLC上方端子台由电源端子和很多输入端子组成，下方端子台由很多输出端子组成，在PLC的中间有四排LED指示灯，上两排为输入指示灯，下两排为输出指示灯。在

PLC的左方中间为USB端口（需打开盖子才能看到），左下角有一个RS-232C端口，可以连接外部设备（如触摸屏），在RS-232C端口旁边还有一个RS-485端口，也可以连接外部设备（如变频器）。

在PLC上有8个状态指示LED灯，它是在CP1E基本型PLC的6个指示灯的基础上增加了RS-232C指示灯和RS-485指示灯。当RS-232C指示灯闪烁时表示RS-232C端口正在与外部设备通信（发送或接收数据），除此以外，RS-232C指示灯均不亮；当RS-485指示灯闪烁时表示RS-485端口正在与外部设备通信（发送或接收数据），除此以外，RS-485指示灯均不亮。

在PLC的左上角可以安装选配电池（电池型号CP1W-BAT01）。对于CP1E CPU单元，断电后以下I/O存储区可能会出现数据不稳定：

① DM区（D）（不含使用DM功能备份至EEPROM的字）；

② 保持区（H）；

③ 计数器预设值和完成标志（C）；

④ 与时钟功能相关的辅助区（A）。

如果需要在断电后保持上述存储区的数据，则应安装选配电池（仅CP1E应用型PLC支持安装电池，基本型PLC无法安装电池），电池使用寿命约5年。在未安装选配电池时，PLC依靠内部电容器对I/O存储区供电，最长40～50h（25℃时）。

12.1.2 型号含义

CP1E型PLC型号含义如下：

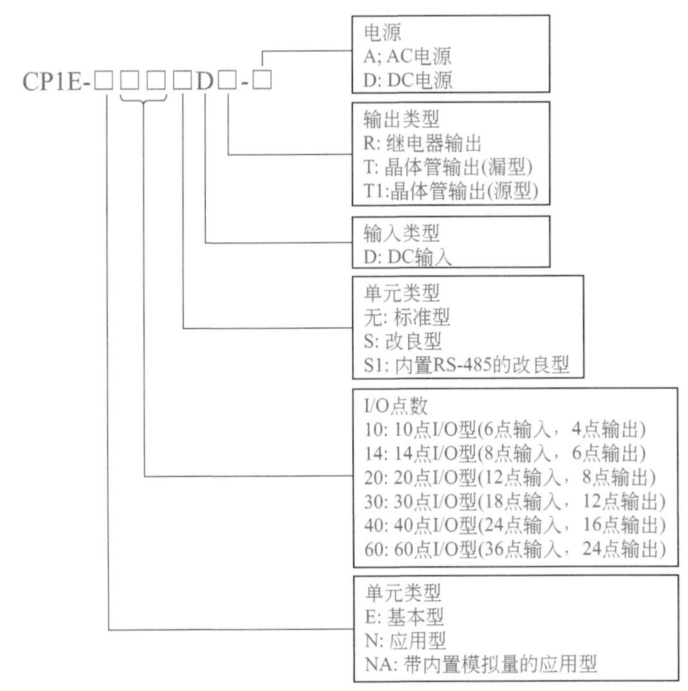

举例：

① CP1E-E10DT1-D（E—基本型、10—IO点数为10个、无—标准型、D—直流输入类型、T1—晶体管源型输出、D—直流电源供电）；

② CP1E-N60S1DR-A（N—应用型、60—IO点数为60个、S1—自带RS-485端口改良型、

D—直流输入类型、R—继电器输出、A—交流电源供电）；

③ CP1E-NA20DT-D（NA—自带模拟量IO应用型、20—IO点数为20个、无—标准型、D—直流输入类型、T—晶体管漏型输出、D—直流电源供电）。

12.1.3 CP1E基本型与应用型PLC的主要参数功能对照

CP1E型PLC分为基本型和应用型，基本型又可细分为标准型（E□□型）和改良型（E□□S型），应用型则可细分为标准型（N□□型）、改良型（E□□S型）和带模拟量IO标准型（NA20型）。CP1E基本型与应用型PLC主要参数功能对照见表12-2。

表12-2 CP1E基本型和应用型PLC主要参数功能对照表

机型 项目	基本型		应用型			
	改良型 E□□S	标准型 E□□	改良型 N□□S	改良型 N□□S1	标准型 N□□	标准型NA20 （自带模拟量IO）
程序容量	2K步		8K步		8K步	
数据存储容量（DM）	2K字（其中1500字可写入内部EEPROM长期保存）		8K字（其中7000字可写入内部EEPROM长期保存）		8K字（其中7000字可写入内部EEPROM长期保存）	
USB端口	有		有		有	
串行端口	无		RS-232C	RS-232C RS-485	RS-232C	
选项板	不可安装		不可安装		仅N30/40/60和NA20支持安装（1个），支持RS-232C、RS-485、RS-422、Ethernet和模拟量选项板	
电池（CP1W-BAT01）	不可安装（断电后有关数据可保存约50h）		可安装（未安装电池时断电后有关数据可保存约40h）		可安装（未安装电池时断电后有关数据可保存约40h）	
时钟功能	无		有		有	
高速计数器（单相）	10kHz×6点		100kHz×2点、10kHz×4点		100kHz×2点、10kHz×4点	
高速计数器（相位差）	5kHz×2点		50kHz×1点、5kHz×1点		50kHz×1点、5kHz×1点	
脉冲输出功能（仅晶体管输出型）	无		100kHz×2点		100kHz×2点	
模拟量电位器	无	有	无		有	
自带模拟量IO	无		无		无	AD-2点、DA-1点

12.2 欧姆龙CP1L型PLC介绍

欧姆龙CP1L型PLC是CP1系列中的标准型PLC，其功能强，支持约500条指令，另支持功能块和结构化文本编程，但价格适中，另外部分机型内置（自带）Ethernet端口（网线端口），可以用网线连接编程计算机。

CP1L型PLC可分为两类：一是标配Ethernet端口的机型（CP1L-EM型和CP1L-EL型），二是标配USB端口的机型（CP1L-M型和CP1L-L型）。标配Ethernet端口的CP1L型PLC是后期推出的机型，需要编程软件CX-One Ver. 4.25以上或CX-ProgrammerVer. 9.40以上才支持，标配USB端口的CP1L型PLC则只需要CX-One Ver. 2.13以上或CX-ProgrammerVer. 7.3以上即可支持。

12.2.1 外形及各部件说明

CP1L型PLC有标配Ethernet端口的机型和标配USB端口的机型之分，除了两者端口不同外，其他大部分部件是相同的。图12-4（a）为标配USB端口的40点CP1L（M）型PLC，图12-4（b）为标配Ethernet端口的40点CP1L（EM）型PLC。

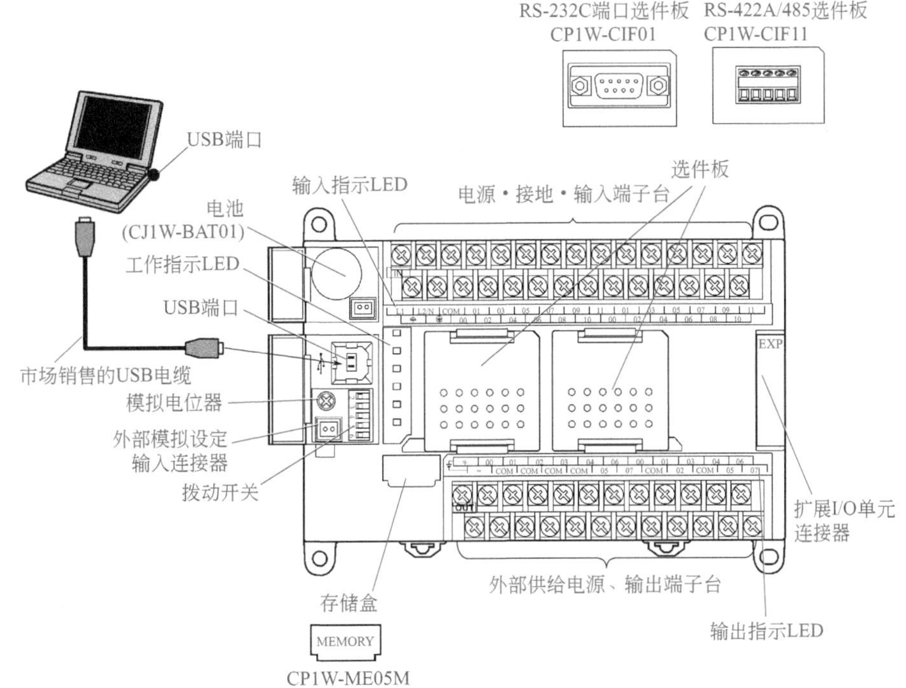

(a) 标配USB端口的40点CP1L(M)型PLC

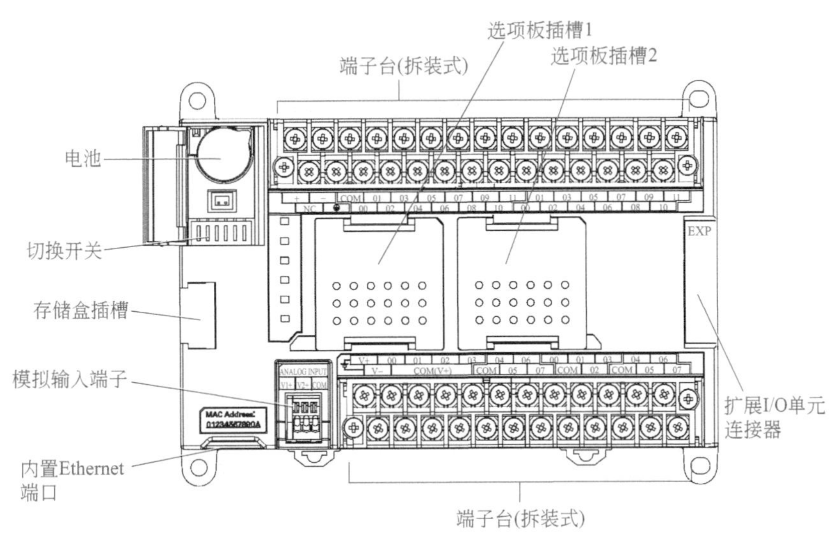

(b) 标配Ethernet端口的40点CP1L(EM)型PLC

图12-4　CP1L型PLC的外形

CP1L型PLC面板上很多部件与CP1E型PLC的功能是相同的，下面仅介绍不同或增加的部件。

（1）模拟电位器

调节模拟电位器，可使PLC内部寄存器A642的值在0～255范围内变化，如果编程时将A642的值赋给定时器，则调节模拟电位器就能改变定时器的定时时间。

（2）外部模拟设定输入连接器

将外部0～10V可调电压接到此连接器，调节该电压可使寄存器A643的值在0～256范围内变化，当外部电压为0V时，A643的值为0，当外部电压为10V时，A643的值为256。

（3）拨动开关

用于对PLC进行一些设置，对于30点/40点的CPU单元，拨动开关由6个开关组成，14点/20点的CPU单元的拨动开关由4个开关组成。拨动开关设置功能如图12-5所示。

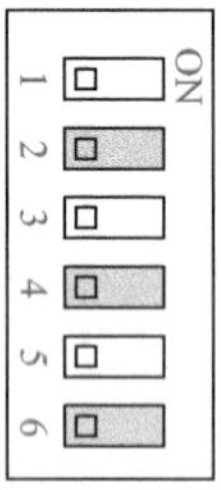

No.	设定	设定内容	用途	初始设定
SW1	ON	不可写入用户存储器(注)	在需要防止因不慎操作而改写程序的情况下使用	OFF
	OFF	可写入用户存储器		
SW2	ON	电源为ON时，执行从存储盒的自动传送	在电源为ON时，可将保存在存储盒内的程序、数据内存、参数向CPU单元展开	OFF
	OFF	不执行		
SW3	ON	A395.12为ON	不需使用输入继电器，可直接打开/关闭PLC内的继电器	OFF
	OFF	A395.12为OFF		
SW4	ON	在用工具总线的情况下使用	需要通过工具总线来使用选件板槽位1上安装的串行通信选件板时置于ON	OFF
	OFF	根据PLC系统设定		
SW5	ON	在用工具总线的情况下使用	需要通过工具总线来使用选件板槽位2上安装的串行通信选件板时置于ON	OFF
	OFF	根据PLC系统设定		
SW6	OFF	OFF固定	—	OFF

注：通过将SW1置于ON转换为不可写入的数据如下。

• 所有用户程序(所有任务内的程序)

• 参数区域的所有数据（PLC系统设定等）

此外，该SW1为ON的情况下，即使执行由外围工(CX-Programmer)将存储器全部清除的操作，所有的用户程序及参数区域的数据都不会被删除。

图12-5 拨动开关设置功能

（4）存储盒插槽

若在存储盒插槽内安装存储器盒CP1W-ME05M，可将CP1L CPU单元内的梯形图程序、参数、数据内存（DM）等内容备份保存到存储盒内，使用存储盒也可以将一台PLC的内容拷贝到另一台兼容PLC中。

（5）模拟输入端子

用于输入模拟量电压或电流信号，具有AD转换功能的PLC才有这种端子。

（6）Ethernet端口

Ethernet端口又称以太网端口，简称网线端口，可以用网线将编程计算机与CP1L PLC连接起来，将程序写入（下载）PLC，或从PLC中读出（上载）程序。

12.2.2 型号含义

CP1L型PLC型号含义如下：

CP1L-□□□D□-□
①②③ ④ ⑤

编号	项目	符号	规格
①	内置Ethernet功能	E	有
		无标记	无
②	程序容量	M	10K步
		L	5K步
③	内置通用输入输出点数	60	60点
		40	40点
		30	30点
		20	20点
		14	14点
		10	10点
④	输出类别	R	继电器输出
		T	晶体管输出(漏型)
		T1	晶体管输出(源型)
⑤	电源种类	A	AC电源
		D	DC电源

举例：

① CP1L-EM40DR-D（E—有Ethernet端口、M—程序容量10K步、40—IO点数为40个、D—直流输入类型、R—继电器输出、D—直流电源供电）；

② CP1L-M60DT-A（无—无Ethernet端口、M—程序容量10K步、60—IO点数为60个、D—直流输入类型、T—晶休管漏型输出、A—交流电源供电）；

③ CP1L-L20DT1-D（无—无Ethernet端口、L—程序容量5K步、20—IO点数为20个、D—直流输入类型、T1—晶休管源型输出、D—直流电源供电）。

12.3 欧姆龙CP1H型PLC介绍

欧姆龙CP1H型PLC是CP1系列中功能最强大的PLC，可分为X型（基本型）、XA型（带模拟量输入输出端子）、Y型（带脉冲输入输出专用端子）3种类型。

12.3.1 外形及面板部件说明

（1）外形说明

CP1H PLC的三种类型CPU单元中，XA型CPU单元最具代表性，面板包括的部件最为齐全，图12-6为CP1H-XA型CPU单元的实物外形。

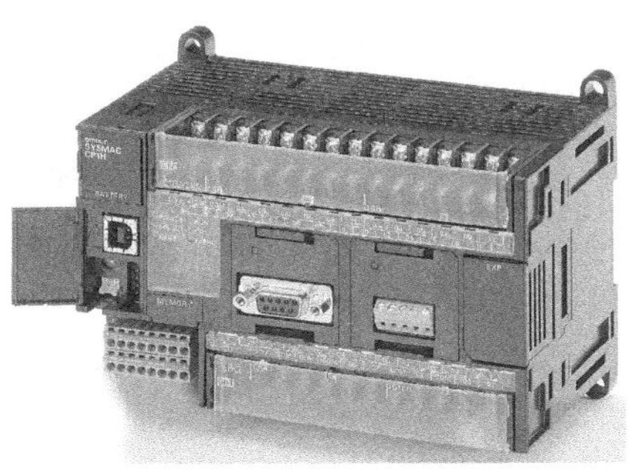

图12-6 CP1H-XA型CPU单元实物外形

（2）面板部件说明

CP1H-XA型CPU单元面板部件如图12-7所示，其中很多部件与CP1E、CP1L型CPU单元的部件相同，其功能也相同，下面仅对一些不同的且重要的部件进行说明。

① 模拟量电位器　调节该电位器，可使CPU单元内的寄存器A642的值在0～255范围内变化。

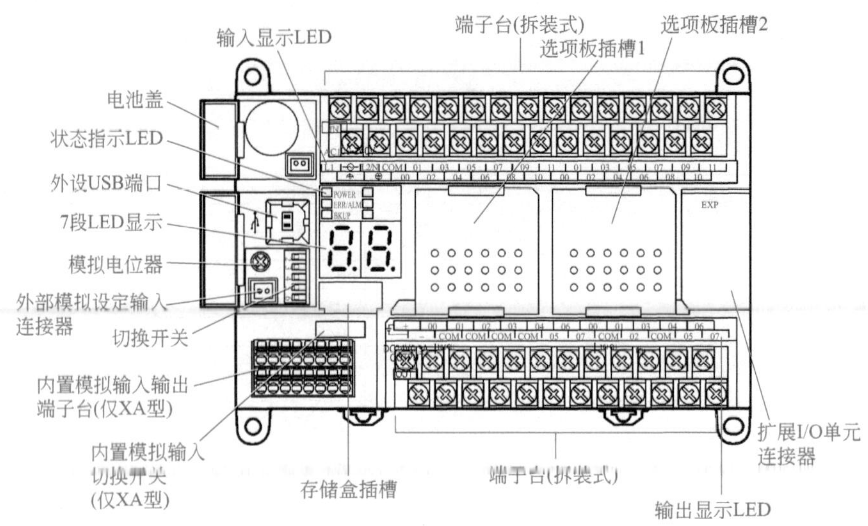

图12-7 CP1H-XA型CPU单元面板的结构

② 外部模拟设定输入连接端 在该端输入0～10V电压，可使CPU单元内的寄存器A643的值在0～256范围内变化，当输入电压为0V时，A643的值为0，当输入电压为10V时，A643的值为256。

③ 拨动开关 它由6个拨动开关组成，可以对PLC一些功能进行设置。拨动开关及设置功能如图12-8所示。

No.	设定	设定内容	用途	初始值
SW1	ON	不可写入用户存储器	在需要防止由外围工具(CX-Programmer)导致的不慎改写程序的情况下使用	OFF
	OFF	可写入用户存储器		
SW2	ON	电源为ON时，执行从存储盒的自动传送	在电源为ON时，可将保存在存储盒内的程序、数据内存、参数向CPU单元展开	OFF
	OFF	不执行		
SW3	—	未使用	—	OFF
SW4	ON	在用工具总线的情况下使用	需要通过工具总线来使用选件板槽位1上安装的串行通信选件板时置于ON	OFF
	OFF	根据PLC系统设定		
SW5	ON	在用工具总线的情况下使用	需要通过工具总线来使用选件板槽位2上安装的串行通信选件板时置于ON	OFF
	OFF	根据PLC系统设定		
SW6	ON	A395.12为ON	在不使用输入单元而用户需要使某种条件成立时，将该SW6置于ON或OFF，在程序上应用A395.12	OFF
	OFF	A395.12为OFF		

图12-8 拨动开关及设置功能

④ 状态指示LED与7段数码管显示 它分为上下两部分，上部分的6个LED灯用于指示工作状态，6个LED灯及指示内容如图12-9所示；下部分的两位7段数码管用来显示CPU单元的异常信息，在操作模拟量电位器时数码管会显示A642单元中的数值（00～FF）等。

⑤ 内置模拟量输入及输出端子台 CP1H-XA型CPU单元本身带有模/数（A/D）转换和数/模（D/A）转换模块，外界的模拟量信号由模拟量输入端子送入，经A/D转换模块转换成数字量送入CPU单元内部电路处理；CPU单元内部的数字量经D/A转换模块转换成模拟量信号，从模拟量输出端子送出。

□POWER	□RUN
□ERR/ALM	□INH
□BKUP	□PRPHL

LED	状态	指示内容
POWER (绿)	灯亮	通电时
	灯灭	未通电时
RUN (绿)	灯亮	CP1H正在[运行]或[监视]模式下执行程序
	灯灭	[程序]模式下运行停止中，或因运行停止异常而处于运行停止中
ERR/ALM (红)	灯亮	发生运行停止异常，或发生硬件异常(WDT异常)，此时，CP1H停止运行，所有的输出都切断
	闪烁	发生异常继续运行，此时，CP1H继续运行
	灯灭	正常时
INH (黄)	灯亮	输出禁止特殊辅助继电器(A500.15)为ON时灯亮，所有的输出都切断
	灯灭	正常时
BKUP (黄)	灯亮	正在向内置闪存(备份存储器)写入用户程序、参数、数据内存或访问中 此外，将PLC本体的电源OFF→ON时，用户程序、参数、数据内存复位过程中也灯亮。 注：在该LED灯亮时，不要将PLC本体的电源OFF
	灯灭	上述情况以外
PRPHL (黄)	闪烁	外围设备USB端口处于通信中(执行发送、接收中的一种的过程中)时，闪烁
	灯灭	上述情况以外

图12-9 6个LED灯及指示内容

模拟量输入/输出端子台可输入4路模拟量信号、输出2路模拟量信号。各端子排列及功能如图12-10所示。

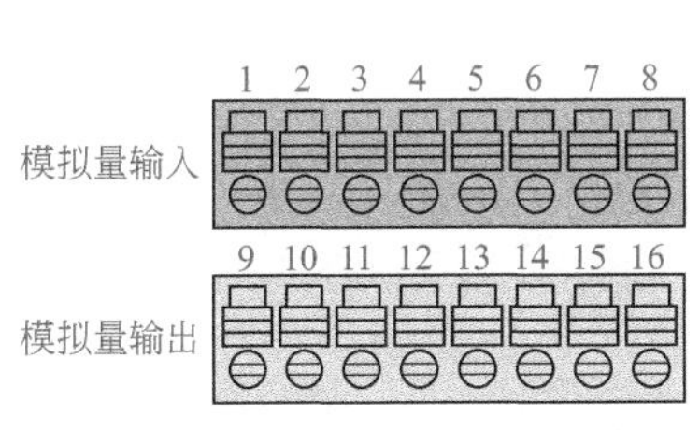

引脚No.	功能
1	IN1+
2	IN1−
3	IN2+
4	IN2−
5	IN3+
6	IN3−
7	IN4+
8	IN4−

引脚No.	功能
9	OUT V1+
10	OUT I1+
11	OUT1−
12	OUT V2+
13	OUT I2+
14	OUT2−
15	IN AG*
16	IN AG*

*: 不连接屏蔽线。

图12-10 模拟量输入输出端子排列及功能

⑥ 模拟量输入切换开关 它由4个拨动开关组成，用来设置模拟量输入端子的模拟量输入形式（电压输入或电流输入）。模拟量输入切换的各个开关的功能如图12-11所示。

ON ↕ OFF　ON 1 2 3 4

No.	设定	设定内容	出厂时的设定
SW1	ON	模拟输入1 电流输入	OFF
	OFF	模拟输入1 电压输入	
SW2	ON	模拟输入2 电流输入	
	OFF	模拟输入2 电压输入	
SW3	ON	模拟输入3 电流输入	
	OFF	模拟输入3 电压输入	
SW4	ON	模拟输入4 电流输入	
	OFF	模拟输入4 电压输入	

图12-11 模拟量输入切换的各个开关的功能

12.3.2 型号含义

CP1H型PLC型号含义如下：

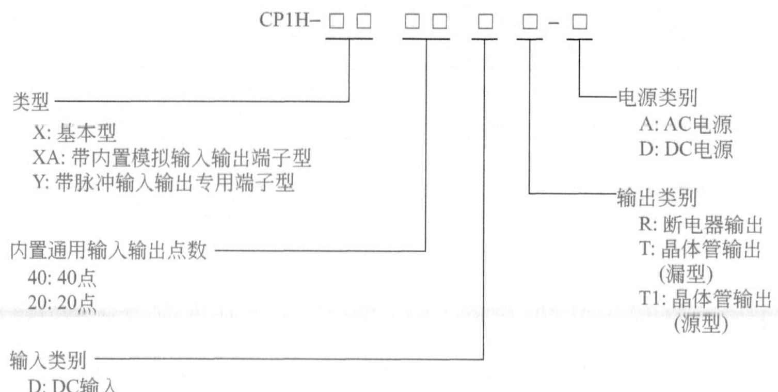

12.4 欧姆龙PLC控制电动机正反转的软硬件开发实例

12.4.1 明确系统的控制要求

系统要求通过3个按钮分别控制电动机连续正转、反转和停转，还要求采用热继电器对电动机进行过载保护，另外要求正反转控制联锁。

12.4.2 确定输入/输出设备并分配合适的I/O端子

表12-3列出了系统要用到的输入/输出设备及对应的PLC I/O端子。

表12-3 系统用到的输入/输出设备和对应的PLC I/O端子

输入			输出		
输入设备	对应PLC端子	功能说明	输出设备	对应PLC端子	功能说明
SB1	0.00	正转控制	KM1线圈	100.00	驱动电动机正转
SB2	0.01	反转控制	KM2线圈	100.01	驱动电动机反转
SB3	0.02	停转控制			
FR常开触点	0.03	过载保护			

12.4.3 绘制控制线路图

绘制PLC控制电动机正、反转线路图，如图12-12所示。

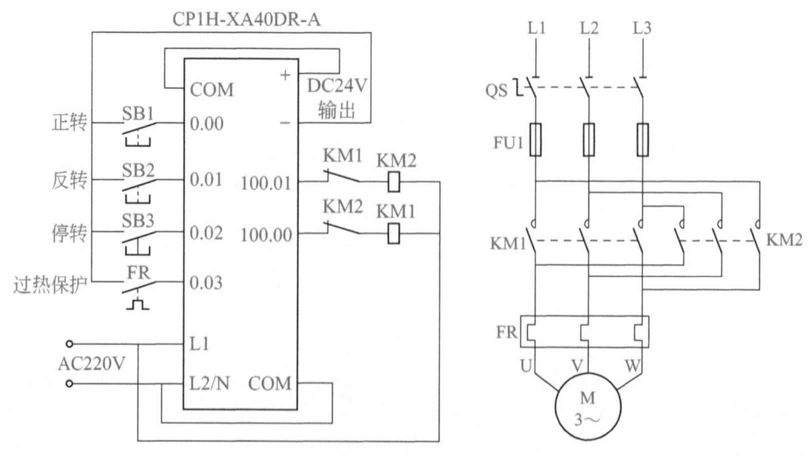

图12-12 PLC控制电动机正、反转线路图

12.4.4 用编程软件编写PLC控制程序

在计算机中启动CX-Programmer软件（欧姆龙PLC的编程软件），选择PLC的型号，并编写图12-13所示的梯形图控制程序。

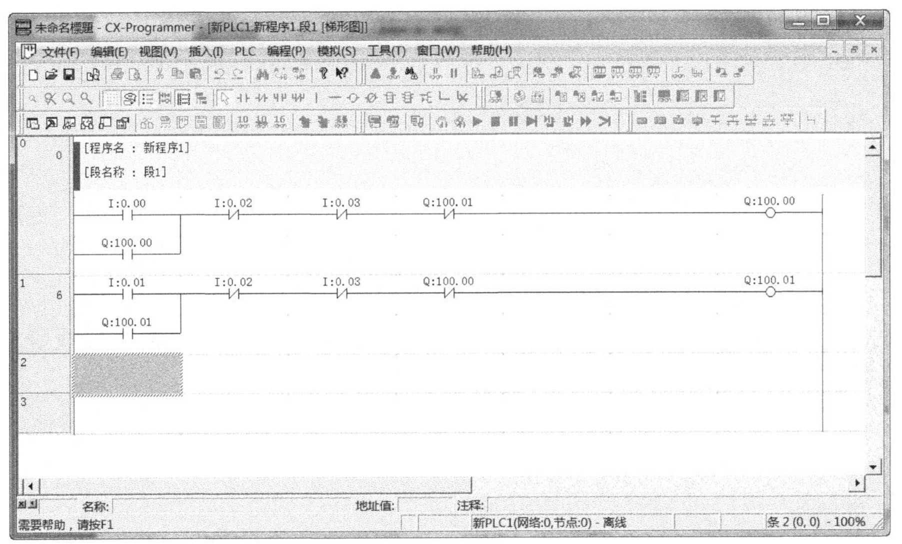

图12-13 在CX-Programmer软件中编写的电动机正、反转控制梯形图程序

下面对照图12-12线路图来说明图12-13梯形图程序的工作原理。

（1）正转控制

当按下PLC的0.00端子外接按钮SB1时→该端子对应的内部输入继电器0.00得电→程序中的0.00常开触点闭合→输出继电器100.00线圈得电，它一方面使程序中的100.00常开自锁触点闭合，锁定100.00线圈供电，另一方面使100.00常闭触点断开，100.01线圈无法得电，此外还使100.00端子内部的硬触点闭合→100.00端子外接的KM1线圈得电，它一方面使100.01端子外接的KM1常闭联锁触点断开，KM2线圈无法得电，另一方面使主电路中的KM1主触点闭合→电动机得电正向运转。

（2）反转控制

当按下0.01端子外接按钮SB2时→该端子对应的内部输入继电器0.01得电→程序中的0.01常开触点闭合→输出继电器100.01线圈得电，它一方面使程序中的100.01常开自锁触点闭合，锁定100.01线圈供电，另一方面使100.01常闭触点断开，100.00线圈无法得电，还使100.01端子内部的硬触点闭合→100.01端子外接的KM2线圈得电，它一方面使KM2常闭联锁触点断开，KM1线圈无法得电，另一方面使主电路中的KM2主触点闭合→电动机两相供电切换，反向运转。

（3）停转控制

当按下0.02端子外接按钮SB3时→该端子对应的内部输入继电器0.02得电→程序中的两个0.02常闭触点均断开→100.00、100.01线圈均无法得电，100.00、100.01端子内部的硬触点均断开→KM1、KM2线圈均无法得电→主电路中的KM1、KM2主触点均断开→电动机失电停转。

（4）过载保护

当电动机过载运行时，热继电器FR发热元件使0.03端子外接的FR常开触点闭合→该端子对应的内部输入继电器0.03得电→程序中的两个0.03常闭触点均断开→100.00、100.01线圈均无法得电，100.00、100.01端子内部的硬触点均断开→KM1、KM2线圈均无法得电→主电路中的KM1、KM2主触点均断开→电动机失电停转。

12.4.5 连接PLC并写入程序

采用USB电缆将PC机与PLC的连接好，如图12-14所示，并给PLC的L1、L2端接上220V交流电压，再将编译好的程序下载到PLC中。

12.4.6 调试运行并投入使用

将PLC的DC24V输出电压的+端子与输入COM端子连接在一起，如图12-15所示，再将PLC的RUN/STOP开关置于“RUN”位置，然后用一根导线短接DC24V的+端子与0.00端子，模拟按下SB1按钮，如果程序正确，PLC的100.00端子应有输出，PLC面板上100.00对应的指示灯会变亮，如果不亮，要认真检查程序和PLC外围有关接线是否正确。再用同样的方法检查其他端子输入时输出端的状态。

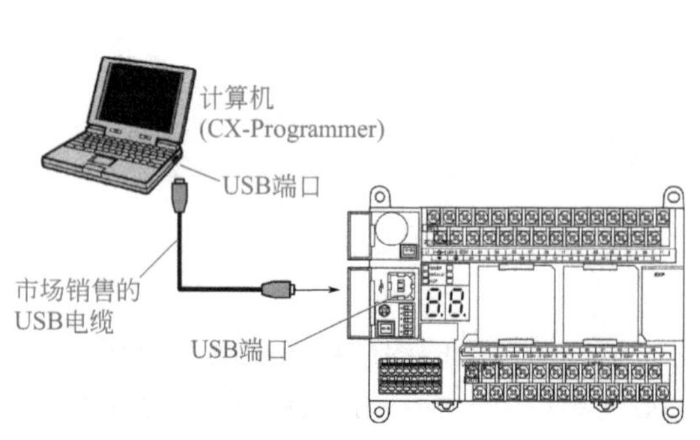

图12-14 PLC和编程计算机的连接

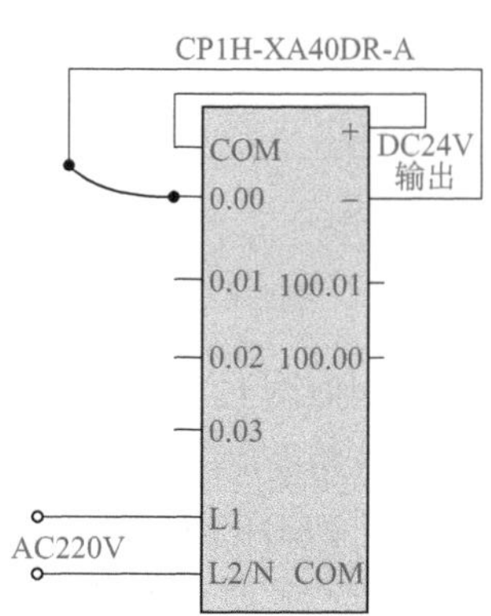

图12-15 模拟调试运行

模拟调试运行通过后，就可以按照绘制的系统控制线路图将PLC及外围设备安装在实际现场，线路安装完成后，还要进行现场调试，观察是否达到控制要求，若达不到要求，需检查是硬件问题还是软件问题，并解决这些问题。系统现场调试通过后，可试运行一段时间，若无问题发生可正式投入使用。

12.5 欧姆龙PLC编程软件的安装与使用

欧姆龙CP1系列PLC采用CX-Programmer软件编程，CX-Programmer软件版本升级较快，本节以CX-Programmer7.3版本为例进行说明，其安装文件不到50MB，其他版本的使用与之大同小异。

12.5.1 软件的安装与启动

（1）软件的安装

打开CX-Programmer 7.3安装文件夹，该文件夹中有两个文件，CX-Programmer 7.3软件的所有安装文件被压缩封装在CXP730_CHI.EXE文件中，双击该文件，弹出图12-16所示的对话框，从中选择解压文件的存放位置，保持默认值“C:\CXP730_SCHI”，然后单击OK即开始解压。

解压完成后，打开C:\CXP730_SCHI文件夹，可看到CX-Programmer 7.3软件的安装文件，双击“Setup.exe”文件，软件开始安装，如图12-17所示，软件安装方法与大多数软件相同。

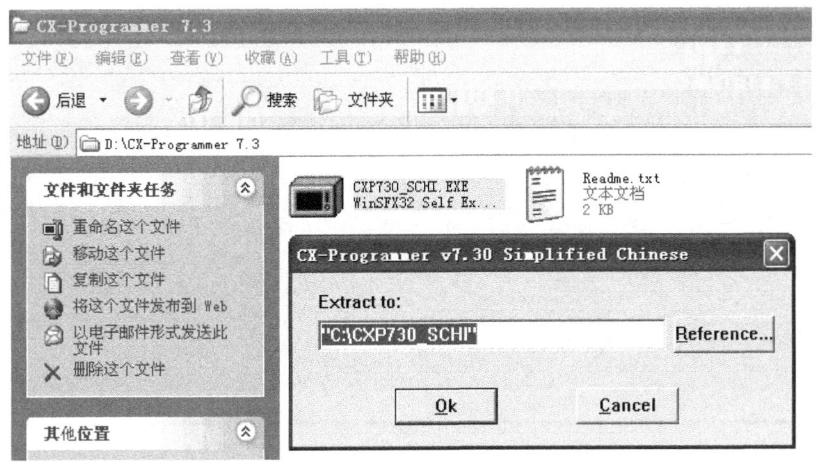

图12-16 解压CXP730_CHI.EXE文件

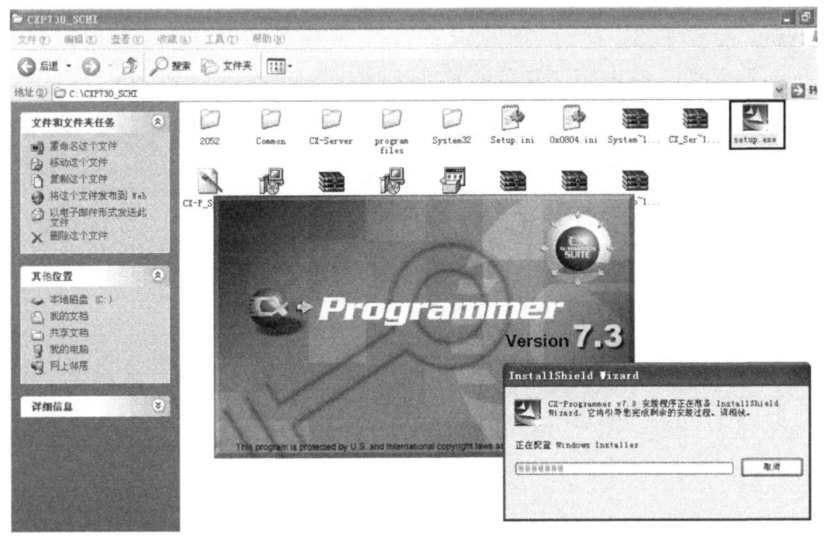

图12-17 安装CX-Programmer 7.3软件

（2）软件的启动

单击电脑桌面左下角“开始”，然后执行“程序→OMRON→CX-One→CX-Programmer→CX-Programmer”，即可启动CX-Programmer软件，软件的窗口如图12-18所示，窗口中有一个信息窗口，显示常用操作的快捷键，如输入常开触点的快捷键为“C”、输入常闭触点的快捷键为“/”、进入运行模式的快捷键为“Ctrl+1”。如果要关闭信息窗口，可执行菜单命令“视图→信息窗口”，或直接操作快捷键“Ctrl+Shift+I（按下这3个键）”。

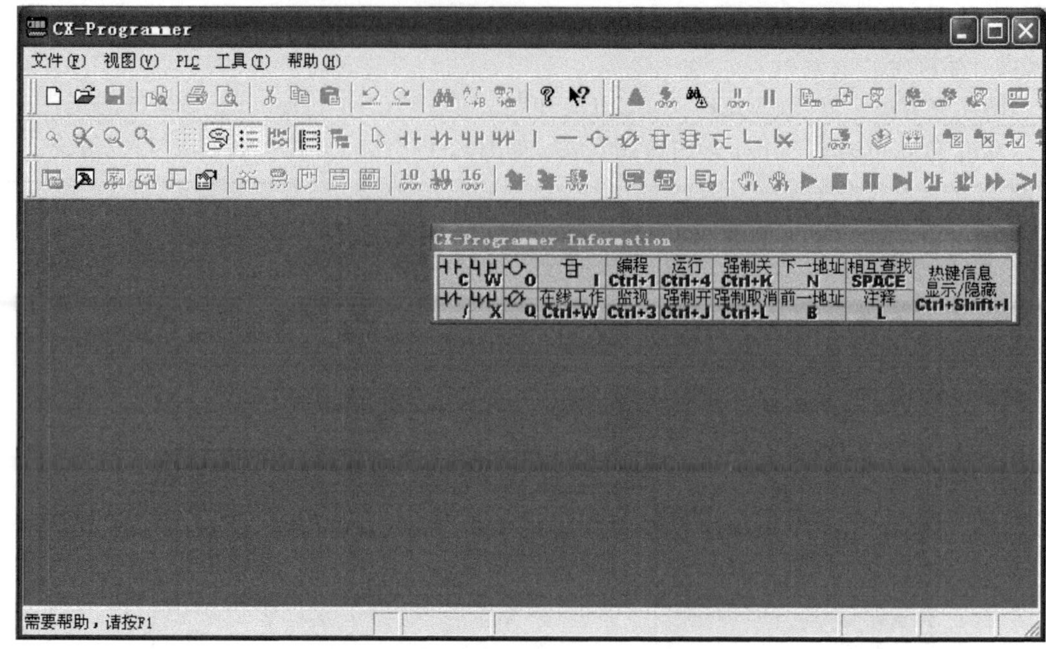

图12-18 启动后的CX-Programmer软件窗口

12.5.2 软件主窗口介绍

CX-Programmer软件的主窗口如图12-19所示，它主要由标题栏、菜单栏、工具栏、工程区、编程区、符号栏、输出窗口和状态栏等组成。

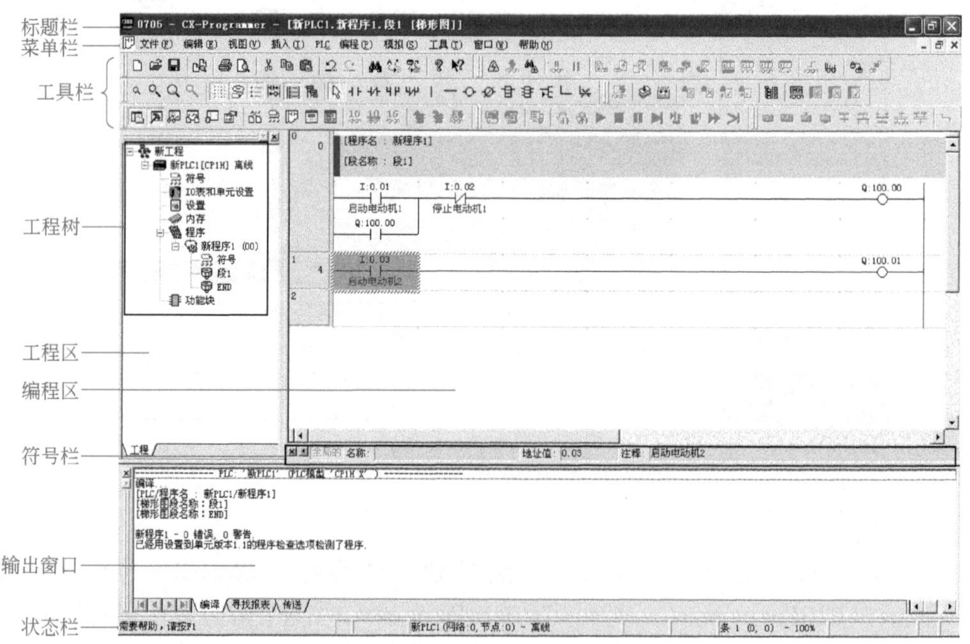

图12-19 CX-Programmer软件的主窗口

① 标题栏 用于显示当前工程文件名称、编程软件名称和其他信息。

② 菜单栏 将CX-P软件的大多数功能按用途分成几大类，并以菜单形式显示，单击

菜单下的命令执行相应的操作。

③ 工具栏　将软件最常用的功能以按钮的形式排列在一起，单击某工具按钮即执行相应的操作，较执行菜单操作更为快捷。执行菜单命令“视图→工具栏”，弹出图12-20所示的对话框，可在对话框中选择工具栏显示的工具。

④ 工程区和工程树　在工程区以树分支的形式显示当前工程的内容及结构关系。执行菜单命令“视图→窗口→工作区”，或操作快捷键“Alt+1”，也可单击工具栏上的“![]”按钮，均能关闭和打开工程区。

图12-20　自定义工具栏对话框

⑤ 编程区　编写梯形图和语句表程序的区域。

⑥ 符号栏　显示编程区当前光标选中位置的符号的名称、地址和注释。

⑦ 输出窗口　显示编译程序结果信息、查找报表和程序传送结果等。执行菜单命令“视图→窗口→输出”，或操作快捷键“Alt+2”，也可单击工具栏上的“![]”按钮，均能关闭和打开输出窗口。

⑧ 状态栏　显示有关PLC名称、在线/离线、激活单元的位置等信息。

12.5.3 新工程的建立与保存

在使用CX-P软件为PLC编写程序时，需先建立一个工程文件，程序及相关的内容都包含在该文件中。

建立新工程的操作步骤如下：

单击工具栏上的“![]”按钮，或执行菜单命令“文件→新建”，出现图12-21（a）所示的对话框，在设备名称栏中输入工程文件名，在设备类型栏中选择“CP1H”，再单击右方的“设定”按钮，弹出图12-21（b）所示的对话框，在CPU类型项中选择“X”，其他保持默认值，确定后返回图12-21（a）对话框，由于计算机与PLC之间采用USB电缆连接，故网络类型项中选择“USB”，确定后即新建了一个工程，如图12-21（c）所示。

(a)

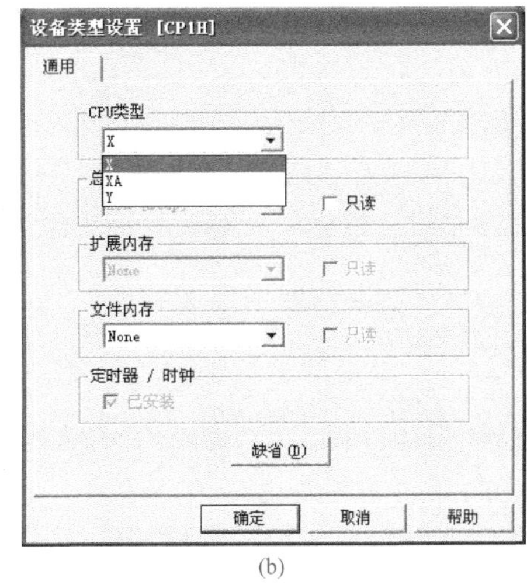

(b)

图12-21

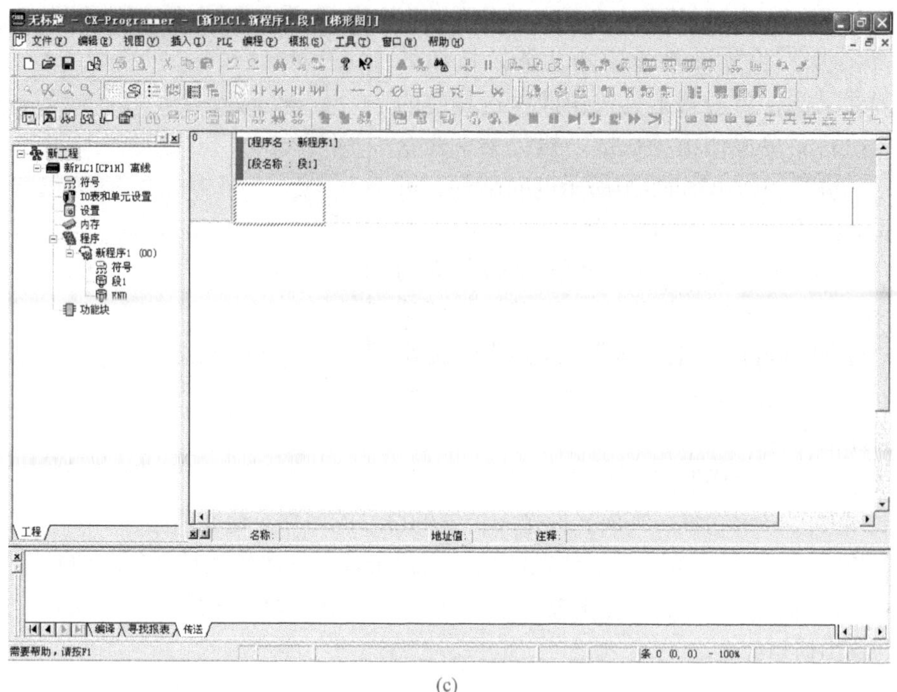

(c)

图12-21 建立新工程

为了减少编程时突然断电造成的损失，新建工程后应马上将工程文件保存下来。保存方法是：单击工具栏上的“”按钮，或执行菜单命令“文件→保存”，在出现的对话框中选择文件的保存位置，将工程文件保存下来。

12.5.4 程序的编写与编辑

（1）程序的编写

下面以编写图12-22所示的梯形图为例来说明程序的编写方法。

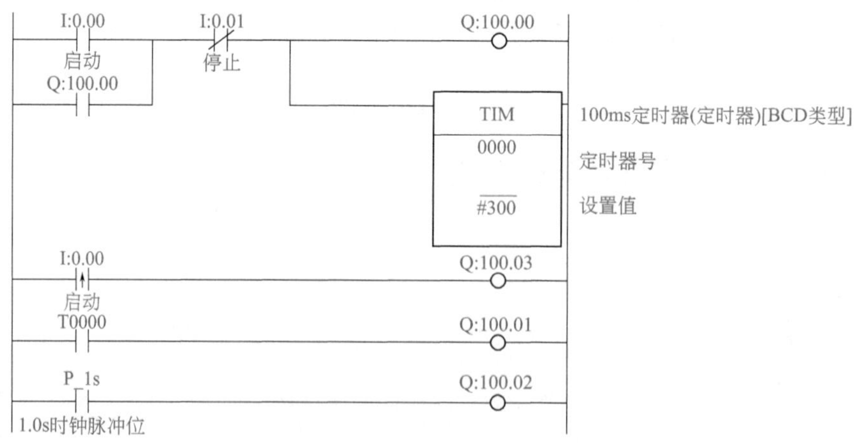

图12-22 待编写的梯形图

① 输入常开触点 单击工具栏上的“”按钮，鼠标旁出现并跟随着一个常开触点符号，将符号移到放置处单击，弹出图12-23（a）所示的新接点对话框，操作快捷键“C”

（即按下键盘上的C键）也会弹出该对话框，在该对话框输入触点的编号“0.00”后单击确定，也可直接回车，会弹出图12-23（b）所示的编辑注释对话框，输入触点注释文字“启动”，回车后即在软件的编程区输入一个编号为“I：0.00”的常开触点，同时光标自动后移，如图12-23（c）所示，其中“I：”部分为系统自动增加。

输入元件时，如果不希望编辑注释对话框出现，可执行菜单命令“工具→选项”，会出现图12-24所示的选项对话框，将“程序”选项卡中的“和注释对话框一起显示”项前的复选框中的钩去掉。在该对话框中，如果将“显示右母线”前的钩去掉，梯形图将不显示右母线。

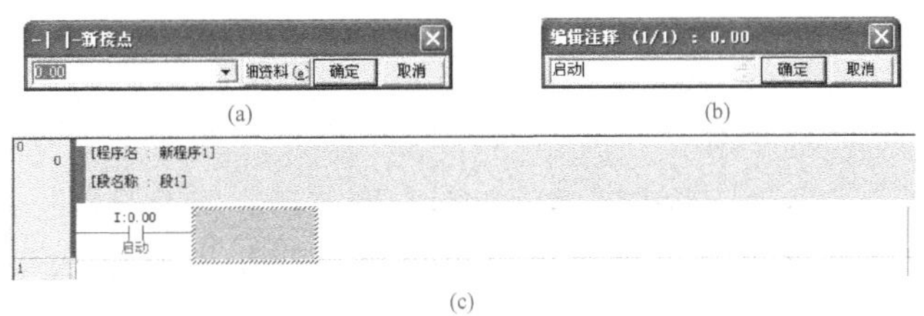

图12-23 输入常开触点

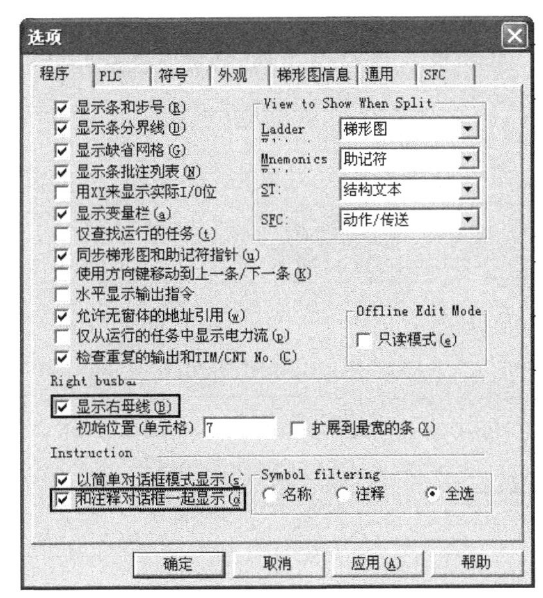

图12-24 设置编辑注释对话框和右母线的显示/隐藏

② 输入常闭触点　单击工具栏上的“-|/|-”按钮，或操作快捷键“/”，弹出图12-25（a）所示的新常闭接点对话框，输入触点的编号“0.01”，回车后又弹出图12-25（b）所示的编辑注释对话框，输入触点注释文字“停止”，回车后即输入一个编号为“I：0.01”的常闭触点。

图12-25 输入常闭触点

③ 输入线圈　单击工具栏上的“-○-”按钮，或操作快捷键“O”，弹出图12-26（a）所

示的新线圈对话框，输入触点的编号“100.00”，回车后出现编辑注释对话框，这里不填写注释，回车后即输入一个编号为“Q：100.00”的线圈，如图12-26（b）所示。

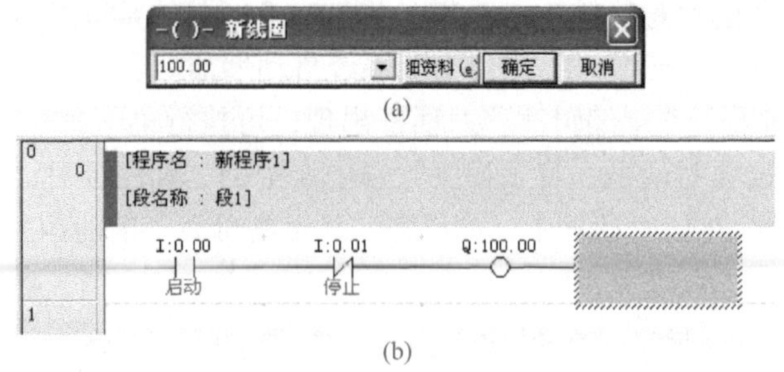

图12-26 输入线圈

④ 输入并联触点 当光标处于线圈右方时，回车后光标会另起一行，并处于行首位置。单击工具栏上的“ㄐ𝄆”按钮，或操作快捷键“W”，弹出图12-27（a）所示的新触点或对话框，输入触点的编号“100.00”，回车后出现编辑注释对话框，这里不填写注释，回车后即输入一个编号为“Q：100.00”的常开并联触点，如图12-27（b）所示。

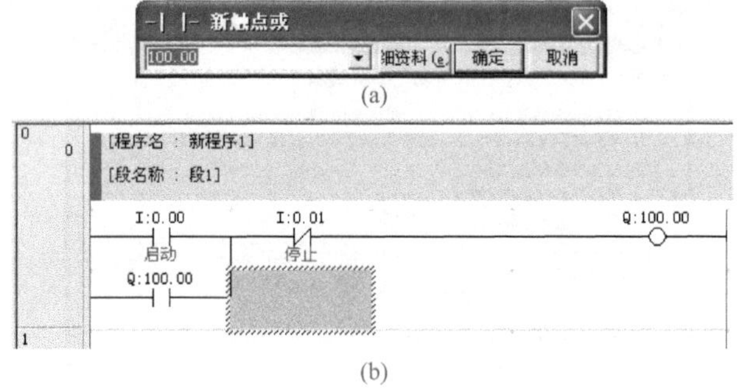

图12-27 输入并联触点

⑤ 输入分支线 将光标定位在需连接分支线处，如图12-28（a）所示，然后操作快捷

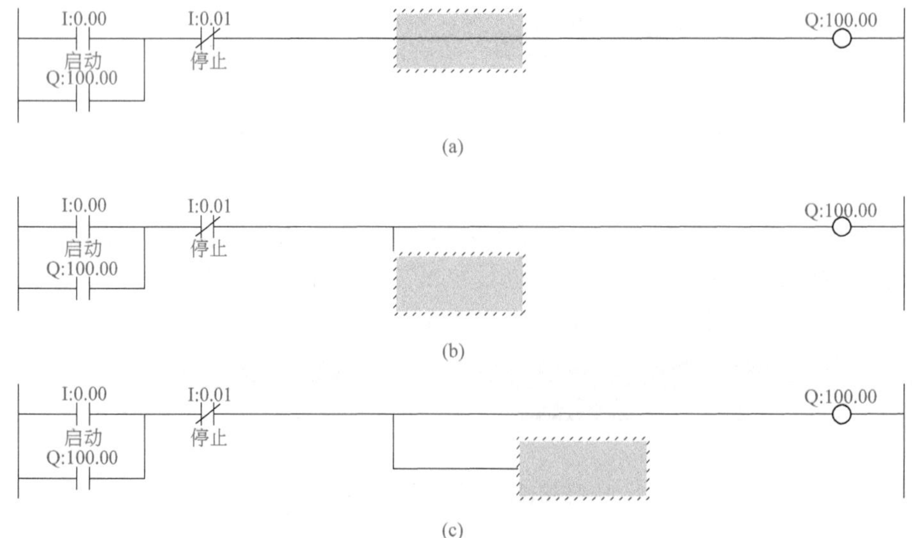

图12-28 输入分支线

键“Ctrl+↓”，划出一根下分支线，同时光标如图12-28(b)所示，使用工具栏上的“”键也可划出下分支线，操作快捷键“Ctrl+ →”，划出右向分支线，如图12-28(c)所示。在图12-28(c)中，如果操作快捷键“Ctrl+←”，则会删除光标左方已有的直线。

⑥ 输入定时器指令　操作快捷键“I”或单击工具栏上的“”按钮，弹出图12-29(a)所示的编辑指令对话框，输入指令“TIM 0000 #300”，两次回车后即输入一个定时器指令，如图12-29(b)所示。

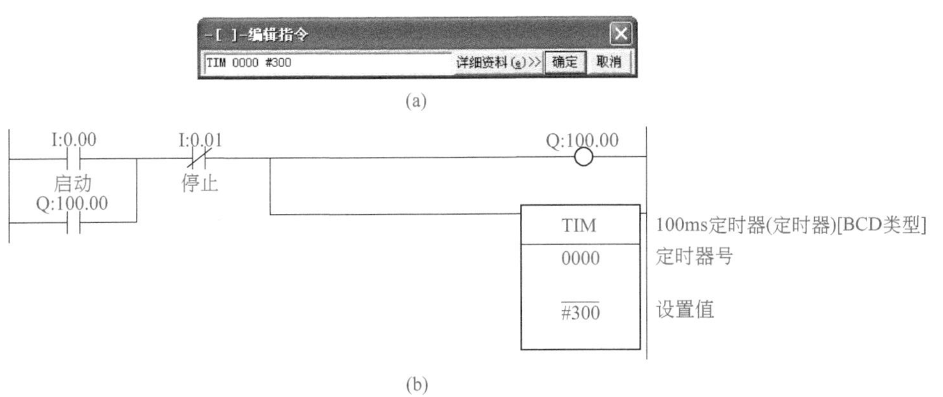

(a)

(b)

图12-29　输入定时器指令

⑦ 输入上升沿触点　操作快捷键“C”或单击工具栏上的“”按钮，弹出图12-30(a)所示的新接点对话框，输入触点的编号“0.00”，再单击“详细资料”接钮，对话框出现详细信息，如图12-30(b)所示，在微分栏选中“上升”项，然后回车即输入一个上升沿触点，如图12-30(c)所示。

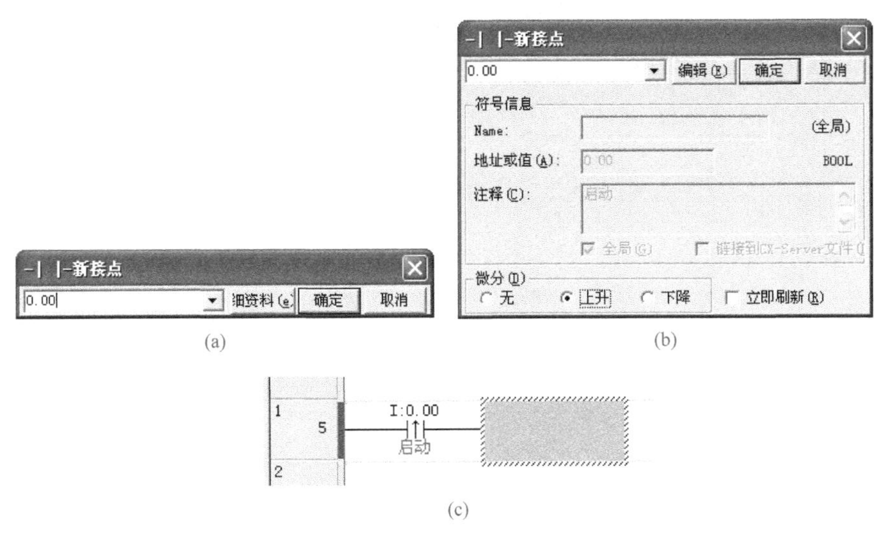

(a)　(b)

(c)

图12-30　输入上升沿触点

⑧ 输入时钟脉冲触点　操作快捷键“C”工具栏上的“”按钮，弹出图12-31(a)所示的新接点对话框，单击输入框右边的“”按钮，弹出下拉列表，从中选择P_1s，回车后即输入一个1s时钟脉冲触点，如图12-31(b)所示。

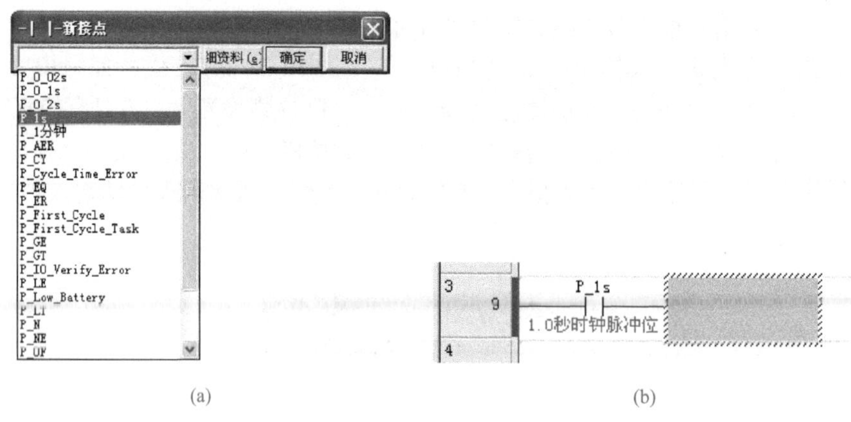

图12-31 输入时钟脉冲触点

（2）程序的编辑

① 对象的删除、复制与贴粘 选中某对象，操作“Del”键可删除该对象，操作“Ctrl+C”键可复制该对象，将光标移到某处后操作“Ctrl+V”键可将复制的对象贴粘到该处。在某对象上单击右键弹出图12-32所示的菜单，利用该菜单同样可对选中对象进行删除、复制与贴粘等操作。

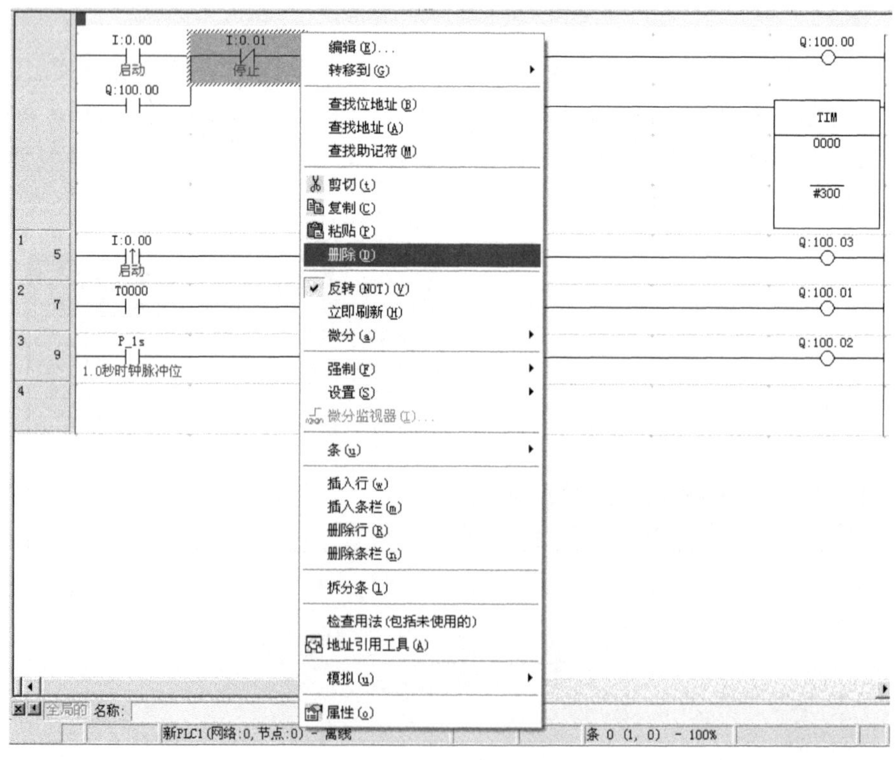

图12-32 对象操作右键菜单

② 增加段 如果编写的程序很长，可以分成几段编写。若将整个程序比作一本书，段相当于书中的章，程序默认为一段，如果需要增加段，可在工程区的“新程序1”上单击右键，弹出图12-33（a）所示的菜单，选择其中的“插入段”，即插入一个“段2”，如图

12-33（b）所示，双击“段2”，编程区即切换成段2，如图12-33（c）所示。

当一个程序切分成多个段程序时，PLC会按工程区中的段程序的排列顺序（从上往下）依次执行，改变段程序的上下排列顺序可以改变其执行的先后顺序。在工程区先中某段，单击右键会弹出菜单，从中选择“上移”或“下移”可将选中段上移或下移。

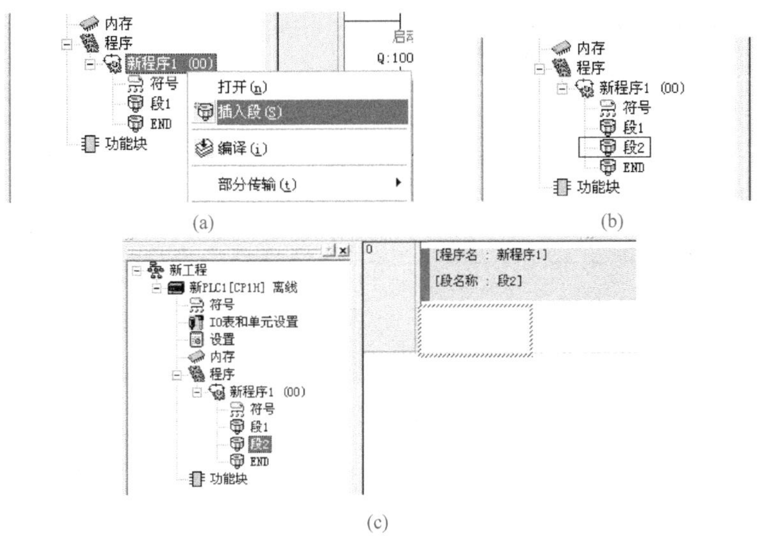

(a) (b) (c)

图12-33 增加段

③ 编辑注释 程序中的注释包括程序注释、段注释、条注释和元件注释。如果将整个程序比作一本书，程序注释相当于整个书的说明，段注释相当于每章的说明，条注释相当于每节的说明，元件注释相当于每个词句的说明。程序的注释不会传送给PLC，即可以不编写程序的注释，但为了阅读程序方便，建议编写程序重要部分的注释。

a. 程序注释 双击编程区左上方的“程序名”文字，弹出图12-34（a）所示的对话框，输入程序注释内容，回车后即给整个程序增加了注释，如图12-34（b）所示。

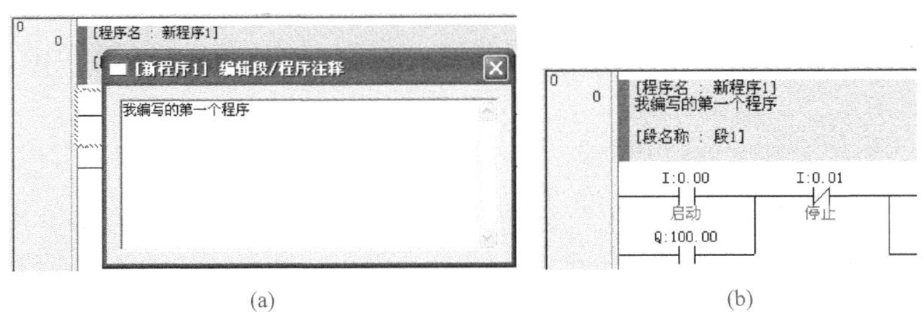

(a) (b)

图12-34 编写程序注释

b. 段注释 如果编写的程序很长，可以分成几段编写。程序默认为一段，如果需要增加段，双击程序名下方的“段名称”，弹出类似图12-34（a）所示的对话框，输入段注释内容，回车后即给整个当前段增加了注释，如图12-35所示。

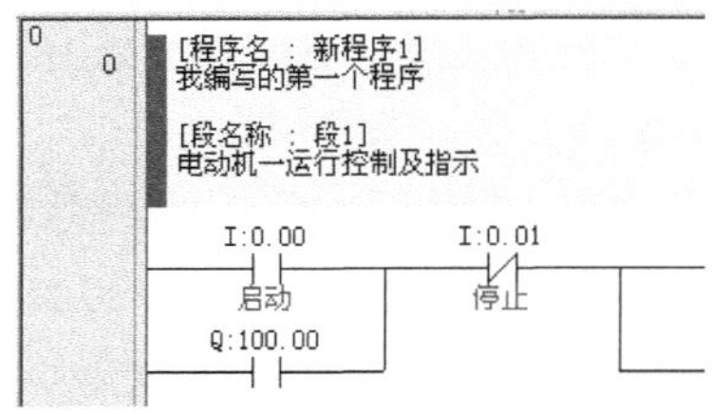

图12-35 编写段注释

c. 条注释 双击编程区条程序左方的方块，弹出

图12-36（a）所示的对话框，输入条程序注释内容，回车后即给条程序增加了注释，如图12-36（b）所示，再用同样的方法给其他的条添加注释，如图12-36（b）所示。

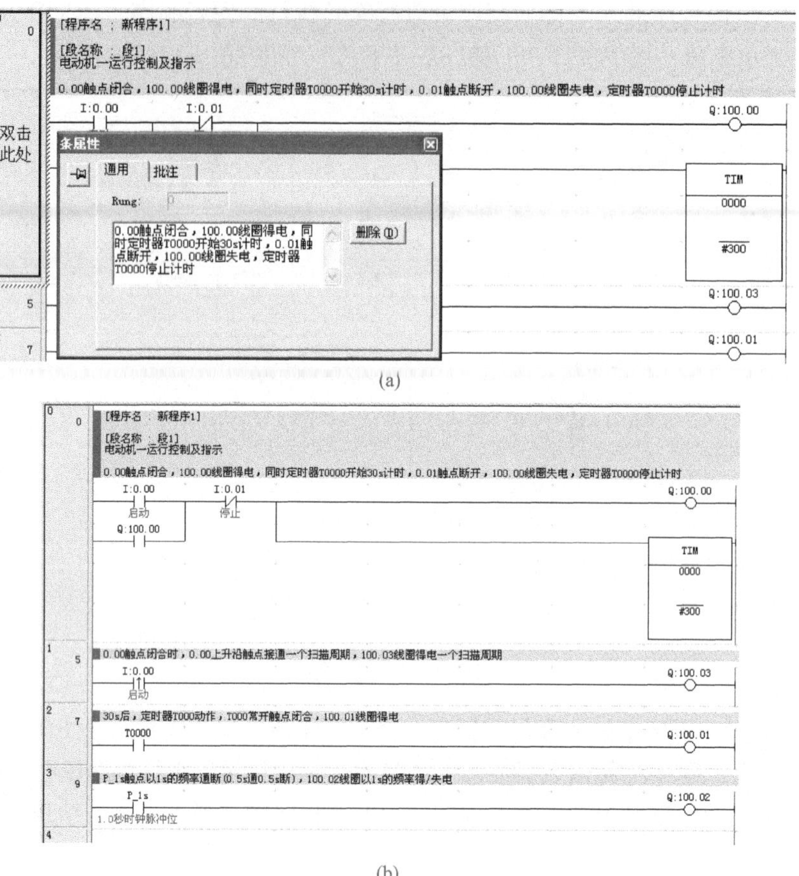

图12-36 编写条注释

d. 元件注释　在输入元件过程中会弹出要求填写注释的对话框，填写元件注释后，程序中所有相同编号的元件都会出现相同的注释，如图12-36（b）中的编号为0.00的元件都出现注释“启动”。

12.5.5 编译程序

PLC是无法识别梯形图程序的，因此在将梯形图程序传送给PLC前需要先进行编译，即将梯形图程序翻译成PLC可接受的二进制代码。另外，利用编译功能还可以检查程序有无语法错误。

编译程序的操作方法是：单击工具栏上的“”按钮，或执行菜单命令“编程→编译”，还可以操作快捷键“Ctrl+F7”，软件即开始对编写的程序进行编译，编译完成后在输出窗口会显示编译信息，如图12-37所示。如果程序有错误，输出窗口将会出现错误提示，双击错误提示，光标自动会移到程序的出错位置，在图12-37中，常闭触点编号为0.20，因为0通道编号范围为0.00～0.15，编号出现错误，编译后输出窗口出现错误提示，双击该提示，光标即移到0.20常闭触点上。

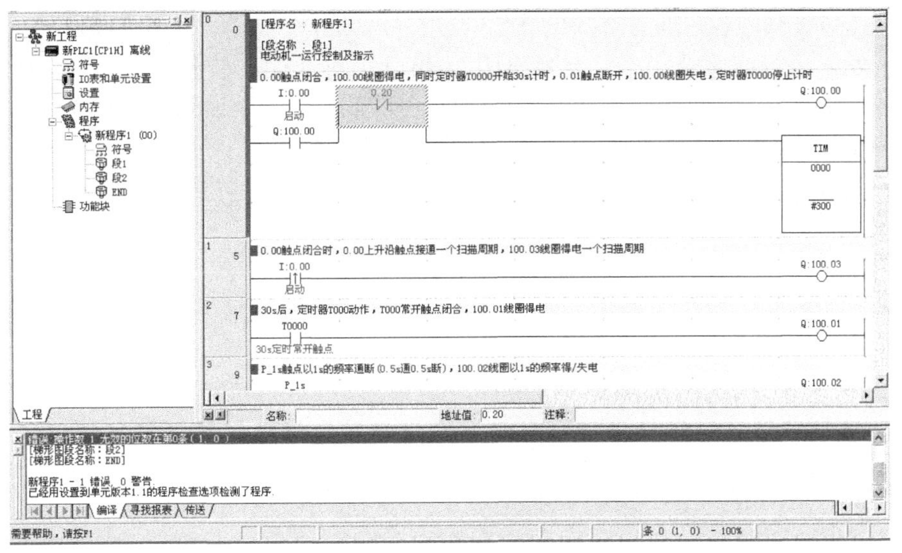

图12-37 编译程序

12.5.6 程序的下载与上载

程序的传送包括将编写好的程序传送至PLC和将PLC中的程序传送到编程计算机（上位机）。

（1）连接PLC和编程计算机

要传送程序，应先将编程计算机与PLC连接起来。CP1H系列PLC与编程计算机通常采用USB端口连接，连接如图12-38所示。

（2）进入在线工作方式

编程计算机与PLC硬件连接完成后，还要在CX-P软件中建立两者的连接。单击工具栏上的“”按钮，或执行菜单命令“PLC→在线工作”，弹出图12-39所示的对话框，询问是否连接PLC，单击“是”后计算机开始与PLC建立通信连接，连接成功后，CX-P软件编程区的背景由白色变为灰色，如果连接失败，会出现通信出错的提示对话框。

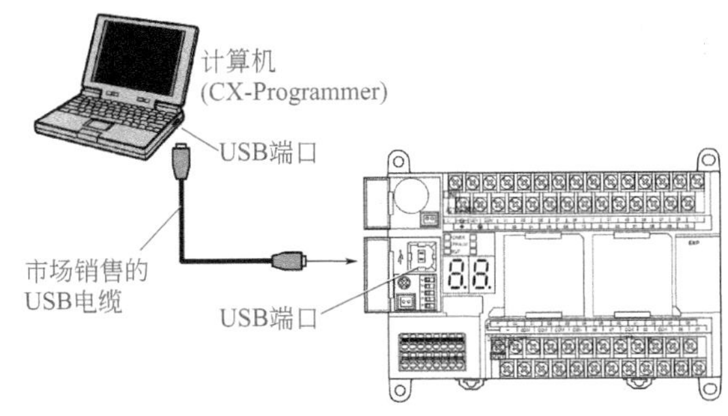

图12-38 PLC和编程计算机的连接

图12-39 连接询问对话框

（3）下载程序

将计算机中编写的程序传送至PLC的过程称为下载程序。

在下载程序时应保持在线工作方式，下载程序的操作过程是：单击工具栏上的“”按钮，或执行菜单命令“PLC→传送→到PLC”，弹出图12-40（a）所示的下载选项对话框，根据需要选择下载内容，如为了减少下载内容，可不选择“注释”，再单击确定，如果此时PLC正处于运行或监视状态，会弹出图12-40（b）对话框，单击“是”后计算机开始将程序传送给PLC，同时出现下载进度对话框，如图12-40（c）所示，下载完成后，单击“确定”，PLC会恢复为运行或监视状态，开始运行新程序。

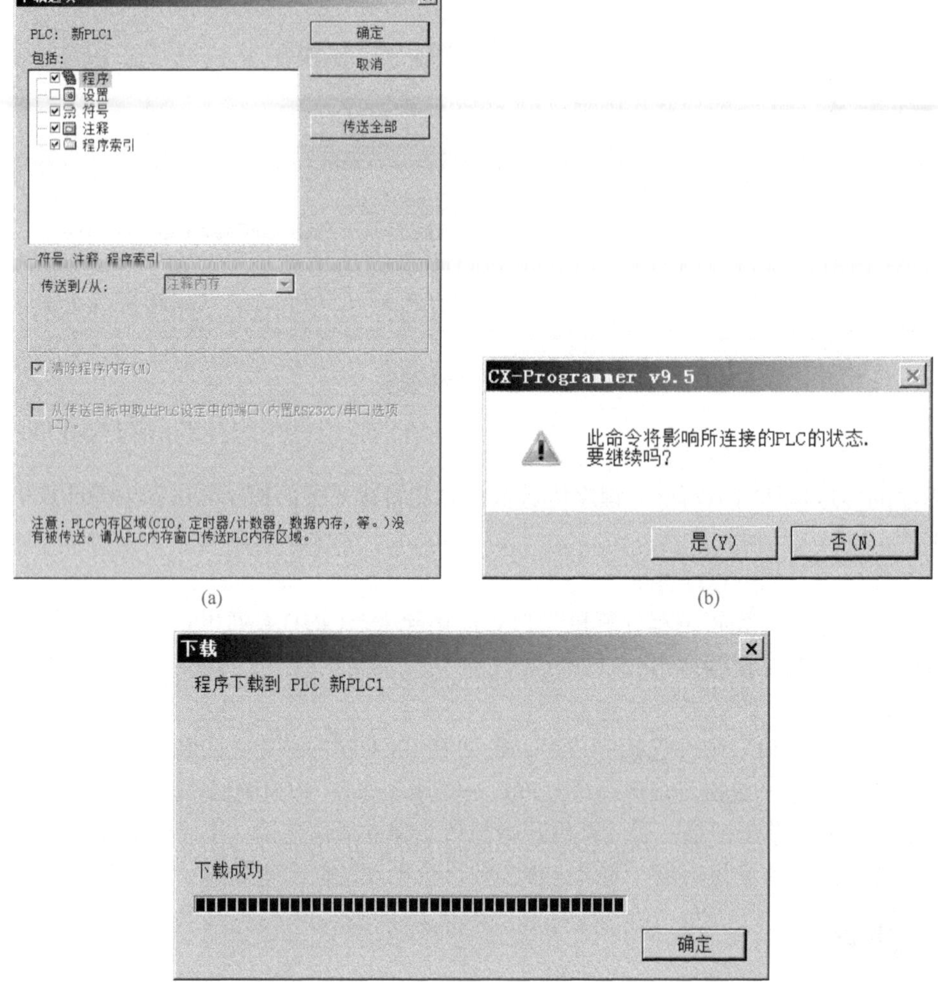

(a) (b)

(c)

图12-40 下载程序

（4）上载程序

将PLC中的程序传送至计算机的过程称为上载程序。

在上载程序时也应保持在线工作方式，上载程序的操作过程是：单击工具栏上的“![]”按钮，或执行菜单命令“PLC→传送→从PLC”，上载程序的后续过程与下载程序基本相同。

第4篇

变频器技术

第13章 变频器的调速原理与基本组成

13.1 异步电动机的两种调速方式

当三相异步电动机定子绕组通入三相交流电后，定子绕组会产生旋转磁场，旋转磁场的转速n_0与交流电源的频率f和电动机的磁极对数p有如下关系：

$$n_0=60f/p$$

电动机转子的旋转速度n（即电动机的转速）略低于旋转磁场的旋转速度n_0（又称同步转速），两者的转速差称为转差s，电动机的转速为：

$$n=(1-s)60f/p$$

由于转差s很小，一般为0.01～0.05，为了计算方便，可认为电动机的转速近似为：

$$n=60f/p$$

从上面的近似公式可以看出，三相异步电动机的转速n与交流电源的频率f和电动机的磁极对数p有关，当交流电源的频率f发生改变时，电动机的转速会发生变化。通过改变交流电源的频率来调节电动机转速的方法称为变频调速；通过改变电动机的磁极对数p来调节电动机转速的方法称为变极调速。

变极调速只适用于笼型异步电动机（不适用于绕线型转子异步电动机），它是通过改变电动机定子绕组的连接方式来改变电动机的磁极对数，从而实现变极调速。适合变极调速的电动机称为多速电动机，常见的多速电动机有双速电动机、三速电动机和四速电动机等。

变极调速方式只适用于结构特殊的多速电动机调速，而且由一种速度转变为另一种速度时，速度变化较大，采用变频调速则可解决这些问题。如果对异步电动机进行变频调速，需要用到专门的电气设备——变频器。变频器先将工频（50Hz或60Hz）交流电源转换成频率可变的交流电源并提供给电动机，只要改变输出交流电源的频率就能改变电动机的转速。由于变频器输出电源的频率可连续变化，故电动机的转速也可连续变化，从而实现电动机无级变速调节。图13-1列出了几种常见的变频器。

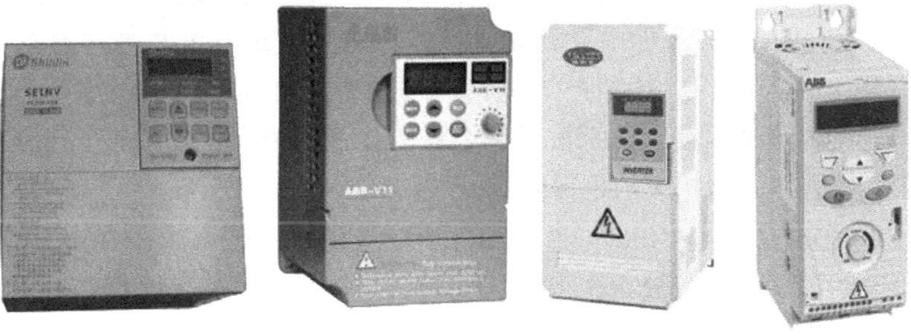

图13-1　几种常见的变频器

13.2 变频器的基本结构及原理

变频器的功能是将工频（50Hz或60Hz）交流电源转换成频率可变的交流电源提供给电动机，通过改变交流电源的频率来对电动机进行调速控制。变频器种类很多，主要可分为两类：交-直-交型变频器和交-交型变频器。

13.2.1　交-直-交型变频器的结构与原理

交-直-交型变频器利用电路先将工频电源转换成直流电源，再将直流电源转换成频率可变的交流电源，然后提供给电动机，通过调节输出电源的频率来改变电动机的转速。交-直-交型变频器的典型结构如图13-2所示。

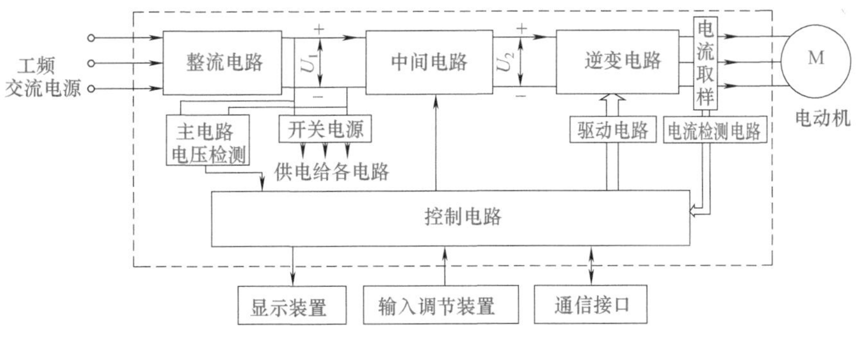

图13-2　交-直-交型变频器的典型结构框图

下面对照图13-2所示框图说明交-直-交型变频器工作原理。

三相或单相工频交流电源经整流电路转换成脉动的直流电，直流电再经中间电路进行滤波平滑，然后送到逆变电路，与此同时，控制系统会产生驱动脉冲，经驱动电路放大后送到逆变电路，在驱动脉冲的控制下，逆变电路将直流电转换成频率可变的交流电并送给电动机，驱动电动机运转。改变逆变电路输出交流电的频率，电动机转速就会发生相应的变化。

整流电路、中间电路和逆变电路构成变频器的主电路，用来完成交-直-交的转换。由于主电路工作在高电压大电流状态，为了保护主电路，变频器通常设有主电路电压检测和输出电流检测电路，当主电路电压过高或过低时，电压检测电路则将该情况反映给控制电路，当变频器输出电流过大（如电动机负荷大）时，电流取样元件或电路会产生过流信号，经电流检测电路处理后也送到控制电路。当主电路出现电压不正常或输出电流过大时，控制电路通过检测电路获得该情况后，会根据设定的程序作出相应的控制，如让变频器主电路停止工作，并发出相应的报警指示。

控制电路是变频器的控制中心，当它接收到输入调节装置或通信接口送来的指令信号后，会发出相应的控制信号去控制主电路，使主电路按设定的要求工作，同时控制电路还会将有关的设置和机器状态信息送到显示装置，以显示有关信息，便于用户操作或了解变频器的工作情况。

变频器的显示装置一般采用显示屏和指示灯；输入调节装置主要包括按钮、开关和旋钮等；通信接口用来与其他设备（如可编程控制器PLC）进行通信，接收它们发送过来的信息，同时还将变频器有关信息反馈给这些设备。

13.2.2 交-交型变频器的结构与原理

交-交型变频器利用电路直接将工频电源转换成频率可变的交流电源并提供给电动机，通过调节输出电源的频率来改变电动机的转速。交-交型变频器的结构如图13-3所示。从图中可以看出，交-交型变频器与交-直-交型变频器的主电路不同，它采用交-交变频电路直接将工频电源转换成频率可调的交流电源的方式进行变频调速。

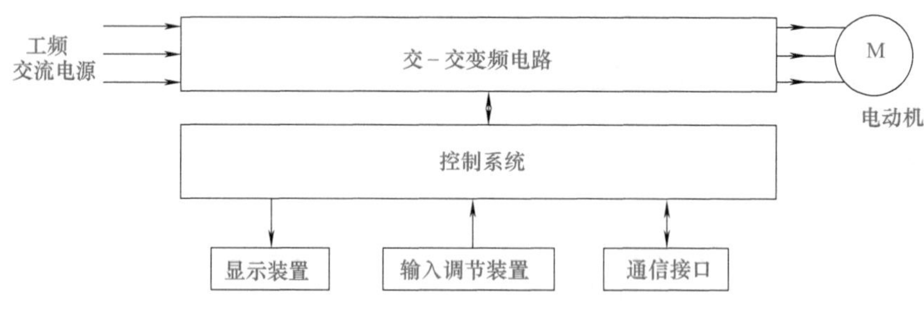

图13-3 交-交型变频器的结构框图

交-交变频电路一般只能将输入交流电频率降低输出，而工频电源频率本来就低，所以交-交型变频器的调速范围很窄，另外这种变频器要采用大量的晶闸管等电力电子器件，导致装置体积大、成本高，故交-交型变频器使用远没有交-直-交型变频器广泛，因此本书主要介绍交-直-交型变频器。

第14章 变频器的使用

变频器是一种电动机驱动控制设备，其功能是将工频电源转换成设定频率的电源来驱动电动机运行。变频器生产厂家很多，主要有三菱、西门子、富士、施耐德、ABB、安川和台达等，每个厂家都生产很多型号的变频器。虽然变频器种类繁多，但由于基本功能是一致的，所以使用方法大同小异，本章以三菱FR-A500系列中的FR-A540型变频器为例来介绍变频器的使用。

14.1 外形与结构

14.1.1 外形与型号含义

（1）外形

三菱FR-A540型变频器外形如图14-1所示。

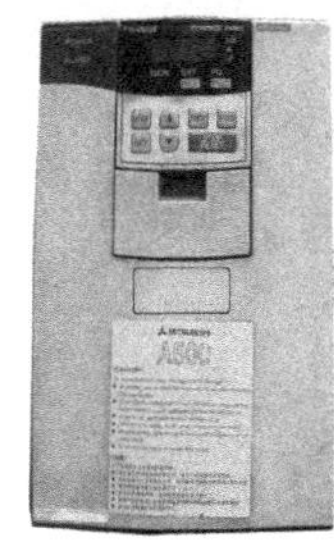

图14-1 三菱FR-A540型变频器外形

（2）型号含义

三菱FR-A540型变频器的型号含义如下：

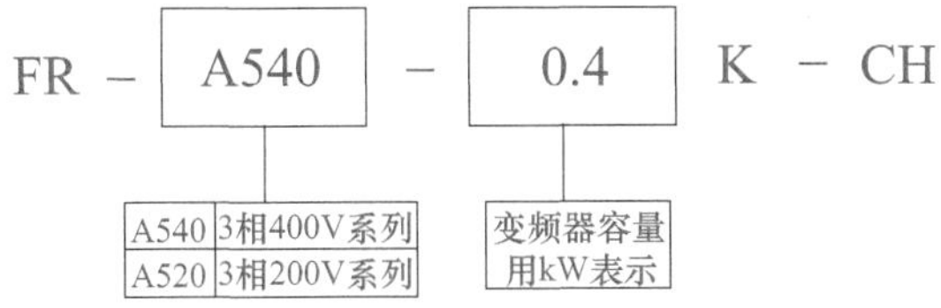

14.1.2 结构

三菱FR-A540型变频器结构说明如图14-2所示，其中图（a）为带面板的前视结构图，图（b）为拆下面板后的结构图。

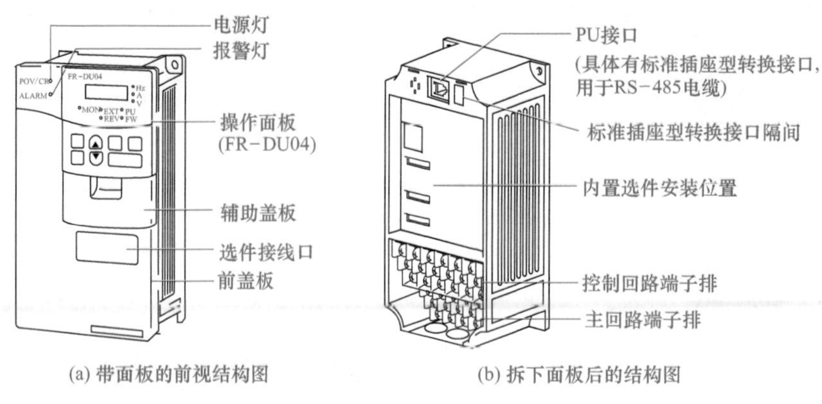

图14-2 三菱FR-A540型变频器结构说明

14.1.3 面板的拆卸

面板拆卸包括前盖板的拆卸和操作面板（FR-DU04）的拆卸（以FR-A540-0.4K ～ 7.5K型号为例）。

（1）前盖板的拆卸

前盖板的拆卸如图14-3所示，具体过程如下：

① 用手握住前盖板上部两侧并向下推；

② 握着向下的前盖板向身前拉，就可将前盖板拆下。

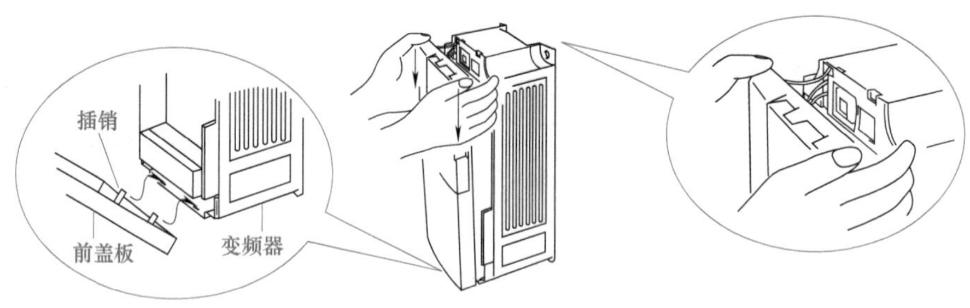

图14-3 前盖板的拆卸

（2）操作面板的拆卸

如果仅需拆卸操作面板，可按如图14-4所示方法进行操作，在拆卸时，按着操作面板上部的按钮，即可将面板拉出。

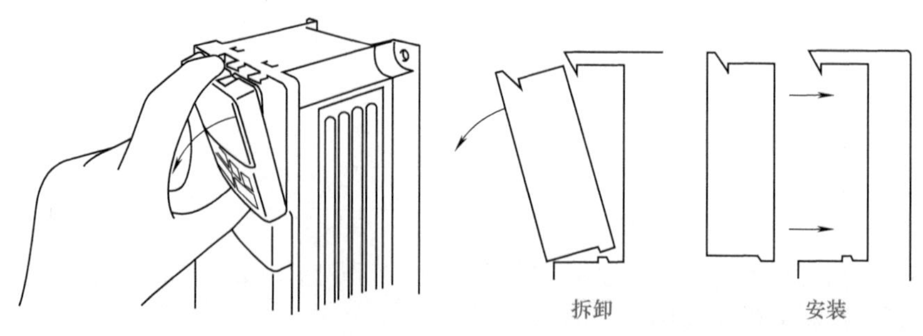

图14-4 拆卸操作面板

14.2 端子功能与接线

变频器的端子主要有主回路端子和控制回路端子。在使用变频器时，应根据实际需要正确地将有关端子与外部器件（如开关、继电器等）连接好。

14.2.1 总接线图及端子功能说明

（1）总接线图

三菱FR-A540型变频器总接线如图14-5所示。

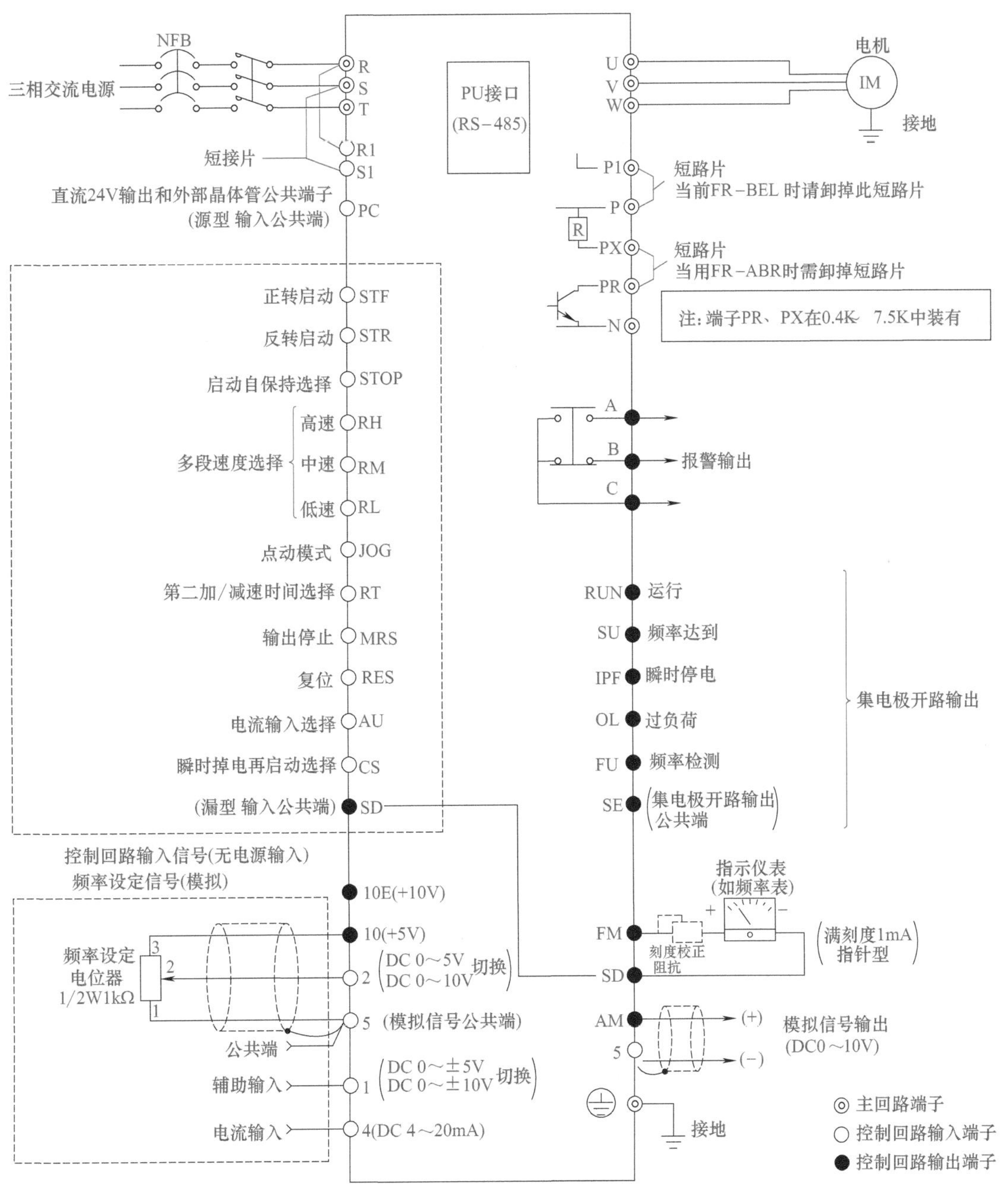

图14-5 三菱FR-A540型变频器总接线

（2）端子功能说明

变频器的端子可分为主回路端子和控制回路端子。

① 主回路端子　主回路端子说明见表14-1。

表 14-1　主回路端子说明

端子记号	端子名称	说明
R，S，T	交流电源输入	连接工频电源。当使用高功率因数转换器时，确保这些端子不连接（FR-HC）
U，V，W	变频器输出	接三相笼型电动机
R1，S1	控制回路电源	与交流电源端子R，S连接。在保持异常显示和异常输出时或当使用高功率因数转换器（FR-HC）时，请拆下R-R1和S-S1之间的短路片，并提供外部电源到此端子
P，PR	连接制动电阻器	拆开端子PR-PX之间的短路片，在P-PR之间连接选件制动电阻器（FR-ABR）
P，N	连接制动单元	连接选件FR-BU型制动单元或电源再生单元（FR-RC）或高功率因数转换器（FR-HC）
P，P1	连接改善功率因数DC电抗器	拆开端子P-P1间的短路片，连接选件改善功率因数用电抗器（FR-BEL）
PR，PX	连接内部制动回路	用短路片将PX-PR间短路时（出厂设定）内部制动回路便生效（7.5K以下装有）
⏚	接地	变频器外壳接地用，必须接大地

② 控制回路端子　控制回路端子说明见表14-2。

表 14-2　控制回路端子说明

<table>
<tr><th colspan="2">类型</th><th>端子记号</th><th>端子名称</th><th colspan="2">说明</th></tr>
<tr><td rowspan="13">输入信号</td><td rowspan="13">启动接点·功能设定</td><td>STF</td><td>正转启动</td><td>STF信号处于ON便正转，处于OFF便停止。程序运行模式时为程序运行开始信号，（ON开始，OFF静止）</td><td rowspan="2">当STF和STR信号同时处于ON时，相当于给出停止指令</td></tr>
<tr><td>STR</td><td>反转启动</td><td>STR信号ON为逆转，OFF为停止</td></tr>
<tr><td>STOP</td><td>启动自保持选择</td><td colspan="2">使STOP信号处于ON，可以选择启动信号自保持</td></tr>
<tr><td>RH，RM，RL</td><td>多段速度选择</td><td>用RH、RM和RL信号的组合可以选择多段速度①</td><td rowspan="3">输入端子功能选择（Pr.180～Pr.186）用于改变端子功能</td></tr>
<tr><td>JOG</td><td>点动模式选择</td><td>JOG信号ON时选择点动运行（出厂设定）。用启动信号（STF和STR）可以点动运行</td></tr>
<tr><td>RT</td><td>第2加/减速时间选择</td><td>RT信号处于ON时选择第2加减速时间。设定了［第2力矩提升］［第2U/f（基底频率）］时，也可以用RT信号处于ON时选择这些功能</td></tr>
<tr><td>MRS</td><td>输出停止</td><td colspan="2">MRS信号为ON（20ms以上）时，变频器输出停止。用电磁制动停止电动机时，用于断开变频器的输出</td></tr>
<tr><td>RES</td><td>复位</td><td colspan="2">用于解除保护回路动作的保持状态。使端子RES信号处于ON在0.1s以上，然后断开</td></tr>
<tr><td>AU</td><td>电流输入选择</td><td>只在端子AU信号处于ON时，变频器才可用直流4～20mA作为频率设定信号</td><td rowspan="2">输入端子功能选择（Pr.180～Pr.186）用于改变端子功能</td></tr>
<tr><td>CS</td><td>瞬停电再启动选择</td><td>CS信号预先处于ON，瞬时停电再恢复时变频器便可自动启动。但用这种运行必须设定有关参数，因为出厂时设定为不能再启动</td></tr>
<tr><td>SD</td><td>公共输入端子（漏型）</td><td colspan="2">接点输入端子和FM端子的公共端。直流24V，0.1A（PC端子）电源的输出公共端</td></tr>
<tr><td>PC</td><td>直流24V电源和外部晶体管公共端接点输入公共端（源型）</td><td colspan="2">当连接晶体管输出（集电极开路输出），例如可编程控制器时，将晶体管输出用的外部电源公共端接到这个端子时，可以防止因漏电引起的误动作，该端子可用于直流24V，0.1A电源输出。当选择源型时，该端子作为接点输入的公共端</td></tr>
</table>

续表

<table>
<tr><th colspan="2">类型</th><th>端子记号</th><th>端子名称</th><th colspan="2">说明</th></tr>
<tr><td rowspan="6">模拟</td><td rowspan="6">频率设定</td><td>10E</td><td rowspan="2">频率设定用电源</td><td>10V DC，容许负荷电流10mA</td><td rowspan="2">按出厂设定状态连接频率设定电位器时，与端子10连接
当连接到10E时，请改变端子2的输入规格</td></tr>
<tr><td>10</td><td>50V DC，容许负荷电流10mA</td></tr>
<tr><td>2</td><td>频率设定（电压）</td><td colspan="2">输入0～5V DC（或1～10V DC）时5V（10V DC）对应于为最大输出频率。输入输出成比例。用参数单元进行输入直流0～5V（出厂设定）和0～10V DC的切换。输入阻抗10kΩ，容许最大电压为直流20V</td></tr>
<tr><td>4</td><td>频率设定（电流）</td><td colspan="2">DC 4～20mA，20mA为最大输出频率，输入，输出成比例。只在端子AU信号处于ON时，该输入信号有效，输入阻抗250Ω，容许最大电流为30mA</td></tr>
<tr><td>1</td><td>辅助频率设定</td><td colspan="2">输入0～±5V DC或0～±10V DC时，端子2或4的频率设定信号与这个信号相加。用参数单元进行输入0～+5V DC或0～±10V DC（出厂设定）的切换。输入阻抗10kΩ，容许电压±20V DC</td></tr>
<tr><td>5</td><td>频率设定公共端</td><td colspan="2">频率设定信号（端子2、1或4）和模拟输出端子AM的公共端子。注意不要接大地</td></tr>
<tr><td rowspan="9">输出信号</td><td>接点</td><td>A，B，C</td><td>异常输出</td><td>指示变频器因保护功能动作而输出停止的转换接点，AC 200V 0.3A，30V DC 0.3A，异常时：B-C间不导通（A-C间导通），正常时：B-C间导通（A-C间不导通）</td><td rowspan="6">输出端子的功能选择通过（Pr.190～Pr.195）用于改变端子功能</td></tr>
<tr><td rowspan="7">集电极开路</td><td>RUN</td><td>变频器正在运行</td><td>变频器输出频率为启动频率（出厂时为0.5Hz，可变更）以上时为低电平，正在停止或正在直流制动时为高电平②。容许负荷为DC 24V，0.1A</td></tr>
<tr><td>SU</td><td>频率到达</td><td>输出频率达到设定频率的±10%（出厂设定，可变更）时为低电平，正在加/减速或停止时为高电平②。容许负荷为DC 24V，0.1A</td></tr>
<tr><td>OL</td><td>过负荷报警</td><td>当失速保护功能动作时为低电平，失速保护解除时为高电平②。容许负荷为DC 24V，0.1A</td></tr>
<tr><td>IPF</td><td>瞬时停电</td><td>瞬时停电，电压不足保护动作时为低电平②，容许负荷为DC 24V，0.1A</td></tr>
<tr><td>FU</td><td>频率检测</td><td>输出频率为任意设定的检测频率以上时为低电平，以下时为高电平②，容许负荷为DC 24V，0.1A</td></tr>
<tr><td>SE</td><td>集电极开路输出公共端</td><td colspan="2">端子RUN、SU、OL、IPF、FU的公共端子</td></tr>
<tr><td>脉冲</td><td>FM</td><td>指示仪表用</td><td rowspan="2">可以从16种监示项目中选一种作为输出③，例如输出频率，输出信号与监示项目的大小成比例</td><td>出厂设定的输出项目：频率容许负荷电流1mA 60Hz时1440脉冲/s</td></tr>
<tr><td>模拟</td><td>AM</td><td>模拟信号输出</td><td>出厂设定的输出项目：频率输出信号0～10V DC容许负荷电流1mA</td></tr>
<tr><td>通信</td><td>RS-485</td><td>—</td><td>PU接口</td><td colspan="2">通过操作面板的接口，进行RS-485通信
·遵守标准：EIS RS-485标准
·通信方式：多任务通信
·通信速率：最大19200bps
·最长距离：500m</td></tr>
</table>

① 端子PR、PX在FR-A540-0.4K～7.5K中装设。

② 低电平表示集电极开路输出用的晶体管处于ON（导通状态），高电平为OFF（不导通状态）。

③ 变频器复位中不被输出。

14.2.2 主回路接线

（1）主回路接线端子排

主回路接线端子排如图14-6所示。端子排上的R、S、T端子与三相工频电源连接，若与单相工频电源连接，必须接R、S端子；U、V、W端子与电动机连接；P1、P端子，PR、PX端子，R、R1端子和S、S1端子用短接片连接；接地端子用螺钉与接地线连接固定。

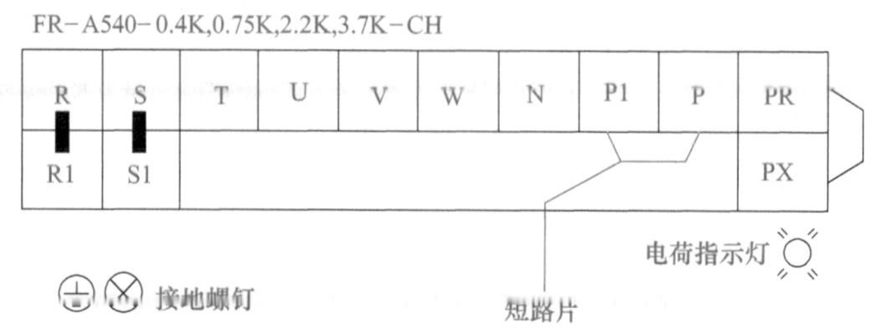

图14-6 主回路接线端子排

（2）主回路接线原理图

主回路接线原理图如图14-7所示。下面对照图14-7来说明各接线端子功能与用途。

①R、S、T端子外接工频电源，内接变频器整流电路。

②U、V、W端子外接电动机，内接逆变电路。

③P、P1端子外接短路片（或提高功率因素的直流电抗器），将整流电路与逆变电路连接起来。

④PX、PR端子外接短路片，将内部制动电阻和制动控制器件连接起来。如果内部制动电阻制动效果不理想，可将PX、PR端子之间的短路片取下，再在P、PR端外接制动电阻。

⑤P、N端子分别为内部直流电压的正、负端，如果要增强减速时的制动能力，可将PX、PR端子之间的短路片取下，再在P、N端外接专用制动单元（即制动电路）。

⑥R1、S1端子内接控制电路，外部通过短路片与R、S端子连接，R、S端的电源通过短路片由R1、S1端子提供给控制电路作为电源。如果希望R、S、T端无工频电源输入时控制电路也能工作，可以取下R、R1和S、S1之间的短路片，将两相工频电源直接接R1、S1端。

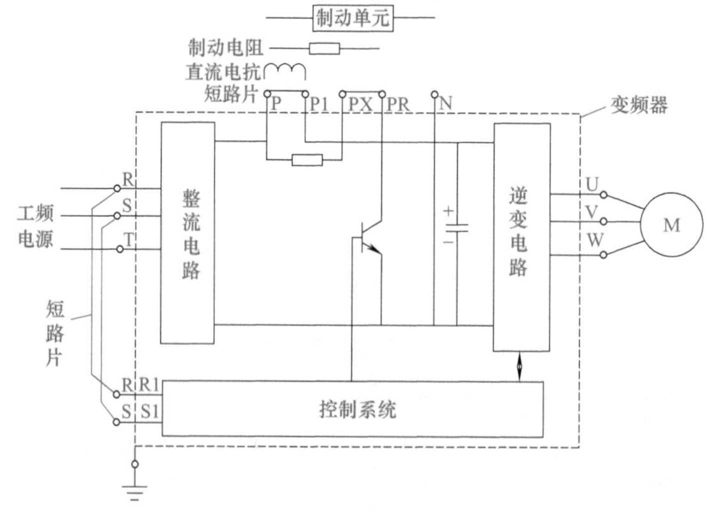

图14-7 主回路接线原理图

（3）电源、电动机与变频器的连接

电源、电动机与变频器的连接如图14-8所示，在连接时要注意电源线绝对不能接U、V、W端，否则会损坏变频器内部电路，由于变频器工作时可能会漏电，为安全起见，应将接地端子与接地线连接好，以便泄放变频器漏电电流。

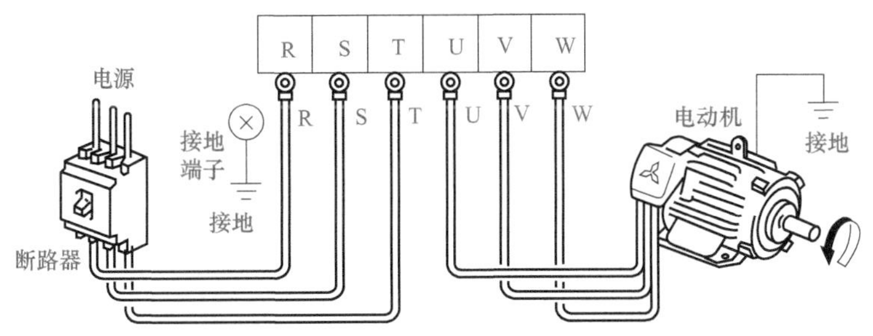

图14-8　电源、电动机与变频器的连接

（4）选件的连接

变频器的选件较多，主要有外接制动电阻、FR-BU制动单元、FR-HC提高功率因数整流器、FR-RC能量回馈单元和改善功率因数直流电抗器等。下面仅介绍常用的外接制动电阻和直流电抗器的连接，其他选件的连接可参见三菱FR-A540型变频器使用手册。

① 外部制动电阻的连接　变频器的P、PX端子内部接有制动电阻，在高频度制动内置制动电阻时易发热，由于封闭散热能力不足，这时需要安装外接制动电阻来替代内置制动电阻。外接制动电阻的连接如图14-9所示，先将PR、PX端子间的短路片取下，然后用连接线将制动电阻与PR、P端子连接。

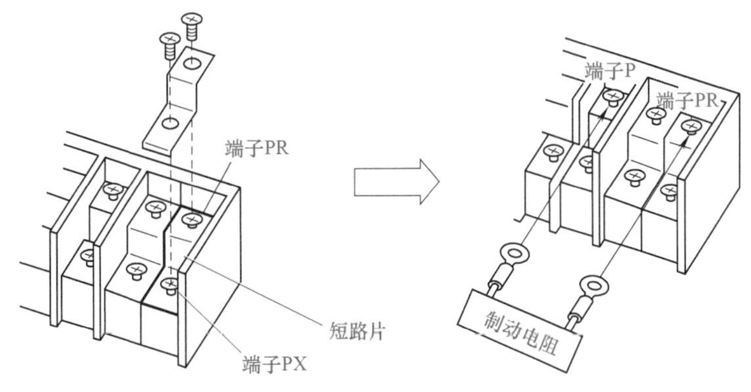

图14-9　外接制动电阻的连接

② 直流电抗器的连接　为了提高变频器的电能利用率，可给变频器外接改善功率因数的直流电抗器（电感器）。直流功率因数电抗器的连接如图14-10所示，先将P1、P端子间的短路片取下，然后用连接线将直流电抗器与P1、P端子连接。

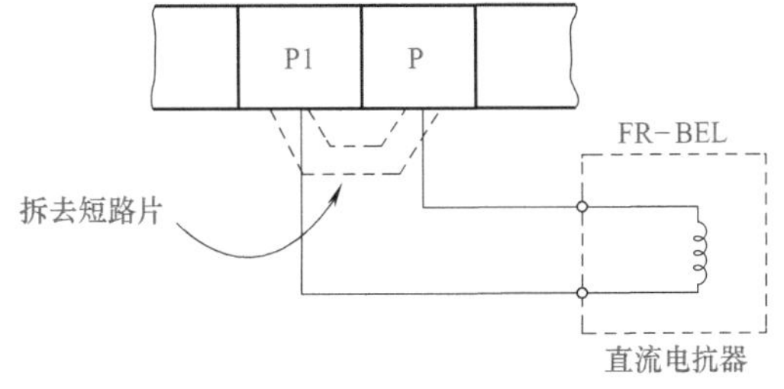

图14-10　直流功率因数电抗器的连接

（5）控制回路外接电源接线

控制回路电源端子R1、S1默认与R、S端子连接。在工作时，如果变频器出现异常，可能会导致变频器电源输入端的断路器（或接触器）断开，变频器控制回路电源也随之断开，变频器无法输出异常显示信号。为了在需要时保持异常信号，可将控制回路的电源R1、S1端子与断路器输入侧的两相电源线连接，这样断路器断开后，控制回路仍有电源提供。

控制回路外接电源接线如图14-11所示。

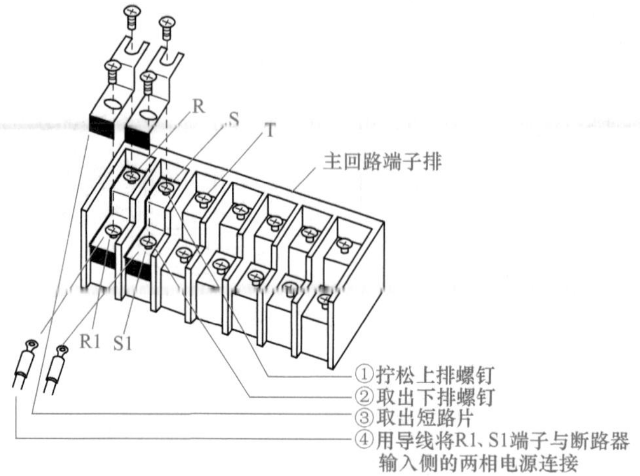

图14-11　控制回路外接电源接线

14.2.3　控制回路接线

（1）控制回路端子排

控制回路端子排如图14-12所示。

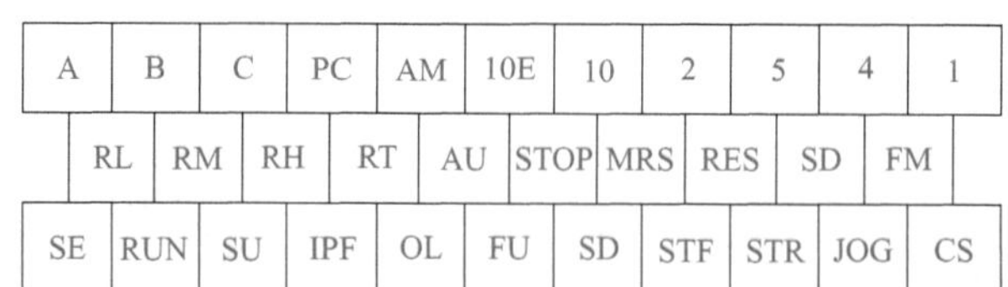

A	B	C	PC	AM	10E	10	2	5	4	1
RL	RM	RH	RT	AU	STOP	MRS	RES	SD	FM	
SE	RUN	SU	IPF	OL	FU	SD	STF	STR	JOG	CS

图14-12　控制回路端子排

（2）改变控制逻辑

① 控制逻辑的设置　FR-A540型变频器有漏型和源型两种控制逻辑，出厂时设置为漏型逻辑。若要将变频器的控制逻辑改为源型逻辑，可按图14-13进行操作，具体操作过程如下。

a.将变频器前盖板拆下。

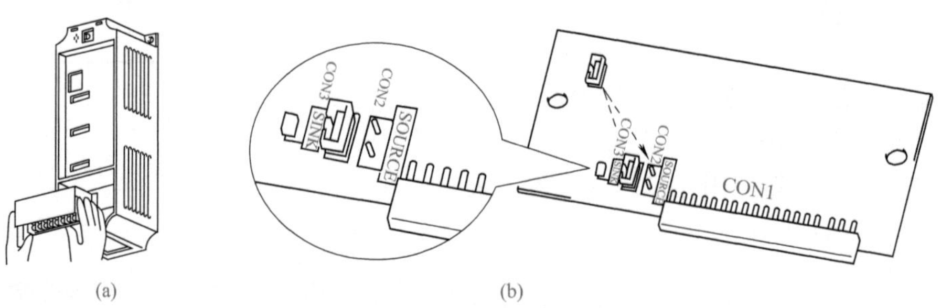

图14-13　变频器控制逻辑的改变方法

b.松开控制回路端子排螺钉，取下端子排，如图14-13（a）所示。

c.在控制回路端子排的背面，将控制逻辑设置跳线上的短路片取下，再安装到旁边的另一个跳线上，如图14-13（b）所示，这样就将变频器的控制逻辑由漏型控制转设成源型控制。

② 漏型控制逻辑　变频器工作在漏型控制逻辑时有以下特点。

a.信号输入端子外部接通时，电流从信号输入端子流出。

b.端子SD是触点输入信号的公共端，端子SE是集电极开路输出信号的公共端，要求电流从SE端子输出。

c. PC、SD端子内接24V电源，PC接电源正极，SD接电源负极。

图14-14是变频器工作在漏型控制逻辑的典型接线图。图中的正转按钮接在STF端子与SD端子之间，当按下正转按钮时，变频器内部电源产生电流从STF端子流出，经正转按钮从SD端子回到内部电源的负极，该电流的途径如图所示。另外，当变频器内部三极管集电极开路输出端需要外接电路时，需要以SE端作为公共端，外接电路的电流从相应端子（如图中的RUN端子）流入，在内部流经三极管，最后从SE端子流出，电流的途径如图中箭头所示，图中虚线连接的二极管表示在漏型控制逻辑下不导通。

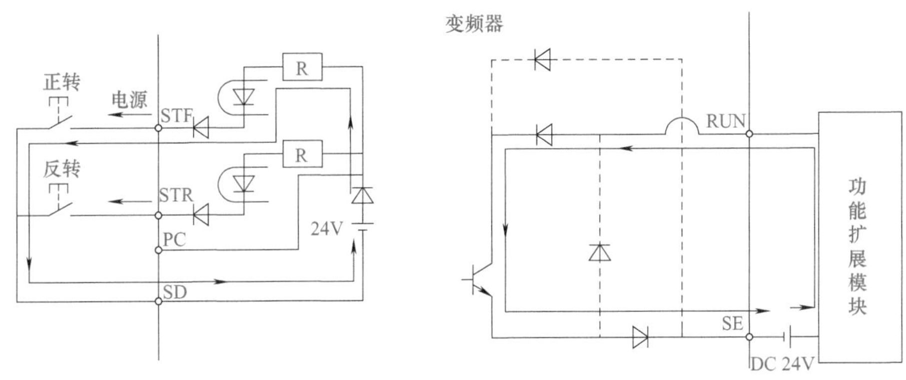

图14-14　变频器工作在漏型控制逻辑的典型接线图

③ 源型控制逻辑　变频器工作在源型控制逻辑时有以下特点。

a.信号输入端子外部接通时，电流流入信号输入端子。

b.端子PC是触点输入信号的公共端，端子SE是集电极开路输出信号的公共端，要求电流从SE端子输入。

c. PC、SD端子内接24V电源，PC接电源正极，SD接电源负极。

图14-15是变频器工作在源型控制逻辑的典型接线图。图中的正转按钮需接在STF端子与PC端子之间，当按下正转按钮时，变频器内部电源产生电流从PC端子流出，经正转按钮从STF端子流入，回到内部电源的负极，该电流的途径如图所示。另外，当变频器内部三极管集电极开路输出端需要外接电路时，需以SE端作为公共端，并要求电流从SE端流入，在内部流经三极管，最后从相应端子（如图中的RUN端子）流出，电流的途径如图中箭头所示，图中虚线连接的二极管表示在源型控制逻辑下不能导通。

（3）STOP、CS和PC端子的使用

① STOP端子的使用　需要进行停止控制时使用该端子。图14-16是一个启动信号自保持（正转、逆转）的接线图（漏型逻辑）。

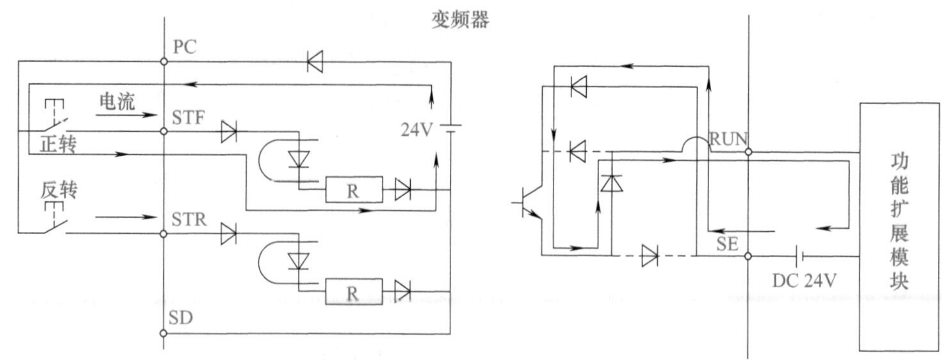

图14-15　变频器工作在源型控制逻辑的典型接线图

图中的停止按钮是一个常闭按钮，当按下正转按钮时，STF端子会流出电流，途径是：STF端子流出→正转按钮→STOP端子→停止按钮→SD端子流入，STF端子有电流输出，表示该端子有正转指令输入，变频器输出正转电源给电动机，让电动机正转。松开正转按钮，STF端子无电流输出，电动机停转。如果按下停止按钮，STOP、STF、STR端子均无法输出电流，无法启动电动机运转。

② CS端子的使用　在需要进行瞬时掉电再启动和工频电源与变频器切换时使用该端子。例如在漏型逻辑下进行瞬时掉电再启动，先将端子CS-SD短接，如图14-17所示，再将参数Pr.57设定为除“9999”以外的“瞬时掉电再启动自由运行时间”（参数设置方法见后述内容）。

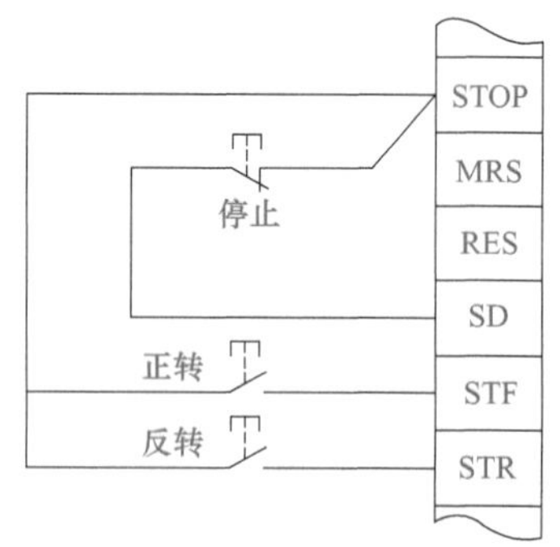

图14-16　启动信号自保持的接线图

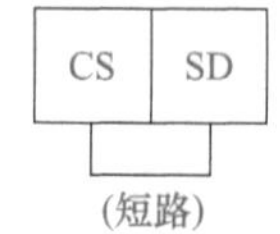

图14-17　端子CS-SD短接

③ PC端子的使用　使用PC、SD端子可向外提供直流24V电源时，PC为电源正极，SD为电源负极（公共端）。PC端可向外提供18～26V直流电压，容许电流为0.1A。

14.2.4　PU接口的连接

变频器有一个PU接口，操作面板通过PU接口与变频器内部电路连接，拆下前盖板可以见到PU接口，如图14-2（b）所示。如果要用计算机来控制变频器运行，可将操作面板的接线从PU口取出，再将专用带电缆的接头插入PU接口，将变频器与计算机连接起来，在计算机上可以通过特定的用户程序对变频器进行运行、监视及参数的读写操作。

（1）PU接口

PU接口外形与计算机网卡RJ45接口相同，但接口的引脚功能定义与网卡不同，PU接口外形与各引脚定义如图14-18所示。

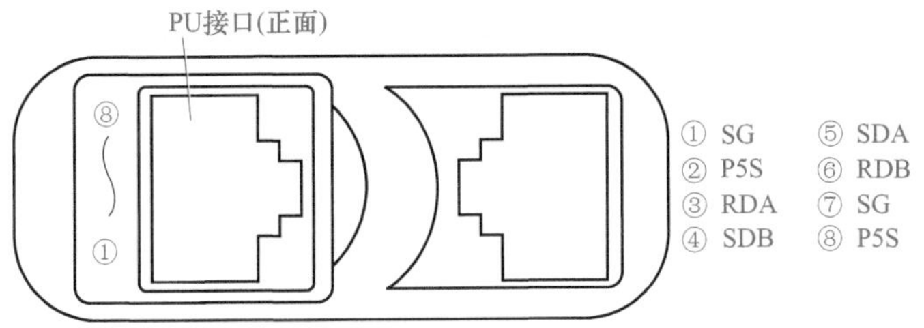

图14-18 PU接口外形与各引脚定义

（2）PU接口与带有RS-485接口的计算机连接

① 计算机与单台变频器连接　计算机与单台变频器PU接口的连接如图14-19所示。在连接时，计算机的RS-485接口和变频器的PU接口都使用RJ45接头（俗称水晶头），中间的连接线使用10BASE-T电缆（如计算机联网用的双绞线）。

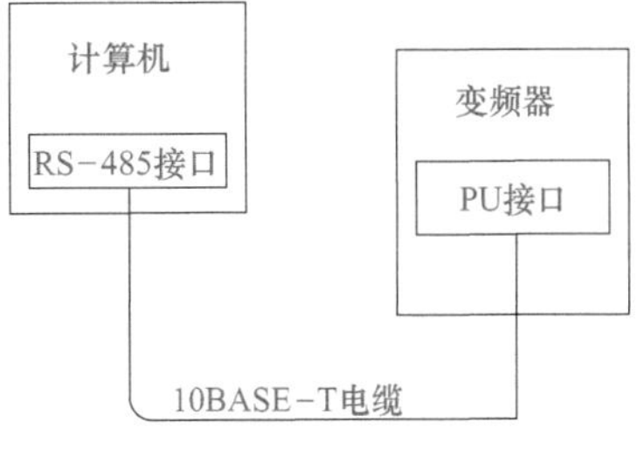

图14-19 计算机与单台变频器PU接口的连接

PU接口与RS-485接口的接线方法如图14-20所示。由于PU接口的引脚②和引脚⑧的功能是为操作面板提供电源，在与计算机进行RS-485通信时不用这些引脚。

② 计算机与多台变频器连接　计算机与多台变频器连接如图14-21所示。图中分配器的功能是将一路信号分成多路信号，另外，由于传送速度、距离的原因，可能会出现信号反射造成通信障碍，为此可给最后一台变频器的分配器安装终端阻抗电阻（100Ω）。

计算机的RS-485接口 信号名	说明	连接电缆和信号方向 10BASE-T电缆	变频器 PU接口
RDA	接收数据	←	SDA
RDB	接收数据	←	SDB
SDA	发送数据	→	RDA
SDB	发送数据	→	RDB
RSA	请求发送	接CSA	
RSB	请求发送	接CSB	
CSA	可发送		
CSB	可发送		
SG	信号地	←	SG
FG	外壳地		

图14-20 PU接口与RS-485接口的接线方法

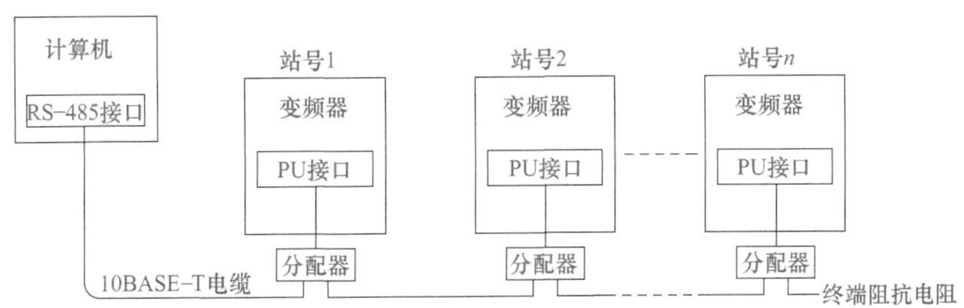

图14-21 计算机与多台变频器连接

计算机与多台变频器接线方法如图14-22所示。

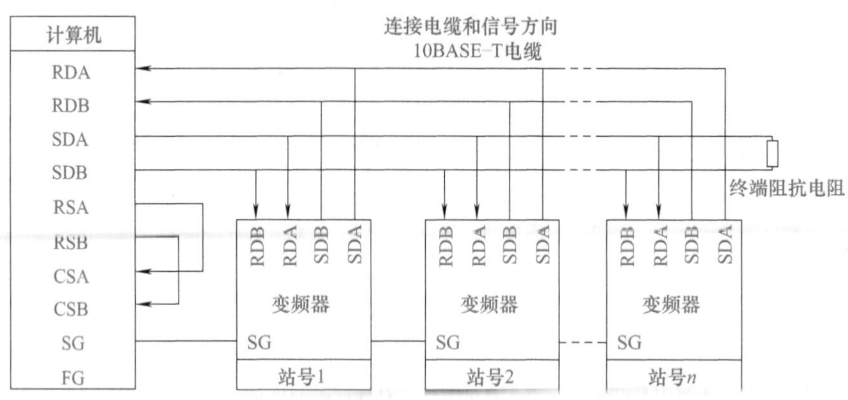

图14-22 计算机与多台变频器接线方法

（3）PU接口与带有RS-232C接口的计算机连接

由于大多数计算机不带RS-485接口，而带RS-232C接口（串口，又称COM口）的计算机较多，为了使带RS-232C接口的计算机也能与PU口连接，可使用RS-232C转 RS-485接口转换器。PU接口与带有RS-232C接口的计算机连接如图14-23所示。

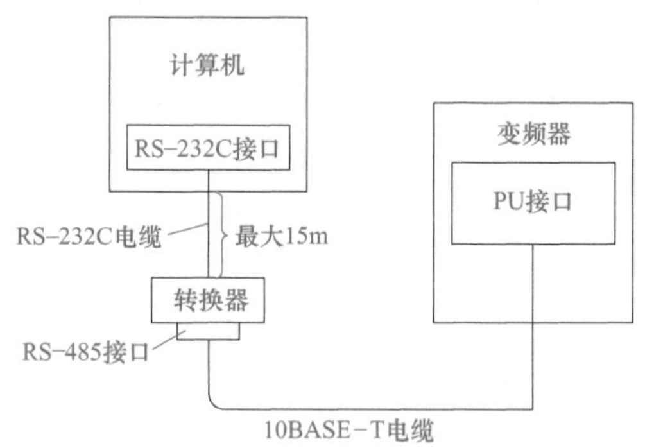

图14-23 PU接口与带有RS-232C接口的计算机连接

14.3 操作面板的使用

变频器的主回路和控制回路接好后，就可以对变频器进行操作。变频器的操作方式较多，最常用的方式就是在面板上对变频器进行各种操作。

14.3.1 操作面板介绍

变频器安装有操作面板，面板上有按键、显示屏和指示灯，通过观察显示屏和指示灯来操作按键，可以对变频器进行各种控制和功能设置。三菱FR-A540型变频器的操作面板如图14-24所示。

操作面板按键和指示灯的功能说明见表14-3。

表14-3 操作面板按键和指示灯的功能说明

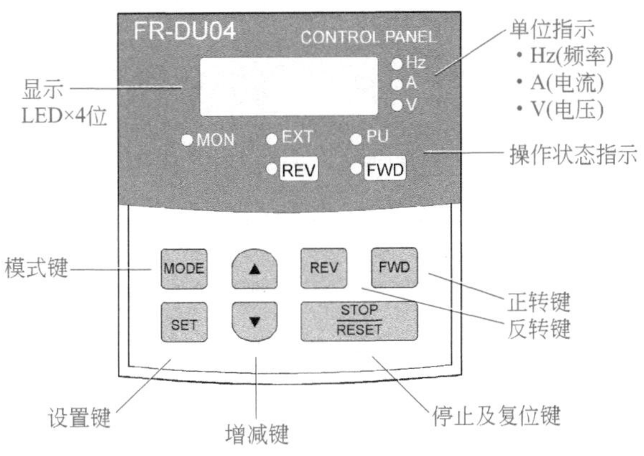

图14-24 三菱FR-A540型变频器的操作面板

按键	MODE 键	可用于选择操作模式或设定模式
	SET 键	用于确定频率和参数的设定
	▲/▼ 键	• 用于连续增加或降低运行频率。按下这个键可改变频率 • 在设定模式中按下此键，则可连续设定参数
	FWD 键	用于给出正转指令
	REV 键	用于给出反转指令
	STOP/RESET 键	• 用于停止运行 • 用于保护功能动作输出停止时复位变频器（用于主要故障）
指示灯	Hz	显示频率时点亮
	A	显示电流时点亮
	V	显示电压时点亮
	MON	监示显示模式时点亮
	PU	PU操作模式时点亮
	EXT	外部操作模式时点亮
	FWD	正转时闪烁
	REV	反转时闪烁

14.3.2 操作面板的使用

（1）模式切换

要对变频器进行某项操作，需先在操作面板上切换到相应的模式，例如要设置变频器的工作频率，需先切换到“频率设定模式”，再进行有关的频率设定操作。在操作面板可以进行五种模式的切换。

变频器接通电源后（又称上电），变频器自动进入“监示模式”，如图14-25所示，操作面板上的“MODE”键可以进行模式切换，第一次按“MODE”键进入“频率设定模式”，再按“MODE”键进入“参数设定模式”，反复按“MODE”键可以进行“监示、频率设定、参数设定、操作、帮助”五种模式切换。当切换到某一模式后，操作“SET”键或“▲”或“▼”键则对该模式进行具体设置。

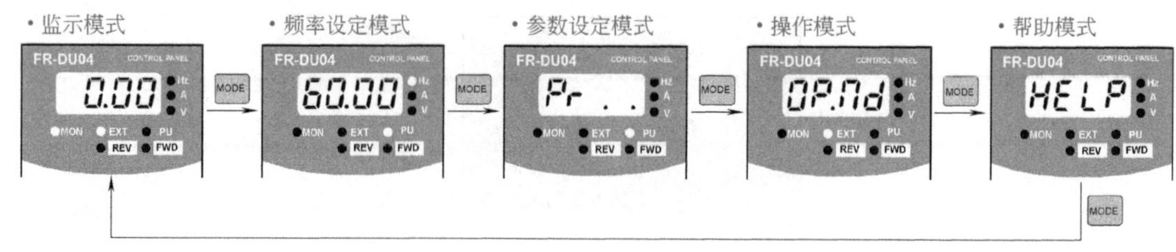

图14-25　模式切换操作方法

（2）监示模式的设置

监示模式用于显示变频器的工作频率、电流大小、电压大小和报警信息，便于用户了解变频器的工作情况。

监示模式的设置方法是：先操作“MODE”键切换到监示模式（操作方法见模式切换），再按“SET”键就会进入频率监示，如图14-26所示，然后反复按“SET”键，可以让监示模式在“电流监示”“电压监示”“报警监示”和“频率监示”之间切换，若按“SET”键超过1.5s，会自动切换到上电监示模式。

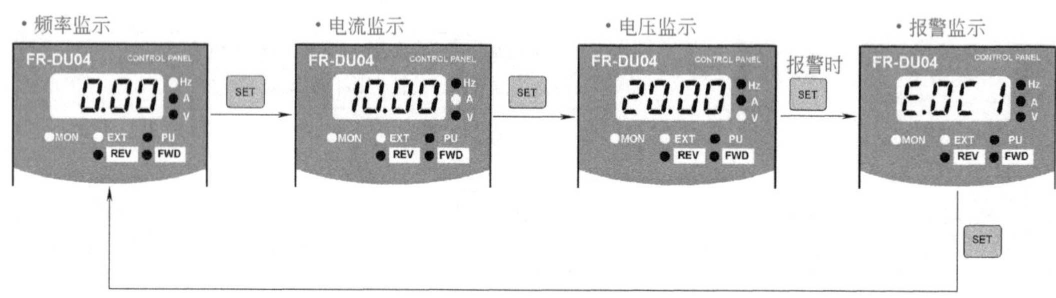

图14-26　监示模式的设置方法

（3）频率设定模式的设置

频率设定模式用来设置变频器的工作频率，也就是设置变频器逆变电路输出电源的频率。

频率设定模式的设置方法是：先操作“MODE”键切换到频率设定模式，再按“▲”或“▼”键可以设置频率，如图14-27所示，设置好频率后，按“SET”键就将频率存储下来（也称写入设定频率），这时显示屏就会交替显示频率值和频率符号F，这时若按下“MODE”键，显示屏就会切换到频率监示状态，监示变频器工作频率。

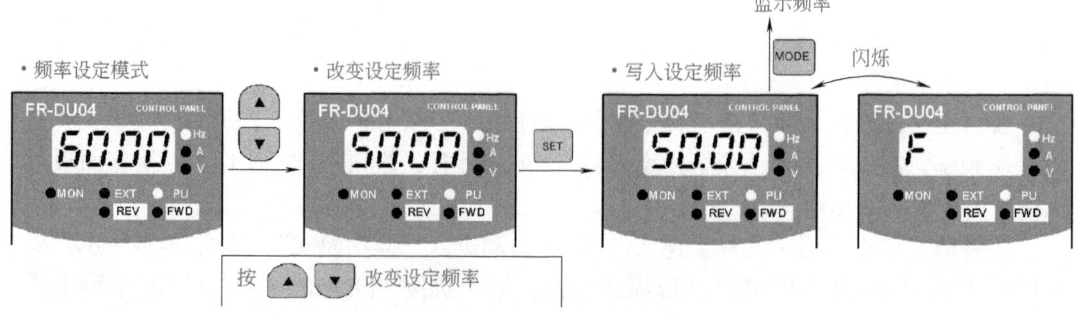

图14-27　频率设定模式的设置方法

（4）参数设定模式的设置

参数设定模式用来设置变频器各种工作参数。三菱FR-A540型变频器有近千种参数，每种参数又可以设置不同的值，如第79号参数用来设置操作模式，其可设置值有0～8，若将79号参数值设置为1时，就将变频器设置为PU操作模式，将参数值设置为2时，会将变频器设置为外部操作模式。将79号参数值设为1，通常记作Pr.79=1。

参数设定模式的设置方法是：先操作“MODE”键切换到参数设定模式，再按“SET”键开始设置参数号的最高位，如图14-28所示，按“▲”或“▼”键可以设置最高位的数值，最高位设置好后，按“SET”键会进入中间位的设置，按“▲”或“▼”键可以设置中间位的数值，再用同样的方法设置最低位，最低位设置好后，整个参数号设置结束，再按“SET”键开始设置参数值，按“▲”或“▼”键可以改变参数值大小，参数值设置完成后，按住“SET”键保持1.5s以上时间，就将参数号和参数值存储下来，显示屏会交替显示参数号和参数值。

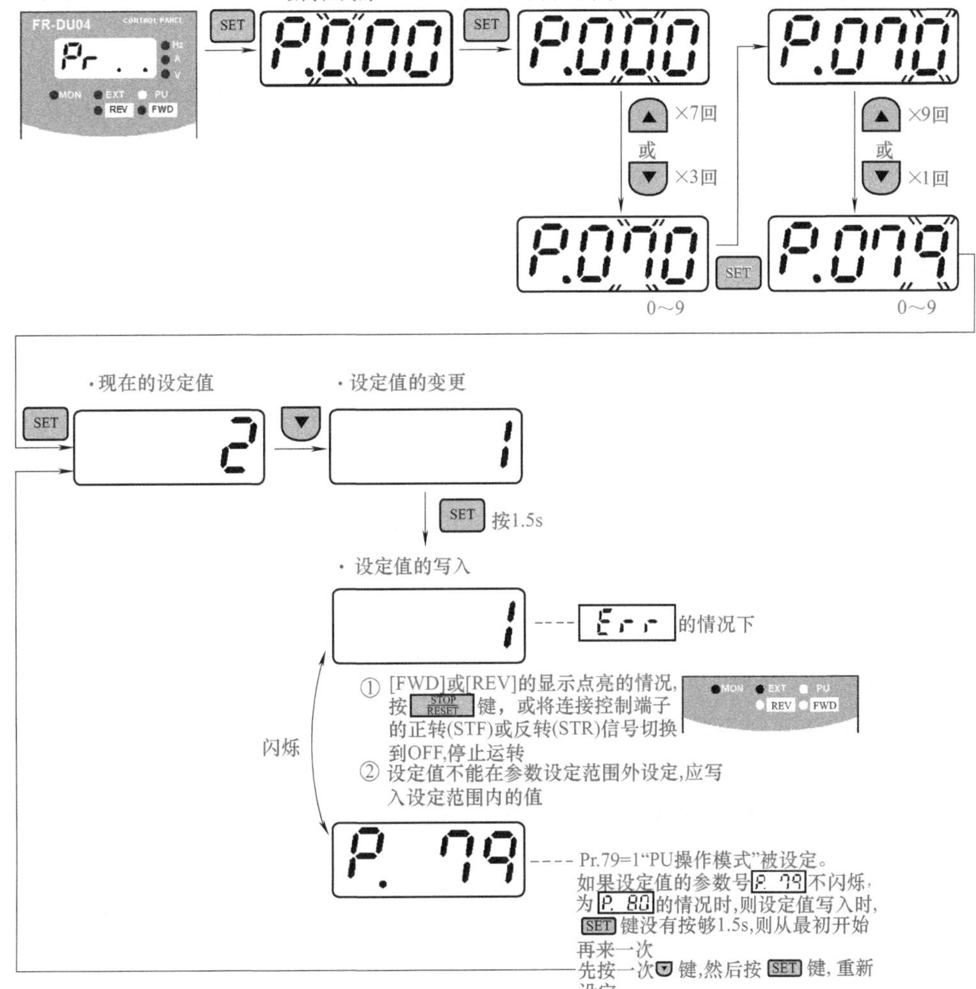

图14-28　参数设定模式的设置方法

（5）操作模式的设置

操作模式用来设置变频器的操作方式。在操作模式中可以设置外部操作、PU操作和PU点动操作。外部操作是指控制信号由控制端子外接的开关（或继电器等）输入的操作方式；PU操作是指控制信号由PU接口输入的操作方式，如面板操作、计算机通信操作都是PU操作；PU点动操作是指通过PU接口输入点动控制信号的操作方式。

操作模式的设置方法是：先操作“MODE”键切换到操作模式，默认为外部操作方式，按“▲”键切换至PU操作方式，如图14-29所示，再按“▲”键切换至PU点动操作方式，按“▼”键可返回到上一种操作方式，按“MODE”键会进入帮助模式。

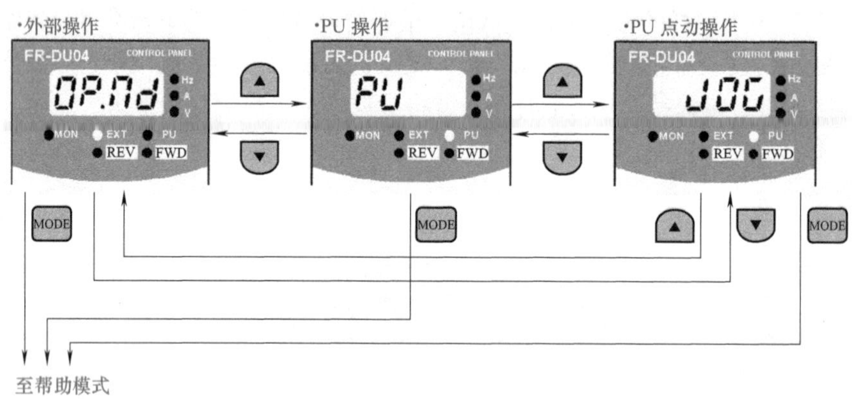

图14-29　操作模式的设置方法

（6）帮助模式的设置

帮助模式主要用来查询和清除有关记录、参数等内容。

帮助模式的设置方法是：先操作“MODE”键切换到帮助模式，按“▲”键显示报警记录，再按“▲”键清除报警记录，反复按“▲”键可以显示或清除不同内容，按“▼”键可返回到上一种操作方式，具体操作如图14-30所示。

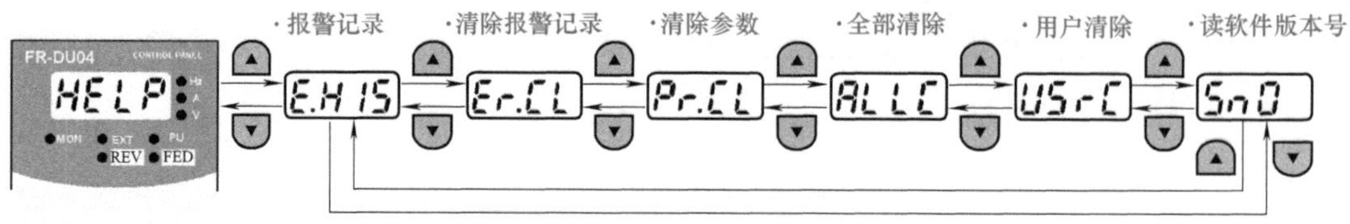

图14-30　帮助模式的设置方法

14.4 操作运行

在对变频器进行运行操作前，需要将变频器的主回路和控制回路按需要接好。变频器的操作运行方式主要有外部操作、PU操作、组合操作和通信操作。

14.4.1　外部操作运行

外部操作运行是通过操作与控制回路端子板连接的部件（如开关、继电器等）来控制变频器的运行。

（1）外部操作接线

在进行外部操作时，除了确保主回路端子已接好了电源和电动机外，还要给控制回路端子外接开关、电位器等部件。图14-31是一种较常见的外部操作接线方式，先将控制回路端子外接的正转（STF）或反转（STR）开关接通，然后调节频率电位器同时观察频率计，就可以调节变频器输出电源的频率，驱动电动机以合适的转速运行。

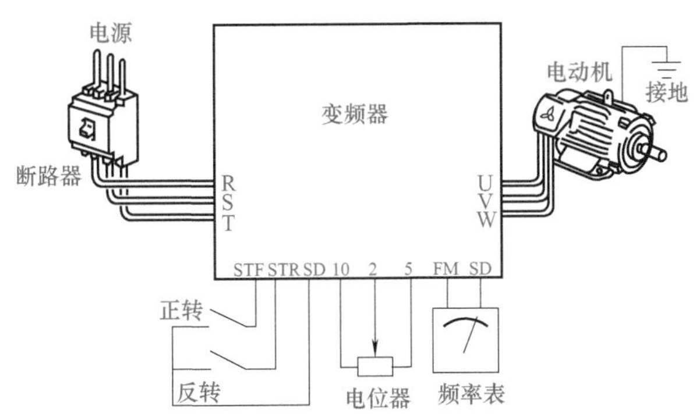

图14-31 一种较常见的外部操作接线方式

（2）50Hz运行的外部操作

以外部操作方式让变频器以50Hz运行的操作过程见表14-4。

表14-4 50Hz运行的外部方式操作过程

操作说明	示图
第一步：接通电源并设置外部操作模式 将断路器合闸，为变频器接通工频电源，再观察操作面板显示屏的EXT指示灯（外部操作指示灯）是否亮（默认亮），若未亮，可操作“MODE”键切换到操作模式，并用“▲”和“▼”键将操作模式设定为外部操作	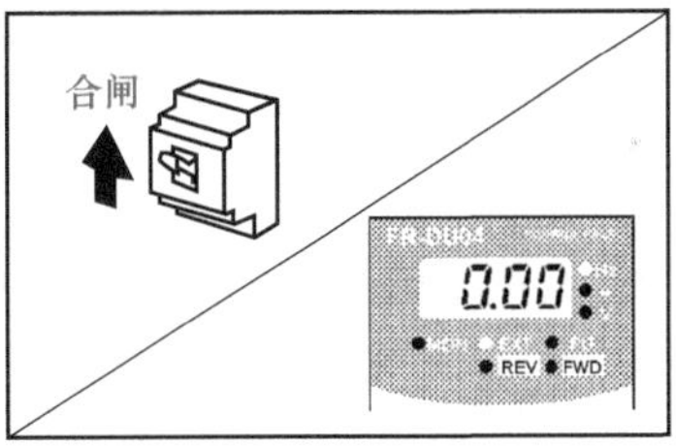
第二步：启动 将正转或反转开关拨至ON，电动机开始启动运转，同时面板上指示运转的STF或STR指示灯亮 注：在启动时，将正转和反转开关同时拨至ON，电动机无法启动，在运行时同时拨至ON会使电动机减速至停转	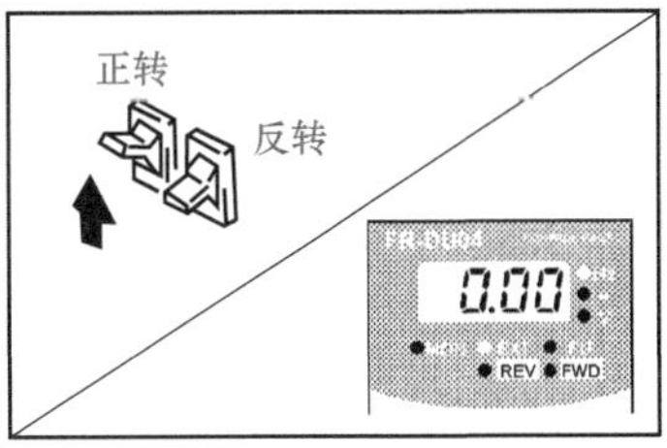
第三步：加速 将频率设定电位器顺时针旋转，显示屏显示的频率值由小变大，同时电动机开始加速，当显示频率达到50.00Hz时停止调节，电动机以较高的恒定转速运行	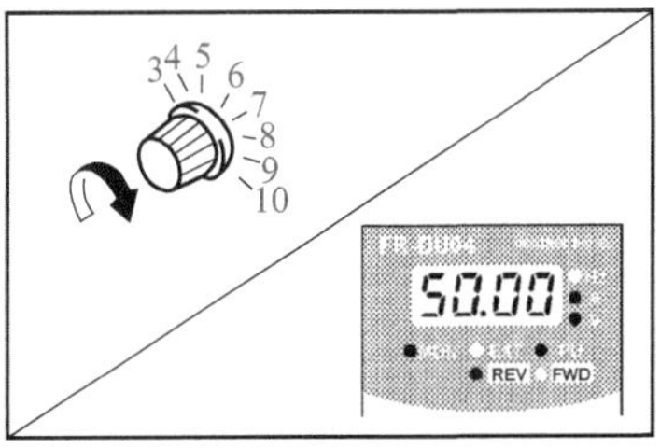

续表

操作说明	示图
第四步：减速 将频率设定电位器逆时针旋转，显示屏显示的频率值由大变小，同时电动机开始减速，当显示频率值减小到0.00Hz时电动机停止运行	
第五步：停止 将正转或反转开关断开	

（3）点动控制的外部操作

外部方式进行点动控制的操作过程如下。

① 按“MODE”键切换至参数设定模式，设置参数Pr.15（点动频率参数）和Pr.16（点动加/减速时间参数）的值，设置方法见章节14.5。

② 按“MODE”键切换至操作模式，选择外部操作方式（EXT灯亮）。

③ 保持启动信号（STF或STR）接通，进行点动运行。

运行时，保持启动开关（STF或STR）接通，断开则停止。

14.4.2 PU操作运行

PU操作运行是将控制信号从PU接口输入来控制变频器运行。面板操作、计算机通信操作都是PU操作，这里仅介绍面板（FR-DU04）操作。

（1）50Hz运行的PU操作

50Hz运行的PU操作过程见表14-5。

表14-5 50Hz运行的PU操作过程

操作说明	示图
第一步：接通电源并设置操作模式 将断路器合闸，为变频器接通工频电源，再观察操作面板显示屏的PU指示灯（外部操作指示灯）是否亮（默认亮），若未亮，可操作“MODE”键切换到操作模式，并用“▲”和“▼”键将操作模式设定为PU操作	

续表

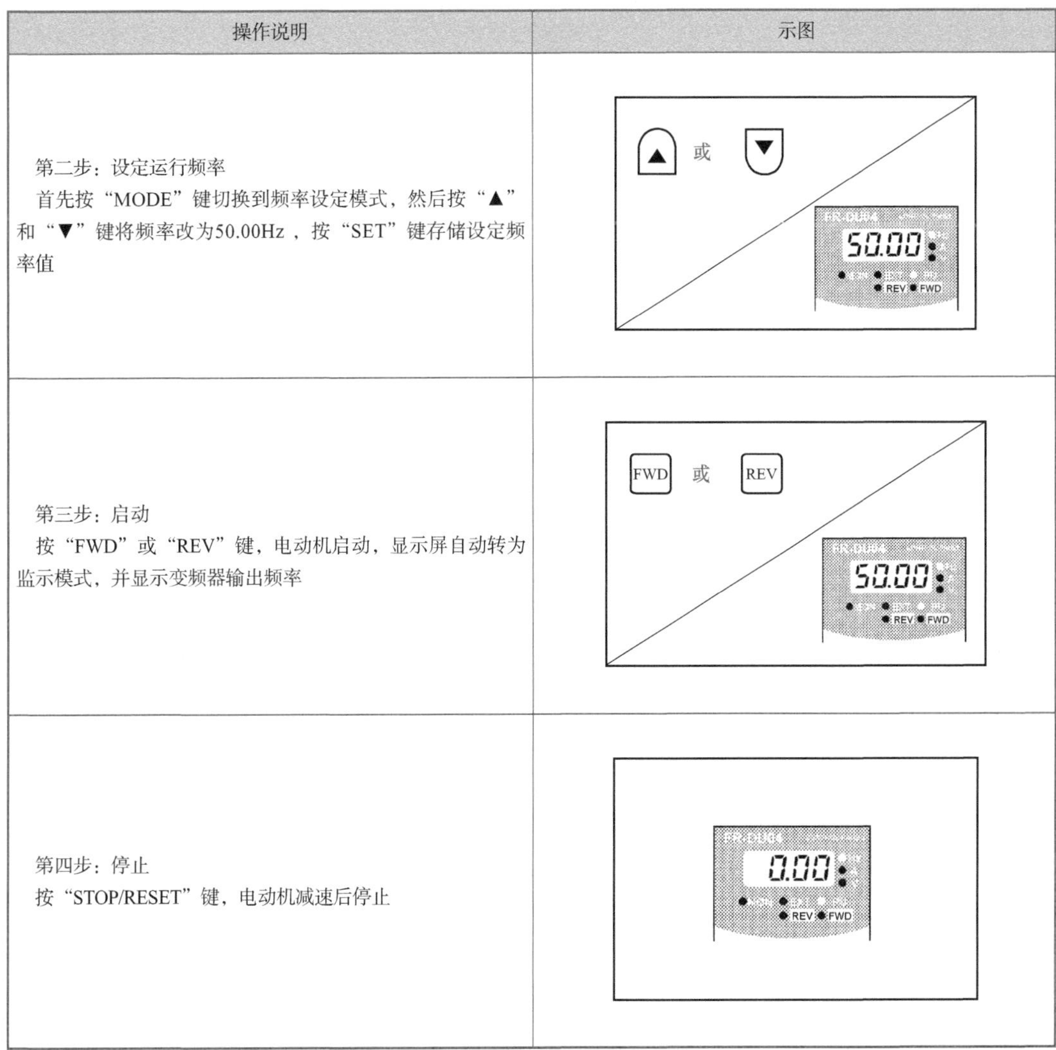

操作说明	示图
第二步：设定运行频率 首先按“MODE”键切换到频率设定模式，然后按“▲”和“▼”键将频率改为50.00Hz，按“SET”键存储设定频率值	▲ 或 ▼ 50.00
第三步：启动 按“FWD”或“REV”键，电动机启动，显示屏自动转为监示模式，并显示变频器输出频率	FWD 或 REV 50.00
第四步：停止 按“STOP/RESET”键，电动机减速后停止	0.00

（2）点动运行的PU操作

点动运行的PU操作过程如下。

① 按“MODE”键切换至参数设定模式，设置参数Pr.15（点动频率参数）和Pr.16（点动加/减速时间参数）的值。

② 按“MODE”键切换至操作模式，选择PU点动操作方式（PU灯亮）。

③ 按“FWD”或“REV”键，电动机点动运行，松开即停止。若电动机不转，则检查Pr.13（启动频率参数），在点动频率设定比启动频率低的值时，电动机不转。

14.4.3 组合操作运行

组合操作运行是使用外部信号和PU接口输入信号来控制变频器运行。组合操作运行一般使用开关或继电器输入启动信号，而使用PU设定运行频率，在该操作模式下，除了外部输入的频率设定信号无效，PU输入的正转、反转和停止信号也均无效。

组合操作运行的操作过程见表14-6。

表14-6 组合操作运行的操作过程

操作说明	示图
第一步：接通电源 将断路器合闸，为变频器接通工频电源	合闸
第二步：设定操作模式为组合操作 将Pr.79（操作模式选择参数）的值设定为3，将操作模式选择组合操作，运行状态EXT和PU指示灯都亮	P. 79 闪烁 3
第三步：启动 将STF或STR启动开关拨至ON位置，电动机启动运行	正转 反转 FR-DU04 50.00 REV FWD
第四步：设定运行频率 用参数单元设定运行频率为60Hz，运行状态显示REV或FWD 选择频率设定模式并进行单步设定 注：单步设定是通过“▼”和“▲”按键连续地改变频率的方法	▲ ▼ <单步设定>
第五步：停止 将STF或STR开关拨至OFF，电动机停止运行	FR-DU04 0.00 REV FWD

14.5 常用控制功能与参数设置

变频器的功能是将工频电源转换成需要频率的电源来驱动电动机。由于电动机负载种类繁多，为了让变频器在驱动不同电动机负载时具有良好的性能，应根据需要使用变频器相关的控制功能，并且对有关的参数进行设置。变频器的控制功能及相关参数很多，下面主要介绍一些常用的控制功能与参数。

14.5.1 操作模式选择功能与参数

Pr.79参数用于选择变频器的操作模式，这是一个非常重要的参数。Pr.79参数不同的值对应的操作模式见表14-7。

表14-7 Pr.79参数值及对应的操作模式

Pr.79设定值	工作模式
0	电源接通时为外部操作模式，通过增、减键可以在外部和PU间切换
1	PU操作模式（参数单元操作）
2	外部操作模式（控制端子接线控制运行）
3	组合操作模式1，用参数单元设定运行频率，外部信号控制电动机启停
4	组合操作模式2，外部输入运行频率，用参数单元控制电动机启停
5	程序运行

14.5.2 频率相关功能与参数

变频器常用频率名称有给定频率、输出频率、基本频率、最大频率、上限频率、下限频率和回避频率等。

（1）给定频率的设置

给定频率是指给变频器设定的运行频率，用f_G表示。给定频率可由操作面板给定，也可由外部方式给定，其中外部方式又分为电压给定和电流给定。

① 操作面板给定频率　操作面板给定频率是指操作变频器面板上有关按键来设置给定频率，具体操作过程如下：

a.用“MODE”键切换到频率设置模式；

b.用“▼”和“▲”键设置给定频率值；

c.用“SET”键存储给定频率。

② 电压给定频率　电压给定频率是指给变频器有关端子输入电压来设置给定频率，输入电压越高，设置的给定频率越高。电压给定可分为电位器给定、直接电压给定和辅助给定，如图14-32所示。

图14-32（a）为电位器给定方式。给变频器10、2、5端子按图示方法接一个1/2W 1kΩ的电位器，通电后变频器10脚会输出5V或10V电压，调节电位器会使2脚电压在0～5V或0～10V范围内变化，给定频率就在0～50Hz之间变化。

端子2输入电压由Pr.73参数决定，当Pr.73=1时，端子2允许输入0～5V，当Pr.73=0时，端子允许输入0～10V。

图14-32（b）为直接电压给定方式。该方式是在2、5端子之间直接输入0～5V或0～10V电压，给定频率就在0～50Hz之间变化。

端子1为辅助频率给定端，该端输入信号与主给定端输入信号（端子2或4输入的信号）叠加进行频率设定。

③ 电流给定频率　电流给定频率是指给变频器有关端子输入电流来设置给定频率，输入电流越大，设置的给定频率越高。电流给定频率方式如图14-33所示。要选择电流给定频率方式，需要将电流选择端子AU与SD端接通，然后给变频器端子4输入4～20mA的电流，给定频率就在0～50Hz之间变化。

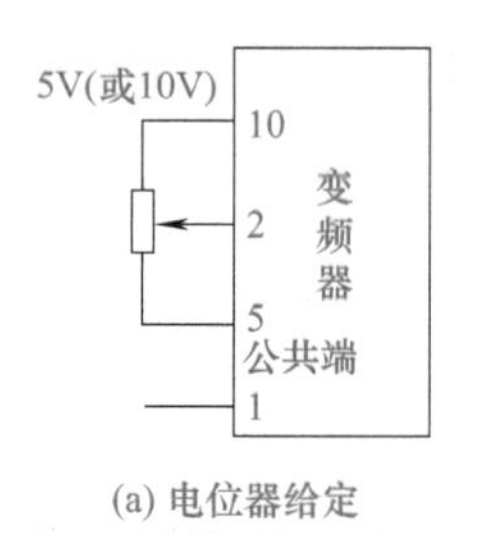

(a) 电位器给定

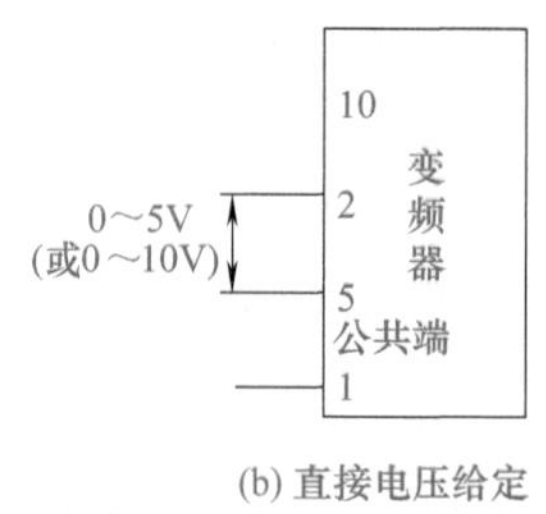

(b) 直接电压给定

图14-32 电压给定频率方式

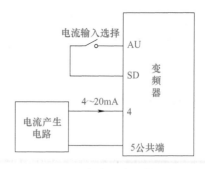

电流输入选择
AU
SD
变频器
4～20mA
4
电流产生电路
5公共端

图14-33 电流给定频率方式

（2）输出频率

变频器实际输出的频率称为输出频率，用f_x表示。在给变频器设置给定频率后，为了改善电动机的运行性能，变频器会根据一些参数自动对给定频率进行调整而得到输出频率，因此输出频率f_x不一定等于给定频率f_G。

（3）基本频率和最大频率

变频器最大输出电压所对应的频率称为基本频率，用f_B表示，如图14-34所示。基本频率一般与电动机的额定频率相等。

最大频率是指变频器能设定的最大输出频率，用f_{max}表示。

（4）上限频率和下限频率

上限频率是指不允许超过的最高输出频率；下限频率是指不允许超过的最低输出频率。

Pr.1参数用来设置输出频率的上限频率（最大频率），如果运行频率设定值高于该值，输出频率会钳在上限频率上。Pr.2参数用来设置输出频率的下限频率（最小频率），如果运行频率设定值低于该值，输出频率会钳在下限频率上。这两个参数值设定后，输出频率只能在这两个频率之间变化，如图14-35所示。

在设置上限频率时，一般不要超过变频器的最大频率，若超出最大频率，会自动以最大频率作为上限频率。

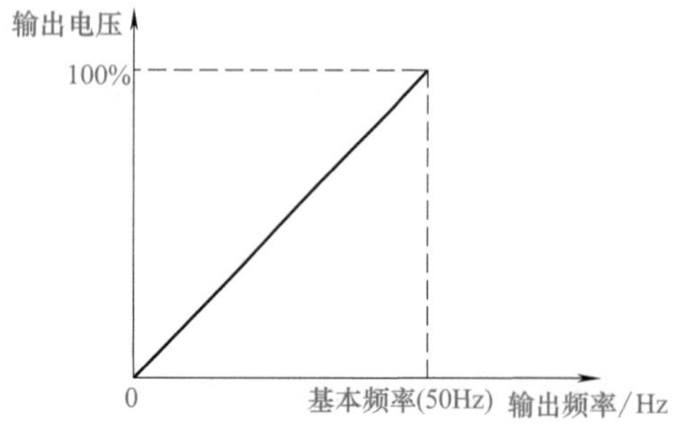

图14-34 基本频率

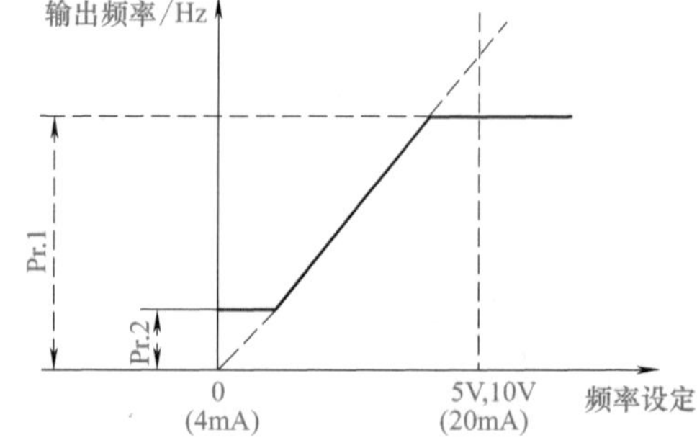

图14-35 上限频率与下限频率参数功能

（5）回避频率

回避避率又称跳变频率，是指变频器禁止输出的频率。

任何机械都有自己的固有频率（由机械结构、质量等因素决定），当机械运行的振动频率与固有频率相同时，将会引起机械共振，使机械振荡幅度增大，可能导致机械磨损和损坏。为了防止共振给机械带来的危害，可给变频器设置禁止输出的频率，避免这些频率在驱动电动机时引起机械共振。

回避频率设置参数有Pr.31、Pr.32、Pr.33、Pr.34、Pr.35、Pr.36，这些参数可设置三个可跳变的频率区域，每两个参数设定一个跳变区域，如图14-36所示，变频器工作时不会输出跳变区内的频率，当给定频率在跳变区频率范围内时，变频器会输出低参数号设置的频率。例如当设置Pr.33=35Hz、Pr.34=30Hz时，变频器不会输出30～35Hz范围内的频率，若给定的频率在这个范围内，变频器会输出低号参数Pr.33设置的频率（35Hz）。

14.5.3 启动、加减速控制功能与参数

与启动、加减速控制有关的参数主要有启动频率、加减速时间、加减速方式。

（1）启动频率

启动频率是指电动机启动时的频率，用f_s表示。启动频率可以从0Hz开始，但对于惯性较大或摩擦力较大的负载，为容易启动，可设置合适的启动频率以增大启动转矩。

Pr.13参数用来设置电动机启动时的频率。如果启动频率较给定频率高，电动机将无法启动。Pr.13参数功能如图14-37所示。

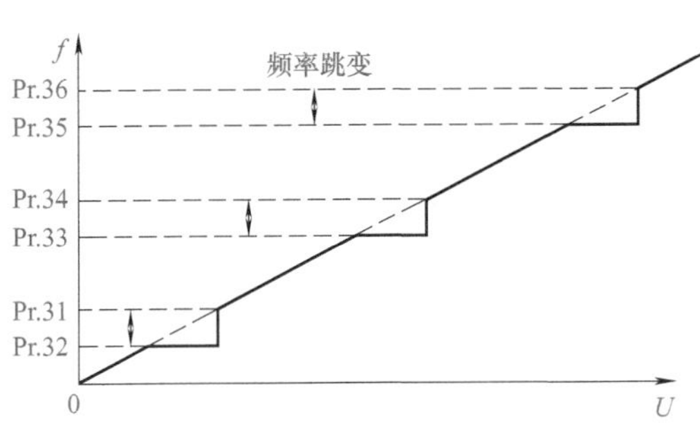

图14-36　回避频率参数功能

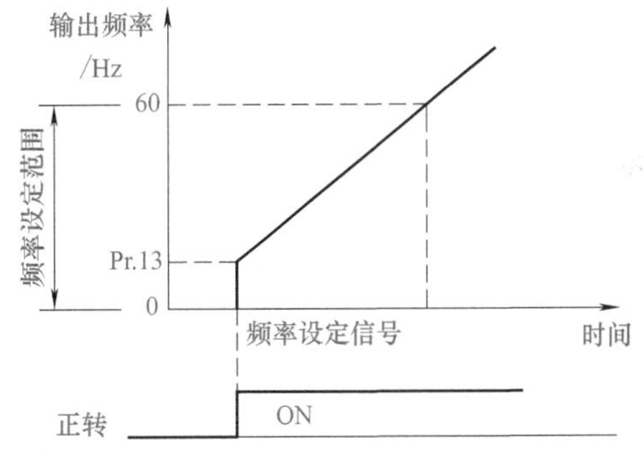

图14-37　启动频率参数功能

（2）加、减速时间

加速时间是指输出频率从0Hz上升到基准频率所需的时间。加速时间越长，启动电流越小，启动越平缓，对于频繁启动的设备，加速时间要求短些，对惯性较大的设备，加速时间要求长些。Pr.7参数用于设置电动机加速时间，Pr.7的值设置越大，加速时间越长。

减速时间是指从输出频率由基准频率下降到0Hz所需的时间。Pr.8参数用于设置电动机减速时间，Pr.8的值设置越大，减速时间越长。

Pr.20参数用于设置加、减速基准频率。Pr.7设置的时间是指从0Hz变化到Pr.20设定的频率所需的时间，如图14-38所示，Pr.8设置的时间是指从Pr.20设定的频率变化到0Hz所需的时间。

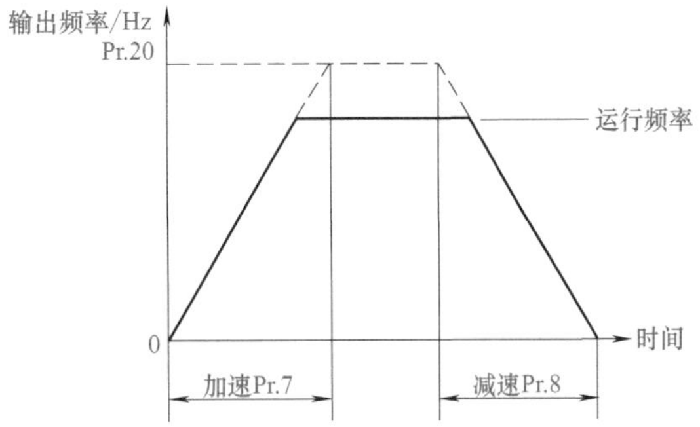

图14-38　加、减速基准频率参数功能

（3）加、减速方式

为了适应不同机械的启动停止要求，可给变频器设置不同的加、减速方式。加、减速方式主要有三种，由Pr.29参数设定。

① 直线加/减速方式（Pr.29=0） 这种方式的加、减速时间与输出频率变化成正比关系，如图14-39（a）所示，大多数负载采用这种方式，出厂设定为该方式。

② S形加/减速A方式（Pr.29=1） 这种方式是开始和结束阶段，升速和降速比较缓慢，如图14-39（b）所示，电梯、传送带等设备常采用该方式。

③ S形加/减速B方式（Pr.29=2） 这种方式是在两个频率之间提供一个S形加/减速A方式，如图14-39（c）所示，该方式具有缓和振动的效果。

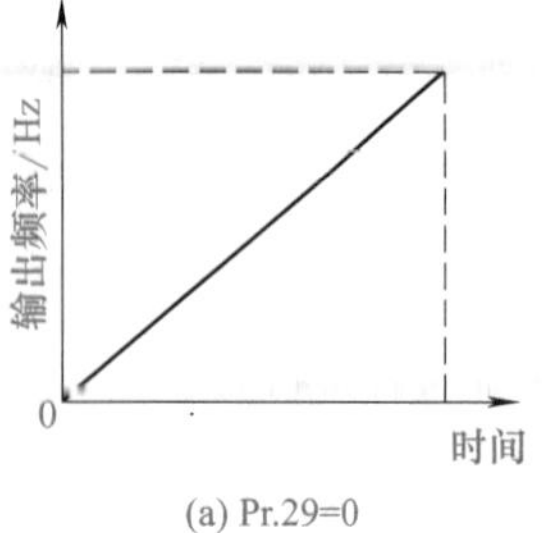

(a) Pr.29=0

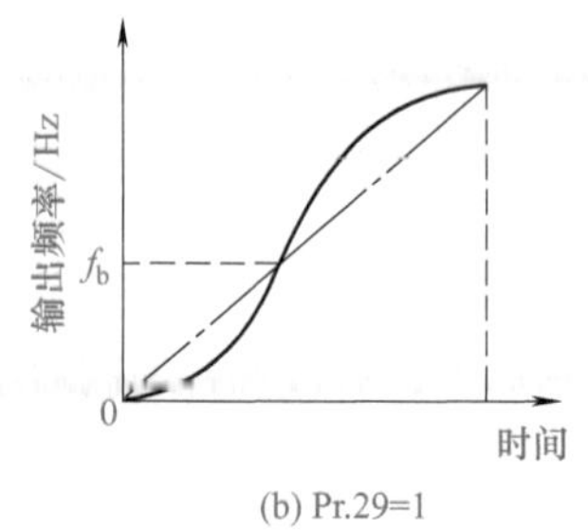

(b) Pr.29=1

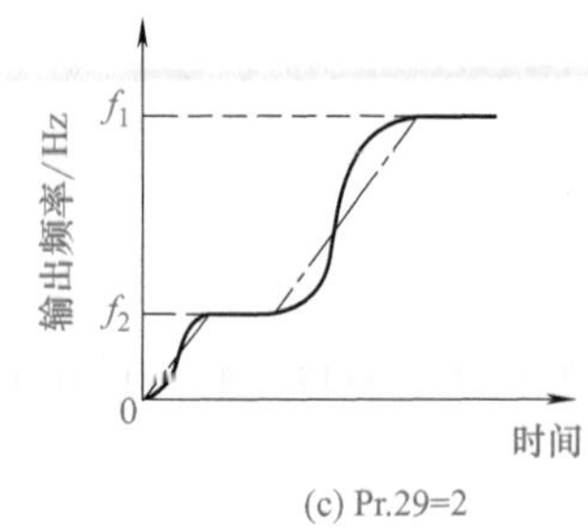

(c) Pr.29=2

图14-39 加、减速参数功能

14.5.4 点动控制功能与参数

点动控制参数包括点动运行频率参数（Pr.15）和点动加、减速时间参数（Pr.16）。

Pr.15参数用于设置点动状态下的运行频率。当变频器在外部操作模式时，用输入端子选择点动功能（接通JOG和SD端子即可）；当点动信号ON时，用启动信号（STF或STR）进行点动运行；在PU操作模式时用操作面板上的“FED”或“REV”键进行点动操作。

Pr.16参数用来设置点动状态下的加、减速时间，如图14-40所示。

14.5.5 转矩提升功能与参数

转矩提升功能是设置电动机启动时的转矩大小。通过设置该功能参数，可以补偿电动机绕组上的电压降，从而改善电动机低速运行时的转矩性能。

Pr.0为转矩提升设置参数。假定基本频率对应的电压为100%，Pr.0用百分数设置0Hz时的电压，如图14-41所示，设置过大会导致电动机过热，设置过小会使启动力矩不够，通常最大设置为10%。

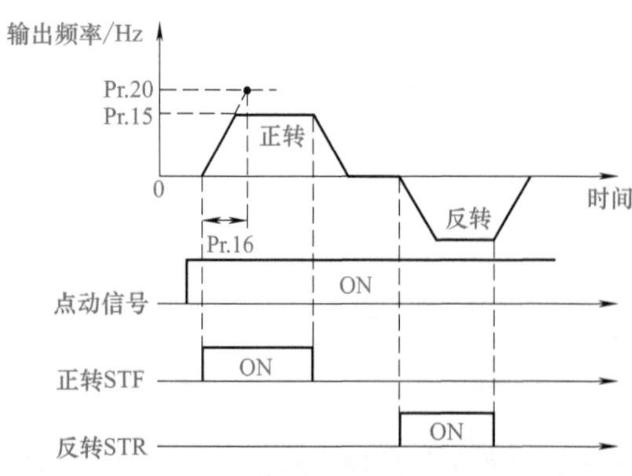

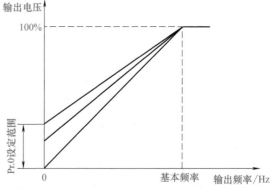

图14-40 点动控制参数功能

图14-41 转矩提升参数功能

14.5.6 制动控制功能与参数

电动机停止有两种方式：第一种方式是变频器根据设置的减速时间和方式逐渐降低输出频率，让电动机慢慢减速，直至停止；第二种方式是变频器停止输出电压，电动机失电惯性运转至停止。不管哪种方式，电动机停止都需要一定的时间，有些设备要求电动机能够迅速停止，这种情况下就需对电动机进行制动。

（1）再生制动和直流制动

在减速时，变频器输出频率下降，由于惯性原因电动机转子转速会高于输出频率在定子绕组产生的旋转磁场转速，此时电动机处于再生发电状态，定子绕组会产生电动势反送给变频器，若在变频器内部给该电动势提供回路（通过制动电阻），那么该电动势产生的电流流回定子绕组时会产生对转子制动的磁场，从而使转子迅速停转，电流越大，转子制动速度越快，这种制动方式称为再生制动，又称能耗制动。再生制动的效果与变频器的制动电阻有关，若内部制动电阻达不到预期效果，可在P、PR端子之间外接制动电阻。

直流制动是指当变频器输出频率接近0，电动机转速降到一定值时，变频器改向电动机定子绕组提供直流电压，让直流电流通过定子绕组产生制动磁场对转子进行制动。

普通的负载一般采用再生制动即可，对于大惯性的负载，仅再生制动往往无法使电动机停止，还需要进行直流制动。

（2）直流制动参数的设置

直流制动参数主要有直流制动动作频率、直流制动电压和直流制动时间。

① 直流制动动作频率f_{DB}（Pr.10） 在使用直流制动时，一般先降低输出频率依靠再生制动方式对电动机进行制动，当输出频率下降到某一频率时，变频器马上输出直流制动电压对电动机进行制动，这个切换直流制动电压对应的频率称为直流制动动作频率，用f_{DB}表示。f_{DB}越高，制动所需的时间越短。f_{DB}由参数Pr.10设置，如图14-42所示。

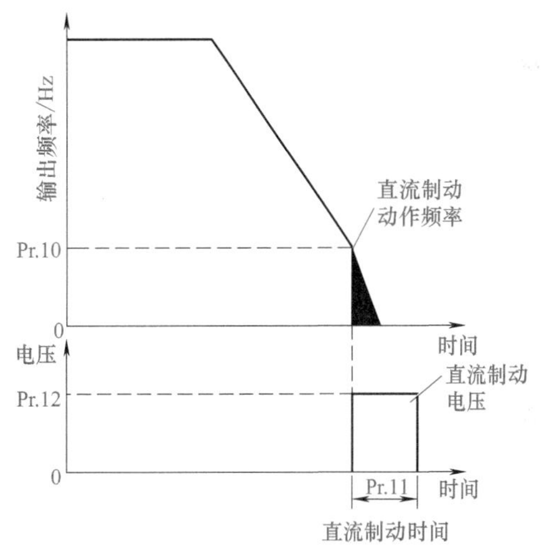

图14-42 直流制动参数功能

② 直流制动电压U_{DB}（Pr.12） 直流制动电压是指直流制动时加到定子绕组两端的直流电压，用U_{DB}表示。U_{DB}用与电源电压的百分比表示，一般在30%以内，U_{DB}越高，制动强度越大，制动时间越短。U_{DB}由参数Pr.12设置，如图14-42所示。

③ 直流制动时间t_{DB}（Pr.11） 直流制动时间是指直流制动时施加直流电压的时间，用t_{DB}表示。对于惯性大的负载，要求t_{DB}长些，以保持直流制动电压撤掉后电动机完全停转。t_{DB}由Pr.11参数设置。

14.5.7 瞬时停电再启动功能与参数

该功能的作用是当电动机由工频切换到变频供电或瞬时停电再恢复供电时，保持一段自由运行时间，然后变频器再自动启动进入运行状态，从而避免重新复位再启动操作，保证系统连续运行。

当需要启用瞬时停电再启动功能时，需将CS端子与SD端子短接。设定瞬时停电再启动功能后，变频器的IPF端子在发生瞬时停电时不动作。

瞬时停电再启动功能参数见表14-8。

表14-8 瞬时停电再启动功能参数

参数	功能	出厂设定	设置范围	说明
Pr.57	再启动自由运行时间	9999	0	0.5s（0.4K～1.5K），1.0s（2.2K～7.5K），3.0s（11K以上）
			0.1～5s	瞬时停电再恢复后变频器再启动前的等待时间。根据负荷的转动惯量和转矩，该时间可设定在0.1～5s之间
			9999	无法启动
Pr.58	再启动上升时间	1.0s	0～60s	通常可用出厂设定运行，也可根据负荷（转动惯量，转矩）调整这些值
Pr.162	瞬停再启动动作选择	0	0	频率搜索开始。检测瞬时掉电后开始频率搜索
			1	没有频率搜索。电动机以自由速度独立运行，输出电压逐渐升高，而频率保持为预测值
Pr.163	再启动第一缓冲时间	0s	0～20s	通常可用出厂设定运行，也可根据负荷（转动惯量，转矩）调整这些值
Pr.164	再启动第一缓冲电压	0%	0～100%	
Pr.165	再启动失速防止动作水平	150%	0～200%	

14.5.8 控制方式功能与参数

变频器常用的控制方式有U/f控制（压/频控制）和矢量控制。一般情况下使用U/f控制方式，而矢量控制方式适用于负荷变化大的场合，能提供大的启动转矩和充足的低速转矩。

控制方式参数说明见表14-9。

表14-9 控制方式参数说明

参数	设定范围	说明		
Pr.80	0.4～55kW，9999	9999	U/f控制	
		0.4～55	设定使用的电动机容量	先进磁通矢量控制
Pr.81	2，4，6，12，14，16，9999	9999	U/f控制	
		2，4，6	设定电动机极数	先进磁通矢量控制
		12，14，16	当X18（磁通矢量控制-U/f控制切换）信号接通时，选择为U/f控制方式（运行时不能进行选择） 用Pr.180～Pr.186中任何一个，安排端子用于X18信号的输入 12：对于2极电动机 14：对于4极电动机 16：对于6极电动机	

在选择矢量控制方式时，要注意以下事项。

① 在采用矢量控制方式时，只能一台变频器控制一台电动机，若一台变频器控制多台电动机则矢量控制无效。

② 电动机容量与变频器所要求的容量相当，最多不能超过一个等级。

③ 矢量控制方式只适用于三相笼式异步电动机，不适合其他特种电动机。

④ 电动机最好是2、4、6极为佳。

14.5.9　电子过流保护功能与参数（Pr.9）

Pr.9参数用来设置电子过流保护的电流值，可防止电动机过热，让电动机得到最优性能的保护。在设置电子过流保护参数时要注意以下几点。

① 当参数值设定为0时，电子过电流保护（电动机保护功能）无效，但变频器输出晶体管保护功能有效。

② 当变频器连接两台或三台电动机时，电子过流保护功能不起作用，应给每台电动机安装外部热继电器。

③ 当变频器和电动机容量相差过大和设定过小时，电子过流保护特性将恶化，在此情况下，应安装外部热继电器。

④ 特殊电动机不能用电子过流保护，应安装外部热继电器。

⑤ 当变频器连接一台电动机时，该参数一般设定为1 ～ 1.2倍的电动机额定电流。

14.5.10　负载类型选择功能与参数

当变频器配接不同负载时，要选择与负载相匹配的输出特性（*U*/*f*特性）。Pr.14参数用来设置适合负载的类型。

当Pr.14=0时，变频器输出特性适用恒转矩负载，如图14-43（a）所示。

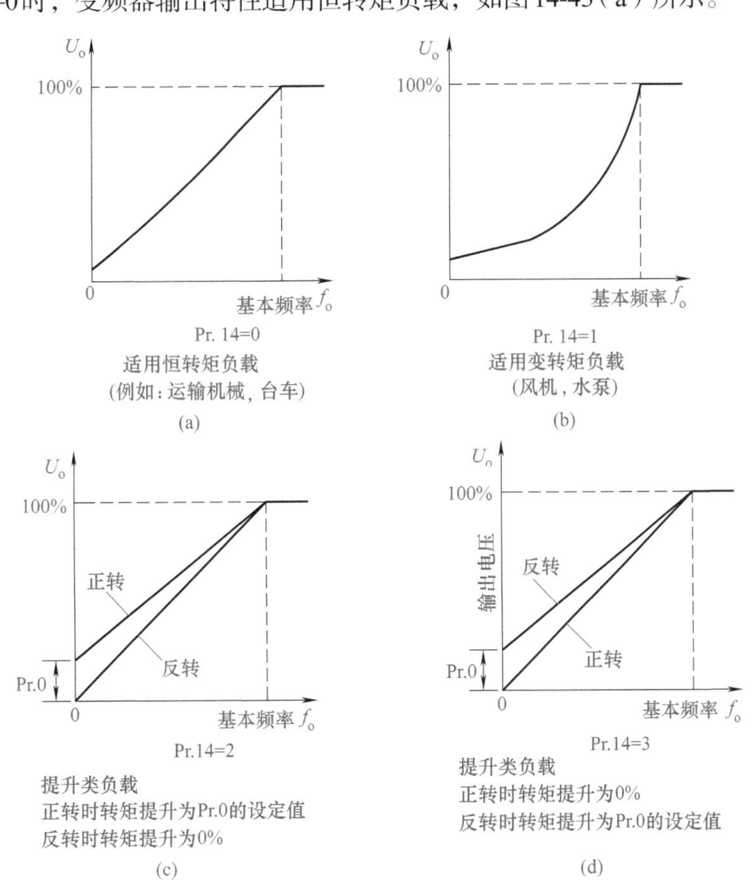

图14-43　负载类型选择参数功能

当Pr.14=1时，变频器输出特性适用变转矩负载（二次方律负载），如图14-43（b）所示。

当Pr.14=2时，变频器输出特性适用提升类负载（势能负载），正转时按Pr.0提升转矩设定值，反转时不提升转矩，如图14-43（c）所示。

当Pr.14=3时，变频器输出特性适用提升类负载（势能负载），反转时按Pr.0提升转矩设定值，正转时不提升转矩，如图14-43（d）所示。

14.5.11 MRS端子输入选择功能与参数

Pr.17参数用来选择MRS端子的逻辑。对于漏型逻辑，在Pr.17=0时，MRS端子外接常开触点闭合后变频器停止输出，在Pr.17=1时，MRS端子外接常闭触点断开后变频器停止输出。Pr.17参数功能如图14-44所示。

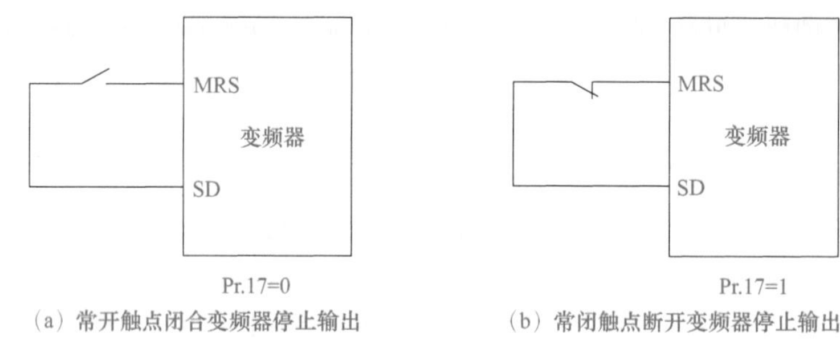

（a）常开触点闭合变频器停止输出　（b）常闭触点断开变频器停止输出

图14-44 Pr.17参数功能

14.5.12 禁止写入和逆转防止功能与参数

Pr.77参数用于设置参数写入允许或禁止，可以防止参数被意外改写。Pr.78参数用来设置禁止电动机反转，如泵类设备。Pr.77和Pr.78参数的设置值及功能见表14-10。

表14-10 Pr.77和Pr.78参数的设置值及功能

参数	设定值	功能
Pr.77	0	在“PU”模式下，仅限于停止可以写入（出厂设定）
	1	不可写入参数，但Pr.75、Pr.77、Pr.79参数可以写入
	2	即使运行时也可以写入
Pr.78	0	正转和反转均可（出厂设定值）
	1	不可反转
	2	不可正转

14.6 三菱FR-700系列变频器介绍

三菱变频器主要有FR-500和FR-700两个系列，FR-700系列是从FR-500系列升级而来的，故FR-700与FR-500系列变频器的接线端子功能及参数功能大多数都是相同的，因此掌握FR-500系列变频器的使用后，只要稍加学习FR-700系列变频器的不同点，就能很快学会使用FR-700系列变频器。

14.6.1 三菱FR-700系列变频器的特点说明

三菱FR-700系列变频器又可分为FR-A700、FR-F700、FR-E700和FR-D700系列，分别对应三菱FR-500系列变频器的FR-A500、FR-F500、FR-E500和FR-S500系列。三菱FR-700系列变频器的特点说明见表14-11。

表14-11 三菱FR-700系列变频器的特点说明

系列	外型	说明
FR-A700		A700产品适合于各类对负载要求较高的设备，如起重、电梯、印包、印染、材料卷取及其他通用场合 A700产品具有高水准的驱动性能： · 具有独特的无传感器矢量控制模式，在不需要采用编码器的情况下可以使各式各样的机械设备在超低速区域高精度的运转 · 带转矩控制模式，并且在速度控制模式下可以使用转矩限制功能 · 具有矢量控制功能（带编码器），变频器可以实现位置控制和快响应、高精度的速度控制（零速控制，伺服锁定等）及转矩控制
FR-F700		F700产品除了应用在很多通用场合外，特别适用于风机、水泵、空调等行业 A700产品具有先进丰富的功能： · 除了具备与其他变频器相同的常规PID控制功能外，扩充了多泵控制功能 A700产品具有良好的节能效果： · 具有最佳励磁控制功能，除恒速时可以使用之外，在加减速时也可以起作用，可以进一步优化节能效果 · 新开发的节能监视功能、可以通过操作面板、输出端子（端子CA、AM）和通信来确认节能效果，节能效果一目了然
FR-E700		E700产品为可实现高驱动性能的经济型产品，其价格相对较低 E700产品具有良好的驱动性能： · 具有多种磁通矢量控制方式:在0.5Hz情况下，使用先进磁通矢量控制模式可以使转矩提高到200（3.7kW以下） · 短时超载增加到200时允许持续时间为3s，误报警将更少发生。经过改进的限转矩及限电流功能可以为机械提供必要的保护
FR-D700		D700产品为多功能、紧凑型产品 · 具有通用磁通矢量控制方式：在1Hz情况下，可以使转矩提高到150%扩充浮辊控制和三角波功能 · 带安全停止功能，实现紧急停止有两种方法：通过控制MC接触器来切断输入电源或对变频器内部逆变模块驱动回路进行直接切断，以符合欧洲标准的安全功能，目的是节约设备投入

14.6.2 三菱FR-A700、FR-F700、FR-E700和FR-D700系列变频器比较

三菱FR-A700、FR-F700、FR-E700和FR-D700系列变频器的比较见表14-12。

表14-12 三菱FR-A700、FR-F700、FR-E700和FR-D700系列变频器的比较

项目		FR-A700	FR-F700	FR-E700	FR-D700
容量范围	三相200V	0.4K～90K	0.75K～110K	0.1K～15K	0.1K～15K
	三相400V	0.4K～500K	0.75K～S630K	0.4K～15K	0.4K～15K
	单相200V	—	—	0.1K～2.2K	0.1K～2.2K
控制方式		U/f控制、先进磁通矢量控制、无传感器矢量控制、矢量控制（需选件FR-A7AP）	U/f控制、最佳励磁控制、简易磁通矢量控制	U/f控制、先进磁通矢量控制、通用磁通矢量控制、最佳励磁控制	U/f控制、通用磁通矢量控制、最佳励磁控制
转矩限制		○	×	○	×
内制制动晶体管		0.4K～22K	—	0.4K～15K	0.4K～7.5K
内制制动电阻		0.4K～7.5K	—	—	—
瞬时停电	再启动功能	有频率搜索方式	有频率搜索方式	有频率搜索方式	有频率搜索方式
	停电时继续	○	○	○	○
	停电时减速	○	○	○	○
运行特性	多段速	15速	15速	15速	15速
	极性可逆	○	○	×	×
	PID控制	○	○	○	○
	工频运行切换功能	○	○	×	×
	制动序列功能	○	×	○	×
	高速频率控制	○	×	×	×
	挡块定位控制	○	×	○	×
	输出电流检测	○	○	○	○
	冷却风扇ON-OFF控制	○	○	○	○
	异常时再试功能	○	○	○	○
	再生回避功能	○	×	×	×
	零电流检测	○	○	○	○
	机械分析器	○	×	×	×
	其他功能	最短加减速、最佳加减速、升降机模式、节电模式	节电模式、最佳励磁控制	最短加减速、节电模式、最佳励磁控制	节电模式、最佳励磁控制
操作面板·参数单元	标准配置	FR-DU07	FR-DU07	操作面板固定	操作面板固定
	拷贝功能	○	○	×	×
	FR-PU04	△（参数不能拷贝）	△（参数不能拷贝）	△（参数不能拷贝）	△（参数不能拷贝）
	FR-DU04	△（参数不能拷贝）	△（参数不能拷贝）	△（参数不能拷贝）	△（参数不能拷贝）
	FR-PU07	○（可保存三台变频器参数）	○（可保存三台变频器参数）	○（可保存三台变频器参数）	○（可保存三台变频器参数）
	FR-DU07	○（参数能拷贝）	○（参数能拷贝）	×	×
	FR-PA07	△（有些功能不能使用）	△（有些功能不能使用）	○	○

续表

项目		FR-A700	FR-F700	FR-E700	FR-D700
通信	RS-485	○标准2个	○标准2个	○标准1个	○标准1个
	Modbus-RTU	○	○	○	○
	CC-Link	○（选件FR-A7NC）	○（选件FR-A7NC）	○（选件FR-A7NC E kit）	—
	PROFIBUS-DP	○（选件FR-A7NP）	○（选件FR-A7NP）	○（选件FR-A7NP E kit）	—
	Device Net	○（选件FR-A7ND）	○（选件FR-A7ND）	○（选件FR-A7ND E kit）	—
	LONWORKS	○（选件FR-A7NL）	○（选件FR-A7NL）	○（选件FR-A7NL E kit）	—
	USB	○	—	○	—
构造	控制电路端子	螺钉式端子	螺钉式端子	螺钉式端子	压接式端子
	主电路端子	螺钉式端子	螺钉式端子	螺钉式端子	螺钉式端子
	控制电路电源与主电路分开	○	○	×	×
	冷却风扇更换方式	○（风扇位于变频器上部）	○（风扇位于变频器上部）	○（风扇位于变频器上部）	○（风扇位于变频器上部）
	可脱卸端子排	○	○	○	×
内制EMC滤波器		○	△（55kW以下不带）	—	—
内制选件		可插3个不同性能的选件卡	可插1个选件卡	可插1个选件卡	—
设置软件		FR Configurator（FR-SW3、FR-SW2）	FR Configurator（FR-SW3、FR-SW2）	FR Configurator（FR-SW3）	FR Configurator（FR-SW3）
高次谐波对策	交流电抗器	○（选件）	○（选件）	○（选件）	○（选件）
	直流电抗器	○（选件，75K以上标准配备）	○（选件，75K以上标准配备）	○（选件）	○（选件）
	高功率因数变流器	○（选件）	○（选件）	○（选件）	○（选件）

14.6.3 三菱FR-A700系列变频器的接线图及端子功能说明

三菱FR-700系列变频器的各端子功能与接线大同小异，图14-45为最有代表性的三菱FR-A700系列变频器的接线图，变频器的各端子功能说明见表14-13。

表14-13 三菱FR-A700系列变频器的各端子功能说明

种类	端子记号	端子名称	内容说明
主回路	R，S，T	交流电源输入	连接工频电源
	U，V，W	变频器输出	接三相笼型电动机
	R1，S1	控制回路电源	与交流电源端子R/L1、S/L2连接，需要在主回路不通电时，连接控制回路电源，应拆下短路片，并提供外部电源到此端子
	P，PR	连接制动电阻器	拆开端子PR-PX之间的短路片，在P-PR之间连接选件制动电阻（7.5K以下），22K以下有PR端子
	P，N	连接制动单元	连接选件FR-BU型制动单元或共直流母线变流器（FR-CV）或高功率因数变流器（FR-HC）
	P，P1	连接改善功率因数DC电抗器	拆开端子P-P1间的短路片，连接选件改善功率因数用电抗器（FR-BEL）（S75K以上中则连接随机附带的直流电抗器）
	PR，PX		PR-PX短接片连接时，内置制动电阻有效。7.5K及以下的变频器有PX端子
	⏚	接地	变频器外壳接地用，必须接大地

续表

种类		端子记号	端子名称	内容说明	
控制回路·输入信号	启动接点·功能设定	STF	正转	STF信号处于ON便正转，处于OFF便停止。程序运行模式时为程序运行开始信号（ON开始，OFF停止）	当STF和STR信号同时处于ON时，相当于给出停止指令
		STR	反转	STR信号ON为反转，OFF为停止	
		STOP	启动自保持选择	使STOP信号处于ON，可以选择启动信号自保持	
		RH，RM，RL	多段速度选择	用RH，RM和RL信号的组合可以选择多段速度	输入端子的功能选择通过Pr.178～Pr.189改变端子功能
		JOG	点动模式选择	JOG信号ON时选择点动运行（出厂设定）。用启动信号（STF和STR）可以点动运行	
			脉冲串输入	通过改变Pr.291参数设置，JOG端子可用作脉冲输入端子（最大输入脉冲频率：100Kpps）	
		RT	第2功能选择	RT信号处于ON时选择第2加减速时间。设定「（第2转矩提升）」「第2U/f（基底频率）」时，也可以用RT信号处于ON时选择这些功能	
		MRS	输出停止	MRS信号为ON（20ms以上）时，变频器输出停止。用电磁制动停止电机时，用于断开变频器的输出	
		RES	复位	用于解除保护功能动作时进行复位。使端子RES信号处于ON在0.1s以上，然后断开	
		AU	电流输入选择	只在端子AU信号处于ON时，变频器才用直流4～20mA作为频率设定信号	输入端子的功能选择通过Pr.178～Pr.189改变端子功能
			PTC输入	AU端子也可以作为PTC输入端子使用（保护电机的温度）。用作PTC输入端子时要把AU/PTC切换开关切换到PTC侧	
		CS	瞬间停电再启动选择	CS信号预先处于ON，瞬时停电再恢复时变频器便可自动启动。但用这种运行必须再重新设定参数，因为出厂时设定不能再启动	
		SD	公共输入端（漏型）	接点输入端子和FM端子的公共端。直流24V，0.1A（PC端子）电源的输出公共端	
		PC	直流24V电源和外部晶体管公共端接点输入公共端（源型）	当连接晶体管输出（集电极开路输出），例如可编程控制器时，将晶体管输出用的外部电源公共端接到这个端子时，可以防止因漏电引起误动使用，该端子可用于直流24V，0.1A电源输出。当选择源型时，该端子作为接点输入的公共端	
模拟信号	频率设定	10E	频率设定用电源	10V DC，容许负荷电流10mA	按出厂设定状态连接频率设定电位器时，与端子10连接 当连接到10E时，请改变端子2的输入规格
		10		5V DC，容许负荷电流10mA	
		2	频率设定（电压）	输入0～5V DC（或0～10V，0～20mA）时，5V（10V，20mA）对应于为最大输出频率。输入输出成比例。0～5V（出厂设定），0～10V DC和0～20mA的切换用Pr.73进行控制。输入阻抗10kΩ，容许最大电压为直流20V	
		4	频率设定（电流）	DC 4～20mA（或0～5V，0～10V），20mA为最大输出频率，输入，输出成比例。只在端子AU信号处于ON时，该输入信号有效（端子2的输入将无效）。4～20mA（出厂值），DC 0～5V，DC 0～10V的输入切换用Pr.267进行控制	
		1	辅助频率设定	输入0～±5V DC或0～±10V时，端子2或4的频率设定信号与这个信号相加。用参数单元Pr.73进行输入0～±5V DC或0～±10V DC（出厂设定）的切换。输入阻抗10kΩ，容许电压±20V DC	
		5	频率设定公共端	频率设定信号（端子2、1或4）和模拟输出端子AM的公共端子。注意不要接大地	

续表

<table>
<tr><th colspan="2">种类</th><th colspan="2">端子记号</th><th>端子名称</th><th colspan="2">内容说明</th></tr>
<tr><td rowspan="10">控制回路·输出信号</td><td rowspan="2">接点</td><td colspan="2">A1，B1，C1</td><td>继电器输出1（异常输出）</td><td>指示变频器因保护功能动作时输出停止的转换接点
故障时：B-C间不导通（A-C间导通），正常时：B-C间导通（A-C间不导通）</td><td rowspan="7">输出端子的功能选择通过Pr.190～Pr.196改变端子功能</td></tr>
<tr><td colspan="2">A2，B2，C2</td><td>继电器输出2</td><td>1个继电器输出（常开/常闭）</td></tr>
<tr><td rowspan="6">集电极开路</td><td colspan="2">RUN</td><td>变频器正在运行</td><td>变频器输出频率为启动频率（初始值0.5Hz）以上时为低电平，正在停止或直流制动时为高电平</td></tr>
<tr><td colspan="2">SU</td><td>频率到达</td><td>输出频率达到设定频率的±10%（出厂设定，可变更）时为低电平，正在加/减速或停止时为高电平，容许负荷为DC 24V，0.1A</td></tr>
<tr><td colspan="2">OL</td><td>过负荷报警</td><td>当失速保护功能动作时为低电平，容许负荷为DC 24V，0.1A</td></tr>
<tr><td colspan="2">IPF</td><td>瞬时停电</td><td>瞬间停电，电压不足保护动作时为低电平，容许负荷为DC 24V，0.1A</td></tr>
<tr><td colspan="2">FU</td><td>频率检测</td><td>输出频率为任意设定的检测频率以上时为低电平，以下时为高电平，容许负荷为DC 24V，0.1A</td></tr>
<tr><td colspan="2">SE</td><td>集电极开路输出公共端</td><td colspan="2">端子RUN、SU、OL、IPF、FU的公共端子</td></tr>
<tr><td rowspan="2">模拟</td><td colspan="2">CA</td><td>模拟电流输出</td><td rowspan="2">可以从多种监示项目中选一种作为输出
输出信号与监示项目的大小成比例</td><td>输出信号DC 0～20mA，容许负载阻抗200～450Ω</td></tr>
<tr><td colspan="2">AM</td><td>模拟电压输出</td><td>输出信号DC 0～10V，容许负载电流1mA（负载阻抗10kΩ以上），分辨率8位</td></tr>
<tr><td rowspan="7">通信</td><td>RS-485</td><td colspan="2">—</td><td>PU接口</td><td colspan="2">通过PU接口，进行RS-485通信（仅1对1连接）
·遵守标准：EIA RS-485标准
·通信方式：多站通信
·通信速率：4800～38400bps
·最长距离：500m</td></tr>
<tr><td rowspan="5"></td><td rowspan="5">RS-485端子</td><td>TXD+</td><td rowspan="2">变频器数据发送端子</td><td colspan="2" rowspan="5">通过RS-485端子，进行RS-485通信
·遵守标准：EIA RS-485标准
·通信方式：多站通信
·通信速率：300～38400bps
·最长距离：500m</td></tr>
<tr><td>TXD−</td></tr>
<tr><td>RXD+</td><td rowspan="2">变频器数据接收端子</td></tr>
<tr><td>RXD−</td></tr>
<tr><td>SG</td><td>接地</td></tr>
<tr><td colspan="3">—</td><td>USB接口</td><td colspan="2">通过USB接口与电脑连接后，就可以使用FR-Configurator设置软件
·界面：适合USB1.1
·连接口：USB系列B型连接口
·传输速率：FS传输（12Mbps）</td></tr>
</table>

14.6.4　三菱FR-500与FR-700系列变频器的比较

三菱FR-700系列是以FR-500系列为基础升级而来的，因此两个系列有很多共同点，下面对三菱FR-A500与FR-A700系列变频器进行比较，这样便于在掌握FR-A500系列变频器后可以很快掌握FR-A700系列变频器。

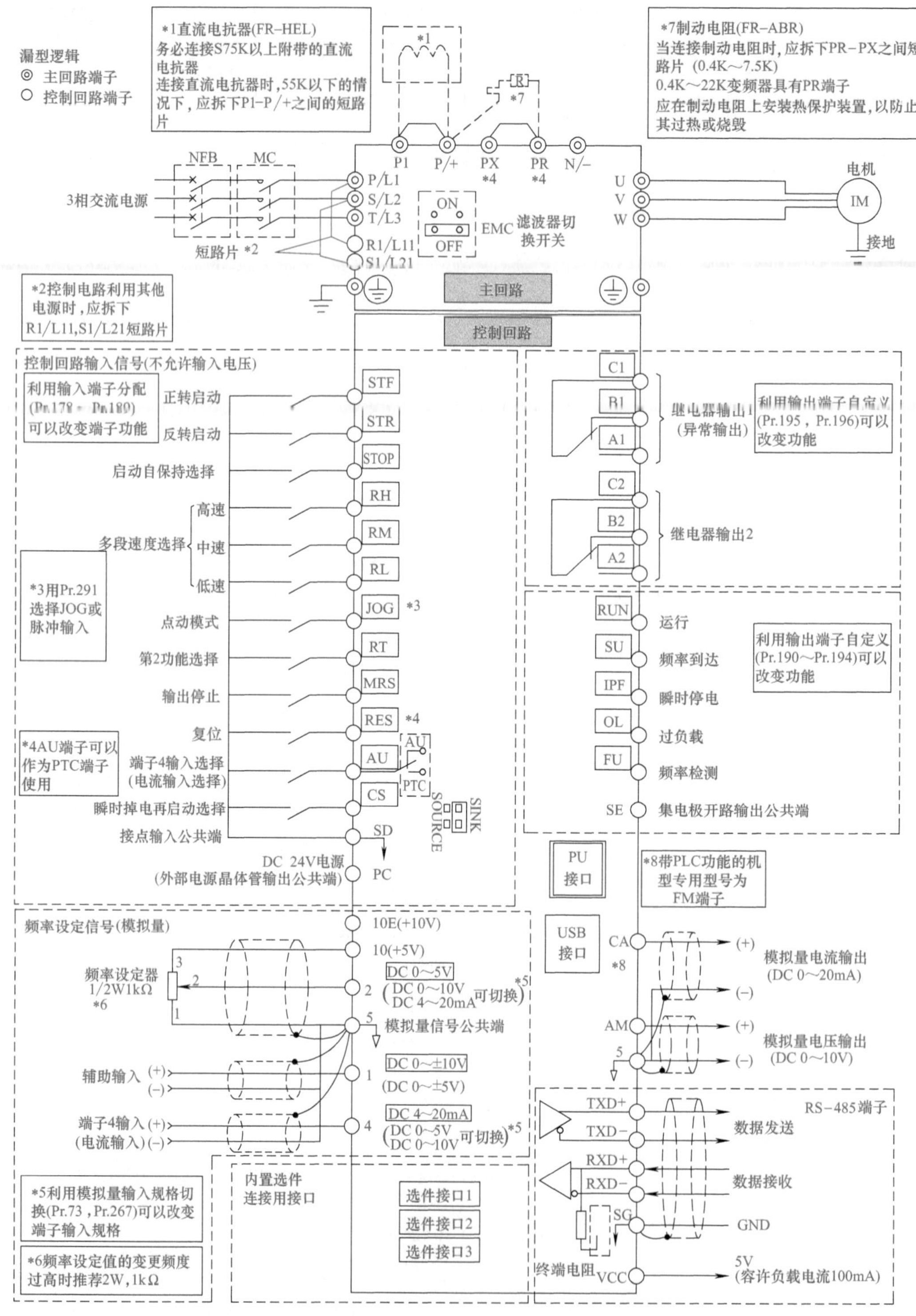

图14-45 三菱FR-A700系列变频器的接线图

（1）总体比较

三菱FR-500与FR-700系列变频器的总体比较见表14-14。

表14-14　三菱FR-500与FR-700系列变频器的总体比较

项目	FR-A500	FR-A700
控制系统	*U/f*控制方式，先进磁通矢量控制	*U/f*控制方式，先进磁通矢量控制，无传感器矢量控制
变更、删除功能	A700系列对一些参数进行了变更：22、60、70、72、73、76、79、117～124、133、160、171、173、174、240、244、900～905、991进行了变更	
	A700系列删除一些参数的功能：175、176、199、200、201～210、211～220、221～230、231	
	A700系列增加了一些参数的功能：178、179、187～189、196、241～243、245～247、255～260、267～269、989和288～899中的一些参数	
端子排	拆卸式端子排	拆卸式端子排，向下兼容（可以安装A500端子排）
PU	FR-PU04-CH，DU04	FR-PU07，DU07，不可使用DU04（使用FR-PU04-CH时有部分制约）
内置选件	专用内置选件（无法兼容）	
	计算机连接，继电器输出选件FR-A5NR	变频器主机内置（RS-485端子，继电器输出2点）
安装尺寸	FR-A740-0.4K～7.5K、18.5K～55K、110K、160K，可以和同容量FR-A540安装尺寸互换，对于FR-A740-11K、15K，需选用安装互换附件（FR-AAT）	

（2）端子比较

三菱FR-A500与FR-A700系列变频器的端子比较见表14-15，从表中可以看出，两个系列变频器的端子绝大多数相同。

表14-15　三菱FR-A500与FR-A700系列变频器的端子比较

种类		A500（L）端子名称	A700对应端子名称
主回路		R，S，T	R，S，T
		U，V，W	U，V，W
		R1，S1	R1，S1
		P/+，PR	P/+，PR
		P/+，N/−	R/+，N/−
		P/+，P1	P/+，P1
		PR，PX	PR，PX
		⏚	⏚
控制回路与输入信号	接点	STF	STF
		STR	STR
		STOP	STOP
		RH	RH
		RM	RM
		RL	RL
		JOG	JOG
		RT	RT
		AU	AU
		CS	CS
		MRS	MRS
		RES	RES
		SD	SD
		PC	PC

续表

种类		A500（L）端子名称	A700对应端子名称
模拟量输入	频率设定	10E	10E
		10	10
		2	2
		4	4
		1	1
		5	5
控制回路输出信号	接点	A，B，C	A1，B1，C1，A2，B2，C2
	集电极开路	RUN	RUN
		SU	SU
		OL	OL
		IPF	IPF
		FU	FU
		SE	SE
	脉冲	FM	CA
	模拟	AM	AM
通信	RS-485	PU口	PU口
		—	RS-485端子TXD+，TXD−，RXD+，RXD−，SG
制动单元控制信号	CN8（75K以上装备）		CN8（75K以上装备）

（3）参数比较

三菱FR-A500、FR-A700系列变频器的大多数常用参数是相同的，在FR-A500系列参数的基础上，FR-A700系列变更、增加和删除了一些参数，具体如下。

① 变更的参数　22、60、70、72、73、76、79、117～124、133、160、171、173、174、240、244、900～905、991。

② 增加的参数　178、179、187～189、196、241～243、245～247、255～260、267～269、989和288～899中的一些参数。

③ 删除的参数　175、176、199、200、201～210、211～220、221～230、231。

第15章 变频器的典型控制功能及应用电路

15.1 电动机正转控制功能及电路

电动机正转控制是变频器最基本的功能。正转控制既可采用开关控制方式，也可采用继电器控制方式。在控制电动机正转时需要给变频器设置一些基本参数，具体见表15-1。

表15-1 变频器控制电动机正转时的参数及设置值

参数名称	参数号	设置值
加速时间	Pr.7	5s
减速时间	Pr.8	3s
加减速基准频率	Pr.20	50Hz
基底频率	Pr.3	50Hz
上限频率	Pr.1	50Hz
下限频率	Pr.2	0Hz
运行模式	Pr.79	2

15.1.1 开关控制式正转控制电路

开关控制式正转控制电路如图15-1所示，它是依靠手动操作变频器STF端子外接开关SA，来对电动机进行正转控制。

电路工作原理说明如下。

① 启动准备。按下按钮SB2→接触器KM线圈得电→KM常开辅助触点和主触点均闭合→KM常开辅助触点闭合锁定KM线圈得电（自锁），KM主触点闭合为变频器接通主电源。

② 正转控制。按下变频器STF端子外接开关SA，STF、SD端子接通，相当于STF端子输入正转控制信号，变频器U、V、W端子输出正转电源电压，驱动电动机正向运转。调节端子10、2、5外接电位器RP，变频器输出电源频率会发生改变，电动机转速也随之变化。

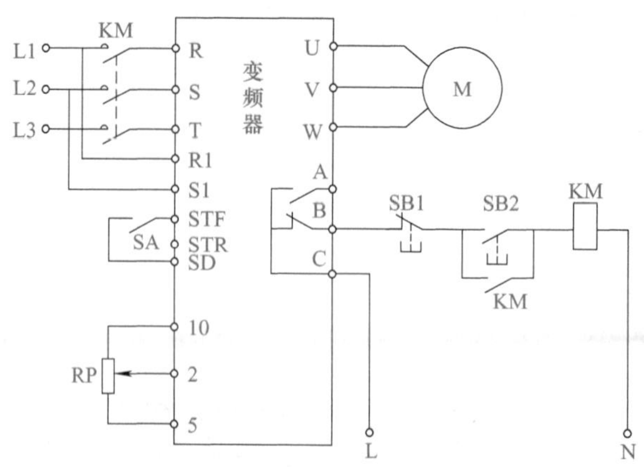

图15-1 开关控制式正转控制电路

③ 变频器异常保护。若变频器运行期间出现异常或故障，变频器B、C端子间内部等效的常闭开关断开，接触器KM线圈失电，KM主触点断开，切断变频器输入电源，对变频器进行保护。

④ 停转控制。在变频器正常工作时，将开关SA断开，STF、SD端子断开，变频器停止输出电源，电动机停转。

若要切断变频器输入主电源，可按下按钮SB1，接触器KM线圈失电，KM主触点断开，变频器输入电源被切断。

15.1.2 继电器控制式正转控制电路

继电器控制式正转控制电路如图15-2所示。

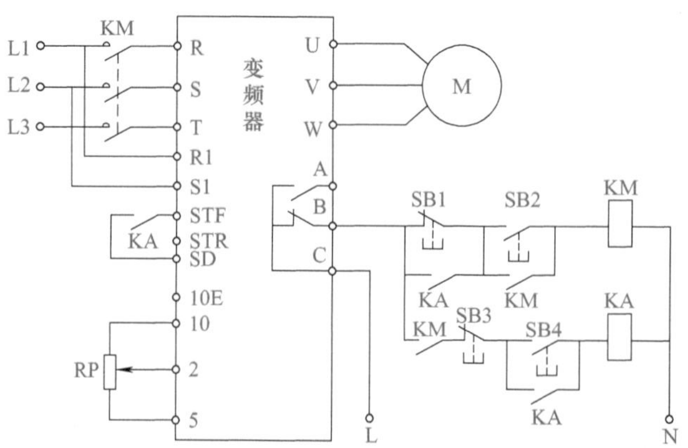

图15-2 继电器控制式正转控制电路

电路工作原理说明如下。

① 启动准备。按下按钮SB2→接触器KM线圈得电→KM主触点和两个常开辅助触点均闭合→KM主触点闭合为变频器接通主电源，一个KM常开辅助触点闭合锁定KM线圈得电，另一个KM常开辅助触点闭合为中间继电器KA线圈得电做准备。

② 正转控制。按下按钮SB4→继电器KA线圈得电→3个KA常开触点均闭合，一个常开触点闭合锁定KA线圈得电，一个常开触点闭合将按钮SB1短接，还有一个常开触点闭合将STF、SD端子接通，相当于STF端子输入正转控制信号，变频器U、V、W端子输出

正转电源电压，驱动电动机正向运转。调节端子10、2、5外接电位器RP，变频器输出电源频率会发生改变，电动机转速也随之变化。

③ 变频器异常保护。若变频器运行期间出现异常或故障，变频器B、C端子间内部等效的常闭开关断开，接触器KM线圈失电，KM主触点断开，切断变频器输入电源，对变频器进行保护。同时继电器KA线圈也失电，3个KA常开触点均断开。

④ 停转控制。在变频器正常工作时，按下按钮SB3，KA线圈失电，KA 3个常开触点均断开，其中一个KA常开触点断开使STF、SD端子连接切断，变频器停止输出电源，电动机停转。

在变频器运行时，若要切断变频器输入主电源，需先对变频器进行停转控制，再按下按钮SB1，接触器KM线圈失电，KM主触点断开，变频器输入电源被切断。如果没有对变频器进行停转控制，而直接去按SB1，是无法切断变频器输入主电源的，这是因为变频器正常工作时KA常开触点已将SB1短接，断开SB1无效，这样做可以防止在变频器工作时误操作SB1切断主电源。

15.2 电动机正反转控制功能及电路

变频器不但轻易就能实现电动机正转控制，控制电动机正反转也很方便。正、反转控制也有开关控制方式和继电器控制方式。在控制电动机正反转时也要给变频器设置一些基本参数，具体见表15-2。

表15-2 变频器控制电动机正反转时的参数及设置值

参数名称	参数号	设置值
加速时间	Pr.7	5s
减速时间	Pr.8	3s
加减速基准频率	Pr.20	50Hz
基底频率	Pr.3	50Hz
上限频率	Pr.1	50Hz
下限频率	Pr.2	0Hz
运行模式	Pr.79	2

15.2.1 开关控制式正、反转控制电路

开关控制式正、反转控制电路如图15-3所示，它采用了一个三位开关SA，SA有“正转”“停止”和“反转”3个位置。

电路工作原理说明如下。

① 启动准备。按下按钮SB2→接触器KM线圈得电→KM常开辅助触点和主触点均闭合→KM常开辅助触点闭合锁定KM线圈得电（自锁），KM主触点闭合为变频器接通主电源。

② 正转控制。将开关SA拨至“正转”位置，STF、SD端子接通，相当于STF端子输入正转控制信号，变频器U、V、W端子输出正转电源电压，驱动电动机正向运转。调节端子10、2、5外接电位器RP，变频器输出电源频率会发生改变，电动机转速也随之变化。

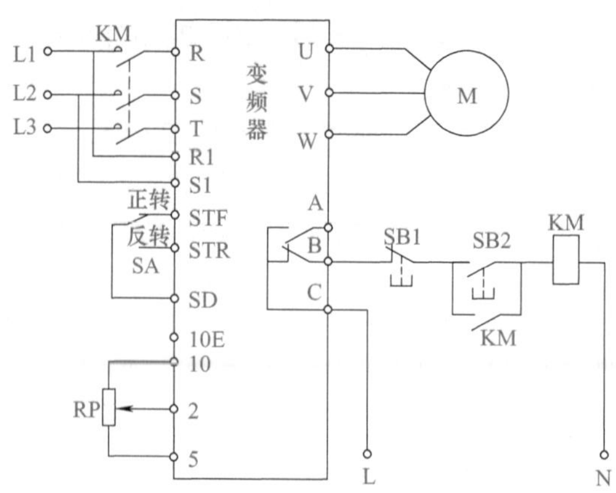

图15-3 开关控制式正、反转控制电路

③ 停转控制。将开关SA拨至“停转”位置（悬空位置），STF、SD端子连接切断，变频器停止输出电源，电动机停转。

④ 反转控制。将开关SA拨至“反转”位置，STR、SD端子接通，相当于STR端子输入反转控制信号，变频器U、V、W端子输出反转电源电压，驱动电动机反向运转。调节电位器RP，变频器输出电源频率会发生改变，电动机转速也随之变化。

⑤ 变频器异常保护。若变频器运行期间出现异常或故障，变频器B、C端子间内部等效的常闭开关断开，接触器KM线圈失电，KM主触点断开，切断变频器输入电源，对变频器进行保护。

若要切断变频器输入主电源，需先将开关SA拨至“停止”位置，让变频器停止工作，再按下按钮SB1，接触器KM线圈失电，KM主触点断开，变频器输入电源被切断。该电路结构简单，缺点是在变频器正常工作时操作SB1可切断输入主电源，这样易损坏变频器。

15.2.2 继电器控制式正、反转控制电路

继电器控制式正、反转控制电路如图15-4所示，该电路采用了KA1、KA2继电器分别进行正转和反转控制。

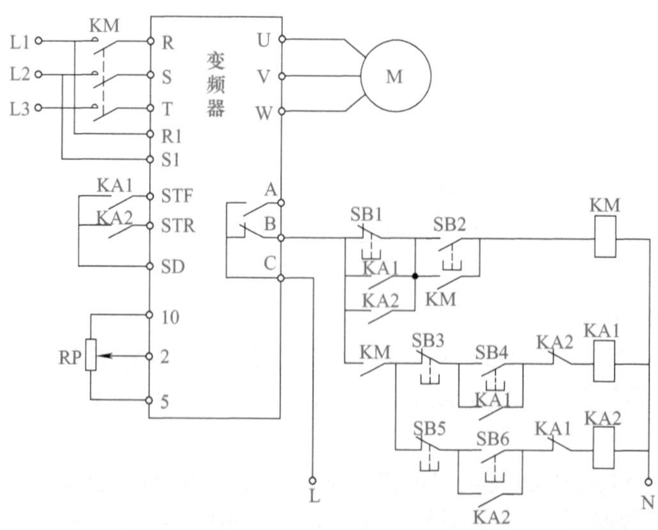

图15-4 继电器控制式正、反转控制电路

电路工作原理说明如下。

① 启动准备。按下按钮SB2→接触器KM线圈得电→KM主触点和两个常开辅助触点均闭合→KM主触点闭合为变频器接通主电源，一个KM常开辅助触点闭合锁定KM线圈得电，另一个KM常开辅助触点闭合为中间继电器KA1、KA2线圈得电做准备。

② 正转控制。按下按钮SB4→继电器KA1线圈得电→KA1的1个常闭触点断开，3个常开触点闭合→KA1的常闭触点断开使KA2线圈无法得电，KA1的3个常开触点闭合分别锁定KA1线圈得电、短接按钮SB1和接通STF、SD端子→STF、SD端子接通，相当于STF端子输入正转控制信号，变频器U、V、W端子输出正转电源电压，驱动电动机正向运转。调节端子10、2、5外接电位器RP，变频器输出电源频率会发生改变，电动机转速也随之变化。

③ 停转控制。按下按钮SB3→继电器KA1线圈失电→3个KA1常开触点均断开，其中1个常开触点断开切断STF、SD端子的连接，变频器U、V、W端子停止输出电源电压，电动机停转。

④ 反转控制。按下按钮SB6→继电器KA2线圈得电→KA2的1个常闭触点断开，3个常开触点闭合→KA2的常闭触点断开使KA1线圈无法得电，KA2的3个常开触点闭合分别锁定KA2线圈得电、短接按钮SB1和接通STR、SD端子→STR、SD端子接通，相当于STR端子输入反转控制信号，变频器U、V、W端子输出反转电源电压，驱动电动机反向运转。

⑤ 变频器异常保护。若变频器运行期间出现异常或故障，变频器B、C端子间内部等效的常闭开关断开，接触器KM线圈失电，KM主触点断开，切断变频器输入电源，对变频器进行保护。

若要切断变频器输入主电源，可在变频器停止工作时按下按钮SB1，接触器KM线圈失电，KM主触点断开，变频器输入电源被切断。由于在变频器正常工作期间（正转或反转），KA1或KA2常开触点闭合将SB1短接，断开SB1无效，这样做可以避免在变频器工作时切断主电源。

15.3 工频与变频切换功能及电路

在变频调速系统运行过程中，如果变频器突然出现故障，这时若让负载停止工作可能会造成很大损失。为了解决这个问题，可给变频调速系统增设工频与变频切换功能，在变频器出现故障时自动将工频电源切换给电动机，以让系统继续工作。

15.3.1 变频器跳闸保护电路

变频器跳闸保护是指在变频器工作出现异常时切断电源，保护变频器不被损坏。图15-5是一种常见的变频器跳闸保护电路。变频器A、B、C端子为异常输出端，A、C之间相当于一个常开开关，B、C之间相当于一个常闭开关，在变频器工作出现异常时，A、C接通，B、C断开。

电路工作过程说明如下。

（1）供电控制

按下按钮SB1，接触器KM线圈得电，KM主触点闭合，工频电源经KM主触点为变频器提供电源，同时KM常开辅助触点闭合，锁定KM线圈供电。按下按钮SB2，接触器KM

线圈失电，KM主触点断开，切断变频器电源。

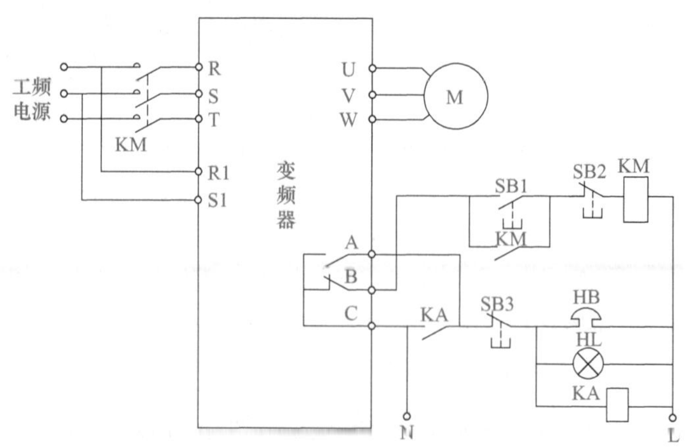

图15-5　一种常见的变频器跳闸保护电路

（2）异常跳闸保护

若变频器在运行过程中出现异常，A、C之间闭合，B、C之间断开。B、C之间断开使接触器KM线圈失电，KM主触点断开，切断变频器供电；A、C之间闭合使继电器KA线圈得电，KA触点闭合，振铃HB和报警灯HL得电，发出变频器工作异常声光报警。

按下按钮SB3，继电器KA线圈失电，KA常开触点断开，HB、HL失电，声光报警停止。

15.3.2　工频与变频的切换电路

（1）电路

图15-6是一个典型的工频与变频切换控制电路。该电路在工作前需要先对一些参数进行设置。

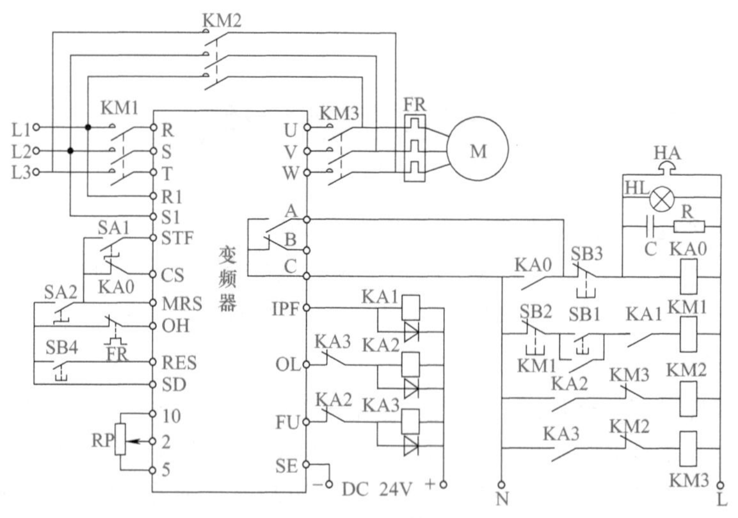

图15-6　一个典型的工频与变频切换控制电路

电路的工作过程说明如下。

① 变频运行控制

a.启动准备。将开关SA2闭合，接通MRS端子，允许进行工频-变频切换。由于已设置Pr.135=1使切换有效，IPF、FU端子输出低电平，中间继电器KA1、KA3线圈得电。KA3线圈得电→KA3常开触点闭合→接触器KM3线圈得电→KM3主触点闭合，KM3常闭辅助触点断开→KM3主触点闭合将电动机与变频器输出端连接；KM3常闭辅助触点断开使KM2线圈无法得电，实现KM2、KM3之间的互锁（KM2、KM3线圈不能同时得电），电动机无法由变频和工频同时供电。KA1线圈得电→KA1常开触点闭合，为KM1线圈得电做准备→按下按钮SB1→KM1线圈得电→KM1主触点、常开辅助触点均闭合→KM1主触点闭合，为变频器供电；KM1常开辅助触点闭合，锁定KM1线圈得电。

b.启动运行。将开关SA1闭合，STF端子输入信号（STF端子经SA1、SA2与SD端子接通），变频器正转启动，调节电位器RP可以对电动机进行调速控制。

② 变频-工频切换控制　当变频器运行中出现异常时，异常输出端子A、C接通，中间继电器KA0线圈得电，KA0常开触点闭合，振铃HA和报警灯HL得电，发出声光报警。与此同时，IPF、FU端子变为高电平，OL端子变为低电平，KA1、KA3线圈失电，KA2线圈得电。KA1、KA3线圈失电→KA1、KA3常开触点断开→KM1、KM3线圈失电→KM1、KM3主触点断开→变频器与电源、电动机断开。KA2线圈得电→KA2常开触点闭合→KM2线圈得电→KM2主触点闭合→工频电源直接提供给电动机。注：KA1、KA3线圈失电与KA2线圈得电并不是同时进行的，有一定的切换时间，它与Pr.136、Pr.137设置有关。

按下按钮SB3可以解除声光报警，按下按钮SB4，可以解除变频器的保护输出状态。若电动机在运行时出现过载，与电动机串接的热继电器FR发热元件动作，使FR常闭触点断开，切断OH端子输入，变频器停止输出，对电动机进行保护。

（2）参数设置

参数设置内容包括以下两个。

① 工频与变频切换功能设置　工频与变频切换有关参数功能及设置值见表15-3。

表15-3　工频与变频切换有关参数功能及设置值

参数与设置值	功能	设置值范围	说明
Pr.135（Pr.135=1）	工频-变频切换选择	0	切换功能无效。Pr.136、Pr.137、Pr.138和Pr.139参数设置无效
		1	切换功能有效
Pr.136（Pr.136=0.3）	继电器切换互锁时间	0～100.0s	设定KA2和KA3动作的互锁时间
Pr.137（Pr.137=0.5）	启动等待时间	0～100.0s	设定时间应比信号输入到变频器时到KA3实际接通的时间稍微长点（为0.3～0.5s）
Pr.138（Pr.138=1）	报警时的工频-变频切换选择	0	切换无效。当变频器发生故障时，变频器停止输出（KA2和KA3断开）
		1	切换有效。当变频器发生故障时，变频器停止运行并自动切换到工频电源运行（KA2：ON，KA3：OFF）
Pr.139（Pr.139=9999）	自动变频-工频电源切换选择	0～60.0Hz	当变频器输出频率达到或超过设定频率时，会自动切换到工频电源运行
		9999	不能自动切换

② 部分输入/输出端子的功能设置　部分输入/输出端子的功能设置见表15-4。

表15-4 部分输入/输出端子的功能设置

参数与设置值	功能说明
Pr.185=7	将JOG端子功能设置成OH端子，用作过热保护输入端
Pr.186=6	将CS端子设置成自动再启动控制端子
Pr.192=17	将IPF端子设置成KA1控制端子
Pr.193=18	将OL端子设置成KA2控制端子
Pr.194=19	将FU端子设置成KA3控制端子

15.4 多挡速控制功能及电路

变频器可以对电动机进行多挡转速驱动。在进行多挡转速控制时，需要对变频器有关参数进行设置，再操作相应端子外接开关。

15.4.1 多挡转速控制端子

变频器的RH、RM、RL为多挡转速控制端，RH为高速挡，RM为中速挡，RL为低速挡。RH、RM、RL 3个端子组合可以进行7挡转速控制。多挡转速控制如图15-7所示，其中图（a）为多速控制电路，图（b）为转速与多速控制端子通断关系。

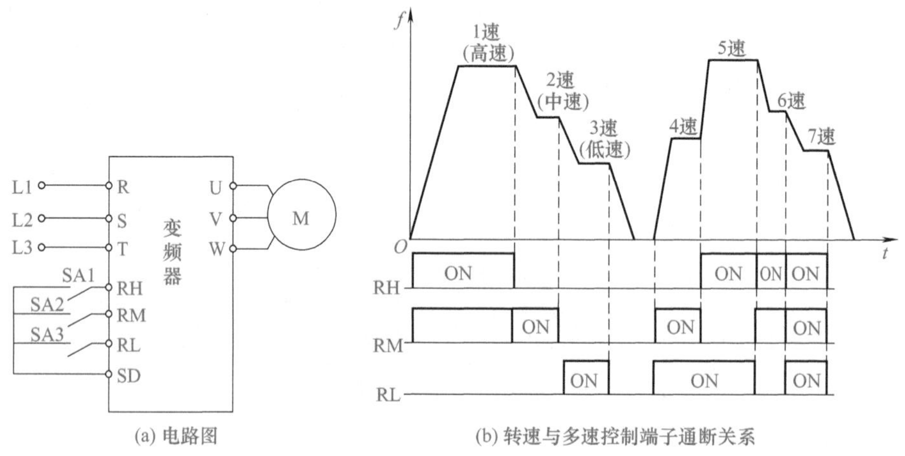

(a) 电路图　　(b) 转速与多速控制端子通断关系

图15-7 多挡转速控制说明

当开关SA1闭合时，RH端与SD端接通，相当于给RH端输入高速运转指令信号，变频器马上输出频率很高的电源去驱动电动机，电动机迅速启动并高速运转（1速）。

当开关SA2闭合时（SA1需断开），RM端与SD端接通，变频器输出频率降低，电动机由高速转为中速运转（2速）。

当开关SA3闭合时（SA1、SA2需断开），RL端与SD端接通，变频器输出频率进一步降低，电动机由中速转为低速运转（3速）。

当SA1、SA2、SA3均断开时，变频器输出频率变为0Hz，电动机由低速转为停转。

SA2、SA3闭合，电动机4速运转；SA1、SA3闭合，电动机5速运转；SA1、SA2闭合，电动机6速运转；SA1、SA2、SA3闭合，电动机7速运转。

图15-7（b）曲线中的斜线表示变频器输出频率由一种频率转变到另一种频率需经历一

段时间，在此期间，电动机转速也由一种转速变化到另一种转速；水平线表示输出频率稳定，电动机转速稳定。

15.4.2 多挡控制参数的设置

多挡控制参数包括多挡转速端子选择参数和多挡运行频率参数。

（1）多挡转速端子选择参数

在使用RH、RM、RL端子进行多速控制时，先要通过设置有关参数使这些端子控制有效。多挡转速端子参数设置如下：

Pr.180=0，RL端子控制有效。

Pr.181=1，RM端子控制有效。

Pr.182=2，RH端子控制有效。

以上某参数若设为9999，则将该端设为控制无效。

（2）多挡运行频率参数

RH、RM、RL 3个端子组合可以进行7挡转速控制，各挡的具体运行频率需要用相应参数设置。多挡运行频率参数设置见表15-5。

表15-5　多挡运行频率参数设置

参数	速度	出厂设定	设定范围	备注
Pr.4	高速	60Hz	0～400Hz	
Pr.5	中速	30Hz	0～400Hz	
Pr.6	低速	10Hz	0～400Hz	
Pr.24	速度4	9999	0～400Hz，9999	9999：无效
Pr.25	速度5	9999	0～400Hz，9999	9999：无效
Pr.26	速度6	9999	0～400Hz，9999	9999：无效
Pr.27	速度7	9999	0～400Hz，9999	9999：无效

15.4.3 多挡转速控制电路

图15-8是一个典型的多挡转速控制电路，它由主回路和控制回路两部分组成。该电路采用了KA0～KA3 4个中间继电器，其常开触点接在变频器的多挡转速控制输入端，电路还用了SQ1～SQ3 3个行程开关来检测运动部件的位置并进行转速切换控制。图15-8所示电路在运行前需要进行多挡控制参数的设置。

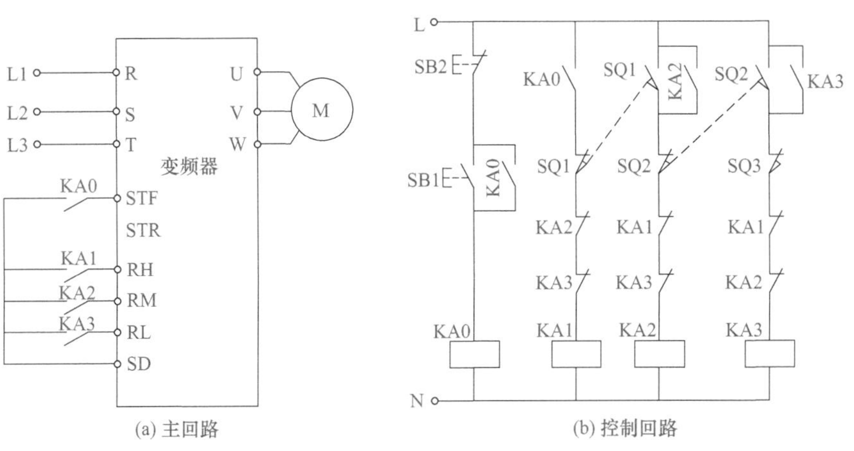

图15-8　一个典型的多挡转速控制电路

电路工作过程说明如下。

① 启动并高速运转 按下启动按钮SB1→中间继电器KA0线圈得电→KA0 3个常开触点均闭合，一个触点锁定KA0线圈得电，一个触点闭合使STF端与SD端接通（即STF端输入正转指令信号），还有一个触点闭合使KA1线圈得电→KA1两个常闭触点断开，一个常开触点闭合→KA1两个常闭触点断开使KA2、KA3线圈无法得电，KA1常开触点闭合将RH端与SD端接通（即RH端输入高速指令信号）→STF、RH端子外接触点均闭合，变频器输出频率很高的电源，驱动电动机高速运转。

② 高速转中速运转 高速运转的电动机带动运动部件运行到一定位置时，行程开关SQ1动作→SQ1常闭触点断开，常开触点闭合→SQ1常闭触点断开使KA1线圈失电，RH端子外接KA1触点断开，SQ1常开触点闭合使继电器KA2线圈得电→KA2两个常闭触点断开，两个常开触点闭合→KA2两个常闭触点断开分别使KA1、KA3线圈无法得电；KA2两个常开触点闭合，一个触点闭合锁定KA2线圈得电，另一个触点闭合使RM端与SD端接通（即RM端输入中速指令信号）→变频器输出频率由高变低，电动机由高速转为中速运转。

③ 中速转低速运转 中速运转的电动机带动运动部件运行到一定位置时，行程开关SQ2动作→SQ2常闭触点断开，常开触点闭合→SQ2常闭触点断开使KA2线圈失电，RM端子外接KA2触点断开，SQ2常开触点闭合使继电器KA3线圈得电→KA3两个常闭触点断开，两个常开触点闭合→KA3两个常闭触点断开分别使KA1、KA2线圈无法得电；KA3两个常开触点闭合，一个触点闭合锁定KA3线圈得电，另一个触点闭合使RL端与SD端接通（即RL端输入低速指令信号）→变频器输出频率进一步降低，电动机由中速转为低速运转。

④ 低速转为停转 低速运转的电动机带动运动部件运行到一定位置时，行程开关SQ3动作→继电器KA3线圈失电→RL端与SD端之间的KA3常开触点断开→变频器输出频率降为0Hz，电动机由低速转为停止。按下按钮SB2→KA0线圈失电→STF端子外接KA0常开触点断开，切断STF端子的输入。

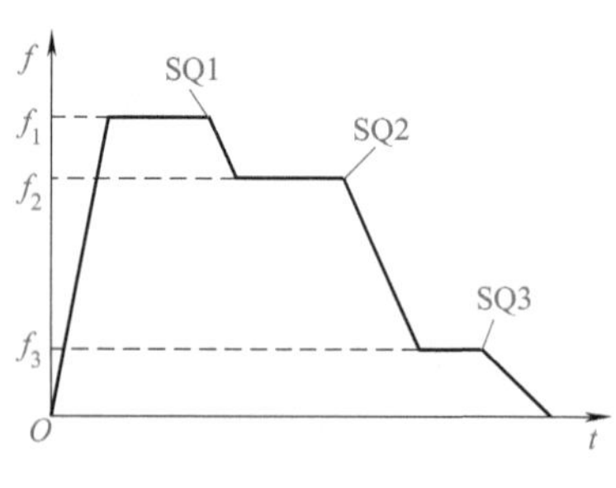

图15-9 变频器输出频率变化曲线

图15-8所示电路中变频器输出频率变化如图15-9所示，从图中可以看出，在行程开关动作时输出频率开始转变。

15.5 程序控制功能及应用

程序控制又称简易PLC控制，它是通过设置参数的方式给变频器编制电动机转向、运行频率和时间的程序段，然后用相应输入端子控制某程序段的运行，让变频器按程序输出相应频率的电源，驱动电动机按设置方式运行。三菱FR-A500系列变频器具有程序控制功能，而三菱FR-A700系列变频器删除了该功能。

15.5.1 程序控制参数设置

（1）程序控制模式参数（Pr.79）

变频器只有工作在程序控制模式才能进行程序运行控制。Pr.79为变频器操作模式参数，当设置Pr.79=5时，变频器就工作在程序控制模式。

（2）程序设置参数

程序设置参数包括程序内容设置参数和时间单位设置参数。

① 程序内容设置参数（Pr.201 ～ Pr.230）。程序内容设置参数用来设置电动机的转向、运行频率和运行时间。程序内容设置参数有Pr.201 ～ Pr.230，每个参数都可以设置电动机的转向、运行频率和运行时间，通常将10个参数编成一个组，共分成3个组。

1组：Pr.201 ～ Pr.210。

2组：Pr.211 ～ Pr.220。

3组：Pr.221 ～ Pr.230。

参数设置的格式（以Pr.201为例）：

Pr.201=（转向：0停止，1正转，2反转），（运行频率：0 ～ 400），（运行时间：0 ～ 99.59）

如Pr.201=1，40，1.30。

② 时间单位设置参数（Pr.200）。时间单位设置参数用来设置程序运行的时间单位。时间单位设置参数为Pr.200。

Pr.200=1 单位：min，s。

Pr.200=0 单位：h，min。

（3）Pr.201 ～ Pr.230参数的设置过程

由于Pr.201 ～ Pr.230每个参数都需要设置3个内容，故较一般参数设置复杂，下面以Pr.201参数设置为例进行说明。Pr.201参数设置步骤如下。

① 选择参数号。操作“MODE”键切换到参数设定模式，再按“SET”键开始选择参数号的最高位，按“▲”或“▼”键选择最高位的数值为“2”，最高位设置好后，按“SET”键会进入中间位的设置，按“▲”或“▼”键选择中间位的数值为“0”，再用同样的方法选择最低位的数值为“1”，这样就选择了“201”号参数。

② 设置参数值。按“▲”或“▼”键设置第1个参数值为“1”（正转），然后按“SET”键开始设置第2个参数值，用“▲”或“▼”键将第2个参数值设为“30”（30Hz），再按“SET”键开始设置第3个参数值，用“▲”或“▼”键将第3个参数值设为“4.30”（4：30）。这样就将Pr.201参数设为Pr.201=1，30，4.30。按“▲”键可移到下一个参数Pr.202，可用同样的方法设置该参数值。

在参数设置过程中，若要停止设置，可在设置转向和频率中写入“0”，若无设定，则设置为“9999”（参数无效）。如果设置时输入4.80，将会出现错误（80超过了59min或者59s）。

15.5.2 程序运行控制端子

变频器程序控制参数设置完成后，需要使用相应端子控制程序运行。程序运行控制端子的控制对象或控制功能如下。

RH端子：1组。

RM端子：2组。

RL端子：3组。

STF端子：程序运行启动。

STR端子：复位（时间清零）。

例如当STF、RH端子外接开关闭合后，变频器自动运行1组（Pr.201 ～ Pr.210）程序，输出相应频率，让电动机按设定转向、频率和时间运行。

15.5.3 程序控制应用举例

图15-10是一个常见的变频器程序控制运行电路，图15-11为程序运行参数图。在进行程序运行控制前，需要先进行参数设置，再用相应端子外接开关控制程序运行。

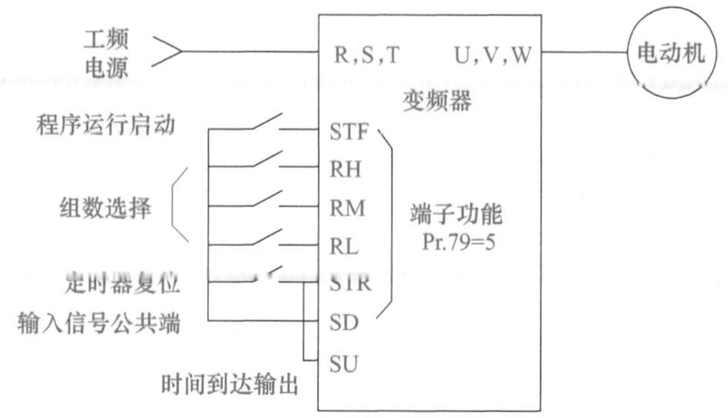

图15-10 一个常见的变频器程序控制运行电路

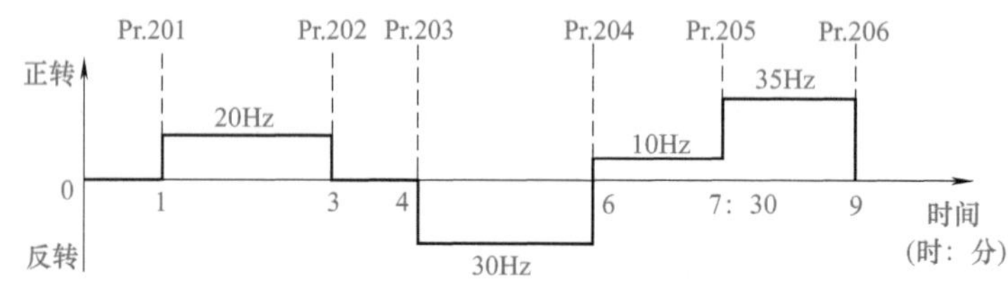

图15-11 程序运行参数

（1）程序参数设置

程序参数设置如下。

① 设置Pr.79=5，让变频器工作在程序控制模式。

② 设置Pr.200=1，将程序运行时间单位设为时/分。

③ 设置Pr.201 ～ Pr.206，具体设定值及功能见表15-6。

表15-6 参数Pr.201 ～ Pr.206具体设定值及功能

参数设定值	设定功能
Pr.201=1，20，1：00	正转，20Hz，1点整
Pr.202=0，0，3：00	停止，3点整
Pr.203=2，30，4：00	反转，30Hz，4点整
Pr.204=1，10，6：00	正转，10Hz，6点整
Pr.205=1，35，7：30	正转，35Hz，7点30分
Pr.206=0，0，9：00	停止，9点整

（2）程序运行控制

将RH端子外接开关闭合，选择运行第1程序组（Pr.201 ～ Pr.210设定的参数），再将STF端子外接开关闭合，变频器内部定时器开始从0计时，开始按图15-11所示程序运行参数曲线工作。当计时到1：00时，变频器执行Pr.201参数值，输出正转、20Hz的电源驱动电动机运转，这样运转到3：00时（连续运转2h），变频器执行Pr.202参数值，停止输出电源，当到达4：00时，变频器执行Pr.203参数值，输出反转、30Hz电源驱动电动机运转，变频器后续的工作情况如图15-11曲线所示。

当变频器执行完一个程序组后会从SU端输出一个信号，该信号送入STR端，对变频器的定时器进行复位，然后变频器又重新开始执行程序组，按图15-11所示曲线工作。若要停止程序运行，可断开STF端子外接开关。变频器在执行程序过程中，如果瞬间断电又恢复，定时器会自动复位，但不会自动执行程序，需要重新断开又闭合STF端子外接开关。

15.6 PID控制功能及应用

15.6.1 PID控制原理

PID控制又称比例微积分控制，是一种闭环控制。下面以图15-12所示的恒压供水系统来说明PID控制原理。

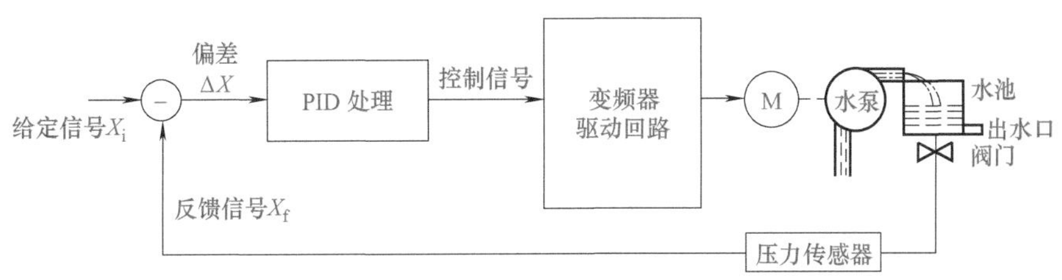

图15-12 恒压供水系统

电动机驱动水泵将水抽入水池，水池中的水除了经出水口提供用水外，还经阀门送到压力传感器，传感器将水压大小转换成相应的电信号X_f，X_f反馈到比较器与给定信号X_i进行比较，得到偏差信号ΔX（$\Delta X=X_i-X_f$）。

若$\Delta X>0$，表明水压小于给定值，偏差信号经PID处理得到控制信号，控制变频器驱动回路，使之输出频率上升，电动机转速加快，水泵抽水量增多，水压增大。

若$\Delta X<0$，表明水压大于给定值，偏差信号经PID处理得到控制信号，控制变频器驱动回路，使之输出频率下降，电动机转速变慢，水泵抽水量减少，水压下降。

若$\Delta X=0$，表明水压等于给定值，偏差信号经PID处理得到控制信号，控制变频器驱动回路，使之输出频率不变，电动机转速不变，水泵抽水量不变，水压不变。

控制回路的滞后性，会使水压值总与给定值有偏差。例如当用水量增多水压下降时，电路需要对有关信号进行处理，再控制电动机转速变快，提高水泵抽水量，从压力传感器检测到水压下降到控制电动机转速加快，提高抽水量，恢复水压需要一定时间。通过提高电动机转速恢复水压后，系统又要将电动机转速调回正常值，这也要一定时间，在这段回调时间内水泵抽水量会偏多，导致水压又增大，又需进行反调。这样的结果是水池水压会在给定值上下波动（振荡），即水压不稳定。

采用了PID处理可以有效减小控制环路滞后和过调问题（无法彻底消除）。PID包括P处理、I处理和D处理。P（比例）处理是将偏差信号ΔX按比例放大，提高控制的灵敏度；I（积分）处理是对偏差信号进行积分处理，缓解P处理比例放大量过大引起的超调和振荡；D（微分）处理是对偏差信号进行微分处理，以提高控制的迅速性。

15.6.2 PID控制参数设置

为了让PID控制达到理想效果，需要对PID控制参数进行设置。PID控制参数说明见表15-7。

表15-7 PID控制参数说明

参数	名称	设定值	说明		
Pr.128	选择PID控制	10	对于加热、压力等控制	偏差量信号输入（端子1）	PID负作用
		11	对于冷却等控制		PID正作用
		20	对于加热、压力等控制	检测值输入（端子4）	PID负作用
		21	对于冷却等控制		PID正作用
Pr.129	PID比例范围常数	0.1～10	如果比例范围较窄（参数设定值较小），反馈量的微小变化会引起执行量的很大改变。因此，随着比例范围变窄，响应的灵敏性（增益）得到改善，但稳定性变差，例如：发生振荡增益K=1/比例范围		
		9999	无比例控制		
Pr.130	PID积分时间常数	0.1～3600s	这个时间是指由积分（I）作用时达到与比例（P）作用时相同的执行量所需要的时间，随着积分时间的减少，到达设定值就越快，但也容易发生振荡		
		9999	无积分控制		
Pr.131	上限值	0～100%	设定上限，如果检测值超过此设定，就输出FUP信号（检测值的4mA等于0，20mA等于100%）		
		9999	功能无效		
Pr.132	下限值	0～100%	设定下限（如果检测值超出设定范围，则输出一个报警，同样，检测值的4mA等于0，20mA等于100%）		
		9999	功能无效		
Pr.133	用PU设定的PID控制设定值	0～100%	仅在PU操作或PU/外部组合模式下对于PU指令有效 对于外部操作，设定值由端子2-5间的电压决定 （Pr.902值等于0和Pr.903值等于100%）		
Pr.134	PID微分时间常数	0.01～10.00s	时间值仅要求向微分作用提供一个与比例作用相同的检测值。随着时间的增加，偏差改变会有较大的响应		
		9999	无微分控制		

15.6.3 PID控制应用举例

图15-13是一种典型的PID控制应用电路。在进行PID控制时，先要接好线路，然后设置PID控制参数，再设置端子功能参数，最后操作运行。

（1）PID控制参数设置

图15-13所示电路的PID控制参数设置见表15-8。

表15-8 PID控制参数设置

参数及设置值	说明
Pr.128=20	将端子4设为PID控制的压力检测输入端
Pr.129=30	将PID比例调节设为30%
Pr.130=10	将积分时间常数设为10s
Pr.131=100%	设定上限值范围为100%
Pr.132=0	设定下限值范围为0
Pr.133=50%	设定PU操作时的PID控制设定值（外部操作时，设定值由2-5端子间的电压决定）
Pr.134=3s	将积分时间常数设为3s

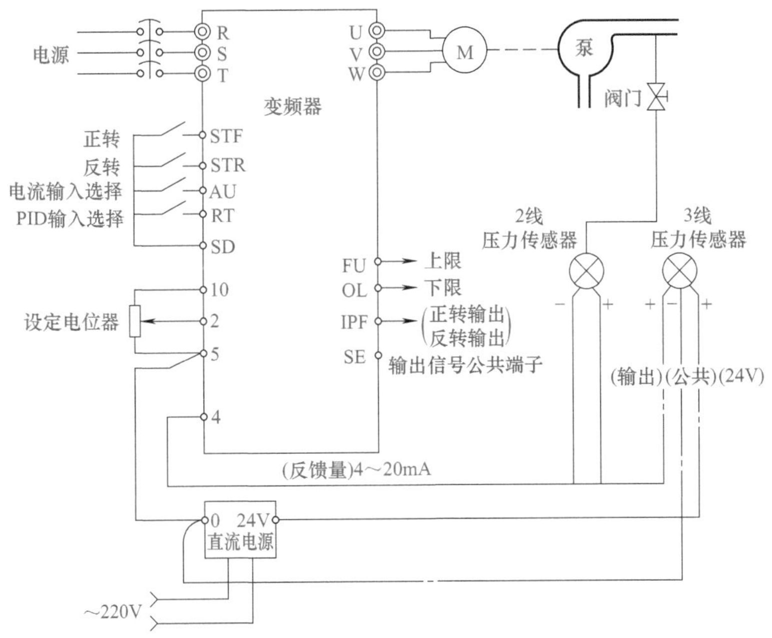

图15-13　一种典型的PID控制应用电路

（2）端子功能参数设置

PID控制时需要通过设置有关参数定义某些端子功能。端子功能参数设置见表15-9。

表15-9　端子功能参数设置

参数及设置值	说明
Pr.183=14	将RT端子设为PID控制端，用于启动PID控制
Pr.192=16	设置IPF端子输出正反转信号
Pr.193=14	设置OL端子输出下限信号
Pr.194=15	设置FU端子输出上限信号

（3）操作运行

① 设置外部操作模式。设定Pr.79=2，面板“EXT”指示灯亮，指示当前为外部操作模式。

② 启动PID控制。将AU端子外接开关闭合，选择端子4电流输入有效；将RT端子外接开关闭合，启动PID控制；将STF端子外接开关闭合，启动电动机正转。

③ 改变给定值。调节设定电位器，2-5端子间的电压变化，PID控制的给定值随之变化，电动机转速会发生变化，例如给定值大，正向偏差（$\Delta X>0$）增大，相当于反馈值减小，PID控制使电动机转速变快，水压增大，端子4的反馈值增大，偏差慢慢减小，当偏差接近0时，电动机转速保持稳定。

④ 改变反馈值。调节阀门，改变水压大小来调节端子4输入的电流（反馈值），PID控制的反馈值变化，电动机转速就会发生变化。例如阀门调大，水压增大，反馈值大，负向偏差（$\Delta X<0$）增大，相当于给定值减小，PID控制使电动机转速变慢，水压减小，端子4的反馈值减小，偏差慢慢减小，当偏差接近0时，电动机转速保持稳定。

⑤ PU操作模式下的PID控制。设定Pr.79=1，面板“PU”指示灯亮，指示当前为PU操作模式。按“FWD”或“REV”键，启动PID控制，运行在Pr.133设定值上，按“STOP”键停止PID运行。

第16章 变频器的选用、安装与维护

在使用变频器组成变频调速系统时，需要根据实际情况选择合适的变频器及外围设备，设备选择好后要正确进行安装，安装结束在正式投入运行前要进行调试，投入运行后，需要定期对系统进行维护保养。

16.1 变频器的种类

变频器是一种电能变换设备，其功能是将工频电源转换成频率和电压可调的电源，驱动电动机运转并实现调速控制。变频器种类很多，具体见表16-1。

表16-1 变频器种类

分类方式	种类	说明
按变换方式	交-直-交变频器	交-直-交变频器是先将工频交流电源转换成直流电源，再将直流电源转换成频率和电压可调的交流电源。由于这种变频器的交-直-交转换过程容易控制，并且对电动机有很好的调速性能，因此大多数变频器采用交-直-交变换方式
	交-交变频器	交-交变频器是将工频交流电源直接转换成另一种频率和电压可调的交流电源。由于这种变频器省去了中间环节，故转换效率较高，但其频率变换范围很窄（一般为额定频率的1/2以下），主要用在大容量低速调速控制系统中
按输入电源的相数	单相变频器	单相变频器的输入电源为单相交流电，经单相整流后转换成直流电源，再经逆变电路转换成三相交流电源去驱动电动机。单相变频器的容量较小，适用于只有单相交流电源场合（如家用电器）
	三相变频器	三相变频器的输入电源是三相工频电源，大多数变频器属于三相变频器，有些三相变频器可当成单相变频器使用
按输出电压调制方式	脉幅调制变频器（PAM）	脉幅调制变频器是通过调节输出脉冲的幅度来改变输出电压。这种变频器一般采用整流电路调压，逆变电路变频，早期的变频器多采用这种方式
	脉宽调制变频器（PWM）	脉宽调制变频器是通过调节输出脉冲的宽度来改变输出电压。这种变频器多采用逆变电路同时调压变频，目前的变频器多采用这种方式
按滤波方式	电压型变频器	电压型变频器的整流电路后面采用大电容作为滤波元件，在电容上可获得大小稳定的电压提供给逆变电路。这种变频器可在容量不超过额定值的情况下同时驱动多台电动机并联运行
	电流型变频器	电流型变频器的整流电路后面采用大电感作为滤波元件，它可以为逆变电路提供大小稳定的电流。这种变频器适用于频繁加减速的大容量电动机

续表

分类方式	种类	说明
按电压等级	低压变频器	低压变频器又称中小容量变频器，其电压等级在1kV以下，单相为220～380V，三相为220～460V，容量为0.2～500kV·A
	高中压变频器	高中压变频器电压等级在1kV以上，容量多在500kV·A以上
按用途分类	通用型变频器	通用型变频器具有通用性，可以配接多种特性不同的电动机，其频率调节范围宽，输出力矩大，动态性能好
	专用型变频器	专用型变频器用来驱动特定的某些设备，如注塑机专用变频

16.2 变频器的选用与容量计算

在选用变频器时，除了要求变频器的容量适合负载外，还要求选用的变频器的控制方式适合负载的特性。

16.2.1 额定值

变频器额定值主要有输入侧额定值和输出侧额定值。

（1）输入侧额定值

变频器输入侧额定值包括输入电源的相数、电压和频率。中小容量变频器的输入侧额定值主要有三种：三相/380V/50Hz，单相/220V/50Hz和三相/220V/50Hz。

（2）输出侧额定值

变频器输出侧额定值主要有额定输出电压U_{CN}、额定输出电流I_{CN}和额定输出容量S_{CN}。

① 额定输出电压U_{CN}　变频器在工作时除了改变输出频率外，还要改变输出电压。额定输出电压U_{CN}是指最大输出电压值，也就是变频器输出频率等于电动机额定频率时的输出电压。

② 额定输出电流I_{CN}　额定输出电流I_{CN}是指变频器长时间使用允许输出的最大电流。额定输出电流I_{CN}主要反映变频器内部电力电子器件的过载能力。

③ 额定输出容量S_{CN}　额定输出容量S_{CN}一般采用下面式子计算：

$$S_{CN}=\sqrt{3}U_{CN}I_{CN}$$

S_{CN}单位：kV·A。

16.2.2 选用

在选用变频器时，一般根据负载的性质及负荷大小来确定变频器的容量和控制方式。

（1）容量选择

变频器的过载容量为125%/60s或150%/60s，若超出该数值，必须选用更大容量的变频器。当过载量为200%时，可按$I_{CN} \geqslant (1.05 \sim 1.2) I_N$来计算额定电流，再乘1.33倍来选取变频器容量，$I_N$为电动机额定电流。

（2）控制方式的选择

① 恒定转矩负载　恒转矩负载是指转矩大小只取决于负载的轻重，而与负载转速大小无关的负载。例如挤压机、搅拌机、桥式起重机、提升机和带式输送机等都属于恒转矩类型负载。

对于恒定转矩负载，若调速范围不大，并对机械特性要求不高的场合，可选用*U*/*f*控制方式或无反馈矢量控制方式的变频器。

若负载转矩波动较大，应考虑采用高性能的矢量控制变频器，对要求有高动态响应的负载，应选用有反馈的矢量控制变频器。

② 恒功率负载　恒功率负载是指转矩大小与转速成反比，而功率基本不变的负载。卷取类机械一般属于恒功率负载，如薄膜卷取机、造纸机械等。

对于恒功率负载，可选用通用型*U*/*f*控制变频器。对于动态性能和精确度要求高的卷取机械，必须采用有矢量控制功能的变频器。

③ 二次方律负载　二次方律负载是指转矩与转速的二次方成正比的负载，如风扇、离心风机和水泵等都属于二次方律负载。

对于二次方律负载，一般选用风机、水泵专用变频器。风机、水泵专用变频器有以下特点。

a. 由于风机和水泵通常不容易过载，低速时转矩较小，故这类变频器的过载能力低，一般为120%/60s（通用变频器为150%/60s），在功能设置时要注意这一点。由于负载的转矩与转速平方成正比，当工作频率高于额定频率时，负载的转矩有可能大大超过电动机转矩而使变频器过载，因此在功能设置时最高频率不能高于额定频率。

b. 具有多泵切换和换泵控制的转换功能。

c. 配置一些专用控制功能，如睡眠唤醒、水位控制、定时开关机和消防控制等。

16.2.3　容量计算

在采用变频器驱动电动机时，先根据机械特点选用合适的异步电动机，再选用合适的变频器配接电动机。在选用变频器时，通常先根据异步电动机的额定电流（或电动机运行中的最大电流）来选择变频器，再确定变频器容量和输出电流是否满足电动机运行条件。

（1）连续运转条件下的变频器容量计算

由于变频器供给电动机的是脉动电流，其脉动值比工频供电时的电流要大，在选用变频器时，容量应留有适当的余量。此时选用变频器应同时满足以下三个条件：

$$P_{CN} \geqslant \frac{KP_M}{\eta\cos\varphi} \quad (kV \cdot A)$$

$$I_{CN} \geqslant KI_M \quad (A)$$

$$P_{CN} \geqslant K\sqrt{3}U_M I_M \times 10^{-3} \ (kV \cdot A)$$

式中　P_M——电动机输出功率；

η——效率（取0.85）；

$\cos\varphi$——功率因数（取0.75）；

U_M——电动机的电压，V；

I_M——电动机的电流，A；

K——电流波形的修正系数（PWM方式取1.05～1.1）；

P_{CN}——变频器的额定容量，kV·A；

I_{CN}——变频器的额定电流，A。

式子中的I_M如果按电动机实际运行中的最大电流来选择变频器，变频器的容量可以适当缩小。

（2）加减速条件下的变频器容量计算

变频器的最大输出转矩由最大输出电流决定。通常对于短时的加减速而言，变频器允许达到额定输出电流的130% ～ 150%，故在短时加减速时的输出转矩也可以增大；反之，若只需要较小的加减速转矩时，也可降低选择变频器的容量。由于电流的脉动原因，此时应将变频器的最大输出电流降低10%后再进行选定。

（3）频繁加减速条件下的变频器容量计算

对于频繁加减速的电动机，如果按图16-1所示曲线特性运行，那么根据加速、恒速、减速等各种运行状态下的电流值，可按下式确定变频器额定值：

$$I_{CN}=\frac{I_1t_1+I_2t_2+\cdots+I_5t_5}{t_1+t_2+\cdots+t_5}K_0$$

式中 I_{CN}——变频器额定输出电流，A;

I_1，I_2，⋯，I_5——各运行状态平均电流，A；

t_1、t_2，⋯，t_5——各运行状态下的时间；

K_0——安全系数（运行频繁时取1.2，其他条件下取1.1）。

（4）在驱动多台并联运行电动机条件下的变频器容量计算

当用一台变频器驱动多台电动机并联运行时，在一些电动机启动后，若再让其他电动机启动，由于此时变频器的电压、频率已经上升，追加投入的电动机将产生大的启动电流，因此与同时启动时相比，变频器容量需要大些。

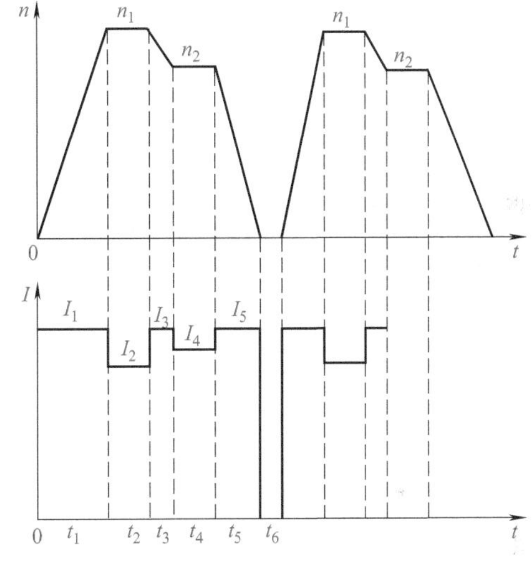

图16-1 频繁加减速的电动机运行曲线

以短时过载能力为150%/60s的变频器为例，若电动机加速时间在60s内，应满足以下条件：

$$P_{CN}\geqslant\frac{2}{3}P_{CN1}\left[1+\frac{n_s}{n_T}(K_s-1)\right]$$

$$I_{CN}\geqslant\frac{2}{3}n_TI_M\left[1+\frac{n_s}{n_T}(K_s-1)\right]$$

若电动机加速时间在60s以上，则应满足下面的条件：

$$P_{CN}\geqslant P_{CN1}\left[1+\frac{n_s}{n_T}(K_s-1)\right]$$

$$I_{CN}\geqslant n_TI_M\left[1+\frac{n_s}{n_T}(K_s-1)\right]$$

式中 n_T——并联电动机的台数;

n_s——同时启动的台数；

P_{CN1}——连续容量（kV・A），$\frac{KP_Mn_T}{\eta\cos\varphi}$;

P_M——电动机输出功率；

η——电动机的效率（约取0.85）;

$\cos\varphi$——电动机的功率因数（常取0.75）;

K——电流波形修正系数（PWM方式取1.05 ～ 1.10）;

K_s——电动机启动电流/电动机额定电流；

I_M——电动机额定电流；

P_{CN}——变频器容量，kV・A；

I_{CN}——变频器额定电流，A。

在变频器驱动多台电动机时，若其中可能有一台电动机随时挂接到变频器或随时退出运行。此时变频器的额定输出电流可按下式计算：

$$I_{ICN} \geqslant K\sum_{i=1}^{J} I_{MN} + 0.9 I_{MQ}$$

式中 I_{ICN}——变频器额定输出电流，A；

I_{MN}——电动机额定输入电流，A；

I_{MQ}——最大一台电动机的启动电流，A；

K——安全系数，一般取1.05～1.10；

J——余下的电动机台数。

（5）在电动机直接启动条件下变频器容量的计算

一般情况下，三相异步电动机直接用工频启动时，启动电流为其额定电流的5～7倍。对于电动机功率小于10kW的电动机直接启动时，可用下面式子计算变频器容量：

$$I_{CN} \geqslant I_K / K_g$$

式中 I_K——在额定电压、额定频率下电动机启动时的堵转电流，A；

K_g——变频器的允许过载倍数，K_g=1.3～1.5。

在运行中，若电动机电流变化不规则，不易获得运行特性曲线，这时可将电动机在输出最大转矩时的电流限制在变频器的额定输出电流内进行选定。

（6）在大惯性负载启动条件下的变频器容量计算

变频器过载容量通常为125%/60s或150%/60s，如果超过此值，必须增大变频器的容量。在这种情况下，可按下面的式子计算变频器的容量：

$$P_{CN} \geqslant \frac{K n_M}{9550 \eta \cos\varphi}\left(T_L + \frac{GD^2}{375} \times \frac{n_M}{t_A}\right)$$

式中 GD^2——换算到电动机轴上的转动惯量值，N·m²；

T_L——负载转矩，N·m；

η——电动机的效率（取0.85）；

$\cos\varphi$——电动机的功率因数（取0.75）；

n_M——电动机的额定转速，r/min；

t_A——电动机加速时间，s（由负载要求确定）；

K——电流波形的修正系数（PWM方式取1.05～1.10）；

P_{CN}——变频器的额定容量，kV·A。

（7）轻载条件下的变频器容量计算

如果电动机的实际负载比电动机的额定输出功率小，变频器容量一般可选择与实际负载相称。但对于通用变频器，应按电动机额定功率选择变频器容量。

16.3 变频器外围设备的选用

在组建变频调速系统时，先要根据负载选择变频器，再给变频器选择相关外围设备。为了让变频调速系统正常可靠工作，正确选用变频器外围设备非常重要。

16.3.1 主电路外围设备的接线

变频器主电路设备直接接触高电压大电流，主电路外围设备选用不当，轻则变频器不能正常工作，重则会损坏变频器。变频器主电路外围设备和接线如图16-2所示，这是一个较齐全的主电路接线图，在实际中有些设备可不采用。

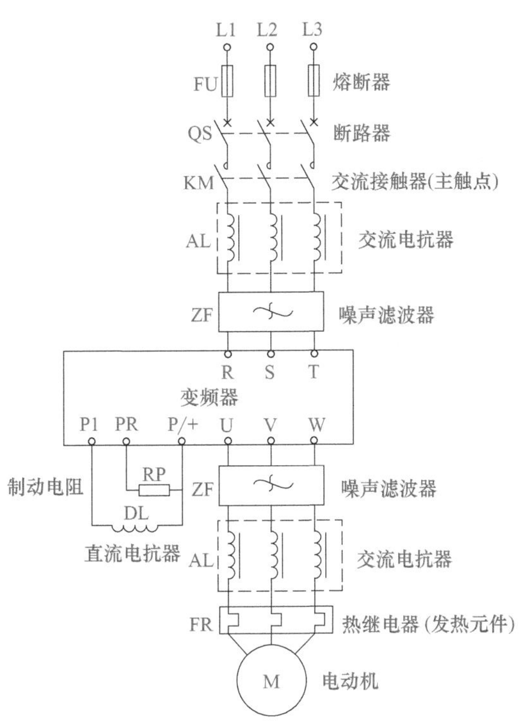

图16-2 变频器主电路的外围设备和接线

从图中可以看出，变频器主电路的外围设备有熔断器、断路器、交流接触器（主触点）、交流电抗器、噪声滤波器、制动电阻、直接电抗器和热继电器（发热元件）。为了降低成本，在要求不高的情况下，主电路外围设备大多数可省掉，如仅保留断路器。

16.3.2 熔断器的选用

熔断器用来对变频器进行过流保护。熔断器的额定电流I_{UN}可根据下式选择：

$$I_{UN} > (1.1 \sim 2.0)\ I_{MN}$$

式中 I_{UN}——熔断器的额定电流；

I_{MN}——电动机的额定电流。

16.3.3 断路器的选用

断路器又称自动空气开关，断路器的功能主要有：接通和切断变频器电源；对变频器进行过流、欠压保护。

由于断路器具有过流自动掉闸保护功能，为了防止产生误动作，正确选择断路器的额定电流非常重要。断路器的额定电流I_{QN}选择分下面两种情况。

① 一般情况下，I_{QN}可根据下式选择：

$$I_{QN} > (1.3 \sim 1.4)\ I_{CN}$$

式中 I_{CN}——变频器的额定电流，A。

② 在工频和变频切换电路中，I_{QN}可根据下式选择：

$$I_{QN}>2.5I_{MN}$$

式中 I_{MN}——电动机的额定电流，A。

16.3.4 交流接触器的选用

根据安装位置不同，交流接触器可分为输入侧交流接触器和输出侧交流接触器。

（1）输入侧交流接触器

输入侧交流接触器安装在变频器的输入端，它既可以远距离接通和分断三相交流电源，在变频器出现故障时还可以及时切断输入电源。

输入侧交流接触器的主触点接在变频器输入侧，主触点额定电流I_{KN}可根据下式选择：

$$I_{KN}\geqslant I_{CN}$$

式中 I_{CN}——变频器的额定电流，A。

（2）输出侧交流接触器

当变频器用于工频/变频切换时，变频器输出端需接输出侧交流接触器。

由于变频器输出电流中含有较多的谐波成分，其电流有效值略大于工频运行的有效值，故输出侧交流接触器的主触点额定电流应选大些。输出侧交流接触器的主触点额定电流I_{KN}可根据下式选择：

$$I_{KN}>1.1I_{MN}$$

式中 I_{MN}——电动机的额定电流，A。

16.3.5 交流电抗器的选用

（1）作用

交流电抗器实际上是一个带铁芯的三相电感器，如图16-3所示。

交流电抗器的作用有：

图16-3 交流电抗器

① 抑制谐波电流，提高变频器的电能利用效率（可将功率因数提高至0.85以上）；

② 由于电抗器对突变电流有一定的阻碍作用，故在接通变频器瞬间，可降低浪涌电流大小，减小电流对变频器冲击；

③ 可减小三相电源不平衡的影响。

（2）应用场合

交流电抗器不是变频器必用外部设备，可根据实际情况考虑使用。当遇到下面的情况之一时，可考虑给变频器安装交流电抗器。

① 电源的容量很大，达到变频器容量10倍以上，应安装交流电抗器。

② 若在同一供电电源中接有晶闸管整流器，或者电源中接有补偿电容（提高功率因数），应安装交流电抗器。

③ 三相供电电源不平衡超过3%时，应安装交流电抗器。

④ 变频器功率大于30kW时，应安装交流电抗器。

⑤ 变频器供电电源中含有较多高次谐波成分时，应考虑安装变流电抗器。

在选用交流电抗器时，为了减小电抗器对电能的损耗，要求电抗器的电感量与变频器的容量相适应。表16-2列出一些常用交流电抗器的规格。

表16-2　一些常用交流电抗器的规格

电动机容量/kW	30	37	45	55	75	90	110	160
变频器容量/kW	30	37	45	55	75	90	110	160
电感量/mH	0.32	0.26	0.21	0.18	0.13	0.11	0.09	0.06

16.3.6　直流电抗器的选用

直流电抗器如图16-4所示，它接在变频器P1、P（或+）端子之间，接线可参见图16-2。直流电抗器的作用是削弱变频器开机瞬间电容充电形成的浪涌电流，同时提高功率因数。与交流电抗器相比，直流电抗器不但体积小，而且结构简单，提高功率因数更为有效，若两者同时使用，可使功率因数达到0.95，大大提高变频器的电能利用率。

常用直流电抗器的规格见表16-3。

表16-3　常用直流电抗器的规格

电动机容量/kW	30	37～55	75～90	110～132	160～200	230	280
允许电流/A	75	150	220	280	370	560	740
电感量/mH	600	300	200	140	110	70	55

16.3.7　制动电阻

制动电阻的作用是在电动机减速或制动时消耗惯性运转产生的电能，使电动机能迅速减速或制动。制动电阻如图16-5所示。为了使制动达到理想效果且避免制动电阻烧坏，选用制动电阻时需要计算阻值和功率。

图16-4　直流电抗器

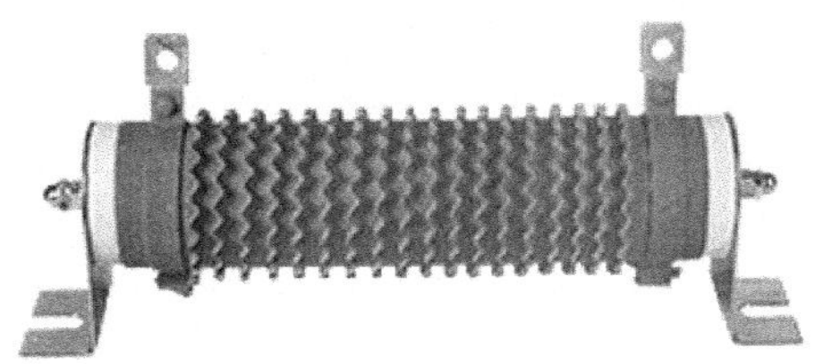

图16-5　制动电阻

（1）阻值的计算

精确计算制动电阻的阻值要涉及很多参数，且计算复杂，一般情况下可按下式粗略估算：

$$R_B=\frac{2U_{DB}}{I_{MN}}\sim\frac{U_{DB}}{I_{MN}}$$

式中　R_B——制动电阻的阻值，Ω；

U_{DB}——直流回路允许的上限电压值，V（我国规定U_{DB}=600V）；

I_{MN}——电动机的额定电流，A。

（2）功率的计算

制动电阻的功率可按下面式子计算：

$$P_B=\alpha_B\frac{U_{DB}^2}{R_B}$$

式中　P_B——制动电阻的功率，W；

U_{DB}——直流回路允许的上限电压值，V（我国规定 U_{DB}=600V）；

R_B——制动电阻的阻值，Ω；

α_B——修正系数。

α_B 可按下面规律取值。

在不反复制动时，若制动时间小于10s，取 α_B=7；若制动时间超过100s，取 α_B=1；若制动时间在10～100s之间，α_B 可按比例选取1～7之间的值。

在反复制动时，若 $\frac{t_B}{t_C}<0.01$（t_B 为每次制动所需的时间，t_C 为每次制动周期所需的时间），取 α_B=7；若 $\frac{t_B}{t_C}>0.15$，取 α_B=1；若 $0.01<\frac{t_B}{t_C}<0.15$，$\alpha_B$ 可按比例选取1～7之间的值。

制动电阻的选取也可查表获得，不同容量电动机与制动电阻的阻值和功率对应关系见表16-4。

表16-4　不同容量电动机与制动电阻的阻值和功率对应关系

电动机容量/kW	电阻值/Ω	电阻功率/kW	电动机容量/kW	电阻值/Ω	电阻功率/kW
0.4	1000	0.14	37	20	8
0.75	750	0.18	45	16	12
1.5	350	0.4	55	13.6	12
2.2	250	0.55	75	10	20
3.7	150	0.9	90	10	20
5.5	110	1.3	110	7	27
7.5	75	1.8	132	7	27
15.	60	2.5	160	5	33
15	50	4	200	4	40
18.5	40	4	220	3.5	45
22	30	5	280	2.7	64
30	24	8	315	2.7	64

16.3.8　热继电器的选用

热继电器在电动机长时间过载运行时起保护作用。热继电器的发热元件额定电流 I_{RN} 可按下式选择：

$$I_{RN}\geqslant(0.95\sim1.15)I_{MN}$$

式中　I_{MN}——电动机的额定电流，A。

16.3.9　噪声滤波器

变频器在工作时会产生高次谐波干扰信号，在变频器输入侧安装噪声滤波器可以防止高次谐波干扰信号窜入电网，干扰电网中其他的设备，也可阻止电网中的干扰信号窜入变频器。在变频器输出侧的噪声滤波器可以防止干扰信号窜入电动机，影响电动机正常工作。一般情况下，变频器可不安装噪声滤波器，若需安装，建议安装变频器专用的噪声滤波器。

变频器专用噪声滤波器的外形和结构如图16-6所示。

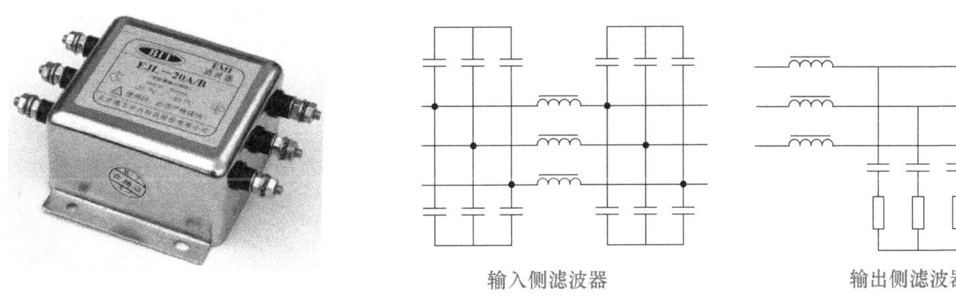

(a) 外形　　(b) 结构

图16-6　噪声滤波器

16.4 变频器的安装、调试与维护

16.4.1 安装与接线

（1）注意事项

在安装变频器时，要注意以下事项。

① 由于变频器使用了塑料零件，为了不造成破损，在使用时，不要用太大的力。

② 应安装在不易受振动的地方。

③ 避免安装在高温、多湿的场所，安装场所周围温度不能超过允许温度（-10～+50℃）。

④ 安装在不可燃的表面上。变频器工作时温度最高可达150℃，为了安全，应安装在不可燃的表面上，同时为了使热量易于散发，应在其周围留有足够的空间。

⑤ 避免安装在油雾、易燃性气体、棉尘和尘埃等漂浮的场所。若一定要在这种环境下使用，可将变频器安装在可阻挡任何悬浮物质的封闭型屏板内。

（2）安装

变频器可安装在开放的控制板上，也可以安装在控制柜内。

① 安装在控制板上　当变频器安装在控制板上时，要注意变频器与周围物体有一定的空隙，便于能良好地散热，如图16-7所示。

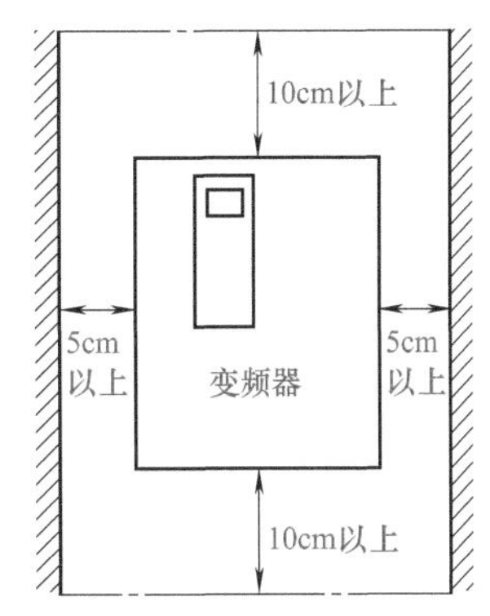

图16-7　变频器安装在控制板上

② 安装在控制柜内　当变频器安装在有通风扇的控制柜内时，要注意安装位置，让对流的空气能通过变频器，以带走工作时散发的热量，如图16-8所示。

如果需要在一个控制柜内同时安装多台变频器，要注意水平并排安装位置，如图16-9所示，若垂直安装在一起，下方变频器散发的热量烘烤上方变频器。

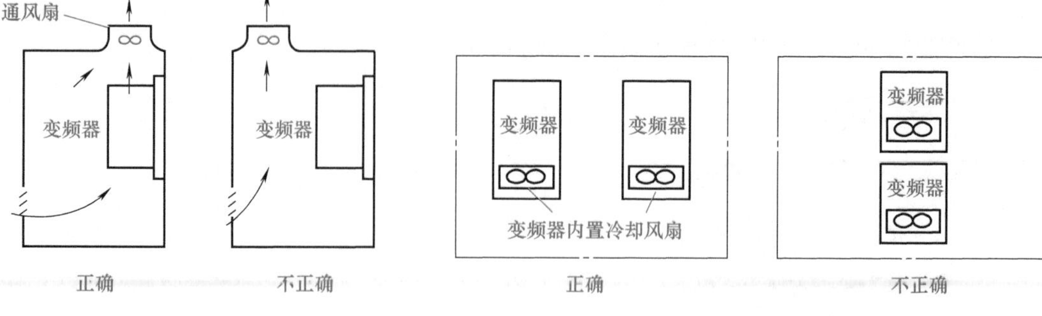

图16-8 变频器安装在控制柜中　　图16-9 多台变频器应并排安装

在安装变频器时，应将变频器竖直安装，不要卧式、侧式安装，如图16-10所示。

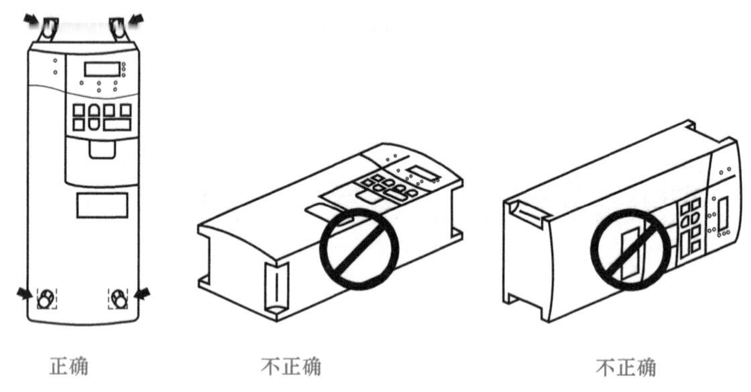

图16-10 变频器应竖直安装

（3）接线

变频器通过接线与外围设备连接，接线分为主电路接线和控制电路接线。主电路连接导线选择较为简单，由于主电路电压高、电流大，所以选择主电路连接导线时应该遵循“线径宜粗不宜细”原则，具体可按普通电动机的选择导线方法来选用。

控制电路的连接导线种类较多，接线时要符合其相应的特点。下面介绍各种控制接线及接线方法。

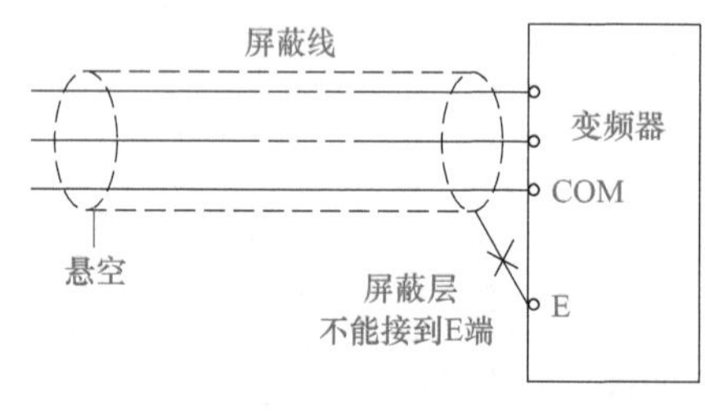

图16-11 模拟量接线

① 模拟量接线 模拟量接线主要包括：输入侧的给定信号线和反馈线；输出侧的频率信号线和电流信号线。

由于模拟量信号易受干扰，因此需要采用屏蔽线作模拟量接线。模拟量接线如图16-11所示，屏蔽线靠近变频器的屏蔽层应接公共端（COM），而不要接E端（接地端），屏蔽层的另一端要悬空。

在进行模拟量接线时还要注意：模拟量导线应远离主电路100mm以上；模拟量导线尽量不要和主电路交叉，若必须交叉，应采用垂直交叉方式。

② 开关量接线 开关量接线主要包括启动、点动和多挡转速等接线。一般情况下，模拟量接线原则适用开关量接线，不过由于开关量信号抗干扰能力强，所以在距离不远时，开关量接线可不采用屏蔽线，而使用普通的导线，但同一信号的两根线必须互相绞在

一起。

如果开关量控制操作台距离变频器很远，应先用电路将控制信号转换成能远距离传送的信号，当信号传送到变频器一端时，要将该信号还原成变频器所要求的信号。

③ 变频器的接地　为了防止漏电和干扰信号侵入或向外辐射，要求变频器必须接地。在接地时，应采用较粗的短导线将变频器的接地端子（通常为E端）与地连接。当变频器和多台设备一起使用时，每台设备都应分别接地，如图16-12所示，不允许将一台设备的接地端接到另一台设备接地端再接地。

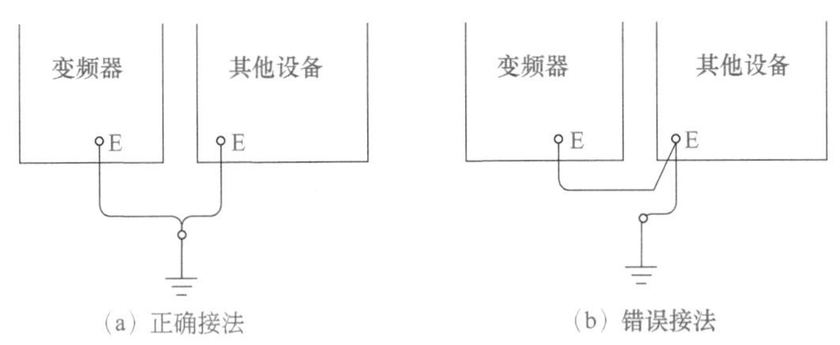

图16-12　变频器和多台设备一起使用时的接地方法

④ 线圈反峰电压吸收电路接线　接触器、继电器或电磁铁线圈在断电的瞬间会产生很高的反峰电压，易损坏电路中的元件或使电路产生误动作，在线圈两端接吸收电路可以有效抑制反峰电压。对于交流电源供电的控制电路，可在线圈两端接R、C元件来吸收反峰电压，如图16-13（a）所示，当线圈瞬间断电时产生很高反峰电压，该电压会对电容C充电而迅速降低。对于直流电源供电的控制电路，可在线圈两端接二极管来吸收反峰电压，如图16-13（b）所示，图中线圈断电后会产生很高的左负右正反峰电压，二极管VD马上导通而使反峰电压降低，为了抑制反峰电压，二极管正极应对应电源的负极。

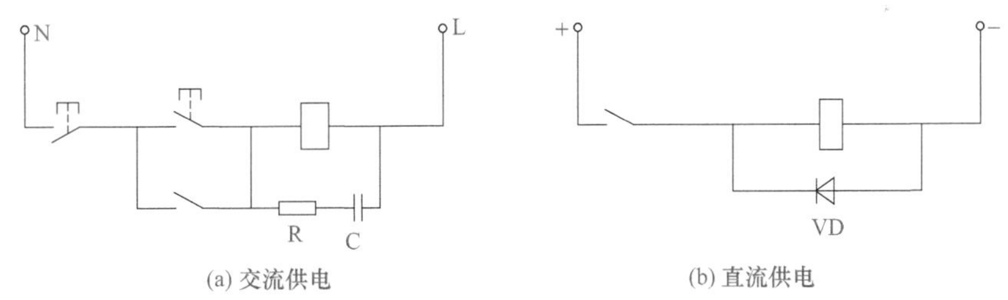

图16-13　线圈反峰电压吸收电路接线

16.4.2　调试

变频器安装和接线后需要进行调试，调试时先要对系统进行检查，然后按照“先空载，再轻载，后重载”的原则进行调试。

（1）检查

在变频调速系统试车前，先要对系统进行检查。检查分断电检查和通电检查。

① 断电检查　断电检查的主要内容如下。

a.外观、结构的检查。主要检查变频器的型号、安装环境是否符合要求，装置有无损坏和脱落，电缆线径和种类是否合适，电气接线有无松动、错误，接地是否可靠等。

b.绝缘电阻的检查。在测量变频器主电路的绝缘电阻时，要将R、S、T端子（输入端子）和U、V、W端子（输出端子）都连接起来，再用500V的兆欧表测量这些端子与接地端之间的绝缘电阻，正常绝缘电阻应在10MΩ 以上。在测量控制电路的绝缘电阻时，应采用万用表$R \times 10k\Omega$ 挡测量各端子与地之间的绝缘电阻，不能使用兆欧表或其他高电压仪表测量，以免损坏控制电路。

c.供电电压的检查。检查主电路的电源电压是否在允许的范围之内，避免变频调速系统在允许电压范围外工作。

② 通电检查　通电检查的主要内容如下。

a.检查显示是否正常。通电后，变频器显示屏会有显示，不同变频器通电后显示内容会有所不同，应对照变频器操作说明书观察显示内容是否正常。

b.检查变频器内部风机能否正常运行。通电后，变频器内部风机会开始运转（有些变频器需工作时达到一定温度风机才运行，可查看变频器说明书），用手在出风口感觉风量是否正常。

（2）熟悉变频器的操作面板

不同品牌的变频器操作面板会有差异，在调试变频调速系统时，先要熟悉变频器操作面板。在操作时，可对照操作说明书对变频器进行一些基本的操作，如测试面板各按键的功能、设置变频器一些参数等。

（3）空载试验

在进行空载试验时，先脱开电动机的负载，再将变频器输出端与电动机连接，然后进行通电试验。试验步骤如下。

① 启动试验。先将频率设为0Hz，然后慢慢调高频率至50Hz，观察电动机的升速情况。

② 电动机参数检测。带有矢量控制功能的变频器需要通过电动机空载运行来自动检测电动机的参数，其中有电动机的静态参数，如电阻、电抗，还有动态参数，如空载电流等。

③ 基本操作。对变频器进行一些基本操作，如启动、点动、升速和降速等。

④ 停车试验。让变频器在设定的频率下运行10min，然后频率迅速调到0Hz，观察电动机的制动情况，如果正常，空载试验结束。

（4）带载试验

空载试验通过后，再接上电动机负载进行试验。带载试验主要有启动试验、停车试验和带载能力试验。

① 启动试验　启动试验的主要内容如下。

a.将变频器的工作频率由0Hz开始慢慢调高，观察系统的启动情况，同时观察电动机负载运行是否正常。记下系统开始启动的频率，若在频率较低的情况下电动机不能随频率上升而运转起来，说明启动困难，应进行转矩补偿设置。

b.将显示屏切换至电流显示，再将频率调到最大值，让电动机按设定的升速时间上升到最高转速，在此期间观察电流变化，若在升速过程中变频器出现过流保护而跳闸，说明升速时间不够，应设置延长升速时间。

c.观察系统启动升速过程是否平稳，对于大惯性负载，按预先设定的频率变化率升速或降速时，有可能会出现加速转矩不够，导致电动机转速与变频器输出频率不协调，这时应考虑低速时设置暂停升速功能。

d.对于风机类负载，应观察停机后风叶是否因自然风而反转，若有反转现象，应设置启动前的直流制动功能。

② 停车试验　停车试验的主要内容如下。

a.将变频器的工作频率调到最高频率，然后按下停机键，观察系统是否出现过电流或过电压而跳闸现象，若有此现象出现，应延长减速时间。

b.当频率降到0Hz时，观察电动机是否出现"爬行"现象（电动机停不住），若有此现象出现，应考虑设置直流制动。

③ 带载能力试验　带载能力试验的主要内容如下。

a.在负载要求的最低转速时，给电动机带额定负载长时间运行，观察电动机发热情况，若发热严重，应对电动机进行散热。

b.在负载要求的最高转速时，变频器工作频率高于额定频率，观察电动机是否能驱动这个转速下的负载。

16.4.3　维护

为了延长变频器使用寿命，在使用过程中需要对变频器进行定期维护保养。

（1）维护内容

变频器维护内容主要有：

① 清扫冷却系统的积尘脏物；

② 对紧固件重新紧固；

③ 检测绝缘电阻是否在允许的范围内；

④ 检查导体、绝缘物是否有破损和腐蚀；

⑤ 定期检查更换变频器的一些元器件，具体见表16-5。

表16-5　变频器需定期检查更换的元器件

元件名称	更换时间（供参考）	更换方法
滤波电容	5年	更换为新品
冷却风扇	2～3年	更换为新品
熔断器	10年	更换为新品
电路板上的电解电容	5年	更换为新品（检查后决定）
定时器		检查动作时间后决定

（2）维护时注意事项

在对变频器进行维护时，要注意以下事项。

① 操作前必须切断电源，并且在主电路滤波电容放电完毕，电源指示灯熄灭后进行维护，以保证操作安全。

② 在出厂前，变频器都进行了初始设定，一般不要改变这些设定，若改变了设定又需要恢复出厂设定时，可对变频器进行初始化操作。

③ 变频器的控制电路采用了很多CMOS芯片，应避免用手接触这些芯片，防止手所带的静电损坏芯片，若必须接触，应先释放手上的静电（如用手接触金属自来水龙头）。

④ 严禁带电改变接线和拔插连接件。

⑤ 当变频器出现故障时，不要轻易通电，以免扩大故障范围，这种情况下可断电再用电阻法对变频器电路进行检测。

16.4.4　常见故障及原因

变频器常见故障及原因见表16-6。

表16-6 变频器常见故障及原因

故障	原因
过电流	过电流故障分以下情况： ①重新启动时，若只要升速变频器就会跳闸，表明过电流很严重，一般是负载短路、机械部件卡死、逆变模块损坏或电动机转矩过小等引起 ②通电后即跳闸，这种现象通常不能复位，主要原因是驱动电路损坏、电流检测电路损坏等 ③重新启动时并不马上跳闸，而是加速时跳闸，主要原因可能是加速时间设置太短、电流上限设置太小或转矩补偿设定过大等
过电压	过电压报警通常出现在停机的时候，主要原因可能是减速时间太短或制动电阻及制动单元有问题
欠电压	欠电压是主电路电压太低，主要原因可能是电源缺相、整流电路一个桥臂开路、内部限流切换电路损坏（正常工作时无法短路限流电阻，电阻上产生很大压降，导致送到逆变电路电压偏低），另外电压检测电路损坏也会出现欠压问题
过热	过热是变频器一种常见故障，主要原因可能是周围环境温度高、散热风扇停转、温度传感器不良或电动机过热等
输出电压不平衡	输出电压不平衡一般表现为电动机转速不稳、有抖动，主要原因可能是驱动电路损坏或电抗器损坏
过载	过载是一种常见的故障，出现过载时应先分析是电动机过载还是变频器过载。一般情况下，由于电动机过载能力强，只要变频器参数设置得当，电动机不易出现过载；对于变频器过载报警，应检查变频器输出电压是否正常

第5篇

PLC、变频器及触摸屏综合应用

第17章 触摸屏与PLC的综合应用

触摸屏是一种新型数字系统输入设备，利用触摸屏可以使人们直观方便地进行人机交互。利用触摸屏不但可以在触摸屏对PLC进行操控，还可在触摸屏上实时监测PLC的工作状态。要使用触摸屏操控和监测PLC，必须给触摸屏制作相应的操控和监测画面。

17.1 触摸屏结构与类型

17.1.1 基本组成

触摸屏主要由触摸检测部件和触摸屏控制器组成。触摸检测部件安装在显示器屏幕前面，用于检测用户触摸位置，然后送触摸屏控制器；触摸屏控制器的功能是从触摸点检测装置上接收触摸信息，并将它转换成触点坐标，再送给机器。

触摸屏的基本结构如图17-1所示。触摸屏的触摸有效区域被分成类似坐标的X轴和Y轴，当触摸某个位置时，该位置对应坐标一个点，不同位置对应的坐标点不同，触摸屏上的检测部件将触摸信号送到控制器，控制器将其转换成相应的触摸坐标信号，再送给数字电子设备（如计算机、PLC或变频器等）。

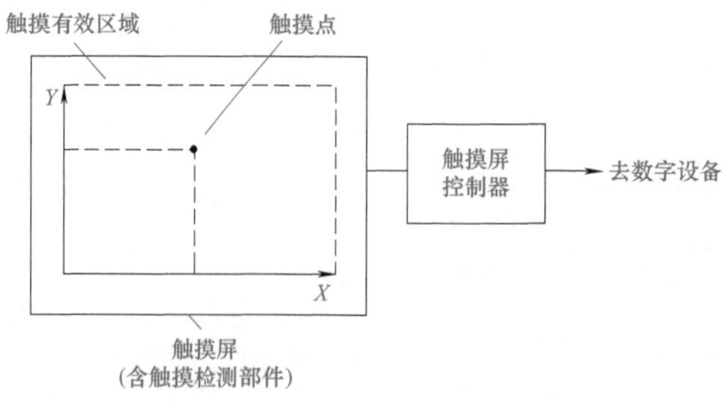

图17-1 触摸屏的基本结构

17.1.2 种类与工作原理

根据工作原理不同，触摸屏主要分为电阻式、电容式、红外线式和表面声波式四种。

（1）电阻式触摸屏

电阻触摸屏的基本结构如图17-2（a）所示，它由一块2层透明复合薄膜屏组成，下面是由玻璃或有机玻璃构成的基层，上面是一层外表面经过硬化处理的光滑防刮塑料层，在基板和塑料层的内表面都涂有透明金属导电层ITO（氧化铟），在两导电层之间有许多细小的透明绝缘支点把它们隔开，当按压触摸屏某处时，该处的两导电层会接触。

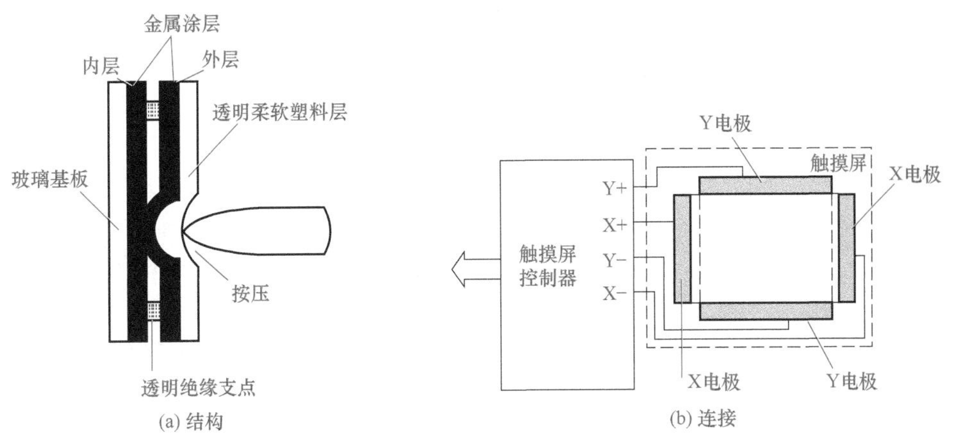

(a) 结构　　(b) 连接

图17-2　电阻触摸屏的基本结构

触摸屏的两个金属导电层是触摸屏的两个工作面，在每个工作面的两端各涂有一条银胶，称为该工作面的一对电极，为分析方便，这里认为上工作面左右两端接X电极，下工作面上下两端接Y电极，X、Y电极都与触摸屏控制器连接，如图17-2（b）所示。当2个X电极上施加一固定电压，如图17-3（a）所示，而2个Y电极不加电压时，在2个X极之间的导电涂层各点电压由左至右逐渐降低，这是因为工作面的金属涂层有一定的电阻，越往右的点与左X电极电阻越大，这时若按下触摸屏上某点，上工作面触点处的电压经触摸点和下工作面的金属涂层从Y电极（Y+或Y−）输出，触摸点在*X*轴方向越往右，从Y电极输出电压越低，即将触点在*X*轴的位置转换成不同的电压。同样地，如果给2个Y电极施加一固定电压，如图17-3（b）所示，当按下触摸屏某点时，会从X电极输出电压，触摸点越往上，从X电极输出的电压越高。

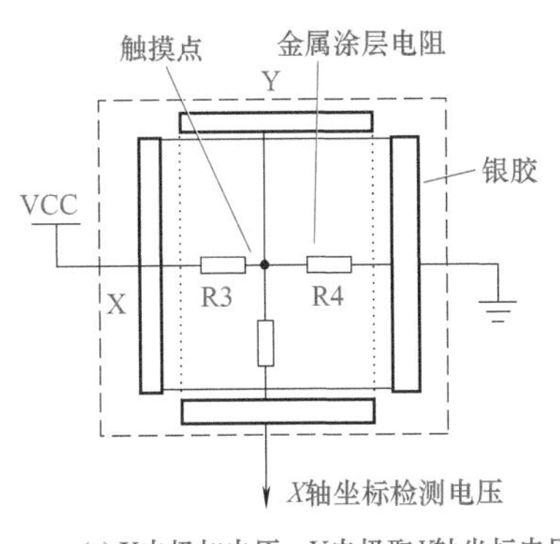

(a) X电极加电压，Y电极取*X*轴坐标电压

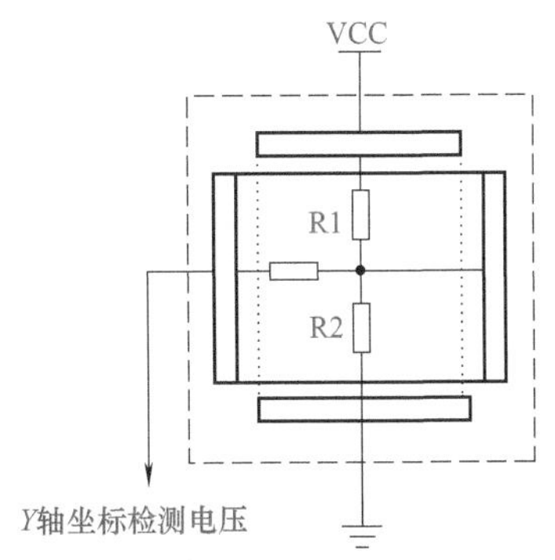

(b) Y电极加电压，X电极取*Y*轴坐标电压

图17-3　电阻触摸屏工作原理说明

电阻式触摸屏采用分时工作，先给2个X电极加电压而从Y电极取*X*轴坐标信号，再

给2个Y电极加电压，从X电极取Y轴坐标信号。分时施加电压和接收X、Y轴坐标信号都由触摸屏控制器来完成。

电阻触摸屏除了有四线式外，常用的还有五线式电阻触摸屏。五线式电阻触摸屏内部也有两个金属导电层，与四线式不同的是，五线式电阻触摸屏的四个电极分别加在内层金属导电层的四周，工作时分时给两对电极加电压，外金属导电层用作纯导体，在触摸时，触摸点的X、Y轴坐标信号分时从外金属层送出（触摸时，内金属层与外金属层会在触摸点处接通）。五线电阻触摸屏内层ITO需四条引线，外层只作导体仅仅一条，触摸屏的引出线共有5条。

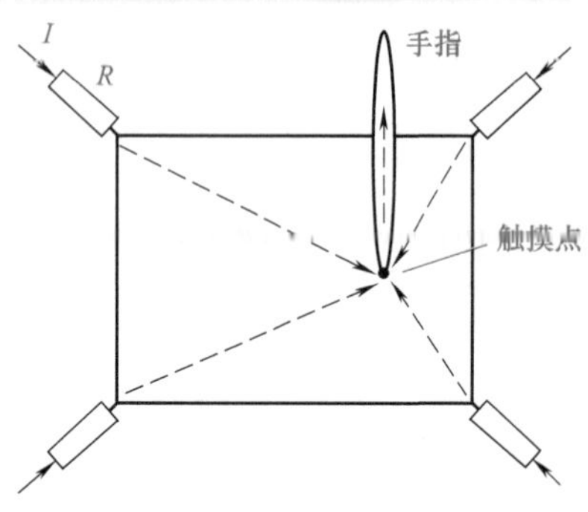

图17-4 电容式触摸屏工作原理说明

（2）电容式触摸屏

电容式触摸屏是利用人体的电流感应进行工作的。

电容式触摸屏是一块四层复合玻璃屏，玻璃屏的内表面和夹层各涂有一层透明导电金属层ITO（氧化铟），最外层是一薄层矽土玻璃保护层，夹层ITO涂层作为工作面，从它四个角上引出四个电极，内层ITO为屏蔽层以保证良好的工作环境。电容式触摸屏工作原理如图17-4所示，当手指触碰触摸屏时，人体手指、触摸屏最外层和夹层（金属涂层）形成一个电容，由于触摸屏的四角都加有高频电流，四角送入高频电流经导电夹层和形成的电容流往手指（人体相当一个零电势体）。触摸点不同，从四角流入的电流会有差距，利用控制器精确计算四个电流比例，就能得出触摸点的位置。

（3）红外线触摸屏

红外线触摸屏通常在显示器屏幕的前面安装一个外框，在外框的X、Y方向有排布均匀的红外发射管和红外接收管，一一对应形成横竖交错的红外线矩阵，如图17-5所示，在工作时，由触摸屏控制器驱动红外线发射管发射红外光，当手指或其他物体触摸屏幕时，就会挡住经过该点的横竖红外线，由控制器判断出触摸点在屏幕的位置。

（4）表面声波式触摸屏

表面声波是超声波的一种，它可以在介质（如玻璃、金属等刚性材料）表面浅层传播。表面声波触摸屏的触摸屏部分可以是一块平面、球面或是柱面的玻璃平板，安装在显示器屏幕的前面。玻璃屏的左上角和右下角都安装了竖直和水平方向的超声波发射器，右上角则固定了两个相应的超声波接收换能器，如图17-6所示，玻璃屏的四个周边则刻有由疏到密间隔非常精密的45° 反射条纹。

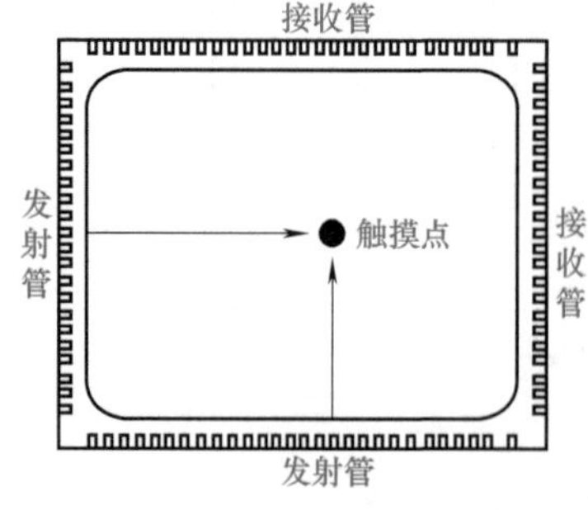

图17-5 红外线触摸屏工作原理说明

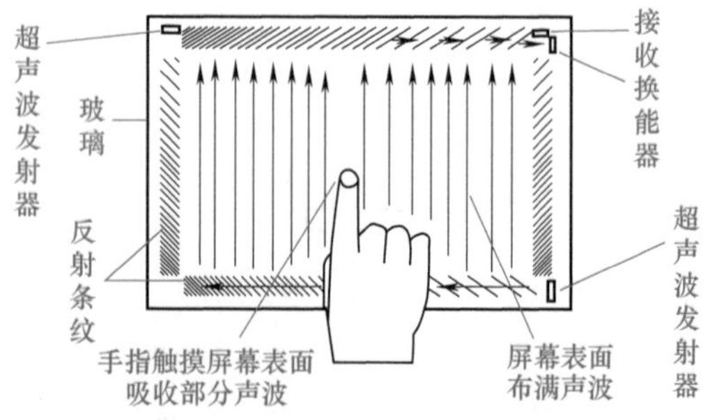

图17-6 表面声波式触摸屏工作原理说明

表面声波式触摸屏的工作原理说明（以右下角的X轴发射换能器为例）：

右下角的发射器将触摸屏控制器送来的电信号转化为表面声波，向左方表面传播，声波在经玻璃板的一组精密45° 反射条纹时，反射条纹把水平方向的声波反射成垂直向上声波，声波经玻璃板表面传播给上方45° 反射条纹，再经上方这些反射条纹聚成向右的声波传播给右上角的接收换能器，接收换能器将返回的表面声波变为电信号。

当发射换能器发射一个窄脉冲后，表面声波经不同途径到达接收换能器，最右边声波最先到达接收器，最左边的声波最后到达接收器，先到达的和后到达的这些声波叠加成一个连续的波形信号，不难看出，接收信号集合了所有在*X*轴方向历经长短不同路径回归的声波，它们在*Y*轴走过的路程是相同的，但在*X*轴上，最远的比最近的多走了两倍*X*轴最大距离。在没有触摸屏幕时，接收信号的波形与参照波形完全一样。当手指或其他能够吸收或阻挡声波的物体触摸屏幕某处时，*X*轴途经手指部位向上传播的声波在触摸处被部分吸收，反映在接收波形上即某一时刻位置上的波形有一个衰减缺口，控制器通过分析计算接收信号缺口位置就可得到触摸处的*X*轴坐标。同样地，利用左上角的发射器和右上角的接收器，可以判定出触摸点的*Y*坐标。确定触摸点的*X*轴、*Y*轴坐标后，控制器就将该坐标信号送给主机。

17.1.3 常用类型触摸屏的性能比较

各类触摸屏性能比较见表17-1。

表17-1 各类触摸屏性能比较

名称 性能	RED TOUCH 红外屏	国产声波屏	进口声波屏	四线电阻屏	五线电阻屏	电容屏
价格	较高	低	较高	低	高	较高
寿命	10年以上	2年以上	3年以上	1年以上	3年	2年以上
维护性	免	经常	经常	温度湿度较高下经常	温度湿度较高下经常	经常
防爆性	好	较好	好	差	较差	一般
稳定性	高	较差	较高	不高	高	一般
透明度	好	好	好	差	差	一般
安装形式	内外两种	内置	内置	内置	内置	内置
触摸物限制	硬物均可	硬物不可	硬物不可	无	无	导电物方可
输出分辨率	4096×4096	4096×4096	4096×4096	4096×4096	4096×4096	4096×4096
抗强光干扰性	好	好	好	好	好	好
响应速度	＜15ms	＜15ms	＜10ms	15ms	15ms	＜15ms
跟踪速度	好	第二点速度慢	第二点速度慢	较好	较好	慢
多点触摸问题	已解决	未解决	未解决	未解决	未解决	未解决
传感器损伤影响	没有	很大	很大	很大	较小	较小
污物影响	没有	较大	较大	基本没有	基本没有	基本没有
防水性能	可倒水试验	不行	不行	很少量行	很少量行	不行
防振防碎裂性能	不怕振、不怕碎裂，玻璃碎裂不影响正常触摸	换能器怕振裂和玻璃碎后屏已报废	换能器怕振裂和玻璃碎后触摸屏已报废	怕振裂、玻璃碎后触摸屏已报废	怕振裂、玻璃碎后触摸屏已报废	换能器怕振裂、玻璃碎后触摸屏已报废
防刮防划性能	不怕	不怕	不怕	怕	怕	怕
智能修复功能	有	没有	没有	没有	没有	没有
漂移	没有	较小	较小	基本没有	基本没有	较大
适用显示器类别	纯平/液晶效果最好	均可	均可	均可	均可	均可

17.2 三菱触摸屏型号参数及硬件连接

三菱触摸屏又称三菱图示操作终端，它除了具有触摸显示屏外，本身还带有主机部分，将它与PLC或变频器连接，不但可以直观操作这些设备，还能观察这些设备的运行情况。图17-7是常用的三菱F940型触摸屏。

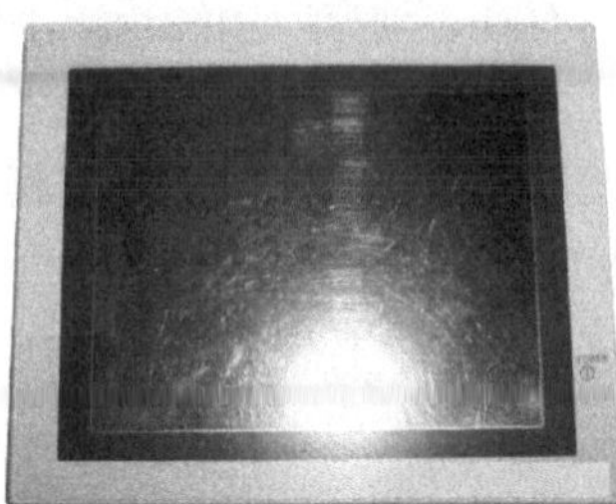

图17-7 三菱F940型触摸屏

17.2.1 参数规格

三菱触摸屏型号较多，主要有F800GOT、F900GOT和F1000GOT等系列，目前F1000GOT功能最为强大，而F900GOT更为常用。表17-2为三菱F900GOT系列触摸屏部分参数规格。

表17-2 三菱F900GOT系列触摸屏部分参数规格

项目		规格			
		F930GOT-BWD	F940GOT-LWD F943GOT-LWD	F940GOT-SWD F943GOT-SWD	F940WGOT-TWD
显示元件	LCD类型	STN型全点阵LCD			TFT型全点阵LCD
显示元件	点距（水平×垂直）	0.47mm×0.47mm	0.36mm×0.36mm		0.324mm×0.375mm
显示元件	显示颜色	单色（蓝/白）	单色（黑/白）	8色	256色
屏幕		"240×80点"液晶有效显示尺寸：117mm×42mm（4in[①]型）	"320×240点"液晶有效显示尺寸：115mm×86mm（6in型）		"480×234点"液晶有效显示尺寸155.5mm×87.8mm（7in型）
键	所用键数	每屏最大触摸键数目为50			
键	配置（水平×垂直）	"15×4"矩阵配置	"20×12"矩阵配置		"30×12"矩阵配置（最后一列包括14点）
接口	RS-422	符合RS-422标准，单通道，用于PLC通信（F943GOT没有RS-422接头）			
接口	RS-232C	符合RS-232C标准，单通道，用于画面数据传送（F940GOT符号RS-232C标准，双通道，用于画面数据传送和PLC通信）			符合RS-232C标准，双通道，用于画面数据传送和PLC通信
画面数量		用户创建画面：最多500个画面（画面编号：No.0～No.499） 系统画面：25个画面（画面编号：No.1001～No.1030）			
用户存储器容量		256KB	512KB		1MB

① 1in=2.54cm。

17.2.2 型号含义

三菱F900触摸屏的型号含义如下：

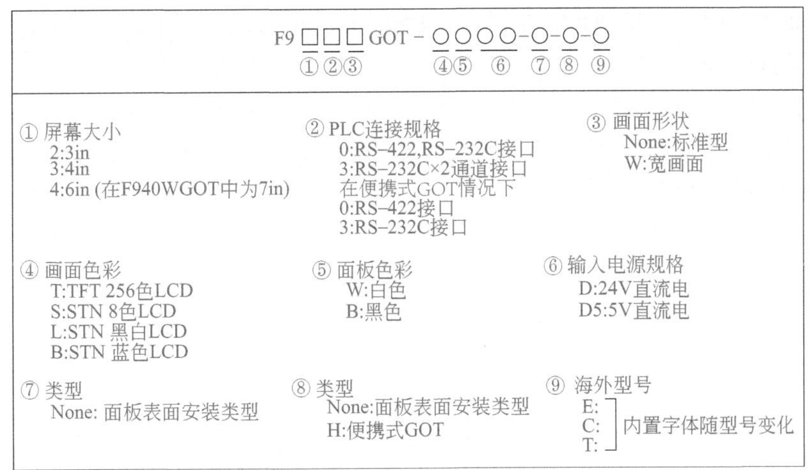

17.2.3 触摸屏与PLC、变频器等硬件设备的连接

（1）单台触摸屏与PLC、计算机的连接

触摸屏可与PLC、计算机等设备连接，连接方法如图17-8所示。F900GOT触摸屏有RS-422和RS-232C两种接口，RS-422接口可直接与PLC的RS-422接口连接，RS-232C接口可与计算机、打印机或条形码阅读器连接（只能选连一个设备）。

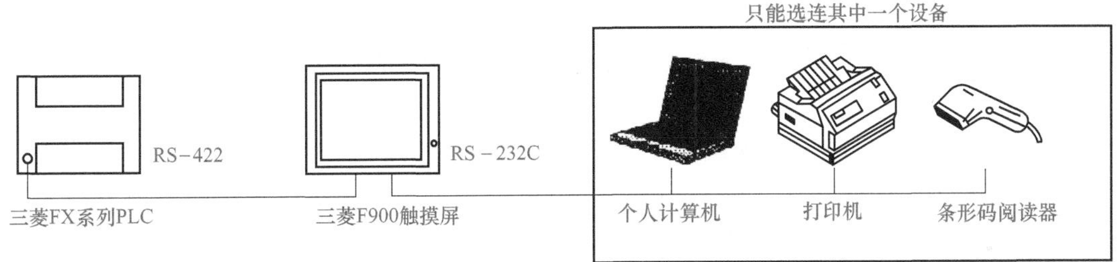

图17-8 触摸屏与PLC、计算机等设备的连接

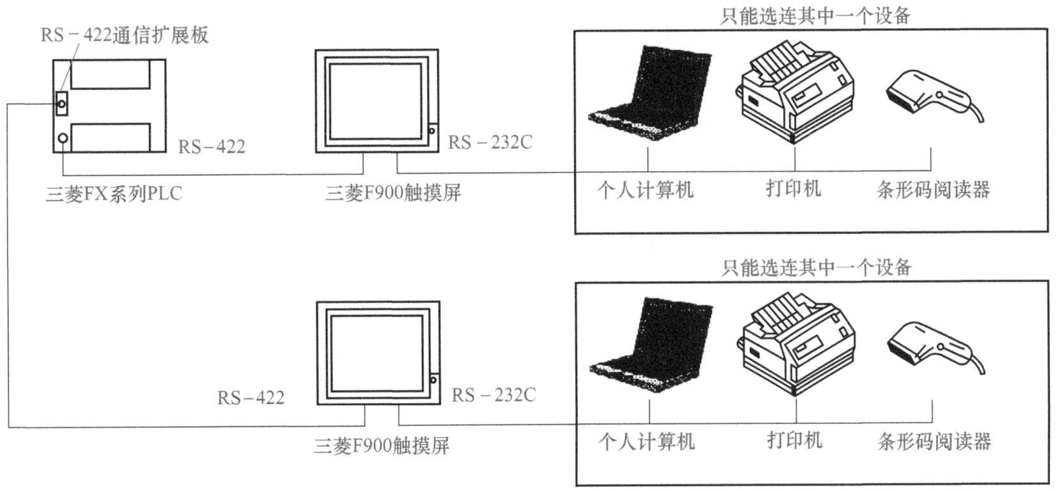

图17-9 PLC与多台触摸屏等设备的连接

触摸屏与PLC连接后，可在触摸屏上对PLC进行操控，也可监视PLC内部的数据；触

摸屏与计算机连接后，计算机可将编写好的触摸屏画面程序送入触摸屏，触摸屏中的程序和数据也可被读入计算机。

（2）多台触摸屏与PLC的连接

如果需要PLC连接多台触摸屏，可给PLC安装RS-422通信扩展板（板上带有RS-422接口），连接方法如图17-9所示。

（3）触摸屏与变频器的连接

触摸屏也可以与变频器连接，对变频器进行操作和监控。F900触摸屏可通过RS-422接口直接与含有PU接口或安装了FR-A5NR选件的三菱变频器连接。一台触摸屏可与多台变频器连接，连接方法如图17-10所示。

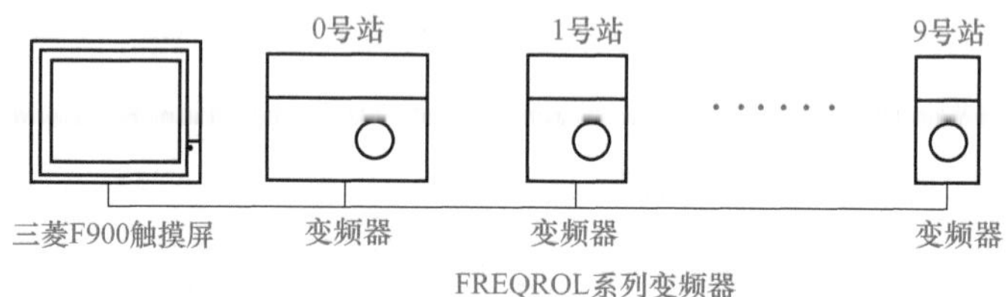

图17-10　一台触摸屏与多台变频器的连接

17.3 三菱GT Designer触摸屏软件的使用

三菱GT Designer是由三菱电机公司开发的触摸屏画面制作软件，适用于所有的三菱触摸屏。该软件窗口界面直观、操作简单，并且图形、对象工具丰富，还可以实时往触摸屏写入或读出画面数据。本节以F940GOT触摸屏为例进行说明。

17.3.1 软件的安装与窗口介绍

（1）软件的安装

在购买三菱触摸屏时会随机附带画面制作软件，打开GT Designer ver 5软件安装文件夹，找到“Setup.exe”文件，如图17-11所示，双击该文件即开始安装GT Designer ver 5软件。

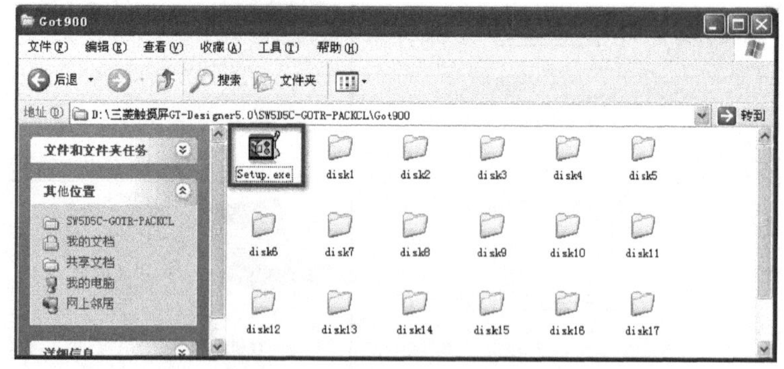

图17-11　双击“Setup.exe”文件，开始软件安装

GT Designer ver 5软件的安装与其他软件基本相同，在安装过程中按提示输入用户名、公司名，如图17-12所示，还要输入软件的ID号，如图17-13所示，安装类型选择“Typical

（典型）”，如图17-14所示。

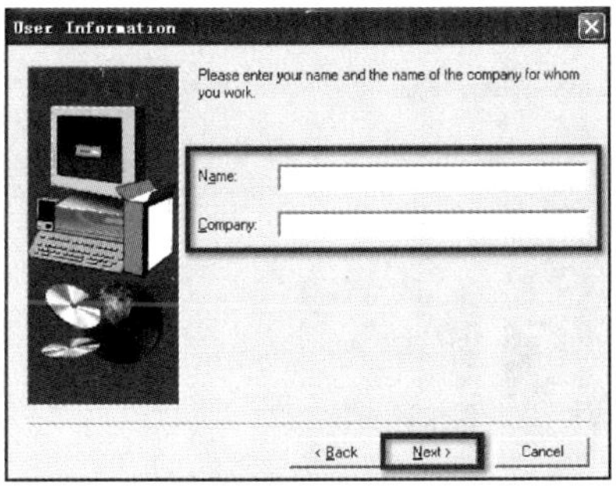

图17-12 输入用户名和公司名

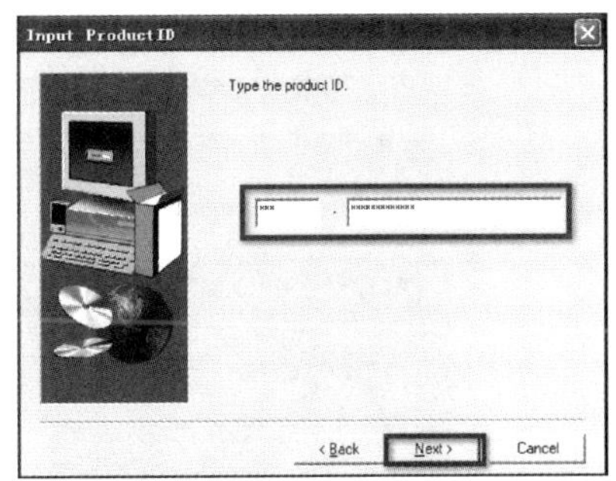

图17-13 输入软件ID号

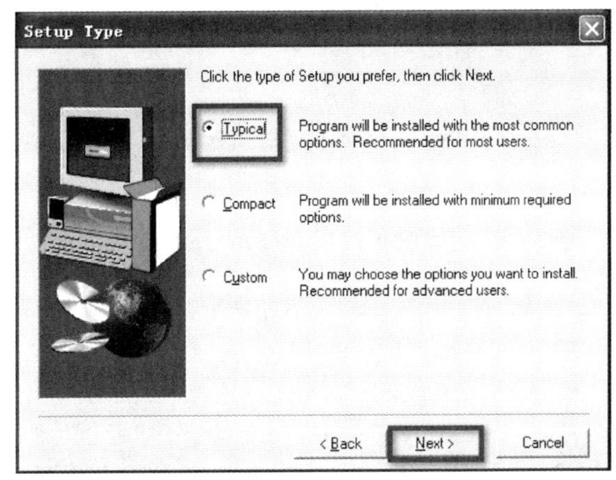

图17-14 选择“Typical（典型）”

（2）软件的启动

GT Designer ver 5软件安装完成后，单击桌面左下角的“开始”按钮，再执行“程序→MELSOFT Application→GT Designer”，该过程如图17-15所示，GT Designer ver 5即被启动，启动完成的软件界面如图17-16所示。

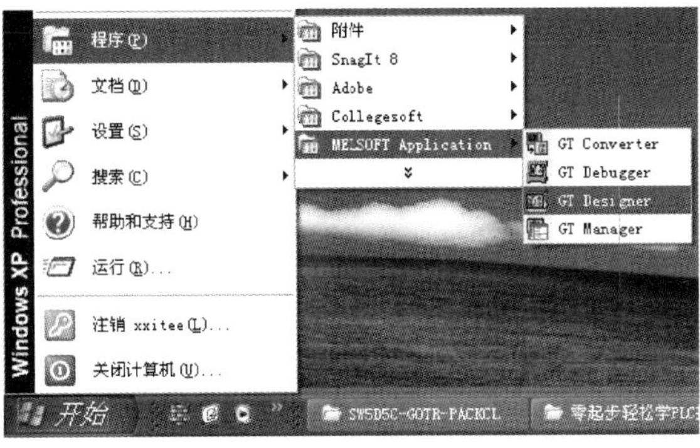

图17-15 执行“程序→MELSOFT Application→GT Designer”

（3）软件窗口各部分说明

三菱GT Designer ver 5软件窗口各组成名称如图17-17所示，在新建工程时，如果选用的设备类型不同，该窗口内容略有变化，一般来说，选用的设备越高级，软件窗口中的工具越多。下面对软件窗口的一些重要部分进行说明。

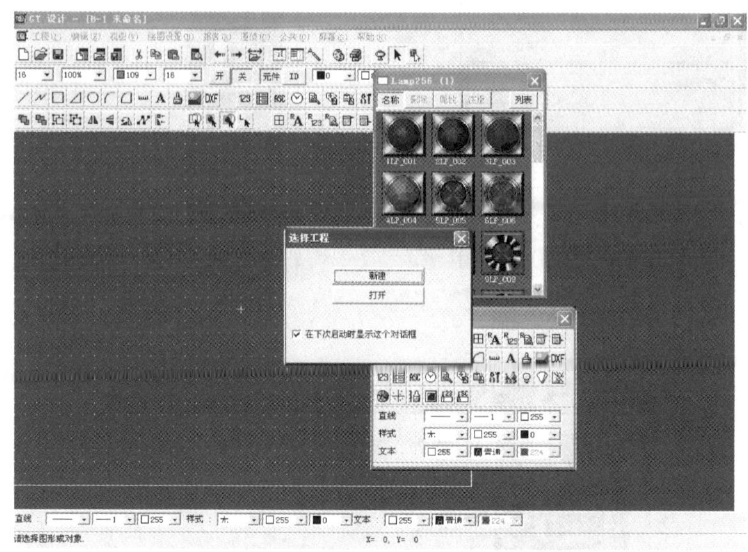

图17-16　启动完成的GT Designer ver 5软件界面

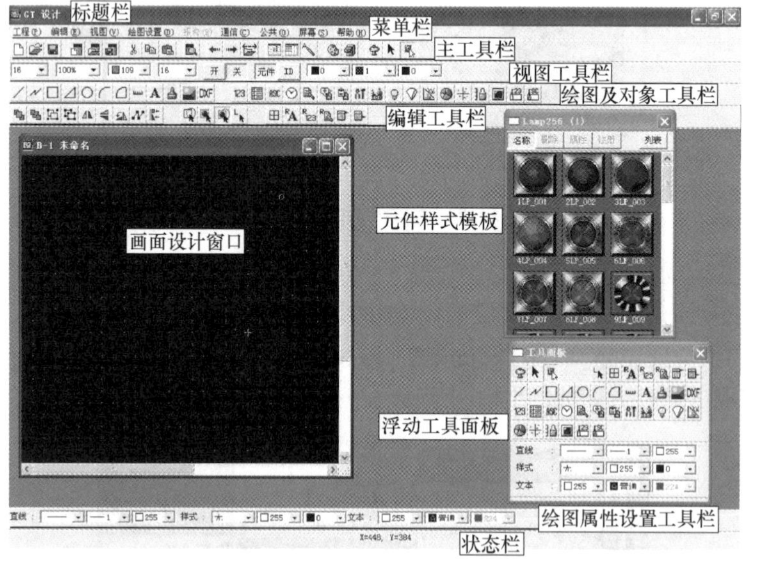

图17-17　三菱GT Designer ver 5软件窗口各组成部分名称

① 主工具栏　主工具栏的工具说明如图17-18所示。

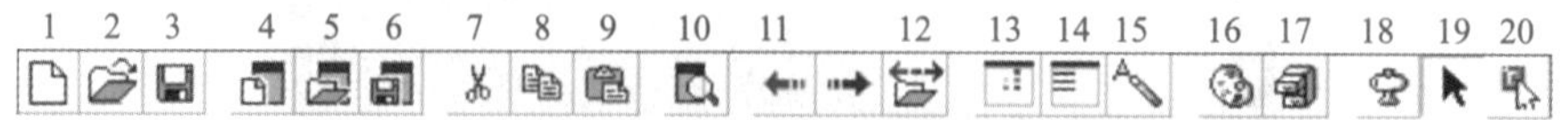

图17-18　主工具栏的工具说明

1—新建工程；2—打开工程；3—保存工程；4—新建屏幕；5—载入屏幕；6—保存屏幕；7—剪切；8—复制；9—粘贴；10—预览；11—切换编辑屏幕；12—打开并显示已关闭的屏幕（为切换编辑屏幕）；13—对象列表屏幕显示；14—软元件列表屏幕显示；15—注释编辑；16—工具选项板显示；17—模板显示；18—面板工具箱；19—图形和对象编辑光标；20—模板放置光标

② 视图工具栏　视图工具栏的工具说明如图17-19所示。

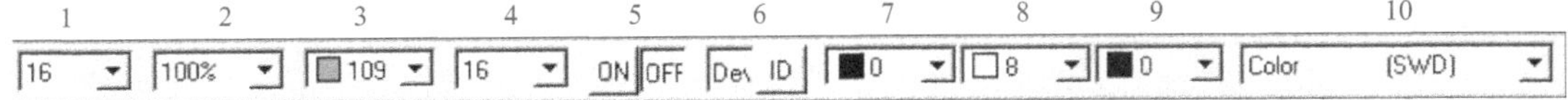

图17-19　视图工具栏的工具说明

1—设置光标移动距离；2—放大屏幕；3—设置栅格的颜色；4—栅格的距离；5—切换ON/OFF（开启/关闭）对象功能；6—设置屏幕显示数据（对象ID，软元件）；7—设置屏幕背景颜色；8—设置屏幕背景颜色模式；9—设置屏幕颜色模式；10—切换屏幕画面目标（仅限于GOT-F900系列）

③ 绘图及对象工具栏　绘图及对象工具栏的工具说明如图17-20所示。

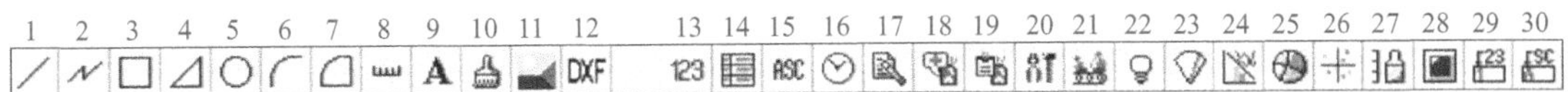

图17-20　绘图及对象工具栏的工具说明

1—直线；2—连续直线；3—长方形；4—多边形；5—圆；6—圆弧；7—扇形；8—刻度；9—文本；10—着色；11—插入BMP格式文件；12—插入DXF格式文件；13—数字显示功能；14—数据列表显示功能；15—ASCII显示功能；16—时钟显示功能；17—注释显示功能；18—报警历史显示功能；19—报警列表显示功能；20—零件显示功能；21—零件移动显示功能；22—指示灯显示功能；23—面板仪表显示功能；24—线/趋势/条形图表显示功能；25—统计图表显示功能；26—散点图显示功能；27—水平面显示功能；28—触摸式按键功能；29—数字输入功能；30—ASCII输入功能

④ 编辑工具栏　编辑工具栏的工具说明如图17-21所示。

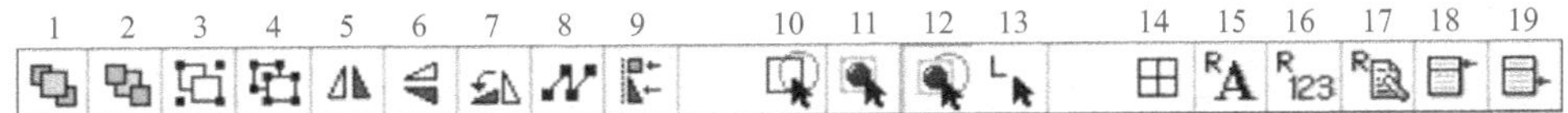

图17-21　编辑工具栏的工具说明

1—传送到前部；2—传送到后部；3—组合；4—删除分组；5—水平面翻转；6—垂直翻转；7—90° 逆时针；8—编辑顶点；9—排列；10—选择目标（图形）；11—选择目标（对象）；12—选择目标（图形+对象）；13—选择目标（报告线）；14—报告图形（线）；15—报告图形（文本）；16—报告打印对象（数字形式）；17—报告打印对象（注释形式）；18—设置报告抬头行；19—设置报告重复行

⑤ 绘图属性设置工具栏　绘图属性设置工具栏的工具说明如图17-22所示。

图17-22　绘图属性设置工具栏的工具说明

1—直线类型的设置/更改；2—直线宽度的设置/更改；3—直线颜色的设置/更改；4—着色颜色的设置/更改；5—着色颜色的设置/更改；6—填充背景颜色的设置/更改；7—字符颜色的设置/更改；8—字符修饰的设置/更改；9—字符阴影颜色的设置/更改

⑥ 元件样式模板　元件样式模板用于提供元件（如指示灯、开关等）样式，单击模板中某个样式的元件后，就可以在画面设计窗口放置该样式的元件。元件样式模板默认显示各种指示灯元件样式，如果要显示其他元件的样式，可单击面板右上角的“列表”按钮，弹出“模板”列表，如图17-23（a）所示，当前显示的部件为“Lamp256（指示灯）”，在部件库中双击“Switch256（开关）”，如图17-23（b）所示，在样式模板中会显示出很多样式的开关元件。

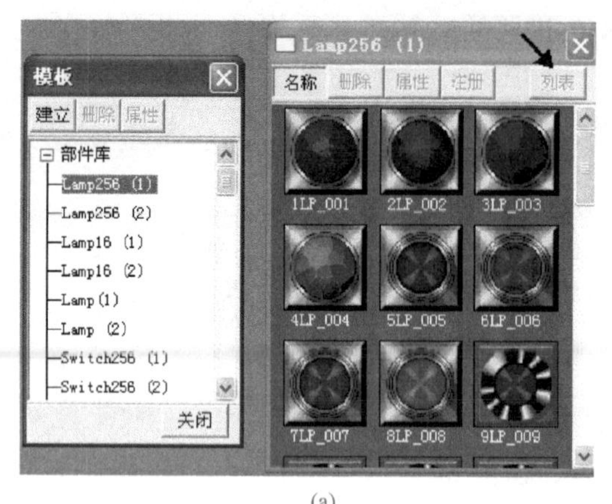

(a)

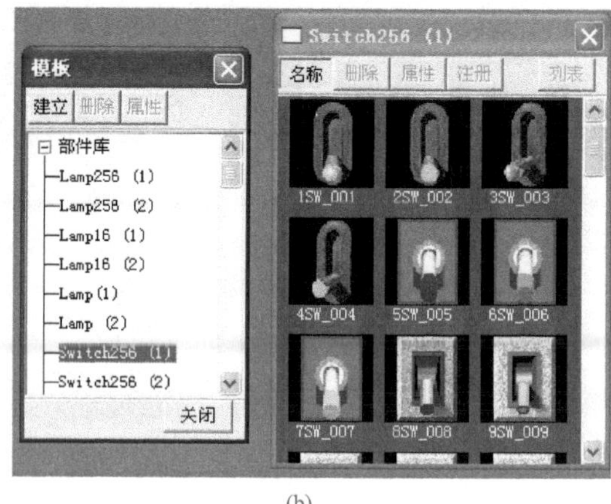

(b)

图17-23　元件样式模板

17.3.2　软件的使用

（1）新建工程并选择触摸屏和PLC的类型

GT Designer软件启动后，在软件窗口上会出现一个“选择工程”对话框，如图17-24所示，如果没有出现“选择工程”对话框，可执行菜单命令“工程→新建”，如果要打开以前的文件编辑，可选择“打开”，如果要开始制作新的画面，可单击“新建”，马上弹出“GOT/PLC型号”选择对话框，如图17-25所示，在对话框内选择GOT的型号为“F940GOT”，PLC的型号选择“MELSEC-FX”，要求选择的型号与实际使用的触摸屏和PLC型号应一致。

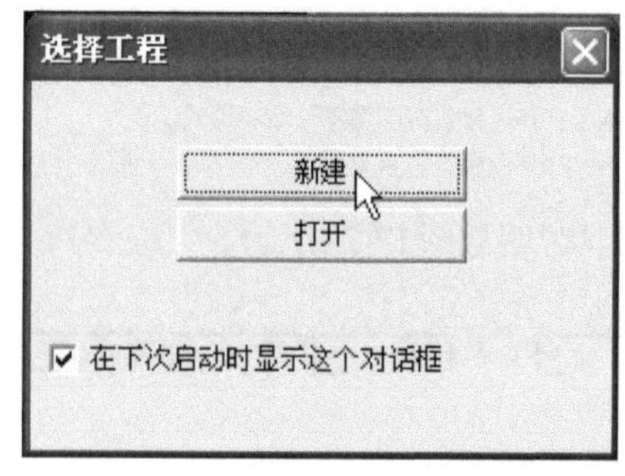

图17-24　“选择工程”对话框

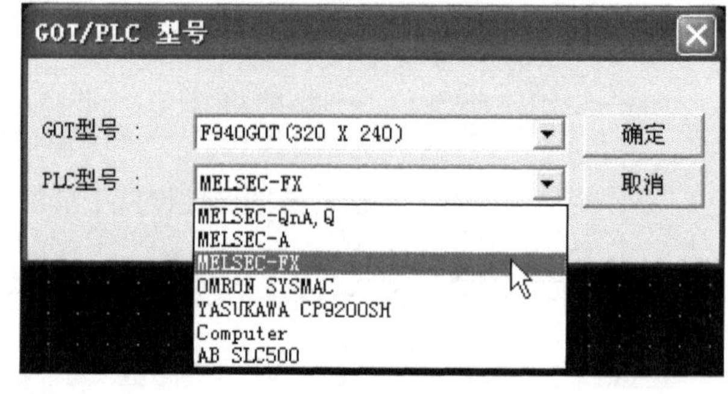

图17-25　“GOT/PLC型号”选择对话框

GOT/PLC型号选择完成并“确定”后，GT Designer软件界面会有一些变化，在工作窗口的左方出现一个矩形区域，如图17-26所示，触摸屏画面必须在该区域内制作才有效。

（2）制作一个简单的触摸屏画面

利用触摸屏可以对PLC进行控制，也可以观察PLC内部元件的运行情况。下面制作一个通过触摸屏观察PLC数据寄存器D0数据变化的画面。

① 设置画面的名称　触摸屏画面制作与PowerPoint制作幻灯片类似，F940GOT允许制作500个画面，为了便于画面之间的切换，要求给每个画面设置一个名称（制作一个画面可省略）。设置画面名称过程如下：

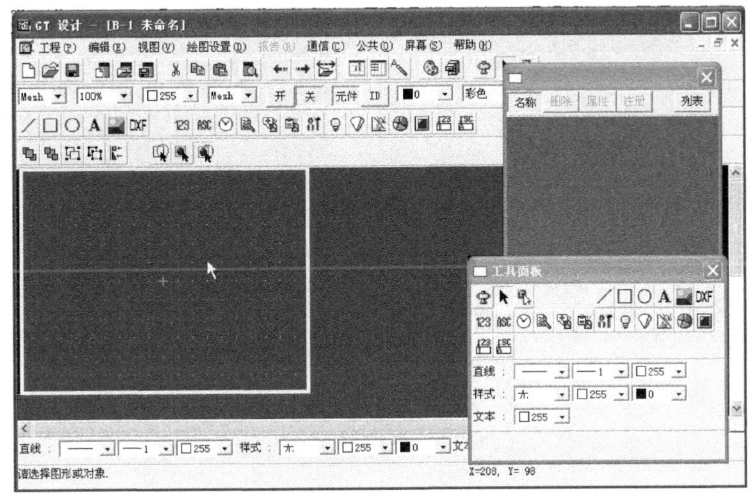

图17-26 工作窗口的左上方出现一个矩形区域

执行菜单命令“公共→标题→屏幕”，弹出“屏幕标题”设置对话框，默认标题名为“1”，如图17-27(a)所示，若要更改标题名，可单击“编辑”按钮，弹出下一个对话框，如图17-27(b)所示，在标题栏输入新标题“1-观察数据寄存器D0”，单击“确定”退到上一个对话框，再确定后，就将当前画面的名称设为“1-观察数据寄存器D0”，软件最上方的标题栏也自动变为该名称，如图17-27(c)所示。

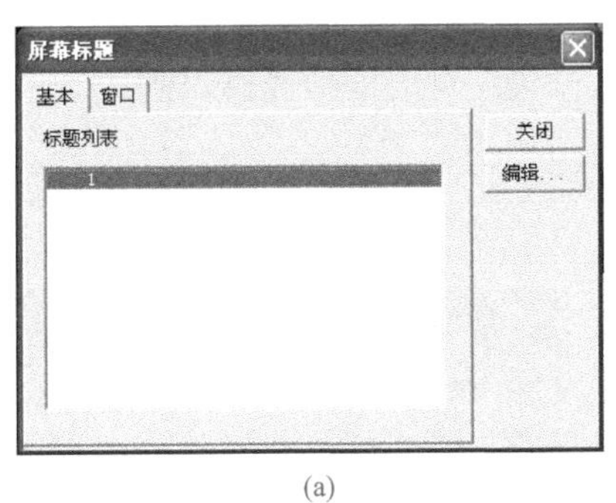

(a)

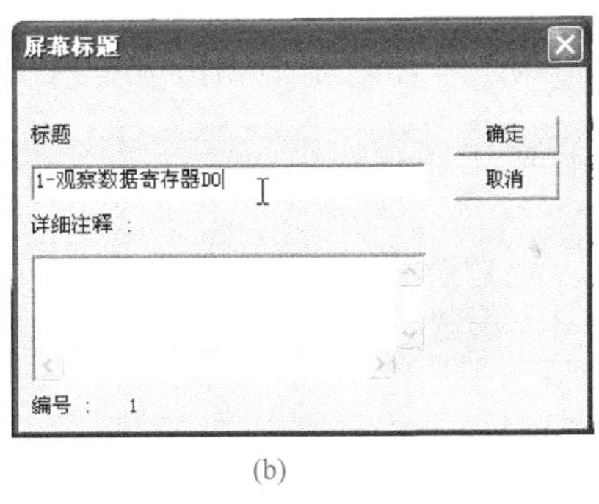

(b)

(c)

图17-27 设置画面的名称

② 创建文本 在画面创建文本的方法是单击工具栏或工具面板上的“A”图标，也可执行菜单命令“绘图设置→绘画图形→文本”，弹出“文本设置”对话框，如图17-28(a)所示，在对话框文本输入框内输入“数据寄存器D0的值为：”，再将文本颜色设为“红色”，文本大小设为“1×1”，单击“确定”后，文本会出现在工作区，如图17-28(b)所示，且跟随鼠标移动，在合适的地方单击，就将文本放置下来。若要更改文本，可在文本上双击，又会弹出图17-28(a)所示文本设置对话框。

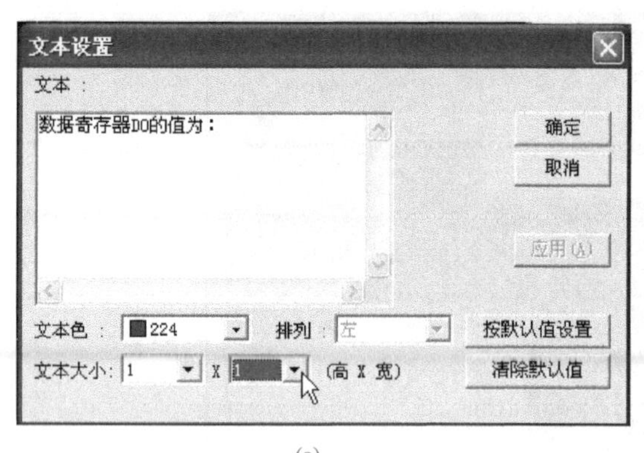

(a)

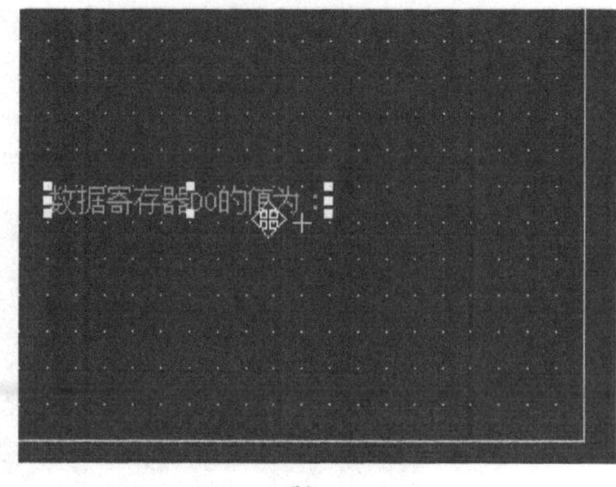

(b)

图17-28 创建文本

③ 放置对象 要显示数据寄存器D0的值，须在画面上放置“数值显示”对象，并进行有关的设置。放置对象过程如下：

单击工具栏或工具面板上的“”图标，也可执行菜单命令“绘图设置→数据显示→数值显示”，会弹出“数值输入”对话框，如图17-29（a）所示，在“基本”选项卡下单击“元件”按钮，弹出“元件”对话框，如图17-29（b）所示，将元件设为“D0”，单击“确认”返回到“数值输入”对话框，如图17-29（c）所示，将D0的数据类型设为“无符号二进制数”，若要设置元件数值显示区外形，可勾选“图形”项，并单击“图形”按钮，会弹出图17-29（d）所示的“图像列表”对话框，可从中选择一个元件数值显示区的图形样式，本例中不对数值显示区作图形设置。在“数值输入”对话框中选择“格式”选项卡，

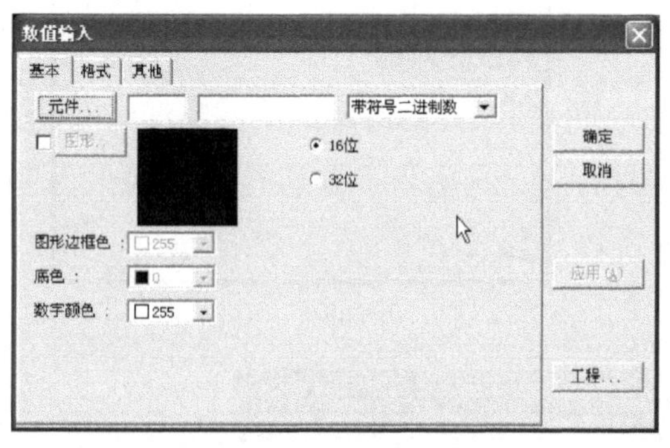

(a)

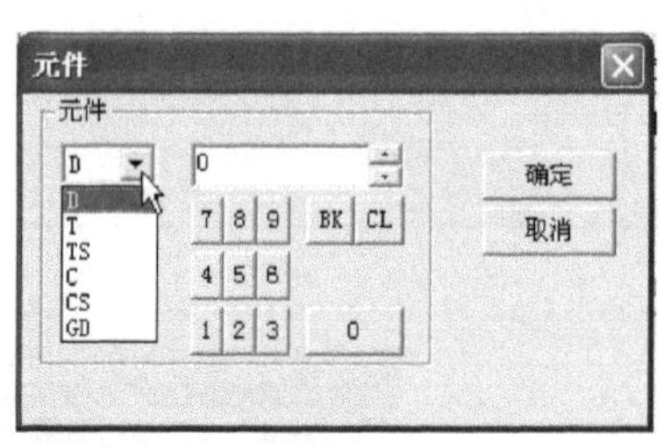

(b)

(c)

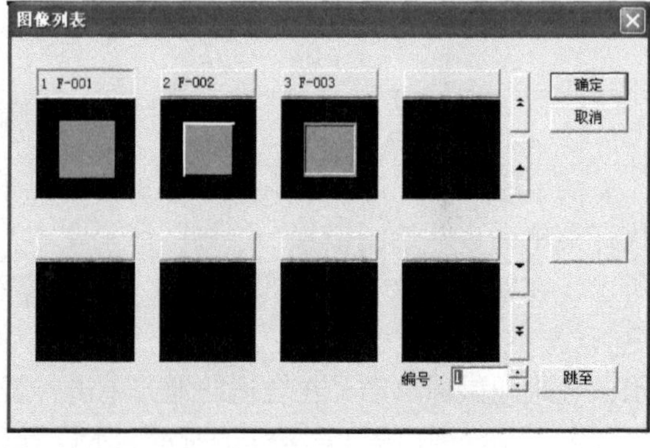

(d)

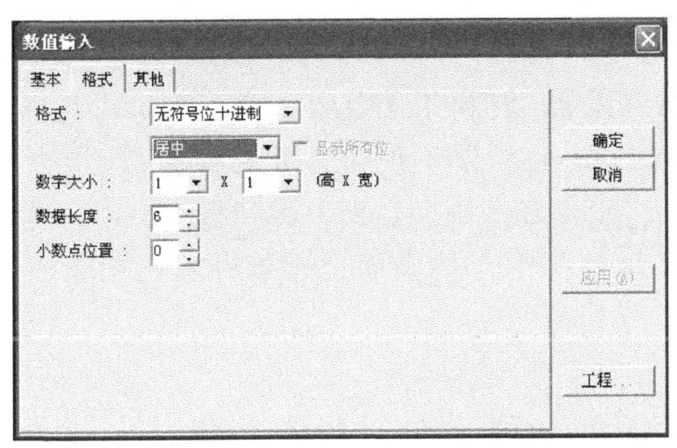

(e)

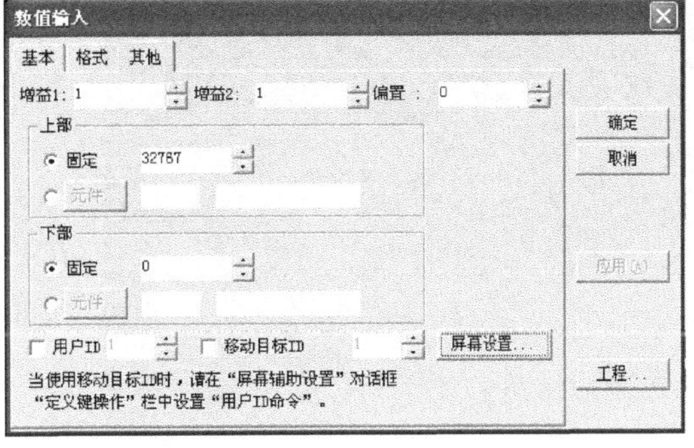

(f)

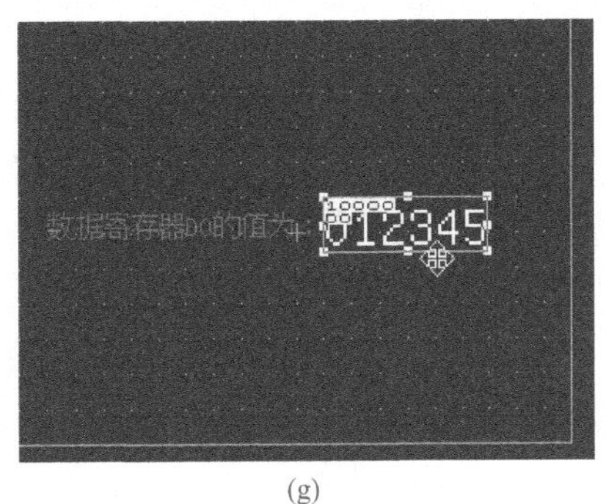

(g)

图17-29 放置对象

如图17-29（e）所示，设置格式为“无符号位十进制”“居中”其他保持默认值，再单击“其他”选项卡，如图17-29（f）所示，该选项卡下的内容保持默认值。“数值输入”对话框中的内容设置完成后，单击“确定”，数值显示对象即出现在软件工作区内，如图17-29（g）所示，该对象中的“10000”为ID号，“D0”为显示数值的对象，“012345”表示显示的数值为6位。

④ 绘制图形 为了使画面更美观整齐，可在屏幕合适位置绘制一些图形。下面在画面上绘制一个矩形，绘制过程如下：

单击工具栏或工具面板上的“□”图标，也可执行菜单命令“绘图设置→绘画图形→矩形”，再将鼠标移到工作区，鼠标变成十字形光标，在合适位置按下左键拉出一个矩形，如图17-30（a）所示，松开左键即绘制好一个矩形。在工具面板上可设置矩形的属性，如图17-30（b）所示，也可在矩形上双击，弹出“设置矩形”对话框，如图17-30（c）所示，将矩形颜色改为蓝色。

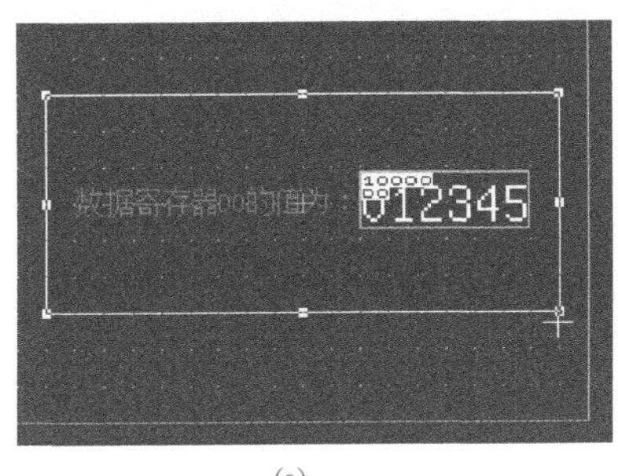

(a)

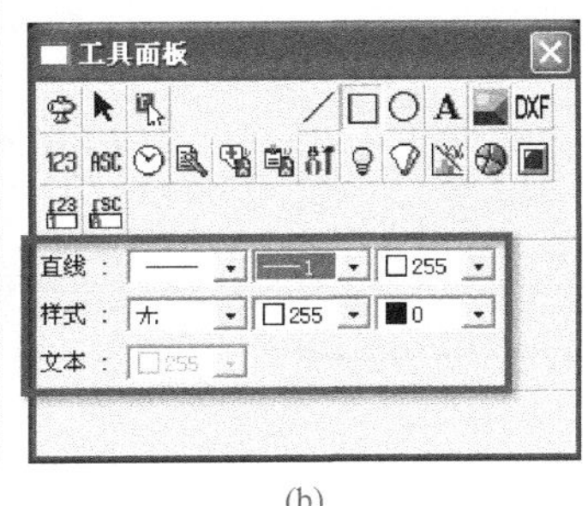

(b)

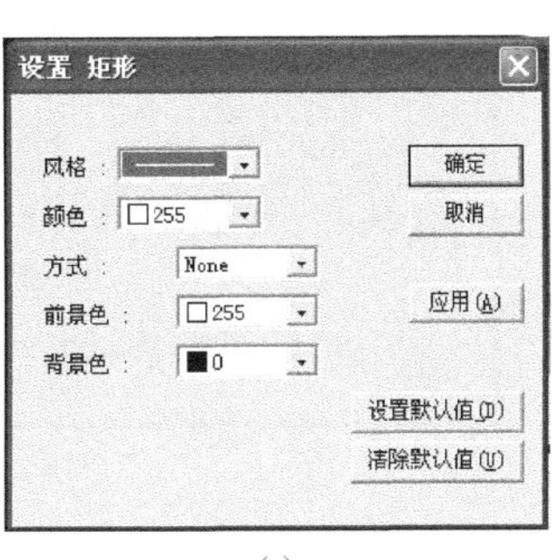

(c)

图17-30 绘制图形

图17-31 全部制作完成的画面

全部制作完成的画面如图17-31所示。

17.3.3 画面数据的上传与下载

GT Designe软件不但可以制作触摸屏画面，还可以将制作好的画面数据下载到触摸屏中，也可以从触摸屏中上传画面数据到计算机中重新编辑。

（1）画面数据的下载

在GT Designer软件中将画面数据下载至F940GOT的操作过程如下。

① 将计算机与F940GOT连接好。

② 执行菜单命令“通信→下载至GOT→监控数据”，会出现“监控数据下载”对话框，如图17-32（a）所示，选择“所有数据”和“删除所有旧的监视数据”，并确认GOT型号是否与当前触摸屏型号一致，再单击“设置”按钮，出现图17-32（b）所示的“选项”对话框，在该对话框中设置通信的端口为COM1，波特率为38400，单击“确定”返回

(a)

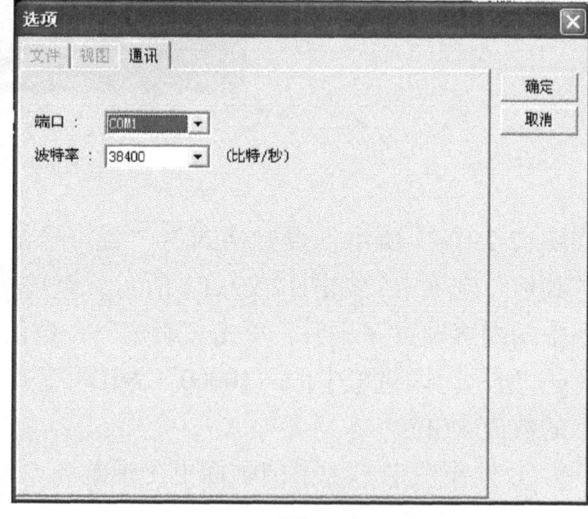

(b)

(c)

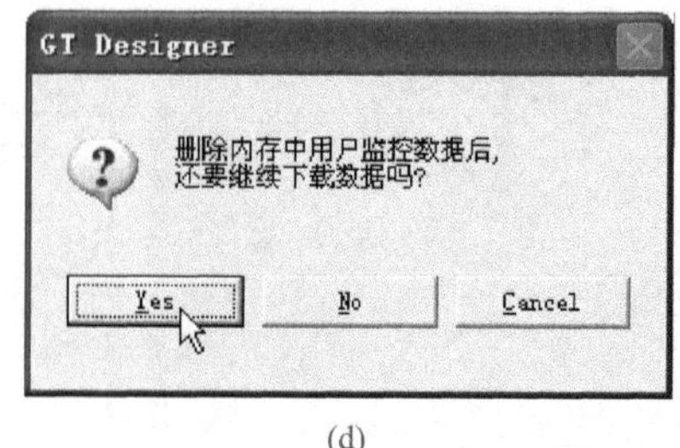

(d)

图17-32 画面数据的下载

"监控数据下载"对话框，在该对话框中单击"下载"，出现"下载"对话框，如图17-32(c)所示，阅读其中有关版本注意事项外，若满足要求则单击"确定"，出现图17-32(d)所示对话框，单击"确定"后，开始将制作好的画面数据下载至F940GOT。

(2)画面数据的上传

在GT Designer软件中可将F940GOT中的画面数据传至计算机保存编辑，具体过程如下。

①将计算机与F940GOT连接好。

②执行菜单命令"通信→从GOT上载"，会出现"数据上载监控"对话框，如图17-33(a)所示，单击"浏览"选择上传文件保存路径，并选择"全部数据"，其他选项可根据需要选择，若有口令，则要输入口令，单击"设定"可以设置通信端口和波特率，设置结束后，单击"上载"，出现图17-33(b)所示对话框，单击"Yes"确定后开始将GOT中的画面数据上传到计算机指定的位置。

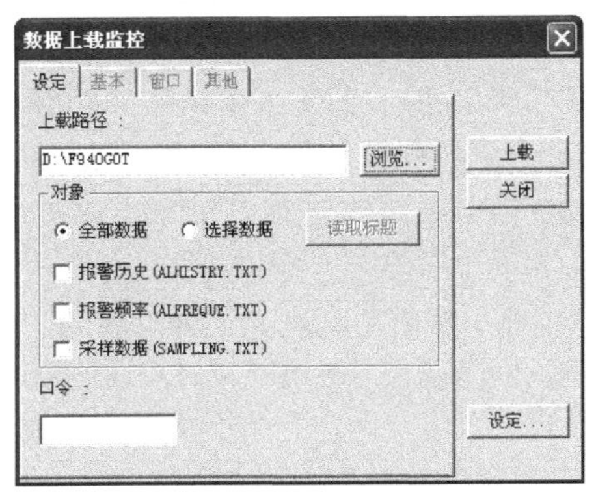

(a)

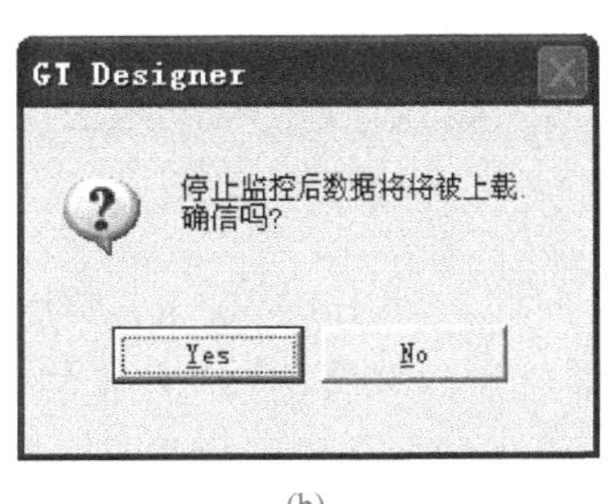

(b)

图17-33 画面数据的上传

17.4 用触摸屏操作PLC实现电动机正反转控制的开发实例

17.4.1 根据控制要求确定需要为触摸屏制作的画面

为了达到控制要求，需要制作图17-34所示的3个触摸屏画面，具体说明如下。

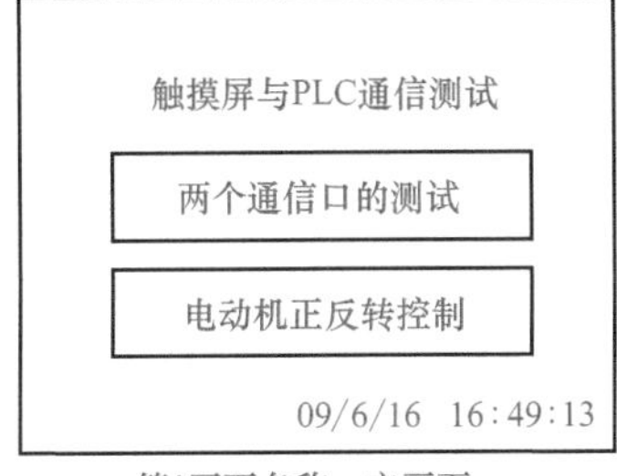

第1画面名称：主画面

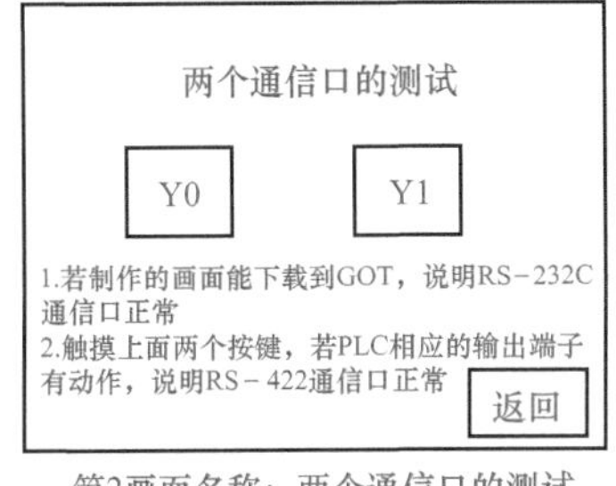

第2画面名称：两个通信口的测试

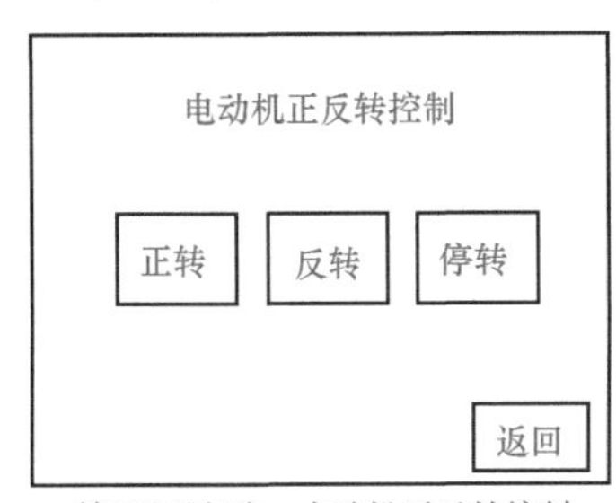

第3画面名称：电动机正反转控制

图17-34 要求制作的3个触摸屏画面

① 3个画面名称依次为“主画面”“两个通信口的测试”和“电动机正反转控制”。

② 主画面要实现的功能为：触摸画面中的“两个通信口的测试”键，切换到第2画面；触摸“电动机正反转控制”键，切换到第3画面；在画面下方显示当前日期和时间。

③ 第2画面要实现的功能为：分别触摸“Y0”和“Y1”键时，PLC相应输出端子应有动作；触摸“返回”键，切换到主画面。

④ 第3画面要实现的功能为：分别触摸“正转”“反转”和“停转”键时，应能控制电动机正转、反转和停转；触摸“返回”键，切换到主画面。

17.4.2 用GT Designer软件制作各个画面并设置画面切换方式

（1）制作第1个画面（主画面）

第一步：启动GT Designer软件，新建一个工程，并选择触摸屏型号为F940GOT、PLC型号为MELSEC-FX。

第二步：执行菜单命令“公共→标题→屏幕”，弹出“屏幕标题”设置对话框，在该对话框中设置当前画面标题为“主画面”，如图17-35所示。

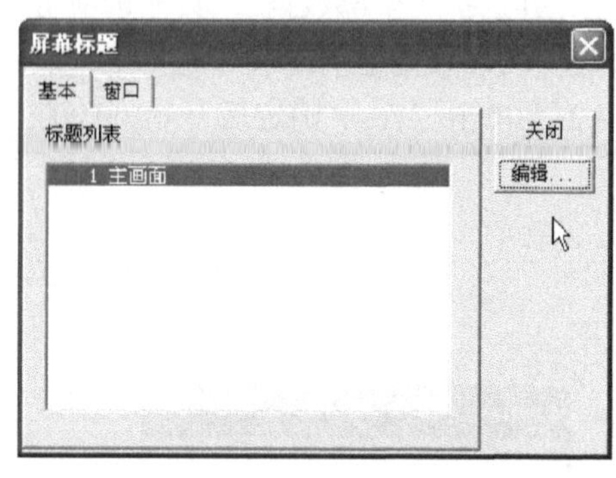

图17-35 设置屏幕标题

第三步：单击工具栏的“A”图标，弹出文本设置对话框，如图17-36（a）所示，在文本输入框内输入“触摸屏与PLC通信测试”，并将文本颜色设为“黄色”，文本大小设为“2×1”，单击“确定”后，文本会出现在工作区，在合适的地方单击，就将文本放置下来，如图17-36（b）所示。

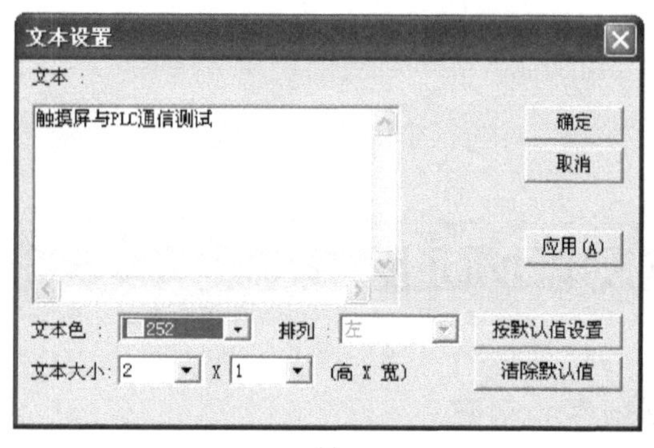

(a)

(b)

图17-36 放置文本

第四步：单击工具栏的“■”图标，弹出触摸键对话框，如图17-37（a）所示，在“基本”选项卡下选择显示触发为“键”，在形状项中选择“基本形状”，再单击“类型”选项卡，如图17-37（b）所示，在该选项卡中可以设置触摸键在开和关状态时的样式（单击“图形”按钮即可选择样式）、键的主体色及边框色、键上显示的文字和键的大小。

设置键上显示文字的方法是单击“文本”按钮，弹出“文本”对话框，输入文本“两个通信口的测试”，再返回图17-37（b）对话框，单击“复制开状态”按钮，可使关状态键的样式和文字与开状态相同，如图17-37（c）所示，单击“确定”关闭对话框，在软件工作区会出现设置的触摸键，如图17-37（d）所示，从图中可以看出，文字超出键的范围，这时可单击键选中它，在键周围出现大小调节块，拖动方块可调节键的大小，使之略大于文字范围，调节好的键如图17-37（e）所示。

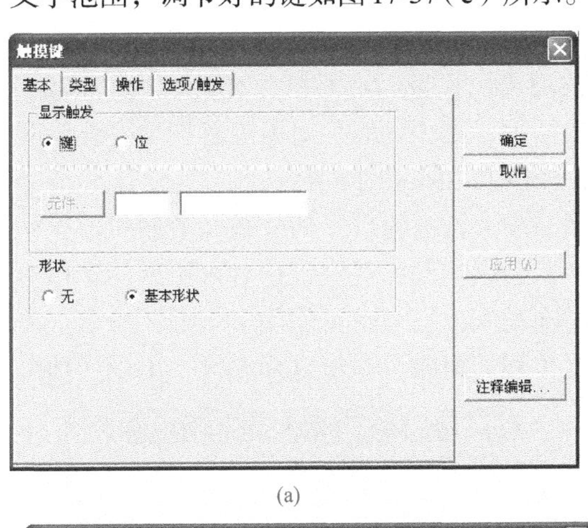

(a)

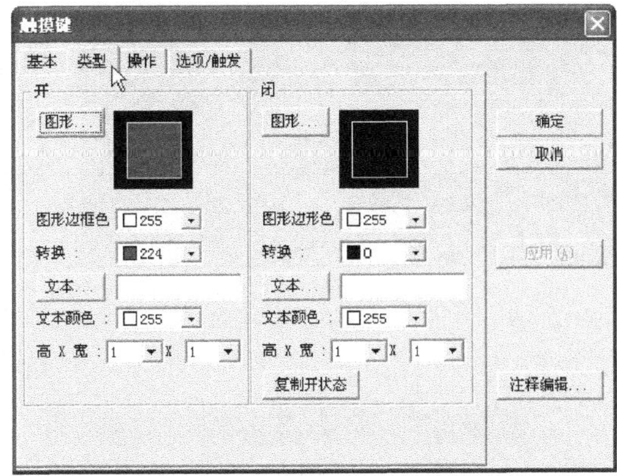

(b)

(c)

(d)

(e)

图17-37 放置“两个通信口的测试”按键

第五步：用第四步相同的方法放置第二个触摸键，将键显示的文字设为“电动机正反转控制”，结果如图17-38所示。

第六步：单击工具栏的“⏲”图标，弹出时钟对话框，如图17-39（a）所示，在基本选项卡中，将显示类型设为日期，在该选项卡中可设置时钟的图形边框色、底色和颜色，若要设置时钟显示的样式，可选中“图形”，并单击“图形”按钮，即可选择时钟样式。单击对话框的“格式”选项卡，可设置时钟的格式和大小，如图17-39（b）所示，单击“确定”，软件工作区内出现时钟对象，如图17-39（c）所示，拖动鼠标可调节大小。选中

图17-38 放置“电动机正反转控制”按键

时钟对象，然后进行复制、粘贴操作，在工作区出现两个相同的时钟对象，双击右边的时钟对象，弹出“时钟”对话框，如图17-39（d）所示，在基本选项卡中将显示类型设为时间，再切换到格式选项卡，设置时间格式，然后单击“确定”关闭对话框，选中的时钟对象由日期型变化为时间型，如图17-39（e）所示。

第七步：排列对象。如果画面上的对象排列不整齐，会影响画面美观，这时可用鼠标选中对象通过拖动来排列，也可使用“排列”命名，先选中要排列的对象，单击鼠标右键，出现快捷菜

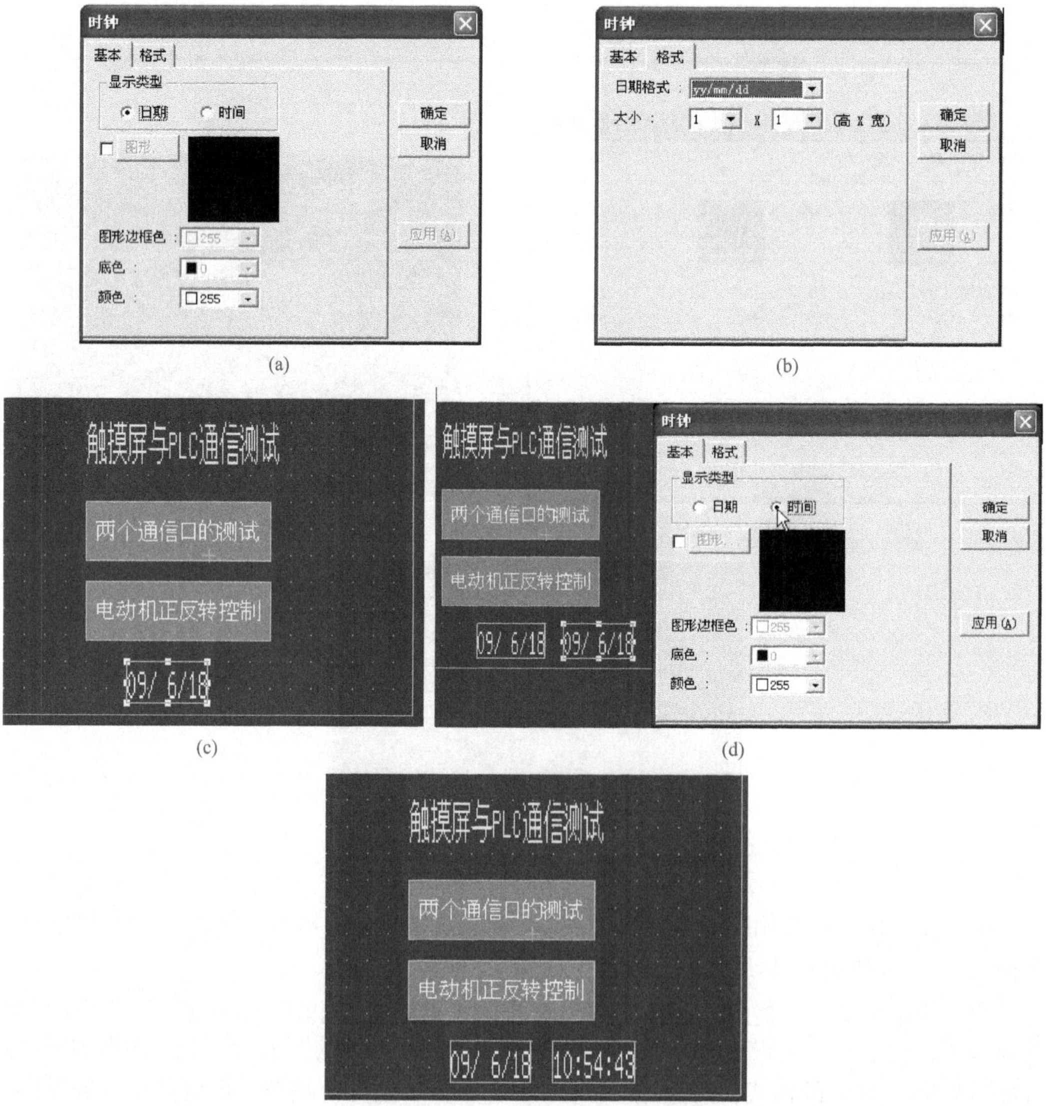

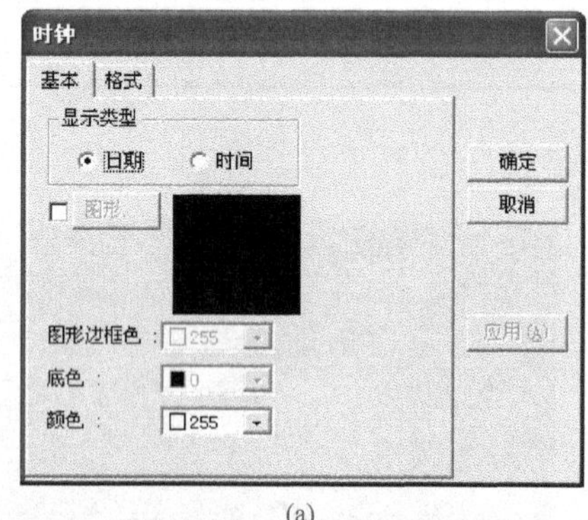

(a)

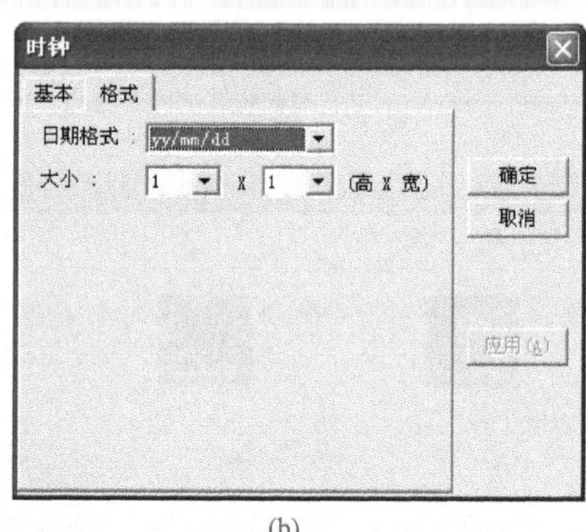

(b)

(c)

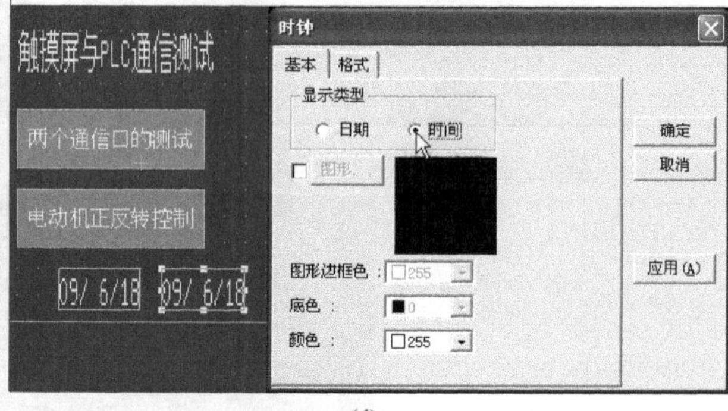

(d)

(e)

图17-39 放置时钟对象

单，如图17-40（a）所示，选择“排列”命令，弹出“排列”对话框，如图17-40（b）所示，在该对话框中可对选中的对象进行水平或垂直方向的排列，单击水平方向的“居中”，再确定后，选中的对象就在水平方向居中排列整齐。

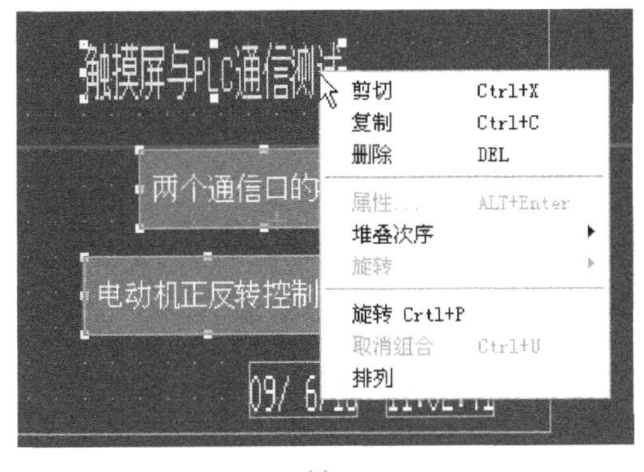

(a)

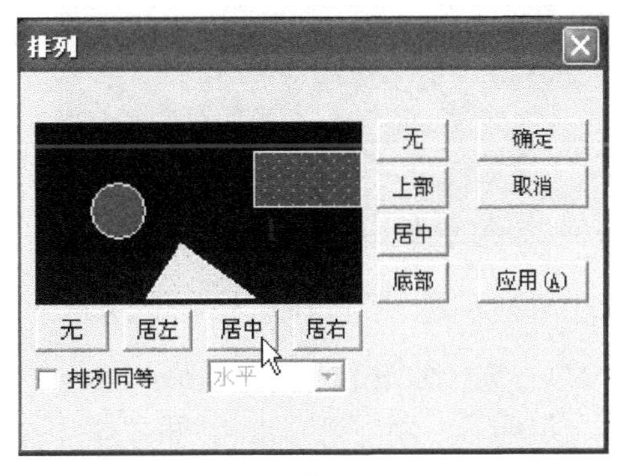

(b)

图17-40 排列对象

第八步：预览画面效果。执行菜单命令“视图→预览”，会出现画面预览窗口，如图17-41所示，在该窗口的“格式”菜单下可设置画面“开”“关”状态和画面显示的颜色，画面显示的时间与画面切换到“开”时刻的时间一致（计算机的时间）。

另外，在编辑状态时，操作工具栏中“开 关 元件 ID ■0”不同的图标，可以查看画面开、关、元件名显示、ID号显示和设置画面的背景色。

（2）制作第2个画面（通信口测试画面）

第一步：执行菜单命令“屏幕→新屏幕”，弹出“新屏幕”设置对话框，在该对话框中将新画面标题设为“两个通信口的测试”，如图17-42所示，确定后，进入编辑新画面状态，软件界面最上方的标题栏会显示当前画面标题。

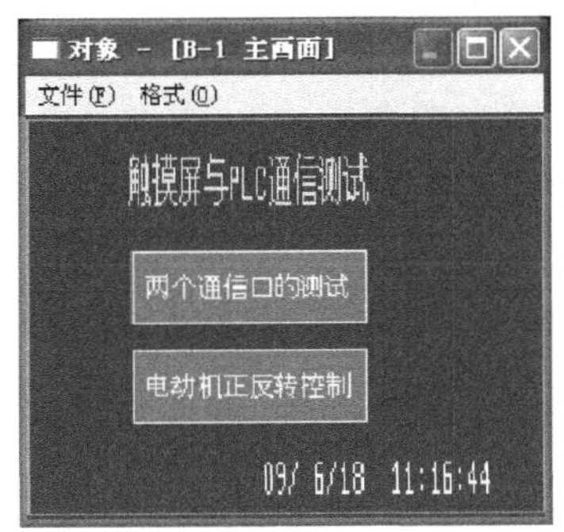

图17-41 预览画面效果

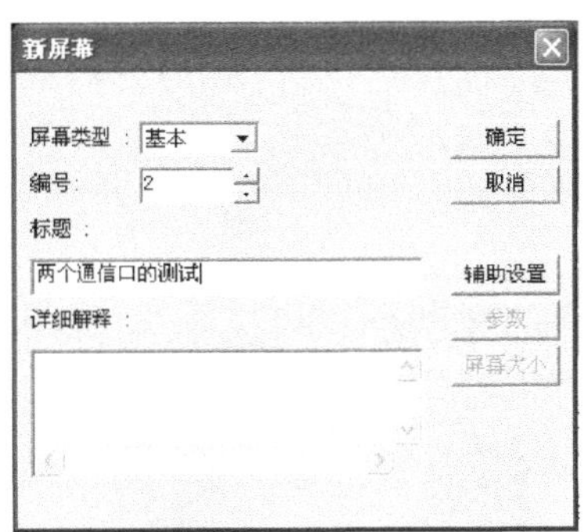

图17-42 设置第2个画面标题

第二步：利用工具栏的“A”工具，在画面上放置文本“两个通信口的测试”，如图17-43所示。

第三步：单击工具栏的“■”图标，弹出触摸键对话框，如图17-44（a）所示，在“基本”选项卡下选择显示触发为“位”，再单击“元件”按钮，弹出图17-44（b）所示的“元件”对话框，在该对话框中设置元件为“Y0000”，单击“确定”返回“触摸键”对话

图17-43 放置“两个通信口的测试”文本

框。在“触摸键”对话框中，切换到“类型”选项卡，如图17-44（c）所示，在该选项卡下，将键显示文本设为“Y0”，大小设为“2×2”，并复制开状态，再切换到“操作”选项卡，如图17-44(d)所示，单击该选项卡下的“位”按钮，弹出图17-44（e）所示的“按键操作”对话框，在对话框中，设置元件为“Y0000”、操作为“点动”，单击“确定”返回上一个对话框，如图17-44（f）所示，在对话框自动增加一行操作命令（高亮部分），单击“确定”关闭对话框，在软件的工作区出现一个Y0按键，如图17-44（g）所示。

第四步：用与第三步相同的方法再在画面上放置一个Y1按键，如图17-45 所示，也可采用复制Y0按键，然后通过修改来得到Y1按键。

第五步：利用工具栏的“A”工具，在画面上放置说明文本，如图17-46所示。

第六步：在画面上放置“返回”按键。单击工具栏的“■”图标，弹出“触摸键”对话框，在“基本”选项卡下选择显示触发为“键”，然后切换到“类型”选项卡，单击“文本”按钮并输入键显示文本“返回”，再切换到“操作”选项卡，如图17-47（a）所示，单击“基本”按钮，弹出图17-47（b）所示的“键盘操作”对话框，在该对话框中选择

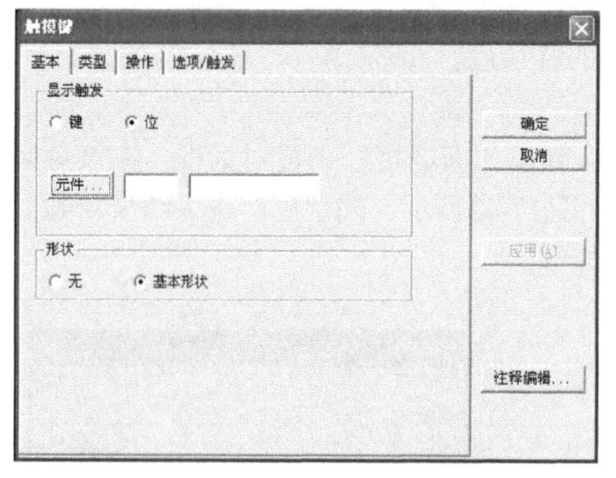

(a)

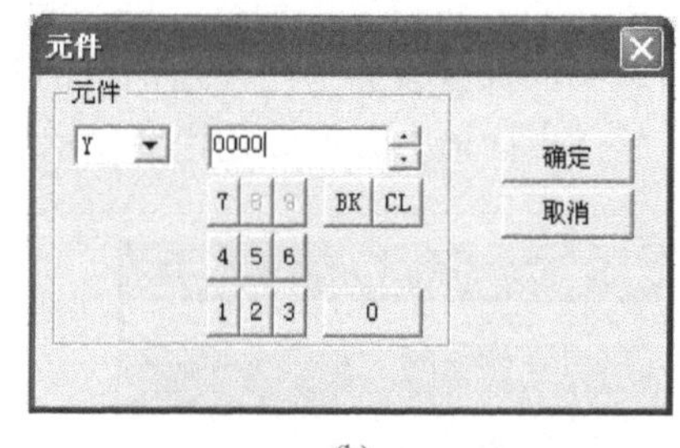

(b)

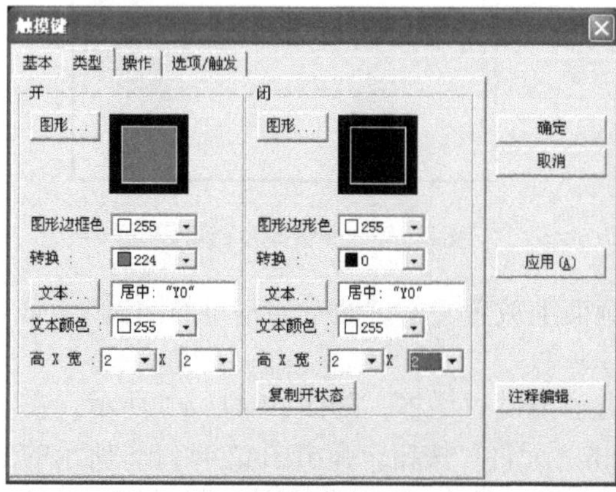

(c)

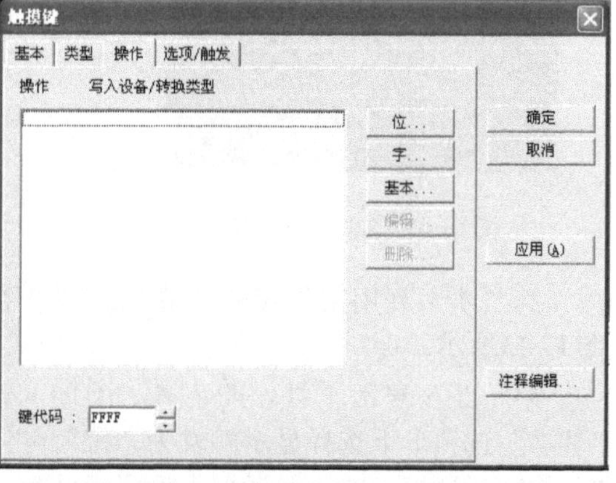

(d)

按键操作(位设备)
元件... Y0000 确定 取消
操作
置位 交替
复位 点动

(e)

触摸键
基本 类型 操作 选项/触发
操作 写入设备/转换类型
1 BIT MMT Y0000
位... 字... 基本... 编辑... 删除...
确定 取消 应用(A) 注释编辑...
键代码：FFFF

(f)

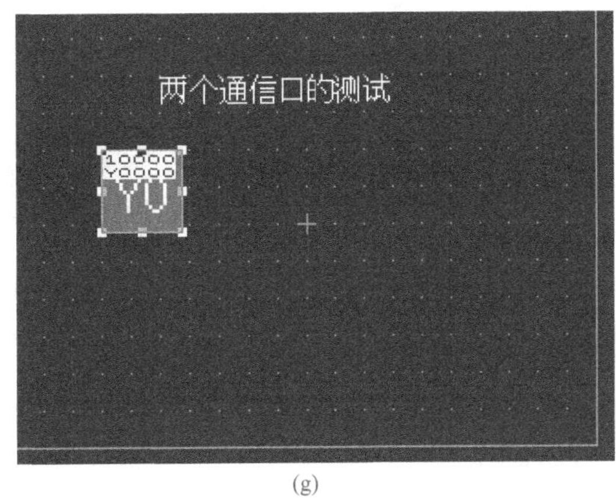

(g)

图17-44 放置Y0按键

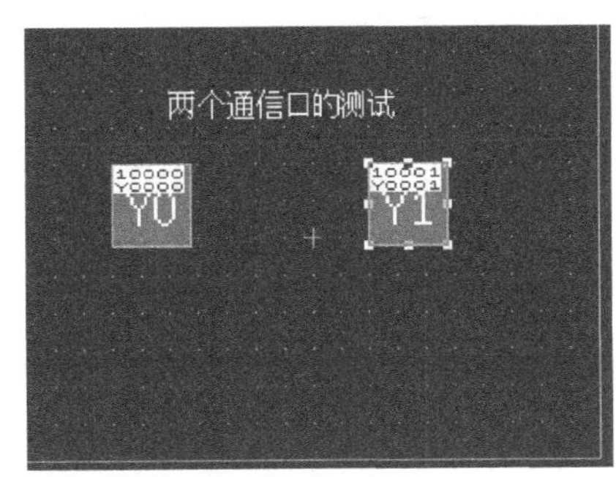

图17-45 放置Y1按键

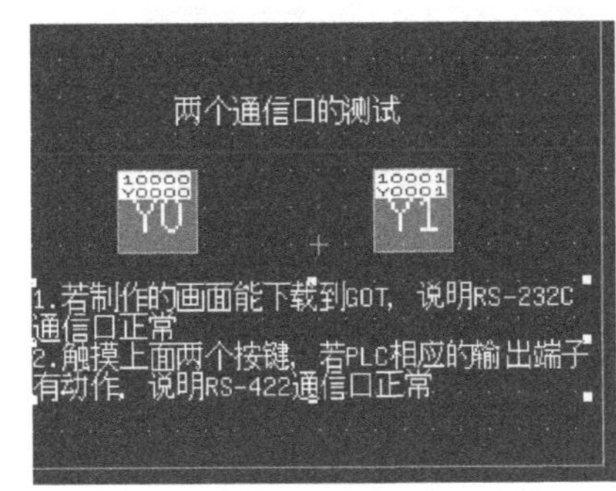

图17-46 放置说明文本

“确定”项并单击“浏览”按钮，弹出图17-47(c)所示的“屏幕图像”对话框，依次单击“主画面”（返回的目标画面）、“跳至”和“确定”按钮，返回到“键盘操作”对话框，确定后返回“触摸键”对话框，再确定后对话框关闭，同时在软件工作区出现“返回”按钮，如图17-47(d)所示。

制作好的第2个画面如图17-48所示。

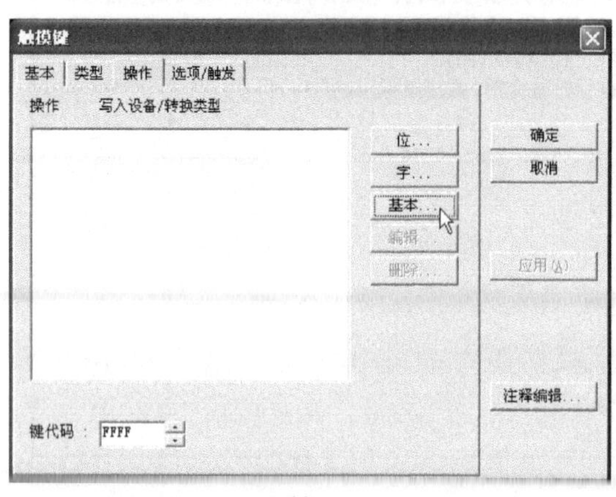

(a)

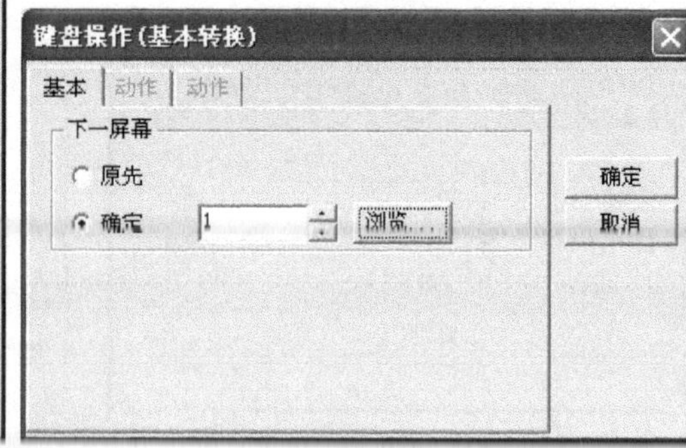

(b)

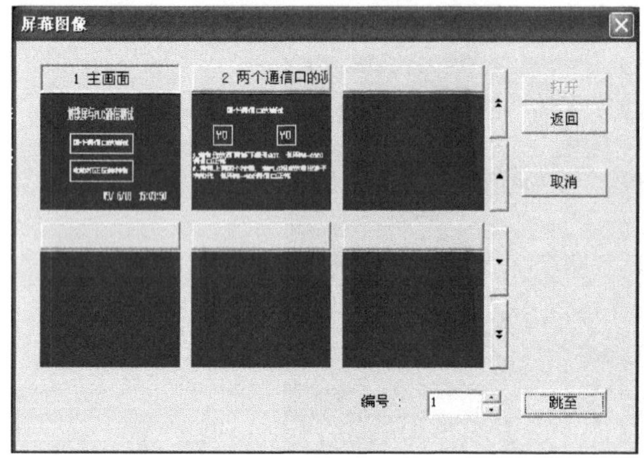

(c)

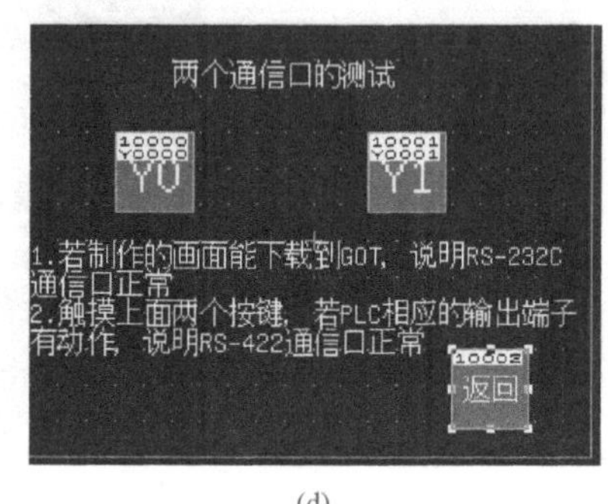

(d)

图17-47 放置"返回"按键

图17-48 制作完成的第2个画面

(3)制作第3个画面(电动机正反转控制画面)

第一步：执行菜单命令"屏幕→新屏幕"，弹出"新屏幕"设置对话框，在该对话框中将画面标题设为"电动机正反转控制"，如图17-49所示。

第二步：利用工具栏的"A"工具，在画面上放置文本"电动机正反转控制"，如图17-50所示。

第三步：单击工具栏的"■"图标，弹出触摸键对话框，在"基本"选项卡下选择显示触发为"位"，再单击"元件"按钮，弹出"元件"对话框，在该对话框中设置元件为"X000"；在"触摸键"对话框的"类型"选项卡下，将键显示文本设为"正转"，并复制开状态，再切换到"操作"选项卡，单击该选项卡下的"位"按钮，在弹出的"按键操作"对话框中，设置元件为"X000"、操作为"置位"，然后返回到"触摸键"对话框，单击"确定"按钮关闭对话框，软件工作区出现"正转"按键，如图17-51所示。

第四步：在画面上放置"反转"和"停转"按键的过程与第三步基本相同，在放置这两个按键时，除了要将按键显示文字设为“正转”和“停转”外，还要将2个按键元件分别设为X001和X002，另外，X001的动作设为“置位”，X002的动作要设为“复位”。放置完3个按键的画面如图17-52所示。

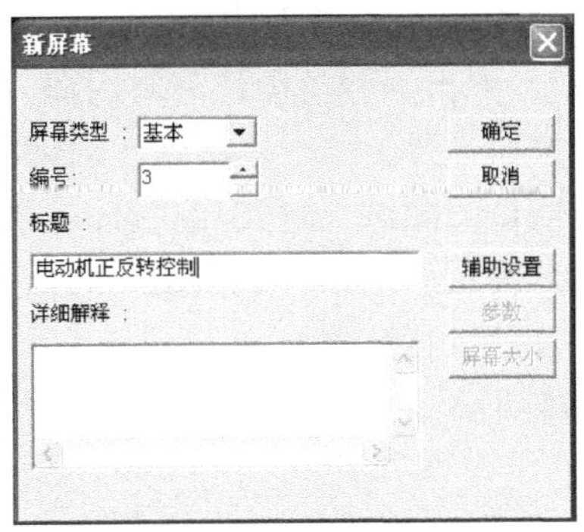

图17-49 设置第3个画面的标题

图17-50 放置文本

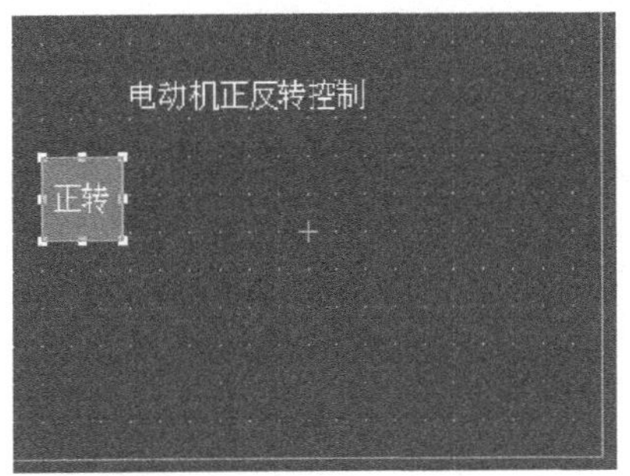

图17-51 放置“正转”按键

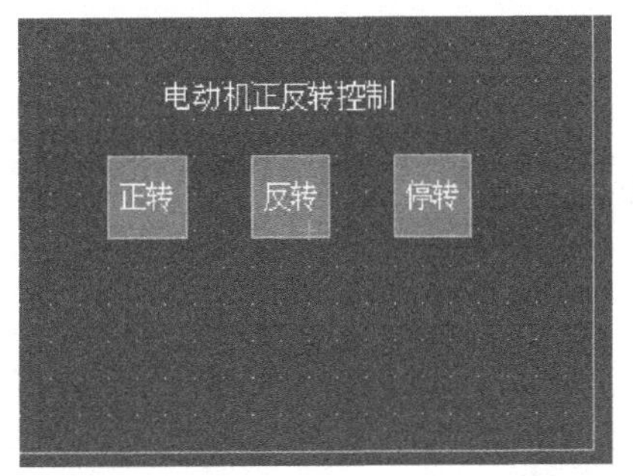

图17-52 放置“反转”“停转”按键

第五步：放置“返回”按键。本画面的“返回”按键功能与第2个画面一样，都是返回主画面，因此可采用复制的方法来得到该键。单击工具栏上的“←（上一屏幕）”，切换到上一个画面，选中该画面中的“返回”按键，并复制它，再单击“→（下一屏幕）”，切换到下一个画面，然后进行粘贴操作，就在该画面中得到“返回”按键，如图17-53所示。制作完成的第3个画面如图17-54所示。

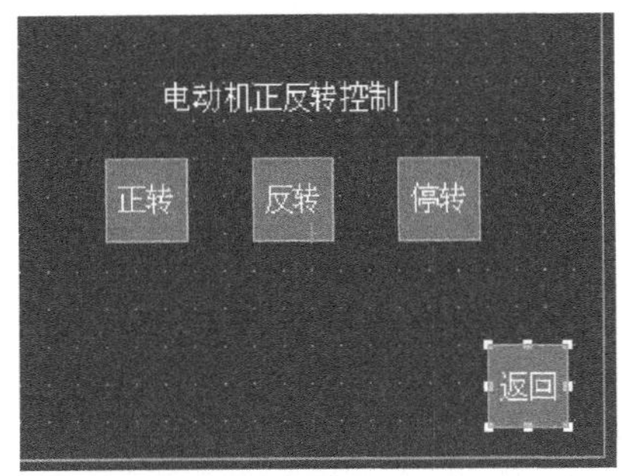

图17-53 放置“返回”按键

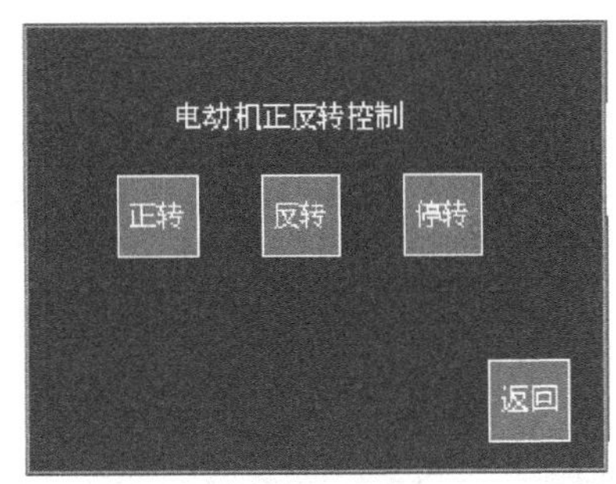

图17-54 制作完成的第3个画面

（4）设置画面切换

在制作第2、3个画面时，在画面上放置“返回”按键，并将其切换画面均设为主画面。

在第1个画面中有“两个通信口的测试”和“电动机正反转控制”两个按键，下面来设置它们在操作时的切换功能。

第一步：单击工具栏上的“⬅”图标，切换到主画面，在主画面的“两个通信口的测试”按键上双击，弹出“触摸键”对话框，在“基本”选项卡下将显示触发设为“键”，然后切换到“操作”选项卡，单击“基本”按钮，弹出“键盘操作”对话框，如图17-55（a）所示，选中“确定”项，再单击“浏览”按钮，弹出“屏幕图像”对话框，如图17-55（b）所示，在该对话框中依次单击“两个通信口的测试”（切换的目标画面）、“跳至”和“确定”按钮，返回到“键盘操作”对话框，确定后返回“触摸键”对话框，再确定后关闭对话框，“两个通信口的测试”按键的切换功能设置结束。

第二步：用同样的方法将“电动机正反转控制”按键切换目标设为“电动机正反转控制”画面。

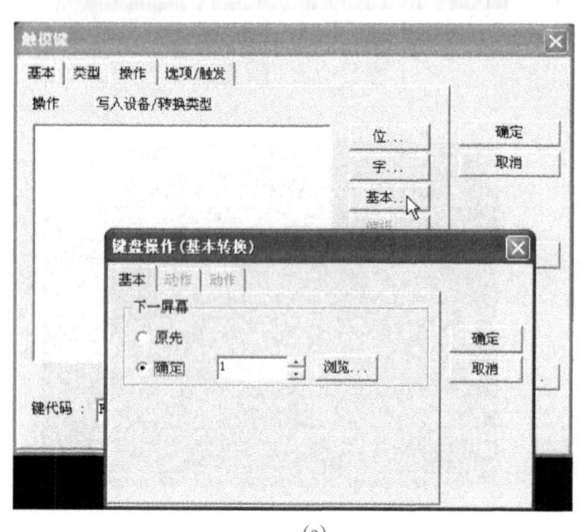

(a)

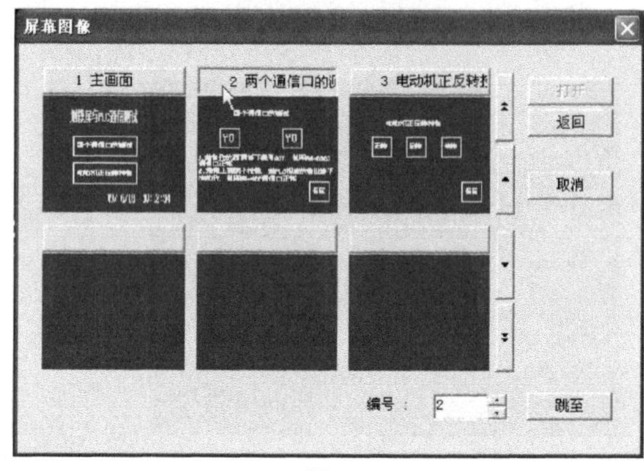

(b)

图17-55　设置画面切换

17.4.3　连接计算机与触摸屏并下载画面数据

用GT Designer软件制作好触摸屏画面后，再将计算机与触摸屏连接起来，两者连接使用FX232-CAB-1电缆，如图17-56所示，该电缆一端接计算机的COM口（又称RS-232口），另一端接触摸屏的COM口。计算机与触摸屏连接好后，在GT Designer软件中执行下载操作，将制作好的画面数据下载到触摸屏，下载的具体操作方法见本册17.3.3。

图17-56　FX232-CAB-1电缆（连接计算机与触摸屏）

17.4.4　用PLC编程软件编写电动机正反转控制程序

触摸屏是一种操作和监视设备，控制电动机运行还是要依靠PLC执行有关程序来完成的。为了实现在触摸屏上控制电动机运行，除了要为触摸屏制作控制画面外，还要为PLC编写电动机运行控制程序，并且PLC程序中的软元件要与触摸屏画面中的对应按键元件名一致。

启动三菱PLC编程软件，编写图17-57所示的电动机正反转控制程序，程序中的X000、X001、X002触点应为正转、反转和停转控制触点，与触摸屏画面对应按键元件名保持一致，否则操作触摸屏画面按键无效或控制出错。

用FX-232AWC-H（简称SC09）电缆或FX-USB-AW（又称USB-SC09-FX）电缆将计算机与PLC连接起来，在PLC编程软件中执行下载操作，将编写好的程序下载到PLC中。计算机与PLC的连接与程序下载的具体操作方法见本册第3章3.2.9。

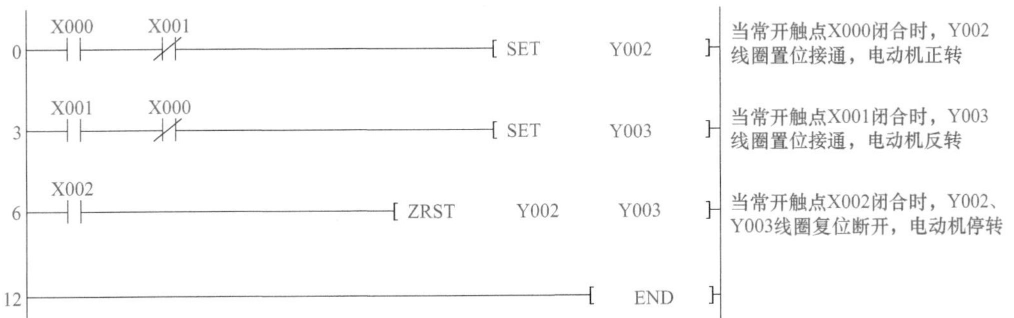

图17-57 电动机正反转的PLC控制程序

17.4.5 触摸屏、PLC和电动机控制线路的硬件连接和触摸操作测试

触摸屏、PLC和电动机控制线路的连接如图17-58所示，触摸屏和PLC使用图17-59所示的RS-422电缆连接，电缆的圆头插入PLC的RS-422接口，扁头插到触摸屏的RS-422接口。

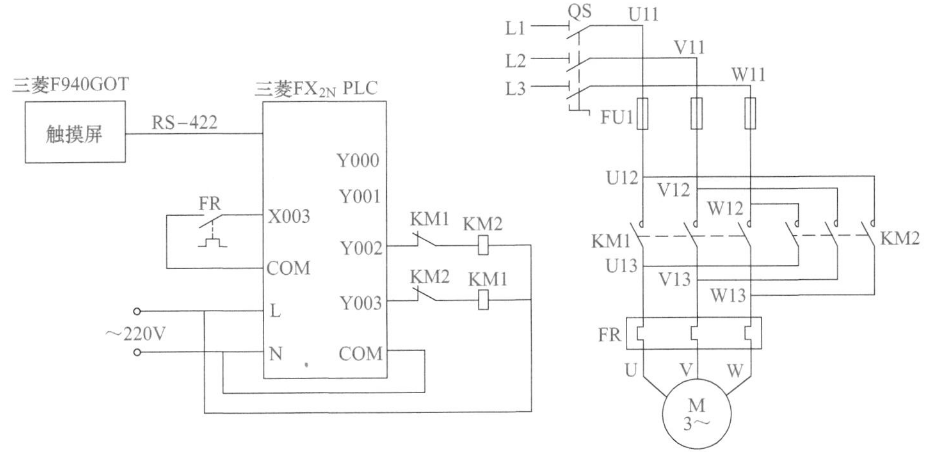

图17-58 触摸屏、PLC和电动机控制线路的连接

触摸屏、PLC和电动机控制线路连接完成并通电后，在触摸屏上操作画面上的按键，先进行通信口测试，再进行电动机正反转控制测试。

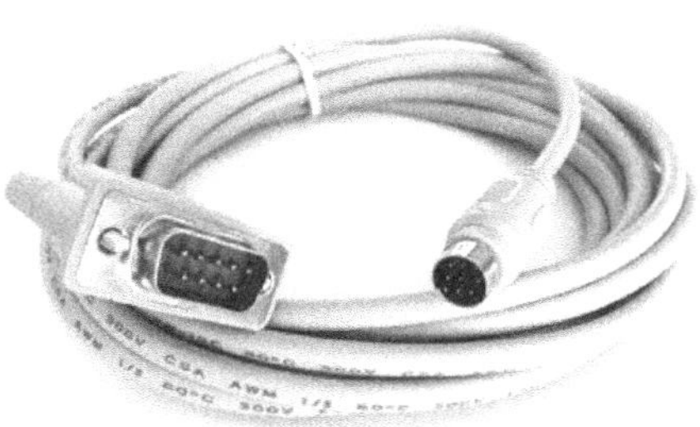

图17-59 触摸屏和PLC的连接电缆（RS-422）

第18章 PLC与变频器的综合应用

在不外接控制器（如PLC）的情况下，直接操作变频器有三种方式：

① 操作面板上的按键；

② 操作接线端子连接的部件（如按钮和电位器）；

③ 复合操作（如操作面板设置频率，操作接线端子连接的按钮进行启/停控制）。

为了操作方便和充分利用变频器，常常采用PLC来控制变频器。PLC控制变频器有三种基本方式：

① 以开关量方式控制；

② 以模拟量方式控制；

③ 以RS-485通信方式控制。

18.1 PLC以开关量方式控制变频器的硬件连接与实例

18.1.1 PLC以开关量方式控制变频器的硬件连接

变频器有很多开关量端子，如正转、反转和多挡转速控制端子等，不使用PLC时，只要给这些端子接上开关就能对变频器进行正转、反转和多挡转速控制。当使用PLC控制变频器时，若PLC是以开关量方式对变频进行控制，需要将PLC的开关量输出端子与变频器的开关量输入端子连接起来，为了检测变频器某些状态，同时可以将变频器的开关量输出端子与PLC的开关量输入端子连接起来。

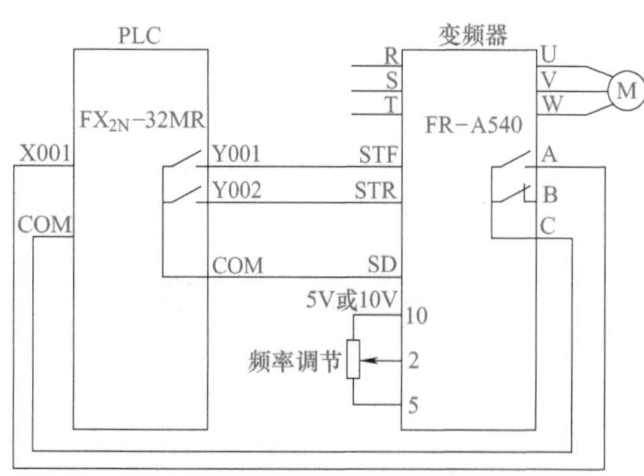

图18-1 PLC以开关量方式控制变频器的硬件连接

PLC以开关量方式控制变频器的硬件连接如图18-1所示。当PLC内部程序运行使Y001端子内部硬触点闭合时，相当于变频器的STF端子外部开关闭合，STF端子输入为ON，变频器启动电动机正转，调节

10、2、5端子所接电位器可以改变端子2的输入电压，从而改变变频器输出电源的频率，进而改变电动机的转速。变频器内部出现异常时，A、C端子之间的内部触点闭合，相当于PLC的X001端子外部开关闭合，X001端子输入为ON。

18.1.2 PLC以开关量方式控制变频器实例——电动机正反转控制

（1）控制线路图

PLC以开关量方式控制变频器驱动电动机正反转的线路如图18-2所示。

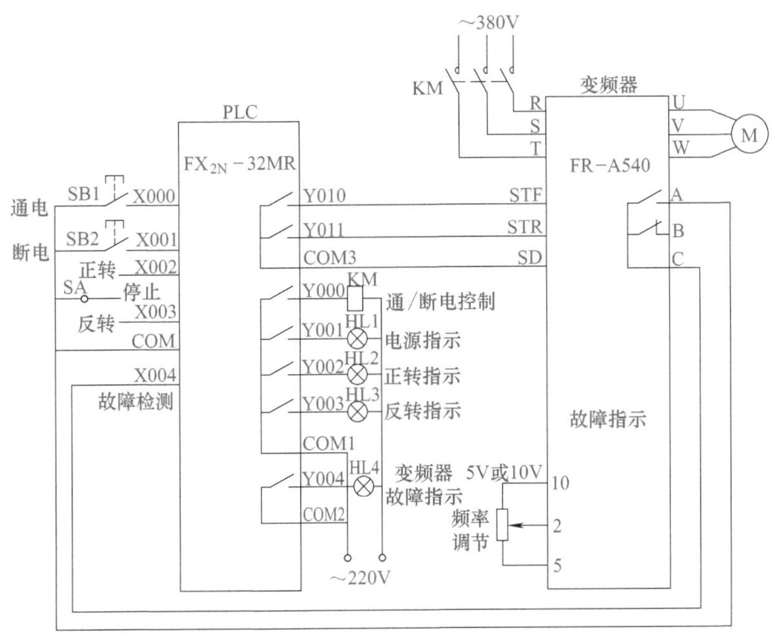

图18-2 PLC以开关量方式控制变频器驱动电动机正反转的线路

（2）参数设置

在使用PLC控制变频器时，需要对变频器进行有关参数设置，具体见表18-1。

表18-1 变频器的有关参数及设置值

参数名称	参数号	设置值
加速时间	Pr.7	5s
减速时间	Pr.8	3s
加减速基准频率	Pr.20	50Hz
基底频率	Pr.3	50Hz
上限频率	Pr.1	50Hz
下限频率	Pr.2	0Hz
运行模式	Pr.79	2

（3）编写程序

变频器有关参数设置好后，还要用编程软件编写相应的PLC控制程序并下载给PLC。PLC控制变频器驱动电动机正反转的PLC程序如图18-3所示。

下面对照图18-2线路图和图18-3程序来说明PLC以开关量方式变频器驱动电动机正反转的工作原理。

① 通电控制。当按下通电按钮SB1时，PLC的X000端子输入为ON，它使程序中的

［0］X000常开触点闭合，“SET Y000”指令执行，线圈Y000被置1，Y000端子内部的硬触点闭合，接触器KM线圈得电，KM主触点闭合，将380V的三相交流电送到变频器的R、S、T端，Y000线圈置1还会使［7］Y000常开触点闭合，Y001线圈得电，Y001端子内部的硬触点闭合，HL1灯通电点亮，指示PLC作出通电控制。

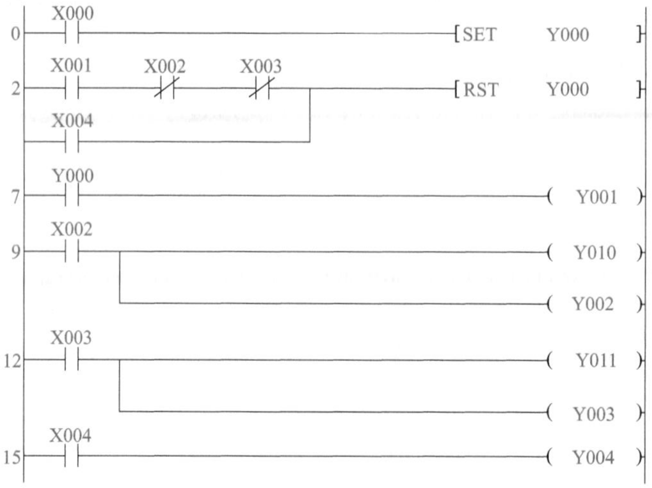

```
     X000
 0 ──┤ ├──────────────────────────────[SET    Y000 ]
     X001     X002     X003
 2 ──┤ ├──────┤/├──────┤/├──┬─────────[RST    Y000 ]
     X004                   │
   ──┤ ├────────────────────┘
     Y000
 7 ──┤ ├──────────────────────────────(  Y001  )
     X002
 9 ──┤ ├───┬──────────────────────────(  Y010  )
           └──────────────────────────(  Y002  )
     X003
12 ──┤ ├───┬──────────────────────────(  Y011  )
           └──────────────────────────(  Y003  )
     X004
15 ──┤ ├──────────────────────────────(  Y004  )
```

图18-3　PLC控制变频器驱动电动机正反转的PLC程序

② 正转控制。将三挡开关SA置于“正转”位置时，PLC的X002端子输入为ON，它使程序中的［9］X002常开触点闭合，Y010、Y002线圈均得电，Y010线圈得电使Y010端子内部硬触点闭合，将变频器的STF、SD端子接通，即STF端子输入为ON，变频器输出电源使电动机正转，Y002线圈得电后使Y002端子内部硬触点闭合，HL2灯通电点亮，指示PLC作出正转控制。

③ 反转控制。将三挡开关SA置于“反转”位置时，PLC的X003端子输入为ON，它使程序中的［12］X003常开触点闭合，Y011、Y003线圈均得电，Y011线圈得电使Y011端子内部硬触点闭合，将变频器的STR、SD端子接通，即STR端子输入为ON，变频器输出电源使电动机反转，Y003线圈得电后使Y003端子内部硬触点闭合，HL3灯通电点亮，指示PLC作出反转控制。

④ 停转控制。在电动机处于正转或反转时，若将SA开关置于“停止”位置，X002或X003端子输入为OFF，程序中的X002或X003常开触点断开，Y010、Y002或Y011、Y003线圈失电，Y010、Y002或Y011、Y003端子内部硬触点断开，变频器的STF或STR端子输入为OFF，变频器停止输出电源，电动机停转，同时HL2或HL3指示灯熄灭。

⑤ 断电控制。当SA置于“停止”位置使电动机停转时，若按下断电按钮SB2，PLC的X001端子输入为ON，它使程序中的［2］X001常开触点闭合，执行“RST Y000”指令，Y000线圈被复位失电，Y000端子内部的硬触点断开，接触器KM线圈失电，KM主触点断开，切断变频器的输入电源，Y000线圈失电还会使［7］Y000常开触点断开，Y001线圈失电，Y001端子内部的硬触点断开，HL1灯熄灭。当SA处于“正转”或“反转”位置时，［2］X002或X003常闭触点断开，无法执行“RST Y000”指令，即电动机在正转或反转时，操作SB2按钮是不能断开变频器输入电源的。

⑥ 故障保护。如果变频器内部保护功能动作，A、C端子间的内部触点闭合，PLC的

X004端子输入为ON，程序中的［2］X004常开触点闭合，执行“RST Y000”指令，Y000端子内部的硬触点断开，接触器KM线圈失电，KM主触点断开，切断变频器的输入电源，保护变频器。另外，［15］X004常开触点闭合，Y004线圈得电，Y004端子内部硬触点闭合，HL4灯通电点亮，指示变频器有故障。

18.1.3 PLC以开关量方式控制变频器实例二——电动机多挡转速控制

变频器可以连续调速，也可以分挡调速，FR-500系列变频器有RH（高速）、RM（中速）和RL（低速）三个控制端子，通过这三个端子的组合输入，可以实现7挡转速控制。如果将PLC的输出端子与变频器这些端子连接，就可以用PLC控制变频器来驱动电动机多挡转速运行。

（1）控制线路图

PLC以开关量方式控制变频器驱动电动机多挡转速运行的线路图如图18-4所示。

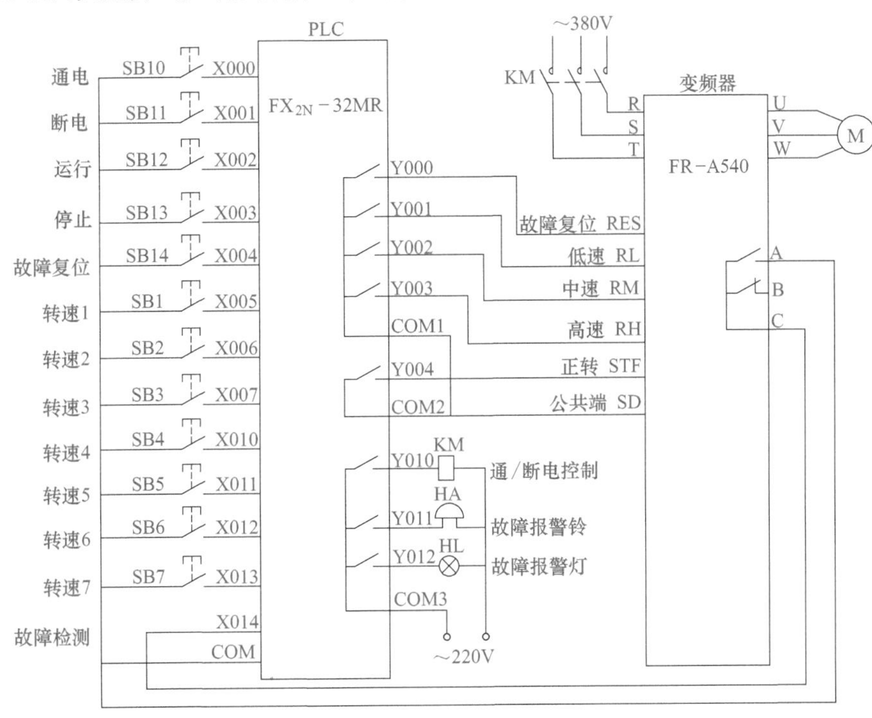

图18-4 PLC以开关量方式控制变频器驱动电动机多挡转速运行的线路图

（2）参数设置

在用PLC对变频器进行多挡转速控制时，需要对变频器进行有关参数设置，参数可分为基本运行参数和多挡转速参数，具体见表18-2。

表18-2 变频器的有关参数及设置值

分类	参数名称	参数号	设定值
基本运行参数	转矩提升	Pr.0	5%
	上限频率	Pr.1	50Hz
	下限频率	Pr.2	5Hz
	基底频率	Pr.3	50Hz
	加速时间	Pr.7	5s
	减速时间	Pr.8	4s
	加减速基准频率	Pr.20	50Hz
	操作模式	Pr.79	2

续表

分类	参数名称	参数号	设定值
多挡转速参数	转速1（RH为ON时）	Pr.4	15 Hz
	转速2（RM为ON时）	Pr.5	20 Hz
	转速3（RL为ON时）	Pr.6	50 Hz
	转速4（RM、RL均为ON时）	Pr.24	40 Hz
	转速5（RH、RL均为ON时L）	Pr.25	30 Hz
	转速6（RH、RM均为ON时）	Pr.26	25 Hz
	转速7（RH、RM、RL均为ON时）	Pr.27	10 Hz

（3）编写程序

PLC以开关量方式控制变频器驱动电动机多挡转速运行的PLC程序如图18-5所示。

下面对照图18-4线路图和图18-5程序来说明PLC以开关量方式控制变频器驱动电动机多挡转速运行的工作原理。

① 通电控制。当按下通电按钮SB10时，PLC的X000端子输入为ON，它使程序中的[0]X000常开触点闭合，“SET Y010”指令执行，线圈Y010被置1，Y010端子内部的硬触点闭合，接触器KM线圈得电，KM主触点闭合，将380V的三相交流电送到变频器的R、S、T端。

② 断电控制。当按下断电按钮SB11时，PLC的X001端子输入为ON，它使程序中的[3]X001常开触点闭合，“RST Y010”指令执行，线圈Y010被复位而失电，Y010端子内部的硬触点断开，接触器KM线圈失电，KM主触点断开，切断变频器R、S、T端的输入电源。

③ 启动变频器运行。当按下运行按钮SB12时，PLC的X002端子输入为ON，它使程序中的[7]X002常开触点闭合，由于Y010线圈已得电，它使Y010常开触点处于闭合状态，“SET Y004”指令执行，Y004线圈被置1而得电，Y004端子内部硬触点闭合，将变频器的STF、SD端子接通，即STF端子输入为ON，变频器输出电源启动电动机正向运转。

④ 停止变频器运行。当按下停止按钮SB13时，PLC的X003端子输入为ON，它使程序中的[10]X003常开触点闭合，“RST Y004”指令执行，Y004线圈被复位而失电，Y004端子内部硬触点断开，将变频器的STF、SD端子断开，即STF端子输入为OFF，变频器停止输出电源，电动机停转。

⑤ 故障报警及复位。如果变频器内部出现异常而导致保护电路动作时，A、C端子间的内部触点闭合，PLC的X014端子输入为ON，程序中的[14]X014常开触点闭合，Y011、Y012线圈得电，Y011、Y012端子内部硬触点闭合，报警铃和报警灯均得电而发出声光报警，同时[3]X014常开触点闭合，“RST Y010”指令执行，线圈Y010被复位而失电，Y010端子内部的硬触点断开，接触器KM线圈失电，KM主触点断开，切断变频器R、S、T端的输入电源。变频器故障排除后，当按下故障按钮SB14时，PLC的X004端子输入为ON，它使程序中的[12]X004常开触点闭合，Y000线圈得电，变频器的RES端输入为ON，解除保护电路的保护状态。

⑥ 转速1控制。变频器启动运行后，按下按钮SB1（转速1），PLC的X005端子输入为ON，它使程序中的[19]X005常开触点闭合，“SET M1”指令执行，线圈M1被置1，[82]M1常开触点闭合，Y003线圈得电，Y003端子内部的硬触点闭合，变频器的RH端输入为ON，让变频器输出转速1设定频率的电源驱动电动机运转。按下SB2～SB7中的某个按

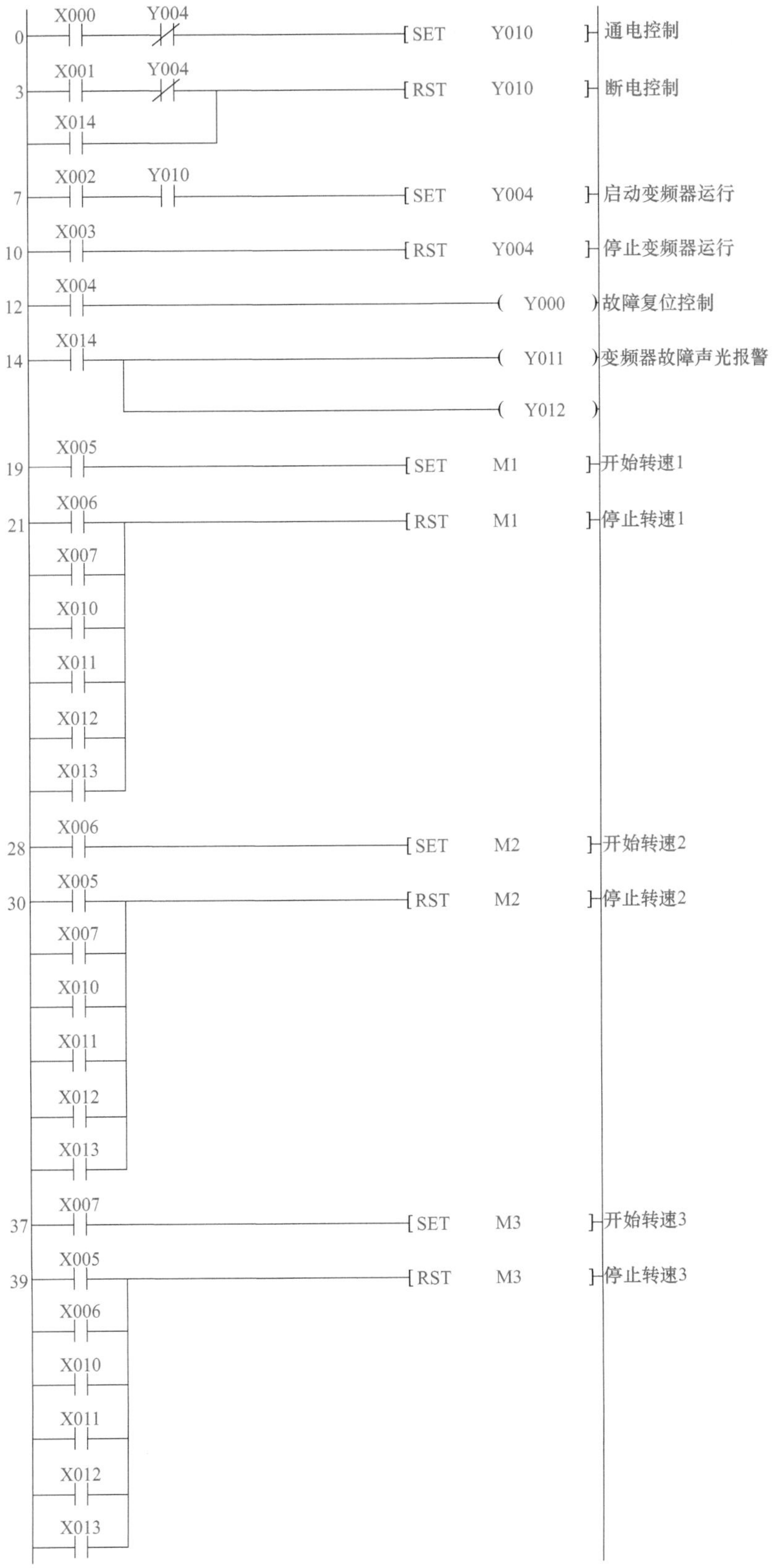

```
0   X000  Y004(常闭)                  [SET  Y010]  通电控制
3   X001  Y004(常闭)                  [RST  Y010]  断电控制
    X014
7   X002  Y010                        [SET  Y004]  启动变频器运行
10  X003                              [RST  Y004]  停止变频器运行
12  X004                              ( Y000 )     故障复位控制
14  X014                              ( Y011 )     变频器故障声光报警
                                      ( Y012 )
19  X005                              [SET  M1]    开始转速1
21  X006                              [RST  M1]    停止转速1
    X007
    X010
    X011
    X012
    X013
28  X006                              [SET  M2]    开始转速2
30  X005                              [RST  M2]    停止转速2
    X007
    X010
    X011
    X012
    X013
37  X007                              [SET  M3]    开始转速3
39  X005                              [RST  M3]    停止转速3
    X006
    X010
    X011
    X012
    X013
```

图18-5

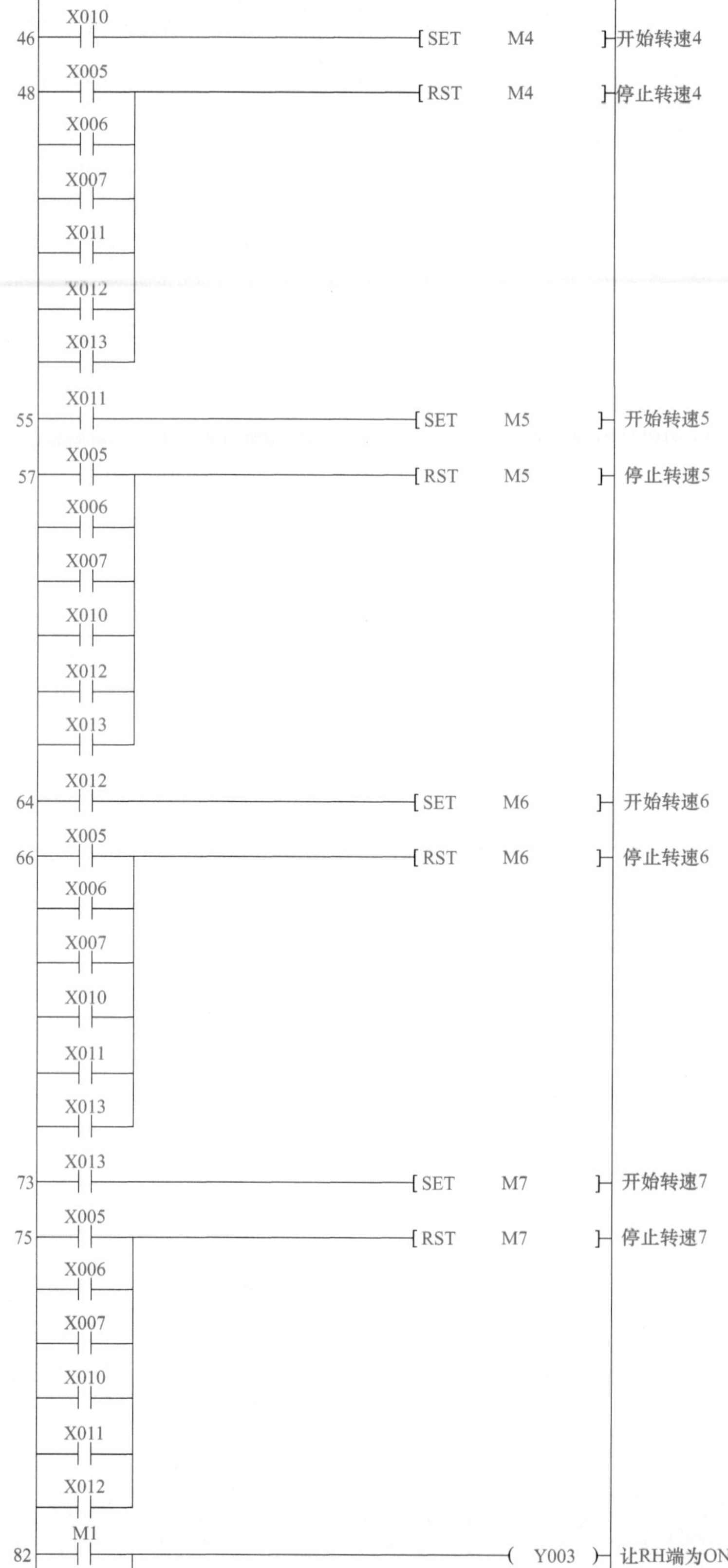
46
X010
SET M4
开始转速4
48
X005
RST M4
停止转速4
X006
X007
X011
X012
X013
55
X011
SET M5
开始转速5
57
X005
RST M5
停止转速5
X006
X007
X010
X012
X013
64
X012
SET M6
开始转速6
66
X005
RST M6
停止转速6
X006
X007
X010
X011
X013
73
X013
SET M7
开始转速7
75
X005
RST M7
停止转速7
X006
X007
X010
X011
X012
82
M1
Y003
让RH端为ON

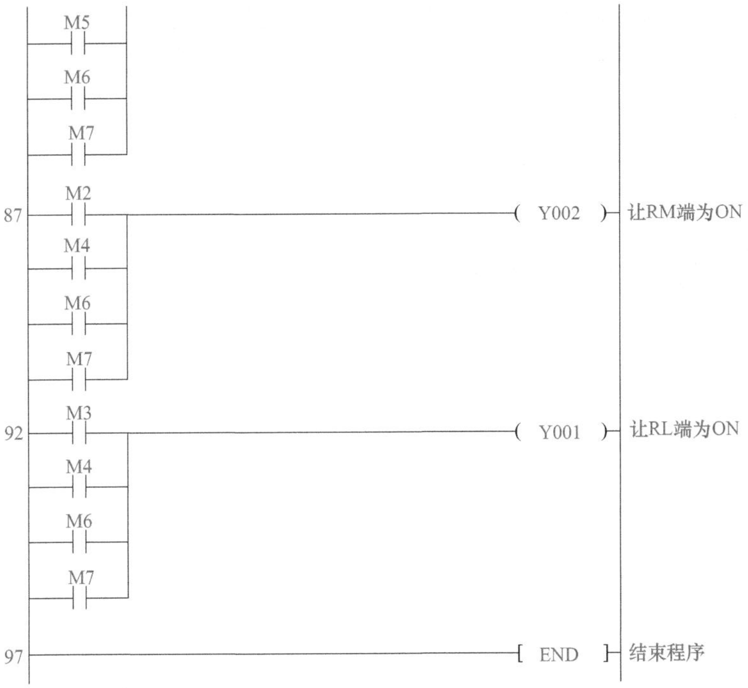

```
    M5
    M6
    M7
87  M2 ─────────────────────( Y002 )─ 让RM端为ON
    M4
    M6
    M7
92  M3 ─────────────────────( Y001 )─ 让RL端为ON
    M4
    M6
    M7
97 ─────────────────────────[ END ]─ 结束程序
```

图18-5 PLC以开关量方式控制变频器驱动电动机多挡转速运行的PLC程序

钮，会使X006~X013中的某个常开触点闭合，“RST M1”指令执行，线圈M1被复位而失电，［82］M1常开触点断开，Y003线圈失电，Y003端子内部的硬触点断开，变频器的RH端输入为OFF，停止按转速1运行。

⑦ 转速4控制。按下按钮SB4（转速4），PLC的X010端子输入为ON，它使程序中的［46］X010常开触点闭合，“SET M4”指令执行，线圈M4被置1，［87］、［92］M4常开触点均闭合，Y002、Y001线圈均得电，Y002、Y001端子内部的硬触点均闭合，变频器的RM、RL端输入均为ON，让变频器输出转速4设定频率的电源驱动电动机运转。按下SB1 ~ SB3或SB5 ~ SB7中的某个按钮，会使X005 ~ X007或X011 ~ X013中的某个常开触点闭合，“RST M4”指令执行，线圈M4被复位失电，［87］、［92］M4常开触点

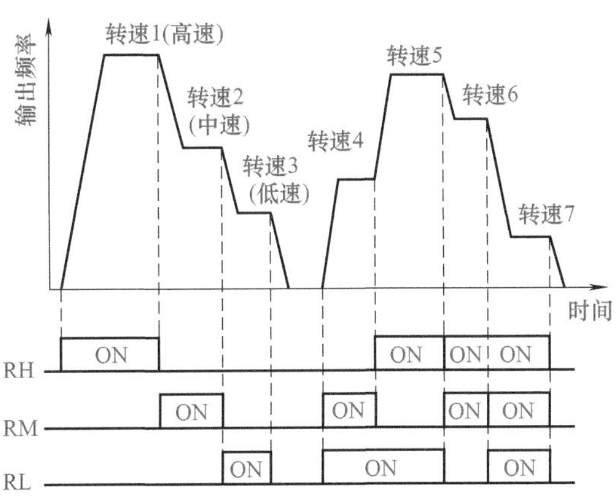

图18-6 变频器RH、RM、RL端输入状态与对应的电动机转速关系

均断开，Y002、Y001线圈均失电，Y002、Y001端子内部的硬触点均断开，变频器的RM、RL端输入均为OFF，停止按转速4运行。

其他转速控制与上述转速控制过程类似，这里不再叙述。RH、RM、RL端输入状态与对应的速度关系如图18-6所示。

18.2 PLC以模拟量方式控制变频器的硬件连接与实例

18.2.1 PLC以模拟量方式控制变频器的硬件连接

变频器有一些电压和电流模拟量输入端子，改变这些端子的电压或电流输入值可以改变电动机的转速，如果将这些端子与PLC的模拟量输出端子连接，就可以利用PLC控制变频器来调节电动机的转速。模拟量是一种连续变化的量，利用模拟量控制功能可以使电动机的转速连续变化（无级变速）。

PLC以模拟量方式控制变频器的硬件连接如图18-7所示，由于三菱FX_{2N}-32MR型PLC无模拟量输出功能，因此需要给它连接模拟量输出模块（如FX_{2N}-4DA），再将模拟量输出模块的输出端子与变频器的模拟量输入端子连接。当变频器的STF端子外部开关闭合时，该端子输入为ON，变频器启动电动机正转，PLC内部程序运行时产生的数字量数据通过连接电缆送到模拟量输出模块（DA模块），由其转换成0～5V或0～10V范围内的电压（模拟量）送到变频器2、5端子，控制变频器输出电源的频率，进而控制电动机的转速，如果DA模块输出到变频器2、5端子的电压发生变化，变频器输出电源频率也会变化，电动机转速就会变化。

PLC在以模拟量方式控制变频器的模拟量输入端子时，也可同时用开关量方式控制变频器的开关量输入端子。

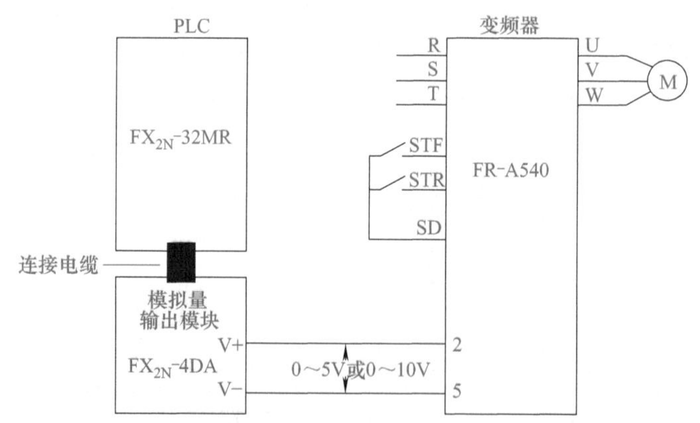

图18-7 PLC以模拟量方式控制变频器的硬件连接

18.2.2 PLC以模拟量方式控制变频器实例——中央空调冷却水流量控制

（1）中央空调系统的组成与工作原理

中央空调系统的组成如图18-8所示。

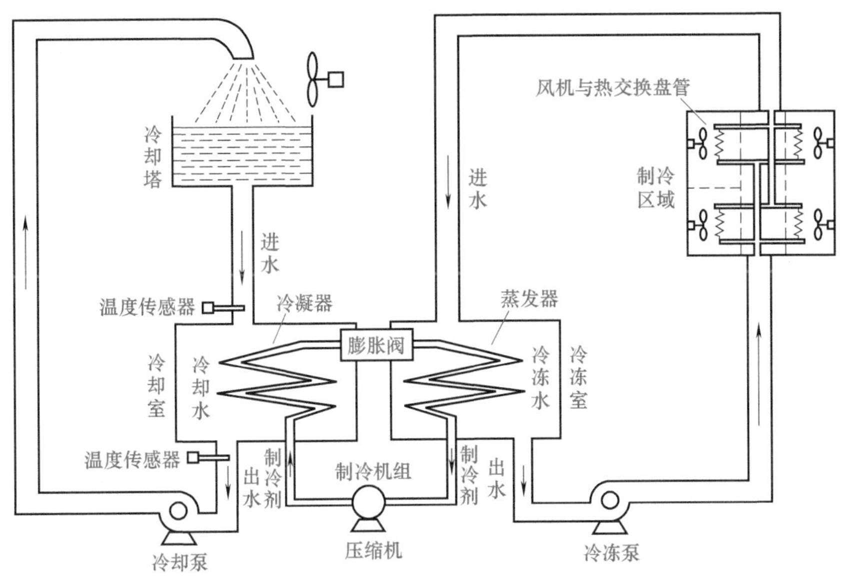

图18-8　中央空调系统的组成

中央空调系统由三个循环系统组成，分别是制冷剂循环系统、冷却水循环系统和冷冻水循环系统。

制冷剂循环系统工作原理：压缩机从进气口吸入制冷剂（如氟利昂），在内部压缩后排出高温高压的气态制冷剂进入冷凝器（由散热良好的金属管做成），冷凝器浸在冷却水中，冷凝器中的制冷剂被冷却后，得到低温高压的液态制冷剂，然后经膨胀阀（用于控制制冷剂的流量大小）进入蒸发器（由散热良好的金属管做成），由于蒸发器管道空间大，液态制冷剂压力减小，马上汽化成气态制冷剂，制冷剂在由液态变成气态时会吸收大量的热量，蒸发器管道因被吸热而温度降低，由于蒸发器浸在水中，水的温度也因此而下降，蒸发器出来的低温低压的气态制冷剂被压缩机吸入，压缩成高温高压的气态制冷剂又进入冷凝器，开始下一次循环过程。

冷却水循环系统工作原理：冷却塔内的水流入制冷机组的冷却室，高温冷凝器往冷却水散热，使冷却水温度上升（如37℃），升温的冷却水被冷却泵抽吸并排往冷却塔，水被冷却（如冷却到32℃）后流进冷却塔，然后又流入冷却室，开始下一次冷却水循环。冷却室的出水温度要高于进水温度，两者存在温差，出进水温差大小反映冷凝器产生的热量多少，冷凝器产生的热量越多，出水温度越高，出进水温差越大，为了能带走冷凝器更多的热量来提高制冷机组的制冷效率，当出进水温差较大（出水温度高）时，应提高冷却泵电动机的转速，加快冷却室内水的流速来降低水温，使出进水温差减小，实际运行表明，出进水温差控制在3～5℃范围内较为合适。

冷冻水循环系统工作原理：制冷区域的热交换盘管中的水进入制冷机组的冷冻室，经蒸发器冷却后水温降低（如7℃），低温水被冷冻泵抽吸并排往制冷区域的各个热交换盘管，在风机作用下，空气通过低温盘管（内有低温水通过）时温度下降，使制冷区域的室内空气温度下降，热交换盘管内的水温则会升高（如升高到12℃），从盘管中流出的升温水汇集后又流进冷冻室，被低温蒸发器冷却后，再经冷冻泵抽吸并排往制冷区域的各个热交换盘管，开始下一次冷冻水循环。

（2）中央空调冷却水流量控制的PLC与变频器线路

中央空调冷却水流量控制的PLC与变频器线路如图18-9所示。

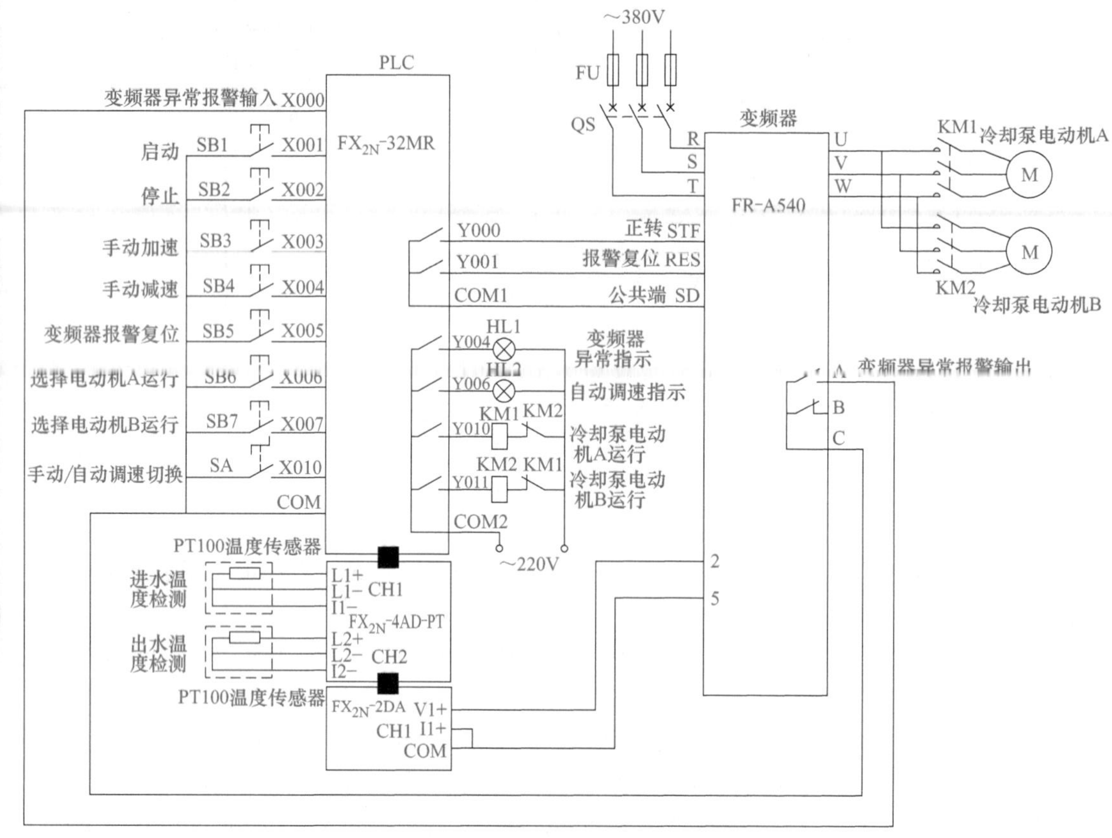

图18-9 中央空调冷却水流量控制的PLC与变频器线路

（3）PLC程序

中央空调冷却水流量控制的PLC程序由D/A转换程序、温差检测与自动调速程序、手动调速程序、变频器启/停/报警及电动机选择程序组成。

① D/A转换程序 D/A转换程序的功能是将PLC指定存储单元中的数字量转换成模拟量并输出去变频器的调速端子。本例是利用FX_{2N}-2DA模块将PLC的D100单元中的数字量转换成0～10V电压去变频器的2、5端子。D/A转换程序如图18-10所示。

② 温差检测与自动调速程序 温差检测与自动调速程序如图18-11所示。温度检测模块（FX_{2N}-4AD-PT）将出水和进水温度传感器检测到的温度值转换成数字量温度值，分别存入D21和D20，两者相减后得到温差值存入D25。在自动调速方式（X010常开触点闭合）时，PLC每隔4s检测一次温差，如果温差值＞5℃，自动将D100中的数字量提高40，转换成模拟量去控制变频器，使之频率提升0.5Hz，冷却泵电动机转速随之加快，如果温差值<4.5℃，自动将D100中的数字量减小40，使变频器的频率降低0.5Hz，冷却泵电动机转速随之降低，如果4.5℃≤温差值≤5℃，D100中的数字量保持不变，变频器的频率不变，冷却泵电动机转速也不变。为了将变频器的频率限制在30～50Hz，程序将D100的数字量限制在2400～4000范围内。

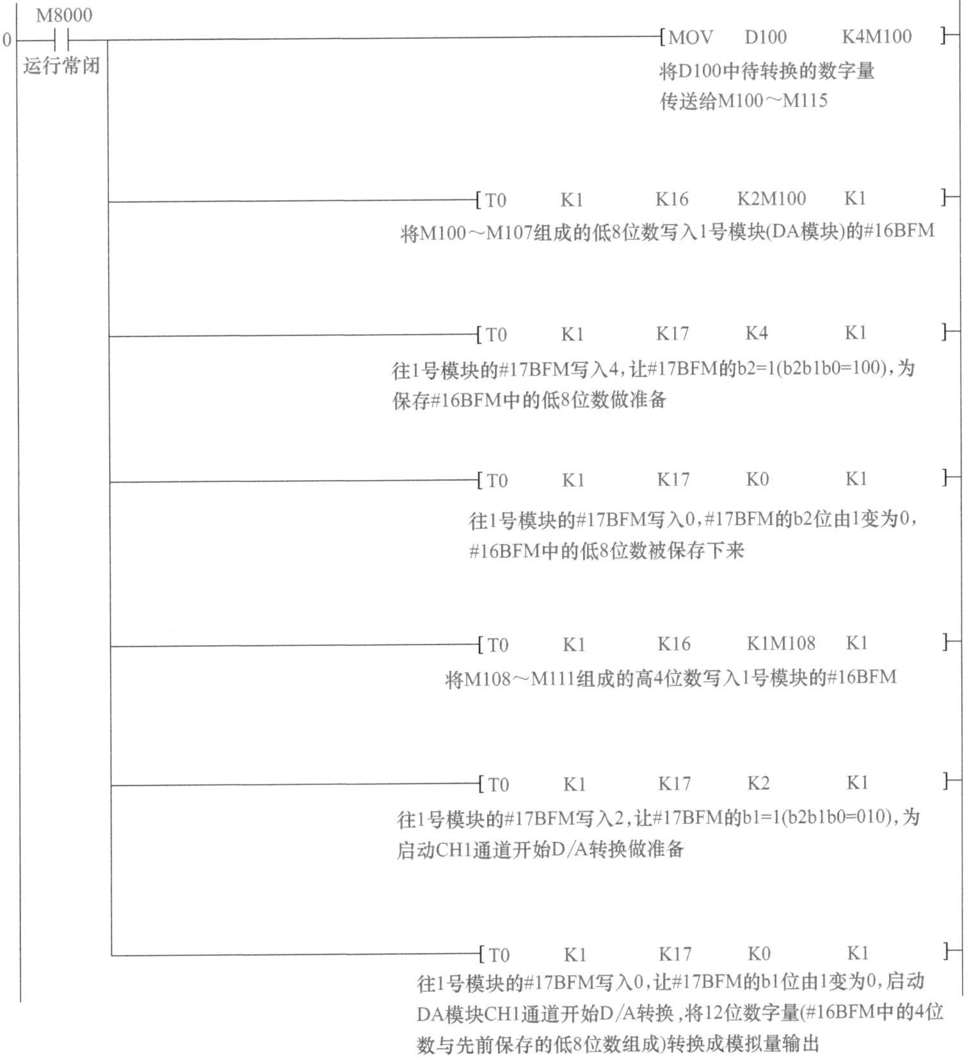

图18-10　D/A转换程序

③ 手动调速程序　手动调速程序如图18-12所示。在手动调速方式（X010常闭触点闭合）时，X003触点每闭合一次，D100中的数字量就增加40，由DA模块转换成模拟量后使变频器频率提高0.5Hz，X004触点每闭合一次，D100中的数字量就减小40，由DA模块转换成模拟量后使变频器频率降低0.5Hz，为了将变频器的频率限制在30～50Hz，程序将D100的数字量限制在2400～4000范围内。

④ 变频器启/停/报警及电动机选择程序　变频器启/停/报警及电动机选择程序如图18-13所示。下面对照图18-9线路和图18-13来说明该程序工作原理。

a.变频器启动控制。按下启动按钮SB1，PLC的X001端子输入为ON，程序中的［208］X001常开触点闭合，将Y000线圈置1，［191］Y000常开触点闭合，为选择电动机做准备，［214］Y001常闭触点断开，停止对D100（用于存放用作调速的数字量）复位，另外，PLC的Y000端子内部硬触点闭合，变频器STF端子输入为ON，启动变频器从U、V、W端子输出正转电源，正转电源频率由D100中的数字量决定，Y001常闭触点断开停止D100复位后，自动调速程序的［148］指令马上往D100写入2400，D100中的2400随之由DA程序转换成6V电压，送到变频器的2、5端子，使变频器输出的正转电源频率为30Hz。

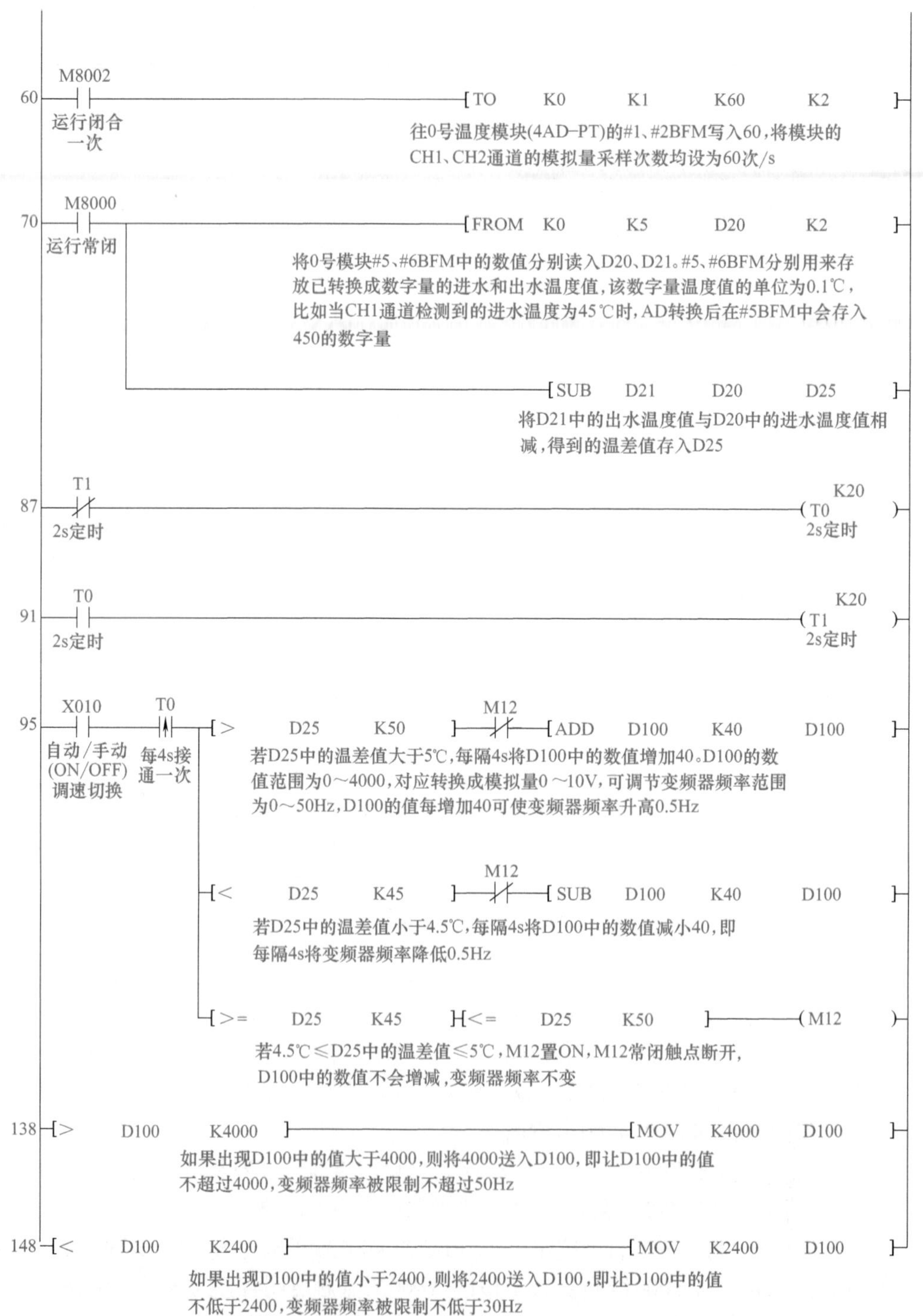

图18-11 温差检测与自动调速程序

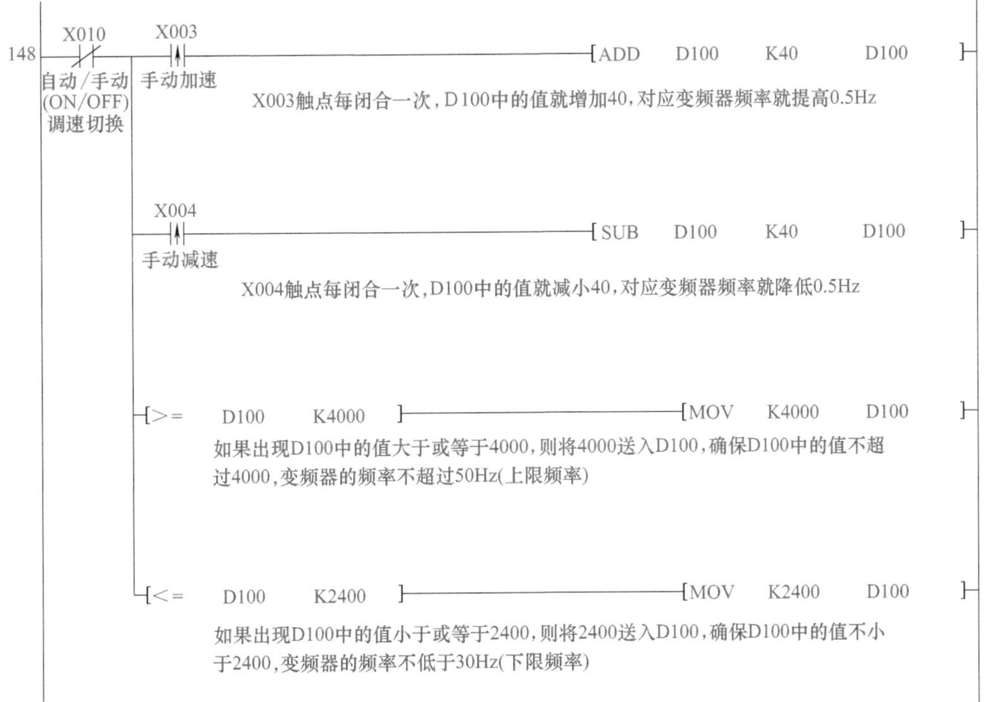

图18-12 手动调速程序

b.冷却泵电动机选择。按下选择电动机A运行的按钮SB6，[191]X006常开触点闭合，Y010线圈得电，Y010自锁触点闭合，锁定Y010线圈得电，同时Y010硬触点也闭合，Y010端子外部接触器KM1线圈得电，KM1主触点闭合，将冷却泵电动机A与变频器的U、V、W端子接通，变频器输出电源驱动冷却泵电动机A运行。SB7按钮用于选择电动机B运行，其工作过程与电动机A相同。

c.变频器停止控制。按下停止按钮SB2，PLC的X002端子输入为ON，程序中的[210]X002常开触点闭合，将Y000线圈复位，[191]Y000常开触点断开，Y010、Y011线圈均失电，KM1、KM2线圈失电，KM1、KM2主触点均断开，将变频器与两个电动机断开；[214]Y001常闭触点闭合，对D100复位；另外，PLC的Y000端子内部硬触点断开，变频器STF端子输入为OFF，变频器停止U、V、W端子输出电源。

d.自动调速控制。将自动/手动调速切换开关闭合，选择自动调速方式，[212]X010常开触点闭合，Y006线圈得电，Y006硬触点闭合，Y006端子外接指示灯通电点亮，指示当前为自动调速方式；[95]X010常开触点闭合，自动调速程序工作，系统根据检测到的出进水温差来自动改变用作调速的数字量，该数字量经DA模块转换成相应的模拟量电压，去调节变频器的输出电源频率，进而自动调节冷却泵电动机的转速；[148]X010常闭触点断开，手动调速程序不工作。

e.手动调速控制。将自动/手动调速切换开关断开，选择手动调速方式，[212]X010常开触点断开，Y006线圈失电，Y006硬触点断开，Y006端子外接指示灯断电熄灭；[95]X010常开触点断开，自动调速程序不工作；[148]X010常闭触点闭合，手动调速程序工作，以手动加速控制为例，每按一次手动加速按钮SB3，X003上升沿触点就接通一个扫描周期，ADD指令就将D100中用作调速的数字量增加40，经DA模块转换成模拟量电压，去控制变频器频率提高0.5Hz。

f.变频器报警及复位控制。在运行时，如果变频器出现异常情况（如电动机出现短路导致变频器过流），其A、C端子内部的触点闭合，PLC的X000端子输入为ON，程序［204］X000常开触点闭合，Y004线圈得电，Y004端子内部的硬触点闭合，变频器异常报警指示灯HL1通电点亮。排除异常情况后，按下变频器报警复位按钮SB5，PLC的X005端子输入为ON，程序［206］X005常开触点闭合，Y001端子内部的硬触点闭合，变频器的RES端子（报警复位）输入为ON，变频器内部报警复位，A、C端子内部的触点断开，PLC的X000端子输入变为OFF，最终使Y004端子外接报警指示灯HL1断电熄灭。

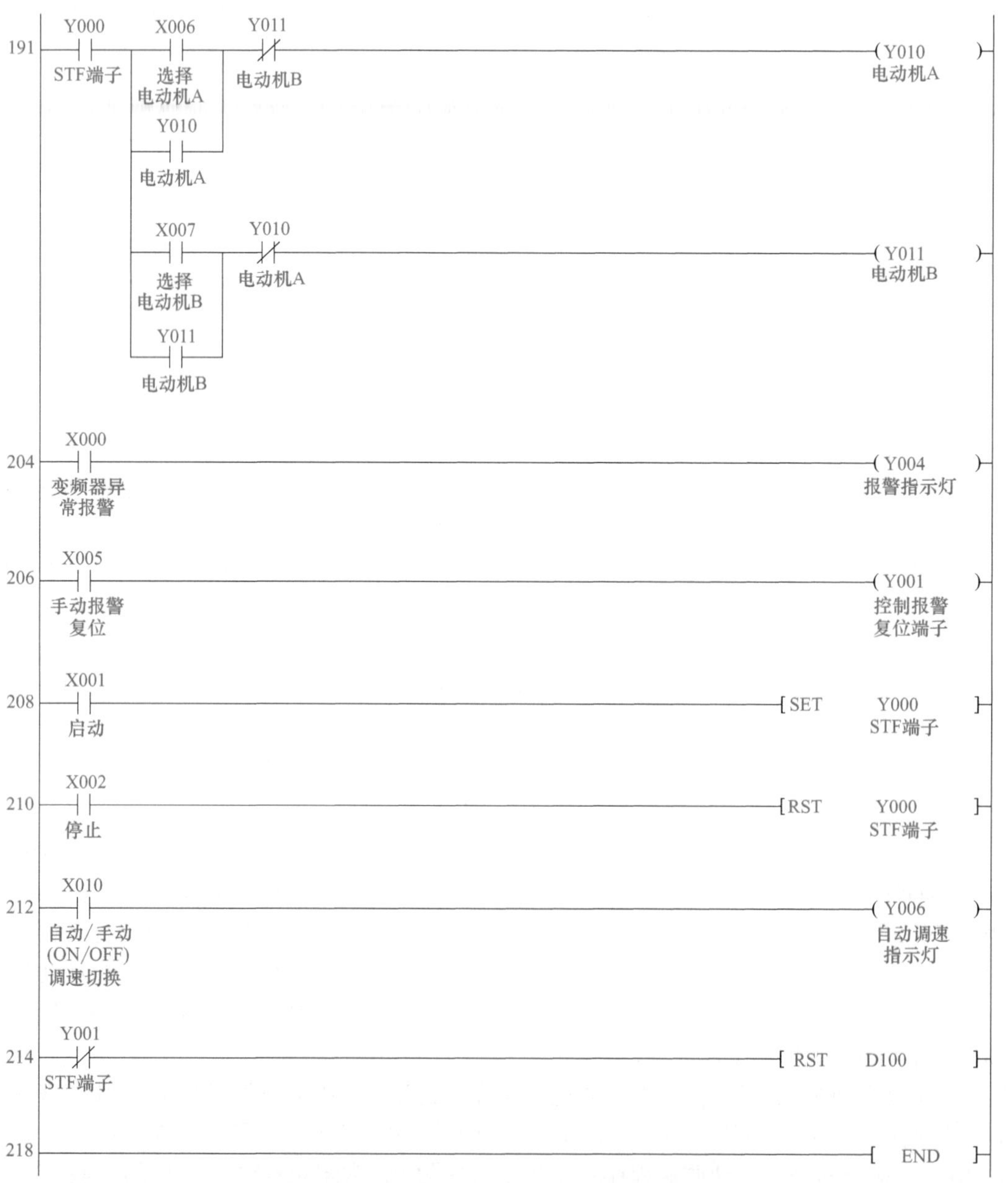

图18-13 变频器启/停/报警及电动机选择程序

（4）变频器参数的设置

为了满足控制和运行要求，需要对变频器一些参数进行设置。本例中变频器需设置的参数及参数值见表18-3。

表18-3 变频器的有关参数及设置值

参数名称	参数号	设置值
加速时间	Pr.7	3s
减速时间	Pr.8	3s
基底频率	Pr.3	50Hz
上限频率	Pr.1	50Hz
下限频率	Pr.2	30Hz
运行模式	Pr.79	2（外部操作）
0～5V和0～10V调频电压选择	Pr.73	0（0～10V）

18.3 PLC以RS-485通信方式控制变频器的硬件连接与实例

PLC以开关量方式控制变频器时，需要占用较多的输出端子去连接变频器相应功能的输入端子，才能对变频器进行正转、反转和停止等控制；PLC以模拟量方式控制变频器时，需要使用DA模块才能对变频器进行频率调速控制。如果PLC以RS-485通信方式控制变频器，只需一根RS-485通信电缆（内含5根芯线），直接将各种控制和调频命令送给变频器，变频器根据PLC通过RS-485通信电缆送来的指令就能执行相应的功能控制。

RS-485通信是目前工业控制广泛采用的一种通信方式，具有较强的抗干扰能力，其通信距离可达几十米至上千米。采用RS-485通信不但可以将两台设备连接起来进行通信，还可以将多台设备（最多可并联32台设备）连接起来构成分布式系统，进行相互通信。

18.3.1 变频器和PLC的RS-485通信口

（1）变频器的RS-485通信口

三菱FR-500系列变频器有一个用于连接操作面板的PU口，该接口可用作RS-485通信口，在使用RS-485方式与其他设备通信时，需要将操作面板插头（RJ45插头）从PU口拔出，再将RS-485通信电缆的一端插入PU口，通信电缆另一端连接PLC或其他设备。三菱FR-500系列变频器PU口外形及各引脚功能说明如图18-14所示。

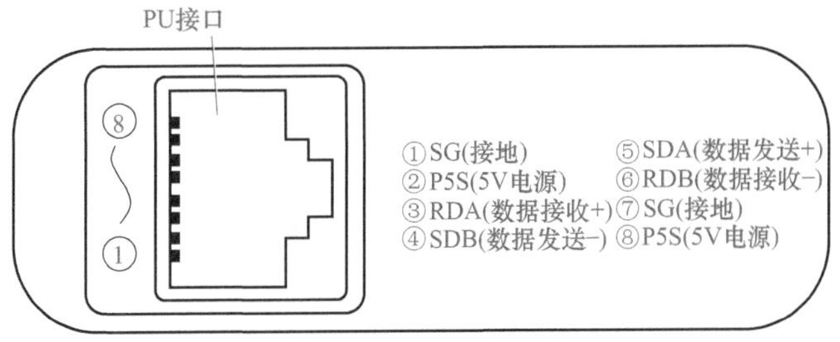

图18-14 三菱FR-500系列变频器PU口（可用作RS-485通信口）的各引脚功能说明

三菱FR-500系列变频器只有一个RS-485通信口（PU口），面板操作和RS-485通信不能同时进行，而三菱FR-700系列变频器除了有一个PU接口外，还单独配备了一个RS-485通信口（接线排），专用于进行RS-485通信。三菱FR-700系列变频器RS-485通信口外形及各脚功能说明如图18-15所示，通信口的每个功能端子都有2个，一个接上一台RS-485通信设备，另一个端子接下一台RS-485通信设备，若无下一台设备，应将终端电阻开关拨至“100Ω”侧。

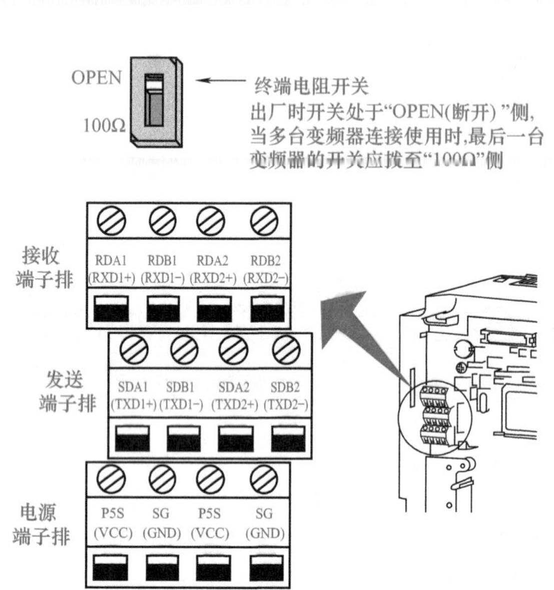

名称	内容
RDA1 (RXD1+)	变频器接收+
RDB1 (RXD1−)	变频器接收−
RDA2 (RXD2+)	变频器接收+ (分支用)
RDB2 (RXD2−)	变频器接收− (分支用)
SDA1 (TXD1+)	变频器发送+
SDB1 (TXD1−)	变频器发送−
SDA2 (TXD2+)	变频器发送+ (分支用)
SDB2 (TXD2−)	变频器发送− (分支用)
P5S (VCC)	5V 容许负载电流100mA
SG (GND)	接地 (和端子SD导通)

图18-15 三菱FR-700系列变频器RS-485通信口（接线排）的各引脚功能说明

（2）PLC的RS-485通信口

三菱FX PLC一般不带RS-485通信口，如果要与变频器进行RS-485通信，需给PLC安装FX_{2N}-485-BD通信板。485-BD通信板的外形和端子如图18-16（a）所示，通信板的安装方法如图18-16（b）所示。

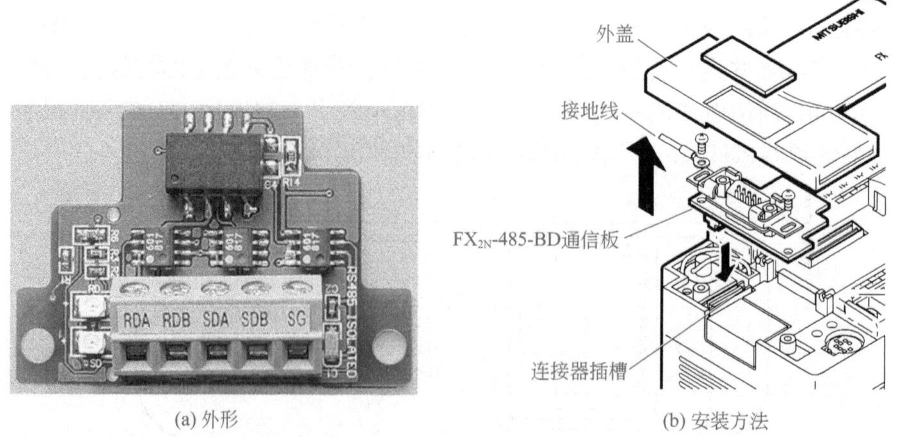

(a) 外形　　(b) 安装方法

图18-16 485-BD通信板的外形与安装

18.3.2 变频器与PLC的RS-485通信连接

（1）单台变频器与PLC的RS-485通信连接

单台变频器与PLC的RS-485通信连接如图18-17所示，两者在连接时，一台设备的发送端子（+/–）应分别与另一台设备的接收端子（+/–）连接，接收端子（+/–）应分别与另一台设备的发送端子（+/–）连接。

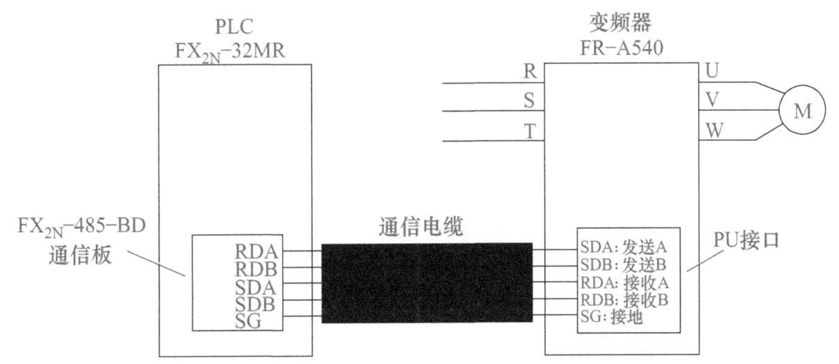

图18-17　变频器与PLC的RS-485通信连接

（2）多台变频器与PLC的RS-485通信连接

多台变频器与PLC的RS-485通信连接如图18-18所示，它可以实现一台PLC控制多台变频器的运行。

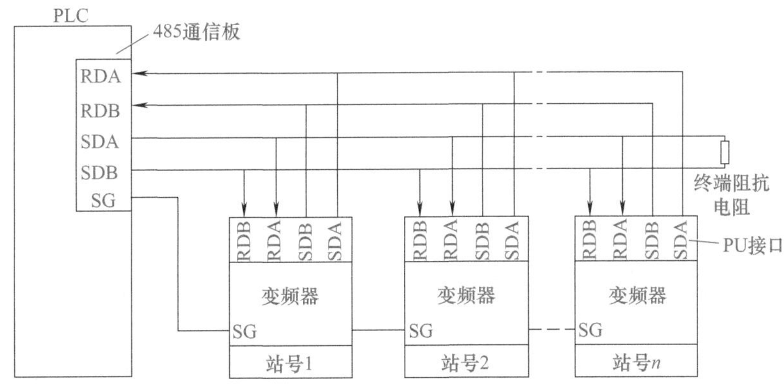

图18-18　多台变频器与PLC的RS-485通信连接

18.3.3 RS-485通信电缆的制作

当三菱FX_{2N} PLC与三菱FR-700系列变频器的RS-485端子排连接进行RS-485通信时，需要在PLC的485-BD通信板与变频器的RS-485端子排之间连接5根导线，为了便于区分，5根导线应采用不同的颜色。在实际操作时，一般使用电脑网线作PLC与变频器的RS-485通信电缆，电脑网线内部含有8根不同颜色的芯线，如图18-19所示，在用作RS-485通信电缆时，使用其中5根芯线（余下的3根留空不用）。

当三菱FX_{2N} PLC与三菱FR-700或FR-500系列变频器的PU口进行RS-485通信时，由于PU口无法直接接线，故需要自己制作一个专门的RS-485通信电缆。变频器的PU口为8针接口，8针排列顺序及功能说明如图18-20所示，该接口用于插入RJ45接头（又称RJ45水晶头），由于电脑网线也是RJ45接头，故可以用电脑网线来制作RS-485通信电缆。用电脑网线制作RS-485通信电缆有两种方法，如图18-21所示，一是使用网线钳给网线一端安

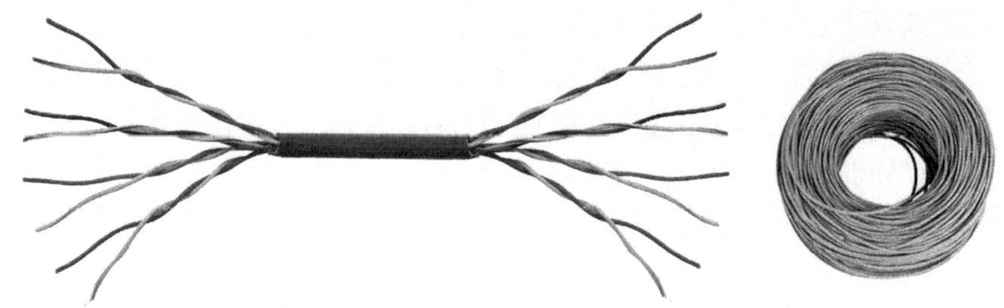

图18-19 用电脑网线作RS-485通信电缆

装一个RJ45水晶头（可让网线销售人员帮忙制作），二是使用机制电脑网线制作，这种网线带有两个RJ45水晶头，剪掉其中一个RJ45水晶头即可。

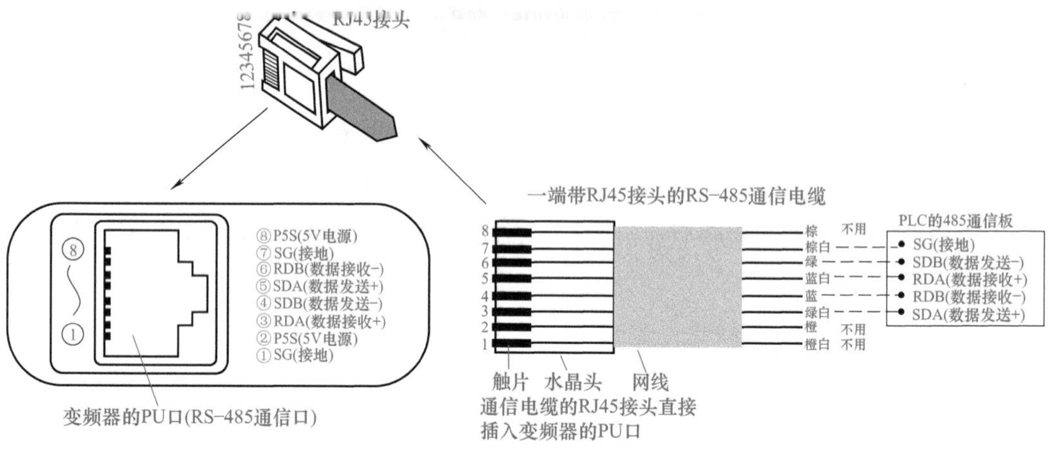

图18-20 RS-485通信电缆各芯线与变频器及PLC连接关系

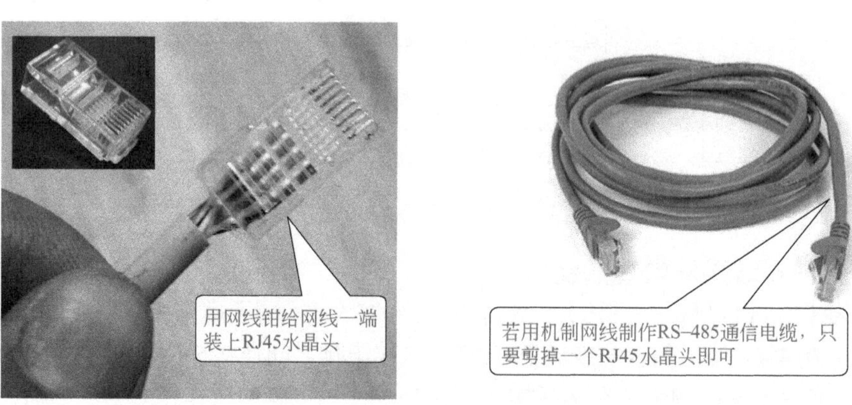

图18-21 用电脑网线制作带RJ45接头的RS-485通信电缆（两种方法）

18.3.4 PLC（计算机）与变频器的RS-485通信基础知识

（1）RS-485通信的数据格式

PLC与变频器进行RS-485通信时，PLC可以往变频器写入（发送）数据，也可以读出（接收）变频器的数据，具体有：

①写入运行指令（如正转、反转和停止等）；

②写入运行频率；

③写入参数（设置变频器参数值）；

④读出参数；

⑤监视变频器的运行参数（如变频器的输出频率/转速、输出电压和输出电流等）；

⑥将变频器复位等。

在PLC往变频器写入或读出数据时，数据传送都是一段一段的，每段数据需符合一定的数据格式，否则一方无法识别接收另一方传送过来的数据段。PLC与变频器的RS-485通信数据格式主要有A、A'、B、C、D、E、E'、F共8种格式。

①PLC往变频器传送数据时采用的数据格式　PLC往变频器传送数据采用的数据格式有A、A'、B三种，如图18-22所示。例如，PLC往变频器写入运行频率时采用格式A来传送数据，写入正转控制命令时采用格式A'，查看（监视）变频器运行参数时采用格式B。

在编写通信程序时，数据格式中各部分的内容都要用ASCII码来表示，有关ASCII码知识可查看第6章的表6-7。例如，PLC以数据格式A往13号变频器写入频率，在编程时将要发送的数据存放在D100～D112，其中D100存放控制代码ENQ的ASCII码H05，D101、D102分别存放变频器站号13的ASCII码H31（1）、H33（3），D103、D104分别存放写入频率指令代码HED的ASCII码H45（E）、H44（D）。

格式A

ENQ（控制代码）	变频器站号	指令代码	等待时间	数据	总和校验码	CR/LF（回车/换行）
1	2　3	4　5	6	7　8　9　10	11　12	13 ← 字符数

格式A'

ENQ（控制代码）	变频器站号	指令代码	等待时间	数据	总和校验码	CR/LF（回车/换行）
1	2　3	4　5	6	7　8	9　10	11 ← 字符数

格式B

ENQ（控制代码）	变频器站号	指令代码	等待时间	总和校验码	CR/LF（回车/换行）
1	2　3	4　5	6	7　8	9 ← 字符数

图18-22　PLC往变频器传送数据采用的三种数据格式（A、A'、B）

RS-485通信的数据格式各部分说明如下。

a.控制代码。每个数据段前面都要有控制代码，控制代码ENQ意为通信请求，其他控制代码见表18-4所示。

表18-4　控制代码

信号	ASCII码	说　明
STX	H02	数据开始
ETX	H03	数据结束
ENQ	H05	通信请求
ACK	H06	无数据错误
LF	H0A	换行
CR	H0D	回车
NAK	H15	有数据错误

b.变频器站号。用于指定与PLC通信的变频器站号，可指定0～31，该站号应与变频器设定的站号一致。

c.指令代码。它是由PLC发送给变频器用来指明变频器进行何种操作的代码，例如读出变频器输出频率的指令代码为H6F，更多的指令代码见表18-6。

d.等待时间。用于指定PLC传送完数据后到变频器开始返回数据之间的时间间隔，等待时间单位为10ms，可设范围为0～15（0～150ms），如果变频器已用参数Pr.123设定了等待时间，通信数据中不用指定等待时间，可节省一个字符，如果要在通信数据中使用等待时间，应将变频器的参数Pr.123设为9999。

e.数据。它是指PLC写入变频器的运行和设定数据，如频率和参数等，数据的定义和设定范围由指令代码来确定。

f.总和校验码。其功能是用来校验本段数据传送过程中是否发生错误。将控制代码与总和校验码之间各项ASCII码求和，取和数据（十六进制数）的低2位作为总和校验码。总和校验码的求取举例如图18-23所示，

g. CR/LF（回车/换行）。当变频器的参数Pr.124设为0时，不用CR/LF，可节省一个字符。

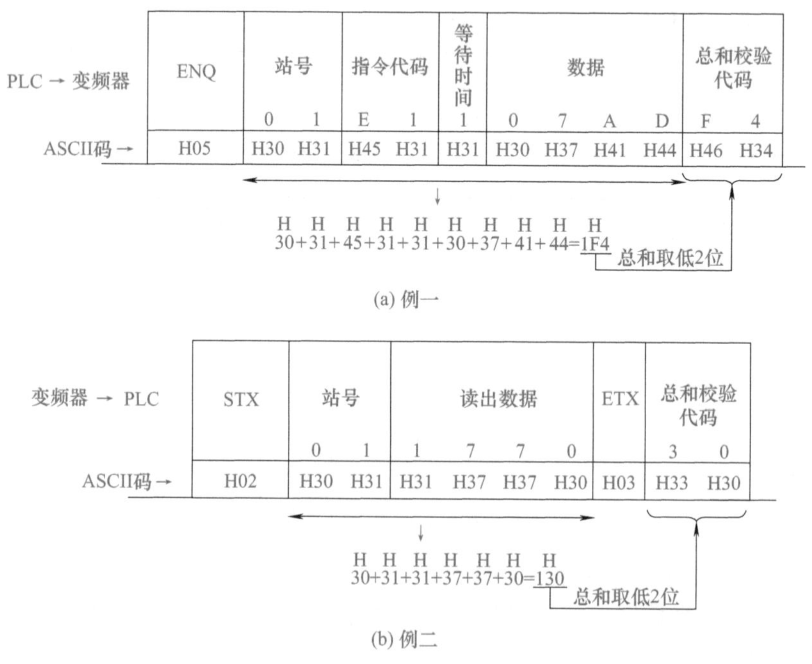

图18-23 总和校验码求取举例

② 变频器往PLC传送数据（返回数据）时采用的数据格式　当变频器接收到PLC传送过来的数据，一段时间（等待时间）后会返回数据给PLC。变频器往PLC返回数据采用的数据格式主要有C、D、E、E’，如图18-24所示。

如果PLC传送的指令是写入数据（如控制变频器正转、反转和写入运行频率），变频器以C格式或D格式返回数据给PLC。若变频器发现PLC传送过来的数据无错误，会以C格式返回数据，若变频器发现传送过来的数据有错误，则以D格式返回数据，D格式数据中含有错误代码，用于告诉PLC出现何种错误，三菱FR-500/700变频器的错误代码含义见表18-5。

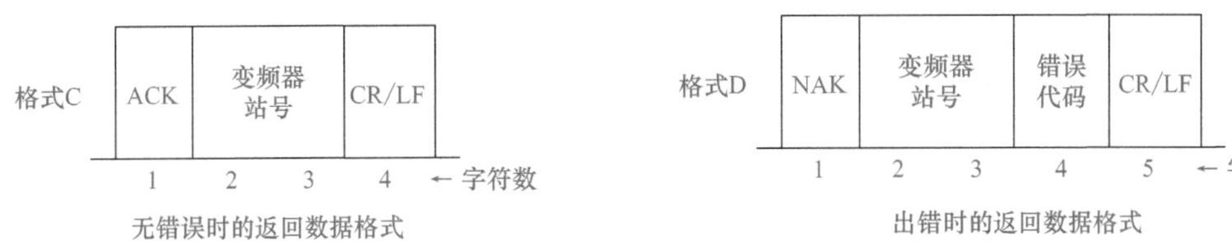

(a) PLC写入数据时变频器返回数据采用的数据格式

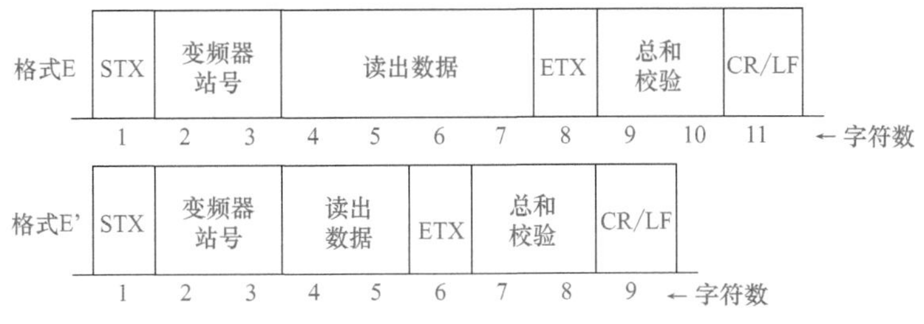

(b) PLC读取数据时变频器返回数据采用的数据格式

图18-24 变频器往PLC返回数据采用的四种数据格式（C、D、E、E'）

表 18-5 在通信时变频器返回的错误代码含义

错误代码	项目	定义	变频器动作
H0	计算机NAK错误	从计算机发送的通信请求数据被检测到的连续错误次数超过允许的再试次数	如果连续错误发生次数超过允许再试次数时将产生（E.PUE）报警并且停止
H1	奇偶校验错误	奇偶校验结果与规定的奇偶校验不相符	
H2	总和校验错误	计算机中的总和校验代码与变频器接收的数据不相符	
H3	协议错误	变频器以错误的协议接收数据，在提供的时间内数据接收没有完成或CR和LF在参数中没有用作设定	
H4	格式错误	停止位长不符合规定	如果连续错误发生次数超过允许再试次数时将产生（E.PUE）报警并且停止
H5	溢出错误	变频器完成前面的数据接收之前，从计算机又发送了新的数据	
H7	字符错误	接收的字符无效（在0～9，A～F的控制代码以外）	不能接收数据但不会带来报警停止
HA	模式错误	试图写入的参数在计算机通信操作模式以外或变频器在运行中	不能接收数据但不会带来报警停止
HB	指令代码错误	规定的指令不存在	
HC	数据范围错误	规定了无效的数据用于参数写入，频率设定，等等	

如果PLC传送的指令是读出数据（如读取变频器的输出频率、输出电压），变频器以E或E'格式返回数据给PLC，这两种数据格式中都含有PLC要从变频器读取的数据，一般情况下变频器采用E格式返回数据，只有PLC传送个别指令代码时变频器才以E'格式返回数据，如果PLC传送给变频器的数据有错误，变频器也会以D格式返回数据。

掌握变频器返回数据格式有利于了解变频器工作情况。例如，在编写PLC通信程序时，以D100～D112作为存放PLC发送数据的单元，以D200～D210作为存放变频器返回数据的单元，如果PLC要查看变频器的输出频率，它需要使用监视输出频率指令代码H6F，PLC传送含该指令代码的数据时要使用格式B（可查看表18-6），当PLC以格式B将

D100～D108中的数据发送给变频器后，变频器会以E格式将频率数据返回给PLC（若传送数据出错则以D格式返回数据），返回数据存放到PLC的D200～D210，由E格式可知，频率数据存放在D203～D206单元，只要了解这些单元的数据就能知道变频器的输出频率。

（2）变频器通信的指令代码、数据位和使用的数据格式

PLC与变频器进行RS-485通信时，变频器进行何种操作是由PLC传送过来的变频器可识别的指令代码和有关数据来决定的，PLC可以给变频器发送指令代码和接收变频器的返回数据，变频器不能往PLC发送指令代码，只能接收PLC发送过来的指令代码并返回相应数据，同时执行指令代码指定的操作。

要以通信方式控制某个变频器，必须要知道该变频器的指令代码，要让变频器进行某种操作时，只要往变频器发送与该操作对应的指令代码。三菱FR-500/700变频器在通信时可使用的指令代码、数据位和数据格式见表18-6，该表对指令代码后面的数据位使用也作了说明，对于无数据位（B格式）的指令代码，该表中的数据位是指变频器返回数据的数据位。例如，PLC要以RS-485通信控制变频器正转，它应以A’格式发送一段数据给变频器，在该段数据的第4、5字符为运行指令代码HFA，第7、8字符为设定正转的数据H02，变频器接收数据后，若数据无错误，会以C格式返回数据给PLC，若数据有错误，则以D格式返回数据给PLC。以B格式传送数据时无数据位，表中的数据位是指返回数据的数据位。

表18-6 三菱FR-500/700变频器在通信时可使用的指令代码、数据位和数据格式

<table>
<tr><th>编号</th><th colspan="2">项目</th><th colspan="2">指令代码</th><th>数据位说明</th><th>发送和返回数据格式</th></tr>
<tr><td rowspan="2">1</td><td rowspan="2">操作模式</td><td>读出</td><td colspan="2">H7B</td><td>H0000：通信选项运行
H0001：外部操作
H0002：通信操作（PU接口）</td><td>B，E/D</td></tr>
<tr><td>写入</td><td colspan="2">HFB</td><td>H0000：通信选项运行
H0001：外部操作
H0002：通信操作（PU接口）</td><td>A，C/D</td></tr>
<tr><td rowspan="6">2</td><td rowspan="6">监示</td><td>输出频率［速度］</td><td colspan="2">H6F</td><td>H0000～HFFF：输出频率（十六进制）最小单位0.01Hz
［当Pr.37=1～9998或Pr.144=2～10.102～110用转速（十六进制）表示最小单位1r/min。］</td><td>B，E/D</td></tr>
<tr><td>输出电流</td><td colspan="2">H70</td><td>H0000～HFFFF：输出电流（十六进制）最小单位0.1A</td><td>B，E/D</td></tr>
<tr><td>输出电压</td><td colspan="2">H71</td><td>H0000～HFFFF：输出电压（十六进制）最小单位0.1V</td><td>B，E/D</td></tr>
<tr><td>特殊监示</td><td colspan="2">H72</td><td>H0000～HFFFF：用指令代码HF3选择监示数据</td><td>B，E/D</td></tr>
<tr><td rowspan="2">特殊监示选择号</td><td>读出</td><td>H73</td><td rowspan="2">H01～H0E　　监示数据选择
<table>
<tr><th>数据</th><th>说明</th><th>最小单位</th><th>数据</th><th>说明</th><th>最小单位</th></tr>
<tr><td>H01</td><td>输出频率</td><td>0.01Hz</td><td>H09</td><td>再生制动</td><td>0.1%</td></tr>
<tr><td>H02</td><td>输出电流</td><td>0.01A</td><td>H0A</td><td>电子过电流保护负荷率</td><td>0.1%</td></tr>
<tr><td>H03</td><td>输出电压</td><td>0.1V</td><td>H0B</td><td>输出电流峰值</td><td>0.01A</td></tr>
<tr><td>H05</td><td>设定频率</td><td>0.01Hz</td><td>H0C</td><td>整流输出电压峰值</td><td>0.1V</td></tr>
<tr><td>H06</td><td>运行速度</td><td>1r/min</td><td>H0D</td><td>输入功率</td><td>0.01kW</td></tr>
<tr><td>H07</td><td>电动机转矩</td><td>0.1%</td><td>H0E</td><td>输出电力</td><td>0.01kW</td></tr>
</table></td><td>B，E’/D</td></tr>
<tr><td>写入</td><td>HF3</td><td>A’，C/D</td></tr>
</table>

续表

<table>
<tr><th>编号</th><th colspan="2">项目</th><th>指令代码</th><th>数据位说明</th><th>发送和返回数据格式</th></tr>
<tr><td>2</td><td>监示</td><td>报警定义</td><td>H74～H77</td><td>H0000～HFFFF：最近的两次报警记录
读出数据：［例如］H30A0
（前一次报警……THT）
（最近一次报警……OPT）
b15　　　b8b7　　　b0
0 0 1 1 0 0 0 0 | 1 0 1 0 0 0 0 0
前一次报警（H30）　最近一次报警（HA0）
报警代码
<table>
<tr><th>代码</th><th>说明</th><th>代码</th><th>说明</th><th>代码</th><th>说明</th></tr>
<tr><td>H00</td><td>没有报警</td><td>H51</td><td>UVT</td><td>HB1</td><td>PUE</td></tr>
<tr><td>H10</td><td>OC1</td><td>H60</td><td>OLT</td><td>HB2</td><td>RET</td></tr>
<tr><td>H11</td><td>OC2</td><td>H70</td><td>BE</td><td>HC1</td><td>CTE</td></tr>
<tr><td>H12</td><td>OC3</td><td>H80</td><td>GF</td><td>HC2</td><td>P24</td></tr>
<tr><td>H20</td><td>OV1</td><td>H81</td><td>LF</td><td>HD5</td><td>MB1</td></tr>
<tr><td>H21</td><td>OV2</td><td>H90</td><td>OHT</td><td>HD6</td><td>MB2</td></tr>
<tr><td>H22</td><td>OV3</td><td>HA0</td><td>OPT</td><td>HD7</td><td>MB3</td></tr>
<tr><td>H30</td><td>THT</td><td>HA1</td><td>OP1</td><td>HD8</td><td>MB4</td></tr>
<tr><td>H31</td><td>THM</td><td>HA2</td><td>OP2</td><td>HD9</td><td>MB5</td></tr>
<tr><td>H40</td><td>FIN</td><td>HA3</td><td>OP3</td><td>HDA</td><td>MB6</td></tr>
<tr><td>H50</td><td>IPF</td><td>HB0</td><td>PE</td><td>HDB</td><td>MB7</td></tr>
</table></td><td>B，E/D</td></tr>
<tr><td>3</td><td colspan="2">运行指令</td><td>HFA</td><td>b7　　　b0
0 1 0 0 1 1 0 0
(对于例1)
[例1] H02 … 正转
[例2] H00 … 停止
b0：———
b1：正转(STF)
b2：反转(STR)
b3：———
b4：———
b5：———
b6：———
b7：———</td><td>A’，C/D</td></tr>
<tr><td>4</td><td colspan="2">变频器状态监示</td><td>H7A</td><td>b7　　　b0
0 0 0 0 0 0 1 0
(对于例1)
[例 1] H02 … 正转运行中
[例 2] H80 … 因报警停止
输出数据视Pr.190～Pr.195设定而设
b0: 变频器正在运行(RUN)
b1: 正转
b2: 反转
b3: 频率达到(SU)
b4: 过负荷(OL)
b5: 瞬时停电(IPF)
b6: 频率检测(FU)
b7: 发生报警</td><td>B，E/D</td></tr>
<tr><td rowspan="4">5</td><td colspan="2">设定频率读出（E²PROM）</td><td>H6E</td><td rowspan="2">读出设定频率（RAM）或（E²PROM）
H0000～H2EE0：最小单位0.01Hz（十六进制）</td><td rowspan="2">B，E/D</td></tr>
<tr><td colspan="2">设定频率读出（RAM）</td><td>H6D</td></tr>
<tr><td colspan="2">设定频率写入（E²PROM）</td><td>HEE</td><td rowspan="2">H0000～H9C40：最小单位0.01Hz（十六进制）
（0～400.00Hz）
频繁改变运行频率时，应写入到变频器的RAM
（指令代码：HED）</td><td rowspan="2">A，C/D</td></tr>
<tr><td colspan="2">设定频率写入（RAM）</td><td>HED</td></tr>
<tr><td>6</td><td colspan="2">变频器复位</td><td>HFD</td><td>H9696：复位变频器
当变频器在通信开始由计算机复位时，变频器不能发送回应答数据给计算机</td><td>A，C/D</td></tr>
</table>

续表

<table>
<tr><th>编号</th><th colspan="2">项目</th><th>指令代码</th><th>数据位说明</th><th>发送和返回数据格式</th></tr>
<tr><td>7</td><td colspan="2">报警内容全部清除</td><td>HF4</td><td>H9696：报警履历的全部清除</td><td>A，C/D</td></tr>
<tr><td>8</td><td colspan="2">参数全部清除</td><td>HFC</td><td>所有参数返回到出厂设定值
根据设定的数据不同有四种清除操作方式：
<table>
<tr><th>数据＼Pr.</th><th>通信Pr.</th><th>校准</th><th>其他Pr.</th><th>HEC
HF3
HFF</th></tr>
<tr><td>H9696</td><td>○</td><td>×</td><td>○</td><td>○</td></tr>
<tr><td>H9966</td><td>○</td><td>○</td><td>○</td><td>○</td></tr>
<tr><td>H5A5A</td><td>×</td><td>×</td><td>○</td><td>○</td></tr>
<tr><td>H55AA</td><td>×</td><td>○</td><td>○</td><td>○</td></tr>
</table>
当执行H9696或H9966时，所有参数被清除，与通信相关的参数设定值也返回到出厂设定值，当重新操作时，需要设定参数</td><td>A，C/D</td></tr>
<tr><td>9</td><td colspan="2">用户清除</td><td>HFG</td><td>H9669：进行用户清除
<table>
<tr><th>通信Pr.</th><th>校验</th><th>其他Pr.</th><th>HEC
HF3
HFF</th></tr>
<tr><td>○</td><td>×</td><td>○</td><td>○</td></tr>
</table></td><td>A，C/D</td></tr>
<tr><td>10</td><td colspan="2">参数写入</td><td>H80～HE3</td><td>写入和/或读出要求的参数</td><td>A'，C/D</td></tr>
<tr><td>11</td><td colspan="2">参数读出</td><td>H00～H63</td><td>注意有些参数不能进入</td><td>B，E/D</td></tr>
<tr><td rowspan="2">12</td><td rowspan="2">网络参数其他设定</td><td>读出</td><td>H7F</td><td rowspan="2">H00～H6C和H80～HEC参数值可以改变
H00：Pr.0～Pr.96值可以进入
H01：Pr.100～Pr.158，Pr.200～Pr.231和Pr.900～Pr.905值可以进入
H02：Pr.160～Pr.199和Pr.232～Pr.287值可以进入
H03：可读出，写入Pr.300～Pr.342的内容
H09：Pr.990值可以进入</td><td>B，E'/D</td></tr>
<tr><td>写入</td><td>HFF</td><td>A'，C/D</td></tr>
<tr><td rowspan="2">13</td><td rowspan="2">第二参数更改（代码FF=1）</td><td>读出</td><td>H6C</td><td rowspan="2">设定编程运行（数据代码H3D～H5A，HBD～HDA）的参数的情况
H00：运行频率
H01：时间
H02：回转方向
→ 6 3 3 B
时间(分) 分(秒)
设定偏差・增益（数据代码H5E～H6A，HDE～HED）的参数的情况
H00：补偿/增益
H01：模拟
H02：端子的模拟值</td><td>B，E'/D</td></tr>
<tr><td>写入</td><td>HEC</td><td>A'，C/D</td></tr>
</table>

18.3.5 PLC以RS-485通信方式控制变频器正转、反转、加速、减速和停止的实例

（1）硬件线路图

PLC以RS-485通信方式控制变频器正转、反转、加速、减速和停止的硬件线路如图18-25所示，当操作PLC输入端的正转、反转、手动加速、手动减速或停止按钮时，PLC内部的相关程序段就会执行，通过RS-485通信方式将对应指令代码和数据发送到给变频器，控制变频器正转、反转、加速、减速或停止。

（2）变频器通信设置

变频器与PLC通信时，需要设置与通信有关的参数值，有些参数值应与PLC保持一

致。三菱FR-500/700变频器与通信有关的参数及设置值见表18-7。

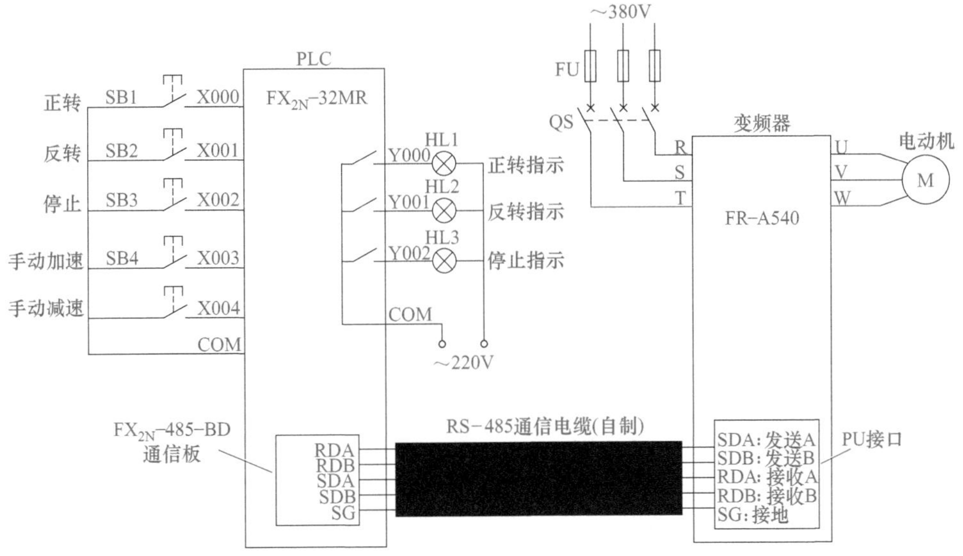

图18-25 PLC以RS-485通信方式控制变频器正转、反转、加速、减速和停止的硬件线路

表18-7 三菱FR-500/700变频器与通信有关的参数及设置值

参数号	名称	设定值		说明	本例设置值
Pr.79	操作模式	0~8		0—电源接通时，为外部操作模式，PU或外部操作可切换 1—PU操作模式 2—外部操作模式 3—外部/PU组合操作模式1 4—外部/PU组合操作模式2 5—程序运行模式 6—切换模式 7—外部操作模式（PU操作互锁） 8—切换到除外部操作模式以外的模式（运行时禁止）	1
Pr.117	站号	0~31		确定从PU接口通信的站号 当两台以上变频器接到一台计算机上时，就需要设定变频器站号	0
Pr.118	通信速率	48		4800bit/s（bps）	192
		96		9600bit/s（bps）	
		192		19200bit/s（bps）	
Pr.119	停止位长/字节长	8位	0	停止位长1位	1
			1	停止位长2位	
		7位	10	停止位长1位	
			11	停止位长2位	
Pr.120	奇偶校验有/无	0		无	2
		1		奇校验	
		2		偶校验	
Pr.121	通信再试次数	0~10		设定发生数据接收错误后允许的再试次数，如果错误 连续发生次数超过允许值，变频器将报警停止	9999
		9999（65535）		如果通信错误发生，变频器没有报警停止，这时变频器可通过输入MRS或RES信号，变频器（电机）滑行到停止 错误发生时，轻微故障信号（LF）送到集电极开路端子输出。 用Pr.190~Pr.195中的任何一个分配给相应的端子（输出端子功能选择）	
Pr.122	通信校验时间间隔	0		不通信	9999
		0.1~999.8		设定通信校验时间间隔（s）	
		9999		如果无通信状态持续时间超过允许时间，变频器进入报警停止状态	

续表

参数号	名称	设定值	说　明	本例设置值
Pr.123	等待时间设定	0～150ms	设定数据传输到变频器和响应时间	20
		9999	用通信数据设定	
Pr.124	CR.LF有/无选择	0	无 CR/LF	0
		1	有 CR	
		2	有 CR/LF	

（3）PLC程序

PLC以通信方式控制变频器时，需要给变频器发送指令代码才能控制变频器执行相应的操作，给变频器发送何种指令代码是由PLC程序决定的。

PLC以RS-485通信方式控制变频器正转、反转、加速、减速和停止的梯形图程序如图18-26所示。M8161是RS、ASCI、HEX、CCD指令的数据处理模式特殊继电器，当

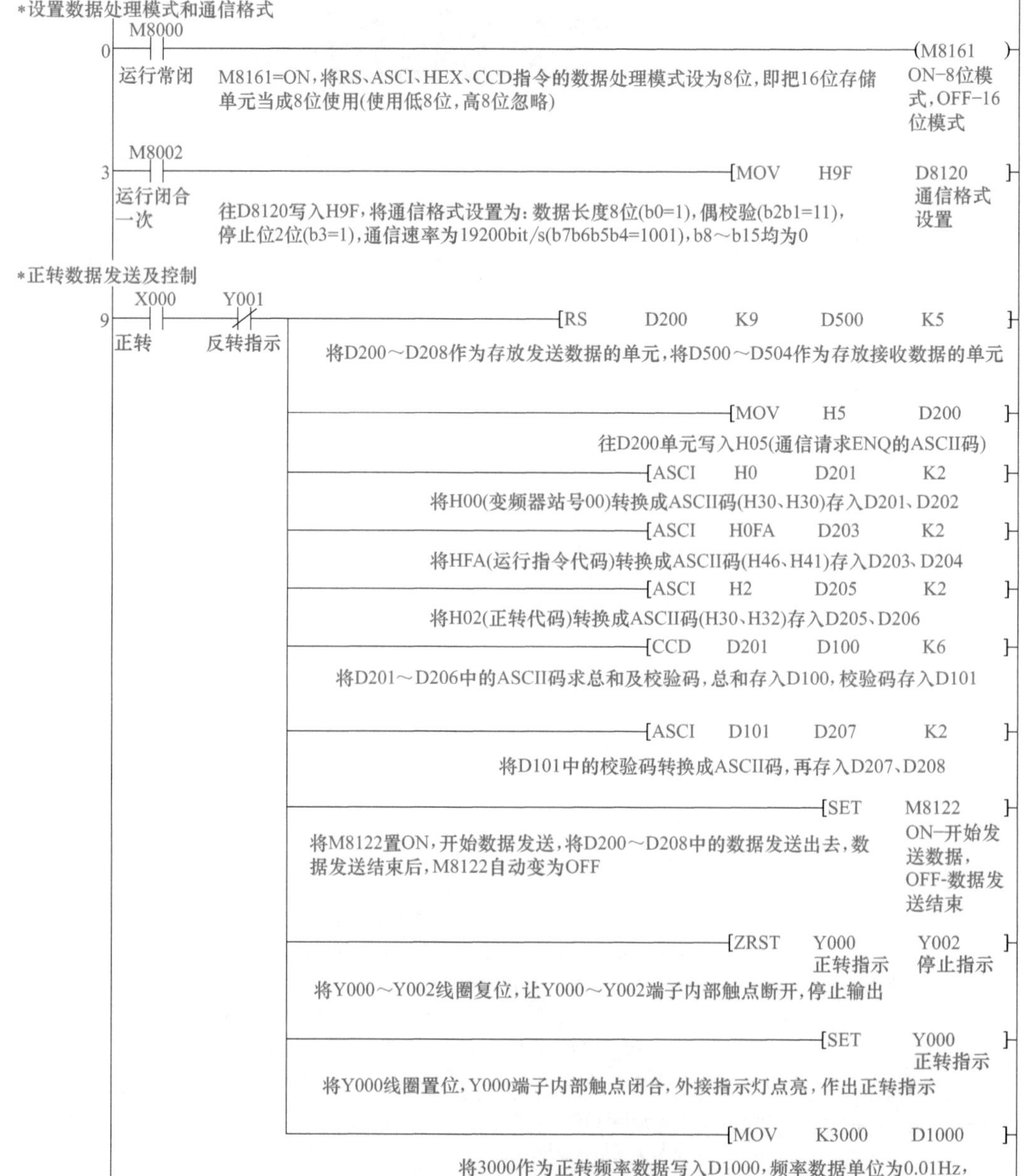

*反转数据发送及控制

73 X001 反转 Y000 正转指示

[RS D200 K9 D500 K5]

将D200～D208作为存放发送数据的单元，将D500～D504作为存放接收数据的单元

[MOV H5 D200]

往D200单元写入H05(通信请求ENQ的ASCII码)

[ASCI H0 D201 K2]

将H00(变频器站号00)转换成ASCII码(H30、H30)存入D201、D202

[ASCI H0FA D203 K2]

将HFA(运行指令代码)转换成ASCII码(H46、H41)存入D203、D204

[ASCI H4 D205 K2]

将H04(反转代码)转换成ASCII码(H30、H34)存入D205、D206

[CCD D201 D100 K6]

将D201～D206中的ASCII码求总和及校验码，总和存入D100，校验码存入D101

[ASCI D101 D207 K2]

将D101中的校验码转换成ASCII码，再存入D207、D208

[SET M8122]

将M8122置ON，开始数据发送，将D200～D208中的数据发送出去，数据发送结束后，M8122自动变为OFF

ON—开始发送数据，OFF—数据发送结束

[ZRST Y000 正转指示 Y002 停止指示]

将Y000～Y002线圈复位，让Y000～Y002端子内部触点断开，停止输出

[SET Y001 反转指示]

将Y001线圈置位，Y001端子内部触点闭合，外接指示灯点亮，作出反转指示

[MOV K2500 D1000]

将2500作为反转频率数据写入D1000，频率数据单位为0.01Hz，即让反转初始频率为25Hz

*停转数据发送及控制

137 X002 停止

[RS D200 K9 D500 K5]

将D200～D208作为存放发送数据的单元，将D500～D504作为存放接收数据的单元

[MOV H5 D200]

往D200单元写入H05(通信请求ENQ的ASCII码)

[ASCI H0 D201 K2]

将H00(变频器站号00)转换成ASCII码(H30、H30)存入D201、D202

[ASCI H0FA D203 K2]

将HFA(运行指令代码)转换成ASCII码(H46、H41)存入D203、D204

[ASCI H0 D205 K2]

将H00(停转代码)转换成ASCII码(H30、H30)存入D205、D206

[CCD D201 D100 K6]

将D201～D206中的ASCII码求总和及校验码，总和存入D100，校验码存入D101

图18-26

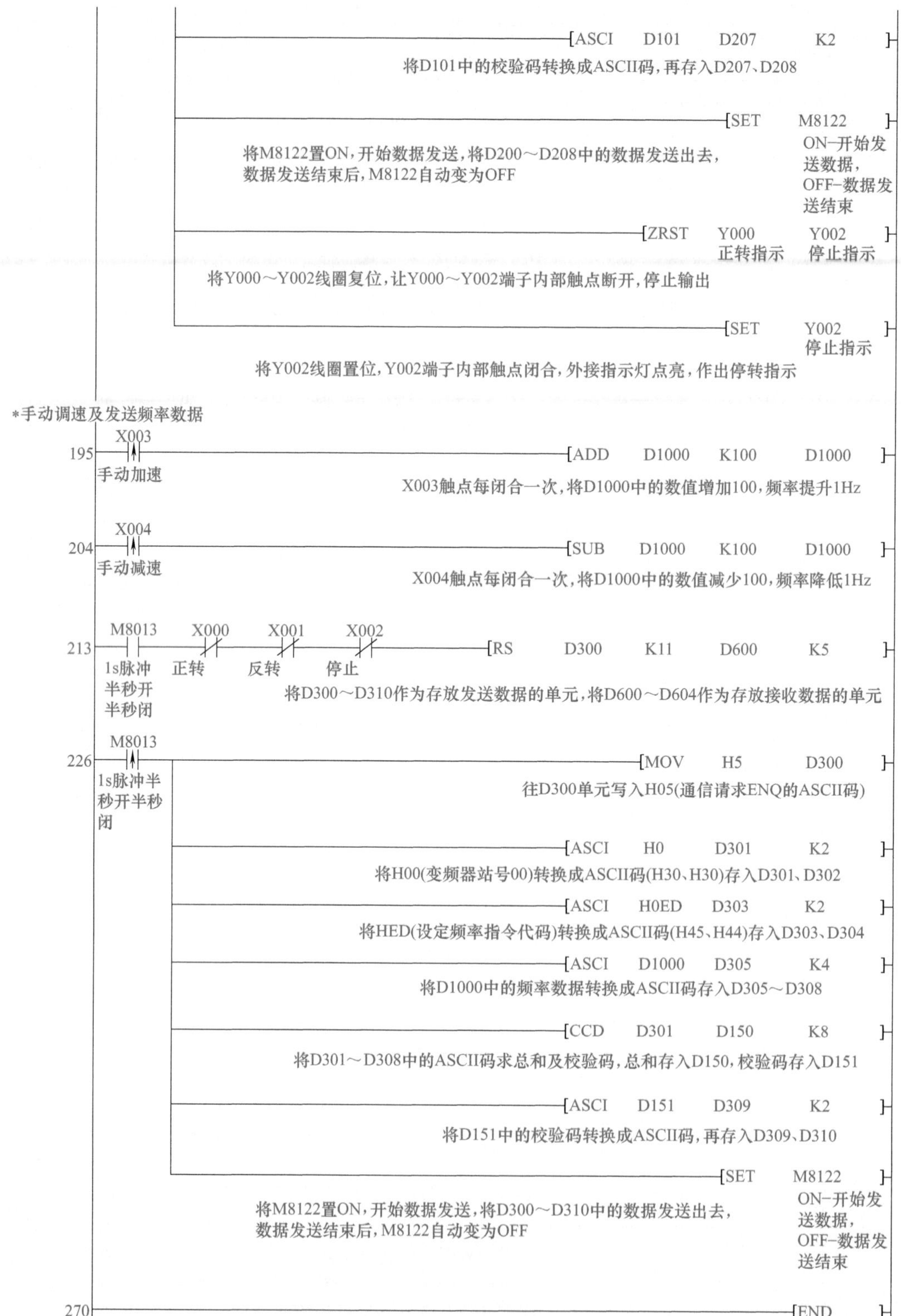

图18-26 PLC以RS-485通信方式控制变频器正转、反转、加速、减速或停止的梯形图程序

M8161=ON时，这些指令只处理存储单元的低8位数据（高8位忽略），当M8161=OFF时，这些指令将存储单元十六位数据分高8位和低8位处理。D8120为通信格式设置特殊存储器，其设置方法见第6章的表6-6。RS为串行数据传送指令，ASCI为十六进制数转ASCII码指令，HEX为ASCII码转十六进制数指令，CCD为求总和校验码指令，这些指令的用法在本书的第6章都有详细说明。

第6篇

伺服、步进驱动和定位控制应用技术

第19章 交流伺服系统的组成与原理

19.1 交流伺服系统的组成方框图

交流伺服系统是以交流伺服电机为控制对象的自动控制系统，它主要由伺服控制器、伺服驱动器和伺服电机组成。交流伺服系统主要有三种控制模式，分别是位置控制模式、速度控制模式和转矩控制模式，在不同的模式下，其工作原理略有不同。交流伺服系统的控制模式可通过设置伺服驱动器的参数来改变。

19.1.1 工作在位置控制模式时的系统组成

当交流伺服系统工作在位置控制模式时，能精确控制伺服电机的转数，因此可以精确控制执行部件的移动距离，即可对执行部件进行运动定位。

交流伺服系统工作在位置控制模式的组成结构如图19-1所示。伺服控制器发出控制信号和脉冲信号给伺服驱动器，伺服驱动器输出U、V、W三相电源给伺服电机，驱动电机工作，与电机同轴旋转的编码器会将电机的旋转信息反馈给伺服驱动器，如电机每旋转一周编码器会产生一定数量的脉冲送给驱动器。伺服控制器输出的脉冲信号用来确定伺服电机的转数，在驱动器中，该脉冲信号与编码器送来的脉冲信号进行比较，若两者相等，表

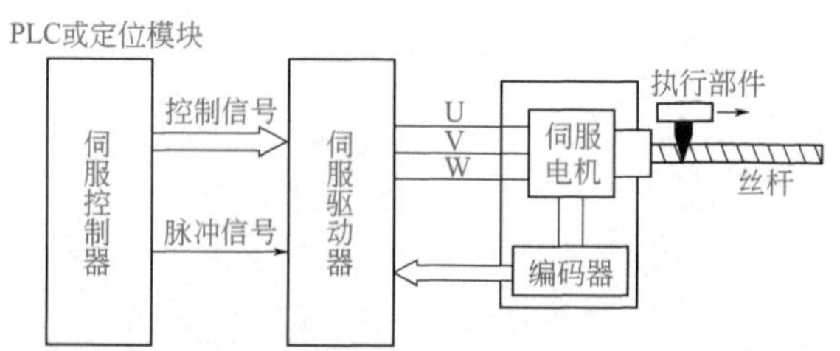

图19-1 交流伺服系统工作在位置控制模式的组成结构

明电机旋转的转数已达到要求，电机驱动的执行部件已移动到指定的位置，控制器发出的脉冲个数越多，电机会旋转更多的转数。

伺服控制器既可以是PLC，也可以是定位模块（如FX2N-1PG、FX2N-10GM和FX2N-20GM）。

19.1.2 工作在速度控制模式时的系统组成

当交流伺服系统工作在速度控制模式时，伺服驱动器无需输入脉冲信号，故可取消伺服控制器，此时的伺服驱动器类似于变频器，但由于驱动器能接收伺服电机的编码器送来的转速信息，不但能调节电机转速，还能让电机转速保持稳定。

交流伺服系统工作在速度控制模式的组成结构如图19-2所示。伺服驱动器输出U、V、W三相电源给伺服电机，驱动电机工作，编码器会将伺服电机的旋转信息反馈给伺服驱动器，如电机旋转速度越快，编码器反馈给伺服驱动器的脉冲频率就越高。操作伺服驱动器的有关输入开关，可以控制伺服电机的启动、停止和旋转方向等，调节伺服驱动器的有关输入电位器，可以调节电机的转速。

伺服驱动器的输入开关、电位器等输入的控制信号也可以用PLC等控制设备来产生。

19.1.3 工作在转矩控制模式时的系统组成

当交流伺服系统工作在转矩控制模式时，伺服驱动器无需输入脉冲信号，故可取消伺服控制器，通过操作伺服驱动器的输入电位器，可以调节伺服电机的输出转矩（又称扭矩，即转力）。

交流伺服系统工作在转矩控制模式的组成结构如图19-3所示。

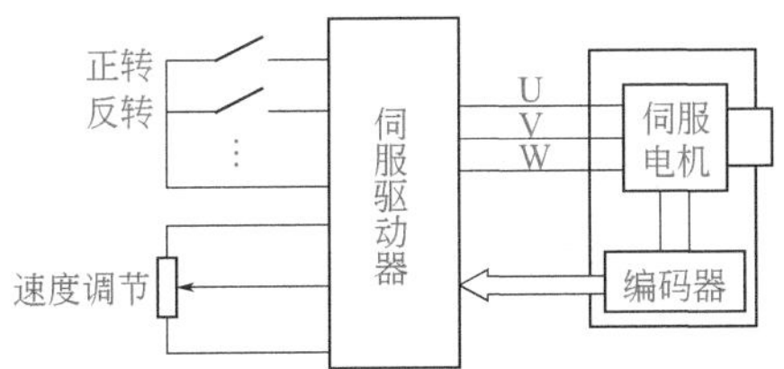

图19-2 交流伺服系统工作在速度控制模式的组成结构

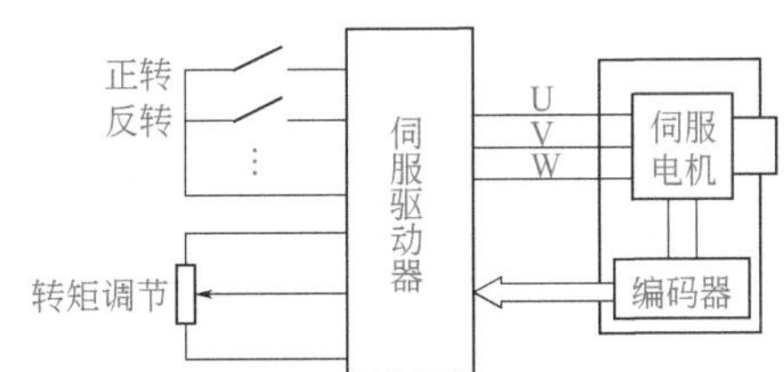

图19-3 交流伺服系统工作在转矩控制模式的组成结构

19.2 伺服电机与编码器

交流伺服系统的控制对象是伺服电机，编码器通常安装在伺服电机的转轴上，用来检测伺服电机的转速、转向和位置等信息。

19.2.1 伺服电机

伺服电机是指用在伺服系统中，能满足任务所要求的控制精度、快速响应性和抗干扰性的电动机。为了达到控制要求，伺服电机通常需要安装位置/速度检测部件（如编码器）。根据伺服电机的定义不难看出，只要能满足控制要求的电动机均可作为伺服电机，故伺服电机可以是交流异步电机、永磁同步电机、直流电机、步进电机或直线电机，但实

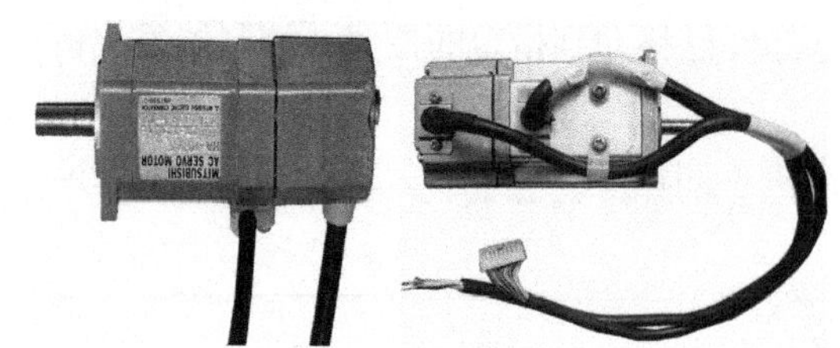
图19-4 伺服电机的外形

际广泛使用的伺服电机通常为永磁同步电机，无特别说明，本书介绍的伺服电机均为永磁同步伺服电机。

（1）外形与结构

伺服电机的外形如图19-4所示，它内部通常引出两组电缆，一组电缆与电机内部绕组连接，另一组电缆与编码器连接。

永磁同步伺服电机的结构如图19-5所示，它主要由端盖、定子铁芯、定子绕组、转轴、轴承、永磁转子、机座、编码器和引出线组成。

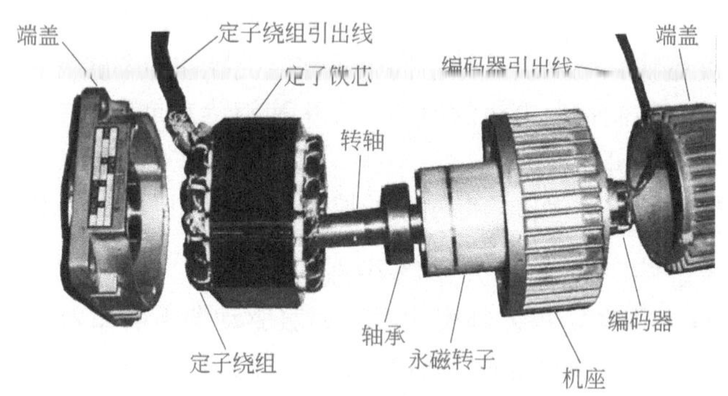

图19-5 永磁同步伺服电机的结构

（2）工作原理

永磁同步伺服电机主要由定子和转子构成，其定子结构与一般的异步电机相同，并且嵌有定子绕组。永磁同步伺服电机的转子与异步电机不同，异步电机的转子一般为笼式，转子本身不带磁性，而永磁同步伺服电机的转子上嵌有永久磁铁。

永磁同步伺服电机的工作原理如图19-6所示。

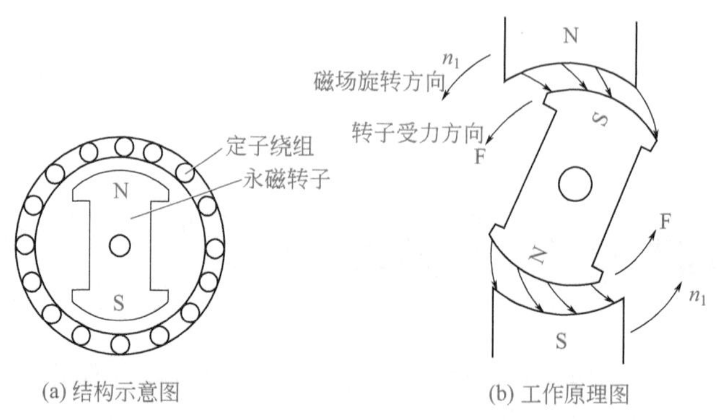

图19-6 永磁同步伺电机的工作原理说明图

图19-6（a）为永磁同步伺服电机结构示意图，其定子铁芯上嵌有定子绕组，转子上安装一个两极磁铁（一对磁极），当定子绕组通三相交流电时，定子绕组会产生旋转磁场，此时的定子就像是旋转的磁铁，如图19-6（b）所示，根据磁极同性相斥、异性相吸可知，装有磁铁的转子会跟随旋转磁场方向转动，并且转速与磁场的旋转速度相同。

永磁同步伺服电机在转子上安装永久磁铁来形成磁极，磁极的主要结构形式如图19-7所示。

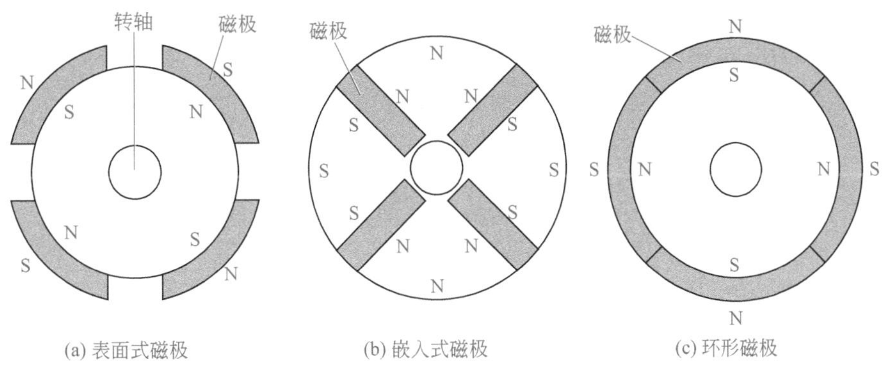

图19-7　永磁同步伺服电机转子磁极的主要结构形式

在定子绕组电源频率不变的情况下，永磁同步伺服电机在运行时转速是恒定的，其转速n与电机的磁极对数p、交流电源的频率f有关，永磁同步伺服电机的转速可用下面的公式计算：

$$n=60f/p$$

根据上述公式可知，改变转子的磁极对数或定子绕组电源的频率，均可改变电机的转速。永磁同步伺服电机是通过改变定子绕组的电源频率来调节转速的。

19.2.2　编码器

伺服电机通常使用编码器来检测转速和位置。编码器种类很多，主要可分为增量编码器和绝对值编码器。

（1）增量编码器

增量编码器的特点是每旋转一定的角度或移动一定的距离会生一个脉冲，即输出脉冲随位移增加而不断增多。

① 外形　增量编码器的外形如图19-8所示。

图19-8　增量编码器的外形

② 结构与工作原理　增量型光电编码器是一种常用的增量型编码器，它主要由玻璃码盘、发光管、光电接收管和整形电路组成，玻璃码盘的结构如图19-9所示，它从外往内分作三环，依次为A环、B环和Z环，各环中的黑色部分不透明，白色部分透明可通过光线，玻璃码盘中间安装转轴，与伺服电机同步旋转。

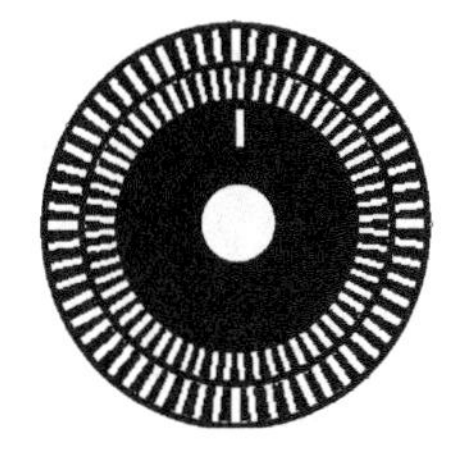

图19-9　玻璃码盘的结构

增量型光电编码器的结构与工作原理如图19-10所示。编码器的发光管发出光线照射玻璃码盘，光线分别透过A、B环的透明孔照射A、B相光电接收管，从而得到A、B相脉冲，脉冲经放大整形后输出，由于A、B环透明孔交错排列，故得到的A、B相脉冲相位相差90°，Z环只有一个透明孔，码盘旋转一周时只产生一个脉冲，该脉冲称为Z脉冲（零位脉冲），用来确定码盘的起始位置。

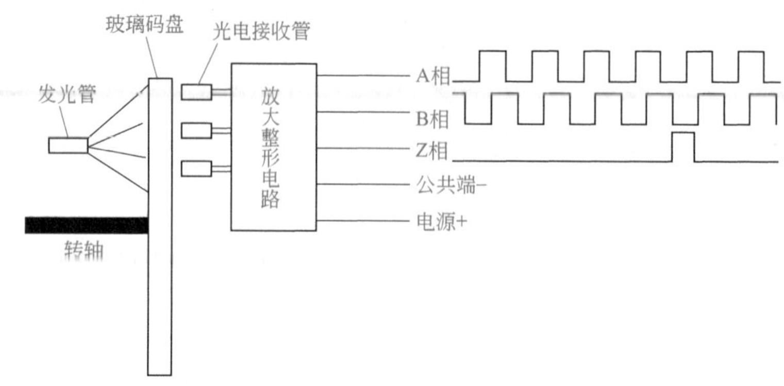

图19-10 增量型光电编码器的结构与工作原理

通过增量型光电编码器可以检测伺服电机的转向、转速和位置。由于A、B环上的透明孔是交错排列，如果码盘正转时A环的某孔超前B环的对应孔，编码器得到的A相脉冲相位较B相脉冲超前，码盘反转时B环孔就较A环孔超前，B相脉冲就超前A相脉冲，因此了解A、B脉冲相位情况就能判断出码盘的转向（即伺服电机的转向）。如果码盘A环上有100个透明孔，码盘旋转一周，编码器就会输出100个A相脉冲，如果码盘每秒钟转10转，编码器每秒钟会输出1000个脉冲，即输出脉冲的频率为1kHz，码盘每秒钟转50转，编码器每秒钟就会输出5000个脉冲，输出脉冲的频率为5kHz，因此了解编码器输出脉冲的频率就能知道电机的转速。如果码盘旋转一周会产生100个脉冲，从第一个Z相脉冲产生开始计算，若编码器输出25个脉冲，表明码盘（电机）已旋转到1/4周的位置，若编码器输出1000个脉冲，表明码盘（电机）已旋转10周，电机驱动执行部件移动了相应长度的距离。

编码器旋转一周产生的脉冲个数称为分辨率，它与码盘A、B环上的透光孔数目有关，透光孔数目越多，旋转一周产生的脉冲数越多，编码器分辨率越高。

（2）绝对值编码器

增量编码器通过输出脉冲的频率反映电机的转速，通过A、B相脉冲的相位关系反映电机的转向，故检测电机转速和转向非常方便。

增量编码器在检测电机旋转位置时，通过第一个Z相脉冲之后出现的A相（或B相）脉冲的个数来反映电机的旋转位移。由此可见，增量编码器检测电机的旋转位移是采用相对方式，当电机驱动执行机构移到一定位置，增量编码器会输出N个相对脉冲来反映该位置。如果系统突然断电，若相对脉冲个数未存储，再次通电后系统将无法知道执行机构的当前位置，需要让电机回到零位重新开始工作并检测位置，即使系统断电时相对脉冲个数被存储，如果人为移动执行机构，通电后，系统会以为执行机构仍在断电前的位置，继续工作时会出现错误。

绝对值编码器可以解决增量编码器测位时存在的问题，它可分为单圈绝对值编码器和多圈绝对值编码器。

① 单圈绝对值编码器　图19-11（a）为4位二进制单圈绝对值编码器的码盘，该玻璃码盘分为B3、B2、B1、B0四个环，每个环分成16等份，环中白色部分透光，黑色部分不透光。码盘的一侧有4个发光管照射，另一侧有B3、B2、B1、B0共4个光电接收管，当码盘处于图示位置时，B3、B2、B1、B0接收管不受光，输出均为0，即B3B2B1B0＝0000，如果码盘顺时针旋转一周，B3、B2、B1、B0接收管输出的脉冲如图19-11（b）所示，B3B2B1B0的值会从0000变化到1111。

4位二进制单圈绝对值编码器将一个圆周分成16个位置点，每个位置点都有唯一的编码，通过编码器输出的代码就能确定电机的当前位置，通过输出代码的变化方向可以确定电机的转向，如由0000往0001变化为正转，1100往0111变化为反转，通过检测某光电接收管（如B0接收管）产生的脉冲频率就能确定电机的转速。单圈绝对值编码器定位不受断电影响，再次通电后，编码器当前位置的编码不变，例如当前位置编码为0111，系统就知道电机停电前处于1/2周位置。

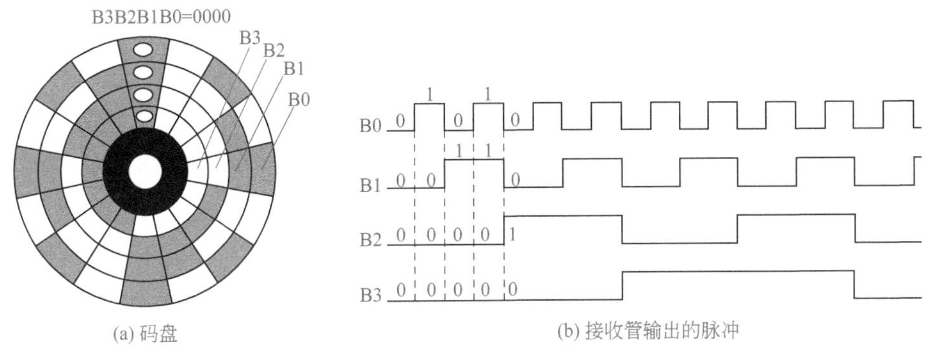

图19-11　4位二进制单圈绝对值编码器

② 多圈绝对值编码器　单圈绝对值编码器只能对一个圆周进行定位，超过一个圆周定位就会发生重复，而多圈绝对值编码器可以对多个圆周进行定位。

多圈绝对值编码器的工作原理类似机械钟表，当中心码盘旋转时，通过减速齿轮带动另一个圈数码盘，中心码盘每旋转一周，圈数码盘转动一格，如果中心码盘和圈数码盘都是4位，那么该编码器可进行16周定位，定位编码为00000000～11111111，如果圈数码盘是8位，编码器可定位256周。

多圈绝对值编码器优点是测量范围大，如果使用定位范围有富裕，在安装时不必要找零点，只要将某一位置作为起始点就可以了，这样大大降低了安装调试难度。

19.3 伺服驱动器的结构与原理

伺服驱动器又称伺服放大器，是交流伺服系统的核心设备。伺服驱动器的品牌很多，常见的有三菱、安川、松下和三洋等，图19-12列出了一些常见的伺服驱动器，本书以三菱MR-J2S-A系列通用伺服驱动器为例进行说明。

伺服驱动器的功能是将工频（50Hz或60Hz）交流电源换成幅度和频率均可变的交流

电源提供给伺服电机。当伺服驱动器工作在速度控制模式时，通过控制输出电源的频率来对电机进行调速；当工作在转矩控制模式时，通过控制输出电源的幅度来对电动机进行转矩控制；当工作在位置控制模式时，根据输入脉冲来决定输出电源的通断时间。

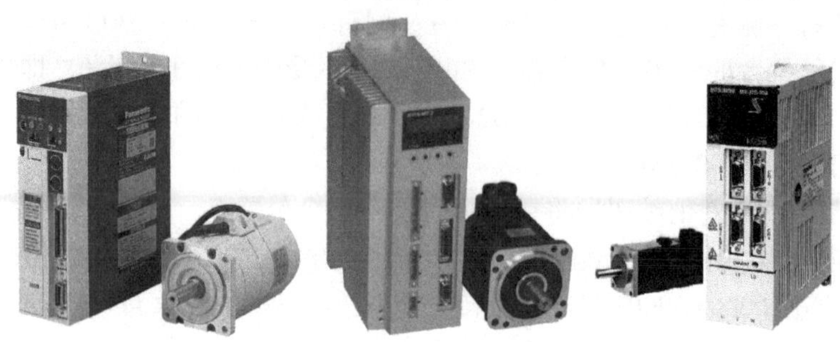

图19-12　一些常见的伺服驱动器

19.3.1　伺服驱动器的内部结构

图19-13为三菱MR-J2S-A系列通用伺服驱动器的内部结构简图。

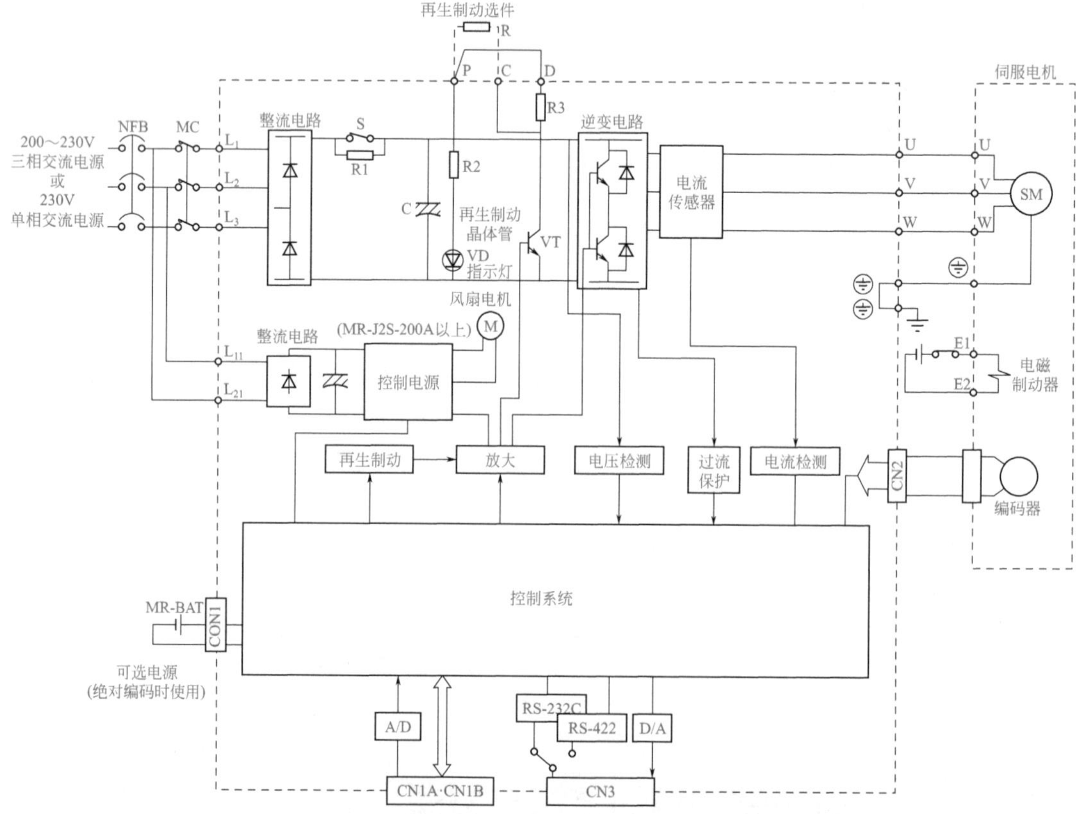

图19-13　三菱MR-J2S-A系列通用伺服驱动器的内部结构简图

伺服驱动器工作原理说明如下。

三相交流电源（200～230V）或单相交流电源（230V）经断路器NFB和接触器触点MC送到伺服驱动器内部的整流电路，交流电源经整流电路、开关S（S断开时经R1）对电容C充电，在电容上得到上正下负的直流电压，该直流电压送到逆变电路，逆变电路将直流电压转换成U、V、W三相交流电压，输出送给伺服电机，驱动电机运转。

R1、S为浪涌保护电路，在开机时S断开，R1对输入电流进行限制，用于保护整流电路中的二极管不被开机冲击电流烧坏，正常工作时S闭合，R1不再限流；R2、VD为电源指示电路，当电容C上存在电压时，VD就会发光；VT、R3为再生制动电路，用于加快制动速度，同时避免制动时电机产生的电压损坏有关电路；电流传感器用于检测伺服驱动器输出电流大小，并通过电流检测电路反馈给控制系统，以便控制系统能随时了解输出电流情况而作出相应控制；有些伺服电机除了带有编码器外，还带有电磁制动器，在制动器线圈未通电时伺服电机转轴被抱闸，线圈通电后抱闸松开，电机可正常运行。

控制系统有单独的电源电路，它除了为控制系统供电外，对于大功率型号的驱动器，它还要为内置的散热风扇供电；主电路中的逆变电路工作时需要提供驱动脉冲信号，它由控制系统提供，主电路中的再生制动电路所需的控制脉冲也由控制系统提供。过压检测电路用于检测主电路中的电压，过流检测电路用于检测逆变电路的电流，它们都反馈给控制系统，控制系统根据设定的程序作出相应的控制（如过压或过流时让驱动器停止工作）。

如果给伺服驱动器接上备用电源（MR-BAT），就能构成绝对位置系统，这样在首次原点（零位）设置后，即使驱动器断电或报警后重新运行，也不需要进行原点复位操作。控制系统通过一些接口电路与驱动器的外接端口（如CN1A、CN1B和CN3等）连接，以便接收外部设备送来的指令，也能将驱动器有关信息输出给外部设备。

19.3.2 伺服驱动器的主电路

伺服驱动器的主电路是指电源输入至逆变输出之间的电路，它主要包括整流电路、开机浪涌保护电路、滤波电路、再生制动电路和逆变电路等。

（1）整流电路

整流电路又称AC-DC转换电路，其功能是将交流电源转换成直流电源。整流电路可分单相整流电路和三相整流电路。

① 单相整流电路　图19-14（a）为最常用的单相桥式整流电路，它采用四个二极管将交流电转换成直流电。

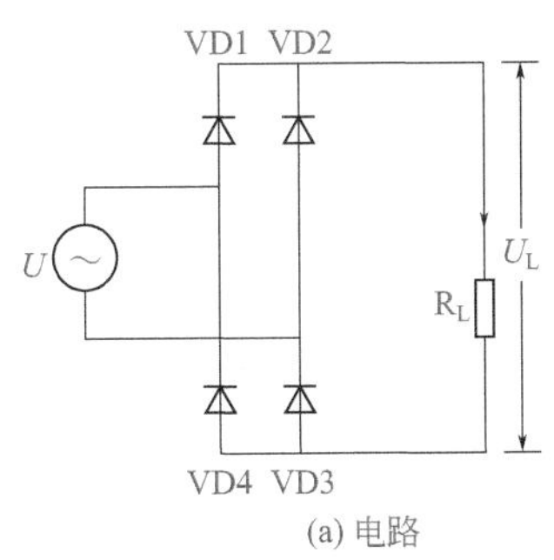

(a) 电路

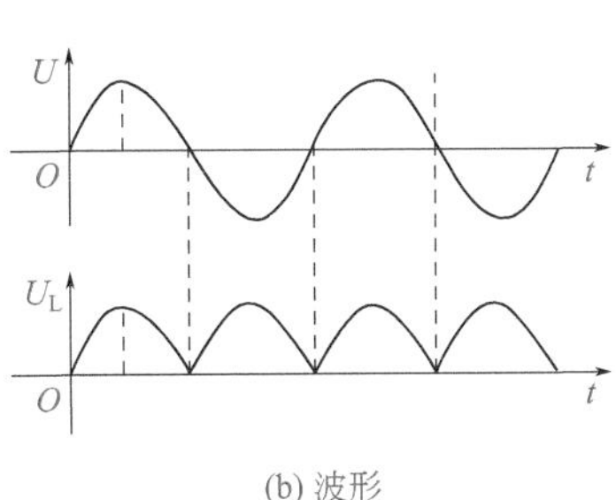

(b) 波形

图19-14　单相桥式整流电路

U为输入交流电源，当交流电压U为正半周时，其电压极性是上正下负，VD1、VD3导通，有电流流过R_L，电流途经是：U上正→VD1→R_L→VD3→U下负；当交流电压负半周来时，其电压极性是上负下正，VD2、VD4导通，电流途径是：U下正→VD2→R_L→VD_4→U上负。如此反复工作，在R_L上得到图19-14（b）所示的脉动直流电压U_L。

从上面分析可以看出，单相桥式整流电路在交流电压整个周期内都能导通，即单相桥式整流电路能利用整个周期的交流电压。

② 三相整流电路　三相整流电路可以将三相交流电转换成直流电压。三相桥式整流电路是一种应用很广泛的三相整流电路。三相桥式整流电路如图19-15所示。

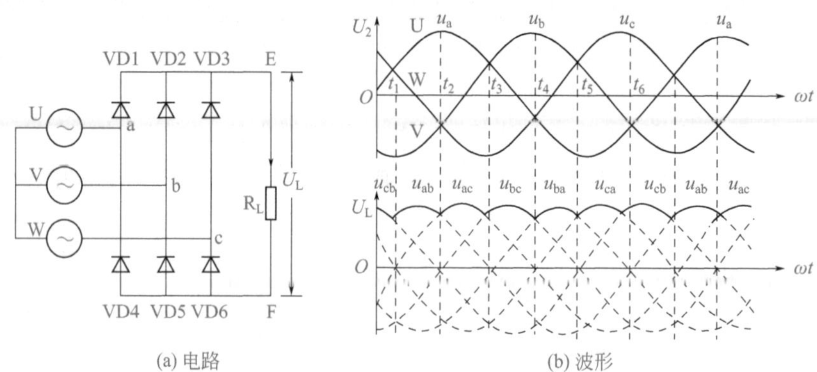

图19-15　三相桥式整流电路

图19-15中的6个二极管VD1～VD6构成三相桥式整流电路，VD1～VD3的3个阴极连接在一起，称为共阴极组二极管，VD4～VD6的3个阳极连接在一起，称为共阳极组二极管，U、V、W为三相交流电压。

电路工作过程说明如下。

a. 在t_1～t_2期间，U相始终为正电压（左负右正）且a点正电压最高，V相始终为负电压（左正右负）且b点负电压最低，W相在前半段为正电压，后半段变为负电压。a点正电压使VD1导通，E点电压与a点电压相等（忽略二极管导通压降），VD2、VD3正极电压均低于E点电压，故都无法导通；b点负压使VD5导通，F点电压与b点电压相等，VD4、VD6负极电压均高于F点电压，故都无法导通。在t_1～t_2期间，只有VD1、VD5导通，有电流流过负载R_L，电流的途径是：U相线圈右端（电压极性为正）→a点→VD1→R_L→VD5→b点→V相线圈右端（电压极性为负），因VD1、VD5的导通，a、b两点电压分别加到R_L两端，R_L上电压U_L的大小为U_{ab}（$U_{ab}=U_a-U_b$）。

b. 在t_2～t_3期间，U相始终为正电压（左负右正）且a点电压最高，W相始终为负电压（左正右负）且c点电压最低，V相在前半段为负电压，后半段变为正电压。a点正电压使VD1导通，E点电压与a点电压相等，VD2、VD3正极电压均低于E点电压，故都无法导通；c点负电压使VD6导通，F点电压与c点电压相等，VD4、VD5负极电压均高于F点电压，都无法导通。在t_2～t_3期间，VD1、VD6导通，有电流流过负载R_L，电流的途径是：U相线圈右端（电压极性为正）→a点→VD1→R_L→VD6→c点→W相线圈右端（电压极性为负），因VD1、VD6的导通，a、c两点电压分别加到R_L两端，R_L上电压U_L的大小为U_{ac}（$U_{ac}=U_a-U_c$）。

c. 在t_3～t_4期间，V相始终为正电压（左负右正）且b点正电压最高，W相始终为负电压（左正右负）且c点负电压最低，U相在前半段为正电压，后半段变为负电压。b点正电压使VD2导通，E点电压与b点电压相等，VD1、VD3正极电压均低于E点电压，都无法导通；c点负电压使VD6导通，F点电压与c点电压相等，VD4、VD5负极电压均高于F点电压，都无法导通。在t_3～t_4期间，VD2、VD6导通，有电流流过负载R_L，电流的途径是：V相线圈右端（电压极性为正）→b点→VD2→R_L→VD6→c点→W相线圈右端（电压极性为负），因VD2、VD6的导通，b、c两点电压分别加到R_L两端，R_L上电压U_L的大小为U_{bc}（U_b-U_c）。

电路后面的工作与上述过程基本相同，在t_1～t_7期间，负载R_L上可以得到图19-15（b）所示的脉动直流电压U_L（实线波形表示）。

在上面的分析中，将交流电压一个周期（t_1～t_7）分成6等份，每等份所占的相位角为60°，在任意一个60° 相位角内，始终有两个二极管处于导通状态（一个共阴极组二极管，一个共阳极组二极管），并且任意一个二极管的导通角都是120° 。

如果三相桥式整流电路输入单相电压，如图19-16所示，只有VD1、VD2、VD4、VD5工作，VD3和VD6始终处于截止状态，此时电路的整流效果与单相桥式整流电路相同。

（2）滤波与浪涌保护电路

① 滤波电路　从前面介绍的整流电路可以看出，整流电路输出的直流电压波动很大，为了使整流电路输出电压平滑，需要在整流电路后面设置滤波电路。图19-17为伺服驱动器常采用的电容滤波电路。

电容滤波电路采用容量很大的电容作为滤波元件。工频电源经三相整流电路对滤波电容C充电，在C上充到上正下负的直流电压U_d，同时电容也往后级电路放电，这样的充、放电同时进行，电容两端保持有一定的电压，电容容量越大，两端的U_d电压波动越小，即滤波效果越好。

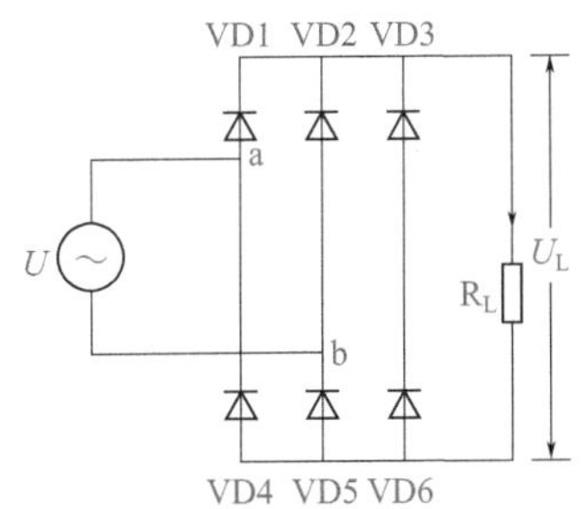

图19-16　输入单相电压的三相桥式整流电路

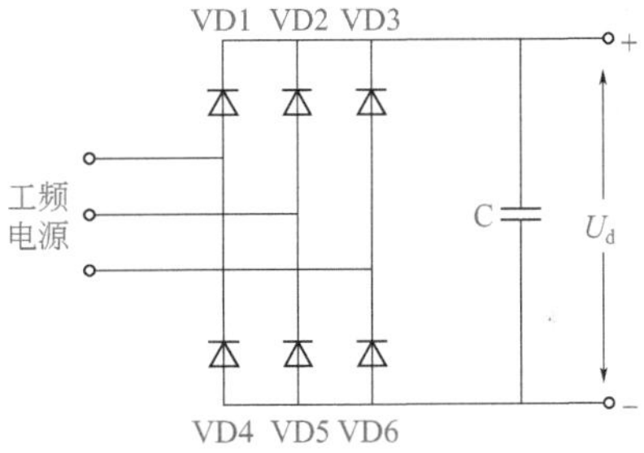

图19-17　电容滤波电路

② 浪涌保护电路　对于采用电容滤波的伺服驱动器，接通电源前电容两端电压为0，在刚接通电源时，会有很大的开机冲击电流经整流器件对电容充电，这样易烧坏整流器件。为了保护整流器件不被开机浪涌电流烧坏，通常要采取一些浪涌保护电路。图19-18为两种常用的浪涌保护电路。

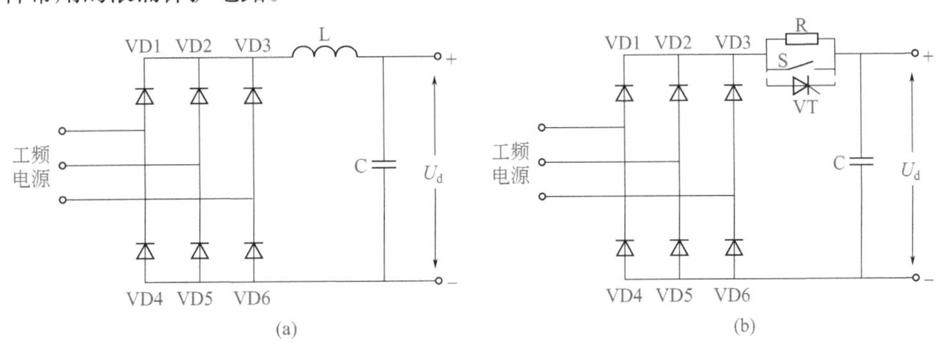

图19-18　常用的浪涌保护电路

图19-18（a）电路采用了电感进行浪涌保护，在接通电源时，流过电感L的电流突然增大，L会产生左正右负的电动势阻碍电流，由于电感对电流的阻碍，流过二极管并经L对电容充电的电流不会很大，有效保护了整流二极管。当电容上充得较高电压后，流过L的电流减小，L产生的电动势低，对电流阻碍减小，L相当于导线。

图19-18（b）电路采用限流电阻进行浪涌保护。在接通电源时，开关S断开，整流电路通过限流电阻R对电容C充电，由于R的阻碍作用，流过二极管并经R对电容充电的电流较小，保护了整流二极管。图中的开关S一般由晶闸管或继电器触点取代，在刚接通电源时，晶闸管或继电器触点处于关断状态（相当于开关断开），待电容上充得较高的电压后让晶闸管或继电器触点导通，相当于开关闭合，电路开始正常工作。

（3）再生制动电路

伺服驱动器是通过改变输出交流电源的频率来控制电动机的转速。当需要电动机减速时，伺服驱动器的逆变器输出交流电频率下降，但由于惯性原因，电动机转子转速会短时高于定子绕组产生的旋转磁场转速（该磁场由伺服驱动器提供给定子绕组的交流电产生），电动机处于再生发电制动状态，它会产生电动势通过逆变电路对滤波电容反充电，使电容两端电压升高。为了防止电动机减速而进入再生发电时对电容充得电压过高，同时也为了提高减速制动速度，通常需要在伺服驱动器的主电路中设置制动电路。

图19-19中的三极管VT、电阻R3、电阻R构成再生制动电路。在对电动机进行减速控制过程中，由于电动机转子转速高于绕组产生的旋转磁场转速，电动机工作在再生发电制动状态，电动机绕组产生的电动势经逆变电路对电容C充电，C上的电压U_d升高。为了避免过高的U_d电压损坏电路中的元件，在制动或减速时，控制电路会送控制信号到三极管VT的基极，VT导通，电容C通过伺服驱动器P、D端子之间外接短路片和内置制动电阻R3及VT放电，使U_d电压下降，同时电动机通过逆变电路送来的反馈电流也经R3、VT形成回路，该电流在流回电动机绕组时，绕组会对转子产生很大的制动力矩，从而使电动机迅速由高速转为低速，回路电流越大，绕组对转子产生的制动力矩越大。如果电动机功率较大或电动机需要频繁调速，可给伺服驱动器外接功率更大的再生制动电阻R，这时需要去掉P、D端之间的短路片，电容放电回路和电动机再生发电制动回路电阻更小，以提高电容C放电速度和增加电动机制动力矩。

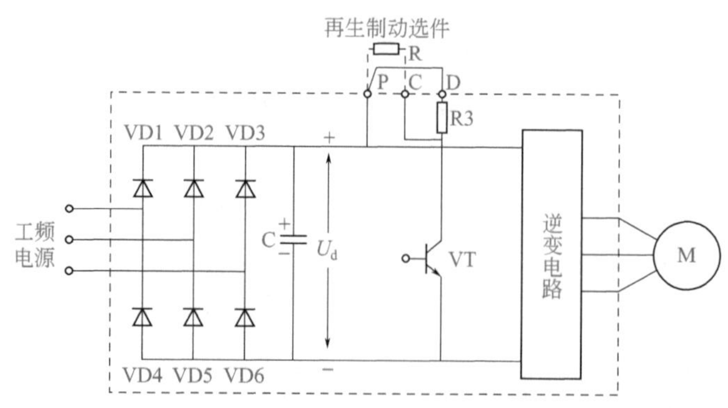

图19-19 再生制动电路

（4）逆变电路

逆变电路又称直流-交流变换电路，能将直流电源转换成交流电源。图19-20是一种典型的三相电压逆变电路，L1、R1 ～ L3、R3为伺服电机的三相绕组及绕组的直流电阻，在工作时，VT1 ～ VT6基极加有控制电路送来的控制脉冲。

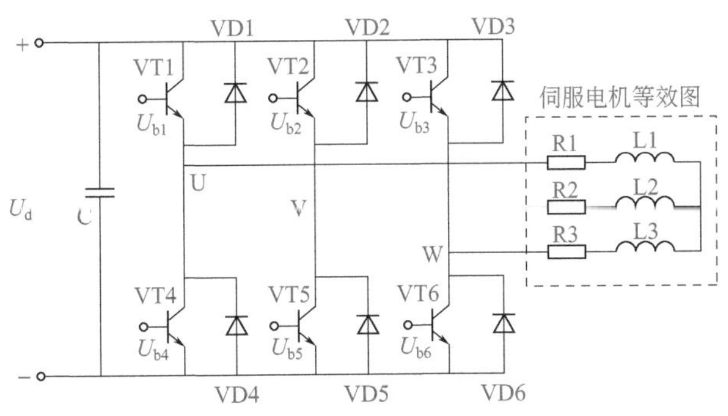

图19-20 一种典型的三相电压逆变电路

电路工作过程说明如下。

当VT1、VT5、VT6基极的控制脉冲均为高电平时，这3个三极管都导通，有电流流过三相负载，电流途径是：U_d+→VT1→R1、L1，再分作两路，一路经L2、R2、VT5流到U_d-，另一路经L3、R3、VT6流到U_d-。

当VT2、VT4、VT6基极的控制脉冲均为高电平时，这3个三极管不能马上导通，因为VT1、VT5、VT6关断后流过三相负载的电流突然减小，L1产生左负右正电动势，L2、L3均产生左正右负电动势，这些电动势叠加对直流侧电容C充电，充电途径是：L2左正→VD2→C，L3左正→VD3→C，两路电流汇合对C充电后，再经VD4、R1→L1左负。VD2的导通使VT2集射极电压相等，VT2无法导通，VT4、VT6也无法导通。当L1、L2、L3叠加电动势下降到U_d大小，VD2、VD3、VD4截止，VT2、VT4、VT6开始导通，有电流流过三相负载，电流途径是：U_d+→VT2→R2、L2，再分作两路，一路经L1、R1、VT4流到U_d-，另一路经L3、R3、VT6流到U_d-。

当VT3、VT4、VT5基极的控制脉冲均为高电平时，这3个三极管不能马上导通，因为VT2、VT4、VT6关断后流过三相负载的电流突然减小，L2产生左负右正电动势，L1、L3均产生左正右负电动势，这些电动势叠加对直流侧电容C充电，充电途径是：L1左正→VD1→C，L3左正→VD3→C，两路电流汇合对C充电后，再经VD5、R2→L2左负。VD3的导通使VT3集射极电压相等，VT3无法导通，VT4、VT5也无法导通。当L1、L2、L3叠加电动势下降到U_d大小，VD2、VD3、VD4截止，VT3、VT4、VT5开始导通，有电流流过三相负载，电流途径是：U_d+→VT3→R3、L3，再分作两路，一路经L1、R1、VT4流到U_d-，另一路经L2、R2、VT5流到U_d-。

电路的后续工作过程与上述相同，这里不再叙述。通过控制开关器件的导通关断，三相电压逆变电路实现了将直流电压转换成三相交流电压，从而驱动伺服电机运转。

第20章 三菱通用伺服驱动器的硬件系统

伺服驱动器型号很多，但功能大同小异，本书以三菱MR-J2S-A系列通用伺服驱动器为例来介绍伺服驱动器。

20.1 面板与型号说明

20.1.1 面板介绍

（1）外形

图20-1为三菱MR-J2S-100A以下的伺服驱动器的外形，MR-J2S-200A以上的伺服驱动器的功能与之基本相同，但输出功率更大，并带有冷却风扇，故体积较大。

图20-1 三菱MR-J2S-100A以下的伺服驱动器的外形

（2）面板说明

三菱MR-J2S-100A以下的伺服驱动器的面板说明如图20-2所示。

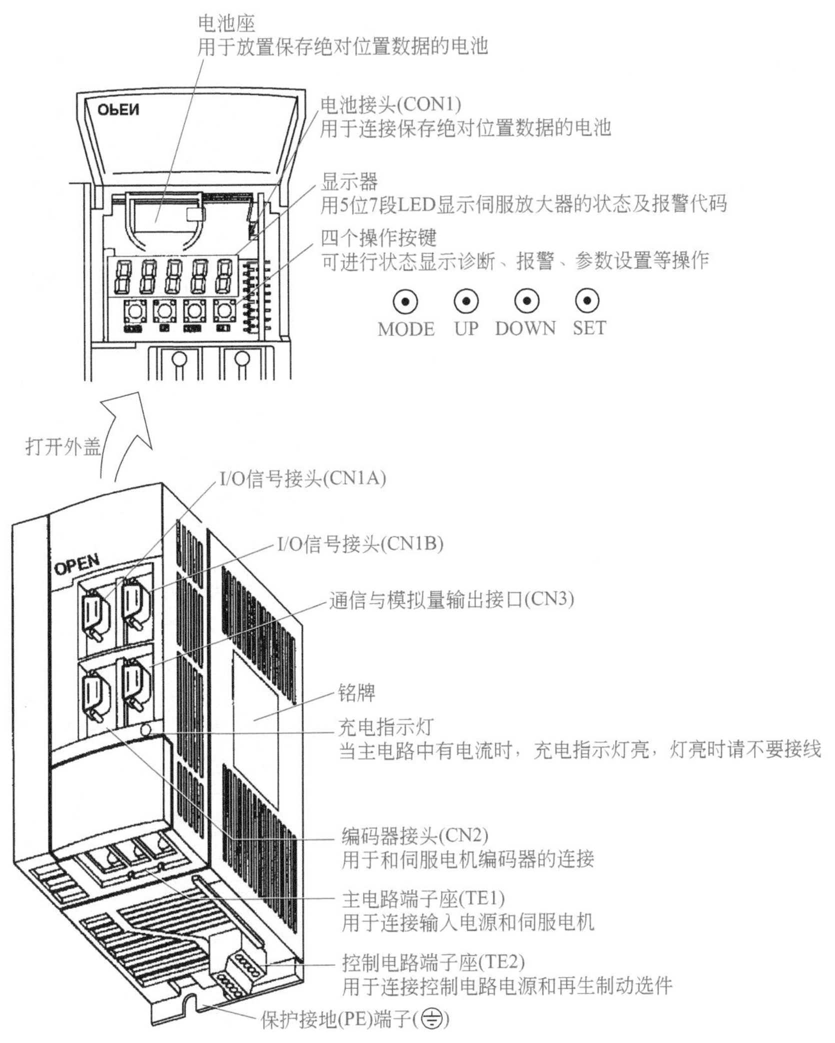

图20-2 三菱MR-J2S-100A以下的伺服驱动器的面板说明

20.1.2 型号说明

三菱MR-J2S系列伺服驱动器的型号构成及含义如下：

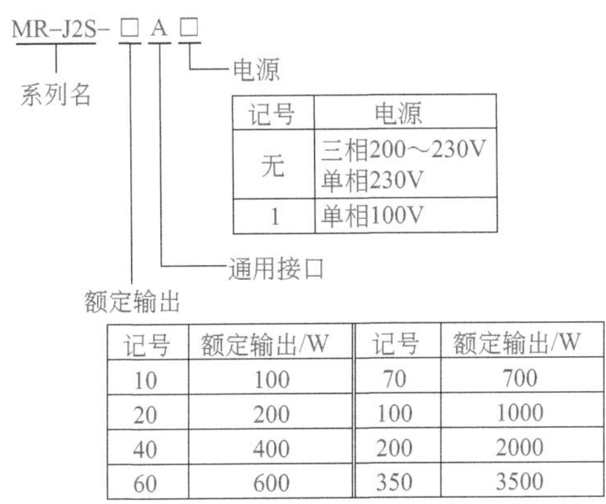

记号	电源
无	三相200～230V 单相230V
1	单相100V

记号	额定输出/W	记号	额定输出/W
10	100	70	700
20	200	100	1000
40	400	200	2000
60	600	350	3500

20.1.3 规格

三菱MR-J2S系列伺服驱动器的标准规格见表20-1。

表20-1 三菱MR-J2S系列伺服驱动器的标准规格

<table>
<tr><th colspan="2">伺服放大器MR-J2S-□
项目</th><th>10A</th><th>20A</th><th>40A</th><th>60A</th><th>70A</th><th>100A</th><th>200A</th><th>350A</th><th>10A1</th><th>20A1</th><th>40A1</th></tr>
<tr><td rowspan="3">电源</td><td>电压·频率</td><td colspan="5">三相AC200～230V，50/60Hz或单相AC230V，50/60Hz</td><td colspan="3">三相AC200～230V，50/60Hz</td><td colspan="3">单相AC100～120V，50/60Hz</td></tr>
<tr><td>容许电压波动范围</td><td colspan="5">三相AC200～230V的场合：AC170～253V
单相AC230V的场合：AC207～253V</td><td colspan="3">三相AC170～253V</td><td colspan="3">单相AC85～127V</td></tr>
<tr><td>容许频率波动范围</td><td colspan="11">±5%以内</td></tr>
<tr><td colspan="2">控制方式</td><td colspan="11">正弦波PWM控制，电流控制方式</td></tr>
<tr><td colspan="2">动态制动</td><td colspan="11">内置</td></tr>
<tr><td colspan="2">保护功能</td><td colspan="11">过流、再生制动过压、过载（电子热继电器）、伺服电机过热、编码器异常、再生制动异常、欠压，瞬时停电、超速、误差过大</td></tr>
<tr><td colspan="2">速度频率响应</td><td colspan="11">550Hz以上</td></tr>
<tr><td rowspan="5">位置控制模式</td><td>最大输入脉冲频率</td><td colspan="11">500kpps（差动输入的场合），200kpps（集电极开路输入的场合）</td></tr>
<tr><td>指令脉冲倍率（电子齿轮）</td><td colspan="11">电子齿轮比（A/B） A：1～65535·131072 B：1～65535 1/50 < A/B < 500</td></tr>
<tr><td>定位完毕范围设定</td><td colspan="11">0～±10000脉冲（指令脉冲单位）</td></tr>
<tr><td>误差过大</td><td colspan="11">±10转</td></tr>
<tr><td>转矩限制</td><td colspan="11">通过参数设定或模拟量输入指令设定（0～+10VDC/最大转矩）</td></tr>
<tr><td rowspan="4">速度控制模式</td><td>速度控制范围</td><td colspan="11">模拟量速度指令1：2000，内部速度指令 1：5000</td></tr>
<tr><td>模拟量速度指令输入</td><td colspan="11">0～10VDC/额定速度</td></tr>
<tr><td>速度波动范围</td><td colspan="11">+0.01%以下（负载变动0～100%）
0%（电源变动±10%）
+0.2%以下（环境温度25℃±10℃），仅在使用模拟量速度指令时</td></tr>
<tr><td>转矩限制</td><td colspan="11">通过参数设定或模拟量输入指令设定（0～10VDC/最大转矩）</td></tr>
<tr><td rowspan="2">转矩控制模式</td><td>模拟量速度指令输入</td><td colspan="11">0～±8VDC/最大转矩（输入阻抗10～12kΩ）</td></tr>
<tr><td>速度限制</td><td colspan="11">通过参数设定或模拟量输入指令设定（0～10VDC/最大额定速度）</td></tr>
<tr><td colspan="2">冷却方式</td><td colspan="5">自冷，开放（IP00）</td><td colspan="3">强冷，开放（IP00）</td><td colspan="3">自冷，开放（IP00）</td></tr>
<tr><td rowspan="5">环境</td><td>环境温度</td><td colspan="11">0～+55℃（不冻结），保存：-20～+65℃（不冻结）</td></tr>
<tr><td>湿度</td><td colspan="11">90%RH以下（不凝结），保存：90%RH（不凝结）</td></tr>
<tr><td>周围环境</td><td colspan="11">室内（无日晒）、无腐蚀性气体、无可燃性气体、无油气、无尘埃</td></tr>
<tr><td>海拔高度</td><td colspan="11">海拔1000m以下</td></tr>
<tr><td>振动</td><td colspan="11">5.9m/s^{2}以下</td></tr>
<tr><td colspan="2">质量/kg</td><td>0.7</td><td>0.7</td><td>1.1</td><td>1.1</td><td>1.7</td><td>1.7</td><td>2.0</td><td>2.0</td><td>0.7</td><td>0.7</td><td>1.1</td></tr>
</table>

20.2 伺服驱动器与辅助设备的总接线

伺服驱动器工作时需要连接伺服电机、编码器、伺服控制器（或控制部件）和电源等设备，如果使用软件来设置参数，则还需要连接计算机。三菱MR-J2S系列伺服驱动器有大功率和中小功率之分，它们的接线端子略有不同。

20.2.1 100A以下的伺服驱动器与辅助设备的总接线

三菱MR-J2S-100A以下伺服驱动器与辅助设备的连接如图20-3所示，这种小功率的伺服驱动器可以使用200～230V的三相交流电压供电，也可以使用230V的单相交流电压供电。由于我国三相交流电压通常为380V，故使用380V三相交流电压供电时需要使用三相降压变压器，将380V降到220V再供给伺服驱动器。如果使用220V单相交流电压供电，只需将220V电压接到伺服驱动器的L1、L2端。

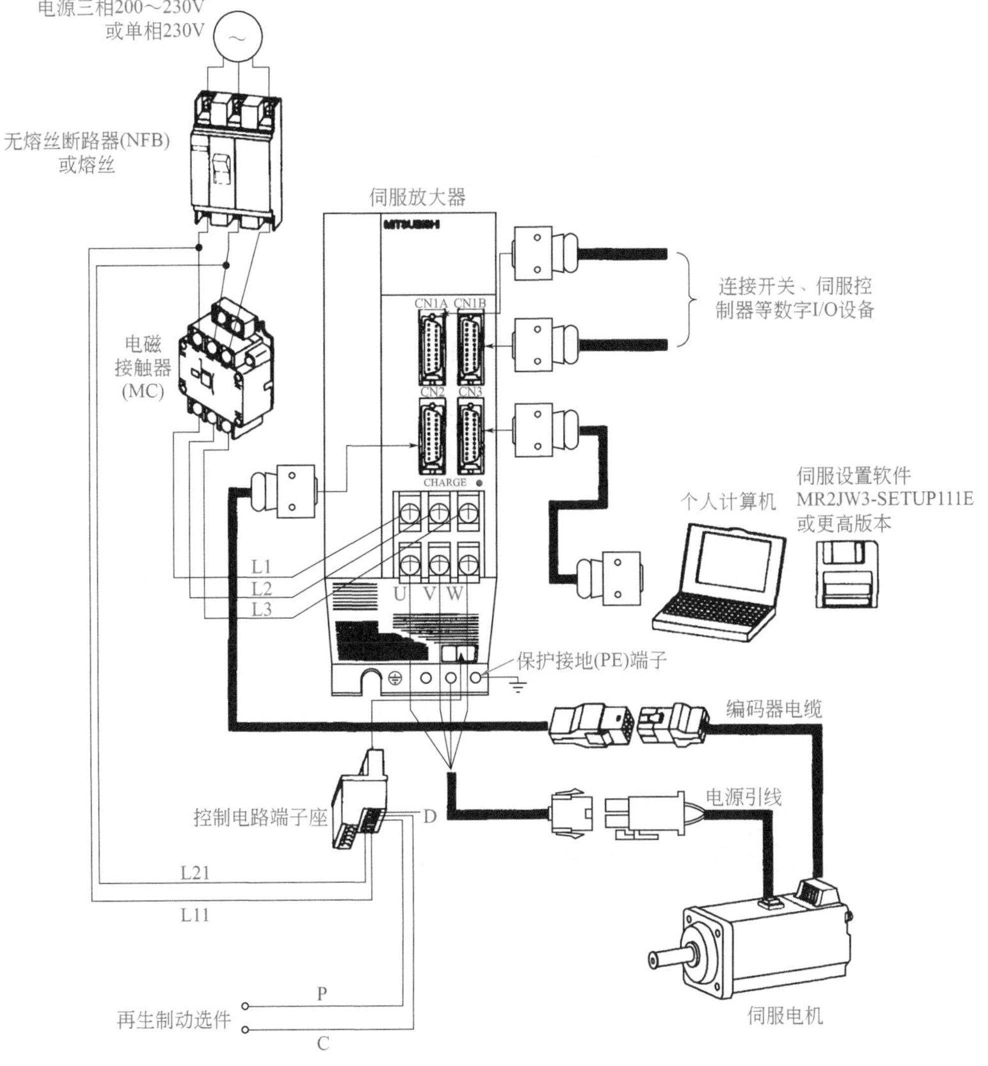

图20-3　三菱MR-J2S-100A以下伺服驱动器与辅助设备的连接

20.2.2 100A以上的伺服驱动器与辅助设备的总接线

三菱MR-J2S-100A以上伺服驱动器与辅助设备的连接如图20-4所示，这类中大功率的伺服驱动器只能使用200～230V的三相交流电压供电，可采用三相降压变压器将380V降到220V再供给伺服驱动器。

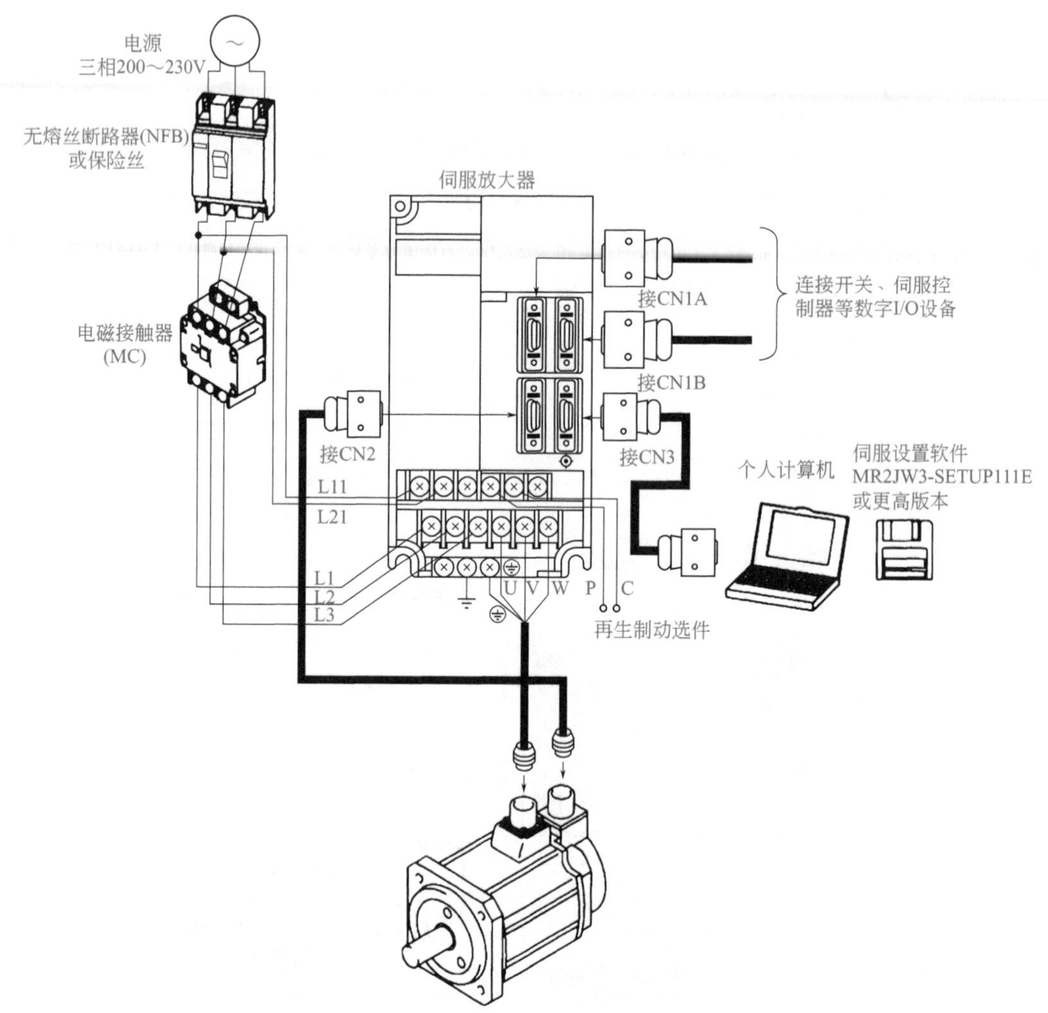

图20-4 三菱MR-J2S-100A以上伺服驱动器与辅助设备的连接

20.3 伺服驱动器的接头引脚功能及内部接口电路

20.3.1 接头引脚的排列规律

三菱MR-J2S伺服驱动器有CN1A、CN1B、CN2、CN3四个接头与外部设备连接，这四个接头由20个引脚组成，它们不但外形相同，引脚排列规律也相同，引脚排列顺序如图

20-5所示，图中CN2、CN3接头有些引脚下方标有英文符号，用于说明该引脚的功能，引脚下方的斜线表示该脚无功能（即空脚）。

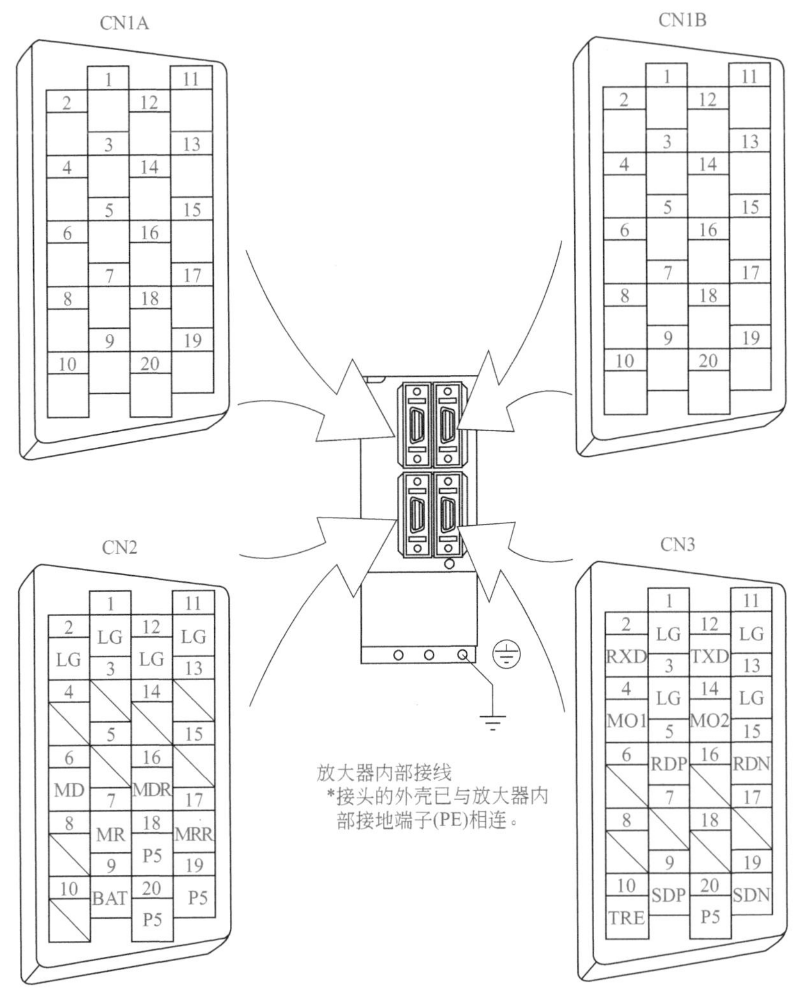

图20-5　CN1A、CN1B、CN2、CN3接头的引脚排列顺序

20.3.2　接头引脚的功能及内部接口电路

三菱MR-J2S伺服驱动器有位置、速度和转矩三种控制模式，在这三种模式下，CN2、CN3接头各引脚功能定义相同，具体如图20-5所示，而CN1A、CN1B接头中有些引脚在不同模式时功能有所不同，如图20-6所示，P表示位置模式，S表示速度模式，T表示转矩模式，例如CN1B接头的2号引脚在位置模式时无功能（不使用），在速度模式时功能为VC（模拟量速度指令输入），在转矩模式时的功能为VLA（模拟量速度限制输入）。在图20-6中，左边引脚为输入引脚，右边引脚为输出引脚。

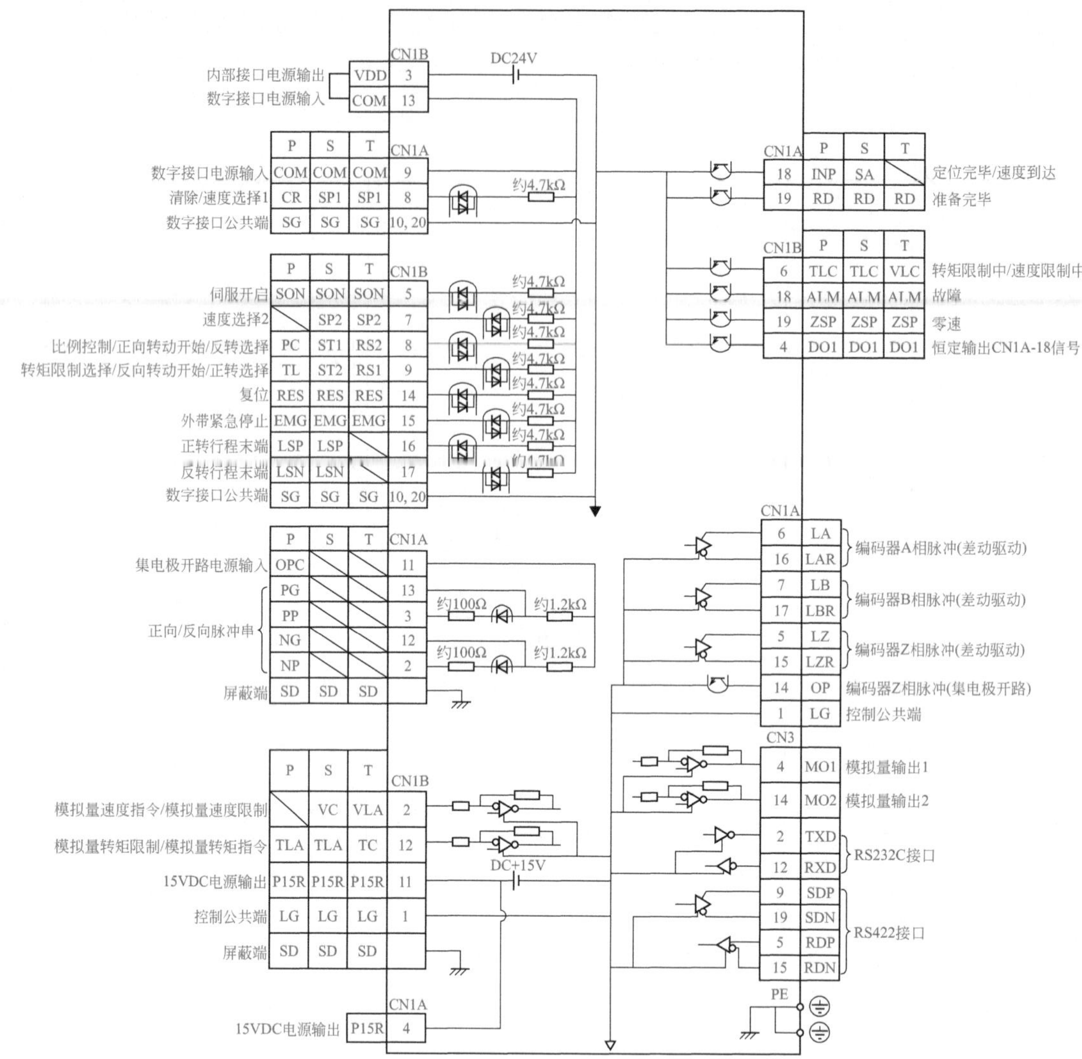

图20-6　CN1A、CN1B、CN2、CN3接头的功能及内部接口电路

20.4 伺服驱动器的接线

伺服驱动器的接线主要包括数字量输入引脚的接线、数字量输出引脚的接线、脉冲输入引脚的接线、编码器脉冲输出引脚的接线、模拟量输入引脚的接线、模拟量输出引脚的接线、电源接线、再生制动器接线、伺服电机接线和接地的接线。

20.4.1 数字量输入引脚的接线

伺服驱动器的数字量输入引脚用于输入开关信号，如启动、正转、反转和停止信号等。根据开关闭合时输入引脚的电流方向不同，可分为漏型输入方式和源型输入方式，不管采用哪种输入方式，伺服驱动器都能接受，这是因为数字量输入引脚的内部采用双向光电耦合器。

（1）漏型输入方式

漏型输入是指以电流从输入引脚流出的方式输入开关信号。在使用漏型输入方式时，可使用伺服驱动器自身输出的DC24V电源，也可以使用外部的DC24V电源。漏型输入方式的数字量输入引脚的接线如图20-7所示。

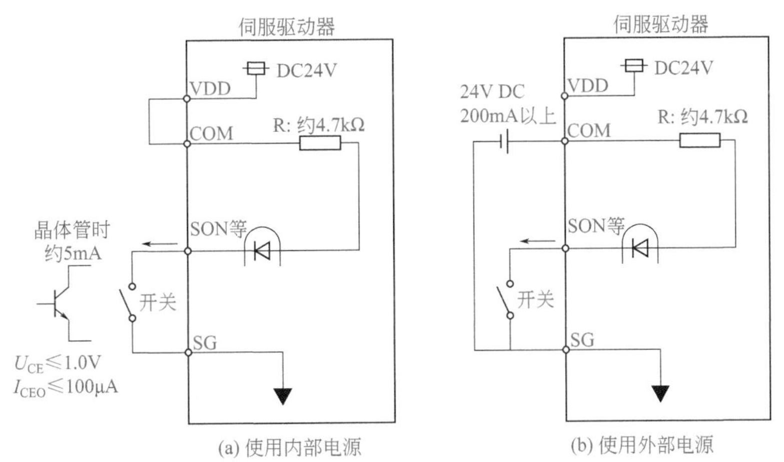

图20-7 漏型输入方式的数字量输入引脚的接线

图20-7（a）为使用内部DC24V电源的输入引脚接线图，它将伺服驱动器的VDD、COM引脚直接连起来，将开关接在输入引脚与SG引脚之间，如果用三极管NPN型代替开关，三极管C极应接SG引脚，E极接输入引脚，三极管导通时要求U_{CE}≤1.0V，电流约为5mA，截止时C、E极之间漏电电流I_{CEO}≤100μA。当输入开关闭合时，伺服驱动器内部DC24V电压从VDD引脚输出，从COM引脚输入，再流过限流电阻和输入光电耦合器的发光二极管，然后从数字量输入引脚（如SON引脚）流出，经外部输入开关后从SG引脚输入到伺服驱动器的内部地（内部DC24V电源地），光电耦合器的发光二极管发光，将输入开关信号通过光电耦合器的光敏管（图中未画出）送入内部电路。

图20-7（b）为使用外部DC24V电源的输入引脚接线图，它将外部DC24V电源的正极接COM引脚，负极接SG引脚，VDD、COM引脚之间断开，当输入开关闭合时，有电流流经输入引脚内部的光电耦合器的发光二极管，发光二极管发光，将开关信号送入伺服驱动器内部电路。使用外部DC电源时，要求电源的输出电压为24V，输出电流应大于200mA。

（2）源型输入方式

源型输入是指以电流从输入引脚流入的方式输入开关信号。在使用源型输入方式时，可使用伺服驱动器自身输出的DC24V电源，也可以使用外部的DC24V电源。源型输入方式的数字量输入引脚的接线如图20-8所示。

图20-8（a）为使用内部DC24V电源的输入引脚接线图，它将伺服驱动器的SG、COM引脚直接连起来，将开关接在输入引脚与VDD引脚之间，如果用NPN型三极管代替开关，三极管C极应接VDD引脚，E极接输入引脚。当输入开关闭合时，有电流流过输入开关和光电耦合器的发光二极管，电流途径是：伺服驱动器内部DC24V电源正极→VDD引脚流出→输入开关→数字量输入引脚流入→发光二极管→限流电阻→COM引脚流出→SG引脚流入→伺服驱动器内部地。光电耦合器的发光二极管发光，将输入开关信号通过光电耦合

器的光敏管送入内部电路。

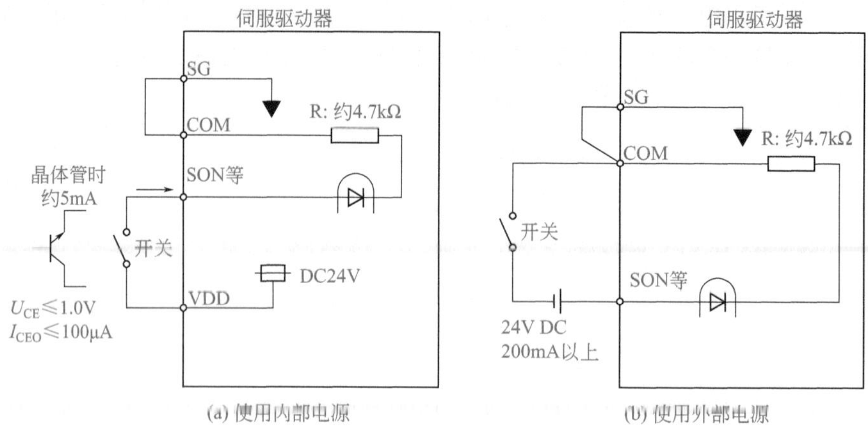

图20-8 源型输入方式的数字量输入引脚的接线

图20-8（b）为使用外部DC24V电源的输入引脚接线图，它将伺服驱动器的SG、COM引脚直接连起来，将开关接在输入引脚与外部DC24V电源的负极之间，DC24V电源的正极接数字量输入引脚。输入开关闭合时，电流从输入引脚流入并流过光电耦合器的发光二极管，最终流到DC24V电源的负极。

20.4.2 数字量输出引脚的接线

伺服驱动器的数字量输出引脚是通过内部三极管导通截止来输出0、1信号，数字量输出引脚可以连接灯泡和感性负载（线圈）。

（1）灯泡的连接

数字量输出引脚与灯泡的连接如图20-9所示。

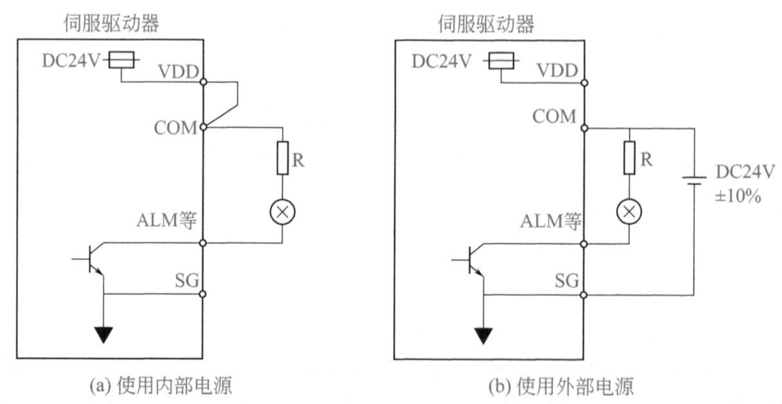

图20-9 数字量输出引脚与灯泡的连接

图20-9（a）为使用内部DC24V电源的数字量输出引脚接线图，它将VDD端与COM直接连起来，灯泡接在COM与数字量输出引脚（如ALM故障引脚）之间。当数字量输出引脚内部的三极管导通时（相当于输出0），有电流流过灯泡，电流途径是：伺服驱动器内部DC24V电源正极→VDD引脚→COM引脚→限流电阻→灯泡→数字量输出引脚→三极管→伺服驱动器内部地。由于灯泡的冷电阻很小，为防止三极管刚导通时因流过的电流过大而损坏，通常需要给灯泡串接一个限流电阻。

图20-9（b）为使用外部DC24V电源的数字量输出引脚接线图，它将外部DC24V电源的正、负极分别接伺服驱动器的COM、SG引脚，灯泡接在COM与数字量输出引脚之间，VDD、COM引脚之间断开。当数字量输出引脚内部的三极管导通时，有电流流过灯泡，电流途径是：外部DC24V电源正极→限流电阻→灯泡→数字量输出引脚→三极管→SG引脚→外部DC24V电源负极。

（2）感性负载的连接

感性负载也叫线圈负载，如继电器、电磁铁等。数字量输出引脚与感性负载的连接如图20-10所示，从图中可以看出，它的连接方式与灯泡连接基本相同，区别在于无需接限流电阻，但要在线圈两端并联一只二极管来吸收线圈产生的反峰电压。

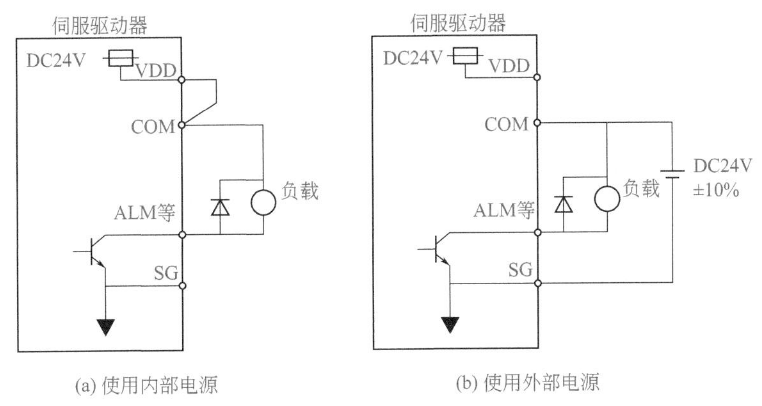

图20-10 数字量输出引脚与感性负载的连接

二极管吸收反峰电压原理：当三极管由导通转为截止时，线圈会产生很高的上负下正的反峰电压，如果未接二极管，线圈上很高的下正电压会加到三极管的C极，三极管易被击穿，在线圈两端并联二极管后，线圈产生的上负下正反峰电压使二极管导通，反峰电压迅速被泄放而降低。在线圈两端并联二极管时，一定不能接错，如果将二极管接反，三极管导通时二极管也会导通，电流不会经过线圈，同时由于二极管导通时电阻小，三极管易被大电流烧坏。线圈两端并联二极管的正确方法是：当三极管导通时二极管不能导通，让电流通过线圈。

20.4.3 脉冲输入引脚的接线

当伺服驱动器工作在位置控制模式时，需要使用脉冲输入引脚来输入脉冲信号，用来控制伺服电机运动的位移和旋转的方向。脉冲输入引脚包括正转脉冲（PP）输入引脚和反转脉冲（NP）输入引脚。脉冲输入有两种方式：集电极开路输入方式和差动输入方式。

（1）集电极开路输入方式的接线

集电极开路输入方式接线与脉冲波形如图20-11所示。

在接线时，将伺服驱动器的VDD、OPC端直接连起来，使用内电源为脉冲输入电路供电。PP端为正转脉冲输入端，NP端为反转脉冲输入端，SG端为公共端，SD端为屏蔽端。图中的VT1、VT2通常为伺服控制器（如PLC或定位控制模块）输出端子内部的晶体管。如果使用外部DC24V电源，应断开VDD、OPC端子之间的连线，将DC24V电源接在OPC与SG端子之间，其中OPC端子接电源的正极。

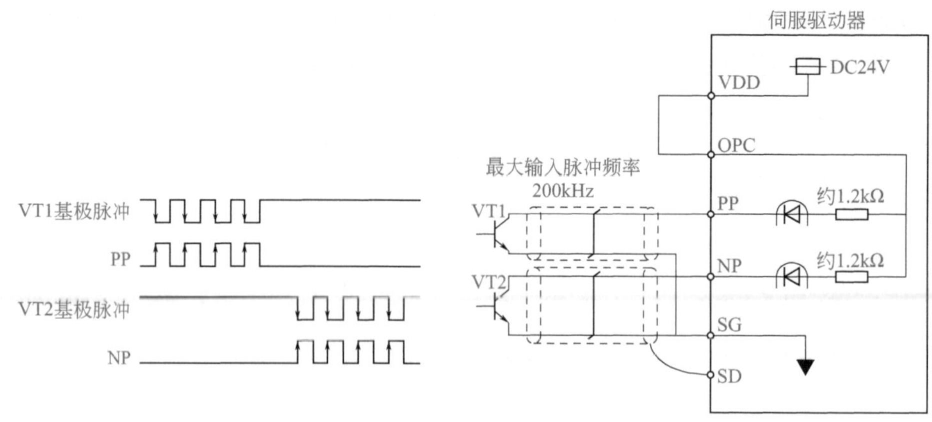

图20-11 集电极开路输入方式接线与脉冲波形

当VT1基极输入图示的脉冲时，经VT1放大并倒相后得到PP脉冲信号（正转脉冲）送入PP引脚，在VT1基极为高电平时导通，PP脉冲为低电平，PP引脚内部光电耦合器的发光二极管导通，在VT1基极为低电平时截止，PP脉冲为高电平，PP引脚内部光电耦合器的发光二极管截止。当VT2基极输入图示的脉冲时，经VT1放大并倒相后得到NP脉冲信号（反转脉冲）送入NP引脚。

如果采用集电极开路输入方式，允许输入的脉冲频率最大为200kHz。

（2）差动方式的接线

差动输入方式接线与脉冲波形如图20-12所示。

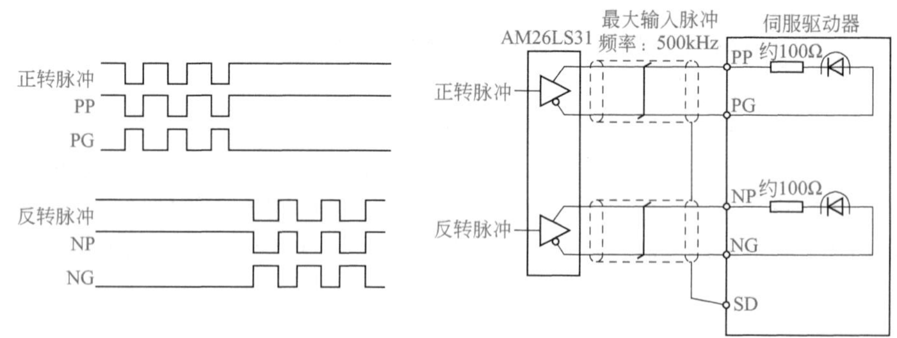

图20-12 差动输入方式接线与脉冲波形

当伺服驱动器采用差动输入方式时，可以利用接口芯片（如AM26LS31）将单路脉冲信号转换成双路差动脉冲信号，这种输入方式需要使用PP、PG和NP、NG四个引脚。以正转脉冲输入为例，当正转脉冲的低电平送到放大器输入端时，放大器同相输出端输出低电平到PP引脚，反相输出端输出高电平到PG引脚，伺服驱动器PP、PG引脚内部的发光二极管截止；当正转脉冲的高电平送到放大器输入端时，PP引脚则为高电平，PG引脚为低电平，PP、PG引脚内部的发光二极管导通发光。

如果伺服驱动器采用差动输入方式，允许输入的脉冲频率最大为500kHz。

（3）脉冲的输入形式

脉冲可分为正逻辑脉冲和负逻辑脉冲，正逻辑脉冲是以高电平作为脉冲，负逻辑脉冲是以低电平作为脉冲。伺服驱动器工作在位置控制模式时，是根据脉冲输入引脚送入的脉冲串来控制伺服电机运动的位移和转向，它可接受多种形式的脉冲串输入。

伺服驱动器可接受的脉冲串形式见表20-2。

表20-2　参数No.21不同值与对应的脉冲串形式

脉冲形式		正转脉冲	反转脉冲	参数No.21的值
负逻辑	正转脉冲 反转脉冲	PP NP		0010
	脉冲+符号	PP NP L	H	0011
	A相脉冲 B相脉冲	PP NP		0012
正逻辑	正转脉冲 反转脉冲	PP NP		0000
	脉冲+符号	PP NP H	L	0001
	A相脉冲 B相脉冲	PP NP		0002

若将伺服驱动器的参数No.21设为0010（参数设置方法在后续章节介绍）时，允许PP引脚输入负逻辑正转脉冲，NP引脚输入负逻辑反转脉冲。

若将伺服驱动器的参数No.21设为0011时，允许PP引脚输入负逻辑脉冲，NP引脚电平决定PP引脚输入脉冲的性质（也即电机的转向），NP引脚为低电平期间，PP引脚输入的脉冲均为正转脉冲，NP引脚为高电平期间，PP引脚输入的脉冲均为反转脉冲。

若将伺服驱动器的参数No.21设为0012时，允许PP、NP引脚同时输入负逻辑脉冲，当PP脉冲相位超前NP脉冲90°时，控制电机正转，当PP脉冲相位落后NP脉冲90°时，控制电机反转，电机运行的位移由PP脉冲或NP脉冲的个数决定。

若将伺服驱动器的参数No.21设为0000～0002时，允许输入三种形式的正逻辑脉冲来确定电机运动的位移和转向。各种形式的脉冲都可以采用集电极开路输入或差动输入方式进行输入。

20.4.4　编码器脉冲输出引脚的接线

伺服驱动器在工作时，可通过编码器脉冲输出引脚送出反映本伺服电机当前转速和位置的脉冲信号，用于其他电机控制器作同步和跟踪用，单机控制时不使用该引脚。编码器脉冲输入有两种方式：集电极开路输入方式和差动输入方式。

（1）集电极开路输出方式的接线

集电极开路输出方式接线及接口电路如图20-13所示，一路编码器Z相脉冲输入采用这种方式。图20-13（a）采用整形电路作为接口电路，它将OP引脚输出的Z相脉冲整形后送给其他电机控制器；图20-13（b）采用光电耦合器作为接口电路，对OP引脚输出的Z相脉冲进行电-光-电转换，再送给其他电机控制器。

采用集电极开路输出方式时，OP引脚最大允许流入的电流为35mA。

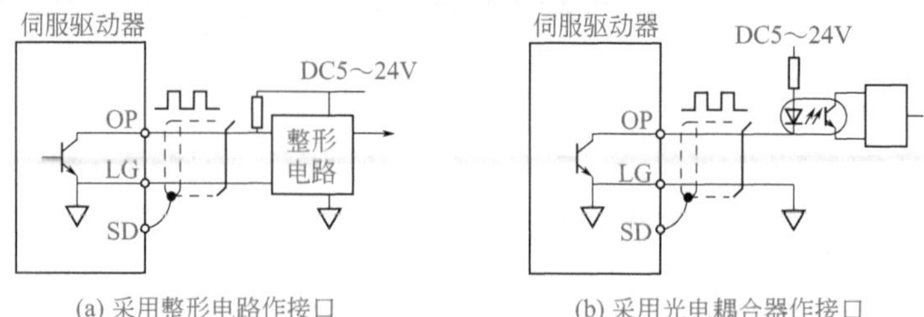

(a) 采用整形电路作接口　　(b) 采用光电耦合器作接口

图20-13　集电极开路输出方式接线及接口电路

（2）差动输出方式的接线

差动输出方式接线及接口电路如图20-14所示，编码器A、B相和一路Z相脉冲采用这种输出方式。图20-14（a）采用AM26LS32芯片作为接口电路，它对LA（或LB、LZ）引脚和LAR（或LBR、LZR）引脚输出的极性相反的脉冲信号进行放大，再输出单路脉冲信号送给其他电机控制器；图20-14（b）采用光电耦合器作为接口电路，当LA端输出脉冲的高电平时，LAR引脚输出脉冲的低电平，光电耦合器的发光二极管导通，再通过光敏管和后级电路转换成单路脉冲送给其他电机控制器。

采用差动输出方式时，LA引脚最大输出电流为35mA。

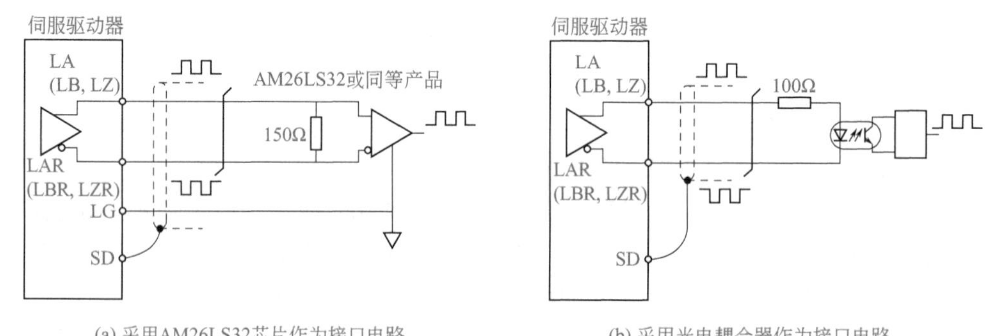

(a) 采用AM26LS32芯片作为接口电路　　(b) 采用光电耦合器作为接口电路

图20-14　差动输出方式接线及接口电路

20.4.5　模拟量输入引脚的接线

模拟量输入引脚可以输入一定范围的连续电压，用来调节和限制电机的速度和转矩。模拟量输入引脚接线如图20-15所示。

伺服驱动器内部的DC15V电压通过P15R引脚引出，提供给模拟量输入电路，电位器RP1用来设定模拟量输入的上限电压，一般将上限电压调到10V，RP2用来调节模拟量输入电压，调节RP2可以使VC引脚（或TLA引脚）在0～10V范围内变化，该电压经内部的放大器放大后送给有关电路，用来调节或限制电机的速度或转矩。

20.4.6　模拟量输出引脚的接线

模拟量输出引脚用于输出反映电机的转速或转矩等信息的电压，例如输出电压越高，

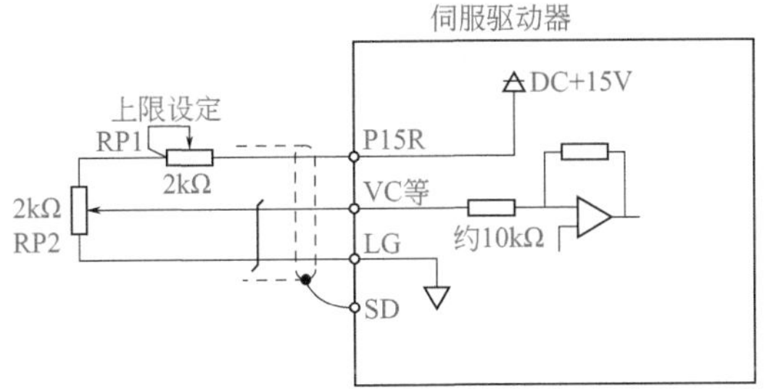

图20-15　模拟量输入引脚接线

表明电机转速越快，模拟量输出引脚的输出电压所反映的内容可用参数No.17来设置。模拟量输出引脚接线如图20-16所示，模拟量输出引脚有MO1和MO2两个，它们内部电路结构相同，图中画出了MO1引脚的外围接线，当将参数No.17设为0102时，MO1引脚输出0～8V电压反映电机转速，MO2引脚输出0～8V电压反映电机输出转矩。

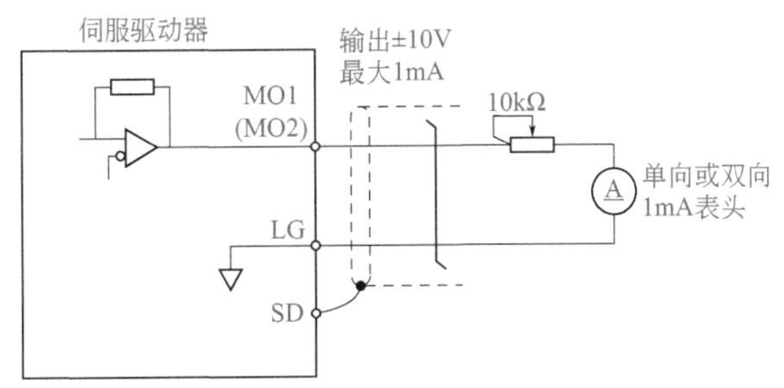

图20-16　模拟量输出引脚接线

20.4.7　电源、再生制动电阻、伺服电机及启停保护电路的接线

电源、再生制动电阻、伺服电机及启停保护电路的接线如图20-17所示。

（1）电源的接线说明

三相交流（200～230V）经三相开关NFB和接触器MC的三个触点接到伺服驱动器的L1、L2、L3端，送给内部的主电路，另外，三相交流中的两相电源接到L11、L21端，送给内部的控制电路作为电源。伺服驱动器也可使用单相AC230V电源供电，此时L3端不用接电源线。

（2）伺服电机与驱动器的接线说明

伺服电机通常包括电机、电磁制动器和编码器。在电机接线时，将电机的红、白、黑、绿4根线分别与驱动器的U、V、W相输出端子和接地端子连接起来；在电磁制动器接线时，应外接DC24V电源、控制开关和浪涌保护器（如压敏电阻），若要让电机运转，应给电磁制动器线圈通电，让抱闸松开，在电机停转时，可让外部控制开关断开，切断电磁制动器线圈供电，让抱闸对电机刹车；在编码器接线时，应用配套的电缆将编码器与驱动器的CN2接头连接起来。

（3）再生制动选件的接线说明

如果伺服驱动器连接的伺服电机功率较大，或者电机需要频繁制动调速，可给伺服驱动器外接功率更大的再生制动选件。在外接再生制动选件时，要去掉P、D端之间的短路片，将再生制动选件的P、C端（内接制动电阻）与驱动器的P、C端连接。

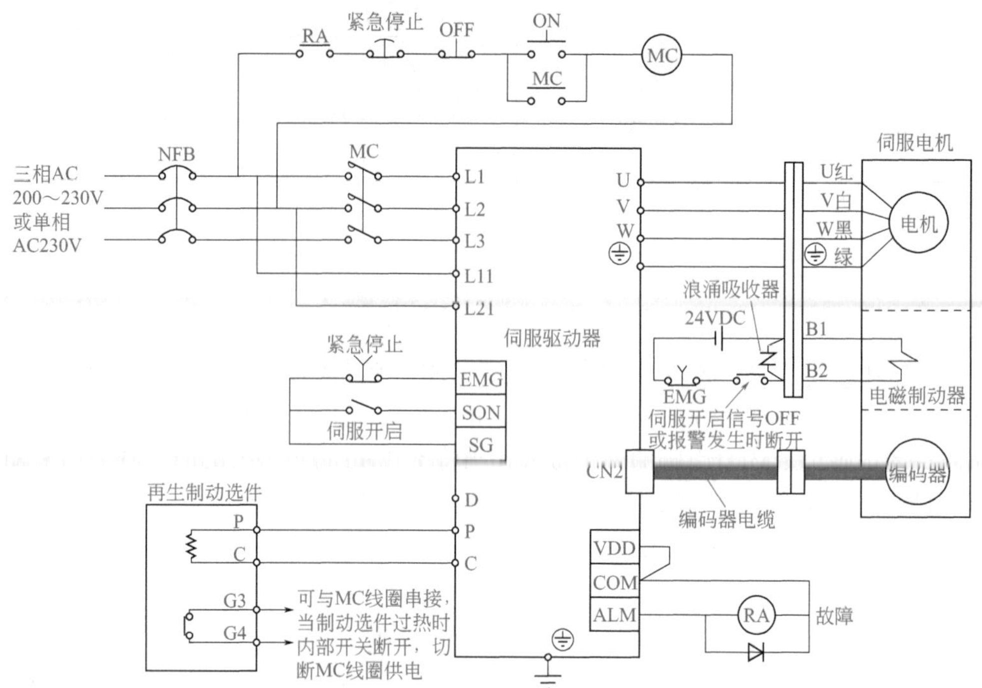

图20-17 电源、再生制动电阻、伺服电机及启停保护电路的接线

（4）启停及保护电路的接线说明

在工作时，伺服驱动器要先接通控制电路的电源，然后再接通主电路电源，在停机或出现故障时，要求能断开主电路电源。

启动控制过程：伺服驱动器控制电路由L11、L21端获得供电后，会使ALM与SG端之间内部接通，继电器RA线圈由VDD端得到供电，RA常开触点闭合，如果这时按下ON按钮，接触器MC线圈得电，MC自锁触点闭合，锁定线圈供电，同时MC主触点闭合，三相交流电源送到L1、L2、L3端，为主电路供电，当SON端的伺服开启开关闭合时，伺服驱动器开始工作。

紧急停止控制过程：按下紧急停止按钮，接触器MC线圈失电，MC自锁触点断开，MC主触点断开，切断L1、L2、L3端内部主电路的供电，为主电路供电，与此同时，EMG端子和电磁制动器的连轴紧急停止开关均断开，这样一方面使伺服驱动器停止输出，另一方面使电磁制动器线圈失电，对电机进行抱闸。

故障保护控制过程：如果伺服驱动器内部出现故障，ALM与SG端之间内部断开，RA继电器线圈失电，RA常开触点断开，MC接触器线圈失电，MC主触点断开，伺服驱动器主电路供电切断，主电路停止输出，同时电磁制动器外接控制开关也断开，其线圈失电，抱闸对电机刹车。

20.4.8 接地的接线

伺服驱动器工作时，内部晶体管工作在开关状态，会产生一些干扰信号，可能会影响周围设备的正常工作，为防止这种情况的发生，需要对伺服驱动器进行接地。伺服驱动器与有关设备的典型接地如图20-18所示，线噪声滤波器可以防止驱动器的高频干扰信号串入电网，也可防止电网的高频干扰信号串入驱动器。

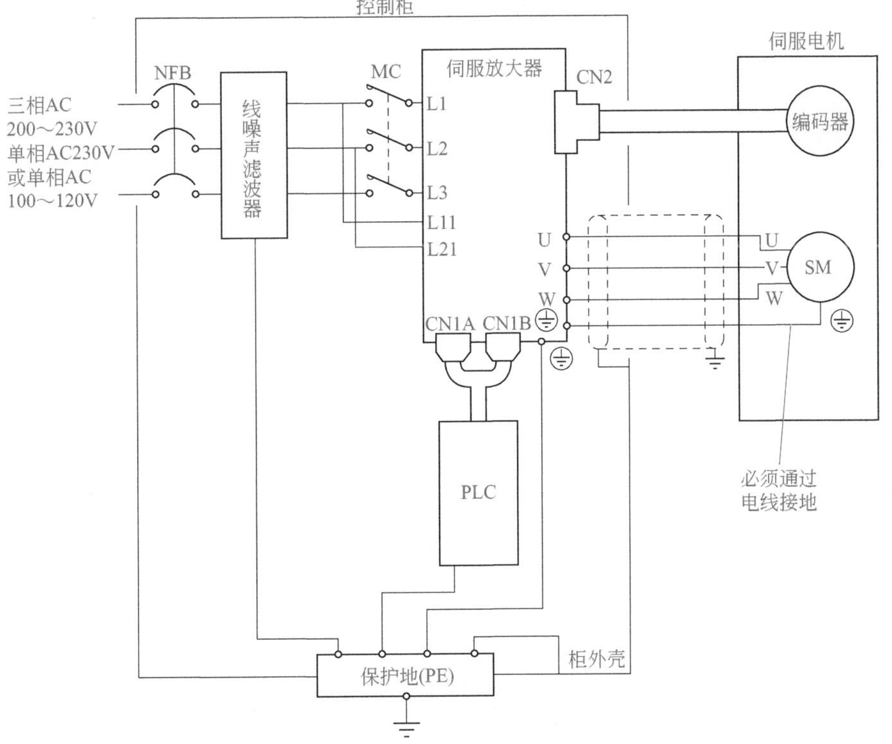

图20-18　伺服驱动器与有关设备的典型接地方式

第21章 三菱伺服驱动器的显示操作与参数设置

21.1 状态、诊断、报警和参数模式的显示与操作

伺服驱动器面板上有“MODE、UP、DOWN、SET”4个按键和一个5位7段LED显示器，如图21-1所示，利用它们可以对伺服驱动器进行状态显示、诊断、报警和参数设置等操作。

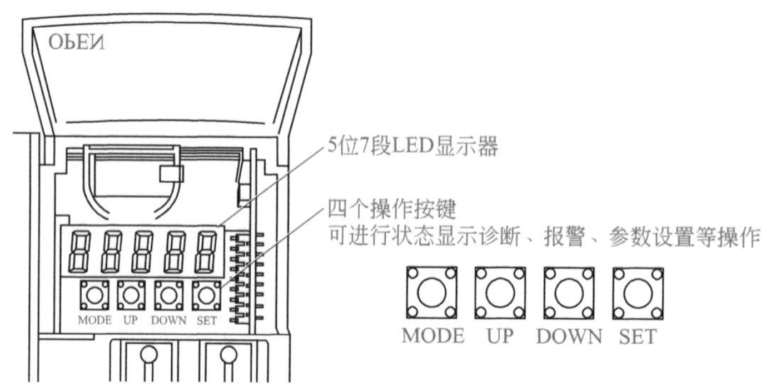

图21-1 伺服驱动器的操作显示面板

21.1.1 各种模式的显示与切换

伺服驱动器通电后，LED显示器处于“状态显示”模式，此时显示为“C”，反复按压“MODE”键，可让伺服驱动器的显示模式在“状态显示→诊断→报警→基本参数→扩展参数1→扩展参数2→状态显示”之间切换，当显示器处于某种模式时，按压“DOWN”或“UP”键即可在该模式中选择不同的项进行详细设置与操作，如图21-2所示。

21.1.2 参数模式的显示与操作

接通电源后，伺服驱动器的显示器处于状态显示模式，反复按压“MODE”键，切换到基本参数模式，此时显示No.0的参数号“P 00”。

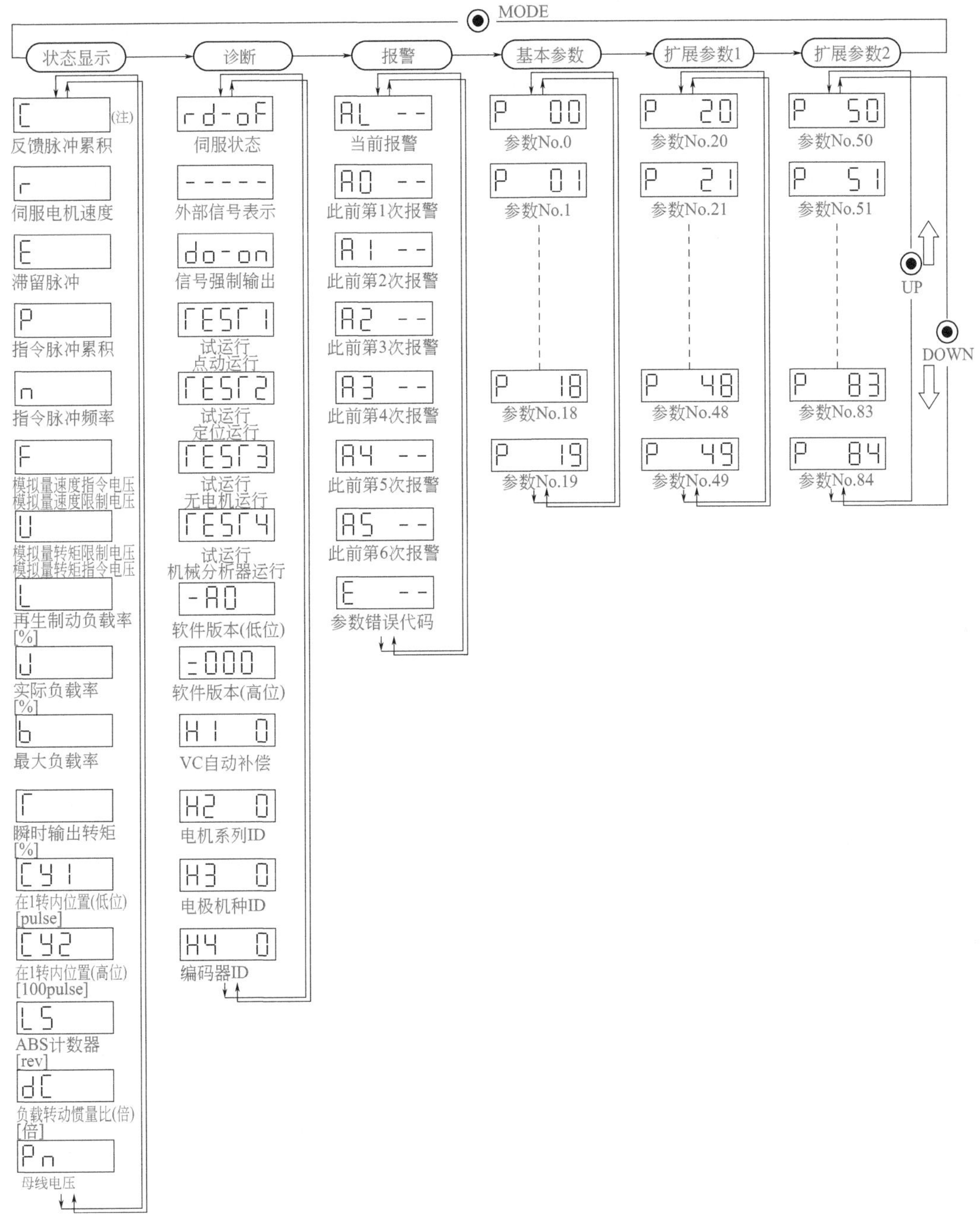

注：电源接通时，状态显示的初始显示内容方式会随着控制模式的不同而异。
位置控制模式：反馈脉冲累积(C)；速度控制模式：电机速度(r)；转矩控制模式：转矩指令电压(c)。
此外，用参数No.18，可改变电源接通时状态显示初始显示的内容。

图21-2 各种模式的显示与操作图

下面以将参数No.0的值设为0002为例来说明参数的设置操作方法，具体过程如图21-3所示，参数值设好后按压“SET”键确定，显示器又返回显示参数号，按压“UP”或“DOWN”键可切换到其他的参数号，再用同样的方法给该参数号设置参数值。对于带“*”号的参数，参数值设定后，需断开驱动器的电源再重新接通电源，参数的设定值才能生效。

在设置扩展参数1和扩展参数2时，需先设置基本参数No.19的值，以确定扩展参数的读写性，如果No.19的值为0000，将无法设置扩展参数1和扩展参数2。参数No.19的设置在后面会详细介绍。

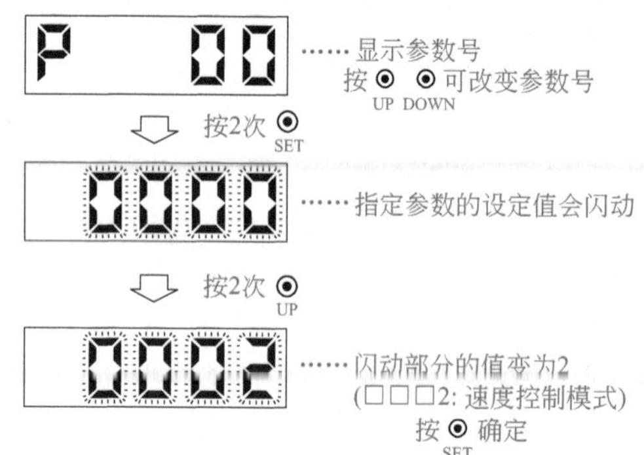

图21-3 设置参数的操作方法

21.1.3 状态模式的显示与操作

在伺服驱动器工作时，可通过5位LED显示器查看其运行状态。

（1）状态项的查看

伺服驱动器运行时，显示器通常处于状态显示模式，此时显示器会显示状态项的符号，如显示“r”表示当前为伺服电机的转速状态项，按压“SET”键可将伺服电机的转速值显示出来，要切换其他状态项，可操作“UP”或“DOWN”键。

表21-1列出一些状态项的符号、显示值和含义，例如当显示器显示“dC”符号表示当前项为负载转动惯量比，按压“SET”键，当前显示变为“15.5”，其含义是伺服驱动器当前的负载转动惯量比为15.5倍。

表21-1 一些状态项的符号、显示值和含义

状态项符号	状态项名称	显示值	显示值含义
r	伺服电机速度	2500	以2500r/min的速度正转
		-3000 反转时用“-”显示	以3000r/min的速度反转
dC	负载转动惯量比	155	15.5倍
LS	ABC计数器	11252	11252rev
		1.2.5.6.6 变亮 负数时，高4位数字下方的小数点变亮	−12566rev

（2）各状态项的代表符号及说明

伺服驱动器的各状态项的代表符号及说明见表21-2。

表21-2　伺服驱动器的各状态项的代表符号及说明

状态项	符号	单位	说明	显示范围
反馈脉冲累积	C	脉冲	统计并显示从伺服电机编码器中反馈的脉冲。反馈脉冲数超过99999时也能计数，但是由于伺服放大器的显示器只有5位，所以实际显示的是最后5位数字。如果按“SET”，则显示内容变成0。反转时，高4位的小数点变亮	−99999～99999
伺服电机的速度	r	r/min	显示伺服电机的速度 以0.1r/min为单位，经四舍五入后进行显示	−5400～5400
滞留脉冲	E	脉冲	显示偏差计数器的滞留脉冲。反转时，高4位的小数点变亮，由于伺服放大器的显示器只有5位，所以实际显示出来的是最后5位数字。显示的脉冲数为经电子齿轮放大之前的脉冲数	−99999～99999
指令脉冲累积	P	脉冲	统计并显示位置指令输入脉冲的个数。显示的是经电子齿轮放大之前的脉冲数，显示内容可能与反馈脉冲累积的显示内容不一致。位置指令输入脉冲超过±99999时也能计数，但是由于伺服放大显示器只有5位，所以实际显示出来的是最后5位数字。如果按了“SET”，则显示内容变成0。反转时，高4位的小数点变亮	−99999～99999
指令脉冲频率	n	kpps	显示位置指令脉冲的频率 显示的脉冲频率为经电子齿轮放大之前的值	−800～800
模拟量速度指令电压 模拟量速度限制电压	F	V	①转矩控制模式 显示模拟量速度限制（VLA）的输入电压 ②速度控制模式 显示模拟速度指令（VC）的输入电压	−10.00～+10.00
模拟量转矩指令电压 模拟量转矩限制电压	U	V	①位置控制模式/速度控制模式 显示模拟量转矩限制（TLA）的输入电压	0～+10.00
			②转矩控制模式 显示模拟量转矩指令（TC）的输入电压	−10.00～+10.00
再生制动负载率	L	%	显示再生制动功率相对于再生最大功率的百分比	0～100
实际负载率	J	%	显示连续实际负载转矩 以额定转矩作为100%，将实际值换算成百分比显示	0～300
最大负载率	b	%	显示最大的输出转矩 以额定转矩作为100%，将过去15s内最大的输出转矩换算成百分比显示	0～400
瞬时输出转矩	T	%	显示瞬时输出转矩。 以额定转矩作为100%，将实际值换算成百分比显示	0～400
在1转内的位置（低位）	Cy1	脉冲	显示在1转内的位置，以脉冲为单位显示 如果超过大脉冲数，则显示数回到0	0～99999
在1转内的位置（高位）	Cy2	100脉冲	显示在1转内的位置，以100脉冲为单位 如果超过最大脉冲数，则显示数回到0。逆时针方向旋转时用加法计算	0～1310
ABS计数器	LS	rev	显示离开编码器系统原点的移动量，显示值为绝对位置编码器累积旋转周数计数器的内容	−32768～32767
负载转动惯量比	dC	倍	实时地显示伺服电机和折算到伺服电机轴上的负载的转动惯量之比的推断值	0.0～300.0
母线电压	Pn	V	显示主电路直流母线（P-N间）的电压	0～450

21.1.4　报警模式的显示与操作

利用报警模式可查看伺服驱动器当前的报警、报警履历（历史记录）和参数出错代码。按压“MODE”键，切换到报警模式，如果未发生报警，显示器显示为“AL—”，如果发生了报警，后2位会显示报警代码，出现过压报警会显示“AL.33”，按压“DOWN”键可查看先前的报警代码。表21-3列出一些常见的报警代码及含义。

表21-3 一些常见的报警代码及含义

报警名称	报警代码	代码含义
当前报警信息	AL --	未发生报警
	AL 33	发生过压报警（AL.33）。报警时，显示屏会闪动
报警履历	A0 50	此前第1次发生的报警为过载（AL.50）
	A1 33	此前第2次所发生的报警为过压（AL.33）
	A2 10	此前第3次所发生的报警为欠压（AL.10）
	A3 31	此前第4次所发生的报警为超速（AL.31）
	A4 --	此前第5次未发生报警
	A5 --	此前第6次未发生报警
参数出错	E. --	未发生参数异常（AL.37）报警
	E. 01	参数No.1设置错误报警

当伺服驱动器发生报警时，显示器有以下特点。

① 无论先前处于何种显示模式，都会自动切换到报警模式并显示当前报警代码。

② 处于报警模式时，也可以切换到其他模式，但显示器的第4位小数点会闪动。

③ 报警原因排除后，可采用三种方法进行报警复位：一是断开电源再重新接通；二是在显示现在报警画面时按压“SET”键；三是将报警复位（RES）信号设为ON。

④ 可用参数No.16清除报警历史记录。

⑤ 在显示现在报警画面时按压“SET”键2s以上，会显示报警详细内容代码，供维修伺服驱动器和伺服电机时参阅。

21.1.5 诊断模式的显示与操作

利用诊断模式可查看伺服驱动器当前的伺服状态、外部I/O端口的ON/OFF状态、软件版本信息、电机及编码器信息等，在该模式下，也可对伺服驱动器进行试运行操作和强制某端口输出信号。

按压“MODE”键，切换到诊断模式，显示器显示“rd-oF”，按压“UP”或“DOWN”键，可以切换到其他诊断项，如图21-4所示，各诊断项说明见表21-4。

表21-4　诊断模式下的各诊断项说明

诊断项名称		显示代码	说明
伺服状态		rd-oF	准备未完成。 正在初始化或有报警发生
		rd-on	准备完毕。 初始化完成，伺服放大器处于可运行的状态
外部I/O信号显示		参照21.1.6	用于显示外部I/O信号ON/OFF状态。 各段上部对应输入信号，下部对应输出信号。 输出输入信号的内容可用参数No.43～No.49改变
输出信号强制输出		do-on	用于把输出信号强制输出置为ON和OFF
试运行模式	点动运行	TEST1	在外部没有指令输入的状态下进行点动运行
	定位运行	TEST2	在外部没有指令的状态下可进行一次定位运行。进行定位运行时，必须使用伺服设置软件
	无电机运行	TEST3	在没有连接伺服电机时，可以模拟连接有伺服电机的情况。根据外部输入信号进行输出和状态显示
	机械分析器运行	TEST4	只要连接伺服放大器，就能测定机械系统的共振频率。机械分析器运行时，必须使用伺服设置软件（MRZJW3-SETUP111E）
软件版本（低位）		-A0	用于显示软件版本
软件版本（高位）		-nnn	用于显示软件系统编号
自动VC补偿		H1　0	如果伺服放大器内部和/或外部的模拟电路中的偏置电压导致伺服电机即使在模拟量速度指令（VC）或模拟量速度限制（VLA）为0V时也缓慢转动，则使用此功能会自动补偿偏置电压。 此功能生效之后，参数No.29的值变为自动调整后的补偿电压。 使用时按照以下步骤进行设置： ①按1次“SET”； ②按“UP”“DOWN”，选择“1”； ③按“SET”。 VC或VLA的输入电压为±0.4V以上时，不能使用这个功能
电机系列ID		H2　0	按1次“SET”，就能显示当前连接的伺服电机系列ID。 显示的内容可参照另售的MELSERVO伺服电机技术资料集
电机机种ID		H3　0	按1次“SET”，就能显示当前连接的伺服电机机种ID。 显示的内容可参照另售的MELSERVO伺服电机技术资料集
编码器ID		H4　0	按1次“SET”，就能显示当前连接的伺服电机编码器ID。 显示的内容可参照另售的MELSERVO伺服电机技术资料集

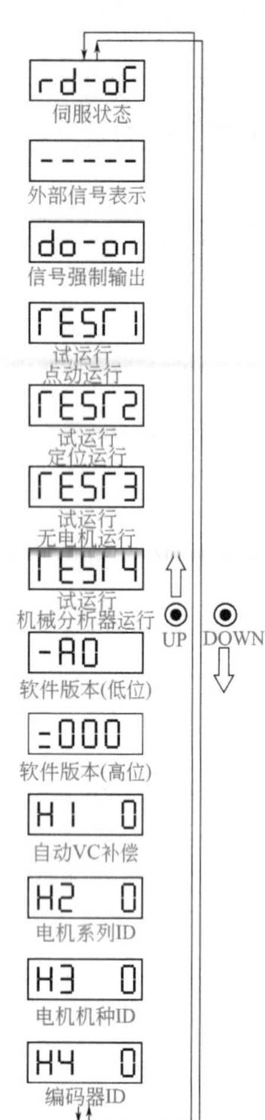

图21-4 诊断模式的显示与操作方法

21.1.6 外部I/O信号的显示

当伺服驱动器处于诊断模式时，可以通过查看显示器来了解数字量输入输出引脚的状态。

伺服驱动器接通电源后，按压“MODE”键将显示器显示画面切换到诊断模式，再按压1次“UP”键，将画面切换到外部I/O信号显示，如图21-5所示。

5位7段LED显示器的各段与数字量输入输出引脚对应关系如图21-6所示，显示器上半部对应数字输入引脚，下半部对应数字输出引脚，中间一段始终亮，某段亮表示该段对应引脚状态为ON，不亮则表示状态为OFF。例如显示器的第1位b段亮，说明CN1B接头的15脚输入为ON。

21.1.7 信号强制输出

当伺服驱动器处于诊断模式时，可以强制某输出引脚产生输出信号，常用于检查输出引脚接线是否正常。在使用该功能时，伺服驱动器应处于停止状态（即SON信号为OFF）。

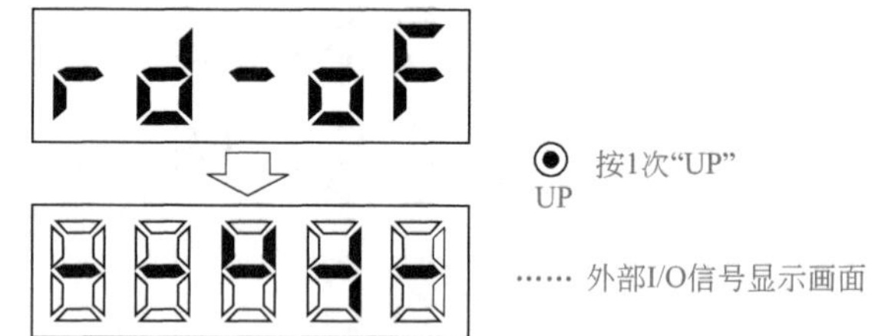

图21-5 诊断模式下的外部I/O信号显示

伺服驱动器接通电源后，按压“MODE”键将显示器的显示画面切换到诊断模式，按压2次“UP”键，切换到信号强制输出画面“do-on”，如图21-7所示，按压“SET”键2s以上，显示器右下角CN1A 19脚对应段的上方段变亮，按压1次“MODE”键，CN1A 18脚对应段的上方段变亮，按压1次“UP”键，CN1A 18脚对应段变亮，强制CN1A 18脚输出为ON（即让CN1A 18脚与SG引脚强制接通），按压1次“DOWN”键，

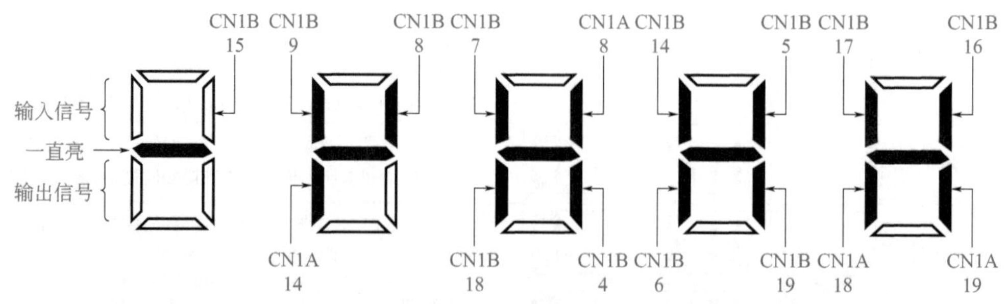

图21-6 5位7段LED显示器的各段与数字量输入输出引脚的对应关系

CN1A 18脚对应段变暗，强制CN1A 18脚输出为OFF，按压“SET”键2s以上可使强制生效，并返回到“do-on”画面。

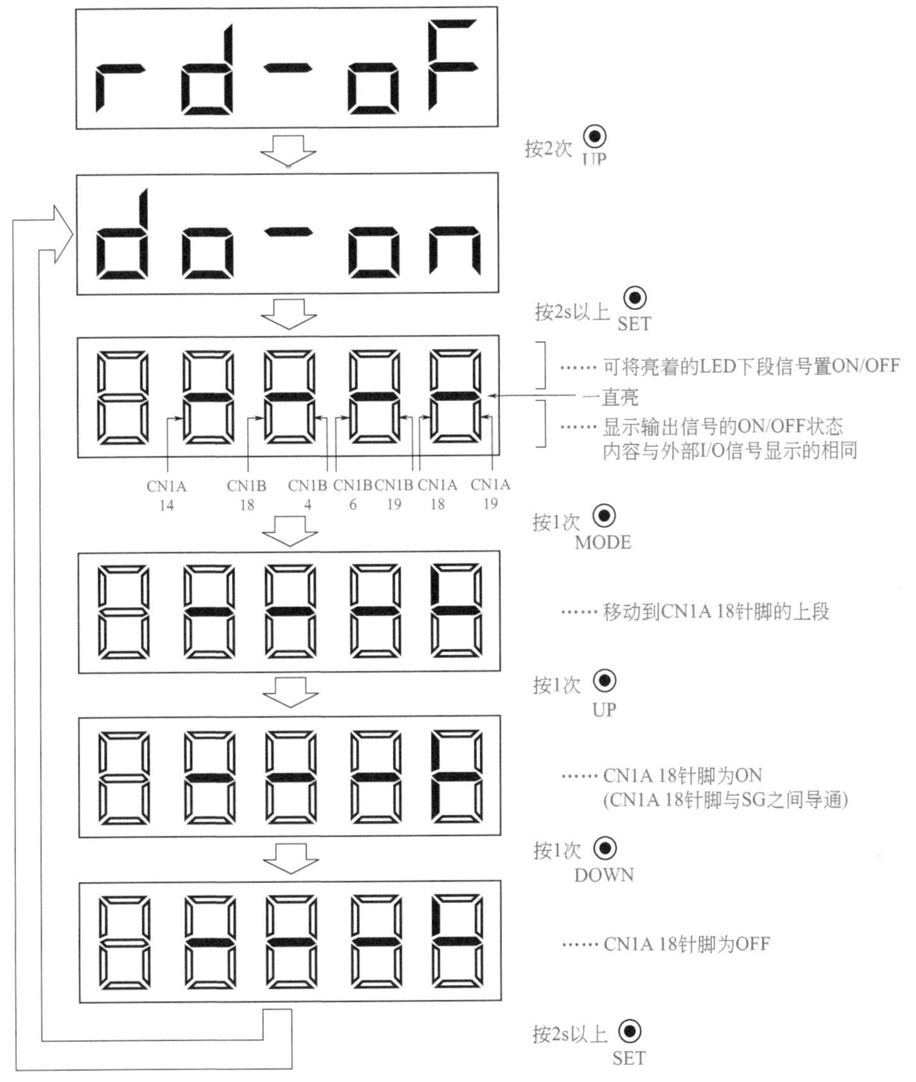

图21-7 诊断模式下的强制信号输出操作

21.2 参数设置

在使用伺服驱动器时，需要设置有关的参数，根据参数的安全性和设置频度，可将参数分为基本参数（No.0 ~ No.19）、扩展参数1（No.20 ~ No.49）和扩展参数2（No.50 ~ No.84）。在设置参数时，既可以直接操作伺服驱动器面板上的按键来设置，也可在计算机中使用专用的伺服参数设置软件来设置，再通过通信电缆将设置好的各参数值传送到伺服驱动器中。

21.2.1 参数操作范围的设定

为了防止参数被误设置，伺服驱动器使用参数No.19来设定各参数的读写性。当No.19的值设为000A时，除参数No.19外，其他所有参数均被锁定，无法设置；当No.19的值设为0000（出厂值）时，可设置基本参数；当No.19的值设为000C时，可设置基本参数和扩展参数1；当No.19的值设为000E时，所有的参数均可设置。

参数No.19的设定值与参数的操作范围对应关系见表21-5。表中的“○”表示可操作，“\”表示不可操作。

表21-5 参数No.19的设定值与参数的操作范围

参数No.19的设定值	设定值的操作	基本参数No.0～No.19	扩展参数1 No.20～No.49	扩展参数2 No.50～No.84
0000 （初始值）	可读	○	\	\
	可写	○	\	\
000A	可读	仅No.19	\	\
	可写	仅No.19	\	\
000B	可读	○	○	\
	可写	○	\	\
000C	可读	○	○	\
	可写	○	○	\
000E	可读	○	○	○
	可写	○	○	○
100B	可读	○	\	\
	可写	仅No.19	\	\
100C	可读	○	○	\
	可写	仅No.19	\	\
100E	可读	○	○	○
	可写	仅No.19	\	\

21.2.2 基本参数

（1）基本参数表（表21-6）

表21-6 基本参数

类型	No.	符号	名称	控制模式	初始值	单位	用户设定值
基本参数	0	STY①	控制模式，再生制动选件选择	P/S/T	0000	\	
	1	OP1①	功能选择1	P/S/T	0002	\	
	2	AUT	自动调整	P/S	0105	\	
	3	CMX	电子齿轮（指令脉冲倍率分子）	P	1	\	
	4	CDV	电子齿轮（指令脉冲倍率分母）	P	1	\	
	5	INP	定位范围	P	100	脉冲	
	6	PG1	位置环增益1	P	35	rad/s	
	7	PST	位置指令加减速时间常数（位置斜坡功能）	P	3	ms	
	8	SC1	内部速度指令1	S	100	r/min	
			内部速度限制1	T	100	r/min	
	9	SC2	内部速度指令2	S	500	r/min	
			内部速度限制2	T	500	r/min	

续表

类型	No.	符号	名称	控制模式	初始值	单位	用户设定值
基本参数	10	SC3	内部速度指令3	S	1000	r/min	
			内部速度限制3	T	1000	r/min	
	11	STA	加速时间常数	S/T	0	ms	
	12	STB	减速时间常数	S/T	0	ms	
	13	STC	S字加减速时间常数	S/T	0	ms	
	14	TQC	转矩指令时间常数	T	0	ms	
	15	SNO①	站号设定	P/S/T	0		
	16	BPS①	通信波特率选择，报警履历清除	P/S/T	0000		
	17	MOD	模拟量输出选择	P/S/T	0100		
	18	DMD①	状态显示选择	P/S/T	0000		
	19	BLK①	参数范围选择	P/S/T	0000		

① 表示该参数设置后，需要断开伺服驱动器的电源再接通电源才能生效。

注：P、S、T分别表示位置、速度和转矩控制模式。

（2）基本参数详细说明

① 参数No.0、No.1（表21-7）

表21-7　参数No.0、No.1

参数号、符号与名称	功能说明	初始值	设定范围	单位	控制模式
No.0 STY 控制模式、再生制动选件选择	用于设置控制模式和再生制动选件类型 [0][ ][0][ ] 控制模式的选择 0：位置 1：位置和速度 2：速度 3：速度和转矩 4：转矩 5：转矩和位置 选择再生制动选件 0：不用 1：备用(请不要设定) 2：MR-RB032 3：MR-RB12 4：MR-RB32 5：MR-RB30 6：MR-RB50 如果再生制动选件设定错误，可能会损坏选件	0000	0000～0605	无	P/S/T
No.1 OP1 功能选择1	用于设置输入滤波器、CN1B 19引脚功能和绝对位置系统 [ ][0][ ][ ] 输入滤波器 输入信号受到噪声干扰时，用输入滤波器抑制干扰 0：不用 1：1.777(ms) 2：3.555(ms) 3：5.333(ms) CN1B 19针脚功能选择 0：零速信号 1：电磁制动器联锁信号 绝对位置系统的选择 0：使用增量位置系统 1：使用绝对位置系统	0002	0000～1013	无	P/S/T

② 参数No.2 ~ No.5

表21-8　参数No.2 ~ No.5

<table>
<tr><th>参数号、符号与名称</th><th>功能说明</th><th>初始值</th><th>设定范围</th><th>单位</th><th>控制模式</th></tr>
<tr><td>No.2
AUT
自动调整</td><td>用于设置自动调整的响应速度
0 □ 0 □
自动调整响应速度设定
<table>
<tr><th>设定值</th><th>响应速度</th><th>机械共振频率</th></tr>
<tr><td>1</td><td>低响应</td><td>15Hz</td></tr>
<tr><td>2</td><td></td><td>20Hz</td></tr>
<tr><td>3</td><td></td><td>25Hz</td></tr>
<tr><td>4</td><td></td><td>30Hz</td></tr>
<tr><td>5</td><td></td><td>35Hz</td></tr>
<tr><td>6</td><td></td><td>45Hz</td></tr>
<tr><td>7</td><td></td><td>55Hz</td></tr>
<tr><td>8</td><td>中响应</td><td>70Hz</td></tr>
<tr><td>9</td><td></td><td>80Hz</td></tr>
<tr><td>A</td><td></td><td>105Hz</td></tr>
<tr><td>B</td><td></td><td>130Hz</td></tr>
<tr><td>C</td><td></td><td>160Hz</td></tr>
<tr><td>D</td><td></td><td>200Hz</td></tr>
<tr><td>E</td><td></td><td>240Hz</td></tr>
<tr><td>F</td><td>高响应</td><td>300Hz</td></tr>
</table>
•发生机械振荡或齿轮噪声过大时，应将设定值减小
•为了提高性能，如缩短定位调整时间等场合，应增大设定值
自动调整选择
<table>
<tr><th>设定值</th><th>增益调整</th><th>调整内容</th></tr>
<tr><td>0</td><td>插补模式</td><td>固定位置环增益(参数No.6)</td></tr>
<tr><td>1</td><td>自动调整模式1</td><td>通常的自动调整模式</td></tr>
<tr><td>2</td><td>自动调整模式2</td><td>在参数No.34中设定固定的转动惯量比
响应速度设定可以手动调整</td></tr>
<tr><td>3</td><td>手动模式1</td><td>用简易的手动模式进行调整</td></tr>
<tr><td>4</td><td>手动模式2</td><td>用手动模式调整全部的增益</td></tr>
</table></td><td>0105</td><td>0001
~
040F</td><td>无</td><td>P/S</td></tr>
<tr><td>No.3
CMX
电子齿轮分子</td><td>用于设置电子齿轮比的分子。详细设置方法见21.2.3</td><td>1</td><td>1
~
65535</td><td>无</td><td>P</td></tr>
<tr><td>No.4
CDV
电子齿轮分母</td><td>用于设置电子齿轮比的分母。详细设置方法见21.2.3</td><td>1</td><td>1
~
65535</td><td>无</td><td>P</td></tr>
<tr><td>No.5
INP
定位范围</td><td>用于设置输出定位完毕信号的范围，用电子齿轮计算前的指令脉冲为单位设定</td><td>100</td><td>0
~
10000</td><td>脉冲</td><td>P</td></tr>
</table>

③ 参数No.6、No.7（表21-9）

表21-9　参数No.6、No.7

参数号、符号与名称	功能说明	初始值	设定范围	单位	控制模式
No.6 PG1 位置环增益1	用于设置位置环1的增益，如果增益大，对位置指令的跟踪能力会增强。在自动调整时，该参数值会被自动设定	35	4～2000	rad/s	P
No.7 PST 位置指令的加减速时间常数	用于设置位置指令的低通滤波器的时间常数。该参数值设置越大，伺服电机由启动加速到指令脉冲速度所需时间越长。 通过设置参数No.55可将No.7定义为起调时间或线性加减速时间，当定义为线性加减速时间时，No.7设定范围为0～10ms，若设置值超过10ms，也认为是10ms	3	0～20000	ms	P

④ 参数No.8 ～ No.10（表21-10）

表21-10　参数No.8 ～ No.10

参数号与符号	名称与功能说明	初始值	设定范围	单位	控制模式
No.8 SC1	内部速度指令1 用于设置内部速度1	100	0 ～ 瞬时允许速度	r/min	S
	内部速度限制1 用于设置内部速度限制1				T
No.9 SC2	内部速度指令2 用于设置内部速度2	500	0 ～ 瞬时允许速度	r/min	S
	内部速度限制2 用于设置内部速度限制2				T
No.10 SC3	内部速度指令3 用于设置内部速度3	1000	0 ～ 瞬时允许速度	r/min	S
	内部速度限制3 用于设置内部速度限制3				T

⑤ 参数No.11 ～ No.14（表21-11）

表21-11　参数No.11 ～ No.14

参数号、符号与名称	功能说明	初始值	设定范围	单位	控制模式
No.11 STA 加速时间常数	用于设置从零加速到额定速度（由模拟量速度指令或内部速度指令1～3决定）所需的时间 例如伺服电机的额定速度为3000r/min，设定的加速时间为3s，电机从零加速到3000r/min需3s，加速到1000 r/min则需1s	0	0～20000	ms	S/T
No.12 STB 减速时间常数	用于设置从额定速度减速到零所需的时间				

续表

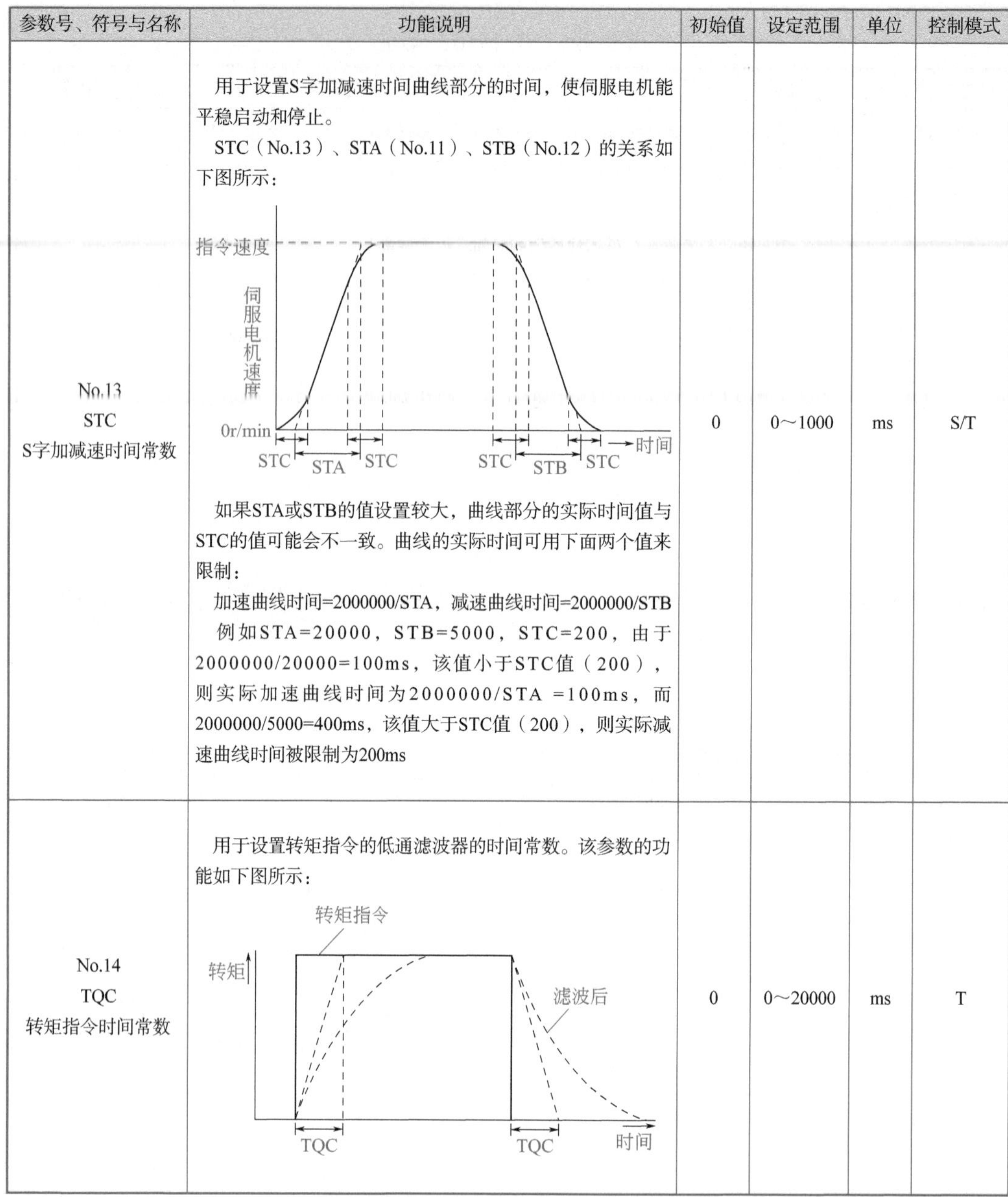

参数号、符号与名称	功能说明	初始值	设定范围	单位	控制模式
No.13 STC S字加减速时间常数	用于设置S字加减速时间曲线部分的时间，使伺服电机能平稳启动和停止。 STC（No.13）、STA（No.11）、STB（No.12）的关系如下图所示： 如果STA或STB的值设置较大，曲线部分的实际时间值与STC的值可能会不一致。曲线的实际时间可用下面两个值来限制： 加速曲线时间=2000000/STA，减速曲线时间=2000000/STB 例如STA=20000，STB=5000，STC=200，由于2000000/20000=100ms，该值小于STC值（200），则实际加速曲线时间为2000000/STA =100ms，而2000000/5000=400ms，该值大于STC值（200），则实际减速曲线时间被限制为200ms	0	0～1000	ms	S/T
No.14 TQC 转矩指令时间常数	用于设置转矩指令的低通滤波器的时间常数。该参数的功能如下图所示：	0	0～20000	ms	T

⑥ 参数No.15、No.16（表21-12）

表21-12　参数No.15、No.16

参数号、符号与名称	功能说明	初始值	设定范围	单位	控制模式
No.15 SNO 站号设定	用于设置串行通信时本机的站号。每台伺服驱动器应设置一个唯一的站号，如果多台伺服驱动器站号相同，将无法通信	0	0 ～31	无	P/S/T

续表

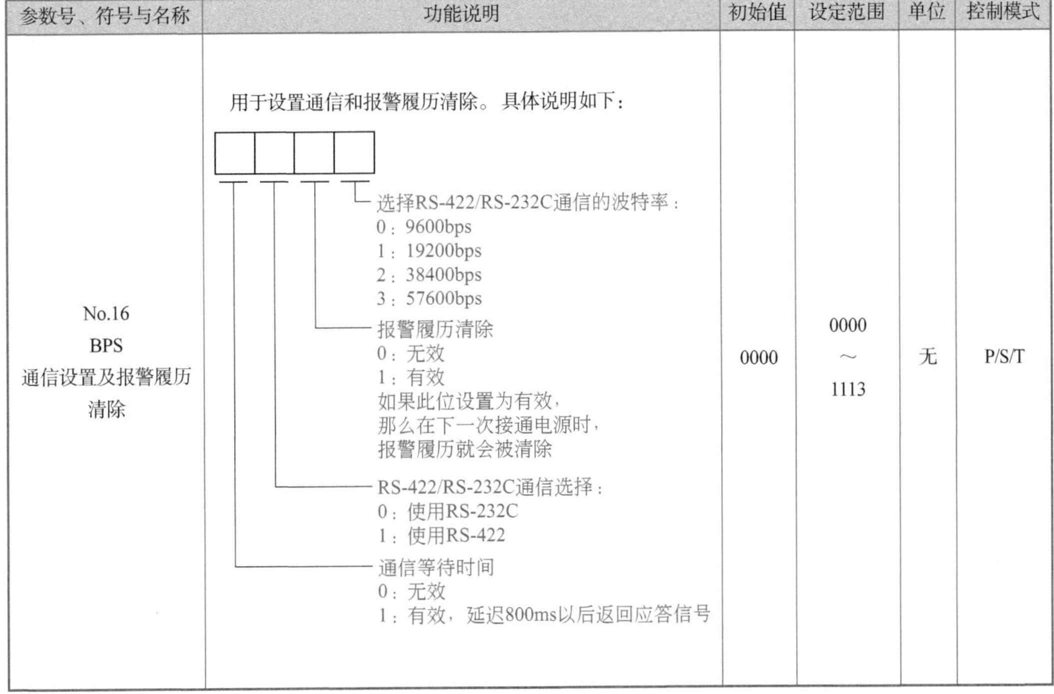

参数号、符号与名称	功能说明	初始值	设定范围	单位	控制模式
No.16 BPS 通信设置及报警履历清除	用于设置通信和报警履历清除。具体说明如下： 选择RS-422/RS-232C通信的波特率： 0：9600bps 1：19200bps 2：38400bps 3：57600bps 报警履历清除 0：无效 1：有效 如果此位设置为有效， 那么在下一次接通电源时， 报警履历就会被清除 RS-422/RS-232C通信选择： 0：使用RS-232C 1：使用RS-422 通信等待时间 0：无效 1：有效，延迟800ms以后返回应答信号	0000	0000 ～ 1113	无	P/S/T

⑦ 参数No.17 ～ No.19（表21-13）

表21-13　参数No.17 ～ No.19

参数号、符号与名称	功能说明	初始值	设定范围	单位	控制模式
No.17 MOD 模拟量输出选择	用于设置模拟量输出引脚的输出信号内容，具体说明如下： 0 □ 0 □	0100	0000 ～ 0B0B	无	P/S/T

设定值	模拟量输出选择	
	通道2	通道1
0	电机速度(±8V/最大速度)	
1	输出转矩(±8V/最大转矩)	
2	电机速度(±8V/最大速度)	
3	输出转矩(±8V/最大转矩)	
4	电流指令(±8V/最大指令电流)	
5	指令脉冲频率(±8V/500kpps)	
6	滞留脉冲(±10V/128脉冲)	
7	滞留脉冲(±10V/2048脉冲)	
8	滞留脉冲(±10V/8192脉冲)	
9	滞留脉冲(±10V/32768脉冲)	
A	滞留脉冲(±10V/131072脉冲)	
B	母线电压(±8V/400V)	

续表

<table>
<tr><th>参数号、符号与名称</th><th>功能说明</th><th>初始值</th><th>设定范围</th><th>单位</th><th>控制模式</th></tr>
<tr><td>No.18
DMD
状态显示选择</td><td>用于设置接通电源时显示器的状态显示内容，具体说明如下：
0 0 □ □
用于选择电源接通时状态显示的内容
0：反馈脉冲累积
1：伺服电机速度
2：滞留脉冲
3：指令脉冲累积
4：指令脉冲频率
5：模拟量速度指令电压(注1)
6：模拟量转矩指令电压(注2)
7：再生制动负载率
8：实际负载率
9：峰值负载率
A：瞬时转矩
B：在1转内的位置(低位)
C：在1转内的位置(高位)
D：ABS计数器
E：负载转动惯量比
F：母线电压
注1：用于速度控制模式。在转矩控制模式中为模拟量速度限制电压。
2：用于转矩控制模式。在速度控制模式和位置控制模式中为模拟量转矩限制电压。
各控制模式下电源接通后的状态显示
0：各控制模式的状态显示
<table>
<tr><th>控制模式</th><th>电源接通后的状态显示</th></tr>
<tr><td>位置</td><td>反馈脉冲累积</td></tr>
<tr><td>位置/速度</td><td>反馈脉冲累积/伺服电机速度</td></tr>
<tr><td>速度</td><td>伺服电机速度</td></tr>
<tr><td>速度/转矩</td><td>伺服电机速度/模拟量转矩指令电压</td></tr>
<tr><td>转矩</td><td>模拟量指令电压</td></tr>
<tr><td>转矩/位置</td><td>模拟量转矩指令电压/反馈脉冲累积</td></tr>
</table>
1：根据此参数第1位的设定值决定状态显示的内容</td><td>0000</td><td>0000
～
1113</td><td>无</td><td>P/S/T</td></tr>
<tr><td>No.19
BLK
参数范围选择</td><td>用于设置参数的可读写范围，具体说明如下：
<table>
<tr><th>参数No.19设定值</th><th>设定值的操作</th><th>基本参数
No.0～No.19</th><th>扩展参数1
No.20～No.49</th><th>扩展参数2
No.50～No.84</th></tr>
<tr><td rowspan="2">0000
(初始值)</td><td>可读</td><td>○</td><td></td><td></td></tr>
<tr><td>可写</td><td>○</td><td></td><td></td></tr>
<tr><td rowspan="2">000A</td><td>可读</td><td>仅No.19</td><td></td><td></td></tr>
<tr><td>可写</td><td>仅No.19</td><td></td><td></td></tr>
<tr><td rowspan="2">000B</td><td>可读</td><td>○</td><td>○</td><td></td></tr>
<tr><td>可写</td><td>○</td><td></td><td></td></tr>
<tr><td rowspan="2">000C</td><td>可读</td><td>○</td><td>○</td><td></td></tr>
<tr><td>可写</td><td>○</td><td>○</td><td></td></tr>
<tr><td rowspan="2">000E</td><td>可读</td><td>○</td><td>○</td><td>○</td></tr>
<tr><td>可写</td><td>○</td><td>○</td><td>○</td></tr>
<tr><td rowspan="2">100B</td><td>可读</td><td>○</td><td></td><td></td></tr>
<tr><td>可写</td><td>仅No.19</td><td></td><td></td></tr>
<tr><td rowspan="2">100C</td><td>可读</td><td>○</td><td>○</td><td></td></tr>
<tr><td>可写</td><td>仅No.19</td><td></td><td></td></tr>
<tr><td rowspan="2">100E</td><td>可读</td><td>○</td><td>○</td><td>○</td></tr>
<tr><td>可写</td><td>仅No.19</td><td></td><td></td></tr>
</table></td><td>0000</td><td>0000
000A
000B
000C
000E
100B
100C
100E</td><td>无</td><td>P/S/T</td></tr>
</table>

21.2.3 电子齿轮的设置

（1）关于电子齿轮

在位置控制模式时，通过上位机（如PLC）给伺服驱动器输入脉冲来控制伺服电机的转数，进而控制执行部件移动的位移，输入脉冲个数越多，电机旋转的转数越多。

伺服驱动器的位置控制示意图如图21-8所示，当输入脉冲串的第一个脉冲送到比较器时，由于电机还未旋转，故编码器无反馈脉冲到比较器，两者比较偏差为1，偏差计数器输出控制信号让驱动电路驱动电机旋转一个微小的角度，同轴旋转的编码器产生一个反馈脉冲到比较器，比较器偏差变为0，计数器停止输出控制信号，电机停转，当输入脉冲串的第二个脉冲来时，电机又会旋转一定角度，随着脉冲串的不断输入，电机不断旋转。

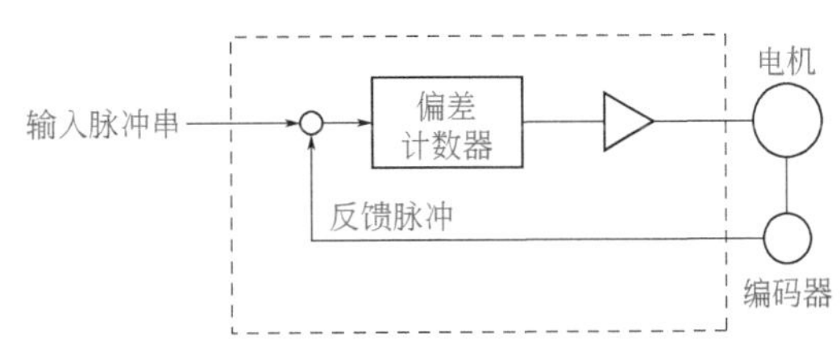

图21-8 伺服驱动器的位置控制示意图

伺服电机的编码器旋转一周通常会产生很多脉冲，三菱伺服电机的编码器每旋转一周会产生131072个脉冲，如果采用图21-8所示的控制方式，要让电机旋转一周，则需输入131072个脉冲，旋转10周则需输入1310720个脉冲，脉冲数量非常多。为了解决这个问题，伺服驱动器内部通常设有电子齿轮来减少或增多输入脉冲的数量。电子齿轮实际上是一个倍率器，其大小可通过参数No.3（CMX）、No.4（CDV）来设置。

$$电子齿轮值=\frac{CMX}{CDV}=\frac{No.3}{No.4}$$

电子齿轮值的设定范围为：$\frac{1}{50}<\frac{CMX}{CDV}<500$

带有电子齿轮的位置控制示意图如图21-9所示，如果编码器旋转一周产生脉冲个数为131072，若将电子齿轮的值设为16，那么只要输入8192个脉冲就可以让电机旋转一周。也就是说，在设置电子齿轮值时需满足：

$$输入脉冲数\times电子齿轮值=编码器产生的脉冲数$$

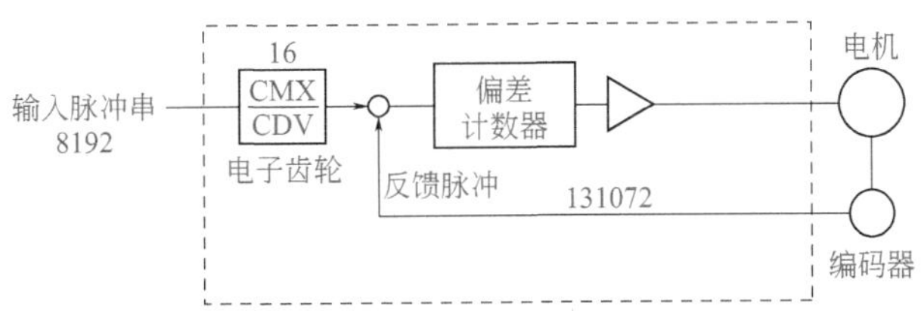

图21-9 带有电子齿轮的位置控制示意图

（2）电子齿轮设置举例

① 举例一 如图21-10所示，伺服电机通过联轴器带动丝杆旋转，而丝杆旋转时会驱动工作台左右移动，丝杆的螺距为5mm，当丝杆旋转一周时工作台会移动5mm，如果要求脉冲当量为1μm/脉冲（即伺服驱动器每输入一个脉冲时会使工作台移动1μm），需给伺服驱动器输入多少个脉冲才能使工作台移动5mm（电机旋转一周）？如果编码器分辨率为131072脉冲/转，应如何设置电子齿轮值？

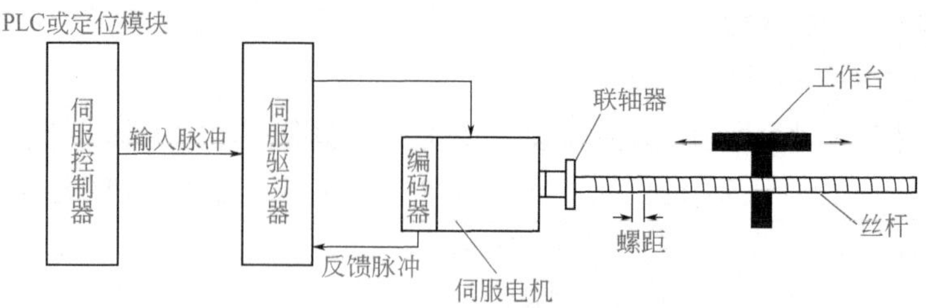

图21-10 电子齿轮设置（例一）

分析：由于脉冲当量为1μm/脉冲，一个脉冲对应工作台移动1μm，工作台移动5mm（电机旋转一周）需要的脉冲数量为$\frac{5\text{mm}}{1\mu\text{m}/脉冲}$=5000脉冲；输入5000个脉冲会让伺服电机旋转一周，而电机旋转一周时编码器会产生131072个脉冲，根据“输入脉冲数×电子齿轮值=编码器产生的脉冲数”可得

$$电子齿轮值=\frac{编码器产生的脉冲数}{输入脉冲数}=\frac{131072}{5000}=\frac{16384}{625}$$

电子齿轮分子（No.3）=16384

电子齿轮分母（No.4）=625

② 举例二　如图21-11所示，伺服电机通过变速机构带动丝杆旋转，与丝杆同轴齿轮直径为3cm，与电机同轴齿轮直径为2cm，丝杆的螺距为5mm，如果要求脉冲当量为1μm/脉冲，需给伺服驱动器输入多少个脉冲才能使工作台移动5mm，电机旋转多少周？如果编码器分辨率为131072脉冲/转，应如何设置电子齿轮值？

分析：由于脉冲当量为1μm/脉冲，一个脉冲对应工作台移动1μm，工作台移动5mm（丝杆旋转一周）需要的脉冲数量为$\frac{5\text{mm}}{1\mu\text{m}/脉冲}$=5000脉冲；输入5000个脉冲会让丝杆旋转一周，由于丝杆与电机之间有变速机构，丝杆旋转一周需要电机旋转3/2周，而电机旋转3/2周时编码器会产生131072×3/2=196608个脉冲，根据“输入脉冲数×电子齿轮值=编码器产生的脉冲数”可得

$$电子齿轮值=\frac{编码器产生的脉冲数}{输入脉冲数}=\frac{131072\times 3/2}{5000}=\frac{196608}{5000}=\frac{24576}{625}$$

电子齿轮分子（No.3）=24576

电子齿轮分母（No.4）=625

③ 举例三　如图21-12所示，伺服电机通过皮带驱动转盘旋转，与转盘同轴的传动轮直径为10cm，与电机同轴传动轮直径为5cm，如果要求脉冲当量为0.01°/脉冲，需给伺服驱动器输入多少个脉冲才能使转盘旋转一周，电机旋转多少周？如果编码器分辨率为131072脉冲/转，应如何设置电子齿轮值？

分析：由于脉冲当量为0.01°/脉冲，一个脉冲对应转盘旋转0.01°，工作台转盘旋转一周需要的脉冲数量为$\frac{360°}{0.01°/脉冲}$=36000脉冲；因为电机传动轮与转盘传动轮直径比为5/10=1/2，故电机旋转2周才能使转盘旋转一周，而电机旋转2周时编码器会产生131072×2=262144个脉冲，根据“输入脉冲数×电子齿轮值=编码器产生的脉冲数”可得

$$电子齿轮值=\frac{编码器产生的脉冲数}{输入脉冲数}=\frac{131072\times 2}{36000}=\frac{262144}{36000}=\frac{8192}{1125}$$

电子齿轮分子（No.3）=8192

电子齿轮分母（No.4）=1125

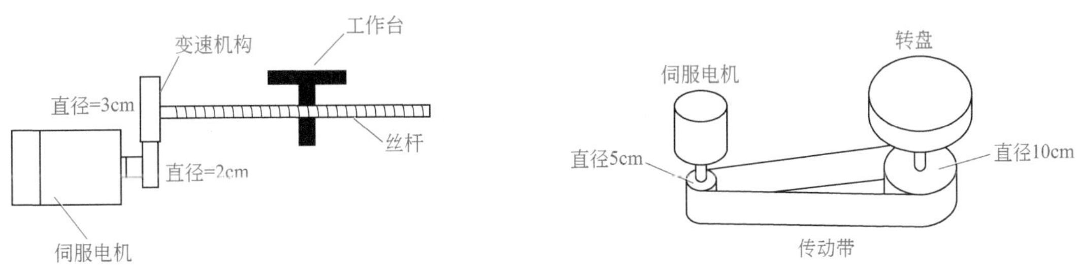

图21-11　电子齿轮设置（例二）

图21-12　电子齿轮设置（例三）

21.2.4　扩展参数

扩展参数分为扩展参数1（No.20～No.49）和扩展参数2（No.50～No.84）。

（1）扩展参数1（No.20～No.49）

扩展参数1简要说明见表21-14。

表21-14　扩展参数1简要说明

类型	No.	符号	名称	控制模式	初始值	单位	用户设定值
扩展参数1	20	OP2	功能选择2	P/S/T	0000		
	21	OP3	功能选择3（指令脉冲选择）	P	0000		
	22	OP4	功能选择4	P/S/T	0000		
	23	FFC	前馈增益	P	0	%	
	24	ZSP	零速	P/S/T	50	r/min	
	25	VCM	模拟量速度指令最大速度	S	0①	r/min	
			模拟量速度限制最大速度	T	0①	r/min	
	26	TLC	模拟量转矩指令最大输出	T	100	%	
	27	ENR	编码器输出脉冲	P/S/T	4000	脉冲	
	28	TL1	内部转矩限制1	P/S/T	100	%	
	29	VCO	模拟量速度指令偏置	S	②	mV	
			模拟量速度限制偏置	T	②	mV	
	30	TLO	模拟量转矩指令偏置	T	0	mV	
			模拟量转矩限制偏置	S	0	mV	
	31	MO1	模拟量输出通道1偏置	P/S/T	0	mV	
	32	MO2	模拟量输出通道2偏置	P/S/T	0	mV	
	33	MBR	电磁制动器程序输出	P/S/T	100	ms	
	34	GD2	负载和伺服电机的转动惯量比	P/S	70	0.1倍	
	35	PG2	位置环增益2	P	35	rad/s	
	36	VG1	速度环增益1	P/S	177	rad/s	
	37	VG2	速度环增益2	P/S	817	rad/s	
	38	VIC	速度积分补偿	P/S	48	ms	
	39	VDC	速度微分补偿	P/S	980		
	40		备用		0		
	41	DIA	输入信号自动ON选择	P/S/T	0000		

续表

类型	No.	符号	名称	控制模式	初始值	单位	用户设定值
扩展参数1	42	DI1	输入信号选择1	P/S/T	0003		
	43	DI2	输入信号选择2（CN1B-5针脚）	P/S/T	0111		
	44	DI3	输入信号选择3（CN1B-14针脚）	P/S/T	0222		
	45	DI4	输入信号选择4（CN1A-8针脚）	P/S/T	0665		
	46	DI5	输入信号选择5（CN1B-7针脚）	P/S/T	0770		
	47	DI6	输入信号选择6（CN1B-8针脚）	P/S/T	0883		
	48	DI7	输入信号选择7（CN1B-9针脚）	P/S/T	0994		
	49	DO1	输出信号选择1	P/S/T	0000		

①设定值“0”对应伺服电机的额定速度。

②伺服驱动器不同时初始值也不同。

（2）扩展参数2（No.50～No84）

扩展参数2简要说明见表21-15。

表21-15 扩展参数2简要说明

类型	No.	符号	名称	控制模式	初始值	单位	用户设定值
扩展参数2	50		备用		0000		
	51	OP6	功能选择6	P/S/T	0000		
	52		备用		0000		
	53	OP8	功能选择8	P/S/T	0000		
	54	OP9	功能选择9	P/S/T	0000		
	55	OPA	功能选择A	P	0000		
	56	SIC	串行通信超时选择	P/S/T	0	s	
	57		备用		10		
	58	NH1	机械共振抑制滤波器1	P/S/T	0000		
	59	NH2	机械共振抑制滤波器2		0000		
	60	LPF	低通滤波器，自适应共振抑制控制	P/S/T	0000		
	61	GD2B	负载和伺服电机的转动惯量比2	P/S	70	0.1倍	
	62	PG2B	位置环增益2改变比率	P	100	%	
	63	VG2B	速度环增益2改变比率	P/S	100	%	
	64	VICB	速度积分补偿2改变比率	P/S	100	%	
	65	CDP	增益切换选择	P/S	0000		
	66	CDS	增益切换阈值	P/S	10	①	
	67	CDT	增益切换时间常数	P/S	1	ms	
	68		备用		0		
	69	CMX2	指令脉冲倍率分子2	P	1		
	70	CMX3	指令脉冲倍率分子3	P	1		
	71	CMX4	指令脉冲倍率分子4	P	1		
	72	SC4	内部速度指令4	S	200	r/min	
			内部速度限制4	T			
	73	SC5	内部速度指令5	S	300	r/min	
			内部速度限制5	T			
	74	SC6	内部速度指令6	S	500	r/min	
			内部速度限制6	T			
	75	SC7	内部速度指令7	S	800	r/min	
			内部速度限制7	T			

续表

类型	No.	符号	名称	控制模式	初始值	单位	用户设定值
扩展参数2	76	TL2	内部转矩限制2	P/S/T	100	%	
	77		备用		100		
	78				1000		
	79				10		
	80				10		
	81				100		
	82				100		
	83				100		
	84				0		

① 由参数No.65的设定值决定。

伺服驱动器三种工作模式的应用举例与标准接线

22.1 速度控制模式的应用举例及标准接线

22.1.1 伺服电机多段速运行控制实例

（1）控制要求

采用PLC控制伺服驱动器，使之驱动伺服电机按图22-1所示的速度曲线运行，主要运行要求如下。

① 按下启动按钮后，在0～5s内停转，在5～15s内以1000r/min（转/分）的速度运转，在15～21s内以800r/min的速度运转，在21～30s内以1500r/min的速度运转，在30～40s内以300r/min的速度运转，在40～48s内以900r/min的速度反向运转，48s后重复上述运行过程。

② 在运行过程中，若按下停止按钮，要求运行完当前周期后再停止。

③ 由一种速度转为下一种速度运行的加、减速时间均为1s。

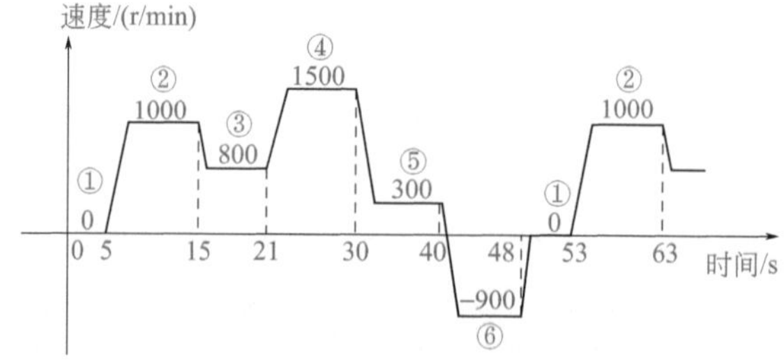

图22-1　伺服电机多段速运行的速度曲线

（2）控制线路图

伺服电机多段速运行控制的线路如图22-2所示。

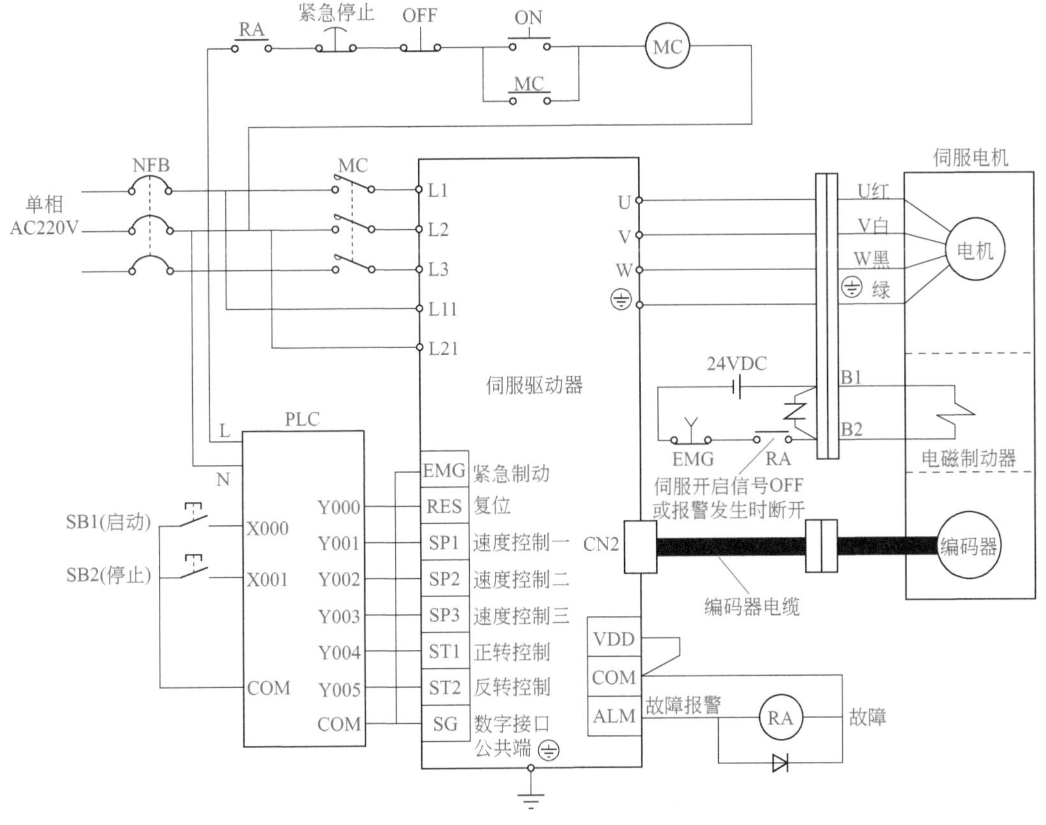

图22-2 伺服电机多段速运行控制的线路图

电路工作过程说明如下。

① 电路的工作准备　220V的单相交流电源经开关NFB送到伺服驱动器的L11、L21端，伺服驱动器内部的控制电路开始工作，ALM端内部变为ON，VDD端输出电流经继电器RA线圈进入ALM端，电磁制动器外接RA触点闭合，制动器线圈得电而使抱闸松开，停止对伺服电机刹车，同时驱动器启停保护电路中的RA触点也闭合，如果这时按下启动ON触点，接触器MC线圈得电，MC自锁触点闭合，锁定MC线圈供电，另外，MC主触点也闭合，220V电源送到伺服驱动器的L1、L2端，为内部的主电路供电。

② 多段速运行控制　按下启动按钮SB1，PLC中的程序运行，按设定的时间从Y3～Y1端输出速度选择信号到伺服驱动器的SP3～SP1端，从Y4、Y5端输出正反转控制信号到伺服驱动器的ST1、ST2端，选择伺服驱动器中已设置好的6种速度。ST1、ST2端和SP3～SP1端的控制信号与伺服驱动器的速度对应关系见表22-1，例如当ST1=1、ST2=0、SP3～SP1为011时，选择伺服驱动器的速度3输出（速度3的值由参数No.10设定），伺服电机按速度3设定的值运行。

表22-1　ST1、ST2端、SP3～SP1端的控制信号与伺服驱动器的速度对应关系

ST1（Y4）	ST2（Y5）	SP3（Y3）	SP2（Y2）	SP1（Y1）	对应速度
0	0	0	0	0	电机停止
1	0	0	0	1	速度1（No.8=0）

续表

ST1（Y4）	ST2（Y5）	SP3（Y3）	SP2（Y2）	SP1（Y1）	对应速度
1	0	0	1	0	速度2（No.9=1000）
1	0	0	1	1	速度3（No.10=800）
1	0	1	0	0	速度4（No.72=1500）
1	0	1	0	1	速度5（No.73=300）
0	1	1	1	0	速度6（No.74=900）

注：0—OFF，该端子与SG端断开；1—ON，该端子与SG端接通。

（3）参数设置

由于伺服电机运行速度有6种，故需要给伺服驱动器设置6种速度值，另外还要对相关参数进行设置。伺服驱动器参数设置内容见表22-2。

在表中，将No.0参数设为0002，让伺服驱动器的工作在速度控制模式；No.8～No.10和No.72～No.74用来设置伺服驱动器的6种输出速度；将No.11、No.12参数均设为1000，让速度转换的加、减速度时间均为1s（1000ms）；由于伺服驱动器默认无SP3端子，这里将No.43参数设为0AA1，这样在速度和转矩模式下SON端（CN1B-5脚）自动变成SP3端；因为SON端已更改成SP3端，无法通过外接开关给伺服驱动器输入伺服开启SON信号，为此将No.41参数设为0111，让伺服驱动器在内部自动产生SON、LSP、LSN信号。

表22-2 伺服驱动器的参数设置内容

参数	名　称	初始值	设定值	说　明
No.0	控制模拟选择	0000	0002	设置成速度控制模式
No.8	内部速度1	100	0	0r/min
No.9	内部速度2	500	1000	1000r/min
No.10	内部速度3	1000	800	800r/min
No.11	加速时间常数	0	1000	1000ms
No.12	减速时间常数	0	1000	1000ms
No.41	用于设定SON、LSP、LSN自动置ON	0000	0111	SON、LSP、LSN内部自动置ON
No.43	输入信号选择2	0111	0AA1	在速度模式、转矩模式下把CN1B-5（SON）改成SP3
No.72	内部速度4	200	1500	速度是1500r/min
No.73	内部速度5	300	300	速度是300r/min
No.74	内部速度6	500	900	速度是900r/min

（4）编写PLC控制程序

根据控制要求，PLC程序可采用步进指令编写，为了更容易编写梯形图，通常先绘出状态转移图，再依据状态转移图编写梯形图。

①绘制状态转移图　图22-3为伺服电机多段速运行控制的状态转移图。

② 绘制梯形图　启动编程软件，按照图22-3所示的状态转移图编写梯形图，伺服电机多段速运行控制的梯形图如图22-4所示。

下面对照图22-2来说明图22-4梯形图的工作原理。

PLC上电时，[0]M8002触点接通一个扫描周期，“SET S0”指令执行，状态继电器S0置位，[7]S0常开触点闭合，为启动做准备。

a. 启动控制　按下启动按钮SB1，梯形图中的[7]X000常开触点闭合，“SET S20”指令执行，状态继电器S20置位，[17]S20常开触点闭合，Y001、Y004线圈得电，Y001、Y004端子的内部硬触点闭合，同时T0定时器开始5s计时，伺服驱动器SP1端通过PLC的Y001、COM端之间的内部硬触点与SG端接通，相当于SP1=1，同理ST1=1，伺服驱动选择设定好的速度1（0r/min）驱动电机。

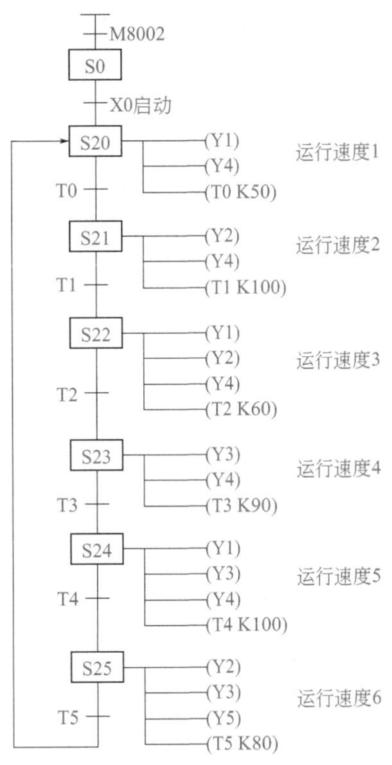

图22-3　伺服电机多段速运行控制的状态转移图

5s后，T0定时器动作，[23]T0常开触点闭合，“SET S21”指令执行，状态继电器S21置位，[26]S21常开触点闭合，Y002、Y004线圈得电，Y002、Y004端子的内部硬触点闭合，同时T1定时器开始10s计时，伺服驱动器SP2端通过PLC的Y002、COM端之间的内部硬触点与SG端接通，相当于SP2=1，同理ST1=1，伺服驱动选择设定好的速度2（1000r/min）驱动伺服电机运行。

10s后，T1定时器动作，[32]T1常开触点闭合，“SET S22”指令执行，状态继电器S22置位，[35]S22常开触点闭合，Y001、Y002、Y004线圈得电，Y001、Y002、Y004端子的内部硬触点闭合，同时T2定时器开始6s计时，伺服驱动器的SP1=1、SP2=1、ST1=1，伺服驱动选择设定好的速度3（800r/min）驱动伺服电机运行。

6s后，T2定时器动作，[42]T2常开触点闭合，“SET S23”指令执行，状态继电器S23置位，[45]S23常开触点闭合，Y003、Y004线圈得电，Y003、Y004端子的内部硬触点闭合，同时T3定时器开始9s计时，伺服驱动器的SP4=1、ST1=1，伺服驱动选择设定好的速度4（1500r/min）驱动伺服电机运行。

9s后，T3定时器动作，[51]T3常开触点闭合，“SET S24”指令执行，状态继电器S24置位，[54]S24常开触点闭合，Y001、Y003、Y004线圈得电，Y001、Y003、Y004端子的内部硬触点闭合，同时T4定时器开始10s计时，伺服驱动器的SP1=1、SP3=1、ST1=1，伺服驱动选择设定好的速度5（300r/min）驱动伺服电机运行。

10s后，T4定时器动作，[61]T4常开触点闭合，“SET S25”指令执行，状态继电器S25置位，[64]S25常开触点闭合，Y002、Y003、Y005线圈得电，Y002、Y003、Y005端子的内部硬触点闭合，同时T5定时器开始8s计时，伺服驱动器的SP2=1、SP3=1、ST2=1，伺服驱动选择设定好的速度6（−900r/min）驱动伺服电机运行。

8s后，T5定时器动作，[75]T5常开触点均闭合，“SET S20”指令执行，状态继电器S20置位，[17]S20常开触点闭合，开始下一个周期的伺服电机多段速控制。

b. 停止控制　在伺服电机多段速运行时，如果按下停止按钮SB2，[3]X001常开触点闭合，M0线圈得电，[4]、[11]、[71]M0常开触点闭合，[71] M0常闭触点断开，当程序运行[71]梯级时，由于[71]M0常开触点闭合，“SET S0”指令执行，状态继电器S0置位，[7]S0常开触点闭合，因为[11]M0常开触点闭合，“ZRST Y001 Y005”指令执行，Y001 ～ Y005线圈均失电，Y001 ～ Y005端输出均为0，同时线圈Y000得电，Y000端子的内部硬触点闭合，伺服驱动器RES端通过PLC的Y000、COM端之间的内部硬触点与SG端接通，即RES端输入为ON，伺服驱动器主电路停止输出，伺服电机停转。

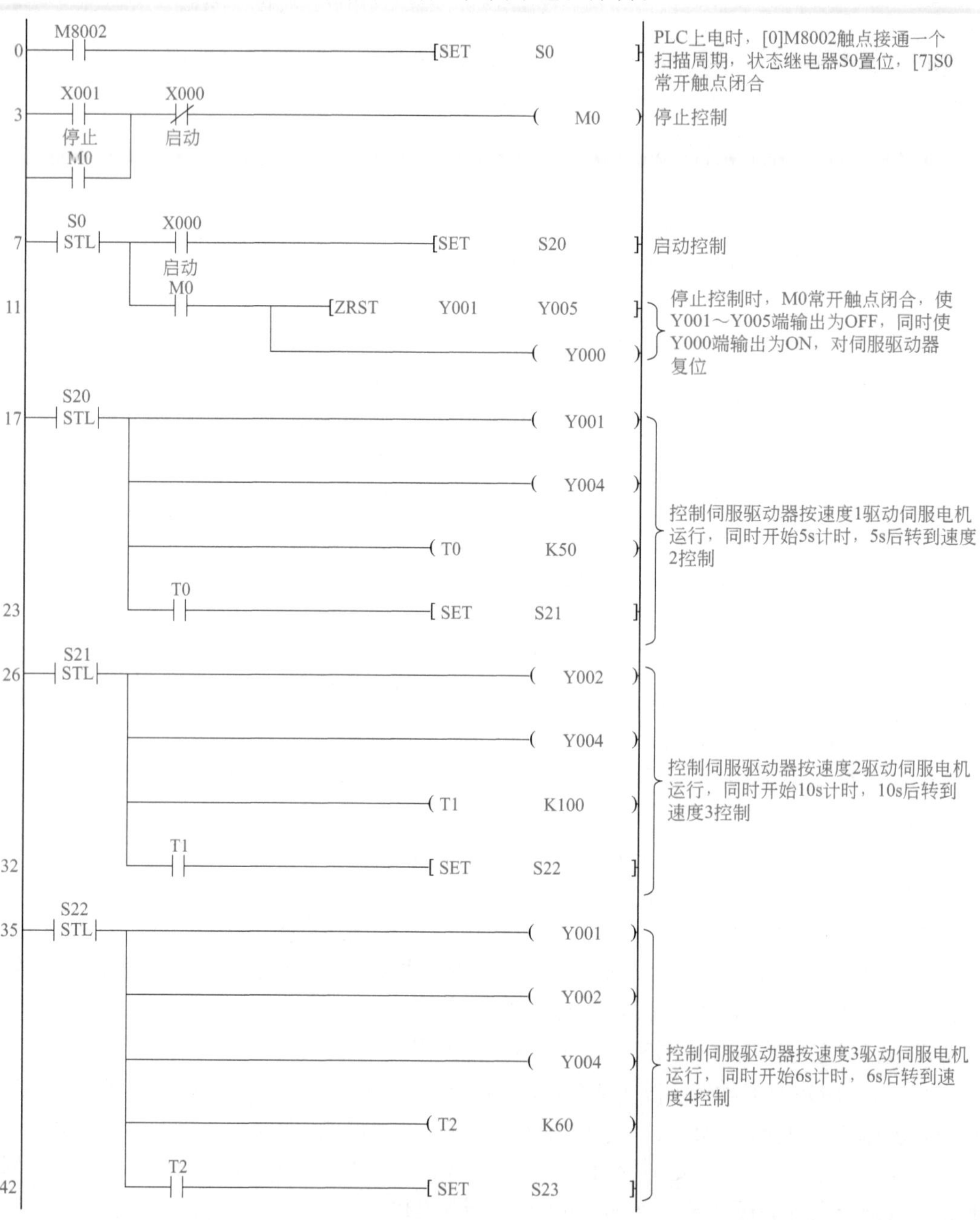

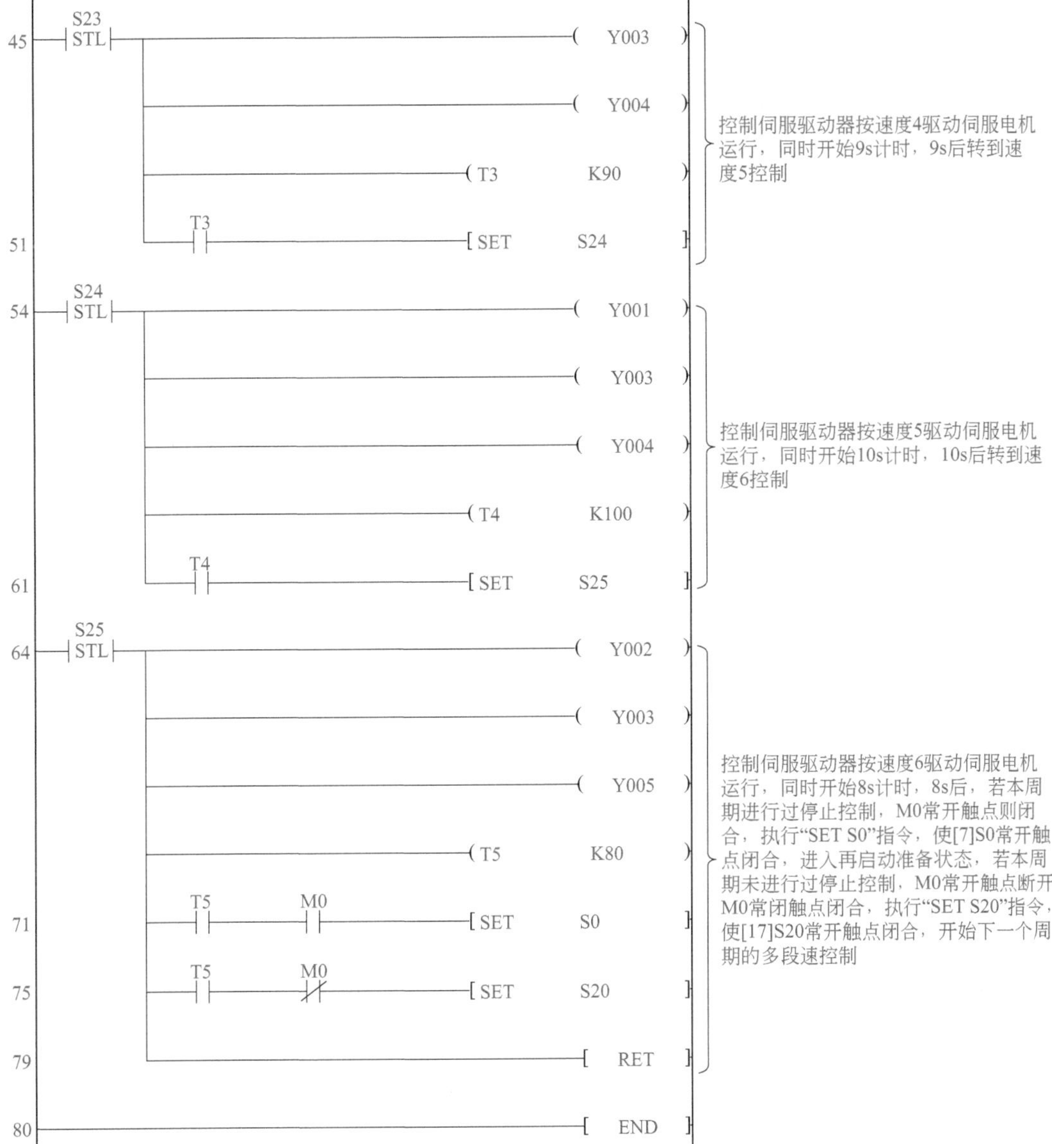
45
S23
STL
Y003
Y004
T3
K90
51
T3
SET
S24
控制伺服驱动器按速度4驱动伺服电机运行，同时开始9s计时，9s后转到速度5控制
54
S24
STL
Y001
Y003
Y004
T4
K100
61
T4
SET
S25
控制伺服驱动器按速度5驱动伺服电机运行，同时开始10s计时，10s后转到速度6控制
64
S25
STL
Y002
Y003
Y005
T5
K80
71
T5
M0
SET
S0
75
T5
M0
SET
S20
79
RET
80
END
控制伺服驱动器按速度6驱动伺服电机运行，同时开始8s计时，8s后，若本周期进行过停止控制，M0常开触点则闭合，执行"SET S0"指令，使[7]S0常开触点闭合，进入再启动准备状态，若本周期未进行过停止控制，M0常开触点断开，M0常闭触点闭合，执行"SET S20"指令，使[17]S20常开触点闭合，开始下一个周期的多段速控制

图22-4　伺服电机多段速运行控制的梯形图

22.1.2　工作台往返限位运行控制实例

（1）控制要求

采用PLC控制伺服驱动器来驱动伺服电机运转，通过与电机同轴的丝杆带动工作台移动，如图22-5（a）所示，具体要求如下。

① 在自动工作时，按下启动按钮后，丝杆带动工作台往右移动，当工作台到达B位置（该处安装有限位开关SQ2）时，工作台停止2s，然后往左返回，当到达A位置（该处安装有限位开关SQ2）时，工作台停止2s，又往右运动，如此反复，运行速度/时间曲线如图22-5（b）所示。按下停止按钮，工作台停止移动。

② 在手动工作时，通过操作慢左、慢右按钮，可使工作台在A、B间慢速移动。

③ 为了安全起见，在A、B位置的外侧再安装两个极限保护开关SQ3、SQ4。

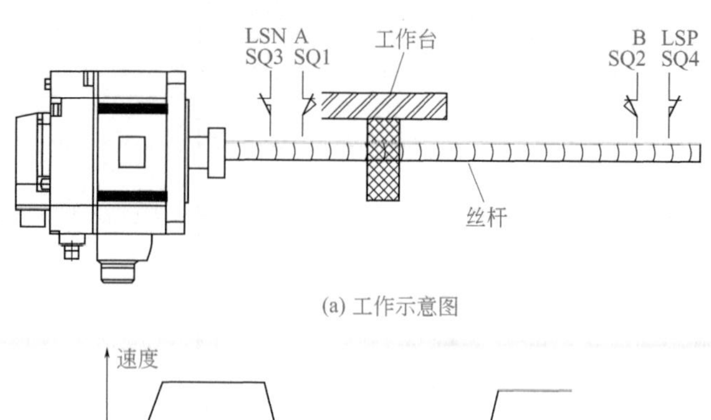

(a) 工作示意图

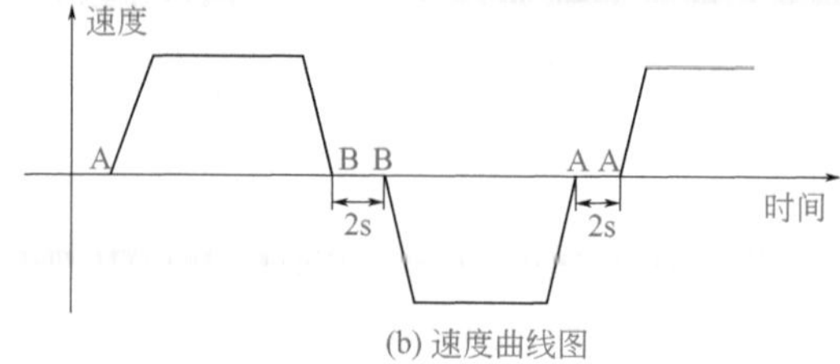

(b) 速度曲线图

图22-5 工作台往返限位运行控制说明

（2）控制线路图

工作台往返限位运行控制的线路如图22-6所示。

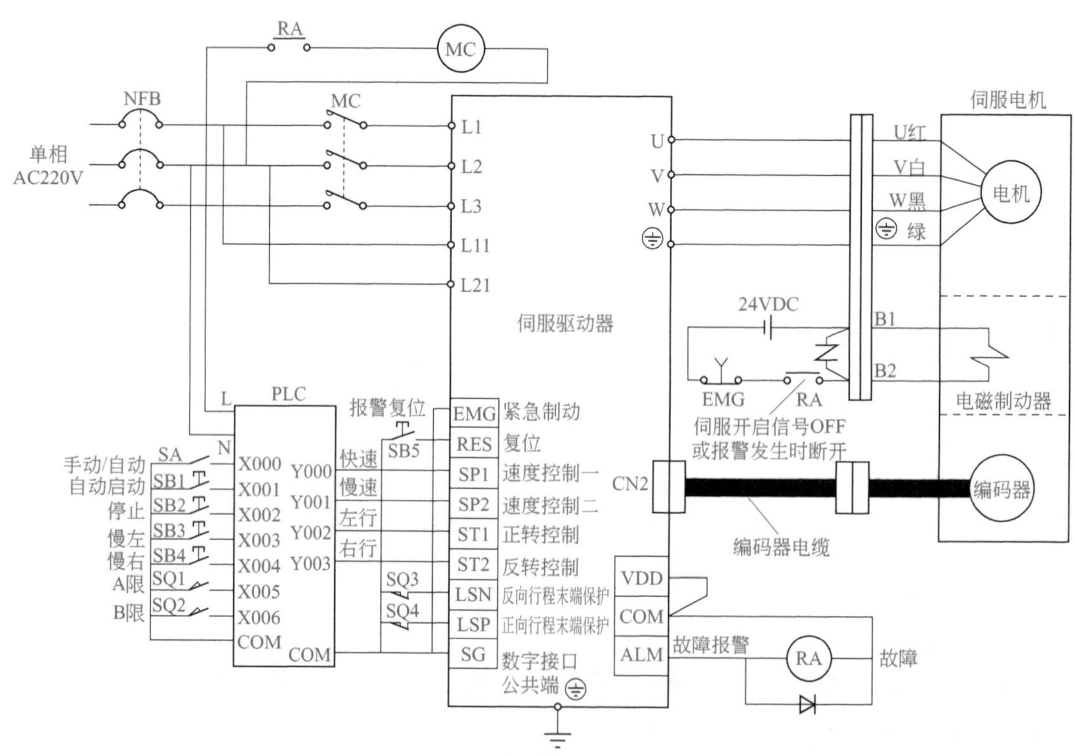

图22-6 工作台往返限位运行控制的线路图

电路工作过程说明如下。

① 电路的工作准备　220V的单相交流电源经开关NFB送到伺服驱动器的L11、L21端，伺服驱动器内部的控制电路开始工作，ALM端内部变为ON，VDD端输出电流经继电器RA线圈进入ALM端，RA线圈得电，电磁制动器外接RA触点闭合，制动器线圈得电而使

抱闸松开，停止对伺服电机刹车，同时附属电路中的RA触点也闭合，接触器MC线圈得电，MC主触点闭合，220V电源送到伺服驱动器的L1、L2端，为内部的主电路供电。

② 工作台往返限位运行控制

a. 自动控制过程　将手动/自动开关SA闭合，选择自动控制，按下自动启动按钮SB1，PLC中的程序运行，让Y000、Y003端输出为ON，伺服驱动器SP1、ST2端输入为ON，选择已设定好的高速度驱动伺服电机反转，伺服电机通过丝杆带动工作台快速往右移动，当工作台碰到B位置的限位开关SQ2，SQ2闭合，PLC的Y000、Y003端输出为OFF，电机停转，2s后，PLC的Y000、Y002端输出为ON，伺服驱动器SP1、ST1端输入为ON，伺服电机通过丝杆带动工作台快速往左移动，当工作台碰到A位置的限位开关SQ1，SQ1闭合，PLC的Y000、Y002端输出为OFF，电机停转，2s后，PLC的Y000、Y003端输出又为ON，以后重复上述过程。

在自动控制时，按下停止按钮SB2，Y000～Y003端输出均为OFF，伺服驱动器停止输出，电机停转，工作台停止移动。

b. 手动控制过程　将手动/自动开关SA断开，选择手动控制，按住慢右按钮SB4，PLC的Y001、Y003端输出为ON，伺服驱动器SP2、ST2端输入为ON，选择已设定好的低速度驱动伺服电机反转，伺服电机通过丝杆带动工作台慢速往右移动，当工作台碰到B位置的限位开关SQ2，SQ2闭合，PLC的Y000、Y003端输出为OFF，电机停转；按住慢左按钮SB3，PLC的Y001、Y002端输出为ON，伺服驱动器SP2、ST1端输入为ON，伺服电机通过丝杆带动工作台慢速往左移动，当工作台碰到A位置的限位开关SQ1，SQ1闭合，PLC的Y000、Y002端输出为OFF，电机停转。在手动控制时，松开慢左、慢右按钮时，工作台马上停止移动。

c. 保护控制　为了防止A、B位置限位开关SQ1、SQ2出现问题无法使工作台停止而发生事故，在A、B位置的外侧安装有正、反向行程末端保护开关SQ3、SQ4，如果限位开关出现问题，工作台继续往外侧移动时，会使保护开关SQ3或SQ4断开，LSN端或LSP端输入为OFF，伺服驱动器主电路会停止输出，从而使工作台停止。

在工作时，如果伺服驱动器出现故障，故障报警ALM端输出会变为OFF，继电器RA线圈会失电，附属电路中的常开RA触点断开，接触器MC线圈失电，MC主触点断开，切断伺服驱动器的主电源。故障排除后，按下报警复位按钮SB5，RES端输入为ON，进行报警复位，ALM端输出变为ON，继电器RA线圈得电，附属电路中的常开RA触点闭合，接触器MC线圈得电，MC主触点闭合，重新接通伺服驱动器的主电源。

（3）参数设置

由于伺服电机运行速度有快速和慢速，故需要给伺服驱动器设置两种速度值，另外还要对相关参数进行设置。伺服驱动器的参数设置内容见表22-3。

表22-3　伺服驱动器的参数设置内容

参数	名称	出厂值	设定值	说明
No.0	控制模式选择	0000	0002	设置成速度控制模式
No.8	内部速度1	100	1000	1000r/min
No.9	内部速度2	500	300	300r/min
No.11	加速时间常数	0	500	500ms
No.12	减速时间常数	0	500	500ms
No.20	功能选择2	0000	0010	停止时伺服锁定，停电时不能自动重新启动
No.41	用于设定SON、LSP、LSN是否内部自动置ON	0000	0001	SON内部自动置ON，LSP、LSN依靠外部置ON

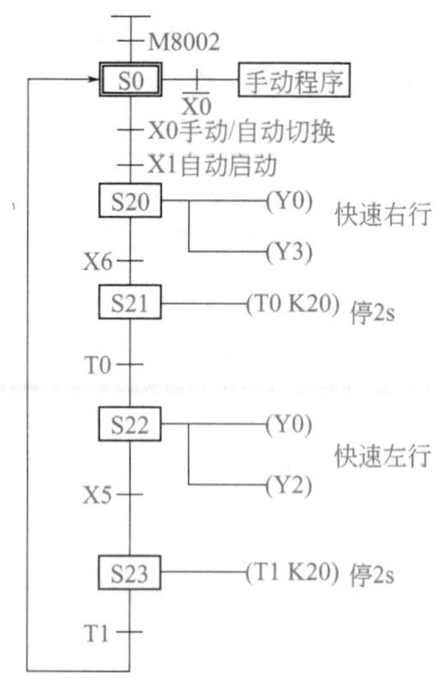

图22-7 工作台往返限位运行控制的状态转移图

在表中，将No.20参数设为0010，其功能是在停电再通电后不让伺服电机重新启动，且停止时锁定伺服电机；将No.41参数设为0001，其功能是让SON信号由伺服驱动器内部自动产生，LSP、LSN信号则由外部输入。

（4）编写PLC控制程序

根据控制要求，PLC程序可采用步进指令编写，为了更容易编写梯形图，通常先绘出状态转移图，然后依据状态转移图编写梯形图。

① 绘制状态转移图　图22-7为工作台往返限位运行控制的自动控制部分状态转移图。

② 绘制梯形图　启动编程软件，按照图22-7所示的状态转移图编写梯形图，工作台往返限位运行控制的梯形图如图22-8所示。

下面对照图22-6来说明图22-8梯形图的工作原理。

PLC上电时，[0]M8002触点接通一个扫描周期，“SET S0”指令执行，状态继电器S0置位，[15]S0常开触点闭合，为启动做准备。

a. 自动控制　将自动/手动切换开关SA闭合，选择自动控制，[20]X000常闭触点断开，切断手动控制程序，[15]X000常开触点闭合，为接通自动控制程序做准备，如果按下自动启动按钮SB1，[3]X001常开触点闭合，M0线圈得电，[4]M0自锁触点闭合，[15]M0常开触点闭合，“SET S20”指令执行，状态继电器S20置位，[31]S20常开触点闭合，开始自动控制程序。

[31]S20常开触点闭合后，Y000、Y003线圈得电，Y000、Y003端子输出为ON，伺服驱动器的SP1、ST2输入为ON，伺服驱动选择设定好的高速度（1000r/min）驱动电机反转，工作台往右移动。当工作台移到B位置时，限位开关SQ2闭合，[34]X006常开触点闭合，“SET S21”指令执行，状态继电器S21置位，[37]S21常开触点闭合，T0定时器开始2s计时，同时上一步程序复位，Y000、Y003端子输出为OFF，伺服电机停转，工作台停止移动。

2s后，T0定时器动作，[41]T0常开触点闭合，“SET S22”指令执行，状态继电器S22置位，[44]S22常开触点闭合，Y000、Y002线圈得电，Y000、Y002端子输出为ON，伺服驱动器的SP1、ST1输入为ON，伺服驱动选择设定好的高速度（1000r/min）驱动电机正转，工作台往左移动。当工作台移到A位置时，限位开关SQ1闭合，[47]X005常开触点闭合，“SET S23”指令执行，状态继电器S23置位，[50]S23常开触点闭合，T1定时器开始2s计时，同时上一步程序复位，Y000、Y002端子输出为OFF，伺服电机停转，工作台停止移动。

2s后，T1定时器动作，[54]T1常开触点闭合，“SET S0”指令执行，状态继电器S0置位，[15]S0常开触点闭合，由于X000、M0常开触点仍闭合，“SET S20”指令执行，状态继电器S20置位，[31]S20常开触点闭合，以后重复上述控制过程，结果工作台在A、B位置之间作往返限位运行。

b. 停止控制　在伺服电机自动往返限位运行时，如果按下停止按钮SB2，[7]X002常开触点闭合，“ZRST S20 S30”指令法执行，S20～S30均被复位，Y000、Y002、Y003线圈均失电，这些线圈对应的端子输出均为OFF，伺服驱动器控制伺服电机停转。另外，[3]X002常闭触点断开，M0线圈失电，[4]M0自锁触点断开，解除自锁，同时[15]M0常开触点断开，“SET S20”指令无法执行，无法进入自动控制程序。

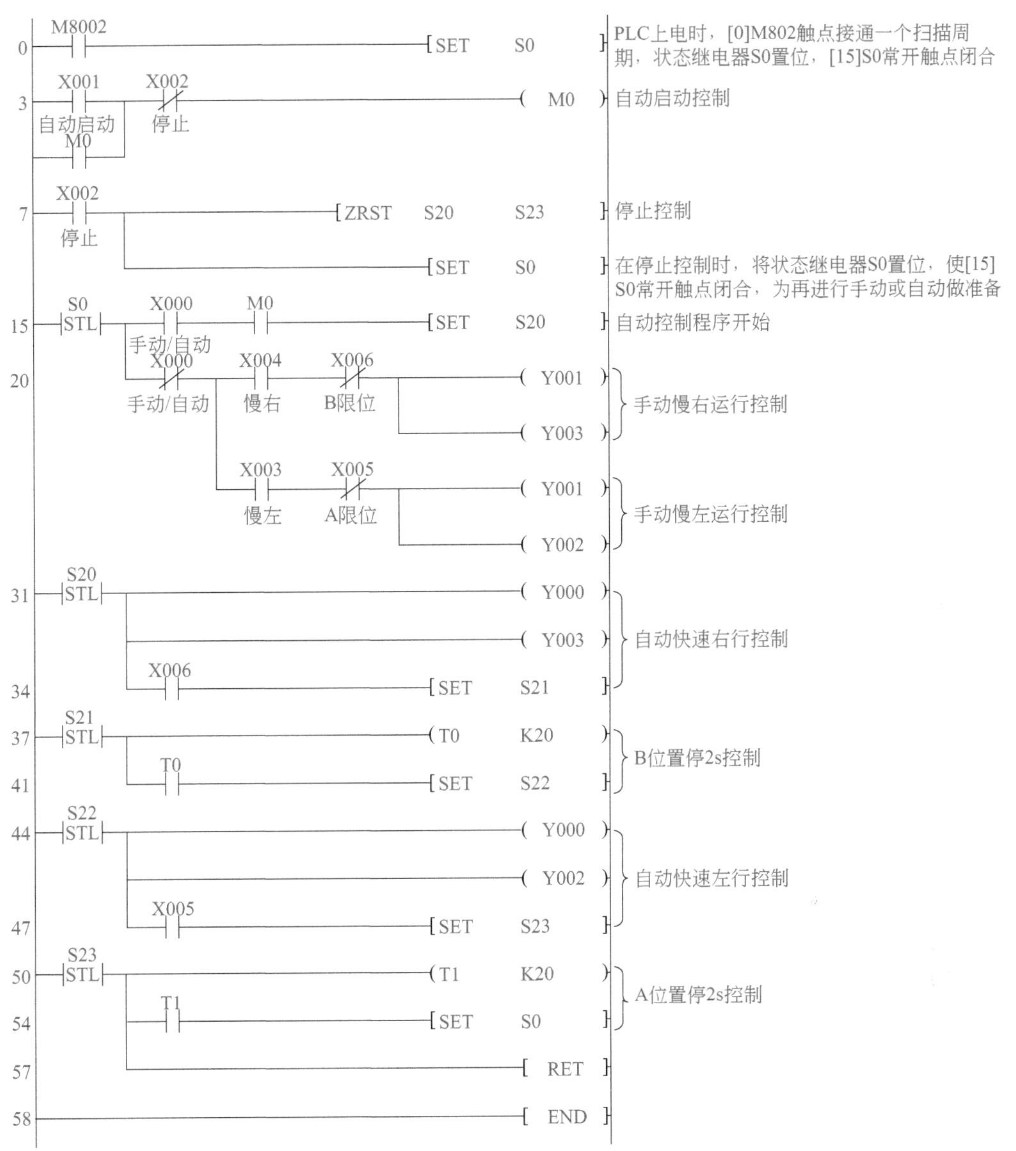

图22-8 工作台往返限位运行控制的梯形图

在按下停止按钮SB2时，同时会执行“SET S0”指令，让[15]S0常开触点闭合，这样在松开停止按钮SB2后，可以重新进行自动或手动控制。

c. 手动控制 将自动/手动切换开关SA断开，选择手动控制，[15]X000常开触点断开，切断自动控制程序，[20]X000常闭触点闭合，接通手动控制程序。

当按下慢右按钮SB4时，[20]X004常开触点闭合，Y001、Y003线圈得电，Y001、Y003端子输出为ON，伺服驱动器的SP2、ST2端输入为ON，伺服驱动选择设定好的低速度（300r/min）驱动电机反转，工作台往右慢速移动，当工作台移到B位置时，限位开关SQ2闭合，[20]X006常闭触点断开，Y001、Y003线圈失电，伺服驱动器的SP2、ST2端输入为OFF，伺服电机停转，工作台停止移动。当按下慢左按钮SB3时，X003常开触点闭合，其过程与手动右移控制相似。

22.1.3 速度控制模式的标准接线

速度控制模式的标准接线如图22-9所示。

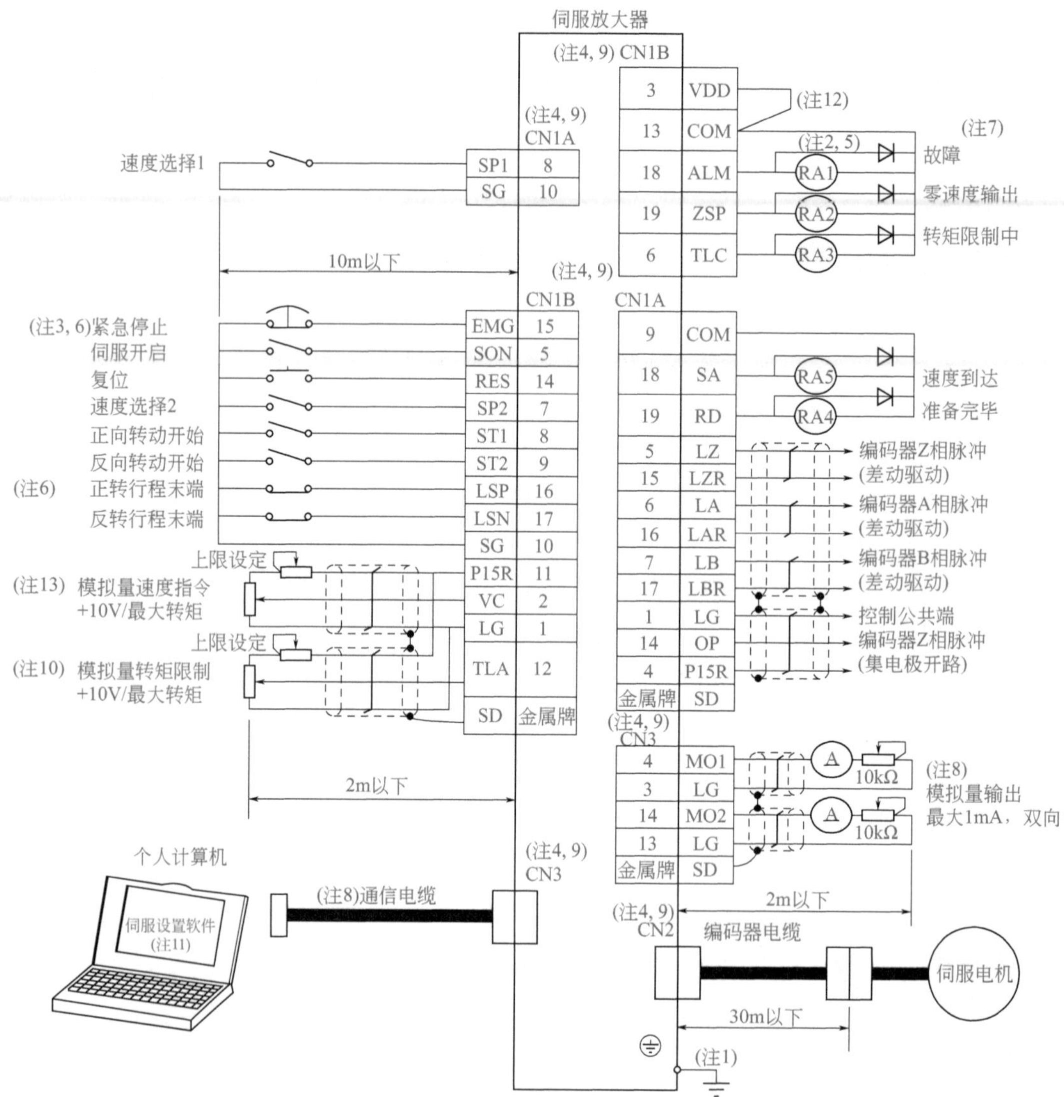

注：1. 为防止触电，必须将伺服放大器保护接地（PE）端子（标有⏚）连接到控制柜的保护接地端子上。

2. 二极管的方向不能接错，否则紧急停止和其他保护电路可能无法正常工作。

3. 必须安装紧急停止开关（常闭）。

4. CN1A、CN1B、CN2和CN3为同一形状，如果将这些接头接错，可能会引起故障。

5. 外部继电器线圈中的电流总和应控制在80mA以下。如果超过80mA，I/O接口使用的电源应由外部提供。

6. 运行时，异常情况下的紧急停止信号（EMG）、正向/反向行程末端（LSP、LSN）与SG端之间必须接通（常闭接点）。

7. 故障端子（ALM）在无报警（正常运行）时与SG之间是接通的。

8. 同时使用模拟量输出通道1，2和个人计算机通信时，使用维护用接口卡（MR-J2CN3TM）。

9. 同名信号在伺服放大器内部是接通的。

10. 通过设定参数No.43～48，能使用TL（转矩限制选择）和TLA功能。

11. 伺服设置软件应使用MRAJW3-SETUP111E或更高版本。

12. 使用内部电源（VDD）时，必须将VDD连到COM上，当使用外部电源时，VDD不要与COM连接。

13. 微小电压输入的场合，应使用外部电源。

图22-9 速度控制模式的标准接线

22.2 转矩控制模式的应用举例及标准接线

22.2.1 卷纸机的收卷恒张力控制实例

（1）控制要求

图22-10为卷纸机的结构示意图，在卷纸时，压纸辊将纸压在托纸辊上，卷纸辊在伺服电机驱动下卷纸，托纸辊与压纸辊也随之旋转，当收卷的纸达到一定长度时切刀动作，将纸切断，然后开始下一个卷纸过程，卷纸的长度由与托纸辊同轴旋转的编码器来测量。

卷纸系统由PLC、伺服驱动器、伺服电机和卷纸机组成，控制要求如下：

① 按下启动按钮后，开始卷纸，在卷纸过程中，要求卷纸张力保持不变，即卷纸开始时要求卷纸辊快速旋转，随着卷纸直径不断增大，要求卷纸辊逐渐变慢，当卷纸长度达到100m时切刀动作，将纸切断。

② 按下暂停按钮时，机器工作暂停，卷纸辊停转，编码器记录的纸长度保持，按下启动按钮后机器工作，在暂停前的卷纸长度上继续卷纸，直到100m为止。

③ 按下停止按钮时，机器停止工作，不记录停止前的卷纸长度，按下启动按钮后机器重新从0开始卷纸。

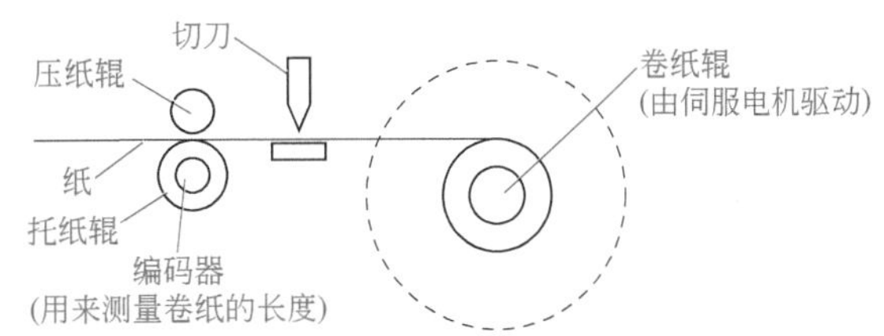

图22-10 卷纸机的结构示意图

（2）控制线路图

卷纸机的收卷恒张力控制线路图如图22-11所示。

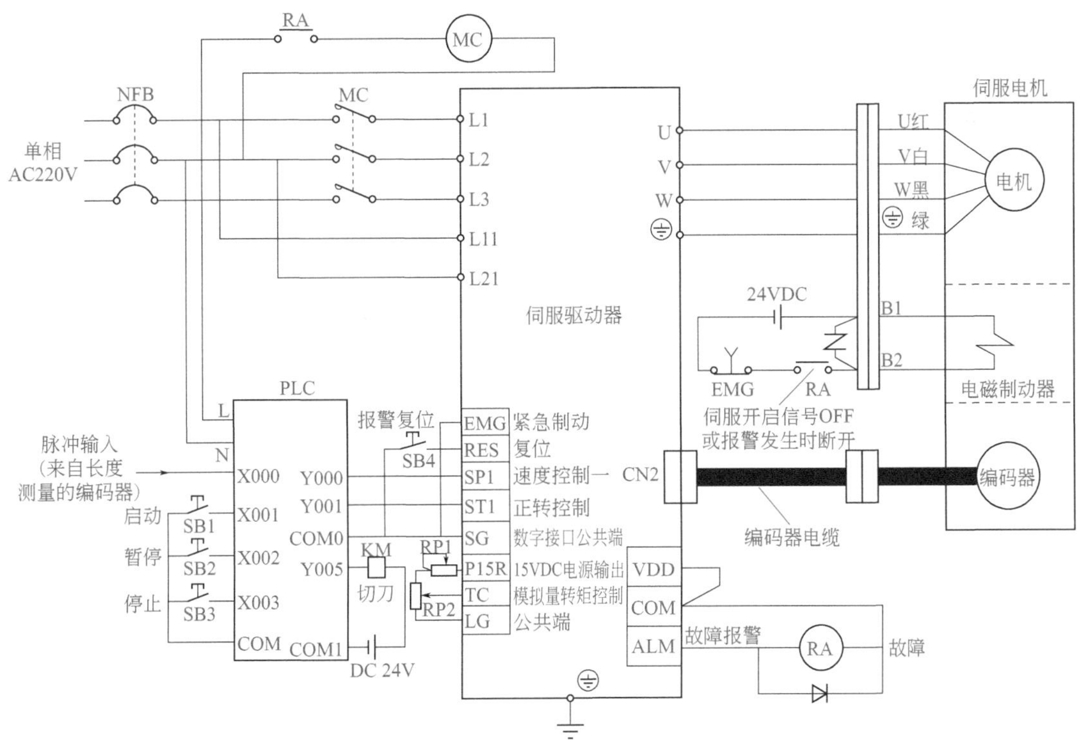

图22-11 卷纸机的收卷恒张力控制线路图

电路工作过程说明如下。

① 电路的工作准备　220V的单相交流电源经开关NFB送到伺服驱动器的L11、L21端，伺服驱动器内部的控制电路开始工作，ALM端内部变为ON，VDD端输出电流经继电器RA线圈进入ALM端，RA线圈得电，电磁制动器外接RA触点闭合，制动器线圈得电而使抱闸松开，停止对伺服电机刹车，同时附属电路中的RA触点也闭合，接触器MC线圈得电，MC主触点闭合，220V电源送到伺服驱动器的L1、L2端，为内部的主电路供电。

② 收卷恒张力控制

a. 启动控制　按下启动按钮SB1，PLC的Y000、Y001端输出为ON，伺服驱动器的SP1、ST1端输入为ON，伺服驱动器按设定的速度输出驱动信号，驱动伺服电机运转，电机带动卷纸辊旋转进行卷纸。在卷纸开始时，伺服驱动器U、V、W端输出的驱动信号频率较高，电机转速较快，随着卷纸辊上的卷纸直径不断增大，伺服驱动器输出的驱动信号频率自动不断降低，电机转速逐渐下降，卷纸辊的转速变慢，这样可保证卷纸时卷纸辊对纸的张力（拉力）恒定。在卷纸过程中，可调节RP1、RP2电位器，使伺服驱动器的TC端输入电压在0～8V范围内变化，TC端输入电压越高，伺服驱动器输出的驱动信号幅度越大，伺服电机运行转矩（转力）越大。在卷纸过程中，PLC的X000端不断输入测量卷纸长度的编码器送来的脉冲，脉冲数量越多，表明已收卷的纸张越长，当输入脉冲总数达到一定值时，说明卷纸已达到指定的长度，PLC的Y005端输出为ON，KM线圈得电，控制切刀动作，将纸张切断，同时PLC的Y000、Y001端输出为OFF，伺服电机停止输出驱动信号，伺服电机停转，停止卷纸。

b. 暂停控制　在卷纸过程中，若按下暂停按钮SB2，PLC的Y000、Y001端输出为OFF，伺服驱动器的SP1、ST1端输入为OFF，伺服驱动器停止输出驱动信号，伺服电机停转，停止卷纸，与此同时，PLC将X000端输入的脉冲数量记录保持下来。按下启动按钮SB1后，PLC的Y000、Y001端输出又为ON，伺服电机又开始运行，PLC在先前记录的脉冲数量上累加计数，直到达到指定值时才让Y005端输出ON，进行切纸动作，并从Y000、Y001端输出OFF，让伺服电机停转，停止卷纸。

c.停止控制　在卷纸过程中，若按下停止按钮SB3，PLC的Y000、Y001端输出为OFF，伺服驱动器的SP1、ST1端输入为OFF，伺服驱动器停止输出驱动信号，伺服电机停转，停止卷纸，与此同时Y005端输出ON，切刀动作，将纸切断，另外PLC将X000端输入反映卷纸长度的脉冲数量清零，这时可取下卷纸辊上的卷纸，再按下启动按钮SB1后可重新开始卷纸。

（3）参数设置

伺服驱动器的参数设置内容见表22-4。

表22-4　伺服驱动器的参数设置内容

参数	名称	出厂值	设定值	说明
No.0	控制模式选择	0000	0004	设置成转矩控制模式
No.8	内部速度1	100	1000	1000r/min
No.11	加速时间常数	0	1000	1000ms
No.12	减速时间常数	0	1000	1000ms
No.20	功能选择2	0000	0010	停止时伺服锁定，停电时不能自动重新启动
No.41	用于设定SON、LSP、LSN是否内部自动置ON	0000	0001	SON内部自动置ON，LSP、LSN依靠外部置ON

在表中，将No.0参数设为0004，让伺服驱动器的工作在转矩控制模式；将No.8参数均设为1000，让输出速度为1000r/min；将No.11、No.12参数均设为1000，让速度转换的加、减速度时间均为1s（1000ms）；将No.20参数设为0010，其功能是在停电再通电后不让伺服电机重新启动，且停止时锁定伺服电机；将No.41参数设为0001，其功能是让SON信号由伺服驱动器内部自动产生，则LSP、LSN信号则由外部输入。

（4）编写PLC控制程序

图22-12为卷纸机的收卷恒张力控制梯形图。

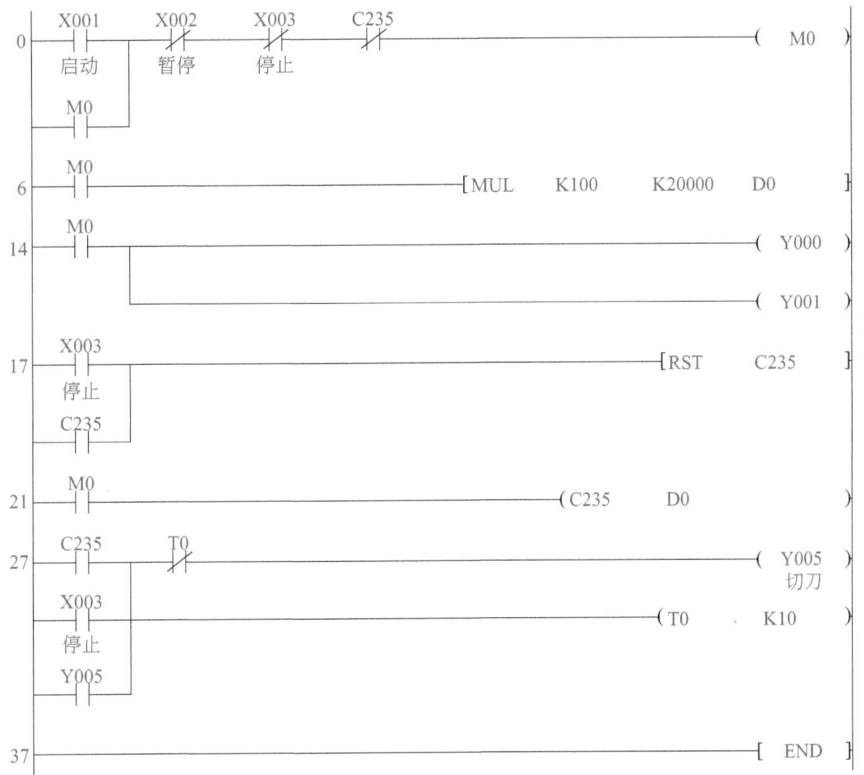

图22-12 卷纸机的收卷恒张力控制梯形图

下面对照图22-11来说明图22-12梯形图工作原理。

卷纸系统采用与托纸辊同轴旋转的编码器来测量卷纸的长度，托纸辊每旋转一周，编码器会产生N个脉冲，同时会传送与托纸辊周长S相同长度的纸张。

传送纸张的长度L、托纸辊周长S、编码器旋转一周产生的脉冲个数N与编码器产生的脉冲总个数D满足下面的关系：

$$\text{编码器产生的脉冲总个数}D=\frac{\text{传送纸张的长度}L}{\text{托纸辊周长}S}\times\text{编码器旋转一周产生的脉冲个数}N$$

对于一个卷纸系统，N、S值一般是固定的，而传送纸张的长度L可以改变，为了程序编写方便，可将上式变形为$D=L\dfrac{N}{S}$，例如托纸辊的周长S为0.05m，编码器旋转一周产生的脉冲个数N为1000个脉冲，那么传送长度L为100m的纸张时，编码器产生的脉冲总个数$D=100\times\dfrac{1000}{0.05}=100\times20000=2000000$。

PLC采用高速计数器C235对输入脉冲进行计数，该计数器对应的输入端子为X000。

① 启动控制

按下启动按钮SB1→梯形图中的[0]X001常开触点闭合→辅助继电器M0 线圈得电→

- [1]M0触点闭合→锁定M0线圈得电
- [6]M0触点闭合→MUL乘法指令执行，将传送纸张长度值100与20000相乘，得到2000000作为脉冲总数存入数据存储器D0
- [14]M0触点闭合→Y000、Y001线圈得电，Y000、Y001端子输出为ON，伺服驱动器驱动伺服电机运转开始卷纸
- [21]M0触点闭合→C235计数器对X000端子输入的脉冲进行计数，当卷纸长度达到100m时，C235的计数值会达到D0中的值(2000000)，C235动作→
  - [27] C235常开触点闭合
    - [27]Y005线圈得电，Y005端子输出为ON，KM线圈得电：切刀动作切断纸张
    - [29]Y005自锁触点闭合，锁定Y005线圈得电
    - [28]T0定时器开始1s计时，1s后T0动作，[27]T0常闭触点断开，Y005线圈失电，KM线圈失电，切刀返回
  - [0]C235常闭触点断开，M0线圈失电
    - [1]M0触点断开，解除M0线圈自锁
    - [6]M0触点断开，MUL乘法指令无法执行
    - [14]M0触点断开，Y000、Y001线圈失电，Y000、Y001端子输出为OFF，伺服驱动器使伺服电机停转，停止卷纸
    - [21]M0触点断开，C235计数器停止计数
  - [18]C235常开触点闭合，RST指令执行，将计数器C235复位清零

② 暂停控制

按下暂停按钮SB2，[0]X002常闭触点断开→M0线圈失电

- [1]M0触点断开，解除M0线圈自锁
- [6]M0触点断开，MUL乘法指令无法执行
- [14]M0触点断开，Y000、Y001线圈失电，Y000、Y001端子输出为OFF，伺服驱动器使伺服电机停转，停止卷纸
- [21]M0触点断开，C235计数器停止计数

在暂停控制时，只是让伺服电机停转而停止卷纸，不会对计数器的计数值复位，切刀也不会动作，当按下启动按钮时，会在先前卷纸长度的基础上继续卷纸，直到纸张长度达到100m。

③ 停止控制

按下停止按钮SB3

- [0] X003常闭触点断开，M0线圈失电
  - [1] M0触点断开，解除M0线圈自锁
  - [6] M0触点断开，MUL乘法指令无法执行
  - [14] M0触点断开，Y000、Y001线圈失电，Y000、Y001端子输出为OFF，伺服驱动器使伺服电机停转，停止卷纸
  - [21]M0触点断开，C235计数器停止计数
- [17] X003常开触点闭合，RST指令执行，将计数器C235复位清零
- [28] X003常开触点闭合
  - [27]Y005线圈得电，Y005端子输出为ON，KM线圈得电：切刀动作切断纸张
  - [29]Y005自锁触点闭合，锁定Y005线圈得电
  - [28]T0定时器开始1s计时，1s后T0动作，[27]T0常闭触点断开，Y005线圈失电，KM线圈失电，切刀返回

22.2.2 转矩控制模式的标准接线

转矩控制模式的标准接线如图22-13所示。

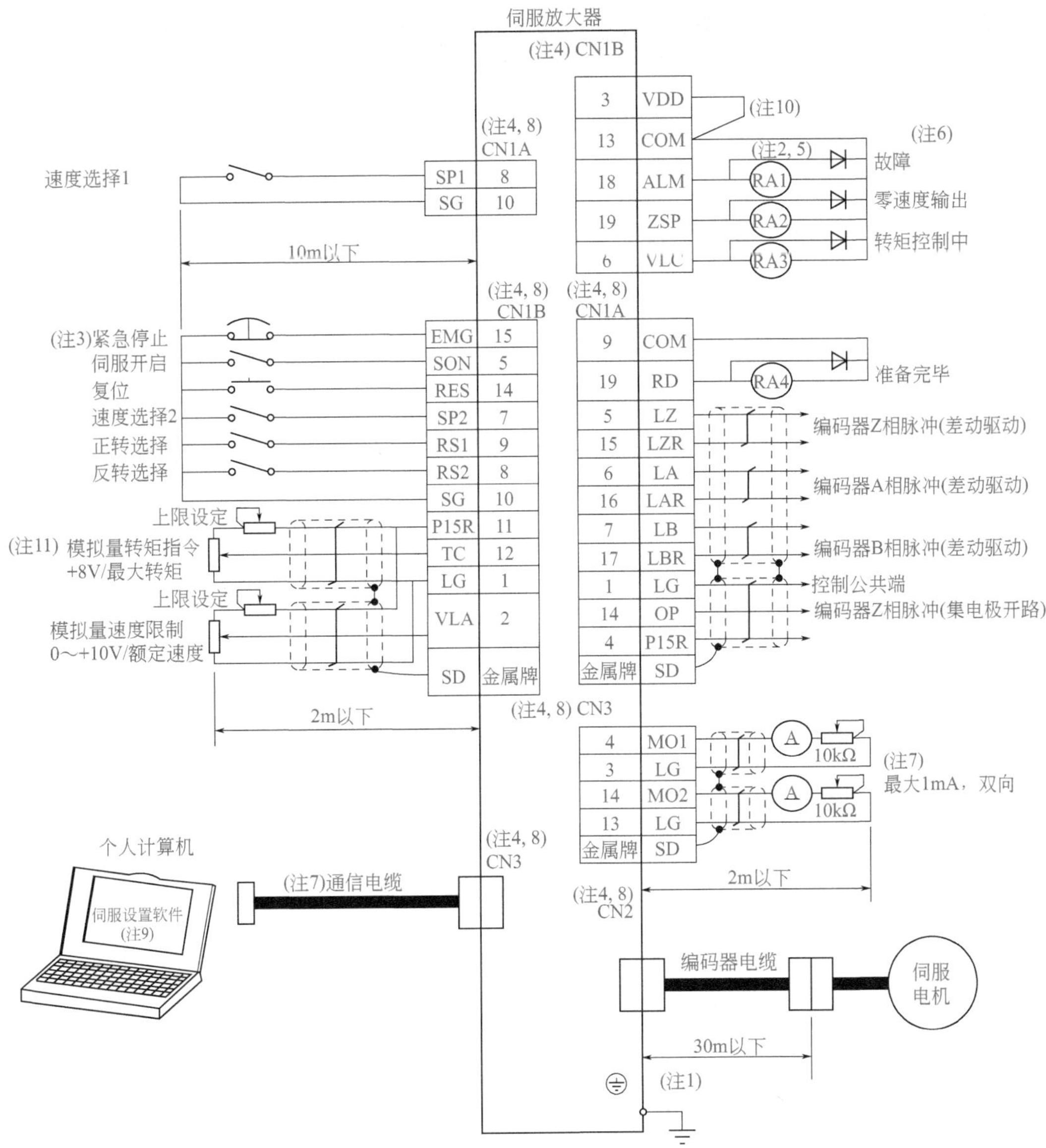

注：1. 为防止触电，必须将伺服放大器保护接地（PE）端子（标有⏚）连接到控制柜的保护接地端子上。

2. 二极管的方向不能接错，否则紧急停止和其他保护电路可能无法正常工作。

3. 必须安装紧急停止开关（常闭）。

4. CN1A、CN1B、CN2和CN3为同一形状，如果将这些接头接错，可能会引起故障。

5. 外部继电器线圈中的电流总和应控制在80mA以下。如果超过80mA，I/O接口使用的电源应由外部提供。

6. 故障端子（ALM）在无报警（正常运行）时与SG之间是接通的。

7. 同时使用模拟量输出通道1/2和个人计算机通信时，应使用维护用接口卡（MR-J2CN3TM）。

8. 同名信号在伺服放大器内部是接通的。

9. 伺服设置软件应使用MRAJW3-SETUP111E或更高版本。

10. 使用内部电源VDD时，必须将VDD连到COM上，当使用外部电源时，VDD不要与COM连接。

11. 微小电压输入的场合，应使用外部电源。

图22-13　转矩控制模式的标准接线

22.3 位置控制模式的应用举例及标准接线

22.3.1 工作台往返定位运行控制实例

（1）控制要求

采用PLC控制伺服驱动器来驱动伺服电机运转，通过与电机同轴的丝杆带动工作台移动，如图22-14所示，具体要求如下。

① 按下启动按钮，伺服电机通过丝杆驱动工作台从A位置（起始位置）往右移动，当移动30mm后停止2s，然后往左返回，当到达A位置，工作台停止2s，又往右运动，如此反复。

② 在工作台移动时，按下停止按钮，工作台运行完一周后返回到A点并停止移动。

③ 要求工作台移动速度为10mm/s，已知丝杆的螺距为5mm。

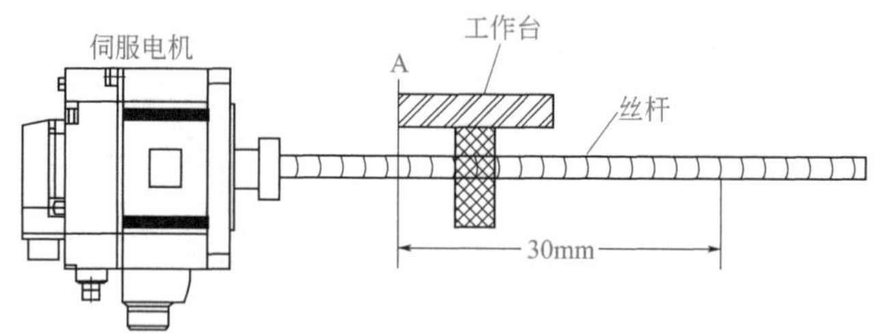

图22-14　工作台往返定位运行示意图

（2）控制线路图

工作台往返定位运行控制线路如图22-15所示。

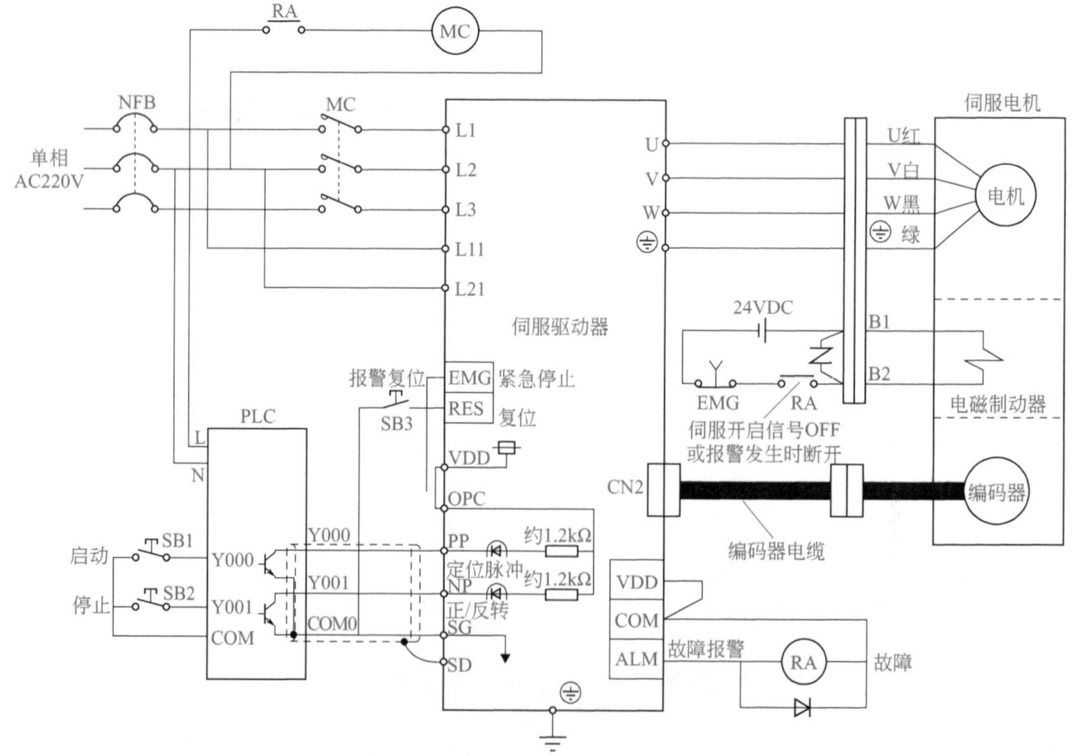

图22-15　工作台往返定位运行控制线路

电路工作过程说明如下。

① 电路的工作准备　220V的单相交流电源经开关NFB送到伺服驱动器的L11、L21端，伺服驱动器内部的控制电路开始工作，ALM端内部变为ON，VDD端输出电流经继电器RA线圈进入ALM端，RA线圈得电，电磁制动器外接RA触点闭合，制动器线圈得电而使抱闸松开，停止对伺服电机刹车，同时附属电路中的RA触点也闭合，接触器MC线圈得电，MC主触点闭合，220V电源送到伺服驱动器的L1、L2端，为内部的主电路供电。

② 往返定位运行控制　按下启动按钮SB1，PLC的Y001端子输出为ON（Y001端子内部三极管导通），伺服驱动器NP端输入为低电平，确定伺服电机正向旋转，与此同时，PLC的Y000端子输出一定数量的脉冲信号进入伺服驱动器的PP端，确定伺服电机旋转的转数。在NP、PP端输入信号控制下，伺服驱动器驱动伺服电机正向旋转一定的转数，通过丝杆带动工作台从起始位置往右移动30mm，然后Y000端子停止输出脉冲，伺服电机停转，工作台停止，2s后，Y001端子输出为OFF（Y001端子内部三极管截止），伺服驱动器NP端输入为高电平，同时Y000端子又输出一定数量的脉冲到PP端，伺服驱动器驱动伺服电机反向旋转一定的转数，通过丝杆带动工作台往左移动30mm返回起始位置，停止2s后又重复上述过程，从而使工作台在起始位置至右方30mm之间往返运行。

在工作台往返运行过程中，若按下停止按钮SB2，PLC的Y000、Y001端并不会马上停止输出，而是必须等到Y001端输出为OFF，Y000端的脉冲输出完毕，这样才能确保工作台停在起始位置。

（3）参数设置

伺服驱动器的参数设置内容见表22-5。在表中，将No.0参数设为0000，让伺服驱动器的工作在位置控制模式；将No.21参数设为0001，其功能是将伺服电机转数和转向的控制形式设为脉冲（PP）+方向（NP），将No.41参数设为0001，其功能是让SON信号由伺服驱动器内部自动产生，LSP、LSN信号则由外部输入。

在位置控制模式时需要设置伺服驱动器的电子齿轮值。电子齿轮设置规律为：电子齿轮值=编码器产生的脉冲数/输入脉冲数。由于使用的伺服电机编码器分辨率为131072（即编码器每旋转一周会产生131072个脉冲），如果要求伺服驱动器输入5000个脉冲，电机旋转一周，电子齿轮值应为131072/5000=16384/625，故将电子齿轮分子No.3设为16384、电子齿轮分母No.4设为625。

表22-5　伺服驱动器的参数设置内容

参数	名称	出厂值	设定值	说明
No.0	控制模式选择	0000	0000	设定位置控制模式
No.3	电子齿轮分子	1	16384	设定上位机PLC发出5000个脉冲电机转一周
No.4	电子齿轮分母	1	625	
No.21	功能选择3	0000	0001	用于设定电机转数和转向的脉冲串输入形式为脉冲+方向
No.41	用于设定SON、LSP、LSN内部是否自动为ON	0000	0001	设定SON内部自动置ON，LSP、LSN需外部置ON

（4）编写PLC控制程序

图22-16为工作台往返定位运行控制梯形图。

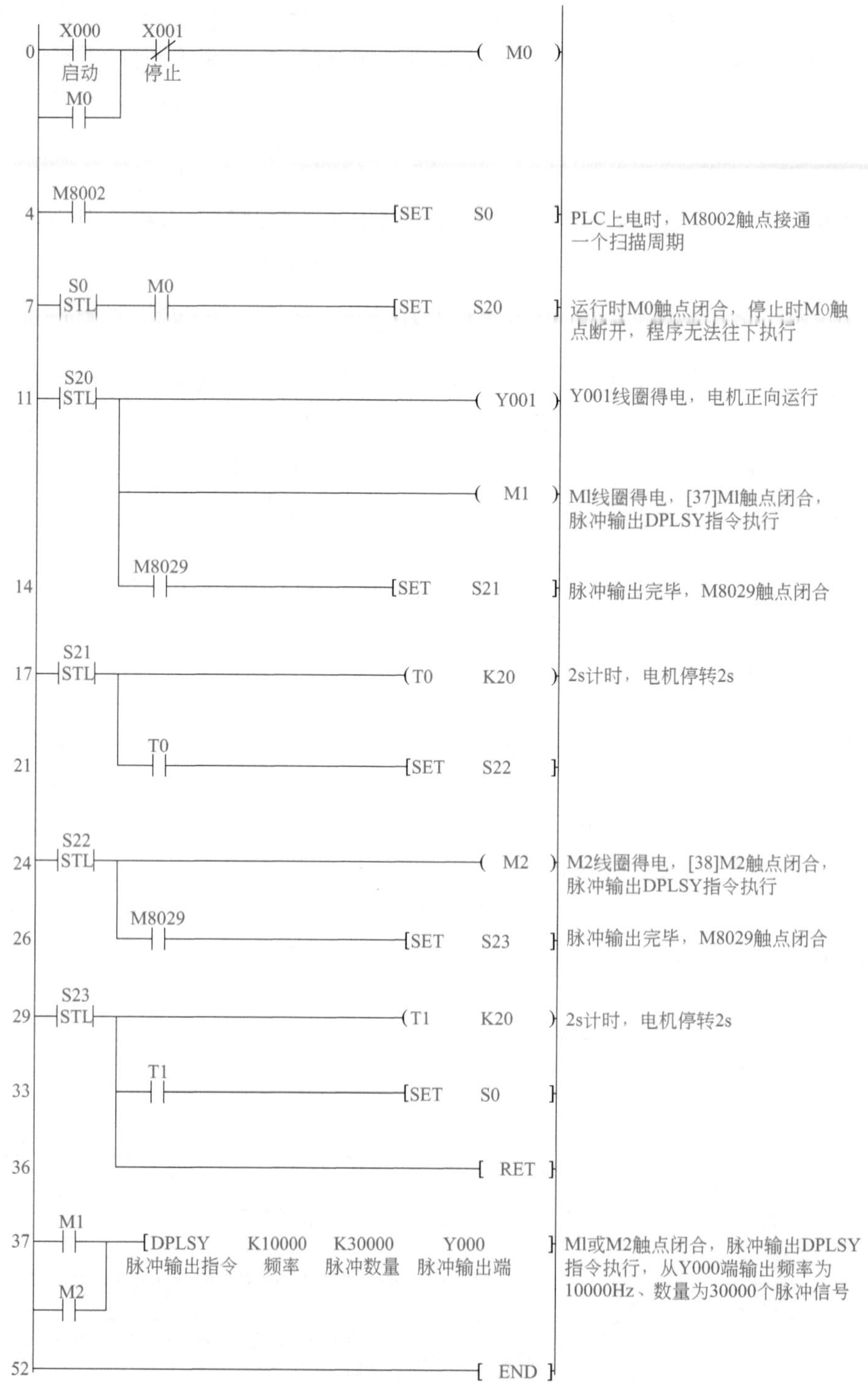

图22-16　工作台往返定位运行控制梯形图

下面对照图22-15来说明图22-16梯形图工作原理。

在PLC上电时，[4]M8002常开触点接通一个扫描周期，“SET S0”指令执行，状态继电器S0被置位，[7]S0常开触点闭合，为启动做准备。

a. 启动控制　按下启动按钮SB1，[0]X000常开触点闭合，M0线圈得电，[1]、[7]M0常开触点均闭合，[1]M0常开触点闭合，锁定M0线圈供电，[7]M0常开触点闭合，“SET S20”指令执行，状态继电器S20被置位，[11]S20常开触点闭合，Y001线圈得电，Y001端子内部三极管导通，伺服驱动器NP端输入为低电平，确定伺服电机正向旋转，同时M1线圈得电，[37]M1常开触点闭合，脉冲输出DPLSY指令执行，PLC从Y000端子输出频率为10000Hz、数量为30000个脉冲信号，该脉冲信号进入伺服驱动器的PP端。因为伺服驱动器的电子齿轮设置值对应5000个脉冲使电机旋转一周，当PP端输入30000个脉冲信号时，伺服驱动器驱动电机旋转6周，丝杆也旋转6周，丝杆螺距为5mm，丝杆旋转6周会带动工作台右移30mm。PLC输出脉冲信号频率为10000Hz，即1s会输出10000个脉冲进入伺服驱动器，输出30000个脉冲需要3s，也即电机和丝杆旋转6周需要3s，工作台的移动速度为30mm/3s=10mm/s。

当PLC的Y000端输出完30000个脉冲后，伺服驱动器PP端无脉冲输入，电机停转，工作台停止移动，同时PLC的完成标志继电器M8029置1，[14]M8029常开触点闭合，“SET S21”指令执行，状态继电器S21被置位，[17]S21常开触点闭合，T0定时器开始2s计时，2s后，T0定时器动作，[21]T0常开触点闭合，“SET S22”指令执行，状态继电器S22被置位，[24]S22常开触点闭合，M2线圈得电，[38]M2常开触点闭合，DPLSY指令又执行，PLC从Y000端子输出频率为10000Hz、数量为30000个脉冲信号，由于此时Y001线圈失电，Y001端子内部三极管截止，伺服驱动器NP端输入高电平，它控制电机反向旋转6周，工作台往左移动30mm，当PLC的Y000端输出完30000个脉冲后，电机停止旋转，工作台停在左方起始位置，同时完成标志继电器M8029置1，[26]M8029常开触点闭合，“SET S23”指令执行，状态继电器S23被置位，[29]S23常开触点闭合，T1定时器开始2s计时，2s后，T1定时器动作，[33]T1常开触点闭合，“SET S0”指令执行，状态继电器S0被置位，[7]S0常开触点闭合，开始下一个工作台运行控制。

b. 停止控制　在工作台运行过程中，如果按下停止按钮SB2，[0]X001常闭触点断开，M0线圈失电，[1]、[7]M0常开触点均断开，[1]M0常开触点断开，解除M0线圈供电，[7]M0常开触点断开，“SET S20”指令无法执行，也就是说工作台运行完一个周期后执行“SET S0”指令，使[7]S0常开触点闭合，但由于[7]M0常开触点断开，下一个周期的程序无法开始执行，工作台停止于起始位置。

22.3.2　位置控制模式的标准接线

当伺服驱动器工作在位置控制模式时，需要接收脉冲信号来定位，脉冲信号可以由PLC产生，也可以由专门的定位模块来产生。图22-17为伺服驱动器在位置控制模式时与定位模块FX-10GM的标准接线。

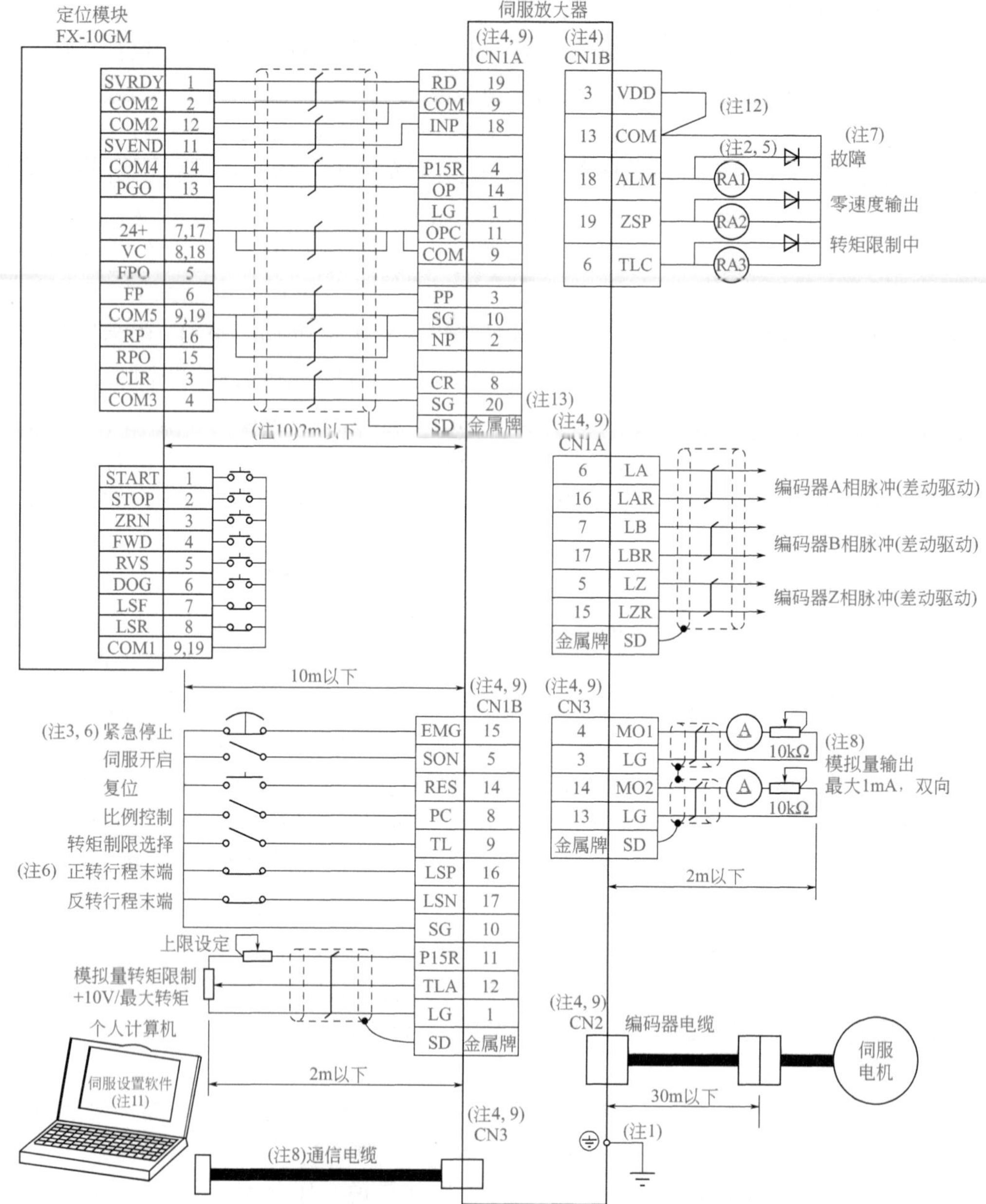

注：1. 为防止触电，必须将伺服放大器保护接地（PE）端子（标有⏚）连接到控制柜的保护接地端子上。

2. 二极管的方向不能接错，否则紧急停止和其他保护电路可能无法正常工作。

3. 必须安装紧急停止开关（常闭）。

4. CN1A、CN1B、CN2和CN3为同一形状，如果将这些接头接错，可能会引起故障。

5. 外部继电器线圈中的电流总和应控制在80mA以下。如果超过80mA，I/O接口使用的电源应由外部提供。

6. 运行时，异常情况下的紧急停止信号（EMG）、正向/反向行程末端（LSP、LSN）与SG端之间必须接通（常闭）。

7. 故障端子（ALM）在无报警（正常运行）时与SG之间是接通的，OFF（发生故障）时请通过程序停止伺服放大器的输出。

8. 同时使用模拟量输出通道1/2和个人计算机通信时，应使用维护用接口卡（MR-J2CN3TM）。

9. 同名信号在伺服放大器内部是接通的。

10. 指令脉冲串的输入采用集电极开路的方式，差动驱动方式为10m以下。

11. 伺服设置软件应使用MRAJW3-SETUP111E或更高版本。

12. 使用内部电源VDD时，必须将VDD连到COM上，使用外部电源时，VDD不要与COM连接。

13. 使用中继端子台的场合，需连接CN1A-10。

图22-17　伺服驱动器在位置控制模式时与定位模块FX-10GM的标准接线

第23章 步进驱动器的使用及应用实例

23.1 步进驱动器

步进电机工作时需要提供脉冲信号，并且提供给定子绕组的脉冲信号要不断切换，这些需要专门的电路来完成。为了使用方便，通常将这些电路做成一个成品设备——步进驱动器。步进驱动器的功能就是在控制设备（如PLC或单片机）的控制下，为步进电机提供工作所需的幅度足够的脉冲信号。

步进驱动器种类很多，使用方法大同小异，下面主要以HM275型步进驱动器为例进行说明。

23.1.1 外形

图23-1列出两种常见的步进驱动器，其中左方为HM275D型步进驱动器。

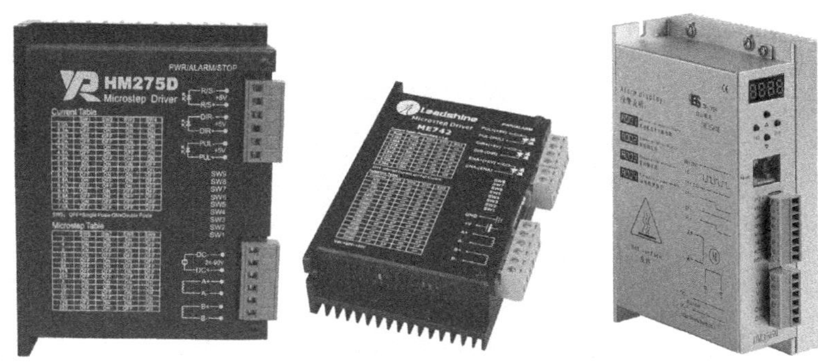

图23-1　两种常见的步进驱动器

23.1.2 内部组成与原理

图23-2虚线框内部分为步进驱动器，其内部主要由环形分配器和功率放大器组成。

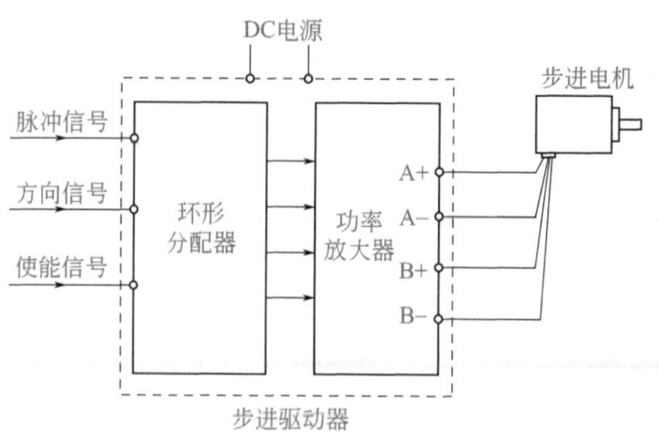

图23-2 步进驱动器的组成框图

步进驱动器有三种输入信号，分别是脉冲信号、方向信号和使能信号，这些信号来自控制器（如PLC、单片机等）。在工作时，步进驱动器的环形分配器将输入的脉冲信号分成多路脉冲，再送到功率放大器进行功率放大，然后输出大幅度脉冲去驱动步进电机；方向信号的功能是控制环形分配器分配脉冲的顺序，比如先送A相脉冲再送B相脉冲会使步进电机逆时针旋转，先送B相脉冲再送A相脉冲则会使步进电机顺时针旋转；使能信号的功能是允许或禁止步进驱动器工作，当使能信号为禁止时，即使输入脉冲信号和方向信号，步进驱动器也不会工作。

23.1.3 步进驱动器的接线及说明

步进驱动器的接线包括输入信号接线、电源接线和电机接线。HM275D型步进驱动器的典型接线如图23-3所示，图23-3（a）为HM275D与NPN三极管输出型控制器的接线，图23-3（b）为HM275D与PNP三极管输出型控制器的接线。

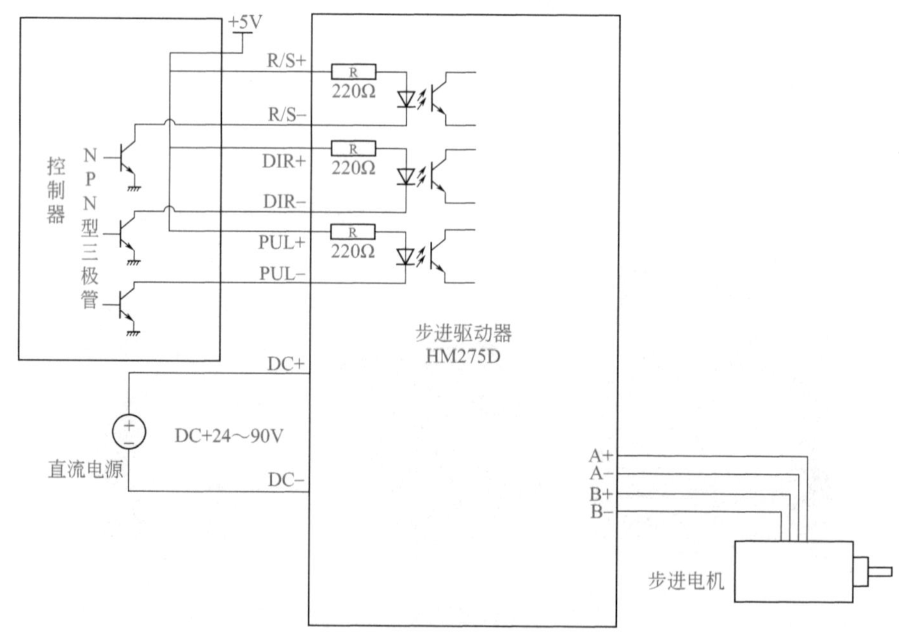

(a) HM275D与NPN三极管输出型控制器的接线

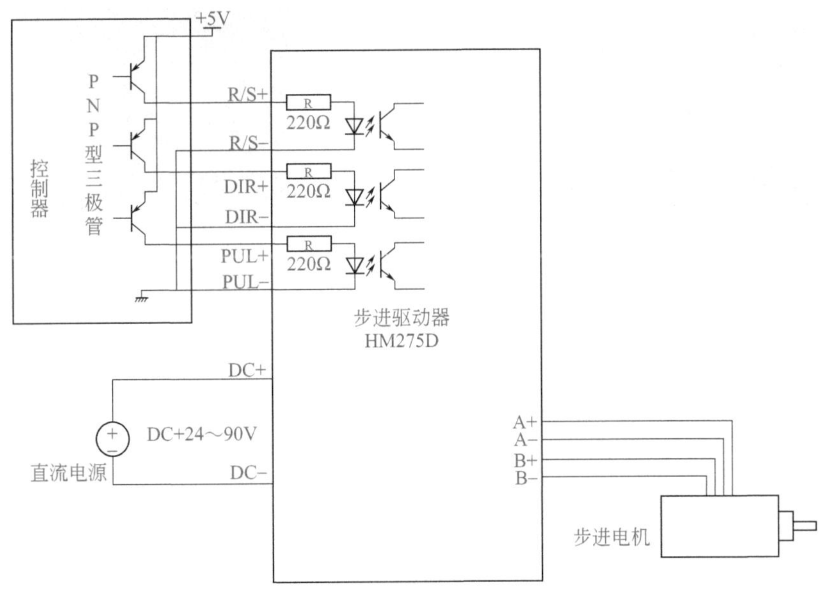

(b) HM275D与PNP三极管输出型控制器的接线

图23-3　HM275D型步进驱动器的典型接线

（1）输入信号接线

HM275D型步进驱动器输入信号有6个接线端子，如图23-4所示，这6个端子分别是R/S+、R/S-、DIR+、DIR-、PUL+和PUL-。

① R/S+（+5V）、R/S-（R/S）端子：使能信号。此信号用于使能和禁止，R/S+接+5V，R/S-接低电平时，驱动器切断电机各相电流使电机处于自由状态，此时步进脉冲不被响应。如不需要这项功能，悬空此信号输入端子即可。

② DIR+（+5V）、DIR-（DIR）端子：单脉冲控制方式时为方向信号，用于改变电机的转向；双脉冲控制方式时为反转脉冲信号。单、双脉冲控制方式由SW5控制，为了保证电机可靠响应，方向信号应先于脉冲信号至少5μs建立。

③ PUL+（+5V）、PUL-（PUL）端子：单脉冲控制时为步进脉冲信号，此脉冲上升沿有效；双脉冲控制时为正转脉冲信号，脉冲上升沿有效。脉冲信号的低电平时间应大于3μs，以保证电机可靠响应。

（2）电源与输出信号接线

HM275D型步进驱动器电源与输出信号有6个接线端子，如图23-5所示，这6个端子分别是DC+、DC-、A+、A-、B+和B-。

① DC-端子：直流电源负极，也即电源地。

② DC+端子：直流电源正极，电压范围+24～+90V，推荐理论值+70VDC左右。电源电压在DC24～90V之间都可以正常工作，本驱动器最好采用无稳压功能的直流电源供电，也可以采用变压器降压＋桥式整流＋电容滤波，电容可取＞2200μF。但注意应使整流后电压纹波峰值不超过95V，避免电网波动超过驱动器电压工作范围。

在连接电源时要特别注意：

a. 接线时电源正负极切勿反接；

b. 最好采用非稳压型电源；

图23-4 HM275D型步进驱动器的6个输入接线端子

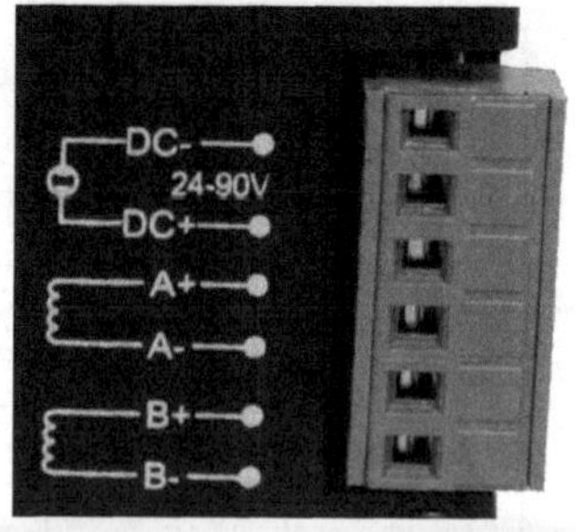

图23-5 HM275D型步进驱动器电源与输出接线端子

c. 采用非稳压电源时，电源电流输出能力应大于驱动器设定电流的60%，采用稳压电源时，应大于驱动器设定电流；

d. 为了降低成本，两三个驱动器可共用一个电源。

③ A+、A−端子：A相脉冲输出。A+、A−互调，电机运转方向会改变。

④ B+、B−端子：B相脉冲输出。B+、B−互调，电机运转方向会改变。

23.1.4 步进电机的接线及说明

HM275D型步进驱动器可驱动所有相电流为7.5A以下的四线、六线和八线的两相、四相步进电机。由于HM275D型步进驱动器只有A+、A−、B+和B−四个脉冲输出端子，故连接四线以上的步进电机时需要先对步进电机进行必要的接线。步进电机的接线如图23-6所示，图中的NC表示该接线端悬空不用。

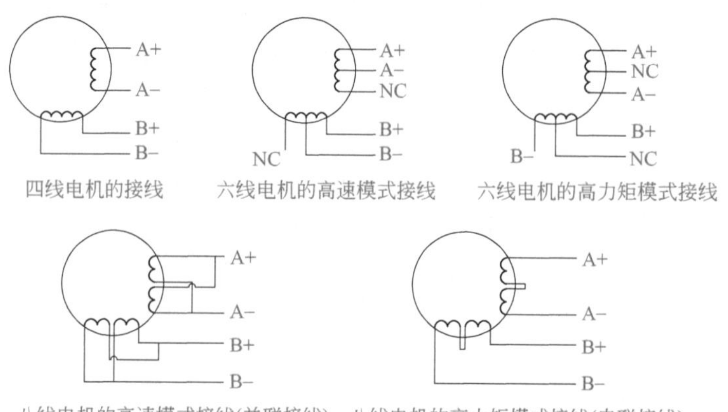

图23-6 步进电机的接线

为了达到最佳的电机驱动效果，需要给步进驱动器选取合理的供电电压并设定合适的输出电流值。

（1）供电电压的选择

一般来说，供电电压越高，电机高速时力矩越大，越能避免高速时掉步。但电压太高也会导致过压保护，甚至可能损害驱动器，而且在高压下工作时，低速运动振动较大。

（2）输出电流的设定

对于同一电机，电流设定值越大，电机输出的力矩越大，同时电机和驱动器的发热也比较严重。因此一般情况下应把电流设定成电机长时间工作出现温热但不过热的数值。

输出电流的具体设置如下。

① 四线电机和六线电机高速度模式：输出电流设成等于或略小于电机额定电流值。

② 六线电机高力矩模式：输出电流设成电机额定电流的70%。

③ 八线电机串联接法：由于串联时电阻增大，输出电流应设成电机额定电流的70%。

④ 八线电机并联接法：输出电流可设成电机额定电流的1.4倍。

注意：电流设定后应让电机运转15～30min，如果电机温升太高，应降低电流设定值。

23.1.5 细分设置

为了提高步进电机的控制精度，现在的步进驱动器都具备了细分设置功能。所谓细分是指通过设置驱动器来减小步距角，例如若步进电机的步距角为1.8°，旋转一周需要200步，若将细分设为10，则步距角被调整为0.18°，旋转一周需要2000步。

HM275D型步进驱动器面板上有SW1～SW9共九个开关，如图23-7所示，SW1～SW4用于设置驱动器的输出工作电流，SW5用于设置驱动器的脉冲输入模式，SW6～SW9用于设置细分。SW6～SW9开关的位置与细分关系见表23-1，例如当SW6～SW9分别为ON、ON、OFF、OFF位置时，将细分数设为4，电机旋转一周需要800步。

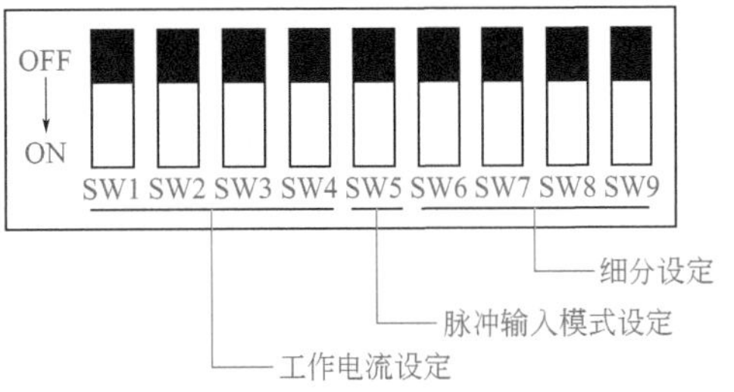

图23-7 面板上的SW1～SW9开关及功能

表23-1 SW6～SW9开关的位置与细分关系

SW6	SW7	SW8	SW9	细分数	步数/圈（1.8°/整步）
ON	ON	ON	OFF	2	400
ON	ON	OFF	OFF	4	800
ON	OFF	ON	OFF	8	1600
ON	OFF	OFF	OFF	16	3200
OFF	ON	ON	OFF	32	6400
OFF	ON	OFF	OFF	64	12800
OFF	OFF	ON	OFF	128	25600
OFF	OFF	OFF	OFF	256	51200
ON	ON	ON	ON	5	1000
ON	ON	OFF	ON	10	2000
ON	OFF	ON	ON	25	5000
ON	OFF	OFF	ON	50	10000
OFF	ON	ON	ON	125	25000
OFF	ON	OFF	ON	250	50000

在设置细分时要注意以下事项。

① 一般情况下，细分不能设置过大，因为在步进驱动器输入脉冲不变的情况下，细分设置越大，电机转速越慢，而且电机的输出力矩会变小。

② 步进电机的驱动脉冲频率不能太高，否则电机输出力矩会迅速减小，而细分设置过大会使步进驱动器输出的驱动脉冲频率过高。

23.1.6 工作电流的设置

为了能驱动多种功率的步进电机，大多数步进驱动器具有工作电流（也称动态电流）设置功能，当连接功率较大的步进电机时，应将步进驱动器的输出工作电流设大一些，对于同一电机，工作电流设置越大，电机输出力矩越大，但发热越严重，因此通常将工作电流设定在电机长时间工作出现温热但不过热的数值。

HM275D型步进驱动器面板上有SW1～SW4四个开关用来设置工作电流大小，SW1～SW4开关的位置与工作电流值关系见表23-2。

表23-2 SW1～SW4开关的位置与工作电流值关系

SW1	SW2	SW3	SW4	电流值
ON	ON	ON	ON	3.0A
OFF	ON	ON	ON	3.3A
ON	OFF	ON	ON	3.6A
OFF	OFF	ON	ON	4.0A
ON	ON	OFF	ON	4.2A
OFF	ON	OFF	ON	4.6A
ON	OFF	OFF	ON	4.9A
ON	ON	ON	OFF	5.1A
OFF	OFF	OFF	ON	5.3A
OFF	ON	ON	OFF	5.5A
ON	OFF	ON	OFF	5.8A
OFF	OFF	ON	OFF	6.2A
ON	ON	OFF	OFF	6.4A
OFF	ON	OFF	OFF	6.8A
ON	OFF	OFF	OFF	7.1A
OFF	OFF	OFF	OFF	7.5A

23.1.7 静态电流的设置

在停止时，为了锁住步进电机，步进驱动器仍会输出一路电流给电机的某相定子线圈，该相定子凸极产生的磁场像磁铁一样吸引住转子，使转子无法旋转。步进驱动器在停止时提供给步进电机的单相锁定电流称为静态电流。

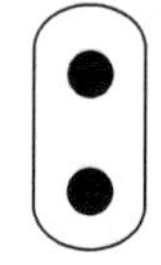

S3开路时静态电流为半流（出厂设定）

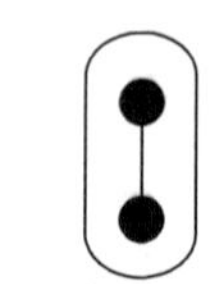

S3短路时静态电流为全流

图23-8 S3跳线设置静态电流

HM275D型步进驱动器的静态电流由内部S3跳线来设置，如图23-8所示，当S3接通时，静态电流与设定的工作电流相同，即静态电流为全流，当S3断开（出厂设定）时，静态电流为待机自动半电流，即静态电流为半流。一般情况下，如果步进电机负载为提升类负载（如升降机），静态电流应设为全流，对于平移动类负载，静态电流可设为半流。

23.1.8 脉冲输入模式的设置

HM275D型步进驱动器的脉冲输入模式有单脉冲和双脉冲两种。脉冲输入模式由SW5开关来设置，当SW5为OFF时为单脉冲输入模式，即脉冲+方向模式，PUL端定义为脉冲输入端，DIR定义为方向控制端；当SW5为ON时为双脉冲输入模式，即脉冲+脉冲模式，

PUL端定义为正向（CW）脉冲输入端，DIR定义为反向（CCW）脉冲输入端。

单脉冲输入模式和双脉冲输入模式的输入信号波形如图23-9所示，下面对照图23-3（a）来说明两种模式的工作过程。

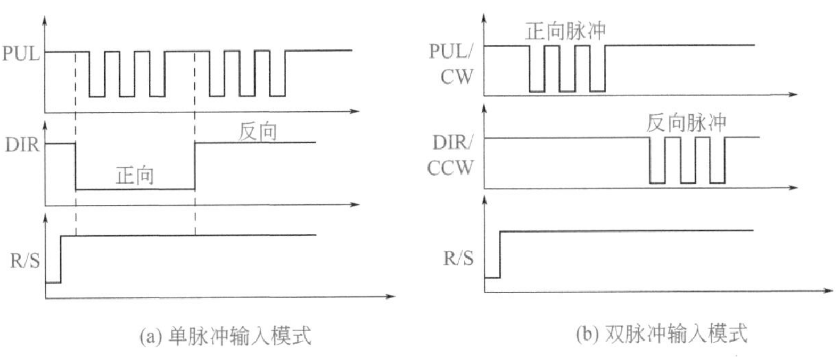

图23-9 两种脉冲输入模式的信号波形

当步进驱动器工作在单脉冲输入模式时，控制器首先送高电平（控制器内的三极管截止）到驱动器的R/S-端，R/S+、R/S-端之间的内部光电耦合器不导通，驱动器内部电路被允许工作，然后控制器送低电平（控制器内的三极管导通）到驱动器的DIR-端，DIR+、DIR-端之间的内部光电耦合器导通，让驱动器内部电路控制步进电机正转，接着控制器输出脉冲信号送到驱动器的PUL-端，当脉冲信号为低电平时，PUL+、PUL-端之间光电耦合器导通，当脉冲信号为高电平时，PUL+、PUL-端之间光电耦合器截止，光电耦合器不断导通、截止，就为内部电路提供脉冲信号，在R/S、DIR、PUL端输入信号控制下，驱动器控制电机正向旋转。

当步进驱动器工作在双脉冲输入模式时，控制器先送高电平到驱动器的R/S-端，驱动器内部电路被允许工作，然后控制器输出脉冲信号送到驱动器的PUL-端，同时控制器送高电平到驱动器的DIR-端，驱动器控制步进电机正向旋转，如果驱动器PUL-端变为高电平、DIR-端输入脉冲信号，驱动器则控制电机反向旋转。

为了让步进驱动器和步进电机均能可靠运行，应注意以下要点：

① R/S要提前DIR至少5μs为高电平，通常建议R/S悬空；

② DIR要提前PUL下降沿至少5μs确定其状态高或低；

③ 输入脉冲的高、低电平宽度均不能小于2.5μs；

④ 输入信号的低电平要低于0.5V，高电平要高于3.5V。

23.2 步进电机正反向定角循环运行的控制线路及编程

23.2.1 控制要求

采用PLC作为上位机来控制步进驱动器，使之驱动步进电机定角循环运行，具体控制要求如下。

① 按下启动按钮，控制步进电机顺时针旋转2周（720°），停5s，再逆时针旋转1周（360°），停2s，如此反复运行。按下停止按钮，步进电机停转，同时电机转轴被锁住。

② 按下脱机按钮，松开电机转轴。

23.2.2 控制线路图

步进电机正反向定角循环运行控制的线路如图23-10所示。

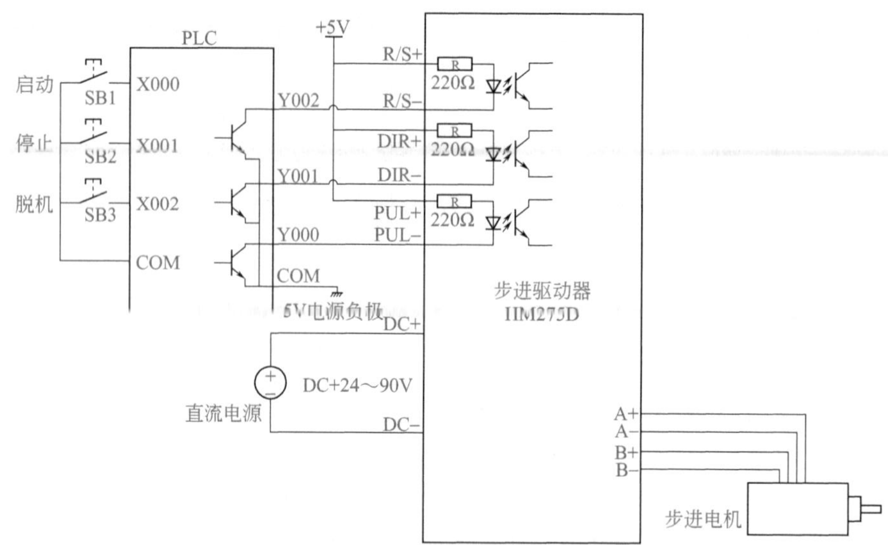

图23-10 步进电机正反向定角循环运行控制的线路

电路工作过程说明如下。

（1）启动控制

按下启动按钮SB1，PLC的X000端子输入为ON，内部程序运行，从Y002端输出高电平（Y002端子内部三极管处于截止），从Y001端输出低电平（Y001端子内部三极管处于导通），从Y000端子输出脉冲信号（Y000端子内部三极管导通、截止状态不断切换），结果驱动器的R/S−端得到高电平、DIR−端得到低电平、PUL−端输入脉冲信号，驱动器输出脉冲信号驱动步进电机顺时针旋转2周，然后PLC的Y000端停止输出脉冲、Y001端输出高电平、Y002端输出仍为高电平，驱动器只输出一相电流到电机，锁住电机转轴，电机停转；5s后，PLC的Y000端又输出脉冲、Y001端输出高电平、Y002端仍输出高电平，驱动器驱动电机逆时针旋转1周，接着PLC的Y000端又停止输出脉冲、Y001端输出高电平、Y002端输出仍为高电平，驱动器只输出一相电流锁住电机转轴，电机停转；2s后，又开始顺时针旋转2周控制，以后重复上述过程。

（2）停止控制

在步进电机运行过程中，如果按下停止按钮SB2，PLC的Y000端停止输出脉冲（输出为高电平）、Y001端输出高电平、Y002端输出为高电平，驱动器只输出一相电流到电机，锁住电机转轴，电机停转，此时手动无法转动电机转轴。

（3）脱机控制

在步进电机运行或停止时，按下脱机按钮SB3，PLC的Y002端输出低电平，R/S−端得到低电平，如果步进电机先前处于运行状态，R/S−端得到低电平后驱动器马上停止输出两相电流，电机处于惯性运转；如果步进电机先前处于停止状态，R/S−端得到低电平后驱动器马上停止输出一相锁定电流，这时可手动转动电机转轴。松开脱机按钮SB3，步进电机又开始运行或进入自锁停止状态。

23.2.3 细分、工作电流和脉冲输入模式的设置

驱动器配接的步进电机的步距角为1.8°、工作电流为3.6A，驱动器的脉冲输入模式为单脉冲输入模式，可将驱动器面板上的SW1 ~ SW9开关按图23-11所示进行设置，其中将细分设为4。

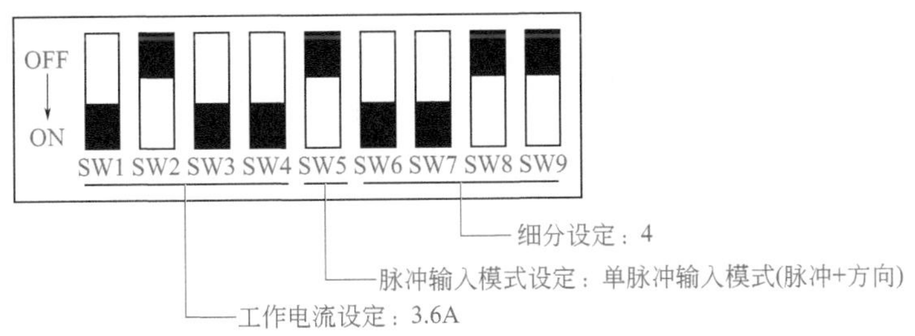

图23-11 细分、工作电流和脉冲输入模式的设置

23.2.4 编写PLC控制程序

根据控制要求，PLC程序可采用步进指令编写，为了更容易编写梯形图，通常先绘出状态转移图，然后依据状态转移图编写梯形图。

（1）绘制状态转移图

图23-12为步进电机正反向定角循环运行控制的状态转移图。

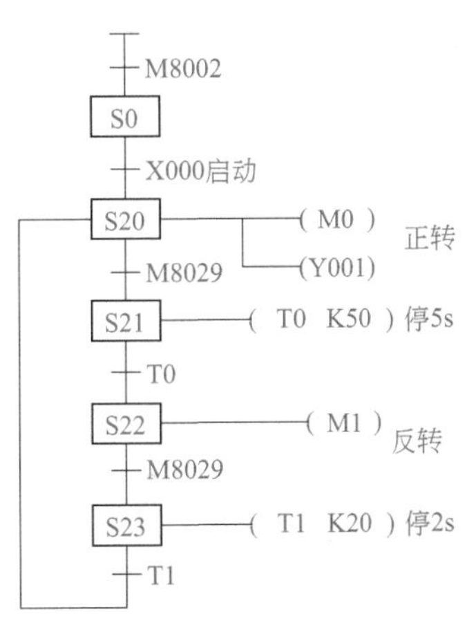

图23-12 步进电机正反向定角循环运行控制的状态转移图

（2）绘制梯形图

启动编程软件，按照图23-12所示的状态转移图编写梯形图，步进电机正反向定角循环运行控制的梯形图如图23-13所示。

下面对照图23-10来说明图23-13梯形图的工作原理。

步进电机的步距角为1.8°，如果不设置细分，电机旋转1周需要走200步（360°/1.8°=200），步进驱动器相应要求输入200个脉冲，当步进驱动器细分设为4时，需要输入800个脉冲才能让电机旋转1周，旋转2周则要输入1600个脉冲。

PLC上电时，[0]M8002触点接通一个扫描周期，“SET S0”指令执行，状态继电器S0置位，[3]S0常开触点闭合，为启动做准备。

① 启动控制　按下启动按钮SB1，梯形图中的[3]X000常开触点闭合，“SET S20”指令执行，状态继电器S20置位，[7]S20常开触点闭合，M0线圈和Y001线圈均得电，另外“MOV K1600 D0”指令执行，将1600送入数据存储器D0中作为输出脉冲的个数值，M0线圈得电使[43]M0常开触点闭合，“PLSY K800 D0 Y000”指令执行，从Y000端子输出频率为800Hz、个数为1600（D0中的数据）的脉冲信号，送到驱动器的PUL-端，Y001线圈得电，Y001端子内部的三极管导通，Y001端子输出低电平，送到驱动器的DIR-端，驱动器驱动电机顺时针旋转，当脉冲输出指令PLSY送完1600个脉冲后，电机正好旋转2周，[15]完成标志继电器M8029常开触点闭合，“SET S21”指令执行，状态继电器S21置位，[18]

S21常开触点闭合，T0定时器开始5s计时，计时期间电机处于停止状态。

5s后，T0定时器动作，[22]T0常开触点闭合，"SET S22"指令执行，状态继电器S22置位，[25]S22常开触点闭合，M1线圈得电，"MOV K800 D0"指令执行，将800送入数据存储器D0中作为输出脉冲的个数值，M1线圈得电使[44]M1常开触点闭合，PLSY指令执行，从Y000端子输出频率为800Hz、个数为800（D0中的数据）的脉冲信号，送到驱动器的PUL-端，由于此时Y001线圈已失电，Y001端子内部的三极管截止，Y001端子输出高电平，送到驱动器的DIR-端，驱动器驱动电机逆时针旋转，当PLSY送完800个脉冲后，电机正好旋转1周，[32]完成标志继电器M8029常开触点闭合，"SET S23"指令执行，状态继电器S23置位，[35]S23常开触点闭合，T1定时器开始2s计时，计时期间电机处于停止状态。

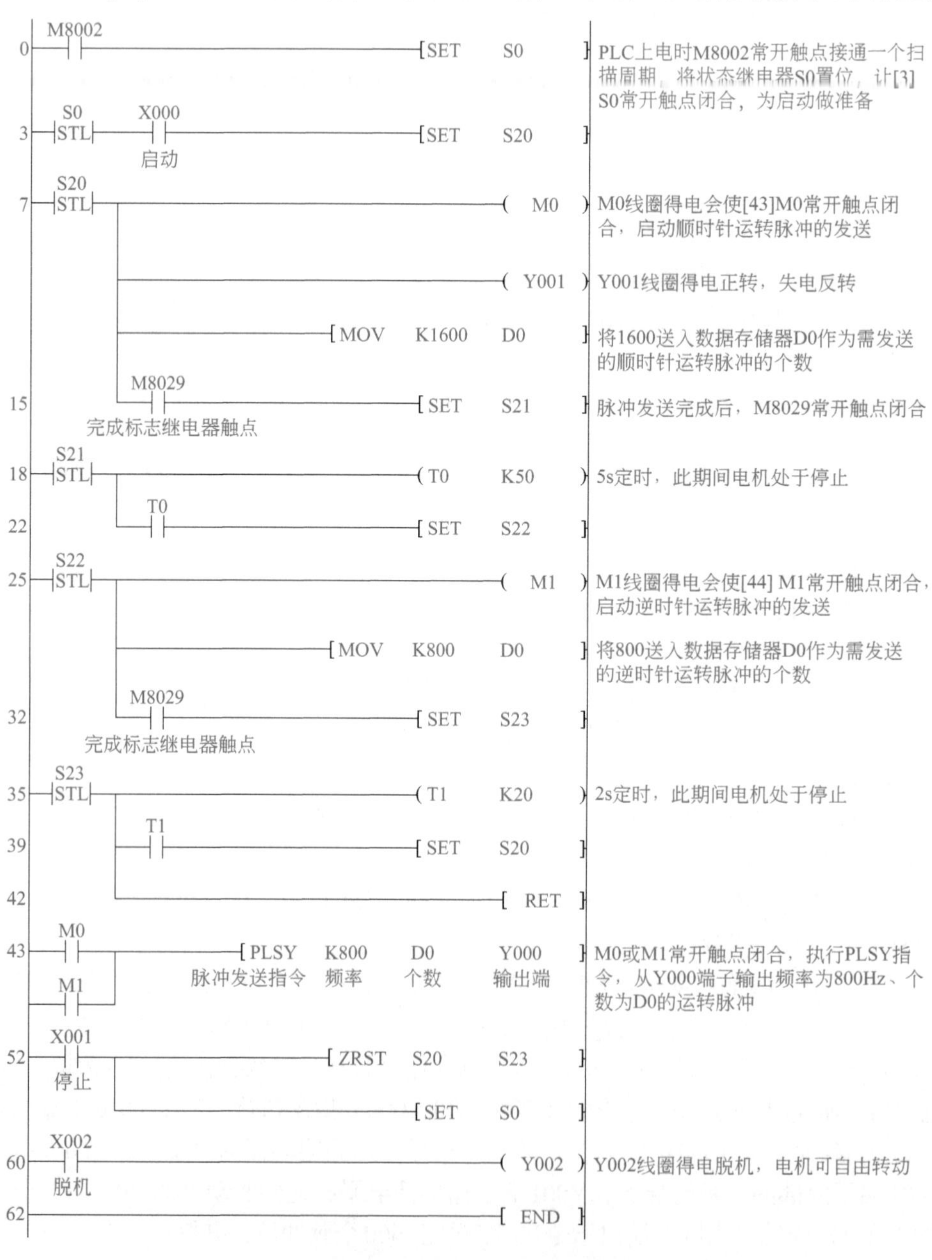

图23-13 步进电机正反向定角循环运行控制的梯形图

2s后，T1定时器动作，[39]T1常开触点闭合，“SET S20”指令执行，状态继电器S20置位，[7]S20常开触点闭合，开始下一个周期的步进电机正反向定角运行控制。

② 停止控制　在步进电机正反向定角循环运行时，如果按下停止按钮SB2，[52]X001常开触点闭合，ZRST指令执行，将S20～S23状态继电器均复位，S20～S23常开触点均断开，[7]～[42]之间的程序无法执行，[43]程序也无法执行，PLC的Y000端子停止输出脉冲，Y001端输出高电平，驱动器仅输出一相电流给电机绕组，锁住电机转轴。另外，[52]X001常开触点闭合同时会使“SET S0”指令执行，将[3]S0常开触点闭合，为重新启动电机运行做准备，如果按下启动按钮SB1，X000常开触点闭合，程序会重新开始电机正反向定角运行控制。

③ 脱机控制　在步进电机运行或停止时，按下脱机按钮SB3，[60]X002常开触点闭合，Y002线圈得电，PLC的Y002端子内部的三极管导通，Y002端输出低电平，R/S-端得到低电平，如果步进电机先前处于运行状态，R/S-端得到低电平后驱动器马上停止输出两相电流，PUL-端输入脉冲信号无效，电机处于惯性运转；如果步进电机先前处于停止状态，R/S-端得到低电平后驱动器马上停止输出一相锁定电流，这时可手动转动电机转轴。松开脱机按钮SB3，步进电机又开始运行或进入自锁停止状态。

23.3 步进电机定长运行的控制线路及编程

23.3.1 控制要求

图23-14是一个自动切线装置，采用PLC作为上位机来控制步进驱动器，使之驱动步进电机运行，让步进电机抽送线材，每抽送完指定长度的线材后切刀动作，将线材切断。具体控制要求如下。

① 按下启动按钮，步进电机运转，开始抽送线材，当达到设定长度时电机停转，切刀动作，切断线材，然后电机又开始抽送线材，如此反复，直到切刀动作次数达到指定值时，步进电机停转并停止剪切线材。在切线装置工作过程中，按下停止按钮，步进电机停转自锁转轴并停止剪切线材。按下脱机按钮，步进电机停转并松开转轴，可手动抽拉线材。

② 步进电机抽送线材的压辊周长为50mm。剪切线材（即短线）的长度值用两位BCD数字开关来输入。

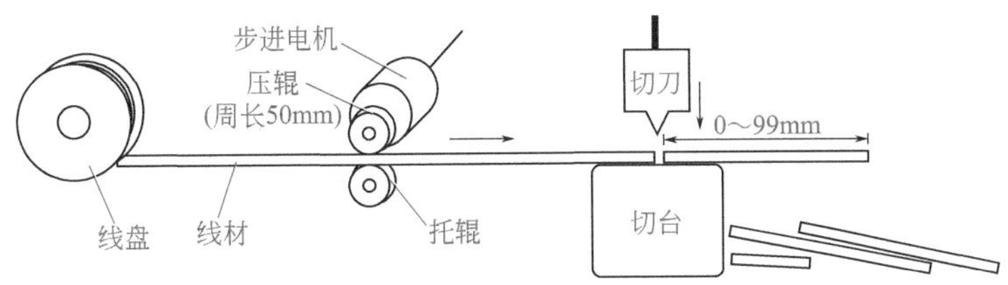

图23-14　自动切线装置组成示意图

23.3.2 控制线路图

步进电机定长运行控制的线路如图23-15所示。

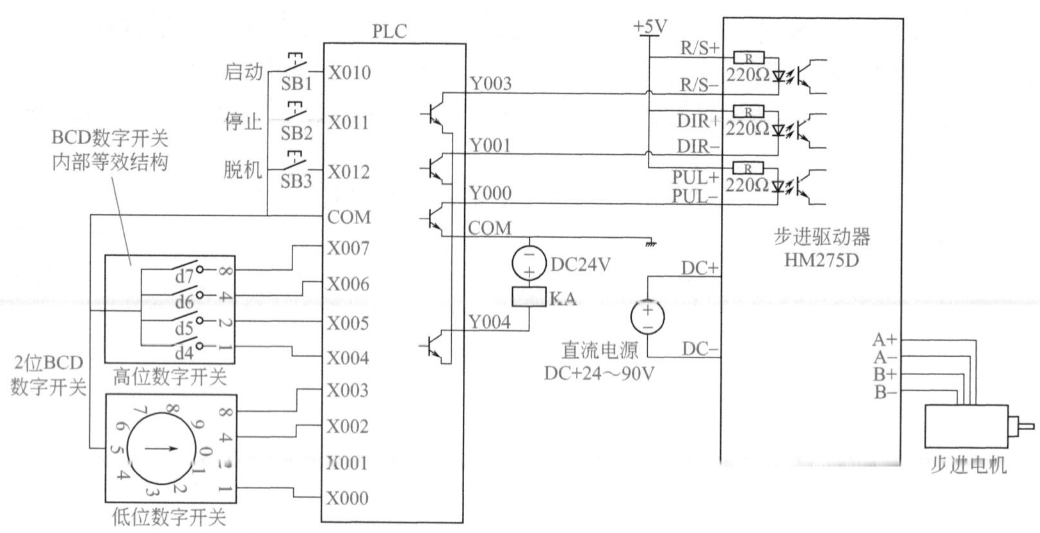

图23-15 步进电机定长运行控制的线路

下面对照图23-14来说明图23-15线路的工作原理，具体如下。

（1）设定移动的长度值

步进电机通过压辊抽拉线材，抽拉的线材长度达到设定值时切刀动作，切断线材。本系统采用2位BCD数字开关来设定切割线材的长度值。BCD数字开关是一种将十进制数0～9转换成BCD数0000～1001的电子元件，常见的BCD数字开关外形如图23-16所示，1位BCD数字开关内部由4个开关组成，当BCD数字开关拨到某个十进制数字时，如拨到数字6位置，内部4个开关通断情况分别为d7断、d6通、d5通、d4断，X007～X004端子输入分别为OFF、ON、ON、OFF，也即给X007～X004端子输入BCD数0110。如果高、低位BCD数字开关分别拨到7、2位置时，则X007～X004输入为0111，X003～X000输入为0010，即将72转换成01110010并通过X007～X000端子送入PLC内部的输入继电器X007～X000。

图23-16 常见的BCD数字开关外形

（2）启动控制

按下启动按钮SB1，PLC的X010端子输入为ON，内部程序运行，从Y003端输出高电平（Y003端子内部三极管处于截止），从Y001端输出低电平（Y001端子内部三极管处于导通），从Y000端子输出脉冲信号（Y000端子内部三极管导通、截止状态不断切换），结果驱动器的R/S-端得到高电平、DIR-端得到低电平、PUL-端输入脉冲信号，驱动器驱动步进电机顺时针旋转，通过压辊抽拉线材。当Y000端子发送完指定数量的脉冲信号后，线材会抽拉到设定长度值，电机停转并自锁转轴，同时Y004端子内部三极管导通，有电流流过KA继电器线圈，控制切刀动作，切断线材，然后PLC的Y000端又开始输出脉冲，驱动器又驱动电机抽拉线材，以后重复上述工作过程。当切刀动作次数达到指定值时，Y001端输出低电平，Y003端输出仍为高电平，驱动器只输出一相电流到电机，锁住电机转轴，电机停转。更换新线盘后，按下启动按钮SB1，又开始按上述过程切割线材。

（3）停止控制

在步进电机运行过程中，如果按下停止按钮SB2，PLC的X011端子输入为ON，PLC的Y000端停止输出脉冲（输出为高电平）、Y001端输出高电平、Y003端输出为高电平，驱动器只输出一相电流到电机，锁住电机转轴，电机停转，此时手动无法转动电机转轴。

（4）脱机控制

在步进电机运行或停止时，按下脱机按钮SB3，PLC的X012端子输入为ON，Y003端子输出低电平，R/S-端得到低电平，如果步进电机先前处于运行状态，R/S-端得到低电平后驱动器马上停止输出两相电流，电机处于惯性运转；如果步进电机先前处于停止状态，R/S-端得到低电平后驱动器马上停止输出一相锁定电流，这时可手动转动电机转轴来抽拉线材。松开脱机按钮SB3，步进电机又开始运行或进入自锁停止状态。

23.3.3 细分、工作电流和脉冲输入模式的设置

驱动器配接的步进电机的步距角为1.8°、工作电流为5.5A，驱动器的脉冲输入模式为单脉冲输入模式，可将驱动器面板上的SW1 ～ SW9开关按图23-17所示进行设置，其中细分设为5。

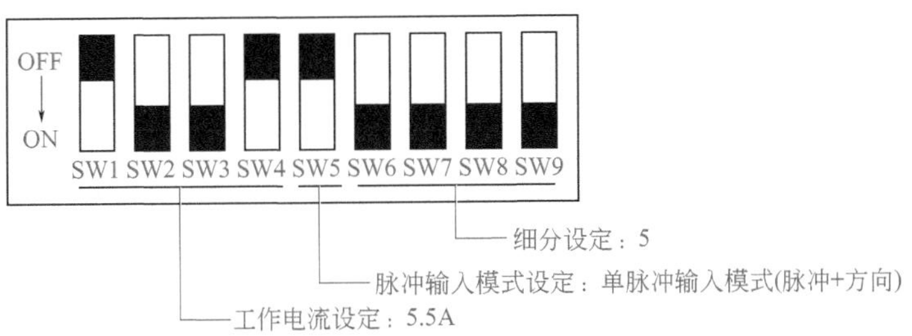

图23-17　细分、工作电流和脉冲输入模式的设置

23.3.4 编写PLC控制程序

步进电机定长运行控制的梯形图如图23-18所示。

下面对照图23-14和图23-15来说明图23-18梯形图的工作原理。

步进电机的步距角为1.8°，如果不设置细分，电机旋转1周需要走200步（360°/1.8°=200），步进驱动器相应要求输入200个脉冲，当步进驱动器细分设为5时，需要输入1000个脉冲才能让电机旋转1周，与步进电机同轴旋转的用来抽送线材的压辊周长为50mm，它旋转一周会抽送50mm线材，如果设定线材的长度为D0 mm，则抽送D0 mm长度的线材需旋转D0/50周，需要给驱动器输入脉冲数为$\frac{D0}{50}\times 1000=D0\times 20$。

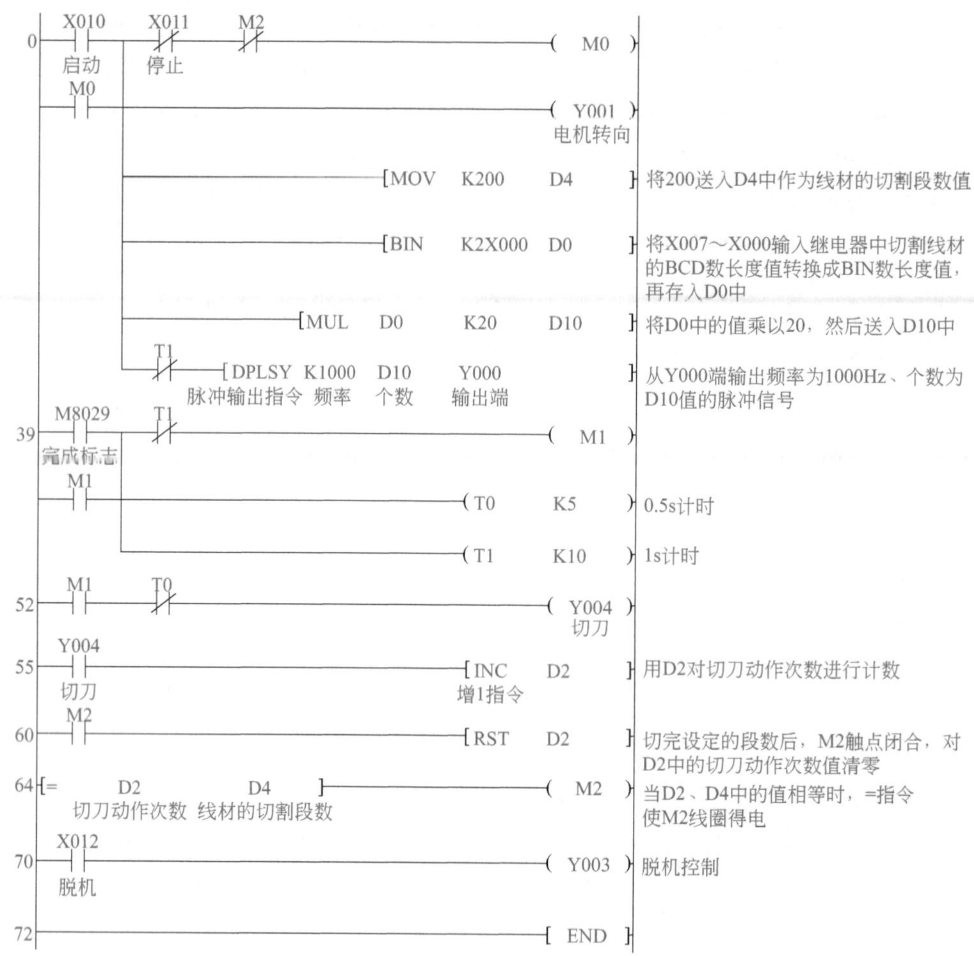

图23-18　步进电机定长运行控制的梯形图

（1）设定线材的切割长度值

在控制步进电机工作前，先用PLC输入端子X007～X000外接的2位BCD数字开关设定线材的切割长度值，如设定的长度值为75，则X007～X000端子输入为01110101，该BCD数据由输入端子送入内部的输入继电器X007～X000保存。

（2）启动控制

按下启动按钮SB1，PLC的X010端子输入为ON，梯形图中的X010常开触点闭合，[0]M0线圈得电，[1]M0常开自锁触点闭合，锁定M0线圈供电，X010触点闭合还会使Y001线圈得电和使MOV、BIN、MUL、DPLSY指令相继执行。Y001线圈得电，Y001端子内部三极管导通，步进驱动器的DIR-端输入为低电平，驱动器控制步进电机顺时针旋转，如果电机旋转方向不符合线材的抽拉方向，可删除梯形图中的Y001线圈，让DIR-端输入高电平，使电机逆时针旋转，另外将电机的任意一相绕组的首尾端互换，也可以改变电机的转向；MOV指令执行，将200送入D4中作为线材切割的段数值；BIN指令执行，将输入继电器X007～X000中的BCD数长度值01110101转换成BIN数长度值01001011，存入数据存储器D0中；MUL指令执行，将D0中的数据乘以20，所得结果存入D11、D10（使用MUL指令进行乘法运算时，操作结果为32位，故结果存入D11、D10）中作为PLC输出脉冲的个数；DPLSY指令执行，从Y000端输出频率为1000Hz、个数为D11、D10值的脉冲信号送入驱动器，驱动电机旋转，通过压辊抽拉线材。

当PLC的Y000端发送脉冲完毕，电机停转，压辊停止抽拉线材，同时[39]完成标志继电器上升沿触点M8029闭合，M1线圈得电，[40]、[52]M1常开触点均闭合，[40]M1常开触点闭合，锁定M1线圈及定时器T0、T1供电，T0定时器开始0.5s计时，T1定时器开始1s计时，[52]]M1常开触点闭合，Y004线圈得电，Y004端子内部三极管导通，继电器KA线圈通电，控制切刀动作，切断线材，0.5s后，T0定时器动作，[52]T0常闭触点断开，Y004线圈失电，切刀回位，1s后，T1定时器动作，[39]T1常闭触点断开，M1线圈失电，[40]、[52]M1常开触点均断开，[40]M1常开触点断开，会使T0、T1定时器均失电，[38]、[39]T1常闭触点闭合，[52]T0常闭触点闭合，[40]M1常开触点断开还可使[39]T1常闭触点闭合后M1线圈无法得电，[52]M1常开触点断开，可保证[52]T0常闭触点闭合后Y004线圈无法得电，[38] T1常闭触点由断开转为闭合，DPLSY指令又开始执行，重新输出脉冲信号来抽拉下一段线材。

在工作时，Y004线圈每得电一次，[55]Y004上升沿触点会闭合一次，自增1指令INC会执行一次，这样使D2中的值与切刀动作的次数一致，当D2值与D4值（线材切断的段数值）相等时，=指令使M2线圈得电，[0]M2常闭触点断开，[0]M0线圈失电，[1]M0常开自锁触点断开，[1] ～ [39]之间的程序不会执行，即Y001线圈失电，Y001端输出高电平，驱动器DIR-端输入高电平，DPLSY指令也不执行，Y000端停止输出脉冲信号，电机停转并自锁，M2线圈得电还会使[60]M2常开触点闭合，RST指令执行，将D2中的切刀动作次数值清零，以便下一次启动时从零开始重新计算切刀动作次数，清零后，D2、D4中的值不再相等，=指令使M2线圈失电，[0]M2常闭触点闭合，为下一次启动做准备，[60]M2常开触点断开，停止对D2复位清零。

（3）停止控制

在自动切线装置工作过程中，若按下停止按钮SB2，[0]X011常开触点断开，M0线圈失电，[1]M0常开自锁触点断开，[1] ～ [64]之间的程序都不会执行，即Y001线圈失电，Y000端输出高电平，驱动器DIR-端输入高电平，DPLSY指令也不执行，Y000端停止输出脉冲信号，电机停转并自锁。

（4）脱机控制

在自动切线装置工作或停止时，按下脱机按钮SB3，[70]X012常开触点闭合，Y003线圈得电，PLC的Y003端子内部的三极管导通，Y003端输出低电平，R/S-端得到低电平，如果步进电机先前处于运行状态，R/S-端得到低电平后驱动器马上停止输出两相电流，PUL-端输入脉冲信号无效，电机处于惯性运转；如果步进电机先前处于停止状态，R/S-端得到低电平后驱动器马上停止输出一相锁定电流，这时可手动转动电机转轴。松开脱机按钮SB3，步进电机又开始运行或进入自锁停止状态。